《机械设计手册》 卷目

卷　次	篇　名
第1卷　机械设计基础资料	1. 常用设计资料和数据　2. 机械制图与机械零部件精度设计　3. 机械工程材料　4. 机械零部件结构设计
第2卷　机械零部件设计(连接、紧固与传动)	5. 连接与紧固　6. 带传动和链传动　7. 摩擦轮传动与螺旋传动　8. 齿轮传动　9. 轮系　10. 减速器和变速器　11. 机构设计
第3卷　机械零部件设计(轴系、支承与其他)	12. 轴　13. 滑动轴承　14. 滚动轴承　15. 联轴器、离合器与制动器　16. 弹簧　17. 起重运输机械零部件和操作件　18. 机架、箱体与导轨　19. 润滑　20. 密封
第4卷　流体传动与控制	21. 液压传动与控制　22. 气压传动与控制　23. 液力传动
第5卷　机电一体化与控制技术	24. 机电一体化技术及设计　25. 机电系统控制　26. 机器人与机器人装备　27. 数控技术　28. 微机电系统及设计　29. 机械状态监测与故障诊断技术　30. 激光及其在机械工程中的应用　31. 电动机、电器与常用传感器
第6卷　现代设计与创新设计(一)	32. 现代设计理论与方法综述　33. 机械系统概念设计　34. 机械系统的振动设计及噪声控制　35. 疲劳强度设计　36. 摩擦学设计　37. 机械可靠性设计　38. 机械结构的有限元设计　39. 优化设计　40. 数字化设计　41. 试验优化设计　42. 工业设计与人机工程　43. 机械产品设计中的常用软件
第7卷　现代设计与创新设计(二)	44. 机械创新设计概论　45. 创新设计方法论　46. 顶层设计原理、方法与应用　47. 创新原理、思维、方法与应用　48. 绿色设计与和谐设计　49. 智能设计　50. 仿生机械设计　51. 互联网上的合作设计　52. 工业通信网络　53. 面向机械工程领域的大数据、云计算与物联网技术　54. 3D打印设计与制造技术　55. 系统化设计理论与方法

机械设计手册

第6版

主　编　闻邦椿
副主编　鄂中凯　张义民　陈良玉　孙志礼
　　　　宋锦春　柳洪义　巩亚东　宋桂秋

第1卷　机械设计基础资料

卷主编　鄂中凯

机械工业出版社

本版手册是在前5版手册的基础上吸收并总结了国内外机械工程设计领域中的新标准、新材料、新工艺、新结构、新技术、新产品、新设计理论与方法,并配合我国创新驱动战略的需求撰写而成的。本版手册全面系统地介绍了常规设计、机电一体化设计、机电系统控制、现代设计与创新设计方法及其应用等内容,具有体系新颖、内容现代、凸显创新、系统全面、信息量大、实用可靠及简明便查等特点。

本版手册分为7卷55篇,内容有:机械设计基础资料、机械零部件设计(连接、紧固与传动)、机械零部件设计(轴系、支承与其他)、流体传动与控制、机电一体化与控制技术、现代设计与创新设计等。

本卷为第1卷,主要内容有:常用设计资料和数据、机械制图与机械零部件精度设计、机械工程材料、机械零部件结构设计等。

本版手册可供从事机械设计、制造、维修及相关专业的工程技术人员作为工具书使用,也可供大专院校的相关专业师生使用和参考。

图书在版编目(CIP)数据

机械设计手册. 第1卷/闻邦椿主编. —6版. —北京:机械工业出版社,2017.12(2025.1重印)
ISBN 978-7-111-58341-7

Ⅰ. ①机… Ⅱ. ①闻… Ⅲ. ①机械设计-技术手册 Ⅳ. ①TH122-62

中国版本图书馆 CIP 数据核字(2017)第 261172 号

机械工业出版社(北京市百万庄大街 22 号 邮政编码 100037)
策划编辑:曲彩云 责任编辑:曲彩云 王春雨 责任校对:陈延翔
封面设计:马精明 责任印制:单爱军
保定市中画美凯印刷有限公司印刷
2025 年 1 月第 6 版第 6 次印刷
184mm×260mm・104 印张・3 插页・3617 千字
标准书号:ISBN 978-7-111-58341-7
定价:199.00 元

凡购本书,如有缺页、倒页、脱页,由本社发行部调换

电话服务 网络服务
服务咨询热线:010-88361066 机 工 官 网:www.cmpbook.com
读者购书热线:010-68326294 机 工 官 博:weibo.com/cmp1952
　　　　　　　010-88379203 金　书　网:www.golden-book.com
封面无防伪标均为盗版 教育服务网:www.cmpedu.com

编写和审稿人员

主　编　闻邦椿（东北大学）
副主编　鄂中凯　张义民　陈良玉　孙志礼　（东北大学）
　　　　宋锦春　柳洪义　巩亚东　宋桂秋

卷次及卷主编	篇次	篇主编	编写人	审稿人
第1卷 机械设计基础资料 卷主编 鄂中凯（东北大学）	第1篇	鄂中凯　（东北大学）	鄂中凯　周康年　宋叔尼　林　菁	张义民
	第2篇	黄　英 李小号　（东北大学）	黄　英　李小号　孙少妮　马明旭 张闻雷　赵　薇	田　凌 毛　昕
	第3篇	方昆凡　（东北大学）	方昆凡　夏永发　黄　英　鄂晓宇 单宝峰　高　虹	鄂中凯
	第4篇	王宛山 于天彪　（东北大学）	王宛山　单瑞兰　崔虹雯　于天彪 孟祥志　王学智	巩亚东
第2卷 机械零部件设计 （连接、紧固与传动） 卷主编 陈良玉　巩云鹏 （东北大学）	第5篇	吴宗泽　（清华大学）	吴宗泽	罗圣国
	第6篇	吴宗泽　（清华大学） 陈铁鸣　（哈尔滨工业大学）	吴宗泽　陈铁鸣	罗圣国
	第7篇	陈良玉　（东北大学）	陈良玉	巩云鹏
	第8篇	陈良玉 巩云鹏　（东北大学）	陈良玉　巩云鹏　张伟华	鄂中凯 陈良玉 王延忠
	第9篇	李力行　（大连交通大学）	李力行　叶庆泰　何卫东　李　欣	张少名
	第10篇	程乃士　（东北大学）	程乃士　刘　温　石晓辉　程　越	鄂中凯 巩云鹏
	第11篇	邓宗全　（哈尔滨工业大学） 于红英 邹　平　（东北大学） 焦映厚　（哈尔滨工业大学）	邓宗全　于红英　邹　平　焦映厚 陈照波　唐德威　杨　飞　刘文涛 陶建国　荣伟彬　王乐锋　陈　明 刘荣强	陈良玉 杨玉虎
第3卷 机械零部件设计 （轴系、支承与其他） 卷主编 孙志礼（东北大学）	第12篇	巩云鹏　（东北大学）	巩云鹏　张伟华	孙志礼
	第13篇	卜　炎　（天津大学）	卜　炎	吴宗泽
	第14篇	李元科　（华中科技大学）	李元科　毛宽民	吴宗泽
	第15篇	孙志礼　（东北大学）	孙志礼　闫玉涛　闫　明　王　健	修世超 苏鹏程

卷次及卷主编	篇次	篇主编		编写人	审稿人
第3卷 机械零部件设计 （轴系、支承与其他） 卷主编 孙志礼（东北大学）	第16篇	闫玉涛	（东北大学）	闫玉涛　印明昂	孙志礼
	第17篇	郑夕健	（沈阳建筑大学）	郑夕健　谢正义　鄂　东　冯　勃	屈福政
	第18篇	张耀满 吴自通	（东北大学）	张耀满　吴自通	原所先
	第19篇	丁津原	（东北大学）	丁津原　马先贵　胡俊宏　金映丽	鄂中凯 孙志礼
	第20篇	修世超	（东北大学）	修世超　李宝民	丁津原 杨好志
第4卷 流体传动与控制 卷主编 宋锦春（东北大学）	第21篇	宋锦春 陈建文	（东北大学）	宋锦春　陈建文　韩学军　周生浩 王长周　林君哲　李　松	张艾群 曹鑫铭
	第22篇	宋锦春 王炳德	（东北大学）	宋锦春　王炳德　赵丽丽　周　娜	曹鑫铭 张艾群
	第23篇	雷雨龙	（吉林大学）	雷雨龙　汤　辉　李兴忠　王忠山 付　尧　卢秀全　王佳欣　王宏卫	宋锦春 宋　斌
第5卷 机电一体化与 控制技术 卷主编 柳洪义　刘　杰 巩亚东 （东北大学）	第24篇	刘　杰	（东北大学）	刘　杰　李允公　刘　宇　戴　丽	柳洪义 刘　杰
	第25篇	柳洪义	（东北大学）	柳洪义　郝丽娜　罗　忠　王　菲	刘　杰 柳洪义
	第26篇	宋伟刚	（东北大学）	宋伟刚　汪　博	柳洪义 赵明扬
	第27篇	巩亚东 张耀满	（东北大学）	巩亚东　张耀满	刘　杰 李宪凯
	第28篇	黄庆安	（东南大学）	黄庆安　周再发　宋　竞　聂　萌	刘　杰
	第29篇	段志善	（西安建筑科技大学）	段志善　史丽晨　东亚斌	高金吉 柳洪义
	第30篇	王立军	（中国科学院长春光学精密机械与物理研究所）	王立军　付喜宏　关振忠	柳洪义
	第31篇	史家顺	（东北大学）	史家顺　朱立达	鄂中凯 刘　杰
第6卷 现代设计与创新设计 （一） 卷主编 张义民　孙志礼 宋桂秋 （东北大学）	第32篇	闻邦椿 刘树英	（东北大学）	闻邦椿　刘树英	雒建斌
	第33篇	邹慧君	（上海交通大学）	邹慧君	谢友柏
	第34篇	闻邦椿 刘树英	（东北大学）	闻邦椿　刘树英	黄文虎
	第35篇	王德俊 王　雷	（东北大学）	王德俊　王　雷	鄂中凯 孙志礼
	第36篇	卜　炎	（天津大学）	卜　炎	丁津原
	第37篇	孙志礼	（东北大学）	孙志礼　张义民　杨　强　郭　瑜 王　健	王德俊 李良巧

卷次及卷主编	篇次	篇主编	编写人	审稿人
第6卷 现代设计与创新设计 （一） 卷主编 张义民　孙志礼 宋桂秋 （东北大学）	第38篇	韩清凯　（大连理工大学）	韩清凯　翟敬宇　张　昊	陈良玉
	第39篇	宋桂秋　（东北大学）	宋桂秋　李一鸣	佟杰新
	第40篇	王宛山 于天彪　（东北大学）	王宛山　郭　钢　于天彪　朱立达 李　虎　孙　伟　杨建宇　王学智	巩亚东
	第41篇	任露泉 田为军　（吉林大学） 丛　茜	任露泉　田为军　丛　茜	杨印生
	第42篇	刘　洋　（沈阳航空航天大学） 任　宏	刘　洋　任　宏	张　强 张　剑
	第43篇	李　鹤 孙　伟　（东北大学）	李　鹤　孙　伟	孙志礼
第7卷 现代设计与创新设计 （二） 卷主编 宋桂秋　刘树英 （东北大学）	第44篇	闻邦椿　（东北大学）	闻邦椿　宋桂秋	雒建斌
	第45篇	闻邦椿 刘树英　（东北大学）	闻邦椿　刘树英	赵淳生
	第46篇	闻邦椿 刘树英　（东北大学）	闻邦椿　刘树英	高金吉
	第47篇	赵新军　（东北大学）	赵新军　钟　莹　孙晓枫	宋桂秋 巩云鹏
	第48篇	刘志峰　（合肥工业大学）	刘志峰　李新宇　张　雷　李小彭	刘光复 孙志礼
	第49篇	王安麟　（同济大学）	王安麟	柳洪义
	第50篇	任露泉 韩志武　（吉林大学）	任露泉　韩志武　呼　咏　孙霁宇 田丽梅　张成春　张俊秋　张　强 张　锐　张志辉	王继新
	第51篇	朱爱斌　（西安交通大学）	朱爱斌　张执南	谢友柏
	第52篇	宋桂秋 刘　宇　（东北大学）	宋桂秋　刘　宇　李一鸣	邓庆绪 彭玉怀
	第53篇	邓庆绪　（东北大学）	邓庆绪　彭玉怀	张　斌
	第54篇	李　虎　（东北大学）	李　虎　陈亚东	巩亚东 宋桂秋
	第55篇	闻邦椿 刘树英　（东北大学）	闻邦椿　刘树英	赵淳生

本卷编辑人员

篇　　目	责 任 编 辑	审 读 编 辑
第1篇	王春雨	王珑
第2篇	王春雨	王珑
第3篇	王春雨	杨明远
第4篇	王春雨	雷云辉

前　　言

本版手册为新出版的第 6 版七卷本《机械设计手册》。由于科学技术的快速发展，需要我们对手册内容进行更新，增加新的科技内容，以满足广大读者的迫切需要。

《机械设计手册》自 1991 年面世发行以来，历经 5 次修订，截至 2016 年已累计发行 38 万套。作为国家级重点科技图书的《机械设计手册》，深受社会各界的重视和好评，在全国具有很大的影响力，该手册曾获得全国优秀科技图书奖二等奖（1995 年）、机械工业部科技进步奖二等奖（1997 年）、机械工业科学技术奖一等奖（2011 年）、中国出版政府奖提名奖（2013 年），并多次获得全国科技畅销书奖等奖项。1994 年，《机械设计手册》曾在我国台湾建宏出版社出版发行，并在海内外产生了广泛的影响。《机械设计手册》荣获的一系列国家和部级奖项表明，其具有很高的科学价值、实用价值和文化价值。《机械设计手册》已成为机械设计领域的一部大型品牌工具书，已成为机械工程领域权威的和影响力较大的大型工具书，长期以来，它为我国装备制造业的发展做出了巨大贡献。

第 5 版《机械设计手册》出版发行至今已有 7 年时间，这期间我国国民经济有了很大发展，国家制定了《国家创新驱动发展战略纲要》，其中把创新驱动发展作为了国家的优先战略。因此，《机械设计手册》第 6 版修订工作的指导思想除努力贯彻"科学性、先进性、创新性、实用性、可靠性"外，更加突出了"创新性"，以全力配合我国"创新驱动发展战略"的重大需求，为实现我国建设创新型国家和科技强国梦做出贡献。

在本版手册的修订过程中，广泛调研了厂矿企业、设计院、科研院所和高等院校等多方面的使用情况和意见。对机械设计的基础内容、经典内容和传统内容，从取材、产品及其零部件的设计方法与计算流程、设计实例等多方面进行了深入系统的整合，同时，还全面总结了当前国内外机械设计的新理论、新方法、新材料、新工艺、新结构、新产品和新技术，特别是在现代设计与创新设计理论与方法、机电一体化及机械系统控制技术等方面做了系统和全面的论述和凝练。相信本版手册会以崭新的面貌展现在广大读者面前，它将对提高我国机械产品的设计水平、推进新产品的研究与开发、老产品的改造，以及产品的引进、消化、吸收和再创新，进而促进我国由制造大国向制造强国跃升，发挥出巨大的作用。

本版手册分为 7 卷 55 篇：第 1 卷　机械设计基础资料；第 2 卷　机械零部件设计（连接、紧固与传动）；第 3 卷　机械零部件设计（轴系、支承与其他）；第 4 卷　流体传动与控制；第 5 卷　机电一体化与控制技术；第 6 卷　现代设计与创新设计（一）；第 7 卷　现代设计与创新设计（二）。

本版手册有以下七大特点：

一、构建新体系

构建了科学、先进、实用、适应现代机械设计创新潮流的《机械设计手册》新结构体系。该体系层次为：机械基础、常规设计、机电一体化设计与控制技术、现代设计与创新设计方法。该体系的特点是：常规设计方法与现代设计方法互相融合，光、机、电设计融为一体，局部的零部件设计与系统化设计互相衔接，并努力将创新设计的理念贯穿于常规设计与现代设计之中。

二、凸显创新性

习近平总书记在 2014 年 6 月和 2016 年 5 月召开的中国科学院、中国工程院两院院士大会上分别提出了我国科技发展的方向就是"创新、创新、再创新",以及实现创新型国家和科技强国的三个阶段的目标和五项具体工作。为了配合我国创新驱动发展战略的重大需求,本版手册突出了机械创新设计内容的编写,主要有以下几个方面:

(1) 新增第7卷,重点介绍了创新设计及与创新设计有关的内容。

该卷主要内容有:机械创新设计概论,创新设计方法论,顶层设计原理、方法与应用,创新原理、思维、方法与应用,绿色设计与和谐设计,智能设计,仿生机械设计,互联网上的合作设计,工业通信网络,面向机械工程领域的大数据、云计算与物联网技术,3D打印设计与制造技术,系统化设计理论与方法。

(2) 在一些篇章编入了创新设计和多种典型机械创新设计的内容。

"第11篇 机构设计"篇新增加了"机构创新设计"一章,该章编入了机构创新设计的原理、方法及飞剪机剪切机构创新设计,大型空间折展机构创新设计等多个创新设计的案例。典型机械的创新设计有大型全断面掘进机(盾构机)仿真分析与数字化设计、机器人挖掘机的机电一体化创新设计、节能抽油机的创新设计、产品包装生产线的机构方案创新设计等。

(3) 编入了一大批典型的创新机械产品。

"机械无级变速器"一章中编入了新型金属带式无级变速器,"并联机构的设计与应用"一章中编入了数十个新型的并联机床产品,"振动的利用"一章中新编入了激振器偏移式自同步振动筛、惯性共振式振动筛、振动压路机等十多个典型的创新机械产品。这些产品有的获得了国家或省部级奖励,有的是专利产品。

(4) 编入了机械设计理论和设计方法论等方面的创新研究成果。

1) 闻邦椿院士团队经过长期研究,在国际上首先创建了振动利用工程学科,提出了该类机械设计理论和方法。本版手册中编入了相关内容和实例。

2) 根据多年的研究,提出了以非线性动力学理论为基础的深层次的动态设计理论与方法。本版手册首次编入了该方法并列举了若干应用范例。

3) 首先提出了和谐设计的新概念和新内容,阐明了自然环境、社会环境(政治环境、经济环境、人文环境、国际环境、国内环境)、技术环境、资金环境、法律环境下的产品和谐设计的概念和内容的新体系,把既有的绿色设计篇拓展为绿色设计与和谐设计篇。

4) 全面系统地阐述了产品系统化设计的理论和方法,提出了产品设计的总体目标、广义目标和技术目标的内涵,提出了应该用IQCTES六项设计要求来代替QCTES五项要求,详细阐明了设计的四个理想步骤,即"3I调研""7D规划""1+3+X实施""5(A+C)检验",明确提出了产品系统化设计的基本内容是主辅功能、三大性能和特殊性能要求的具体实现。

5) 本版手册引入了闻邦椿院士经过长期实践总结出的独特的、科学的创新设计方法论体系和规则,用来指导产品设计,并提出了创新设计方法论的运用可向智能化方向发展,即采用专家系统来完成。

三、坚持科学性

手册的科学水平是评价手册编写质量的重要方面,因此,本版手册特别强调突出内容的科学性。

(1) 本版手册努力贯彻科学发展观及科学方法论的指导思想和方法,并将其落实到手册内容的编写中,特别是在产品设计理论方法的和谐设计、深层次设计及系统化设计的编写中。

(2) 本版手册中的许多内容是编著者多年研究成果的科学总结。这些内容中有不少是国家863、973计划项目,国家科研重大专项,国家自然科学基金重大、重点和面上项目资助项目的研究成果,有不少成果曾获得国际、国家、部委、省市科技奖励及技术专利,充分体现了本版手册内容的重大科学价值与创新性。

下面简要介绍本版手册编入的几方面的重要研究成果：

1）振动利用工程新学科是闻邦椿院士团队经过长期研究在国际上首先创建的。本版手册中编入了振动利用机械的设计理论、方法和范例。

2）产品系统化设计理论与方法的体系和内容是闻邦椿院士团队提出并加以完善的，编写者依据多年的研究成果和系列专著，经综合整理后首次编入本版手册。

3）仿生机械设计是一门新兴的综合性交叉学科，近年来得到了快速发展，它为机械设计的创新提供了新思路、新理论和新方法。吉林大学任露泉院士领导的工程仿生教育部重点实验室开展了大量的深入研究工作，取得了一系列创新成果且出版了专著，据此并结合国内外大量较新的文献资料，为本版手册构建了仿生机械设计的新体系，编写了"仿生机械设计"篇（第50篇）。

4）激光及其在机械工程中的应用篇是中国科学院长春光学精密机械与物理研究所王立军院士依据多年的研究成果，并参考国内外大量较新的文献资料编写而成的。

5）绿色制造工程是国家确立的五项重大工程之一，绿色设计是绿色制造工程的最重要环节，是一个新的学科。合肥工业大学刘志峰教授依据在绿色设计方面获多项国家和省部级奖励的研究成果，参考国内外大量较新的文献资料为本版手册首次构建了绿色设计新体系，编写了"绿色设计与和谐设计"篇（第48篇）。

6）微机电系统及设计是前沿的新技术。东南大学黄庆安教授领导的微电子机械系统教育部重点实验室多年来开展了大量研究工作，取得了一系列创新研究成果，本版手册的"微机电系统及设计"篇（第28篇）就是依据这些成果和国内外大量较新的文献资料编写而成的。

四、重视先进性

（1）本版手册对机械基础设计和常规设计的内容做了大规模全面修订，编入了大量新标准、新材料、新结构、新工艺、新产品、新技术、新设计理论和计算方法等。

1）编入和更新了产品设计中需要的大量国家标准，仅机械工程材料篇就更新了标准126个，如 GB/T 699—2015《优质碳素结构钢》、GB/T 3077—2015《合金结构钢》、GB/T 15712—2016《非调质机械结构钢》、GB/T 11263—2017《热轧 H 型钢和部分 T 型钢》和 GB/T 2040—2017《铜及铜合金板材》等。

2）在新材料方面，充实并完善了铝及铝合金、钛及钛合金、镁及镁合金等内容。这些材料由于具有优良的力学性能、物理性能以及回收率高等优点，目前广泛应用于航空、航天、高铁、计算机、通信元件、电子产品、纺织和印刷等行业。增加了国内外粉末冶金材料的新品种，如美国、德国和日本等国家的各种粉末冶金材料。充实了国内外工程塑料及复合材料的新品种。

3）新编的"机械零部件结构设计"篇（第4篇），依据11个结构设计方面的基本要求，编写了相应的内容，并编入了结构设计的评估体系和减速器结构设计、滚动轴承部件结构设计的示例。

4）按照 GB/T 3480.1~3—2013（报批稿）、GB/T 10062.1~3—2003 及 ISO 6336—2006 等新标准，重新构建了更加完善的渐开线圆柱齿轮传动和锥齿轮传动的设计计算新体系；按照初步确定尺寸的简化计算、简化疲劳强度校核计算、一般疲劳强度校核计算，编排了三种设计计算方法，以满足不同场合、不同要求的齿轮设计。

5）在"第4卷 流体传动与控制"卷中，编入了一大批国内外知名品牌的新标准、新结构、新产品、新技术和新设计计算方法。在"液力传动"篇（第23篇）中新增加了液黏传动，它是一种新型的液力传动。

(2)"第5卷 机电一体化与控制技术"卷充实了智能控制及专家系统的内容,大篇幅增加了机器人与机器人装备的内容。

机器人是机电一体化特征最为显著的现代机械系统,机器人技术是智能制造的关键技术。由于智能制造的迅速发展,近年来机器人产业呈现出高速发展的态势。为此,本版手册大篇幅增加了"机器人与机器人装备"篇(第26篇)的内容。该篇从实用性的角度,编写了串联机器人、并联机器人、轮式机器人、机器人工装夹具及变位机;编入了机器人的驱动、控制、传感、视角和人工智能等共性技术;结合喷涂、搬运、电焊、冲压及压铸等工艺,介绍了机器人的典型应用实例;介绍了服务机器人技术的新进展。

(3)为了配合我国创新驱动战略的重大需求,本版手册扩大了创新设计的篇数,将原第6卷扩编为两卷,即新的"现代设计与创新设计(一)"(第6卷)和"现代设计与创新设计(二)"(第7卷)。前者保留了原第6卷的主要内容,后者编入了创新设计和与创新设计有关的内容及一些前沿的技术内容。

本版手册"现代设计与创新设计(一)"卷(第6卷)的重点内容和新增内容主要有:

1)在"现代设计理论与方法综述"篇(第32篇)中,简要介绍了机械制造技术发展总趋势、在国际上有影响的主要设计理论与方法、产品研究与开发的一般过程和关键技术、现代设计理论的发展和根据不同的设计目标对设计理论与方法的选用。闻邦椿院士在国内外首次按照系统工程原理,对产品的现代设计方法做了科学分类,克服了目前产品设计方法的论述缺乏系统性的不足。

2)新编了"数字化设计"篇(第40篇)。数字化设计是智能制造的重要手段,并呈现应用日益广泛、发展更加深刻的趋势。本篇编入了数字化技术及其相关技术、计算机图形学基础、产品的数字化建模、数字化仿真与分析、逆向工程与快速原型制造、协同设计、虚拟设计等内容,并编入了大型全断面掘进机(盾构机)的数字化仿真分析和数字化设计、摩托车逆向工程设计等多个实例。

3)新编了"试验优化设计"篇(第41篇)。试验是保证产品性能与质量的重要手段。本篇以新的视觉优化设计构建了试验设计的新体系、全新内容,主要包括正交试验、试验干扰控制、正交试验的结果分析、稳健试验设计、广义试验设计、回归设计、混料回归设计、试验优化分析及试验优化设计常用软件等。

4)将手册第5版的"造型设计与人机工程"篇改编为"工业设计与人机工程"篇(第42篇),引入了工业设计的相关理论及新的理念,主要有品牌设计与产品识别系统(PIS)设计、通用设计、交互设计、系统设计、服务设计等,并编入了机器人的产品系统设计分析及自行车的人机系统设计等典型案例。

(4)"现代设计与创新设计(二)"卷(第7卷)主要编入了创新设计和与创新设计有关的内容及一些前沿技术内容,其重点内容和新编内容有:

1)新编了"机械创新设计概论"篇(第44篇)。该篇主要编入了创新是我国科技和经济发展的重要战略、创新设计的发展与现状、创新设计的指导思想与目标、创新设计的内容与方法、创新设计的未来发展战略、创新设计方法论的体系和规则等。

2)新编了"创新设计方法论"篇(第45篇)。该篇为创新设计提供了正确的指导思想和方法,主要编入了创新设计方法论的体系、规则,创新设计的目的、要求、内容、步骤、程序及科学方法,创新设计工作者或团队的四项潜能,创新设计客观因素的影响及动态因素的作用,用科学哲学思想来统领创新设计工作,创新设计方法论的应用,创新设计方法论应用的智能化及专家系统,创新设计的关键因素及制约的因素分析等内容。

3)创新设计是提高机械产品竞争力的重要手段和方法,大力发展创新设计对我国国民经济发展具有重要的战略意义。为此,编写了"创新原理、思维、方法与应用"篇(第47篇)。除编入了创新思维、原理和方法,创新设计的基本理论和创新的系统化设计方法外,还编入了29种创新思维方法、30种创新技术、40种发明创造原理,列举了大量的应用范例,为引领机械创新设计做出了示范。

4)绿色设计是实现低资源消耗、低环境污染、低碳经济的保护环境和资源合理利用的重要技术政策。本版手册中编入了"绿色设计与和谐设计"篇(第48篇)。该篇系统地论述了绿色设计的概念、理论、方法及其关键技术。编者结合多年的研究实践,并参考了大量的国内外文献及较新的研究成果,首次构建了系统实用的绿色设计的完整体系,包括绿色材料选择、拆卸回收产品设计、包装设计、节能设计、绿色设计体系与评估方法,并给出了系列典型范例,这些对推动工程绿色设计的普遍实施具有重要的指引和示范作用。

5)仿生机械设计是一门新兴的综合性交叉学科,本版手册新编入了"仿生机械设计"篇(第50篇),包括仿生机械设计的原理、方法、步骤,仿生机械设计的生物模本,仿生机械形态与结构设计,仿生机械运动学设计,仿生机构设计,并结合仿生行走、飞行、游走、运动及生机电仿生手臂,编入了多个仿生机械设计范例。

6)第55篇为"系统化设计理论与方法"篇。装备制造机械产品的大型化、复杂化、信息化程度越来越高,对设计方法的科学性、全面性、深刻性、系统性提出的要求也越来越高,为了满足我国制造强国的重大需要,亟待创建一种能统领产品设计全局的先进设计方法。该方法已经在我国许多重要机械产品(如动车、大型离心压缩机等)中成功应用,并获得重大的社会效益和经济效益。本版手册对该系统化设计方法做了系统论述并给出了大型综合应用实例,相信该系统化设计方法对我国大型、复杂、现代化机械产品的设计具有重要的指导和示范作用。

7)本版手册第7卷还编入了与创新设计有关的其他多篇现代化设计方法及前沿新技术,包括顶层设计原理、方法与应用,智能设计,互联网上的合作设计,工业通信网络,面向机械工程领域的大数据、云计算与物联网技术,3D打印设计与制造技术等。

五、突出实用性

为了方便产品设计者使用和参考,本版手册对每种机械零部件和产品均给出了具体应用,并给出了选用方法或设计方法、设计步骤及应用范例,有的给出了零部件的生产企业,以加强实际设计的指导和应用。本版手册的编排尽量采用表格化、框图化等形式来表达产品设计所需要的内容和资料,使其更加简明、便查;对各种标准采用摘编、数据合并、改排和格式统一等方法进行改编,使其更为规范和便于读者使用。

六、保证可靠性

编入本版手册的资料尽可能取自原始资料,重要的资料均注明来源,以保证其可靠性。所有数据、公式、图表力求准确可靠,方法、工艺、技术力求成熟。所有材料、零部件、产品和工艺标准均采用新公布的标准资料,并且在编入时做到认真核对以避免差错。所有计算公式、计算参数和计算方法都经过长期检验,各种算例、设计实例均来自工程实际,并经过认真的计算,以确保可靠。本版手册编入的各种通用的及标准化的产品均说明其特点及适用情况,并注明生产厂家,供设计人员全面了解情况后选用。

七、保证高质量和权威性

本版手册主编单位东北大学是国家211、985重点大学、"重大机械关键设计制造共性技术"985创新平台建设单位、2011国家钢铁共性技术协同创新中心建设单位,建有"机械设计及理论国家重点学科"和"机械工程一级学科"。由东北大学机械及相关学科的老教授、老专家和中青年学术精英组成了实力强大的大型工具书编写团队骨干，以及一批来自国家重点高校、研究院所、大型企业等30多个单位、近200位专家、学者组成了高水平编审团队。编审团队成员的大多数都是所在领域的著名资深专家，他们具有深广的理论基础、丰富的机械设计工作经历、丰富的工具书编纂经验和执着的敬业精神，从而确保了本版手册的高质量和权威性。

在本版手册编写中，为便于协调，提高质量，加快编写进度，编审人员以东北大学的教师为主，并组织邀请了清华大学、上海交通大学、西安交通大学、浙江大学、哈尔滨工业大学、吉林大学、天津大学、华中科技大学、北京科技大学、大连理工大学、东南大学、同济大学、重庆大学、北京化工大学、南京航空航天大学、上海师范大学、合肥工业大学、大连交通大学、长安大学、西安建筑科技大学、沈阳工业大学、沈阳航空航天大学、沈阳建筑大学、沈阳理工大学、沈阳化工大学、重庆理工大学、中国科学院长春光学精密机械与物理研究所、中国科学院沈阳自动化研究所等单位的专家、学者参加。

在本版手册出版之际，特向著名机械专家、本手册创始人、第1版及第2版的主编徐灏教授致以崇高的敬意，向历次版本副主编邱宣怀教授、蔡春源教授、严隽琪教授、林忠钦教授、余俊教授、汪恺总工程师、周士昌教授致以崇高的敬意，向参加本手册历次版本的编写单位和人员表示衷心感谢，向在本手册历次版本的编写、出版过程中给予大力支持的单位和社会各界朋友们表示衷心感谢，特别感谢机械科学研究总院、郑州机械研究所、徐州工程机械集团公司、北方重工集团沈阳重型机械集团有限责任公司和沈阳矿山机械集团有限责任公司、沈阳机床集团有限责任公司、沈阳鼓风机集团有限责任公司及辽宁省标准研究院等单位的大力支持。

由于编者水平有限，手册中难免有一些不尽如人意之处，殷切希望广大读者批评指正。

主编　闻邦椿

目 录

第1篇 常用设计资料和数据

第1章 常用符号和数据

1 常用符号 ……………………………… 1-3
  1.1 常用字母 …………………………… 1-3
  1.2 国内和国外部分标准代号 …………… 1-4
  1.3 数学符号 …………………………… 1-5
  1.4 化学元素符号 ……………………… 1-9
2 常用数据表 …………………………… 1-10
  2.1 金属硬度与强度换算 ……………… 1-10
  2.2 常用材料的物理性能 ……………… 1-21
  2.3 常用材料及物体的摩擦因数 ……… 1-25
  2.4 机械传动效率的概略值 …………… 1-28
  2.5 常用物理量常数 …………………… 1-29
3 优先数和优先数系 …………………… 1-29
  3.1 术语与定义 ………………………… 1-30
    3.1.1 优先数系 ……………………… 1-30
    3.1.2 系列代号 ……………………… 1-31
  3.2 系列的种类 ………………………… 1-31
  3.3 优先数的计算与序号 N 的运用 …… 1-33
  3.4 系列选择原则 ……………………… 1-33
  3.5 优先数和优先数系的应用示例 …… 1-34

第2章 计量单位和单位换算

1 国际单位制(SI)单位 ………………… 1-37
2 可与国际单位制单位并用的我国法定
   计量单位 ……………………………… 1-38
3 常用物理量符号及其法定单位 ……… 1-39
4 计量单位换算 ………………………… 1-41

第3章 常用数学公式

1 代数 …………………………………… 1-43
  1.1 二项式公式、多项式公式和因式分解 … 1-43
    1.1.1 二项式公式 …………………… 1-43
    1.1.2 多项式公式 …………………… 1-43
    1.1.3 因式分解 ……………………… 1-43
  1.2 指数和根式 ………………………… 1-43
    1.2.1 指数 …………………………… 1-43
    1.2.2 根式 …………………………… 1-43
  1.3 对数 ………………………………… 1-43
    1.3.1 运算法则 ……………………… 1-43
    1.3.2 常用对数和自然对数 ………… 1-44
  1.4 不等式 ……………………………… 1-44
    1.4.1 代数不等式 …………………… 1-44
    1.4.2 三角不等式 …………………… 1-44
    1.4.3 含有指数、对数的不等式 …… 1-44
  1.5 代数方程 …………………………… 1-44
    1.5.1 一元方程的解 ………………… 1-44
    1.5.2 一次方程组的解 ……………… 1-45
  1.6 级数 ………………………………… 1-45
    1.6.1 等差级数 ……………………… 1-45
    1.6.2 等比级数 ……………………… 1-45
    1.6.3 一些级数的前 n 项和 ………… 1-45
    1.6.4 一些特殊级数的和 …………… 1-45
    1.6.5 二项级数 ……………………… 1-45
    1.6.6 指数函数和对数函数的
       幂级数展开式 ………………… 1-46
    1.6.7 三角函数和反三角函数的幂级数
       展开式 ………………………… 1-46
    1.6.8 双曲函数和反双曲函数的幂级数
       展开式 ………………………… 1-46
  1.7 复数和傅里叶级数 ………………… 1-47
    1.7.1 复数 …………………………… 1-47
    1.7.2 傅里叶级数 …………………… 1-47
  1.8 行列式和矩阵 ……………………… 1-48
    1.8.1 行列式 ………………………… 1-48
    1.8.2 行列式的性质 ………………… 1-49
    1.8.3 矩阵 …………………………… 1-49
    1.8.4 矩阵的运算 …………………… 1-51
    1.8.5 初等变换、初等方阵及其关系 … 1-52
    1.8.6 等价矩阵和矩阵的秩 ………… 1-54
    1.8.7 分块矩阵 ……………………… 1-54
  1.9 线性方程组 ………………………… 1-55
    1.9.1 线性方程组的基本概念 ……… 1-55
    1.9.2 线性方程组解的判定 ………… 1-55

            1.9.3 线性方程组求解的消元法 ……… 1-55
2 三角函数与双曲函数 ………………… 1-56
  2.1 三角函数 ………………………… 1-56
     2.1.1 三角函数间的关系 …………… 1-56
     2.1.2 和差角公式 ………………… 1-56
     2.1.3 和差化积公式 ……………… 1-56
     2.1.4 积化和差公式 ……………… 1-56
     2.1.5 倍角公式 …………………… 1-56
     2.1.6 半角公式 …………………… 1-57
     2.1.7 正弦和余弦的幂 …………… 1-57
     2.1.8 三角形 ……………………… 1-57
  2.2 反三角函数间的关系 …………… 1-57
  2.3 双曲函数 ………………………… 1-58
     2.3.1 双曲函数间的关系 ………… 1-58
     2.3.2 反双曲函数的对数表达式 … 1-58
     2.3.3 双曲函数和三角函数的关系 … 1-58
3 平面曲线与空间图形 ………………… 1-58
  3.1 坐标系及坐标变换 ……………… 1-58
  3.2 常用曲线 ………………………… 1-59
  3.3 立体图形计算公式 ……………… 1-64
4 微分 …………………………………… 1-66
  4.1 特殊极限值 ……………………… 1-66
  4.2 导数 ……………………………… 1-67
     4.2.1 导数符号 …………………… 1-67
     4.2.2 求导法则 …………………… 1-67
     4.2.3 基本导数公式 ……………… 1-67
     4.2.4 简单函数的高阶导数公式 … 1-68
  4.3 泰勒公式和马克劳林公式 ……… 1-68
  4.4 曲线形状的导数特征 …………… 1-68
  4.5 曲率和曲率中心 ………………… 1-70
  4.6 曲线的切线和法线 ……………… 1-70
5 积分 …………………………………… 1-70
  5.1 不定积分 ………………………… 1-70
     5.1.1 不定积分法则 ……………… 1-70
     5.1.2 常用换元积分法 …………… 1-70
     5.1.3 基本积分公式 ……………… 1-70
     5.1.4 有理函数的积分 …………… 1-71
     5.1.5 无理函数的积分 …………… 1-72
     5.1.6 超越函数的积分 …………… 1-73
  5.2 定积分和反常积分 ……………… 1-75
     5.2.1 定积分一般公式 …………… 1-75
     5.2.2 反常积分 …………………… 1-76
     5.2.3 重要定积分和反常积分公式 … 1-76

6 常微分方程 …………………………… 1-77
  6.1 一阶常微分方程 ………………… 1-77
  6.2 二阶常微分方程 ………………… 1-80
7 拉普拉斯变换 ………………………… 1-82
  7.1 拉普拉斯变换及逆变换 ………… 1-82
  7.2 拉普拉斯变换的性质 …………… 1-82
  7.3 拉普拉斯变换表 ………………… 1-82
  7.4 拉普拉斯逆变换表 ……………… 1-84
  7.5 拉普拉斯变换的应用 …………… 1-85
     7.5.1 常系数线性微分方程的
           定解问题 …………………… 1-85
     7.5.2 线性定常系统的传递函数 … 1-85
8 Z 变换 ………………………………… 1-86
  8.1 Z 变换及逆变换 ………………… 1-86
  8.2 Z 变换的性质 …………………… 1-86
  8.3 Z 变换表 ………………………… 1-86
  8.4 Z 逆变换表 ……………………… 1-89

第4章 常用力学公式

1 静力学基本公式 ……………………… 1-91
2 运动学基本公式 ……………………… 1-95
3 动力学基本公式 ……………………… 1-99
4 点的应力、应变状态分析和强度理论 … 1-108
5 平面图形几何性质的计算公式 ……… 1-112
6 杆件的强度和刚度计算公式 ………… 1-119
7 杆系结构的内力、应力和位移
  计算公式 ……………………………… 1-144
8 薄板小挠度弯曲时的应力与位移计算公式
  （线弹性范围） ……………………… 1-147
9 薄壳的内力与位移计算公式
  （线弹性范围） ……………………… 1-156
10 厚壳的应力、位移计算公式和强度
   设计公式 …………………………… 1-164
11 旋转圆筒和旋转圆盘的应力和位移
   计算公式 …………………………… 1-165
12 接触问题的应力、位移计算公式和
   强度计算 …………………………… 1-167
   12.1 接触面上的应力和位移的计算公式 … 1-167
   12.2 接触强度计算 ……………… 1-171
13 构件的稳定性计算公式 …………… 1-173
14 静态应变测量计算公式 …………… 1-185
参考文献 …………………………… 1-189

第2篇 机械制图与机械零部件精度设计

第1章 机械制图

1 概述 ……………………………………… 2-3
2 通用性规定 ……………………………… 2-4
  2.1 图纸幅面和格式 ………………………… 2-4
    2.1.1 图纸幅面 …………………………… 2-4
    2.1.2 图纸边框格式及尺寸 ……………… 2-5
    2.1.3 图幅分区及对中符号、方向
         符号 …………………………………… 2-5
  2.2 标题栏及明细栏 ………………………… 2-6
    2.2.1 标题栏的放置位置、格式和尺寸 … 2-6
    2.2.2 明细栏的格式 ……………………… 2-6
  2.3 比例 ……………………………………… 2-8
    2.3.1 术语和定义 ………………………… 2-8
    2.3.2 比例系列 …………………………… 2-8
    2.3.3 比例的标注方法 …………………… 2-8
  2.4 字体及其在CAD制图中的规定 ……… 2-8
    2.4.1 字体的基本要求 …………………… 2-8
    2.4.2 字体示例 …………………………… 2-9
    2.4.3 CAD制图中字体的要求 …………… 2-9
  2.5 图线画法及其在CAD制图中的规定 … 2-10
    2.5.1 图线的术语和定义 ………………… 2-10
    2.5.2 图线的宽度、形式和应用 ………… 2-10
    2.5.3 图线画法 …………………………… 2-15
    2.5.4 CAD制图中图线的结构 …………… 2-15
    2.5.5 指引线和基准线的基本规定 ……… 2-15
  2.6 剖面区域表示法 ………………………… 2-19
    2.6.1 常用的金属材料剖面区的剖面或
         截面表示法 ………………………… 2-19
    2.6.2 特殊材料的表示 …………………… 2-19
3 图样画法 ………………………………… 2-19
  3.1 第一角投影法和第三角投影法 ………… 2-19
  3.2 视图 ……………………………………… 2-22
    3.2.1 视图选择 …………………………… 2-22
    3.2.2 视图分类和画法 …………………… 2-23
    3.2.3 视图的其他表示法 ………………… 2-24
  3.3 剖视图和断面图 ………………………… 2-27
    3.3.1 剖视图 ……………………………… 2-27
    3.3.2 断面图 ……………………………… 2-32
  3.4 简化画法和规定画法 …………………… 2-34
    3.4.1 简化画法 …………………………… 2-34

    3.4.2 规定画法 …………………………… 2-38
  3.5 尺寸标注 ………………………………… 2-39
    3.5.1 基本规则 …………………………… 2-39
    3.5.2 尺寸注法的一般规定 ……………… 2-40
    3.5.3 简化注法 …………………………… 2-45
  3.6 尺寸公差与配合注法 …………………… 2-49
    3.6.1 公差与配合的一般标注 …………… 2-49
    3.6.2 配制配合的标注 …………………… 2-51
  3.7 装配图中零部件序号及其编排方法 …… 2-52
    3.7.1 序号及编排方法 …………………… 2-52
    3.7.2 装配图中序号编排的基本要求 …… 2-53
  3.8 轴测图 …………………………………… 2-53
    3.8.1 轴测投影基本概念 ………………… 2-53
    3.8.2 绘制轴测图的基本方法 …………… 2-54
  3.9 常见结构（螺纹、花键、中心孔）
     表示法 …………………………………… 2-57
    3.9.1 螺纹表示法 ………………………… 2-57
    3.9.2 花键表示法 ………………………… 2-60
    3.9.3 中心孔表示法 ……………………… 2-62
  3.10 常用件（螺纹紧固件、齿轮、弹簧、
      滚动轴承、动密封圈）表示法 ……… 2-63
    3.10.1 带螺纹的紧固件的表示法 ……… 2-63
    3.10.2 齿轮表示法 ……………………… 2-65
    3.10.3 弹簧表示法 ……………………… 2-69
    3.10.4 滚动轴承表示法 ………………… 2-73
    3.10.5 动密封圈表示法 ………………… 2-78

第2章 极限、配合与公差

1 极限与配合 ……………………………… 2-84
  1.1 极限与配合标准的主要内容 …………… 2-84
    1.1.1 术语和定义 ………………………… 2-84
    1.1.2 标准公差 …………………………… 2-87
    1.1.3 基本偏差 …………………………… 2-88
    1.1.4 公差带 ……………………………… 2-94
    1.1.5 配合 ………………………………… 2-94
    1.1.6 公差带和配合的选择 ……………… 2-95
  1.2 标准公差与配合的选用 ………………… 2-147
    1.2.1 标准公差的选用 …………………… 2-147
    1.2.2 配合的选用 ………………………… 2-149
2 线性和角度尺寸的一般公差 …………… 2-154
  2.1 线性和角度尺寸一般公差的

概念和应用……………………… 2-154
　2.2　一般公差的公差等级和极限偏差…… 2-154
3　圆锥公差与配合………………………… 2-155
　3.1　圆锥的锥度与锥角系列…………… 2-155
　　3.1.1　术语和定义…………………… 2-155
　　3.1.2　锥度与锥角系列……………… 2-155
　　3.1.3　应用说明……………………… 2-156
　3.2　圆锥公差………………………… 2-157
　　3.2.1　术语和定义…………………… 2-157
　　3.2.2　圆锥公差的项目和给定方法…… 2-158
　　3.2.3　圆锥公差数值………………… 2-158
　　3.2.4　应用说明……………………… 2-158
　3.3　圆锥配合………………………… 2-161
　　3.3.1　圆锥配合的形式……………… 2-161
　　3.3.2　术语和定义…………………… 2-161
　　3.3.3　圆锥配合的一般规定………… 2-162
　　3.3.4　应用说明……………………… 2-162
4　光滑工件尺寸的检验…………………… 2-167
　4.1　产品几何技术规范（GPS）光滑工件
　　　尺寸的检验标准（GB/T 3177—2009）
　　　的主要内容………………………… 2-167
　　4.1.1　验收原则……………………… 2-167
　　4.1.2　验收方法的基础……………… 2-167
　　4.1.3　标准温度……………………… 2-167
　　4.1.4　验收极限……………………… 2-167
　　4.1.5　计量器具的选择……………… 2-169
　　4.1.6　仲裁…………………………… 2-169
　4.2　应用说明………………………… 2-169
　　4.2.1　适用范围……………………… 2-169
　　4.2.2　验收原则和验收极限………… 2-169
　　4.2.3　计量器具的选择说明………… 2-169

第3章　几何公差

1　概述……………………………………… 2-170
　1.1　零件的几何特性………………… 2-170
　1.2　几何公差标准及对应的 ISO 标准… 2-170
2　几何公差的术语、定义或解释………… 2-171
　2.1　几何公差要素类的术语及
　　　其定义或解释……………………… 2-171
　2.2　基准和基准体系术语定义……… 2-175
3　几何公差的符号与标注………………… 2-176
　3.1　几何公差标注的基本原则……… 2-176
　3.2　几何公差的分类、几何特征、符号及
　　　附加符号…………………………… 2-177
　3.3　几何公差标注方法……………… 2-177
　3.4　公差带标注的规定……………… 2-180

　3.5　废止的标注方法………………… 2-183
4　几何公差的公差带定义、标注解释…… 2-185
5　延伸公差带的含义及标注……………… 2-198
6　几何公差的公差值……………………… 2-200
　6.1　未注公差值………………………… 2-200
　　6.1.1　未注公差值的基本概念……… 2-200
　　6.1.2　采用未注公差值的优点……… 2-200
　　6.1.3　未注公差值的规定…………… 2-201
　　6.1.4　未注公差值在图样上的
　　　　　表示方法……………………… 2-202
　　6.1.5　未注公差值的测量…………… 2-202
　　6.1.6　未注公差值的应用要点……… 2-202
　　6.1.7　综合示例……………………… 2-203
　6.2　几何公差注出公差值…………… 2-204
　　6.2.1　注出公差值的选用原则……… 2-204
　　6.2.2　注出公差值数系表…………… 2-204
　　6.2.3　常用的加工方法可达到的几何公
　　　　　差等级（仅供参考）………… 2-209
7　公差原则………………………………… 2-209
　7.1　独立原则………………………… 2-210
　7.2　包容要求………………………… 2-211
　7.3　最大实体要求…………………… 2-212
　7.4　最小实体要求…………………… 2-220
　7.5　可逆要求………………………… 2-223
　7.6　公差原则的综合分析与选用…… 2-225
8　综合示例………………………………… 2-226

第4章　表面结构

1　概述……………………………………… 2-233
　1.1　基本概念………………………… 2-233
　1.2　国家标准与对应的 ISO 标准…… 2-234
2　术语及定义……………………………… 2-235
　2.1　一般术语及定义………………… 2-235
　2.2　几何参数术语及定义…………… 2-237
　2.3　表面轮廓参数术语及定义……… 2-238
　2.4　GB/T 3505 新、旧标准的区别… 2-242
3　表面粗糙度……………………………… 2-242
　3.1　表面粗糙度对机械零件及
　　　设备功能的影响…………………… 2-242
　　3.1.1　对机械零件的影响…………… 2-242
　　3.1.2　对机械设备功能的影响……… 2-243
　3.2　表面粗糙度数值及其选用原则… 2-243
　　3.2.1　参数值、取样长度值及两者
　　　　　之间的关系…………………… 2-243
　　3.2.2　参数及参数值的选用原则…… 2-244
　　3.2.3　实际应用中有关参数的

　　　　经验图表 ………………………… 2-244
　3.2.4　参数值应用举例 ………………… 2-245
3.3　木制件表面粗糙度及其参数值 ……… 2-250
　3.3.1　评定参数及其数值 ………………… 2-250
　3.3.2　选用木制件表面粗糙度的
　　　　一般规则 ………………………… 2-251
4　表面波纹度 …………………………………… 2-253
　4.1　表面波纹度术语及定义 …………… 2-253
　　4.1.1　表面、轮廓及基准的术语
　　　　　及定义 ………………………… 2-253
　　4.1.2　波纹度参数的术语及定义 ……… 2-255
　　4.1.3　新、旧标准在术语与参数代号
　　　　　方面的变化 …………………… 2-257
　4.2　表面波纹度参数值 ………………… 2-257
　4.3　不同加工方法可能达到的表面波纹度
　　　　幅值范围 ………………………… 2-257
5　表面缺陷 …………………………………… 2-259
　5.1　一般术语与定义 …………………… 2-259
　5.2　表面缺陷的特征和参数 …………… 2-260
　5.3　表面缺陷类型的术语及定义 ……… 2-260
　　5.3.1　凹缺陷的术语及定义 ……………… 2-260
　　5.3.2　凸缺陷的术语及定义 ……………… 2-261
　　5.3.3　混合表面缺陷 ……………………… 2-261
　　5.3.4　区域缺陷和外观缺陷 ……………… 2-262
6　表面结构的表示法 ………………………… 2-262
　6.1　表面结构的图形符号及代号 ……… 2-262
　　6.1.1　表面结构的图形符号及
　　　　　其组成 ………………………… 2-263
　　6.1.2　图形符号的比例和尺寸 ………… 2-264
　　6.1.3　表面纹理符号及标注解释 ……… 2-265
　6.2　标注参数及附加要求的规定 ……… 2-266
　　6.2.1　表面结构的四项内容 ……………… 2-266
　　6.2.2　取样长度和评定长度的标注 …… 2-266
　　6.2.3　传输带的标注 ……………………… 2-266
　　6.2.4　极限值判断规则的标注 ………… 2-267
　　6.2.5　表面参数的双向极
　　　　　限值的标注 …………………… 2-267
　　6.2.6　表面结构代号示例及含义 ……… 2-267
　　6.2.7　其他标注的规定 …………………… 2-268

　6.3　表面结构代号在图样上的标注 …… 2-269
　6.4　表面结构代号的综合示例 ………… 2-271
　6.5　新、旧国家标准 GB/T 131 的主要
　　　　不同点 …………………………… 2-273
7　轮廓法评定表面结构的规则和方法 ……… 2-274
　7.1　参数测定 …………………………… 2-274
　7.2　测得值与规定值的对比规则 ……… 2-274
　7.3　参数评定的基本要求 ……………… 2-274
　7.4　粗糙度轮廓参数的测量 …………… 2-275
　　7.4.1　非周期性粗糙度轮廓的
　　　　　测量程序 ……………………… 2-275
　　7.4.2　周期性粗糙度轮廓的
　　　　　测量程序 ……………………… 2-275
8　表面粗糙度比较样块 ……………………… 2-276
　8.1　铸造表面比较样块 ………………… 2-276
　　8.1.1　样块的分类及参数值 ……………… 2-276
　　8.1.2　样块的表面特征 …………………… 2-276
　　8.1.3　表面粗糙度的评定方法 ………… 2-277
　　8.1.4　样块的结构尺寸 …………………… 2-277
　　8.1.5　样块的标志 ………………………… 2-277
　8.2　机械加工——磨、车、镗、铣、插及
　　　刨加工表面的比较样块 …………… 2-277
　　8.2.1　样块的定义及表面特征 ………… 2-277
　　8.2.2　样块的分类及参数值 ……………… 2-278
　　8.2.3　表面粗糙度的评定 ………………… 2-278
　　8.2.4　样块的加工纹理 …………………… 2-278
　　8.2.5　样块的结构尺寸及标志 ………… 2-279
　8.3　电火花、抛（喷）丸、喷砂、
　　　研磨、锉、抛光表面比较样块 ……… 2-279
　　8.3.1　电火花、研磨、锉和抛光表面及
　　　　　抛（喷）丸、喷砂表面的表面粗糙
　　　　　度参数值 ……………………… 2-279
　　8.3.2　表面粗糙度的评定 ………………… 2-279
　8.4　木制件表面比较样块 ……………… 2-280
　　8.4.1　样块的定义及表面特征 ………… 2-280
　　8.4.2　样块的分类及参数值 ……………… 2-281
　　8.4.3　表面粗糙度的评定 ………………… 2-281
　　8.4.4　样块的结构尺寸与标志 ………… 2-281
参考文献 ………………………………………… 2-282

第3篇　机械工程材料

第1章　钢铁材料

1　钢铁材料牌号表示方法 …………………… 3-3

1.1　钢铁产品牌号表示方法 ………………… 3-3
1.2　钢铁及合金牌号统一数字代号体系 … 3-11
1.3　金属材料常用力学性能名称、符号及

	含义 …………………………………… 3 – 12
2	铸铁 ………………………………………… 3 – 15
2.1	灰铸铁件 ……………………………… 3 – 15
2.2	可锻铸铁件 …………………………… 3 – 20
2.3	球墨铸铁件 …………………………… 3 – 21
2.4	低温铁素体球墨铸铁件 ……………… 3 – 25
2.5	蠕墨铸铁件 …………………………… 3 – 26
2.6	耐热铸铁件 …………………………… 3 – 30
2.7	高硅耐蚀铸铁件 ……………………… 3 – 31
2.8	抗磨白口铸铁件 ……………………… 3 – 32
2.9	铬锰钨系抗磨铸铁件 ………………… 3 – 34
2.10	奥氏体铸铁件 ………………………… 3 – 34
3	钢 …………………………………………… 3 – 37
3.1	铸钢 …………………………………… 3 – 37
	3.1.1 一般工程用铸造碳钢件 ……… 3 – 37
	3.1.2 熔模铸造碳钢件 ……………… 3 – 38
	3.1.3 焊接结构用铸钢件 …………… 3 – 40
	3.1.4 奥氏体锰钢铸件 ……………… 3 – 40
	3.1.5 一般工程与结构用低合金钢铸件 …………………………… 3 – 41
	3.1.6 大型低合金钢铸件 …………… 3 – 42
	3.1.7 一般用途耐蚀钢铸件 ………… 3 – 43
	3.1.8 工程结构用中、高强度不锈钢铸件 …………………………… 3 – 50
	3.1.9 一般用途耐热钢和合金铸件 … 3 – 51
	3.1.10 耐磨钢铸件 ………………… 3 – 53
	3.1.11 耐磨耐蚀钢铸件 …………… 3 – 53
	3.1.12 低温承压通用铸钢件 ……… 3 – 54
	3.1.13 高温承压马氏体不锈钢和合金钢通用铸件 ………………………… 3 – 55
3.2	结构钢 ………………………………… 3 – 58
	3.2.1 碳素结构钢 …………………… 3 – 58
	3.2.2 优质碳素结构钢 ……………… 3 – 59
	3.2.3 低合金高强度结构钢 ………… 3 – 66
	3.2.4 合金结构钢 …………………… 3 – 71
	3.2.5 保证淬透性结构钢 …………… 3 – 98
	3.2.6 耐候结构钢 …………………… 3 – 102
	3.2.7 冷镦和冷挤压用钢 …………… 3 – 103
	3.2.8 非调质机械结构钢 …………… 3 – 110
	3.2.9 易切削结构钢 ………………… 3 – 111
	3.2.10 弹簧钢 ……………………… 3 – 113
	3.2.11 桥梁用结构钢 ……………… 3 – 114
	3.2.12 锻件用结构钢 ……………… 3 – 116
	3.2.13 超高强度合金钢锻件 ……… 3 – 123
	3.2.14 大型不锈、耐酸、耐热钢锻件 ………………………………… 3 – 127
3.3	工具钢 ………………………………… 3 – 129
	3.3.1 高速工具钢 …………………… 3 – 129
	3.3.2 工模具钢 ……………………… 3 – 132
3.4	不锈钢和耐热钢 ……………………… 3 – 145
	3.4.1 不锈钢 ………………………… 3 – 145
	3.4.2 耐热钢 ………………………… 3 – 161
3.5	轴承钢 ………………………………… 3 – 175
	3.5.1 高碳铬轴承钢 ………………… 3 – 175
	3.5.2 高碳铬不锈轴承钢 …………… 3 – 177
	3.5.3 渗碳轴承钢 …………………… 3 – 178
	3.5.4 碳素轴承钢 …………………… 3 – 179
4	钢铁材料国内外牌号对照 ……………… 3 – 180
4.1	铸铁国内外牌号对照 ………………… 3 – 180
4.2	铸钢国内外牌号对照 ………………… 3 – 182
4.3	结构钢国内外牌号对照 ……………… 3 – 185
4.4	工具钢国内外牌号对照 ……………… 3 – 195
4.5	轴承钢国内外牌号对照 ……………… 3 – 197
4.6	不锈钢和耐热钢国内外牌号对照 …… 3 – 198
5	钢材 ………………………………………… 3 – 202
5.1	型材 …………………………………… 3 – 202
	5.1.1 热轧钢棒 ……………………… 3 – 202
	5.1.2 热轧型钢 ……………………… 3 – 207
	5.1.3 热轧 H 型钢 …………………… 3 – 218
	5.1.4 锻制钢棒 ……………………… 3 – 227
	5.1.5 冷拉圆钢、方钢和六角钢 …… 3 – 228
	5.1.6 银亮钢 ………………………… 3 – 229
	5.1.7 结构用冷弯空心型钢 ………… 3 – 231
	5.1.8 通用冷弯开口型钢 …………… 3 – 239
	5.1.9 热轧轻轨 ……………………… 3 – 250
5.2	钢板和钢带 …………………………… 3 – 251
	5.2.1 冷轧钢板和钢带尺寸规格 …… 3 – 251
	5.2.2 优质碳素结构钢冷轧薄钢板和钢带 ………………………………… 3 – 252
	5.2.3 不锈钢冷轧钢板和钢带 ……… 3 – 252
	5.2.4 热轧钢板和钢带尺寸规格 …… 3 – 266
	5.2.5 碳素结构钢和低合金结构钢热轧钢板和钢带 ……………………… 3 – 266
	5.2.6 合金结构钢热轧厚钢板 ……… 3 – 267
	5.2.7 超高强度结构用热处理钢板 ………………………………… 3 – 267
	5.2.8 高强度结构用调质钢板 ……… 3 – 268
	5.2.9 优质碳素结构钢热轧钢板和钢带 ………………………………… 3 – 269
	5.2.10 工程机械用高强度耐磨钢板 … 3 – 269
	5.2.11 耐热钢板和钢带 …………… 3 – 270
	5.2.12 不锈钢热轧钢板和钢带 …… 3 – 275

5.2.13 花纹钢板 ⋯⋯⋯⋯⋯⋯⋯ 3－276	材料 ⋯⋯⋯⋯⋯⋯⋯⋯⋯⋯⋯ 3－348
5.3 钢管 ⋯⋯⋯⋯⋯⋯⋯⋯⋯⋯⋯⋯ 3－276	6.1.5 烧结锡青铜结构材料 ⋯⋯⋯⋯ 3－349
5.3.1 焊接钢管尺寸及单位长度	6.1.6 美国 MPIF 标准粉末冶金结构
理论质量 ⋯⋯⋯⋯⋯⋯⋯⋯ 3－276	零件材料 ⋯⋯⋯⋯⋯⋯⋯⋯ 3－349
5.3.2 直缝电焊钢管 ⋯⋯⋯⋯⋯⋯ 3－287	6.2 粉末冶金摩擦材料 ⋯⋯⋯⋯⋯⋯ 3－368
5.3.3 低压流体输送用焊接钢管 ⋯⋯ 3－287	6.2.1 铁基干式摩擦材料 ⋯⋯⋯⋯ 3－368
5.3.4 流体输送用不锈钢焊接钢管 ⋯⋯ 3－289	6.2.2 铜基干式摩擦材料 ⋯⋯⋯⋯ 3－371
5.3.5 奥氏体－铁素体型双相不锈钢	6.2.3 铜基湿式摩擦材料 ⋯⋯⋯⋯ 3－371
焊接钢管 ⋯⋯⋯⋯⋯⋯⋯⋯ 3－289	6.2.4 铁－铜基摩擦材料 ⋯⋯⋯⋯ 3－373
5.3.6 双层铜焊钢管 ⋯⋯⋯⋯⋯⋯ 3－291	6.3 粉末冶金减摩材料 ⋯⋯⋯⋯⋯⋯ 3－374
5.3.7 无缝钢管尺寸及单位长度	6.3.1 粉末冶金铁基和铜基轴承材料 ⋯ 3－374
理论质量 ⋯⋯⋯⋯⋯⋯⋯⋯ 3－292	6.3.2 粉末冶金轴承用青铜、青铜－
5.3.8 结构用无缝钢管和输送流体用	石墨材料 ⋯⋯⋯⋯⋯⋯⋯⋯ 3－375
无缝钢管 ⋯⋯⋯⋯⋯⋯⋯⋯ 3－302	6.3.3 美国 MPIF 标准粉末冶金自润滑
5.3.9 流体输送用不锈钢无缝钢管 ⋯⋯ 3－303	轴承材料 ⋯⋯⋯⋯⋯⋯⋯⋯ 3－376
5.3.10 结构用不锈钢无缝钢管 ⋯⋯ 3－306	6.3.4 美国 SAE 烧结钢－铜铅合金减摩
5.3.11 不锈钢极薄壁无缝钢管 ⋯⋯ 3－307	双金属带材 ⋯⋯⋯⋯⋯⋯⋯ 3－383
5.3.12 薄壁不锈钢水管 ⋯⋯⋯⋯ 3－307	6.3.5 日本烧结金属含油轴承材料 ⋯⋯ 3－384
5.3.13 奥氏体－铁素体型双相不锈钢	6.3.6 德国轴承材料 ⋯⋯⋯⋯⋯⋯ 3－386
无缝钢管 ⋯⋯⋯⋯⋯⋯⋯⋯ 3－308	6.3.7 烧结金属石墨材料 ⋯⋯⋯⋯ 3－387
5.3.14 低温管道用无缝钢管 ⋯⋯⋯ 3－310	6.3.8 烧结金属含油轴承无铅合金
5.3.15 冷拔或冷轧精密无缝钢管 ⋯⋯ 3－311	材料 ⋯⋯⋯⋯⋯⋯⋯⋯⋯⋯ 3－389
5.3.16 冷拔异型钢管 ⋯⋯⋯⋯⋯ 3－316	6.4 粉末冶金过滤材料 ⋯⋯⋯⋯⋯⋯ 3－389
5.3.17 P3 型镀锌金属软管 ⋯⋯⋯ 3－322	6.4.1 烧结金属过滤元件 ⋯⋯⋯⋯ 3－389
5.3.18 S 型钎焊不锈钢金属软管 ⋯⋯ 3－322	6.4.2 烧结不锈钢过滤元件 ⋯⋯⋯ 3－395
5.4 钢丝 ⋯⋯⋯⋯⋯⋯⋯⋯⋯⋯⋯⋯ 3－323	6.4.3 烧结金属纤维毡 ⋯⋯⋯⋯⋯ 3－403
5.4.1 冷拉圆钢丝、方钢丝和	6.4.4 烧结锡青铜过滤元件 ⋯⋯⋯ 3－404
六角钢丝 ⋯⋯⋯⋯⋯⋯⋯⋯ 3－323	7 常用机械零件钢铁材料的选用 ⋯⋯⋯⋯ 3－405
5.4.2 一般用途低碳钢丝 ⋯⋯⋯⋯ 3－325	
5.4.3 重要用途低碳钢丝 ⋯⋯⋯⋯ 3－325	**第 2 章 有色金属材料**
5.4.4 油淬火－回火弹簧钢丝 ⋯⋯ 3－326	
5.4.5 优质碳素结构钢丝 ⋯⋯⋯⋯ 3－329	1 有色金属及合金牌号表示方法 ⋯⋯⋯⋯ 3－412
5.4.6 重要用途碳素弹簧钢丝 ⋯⋯ 3－329	1.1 有色金属及合金加工产品
5.4.7 冷拉碳素弹簧钢丝 ⋯⋯⋯⋯ 3－330	牌号表示方法 ⋯⋯⋯⋯⋯⋯⋯⋯ 3－412
5.4.8 合金弹簧钢丝 ⋯⋯⋯⋯⋯⋯ 3－332	1.2 有色金属及合金铸造产品牌号
5.4.9 合金结构钢丝 ⋯⋯⋯⋯⋯⋯ 3－333	表示方法 ⋯⋯⋯⋯⋯⋯⋯⋯⋯⋯ 3－415
5.4.10 不锈钢丝 ⋯⋯⋯⋯⋯⋯⋯ 3－333	2 铜及铜合金 ⋯⋯⋯⋯⋯⋯⋯⋯⋯⋯⋯ 3－416
5.4.11 不锈弹簧钢丝 ⋯⋯⋯⋯⋯ 3－336	2.1 铜及铜合金铸造产品 ⋯⋯⋯⋯⋯⋯ 3－416
5.4.12 高速工具钢丝 ⋯⋯⋯⋯⋯ 3－337	2.1.1 铸造铜及铜合金 ⋯⋯⋯⋯⋯ 3－416
6 粉末冶金材料 ⋯⋯⋯⋯⋯⋯⋯⋯⋯⋯⋯ 3－337	2.1.2 压铸铜合金 ⋯⋯⋯⋯⋯⋯⋯ 3－424
6.1 粉末冶金结构材料 ⋯⋯⋯⋯⋯⋯ 3－337	2.2 加工铜及铜合金 ⋯⋯⋯⋯⋯⋯⋯ 3－425
6.1.1 粉末冶金铁基结构材料 ⋯⋯ 3－337	2.2.1 加工铜及铜合金的牌号、特性及
6.1.2 铁基粉末冶金结构零件材料 ⋯⋯ 3－339	应用 ⋯⋯⋯⋯⋯⋯⋯⋯⋯⋯ 3－425
6.1.3 热处理状态粉末冶金铁基结构	2.2.2 加工铜及铜合金一般室温力
材料 ⋯⋯⋯⋯⋯⋯⋯⋯⋯⋯ 3－348	学性能 ⋯⋯⋯⋯⋯⋯⋯⋯⋯ 3－430
6.1.4 烧结奥氏体不锈钢结构零件	2.2.3 加工铜合金高、低温力学
	性能 ⋯⋯⋯⋯⋯⋯⋯⋯⋯⋯ 3－436

2.2.4 加工铜合金的物理性能 ⋯⋯⋯⋯ 3-441	4.3.1 钛及钛合金棒材 ⋯⋯⋯⋯⋯⋯ 3-597
2.2.5 加工铜合金的耐蚀性能 ⋯⋯⋯⋯ 3-443	4.3.2 钛及钛合金无缝管 ⋯⋯⋯⋯⋯ 3-599
2.3 铜及铜合金的热处理类型及应用 ⋯⋯ 3-448	4.3.3 钛及钛合金挤压管 ⋯⋯⋯⋯⋯ 3-600
2.4 铜及铜合金加工产品 ⋯⋯⋯⋯⋯⋯⋯ 3-449	4.3.4 钛及钛合金板材 ⋯⋯⋯⋯⋯⋯ 3-602
2.4.1 铜及铜合金拉制棒材 ⋯⋯⋯⋯⋯ 3-449	4.3.5 钛及钛合金饼和环 ⋯⋯⋯⋯⋯ 3-605
2.4.2 铜及铜合金挤制棒材 ⋯⋯⋯⋯⋯ 3-452	4.3.6 冷轧钛带卷 ⋯⋯⋯⋯⋯⋯⋯⋯ 3-606
2.4.3 铜及铜合金无缝管材尺寸规格 ⋯ 3-453	4.3.7 钛及钛合金丝 ⋯⋯⋯⋯⋯⋯⋯ 3-607
2.4.4 铜及铜合金拉制管 ⋯⋯⋯⋯⋯⋯ 3-454	5 镁及镁合金 ⋯⋯⋯⋯⋯⋯⋯⋯⋯⋯⋯⋯⋯ 3-608
2.4.5 铜及铜合金挤制管 ⋯⋯⋯⋯⋯⋯ 3-456	5.1 镁及镁合金铸造产品 ⋯⋯⋯⋯⋯⋯⋯ 3-608
2.4.6 铜及铜合金板材 ⋯⋯⋯⋯⋯⋯⋯ 3-457	5.1.1 镁合金铸件 ⋯⋯⋯⋯⋯⋯⋯⋯ 3-608
2.4.7 铜及铜合金带材 ⋯⋯⋯⋯⋯⋯⋯ 3-463	5.1.2 铸造镁合金 ⋯⋯⋯⋯⋯⋯⋯⋯ 3-611
2.4.8 铜及铜合金箔材 ⋯⋯⋯⋯⋯⋯⋯ 3-465	5.1.3 镁合金压铸件 ⋯⋯⋯⋯⋯⋯⋯ 3-614
2.4.9 铜及铜合金线材 ⋯⋯⋯⋯⋯⋯⋯ 3-466	5.2 加工镁及镁合金牌号、特性及应用 ⋯ 3-616
2.4.10 铍青铜线 ⋯⋯⋯⋯⋯⋯⋯⋯⋯ 3-480	5.3 镁及镁合金加工产品 ⋯⋯⋯⋯⋯⋯⋯ 3-620
2.4.11 铜及铜合金扁线 ⋯⋯⋯⋯⋯⋯ 3-480	5.3.1 镁合金热挤压棒材 ⋯⋯⋯⋯⋯ 3-620
2.5 铜及铜合金锻件 ⋯⋯⋯⋯⋯⋯⋯⋯⋯ 3-482	5.3.2 镁合金板材和带材 ⋯⋯⋯⋯⋯ 3-622
3 铝及铝合金 ⋯⋯⋯⋯⋯⋯⋯⋯⋯⋯⋯⋯⋯ 3-489	5.3.3 镁合金热挤压管材 ⋯⋯⋯⋯⋯ 3-625
3.1 铝及铝合金铸造产品 ⋯⋯⋯⋯⋯⋯⋯ 3-489	5.3.4 镁合金热挤压型材 ⋯⋯⋯⋯⋯ 3-625
3.1.1 铸造铝合金 ⋯⋯⋯⋯⋯⋯⋯⋯ 3-489	6 其他有色金属材料 ⋯⋯⋯⋯⋯⋯⋯⋯⋯⋯ 3-626
3.1.2 压铸铝合金 ⋯⋯⋯⋯⋯⋯⋯⋯ 3-500	6.1 镍及镍合金 ⋯⋯⋯⋯⋯⋯⋯⋯⋯⋯⋯ 3-626
3.1.3 铸造铝合金锭 ⋯⋯⋯⋯⋯⋯⋯ 3-501	6.1.1 加工镍及镍合金组别、牌号、特性及应用 ⋯⋯⋯⋯⋯⋯⋯⋯⋯ 3-626
3.2 变形铝及铝合金牌号、特性及状态代号 ⋯⋯⋯⋯⋯⋯⋯⋯⋯⋯⋯⋯⋯ 3-505	6.1.2 加工镍及镍合金的物理、力学性能 ⋯⋯⋯⋯⋯⋯⋯⋯⋯⋯ 3-627
3.2.1 变形铝及铝合金牌号、特性及应用 ⋯⋯⋯⋯⋯⋯⋯⋯⋯⋯⋯⋯ 3-505	6.1.3 镍及镍合金棒 ⋯⋯⋯⋯⋯⋯⋯ 3-631
3.2.2 变形铝及铝合金状态代号 ⋯⋯⋯ 3-510	6.1.4 镍及镍合金管 ⋯⋯⋯⋯⋯⋯⋯ 3-633
3.2.3 变形铝合金的热处理类型及应用 ⋯⋯⋯⋯⋯⋯⋯⋯⋯⋯⋯⋯ 3-511	6.1.5 镍及镍合金板 ⋯⋯⋯⋯⋯⋯⋯ 3-636
3.3 变形铝及铝合金加工产品 ⋯⋯⋯⋯⋯ 3-512	6.1.6 镍及镍合金锻件 ⋯⋯⋯⋯⋯⋯ 3-637
3.3.1 铝及铝合金挤压棒材 ⋯⋯⋯⋯⋯ 3-512	6.2 锌合金 ⋯⋯⋯⋯⋯⋯⋯⋯⋯⋯⋯⋯⋯ 3-642
3.3.2 铝及铝合金挤压扁棒 ⋯⋯⋯⋯⋯ 3-517	6.2.1 铸造锌合金 ⋯⋯⋯⋯⋯⋯⋯⋯ 3-642
3.3.3 铝及铝合金管材尺寸规格 ⋯⋯⋯ 3-522	6.2.2 压铸锌合金和锌合金压铸件 ⋯⋯ 3-643
3.3.4 铝及铝合金拉（轧）制无缝管 ⋯⋯⋯⋯⋯⋯⋯⋯⋯⋯⋯⋯ 3-523	6.2.3 加工锌及锌合金 ⋯⋯⋯⋯⋯⋯ 3-644
3.3.5 铝及铝合金热挤压无缝圆管 ⋯⋯ 3-525	6.3 铅及铅合金 ⋯⋯⋯⋯⋯⋯⋯⋯⋯⋯⋯ 3-645
3.3.6 一般工业用铝及铝合金板、带材 ⋯⋯⋯⋯⋯⋯⋯⋯⋯⋯⋯⋯ 3-530	6.3.1 铅锭 ⋯⋯⋯⋯⋯⋯⋯⋯⋯⋯⋯ 3-645
3.3.7 铝及铝合金花纹板 ⋯⋯⋯⋯⋯⋯ 3-584	6.3.2 铅及铅锑合金管 ⋯⋯⋯⋯⋯⋯ 3-646
3.3.8 一般工业用铝及铝合金箔 ⋯⋯⋯ 3-587	6.3.3 铅及铅锑合金棒和线材 ⋯⋯⋯⋯ 3-647
3.3.9 铝及铝合金（导体用）拉制圆线 ⋯⋯⋯⋯⋯⋯⋯⋯⋯⋯⋯⋯ 3-590	6.3.4 铅及铅锑合金板 ⋯⋯⋯⋯⋯⋯ 3-647
4 钛及钛合金 ⋯⋯⋯⋯⋯⋯⋯⋯⋯⋯⋯⋯⋯ 3-591	6.4 铸造轴承合金材料 ⋯⋯⋯⋯⋯⋯⋯⋯ 3-648
4.1 铸造钛及钛合金和铸件 ⋯⋯⋯⋯⋯⋯ 3-591	6.4.1 铸造轴承合金锭 ⋯⋯⋯⋯⋯⋯ 3-648
4.2 加工钛及钛合金牌号、特性及应用 ⋯⋯⋯⋯⋯⋯⋯⋯⋯⋯⋯⋯⋯ 3-593	6.4.2 铸造轴承合金 ⋯⋯⋯⋯⋯⋯⋯ 3-650
	7 常用机械零件有色金属材料的选用 ⋯⋯⋯ 3-654
4.3 钛及钛合金加工产品 ⋯⋯⋯⋯⋯⋯⋯ 3-597	8 有色金属及其合金国内外牌号对照 ⋯⋯⋯ 3-656
	8.1 铜及铜合金国内外牌号对照 ⋯⋯⋯⋯⋯ 3-656
	8.2 铝及铝合金国内外牌号对照 ⋯⋯⋯⋯⋯ 3-661
	8.3 镁及镁合金国内外牌号对照 ⋯⋯⋯⋯⋯ 3-667
	8.4 锌及锌合金国内外牌号对照 ⋯⋯⋯⋯⋯ 3-669

第3章 非金属材料

1 橡胶及橡胶制品 ······ 3-671
  1.1 工程常用橡胶的性能及应用 ······ 3-671
  1.2 橡胶板 ······ 3-676
    1.2.1 工业用橡胶板 ······ 3-676
    1.2.2 设备防腐橡胶衬里 ······ 3-677
  1.3 橡胶管 ······ 3-678
    1.3.1 输水通用橡胶软管 ······ 3-678
    1.3.2 蒸汽橡胶软管 ······ 3-678
    1.3.3 压缩空气用织物增强橡胶软管 ······ 3-679
    1.3.4 氧气橡胶软管 ······ 3-680
    1.3.5 乙炔橡胶软管 ······ 3-680
    1.3.6 输送无水氨用橡胶软管及软管组合件 ······ 3-680
    1.3.7 耐稀酸碱橡胶软管 ······ 3-681
    1.3.8 液化石油气（LPG）橡胶软管 ······ 3-682
    1.3.9 织物增强液压橡胶软管和软管组合件 ······ 3-683
    1.3.10 钢丝缠绕增强外覆橡胶的液压橡胶软管和软管组合件 ······ 3-684
2 涂料 ······ 3-686
  2.1 涂料产品分类及基本名称代号 ······ 3-686
  2.2 常用涂料的性能及应用 ······ 3-686
  2.3 常用涂料品种 ······ 3-694
3 水泥品种 ······ 3-700
  3.1 通用硅酸盐水泥 ······ 3-700
    3.1.1 硅酸盐水泥和普通硅酸盐水泥 ······ 3-700
    3.1.2 掺混合料的硅酸盐水泥 ······ 3-701
  3.2 抗硫酸盐硅酸盐水泥 ······ 3-701
  3.3 特快硬调凝铝酸盐水泥 ······ 3-702
4 陶瓷 ······ 3-703
  4.1 耐酸陶瓷 ······ 3-703
    4.1.1 耐酸陶瓷种类、性能及应用 ······ 3-703
    4.1.2 耐酸砖 ······ 3-704
    4.1.3 化工陶瓷管 ······ 3-705
  4.2 过滤陶瓷 ······ 3-706
    4.2.1 过滤陶瓷种类、特性及应用 ······ 3-706
    4.2.2 过滤陶瓷性能 ······ 3-707
    4.2.3 孔梯度陶瓷性能及应用 ······ 3-707
  4.3 结构陶瓷 ······ 3-707
    4.3.1 常用结构陶瓷种类、特性及应用 ······ 3-707
    4.3.2 氧化铝陶瓷 ······ 3-710
    4.3.3 氧化锆陶瓷 ······ 3-711
    4.3.4 氧化铍陶瓷 ······ 3-711
    4.3.5 二氧化硅陶瓷 ······ 3-712
    4.3.6 莫来石陶瓷 ······ 3-712
    4.3.7 氮化硅陶瓷 ······ 3-712
    4.3.8 氮化铝陶瓷 ······ 3-712
    4.3.9 赛隆陶瓷 ······ 3-713
    4.3.10 碳化物陶瓷 ······ 3-713
    4.3.11 硼化物陶瓷 ······ 3-713
    4.3.12 硅化物陶瓷 ······ 3-714
    4.3.13 透明氧化铝陶瓷 ······ 3-714
5 玻璃 ······ 3-714
  5.1 平板玻璃 ······ 3-714
  5.2 钢化玻璃 ······ 3-715
  5.3 防火玻璃 ······ 3-716
  5.4 石英玻璃 ······ 3-716
6 石棉制品 ······ 3-718
  6.1 常用石棉性能及应用 ······ 3-718
  6.2 温石棉 ······ 3-718
  6.3 石棉橡胶板 ······ 3-719
  6.4 耐油石棉橡胶板 ······ 3-720
  6.5 耐酸石棉橡胶板 ······ 3-721
  6.6 工农业机械用摩擦片 ······ 3-722
  6.7 石棉布、带 ······ 3-723
  6.8 石棉绳 ······ 3-725
  6.9 常用密封填料 ······ 3-725
7 木材 ······ 3-726
  7.1 常用木材品种及性能 ······ 3-726
  7.2 针叶树锯材和阔叶树锯材 ······ 3-728
8 纸制品 ······ 3-728
  8.1 硬钢纸板 ······ 3-728
  8.2 软钢纸板 ······ 3-729
  8.3 绝缘纸板 ······ 3-730
9 石墨材料 ······ 3-733
  9.1 碳、石墨制品的分类、特性、应用及应用实例 ······ 3-733
  9.2 高纯石墨 ······ 3-735
  9.3 玻璃态碳材料 ······ 3-735
  9.4 阀门用柔性石墨填料环 ······ 3-735
  9.5 机械密封用炭石墨密封环 ······ 3-736
  9.6 柔性石墨板 ······ 3-737
  9.7 柔性石墨编织填料 ······ 3-737
  9.8 柔性石墨复合增强（板）垫 ······ 3-738
  9.9 柔性石墨金属缠绕垫片 ······ 3-738
  9.10 碳（化）纤维浸渍聚四氟乙烯编织填料 ······ 3-739
  9.11 机械用炭材料及制品 ······ 3-740
  9.12 炭石墨耐磨材料 ······ 3-742

9.13 不透性石墨 …………………… 3-743	5.7 碳纤维增强热固性塑料 …………… 3-879
10 隔热材料 …………………………… 3-744	5.8 碳纤维增强热塑性塑料 …………… 3-880
10.1 膨胀珍珠岩绝热制品 …………… 3-744	5.9 混杂纤维增强塑料 ………………… 3-882
10.2 绝热用玻璃棉及其制品 ………… 3-745	6 纤维增强金属基复合材料 …………… 3-883
10.3 膨胀蛭石及其制品 ……………… 3-747	6.1 碳（石墨）纤维增强铝复合材料 … 3-883
11 工业用毛毡 ………………………… 3-748	6.2 碳纤维增强铅复合材料 …………… 3-883
	6.3 碳纤维增强铜复合材料 …………… 3-884

第4章 塑料和复合材料

1 工程常用塑料的性能和应用 ………… 3-755	6.4 颗粒增强金属基复合材料 ………… 3-884
1.1 工程常用塑料性能特点及应用 …… 3-755	6.5 SiC 增强铝基复合材料 …………… 3-885
1.2 工程常用塑料的技术性能 ………… 3-759	6.6 硼纤维增强铝基复合材料 ………… 3-885
1.3 塑料符号和缩略语 ………………… 3-763	6.7 陶瓷纤维增强铝基复合材料 ……… 3-886
2 工程常用塑料的品种 ………………… 3-764	6.8 纤维增强镁基复合材料 …………… 3-886
2.1 聚乙烯（PE） …………………… 3-764	6.9 陶瓷纤维增强钛基复合材料 ……… 3-887
2.2 聚对苯二甲酸乙二醇酯（PET）… 3-765	7 塑料-金属基复合材料 ……………… 3-887
2.3 聚氯乙烯（PVC） ………………… 3-766	7.1 铝管搭接焊式铝塑管 ……………… 3-887
2.4 聚苯乙烯（PS） ………………… 3-768	7.2 铝管对接焊式铝塑管 ……………… 3-890
2.5 ABS（丙烯腈-丁二烯-苯乙烯）… 3-769	7.3 给水衬塑复合钢管 ………………… 3-891
2.6 聚甲基丙烯酸甲酯（PMMA）…… 3-772	7.4 给水涂塑复合钢管 ………………… 3-892
2.7 聚碳酸酯（PC） ………………… 3-772	7.5 钢塑复合压力管 …………………… 3-893
2.8 聚丙烯（PP） …………………… 3-773	7.6 钢塑复合管 ………………………… 3-895
2.9 聚酰胺（尼龙）（PA） ………… 3-778	7.7 不锈钢衬塑复合管 ………………… 3-897
2.10 玻璃纤维增强聚碳酸酯（PC）… 3-794	7.8 内衬不锈钢复合管 ………………… 3-898
2.11 聚甲醛（POM） ………………… 3-800	7.9 塑覆铜管 …………………………… 3-899
2.12 聚醚酰亚胺（PEI） …………… 3-803	7.10 改性聚四氟乙烯（PTFE）-青铜-
2.13 聚酰亚胺（PI） ………………… 3-805	钢背三层复合自润滑板材 ………… 3-900
2.14 聚对苯二甲酸丁二醇酯（PBT）… 3-810	7.11 改性聚甲醛（POM）-青铜-钢背
2.15 聚酰胺-酰亚胺（PAI） ………… 3-816	三层复合自润滑板材 ……………… 3-900
2.16 聚四氟乙烯（PTFE） …………… 3-819	8 陶瓷基复合材料 ……………………… 3-901
2.17 聚苯硫醚（PPS） ……………… 3-824	8.1 陶瓷纤维增强陶瓷基复合材料 …… 3-901
2.18 聚砜（PSF） …………………… 3-828	8.2 颗粒增强陶瓷基复合材料 ………… 3-902
2.19 聚酮 ……………………………… 3-831	8.3 金属陶瓷 …………………………… 3-903
2.20 聚芳酯（PAR） ………………… 3-833	8.4 氧化锆增强陶瓷基复合材料 ……… 3-904
2.21 液晶聚合物（LCP） …………… 3-836	8.5 陶瓷内衬复合钢管 ………………… 3-906
3 工程常用塑料的选用 ………………… 3-837	9 层压金属复合材料 …………………… 3-906
3.1 按要求选用 ………………………… 3-837	9.1 不锈钢复合钢板和钢带 …………… 3-906
3.2 常用工程塑料的性能 ……………… 3-843	9.2 钛-钢复合板 ……………………… 3-908
4 预浸料 ………………………………… 3-859	9.3 钛-不锈钢复合板 ………………… 3-908
5 纤维增强塑料基复合材料 …………… 3-863	9.4 铜-钢复合板 ……………………… 3-910
5.1 玻璃纤维增强热固性塑料 ………… 3-863	9.5 镍-钢复合板 ……………………… 3-910
5.2 玻璃纤维增强热塑性塑料 ………… 3-865	9.6 锆-钢复合板 ……………………… 3-911
5.3 通用型片状模塑料（SMC）……… 3-867	9.7 结构用不锈钢复合管 ……………… 3-911
5.4 玻璃纤维增强塑料夹砂管 ………… 3-868	9.8 流体输送用双金属复合耐腐蚀钢管 … 3-913
5.5 聚丙烯-玻璃纤维增强塑料复合管和	10 一般通用塑料制品 ………………… 3-917
管件 ………………………………… 3-875	10.1 聚四氟乙烯板 …………………… 3-917
5.6 石棉纤维增强塑料 ………………… 3-879	10.2 环氧树脂硬质层压板 …………… 3-918
	10.3 硬质聚氯乙烯板材 ……………… 3-924

10.4	聚乙烯板	3-924	塑料软管	3-934
10.5	酚醛棉布层压板	3-925	10.13 冷热水用氯化聚氯乙烯（PVC-C）	
10.6	酚醛纸层压板	3-925	管材及管件	3-936
10.7	浇铸型工业有机玻璃板材	3-926	10.14 工业用硬聚氯乙烯（PVC-U）管	
10.8	软聚氯乙烯压延薄膜和片材	3-927	道系统用管材	3-939
10.9	聚四氟乙烯管材	3-927	10.15 尼龙管材	3-940
10.10	工业用氯化聚氯乙烯（PVC-C）		10.16 聚四氟乙烯棒材	3-940
	管材及管件	3-929	10.17 尼龙棒材	3-941
10.11	压缩空气用织物增强热塑性		11 耐磨损复合材料铸件	3-942
	塑料软管	3-933	**参考文献**	3-944
10.12	排吸用螺旋线增强的热塑性			

第4篇　机械零部件结构设计

第1章　概论

1　机械零部件结构设计内容和实例 …………… 4-3
　1.1　结构设计内容 …………………………… 4-3
　1.2　结构设计实例 …………………………… 4-3
2　机械零部件结构设计基本要求 ……………… 4-5
3　机械零部件结构方案的评价 ………………… 4-5
　3.1　评价的标准 ……………………………… 4-6
　3.2　技术性评价方法 ………………………… 4-6
　3.3　经济性评价方法 ………………………… 4-6
　3.4　评价举例 ………………………………… 4-7

第2章　满足功能要求的结构设计

1　利用自由度分析法的结构设计 ……………… 4-8
　1.1　机械零件的自由度 ……………………… 4-8
　1.2　应用举例 ………………………………… 4-9
　　1.2.1　联轴器结构设计 …………………… 4-9
　　1.2.2　轴承组合结构设计 ………………… 4-9
2　利用功能面的结构设计 ……………………… 4-10
　2.1　功能面及其参数变化 …………………… 4-10
　2.2　应用举例 ………………………………… 4-12

第3章　满足工作能力要求的结构设计

1　提高强度的结构设计 ………………………… 4-16
　1.1　提高零部件的受力合理性 ……………… 4-16
　　1.1.1　载荷均匀分布 ……………………… 4-16
　　1.1.2　载荷分担 …………………………… 4-19
　　1.1.3　力流最短 …………………………… 4-19
　　1.1.4　自平衡设计 ………………………… 4-20
　　1.1.5　自加强 ……………………………… 4-21
　1.2　提高静强度的设计 ……………………… 4-21
　　1.2.1　降低零件载荷或应力的最大值 …… 4-21
　　1.2.2　增大截面系数 ……………………… 4-22
　　1.2.3　采用空心轴提高强度 ……………… 4-23
　　1.2.4　用拉压代替弯曲 …………………… 4-23
　　1.2.5　等强度设计 ………………………… 4-23
　　1.2.6　弹性强化和塑性强化 ……………… 4-24
　1.3　提高疲劳强度的设计 …………………… 4-25
　　1.3.1　减小应力幅 ………………………… 4-25
　　1.3.2　减小应力集中 ……………………… 4-26
　　1.3.3　改善表面状况 ……………………… 4-28
　　1.3.4　表面强化处理 ……………………… 4-28
　　1.3.5　将转轴变为心轴 …………………… 4-29
　1.4　提高接触强度的设计 …………………… 4-29
　　1.4.1　增大综合曲率半径 ………………… 4-29
　　1.4.2　以面接触代替点、线接触 ………… 4-29
　　1.4.3　采用合理的材料和热处理 ………… 4-29
　1.5　提高冲击强度的设计 …………………… 4-30
　　1.5.1　适当减小零件刚度 ………………… 4-31
　　1.5.2　使用缓冲器 ………………………… 4-31
　　1.5.3　增加承受冲击的零件数 …………… 4-31
　　1.5.4　提高零件材料的冲击韧性 ………… 4-31
2　提高刚度的结构设计 ………………………… 4-32
　2.1　选择弹性模量高的材料 ………………… 4-32
　2.2　用拉压代替弯曲 ………………………… 4-32
　2.3　改善零件结构减小弯矩值 ……………… 4-33
　2.4　合理设计支承方式和位置 ……………… 4-34
　2.5　合理设计截面形状 ……………………… 4-34
　2.6　用加强肋和隔板增强刚度 ……………… 4-36
　2.7　用预变形抵抗有害变形 ………………… 4-37

2.8 提高零件表面接触刚度 ⋯⋯⋯⋯ 4-37	2.1 常用铸造金属材料和铸造方法 ⋯⋯⋯ 4-68
3 提高耐磨性的结构设计 ⋯⋯⋯⋯⋯⋯⋯⋯ 4-38	2.1.1 常用铸造金属材料的铸造性和
3.1 改变摩擦方式 ⋯⋯⋯⋯⋯⋯⋯⋯⋯⋯ 4-38	结构特点 ⋯⋯⋯⋯⋯⋯⋯⋯⋯⋯ 4-68
3.2 使磨损均匀的设计 ⋯⋯⋯⋯⋯⋯⋯ 4-38	2.1.2 常用铸造方法的特点和
3.3 采用材料分体结构 ⋯⋯⋯⋯⋯⋯⋯ 4-40	应用范围 ⋯⋯⋯⋯⋯⋯⋯⋯⋯⋯ 4-68
3.4 采用磨损补偿结构 ⋯⋯⋯⋯⋯⋯⋯ 4-41	2.2 铸造工艺对铸件结构设计工艺性的
3.5 局部更换易损零件 ⋯⋯⋯⋯⋯⋯⋯ 4-42	要求 ⋯⋯⋯⋯⋯⋯⋯⋯⋯⋯⋯⋯⋯⋯ 4-70
4 提高耐腐蚀性的结构设计 ⋯⋯⋯⋯⋯⋯⋯ 4-42	2.3 合金铸造性能对铸件结构设计工艺性
4.1 防止沉积区和沉积缝 ⋯⋯⋯⋯⋯⋯ 4-42	的要求 ⋯⋯⋯⋯⋯⋯⋯⋯⋯⋯⋯⋯⋯ 4-75
4.2 防止接触腐蚀 ⋯⋯⋯⋯⋯⋯⋯⋯⋯ 4-43	2.3.1 合理设计铸件壁厚 ⋯⋯⋯⋯⋯ 4-75
4.3 便于更换腐蚀零件 ⋯⋯⋯⋯⋯⋯⋯ 4-43	2.3.2 铸件的结构圆角与圆滑过渡 ⋯ 4-76
4.4 用覆盖保护层减轻腐蚀 ⋯⋯⋯⋯⋯ 4-44	2.3.3 合理的铸件结构形状 ⋯⋯⋯⋯ 4-80
5 提高精度的结构设计 ⋯⋯⋯⋯⋯⋯⋯⋯⋯ 4-44	2.4 铸造方法对铸件结构设计工艺性的
5.1 精度与阿贝原则 ⋯⋯⋯⋯⋯⋯⋯⋯ 4-44	要求 ⋯⋯⋯⋯⋯⋯⋯⋯⋯⋯⋯⋯⋯⋯ 4-82
5.2 利用误差补偿提高精度 ⋯⋯⋯⋯⋯ 4-45	2.4.1 压铸件的结构特点 ⋯⋯⋯⋯⋯ 4-82
5.3 误差传递 ⋯⋯⋯⋯⋯⋯⋯⋯⋯⋯⋯ 4-46	2.4.2 熔模铸件的结构特点 ⋯⋯⋯⋯ 4-83
5.4 利用误差均化提高精度 ⋯⋯⋯⋯⋯ 4-47	2.4.3 金属型铸件的结构特点 ⋯⋯⋯ 4-85
5.5 合理配置误差 ⋯⋯⋯⋯⋯⋯⋯⋯⋯ 4-48	2.5 铸造公差 ⋯⋯⋯⋯⋯⋯⋯⋯⋯⋯⋯ 4-85
5.6 消除空回 ⋯⋯⋯⋯⋯⋯⋯⋯⋯⋯⋯ 4-48	2.6 铸件缺陷与改进措施 ⋯⋯⋯⋯⋯⋯ 4-86
5.7 选择适当的材料 ⋯⋯⋯⋯⋯⋯⋯⋯ 4-49	3 锻件结构设计工艺性 ⋯⋯⋯⋯⋯⋯⋯⋯⋯ 4-93
6 考虑噪声和发热的结构设计 ⋯⋯⋯⋯⋯ 4-49	3.1 锻造方法与金属材料的可锻性 ⋯⋯ 4-93
6.1 考虑发热的结构设计 ⋯⋯⋯⋯⋯⋯ 4-49	3.1.1 各种锻造方法及其特点 ⋯⋯⋯ 4-93
6.1.1 降低发热影响的措施 ⋯⋯⋯⋯ 4-49	3.1.2 金属材料的可锻性 ⋯⋯⋯⋯⋯ 4-96
6.1.2 降低发热影响的结构设计 ⋯⋯ 4-50	3.2 锻造方法对锻件结构设计工艺性的
6.2 考虑噪声的结构设计 ⋯⋯⋯⋯⋯⋯ 4-51	要求 ⋯⋯⋯⋯⋯⋯⋯⋯⋯⋯⋯⋯⋯⋯ 4-96
6.2.1 噪声的限制值 ⋯⋯⋯⋯⋯⋯⋯ 4-51	3.2.1 自由锻件的结构设计工艺性 ⋯ 4-96
6.2.2 减小噪声的措施 ⋯⋯⋯⋯⋯⋯ 4-52	3.2.2 模锻件的结构设计工艺性 ⋯⋯ 4-99
6.2.3 减小噪声的结构设计 ⋯⋯⋯⋯ 4-53	3.3 模锻件结构设计的注意事项 ⋯⋯⋯ 4-103
7 零部件结构设计实例 ⋯⋯⋯⋯⋯⋯⋯⋯⋯ 4-53	4 冲压件结构设计工艺性 ⋯⋯⋯⋯⋯⋯⋯⋯ 4-105
7.1 减速器结构设计 ⋯⋯⋯⋯⋯⋯⋯⋯ 4-53	4.1 冲压方法和冲压材料的选用 ⋯⋯⋯ 4-105
7.1.1 概述 ⋯⋯⋯⋯⋯⋯⋯⋯⋯⋯⋯ 4-53	4.1.1 冲压的基本工序 ⋯⋯⋯⋯⋯⋯ 4-105
7.1.2 减速器结构设计 ⋯⋯⋯⋯⋯⋯ 4-54	4.1.2 冲压材料的选用 ⋯⋯⋯⋯⋯⋯ 4-107
7.2 滚动轴承部件结构设计 ⋯⋯⋯⋯⋯ 4-57	4.2 冲压件结构设计的基本参数 ⋯⋯⋯ 4-108
7.2.1 使轴承支承受力合理的设计 ⋯ 4-57	4.2.1 冲裁件 ⋯⋯⋯⋯⋯⋯⋯⋯⋯⋯ 4-108
7.2.2 提高轴承支承刚度的设计 ⋯⋯ 4-59	4.2.2 弯曲件 ⋯⋯⋯⋯⋯⋯⋯⋯⋯⋯ 4-110
7.2.3 提高轴承精度的设计 ⋯⋯⋯⋯ 4-61	4.2.3 拉深件 ⋯⋯⋯⋯⋯⋯⋯⋯⋯⋯ 4-113
7.2.4 满足高速要求的设计 ⋯⋯⋯⋯ 4-63	4.2.4 成形件 ⋯⋯⋯⋯⋯⋯⋯⋯⋯⋯ 4-115
7.2.5 适应结构需要的设计 ⋯⋯⋯⋯ 4-64	4.3 冲压件结构设计的注意事项 ⋯⋯⋯ 4-117
7.2.6 轴承润滑结构设计 ⋯⋯⋯⋯⋯ 4-65	4.4 冲压件的尺寸和角度公差、形状和
	位置未注公差、未注公差尺寸的
第4章 满足加工工艺的结构设计	极限偏差 ⋯⋯⋯⋯⋯⋯⋯⋯⋯⋯⋯⋯ 4-119
1 概述 ⋯⋯⋯⋯⋯⋯⋯⋯⋯⋯⋯⋯⋯⋯⋯⋯ 4-67	5 焊接件结构设计工艺性 ⋯⋯⋯⋯⋯⋯⋯⋯ 4-125
1.1 零件结构设计工艺性的概念 ⋯⋯⋯ 4-67	5.1 焊接方法及其应用 ⋯⋯⋯⋯⋯⋯⋯ 4-125
1.2 影响零件结构设计工艺性的因素 ⋯ 4-67	5.1.1 焊接方法的分类、特点及应用 ⋯ 4-125
1.3 零件结构设计工艺性的基本要求 ⋯ 4-67	5.1.2 常用金属材料的适用焊接方法 ⋯ 4-125
2 铸件结构设计工艺性 ⋯⋯⋯⋯⋯⋯⋯⋯⋯ 4-68	5.2 焊接结构的设计原则 ⋯⋯⋯⋯⋯⋯ 4-127

5.2.1	焊接性	4–127
5.2.2	结构刚度和减振能力	4–129
5.2.3	应力集中	4–129
5.2.4	焊接残余应力和变形	4–129
5.2.5	焊接接头性能的不均匀性	4–129
5.2.6	应尽量减少和排除焊接缺陷	4–129
5.3	焊接接头的形式	4–129
5.3.1	焊接接头的特点	4–129
5.3.2	接头形式及选用	4–130
5.4	焊缝坡口的基本形式与尺寸	4–130
5.4.1	坡口参数的确定	4–130
5.4.2	碳钢、低合金钢的焊条电弧焊、气焊及气体保护焊焊缝坡口的基本形式与尺寸	4–130
5.4.3	碳钢、低合金钢埋弧焊焊缝坡口的形式与尺寸	4–136
5.4.4	铝合金气体保护焊焊缝坡口形式与尺寸	4–142
5.4.5	铜及铜合金焊接坡口形状及尺寸	4–146
5.4.6	接头坡口的制作	4–146
5.5	焊接件结构设计应注意的问题	4–146
5.6	焊接件的几何尺寸公差和形状公差	4–149
5.6.1	线性尺寸公差	4–149
5.6.2	角度尺寸公差	4–149
5.6.3	直线度、平面度和平行度公差	4–150
5.6.4	焊前弯曲成形的筒体允差	4–150
5.6.5	焊前管子的弯曲半径、圆度公差及允许波纹度	4–150
5.7	焊接质量检验	4–151
6	金属切削加工件结构设计工艺性	4–151
6.1	金属材料的可加工性	4–151
6.2	金属切削加工件的一般标准	4–152
6.2.1	标准尺寸	4–152
6.2.2	圆锥的锥度与锥角系列	4–154
6.2.3	棱体的角度与斜度	4–155
6.2.4	中心孔	4–156
6.2.5	零件的倒圆、倒角	4–157
6.2.6	圆形零件自由表面过渡圆角半径和静配合连接轴用倒角	4–158
6.2.7	球面半径	4–159
6.2.8	燕尾槽	4–159
6.2.9	T形槽	4–159
6.2.10	弧形槽端部半径	4–161
6.2.11	砂轮越程槽	4–161
6.2.12	刨切、插切、珩磨越程槽	4–162
6.2.13	退刀槽	4–162
6.2.14	插齿、滚齿退刀槽	4–163
6.2.15	滚花	4–164
6.2.16	分度盘和标尺刻度	4–164
6.2.17	锯缝尺寸	4–164
6.3	切削加工件的结构设计工艺性	4–165
6.3.1	零件工作图的尺寸标注应适应加工工艺要求	4–165
6.3.2	零件应有安装和夹紧的基面	4–166
6.3.3	减少装夹和进给次数	4–167
6.3.4	减少加工面积，简化零件形状	4–167
6.3.5	尽可能避免内凹表面及内表面的加工	4–169
6.3.6	保证零件加工时的必要的刚性	4–169
6.3.7	零件结构要适应刀具尺寸要求，并尽可能采用标准刀具	4–170
6.4	自动化生产对零件结构设计工艺性的要求	4–171
7	热处理零件结构设计工艺性	4–172
7.1	零件热处理方法的选择	4–172
7.1.1	退火及正火	4–172
7.1.2	淬火及回火	4–173
7.1.3	表面淬火	4–175
7.1.4	钢的化学热处理	4–175
7.2	影响热处理零件结构设计工艺性的因素	4–176
7.2.1	零件材料的热处理性能	4–176
7.2.2	零件的几何形状和刚度	4–178
7.2.3	零件的尺寸大小	4–178
7.2.4	零件的表面质量	4–178
7.3	对零件的热处理要求	4–178
7.3.1	在工作图上应标明的热处理要求	4–178
7.3.2	金属热处理工艺分类及代号的表示方法	4–178
7.4	热处理零件结构设计的注意事项	4–180
7.4.1	防止热处理零件开裂的注意事项	4–180
7.4.2	防止热处理零件变形的注意事项	4–183
7.4.3	防止热处理零件硬度不均的注意事项	4–186

第5章 满足材料要求的结构设计

| 1 | 工程塑料件结构设计工艺性 | 4–188 |

1.1 工程塑料的选用 ……………… 4-188	4.1.1 粉末冶金减摩材料 …………… 4-205
1.2 工程塑料零件的制造方法 ……… 4-188	4.1.2 粉末冶金摩擦材料 …………… 4-205
1.2.1 工程塑料的成型方法 ……… 4-188	4.1.3 粉末冶金过滤材料 …………… 4-205
1.2.2 工程塑料的机械加工 ……… 4-189	4.1.4 粉末冶金铁基结构材料 ……… 4-205
1.3 工程塑料零件设计的基本参数 … 4-189	4.2 粉末冶金零件结构设计的基本参数 … 4-205
1.4 工程塑料零件结构设计的注意事项 … 4-192	4.3 粉末冶金零件结构设计的注意事项 … 4-208

第6章 零部件的装配和维修工艺性

2 橡胶件结构设计工艺性 …………… 4-194	
2.1 橡胶制品质量指标的含义 ……… 4-194	1 一般装配对零部件结构设计
2.2 橡胶的选用 ……………………… 4-194	工艺性的要求 ……………………… 4-212
2.3 橡胶件结构设计的工艺性 ……… 4-195	1.1 组成单独的部件或装配单元 …… 4-212
2.3.1 脱模斜度 …………………… 4-195	1.2 应具有合适的装配基面 ………… 4-212
2.3.2 断面厚度与圆角 …………… 4-195	1.3 结合工艺特点考虑结构的合理性 … 4-212
2.3.3 囊类零件的口径腹径比 …… 4-195	1.4 考虑装配的方便性 ……………… 4-212
2.3.4 波纹管制品的峰谷直径比 … 4-196	1.5 考虑拆卸的方便性 ……………… 4-212
2.3.5 孔 ……………………………… 4-196	1.6 考虑修配的方便性 ……………… 4-212
2.3.6 镶嵌件 ………………………… 4-196	1.7 选择合理的调整补偿环 ………… 4-212
2.4 橡胶件的精度 …………………… 4-196	1.8 减少修整外观的工作量 ………… 4-212
2.4.1 模压制品的尺寸公差 ……… 4-196	2 自动装配对零件结构设计工艺性的
2.4.2 压出制品的尺寸公差 ……… 4-197	要求 ………………………………… 4-217
2.4.3 胶辊尺寸公差 ……………… 4-199	3 吊运对零件结构设计工艺性的要求 … 4-219
2.4.4 橡胶制品的尺寸测量 ……… 4-202	4 零部件的维修工艺性 ……………… 4-219
3 陶瓷件结构设计工艺性 …………… 4-202	**参考文献** ……………………………… 4-221
4 粉末冶金件结构设计工艺性 ……… 4-204	
4.1 粉末冶金材料的分类和选用 …… 4-204	

第1篇 常用设计资料和数据

主　编　鄂中凯
编写人　鄂中凯　周康年　宋叔尼　林　菁
审稿人　张义民

第 5 版
常用资料、常用数学公式和常用力学公式

主　编　鄂中凯
编写人　鄂中凯　周康年　李建华　林　菁
审稿人　张义民

第1章 常用符号和数据

1 常用符号

1.1 常用字母（见表1.1-1～表1.1-3）

表1.1-1 汉语拼音字母

大写	小写	名称	读音	大写	小写	名称	读音	大写	小写	名称	读音
A	a	阿	阿	J	j	街	基	S	s	诶思	思
B	b	玻诶	玻	K	k	科诶	科	T	t	特诶	特
C	c	雌诶	雌	L	l	诶勒	勒	U	u	乌	乌
D	d	得诶	得	M	m	诶摸	摸	V	v	物诶	维
E	e	鹅	鹅	N	n	讷诶	讷	W	w	蛙	屋
F	f	诶佛	佛	O	o	喔	喔	X	x	希	希
G	g	哥诶	哥	P	p	坡诶	坡	Y	y	呀	衣
H	h	哈	喝	Q	q	邱	欺	Z	z	资诶	资
I	i	衣	衣	R	r	阿儿	日				

注：1. "V"只用来拼写外来语、少数民族语言和方言。
2. 前面没有声母时，韵母 i 写成 y，韵母 u 写成 w。

表1.1-2 拉丁字母

| 正体 | | 斜体 | | 名 称 | 正体 | | 斜体 | | 名 称 |
大写	小写	大写	小写	(国际音标注音)	大写	小写	大写	小写	(国际音标注音)
A	a	*A*	*a*	〔ei〕	N	n	*N*	*n*	〔en〕
B	b	*B*	*b*	〔biː〕	O	o	*O*	*o*	〔ou〕
C	c	*C*	*c*	〔siː〕	P	p	*P*	*p*	〔piː〕
D	d	*D*	*d*	〔diː〕	Q	q	*Q*	*q*	〔kjuː〕
E	e	*E*	*e*	〔iː〕	R	r	*R*	*r*	〔ɑː〕
F	f	*F*	*f*	〔ef〕	S	s	*S*	*s*	〔es〕
G	g	*G*	*g*	〔dʒiː〕	T	t	*T*	*t*	〔tiː〕
H	h	*H*	*h*	〔eitʃ〕	U	u	*U*	*u*	〔juː〕
I	i	*I*	*i*	〔ai〕	V	v	*V*	*v*	〔viː〕
J	j	*J*	*j*	〔dʒei〕	W	w	*W*	*w*	〔'dʌbljuː〕
K	k	*K*	*k*	〔kei〕	X	x	*X*	*x*	〔eks〕
L	l	*L*	*l*	〔el〕	Y	y	*Y*	*y*	〔wai〕
M	m	*M*	*m*	〔em〕	Z	z	*Z*	*z*	〔zed〕

表1.1-3　希腊字母

正体大写	正体小写	斜体大写	斜体小写	英文名称（国际音标注音）	正体大写	正体小写	斜体大写	斜体小写	英文名称（国际音标注音）
A	α	*A*	*α*	alpha〔'ælfə〕	N	ν	*N*	*ν*	nu〔nju:〕
B	β	*B*	*β*	beta〔'bi:tə〕	Ξ	ξ	*Ξ*	*ξ*	xi〔ksai〕
Γ	γ	*Γ*	*γ*	gamma〔'gæmə〕	O	o	*O*	*o*	omicron〔ou'maikrən〕
Δ	δ	*Δ*	*δ*	delta〔'deltə〕	Π	π	*Π*	*π*	pi〔pai〕
E	ε, ϵ	*E*	*ε*	epsilon〔'epsilən〕	P	ρ	*P*	*ρ*	rho〔rou〕
Z	ζ	*Z*	*ζ*	zeta〔'zi:tə〕	Σ	σ	*Σ*	*σ*	sigma〔'sigmə〕
H	η	*H*	*η*	eta〔'i:tə〕	T	τ	*T*	*τ*	tau〔tau〕
Θ	θ, ϑ	*Θ*	*θ, ϑ*	theta〔'θi:tə〕	Υ	υ	*Υ*	*υ*	upsilon〔'ju:psilon〕
I	ι	*I*	*ι*	jota〔ai'outə〕	Φ	φ, ϕ	*Φ*	*φ, ϕ*	phi〔fai〕
K	κ	*K*	*κ*	kappa〔'kæpə〕	X	χ	*X*	*χ*	chi〔kai〕
Λ	λ	*Λ*	*λ*	lambda〔'læmdə〕	Ψ	ψ	*Ψ*	*ψ*	psi〔psi:〕
M	μ	*M*	*μ*	mu〔mju:〕	Ω	ω	*Ω*	*ω*	omega〔'oumigə〕

1.2　国内和国外部分标准代号（见表1.1-4、表1.1-5）

表1.1-4　国内部分标准代号

标准代号	标准名称	标准代号	标准名称	标准代号	标准名称
GB	强制性国家标准	HG	化工行业标准	NY	农业行业标准
GB/T	推荐性国家标准	HJ	环境保护行业标准	QB	轻工业行业标准
GBn	国家内部标准	HY	海洋行业标准	QC	汽车行业标准
GBJ	国家工程建设标准	JB	机械行业标准	QJ	航天工业行业标准
GJB	国家军用标准	JB/ZQ	重型机械联合企业标准	SD	原水利电力标准
ZB	国家专业标准	JB/Z	机械工业指导性技术文件	SH	石油化工行业标准
BB	包装行业标准	JC	建材行业标准	SJ	电子行业标准
CB	船舶行业标准	JG	建筑工业行业标准	SL	水利行业标准
CH	测绘行业标准	JJC	国家计量局标准	SY	石油天然气行业标准
CJ	城市建设行业标准	JT	交通行业标准	TB	铁道行业标准
DL	电力行业标准	KY	中国科学院标准	TJ	国家工程标准
DZ	地质矿业行业标准	LD	劳动和劳动安全标准	WJ	兵工民品行业标准
EJ	核工业行业标准	LY	林业行业标准	WM	对外经济贸易行业标准
FJ	原纺织工业标准	MH	民用航空行业标准	XB	稀土行业标准
FZ	纺织行业标准	MT	煤炭行业标准	YB	黑色冶金行业标准
GC	金属切削机床标准	MZ	民政工业行业标准	YS	有色冶金行业标准
HB	航空工业行业标准	NJ	农机行业标准	Y、ZBY	仪器、仪表标准

注：1. 标准代号后加"/T"为推荐性标准；在代号后加"/Z"为指导性技术文件。
　　2. 中国台湾省标准代号是CNS。

表1.1-5　国外部分标准代号

标准代号	标准名称	标准代号	标准名称	标准代号	标准名称
ISO[①]	国际标准化组织	ASTM	美国材料与试验协会标准	JSME	日本机械学会标准
ISA	国际标准协会	ΓOCT	俄罗斯国家标准	JGMA	日本齿轮工业协会标准
IEC	国际电工委员会	AS	澳大利亚标准	KS	韩国标准
BISFA	国际计量局	BS	英国国家标准	NSZ	匈牙利标准
IIW	国际焊接学会	BSI	英国标准协会	NEN	荷兰标准
EC	欧洲联盟	CSA	加拿大标准	NF	法国国家标准
CEN	欧洲标准化委员会	CSK	朝鲜国家标准	AFNOR	法国标准化协会
EN	欧洲标准	DIN	德国国家标准	NS	挪威标准
ANSI	美国国家标准	UDI	德国工程师协会	NZS	新西兰标准
SAE	美国汽车协会标准	DS	丹麦标准	SIS	瑞典标准
ASA	美国标准协会	ELOT	希腊标准	SNV	瑞士国家标准
AISI	美国钢铁学会标准	E. S.	埃及标准	STAS	罗马尼亚国家标准
AGMA	美国齿轮制造者协会标准	IS	印度标准	UNE	西班牙标准
ASME	美国机械工程师学会标准	JIS	日本国家标准	UNI	意大利标准

① ISO的前身为ISA。

1.3 数学符号（见表 1.1-6）

表 1.1-6 数学符号（摘自 GB3102.11—1993）

杂 类 符 号			运 算 符 号	
符号	应用	意义或读法	符号及应用	意义或读法
=	$a = b$	a 等于 b	$ab, a \cdot b, a \times b$	a 乘以 b
≠	$a \neq b$	a 不等于 b	$\dfrac{a}{b}, a/b, ab^{-1}$	a 除以 b 或 a 被 b 除
$\underset{=}{\mathrm{def}}$	$a \underset{=}{\mathrm{def}} b$	按定义 a 等于 b 或 a 以 b 为定义	$\sum\limits_{i=1}^{n} a_i$	$a_1 + a_2 + \cdots + a_n$
≙	$a ≙ b$	a 相当于 b		
≈	$a \approx b$	a 约等于 b	$\prod\limits_{i=1}^{n} a_i$	$a_1 \cdot a_2 \cdot \cdots \cdot a_n$
∝	$a \propto b$	a 与 b 成正比		
:	$a : b$	a 比 b	a^p	a 的 p 次方或 a 的 p 次幂
<	$a < b$	a 小于 b	$a^{1/2}, a^{\frac{1}{2}}$, $\sqrt{a}, \sqrt{}a$	a 的 $\dfrac{1}{2}$ 次方，a 的平方根
>	$b > a$	b 大于 a		
≤	$a \leq b$	a 小于或等于 b		
≥	$b \geq a$	b 大于或等于 a	$a^{1/n}, a^{\frac{1}{n}}$, $\sqrt[n]{a}, \sqrt[n]{}a$	a 的 $\dfrac{1}{n}$ 次方，a 的 n 次方根
≪	$a \ll b$	a 远小于 b		
≫	$b \gg a$	b 远大于 a	$|a|$	a 的绝对值；a 的模
∞		无穷［大］或无限［大］	$\mathrm{sgn}\, a$	a 的符号函数
~	$a \sim b$	数字范围	$\bar{a}, \langle a \rangle$	a 的平均值
.	13.59	小数点	$n!$	n 的阶乘
..	3.123 82	循环小数	$\binom{n}{p}, C_n^p$	二项式系数；组合数
%	5%～10%	百分率		
( )		圆括号	$\mathrm{ent}\, a, \mathrm{E}(a)$	小于或等于 a 的最大整数；示性 a
[ ]		方括号	几 何 符 号	
{ }		花括号	$\overline{AB}, AB$	［直］线段 AB
〈 〉		角括号	∠	［平面］角
±		正或负	$\overset{\frown}{AB}$	弧 AB
∓		负或正	π	圆周率
max		最大	△	三角形
min		最小	▱	平行四边形
运 算 符 号			⊙	圆
符号及应用		意义或读法	⊥	垂直
$a + b$		a 加 b	//, ∥	平行
$a - b$		a 减 b	≟	平行且相等
$a \pm b$		a 加或减 b	∽	相似
$a \mp b$		a 减或加 b	≌	全等

(续)

函数符号	
符号及应用	意义或读法
f	函数 f
$f(x)$ $f(x,y,\cdots)$	函数 f 在 x 或在 $(x, y, \cdots)$ 的值
$f(x)\vert_a^b$ $[f(x)]_a^b$	$f(b)-f(a)$
$g \circ f$	f 与 g 的合成函数或复合函数
$x \to a$	x 趋于 a
$\lim\limits_{x \to a} f(x)$ $\lim\limits_{x \to a} f(x)$	x 趋于 a 时 $f(x)$ 的极限
$\overline{\lim}$	上极限
$\underline{\lim}$	下极限
sup	上确界
inf	下确界
$\simeq$	渐近等于
$O(g(x))$	$f(x)=O(g(x))$ 的含义为 $\vert f(x)/g(x) \vert$ 在行文所述的极限中有上界
$o(g(x))$	$f(x)=o(g(x))$ 表示在行文所述的极限中 $f(x)/g(x) \to 0$
Δx	x 的 [有限] 增量
$\dfrac{df}{dx}$ df/dx f'	单变量函数 f 的导 [函] 数或微商
$\left(\dfrac{df}{dx}\right)_{x=a}$ $(df/dx)_{x=a}$ $f'(a)$	函数 f 的导 [函] 数在 a 的值
$\dfrac{d^n f}{dx^n}$ $d^n f/dx^n$ $f^{(n)}$	单变量函数 f 的 n 阶导函数
$\dfrac{\partial f}{\partial x}$ $\partial f/\partial x$ $\partial_x f$	多变量 $x, y, \cdots$ 的函数 f 对于 x 的偏微商或偏导数
$\dfrac{\partial^{m+n} f}{\partial x^n \partial y^m}$	函数 f 先对 y 求 m 次偏微商,再对 x 求 n 次偏微商;混合偏导数
$\dfrac{\partial(u,v,w)}{\partial(x,y,z)}$	u, v, w 对 x, y, z 的函数行列式
df	函数 f 的全微分
δf	函数 f 的(无穷小)变分

函数符号	
符号及应用	意义或读法
$\int f(x)dx$	函数 f 的不定积分
$\int_a^b f(x)dx$ $\int_a^b f(x)dx$	函数 f 由 a 至 b 的定积分
$\iint_A f(x,y)dA$	函数 $f(x,y)$ 在集合 A 上的二重积分
δ_{ik}	克罗内克 δ 符号
ε_{ijk}	勒维-契维塔符号
$\delta(x)$	狄拉克 δ 分布 [函数]
$\varepsilon(x)$	单位阶跃函数;海维赛函数
$f * g$	f 与 g 的卷积
三角函数和双曲函数符号	
符号及表达式	意义或读法
$\sin x$	x 的正弦
$\cos x$	x 的余弦
$\tan x$	x 的正切,也可用 tg x
$\cot x$	x 的余切
$\sec x$	x 的正割
$\csc x$	x 的余割,也可用 cosec x
$\sin^m x$	$\sin x$ 的 m 次方
$\arcsin x$	x 的反正弦
$\arccos x$	x 的反余弦
$\arctan x$	x 的反正切,也可用 arctg x
$\text{arccot } x$	x 的反余切
$\text{arcsec } x$	x 的反正割
$\text{arccsc } x$	x 的反余割,也可用 arccosec x
$\sinh x$	x 的双曲正弦,也可用 sh x
$\cosh x$	x 的双曲余弦,也可用 ch x
$\tanh x$	x 的双曲正切,也可用 th x
$\coth x$	x 的双曲余切
$\text{sech } x$	x 的双曲正割
$\text{csch } x$	x 的双曲余割,也可用 cosech x
$\text{arsinh } x$	x 的反双曲正弦,也可用 arsh x
$\text{arcosh } x$	x 的反双曲余弦,也可用 arch x
$\text{artanh } x$	x 的反双曲正切,也可有 arth x
$\text{arcoth } x$	x 的反双曲余切
$\text{arsech } x$	x 的反双曲正割
$\text{arcsch } x$	x 的反双曲余割,也可用 arcosech x

（续）

指数函数和对数函数符号	
符号及表达式	意义或读法
a^x	x 的指数函数（以 a 为底）
e	自然对数的底
e^x, $\exp x$	x 的指数函数（以 e 为底）
$\log_a x$	以 a 为底的 x 的对数
$\ln x$, $\log_e x$	x 的自然对数
$\lg x$, $\log_{10} x$	x 的常用对数
$\operatorname{lb} x$, $\log_2 x$	x 的以 2 为底的对数
复数符号	
i, j	虚数单位，$i^2 = -1$
Re z	z 的实部
Im z	z 的虚部
$\lvert z \rvert$	z 的绝对值；z 的模
arg z	z 的辐角；z 的相
z^*	z 的 [复] 共轭
sgn z	z 的单位模函数
矩阵符号	
$\boldsymbol{A}$ $\begin{pmatrix} A_{11} & \cdots & A_{1n} \\ \vdots & & \vdots \\ A_{m1} & \cdots & A_{mn} \end{pmatrix}$	$m \times n$ 型的矩阵 $\boldsymbol{A}$
$\boldsymbol{AB}$	矩阵 $\boldsymbol{A}$ 与 $\boldsymbol{B}$ 的积
$\boldsymbol{E}$, $\boldsymbol{I}$	单位矩阵
$\boldsymbol{A}^{-1}$	方阵 $\boldsymbol{A}$ 的逆
$\boldsymbol{A}^{\mathrm{T}}$, $\tilde{\boldsymbol{A}}$	$\boldsymbol{A}$ 的转置矩阵
$\boldsymbol{A}^*$	$\boldsymbol{A}$ 的复共轭矩阵
$\boldsymbol{A}^{\mathrm{H}}$, $\boldsymbol{A}^+$	$\boldsymbol{A}$ 的厄米特共轭矩阵
$\det \boldsymbol{A}$ $\begin{vmatrix} A_{11} & \cdots & A_{1n} \\ \vdots & & \vdots \\ A_{n1} & \cdots & A_{nn} \end{vmatrix}$	方阵 $\boldsymbol{A}$ 的行列式
$\operatorname{tr} \boldsymbol{A}$	方阵 $\boldsymbol{A}$ 的迹
$\lVert \boldsymbol{A} \rVert$	矩阵 $\boldsymbol{A}$ 的范数

矢量和张量符号	
符号及表达式	意义或读法
$\boldsymbol{a}$ $\langle \vec{a} \rangle$	矢量或向量 $\boldsymbol{a}$
a $\lvert \boldsymbol{a} \rvert$	矢量 $\boldsymbol{a}$ 的模或长度，也可用 $\lVert \boldsymbol{a} \rVert$
$\boldsymbol{e}_a$	$\boldsymbol{a}$ 方向的单位矢量
$\boldsymbol{e}_x, \boldsymbol{e}_y, \boldsymbol{e}_z$ $\boldsymbol{i}, \boldsymbol{j}, \boldsymbol{k}$ $\boldsymbol{e}_i$	在笛卡儿坐标轴方向的单位矢量
a_x, a_y, a_z a_i	矢量 $\boldsymbol{a}$ 的笛卡儿分量
$\boldsymbol{a} \cdot \boldsymbol{b}$	$\boldsymbol{a}$ 与 $\boldsymbol{b}$ 的标量积或数量积，在特殊场合，也可用 $(\boldsymbol{a}, \boldsymbol{b})$
$\boldsymbol{a} \times \boldsymbol{b}$	$\boldsymbol{a}$ 与 $\boldsymbol{b}$ 的矢量积或向量积
∇ $\vec{\nabla}$	那勃勒算子或算符；也可用 $\dfrac{\partial}{\partial \boldsymbol{r}}$
$\nabla \varphi$, grad φ	φ 的梯度，也可用 grad φ
div $\boldsymbol{a}$, $\nabla \cdot \boldsymbol{a}$	$\boldsymbol{a}$ 的散度
$\nabla \times \boldsymbol{a}$, rot $\boldsymbol{a}$, curl $\boldsymbol{a}$	$\boldsymbol{a}$ 的旋度
∇^2, Δ	拉普拉斯算子
$\Box$	达朗贝尔算子
$\boldsymbol{T}$	二阶张量 $\boldsymbol{T}$，也用 $\vec{\vec{T}}$
$T_{xx}, T_{xy}, \cdots, T_{zz}$ T_{ij}	张量 $\boldsymbol{T}$ 的笛卡儿分量
$\boldsymbol{ab}$, $\boldsymbol{a} \otimes \boldsymbol{b}$	两矢量 $\boldsymbol{a}$ 与 $\boldsymbol{b}$ 的并矢积或张量积
$\boldsymbol{T} \otimes \boldsymbol{S}$	两个二阶张量 $\boldsymbol{T}$ 与 $\boldsymbol{S}$ 的张量积
$\boldsymbol{T} \cdot \boldsymbol{S}$	两个二阶张量 $\boldsymbol{T}$ 与 $\boldsymbol{S}$ 的内积
$\boldsymbol{T} \cdot \boldsymbol{a}$	二阶张量 $\boldsymbol{T}$ 与矢量 $\boldsymbol{a}$ 的内积
$\boldsymbol{T} : \boldsymbol{S}$	两个二阶张量 $\boldsymbol{T}$ 与 $\boldsymbol{S}$ 的标量积

数理逻辑符号			
符号	应用	符号名称	意义、读法及备注
$\wedge$	$p \wedge q$	合取	p 和 q
$\vee$	$p \vee q$	析取	p 或 q
$\neg$	$\neg p$	否定	p 的否定；不是 p；非 p
$\Rightarrow$	$p \Rightarrow q$	推断	若 p 则 q；p 蕴含 q 也可写为 $q \Leftarrow p$，有时也用 →
$\Leftrightarrow$	$p \Leftrightarrow q$	等价	$p \Rightarrow q$ 且 $q \Rightarrow p$；p 等价于 q 有时也用 ↔
$\forall$	$\forall x \in A, p(x)$ $(\forall x \in A), p(x)$	全称量词	命题 $p(x)$ 对于每一个属于 A 的 x 为真
$\exists$	$\exists x \in A, p(x)$ $(\exists x \in A), p(x)$	存在量词	存在 A 中的元 x 使 $p(x)$ 为真

（续）

集合论符号			坐标系符号[①]	
符号	应用	意义或读法	坐标	名称或意义
$\in$	$x \in A$	x 属于 A；x 是集合 A 的一个元[素]	x, y, z	笛卡儿坐标 e_x, e_y 与 e_z 组成一标准正交右手系
$\notin$	$y \notin A$	y 不属于 A；y 不是集合 A 的一个元[素] 也可用 $\overline{\in}$ 或 $\in$	ρ, φ, z	圆柱坐标 e_ρ, e_φ 与 e_z 组成一标准正交右手系
$\ni$	$A \ni x$	集 A 包含[元]x	γ, θ, φ	球坐标 e_γ, e_θ 与 e_φ 组成一标准正交右手系
$\not\ni$	$A \not\ni y$	集 A 不包含[元]y，也可用 $\overline{\ni}$ 或 $\ni$	特殊函数符号[②]	
$\{,\cdots,\}$	$\{x_1, x_2, \cdots, x_n\}$	诸元素 $x_1, x_2, \cdots, x_n$ 构成的集	符号及表达式	意义或读法
$\{\mid\}$	$\{x \in A \mid p(x)\}$	使命题 $p(x)$ 为真的 A 中诸元[素]之集	$J_l(x)$	[第一类] 柱贝塞尔函数
card	card(A)	A 中诸元素的数目；A 的势（或基数）	$N_l(x)$	柱诺依曼函数，第二类柱贝塞尔函数
$\varnothing$		空集	$H_l^{(1)}(x)$ $H_l^{(2)}(x)$	柱汉开尔函数，第三类柱贝塞尔函数
$\mathbb{N}$, N		非负整数集；自然数集		
$\mathbb{Z}$, Z		整数集	$I_l(x)$ $K_l(x)$	修正的柱贝塞尔函数
$\mathbb{Q}$, Q		有理数集		
$\mathbb{R}$, R		实数集		
$\mathbb{C}$, C		复数集	$j_l(x)$	[第一类] 球贝塞尔函数
[,]	$[a, b]$	$\mathbb{R}$ 中由 a 到 b 的闭区间	$n_l(x)$	球诺依曼函数，第二类球贝塞尔函数
],] (,]	$]a, b]$ $(a, b]$	$\mathbb{R}$ 中由 a（含于内）的左半开区间	$h_l^{(1)}(x)$ $h_l^{(2)}(x)$	球汉开尔函数，第三类球贝塞尔函数
[,[[,)	$[a, b[$ $[a, b)$	$\mathbb{R}$ 中由 a（含于内）到 b 的右半开区间		
],[(,)	$]a, b[$ (a, b)	$\mathbb{R}$ 中由 a 到 b 的开区间	$P_l(x)$	勒让德多项式
$\subseteq$	$B \subseteq A$	B 含于 A；B 是 A 的子集	$P_l^m(x)$	关联勒让德函数
$\subsetneq$	$B \subsetneq A$	B 真包含于 A；B 是 A 的真子集	$Y_l^m(\vartheta, \varphi)$	球面调和函数，球谐函数
$\not\subseteq$	$C \not\subseteq A$	C 不包含于 A；C 不是 A 的子集 也可用 $\not\subset$	$H_n(x)$	厄米特多项式
$\supseteq$	$A \supseteq B$	A 包含 B [作为子集]	$L_n(x)$	拉盖尔多项式
$\supsetneq$	$A \supsetneq B$	A 真包含 B	$L_n^m(x)$	关联拉盖尔多项式
$\not\supseteq$	$A \not\supseteq C$	A 不包含 C [作为子集] 也可用 $\not\supset$	$F(a, b; c; x)$	超几何函数
$\cup$	$A \cup B$	A 与 B 的并集	$F(a; c; x)$	合流超几何函数
$\cup$	$\bigcup_{i=1}^{n} A_i$	诸集 $A_1, \cdots, A_n$ 的并集	$F(k, \varphi)$	第一类 [不完全] 椭圆积分
$\cap$	$A \cap B$	A 与 B 的交集	$E(k, \varphi)$	第二类 [不完全] 椭圆积分
$\cap$	$\bigcap_{i=1}^{n} A_i$	诸集 $A_1, \cdots, A_n$ 的交集	$\Pi(k, n, \varphi)$	第三类 [不完全] 椭圆积分
\	$A \setminus B$	A 与 B 之差；A 减 B	$\Gamma(x)$	Γ（伽马）函数
$\complement$	$\complement_A B$	A 中子集 B 的补集或余集	$B(x, y)$	B（贝塔）函数
(,)	(a, b)	有序偶 a, b；偶 a, b	Ei x	指数积分
(,$\cdots$,)	$(a_1, a_2, \cdots, a_n)$	有序 n 元组	erf x	误差函数
$\times$	$A \times B$	A 与 B 的笛卡儿积	$\zeta(z)$	黎曼（泽塔）函数
Δ	Δ_A	$A \times A$ 中点对 (x, x) 的集，其中 $x \in A$；$A \times A$ 的对角集		

① 如果为了某些目的，例外地使用左手坐标系时，必须明确地说出，以免引起符号错误。
② 行文中方括号内的文字表示可以略去或不读。

1.4 化学元素符号（见表 1.1-7）

表 1.1-7 化学元素表（摘自 GB 3102.8—1993）

原子序数	元素名称 英文	元素名称 中文	符号	原子序数	元素名称 英文	元素名称 中文	符号	原子序数	元素名称 英文	元素名称 中文	符号	原子序数	元素名称 英文	元素名称 中文	符号
1	hydrogen	氢	H	29	copper (cuprum)	铜	Cu	56	barium	钡	Ba	83	bismuth	铋	Bi
2	helium	氦	He	30	zinc	锌	Zn	57	lanthanum	镧	La	84	polonium	钋	Po
3	lithium	锂	Li	31	gallium	镓	Ga	58	cerium	铈	Ce	85	astatine	砹	At
4	beryllium	铍	Be	32	germanium	锗	Ge	59	praseodymium	镨	Pr	86	radon	氡	Rn
5	boron	硼	B	33	arsenic	砷	As	60	neodymium	钕	Nd	87	francium	钫	Fr
6	carbon	碳	C	34	selenium	硒	Se	61	promethium	钷	Pm	88	radium	镭	Ra
7	nitrogen	氮	N	35	bromine	溴	Br	62	samarium	钐	Sm	89	actinium	锕	Ac
8	oxygen	氧	O	36	krypton	氪	Kr	63	europium	铕	En	90	thorium	钍	Th
9	fluorine	氟	F	37	rubidium	铷	Rb	64	gadolinium	钆	Gd	91	protactinium	镤	Pa
10	neon	氖	Ne	38	strontium	锶	Sr	65	terbium	铽	Tb	92	uranium	铀	U
11	sodium (natrium)	钠	Na	39	yttrium	钇	Y	66	dysprosium	镝	Dy	93	neptunium	镎	Np
12	magnesium	镁	Mg	40	zirconium	锆	Zr	67	holmium	钬	Ho	94	plutonium	钚	Pu
13	aluminium	铝	Al	41	niobium	铌	Nb	68	erbium	铒	Er	95	americium	镅	Am
14	silicon	硅	Si	42	molybdenum	钼	Mo	69	thulium	铥	Tm	96	curium	锔	Cm
15	phosphorus	磷	P	43	technetium	锝	Tc	70	ytterbium	镱	Yb	97	berkelium	锫	Bk
16	sulfur	硫	S	44	ruthenium	钌	Ru	71	lutetium	镥	Lu (Cp)	98	californium	锎	Cf
17	chlorine	氯	Cl	45	rhodium	铑	Rh	72	hafnium	铪	Hf	99	einsteinium	锿	Es
18	argon	氩	Ar	46	palladium	钯	Pd	73	tantalum	钽	Ta	100	fermium	镄	Fm
19	potassium (kalium)	钾	K	47	silver (argenturm)	银	Ag	74	tungsten (wolfram)	钨	W	101	mendelevium	钔	Md
20	calcium	钙	Ca	48	cadmium	镉	Cd	75	rhenium	铼	Re	102	nobelium	锘	No
21	scandium	钪	Sc	49	indium	铟	In	76	osmium	锇	Os	103	lawrencium	铹	Lr
22	titanium	钛	Ti	50	tin (stannum)	锡	Sn	77	iridium	铱	Ir	104	unnilquadium		Unq
23	vanadium	钒	V	51	antimony (stibium)	锑	Sb	78	platinum	铂	Pt	105	unnilpentium		Unp
24	chromium	铬	Cr	52	tellurium	碲	Te	79	gold (aurum)	金	Au	106	unnilhexium		Unh
25	manganese	锰	Mn	53	iodine	碘	I	80	mercury (hydrargyrum)	汞	Hg	107	unnilseptium		Uns
26	iron (ferrum)	铁	Fe	54	xenon	氙	Xe	81	thallium	铊	Tl	108	unniloctium		Uno
27	cobalt	钴	Co	55	caesium	铯	Cs	82	lead (plumbum)	铅	Pb	109	unnilennium		Une
28	nickel	镍	Ni												

2 常用数据表

2.1 金属硬度与强度换算（见表1.1-8～表1.1-12）

表1.1-8 碳钢及合金钢硬度与强度核算值（摘自 GB/T 1172—1999）

硬度						抗拉强度 R_m/MPa							
洛氏		表面洛氏			维氏	布氏 $(F=30D^2)$ [①]							
HRC	HRA	HR 15N	HR 30N	HR 45N	HV	HBW	碳钢	铬钢	铬钒钢	铬镍钢	铬钼钢	铬镍钼钢	铬锰硅钢	超高强度钢	不锈钢
20.0	60.2	68.8	40.7	19.2	226	225	774	742	736	782	747		781		740
20.5	60.4	69.0	41.2	19.8	228	227	784	751	744	787	753		788		749
21.0	60.7	69.3	41.7	20.4	230	229	793	760	753	792	760		794		758
21.5	61.0	69.5	42.2	21.0	233	232	803	769	761	797	767		801		767
22.0	61.2	69.8	42.6	21.5	235	234	813	779	770	803	774		809		777
22.5	61.5	70.0	43.1	22.1	238	237	823	788	779	809	781		816		786
23.0	61.7	70.3	43.6	22.7	241	240	833	798	788	815	789		824		796
23.5	62.0	70.6	44.0	23.3	244	242	843	808	797	822	797		832		806
24.0	62.2	70.8	44.5	23.9	247	245	854	818	807	829	805		840		816
24.5	62.5	71.1	45.0	24.5	250	248	864	828	816	836	813		848		826
25.0	62.8	71.4	45.5	25.1	253	251	875	838	826	843	822		856		837
25.5	63.0	71.6	45.9	25.7	256	254	886	848	837	851	831	850	865		847
26.0	63.3	71.9	46.4	26.3	259	257	897	859	847	859	840	859	874		858
26.5	63.5	72.2	46.9	26.9	262	260	908	870	858	867	850	869	883		868
27.0	63.8	72.4	47.3	27.5	266	263	919	880	869	876	860	879	893		879
27.5	64.0	72.7	47.8	28.1	269	266	930	891	880	885	870	890	902		890
28.0	64.3	73.0	48.3	28.7	273	269	942	902	892	894	880	901	912		901
28.5	64.6	73.3	48.7	29.3	276	273	954	914	903	904	891	912	922		913
29.0	64.8	73.5	49.2	29.9	280	276	965	925	915	914	902	923	933		924
29.5	65.1	73.8	49.7	30.5	284	280	977	937	928	924	913	935	943		936
30.0	65.3	74.1	50.2	31.1	288	283	989	948	940	935	924	947	954		947
30.5	65.6	74.4	50.6	31.7	292	287	1002	960	953	946	936	959	965		959
31.0	65.8	74.7	51.1	32.3	296	291	1014	972	966	957	948	972	977		971
31.5	66.1	74.9	51.6	32.9	300	294	1027	984	980	969	961	985	989		983
32.0	66.4	75.2	52.0	33.5	304	298	1039	996	993	981	974	999	1001		996
32.5	66.6	75.5	52.5	34.1	308	302	1052	1009	1007	994	987	1012	1013		1008
33.0	66.9	75.8	53.0	34.7	313	306	1065	1022	1022	1007	1001	1027	1026		1021
33.5	67.1	76.1	53.4	35.3	317	310	1078	1034	1036	1020	1015	1041	1039		1034
34.0	67.4	76.4	53.9	35.9	321	314	1092	1048	1051	1034	1029	1056	1052		1047
34.5	67.7	76.7	54.4	36.5	326	318	1105	1061	1067	1048	1043	1071	1066		1060
35.0	67.9	77.0	54.8	37.0	331	323	1119	1074	1082	1063	1058	1087	1079		1074
35.5	68.2	77.2	55.3	37.6	335	327	1133	1088	1098	1078	1074	1103	1094		1087
36.0	68.4	77.5	55.8	38.2	340	332	1147	1102	1114	1093	1090	1119	1108		1101
36.5	68.7	77.8	56.2	38.8	345	336	1162	1116	1131	1109	1106	1136	1123		1116
37.0	69.0	78.1	56.7	39.4	350	341	1177	1131	1148	1125	1122	1153	1139		1130
37.5	69.2	78.4	57.2	40.0	355	345	1192	1146	1165	1142	1139	1171	1155		1145
38.0	69.5	78.7	57.6	40.6	360	350	1207	1161	1183	1159	1157	1189	1171		1161
38.5	69.7	79.0	58.1	41.2	365	355	1222	1176	1201	1177	1174	1207	1187	1170	1176
39.0	70.0	79.3	58.6	41.8	371	360	1238	1192	1219	1195	1192	1226	1204	1195	1193
39.5	70.3	79.6	59.0	42.4	376	365	1254	1208	1238	1214	1211	1245	1222	1219	1209
40.0	70.5	79.9	59.5	43.0	381	370	1271	1225	1257	1233	1230	1265	1240	1243	1226
40.5	70.8	80.2	60.0	43.6	387	375	1288	1242	1276	1252	1249	1285	1258	1267	1244
41.0	71.1	80.5	60.4	44.2	393	381	1305	1260	1296	1273	1269	1306	1277	1290	1262
41.5	71.3	80.8	60.9	44.8	398	386	1322	1278	1317	1293	1289	1327	1296	1313	1280
42.0	71.6	81.1	61.3	45.4	404	392	1340	1296	1337	1314	1310	1348	1316	1336	1299
42.5	71.8	81.4	61.8	45.9	410	397	1359	1315	1358	1336	1331	1370	1336	1359	1319
43.0	72.1	81.7	62.3	46.5	416	403	1378	1335	1380	1358	1353	1392	1357	1381	1339
43.5	72.4	82.0	62.7	47.1	422	409	1397	1355	1401	1380	1375	1415	1378	1404	1361
44.0	72.6	82.3	63.2	47.7	428	415	1417	1376	1424	1404	1397	1439	1400	1427	1383
44.5	72.9	82.6	63.6	48.3	435	422	1438	1398	1446	1427	1420	1462	1422	1450	1405
45.0	73.2	82.9	64.1	48.9	441	428	1459	1420	1469	1451	1444	1487	1445	1473	1429

(续)

硬度						抗拉强度 R_m/MPa								
洛氏		表面洛氏			维氏	布氏($F=30D^2$)[①]	碳钢	铬钢	铬钒钢	铬镍钢	铬钼钢	铬镍钼钢	铬锰硅钢	超高强度钢	不锈钢
HRC	HRA	HR 15N	HR 30N	HR 45N	HV	HBW									
45.5	73.4	83.2	64.6	49.5	448	435	1481	1444	1493	1476	1468	1512	1469	1496	1453
46.0	73.7	83.5	65.0	50.1	454	441	1503	1468	1517	1502	1492	1537	1493	1520	1479
46.5	73.9	83.7	65.5	50.7	461	448	1526	1493	1541	1527	1517	1563	1517	1544	1505
47.0	74.2	84.0	65.9	51.2	468	455	1550	1519	1566	1554	1542	1589	1543	1569	1533
47.5	74.5	84.3	66.4	51.8	475	463	1575	1546	1591	1581	1568	1616	1569	1594	1562
48.0	74.7	84.6	66.8	52.4	482	470	1600	1574	1617	1608	1595	1643	1595	1620	1592
48.5	75.0	84.9	67.3	53.0	489	478	1626	1603	1643	1636	1622	1671	1623	1646	1623
49.0	75.3	85.2	67.7	53.6	497	486	1653	1633	1670	1665	1649	1699	1651	1674	1655
49.5	75.5	85.5	68.2	54.2	504	494	1681	1665	1697	1695	1677	1728	1679	1702	1689
50.0	75.8	85.7	68.6	54.7	512	502	1710	1698	1724	1724	1706	1758	1709	1731	1725
50.5	76.1	86.0	69.1	55.3	520	510		1732	1752	1755	1735	1788	1739	1761	
51.0	76.3	86.3	69.5	55.9	527	518		1768	1780	1786	1764	1819	1770	1792	
51.5	76.6	86.6	70.0	56.5	535	527		1806	1809	1818	1794	1850	1801	1824	
52.0	76.9	86.8	70.4	57.1	544	535		1845	1839	1850	1825	1881	1834	1857	
52.5	77.1	87.1	70.9	57.6	552	544			1869	1883	1856	1914	1867	1892	
53.0	77.4	87.4	71.3	58.2	561	552			1899	1917	1888	1947	1901	1929	
53.5	77.7	87.6	71.8	58.8	569	561			1930	1951			1936	1966	
54.0	77.9	87.9	72.2	59.4	578	569			1961	1986			1971	2006	
54.5	78.2	88.1	72.6	59.9	587	577			1993	2022			2008	2047	
55.0	78.5	88.4	73.1	60.5	596	585			2026	2058			2045	2090	
55.5	78.7	88.6	73.5	61.1	606	593								2135	
56.0	79.0	88.9	73.9	61.7	615	601								2181	
56.5	79.3	89.1	74.4	62.2	625	608								2230	
57.0	79.5	89.4	74.8	62.8	635	616								2281	
57.5	79.8	89.6	75.2	63.4	645	622								2334	
58.0	80.1	89.8	75.6	63.9	655	628								2390	
58.5	80.3	90.0	76.1	64.5	666	634								2448	
59.0	80.6	90.2	76.5	65.1	676	639								2509	
59.5	80.9	90.4	76.9	65.6	687	643								2572	
60.0	81.2	90.6	77.3	66.2	698	647								2639	
60.5	81.4	90.8	77.7	66.8	710	650									
61.0	81.7	91.0	78.1	67.3	721										
61.5	82.0	91.2	78.6	67.9	733										
62.0	82.2	91.4	79.0	68.4	745										
62.5	82.5	91.5	79.4	69.0	757										
63.0	82.8	91.7	79.8	69.5	770										
63.5	83.1	91.8	80.2	70.1	782										
64.0	83.3	91.9	80.6	70.6	795										
64.5	83.6	92.1	81.0	71.2	809										
65.0	83.9	92.2	81.3	71.7	822										
65.5	84.1				836										
66.0	84.4				850										
66.5	84.7				865										
67.0	85.0				879										
67.5	85.2				894										
68.0	85.5				909										

注：1. 本表所列各种钢的换算值，适用于含碳量由低到高的钢种。
    2. 本表所列换算值只有当试件组织均匀一致时，才能得到较精确的结果。
    3. 本表不包括低碳钢。

① F 为压头上负荷（N）；D 为压头直径（mm）。

表 1.1-9　碳钢硬度与强度换算值（摘自 GB/T 1172—1999）

硬度							抗拉强度 R_m/MPa	硬度							抗拉强度 R_m/MPa
洛氏	表面洛氏			维氏	布氏 HBW			洛氏	表面洛氏			维氏	布氏 HBW		
HRB	HR 15T	HR 30T	HR 45T	HV	$F=10D^2$	$F=30D^2$		HRB	HR 15T	HR 30T	HR 45T	HV	$F=10D^2$	$F=30D^2$	
60.0	80.4	56.1	30.4	105	102		375	80.5	86.1	69.2	51.6	148	134		503
60.5	80.5	56.4	30.9	105	102		377	81.0	86.2	69.5	52.1	149	136		508
61.0	80.7	56.7	31.4	106	103		379	81.5	86.3	69.8	52.6	151	137		513
61.5	80.8	57.1	31.9	107	103		381	82.0	86.5	70.2	53.1	152	138		518
62.0	80.9	57.4	32.4	108	104		382	82.5	86.6	70.5	53.6	154	140		523
62.5	81.1	57.7	32.9	108	104		384	83.0	86.8	70.8	54.1	156		152	529
63.0	81.2	58.0	33.5	109	105		386	83.5	86.9	71.1	54.7	157		154	534
63.5	81.4	58.3	34.0	110	105		388	84.0	87.0	71.4	55.2	159		155	540
64.0	81.5	58.7	34.5	110	106		390	84.5	87.2	71.8	55.7	161		156	546
64.5	81.6	59.0	35.0	111	106		393	85.0	87.3	72.1	56.2	163		158	551
65.0	81.8	59.3	35.5	112	107		395	85.5	87.5	72.4	56.7	165		159	557
65.5	81.9	59.6	36.1	113	107		397	86.0	87.6	72.7	57.2	166		161	563
66.0	82.1	59.9	36.6	114	108		399	86.5	87.7	73.0	57.8	168		163	570
66.5	82.2	60.3	37.1	115	108		402	87.0	87.9	73.4	58.3	170		164	576
67.0	82.3	60.6	37.6	115	109		404	87.5	88.0	73.7	58.8	172		166	582
67.5	82.5	60.9	38.1	116	110		407	88.0	88.1	74.0	59.3	174		168	589
68.0	82.6	61.2	38.6	117	110		409	88.5	88.3	74.3	59.8	176		170	596
68.5	82.7	61.5	39.2	118	111		412	89.0	88.4	74.6	60.3	178		172	603
69.0	82.9	61.9	39.7	119	112		415	89.5	88.6	75.0	60.9	180		174	609
69.5	83.0	62.2	40.2	120	112		418	90.0	88.7	75.3	61.4	183		176	617
70.0	83.2	62.5	40.7	121	113		421	90.5	88.8	75.6	61.9	185		178	624
70.5	83.3	62.8	41.2	122	114		424	91.0	89.0	75.9	62.4	187		180	631
71.0	83.4	63.1	41.7	123	115		427	91.5	89.1	76.2	62.9	189		182	639
71.5	83.6	63.5	42.3	124	115		430	92.0	89.3	76.6	63.4	191		184	646
72.0	83.7	63.8	42.8	125	116		433	92.5	89.4	76.9	64.0	194		187	654
72.5	83.9	64.1	43.3	126	117		437	93.0	89.5	77.2	64.5	196		189	662
73.0	84.0	64.4	43.8	128	118		440	93.5	89.7	77.5	65.0	199		192	670
73.5	84.1	64.7	44.3	129	119		444	94.0	89.8	77.8	65.5	201		195	678
74.0	84.3	65.1	44.8	130	120		447	94.5	89.9	78.2	66.0	203		197	686
74.5	84.4	65.4	45.4	131	121		451	95.0	90.1	78.5	66.5	206		200	695
75.0	84.5	65.7	45.9	132	122		455	95.5	90.2	78.8	67.1	208		203	703
75.5	84.7	66.0	46.4	134	123		459	96.0	90.4	79.1	67.6	211		206	712
76.0	84.8	66.3	46.9	135	124		463	96.5	90.5	79.4	68.1	214		209	721
76.5	85.0	66.6	47.4	136	125		467	97.0	90.6	79.8	68.6	216		212	730
77.0	85.1	67.0	47.9	138	126		471	97.5	90.8	80.1	69.1	219		215	739
77.5	85.2	67.3	48.5	139	127		475	98.0	90.9	80.4	69.6	222		218	749
78.0	85.4	67.6	49.0	140	128		480	98.5	91.1	80.7	70.2	225		222	758
78.5	85.5	67.9	49.5	142	129		484	99.0	91.2	81.0	70.7	227		226	768
79.0	85.7	68.2	50.0	143	130		489	99.5	91.3	81.4	71.2	230		229	778
79.5	85.8	68.6	50.5	145	132		493	100.0	91.5	81.7	71.7	233		232	788
80.0	85.9	68.9	51.0	146	133		498								

注：1. 本表适用于低碳钢。
　　2. 表中 F 及 D 意义见表 1.1-8。

表 1.1-10　钢铁洛氏与肖氏硬度对照

肖氏	HS	96.6	95.6	94.6	93.5	92.6	91.5	90.5	89.4	88.4	87.6	86.5	85.7
洛氏	HRC	68	67.5	67	66.5	66	65.5	65	64.5	64	63.5	63	62.5
肖氏	HS	84.8	84.0	83.1	82.2	81.4	80.6	79.7	78.9	78.1	77.2	76.5	75.6
洛氏	HRC	62	61.5	61	60.5	60	59.5	59	58.5	58	57.5	57	56.5
肖氏	HS	74.9	74.2	73.5	72.6	71.9	71.2	70.5	69.8	69.1	68.5	67.7	67.0
洛氏	HRC	56	55.5	55	54.5	54	53.5	53	52.5	52	51.5	51	50.5
肖氏	HS	66.3	65.0	63.7	62.3	61.0	59.7	58.4	57.1	55.9	54.7	53.5	52.3
洛氏	HRC	50	49	48	47	46	45	44	43	42	41	40	39
肖氏	HS	51.1	50.0	48.8	47.8	46.6	45.6	44.5	43.5	42.5	41.6	40.6	39.7
洛氏	HRC	38	37	36	35	34	33	32	31	30	29	28	27
肖氏	HS	38.8	37.9	37.0	36.3	35.5	34.7	34.0	33.2	32.6	31.9	31.4	30.7	30.1	29.6
洛氏	HRC	26	25	24	23	22	21	20	19	18	17	16	15	14	13

表 1.1-11 铜合金硬度与强度换算值 （摘自 GB/T 3771—1983）

布氏（$F=30D^2$）		维氏	洛氏			表面洛氏					抗拉强度 R_m、规定塑性延伸强度 $R_{p0.2}$/MPa					
											黄铜		青铜		铍材	铜棒材
											板材	棒材	棒材	板材	棒材	
HBW	$d_{10}、2d_5、4d_{2.5}$/mm	HV	HRC	HRA	HRB	HRF	HR15N	HR30N	HR45N	HR15T	HR30T	HR45T	R_m	R_m	R_m	$R_{p0.2}$	R_m	$R_{p0.2}$
90.0	6.159	90.5	—	—	53.7	87.1	—	—	—	77.2	50.8	26.7	—	—	—	—	—	—
92.0	6.100	92.6	—	—	54.2	87.4	—	—	—	77.4	51.2	27.2	—	—	—	—	—	—
94.0	6.042	94.7	—	—	54.8	87.7	—	—	—	77.6	51.6	27.7	—	—	—	—	—	—
96.0	5.986	96.8	—	—	55.5	88.1	—	—	—	77.8	52.0	28.4	—	—	—	—	—	—
98.0	5.931	98.9	—	—	56.2	88.5	—	—	—	78.0	52.5	29.1	—	—	—	—	—	—
100.0	5.878	101.0	—	—	57.1	89.1	—	—	—	78.3	53.2	30.1	—	—	—	—	—	—
102.0	5.826	103.1	—	—	58.0	89.6	—	—	—	78.6	53.8	31.0	—	—	—	—	—	—
104.0	5.775	105.1	—	—	58.9	90.1	—	—	—	78.8	54.4	31.9	—	—	—	—	—	—
106.0	5.726	107.2	—	—	60.0	90.7	—	—	—	79.2	55.1	32.9	—	—	—	—	—	—
108.0	5.678	109.3	—	—	61.0	91.3	—	—	—	79.6	55.8	33.9	—	—	—	—	—	—
110.0	5.631	111.4	—	—	62.1	91.9	—	—	—	79.9	56.5	35.0	379	392	—	—	—	—
112.0	5.585	113.5	—	—	63.2	92.6	—	—	—	80.3	57.4	36.2	382	397	—	—	—	—
114.0	5.541	115.6	—	—	64.3	93.2	—	—	—	80.6	58.1	37.2	386	403	—	—	—	—
116.0	5.497	117.7	—	—	65.4	93.8	—	—	—	81.0	58.8	38.2	390	408	—	—	—	—
118.0	5.454	119.8	—	—	66.6	94.5	—	—	—	81.4	59.6	39.4	394	414	—	—	—	—
120.0	5.413	121.9	—	—	67.7	95.1	—	—	—	81.7	60.3	40.5	398	420	—	—	—	—
122.0	5.372	124.0	—	—	68.8	95.8	—	—	—	82.1	61.2	41.7	402	425	—	—	—	—
124.0	5.332	126.1	—	—	69.9	96.4	—	—	—	82.5	61.9	42.7	407	431	—	—	—	—
126.0	5.293	128.2	—	—	71.0	97.0	—	—	—	82.8	62.6	43.7	412	437	—	—	—	—
128.0	5.255	130.3	—	—	72.1	97.7	—	—	—	83.2	63.4	44.9	417	443	—	—	—	—
130.0	5.218	132.4	—	—	73.1	98.2	—	—	—	83.5	64.0	45.8	422	449	—	—	—	—
132.0	5.181	134.5	—	—	74.1	98.8	—	—	—	83.8	64.7	46.8	428	456	—	—	—	—
134.0	5.145	136.6	—	—	75.1	99.4	—	—	—	84.1	65.5	47.9	434	462	—	—	—	—
136.0	5.110	138.6	—	—	76.1	100.0	—	—	—	84.5	66.2	48.9	440	468	—	—	—	—
138.0	5.076	140.7	—	—	77.0	100.5	—	—	—	84.8	66.8	49.8	446	475	—	—	—	—
140.0	5.042	142.8	—	—	77.9	101.0	—	—	—	85.0	67.4	50.6	453	481	—	—	—	—
142.0	5.009	144.9	—	—	78.8	101.5	—	—	—	85.3	67.9	51.5	460	488	—	—	—	—
144.0	4.977	147.0	—	—	79.7	102.0	—	—	—	85.6	68.5	52.3	467	495	—	—	—	—
146.0	4.945	149.1	—	—	80.5	102.5	—	—	—	85.8	69.1	53.2	474	502	—	—	—	—
148.0	4.914	151.2	—	—	81.2	102.9	—	—	—	86.1	69.6	53.9	482	509	—	—	—	—
150.0	4.883	153.3	—	—	82.0	103.3	—	—	—	86.3	70.1	54.6	489	516	—	—	—	—
152.0	4.853	155.4	—	—	82.7	103.7	—	—	—	86.6	70.6	55.3	498	523	—	—	—	—
154.0	4.823	157.5	—	—	83.3	104.1	—	—	—	86.8	71.0	56.0	506	530	—	—	—	—

(续)

布氏 HBW	维氏 $F=30D^2$ d_{10}、$2d_5$、$4d_{2.5}$/mm	维氏 HV	洛氏 HRC	洛氏 HRA	洛氏 HRB	洛氏 HRF	表面洛氏 HR15N	表面洛氏 HR30N	表面洛氏 HR45N	表面洛氏 HR15T	表面洛氏 HR30T	表面洛氏 HR45T	抗拉强度 R_m 黄铜 板材 R_m	抗拉强度 R_m 黄铜 棒材 R_m	抗拉强度 R_m 规定塑性延伸强度 $R_{p0.2}$/MPa 铍青铜 板材 R_m	铍青铜 板材 $R_{p0.2}$	铍青铜 棒材 R_m	铍青铜 棒材 $R_{p0.2}$
156.0	4.794	159.6	—	—	84.0	104.5	—	—	—	87.0	71.5	56.6	514	537	—	—	—	—
158.0	4.766	161.7	—	—	84.6	104.8	—	—	—	87.2	71.9	57.2	523	545	—	—	—	—
160.0	4.738	163.8	—	—	85.2	105.2	—	—	—	87.4	72.3	57.9	532	552	—	—	—	—
162.0	4.710	165.9	—	—	85.8	105.5	—	—	—	87.6	72.7	58.4	541	560	—	—	—	—
164.0	4.683	168.0	—	—	86.3	105.8	—	—	—	87.7	73.1	58.9	551	567	—	—	—	—
166.0	4.657	170.1	—	—	86.8	106.1	—	—	—	87.9	73.4	59.4	561	575	—	—	—	—
168.0	4.631	172.1	—	—	87.4	106.4	—	—	—	88.1	73.8	59.9	571	583	—	—	—	—
170.0	4.605	174.2	—	—	87.9	106.7	—	—	—	88.2	74.1	60.4	581	591	556	476	662	374
172.0	4.580	176.3	—	—	88.4	107.0	—	—	—	88.4	74.5	61.0	591	599	562	482	667	382
174.0	4.555	178.4	—	—	88.8	107.2	—	—	—	88.5	74.7	61.3	602	607	569	489	673	390
176.0	4.530	180.5	—	—	89.3	107.5	—	—	—	88.7	75.1	61.8	613	615	576	496	678	398
178.0	4.506	182.6	—	—	89.8	107.8	—	—	—	88.9	75.4	62.3	624	624	582	503	683	406
180.0	4.483	184.7	—	—	90.3	108.1	—	—	—	89.0	75.8	62.8	636	632	589	509	689	414
182.0	4.459	186.8	—	—	90.8	108.4	—	—	—	89.2	76.1	63.4	648	640	596	516	694	422
184.0	4.436	188.9	—	—	91.3	108.7	—	—	—	89.4	76.5	63.9	659	649	603	523	700	430
186.0	4.414	191.0	—	—	91.8	109.0	—	—	—	89.5	76.9	64.4	672	658	609	530	705	438
188.0	4.392	193.1	—	—	92.3	109.2	—	—	—	89.7	77.1	64.7	684	666	616	537	711	446
190.0	4.370	195.2	—	—	92.8	109.5	—	—	—	89.8	77.5	65.3	697	675	623	543	717	454
192.0	4.348	197.3	—	—	93.3	109.8	—	—	—	90.0	77.8	65.8	710	684	630	550	722	462
194.0	4.327	199.4	—	—	93.9	110.2	—	—	—	90.2	78.3	66.5	723	693	637	557	728	470
196.0	4.306	201.5	—	—	94.4	110.4	—	—	—	90.3	78.5	66.8	736	702	643	564	734	478
198.0	4.285	203.5	—	—	95.0	110.8	—	—	—	90.6	79.0	67.5	750	712	650	570	740	486
200.0	4.265	205.6	—	—	95.6	111.1	—	—	—	90.7	79.4	68.0	764	721	657	577	746	494
202.0	4.244	207.7	—	—	96.2	111.5	—	—	—	90.9	79.8	68.7	—	—	664	584	752	502
204.0	4.225	209.8	—	—	96.8	111.8	—	—	—	91.2	80.2	69.2	—	—	671	591	758	510
206.0	4.205	211.9	—	—	97.5	112.2	—	—	—	91.4	80.7	69.9	—	—	678	598	764	518
208.0	4.186	214.0	—	—	98.1	112.6	—	—	—	91.6	81.1	70.6	—	—	685	604	770	526
210.0	4.167	216.1	—	—	98.8	113.0	—	—	—	91.8	81.6	71.3	—	—	692	611	776	534
212.0	4.148	218.2	18.0	59.2	—	—	67.9	38.9	17.3	—	—	—	—	—	699	618	782	542
214.0	4.129	220.3	18.4	59.4	—	—	68.2	39.2	17.8	—	—	—	—	—	706	625	789	550
216.0	4.111	222.4	18.8	59.6	—	—	68.4	39.6	18.3	—	—	—	—	—	713	631	795	558
218.0	4.093	224.5	19.1	59.8	—	—	68.5	39.9	18.6	—	—	—	—	—	720	638	801	566
220.0	4.075	226.6	19.5	60.0	—	—	68.8	40.3	19.1	—	—	—	—	—	727	645	808	574

222.0	4.058	228.7	19.9	60.2	—	—	69.0	40.7	19.6	—	—	—	—	734	652	814	582
224.0	4.040	230.8	20.2	60.3	—	—	69.2	40.9	19.9	—	—	—	—	741	658	820	590
226.0	4.023	232.9	20.6	60.5	—	—	69.4	41.3	20.4	—	—	—	—	748	665	827	598
228.0	4.006	235.0	20.9	60.7	—	—	69.6	41.6	20.7	—	—	—	—	755	672	833	606
230.0	3.990	237.0	21.3	60.9	—	—	69.8	42.0	21.2	—	—	—	—	762	679	840	613
232.0	3.973	239.1	21.7	61.1	—	—	70.0	42.4	21.6	—	—	—	—	769	686	847	621
234.0	3.957	241.2	22.0	61.3	—	—	70.2	42.6	22.0	—	—	—	—	776	692	853	629
236.0	3.941	243.3	22.4	61.5	—	—	70.4	43.0	22.5	—	—	—	—	783	699	860	637
238.0	3.925	245.4	22.7	61.6	—	—	70.6	43.3	22.8	—	—	—	—	790	706	867	645
240.0	3.909	247.5	23.0	61.8	—	—	70.8	43.6	23.2	—	—	—	—	797	713	874	653
242.0	3.894	249.6	23.4	62.0	—	—	71.0	44.0	23.7	—	—	—	—	804	719	880	661
244.0	3.878	251.7	23.7	62.1	—	—	71.1	44.3	24.0	—	—	—	—	812	726	887	669
246.0	3.863	253.8	24.1	62.3	—	—	71.3	44.6	24.4	—	—	—	—	819	733	894	677
248.0	3.848	255.9	24.4	62.5	—	—	71.5	44.9	24.8	—	—	—	—	826	740	901	685
250.0	3.833	258.0	24.7	62.6	—	—	71.7	45.2	25.1	—	—	—	—	833	747	908	693
252.0	3.819	260.1	25.1	62.8	—	—	71.9	45.6	25.6	—	—	—	—	840	753	915	701
254.0	3.804	262.2	25.4	63.0	—	—	72.1	45.9	26.0	—	—	—	—	848	760	922	709
256.0	3.790	264.3	25.7	63.1	—	—	72.3	46.2	26.3	—	—	—	—	855	767	929	717
258.0	3.776	266.4	26.0	63.3	—	—	72.4	46.4	26.7	—	—	—	—	862	774	936	725
260.0	3.762	268.5	26.4	63.5	—	—	72.6	46.8	27.1	—	—	—	—	869	780	943	733
262.0	3.748	270.5	26.7	63.6	—	—	72.8	47.1	27.4	—	—	—	—	877	787	951	741
264.0	3.734	272.6	27.0	63.8	—	—	73.0	47.4	27.8	—	—	—	—	884	794	958	749
266.0	3.721	274.7	27.3	64.0	—	—	73.2	47.7	28.2	—	—	—	—	891	801	965	757
268.0	3.707	276.8	27.6	64.1	—	—	73.3	48.0	28.6	—	—	—	—	899	808	972	765
270.0	3.694	278.9	27.9	64.3	—	—	73.5	48.2	28.9	—	—	—	—	906	814	980	773
272.0	3.681	281.0	28.2	64.4	—	—	73.7	48.5	29.2	—	—	—	—	913	821	987	781
274.0	3.668	283.1	28.6	64.6	—	—	73.9	48.9	29.6	—	—	—	—	921	828	994	789
276.0	3.655	285.2	28.9	64.8	—	—	74.1	49.2	30.0	—	—	—	—	928	835	1002	797
278.0	3.643	287.3	29.2	64.9	—	—	74.2	49.5	30.3	—	—	—	—	936	841	1009	805
280.0	3.630	289.4	29.5	65.1	—	—	74.4	49.8	30.7	—	—	—	—	943	848	1017	813
282.0	3.618	291.5	29.8	65.2	—	—	74.6	50.0	31.1	—	—	—	—	950	855	1024	821
284.0	3.605	293.6	30.1	65.4	—	—	74.7	50.3	31.4	—	—	—	—	958	862	1032	829
286.0	3.593	295.7	30.4	65.5	—	—	74.9	50.6	31.8	—	—	—	—	965	868	1039	837

(续)

布氏		维氏	洛氏				表面洛氏						抗拉强度 R_m、规定塑性延伸强度 $R_{p0.2}$/MPa					
													黄铜		铍青铜			
													板材	棒材	板材	棒材	板材	棒材
HBW	$d_{10}、2d_5、$ $4d_{2.5}$/mm	HV	HRC	HRA	HRB	HRF	HR15N	HR30N	HR45N	HR15T	HR30T	HR45T	R_m	R_m	R_m	$R_{p0.2}$	R_m	$R_{p0.2}$
288.0	3.581	297.8	30.7	65.7	—	—	75.1	50.9	32.1	—	—	—	—	—	973	875	1047	845
290.0	3.569	299.9	31.0	65.8	—	—	75.2	51.2	32.5	—	—	—	—	—	980	882	1054	852
292.0	3.557	301.9	31.2	65.9	—	—	75.4	51.4	32.7	—	—	—	—	—	988	889	1062	860
294.0	3.545	304.0	31.5	66.1	—	—	75.5	51.7	33.1	—	—	—	—	—	995	896	1070	868
296.0	3.534	306.1	31.8	66.2	—	—	75.7	51.9	33.4	—	—	—	—	—	1003	902	1077	876
298.0	3.522	308.2	32.1	66.4	—	—	75.9	52.2	33.8	—	—	—	—	—	1010	909	1085	884
300.0	3.511	310.3	32.4	66.5	—	—	76.0	52.5	34.1	—	—	—	—	—	1018	916	1093	892
302.0	3.500	312.4	32.7	66.7	—	—	76.2	52.8	34.4	—	—	—	—	—	1026	923	1100	900
304.0	3.489	314.5	33.0	66.9	—	—	76.4	53.1	34.8	—	—	—	—	—	1033	929	1108	908
306.0	3.478	316.6	33.2	67.0	—	—	76.5	53.3	35.0	—	—	—	—	—	1041	936	1116	916
308.0	3.467	318.7	33.5	67.1	—	—	76.7	53.6	35.4	—	—	—	—	—	1048	943	1124	924
310.0	3.456	320.8	33.8	67.3	—	—	76.8	53.8	35.7	—	—	—	—	—	1056	950	1131	932
312.0	3.445	322.9	34.1	67.4	—	—	77.0	54.1	36.1	—	—	—	—	—	1064	957	1139	940
314.0	3.434	325.0	34.3	67.5	—	—	77.1	54.3	36.3	—	—	—	—	—	1071	963	1147	948
316.0	3.424	327.1	34.6	67.7	—	—	77.3	54.6	36.7	—	—	—	—	—	1079	970	1155	956
318.0	3.413	329.2	34.9	67.8	—	—	77.4	54.9	37.0	—	—	—	—	—	1087	977	1163	964
320.0	3.403	331.3	35.2	68.0	—	—	77.6	55.2	37.4	—	—	—	—	—	1094	984	1171	972
322.0	3.393	333.4	35.4	68.1	—	—	77.7	55.4	37.6	—	—	—	—	—	1102	990	1179	980
324.0	3.383	335.4	35.7	68.2	—	—	77.9	55.6	38.0	—	—	—	—	—	1110	997	1187	988
326.0	3.372	337.5	36.0	68.4	—	—	78.1	55.9	38.3	—	—	—	—	—	1117	1004	1195	996
328.0	3.636	339.6	36.2	68.5	—	—	78.2	56.1	38.5	—	—	—	—	—	1125	1011	1203	1004
330.0	3.353	341.7	36.5	68.6	—	—	78.3	56.4	38.9	—	—	—	—	—	1133	1018	1210	1012
332.0	3.343	343.8	36.7	68.7	—	—	78.5	56.6	39.1	—	—	—	—	—	1141	1024	1218	1020
334.0	3.333	345.9	37.0	68.9	—	—	78.6	56.9	39.5	—	—	—	—	—	1149	1031	1227	1028
336.0	3.323	348.0	37.3	69.0	—	—	78.8	57.1	39.8	—	—	—	—	—	1156	1038	1235	1036
338.0	3.314	350.1	37.5	69.1	—	—	78.9	57.3	40.1	—	—	—	—	—	1164	1045	1243	1044
340.0	3.304	352.2	37.8	69.3	—	—	79.1	57.6	40.4	—	—	—	—	—	1172	1051	1251	1052
342.0	3.295	354.3	38.0	69.4	—	—	79.2	57.8	40.6	—	—	—	—	—	1180	1058	1259	1060
344.0	3.286	356.4	38.3	69.5	—	—	79.3	58.1	41.0	—	—	—	—	—	1188	1065	1267	1068
346.0	3.276	358.5	38.5	69.7	—	—	79.5	58.3	41.2	—	—	—	—	—	1196	1072	1275	1076
348.0	3.267	360.6	38.8	69.8	—	—	79.6	58.6	41.6	—	—	—	—	—	1204	1079	1283	1084
350.0	3.258	362.7	39.0	69.9	—	—	79.8	58.8	41.8	—	—	—	—	—	1211	1085	1291	1091
352.0	3.249	364.8	39.3	70.1	—	—	79.9	59.0	42.2	—	—	—	—	—	1219	1092	1299	1099

354.0	3.240	366.9	39.5	70.2	—	80.1	59.2	42.4	—	—	—	1227	—	1099	1307	1107
356.0	3.231	368.9	39.9	70.4	—	80.2	59.6	42.9	—	—	—	1235	—	1106	1316	1115
358.0	3.223	371.0	40.2	70.5	—	80.4	59.9	43.2	—	—	—	1243	—	1112	1324	1123
360.0	3.214	373.1	40.4	70.6	—	80.5	60.1	43.4	—	—	—	1251	—	1119	1332	1131
362.0	3.205	375.2	40.6	70.7	—	80.7	60.3	43.7	—	—	—	1259	—	1126	1340	1139
364.0	3.197	377.3	40.9	70.9	—	80.8	60.6	44.0	—	—	—	1267	—	1133	1348	1147
366.0	3.188	379.4	41.1	71.0	—	80.9	60.8	44.2	—	—	—	1275	—	1139	1356	1155
368.0	3.180	381.5	41.3	71.1	—	81.0	60.9	44.5	—	—	—	1283	—	1146	1365	1163
370.0	3.171	383.6	41.5	71.2	—	81.1	61.1	44.7	—	—	—	1291	—	1153	1373	1171
372.0	3.163	385.7	41.7	71.3	—	81.3	61.3	44.9	—	—	—	1299	—	1160	1381	1179
374.0	3.155	387.8	42.0	71.4	—	81.4	61.6	45.3	—	—	—	1307	—	1167	1389	1187
376.0	3.147	389.9	42.2	71.5	—	81.5	61.8	45.5	—	—	—	1315	—	1173	1397	1195
378.0	3.138	392.0	42.4	71.6	—	81.7	62.0	45.8	—	—	—	1324	—	1180	1406	1203
380.0	3.130	394.1	42.7	71.8	—	81.8	62.3	46.1	—	—	—	1332	—	1187	1414	1211
382.0	3.122	396.2	42.9	71.9	—	81.9	62.5	46.3	—	—	—	1340	—	1194	1422	—
384.0	3.114	398.3	43.2	72.0	—	82.1	62.7	46.7	—	—	—	1348	—	1200	1430	—
386.0	3.107	400.3	43.4	72.1	—	82.2	62.9	46.9	—	—	—	1356	—	1207	1438	—
388.0	3.099	402.4	43.6	72.2	—	82.3	63.1	47.2	—	—	—	1364	—	1214	1447	—
390.0	3.091	404.5	43.9	72.4	—	82.5	63.4	47.5	—	—	—	1372	—	1221	1455	—
392.0	3.083	406.6	44.1	72.5	—	82.6	63.6	47.7	—	—	—	1381	—	1228	1463	—
394.0	3.076	408.7	44.3	72.6	—	82.7	63.8	48.0	—	—	—	1389	—	1234	1471	—
396.0	3.068	410.8	44.6	72.8	—	82.9	64.1	48.3	—	—	—	1397	—	1241	1480	—
398.0	3.061	412.9	44.8	72.9	—	83.0	64.3	48.6	—	—	—	1405	—	1248	1488	—
400.0	3.053	415.0	45.0	73.0	—	83.1	64.4	48.8	—	—	—	1413	—	1255	1496	—
402.0	3.046	417.1	45.3	73.1	—	83.3	64.7	49.1	—	—	—	1422	—	—	1504	—
404.0	3.038	419.2	45.5	73.2	—	83.4	64.9	49.4	—	—	—	1430	—	—	1512	—
406.0	3.031	421.3	45.7	73.3	—	83.5	65.1	49.6	—	—	—	1438	—	—	1521	—
408.0	3.024	423.4	45.9	73.4	—	83.6	65.3	49.8	—	—	—	1447	—	—	1529	—
410.0	3.017	425.5	46.2	73.6	—	83.8	65.6	50.2	—	—	—	1455	—	—	1537	—
412.0	3.009	427.6	46.4	73.7	—	83.9	65.8	50.4	—	—	—	1463	—	—	1545	—
414.0	3.002	429.7	46.6	73.8	—	84.0	66.0	50.7	—	—	—	1472	—	—	1553	—
416.0	2.995	431.8	46.8	73.9	—	84.1	66.2	50.9	—	—	—	1480	—	—	1562	—
418.0	2.988	433.8	47.0	74.0	—	84.3	66.4	51.1	—	—	—	1488	—	—	1570	—
420.0	2.981	435.9	47.3	74.1	—	84.4	66.6	51.5	—	—	—	1497	—	—	1578	—

注：表中 D 为压头直径（mm）；d_{10}——钢球为10mm 时的压痕直径；d_5——钢球为5mm 时的压痕直径；$d_{2.5}$——钢球为2.5mm 时的压痕直径。

表 1.1-12 铝合金硬度与强度换算值

硬度							抗拉强度 R_m/MPa						变形铝合金
布氏		维氏	洛氏		表面洛氏			退火、淬火人工时效			淬火自然时效		
	$F=10D^2$												
HBW	d_{10},$2d_5$、$4d_{2.5}$/mm	HV	HRB	HRF	HR15T	HR30T	HR45T	2A11 2A12	7A04	2A50	2A14	2A11 2A12	2A50 2A14
55.0	4.670	56.1	—	52.5	62.3	17.6	—	197	207	208	207	—	—	215
56.0	4.631	57.1	—	53.7	62.9	18.8	—	201	209	209	209	—	—	218
57.0	4.592	58.2	—	55.0	63.5	20.2	—	204	212	211	211	—	—	221
58.0	4.555	59.8	—	56.2	64.1	21.5	—	208	216	215	215	—	—	224
59.0	4.518	60.4	—	57.4	64.7	22.8	—	211	220	219	219	—	—	227
60.0	4.483	61.5	—	58.6	65.3	24.1	—	215	225	223	223	—	—	230
61.0	4.448	62.6	—	59.7	65.9	25.2	—	218	230	228	229	—	—	233
62.0	4.414	63.6	—	60.9	66.4	26.5	—	222	235	233	234	—	—	235
63.0	4.381	64.7	—	62.0	67.0	27.7	—	225	240	239	240	—	—	238
64.0	4.348	65.8	—	63.1	67.5	28.9	—	229	246	245	246	—	—	241
65.0	4.316	66.9	6.9	64.2	68.1	30.0	—	232	252	251	252	—	—	244
66.0	4.285	68.0	8.8	65.2	68.6	31.5	—	236	257	257	258	—	—	247
67.0	4.254	69.1	10.8	66.3	69.1	32.3	—	239	263	263	263	—	—	250
68.0	4.225	70.1	12.7	67.3	69.6	33.4	—	243	269	269	269	—	—	253
69.0	4.195	71.2	14.6	68.3	70.1	34.4	—	246	274	274	275	—	—	256
70.0	4.167	72.3	16.5	69.3	70.6	35.5	—	250	279	280	280	—	—	259
71.0	4.139	73.4	18.2	70.2	71.0	36.5	0.8	253	284	285	285	—	—	263
72.0	4.111	74.5	20.0	71.1	71.5	37.4	2.3	257	289	291	290	—	—	266
73.0	4.084	75.6	21.9	72.1	72.0	38.5	3.9	260	294	295	295	—	—	269
74.0	4.058	76.7	23.4	72.9	72.3	39.3	5.2	264	298	300	299	—	—	272
75.0	4.032	77.7	25.1	73.8	72.8	40.3	6.7	267	302	305	303	—	—	275
76.0	4.006	78.8	26.8	74.7	73.2	41.3	8.2	271	306	309	307	—	—	278
77.0	3.981	79.9	28.3	75.5	73.6	42.1	9.5	274	310	312	310	—	—	281
78.0	3.957	81.0	29.8	76.3	74.0	43.0	10.8	278	313	316	314	—	—	285
79.0	3.933	82.1	31.3	77.1	74.4	43.8	12.1	281	316	319	317	—	—	288
80.0	3.909	83.2	32.9	77.9	74.8	44.7	13.4	285	319	322	319	—	—	291
81.0	3.886	84.2	34.2	78.6	75.2	45.4	14.6	288	322	325	322	—	—	294
82.0	3.863	85.3	35.5	79.3	75.5	46.2	15.7	292	325	327	324	—	—	298
83.0	3.841	86.4	36.9	80.0	75.8	46.9	16.9	295	327	329	326	—	—	301
84.0	3.819	87.5	38.2	80.7	76.2	47.7	18.0	299	330	331	328	—	—	304
85.0	3.797	88.6	39.5	81.4	76.5	48.4	19.2	302	332	333	330	—	—	307
86.0	3.776	89.7	40.8	82.1	76.9	49.2	20.3	306	334	334	332	—	—	311
87.0	3.755	90.7	42.0	82.7	77.2	49.8	21.3	309	336	336	334	—	—	314
88.0	3.734	91.8	43.1	83.3	77.5	50.4	22.3	313	337	337	335	—	—	317
89.0	3.714	92.9	44.3	83.9	77.8	51.1	23.3	316	339	338	337	—	—	321
90.0	3.694	94.0	45.4	84.5	78.1	51.7	24.2	320	341	339	338	351	414	324
91.0	3.675	95.1	46.5	85.1	78.3	52.4	25.2	323	342	340	340	357	417	328

（续）

硬度							抗拉强度 R_m/MPa					
布 氏		维 氏	洛 氏		表 面 洛 氏			退火、淬火人工时效			淬火自然时效		变 形 铝合金
$F=10D^2$												
HBW	d_{10}, $2d_5$、$4d_{2.5}$/mm	HV	HRB	HRF	HR15T	HR30T	HR45T	2A11 2A12	7A04	2A50	2A14	2A11 2A12	2A50 2A14	
92.0	3.655	96.2	47.7	85.7	78.6	53.0	26.2	327	344	341	341	363	421	331
93.0	3.636	97.2	48.6	86.2	78.9	53.5	27.0	330	346	342	343	368	425	335
94.0	3.618	98.3	49.6	86.7	79.1	54.1	27.9	334	347	343	345	374	429	338
95.0	3.599	99.4	50.7	87.3	79.4	54.7	28.8	337	349	345	346	379	433	341
96.0	3.581	100.5	51.7	87.8	79.7	55.2	29.7	341	350	346	348	385	436	345
97.0	3.563	101.6	52.6	88.3	79.9	55.8	30.5	344	352	347	350	390	440	349
98.0	3.545	102.7	53.4	88.7	80.1	56.2	31.1	348	354	349	352	396	444	352
99.0	3.528	103.7	54.3	89.2	80.4	56.7	32.0	351	356	351	354	402	448	356
100.0	3.511	104.8	55.3	89.7	80.6	57.3	32.8	355	358	353	357	407	451	359
101.0	3.494	105.9	56.0	90.1	80.8	57.7	33.4	358	360	355	359	413	455	363
102.0	3.478	107.0	57.0	90.6	81.1	58.2	34.3	362	362	357	362	418	459	366
103.0	3.461	108.1	57.7	91.0	81.2	58.6	34.9	365	365	360	364	424	463	370
104.0	3.445	109.2	58.5	91.4	81.4	59.1	35.6	369	367	363	367	429	466	374
105.0	3.429	110.2	59.3	91.8	81.6	59.5	36.2	372	370	366	370	435	470	377
106.0	3.413	111.1	60.0	92.2	81.8	59.9	36.9	376	372	370	373	441	474	381
107.0	3.398	112.4	60.8	92.6	82.0	60.4	37.5	379	375	373	376	446	479	385
108.0	3.383	113.5	61.5	93.0	82.2	60.8	38.2	383	378	377	379	452	482	388
109.0	3.367	114.6	62.3	93.4	82.4	61.2	38.8	386	381	382	383	457	485	392
110.0	3.353	115.7	63.1	93.8	82.6	61.6	39.5	390	385	386	386	463	489	396
111.0	3.338	116.7	63.6	94.1	82.8	62.0	40.0	393	388	391	390	468	493	400
112.0	3.323	117.8	64.4	94.5	83.0	62.4	40.7	397	391	396	394	474	497	403
113.0	3.309	118.9	65.0	94.8	83.1	62.7	41.1	400	395	402	397	480	500	407
114.0	3.295	120.0	65.7	95.2	83.3	63.1	41.8	404	399	407	401	485	504	411
115.0	3.281	121.1	66.3	95.5	83.5	63.5	42.3	407	403	413	405	491	508	415
116.0	3.267	122.2	67.0	95.9	83.7	63.9	43.0	411	407	419	409	496	512	419
117.0	3.254	123.2	67.6	96.2	83.8	64.2	43.4	414	411	425	413	502	516	422
118.0	3.240	124.3	68.2	96.5	84.0	64.5	43.9	418	415	432	417	507	519	426
119.0	3.227	125.4	68.8	96.8	84.1	64.8	44.4	421	419	438	421	513	523	430
120.0	3.214	126.5	69.3	97.1	84.2	65.2	44.9	425	423	444	425	519	527	434
121.0	3.201	127.6	69.9	97.4	84.4	65.5	45.4	428	427	451	429	524	531	438
122.0	3.188	128.7	70.6	97.8	84.6	65.9	46.1	432	431	457	432	530	534	442
123.0	3.175	129.7	71.2	98.1	84.7	66.2	46.4	435	435	464	436	535	538	446
124.0	3.163	130.8	71.6	98.3	84.8	66.4	46.9	439	440	470	440	540	542	450
125.0	3.151	131.9	72.2	98.6	85.0	66.8	47.4	442	444	476	444	546	546	454
126.0	3.138	133.0	72.7	98.9	85.1	67.1	47.9	446	448	482	448	552	550	458
127.0	3.126	134.1	73.3	99.2	85.3	67.4	48.4	449	452	488	452	558	553	462
128.0	3.114	135.2	73.9	99.5	85.4	67.7	48.9	453	457	493	455	563	557	466

(续)

硬度								抗拉强度 R_m/MPa						
布 氏		维 氏	洛 氏		表 面 洛 氏			退火、淬火人工时效				淬火自然时效		变 形
$F=10D^2$														
HBW	d_{10}, $2d_5$、$4d_{2.5}$/mm	HV	HRB	HRF	HR15T	HR30T	HR45T	2A11 2A12	7A04	2A50	2A14	2A11 2A12	2A50 2A14	铝合金
129.0	3.103	136.2	74.4	99.8	85.6	68.0	49.3	456	461	498	459	569	561	470
130.0	3.091	137.3	74.8	100.0	85.7	68.3	49.7	460	465	503	463	574	565	474
131.0	3.079	138.4	75.4	100.3	85.8	68.6	50.2	463	469	507	467	580	—	478
132.0	3.068	139.5	76.0	100.6	86.0	68.9	50.7	467	473	511	471	585	—	482
133.0	3.057	140.6	76.3	100.8	86.1	69.1	51.0	470	477	514	474	591	—	486
134.0	3.046	141.7	76.9	101.1	86.2	69.4	51.5	474	480	517	478	597	—	491
135.0	3.035	142.7	77.3	101.3	86.3	69.6	51.8	477	484	519	483	602	—	495
136.0	3.024	143.8	77.9	101.6	86.5	70.0	52.3	481	488	521	487	608	—	499
137.0	3.013	144.9	78.2	101.8	86.6	70.2	52.6	484	491	522	491	613	—	503
138.0	3.002	146.0	78.8	102.1	86.7	70.5	53.1	488	495	523	496	619	—	507
139.0	2.992	147.1	79.2	102.3	86.8	70.7	53.5	491	498	—	501	—	—	512
140.0	2.981	148.2	79.8	102.6	87.0	71.0	53.9	495	502	—	506	—	—	516
141.0	2.971	149.2	80.1	102.8	87.1	71.2	54.3	498	505	—	511	—	—	520
142.0	2.961	150.3	80.5	103.0	87.2	71.5	54.6	502	509	—	517	—	—	524
143.0	2.951	151.4	81.1	103.3	87.3	71.8	55.1	505	512	—	524	—	—	529
144.0	2.940	152.5	81.5	103.5	87.4	72.0	55.4	509	515	—	530	—	—	533
145.0	2.931	153.6	81.9	103.7	87.5	72.2	55.7	512	519	—	538	—	—	537
146.0	2.921	154.7	82.2	103.9	87.6	72.4	56.1	516	522	—	546	—	—	542
147.0	2.911	155.7	82.6	104.1	87.7	72.6	56.4	519	526	—	555	—	—	546
148.0	2.901	156.8	83.0	104.3	87.8	72.8	56.7	523	529	—	564	—	—	550
149.0	2.892	157.9	83.4	104.5	87.9	73.1	57.1	526	533	—	575	—	—	555
150.0	2.882	159.0	83.9	104.8	88.0	73.4	57.6	530	537	—	586	—	—	559
151.0	2.873	160.1	84.3	105.0	88.1	73.6	57.9	533	541	—	—	—	—	—
152.0	2.864	161.2	84.7	105.2	88.2	73.8	58.2	537	545	—	—	—	—	—
153.0	2.855	162.2	85.1	105.4	88.3	74.0	58.5	540	550	—	—	—	—	—
154.0	2.846	163.3	85.5	105.6	88.4	74.2	58.9	544	554	—	—	—	—	—
155.0	2.837	164.4	85.8	105.8	88.5	74.4	59.2	547	559	—	—	—	—	—
156.0	2.828	165.5	86.2	106.0	88.6	74.7	59.5	551	564	—	—	—	—	—
157.0	2.819	166.6	86.6	106.2	88.7	74.9	59.9	554	570	—	—	—	—	—
158.0	2.810	167.7	86.8	106.3	88.8	75.0	60.0	558	576	—	—	—	—	—
159.0	2.801	168.7	87.2	106.5	88.9	75.2	60.3	561	582	—	—	—	—	—
160.0	2.793	169.8	87.5	106.7	89.0	75.4	60.7	565	588	—	—	—	—	—
161.0	2.784	170.9	87.9	106.9	89.1	75.6	61.0	—	595	—	—	—	—	—
162.0	2.776	172.0	88.3	107.1	89.2	75.8	61.3	—	602	—	—	—	—	—
163.0	2.767	173.1	88.7	107.3	89.3	76.0	61.7	—	610	—	—	—	—	—
164.0	2.759	174.2	89.3	107.6	89.4	76.4	62.1	—	617	—	—	—	—	—
165.0	4.670	169.7	87.5	106.7	89.0	75.4	60.7	587	—	—	—	—	—	—

（续）

硬　度							抗拉强度 R_m /MPa				
布　氏		维　氏	洛　氏		表　面　洛　氏			退火、淬火人工时效			淬火自然时效
$F=10D^2$											2A11	2A50
HBW	d_{10}、$2d_5$、$4d_{2.5}$/mm	HV	HRB	HRF	HR15T	HR30T	HR45T	7A04	2A50	2A14	2A12	2A14
166.0	4.657	170.8	87.9	106.9	89.1	75.6	61.0	594	—	—	—	—
167.0	4.644	171.9	88.3	107.1	89.2	75.8	61.3	601	—	—	—	—
168.0	4.631	172.9	88.7	107.3	89.3	76.0	61.7	608	—	—	—	—
169.0	4.618	173.9	89.1	107.5	89.4	76.3	62.0	616	—	—	—	—
170.0	4.605	175.0	89.4	107.7	89.5	76.5	62.3	624	—	—	—	—
171.0	4.592	176.0	89.8	107.9	89.6	76.7	62.6	631	—	—	—	—
172.0	4.580	177.1	90.2	108.1	89.7	76.9	63.0	640	—	—	—	—
173.0	4.567	178.2	90.8	108.4	89.8	77.2	63.5	649	—	—	—	—
174.0	4.555	179.3	91.2	108.6	89.9	77.4	63.8	658	—	—	—	—
175.0	4.543	180.2	91.5	108.8	90.0	77.6	64.1	666	—	—	—	—

注：F—压头上负荷（N）；D—压头直径（mm）；d_{10}—钢球为10mm时的压痕直径；d_5—钢球为5mm时的压痕直径；$d_{2.5}$—钢球为2.5mm时的压痕直径。

2.2 常用材料的物理性能（见表1.1-13～表1.1-19）

表1.1-13 常用材料弹性模量及泊松比

名　称	弹性模量 E /GPa	切变模量 G /GPa	泊松比 μ	名　称	弹性模量 E /GPa	切变模量 G /GPa	泊松比 μ
灰铸铁	118～126	44.3	0.3	轧制锌	82	31.4	0.27
球墨铸铁	173		0.3	铅	16	6.8	0.42
碳钢、镍铬钢、合金钢	206	79.4	0.3	玻璃	55	1.96	0.25
				有机玻璃	2.35～29.42		
铸钢	202		0.3	橡胶	0.0078		0.47
轧制纯铜	108	39.2	0.31～0.34	电木	1.96～2.94	0.69～2.06	0.35～0.38
冷拔纯铜	127	48.0		夹布酚醛塑料	3.92～8.83		
轧制磷锡青铜	113	41.2	0.32～0.35	赛璐珞	1.71～1.89	0.69～0.98	0.4
冷拔黄铜	89～97	34.3～36.3	0.32～0.42	尼龙1010	1.07		
轧制锰青铜	108	39.2	0.35	硬聚氯乙烯	3.14～3.92		0.34～0.35
轧制铝	68	25.5～26.5	0.32～0.36	聚四氟乙烯	1.14～1.42		
拔制铝线	69			低压聚乙烯	0.54～0.75		
铸铝青铜	103	41.1	0.3	高压聚乙烯	0.147～0.245		
铸锡青铜	103		0.3	混凝土	13.73～39.2	4.9～15.69	0.1～0.18
硬铝合金	70	26.5	0.3				

表1.1-14 常用材料线胀系数 $\alpha \times 10^6$ （℃$^{-1}$）

材　料	温度范围/℃								
	20	20～100	20～200	20～300	20～400	20～600	20～700	20～900	20～1000
工程用铜		16.6～17.1	17.1～17.2	17.6	18～18.1	18.6			
黄铜		17.8	18.8	20.9					
青铜		17.6	17.9	18.2					
铸铝合金	18.44～24.5								

(续)

材料	温度范围/℃								
	20	20~100	20~200	20~300	20~400	20~600	20~700	20~900	20~1000
铝合金		22.0~24.0	23.4~24.8	24.0~25.9					
碳钢		10.6~12.2	11.3~13	12.1~13.5	12.9~13.9	13.5~14.3	14.7~15		
铬钢		11.2	11.8	12.4	13	13.6			
3Cr13		10.2	11.1	11.6	11.9	12.3	12.8		
1Cr18Ni9Ti[①]		16.6	17	17.2	17.5	17.9	18.6	19.3	
铸铁		8.7~11.1	8.5~11.6	10.1~12.1	11.5~12.7	12.9~13.2			
镍铬合金		14.5							17.6
砖	9.5								
水泥、混凝土	10~14								
胶木、硬橡皮	64~77								
玻璃		4~11.5							
赛璐珞		100							
有机玻璃		130							

① 国家标准已不列,此处作为参考。

表 1.1-15　常用材料熔点热导率及比热容

名　称	熔点/℃	热导率 λ /W·(m·K)$^{-1}$	比热容 c /kJ·(kg·K)$^{-1}$	名　称	熔点/℃	热导率 λ /W·(m·K)$^{-1}$	比热容 c /kJ·(kg·K)$^{-1}$
灰铸铁	1200	58	0.532	铝	658	204	0.879
碳钢	1460	47~58	0.49	锌	419	110~113	0.38
不锈钢	1450	14	0.51	锡	232	64	0.24
硬质合金	2000	81	0.80	铅	327.4	34.7	0.130
纯铜	1083	384	0.394	镍	1452	59	0.64
黄铜	950	104.7	0.384	聚氯乙烯		0.16	
青铜	910	64	0.37	聚酰胺		0.31	

注：表中的热导率及比热容数值指 0~100℃ 范围内。

表 1.1-16　常用材料的密度[1]

材料名称	密度/g·cm^{-3}	材料名称	密度/g·cm^{-3}	材料名称	密度/g·cm^{-3}
碳钢	7.3~7.85	黄铜	8.4~8.85	锡	7.29
铸钢	7.8	铸造黄铜	8.62	金	19.32
高速钢（含钨9%）	8.3	锡青铜	8.7~8.9	银	10.5
高速钢（含钨18%）	8.7	无锡青铜	7.5~8.2	汞	13.55
合金钢	7.9	轧制磷青铜、冷拉青铜	8.8	硅钢片	7.55~7.8
镍铬钢	7.9	工业用铝、铝镍合金	2.7	锌铝合金	6.3~6.9
灰铸铁	7.0	可铸铝合金	2.7	铝镍合金	2.7
白口铸铁	7.55	镍	8.9	磷青铜	8.8
可锻铸铁	7.3	轧锌	7.1	镁合金	1.74~1.81
纯铜	8.9	铅	11.37	锡基轴承合金	7.34~7.75

(续)

材料名称	密度/g·cm^{-3}	材料名称	密度/g·cm^{-3}	材料名称	密度/g·cm^{-3}
铅基轴承合金	9.33~10.67	石棉线	0.45~0.55	金刚砂	4
硬质合金（钨钴）	14.4~14.9	石棉布制动带	2	普通刚玉	3.85~3.9
硬质合金（钨钴钛）	9.5~12.4	工业用毛毡	0.3	白刚玉	3.9
聚氯乙烯	1.35~1.40	纤维蛇纹石石棉	2.2~2.4	石英	2.5
聚苯乙烯	0.91	角闪石石棉	3.2~3.3	云母	2.7~3.1
有机玻璃	1.18~1.19	工业橡胶	1.3~1.8	沥青	0.9~1.5
无填料的电木	1.2	平胶板	1.6~1.8	石蜡	0.9
赛璐珞	1.4	皮革	0.4~1.2	石灰石	2.4~2.6
氯乙烯	0.92~0.95	软钢纸板	0.9	花岗石	2.6~3.0
聚四氟乙烯	2.1~2.3	纤维纸板	1.3	砌砖	1.9~2.3
聚丙烯	0.9~0.91	酚醛层压板	1.3~1.45	凝固水泥块	3.05~3.15
聚甲醛	1.41~1.43	平板玻璃	2.5	混凝土	1.8~2.45
聚苯醚	1.06~1.07	实验器皿玻璃	2.45	生石灰	1.1
聚砜	1.24	耐高温玻璃	2.23	熟石灰、水泥	1.2
尼龙6	1.13~1.14	胶木	1.3~1.4	黏土耐火砖	2.10
尼龙66	1.14~1.15	电玉	1.45~1.55	硅质耐火砖	1.8~1.9
尼龙1010	1.04~1.06	木材（含水15%）	0.4~0.75	镁质耐火砖	2.6
泡沫塑料	0.2	胶合板	0.56	镁铬质耐火砖	2.8
玻璃钢	1.4~2.1	刨花板	0.6	高铬质耐火砖	2.2~2.5
酚醛层压板	1.3~1.45	竹材	0.9	碳化硅	3.10
胶木板、纤维板	1.3~1.4	木炭	0.3~0.5	石英玻璃	2.2
橡胶夹布传动带	0.3~1.2	石墨	2~2.2	陶瓷	2.3~2.45
ABS树脂	1.02~1.08	石膏	2.2~2.4	碳化钙（电石）	2.22
石棉板	1~1.3	大理石	2.6~2.7	空气（4℃）	0.0012
橡胶石棉板	1.5~2.0	金刚石	3.5~3.6		

表 1.1-17　液体材料的物理性能[1]

名称	密度 ρ ($t=20℃$)/kg·dm^{-3}	熔点 t/℃	沸点 t/℃	热导率 λ ($t=20℃$)/W·m^{-1}·K^{-1}	比热容 ($0<t<100℃$)/kJ·kg^{-1}·K^{-1}	名称	密度 ρ ($t=20℃$)/kg·dm^{-3}	熔点 t/℃	沸点 t/℃	热导率 λ ($t=20℃$)/W·m^{-1}·K^{-1}	比热容 ($0<t<100℃$)/kJ·kg^{-1}·K^{-1}
水	0.998	0	100	0.60	4.187	丙酮	0.791	-95	56	0.16	2.22
汞	13.55	-38.9	357	10	0.138	甘油	1.26	19	290	0.29	2.37
苯	0.879	5.5	80	0.15	1.70	重油	约0.83	-10	>175	0.14	2.07
甲苯	0.867	-95	110	0.14	1.67	(轻级)					
甲醇	0.8	-98	66		2.51	汽油	约0.73	-(30~50)	25~210	0.13	2.02
乙醚	0.713	-116	35	0.13	2.28						
乙醇	0.79	-110	78.4		2.38	煤油	0.81	-70	>150	0.13	2.16

名 称	密度 ρ ($t=20℃$) /kg·dm^{-3}	熔点 t /℃	沸点 t /℃	热导率 λ ($t=20℃$) /W·m^{-1}·K^{-1}	比热容 ($0<t<100℃$) /kJ·kg^{-1}·K^{-1}	名 称	密度 ρ ($t=20℃$) /kg·dm^{-3}	熔点 t /℃	沸点 t /℃	热导率 λ ($t=20℃$) /W·m^{-1}·K^{-1}	比热容 ($0<t<100℃$) /kJ·kg^{-1}·K^{-1}
柴油	约0.83	−30	150~300	0.15	2.05	氢氟酸	0.987	−92.5	19.5		
氯仿	1.49	−70	61			石油醚	0.66	−160	>40	0.14	1.76
盐酸(400g/L)	1.20					三氯乙烯	1.463	−86	87	0.12	0.93
硫酸(500g/L)	1.40					四氯乙烯	1.62	−20	119		0.904
						亚麻油	0.93	−15	316	0.17	1.88
						润滑油	0.91	−20	>360	0.13	2.09
浓硫酸	1.83	≈10	338	0.47	1.42	变压器油	0.88	−30	170	0.13	1.88
浓硝酸	1.51	−41	84	0.26	1.72						
醋酸	1.04	16.8	118								

表 1.1-18 气体材料的物理性能[1]

名 称	密度 ρ ($t=20℃$) /kg·m^{-3}	熔点 t /℃	沸点 t /℃	热导率 λ ($t=0℃$) /W·m^{-1}·K^{-1}	比热容 ($t=0℃$) /kJ·kg^{-1}·K^{-1}		名 称	密度 ρ ($t=0℃$) /kg·m^{-3}	熔点 t /℃	沸点 t /℃	热导率 λ ($t=0℃$) /W·m^{-1}·K^{-1}	比热容 ($t=0℃$) /kJ·kg^{-1}·K^{-1}	
					c_p	c_V						c_p	c_V
氢	0.09	−259.2	−252.8	0.171	14.05	9.934	二氧化碳	1.97	−78.2	−56.6	0.015	0.816	0.627
氧	1.43	−218.8	−182.9	0.024	0.909	0.649	二氧化硫	2.92	−75.5	−10.0	0.0086	0.586	0.456
氮	1.25	−210.5	−195.7	0.024	1.038	0.741	氯化氢	1.63	−111.2	−84.8	0.013	0.795	0.567
氯	3.17	−100.5	−34.0	0.0081	0.473	0.36	臭氧	2.14	−251	−112			
氩	1.78	−189.3	−185.9	0.016	0.52	0.312	硫化碳	3.40	−111.5	46.3	0.0069	0.582	0.473
氖	0.90	−248.6	−246.1	0.046	1.03	0.618	硫化氢	1.54	−85.6	−60.4	0.013	0.992	0.748
氪	3.74	−157.2	−153.2	0.0088	0.25	0.151	甲烷	0.72	−182.5	−161.5	0.030	2.19	1.672
氙	5.86	−111.9	−108.0	0.0051	0.16	0.097	乙炔	1.17	−83	−81	0.018	1.616	1.300
氦	0.18	−270.7	−268.9	0.143	5.20	3.121	乙烯	1.26	−169.5	−103.7	0.017	1.47	1.173
氨	0.77	−77.9	−33.4	0.022	2.056	1.568	丙烷	2.01	−187.7	−42.1	0.015	1.549	1.360
干燥空气	1.293	−213	−192.3	0.02454	1.005	0.718	正丁烷	2.70	−135	1			
煤气	≈0.58	−230	−210		2.14	1.59	异丁烷	2.67	−145	−10			
高炉煤气	1.28	−210	−170	0.02	1.05	0.75	水蒸气①	0.77	0.00	100.00	0.016	1.842	1.381
一氧化碳	1.25	−205	−191.6	0.023	1.038	0.741							

注：1. 表中性能数据在101.325kPa压力时测出。
2. 表中 c_p 表示比定压热容，c_V 表示比定容热容。
① 表示该项是在 $t=100℃$ 时测出的。

表 1.1-19 松散物料的堆密度和安息角

物料名称	堆密度 /t·m^{-3}	安息角 运动	安息角 静止	物料名称	堆密度 /t·m^{-3}	安息角 运动	安息角 静止
无烟煤（干，小）	0.7~1.0	27°~30°	27°~45°	泥煤（湿）	0.55~0.65	40°	45°
烟煤	0.8	30°	35°~45°	焦炭	0.36~0.53	35°	50°
褐煤	0.6~0.8	35°	35°~50°	木炭	0.2~0.4		
泥煤	0.29~0.5	40°	45°	无烟煤粉	0.84~0.89		37°~45°

(续)

物料名称	堆密度 /t·m^{-3}	安息角 运动	安息角 静止	物料名称	堆密度 /t·m^{-3}	安息角 运动	安息角 静止
烟煤粉	0.4~0.5		37°~45°	平炉渣（粗）	1.6~1.85		45°~50°
粉状石墨	0.45		40°~45°	高炉渣	0.6~1.0	35°	50°
磁铁矿	2.5~3.5	30°~35°	40°~45°	铅锌水碎渣（湿）	1.5~1.6		42°
赤铁矿	2.0~2.8	30°~35°	40°~45°	干煤灰	0.64~0.72		35°~45°
褐铁矿	1.2~2.1	30°~35°	40°~45°	煤灰	0.70		15°~20°
锰矿	1.7~1.9		35°~45°	粗砂（干）	1.4~1.9		50°
镁砂（块）	2.2~2.5		40°~42°	细砂（干）	1.4~1.65	30°	
粉状镁砂	2.1~2.2		45°~50°	细砂（湿）	1.9~2.1		30°~35°
铜矿	1.7~2.1		35°~45°	造型砂	0.8~1.3	30°	45°
铜精矿	1.3~1.8		40°	石灰石（大块）	1.6~2.0	30°~35°	40°~45°
铅精矿	1.9~2.4		40°	石灰石（中块）	1.2~1.5	30°~35°	40°~45°
锌精矿	1.3~1.7		40°	生石灰	1.7~1.8	25°	45°~50°
铅锌精矿	1.3~2.4		40°	碎石	1.32~2.0	35°	45°
铁烧结块	1.7~2.0		45°~50°	白云石（块）	1.2~2.0		35°
碎烧结块	1.4~1.6	35°		碎白云石	1.8~1.9		35°
铅烧结块	1.8~2.2			砾石	1.5~1.9	30°	30°~45°
铅锌烧结块	1.6~2.0			黏土（小块）	0.7~1.5	40°	50°
锌烟尘	0.7~1.5			黏土（湿）	1.7		27°~45°
黄铁矿烧渣	1.7~1.8			水泥	0.9~1.7	35°	40°~45°
铅锌团矿	1.3~1.8			熟石灰（粉）	0.5		
黄铁矿球团矿	1.2~1.4			熟石灰（块）	2.0		

2.3 常用材料及物体的摩擦因数（见表1.1-20~表1.1-23）

表1.1-20 常用材料的摩擦因数[1]

摩擦副材料	摩擦因数μ 无润滑	摩擦因数μ 有润滑	摩擦副材料	摩擦因数μ 无润滑	摩擦因数μ 有润滑
钢-钢	0.15①	0.1~0.12①	石棉基材料-铸铁或钢	0.25~0.40	0.08~0.12
	0.1②	0.05~0.1②	皮革-铸铁或钢	0.30~0.50	0.12~0.15
钢-软钢	0.2	0.1~0.2	木材（硬木）-铸铁或钢	0.20~0.35	0.12~0.16
钢-不淬火的T8钢	0.15	0.03	软木-铸铁或钢	0.30~0.50	0.15~0.25
钢-铸铁	0.2~0.3①	0.05~0.15	钢纸-铸铁或钢	0.30~0.50	0.12~0.17
	0.16~0.18②		毛毡-铸铁或钢	0.22	0.18
钢-黄铜	0.19	0.03	软钢-铸铁	0.2①, 0.18②	0.05~0.15
钢-青铜	0.15~0.18	0.1~0.15①	软钢-青铜	0.2①, 0.18②	0.07~0.15
		0.07②	铸铁-铸铁	0.15	0.15~0.16①
钢-铝	0.17	0.02			0.07~0.12②
钢-轴承合金	0.2	0.04	铸铁-青铜	0.28①	0.16①
钢-夹布胶木	0.22	—		0.15~0.21②	0.07~0.15②
钢-粉末冶金材料	0.35~0.55①	—	铸铁-皮革	0.55①, 0.28②	0.15①, 0.12②
钢-冰	0.027①	—	铸铁-橡胶	0.8	0.5
	0.014②		橡胶-橡胶	0.5	—

（续）

摩擦副材料	摩擦因数 μ		摩擦副材料	摩擦因数 μ	
	无润滑	有润滑		无润滑	有润滑
皮革-木料	0.4~0.5[①]	—	铝-酚醛树脂层压材	0.26	—
	0.03~0.05[②]	—	硅铝合金-酚醛树脂层压材	0.34	—
铜-T8钢	0.15	0.03			
铜-铜	0.20	—	硅铝合金-钢纸	0.32	—
黄铜-不淬火的T8钢	0.19	0.03	硅铝合金-树脂	0.28	—
黄铜-淬火的T8钢	0.14	0.02	硅铝合金-硬橡胶	0.25	—
黄铜-黄铜	0.17	—	硅铝合金-石板	0.26	—
黄铜-钢	0.30	0.02	硅铝合金-绝缘物	0.26	—
黄铜-硬橡胶	0.25	—	木材-木材	0.4~0.6[①]	0.1[①]
黄铜-石板	0.25	—		0.2~0.5[②]	0.07~0.10[②]
黄铜-绝缘物	0.27	—	麻绳-木材	0.5~0.8[①]	—
青铜-不淬火的T8钢	0.16	—		0.5[②]	—
青铜-黄铜	0.16	—	45淬火钢-聚甲醛	0.46	0.016
青铜-青铜	0.15~0.20	0.04~0.10	45淬火钢-聚碳酸酯	0.30	0.03
青铜-钢	0.16	—	45淬火钢-尼龙9（加3% MoS_2 填充料）	0.57	0.02
青铜-酚醛树脂层压材	0.23	—			
青铜-钢纸	0.24	—	45淬火钢-尼龙9（加30%玻璃纤维填充物）	0.48	0.023
青铜-塑料	0.21	—			
青铜-硬橡胶	0.36	—	45淬火钢-尼龙1010（加30%玻璃纤维填充物）	0.039	—
青铜-石板	0.33	—			
青铜-绝缘物	0.26	—	45淬火钢-尼龙1010（加40%玻璃纤维填充物）	0.07	—
铝-不淬火的T8钢	0.18	0.03			
铝-淬火的T8钢	0.17	0.02	45淬火钢-氯化聚醚	0.35	0.034
铝-黄铜	0.27	0.02	45淬火钢-苯乙烯-丁二烯-丙烯腈共聚体（ABS）	0.35~0.46	0.018
铝-青铜	0.22	—			
铝-钢	0.30	0.02			

注：1. 表中滑动摩擦因数是摩擦表面为一般情况时的试验数值，由于实际工作条件和试验条件不同，表中的数据只能作近似计算参考。关于摩擦因数的更多数据，可参考本手册第36篇摩擦学设计的有关内容。
2. 除①、②标注外，其余材料动、静摩擦因数二者兼之。
① 静摩擦因数。
② 动摩擦因数。

表 1.1-21　工程塑料间、工程塑料与钢的摩擦因数

摩擦副材料		静摩擦因数 μ_s	动摩擦因数 μ	摩擦副材料		静摩擦因数 μ_s	动摩擦因数 μ
I	II			I	II		
聚四氟乙烯	聚四氟乙烯	0.04		聚对苯二甲酸乙二醇酯	聚对苯二甲酸乙二醇酯	0.27	0.20
	钢	0.10	0.05				
聚全氟乙丙烯	钢	0.25	0.18		钢	0.29	0.28
聚偏二氟乙烯	钢	0.33	0.25	聚己二酰己二胺	聚己二酰己二胺	0.42	0.35
聚三氯氟乙烯	聚三氯氟乙烯	0.43	0.32		钢	0.37	0.34
	钢	0.45	0.33	聚壬二酸胺	填充 MoS_2	钢	—	0.57
低密度聚乙烯	低密度聚乙烯	0.33			填充玻璃纤维		—	0.48
	钢	0.27	0.26	聚癸二酸癸二酸胺	填充玻璃纤维	钢		0.39
高密度聚乙烯	高密度聚乙烯	0.12	0.11				
	钢	0.18	0.10	聚碳酸酯	钢	0.60	0.53
聚氯乙烯	聚氯乙烯	0.50	0.40	苯乙烯-丁二烯-丙烯腈共聚体	钢	—	0.40
	钢	0.45	0.40				
聚甲醛	钢	0.14	0.13				
氯化聚醚	钢	—	0.35	聚酰胺（尼龙66）	聚酰胺（尼龙66）	0.42	0.35
聚偏二氯乙烯	聚偏二氯乙烯	0.90	0.52				
	钢	0.68	0.45		钢	0.37	0.34

表 1.1-22 物体的摩擦因数

名称			摩擦因数 μ	名称		摩擦因数 μ
滚动轴承	深沟球轴承	径向载荷	0.002	滑动轴承	液体摩擦	0.001 ~ 0.008
		轴向载荷	0.004		半液体摩擦	0.008 ~ 0.08
	角接触球轴承	径向载荷	0.003		半干摩擦	0.1 ~ 0.5
		轴向载荷	0.005		滚动轴承	0.002 ~ 0.005
	圆锥滚子轴承	径向载荷	0.008	轧辊轴承	层压胶木轴瓦	0.004 ~ 0.006
		轴向载荷	0.02		青铜轴瓦（用于热轧辊）	0.07 ~ 0.1
	调心球轴承		0.0015		青铜轴瓦（用于冷轧辊）	0.04 ~ 0.08
	圆柱滚子轴承		0.002		特殊密封全液体摩擦轴承	0.003 ~ 0.005
	长圆柱或螺旋滚子轴承		0.006		特殊密封半液体摩擦轴承	0.005 ~ 0.01
	滚针轴承		0.008		密封软填料盒中填料与轴的摩擦	0.2
	推力球轴承		0.003		热钢在辊道上摩擦	0.3
	调心滚子轴承		0.004		冷钢在辊道上摩擦	0.15 ~ 0.18
加热炉内	金属在管子或金属条上		0.4 ~ 0.6		制动器普通石棉制动带（无润滑）$p = 0.2 ~ 0.6 \text{MPa}$	0.35 ~ 0.48
	金属在炉底砖上		0.6 ~ 1		离合器装有黄铜丝的压制石棉带 $p = 0.2 ~ 1.2 \text{MPa}$	0.4 ~ 0.43

表 1.1-23 滚动摩擦力臂（大约值）

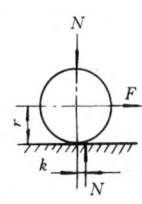	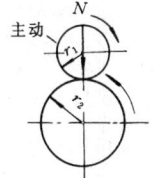	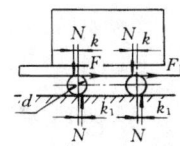
圆柱沿平面滚。滚动阻力矩为： $M = Nk = Fr$ k 为滚动摩擦力臂	两个具有固定轴线的圆柱，其中主动圆柱以 N 力压另一圆柱，两个圆柱相对滚动。主圆柱上遇到的滚动阻力矩为： $M = Nk\left(1 + \dfrac{r_1}{r_2}\right)$ k 为滚动摩擦力臂	重物压在圆辊支承的平台上移动，每个圆辊承受的载重为 N。克服一个辊子上摩擦阻力所需的牵引力 F $F = \dfrac{N}{d}(k + k_1)$ k 和 k_1 依次是平台与圆辊之间和圆辊与固定支持物之间的滚动摩擦力臂

摩擦材料	滚动摩擦力臂 k /mm	摩擦材料	滚动摩擦力臂 k /mm
软钢与软钢	0.5	表面淬火车轮与钢轨	
铸铁与铸铁	0.5	圆锥形车轮	0.8 ~ 1
木材与钢	0.3 ~ 0.4	圆柱形车轮	0.5 ~ 0.7
木材与木材	0.5 ~ 0.8	钢轮与木面	1.5 ~ 2.5
铜板间的滚子（梁之活动支座）	0.2 ~ 0.7	橡胶轮胎对沥青路面	2.5
铸铁轮或钢轮与钢轨	0.5	橡胶轮胎对土路面	10 ~ 15

2.4 机械传动效率的概略值（见表1.1-24）

表1.1-24 机械传动效率的概略值

类别	传动型式	效率 η	类别	传动型式	效率 η
圆柱齿轮传动	很好跑合的6级精度和7级精度齿轮传动（稀油润滑）	0.98~0.995	滚动轴承	滚珠轴承（稀油润滑）	0.99
	8级精度的一般齿轮传动（稀油润滑）	0.97		滚柱轴承（稀油润滑）	0.98
	9级精度的齿轮传动（稀油润滑）	0.96	摩擦轮传动	平摩擦轮传动	0.85~0.96
	加工齿的开式齿轮传动（干油润滑）	0.94~0.96		槽摩擦轮传动	0.88~0.90
				卷绳轮	0.95
	铸造齿的开式齿轮传动	0.90~0.93	联轴器		
圆锥齿轮传动	很好跑合的6级和7级精度齿轮传动（稀油润滑）	0.97~0.98		浮动联轴器	0.97~0.99
				齿式联轴器	0.99
	8级精度的一般齿轮传动（稀油润滑）	0.94~0.97		弹性联轴器	0.99~0.995
				万向联轴器（$\alpha \leq 3°$）	0.97~0.98
	加工齿的开式齿轮传动（干油润滑）	0.92~0.95		万向联轴器（$\alpha > 3°$）	0.95~0.97
				梅花接轴	0.97~0.98
	铸造齿开式齿轮传动	0.88~0.92	复合轮组	滑动轴承（$i=2~6$）	0.90~0.98
				滚动轴承（$i=2~6$）	0.95~0.99
蜗杆传动	自锁蜗杆	0.40~0.45	运输滚筒		0.96
	单头蜗杆	0.70~0.75	减（变）速器①		
	双头蜗杆	0.75~0.82		单级圆柱齿轮减速器	0.97~0.98
	三头和四头蜗杆	0.82~0.92		双级圆柱齿轮减速器	0.95~0.96
	环面蜗杆传动	0.85~0.95		单级行星圆柱齿轮减速器（NGW类型负号机构）	0.95~0.98
带传动	平带无压紧轮的开式传动	0.98			
	平带有压紧轮的开式传动	0.97		单级行星摆线针轮减速器	0.90~0.97
	平带交叉传动	0.90		单级圆锥齿轮减速器	0.95~0.96
	V带传动	0.95		双级圆锥-圆柱齿轮减速器	0.94~0.95
	同步带传动	0.96~0.98		无级变速器	0.92~0.95
链传动	焊接链	0.93		轧机人字齿轮座（滑动轴承）	0.93~0.95
	片式关节链	0.95		轧机人字齿轮座（滚动轴承）	0.94~0.96
	滚子链	0.96		轧机主减速器（包括主接手和电机接手）	0.93~0.96
	齿形链	0.98			
滑动轴承	润滑不良	0.94	丝杠传动		
	润滑正常	0.97		滑动丝杠	0.30~0.60
	润滑特好（压力润滑）	0.98		滚动丝杠	0.85~0.9
	液体摩擦	0.99			

① 滚动轴承的损耗考虑在内。

2.5 常用物理量常数（见表1.1-25）

表 1.1-25　基本与常用物理常数[1]

名　称	符　号	数　值	单　位
真空中的光速	c_0	2.99792458×10^8	m/s
电磁波在真空中的速度	c_0	2.99792458×10^8	m/s
电子电荷	e	$1.6021892 \times 10^{-19}$	C
电子静止质量	m_e	9.109534×10^{-31}	kg
质子静止质量	m_p	$1.6726485 \times 10^{-27}$	kg
中子静止质量	m_n	$1.6749543 \times 10^{-27}$	kg
电子荷质比	e/m_e	1.7588047×10^{11}	C/kg
质子荷质比	e/m_p	9.57929×10^7	C/kg
电子静止能量	$(W_e)_0$	0.5110034	MeV
质子静止能量	$(W_p)_0$	983.5731	MeV
真空介电常数	ε_0	$8.854187818 \times 10^{-12}$	F/m
真空磁导率	μ_0	$4\pi \times 10^{-7}$	H/m
玻尔半径	a_0	$5.2917706 \times 10^{-11}$	m
普朗克（Planck）常数	h	6.626176×10^{-34}	J/Hz
阿伏伽德罗（Avogadro）常数	N_A	6.022045×10^{23}	1/mol
约瑟夫逊（Josephson）频率电压比	$2e/h$	4.835939×10^{14}	Hz/V
法拉第（Faraday）常数	F	9.648456×10^4	C/mol
里德伯（Rydberg）常数	R_∞	1.097373177×10^7	1/m
质子回旋磁比	r_p	2.6751987×10^8	Hz/T
玻尔兹曼（Boltzman）常数	k	1.380662×10^{-23}	J/K
斯蒂芬-玻尔兹曼常数	σ	5.67032×10^{-8}	$W/(m^2 \cdot K^4)$
万有引力常数	G	6.6720×10^{-11}	$m^3/(s^2 \cdot kg)$
标准重力加速度	g	9.80665	m/s^2
摩尔气体常数	R	8.31441	$J/(mol \cdot K)$
标准状态下理想气体的摩尔体积	V_m	22.41383×10^{-3}	m^3/mol
第二辐射常数	c_2	1.438786×10^{-2}	$m \cdot K$
绝对零度	T_0	-273.15	℃
标准大气压	atm	101325	Pa
标准条件下空气中的声速	c	331.4	m/s
纯水三相点的绝对温度	T	273.16	K
4℃时水的密度		0.999973	g/cm^3
0℃时汞的密度		13.5951	g/cm^3
在标准条件下干燥空气的密度		0.001293	g/cm^3
标准条件下空气中的声速		331.4	m/s

3　优先数和优先数系（摘自 GB/T 321—2005、GB/T 19763—2005、GB/T 19764—2005）

优先数和优先数系是一种科学的、国际统一的数值制度，是无量纲的分级数系，适用于各种量值的分级。凡能正确使用优先数系设计的产品，其参数系列一般都比较经济合理，可用较少的品种规格来满足较宽范围内的需要，且便于协调国民经济各部门或各专业之间的配合。产品或零件的主要参数或主要尺寸，按优先数系形成系列,可使产品或零件走上系列化、标准化的轨道。用优先数系来进行系列设计,便于分析参数间的关系,可减轻设计计算的工作量。

3.1 术语与定义

3.1.1 优先数系

优先数系是公比为 $\sqrt[5]{10}$、$\sqrt[10]{10}$、$\sqrt[20]{10}$、$\sqrt[40]{10}$ 和 $\sqrt[80]{10}$,且项值中含有 10 的整数幂的几何级数的常用圆整值。基本系列 R5、R10、R20、R40 和补充系列 R80 列于表 1.1-26。这个优先数系可向两个方向无限延伸,表中值乘以 10 的正整数幂或负整数幂后即可得其他十进制项值。

(1) 优先数

符合 R5、R10、R20、R40 和 R80 系列的圆整值(见表 1.1-26 中第 1 列~第 4 列和第 9 列)。

表 1.1-26 基本系列和补充系列

系列类别与项目	基本系列				序号	理论值的对数尾数	计算值	基本系列的常用值对计算值的相对误差(%)	补充系列 R80	
	基本系列(常用值)									
	R5	R10	R20	R40						
列	1	2	3	4	5	6	7	8	9	
数值	1.00	1.00	1.00	1.00	0	000	1.0000	0	1.00	3.15
				1.06	1	025	1.0593	+0.07	1.03	3.25
			1.12	1.12	2	050	1.1220	-0.18	1.06	3.35
				1.18	3	075	1.1885	-0.71	1.09	3.45
		1.25	1.25	1.25	4	100	1.2589	-0.71	1.12	3.55
				1.32	5	125	1.3335	-1.01	1.15	3.65
			1.40	1.40	6	150	1.4125	-0.88	1.18	3.75
				1.50	7	175	1.4962	+0.25	1.22	3.87
	1.60	1.60	1.60	1.60	8	200	1.5849	+0.95	1.25	4.00
				1.70	9	225	1.6788	+1.26	1.28	4.12
			1.80	1.80	10	250	1.7783	+1.22	1.32	4.25
				1.90	11	275	1.8836	+0.87	1.36	4.37
		2.00	2.00	2.00	12	300	1.9953	+0.24	1.40	4.50
				2.12	13	325	2.1135	+0.31	1.45	4.62
			2.24	2.24	14	350	2.2387	+0.06	1.50	4.75
				2.36	15	375	2.3714	-0.48	1.55	4.87
	2.50	2.50	2.50	2.50	16	400	2.5119	-0.47	1.60	5.00
				2.65	17	425	2.6607	-0.40	1.65	5.15
			2.80	2.80	18	450	2.8184	-0.65	1.70	5.30
				3.00	19	475	2.9854	+0.49	1.75	5.45
		3.15	3.15	3.15	20	500	3.1623	-0.39	1.80	5.60
				3.35	21	525	3.3497	+0.01	1.85	5.80
			3.55	3.55	22	550	3.5481	+0.05	1.90	6.00
				3.75	23	575	3.7584	-0.22	1.95	6.15
	4.00	4.00	4.00	4.00	24	600	3.9811	+0.47	2.00	6.30
				4.25	25	625	4.2170	+0.78	2.06	6.50
			4.50	4.50	26	650	4.4668	+0.74	2.12	6.70
				4.75	27	675	4.7315	+0.39	2.18	6.90
		5.00	5.00	5.00	28	700	5.0119	-0.24	2.24	7.10
				5.30	29	725	5.3088	-0.17	2.30	7.30
			5.60	5.60	30	750	5.6234	-0.42	2.36	7.50

(续)

系列类别与项目	基本系列				序号	理论值的对数尾数	计算值	基本系列的常用值对计算值的相对误差（%）	补充系列 R80	
	基本系列（常用值）									
	R5	R10	R20	R40						
列	1	2	3	4	5	6	7	8	9	
数 值				6.00	31	775	5.9566	+0.73	2.43	7.75
	6.30	6.30	6.30	6.30	32	800	6.3096	−0.15	2.50	8.00
				6.70	33	825	6.6834	+0.25	2.58	8.25
			7.10	7.10	34	850	7.7095	+0.29	2.65	8.50
				7.50	35	875	7.4989	+0.01	2.72	8.75
		8.00	8.00	8.00	36	900	7.9433	+0.71	2.80	9.00
				8.50	37	925	8.4140	+1.02	2.90	9.25
			9.00	9.00	38	950	8.9125	+0.98	3.00	9.50
				9.50	39	975	9.4406	+0.63	3.07	9.75
	10.00	10.00	10.00	10.00	40	000	10.0000	0		
公比	$\sqrt[5]{10}\approx 1.6$	$\sqrt[10]{10}\approx 1.25$	$\sqrt[20]{10}\approx 1.12$	$\sqrt[40]{10}\approx 1.06$					$\sqrt[80]{10}\approx 1.03$	

注：1. 大于 10 或小于 1 的优先数均可用 10、100、1000…或用 0.1、0.01…乘以基本系列或补充系列优先数求得。
2. 基本系列中任意两项之积和商，任意一项之整数乘方或开方，都为优先数，其运算应通过序号 N 去实现。
3. 常用值的相对误差 $=\dfrac{\text{常用值}-\text{计算值}}{\text{计算值}}\times 100\%$。

（2）理论值

$(\sqrt[5]{10})^N$、$(\sqrt[10]{10})^N$ 等理论等比数列的连续项，其中 N 为任意整数。理论值一般是无理数，不便于实际应用。

（3）计算值

对理论值取五位有效数字的近似值，计算值对理论值的相对误差小于 1/20000。

在作参数系列的精确计算时可用来代替理论值。

（4）化整值

它是对 R5、R10、R20 和 R40 系列中的常用值作进一步圆整后所得的值，只在某些特殊情况下才允许采用。

（5）序号

表明优先数排列次序的一个等差数列，它从优先数 1.00 的序号 0 开始计算。

3.1.2 系列代号

优先数的所有系列均以字母 R 为符号开始。

3.2 系列的种类

（1）基本系列

R5、R10、R20 和 R40 四个系列是优先数系中的常用系列（见表 1.1-26）。

基本系列中的优先数常用值，对计算值的相对误差在 +1.26% ~ −1.01% 范围内。各系列的公比为：

R5：$q_5 = (\sqrt[5]{10}) \approx 1.6$

R10：$q_{10} = (\sqrt[10]{10}) \approx 1.25$

R20：$q_{20} = (\sqrt[20]{10}) \approx 1.12$

R40：$q_{40} = (\sqrt[40]{10}) \approx 1.06$

常用值的相对误差 $=\dfrac{\text{常用值}-\text{计算值}}{\text{计算值}}\times 100\%$

（2）补充系列 R80

R80 系列称为补充的系列（见表 1.1-26 中第 8 列），它的公比，仅在参数分级很细或基本系列中的优先数不能适应实际情况时，才可考虑采用。

（3）化整值系列

化整值系列是由优先数的常用值和一部分化整值所组成的系列（见表 1.1-27），仅在参数取值受到特殊限制时才允许采用。由对常用值的偏差较小的化整值组成的系列称为第一化整值系列，用符号 R'_r 表示；偏差较大的系列称为第二化整值系列，用符号 R''_r 表示。

优先数的理论值系列是一个等比数列，但是实用上的常用值系列和化整值系列都只是一个近似的等比数列，实际公比（后一项值对相邻前一项值之比值）有所波动，其波动的大小可用公比的相对误差来衡量。其计算式为

表 1.1-27 化整值系列

列	1		2			3			4		5	6	7	8	9	10
项数或指数	5		10			20			40		序	计算值③	系列中每个项值和计算值之间的相对误差(%)			
近似的公比	1.6		1.25			1.12			1.06		号		R	R′	R″	R‴
系列	R5	R″5	R10	R′10	R″10	R20	R′20	R″20	R40	R′40			5~40	10~40	20	5和10
数值	1		1			1.0			1.0		0	1.0000	0			
									1.06	1.05	1	1.0593	+0.07	-0.88		
						1.12	1.1		1.12	1.10②	2	1.1220	-0.18	-1.96	-1.96	
									1.18	1.2	3	1.1885	-0.71	+0.97		
			1.25		(1.2)	1.25		(1.2)	1.25		4	1.2589	-0.71			
									1.32	1.3	5	1.3335	-1.01		2.51	
						1.4			1.4		6	1.4125	-0.88			
									1.5		7	1.4962	+0.25			
	1.6	(1.5)①	1.6		(1.5)①	1.6			1.6		8	1.5849	+0.95			-5.36
									1.7		9	1.6788	+1.26			
						1.8			1.8		10	1.7783	+1.22			
									1.9		11	1.8836	+0.87			
			2			2.0			2.0		12	1.9953	+0.24			
									2.12	2.1	13	2.1135	+0.31	-0.64		
						2.24	2.2		2.24	2.2	14	2.2387	+0.06	-1.73	-1.73	
									2.36	2.4	15	2.3714	-0.48	+1.21		
	2.5		2.5			2.5			2.5		16	2.5119	-0.47			
									2.65	2.6	17	2.6607	-0.40	-2.28		
						2.8			2.8		18	2.8184	-0.65			
									3.0		19	2.9854	+0.49			
			3.15	3.2	(3)	3.15	3.2	(3.0)	3.15	3.2	20	3.1623	-0.39	+1.19	-5.13	-5.13
									3.35	3.4	21	3.3497	+0.01	+1.50		
						3.55	3.6	(3.5)	3.55	3.6	22	3.5481	+0.05	+1.46	-1.38	
									3.75	3.8	23	3.7584	-0.22	+1.11		
	4		4			4.0			4.0		24	3.9811	+0.47			
									4.25	4.2	25	4.2170	+0.78	-0.40		
						4.5			4.5		26	4.4668	+0.74			
									4.75	4.8	27	4.7315	+0.39	+1.45		
			5			5.0			5.0		28	5.0119	-0.24			
									5.3		29	5.3088	-0.17			
						5.6		(5.5)	5.6		30	5.6234	-0.42		-2.19	
									6.0		31	5.9566	+0.73			
	6.3	(6)	6.3		(6)	6.3		(6.0)	6.3		32	6.3096	-0.15		-4.90	-4.90
									6.7		33	6.6834	+0.25			
						7.1		(7.0)	7.1		34	7.0795	+0.29		-1.11	
									7.5		35	7.4989	+0.01			
			8			8.0			8.0		36	7.9433	+0.71			
									8.5		37	8.4140	+1.02			
						9.0			9.0		38	8.9125	+0.98			
									9.5		39	9.4405	+0.63			
	10		10			10.0			10.0		40	10.0000	0			
公比的最大相对误差(%)(见3.2,(3))	+1.42	-5.37	+1.66	+1.66	-5.61	-1.83	-1.97	-4.48	+1.15	+2.94						

优先数　化整值：第一化整值　第二化整值

注：1. 表中第7~10栏内带方框的数值为相应系列中项值的最大相对误差。

2. 公比的相对误差 = $\dfrac{相邻两项常用值（或化整值）之比 - 公比的计算值}{公比的计算值} \times 100\%$

① R″系列中的化整值（括号中的值），特别是1.5这个数值，应尽可能不用。

② 在特殊情况下，当系列分档间距不允许"倒缩"（项值增大，项差反而缩小）时，R′40系列中允许以1.15作为1.18的化整值，以1.20作为1.25的化整值，以构成数列：1，1.05，1.10，1.15，1.20，1.30。

③ 在某些特殊情况下（例如涡轮叶片的制造），需要很高精度时，可采用计算值（表内第6列）。

$$公比的相对误差 = \frac{相邻两项常用值（或化整值）之比 - 公比的计算值}{公比的计算值} \times 100\%$$

表中的底栏列出了各系列波动的公比中最大的相对误差，可见 Rr′ 和 Rr″ 系列的公比均匀性要比优先数的常用值系列差。分级越密的系列，项值的相对差越小，故允许的化整值的项值误差也越小，不然会使系列公比的均匀性太差。因此，在分级较密的 R40 系列中就只有误差较小的 Rr′ 系列，而没有误差较大的 Rr″ 系列。

（4）派生系列

派生系列是从基本系列或补充系列 Rr 中，每 p 项取值导出的系列，以 Rr/p 表示，比值 r/p 是 1~10、10~100 等各个十进制数内项值的分级数。

派生系列的公比为：

$$q_{r/p} = q_r^p = (\sqrt[r]{10})^p = 10^{p/r}$$

比值 r/p 相等的派生系列具有相同的公比，但其项值是多义的。例如，派生系列 R10/3 的公比 $q_{10/3} = 10^{3/10} = 1.2589^3 \approx 2$，可导出三种不同项值的系列：

  1.00，2.00，4.00，8.00
  1.25，2.50，5.00，10.0
  1.60，3.15，6.30，12.5

（5）移位系列

移位系列是指与某一基本系列有相同分级，但起始项不属于该基本系列的一种系列。它只用于因变量参数的系列。

例如：R80/8（25.8……165）系列与 R10 系列有同样的分级，但从 R80 系列的一个项开始，相当于由 25 开始的 R10 系列的移位。

3.3 优先数的计算与序号 N 的运用

（1）序号

优先数的序号 N_r 表示理论值为 q_r^N 的优先数在 R_r 系列中的排列次序。由于取项值"1"的序号为 0，就把序号和指数联系起来了，序号就是优先数理论值用公比 q_r 的指数式表示时的指数值。

由对数的定义可知，序号 N_r（即指数）就是优先数理论值以其公比 q_r 为底的特殊对数。因此，优先数的运算可转换为它的序号运算而得到简化，其运算规则同一般对数计算完全相同。

由于 R40 系列包含了全部基本系列的项值，故 R40 系列中的优先数序号 N（见表 1.1-26，N 是 N_{40} 的简写），可以代替 N_5、N_{10}、N_{20}，满足一般的计算要求。当对补充系列 R80 的优先数进行运算时，应采用序号 N_{80}。

常用计算中所用序号 N，皆指 R40 系列中的序号。$N = 0 \sim 40$ 适用于 1~10 十进段内的优先数 n，优先数 n 每增大到 10 倍，其序号增加 40，每缩小到 1/10，其序号减小 40。同理，对 R80 系列排序号时，$N_{80} = 0 \sim 80$ 适用于 1~10 十进段内的优先数 n，n 每增大到 10 倍，其序号增加 80，每缩小到 1/10，其序号减小 80。

（2）积和商

两优先数 n 和 n' 的积或商形成的优先数 n''，可由序号 N_n 和 N'_n 相加或相减来计算，对应新序号的优先数 n'' 即为所求值。

例 1 $3.15 \times 1.6 = 5$

  $N_{3.15} + N_{1.6} = 20 + 8 = 28 = N_5$

例 2 $6.3 \times 0.2 = 1.25$

  $N_{6.3} + N_{0.2} = 32 + (-28) = 4 = N_{1.25}$

例 3 $1 \div 0.06 = 17$

  $N_1 - N_{0.06} = 0 - (-49) = 49 = N_{17}$

（3）幂和根

计算优先数的正或负整幂时，可由指数与优先数序号之积作为新序号，与之相应的优先数为所求值。

用同样的方法可计算对应优先数的根或优先数的正或负分数幂的优先数，但序号与分式指数的乘积须为整数。

例 1 $(3.15)^2 = 10$

  $2N_{3.15} = 2 \times 20 = 40 = N_{10}$

例 2 $\sqrt[5]{3.15} = 3.15^{1/5} = 1.25$

  $\frac{1}{5}N_{3.15} = 20/5 = 4$（整数）$= N_{1.25}$

例 3 $\sqrt{0.16} = 0.16^{1/2} = 0.4$

  $\frac{1}{2}N_{0.16} = -32/2 = -16$（整数）$= N_{0.4}$

例 4 另一方面，$\sqrt[4]{3} = 3^{1/4}$ 不是优先数，因指数 1/4 与 3 的序号之积不是整数。

例 5 $0.25^{-1/3} = 1.6$

  $-\frac{1}{3}N_{0.25} = -\frac{1}{3}(-24) = +8 = N_{1.6}$

注：用序号计算的方法可能导致微小的误差，该误差是由优先数的理论值与对应的基本系列化数值之间的偏差引起的。

（4）常用对数

理论值的常用对数尾数列于表 1.1-26 中第 6 列。

3.4 系列选择原则

（1）在选择参数系列时，应优先采用公比大的基本系列。选择的优先顺序是：R5 系列优先于 R10 系列，R10 系列优先于 R20 系列，R20 系列优先于

R40 系列。

(2) 补充系列 R80 由于分级很细，不利于不同人员使用时相互间的协调统一，也增加了品种规格数量，故不宜用于产品参数的系列化，仅在要求参数分级很细或基本系列中的优先数不能适应实际需要的特殊情况下，才可考虑采用。

(3) 基本系列的公比不能满足要求时，则可采用派生系列，应依次优先考虑 R5/2、R10/3、R10/4、R20/3、R20/4，R40 的派生系列应尽量避免采用。

(4) 基本系列中的数值不符合需要并有充分理由而完全不能采用优先数时，允许采用标准中的化整值，应优先采用第一化整值系列 R'_r。选得的化整值应尽量保持系列公比的均匀，见标准 GB/T 19764—2005。

化整值中括号内尺寸尽量不用，特别是数值 1.5，应尽可能不用。

(5) 优先数对于产品的尺寸和参数不全部适用时，则应在基本参数和主要尺寸上采用优先数。

(6) 对某些精密产品的参数，可直接使用计算值（所列计算值精确到 5 位数字，与理论值比较，误差小于 0.00005）。

3.5 优先数和优先数系的应用示例[8]

企业在设计产品时，产品的主要参数系列应最大限度采用优先数系，以促进产品的标准化。企业在对产品整顿时，对规格杂乱、品种繁多的老产品，应通过调查分析加以整顿，从优先数系中选用合适的系列作为产品的主要参数系列，以简化品种规格，使产品走上标准化的轨道。在零部件的系列设计中应选取一些主要尺寸为自变量选用优先数系，这不仅有利于零部件的标准化，而且可以简化设计工作。

下面仅以起重机滑轮结构尺寸设计作为优先数系应用的示例。起重机滑轮的结构尺寸，见图 1.1-1。

(1) 确定采用优先数的参数

对滑轮来说，最重要的参数是与其相配的钢丝绳直径 d_r。因为 d_r 的大小直接影响到滑轮上所承受载荷的大小，从而决定了滑轮的结构尺寸。因此，首先选用钢丝绳直径 d_r 为优先数，取 R20 系列，尺寸在 10～60mm 范围内。

其次，在滑轮轮缘部分的几个直径尺寸中，决定钢丝绳中心处的滑轮名义直径 D 采用优先数。而滑轮底径 D_b 按下式计算：
$$D_b = D - d_r$$

D_b 一般不再为优先数。

另外，根据经验确定适当的槽形，其尺寸比例如

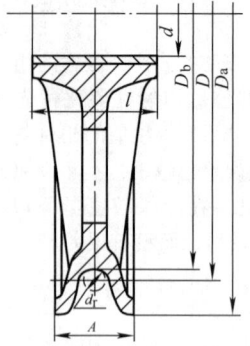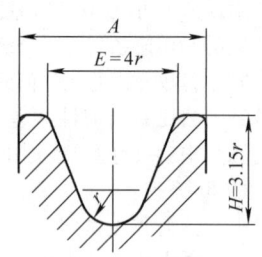

图 1.1-1 滑轮的结构尺寸
（参阅 JISZ 8601 标准数解说）

图 1.1-1 所示，比例系数取优先数。这样只要槽底的圆弧半径 r 取为优先数，则槽形的各部分尺寸就都为优先数。

滑轮的外径 D_a 由下式计算确定：
$$D_a = D_b + 2H$$

D_a 一般也不再为优先数。

与轴的配合尺寸——轮毂长度 l 和滑轮孔径 d 都取为优先数。

(2) 确定滑轮直径 D

滑轮直径 D 的系列取 R20 系列。滑轮直径与钢丝绳直径之比取决于起重机使用的频繁程度，在起重机的结构规范中最低为 20 倍。系列设计中假定取 20 倍、25 倍和 31.5 倍三种（倍数也按优先数选用，以保证 D 为优先数），并称 20 倍的滑轮为 20 型、25 倍的为 25 型、31.5 倍的为 31.5 型。对应不同钢丝绳直径 d_r 的滑轮直径 D 可按 R20 系列排表（见表 1.1-28）。

(3) 确定槽底的圆弧半径 r

对槽底圆弧半径 r 的要求是使钢丝绳能较合适地安放在槽内。槽底半径过小或钢丝绳直径过大，都会产生干涉。r 值可按下式求得：
$$r \geq \frac{d_{rm}}{2} + \sqrt{\alpha^2 + \beta^2}$$

式中 d_{rm}——钢丝绳直径的平均值（mm）；

α——钢丝绳直径公差的 $\frac{1}{4}$（mm）；

β——槽底半径公差的 $\frac{1}{2}$（mm）。

把计算所得的值圆整为 R20 中的优先数。

(4) 确定轮缘宽度 A

轮缘宽度 A 根据经验式为
$$A = E + 4.25\sqrt{r}$$

把计算所得的值圆整为相近的 R40 中的优先数。

表 1.1-28　滑轮的系列尺寸　　　　　　　　　　　　　　　　　　　　　　　　　　　　　　　　　（mm）

钢丝绳直径 d_r	滑轮直径 D			滑轮底径 D_b			槽底半径 r	槽的高度 H	沟槽宽度 E	轮缘宽度 A	滑轮外径 D_a			载荷 F/kN
	20型	25型	31.5型	20型	25型	31.5型					20型	25型	31.5型	
10	200	250	315	190	240	305	6.3	20	25	37.5	230	280	345	20
11.2	224	280	355	212.8	268.8	343.8	7.1	22.4	28	40	257.6	313.6	388.6	25
12.5	250	315	400	237.5	302.5	387.5	7.1	22.4	28	40	282.3	347.3	432.3	31.5
14	280	355	450	266	341	436	8	25	31.5	40	316	391	486	40
16	315	400	500	299	384	484	9	28	35.5	50	355	440	540	50
18	355	450	560	337	432	542	10	31.5	40	56	400	495	605	63
20	400	500	630	380	480	610	11.2	35.5	45	60	451	551	681	80
22.4	450	560	710	427.6	537.6	687.6	12.5	40	50	67	507.6	617.6	767.6	100
25	500	630	800	475	605	775	14	45	56	75	565	695	865	125
28	560	710	900	532	682	872	16	50	63	80	632	782	972	160
31.5	630	800	1000	598.5	768.5	968.5	18	56	71	90	710.5	880.5	1080.5	200
35.5	710	900	1120	674.5	864.5	1084.5	20	63	80	100	800.5	990.5	1210.5	250
40	800	1000	1250	760	960	1210	22.4	71	90	112	902	1102	1352	315
45	900	1120	1400	855	1075	1355	25	80	100	125	1015	1235	1515	400
50	1000	1250	1600	950	1200	1550	28	90	112	140	1130	1380	1730	500
56	1120	1400	1800	1064	1344	1744	31.5	100	125	150	1264	1544	1944	630

（5）计算滑轮轴承上所承受的载荷 F

轴承上所承受的载荷 F 应为钢丝绳拉力 F_a 的两倍，即：

$$F = 2F_a = 2 \times \frac{F_b}{n} = \frac{F_b}{3}$$

式中　F_a——钢丝绳拉力；

　　　F_b——钢丝绳的破断载荷，可由钢丝绳的直径查标准求得；

　　　n——安全系数，对超重机用钢丝绳取 $n=6$。

钢丝绳直径 $d_r = 10$mm 时，查得 $F_b = 60.3$kN，则 $F = 20.1$kN，近似取为优先数 $F \approx 20$kN。同时，考虑到在材料许用应力不变时，钢丝绳的破断载荷 F_b 与钢丝绳的截面积成正比。因此

$$F_b \propto d_r^2, \quad F \propto F_b, \quad F \propto d_r^2$$

现在钢丝绳直径 d_r 为 R20 系列，故载荷 F 为 R20/2 系列（因 F = 20kN 为 R10 系列中的值，故 R20/2 = R10 系列）。

（6）决定孔径 d 和轮毂长度 l

设孔径 d 取 R20 系列，轮毂长度 l 取 R10 系列。对同一种钢丝绳直径的滑轮，因承载条件的不同，必须有不同的孔径 d 和轮毂长度 l 的组合，因此需要确定其大小的极限范围，这时最好利用优先数图来做系列分析。

1) 确定孔径 d 和轮毂长度 l 的关系。d 与 l 的关系可由滑轮轴承面上的许用压力决定，其关系为：

$$l = \frac{F}{dp_p} \propto \frac{d_r^2}{d}$$

式中　p_p——轴承许用压强，设 $p_p = 900$N/cm²；

　　　F——滑轮轴承所受的载荷（N）。

l、d 的单位取 cm。

对各个钢丝绳直径 d_r，其 p_p 和 F 值都是一定的，故上式可表示为

$$l \propto \frac{1}{d}$$

这个关系式在按优先数刻度的 d-l 坐标系中是斜率为 -1 的直线（见图 1.1-2），只要算出任意一点就能画出此直线。取孔径 d = 100mm = 10cm，钢丝绳直径分别取最小（$d_r = 10$mm，F = 20kN）和最大（$d_r = 56$mm，F = 630kN）两种情况，则轮毂长度 l 为：

$d_r = 10$mm 时，$l = \dfrac{20000}{10 \times 900}$cm = 2.24cm = 22.4mm

$d_r = 56$mm 时，$l = \dfrac{630000}{10 \times 900}$cm = 71cm = 710mm

在图 1.1-2 中相应于 $d_r = 10$mm 时 d = 100mm，l = 22.4mm 的一个点，和 $d_r = 56$mm 时 d = 100mm，l = 710mm 的一个点，以符号▲表示。从这两点分别画出斜率为 -1 的直线①和①′。

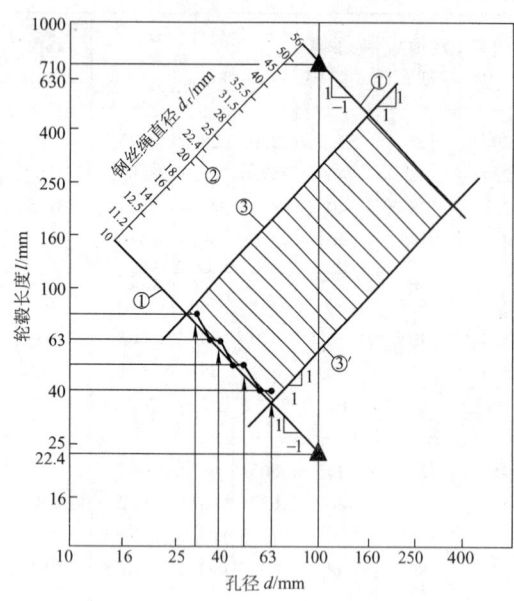

图 1.1-2 确定孔径 d 和轮毂长度 l 的系列

相应于其他 d_r 值的 d 与 l 值,只要在两直线①和①′之间,按钢丝绳直径系列 R20 等分,绘出平行直线,就很容易求得,而不必一一计算。

2) 确定 d 和 l 的极限范围。按照在滑轮轴两支点间仅装一个滑轮的最小承载条件,以及装五个滑轮的最大承载条件,考虑使轴的弯曲应力不超过许用值,可求得最小孔径、最大孔径与轮毂长度的关系为

$$d_{\min} = \frac{1}{2.72}l$$

$$d_{\max} = 1.80l$$

与上式相应的两条斜率为 1 的直线③、③′给出了 d 和 l 的极限范围。

3) 修正轮毂长度。与各种 d、l 值相应的点,只要在直线①、①′、③、③′规定的范围内,就能符合设计要求。但因轴(孔)径 d 取 R20 系列,而轮毂长度 l 取 R10 系列,是已经给定的条件,因此,需要把 l 中不是 R10 系列的值向上修正到 R10 系列。例如在图 1.1-2 的直线①上,把箭头符号所表示的 R20 系列的轮毂长度修正到 R10 上。这样得到的滑轮孔径与轮毂长度的系列尺寸见表 1.1-29。

表 1.1-29 滑轮的孔径和轮毂长度　　　　　　　　　　　　　　　　　（mm）

钢丝绳直径 d_r	轴、孔径 d	轮毂长度 l									
		40	50	63	80	100	125	160	200	250	315	400
10	31.5				×							
	35.5			×								
	40			×								
	45		×									
	50		×									
	56	×										
	63	×										
	71	×										
11.2	35.5				×							
	40				×							
	45			×								
	50			×								
	56		×									

第2章 计量单位和单位换算

我国的法定计量单位有：国标单位制（SI）的基本单位，包括辅助单位在内的具有专门名称的SI导出单位，由以上单位构成的组合形式SI导出单位和用于构成十进倍数和分数单位的词头；可与国际单位制单位（SI）并用的我国法定计量单位。

1 国际单位制（SI）单位（见表1.2-1～表1.2-4）（摘自GB 3100—1993）

国际单位制的构成如下：

国际单位制（SI）
- SI单位
  - SI基本单位（见表1.2-1）
  - SI导出单位
    - 包括SI辅助单位在内的具有专门名称的SI导出单位（见表1.2-2、表1.2-3）
    - 组合形式的SI导出单位
- SI单位的十进倍数单位（SI词头见表1.2-4）

表1.2-1 SI基本单位

量的名称	单位名称	单位符号	量的名称	单位名称	单位符号
长度	米	m	热力学温度	开[尔文]	K
质量	千克（公斤）	kg	物质的量	摩[尔]	mol
时间	秒	s	发光强度	坎[德拉]	cd
电流	安[培]	A			

注：1. 圆括号中的名称，是它前面的名称的同义词，下同。
2. 方括号中的字，在不致引起混淆、误解的情况下，可以省略，下同。去掉方括号中的字即为其单位名称的简称。无方括号量的名称与单位名称均为全称。
3. 除特殊指明者外，符号均指我国法定计量单位中所规定的符号以及国际符号，下同。
4. 人民生活和贸易中，质量习惯称为重量。

表1.2-2 包括SI辅助单位在内的具有专门名称的SI导出单位

量的名称	SI导出单位		
	名称	符号	用SI基本单位和SI导出单位表示
[平面]角	弧度	rad	$1\ rad = 1\ m/m = 1$
立体角	球面度	sr	$1\ sr = 1\ m^2/m^2 = 1$
频率	赫[兹]	Hz	$1\ Hz = 1\ s^{-1}$
力	牛[顿]	N	$1\ N = 1\ kg \cdot m/s^2$
压力，压强，应力	帕[斯卡]	Pa	$1\ Pa = 1\ N/m^2$
能[量]，功，热量	焦[耳]	J	$1\ J = 1\ N \cdot m$
功率，辐[射能]通量	瓦[特]	W	$1\ W = 1\ J/s$
电荷[量]	库[仑]	C	$1\ C = 1\ A \cdot s$
电压，电动势，电位（电势）	伏[特]	V	$1\ V = 1\ W/A$
电容	法[拉]	F	$1\ F = 1\ C/V$
电阻	欧[姆]	Ω	$1\ \Omega = 1\ V/A$
电导	西[门子]	S	$1\ S = 1\ \Omega^{-1}$
磁通[量]	韦[伯]	Wb	$1\ Wb = 1\ V \cdot s$
磁通[量]密度，磁感应强度	特[斯拉]	T	$1\ T = 1\ Wb/m^2$
电感	亨[利]	H	$1\ H = 1\ Wb/A$
摄氏温度	摄氏度	°C	$1°C = 1\ K$ ①
光通量	流[明]	lm	$1\ lm = 1\ cd \cdot sr$
[光]照度	勒[克斯]	lx	$1\ lx = 1\ lm/m^2$

① 只表示两个单位°C与K间的关系，并不表示摄氏温度与热力学温度之间的关系。

表 1.2-3 由于人类健康安全防护上的需要而确定的具有专门名称的 SI 导出单位

量的名称	SI 导出单位		
	名称	符号	用 SI 基本单位和 SI 导出单位表示
[放射性]活度	贝可[勒尔]	Bq	$1\ Bq = 1\ s^{-1}$
吸收剂量 比授[予]能 比释动能	戈[瑞]	Gy	$1\ Gy = 1\ J/kg$
剂量当量	希[沃特]	Sv	$1\ Sv = 1\ J/kg$

表 1.2-4 SI 词头

因数	词头名称		符号	因数	词头名称		符号
	英文	中文			英文	中文	
10^{24}	yotta	尧[它]	Y	10^{-1}	deci	分	d
10^{21}	zétta	泽[它]	Z	10^{-2}	centi	厘	c
10^{18}	exa	艾[可萨]	E	10^{-3}	milli	毫	m
10^{15}	peta	拍[它]	P	10^{-6}	micro	微	μ
10^{12}	tera	太[拉]	T	10^{-9}	nano	纳[诺]	n
10^{9}	giga	吉[咖]	G	10^{-12}	pico	皮[可]	p
10^{6}	mega	兆	M	10^{-15}	femto	飞[母托]	f
10^{3}	kilo	千	k	10^{-18}	atto	阿[托]	a
10^{2}	hecto	百	h	10^{-21}	zepto	仄[普托]	z
10^{1}	deca	十	da	10^{-24}	yocto	幺[科托]	y

2 可与国际单位制单位并用的我国法定计量单位（见表 1.2-5）

表 1.2-5 可与国际单位制单位并用的我国法定计量单位

量的名称	单位名称	单位符号	与 SI 单位的关系
时间	分	min	$1\ min = 60\ s$
	[小]时	h	$1\ h = 60\ min = 3600\ s$
	日，(天)	d	$1\ d = 24\ h = 86400\ s$
[平面]角	度	°	$1° = (\pi/180)\ rad$
	[角]分	′	$1' = (1/60)° = (\pi/10800)\ rad$
	[角]秒	″	$1'' = (1/60)' = (\pi/648000)\ rad$
体积，容积	升	L，(l)	$1\ L = 1\ dm^3 = 10^{-3}\ m^3$
质量	吨	t	$1\ t = 10^3\ kg$
	原子质量单位	u	$1\ u \approx 1.660540 \times 10^{-27}\ kg$
旋转速度	转每分	r/min	$1\ r/min = (1/60)\ s^{-1}$
长度	海里	n mile	$1\ n\ mile = 1852\ m$（只用于航程）
速度	节	kn	$1\ kn = 1\ n\ mile/h = (1852/3600)\ m/s$ （只用于航行）
能	电子伏	eV	$1\ eV \approx 1.602177 \times 10^{-19}\ J$
级差	分贝	dB	
线密度	特[克斯]	tex	$1\ tex = 10^{-6}\ kg/m$
面积	公顷	hm^2	$1\ hm^2 = 10^4\ m^2$

注：1. 平面角单位度、分、秒的符号，在组合单位中应采用 (°)、(′)、(″) 的形式。例如，不用°/s 而用 (°)/s。
2. 升的两个符号属同等地位，可任意选用。
3. 公顷的国际通用符号为 ha。

3 常用物理量符号及其法定单位（见表1.2-6）

表1.2-6 常用物理量符号及其法定单位（摘自 GB/T 3102.1～GB/T 3102.7—1993）

量的名称及符号		单位名称及符号		量的名称及符号		单位名称及符号	
空间和时间				体积质量，[质量]密度	ρ	千克每立方米	kg/m³
[平面]角	$\alpha,\beta,\gamma,\theta,\varphi$	弧度	rad			吨每立方米	t/m³
		度	°			千克每升	kg/L
		[角]分	′	相对体积质量，相对[质量]密度	d	—	1
		[角]秒	″	质量体积，比体积	v	立方米每千克	m³/kg
立体角	Ω	球面度	sr	线质量，线密度	ρ_l	千克每米	kg/m
长度	l,L	米	m			特[克斯]	tex
		海里	n mile	面质量，面密度	$\rho_A,(\rho_s)$	千克每平方米	kg/m²
宽度	b	米	m	动量	p	千克米每秒	kg·m/s
高度	h	米	m	动量矩，角动量	L	千克二次方米每秒	kg·m²/s
厚度	δ,d	米	m	转动惯量，(惯性矩)	$J,(I)$	千克二次方米	kg·m²
半径	r,R	米	m	力	F	牛[顿]	N
直径	d,D	米	m	重量	$W,(P,G)$	牛[顿]	N
程长	s	米	m	力矩	M	牛[顿]米	N·m
距离	d,r	米	m	转矩，力偶矩	M,T	牛[顿]米	N·m
笛卡儿坐标	$x、y、z$	米	m	压力，压强	p	帕[斯卡]	Pa
曲率半径	ρ	米	m	正应力	σ	帕[斯卡]	Pa
曲率	κ	每米	m⁻¹	切应力	τ	帕[斯卡]	Pa
面积	$A,(S)$	平方米	m²	线应变，(相对变形)	ε,e	—	1
体积，容积	V	立方米	m³	切应变	γ	—	1
		升	L,l	体应变	θ	—	1
时间，时间间隔	t	秒	s	泊松比，泊松数	μ,ν	—	1
持续时间		分	min	弹性模量	E	帕[斯卡]	Pa
		[小]时	h	切变模量，刚量模量	G	帕[斯卡]	Pa
		日，(天)	d	体积模量，压缩模量	K	帕[斯卡]	Pa
角速度	ω	弧度每秒	rad/s	[体积]压缩率	κ	每帕[斯卡]	Pa⁻¹
角加速度	a	弧度每二次方秒	rad/s²	截面二次矩，(惯性矩)	I_a,I	四次方米	m⁴
速度	v,u,w,c	米每秒	m/s	截面二次极矩，(极惯性矩)	I_p	四次方米	m⁴
		千米每小时	km/h	截面系数	W,Z	三次方米	m³
		节	kn	静摩擦因数	$\mu_s,(f_s)$	—	1
加速度	a	米每二次方秒	m/s²	动摩擦因数	$\mu,(f)$	—	1
自由落体加速度	g	米每二次方秒	m/s²	[动力]黏度	$\eta,(\mu)$	帕[斯卡]秒	Pa·s
重力加速度	g_n	米每二次方秒	m/s²	运动黏度	ν	二次方米每秒	m²/s
周期及有关现象				表面张力	γ,σ	牛[顿]每米	N/m
周期	T	秒	s	功	$W,(A)$	焦[耳]	J
时间常数	τ	秒	s			电子伏	eV
频率	f,ν	赫[兹]	Hz	能[量]	E	同功的单位	
旋转频率	n	每秒	s⁻¹	势能，位能	$E_p,(V)$	同功的单位	
旋转速度，转速		转每分	r/min	动能	$E_k,(T)$	同功的单位	
角频率，圆频率	ω	弧度每秒	rad/s	功率	P	瓦[特]	W
波长	λ	米	m	质量流量	q_m	千克每秒	kg/s
波数	σ	每米	m⁻¹	体积流量	q_v	立方米每秒	m³/s
角波数	k	弧度每米	rad/m	热学			
阻尼系数	δ	每秒	s⁻¹	热力学温度	$T,(\Theta)$	开[尔文]	K
衰减系数	α	每米	m⁻¹	摄氏温度	t,θ	摄氏度	℃
相位系数	β	每米	m⁻¹	线[膨]胀系数	α_l	每开[尔文]	K⁻¹
传播系数	γ	每米	m⁻¹				
力学							
质量	m	千克，(公斤)	kg	体[膨]胀系数	$\alpha_v,(\alpha,\gamma)$	每开[尔文]	K⁻¹
		吨	t				

（续）

量的名称及符号		单位名称及符号		量的名称及符号		单位名称及符号	
热,热量	Q	焦[耳]	J	互感	M, L_{12}	亨[利]	H
热流量	Φ	瓦[特]	W	耦合因数,(耦合系数)	$k,(\kappa)$	—	1
面积热流量,热流[量]密度	q,φ	瓦[特]每平方米	W/m²	漏磁因数,（漏磁系数）	σ	—	1
热导率,(导热系数)	$\lambda,(\kappa)$	瓦[特]每米开[尔文]		绕组的匝数	N	—	1
		W/(m·K)		相数	m	—	1
表面传热系数	$h,(a)$	瓦[特]每平方米开[尔文]		极对数	P	—	1
传热系数	$K,(k)$	W/(m²·K)		[交流]电阻	R	欧[姆]	Ω
热扩散率	a	平方米每秒	m²/s	品质因数	Q	—	1
热容	C	焦[耳]每开[尔文]	J/K	相[位]差,相[位]移	φ	弧度	rad
质量热容,比热容	c	焦[耳]每千克开[尔文]		功率	P	瓦[特]	W
		J/(kg·K)		[有功]功率	P	瓦[特]	W
质量热容比,比热[容]比	γ	—	1	视在功率,(表观功率)	S, P_S	瓦[特]	W
熵	S	焦[耳]每开[尔文]	J/K	无功功率	Q, P_Q	瓦[特]	W
质量熵,比熵	s	焦[耳]每千克开[尔文]		功率因数	λ		1
		J/(kg·K)		[有功]电能[量]	W	焦[尔]	J
能[量]	E	焦[耳]	J	磁场强度	H	安[培]每米	A/m
焓	$H,(I)$	焦[耳]	J	磁通势,磁动势	F, F_m	安[培]	A
亥姆霍兹自由能	A, F	焦[耳]	J	磁位差,（磁势差）	U_m	安[培]	A
吉布斯自由能	G	焦[耳]	J	磁通[量]密度,磁感应强度		特[斯拉]	T
质量能,比能	e	焦[耳]每千克	J/kg		B		
质量焓,比焓	$h,(i)$	焦[耳]每千克	J/kg	磁通[量]	Φ	韦[伯]	Wb
电学和磁学				磁矢位,（磁矢势）	A	韦[伯]每米	Wb/m
电流	I	安[培]	A	坡印廷矢量	S	瓦[特]每平方米	W/m²
电荷[量]	Q	库[仑]	C	磁导率	μ	亨[利]每米	H/m
体积电荷,电荷[体]密度	$\rho,(\eta)$	库[仑]每立方米	C/m³	相对磁导率	μ_r	—	1
面积电荷,电荷面密度	σ	库[仑]每平方米	C/m²	磁化率	$k, (\chi_m, \chi)$	—	1
电场强度	E	伏[特]每米	V/m	[面]磁矩	m	安[培]平方米	A·m²
电位,(电势)	V, φ	伏[特]	V	磁化强度	$M, (H_i)$	安[培]每米	A/m
电位差,(电势差),电压		伏[特]	V	磁极化强度	$J, (B_i)$	特[斯拉]	T
	$U, (V)$			磁阻	R_m	每亨[利]	H⁻¹
电动势	E	伏[特]	V	磁导	$\Lambda, (P)$	亨[利]	H
电通[量]密度	D	库[仑]每平方米	C/m²	光及有关电磁辐射			
电通[量]	Ψ	库[仑]	C	辐[射]能	$Q, W, (U, Q_e)$	焦[耳]	J
电容	C	法[拉]	F	辐[射]功率,辐[射能]通量		瓦[特]	W
介电常数,(电容率)	ε	法[拉]每米	F/m		$P, \Phi, (\Phi_e)$		
相对介电常数,（相对电容率）		—	1	辐[射]强度	$I, (I_e)$	瓦[特]每球面度	W/sr
	ε_r			辐[射]亮度,辐射度	$L, (L_e)$	瓦[特]每球面度平方米	
电极化率	χ, χ_e	—	1			W/(sr·m²)	
电极化强度	P	库[仑]每平方米	C/m²	辐[射]出[射]度	$M, (M_e)$	瓦[特]每平方米	W/m²
电偶极矩	$p, (p_e)$	库[仑]米	C·m	辐[射]照度	$E, (E_e)$	瓦[特]每平方米	W/m²
面积电流,电流密度	$J, (S)$	安[培]每平方米	A/m²	发射率	ε	—	1
线电流,电流线密度	$A, (a)$	安[培]每米	A/m	光通量	$\Phi, (\Phi_v)$	流[明]	lm
[直流]电阻	R	欧[姆]	Ω	光量	$Q, (Q_v)$	流[明]秒	lm·s
电抗	X	欧[姆]	Ω	发光强度	$I, (I_v)$	坎[德拉]	cd
阻抗,(复[数]阻抗)	Z	欧[姆]	Ω	[光]亮度	$L, (L_v)$	坎[德拉]每平方米	cd/m²
[直流]电导,[交流]电导	G	西[门子]	S	光出射度	$M, (M_v)$	流[明]每平方米	lm/m²
电纳	B	西[门子]	S	[光]照度	$E, (E_v)$	勒[克斯]	lx
导纳,(复[数]导纳)	Y	西[门子]	S	曝光量	H	勒[克斯]秒	lx·s
电阻率	ρ	欧[姆]米	Ω·m	光视效能	K	流[明]每瓦[特]	lm/W
电导率	γ, σ	西[门子]每米	S/m	光谱光视效能	$K(\lambda)$	流[明]每瓦[特]	lm/W
自感	L	亨[利]	H	最大光谱光视效能	K_m	流[明]每瓦[特]	lm/W

(续)

量的名称及符号		单位名称及符号		量的名称及符号		单位名称及符号	
光谱光视效率	$V(\lambda)$	—	1	(瞬时)[声]质点速度	u, v	米每秒	m/s
视见函数				声速,(相速)	c	米每秒	m/s
光谱吸收比	$a(\lambda)$	—	1	(瞬时)体积流量			
光谱吸收因数				(体积速度)	$U_q, (q_v)$	立方米每秒	m³/s
光谱反射比	$\rho(\lambda)$	—	1	声能密度	$w, (e), (D)$	焦[耳]每立方米	J/m³
光谱反射因数				声强[度]	I, J	瓦[特]每平方米	W/m²
光谱透射比	$\tau(\lambda)$	—	1	声阻抗	Z_a	帕[斯卡]秒每三次方米	Pa·s/m³
光谱透射因数				力阻抗	Z_m	牛[顿]秒每米	N·s/m
线性吸收系数	a	每米	m⁻¹	声功率级①	L_w	贝[尔]	B
线性衰减系数,线性消光		每米	m⁻¹	声压级①	L_p	贝[尔]	B
系数	μ, μ_l			声强级①	L_I	贝[尔]	B
摩尔吸收系数	κ	平方米每摩[尔]	m²/mol	阻尼系数	δ	每秒	s⁻¹
折射率	n	—		反射因数,(反射系数)	(ρ)		1
声 学				透射因数,(透射系数)	τ		1
静压	$p_s, (P_0)$	帕[斯卡]	Pa	吸收因数、吸收系数	a		1
[瞬时]声压	p	帕[斯卡]	Pa	隔声量①	R	贝[尔]	B
				混响时间	$T, (T_{60})$	秒	s

① 声功率级、声压级、声强级、隔声量通常以 dB 为单位，1dB = 0.1B。

4 计量单位换算（见表1.2-7）

表1.2-7 常用计量单位换算表

单位名称及符号		单位换算	单位名称及符号		单位换算
长 度			·[角]分	(′)	$(\pi/10800)$ rad
·米	m		·[角]秒	(″)	$(\pi/648000)$ rad
·海里	n mile	1852m	时 间		
英里	mile	1609.344m	·秒	s	
英尺	ft	0.3048m	·分	min	60s
英寸	in	0.0254m	·[小]时	h	3600s
码	yd	0.9144m	·天,(日)	d	86400s
密耳	mil	25.4×10⁻⁶m	速 度		
埃	Å	10⁻¹⁰m	·米每秒	m/s	
费密		10⁻¹⁵m	·节	kn	0.514444m/s
面 积			·千米每小时	km/h	0.277778m/s
·平方米	m²		·米每分	m/min	0.0166667m/s
公顷	ha	10000m²	英里每小时	mile/h	0.44704m/s
公亩	a	100m²	英尺每秒	ft/s	0.3048m/s
平方英里	mile²	2.58999×10⁶ m²	英寸每秒	in/s	0.0254m/s
平方英尺	ft²	0.0929030m²	加 速 度		
平方英寸	in²	6.4516×10⁻⁴m²	·米每二次方秒	m/s²	
体积,容积			英尺每二次方秒	ft/s²	0.3048m/s²
·立方米	m³		伽	Gal	10⁻²m/s²
·升	L,(l)	10⁻³m³	角 速 度		
立方英尺	ft³	0.0283168m³	·弧度每秒	rad/s	
立方英寸	in³	1.63871×10⁻⁵m³	·转每分	r/min	$(\pi/30)$ rad/s
英加仑	UKgal	4.54609dm³	度每分	(°)/min	0.00029rad/s
美加仑	USgal	3.78541dm³	度每秒	(°)/s	0.01745rad/s
平 面 角			质 量		
·弧度	rad		·千克	kg	
·度	(°)	$(\pi/180)$ rad	·吨	t	1000kg

(续)

单位名称及符号		单位换算	单位名称及符号		单位换算
·原子质量单位	u	$1.6605655 \times 10^{-27}$ kg	磅二次方英尺	lb·ft²	0.0421401 kg·m²
英吨	ton	1016.05 kg	磅二次方英寸	lb·in²	2.92640×10^{-4} kg·m²
英担	cwt	50.8023 kg	能量；功；热		
磅	lb	0.45359237 kg	·焦［耳］	J	
夸特	qr, qtr	12.7006 kg	·电子伏	eV	$1.60210892 \times 10^{-19}$ J
盎司	oz	28.3495 g	·千瓦小时	kW·h	3.6×10^6 J
格令	gr, gn	0.06479891 g	千克力米	kgf·m	9.80665 J
线密度，纤度			卡	cal	4.1868 J
·千克每米	kg/m		尔格	erg	10^{-7} J
·特［克斯］	tex	10^{-6} kg/m	英热单位	Btu	1055.06 J
旦尼尔		0.111112×10^{-6} kg/m	功率；辐射通量		
磅每英尺	lb/ft	1.48816 kg/m	·瓦［特］	W	
磅每英寸	lb/in	17.8580 kg/m	乏	var	1 W
密度			伏安	VA	1 W
·千克每立方米	kg/m³		马力	PS	735.499 W
·吨每立方米	t/m³	1000 kg/m³	英马力	hp	745.7 W
·千克每升	kg/L	1000 kg/m³	电工马力		746 W
磅每立方英尺	lb/ft³	16.0185 kg/m³	卡每秒	cal/s	4.1868 W
磅每立方英寸	lb/in³	27679.9 kg/m³	千卡每小时	kcal/h	1.163 W
质量体积，比体积			质量流量		
·立方米每千克	m³/kg		·千克每秒	kg/s	
立方英尺每磅	ft³/lb	0.0624280 m³/kg	磅每秒	lb/s	0.453592 kg/s
立方英寸每磅	in³/lb	3.61273×10^{-5} m³/kg	磅每小时	lb/h	1.25998×10^{-4} kg/s
力；重力			体积流量		
·牛［顿］	N		·立方米每秒	m³/s	
千克力	kgf	9.80665 N	立方英尺每秒	ft³/s	0.0283168 m³/s
磅力	lbf	4.44822 N	立方英寸每小时	in³/h	4.55196×10^{-6} L/s
达因	dyn	10^{-5} N	动力黏度		
吨力	tf	9.80665×10^3 N	·帕［斯卡］秒	Pa·s	
压力，压强；应力			泊	P, Po	0.1 Pa·s
·帕［斯卡］	Pa		厘泊	cP	10^{-3} Pa·s
巴	bar	10^5 Pa	千克力秒每平方米	kgf·s/m²	9.80665 Pa·s
托	Torr	133.322 Pa			
毫米汞柱	mmHg	133.322 Pa	磅力秒每平方英尺	lbf·s/ft²	47.8803 Pa·s
毫米水柱	mmH₂O	9.80665 Pa			
工程大气压	at	98066.5 Pa	磅力秒每平方英寸	lbf·s/in²	6894.76 Pa·s
标准大气压	atm	101325 Pa			
力矩；转矩；力偶矩			运动黏度		
·牛［顿］米	N·m		·二次方米每秒	m²/s	
千克力米	kgf·m	9.80665 N·m	斯托克斯	St	10^{-4} m²/s
克力厘米	gf·cm	9.80665×10^{-5} N·m	厘斯托克斯	cSt	10^{-6} m²/s
达因厘米	dyn·cm	10^{-7} N·m	二次方英尺每秒	ft²/s	9.29030×10^{-2} m²/s
磅力英尺	lbf·ft	1.35582 N·m	二次方英寸每秒	in²/s	6.4516×10^{-4} m²/s
转动惯量					
·千克二次方米	kg·m²				

注：1. 表中前面加点的词为法定计量单位的名称。
2. 单位名称中带方括号的字可省略。
3. 圆括号中的字为前者的同义语。

第3章 常用数学公式

1 代数

1.1 二项式公式、多项式公式和因式分解

1.1.1 二项式公式

$$(a+b)^n = C_n^0 a^n + C_n^1 a^{n-1} b + \cdots + C_n^k a^{n-k} b^k + \cdots + C_n^n b^n$$

$$(a-b)^n = C_n^0 a^n - C_n^1 a^{n-1} b + \cdots + (-1)^k C_n^k a^{n-k} b^k + \cdots + (-1)^n C_n^n b^n$$

式中 n——正整数;

C_n^k——二项式系数,$C_n^k = \dfrac{n!}{(n-k)! \, k!}$。

特别有:

1) $(a \pm b)^1 = a \pm b$
2) $(a \pm b)^2 = a^2 \pm 2ab + b^2$
3) $(a \pm b)^3 = a^3 \pm 3a^2 b + 3ab^2 \pm b^3$
4) $(a \pm b)^4 = a^4 \pm 4a^3 b + 6a^2 b^2 \pm 4ab^3 + b^4$
5) $(a \pm b)^5 = a^5 \pm 5a^4 b + 10a^3 b^2 \pm 10a^2 b^3 + 5ab^4 \pm b^5$

1.1.2 多项式公式

$$(a + b + \cdots + h)^n = \sum_{p+q+\cdots+s=n} \dfrac{n!}{p! \, q! \, \cdots s!} a^p b^q \cdots h^s$$

其中 Σ 表示对所有满足 $p + q + \cdots + s = n$ 的非负整数 $p, q, \cdots, s$ 形成的数组求和。

特别有:

1) $(a+b+c)^2 = a^2 + b^2 + c^2 + 2ab + 2bc + 2ac$
2) $(a+b+c)^3 = a^3 + b^3 + c^3 + 3a^2 b + 3ab^2 + 3a^2 c + 3ac^2 + 3b^2 c + 3bc^2 + 6abc$

1.1.3 因式分解

1) $a^2 - b^2 = (a+b)(a-b)$
2) $a^3 \pm b^3 = (a \pm b)(a^2 \mp ab + b^2)$
3) $a^4 - b^4 = (a+b)(a-b)(a^2 + b^2)$
4) $a^n - b^n = (a - b)(a^{n-1} + a^{n-2} b + \cdots + ab^{n-2} + b^{n-1})$ (n 为正整数)
5) $a^n - b^n = (a + b)(a^{n-1} - a^{n-2} b + \cdots + ab^{n-2} - b^{n-1})$ (n 为正偶数)
6) $a^n + b^n = (a + b)(a^{n-1} - a^{n-2} b + \cdots - ab^{n-2} + b^{n-1})$ (n 为正奇数)
7) $a^3 + b^3 + c^3 - 3abc = (a + b + c)(a^2 + b^2 + c^2 - ab - bc - ac)$

1.2 指数和根式

1.2.1 指数

1) 正整数指数 $a^n = \underbrace{a \cdot a \cdot \cdots \cdot a}_{n\text{个}}$
2) 分数指数 $a^{\frac{n}{m}} = \sqrt[m]{a^n} = (\sqrt[m]{a})^n$ ($a \geq 0$)
3) 零指数 $a^0 = 1$ ($a \neq 0$)
4) 负指数 $a^{-n} = \dfrac{1}{a^n}$ ($a > 0$)
5) 同底幂的积 $a^x \cdot a^y = a^{x+y}$
6) 同底幂的商 $a^x \div a^y = a^{x-y}$
7) 幂的幂 $(a^x)^y = a^{xy}$
8) 积的幂 $(ab)^x = a^x b^x$
9) 商的幂 $\left(\dfrac{a}{b}\right)^x = \dfrac{a^x}{b^x}$

5) ~9) 式中,$a > 0$,$b > 0$;x, y 为任意实数。

1.2.2 根式

1) 乘积的方根 $\sqrt[n]{ab} = \sqrt[n]{a} \cdot \sqrt[n]{b}$ ($a \geq 0, b \geq 0$)
2) 分式的方根 $\sqrt[n]{\dfrac{a}{b}} = \dfrac{\sqrt[n]{a}}{\sqrt[n]{b}}$ ($a \geq 0, b > 0$)
3) 根式化简 $\sqrt[np]{a^{mp}} = \sqrt[n]{a^m}$ ($a \geq 0$)
4) $\sqrt{a} \pm \sqrt{b} = \sqrt{a + b \pm 2\sqrt{ab}}$ ($a > b$)
5) $\dfrac{1}{\sqrt{a} \pm \sqrt{b}} = \dfrac{\sqrt{a} \mp \sqrt{b}}{a - b}$ ($a > 0, b > 0, a \neq b$)
6) $\dfrac{1}{\sqrt[3]{a} \pm \sqrt[3]{b}} = \dfrac{\sqrt[3]{a^2} \mp \sqrt[3]{ab} + \sqrt[3]{b^2}}{a \pm b}$ ($a \neq b$)

1.3 对数

1.3.1 运算法则 (设 $a > 0$)

1) $\log_a 1 = 0$
2) $\log_a a = 1$
3) $\log_a xy = \log_a x + \log_a y$

4) $\log_a \dfrac{x}{y} = \log_a x - \log_a y$

5) $\log_a x^b = b \log_a x$

6) $a^{\log_a x} = x$

7) 换底公式 $\log_a x = \dfrac{\log_b x}{\log_b a}$ $(b > 0)$

8) $\log_a b \cdot \log_b a = 1$ $(b > 0)$

1.3.2 常用对数和自然对数

以 10 为底的对数称为常用对数，记为 $\lg x$。以 e = 2.71828… 为底的对数称为自然对数，记为 $\ln x$。

1) $\lg x = M \ln x$ $(M = \lg e = 0.43429\cdots)$

2) $\ln x = \dfrac{1}{M} \lg x$ $\left(\dfrac{1}{M} = \ln 10 = 2.30258\cdots \right)$

1.4 不等式

1.4.1 代数不等式

设 n 为正整数

1) $1 + \dfrac{1}{\sqrt{2}} + \cdots + \dfrac{1}{\sqrt{n}} > 2\sqrt{n+1} - 2$

2) $\dfrac{1}{2} < 1 + \dfrac{1}{2} + \cdots + \dfrac{1}{n} - \ln n < 1$ $(n > 1)$

3) $\dfrac{1 \cdot 3 \cdot 5 \cdot \cdots \cdot (2n-1)}{2 \cdot 4 \cdot 6 \cdot \cdots \cdot 2n} < \dfrac{1}{\sqrt{2n+1}}$

4) $\sqrt{n} \leqslant \sqrt[n]{n!} \leqslant \dfrac{n+1}{2}$

5) $\dfrac{a_1 + a_2 + \cdots + a_n}{n} \geqslant \sqrt[n]{a_1 a_2 \cdots a_n}$ $(a_i \geqslant 0, i = 1, 2, 3, \cdots, n)$

6) $\sqrt{a_1^2 + a_2^2 + \cdots + a_n^2} \leqslant |a_1| + |a_2| + \cdots + |a_n|$

7) $(a_1^2 + a_2^2 + \cdots + a_n^2)(b_1^2 + b_2^2 + \cdots + b_n^2) \geqslant (a_1 b_1 + a_2 b_2 + \cdots + a_n b_n)^2$

8) $\left(\dfrac{a_1 + \cdots + a_n}{n} \right)^k \leqslant \dfrac{a_1^k + \cdots + a_n^k}{n}$ $(a_i > 0, i = 1, 2, \cdots, n; k$ 为正整数$)$

9) $\sqrt[n]{(a_1 + b_1)(a_2 + b_2) \cdots (a_n + b_n)} \geqslant \sqrt[n]{a_1 \cdots a_n} + \sqrt[n]{b_1 \cdots b_n}$

10) $(a_1 + a_2 + \cdots + a_n)\left(\dfrac{1}{a_1} + \cdots + \dfrac{1}{a_n} \right) \geqslant n^2$ $(a_i > 0, i = 1, 2, \cdots, n)$

1.4.2 三角不等式

1) $\sin x < x < \tan x$ $\left(0 < x < \dfrac{\pi}{2} \right)$

2) $\dfrac{\sin x}{x} > \dfrac{2}{\pi}$ $\left(-\dfrac{\pi}{2} < x < \dfrac{\pi}{2} \right)$

3) $\sin x > x - \dfrac{1}{6} x^3$ $(x > 0)$

4) $\cos x > 1 - \dfrac{1}{2} x^2$ $(x \neq 0)$

5) $\tan x > x + \dfrac{1}{3} x^3$ $\left(0 < x < \dfrac{\pi}{2} \right)$

1.4.3 含有指数、对数的不等式

1) $e^x > 1 + x$ $(x \neq 0)$

2) $e^x < \dfrac{1}{1-x}$ $(x < 1, x \neq 0)$

3) $e^{-x} < 1 - \dfrac{x}{1+x}$ $(x > -1, x \neq 0)$

4) $\dfrac{x}{1+x} < \ln(1+x) < x$ $(x > -1, x \neq 0)$

5) $\ln x \leqslant x - 1$ $(x > 0)$

6) $\ln x \leqslant n(x^{\frac{1}{n}} - 1)$ $(n > 0, x > 0)$

7) $(1+x)^\alpha > 1 + x^\alpha$ $(\alpha > 1, x > 0)$

1.5 代数方程

1.5.1 一元方程的解

1) 一元一次方程 $ax + b = 0$，当 $a \neq 0$ 时解为

$$x = -\dfrac{b}{a}$$

2) 一元二次方程 $ax^2 + bx + c = 0$ 的解为

$$x_1 = \dfrac{-b + \sqrt{b^2 - 4ac}}{2a}$$

$$x_2 = \dfrac{-b - \sqrt{b^2 - 4ac}}{2a}$$

且有

$$x_1 + x_2 = -\dfrac{b}{a}$$

$$x_1 x_2 = \dfrac{c}{a}$$

3) 一元三次方程 $x^3 - 1 = 0$ 的解为

$$x_1 = 1$$

$$x_2 = -\dfrac{1}{2} + \dfrac{\sqrt{3}}{2} i$$

$$x_3 = -\dfrac{1}{2} - \dfrac{\sqrt{3}}{2} i$$

$$i^2 = -1$$

4) 一元三次方程 $x^3 + px + q = 0$ 的解为

$$x_1 = \sqrt[3]{t+s} + \sqrt[3]{t-s}$$

$$x_2 = \omega \sqrt[3]{t+s} + \overline{\omega} \sqrt[3]{t-s}$$

$$x_3 = \overline{\omega} \sqrt[3]{t+s} + \omega \sqrt[3]{t-s}$$

式中 $t = -\dfrac{1}{2} q$, $s = \sqrt{\left(\dfrac{q}{2} \right)^2 + \left(\dfrac{p}{3} \right)^3}$,

$\omega = -\dfrac{1}{2} + \dfrac{\sqrt{3}}{2} i$, $\overline{\omega} = -\dfrac{1}{2} - \dfrac{\sqrt{3}}{2} i$

且有 $x_1 + x_2 + x_3 = 0$, $\dfrac{1}{x_1} + \dfrac{1}{x_2} + \dfrac{1}{x_3} = -\dfrac{p}{q}$, $x_1 x_2 x_3 = -q$。

5) 一元三次方程 $x^3 + mx^2 + nx + l = 0$ 可经变换 $x = y - \dfrac{1}{3}m$, 化为 $y^3 + py + q = 0$, 求得解 y_1, y_2, y_3 后得

$$x_1 = y_1 - \dfrac{1}{3}m, \quad x_2 = y_2 - \dfrac{1}{3}m, \quad x_3 = y_3 - \dfrac{1}{3}m$$

6) 一元 n 次方程 $a_0 x^n + a_1 x^{n-1} + \cdots + a_{n-1} x + a_n = 0$ 的解 x_1, x_2, $\cdots$, x_n 与系数的关系是

$$x_1 + x_2 + \cdots + x_n = -\dfrac{a_1}{a_0}$$

$$x_1 x_2 + x_1 x_3 + \cdots + x_{n-1} x_n = \dfrac{a_2}{a_0}$$

$$x_1 x_2 x_3 + x_1 x_2 x_4 + \cdots + x_{n-2} x_{n-1} x_n = -\dfrac{a_3}{a_0}$$

$$\vdots$$

$$x_1 x_2 \cdots x_n = (-1)^n \dfrac{a_n}{a_0}$$

1.5.2 一次方程组的解

1) 二元一次方程组 $\begin{cases} a_1 x + b_1 y = c_1 \\ a_2 x + b_2 y = c_2 \end{cases}$ 的解,

当 $\begin{vmatrix} a_1 & b_1 \\ a_2 & b_2 \end{vmatrix} = a_1 b_2 - a_2 b_1 \neq 0$ 时为

$$x_1 = \begin{vmatrix} c_1 & b_1 \\ c_2 & b_2 \end{vmatrix} \div \begin{vmatrix} a_1 & b_1 \\ a_2 & b_2 \end{vmatrix} = \dfrac{c_1 b_2 - c_2 b_1}{a_1 b_2 - a_2 b_1}$$

$$x_2 = \begin{vmatrix} a_1 & c_1 \\ a_2 & c_2 \end{vmatrix} \div \begin{vmatrix} a_1 & b_1 \\ a_2 & b_2 \end{vmatrix} = \dfrac{a_1 c_2 - a_2 c_1}{a_1 b_2 - a_2 b_1}$$

2) 三元一次方程组 $\begin{cases} a_1 x + b_1 y + c_1 z = d_1 \\ a_2 x + b_2 y + c_2 z = d_2 \\ a_3 x + b_3 y + c_3 z = d_3 \end{cases}$ 的解

当 $D \neq 0$ 时为 $x = \dfrac{D_1}{D}$, $y = \dfrac{D_2}{D}$, $z = \dfrac{D_3}{D}$。

式中 $D = \begin{vmatrix} a_1 & b_1 & c_1 \\ a_2 & b_2 & c_2 \\ a_3 & b_3 & c_3 \end{vmatrix}$, $D_1 = \begin{vmatrix} d_1 & b_1 & c_1 \\ d_2 & b_2 & c_2 \\ d_3 & b_3 & c_3 \end{vmatrix}$,

$D_2 = \begin{vmatrix} a_1 & d_1 & c_1 \\ a_2 & d_2 & c_2 \\ a_3 & d_3 & c_3 \end{vmatrix}$, $D_3 = \begin{vmatrix} a_1 & b_1 & d_1 \\ a_2 & b_2 & d_2 \\ a_3 & b_3 & d_3 \end{vmatrix}$。

1.6 级数

1.6.1 等差级数

$a + (a+d) + (a+2d) + (a+3d) + \cdots + [a + (n-1)d] + \cdots$ （d 为常数）

1) 通项公式 $a_n = a + (n-1)d$

2) 前 n 项和 $S_n = na + \dfrac{n(n-1)}{2}d$

1.6.2 等比级数

$a + aq + aq^2 + \cdots + aq^{n-1} + \cdots$ （q 为常数）

1) 通项公式 $a_n = aq^{n-1}$

2) 前 n 项和 $S_n = \dfrac{a(1-q^n)}{1-q}$

1.6.3 一些级数的前 n 项和

1) $1 + 2 + 3 + \cdots + n = (1/2)n(n+1)$

2) $1^2 + 2^2 + 3^2 + \cdots + n^2 = (1/6)n(n+1)(2n+1)$

3) $1^3 + 2^3 + 3^3 + \cdots + n^3 = (1/4)n^2(n+1)^2$

4) $1^4 + 2^4 + 3^4 + \cdots + n^4 = \dfrac{1}{30}n(n+1)(2n+1)(3n^2 + 3n - 1)$

5) $1 + 3 + 5 + \cdots + (2n-1) = n^2$

6) $1^2 + 3^2 + 5^2 + \cdots + (2n-1)^2 = (1/3)n(4n^2 - 1)(2n+1)$

7) $1^3 + 3^3 + \cdots + (2n-1)^3 = n^2(2n^2 - 1)$

8) $\dfrac{1}{1 \cdot 2 \cdot 3} + \dfrac{1}{2 \cdot 3 \cdot 4} + \cdots + \dfrac{1}{n(n+1)(n+2)} = \dfrac{1}{4} - \dfrac{1}{2(n+1)(n+2)}$

9) $1 \cdot 2 \cdot 3 + 2 \cdot 3 \cdot 4 + \cdots + n(n+1)(n+2) = (1/4)n(n+1)(n+2)(n+3)$

1.6.4 一些特殊级数的和

1) $1 - \dfrac{1}{3} + \dfrac{1}{5} - \dfrac{1}{7} + \cdots = \dfrac{\pi}{4}$

2) $1 - \dfrac{1}{5} + \dfrac{1}{7} - \dfrac{1}{11} + \dfrac{1}{13} - \cdots = \dfrac{\pi}{2\sqrt{3}}$

3) $\dfrac{1}{1^2} + \dfrac{1}{2^2} + \cdots + \dfrac{1}{n^2} + \cdots = \dfrac{\pi^2}{6}$

4) $\dfrac{1}{1^2} - \dfrac{1}{2^2} + \dfrac{1}{3^2} - \dfrac{1}{4^2} + \cdots = \dfrac{\pi^2}{12}$

5) $\dfrac{1}{1 \cdot 3} + \dfrac{1}{3 \cdot 5} + \dfrac{1}{5 \cdot 7} + \cdots = \dfrac{1}{2}$

6) $1 + \dfrac{1}{1!} + \dfrac{1}{2!} + \cdots + \dfrac{1}{n!} + \cdots = e$

1.6.5 二项级数

$(1+x)^n = 1 + nx + \dfrac{n(n-1)}{2!}x^2 + \cdots + \dfrac{n(n-1)\cdots(n-k+1)}{k!}x^k + \cdots$, $|x| < 1$, 称为二

项级数，其中 n 为任意实数。此式在 $x=1$，$n>-1$ 及 $x=-1$，$n>0$ 的情况也成立。

1) $\dfrac{1}{1\pm x} = 1 \mp x + x^2 \mp x^3 + x^4 \mp x^5 + \cdots$

2) $\sqrt{1+x} = 1 + \dfrac{1}{2}x - \dfrac{1}{8}x^2 + \dfrac{1}{16}x^3 - \dfrac{5}{128}x^4 + \dfrac{7}{256}x^5 - \dfrac{21}{1024}x^6 + \cdots$

3) $\dfrac{1}{\sqrt{1+x}} = 1 - \dfrac{1}{2}x + \dfrac{3}{8}x^2 - \dfrac{5}{16}x^3 + \dfrac{35}{128}x^4 - \dfrac{63}{256}x^5 + \dfrac{231}{1024}x^6 - \cdots$

1.6.6 指数函数和对数函数的幂级数展开式

1) $e^x = 1 + \dfrac{1}{1!}x + \dfrac{1}{2!}x^2 + \dfrac{1}{3!}x^3 + \cdots + \dfrac{1}{n!}x^n + \cdots$ ($|x|<\infty$)

2) $a^x = 1 + \dfrac{\ln a}{1!}x + \dfrac{(\ln a)^2}{2!}x^2 + \dfrac{(\ln a)^3}{3!}x^3 + \cdots + \dfrac{(\ln a)^n}{n!}x^n + \cdots$ ($|x|<\infty$)

3) $\ln(1+x) = x - \dfrac{x^2}{2} + \dfrac{x^3}{3} - \dfrac{x^4}{4} + \cdots + (-1)^{n+1}\dfrac{x^n}{n} + \cdots$ ($-1<x\leqslant 1$)

4) $\ln(1-x) = -x - \dfrac{x^2}{2} - \dfrac{x^3}{3} - \dfrac{x^4}{4} - \cdots - \dfrac{x^n}{n} - \cdots$ ($-1\leqslant x<1$)

5) $\ln\left(\dfrac{1+x}{1-x}\right) = 2\left(x + \dfrac{x^3}{3} + \dfrac{x^5}{5} + \dfrac{x^7}{7} + \cdots + \dfrac{x^{2n+1}}{2n+1} + \cdots\right)$ ($|x|<1$)

6) $\dfrac{x}{e^x-1} = 1 - \dfrac{x}{2} + \dfrac{1}{12}x^2 - \dfrac{1}{720}x^4 + \dfrac{1}{30240}x^6 - \cdots + (-1)^{n+1}\dfrac{B_n}{(2n)!}x^{2n} + \cdots$ ($|x|<2\pi$)

式中 B_n 为伯努利数。$B_4 = \dfrac{1}{30}$，$B_5 = \dfrac{5}{66}$，$B_6 = \dfrac{691}{2730}$，$B_7 = \dfrac{7}{6}$，$B_8 = \dfrac{3617}{510}$，$B_9 = \dfrac{43867}{798}$，…

7) $e^{\sin x} = 1 + x + \dfrac{x^2}{2!} - \dfrac{3x^4}{4!} - \dfrac{8x^5}{5!} - \dfrac{3x^6}{6!} + \dfrac{56x^7}{7!} + \cdots$ ($|x|<\infty$)

8) $e^{\cos x} = e\left(1 - \dfrac{x^2}{2!} + \dfrac{4x^4}{4!} - \dfrac{31x^6}{6!} + \cdots\right)$ ($|x|<\infty$)

1.6.7 三角函数和反三角函数的幂级数展开式

1) $\sin x = x - \dfrac{x^3}{3!} + \dfrac{x^5}{5!} - \cdots + (-1)^{n-1}\dfrac{x^{2n-1}}{(2n-1)!} + \cdots$ ($|x|<\infty$)

2) $\cos x = 1 - \dfrac{x^2}{2!} + \dfrac{x^4}{4!} - \cdots + (-1)^n\dfrac{x^{2n}}{(2n)!} + \cdots$ ($|x|<\infty$)

3) $\tan x = x + \dfrac{1}{3}x^3 + \dfrac{2}{15}x^5 + \dfrac{17}{315}x^7 + \cdots + \dfrac{2^{2n}(2^{2n}-1)B_n}{(2n)!}x^{2n-1} + \cdots$ ($|x|<\dfrac{\pi}{2}$)

4) $\cot x = \dfrac{1}{x} - \dfrac{1}{3}x - \dfrac{1}{45}x^3 - \dfrac{2}{945}x^5 - \cdots - \dfrac{2^{2n}B_n}{(2n)!}x^{2n-1} - \cdots$ ($0<|x|<\pi$)

式中，B_n 为伯努利数

5) $\arcsin x = x + \dfrac{1}{2\cdot 3}x^3 + \dfrac{1\cdot 3}{2\cdot 4\cdot 5}x^5 + \dfrac{1\cdot 3\cdot 5}{2\cdot 4\cdot 6\cdot 7}x^7 + \cdots + \dfrac{(2n)!}{2^{2n}(n!)^2(2n+1)}x^{2n+1} + \cdots$ ($|x|<1$)

6) $\arctan x = x - \dfrac{x^3}{3} + \dfrac{x^5}{5} - \dfrac{x^7}{7} + \dfrac{x^9}{9} - \cdots + (-1)^n\dfrac{x^{2n+1}}{2n+1} + \cdots$ ($|x|\leqslant 1$)

1.6.8 双曲函数和反双曲函数的幂级数展开式

1) $\operatorname{sh} x = x + \dfrac{x^3}{3!} + \dfrac{x^5}{5!} + \dfrac{x^7}{7!} + \cdots + \dfrac{x^{2n+1}}{(2n+1)!} + \cdots$ ($|x|<\infty$)

2) $\operatorname{ch} x = 1 + \dfrac{x^2}{2!} + \dfrac{x^4}{4!} + \dfrac{x^6}{6!} + \cdots + \dfrac{x^{2n}}{(2n)!} + \cdots$ ($|x|<\infty$)

3) $\operatorname{th} x = x - \dfrac{x^3}{3} + \dfrac{2x^5}{15} - \cdots + (-1)^{n+1}\dfrac{2^{2n}(2^{2n}-1)B_n}{(2n)!}x^{2n-1}$ ($|x|<\dfrac{\pi}{2}$)

式中，B_n 为伯努利数

4) $\operatorname{arsh} x = x - \dfrac{1}{2\cdot 3}x^3 + \dfrac{1\cdot 3}{2\cdot 4\cdot 5}x^5 - \dfrac{1\cdot 3\cdot 5}{2\cdot 4\cdot 6\cdot 7}x^7 + \cdots + (-1)^n\dfrac{(2n)!}{2^{2n}(n!)^2(2n+1)}x^{2n+1} + \cdots$ ($|x|<1$)

5) $\operatorname{arth} x = x + \dfrac{x^3}{3} + \dfrac{x^5}{5} + \cdots + \dfrac{x^{2n+1}}{2n+1} + \cdots$ ($|x|<1$)

1.7 复数和傅里叶级数

1.7.1 复数（见表 1.3-1）

表 1.3-1 复数

名称		公式
虚数单位的周期性		$i^{4n+1}=i$，$i^{4n+2}=-1$，$i^{4n+3}=-i$，$i^{4n}=1$（n 为自然数），（$\sqrt{-1}=i$ 称为虚数单位）
复数的表示法	代数式	$z=a+bi$，a 称为 z 的实部，b 称为 z 的虚部；a、b、r、θ 的相互关系：$\begin{cases}a=r\cos\theta \\ b=r\sin\theta\end{cases}$，$\begin{cases}r=\sqrt{a^2+b^2} \\ \tan\theta=\dfrac{b}{a}\end{cases}$
	三角式	$z=r(\cos\theta+i\sin\theta)$，$r$ 称为 z 的模，记作 $|z|$；θ 称为 z 的幅角，记作 $\mathrm{Arg}z$
	指数式	$z=r\mathrm{e}^{\mathrm{i}\theta}$
复数的运算	代数式	$(a+bi)\pm(c+di)=(a\pm c)+(b\pm d)i$ $(a+bi)(c+di)=(ac-bd)+(bc+ad)i$ $\dfrac{a+bi}{c+di}=\dfrac{ac+bd}{c^2+d^2}+\dfrac{bc-ad}{c^2+d^2}i$
	三角式	$z_1=r_1(\cos\theta_1+i\sin\theta_1)$，$z_2=r_2(\cos\theta_2+i\sin\theta_2)$，$z=r(\cos\theta+i\sin\theta)$ $z_1z_2=r_1r_2[\cos(\theta_1+\theta_2)+i\sin(\theta_1+\theta_2)]$ $\dfrac{z_1}{z_2}=\dfrac{r_1}{r_2}[\cos(\theta_1-\theta_2)+i\sin(\theta_1-\theta_2)]$ $z^n=r^n(\cos n\theta+i\sin n\theta)$（棣莫佛 de Moivre 定理） $\sqrt[n]{z}=\sqrt[n]{r}\left(\cos\dfrac{\theta+2k\pi}{n}+i\sin\dfrac{\theta+2k\pi}{n}\right)$（$n$ 为正整数，$k=0,1,2,\cdots,n-1$）
	指数式	$z_1=r_1\mathrm{e}^{\mathrm{i}\theta_1}$，$z_2=r_2\mathrm{e}^{\mathrm{i}\theta_2}$，$z=r\mathrm{e}^{\mathrm{i}\theta}$ $z_1z_2=r_1r_2\mathrm{e}^{\mathrm{i}(\theta_1+\theta_2)}$ $\dfrac{z_1}{z_2}=\dfrac{r_1}{r_2}\mathrm{e}^{\mathrm{i}(\theta_1-\theta_2)}$ $z^n=r^n\mathrm{e}^{\mathrm{i}n\theta}$ $\sqrt[n]{z}=\sqrt[n]{r}\mathrm{e}^{\mathrm{i}\frac{\theta+2k\pi}{n}}$（$n$ 为正整数，$k=0,1,2,\cdots,n-1$）
欧拉（Euler）公式		$\mathrm{e}^{\mathrm{i}\theta}=\cos\theta+i\sin\theta$，$\cos\theta=\dfrac{\mathrm{e}^{\mathrm{i}\theta}+\mathrm{e}^{-\mathrm{i}\theta}}{2}$，$\sin\theta=\dfrac{\mathrm{e}^{\mathrm{i}\theta}-\mathrm{e}^{-\mathrm{i}\theta}}{2}$

1.7.2 傅里叶级数

1) $\dfrac{\pi}{4}=\sum\limits_{k=1}^{\infty}\dfrac{\sin(2k-1)x}{2k-1}$ （$0<x<\pi$）

2) $x=-\dfrac{\pi}{2}+\dfrac{4}{\pi}\left(\cos x+\dfrac{1}{3^2}\cos 3x+\dfrac{1}{5^2}\cos 5x+\cdots\right)$ （$0<x<\pi$）

3) $x = \dfrac{\pi}{2} - 2\left(\dfrac{\sin2x}{2} + \dfrac{\sin4x}{4} + \dfrac{\sin6x}{6} + \cdots\right)$
$(0 < x < \pi)$

4) $x = 2\sum\limits_{n=1}^{\infty}\dfrac{(-1)^{n+1}}{n}\sin nx \quad (-\pi < x < \pi)$

5) $x^2 = \dfrac{\pi^2}{3} + 4\sum\limits_{n=1}^{\infty}\dfrac{(-1)^n}{n^2}\cos nx \quad (-\pi < x < \pi)$

6) $x^2 = \left(2\pi - \dfrac{8}{\pi}\right)\sin x - \pi\sin2x + \left(\dfrac{2\pi}{3} - \dfrac{8}{3^3\pi}\right) \times$
$\sin3x - \dfrac{\pi}{2}\sin4x + \cdots \quad (0 \leqslant x < \pi)$

7) $e^{ax} = \dfrac{e^{a\pi} - 1}{a\pi} + \dfrac{2a}{\pi}\sum\limits_{n=1}^{\infty}\dfrac{(-1)^n e^{a\pi} - 1}{a^2 + n^2}\cos nx$
$(0 \leqslant x \leqslant \pi)$

8) $e^{ax} = \dfrac{2}{\pi}\sum\limits_{n=1}^{\infty}\left[1 - (-1)^n e^{a\pi}\right]\dfrac{n}{a^2 + n^2}\sin nx$
$(0 < x < \pi)$

9) $e^{ax} = \dfrac{2}{\pi}\mathrm{sh}a\pi\left\{\dfrac{1}{2a} + \sum\limits_{n=1}^{\infty}\dfrac{(-1)^n}{a^2 + n^2} \times\right.$
$\left.[a\cos nx - n\sin nx]\right\} \quad (-\pi < x < \pi, a \neq 0)$

10) $\sin ax = \dfrac{2\sin a\pi}{\pi}\sum\limits_{n=1}^{\infty}\dfrac{(-1)^{n+1}n\sin nx}{n^2 - a^2}$
$(-\pi < x < \pi, a \text{ 不是整数})$

11) $\cos ax = \dfrac{2}{\pi}\sin a\pi\left(\dfrac{1}{2a} + \sum\limits_{n=1}^{\infty}(-1)^n\dfrac{a\cos nx}{a^2 - n^2}\right)$
$(-\pi \leqslant x \leqslant \pi, a \text{ 不是整数})$

12) $\mathrm{sh}ax = \dfrac{2}{\pi}\mathrm{sh}a\pi\sum\limits_{n=1}^{\infty}(-1)^{n-1}\dfrac{n}{a^2 + n^2}\sin nx$
$(-\pi < x < \pi)$

13) $\mathrm{ch}ax = \dfrac{2}{\pi}\mathrm{sh}a\pi\left(\dfrac{1}{2a} + \sum\limits_{n=1}^{\infty}(-1)^n\dfrac{a}{a^2 + n^2}\cos nx\right)$
$(-\pi \leqslant x \leqslant \pi)$

1.8 行列式和矩阵

1.8.1 行列式

1) n 阶行列式记为

$$D_n = |A| = \det A = \det(a_{ij}) = \begin{vmatrix} a_{11} & a_{12} & \cdots & a_{1n} \\ a_{21} & a_{22} & \cdots & a_{2n} \\ \vdots & \vdots & & \vdots \\ a_{n1} & a_{n2} & \cdots & a_{nn} \end{vmatrix}$$

式中，A 为 n 阶方阵。

2) $D_n = \sum\limits_{j_1j_2\cdots j_n}(-1)^{\tau(j_1j_2\cdots j_n)}a_{1j_1}a_{2j_2}\cdots a_{nj_n}$

式中，$\tau(j_1j_2\cdots j_n)$ 为排列 $j_1j_2\cdots j_n$ 的逆序数，$\sum\limits_{j_1j_2\cdots j_n}$ 表示对 n 个元素的所有排列求和。

3) 二阶行列式

$$\begin{vmatrix} a_{11} & a_{12} \\ a_{21} & a_{22} \end{vmatrix} = a_{11}a_{22} - a_{12}a_{21}$$

4) 三阶行列式

$$\begin{vmatrix} a_{11} & a_{12} & a_{13} \\ a_{21} & a_{22} & a_{23} \\ a_{31} & a_{32} & a_{33} \end{vmatrix} = a_{11}a_{22}a_{33} + a_{12}a_{23}a_{31} +$$
$a_{13}a_{21}a_{32} - a_{11}a_{23}a_{32} - a_{12}a_{21}a_{33} - a_{13}a_{22}a_{31}$

5) 对角行列式

$$\begin{vmatrix} a_{11} & 0 & \cdots & 0 \\ 0 & a_{22} & \cdots & 0 \\ \vdots & \vdots & & \vdots \\ 0 & 0 & \cdots & a_{nn} \end{vmatrix} = a_{11}a_{22}\cdots a_{nn}$$

$$\begin{vmatrix} 0 & 0 & \cdots & a_{1n} \\ 0 & 0 & a_{2,n-1} & 0 \\ \vdots & \vdots & & \vdots \\ a_{n1} & 0 & \cdots & 0 \end{vmatrix} = (-1)^{\frac{n(n-1)}{2}}a_{1n}a_{2,n-1}\cdots a_{n1}$$

6) 上（下）三角行列式

$$\begin{vmatrix} a_{11} & a_{12} & \cdots & a_{1n} \\ a_{21} & a_{22} & \cdots & 0 \\ \vdots & \vdots & & \vdots \\ a_{n1} & 0 & \cdots & 0 \end{vmatrix} =$$

$$\begin{vmatrix} 0 & 0 & \cdots & a_{1n} \\ 0 & 0 & \cdots & a_{2n} \\ \vdots & \vdots & & \vdots \\ a_{n1} & a_{n2} & \cdots & a_{nn} \end{vmatrix} = (-1)^{\frac{n(n-1)}{2}}a_{1n}a_{2,n-1}\cdots a_{n1}$$

$$\begin{vmatrix} a_{11} & a_{12} & \cdots & a_{1n} \\ 0 & a_{22} & \cdots & a_{2n} \\ \vdots & \vdots & & \vdots \\ 0 & 0 & \cdots & a_{nn} \end{vmatrix} =$$

$$\begin{vmatrix} a_{11} & 0 & \cdots & 0 \\ a_{21} & a_{22} & \cdots & 0 \\ \vdots & \vdots & & \vdots \\ a_{n1} & a_{n2} & \cdots & a_{nn} \end{vmatrix} = a_{11}a_{22}\cdots a_{nn}$$

7) 行列式按行（列）展开式

$\det A = a_{i1}A_{i1} + a_{i2}A_{i2} + \cdots + a_{in}A_{in} = \sum\limits_{k=1}^{n}a_{ik}A_{ik}$
$(i = 1, 2, \cdots, n)$

$\det A = a_{1j}A_{1j} + a_{2j}A_{2j} + \cdots + a_{nj}A_{nj} = \sum\limits_{k=1}^{n}a_{kj}A_{kj}$
$(j = 1, 2, \cdots, n)$

式中，A_{ij} 为 a_{ij} 的代数余子式。

1.8.2 行列式的性质

1) $\det A = \det A^T$,式中 A^T 表示 A 的转置。

2) $\det(A_1 A_2 \cdots A_m) = \det A_1 \det A_2 \cdots \det A_m$,式中 $A_1, A_2, \cdots, A_m$ 均为 n 阶方阵。

3) $\det(kA) = k^n \det A$,式中 A 为 n 阶方阵,k 为任意复数。

4) 互换行列式任意两行(列),行列式变号。例如

$$\begin{vmatrix} a_{11} & \cdots & a_{1j} & \cdots & a_{1k} & \cdots & a_{1n} \\ \vdots & & \vdots & & \vdots & & \vdots \\ a_{n1} & \cdots & a_{nj} & \cdots & a_{nk} & \cdots & a_{nn} \end{vmatrix} = -\begin{vmatrix} a_{11} & \cdots & a_{1k} & \cdots & a_{1j} & \cdots & a_{1n} \\ \vdots & & \vdots & & \vdots & & \vdots \\ a_{n1} & \cdots & a_{nk} & \cdots & a_{nj} & \cdots & a_{nn} \end{vmatrix}$$

5) 行列式的某一行(列)的所有元素都可以表示为两项之和时,该行列式可用两个同阶行列式之和表示。例如

$$\begin{vmatrix} a_{11} & \cdots & (a_{1j'}+a_{1j''}) & \cdots & a_{1n} \\ \vdots & & \vdots & & \vdots \\ a_{n1} & \cdots & (a_{nj'}+a_{nj''}) & \cdots & a_{nn} \end{vmatrix} = \begin{vmatrix} a_{11} & \cdots & a_{1j'} & \cdots & a_{1n} \\ \vdots & & \vdots & & \vdots \\ a_{n1} & \cdots & a_{nj'} & \cdots & a_{nn} \end{vmatrix} + \begin{vmatrix} a_{11} & \cdots & a_{1j''} & \cdots & a_{1n} \\ \vdots & & \vdots & & \vdots \\ a_{n1} & \cdots & a_{nj''} & \cdots & a_{nn} \end{vmatrix}$$

6) 以数 a 乘行列式的某行(列),等于将此行列式乘以数 a。例如

$$\begin{vmatrix} a_{11} & \cdots & aa_{1i} & \cdots & a_{1n} \\ a_{21} & \cdots & aa_{2i} & \cdots & a_{2n} \\ \vdots & & \vdots & & \vdots \\ a_{n1} & \cdots & aa_{ni} & \cdots & a_{nn} \end{vmatrix} = a\begin{vmatrix} a_{11} & \cdots & a_{1i} & \cdots & a_{1n} \\ a_{21} & \cdots & a_{2i} & \cdots & a_{2n} \\ \vdots & & \vdots & & \vdots \\ a_{n1} & \cdots & a_{ni} & \cdots & a_{nn} \end{vmatrix}$$

7) 如果行列式中有一行(列)元素全为零,则行列式等于零。

8) 如果行列式中有两行(列)对应元素相同或成比例,则行列式等于零。

9) 如果行列式中某行(列)元素是其他某些行(列)对应元素的线性组合,则行列式等于零。

10) 把行列式的某行(列)元素乘以数 k 后加到另一行(列)对应元素上,行列式的值不变。例如

$$\begin{vmatrix} a_{11} & \cdots & a_{1i}+ka_{1j} & \cdots & a_{1j} & \cdots & a_{1n} \\ a_{21} & \cdots & a_{2i}+ka_{2j} & \cdots & a_{2j} & \cdots & a_{2n} \\ \vdots & & \vdots & & \vdots & & \vdots \\ a_{n1} & \cdots & a_{ni}+ka_{nj} & \cdots & a_{nj} & \cdots & a_{nn} \end{vmatrix} = \begin{vmatrix} a_{11} & \cdots & a_{1i} & \cdots & a_{1j} & \cdots & a_{1n} \\ a_{21} & \cdots & a_{2i} & \cdots & a_{2j} & \cdots & a_{2n} \\ \vdots & & \vdots & & \vdots & & \vdots \\ a_{n1} & \cdots & a_{ni} & \cdots & a_{nj} & \cdots & a_{nn} \end{vmatrix}$$

1.8.3 矩阵(见表 1.3-2)

表 1.3-2 矩阵

名称	形式	说明
$m \times n$ 矩阵	$\begin{pmatrix} a_{11} & a_{12} & \cdots & a_{1n} \\ a_{21} & a_{22} & \cdots & a_{2n} \\ \vdots & \vdots & & \vdots \\ a_{m1} & a_{m2} & \cdots & a_{mn} \end{pmatrix}$	由 $m \times n$ 个数排成的 m 行 n 列的数表,a_{ij} 称为第 i 行第 j 列元素,可记为 A(或 B, C, $\cdots$),$A_{m \times n}$,$(a_{ij})_{m \times n}$ 等
n 阶方阵	$\begin{pmatrix} a_{11} & a_{12} & \cdots & a_{1n} \\ a_{21} & a_{22} & \cdots & a_{2n} \\ \vdots & \vdots & \ddots & \vdots \\ a_{n1} & a_{n2} & \cdots & a_{nn} \end{pmatrix}$	行数列数相同的矩阵,元素 a_{11}, a_{nn} 的连线称主对角线,a_{ii} ($i=1, 2, \cdots, n$) 称主对角线元素,可记为 A_n
行矩阵	$(a_1 \quad a_2 \quad \cdots \quad a_n)$	仅有一行的矩阵,也称行向量,可记为 a(或 b, c, $\cdots$)
列矩阵	$\begin{pmatrix} a_1 \\ a_2 \\ \vdots \\ a_m \end{pmatrix}$	仅有一列的矩阵,也称列向量,可记为 α(或 β, γ, $\cdots$)

(续)

名 称	形 式	说 明
对角矩阵	$\begin{pmatrix} a_1 & & & \\ & a_2 & & \\ & & \ddots & \\ & & & a_n \end{pmatrix}$	主对角线以外的元素均为零的方阵,可记为 A 或 $\mathrm{diag}(a_1,a_2,\cdots,a_n)$
数量矩阵	$\begin{pmatrix} a & & & \\ & a & & \\ & & \ddots & \\ & & & a \end{pmatrix}$	主对角线元素均相等的对角矩阵
单位矩阵	$\begin{pmatrix} 1 & & & \\ & 1 & & \\ & & \ddots & \\ & & & 1 \end{pmatrix}$	主对角线元素均为1的数量矩阵,可记为 I,E 等
零矩阵	$\begin{pmatrix} 0 & 0 & \cdots & 0 \\ 0 & 0 & \cdots & 0 \\ \vdots & \vdots & \ddots & \vdots \\ 0 & 0 & \cdots & 0 \end{pmatrix}$	所有元素均为零的矩阵,可记为 O,或 $O_{m\times n}$
对称矩阵	$\begin{pmatrix} a_{11} & a_{12} & \cdots & a_{1n} \\ a_{12} & a_{22} & \cdots & a_{2n} \\ \vdots & \vdots & \ddots & \vdots \\ a_{1n} & a_{2n} & \cdots & a_{nn} \end{pmatrix}$	元素满足条件 $a_{ij}=a_{ji}$ 的方阵
反称矩阵	$\begin{pmatrix} 0 & a_{12} & \cdots & a_{1n} \\ -a_{12} & 0 & \cdots & a_{2n} \\ \vdots & \vdots & \ddots & \vdots \\ -a_{1n} & -a_{2n} & \cdots & 0 \end{pmatrix}$	元素满足条件 $a_{ij}=-a_{ji}$ 的方阵,其主对角线元素均为零
上三角矩阵	$\begin{pmatrix} a_{11} & a_{12} & \cdots & a_{1n} \\ 0 & a_{22} & \cdots & a_{2n} \\ \vdots & \vdots & \ddots & \vdots \\ 0 & 0 & \cdots & a_{nn} \end{pmatrix}$	主对角线以下元素均为零的方阵
下三角矩阵	$\begin{pmatrix} a_{11} & 0 & \cdots & 0 \\ a_{21} & a_{22} & \cdots & 0 \\ \vdots & \vdots & \ddots & \vdots \\ a_{n1} & a_{n2} & \cdots & a_{nn} \end{pmatrix}$	主对角线以上元素均为零的方阵
负矩阵	$\begin{pmatrix} -a_{11} & -a_{12} & \cdots & -a_{1n} \\ -a_{21} & -a_{22} & \cdots & -a_{2n} \\ \vdots & \vdots & & \vdots \\ -a_{m1} & -a_{m2} & \cdots & -a_{mn} \end{pmatrix}$	把矩阵 A 的所有元素改变符号后所得的矩阵,记有 $-A$
元素 a_{ij} 的代数余子式	$(-1)^{i+j}\begin{vmatrix} a_{11} & \cdots & a_{1,j-1} & a_{1,j+1} & \cdots & a_{1n} \\ \vdots & & \vdots & \vdots & & \vdots \\ a_{i-1,1} & \cdots & a_{i-1,j-1} & a_{i-1,j+1} & \cdots & a_{i-1,n} \\ a_{i+1,1} & \cdots & a_{i+1,j-1} & a_{i+1,j+1} & \cdots & a_{i+1,n} \\ \vdots & & \vdots & \vdots & & \vdots \\ a_{n1} & \cdots & a_{n,j-1} & a_{n,j+1} & \cdots & a_{nn} \end{vmatrix}$	在 n 阶方阵中划去 a_{ij} 所在的行和列而得的 $n-1$ 阶方阵的行列式再冠以符号 $(-1)^{i+j}$,记为 M_{ij}

1.8.4 矩阵的运算（见表1.3-3）

表1.3-3 矩阵的运算及运算法则

运 算 式	法则及说明
[相等] 两个 $m \times n$ 矩阵 $\boldsymbol{A} = (a_{ij})$，$\boldsymbol{B} = (b_{ij})$ 相等 $$\begin{pmatrix} a_{11} & a_{12} & \cdots & a_{1n} \\ a_{21} & a_{22} & \cdots & a_{2n} \\ \vdots & \vdots & & \vdots \\ a_{m1} & a_{m2} & \cdots & a_{mn} \end{pmatrix} = \begin{pmatrix} b_{11} & b_{12} & \cdots & b_{1n} \\ b_{21} & b_{22} & \cdots & b_{2n} \\ \vdots & \vdots & & \vdots \\ b_{m1} & b_{m2} & \cdots & b_{mn} \end{pmatrix}$$ 当且仅当 $a_{ij} = b_{ij}$，$(i = 1, 2, \cdots, m; j = 1, 2, \cdots, n)$	相等的矩阵行数、列数分别相等，对应元素相等，记为 $\boldsymbol{A} = \boldsymbol{B}$
[加减法] 两个 $m \times n$ 矩阵 $\boldsymbol{A} = (a_{ij})$，$\boldsymbol{B} = (b_{ij})$ 相加减仍为 $m \times n$ 矩阵 $$\begin{pmatrix} a_{11} & \cdots & a_{1n} \\ a_{21} & \cdots & a_{2n} \\ \vdots & & \vdots \\ a_{m1} & \cdots & a_{mn} \end{pmatrix} \pm \begin{pmatrix} b_{11} & \cdots & b_{1n} \\ b_{21} & \cdots & b_{2n} \\ \vdots & & \vdots \\ b_{m1} & \cdots & b_{mn} \end{pmatrix} = \begin{pmatrix} c_{11} & \cdots & c_{1n} \\ c_{21} & \cdots & c_{2n} \\ \vdots & & \vdots \\ c_{m1} & \cdots & c_{mn} \end{pmatrix}$$ 其中 $c_{ij} = a_{ij} \pm b_{ij}$ $(i = 1, 2, \cdots, m; j = 1, 2, \cdots, n)$	对应元素相加减 $\boldsymbol{A} + \boldsymbol{B} = \boldsymbol{B} + \boldsymbol{A}$（交换律） $(\boldsymbol{A} + \boldsymbol{B}) + \boldsymbol{C} = \boldsymbol{A} + (\boldsymbol{B} + \boldsymbol{C})$（结合律）
[乘数] 数 k 与 $m \times n$ 矩阵 $\boldsymbol{A} = (a_{ij})$ 相乘仍为 $m \times n$ 矩阵 $$k\begin{pmatrix} a_{11} & a_{12} & \cdots & a_{1n} \\ a_{21} & a_{22} & \cdots & a_{2n} \\ \vdots & \vdots & & \vdots \\ a_{m1} & a_{m2} & \cdots & a_{mn} \end{pmatrix} = \begin{pmatrix} ka_{11} & ka_{12} & \cdots & ka_{1n} \\ ka_{21} & ka_{22} & \cdots & ka_{2n} \\ \vdots & \vdots & & \vdots \\ ka_{m1} & ka_{m2} & \cdots & ka_{mn} \end{pmatrix}$$ 记为 $k\boldsymbol{A}$，或 $\boldsymbol{A}k$	把 k 乘到 $\boldsymbol{A}$ 的每一个元素之上 $k(\boldsymbol{A} + \boldsymbol{B}) = k\boldsymbol{A} + k\boldsymbol{B}$ $(k + l)\boldsymbol{A} = k\boldsymbol{A} + l\boldsymbol{A}$ $k(l\boldsymbol{A}) = (kl)\boldsymbol{A}$ (k, l 为任意数)
[乘法] $m \times s$ 矩阵 $\boldsymbol{A} = (a_{ij})$ 和 $s \times n$ 矩阵 $\boldsymbol{B} = (b_{ij})$ 相乘为 $m \times n$ 矩阵 $\boldsymbol{C} = (c_{ij})$，记为 $\boldsymbol{AB} = \boldsymbol{C}$，其中 $c_{ij} = \sum_{k=1}^{s} a_{ik}b_{kj}$，$(i = 1, 2, \cdots, m; j = 1, 2, \cdots, n)$	第一个矩阵的列数与第二个矩阵的行数相等时才可相乘 $(\boldsymbol{AB})\boldsymbol{C} = \boldsymbol{A}(\boldsymbol{BC})$（结合律） $(\boldsymbol{A} + \boldsymbol{B})\boldsymbol{C} = \boldsymbol{AC} + \boldsymbol{BC}$ $\boldsymbol{C}(\boldsymbol{A} + \boldsymbol{B}) = \boldsymbol{CA} + \boldsymbol{CB}$（分配律） $k(\boldsymbol{AB}) = (k\boldsymbol{A})\boldsymbol{B} = \boldsymbol{A}(k\boldsymbol{B})$ (k 为任意数) 但 $\boldsymbol{AB}$ 与 $\boldsymbol{BA}$ 即使在都有意义时，一般也不相等
[转置] 将 $m \times n$ 矩阵 $\boldsymbol{A} = (a_{ij})$ 的行列互换而得的 $n \times m$ 矩阵称为 $\boldsymbol{A}$ 的转置，记为 $\boldsymbol{A}'$ 或 $\boldsymbol{A}^{\mathrm{T}}$ $$\boldsymbol{A}' = \begin{pmatrix} a_{11} & a_{12} & \cdots & a_{1n} \\ a_{21} & a_{22} & \cdots & a_{2n} \\ \vdots & \vdots & & \vdots \\ a_{m1} & a_{m2} & \cdots & a_{mn} \end{pmatrix}' = \begin{pmatrix} a_{11} & a_{21} & \cdots & a_{m1} \\ a_{12} & a_{22} & \cdots & a_{m2} \\ \vdots & \vdots & & \vdots \\ a_{1n} & a_{2n} & \cdots & a_{mn} \end{pmatrix}$$	$(\boldsymbol{A} + \boldsymbol{B})' = \boldsymbol{A}' + \boldsymbol{B}'$ $(k\boldsymbol{A})' = k\boldsymbol{A}'$ (k 为任意数) $(\boldsymbol{AB})' = \boldsymbol{B}'\boldsymbol{A}'$ $(\boldsymbol{A}')' = \boldsymbol{A}$
[方阵的幂] n 阶方阵 $\boldsymbol{A}$ 的 k 次幂为 k 个 $\boldsymbol{A}$ 连乘（k 为正整数），记为 $\boldsymbol{A}^k$	$\boldsymbol{A}^k \boldsymbol{A}^l = \boldsymbol{A}^{k+l}$ $(\boldsymbol{A}^k)^l = \boldsymbol{A}^{kl}$ $(\boldsymbol{A}^k)' = (\boldsymbol{A}')^k$ (k, l 为正整数)
[共轭] 将 $m \times n$ 矩阵 $\boldsymbol{A} = (a_{ij})$ 的所有元素换成其共轭复数所得矩阵 $(\overline{a_{ij}})$，记为 $\overline{\boldsymbol{A}}$	$\overline{(\boldsymbol{A} + \boldsymbol{B})} = \overline{\boldsymbol{A}} + \overline{\boldsymbol{B}}$ $\overline{(k\boldsymbol{A})} = \overline{k}\overline{\boldsymbol{A}}$ $\overline{\boldsymbol{AB}} = \overline{\boldsymbol{A}}\,\overline{\boldsymbol{B}}$ $\overline{(\boldsymbol{A}')} = (\overline{\boldsymbol{A}})'$ (k 为任意复数)

(续)

运 算 式	法则及说明
[导数] 若 $m \times n$ 矩阵 A 的元素 a_{ij} 均为 x 的可导函数,则 A 的导数 $\dfrac{dA}{dx}$ 仍为 $m \times n$ 矩阵 $$\frac{dA}{dx} = \begin{pmatrix} \dfrac{da_{11}}{dx} & \dfrac{da_{12}}{dx} & \cdots & \dfrac{da_{1n}}{dx} \\ \dfrac{da_{21}}{dx} & \dfrac{da_{22}}{dx} & \cdots & \dfrac{da_{2n}}{dx} \\ \vdots & \vdots & & \vdots \\ \dfrac{da_{m1}}{dx} & \dfrac{da_{m2}}{dx} & \cdots & \dfrac{da_{mn}}{dx} \end{pmatrix}$$	可类似定义高阶导数 $$\frac{d}{dx}(A+B) = \frac{dA}{dx} + \frac{dB}{dx}$$ $$\frac{d}{dx}(kA) = k\frac{dA}{dx} \ (k \text{ 为常数})$$ $$\frac{d}{dx}(AB) = \frac{dA}{dx}B + A\frac{dB}{dx}$$
[积分] 若 $m \times n$ 矩阵 A 的元素 a_{ij} 均为 x 的可积函数,则 A 的积分 $\int A dx$ 仍为 $m \times n$ 矩阵 $$\int A dx = \begin{pmatrix} \int a_{11} dx & \int a_{12} dx & \cdots & \int a_{1n} dx \\ \int a_{21} dx & \int a_{22} dx & \cdots & \int a_{2n} dx \\ \vdots & \vdots & & \vdots \\ \int a_{m1} dx & \int a_{m2} dx & \cdots & \int a_{mn} dx \end{pmatrix}$$	可类似定义重积分
[伴随矩阵] n 阶方阵 A 的伴随矩阵是由 A 的元素 a_{ij} 的代数余子式 A_{ij} 构成的 n 阶方阵,记为 A^* 或 $\mathrm{adj}A$ $$A^* = \begin{pmatrix} A_{11} & A_{21} & \cdots & A_{n1} \\ A_{12} & A_{22} & \cdots & A_{n2} \\ \vdots & \vdots & & \vdots \\ A_{1n} & A_{2n} & \cdots & A_{nn} \end{pmatrix}$$	A 的第 i 行第 j 列元素的代数余子式在 A^* 中位于第 j 行第 i 列 $AA^* = \|A\|I = A^*A$ $(AB)^* = B^*A^*$ $\|A^*\| = \|A\|^{n-1}$
[方阵的行列式] n 阶方阵 A 的行列式是由 A 的 n^2 个元素形成的 n 阶行列式(元素的相对位置不变),记为 $\|A\|$ 或 $\det A$	$\|AB\| = \|A\|\|B\|$ $\|A^m\| = \|A\|^m$ $\|kA\| = k^n\|A\|$ (A, B 为 n 阶方阵, m 为正整数, k 为常数)
[逆矩阵] 设 n 阶方阵 A 的行列式 $\|A\| \neq 0$,则 A 的逆矩阵(记为 A^{-1})为 $$A^{-1} = \frac{1}{\|A\|}A^*$$	$(A^{-1})^{-1} = A$ $(kA)^{-1} = \dfrac{1}{k}A^{-1}$ $(A')^{-1} = (A^{-1})'$ $(AB)^{-1} = B^{-1}A^{-1}$ $AA^{-1} = I$ (A, B 为 n 阶可逆方阵, k 为非零常数)

1.8.5 初等变换、初等方阵及其关系(见表1.3-4,表1.3-5)

表1.3-4 矩阵的初等变换

初 等 变 换	
初等行变换	初等列变换
(1) 交换矩阵 A 的第 i 行与第 j 行 $$A \to \begin{pmatrix} a_{11} & a_{12} & \cdots & a_{1n} \\ \vdots & \vdots & & \vdots \\ a_{j1} & a_{j2} & \cdots & a_{jn} \\ \vdots & \vdots & & \vdots \\ a_{i1} & a_{i2} & \cdots & a_{in} \\ \vdots & \vdots & & \vdots \\ a_{m1} & a_{m2} & \cdots & a_{mn} \end{pmatrix}$$	(1) 交换矩阵 A 的第 i 列与第 j 列 $$A \to \begin{pmatrix} a_{11} & \cdots & a_{1j} & \cdots & a_{1i} & \cdots & a_{1n} \\ a_{21} & \cdots & a_{2j} & \cdots & a_{2i} & \cdots & a_{2n} \\ \vdots & & \vdots & & \vdots & & \vdots \\ a_{m1} & \cdots & a_{mj} & \cdots & a_{mi} & \cdots & a_{mn} \end{pmatrix}$$

(续)

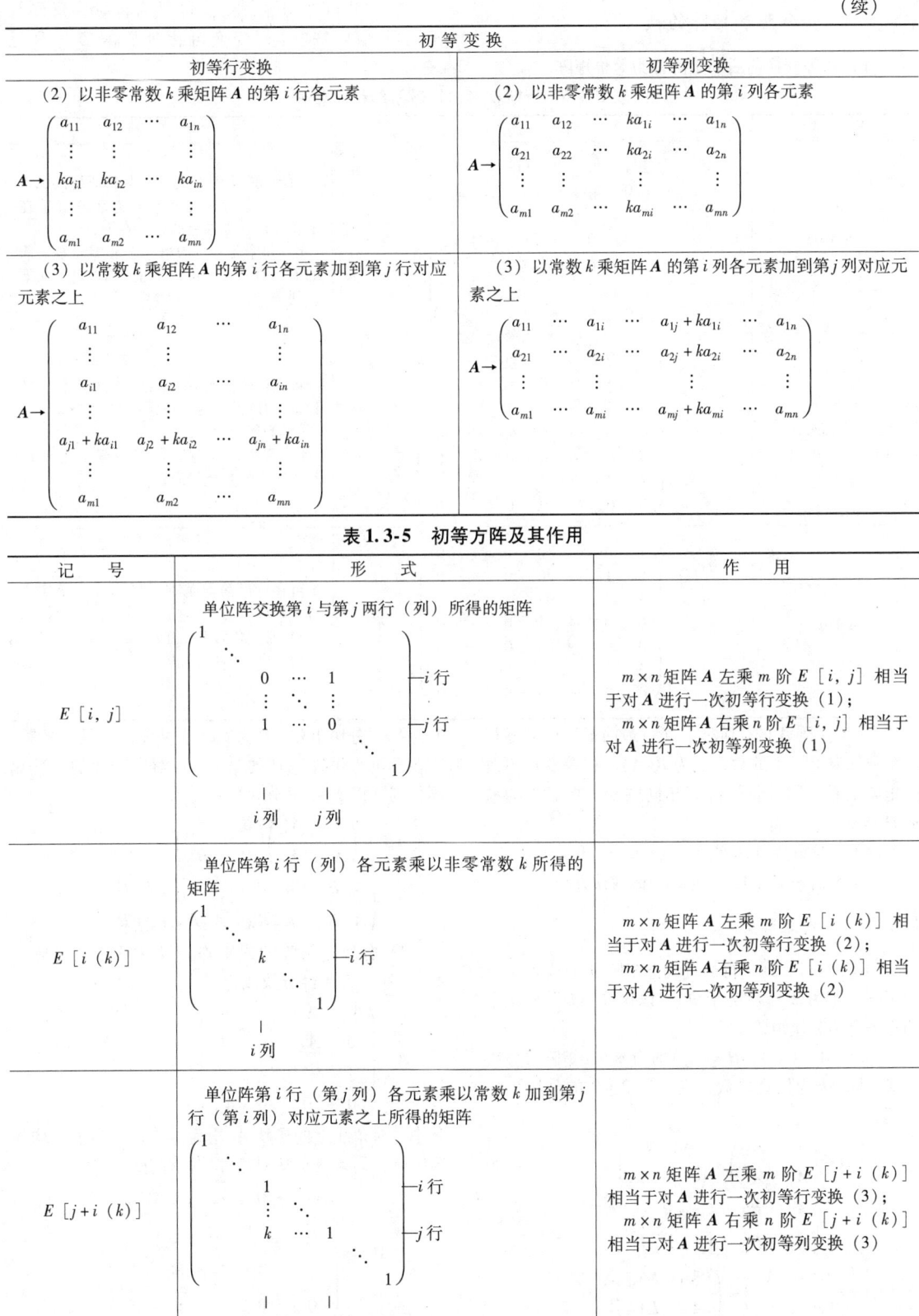

表1.3-5 初等方阵及其作用

1.8.6 等价矩阵和矩阵的秩

(1) 初等变换前后的矩阵称为等价矩阵。

(2) 矩阵经初等行变换可化为行阶梯形和行最简形,再经初等列变换可化为标准形。(见表 1.3-6)

表 1.3-6 行阶梯形、行最简形和标准形

名　称	形　式	说　明
行阶梯形	$\begin{pmatrix} b_{11} & b_{12} & \cdots & b_{1j} & \cdots & b_{1n} \\ 0 & b_{22} & \cdots & b_{2j} & \cdots & b_{2n} \\ \vdots & \vdots & & \vdots & & \vdots \\ 0 & 0 & \cdots & b_{ij} & \cdots & b_{in} \\ 0 & 0 & \cdots & 0 & \cdots & 0 \\ \vdots & \vdots & & \vdots & & \vdots \\ 0 & 0 & \cdots & 0 & \cdots & 0 \end{pmatrix}$	可经初等行变换化得,其特征是: a) 非零行(元素不全为 0 的行)在上,零行(如果有的话)在下; b) 每个非零行的第一个非零元素之前的零元素个数不同,且由少到多自上而下排列
行最简形	$\begin{pmatrix} 1 & 0 & \cdots & 0 & b_{1j} & \cdots & b_{1n} \\ 0 & 1 & \cdots & 0 & b_{2j} & \cdots & b_{2n} \\ \vdots & \vdots & & \vdots & \vdots & & \vdots \\ 0 & 0 & \cdots & 1 & b_{ij} & \cdots & b_{in} \\ 0 & 0 & \cdots & 0 & 0 & \cdots & 0 \\ \vdots & \vdots & & \vdots & \vdots & & \vdots \\ 0 & 0 & \cdots & 0 & 0 & \cdots & 0 \end{pmatrix}$	可在行阶梯形基础上继续经初等行变换化得,其特征是: a) 为行阶梯形; b) 每个非零行的第一个非零元素为 1,其所在列的其余元素为 0
标准形	$\begin{pmatrix} 1 & 0 & \cdots & 0 & 0 & \cdots & 0 \\ 0 & 1 & \cdots & 0 & 0 & \cdots & 0 \\ \vdots & \vdots & \ddots & \vdots & \vdots & & \vdots \\ 0 & 0 & \cdots & 1 & 0 & \cdots & 0 \\ 0 & 0 & \cdots & 0 & 0 & \cdots & 0 \\ \vdots & \vdots & & \vdots & \vdots & & \vdots \\ 0 & 0 & \cdots & 0 & 0 & \cdots & 0 \end{pmatrix}$	可在行最简形基础上经初等列变换化得,其特征是: a) 左上角为单位阵 b) 其余元素均为 0

(3) 矩阵 A 的行阶梯形(行最简形)中非零行的个数称为矩阵 A 的秩,记为 $R(A)$。初等变换不改变矩阵的秩,即等价矩阵有相同的秩。零矩阵的秩 $R(O)=0$。

(4) n 阶方阵 A 的秩 $R(A)<n$ 时,称降秩方阵,n 阶方阵 A 的秩 $R(A)=n$ 时,称满秩方阵。

1.8.7 分块矩阵

1) 用与行、列平行的直线把矩阵 A 分成若干个小矩阵(记为 A_{ij},称为子块),以这些小矩阵做元素的矩阵称为分块矩阵。

2) 设 $A=(a_{ij})$,$B=(b_{ij})$ 均为 $m\times n$ 矩阵且分块方式相同,k 为任意常数,则(以 2×2 的分块矩阵为例)

$$A+B=\begin{pmatrix} A_{11} & A_{12} \\ A_{21} & A_{22} \end{pmatrix}+\begin{pmatrix} B_{11} & B_{12} \\ B_{21} & B_{22} \end{pmatrix}=$$

$$\begin{pmatrix} A_{11}+B_{11} & A_{12}+B_{12} \\ A_{21}+B_{21} & A_{22}+B_{22} \end{pmatrix}$$

$$kA=k\begin{pmatrix} A_{11} & A_{12} \\ A_{21} & A_{22} \end{pmatrix}=\begin{pmatrix} kA_{11} & kA_{12} \\ kA_{21} & kA_{22} \end{pmatrix}$$

3) 设 A 为 $m\times s$ 矩阵,B 为 $s\times n$ 矩阵。分块后,A 为 $k\times l$ 分块矩阵,B 为 $l\times h$ 分块矩阵,且 A 的第 i 行各子块的列数与 B 的第 j 列各对应子块的行数相同,则(以 2×2 的分块矩阵为例)

$$AB=\begin{pmatrix} A_{11} & A_{12} \\ A_{21} & A_{22} \end{pmatrix}\begin{pmatrix} B_{11} & B_{12} \\ B_{21} & B_{22} \end{pmatrix}=$$

$$\begin{pmatrix} A_{11}B_{11}+A_{12}B_{21} & A_{11}B_{12}+A_{12}B_{22} \\ A_{21}B_{11}+A_{22}B_{21} & A_{21}B_{12}+A_{22}B_{22} \end{pmatrix}$$

4) 分块对角阵的逆矩阵　设 A 为 n 阶方阵且 A^{-1} 存在,若 A 经分块成为

$$A=\begin{pmatrix} A_{11} & 0 & \cdots & 0 \\ 0 & A_{22} & \cdots & 0 \\ \vdots & \vdots & \ddots & \vdots \\ 0 & 0 & \cdots & A_{kk} \end{pmatrix},$$

其中主对角线上的子块 A_{ii} 均为方阵,其余子块均为零矩阵,则 A 为分块对角阵。A 的逆矩阵为

$$A^{-1}=\begin{pmatrix} A_{11}^{-1} & 0 & \cdots & 0 \\ 0 & A_{22}^{-1} & \cdots & 0 \\ \vdots & \vdots & \ddots & \vdots \\ 0 & 0 & \cdots & A_{kk}^{-1} \end{pmatrix}$$

A 的行列式为

$$|A| = |A_{11}| \cdot |A_{22}| \cdot \cdots \cdot |A_{kk}|$$

1.9 线性方程组

含有 n 个未知量，m 个一次方程的方程组

$$\begin{cases} a_{11}x_1 + a_{12}x_2 + \cdots + a_{1n}x_n = b_1 \\ a_{21}x_1 + a_{22}x_2 + \cdots + a_{2n}x_n = b_2 \\ \vdots \quad \vdots \quad \vdots \quad \vdots \\ a_{m1}x_1 + a_{m2}x_2 + \cdots + a_{mn}x_n = b_m \end{cases}$$

称为 n 元线性方程组，其中 a_{ij}（$i = 1, 2, \cdots, m$；$j = 1, 2, \cdots, n$）称系数，b_i（$i = 1, 2, \cdots, m$）称常数项。

1.9.1 线性方程组的基本概念（见表 1.3-7）

表 1.3-7 线性方程组的基本概念

名称	形 式	说 明
齐次线性方程组	$\begin{cases} a_{11}x_1 + a_{12}x_2 + \cdots + a_{1n}x_n = 0 \\ a_{21}x_1 + a_{22}x_2 + \cdots + a_{2n}x_n = 0 \\ \vdots \quad \vdots \quad \vdots \quad \vdots \\ a_{m1}x_1 + a_{m2}x_2 + \cdots + a_{mn}x_n = 0 \end{cases}$	常数项均为 0 的线性方程组
非齐次线性方程组	$\begin{cases} a_{11}x_1 + a_{12}x_2 + \cdots + a_{1n}x_n = b_1 \\ a_{21}x_1 + a_{22}x_2 + \cdots + a_{2n}x_n = b_2 \\ \vdots \quad \vdots \quad \vdots \quad \vdots \\ a_{m1}x_1 + a_{m2}x_2 + \cdots + a_{mn}x_n = b_m \end{cases}$	$b_1, b_2, \cdots, b_m$ 不全为 0 的线性方程组
系数行列式	$m = n$ 时 $\begin{vmatrix} a_{11} & a_{12} & \cdots & a_{1n} \\ a_{21} & a_{22} & \cdots & a_{2n} \\ \vdots & \vdots & \ddots & \vdots \\ a_{n1} & a_{n2} & \cdots & a_{nn} \end{vmatrix}$	$m \neq n$ 时，无系数行列式
系数矩阵	$\begin{pmatrix} a_{11} & a_{12} & \cdots & a_{1n} \\ a_{21} & a_{22} & \cdots & a_{2n} \\ \vdots & \vdots & \ddots & \vdots \\ a_{m1} & a_{m2} & \cdots & a_{mn} \end{pmatrix}$	由未知量的系数组成的 $m \times n$ 矩阵，记为 A
增广矩阵	$\begin{pmatrix} a_{11} & a_{12} & \cdots & a_{1n} & b_1 \\ a_{21} & a_{22} & \cdots & a_{2n} & b_2 \\ \vdots & \vdots & \ddots & \vdots & \vdots \\ a_{m1} & a_{m2} & \cdots & a_{mn} & b_m \end{pmatrix}$	在系数矩阵的右边增加由常数项形成的一列所得的 $m \times (n+1)$ 矩阵，记为 B
方程组的矩阵表示	齐次：$Ax = o$ 非齐次：$Ax = b$	$x = (x_1, x_2, \cdots, x_n)^T$ $o = (o, o, \cdots, o)^T$ $b = (b_1, b_2, \cdots, b_m)^T$

（续）

名称	形 式	说 明
解（向量）	$c = (c_1, c_2, \cdots, c_n)$ $Ac \equiv o$（齐次） $Ac \equiv b$（非齐次）	把 $x_i = c_i$（$i = 1, 2, \cdots, n$）代入方程组成恒等式
同解方程组		解完全相同的两个 n 元线性方程组，其增广矩阵可经初等行变换互化
保留未知量		系数矩阵的行阶梯形中每个非零行的第一个非零元素所对应的未知量
自由未知量		保留未知量以外的未知量，其个数为 $n - R(A)$。当 $n = R(A)$ 时，无自由未知量

1.9.2 线性方程组解的判定（见表 1.3-8）

表 1.3-8 线性方程组解的判定

方程组	判定方法
n 元齐次线性方程组 $Ax = o$	$R(A) = n$ 时，有唯一解（即零解）； $R(A) < n$ 时，有无穷多解 特别地，当 $m = n$ 时，如果 $|A| \neq 0$，有唯一解（即零解），如果 $|A| = 0$，有无穷多解
n 元非齐次线性方程组 $Ax = b$	$R(A) = R(B) = n$，有唯一解； $R(A) = R(B) < n$，有无穷多解； $R(A) \neq R(B)$，无解

1.9.3 线性方程组求解的消元法

（1）理论根据 齐次线性方程组 $Ax = o$ 与其系数矩阵 A 一一对应，A 的行最简形 A_1 所对应的方程组 $A_1 x = o$ 与原方程组是同解方程组。非齐次线性方程组 $Ax = b$ 与其增广矩阵 B 一一对应，B 的行最简形 B_1 对应的方程组 $A_1 x = b_1$ 与原方程组是同解方程组。

(2) 齐次方程组求解步骤

① 列出系数矩阵 A，用初等行变换化为行最简形 A_1，从而得到 $R(A)$。

② 如果 $R(A) = n$，则方程组有唯一解（零解），即 $x_1 = x_2 = \cdots = x_n = 0$，如果 $R(A) < n$，则写出与 A_1 对应的齐次线性方程组 $A_1 x = o$，其 $n - R(A)$ 个自由未知量分别取任意常数并代入 $A_1 x = o$，所得保留未知量的表达式即为方程组的全部解。

(3) 非齐次方程组求解步骤

① 列出增广矩阵 B，用初等行变换化为行最简形 B_1（注意前 n 列即系数矩阵 A 的行最简形 A_1），从而得到 $R(A)$，$R(B)$。

② 如果 $R(A) \neq R(B)$，则方程组无解。如果 $R(A) = R(B) = n$，则写出 B_1 对应的非齐次方程组，由此得到唯一解。如果 $R(A) = R(B) < n$，则写出 B_1 对应的非齐次方程组 $A_1 x = b_1$，其 $n - R(A)$ 个自由未知量分别取任意常数并代入 $A_1 x = b_1$，所得保留未知量的表达式即为方程组的全部解。

2 三角函数与双曲函数

2.1 三角函数

2.1.1 三角函数间的关系

1) $\sin^2 \alpha + \cos^2 \alpha = 1$
2) $\sec^2 \alpha - \tan^2 \alpha = 1$
3) $\csc^2 \alpha - \cot^2 \alpha = 1$
4) $\tan \alpha = \dfrac{\sin \alpha}{\cos \alpha}$
5) $\cot \alpha = \dfrac{\cos \alpha}{\sin \alpha}$
6) $\tan \alpha = \dfrac{1}{\cot \alpha}$
7) $\sec \alpha = \dfrac{1}{\cos \alpha}$
8) $\csc \alpha = \dfrac{1}{\sin \alpha}$

2.1.2 和差角公式

1) $\sin(\alpha \pm \beta) = \sin\alpha\cos\beta \pm \cos\alpha\sin\beta$
2) $\cos(\alpha \pm \beta) = \cos\alpha\cos\beta \mp \sin\alpha\sin\beta$
3) $\tan(\alpha \pm \beta) = \dfrac{\tan\alpha \pm \tan\beta}{1 \mp \tan\alpha\tan\beta}$
4) $\cot(\alpha \pm \beta) = \dfrac{\cot\alpha\cot\beta \mp 1}{\cot\alpha \pm \cot\beta}$

2.1.3 和差化积公式

1) $\sin\alpha + \sin\beta = 2\sin\dfrac{1}{2}(\alpha + \beta)\cos\dfrac{1}{2}(\alpha - \beta)$
2) $\sin\alpha - \sin\beta = 2\cos\dfrac{1}{2}(\alpha + \beta)\sin\dfrac{1}{2}(\alpha - \beta)$
3) $\cos\alpha + \cos\beta = 2\cos\dfrac{1}{2}(\alpha + \beta)\cos\dfrac{1}{2}(\alpha - \beta)$
4) $\cos\alpha - \cos\beta = -2\sin\dfrac{1}{2}(\alpha + \beta)\sin\dfrac{1}{2}(\alpha - \beta)$
5) $\tan\alpha \pm \tan\beta = \dfrac{\sin(\alpha \pm \beta)}{\cos\alpha\cos\beta}$
6) $\cot\alpha \pm \cot\beta = \dfrac{\sin(\beta \pm \alpha)}{\sin\alpha\sin\beta}$
7) $\sin^2\alpha - \sin^2\beta = \cos^2\beta - \cos^2\alpha = \sin(\alpha + \beta)\sin(\alpha - \beta)$
8) $\cos^2\alpha - \sin^2\beta = \cos^2\beta - \sin^2\alpha = \cos(\alpha + \beta)\cos(\alpha - \beta)$
9) $\sin\alpha \pm \cos\alpha = \pm\sqrt{1 \pm \sin 2\alpha} = \sqrt{2}\sin\left(\alpha \pm \dfrac{\pi}{4}\right)$

设 $a > 0$，$b > 0$，$c = \sqrt{a^2 + b^2}$，A，B 为正锐角，$\tan A = \dfrac{a}{b}$，$\tan B = \dfrac{b}{a}$，则有

10) $a\cos\alpha + b\sin\alpha = c\sin(A + \alpha) = c\cos(B - \alpha)$
11) $a\cos\alpha - b\sin\alpha = c\sin(A - \alpha) = c\cos(B + \alpha)$

2.1.4 积化和差公式

1) $\sin\alpha\sin\beta = \dfrac{1}{2}\cos(\alpha - \beta) - \dfrac{1}{2}\cos(\alpha + \beta)$
2) $\cos\alpha\cos\beta = \dfrac{1}{2}\cos(\alpha - \beta) + \dfrac{1}{2}\cos(\alpha + \beta)$
3) $\sin\alpha\cos\beta = \dfrac{1}{2}\sin(\alpha + \beta) + \dfrac{1}{2}\sin(\alpha - \beta)$
4) $\tan\alpha\tan\beta = \dfrac{\tan\alpha + \tan\beta}{\cot\alpha + \cot\beta} = -\dfrac{\tan\alpha - \tan\beta}{\cot\alpha - \cot\beta}$
5) $\cot\alpha\cot\beta = \dfrac{\cot\alpha + \cot\beta}{\tan\alpha + \tan\beta} = -\dfrac{\cot\alpha - \cot\beta}{\tan\alpha - \tan\beta}$

2.1.5 倍角公式

1) $\sin 2\theta = 2\sin\theta\cos\theta$
2) $\sin 3\theta = \sin\theta(3 - 4\sin^2\theta)$
3) $\sin 4\theta = \sin\theta\cos\theta(4 - 8\sin^2\theta)$
4) $\sin 5\theta = \sin\theta(5 - 20\sin^2\theta + 16\sin^4\theta)$
5) $\sin 6\theta = \sin\theta\cos\theta(6 - 32\sin^2\theta + 32\sin^4\theta)$
6) $\sin 7\theta = \sin\theta(7 - 56\sin^2\theta + 112\sin^4\theta - 64\sin^6\theta)$
7) $\cos 2\theta = 2\cos^2\theta - 1$
8) $\cos 3\theta = \cos\theta(4\cos^2\theta - 3)$
9) $\cos 4\theta = 8\cos^4\theta - 8\cos^2\theta + 1$
10) $\cos 5\theta = \cos\theta(16\cos^4\theta - 20\cos^2\theta + 5)$
11) $\cos 6\theta = 32\cos^6\theta - 48\cos^4\theta + 18\cos^2\theta - 1$
12) $\cos 7\theta = \cos\theta(64\cos^6\theta - 112\cos^4\theta + 56\cos^2\theta - 7)$
13) $\tan 2\theta = \dfrac{2\tan\theta}{1 - \tan^2\theta}$

14) $\tan 3\theta = \dfrac{3\tan\theta - \tan^3\theta}{1 - 3\tan^2\theta}$

2.1.6 半角公式

1) $\sin\dfrac{1}{2}\alpha = \pm\sqrt{\dfrac{1-\cos\alpha}{2}} = \pm\dfrac{1}{2}\sqrt{1+\sin\alpha} \pm \dfrac{1}{2}\sqrt{1-\sin\alpha}$

2) $\cos\dfrac{1}{2}\alpha = \pm\sqrt{\dfrac{1+\cos\alpha}{2}} = \pm\dfrac{1}{2}\sqrt{1+\sin\alpha} \mp \dfrac{1}{2}\sqrt{1-\sin\alpha}$

3) $\tan\dfrac{1}{2}\alpha = \dfrac{\sin\alpha}{1+\cos\alpha} = \dfrac{1-\cos\alpha}{\sin\alpha} = \pm\sqrt{\dfrac{1-\cos\alpha}{1+\cos\alpha}}$

4) $\cot\dfrac{1}{2}\alpha = \dfrac{\sin\alpha}{1-\cos\alpha} = \dfrac{1+\cos\alpha}{\sin\alpha} = \pm\sqrt{\dfrac{1+\cos\alpha}{1-\cos\alpha}}$

5) $\sec\dfrac{1}{2}\alpha = \pm\sqrt{\dfrac{2\sec\alpha}{\sec\alpha + 1}}$

6) $\csc\dfrac{1}{2}\alpha = \pm\sqrt{\dfrac{2\sec\alpha}{\sec\alpha - 1}}$

2.1.7 正弦和余弦的幂

1) $2\sin^2\theta = 1 - \cos 2\theta$
2) $4\sin^3\theta = 3\sin\theta - \sin 3\theta$
3) $8\sin^4\theta = 3 - 4\cos 2\theta + \cos 4\theta$
4) $16\sin^5\theta = 10\sin\theta - 5\sin 3\theta + \sin 5\theta$
5) $32\sin^6\theta = 10 - 15\cos 2\theta + 6\cos 4\theta - \cos 6\theta$
6) $64\sin^7\theta = 35\sin\theta - 21\sin 3\theta + 7\sin 5\theta - \sin 7\theta$
7) $2\cos^2\theta = \cos 2\theta + 1$
8) $4\cos^3\theta = \cos 3\theta + 3\cos\theta$
9) $8\cos^4\theta = \cos 4\theta + 4\cos 2\theta + 3$
10) $16\cos^5\theta = \cos 5\theta + 5\cos 3\theta + 10\cos\theta$
11) $32\cos^6\theta = \cos 6\theta + 6\cos 4\theta + 15\cos 2\theta + 10$
12) $64\cos^7\theta = \cos 7\theta + 7\cos 5\theta + 21\cos 3\theta + 35\cos\theta$

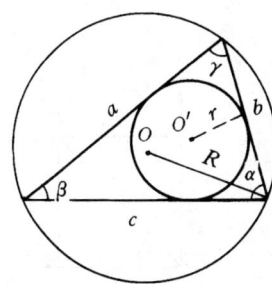

图 1.3-1　平面三角形计算简图
$a + b + c = 2s$

2.1.8 三角形（见图 1.3-1）

1) 内角和 $\alpha + \beta + \gamma = 180°$

2) 正弦定理 $\dfrac{a}{\sin\alpha} = \dfrac{b}{\sin\beta} = \dfrac{c}{\sin\gamma} = 2R$

3) 第一余弦定理
$a = c\cos\beta + b\cos\gamma$
$b = a\cos\gamma + c\cos\alpha$
$c = b\cos\alpha + a\cos\beta$

4) 第二余弦定理
$a^2 = b^2 + c^2 - 2bc\cos\alpha$
$b^2 = c^2 + a^2 - 2ca\cos\beta$
$c^2 = a^2 + b^2 - 2ab\cos\gamma$

5) 正切定理

$\dfrac{a+b}{a-b} = \dfrac{\tan\dfrac{1}{2}(\alpha+\beta)}{\tan\dfrac{1}{2}(\alpha-\beta)} = \dfrac{\sin\alpha + \sin\beta}{\sin\alpha - \sin\beta}$

6) 半角公式

$\sin\dfrac{1}{2}\alpha = \sqrt{\dfrac{(s-b)(s-c)}{bc}}$

$\cos\dfrac{1}{2}\alpha = \sqrt{\dfrac{s(s-a)}{bc}}$

$\tan\dfrac{1}{2}\alpha = \sqrt{\dfrac{(s-b)(s-c)}{s(s-a)}}$

7) 面积公式

$S = \dfrac{1}{2}bc\sin\alpha = \sqrt{s(s-a)(s-b)(s-c)}$

8) 内切圆半径

$r = \dfrac{S}{s} = s\tan\dfrac{\alpha}{2}\tan\dfrac{\beta}{2}\tan\dfrac{\gamma}{2}$

$= \sqrt{\dfrac{(s-a)(s-b)(s-c)}{s}}$

9) 外接圆半径

$R = \dfrac{abc}{4S} = \dfrac{abc}{4\sqrt{s(s-a)(s-b)(s-c)}}$

2.2 反三角函数间的关系

1) $\arcsin x + \arccos x = \dfrac{1}{2}\pi$

2) $\arctan x + \arccot x = \dfrac{1}{2}\pi$

3) $\arcsin x = \pm\arccos\sqrt{1-x^2} = \arctan(x/\sqrt{1-x^2})$
　　正负与 x 相同

4) $\arccos x = \arcsin \sqrt{1-x^2} = \arctan(\sqrt{1-x^2}/x)$, $(x>0)$

5) $\arccos x = \pi - \arcsin \sqrt{1-x^2}$, $(x<0)$

6) $\arccos x = \pi + \arctan(\sqrt{1-x^2}/x)$, $(x<0)$

7) $\arctan x = \arcsin(x/\sqrt{1+x^2}) = \pm \arccos(1/\sqrt{1+x^2})$ 正负与 x 相同

8) $\arctan x = \text{arccot}(1/x)$, $(x>0)$

9) $\arctan x = \text{arccot}(1/x) - \pi$, $(x<0)$

10) $\arcsin x \pm \arcsin y = \arcsin(x\sqrt{1-y^2} \pm y\sqrt{1-x^2})$

11) $-\dfrac{1}{2}\pi \leqslant \arcsin x \pm \arcsin y \leqslant \dfrac{1}{2}\pi$

12) $\arccos x \pm \arccos y = \arccos(xy \mp \sqrt{1-x^2} \times \sqrt{1-y^2})$

13) $0 \leqslant \arccos x \pm \arccos y \leqslant \pi$

14) $\arctan x \pm \arctan y = \arctan \dfrac{x \pm y}{1 \mp xy}$

15) $-\dfrac{\pi}{2} < \arctan x \pm \arctan y < \dfrac{\pi}{2}$

16) $\arcsin(-x) = -\arcsin x$

17) $\arccos(-x) = \pi - \arccos x$

18) $\arctan(-x) = -\arctan x$

19) $\text{arccot}(-x) = \pi - \text{arccot} x$

2.3 双曲函数

2.3.1 双曲函数间的关系

1) $\text{ch}^2 x - \text{sh}^2 x = 1$

2) $\text{ch} x + \text{sh} x = \text{e}^x$

3) $\text{ch} x - \text{sh} x = \text{e}^{-x}$

4) $\text{sh}(-x) = -\text{sh} x$

5) $\text{ch}(-x) = \text{ch} x$

6) $\text{th}(-x) = -\text{th} x$

7) $\text{sh}(x \pm y) = \text{sh} x \text{ch} y \pm \text{ch} x \text{sh} y$

8) $\text{ch}(x \pm y) = \text{ch} x \text{ch} y \pm \text{sh} x \text{sh} y$

9) $\text{th}(x \pm y) = \dfrac{\text{th} x \pm \text{th} y}{1 \pm \text{th} x \text{th} y}$

2.3.2 反双曲函数的对数表达式

1) $\text{arsh} x = \ln(x + \sqrt{x^2+1})$

2) $\text{arch} x = \pm \ln(x + \sqrt{x^2-1})$, $x \geqslant 1$

3) $\text{arth} x = \dfrac{1}{2} \ln \dfrac{1+x}{1-x}$, $|x| < 1$

2.3.3 双曲函数和三角函数的关系

1) $\sin ix = i \text{sh} x$

2) $\text{sh} ix = i \sin x$

3) $\cos ix = \text{ch} x$

4) $\text{ch} ix = \cos x$

5) $\tan ix = i \text{th} x$

6) $\text{th} ix = -\tan x$

7) $\sin(x \pm iy) = \sin x \text{ch} y \pm i \cos x \text{sh} y$

8) $\cos(x \pm iy) = \cos x \text{ch} y \mp i \sin x \text{sh} y$

9) $\tan(x \pm iy) = \dfrac{\sin 2x \pm i \text{sh} 2y}{\cos 2x + \text{ch} 2y}$

以上各式中 $i = \sqrt{-1}$

3 平面曲线与空间图形

3.1 坐标系及坐标变换（见表 1.3-9）

表 1.3-9 坐标系及坐标变换

	坐标系	直角坐标	极坐标	图示
平面直角坐标与极坐标	点的坐标表示	$P(x,y)$ x—横坐标 y—纵坐标	$P(\rho,\theta)$ ρ—极径 θ—极角	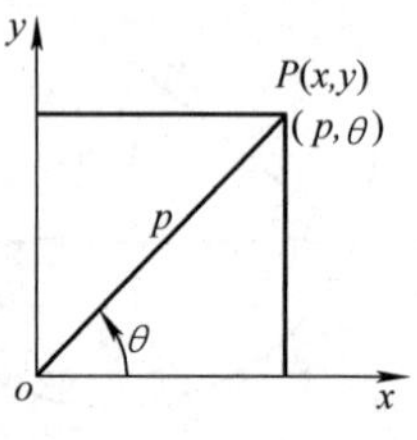
	互换公式	$x = \rho\cos\theta$ $y = \rho\sin\theta$	$\rho = \sqrt{x^2+y^2}$ $\tan\theta = \dfrac{y}{x}$	

（续）

<table>
<tr><th colspan="2">变换名称</th><th>平 移</th><th>旋 转</th><th>一般变换</th></tr>
<tr><td rowspan="2">平面直角坐标的变换</td><td>图示</td><td></td><td></td><td></td></tr>
<tr><td>变换公式</td><td>$\begin{cases} x = x' + a \\ y = y' + b \end{cases}$
$\begin{cases} x' = x - a \\ y' = y - b \end{cases}$</td><td>$\begin{cases} x = x'\cos\alpha - y'\sin\alpha \\ y = x'\sin\alpha + y'\cos\alpha \end{cases}$
$\begin{cases} x' = x\cos\alpha + y\sin\alpha \\ y' = -x\sin\alpha + y\cos\alpha \end{cases}$</td><td>$\begin{cases} x = x'\cos\alpha - y'\sin\alpha + a \\ y = x'\sin\alpha + y'\cos\alpha + b \end{cases}$
$\begin{cases} x' = (x-a)\cos\alpha + (y-b)\sin\alpha \\ y' = -(x-a)\sin\alpha + (y-b)\cos\alpha \end{cases}$</td></tr>
<tr><td rowspan="4">空间坐标的互换公式</td><td>坐标系</td><td>直角坐标</td><td>圆柱坐标</td><td>球坐标</td></tr>
<tr><td>点的坐标表示</td><td>$P(x, y, z)$</td><td>$P(\rho, \theta, z)$</td><td>$P(r, \varphi, \theta)$
φ—纬角，θ—经角</td></tr>
<tr><td>图示</td><td></td><td></td><td></td></tr>
<tr><td>互换公式</td><td>直角坐标与圆柱坐标互换
$\begin{cases} x = \rho\cos\theta \\ y = \rho\sin\theta \\ z = z \end{cases}$
$\begin{cases} \rho = \sqrt{x^2 + y^2} \\ \tan\theta = \dfrac{y}{x} \\ z = z \end{cases}$</td><td>圆柱坐标与球坐标互换
$\begin{cases} \rho = r\sin\varphi \\ z = r\cos\varphi \\ \theta = \theta \end{cases}$
$\begin{cases} r = \sqrt{\rho^2 + z^2} \\ \varphi = \arccos\dfrac{z}{\sqrt{\rho^2 + z^2}} \\ \theta = \theta \end{cases}$</td><td>直角坐标与球坐标互换
$\begin{cases} x = r\sin\varphi\cos\theta \\ y = r\sin\varphi\sin\theta \\ z = r\cos\varphi \end{cases}$
$\begin{cases} r = \sqrt{x^2 + y^2 + z^2} \\ \varphi = \arccos\dfrac{z}{\sqrt{x^2 + y^2 + z^2}} \\ \tan\theta = \dfrac{y}{x} \end{cases}$</td></tr>
</table>

3.2 常用曲线（见表1.3-10）

表1.3-10 常用曲线

曲线名称和图形	曲线方程	说 明
[圆]	直角坐标方程 $(x-a)^2 + (y-b)^2 = R^2$ 参数方程 $\begin{cases} x = a + R\cos t \\ y = b + R\sin t \end{cases}$ $(0 \le t < 2\pi)$ 极坐标方程 $\rho^2 - 2\rho\rho_0\cos(\theta - \theta_0) + \rho_0^2 = R^2$	是与定点 (a, b) 的距离等于定长 R 的点的轨迹 圆心 (a, b)，(ρ_0, θ_0)，半径 R，曲率半径 R

(续)

曲线名称和图形	曲线方程	说　明
[椭圆] 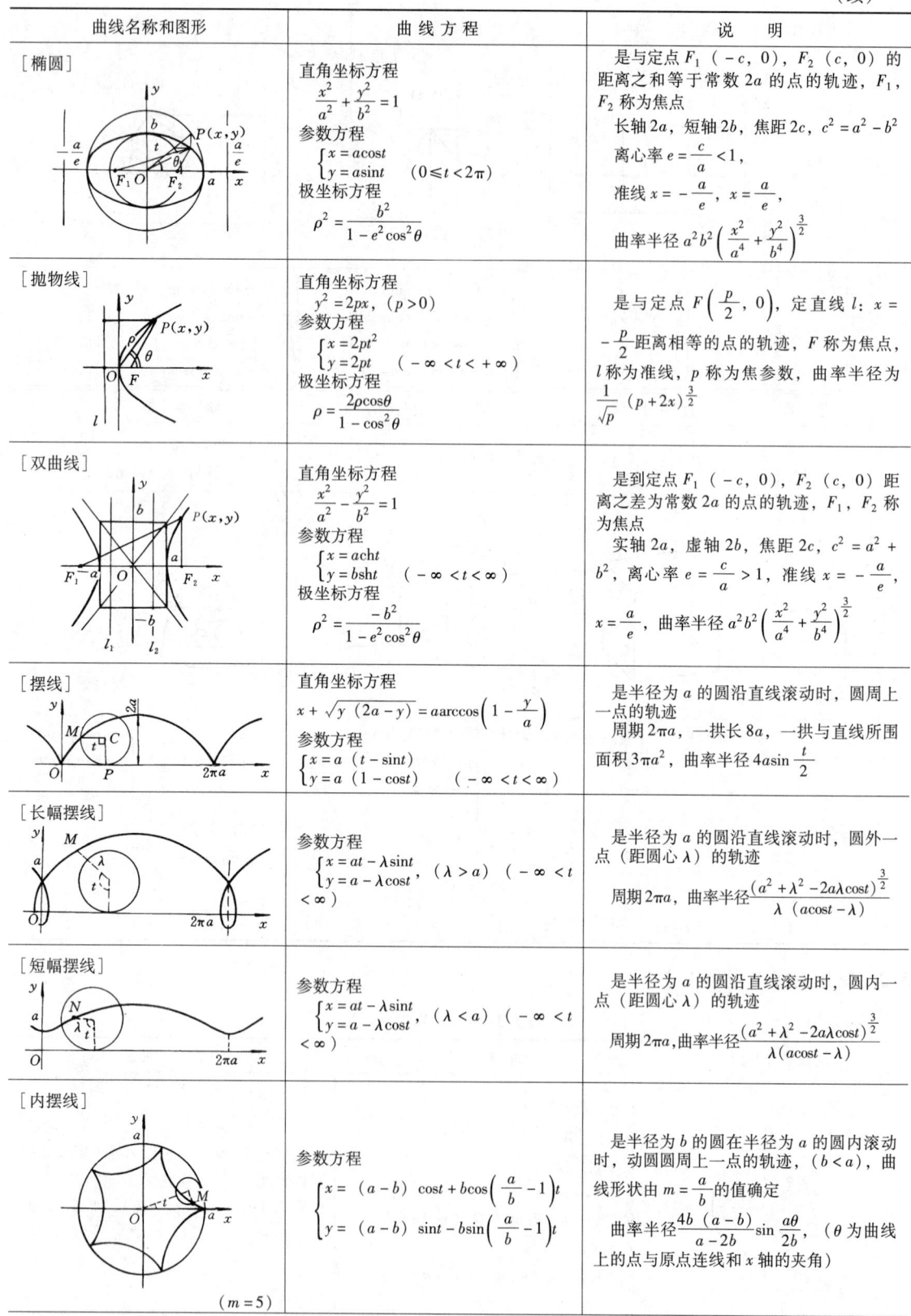	直角坐标方程 $\dfrac{x^2}{a^2}+\dfrac{y^2}{b^2}=1$ 参数方程 $\begin{cases}x=a\cos t\\ y=a\sin t\end{cases}(0\leqslant t<2\pi)$ 极坐标方程 $\rho^2=\dfrac{b^2}{1-e^2\cos^2\theta}$	是与定点 $F_1(-c,0)$, $F_2(c,0)$ 的距离之和等于常数 $2a$ 的点的轨迹，F_1, F_2 称为焦点 长轴 $2a$，短轴 $2b$，焦距 $2c$, $c^2=a^2-b^2$ 离心率 $e=\dfrac{c}{a}<1$, 准线 $x=-\dfrac{a}{e}$, $x=\dfrac{a}{e}$, 曲率半径 $a^2b^2\left(\dfrac{x^2}{a^4}+\dfrac{y^2}{b^4}\right)^{\frac{3}{2}}$
[抛物线]	直角坐标方程 $y^2=2px$, $(p>0)$ 参数方程 $\begin{cases}x=2pt^2\\ y=2pt\end{cases}(-\infty<t<+\infty)$ 极坐标方程 $\rho=\dfrac{2p\cos\theta}{1-\cos^2\theta}$	是与定点 $F\left(\dfrac{p}{2},0\right)$, 定直线 $l: x=-\dfrac{p}{2}$ 距离相等的点的轨迹，F 称为焦点，l 称为准线，p 称为焦参数，曲率半径为 $\dfrac{1}{\sqrt{p}}(p+2x)^{\frac{3}{2}}$
[双曲线]	直角坐标方程 $\dfrac{x^2}{a^2}-\dfrac{y^2}{b^2}=1$ 参数方程 $\begin{cases}x=a\text{ch}t\\ y=b\text{sh}t\end{cases}(-\infty<t<\infty)$ 极坐标方程 $\rho^2=\dfrac{-b^2}{1-e^2\cos^2\theta}$	是到定点 $F_1(-c,0)$, $F_2(c,0)$ 距离之差为常数 $2a$ 的点的轨迹，F_1, F_2 称为焦点 实轴 $2a$，虚轴 $2b$，焦距 $2c$, $c^2=a^2+b^2$, 离心率 $e=\dfrac{c}{a}>1$, 准线 $x=-\dfrac{a}{e}$, $x=\dfrac{a}{e}$, 曲率半径 $a^2b^2\left(\dfrac{x^2}{a^4}+\dfrac{y^2}{b^4}\right)^{\frac{3}{2}}$
[摆线]	直角坐标方程 $x+\sqrt{y(2a-y)}=a\arccos\left(1-\dfrac{y}{a}\right)$ 参数方程 $\begin{cases}x=a(t-\sin t)\\ y=a(1-\cos t)\end{cases}(-\infty<t<\infty)$	是半径为 a 的圆沿直线滚动时，圆周上一点的轨迹 周期 $2\pi a$，一拱长 $8a$，一拱与直线所围面积 $3\pi a^2$，曲率半径 $4a\sin\dfrac{t}{2}$
[长幅摆线]	参数方程 $\begin{cases}x=at-\lambda\sin t\\ y=a-\lambda\cos t\end{cases}$, $(\lambda>a)$ $(-\infty<t<\infty)$	是半径为 a 的圆沿直线滚动时，圆外一点（距圆心 λ）的轨迹 周期 $2\pi a$，曲率半径 $\dfrac{(a^2+\lambda^2-2a\lambda\cos t)^{\frac{3}{2}}}{\lambda(a\cos t-\lambda)}$
[短幅摆线]	参数方程 $\begin{cases}x=at-\lambda\sin t\\ y=a-\lambda\cos t\end{cases}$, $(\lambda<a)$ $(-\infty<t<\infty)$	是半径为 a 的圆沿直线滚动时，圆内一点（距圆心 λ）的轨迹 周期 $2\pi a$，曲率半径 $\dfrac{(a^2+\lambda^2-2a\lambda\cos t)^{\frac{3}{2}}}{\lambda(a\cos t-\lambda)}$
[内摆线] $(m=5)$	参数方程 $\begin{cases}x=(a-b)\cos t+b\cos\left(\dfrac{a}{b}-1\right)t\\ y=(a-b)\sin t-b\sin\left(\dfrac{a}{b}-1\right)t\end{cases}$	是半径为 b 的圆在半径为 a 的圆内滚动时，动圆圆周上一点的轨迹，$(b<a)$, 曲线形状由 $m=\dfrac{a}{b}$ 的值确定 曲率半径 $\dfrac{4b(a-b)}{a-2b}\sin\dfrac{a\theta}{2b}$, ($\theta$ 为曲线上的点与原点连线和 x 轴的夹角)

(续)

曲线名称和图形	曲线方程	说 明
[星形线]	直角坐标方程 $x^{\frac{2}{3}} + y^{\frac{2}{3}} = a^{\frac{2}{3}}$ 参数方程 $\begin{cases} x = a\cos^3 t \\ y = a\sin^3 t \end{cases} \quad (0 \leqslant t < 2\pi)$	是 $m = \dfrac{a}{b} = 4$ 时的内摆线，全长 $6a$，面积 $\dfrac{3}{8}\pi a^2$
[外摆线] ($m=4$)	参数方程 $\begin{cases} x = (a+b)\cos t - b\cos\left(\dfrac{a}{b}+1\right)t \\ y = (a+b)\sin t - b\sin\left(\dfrac{a}{b}+1\right)t \end{cases}$	是半径为 b 的圆在半径为 a 的圆外滚动时，动圆圆周上一点的轨迹，曲线形状由 $m = \dfrac{a}{b}$ 的值确定 曲率半径 $\dfrac{4b(a+b)}{a+2b}\sin\dfrac{a\theta}{2b}$，($\theta$ 为曲线上的点与原点连线和 x 轴的夹角)
[心形线]	直角坐标方程 $(x^2+y^2)^2 - 2ax(x^2+y^2) = a^2 y^2$ 参数方程 $\begin{cases} x = a\cos t(1+\cos t) \\ y = a\sin t(1+\cos t) \end{cases} \quad (0 \leqslant t < 2\pi)$ 极坐标方程 $\rho = a(1+\cos\theta)$	是 $m = \dfrac{a}{b} = 1$ 时的外摆线，全长 $8a$，面积 $\dfrac{3}{2}\pi a^2$
[圆的渐伸线]	参数方程 $\begin{cases} x = R(\cos t + t\sin t) \\ y = R(\sin t - t\cos t) \end{cases}$ 极坐标方程 $\begin{cases} \rho = \dfrac{R}{\cos\alpha} \\ \theta = \tan\alpha - \alpha \end{cases}$	是缠绕在半径为 R 的圆（基圆）上的无伸缩的细线解开时，细线端点的轨迹，细线称为发生线 参数 $t = \alpha + \theta$，渐伸线上任一点的法线是基圆的切线 曲率半径 Rt
[对数螺线]	极坐标方程 $\rho = \alpha e^{k\theta}$	曲线上任一点处的切线与该点极半径夹角为常数 $\arctan\dfrac{1}{k}$ 过极点的任一射线被曲线分成的各线段的长成等比数列，公比为 $e^{2k\pi}$，曲率半径 $\sqrt{1+k^2}\rho$，曲线上任意两点间的弧长为 $\dfrac{\sqrt{1+k^2}}{k}(\rho_2 - \rho_1)$

(续)

曲线名称和图形	曲线方程	说明
[阿基米德螺线]	极坐标方程 $$\rho = a\theta \quad \left(a = \frac{v}{\omega}\right)$$	是一绕极点以常角速度 ω 转动的射线上以常速 v 运动的点的轨迹，过极点的射线被曲线分成的各线段之长相等：$2\pi a$ 曲率半径 $\dfrac{a(\theta^3+1)^{\frac{3}{2}}}{\theta^2+2}$ 极点到曲线上任一点的弧长为 $\dfrac{a}{2}(\theta\sqrt{\theta^2+1}+\mathrm{arsh}\theta)$
[蔓叶线]	直角坐标方程 $$y^2 = \frac{x^3}{a-x}$$ 参数方程 $$\begin{cases} x = \dfrac{at^2}{1+t^2} \\ y = \dfrac{at^3}{1+t^2} \end{cases}$$ 极坐标方程 $$\rho = \frac{a\sin^2\theta}{\cos\theta}$$	过 O 作射线交切线 l 于 B，交圆于 C，在射线上截取 $OM=CB$，则 M 的轨迹即为该曲线 渐近线 $x=a$，曲线与渐近线之间的面积为 $\dfrac{3}{4}\pi a^2$，参数 $t=\tan\theta$
[笛卡儿叶形线]	直角坐标方程 $$x^3 + y^3 = 3axy$$ 参数方程 $$\begin{cases} x = \dfrac{3at}{1+t^3} \\ y = \dfrac{3at^2}{1+t^3} \end{cases} \quad (t = \tan\theta)$$	是圆锥曲线束 $x^2+\lambda y^2=3ay$ 和直线束 $y=\lambda x$ 对于同一 λ 值的圆锥曲线和直线交点的轨迹 顶点坐标 $\left(\dfrac{3a}{2},\dfrac{3a}{2}\right)$，渐近线 $x+y+a=0$，曲线与渐近线之间的面积 $\dfrac{3a^2}{2}$，圈套面积 $\dfrac{3a^2}{2}$
[双曲螺线]	极坐标方程 $$\rho = \frac{a}{\theta}$$	曲线上任一点 $M(\rho,\theta)$ 绕极点旋转 θ 角所经过的弧长均等于常数 a 渐近线 $y=a$，曲率半径 $\dfrac{a}{\theta}\times\left(\dfrac{\sqrt{1+\theta^2}}{\theta}\right)^3$，曲线由关于 y 轴对称的两支组成
[斜环索线]	直角坐标方程 $$(x^2+y^2)(x-2a)+(a^2-b^2)x+2aby=0$$ 极坐标方程 $$\rho = \frac{a}{\cos\theta}+a\tan\theta-b$$	设 l 为定直线，A 为其上定点，O 为其外的定点，过 O 的射线与 l 交于 B，在 OB 上 B 的两侧各取点 M，N，使 $BM=BN=BA$，这样的点 M，N 的轨迹 $a=OD$，$|b|=AD$（A 在极轴上方，$b>0$，在极轴下方 $b<0$，在极轴上 $b=0$）

（续）

曲线名称和图形	曲线方程	说　明
[环索线]	直角坐标方程 $(x^2+y^2)(x-a)^2 = a^2y^2$　（以 O 为原点） $y^2 = x^2 \dfrac{a+x}{a-x}$　（以 A 为原点） 极坐标方程 $\rho = a \dfrac{1+\sin\theta}{\cos\theta}$　（以 O 为极点）	是 OA 垂直于定直线 l 时的斜环索线，渐近线 $x = 2a$（以 O 为原点） 曲线与渐近线之间的面积 $2a^2 + \dfrac{1}{2}\pi a^2$，圈套面积 $2a^2 - \dfrac{1}{2}\pi a^2$
[箕舌线]	直角坐标方程 $y = \dfrac{a^3}{x^2+a^2}$ 参数方程 $\begin{cases} x = a\tan t \\ y = a\cos^2 t \end{cases}$　$\left(-\dfrac{\pi}{2} < t < \dfrac{\pi}{2}\right)$	从原点 O 作射线交圆 $x^2+y^2 = ay$ 于 D，交直线 $y = a$ 于 E，过 D 作 x 轴平行线，过 E 作 y 轴平行线，二平行线交点 M 的轨迹 渐近线 $y = 0$，曲线与渐近线之间的面积 πa^2
[悬链线]	直角坐标方程 $y = a\text{ch}\dfrac{x}{a}$	柔软、不能伸长的绳子悬挂于两点的形状 曲率半径 $a\text{ch}^2\dfrac{x}{a}$，顶点 $(0,a)$ 到曲线上一点 $M(x,y)$ 的弧长 $a\text{sh}\dfrac{x}{a}$
[双纽线]	直角坐标方程 $(x^2+y^2)^2 = 2a^2(x^2-y^2)$ 极坐标方程 $\rho^2 = 2a^2\cos 2\theta$	是到定点 $F_1(a,0)$，$F_2(-a,0)$ 距离之积为定值 a^2 的点 M 的轨迹 曲率半径 $\dfrac{2a^2}{3\rho}$，双纽面积 $2a^2$
[圆柱螺线]	参数方程 $\begin{cases} x = a\cos\theta \\ y = a\sin\theta \\ z = \dfrac{h\theta}{2\pi} \end{cases}$　（h：螺距）	是绕一直线等速转动，且沿该直线方向作等速运动的点 M 的轨迹 曲率 $\dfrac{4\pi^2 a}{4\pi^2 a^2 + h^2}$， 挠率 $\dfrac{2\pi h}{4\pi^2 a^2 + h^2}$

3.3 立体图形计算公式（表1.3-11）

表1.3-11 立体图形计算公式

图 形	计算公式	图 形	计算公式
正方体	$V = a^3$ $A_n = 6a^2$ $A_0 = 4a^2$ $A = A_s = a^2$ $x = a/2$ $d = \sqrt{3}a = 1.7321a$	正角锥体	$V = \dfrac{hA_s}{3}$ ① $A_0 = \dfrac{1}{2}pH = \dfrac{1}{2}naH$ $x = \dfrac{h}{4}$ p—底面周长 n—侧面的面数
长方体	$V = abh$ $A_n = 2(ab + ah + bh)$ $A_0 = 2h(a + b)$ $x = \dfrac{h}{2}$ $d = \sqrt{a^2 + b^2 + h^2}$	平截正角锥体	$V = \dfrac{h}{3}(A + \sqrt{AA_s} + A_s)$ ② $A_0 = \dfrac{1}{2}H(na_1 + na)$ $x = \dfrac{h}{4} \cdot \dfrac{A_s + 2\sqrt{AA_s} + 3A}{A_s + \sqrt{AA_s} + A}$ n—侧面的面数
正六角体	$V = 2.598a^2h$ $A_n = 5.1963a^2 + 6ah$ $A_0 = 6ah$ $x = \dfrac{h}{2}$ $d = \sqrt{h^2 + 4a^2}$	楔形体	$V = \dfrac{bh}{6}(2a + a_1)$ $A_n = $ 二个梯形面积 + 二个三角形面积 + 底面积 $x = \dfrac{h(a + a_1)}{2(2a + a_1)}$ 底为矩形
平截四角锥体	$V = \dfrac{h}{6}(2ab + ab_1 + a_1b + 2a_1b_1)$ $x = \dfrac{h(ab + ab_1 + a_1b + 3a_1b_1)}{2(2ab + ab_1 + a_1b + 2a_1b_1)}$ 底为矩形	四面体	$V = \dfrac{1}{6}abh$ $A_n = $ 四个三角形面积之和 $x = \dfrac{1}{4}h$ $a \perp b$

（续）

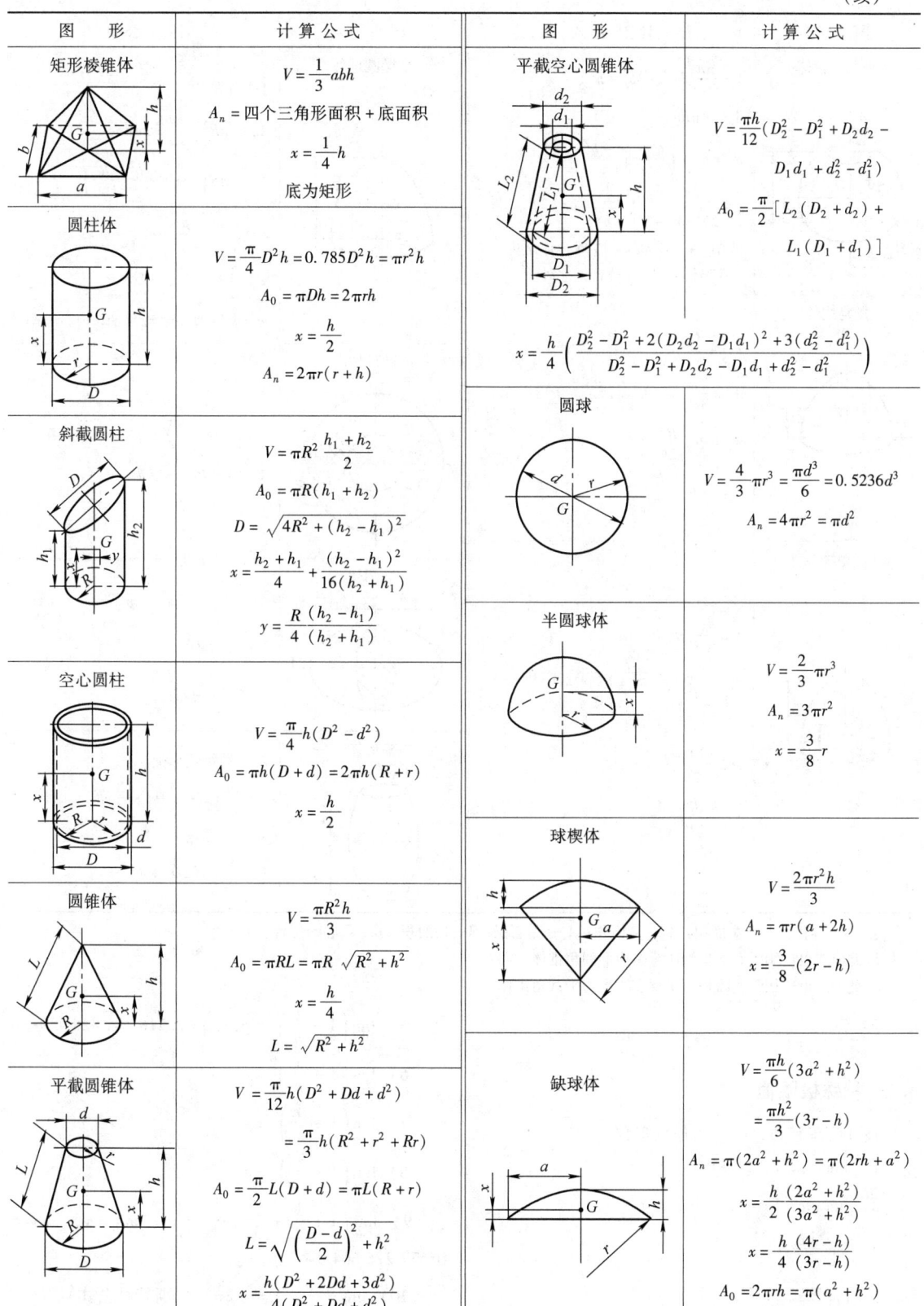

（续）

图　形	计算公式	图　形	计算公式
平截球台体	$V = \dfrac{\pi h}{6}(3a^2 + 3b^2 + h^2)$ $A_0 = 2\pi Rh$ $R^2 = b^2 + \left(\dfrac{b^2 - a^2 - h^2}{2h}\right)^2$ $x = \dfrac{3(b^4 - a^4)}{2h(3a^2 + 3b^2 + h^2)} \pm \dfrac{b^2 - a^2 - h^2}{2h}$ 式中"+"号为球心在球台体之内 "－"号为球心在球台体之外	半椭圆球体	$V = \dfrac{2}{3}\pi h R^2$ $A_0 = \pi R^2 + \dfrac{\pi h R}{e}\arcsin e$ $\approx \pi R\left(h + R + \dfrac{h^2 - R^2}{6h}\right)$ $e = \sqrt{\dfrac{h^2 - R^2}{h}}$ $x = \dfrac{3}{8}h$ h—长半轴；R—短半轴；e—离心率
抛物线体	$V = \dfrac{\pi R^2 h}{2}$ $A_0 = \dfrac{2\pi}{3P}\left[\sqrt{(R^2 + P^2)^3} - P^3\right]$ 其中 $P = \dfrac{R^2}{2h}$ $x = \dfrac{1}{3}h$	圆环体	$V = 2\pi^2 R r^2 = \dfrac{1}{4}\pi^2 D d^2 = 2.4674 D d^2$ $A_n = 4\pi^2 Rr = \pi^2 Dd$
平截抛物线体	$V = \dfrac{\pi}{2}(R^2 + r^2)h$ $A_0 = \dfrac{2\pi}{3P}\left[\sqrt{(R^2 + P^2)^3} - \sqrt{(r^2 + P^2)^3}\right]$ $P = \dfrac{R^2 - r^2}{2h}$ $x = \dfrac{h(R^2 + 2r^2)}{3(R^2 + r^2)}$	椭圆体	$V = \dfrac{4}{3}\pi abc$
		桶形体	对于抛物线形桶： $V = \dfrac{\pi h}{15}(2D^2 + Dd + \dfrac{3}{4}d^2)$ 对于圆形桶： $V = \dfrac{1}{12}\pi h(2D^2 + d^2)$

注：V—容积；A_n—全面积；A_0—侧面积；A_s—底面积；A—顶面积；G—重心的位置。
① 此公式也适用于底面积为任意多边形的角锥体。
② 此公式也适用于底面积为任意多边形的平截角锥体。

4　微分

4.1　特殊极限值

设 n 为正整数，x、y 为任意实数。

1) $\lim\limits_{n\to\infty}\sqrt[n]{a} = 1$，$(a > 0)$

2) $\lim\limits_{n\to\infty}\sqrt[n]{n} = 1$

3) $\lim\limits_{x\to 0}\dfrac{\sin x}{x} = 1$

4) $\lim\limits_{x\to 0}\dfrac{\tan x}{x} = 1$

5) $\lim\limits_{n\to\infty}\left(1 + \dfrac{1}{n}\right)^n = e$，（$e = 2.718\,281\,828\,459\cdots$）

6) $\lim\limits_{n\to\infty}\left(1 + \dfrac{x}{n}\right)^n = e^x$

7) $\lim\limits_{x\to\infty}\left(1 + \dfrac{1}{x}\right)^x = e$

8) $\lim\limits_{x\to\infty}\left(1 + \dfrac{y}{x}\right)^x = e^y$

9) $\lim\limits_{n\to\infty}\left(1 + \dfrac{1}{2} + \dfrac{1}{3} + \cdots + \dfrac{1}{n} - \ln n\right) = \gamma$，（$\gamma = 0.577\,215\,664\,9\cdots$）

10) $\lim\limits_{n\to\infty}\dfrac{n!}{n^n e^{-n}\sqrt{n}} = \sqrt{2\pi}$　（斯特林公式）

11) $\lim_{n \to \infty} \left\{ \frac{2 \cdot 4 \cdot 6 \cdots (2n)}{1 \cdot 3 \cdot 5 \cdots (2n-1)} \right\}^2 \frac{1}{2n+1} = \frac{\pi}{2}$

（瓦利斯公式）

4.2 导数

4.2.1 导数符号

1) $y = f(x)$ 的导数

$$y' = f'(x) = \frac{dy}{dx} = \lim_{\Delta x \to 0} \frac{\Delta y}{\Delta x} = \lim_{\Delta x \to 0} \frac{f(x + \Delta x) - f(x)}{\Delta x}$$

2) $y = f(x)$ 的 n 阶导数

$$y^{(n)} = f^{(n)}(x) = \frac{d^n y}{dx^n} = \frac{d}{dx}\left(\frac{d^{n-1} y}{dx^{n-1}}\right), (n = 2, 3, \cdots)$$

3) $z = f(x, y)$ 的偏导数

$$\frac{\partial z}{\partial x} = f_x(x, y) = \lim_{\Delta x \to 0} \frac{f(x + \Delta x, y) - f(x, y)}{\Delta x}$$

$$\frac{\partial z}{\partial y} = f_y(x, y) = \lim_{\Delta y \to 0} \frac{f(x, y + \Delta y) - f(x, y)}{\Delta y}$$

4) $z = f(x, y)$ 的二阶偏导数

$$\frac{\partial^2 z}{\partial x^2} = \frac{\partial}{\partial x}\left(\frac{\partial z}{\partial x}\right) = f_{xx}(x, y)$$

$$\frac{\partial^2 z}{\partial y^2} = \frac{\partial}{\partial y}\left(\frac{\partial z}{\partial y}\right) = f_{yy}(x, y)$$

$$\frac{\partial^2 z}{\partial y \partial x} = \frac{\partial}{\partial y}\left(\frac{\partial z}{\partial x}\right) = f_{yx}(x, y)$$

$$\frac{\partial^2 z}{\partial x \partial y} = \frac{\partial}{\partial x}\left(\frac{\partial z}{\partial y}\right) = f_{xy}(x, y)$$

4.2.2 求导法则

设 $u, v, w, \cdots$ 为 x 的可导函数，a 为常数

1) $\dfrac{d}{dx}(u + v) = \dfrac{du}{dx} + \dfrac{dv}{dx}$

2) $\dfrac{d}{dx}(au) = a \dfrac{du}{dx}$

3) $\dfrac{d}{dx}(uv) = \dfrac{du}{dx} v + u \dfrac{dv}{dx}$

4) $\dfrac{d}{dx}(uvw \cdots) = (uvw \cdots) \times \left(\dfrac{1}{u} \dfrac{du}{dx} + \dfrac{1}{v} \dfrac{dv}{dx} + \dfrac{1}{w} \dfrac{dw}{dx} + \cdots\right)$

5) $\dfrac{d}{dx}\left(\dfrac{u}{v}\right) = \dfrac{v \, du/dx - u \, dv/dx}{v^2}$

6) 幂指函数的导数

$$\frac{d}{dx} u^v = u^v \left(\ln u \frac{dv}{dx} + \frac{v}{u} \frac{du}{dx} \right)$$

7) 乘积的高阶导数

$$\frac{d^n(uv)}{dx^n} = \frac{d^n u}{dx^n} v + C_n^1 \frac{d^{n-1} u}{dx^{n-1}} \frac{dv}{dx} + C_n^2 \frac{d^{n-2} u}{dx^{n-2}} \frac{d^2 v}{dx^2} + \cdots + u \frac{d^n v}{dx^n}$$

式中 C_n^i 为组合数

8) 复合函数的导数　当 $y = f(z), z = g(x)$ 时，则有 $\dfrac{dy}{dx} = \dfrac{dy}{dz} \dfrac{dz}{dx} = f'(z) g'(x)$

9) 反函数的导数　当 $y = f(x), x = \phi(y)$ 时，则有 $\dfrac{dy}{dx} = \dfrac{1}{dx/dy}, f'(x) = \dfrac{1}{\phi'(y)}$

10) 参数方程确定的函数的导数　当 $x = \phi(t), y = \psi(t)$ 时，则有 $\dfrac{dy}{dx} = \dfrac{\dfrac{dy}{dt}}{\dfrac{dx}{dt}} = \dfrac{\psi'(t)}{\phi'(t)}$

4.2.3 基本导数公式（见表 1.3-12）

表 1.3-12　基本导数公式

$f(x)$	$f'(x)$	$f(x)$	$f'(x)$	$f(x)$	$f'(x)$
C	0	$\cos x$	$-\sin x$	$\text{arccsc} x$	$-\dfrac{1}{x\sqrt{x^2-1}}$
x^m	mx^{m-1}	$\tan x$	$\sec^2 x$	$\text{sh} x$	$\text{ch} x$
$\dfrac{1}{x}$	$-\dfrac{1}{x^2}$	$\cot x$	$-\csc^2 x$	$\text{ch} x$	$\text{sh} x$
$\sqrt{x}$	$\dfrac{1}{2\sqrt{x}}$	$\sec x$	$\sec x \tan x$	$\text{th} x$	$\dfrac{1}{\text{ch}^2 x}$
a^x	$a^x \ln a$	$\csc x$	$-\csc x \cot x$	$\text{arsh} x$	$\dfrac{1}{\sqrt{1+x^2}}$
e^x	e^x	$\arcsin x$	$\dfrac{1}{\sqrt{1-x^2}}$	$\text{arch} x$	$\dfrac{1}{\sqrt{x^2-1}}$
$\log_a x$	$\dfrac{1}{x \ln a}$	$\arccos x$	$-\dfrac{1}{\sqrt{1-x^2}}$	$\text{arth} x$	$\dfrac{1}{1-x^2}$
$\ln x$	$\dfrac{1}{x}$	$\arctan x$	$\dfrac{1}{1+x^2}$	$\ln(\sin x)$	$\cot x$
$\lg x$	$\dfrac{1}{x} \lg e$	$\text{arccot} x$	$-\dfrac{1}{1+x^2}$	$\ln(\cos x)$	$-\tan x$
$\sin x$	$\cos x$	$\text{arcsec} x$	$\dfrac{1}{x\sqrt{x^2-1}}$	$\ln(\tan x)$	$2\csc 2x$

4.2.4 简单函数的高阶导数公式（见表1.3-13）

表 1.3-13　简单函数的高阶导数公式

$f(x)$	$f^{(n)}(x)$	$f(x)$	$f^{(n)}(x)$
x^μ	$\mu(\mu-1)(\mu-2)\cdots(\mu-n+1)x^{\mu-n}$，$\mu$ 为实数	$\sin x$	$\sin\left(x+\dfrac{n\pi}{2}\right)$
x^m	$m(m-1)(m-2)\cdots(m-n+1)x^{m-n}$，$m$ 为整数 当 $n>m$ 时，$f^{(n)}(x)=0$	$\cos x$	$\cos\left(x+\dfrac{n\pi}{2}\right)$
e^x	e^x	$\sin mx$	$m^n \sin\left(mx+\dfrac{n\pi}{2}\right)$
e^{mx}	$m^n e^{mx}$	$\cos mx$	$m^n \cos\left(mx+\dfrac{n\pi}{2}\right)$
a^x	$a^x(\ln a)^n$　$(a>0)$	$\mathrm{sh}\,x$	$\mathrm{sh}\,x$（n 为偶数），$\mathrm{ch}\,x$（n 为奇数）
$\ln x$	$(-1)^{n-1}(n-1)!\,\dfrac{1}{x^n}$	$\mathrm{ch}\,x$	$\mathrm{ch}\,x$（n 为偶数），$\mathrm{sh}\,x$（n 为奇数）

4.3　泰勒公式和马克劳林公式

1) 泰勒公式

如果 $f(x)$ 在包含 a 的开区间 I 内有直到 $n+1$ 阶导数，则对任意的 $x \in I$，有

$$f(x)=f(a)+f'(a)(x-a)+\dfrac{1}{2!}f''(a)(x-a)^2+\cdots+\dfrac{1}{n!}f^{(n)}(a)(x-a)^n+R_n(x)$$

式中　$R_n(x)=\dfrac{1}{(n+1)!}f^{(n+1)}[a+\theta(x-a)](x-a)^{n+1}$，$(0<\theta<1)$

2) 马克劳林公式

在泰勒公式中，取 $a=0$　有

$$f(x)=f(0)+f'(0)x+\dfrac{1}{2!}f''(0)x^2+\cdots+\dfrac{1}{n!}f^{(n)}(0)x^n+R_n(x),$$

式中　$R_n(x)=\dfrac{1}{(n+1)!}f^{(n+1)}(\theta x)x^{n+1}$，$(0<\theta<1)$

4.4　曲线形状的导数特征（见表1.3-14）

表 1.3-14　曲线形状的导数特征

形　状	图　形	导数特征
$y=f(x)$　在 $[a,b]$ 上为常数	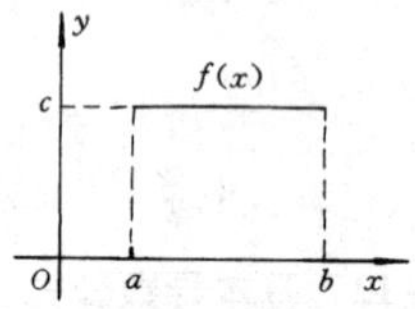	$f'(x)=0$, $x\in[a,b]$
$y=f(x)$　在 $[a,b]$ 上单调增加	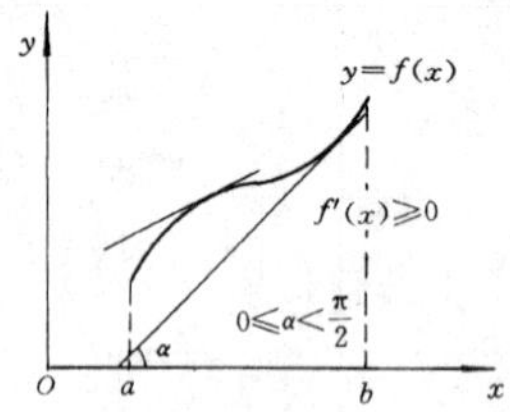	$f'(x)\geqslant 0$ $x\in(a,b)$
$y=f(x)$ 在 $[a,b]$ 上单调减少	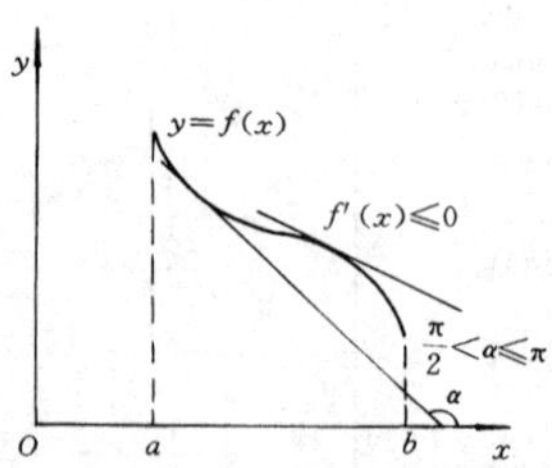	$f'(x)\leqslant 0$, $x\in(a,b)$

(续)

形　状	图　形	导数特征
$y=f(x)$ 在 $x=x_0$ 处有极小值		$f'(x_0)=0$（或不存在） (1) 当 x 渐增地通过 x_0 时，$f'(x)$ 由负变正 或 (2) $f''(x_0)>0$
$y=f(x)$ 在 $x=x_0$ 处有极大值		$f'(x_0)=0$（或不存在） (1) 当 x 渐增地通过 x_0 时，$f'(x)$ 由正变负 或 (2) $f''(x_0)<0$
曲线 $y=f(x)$ 在 $[a,b]$ 上向上凹		$f''(x)>0$ $x\in(a,b)$
曲线 $y=f(x)$ 在 $[a,b]$ 上向上凸		$f''(x)<0$， $x\in(a,b)$
曲线 $\rho=\rho(\theta)$ 在 $[\alpha,\beta]$ 上向外凹		$\rho^2+2\rho'^2-\rho\rho''<0$， $\theta\in(\alpha,\beta)$
曲线 $\rho=\rho(\theta)$ 在 $[\alpha,\beta]$ 上向外凸		$\rho^2+2\rho'^2-\rho\rho''>0$， $\theta\in(\alpha,\beta)$
$(x_0,f(x_0))$ 为曲线 $y=f(x)$ 的拐点		$f''(x_0)=0$（或不存在），当 x 渐增地通过 x_0 时，$f''(x)$ 变号

4.5 曲率和曲率中心

设 k 为曲线的曲率，(x_0, y_0) 为曲率中心，$R = \dfrac{1}{k}$ 为曲率半径。则有

1）曲线方程为 $y = f(x)$ 时，$k = \dfrac{y''}{(1+y'^2)^{3/2}}$，

$$x_0 = x - \frac{y'(1+y'^2)}{y''}, \quad y_0 = y + \frac{1+y'^2}{y''}$$

2）曲线方程为 $\begin{cases} x = x(t) \\ y = y(t) \end{cases}$ 时，$k = \dfrac{\dot{x}\ddot{y} - \ddot{x}\dot{y}}{(\dot{x}^2 + \dot{y}^2)^{3/2}}$，

$$x_0 = x - \frac{\dot{y}(\dot{x}^2+\dot{y}^2)}{\dot{x}\ddot{y} - \ddot{x}\dot{y}}, \quad y_0 = y + \frac{\dot{x}(\dot{x}^2+\dot{y}^2)}{\dot{x}\ddot{y} - \ddot{x}\dot{y}}$$

3）曲线方程为 $\rho = \rho(\theta)$ 时，$k = \dfrac{\rho^2 + 2\rho'^2 - \rho\rho''}{(\rho^2 + \rho'^2)^{3/2}}$，

$$x_0 = \rho\cos\theta - \frac{(\rho^2+\rho'^2)(\rho\cos\theta+\rho'\sin\theta)}{\rho^2+2\rho'^2-\rho\rho''},$$
$$y_0 = \rho\sin\theta - \frac{(\rho^2+\rho'^2)(\rho\sin\theta - \rho'\cos\theta)}{\rho^2 + 2\rho'^2 + \rho\rho''}$$

4.6 曲线的切线和法线（见表 1.3-15）

表 1.3-15 切线和法线方程

曲线方程	切　点	切线和法线方程
$y = f(x)$	$(x_0, f(x_0))$	$y - f(x_0) = f'(x_0)(x - x_0)$　（切线） $y - f(x_0) = -\dfrac{1}{f'(x_0)}(x - x_0)$　（法线）
$\begin{cases} x = \varphi(t) \\ y = \psi(t) \end{cases}$	(x_0, y_0) 其中，$x_0 = \varphi(t_0)$， $y_0 = \psi(t_0)$	$\dfrac{x - x_0}{\varphi'(t_0)} = \dfrac{y - y_0}{\psi'(t_0)}$　（切线） $\varphi'(t_0)(x - x_0) + \psi'(t_0)(y - y_0) = 0$　（法线）
$F(x, y) = 0$	(x_0, y_0) $F(x_0, y_0) = 0$	$F'_x(x_0, y_0)(x - x_0) + F'_y(x_0, y_0)(y - y_0) = 0$　（切线） $F'_y(x_0, y_0)(x - x_0) - F'_x(x_0, y_0)(y - y_0) = 0$　（法线）
$\rho = \rho(\theta)$	(ρ_0, θ_0)	$\rho = \dfrac{\rho_0^2}{\rho_0 \cos(\theta - \theta_0) - \rho'(\theta_0)\sin(\theta - \theta_0)}$　（切线） $\rho = \dfrac{\rho_0 \rho'(\theta_0)}{\rho'(\theta_0)\cos(\theta - \theta_0) + \rho_0 \sin(\theta - \theta_0)}$　（法线）

5　积分

5.1　不定积分

5.1.1　不定积分法则

1）设 $F'(x) = f(x)$，则
$$\int f(x)dx = F(x) + C, \text{式中 } C \text{ 为任意常数}$$

2）$\int f'(x)dx = f(x) + C$

3）$\int kf(x)dx = k\int f(x)dx$，式中 k 为常数

4）$\int [f(x) \pm g(x)]dx = \int f(x)dx \pm \int g(x)dx$

5）$\int f(u)du = \int f[\varphi(x)]d\varphi(x) = \int f[\varphi(x)] \times \varphi'(x)dx, u = \varphi(x)$

6）$\int u(x)v'(x)dx = u(x)v(x) - \int v(x)u'(x)dx$

5.1.2　常用换元积分法

1）被积函数含 $\sqrt{a^2 - x^2}$，可设 $x = a\sin t$

2）被积函数含 $\sqrt{a^2 + x^2}$，可设 $x = a\tan t$

3）被积函数含 $\sqrt{x^2 - a^2}$，可设 $x = a\sec t$

4）$\int R(\cos x, \sin x)dx$，R 表示有理函数，设 $\tan\dfrac{x}{2} = t$，则 $\sin x = \dfrac{2t}{1+t^2}$，$\cos x = \dfrac{1-t^2}{1+t^2}$，$dx = \dfrac{2}{1+t^2}dt$

5）$\int R(\cos^2 x, \sin^2 x)dx$，设 $\tan x = t$，则 $\sin^2 x = \dfrac{t^2}{1+t^2}$，$\cos^2 x = \dfrac{1}{1+t^2}$，$dx = \dfrac{1}{1+t^2}dt$

6）$\int R(x, \sqrt[p]{ax+b}, \sqrt[q]{ax+b})dx$，设 $\sqrt[n]{ax+b} = t$，n 是 p, q 的最小公倍数

5.1.3　基本积分公式

1）$\int adx = ax + C, a$ 为常数

2) $\int x^a dx = \dfrac{1}{a+1}x^{a+1} + C, (a \neq -1)$

3) $\int \dfrac{dx}{x} = \ln x + C$

4) $\int e^x dx = e^x + C$

5) $\int a^x dx = \dfrac{1}{\ln a}a^x + C$

6) $\int \sin x dx = -\cos x + C$

7) $\int \cos x dx = \sin x + C$

8) $\int \tan x dx = -\ln\cos x + C$

9) $\int \cot x dx = \ln\sin x + C$

10) $\int \sec x dx = \ln(\sec x + \tan x) + C$
$= \ln\tan\left(\dfrac{x}{2} + \dfrac{\pi}{4}\right) + C$

11) $\int \csc x dx = \ln(\csc x - \cot x) + C$
$= \ln\tan\dfrac{x}{2} + C$

12) $\int \sec^2 x dx = \tan x + C$

13) $\int \csc^2 x dx = -\cot x + C$

14) $\int \sec x \tan x dx = \sec x + C$

15) $\int \csc x \cot x dx = -\csc x + C$

16) $\int \dfrac{1}{\sqrt{1-x^2}}dx = \arcsin x + C$

17) $\int \dfrac{1}{1+x^2}dx = \arctan x + C$

18) $\int \text{sh}x dx = \text{ch}x + C$

19) $\int \text{ch}x dx = \text{sh}x + C$

5.1.4 有理函数的积分

1) $\int (ax+b)^\mu dx =$
$\begin{cases} \dfrac{1}{a(\mu+1)}(ax+b)^{\mu+1} + C & (\mu \neq -1) \\ \dfrac{1}{a}\ln(ax+b) + C & (\mu = -1) \end{cases}$

2) $\int \dfrac{xdx}{ax+b} = \dfrac{x}{a} - \dfrac{b}{a^2}\ln(ax+b) + C$

3) $\int \dfrac{x^2 dx}{ax+b} = \dfrac{1}{a^3}\left[\dfrac{1}{2}(ax+b)^2 - 2b(ax+b) + b^2\ln(ax+b)\right] + C$

4) $\int \dfrac{xdx}{(ax+b)^2} = \dfrac{1}{a^2}\left[\dfrac{b}{ax+b} + \ln(ax+b)\right] + C$

5) $\int \dfrac{x^2 dx}{(ax+b)^2} = \dfrac{1}{a^3}\left[ax+b - \dfrac{b^2}{ax+b} - 2b\ln(ax+b)\right] + C$

6) $\int \dfrac{dx}{x(ax+b)} = \dfrac{1}{b}\ln\left(\dfrac{x}{ax+b}\right) + C$

7) $\int \dfrac{dx}{x^2(ax+b)} = \dfrac{-1}{bx} + \dfrac{a}{b^2}\ln\left(\dfrac{ax+b}{x}\right) + C$

8) $\int \dfrac{dx}{x(ax+b)^2} = \dfrac{1}{b(ax+b)} - \dfrac{1}{b^2}\ln\left(\dfrac{ax+b}{x}\right) + C$

9) $\int \dfrac{dx}{x^2(ax+b)^2} = \dfrac{-1}{b^2}\left(\dfrac{a}{ax+b} + \dfrac{1}{x}\right) + \dfrac{2a}{b^3}\ln\left(\dfrac{ax+b}{x}\right) + C$

10) $\int \dfrac{dx}{a+bx^2} = \dfrac{1}{\sqrt{ab}}\arctan\sqrt{\dfrac{b}{a}}x + C$
$(a > 0, b > 0)$

11) $\int \dfrac{dx}{a-bx^2} = \dfrac{1}{2\sqrt{ab}}\ln\left(\dfrac{\sqrt{a}+\sqrt{b}x}{\sqrt{a}-\sqrt{b}x}\right) + C$
$(a > 0, b > 0)$

12) $\int x(a+bx^2)^n dx = \dfrac{1}{2(n+1)b}(a+bx^2)^{n+1} + C \,(n \neq -1)$

13) $\int \dfrac{xdx}{a+bx^2} = \dfrac{1}{2b}\ln(a+bx^2) + C$

14) $\int \dfrac{dx}{(a+bx^2)^n} = \dfrac{1}{2(n-1)a}\left[\dfrac{x}{(a+bx^2)^{n-1}} + (2n-3)\int\dfrac{dx}{(a+bx^2)^{n-1}}\right]$

15) $\int \dfrac{dx}{x(a+bx^2)} = \dfrac{1}{2a}\ln\left(\dfrac{x^2}{a+bx^2}\right) + C$

16) $\int \dfrac{x^2 dx}{(a+bx^2)^2} = \dfrac{-x}{2b(a+bx^2)} + \dfrac{1}{2b\sqrt{ab}} \times \arctan\sqrt{\dfrac{b}{a}}x + C$

17) $\int \dfrac{dx}{x^2(a+bx^2)} = -\dfrac{1}{ax} - \dfrac{b}{a}\int\dfrac{dx}{a+bx^2}$

18) $\int \dfrac{dx}{a+bx+cx^2} = -\dfrac{2}{b+2cx} + C$
$(b^2 - 4ac = 0)$

19) $\int \dfrac{dx}{a+bx+cx^2} = \dfrac{2}{\sqrt{-D}}\arctan\dfrac{b+2cx}{\sqrt{-D}} + C$
$(D = b^2 - 4ac < 0)$

20) $\int \dfrac{dx}{a+bx+cx^2} = \dfrac{1}{\sqrt{D}}\ln\dfrac{b+2cx-\sqrt{D}}{b+2cx+\sqrt{D}} + C$

$(D = b^2 - 4ac > 0)$

21) $\int \dfrac{(A+Bx)dx}{a+bx+cx^2} = \dfrac{B}{2c}\ln(a+bx+cx^2) + \dfrac{2Ac-Bb}{2c}\int\dfrac{dx}{a+bx+cx^2} + C$

22) $\int \dfrac{dx}{(a+bx+cx^2)^p} = \dfrac{1}{(p-1)(4ac-b^2)} \times \dfrac{b+2cx}{(a+bx+cx^2)^{p-1}} + \dfrac{2c(2p-3)}{(p-1)(4ac-b^2)}\int\dfrac{dx}{(a+bx+cx^2)^{p-1}}$

23) $\int\dfrac{(A+Bx)dx}{(a+bx+cx^2)^p} = -\dfrac{B}{2c(p-1)} \times \dfrac{1}{(a+bx+cx^2)^{p-1}} + \dfrac{2Ac-Bb}{2c}\int\dfrac{dx}{(a+bx+cx^2)^p}$

24) $\int x^p(a+bx)^q dx = \dfrac{x^p(a+bx)^{q+1}}{(p+q+1)b} - \dfrac{pa}{(p+q+1)b}\int x^{p-1}(a+bx)^q dx$

$= \dfrac{x^{p+1}(a+bx)^q}{p+q+1} + \dfrac{qa}{p+q+1}\int x^p(a+bx)^{q-1}dx$

25) $\int\dfrac{dx}{a+bx^3} = \dfrac{k}{3a}\left\{\dfrac{1}{2}\ln\dfrac{(k+x)^2}{k^2-kx+x^2} + \sqrt{3}\arctan\dfrac{2x-k}{k\sqrt{3}}\right\} + C$

$\left(k^3 = \dfrac{a}{b}\right)$

26) $\int\dfrac{xdx}{a+bx^3} = \dfrac{1}{3bk}\left\{-\dfrac{1}{2}\ln\dfrac{(k+x)^2}{k^2-kx+x^2} + \sqrt{3}\arctan\dfrac{2x-k}{k\sqrt{3}}\right\} + C$

$\left(k^3 = \dfrac{a}{b}\right)$

5.1.5 无理函数的积分

1) $\int\sqrt{ax+b}\,dx = \dfrac{2}{3a}(ax+b)^{3/2} + C$

2) $\int x\sqrt{ax+b}\,dx = \dfrac{6ax-4b}{15a^2}(ax+b)^{3/2} + C$

3) $\int x^2\sqrt{ax+b}\,dx = \dfrac{2}{105a^3}(15a^2x^2 - 12abx + 8b^2)(ax+b)^{3/2} + C$

4) $\int\dfrac{dx}{\sqrt{ax+b}} = \dfrac{2}{a}(ax+b)^{1/2} + C$

5) $\int\dfrac{xdx}{\sqrt{ax+b}} = \dfrac{2}{3a^2}(ax-2b)(ax+b)^{1/2} + C$

6) $\int\dfrac{x^2 dx}{\sqrt{ax+b}} = \dfrac{2}{15a^3}(3a^2x^2 - 4abx + 8b^2) \times (ax+b)^{1/2} + C$

7) $\int\dfrac{dx}{x\sqrt{ax+b}} = $

$\begin{cases}\dfrac{1}{\sqrt{b}}\ln\left(\dfrac{\sqrt{ax+b}-\sqrt{b}}{\sqrt{ax+b}+\sqrt{b}}\right) + C & (b>0)\\ \dfrac{2}{\sqrt{-b}}\arctan\sqrt{\dfrac{ax+b}{-b}} + C & (b<0)\end{cases}$

8) $\int\dfrac{dx}{x^2\sqrt{ax+b}} = -\dfrac{\sqrt{ax+b}}{bx} - \dfrac{a}{2b}\int\dfrac{dx}{x\sqrt{ax+b}}$

9) $\int\dfrac{\sqrt{ax+b}}{x}dx = 2\sqrt{ax+b} + b\int\dfrac{dx}{x\sqrt{ax+b}}$

10) $\int\sqrt{a^2-x^2}\,dx = \dfrac{x}{2}\sqrt{a^2-x^2} + \dfrac{a^2}{2}\arcsin\dfrac{x}{a} + C$

11) $\int x\sqrt{a^2-x^2}\,dx = -\dfrac{1}{3}(a^2-x^2)^{3/2} + C$

12) $\int x^2\sqrt{a^2-x^2}\,dx = \dfrac{x}{8}(2x^2-a^2)\sqrt{a^2-x^2} + \dfrac{a^4}{8}\arcsin\dfrac{x}{a} + C$

13) $\int x^3\sqrt{a^2-x^2}\,dx = \dfrac{-1}{15}(\sqrt{a^2-x^2})^3 \times (3x^2+2a^2) + C$

14) $\int\dfrac{dx}{\sqrt{a^2-x^2}} = \arcsin\dfrac{x}{a} + C$

15) $\int\dfrac{xdx}{\sqrt{a^2-x^2}} = -\sqrt{a^2-x^2} + C$

16) $\int\dfrac{x^2 dx}{\sqrt{a^2-x^2}} = -\dfrac{x}{2}\sqrt{a^2-x^2} + \dfrac{a^2}{2}\arcsin\dfrac{x}{a} + C$

17) $\int\dfrac{dx}{x\sqrt{a^2-x^2}} = \dfrac{-1}{a}\ln\left(\dfrac{a+\sqrt{a^2-x^2}}{x}\right) + C$

18) $\int\dfrac{dx}{x^2\sqrt{a^2-x^2}} = -\dfrac{\sqrt{a^2-x^2}}{a^2 x} + C$

19) $\int\dfrac{\sqrt{a^2-x^2}}{x}dx = \sqrt{a^2-x^2} - a\ln\left(\dfrac{a+\sqrt{a^2-x^2}}{x}\right) + C$

20) $\int (a^2 - x^2)^{3/2} dx = \dfrac{x}{8}(5a^2 - 2x^2)\sqrt{a^2 - x^2} + \dfrac{3a^4}{8}\arcsin\dfrac{x}{a} + C$

21) $\int \dfrac{x dx}{(a^2 - x^2)^{3/2}} = \dfrac{1}{\sqrt{a^2 - x^2}} + C$

22) $\int (a^2 - x^2)^{-3/2} dx = \dfrac{x}{a^2\sqrt{a^2 - x^2}} + C$

23) $\int \dfrac{x^2 dx}{(a^2 - x^2)^{3/2}} = \dfrac{x}{\sqrt{a^2 - x^2}} - \arcsin\dfrac{x}{a} + C$

24) $\int \sqrt{x^2 \pm a^2}\, dx = \dfrac{x}{2}\sqrt{x^2 \pm a^2} \pm a^2 \ln(x + \sqrt{x^2 \pm a^2}) + C$

25) $\int x\sqrt{x^2 \pm a^2}\, dx = \dfrac{1}{3}(x^2 \pm a^2)^{3/2} + C$

26) $\int x^2\sqrt{x^2 \pm a^2}\, dx = \dfrac{x}{8}(2x^2 \pm a^2)\sqrt{x^2 \pm a^2} - \dfrac{a^4}{8}\ln(x + \sqrt{x^2 \pm a^2}) + C$

27) $\int x^3\sqrt{x^2 \pm a^2}\, dx = \dfrac{3x^2 \mp 2a^2}{15} \times (\sqrt{x^2 \pm a^2})^3 + C$

28) $\int \dfrac{dx}{\sqrt{x^2 \pm a^2}} = \ln(x \pm \sqrt{x^2 \pm a^2}) + C$

29) $\int \dfrac{x dx}{\sqrt{x^2 \pm a^2}} = \sqrt{x^2 \pm a^2} + C$

30) $\int \dfrac{x^2 dx}{\sqrt{x^2 \pm a^2}} = \dfrac{x}{2}\sqrt{x^2 \pm a^2} \mp \dfrac{a^2}{2}\ln(x + \sqrt{x^2 \pm a^2}) + C$

31) $\int \dfrac{dx}{x\sqrt{x^2 + a^2}} = \dfrac{1}{a}\ln\left(\dfrac{x}{a + \sqrt{x^2 + a^2}}\right) + C$

32) $\int \dfrac{dx}{x\sqrt{x^2 - a^2}} = \dfrac{1}{a}\arccos\dfrac{a}{x} + C$

33) $\int \dfrac{dx}{x^2\sqrt{x^2 \pm a^2}} = \mp \dfrac{\sqrt{x^2 \pm a^2}}{a^2 x} + C$

34) $\int \dfrac{\sqrt{x^2 + a^2}}{x} dx = \sqrt{x^2 + a^2} - a\ln\dfrac{a + \sqrt{x^2 + a^2}}{x} + C$

35) $\int \dfrac{\sqrt{x^2 - a^2}}{x} dx = \sqrt{x^2 - a^2} - a\arccos\dfrac{a}{x} + C$

36) $\int (x^2 \pm a^2)^{3/2} dx = \dfrac{x}{8}(2x^2 \pm 5a^2)\sqrt{x^2 \pm a^2} + \dfrac{3a^4}{8}\ln(x + \sqrt{x^2 \pm a^2}) + C$

37) $\int x(x^2 \pm a^2)^{3/2} dx = \dfrac{1}{5}(x^2 \pm a^2)^{5/2} + C$

38) $\int \dfrac{dx}{(x^2 \pm a^2)^{3/2}} = \pm \dfrac{x}{a^2\sqrt{x^2 \pm a^2}} + C$

39) $\int \dfrac{x dx}{(x^2 \pm a^2)^{3/2}} = \dfrac{-1}{\sqrt{x^2 \pm a^2}} + C$

40) $\int \dfrac{x^2 dx}{(x^2 \pm a^2)^{3/2}} = \dfrac{-x}{\sqrt{x^2 \pm a^2}} + \ln(x + \sqrt{x^2 \pm a^2}) + C$

41) $\int \dfrac{dx}{x(x^2 \pm a^2)^{3/2}} = \dfrac{1}{a^2\sqrt{x^2 \pm a^2}} + \dfrac{1}{a^2}\int \dfrac{dx}{x\sqrt{x^2 \pm a^2}}$

42) $\int \dfrac{dx}{\sqrt{ax^2 + bx + c}} = \dfrac{1}{\sqrt{a}}\ln(2ax + b + 2\sqrt{a(ax^2 + bx + c)}) + C \quad (a > 0)$

43) $\int \dfrac{dx}{\sqrt{ax^2 + bx + c}} = \dfrac{-1}{\sqrt{-a}} \times \arcsin\dfrac{2ax + b}{\sqrt{b^2 - 4ac}} + C, (a < 0, b^2 - 4ac > 0)$

44) $\int \sqrt{ax^2 + bx + c}\, dx = \dfrac{2ax + b}{4a}\sqrt{ax^2 + bx + c} + \dfrac{4ac - b^2}{8a}\int \dfrac{dx}{\sqrt{ax^2 + bx + c}}$

45) $\int \dfrac{x dx}{\sqrt{ax^2 + bx + c}} = \dfrac{1}{a}\sqrt{ax^2 + bx + c} - \dfrac{b}{2a}\int \dfrac{dx}{\sqrt{ax^2 + bx + c}}$

5.1.6 超越函数的积分

1) $\int \sin(ax + b) dx = -\dfrac{1}{a}\cos(ax + b) + C$

2) $\int \cos(ax + b) dx = \dfrac{1}{a}\sin(ax + b) + C$

3) $\int \tan(ax + b) dx = -\dfrac{1}{a}\ln[\cos(ax + b)] + C$

4) $\int \cot(ax + b) dx = \dfrac{1}{a}\ln[\sin(ax + b)] + C$

5) $\int \sec ax\, dx = \dfrac{1}{a}\ln(\sec ax + \tan ax) + C$

6) $\int \csc ax\, dx = -\dfrac{1}{a}\ln(\csc ax + \cot ax) + C$

7) $\int \sin^2 ax\, dx = \dfrac{1}{2a}(ax - \sin ax \cos ax) + C$

8) $\int \cos^2 ax \, dx = \dfrac{1}{2a}(ax + \sin ax \cos ax) + C$

9) $\int \sin^n ax \, dx = -\dfrac{1}{na}\sin^{n-1} ax \cos ax + \dfrac{n-1}{n}\int \sin^{n-2} ax \, dx$

10) $\int \cos^n ax \, dx = \dfrac{1}{na}\cos^{n-1} ax \sin ax + \dfrac{n-1}{n}\int \cos^{n-2} ax \, dx$

11) $\int \tan^n ax \, dx = \dfrac{1}{(n-1)a}\tan^{n-1} ax - \int \tan^{n-2} ax \, dx$

12) $\int \cot^n ax \, dx = \dfrac{1}{(n-1)a}\cot^{n-1} ax - \int \cot^{n-2} ax \, dx$

13) $\int \sec^n ax \, dx = \int \dfrac{dx}{\cos^n ax} = \dfrac{1}{(n-1)a} \cdot \dfrac{\sin ax}{\cos^{n-1} ax} + \dfrac{n-2}{n-1}\int \dfrac{dx}{\cos^{n-2} ax}$

14) $\int \csc^n ax \, dx = \int \dfrac{dx}{\sin^n ax} = \dfrac{-1}{(n-1)a} \cdot \dfrac{\cos ax}{\sin^{n-1} ax} + \dfrac{n-2}{n-1}\int \dfrac{dx}{\sin^{n-2} ax}$

15) $\int \sin ax \sin bx \, dx = -\dfrac{\sin(a+b)x}{2(a+b)} + \dfrac{\sin(a-b)x}{2(a-b)} + C \quad (a \ne b)$

16) $\int \sin ax \cos bx \, dx = -\dfrac{\cos(a+b)x}{2(a+b)} - \dfrac{\cos(a-b)x}{2(a-b)} + C \quad (a \ne b)$

17) $\int \cos ax \cos bx \, dx = \dfrac{\sin(a+b)x}{2(a+b)} + \dfrac{\sin(a-b)x}{2(a-b)} + C \quad (a \ne b)$

18) $\int \sin^m x \cos^n x \, dx = \dfrac{\sin^{m+1} x \cos^{n-1} x}{m+n} + \dfrac{n-1}{m+n} \times \int \sin^m x \cos^{n-2} x \, dx$

19) $\int \dfrac{dx}{\sin^m x \cos^n x} = \dfrac{1}{n-1} \cdot \dfrac{1}{\sin^{m-1} x \cos^{n-1} x} + \dfrac{m+n-2}{n-1}\int \dfrac{dx}{\sin^m x \cos^{n-2} x} = -\dfrac{1}{m-1} \cdot \dfrac{1}{\sin^{m-1} x \cos^{n-1} x} + \dfrac{m+n-2}{m-1}\int \dfrac{dx}{\sin^{m-2} x \cos^n x}$

20) $\int \dfrac{dx}{1 \pm \sin x} = \tan x \mp \sec x + C$

21) $\int \dfrac{dx}{a + b\sin x} = \dfrac{1}{\sqrt{b^2 - a^2}} \times \ln\left(\dfrac{a\tan\dfrac{x}{2} + b - \sqrt{b^2 - a^2}}{a\tan\dfrac{x}{2} + b + \sqrt{b^2 - a^2}}\right) + C \quad (b^2 > a^2)$

22) $\int \dfrac{dx}{a + b\sin x} = \dfrac{2}{\sqrt{a^2 - b^2}}\arctan\dfrac{a\tan\dfrac{x}{2} + b}{\sqrt{a^2 - b^2}} + C \quad (b^2 < a^2)$

23) $\int \dfrac{dx}{1 + \cos x} = \tan\dfrac{x}{2} + C$

24) $\int \dfrac{dx}{1 - \cos x} = -\cot\dfrac{x}{2} + C$

25) $\int \dfrac{dx}{a + b\cos x} = \dfrac{1}{\sqrt{b^2 - a^2}} \times \ln\left(\dfrac{\sqrt{b^2 - a^2}\tan\dfrac{x}{2} + b + a}{\sqrt{b^2 - a^2}\tan\dfrac{x}{2} - b - a}\right) + C \quad (b^2 > a^2)$

26) $\int \dfrac{dx}{a + b\cos x} = \dfrac{2}{\sqrt{a^2 - b^2}} \times \arctan\left(\dfrac{\sqrt{a^2 - b^2}}{a + b}\tan\dfrac{x}{2}\right) + C \quad (b^2 < a^2)$

27) $\int \dfrac{dx}{a^2 \cos^2 x + b^2 \sin^2 x} = \dfrac{1}{ab}\arctan\left(\dfrac{b}{a}\tan x\right) + C$

28) $\int \dfrac{dx}{a^2 \cos^2 x - b^2 \sin^2 x} = \dfrac{1}{2ab}\ln\left(\dfrac{b\tan x + a}{b\tan x - a}\right) + C$

29) $\int x \sin ax \, dx = \dfrac{1}{a^2}\sin ax - \dfrac{1}{a}x\cos ax + C$

30) $\int x \cos ax \, dx = \dfrac{1}{a^2}\cos ax + \dfrac{1}{a}x\sin ax + C$

31) $\int x^n \sin ax \, dx = \dfrac{x^{n-1}}{a^2}(n\sin ax - ax\cos ax) - \dfrac{n(n-1)}{a^2}\int x^{n-2}\sin ax \, dx$

32) $\int x^n \cos ax \, dx = \dfrac{x^{n-1}}{a^2}(n\cos ax + ax\sin ax) - \dfrac{n(n-1)}{a^2}\int x^{n-2}\cos ax \, dx$

33) $\int \arcsin\dfrac{x}{a} \, dx = x\arcsin\dfrac{x}{a} + \sqrt{a^2 - x^2} + C$

34) $\int \arccos\dfrac{x}{a} \, dx = x\arccos\dfrac{x}{a} - \sqrt{a^2 - x^2} + C$

35) $\int \arctan\dfrac{x}{a} \, dx = x\arctan\dfrac{x}{a} - \dfrac{a}{2}\ln(a^2 + x^2) + C$

36) $\int \operatorname{arccot} \frac{x}{a} \mathrm{d}x = x \operatorname{arccot} \frac{x}{a} + \frac{a}{2} \ln(a^2 + x^2) + C$

37) $\int x^n \arcsin x \mathrm{d}x = \frac{1}{n+1} \left(x^{n+1} \arcsin x - \int \frac{x^{n+1}}{\sqrt{1-x^2}} \mathrm{d}x \right)$

38) $\int x^n \arccos x \mathrm{d}x = \frac{1}{n+1} \left(x^{n+1} \arccos x + \int \frac{x^{n+1}}{\sqrt{1-x^2}} \mathrm{d}x \right)$

39) $\int x^n \arctan x \mathrm{d}x = \frac{1}{n+1} \left(x^{n+1} \arctan x - \int \frac{x^{n+1}}{1+x^2} \mathrm{d}x \right)$

40) $\int x^n \operatorname{arccot} x \mathrm{d}x = \frac{1}{n+1} \left(x^{n+1} \operatorname{arccot} x + \int \frac{x^{n+1}}{1+x^2} \mathrm{d}x \right)$

41) $\int e^{ax} \mathrm{d}x = \frac{1}{a} e^{ax} + C$

42) $\int b^{ax} \mathrm{d}x = \frac{b^{ax}}{a \ln b} + C$

43) $\int x^n e^{ax} \mathrm{d}x = \frac{1}{a} x^n e^{ax} - \frac{n}{a} \int x^{n-1} e^{ax} \mathrm{d}x$

44) $\int x^n b^{ax} \mathrm{d}x = \frac{1}{a \ln b} x^n b^{ax} - \frac{n}{a \ln b} \int x^{n-1} b^{ax} \mathrm{d}x$

45) $\int e^{ax} \sin bx \mathrm{d}x = \frac{e^{ax}}{a^2+b^2} (a \sin bx - b \cos bx) + C$

46) $\int e^{ax} \cos bx \mathrm{d}x = \frac{e^{ax}}{a^2+b^2} (b \sin bx + a \cos bx) + C$

47) $\int \ln x \mathrm{d}x = x \ln x - x + C$

48) $\int x^a \ln x \mathrm{d}x = \frac{x^{a+1}}{a+1} \left(\ln x - \frac{1}{a+1} \right) + C$ $(a \ne -1)$

49) $\int \frac{\ln x}{x} \mathrm{d}x = \frac{1}{2} (\ln x)^2 + C$

50) $\int \frac{\mathrm{d}x}{x \ln x} = \ln(\ln x) + C$

51) $\int (\ln x)^n \mathrm{d}x = x(\ln x)^n - n \int (\ln x)^{n-1} \mathrm{d}x$

52) $\int \sin \ln x \mathrm{d}x = \frac{x}{2} (\sin \ln x - \cos \ln x) + C$

53) $\int \cos \ln x \mathrm{d}x = \frac{x}{2} (\sin \ln x + \cos \ln x) + C$

54) $\int \operatorname{th} x \mathrm{d}x = \ln \operatorname{ch} x + C$

55) $\int \operatorname{cth} x \mathrm{d}x = \ln \operatorname{sh} x + C$

56) $\int \operatorname{sh}^2 x \mathrm{d}x = -\frac{x}{2} + \frac{1}{4} \operatorname{sh} 2x + C$

57) $\int \operatorname{ch}^2 x \mathrm{d}x = \frac{x}{2} + \frac{1}{4} \operatorname{sh} 2x + C$

58) $\int \operatorname{th}^2 x \mathrm{d}x = x - \operatorname{th} x + C$

59) $\int \operatorname{cth}^2 x \mathrm{d}x = x - \operatorname{cth} x + C$

60) $\int x \operatorname{sh} x \mathrm{d}x = x \operatorname{ch} x - \operatorname{sh} x + C$

61) $\int x \operatorname{ch} x \mathrm{d}x = x \operatorname{sh} x - \operatorname{ch} x + C$

62) $\int \operatorname{arsh} x \mathrm{d}x = x \operatorname{arsh} x - \sqrt{1+x^2} + C$

63) $\int \operatorname{arch} x \mathrm{d}x = x \operatorname{arch} x - \sqrt{x^2-1} + C$

64) $\int \operatorname{arth} x \mathrm{d}x = x \operatorname{arth} x + \frac{1}{2} \ln(1-x^2) + C$

65) $\int \operatorname{arcth} x \mathrm{d}x = x \operatorname{arcth} x + \frac{1}{2} \ln(1-x^2) + C$

5.2 定积分和反常积分

5.2.1 定积分一般公式

1) 牛顿—莱布尼兹公式
$\int_a^b f(x) \mathrm{d}x = F(x) \Big|_a^b = F(b) - F(a)$, $F(x)$ 是 $f(x)$ 的一个原函数

2) $\int_a^b k f(x) \mathrm{d}x = k \int_a^b f(x) \mathrm{d}x$, k 为常数

3) $\int_a^b [f(x) \pm g(x)] \mathrm{d}x = \int_a^b f(x) \mathrm{d}x \pm \int_a^b g(x) \mathrm{d}x$

4) $\int_a^b uv' \mathrm{d}x = uv \Big|_a^b - \int_a^b vu' \mathrm{d}x$

5) $\int_a^b f(x) \mathrm{d}x = \int_{\psi^{-1}(a)}^{\psi^{-1}(b)} f[\psi(t)] \psi'(t) \mathrm{d}t$ ($x = \psi(t), t = \psi^{-1}(x)$)

6) $\int_a^b f(x) \mathrm{d}x = \int_a^c f(x) \mathrm{d}x + \int_c^b f(x) \mathrm{d}x$ ($a < c < b$)

7) $\int_{-a}^a f(x) \mathrm{d}x = 2 \int_0^a f(x) \mathrm{d}x$, $f(x)$ 为偶函数

8) $\int_{-a}^a f(x) \mathrm{d}x = 0$, $f(x)$ 为奇函数

9) $\int_a^a f(x) \mathrm{d}x = 0$

10) $\int_b^a f(x) \mathrm{d}x = -\int_a^b f(x) \mathrm{d}x$

11) $\frac{\mathrm{d}}{\mathrm{d}x} \int_a^x f(t) \mathrm{d}t = f(x)$

12) $\dfrac{d}{d\lambda}\int_{a(\lambda)}^{b(\lambda)} f(x,\lambda)dx = \int_{a(\lambda)}^{b(\lambda)} \dfrac{\partial f(x,\lambda)}{\partial \lambda}dx +$
$f(b(\lambda),\lambda)\dfrac{db(\lambda)}{d\lambda} - f(a(\lambda),\lambda)\dfrac{da(\lambda)}{d\lambda}$

13) 若 $g(x) \leqslant f(x)$，则
$$\int_a^b g(x)dx \leqslant \int_a^b f(x)dx$$

14) 若 $m \leqslant f(x) \leqslant M$，则
$$m(b-a) \leqslant \int_a^b f(x)dx \leqslant M(b-a)$$

15) $\left|\int_a^b f(x)dx\right| \leqslant \int_a^b |f(x)|dx$

5.2.2 反常积分

(1) 无穷限反常积分

1) $\int_a^{+\infty} f(x)dx = \lim\limits_{t\to+\infty}\int_a^t f(x)dx = \lim\limits_{x\to+\infty} F(x) - F(a)$

2) $\int_{-\infty}^b f(x)dx = \lim\limits_{t\to-\infty}\int_t^b f(x)dx = F(b) - \lim\limits_{x\to-\infty} F(x)$

(2) 无界函数反常积分

1) $\int_a^b f(x)dx = \lim\limits_{t\to a+}\int_t^b f(x)dx = F(b) - \lim\limits_{x\to a+} F(x)$，
其中 a 为 $f(x)$ 的无界间断点。

2) $\int_a^b f(x)dx = \lim\limits_{t\to b-}\int_a^t f(x)dx = \lim\limits_{x\to b-} F(x) - F(a)$，其中 b 为 $f(x)$ 的无界间断点。

(1)，(2) 式中 $F(x)$ 为 $f(x)$ 的原函数

5.2.3 重要定积分和反常积分公式

1) $\int_{-\pi}^{\pi} \cos nx\,dx = \int_{-\pi}^{\pi} \sin nx\,dx = 0$

2) $\int_{-\pi}^{\pi} \cos mx\sin nx\,dx = 0$

3) $\int_{-\pi}^{\pi} \cos mx\cos nx\,dx = \int_{-\pi}^{\pi} \sin mx\sin nx\,dx = \begin{cases} 0 & \text{当 } m \neq n \text{ 时} \\ \pi & \text{当 } m = n \text{ 时} \end{cases}$

4) $\int_0^{\pi} \cos mx\cos nx\,dx = \int_0^{\pi} \sin mx\sin nx\,dx = \begin{cases} 0 & \text{当 } m \neq n \text{ 时} \\ \dfrac{\pi}{2} & \text{当 } m = n \text{ 时} \end{cases}$

5) $\int_0^{\frac{\pi}{2}} \sin^n x\,dx = \int_0^{\frac{\pi}{2}} \cos^n x\,dx = I_n$，式中 $I_n = \dfrac{n-1}{n}I_{n-2}$，$I_1 = 1$，$I_0 = \dfrac{\pi}{2}$，

即 $I_n =$
$\begin{cases} \dfrac{n-1}{n}\cdot\dfrac{n-3}{n-2}\cdot\cdots\cdot\dfrac{4}{5}\cdot\dfrac{2}{3} & (n \text{ 为正奇数}) \\ \dfrac{n-1}{n}\cdot\dfrac{n-3}{n-2}\cdot\cdots\cdot\dfrac{3}{4}\cdot\dfrac{1}{2}\cdot\dfrac{\pi}{2} & (n \text{ 为正偶数}) \end{cases}$

当 n 为大于 -1 的实数时，$I_n = \dfrac{\sqrt{\pi}}{2}\dfrac{\Gamma\left(\dfrac{n+1}{2}\right)}{\Gamma\left(\dfrac{n}{2}+1\right)}$，其中 $\Gamma(x) = \int_0^{\infty} e^{-t}t^{x-1}dt$。

6) $\int_0^{\frac{\pi}{2}} \sin^{2m+1}x\cos^n x\,dx =$
$$\dfrac{2\cdot 4\cdot 6\cdot\cdots\cdot 2m}{(n+1)(n+3)\cdots(n+2m+1)}$$

7) $\int_0^{\frac{\pi}{2}} \sin^{2m}x\cos^{2n}x\,dx =$
$$\dfrac{1\cdot 3\cdot 5\cdot\cdots\cdot(2n-1)\cdot 1\cdot 3\cdot 5\cdot\cdots\cdot(2m-1)}{2\cdot 4\cdot 6\cdot 8\cdot\cdots\cdot(2m+2n)}$$
$\times \dfrac{\pi}{2}$

8) $\int_0^{\frac{\pi}{2}} \sin^m x\cos^n x\,dx = \dfrac{1}{2}\int_0^1 x^{\frac{m-1}{2}}(1-x)^{\frac{n-1}{2}}dx =$
$$\dfrac{\Gamma\left(\dfrac{m+1}{2}\right)\Gamma\left(\dfrac{n+1}{2}\right)}{2\Gamma\left(\dfrac{m+n+2}{2}\right)}$$

9) $\int_0^{\pi} \ln\sin x\,dx = \int_0^{\pi} \ln\cos x\,dx = -\pi\ln 2$

10) $\int_0^a \dfrac{dx}{\sqrt{a^2 - x^2}} = \dfrac{\pi}{2}$

11) $\int_0^{\pi} \ln(1 \pm 2p\cos x + p^2)dx$
$= \begin{cases} 0 & (0 < p < 1) \\ 2\pi\ln p & (p > 1) \end{cases}$

12) $\int_0^{\pi} \dfrac{dx}{a + b\cos x} = \dfrac{\pi}{\sqrt{a^2 - b^2}} \quad (a > b \geqslant 0)$

13) $\int_0^{2\pi} \dfrac{dx}{1 + a\cos x} = \dfrac{2\pi}{\sqrt{1 - a^2}} \quad (a^2 < 1)$

14) $\int_0^{\frac{\pi}{2}} \dfrac{dx}{a^2\sin^2 x + b^2\cos^2 x} = \dfrac{\pi}{2ab}$

15) $\int_0^{\frac{\pi}{2}} \dfrac{dx}{(a^2\sin^2 x + b^2\cos^2 x)^2} = \dfrac{\pi(a^2 + b^2)}{4a^3 b^3} \quad (a, b > 0)$

16) $\int_0^{\infty} \dfrac{a\,dx}{a^2 + x^2} = \begin{cases} \dfrac{\pi}{2} & (a > 0) \\ -\dfrac{\pi}{2} & (a < 0) \end{cases}$

17) $\int_0^{\infty} \dfrac{x^{a-1}}{1 + x}dx = \dfrac{\pi}{\sin a\pi} \quad (0 < a < 1)$

18) $\int_0^{\infty} \dfrac{\sin^2 x}{x^2}dx = \dfrac{\pi}{2}$

19) $\int_0^\infty \frac{\sin ax}{x} dx = \begin{cases} \frac{\pi}{2} & (a > 0) \\ -\frac{\pi}{2} & (a < 0) \end{cases}$

20) $\int_0^\infty \frac{\sin ax \sin bx}{x} dx = \frac{1}{2} \ln\left(\frac{a+b}{a-b}\right)$

21) $\int_0^\infty \frac{\sin ax \cos bx}{x} dx = \begin{cases} \frac{\pi}{2} & (0 < b < a) \\ 0 & (0 < a < b) \\ \frac{\pi}{4} & (0 < a = b) \end{cases}$

22) $\int_0^\infty \frac{\tan x}{x} dx = \frac{\pi}{2}$

23) $\int_0^\infty \sin(x^2) dx = \int_0^\infty \cos(x^2) dx = \frac{1}{2}\sqrt{\frac{\pi}{2}}$

24) $\int_0^\infty x^n e^{ax} dx = \frac{n!}{a^{n+1}} \quad (a > 0)$

25) $\int_0^\infty e^{-ax} dx = \frac{1}{a} \quad (a > 0)$

26) $\int_0^\infty e^{-ax} \cos bx dx = \frac{a}{a^2 + b^2} \quad (a > 0)$

27) $\int_0^\infty e^{-ax} \sin bx dx = \frac{b}{a^2 + b^2} \quad (a > 0)$

28) $\int_0^\infty \frac{e^{-ax} - e^{-bx}}{x} dx = \ln \frac{b}{a}$

29) $\int_0^\infty e^{-a^2 x^2} dx = \frac{\sqrt{\pi}}{2a}$

30) $\int_0^\infty x^{2n} e^{-ax^2} dx = \frac{1 \cdot 3 \cdot 5 \cdots (2n-1)}{2^{n+1} a^n} \sqrt{\frac{\pi}{a}}$

31) $\int_0^\infty x^p e^{-bx} dx = \frac{\Gamma(p+1)}{b^{p+1}} \quad (p > 0, b > 0)$

32) $\int_0^\infty x^{2n+1} e^{-a^2 x^2} dx = \frac{n!}{2a^{2n+2}}$

33) $\int_0^\infty e^{-x^n} dx = \Gamma\left(1 + \frac{1}{n}\right)$

34) $\int_0^\infty e^{-x} \ln x dx = \int_0^1 \ln(\ln x) dx = -\gamma, \gamma$ 为欧拉数

35) $\int_0^\infty e^{(-x^2 - a^2/x^2)} dx = \frac{e^{-2a} \sqrt{\pi}}{2} \quad (a \geqslant 0)$

36) $\int_0^\infty e^{-nx} \sqrt{x} dx = \frac{1}{2n} \sqrt{\frac{\pi}{n}}$

37) $\int_0^\infty \frac{e^{-nx}}{\sqrt{x}} dx = \sqrt{\frac{\pi}{n}}$

38) $\int_0^\infty e^{-ax} (\cos mx) dx = \frac{a}{a^2 + m^2} \quad (a > 0)$

39) $\int_0^\infty e^{-ax} (\sin mx) dx = \frac{a}{a^2 + m^2} \quad (a > 0)$

40) $\int_0^\infty x^{b-1} \cos x dx = \Gamma(b) \cos\left(\frac{b\pi}{2}\right) \quad (0 < b < 1)$

41) $\int_0^\infty x^{b-1} \sin x dx = \Gamma(b) \sin\left(\frac{b\pi}{2}\right) \quad (0 < b < 1)$

42) $\int_0^\infty \frac{\sin x}{x} dx = \int_0^\infty \frac{\cos x}{\sqrt{x}} dx = \sqrt{\frac{\pi}{2}}$

43) $\int_0^1 \left(\ln \frac{1}{x}\right)^{1/2} dx = \frac{\sqrt{\pi}}{2}$

44) $\int_0^1 \ln x \ln(1-x) dx = 2 - \frac{\pi^2}{6}$

45) $\int_0^1 \left(\ln \frac{1}{x}\right)^n dx = n!$

46) $\int_0^1 x \ln(1-x) dx = -\frac{3}{4}$

47) $\int_0^1 x \ln(1+x) dx = \frac{1}{4}$

48) $\int_0^1 x^m (\ln x)^n dx = \frac{(-1)^n n!}{(m+1)^{n+1}}, m > -1, n = 0, 1, 2, \cdots$

49) $\int_0^1 \ln x \ln(1+x) dx = 2 - 2\ln 2 - \frac{\pi^2}{12}$

50) $\int_0^1 \frac{\ln x}{1 - x^2} dx = -\frac{\pi^2}{8}$

51) $\int_0^1 \frac{\ln x}{1 - x} dx = \int_0^1 \frac{\ln(1-x)}{x} dx = -\frac{\pi^2}{6}$

52) $\int_0^1 \frac{\ln x}{1 + x} dx = -\int_0^1 \frac{\ln(1+x)}{x} dx = -\frac{\pi^2}{12}$

53) $\int_0^1 \frac{dx}{\sqrt{\ln \frac{1}{x}}} = 2 \int_0^1 \sqrt{\ln \frac{1}{x}} dx = \sqrt{\pi}$

54) $\int_0^{\frac{\pi}{2}} \ln \sin x dx = \int_0^{\frac{\pi}{2}} \ln \cos x dx = -\int_0^{\frac{\pi}{2}} \frac{x}{\tan x} dx$
$= -\frac{\pi}{2} \ln 2$

55) $\int_0^1 \frac{x^p}{(1-x)^p} dx = \frac{p\pi}{\sin p\pi} \quad (0 < p^2 < 1)$

56) $\int_0^1 \frac{x^{p-1}}{(1-x^n)^{p/n}} dx = \frac{\pi}{n \sin \frac{p\pi}{n}} \quad (0 < p < n)$

6 常微分方程

6.1 一阶常微分方程（见表 1.3-16、表 1.3-17）

表 1.3-16　一阶常微分方程

方程形式	解法及通解
[可分离变量方程] $P_1(x)Q_1(y)\mathrm{d}x + P_2(x)Q_2(y)\mathrm{d}y = 0$	分离变量 $\dfrac{Q_2(y)}{Q_1(y)}\mathrm{d}y = -\dfrac{P_1(x)}{P_2(x)}\mathrm{d}x$，积分得隐式通解 $\displaystyle\int \dfrac{Q_2(y)}{Q_1(y)}\mathrm{d}y = -\int \dfrac{P_1(x)}{P_2(x)}\mathrm{d}x + C$
[齐次方程] $y' = f\left(\dfrac{y}{x}\right)$	令 $u = \dfrac{y}{x}$，则 $y' = u + xu'$，方程化为 $u + xu' = f(u)$，即 $\dfrac{1}{f(u) - u}\mathrm{d}u = \dfrac{1}{x}\mathrm{d}x$ 积分得 $\displaystyle\int \dfrac{1}{f(u)-u}\mathrm{d}u = \ln x + C$，代回 $u = \dfrac{y}{x}$ 得通解
[齐次线性方程] $y' + P(x)y = 0$	通解公式 $y = C\mathrm{e}^{-\int P(x)\mathrm{d}x}$
[非齐次线性方程] $y' + P(x)y = Q(x)$	通解公式 $y = \mathrm{e}^{-\int P(x)\mathrm{d}x}\left[\displaystyle\int Q(x)\mathrm{e}^{\int P(x)\mathrm{d}x}\mathrm{d}x + C\right]$
[全微分方程] $P(x,y)\mathrm{d}x + Q(x,y)\mathrm{d}y = 0$ 其中 $\dfrac{\partial P}{\partial y} = \dfrac{\partial Q}{\partial x}$	通解 $u(x,y) = \displaystyle\int_{x_0}^{x} P(x,y)\mathrm{d}x + \int_{y_0}^{y} Q(x_0,y)\mathrm{d}y = C$ 或 $u(x,y) = \displaystyle\int_{x_0}^{x} P(x,y_0)\mathrm{d}x + \int_{y_0}^{y} Q(x,y)\mathrm{d}y = C$ 其中 x_0, y_0 可适当选取
[伯努利方程] $y' = P(x)y + Q(x)y^n$ $(n \neq 0, 1)$	令 $u = y^{1-n}$，则 $y' = \dfrac{1}{1-n}y^n u'$，方程化为非齐次线性方程 $u' + (n-1)P(x)u = (1-n)Q(x)$ $u = \mathrm{e}^{(1-n)\int P(x)\mathrm{d}x}\left[(1-n)\displaystyle\int Q(x)\mathrm{e}^{(n-1)\int P(x)\mathrm{d}x}\mathrm{d}x + C\right]$ 通解为 $y^{1-n} = \mathrm{e}^{(1-n)\int P(x)\mathrm{d}x}\left[(1-n)\displaystyle\int Q(x)\mathrm{e}^{(n-1)\int P(x)\mathrm{d}x}\mathrm{d}x + C\right]$
[拉格朗日方程] $y = xf(y') + g(y')$，f, g 为可微函数	令 $p = y'$，方程两边对 x 求导得 $p = f(p) + xf'(p)\dfrac{\mathrm{d}p}{\mathrm{d}x} + g'(p)\dfrac{\mathrm{d}p}{\mathrm{d}x}$，整理为 $\dfrac{\mathrm{d}p}{\mathrm{d}x} = \dfrac{p - f(p)}{xf'(p) + g'(p)}$，即 $\dfrac{\mathrm{d}x}{\mathrm{d}p} + \dfrac{f'(p)}{f(p)-p}x = -\dfrac{g'(p)}{f(p)-p}$，再按非齐次线性方程通解公式求得通解，与原方程联立消去 p，如果 $f(p_0) - p_0 = 0$，则 $y = p_0 x + g(p_0)$ 为方程的解
[可化为可分离变量方程的方程] $y' = f(ax + by + c)$	令 $z = ax + by + c$，则 $z' = a + by'$，方程化为 $z' = a + bf(z)$，为可分离变量的方程
[可化为齐次方程的方程] $y' = f\left(\dfrac{a_1 x + b_1 y + c_1}{a_2 x + b_2 y + c_2}\right)$	当 $\Delta = \begin{vmatrix} a_1 & b_1 \\ a_2 & b_2 \end{vmatrix} \neq 0$，则利用线性方程组 $\begin{cases} a_1 u + b_1 v + c_1 = 0 \\ a_2 u + b_2 v + c_2 = 0 \end{cases}$ 的解 $u = \alpha, v = \beta$ 作变量代换：$x = \xi + \alpha, y = \eta + \beta$。方程化为齐次方程： $\dfrac{\mathrm{d}\eta}{\mathrm{d}\xi} = f\left(\dfrac{a_1 \xi + b_1 \eta}{a_2 \xi + b_2 \eta}\right)$ 当 $\Delta = 0, b_1 \neq 0$，则令 $z = a_1 x + b_1 y + c_1$； 当 $\Delta = 0, b_2 \neq 0$，则令 $z = a_2 x + b_2 y + c_2$， 原方程化为可分离变量方程

(续)

方程形式	解法及通解
[黎卡提方程] $y' = p(x)y^2 + q(x)y + r(x)$, $p(x) \neq 0, r(x) \neq 0$	一般地,通解不能用积分求得。但若已知方程的一个特解 $y = y_1(x)$,则可利用变换 $y = y_1(x) + \dfrac{1}{u}$ 把方程化为非齐次线性方程: $$u' + [q(x) + 2p(x)y_1(x)]u = -p(x)$$ 或利用变换 $y = y_1(x) + u$ 把方程化为伯努利方程: $$u' = [q(x) + 2p(x)y_1(x)]u + p(x)u^2$$
[克莱罗方程] $y = xy' + f(y')$,f 是可微函数	通解 $y = Cx + f(C)$
[可解出 y 的方程] $y = F(x, y')$	令 $p = y'$,方程两边对 x 求导得 $p = \dfrac{\partial F}{\partial x} + \dfrac{\partial F}{\partial p}\dfrac{\mathrm{d}p}{\mathrm{d}x}$,即 $\left(p - \dfrac{\partial F}{\partial x}\right)\mathrm{d}x = \dfrac{\partial F}{\partial p}\mathrm{d}p$。设其通解为 $p = \varphi(x, C)$,则原方程的通解为 $y = F(x, \varphi(x, C))$
[可解出 x 的方程] $x = F(y, y')$	令 $p = y'$,则 $y'' = p\dfrac{\mathrm{d}p}{\mathrm{d}y}$,方程两边对 x 求导得 $1 = \dfrac{\partial F}{\partial y}p + \dfrac{\partial F}{\partial p}p'$,即 $1 = \dfrac{\partial F}{\partial y}p + \dfrac{\partial F}{\partial p}p\dfrac{\mathrm{d}p}{\mathrm{d}y}$,于是方程化为: $$\left(1 - p\dfrac{\partial F}{\partial y}\right)\mathrm{d}y = p\dfrac{\partial F}{\partial p}\mathrm{d}p$$ 设其通解为 $p = \varphi(y, C)$,则原方程的通解为 $x = F(y, \varphi(y, C))$
[不显含 y 的方程] $F(x, y') = 0$	引入适当的参数 t,原方程化为 $\begin{cases} x = \varphi(t) \\ y' = \psi(t) \end{cases}$,则通解为: $$\begin{cases} x = \varphi(t) \\ y = \int \psi(t)\varphi'(t)\mathrm{d}t + C \end{cases}$$
[不显含 x 的方程] $F(y, y') = 0$	引入适当的参数 t,原方程化为 $\begin{cases} y = \varphi(t) \\ y' = \psi(t) \end{cases}$,则通解为: $$\begin{cases} x = \int \dfrac{\varphi'(t)}{\psi(t)}\mathrm{d}t + C \\ y = \varphi(t) \end{cases}$$
[达朗贝尔方程] $x + yy' = \varphi(y')$	令 $p = y'$,方程两边对 y 求导得 $\dfrac{\mathrm{d}x}{\mathrm{d}y} + p + y\dfrac{\mathrm{d}p}{\mathrm{d}y} = \varphi'(p)\dfrac{\mathrm{d}p}{\mathrm{d}y}$,即 $\dfrac{1}{p} + p + y\dfrac{\mathrm{d}p}{\mathrm{d}y} = \varphi'(p)\dfrac{\mathrm{d}p}{\mathrm{d}y}$,化为非齐次线性方程: $$\dfrac{\mathrm{d}y}{\mathrm{d}p} + \dfrac{p}{1+p^2}y = \dfrac{p\varphi'(p)}{1+p^2}$$ 将其通解与原方程联立消去 p 得原方程的通解
[含积分因子的方程] $P(x,y)\mathrm{d}x + Q(x,y)\mathrm{d}y = 0, \dfrac{\partial P}{\partial y} \neq \dfrac{\partial Q}{\partial x}$	如果存在 $\mu(x,y)$(称积分因子)使得 $\dfrac{\partial(\mu P)}{\partial y} = \dfrac{\partial(\mu Q)}{\partial x}$,则方程可化为全微分方程: $$\mu(x,y)P(x,y)\mathrm{d}x + \mu(x,y)Q(x,y)\mathrm{d}y = 0$$ 积分因子的确定见表 1.3-17

表 1.3-17　积分因子

$P(x,y), Q(x,y)$ 满足条件	积分因子
$xP + yQ = 0$	$\dfrac{1}{xP - yQ}$
$xP - yQ = 0$	$\dfrac{1}{xP + yQ}$
$xP + yQ \neq 0$，P、Q 为同次齐次式	$\dfrac{1}{xP + yQ}$
$xP - yQ \neq 0$，$P = yP_1(xy)$，$Q = xQ_1(xy)$	$\dfrac{1}{xP - yQ}$
$\dfrac{1}{Q}\left(\dfrac{\partial P}{\partial y} - \dfrac{\partial Q}{\partial x}\right) = f(x)$	$e^{\int f(x)dx}$
$\dfrac{1}{P}\left(\dfrac{\partial Q}{\partial x} - \dfrac{\partial P}{\partial y}\right) = g(y)$	$e^{\int g(y)dy}$
存在满足 $nxP - myQ + xy\left(\dfrac{\partial P}{\partial y} - \dfrac{\partial Q}{\partial x}\right) = 0$ 的常数 m, n	$x^m y^n$
$\dfrac{\partial P}{\partial x} = \dfrac{\partial Q}{\partial y}$，$\dfrac{\partial P}{\partial y} = -\dfrac{\partial Q}{\partial x}$	$\dfrac{1}{P^2 + Q^2}$
$\dfrac{\partial P}{\partial y} - \dfrac{\partial Q}{\partial x} = f(x+y)(Q-P)$	形为 $\mu(x+y)$
$\dfrac{\partial P}{\partial y} - \dfrac{\partial Q}{\partial x} = f(x-y)(Q+P)$	形为 $\mu(x-y)$
$\dfrac{\partial P}{\partial y} - \dfrac{\partial Q}{\partial x} = f(xy)(yQ - xP)$	形为 $\mu(xy)$
$x^2\left(\dfrac{\partial P}{\partial y} - \dfrac{\partial Q}{\partial x}\right) = f\left(\dfrac{y}{x}\right)(yQ + xP)$	形为 $\mu\left(\dfrac{y}{x}\right)$
$\dfrac{\partial P}{\partial y} - \dfrac{\partial Q}{\partial x} = f(x^2 + y^2)(xQ - yP)$	形为 $\mu(x^2 + y^2)$
$\dfrac{\partial P}{\partial y} - \dfrac{\partial Q}{\partial x} = f(x^2 - y^2)(xQ + yP)$	形为 $\mu(x^2 - y^2)$

6.2　二阶常微分方程（见表 1.3-18、表 1.3-19）

表 1.3-18　二阶常微分方程

方　程　形　式	解法及通解
［不显含 y，y' 的方程］ $y'' = f(x)$	通解 $y = \int\left[\int f(x)dx\right]dx + C_1 x + C_2$

（续）

方程形式	解法及通解
[不显含 y 的齐次线性方程] $y'' + P(x)y' = 0$	令 $y' = u$，则 $y'' = u'$，方程化为 $u' + P(x)u = 0$，其通解 $u = C_1 \mathrm{e}^{-\int P(x)\mathrm{d}x}$，两边积分得方程的通解： $$y = C_1 \int [\mathrm{e}^{-\int P(x)\mathrm{d}x}]\mathrm{d}x + C_2$$
[不显含 y 的非齐次线性方程] $y'' + P(x)y' = Q(x)$	令 $y' = u$，则 $y'' = u'$，方程化为 $u' + P(x)u = Q(x)$，其通解 $u = \mathrm{e}^{-\int P(x)\mathrm{d}x}(\int Q(x)\mathrm{e}^{\int P(x)\mathrm{d}x}\mathrm{d}x + C_1)$，两边积分得方程的通解： $$y = \int [\mathrm{e}^{-\int P(x)\mathrm{d}x}(\int Q(x)\mathrm{e}^{\int P(x)\mathrm{d}x}\mathrm{d}x + C_1)]\mathrm{d}x + C_2$$
[不显含 y 的非线性方程] $y'' + P(x)f(y') = 0$	令 $y' = u$，则 $y'' = u'$，方程化为可分离变量的方程 $u' + P(x)f(u) = 0$，设其通解为 $u = u(x) + C_1$，则两边积分得方程的通解： $$y = \int u(x)\mathrm{d}x + C_1 x + C_2$$
[不显含 x 和 y' 的方程] $y'' = f(y)$	令 $y' = u(y)$，则 $y'' = u(y)\dfrac{\mathrm{d}u}{\mathrm{d}y}$，方程化为可分离变量的方程 $\dfrac{\mathrm{d}u}{\mathrm{d}y} = f(y)$，其通解 $u = \pm\sqrt{2\int f(y)\mathrm{d}y + C_1}$，分离变量并积分得方程通解： $$x = \pm \int \dfrac{1}{\sqrt{2\int f(y)\mathrm{d}y + C_1}}\mathrm{d}y + C_2$$
[不显含 x, y 的方程] $y'' = f(y')$	令 $y' = u$，则 $y'' = u'$，方程化为 $u' = f(u)$，分离变量并积分得： $$x = \int \dfrac{1}{f(u)}\mathrm{d}u + C_1 \quad (*)$$ 另一方面，$y'' = u\dfrac{\mathrm{d}u}{\mathrm{d}y}$，方程化为 $\dfrac{u}{f(u)}\mathrm{d}u = \mathrm{d}y$，积分得： $$y = \int \dfrac{u}{f(u)}\mathrm{d}u + C_2 \quad (**)$$ 由 $(*)$，$(**)$ 消去 u 得方程通解
[不显含 x 的方程] $y'' = f(y, y')$	令 $y' = u$，则 $y'' = \dfrac{\mathrm{d}u}{\mathrm{d}x} = u\dfrac{\mathrm{d}u}{\mathrm{d}y}$，方程化为 $u\dfrac{\mathrm{d}u}{\mathrm{d}y} = f(y, u)$。如果其通解为 $u = u(y, C_1)$，则原方程通解为： $$x = \int \dfrac{1}{u(y, C_1)}\mathrm{d}y + C_2$$
[欧拉方程] $x^2 y'' + a_1 x y' + a_0 y = 0$	方程 $\lambda^2 + (a_1 - 1)\lambda + a_0 = 0$ 有两个不相等的实根 r_1, r_2 时，通解： $$y = C_1 x^{r_1} + C_2 x^{r_2};$$ 有一对共轭复根 $r_1 = \alpha + \mathrm{i}\beta, r_2 = \alpha - \mathrm{i}\beta$ 时，通解： $$y = x^{\alpha}[C_1 \cos(\beta \ln x) + C_2 \sin(\beta \ln x)]$$
[常系数齐次线性方程] $y'' + py' + qy = 0, p, q$ 为常数	特征方程 $\lambda^2 + p\lambda + q = 0$ 有两个不相等的实根 r_1, r_2 时，通解： $$y = C_1 \mathrm{e}^{r_1 x} + C_2 \mathrm{e}^{r_2 x}$$ 有二重实根 $r = r_1 = r_2$ 时，通解： $$y = (C_1 + C_2 x)\mathrm{e}^{rx}$$ 有一对共轭复根 $r_1 = \alpha + \mathrm{i}\beta, r_2 = \alpha - \mathrm{i}\beta$ 时，通解： $$y = \mathrm{e}^{\alpha x}(C_1 \cos\beta x + C_2 \sin\beta x)$$
[常系数非齐次线性方程] $y'' + py' + qy = f(x), p, q$ 为常数, $f(x) \neq 0$	通解 $y = y_c + y^*$，其中 y_c 为对应的齐次方程 $y'' + py' + qy = 0$ 的通解，可由上栏的方法求得，y^* 为方程的特解，可用待定系数法求得，具体方法见表 1.3-19

表1.3-19　二阶常系数非齐次线性方程的特解

$f(x)$的形式		特解y^*的待定形式
$a_0 x^m + a_1 x^{m-1} + \cdots + a_{m-1} x + a_m$	0 不是特征方程的根	$y^* = b_0 x^m + b_1 x^{m-1} + \cdots + b_{m-1} x + b_m$
	0 是特征方程的单根	$y^* = x(b_0 x^m + b_1 x^{m-1} + \cdots + b_{m-1} x + b_m)$
	0 是特征方程的二重根	$y^* = x^2(b_0 x^m + b_1 x^{m-1} + \cdots + b_{m-1} x + b_m)$
$(a_0 x^m + a_1 x^{m-1} + \cdots + a_{m-1} x + a_m) e^{\lambda x}$	λ 不是特征方程的根	$y^* = (b_0 x^m + b_1 x^{m-1} + \cdots + b_{m-1} x + b_m) e^{\lambda x}$
	λ 是特征方程的单根	$y^* = x(b_0 x^m + b_1 x^{m-1} + \cdots + b_{m-1} x + b_m) e^{\lambda x}$
	λ 是特征方程的二重根	$y^* = x^2(b_0 x^m + b_1 x^{m-1} + \cdots + b_{m-1} x + b_m) e^{\lambda x}$
$e^{\lambda x}[P_l(x) \cos\omega x + P_n(x) \sin\omega x]$, $P_l(x), P_n(x)$ 分别为 x 的 l 次, n 次多项式	$\lambda + i\omega$ 不是特征方程的根	$y^* = e^{\lambda x}[R_m^{(1)}(x) \cos\omega x + R_m^{(2)}(x) \sin\omega x]$
	$\lambda + i\omega$ 是特征方程的根	$y^* = x e^{\lambda x}[R_m^{(1)}(x) \cos\omega x + R_m^{(2)}(x) \sin\omega x]$, $R_m^{(1)}(x)$, $R_m^{(2)}(x)$ 为 x 的 m 次多项式, $m = \max\{l, n\}$

7　拉普拉斯变换

7.1　拉普拉斯变换及逆变换

设 $f(t)$ 为在 $[0, +\infty)$ 上有定义的实值或复值函数，则

$$F(s) = \int_0^\infty f(t) e^{-st} dt \quad (s = \sigma + i\omega)$$

称为 $f(t)$ 的拉普拉斯变换，记为 $L[f(t)]$，即 $F(s) = L[f(t)]$，而

$$f(t) = \frac{1}{2\pi i} \int_{\sigma - i\infty}^{\sigma + i\infty} F(s) e^{st} ds \quad (t \geq 0, \sigma \geq 0)$$

称为 $F(s)$ 的拉普拉斯逆变换，记为 $L^{-1}[F(s)]$，即 $f(t) = L^{-1}[F(s)]$。$F(s)$ 称为 $f(t)$ 的象函数，而 $f(t)$ 称为 $F(s)$ 的象原函数。

(1) $t < 0$ 时，$f(t) \equiv 0$；

(2) $t \geq 0$ 时，$f(t)$ 在任一有限区间上分段连续；

(3) 当 $t \to +\infty$ 时，存在常数 M 及 $s_0 \geq 0$，使得 $|f(t)| \leq M e^{s_0 t}, (0 \leq t \leq +\infty)$。

当 $f(t)$ 满足上面条件时，则 $f(t)$ 的拉普拉斯变换在半平面 $\text{Re}(s) = \sigma > s_0$ 上存在且 $F(s)$ 在此半平面上为解析函数。

7.2　拉普拉斯变换的性质（见表1.3-20）

7.3　拉普拉斯变换表（见表1.3-21）

表1.3-20　拉普拉斯变换的性质

性　质	表　达　式
线性性质	$L[af(t)] = aL[f(t)]$ $L[af_1(t) + bf_2(t)] = aL[f_1(t)] + bL[f_2(t)]$ a, b 为常数
相似性质	$L[f(at)] = \dfrac{1}{a} F\left(\dfrac{s}{a}\right)$ a 为正常数
位移性质	$L[e^{at} f(t)] = F(s-a)$ a 为复常数且 $\text{Re}(s-a) > s_0$
延迟性质	$L[f(t-\tau)] = e^{-s\tau} F(s)$ τ 为正实数
微分性质	$L[f'(t)] = sF(s) - f(0)$ $L[f^{(n)}(t)] = s^n F(s) - s^{n-1} f(0) - s^{n-2} f'(0) - \cdots - f^{(n-1)}(0)$ $n = 2, 3, \cdots$

(续)

性 质	表 达 式
积分性质	$L\left[\int_0^t f(t)\,dt\right] = \dfrac{1}{s}F(s)$ $L\left[\int_0^t dt_n \cdots \int_0^{t_3} dt_2 \int_0^{t_2} f(t_1)\,dt_1\right] = \dfrac{1}{s^n}F(s)$ $n = 2,3,\cdots$ $L\left[\dfrac{f(t)}{t}\right] = \int_s^\infty F(s)\,ds$
初值定理	$\lim\limits_{t\to 0}f(t) = \lim\limits_{s\to\infty}sF(s)$
终值定理	$\lim\limits_{t\to +\infty}f(t) = \lim\limits_{s\to 0}sF(s)$
卷积定理	$L[f_1(t)*f_2(t)] = L[f_1(t)]L[f_2(t)]$ 其中 $f_1(t)*f_2(t) = \int_0^t f_1(\tau)f_2(t-\tau)\,d\tau$ 称为 $f_1(t)$ 与 $f_2(t)$ 的卷积

表 1.3-21 拉普拉斯变换表

$f(t)$	$F(s) = L[f(t)]$	$f(t)$	$F(s) = L[f(t)]$
$\delta(t) = \begin{cases} 0 & t\neq 0 \\ \infty & t=0 \end{cases}$	1	$e^{-bt}t^a\ (a>-1)$	$\dfrac{\Gamma(a+1)}{(s+b)^{a+1}}$
$\delta(t-c)\ (c>0)$	e^{-cs}	$\mathrm{sh}^2 at$	$\dfrac{2a^2}{s(s^2-4a^2)}$
$\begin{cases} 0 & t>a \\ 1 & 0<t<a \end{cases}$ (a 为正常数)	$\dfrac{e^{-as}}{s}$	$\mathrm{ch}^2 at$	$\dfrac{s^2-2a^2}{s(s^2-4a^2)}$
		$\sin(at+b)$	$\dfrac{s\sin b + a\cos b}{s^2+a^2}$
$\begin{cases} 0 & 0<t<a \\ 1 & a<t<b \\ 0 & b<t<\infty \end{cases}$ $(0\leq a<b)$	$\dfrac{e^{-as}-e^{-bs}}{s}$	$\cos(ax+b)$	$\dfrac{s\cos b - a\sin b}{s^2+a^2}$
		$e^{-at}\mathrm{sh}bt$	$\dfrac{b}{(s+a)^2-b^2}$
1	$\dfrac{1}{s}$	$e^{-at}\mathrm{ch}bt$	$\dfrac{s+a}{(s+a)^2-b^2}$
t	$\dfrac{1}{s^2}$	$at-\sin at$	$\dfrac{a^3}{s^2(s^2+a^2)}$
t^n (n 为非负整数)	$\dfrac{n!}{s^{n+1}}$	$1-\cos at$	$\dfrac{a^2}{s(s^2+a^2)}$
$t^{n-\frac{1}{2}}$ (n 为正整数)	$\dfrac{\sqrt{\pi}(2n-1)!!}{2^n s^{n+\frac{1}{2}}}$	$t\sin at$	$\dfrac{2as}{(s^2+a^2)^2}$
		$t\cos at$	$\dfrac{s^2-a^2}{(s^2+a^2)^2}$
e^{at}	$\dfrac{1}{s-a}$	$\dfrac{1}{t}\sin^2 at$	$\dfrac{1}{4}\ln\dfrac{s^2+4a^2}{s^2}$
$\dfrac{1}{t}(e^{bt}-e^{at})$	$\ln\dfrac{s-a}{s-b}$	$\sin^2 t$	$\dfrac{1}{2}\left(\dfrac{1}{s}-\dfrac{s}{s^2+4}\right)$
$\sin at$	$\dfrac{a}{s^2+a^2}$	$\cos^2 t$	$\dfrac{1}{2}\left(\dfrac{1}{s}+\dfrac{s}{s^2+4}\right)$
$\cos at$	$\dfrac{s}{s^2+a^2}$	$\sin at \sin bt$	$\dfrac{2abs}{[s^2+(a+b)^2][s^2+(a-b)^2]}$
$\mathrm{sh}at$	$\dfrac{a}{s^2-a^2}$	$\dfrac{2}{t}(1-\cos at)$	$\ln\dfrac{s^2+a^2}{s^2}$
$\mathrm{ch}at$	$\dfrac{s}{s^2-a^2}$	$\dfrac{2}{t}(1-\mathrm{ch}at)$	$\ln\dfrac{s^2-a^2}{s^2}$
$e^{-bt}\sin at$	$\dfrac{a}{(s+b)^2+a^2}$	$\dfrac{1}{t}\sin at$	$\arctan\dfrac{a}{s}$
$e^{-bt}\cos at$	$\dfrac{s+b}{(s+b)^2+a^2}$	$\dfrac{1}{a}\sin at - \dfrac{1}{b}\sin bt$	$\dfrac{b^2-a^2}{(s^2+a^2)(s^2+b^2)}$

（续）

$f(t)$	$F(s)=L[f(t)]$	$f(t)$	$F(s)=L[f(t)]$
$\cos at - \cos bt$	$\dfrac{(b^2-a^2)s}{(s^2+a^2)(s^2+b^2)}$	$\operatorname{ch}at + \cos at$	$\dfrac{2s^3}{s^4-a^4}$
$t\operatorname{sh}at$	$\dfrac{2as}{(s^2-a^2)^2}$	$\dfrac{2}{t}\operatorname{sh}at$	$\ln\dfrac{s+a}{s-a}$
$t\operatorname{ch}at$	$\dfrac{s^2+a^2}{(s^2-a^2)^2}$	$\ln t$	$-\dfrac{1}{s}(\ln s + \gamma)$ （γ 为欧拉常数，下同）
$\operatorname{sh}at - \sin at$	$\dfrac{2a^3}{s^4-a^4}$		
$\operatorname{ch}at - \cos at$	$\dfrac{2a^2 s}{s^4-a^4}$	$\ln t \sin at$	$\dfrac{1}{s^2+a^2}\left[s\arctan\dfrac{a}{s}-\dfrac{a}{2}\ln(s^2+a^2)-a\gamma\right]$
$\operatorname{sh}at + \sin at$	$\dfrac{2as^2}{s^4-a^4}$	$\ln t \cos at$	$\dfrac{-1}{s^2+a^2}\left[a\arctan\dfrac{a}{s}+\dfrac{s}{2}\ln(s^2+a^2)+s\gamma\right]$

7.4 拉普拉斯逆变换表（见表1.3-22）

表1.3-22 拉普拉斯逆变换表

$F(s)$	$f(t)=L^{-1}[F(s)]$	$F(s)$	$f(t)=L^{-1}[F(s)]$
$\dfrac{1}{s^n}$ $(n=1,2,\cdots)$	$\dfrac{1}{(n-1)!}t^{n-1}$	$\dfrac{1}{(s+a)(s+b)(s+c)}$ $(a,b,c\text{ 不等})$	$\dfrac{e^{-at}}{(b-a)(c-a)}+\dfrac{e^{-bt}}{(a-b)(c-b)}$ $+\dfrac{e^{-ct}}{(a-c)(b-c)}$
$\dfrac{1}{\sqrt{s}}$	$\dfrac{1}{\sqrt{\pi t}}$		
$\dfrac{1}{s\sqrt{s}}$	$2\sqrt{\dfrac{t}{\pi}}$	$\dfrac{s}{(s+a)(s+b)(s+c)}$ $(a,b,c\text{ 不等})$	$\dfrac{ae^{-at}}{(c-a)(a-b)}+\dfrac{be^{-bt}}{(a-b)(b-c)}$ $+\dfrac{ce^{-ct}}{(b-c)(c-a)}$
$\dfrac{1}{s}\left(\dfrac{s-1}{s}\right)^n$ $(n=0,1,2,\cdots)$	$\dfrac{e^t}{n!}\dfrac{d^n}{dt^n}(t^n e^{-t})$		
$\dfrac{a-b}{(s-a)(s-b)}$	$e^{at}-e^{bt}$	$\dfrac{s^2}{(s+a)(s+b)(s+c)}$ $(a,b,c\text{ 不等})$	$\dfrac{a^2 e^{-at}}{(c-a)(b-a)}+\dfrac{b^2 e^{-bt}}{(a-b)(c-b)}$ $+\dfrac{c^2 e^{-ct}}{(b-c)(a-c)}$
$\dfrac{(a-b)s}{(s-a)(s-b)}$	$ae^{at}-be^{bt}$		
$\dfrac{1}{s^2(s^2+a^2)}$	$\dfrac{1}{a^4}(\cos at - 1)+\dfrac{1}{2a^2}t^2$	$\dfrac{1}{(s+a)(s+b)^2}$ $(a\neq b)$	$\dfrac{e^{-at}-e^{-bt}[1-(a-b)t]}{(a-b)^2}$
$\dfrac{1}{s^3(s^2-a^2)}$	$\dfrac{1}{a^4}(\operatorname{ch}at - 1)-\dfrac{1}{2a^2}t^2$	$\dfrac{s}{(s+a)(s+b)^2}$ $(a\neq b)$	$\dfrac{[a-b(a-b)t]e^{-at}-ae^{-bt}}{(a-b)^2}$
$\dfrac{1}{(s^2+a^2)^2}$	$\dfrac{1}{2a^3}(\sin at - at\cos at)$	$\dfrac{3a^2}{s^3+a^3}$	$e^{-at}-e^{\frac{a}{2}t}\left(\cos\dfrac{\sqrt{3}}{2}at-\sqrt{3}\sin\dfrac{\sqrt{3}}{2}at\right)$
$\dfrac{s^2}{(s^2+a^2)^2}$	$\dfrac{1}{2a}(\sin at + at\cos at)$	$\dfrac{4a^3}{s^4+4a^4}$	$\sin at\operatorname{ch}at - \cos at\operatorname{sh}at$
$\dfrac{1}{s(s^2+a^2)^2}$	$\dfrac{1}{a^4}(1-\cos at)-\dfrac{1}{2a^3}t\sin at$	$\dfrac{s}{s^4+4a^4}$	$\dfrac{1}{2a^2}\sin at\operatorname{sh}at$
$\dfrac{s}{(s+a)^2}$	$(1-at)e^{-at}$	$\dfrac{1}{s^4-a^4}$	$\dfrac{1}{2a^3}(\operatorname{sh}at - \sin at)$
$\dfrac{s}{(s+a)^3}$	$t\left(1-\dfrac{a}{2}t\right)e^{-at}$	$\dfrac{1}{s^4+a^4}$	$\dfrac{1}{\sqrt{2}a^3}\left(\sin\dfrac{at}{\sqrt{2}}\operatorname{ch}\dfrac{at}{\sqrt{2}}-\cos\dfrac{at}{\sqrt{2}}\operatorname{sh}\dfrac{at}{\sqrt{2}}\right)$
$\dfrac{1}{s(s+a)}$	$\dfrac{1}{a}(1-e^{-at})$	$\dfrac{s}{s^4-a^4}$	$\dfrac{1}{2a^2}(\operatorname{ch}at - \cos at)$
$\dfrac{1}{s(s+a)(s+b)}$ $(a\neq b)$	$\dfrac{1}{ab}+\dfrac{1}{b-a}\left(\dfrac{e^{-bt}}{b}-\dfrac{e^{-at}}{a}\right)$	$\dfrac{s}{s^4+a^4}$	$\dfrac{1}{a^2}\sin\dfrac{at}{\sqrt{2}}\operatorname{sh}\dfrac{at}{\sqrt{2}}$

(续)

$F(s)$	$f(t)=L^{-1}[F(s)]$	$F(s)$	$f(t)=L^{-1}[F(s)]$
$\arctan\dfrac{a}{s}$	$\dfrac{1}{t}\sin at$	$\ln\dfrac{s^2+b^2}{s^2-a^2}$	$\dfrac{2}{t}(\operatorname{ch}at-\cos bt)$
$\dfrac{s}{(s-a)\sqrt{s-a}}$	$\dfrac{1}{\sqrt{\pi t}}e^{at}(1+2at)$	$\dfrac{1}{s}\ln\dfrac{1}{\sqrt{1+s^2}}$	$-\displaystyle\int_t^\infty\dfrac{\cos u}{u}du$
$\sqrt{s-a}-\sqrt{s-b}$, $a\neq b$	$\dfrac{1}{2\sqrt{\pi t^3}}(e^{bt}-e^{at})$	$\dfrac{\pi}{2s}-\dfrac{1}{s}\arctan s$	$-\displaystyle\int_t^\infty\dfrac{\sin u}{u}du$
$\dfrac{1}{\sqrt{s}}e^{-\frac{a}{s}}$	$\dfrac{1}{\sqrt{\pi t}}\cos 2\sqrt{at}$	$\dfrac{1}{s}\ln(1+s)$	$\displaystyle\int_t^\infty\dfrac{e^{-u}}{u}du$
$\dfrac{1}{\sqrt{s}}e^{\frac{a}{s}}$	$\dfrac{1}{\sqrt{\pi t}}\operatorname{ch}2\sqrt{at}$	$\dfrac{1}{\sqrt{s}}e^{-\sqrt{s}}\sin\sqrt{s}$	$\dfrac{1}{\sqrt{\pi t}}\sin\dfrac{1}{2t}$
$\dfrac{1}{s\sqrt{s}}e^{-\frac{a}{s}}$	$\dfrac{1}{\sqrt{\pi t}}\sin 2\sqrt{at}$	$\dfrac{1}{\sqrt{s}}e^{-\sqrt{s}}\cos\sqrt{s}$	$\dfrac{1}{\sqrt{\pi t}}\cos\dfrac{1}{2t}$
$\dfrac{1}{s\sqrt{s}}e^{\frac{a}{s}}$	$\dfrac{1}{\sqrt{\pi t}}\operatorname{sh}2\sqrt{at}$	$\ln\dfrac{s^2+a^2}{s^2+b^2}$	$\dfrac{2}{t}(\cos bt-\cos at)$
$\ln\dfrac{s+a}{s-a}$	$\dfrac{2}{t}\operatorname{sh}at$	$\ln\dfrac{s^2-a^2}{s^2-b^2}$	$\dfrac{2}{t}(\operatorname{ch}bt-\operatorname{ch}at)$

7.5 拉普拉斯变换的应用

7.5.1 常系数线性微分方程的定解问题

(1) 设有常系数线性微分方程
$$\begin{cases}y^{(n)}(t)+a_1y^{(n-1)}(t)+\cdots+a_{n-1}y'(t)+a_ny(t)=f(t)\\y(0)=b_0,\ y'(0)=b_1,\cdots,y^{(n-1)}(0)=b_{n-1}\end{cases}$$

方程两边逐项做拉普拉斯变换（注意利用变换的微分性质和方程的初始条件），并记象函数 $L[y(t)]=Y(s)$，则得关于 $Y(s)$ 的一次代数方程，由此解出 $Y(s)$。

(2) 对 $Y(s)$ 做拉普拉斯逆变换，利用拉普拉斯逆变换表求得 $y(t)$，即为满足初始条件的方程的解。

7.5.2 线性定常系统的传递函数

(1) 数学模型为常系数线性微分方程的系统称为线性定常系统。设系统的输入函数为 $f(t)$，输出函数为 $g(t)$，二者的拉普拉斯变换的象函数分别为 $F(s)$ 和 $G(s)$，并设 $t=0$ 时，$f(t),g(t)$ 及其各阶导数均为 0（零初始条件），则称

$$H(s)=\dfrac{G(s)}{F(s)}$$

为系统的传递函数。

特别地，对单输入，单输出的线性定常系统，其输入函数 $f(t)$，输出函数 $g(t)$ 满足
$$a_ng^{(n)}(t)+a_{n-1}g^{(n-1)}(t)+\cdots+a_1g'(t)+a_0g(t)=b_mf^{(m)}(t)+b_{m-1}f^{(m-1)}(t)+\cdots+b_1f'(t)+b_0f(t),(n\geq m)$$

在零初始条件下，两边做拉普拉斯变换得
$$(a_ns^n+a_{n-1}s^{n-1}+\cdots+a_1s+a_0)G(s)=(b_ms^m+b_{m-1}s^{m-1}+\cdots+b_1s+b_0)F(s),$$

则传递函数
$$H(s)=\dfrac{G(s)}{F(s)}=\dfrac{b_ms^m+b_{m-1}s^{m-1}+\cdots+b_1s+b_0}{a_ns^n+a_{n-1}s^{n-1}+\cdots+a_1s+a_0}。$$

(2) 典型元件的传递函数（见表 1.3-23）

表 1.3-23 典型元件的传递函数

	元件名称	数学模型	传递函数 $H(s)$
原始传递元件	比例元件	$g(t)=Kf(t)$	K
	积分元件	$g(t)=K\int f(t)dt$	$\dfrac{K}{s}$
	微分元件	$g(t)=Kf'(t)$	Ks
	空载时间元件	$g(t)=f(t)(t-T)$	e^{-Ts}

（续）

元件名称		数学模型	传递函数 $H(s)$
延迟元件	一阶延迟元件	$g(t) + Tg'(t) = Kf(t)$	$\dfrac{K}{1+Ts}$
	二阶延迟元件	$g(t) + \dfrac{2\theta}{\omega_0}g'(t) + \dfrac{1}{\omega_0^2}g''(t) = Kf(t)$ θ：阻尼比 ω_0：特征角频率	$(\theta<1)$ $\dfrac{K\omega_0^2}{\omega_0^2+2\theta\omega_0 s+s^2}$ $(\theta>1)$ $\dfrac{K}{\left[1+\dfrac{s}{\omega_0}(\theta+\sqrt{\theta^2-1})\right]\left[1+\dfrac{s}{\omega_0}(\theta-\sqrt{\theta^2-1})\right]}$
并联组合元件	比例积分元件	$g(t) = K\int f(t)\mathrm{d}t + Tf(t)$	$\dfrac{K}{s}+T$
	比例微分元件	$g(t) = Kf(t) + Tf'(t)$	$K+Ts$
	比例积分微分元件	$g(t) = K\int f(t)\mathrm{d}t + T_1f(t) + T_2f'(t)$	$\dfrac{K}{s}+T_1+T_2s$
串联组合元件	具有一阶延迟的积分元件	$g(t) + Tg'(t) = K\int f(t)\mathrm{d}t$	$\dfrac{K}{s(1+Ts)}$
	具有一阶延迟的微分元件	$g(t) + Tg'(t) = Kf'(t)$	$\dfrac{Ks}{1+Ts}$
	具有二阶延迟的微分元件	$g(t) + \dfrac{2\theta}{\omega_0}g'(t) + \dfrac{1}{\omega_0^2}g''(t) = Kf'(t)$	$\dfrac{Ks\omega_0^2}{\omega_0^2+2\theta\omega_0 s+s^2}$
群组合元件	具有一阶延迟的比例微分元件	$g(t) + Tg'(t) = K_1f(t) + K_2f'(t)$	$\dfrac{K_1+K_2s}{1+Ts}$
	具有一阶延迟的比例积分微分元件	$g(t) + Tg'(t) = K_1\int f(t)\mathrm{d}t + K_2f(t) + K_3f'(t)$	$\dfrac{K_1+K_2s+K_3s^2}{s(1+Ts)}$

8 Z 变换

8.1 Z 变换及逆变换

设 $f(n)(n=0,1,2,\cdots)$ 为序列，z 为复变量，则级数 $\sum_{n=0}^{+\infty}f(n)z^{-n}$ 在 z 的变化域内收敛时所确定的函数 $F(z)$ 称为序列 $f(n)$ 的 Z 变换，记为 $Z[f(n)]$，即

$$F(z) = Z[f(n)] = \sum_{n=0}^{+\infty}f(n)z^{-n}.$$

而

$$f(n) = \frac{1}{2\pi\mathrm{i}}\oint_C z^{n-1}F(z)\mathrm{d}z,(n=0,1,2,\cdots)$$

其中 C 为复平面上半径大于 $F(z)$ 收敛半径的任意圆，称为 $F(z)$ 的 Z 逆变换，记为 $Z^{-1}[F(z)]$，即

$$f(n) = Z^{-1}[F(z)]$$

$F(z)$ 也称为 $f(n)$ 的象，而 $f(n)$ 称为 $F(z)$ 的原象。

若存在正数 N、R、M，使得当 $n \geq N$ 时总有 $|f(n)| \leq MR^n$ 成立，则 $f(n)$ 的 Z 变换 $F(z)$ 在 $|z|>R$ 内存在，且 $F(z)$ 在 $|z|>R$ 内为解析函数。

8.2 Z 变换的性质（见表 1.3-24）

8.3 Z 变换表（见表 1.3-25）

表 1.3-24 Z 变换的性质

性 质	表 达 式
线性性质	$Z[af(n)] = aZ[f(n)]$ $Z[af_1(n) + bf_2(n)] = aZ[f_1(n)] + bZ[f_2(n)]$ 其中 a，b 为常数

(续)

性 质	表 达 式
左移性质	$Z[f(n+k)] = z^k \{Z[f(n)] - \sum_{n=0}^{k-1} f(n)z^{-n}\}$, 其中 k 为正整数 特别地, $Z[f(n+1)] = z\{Z[f(n)] - f(0)\}$, $Z[f(n+2)] = z^2\{Z[f(n)] - f(0) - f(1)z^{-1}\}$
延迟性质	$Z[f(n-k)u(n-k)] = z^{-k}Z[f(n)]$, 其中 k 为正整数,u 为单位阶跃序列:$u(n) = \begin{cases} 1, n \geq 0 \\ 0, n < 0 \end{cases}$
初值定理	$f(0) = \lim_{z \to \infty} F(z)$, 其中 $F(z) = Z[f(n)]$
终值定理	$\lim_{n \to \infty} f(n) = \lim_{z \to 1}(z-1)F(z)$, 其中 $F(z) = Z[f(n)]$ 且 $\lim_{n \to \infty} f(n)$ 存在
有限和性质	$Z\left[\sum_{k=1}^{n} f(k)\right] = \frac{z}{z-1}F(z)$, $(\|z\| > \max\{1, R\})$ 其中 $F(z) = Z[f(n)]$, $\|z\| > R$
微分性质	$Z[nf(n)] = -z\frac{dF(z)}{dz}$, 其中 $F(z) = Z[f(n)]$
积分性质	$Z\left[\frac{f(n)}{n+k}\right] = z^k \int_{z}^{+\infty} x^{-(k+1)} F(x) dx$, $(k \geq 1)$ 其中 $F(z) = Z[f(n)]$
卷积定理	$Z[f_1(n) * f_2(n)] = Z[f_1(n)]Z[f_2(n)]$, 其中 $f_1(n) * f_2(n) = \sum_{k=0}^{n} f_1(k)f_2(n-k)$,称为 $f_1(n), f_2(n)$ 的卷积

表 1.3-25 Z 变换表

$f(n)$	$F(z) = Z[f(n)]$	$f(n)$	$F(z) = Z[f(n)]$
单位脉冲序列 $\delta(n) = \begin{cases} 1, n=0 \\ 0, n \neq 0 \end{cases}$	1	n	$\frac{z}{(z-1)^2}$
$\delta(n-k)$	z^{-k}	n^2	$\frac{z^2+z}{(z-1)^3}$
单位阶跃序列 $u(n) = \begin{cases} 1, n \geq 0 \\ 0, n < 0 \end{cases}$	$\frac{z}{z-1}$	n^3	$\frac{z^3+4z^2+z}{(z-1)^4}$
$u(n-k)$	$\frac{z^{1-k}}{z-1}$	n^4	$\frac{z^4+11z^3+11z^2+z}{(z-1)^5}$
$(-1)^n$	$\frac{z}{z+1}$	n^5	$\frac{z^5+26z^4+66z^3+26z^2+z}{(z-1)^6}$
a^n	$\frac{z}{z-a}$	na^n	$\frac{az}{(z-a)^2}$
e^{an}	$\frac{z}{z-e^a}$	$n^2 a^n$	$\frac{az^2+a^2z}{(z-a)^3}$
		$n^3 a^n$	$\frac{az^3+4a^2z^2+a^3z}{(z-a)^4}$

(续)

$f(n)$	$F(z)=Z[f(n)]$	$f(n)$	$F(z)=Z[f(n)]$
$n^4 a^n$	$\dfrac{az^4+11a^2z^3+11a^3z^2+a^4z}{(z-a)^5}$	$a^n\sin n\theta$	$\dfrac{az\sin\theta}{z^2-2az\cos\theta+a^2}$
$n^5 a^n$	$\dfrac{az^5+26a^2z^4+66a^3z^3+26a^4z^2+a^5z}{(z-a)^6}$	$\text{ch}n\beta$	$\dfrac{z(z-\text{ch}\beta)}{z^2-2z\text{ch}\beta+1}$
$(n+1)^2$	$\dfrac{z^3+z^2}{(z-1)^3}$	$\text{sh}n\beta$	$\dfrac{z\text{sh}\beta}{z^2-2z\text{ch}\beta+1}$
n^2+1	$\dfrac{z^3-z^2+2z}{(z-1)^3}$	$a^n\text{ch}n\beta$	$\dfrac{z(z-a\text{ch}\beta)}{z^2-2az\text{ch}\beta+a^2}$
n^2-1	$\dfrac{-z^3+2z^2}{(z-1)^3}$	$a^n\text{sh}n\beta$	$\dfrac{az\text{sh}\beta}{z^2-2az\text{ch}\beta+a^2}$
$C_{n+k}^k a^n$	$\left(\dfrac{z}{z-a}\right)^{k+1}$	$n\cos n\theta$	$\dfrac{(z^3+z)\cos\theta-2z^2}{(z^2-2z\cos\theta+1)^2}$
$C_n^k a^n$	$\dfrac{a^k z}{(z-a)^{k+1}}$	$n\sin n\theta$	$\dfrac{(z^3-z)\sin\theta}{(z^2-2z\cos\theta+1)^2}$
$C_k^n a^n b^{k-n}$	$\dfrac{(a+bz)^k}{z^k}$	$na^n\cos n\theta$	$\dfrac{(az^3+a^3z)\cos\theta-2a^2z^2}{(z^2-2az\cos\theta+a^2)^2}$
$u_n - u_{n-k}$	$\dfrac{z^{k-1}}{z^k-z^{k-1}}$	$na^n\sin n\theta$	$\dfrac{(az^3-a^3z)\sin\theta}{(z^2-2az\cos\theta+a^2)^2}$
$a^n\cos\dfrac{n\pi}{2}$	$\dfrac{z^2}{z^2+a^2}$	$\dfrac{1}{n+1}$	$z\ln\left(\dfrac{z}{z+1}\right)$
$a^{n-1}\sin\dfrac{n\pi}{2}$	$\dfrac{z}{z^2+a^2}$	$\dfrac{1}{(n+1)(n+2)}$	$z+(z-z^2)\ln\left(\dfrac{z}{z-1}\right)$
na^{n-1}	$\dfrac{z}{(z-a)^2}$	$\dfrac{n}{(n+1)(n+2)}$	$-2z+(2z^2-z)\ln\left(\dfrac{z}{z-1}\right)$
$(n+1)a^n$	$\dfrac{z^2}{(z-a)^2}$	$\dfrac{2}{(n+1)(n+2)(n+3)}$	$\dfrac{3}{2}z-z^2+z(1-z)^2\ln\left(\dfrac{z}{z-1}\right)$
$\dfrac{a^n-b^n}{a-b}$	$\dfrac{z}{(z-a)(z-b)}$	$\dfrac{1}{2n+1}$	$\sqrt{z}\arctan\sqrt{\dfrac{1}{z}}$
$\dfrac{a^{n+1}-b^{n+1}}{a-b}$	$\dfrac{z^2}{(z-a)(z-b)}$	$\dfrac{a^n}{n!}$	$e^{\frac{a}{z}}$
$\cos n\theta$	$\dfrac{z(z-\cos\theta)}{z^2-2z\cos\theta+1}$	$\dfrac{(\ln a)^n}{n!}$	$a^{\frac{1}{z}}$
$\sin n\theta$	$\dfrac{z\sin\theta}{z^2-2z\cos\theta+1}$	$\dfrac{1}{(2n)!}$	$\text{ch}\sqrt{\dfrac{1}{z}}$
$\cos(n\theta+\varphi)$	$\dfrac{z^2\cos\varphi-z\cos(\theta-\varphi)}{z^2-2z\cos\theta+1}$	$\dfrac{(2n)!\,a^n}{(2^n n!)^2}$	$\sqrt{\dfrac{z}{z-a}}$
$\sin(n\theta+\varphi)$	$\dfrac{z^2\sin\varphi+z\sin(\theta-\varphi)}{z^2-2z\cos\theta+1}$	$\dfrac{(2n)!\,(-a)^n}{(2^n n!)^2}$	$\sqrt{\dfrac{z}{z+a}}$
$a^n\cos n\theta$	$\dfrac{z(z-a\cos\theta)}{z^2-2az\cos\theta+a^2}$		

8.4 Z 逆变换表（见表 1.3-26）

表 1.3-26　Z 逆变换表

$F(z)$	$f(n) = Z^{-1}[F(z)]$
$\dfrac{z^2}{z^2-1}$	$\dfrac{1}{2}u_n + \dfrac{1}{2}(-1)^n$
$\dfrac{z^3}{(z-1)^3}$	$\dfrac{(n+1)(n+2)}{2}$
$\dfrac{z^2}{(z-1)^3}$	$\dfrac{n(n+1)}{2}$
$\dfrac{z}{(z-1)^3}$	$\dfrac{n(n-1)}{2}$
$\dfrac{1}{(z-1)^3}$	$\dfrac{(n-1)(n-2)}{2}u_{n-1}$
$\dfrac{1}{z^2-a^2}$	$\dfrac{a^n+(-a)^n}{2a^2}u_{n-1}$
$\dfrac{z}{z^2-a^2}$	$\dfrac{a^n-(-a)^n}{2a}$
$\dfrac{z^2}{z^2-a^2}$	$\dfrac{a^n+(-a)^n}{2}$
$\dfrac{1}{z^2+a^2}$	$-a^{n-2}u_{n-1}\cos\dfrac{n\pi}{2}$
$\dfrac{1}{(z-a)^2}$	$(n-1)a^{n-2}u_{n-1}$
$\dfrac{1}{(z-a)(z-b)}$	$\dfrac{a^{n-1}-b^{n-1}}{a-b}u_{n-1}$
$\ln\left(\dfrac{z}{z-a}\right)$	$\begin{cases}0, & n=0;\\ \dfrac{a^n}{n}, & n\neq 0\end{cases}$
$\ln\left(\dfrac{z}{z+a}\right)$	$\begin{cases}0, & n=0;\\ \dfrac{(-a)^n}{n}, & n\neq 0\end{cases}$
$\dfrac{1}{2}\ln\left(\dfrac{z+a}{z-a}\right)$	$\begin{cases}\dfrac{a^n}{n}, n=1,3,5,\cdots\\ 0, n=0,2,4,\cdots\end{cases}$
$\ln\left(\dfrac{z}{\sqrt{z^2-a^2}}\right)$	$\begin{cases}\dfrac{a^n}{n}, n=2,4,6,\cdots\\ 0, n=0,1,3,\cdots\end{cases}$
$\dfrac{z}{(z-a)(z-b)^2}$	$\dfrac{a^n-b^n}{(a-b)^2}-\dfrac{nb^{n-1}}{a-b}$
$\dfrac{z}{(z-a)(z-b)^3}$	$\dfrac{a^n-b^n}{(a-b)^3}-\dfrac{nb^{n-1}}{(a-b)^2}-\dfrac{n(n-1)b^{n-2}}{2(a-b)}$
$\dfrac{z}{(z-a)^2(z-b)^2}$	$\dfrac{n(a^{n-1}+b^{n-1})}{(a-b)^2}-\dfrac{2(a^n-b^n)}{(a-b)^3}$
$\dfrac{z}{(z-a)^2(z-b)^3}$	$\dfrac{n(a^{n-1}+2b^{n-1})}{(a-b)^3}-\dfrac{3(a^n-b^n)}{(a-b)^4}+\dfrac{n(n-1)b^{n-2}}{2(a-b)^2}$
$\dfrac{z^3}{(z-a)(z-b)(z-c)}$	$\dfrac{a^{n+2}}{(a-b)(a-c)}+\dfrac{b^{n+2}}{(b-a)(b-c)}+\dfrac{c^{n+2}}{(c-a)(c-b)}$
$\dfrac{z}{(z-a)(z-b)(z-c)}$	$\dfrac{1}{a-b}\left(\dfrac{a^n-c^n}{a-c}-\dfrac{b^n-c^n}{b-c}\right)$

(续)

$F(z)$	$f(n)=Z^{-1}[F(z)]$
$\dfrac{z}{(z-a)(z-b)(z-c)^2}$	$\dfrac{a^n-c^n}{(a-b)(a-c)^2}-\dfrac{b^n-c^n}{(a-b)(b-c)^2}+\dfrac{nc^{n-1}}{(a-c)(b-c)}$
$\arctan\dfrac{\sin\theta}{z-\cos\theta}$	$\begin{cases}0, & n=0;\\ \dfrac{\sin n\theta}{n}, & n\neq 0\end{cases}$
$\arctan\dfrac{1}{z}$	$\begin{cases}0, & n=0;\\ \dfrac{1}{n}\sin\dfrac{n\pi}{2}, & n\neq 0\end{cases}$

第 4 章　常用力学公式

1　静力学基本公式（见表 1.4-1 ~ 表 1.4-3）

表 1.4-1　力的分解及在直角坐标轴上的投影

序号	分解类型	图示	计算式	说明
1	力沿两非正交方向的分解	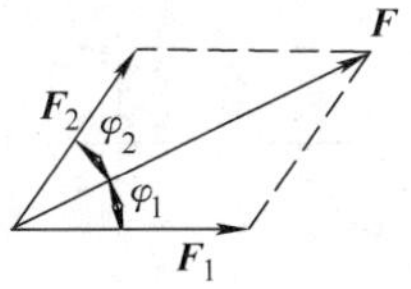	$F = F_1 + F_2$ $F = \sqrt{F_1^2 + F_2^2 + 2F_1F_2\cos(\varphi_1+\varphi_2)}$ $F_1 = \dfrac{F}{\sin(\varphi_1+\varphi_2)}\sin\varphi_2$ $F_2 = \dfrac{F}{\sin(\varphi_1+\varphi_2)}\sin\varphi_1$	分力 F_1、F_2 与力 F 作用点相同
2	力在平面直角坐标系中的分解与投影	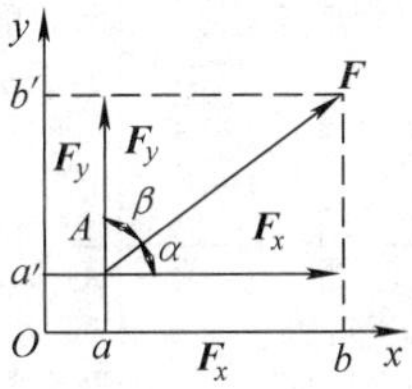	$F = F_x + F_y = F_x\boldsymbol{i} + F_y\boldsymbol{j}$ 式中，$\begin{cases}F_x = F\cos\alpha \\ F_y = F\cos\beta\end{cases}$ 分别称为力 F 在 x、y 轴上的投影 $F = \sqrt{F_x^2 + F_y^2}$	分力 F_x、F_y 与力 F 作用点相同
3	力在空间直角坐标系中的分解与投影	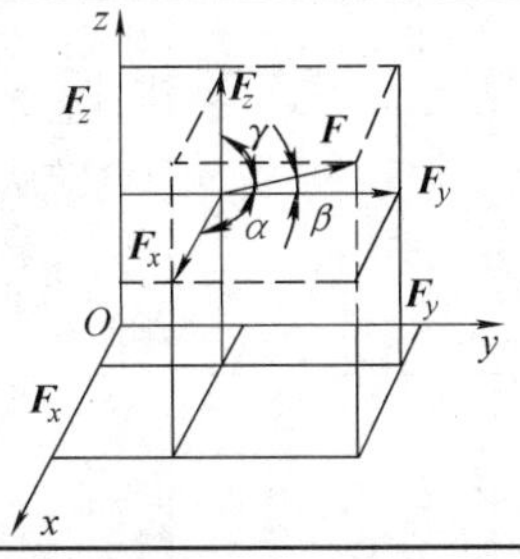	$F = F_x + F_y + F_z = F_x\boldsymbol{i} + F_y\boldsymbol{j} + F_z\boldsymbol{k}$ 式中，$\begin{cases}F_x = F\cos\alpha \\ F_y = F\cos\beta \\ F_z = F\cos\gamma\end{cases}$ 分别称为力 F 在 x、y 和 z 轴上的投影 $F = \sqrt{F_x^2 + F_y^2 + F_z^2}$	分力 F_x、F_y、F_z 与力 F 作用点相同

注：1. $\boldsymbol{i}$、$\boldsymbol{j}$、$\boldsymbol{k}$ 分别为沿坐标轴 x、y 和 z 的单位矢量。
2. 规定：如力的始末端在坐标轴上的投影指向与坐标轴正向一致，则力在该轴上的投影为正，反之为负。
3. 本表力的分解与投影的计算方法也适用于其他力学矢量，如后面提到的力矩、动量和动量矩矢量等。

表 1.4-2　力矩和力偶矩的计算公式

类型	图示	计算公式	说明
平面力矩	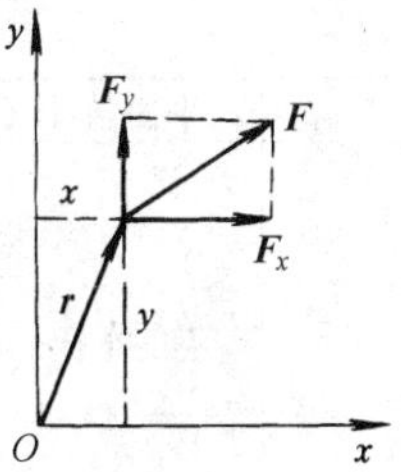	$\boldsymbol{m}_O(\boldsymbol{F}) = \boldsymbol{r} \times \boldsymbol{F}$ $= (x\boldsymbol{i} + y\boldsymbol{j}) \times (F_x\boldsymbol{i} + F_y\boldsymbol{j})$ $= (xF_y - yF_x)\boldsymbol{k}$ $= m_z(\boldsymbol{F})\boldsymbol{k}$	力 $\boldsymbol{F}$ 在作用面内对任一点 O 的矩 $\boldsymbol{m}_O(\boldsymbol{F})$ 等于其分力对该点的矩的代数和 力对点的矩就是力对通过该点且垂直于作用面的 z 轴的矩

类型	图示	计算公式	说明
空间力矩	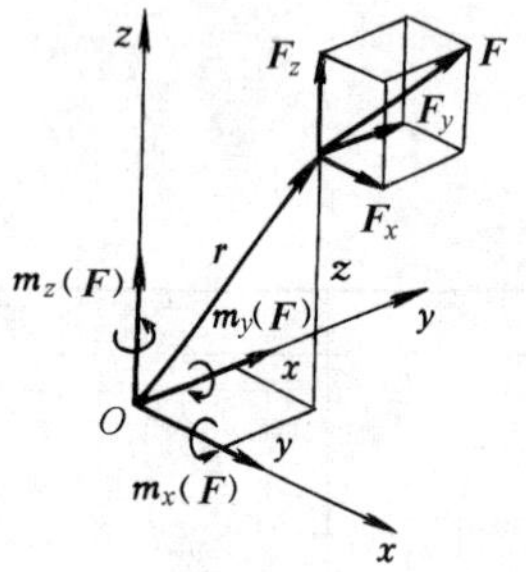	$m_O(F) = r \times F = \begin{vmatrix} i & j & k \\ x & y & z \\ F_x & F_y & F_z \end{vmatrix}$ $= (yF_z - zF_y)i + (zF_x - xF_z)j + (xF_y - yF_x)k$ $= m_x(F)i + m_y(F)j + m_z(F)k$ 式中 $m_x(F) = yF_z - zF_y$ $m_y(F) = zF_x - xF_z$ $m_z(F) = xF_y - yF_x$	力 F 对空间任一点 O 的矩 $m_O(F)$ 等于其分力对该点的矩之矢量和 力 F 对任一点 O 的矩 $m_O(F)$ 沿通过该点的坐标轴方向的分量，等于力 F 对坐标轴 x、y、z 的矩 $m_x(F)$、$m_y(F)$、$m_z(F)$
力对特定方向的轴的矩	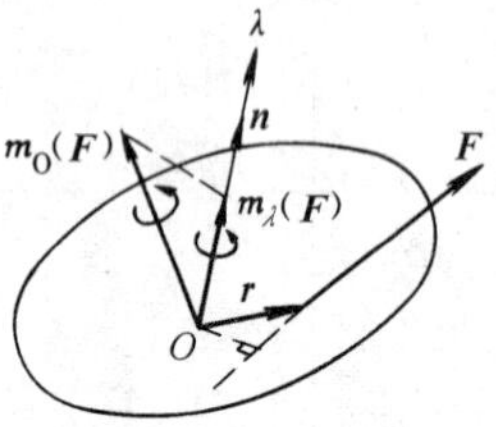	$m_\lambda(F) = (r \times F) \cdot n = \begin{vmatrix} x & y & z \\ F_x & F_y & F_z \\ \alpha & \beta & \gamma \end{vmatrix}$ $= (yF_z - zF_y)\alpha + (zF_x - xF_z)\beta + (xF_y - yF_x)\gamma$	力 F 对 λ 轴的矩等于力矩 $m_O(F)$ 沿 λ 方向的投影 式中，$n = \alpha i + \beta j + \gamma k$ 为 λ 方向的单位矢量，α、β、γ 为单位矢量 n 的方向余弦
若干汇交力对点的矩	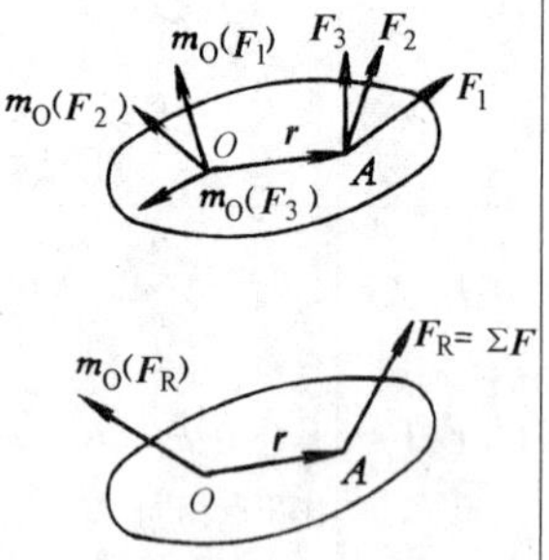	$m_O(F_1) + m_O(F_2) + m_O(F_3) + \cdots$ $= r \times F_1 + r \times F_2 + r \times F_3 + \cdots$ $= r \times \sum F$ 即 $\sum m_O(F_i) = m_O(R)$	空间汇交力系中各力对任一点 O 的矩的矢量和，等于合力对同一点的矩 平面汇交力系中各力对任一点 O 的矩的代数和，等于合力对同一点的矩
合力偶矩	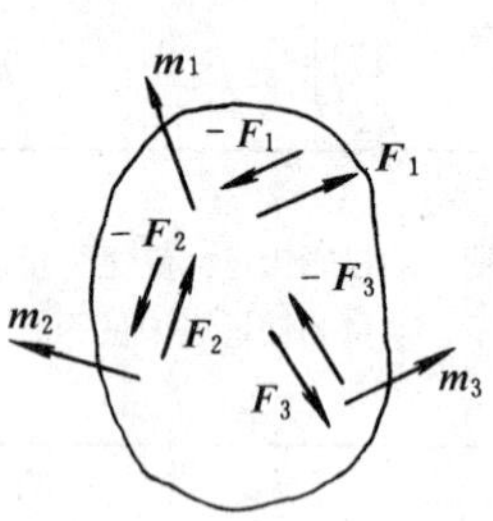	$M = \sum m_i$	空间合力偶矩为各力偶矩的矢量和 平面合力偶矩为各力偶矩的代数和

表 1.4-3 力系的简化与合成及平衡条件（平衡方程）

序号	力系类型	图示	简化与合成	平衡条件（平衡方程）
1	两同向平行力	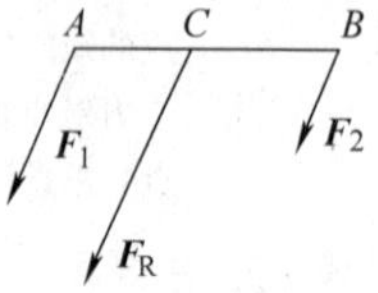	合力大小 $F_R = F_1 + F_2$ 合力作用线位置 $\dfrac{AC}{CB} = \dfrac{F_2}{F_1}$（$F_R$ 与两力平行）	不能平衡

(续)

序号	力系类型	图示	简化与合成	平衡条件（平衡方程）
2	两反向平行力	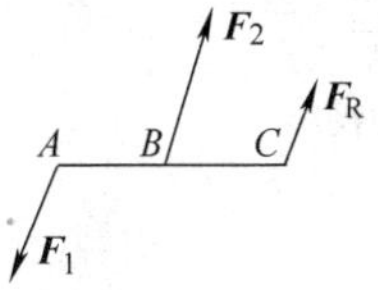 ($F_2 > F_1$)	合力大小 $$F_R = F_2 - F_1$$ 合力作用线位置（在大力 F_2 外侧） $$\frac{BC}{AB} = \frac{F_1}{F_R}\ (F_R\ 与两力平行)$$	不能平衡
3	平面汇交力系	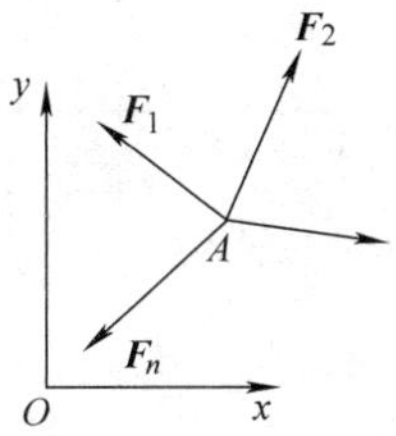	合成为过力系汇交点的合力 $$F_R = F_{Rx}\boldsymbol{i} + F_{Ry}\boldsymbol{j}$$ 式中，合力在 x、y 轴上的投影 $$\begin{cases} F_{Rx} = \sum F_x \\ F_{Ry} = \sum F_y \end{cases}$$ 称合力投影定理 合力大小 $$F_R = \sqrt{F_{Rx}^2 + F_{Ry}^2} = \sqrt{(\sum F_x)^2 + (\sum F_y)^2}$$ 合力与 x 轴夹角 $$\tan(\boldsymbol{F}_R,\ \boldsymbol{i}) = \frac{\sum F_y}{\sum F_x}$$	$$\begin{cases} \sum F_x = 0 \\ \sum F_y = 0 \end{cases}$$
4	平面一般力系（图 a）	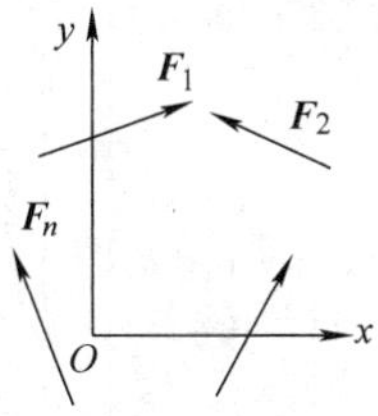 a) 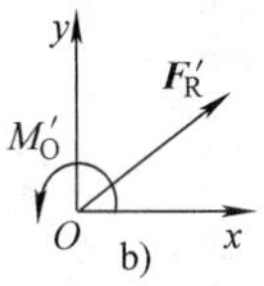 b) 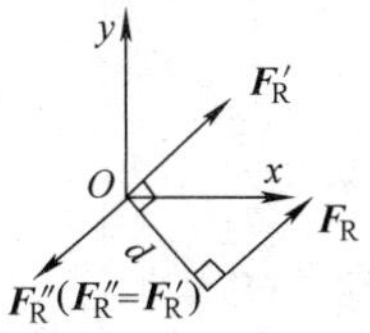 c)	向任一点 O 简化得主矢和主矩（图 b） 主矢 $\boldsymbol{F}'_R = F'_{Rx}\boldsymbol{i} + F'_{Ry}\boldsymbol{j}$（与简化中心位置无关） 其中 $F'_{Rx} = \sum F_x$ $F'_{Ry} = \sum F_y$ $F'_R = \sqrt{(\sum F_x)^2 + (\sum F_y)^2}$ $\tan(\boldsymbol{F}'_R,\ \boldsymbol{i}) = \dfrac{\sum F_y}{\sum F_x}$ 主矩 $M'_O = \sum M_O(\boldsymbol{F}_i)$（一般与简化中心位置有关），若 1) $\boldsymbol{F}'_R = 0,\ M'_O \neq 0$，则力系合成为一个合力偶，合力偶矩即为 M'_O（此时与简化中心的位置无关） 2) $\boldsymbol{F}'_R \neq 0,\ M'_O = 0$，则力系合成一个合力 $\boldsymbol{F}_R = \boldsymbol{F}'_R$，作用线通过 O 点 3) $\boldsymbol{F}'_R \neq 0,\ M'_O \neq 0$，力系仍可合成为一个合力 $\boldsymbol{F}_R$（图 c），大小、方向与主矢同，其作用线到 O 点的垂直距离为：$d = \dfrac{M'_O}{F_R}$，且 $\boldsymbol{F}_R$ 对 O 的转矩与 M'_O 相同	基本形式 $$\begin{cases} \sum F_x = 0 \\ \sum F_y = 0 \\ \sum M_O(\boldsymbol{F}_i) = 0 \end{cases}$$ 两矩式 $$\begin{cases} \sum F_x = 0 \\ \sum M_A(\boldsymbol{F}_i) = 0 \\ \sum M_B(\boldsymbol{F}_i) = 0 \end{cases}$$ 两矩心 A、B 两点的连线不能与 x 轴垂直 三矩式 $$\begin{cases} \sum M_A(\boldsymbol{F}_i) = 0 \\ \sum M_B(\boldsymbol{F}_i) = 0 \\ \sum M_C(\boldsymbol{F}_i) = 0 \end{cases}$$ 三矩心 A、B、C 三点不能在一条直线上
		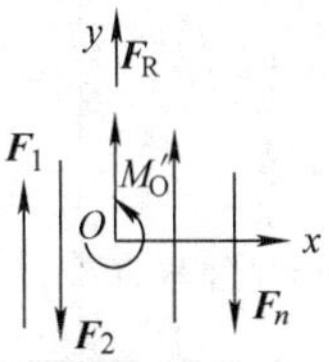 d)	若为平行力系，并取 x 轴与力作用线垂直（图 d） 主矢 $\boldsymbol{F}_R = F'_{Ry}\boldsymbol{j}$ $F_R = F'_{Ry} = \sum F_y$ 主矩 $M'_O = \sum M_O(\boldsymbol{F}_i)$	基本形式 $$\begin{cases} \sum F_y = 0 \\ \sum M_O(\boldsymbol{F}_i) = 0 \end{cases}$$ 两矩式 $$\begin{cases} \sum M_A(\boldsymbol{F}_i) = 0 \\ \sum M_B(\boldsymbol{F}_i) = 0 \end{cases}$$ 矩心 A、B 连线不能与力作用线平行

（续）

序号	力系类型	图示	简化与合成	平衡条件（平衡方程）
5	空间汇交力系（图a）	a) b)	可合成为过力系汇交点的合力（图b） $F_R = F_{Rx}i + F_{Ry}j + F_{Rz}k$ 式中合力 F_R 在三坐标轴上的投影 $F_{Rx} = \sum F_x$, $F_{Ry} = \sum F_y$, $F_{Rz} = \sum F_z$ 合力大小 $F_R = \sqrt{F_{Rx}^2 + F_{Ry}^2 + F_{Rz}^2}$ $= \sqrt{(\sum F_x)^2 + (\sum F_y)^2 + (\sum F_z)^2}$ 合力方位 $\cos(F_R, i) = \dfrac{\sum F_x}{F_R}$, $\cos(F_R, j) = \dfrac{\sum F_y}{F_R}$, $\cos(F_R, k) = \dfrac{\sum F_z}{F_R}$	$\begin{cases} \sum F_x = 0 \\ \sum F_y = 0 \\ \sum F_z = 0 \end{cases}$
6	空间一般力系（图a）	a) b) c) d) $F_R'' = F_R' + F_R$	向任一点 O 简化得主矢和主矩矢（图b） 主矢 $F_R' = F_{Rx}'i + F_{Ry}'j + F_{Rz}'k$（与 O 点位置无关） 式中，主矢在坐标轴上的投影 $F_{Rx}' = \sum F_x$, $F_{Ry}' = \sum F_y$, $F_{Rz}' = \sum F_z$ 主矢大小 $F_R' = \sqrt{F_{Rx}'^2 + F_{Ry}'^2 + F_{Rz}'^2}$ $= \sqrt{(\sum F_x)^2 + (\sum F_y)^2 + (\sum F_z)^2}$ 主矢方位 $\cos(F_R, i) = \dfrac{\sum F_x}{F_R'}$, $\cos(F_R, j) = \dfrac{\sum F_y}{F_R'}$, $\cos(F_R, k) = \dfrac{\sum F_z}{F_R'}$ 主矩矢 $M_O' = \sum M_O(F_i) = \sum M_x(F_i)i + \sum M_y(F_i)j + \sum M_z(F_i)k$（与 O 点位置有关） 主矩矢大小 $M_O' = \sqrt{(\sum M_x(F_i))^2 + (\sum M_y(F_i))^2 + (\sum M_z(F_i))^2}$ 主矩矢方位 $\cos(M_O', i) = \dfrac{\sum M_x(F_i)}{M_O'}$ $\cos(M_O', j) = \dfrac{\sum M_y(F_i)}{M_O'}$ $\cos(M_O', k) = \dfrac{\sum M_z(F_i)}{M_O'}$ 若 1) $F_R' \neq 0$、$M_O' = 0$ 则力系合成为一个合力 $F_R = F_R'$（图c） 2) 若 $F_R' \neq 0$，$M_O' \neq 0$，但 F_R' 与 M_O' 垂直，仍可合成为一个合力 F_R（图d），其大小和方向与 F_R' 同，且 F_R 与 F_R' 确定的平面与 M_O' 垂直，F_R 作用线到 O 点垂直距离 $d = \dfrac{M_O'}{F_R'}$ 3) $F_R' = 0$，$M_O' \neq 0$，即力系合成为一个合力偶 $M_O = M_O'$ 4) $F_R' \neq 0$，$M_O' \neq 0$，且 F_R' 不与 M_O 垂直，则为一般情况	$\begin{cases} \sum F_x = 0 \\ \sum F_y = 0 \\ \sum F_z = 0 \\ \sum M_x(F_i) = 0 \\ \sum M_y(F_i) = 0 \\ \sum M_z(F_i) = 0 \end{cases}$ 特例：若为空间平行力系，取 z 轴与各力作用线平行 $\begin{cases} \sum F_z = 0 \\ \sum M_x(F_i) = 0 \\ \sum M_y(F_i) = 0 \end{cases}$

注：由序号4及序号6两个力系可得合力矩定理：平面力系 $M_O(F_R) = \sum M_O(F_i)$（O 为平面上任一点）；空间力系 $M_x(F_R) = \sum M_x(F_i)$（x 可沿力系空间任意方向）。

2 运动学基本公式（见表1.4-4～表1.4-8）

表1.4-4 质点的运动方程、速度和加速度计算式

质点运动类型	图　示	运动方程、速度和加速度计算式
直线运动		匀速运动（$a=0$，$v=$常数） $$x = x_0 + vt$$ 匀变速运动（$a=$常数） $$\begin{cases} x = x_0 + v_0 t + \frac{1}{2}at^2 \\ v = v_0 + at \\ v^2 - v_0^2 = 2a(x - x_0) \end{cases}$$ 若为自由落体运动 $a=g$（重力加速度），x 轴垂直向下 一般变速运动 （1）运动方程 $x = f(t)$ 已知时 $$v = \frac{dx}{dt},\ a = \frac{d^2 x}{dt^2}$$ （2）加速度 $a = \varphi(t)$ 已知时 $$v = v_0 + \int_0^t a\,dt,\ x = x_0 + \int_0^t v\,dt$$
圆周运动		弧长　　　　　$s = r\varphi = r(\omega t + \varphi_0)$ 速度　　　　　$v = r\omega$ 切向加速度　　$a_\tau = r\varepsilon$ 法向加速度　　$a_n = r\omega^2 = \dfrac{v^2}{r}$ 式中　φ_0—初始角； 　　　r—圆半径； 　　　ω—角速度； 　　　ε—角加速度，$\varepsilon = \dfrac{d\omega}{dt}$
简谐运动		运动方程　　$x = A\cos(\omega t + \varphi_0)$ 速度　　$v = \dfrac{dx}{dt} = -A\omega\sin(\omega t + \varphi_0)$ 加速度　　$a = \dfrac{d^2 x}{dt^2} = -A\omega^2\cos(\omega t + \varphi_0)$ 周期　　　　　$T = 2\pi/\omega$ 频率　　　　　$f = 1/T = \omega/2\pi$ 式中　A—振幅，动点 M 距 O 的最大距离； 　　　φ_0—初相位角； 　　　ω—角频率； 　　　$\omega t + \varphi_0$—相位角
抛物线运动		运动方程　　$x = v_{0x}t,\ y = v_{0y}t - \dfrac{1}{2}gt^2$ 速度　　　　$v_x = v_{0x},\ v_y = v_{0y} - gt$ 加速度　　　$a_x = 0,\ a_y = -g$ 式中　v_{0x}—沿 x 方向初速度； 　　　v_{0y}—沿 y 方向初速度； 　　　g—重力加速度
一般曲线运动	空间直角坐标系	运动方程　$x = x(t),\ y = y(t),\ z = z(t)$ 速度　$v = \sqrt{\left(\dfrac{dx}{dt}\right)^2 + \left(\dfrac{dy}{dt}\right)^2 + \left(\dfrac{dz}{dt}\right)^2}$ 加速度　$a = \sqrt{\left(\dfrac{d^2 x}{dt^2}\right)^2 + \left(\dfrac{d^2 y}{dt^2}\right)^2 + \left(\dfrac{d^2 z}{dt^2}\right)^2}$

(续)

质点运动类型	图 示	运动方程、速度和加速度计算式
一般曲线运动	自然坐标	运动方程 $s = s(t)$ 速度 $v = \dfrac{ds}{dt}$ 加速度 $a = \sqrt{a_\tau^2 + a_n^2} = \sqrt{\left(\dfrac{dv}{dt}\right)^2 + \left(\dfrac{v^2}{\rho}\right)^2}$ 式中 a_τ——切向加速度,$a_\tau = \dfrac{dv}{dt}$; a_n——法向加速度,$a_n = \dfrac{v^2}{\rho}$ ρ——质点所处位置运动轨迹的曲率半径

表 1.4-5　点的合成运动的速度与加速度计算公式

合成名称	计算公式	说　明
点的速度合成定理	$v_a = v_e + v_r$	绝对速度 v_a:动点相对于定参考系运动的速度 相对速度 v_r:动点相对于动参考系运动的速度 牵连速度 v_e:动参考系上与动点相重合的那一点,相对于定参考系运动的速度
点的加速度合成定理	$a_a = a_e + a_r + a_k$	绝对加速度 a_a:动点相对于定参考系运动的加速度 相对加速度 a_r:动点相对于动参考系运动的加速度 牵连加速度 a_e:动参考系上与动点相重合的那一点,相对于定参考系运动的加速度 科氏加速度 a_k:由于牵连运动为转动,牵连运动和相对运动相互影响而出现的附加的加速度 $a_k = 2\boldsymbol{\omega}_e \times v_r$ 当动参考系做平动或 $\boldsymbol{\omega}_e$ 与 v_r 平行时,$a_k = 0$

注:计算时可用矢量合成的图解法,也可用直角坐标投影解析求解。

表 1.4-6　刚体运动的常用计算式

序号	运动类型	刚体整体运动的计算式	刚体内任一点运动的计算式	图示与说明
1	平动	刚体内各点运动的轨迹、速度和加速度相同,故其计算与质点的运动一样(表1.4-4)		
2	定轴转动	转角 $\varphi = \varphi(t)$ 角速度 $\omega = \dfrac{d\varphi}{dt}$ 角加速度 $\varepsilon = \dfrac{d\omega}{dt}$ $\begin{cases}\varphi = \varphi_0 + \int_0^t \omega dt \\ \omega = \omega_0 + \int_0^t \varepsilon dt\end{cases}$ 特例1:匀速转动($\varepsilon = 0$) 　$\omega = $ 常数 　$\varphi = \varphi_0 + \omega t$ 特例2:匀变速转动($\varepsilon = $ 常数) 　$\varphi = \varphi_0 + \omega_0 t + \dfrac{1}{2}\varepsilon t^2$ 　$\omega = \omega_0 + \varepsilon t$ 　$\omega^2 = \omega_0^2 + 2\varepsilon(\varphi - \varphi_0)$	$s = r\varphi = r\left(\varphi_0 + \int_0^t \omega dt\right)$ $v = r\omega$ $a = \sqrt{a_\tau^2 + a_n^2}$ $a_\tau = r\varepsilon,\ a_n = r\omega^2$ $\theta = \arctan\dfrac{\varepsilon}{\omega^2} < 90°$ 特例1:匀速转动 　$s = r(\varphi_0 + \omega t)$ 　$v = r\omega$ 　$a_\tau = 0,\ a_n = r\omega^2 = a$ 　$\theta = 0$ 特例2:匀变速转动 　$s = r\left(\varphi_0 + \omega_0 t + \dfrac{1}{2}\varepsilon t^2\right)$ 　$v = r(\omega_0 + \varepsilon t)$ 　$a_\tau = r\varepsilon,\ a_n = r\omega^2$ 　$a = r\sqrt{\varepsilon^2 + \omega^4}$ 　$\theta = \arctan\dfrac{\varepsilon}{\omega^2} < 90°$	Ⅰ—固定平面; Ⅱ—随刚体转动平面 1)规定从z轴正向看去,逆时针转时 φ_0、φ 角为正,顺时针转时为负 2) $d\varphi > 0$,ω 为正;$d\varphi < 0$,ω 为负 3) $d\omega > 0$,ε 为正;$d\omega < 0$,ε 为负 4)切向加速度 a_τ 垂直于半径,ε 为正时,与 ω 方向相同,ε 为负时,与 ω 方向相反。法向加速度沿径向指向转轴

(续)

序号	运动类型	刚体整体运动的计算式	刚体内任一点运动的计算式	图示与说明	
3	平面运动	为随基点 A 的牵连运动和绕基点 A 的相对转动的合成。基点 A 的位移、速度与加速度分别为 u_A、v_A、a_A（与所选的基点位置有关），绕基点的转角、角速度、角加速度分别为 φ、ω 和 ε（与基点选择无关） xAy——固定直角坐标系 $x'A'y'$——与基点 A 固结，相对 xAy 做平动的直角坐标系 A、B——初始点位置 A'、B'——某瞬时位置	速度合成法（图 a）： $v_B = v_A + v_{BA}$ $v_{BA} = \overline{AB}\omega$（$v_{BA}$ 方向垂直于 $A'B'$，沿 ω 转向） $v_B\cos\alpha = v_C\cos\beta$（图 b）（速度投影定理） 瞬心法： $v_B = \overline{BP}\omega$（图 c），（$v_B$ 垂直于 BP，沿 ω 转向） $a_B = a_A + a_{BA}^{\tau} + a_{BA}^{n}$（图 d） $a_{BA}^{\tau} = \overline{AB} \times \varepsilon$（与 ε 同向） $a_{BA}^{n} = \overline{AB}\omega^2$（由 B 点指向 A 点） $\alpha = \arctan\dfrac{\varepsilon}{\omega^2} < 90°$	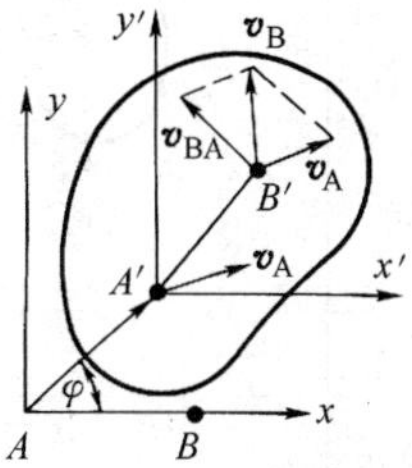 A 为刚体上任选的基点（通常选速度、加速度已知的点） a) 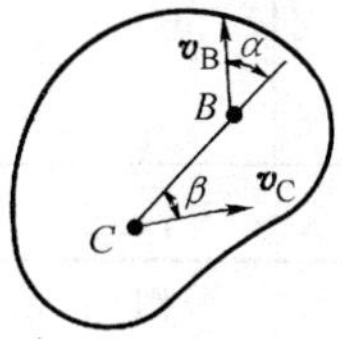 B、C 为刚体上的任两点 b) 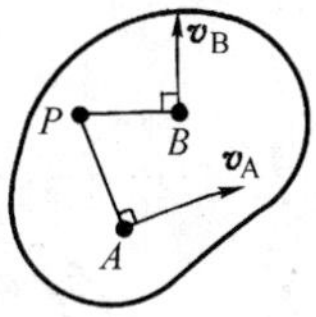 速度瞬心位置 P 的确定见表 1.4-7 c) 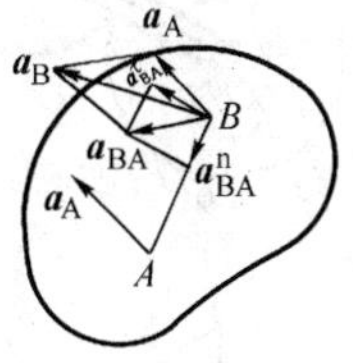 d)	

表 1.4-7 确定刚体平面运动速度瞬心的方法

序号	已知条件	图示	确定方法
1	已知点 A 速度 v_A 的大小和方向，及刚体角速度 ω 的大小和转向	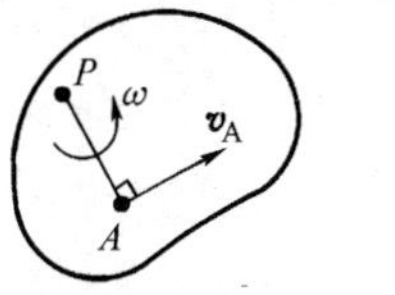	将 v_A 沿 ω 方向转 90°作一直线，在该直线上由 $\overline{AP} = \dfrac{v_A}{\omega}$ 定速度瞬心 P 点
2	已知 A、B 两点速度 v_A、v_B 的方向（序号 3 的情况除外）	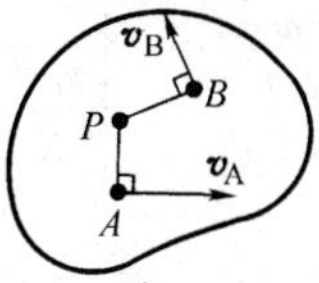 a) 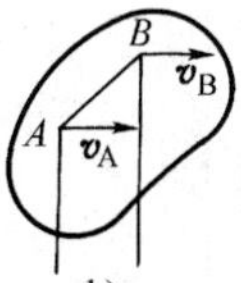 b)	过 A、B 点作 v_A、v_B 的垂线，其交点即为速度瞬心 P（图 a） 特例：v_A、v_B 平行且不垂直 AB，P 在无穷远（图 b）

（续）

序号	已知条件	图示	确定方法
3	已知 A、B 两点速度 v_A、v_B 的大小及方向，且两者平行，并垂直于 AB 连线	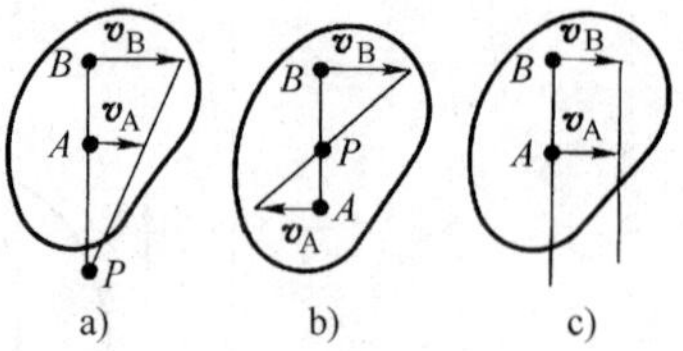 a) b) c)	A、B 两点速度端点的连线与 AB 直线的交点即为速度瞬心 P（图 a、图 b） 特例：$v_A = v_B$，速度瞬心在无穷远（图 c）
4	刚体沿某固定面做无滑动的滚动	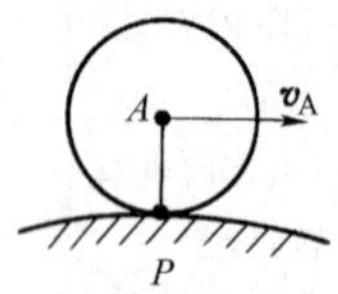	刚体与固定面的接触点即为速度瞬心

表 1.4-8 刚体运动的合成

合成类型	图示	速度和加速度	说 明
平动与平动合成		$v = v_1 + v_2$ $a = a_1 + a_2$	合成运动仍为平动，合成运动的速度与加速度分别等于两个平动的速度的矢量和及加速度的矢量和
绕两个平行轴转动的合成	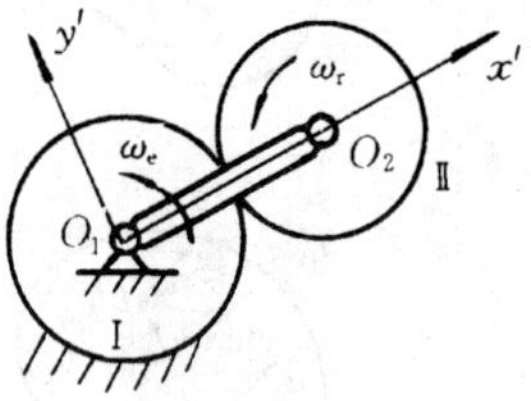	$\omega_a = \omega_r + \omega_e$	合成运动为绕瞬时轴的转动。瞬时轴与这两轴平行并在同一平面内，轴的位置在较大的角速度的一侧。合成运动的角速度等于绕两平行轴转动的角速度的代数和
绕相交轴转动的合成	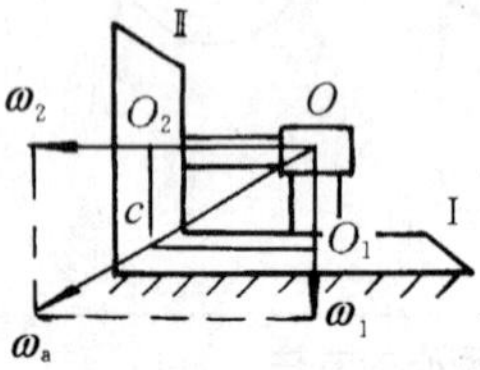	$\boldsymbol{\omega}_a = \boldsymbol{\omega}_1 + \boldsymbol{\omega}_2$	合成运动为绕通过该点的瞬时轴的转动，其角速度等于绕各轴转动的角速度的矢量和
平动与转动的合成	平动速度矢与转动角速度矢垂直 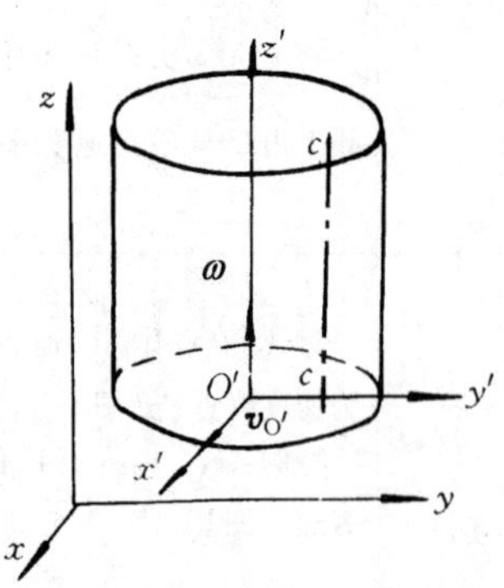	$O'c = \dfrac{v_{O'}}{\omega}$ $\omega_a = \omega$	刚体做平面运动，可看成绕瞬时转动轴 cc 转动，它与轴 $O'z'$ 平行，线段 $O'c$ 与速度 $v_{O'}$ 垂直 绕瞬时轴转动的角速度为 ω_a

(续)

合成类型	图示	速度和加速度	说明
平动与转动的合成	平动速度矢与转动角速度矢平行 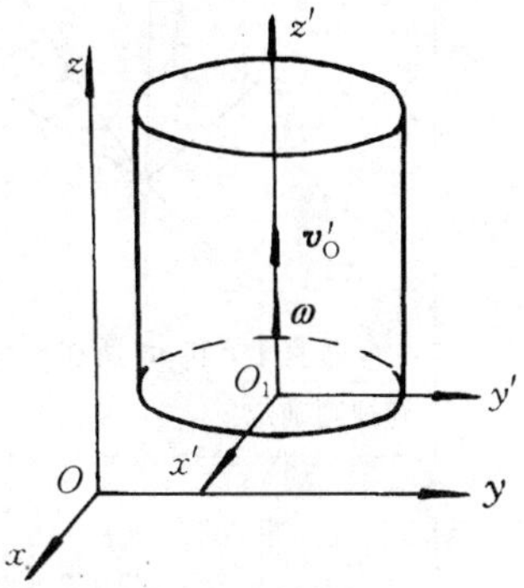	$p = \dfrac{v_{O'}}{\omega} = \dfrac{\mathrm{d}s}{\mathrm{d}\varphi}$	刚体做螺旋运动 p 为螺旋运动的螺旋率 s 为螺距
	平动速度矢与转动角速度矢成任意角 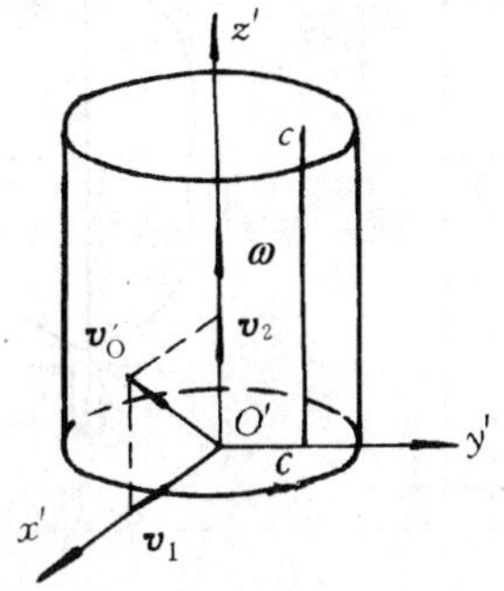	$v_{O'} = v_1 + v_2$	刚体做瞬时螺旋运动 v_1 与 ω 垂直,v_2 与 ω 平行,刚体以速度 v 的平动和以角速度 ω 的转动,可以合成为绕瞬时轴 cc 的转动。所以,刚体的运动成为以 v_2 的平动和以 ω 绕瞬时轴 cc 的转动的合成运动

3 动力学基本公式（见表 1.4-9 ~ 表 1.4-14）

表 1.4-9 常用动力学物理量的计算公式

序号	物理量名称	计算公式	图示与说明
1	质点系的质量中心位置 r_c (x_c, y_c, z_c)	矢径 $r_c = \dfrac{\sum m_i r_i}{M}$ 坐标公式（又称质心运动方程） $x_c = \dfrac{\sum m_i x_i}{M}$ $y_c = \dfrac{\sum m_i y_i}{M}$ $z_c = \dfrac{\sum m_i z_i}{M}$	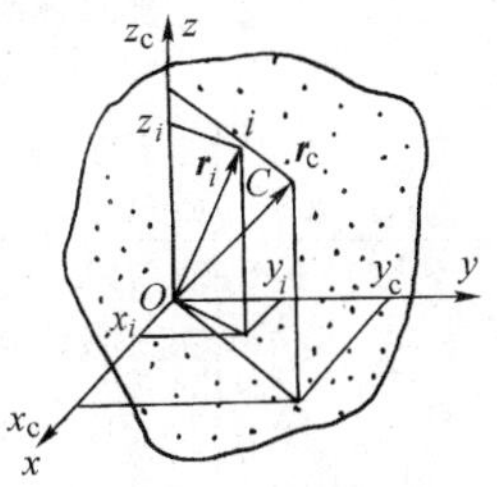 r_i, x_i, y_i, z_i 分别为某质点的矢径和坐标值 r_c, x_c, y_c, z_c 分别为质心的矢径和坐标值 m_i, M 分别为某质点质量和质点系总质量
2	动量 p	质点动量 $p = mv = m(v_x \boldsymbol{i} + v_y \boldsymbol{j} + v_z \boldsymbol{k})$ 质点系动量 $p = \sum m_i v_i = M v_c$ $v_c = v_{cx} \boldsymbol{i} + v_{cy} \boldsymbol{j} + v_{cz} \boldsymbol{k}$	v_x, v_y, v_z 为质点速度 v 沿 x、y、z 轴的分量 v_{cx}, v_{cy}, v_{cz} 为质心速度 v_c 沿 x、y、z 轴的分量
3	力的冲量 I	$I = \int_{t_1}^{t_2} \boldsymbol{F} \mathrm{d}t = \int_{t_1}^{t_2} F_x \mathrm{d}t \boldsymbol{i} + \int_{t_1}^{t_2} F_y \mathrm{d}t \boldsymbol{j} + \int_{t_1}^{t_2} F_z \mathrm{d}t \boldsymbol{k}$	F_x、F_y、F_z 分别为力 $\boldsymbol{F}$ 在三直角坐标 x、y、z 轴上的投影

(续)

序号	物理量名称	计 算 公 式	图示与说明
4	动量矩 l_0 和 L_0	质点动量对固定点 O 的动量矩 矢量式：$l_0 = M_0(mv) = r \times mv$ 投影式（即为质点动量对坐标轴的矩） $l_x = M_x(mv) = y(mv_z) - z(mv_y)$ $l_y = M_y(mv) = z(mv_x) - x(mv_z)$ $l_z = M_z(mv) = x(mv_y) - y(mv_x)$	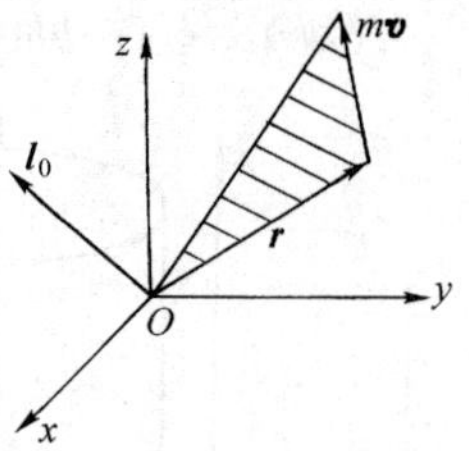 l_0 垂直于 r 和 mv 所在平面，指向按右手螺旋规则确定
		质点系对某固定点 O 的动量矩 矢量式 $L_0 = \sum l_{0i} = \sum r_i \times mv_i$ 投影式（即质点系对原点为 O 的三坐标轴的动量矩） $L_x = \sum l_x = \sum(y_i m_i v_{zi} - z_i m_i v_{yi})$ $L_y = \sum l_y = \sum(z_i m_i v_{xi} - x_i m_i v_{zi})$ $L_z = \sum l_z = \sum(x_i m_i v_{yi} - y_i m_i v_{xi})$ 特例：刚体绕定轴 z 的动量矩 $L_z = J_z \omega$ 式中 ω—角速度； J_z—刚体对 z 轴转动惯量，$J_z = \sum m_i r_i^2$	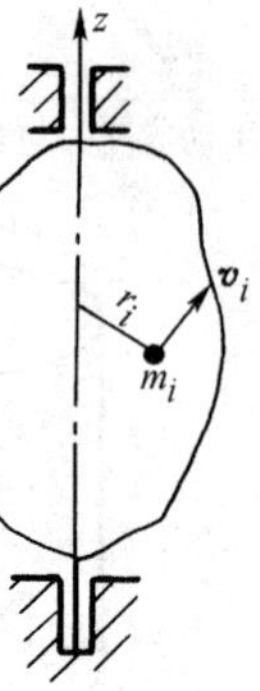
5	刚体转动惯量 J_z 与回转半径 ρ_z	对 z 轴的转动惯量 $J_z = \sum m_i r_i^2 \xrightarrow{\text{当质量连续分布时}} \int_M r^2 dm$ 回转半径 $\rho_z = \sqrt{\dfrac{J_z}{M}}$ 平行移轴定理 $J'_z = J_z + Md^2$ z' 与 z 平行相距距离为 d，M 为刚体总质量	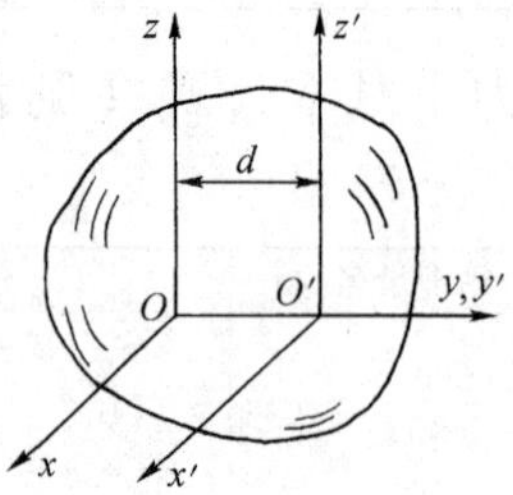
6	功 W	一般计算式： $W = \int_{M_1}^{M_2} \boldsymbol{F} \cdot d\boldsymbol{r}$ $= \int_{M_1}^{M_2}(F_x dx + F_y dy + F_z dz)$ F_x、F_y、F_z 为力 $\boldsymbol{F}$ 在坐标轴上的投影	
		重力的功 $W = mg(z_1 - z_2)$ z_1、z_2 为物体重心在始末位置的高度	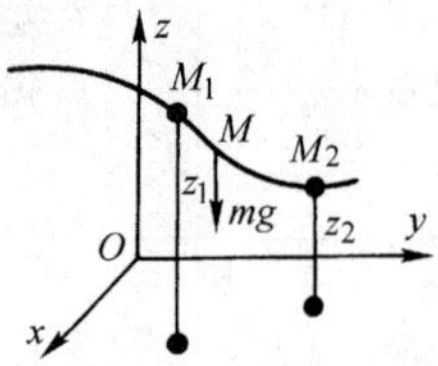

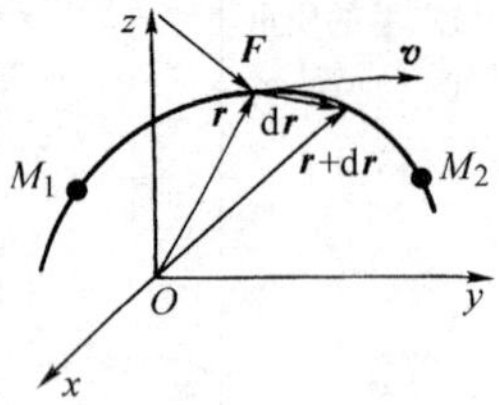

(续)

序号	物理量名称	计算公式	图示与说明
6	功 W	弹性力的功 $$W = \frac{1}{2}k(\lambda_1^2 - \lambda_2^2)$$ 式中 k—弹簧劲度系数； λ_1、λ_2—弹簧在始末位置的变形量	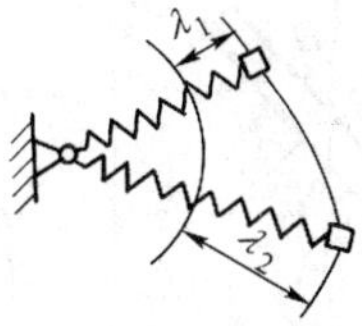
		作用于绕定轴转动刚体上力的功 $$W = \int_0^\varphi r(F'\cos\alpha)\mathrm{d}\varphi$$ $$= \int_0^\varphi M_z(\boldsymbol{F})\mathrm{d}\varphi$$ $M_z(\boldsymbol{F})$—力 $\boldsymbol{F}$ 对轴的力矩（或力偶矩）； F'—力 $\boldsymbol{F}$ 沿轴垂直平面上的分力	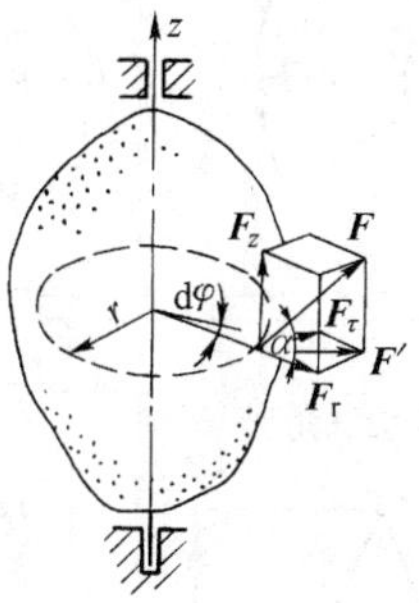
7	动能 T	质点的动能 $E_k = \frac{1}{2}mv^2$ 质点系的动能 $E_k = \sum \frac{1}{2}m_i v_i^2$ 平动刚体的动能 $E_k = \frac{1}{2}Mv_c^2$ 绕定轴 z 转动的刚体的动能 $E_k = \frac{1}{2}J_z\omega^2$ 平面运动刚体的动能 $E_k = \frac{1}{2}Mv_c^2 + \frac{1}{2}J_c\omega^2$	式中 m、m_i—质点的质量； v、v_i—质点的速度； M—刚体总质量； v_c—质心 C 的速度； J_z、J_c—刚体绕 z 轴和质心轴的转动惯量； ω—刚体的转动角速度
8	势能 E_p	重力势能 $E_p = Mgz$ 弹性力势能 $E_p = \frac{1}{2}k\lambda^2$ 牛顿引力势能 $E_p = -f\dfrac{M_1 M_2}{r}$	式中 z—质心到选定零势面的高度； λ—弹簧变形量（选弹簧原长为零势面）； M—重物质量； M_1、M_2—1、2 两物体质量； f—引力常数； r—1、2 两物体质心距离
9	功率 P	通过力计算 $$P = \boldsymbol{F} \cdot \boldsymbol{v} = Fv\cos\alpha$$ 通过力矩或力偶矩计算 $$P = M\omega$$	式中 α—力 $\boldsymbol{F}$ 与速度 v 的夹角； M—力对转轴的矩或力偶矩； ω—角速度

表 1.4-10 均质物体的转动惯量

序号	图 形	转 动 惯 量	序号	图 形	转 动 惯 量
1	直线	$J_g = \rho_1 \dfrac{l^3}{12} = M \dfrac{l^2}{12}$ $J_C = \rho_1 \dfrac{l^3 \sin^2\alpha}{12} = M \dfrac{l^2 \sin^2\alpha}{12}$ $J_d = \rho_1 \dfrac{l^3 \sin^2\alpha}{3} = M \dfrac{l^2 \sin^2\alpha}{3}$	6	圆	$A = \pi r^2$ $J_x = \rho_A \dfrac{\pi}{4} r^4 = M \dfrac{r^2}{4}$ $J_O = \rho_A \dfrac{\pi}{2} r^4 = M \dfrac{r^2}{2}$
2	圆弧线	$L = 2\alpha r$ $J_x = \rho_1 \dfrac{r^3}{2}(2\alpha - \sin 2\alpha)$ $= M \dfrac{r^2}{2}\left(1 - \dfrac{\sin 2\alpha}{2\alpha}\right)$ $J_y = \rho_1 \dfrac{r^3}{2}(2\alpha + \sin 2\alpha)$ $= M \dfrac{r^2}{2}\left(1 + \dfrac{\sin 2\alpha}{2\alpha}\right)$ $J_O = \rho_1 r^3 2\alpha = Mr^2$	7	半圆	$A = \dfrac{\pi}{2} r^2$ $J_x = J_y = \rho_A \dfrac{\pi}{8} r^4 = M \dfrac{r^2}{4}$ $J_O = \rho_A \dfrac{\pi}{4} r^4 = M \dfrac{r^2}{2}$
3	等腰三角形	$A = \dfrac{bh}{2}$ $J_x = \rho_A \dfrac{bh^3}{36} = M \dfrac{h^2}{18}$ $J_y = \rho_A \dfrac{hb^3}{48} = M \dfrac{b^2}{24}$ $J_C = \rho_A \dfrac{bh(4h^2 + 3b^2)}{144}$ $= M \dfrac{4h^2 + 3b^2}{72}$	8	椭圆	$A = \pi ab$ $J_x = \rho_A \dfrac{\pi}{4} ab^3 = M \dfrac{b^2}{4}$ $J_y = \rho_A \dfrac{\pi}{4} ba^3 = M \dfrac{a^2}{4}$ $J_O = \rho_A \dfrac{\pi}{4} ab(a^2 + b^2)$ $= M \dfrac{a^2 + b^2}{4}$
4	矩形	$A = bh$ $J_x = \rho_A \dfrac{bh^3}{12} = M \dfrac{h^2}{12}$ $J_y = \rho_A \dfrac{hb^3}{12} = M \dfrac{b^2}{12}$ $J_C = \rho_A \dfrac{bh(b^2 + h^2)}{12}$ $= M \dfrac{b^2 + h^2}{12}$	9	正圆柱	$V = \pi r^2 h$ $J_z = \rho \dfrac{\pi r^4 h}{2} = M \dfrac{r^2}{2}$ $J_g = \rho \dfrac{\pi r^2 h}{12}(3r^2 + h^2)$ $= M \dfrac{3r^2 + h^2}{12}$ $J_\varphi = \rho \dfrac{\pi r^2 h}{12}[3r^2(1 + \cos^2\varphi) + h^2 \sin^2\varphi]$ $= M \dfrac{1}{12}[3r^2(1 + \cos^2\varphi) + h^2 \sin^2\varphi]$ 正圆柱侧面 $A = 2\pi rh$ $J_z = \rho_A 2\pi r^3 h = Mr^2$ $J_g = \rho_A \dfrac{\pi rh}{6}(6r^2 + h^2)$ $= M \dfrac{1}{12}(6r^2 + h^2)$
5	正 n 边形	$A = \dfrac{a^2 n}{4\tan\alpha} = \dfrac{nar}{2}$ $J_1 = J_2 = \rho_A \dfrac{nar}{48}(6R^2 - a^2)$ $= \dfrac{M}{24}(6R^2 - a^2)$ $= \dfrac{M}{48}(12r^2 + a^2)$ $J_O = \rho_A \dfrac{nar}{24}(6R^2 - a^2)$ $= \dfrac{M}{12}(6R^2 - a^2)$ $= \dfrac{M}{24}(12r^2 + a^2)$			

(续)

序号	图形	转动惯量	序号	图形	转动惯量
10	正六面体	$V = abc$ $J_x = \rho \dfrac{abc}{12}(b^2+c^2) = M\dfrac{b^2+c^2}{12}$ $J_y = \rho \dfrac{abc}{12}(c^2+a^2) = M\dfrac{c^2+a^2}{12}$ $J_z = \rho \dfrac{abc}{12}(a^2+b^2) = M\dfrac{a^2+b^2}{12}$ 正立方体 ($a=b=c$) $J_x = J_y = J_z = \rho \dfrac{a^5}{6} = M\dfrac{a^2}{6}$	15	正圆台	$V = \dfrac{\pi h}{3}(R^2 + Rr + r^2)$ $J_z = \rho \dfrac{\pi h}{10} \dfrac{(R^5 - r^5)}{(R - r)}$ $= M \dfrac{3}{10}\left(\dfrac{R^5 - r^5}{R^3 - r^3}\right)$ 正圆台 $A = \pi s(R+r)$ $J_z = \rho_A \dfrac{\pi s}{2}\left(\dfrac{R^4 - r^4}{R - r}\right)$ $= M\left(\dfrac{R^2 + r^2}{2}\right)$
11	空心正圆柱	$V = \pi(R^2 - r^2)h$ $J_z = \rho \dfrac{\pi h}{2}(R^4 - r^4) = M \times \dfrac{R^2 + r^2}{2}$ $J_g = \rho \dfrac{\pi(R^2 - r^2)h}{4}\left(R^2 + r^2 + \dfrac{h^2}{3}\right)$ $= M \dfrac{1}{4}\left(R^2 + r^2 + \dfrac{h^2}{3}\right)$	16	球	$V = \dfrac{4}{3}\pi r^3$ $J_g = \rho \dfrac{8\pi}{15}r^5 = M\dfrac{2}{5}r^2$ 球面 $A = 4\pi r^2$ $J_g = \rho_A \dfrac{8\pi}{3}r^4 = M\dfrac{2r^2}{3}$
12	正椭圆柱	$V = \pi abh$ $J_z = \rho \dfrac{\pi abh}{4}(a^2 + b^2)$ $= M\dfrac{1}{4}(a^2 + b^2)$ $J_g = \rho \dfrac{\pi abh}{12}(3b^2 + h^2)$ $= M\dfrac{1}{12}(3b^2 + h^2)$	17	空心球	$V = \dfrac{4}{3}\pi(R^3 - r^3)$ $J_g = \rho \dfrac{8\pi}{15}(R^5 - r^5)$ $= M\dfrac{2}{5}\left(\dfrac{R^5 - r^5}{R^3 - r^3}\right)$
13	正四棱锥	$V = \dfrac{abh}{3}$ $J_z = \rho \dfrac{abh}{60}(a^2 + b^2)$ $= \dfrac{M}{20}(a^2 + b^2)$ $J_g = \rho \dfrac{abh}{60}\left(b^2 + \dfrac{3h^2}{4}\right)$ $= \dfrac{M}{20}\left(b^2 + \dfrac{3h^2}{4}\right)$	18	半球	$V = \dfrac{2}{3}\pi r^3$ $J_x = J_y = J_z = \rho \dfrac{4\pi}{15}r^5 = M\dfrac{2r^2}{5}$
14	正圆锥	$V = \dfrac{\pi r^2 h}{3}$ $J_z = \rho \dfrac{\pi r^4 h}{10} = M\dfrac{3r^2}{10}$ $J_g = \rho \dfrac{\pi r^2 h}{20}\left(r^2 + \dfrac{h^2}{4}\right)$ $= M\dfrac{3}{20}\left(r^2 + \dfrac{h^2}{4}\right)$ 正圆锥侧面 $A = \pi rs = \pi r\sqrt{r^2 + h^2}$ $J_z = \rho \dfrac{\pi r^3 \sqrt{r^2 + h^2}}{2} = M\dfrac{r^2}{2}$	19	圆截面环形体	$V = 2\pi^2 R r^2$ $J_x = \rho \dfrac{\pi^2 R r^2}{2}(4R^2 + 3r^2)$ $= M\left(R^2 + \dfrac{3}{4}r^2\right)$ $J_g = \rho \dfrac{\pi^2 R r^2}{4}(4R^2 + 5r^2)$ $= M\left(\dfrac{R^2}{2} + \dfrac{5}{8}r^2\right)$

注：A—面积；V—体积；J_x、J_y、J_z、J_1、J_2、J_g、J_φ—对 x、y、z、1、2、g、φ 轴的转动惯量；J_O、J_C—对 O、C 点的转动惯量；ρ_1、ρ_A、ρ—线密度、面密度、体密度；M—总质量。

表 1.4-11　常用旋转体的转动惯量的近似计算式

计算通式：
$$J = \frac{KMD_e^2}{4}$$

式中　J—转动惯量（kg·m²）；
　　　M—旋转体质量（kg）；
　　　K—系数，见本表；
　　　D_e—旋转体的计算直径（m）

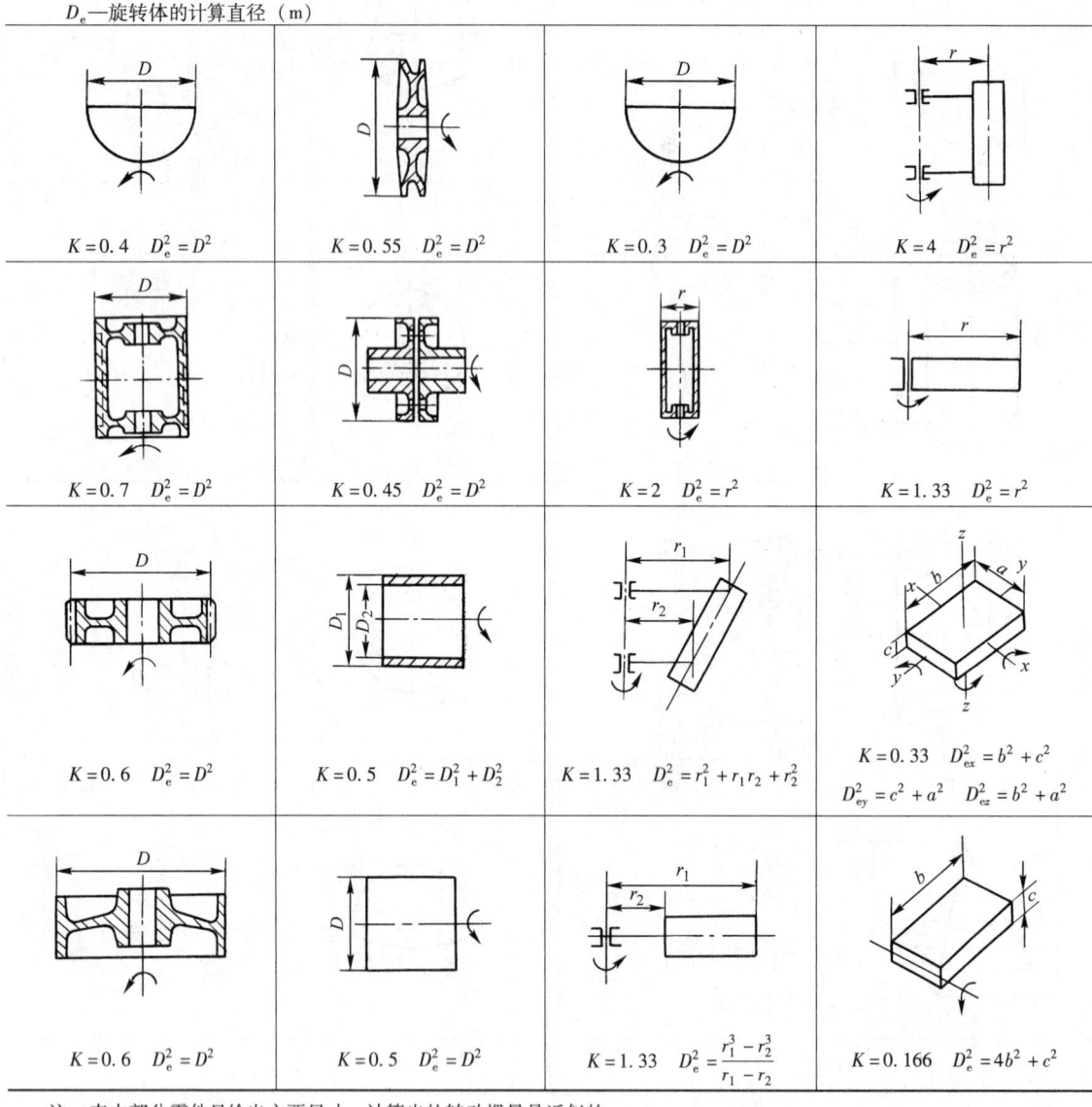

注：表中部分零件只给出主要尺寸，计算出的转动惯量是近似的。

表 1.4-12　机械传动中转动惯量的换算

转动惯量及飞轮矩	$J = mr^2$	式中　J—转动惯量（kg·m²）； 　　　m—物体的质量（kg）； 　　　r—惯性半径（m）
	转动惯量 J 与飞轮力矩（GD^2）的关系 　　　$J = (GD^2)/4g$　　　(1) 　　　$J = (GD^2)/4$　　　(2)	式（1）中（GD^2）—飞轮力矩（N·m²）； 　　　　　　g—重力加速度 式（2）中（GD^2）—飞轮力矩（kg·m²）

转动惯量的换算	卷筒、钢绳、移动物体、电动机示意图 系统总动能 $E = J_1\omega_1^2/2 + J_2\omega_2^2/2 + J_3\omega_3^2/2 + m(r\omega_3)^2/2$ 换算到电动机轴上的转动惯量 $J = \dfrac{2E}{\omega_1^2} = J_1 + J_2\left(\dfrac{\omega_2}{\omega_1}\right)^2 + J_3\left(\dfrac{\omega_3}{\omega_1}\right)^2 + mr^2\left(\dfrac{\omega_3}{\omega_1}\right)^2$ $= J_1 + J_2/i_1^2 + J_3/(i_1 i_2)^2 + mr^2/(i_1 i_2)^2$ 换算到移动物体上的当量质量 $m = \dfrac{2E}{v^2} = J_1(i_1 i_2)^2/r^2 + J_2 i_2^2/r^2 + J_3/r^2 + m$	J—换算到电动机轴上的总转动惯量（$kg \cdot m^2$）； J_1、J_2、J_3—轴 1、轴 2、轴 3 上回转体的转动惯量（$kg \cdot m^2$）； m—吊在钢绳上移动物体的质量（kg）； r—卷筒的半径（m）； ω_1、ω_2、ω_3—轴 1、轴 2、轴 3 的角速度（rad/s）； i_1、i_2—轴 1 与轴 2、轴 2 与轴 3 间的传动比； v—移动物体速度（m/s）	
移动物体转动惯量的换算	一般移动物体 $J = \dfrac{mv_m^2}{\omega_0^2}$, $\omega_0 = \dfrac{\pi n_0}{30}$ 丝杠传动 $J = \dfrac{mt^2}{4\pi^2 i^2}$ 齿轮齿条传动 $J = \dfrac{md^2}{4i^2}$ 转动物体换算为移动速度为 v_m 时的当量质量 $m = \dfrac{J_n\omega^2}{v_m^2}$, $\omega = \dfrac{\pi n}{30}$	J—换算到电动机轴上的转动惯量（$kg \cdot m^2$）； m—移动物体的质量（kg）； v_m—物体的移动速度（m/s）； ω_0—电动机角速度（rad/s）； n_0—电动机转速（r/min）； t—丝杠螺距（m）； d—与齿条相啮合的齿轮节圆直径（m）； i—电动机与丝杠或齿条间的传动比； J_n—物体绕某轴转动角速度为 ω 时的转动惯量（$kg \cdot m^2$）； ω—物体绕某轴转动的角速度（rad/s）； n—转动物体转速（r/min）	
物体对某一轴线 AA（平行 OO）的转动惯量	$J = J_0 + ma^2$	J—物体对 AA 轴的转动惯量（$kg \cdot m^2$）； J_0—物体对通过重心 OO 轴线的转动惯量（$kg \cdot m^2$）； a—OO 轴与 AA 轴间的距离（m）	

表 1.4-13 动力学普遍定理

序号	定理名称	关 系 式	图示与说明
1	恒质量质点的动量定理	直角坐标投影式（图 a） 矢量式 $m\dfrac{d\boldsymbol{v}}{dt} = \sum \boldsymbol{F}_i \begin{cases} m\dfrac{dv_x}{dt} = m\ddot{x} = \sum F_{xi} \\ m\dfrac{dv_y}{dt} = m\ddot{y} = \sum F_{yi} \\ m\dfrac{dv_z}{dt} = m\ddot{z} = \sum F_{zi} \end{cases}$	a) x、y、z—质点瞬时坐标； F_{xi}、F_{yi}、F_{zi}—第 i 个力在三坐标轴上的投影

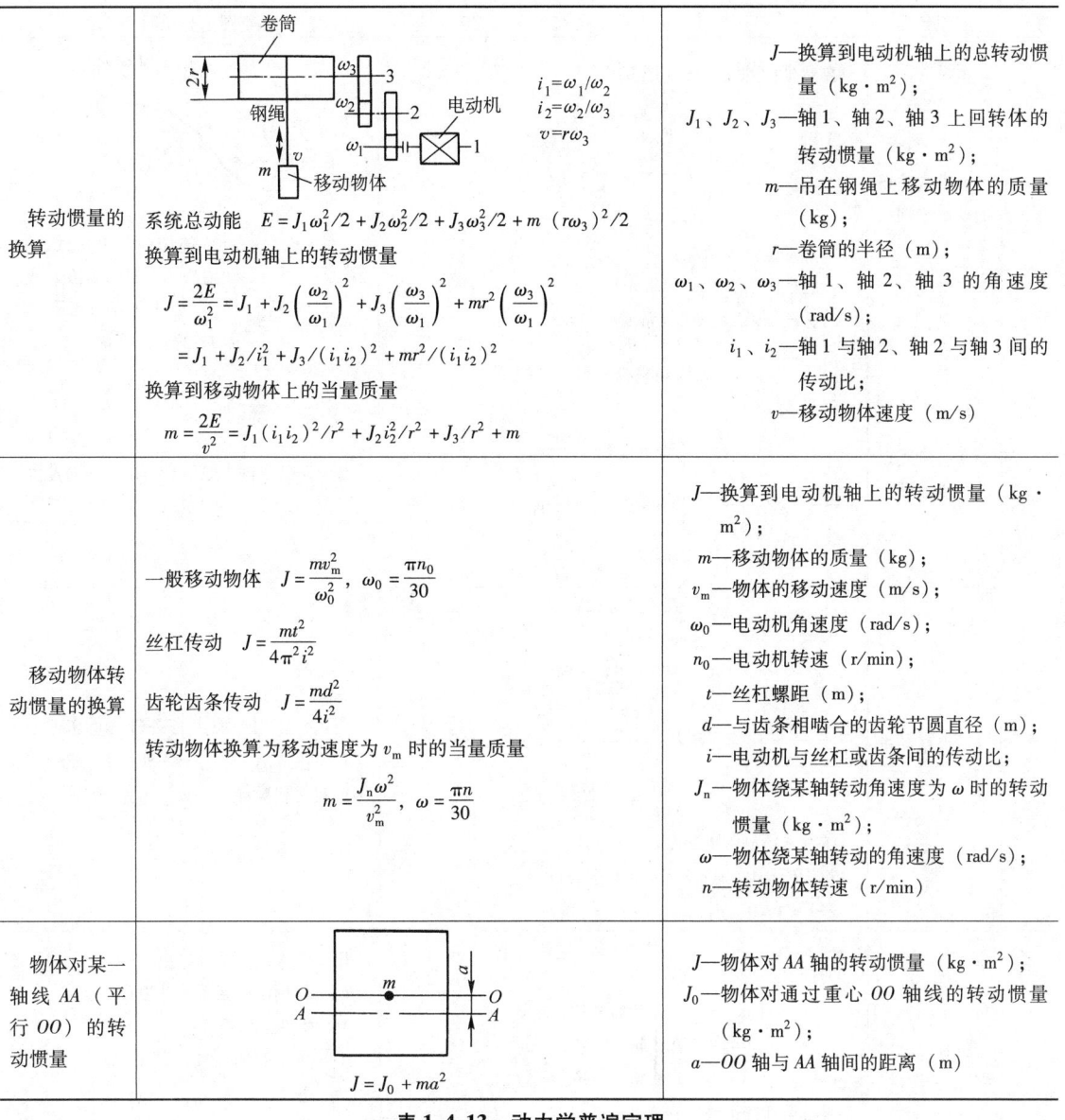

(续)

序号	定理名称	关　系　式	图示与说明
1	恒质量质点的动量定理	自然坐标的投影式（图b）$$\begin{cases} m\dfrac{\mathrm{d}v}{\mathrm{d}t} = m\ddot{s} = \sum F_{\tau i} \\ m\dfrac{v^2}{\rho} = m\dfrac{\dot{s}^2}{\rho} = \sum F_{ni} \\ 0 = \sum F_{bi} \end{cases}$$ 质点动量守恒情况： 若 $\sum \boldsymbol{F}_i = 0$，则 $m\boldsymbol{v} =$ 常矢量 若 $\sum F_x = 0$，则 $mv_x =$ 常量	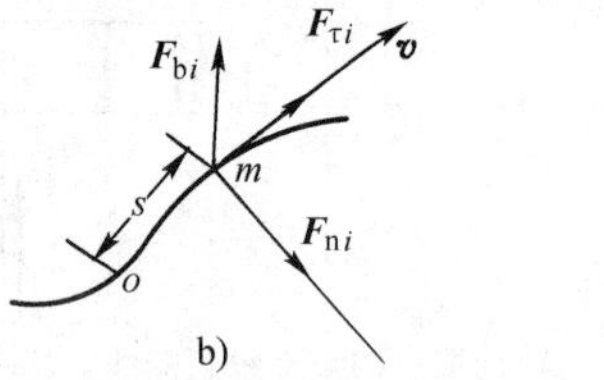 $\boldsymbol{\tau}$、$\boldsymbol{n}$、$\boldsymbol{b}$——沿轨迹切向、主法线方向和副法线方向的单位矢量； $F_{\tau i}$、F_{ni}、F_{bi}——沿 $\boldsymbol{\tau}$、$\boldsymbol{n}$ 和 $\boldsymbol{b}$ 方向的第 i 个力 $\boldsymbol{F}_i$ 的三个分量
2	变质量质点的动量定理	直角坐标投影式 矢量式 $$m\dfrac{\mathrm{d}\boldsymbol{v}}{\mathrm{d}t} = \sum \boldsymbol{F}_i + \dfrac{\mathrm{d}m}{\mathrm{d}t}\boldsymbol{v}_r \begin{cases} m\ddot{x} = \sum F_{xi} + \dfrac{\mathrm{d}m}{\mathrm{d}t}v_{rx} \\ m\ddot{y} = \sum F_{yi} + \dfrac{\mathrm{d}m}{\mathrm{d}t}v_{ry} \\ m\ddot{z} = \sum F_{zi} + \dfrac{\mathrm{d}m}{\mathrm{d}t}v_{rz} \end{cases}$$	v_r——流出或进入原质点质量的相对速度
3	质点系动量定理	直角坐标投影式 矢量式 $$\dfrac{\mathrm{d}\boldsymbol{p}}{\mathrm{d}t} = \dfrac{\mathrm{d}\sum m_i \boldsymbol{v}_i}{\mathrm{d}t} = \sum \boldsymbol{F}_i \begin{cases} \dfrac{\mathrm{d}p_x}{\mathrm{d}t} = \dfrac{\mathrm{d}\sum m_i v_{xi}}{\mathrm{d}t} = \sum F_{xi} \\ \dfrac{\mathrm{d}p_y}{\mathrm{d}t} = \dfrac{\mathrm{d}\sum m_i v_{yi}}{\mathrm{d}t} = \sum F_{yi} \\ \dfrac{\mathrm{d}p_z}{\mathrm{d}t} = \dfrac{\mathrm{d}\sum m_i v_{zi}}{\mathrm{d}t} = \sum F_{zi} \end{cases}$$ 质点系动量守恒情况： 若 $\sum \boldsymbol{F}_i = 0$，则 $\boldsymbol{p} = \sum m_i \boldsymbol{v}_i =$ 常矢量 若 $\sum F_{xi} = 0$，则 $p_x = \sum m_i v_{xi} =$ 常量	$\sum \boldsymbol{F}_i$——作用于质点系各外力的矢量和； $\sum F_{xi}$、$\sum F_{yi}$、$\sum F_{zi}$——各外力在三坐标轴上的投影代数和
4	质心运动定理	直角坐标投影式 矢量式 $$M\boldsymbol{a}_c = \sum \boldsymbol{F}_i \begin{cases} Ma_{cx} = M\ddot{x}_c = \sum F_{xi} \\ Ma_{cy} = M\ddot{y}_c = \sum F_{yi} \\ Ma_{cz} = M\ddot{z}_c = \sum F_{zi} \end{cases}$$ 质心运动守恒情况： 若 $\sum \boldsymbol{F}_i = 0$，则 $v_c =$ 常矢量 若 $\sum F_x = 0$，则 $v_{cx} =$ 常量	由质点系动量定理导出 $\boldsymbol{F}_i$——作用于质点系的外力； M——质点系总质量； $\boldsymbol{a}_c$——质心的加速度，其沿 x、y、z 轴的分量为 a_{cx}、a_{cy} 和 a_{cz}； v_c——质心速度，其沿 x、y、z 轴的分量为 v_{cx}、v_{cy} 和 v_{cz}
5	质点动量矩定理	直角坐标投影式 矢量式 $$\dfrac{\mathrm{d}\boldsymbol{l}_0}{\mathrm{d}t} = \dfrac{\mathrm{d}\boldsymbol{M}_0(m\boldsymbol{v})}{\mathrm{d}t} = \boldsymbol{M}_0(\boldsymbol{F}) = \boldsymbol{r} \times \boldsymbol{F} \begin{cases} \dfrac{\mathrm{d}l_x}{\mathrm{d}t} = M_x(\boldsymbol{F}) \\ \dfrac{\mathrm{d}l_y}{\mathrm{d}t} = M_y(\boldsymbol{F}) \\ \dfrac{\mathrm{d}l_z}{\mathrm{d}t} = M_z(\boldsymbol{F}) \end{cases}$$ 质点动量矩守恒情况： 若 $\boldsymbol{M}_0(\boldsymbol{F}) = 0$，则 $\boldsymbol{l}_0 =$ 常矢量 若 $M_z(\boldsymbol{F}) = 0$，则 $l_z =$ 常量	$\boldsymbol{l}_0$、l_x、l_y、l_z 的计算见表 1.4-9 $\boldsymbol{M}_0(\boldsymbol{F})$、$M_x(\boldsymbol{F})$、$M_y(\boldsymbol{F})$、$M_z(\boldsymbol{F})$ 的计算见表 1.4-2

(续)

序号	定理名称	关系式	图示与说明
6	质点系动量矩定理	1) 相对于固定点（或轴）的动量矩定理 矢量式 $$\frac{d\boldsymbol{L}_0}{dt}=\frac{d}{dt}\sum \boldsymbol{M}_0(m_i\boldsymbol{v}_i)=\sum \boldsymbol{M}_0(\boldsymbol{F}_i)$$ 直角坐标投影式 $\begin{cases}\frac{dL_x}{dt}=\sum M_x(\boldsymbol{F}_i)\\ \frac{dL_y}{dt}=\sum M_y(\boldsymbol{F}_i)\\ \frac{dL_z}{dt}=\sum M_z(\boldsymbol{F}_i)\end{cases}$ 质点系动量矩守恒情况： 若 $\sum \boldsymbol{M}_0(\boldsymbol{F}_i)=0$，$\boldsymbol{L}_0=$ 常矢量 若 $\sum M_z(\boldsymbol{F}_i)=0$，$L_z=$ 常量 2) 相对于质心的动量矩定理 $$\frac{d\boldsymbol{L}_c^r}{dt}=\boldsymbol{M}_c$$ $\boldsymbol{L}_c^r=\sum \boldsymbol{r}_i'\times m_i\boldsymbol{v}_i'$ 为质点系对于质心相对运动的动量矩 $\boldsymbol{M}_c$—质点系所受外力对质心的主矩	$\boldsymbol{F}_i$ 为外力 $\boldsymbol{L}_0$、L_x、L_y、L_z 计算见表1.4-9 $M_x(\boldsymbol{F}_i)$、$M_y(\boldsymbol{F}_i)$、$M_z(\boldsymbol{F}_i)$ 计算见表1.4-2 $Cx'y'z'$—以质心 C 为原点的平动坐标系（质心坐标系）； $Oxyz$—以固定点 O 为原点的坐标系； $\boldsymbol{v}_i'$—任一质点对质心坐标系的相对速度
7	动能定理	$T-T_0=\sum W_i$	T_0、T—质点或质点系始末位置的动能； $\sum W_i$—作用在质点或质点系上所有外力和内力从运动初始到终了所做的功
8	机械能守恒定律	$T+V=$ 常量	T、V—质点或质点系某瞬时的动能和势能 本定律仅在有势力作用下适用。如还有其他力作用，但其不做功，本定律仍适用

表 1.4-14 质点及刚体的运动微分方程

序号	运动类型	运动微分方程	说 明
1	质点运动（恒质量）	直角坐标系　　自然坐标系 $m\ddot{x}=\sum F_{xi}$　$m\ddot{s}=\sum F_{\tau i}$ $m\ddot{y}=\sum F_{yi}$　$m\dfrac{s^2}{\rho}=\sum F_{ni}$ $m\ddot{z}=\sum F_{zi}$	即恒质量质点动量定理，见表1.4-13
2	刚体平动	$M\ddot{x}_c=\sum F_{xi}$ $M\ddot{y}_c=\sum F_{yi}$ $M\ddot{z}_c=\sum F_{zi}$	$\ddot{x}_c$、$\ddot{y}_c$、$\ddot{z}_c$—刚体质心在 x、y、z 方向的加速度分量； M—刚体总质量
3	刚体定轴转动	$J_z\ddot{\varphi}=M_z$	由动量矩定理导出 J_z—刚体对 z 轴的转动惯量； M_z—作用于刚体外力对 z 轴的合力矩
4	刚体平面运动	$M\ddot{x}_c=\sum F_{xi}$ $M\ddot{y}_c=\sum F_{yi}$ $J_c\ddot{\varphi}=M_c$	由质心运动定理和相对于质心动量矩定理导出 M—刚体总质量； J_c—刚体对质心轴的转动惯量； M_c—作用于刚体外力对质心轴合力矩

4 点的应力、应变状态分析和强度理论（见表 1.4-15～表 1.4-18）

表 1.4-15 点的应力状态分析

序号	应力状态类型	图示	斜截面上的应力	主应力	主方向	主切应力和最大切应力
1	单向应力状态		$\sigma_\alpha = \dfrac{1}{2}\sigma(1+\cos2\alpha)$ $\tau_\alpha = -\dfrac{1}{2}\sigma\sin2\alpha$	$\sigma_1=\sigma$ $\sigma_2=\sigma_3=0$	$\alpha_p = \begin{cases}0°\\90°\end{cases}$	$\tau_{max}=\dfrac{1}{2}\sigma$ （作用面法线与 x 轴成 45°）
2	两向应力状态		$\sigma_\alpha = \dfrac{\sigma_x+\sigma_y}{2} + \dfrac{\sigma_x-\sigma_y}{2}\cos2\alpha + \tau_{xy}\sin2\alpha$ $\tau_\alpha = -\dfrac{(\sigma_x-\sigma_y)}{2}\sin2\alpha + \tau_{xy}\cos2\alpha$	$\sigma_{min}^{max} = \dfrac{\sigma_x+\sigma_y}{2} \pm \sqrt{\left(\dfrac{\sigma_x-\sigma_y}{2}\right)^2 + \tau_{xy}^2}$ 据 σ_{max}、σ_{min} 及另一主应力（为零）代数值的大小，由大至小依次定为 σ_1、σ_2、σ_3	$\tan2\alpha_p = \dfrac{2\tau_{xy}}{\sigma_x-\sigma_y}$ 若取 $2\alpha_p$ 为主值（$-\dfrac{\pi}{2} \leq 2\alpha_p \leq \dfrac{\pi}{2}$），则当 $\sigma_x \geq \sigma_y$ 时，由 x 轴转 α_p 角至 σ_{max}，若 $\sigma_x < \sigma_y$，由 x 轴转 α_p 角至 σ_{min}	主切应力 $\tau_{1,2} = \pm\sqrt{\left(\dfrac{\sigma_x-\sigma_y}{2}\right)^2 + \tau_{xy}^2}$ （在垂直 xy 面的斜截面中） 最大切应力 $\tau_{max} = \dfrac{\sigma_1-\sigma_3}{2}$ （作用面与 σ_2 平行，与 σ_1、σ_3 向成 45°）
3	三向应力状态		斜截面上总应力沿坐标轴的三个分量： $p_{vx} = \sigma_x l + \tau_{xy} m + \tau_{xz} n$ $p_{vy} = \tau_{yx} l + \sigma_y m + \tau_{yz} n$ $p_{vz} = \tau_{zx} l + \tau_{zy} m + \sigma_z n$ （l、m、n 为斜截面法线与 x、y、z 轴的方向余弦）	三个主应力值（σ_I、σ_{II} 和 σ_{III}）由下式解得： $\sigma_i^3 - ①\sigma_i^2 - ②\sigma_i - ③ = 0$ （下标 i 为 I、II、III 表示三个主应力） 式中 ① $= \sigma_x+\sigma_y+\sigma_z$ ② $= -(\sigma_x\sigma_y+\sigma_y\sigma_z+\sigma_z\sigma_x) + \tau_{xy}^2 + \tau_{yz}^2 + \tau_{zx}^2$ ③ $= \sigma_x\sigma_y\sigma_z + 2\tau_{xy}\tau_{yz}\tau_{zx} - \sigma_x\tau_{yz}^2 - \sigma_y\tau_{zx}^2 - \sigma_z\tau_{xy}^2$ ①、②、③ 分别称为第一、二、三应力不变量。按解得的 σ_I、σ_{II}、σ_{III} 的代数值的由大到小的顺序，定为 σ_1、σ_2 和 σ_3	三个主应力方向的方向余弦由如下方程前三个的任二个及第四个方程联立求得 $(\sigma_x-\sigma_i)l + \tau_{xy}m + \tau_{xz}n = 0$ $\tau_{yx}l + (\sigma_y-\sigma_i)m + \tau_{yz}n = 0$ $\tau_{zx}l + \tau_{zy}m + (\sigma_z-\sigma_i)n = 0$ $l^2 + m^2 + n^2 = 1$	主切应力 $\tau_1 = \dfrac{1}{2}(\sigma_I - \sigma_{II})$ $\tau_2 = \dfrac{1}{2}(\sigma_{II} - \sigma_{III})$ $\tau_3 = \dfrac{1}{2}(\sigma_{III} - \sigma_I)$ 最大切应力 $\tau_{max} = \dfrac{\sigma_1-\sigma_3}{2}$ （作用面与 σ_2 平行与 σ_1 和 σ_3 向成 45°）

注：1. 规定在外法线指向坐标轴正向的单元体表面上，如作用的应力分量方向沿坐标轴正向，则取其为正值，反之取负值；在外法线指向坐标轴负向的单元体表面上，如作用的应力分量方向沿坐标轴负向，则取其为正值，反之为负值。
2. α 角从 x 量起，逆时针转为正，顺时针转为负。
3. 按高等代数，求主应力的三次方程的三个根为：$\sigma_I = \dfrac{①}{3} + R\cos\varphi$，$\sigma_{II} = \dfrac{①}{3} + R\cos\left(\dfrac{\varphi+2\pi}{3}\right)$，$\sigma_{III} = \dfrac{①}{3} + R\cos\left(\dfrac{\varphi+4\pi}{3}\right)$。式中 $R = \dfrac{2}{3}\sqrt{①^2 + 3②}$，$\cos\varphi = \dfrac{2①^3 + 9①② + 27③}{2(①^2+3②)^{3/2}}$。

表 1.4-16　点的应变状态分析（小变形条件）

序号	分析项目	图示	表示或关系式
1	点的应变状态表示及应变与点的位移间的关系	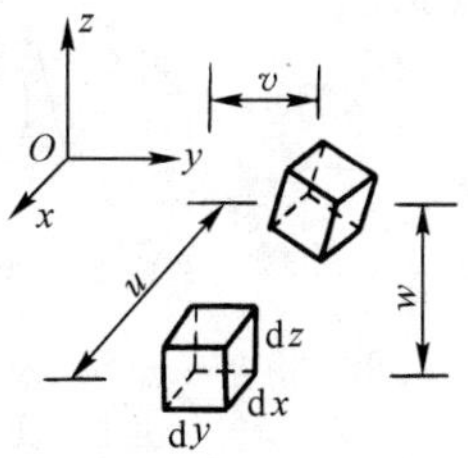 u、v、w 分别为点沿 x、y、z 向位移，为点的坐标的函数	单元体三棱边单位长度的伸长或缩短量：线应变 $\varepsilon_x = \dfrac{\partial u}{\partial x}$，$\varepsilon_y = \dfrac{\partial v}{\partial y}$，$\varepsilon_z = \dfrac{\partial w}{\partial z}$（拉伸变形为正，压缩变形为负） 单元体三正交棱边直角的改变量：切应变 $\gamma_{xy} = \dfrac{\partial u}{\partial y} + \dfrac{\partial v}{\partial x}$，$\gamma_{yz} = \dfrac{\partial v}{\partial z} + \dfrac{\partial w}{\partial y}$，$\gamma_{zx} = \dfrac{\partial u}{\partial z} + \dfrac{\partial w}{\partial x}$ （直角减小，切应变为正，反之，切应变为负）
2	一般应变状态	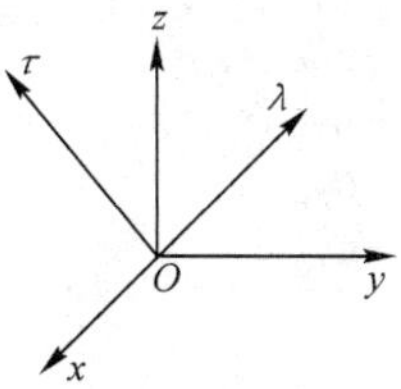 过一点沿任意两正交方向，λ 和 τ 对 x、y、z 轴的方向余弦分别为 l、m、n 和 l'、m'、n'	沿任意方向 λ 的线应变 $\varepsilon_\lambda = \varepsilon_x l^2 + \varepsilon_y m^2 + \varepsilon_z n^2 + \gamma_{xy} lm + \gamma_{yz} mn + \gamma_{zx} nl$ 沿 $\lambda - \tau$ 正交方向的切应变 $\gamma_{\lambda\tau} = 2(\varepsilon_x ll' + \varepsilon_y mm' + \varepsilon_z nn') + \gamma_{xy}(lm' + l'm) + \gamma_{yz}(mn' + m'n) + \gamma_{zx}(nl' + n'l)$ 主应变： 由如下方程求得三个实根 ε_I、ε_II、ε_III $\varepsilon_\nu^3 - J_1 \varepsilon_\nu^2 - J_2 \varepsilon_\nu - J_3 = 0$（$\nu$ 取 Ⅰ、Ⅱ、Ⅲ） 式中 $J_1 = \varepsilon_x + \varepsilon_y + \varepsilon_z$ $J_2 = -(\varepsilon_x \varepsilon_y + \varepsilon_y \varepsilon_z + \varepsilon_z \varepsilon_x) + \dfrac{1}{4}(\gamma_{xy}^2 + \gamma_{yz}^2 + \gamma_{zx}^2)$ $J_3 = \varepsilon_x \varepsilon_y \varepsilon_z + \dfrac{1}{4}(\gamma_{xy}\gamma_{yz}\gamma_{zx} - \varepsilon_x \gamma_{yz}^2 - \varepsilon_y \gamma_{zx}^2 - \varepsilon_z \gamma_{xy}^2)$ （J_1、J_2、J_3 分别称为第一、二、三应变不变量） 按解得的 ε_I、ε_II、ε_III 的代数值的由大到小的顺序，定为 ε_1、ε_2、ε_3 三主应变的方向余弦，可由以下方程中前三个方程的任两个及第四个方程求得： $(\varepsilon_x - \varepsilon_\nu) l + \dfrac{1}{2}\gamma_{xy} m + \dfrac{1}{2}\gamma_{zx} n = 0$ $\dfrac{1}{2}\gamma_{xy} l + (\varepsilon_y - \varepsilon_\nu) m + \dfrac{1}{2}\gamma_{yz} n = 0$ $\dfrac{1}{2}\gamma_{zx} l + \dfrac{1}{2}\gamma_{yz} m + (\varepsilon_z - \varepsilon_\nu) n = 0$ $l^2 + m^2 + n^2 = 1$ 最大切应变 $\gamma_{\max} = \varepsilon_1 - \varepsilon_3$
3	与平面应力状态相应的应变状态（$\gamma_{yz} = \gamma_{zx} = 0$，$\varepsilon_z = \varepsilon_z(x, y)$）	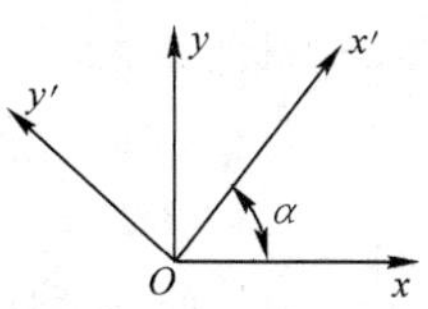	x' 向的线应变 $\varepsilon_{x'} = \dfrac{\varepsilon_x + \varepsilon_y}{2} + \dfrac{\varepsilon_x - \varepsilon_y}{2}\cos 2\alpha + \dfrac{\gamma_{xy}}{2}\sin 2\alpha$ $x' - y'$ 正交方向的切应变 $\dfrac{1}{2}\gamma_{x'y'} = -\dfrac{(\varepsilon_x - \varepsilon_y)}{2}\sin 2\alpha + \dfrac{\gamma_{xy}}{2}\cos 2\alpha$

(续)

序号	分析项目	图示	表示或关系式
3	与平面应力状态相应的应变状态（$\gamma_{yz}=\gamma_{zx}=0$, $\varepsilon_z=\varepsilon_z(x,y)$）		主应变 $$\varepsilon_{\min}^{\max}=\frac{\varepsilon_x+\varepsilon_y}{2}\pm\sqrt{\left(\frac{\varepsilon_x-\varepsilon_y}{2}\right)^2+\left(\frac{\gamma_{xy}}{2}\right)^2}$$ 主方向 $\tan2\alpha_p=\dfrac{\gamma_{xy}}{\varepsilon_x-\varepsilon_y}$ ［若取 $2\alpha_p$ 为主值（$-\dfrac{\pi}{2}\leqslant\alpha\leqslant\dfrac{\pi}{2}$），则当 $\varepsilon_x\geqslant\varepsilon_y$ 时，由 x 转 α_p 至 $\varepsilon_{\max}$，反之至 $\varepsilon_{\min}$］ 按 $\varepsilon_{\max}$、$\varepsilon_{\min}$ 及另一个主应变的代数值的由大至小的顺序，定为 ε_1、ε_2、ε_3 最大切应变 $\gamma_{\max}=\varepsilon_1-\varepsilon_3$

表 1.4-17　线弹性材料的应力应变关系式（广义胡克定律）

序号	应力状态	用应力分量表示应变分量	用应变分量表示应力分量
1	三向应力状态	$\varepsilon_x=\dfrac{1}{E}[\sigma_x-\nu(\sigma_y+\sigma_z)]$ $=\dfrac{1}{2G}\left(\sigma_x-\dfrac{\nu}{1+\nu}\text{①}_1\right)$ $\varepsilon_y=\dfrac{1}{E}[\sigma_y-\nu(\sigma_z+\sigma_x)]$ $=\dfrac{1}{2G}\left(\sigma_y-\dfrac{\nu}{1+\nu}\text{①}_1\right)$ $\varepsilon_z=\dfrac{1}{E}[\sigma_z-\nu(\sigma_x+\sigma_y)]$ $=\dfrac{1}{2G}\left(\sigma_z-\dfrac{\nu}{1+\nu}\text{①}_1\right)$ $\gamma_{xy}=\dfrac{\tau_{xy}}{G}$ $\gamma_{yz}=\dfrac{\tau_{yz}}{G}$ $\gamma_{yz}=\dfrac{\tau_{zx}}{G}$	$\sigma_x=\dfrac{E}{(1+\nu)(1-2\nu)}[(1-\nu)\varepsilon_x+\nu(\varepsilon_y+\varepsilon_z)]$ $=2G\varepsilon_x+\lambda\theta$ $\sigma_y=\dfrac{E}{(1+\nu)(1-2\nu)}[(1-\nu)\varepsilon_y+\nu(\varepsilon_z+\varepsilon_x)]$ $=2G\varepsilon_y+\lambda\theta$ $\sigma_z=\dfrac{E}{(1+\nu)(1-2\nu)}[(1-\nu)\varepsilon_z+\nu(\varepsilon_x+\varepsilon_y)]$ $=2G\varepsilon_z+\lambda\theta$ $\tau_{xy}=G\gamma_{xy}$ $\tau_{yz}=G\gamma_{yz}$ $\tau_{zx}=G\gamma_{zx}$
2	平面应力状态（$\sigma_z=\tau_{yz}=\tau_{zx}=0$）	$\varepsilon_x=\dfrac{1}{E}(\sigma_x-\nu\sigma_y)$ $\varepsilon_y=\dfrac{1}{E}(\sigma_y-\nu\sigma_x)$ $\varepsilon_z=\dfrac{-\nu}{E}(\sigma_x+\sigma_y)$ $\gamma_{xy}=\dfrac{\tau_{xy}}{G}$	$\sigma_x=\dfrac{E}{1-\nu^2}(\varepsilon_x+\nu\varepsilon_y)$ $\sigma_y=\dfrac{E}{1-\nu^2}(\varepsilon_y+\nu\varepsilon_x)$ $\tau_{xy}=G\gamma_{xy}$
3	平面应变状态（$\varepsilon_z=\gamma_{yz}=\gamma_{zx}=0$）	$\varepsilon_x=\dfrac{1-\nu^2}{E}\left(\sigma_x-\dfrac{\nu}{1-\nu}\sigma_y\right)$ $\varepsilon_y=\dfrac{1-\nu^2}{E}\left(\sigma_y-\dfrac{\nu}{1-\nu}\sigma_x\right)$ $\gamma_{xy}=\dfrac{\tau_{xy}}{G}$	$\sigma_x=\dfrac{E}{(1+\nu)(1-2\nu)}[(1-\nu)\varepsilon_x+\nu\varepsilon_y]$ $\sigma_y=\dfrac{E}{(1+\nu)(1-2\nu)}[(1-\nu)\varepsilon_y+\nu\varepsilon_x]$ $\sigma_z=\dfrac{E\nu}{(1+\nu)(1-2\nu)}(\varepsilon_x+\varepsilon_y)$ $\tau_{xy}=G\gamma_{xy}$

注：1. E、G、ν、λ 分别为材料的弹性模量、剪切弹性模量、泊松比和拉梅弹性常数。它们之间有关系式 $G=\dfrac{E}{2(1+\nu)}$ 和 $\lambda=\dfrac{E\nu}{(1+\nu)(1-2\nu)}$。

2. $\text{①}_1=\sigma_x+\sigma_y+\sigma_z$，$\theta=\varepsilon_x+\varepsilon_y+\varepsilon_z$。

3. 表中应力 σ_x、σ_y、σ_z（或 σ_x、σ_y）及应变 ε_x、ε_y、ε_z（或 ε_x、ε_y）间的关系也适用于主应力 σ_1、σ_2、σ_3 与主应变 ε_1、ε_2、ε_3 间的关系。

表 1.4-18 常用的强度理论

序号	强度理论名称	破坏条件	强度条件	适用范围	
				破坏形式	应力状态与材料
1	第一强度理论（最大拉应力理论）	$\sigma_1 = R_m$ （R_m—抗拉强度，下同）	$\sigma_1 \leq [\sigma]_{R_m} \leq \dfrac{R_m}{n}$ （$[\sigma]_{R_m}$—许用拉应力 n—安全系数）	脆性断裂	1）单向拉伸、二向应力状态（二向压缩除外）的极脆材料 2）单向拉伸、二向应力状态（压大于拉或二向压缩除外）的拉、压强度不等的脆材或低塑性材料 3）三向拉伸应力状态的塑材和脆材
2	第二强度理论（最大伸长线应变理论）	$\varepsilon_1 = \dfrac{1}{E}[\sigma_1 - \nu(\sigma_2 + \sigma_3)]$ $= \varepsilon_b = \dfrac{R_m}{E}$	$\sigma_1 - \nu(\sigma_2 + \sigma_3) \leq [\sigma]_{R_m} = \dfrac{R_m}{n}$	脆性断裂	1）石料、混凝土等脆材的单向压缩 2）拉压强度不等的脆材或低塑性材料的压缩应力大于拉伸应力的二向应力状态
3	第三强度理论（最大切应力理论）	$\tau_{max} = \dfrac{\sigma_1 - \sigma_3}{2} = \tau_{p0.2} = \dfrac{R_{eL}}{2}$ （R_{eL}—屈服强度，下同）	$\sigma_1 - \sigma_3 \leq [\sigma]_{R_{eL}} = \dfrac{R_{eL}}{n}$	塑性屈服	1）除三向拉伸之外各种应力状态的塑性材料 2）三向压缩应力状态的脆材
4	第四强度理论（形状改变比能理论）	$\sqrt{\dfrac{1}{2}[(\sigma_1-\sigma_2)^2+(\sigma_2-\sigma_3)^2+(\sigma_3-\sigma_1)^2]}$ $= R_{eL}$	$\sqrt{\dfrac{1}{2}[(\sigma_1-\sigma_2)^2+(\sigma_2-\sigma_3)^2+(\sigma_3-\sigma_1)^2]}$ $\leq [\sigma]_{R_{eL}} = \dfrac{R_{eL}}{n}$	塑性屈服	1）除三向拉伸之外各种应力状态的塑性材料 2）三向压缩应力状态的脆材
5	莫尔强度理论	$\sigma_1 - \dfrac{R_m}{R_{mc}}\sigma_3 = R_m$ （R_{mc}—抗压强度）	$\sigma_1 - \dfrac{[\sigma]_{R_m}}{[\sigma]_{R_{mc}}}\sigma_3 \leq [\sigma]_{R_m} = \dfrac{R_m}{n}$ （$[\sigma]_{R_{mc}} = \dfrac{R_{mc}}{n}$，许用压应力）	切断	单向拉伸和二向应力状态的拉、压强度不等的脆材或低塑性材料

注：极脆材料如淬硬工具钢和陶瓷等；拉、压强度不等的脆材如铸铁、混凝土和岩石等；低塑性材料如淬硬高强钢等；塑性材料如低碳钢、非淬硬中碳钢、退火球墨铸铁、铜、铝等。

5 平面图形几何性质的计算公式（见表1.4-19、表1.4-20）

表 1.4-19 平面图形几何性质的一般计算公式

截面与坐标轴的相对位置	一般定义和计算公式
Oyz—任意直角坐标系	形心位置　　$b = \int_A \dfrac{y\mathrm{d}A}{A}$　　$a = \int_A \dfrac{z\mathrm{d}A}{A}$　　(1) 静矩　　$S_z = \int_A y\mathrm{d}A = Ab$；$S_y = \int_A z\mathrm{d}A = Aa$　　(2) 惯性积　　$I_{yz} = \int_A yz\mathrm{d}A$　　(3) 惯性矩　　$I_z = \int_A y^2 \mathrm{d}A$；$I_y = \int_A z^2 \mathrm{d}A$　　(4) 极惯性矩　　$I_0 = \int_A (z^2 + y^2)\mathrm{d}A = I_y + I_z$　　(5)
Oyz—任意位置坐标系； $Oy'z'$—与 Oyz 共原点，但转动 α 角（规定逆时针为正）的直角坐标系； Oy_0、Oz_0—通过 O 点的主惯性轴	转轴公式如下： 惯性积　$I_{y'z'} = \dfrac{I_z - I_y}{2}\sin 2\alpha + I_{yz}\cos 2\alpha$　　(6) 惯性矩　$I_{z'} = \dfrac{I_z + I_y}{2} + \dfrac{I_z - I_y}{2}\cos 2\alpha - I_{yz}\sin 2\alpha$　　(7) 　　　　$I_{y'} = \dfrac{I_z + I_y}{2} - \dfrac{I_z - I_y}{2}\cos 2\alpha + I_{yz}\sin 2\alpha$　　(8) 主惯性轴（对应于惯性积 $I_{y_0z_0} = 0$ 的坐标轴）方位角为 $\alpha_0 = \dfrac{1}{2}\arctan\left(-\dfrac{2I_{yz}}{I_z - I_y}\right)$　（有正交的两个主值）　　(9) 主惯性矩（对主惯性轴的惯性矩） $\begin{matrix}I_{z0}\\I_{y0}\end{matrix} = \dfrac{1}{2}(I_z + I_y) \pm \dfrac{1}{2}\sqrt{(I_z - I_y)^2 + 4I_{yz}^2}$　　(10) 形心主惯性轴—坐标原点与形心重合的主惯性轴 形心主惯性矩—对形心主惯性轴的惯性矩，计算式可按本表式（10），但 Ozy 坐标系原点要与形心 c 重合
cy_cz_c—坐标原点为形心 c 的直角坐标系； Oyz—与 cy_cz_c 平行的直角坐标系	平行移轴公式如下： 惯性矩 $$I_z = I_{z_c} + b^2 A$$ $$I_y = I_{y_c} + a^2 A$$ 惯性积 $$I_{yz} = I_{y_c z_c} + abA$$

注：对由任意个图形组合的平面图形，根据定义的积分式可得：其静矩、惯性积、惯性矩和极惯性矩可由各个图形对同一轴（或同一极点）相应量之和算得（空心图形面积可视为负值）。

表 1.4-20 常用截面几何性质的计算公式

序号	截面形状	面积 A	惯性矩 I	惯性半径 $i=\sqrt{I/A}$	形心到边缘（或顶点）距离 e	抗弯截面系数 $W=I/e$	特 例
1		$A=b(H-h)$	$I_z=\dfrac{1}{12}b(H^3-h^3)$ $I_y=\dfrac{1}{12}b^3(H-h)$	$i_z=\dfrac{1}{\sqrt{12}}\sqrt{\dfrac{H^3-h^3}{H-h}}$ $i_y=\dfrac{1}{\sqrt{12}}b=0.289b$	$e_z=\dfrac{1}{2}b$ $e_y=\dfrac{1}{2}H$	$W_z=\dfrac{1}{6}\dfrac{b}{H}(H^3-h^3)$ $W_y=\dfrac{1}{6}b^2(H-h)$	$h=0$ 即为实心矩形截面
2		$A=H^2-h^2$	$I=\dfrac{1}{12}(H^4-h^4)$	$i=0.289\sqrt{H^2+h^2}$	$e_{y1}=\dfrac{1}{2}H$ $e_{y1}=\dfrac{\sqrt{2}}{2}H$	$W_z=\dfrac{H^4-h^4}{6H}$ $W_{z1}=\dfrac{\sqrt{2}}{12H}(H^4-h^4)$	$h=0$ 即为正方形实心截面
3		$A=a^2-\dfrac{\pi d^2}{4}$	$I=\dfrac{1}{12}\left(a^4-\dfrac{3\pi d^4}{16}\right)$	$i=\sqrt{\dfrac{16a^4-3\pi d^4}{48(4a^2-\pi d^2)}}$	$e_y=\dfrac{a}{2}$ $e_z=\dfrac{a}{2}$	$W_y=W_z$ $=\dfrac{1}{6a}\left(a^4-\dfrac{3\pi d^4}{16}\right)$	$d=0$ 即为正方形实心截面
4		$A=\dfrac{h(a+b)}{2}$	$I_z=\dfrac{h^3(a^2+4ab+b^2)}{36(a+b)}$	$i_z=\dfrac{h}{3(a+b)}\times\sqrt{\dfrac{a^2+4ab+b^2}{2}}$	$e_{y1}=\dfrac{h}{3}\dfrac{(2a+b)}{(a+b)}$ $e_{y2}=\dfrac{h}{3}\dfrac{(a+2b)}{(a+b)}$	$W_{z1}=\dfrac{h^2}{12}\dfrac{(a^2+4ab+b^2)}{(2a+b)}$（对底边） $W_{z2}=\dfrac{h^2}{12}\dfrac{(a^2+4ab+b^2)}{(a+2b)}$（对顶边）	$a=0$ 即为任意三角形截面

(续)

序号	截面形状	面积 A	惯性矩 I	惯性半径 $i=\sqrt{I/A}$	形心到边缘(或顶点)距离 e	抗弯截面系数 $W=I/e$	特 例
5	正多边形 n—边数 a—边长 R—外接圆半径 r—内切圆半径	$A=\dfrac{nR^2}{2}\sin\dfrac{2\pi}{n}$ $=\dfrac{nar}{2}$	$I=\dfrac{A}{24}(6R^2-a^2)$ $=\dfrac{A}{48}(12r^2+a^2)$	$i=\dfrac{1}{\sqrt{24}}\sqrt{6R^2-a^2}$	$e_y=r$ (到底边) $e_{y1}=R$ (到顶点)	$W_z=\dfrac{I}{R\cos\pi/n}\approx\dfrac{AR}{4}$ (对底边) (n很大时) $W_{z1}=\dfrac{I}{R}$ (对顶点)	
6		$A=\dfrac{\pi}{4}(D^2-d^2)$ $=\dfrac{\pi}{8}D^2(1-\alpha^2)$ $\alpha=d/D$	$I=\dfrac{\pi}{64}(D^4-d^4)$ $=\dfrac{\pi}{64}D^4(1-\alpha^4)$	$i=\dfrac{1}{4}\sqrt{D^2+d^2}$	$e=\dfrac{1}{2}D$	$W=\dfrac{\pi}{32}\dfrac{D^4-d^4}{D}$ $=\dfrac{\pi D^3}{32}(1-\alpha^4)$	当 $d=0$ 时,即为实心圆截面
7		$A=\dfrac{\pi}{8}(D^2-d^2)$ $=\dfrac{\pi}{8}D^2(1-\alpha^2)$ $\alpha=d/D$	$I_z=0.00686(D^4-d^4)-$ $\dfrac{0.0177D^2d^2(D-d)}{D+d}$ $I_y=\dfrac{\pi}{128}(D^4-d^4)$ $=\dfrac{\pi}{128}D^4(1-\alpha^4)$	$i_z=\sqrt{\dfrac{I_z}{A}}$ $i_y=\sqrt{\dfrac{I_y}{A}}=\dfrac{D}{4}\sqrt{1+\alpha^2}$	$e_y=\dfrac{2}{3\pi}\dfrac{(D^2+Dd+d^2)}{(D+d)}$ $e_z=\dfrac{D}{2}$	$W_{z1}=\dfrac{I_z}{e_y}$ $W_z=\dfrac{I_z}{D/2-e_y}$ (对顶点) $W_y=\dfrac{\pi D^3}{64}\left(1-\dfrac{d^4}{D^4}\right)$	当 $d=0$ 时,即为实心半圆截面
8		$A\approx\dfrac{\pi}{4}d^2-bt$	$I_z=\dfrac{\pi d^4}{64}-\dfrac{bt(d-t)^2}{4}$ $I_y\approx\dfrac{\pi d^4}{64}-\dfrac{tb^3}{12}$	$i_z=\dfrac{1}{4}\sqrt{\dfrac{\pi d^4-16bt(d-t)^2}{\pi d^2-4bt}}$ $i_y=\dfrac{1}{8}\sqrt{\dfrac{4(3\pi d^4-16tb^3)}{3(\pi d^2-4bt)}}$	$e_z=\dfrac{d}{2}$ $e_y=\dfrac{d}{2}$	$W_z\approx\dfrac{\pi d^3}{32}-\dfrac{bt(d-t)^2}{2d}$ $W_y\approx\dfrac{\pi d^3}{32}-\dfrac{tb^3}{6d}$	

9	10	11	12
			当 $a_1 = b_1 = 0$ 时，即为实心椭圆截面
$W_z \approx \frac{\pi d^3}{32} - \frac{bt(d-t)^2}{d}$ $W_y \approx \frac{\pi d^3}{32} - \frac{tb^3}{3d}$	$W_z = \frac{\pi d^3}{32}(1-1.69\beta)$ $W_y = \frac{\pi d^3}{32}(1-1.69\beta^3)$	$W_z = \frac{\pi d^4 + bz(D-d)(D+d)^2}{32D}$	$W_z = \frac{\pi}{4}(a^3b - a_1^3b_1)$ $\approx \frac{\pi}{4}a(a+3b)t$ $W_y = \frac{\pi}{4}(ab^3 - a_1b_1^3)$ $\approx \frac{\pi}{4}b(b+3a)t$
$e_z = \frac{d}{2}$ $e_y = \frac{d}{2}$	$e_z = \frac{d}{2}$ $e_y = \frac{d}{2}$	$e_z = \frac{d}{2}$ $e_y = \frac{D}{2}$	$e_z = b$ $e_y = a$
$i_z = \sqrt{\frac{I_z}{A}}$ $i_y = \sqrt{\frac{I_y}{A}}$	$i_z = \sqrt{\frac{I_z}{A}}$ $i_y = \sqrt{\frac{I_y}{A}}$	$i_z = \frac{1}{4} \times \sqrt{\frac{\pi d^4 + bz(D-d)(D+d)^2}{\pi d^2 + 2zb(D-d)}}$	$i_z = \sqrt{\frac{I_z}{A}}$ $i_y = \sqrt{\frac{I_y}{A}}$
$I_z \approx \frac{\pi d^4}{64} - \frac{bt(d-t)^2}{2}$ $I_y \approx \frac{\pi d^4}{64} - \frac{tb^3}{6}$	$I_z = \frac{\pi d^4}{64}(1-1.69\beta)$ $I_y = \frac{\pi d^4}{64}(1-1.69\beta^3)$ $\beta = \frac{d_1}{d}$	$I_z = \frac{\pi d^4}{64} + \frac{bz(D-d)(D+d)^2}{64}$	$I_z = \frac{\pi}{4}(a^3b - a_1^3b_1)$ $\approx \frac{\pi}{4}a^2(a+3b)t$ $I_y = \frac{\pi}{4}(ab^3 - a_1b_1^3)$ $\approx \frac{\pi}{4}b^2(b+3a)t$ $t = a - a_1 = b - b_1$
$A = \frac{\pi}{4}d^2 - 2bt$	$A \approx \frac{\pi}{4}d^2 - d_1d$	$A = \frac{\pi}{4}d^2 + \frac{zb(D-d)}{2}$ (z—花键齿数)	$A = \pi(ab - a_1b_1)$

（续）

序号	截面形状	面积 A	惯性矩 I	惯性半径 $i=\sqrt{I/A}$	形心到边缘（或顶点）距离 e	抗弯截面系数 $W=I/e$	特例
13	半椭圆	$A=\dfrac{\pi ab}{2}$	$I_z = ba^3\left(\dfrac{\pi}{8}-\dfrac{8}{9\pi}\right)$ $=0.10975ba^3$ $I_y=\dfrac{\pi}{8}ab^3$	$i_z=\dfrac{a}{2}\sqrt{1-\left(\dfrac{8}{3\pi}\right)^2}$ $i_y=\dfrac{b}{2}$	$e_z = b$ $e_{y_1}=\dfrac{4}{3\pi}a$ $e_{y_2}=\left(1-\dfrac{4}{3\pi}\right)a$	$W_{z_1}=\dfrac{3}{4}ba^2\left(\dfrac{\pi^2}{8}-\dfrac{8}{9}\right)$ $W_{z_2}=\dfrac{ba^2\left(\dfrac{\pi}{8}-\dfrac{8}{9\pi}\right)}{1-\dfrac{4}{3\pi}}$ $W_y=\dfrac{\pi ab^2}{8}\approx 0.392ab^2$	
14	抛物线	$A=\dfrac{2}{3}bh$	$I_z=\dfrac{8}{175}bh^3$ $I_y=\dfrac{hb^3}{30}$	$i_z=\dfrac{2}{5}h\sqrt{\dfrac{3}{7}}$ $i_y=\dfrac{b}{2\sqrt{5}}$	$e_z=\dfrac{b}{2}$ $e_{y_1}=\dfrac{2}{5}h$ $e_{y_2}=\dfrac{3}{5}h$	$W_{z_1}=\dfrac{4}{35}bh^2$ $W_{z_2}=\dfrac{8}{105}bh^2$ $W_y=\dfrac{hb^2}{15}$	
15	扇形	$A=\dfrac{\pi r^2\alpha}{360°}$ $l=\dfrac{\pi r\alpha}{180°}$ $C=2r\sin\dfrac{\alpha}{2}$	$I_{z_1}=\dfrac{r^4}{8}\left(\pi\dfrac{\alpha}{180°}+\sin\alpha\right)$ $I_z=\dfrac{r^4}{8}\left(\pi\dfrac{\alpha}{180°}+\sin\alpha-\dfrac{64\sin^2\dfrac{\alpha}{2}}{9}\times\dfrac{180°}{\pi\alpha}\right)$ $I_y=\dfrac{r^4}{8}\left(\pi\dfrac{\alpha}{180°}-\sin\alpha\right)$	$i_z=\dfrac{r}{2}\times$ $\sqrt{1+\dfrac{\sin\alpha}{\alpha}\times\dfrac{180°}{\pi}-\dfrac{64}{9}\times\dfrac{\sin^2\dfrac{\alpha}{2}}{\left(\dfrac{\pi\alpha}{180°}\right)^2}}$ $i_y=\dfrac{r}{2}\sqrt{1-\dfrac{\sin\alpha}{\alpha}\times\dfrac{180°}{\pi}}$	$e_{z_1}=\dfrac{2rC}{3l}$	$W_z=\dfrac{I_z}{r-e_{z_1}}$（对上边） $W_z=\dfrac{I_z}{e_{z_1}}$（对下边）	

16 弓 形	17 扇形圆环	18
$A = \dfrac{1}{2}[rl - C(r-h)]$ $C = 2\sqrt{h(2r-h)}$ $r = \dfrac{C^2 + 4h^2}{8h}$ $h = r - \dfrac{1}{2}\sqrt{4r^2 - C^2}$ $l = 0.01745 r\alpha$ $\alpha = \dfrac{57.296 l}{r}$	$A = \dfrac{\pi\alpha}{180°}(R^2 - r^2)$	$A = BH + bh$
$I_{z_1} = \dfrac{lr^3}{8} - \dfrac{r^4}{16}\sin 2\alpha$ $I_z = I_{z_1} - A e_{z_1}^2$ $I_y = \dfrac{r^4}{8}\left(\dfrac{\alpha\pi}{180°} - \sin\alpha - \dfrac{2}{3}\sin\alpha\sin^2\dfrac{\alpha}{2}\right)$	$I_{z_1} = \dfrac{R^4 - r^4}{8}\left(\dfrac{\pi\alpha}{90°} + \sin 2\alpha\right)$ $I_z = I_{z_1} - A e_{z_1}^2$ $I_y = \dfrac{R^4 - r^4}{8}\left(\dfrac{\pi\alpha}{90°} - \sin 2\alpha\right)$	$I_z = \dfrac{BH^3 + bh^3}{12}$
$i_z = \sqrt{\dfrac{I_z}{A}}$	$i_z = \sqrt{\dfrac{I_z}{A}}$ $i_y = \sqrt{\dfrac{I_y}{A}}$	$i_z = \sqrt{\dfrac{I_z}{A}}$
$e_{z_1} = \dfrac{C^3}{12A}$	$e_{z_1} = 38.197 \times \dfrac{(R^3 - r^3)}{(R^2 - r^2)} \dfrac{\sin\alpha}{\alpha}$	$e_y = \dfrac{H}{2}$
$W_z = \dfrac{I_z}{(r - e_{z_1})}$ （对上边）	$W_z = \dfrac{I_z}{R - e_{z_1}}$ （对上边） $W_z = \dfrac{I_z}{e_{z_1} - r}$ （对下边）	$W_z = \dfrac{BH^3 + bh^3}{6H}$

(续)

序号	截面形状	面积 A	惯性矩 I	惯性半径 $i=\sqrt{I/A}$	形心到边缘（或顶点）距离 e	抗弯截面系数 $W=I/e$	特 例
19		$A=BH-b\times(e_{y_2}+h)$	$I_z=\dfrac{1}{3}(Be_{y_1}^3+ae_{y_2}^3-bh^3)$	$i_z=\sqrt{\dfrac{I_z}{A}}$	$e_{y_1}=\dfrac{aH^2+bd^2}{2(aH+bd)}$ $e_{y_2}=H-e_{y_1}$	$W_{z_1}=\dfrac{I_z}{e_{y_1}}$ $W_{z_2}=\dfrac{I_z}{e_{y_2}}$	
20		$A=BH-bh$	$I_z=\dfrac{BH^3-bh^3}{12}$	$i_z=\sqrt{\dfrac{I_z}{A}}$	$e_y=\dfrac{H}{2}$	$W_z=\dfrac{BH^3-bh^3}{6H}$	

注：1. 惯性矩 I、惯性半径 i 及抗弯截面系数 W 的符号未加右下角标的指对任意形心主轴而言。
2. 组合图形的形心主惯性矩可将图形分块查本表，再应用平行移轴公式（见表 1.4-19）分别计算，然后求和得到。

6 杆件的强度和刚度计算公式（见表1.4-21～表1.4-29）

表1.4-21 直杆的内力、应力、变形和位移计算式及强度与刚度条件

序号	变形类型与图示	内力计算	横截面的应力分布与计算	强度条件	应变	变形和位移	刚度条件	外力的适用范围
1	轴向拉伸与压缩 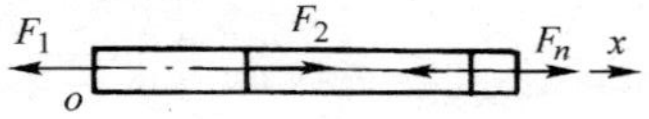	轴力 $F_N = \sum F_i$ 正负规定 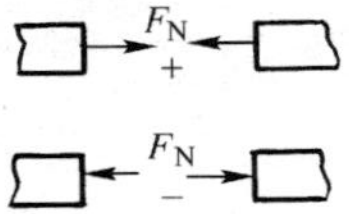	拉伸／压缩 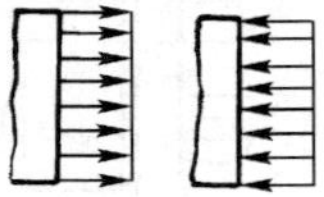 $\sigma = \dfrac{F_N}{A}$ A—横截面面积	$\sigma_{\max} = \left(\dfrac{F_N}{A}\right)_{\max} \leq [\sigma]$	1) 轴向线应变 $\varepsilon = \dfrac{du}{dx} = \dfrac{\sigma}{E}$ 2) 横向线应变 $\varepsilon' = -\nu\varepsilon$	横截面的位移和变形量 1) 轴向位移 $u = \int \dfrac{F_N dx}{EA} + C$ 积分常数 C 由边界条件定 2) 伸长或缩短量（在 l 长度段内）$\Delta l = \int_0^l \dfrac{F_N dx}{EA}$	$u_{\max} \leq [u]$ 或 $\Delta l \leq [\Delta l]$	作用于各横截面上的合外力 F_i 要通过轴线
2	圆截面直杆的扭转（非圆截面直杆扭转的应力和变形计算见表1.4-22） 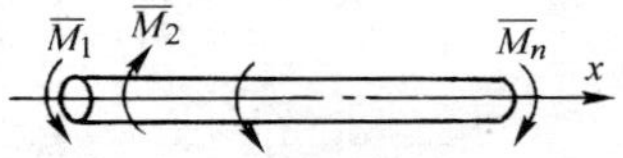	扭矩 $T = \sum M_i$ 正负规定 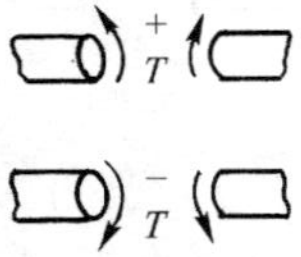	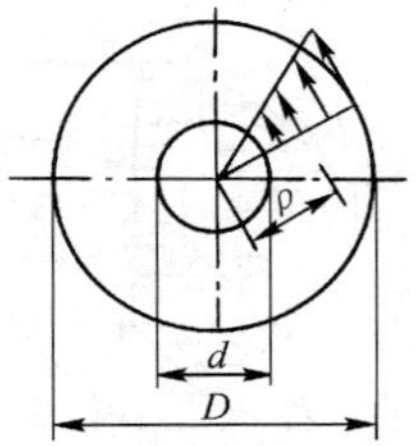 $\tau = \dfrac{T\rho}{I_p}$ 极惯性矩 $I_p = \dfrac{\pi D^4}{32}(1-\alpha^4)$ $\alpha = d/D$	$\tau_{\max} = \left(\dfrac{T}{W_p}\right)_{\max} \leq [\tau]$ 抗扭截面系数 $W_p = \dfrac{\pi D^3}{16}(1-\alpha^4)$	切应变 $\gamma = \rho\dfrac{d\varphi}{dx} = \tau/G$	1) 横截面绕轴线转角 $\varphi = \int \dfrac{T dx}{GI_p} + C$ 积分常数 C 由边界条件定 2) 相对转角（l 段）$\Delta\varphi = \int_l \dfrac{T dx}{GI_p}$ 3) 单位杆长相对扭转角 $\theta = \dfrac{d\varphi}{dx} = \dfrac{T}{GI_p}$	$\theta_{\max} = \dfrac{180°}{\pi} \times \left(\dfrac{T}{GI_p}\right)_{\max} \leq [\theta]$	作用于横截面上绕轴线的外力偶 M_i

（续）

序号	变形类型与图示	内力计算	横截面的应力分布与计算	强度条件	变形和位移：应变	变形和位移：横截面的位移和变形量	刚度条件	外力的适用范围
3	平面弯曲 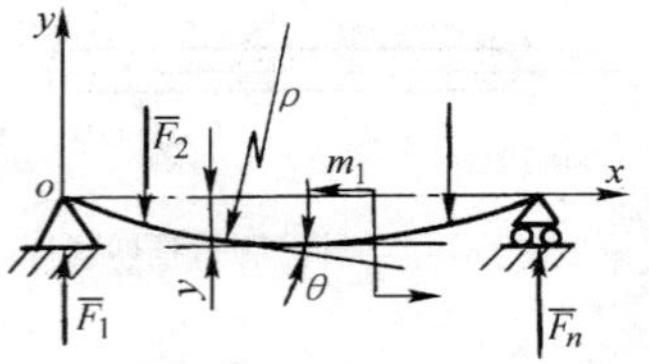 y—横截面挠度（垂直位移），向上为正，向下为负； θ—横截面转角，逆时针转为正，反之为负； ρ—挠曲线（弯曲变形后的轴线）任一处的曲率半径	1）剪力 $F_s=\sum\limits_{一侧}\overline{F}_i$ 正负规定 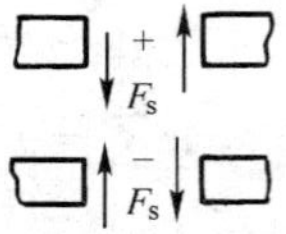 2）弯矩 $M=\sum\limits_{一侧}m_i$ m_i—截面一侧第 i 个力（或力偶）对计算截面中性轴之矩 正负规定 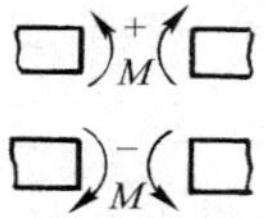	1）弯曲正应力 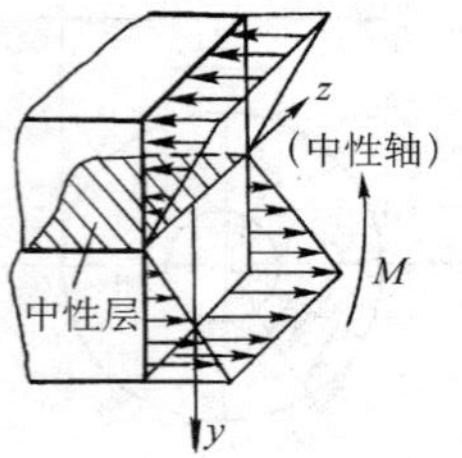 （沿宽度方向均布，沿高度方向线性分布） $\sigma=\dfrac{My}{I_z}$ 2）弯曲切应力（对矩形及开口薄壁截面） 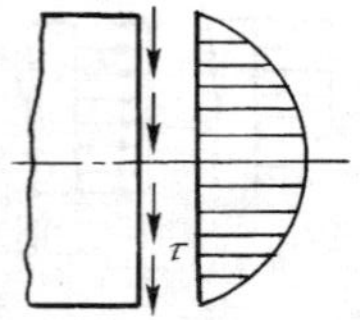 （沿厚度方向均布） $\tau=\dfrac{F_sS_z^*}{bI_z}$ I_z—截面对中性轴惯性矩； S_z^*—所求点一侧截面对中性轴的静矩； b—所求点处的厚度	1）对上、下底边： $\sigma_{\max}=\left(\dfrac{M}{W_z}\right)_{\max}\leqslant[\sigma]$ 2）对中性层： $\tau_{\max}\leqslant[\tau]$ 3）对其他各点： 第三强度理论 $\sqrt{\sigma^2+4\tau^2}\leqslant[\sigma]$ 第四强度理论 $\sqrt{\sigma^2+3\tau^2}\leqslant[\sigma]$	1）轴向线应变 $\varepsilon=\dfrac{\sigma}{E}$ 2）横向线应变 $\varepsilon'=-\nu\varepsilon$ 3）切应变 $\gamma=\dfrac{\tau}{G}$	1）曲率 $k=\dfrac{1}{\rho}\approx\dfrac{d^2y}{dx^2}=\dfrac{M}{EI}$ 2）转角 $\theta=\int\dfrac{Mdx}{EI}+C$ 3）挠度 $y=\iint\dfrac{Mdxdx}{EI}+Cx+D$ 积分常数 C、D 由边界条件和光滑连续条件确定 某些受载梁的挠度和转角见表1.4-25	$y_{\max}\leqslant[y]$ $\theta_{\max}\leqslant[\theta]$	外力 $\overline{F}_i$（或 m_i）作用线（或作用面）通过弯曲中心且与形心主惯性平面平行或重合（常用截面的弯曲中心位置见表1.4-24）

第4章 常用力学公式

序号	变形类型	内力	应力公式	强度条件	强度计算	刚度计算
4	拉伸（或压缩）与弯曲的组合变形	1）轴力 $F_N = \sum_{一侧} \overline{F_i}$ 2）剪力 $F_s = \sum_{一侧} \overline{F_i}$ 3）弯矩 $M = \sum_{一侧} \overline{m_i}$	当拉与正弯组合时 $\sigma = \dfrac{F_N}{A} + \dfrac{My}{I_z}$	危险点一般在上下底 $\left(\dfrac{F_N}{A} + \dfrac{M}{W_z}\right)_{max} \leq [\sigma]$	序号1与序号3的叠加	序号1与序号3的组合
5	圆截面直杆的拉伸（或压缩）与扭转组合变形	1）轴力 $F_N = \sum_{一侧} \overline{F_i}$ 2）扭矩 $T = \sum_{一侧} \overline{m_i}$	$\sigma = \dfrac{F_N}{A}$ $\tau = \dfrac{Tp}{I_p}$	危险点在周边。 第三强度理论 $\sqrt{\left(\dfrac{F_N}{A}\right)^2 + \left(\dfrac{T}{W_z}\right)^2} \leq [\sigma]$ 第四强度理论 $\sqrt{\left(\dfrac{F_N}{A}\right)^2 + 0.75\left(\dfrac{T}{W_z}\right)^2} \leq [\sigma]$	序号1与序号2的叠加	序号1与序号2的组合
6	圆截面直杆弯曲与扭转的组合变形	1）剪力 $F_s = \sum_{一侧} \overline{F_i}$ 2）弯矩 $M = \sum_{一侧} \overline{M_i}$ 3）扭矩 $T = \sum_{一侧} \overline{M_i}$	$\sigma = \dfrac{My}{I_z}$ $\tau = \dfrac{Tp}{I_p}$ 此外还有弯曲切应力（略）	危险点在周边最大应力点 第三强度理论 $\dfrac{\sqrt{M^2+T^2}}{W_z} \leq [\sigma]$ 第四强度理论 $\dfrac{\sqrt{M^2+0.75T^2}}{W_z} \leq [\sigma]$	序号2与序号3的叠加	序号2与序号3的组合

注：
1. 表中所列各类变形的应力和变位计算式只限于线弹性材料和截面无突变的直杆段。
2. 求内力式中 $\sum_{一侧}$ 是指对计算横截面一侧各外力所引起的内力求和。
3. E、G、ν 和 $[\sigma]$、$[\tau]$ 分别指材料的弹性模量、切变弹性模量、泊松比及许用拉应力和许用切应力。$[\Delta l]$、$[y]$、$[\theta]$ 分别为杆件的许用伸长量、许用挠度及单位杆长许用转角。
4. 某些常用截面的弯曲切应力具体分布和计算式见表1.4-23。
5. 表中未列其他组合变形可类似本表序号4～序号6的方法，应用序号1～序号3计算式叠加法计算。

表 1.4-22　非圆截面直杆自由扭转时的应力和变形计算式（线弹性范围）

最大扭转切应力　$\tau_{max} = \dfrac{T}{W_k}$　（1）

单位杆长相对扭转角　$\theta = \dfrac{T}{GI_k}$　（2）

式中　T—扭矩；G—切变模量；I_k、W_k—截面抗扭几何特性参数

序号	截面形状与扭转切应力分布	I_k	W_k	附注
1	矩形（$b/a \geq 1$）切应力分布图	$I_k = \beta a^3 b$ | b/a | 1 | 1.2 | 1.5 | 1.75 | 2 | 2.5 | 3 | | α | 0.208 | 0.219 | 0.231 | 0.239 | 0.246 | 0.258 | 0.267 | | β | 0.141 | 0.166 | 0.196 | 0.214 | 0.229 | 0.249 | 0.263 | | γ | 1.0 | 0.930 | 0.860 | 0.820 | 0.795 | 0.766 | 0.753 | | b/a | 4 | 5 | 6 | 8 | 10 | ∞ | | α | 0.282 | 0.291 | 0.299 | 0.307 | 0.312 | 0.333 | | β | 0.281 | 0.291 | 0.299 | 0.307 | 0.312 | 0.333 | | γ | 0.745 | 0.744 | 0.743 | 0.742 | 0.742 | 0.742 |	$W_k = \alpha a^2 b$	τ_{max} 在长边中点 A，短边中点 B 的应力为 $\tau_B = \gamma \tau_{max}$
2	正多边形（边长为 a）	$I_k = \begin{cases} 0.02165 a^4 & \text{（正三角形）} \\ 1.039 a^4 & \text{（正六边形）} \\ 3.658 a^4 & \text{（正八边形）} \end{cases}$	$W_k = \begin{cases} 0.05 a^3 & \text{（正三角形）} \\ 0.981 a^3 & \text{（正六边形）} \\ 2.605 a^3 & \text{（正八边形）} \end{cases}$	τ_{max} 在各边中点
3	开口薄壁截面 切应力沿厚度线性分布	$I_k = \eta \dfrac{1}{3} \sum s_i t_i^3$ 式中　s_i—第 i 个狭矩形（直的或弯的）的长度； t_i—第 i 个狭矩形的厚度； t_{max}—各狭矩形中的最大厚度； η—修正系数： $\eta = \begin{cases} 1 & \text{对非型钢和角钢} \\ 1.12 & \text{槽钢} \\ 1.14 & \text{Z 型钢} \\ 1.15 & \text{T 型钢} \\ 1.20 & \text{工字钢} \end{cases}$	$W_k = I_k / t_{max}$	τ_{max} 发生在各狭条矩形中厚度最大处的周边上
4	闭口薄壁截面 沿厚度均布，且 $\tau t =$ 常数	$I_k = 4A_c^2 / \oint \dfrac{ds}{t}$ 式中　A_c—截面中线所围面积的两倍； t_{min}—壁的最小厚度	$W_k = 2 A_c t_{min}$	τ_{max} 发生在最小厚度上的各点
5	空心椭圆 $\dfrac{a}{b} > 1$　$\dfrac{a_1}{a} = \dfrac{b_1}{b} = c < 1$	$I_k = \dfrac{\pi a^3 (b^4 - b_1^4)}{b (a^2 + b^2)}$ 实心椭圆 $I_k = \dfrac{\pi a^3 b^3}{a^2 + b^2}$	$W_k = \dfrac{\pi (ab^3 - a_1 b_1^3)}{2b}$ 实心椭圆 $W_k = \dfrac{\pi a b^2}{2}$	τ_{max} 在 A 点，B 点应力为 $\tau_B = \dfrac{b}{a} \tau_{max}$

（续）

序号	截面形状与扭转切应力分布	I_k	W_k	附 注
6	带光平面的圆 $\alpha = \dfrac{h}{d} > 0.5$	$I_k = \dfrac{d^4}{16}\left(2.6\dfrac{h}{d}-1\right)$ $= \dfrac{d^4}{16}(2.6\alpha - 1)$	$W_k = \dfrac{d^3}{8}\dfrac{(2.6\alpha-1)}{(0.3\alpha+0.7)}$	τ_{max} 在平切面中间
7	带一个键槽的圆	$I_k \approx \dfrac{\pi d^4}{32} - \dfrac{bt(d-t)^2}{4}$	$W_k \approx \dfrac{\pi d^3}{16} - \dfrac{bt(d-t)^2}{2d}$	
8	带两个键槽的圆	$I_k \approx \dfrac{\pi d^4}{32} - \dfrac{bt(d-t)^2}{2}$	$W_k \approx \dfrac{\pi d^3}{16} - \dfrac{bt(d-t)^2}{d}$	
9	带半圆弧切口的圆	$I_k = k_1 R^4$ (见下表)	$W_k = k_2 R^3$	τ_{max} 在 A 点

r/R	0	0.05	0.1	0.2	0.4	0.6	0.8	1.0	1.5
k_1	1.57	1.56	1.56	1.46	1.22	0.92	0.63	0.38	0.07
k_2	1.57	0.98	0.82	0.81	0.76	0.66	0.52	0.38	0.14

注：截面周边各点切应力方向与周边相切，凸角点切应力为零，凹角点有应力集中现象。

表 1.4-23 弯曲切应力的计算公式及其分布（线弹性范围）

序号	截面形状和切应力分布图	垂直切应力 τ、沿周边切应力 τ_1 和最大切应力 τ_{max}
1	（矩形截面 $h \times b$）	$\tau = \tau_1 = \dfrac{3}{2}\dfrac{F_s}{A}\left[1 - 4\left(\dfrac{y}{h}\right)^2\right]$ $y = 0$： $\tau_{max} = \tau_{1max} = \dfrac{3}{2}\dfrac{F_s}{A}$ $A = bh$

(续)

序号	截面形状和切应力分布图	垂直切应力 τ、沿周边切应力 τ_1 和最大切应力 τ_{max}
2	(薄壁圆环截面图，$2r_1$, $2r_2$)	$r_1 \leq y \leq r_2$: $\tau = \dfrac{4F_s}{3\pi (r_2^4 - r_1^4)} (r_2^2 - y^2)$ $0 \leq y \leq r_1$: $\tau = \dfrac{4F_s}{3\pi (r_2^4 - r_1^4)} \left[r_2^2 + r_1^2 - 2y^2 + \sqrt{(r_2^2 - y^2)(r_1^2 - y^2)} \right]$ $0 \leq y \leq r_1$ $\tau_1 = \tau \Big/ \sqrt{1 - \left(\dfrac{y}{r_2}\right)^2}$ $y = 0$: $\tau_{max} = \tau_{1max} = \dfrac{F_s}{A} \dfrac{4}{3} \dfrac{(r_2^2 + r_2 r_1 + r_1^2)}{(r_2^2 + r_1^2)}$ $A = \pi (r_2^2 - r_1^2)$
3	薄壁圆环 $\left(\dfrac{t}{r} \leq 5\right)$	$\tau = \dfrac{2F_s}{A}\left[1 - \left(\dfrac{y}{r}\right)^2\right]$, $\tau_1 = \dfrac{2F_s}{A}\left[1 - \left(\dfrac{y}{r}\right)^2\right]^{1/2}$ $y = 0$: $\tau_{max} = \dfrac{2F_s}{A} = \tau_{1max}$ $A = 2\pi r t$
4	(椭圆环截面图，$2a_1$, $2a_2$, $2b_1$, $2b_2$)	$a_1 \leq y \leq a_2$: $\tau = \dfrac{4F_s}{3\pi (a_2^3 b_2 - a_1^3 b_1)} (a_2^2 - y^2)$ $0 \leq y \leq a_1$: $\tau = \dfrac{4F_s}{3\pi (a_2^3 b_2 - a_1^3 b_1)} \times \dfrac{\dfrac{b_2}{a_2}(a_2^2 - y^2)^{\frac{3}{2}} - \dfrac{b_1}{a_1}(a_1^2 - y^2)^{\frac{3}{2}}}{\dfrac{b_2}{a_2}(a_2^2 - y^2)^{\frac{1}{2}} - \dfrac{b_1}{a_1}(a_1^2 - y^2)^{\frac{1}{2}}}$ $y = 0$: $\tau_{max} = \dfrac{F_s}{A} \dfrac{4}{3} \dfrac{(a_2^2 b_2 - a_1^2 b_1)(a_2 b_2 - a_1 b_1)}{(a_2^3 b_2 - a_1^3 b_1)(b_2 - b_1)}$ $A = \pi (a_2 b_2 - a_1 b_1)$
5	(V形薄壁截面图)	$\tau_1 = \dfrac{3\sqrt{2}}{2} \dfrac{F_s}{A}\left[1 - \left(\dfrac{x}{b}\right)^2\right]$ $x = 0$: $\tau_{1max} = \dfrac{3\sqrt{2}}{2} \dfrac{F_s}{A}$ $A = 2bt$

(续)

序号	截面形状和切应力分布图	垂直切应力 τ、沿周边切应力 τ_1 和最大切应力 τ_{max}
6		翼缘：$\tau_1 = \dfrac{F_s h}{2I}x = \dfrac{F_s}{t_1 h\,(1 + ht_2/6bt_1)}\dfrac{x}{b}$ 腹板：$\tau_1 = \dfrac{F_s}{2t_2 I}\left[hbt_1 + \left(\dfrac{h^2}{4} - y^2\right)t_2\right]$ $y = 0$： $\tau_{1max} = \dfrac{F_s h}{2t_2 I}\left(bt_1 + \dfrac{1}{4}ht_2\right)$ $I = \dfrac{1}{2}bt_1 h^2\left(1 + \dfrac{ht_2}{6bt_1}\right)$
7		$\tau_1 = \dfrac{F_s}{rt}\dfrac{[\sin\alpha\sin\theta - \cos\alpha\,(1-\cos\theta)]}{\alpha - \sin\alpha\cos\alpha}$ $\theta = \alpha$ $\tau_{1max} = \dfrac{F_s}{rt}\dfrac{(1-\cos\alpha)}{(\alpha-\sin\alpha\cos\alpha)} = \dfrac{2F_s}{A}\dfrac{\alpha\,(1-\cos\alpha)}{(\alpha-\sin\alpha\cos\alpha)}$ $A = 2\alpha rt$ 半圆形：$\alpha = \pi/2$，$\tau_{1max} = 2\dfrac{F_s}{A}$ 有缝隙的圆形：$\tau_1 = \dfrac{F_s}{\pi rt}(1-\cos\theta)$ $\alpha \to \pi$，$\tau_{1max} = 4\dfrac{F_s}{A}$

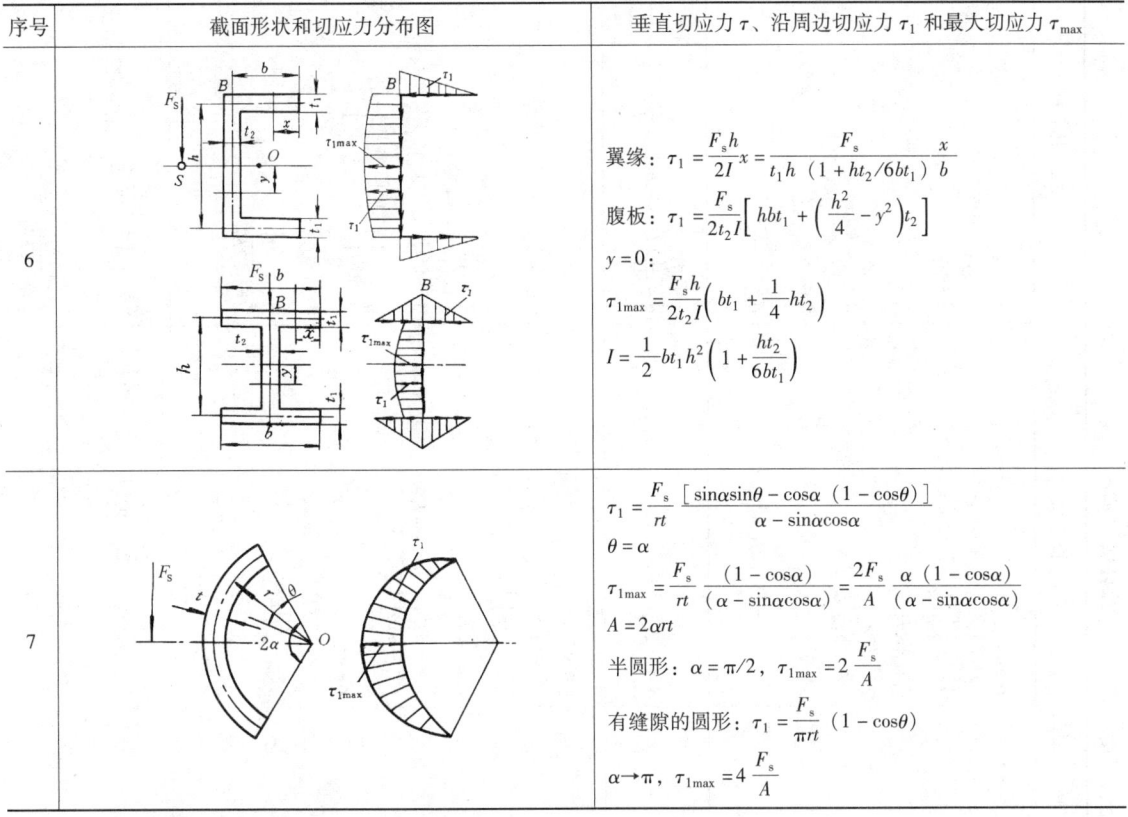

注：1. F_s——作用在横截面上垂直于中性轴的剪力。
2. 垂直切应力 τ 沿中性轴等垂直距离处均布，周边切应力 τ_1 与周边相切，且为全切应力。对薄壁截面序号 3、5、6 和 7 各点的全切应力即为 τ_1，且沿厚度均布。

表 1.4-24 常用截面弯曲中心的位置

序号	截面形状	弯曲中心位置	序号	截面形状	弯曲中心位置
1	具有两个对称轴的截面	两对称轴的交点	5	槽形薄壁截面	$e_z = \dfrac{3b^2 t_1}{6bt_1 + ht}$
2	实心截面或闭口薄壁截面	通常与形心位置很接近			
3	各窄条矩形中心线汇交于一点的开口薄壁组合截面	在各矩形中心线的汇交点			
4	I 字形薄壁截面（非对称）	$e_y = \dfrac{t_1 b_1^3}{t_1 b_1^3 + t_2 b_2^3}h$	6	环形段薄壁截面	$e = 2\dfrac{(\sin\alpha - \alpha\cos\alpha)}{(\alpha - \sin\alpha\cos\alpha)}r$ 当 $\alpha = \dfrac{\pi}{2}$　$e = \dfrac{4}{\pi}r$ $\alpha = \pi$　$e = 2r$

表 1.4-25 单跨直梁的剪力、弯矩、挠度和转角的计算公式（$EI=$ 常数）

序号	载荷、挠曲线、剪力图及弯矩图	反力及剪力 F_s	弯矩 M	挠度 y	转角 θ
1		$F_{R2}=0$ $M_2=M_0$ $0 \leqslant x \leqslant l:$ $F_s=0$ 当 M_0 作用在左端 $F_{R2}=0, M_2=M_0$	$0 \leqslant x < l_1:$ $M=0$ $l_1 < x < l:$ $M=-M_0$	$0 \leqslant x \leqslant l_1:$ $y=-\dfrac{M_0}{2EI}[l_2^2+2l_2(l_1-x)]$ $l_1 \leqslant x \leqslant l:$ $y=-\dfrac{M_0}{2EI}(l-x)^2$ $x=0:$ $y_{max}=-\dfrac{M_0}{2EI}l_2(2l_1+l_2)$	$0 \leqslant x \leqslant l_1:$ $\theta=\dfrac{M_0 l_2}{EI}$ $l_1 \leqslant x \leqslant l:$ $\theta=\dfrac{M_0}{EI}(l-x)$ $0 \leqslant x \leqslant l_1:$ $\theta_{max}=\dfrac{M_0}{EI}(l-x), \theta_{max}=\dfrac{M_0 l}{EI}$
2		$M_2=Fl_2$ $F_{R2}=F$ $0 \leqslant x < l_1:$ $F_s=0$ $l_1 < x < l:$ $F_s=-F$ $F_{s\,max}=-F$ 当 F 作用在梁左端 $F_{R2}=F$ $M_2=Fl$ $F_s=-F$	$0 \leqslant x \leqslant l_1:$ $M=0$ $l_1 \leqslant x \leqslant l:$ $M=-F(x-l_1)$ $x=l:$ $M_{max}=-Fl_2$ $M=-Fx$ $x=l:$ $M_{max}=-Fl$	$0 \leqslant x \leqslant l_1:$ $y=-\dfrac{Fl_2^3}{3EI}\left[1-\dfrac{3(x-l_1)}{2l_2}\right]$ $l_1 \leqslant x \leqslant l:$ $y=-\dfrac{Fl_2^3}{3EI}\left[1-\dfrac{3(x-l_1)}{2l_2}+\dfrac{(x-l_1)^3}{2l_2^3}\right]$ $x=0:$ $y_{max}=-\dfrac{Fl_2^3}{3EI}\left(1+\dfrac{3l_1}{2l_2}\right)$ $y_{x=l_1}=-\dfrac{Fl_2^3}{3EI}$ $y=-\dfrac{Fl^3}{3EI}\left(1-\dfrac{3x}{2l}+\dfrac{x^3}{2l^3}\right)$ $x=0:$ $y_{max}=-\dfrac{Fl^3}{3EI}$	$0 \leqslant x \leqslant l_1:$ $\theta=\dfrac{Fl_2^2}{2EI}$ $l_1 \leqslant x \leqslant l:$ $\theta=\dfrac{Fl_2^2}{2EI}\left[1-\dfrac{(x-l_1)^2}{l_2^2}\right]$ $0 \leqslant x \leqslant l_1:$ $\theta_{max}=\dfrac{Fl_2^2}{2EI}$ $\theta=\dfrac{Fl^2}{2EI}\left(1-\dfrac{x^2}{l^2}\right)$ $x=0:$ $\theta_{max}=\dfrac{Fl^2}{2EI}$

$F = ql_3$ $F_{R2} = F, M_2 = F\left(\dfrac{l_3}{2} + l_2\right)$ $0 \leq x \leq l_1$: $F_s = 0$ $l_1 \leq x \leq (l_1 + l_3)$: $F_s = -\dfrac{F}{l_3}(x - l_1)$ $(l_1 + l_3) \leq x < l$: $F_s = -F$	$0 \leq x \leq l_1$: $M = 0$ $l_1 \leq x \leq (l_1 + l_3)$: $M = -\dfrac{F}{2l_3}(x - l_1)^2$ $(l_1 + l_3) \leq x < l$: $M = -\dfrac{1}{2}F(2x - 2l_1 - l_3)$ $x = l$: $M_{max} = -\dfrac{1}{2}F(2l_2 + l_3)$	$0 \leq x \leq l_1$: $y = -\dfrac{F}{24EI}\big[4(3l_2^2 + 3l_2 l_3 + l_3^2)x - (4l_2^3 + 6l_2^2 l_3 + 4l_2 l_3^2 + l_3^3)\big]$ $l_1 \leq x \leq (l_1+l_3)$: $y = -\dfrac{F}{24EI}\Big[6(2l_2+l_3)(l-x)^2 - 4(l-x)^3 + \dfrac{1}{l_3}(l_1+l_3-x)^4\Big]$ $(l_1+l_3) \leq x \leq l$: $y = -\dfrac{F}{12EI}\big[3(2l_2+l_3)(l-x)^2 - 2(l-x)^3\big]$ $x = 0$: $y_{max} = -\dfrac{F}{24EI}\big[4(3l_2^2 + 3l_2 l_3 + l_3^2)l - (4l_2^3 + 6l_2^2 l_3 + 4l_2 l_3^2 + l_3^3)\big]$	$0 \leq x \leq l_1$: $\theta = \dfrac{F}{6EI}(3l_2^2 + 3l_2 l_3 + l_3^2)$ $l_1 \leq x < (l_1+l_3)$: $\theta = \dfrac{F}{6EI}\big[3(2l_2+l_3)(l-x) - 3(l-x)^2 + \dfrac{1}{l_3}(l_1+l_3-x)^3\big]$ $(l_1+l_3) \leq x \leq l$: $\theta = \dfrac{F}{2EI}\big[(2l_2+l_3)(l-x) - (l-x)^2\big]$ $0 \leq x \leq l_1$: $\theta = \theta_{max} = \dfrac{F}{6EI}(3l_2^2 + 3l_2 l_3 + l_3^2)$	
当 q 沿全长均布 $F_{R2} = ql$ $M_2 = \dfrac{1}{2}ql^2$ $F_s = -qx$ $x = l$: $F_{smax} = -ql$	$M = -\dfrac{q}{2}x^2$ $x = l$: $M_{max} = -\dfrac{ql^2}{2}$	$y = -\dfrac{ql^4}{8EI}\left(1 - \dfrac{4x}{3l} + \dfrac{x^4}{3l^4}\right)$ $x = 0$: $y_{max} = -\dfrac{ql^4}{8EI}$	$\theta = \dfrac{ql^3}{6EI}\left(1 - \dfrac{x^3}{l^3}\right)$ $x = 0$: $\theta_{max} = \dfrac{ql^3}{6EI}$	

（续）

序号	载荷、挠曲线、剪力图及弯矩图	反力及剪力 F_s	弯矩 M	挠度 y	转角 θ
4	$q = q_0(x-l_1)/l_3$ 载荷图；M_2，F_{R2} 反力；弯矩图 $\frac{1}{3}F(3l_2+l_3)$	$F = \frac{1}{2}q_0 l_3$ $F_{R2} = F, M_2 = \frac{F}{3}(3l_2+l_3)$ $0 \leq x \leq l_1:$ $F_s = 0$ $l_1 \leq x \leq (l_1+l_3):$ $F_s = -F\dfrac{(x-l_1)^2}{l_3^2}$ $(l_1+l_3) \leq x \leq l:$ $F_s = -F$	$0 \leq x \leq l_1:$ $M = 0$ $l_1 \leq x \leq (l_1+l_3):$ $M = -\dfrac{F(x-l_1)^3}{3l_3^2}$ $(l_1+l_3) \leq x < l:$ $M = -\dfrac{F}{3}[3x-3l_1-2l_3]$ $x = l:$ $M_{\max} = -\dfrac{1}{3}F(3l_2+l_3)$	$0 \leq x \leq l_1:$ $y = -\dfrac{F}{60EI}[5(6l_2^2+4l_2l_3+l_3^2)(l_1-x) + 4(5l_2^3+10l_2^2 l_3+5l_2 l_3^2+l_3^3)]$ $l_1 \leq x \leq (l_1+l_3):$ $y = -\dfrac{F}{60EI}[20l_2^3+10l_2^2 l_3-l_3^3-5(6l_2^2+4l_2l_3+l_3^2)(x-l_1-l_3) + \dfrac{1}{l_3^2}(x-l_1)^5]$ $(l_1+l_3) \leq x \leq l:$ $y = -\dfrac{F}{6EI}[(3l_2+l_3)(l-x)^2 - (l-x)^3]$ $x = 0:$ $y_{\max} = -\dfrac{F}{60EI}[5(6l_2^2+4l_2l_3+l_3^2)l_1 + 4(5l_2^3+10l_2^2 l_3+5l_2 l_3^2+l_3^3)]$	$0 \leq x \leq l_1:$ $\theta = \dfrac{F}{12EI}(6l_2^2+4l_2l_3+l_3^2) = \theta_{\max}$ $l_1 \leq x \leq (l_1+l_3):$ $\theta = \dfrac{F}{12EI}[6l_2^2+4l_2l_3+l_3^2 - \dfrac{1}{l_3^2}(x-l_1)^4]$ $(l_1+l_3) \leq x \leq l:$ $\theta = \dfrac{F}{6EI}[2(3l_2+l_3)(l-x) - 3(l-x)^2]$
	当载荷沿全长分布	$F_{R2} = \dfrac{1}{2}q_0 l$ $M_2 = \dfrac{1}{6}q_0 l^2$ $F_s = -\dfrac{q_0 x^2}{2l}$	$M = -\dfrac{q_0 x^3}{6l}$ $x = l:$ $M_{\max} = -\dfrac{q_0 l^2}{6}$	$y = -\dfrac{q_0 l^4}{30EI}\left(1-\dfrac{5x}{4l}+\dfrac{x^5}{4l^5}\right)$ $x = 0:$ $y_{\max} = -\dfrac{q_0 l^4}{30EI}$	$\theta = \dfrac{q_0 l^3}{24EI}\left(1-\dfrac{x^4}{l^4}\right)$ $x = 0:$ $\theta_{\max} = \dfrac{q_0 l^3}{24EI}$

5	(图)	$F_{R1} = \dfrac{M_0}{l}$ $F_{R2} = F_{R1}$ $F_s = \dfrac{M_0}{l}$ 力偶作用在左端 $l_1 = 0, l_2 = l$ $F_{R1} = F_{R2} = \dfrac{M_0}{l}$ $F_s = \dfrac{M_0}{l}$	$0 \le x < l_1$: $M = \dfrac{M_0}{l}x$ $l_1 < x \le l$: $M = -\dfrac{M_0}{l}(l-x)$ $0 < x \le l$: $M = -\dfrac{M_0}{l}(l-x)$	$0 \le x \le l_1$: $y = -\dfrac{M_0 x}{6EIl}(l^2 - 3l_2^2 - x^2)$ $l_1 \le x \le l$: $y = \dfrac{M_0}{6EIl}[x^3 - 3l(x-l_1)^2 - (l^2 - 3l_2^2)x]$ $0 \le x \le l$: $y = \dfrac{M_0 x}{6EIl}(x^2 - 3lx + 2l^2)$ $x = 0.423l$ $y_{max} = 0.0642\dfrac{M_0 l^2}{EI}$	$0 \le x \le l_1$: $\theta = -\dfrac{M_0}{6EIl}(l^2 - 3l_2^2 - 3x^2)$ $l_1 \le x \le l$: $\theta = \dfrac{M_0}{6EIl}[3x^2 - 6l(x-l_1) - (l^2 - 3l_2^2)]$ $0 \le x \le l$: $\theta = \dfrac{M_0}{6EIl}(3x^2 - 6lx + 2l^2)$ $x = 0, \theta = \dfrac{M_0 l}{3EI} = \theta_{max}$ $x = l, \theta = -\dfrac{M_0 l}{6EI}$
6	(图)	$F_{R1} = \dfrac{Fl_2}{l}$ $F_{R2} = \dfrac{Fl_1}{l}$ $0 < x < l_1$: $F_s = \dfrac{Fl_2}{l}$ $l_1 < x < l$: $F_s = -\dfrac{Fl_1}{l}$ 当 F 作用在中点 $F_{R1} = F_{R2} = \dfrac{F}{2}$ $0 < x < l/2$: $F_s = F/2$	$0 \le x \le l_1$: $M = \dfrac{Fl_2 x}{l}$ $l_1 \le x \le l$: $M = \dfrac{Fl_1}{l}(l-x)$ $x = l_1$ $M_{max} = \dfrac{Fl_1 l_2}{l}$ $0 \le x \le l/2$: $M = \dfrac{F}{2}x$ $x = l/2$ $M_{max} = \dfrac{Fl}{4}$	$0 \le x \le l_1$: $y = -\dfrac{Fl_2^2 l_2^2}{6EIl}\left(\dfrac{2x}{l_1} + \dfrac{x}{l_2} - \dfrac{x^3}{l_1^2 l_2}\right)$ $l_1 \le x \le l$: $y = -\dfrac{Fl_1}{6EIl}[l_2(2l_1+l_2)(l-x) - (l-x)^3]$ $l_1 > l_2$ 时 $x = \sqrt{(l^2-l_2^2)/3}$: $y_{max} = -\dfrac{Fl_2(l^2-l_2^2)^{3/2}}{9\sqrt{3}EIl}$ $y_{x=l/2} = -\dfrac{Fl_2(3l^2-4l_2^2)}{48EI}$ $y_{x=l_1} = -\dfrac{Fl_1^2 l_2^2}{3EIl}$ $0 \le x \le l/2$: $y = -\dfrac{Fl^3}{48EI}\left(\dfrac{3x}{l} - \dfrac{4x^3}{l^3}\right)$ $x = l/2$: $y_{max} = -\dfrac{Fl^3}{48EI}$	$0 \le x \le l_1$: $\theta = -\dfrac{Fl_1 l_2}{6EIl}\left(2 + \dfrac{l_1}{l_2} - \dfrac{3x^2}{l_1 l_2}\right)$ $l_1 \le x \le l$: $\theta = \dfrac{Fl_1}{6EIl}[l_2(2l_1+l_2) - 3(l-x)^2]$ $\theta_{x=0} = -\dfrac{Fl_1 l_2}{6EIl}(l_1 + 2l_2)$ $\theta_{x=l} = \dfrac{Fl_1 l_2}{6EIl}(2l_1 + l_2)$ $0 \le x \le l/2$: $\theta = -\dfrac{Fl^2}{16EI}\left(1 - \dfrac{4x^2}{l^2}\right)$ $x = 0, x = l$: $\theta_{max} = \mp\dfrac{Fl^2}{16EI}$

(续)

序号	载荷、挠曲线、剪力图及弯矩图	反力及剪力 F_s	弯矩 M	挠度 y	转角 θ
7	(梁上作用分布荷载 q，长度 l_3，位置由 l_1 和 l_2 定位，反力 F_{R1}、F_{R2}，弯矩图 M_{max} 位于 $l_1 + l_3(l_2+l_3/2)/l$)	$F_{R1} = \dfrac{ql_3}{l}\left(l_2+\dfrac{l_3}{2}\right)$ $F_{R2} = \dfrac{ql_3}{l}\left(l_1+\dfrac{l_3}{2}\right)$ $0 < x \leq l_1:$ $F_s = \dfrac{ql_3}{l}\left(l_2+\dfrac{l_3}{2}\right)$ $l_1 \leq x \leq (l_1+l_3):$ $F_s = \dfrac{ql_3}{l}\left(l_2+\dfrac{l_3}{2}\right) - q \times (x-l_1)$ $(l_1+l_3) \leq x < l:$ $F_s = -\dfrac{ql_3}{l}\left(l_1+\dfrac{l_3}{2}\right)$ 当 q 沿全长作用 $F_{R1} = F_{R2} = \dfrac{ql}{2}$ $F_s = \dfrac{ql}{2} - qx$	$0 \leq x \leq l_1:$ $M = \dfrac{ql_3}{l}\left(l_2+\dfrac{l_3}{2}\right)x$ $l_1 \leq x \leq (l_1+l_3):$ $M = q\left[\dfrac{l_3}{l}\left(l_2+\dfrac{l_3}{2}\right)x - \dfrac{(x-l_1)^2}{2}\right]$ $x = l_1 + \dfrac{l_3}{l}\left(l_2+\dfrac{l_3}{2}\right):$ $M_{max} = \dfrac{ql_3}{l}\left(l_2+\dfrac{l_3}{2}\right) \times \left(l_1 + \dfrac{2l_2 l_3 + l_3^2}{4l}\right)$ $(l_1+l_3) \leq x \leq l$ $M = \dfrac{ql_3}{l}\left(l_1+\dfrac{l_3}{2}\right)(l-x)$ $M = \dfrac{ql}{2}x - \dfrac{qx^2}{2}$ $x = l/2:$ $M_{max} = \dfrac{ql^2}{8}$	$0 \leq x \leq l_1:$ $y = -\dfrac{ql_3}{6EIl}\left(l_2+\dfrac{l_3}{2}\right)x\left[\left(l_1+\dfrac{l_3}{2}\right) \times \left(l+l_2+\dfrac{l_3}{2}\right) - \dfrac{1}{4}l_3^2 - x^2\right]$ $l_1 \leq x \leq (l_1+l_3):$ $y = -\dfrac{ql_3}{6EIl}\left\{x\left(l_2+\dfrac{l_3}{2}\right)\left[\left(l_1+\dfrac{l_3}{2}\right) - \dfrac{1}{4}l_3^2 - x^2\right] + \dfrac{l}{4l_3}(x-l_1)^4\right\}$ $(l_1+l_3) \leq x \leq l:$ $y = -\dfrac{ql_3}{6EIl}\left(l_1+\dfrac{l_3}{2}\right)(l-x)\left[\left(l_2+\dfrac{l_3}{2}\right) \times \left(l+l_1+\dfrac{l_3}{2}\right) - \dfrac{1}{4}l_3^2 - (l-x)^2\right]$ $y = -\dfrac{ql^4}{24EI}\left(\dfrac{x}{l} - 2\dfrac{x^3}{l^3} + \dfrac{x^4}{l^4}\right)$ $x = l/2:$ $y_{max} = -\dfrac{5ql^4}{384EI}$	$0 \leq x \leq l_1:$ $\theta = -\dfrac{ql_3}{6EIl}\left(l_2+\dfrac{l_3}{2}\right) \times \left[\left(l_1+\dfrac{l_3}{2}\right) \times \left(l+l_2+\dfrac{l_3}{2}\right) - \dfrac{1}{4}l_3^2 - 3x^2\right]$ $l_1 \leq x \leq (l_1+l_3):$ $\theta = -\dfrac{ql_3}{6EIl}\left\{\left(l_2+\dfrac{l_3}{2}\right) \times \left(l+l_2+\dfrac{l_3}{2}\right) - \dfrac{1}{4}l_3^2 - 3x^2\right] + \dfrac{l}{l_3}(x-l_1)^3\right\}$ $(l_1+l_3) \leq x \leq l:$ $\theta = -\dfrac{ql_3}{6EIl}\left(l_1+\dfrac{l_3}{2}\right)\left[\left(l_2+\dfrac{l_3}{2}\right) \times \left(l+l_1+\dfrac{l_3}{2}\right) - \dfrac{1}{4}l_3^2 - 3(l-x)^2\right]$ $\theta = -\dfrac{ql^3}{24EI}\left(1 - 6\dfrac{x^2}{l^2} + 4\dfrac{x^3}{l^3}\right)$ $x=0, x=l:$ $\theta_{max} = \mp\dfrac{ql^3}{24EI}$

第4章 常用力学公式

$F = \dfrac{1}{2} q_0 l_3$

$F_{R1} = \dfrac{F}{3l}(3l_2 + l_3)$

$F_{R2} = \dfrac{F}{3l}(3l_1 + 2l_3)$

$0 < x \leq l_1:$
$F_s = F_{R1}$

$l_1 \leq x \leq (l_1 + l_3):$
$F_s = F_{R1} - F \dfrac{(x - l_1)^2}{l_3^2}$

$(l_1 + l_3) \leq x < l:$
$F_s = -F_{R2}$

$0 \leq x \leq l_1:$
$M = F_{R1} x$

$l_1 \leq x \leq (l_1 + l_3):$
$M = F_{R1} x - \dfrac{F}{3l_3^2}(x - l_1)^3$

$(l_1 + l_3) \leq x \leq l:$
$M = F_{R2}(l - x)$

$x = l_1 + l_3 \left(\dfrac{3l_2 + l_3}{3l} \right)^{1/2}$

$M_{\max} = F \dfrac{(3l_2 + l_3)}{3l} \times \left[l_1 + \dfrac{2}{3} l_3 \times \left(\dfrac{3l_2 + l_3}{3l} \right)^{1/2} \right]$

$0 \leq x \leq l_1:$
$y = \dfrac{F}{18EIl} \Big\{ (3l_2 + l_3)(x^3 - l^2 x) + x \Big[\dfrac{1}{9}(3l_2 + l_3)^3 + \dfrac{1}{2} l_2 l_3^2 + \dfrac{17}{90} l_3^3 \Big] \Big\}$

$l_1 \leq x \leq (l_1 + l_3):$
$y = \dfrac{F}{18EIl} \Big\{ (3l_2 + l_3)(x^3 - l^2 x) + x \Big[\dfrac{1}{9}(3l_2 + l_3)^3 + \dfrac{1}{2} l_2 l_3^2 + \dfrac{17}{90} l_3^3 \Big] - \dfrac{3}{10} \dfrac{l}{l_3^2}(x - l_1)^5 \Big\}$

$(l_1 + l_3) \leq x \leq l:$
$y = \dfrac{F}{18EIl} \Big\{ (3l_1 + 2l_3)(l - x)^3 - (l - x) \Big[\dfrac{1}{9}(3l_2 + l_3)^3 + \dfrac{1}{2}(3l_2 + l_3)^2 \cdot \dfrac{17}{90} l_3^3 - l(3l_2 + l_3)^2 + \dfrac{1}{2} ll_3^2 + 2(3l_2 + l_3) l^2 \Big] \Big\}$

$0 \leq x \leq l_1:$
$\theta = \dfrac{F}{18EIl} \Big\{ (3l_2 + l_3)(3x^2 - l^2) + \Big[\dfrac{1}{9}(3l_2 + l_3)^3 + \dfrac{1}{2} l_2 l_3^2 + \dfrac{17}{90} l_3^3 \Big] \Big\}$

$l_1 \leq x \leq (l_1 + l_3):$
$\theta = \dfrac{F}{18EIl} \Big\{ (3l_2 + l_3)(3x^2 - l^2) + \Big[\dfrac{1}{9}(3l_2 + l_3)^3 + \dfrac{1}{2} l_2 l_3^2 + \dfrac{17}{90} l_3^3 \Big] - \dfrac{3}{2} \dfrac{l}{l_3^2}(x - l_1)^4 \Big\}$

$(l_1 + l_3) \leq x \leq l:$
$\theta = -\dfrac{F}{18EIl} \Big\{ 3(3l_1 + 2l_3)(l - x)^2 - \Big[\dfrac{1}{9}(3l_2 + l_3)^3 + \dfrac{1}{2} l_2 l_3^2 + \dfrac{17}{90} l_3^3 + l(3l_2 + l_3)^2 + \dfrac{1}{2} ll_3^2 + 2(3l_2 + l_3) l^2 \Big] \Big\}$

载荷作用在全长上时，则
$l_1 = l_2 = 0, l_3 = l:$

$F = \dfrac{1}{2} q_0 l$

$F_{R1} = \dfrac{1}{3} F, F_{R2} = \dfrac{2}{3} F$

$F_s = \dfrac{F}{3} - \dfrac{x^2}{l^2} F$

$M = \dfrac{F}{3} \left(x - \dfrac{x^3}{l^2} \right)$

$x = 0.5774l;$

$M_{\max} = 0.128 Fl$

$y = -\dfrac{F}{180EIl^2}(3x^5 - 10l^2 x^3 + 7l^4 x)$

$x = 0.519l;$

$y_{\max} = -0.01304 \dfrac{Fl^3}{EI}$

$\theta = -\dfrac{F}{180EIl^2}(15x^4 - 30l^2 x^2 + 7l^4)$

$\theta_{x=0} = -\dfrac{7Fl^2}{180EI}$

$\theta_{x=l} = \dfrac{8Fl^2}{180EI}$

（续）

序号	载荷、挠曲线、剪力图及弯矩图	反力及剪力 F_s	弯矩 M	挠度 y	转角 θ
9		$F_{R1}=-F_{R2}=\dfrac{-M_0}{l_1}$ $0<x<l_1:$ $F_s=-\dfrac{M_0}{l_1}$ $l_1<x\leqslant l$ $F_s=0$	$0\leqslant x\leqslant l_1:$ $M=-\dfrac{M_0}{l_1}x$ $l_1<x<l$ $M=-M_0$	$0\leqslant x\leqslant l_1:$ $y=\dfrac{M_0 x}{6EIl_1}(l_1^2-x^2)$ $l_1\leqslant x\leqslant l:$ $y=-\dfrac{M_0}{6EI}(l_1^2-4l_1x+3x^2)$ $x=l_1/\sqrt{3}:y_{\max}=\dfrac{M_0 l_1^2}{9\sqrt{3}EI}$ $x=l:y_{\max}=\dfrac{-M_0 l_2}{6EI}(2l_1+3l_2)$	$0\leqslant x\leqslant l_1:$ $\theta=\dfrac{M_0}{6EIl_1}(l_1^2-3x^2)$ $l_1\leqslant x\leqslant l$ $\theta=-\dfrac{M_0}{3EI}(3x-2l_1)$ $x=0:$ $\theta=\dfrac{M_0 l_1}{6EI}$ $x=l:$ $\theta=-\dfrac{M_0}{3EI}(l_1+3l_2)$
10		$F_{R1}=-\dfrac{l_2}{l_1}F$ $F_{R2}=\left(1+\dfrac{l_2}{l_1}\right)F$ $0<x<l_1:$ $F_s=-\dfrac{l_2}{l_1}F$ $l_1<x<l:$ $F_s=F$	$0\leqslant x\leqslant l_1:$ $M=-\dfrac{l_2}{l_1}Fx$ $l_1\leqslant x\leqslant l:$ $M=-F(l-x)$	$0\leqslant x\leqslant l_1:$ $y=\dfrac{Fl_2 x}{6EIl_1}(l_1^2-x^2)$ $l_1\leqslant x\leqslant l:$ $y=-\dfrac{F(x-l_1)}{6EI}[l_2(3x-l_1)-(x-l_1)^2]$ $x=l_1/\sqrt{3}:y_{\max}=\dfrac{Fl_2 l_1^2}{9\sqrt{3}EI}$ $x=l:y=-\dfrac{Fl_2^2}{3EI}l$	$0\leqslant x\leqslant l_1:$ $\theta=\dfrac{Fl_2}{6EIl_1}(l_1^2-3x^2)$ $l_1\leqslant x\leqslant l$ $\theta=-\dfrac{F}{6EI}[(6x-4l_1)l_2-3(x-l_1)^2]$ $x=0:\theta=\dfrac{Fl_1 l_2}{6EI}$ $x=l:\theta=-\dfrac{Fl_2}{6EI}(2l_1+3l_2)$
11		$F_{R1}=-\dfrac{ql_2^2}{2l_1}$ $F_{R2}=ql_2\left(1+\dfrac{l_2}{2l_1}\right)$ $0<x<l_1:$ $F_s=-\dfrac{ql_2^2}{2l_1}$ $l_1<x\leqslant l$ $F_s=q(l-x)$	$0\leqslant x\leqslant l_1:$ $M=-\dfrac{ql_2^2}{2l_1}x$ $l_1\leqslant x\leqslant l:$ $M=-\dfrac{q}{2}(l-x)^2$	$0\leqslant x\leqslant l_1:$ $y=\dfrac{ql_2^2 x}{12EIl_1}(l_1^2-x^2)$ $l_1\leqslant x\leqslant l:$ $y=\dfrac{-q(x-l_1)}{24EI}[4l_2^2 l_1+6l_2^2(x-l_1)-4l_2(x-l_1)^2+(x-l_1)^3]$ $x=l_1/\sqrt{3}:y_{\max}=\dfrac{ql_2^2 l_1^2}{18\sqrt{3}EI}$ $x=l:y_{\max}=-\dfrac{ql_2^3}{24EI}(4l_1+3l_2)$	$0\leqslant x\leqslant l_1:$ $\theta=\dfrac{ql_2^2}{12EIl_1}(l_1^2-3x^2)$ $l_1\leqslant x\leqslant l$ $\theta=-\dfrac{q}{6EI}[l_2^2 l_1+3l_2^2(x-l_1)^2+(x-l_1)^3]-3l_2(x-l_1)^2$ $x=0:\theta=ql_1 l_2^2/12EI$ $x=l:\theta=-ql_2^2 l/6EI$

12	(overhanging beam with loads F at both ends, supports F_{R1}, F_{R2})	$F_{R1} = F_{R2} = F$ $0 < x < l_1$: $F_s = -F$ $l_1 < x < (l_1 + l_2)$: $F_s = 0$	$0 \leq x \leq l_1$: $M = -Fx$ $l_1 \leq x \leq (l_1 + l_2)$: $M = -Fl_1$ $M_{\max} = -Fl_1$	$0 \leq x \leq l_1$: $y = -\dfrac{Fl_1^3}{6EI}\left[\dfrac{x^3}{l_1^3} - \dfrac{3(l_1+l_2)}{l_1^2}x + \dfrac{3l_2}{l_1} + 2\right]$ $l_1 \leq x \leq (l_1+l_2)$: $y = -\dfrac{Fl_1^3}{6EI}\left[\dfrac{x^3}{l_1^3} - \dfrac{3(l_1+l_2)}{l_1^2}x + \dfrac{3l_2}{l_1} + 2\right] - \dfrac{F(x-l_1)^3}{6EI}$ $y_1 = -\dfrac{Fl_1^3}{6EI}\left(\dfrac{3l_2}{l_1} + 2\right)$ $y_2 = \dfrac{Fl_1 l_2^2}{8EI}$	$0 \leq x \leq l_1$: $\theta = \dfrac{Fl_1^2}{2EI}\left(1 + \dfrac{l_2}{l_1} - \dfrac{x^2}{l_1^2}\right)$ $l_1 \leq x \leq (l_1+l_2)$: $\theta = \dfrac{Fl_1^2}{2EI}\left(1 + \dfrac{l_2}{l_1} - \dfrac{x^2}{l_1^2}\right) - \dfrac{F(x-l_1)^2}{2EI}$ $\theta_{x=0} = \dfrac{Fl_1(l_1+l_2)}{2EI}$ $\theta_{x=l_1} = \dfrac{Fl_1 l_2}{2EI}$
13	(beam with uniform load q over overhangs)	$F_{R1} = F_{R2} = \dfrac{ql}{2}$ $0 \leq x < l_1$: $F_s = -qx$ $l_1 < x < (l_1+l_2)$: $F_s = -qx + \dfrac{ql}{2}$ $(l_1+l_2) < x \leq l$: $F_s = q(l-x)$	$0 \leq x \leq l_1$: $M = -\dfrac{qx^2}{2}$ $l_1 \leq x \leq (l_1+l_2)$: $M = -\dfrac{qx^2}{2} + \dfrac{ql}{2}(x-l_1)$ $(l_1+l_2) \leq x \leq l$: $M = -\dfrac{q}{2}(l-x)^2$	$0 \leq x \leq l_1$: $y = -\dfrac{ql_2^4}{24EI}\left[\left(1 - 6\dfrac{l_1^2}{l_2^2} - 4\dfrac{l_1^3}{l_2^3}\right)\dfrac{x}{l_2} - \dfrac{x^4}{l_2^4}\right]$ $l_1 \leq x \leq (l_1+l_2)$: $y = -\dfrac{ql_2^4}{24EI}\left[\left(1 - 6\dfrac{l_1^2}{l_2^2} - 4\dfrac{l_1^3}{l_2^3}\right)\dfrac{x}{l_2} - \dfrac{x^4}{l_2^4} + 2\left(1 + 2\dfrac{l_1}{l_2}\right)\dfrac{(x-l_1)^3}{l_2^3}\right]$ $x = 0$ 和 $x = l$: $y = -\dfrac{ql_1 l_2^3}{24EI}\left(1 - 6\dfrac{l_1^2}{l_2^2} - 3\dfrac{l_1^3}{l_2^3}\right)$ $x = l_1 + \dfrac{l_2}{2}$: $y = -\dfrac{ql_2^4}{16EI}\left(\dfrac{5}{24} - \dfrac{l_1^2}{l_2^2}\right)$	$0 \leq x \leq l_1$: $\theta = -\dfrac{ql_2^3}{24EI}\left(1 - 6\dfrac{l_1^2}{l_2^2} - 4\dfrac{l_1^3}{l_2^3} + 4\dfrac{x^3}{l_2^3}\right)$ $l_1 \leq x \leq (l_1+l_2)$: $\theta = -\dfrac{ql_2^3}{24EI}\left[1 - 6\dfrac{l_1^2}{l_2^2} - 4\dfrac{l_1^3}{l_2^3} + 4\dfrac{x^3}{l_2^3} - 6\left(1 + \dfrac{2l_1}{l_2}\right)\dfrac{(x-l_1)^2}{l_2^2}\right]$ $x = 0$: $\theta = -\dfrac{ql_2^3}{24EI}\left(1 - 6\dfrac{l_1^2}{l_2^2} - 4\dfrac{l_1^3}{l_2^3}\right)$ $x = l_1$: $\theta = -\dfrac{ql_2^3}{24EI}\left(1 - 6\dfrac{l_1^2}{l_2^2}\right)$

(续)

序号	载荷、挠曲线、剪力图及弯矩图	反力及剪力 F_s	弯矩 M	挠度 y	转角 θ
14		$F_{R1} = \dfrac{3M_0}{2l^3}(l^2 - l_1^2) = -F_{R2}$ $M_2 = \dfrac{(3l_1^2 - l^2)}{2l^2}M_0$ $0 < x < l:$ $F_s = F_{R1}$ 当 M_0 作用在左端 $F_{R1} = -F_{R2} = \dfrac{3M_0}{2l}, M_2 = M_0/2$	$0 \le x \le l_1:$ $M = F_{R1}x$ $l_1 < x < l:$ $M = -M_0 + F_{R1}x$ $x = l:$ $M = -M_2$ $\dfrac{3M_0}{2l}x - M_0$	$0 \le x \le l_1:$ $y = \dfrac{M_0}{4EI}\left[\dfrac{(l^2-l_1^2)}{l^3}(x^3 - 3l^2x) + 4(l-l_1)x\right]$ $l_1 \le x \le l:$ $y = \dfrac{M_0}{4EI}\left[\dfrac{(l^2-l_1^2)}{l^3}(x^3 - 3l^2x + 2l^3) - 2(l-x)^2\right]$ $y = \dfrac{M_0 l^2}{4EI}\left(\dfrac{x^3}{l^3} - \dfrac{2x^2}{l^2} + \dfrac{x}{l}\right)$	$0 \le x \le l_1:$ $\theta = \dfrac{M_0}{4EI}\left[3\dfrac{(l^2-l_1^2)}{l^3}(x^2-l^2) + 4(l-l_1)\right]$ $l_1 \le x \le l:$ $\theta = \dfrac{M_0}{4EI}\left[3\dfrac{(l^2-l_1^2)}{l^3}(x^2-l^2) + 4(l-x)\right]$ $\theta = \dfrac{M_0 l}{4EI}\left(\dfrac{3x^2}{l^2} - \dfrac{4x}{l} + 1\right)$
15		$F = ql_3$ $F_{R1} = \dfrac{F}{8l^3}\big[4l(3l_2^2 + 3l_2l_3 + l_3^2) - 4l_2^3 - 6l_2^2l_3 - 4l_2l_3^2 - l_3^3\big]$ $F_{R2} = F - F_{R1}$ $M_2 = \dfrac{F}{8l^3}\big[4l^2(2l_2+l_3) - 4l(3l_2^2+3l_2l_3+l_3^2) + 4l_2^3+6l_2^2l_3+4l_2l_3^2+l_3^3\big]$ $0 < x \le l_1:$ $F_s = F_{R1}$ $l_1 \le x \le (l_1+l_3):$ $F_s = F_{R1} - \dfrac{F}{l_3}(x-l_1)$ $(l_1+l_3) \le x \le l:$ $F_s = -F_{R2}$ 载荷在全长上作用时, $l_1=l_2=0, l_3=l:$ $F_{R1}=\dfrac{3}{8}ql, F_{R2}=\dfrac{5}{8}ql$ $M_2 = \dfrac{ql^2}{8}$	$0 \le x \le l_1:$ $M = F_{R1}x$ $l_1 \le x \le (l_1+l_3):$ $M = F_{R1}x - \dfrac{F}{2l_3}(x-l_1)^2$ $(l_1+l_3) \le x \le l:$ $M = F_{R1}x - \dfrac{F}{2}\big[2(x-l_1) - l_3\big]$ $x = l:$ $M = -M_2$ $x = l_1 + \dfrac{l_3}{F}F_{R1}:$ $M_{max} = F_{R1}l_1 + \dfrac{l_3 F_{R1}^2}{2F}$ $x = l:$ $M = -ql^2/8$ $x = 3l/8:$ $M_{max} = \dfrac{9}{128}ql^2$	$0 \le x \le l_1:$ $y = \dfrac{F}{6EI}\big[3l_2^2 + 3l_2l_3 + l_3^2\big]x + \dfrac{F_{R1}}{6EI}(x^3 - 3l^2x)$ $l_1 \le x \le (l_1+l_3):$ $y = -\dfrac{F}{24EI}\Big[6(2l_2+l_3)(l-x)^2 - 4(l-x)^3 + \dfrac{(l_1+l_3-x)^4}{l_3}\Big] + \dfrac{F_{R1}}{6EI}(x^3 - 3l^2x + 2l^3)$ $(l_1+l_3) \le x \le l:$ $y = -\dfrac{F}{12EI}\big[3(2l_2+l_3)(l-x)^2 - 2(l-x)^3\big] + \dfrac{F_{R1}}{6EI}(x^3 - 3l^2x + 2l^3)$ $y = -\dfrac{ql^4}{48EI}\left(\dfrac{x}{l} - 3\dfrac{x^3}{l^3} + 2\dfrac{x^4}{l^4}\right)$ $x = 0.4215l:$ $y_{max} = -0.0054\dfrac{ql^4}{EI}$	$0 \le x \le l_1:$ $\theta = \dfrac{F}{6EI}\big[3l_2^2+3l_2l_3+l_3^2\big] - \dfrac{F_{R1}}{2EI}(l^2-x^2)$ $l_1 \le x \le (l_1+l_3):$ $\theta = \dfrac{F}{6EI}\Big[3(2l_2+l_3)(l-x) - 3(l-x)^2 + \dfrac{(l_1+l_3-x)^3}{l_3}\Big] - \dfrac{F_{R1}}{2EI}(l^2-x^2)$ $(l_1+l_3) \le x \le l:$ $\theta = \dfrac{F}{2EI}\big[(2l_2+l_3)(l-x) - (l-x)^2\big] + \dfrac{F_{R1}}{2EI}(x^2-l^2)$ $\theta_{x=0} = \dfrac{F}{6EI}(3l_2^2+3l_2l_3+l_3^2) - \dfrac{F_{R1}l^2}{2EI}$ $\theta = -\dfrac{ql^3}{48EI}\left(1 - 9\dfrac{x^2}{l^2} + 8\dfrac{x^3}{l^3}\right)$ $\theta_{x=0} = -\dfrac{ql^3}{48EI}$

第4章　常用力学公式

16	$F_{R1} = \frac{Fl_2^2}{2l^3}(3l_1+2l_2)$ $F_{R2} = F - F_{R1}$ $M_2 = -\frac{Fl_1l_2}{2l^2}(2l_1+l_2)$ $0 < x < l_1:$ $F_s = F_{R1}$ $l_1 < x < l$ $F_s = -F_{R2}$ 当 $l_1 = l_2 = l/2: F_{R1} = \frac{5}{16}F,$ $F_{R2} = \frac{11}{16}F, M_2 = 3Fl/16$	$0 \le x \le l_1: \quad M = F_{R1}x$ $l_1 \le x \le l:$ $M = F_{R1}x - F(x-l_1)$ $x = l_1:$ $M_2 = -\frac{Fl_1l_2}{2l^2}(2l_1+l_2)$ $M_{x=l_1} = \frac{Fl_1^2l_2}{2l^3}(3l_1+2l_2),$ 当 $l_2 \gtreqless \sqrt{2}l_1$ 时, $|M_{x=l_1}| \gtreqless M_2$ $x = l$ $M_{max} = -\frac{3Fl}{16}$	$0 \le x \le l_1:$ $y = -\frac{Fl_2^2}{12EIl}\left[3l_1x - \frac{(3l_1+2l_2)}{l^2}x^3\right]$ $l_1 \le x \le l:$ $y = -\frac{Fl_1}{12EIl}\left[\frac{3l_2(2l_1+l_2)}{l}(l-x)^2 - \frac{(2l_1^2+6l_1l_2+3l_2^2)}{l^2}(l-x)^3\right]$ $y_{x=l_1} = -\frac{Fl_1^2l_2^3(4l_1+3l_2)}{12EIl^3}$ 当 $l_2 \gtreqless \sqrt{2}l_1$ 时, 在 $x \gtreqless l_1$ 处有 y_{max} $x = l/\sqrt{5}:$ $y_{max} = -\frac{Fl^3}{48\sqrt{5}EI}$	$0 \le x \le l_1:$ $\theta = -\frac{Fl_2^2}{4EIl}\left[l_1 - \frac{(3l_1+2l_2)}{l^2}x^2\right]$ $l_1 \le x \le l:$ $\theta = \frac{Fl_1}{4EIl}\left[\frac{2l_2(2l_1+l_2)}{l}(l-x) - \frac{(2l_1^2+6l_1l_2+3l_2^2)}{l^2}(l-x)^2\right]$ $\theta_{x=0} = -\frac{Fl_1l_2^2}{4EIl}$ $x = 0:$ $\theta = -\frac{Fl^2}{32EI}$
17	$F = \frac{1}{2}q_0l_3$ $F_{R1} = \frac{F}{20l^3}[5l_1^3 - (6l_2^2 + 4l_2l_3 + l_3^2) + 4(5l_2^3 + 10l_2^2l_3 + 5l_2l_3^2 + l_3^3)]$ $F_{R2} = F - F_{R1}$ $M_2 = -F_{R1}l_1 + \frac{F}{3}(3l_2+l_3)$ $0 < x < l_1:$ $F_s = F_{R1}$ $l_1 \le x \le (l_1+l_3):$ $F_s = F_{R1} - F\frac{(x-l_1)^2}{l_3^2}$ $(l_1+l_3) \le x < l: \quad F_s = -F_{R2}$ 载荷作用全长时 $l_1=l_2=0,$ $l_3 = l: F_{R1} = \frac{1}{5}F, F_{R2} = \frac{4}{5}F$ $M_2 = \frac{2}{15}Fl$	$0 \le x \le l_1: \quad M = F_{R1}x$ $l_1 \le x \le (l_1+l_3):$ $M = F_{R1}x - \frac{F(x-l_1)^3}{3l_3^2}$ $(l_1+l_3) \le x < l:$ $M = F_{R1}x - \frac{F}{3}(3x-3l_1 - 2l_3)$ $x = l: M = -M_2$ $x = l_1 + l_3(F_{R1}/F)^{1/2}:$ $M_{max} = F_{R1}\left(l_1 + \frac{2}{3}l_3\sqrt{\frac{F_{R1}}{F}}\right)$ $M = F\left(\frac{x}{5} - \frac{1}{3}\frac{x^3}{l^2}\right)$ $x = l: M = -0.1333Fl$ $x = 0.4472l$ $M_{max} = 0.0596Fl$	$0 \le x \le l_1:$ $y = -\frac{F}{12EI}(6l_2^2+4l_2l_3+l_3^2)x + \frac{F_{R1}}{6EI}(x^3-3l^2x)$ $l_1 \le x \le (l_1+l_3):$ $y = -\frac{F}{60EI}\left[5(6l_2^2+4l_2l_3+l_3^2)x - \frac{(x-l_1)^5}{l_3^2}\right] + \frac{F_{R1}}{6EI}(x^3-3l^2x)$ $(l_1+l_3) \le x \le l:$ $y = -\frac{F}{6EI}\left[2(3l_2+l_3)(l-x)^2 - (l-x)^3\right] + \frac{F_{R1}}{6EI}(x^3-3l^2x+2l^3)$ $y = -\frac{Fl^3}{60EI}\left(\frac{x}{l}-2\frac{x^3}{l^3}+\frac{x^5}{l^5}\right)$ $x = 0.4472l$ $y_{max} = -0.00477\frac{Fl^3}{EI}$	$0 \le x \le l_1:$ $\theta = -\frac{F}{12EI}(6l_2^2+4l_2l_3+l_3^2) - \frac{F_{R1}}{2EI}(l^2-x^2)$ $l_1 \le x \le (l_1+l_3):$ $\theta = -\frac{F}{12EI}\left[6l_2^2+4l_2l_3+l_3^2 - \frac{(x-l_1)^4}{l_3^2}\right] - \frac{F_{R1}}{2EI}(l^2-x^2)$ $(l_1+l_3) \le x \le l:$ $\theta = -\frac{F}{6EI}\left[2(3l_2+l_3)(l-x) - 3(l-x)^2\right] - \frac{F_{R1}}{2EI}(l^2-x^2)$ $\theta = -\frac{Fl^2}{60EI}\left(1 - \frac{6x^2}{l^2} + \frac{5x^4}{l^4}\right)$ $x = 0: \theta = -\frac{Fl^2}{60EI}$

序号	载荷、挠曲线、剪力图及弯矩图	反力及剪力 F_s	弯矩 M	挠度 y	转角 θ
18	(图：分布载荷 q_0，长度 l，区段 l_1、l_2、l_3，反力 F_{R1}、F_{R2}、M_2，剪力图与弯矩图 M_{max})	$F = \dfrac{1}{2} q_0 l_3$ $F_{R1} = \dfrac{F}{20 l_3^3} \Big[5 l_1 (6 l_2^2 + 8 l_2 l_3 + 3 l_3^2) + 50 l_2^2 l_3 + 40 l_2 l_3^2 + 11 l_3^3 \Big]$ $F_{R2} = F - F_{R1}$ $M_2 = -F_{R1} l + \dfrac{F}{3}\left(3 l_2 + 2 l_3\right)$ $0 < x \le l_1:$ $F_s = F_{R1}$ $l_1 \le x \le (l_1+l_3):$ $F_s = F_{R1} - F \times \left[\dfrac{2(x-l_1)}{l_3} - \dfrac{(x-l_1)^2}{l_3^2}\right]$ $(l_1+l_3) \le x \le l:$ $F_s = -F_{R2}$ 载荷作用在全长时, $l_1 = l_2 = 0, l_3 = l:$ $F_{R1} = \dfrac{11}{20} F$ $F_{R2} = \dfrac{9}{20} F$ $M_2 = \dfrac{7}{60} F l$ $F_s = F\left(\dfrac{11}{20} - 2\dfrac{x}{l} + \dfrac{x^2}{l^2}\right)$	$0 \le x \le l_1:$ $M = F_{R1} x$ $l_1 \le x \le (l_1+l_3):$ $M = F_{R1} x - \dfrac{F}{3 l_3}\left[3(x-l_1)^2 - \dfrac{1}{l_3}(x-l_1)^3\right]$ $(l_1+l_3) \le x < l:$ $M = F_{R1} x - \dfrac{F}{3}(3x - 3l_1 - l_3)$ $x = l:$ $M = -M_2$ $x = l_1 + l_3 - l_3 \times \left(1 - \sqrt{1 - \dfrac{F_{R1}}{F}}\right):$ $M_{max} = F_{R1}\left(l_1 + l_3 - l_3\sqrt{1 - \dfrac{F_{R1}}{F}}\right) + \dfrac{1}{3} F l_3 \times \left(1 - \sqrt{1 - \dfrac{F_{R1}}{F}}\right)^2 \times \left(2 + \sqrt{1 - \dfrac{F_{R1}}{F}}\right)$ 载荷作用在全长时, $M = F l\left(\dfrac{11}{20}\dfrac{x}{l} - \dfrac{x^2}{l^2} + \dfrac{1}{3}\dfrac{x^3}{l^3}\right)$ $x = l:$ $M = -0.1167 Fl$ $x = 0.329 l:$ $M_{max} = 0.0846 Fl$	$0 \le x \le l_1:$ $y = \dfrac{F}{12 EI}(6 l_2^2 + 8 l_2 l_3 + 3 l_3^2) x + \dfrac{F_{R1}}{6 EI}(x^3 - 3 l^2 x)$ $l_1 \le x \le (l_1+l_3):$ $y = \dfrac{F}{60 EI}\left[5(6 l_2^2 + 8 l_2 l_3 + 3 l_3^2) x - 5\dfrac{(x-l_1)^4}{l_3} + \dfrac{(x-l_1)^5}{l_3^2}\right] + \dfrac{F_{R1}}{6 EI}(x^3 - 3 l^2 x)$ $(l_1+l_3) \le x \le l:$ $y = -\dfrac{F}{6 EI}\left[(3 l_2 + 2 l_3)(l-x)^2 - (l-x)^3\right] + \dfrac{F_{R1}}{6 EI}(x^3 - 3 l^2 x + 2 l^3)$ 载荷作用在全长时, $y = -\dfrac{F l^3}{120 EI}\left(3\dfrac{x}{l} - 11\dfrac{x^3}{l^3} + 10\dfrac{x^4}{l^4} - 2\dfrac{x^5}{l^5}\right)$ $x = 0.402 l:$ $y_{max} = -0.00609 \dfrac{F l^3}{EI}$	$0 \le x \le l_1:$ $\theta = \dfrac{F}{12 EI}(6 l_2^2 + 8 l_2 l_3 + 3 l_3^2) - \dfrac{F_{R1}}{2 EI}(l^2 - x^2)$ $l_1 \le x \le (l_1+l_3):$ $\theta = \dfrac{F}{12 EI}\left[6 l_2^2 + 8 l_2 l_3 + 3 l_3^2 - 4\dfrac{(x-l_1)^3}{l_3} + \dfrac{(x-l_1)^4}{l_3^2}\right] - \dfrac{F_{R1}}{2 EI}(l^2 - x^2)$ $(l_1+l_3) \le x \le l:$ $\theta = \dfrac{F}{6 EI}\left[2(3 l_2 + 2 l_3)(l-x) - 3(l-x)^2\right] - \dfrac{F_{R1}}{2 EI}(l^2 - x^2)$ 载荷作用在全长时, $\theta = -\dfrac{F l^2}{120 EI}\left(3 - 33\dfrac{x^2}{l^2} + 40\dfrac{x^3}{l^3} - 10\dfrac{x^4}{l^4}\right)$ $\theta_{x=0} = -\dfrac{F l^2}{40 EI}$

第4章 常用力学公式

No.	图示	支反力	弯矩 M	挠度 y	转角 θ
19	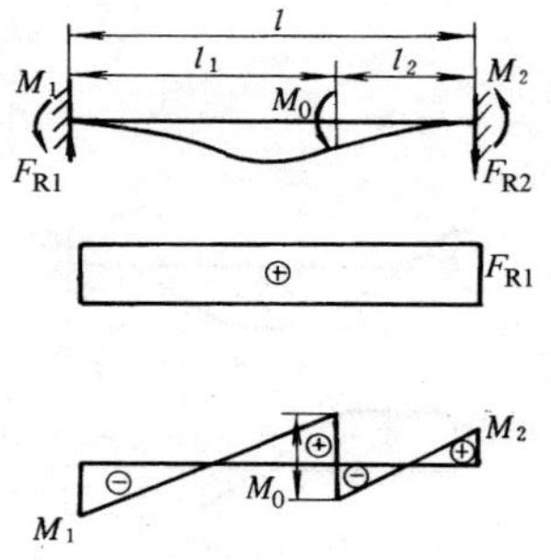 (图)	$F_{R1} = 6\dfrac{l_1 l_2}{l^3}M_0 = F_{R2}$ $M_1 = \dfrac{M_0}{l^2}(2l_1 l_2 - l_2^2)$ $M_2 = \dfrac{M_0}{l^2}(2l_1 l_2 - l_1^2)$ $0 < x < l$: $F_s = F_{R1}$ 力偶作用在中间时: $l_1 = l_2 = l/2$: $F_{R1} = \dfrac{3M_0}{2l} = F_{R2}$ $M_1 = M_2 = \dfrac{M_0}{4}$	$0 < x < l_1$: $M = F_{R1}x - M_1$ $l_1 < x < l$: $M = M_2 - F_{R2}(l-x)$ $x = 0$: $M = -M_1$ $x = l$: $M = M_2$ $x = 0$: $M = -\dfrac{M_0}{4}$ $x = l$: $M = \dfrac{M_0}{4}$	$0 \le x \le l_1$: $y = -\dfrac{1}{6EI}(3M_1 x^2 - F_{R1}x^3)$ $l_1 \le x \le l$: $y = -\dfrac{1}{6EI}\big[3M_2(l-x)^2$ $\quad - F_{R2}(l-x)^3\big]$ 当 $l_1 > \dfrac{l}{3}$ 时, $x = 2M_1/F_{R1}$: $y_{max} = -\dfrac{2}{3EI}\dfrac{M_1^3}{F_{R1}^2}$ $x = l/3$ $y_{max} = -\dfrac{M_0 l^2}{216EI}$	$0 \le x \le l_1$: $\theta = -\dfrac{1}{2EI}(2M_1 x - F_{R1}x^2)$ $l_1 \le x \le l$: $\theta = \dfrac{1}{2EI}[2M_2(l-x) - F_{R2}(l-x)^2]$
20	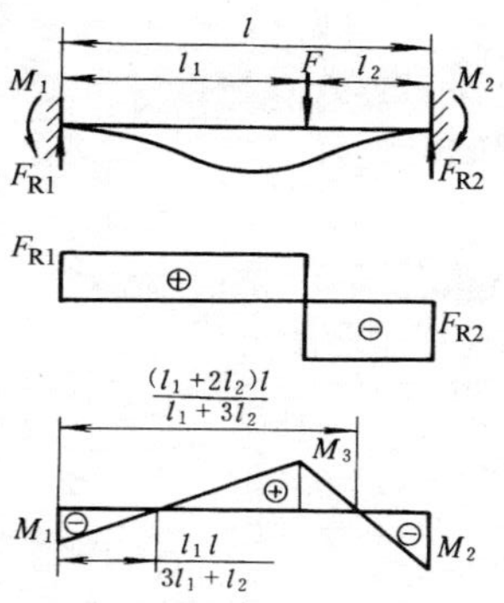 (图)	$F_{R1} = \dfrac{Fl_2^2}{l^3}(3l_1 + l_2)$ $F_{R2} = \dfrac{Fl_1^2}{l^3}(l_1 + 3l_2)$ $M_1 = \dfrac{Fl_1 l_2^2}{l^2}$ $M_2 = \dfrac{Fl_1^2 l_2}{l^2}$ $0 < x < l_1$: $F_s = F_{R1}$ $l_1 < x < l$: $F_s = -F_{R2}$	$0 < x \le l_1$: $M = \dfrac{Fl_2^2}{l^2}\Big[\dfrac{(3l_1+l_2)}{l}x - l_1\Big]$ $l_1 \le x < l$: $M = \dfrac{Fl_1^2}{l^2} \times$ $\quad\Big[l_1 + 2l_2 - \dfrac{x}{l}(l_1+3l_2)\Big]$ $x = 0$: $M = -M_1$ $x = l$: $M = -M_2$ $M = M_3 = \dfrac{2Fl_1^2 l_2^2}{l^3}$ $l_1 \le l_2: M_1 \le M_3 \ge M_2$	$0 \le x \le l_1$: $y = -\dfrac{Fl_2^2}{6EI}\Big[3\dfrac{x^2}{l^2} - \dfrac{(3l_1+l_2)}{l_1}\dfrac{x^3}{l^3}\Big]$ $l_1 \le x \le l$: $y = -\dfrac{Fl_1^2}{6EI}\Big[3\dfrac{(l-x)^2}{l^2} - \dfrac{(l_1+3l_2)}{l_2}\dfrac{(l-x)^3}{l^3}\Big]$ $y_{x=l_1} = -\dfrac{Fl_1^3 l_2^3}{3EIl^3}$ 当 $l_1 > l_2$ 时, $x = \dfrac{2l_1 l}{3l_1+l_2}$: $y_{max} = -\dfrac{2Fl_1^3 l_2^2}{3EI(3l_1+l_2)^2}$ $y_{x=\frac{l}{2}} = -\dfrac{Fl_2^2(3l_1+l_2)}{48EI}$	$0 \le x \le l_1$: $\theta = \dfrac{Fl_1 l_2^2}{2EIl}\Big[\dfrac{(3l_1+l_2)}{l_1}\dfrac{x^2}{l^2} - 2\dfrac{x}{l}\Big]$ $l_1 \le x \le l$: $\theta = -\dfrac{Fl_1^2 l_2}{2EIl}\Big[\dfrac{(l_1+3l_2)}{l_2} \times$ $\quad \dfrac{(l-x)^2}{l^2} - 2\dfrac{(l-x)}{l}\Big]$

（续）

序号	载荷、挠曲线、剪力图及弯矩图	反力及剪力 F_s	弯矩 M	挠度 y	转角 θ
20		当 F 作用在中间： $F_{R1}=F_{R2}=\dfrac{F}{2}$ $M_1=M_2=\dfrac{Fl}{8}$ $0<x<l/2:$ $F_s=\dfrac{F}{2}$	$0<x<l/2:$ $M=\dfrac{Fl}{2}\left(\dfrac{x}{l}-\dfrac{1}{4}\right)$ $x=0:$ $M=-\dfrac{Fl}{8}$	$0\leq x\leq\dfrac{l}{2}:$ $y=-\dfrac{Fl^3}{16EI}\left(\dfrac{x^2}{l^2}-\dfrac{4x^3}{3l^3}\right)$ $x=l/2:$ $y_{max}=-\dfrac{Fl^3}{192EI}$	$0\leq x\leq\dfrac{l}{2}:$ $\theta=-\dfrac{Fl^2}{8EI}\left(\dfrac{x}{l}-\dfrac{2x^2}{l^2}\right)$ $x=l/4$ $\theta_{max}=-\dfrac{Fl^2}{64EI}$
21		$F=ql_3$ $F_{R1}=\dfrac{F}{2l_2^3}\left[(2l_2+l_3)l_2^2-(l_1-l_2)\times(2l_1l_2+l_2l_3+l_3l_1)\right]\times$ $(2l-6l_2-3l_3)$ $F_{R2}=F-F_{R1}$ $M_1=\dfrac{F}{8l_2^2}\left[(2l_2+l_3)^2+\dfrac{l_3^2}{3}\times\right.$ $\left.(2l-6l_2-3l_3)\right]$ $M_2=\dfrac{F}{8l_2^2}\left[(2l_1+l_3)^2+\dfrac{l_3^2}{3}\times\right.$ $\left.(2l-6l_1-3l_3)\right]$ $0<x\leq l_1:$ $F_s=F_{R1}$ $l_1\leq x\leq(l_1+l_3):$ $F_s=F_{R1}-\dfrac{F}{l_3}(x-l_1)$ $(l_1+l_3)\leq x\leq l:$ $F_s=-F_{R2}$	$0<x\leq l_1:$ $M=F_{R1}x-M_1$ $l_1\leq x\leq(l_1+l_3):$ $M=F_{R1}x-M_1-\dfrac{F}{2l_3}\times(x-l_1)^2$ $(l_1+l_3)\leq x\leq l:$ $M=F_{R2}(l-x)-M_2$ $x=0:$ $M=-M_1$ $x=l:$ $M=-M_2$	$0\leq x\leq l_1:$ $y=-\dfrac{1}{6EI}(3M_1x^2-F_{R1}x^3)$ $l_1\leq x\leq(l_1+l_3):$ $y=-\dfrac{1}{6EI}\left[3M_1x^2-F_{R1}x^3+\dfrac{1}{4}\dfrac{F}{l_3}(x-l_1)^4\right]$ $(l_1+l_3)\leq x\leq l:$ $y=-\dfrac{1}{6EI}[3M_2(l-x)^2-F_{R2}(l-x)^3]$	$0\leq x\leq l_1:$ $\theta=-\dfrac{1}{2EI}(2M_1x-F_{R1}x^2)$ $l_1\leq x\leq(l_1+l_3):$ $\theta=-\dfrac{1}{2EI}\left[2M_1x-F_{R1}x^2+\dfrac{1}{3}\dfrac{F}{l_3}(x-l_1)^3\right]$ $(l_1+l_3)\leq x\leq l:$ $\theta=\dfrac{1}{2EI}[2M_2(l-x)-F_{R2}(l-x)^2]$
		当 q 作用全长： $F_{R1}=F_{R2}=ql/2$ $M_1=M_2=ql^2/12$ $F_s=\dfrac{ql}{2}-qx$	$M=\dfrac{ql^2}{2}\left(-\dfrac{1}{6}+\dfrac{x}{l}-\dfrac{x^2}{l^2}\right)$ $x=0:$ $M=-M_1=-\dfrac{ql^2}{12}$ $x=l:$ $M=-M_2=-\dfrac{ql^2}{12}$	$y=-\dfrac{ql^4}{24EI}\left(\dfrac{x^2}{l^2}-\dfrac{2x^3}{l^3}+\dfrac{x^4}{l^4}\right)$ $x=l/2:$ $y_{max}=-\dfrac{ql^4}{384EI}$	$\theta=-\dfrac{ql^3}{12EI}\left(\dfrac{x}{l}-\dfrac{3x^2}{l^2}+\dfrac{2x^3}{l^3}\right);$ $x=\left(\dfrac{1}{2}\pm\dfrac{\sqrt{3}}{6}\right)l:$ $\theta_{max}=\pm\dfrac{\sqrt{3}ql^3}{216EI}$

$F = q_0 l_3/2$ $F_{R1} = \dfrac{F}{3l_3^3}\left\{\left[(3l_2+l_3)^2\right]l - \dfrac{2}{9}\times (3l_2+l_3)^3\right] - \dfrac{17}{45}l_3^3 - l_2 l_3^2\right\}$ $F_{R2} = F - F_{R1}$ $M_1 = \dfrac{F}{3l_3^2}\left\{\left[\dfrac{1}{9}(3l_2+l_3)^2\right]l - \dfrac{1}{6}l_3^2 - \dfrac{1}{2}l_2 l_3 \times (3l_2+l_3)^3 - \dfrac{17}{90}l_3^3 - \dfrac{1}{2}l_2 l_3^2\right\}$ $M_2 = \dfrac{F}{3l_3^2}\left\{\dfrac{2}{9}(3l_2+l_3)^3 - l\times\left[\dfrac{2}{3}(3l_2+l_3)^2 + \dfrac{17}{90}l_3^3\right] + \dfrac{1}{3}(3l_2+l_3)l^2\right\}$ $0 < x \le l_1:$ $F_s = F_{R1}$ $l_1 \le x \le l_1+l_3:$ $F_s = F_{R1} - F\dfrac{(x-l_1)^2}{l_3^2}$ $l_1+l_3 \le x < l:$ $F_s = F_{R1} - F$	$0 < x \le l_1:$ $M = F_{R1}x - M_1$ $l_1 \le x \le (l_1+l_3):$ $M = F_{R1}x - M_1 - F\dfrac{(x-l_1)^3}{3l_3^2}$ $l_1+l_3 \le x < l:$ $M = F_{R2}(l-x) - M_2$ $x = 0: M = -M_1$ $x = l: M = -M_2$	$0 \le x \le l_1:$ $y = -\dfrac{1}{6EI}(3M_1 x^2 - F_{R1}x^3)$ $l_1 \le x \le l_1+l_3:$ $y = -\dfrac{1}{60EI}\left[30M_1 x^2 - 10F_{R1}x^3 + F\dfrac{(x-l_1)^5}{l_3^2}\right]$ $l_1+l_3 \le x \le l:$ $y = -\dfrac{1}{6EI}\left[3M_2(l-x)^2 - F_{R2}(l-x)^3\right]$	$0 \le x \le l_1:$ $\theta = -\dfrac{1}{2EI}(2M_1 x - F_{R1}x^2)$ $l_1 \le x \le (l_1+l_3):$ $\theta = -\dfrac{1}{12EI}\left[12M_1 x - 6F_{R1}x^2 + F\dfrac{(x-l_1)^4}{l_3^2}\right]$ $l_1+l_3 \le x \le l:$ $\theta = \dfrac{1}{2EI}\left[2M_2(l-x) - F_{R2}(l-x)^2\right]$
载荷作用全长时 $F_{R1} = \dfrac{3}{10}F, F_{R2} = \dfrac{7}{10}F$ $M_1 = \dfrac{Fl}{15}, M_2 = \dfrac{Fl}{10}$ $F_s = F\left(\dfrac{3}{10} - \dfrac{x^2}{l^2}\right)$	$M = -\dfrac{Fl}{30}\left(2 - 9\dfrac{x}{l} + 10\dfrac{x^3}{l^3}\right)$ $x = 0: M = -M_1$ $x = l: M = -M_2$ $x = 0.548l$ $M_{max} = 0.043Fl$	$y = -\dfrac{Fl^3}{60EI}\left[2\dfrac{x^2}{l^2} - 3\dfrac{x^3}{l^3} + \dfrac{x^5}{l^5}\right]$ $x = 0.525l:$ $y_{max} = -0.00262\dfrac{Fl^3}{EI}$	$\theta = -\dfrac{Fl^2}{60EI}\left(4\dfrac{x}{l} - 9\dfrac{x^2}{l^2} + 5\dfrac{x^4}{l^4}\right)$

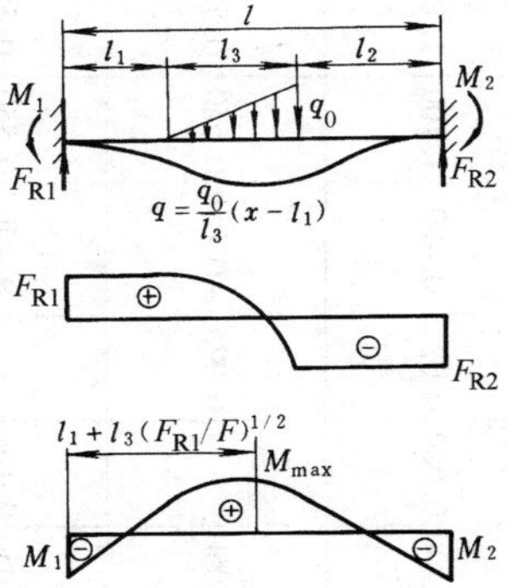

注: 1. 取梁左端为 x 坐标原点。
2. 挠度 y、转角 θ 及弯矩的正负规定与表1.4-21同,本表挠度和转角最大值指绝对值,剪力 F_s 对截面一侧内一点顺时针转为正。
3. 支反力和支反力矩按图示方向为正。
4. E 为材料弹性模量,I 为截面对中性轴的惯性矩 (见表1.4-20)。
5. 某些组合载荷作用下的挠度和转角可根据叠加原理按本表计算式叠加求得。

表 1.4-26 简单双等跨连续梁计算公式和系数

支座弯矩：$M_B = \alpha_1 ql^2$（或 $\alpha_1 Fl$）

跨内最大弯矩：AB 跨 $M_{\mathrm{I max}} = \alpha_2 ql^2$（或 $\alpha_2 Fl$）

　　　　　　　BC 跨 $M_{\mathrm{II max}} = \alpha_3 ql^2$（或 $\alpha_3 Fl$）

支座反力：$F_{R_A} = \beta_1 ql$（或 $\beta_1 F$）

　　　　　$F_{R_B} = \beta_2 ql$（或 $\beta_2 F$）

　　　　　$F_{R_C} = \beta_3 ql$（或 $\beta_3 F$）

最大挠度：$y_{\max} = -\gamma \dfrac{ql^4}{EI}$（或 $-\gamma \dfrac{Fl^3}{EI}$）

序号	受力简图	α_1	α_2	α_3	β_1	β_2	β_3	γ
1		-0.125	0.070	0.070	0.375	1.250	0.375	0.00520
2		-0.063	0.096	—	0.438	0.625	-0.063	0.00906
3		-0.188	0.156	0.156	0.313	1.375	0.313	0.00915
4		-0.094	0.203	—	0.406	0.688	-0.094	0.01502

注：弯矩和挠度的正负规定见表 1.4-21 序号 3，支反力向上为正，向下为负。

表 1.4-27 三等跨连续梁计算公式和系数

支座弯矩：$M_B = \alpha_1 ql^2$（或 $\alpha_1 Fl$）

　　　　　$M_C = \alpha_2 ql^2$（或 $\alpha_2 Fl$）

跨内最大弯矩：AB 跨 $M_{\mathrm{I max}} = \alpha_3 ql^2$（或 $\alpha_3 Fl$）

　　　　　　　BC 跨 $M_{\mathrm{II max}} = \alpha_4 ql^2$（或 $\alpha_4 Fl$）

支座反力：$F_{R_A} = \beta_1 ql$（或 $\beta_1 F$）

　　　　　$F_{R_B} = \beta_2 ql$（或 $\beta_2 F$）

　　　　　$F_{R_C} = \beta_3 ql$（或 $\beta_3 F$）

　　　　　$F_{R_D} = \beta_4 ql$（或 $\beta_4 F$）

最大挠度：AB 跨 $y_{\mathrm{I max}} = \gamma_1 \dfrac{ql^4}{EI}$（或 $\gamma_1 \dfrac{Fl^3}{EI}$）

　　　　　BC 跨 $y_{\mathrm{II max}} = \gamma_2 \dfrac{ql^4}{EI}$（或 $\gamma_2 \dfrac{Fl^3}{EI}$）

序号	受力简图	α_1	α_2	α_3	α_4	β_1	β_2	β_3	β_4	γ_1	γ_2
1		-0.100	-0.100	0.080	0.025	0.400	1.100	1.100	0.400	-0.0068	-0.0005
2		-0.050	-0.050	—	0.075	-0.050	0.550	0.550	-0.050	—	-0.0068
3		-0.050	-0.050	0.101	—	0.450	0.550	0.550	0.450	-0.0099	—

（续）

序号	受力简图	α_1	α_2	α_3	α_4	β_1	β_2	β_3	β_4	γ_1	γ_2
4	均布荷载 q，四跨	-0.117	-0.033	0.073	0.054	0.383	1.200	0.450	-0.033	—	—
5	一跨均布荷载 q	-0.067	0.017	0.094	—	0.433	0.650	0.100	0.017	-0.0088	—
6	三集中力 F	-0.150	-0.150	0.175	0.100	0.350	1.150	1.150	0.350	-0.0115	-0.0021
7	中间集中力 F	-0.075	-0.075	0.175	-0.075	0.575	0.575	-0.075	—	-0.0115
8	两集中力 F	-0.075	-0.075	0.213	—	0.425	0.575	0.575	0.425	-0.0162	—
9	两集中力 F	-0.175	-0.050	0.163	0.138	0.325	1.300	0.425	-0.050	—	—
10	一集中力 F	-0.100	0.025	0.200	—	0.400	0.725	-0.150	0.025	-0.0146	—

注：1. 简图中每跨长均为 l。
  2. 弯矩和挠度正负规定见表 1.4-21 序号 3，支反力向上为正，向下为负。

表 1.4-28 曲杆平面弯曲时的应力与位移计算式（线弹性范围）

横截面上的正应力	强度条件	任一截面处的广义位移	刚度条件
弯曲正应力：$\sigma_W = \dfrac{My}{S\rho}$ 拉伸（或压缩）正应力：$\sigma_l = \dfrac{F_N}{A}$ 总正应力：$\sigma = \sigma_W + \sigma_l$	$\sigma_{l\max} \leqslant [\sigma_l]$ $\sigma_{c\max} \leqslant [\sigma_c]$	$\Delta_i = \int_s \left(\dfrac{MM°}{ESR_0} + \dfrac{MF_N° + F_N M°}{EAR_0} + \dfrac{F_N F_N°}{EA} + k\dfrac{F_s F_s°}{GA} \right) ds$ $k = \begin{cases} 6/5 & \text{（矩形截面）} \\ 10/9 & \text{（圆形截面）} \end{cases}$	$\Delta_{\max} \leqslant [\Delta]$

符号及正负规定：M—弯矩，使梁曲率增大为正；F_N—轴力，拉为正；F_s—剪力，对截面一侧任一点顺时针转为正；$M°$、$F_N°$、$F_s°$ 依次为所求广义位移所加相应的单位广义力引起的弯矩、轴力和剪力，正负规定与 M、F_N、F_s 相同。y—所求应力点至中性轴垂直距离；ρ—所求应力点 y 层处的曲率半径，$\rho = r + y$；$r = A \big/ \iint \dfrac{dA}{\rho}$—中性层的曲率半径；$R_0$—形心层的曲率半径；$S$—横截面对中性轴的静矩，$S = A(R_0 - r)$；$A$—横截面面积；$E$、$G$—材料的弹性模量和切变模量。$[\sigma_l]$、$[\sigma_c]$——材料的许用拉应力和许用压应力。

注：1. 若为小曲率曲杆（$R_0/h > 5$），应力和位移可按直杆弯曲公式计算，h 为横截面高。
  2. 与剪力 F_s 对应的切应力一般很小，可略去不计。
  3. 常见曲杆横截面的 A、r 和 R_0 计算式见表 1.4-29。

表 1.4-29 常用曲杆的 A、r 和 R_0 的计算式

序号	横截面形状		面积 A	中性层曲率半径 r	形心层曲率半径 R_0
1	矩形		bh	$\dfrac{h}{\ln\dfrac{R_2}{R_1}}$	$R_1+\dfrac{h}{2}$
2	等腰梯形		$\dfrac{1}{2}(b_1+b_2)h$	$\dfrac{\frac{1}{2}(b_1+b_2)h}{\dfrac{b_1R_2-b_2R_1}{h}\ln\dfrac{R_2}{R_1}-(b_1-b_2)}$	$R_1+\dfrac{(b_1+2b_2)h}{3(b_1+b_2)}$
	等腰三角形 ($b_1=b;b_2=0$)		$\dfrac{1}{2}bh$	$\dfrac{h}{2\left(\dfrac{R_2}{h}\ln\dfrac{R_2}{R_1}-1\right)}$	$R_1+\dfrac{h}{3}$
3	圆形及椭圆形		$\dfrac{\pi}{4}d^2$(圆形) $\dfrac{\pi}{4}cd$(椭圆形)	$8R_0\left[1-\sqrt{1-\left(\dfrac{d}{2R_0}\right)^2}\right]$	$R_1+\dfrac{d}{2}$
4	弓形		$b^2\theta-\dfrac{1}{2}b^2\sin2\theta$	若 $a>b$: $\dfrac{A}{2a\theta-2b\sin\theta-\pi\sqrt{a^2-b^2}+2\sqrt{a^2-b^2}\arcsin\left[\dfrac{b+a\cos\theta}{a+b\cos\theta}\right]}$ 若 $a<b$: $\dfrac{A}{2a\theta-2b\sin\theta+2\sqrt{b^2-a^2}\ln\left[\dfrac{b+a\cos\theta+\sqrt{b^2-a^2}\sin\theta}{a+b\cos\theta}\right]}$	$a+\dfrac{4b\sin^3\theta}{3(2\theta-\sin2\theta)}$

	截面形状	A	r	$R_0 - R_1$ 或 e
5	倒弓形	$b^2\theta - \dfrac{b^2}{2}\sin 2\theta$	$\dfrac{A}{2a\theta + 2b\sin\theta - \sqrt{a^2-b^2}\left\{\pi + 2\arcsin\left[\dfrac{b-a\cos\theta}{a-b\cos\theta}\right]\right\}}$	$a - \dfrac{4b\sin^3\theta}{3(2\theta - \sin 2\theta)}$
6	半椭圆形	$\dfrac{1}{2}\pi bh$	$\dfrac{A}{2b + \dfrac{\pi b}{h}(R_2 - \sqrt{R_2^2 - h^2}) - \dfrac{2b}{h}\sqrt{R_2^2 - h^2} - h^2\arcsin\left(\dfrac{h}{R_2}\right)}$	$R_2 - \dfrac{4h}{3\pi}$
7	"⊥""⊓"形	$b_1h_1 + b_2h_2$	$\dfrac{b_1h_1 + b_2h_2}{b_1\ln\dfrac{a}{R_1} + b_2\ln\dfrac{R_2}{a}}$	$R_1 + \dfrac{\dfrac{1}{2}b_1h_1^2 + b_2h_2\left(\dfrac{h_2}{2} + h_1\right)}{A}$
		$b_1h_1 + b_2h_2 + b_3h_3$	$\dfrac{b_1h_1 + b_2h_2 + b_3h_3}{b_1\ln\dfrac{a}{R_1} + b_2\ln\dfrac{e}{a} + b_3\ln\dfrac{R_2}{e}}$	
8	"工"字形	当 $b_3 = b_1$, $h_3 = h_1$: $2b_1h_1 + b_2h_2$	$\dfrac{2b_1h_1 + b_2h_2}{b_1\left(\ln\dfrac{a}{R_1} + \ln\dfrac{R_2}{e}\right) + b_2\ln\dfrac{e}{a}}$	$R_1 + h_1 + \dfrac{h_2}{2}$
		$b_1h_1 + b_2h_2 + b_3h_3$		$R_1 + \dfrac{\dfrac{1}{2}b_1h_1^2 + b_2h_2\left(\dfrac{h_2}{2} + h_1\right) + b_3h_3\left(\dfrac{h_3}{2} + h_1 + h_2\right)}{A}$

注：对其他由 n 个图形组成的组合截面，$A = \sum\limits_{i=1}^{n} A_i$；$r = \dfrac{A}{\sum\limits_{i=1}^{n}\int_{A_i}\dfrac{dA}{\rho}}$；$R_0 = R_1 + \dfrac{\sum\limits_{i=1}^{n}A_i y_{ic}}{A}$（$y_{ic}$ 为第 i 个图形的形心到曲杆内侧底边的距离）

7 杆系结构的内力、应力和位移计算公式（见表 1.4-30 ~ 表 1.4-32）

表 1.4-30 在载荷作用下，杆结构横截面的位移计算式（线弹性范围）

结构的类型	梁与刚架	桁架	组合构架
位移计算式	$\Delta_i = \sum \int_l \dfrac{MM°}{EI}dx$	$\Delta_i = \sum \dfrac{F_N F_N° l}{EA}$	$\Delta_i = \sum \int_l \dfrac{MM°}{EI}dx + \sum \dfrac{F_N F_N° l}{EA}$

注：1. Δ_i—广义位移；M、F_N—载荷引起的弯矩和轴力；$M°$、$F_N°$—所求广义位移处作用单位广义力引起的弯矩和轴力。

2. 对有扭矩的圆截面杆段，计算式中还应加 $\sum \int \dfrac{TT°}{GI_p}dx$ 项。T—载荷引起的扭矩；$T°$—单位广义力所引起的扭矩。

3. E、G—材料的弹性模量和切变模量；I、A、I_p—截面的惯性矩、面积和极惯性矩。

表 1.4-31 简单超静定刚架的弯矩计算公式

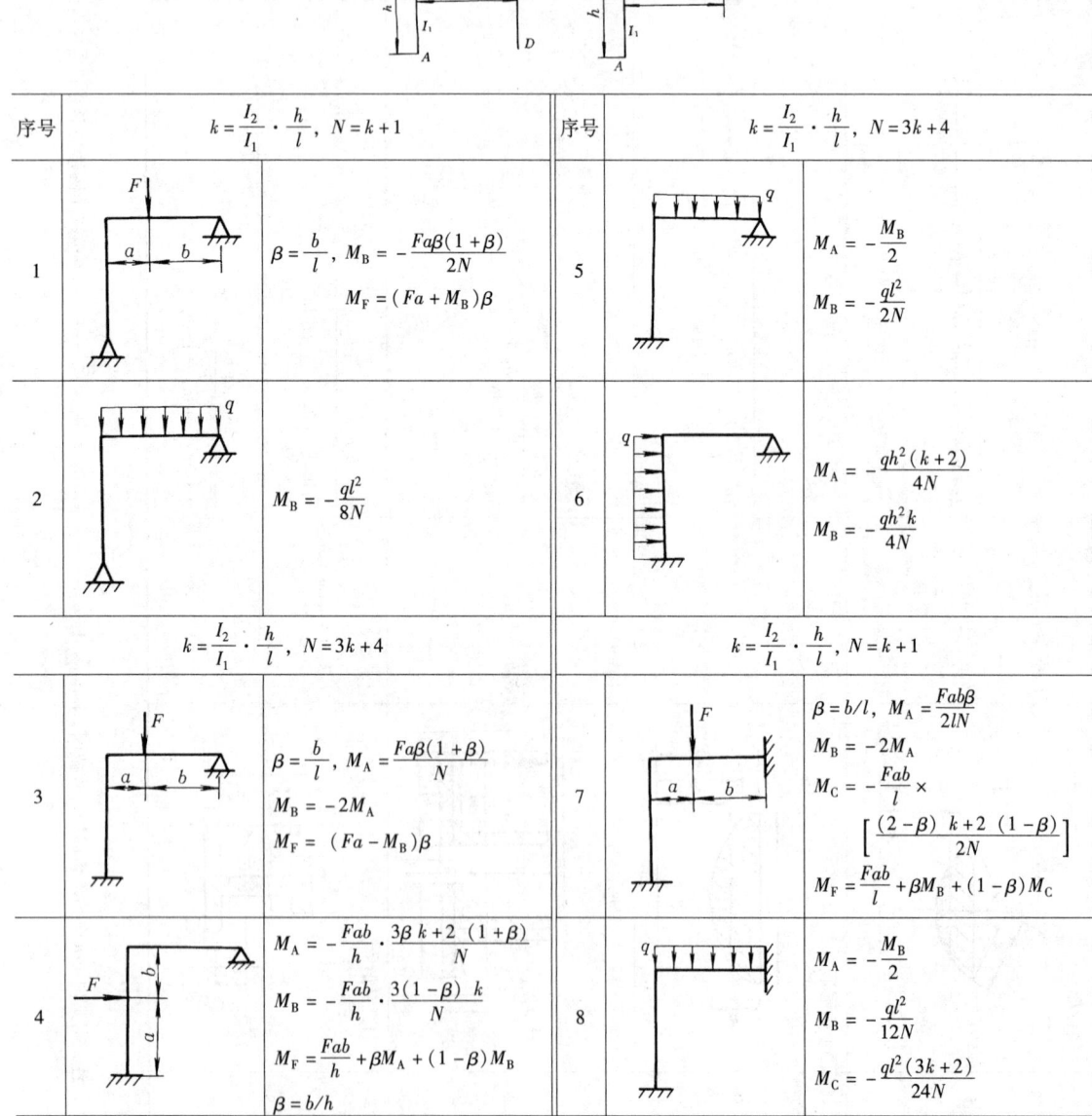

（续）

序号	$k=\dfrac{I_2}{I_1}\cdot\dfrac{h}{l}$, $N=2k+3$		序号	$k=\dfrac{I_2}{I_1}\cdot\dfrac{h}{l}$, $N_1=k+2$, $N_2=6k+1$, $\beta=\dfrac{b}{l}$	
9		$M_B = M_C = -\dfrac{Fab}{l}\cdot\dfrac{3}{2N}$ $M_F = \dfrac{(3+4k)}{2N}\cdot\dfrac{Fab}{l}$	14		$M_A = M_D = \dfrac{ql^2}{12N_1}$ $M_B = M_C = -\dfrac{ql^2}{6N_1}$ $M_{\max} = \dfrac{ql^2}{8}+M_B = \dfrac{(2+3k)}{24N_1}ql^2$
10		$M_B = M_C = -\dfrac{ql^2}{4N}$ $M_{\max} = (1+2k)\dfrac{ql^2}{8N}$	15		$M_A = -\dfrac{Fh}{2}\cdot\dfrac{(3k+1)}{N_2}$ $M_B = \dfrac{Fh}{2}\cdot\dfrac{3k}{N_2}$ $M_C = -M_B$ $M_D = -M_A$
11		$\beta=\dfrac{b}{h}$ $M_B = \dfrac{Fa}{2}\left[-\dfrac{(2-\beta)\beta k}{N}+1\right]$ $M_C = \dfrac{Fa}{2}\left[-\dfrac{(2-\beta)\beta k}{N}-1\right]$ $M_F = (1-\beta)(Fb+M_B)$	16		$\left.\begin{array}{l}M_A\\M_D\end{array}\right\} = -X_1 \mp \left(\dfrac{Fa}{2}-X_3\right)$ $\left.\begin{array}{l}M_B\\M_C\end{array}\right\} = -X_2 \pm X_3$ $X_1 = \dfrac{Fab}{h}\cdot\dfrac{(1+\beta+\beta k)}{2N_1}$ $X_2 = \dfrac{Fab}{h}\cdot\dfrac{(1-\beta)k}{2N_1}$ $X_3 = \dfrac{3Fa(1-\beta)k}{2N_2}$
12		$M_B = \dfrac{qh^2}{4}\left(-\dfrac{k}{2N}+1\right)$ $M_C = \dfrac{qh^2}{4}\left(-\dfrac{k}{2N}-1\right)$			
	$k=\dfrac{I_2}{I_1}\cdot\dfrac{h}{l}$, $N_1=k+2$, $N_2=6k+1$, $\beta=\dfrac{b}{l}$				
13		$M_A = \dfrac{Fab}{l}\left(\dfrac{1}{2N_1}-\dfrac{2\beta-1}{2N_2}\right)$ $M_B = -\dfrac{Fab}{l}\left(\dfrac{1}{N_1}+\dfrac{2\beta-1}{2N_2}\right)$ $M_C = -\dfrac{Fab}{l}\left(\dfrac{1}{N_1}-\dfrac{2\beta-1}{2N_2}\right)$ $M_D = \dfrac{Fab}{l}\left(\dfrac{1}{2N_1}+\dfrac{2\beta-1}{2N_2}\right)$	17		$M_A = \dfrac{qh^2}{4}\left(-\dfrac{k+3}{6N_1}-\dfrac{4k+1}{N_2}\right)$ $M_B = \dfrac{qh^2}{4}\left(-\dfrac{k}{6N_1}+\dfrac{2k}{N_2}\right)$ $M_C = \dfrac{qh^2}{4}\left(-\dfrac{k}{6N_1}-\dfrac{2k}{N_2}\right)$ $M_D = \dfrac{qh^2}{4}\left(-\dfrac{k+3}{6N_1}+\dfrac{4k+1}{N_2}\right)$

（续）

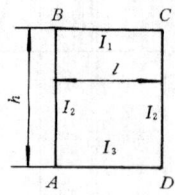

序号		
	$k = \dfrac{I_1}{I_2} \cdot \dfrac{h}{l}$, $m = \dfrac{I_1}{I_3}$, $\alpha = \dfrac{x}{l}$, $\nu = (2+k) + \dfrac{m}{k}(3+2k)$, $\mu = 1 + 6k + m$	
18		$\left.\begin{array}{l}M_A\\M_D\end{array}\right\} = \dfrac{Fl}{2}\alpha(1-\alpha)\left(\dfrac{1}{\nu} \mp \dfrac{1-2\alpha}{\mu}\right)$ $\left.\begin{array}{l}M_B\\M_C\end{array}\right\} = \dfrac{Fl}{2}\alpha(1-\alpha)\left(-\dfrac{2k+3m}{k\nu} \mp \dfrac{1-2\alpha}{\mu}\right)$
19		$\left.\begin{array}{l}M_A\\M_D\end{array}\right\} = \dfrac{Fl}{2}\alpha(1-\alpha)\,m\left(\dfrac{3+2k}{k\nu} \pm \dfrac{1-2\alpha}{\mu}\right)$ $\left.\begin{array}{l}M_B\\M_C\end{array}\right\} = -\dfrac{Fl}{2}\alpha(1-\alpha)\,m\left(\dfrac{1}{\nu} \mp \dfrac{1-2\alpha}{\mu}\right)$
	$k = \dfrac{I_1}{I_2} \cdot \dfrac{h}{l}$, $m = \dfrac{I_1}{I_3}$, $\nu = (2+k) + \dfrac{m}{k}(3+2k)$, $\mu = 1 + 6k + m$	
20		$\eta = \dfrac{y}{h}$, $\left.\begin{array}{l}M_A\\M_D\end{array}\right\} = \dfrac{Fh}{2}\eta\left\{\dfrac{1-\eta}{\nu}[(1+k)\eta - (2+k)] \mp \dfrac{1+3k(2-\eta)}{\mu}\right\}$ $\left.\begin{array}{l}M_B\\M_C\end{array}\right\} = \dfrac{Fh}{2}\eta\left\{-\dfrac{1-\eta}{\nu}[(k+m)\eta + m] \pm \dfrac{3k\eta+m}{\mu}\right\}$
21		$\left.\begin{array}{l}M_A\\M_D\end{array}\right\} = \dfrac{qh^2}{4}\left(-\dfrac{3+k}{6\nu} \mp \dfrac{1+4k}{\mu}\right)$ $\left.\begin{array}{l}M_B\\M_C\end{array}\right\} = \dfrac{qh^2}{4}\left(-\dfrac{k+3m}{6\nu} \mp \dfrac{2k+m}{\mu}\right)$
22		（1）载荷在构件 BC 上 $M_A = M_D = \dfrac{ql^2}{12} \cdot \dfrac{1}{\nu}$ $M_B = M_C = -\dfrac{ql^2}{12} \cdot \dfrac{2k+3m}{k\nu}$ （2）载荷在构件 AD 上 $M_A = M_D = \dfrac{ql^2}{12} \cdot m \cdot \dfrac{3+2k}{k\nu}$ $M_B = M_C = -\dfrac{ql^2}{12} \cdot \dfrac{m}{\nu}$
23		$I_1 = I_3$ $M_A = M_B = M_C = M_D = -\dfrac{q}{12} \cdot \dfrac{l^2 + kh^2}{k+1}$

注：引起刚架内侧拉伸的是正弯矩。

表 1.4-32 杆结构的冲击和振动应力及位移的计算式（线弹性范围）

类型	冲击或振动动荷系数 K_d	动应力 σ_d	动位移 Δ_d
自由落体冲击	$K_d = 1 + \sqrt{1 + \dfrac{2H}{\Delta_{st}^*}}$	$\sigma_d = K_d \sigma_{st}$	$\Delta_d = K_d \Delta_{st}$
水平匀速冲击	$K_d = \sqrt{\dfrac{v^2}{g\Delta_{st}^*}}$		
单自由度小阻尼强迫振动（简谐载荷）	$K_d = 1 + \beta \dfrac{\Delta_F}{\Delta_{st}^*}$ $\beta = \dfrac{1}{\sqrt{\left(\left[1 - \dfrac{\theta^2}{\omega^2}\right]^2 + 4\left(\dfrac{n}{\omega}\right)^2 \left(\dfrac{\theta}{\omega}\right)^2\right)}}$	$\sigma_{dmax} = K_d \sigma_{st}$ $\sigma_{dmin} = \left(1 - \beta \dfrac{\Delta_F}{\Delta_{st}^*}\right)\sigma_{st}$	$\Delta_{dmax} = K_d \Delta_{st}$ $\Delta_{dmin} = \left(1 - \beta \dfrac{\Delta_F}{\Delta_{st}^*}\right)\Delta_{st}$

符号含义：Δ_{st}^*、Δ_{st}—在冲击点（或集中质量 m 处）沿冲击（或振动）方向，在静载 Q 作用下，于该处及所求点所产生的静位移；Δ_F—在最大干扰力 F 静载作用下，在集中质量 m 处沿振动方向产生的位移；σ_{st}—在冲击点（或集中质量 m 处）静载 Q 作用下，于所求点所产生的静应力；$\omega = \sqrt{\dfrac{k}{m}}$ 结构的固有频率；k—结构的刚度（在冲击点或集中质量 m 处，沿冲击或振动方向产生单位位移所需的力）；θ—简谐载荷的圆频率；n—阻尼系数

注：1. 表中计算式适用于单杆、折杆、刚架和桁架等各种杆结构。
    2. 表中 K_d 的计算略去了杆结构的质量。

8 薄板小挠度弯曲时的应力与位移计算公式（线弹性范围）（见表 1.4-33～表 1.4-36）

表 1.4-33 等厚实心圆板的应力和位移（$\nu = 0.3$）

序号	载荷，约束条件及下表面的应力分布	应力与位移计算式
		在整个板面作用均布载荷 q
1	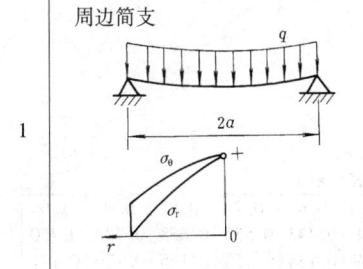 周边简支	$\sigma_r = \mp 1.24(1 - k^2) m^2 q$ $\sigma_\theta = \mp 1.24(1 - 0.576k^2) m^2 q$ $\sigma_{max} = (\sigma_r)_{k=0} = (\sigma_\theta)_{k=0} = \mp 1.24 m^2 q$ $w = 0.171(1 - k^2)(4.08 - k^2) m^4 \dfrac{qt}{E}$ $w_{max} = (w)_{k=0} = 0.698 \dfrac{qt}{E} m^4$

(续)

序号	载荷，约束条件及下表面的应力分布	应力与位移计算式
2	周边固定	$\sigma_r = \mp (0.488 - 1.24k^2) m^2 q$ $\sigma_\theta = \mp (0.488 - 0.713k^2) m^2 q$ $\sigma_{max} = (\sigma_r)_{k=1} = \pm 0.750 m^2 q$ $w = 0.171 (1-k^2)^2 m^4 \dfrac{qt}{E}$ $w_{max} = (w)_{k=0} = 0.171 m^4 \dfrac{qt}{E}$

在半径为 b 的同心圆域内作用均布载荷 q

| 3 | 周边简支 | 当 $0 \leqslant k \leqslant K$：
$\sigma_r = \mp (1.5K^2 - 0.263K^4 - 1.95K^2\ln K - 1.24k^2) m^2 q$
$\sigma_\theta = \sigma_r + 0.525 m^2 q k^2$
$w = \left[0.171k^4 - (1.05 - 0.184K^2) k^2K^2 + \left(1.37\dfrac{k^2}{K^2} + 0.683\right)K^4\ln K + 1.73K^2 - 1.04K^4\right] m^4 qt/E$
当 $K \leqslant k \leqslant 1$：
$\sigma_r = \mp [0.263 (1/k^2 - 1) K^4 - 1.95K^2\ln k] m^2 q$
$\sigma_\theta = \mp [-1.5K^2 - 0.263 (1/k^2 + 1) K^4 - 1.95K^2\ln k] m^2 q$
$w = \left[0.263 (1-k^2) (6.6/K^2 - 0.7) + 0.683\left(1 + \dfrac{2k^2}{K^2}\right)\ln k\right]\dfrac{K^4 m^4 qt}{E}$
在中心 $(k=0)$：
$\sigma_r = \sigma_\theta = \mp \alpha m^2 q$
$(\alpha = 1.5K^2 - 0.263K^4 - 1.95K^2\ln K)$
$w = w_{max} = \beta m^4 \dfrac{qt}{E}$
$(\beta = 1.73K^2 - 1.04K^4 + 0.683K^4\ln K)$ |

K	0.1	0.2	0.3	0.4	0.5	0.6	0.7	0.8	0.9	1.0
α	0.060	0.185	0.344	0.519	0.697	0.865	1.013	1.137	1.209	1.238
β	0.017	0.066	0.141	0.235	0.339	0.444	0.542	0.622	0.676	0.696

| 4 | 周边固定 | 当 $0 \leqslant k \leqslant K$：
$\sigma_r = \mp [0.488 (K^4 - 4K^2\ln K) - 1.24k^2] m^2 q$
$\sigma_\theta = \mp [0.488 (K^4 - 4K^2\ln K) - 0.713k^2] m^2 q$
$w = \left[0.171k^4 - 0.341k^2K^4 + 0.683K^4\left(1 + \dfrac{2k^2}{K^2}\right) \times \ln K + 0.683K^2 - 0.512K^4\right] m^4 \dfrac{q}{E} t$
当 $K \leqslant k \leqslant 1$：
$\sigma_r = \mp \left[0.488 (K^2 - 4\ln k) + 0.263\dfrac{K^2}{k^2} - 1.5\right] K^2 m^2 q$
$\sigma_\theta = \mp \left[0.488 (K^2 - 4\ln k) - 0.263\dfrac{K^2}{k^2} - 0.45\right] K^2 m^2 q$
$w = 0.683 K^4 \left[\dfrac{(1-k^2)}{K^2} - 0.5k^2 + \left(1 + \dfrac{2k^2}{K^2}\right)\ln k + 0.5\right]\dfrac{m^4 qt}{E}$
在中心 $(k=0)$；当 $K < 0.569$：
$\sigma_r = \sigma_\theta = \sigma_{max} = \mp \alpha m^2 q$
$(\alpha = 0.488 (K^2 - 4\ln K) K^2)$
当 $K > 0.569$：
$\sigma_{max} = (\sigma_r)_{k=1} = \pm \alpha m^2 q$
$\alpha = 1.5K^2 - 0.75K^4$
$w = w_{max} = \beta m^4 \dfrac{qt}{E}$
$(\beta = (0.683 - 0.512K^2 + 0.683K^2\ln K) K^2)$ |

K	0.1	0.2	0.3	0.4	0.5	0.6	0.7	0.8	0.9	1.0
α	0.045	0.126	0.215	0.298	0.368	0.443	0.555	0.653	0.723	0.750
β	0.017	0.025	0.051	0.080	0.109	0.134	0.153	0.165	0.170	0.171

（续）

序号	载荷，约束条件及下表面的应力分布	应力与位移计算式
		在板的中心作用集中力 F
5	周边简支 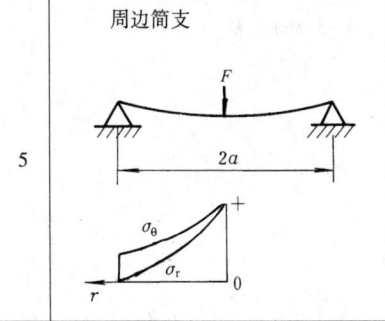	$\sigma_r = \mp (0.621\ln\frac{1}{k})\frac{F}{t^2}$ $\sigma_\theta = \mp (0.334 - 0.621\ln k)\frac{F}{t^2}$ $\sigma_{max} = (\sigma_r)_{k=0 \atop 下面} = (\sigma_\theta)_{k=0 \atop 下面} = (1.153 + 0.631\ln m)\frac{F}{t^2}$ $w = [0.551(1-k^2) + 0.434k^2\ln k]m^2\frac{F}{Et}$ $w_{max} = w_{k=0} = 0.551m^2\frac{F}{Et}$
6	周边固定 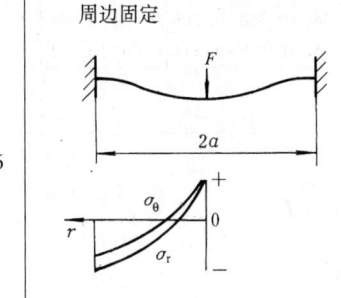	$\sigma_r = \mp (0.621\ln\frac{1}{k} - 0.477)\frac{F}{t^2}$ $\sigma_\theta = \mp (0.621\ln\frac{1}{k} - 0.143)\frac{F}{t^2}$ $\sigma_{max} = (\sigma_r)_{k=0 \atop 下面} = (\sigma_\theta)_{k=0 \atop 下面} = (0.631\ln m + 0.676)\frac{F}{t^2}$ $(\sigma_r)_{k=1} = \pm 0.477\frac{F}{t^2}$ $w = 0.217[1-(1-2\ln k)k^2]m^2\frac{F}{Et}$ $w_{max} = w_{k=0} = 0.217m^2\frac{F}{Et}$
说明		σ_r、σ_θ——板上、下表面处的径向与周向弯曲应力，式前的"+""-"号中，上面的指上板面，下面的指下板面；w——挠度，向下为正；r——所求点半径；$k = \frac{r}{a}$；$K = \frac{b}{a}$；$m = \frac{a}{t}$；t——板厚

表 1.4-34　等厚圆环板的应力与位移（$\nu = 0.3$）

序号	载荷，约束条件及下表面的应力分布	应力与位移计算式

在整个板面作用均布载荷

$$\sigma_r = \pm[1.24k^2 + 1.95(A-\ln k)C - 0.263(2C + BD/k^2)]m^2 q$$

$$\sigma_\theta = \pm[0.713k^2 + 1.95(A-\ln k)C + 0.263(2C + BD/k^2)]m^2 q$$

对内边自由，外边简支；内边自由，外边固定；内边可动固定，外边简支；内边可动固定，外边固定等情况：

$$w = 0.171[1 - k^4 + 8(A+1)(1-k^2)K^2 - 4(B - 2K^2k^2)\ln k]m^4\frac{qt}{E}$$

对内边简支、外边自由和内边固定、外边自由的情况：

$$w = 0.171\{[K^2 + k^2 + 8(A + 1 - \ln k)](k^2 - K^2) - 4(B + 2K^2)\ln\frac{k}{K}\}\frac{m^4 qt}{E}$$

| 1 | 内边自由，外边简支
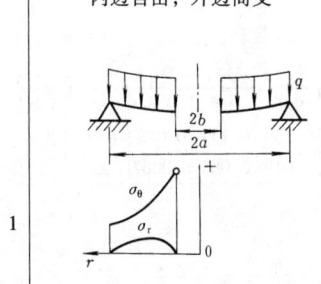 | $A = \frac{K^2}{K^2-1}\ln K - 0.365 - 0.635/K^2 \qquad B = 7.43\frac{K^4}{K^2-1}\ln K - 4.71K^2$
$C = K^2, \quad D = 1 \quad \sigma_{max} = (\sigma_\theta)_{k=K} = \mp\alpha m^2 q \quad w_{max} = w_{k=K} = \beta m^4\frac{q}{E}t$

\| K \| 0 \| 0.1 \| 0.2 \| 0.3 \| 0.4 \| 0.5 \| 0.6 \| 0.7 \| 0.8 \| 0.9 \| 1.0 \|
\|---\|---\|---\|---\|---\|---\|---\|---\|---\|---\|---\|---\|
\| α \| 2.475 \| 2.379 \| 2.192 \| 1.964 \| 1.710 \| 1.443 \| 1.165 \| 0.881 \| 0.592 \| 0.298 \| 0 \|
\| β \| 0.696 \| 0.750 \| 0.813 \| 0.831 \| 0.787 \| 0.682 \| 0.530 \| 0.354 \| 0.184 \| 0.053 \| 0 \| |

（续）

序号	载荷，约束条件及下表面的应力分布	应力与位移计算式
2	内边自由，外边固定 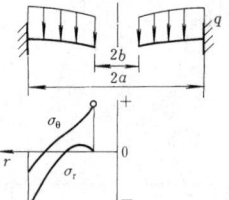	$A = -\dfrac{1}{2.8+5.2K^2}[0.7(2+1/K^2)+(1.9-5.2\ln K)K^2]$ $B = \dfrac{-K^2}{0.7+1.3K^2}[1.3(1+4K^2\ln K)+0.7K^2]$ $C = K^2,\ D = 1$ 当 $K < 0.168$，$\sigma_{\max} = (\sigma_\theta)_{k=K} = \mp \alpha m^2 q$ 当 $K > 0.168$，$\sigma_{\max} = (\sigma_r)_{k=1} = \pm \alpha m^2 q$ $w_{\max} = w_{k=K} = \beta m^4 \dfrac{q}{E} t$ | K	0	0.1	0.2	0.3	0.4	0.5	0.6	0.7	0.8	0.9	1.0 | |---|---|---|---|---|---|---|---|---|---|---|---| | α | 0.975 | 0.869 | 0.730 | 0.681 | 0.596 | 0.480 | 0.348 | 0.217 | 0.105 | 0.028 | 0 | | β | 0.171 | 0.181 | 0.175 | 0.144 | 0.100 | 0.058 | 0.0130 | 0.009 | 0.002 | 0.001 | 0 |
3	内边可动固定，外边简支 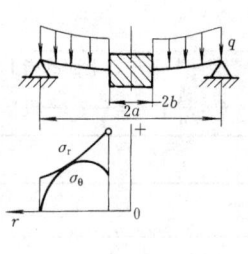	$A = -\dfrac{1}{5.2+2.8K^2}\{3.3/K^2+0.7[(3-4\ln K)K^2-2]\}$ $B = \dfrac{K^2}{1.3+0.7K^2}[3.3-(5.3-5.2\ln K)K^2]$ $C = K^2,\ D = 1$ $\sigma_{\max} = (\sigma_r)_{k=K} = \mp \alpha m^2 q$ $w_{\max} = w_{k=K} = \beta m^4 \dfrac{q}{E} t$ | K	0	0.1	0.2	0.3	0.4	0.5	0.6	0.7	0.8	0.9	1.0 | |---|---|---|---|---|---|---|---|---|---|---|---| | α | 1.904 | 1.802 | 1.585 | 1.311 | 1.017 | 0.733 | 0.481 | 0.282 | 0.122 | 0.030 | 0 | | β | 0.696 | 0.628 | 0.493 | 0.343 | 0.211 | 0.113 | 0.050 | 0.017 | 0.003 | 0.0002 | 0 |
4	内边可动固定，外边固定 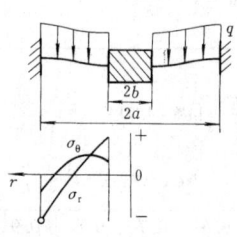	$A = -0.25(3+1/K^2) - \dfrac{K^2}{1-K^2}\ln K$ $B = \left(1+\dfrac{4K^2}{1-K^2}\ln K\right)K^2$ $C = K^2,\ D = 1$ $\sigma_{\max} = (\sigma_r)_{k=1} = \pm \alpha m^2 q$ $w_{\max} = w_{k=K} = \beta m^4 \dfrac{q}{E} t$ | K	0	0.1	0.2	0.3	0.4	0.5	0.6	0.7	0.8	0.9	1.0 | |---|---|---|---|---|---|---|---|---|---|---|---| | α | 0.750 | 0.728 | 0.668 | 0.580 | 0.474 | 0.361 | 0.250 | 0.151 | 0.072 | 0.017 | 0 | | β | 0.171 | 0.150 | 0.112 | 0.075 | 0.044 | 0.023 | 0.010 | 0.003 | 0.0007 | 0 | 0 |

(续)

序号	载荷，约束条件及下表面的应力分布	应力与位移计算式
5	内边简支，外边自由 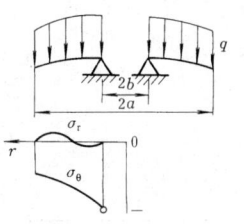	$A = \dfrac{-K^2}{1-K^2}\ln K - 0.365 - 0.635K^2$ $B = 4.71K^2 + 7.43\dfrac{K^2}{1-K^2}\ln K$ $C = 1, \quad D = -1$ $\sigma_{\max} = (\sigma_\theta)_{k=K} = \pm \alpha m^2 q$ $w_{\max} = w_{k=1} = \beta m^4 \dfrac{q}{E}t$ | K	0	0.1	0.2	0.3	0.4	0.5	0.6	0.7	0.8	0.9	1.0 | |---|---|---|---|---|---|---|---|---|---|---|---| | α | — | 7.641 | 5.092 | 3.688 | 2.745 | 2.048 | 1.499 | 1.045 | 0.656 | 0.312 | 0 | | β | 1.037 | 1.217 | 1.309 | 1.265 | 1.117 | 0.902 | 0.656 | 0.412 | 0.202 | 0.055 | 0 |
6	内边固定，外边自由 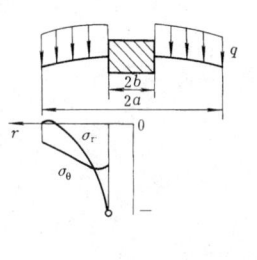	$A = -\dfrac{1}{5.2+2.8K^2}[1.9+0.7(2+K^2-4\ln K)K^2]$ $B = \dfrac{K^2}{1.3+0.7K^2}[0.7+1.3(K^2-4\ln K)]$ $C = 1, \quad D = -1$ $\sigma_{\max} = (\sigma_r)_{k=K} = \pm \alpha m^2 q$ $w_{\max} = w_{k=1} = \beta m^4 \dfrac{q}{E}t$ | K	0	0.1	0.2	0.3	0.4	0.5	0.6	0.7	0.8	0.9	1.0 | |---|---|---|---|---|---|---|---|---|---|---|---| | α | — | 5.787 | 3.680 | 2.462 | 1.633 | 1.041 | 0.618 | 0.324 | 0.135 | 0.032 | 0 | | β | 1.037 | 0.827 | 0.560 | 0.347 | 0.193 | 0.094 | 0.038 | 0.012 | 0.002 | 0.0001 | 0 | 在内周边上作用均布载荷，其合力为 F $\sigma_r = \mp [0.621(A-\ln k) - 0.167(1-B/k^2)]\dfrac{F}{t^2}$ $\sigma_\theta = \mp [0.621(A-\ln k) + 0.167(1-B/k^2)]\dfrac{F}{t^2}$ $w = 0.434[(1+A)(1-k^2)+(B+k^2)\ln k]m^2\dfrac{F}{Et}$
77	内边自由，外边简支 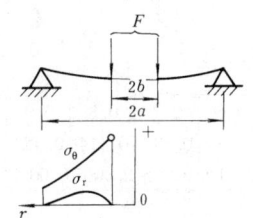	$A = 0.269 - \dfrac{K^2}{1-K^2}\ln K$ $B = 3.71\dfrac{K^2}{1-K^2}\ln K$ $\sigma_{\max} = (\sigma_\theta)_{k=K} = \mp \alpha \dfrac{F}{t^2}$ $w_{\max} = w_{k=K} = \beta m^2 \dfrac{F}{Et}$ | K	0	0.1	0.2	0.3	0.4	0.5	0.6	0.7	0.8	0.9	1.0 | |---|---|---|---|---|---|---|---|---|---|---|---| | α | — | 3.222 | 2.415 | 1.977 | 1.688 | 1.482 | 1.325 | 1.202 | 1.104 | 1.023 | 0.955 | | β | 0.550 | 0.632 | 0.704 | 0.733 | 0.721 | 0.672 | 0.590 | 0.478 | 0.341 | 0.181 | 0 |

（续）

序号	载荷，约束条件及下表面的应力分布	应力与位移计算式
8	内边自由，外边固定	$A = \dfrac{1}{0.538 + K^2}\left[K^2\ln K - 0.269(1-K^2)\right]$ $B = \dfrac{2K^2}{0.538 + K^2}(\ln K + 0.769)$ 当 $K < 0.385$，$\sigma_{\max} = (\sigma_\theta)_{k=K} = \mp\alpha\dfrac{F}{t^2}$ 当 $K > 0.385$，$\sigma_{\max} = (\sigma_r)_{k=1} = \pm\alpha\dfrac{F}{t^2}$ $w_{\max} = w_{k=K} = \beta m^2 \dfrac{F}{Et}$
9	内边可动固定，外边简支	$A = \dfrac{1}{3.71 + 2K^2}\left[1 - (1-2\ln K)K^2\right]$ $B = \dfrac{2K^2}{1.3 + 0.7K^2}(1 - 1.3\ln K)$ $\sigma_{\max} = (\sigma_r)_{k=K} = \mp\alpha\dfrac{F}{t^2}$ $w_{\max} = w_{k=K} = \beta m^2 \dfrac{F}{Et}$
10	内边可动固定，外边固定	$A = \dfrac{-K^2}{1-K^2}\ln K - 0.5$，$B = \dfrac{-2K^2}{1-K^2}\ln K$ $\sigma_{\max} = (\sigma_r)_{k=K} = \mp\alpha\dfrac{F}{t^2}$ $w_{\max} = w_{k=K} = \beta m^2 \dfrac{F}{Et}$

序号 8：

K	0	0.1	0.2	0.3	0.4	0.5	0.6	0.7	0.8	0.9	1.0
α	—	2.203	1.305	0.797	0.510	0.454	0.379	0.290	0.194	0.097	0
β	0.217	0.247	0.238	0.191	0.123	0.081	0.042	0.017	0.005	0.001	0

序号 9：

K	0	0.1	0.2	0.3	0.4	0.5	0.6	0.7	0.8	0.9	1.0
α	—	2.440	1.746	1.320	1.004	0.753	0.546	0.373	0.227	0.104	0
β	0.551	0.468	0.352	0.241	0.153	0.088	0.044	0.018	0.005	0.0006	0

序号 10：

K	0	0.1	0.2	0.3	0.4	0.5	0.6	0.7	0.8	0.9	1.0
α	—	1.744	1.123	0.786	0.564	0.405	0.285	0.190	0.114	0.052	0
β	0.217	0.169	0.115	0.073	0.044	0.024	0.011	0.005	0.0007	0.0002	0

注：符号表示与表 1.4-33 同。

表 1.4-35　等厚矩形板的应力与位移（$\nu = 0.3$）

序号	约束条件，σ_{max}、w_{max} 位置	α、β 系数值

在整个板面上作用均布载荷 q

$$\sigma_{max} = \alpha \left(\frac{b}{t}\right)^2 q, \qquad w_{max} = \beta \left(\frac{b}{t}\right)^4 \frac{q}{E} t$$

1. 四边简支

a/b	1.0	1.1	1.2	1.3	1.4	1.5	1.6
α	0.2874	0.3318	0.3756	0.4158	0.4518	0.4872	0.5172
β	0.0443	0.0530	0.0616	0.0697	0.0770	0.0843	0.0906
a/b	1.7	1.8	1.9	2.0	3.0	4.0	∞
α	0.5448	0.5688	0.5910	0.6102	0.7134	0.7410	0.7500
β	0.0964	0.1017	0.1064	0.1106	0.1336	0.1400	0.1422

2. 四边固定

a/b	1.0	1.2	1.4	1.6	1.8	2.0	∞
α	0.3078	0.3834	0.4356	0.4680	0.4872	0.4974	0.5000
β	0.0138	0.0188	0.0226	0.0251	0.0267	0.0277	0.0284

3. 一对边简支，另一对边固定

a/b	0	0.5	1/1.8	1/1.6	1/1.4	1/1.2	1.0
α	0.750	0.7146	0.6912	0.6540	0.5988	0.5208	0.4182
β	0.1422	0.0922	0.0800	0.0658	0.0502	0.0349	0.0210
a/b	1.2	1.4	1.6	1.8	2.0	∞	
α	0.4626	0.4860	0.4968	0.4971	0.4973	0.5000	
β	0.0243	0.0262	0.0273	0.0280	0.0283	0.0285	

当 $a/b < 1$：　$\sigma_{max} = \alpha \left(\dfrac{a}{t}\right)^2 q, \qquad w_{max} = \beta \left(\dfrac{a}{t}\right)^4 \dfrac{q}{E} t$

4. 三边简支，一边自由

a/b	1/2	2/3	1.0	1.5	2.0	3.0	4.0
α	0.36	0.50	0.67	0.768	0.79	0.798	0.80
β	0.080	0.106	0.140	0.160	0.165	0.166	0.167

(续)

序号	约束条件，σ_{max}、w_{max} 位置	α、β 系数值

在板的中心作用集中力 F

$$\sigma_{max} = \alpha \frac{F}{t^2} \qquad w_{max} = \beta \left(\frac{b}{t}\right)^2 \frac{F}{Et}$$

5	四边简支 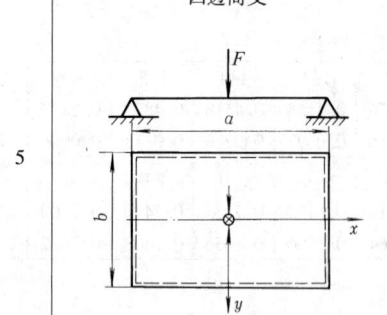	a/b: 1.0, 1.2, 1.4, 1.6, 1.8, 2.0, 3.0, ∞ β: 0.1267, 0.1478, 0.1621, 0.1714, 0.1769, 0.1803, 0.1845, 0.1851 载荷作用点附近的应力分布大致与半径为 $0.64b$、中心受集中力的简支圆板相同
6	四边固定 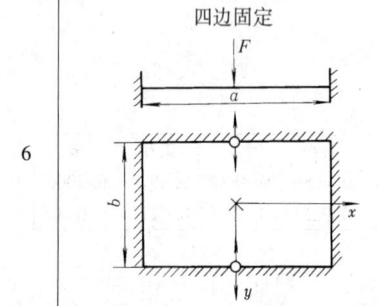	a/b: 1.0, 1.2, 1.4, 1.6, 1.8, 2.0, ∞ α: 0.7542, 0.8940, 0.9624, 0.9906, 1.0000, 1.004, 1.008 β: 0.06115, 0.07065, 0.07545, 0.07775, 0.07862, 0.07884, 0.07917

集中载荷作用在自由边中点

$$\sigma_{max} = \alpha \frac{F}{t^2} \qquad w_{max} = \beta \left(\frac{b}{t}\right)^2 \frac{F}{Et}$$

7	受载边自由，一边固定一对边简支 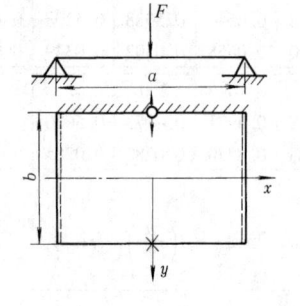	a/b: 0.25, 0.5, 0.667, 1.0, 1.5, 2.0, 3.0, 4.0, ∞ α: 0.0002, 0.0702, 0.2730, 0.9780, 2.196, 2.616, 2.988, 3.042, 3.054 当 $a \gg b$ $\beta = 1.835$

说明：σ_{max}—最大弯曲正应力； w_{max}—最大挠度； t—板厚

截面图　平面图
—简支边
—自由边
—固定边

↕ 最大弯曲应力作用点，箭头指出上表面点应力的方向
× 最大挠度位置

表 1.4-36　等厚椭圆板和三角形板的应力与位移（$\nu=0.3$）

序号	约束条件，σ_{max}、w_{max} 位置	最大应力与最大位移
	椭圆板，均布载荷 q	
1	周边简支 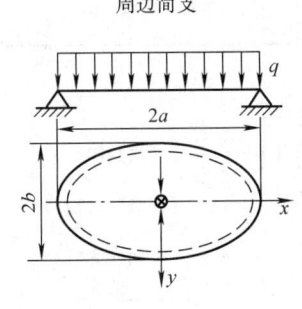	$\sigma_{max} = \alpha\left(\dfrac{b}{t}\right)^2 q$ $w_{max} = \beta\left(\dfrac{b}{t}\right)^4 \dfrac{q}{E}t$ {{TABLE1}}
2	周边固定	$\sigma_{max} = \alpha\left(\dfrac{b}{t}\right)^2 q$ $\left(\alpha = \dfrac{6}{\left(3 + \dfrac{2b^2}{a^2} + \dfrac{3b^4}{a^4}\right)}\right)$ $w_{max} = \beta\left(\dfrac{b}{t}\right)^4 \dfrac{q}{E}t$ ($\beta = 0.228\alpha$) {{TABLE2}}
	等边三角形板，均布载荷	
3	周边简支 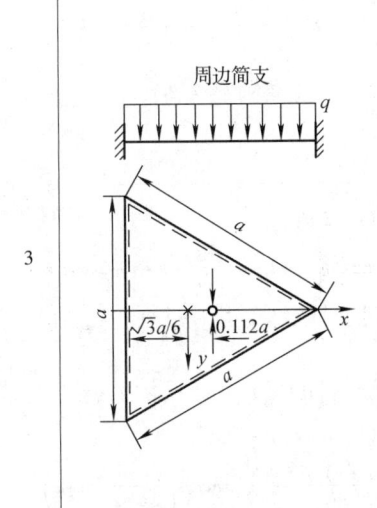	$\sigma_{max} = 0.1166\dfrac{a^2}{t^2}q$ $w_{max} = 0.00632\left(\dfrac{a}{t}\right)^4 \dfrac{q}{E}t$

表1（序号1）:

a/b	1.0	1.1	1.2	1.3	1.4	1.5
α	1.236	1.410	1.566	1.692	1.818	1.926
β	0.70	0.83	0.96	1.07	1.17	1.26

a/b	2.0	3.0	4.0	5.0	∞
α	2.274	2.598	2.790	2.880	3.000
β	1.58	1.88	2.02	2.10	2.28

表2（序号2）:

a/b	1.0	1.1	1.2	1.3	1.4	1.5	2.0	3.0	4.0	5.0	∞
α	0.750	0.895	1.028	1.146	1.250	1.334	1.627	1.841	1.913	1.945	2.000
β	0.171	0.204	0.234	0.261	0.284	0.305	0.370	0.419	0.435	0.442	0.455

注：支座约束示意图和符号说明与表 1.4-35 同。

9 薄壳的内力与位移计算公式（线弹性范围）（见表1.4-37~表1.4-40）

表1.4-37 旋转面薄壳的内力与位移（无矩理论）

序号	壳体类型、载荷及边界条件	内 力	位 移
1	圆柱壳、均匀内压 p （$a/t>10$）	$N_1 = \begin{cases} \dfrac{pa}{2} & \text{（两端封闭）} \\ 0 & \text{（两端开口）} \\ \nu pa & \text{（平面应变）} \end{cases}$ $N_2 = pa$	$\delta = \begin{cases} \dfrac{pa^2}{Et}\left(1-\dfrac{\nu}{2}\right) & \text{（两端封闭）} \\ \dfrac{pa^2}{Et} & \text{（两端开口）} \\ \dfrac{pa^2}{Et}(1-\nu^2) & \text{（平面应变）} \end{cases}$ $\psi = 0$
2	两端开口圆柱壳（$a/t>10$），线性变化内压 $p_0 \dfrac{x}{l}$	$N_1 = 0$ $N_2 = \dfrac{p_0 ax}{l}$	$\delta = \dfrac{p_0 a^2 x}{Etl}$ $\psi = \dfrac{p_0 a^2}{Etl}$
3	球壳（$a/t>10$），均匀内压 p 或外压（p取负值）边界切向支承	$N_1 = N_2 = \dfrac{pa}{2}$	$\delta = \dfrac{pa^2(1-\nu)}{2Et}\sin\varphi$ $\psi = 0$ （φ角见序号4图）
4	球壳（$a/t>10$），装有深 d，密度为 ρ 的液体或松散物料，壳体密度 ρ_0，边界切向支承	$\cos\varphi \geq (1-d/a)$: $N_1 = \dfrac{ga^2}{6}\left(\rho\left[3\dfrac{d}{a}-1+\dfrac{2\cos^2\varphi}{1+\cos\varphi}\right]+6\rho_0\dfrac{t}{a}\left(\dfrac{1}{1+\cos\varphi}\right)\right)$ $N_2 = \dfrac{ga^2}{6}\left\{\rho\left[3\dfrac{d}{a}-5+\dfrac{(3+2\cos\varphi)2\cos\varphi}{(1+\cos\varphi)}\right]+6\rho_0\dfrac{t}{a}\left(\cos\varphi-\dfrac{1}{1+\cos\varphi}\right)\right\}$ $\cos\varphi \leq (1-d/a)$: $N_1 = \dfrac{F}{2\pi a\sin^2\varphi}+\dfrac{\rho_0 gat}{1+\cos\varphi}$ $N_2 = \dfrac{-F}{2\pi a\sin^2\varphi}+\rho_0 ga\left(\cos\varphi-\dfrac{1}{1+\cos\varphi}\right)t$ （F为物料重）	$\cos\varphi \geq (1-d/a)$: $\delta = \dfrac{ga^3}{6Et}\sin\varphi\left\{\rho\left[3(1-\nu)\dfrac{d}{a}-5+\nu+2\cos\varphi\times\dfrac{3+(2-\nu)\cos\varphi}{1+\cos\varphi}\right]-6\dfrac{t}{a}\rho_0\left(\dfrac{1+\nu}{1+\cos\varphi}-\cos\varphi\right)\right\}$ $\psi = -\dfrac{ga^2}{Et}\sin\varphi\left[\rho+\dfrac{t}{a}\rho_0(2+\nu)\right]$ $\cos\varphi \leq (1-d/a)$: $\delta = \dfrac{-(1+\nu)F}{2\pi Et\sin\varphi}-\dfrac{\rho_0 a^2 g}{E}\sin\varphi\left(\dfrac{1+\nu}{1+\cos\varphi}-\cos\varphi\right)$ $\psi = -\dfrac{\rho_0 ga}{E}(2+\nu)\sin\varphi$

（续）

序号	壳体类型、载荷及边界条件	内　力	位　移
5	球壳（$a/t>10$），载荷及边界条件同序号4	$N_1 = -\dfrac{ga^2}{6}\left[\rho\left(-1+3\dfrac{d}{a}-\dfrac{2\cos^2\varphi}{1+\cos\varphi}\right)+6\rho_0\dfrac{t}{a}\times\left(\dfrac{1}{1+\cos\varphi}\right)\right]$ $N_2 = -\dfrac{ga^2}{6}\left[\rho\left(-1+3\dfrac{d}{a}-\dfrac{4\cos^2\varphi-6}{1+\cos\varphi}\right)+6\rho_0\dfrac{t}{a}\left(\cos\varphi-\dfrac{1}{1+\cos\varphi}\right)\right]$	$\delta = -\dfrac{ga^3}{6Et}\sin\varphi\left\{\rho\left[3\left(1+\dfrac{d}{a}\right)(1-\nu)-6\cos\varphi-\dfrac{2(1+\nu)}{\sin^2\varphi}(\cos^3\varphi-1)\right]-6\rho_0\dfrac{t}{a}\left(\dfrac{1+\nu}{1+\cos\varphi}-\cos\varphi\right)\right\}$ $\psi = \dfrac{ga^2}{Et}\sin\varphi\left[\rho+\rho_0\dfrac{t}{a}(2+\nu)\right]$
6	圆锥壳（$R/t>10$），均匀内压 p 或外压（p 取负值），边界切向支承	$N_1 = \dfrac{px\tan\alpha}{2\cos\alpha}$ $N_2 = \dfrac{px\tan\alpha}{\cos\alpha}$	$\delta = \dfrac{px^2\tan^2\alpha}{Et\cos\alpha}\left(1-\dfrac{\nu}{2}\right)$ $\psi = \dfrac{3px\tan^2\alpha}{2Et\cos\alpha}$
7	圆锥壳（$R/t>10$），装有深 d，密度为 ρ 的液体或松散物料，壳体密度为 ρ_0，边界切向支承	$x\leqslant d$： $N_1 = \dfrac{gx}{2\cos^2\alpha}\left[\rho\sin\alpha\left(d-\dfrac{2x}{3}\right)+\rho_0 t\right]$ $N_2 = gx\tan^2\alpha\left[\rho\dfrac{(d-x)}{\sin\alpha}+\rho_0 t\right]$ $x>d$ $N_1 = \dfrac{g}{\cos^2\alpha}\left(\dfrac{\rho d^3\sin\alpha}{6x}+\dfrac{\rho_0 xt}{2}\right)$ $N_2 = \rho_0 gx t\tan^2\alpha$	$x\leqslant d$： $\delta = \dfrac{gx^2\tan^2\alpha}{E\cos\alpha}\left\{\dfrac{\rho}{t}\left[d\left(1-\dfrac{\nu}{2}\right)-x\left(1-\dfrac{\nu}{3}\right)\right]+\rho_0\left(\sin\alpha-\dfrac{\nu}{2\sin\alpha}\right)\right\}$ $\psi = \dfrac{gx\sin\alpha}{E\cos^3\alpha}\left\{\dfrac{\rho}{6t}\sin\alpha(9d-16x)+2\rho_0\times\left[\sin^2\alpha\left(1+\dfrac{\nu}{2}\right)-\dfrac{1}{4}(1+2\nu)\right]\right\}$ $x\geqslant d$： $\delta = \dfrac{g\tan^2\alpha}{E\cos\alpha}\left[-\dfrac{\rho\nu d^3}{6t}+\rho_0 x^2\left(\sin\alpha-\dfrac{\nu}{2\sin\alpha}\right)\right]$ $\psi = \dfrac{g\tan^2\alpha}{E\cos^2\alpha}\left\{-\dfrac{\rho d^3}{6tx}\sin\alpha+2\rho_0 x\left[\sin^2\alpha\times\left(1+\dfrac{\nu}{2}\right)-\dfrac{1}{4}(1+2\nu)\right]\right\}$

注：1. δ—沿平行圆径向位移；ψ—经线切向转角；各位移、内力按图示方向为正；g—重力加速度；t—壁厚。

2. 经向正应力 $\sigma_1 = \dfrac{N_1}{t}$；环向正应力 $\sigma_2 = \dfrac{N_2}{t}$。

表 1.4-38 旋转面薄壳的内力与位移（有矩理论解）

载荷	位移与内力	特定截面的位移与内力
圆柱壳	$y_1 = \cosh\lambda x \cos\lambda x$ $y_2 = \dfrac{1}{2}(\cosh\lambda x\sin\lambda x + \sinh\lambda x\cos\lambda x)$ $y_3 = \dfrac{1}{2}\sinh\lambda x\sin\lambda x$ $y_4 = \dfrac{1}{4}(\cosh\lambda x\sin\lambda x - \sinh\lambda x\cos\lambda x)$ $\eta_1 \sim \eta_4$，$y_1 \sim y_4$，$c_1 \sim c_4$，$c_{11} \sim c_{14}$ 的数值查表 1.4-39	$\lambda = \left[\dfrac{3(1-\nu^2)}{a^2 t^2}\right]^{\frac{1}{4}}$ $D = \dfrac{Et^3}{12(1-\nu^2)}$ $\eta_1 = e^{-\lambda x}(\sin\lambda x + \cos\lambda x)$ $\eta_2 = e^{-\lambda x}\sin\lambda x$ $\eta_3 = e^{-\lambda x}(\cos\lambda x - \sin\lambda x)$ $\eta_4 = e^{-\lambda x}\cos\lambda x$ $c_{11} = \sinh^2\lambda l - \sin^2\lambda l$ $c_{12} = \cosh\lambda l\sinh\lambda l + \cos\lambda l\sin\lambda l$ $c_{13} = \cosh\lambda l\sinh\lambda l - \cos\lambda l\sin\lambda l$ $c_{14} = \sinh^2\lambda l + \sin^2\lambda l$

(1) 在中截面沿圆周径向均匀分布载荷 q（两端自由）

对于长壳 $\left(\dfrac{\lambda l_1}{\lambda l_2} \geq 3\right)$ 的近似解

$\delta = -\dfrac{q}{8\lambda^3 D}\eta_1$，$\psi = \dfrac{q}{4\lambda^2 D}\eta_2$

$N_1 = 0$，$N_2 = \dfrac{-Et}{8a\lambda^3 D}q\eta_1$

$M_1 = -\dfrac{q}{4\lambda}\eta_3$，$M_2 = \nu M_1$

$Q_1 = \dfrac{q}{2}\eta_4$，$Q_2 = 0$

$x = 0$:

$\delta = \delta_{\max} = -\dfrac{q}{8\lambda^3 D}$，$\psi = 0$

$N_2 = N_{2\max} = \dfrac{-Et}{8a\lambda^3 D}q$

$M_1 = M_{1\max} = -\dfrac{q}{4\lambda}$

$Q_1 = Q_{1\max} = \dfrac{q}{2}$ （$x = 0$ 偏右截面）

(2) 沿左端周边均匀分布径向力 Q_0 和弯矩 M_0（右端自由）

精确解：

$$\delta = \delta_A y_1 + \frac{\psi_A}{\lambda} y_2 - \frac{Q_0}{D\lambda^3} y_3 - \frac{M_0}{D\lambda^2} y_2$$

$$\psi = \psi_A y_1 - 4\delta_A \lambda y_4 - \frac{Q_0}{D\lambda^2} y_3 - \frac{M_0}{D\lambda} y_2$$

$$N_1 = 0, \quad N_2 = \frac{Et}{a}\delta$$

$$M_1 = 4D\lambda^2 \delta_A y_3 + 4D\lambda \psi_A y_4 + \frac{Q_0}{\lambda} y_2 + M_0 y_1, \quad M_2 = \nu M_1$$

$$Q_1 = 4D\lambda^3 \delta_A y_2 + 4D\lambda^2 \psi_A y_3 + Q_0 y_1 - 4\lambda M_0 y_4$$

对于长壳（$\lambda l \geqslant 3$）的近似解：

$$\delta = \frac{-Q_0}{2\lambda^3 D} \eta_4 - \frac{M_0}{2\lambda^2 D} \eta_3, \quad \psi = \frac{Q_0}{2\lambda^2 D} \eta_1 + \frac{M_0}{\lambda D} \eta_4$$

$$N_1 = 0, \quad N_2 = \frac{Et}{a}\delta$$

$$M_1 = \frac{Q_0}{\lambda} \eta_2 + M_0 \eta_1, \quad M_2 = \nu M_1$$

$$Q_1 = Q_0 \eta_3 - 2\lambda M_0 \eta_2$$

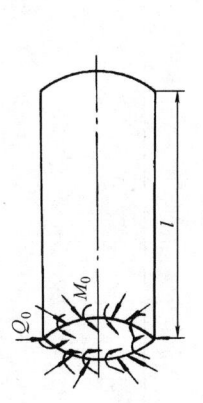

精确解：

$x = 0$, $\delta_A = \delta_{\max} = \dfrac{-Q_0 c_{13}}{2D\lambda^3 c_{11}} - \dfrac{M_0 c_{14}}{2D\lambda^2 c_{11}}$

$\psi_A = \psi_{\max} = \dfrac{Q_0 c_{14}}{2D\lambda^2 c_{11}} + \dfrac{M_0 c_{12}}{\lambda D c_{11}}$

$x = l$, $\delta_B = \dfrac{Q_0}{2D\lambda^3} \dfrac{4c_4}{c_{11}} + \dfrac{M_0}{D\lambda^2} \dfrac{2c_3}{c_{11}}$

$\psi_B = \dfrac{Q_0}{2D\lambda^2} \dfrac{4c_3}{c_{11}} + \dfrac{M_0}{D\lambda^2} \dfrac{2c_2}{c_{11}}$

对于长壳（$\lambda l \geqslant 3$）的近似解：

$x = 0$, $\delta_A = \delta_{\max} = \dfrac{-Q_0}{2\lambda^3 D} - \dfrac{M_0}{2D\lambda^2}$

$\psi_A = \psi_{\max} = \dfrac{Q_0}{2\lambda^2 D} + \dfrac{M_0}{\lambda D}$

$N_{2A} = N_{2\max} = \dfrac{-Et}{2a\lambda^3 D} Q_0 - \dfrac{EtM_0 c_{14}}{2aD\lambda^2 c_{11}}$

$M_{1A} = M_{1\max} = M_0, \quad M_{2A} = M_{2\max} = \nu M_0$

$Q_{1A} = Q_{1\max} = Q_0$

球壳

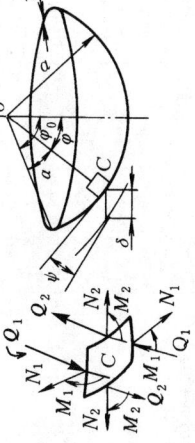

$$m = \left[\frac{3(1-\nu^2)}{t^2} a^2\right]^{\frac{1}{4}}, \quad D = \frac{Et^3}{12(1-\nu^2)}$$

η_1, η_2, η_3, η_4 与圆柱壳同，但要以 $m\alpha$ 代替 λx

（续）

载荷	位移与内力	特定截面的位移与内力
沿边缘均匀分布径向力 Q_0 和弯矩 M_0 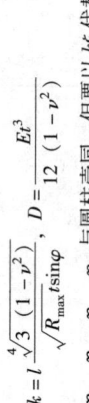	近似解 $\delta = aQ_0\sin\varphi_0(2m\eta_4 - \nu\eta_3\cot\varphi)\dfrac{1}{Et} -$ $2mM_0\sin\varphi(m\eta_3 + \nu\eta_2\cot\varphi)\dfrac{1}{Et}$ $\psi = \dfrac{2m^4}{Et}Q_0\eta_1\sin\varphi_0 - \dfrac{4m^3M_0}{Eta}\eta_4$ $N_1 = \cot\varphi\left(\eta_3 Q_0\sin\varphi_0 + \dfrac{2mM_0}{a}\eta_2\right)$ $N_2 = 2Q_0 m\eta_4\sin\varphi_0 - \dfrac{2m^2 M_0}{a}\eta_1$ $M_1 = -\dfrac{aQ_0}{m}\eta_2\sin\varphi_0 + \eta_1 M_0,\ M_2 = \nu M_1$ $Q_1 = Q_0\eta_3\sin\varphi_0 + 2M_0\dfrac{m}{a}\eta_2,\ Q_2 = 0$	在 $\alpha = 0$ 处： $\delta = \dfrac{aQ_0\sin\varphi_0}{Et}(2m\sin\varphi_0 - \nu\cos\varphi_0) - \dfrac{2m^2 M_0}{Et}\sin\varphi_0$ $\psi = \dfrac{2m^4}{Et}Q_0\sin\varphi_0 - \dfrac{4m^3 M_0}{Eta}$ $N_1 = Q_0\cos\varphi_0$ $N_2 = 2Q_0 m\sin\varphi_0 - \dfrac{2m^2 M_0}{a}$ $Q_1 = Q_0\sin\varphi_0,\ Q_2 = 0$ $M_1 = M_0,\ M_2 = \nu M_1$
圆锥壳 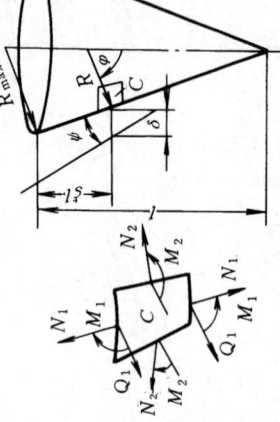	$k = l\sqrt[4]{\dfrac{\sqrt{3}(1-\nu^2)}{R_{max}t\sin\varphi}},\ D = \dfrac{Et^3}{12(1-\nu^2)}$ $\eta_1,\ \eta_2,\ \eta_3,\ \eta_4$ 与圆柱壳相同，但要以 $k\xi$ 代替 λx	

沿边缘均匀分布径向力 Q_0 和弯矩 M_0

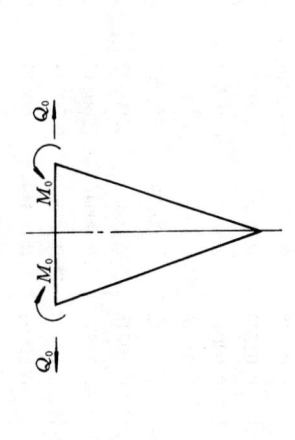

近似解

$$\delta = \frac{l^3 Q_0}{2Dk^3 \sin\varphi}\left(\eta_4 - \frac{\nu l \cot\varphi}{2kR\sin\varphi}\eta_3\right) - \frac{l^2 M_0}{2Dk^2\sin\varphi}\left(\eta_3 + \frac{\nu\cos\varphi}{Rk\sin^2\varphi}\eta_2\right)$$

$$\psi = \frac{l^2 Q_0}{2Dk^2 \sin\varphi}\eta_3 - \frac{lM_0}{Dk\sin\varphi}\eta_4$$

$$N_1 = -Q_0\eta_3\cos\varphi - \frac{2kM_0}{l}\eta_2\cos\varphi$$

$$N_2 = -\frac{2kQ_0 R\sin^2\varphi}{l}\eta_4 + \frac{2M_0 Rk^2\sin^2\varphi}{l^2}\eta_3$$

$$M_1 = \frac{l}{k}Q_0\eta_2 - M_0\eta_1$$

$$M_2 = \frac{l^2 Q_0 \cot\varphi}{2Rk^2\sin\varphi}\eta_1 - \frac{l\cot\varphi}{R\sin\varphi}M_0\eta_4 + \nu M_1$$

$$Q_1 = -Q_0\eta_3\sin\varphi - \frac{2k\sin\varphi}{l}M_0\eta_2, \quad Q_2 = 0$$

$\xi = 0$

$$\delta = \frac{l^3 Q_0}{2Dk^3 \sin\varphi}\left(1 - \frac{\nu l\cot\varphi}{2Rk\sin\varphi}\right) - \frac{l^2}{2Dk^2\sin\varphi}M_0$$

$$\psi = \frac{l^2 Q_0}{2Dk^2\sin\varphi} - \frac{l}{Dk\sin\varphi}M_0$$

注：1. δ、ψ 同表 1.4-37，各位移、内力按图示方向为正；t—壳厚。
2. 壳外、里面经向正应力 $\sigma_1 = N_1/t \pm 6M_1/t^2$；环向正应力 $\sigma_2 = N_2/t \pm 6M_2/t^2$。

表 1.4-39 函数 $\eta_1 \sim \eta_4$，$y_1 \sim y_4$ 和 $c_{11} \sim c_{14}$ 的数值

λx	η_1	η_2	η_3	η_4	y_1	y_2	y_3	y_4	c_{11}	c_{12}	c_{13}	c_{14}
0.00	1.0000	0.0000	1.0000	1.0000	1.00000	0.00000	0.00000	0.00000	0.00000	0.00000	0.00000	0.00000
0.10	0.9907	0.0903	0.8100	0.9003	0.99998	0.10000	0.00500	0.00017	0.00007	0.20000	0.00133	0.02000
0.20	0.9651	0.1627	0.6398	0.8024	0.99973	0.19990	0.02000	0.00133	0.00107	0.40009	0.01067	0.08001
0.30	0.9267	0.2189	0.4888	0.7077	0.99865	0.29992	0.04500	0.00450	0.00540	0.60065	0.03601	0.18006
0.40	0.8784	0.2610	0.3564	0.6174	0.99573	0.39966	0.07998	0.01067	0.01707	0.80273	0.08538	0.32036
0.50	0.8231	0.2908	0.2415	0.5323	0.98958	0.49896	0.12491	0.02083	0.04169	1.00834	0.16687	0.50139
0.60	0.7628	0.3099	0.1431	0.4530	0.97841	0.59741	0.17974	0.03598	0.08651	1.22075	0.28871	0.72415
0.70	0.6997	0.3199	0.0599	0.3708	0.96001	0.69440	0.24435	0.05710	0.16043	1.44488	0.45943	0.99047
0.80	0.6354	0.3223	−0.0093	0.3131	0.93180	0.78908	0.31854	0.08517	0.27413	1.68757	0.68800	1.30333
0.90	0.5712	0.3185	−0.0657	0.2527	0.89082	0.88033	0.40205	0.12112	0.44014	1.95801	0.98416	1.66734
1.00	0.5083	0.3096	−0.1108	0.1988	0.83373	0.96671	0.49445	0.16587	0.67302	2.26808	1.35878	2.08917
1.10	0.4476	0.2967	−0.1457	0.1510	0.75683	1.04642	0.59517	0.22029	0.98970	2.63280	1.82430	2.57820
1.20	0.3899	0.2807	−0.1716	0.1091	0.65611	1.11728	0.70344	0.28516	1.40978	3.07085	2.39538	3.14717
1.30	0.3355	0.2626	−0.1897	0.0729	0.52722	1.17670	0.81825	0.36119	1.95606	3.60512	3.08962	3.81295
1.40	0.2849	0.2430	−0.2011	0.0419	0.36558	1.22164	0.93830	0.44898	2.65525	4.26345	3.92847	4.59748

(续)

λx	η_1	η_2	η_3	η_4	y_1	y_2	y_3	y_4	c_{11}	c_{12}	c_{13}	c_{14}
1.50	0.2384	0.2226	-0.2063	0.0158	0.16640	1.24857	1.06197	0.54897	3.53884	5.07950	4.93838	5.52883
1.60	0.1959	0.2018	-0.2077	-0.0059	-0.07526	1.25350	1.18728	0.66143	4.64418	6.09376	6.15213	6.64247
1.70	0.1576	0.1812	-0.2047	-0.0235	-0.36441	1.23193	1.31179	0.78640	6.01597	7.35491	7.61045	7.98277
1.80	0.1234	0.1610	-0.1985	-0.0376	-0.70602	1.17887	1.43261	0.92267	7.70801	8.92147	9.36399	9.60477
1.90	0.0932	0.1415	-0.1899	-0.0484	-1.10492	1.08882	1.54633	1.07269	9.78541	10.86378	11.47563	11.57637
2.00	0.0667	0.1231	-0.1794	-0.0563	-1.56563	0.95582	1.64895	1.23257	12.32730	13.26656	14.02336	13.98094
2.10	0.0439	0.1057	-0.1675	-0.0618	-2.09224	0.77350	1.73585	1.40196	15.43020	16.23205	17.10362	16.92046
2.20	0.0244	0.0896	-0.1548	-0.0652	-2.68822	0.53506	1.80178	1.57904	19.21212	19.88385	20.83545	20.51946
2.30	0.0080	0.0748	-0.1416	-0.0668	-3.35618	0.23345	1.84076	1.76142	23.81752	24.37172	25.36541	24.92967
2.40	-0.0056	0.0613	-0.1282	-0.0669	-4.09766	-0.13862	1.84612	1.94607	29.42341	29.87747	30.87363	30.33592
2.50	-0.0166	0.0491	-0.1149	-0.0658	-4.91284	-0.58854	1.81044	2.12927	36.24681	36.62215	37.58107	36.96315
2.60	-0.0254	0.0383	-0.1019	-0.0636	-5.80028	-1.12360	1.72557	2.30652	44.55370	44.87496	45.75841	45.08519
2.70	-0.0320	0.0287	-0.0895	-0.0608	-6.75655	-1.75089	1.58264	2.47245	54.67008	54.96410	55.73686	55.03539
2.80	-0.0369	0.0204	-0.0777	-0.0573	-7.77591	-2.47702	1.37210	2.62079	66.99532	67.29005	67.92132	67.21975
2.90	-0.0403	0.0132	-0.0666	-0.0534	-8.84988	-3.30790	1.08375	2.74428	82.01842	82.34184	82.80645	82.13290
3.00	-0.04226	0.00703	-0.05632	-0.04929	-9.96691	-4.24844	0.70686	2.83459	100.3379	100.7169	100.9963	100.3778
3.20	-0.04307	-0.00238	-0.03831	-0.04069	-12.26569	-6.47111	-0.35742	2.87694	149.9583	150.5191	150.4026	149.9651
3.40	-0.04079	-0.00853	-0.02374	-0.03227	-14.50075	-9.15064	-1.91213	2.65892	223.8968	224.7086	224.2145	224.0274
3.60	-0.03659	-0.01209	-0.01241	-0.02450	-16.42214	-12.25071	-4.04584	2.07346	334.1621	335.2544	334.4607	334.5538
3.80	-0.03138	-0.01369	-0.00401	-0.01770	-17.68744	-15.67599	-6.83427	0.99688	498.6748	500.0329	499.0649	499.4235
4.00	-0.02583	-0.01386	0.00189	-0.01197	-17.84985	-19.25241	-10.32654	-0.70726	744.1669	745.7342	744.7448	745.3124
4.20	-0.02042	-0.01307	0.00572	-0.00735	-16.35052	-22.70540	-14.52728	-3.18111	1110.507	1112.194	1111.340	1112.027
4.40	-0.01546	-0.01168	0.00791	-0.00377	-12.51815	-25.63731	-19.37428	-6.56147	1657.156	1658.854	1658.269	1658.967
4.60	-0.01112	-0.00999	0.00886	-0.00113	-5.57927	-27.50574	-24.71167	-10.96380	2472.795	2474.394	2474.171	2474.770
4.80	-0.00748	-0.00820	0.00892	0.00072	5.31638	-27.60863	-30.25904	-16.46049	3689.703	3691.109	3691.283	3691.688
5.00	-0.00455	-0.00646	0.00837	0.00191	21.05056	-25.05654	-35.57763	-23.05259	5505.198	5506.345	5506.889	5507.037
5.20	-0.00229	-0.00487	0.00746	0.00259	42.46583	-18.80605	-40.03523	-30.63465	8213.627	8214.493	8215.321	8215.188
5.40	-0.00063	-0.00349	0.00636	0.00287	70.26397	-7.64407	-42.77288	-38.95259	12254.10	12254.71	12255.69	12255.30
5.60	0.00053	-0.00232	0.00520	0.00287	104.8682	9.75428	-42.67721	-47.55552	18281.71	18282.12	18283.10	18282.51
5.80	0.00127	-0.00141	0.00409	0.00268	146.2447	34.75618	-38.36412	-55.74292	27273.74	27274.04	27274.86	27274.17
6.00	0.00169	-0.00069	0.00307	0.00238	193.6814	68.55825	-28.18089	-62.51036	40688.12	40688.43	40688.97	40688.28

注：对球壳以 $m\alpha$ 代替 λx；对圆锥壳以 $k\xi$ 代替 λx。

表 1.4-40 组合壳体连接处的弯曲内力及壳体应力

壳体与载荷	连接处的弯曲内力及壳体应力
(1) 受内压 p 或外压 $-p$ 的具有平底的长圆柱壳（$\lambda l > 3$） 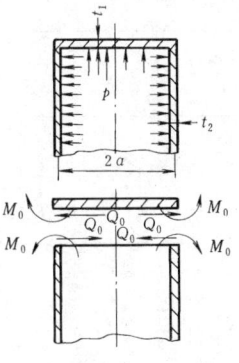	$M_0 = \dfrac{\dfrac{pa^3\lambda^2 D_2}{4D_1(1+\nu)} + \dfrac{2pa^2\lambda^3 t_1 D_2}{t_2\left(1-\dfrac{\nu}{2}\right)[Et_1+2aD_2\lambda^3(1-\nu)]}}{2\lambda + \dfrac{2a\lambda^2 D_2}{D_1(1+\nu)} - \dfrac{\lambda Et_1}{Et_1+2D_2\lambda^3 a(1-\nu)}}$ $Q_0 = M_0\left[2\lambda + \dfrac{2a\lambda^2 D_2}{D_1(1+\nu)}\right] - \dfrac{pa^3\lambda^2 D_2}{4D_1(1+\nu)}$ $D_1 = \dfrac{Et_1^3}{12(1-\nu^2)},\ D_2 = \dfrac{Et_2^3}{12(1-\nu^2)},$ $\lambda = \left[\dfrac{3(1-\nu^2)}{a^2 t_2^2}\right]^{\frac{1}{4}}$ 柱壳的应力按表 1.4-37 序号 1 及表 1.4-38 序号 2 相应内力所引起的应力叠加求得 底板的应力由 p、M_0 产生的弯曲应力和 Q_0 产生的薄膜应力叠加
(2) 受均匀内压 p（或外压 $-p$）的具有半球形壳底的长圆柱壳（$\lambda l \geqslant 3$） 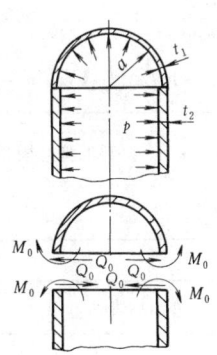	$M_0 = \dfrac{pat_1}{4\sqrt{3(1-\nu^2)}} \times \dfrac{[c(2-\nu)-(1-\nu)](1-c^2)}{(1-c^2)^2 - 2(1+c^{2.5})(1+c^{1.5})}$ $Q_0 = 2M_0\lambda_1\left(\dfrac{c^{2.5}+1}{c^2-1}\right)$ $c = \dfrac{t_1}{t_2},\ \lambda_1 = \left[\dfrac{3(1-\nu^2)}{a^2 t_1^2}\right]^{\frac{1}{4}}$ 当 $c=1$、$M_0=0$，$Q_0 = \dfrac{p}{8\lambda_1}$ 当 $c=\dfrac{1-\nu}{2-\nu}$，$M_0=0$ $Q_0=0$ 圆柱壳的应力按表 1.4-37 序号 1 及表 1.4-38 序号 2 相应内力引起的应力叠加求得 球壳的应力，按表 1.4-37 序号 3 及表 1.4-38 序号 3 相应内力引起的应力叠加求得
(3) 装有密度为 ρ 液体的平底长圆柱壳（$\lambda H \geqslant 3$），底面固定 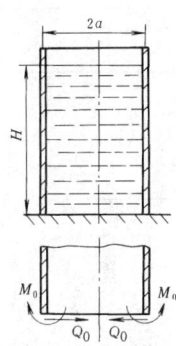	$M_0 = \dfrac{-\rho gatH}{\sqrt{12(1-\nu^2)}}\left(1-\dfrac{1}{\lambda H}\right)$ $Q_0 = \dfrac{\rho gat}{\sqrt{12(1-\nu^2)}}(2\lambda H - 1)$ $\lambda = \left[\dfrac{3(1-\nu^2)}{a^2 t^2}\right]^{\frac{1}{4}}$ 圆柱壳的应力按表 1.4-37 序号 2 及表 1.4-38 序号 2 相应内力所引起的应力叠加求得

10 厚壳的应力、位移计算公式和强度设计公式（见表1.4-41～表1.4-44）

表 1.4-41 在均匀内、外压单独作用下，厚壁圆筒的应力和位移的计算式

应力分量	端部条件	内压作用	外压作用
径向应力 σ_r	任意	$\dfrac{\sigma_r}{p_i} = -\dfrac{(K^2/k^2 - 1)}{K^2 - 1}$	$\dfrac{\sigma_r}{p_o} = -\dfrac{(K^2 - K^2/k^2)}{K^2 - 1}$
周向应力 σ_θ	任意	$\dfrac{\sigma_\theta}{p_i} = \dfrac{K^2/k^2 + 1}{K^2 - 1}$	$\dfrac{\sigma_\theta}{p_o} = -\dfrac{(K^2 + K^2/k^2)}{K^2 - 1}$
轴向应力 σ_z 和径向位移 u	两端封闭	$\dfrac{\sigma_z}{p_i} = \dfrac{1}{K^2 - 1}$ $\dfrac{u}{R_i} = \dfrac{[(1-2\nu)k + (1+\nu)K^2/k]}{E(K^2-1)} p_i$	$\dfrac{\sigma_z}{p_o} = -\dfrac{K^2}{K^2 - 1}$ $\dfrac{u}{R_i} = \dfrac{-K^2}{E(K^2-1)}[(1-2\nu)k + (1+\nu)/k] p_o$
	平面应变	$\dfrac{\sigma_z}{p_i} = \dfrac{2\nu}{K^2 - 1}$ $\dfrac{u}{R_i} = \dfrac{(1+\nu)}{E(K^2-1)}[(1-2\nu)k + K^2/k] p_i$	$\dfrac{\sigma_z}{p_o} = -\dfrac{2\nu K^2}{K^2 - 1}$ $\dfrac{u}{R_i} = \dfrac{-(1+\nu)K^2}{E(K^2-1)}[(1-2\nu)k + 1/k] p_o$
	两端开口	$\dfrac{\sigma_z}{p_i} = 0$ $\dfrac{u}{R_i} = \dfrac{1}{E(K^2-1)}[(1-\nu)k + (1+\nu)K^2/k] p_i$	$\dfrac{\sigma_z}{p_o} = 0$ $\dfrac{u}{R_i} = \dfrac{-K^2}{E(K^2-1)}[(1-\nu)k + (1+\nu)/k] p_o$
	广义平面应变 ($\varepsilon_z = \varepsilon_0 =$ 常数)	$\dfrac{\sigma_z}{p_i} = \dfrac{2\nu}{K^2-1} + \dfrac{E\varepsilon_0}{p_i}$ $\dfrac{u}{R_i} = \dfrac{1}{E(K^2-1)}[(1-\nu)k + (1+\nu)K^2/k] p_i - \dfrac{\nu\sigma_z}{E}k$	$\dfrac{\sigma_z}{p_o} = -\dfrac{2\nu K^2}{K^2-1} + \dfrac{E\varepsilon_0}{p_o}$ $\dfrac{u}{R_i} = \dfrac{-K^2}{E(K^2-1)}[(1-\nu)k + (1+\nu)/k] p_o - \dfrac{\nu\sigma_z}{E}k$

说明　p_i—内压；p_o—外压；$K = \dfrac{R_o}{R_i}$；$k = \dfrac{r}{R_i}$；r—所求点半径；R_i—内半径；R_o—外半径；E、ν—材料的弹性模量和泊松比；ε_0 由轴向的合力条件 $\int_A \sigma_z dA = T$（给定）确定（A 为横截面面积）

表 1.4-42 双层组合圆筒的界面压力 p_f

内外筒的厚薄程度	引起界面压力的原因	界面压力 p_f
内外筒均为厚壁	过盈配合	$p_{f\delta} = \dfrac{E_i \delta}{A R_f}$
	均匀内压 p_i	$p_{fi} = \dfrac{p_i}{A}\left(\dfrac{2}{K_i^2 - 1}\right)$
内筒薄壁外筒厚壁	过盈配合	$p_{f\delta} = \dfrac{E_i}{B} \dfrac{s_i \delta}{R_f^2}$
	均匀内压 p_i	$p_{fi} = \dfrac{1}{B} p_i$
内，外筒均为薄壁	过盈配合	$p_{f\delta} = \dfrac{E_i}{C} \dfrac{s_i \delta}{R_f^2}$
	均匀内压 p_i	$p_{fi} = \dfrac{1}{C} p_i$

说明　$A = \dfrac{K_i^2 + 1}{K_i^2 - 1} + \dfrac{E_i}{E_o}\left(\dfrac{K_o^2 + 1}{K_o^2 - 1}\right) + \dfrac{E_i}{E_o}\nu_o - \nu_i$；$B = 1 + \dfrac{E_i s_i}{E_o R_i}\left[\dfrac{K_o^2 + 1}{K_o^2 - 1} + \nu_o\right]$；

$C = \dfrac{E_o s_o + E_i s_i}{E_o s_o}$；$K_o = \dfrac{R_o}{R_f}$；$K_i = \dfrac{R_f}{R_i}$；$R_i$—内筒内半径；$R_f$—界面半径；$R_o$—外筒外半径；$s_i$、$s_o$—内外筒壁厚；$E_i$、$E_o$—内、外筒材料的弹性模量；$\nu_i$、$\nu_o$—内、外筒材料的泊松比；$\delta$—内、外筒界面半径的过盈量

表 1.4-43　厚壁球壳的应力和位移计算式

载荷	应力计算式	径向位移计算式
均匀内压 p_i	$\dfrac{\sigma_r}{p_i} = -\dfrac{1}{K^3-1}(1/k'^3 - 1)$ $\dfrac{\sigma_\theta}{p_i} = \dfrac{1}{K^3-1}(1/2k'^3 + 1)$	$\dfrac{u}{R_o} = \dfrac{k'p_i}{E(K^3-1)}\left[(1-2\nu) + \dfrac{(1+\nu)}{2k'^3}\right]$
均匀外压 p_o	$\dfrac{\sigma_r}{p_o} = -\dfrac{K^3}{K^3-1}\left(1-\dfrac{1}{k^3}\right)$ $\dfrac{\sigma_\theta}{p_o} = -\dfrac{K^3}{K^3-1}\left(1+\dfrac{1}{2k^3}\right)$	$\dfrac{u}{R_o} = -\dfrac{kK^3 p_o}{E(K^3-1)}\left[(1-2\nu) + \dfrac{(1+\nu)}{2k^3}\right]$
说明	R_i、R_o—球壳内、外半径；r—任一点半径；$K=\dfrac{R_o}{R_i}$；$k=\dfrac{r}{R_i}$；$k'=\dfrac{r}{R_o}$；E—弹性模量；ν—泊松比；σ_r—径向应力；σ_θ—周向应力	

表 1.4-44　在均匀内压作用下，厚壁圆筒和球壳的强度设计公式

壳体	导出条件	许用压力 $[p]$	许用外、内径比 $[K]$	计算壁厚 s'（不包括附加量）	适用范围
厚壁圆筒	第一强度理论	$\dfrac{K^2-1}{K^2+1}\varphi[\sigma]$	$\sqrt{\dfrac{\varphi[\sigma]+p}{\varphi[\sigma]-p}}$	$\left(\sqrt{\dfrac{\varphi[\sigma]+p}{\varphi[\sigma]-p}}-1\right)R_i$	脆性材料
	第三强度理论	$\dfrac{K^2-1}{2K^2}\varphi[\sigma]$	$\sqrt{\dfrac{\varphi[\sigma]}{\varphi[\sigma]-2p}}$	$\left(\sqrt{\dfrac{\varphi[\sigma]}{\varphi[\sigma]-2p}}-1\right)R_i$	屈强比较高的高强钢
	第四强度理论	$\dfrac{K^2-1}{\sqrt{3}K^2}\varphi[\sigma]$	$\sqrt{\dfrac{\varphi[\sigma]}{\varphi[\sigma]-\sqrt{3}p}}$	$\left(\sqrt{\dfrac{\varphi[\sigma]}{\varphi[\sigma]-\sqrt{3}p}}-1\right)R_i$	一般塑性材料
	中径公式（按薄壁容器）	$\dfrac{2(K-1)}{K+1}\varphi[\sigma]$	$\dfrac{2\varphi[\sigma]+p}{2\varphi[\sigma]-p}$	$\dfrac{2p}{2\varphi[\sigma]-p}R_i$	各种材料
厚壁球壳	第一强度理论	$\dfrac{2(K^3-1)}{K^3+2}\varphi[\sigma]$	$\sqrt[3]{\dfrac{p+\varphi[\sigma]}{\varphi[\sigma]-0.5p}}$	$\left(\sqrt[3]{\dfrac{p+\varphi[\sigma]}{\varphi[\sigma]-0.5p}}-1\right)R_i$	脆性材料
	第三、第四强度理论	$\dfrac{2(K^3-1)}{3K^3}\varphi[\sigma]$	$\sqrt[3]{\dfrac{\varphi[\sigma]}{\varphi[\sigma]-1.5p}}$	$\left(\sqrt[3]{\dfrac{\varphi[\sigma]}{\varphi[\sigma]-1.5p}}-1\right)R_i$	塑性材料
	按薄壁球壳的中径公式	$\dfrac{4(K-1)}{(K+1)}\varphi[\sigma]$	$\dfrac{4\varphi[\sigma]+p}{4\varphi[\sigma]-p}$	$\dfrac{2pR_i}{4\varphi[\sigma]-p}$	各种材料
说明	R_i、R_o—壳体内外半径；$K=R_o/R_i$；p—内压；$[\sigma]$—材料的设计温度下的许用应力；φ—焊缝系数，查有关设计规范				

11　旋转圆筒和旋转圆盘的应力和位移计算公式（见表 1.4-45、表 1.4-46）

表 1.4-45　旋转长圆筒，圆轴的应力和位移计算公式

计算量 \ 筒体	空心	实心
周向应力 σ_θ	$\dfrac{\sigma_\theta}{q} = 1 + \dfrac{1}{K^2}\left(1+\dfrac{1}{k'^2}\right) - Hk'^2$	$\dfrac{\sigma_\theta}{q} = 1 - Hk'^2$

(续)

计算量 \ 筒体	空 心	实 心
周向应力 σ_θ	在内壁 $\left(k'=\dfrac{1}{K}\right)$ 有最大值 $\left(\dfrac{\sigma_\theta}{q}\right)_{\max} = 2 + \dfrac{1}{K^2}(1-H)$ $K \to \infty$, $\left(\dfrac{\sigma_\theta}{q}\right)_{\max} = 2$ $K \to 1$, $\left(\dfrac{\sigma_\theta}{q}\right)_{\max} \xrightarrow{\nu=0.3} 2.33$	在 $k'=0$ 处有最大值 $\left(\dfrac{\sigma_\theta}{q}\right)_{\max} = 1$
径向应力 σ_r	$\dfrac{\sigma_r}{q} = 1 + \dfrac{1}{K^2}\left(1 - \dfrac{1}{k'^2}\right) - k'^2$ 在 $k' = \sqrt{\dfrac{1}{K}}$ 处有最大值 $\left(\dfrac{\sigma_r}{q}\right)_{\max} = \left(1 - \dfrac{1}{K}\right)^2$	$\dfrac{\sigma_r}{q} = 1 - k'^2$ 在 $k'=0$ 处有最大值 $\left(\dfrac{\sigma_r}{q}\right)_{\max} = 1$
轴向应力 σ_z	$\dfrac{\sigma_z}{q} = \begin{cases} \dfrac{2\nu}{3-2\nu}\left(1 + \dfrac{1}{K^2} - 2k'^2\right) & \text{(两端无轴力)} \\ 2\nu\left(1 + \dfrac{1}{K^2} - \dfrac{2}{3-2\nu}k'^2\right) & \text{(平面应变)} \end{cases}$ 在 $k' = 1/K$ 处，σ_z/q 最大	$\dfrac{\sigma_z}{q} = \begin{cases} \dfrac{2\nu}{3-2\nu}[1 - 2k'^2] & \text{(两端无轴力)} \\ 2\nu\left(1 - \dfrac{2}{3-2\nu}k'^2\right) & \text{(平面应变)} \end{cases}$
径向位移 u	$\dfrac{u}{R_o} = \begin{cases} (1+\nu)\dfrac{q}{E}k'\left[\dfrac{(3-5\nu)}{(1+\nu)(3-2\nu)}\left(\dfrac{1}{K^2}+1\right) \right. \\ \left. + \dfrac{1}{K^2 k'^2} - \dfrac{(1-2\nu)}{(3-2\nu)}k'^2 \right] & \text{(两端无轴力)} \\ (1+\nu)\dfrac{q}{E}k'\left[(1-2\nu)\left(\dfrac{1}{K^2}+1\right) + \dfrac{1}{K^2 k'^2} \right. \\ \left. - \dfrac{(1-2\nu)}{(3-2\nu)}k'^2 \right] & \text{(平面应变)} \end{cases}$	$\dfrac{u}{R_o} = \begin{cases} \dfrac{(1+\nu)}{3-2\nu}\dfrac{q}{E}k' \\ \left[\dfrac{3-5\nu}{1+\nu} - (1-2\nu)k'^2\right] & \text{(两端无轴力)} \\ (1+\nu)(1-2\nu)\dfrac{q}{E}k' \\ \left[1 - \dfrac{1}{(3-2\nu)}k'^2\right] & \text{(平面应变)} \end{cases}$
说 明	$K = \dfrac{R_o}{R_i}$；$k' = \dfrac{r}{R_o}$；R_i、R_o—筒体内、外半径；r—所求点半径；$q = \dfrac{3-2\nu}{8(1-\nu)}\rho\omega^2 R_o^2$； $H = \dfrac{1+2\nu}{3-2\nu} \xrightarrow{\nu=0.3} 0.667$；$\omega$—角速度；$\rho$、$\nu$—材料的密度和泊松比	

表 1.4-46 等厚旋转圆盘的应力和位移计算式

载 荷	径向应力 σ_r、环向应力 σ_θ 和径向位移 u 的计算式	
	空心圆盘	实心圆盘
匀速 ω 转动	$\dfrac{\sigma_r}{q} = \left[1 + \dfrac{1}{K^2}\left(1 - \dfrac{1}{k'^2}\right) - k'^2\right]$ $\dfrac{\sigma_\theta}{q} = \left[1 + \dfrac{1}{K^2}\left(1 + \dfrac{1}{k'^2}\right) - \dfrac{(1+3\nu)}{(3+\nu)}k'^2\right]$ $\dfrac{u}{r} = \dfrac{q}{E}\left[(1-\nu)\dfrac{(K^2+1)}{K^2} + (1+\nu)\dfrac{1}{K^2 k'^2} - \dfrac{(1-\nu^2)}{(3+\nu)}k'^2\right]k'$	$\dfrac{\sigma_r}{q} = (1 - k'^2)$ $\dfrac{\sigma_\theta}{q} = \left(1 - \dfrac{1+3\nu}{3+\nu}k'^2\right)$ $\dfrac{u}{r} = \dfrac{q}{E}\left[(1-\nu) - \dfrac{(1-\nu^2)}{(3+\nu)}k'^2\right]k'$
说 明	$K = \dfrac{R_o}{R_i}$；$k = \dfrac{r}{R_i}$；$k' = \dfrac{r}{R_o}$；R_i、R_o—内、外半径；r—所求点半径；$q = \dfrac{(3+\nu)\rho\omega^2 R_o^2}{8}$；$\nu$—材料的泊松比；$\rho$—材料的密度；$\sigma_r$、$\sigma_\theta$—径向与周向应力；$u$—径向位移	

12 接触问题的应力、位移计算公式和强度计算（见表 1.4-47～表 1.4-51）

12.1 接触面上的应力和位移的计算公式

表 1.4-47 弹性体接触面尺寸，接触应力和相对位移的计算式

序号	接触类型	椭圆方程系数 A	椭圆方程系数 B	接触面尺寸	最大应力 σ_{max}	接触相对位移 δ
1	球与平面	$\dfrac{1}{2R}$	$\dfrac{1}{2R}$	$a=b=0.909\sqrt[3]{FR\left(\dfrac{1-\nu_1^2}{E_1}+\dfrac{1-\nu_2^2}{E_2}\right)}$ 若 $E_1=E_2=E,\nu_1=\nu_2=0.3$，则 $a=b=1.109\sqrt[3]{\dfrac{FR}{E}}$	$0.578\sqrt[3]{\dfrac{F}{R^2\left(\dfrac{1-\nu_1^2}{E_1}+\dfrac{1-\nu_2^2}{E_2}\right)^2}}$ 若 $E_1=E_2=E,\nu_1=\nu_2=0.3$，则 $0.388\sqrt[3]{\dfrac{FE^2}{R^2}}$	$0.826\sqrt[3]{\dfrac{F^2}{R}\left(\dfrac{1-\nu_1^2}{E_1}+\dfrac{1-\nu_2^2}{E_2}\right)^2}$ 若 $E_1=E_2=E,\nu_1=\nu_2=0.3$，则 $1.231\sqrt[3]{\left(\dfrac{F}{E}\right)^2\dfrac{1}{R}}$
2	球与球	$\dfrac{R_1+R_2}{2R_1R_2}$	$\dfrac{R_1+R_2}{2R_1R_2}$	$a=b=0.909\times$ $\sqrt[3]{F\dfrac{R_1R_2}{(R_1+R_2)}\left(\dfrac{1-\nu_1^2}{E_1}+\dfrac{1-\nu_2^2}{E_2}\right)}$ 若 $E_1=E_2=E,\nu_1=\nu_2=0.3$，则 $a=b=1.109\sqrt[3]{\dfrac{F}{E}\cdot\dfrac{R_1R_2}{R_1+R_2}}$	$0.578\sqrt[3]{\dfrac{F\left(\dfrac{R_1+R_2}{R_1R_2}\right)^2}{\left(\dfrac{1-\nu_1^2}{E_1}+\dfrac{1-\nu_2^2}{E_2}\right)^2}}$ 若 $E_1=E_2=E,\nu_1=\nu_2=0.3$，则 $0.388\sqrt[3]{FE^2\left(\dfrac{R_1+R_2}{R_1R_2}\right)^2}$	$0.826\sqrt[3]{F^2\dfrac{(R_1+R_2)}{R_1R_2}\left(\dfrac{1-\nu_1^2}{E_1}+\dfrac{1-\nu_2^2}{E_2}\right)^2}$ 若 $E_1=E_2=E,\nu_1=\nu_2=0.3$，则 $1.231\sqrt[3]{\left(\dfrac{F}{E}\right)^2\dfrac{(R_1+R_2)}{R_1R_2}}$
3	球与凹形球面 $R_2>R_1$	$\dfrac{R_2-R_1}{2R_1R_2}$	$\dfrac{R_2-R_1}{2R_1R_2}$	$a=b=0.909\times$ $\sqrt[3]{F\dfrac{R_1R_2}{(R_2-R_1)}\left(\dfrac{1-\nu_1^2}{E_1}+\dfrac{1-\nu_2^2}{E_2}\right)}$ 若 $E_1=E_2=E,\nu_1=\nu_2=0.3$，则 $a=b=1.109\sqrt[3]{\dfrac{F}{E}\cdot\dfrac{R_1R_2}{(R_2-R_1)}}$	$0.578\sqrt[3]{\dfrac{F\left(\dfrac{R_2-R_1}{R_1R_2}\right)^2}{\left(\dfrac{1-\nu_1^2}{E_1}+\dfrac{1-\nu_2^2}{E_2}\right)^2}}$ 若 $E_1=E_2=E,\nu_1=\nu_2=0.3$，则 $0.388\sqrt[3]{FE^2\left(\dfrac{R_2-R_1}{R_1R_2}\right)^2}$	$0.826\sqrt[3]{F^2\dfrac{(R_2-R_1)}{R_1R_2}\left(\dfrac{1-\nu_1^2}{E_1}+\dfrac{1-\nu_2^2}{E_2}\right)^2}$ 若 $E_1=E_2=E,\nu_1=\nu_2=0.3$，则 $1.231\sqrt[3]{\left(\dfrac{F}{E}\right)^2\dfrac{(R_2-R_1)}{R_1R_2}}$

(续)

序号	接触类型	椭圆方程系数 A	椭圆方程系数 B	接触面尺寸	最大应力 σ_{max}	接触相对位移 δ
4	圆柱与平面	—	$\dfrac{1}{2R}$	$b = 1.131\sqrt{\dfrac{FR}{l}\left(\dfrac{1-\nu_1^2}{E_1}+\dfrac{1-\nu_2^2}{E_2}\right)}$ 若 $E_1=E_2=E,\nu_1=\nu_2=0.3$，则 $b=1.526\sqrt{\dfrac{FR}{lE}}$	$0.564\sqrt{\dfrac{\dfrac{F}{lR}}{\dfrac{1-\nu_1^2}{E_1}+\dfrac{1-\nu_2^2}{E_2}}}$ 若 $E_1=E_2=E,\nu_1=\nu_2=0.3$，则 $0.418\sqrt{\dfrac{FE}{Rl}}$	圆柱体两个受压边界之间直径减小量 若 $E_1=E_2=E,\nu_1=\nu_2=0.3$，则 $\Delta D = 1.159\dfrac{F}{lE}\left(0.41+\ln\dfrac{4R}{b}\right)$
5	圆柱与圆柱	—	$\dfrac{1}{2}\left(\dfrac{1}{R_1}+\dfrac{1}{R_2}\right)$	$b=1.128\sqrt{\dfrac{F}{l}\dfrac{R_1R_2}{(R_1+R_2)}\left(\dfrac{1-\nu_1^2}{E_1}+\dfrac{1-\nu_2^2}{E_2}\right)}$ 若 $E_1=E_2=E,\nu_1=\nu_2=0.3$，则 $b=1.522\sqrt{\dfrac{F}{lE}\dfrac{R_1R_2}{(R_1+R_2)}}$	$0.564\sqrt{\dfrac{\dfrac{F}{l}\dfrac{(R_1+R_2)}{R_1R_2}}{\dfrac{1-\nu_1^2}{E_1}+\dfrac{1-\nu_2^2}{E_2}}}$ 若 $E_1=E_2=E,\nu_1=\nu_2=0.3$，则 $0.418\sqrt{\dfrac{FE}{l}\dfrac{(R_1+R_2)}{R_1R_2}}$	两个圆柱中心距减小量 $\dfrac{2F}{\pi l}\left[\dfrac{1-\nu_1^2}{E_1}\left(\ln\dfrac{2R_1}{b}+0.407\right)+\dfrac{1-\nu_2^2}{E_2}\left(\ln\dfrac{2R_2}{b}+0.407\right)\right]$ 若 $E_1=E_2=E,\nu_1=\nu_2=0.3$，则 $0.580\dfrac{F}{lE}\left(\ln\dfrac{4R_1R_2}{b^2}+0.814\right)$
6	圆柱与凹形圆柱	—	$\dfrac{1}{2}\left(\dfrac{1}{R_1}-\dfrac{1}{R_2}\right)$	$b=1.128\sqrt{\dfrac{F}{l}\dfrac{R_1R_2}{(R_2-R_1)}\left(\dfrac{1-\nu_1^2}{E_1}+\dfrac{1-\nu_2^2}{E_2}\right)}$ 若 $E_1=E_2=E,\nu_1=\nu_2=0.3$，则 $b=1.522\sqrt{\dfrac{F}{lE}\dfrac{R_1R_2}{(R_2-R_1)}}$	$0.564\sqrt{\dfrac{\dfrac{F}{l}\dfrac{(R_2-R_1)}{R_1R_2}}{\dfrac{1-\nu_1^2}{E_1}+\dfrac{1-\nu_2^2}{E_2}}}$ 若 $E_1=E_2=E,\nu_1=\nu_2=0.3$，则 $0.418\sqrt{\dfrac{FE}{l}\dfrac{(R_2-R_1)}{R_1R_2}}$	若 $E_1=E_2=E,\nu_1=\nu_2=0.3$，则 $1.82\dfrac{F}{lE}(1-\ln b)$

序号	简图				
7	正交圆柱 (F, R_1, R_2)	$\dfrac{1}{2R_2}$	$\dfrac{1}{2R_1}$	$a = 1.145 n_1 \sqrt[3]{F\dfrac{R_1 R_2}{(R_1+R_2)}\left(\dfrac{1-\nu_1^2}{E_1}+\dfrac{1-\nu_2^2}{E_2}\right)}$ $b = 1.145 n_2 \sqrt[3]{F\dfrac{R_1 R_2}{(R_1+R_2)}\left(\dfrac{1-\nu_1^2}{E_1}+\dfrac{1-\nu_2^2}{E_2}\right)}$ 若 $E_1=E_2=E, \nu_1=\nu_2=0.3$,则 $a = 1.397 n_1 \sqrt[3]{\dfrac{F}{E}\dfrac{R_1 R_2}{(R_1+R_2)}}$ $b = 1.397 n_2 \sqrt[3]{\dfrac{F}{E}\dfrac{R_1 R_2}{(R_1+R_2)}}$	$0.365 n_3 \sqrt[3]{\dfrac{F\left(\dfrac{R_1+R_2}{R_1 R_2}\right)^2}{\left(\dfrac{1-\nu_1^2}{E_1}+\dfrac{1-\nu_2^2}{E_2}\right)^2}}$ 若 $E_1=E_2=E, \nu_1=\nu_2=0.3$,则 $0.245 n_3 \sqrt[3]{FE^2\left(\dfrac{R_1+R_2}{R_1 R_2}\right)^2}$	$0.655 n_4 \sqrt[3]{F^2\dfrac{(R_1+R_2)}{R_1 R_2}\left(\dfrac{1-\nu_1^2}{E_1}+\dfrac{1-\nu_2^2}{E_2}\right)^2}$ 若 $E_1=E_2=E, \nu_1=\nu_2=0.3$,则 $0.977 n_4 \sqrt[3]{\left(\dfrac{F}{E}\right)^2\dfrac{(R_1+R_2)}{R_1 R_2}}$
8	球与圆柱 (F, R_1, R_2)	$\dfrac{1}{2R_1}$	$\dfrac{1}{2}\left(\dfrac{1}{R_1}+\dfrac{1}{R_2}\right)$	$a = 1.145 n_1 \sqrt[3]{F\dfrac{R_1 R_2}{(R_1+2R_2)}\left(\dfrac{1-\nu_1^2}{E_1}+\dfrac{1-\nu_2^2}{E_2}\right)}$ $b = 1.145 n_2 \sqrt[3]{F\dfrac{R_1 R_2}{(R_1+2R_2)}\left(\dfrac{1-\nu_1^2}{E_1}+\dfrac{1-\nu_2^2}{E_2}\right)}$ 若 $E_1=E_2=E, \nu_1=\nu_2=0.3$,则 $a = 1.397 n_1 \sqrt[3]{\dfrac{F}{E}\dfrac{R_1 R_2}{(R_1+2R_2)}}$ $b = 1.397 n_2 \sqrt[3]{\dfrac{F}{E}\dfrac{R_1 R_2}{(R_1+2R_2)}}$	$0.365 n_3 \sqrt[3]{\dfrac{F\left(\dfrac{R_1+2R_2}{R_1 R_2}\right)^2}{\left(\dfrac{1-\nu_1^2}{E_1}+\dfrac{1-\nu_2^2}{E_2}\right)^2}}$ 若 $E_1=E_2=E, \nu_1=\nu_2=0.3$,则 $0.245 n_3 \sqrt[3]{FE^2\left(\dfrac{R_1+2R_2}{R_1 R_2}\right)^2}$	$0.655 n_4 \sqrt[3]{F^2\dfrac{(R_1+2R_2)}{R_1 R_2}\left(\dfrac{1-\nu_1^2}{E_1}+\dfrac{1-\nu_2^2}{E_2}\right)^2}$ 若 $E_1=E_2=E, \nu_1=\nu_2=0.3$,则 $0.977 n_4 \sqrt[3]{\left(\dfrac{F}{E}\right)^2\dfrac{(R_1+2R_2)}{R_1 R_2}}$
9	球与圆柱形凹面 (F, R_1, R_2)	$\dfrac{1}{2}\left(\dfrac{1}{R_1}-\dfrac{1}{R_2}\right)$	$\dfrac{1}{2R_1}$	$a = 1.145 n_1 \sqrt[3]{F\dfrac{R_1 R_2}{(2R_2-R_1)}\left(\dfrac{1-\nu_1^2}{E_1}+\dfrac{1-\nu_2^2}{E_2}\right)}$ $b = 1.145 n_2 \sqrt[3]{F\dfrac{R_1 R_2}{(2R_2-R_1)}\left(\dfrac{1-\nu_1^2}{E_1}+\dfrac{1-\nu_2^2}{E_2}\right)}$ 若 $E_1=E_2=E, \nu_1=\nu_2=0.3$,则 $a = 1.397 n_1 \sqrt[3]{\dfrac{F}{E}\dfrac{R_1 R_2}{(2R_2-R_1)}}$ $b = 1.397 n_2 \sqrt[3]{\dfrac{F}{E}\dfrac{R_1 R_2}{(2R_2-R_1)}}$	$0.365 n_3 \sqrt[3]{\dfrac{F\left(\dfrac{2R_2-R_1}{R_1 R_2}\right)^2}{\left(\dfrac{1-\nu_1^2}{E_1}+\dfrac{1-\nu_2^2}{E_2}\right)^2}}$ 若 $E_1=E_2=E, \nu_1=\nu_2=0.3$,则 $0.245 n_3 \sqrt[3]{FE^2\left(\dfrac{2R_2-R_1}{R_1 R_2}\right)^2}$	$0.655 n_4 \sqrt[3]{F^2\dfrac{(2R_2-R_1)}{R_1 R_2}\left(\dfrac{1-\nu_1^2}{E_1}+\dfrac{1-\nu_2^2}{E_2}\right)^2}$ 若 $E_1=E_2=E, \nu_1=\nu_2=0.3$,则 $0.977 n_4 \sqrt[3]{\left(\dfrac{F}{E}\right)^2\dfrac{(2R_2-R_1)}{R_1 R_2}}$

序号	接触类型	椭圆方程系数 A	椭圆方程系数 B	接触面尺寸	最大应力 σ_{max}	接触相对位移 δ
10	球与圆弧形凹面	$\dfrac{1}{2}\left(\dfrac{1}{R_1}-\dfrac{1}{R_2}\right)$	$\dfrac{1}{2}\left(\dfrac{1}{R_1}+\dfrac{1}{R_3}\right)$	$a=1.145n_1\sqrt[3]{\dfrac{F\left(\dfrac{1-\nu_1^2}{E_1}+\dfrac{1-\nu_2^2}{E_2}\right)}{\dfrac{2}{R_1}-\dfrac{1}{R_2}+\dfrac{1}{R_3}}}$ $b=1.145n_2\sqrt[3]{\dfrac{F\left(\dfrac{1-\nu_1^2}{E_1}+\dfrac{1-\nu_2^2}{E_2}\right)}{\dfrac{2}{R_1}-\dfrac{1}{R_2}+\dfrac{1}{R_3}}}$ 若 $E_1=E_2=E, \nu_1=\nu_2=0.3$，则 $a=1.397n_1\sqrt[3]{\dfrac{F/E}{2/R_1-1/R_2+1/R_3}}$ $b=1.397n_2\sqrt[3]{\dfrac{F/E}{2/R_1-1/R_2+1/R_3}}$	$0.365n_3\sqrt[3]{\dfrac{F(2/R_1-1/R_2+1/R_3)^2}{\left(\dfrac{1-\nu_1^2}{E_1}+\dfrac{1-\nu_2^2}{E_2}\right)^2}}$ 若 $E_1=E_2=E, \nu_1=\nu_2=0.3$，则 $0.245n_3\sqrt[3]{FE^2\left(\dfrac{2}{R_1}-\dfrac{1}{R_2}+\dfrac{1}{R_3}\right)^2}$	$0.655n_4\sqrt[3]{F^2\left(\dfrac{2}{R_1}-\dfrac{1}{R_2}+\dfrac{1}{R_3}\right)\times\left(\dfrac{1-\nu_1^2}{E_1}+\dfrac{1-\nu_2^2}{E_2}\right)^2}$ 若 $E_1=E_2=E, \nu_1=\nu_2=0.3$，则 $0.977n_4\sqrt[3]{\left(\dfrac{F}{E}\right)^2\left(\dfrac{2}{R_1}-\dfrac{1}{R_2}+\dfrac{1}{R_3}\right)}$
11	滚柱与圆弧形凹面	$\dfrac{1}{2}\left(\dfrac{1}{R_2}-\dfrac{1}{R_4}\right)$	$\dfrac{1}{2}\left(\dfrac{1}{R_1}+\dfrac{1}{R_3}\right)$	$a=1.145n_1\sqrt[3]{\dfrac{F\left(\dfrac{1-\nu_1^2}{E_1}+\dfrac{1-\nu_2^2}{E_2}\right)}{1/R_1+1/R_2+1/R_3-1/R_4}}$ $b=1.145n_2\sqrt[3]{\dfrac{F\left(\dfrac{1-\nu_1^2}{E_1}+\dfrac{1-\nu_2^2}{E_2}\right)}{1/R_1+1/R_2+1/R_3-1/R_4}}$ 若 $E_1=E_2=E, \nu_1=\nu_2=0.3$，则 $a=1.397n_1\sqrt[3]{\dfrac{F/E}{1/R_1+1/R_2+1/R_3-1/R_4}}$ $b=1.397n_2\sqrt[3]{\dfrac{F/E}{1/R_1+1/R_2+1/R_3-1/R_4}}$	$0.365n_3\sqrt[3]{\dfrac{F(1/R_1+1/R_2+1/R_3-1/R_4)^2}{\left(\dfrac{1-\nu_1^2}{E_1}+\dfrac{1-\nu_2^2}{E_2}\right)^2}}$ 若 $E_1=E_2=E, \nu_1=\nu_2=0.3$，则 $0.245n_3\sqrt[3]{FE^2\left(\dfrac{1}{R_1}+\dfrac{1}{R_2}+\dfrac{1}{R_3}-\dfrac{1}{R_4}\right)^2}$	$0.655n_4\sqrt[3]{F^2\left(\dfrac{1}{R_1}+\dfrac{1}{R_2}+\dfrac{1}{R_3}-\dfrac{1}{R_4}\right)\times\left(\dfrac{1-\nu_1^2}{E_1}+\dfrac{1-\nu_2^2}{E_2}\right)^2}$ 若 $E_1=E_2=E, \nu_1=\nu_2=0.3$，则 $0.977n_4\times\sqrt[3]{\left(\dfrac{F}{E}\right)^2\left(\dfrac{1}{R_1}+\dfrac{1}{R_2}+\dfrac{1}{R_3}-\dfrac{1}{R_4}\right)}$

注：a、b—椭圆形接触面（当点接触时）的长、短半轴；b—矩形接触面（当线接触时）的半长；n_1、n_2、n_3、n_4—系数，见表 1.4-48。

表 1.4-48　系数 n_1、n_2、n_3 和 n_4 的数值

A/B	n_1	n_2	n_3	n_4	A/B	n_1	n_2	n_3	n_4
1.0000	1.0000	1.0000	1.00000	1.0000	0.1603	1.979	0.5938	0.8504	0.8451
0.9623	1.013	0.9873	0.9999	0.9999	0.1462	2.053	0.5808	0.8386	0.8320
0.9240	1.027	0.9742	0.9997	0.9997	0.1317	2.141	0.5665	0.8246	0.8168
0.8852	1.042	0.9606	0.9992	0.9992	0.1166	2.248	0.5505	0.8082	0.7990
0.8459	1.058	0.9465	0.9985	0.9985	0.1010	2.381	0.5325	0.7887	0.7775
0.8059	1.076	0.9318	0.9974	0.9974	0.09287	2.463	0.5224	0.7774	0.7650
0.7652	1.095	0.9165	0.9960	0.9960	0.08456	2.557	0.5114	0.7647	0.7509
0.7238	1.117	0.9005	0.9942	0.9942	0.07600	2.669	0.4993	0.7504	0.7349
0.6816	1.141	0.8837	0.9919	0.9919	0.06715	2.805	0.4858	0.7338	0.7163
0.6384	1.168	0.8660	0.9890	0.9889	0.05797	2.975	0.4704	0.7144	0.6943
0.5942	1.198	0.8472	0.9853	0.9852	0.04838	3.199	0.4524	0.6909	0.6675
0.5489	1.233	0.8271	0.9805	0.9804	0.04639	3.253	0.4484	0.6856	0.6613
0.5022	1.274	0.8056	0.9746	0.9744	0.04439	3.311	0.4442	0.6799	0.6549
0.4540	1.322	0.7822	0.9669	0.9667	0.04237	3.373	0.4398	0.6740	0.6481
0.4040	1.381	0.7565	0.9571	0.9566	0.04032	3.441	0.4352	0.6678	0.6409
0.3518	1.456	0.7278	0.9440	0.9432	0.03823	3.514	0.4304	0.6612	0.6333
0.3410	1.473	0.7216	0.9409	0.9400	0.03613	3.594	0.4253	0.6542	0.6251
0.3301	1.491	0.7152	0.9376	0.9366	0.03400	3.683	0.4199	0.6467	0.6164
0.3191	1.511	0.7086	0.9340	0.9329	0.03183	3.781	0.4142	0.6387	0.6071
0.3080	1.532	0.7019	0.9302	0.9290	0.02962	3.890	0.4080	0.6300	0.5970
0.2967	1.554	0.6949	0.9262	0.9248	0.02737	4.014	0.4014	0.6206	0.5860
0.2853	1.578	0.6876	0.9219	0.9203	0.02508	4.156	0.3942	0.6104	0.5741
0.2738	1.603	0.6801	0.9172	0.9155	0.02273	4.320	0.3864	0.5990	0.5608
0.2620	1.631	0.6723	0.9121	0.9102	0.02033	4.515	0.3777	0.5864	0.5460
0.2501	1.660	0.6642	0.9067	0.9045	0.01787	4.750	0.3680	0.5721	0.5292
0.2380	1.693	0.6557	0.9008	0.8983	0.01533	5.046	0.3568	0.5555	0.5096
0.2257	1.729	0.6468	0.8944	0.8916	0.01269	5.432	0.3436	0.5358	0.4864
0.2132	1.768	0.6374	0.8873	0.8841	0.00993	5.976	0.3273	0.5112	0.4574
0.2004	1.812	0.6276	0.8766	0.8759	0.00702	6.837	0.3058	0.4783	0.4186
0.1873	1.861	0.6171	0.8710	0.8668	0.00385	8.609	0.2722	0.4267	0.3579
0.1739	1.916	0.6059	0.8614	0.8566					

12.2 接触强度计算

由于接触面附近材料处于三向应力状态，而且三个主应力都是压应力，在接触面中心处三个主应力大小几乎是相等的，所以，该处的材料能够承受很大的压力而不发生屈服，因此，接触面上的许用压应力较高。通常将接触强度条件，写成

$$\sigma_{max} \leqslant \sigma_{Hp}$$

其中，σ_{max} 为接触面上最大压应力，σ_{Hp} 为许用接触应力。

许用接触应力，与接触体形状、材质、受载状态以及判断准则等因素有关。

对于滚柱轴承或滚珠轴承

$$\sigma_{Hp} = 3500 \sim 5000 \text{MPa}$$

对于铁轨钢

$$\sigma_{Hp} = 800 \sim 1000 \text{MPa}$$

一些常用材料及零部件的许用接触应力，见表 1.4-49～表 1.4-51。

表 1.4-49　重型机械用钢的许用接触应力

钢号	热处理	截面尺寸/mm	许用面压应力/MPa	许用接触应力/MPa	钢号	热处理	截面尺寸/mm	许用面压应力/MPa	许用接触应力/MPa
35	正火回火	≤100	130	380	38SiMnMo	调质	≤100	182	565
		>100~300	126	360			>100~300	179	555
		>300~500	122	330			>300~500	175	540
		>500~750	120	325			>500~800	164	500
		>750~1000	118	310	37SiMn2MoV	调质	≤200	187	525
	调质	≤100	140	430			>200~400	185	490
		>100~300	134	400			>400~600	182	465
45	正火回火	≤100	140	430	42MnMoV	调质	100~300	182	565
		>100~300	136	415			>300~500	179	555
		>300~500	134	400			>500~800	175	540
		>500~700	130	380	18MnMoNb	调质	100~300	175	540
	调质	≤200	158	470			>300~500	169	525
20MnMo	调质	100~300	142	445			>500~800	155	475
		>300~500	134	400	30CrMn2MoB		100~300	186	590
20SiMn	正火回火	400~600	130	380			>300~500	185	580
		>600~900	126	360			>500~800	183	570
		>900~1200	124	350	35CrMo	调质	≤100	179	550
35SiMn	调质	≤100	176	545			>100~300	175	540
		>100~300	169	525			>300~500	169	525
		>300~400	164	500			>500~800	164	500
		>400~500	160	490	40Cr	调质	≤100	179	550
42SiMn	调质	≤100	176	545			>100~300	175	540
		>100~200	171	530			>300~500	169	525
		>200~300	169	525			>500~800	155	475
		>300~500	160	490					

注：表中的许用应力值，仅适用于表面粗糙度为 $Ra6.3 \sim Ra0.8\mu m$ 的轴，对于 $Ra12.5\mu m$ 以下的轴，许用应力应降低 10%；$Ra0.4\mu m$ 以上的轴，许用应力可提高 10%。

表 1.4-50 润滑良好的接触零件（如凸轮）的许用接触应力

材料	硬度 HBW	许用接触应力/MPa	材料	硬度 HBW	许用接触应力/MPa
钢-钢	150~150	352	钢-钢	500~350	1020
钢-钢	200~150	422	钢-钢	400~400	1195
钢-钢	250~150	492	钢-钢	500~400	1230
钢-钢	200~200	492	钢-钢	600~400	1266
钢-钢	250~200	562	钢-钢	500~500	1336
钢-钢	300~200	633	钢-钢	600~600	1617
钢-钢	250~250	633	钢-铸铁	150	352
钢-钢	300~250	703	钢-铸铁	200	492
钢-钢	350~250	773	钢-铸铁	≥250	633
钢-钢	300~300	773	钢-磷青铜	150	352
钢-钢	350~300	844	钢-磷青铜	200	492
钢-钢	400~300	879	钢-磷青铜	≥250	598
钢-钢	350~350	914	铸铁-铸铁	150~250	633
钢-钢	400~350	984	铸铁-铸铁	160~250	680

表 1.4-51 润滑一般的接触零部件（如走轮）的许用接触应力

材料	热处理	硬度 HBW	许用接触应力/MPa	材料	热处理	硬度 HBW	许用接触应力/MPa
35	正火	140~185	320~380	37SiMn2MoV	调质	240~290	500~560
35	调质	155~205	400~430	42MnMoV	调质	220~260	500~550
45	正火	160~215	380~430	18MnMo	调质	190~230	480~540
45	调质	215~255	440~470	18MnMoB	调质	240~290	500~580
20SiMn	正火	—	350~380	30CrMn2MoB	调质	240~300	570~590
35SiMn	调质	215~280	490~540	35CrMo	调质	220~265	500~550
42SiMn	调质	215~285	500~540	40Cr	调质	240~285	530~550
38SiMnMo	调质	195~270	500~540	40Cr	调质	215~260	480~530

13 构件的稳定性计算公式（见表1.4-52 ~ 表1.4-63）

表 1.4-52 中心压杆的临界载荷计算式

临界载荷计算式	适用范围
欧拉公式 $F_{cr} = \dfrac{\pi^2 EI}{(\mu l)^2} = \dfrac{\pi^2 E}{\lambda^2} A = \eta \dfrac{EI}{l^2}$	线弹性 $\lambda \geq \lambda_1 = \pi \sqrt{\dfrac{E}{R_p}}$
抛物线经验公式 $F_{cr} = (a - b\lambda^2)A$	超过比例极限 $\lambda \leq \lambda_k = \pi \sqrt{\dfrac{E}{0.57 R_{eL}}}$
直线经验公式 $F_{cr} = (c - d\lambda)A$	$\lambda_1 \geq \lambda \geq \lambda_2 = \dfrac{c - R_{eL}}{d}$

说明：E—材料的弹性模量；I—横截面的形心主惯性矩；A—横截面面积；l—压杆的计算长度；λ—压杆的柔度，$\lambda = \mu l / \sqrt{\dfrac{I}{A}}$；$\mu$—长度系数；$\eta$—稳定系数，$\eta = \dfrac{\pi^2}{\mu^2}$；某些受载压杆的 μ、η 值见表1.4-53 ~ 表1.4-57；a、b、c、d—与材料强度性能有关的系数，见表1.4-58；R_p、R_{eL} 分别为材料的比例极限和屈服强度。

表 1.4-53　中心受压等截面直杆的长度系数 μ 及稳定系数 η 值

$$F_{cr} = \frac{\pi^2 EI}{(\mu l)^2} = \eta \frac{EI}{l^2}; \quad (ql)_{cr} = \frac{\pi^2 EI}{(\mu l)^2} = \eta \frac{EI}{l^2}$$

序号	1	2	3	4	5	6	7
载荷与支座							
μ	0.5	0.699			1		2
η	39.48	20.20			9.87		2.467

序号	8	9	10	11	12	13
载荷与支座						
μ	0.366	0.434	0.577	0.723	0.725	1.122
η	73.68	52.40	29.64	18.88	18.78	7.84

支座简图含义：

- 不允许转动与位移
- 不允许转动与侧向位移，轴向位移自由
- 不允许转动，侧向与轴向位移自由
- 不允许位移，转动自由
- 转动与位移均自由
- 不允许侧移，允许转动和轴向位移

注：1. 考虑到实际固定端不可对位移完全限制，可将表中序号 1、2、5 及 6 的 μ 值适当加大，分别取为 0.65、0.8、1.2 及 2.1。
2. 考虑到桁架中有节点的腹杆，其两端非理想铰支，可适当减小 μ 值，取 $\mu = 0.8$（在桁架平面内）和 $\mu = 0.9$（在侧平面内）。
3. 压杆等两端如为滑动轴承支座，依轴套长 l 与内直径 d 的比值可取 μ 值为：
　　当两端轴承均有 $l/d \leq 1.5$ 时，$\mu = 1.0$
　　当两端轴承均有 $1.5 < l/d < 3$ 时，$\mu = 0.75$
　　当两端轴承均有 $l/d \geq 3$ 时，$\mu = 0.50$
　　当一端轴承 $l/d \geq 3$，另一端轴承 $1.5 < l/d < 3$，$\mu = 0.60$

表 1.4-54 受两种中心载荷的等截面压杆的稳定系数

序号	支座与荷类型	稳定系数
1	$F_{cr} = (F_1 + F_2)_{cr} = \eta \dfrac{EI}{l^2}$	F_2/F_1: 0.5, 1, 2 η: 11.9, 13.0, 14.7
2	$F_{cr} = (F_1 + F_2)_{cr} = \eta \dfrac{EI}{l^2}$	F_2/F_1: 0.5, 1, 2 η: 3.38, 4.14, 5.27
3	$F_{cr} = \eta \dfrac{EI}{l^2}$	$ql \big/ \dfrac{\pi^2 EI}{l^2}$: 1/4, 1/2, 3/4, 1 η: 8.62, 7.40, 6.08, 4.77 $\eta \approx \left(1 - 0.5 ql \big/ \dfrac{\pi^2 EI}{l^2}\right)\pi^2$ 若 $F=0$,$(ql)_{cr} = \eta \dfrac{EI}{l^2}$, 其中 $\eta = 18.8$
4	$F_{cr} = \eta \dfrac{EI}{l^2}$	$ql \big/ \dfrac{\pi^2 EI}{4l^2}$: 1/4, 1/2, 3/4, 1 η: 2.28, 2.08, 1.91, 1.72 $\eta \approx \left(1 - 0.3 ql \big/ \dfrac{\pi^2 EI}{4l^2}\right)\dfrac{\pi^2}{4}$ 若 $F=0$,$(ql)_{cr} = \eta \dfrac{EI}{l^2}$, 其中 $\eta = 7.84$

注：支座的图示意义同表 1.4-53。

表 1.4-55 中心受压变截面直杆的稳定系数 η

序号	支座与载荷类型	稳定系数 η				
1	$F_{cr} = \eta \dfrac{EI}{l^2}$	$I_1/I \backslash a/l$	0.4	0.6	0.8	
		0.4	24.9	26.3	27.5	
		0.6	30.6	31.1	32.5	
		0.8	35.3	35.4	36.4	
2	$F_{cr} = \eta \dfrac{EI}{l^2}$	$I_1/I \backslash a/l$	0.4	0.6	0.8	
		0.4	6.68	8.51	9.67	
		0.6	8.19	9.24	9.78	
		0.8	9.18	9.63	9.84	
3	$F_{cr} = \eta \dfrac{EI}{l^2}$	$I_1/I \backslash a/l$	0.4	0.5	0.6	0.7	0.8
		1/3	1.50	1.76	2.03	2.26	2.40
		1/2	1.88	2.07	2.24	2.36	2.44
		2/3	2.14	2.26	2.35	2.42	2.45

注：支座的图示意义同表 1.4-53。

表 1.4-56　具有中间支承中心受压等截面直杆的长度系数 μ 与稳定系数 η

序号	支座与载荷类型	μ 与 η \ a/l	0	0.1	0.2	0.3	0.4	0.5	0.6	0.7	0.8	0.9	1.0
1		μ	0.500	0.463	0.426	0.391	0.362	0.350	0.362	0.391	0.426	0.463	0.500
		η	39.5	46.1	54.5	64.6	75.2	80.8	75.2	64.6	54.5	46.1	39.5
2		μ	0.699	0.646	0.593	0.539	0.487	0.439	0.410	0.412	0.436	0.467	0.500
		η	20.2	23.6	28.1	34.0	41.7	51.1	58.8	58.2	52.0	45.3	39.5
3		μ	0.699	0.652	0.604	0.558	0.518	0.500	0.518	0.558	0.604	0.652	0.699
		η	20.2	23.2	27.1	31.8	36.8	39.5	36.8	31.8	27.1	23.2	20.2
4		μ	1.00	0.925	0.850	0.776	0.704	0.636	0.575	0.530	0.507	0.501	0.500
		η	9.87	11.5	13.7	16.4	19.9	24.4	29.8	35.1	38.4	39.4	39.5
5		μ	1.00	0.933	0.868	0.804	0.746	0.699	0.672	0.668	0.679	0.693	0.699
		η	9.87	11.3	13.1	15.3	17.7	20.2	21.9	22.1	21.4	20.6	20.2
6		μ	2.00	1.85	1.70	1.55	1.40	1.26	1.11	0.975	0.852	0.757	0.699
		η	2.47	2.88	3.41	4.11	5.02	6.26	7.99	10.4	13.6	17.2	20.2
7		μ	2.00	1.87	1.73	1.60	1.47	1.35	1.23	1.13	1.06	1.01	1.00
		η	2.47	2.83	3.28	3.85	4.55	5.44	6.51	7.73	8.87	9.64	9.87

注：中间支座仅限制压杆在该处的侧向位移，其余支座图示的意义同表 1.4-53。

表 1.4-57　具有弹性支座中心压杆的临界载荷 F_{cr} 和稳定系数 η

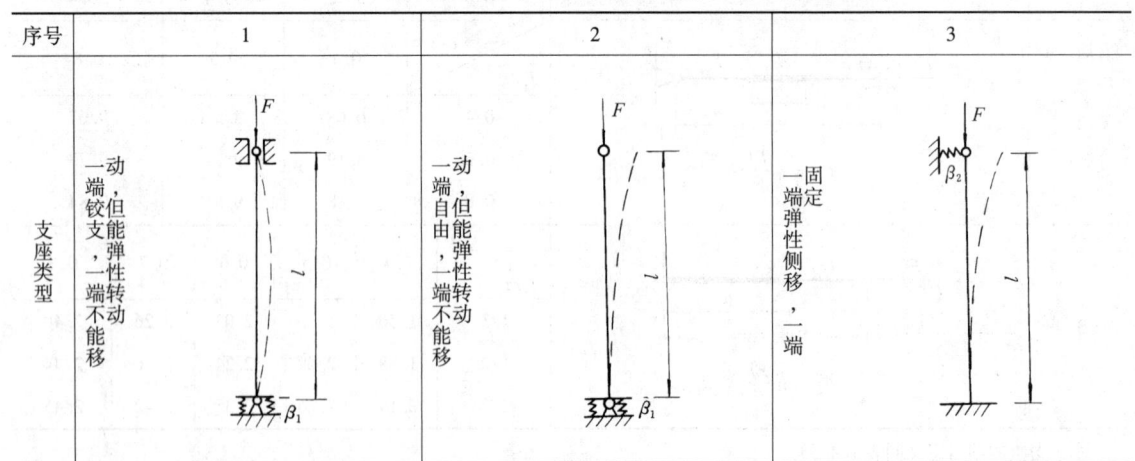

序号	1	2	3
支座类型	一动端，铰支但能弹性转动，一端不能移	一动端，自由但能弹性转动，一端不能移	一固定端，弹性侧移，一端

(续)

序号	1	2	3
稳定方程	$\tan nl = \dfrac{nl}{1 + \dfrac{EI}{\beta_1 l}(nl)^2}$	$nl\tan nl = \dfrac{\beta_1 l}{EI}$	$\tan nl = nl - \dfrac{EI(nl)^3}{\beta_2 l^3}$
临界载荷稳定系数	$F_{cr} = (nl)^2 \dfrac{EI}{l^2} = \eta \dfrac{EI}{l^2}$	（稳定系数 $\eta = (nl)^2$ 中的 nl 为由稳定方程解得的 nl 最小正根）	
说明	E—材料的弹性模量；I—压杆横截面的惯性矩；β_1—抗转动弹簧刚度；β_2—抗侧移弹簧刚度		

表1.4-58 临界载荷经验公式中的系数 a、b、c 及 d 的取值及适用范围

材料	R_{eL}/MPa	R_m/MPa	a/MPa	b/MPa	c/MPa	d/MPa	λ 适用范围
Q235A	235.2	372.4	235.2	0.668×10^{-2}	304	1.12	0~123（抛物线公式） 61~100（直线公式）
Q275	274.4	490.0	274.4	0.855×10^{-2}	—	—	0~96（抛物线公式）
16Mn	343.0	509.6	343.0	1.418×10^{-2}	—	—	0~102（抛物线公式）
优质钢	304	≥471	—	—	460	2.57	60~100（直线公式）
硅钢	353	≥510	—	—	578	3.74	
铬钼钢			—	—	981	5.30	≥55（直线公式）
硬铝			—	—	373	2.14	≥50
铸铁		392	392	1.891×10^{-2}	331.9	1.45	0~102（抛物线公式）
松木			—	—	39.2	0.199	≥59

表1.4-59 中心压杆的稳定性条件

稳定性条件　　$n = \dfrac{F_{cr}}{F} \geq n_w$　　　n—工作稳定安全系数　　n_w—许用稳定安全系数

压杆类型	n_w	压杆类型	n_w
结构中的压杆和柱子	钢 1.8~3.0 铸铁 5~5.5 木材 2.8~3.2	机床走刀丝杆	2.5~4
		水平长丝杆及精密丝杆	>4
矿山设备中的压杆	4~8	磨床等液压缸中的活塞杆	4~6
空压机及内燃机的连杆	3~8	起重螺旋	3.5~5
发动机的挺杆	低速 4~6 高速 2~5	拖拉机转向纵、横推杆	>5

表1.4-60 矩形截面梁整体弯扭失稳的临界载荷（线弹性范围）

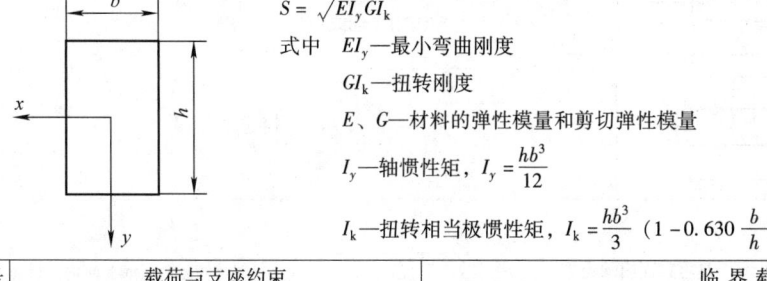

$S = \sqrt{EI_y GI_k}$

式中　EI_y—最小弯曲刚度

　　　GI_k—扭转刚度

　　　E、G—材料的弹性模量和剪切弹性模量

　　　I_y—轴惯性矩，$I_y = \dfrac{hb^3}{12}$

　　　I_k—扭转相当极惯性矩，$I_k = \dfrac{hb^3}{3}\left(1 - 0.630\dfrac{b}{h}\right)$

序号	载荷与支座约束	临界载荷
1	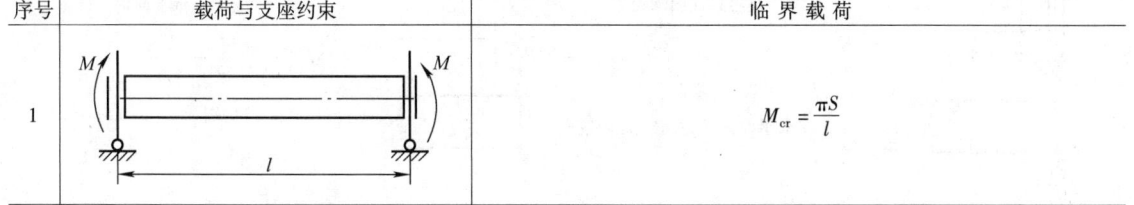	$M_{cr} = \dfrac{\pi S}{l}$

(续)

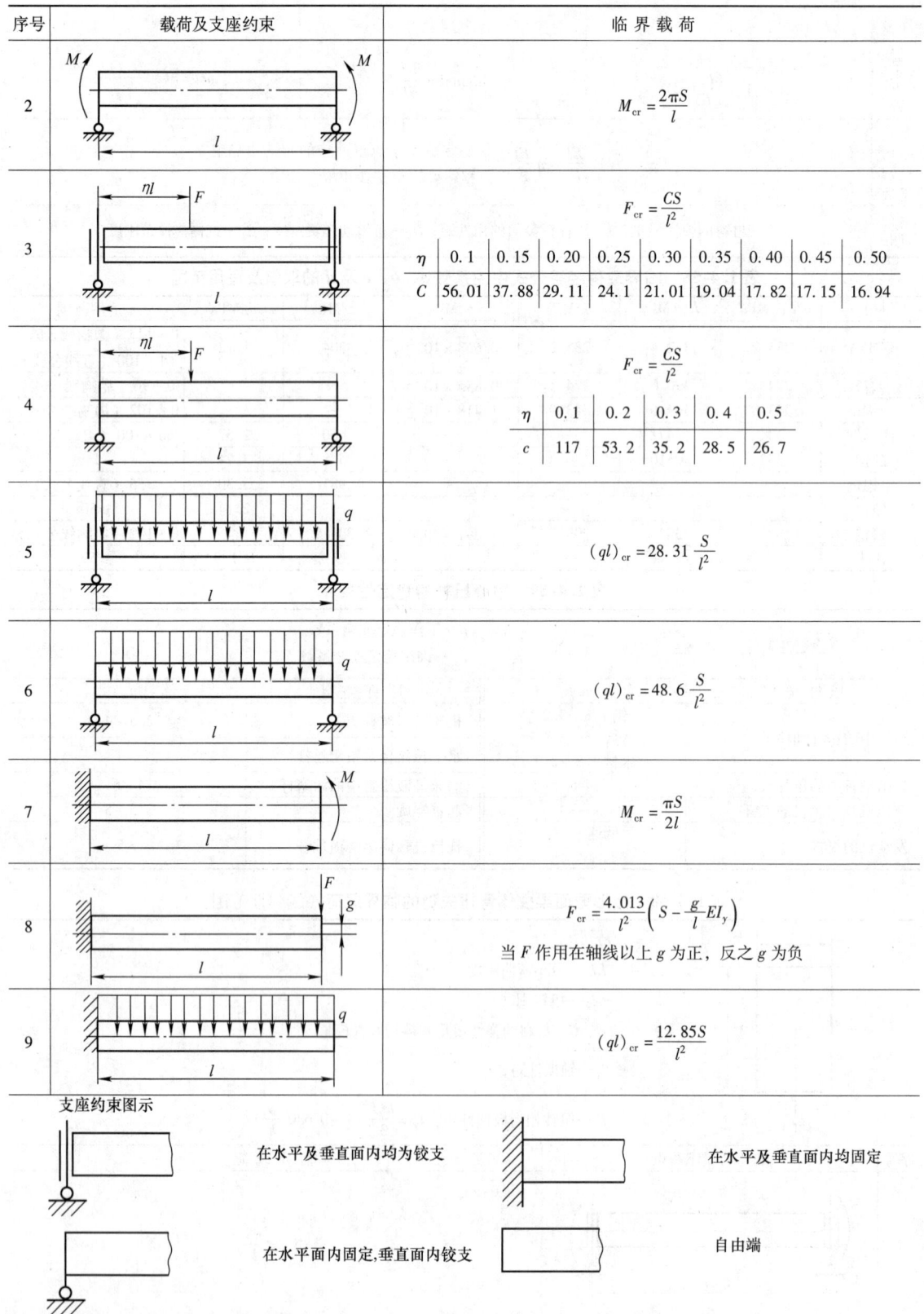

序号	载荷及支座约束	临界载荷
2		$M_{cr} = \dfrac{2\pi S}{l}$
3		$F_{cr} = \dfrac{CS}{l^2}$ | η | 0.1 | 0.15 | 0.20 | 0.25 | 0.30 | 0.35 | 0.40 | 0.45 | 0.50 | | C | 56.01 | 37.88 | 29.11 | 24.1 | 21.01 | 19.04 | 17.82 | 17.15 | 16.94 |
4		$F_{cr} = \dfrac{CS}{l^2}$ | η | 0.1 | 0.2 | 0.3 | 0.4 | 0.5 | | c | 117 | 53.2 | 35.2 | 28.5 | 26.7 |
5		$(ql)_{cr} = 28.31 \dfrac{S}{l^2}$
6		$(ql)_{cr} = 48.6 \dfrac{S}{l^2}$
7		$M_{cr} = \dfrac{\pi S}{2l}$
8		$F_{cr} = \dfrac{4.013}{l^2}\left(S - \dfrac{g}{l}EI_y\right)$ 当 F 作用在轴线以上 g 为正，反之 g 为负
9		$(ql)_{cr} = \dfrac{12.85S}{l^2}$

支座约束图示

在水平及垂直面内均为铰支　　在水平及垂直面内均固定

在水平面内固定,垂直面内铰支　　自由端

表 1.4-61　工字形截面梁整体弯扭失稳的临界载荷（线弹性范围）

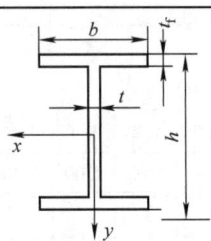

$S = \sqrt{EI_y GI_k}$ —符号意义同上表

对板梁 $I_y = \dfrac{t_f b^3}{6} + \dfrac{(h-2t_f)}{12} t^3$，对型钢查型钢表

$I_k = \dfrac{\alpha}{3}(2bt_f^3 + ht^3)$，其中板梁 $\alpha = 1$，型钢 $\alpha = 1.2$

$m = \dfrac{l^2}{h^2} \cdot \dfrac{2GI_k}{D}$（$D$ 为工字梁在其弯曲平面内的刚度）

序号	载荷及支座约束	临界载荷
1	跨中集中载荷 F，简支	$F_{cr} = \dfrac{KS}{l^2}$ m：0.4，4，8，16，32，64，160，400 K：86.4，31.9，25.6，21.8，19.6，18.3，17.5，17.3
2	跨中集中载荷 F，简支	$F_{cr} = \dfrac{KS}{l^2}$ m：0.4，4，8，16，32，64，126，320 K：268，88.8，65.5，50.2，40.2，34.1，30.7，28.4
3	两端弯矩 M，简支	$M_{cr} = \dfrac{\pi S}{l}\sqrt{1 + \left(\dfrac{\pi}{l}\right)^2 \dfrac{Dh^2}{2GI_k}}$
4	均布载荷 q，简支	$(ql)_{cr} = \dfrac{KS}{l^2}$ m：0.4，4，8，16，32，64，160，400 K：143，53，42.6，36.3，32.6，30.5，29.4，28.6
5	均布载荷 q，简支	$(ql)_{cr} = \dfrac{KS}{l^2}$ m：0.4，4，8，16，32，96，128，400 K：488，161，119，91.3，73.0，58.0，55.8，51.2
6	悬臂端集中载荷 F	$F_{cr} = \dfrac{KS}{l^2}$ m：0.1，1，2，3，4，6，10，24，40 K：44.3，15.7，12.2，10.7，9.76，8.69，7.58，6.19，5.64 当 $m > 40$ 时 $K = \dfrac{4.013}{\left(1 - \dfrac{1}{\sqrt{m}}\right)^2}$

注：支座约束示意图与表 1.4-60 相同。

表 1.4-62　平板的临界载荷（线弹性范围）

序号	载荷与支座	临界载荷
1	面内单向均匀受压，四边简支	$\sigma_{cr} = k \dfrac{\pi^2 E}{12(1-\nu^2)} \left(\dfrac{t}{b}\right)^2$ a/b：0.2，0.3，0.4，0.5，0.6，0.7，0.8，0.9，1.0 k：27，13.2，8.41，6.25，5.14，4.53，4.20，4.04，4.00 a/b：1.1，1.2，1.3，1.4，1.5，1.6，1.7，1.8，2.0 k：4.04，4.13，4.28，4.47，4.34，4.20，4.11，4.04，4.00 a/b：2.2，2.4，2.6，2.8，3.0，3.5，4.0～∞ k：4.04，4.13，4.08，4.02，4.00，4.07，4.0 $k = \left(\dfrac{\beta}{m} + \dfrac{m}{\beta}\right)^2$，$\beta = a/b$，$m$ 为沿 a 向的半波数 $\beta \leq \sqrt{2}$　　　　$m = 1$　　　$\sqrt{6} < \beta \leq \sqrt{12}$　$m = 3$ $\sqrt{2} < \beta \leq \sqrt{6}$　　$m = 2$　　　$\sqrt{12} < \beta \leq \sqrt{20}$　$m = 4$

(续)

序号	载荷与支座	临界载荷
2	面内单向均匀受压，加载边简支，非加载边固定	$\sigma_{cr} = k \dfrac{\pi^2 E}{12(1-\nu^2)} \left(\dfrac{t}{b}\right)^2$

a/b	0.4	0.5	0.6	0.7	0.8	0.9	1.0	1.2	1.4	1.6
k	9.44	7.68	7.05	7.00	7.30	7.83	7.69	7.05	7.00	7.30
a/b	1.8	2.1	3.0	3.5	∞					
k	7.05	7.00	7.07	7.00	6.97					

序号	载荷与支座	临界载荷
3	面内单向均匀受压，加载边简支，非加载边一边固定，一边简支	$\sigma_{cr} = k \dfrac{\pi^2 E}{12(1-\nu^2)} \left(\dfrac{t}{b}\right)^2$

a/b	0.5	0.6	0.8	1.0	1.2	1.4	1.6
k	6.85	5.92	5.41	5.74	5.92	5.51	5.41
a/b	1.8	1.95	2.4	3.2	∞		
k	5.50	5.67	5.41	5.41	5.41		

序号	载荷与支座	临界载荷
4	面内单向均匀受压，受载边简支，非受载边一边简支，一边自由	$\sigma_{cr} = k \dfrac{\pi^2 E}{12(1-\nu^2)} \left(\dfrac{t}{b}\right)^2$

$\nu = 0.25 \quad k \approx (0.456 + 1/\beta^2) \quad 当 \beta = a/b \geq 2$

a/b	0.5	1.0	1.2	1.4	1.6	1.8	2.0	2.5
k	4.4	1.44	1.14	0.952	0.835	0.755	0.698	0.610
a/b	3.0	4.0	5.0	8.0	10	∞		
k	0.564	0.516	0.506	0.47	0.465	0.456		

$\nu = 0.3 \quad k \approx (0.425 + 1/\beta^2) \quad 当 \beta = \dfrac{a}{b} \geq 2$

a/b	0.8	0.9	1.00	1.25	1.50	1.75	2.00	2.50	3.00	3.50
k	1.954	1.631	1.402	1.047	0.858	0.742	0.669	0.582	0.533	0.505
a/b	4.00	5.00	6.00	7.00	9.00	11.0	15.0	25.0	∞	
k	0.486	0.464	0.451	0.445	0.438	0.434	0.428	0.426	0.425	

序号	载荷与支座	临界载荷
5	面内单向均匀受压，受载边简支，非受载边一边固定，一边自由	$\nu = 0.25 \quad \sigma_{cr} = k \dfrac{\pi^2 E}{12(1-\nu^2)} \left(\dfrac{t}{b}\right)^2$

a/b	1.0	1.1	1.2	1.3	1.4	1.5	1.6	1.7
k	1.70	1.56	1.47	1.41	1.36	1.34	1.33	1.33
a/b	1.8	1.9	2.0	2.2	2.5	3	∞	
k	1.34	1.36	1.38	1.45	1.59	1.36	1.33	

$\nu = 0.3$

a/b	0.8	0.9	1.0	1.25	1.5	1.645	1.75	2.0	2.25	2.5
k	2.15	1.85	1.66	1.39	1.29	1.28	1.29	1.34	1.42	1.39
a/b	3.0	3.5	4	4.5	4.94	5.25	6.00	∞		
k	1.29	1.29	1.34	1.29	1.28	1.29	1.29	1.28		

(续)

序号	载荷与支座	临界载荷
6	面内弯压组合作用，四边简支 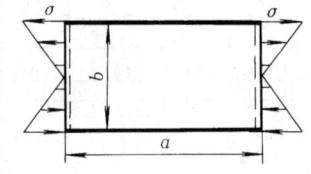 $\sigma_x = \sigma_1 (1 - \varphi y/b)$ $\varphi = 2$ 纯弯 $\varphi = 0$ 纯压	$\sigma_{1cr} = k \dfrac{\pi^2 E}{12(1-\nu^2)} (t/b)^2$ <table><tr><td>φ \ a/b</td><td>0.40</td><td>0.50</td><td>0.60</td><td>0.667</td><td>0.75</td><td>0.80</td><td>0.90</td><td>1.0</td><td>1.5</td><td>∞</td></tr><tr><td>2</td><td>29.1</td><td>25.6</td><td>24.1</td><td>23.9</td><td>24.1</td><td>24.4</td><td>25.6</td><td>25.6</td><td>24.1</td><td>23.9</td></tr><tr><td>4/3</td><td>18.7</td><td>—</td><td>12.9</td><td></td><td>11.5</td><td>11.2</td><td>—</td><td>11.0</td><td>11.5</td><td></td></tr><tr><td>1</td><td>15.1</td><td></td><td>9.7</td><td></td><td>8.4</td><td>8.1</td><td></td><td>7.8</td><td>8.4</td><td></td></tr><tr><td>4/5</td><td>13.3</td><td>—</td><td>8.3</td><td></td><td>7.1</td><td>6.9</td><td>—</td><td>6.6</td><td>7.1</td><td></td></tr><tr><td>2/3</td><td>10.8</td><td></td><td>7.1</td><td></td><td>6.1</td><td>6.0</td><td></td><td>5.8</td><td>6.1</td><td></td></tr></table> $\varphi = 2$，近似式 $a/b \leqslant \dfrac{2}{3}$ $k \approx 15.87 + 1.87/\beta^2 + 8.6\beta^2$ $a/b > \dfrac{2}{3}$ $k \approx 23.9$ ($\beta = a/b$)
7	面内弯曲作用，受载边简支，非受载边固定 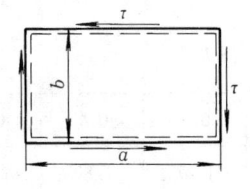	$\sigma_{cr} = k \dfrac{\pi^2 E}{12(1-\nu^2)} \left(\dfrac{t}{b}\right)^2$ <table><tr><td>a/b</td><td>0.3</td><td>0.4</td><td>0.5</td><td>0.6</td><td>0.7</td><td>0.8</td><td>1.0</td><td>1.5</td><td>2.0</td></tr><tr><td>k</td><td>47.3</td><td>40.7</td><td>39.7</td><td>41.8</td><td>43.0</td><td>40.7</td><td>39.7</td><td>39.7</td><td>39.7</td></tr></table> $a/b \geqslant 1$ $k \approx 39.7$
8	面内受均匀剪切作用，四边简支 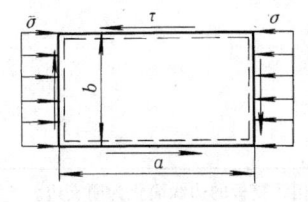	$\tau_{cr} = k \dfrac{\pi^2 E}{12(1-\nu^2)} (t/b)^2$ $\beta = a/b \leqslant 1$ $k \approx 4.0 + 5.34/\beta^2$ $\beta = a/b \geqslant 1$ $k \approx 5.34 + 4.00/\beta^2$ 精确解 <table><tr><td>a/b</td><td>1</td><td>2</td><td>3</td><td>∞</td></tr><tr><td>k</td><td>9.35</td><td>6.48</td><td>6.04</td><td>5.35</td></tr></table>
9	面内压缩，剪切组合作用，四边简支	交叉影响公式 $$\left(\dfrac{\sigma_{cr}}{\sigma_{cr}^*}\right)^2 + \left(\dfrac{\tau_{cr}}{\tau_{cr}^*}\right)^2 = 1$$ 式中 σ_{cr}、τ_{cr}—压、剪组合作用时的临界应力； σ_{cr}^*、τ_{cr}^*—仅有压缩或剪切作用时的临界应力，由本表序号1和8查得

(续)

序号	载荷与支座	临界载荷
10	面内弯曲，剪切组合作用，四边简支 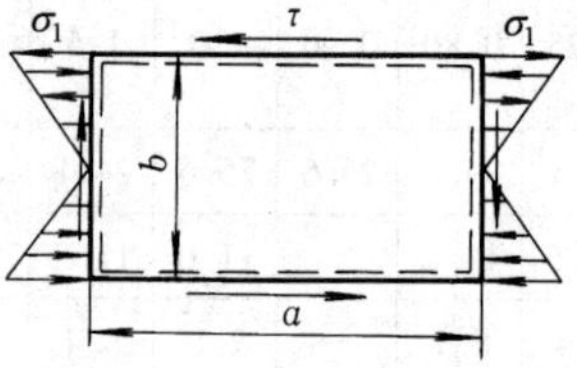	交叉影响公式 $$\left(\frac{\sigma_{1cr}}{\sigma_{1cr}^*}\right)^2 + \left(\frac{\tau_{cr}}{\tau_{cr}^*}\right)^2 = 1$$ 式中 σ_{1cr}、τ_{cr}——弯剪组合作用时的临界应力；σ_{1cr}^*、τ_{cr}^*——仅有弯曲或剪切作用时的临界应力，由本表序号6和8查得
11	面内径向压缩，外周边简支内周边自由 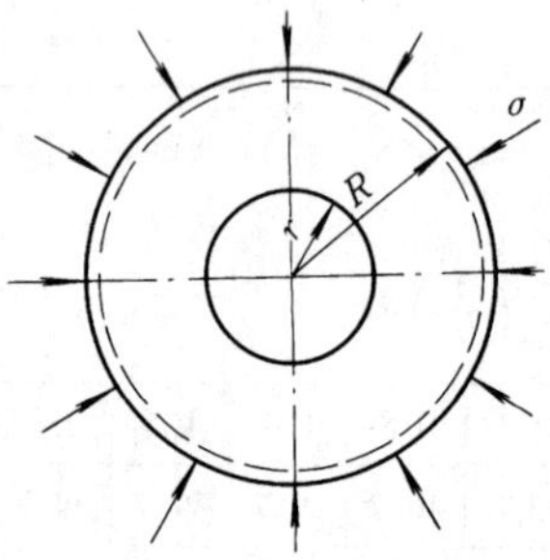	$\sigma_{cr} = k\dfrac{\pi^2 E}{12(1-\nu^2)}(t/R)^2$ r/R: 0, 0.1, 0.2, 0.3, 0.4, 0.5, 0.6, 0.7, 0.8, 0.9 k: 0.426, 0.402, 0.365, 0.328, 0.280, 0.256, 0.231, 0.219, 0.207, 0.195
12	面内径向压缩，外周边固定，内周边自由	$\sigma_{cr} = k\dfrac{\pi^2 E}{12(1-\nu^2)}(t/R)^2$ r/R: 0, 0.1, 0.2, 0.3, 0.4, 0.5 k: 1.48, 1.42, 1.35, 1.47, 1.80, 2.52

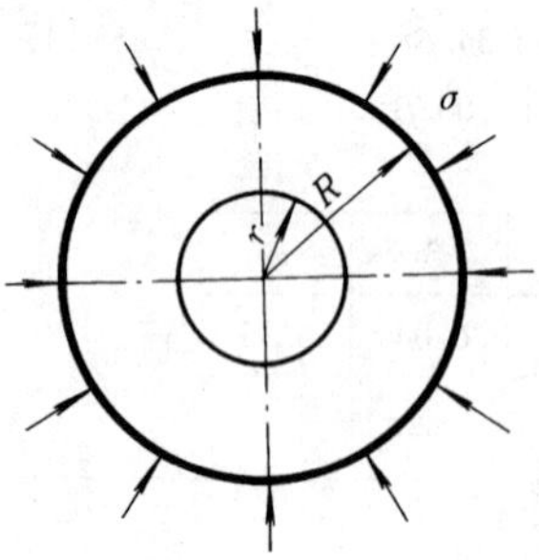

表中 t——板厚

―――― 自由边
- - - - 简支边
▬▬▬▬ 固定边

注：本表也适用于薄壁杆件局部稳定临界载荷计算，通常将所计算的壁板部分与相邻壁板的边缘简化为简支边。

表 1.4-63　圆柱壳与球壳的临界载荷（线弹性）

序号	载荷与壳体	临界载荷
1	轴向均匀受压的圆柱壳 R—平均半径； t—厚度　（下同）	$z = \left(\dfrac{l}{R}\right)^2 (R/t) \sqrt{1-\nu^2}$ 短壳：$z < 2.85$ $\sigma_{cr} = k_c \dfrac{\pi^2 E}{12(1-\nu^2)(l/t)^2}$ $k_c = \begin{cases} \dfrac{1+12z^2}{\pi^4} & \text{（两端简支）} \\ \dfrac{4+3z^2}{\pi^4} & \text{（两端固定）} \end{cases}$ 中长壳：$z > 2.85$ 经典理论解（理想圆柱壳）　$\sigma_{cr} = \dfrac{1}{\sqrt{3(1-\nu^2)}} \dfrac{Et}{R}$（两端简支或固定） 实测值（有缺陷圆柱壳）　$\sigma'_{cr} = \left(\dfrac{1}{5} \sim \dfrac{1}{3}\right)\sigma_{cr}$ 对精度较差的柱壳可取　$\sigma'_{cr} = \dfrac{1}{5}\sigma_{cr}$ 对精度较高的柱壳可取　$\sigma'_{cr} = \left(\dfrac{1}{4} \sim \dfrac{1}{3}\right)\sigma_{cr}$ 长壳：z 很大的细长壳 $\sigma_{cr} = \dfrac{\pi^2 E}{\lambda^2}$ $\lambda = \dfrac{\sqrt{2}\mu l}{R} > \pi \sqrt{\dfrac{E}{R_{eL}}}$ μ 为长度系数，见表 1.4-53
2	纵向对称面内受弯矩作用圆柱壳	中长壳：　$M_{cr} = \dfrac{\pi E R t^2}{\sqrt{3(1-\nu^2)}}$ 实测值　$M'_{cr} = (0.4 \sim 0.7) M_{cr}$
3	两端受扭圆柱壳 $\tau = \dfrac{T}{2\pi R^2 t}$ D—平均直径	$\tau_{cr} = k_s \left(\dfrac{\pi^2 E}{12(1-\nu^2)(l/t)^2}\right) \xrightarrow{\nu=0.3} \dfrac{0.904 k_s E}{(l/t)^2}$ $z = (l/R)^2 (R/t) \sqrt{1-\nu^2}$ 短壳：$z < 50$ $k_s = \begin{cases} 5.35 + 0.213z & \text{（两端简支）} \\ 8.98 + 0.101z & \text{（两端固定）} \end{cases}$ 中长壳：　$100 \leqslant z \leqslant 19.2(1-\nu^2)(D/t)^2 \xrightarrow{\nu=0.3} 17.5(D/t)^2$ $k_s = 0.85 z^{0.75}$（$\nu = 0.3$，无论何边界） 考虑初始缺陷影响，建议取 k_s 比上式低 15% 长壳：　$k_s = \dfrac{0.416z}{(D/t)^{0.5}}$

（续）

序号	载荷与壳体	临界载荷
4	静水外压，非加劲圆柱壳及环向加劲圆柱壳在环肋之间的屈曲 l 为柱壳两相邻环肋之间或一端部与相邻环肋间的距离，若两端为半球状头壳，当柱段发生屈曲，头部仍保持稳定，则可当作较长的柱壳，每端各加长 $\dfrac{\pi D}{2n}$	一般通用式： $$p_{cr} = \frac{2E(t/D)}{n^2+(\lambda^2/2)-1}\left\{\frac{(t/D)^2}{3(1-\nu^2)}[(n^2+\lambda^2)^2-2n^2+1]+\frac{\lambda^4}{(n^2+\lambda^2)^2}\right\}$$ n：环向出现压陷时的瓣数（使 p_{cr} 最小的正整数） $$\lambda = \frac{\pi D}{2l}$$ 简化式： 当 $\dfrac{2}{[12(1-\nu^2)]^{0.25}}\sqrt{D/t} < l/D \leq \dfrac{10}{[12(1-\nu^2)]^{0.25}}\sqrt{D/t}$ $\left(\nu=0.3,\ \dfrac{1.1}{\sqrt{D/t}} < l/D \leq 5.5/\sqrt{D/t}\right)$ $$p_{cr} = \frac{2.42E}{(1-\nu^2)^{0.75}}\left[\frac{(t/D)^{2.5}}{l/D-0.45(t/D)^{0.5}}\right] \xlongequal{\nu=0.3} \frac{2.6E(t/D)^{2.5}}{l/D-0.45(t/D)^{0.5}}$$ 当 $\dfrac{10}{[12(1-\nu^2)]^{0.25}}\sqrt{D/t} < l/D \leq \dfrac{\sqrt{D/t}}{[12(1-\nu^2)]^{0.25}}$ $\left(\nu=0.3,\ \dfrac{5.5}{\sqrt{D/t}} < l/D \leq 0.55\sqrt{D/t}\right)$ $$p_{cr} = \frac{2.42E}{(1-\nu^2)^{0.75}(D/t)^{2.5}(l/D)} \xlongequal{\nu=0.3} \frac{2.60E}{l/D(D/t)^{2.5}}$$ 当 $\dfrac{\sqrt{D/t}}{[12(1-\nu^2)]^{0.25}} < l/D \leq \dfrac{4\sqrt{D/t}}{[12(1-\nu^2)]^{0.25}}$ $\left(\nu=0.3,\ 0.55\sqrt{D/t} < l/D \leq 2.2\sqrt{D/t}\right)$ $$p_{cr} = \frac{2E(t/D)}{3+\lambda^2/2}\left\{\frac{(t/D)^2}{3(1-\nu^2)}[(4+\lambda^2)^2-7]+\frac{\lambda^4}{(4+\lambda^2)^2}\right\}$$ 当 $l/D > \dfrac{4\sqrt{D/t}}{[12(1-\nu^2)]^{0.25}}$ $(\nu=0.3,\ l/D > 2.2\sqrt{D/t})$ $$p_{cr} = \frac{2E(t/D)^3}{(1-\nu^2)} \xlongequal{\nu=0.3} 2.2E(t/D)^3$$
5	径向均匀外压球壳	经典理论解 $$p_{cr} = \frac{2Et^2}{r^2\sqrt{3(1-\nu^2)}} \xlongequal{\nu=0.3} 1.2E\left(\frac{t}{r}\right)^2$$ 实测值 $$p'_{cr} = \left(\frac{1}{4} \sim \frac{2}{3}\right)p_{cr}$$ 经典解也适用于碟形和椭圆形封头。但式中的 r 应为碟形封头球面部分的内半径；用于椭圆形封头，式中 r 应取下表中的当量半径 r_0 | 长短半轴比 a/b	3.0	2.8	2.6	2.4	2.2	2.0	1.8	1.6	1.4	1.2
---	---	---	---	---	---	---	---	---	---	---
当量半径与容器外直径比 $\dfrac{r_0}{D}$	1.36	1.27	1.18	1.08	0.99	0.90	0.81	0.73	0.65	0.57	

注：若材料无下屈服强度 R_{eL}，则用 $R_{p0.2}$。

14 静态应变测量计算公式（见表1.4-64~表1.4~66）

表1.4-64 几种杆件受载方式下，所测应力和载荷的计算公式

载荷形式	载荷及布片图	接桥图	ε'/ε	所测应力及载荷计算公式
轴向拉伸或压缩			1	$\sigma = E\varepsilon'$ $F = EA\varepsilon'$
			$1+\mu$	$\sigma = \dfrac{E\varepsilon'}{1+\mu}$ $F = \dfrac{EA\varepsilon'}{1+\mu}$
			$2(1+\mu)$	$\sigma = \dfrac{E\varepsilon'}{2(1+\mu)}$ $F = \dfrac{EA\varepsilon'}{2(1+\mu)}$
平面弯曲			1	$\sigma = E\varepsilon'$ $M = EW\varepsilon'$
拉(压)弯组合			2	$\sigma = \dfrac{E\varepsilon'}{2}$ $F = \dfrac{EA\varepsilon'}{2}$
			2	$\sigma = \dfrac{E\varepsilon'}{2}$ $M = \dfrac{EW\varepsilon'}{2}$
扭转			1	$\tau = \dfrac{E\varepsilon'}{1+\mu}$ $T = \dfrac{EW_n\varepsilon'}{1+\mu}$
			4	$\tau = \dfrac{E\varepsilon'}{4(1+\mu)}$ $T = \dfrac{EW_n\varepsilon'}{4(1+\mu)}$
拉(压)扭组合			2	$\tau = \dfrac{E\varepsilon'}{2(1+\mu)}$ $T = \dfrac{EW_n\varepsilon'}{2(1+\mu)}$

(续)

载荷形式	载荷及布片图	接桥图	ε'/ε	所测应力及载荷计算公式
拉（压）弯扭组合（弯矩沿轴向无梯度）			4	$\tau = \dfrac{E\varepsilon'}{4(1+\mu)}$ $T = \dfrac{EW_n\varepsilon'}{4(1+\mu)}$
拉（压）弯扭组合（弯矩沿轴向有梯度）			4	$\tau = \dfrac{E\varepsilon'}{4(1+\mu)}$ $T = \dfrac{EW_n\varepsilon'}{4(1+\mu)}$
剪切			1	$F = \dfrac{EW\varepsilon'}{a}$

注：1. ε'—仪器测得指示应变；ε—试件实际应变；A—杆件横截面面积；W、W_n—杆件横截面的抗弯、抗扭截面系数。
2. 倾斜布片均为45°倾角。括号内电阻片粘贴于杆后面。

表 1.4-65　常用应变花求主应变、主应力及主方向角的计算公式

序号	应变花类型	主应变 ε_{max}、ε_{min}	主应力 σ_{max}、σ_{min}	主方向角 φ	应用场合
1	二轴应变花（90°）	ε_1、ε_2 代数值大者为 ε_{max}，小者为 ε_{min}	$\sigma_{max} = \dfrac{E}{1-\nu^2}(\varepsilon_{max} + 2\varepsilon_{min})$ $\sigma_{min} = \dfrac{E}{1-\nu^2}(\varepsilon_{min} + 2\varepsilon_{max})$	$\varphi = 0$	两主应变方向已知
2	三轴45°应变花	$\varepsilon_{max \atop min} = \dfrac{\varepsilon_1 + \varepsilon_3}{2} \pm \dfrac{1}{\sqrt{2}} \times \sqrt{(\varepsilon_1-\varepsilon_2)^2 + (\varepsilon_2-\varepsilon_3)^2}$	$\sigma_{max \atop min} = \dfrac{E}{2}\left[\dfrac{\varepsilon_1+\varepsilon_3}{1-\nu} \pm \dfrac{\sqrt{2}}{1+\nu} \times \sqrt{(\varepsilon_1-\varepsilon_2)^2 + (\varepsilon_2-\varepsilon_3)^2}\right]$	$\varphi = \dfrac{1}{2}\arctan\dfrac{(2\varepsilon_2-\varepsilon_1-\varepsilon_3)}{\varepsilon_1-\varepsilon_3}$ 若 $\varepsilon_1 \geqslant \varepsilon_3$，由 1 轴转 φ 角至 ε_{max}（或 σ_{max}） 若 $\varepsilon_1 < \varepsilon_3$，由 1 轴转 φ 角至 ε_{min}（或 σ_{min}）	主要用于两应变主方向大致已知的场合
3	三轴60°应变花	$\varepsilon_{max \atop min} = \dfrac{\varepsilon_1 + \varepsilon_2 + \varepsilon_3}{3} \pm \dfrac{\sqrt{2}}{3} \times \sqrt{(\varepsilon_1-\varepsilon_2)^2 + (\varepsilon_2-\varepsilon_3)^2 + (\varepsilon_3-\varepsilon_1)^2}$	$\sigma_{max \atop min} = \dfrac{E}{3} \times \left[\dfrac{\varepsilon_1+\varepsilon_2+\varepsilon_3}{(1-\nu)} \pm \dfrac{\sqrt{2}}{(1+\nu)} \times \sqrt{(\varepsilon_1-\varepsilon_2)^2 + (\varepsilon_2-\varepsilon_3)^2 + (\varepsilon_3-\varepsilon_1)^2}\right]$	$\varphi = \dfrac{1}{2}\arctan \times \dfrac{\sqrt{3}(\varepsilon_2-\varepsilon_3)}{(2\varepsilon_1-\varepsilon_2-\varepsilon_3)}$ $\varepsilon_1 \geqslant \dfrac{\varepsilon_2+\varepsilon_3}{2}$ 由 1 轴转 φ 角至 ε_{max}（或 σ_{max}） $\varepsilon_1 < \dfrac{\varepsilon_2+\varepsilon_3}{2}$ 由 1 轴转 φ 角至 ε_{min}（或 σ_{min}）	主要用于两应变主方向无法估计的场合

（续）

序号	应变花类型	主应变 ε_{max}、ε_{min}	主应力 σ_{max}、σ_{min}	主方向角 φ	应用场合
4	四轴45°/90°校核式应变花 校核式 $\varepsilon_1+\varepsilon_3=\varepsilon_2+\varepsilon_4$	$\varepsilon_{max \atop min}=\dfrac{\varepsilon_1+\varepsilon_2+\varepsilon_3+\varepsilon_4}{4}\pm$ $\dfrac{1}{2}\sqrt{(\varepsilon_1-\varepsilon_3)^2+(\varepsilon_2-\varepsilon_4)^4}$	$\sigma_{max \atop min}=\dfrac{E}{2}\times$ $\left[\dfrac{(\varepsilon_1+\varepsilon_2+\varepsilon_3+\varepsilon_4)}{2(1-\nu)}\pm\dfrac{1}{(1+\nu)}\times\right.$ $\left.\sqrt{(\varepsilon_1-\varepsilon_3)^2+(\varepsilon_2-\varepsilon_4)^2}\right]$	$\varphi=\dfrac{1}{2}\arctan\times$ $\dfrac{\varepsilon_2-\varepsilon_4}{\varepsilon_1-\varepsilon_3}$ $\varepsilon_1\geqslant\varepsilon_3$ 由1轴转φ角至ε_{max}（或σ_{max}） $\varepsilon_1<\varepsilon_3$ 由1轴转φ角至ε_{min}（或σ_{min}）	欲利用第四个应变读数检查其他三个应变读数准确度，两应变主方向大致已知的场合
5	四轴60°/90°校核式应变花 校核式 $\dfrac{(\varepsilon_1+\varepsilon_4)}{2}=\dfrac{(\varepsilon_1+\varepsilon_2+\varepsilon_3)}{3}$	$\varepsilon_{max \atop min}=\dfrac{(\varepsilon_1+\varepsilon_4)}{2}\pm$ $\dfrac{1}{2}\sqrt{(\varepsilon_1-\varepsilon_4)^2+\dfrac{4}{3}(\varepsilon_2-\varepsilon_3)^2}$	$\sigma_{max \atop min}=\dfrac{E}{2}\times$ $\left[\dfrac{(\varepsilon_1+\varepsilon_4)}{(1-\nu)}\pm\dfrac{1}{(1+\nu)}\times\right.$ $\left.\sqrt{(\varepsilon_1-\varepsilon_4)^2+\dfrac{4}{3}(\varepsilon_2-\varepsilon_3)^2}\right]$	$\varphi=\dfrac{1}{2}\arctan$ $\dfrac{2(\varepsilon_2-\varepsilon_3)}{\sqrt{3}(\varepsilon_1-\varepsilon_4)}$ $\varepsilon_1\geqslant\dfrac{(\varepsilon_2+\varepsilon_3)}{2}$，由1轴转$\varphi$角至$\varepsilon_{max}$（或$\sigma_{max}$） $\varepsilon_1<\dfrac{\varepsilon_2+\varepsilon_3}{2}$，由1轴转$\varphi$角至$\varepsilon_{min}$（或$\sigma_{min}$）	欲利用第四个应变读数检查其他三个应变读数准确度，两应变主方向无法估计的场合

注：1. 线应变（包括主应变）及主应力拉为正，压为负。
2. φ角由1轴逆时针转为正，取值范围为 $-45°\leqslant\varphi\leqslant45°$。
3. E、ν分别为材料的弹性模量和泊松比。
4. 表中主应力公式只适用线弹性各向同性材料，主应变公式与材质无关。

表 1.4-66　电阻应变计测量残余应力的计算公式

序号	测量方法	被测残余应力状态及应变计布置	残余应力计算公式
1	切割法	残余应力方向已知的单向应力状态 残余应力主方向 （虚线为切割线，下同）	$\sigma=-E\varepsilon$
2		残余应力主方向已知的平面应力状态 残余应力主方向	$\sigma_1=-\dfrac{E}{1-\nu^2}(\varepsilon_1+\nu\varepsilon_2)$ $\sigma_2=-\dfrac{E}{1-\nu^2}(\varepsilon_2+\nu\varepsilon_1)$

(续)

序号	测量方法	被测残余应力状态及应变计布置	残余应力计算公式
3	切割法	残余应力主方向未知的平面应力状态	$\sigma_1 = -\dfrac{E}{1-\nu^2}(\varepsilon_1 + \nu\varepsilon_2)$ $\sigma_2 = -\dfrac{E}{1-\nu^2}(\varepsilon_2 + \nu\varepsilon_1)$ $\tau_{12} = -\dfrac{E}{2(1+\nu)}(2\varepsilon_2 - \varepsilon_1 - \varepsilon_3)$ $\sigma_{\max \atop \min} = -\dfrac{E}{2} \times$ $\left[\dfrac{\varepsilon_1+\varepsilon_3}{1-\nu} \mp \dfrac{\sqrt{2}}{1+\nu}\sqrt{(\varepsilon_1-\varepsilon_2)^2+(\varepsilon_2-\varepsilon_3)^2}\right]$ 主方向角 $\varphi = \dfrac{1}{2}\arctan\dfrac{2\varepsilon_2-\varepsilon_1-\varepsilon_3}{\varepsilon_1-\varepsilon_3}$ 若 $\varepsilon_1 \geqslant \varepsilon_3$,由 1 转 φ 至 $\sigma_{\min}$ $\varepsilon_1 < \varepsilon_3$,由 1 转 φ 至 $\sigma_{\max}$
4	钻孔法	σ_1、σ_2 为两主应力值（未规定哪个大），σ_1 的方向由 ε_1 转至 σ_1 的 φ 角确定,顺时针为正	$\left.\begin{array}{l}\sigma_1\\\sigma_2\end{array}\right\} = \dfrac{\varepsilon_1+\varepsilon_2}{4A} \pm \dfrac{\sqrt{2}}{4B}\sqrt{(\varepsilon_1-\varepsilon_3)^2+(\varepsilon_2-\varepsilon_3)^2}$ $\varphi = \dfrac{1}{2}\arctan\dfrac{2\varepsilon_3-\varepsilon_1-\varepsilon_2}{\varepsilon_2-\varepsilon_1}$ 式中应力释放系数 A、B 由下图拉伸试件按如下公式标定： $A = \dfrac{\varepsilon_1^0+\varepsilon_2^0}{2\sigma}$, $B = \dfrac{\varepsilon_1^0-\varepsilon_2^0}{2\sigma}$ ε_1^0、ε_2^0 分别为钻孔后的释放应变,σ 为试样钻孔前同一拉伸载荷 F 作用下的应力

注：1. E、ν 分别为被测材料的弹性模量及泊松比。
2. 序号 3 中 φ 的取值范围为 $-45° \leqslant \varphi \leqslant 45°$,规定由 1 轴逆时针转为正。
3. 所测释放残余应变 ε_1、ε_2、ε_3 及算得的残余应力 σ_1、σ_2 和 $\sigma_{\max}$、$\sigma_{\min}$,拉为正,压为负。
4. 标定释放系数 A、B 的试件必须采用与测试残余应力的结构相同的材料。试件经退火处理,不存在初始应力。施加应力应小于 $\dfrac{1}{3}R_{eL}$。当孔深大于孔直径,A、B 与孔深无关。
5. 有专门用于钻孔法的应变花和钻孔装置。

参 考 文 献

[1] 机械工程手册电机工程手册编辑委员会. 机械工程手册：基础理论卷 [M]. 2 版. 北京：机械工业出版社，1997.

[2] 闻邦椿. 机械设计手册：第 1 卷 [M]. 5 版. 北京：机械工业出版社，2010.

[3] 闻邦椿. 现代机械设计师手册：上册 [M]. 北京：机械工业出版社，2012.

[4] 闻邦椿. 现代机械设计实用手册 [M]. 北京：机械工业出版社，2015.

[5] 机械设计手册编辑委员会. 机械设计手册：第 1 卷 [M]. 新版. 北京：机械工业出版社，2004.

[6] 成大先. 机械设计手册：第 1 卷 [M]. 6 版. 北京：化学工业出版社，2016.

[7] 王启义. 机械设计大典：第 2 卷 [M]. 南昌：江西科学技术出版社，2002.

[8] 汪恺. 机械设计标准应用手册：第 1 卷 [M]. 北京：机械工业出版社，1997.

[9] 日本机械学会. 机械技术手册：上册 [M]. 北京：机械工业出版社，1984.

[10] 全国量和单位标准化技术委员会. GB3100~3102—1993 量和单位 [S]. 北京：中国标准出版社，1994.

[11] 全国产品尺寸和几何技术规范标准化技术委员会. GB/T 321—2005 优先数和优先数系 [S]. 北京：中国标准出版社，2005.

[12] 全国产品尺寸和几何技术规范标准化技术委员会. GB/T 19763—2005 优先数和优先数系的应用指南 [S]. 北京：中国标准出版社，2005.

[13] 全国产品尺寸和几何技术规范标准化技术委员会. GB/T 19764—2005 优先数和优先数化整值系列的选用指南 [S]. 北京：中国标准出版社，2005.

[14] 严蕊琪. 机械工程师工作手册 [M]. 北京：机械工业出版社，1985.

[15] 杜荷聪，王启尧，袁楠. 物理量与单位 [M]. 北京：中国计量出版社，1986.

[16] 国家计量局单位办公室. 中华人民共和国法定计量单位资料汇编 [M]. 北京：中国计量出版社，1984.

[17] 杜荷聪，陈维新. 法定计量单位宣贯手册（修订本）[M]. 北京：国防工业出版社，1986.

[18] 李慎安. 法定计量单位手册 [M]. 南京：江苏科技出版社，1984.

[19] 杜荷聪，陈维新，张振威. 计量单位及其换算 [M]. 北京：中国计量出版社，1982.

[20] 张秀田，等. 法定计量单位换算手册 [M]. 北京：石油工业出版社，1985.

[21] 国际单位制推行委员会办公室. 常用单位换算表 [M]. 北京：中国计量出版社，1986.

[22] 王元，文兰，陈木法，等. 数学大辞典 [M]. 北京：科学出版社，2010.

[23] Eberhard Zeidler（埃伯哈德·蔡德勒），等. 数学指南：实用数学手册 [M]. 李文林，等译. 北京：科学出版社，2012.

[24] 叶其孝，沈永欢. 实用数学手册 [M]. 2 版. 北京：科学出版社，2006.

[25] 欧阳光中，朱学炎，金福临，等. 数学分析 [M]. 3 版. 北京：高等教育出版社，2007.

[26] 居余马，等. 线性代数 [M]. 2 版. 北京：清华大学出版社，2002.

[27] 丘维声. 解析几何 [M]. 3 版. 北京：北京大学出版社，2015.

[28] 酒井高男，等. 齿车便览：基础 [M]. 东京：日本工业新闻出版社，1969.

[29] Robert C Weast, et al. Handbook of Tables for Mathematics [M]. The Chemical Rubber Co., 1970.

[30] Cabriel Klambauer. Problems and Propositions in Analysis [M]. NewYork：Marcel Dekker, Inc., 1979.

[31] 哈尔滨工业大学理论力学教研组. 理论力学 [M]. 7 版. 北京：高等教育出版社，2009.

[32] 徐芝纶. 弹性力学 [M]. 4 版. 北京：高等教育出版社，2013.

[33] 刘鸿文. 材料力学 [M]. 5 版. 北京：高等教育出版社，2011.

[34] ΓС 皮萨连柯. 材料力学手册 [M]. 宋俊杰，刘茂江，译. 石家庄：河北科学出版社，1984.

[35] R J 罗克，等. 应力应变公式 [M]. 汪一麟，汪一骏，译. 北京：中国建筑工业出版社，1985.

[36] 铁摩辛柯，等. 板壳理论 [M].《板壳理论》翻译组，译. 北京：科学出版社，1977.

[37] 西拉德. 板的理论和分析 [M]. 陈太平，等译. 北京：中国铁道出版社，1984.

[38] 陈铁云，陈伯真. 弹性薄壳力学 [M]. 武汉：华中工学院出版社，1981.

[39] 范钦珊. 轴对称应力分析 [M]. 北京：高等教育出版社，1985.

[40] Johnston B G. 金属结构稳定性设计解说 [M]. 董其震，等译. 北京：中国铁道出版社，1981.

[41] 吴宗岱，陶宝祺. 应变测量原理及技术 [M]. 北京：国防出版社，1982.

[42] 张如一，沈观林. 应变测量与传感器 [M]. 北京：清华大学出版社，1991.

第 2 篇　机械制图与机械零部件精度设计

主　编　黄　英　李小号
编写人　黄　英　李小号　孙少妮
　　　　　马明旭　张闻雷　赵　薇
审稿人　田　凌　毛　昕

第 5 版
零部件设计常用基础标准

主　编　汪　恺
编写人　唐保宁　赵卓贤　汪　恺　于　源
审稿人　舒森茂

第1章 机械制图

1 概述

技术图样涉及各行各业在设计和制图过程中必须共同遵守的内容。为此，国际标准化组织（ISO/TC10）制定了一系列《技术制图》类标准。为与ISO一致，我国于20世纪80年代末在制定、修订上述领域的标准时，把《机械制图》改为《技术制图》。这些标准适用于机械、电子、电工、造船、航空、航天、冶金矿山、纺织等行业所绘制的图样。此外，具有机械制图特征的标准仍保留《机械制图》名称。

本章涉及的标准较多，现将新标准、对应的国际标准、代替标准以及采用情况汇总于下表。

表 2.1-1 《技术制图》《机械制图》国家标准及对照

序号	国家标准	ISO 标准	采用程度
1	GB/T 10609.1—2008（代替 GB/T 10609.1—1989）《技术制图 标题栏》	ISO7200：1989	不等效
2	GB/T 10609.2—2009（代替 GB/T 10609.2—1989）《技术制图 明细栏》	ISO7573：1983	不等效
3	GB/T 14689—2008（代替 GB/T 14689—1993）《技术制图 图纸幅面和格式》	ISO5457：1999	等效
4	GB/T 14690—1993《技术制图 比例》	ISO5455：1979	等效
5	GB/T 14691—1993《技术制图 字体》	ISO3098—1：1974	等效
6	GB/T 14692—2008（代替 GB/T 14692—1993）《技术制图 投影法》	ISO/DIS 5456：1993	等效
7	GB/T 16675.1—2012（代替 GB/T 16675.1—1996）《技术制图 简化表示法 第1部分：图样画法》		
8	GB/T 16675.2—2012（代替 GB/T 16675.2—1996）《技术制图 简化表示法 第2部分：尺寸注法》		
9	GB/T 17450—1998《技术制图 图线》	ISO128—20：1996	等同
10	GB/T 17451—1998《技术制图 图样画法 视图》	ISO/DIS 11947—1：1995	不等效
11	GB/T 17452—1998《技术制图 图样画法 剖视图和断面图》	ISO/DIS 11947—2：1995	等效
12	GB/T 17453—2005（代替 GB/T 17453—1998）《技术制图 图样画法 剖面区域的表示法》	ISO128：2001	等效
13	GB/T 4457.2—2003《技术制图 图样画法 指引线和基准线的基本规定》		
14	GB/T 4457.4—2002《机械制图 图样画法 图线》	ISO128—24：1999	修改采用
15	GB/T 4457.5—2013《机械制图 剖面区域的表示法》		
16	GB/T 4458.1—2002《机械制图 图样画法 视图》	ISO128—34：2001	修改采用
17	GB/T 4458.2—2003《机械制图 装配图中零、部件序号及其编排方法》		
18	GB/T 4458.3—2013《机械制图 轴测图》		
19	GB/T 4458.4—2003《机械制图 尺寸注法》		
20	GB/T 4458.5—2003《机械制图 尺寸公差与配合注法》		
21	GB/T 4458.6—2002《机械制图 图样画法 剖视图和断面图》	ISO128—44：2000	修改采用

(续)

序号	国家标准	ISO 标准	采用程度
22	GB/T 4459.1—1995《机械制图 螺纹及螺纹紧固件画法》	ISO6410：1993	等效
23	GB/T 4459.2—2003《机械制图 齿轮表示法》		
24	GB/T 4459.3—2000《机械制图 花键表示法》		
25	GB/T 4459.4—2003《机械制图 弹簧表示法》		
26	GB/T 4459.5—1999《机械制图 中心孔表示法》	ISO6411：1982	等效
27	GB/T 4459.6—1996《机械制图 动密封圈表示法》	ISO9222-1：1989，ISO9222-2-2：1989	等效
28	GB/T 4459.7—1998《机械制图 滚动轴承表示法》	ISO8826-1：1989，ISO8826-2：1994	等效

2 通用性规定

2.1 图纸幅面和格式（GB/T 14689—2008）

2.1.1 图纸幅面

绘制技术图样时，应优先采用表 2.1-2 中所规定的基本幅面（第一选择），必要时，也允许选用表中的加长幅面（第二选择或第三选择）。

加长幅面的尺寸是由基本幅面的短边按整数倍增加得出，如图 2.1-1 所示。图中粗实线所示为基本幅面，细实线所示为第二选择的加长幅面（图中细实线大部分已被粗实线覆盖），第三选择的加长幅面为虚线所示。

图纸幅面的尺寸公差应符合 GB/T 148—1997《印刷、书写和绘图纸幅面尺寸》的规定：

边长尺寸（mm）	极限偏差（mm）
<150	±1.5
150～600	±2.0
>600	±3.0

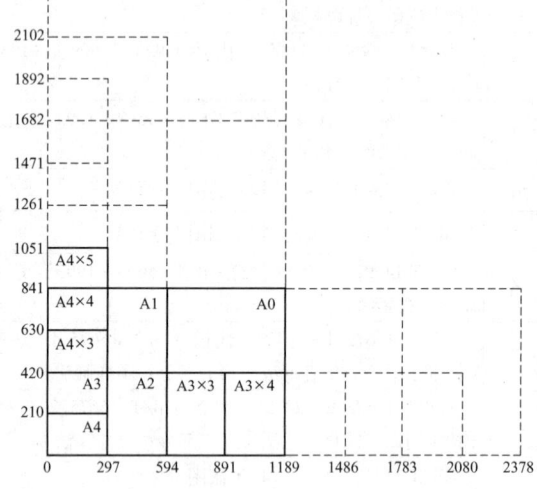

图 2.1-1 图纸幅面

表 2.1-2 图纸幅面尺寸 (mm)

基本幅面（第一选择）		加长幅面（第二选择）		加长幅面（第三选择）	
幅面代号	尺寸 $B \times L$	幅面代号	尺寸 $B \times L$	幅面代号	尺寸 $B \times L$
A0	841×1189	A3×3	420×891	A0×2	1189×1682
A1	594×841	A3×4	420×1189	A0×3	1189×2523
A2	420×594	A4×3	297×630	A1×3	841×1783
A3	297×420	A4×4	297×841	A1×4	841×2378
A4	210×297	A4×5	297×1051	A2×3	594×1261
				A2×4	594×1682
				A2×5	594×2102
				A3×5	420×1486
				A3×6	420×1783
				A3×7	420×2080
				A4×6	297×1261
				A4×7	297×1471
				A4×8	297×1682
				A4×9	297×1892

2.1.2 图纸边框格式及尺寸（表2.1-3）

表2.1-3 图纸边框格式及尺寸（mm）

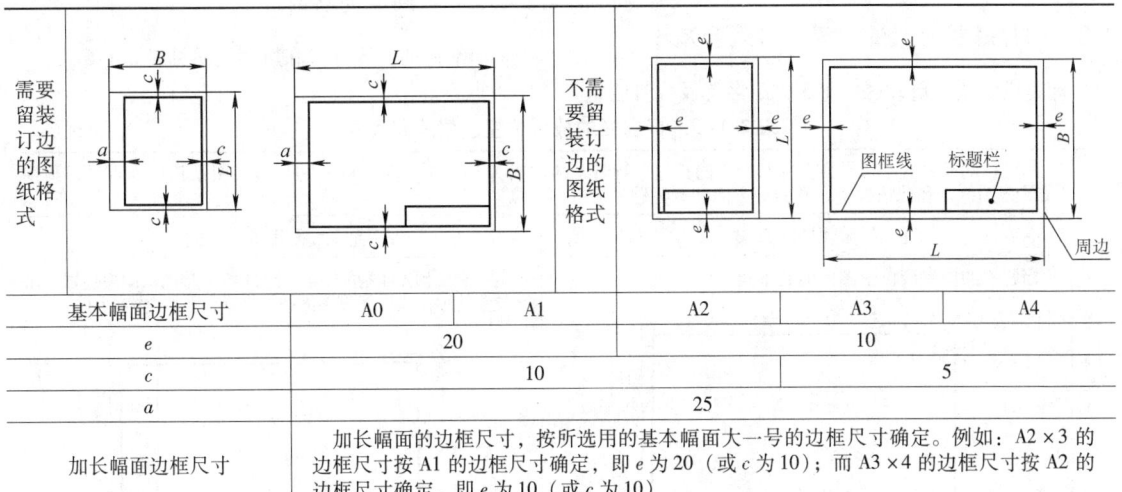

需要留装订边的图纸格式			不需要留装订边的图纸格式		
基本幅面边框尺寸	A0	A1	A2	A3	A4
e	20		10		
c	10			5	
a	25				
加长幅面边框尺寸	加长幅面的边框尺寸，按所选用的基本幅面大一号的边框尺寸确定。例如：A2×3 的边框尺寸按 A1 的边框尺寸确定，即 e 为20（或 c 为10）；而 A3×4 的边框尺寸按 A2 的边框尺寸确定，即 e 为10（或 c 为10）				

注：图框线用粗实线绘制。

2.1.3 图幅分区及对中符号、方向符号（表2.1-4）

表2.1-4 图幅分区和对中、方向符号

需要分区及采用对中符号的图幅	对较大幅面的图纸或较复杂的图样，需指明某部分需修改时，应用分区代号说明 图幅分区 对中符号和方向符号
图幅分区的规定	1. 必要时，可用细实线在图纸周边内画出分区线 2. 图幅分区数目按图样的复杂程度确定，但必须取偶数。每一分区的长度应在25～75mm之间选择 3. 分区的编号，沿上下方向（按看图方向确定图纸的上下和左右）用大写拉丁字母从上到下顺序编写；沿水平方向用阿拉伯数字从左到右顺序编写 4. 分区代号由拉丁字母和阿拉伯数字组合而成，字母在前，数字在后并排地书写，如 B3、C3 等。当分区代号与图形名称同时标注时，则分区代号写在图形名称的后边，中间空出一个字母的宽度，例如 A B3；$\frac{A}{2:1}$ C3；E－E A7 等
对中符号和方向符号	1. 为了图样复制和缩微时准确定位，应在图纸各边长度的中点处分别画出对中符号 2. 对中符号用粗实线绘制，线宽不小于0.5mm，长度从纸边界开始至伸入图框内约5mm，当对中符号处在标题栏范围内时，则伸入标题栏部分省略不画 3. 为了明确绘图和看图的方向，应画出方向符号，方向符号是细实线等边三角形，高6mm，对称分布于对中符号两侧

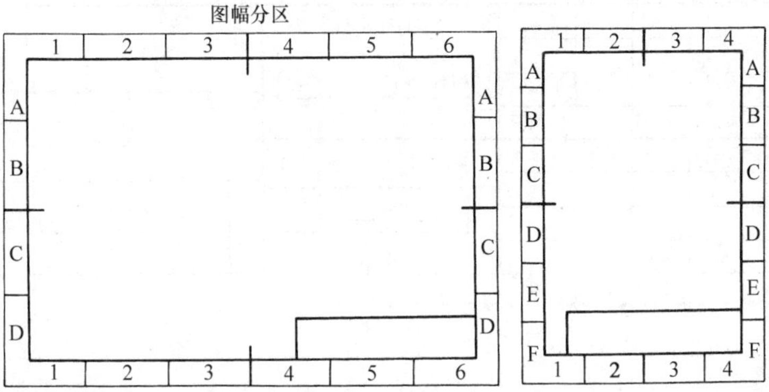

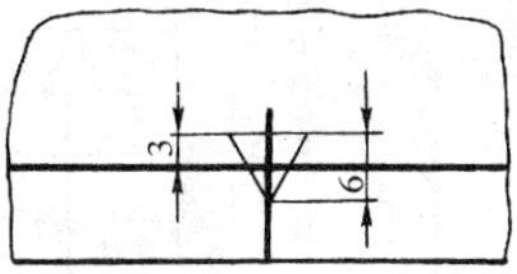

2.2 标题栏及明细栏（GB/T 10609.1—2008、GB/T 10609.2—2009）

2.2.1 标题栏的放置位置、格式和尺寸

标题栏一般由更改区、签字区、名称及代号区组成，也可按实际需要增加或减少。

标题栏的放置位置、格式和尺寸见表2.1-5。

2.2.2 明细栏的格式

明细栏的配置方式和填写说明见表2.1-6。

表 2.1-5　标题栏的放置位置、格式和尺寸　　　　　　　　（mm）

	应采用的方式	允许采用的方式
标题栏的放置位置	标题栏的长边置于水平方向并与图纸的长边平行时，则构成 X 型图纸；若标题栏的长边与图纸长边垂直时，则构成 Y 型图纸，在此情况下，看图的方向和看标题栏的方向一致	
	标题栏的位置应位于图纸的右下角	为了利用预先印制的图纸，允许将 X 型图纸的短边置于水平位置使用；或将 Y 型图纸的长边置于水平位置使用

标题栏的格式举例及尺寸：

（标题栏图示，总长180，高8×7(=56)，各列宽度 10、10、16、16、12、16；右侧包含材料标记、单位名称、阶段标记、重量、比例、图样名称、图样代号、投影符号等栏目，尺寸标注 4×6.5(=26)、12、12、6.5、10、9、(9)、18、21、50 等）

更改区填写说明：
1. 上图所示标题栏格式的左上方为更改区，更改区中的内容应由下而上顺序填写，也可根据实际情况顺延；或放在图样中其他地方，但应有表头
2. 标记：按有关规定或要求填写更改标记
3. 处数：填写同一标记所表示的更改数量
4. 分区：必要时，按有关规定（见表2.1-4）填写
5. 更改文件号：填写更改所依据的文件号

其他区填写说明：
1. 上图所示标题栏格式的中间为其他区
2. 材料标记：对于需要该项目的图样一般应按照相应标准或规定填写所使用的材料
3. 阶段标记：按有关规定自左向右填写图样各生产阶段
4. 重量：填写所绘图样相应产品的计算重量，以千克（kg）为计量单位时，允许不写出其计量单位

表 2.1-6 明细栏的格式和说明 (mm)

配置在装配图标题栏上方的明细栏举例	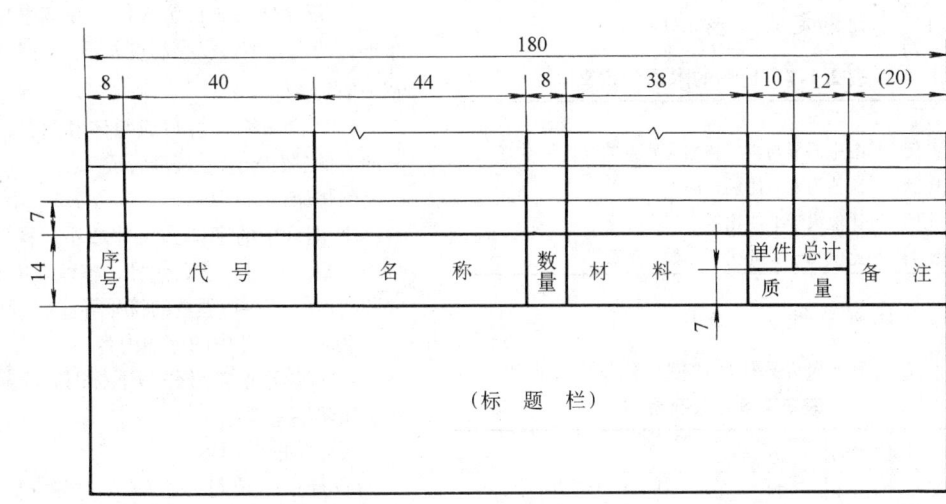
明细栏可作为装配图的续页按 A4 幅面单独给出的举例	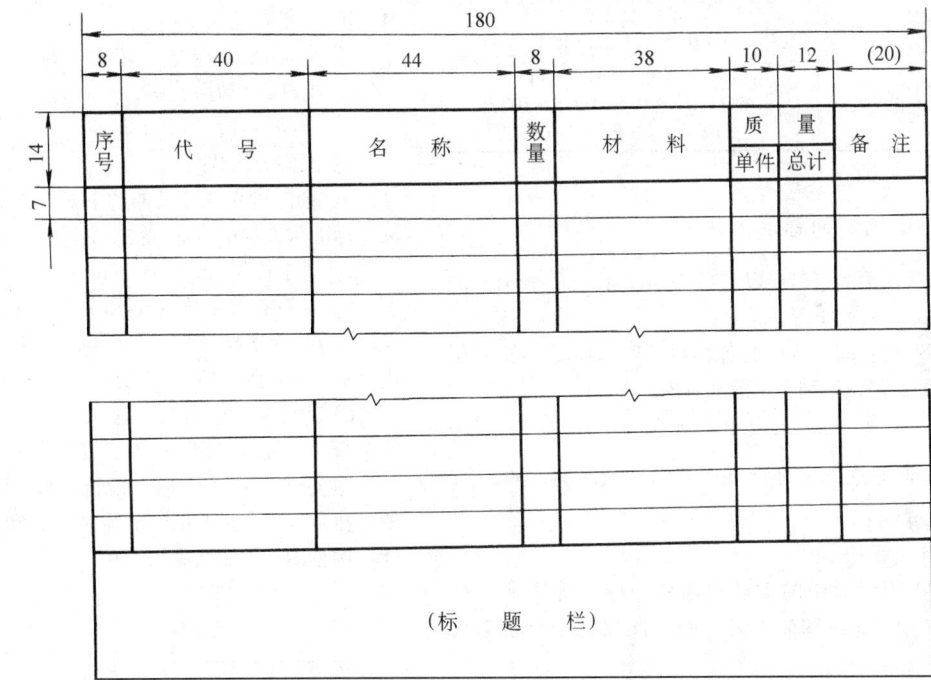
填写说明	1. 序号：填写图样中相应组成部分的序号 2. 代号：填写图样中相应组成部分的图样代号或标准编号 3. 名称：填写图样中相应组成部分的名称。必要时，也可写出其形式和尺寸 4. 数量：填写图样中相应组成部分在装配图中所需的数量 5. 材料：填写图样中相应组成部分的材料标记 6. 质量：填写图样中相应组成部分单件和总件数的计算质量，以千克（kg）为计量单位时，允许不写出其计量单位 7. 备注：填写该项的附加说明或其他有关内容，如分区代号等

2.3 比例 (GB/T 14690—1993)

2.3.1 术语和定义（表2.1-7）

表2.1-7 比例的术语和定义

术语	定义
比例	图中图形与其实物相应要素的线性尺寸之比
原值比例	比值为1的比例，即1:1
放大比例	比值大于1的比例，如2:1等
缩小比例	比值小于1的比例，如1:2等

2.3.2 比例系列

优先选用和允许采用的比例系列见表2.1-8。

表2.1-8 比例系列

	原值比例	1:1
优先选用比例	放大比例	5:1 2:1 $5×10^n:1$ $2×10^n:1$ $1×10^n:1$
	缩小比例	1:2 1:5 1:10 $1:2×10^n$ $1:5×10^n$ $1:1×10^n$
允许采用比例	放大比例	4:1 2.5:1 $4×10^n:1$ $2.5×10^n:1$
	缩小比例	1:1.5 1:2.5 1:3 1:4 1:6 $1:1.5×10^n$ $1:2.5×10^n$ $1:3×10^n$ $1:4×10^n$ $1:6×10^n$

注：n为正整数。

2.3.3 比例的标注方法

1) 比例的符号应以":"表示。比例的表示方法如1:1、1:5、2:1等。

2) 绘制同一机件的各个视图时，应尽可能采用相同的比例，以利于绘图和看图。

3) 比例一般应标注在标题栏中的比例栏内。必要时，可在视图名称下方或右侧标注比例，如：$\frac{A}{1:2}$

$\frac{B—B}{2:1}$ $\frac{I}{5:1}$ D 5:1

4) 当图形中的直径或薄片的厚度等于或小于2mm，以及斜度和锥度较小时，可以不按比例而夸大画出。

5) 表格图或空白图不必注写比例。

2.4 字体及其在CAD制图中的规定 (GB/T 14691—1993、GB/T 14665—2012)

2.4.1 字体的基本要求

1) 图样中书写的字体必须做到：字体工整、笔画清楚、间隔均匀、排列整齐。

2) 字体高度h的公称尺寸系列为：1.8mm、2.5mm、3.5mm、5mm、7mm、10mm、14mm、20mm。如需书写更大的字，其字体高度应按$\sqrt{2}$的比率递增。

3) 汉字应写成长仿宋体，并应采用国家正式公布推行的简化字。汉字高度h不应小于3.5mm，其字宽一般为$h/\sqrt{2}$。

4) 字母和数字可写成斜体和直体。斜体字的字头向右倾斜，与水平基准线成75°。

斜体字的应用场合：

① 图样中的字体如尺寸数字，视图名称，公差数值，基准符号，参数代号，各种结构要素代号，尺寸和角度符号，物理量的符号等。

② 技术文件中的上述内容。

③ 用物理量符号作为下标时，下标用斜体，如比定压热容c_p等。

直体字的应用场合：

① 计量单位符号，如A（安培）、N（牛顿）、m（米）等。

② 单位词头，如k（10^3，千）、m（10^{-3}，毫）、M（10^6，兆等）。

③ 化学元素符号，如C（碳）、N（氮）、Fe（铁）、H_2SO_4（硫酸）等。

④ 产品型号，如JR5-1等。

⑤ 图幅分区代号

⑥ 除物理量符号以外的下标，如相对摩擦因数μ_τ、标准重力加速度g_n等。

⑦ 数学符号sin、cos、lim、ln等。

5) 字母和数字分A型和B型。A型字体的笔画宽度（d）为字高（h）的1/14；B型字体的笔画宽度（d）为字高（h）的1/10。

6) 用作指数、分数、极限偏差、注脚等的数字及字母，一般应采用小一号的字体。

7) 汉字、拉丁字母、希腊字母、阿拉伯数字和罗马数字等组合书写时，其排列格式和规定的间距尺寸比例见图2.1-2及表2.1-9。

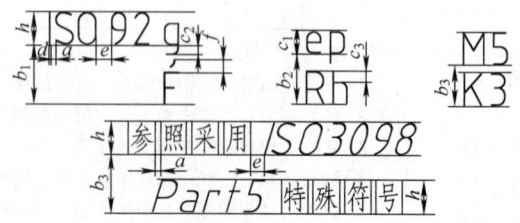

图2.1-2 组合文字的排列格式举例

表 2.1-9　组合字体间距尺寸基本比例

书写格式		基本比例	
		A 型字体	B 型字体
大写字母高度	h	$(14/14)h$	$(10/10)h$
小写字母高度	c_1	$(10/14)h$	$(7/10)h$
小写字母伸出尾部	c_2	$(4/14)h$	$(3/10)h$
小写字母伸出头部	c_3	$(4/14)h$	$(3/10)h$
发音符号范围	f	$(5/14)h$	$(4/10)h$
字母间间距①	a	$(2/14)h$	$(2/10)h$
基准线最小间距（有发音符号）	b_1	$(25/14)h$	$(19/10)h$
基准线最小间距（无发音符号）	b_2	$(21/14)h$	$(15/10)h$
基准线最小间距（仅为大写字母）	b_3	$(17/14)h$	$(13/10)h$
词间距	e	$(6/14)h$	$(6/10)h$
笔画宽度	d	$(1/14)h$	$(1/10)h$

① 特殊的字符组合，如 LA、TV、Tr 等，字母间距可为 $a=(1/14)h$（A 型）和 $a=(1/10)h$（B 型）。

2.4.2　字体示例（表 2.1-10）

2.4.3　CAD 制图中字体的要求

1) 汉字一般用正体输出；字母和数字一般以斜体输出。

2) 小数点进行输出时，应占一个字位，并位于中间靠下处。

3) 标点符号除省略号和破折号为两个字位外，其余均为一个符号一个字位。

4) 字体高度 h 与图纸幅面之间的选用关系，见表 2.1-11。

5) 字体的最小字（词）距、行距以及间隔或基准线与字体之间最小距离，见表 2.1-12。

表 2.1-10　字体示例

汉字		机械图样中书写汉字、字母、数字必须做到： 字体端正　笔画清楚　间隔均匀　排列整齐 汉字书写要领： 横平竖直　注意起落　结构均匀　填满方格 制图　审核　比例　技术要求　螺纹连接　齿轮　弹簧　滚动轴承　零件图　装配图
数字	直体	1234567890
	斜体	1234567890
拉丁字母（斜体）	大写	ABCDEFGHIJKLMN OPQRSTUVWXYZ
	小写	abcdefghijklmnopqrstuvwxyz

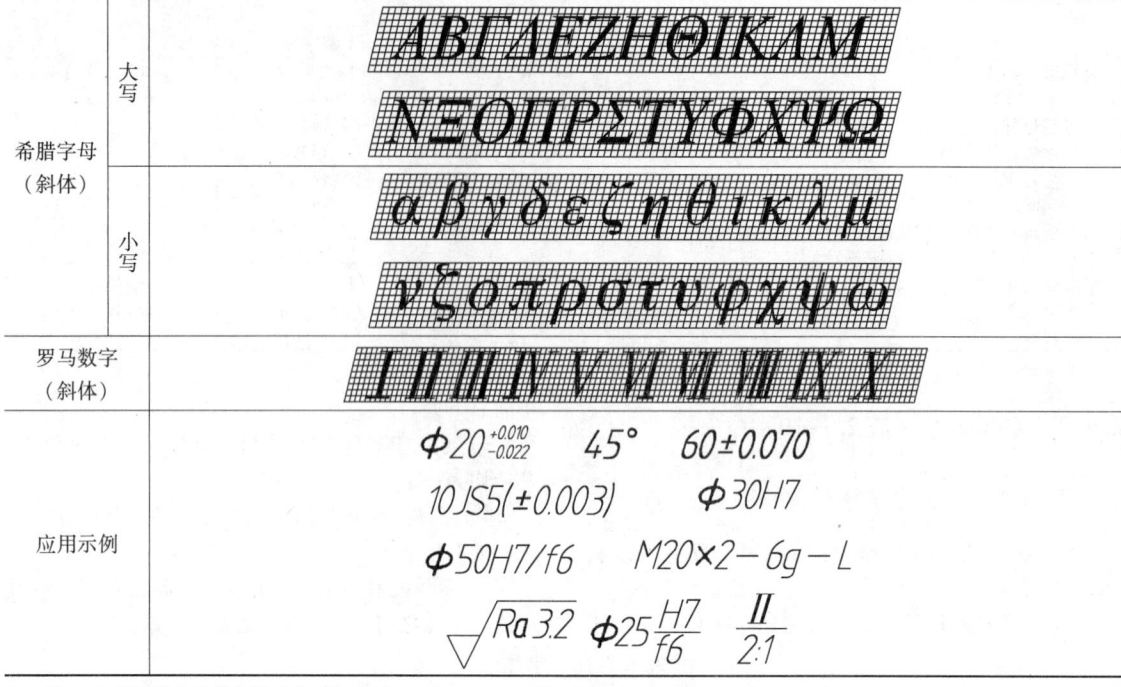

注：本表示例中字母和数字均为 A 型字。

表 2.1-11　CAD 制图中字体与图幅关系　　　　（mm）

字体高度 \ 图幅	A0	A1	A2	A3	A4
汉字	5				
字母与数字	3.5				

表 2.1-12　CAD 制图中字距、行距等的最小距离
（mm）

字体	最小距离	
汉字	字距	1.5
	行距	2
	间隔线或基准线与汉字的间距	1
字母与数字	字距	0.5
	间距	1.5
	行距	1
	间隔线或基准线与字母、数字的间距	1

注：当汉字与字母、数字组合使用时，字体的最小字距、行距等应根据汉字的规定使用。

2.5　图线画法及其在 CAD 制图中的规定
（GB/T 4457.4—2002、GB/T 17450—1998、GB/T 14665—2012）

本节着重介绍 GB/T 4457.4—2002《机械制图 图样画法　图线》规定的图线名称、形式及应用范围，还介绍了 GB/T 17450—1998《技术制图　图线》中与机械图样有关的内容以及在机械工程 CAD 制图中所用图线的规定。

2.5.1　图线的术语和定义（表 2.1-13）

表 2.1-13　术语和定义

术语	定　义
图线	起点和终点间以任意方式连接的一种几何图形，形状可以是直线或曲线，连续线或不连续线 注：1. 起点和终点可以重合，如一条图线形成圆的情况 　　2. 图线长度小于或等于图线宽度的一半称点
线素	不连续的独立部分，如点、长度不同的画和间隔
线段	一个或一个以上不同线素组成一段连续或不连续的图线，如实线的线段或由"长画、短间隔、点、短间隔、点、短间隔"组成的双点画线的线段

2.5.2　图线的宽度、形式和应用

所有图线的宽度，应按图样的类型、尺寸、比例和缩微复制的要求在下列数系中选择（该数系的公比为 $1:\sqrt{2}$）：0.13mm、0.18mm、0.25mm、0.35mm、0.5mm、0.7mm、1mm、1.4mm、2mm。由于图样复制中存在的困难，应尽可能避免采用线宽小于 0.18mm 的图线。

技术制图中图线分粗线、中粗线、细线三种，它们的宽度比率为 4:2:1。在机械图样中采用粗、细两种线宽，它们之间的比率为 2:1。

第1章 机械制图

技术制图中的基本线型,如表 2.1-14 所示。机械制图中的线型及应用见表 2.1-15。

表 2.1-14　技术制图的基本线型

名　　称	基　本　线　型	名　　称	基　本　线　型
实线		长画双短画线	
虚线		画点线	
间隔画线		双画单点线	
点画线		画双点线	
双点画线		双画双点线	
三点画线		画三点线	
点线		双画三点线	
长画短画线			

表 2.1-15　机械制图的线型及应用

图线名称	线　型	代码No	宽　度	一　般　应　用
细实线		01.1	细	.1 过渡线 .2 尺寸线 .3 尺寸界线 .4 指引线和基准线 .5 剖面线 .6 重合断面的轮廓线 .7 短中心线 .8 螺纹牙底线 .9 尺寸线的起止线 .10 表示平面的对角线 .11 零件成形前的弯折线 .12 范围线及分界线 .13 重复要素表示线,例如:齿轮的齿根线 .14 锥形结构的基面表示线 .15 叠片结构位置线,例如:变压器叠钢片 .16 辅助线 .17 不连续同一表面连线 .18 成规律分布的相同要素连线 .19 投射线 .20 网格线
波浪线				.21 断裂处边界线;视图和剖视图的分界线①
双折线				.22 断裂处边界线;视图和剖视图的分界线①
粗实线		01.2	粗	.1 可见棱边线 .2 可见轮廓线 .3 相贯线 .4 螺纹牙顶线 .5 螺纹长度终止线 .6 齿顶线(圆) .7 表格图、流程图中的主要表示线 .8 系统结构线(金属结构工程) .9 模样分型线 .10 剖切符号用线
细虚线		02.1	细	.1 不可见棱边线 .2 不可见轮廓线
粗虚线		02.2	粗	.1 允许表面处理的表示线,例如:热处理
细点画线		04.1	细	.1 轴线 .2 对称中心线 .3 分度圆(线) .4 孔系分布的中心线 .5 剖切线
粗点画线		04.2	粗	.1 限定范围表示线
细双点画线		05.1	细	.1 相邻辅助零件的轮廓线 .2 可动零件处于极限位置时的轮廓线 .3 重心线 .4 成形前轮廓线 .5 剖切面前的结构轮廓线 .6 轨迹线 .7 毛坯图中制成品的轮廓线 .8 特定区域线 .9 延伸公差带表示线 .10 工艺用结构的轮廓线 .11 中断线

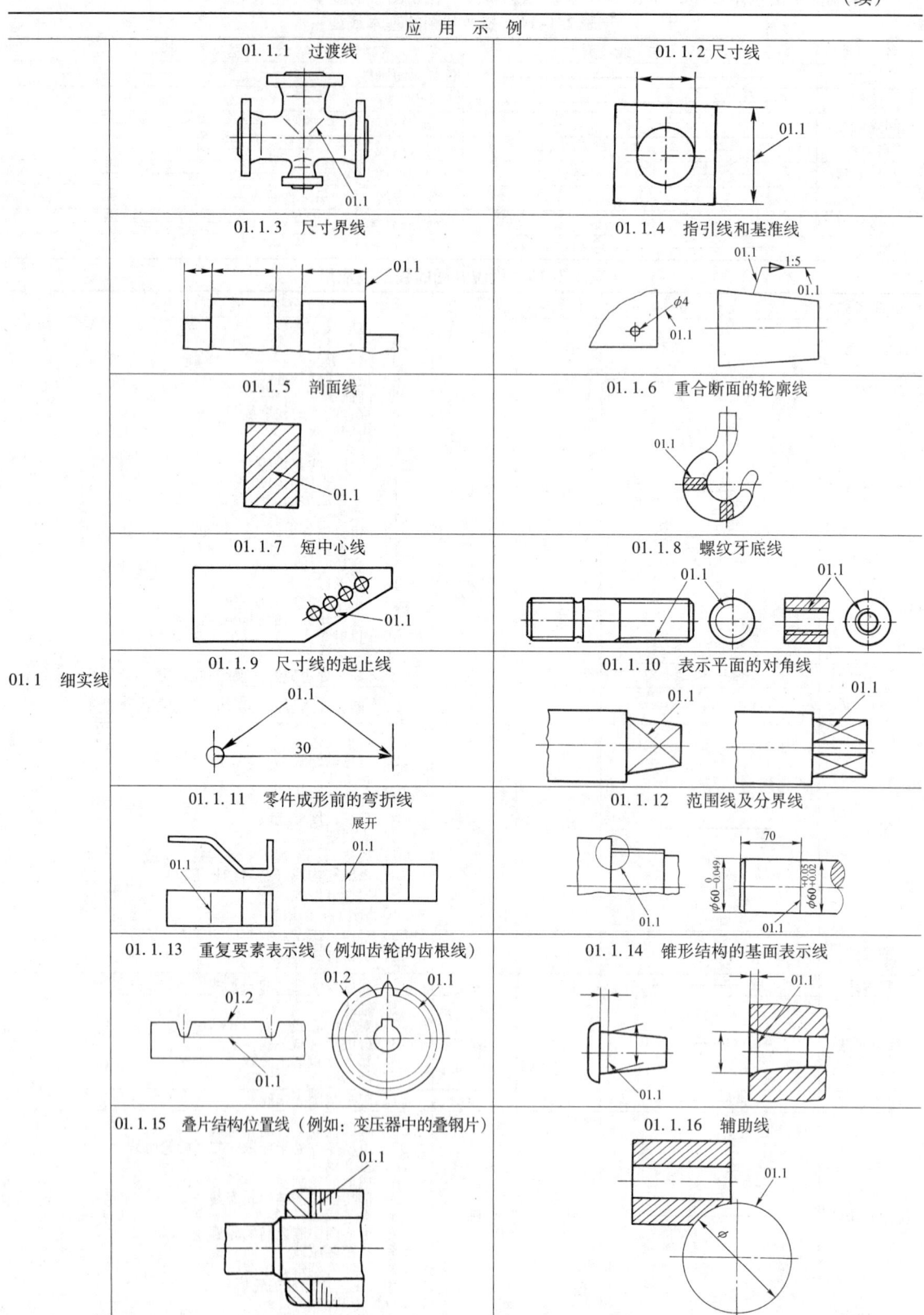

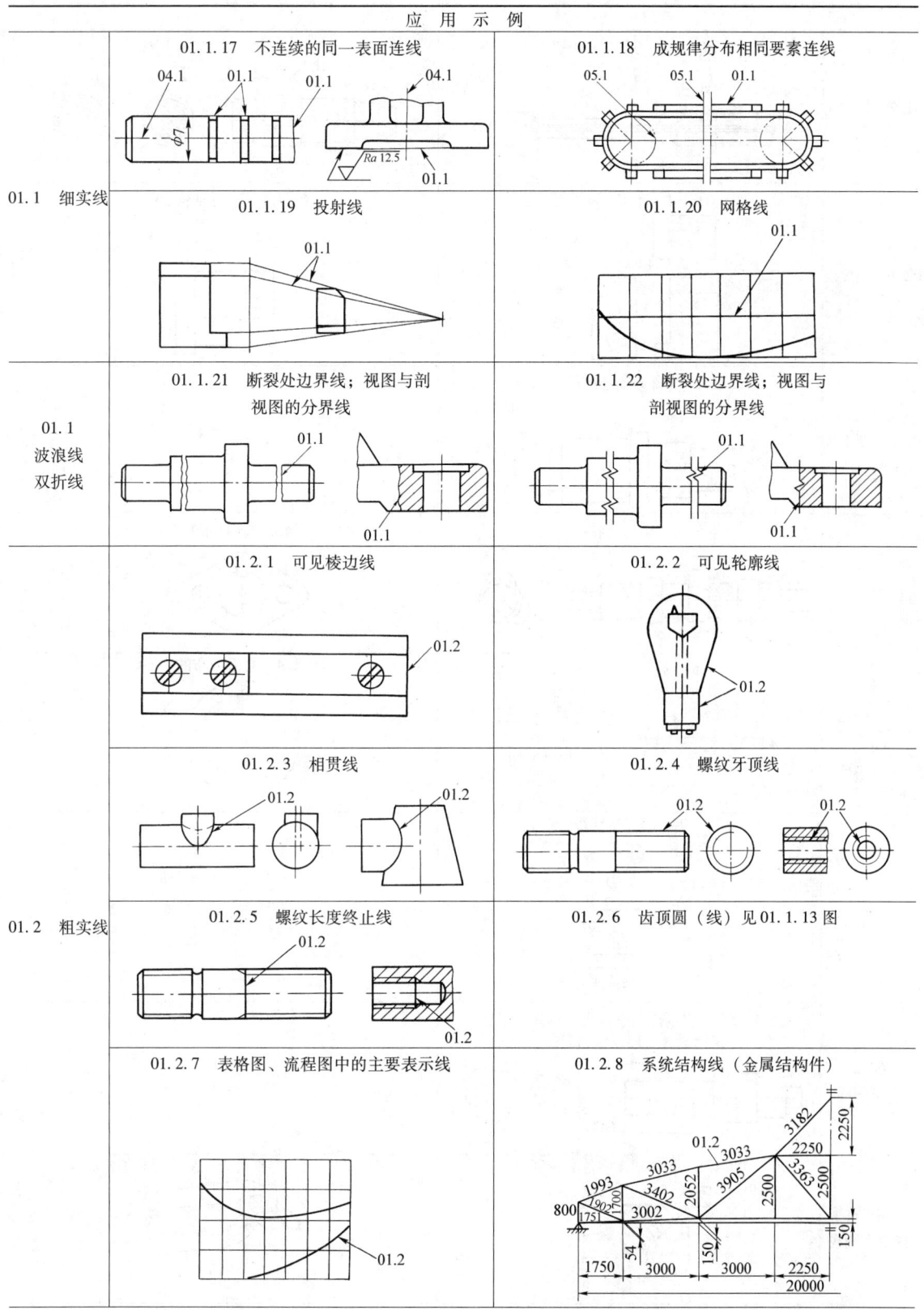

(续)

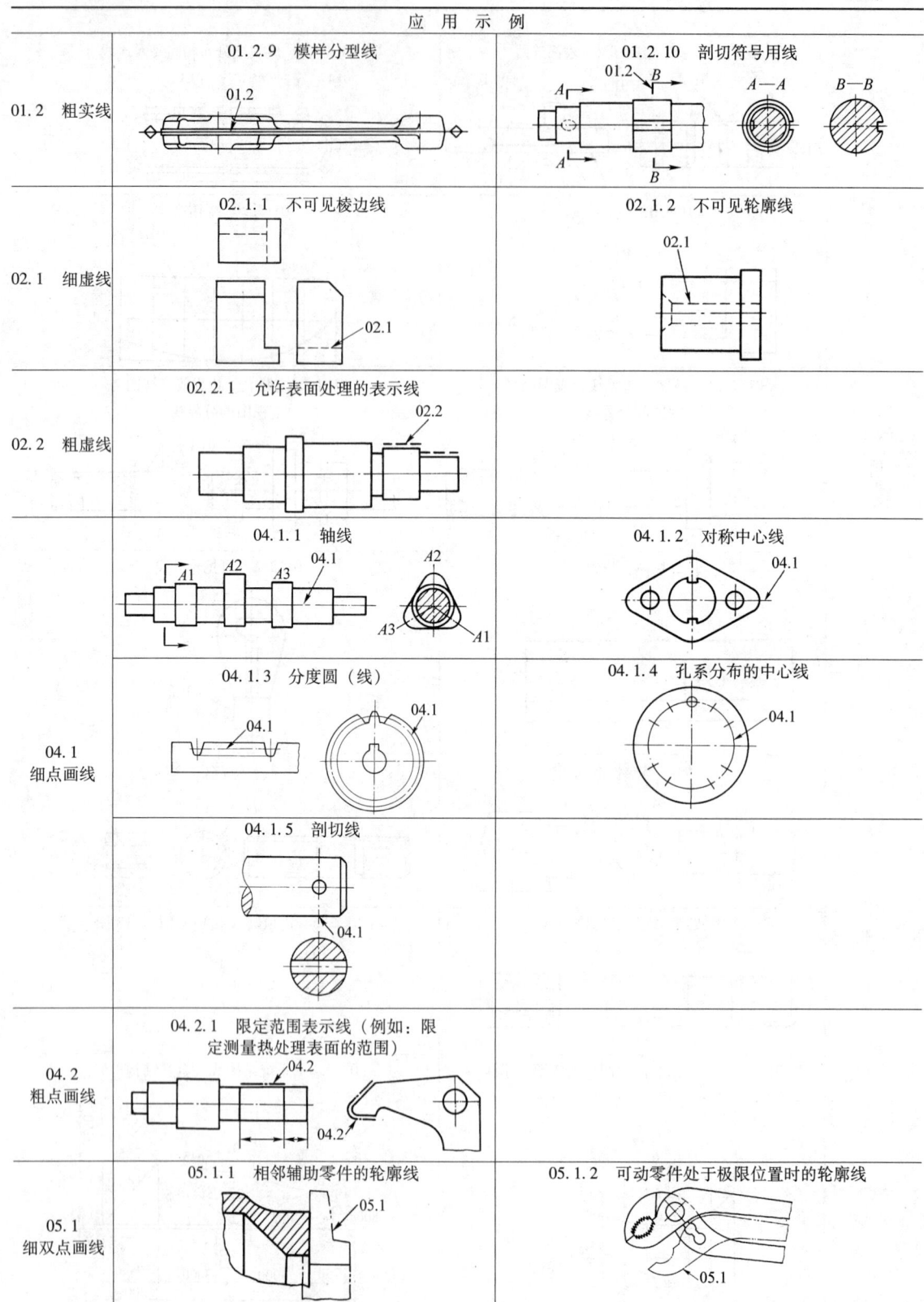

第1章 机械制图

(续)

	应 用 示 例	
05.1 细双点画线	05.1.3 重心线 05.1.4 成形前轮廓线 05.1.5 剖切面前的结构轮廓线 05.1.6 轨迹线 05.1.7 毛坯图中制成品的轮廓线 05.1.8 特定区域线 05.1.9 延伸公差带表示线 05.1.10 工艺用结构的轮廓线 05.1.11 中断线见01.1.18图	

① 在一张图样上一般采用一种线型，即采用波浪线或双折线。

2.5.3 图线画法

1) 在同一图样中，同类图线的宽度应一致。

2) 手工绘图时，各线素的长度宜采用下列规定：
 　点 ≤0.5倍线宽； 短间隔 3倍线宽
 　短画 6倍线宽； 画 12倍线宽；
 　长画 24倍线宽； 间隔 18倍线宽。

3) 绘制圆的对称中心线时，圆心应为长画线的交点。点画线和双点画线的首末两端应是长画而不是点。

4) 在较小图形上绘制细点画线或细双点画线有困难时，可用细实线替代。

5) 当两种以上不同类型的图线重合时，应遵守以下优先顺序：
 ① 可见轮廓线、棱边线（粗实线）；
 ② 不可见轮廓线、棱边线（细虚线）；
 ③ 轴线和对称中心线（细点画线）；
 ④ 假想轮廓线（细双点画线）；
 ⑤ 尺寸界线和分界线（细实线）。

6) 字体和任何图线重合时，字体优先。

7) 为了保证图样复制时图线清晰，两条平行线之间的最小间隙不得小于0.7mm。计算机绘图时，图样上图线的间隙不表示真实的间距，如螺纹的表示，当建立数据系统时，应考虑这种情况。

8) 各类图线连接处的画法，见表2.1-16。

2.5.4 CAD制图中图线的结构

在计算机制图中，双折线、细虚线、细点画线、细双点画线各部分尺寸的计算，见表2.1-17~表2.1-20。

2.5.5 指引线和基准线的基本规定

1) 术语和定义（表2.1-21）
2) 指引线和基准线的表达（表2.1-22）
3) 与指引线关联注释的注写（表2.1-23）
4) 指引线上附加"圆"的应用（表2.1-24）

表 2.1-16 各类图线接头处画法

示例 1	示例 2
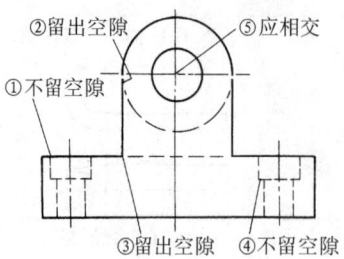②留出空隙 ⑤应相交 ①不留空隙 ③留出空隙 ④不留空隙	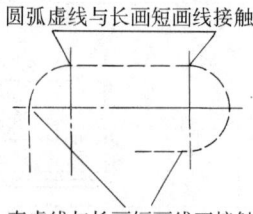圆弧虚线与长画短画线接触 直虚线与长画短画线不接触
说明： ① 处为粗实线与细虚线相交，不留空隙 ② 处在同一圆弧被分为粗实线与细虚线两部分，在中心线与虚线之间留出空隙 ③ 处在同一直线被分为粗实线和细虚线两部分，中间留出空隙 ④ 处为细虚线与细虚线相交，不留空隙 ⑤ 处为两条点画线在长画处相交，不留空隙	说明： 当圆弧与直线相切且为细虚线时，圆弧要从切点画起，留出一定空隙，再画直线部分，在图上表现为一段圆弧细虚线与点画线相接触

表 2.1-17 双折线各部分尺寸计算

双折线的尺寸和表示	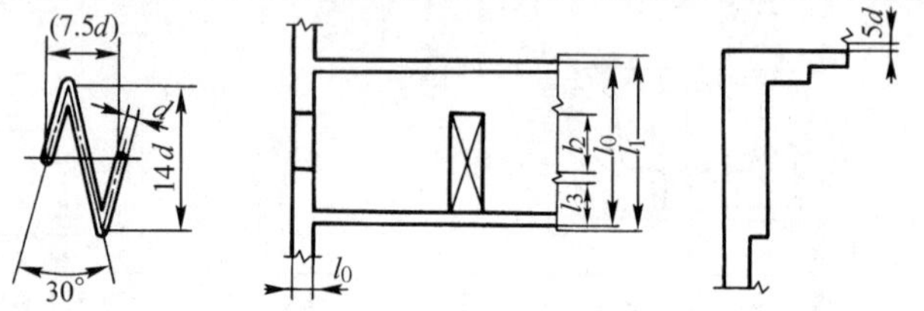 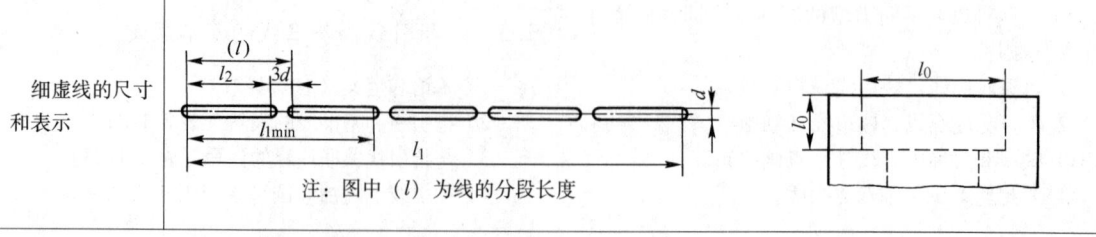 a)　　　　　　b)　　　　　　c)
计算各部分尺寸的公式	1. 双折线的完整长度：$l_1 = l_0 + 10d$ 2. 一条双折线内 Z 形的数目：$n = \dfrac{l_1}{80} + 1$（圆整，$l_1 < 40\text{mm}$，$n = 1$） 3. 两个 Z 形之间线段长度：$l_2 = \dfrac{l_1}{n} - 7.5d$ 4. 在线的两端的线段长度： 　　当两个或多个 Z 形时　　　　　　$l_3 = \dfrac{l_2}{2}$ 　　当只有一个 Z 形时　　　　　　　$l_3 = \dfrac{l_1 - 7.5d}{2}$ 　　当 $l_0 \leq 10d$ 时，Z 形的配置如图 c 所示
举例	设：$l_0 = 125\text{mm}$，$d = 0.25\text{mm}$ 则：$l_1 = (125 + 2.5)\text{ mm} = 127.5\text{mm}$ 　　$n = \dfrac{127.5}{80} + 1 = 2.594$（圆整为 3） 　　$l_2 = \left[\dfrac{127.5}{3} - (7.5 \times 0.25)\right]\text{mm} = 40.625\text{mm}$ 　　$l_3 = \dfrac{40.625}{2}\text{mm} = 20.313\text{mm}$

表 2.1-18 细虚线各部分尺寸计算

细虚线的尺寸和表示	注：图中 (l) 为线的分段长度

(续)

计算各部分尺寸的公式	1. 细虚线的全长: $l_1 = l_0$ 2. 一条细虚线内短画的数目: $n = \dfrac{l_0 - 12d}{15d}$ (圆整) 3. 短画的长度: $l_2 = \dfrac{l_1 - 3dn}{n+1}$ 4. 细虚线的最小长度: $l_{1\min} = l_{0\min} = 27d$ (2条短画 $12d$, 1个间隔 $3d$) 如果在画细虚线时长度小于 $27d$, 可以采用将各部分尺寸放大的形式
举 例	设: $l_1 = 125$mm, $d = 0.35$mm 则: $n = \dfrac{125 - 4.2}{5.25} = 23.01$ (圆整为23) $l_2 = \dfrac{125 - 24.15}{24}$mm $= 4.202$mm 允许按固定的短画 ($12d$) 画线, 此时线的一端可能是较短或较长的短画

表 2.1-19 细点画线各部分尺寸计算

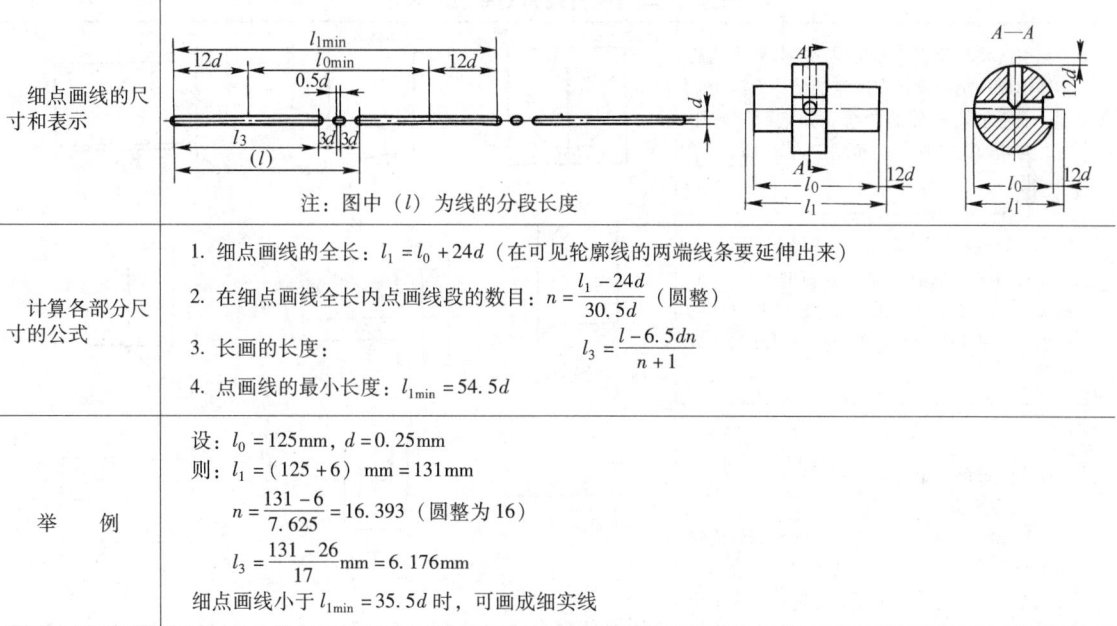

细点画线的尺寸和表示	注: 图中 (l) 为线的分段长度
计算各部分尺寸的公式	1. 细点画线的全长: $l_1 = l_0 + 24d$ (在可见轮廓线的两端线条要延伸出来) 2. 在细点画线全长内点画线段的数目: $n = \dfrac{l_1 - 24d}{30.5d}$ (圆整) 3. 长画的长度: $l_3 = \dfrac{l - 6.5dn}{n+1}$ 4. 点画线的最小长度: $l_{1\min} = 54.5d$
举 例	设: $l_0 = 125$mm, $d = 0.25$mm 则: $l_1 = (125 + 6)$ mm $= 131$mm $n = \dfrac{131 - 6}{7.625} = 16.393$ (圆整为16) $l_3 = \dfrac{131 - 26}{17}$mm $= 6.176$mm 细点画线小于 $l_{1\min} = 35.5d$ 时, 可画成细实线

表 2.1-20 细双点画线各部分尺寸计算

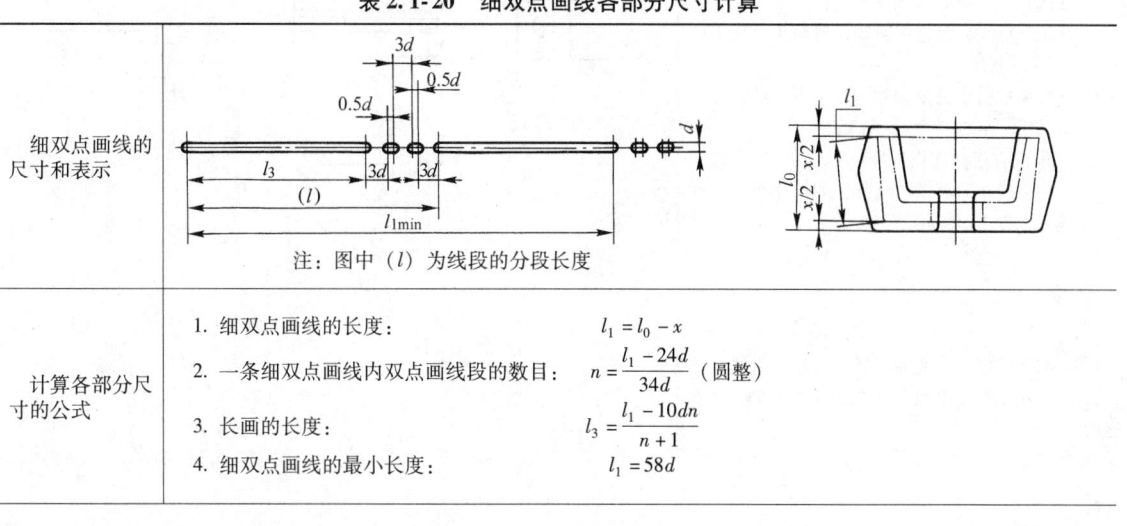

细双点画线的尺寸和表示	注: 图中 (l) 为线段的分段长度
计算各部分尺寸的公式	1. 细双点画线的长度: $l_1 = l_0 - x$ 2. 一条细双点画线内双点画线段的数目: $n = \dfrac{l_1 - 24d}{34d}$ (圆整) 3. 长画的长度: $l_3 = \dfrac{l_1 - 10dn}{n+1}$ 4. 细双点画线的最小长度: $l_1 = 58d$

(续)

举 例	设：$l_0 = 128\text{mm}$，$d = 0.35\text{mm}$，$\dfrac{x}{2} = 1.5\text{mm}$ 则：$l_1 = (128 - 3)\text{ mm} = 125\text{mm}$ $n = \dfrac{125 - 8.4}{11.9} = 9.798$（圆整为 10） $l_3 = \dfrac{125 - 35}{11}\text{mm} = 8.182\text{mm}$

表 2.1-21 指引线和基准线的术语和定义

术 语	定 义
指引线	指引线为细实线，它以明确的方式建立图形表达和附加的字母、数字或文本说明（注意事项、技术要求、参照条款等）之间联系的线
基准线	与指引线相连的水平或竖直的细实线，可在上方或旁边注写附加说明

表 2.1-22 指引线和基准线的表达

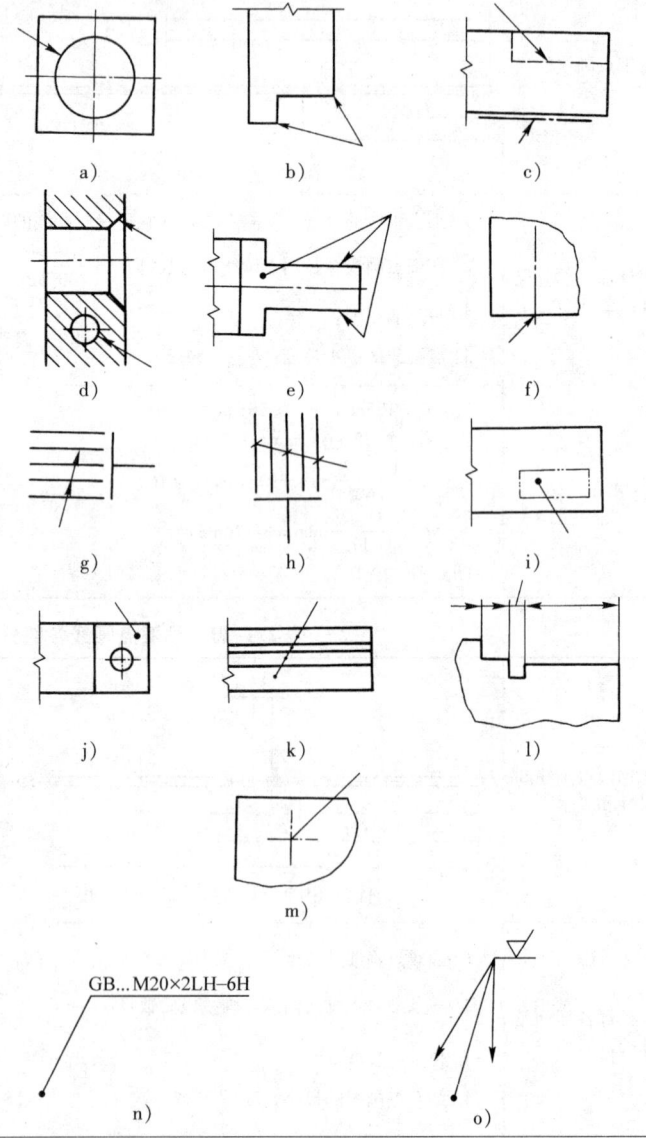

指 引 线	指引线要求绘制成细实线，并与要表达的物体形成一定角度，在绘制的结构上给予限制，而不能与相邻的图线（如剖面线）平行，与相应图线所成的角度应大于 15°（图 a～图 m）
	指引线可以弯折成锐角（图 e），两条或几条指引线可以有一个起点（图 b、图 e、图 g、图 h 和图 k），指引线不能穿过其他的指引线、基准线以及诸如图形符号或尺寸数值等
	指引线的终端有如下几种形式： 1. 实心箭头 如果指引线终止于表达零件的轮廓线或转角处时，平面内部的管件和缆线，图表和曲线图上的图线时，可采用实心箭头。箭头也可以画到这些图线与其他图线（如对称中心线）相交处，如图 a～图 g 所示。如果是几条平行线，允许用斜线代替箭头（图 h） 2. 一个点 如果指引线的末端在一个物体的轮廓内，可采用一个点（图 i～图 k） 3. 没有任何终止符号 指引线在另一条图线上，如尺寸线、对称线等（图 l、图 m）
基 准 线	基准线应绘制成细实线，每条指引线都可以附加一条基准线，基准线应按水平或竖直方向绘制

(续)

基准线	基准线可以画成： 1. 具有固定的长度，应为 6mm（图 o 和图 p） 2. 或者与注解说明同样长度（图 n、图 q） 3. 在特殊情况下，应画出公共基准线（图 o） 4. 如果指引线绘制成水平方向或竖直方向，此时注释说明的注写与指引线方向一致（图 r、图 s） 5. 不适用基准线的情况下，均可省略基准线（图 l、图 t）	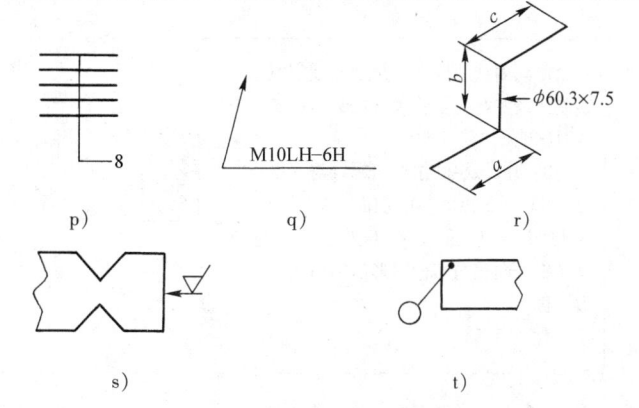

表 2.1-23　指引线注释的注写

1. 优先注写在基准线的上方（表 2.1-22 图 n、图 q）（图 a、图 b）
2. 注写在指引线或基准线的后面，并以字符的中部与指引线或基准线对齐（表 2.1-22 图 p、图 r）
3. 注写在相应图形符号的旁边，内部或后面（图 a、图 b）
4. 考虑到缩微的要求，注释说明如果在基准线的上方或下方，应在基准线相距两倍线宽处注写。不能写在基准线内，也不能与其接触

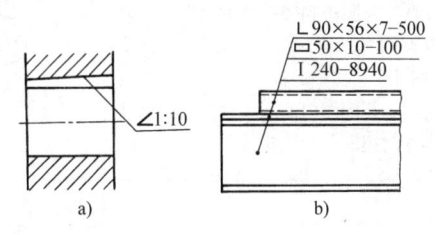

表 2.1-24　指引线上附加"圆"的应用

如果一个零件相关联的几个表面有同样的特征要求，可仅注释一次，注释说明的方法是在指引线和基准线连接处画一个圆（$d = 8 \times$ 指引线宽）如图 a～图 c
在下面两种情况下不能使用"圆"符号：
1. 使用"圆"符号可能产生误解
2. 使用"圆"符号会涉及一个零件的所有表面或转角

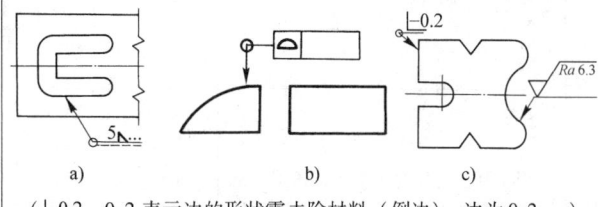

（⌴0.2—0.2 表示边的形状需去除材料（倒边），边为 0.2mm）

2.6　剖面区域表示法

2.6.1　常用的金属材料剖面区的剖面或截面表示法

按 GB/T 17453—2005 规定，见表 2.1-25。

2.6.2　特殊材料的表示

若需要在剖面区域中表示材料的类别时，应按特殊规定或专业标准表示其剖面区域，见表 2.1-26。

3　图样画法

图样表示方法有第一角投影法和第三角投影法两种，我国采用第一角投影法，ISO 标准的图形均采用第一角投影法，但规定两种投影法是等效的。

3.1　第一角投影法和第三角投影法（GB/T 14692—2008）

绘制机械图样时应采用投射线与投影面垂直的正投影法。正投影法有单面正投影和多面正投影（物体在多个互相垂直的投影面上的投影）之分，将物体置于第一分角内，并使其处于观察者与投影之间的多面投影，称第一角投影法或第一角画法。将物体置于第三分角内，并使投影面处于观察者和物体之间的多面投影，称第三角投影法或第三角画法。第一角投影法和第三角投影法的区别见表 2.1-27。

表 2.1-25 剖面符号的画法

规 定		图 例
一般画法	通用剖面线应以适当角度的细实线绘制,最好与主要轮廓线或剖面区域的对称线成45°(图a) 当剖面区域中的主要轮廓线与水平线成45°时,该图形的剖面线应画成与水平线成30°或60°角的平行线,其倾斜方向仍与其他图形的剖面线一致(图b)	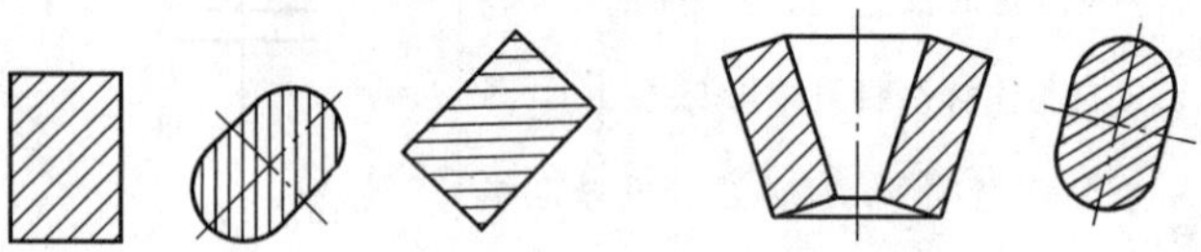 a) b)
	同一物体的各个剖面区域,其剖面线画法应一致,即剖面线的间隔应相等,方向要相同,而且与水平成45°的平行线(图c) 在装配图中相邻物体的剖面线必须以不同的方向或不同的间隔画出(图d) 同一装配图中的同一物体的剖面线应方向相同、间隔相等	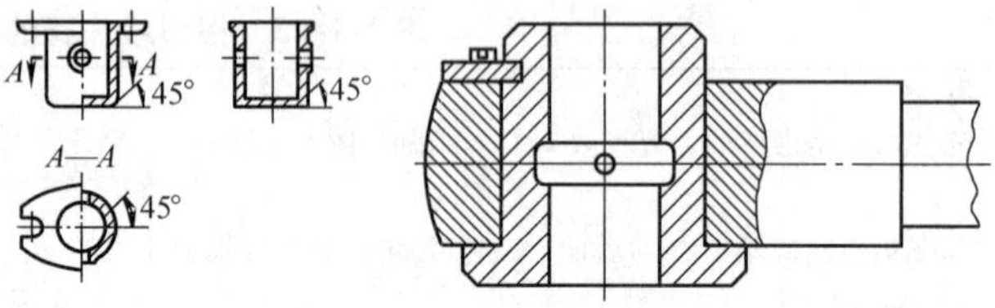 c) d)
	相邻辅助零件或部件的剖面区域一般不画剖面线,当需要画出时仍按图d的规定绘制(图e)	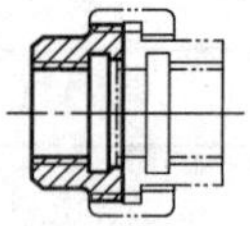 e)
	当绘制接合件的图样时,各零件剖面区域内的剖面线应按图d的规定绘制(图f)绘制 当绘制接合件与其他零件的装配图时,接合件可作为一个整体在剖面区域画剖面线(图g)	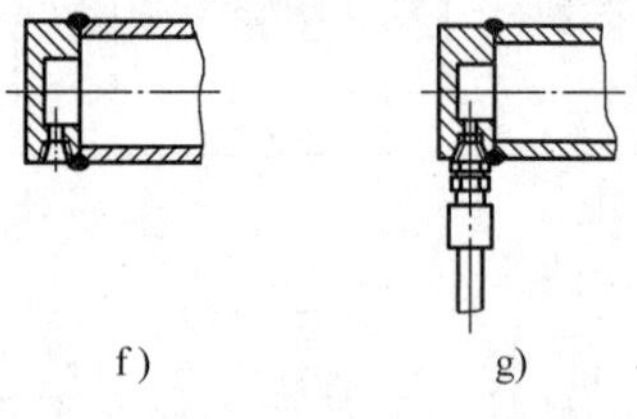 f) g)
简化画法	同一零件,为了表达不同的结构,截取不同的截面,但必须画相同方向、相同间隔的剖面线	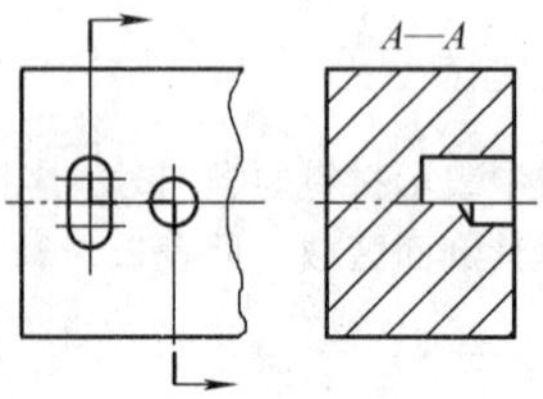 A—A

规 定	图 例	
简化画法	在大面积剖切的情况下，剖面线可以在剖面区的轮廓线画出部分剖面线	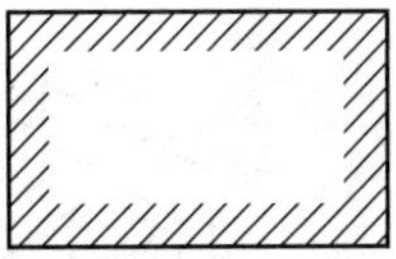
	剖面内可以标注尺寸	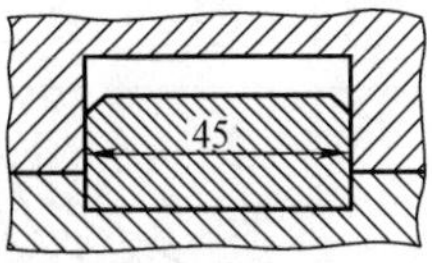 45
	断面或剖面可以用粗实线强调表示	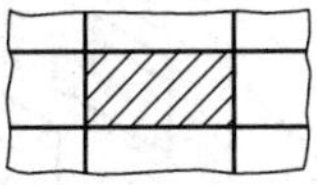
	狭小剖面可以用完全黑色来表示（图 a） 相近的狭小剖面可以用完全黑色表示，其间至少应留下 0.7mm 的间距（图 b）	 a) b)

表 2.1-26 特定剖面符号及画法

金属材料（已有规定剖面符号者除外）	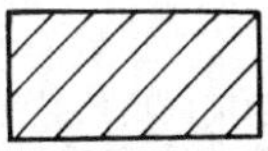	木质胶合板（不分层数）		玻璃及供观察用的其他透明材料	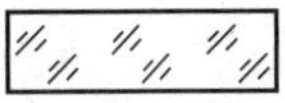
线圈绕组元件	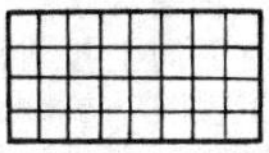	基础周围的泥土		木材 纵剖面	
转子、电枢、变压器和电抗器等的叠钢片	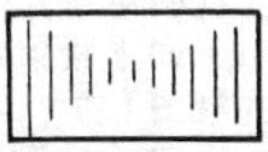	混凝土	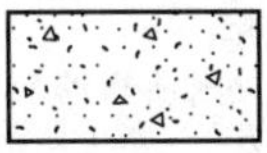	木材 横剖面	
非金属材料（已有规定剖面符号者除外）	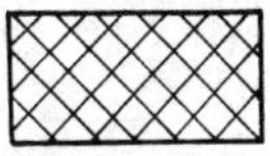	钢筋混凝土	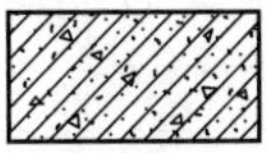	格网（筛网、过滤网等）	
型砂、填砂、粉末冶金、砂轮、陶瓷刀片、硬质合金刀片等	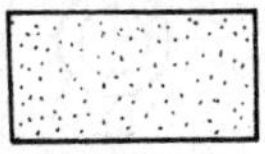	砖	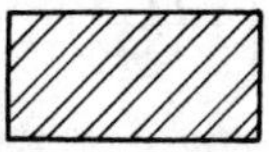	液体	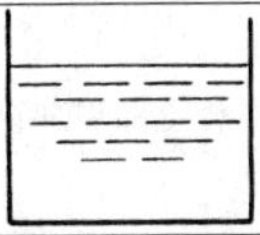

注：1. 剖面符号仅表示材料的类别，材料名称和代号必须另行注明。
　　2. 由不同材料嵌入或粘贴在一起的物体，用其中主要材料的剖面符号表示。例如：夹丝玻璃的剖面符号用玻璃的剖面符号表示，复合钢板的剖面符号用钢板的剖面符号表示。
　　3. 除金属材料外，在装配图中相邻物体的剖面符号相同时，应采用疏密不一的方法以示区别。
　　4. 叠钢片的剖面线方向，应与束装中叠钢片的方向一致。
　　5. 液面用细实线绘制。
　　6. 窄剖面区域不宜画剖面符号时，可不画剖面符号。
　　7. 木材、玻璃、液体、叠钢片、砂轮及硬质合金刀片等剖面符号，也可在外形视图中画出部分或全部，作为材料的标志。

表 2.1-27　第一、第三角投影法的区别

第一、第三角投影法的区别	第一角投影法	第三角投影法
投射线、物体、投影面之间的关系		投影平面是透明的
六个基本投影面的展开方法		
六个基本视图的名称和配置	主视图—由前向后投射所得的视图（上图中A） 左视图—由左向右投射所得的视图（上图中C），配置在主视图的右方 俯视图—由上向下投射所得的视图（上图中B），配置在主视图的下方 右视图—由右向左投射所得的视图（上图中D），配置在主视图左方 仰视图—由下向上投射所得的视图（上图中E），配置在主视图上方 后视图—由后向前投射所得的视图（上图中F），配置在左视图右方	主视图—由前向后投射所得的视图（上图中A） 右视图—由右向左投射所得的视图（上图中D），配置在主视图右方 仰视图—由下向上投射所得的视图（上图中E），配置在主视图下方 左视图—由左向右投射所得的视图（上图中C），配置在主视图左方 俯视图—由上向下投射所得的视图（上图中B），配置在主视图上方 后视图—由后向前投射所得的视图（上图中F），配置在右视图右方
图样上的识别符号	（我国规定采用第一角投影法，此符号可省略）	（采用第三角投影时，必须在图样中画出识别符号）

3.2　视图（GB/T 4458.1—2002）

3.2.1　视图选择

1）表示信息量最多的那个视图应作为主视图。投射时物体在投影体系中的位置通常是机件的工作位置或加工位置或安装位置。

2）在明确表示机件的前提下，应使视图（包括剖视图和断面图）的数量为最少。

3）视图一般只画机件的可见部分，必要时才画出不可见部分。

4）尽量避免不必要细节的重复表达。

3.2.2 视图分类和画法（表 2.1-28）

表 2.1-28　视图分类和画法

分类	规定	图例
基本视图	基本视图是机件向基本投影面投影所得的视图 六个基本视图的名称为： 　主视图　左视图　俯视图　右视图　仰视图　后视图 在同一张图纸内按图 a 配置视图时，一律不标注视图的名称	（见图 a）
向视图	如不按图 a 配置视图时，应在视图上方标注视图名称"×"（"×"为大写拉丁字母），在相应视图的附近用箭头指明投影方向，并标注相同的字母（图 b），这类可自由配置的视图称向视图	（见图 b）
斜视图	斜视图是机件向不平行于基本投影面的平面投射所得的视图 斜视图通常按向视图的配置形式配置并标注（图 c） 必要时允许将斜视图旋转配置，表示该视图名称的大写拉丁字母应靠近旋转符号的箭头端，也允许将旋转角度标注在字母之后（图 d） 斜视图的断裂边界应以波浪线或双折线表示，当所表示的局部结构是完整的，且外轮廓线又成封闭时，波浪线或双折线可以省略不画	（见图 c、d）

(续)

分类	规定	图例
局部视图	局部视图是将机件的一部分向基本投影面投射所得的视图 在机械制图中，局部视图的配置可选用以下方式： 1. 按基本视图的配置形式配置（图 c 的俯视图） 2. 按向视图的配置形式配置（图 e） 3. 按第三角画法配置在视图上所需表示物体局部结构的附近，并用细点画线将两者相连（图 f～图 i） 画局部视图时，其断裂边界用波浪线或双折线绘制（图 c 的俯视图和图 e 的 A 向视图）。当所表示的局部视图的外轮廓成封闭时，则不必画出其断裂边界线（图 e 中的 C 向视图） 标注局部视图时，通常在其上方用大写字母标出视图的名称，在相应视图附近用箭头指明投射方向，并注上相同的字母（图 e）。当局部视图按基本视图配置，中间又没有其他图形隔开时，则不必标注（图 c 的俯视图）	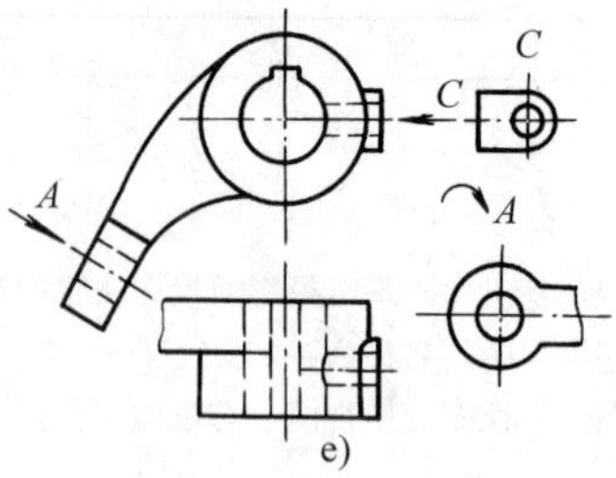 e) 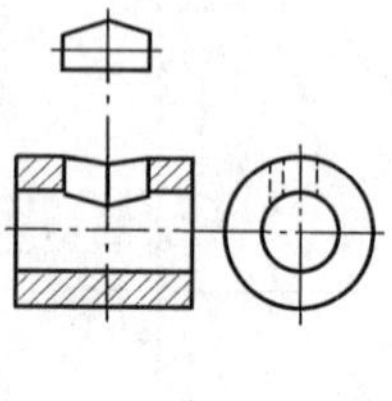 f) 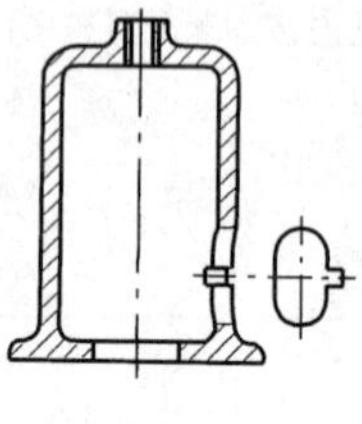 g) 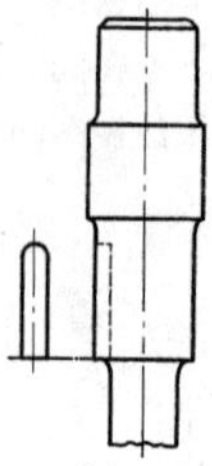 h)
旋转视图	旋转视图是假想将机件的倾斜部分旋转到某一选定的基本投影面平行，再向该投影面投影所得的视图	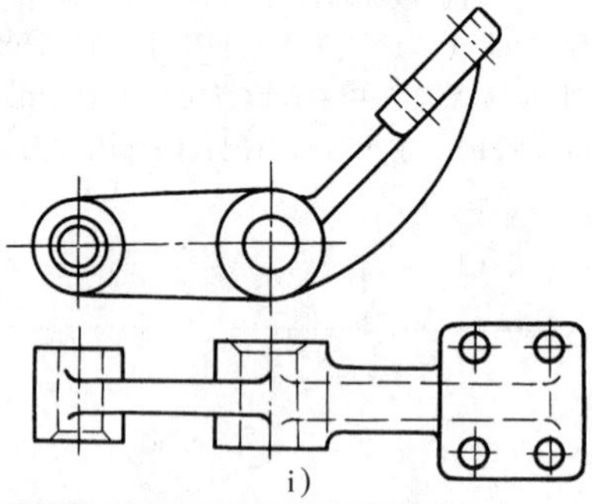 i)

3.2.3 视图的其他表示法（表 2.1-29）

表 2.1-29 视图的其他表示法

分类	规定	图例
局部放大图	1. 局部放大图——将机件的部分结构，用大于原图形所采用的比例画出的图形。局部放大图可画成视图，也可画成剖视图、断面图，它与被放大部分的表示方法无关（图 a）。局部放大图应尽量配置在被放大部位附近 2. 绘制局部放大图时，除螺纹牙型、齿轮和链轮齿形外，应按图 a、图 b 用细实线圈出被放大的部位。当同一机件上有几个被放大的部分时，应用罗马数字依次标明被放大的部位，并在局部放大图的上方标注出相应罗马数字和所采用的比例（图 a）。当机件上被放大部分仅一个时，在局部放大图上方只需注明所采用的比例（图 b）	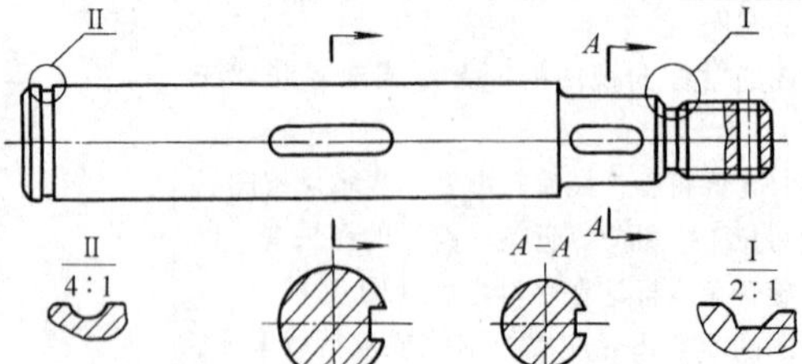 a) 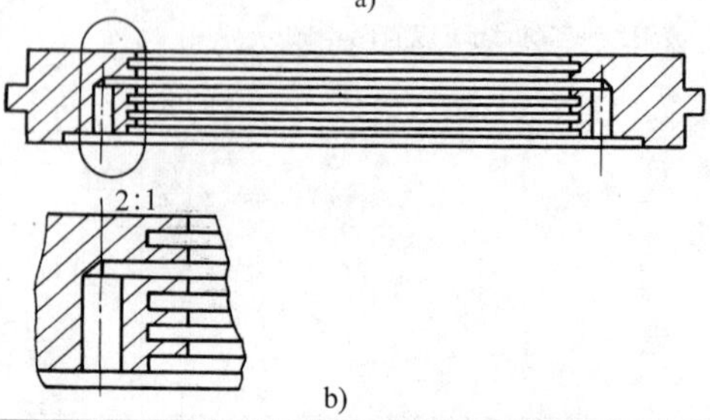 b)

(续)

分类	规定	图例
局部放大图	3. 同一机件上不同部位的局部放大图,当图形相同或对称时,只需画出一个(图c) 4. 必要时可用几个图形来表达同一被放大部位的结构(图d)	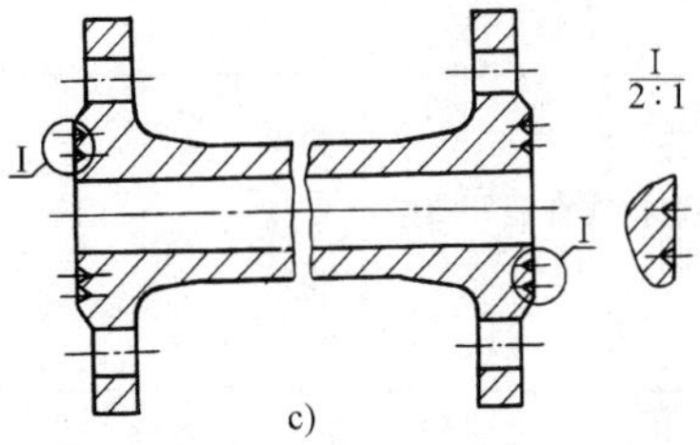 c) 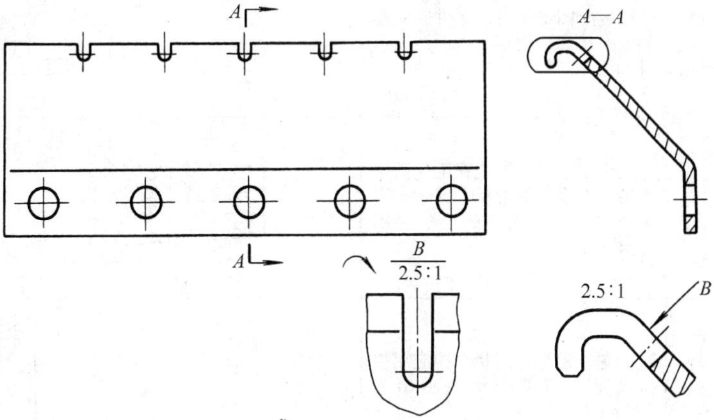 d)
断裂画法	较长的机件(轴、杆、型材、连杆等)沿长度方向的形状一致或按一定规律变化时,可断开缩短绘制,其断裂边界用波浪线绘制(图e、图f)	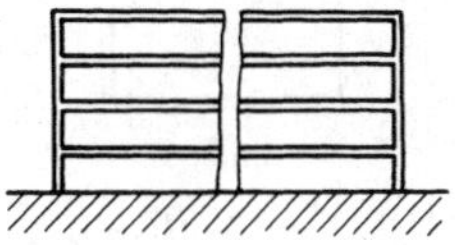 e) 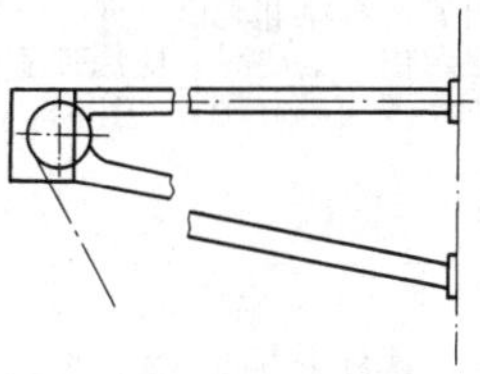 f)
透明材料物体的画法	透明材料制成的零件应按不透明绘制(图g) 在装配图中,供观察用的透明材料后的零件按可见轮廓线绘制(图h)	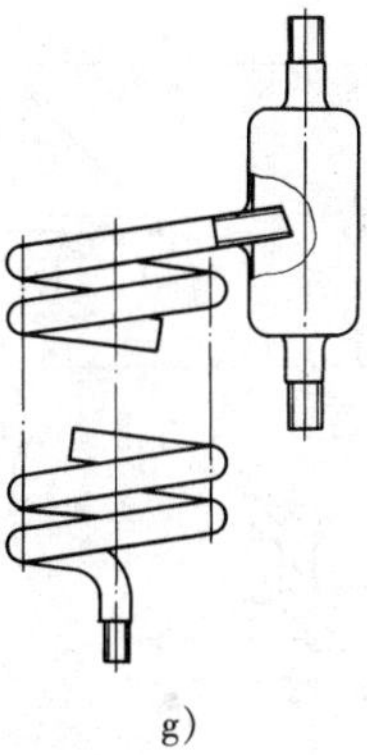 g) 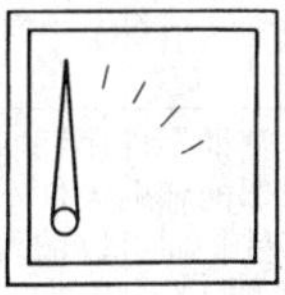 h)

(续)

分类	规定	图例
初始轮廓画法	当有必要表示零件成形前的初始轮廓时，应用双点画线绘制（图 i）	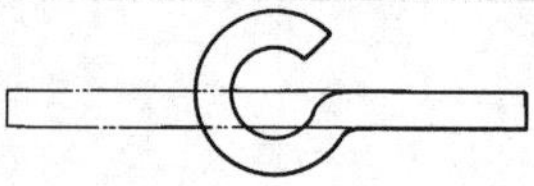 i)
弯折零件画法	弯折零件的弯折线在展开图中应用细实线绘制（图 j）	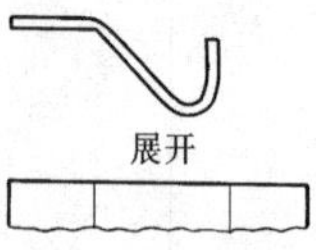 j)
可动件的画法	在装配图中，可动零件的变动和极限状态，用细双点画线表示（图 k）	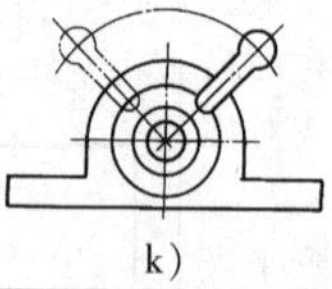 k)
成形零件和毛坯件画法	允许用细双点画线在毛坯图中画出完工零件的形状，或者在完工零件上画出毛坯的形状（图 l、图 m）	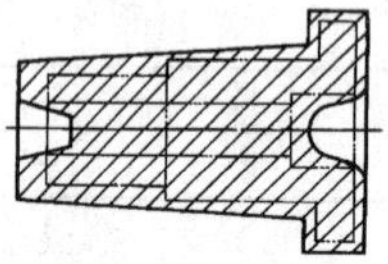 l) 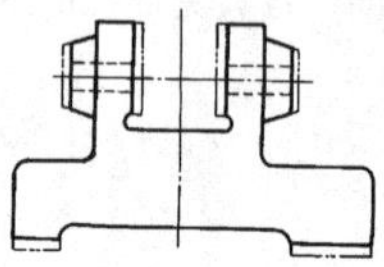　m)
网状结构画法	滚花、槽沟等网状结构应用粗实线完全或部分地表示出来（图 n）	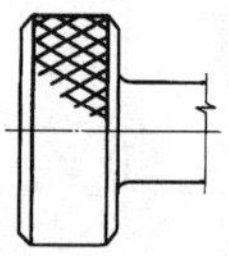 n)
纤维方向表示法	材质的纤维和轧制方向，一般不必示出，必要时，应用带箭头的细实线表示（图 o、图 p）	 o) 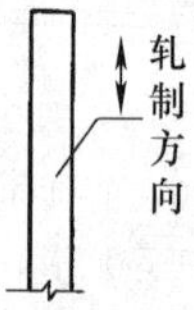　p)
两个或两个以上相同视图的表示	一个零件上有两个或两个以上图形相同的视图，可以只画一个视图，并用箭头、字母和数字表示其投射方向和位置（图 q、图 r）	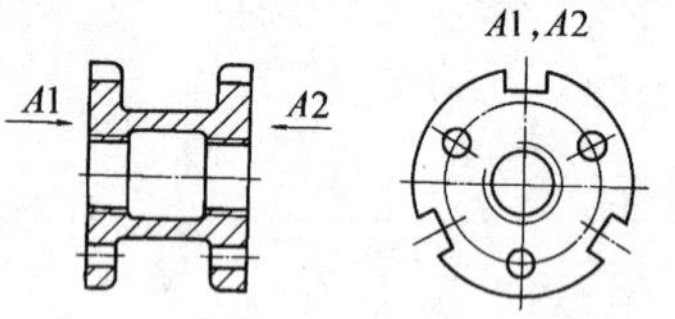 q) 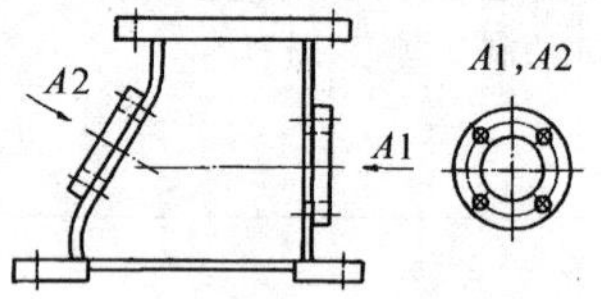　r)
镜像零件表示	对于左右件零件或装配件，可用一个视图表示，并在图形下方注写必要的说明（"LH"为左件，"RH"为右件）（见图 s）	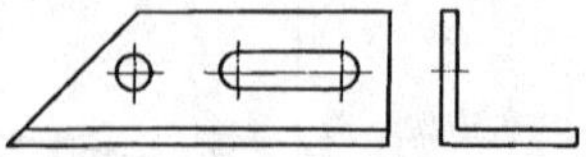 零件1（LH）如图；零件2（RH）对称 s)
相邻辅助零件画法	相邻的辅助零件用细双点画线绘制。相邻的辅助零件不应覆盖为主的零件，而可以被为主的零件遮挡（图 t），相邻的辅助零件的断面不画剖面线 当轮廓线无法明确绘制时，则其特定的封闭区域应用细双点画线绘制（图 u）	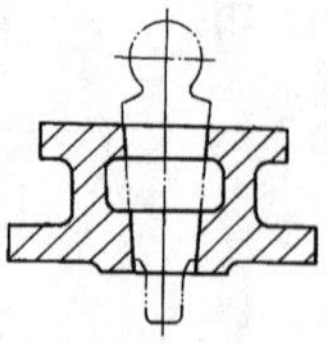 t) 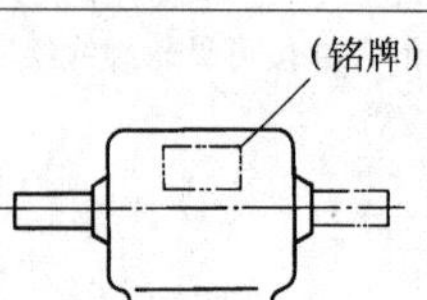　u)（铭牌）

(续)

分类	规定	图例
对称零件画法	在不致引起误解时，对于对称构件或零件的视图可只画一半或四分之一，并在对称中心线的两端画出两条与其垂直的平行细实线（图v、图w） 基本对称的零件可按对称零件绘制，但应对其中不对称的部分加注说明（图w）	v) w) 仅左侧有二孔
较小斜度、锥度结构画法	机件上斜度和锥度等小结构，如在一个图形中已表达清楚时，其他投影可按小端画出（图x、图y）	x) y)
分隔的相同元素画法	分隔的相同元素的制成件可局部地用细实线表示其组合情况（图z）	z)

3.3 剖视图和断面图（GB/T 4458.6—2002）

3.3.1 剖视图

假想用剖切面剖开机件，将处在观察者与剖切面之间的部分移去，而将其余部分向投影面投射所得的图形称剖视图。

（1）剖视图和剖切面的分类（表2.1-30、表2.1-31）

（2）剖切符号、剖视图的配置与标注

1）剖切符号 剖切符号（粗实线）尽可能不与图形的轮廓线相交，在它的起、迄和转折处应用相同的字母标出，但当转折处地位有限又不致引起误解时允许省略标注（表2.1-31图c、f、h）。两组或两组以上相交的剖切平面，其剖切符号相交处用大写拉丁字母"O"标注（表2.1-31图b）。

2）剖视图的配置 基本视图配置的规定（表2.1-28）同样适用于剖视图。剖视图也可按投影关系配置在剖切符号相对应的位置，必要时还允许配置在其他适当位置（表2.1-31，图j）。

3）剖切位置与剖视图的标注

表2.1-30 剖视图的分类

分类	规定	图例
全剖视图	全剖视图：用剖切面完全剖开机件所得的剖视图（图a、b）	a) b) A—A

(续)

分类	规定	图例
半剖视图	半剖视图：当机件具有对称平面时，在垂直于对称平面的投影面上投射所得的图形，可以对称中心线为界，一半画成剖视图，另一半画成视图（图 c、d）。 机件的形状接近对称且不对称部分已另有图形表达清楚时，也可画成半剖视图（图 d）	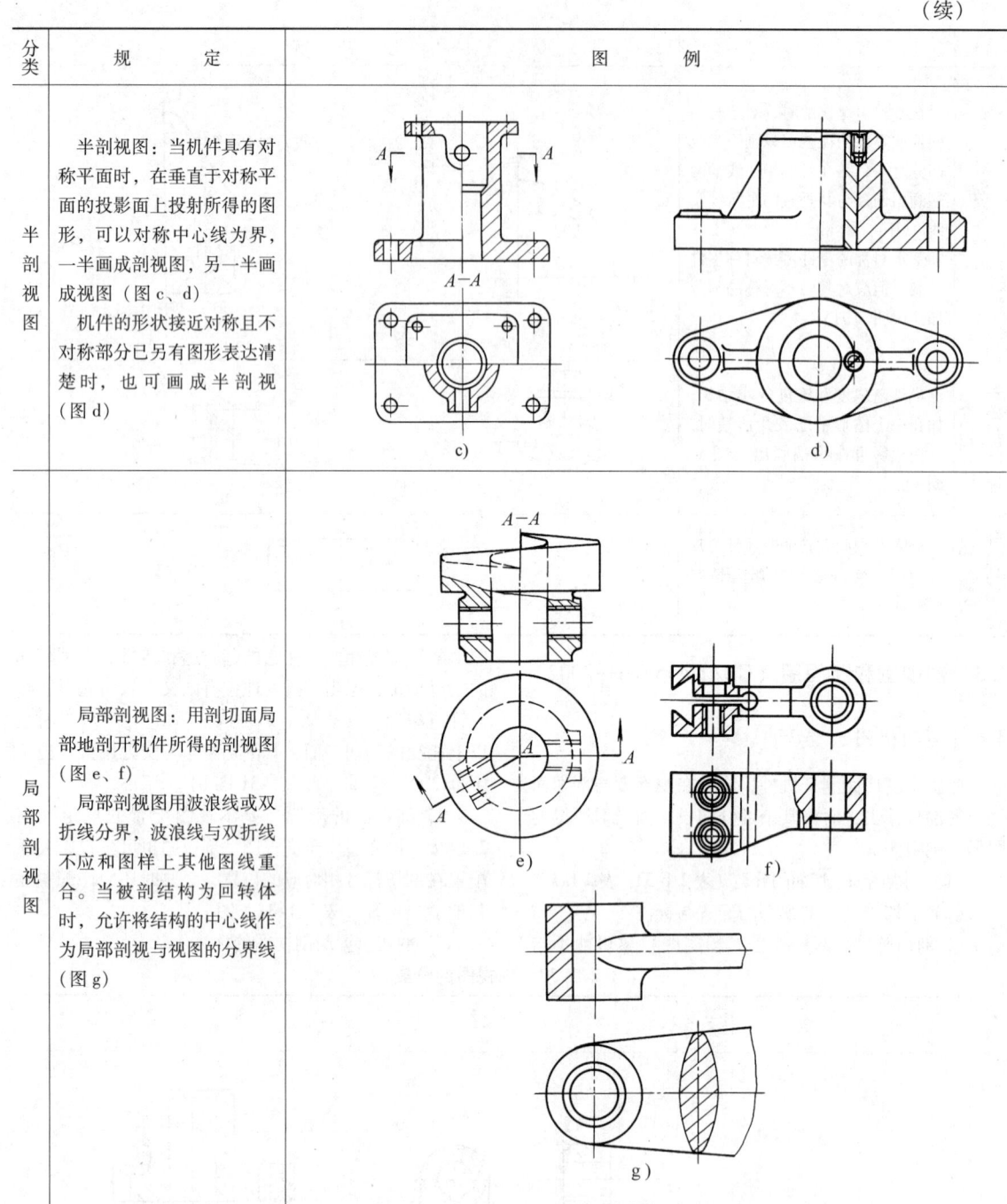
局部剖视图	局部剖视图：用剖切面局部地剖开机件所得的剖视图（图 e、f）。 局部剖视图用波浪线或双折线分界，波浪线与双折线不应和图样上其他图线重合。当被剖结构为回转体时，允许将结构的中心线作为局部剖视与视图的分界线（图 g）	

a) 一般应在剖视图上方用字母标出剖视图的名称"×—×"（"×—×"为大写拉丁字母）。在相应的视图上用剖切符号表示剖切位置，用箭头表示投射方向，并注上同样的字母（表 2.1-31 图 g、h、i、j）。

b) 当剖视图按投影关系配置，中间又没有其他图形隔开时，可省略箭头（表 2.1-31 图 a、e）。

c) 当单一剖切平面通过机件的对称平面或基本对称平面，且剖视图按投影关系配置，中间又没有其他图形隔开时，可省略标注（表 2.1-30，图 a）。

d) 当单一剖切平面的剖切位置明显时，局部剖视图的标注可省略（图 2.1-30，图 f、g）。

(3) 剖视图标注的几种特殊形式（表 2.1-32）

表 2.1-31　剖切面分类

分类	规定	图例
单一剖切面	一般用平面剖切机件（图 a；A—A）。也可用柱面剖切机件，采用柱面剖切机件时，剖视图应按展开绘制（图 a；B—B）	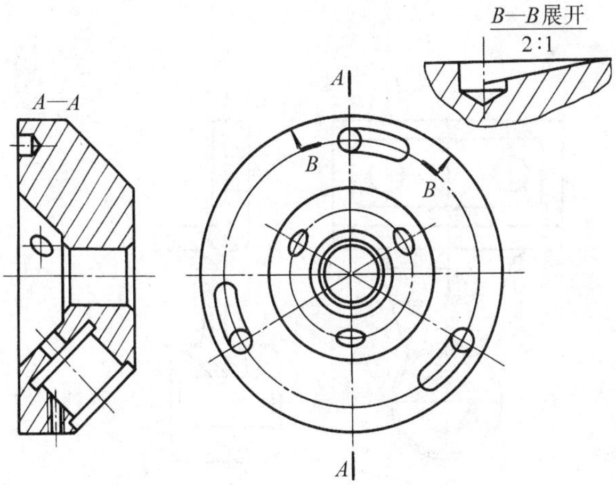 a)
两相交的剖切平面—旋转剖	用两相交的剖切平面（交线垂直于某一基本投影面）剖开机件的方法称为旋转剖（图 b） 采用这种方法画剖视图时，先假想按剖切位置剖开机件，然后将剖切平面剖开的结构及其有关部分旋转到与选定的投影面平行再进行投射。在剖切平面后的其他结构一般仍按原来位置投影（图 c 油孔） 当剖切后产生不完整要素时，应将此部分按不剖绘制，如图 d 中的臂	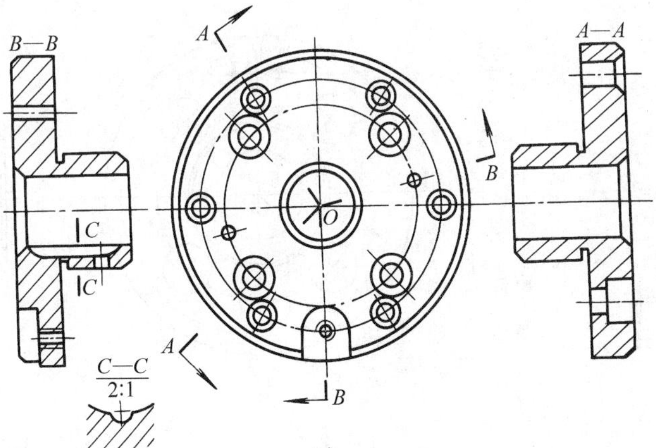 b) 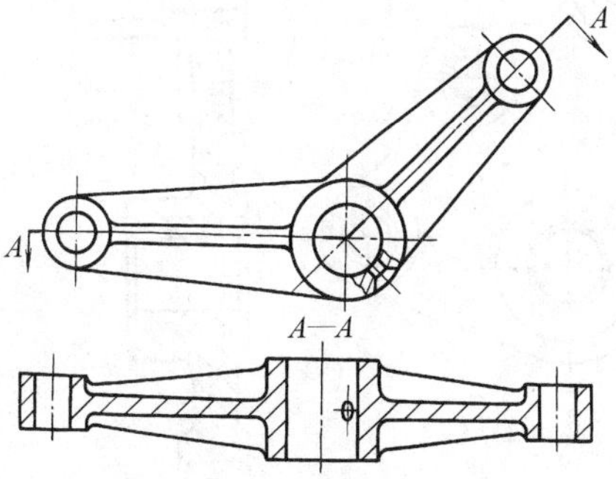　c) 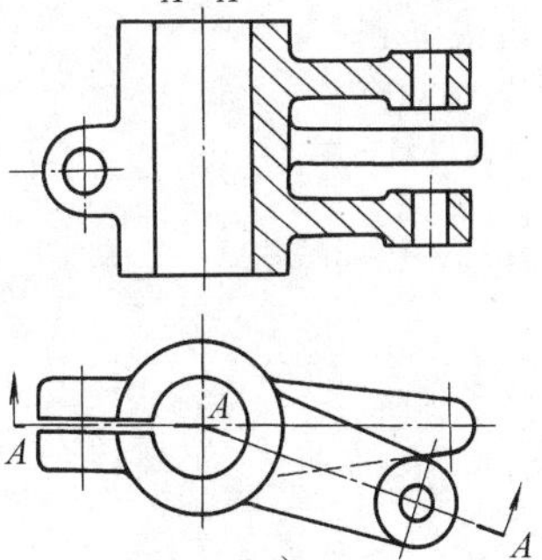　d)

(续)

分类	规定	图例
几个平行的剖切平面—阶梯剖	用几个平行的剖切平面剖开机件的方法称阶梯剖（图e）。采用这种方法画剖视图时，在图形内不应出现不完整的要素，仅当两个要素在图形上具有公共对称中心线或轴线时，可以各画一半，此时应以对称中心线或轴线为界（图f）	e) f)
组合的剖切平面—复合剖	除旋转剖、阶梯剖外，用组合的剖切平面剖开机件的方法称复合剖（图g、h）。采用这种方法画剖视图时，可采用展开画法，此时应标注"×—×展开"（图h）	g) h)

（续）

分类	规定	图例
不平行于任何基本投影面的剖切平面—斜剖	用不平行于任何基本投影面的剖切平面剖开机件的方法称斜剖（图i：*B—B*）采用这种方法画剖视图时，在不引起误解时，允许将图形旋转（图j：*A—A*⌒）	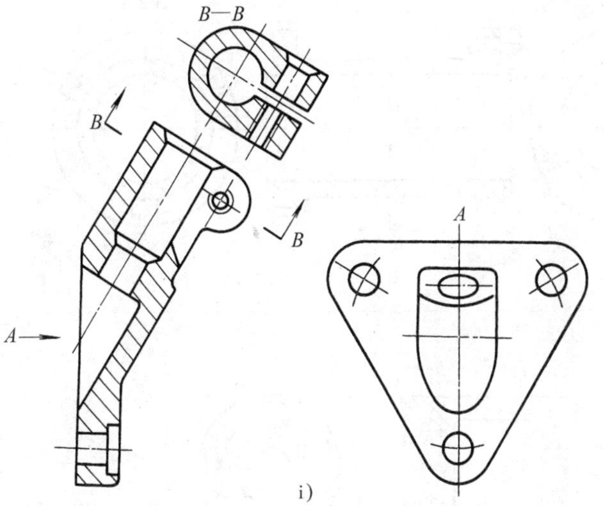 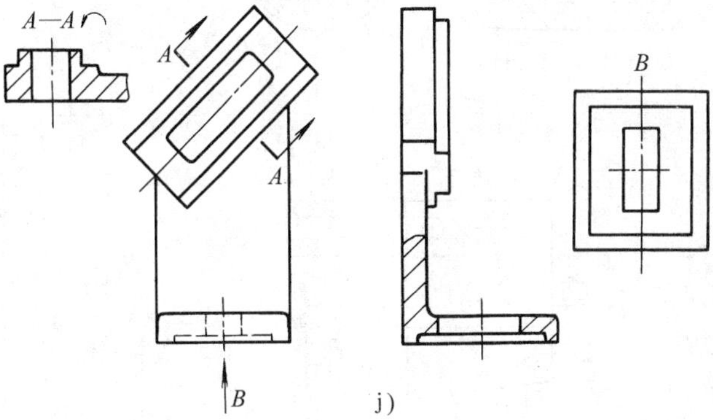 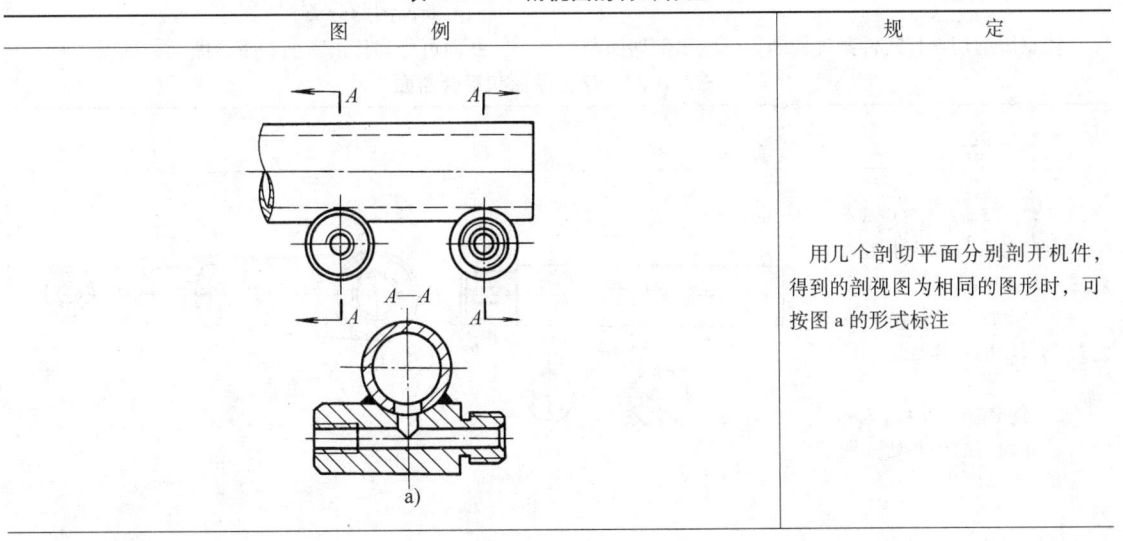

注：各类剖切面亦适用于断面图。

表 2.1-32　剖视图的特殊标注

图例	规定
	用几个剖切平面分别剖开机件，得到的剖视图为相同的图形时，可按图 a 的形式标注

(续)

图 例	规 定
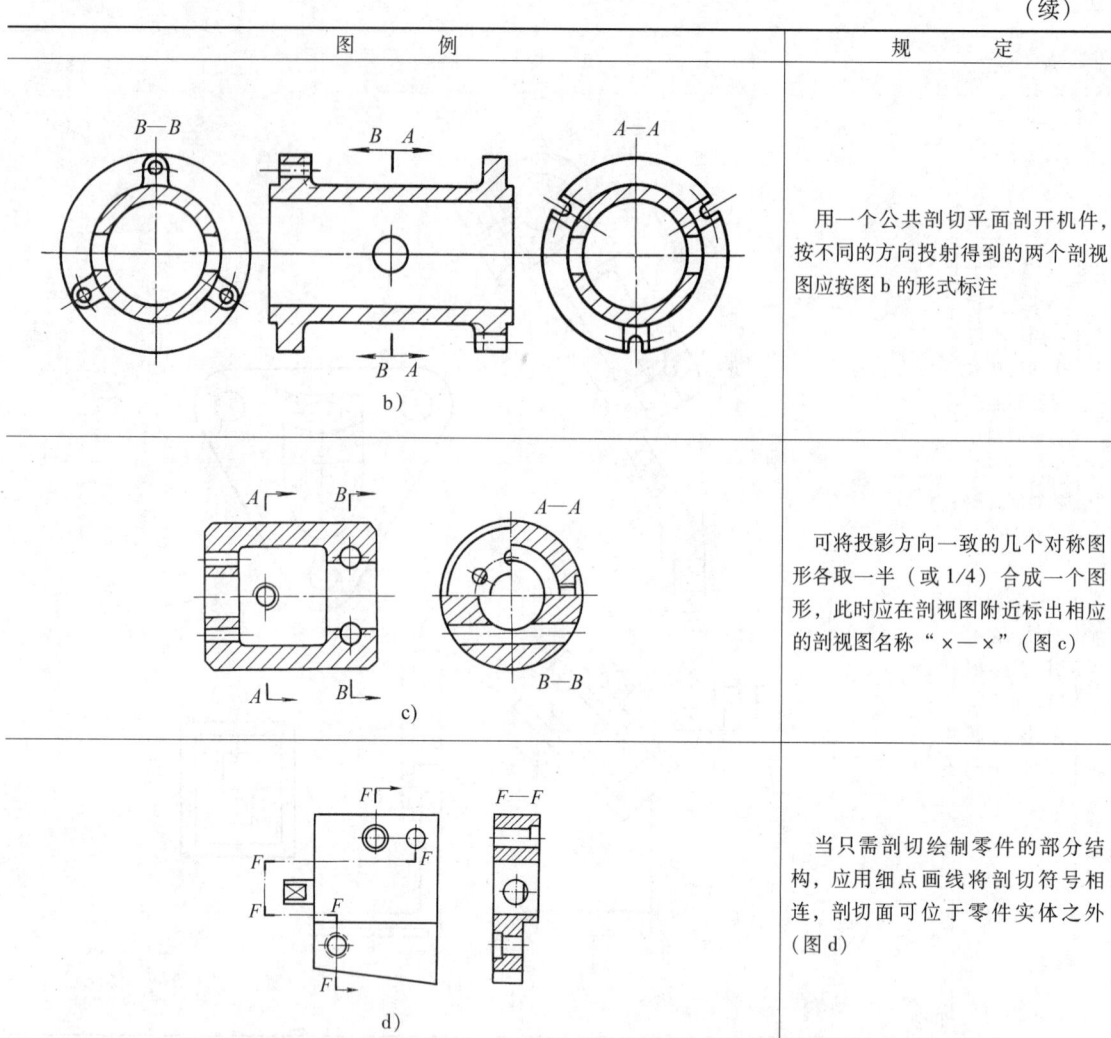 b)	用一个公共剖切平面剖开机件,按不同的方向投射得到的两个剖视图应按图 b 的形式标注
c)	可将投影方向一致的几个对称图形各取一半（或 1/4）合成一个图形,此时应在剖视图附近标出相应的剖视图名称"×—×"（图 c）
d)	当只需剖切绘制零件的部分结构,应用细点画线将剖切符号相连,剖切面可位于零件实体之外（图 d）

3.3.2 断面图

假想用剖切面将机件某处切断,仅画出剖切面与机件接触部分的图形称断面图。

(1) 断面图的分类

断面可分为移出断面和重合断面,见表 2.1-33。

表 2.1-33 移出断面和重合断面

分类	规 定	图 例
移出断面	移出断面的图形应画在视图之外,轮廓线用粗实线绘制（图 a） 移出断面应尽量配置在剖切线的延长线上（图 a） 当断面图形对称时也可画在视图的中断处（图 b）	a) b)

分类	规定	图例
移出断面	必要时可将移出断面配置在其他适当位置。在不致引起误解时,允许将图形旋转(图 c)	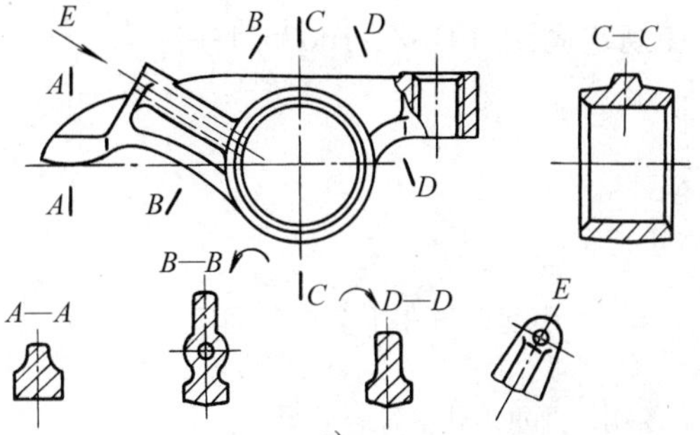 c)
	由两个或多个相交的剖切平面剖切得出的移出断面,中间一般应断开(图 d)	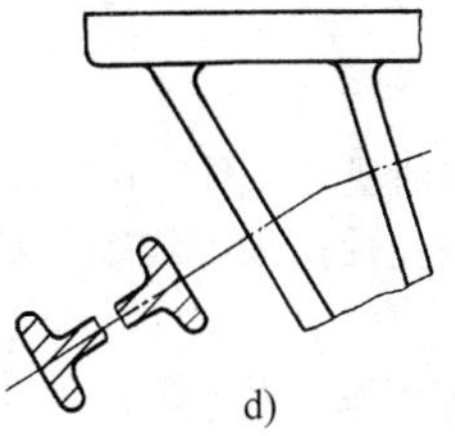 d)
	当剖切平面通过回转而形成的孔或凹坑的轴线时,这些结构按剖视图要求绘制(图 e) 当剖切平面通过非圆孔,会导致出现完全分离的两个断面时,则这些结构应按剖视图要求绘制(图 f)	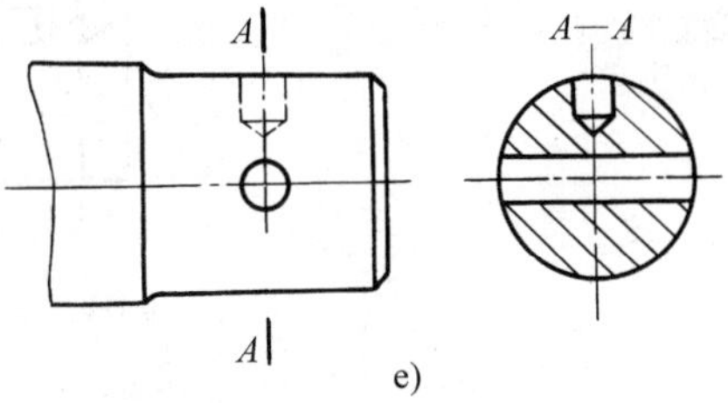 e) 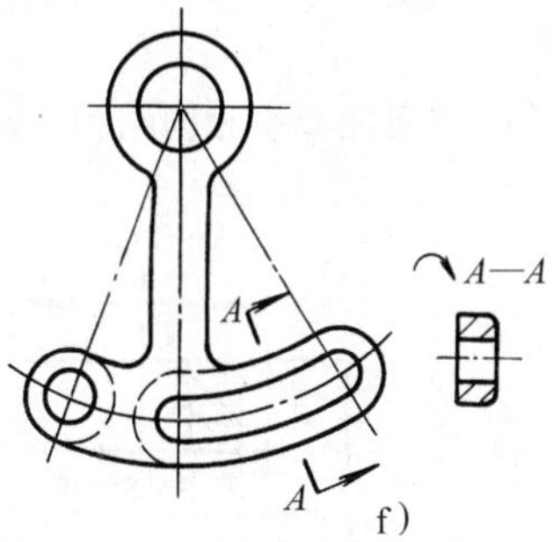 f)
重合断面	重合断面图的图形应画在视图内,断面轮廓线用细实线绘制。当视图的轮廓线与重合断面的图形重叠时,视图中的轮廓线仍应连续画出,不可间断(图 g、h)	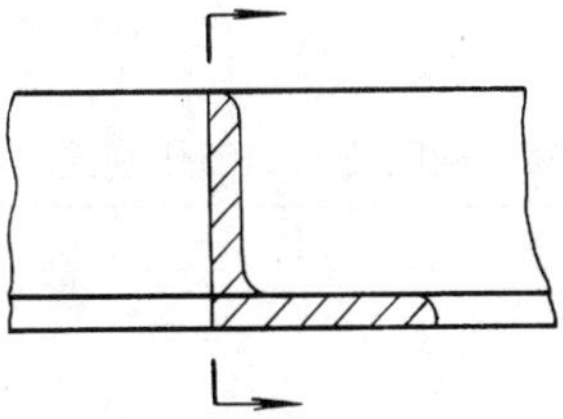 g) 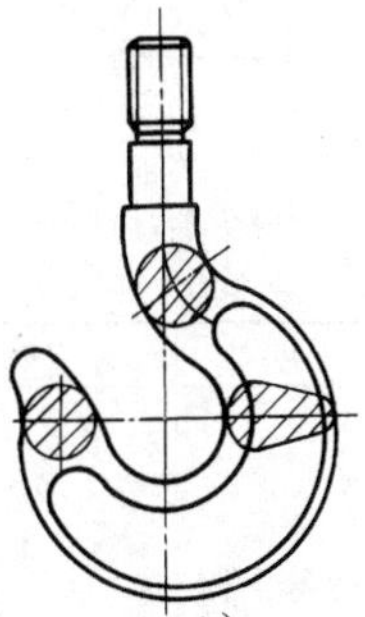 h)

(2) 断面图标注

断面图标注中使用的剖切符号同剖视图。

1) 移出断面的标注

① 移出断面一般应用剖切符号表示剖切位置,用箭头表示投射方向,并注上字母,在断面图的上方应用同样字母标出相应的名称"×—×"("×"大写拉丁字母),见表 2.1-33 图 a:A—A。

② 配置在剖切符号延长线上的不对称移出断面,可省略字母(表 2.1-33 图 a),不配置在剖切符号延长线上的对称移出断面(表 2.1-33 图 c)以及按投影关系配置的对称和不对称的移出断面,均可省略箭头(表 2.1-33 图 e)。

③ 配置在剖切线延长线上对称的移出断面,以及配置在视图中断处的移出断面,均可不必标注(表 2.1-33 图 b、d)。

2) 重合断面的标注

① 配置在剖切符号上的不对称重合断面，不必标注字母（表2.1-33图g）。

② 对称的重合断面不必标注（表2.1-33图h）。

3.4 简化画法和规定画法（GB/T 16675.1—2012）

3.4.1 简化画法

(1) 简化原则

1) 简化必须保证不致引起误解和不会产生理解的多意性。

2) 便于识读和绘制，注重简化的综合效果。

3) 在考虑便于手工制图和计算机制图的同时，还要考虑缩微制图的要求。

(2) 基本要求

1) 应避免不必要的视图和剖视图（图2.1-3）。

2) 在不引起误解时，应避免使用细虚线表示不可见的结构（图2.1-4）。

3) 尽可能使用有关标准中规定的符号表达设计要求，如图2.1-5所示，用中心孔符号表示标准的中心孔。

4) 尽可能减少相同结构要素的重复绘制（图2.1-6）。

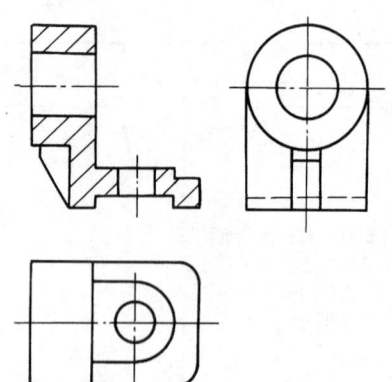

图 2.1-4 避免使用细虚线

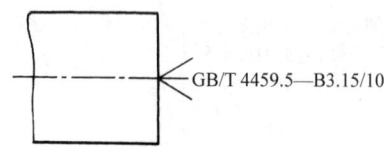

图 2.1-5 用符号表达设计要求

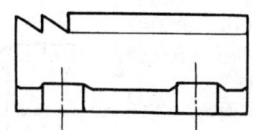

图 2.1-6 减少相同结构的重复绘制

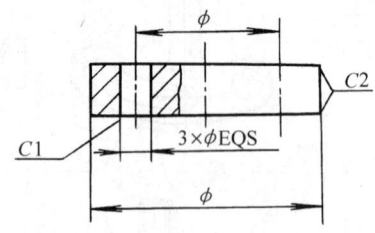

图 2.1-3 避免不必要的视图

(3) 简化画法

相同要素的简化画法见表2.1-34。

机件上细小结构的各种简化画法见表2.1-35。

关于装配图的各种简化画法见表2.1-36。

其他简化画法见表2.1-37。

表 2.1-34 相同要素的简化画法

说　明	图　例
当机件具有若干相同结构（如齿槽等），并按一定规律分布时，只需画出几个完整的结构，其余用细实线连接，在零件图中则必须注明该结构的总数（图a）	a)

(续)

说 明	图 例
若干直径相同且成规律分布的孔,可以仅画一个或少量几个,其余只需用细点画线或"十"表示其中心位置,在零件图中应注明孔的总数(图b、c)	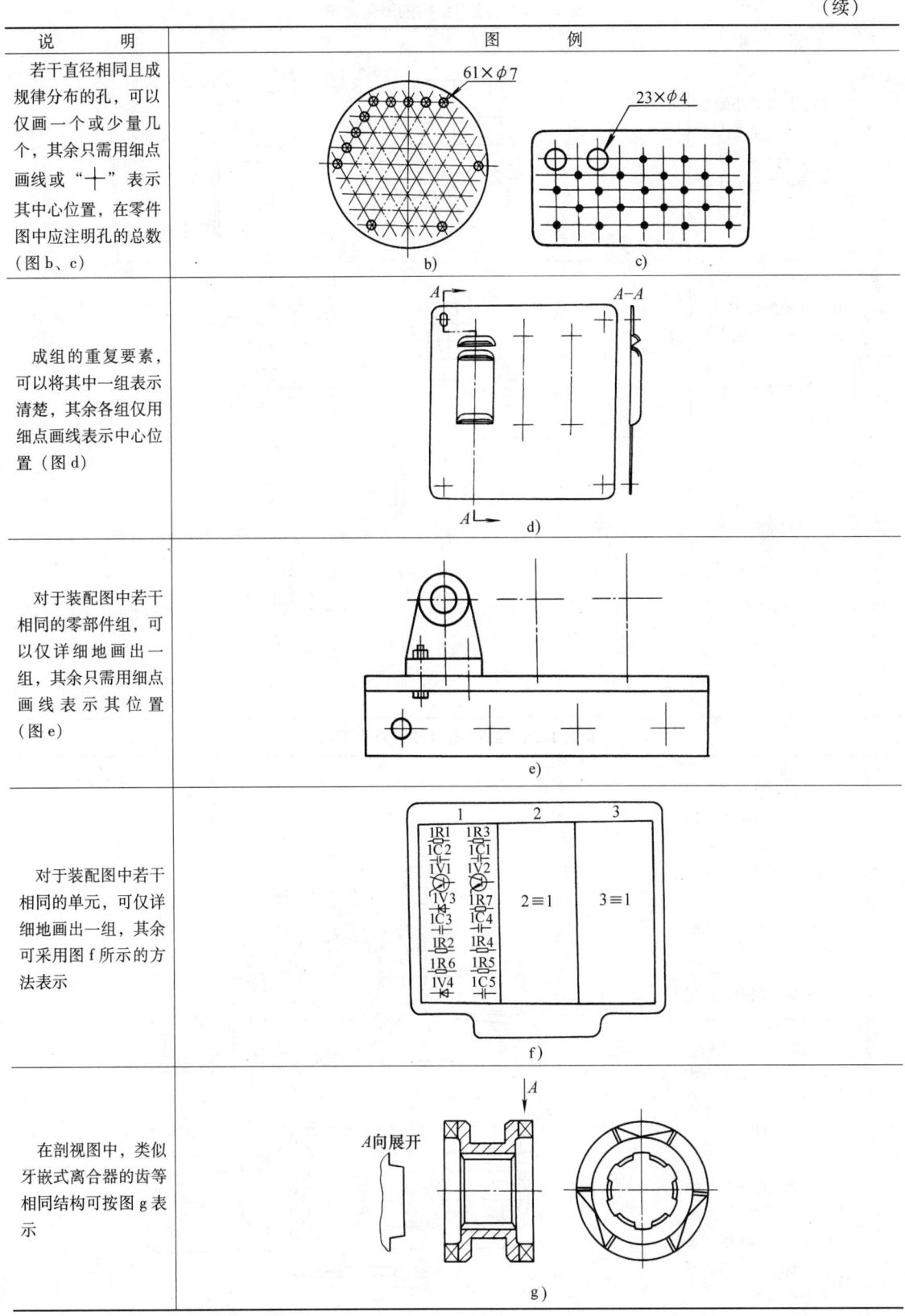
成组的重复要素,可以将其中一组表示清楚,其余各组仅用细点画线表示中心位置(图d)	
对于装配图中若干相同的零部件组,可以仅详细地画出一组,其余只需用细点画线表示其位置(图e)	
对于装配图中若干相同的单元,可仅详细地画出一组,其余可采用图f所示的方法表示	
在剖视图中,类似牙嵌式离合器的齿等相同结构可按图g表示	

表 2.1-35 细小结构的简化画法

分类	说 明	图 例
小结构的简化画法	当机件上较小的结构及斜度等已在一个图形中表达清楚时,其他图形应当简化或省略(图 a、b)	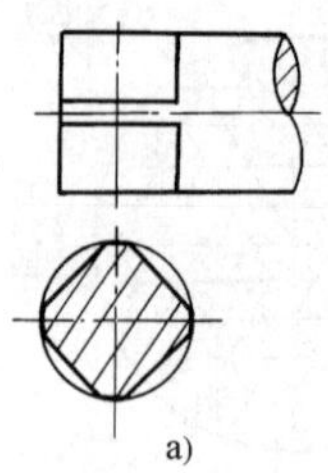 a) 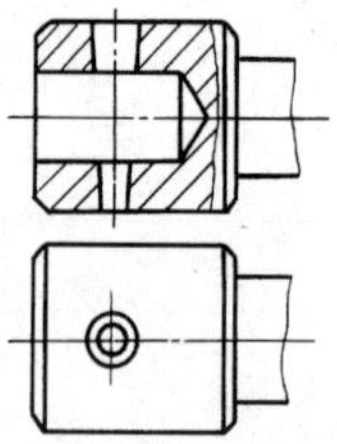 b)
	除确属需要表示的某些结构圆角外,其他圆角在零件图中均可不画,但必须注明尺寸或在技术要求中加以说明(图 c、d)	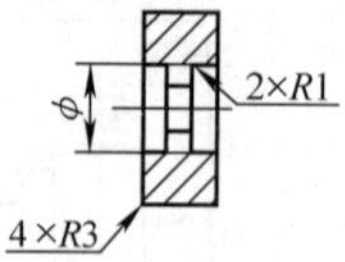 c) 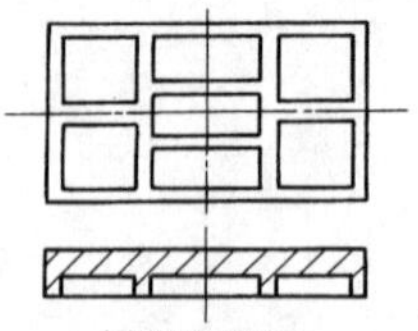 2×R1 4×R3 d) 全部铸造圆角R5
放大部位在原视图中的简化	在局部放大图表达完整的前提下,允许在原视图中简化被放大部位的图形(图 e)	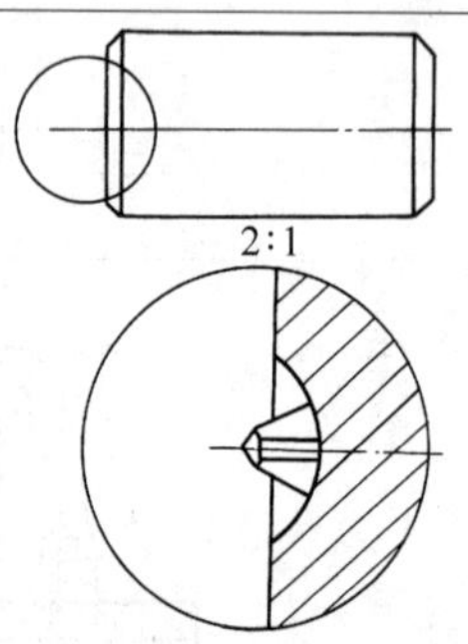 2:1 e)

表 2.1-36 装配图中各种简化画法

分类	说 明	图 例
拆卸画法	在装配图中可假想沿某些零件的结合面剖切或假想将某些零件拆卸后绘制,需要说明时,可加标注"拆去××等"(图 a)	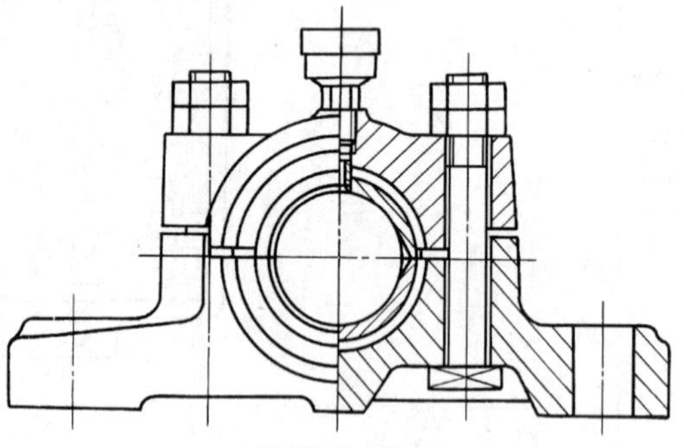 拆去轴承盖等 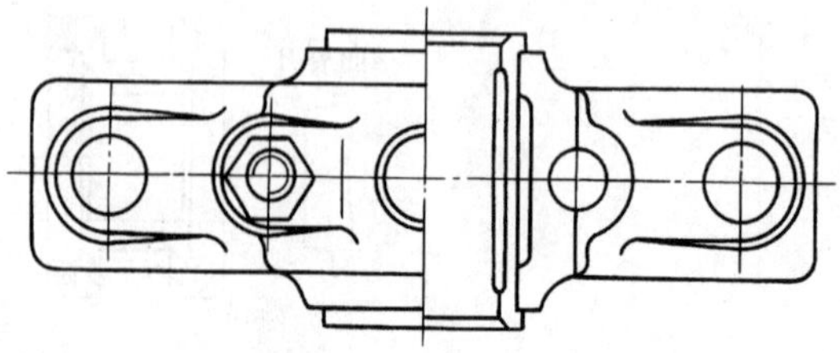
剖切到标准产品的画法	在装配图中,当剖切平面通过的某些构件已为标准产品或已由其他图形表示清楚时,可按不剖绘制(图 a:油杯)	
小结构可省略	在装配图中,零件的倒角、圆角、凹坑、凸台、沟槽、滚花、刻线及其他细节可不画(图 a)	a)

分类	说　明	图　例
单独零件的单独视图	在装配图中可以单独画出某一零件的视图。但必须在所画视图的上方注出该零件视图的名称。在相应视图的附近用箭头指明投影方向，并注上同样的字母（图 b：泵盖 B 向）	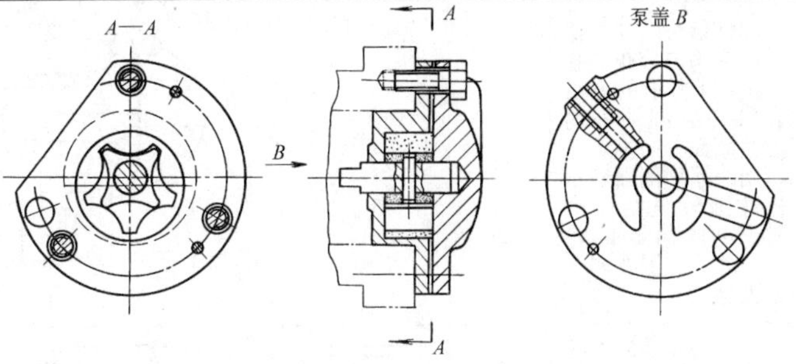 b)
标准产品在装配图中简化画法	在能够清楚表达标准产品特征和装配关系的条件下，装配图可仅画出其简化后的轮廓，如图 c 中电动机、联轴器和减速器	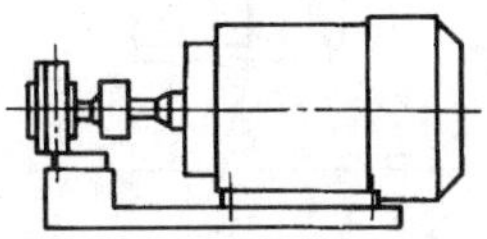 c)
带和链的画法	在装配图中，可用粗实线表示带传动中的带；用细点画线表示链传动中的链。必要时，可在粗实线或细点画线上绘制出表示带类型或链类型的符号，见 GB/T 4460—2013（图 d、e）	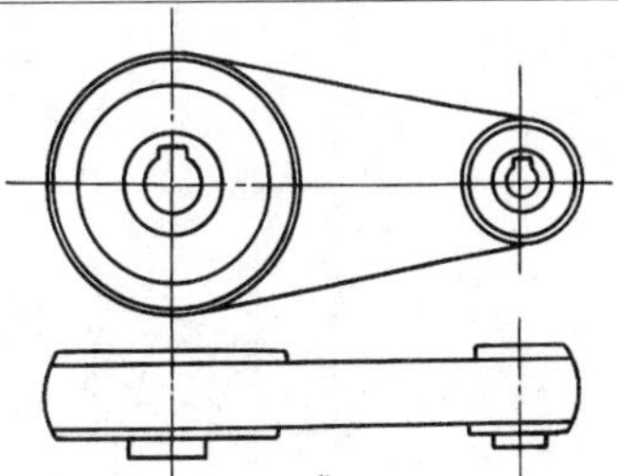 d) 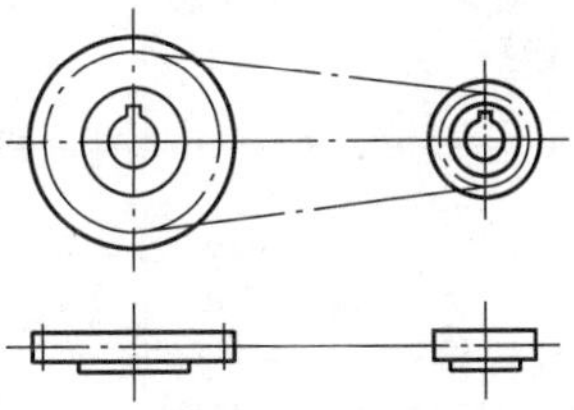　e)

表 2.1-37　其他简化画法

分类	说　明	图　例
省略剖面符号画法	在不引起误解时，剖面线（或剖面符号）可省略（图 a、b）	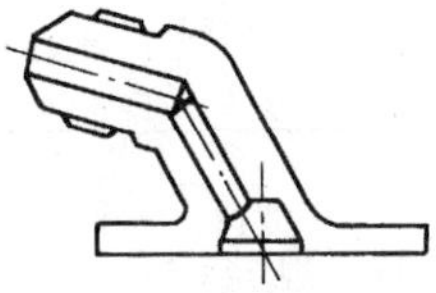 a) 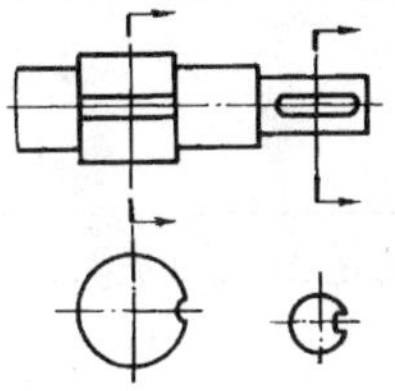　b)
相贯线简化画法	视图中的过渡线用细实线绘制（图 c），在不致引起误解时，过渡线、相贯线允许简化，例如用圆弧和直线代替非圆曲线（图 d） 也可用模糊画法表示相贯线	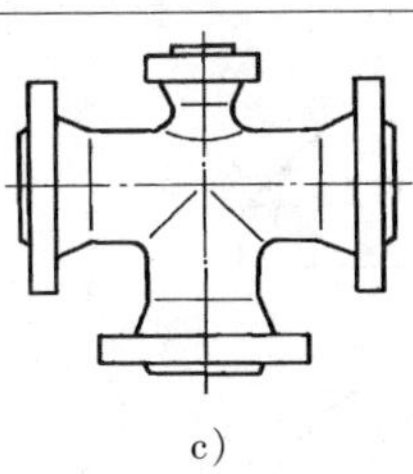 c) 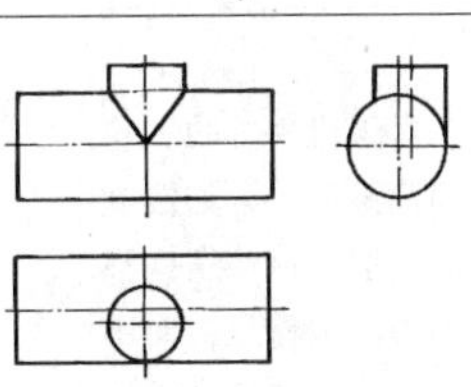　d)
剖切平面后的投影的省略	在不致引起误解时，剖切平面后不需表达的部分允许省略不画（图 e：A—A）	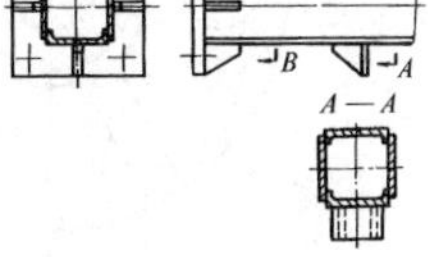 e)

(续)

分类	说明	图例
复杂曲面剖面图的简化	圆柱形法兰和类似零件上均匀分布的孔可按图 f 所示的方法表示（由机件外向法兰端面方向投影） 用一系列剖面表示机件上较复杂曲面时，可画出断面轮廓，并可配置在同一位置上	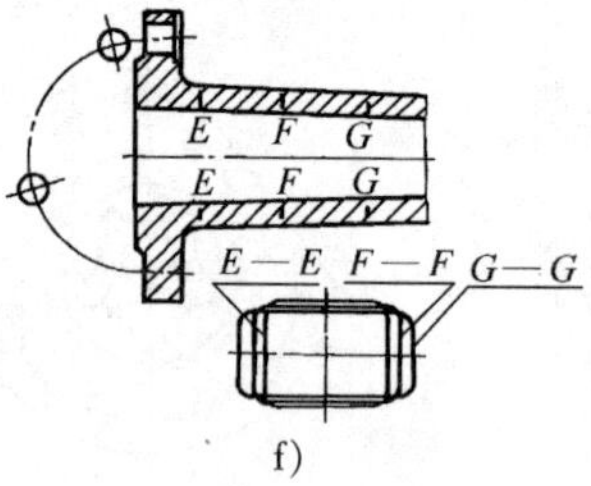 f)
回转体零件平面的简化画法	当回转体零件上的平面在图形中不能充分表达时，可用两条相交的细实线表示这些平面（图 g、h、i）	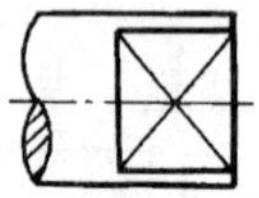 g) 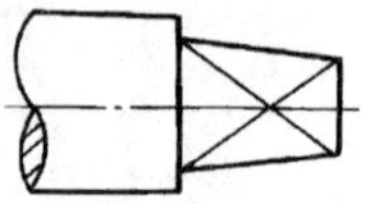　h) 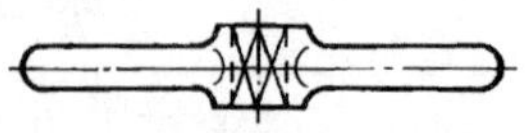　i)
管子的简化画法	管子可仅在端部画出部分形状，其余用细点画线画出其中心线（图 j）	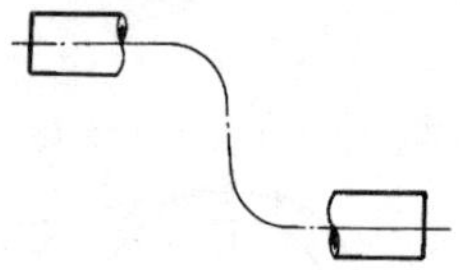 j)
倾斜投影面上圆及圆弧的简化画法	与投影面倾斜角度小于或等于 30° 的圆或圆弧，其投影可用圆或圆弧代替（图 k）	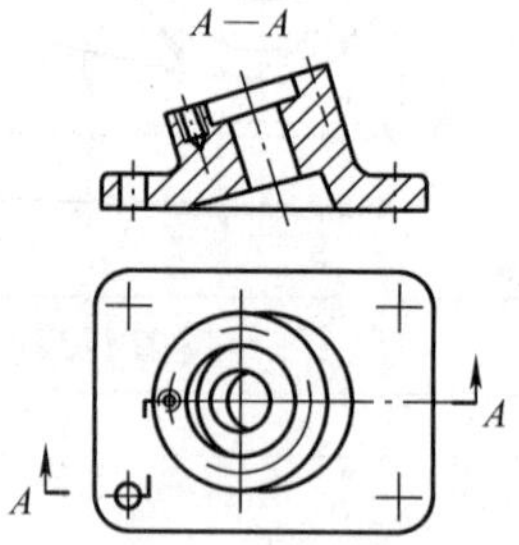 k)

3.4.2 规定画法（表 2.1-38）

表 2.1-38　规定画法

分类	说明	图例
肋、轮辐、薄壁的规定画法	对于机件的肋、轮辐及薄壁等，如按纵向剖切，这些结构都不画剖面符号，而用粗实线将它与其邻接部分分开 当零件回转体上均匀分布的肋、轮辐、孔等结构不处在剖切平面上时，可将这些结构旋转到剖切平面上画出（图 a、b）	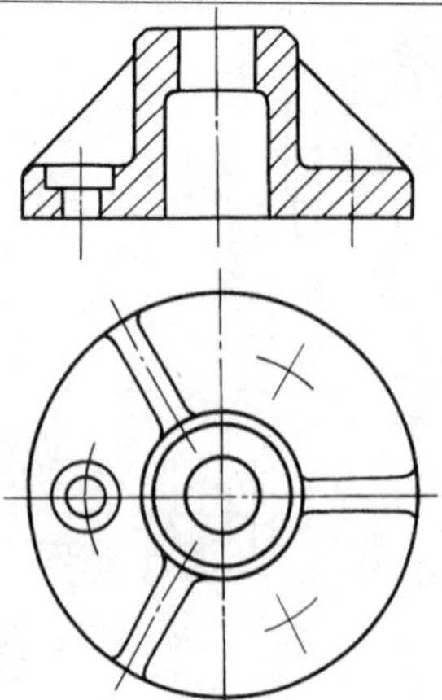 a) 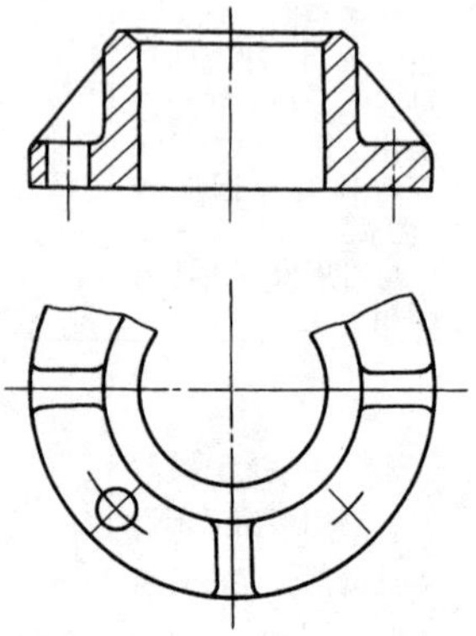　b)

（续）

分类	说明	图例
剖切平面前结构的画法	在需要表示位于剖切平面前的结构时,这些结构按假想投影的轮廓线（细双点画线）绘制（图c）	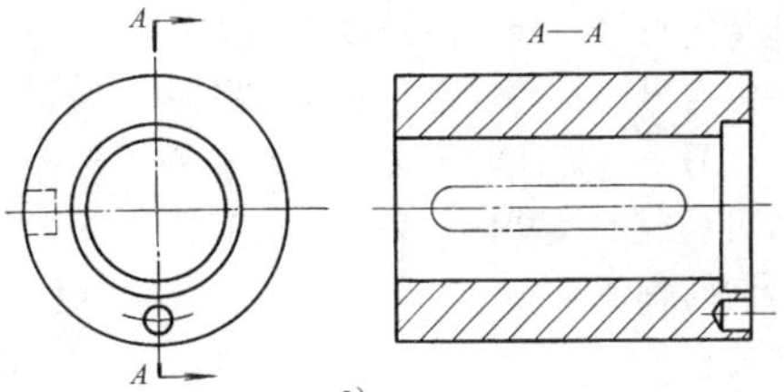 c)
装配图中实心件沿纵向剖切后的简化画法	在装配图中,对于紧固件以及轴、连杆、球、钩子、键、销等实心零件,若按纵向剖切,且剖切平面通过其对称平面或轴线时,则这些零件均按不剖绘制。如需要特别表明零件的构造,如凹槽、键槽、销孔等则可用局部剖视表示（图d）	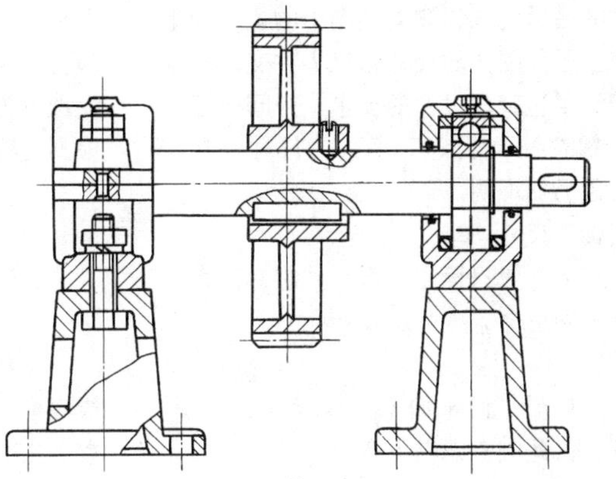 d)
剖中剖画法	在剖视图的剖面中可再作一次局部剖视。采用这种表达方法时,两个剖面的剖面线应同方向、同间隔,但要互相错开,并用指引线标出其名称（图e）	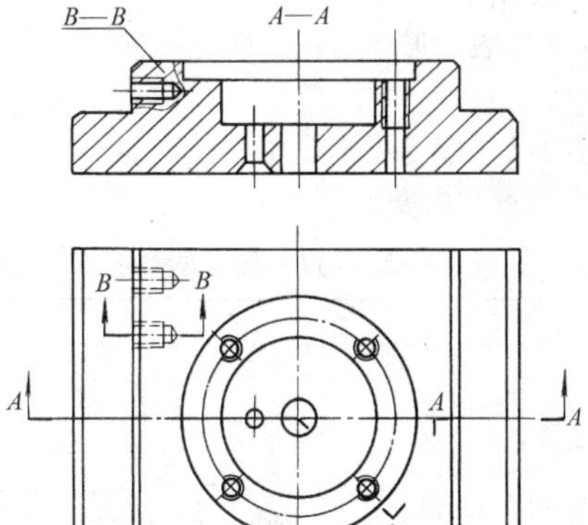 e)

3.5 尺寸注法（GB/T 4458.4—2003、GB/T 16675.2—2012）

图样上的尺寸,分线性尺寸和角度尺寸两种。线性尺寸是指物体某两点间的距离,如物体的长、宽、高、直径、半径、中心距等。角度尺寸是两相交直线所形成的夹角或相交平面所形成的两面角中任一正截面内平面角的大小。

图样中所标注的线性尺寸和角度尺寸,都意味着对整个形体表面处处有效（曲面除外）,绝不仅限于某一处两点间所形成的尺寸,如直径尺寸适用于构成该直径整个圆柱面,角度尺寸也同样适用于构成该平面角两要素的整个范围。如图样中的尺寸另有含义,应另加说明。

3.5.1 基本规则

(1) 尺寸单位

图样中（包括技术要求和其他说明）的线性尺寸,

以毫米为单位时,不需标注计量单位的符号或名称,如采用其他单位,则必须注明相应的计量单位的符号或名称。

对于图样中某些特定符号一起标注的数值,其单位的标注应符合该特定符号的有关规定。如表面粗糙度代号中的参数值与代号一起标注时不必标注数值单位"μm"。又如各种管螺纹的尺寸代号必须与相应管螺纹的牙型特征符号同时标注。

(2) 最后完工尺寸

图样上所标注的尺寸,为该图样所示机件的最后完工尺寸,否则应另加说明。最后完工尺寸是指这一图样所表示机件的最后要求,如毛坯图中的尺寸为毛坯最后完工尺寸;零件图上的尺寸是该零件交付装配时的尺寸,至于为了达到该尺寸的要求,中间所经过的各工序(包括镀覆和涂层等工序)的尺寸,则与之无关,否则必须另加说明。

(3) 不重复标注尺寸

机件的每一尺寸一般只标注一次,并应标注在反映该结构最清晰的图形上。

(4) 合理配置

为了保证产品质量,便于加工和检验人员看图,尺寸配置要合理,为此应考虑以下各点:

1) 对机件的工作性能、装配精度及互换性起重要作用的功能尺寸应直接指出。

2) 尺寸应尽量标注在表示形体特征最明显的视图上。

3) 同一结构要素的尺寸应尽可能集中标注,如孔的直径和深度;槽的宽度和深度等。

4) 尺寸应尽量标注在视图的外部,以保持图形的清晰。

5) 尽量避免在不可见的轮廓线、棱边线上标注尺寸。

6) 尺寸线与尺寸界线,尺寸线、尺寸界线与轮廓线、棱边线应尽量避免相交。

(5) 自喻尺寸

图样上常有一些客观存在而没有注明的尺寸。由于图样的绘制均是形体的理想形状和理想位置,如轮廓相切;表面间的平行和垂直;两要素(平面或轴线,平面与轴线)的互相垂直,一般不标注90°。又如在薄板的一个分布圆上均匀分布了6个直径为8mm的孔,标注为6×ϕ8而不标注相邻孔间的夹角30°,如没有其他视图表示该板的厚度和各孔的深度,应理解为这些孔均是通孔,不再标注孔深。如果需要检测这些自喻尺寸的精度,则按未注公差评定。

3.5.2 尺寸注法的一般规定(GB/T 4458.4—2003)

(1) 尺寸注法的基本要素

图样上的尺寸主要由尺寸数字、尺寸线、尺寸界线三个要素组成,有时为了说明特殊含义,还在尺寸数字之前附加某种规定的符号,如ϕ、R、□等。尺寸数字、尺寸线、尺寸界线的规定见表2.1-39。

(2) 常见要素的尺寸注法

1) 直径、半径及弧长的尺寸注法见表2.1-40。

2) 斜度、锥度、倒角、退刀槽及正方形结构尺寸注法见表2.1-41。

表2.1-39 尺寸数字、尺寸线、尺寸界线的规定

尺寸要素		规 定	图 例
尺寸数字	线性尺寸的尺寸数字	线性尺寸的数字一般应注写在尺寸线的上方,也允许注写在尺寸中断处(图a),当没有足够位置注写数字时,可用指引线引出标注(图b) 线性尺寸的数字方向一般应采用第一种方法注写,即应按图c所示方法注写,并尽可能避免在30°范围内标注尺寸。当无法避免在30°范围内标注尺寸,可按图d的形式标注 在不致引起误解时,也允许采用第二种注法,即对非水平方向尺寸,其数字也可水平地注写在尺寸线中断处(图e) 在一张图样上应尽可能采用同一种方法注写尺寸	

(续)

尺寸要素	规　定	图　例
尺寸数字	角度的尺寸数字	角度的尺寸数字一律写成水平方向，一般注写在尺寸线的中断处，必要时注写在尺寸线的上方或引出标注（图f）
尺寸线		尺寸线用细实线绘制。尺寸线不能用其他图线代替，一般也不得和其他图线重合或画在它们的延长线上 标注线性尺寸时，尺寸线必须与所标注的线段平行 尺寸线的终端有箭头（图a）和斜线（图g）两种形式，当尺寸线终端采用斜线形式，尺寸线与尺寸界线必须相互垂直（图g）。当尺寸线与尺寸界线相互垂直时，同一张图样上只能采用一种尺寸终端形式
		绘制尺寸线的箭头时，一般应尽量画在所注尺寸的区域之内，只有当所注尺寸的区域太小而无法容纳箭头时，才允许将箭头画在尺寸区域之外，并指向尺寸界线（图h），当尺寸十分密集而确实无法画出箭头时，允许用圆点代替箭头，或者用斜线代替箭头（图i）
尺寸界线		尺寸界线用细实线绘制，并应由图形的轮廓线、轴线或对称中心线处引出。也可利用轮廓线、轴线或对称中心线作尺寸界线（图a）
		尺寸界线一般应与尺寸线垂直，必要时允许倾斜。在光滑过渡处标注尺寸时，必须用细实线将轮廓线延长，从它们的交点处引出尺寸界线（图j）

表 2.1-40 直径、半径、弧长的注法

要素	规 定	图 例
直径和半径注法	标注直径时，应在尺寸数字前加注符号"ϕ"（图 a、b），标注半径时，应在尺寸数字前加注符号"R"，半径尺寸应标注在反映实形的视图上，尺寸线一般要求画成法线方向（图 c、d） 圆的直径和圆弧半径尺寸线的终端应画箭头，并按图 a、b、c、d、e 所示方式标注	a) $\phi30$　b) $\phi40$ $\phi30$　c) $R20$　d) $R80$　e) $SR64$
球面直径和半径注法	标注球面直径或半径时，应在符号"ϕ"或"R"前加注符号"S"（图 e、f） 对于螺钉，铆钉的头部、轴（包括螺杆）的端部等，在不引起误解的情况下，可以省略符号"S"（图 g）	f) $S\phi30$　g) $R10$
弧长注法	标注弧长时，应在尺寸数字左方加注符号"⌒"（图 i、j） 标注弧长或弦长的尺寸线应平行于该弧的弦的垂直平分线（图 h、i），标注中心角的尺寸界线，应沿径向引出 当圆弧的弧长很大（中心角大于 90°）时，尺寸界线可沿径向引出，若需明确指出所注尺寸的弧长，可在尺寸线上附加箭头指引到该圆弧上（图 j）	h) 26　i) ⌒28　j) 150 ⌒495 $R170$ 150

表 2.1-41 斜度、锥度、倒角、退刀槽及正方形结构尺寸注法

斜度、锥度注法	斜度用斜度符号标注，符号的底线应与基准面（线）平行，符号的尖端应与斜面的倾斜方向一致，斜度一般都用指引线从斜面轮廓上引出标注（图 a、b） 锥度用锥度符号标注，符号的尖端的指向就是锥体的小头方向，锥度可用指引线从锥体轮廓上引出标注，亦可标注在锥体轴线上（图 c、d）

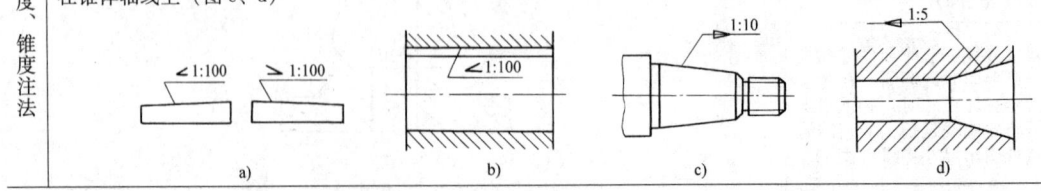

a)　b)　c)　d)

（续）

标注对象	45°倒角的标注形式（图 e）	非45°倒角的标注形式（图 f）
倒角注法	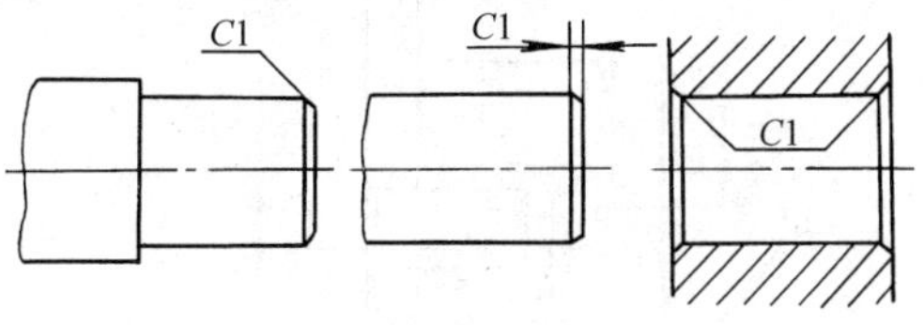 e)	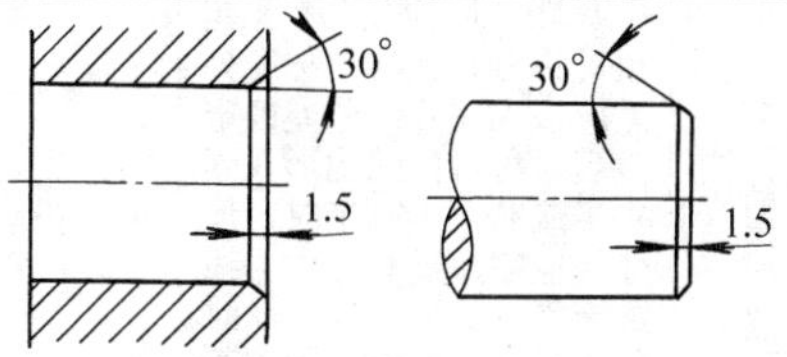 f)
退刀槽注法	按"槽宽×直径"的形式标注（图 g） g)	按"槽宽×槽深"的形式标注（图 h） h)
正方形结构注法	标注断面为正方形结构的尺寸时，可在正方形边长尺寸数字前加注符号"□"（图 i）或用"B×B"（图 j，B 为正方形的边长） 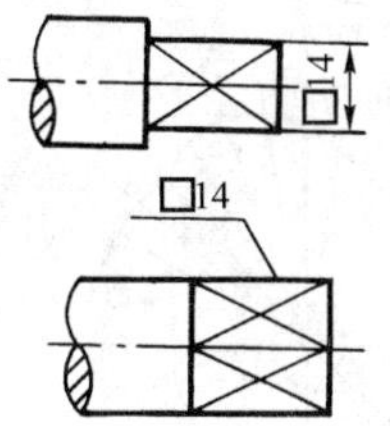 i)	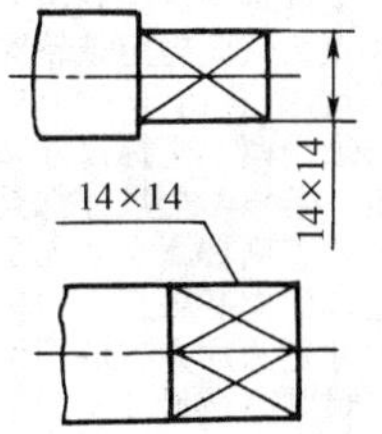 j)

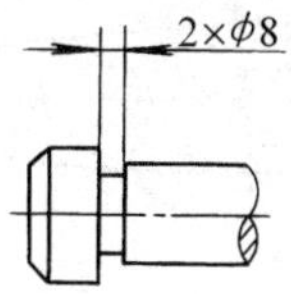

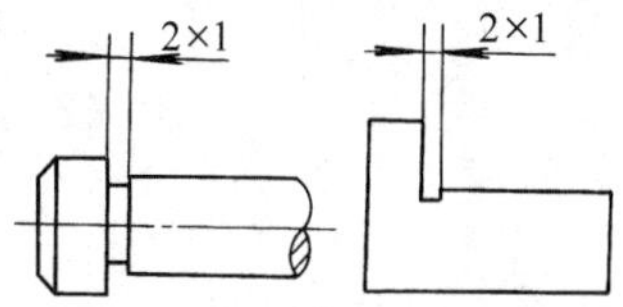

(3) 特种尺寸注法

图样上常有一些较特殊的尺寸注法，例如：对称结构的尺寸注法。所谓对称是指具有对称平面的物体，其一侧的结构与另一侧的结构要素离对称平面距离相等，大小相同，成镜像对应关系。这里所说的对称是指物体对称，而不是图形对称，因为不对称物体有时亦可得到对称的图形。

又如：长圆孔宽度有较严格公差要求时的尺寸注法。

再如：曲面轮廓的尺寸标注有直角坐标法、极坐标法、表面展开法等，这些较特殊的尺寸注法见表 2.1-42。

表 2.1-42 对称结构、曲面轮廓、长圆孔、镀涂表面的尺寸注法

标注对象	规　定	图　例
对称结构注法	对称结构的大小尺寸，可以仅标出其中某一侧结构要素的尺寸，而另一侧所对应的要素不必标注（图 a 中 R8、R5） 对于对称机件上对称的孔，仍按相同要素的注法标注，即除标注孔的直径外，还要标注孔的数量（图 a 中 4×φ2.5） 图形上相对于对称中心线对称分布的要素，如图 a 中左右对称分布的孔组 4×φ2.5，通常仅标注其	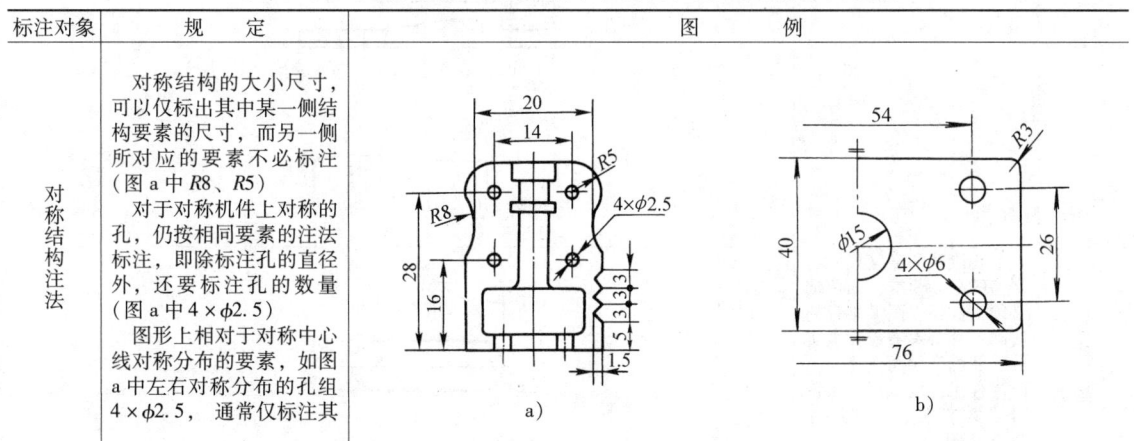 a)　　　　　　b)

(续)

标注对象	规　定	图　例
对称结构注法	中心距 14，即表示这孔组对称分布，其对称度公差应按未注几何公差确定 当对称机件的图形只画一半或略大于一半时，尺寸线应略超过对称中心线或断裂处的边界线，此时仅在尺寸线一端画出箭头（图 b、c）	
曲线轮廓注法	曲面轮廓常以直角坐标或极坐标逐一定出轮廓上的各点，从而确定该轮廓（图 d、e），由于每个点都必须由两个坐标尺寸来确定，若该两个尺寸都具有公差，则被测点就无法确定，因此必须将其中一个尺寸定为加方框的理论正确尺寸，该尺寸不附带公差，生产中其精度由工装设备或调整精度来保证 当表示曲线轮廓上各点坐标时可将尺寸线或它的延长线作尺寸界线（图 d、e） 有些曲面轮廓，在投影图上很难标注其尺寸，可利用表面展开图进行标注，图 f 用两个展开图分别表示端面凸轮和径向凸轮的尺寸	
长圆孔注法	如长圆孔的宽度尺寸有严格的公差要求，而两端必须为圆弧，圆弧半径的实际尺寸必须随着宽度实际尺寸的变化而变化，此时半径尺寸线上仅注出符号"R"，而不标注尺寸数值（图 g）	

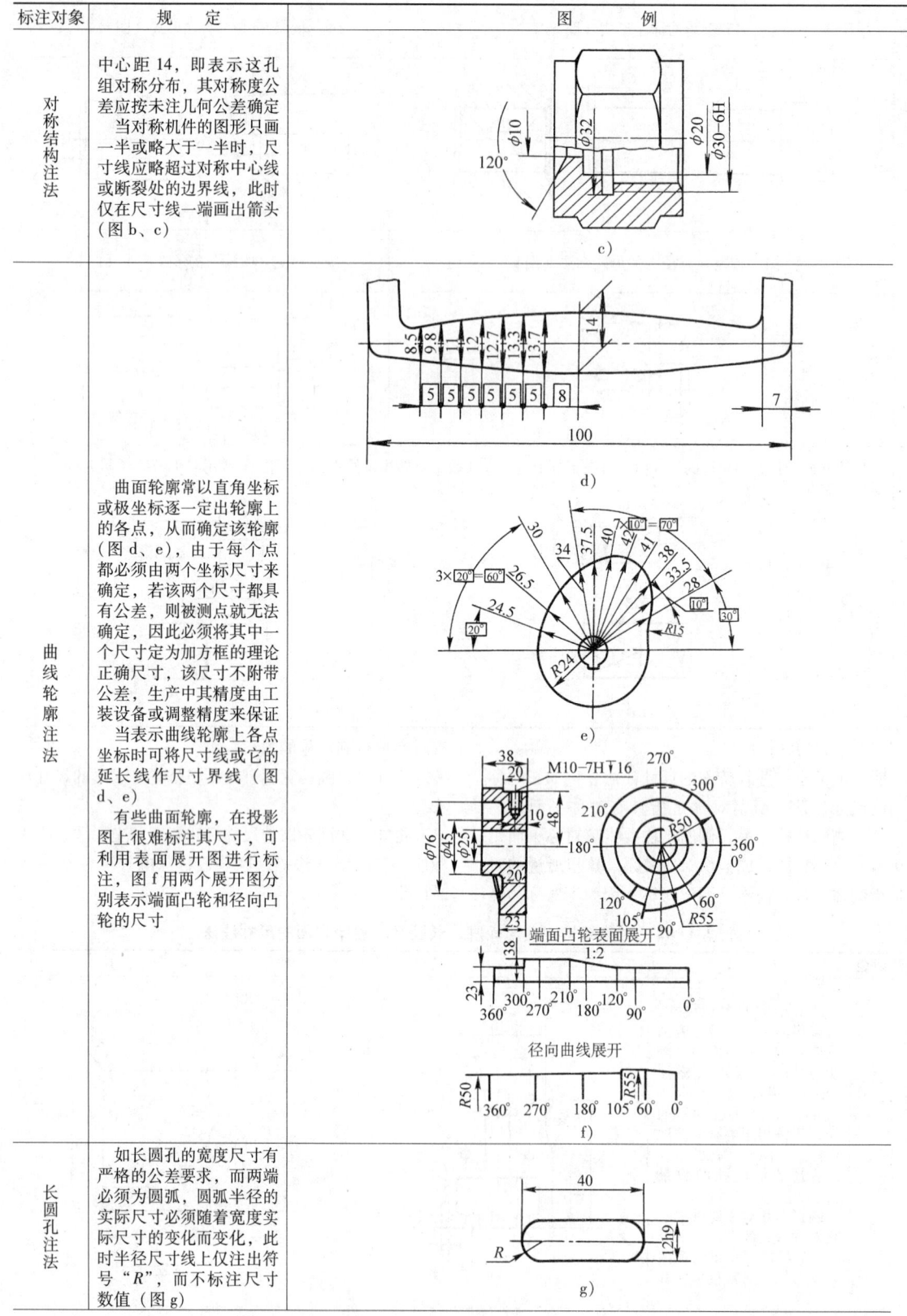

标注对象	规　　定	图　　例
渡涂表面注法	图样中镀涂零件的尺寸应为镀涂后尺寸，即计入镀涂层厚度，如为镀涂前尺寸，应在尺寸数字右边加注"镀（涂）前"字样 对于装饰性、防腐性的自由表面尺寸，可视作镀（涂）前尺寸，省略"镀（涂）前"字样 对于配合尺寸，只有当镀涂层厚度不影响配合时，方可视作镀涂前尺寸，并省略"镀（涂）前"字样 必要时可同时标注镀涂前和镀涂后尺寸，并注写"镀（涂）前"和"镀（涂）后"字样（图h）	$\phi10^{-0.095}_{-0.135}$镀前 $\phi10^{-0.035}_{-0.085}$镀后 h）

(4) 标注尺寸的符号及缩写词

标注尺寸的符号及缩写词应符合 GB/T 4458.4—2003 的规定，见表 2.1-43。

标注尺寸用符号的比例画法见图 2.1-7。

3.5.3 简化注法（GB/T 16675.2—2012）

简化注法的一般规定：

1）若图样中的尺寸和公差全部相同或某个尺寸和公差占多数时，可在图样空白处作总的说明，如"全部倒角 $C1.6$" "其余圆角 $R4$" 等。

2）对于尺寸相同的重复要素，可仅在一个要素上注出其尺寸和数量。

尺寸箭头和尺寸线的简化标注见表 2.1-44。

重复要素简化尺寸注法见表 2.1-45。

各类孔的旁注法见表 2.1-46。

其他简化注法见表 2.1-47。

表 2.1-43　标注尺寸的符号及缩写词

序号	含义	符号或缩写词	序号	含义	符号或缩写词
1	直径	ϕ	10	沉孔或锪平	⊔
2	半径	R	11	埋头孔	∨
3	球直径	$S\phi$	12	弧长	⌒
4	球半径	SR	13	斜度	∠
5	厚度	t	14	锥度	◁
6	均布	EQS	15	展开长	⌒
7	45°倒角	C	16	型材截面形状	（按 GB/T 4656—2008）
8	正方形	□			
9	深度	↧			

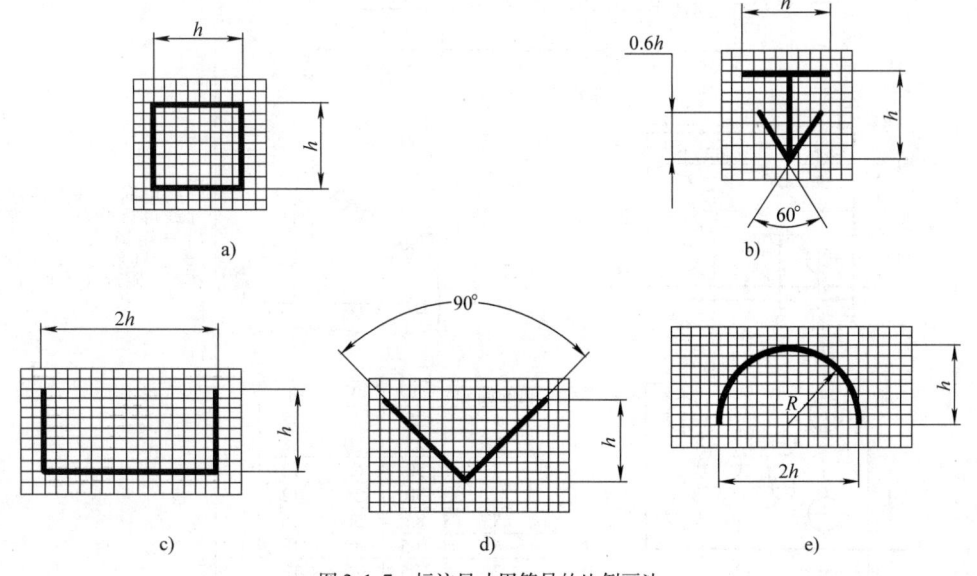

图 2.1-7　标注尺寸用符号的比例画法

表 2.1-44 尺寸箭头和尺寸线的简化标注

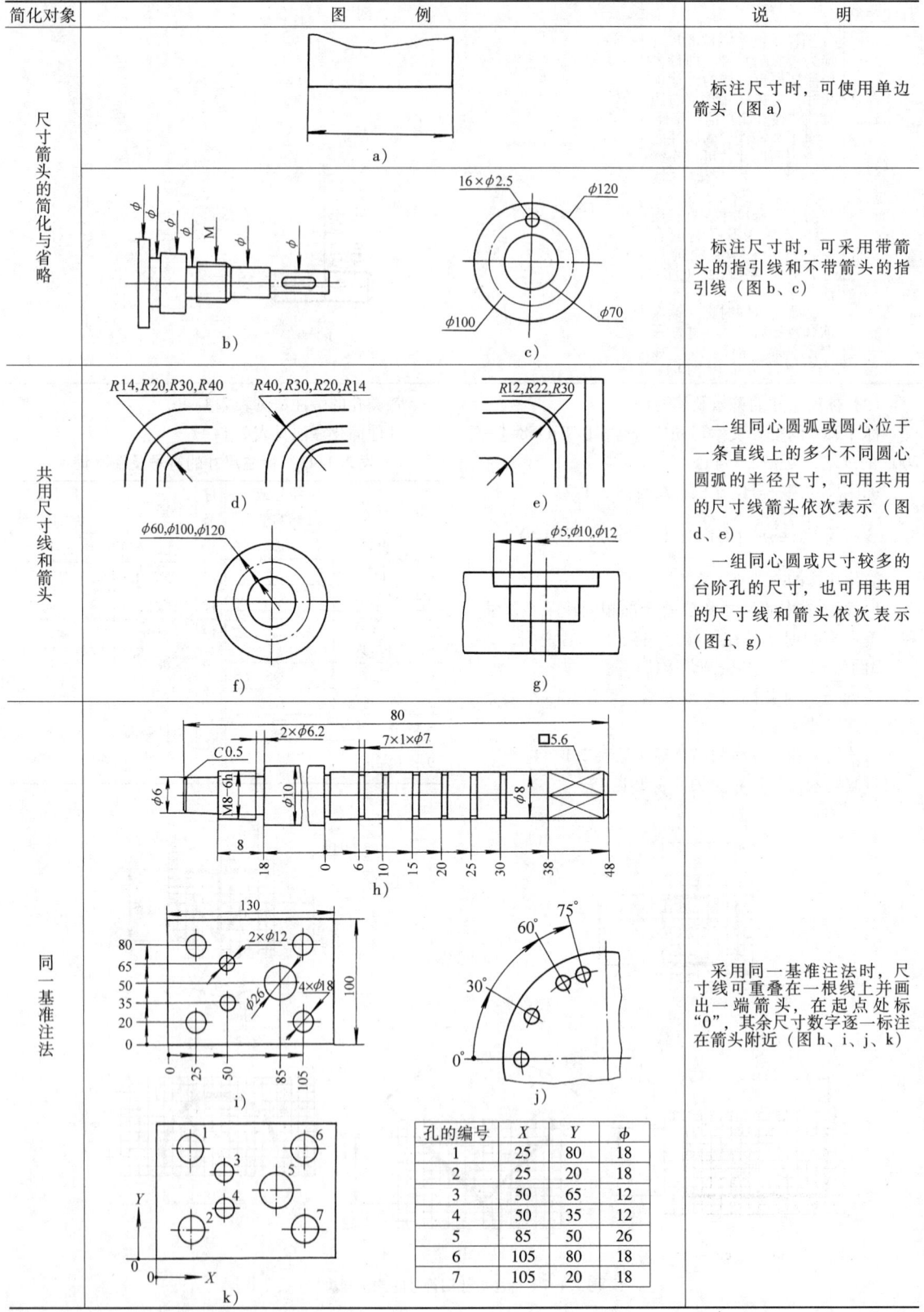

表 2.1-45 重复要素简化注法

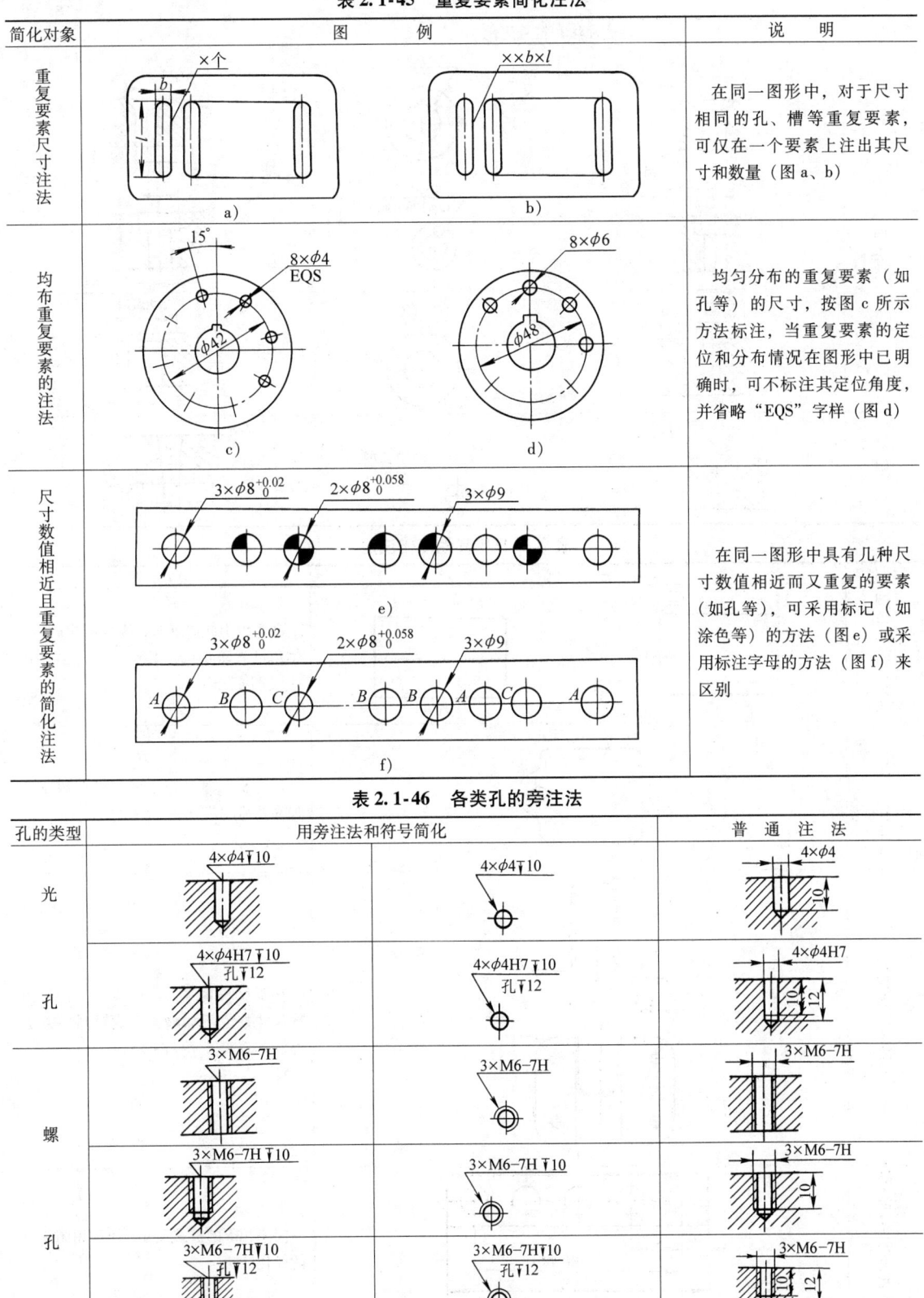

(续)

孔的类型	用旁注法和符号简化	普通注法
沉孔、埋头孔		
锥销孔		

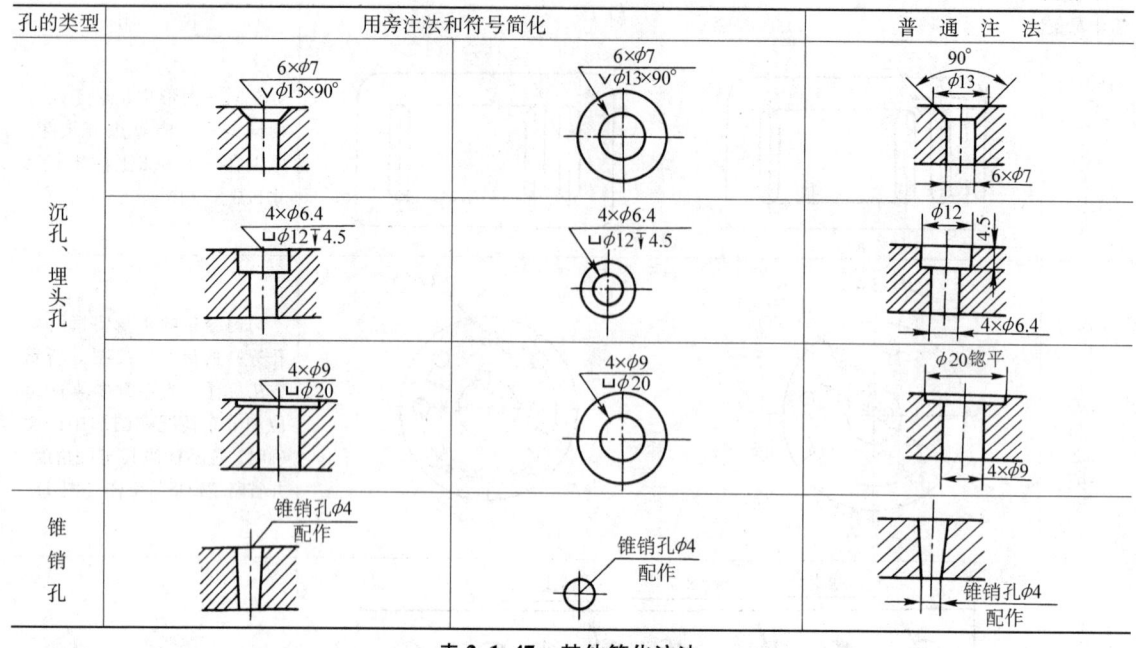

表 2.1-47 其他简化注法

简化对象	图例	说明
倒角的简化标注	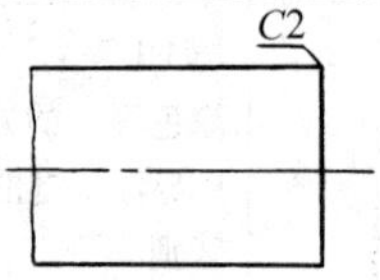 a) 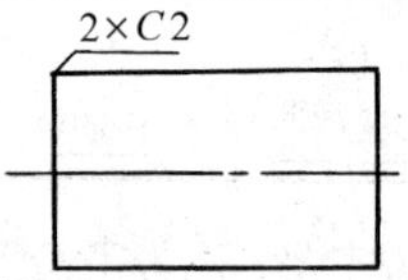 C2 b) 2×C2	在不致引起误解时,零件图中的 45°倒角可省略不画,其尺寸亦可简化标注(图 a、b)
板厚的标注	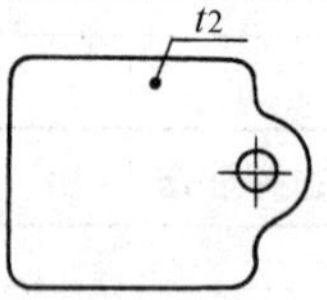 c) t2	标注板状零件厚度时,可在数字前加注符号"t"(图 c)
不真实尺寸注法	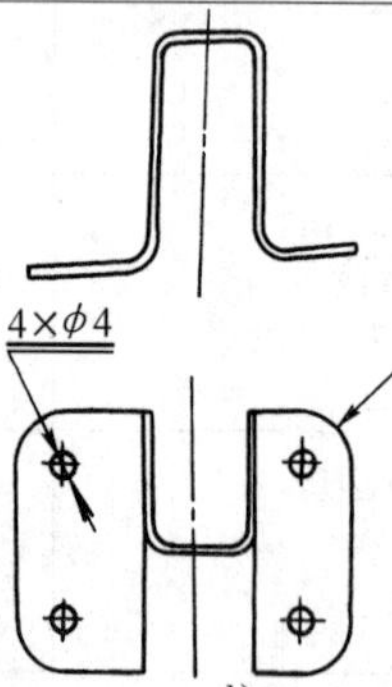 d) 4×φ4, R9	在不反映真实大小的投影上,采用在尺寸数值下加画粗实线短画的方法标注其真实尺寸(图 d)
链式尺寸的简化标注	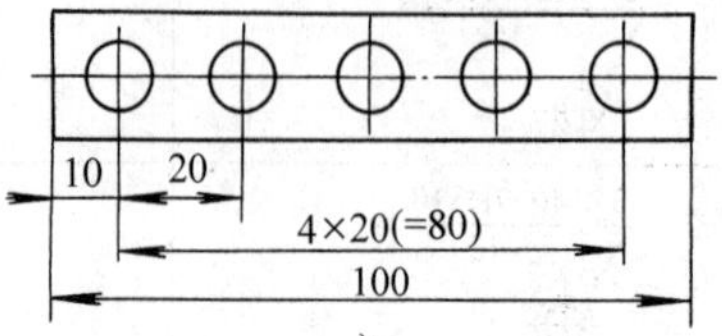 e) 10 20 4×20(=80) 100	间隔相等的链式尺寸,可采用图 e、f 的简化注法

简化对象	图例	说明
链式尺寸的简化标注	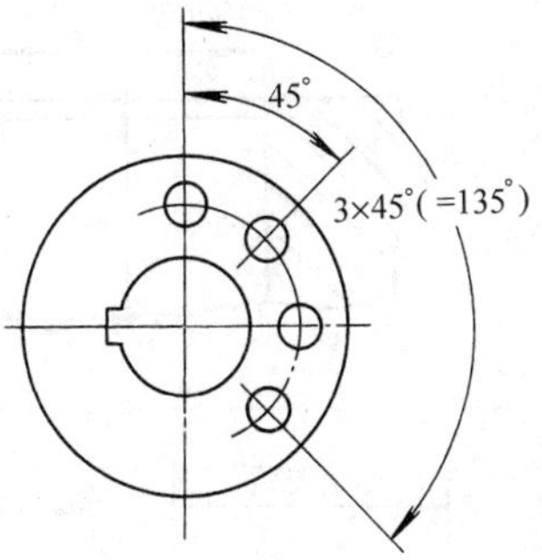 f)	间隔相等的链式尺寸，可采用图 e、f 的简化注法
表格图应用	g)	同类型或同系列的零件或构件可采用表格图绘制（图 g）

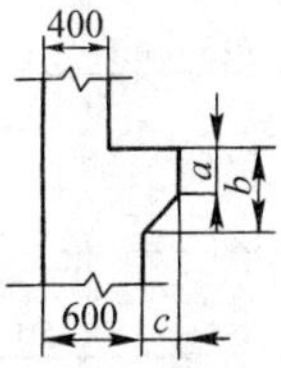

3.6 尺寸公差与配合注法（GB/T 4458.5—2003）

3.6.1 公差与配合的一般标注

零件图中尺寸公差注法见表 2.1-48，装配图中配合代号及极限偏差注法见表 2.1-49。

表 2.1-48 零件图中尺寸公差注法

标注类型	规定	图例
线性尺寸的公差标注形式	当采用公差带代号标注线性尺寸的公差时，公差带代号应注在公称尺寸右边（图 a）	$\phi 65k6$ a)
	当采用极限偏差标注线性尺寸的公差时，上偏差应注在基本尺寸右上方，下偏差应与公称尺寸注在同一底线上（图 b）	$\phi 65^{+0.03}_{\ 0}$ b)

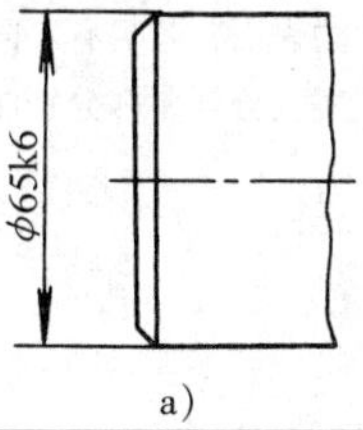

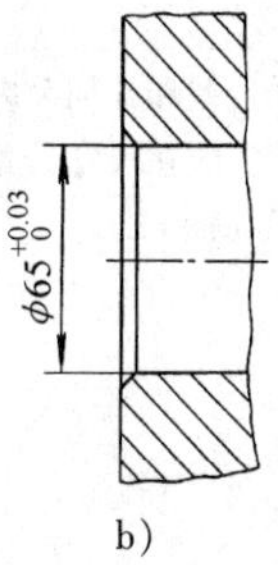

(续)

标注类型	规定	图例
线性尺寸的公差标注形式	当要求同时标注公差带代号和相应的极限偏差时,则后者应加圆括号(图c)	$\phi 65H7(^{+0.03}_{0})$ c)
	当标注极限偏差时,上下偏差的小数点必须对齐,小数点后的位数也必须相同(图d)	$\phi 50^{+0.015}_{-0.010}$　$\phi 60^{-0.06}_{-0.09}$ d)
	当上偏差或下偏差为"零"时,用数字"0"标出,并与下偏差或上偏差的小数点前的个位数对齐(图e)	$\phi 15^{\ 0}_{-0.011}$　$125^{+0.1}_{\ 0}$ e)
	当公差带相对于公称尺寸对称地配置即上、下偏差的绝对值相同时,偏差只需注写一次,并应在偏差与公称尺寸之间注出符号"±",且两者数字高度相等(图f)	50 ± 0.31 f)
线性尺寸公差的附加符号注法	当尺寸仅需要限制单方向的极限时,应在该极限尺寸的右边加注符号"max"或"min"(图g)(实际尺寸只要不超过这个极限值都符合要求)	$R5_{max}$ g)
	同一基本尺寸的表面,若具有不同的公差时,应用细实线分开,并分别注出公差(图h)	$\phi 60^{\ 0}_{-0.046}$　$\phi 60^{+0.039}_{+0.020}$ 70 h)
	如果要素的尺寸公差和几何公差的关系遵守包容要求时,应在尺寸公差的右边加注符号"Ⓔ"(图i)	$\phi 20h6$ $\phi 10h6$Ⓔ i)

(续)

标注类型	规　　定	图　　例
角度公差的标注	角度公差标注的基本规则与线性尺寸公差的标注方法相同（图 j）	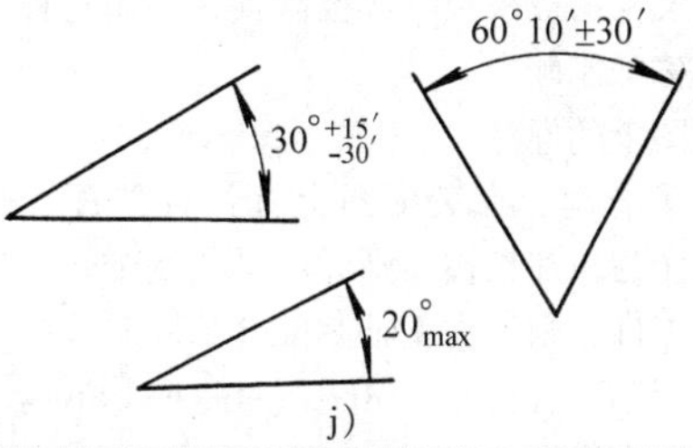 j)

表 2.1-49　装配图中配合代号及极限偏差的标注

标注类型	规　　定	图　　例
标注配合代号	在装配图中标注线性尺寸的配合代号时，必须在公称尺寸的右边用分数形式注出，分子为孔的公差代号，分母为轴的公差代号（图 a），必要时也允许按图 b 的形式标注 当某零件需与外购件（非标准件）配合时的标注形式（图 a、b）	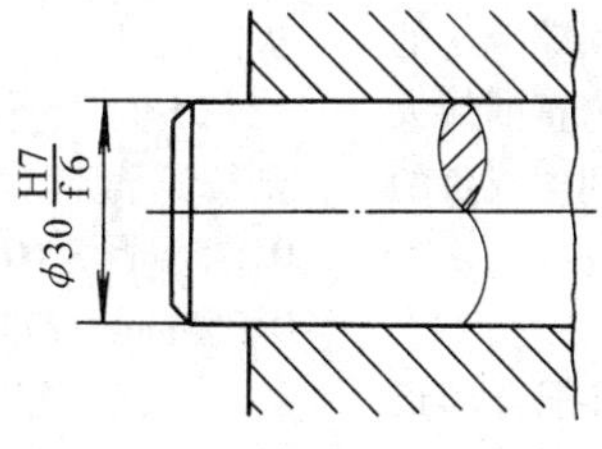 a) 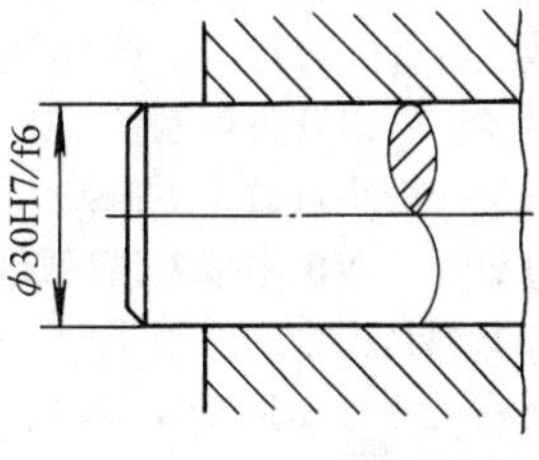　　b)
标注极限偏差	在装配图中标注相配零件的极限偏差时，孔的公称尺寸及极限偏差注写在尺寸线上方，轴的公称尺寸和极限偏差注写在尺寸线的下方（图 c、d）	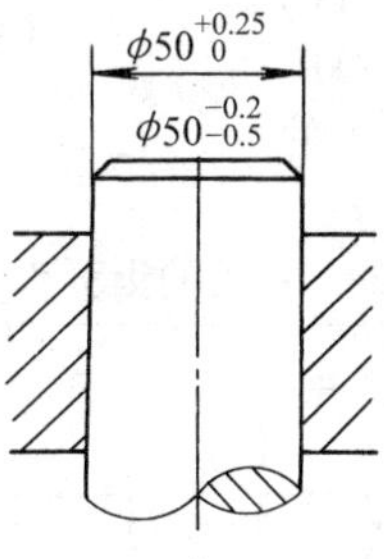 c) 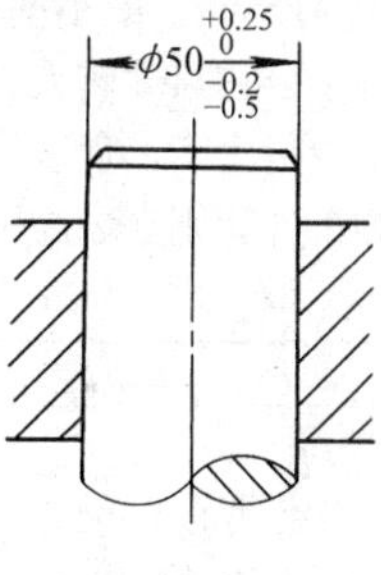　　d)
特殊的标注形式	当基本尺寸相同的多个轴（孔）与同一孔（轴）相配合而又必须在图外标注其配合时，为了明确各自的配合对象，可在公差带代号或极限偏差之后加注装配件的序号（图 e） 标注标准件、外购件与零件（轴或孔）的配合要求时，可以仅标注相配零件的公差代号（图 f）	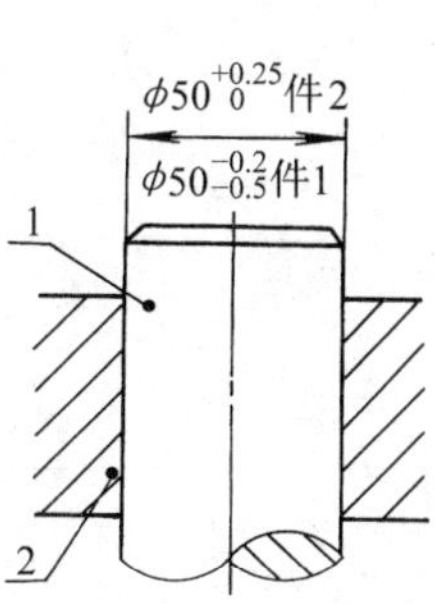 e) 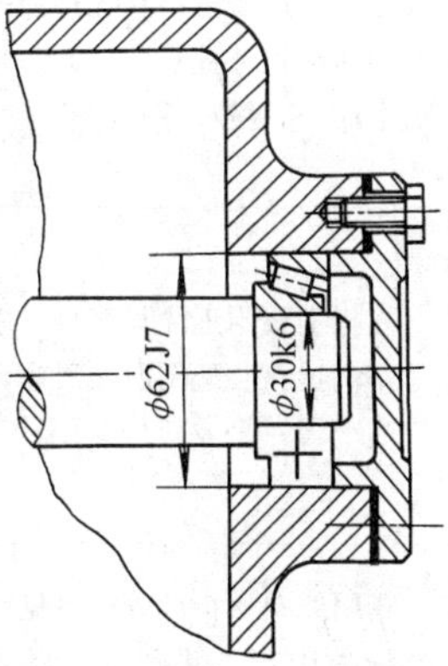　　f)

3.6.2　配制配合的标注

由于大尺寸孔、轴的加工误差较大，且多为单件或小批量生产，当配合公差要求较高时，为了降低加工成本，又能保证原设计的配合要求，可放弃互换性要求，采用配制加工方法，即先加工其中较难加工，但能得到较高测量精度的零件,然后以这个零件的实际尺寸为基数,根据要求的极限间隙或极限过盈确定另一零件相应尺寸的极限尺寸或极限偏差,用这种方法所得到配合称配制配合。

(1) 装配图上的标注

采用配制配合时,在装配图上标注标准配合代号,若选定孔作为先加工件,则标注基孔制配合;若选定轴为先加工件,则标注基轴制配合。同时,在配合代号后加注配制配合代号 "MF"(Matched Fit)。

(2) 零件图上的标注

在先加工的零件图上,标注按经济的公差等级确定的基准件公差带代号,并加注 "MF"。在配制件的零件图上,若以轴为配制件,则其上偏差为负的最小间隙或正的最大过盈,下偏差为负的最大间隙或正的最小过盈;若以孔为配制件,则其上偏差为正的最大间隙或负的最小过盈,下偏差为正的最小间隙或负的最大过盈,并在极限偏差值后加注 "MF"。

(3) 配制配合的应用举例

公称尺寸为 $\phi3000$mm 的孔和轴,要求配合的最大间隙为 0.450mm,最小间隙为 0.140mm,如按互换性要求可选 $\phi3000$H6/f6 或 $\phi3000$F6/h6,此时最大间隙为 0.415mm,最小间隙为 0.145mm,均可满足要求。由于公称尺寸较大,公差又较小,加工难度很大,又是少量生产,现采用配制配合。将难加工的孔作为先加工件,则在装配图上应标注为

$$\phi3000\text{H6/f6 MF}$$

以孔作为先加工件,且确定一个比较容易达到的经济的公差等级为 IT8,则在孔的零件图上标注为

$$\phi3000\text{H8 MF}$$

与此相应在配制件轴的零件图上,上偏差应等于负的最小间隙 0.145mm,下偏差应等于负的最大间隙 0.415mm,即标注为

$$\phi3000^{-0.145}_{-0.415}\text{ MF}$$

若需按标准公差带标注,则可标为 f7,即

$$\phi3000\text{f7 MF 或 }\phi3000^{-0.145}_{-0.355}\text{ MF}$$

应该特别注意,配制零件图上标注的极限偏差(或极限尺寸)不是实际加工时的依据。应以先加工件的实际尺寸作为配制件的公称尺寸来确定配制件的极限尺寸。

本例中,若先加工件孔的实际尺寸为 $\phi3000.195$mm,则按 f7 配制件轴的最大极限尺寸为 3000.195mm - 0.145mm = 3000.050mm 最小极限尺寸为 3000.195mm - 0.355mm = 2999.840mm

显然,配制配合可以用较大的制造公差满足较高精度的配合性质要求,但无互换性。

3.7 装配图中零部件序号及其编排方法
(GB/T 4458.2—2003)

3.7.1 序号及编排方法(表 2.1-50)

表 2.1-50 序号的指引和编排

分类	规定	图例
序号的指引	在指引线的水平线(细实线)上或圆(细实线)内注写序号,序号的字高比该装配图中所注尺寸数字高度大一号(图 a)或两号(图 b)	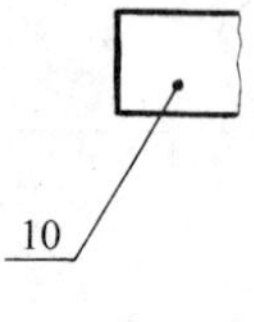 a) 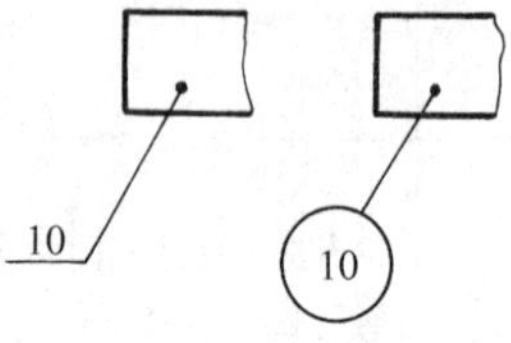 b)
	在指引线附近注写序号,序号字高比该装配图所注尺寸数字高度大一号或两号(图 c)	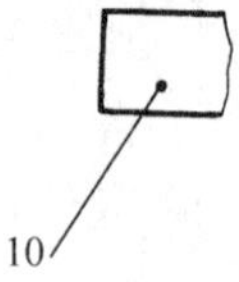 c)
	指引线自所指部分的可见轮廓线内引出,并画一个圆点(图 a、b)。若所指部分内不便画圆点时,可在指引线末端画箭头,并指向该部分的轮廓(图 d)	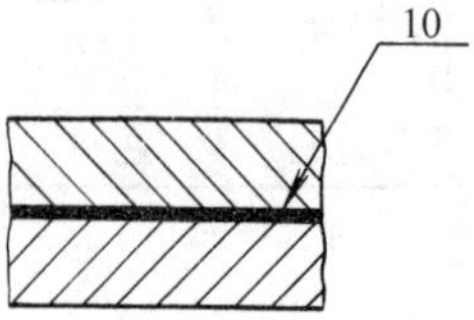 d)

分类	规　定	图　例
序号的标注与编排方法	相同的零部件用一个序号，一般只标注一次，多处出现的相同的零、部件，必要时也可重复标注 指引线可以画成折线，但只可曲折一次 指引线相互不能相交，当通过有剖面线的区域时，指引线不应与剖面线平行 一组紧固件及装配关系清楚的零件组，可采用公共指引线（图 e）	
	装配图上序号应按水平或垂直方向排列整齐 装配图上序号可按顺时针或逆时针方向顺次排列，在整个图上无法连续时，可只在每个水平或垂直方向顺次排列。也可按装配图明细栏中的序号排列，采用此种方法时，应尽量在每个水平或垂直方向顺次排列	e)

3.7.2　装配图中序号编排的基本要求

装配图中所有零、部件都必须编写序号，应按顺时针或逆时针方向顺序排列，在整个图上无法连续时，可只在每个水平或竖直方向顺序排列，如图 2.1-8 所示。

也可按装配图明细栏（表）中的序号排列，采用此种方法时，应尽量在每个水平或竖直方向顺序排列。

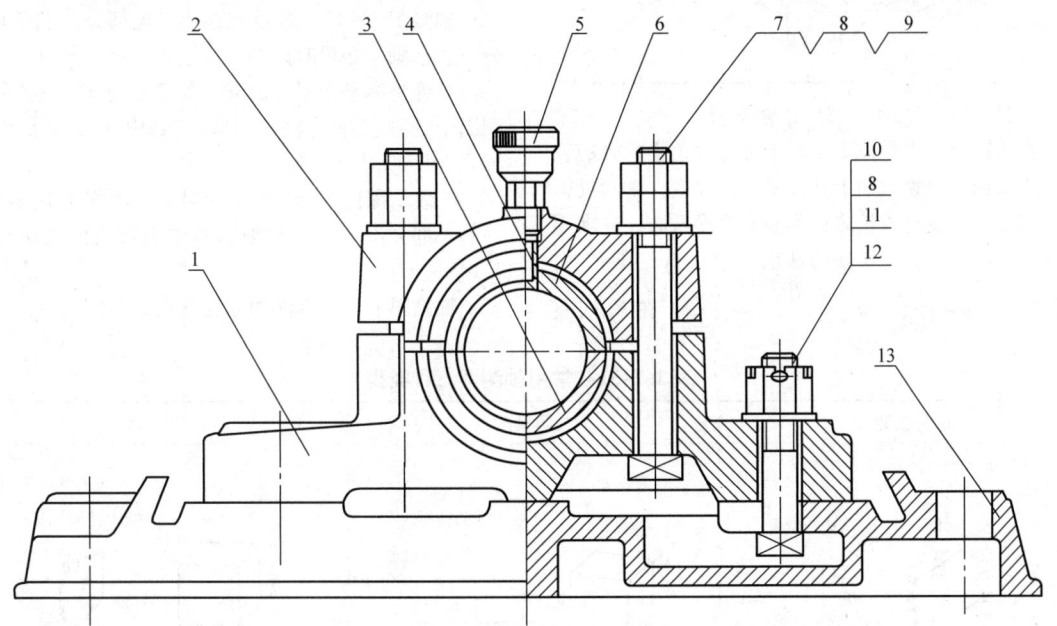

图 2.1-8　装配图中序号的排列

3.8　轴测图（GB/T 4458.3—2013）

使用多面正投影法绘制的工程图样，虽有表达详尽，绘制简便等优点，但缺乏立体感，因此有时还需要用具有立体感的轴测图作为辅助图样。

3.8.1　轴测投影基本概念

将物体连同其参考直角坐标系，沿不平行任一坐标面的方向，用平行投影法投射在单一投影面上所得的图形称轴测图。

图 2.1-9 中 O_0X_0、O_0Y_0、O_0Z_0 是确定物体位置的参考直角坐标系。P_1 平面与物体的三个坐标面都倾斜，如沿垂直于 P_1 平面的方向 S_1 投射，P_1 平面上的图形即能反映物体三个坐标方向的形状。P_2 平面虽与正平面 V 平行，但由于投射方向 S_2 倾斜于 P_2 平面，因此 P_2 平面上的图形也能反映物体三个坐标方向的形状。

图 2.1-9 中的 P_1、P_2 称为轴测投影面，参考直角坐标轴在 P_1 和 P_2 面上的投影 O_1X_1、O_1Y_1、O_1Z_1 和 O_2X_2、O_2Y_2、O_2Z_2 称为轴测轴，相邻轴沿轴间的夹角称为轴间角。

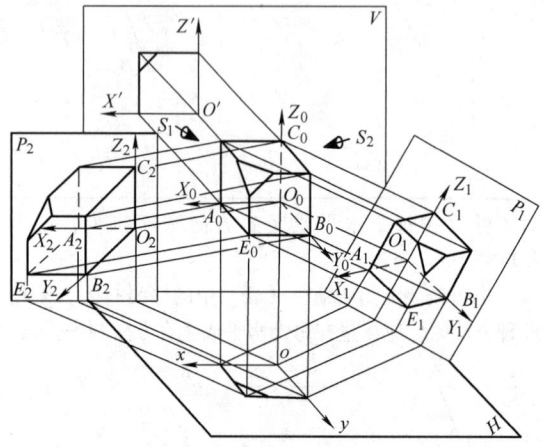

图 2.1-9 轴测投影概念

在投影过程中物体上平行于参考直角坐标轴的直线，投影到轴测投影面上其长度均已改变。轴测投影面上的投影长度与原长之比称轴向变形系数，分别用 p、q、r 表示 X、Y、Z 轴的轴向变形系数。在 P_1 面上投影时，$p = \dfrac{O_1A_1}{O_0A_0}$；$q = \dfrac{O_1B_1}{O_0B_0}$；$r = \dfrac{O_1C_1}{O_0C_0}$。在 P_2 面上投影时，$p = \dfrac{O_2A_2}{O_0A_0}$；$q = \dfrac{O_2B_2}{O_0B_0}$；$r = \dfrac{O_2C_2}{O_0C_0}$。

根据投射方向与轴测投影面的相对关系，轴测可分为两类：

投射方向垂直于轴测投影面时称正轴测图如图 2.1-9 中投射方向 S_1 与投影面 P_1 垂直，物体在 P_1 面上的投影即为正轴测图。

投射方向倾斜于轴测投影面时称斜轴测图，如图 2.1-9 中投射方向 S_2 与投影面 P_2 倾斜，物体在 P_2 面上的投影即为斜轴测图。

上述两类轴测图中，由于物体相对于轴测投影面的位置不同，轴向变形系数也不相同，因此每类轴测图可分为三种：

1）$p = q = r$ 称正等轴测图或斜等轴测图，简称正等测或斜等测。

2）$p = q \neq r$ 或 $p \neq q = r$ 或 $p = r \neq q$ 称为正二等轴测图或斜二等轴测图，简称正二测或斜二测。

3）$p \neq q \neq r$ 称为正三轴测图或斜三轴测图，简称正三测或斜三测。

3.8.2 绘制轴测图的基本方法

常用轴测图的类型有：正等测、正二等轴测图、斜二等轴测图三种（表 2.1-51）。

轴测图中一般用粗实线画出可见部分，不可见部分一般不画，必要时用细虚线绘制。

与各坐标平面平行的圆（如直径为 d）在各种轴测图中分别投影为椭圆（斜二测中正面投影仍为圆），见表 2.1-52。

在表示零件内部形状时，可假想用剖切平面将零件的一部分剖去。各种轴测图中剖面线的画法见表 2.1-53。

轴测图上尺寸标注的方法见表 2.1-54。

表 2.1-51 常用轴测图三种类型

正等轴测图	正二等轴测图	斜二等轴测图
立方体，轴测轴的位置，120°, 120°, 30° $p=q=r=1$	立方体，轴测轴的位置，≈7°, 90°, ≈41° $p=r=1$，$q=1/2$	立方体，轴测轴的位置，90°, 45° $p_1=r_1=1$，$q_1=1/2$

表 2.1-52 圆的轴测投影

正等轴测图	正二等轴测图	斜二等轴测图
椭圆 1 的长轴垂直于 Z 轴 椭圆 2 的长轴垂直于 X 轴 椭圆 3 的长轴垂直于 Y 轴 长轴：$AB \approx 1.22d$ 短轴：$CD \approx 0.7d$	椭圆 1 的长轴垂直于 Z 轴 椭圆 2 的长轴垂直于 X 轴 椭圆 3 的长轴垂直于 Y 轴 长轴：$AB \approx 1.06d$ 椭圆 1、2 的短轴：$CD \approx 0.35d$ 椭圆 3 的短轴：$C_1D_1 \approx 0.94d$	椭圆 1 的长轴与 X 轴约成 7° 椭圆 2 的长轴与 Z 轴约成 7° 椭圆 1、2 长轴： $AB \approx 1.06d$ 椭圆 1、2 短轴：$CD \approx 0.33d$

表 2.1-53 轴测图的剖面线画法

类别	规 定	图 例
零件轴测图中的剖面线画法	各种轴测图中的剖面线，应按 a、b、c 画出	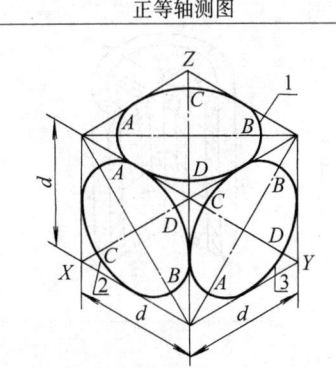 a)
	各种轴测图中的剖面线，应按图 a、b、c 画出	b) c)

类别	规 定	图 例
零件轴测图中的剖面线画法	剖切平面通过零件的肋或薄壁的纵向对称面时，这些结构均不画剖面符号，而且粗实线将它与邻接部分分开（图d）；在图中表现不够清晰时，也允许在肋或薄壁部分用细点表示被剖切部分（图e）	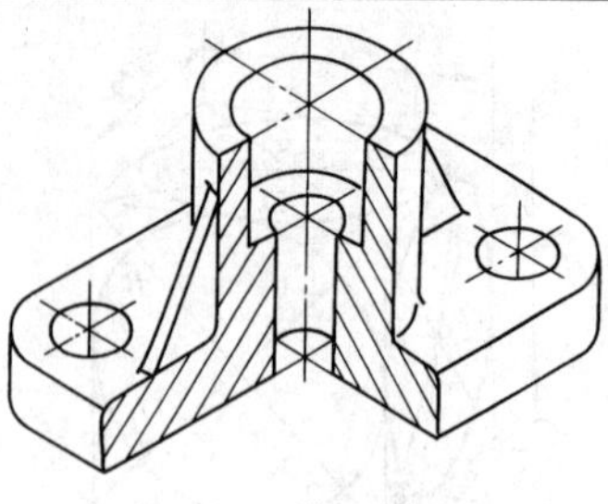 d) 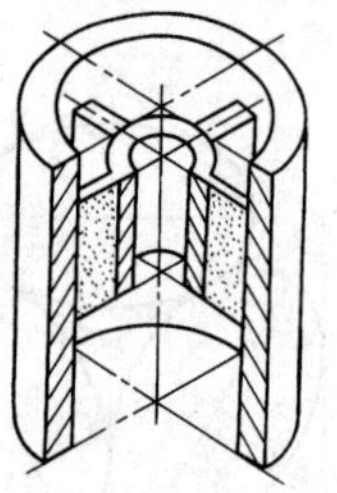 e)
	表示零件中间折断或局部断裂时，断裂处边界线应画成波浪线，并在可见断裂面内加画细点以代替剖面线（图f、g）	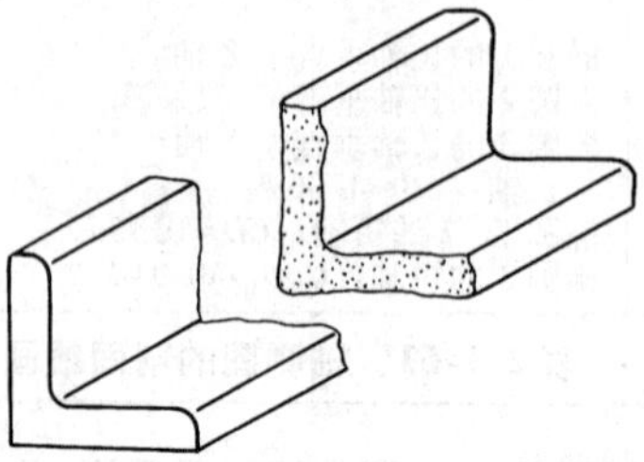 f) 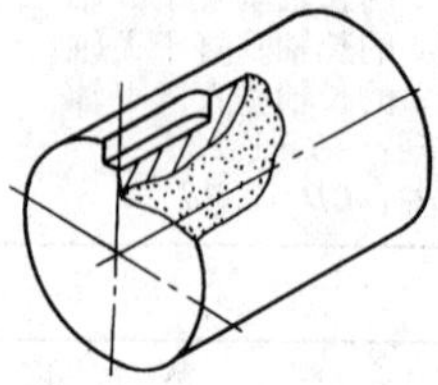 g)
装配轴测图中的剖面线画法	在装配图中，可用将剖面线画成方向相反或不同的间隔方式来区别相邻的零件（图h）	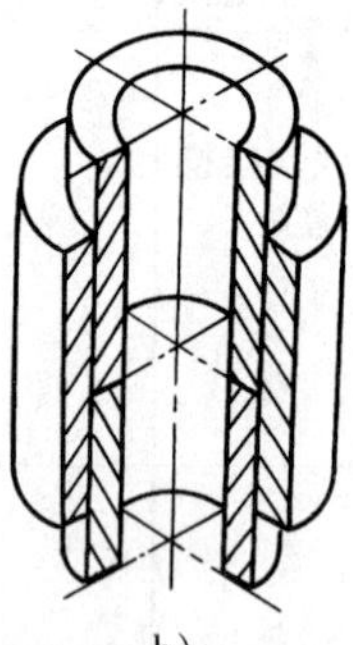 h)
	在装配图中，当剖切平面通过轴、销、螺栓等实心零件的轴线时，这些零件按未剖切绘制	

表 2.1-54 轴测图上的尺寸标注

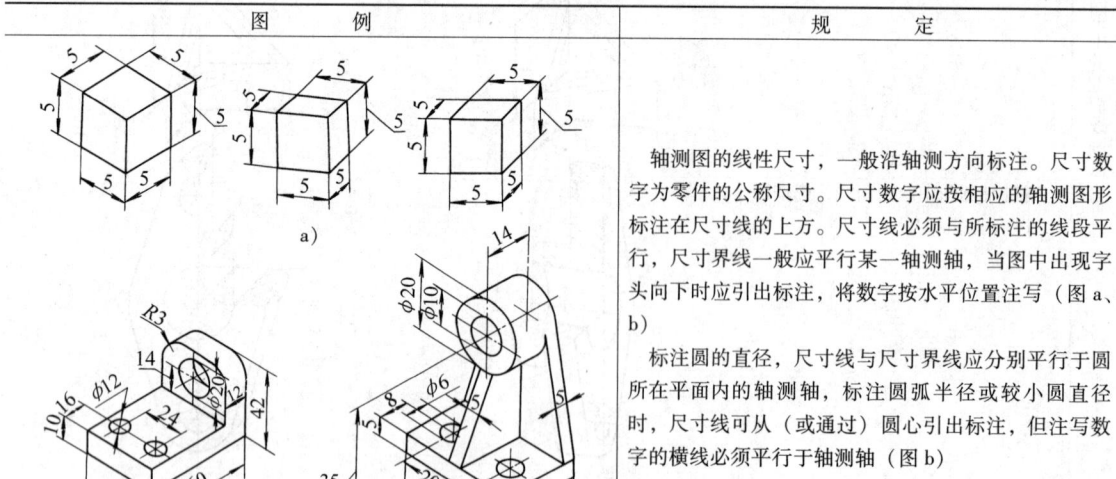

轴测图的线性尺寸，一般沿轴测方向标注。尺寸数字为零件的公称尺寸。尺寸数字应按相应的轴测图形标注在尺寸线的上方。尺寸线必须与所标注的线段平行，尺寸界线一般应平行某一轴测轴，当图中出现字头向下时应引出标注，将数字按水平位置注写（图a、b)

标注圆的直径，尺寸线与尺寸界线应分别平行于圆所在平面内的轴测轴，标注圆弧半径或较小圆直径时，尺寸线可从（或通过）圆心引出标注，但注写数字的横线必须平行于轴测轴（图b)

(续)

图　例	规　定
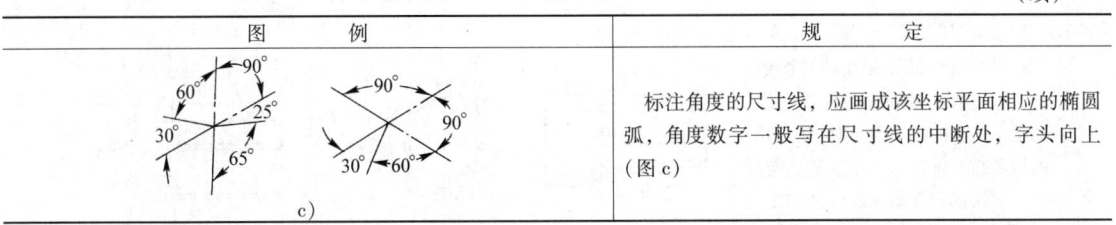 c)	标注角度的尺寸线，应画成该坐标平面相应的椭圆弧，角度数字一般写在尺寸线的中断处，字头向上（图c）

3.9 常见结构（螺纹、花键、中心孔）表示法（GB/T 4459.1—1995、GB/T 4459.3—2000、GB/T 4459.5—1999）

3.9.1 螺纹表示法（GB/T 4459.1—1995）

一般情况下的螺纹画法见表2.1-55。
特殊情况下的螺纹画法见表2.1-56。

表 2.1-55　一般情况下的螺纹画法

类别	规　定	图　例
内、外螺纹画法	螺纹牙顶圆的投影用粗实线表示，牙底圆的投影用细实线表示，在螺杆的倒角或倒圆部分也应画出。在垂直于螺纹轴线的投影面的视图中，表示牙底圆的细实线只画3/4圈（空出的1/4圈的位置不作规定），此时，轴或孔上的倒角投影规定不画（图a） 有效螺纹的终止界线（简称螺纹终止线）用粗实线表示，外螺纹终止线的画法如图a、b。内螺纹终止线的画法如图c 螺纹部分的螺尾一般不必画出，当需要表示螺尾时，该部分用与轴线成30°的细实线画出（图a） 不可见螺纹的所有图线用细虚线绘制（图d） 无论是外螺纹或内螺纹，在剖视或断面图中剖面线都必须画到粗实线处	a) b) c) d)
内、外螺纹连接的画法	以剖视表示内、外螺纹的连接时，其旋合部分应按外螺纹的画法绘制，其余部分仍按各自的画法表示（图e）	e)

表 2.1-56 特殊情况下的螺纹画法

类别	规 定	图 例
不完全的螺孔或螺杆	在平行轴线的投影面的视图中，仍应画出表示螺纹牙底的细实线，如图 a 夹头的主视图。对于被切除的螺纹在其他视图表示清楚的前提下，被切部分表示牙底的细实线可以不画，如图 b 螺杆标尺的主视图仅画出下面一根细实线，在俯视图中切平面与螺杆的交线也省略不画 在垂直于轴线的投影面的视图中，表示牙底的细实线圆弧，为区别于其他图线，仍应保留一小段空隙（图 a、b、c、d）	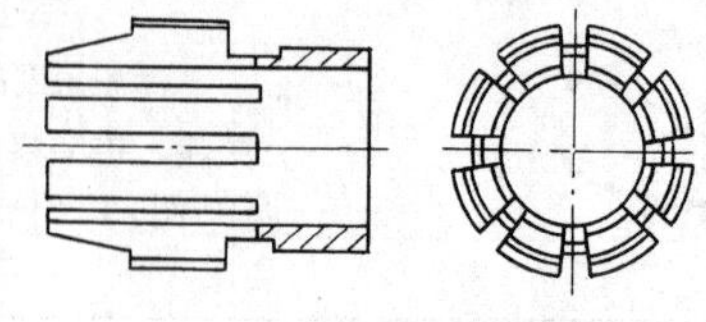 a) 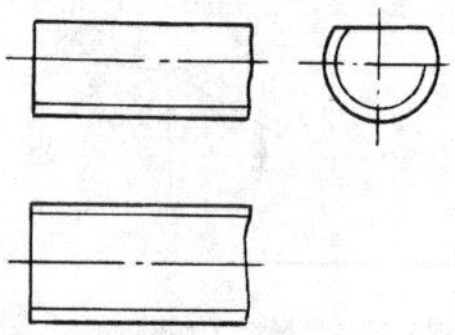 b) 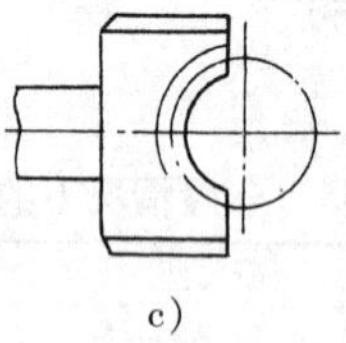 c) 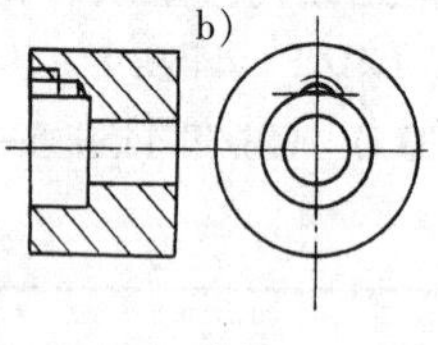 d)
薄壁上的螺纹	薄壁上的螺纹，为了明显地表示内、外螺纹，可采用示意画出牙型的方法（图 e）	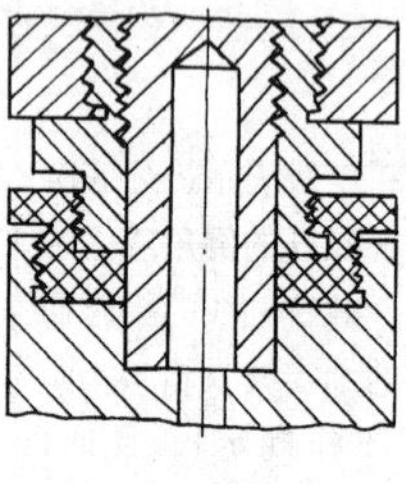 e)
特殊螺纹	结构特殊的螺纹，可采用近似投影法绘制，如图 f 为某种瓶口螺纹的表示法	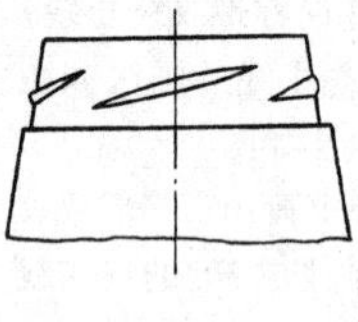 f)

螺纹及螺纹副的标注见表 2.1-57。
普通螺纹、小螺纹等标记示例见表 2.1-58。
管螺纹标记示例见表 2.1-59。

表 2.1-57 螺纹及螺纹副的标注

类别	规 定	图 例
螺纹的标注方法	米制螺纹	公称直径以 mm 为单位的螺纹，其标记应直接注在大径的尺寸线上（图 a）或其指引线上（图 b、c、d）	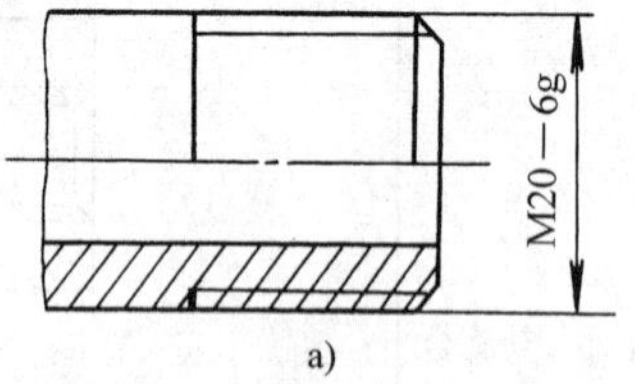 a) 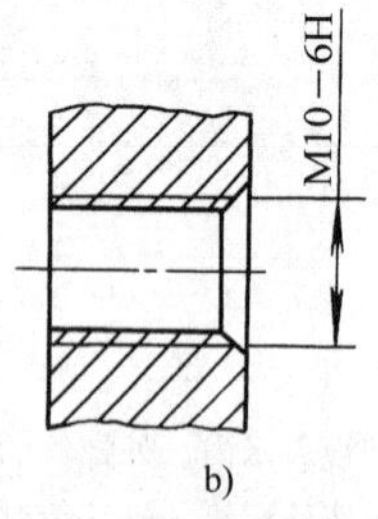 M20—6g b) 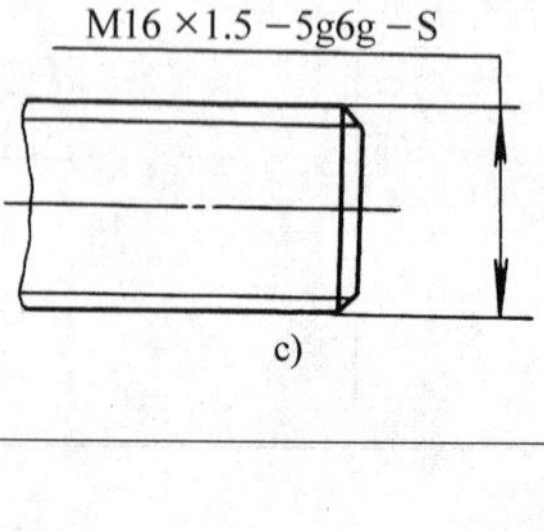 M10—6H c) 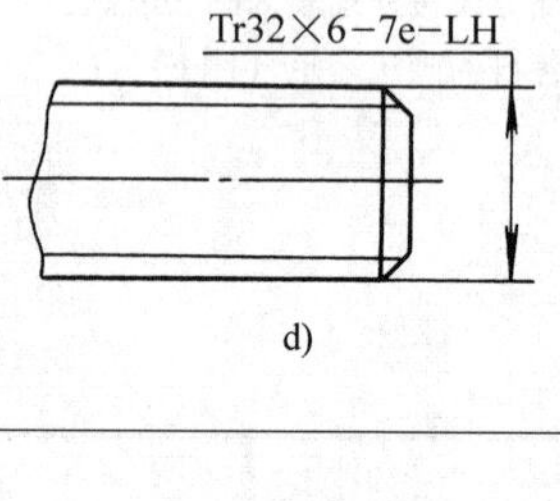 M16×1.5—5g6g—S d) Tr32×6—7e—LH

(续)

类别		规　定	图　例
螺纹的标注方法	管螺纹	管螺纹，其标记一律注在指引线上，指引线应由大径处引出（图e、f、g）或由对称中心处引出（图h）	G1A（图e）；NPT3/4-LH（图f）；Rc1/2（图g）；$R_2$3/4（图h）
	米制密封螺纹	米制密封螺纹，其标记一般应注在指引线上，指引线应由大径（图i）或对称中心处引出，也可以直接标注在从基面处画出的尺寸线上（图j）	Mc20×1.5（图i）；Mc18, 7（图j）
螺纹副的标注方法		螺纹副标记的标注方法与螺纹标记的标注方法相同 米制螺纹： 其标记应直接标注在大径的尺寸线上或指引线上（图k） 管螺纹： 其标记应采用指引线由配合部分的大径处引出标注（图l） 米制密封螺纹： 其标记一般应采用指引线由配合部分的大径处引出标注，也可直接标注在从基面处画出的尺寸线上（图m）	M14×1.5-6H/6g（图k）；Rc$\frac{3}{8}$/R$\frac{3}{8}$（图l）；M10×1-GB1415/ZM10（图m）

注：图例中标注的螺纹长度，均指不包括螺尾在内的有效螺纹长度，否则应另加说明或按实际需要标注。

表 2.1-58　普通螺纹、小螺纹等标记示例

螺纹类别	特征代号	螺纹标记示例	螺纹副标记示例	说　明
普通螺纹	M	M10-5g6g-S M20×2-6H-LH M42×Ph3P1.5L-LH	M20×2-6H/6g-LH	普通螺纹粗牙不标注螺距 普通螺纹细牙必须标注螺距 多线普通螺纹螺距和导程都必须注出

(续)

螺纹类别	特征代号	螺纹标记示例	螺纹副标记示例	说明
小螺纹	S	S0.8H5 S1.2LH5h3	S0.94H/5h3	内螺纹中径公差带为4H，顶径公差等级为5级 外螺纹中径公差带为5h，顶径公差等级为3级
米制密封螺纹	Mc、Mp	Mc12×1-S Mp42×2-S	Mc12×1 Mp/Mc20×1.5-S	"锥/锥"配合螺纹（标准型） "柱/锥"配合螺纹（短型）
自攻螺钉用螺纹	ST	GB/T5280 ST3.5		使用时，应先制出螺纹预制孔
自攻锁紧螺钉用螺纹（粗牙普通螺纹）	M	GB/T6559 M5×20		使用时，应先制出螺纹预制孔。标记示例中的20指螺杆长度
梯形螺纹	Tr	Tr40×7-7H Tr40×14（P7）LH-7e	Tr36×6-7H/7e	梯形螺纹螺距或导程都必须注出
锯齿形螺纹	B	B40×7-7H B40×14（P7）LH-8e-L	B40×7-7H/7e	锯齿形螺纹螺距或导程都必须注出

注：1. 右螺纹不注旋向，左螺纹注 LH。
2. 中径和顶径公差带代号相同时只标注一次。
3. 一般情况下不标注螺纹旋合长度时，螺纹按中等旋合长度考虑，可不标注代号 N，长旋合长度加注代号 L，短旋合长度加注代号 S。

表 2.1-59 管螺纹标记示例

螺纹类别	特征代号	螺纹标记示例	螺纹副标记示例	说明
60°密封管螺纹	NPT	NPT3/8-LH		该螺纹仅有一种公差，故不注公差带代号
55°非密封管螺纹	G	G1$\frac{1}{2}$A G1/2-LH	G1$\frac{1}{2}$/G1$\frac{1}{2}$A	外螺纹公差等级分 A 级和 B 级两种 内螺纹公差等级只有一种，故不标注公差带代号
55°密封管螺纹	圆锥外螺纹 R$_1$ 或 R$_2$	R$_1$$\frac{1}{2}$-LH	—	内、外螺纹均只有一种公差带，故不标注公差带代号
	圆锥内螺纹 Rc	Rc$\frac{1}{2}$	Rc/R$_1$$\frac{1}{2}$-LH	
	圆柱内螺纹 Rp	Rp$\frac{1}{2}$	Rp/R$_1$$\frac{1}{2}$	

注：右旋螺纹不注旋向，左旋螺纹注 LH。

3.9.2 花键表示法（GB/T 4459.3—2000）

矩形花键和渐开线花键的画法见表 2.1-60。
矩形花键代号标记示例见表 2.1-61。
渐开线花键代号标记示例见表 2.1-62。

表 2.1-60 矩形花键、渐开线花键的画法

类别		规定	图例
矩形花键的画法	外花键	在平行于花键轴线的投影面的视图中，大径用粗实线；小径用细实线绘制。并用断面图画出一部分或全部齿形（图 a） 花键工作长度的终止端和尾部长度的末端均用细实线绘制，并与轴线垂直，尾部画成斜线，其倾斜角一般与轴线成 30°（图 a），必要时，可按实际情况画出	a)

类别	规定	图例
矩形花键的画法	内花键	在平行于花键轴线的投影面的视图中,大径与小径均用粗实线绘制,并用局部视图画出一部分或全部齿形(图b) 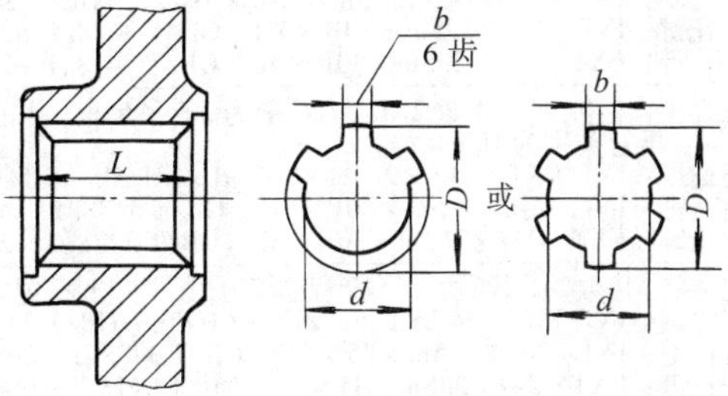
渐开线花键的画法		渐开线花键的画法与矩形花键的画法基本相同,只是需用细点画线表示分度线和分度圆(图c) 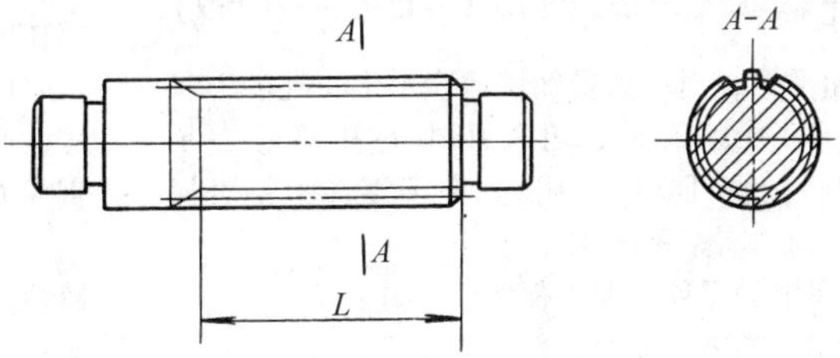
花键连接的画法		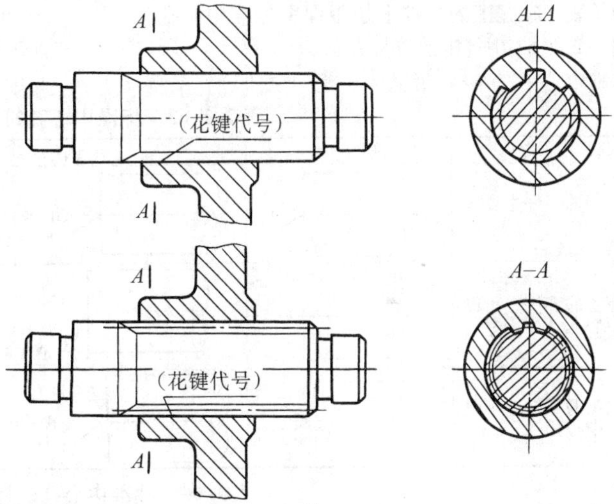 花键连接用剖视表示时,其连接部分按外花键的画法表示(图d)

表 2.1-61 矩形花键代号标记示例

花键规格	N(键数)×d(小径)×D(大径)×B(键宽) 例:6×23×26×6
花键副[①]	$6\times23\dfrac{H7}{f7}\times26\dfrac{H10}{a11}\times6\dfrac{H11}{d10}$ GB/T 1144—2001
内花键	6×23H7×26H10×6H11 GB/T 1144—2001
外花键	6×23f7×26a11×6d10 GB/T 1144—2001

① H7/f7、H10/a11、H11/d10 分别表示小径、大径、键宽的配合类别。

表 2.1-62 渐开线花键代号标记示例

标记符号	内花键	INT		30°平齿根	30P
	外花键	EXT		30°圆齿根	30R
	花键副	INT/EXT		45°圆齿根	45
	齿数	z(前面加齿数值)		公差等级	4、5、6 或 7
	模数	m(前面加模数值)		配合类别	内花键 H
					外花键 k、js、h、f、e 或 d

（续）

示例	
1)	花键副，齿数 24，模数 2.5，30°圆齿根，公差等级 5 级，配合类别 H/h 花键副：INT/EXT 24z × 2.5m × 30R × 5H/5h GB/T 3478.1—2008 内花键：INT 24z × 2.5m × 30R × 5H GB/T 3478.1—2008 外花键：EXT 24z × 2.5m × 30R × 5h GB/T 3478.1—2008
2)	花键副，齿数 24，模数 2.5，内花键为 30°平齿根，其公差等级为 6 级，外花键为 30°圆齿根，其公差等级为 5 级，配合类别为 H/h INT/EXT 24Z × 2.5m × 30P/R × 6H/5h GB/T 3478.1—2008 内花键：INT 24z × 2.5m × 30P × 6H GB/T 3478.1—2008 外花键：EXT 24z × 2.5m × 30R × 5h GB/T 3478.1—2008
3)	花键副，齿数 24，模数 2.5，45°标准压力角，内花键公差等级为 6 级，外花键公差等级为 7 级，配合类别为 H/h 花键副：INT/EXT 24Z × 2.5m × 45 × 6H/7h GB/T 3478.1—2008 内花键：INT 24z × 2.5m × 45 × 6H GB/T 3478.1—2008 外花键：EXT 24z × 2.5m × 45 × 7h GB/T 3478.1—2008

3.9.3 中心孔表示法（GB/T 4459.5—1999）

机械图样中，当不需要确切地表示中心孔的形状和结构的标准中心孔时，可采用中心孔符号表示（非标准中心孔也可参照采用）。完工零件上是否保留中心孔，通常有三种要求：

1) 在完工的零件上要求保留中心孔；
2) 在完工的零件上可以保留中心孔；
3) 在完工的零件上不允许保留中心孔。

为了表达在完工的零件上是否保留标准中心孔，可采用表 2.1-63 中规定的符号表示。

标准中心孔有四种形式：R 型（弧形）、A 型（不带护锥）、B 型（带护锥）、C 型（带螺纹）。它们在图样中的标记如表 2.1-64、表 2.1-65 所示。

1) R 型、A 型、B 型中心孔标记包括：标准编号、型式（R、A 或 B），导向孔直径 D，锥形孔端面直径 D_1。

2) C 型中心孔标记包括：标准编号，形式（C），螺纹代号 D（用普通螺纹特征代号 M 和公称直径表示），螺纹长度（用字母 L 和数值表示），锥面孔端面直径 D_1。

3) 在不致引起误解时，可省略标记中的标准编号。四种标准中心孔的标记说明见表 2.1-64。

与中心孔有关内容的标注见表 2.1-65。

表 2.1-63　标准中心孔符号

要　求	符　号	表示法示例	说　明
在完工的零件上要求保留中心孔		GB/T 4459.5-B3.15/10	采用 B 型中心孔，D = 3.15mm　D_1 = 10mm 在完工零件上要求保留中心孔
在完工的零件上可以保留中心孔		GB/T 4459.5-A4/8.5	采用 A 型中心孔，D = 4mm　D_1 = 8.5mm 在完工零件上是否保留中心孔都可以
在完工的零件上不允许保留中心孔		GB/T 4459.5-A1.6/3.35	采用 A 型中心孔，D = 1.6mm　D_1 = 3.35mm 在完工零件上不允许保留中心孔

表 2.1-64　标准中心孔的标记

型　式	标记示例	说　明	
R（弧形） 根据 GB/T 145—2001 选择中心钻	GB/T 4459.5-R3.15/6.7	D = 3.15mm D_1 = 6.7mm	
A（不带护锥） 根据 GB/T 145—2001 选择中心钻	GB/T 4459.5-A4/8.5	D = 4mm D_1 = 8.5mm	

(续)

型　式	标记示例	说　明
B（带护锥） 根据 GB/T 145—2001 选择中心钻	GB/T 4459.5-B2.5/8	$D = 2.5$ mm $D_1 = 8$ mm
C（带螺纹） 根据 GB/T 145—2001 选择中心钻	GB/T 4459.5-CM10L30/16.3	$D = $ M10 $L = 30$ mm $D_2 = 16.3$ mm

注：1. 尺寸 L 取决于中心钻的长度，不能小于 t。
　　2. 尺寸 L 取决于零件的功能要求。

表 2.1-65　与中心孔有关内容的标注

类　别	规　定	图　例
轴两端相同中心孔的标注方法	如同一轴的两端中心孔相同，可只在其一端标注，但应指出其数量（图 a）	2×B3.15/10 GB/T145　a)
中心孔锥面表面粗糙度的注法	中心孔工作表面的表面粗糙度应在指引线上标出（图 b）	Ra 12.5 2×GB/T 4459.5-B2/6.3　b)
以中心孔轴线为基准的标注方法	以中心孔轴线为基准时基准代（符）号可按图 b、c 的方法标注 如需指明中心孔的标准代号时，则可标注在中心孔型号的下面	GB/T 4459.5-B1/3.15　c)

3.10　常用件（螺纹紧固件、齿轮、弹簧、滚动轴承、动密封圈）表示法（GB/T 4459.1—1995、GB/T 4459.2—2003、GB/T 4459.4—2003、GB/T 4459.7—1998、GB/T 4459.8—2009、GB/T 4459.9—2009）

1）在装配图中，当剖切平面通过螺杆的轴线时，对于螺柱、螺栓、螺钉、螺母、垫圈等均按未剖切绘制。螺纹紧固件的工艺结构，如倒角、退刀槽、缩颈、凸肩等均可省略不画。

2）在装配图中，不穿通的螺纹孔可不画出钻孔深度，仅按有效螺纹部分的深度（不包括螺尾）画出。

装配图中带螺纹紧固件画法见表 2.1-66。
装配图中螺栓、螺钉头部及螺母的简化画法见表 2.1-67。

3.10.1　带螺纹的紧固件的表示法（GB/T 4459.1—1995、GB/T 1237—2000）

表 2.1-66 螺纹紧固件的装配画法

螺栓连接 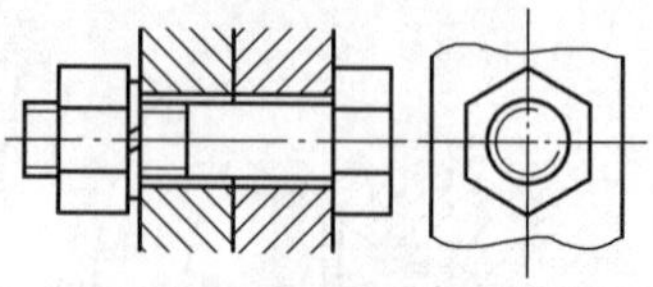	双头螺柱连接 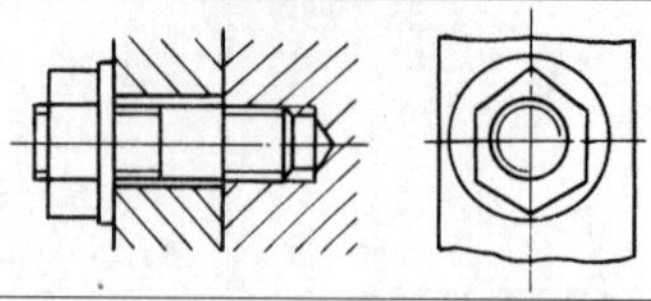	内六角螺钉连接 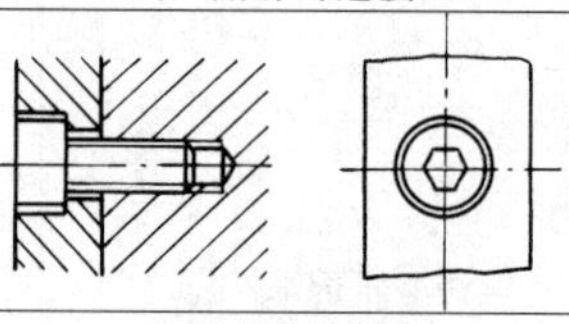
沉头开槽螺钉连接 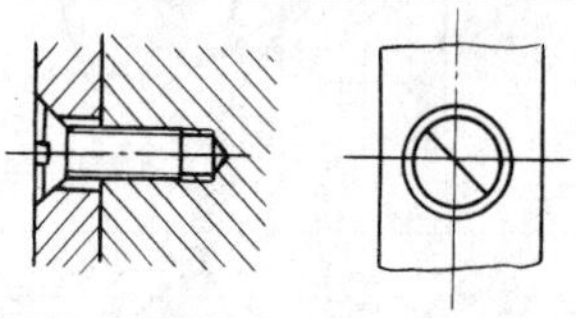	盘头十字槽螺钉连接 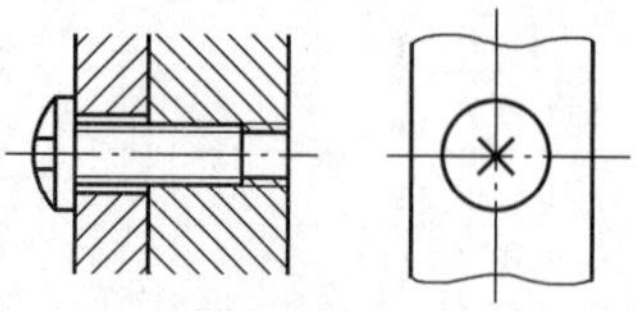	钢丝螺套连接 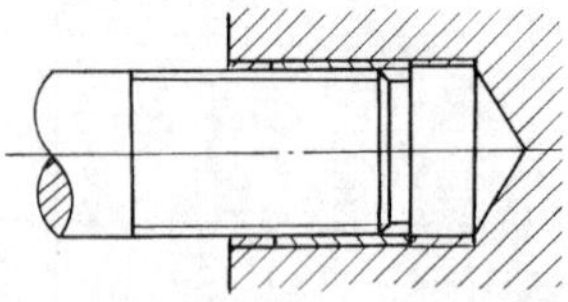

表 2.1-67 螺栓、螺钉头部、螺母的简化画法

六角头（螺栓） 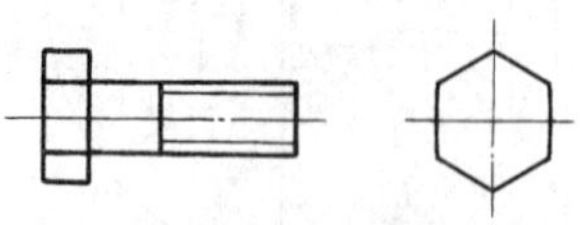	方头（螺栓） 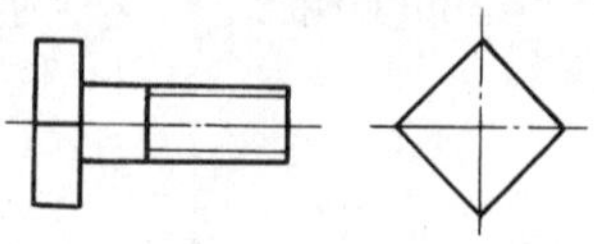	圆柱头内六角（螺钉） 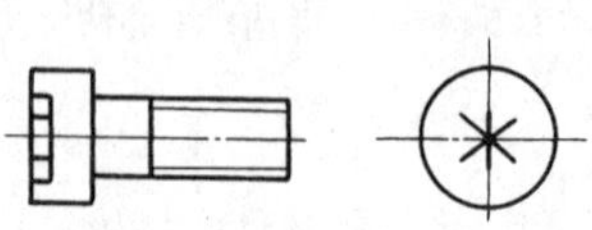
无头内六角（螺钉） 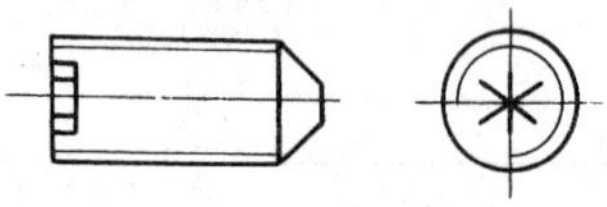	无头开槽（螺钉） 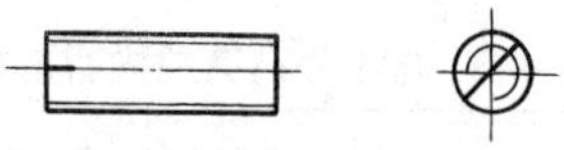	沉头开槽（螺钉） 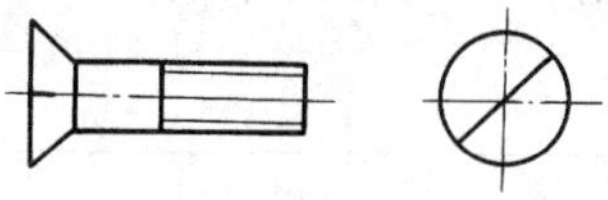
半沉头开槽（螺钉） 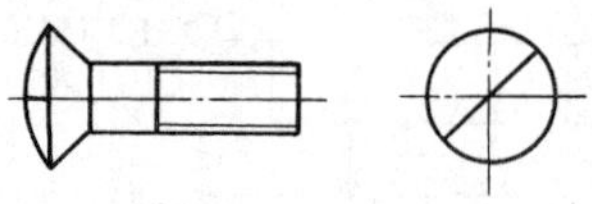	圆柱头开槽（螺钉） 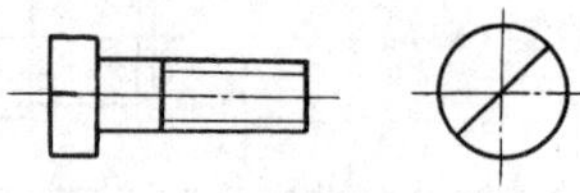	盘头开槽（螺钉） 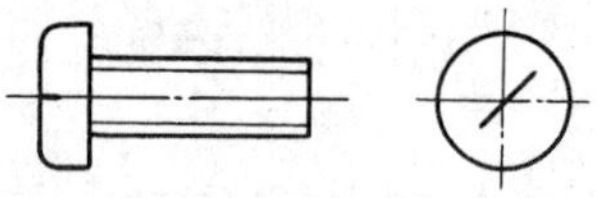
沉头开槽（自攻螺钉） 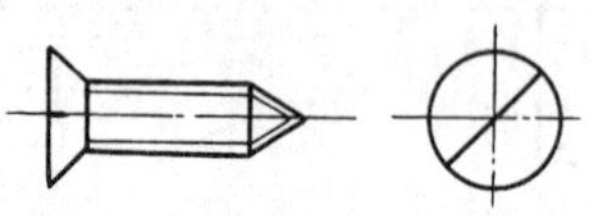	六角（螺母） 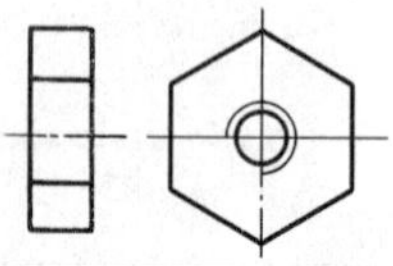	方头（螺母） 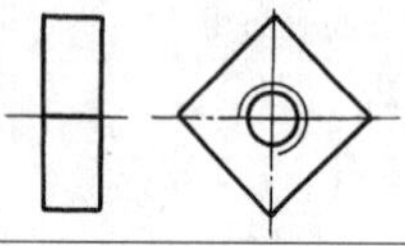
六角开槽（螺母） 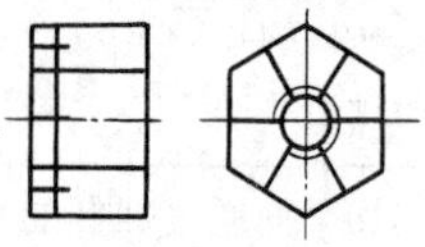	六角法兰面（螺母） 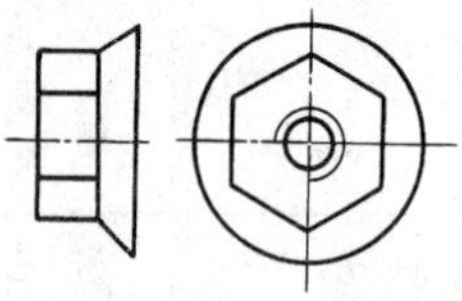	蝶形（螺母） 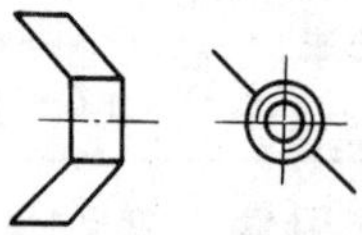
沉头十字槽（螺钉） 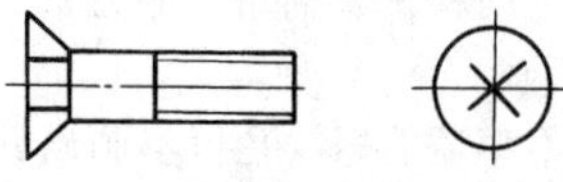	半沉头十字槽（螺钉） 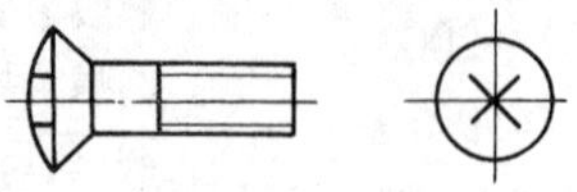	盘头十字槽（螺钉） 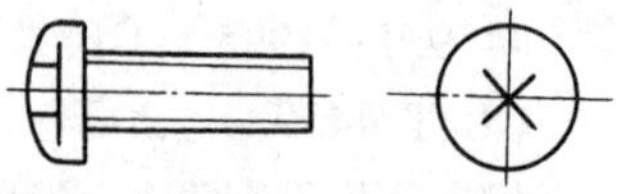

六角法兰面（螺栓）	圆头十字槽（木螺钉）
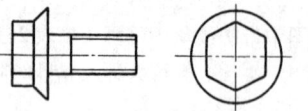	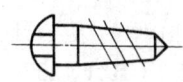 

3.10.2 齿轮表示法（GB/T 4459.2—2003）

(1) 齿轮画法

由于齿轮的轮齿部分比较复杂，用通常的正投影法绘制将无法表达清楚。有关齿轮、齿条、蜗杆、蜗轮及链轮的规定画法见表 2.1-68。

(2) 齿轮、蜗轮、蜗杆啮合画法（表 2.1-69）

(3) 齿轮工作图格式示例（供参考）

1) 圆柱齿轮工作图（图 2.1-10） 圆柱齿轮工作图上标注的一般尺寸数据及需用表格列出的数据及参数（参考）见表 2.1-70。

2) 锥齿轮工作图（图 2.1-11） 锥齿轮工作图上标注的一般尺寸数据及需用表格列出的数据及参数（参考）见表 2.1-71。

3) 蜗杆工作图（图 2.1-12） 蜗杆工作图上标注的一般尺寸数据及需用表格列出的数据及参数（参考）见表 2.1-72。

4) 蜗轮工作图（图 2.1-13） 蜗轮工作图上标注的一般尺寸数据及需用表格列出的数据及参数（参考）见表 2.1-73。

表 2.1-68 齿轮、齿条、蜗杆、蜗轮、链轮画法

规定	1. 齿顶圆和齿顶线用粗实线绘制（图 a～图 f） 2. 分度圆和分度线用细点画线绘制（图 a～图 f） 3. 齿根圆和齿根线用细实线绘制，也可省略不画；在剖视图中，齿根线用粗实线处理（图 a～图 e、图 g） 4. 在剖视图中，当剖切平面通过齿轮轴线时，轮齿一律按不剖处理（图 a～图 e） 5. 如需表明齿形，可在图形中用粗实线画出一个或两个齿形；或用适当比例的局部放大图表示（图 e） 6. 当需要表示齿线的特征时，可用三条与齿线方向一致的细实线表示（图 f）。直齿则不需要表示 7. 如需要注出齿条的长度时，可在画出齿形的图中注出，并在另一视图中用粗实线画出其范围线（图 c）
图例	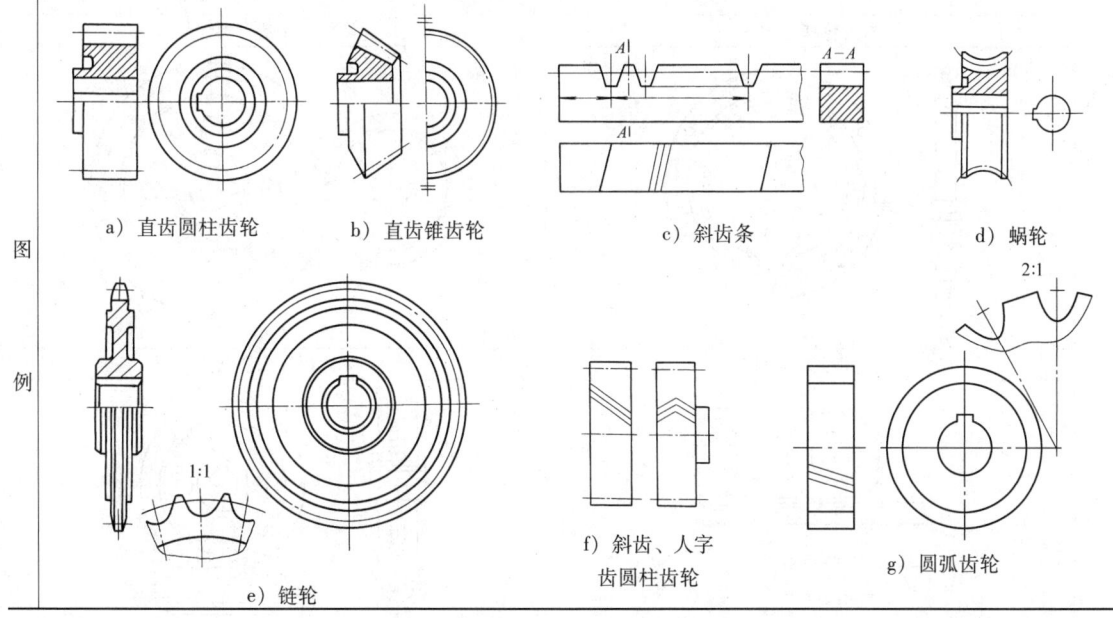 a) 直齿圆柱齿轮　　b) 直齿锥齿轮　　c) 斜齿条　　d) 蜗轮 e) 链轮　　f) 斜齿、人字齿圆柱齿轮　　g) 圆弧齿轮

表 2.1-69 齿轮、蜗轮、蜗杆啮合画法

啮合区的规定画法	1. 在垂直于圆柱齿轮轴线的投影面的视图中，啮合区内齿顶圆用粗实线绘制（图 a），亦可省略（图 b） 2. 在平行于圆柱齿轮、锥齿轮轴线的投影面的视图（图 a、图 d）中，啮合区的齿顶线不需画出，节线用粗实线绘制，其他处的节线用细点画线绘制（图 c），轴线垂直的螺旋齿轮啮合画法如图 e 3. 在圆柱齿轮啮合、锥齿轮啮合、齿轮齿条啮合的剖视图（图 h）中，当剖切平面通过两啮合齿轮轴线时，在啮合区内，将一个齿轮的轮齿用粗实线绘制，另一个齿轮的轮齿被遮挡的部分用细虚线绘制（图 a），也可省略不画 4. 在剖视图中，当剖切平面不通过啮合齿轮轴线时，齿轮一律按不剖绘制 5. 内齿轮啮合、圆弧齿轮啮合、蜗轮蜗杆啮合及弧面蜗杆啮合的剖视图画法分别见图 f、图 g、图 i 和图 j

（续）

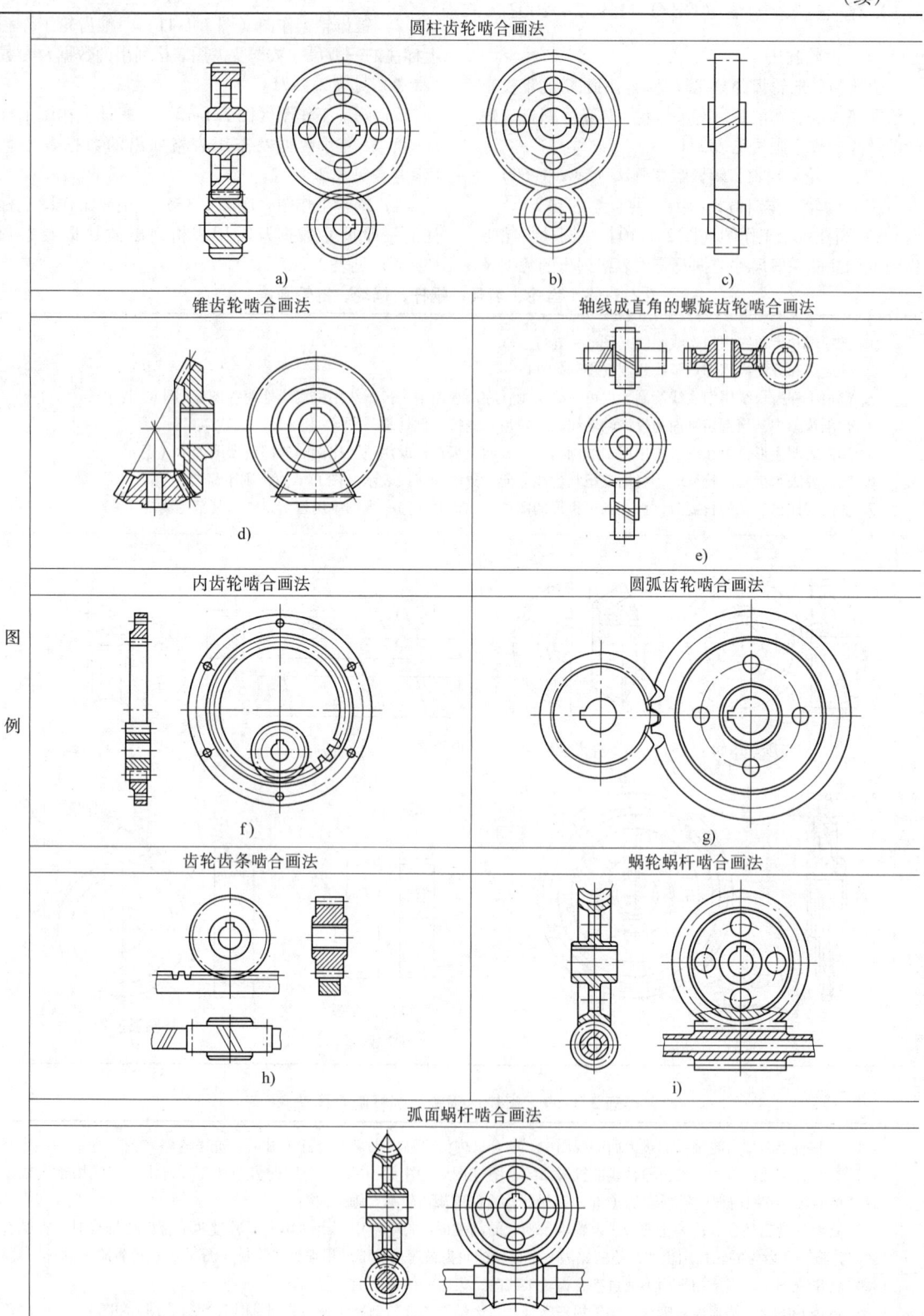

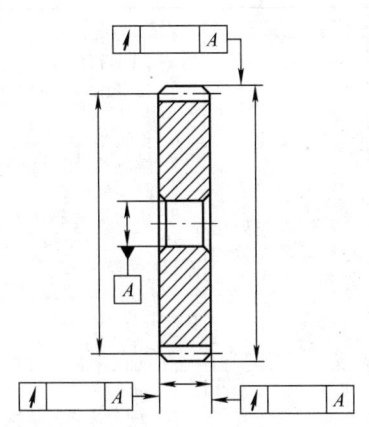

图 2.1-10 渐开线圆柱齿轮图样格式示例

表 2.1-70 圆柱齿轮工作图上的尺寸数据（参考）

在图样上标出的一般尺寸数据	1. 齿顶圆直径及公差 2. 分度圆直径 3. 齿宽 4. 孔（轴）径及其公差 5. 定位面 6. 齿面表面粗糙度要求	需用表格列出的数据及参数的选用项目	4. 齿顶高系数 5. 螺旋角 6. 螺旋方向 7. 径向变位系数 8. 齿厚 9. 精度等级 10. 齿轮副中心距及其极限偏差 11. 配对齿轮的图号及其齿数 12. 检验项目代号及其公差（或极限偏差）值
需用表格列出的数据及参数的选用项目	1. 模数或法向模数 2. 齿数 3. 基本齿廓（符合标准时，仅注明齿形角或法向齿形角，不符合时应以图样表明其特性）		

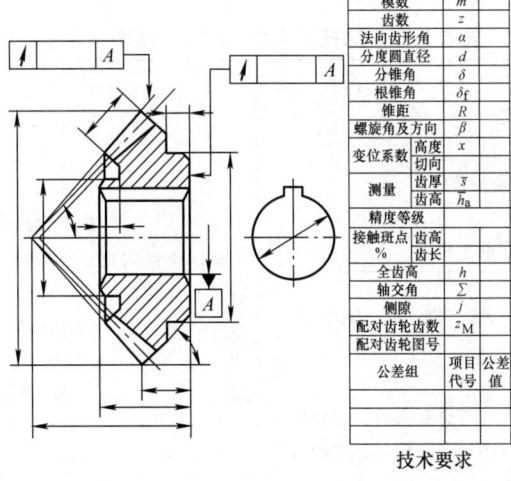

图 2.1-11 锥齿轮图样格式示例

表 2.1-71 锥齿轮工作图上的尺寸数据（参考）

在图样上标注的一般尺寸数据	1. 齿轮圆直径及其公差 2. 齿宽 3. 顶锥角 4. 背锥角 5. 孔（轴）径及其公差 6. 定位面（安装基准面） 7. 从分锥（或节锥）顶点至定位面的距离及公差 8. 从齿尖至定位面的距离 9. 从锥端面至定位面的距离 10. 齿面表面粗糙度（若需要，包括齿根表面及齿根圆处的表面粗糙度）	需用表格列出的数据及参数的选用项目	4. 分度圆直径（对于高度变位锥齿轮、等于节圆直径） 5. 分度锥角（对于高度变位锥齿轮，等于节锥角） 6. 根锥角 7. 螺旋角及螺旋方向 8. 高度变位系数（径向变位系数） 9. 切向变位系数（齿厚变位系数） 10. 测量齿厚和其公差 11. 精度等级 12. 接触斑点的高度沿齿高方向的百分比，长度沿齿长方向的百分比 13. 全齿高 14. 轴交角 15. 侧隙 16. 配对齿轮的齿数 17. 配对齿轮的图号 18. 检验项目代号及其公差值
需用表格列出的数据及参数的选用项目	1. 模数（一般为大端模数） 2. 齿数 3. 基本齿廓（符合标准时，仅注明法向齿形角，不符合时则应以图样表明特性）		

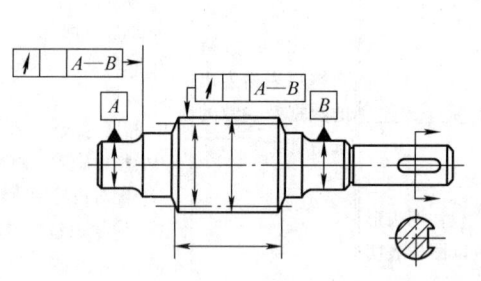

蜗杆类型	
模数	m
齿数	z_1
齿形角	α
齿顶高系数	h_{a1}^*
导程	P_z
导程角	γ
螺旋方向	
法向齿厚	s_1
精度等级	
配对蜗轮	图号
	齿数
公差组	检验项目	公差(或极限偏差)值

技术要求

图 2.1-12　蜗杆图样格式示例

表 2.1-72　蜗杆工作图上的尺寸数据（参考）

在图样上标注的一般尺寸数据	1. 齿顶圆直径及其公差 2. 分度圆直径 3. 齿宽 4. 轴（孔）径及其公差 5. 定位面 6. 蜗杆轮齿表面粗糙度	需用表格列出的数据及参数的选用项目	5. 齿顶高系数 6. 螺旋方向（左旋或右旋） 7. 导程 8. 导程角 9. 齿厚及其上下偏差（或量柱测量距及其偏差，或测量的弦齿厚及其偏差，相应的指明量柱直径或测量弦齿高） 10. 精度等级 11. 配对蜗轮的图号及齿数 12. 检验项目代号及其公差（或极限偏差）
需用表格列出的数据及参数的选用项目	1. 蜗杆类型（ZA、ZN、ZI、ZK 和 ZC） 2. 模数 3. 齿数 4. 基本齿廓[①]（符合标准时，仅注明齿形角，否则应以图样——轴向剖视图或法向剖视图详述其特征）		

① 对不同的蜗杆类型，应分别注明法向齿形角或轴向齿形角、刀具角。

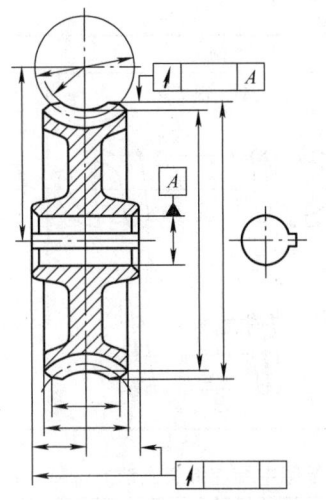

图 2.1-13 蜗轮图样格式示例

表 2.1-73 蜗轮工作图上的尺寸数据（参考）

在图样上标注的一般尺寸数据	1. 蜗轮顶圆直径及其公差 2. 蜗轮喉圆直径及其公差 3. 咽喉母圆半径 4. 蜗轮宽度 5. 孔（轴）径及其公差 6. 定位面 7. 蜗轮中间平面与定位面的距离及公差 8. 蜗轮轮齿表面粗糙度 9. 咽喉母圆中心到蜗轮轴线距离 10. 配对蜗杆分度圆直径	需用表格列出的数据及参数的选用项目	1. 模数 2. 齿数 3. 分度圆直径 4. 变位系数 5. 齿顶高系数 6. 分度圆齿厚及其上、下偏差[①]（或双啮合中心距及其偏差，或测量的弦齿厚及其偏差，相应地注明测量弦高） 7. 精度等级 8. 配对蜗杆的图号及齿数 9. 检验项目的代号及公差（或极限偏差）

① 该项数据仅用于有互换性的传动要求，对非互换的传动要求，不必给出该项数据，但应绘出侧隙值。

3.10.3 弹簧表示法（GB/T 4459.4—2003）

弹簧是一种常用于减振、夹紧、储存能量、测力的零件，按其结构形状可分为螺旋弹簧、碟形弹簧、涡卷弹簧、板弹簧等。

（1）螺旋弹簧画法（表 2.1-74、表 2.1-75）

（2）碟形弹簧、涡卷弹簧、板弹簧的画法（见表 2.1-76～表 2.1-78）

表 2.1-74 螺旋弹簧画法

规　定
1. 在平行于螺旋弹簧轴线的投影面的视图中，其各圈的轮廓线应画成直线
2. 螺旋弹簧均可画成右旋，但左旋弹簧不论画成左旋或右旋，一律标注"左"字
3. 螺旋压缩弹簧，如要求两端并紧且磨平时，不论支承圈的圈数多少和末端贴紧情况如何，均按本表下列的形式绘制，必要时也可按支承圈的实际结构绘制
4. 有效圈数在四圈以上的螺旋弹簧中间部分可以省略。圆柱螺旋弹簧中间部分省略后，允许适当缩短图形的长度

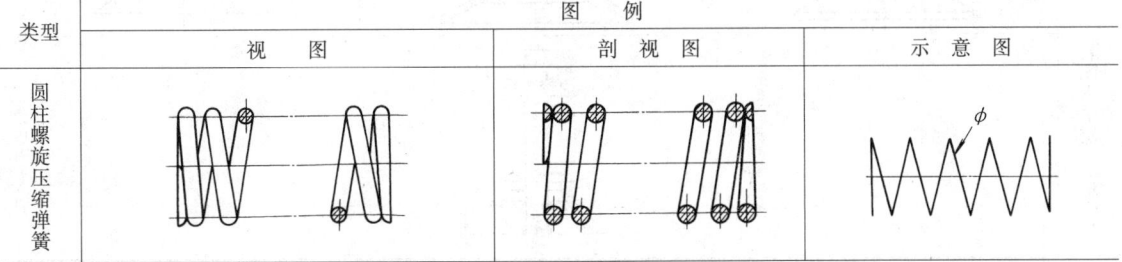

类型	图例		
	视图	剖视图	示意图
圆柱螺旋拉伸弹簧			
圆柱螺旋扭转弹簧			

表 2.1-75 装配图中螺旋弹簧画法

规定	1. 被弹簧挡住的结构一般不画出，可见部分应从弹簧的外轮廓线或从弹簧钢丝剖面的中心线画起（图 a） 2. 型材直径或厚度在图形上等于或小于 2mm 的螺旋弹簧、碟形弹簧、片弹簧允许用示意图绘制（图 b），当弹簧被剖切时，剖面直径或厚度在图形上等于或小于 2mm 时也可用涂黑表示（图 c）
图例	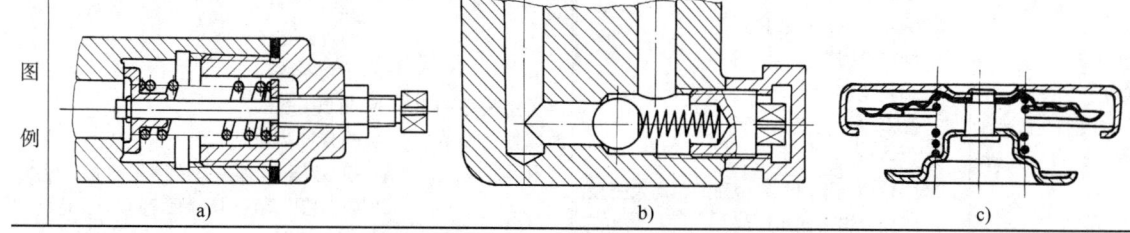 a) b) c)

表 2.1-76 碟形弹簧画法

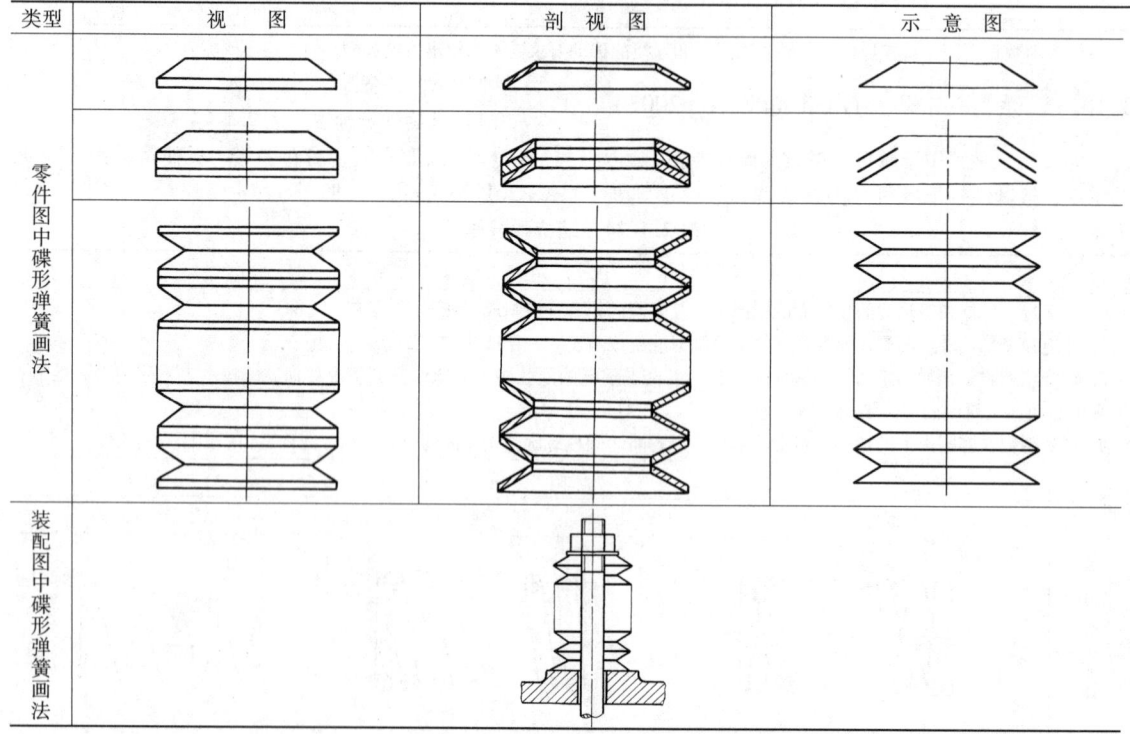

类型	视图	剖视图	示意图
零件图中碟形弹簧画法			
装配图中碟形弹簧画法			

表 2.1-77 平面涡卷弹簧画法

类型	视图	示意图
零件图中涡卷弹簧画法		
装配图中涡卷弹簧画法		

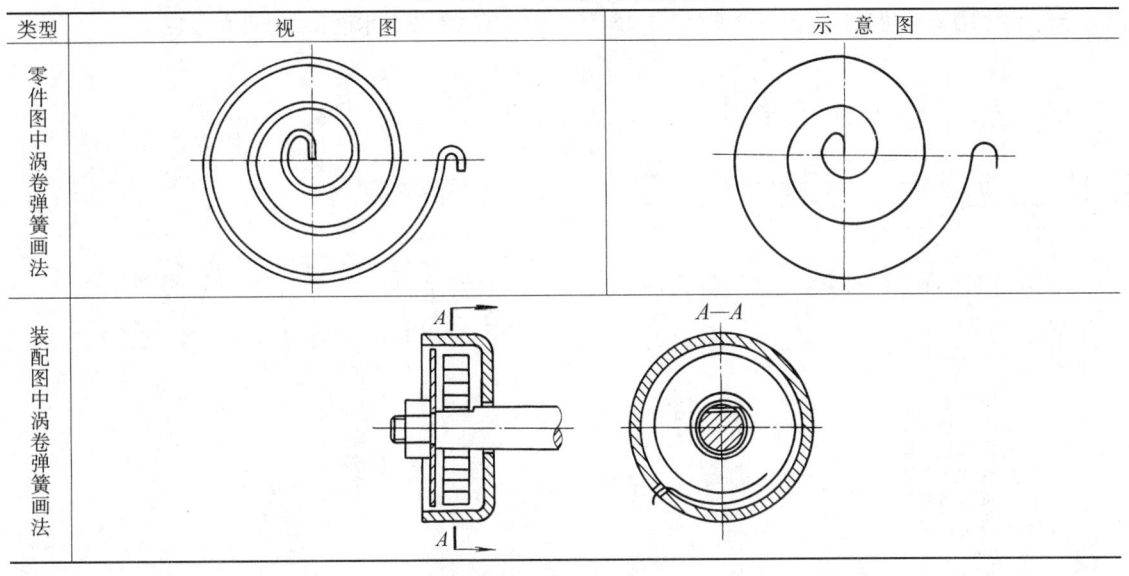

表 2.1-78 板弹簧画法

板弹簧组件图画法		
板弹簧在装配图中的画法	装配图中板弹簧允许仅画出外形轮廓	

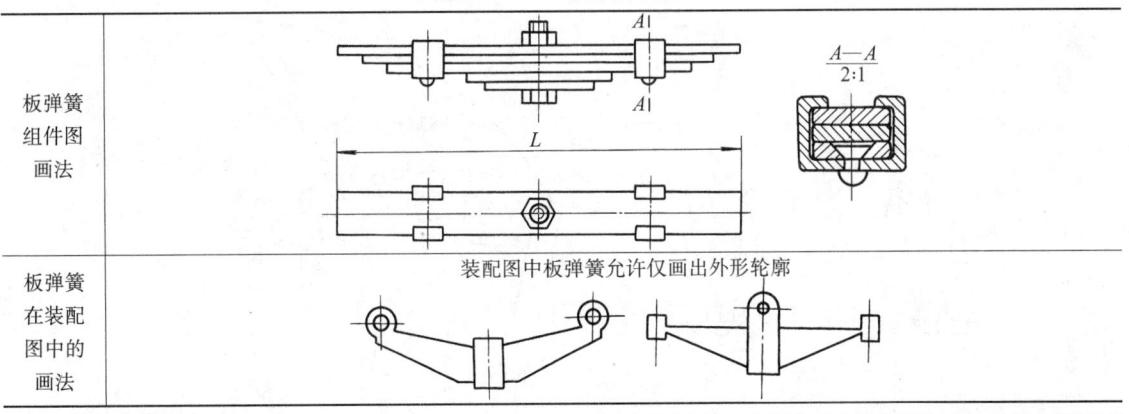

(3) 弹簧图样格式示例

1) 弹簧的参数应直接标注在图形上,当直接标注有困难时可在"技术要求"中说明。

2) 一般采用图解方式表示弹簧力学性能。圆柱螺旋压缩(拉伸)弹簧的力学性能曲线均画直线,标注在主视图上方。圆柱螺旋扭转弹簧的力学性能曲线一般画在左视图上方,也允许画在主视图上方,性能曲线画成直线。力学性能曲线(或用直线形式)用粗实线绘制。

3) 当某些弹簧只需给定刚度要求时,允许不画力学性能曲线,而在技术要求中说明刚度要求。

示例 1 圆柱螺旋压缩弹簧见图 2.1-14

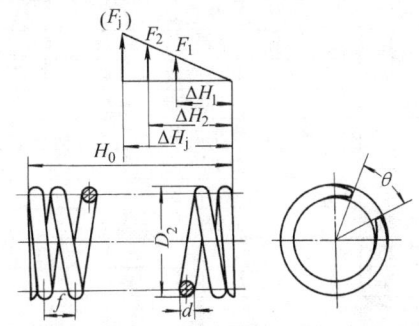

技术要求

1. (旋向)
2. 有效圈数 $n =$
3. 总圈数 $n_1 =$
4. 工作极限应力 $\tau_j =$
5. (热处理要求)
6. (检验要求)
   ……

图 2.1-14 圆柱螺旋压缩弹簧

示例 2 圆柱螺旋拉伸弹簧见图 2.1-15

示例 3 圆柱螺旋扭转弹簧（一）见图 2.1-16

示例 4 圆柱螺旋扭转弹簧（二）见图 2.1-17

有关弹簧的术语和代号见表 2.1-79

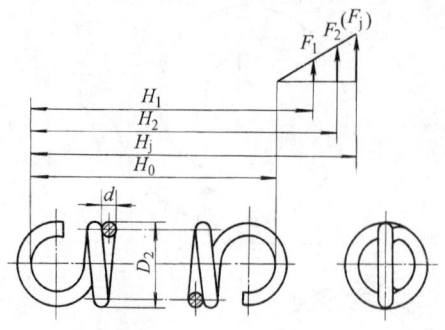

技术要求
1. （旋向）
2. 有效圈数 $n=$
3. 工作极限应力 $\tau_j=$
4. （热处理要求）
5. （检验要求）
……

图 2.1-15　圆柱螺旋拉伸弹簧

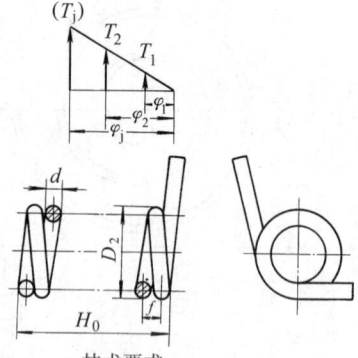

技术要求
1. （旋向）
2. 有效圈数 $n=$
3. 工作极限应力 $\tau_j=$
4. （热处理要求）
5. （检验要求）
……

图 2.1-16　圆柱螺旋扭转弹簧（一）

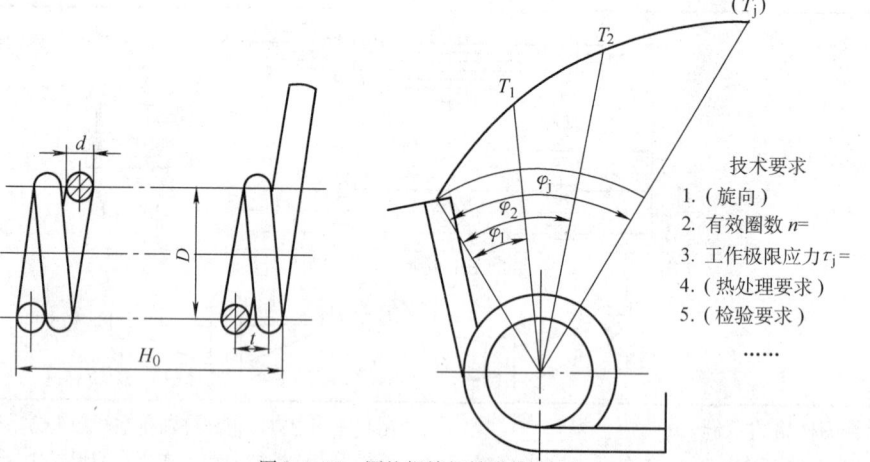

技术要求
1. （旋向）
2. 有效圈数 $n=$
3. 工作极限应力 $\tau_j=$
4. （热处理要求）
5. （检验要求）
……

图 2.1-17　圆柱螺旋扭转弹簧（二）

表 2.1-79　弹簧的术语和代号

序号	术　语	代　号	序号	术　语	代　号
1	工作负荷	$F_{1,2,3,\cdots,n}$ $T_{1,2,3,\cdots,n}$	15	极限扭转角	φ_j
			16	试验扭转角	φ_s
2	极限负荷	F_j，T_j	17	弹簧刚度	F'、T'
3	试验负荷	F_s	18	初拉力	F_0
4	压并负荷	F_b	19	有效圈数	n
5	压并应力	τ_b	20	总圈数	n_1
6	变形量（挠度）	$f_{1,2,3,\cdots,n}$	21	支承圈数	N_z
7	极限负荷下变形量	f_j	22	弹簧外径	D_2
8	自由高度（长度）	H_0	23	弹簧内径	D_1
9	自由角度（长度）	φ_0	24	弹簧中径	D
10	工作高度（长度）	$H_{1,2,3,\cdots,n}$	25	线径	d
11	极限高度（长度）	H_j	26	节距	t
12	试验负荷下的高度（长度）	H_s	27	间距	δ
13	压并高度	H_b	28	旋向	
14	工作扭转角	$\varphi_{1,2,3,\cdots,n}$			

3.10.4 滚动轴承表示法（GB/T 4459.7—1998）

滚动轴承是机械设备中轴的主要支承件。通常按其所能承受的负荷方向或公称接触角、滚动件的种类综合分为：深沟球轴承、圆柱滚子轴承、滚针轴承、调心球轴承、角接触球轴承、调心滚子轴承、圆锥滚子轴承、推力角接触球轴承、推力调心滚子轴承、推力圆锥滚子轴承、推力球轴承、推力圆柱滚子轴承、推力滚针轴承和组合轴承。

在装配图中不需要确切表示标准的滚动轴承的形状、结构时可采用规定的通用画法、特征画法和规定画法。非标准滚动轴承也可参照采用。

(1) 基本规定

1) 图线　按本标准表示滚动轴承时，通用画法、特征画法及规定画法中的各种符号、矩形线框和轮廓线均用粗实线绘制。

2) 尺寸及比例　绘制滚动轴承时，其矩形线框或外形轮廓的大小应与滚动轴承的外形尺寸一致，并与所属图样采用同一比例。通用画法的尺寸比例见表2.1-86；特征画法及规定画法的尺寸比例见表2.1-87。

3) 剖面符号

① 在剖视图中，用简化画法绘制滚动轴承时，一般不画剖面符号（剖面线）。

② 采用规定画法绘制滚动轴承的剖视图时，轴承的滚动体不画剖面线，其各套圈等可画成方向和间隔相同的剖面线（图2.1-18）。在不致引起误解时也允许省略不画（图2.1-19）。

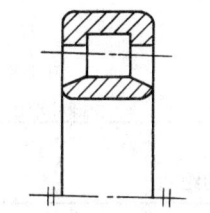

图 2.1-18　套圈的剖面线

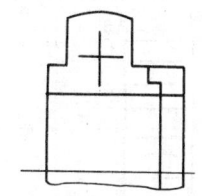

图 2.1-19　省略剖面线

③ 若轴承带有其他零件或附件（偏心套、紧定套、挡圈等）时，其剖面线应与套圈的剖面线呈不同方向或不同间隔（图2.1-20）。在不致引起误解时，也可允许省略不画（图2.1-21）。

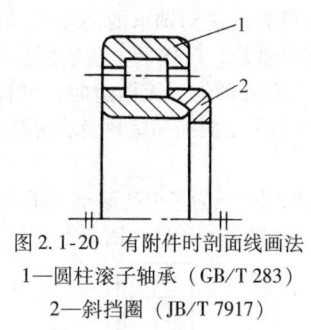

图 2.1-20　有附件时剖面线画法
1—圆柱滚子轴承（GB/T 283）
2—斜挡圈（JB/T 7917）

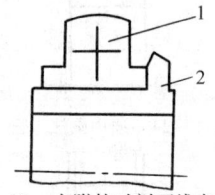

图 2.1-21　有附件时剖面线省略画法
1—外球面球轴承　2—紧定套（JB/T 7919.2）

(2) 简化画法

用简化画法绘制滚动轴承时，应采用通用画法或特征画法，但在同一图样中一般只采用一种画法。

1) 通用画法

① 在剖视图中，当不需要确切地表示滚动轴承的外形轮廓、载荷特性、结构特征时，可用矩形线框及位于线框中央正立的十字形符号表示（图2.1-22）。十字符号不应与矩形图线接触。通用画法应绘制在轴的两侧（图2.1-23）。

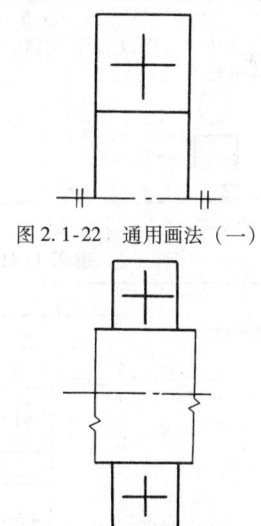

图 2.1-22　通用画法（一）

图 2.1-23　通用画法（二）

② 如需确切地表示滚动轴承的外形，则应画出其剖面轮廓，并在轮廓中央画出正立的十字形符号。十字形符号不应与剖面轮廓线接触（图2.1-19）。

③ 滚动轴承带有附件或零件时，则这些附件或零件也可只画出其外形轮廓（图2.1-21）。

④ 当需要表示滚动轴承的防尘盖和密封圈时，可按图 2.1-24 和图 2.1-25 的方法绘制。当需要表示滚动轴承内圈和外圈有、无挡边时，可按图 2.1-26 的方法在十字符号上附加一短画表示内圈或外圈无挡边的方向。

⑤ 在装配图中，为了表达滚动轴承的安装方法，可画出滚动轴承的某些零件（图 2.1-27）。

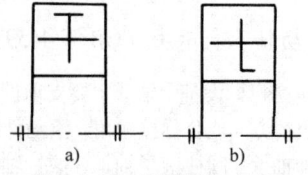

图 2.1-26 通用画法（五）
a) 外圈无挡边　b) 内圈有单挡边

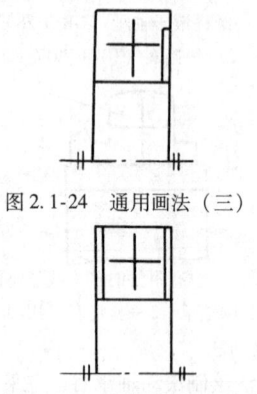

图 2.1-24 通用画法（三）

图 2.1-25 通用画法（四）

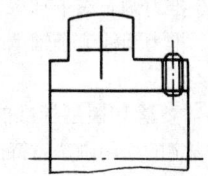

图 2.1-27 通用画法（六）

2) 特征画法

① 在剖视图中，如需较形象地表示滚动轴承的结构特征时，可采用矩形线框内画出其结构要素符号（表 2.1-80）的方法表示；滚动轴承结构和载荷特性的要素符号组合见表 2.1-81；滚动轴承的特征画法及其应用见表 2.1-82 ~ 表 2.1-85。特征画法应绘制在轴的两侧。

表 2.1-80　滚动轴承特征画法中结构要素符号

序号	要素符号	说　　明	应　　用
1	 —— ①	长的粗实线	表示不可调心轴承的滚动体的滚动轴线
2	 ⌒ ①	长的粗圆弧线	表示可调心轴承的调心表面或滚动体滚动轴线的包络线
3	 在规定画法中，可用以下符号代替短的粗画线 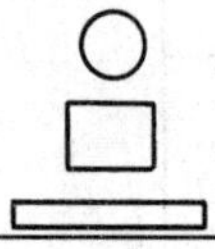 ○　球 ▭ 宽矩形 ▬ 长矩形	短的粗实线与序号 1、2 的要素符号相交成 90°角（或相交于法线方向），并通过每个滚动体的中心 圆 宽矩形 长矩形	表示滚动体的列数和位置 球 圆柱滚子 长圆柱滚子、滚针

① 根据轴承的类型，可以倾斜画法。

表 2.1-81　滚动轴承特征画法中要素符号的组合

轴承承载特性		轴承结构特征			
		两个套圈		三个套圈	
		单　列	双　列	单　列	双　列
径向承载	不可调心	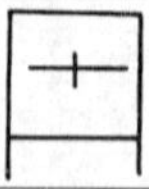 ┼	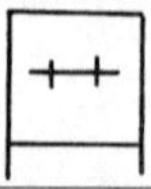 ┼┼	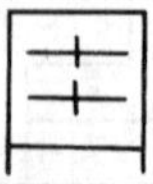 ┼	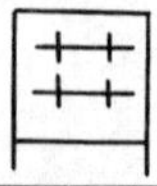 ┼┼
	可调心	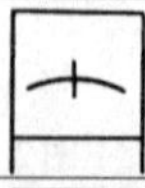 ⌒┼	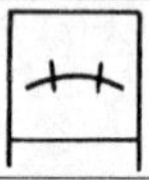 ⌒┼┼	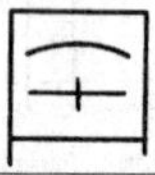 ⌒┼	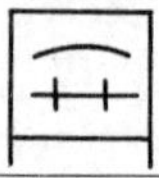 ⌒┼┼
轴向承载	不可调心	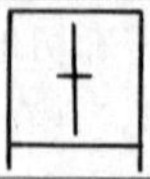 ┬	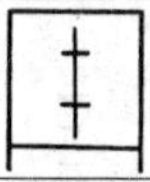 ┬┬	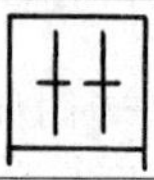 ┼┼	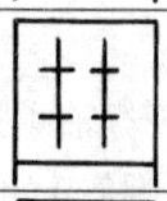 ┼┼┼┼
	可调心	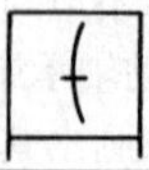 (┼	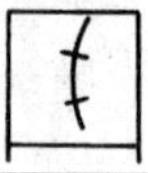 (┼┼	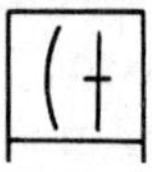 (┼	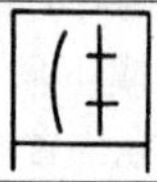 (┼┼

(续)

轴承承载特性		轴承结构特征			
		两个套圈		三个套圈	
		单列	双列	单列	双列
径向和轴向承载	不可调心			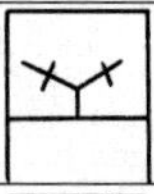	
	可调心	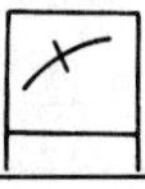			

注：表中的滚动轴承，只画出了轴线一侧的部分。

表 2.1-82　球轴承和滚子轴承的特征画法及规定画法

	特征画法	规定画法			特征画法	规定画法	
		球轴承	滚子轴承			球轴承	滚子轴承
1	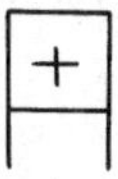	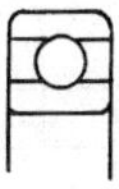 GB/T 276	 GB/T 283	6	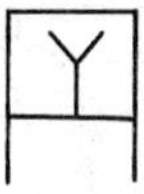	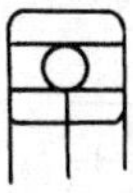 GB/T 294（三点接触）	
2	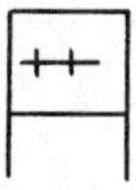	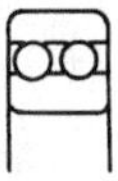	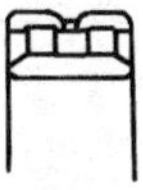 GB/T 285	7	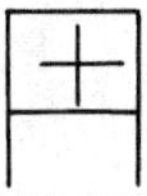	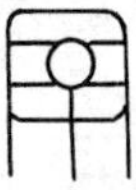 GB/T 294（四点接触）	
3			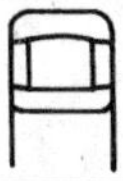	8		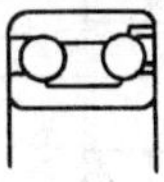 GB/T 296	
4		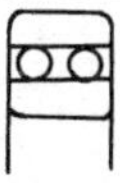 GB/T 281	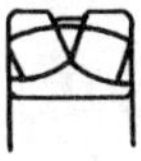 GB/T 288	9	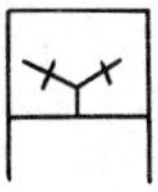	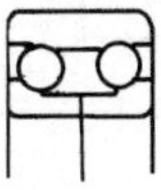	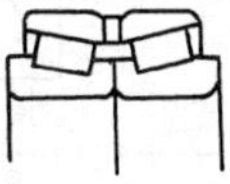 GB/T 299
5		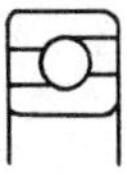 GB/T 292	 GB/T 297	10	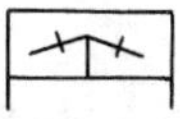		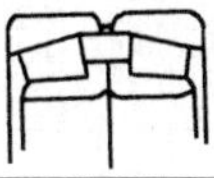

表 2.1-83　滚针轴承的特征画法及规定画法

	特征画法	规 定 画 法		
1	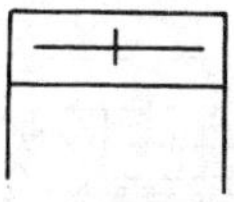	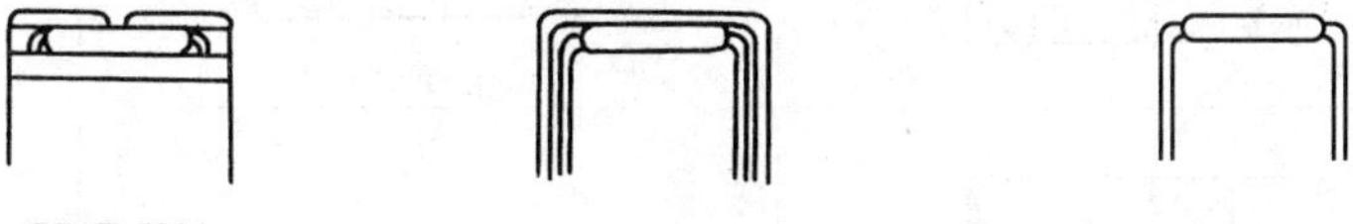 GB/T 5801 JB/T 3588	GB/T 290	JB/T 7918
2	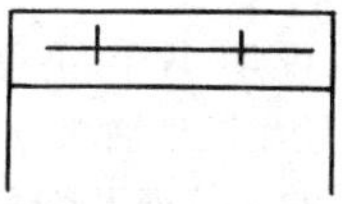	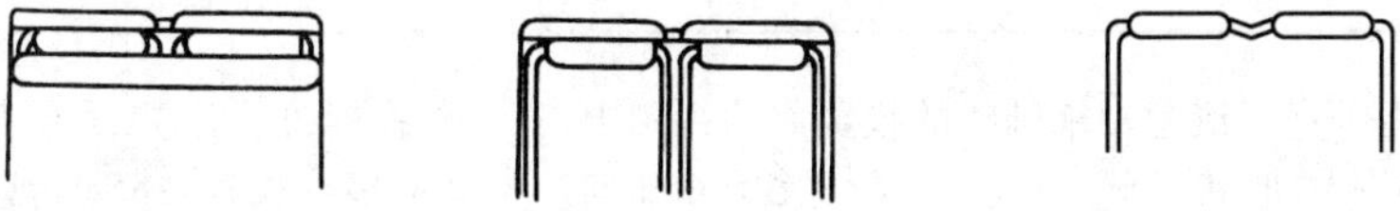 GB/T 5801	GB/T 5801	JB/T 7918
3			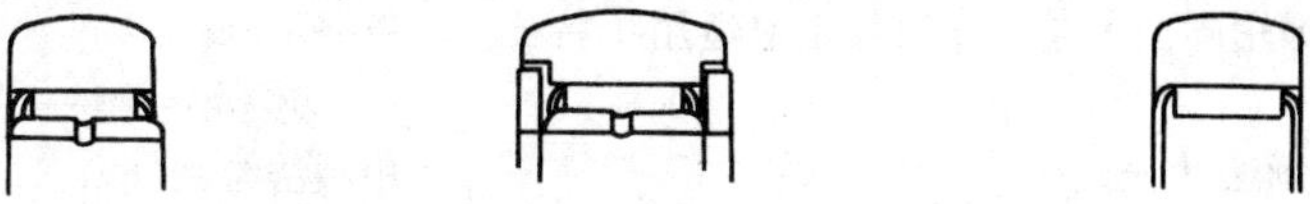 GB/T 6445.1	

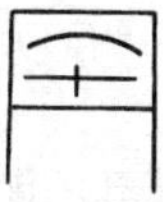

表 2.1-84 组合轴承的特征画法及规定画法

	特征画法	规定画法		特征画法	规定画法
1	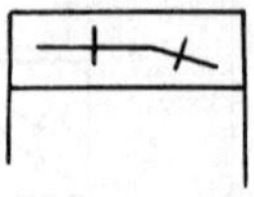	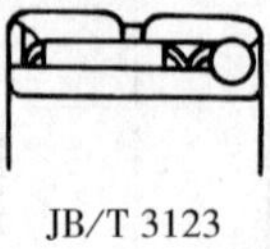 JB/T 3123	3	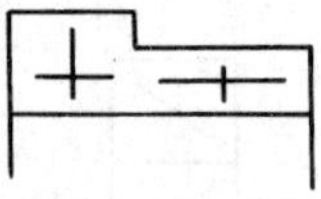	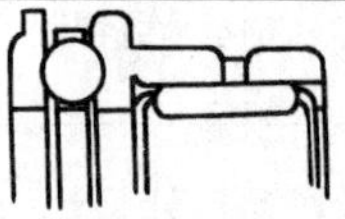 JB/T 3122
2	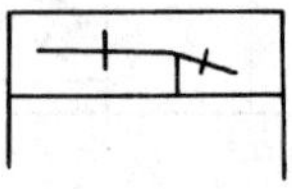	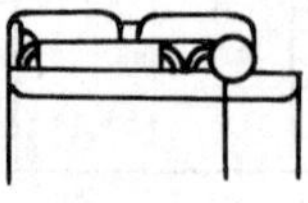 JB/T 3123	4	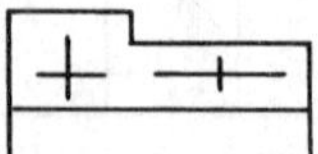	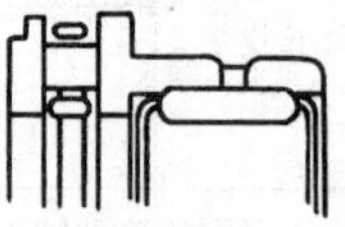 GB/T 16643

表 2.1-85 推力轴承的特征画法及规定画法

	特征画法	规定画法	
		球 轴 承	滚 子 轴 承
1	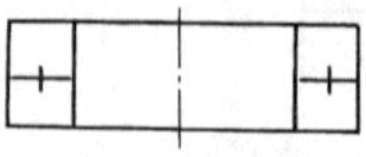	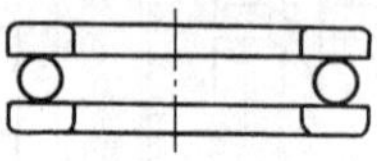 GB/T 301	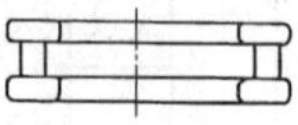 GB/T 4663
2	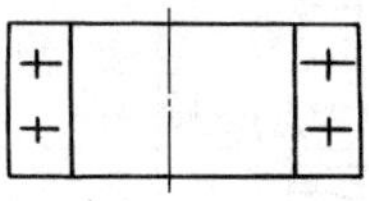	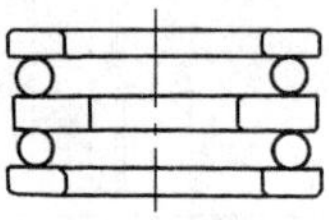 GB/T 301	
3	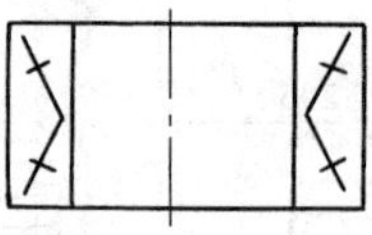	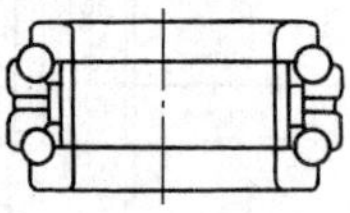 JB/T 6362	
4	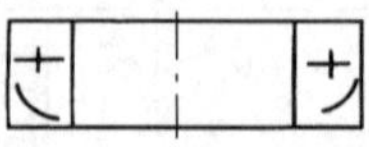	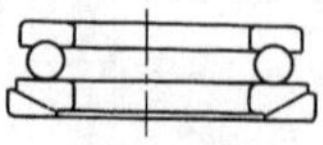 GB/T 301	
5	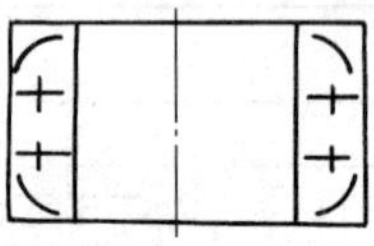	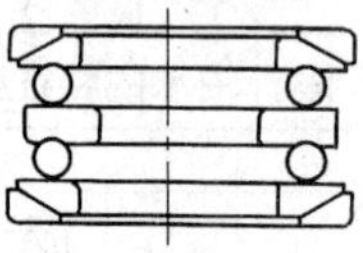 GB/T 301	
6	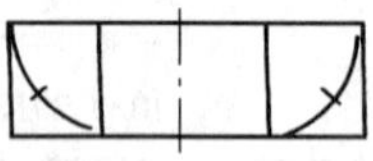		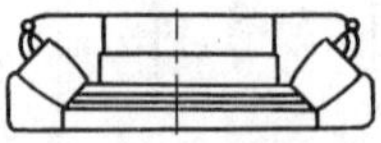 GB/T 5859

② 在垂直于滚动轴承轴线的投影面的视图上，无论滚动体的形状（球、柱、针等）及尺寸如何，均可按图 2.1-28 的方法绘制。

③ 上述通用画法中③～⑤的规定也适用于特征画法。

3) 规定画法

① 必要时，在滚动轴承的产品图样、产品样本、产品标准、用户手册和使用说明书中可采用表 2.1-82～表 2.1-85 的规定画法绘制滚动轴承。

② 在装配图中，滚动轴承的保持架及倒角等可省略不画。

③ 规定画法一般绘制在轴的一侧，另一侧按通用画法绘制。

4) 应用示例 滚动轴承表示法在装配图中的应

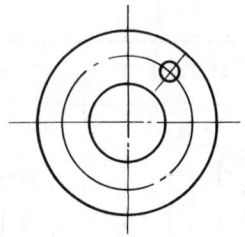

图 2.1-28 滚动轴承轴线垂直
于投影面的特征画法

用示例见图 2.1-29 ~ 图 2.1-32。

示例 1 双列圆柱滚子轴承在装配图中的画法（图 2.1-29）。

示例 2 角接触球轴承在装配图中的画法（图 2.1-30）。

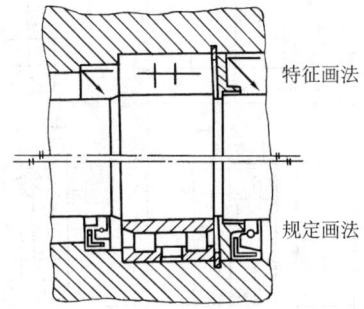

图 2.1-29 双列圆柱滚子轴承在
装配图中的画法

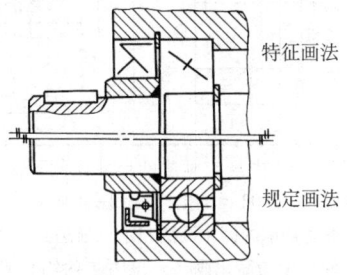

图 2.1-30 角接触球轴承在
装配图中的画法

示例 3 圆锥滚子轴承、推力球轴承和双列深沟球轴承在装配图中的画法（图 2.1-31）。

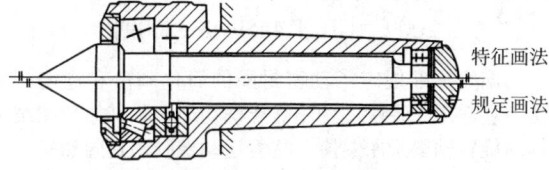

图 2.1-31 圆锥滚子轴承、推力球轴承和
双列深沟球轴承在装配图中的画法

示例 4 组合轴承在装配图中的画法（图 2.1-32）。

5) 通用画法、特征画法及规定画法的尺寸

示例 通用画法的尺寸比例见表 2.1-86。特征画法及规定画法的尺寸比例见表 2.1-87。

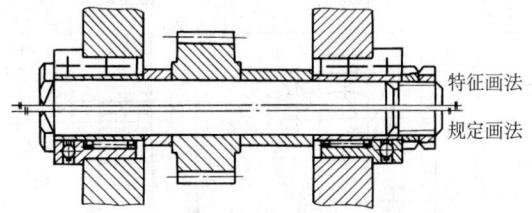

图 2.1-32 组合轴承在装配图中的画法

表 2.1-86 通用画法的尺寸比例示例

不需确切表示结构	外圈无挡边	内圈有单挡边
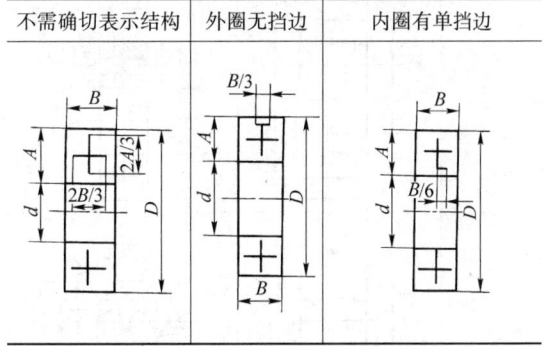		

**表 2.1-87 特征画法及规定画法的
尺寸比例示例**

尺寸序号	特征画法	规定画法
1		
2		

尺寸序号	特征画法	规定画法
3	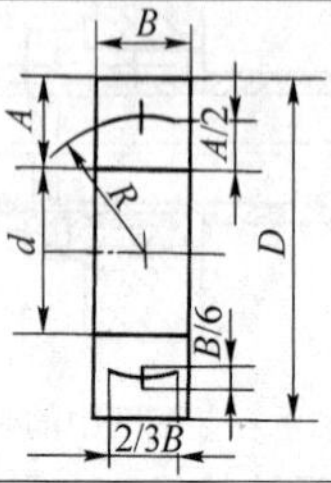	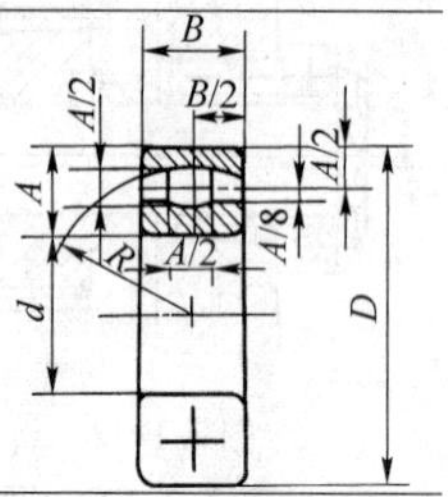
4	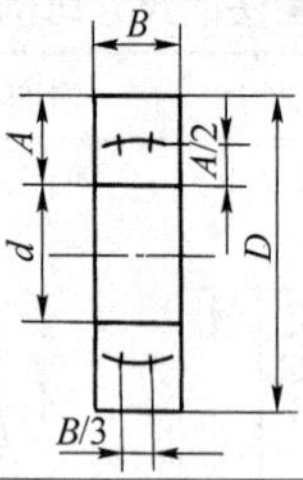	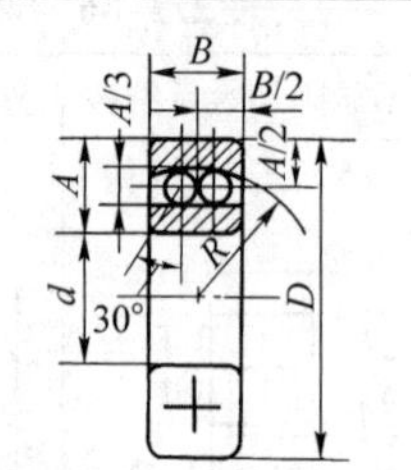
5	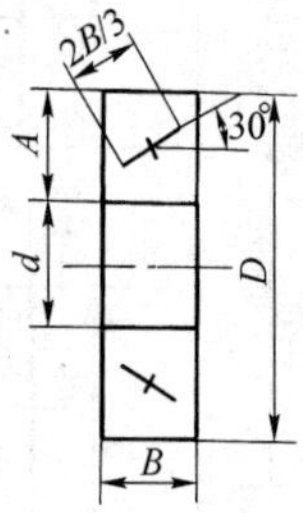	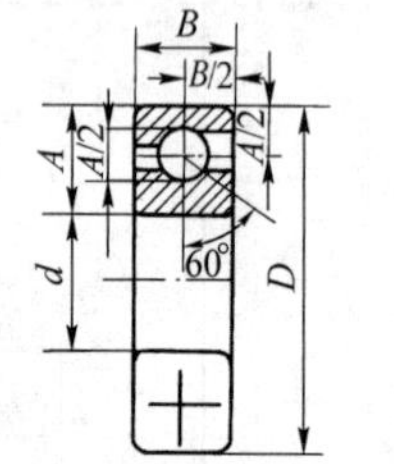
6	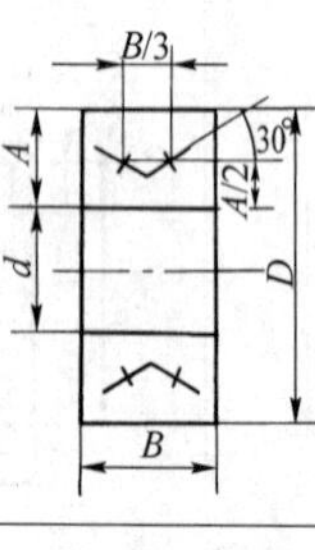	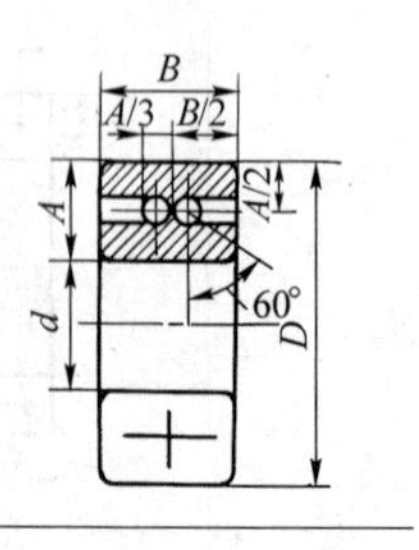

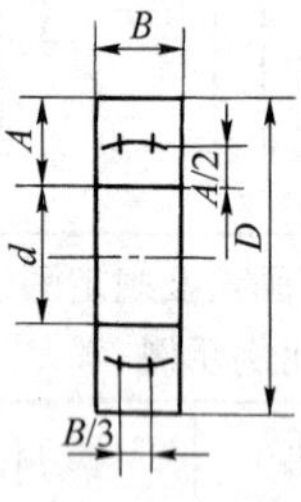

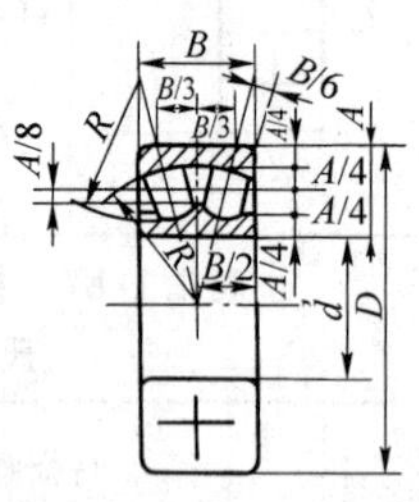

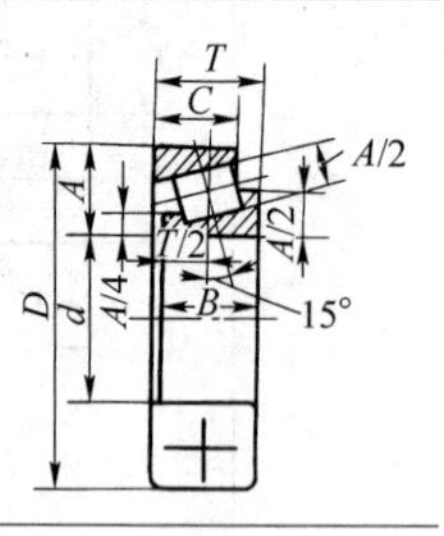

尺寸序号	特征画法	规定画法
7	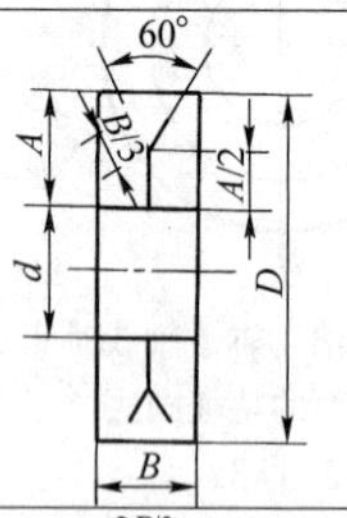	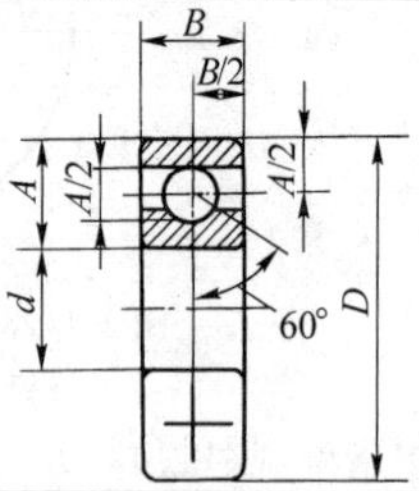
8	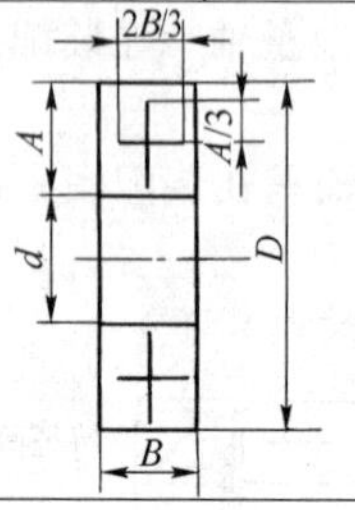	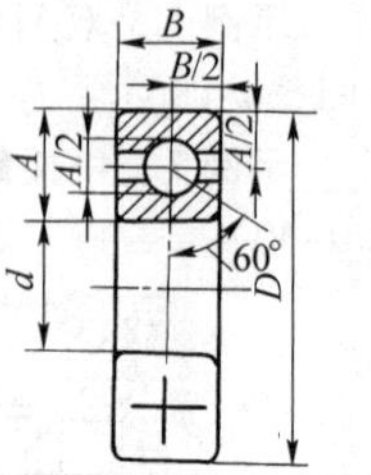
9	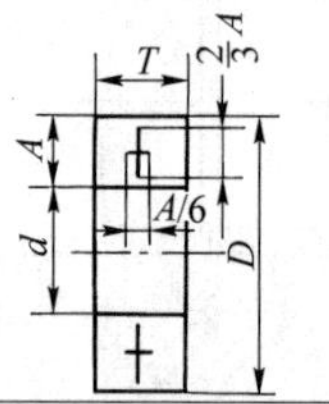	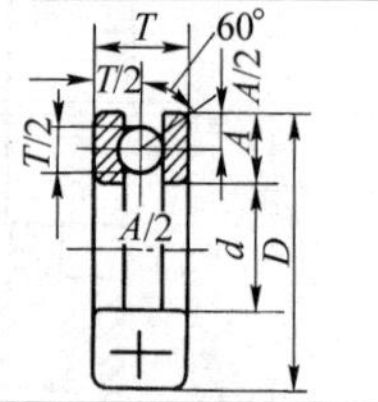
10	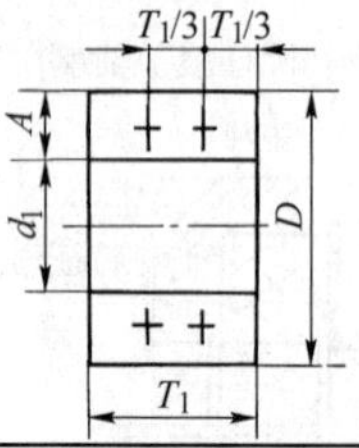	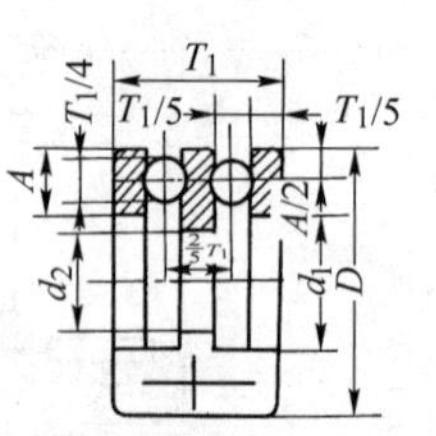

注：表2.1-87中规定画法的尺寸比例示例摘自GB/T 4458.1—2002《机械制图 图样画法 视图》附录B滚动轴承的简化画法和示意画法的尺寸比例（参考件）中的简化画法。该附录的简化画法（即表2.1-87中的规定画法）与该标准的规定画法（见表2.1-82～表2.1-85）不尽相同，仅供新旧标准过渡阶段绘图时参考。

3.10.5 动密封圈表示法（GB/T 4459.8—2009、GB/T 4459.9—2009）

国家标准规定了动密封圈的简化画法和规定画法。它适用于装配图中不需要确切地表示其形状和结构的旋转轴唇形密封圈、往复运动橡胶密封圈和橡胶防尘圈。不需要确切表示其形状和结构的其他类型的动密封件也可参照采用标准中规定的表示法。

（1）基本规定

1）绘制密封圈时，通用画法和特征画法及规定画法中的各种符号、矩形线框和轮廓线均用粗实线绘制。

2) 用简化画法（通用画法、特征画法）绘制的密封圈，其矩形线框和轮廓应与有关标准规定的密封圈尺寸及其安装沟槽尺寸协调一致，并与所属图样采用同一比例绘制。

3) 在剖视和断面图中，用简化画法绘制的密封圈一律不画剖面符号；用规定画法绘制密封圈时，仅在金属的骨架等嵌入元件上画出剖面符号或涂黑。

(2) 简化画法

用简化画法绘制动密封圈时，可采用通用画法（表 2.1-88）和特征画法（表 2.1-90）。在同一张图样中一般只采用一种画法。

在剖视图中，如需比较形象地表示出密封圈的密封结构特征时，可采用矩形线框中间画出密封要素符号的方法表示。密封要素符号及其含义及应用见表 2.1-89。

特征画法应绘制在轴的两侧。

旋转轴唇形密封圈、往复运动橡胶密封圈、迷宫式密封的特征画法和规定画法见表 2.1-90 ~ 表 2.1-92。

表 2.1-88 动密封圈的通用画法

规　　定	图　　例
1. 在剖视图中，如不需要确切地表示密封圈的外形轮廓和内部结构（包括唇、骨架、弹簧等）时，可采用矩形线框中央画出十字交叉的对角线符号的方法表示（图a）。交叉线符号不应与矩形线框的轮廓线接触 2. 如需要表示密封的方向，则应在对角线符号的一端画出一个箭头，指向密封的一侧（图b） 3. 如需确切地表示密封圈的外形轮廓，则应画出其较详细的剖面轮廓，并在其中央画出对角线符号（图c） 4. 通用符号应绘制在轴的两侧（图d）	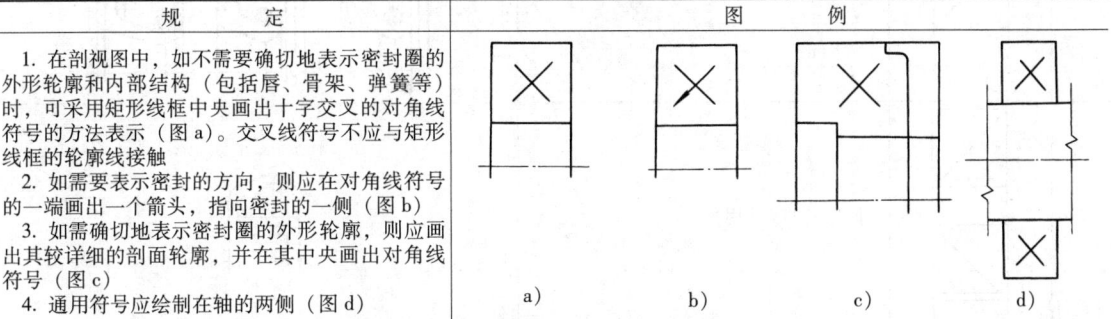 a)　　b)　　c)　　d)

表 2.1-89 动密封圈特征画法中密封要素符号

序号	要素符号	说　　明	应　　用
1	——	长的粗实线，平行于密封表面的母线	表示静态密封要素（密封圈和防尘圈上具有静态密封功能的部分）
2	<	长的粗实线与相应的轮廓线成 45°，必要时，可附加一个表示密封方向的箭头	表示动态密封要素（密封圈和防尘圈上具有动态密封功能的唇以及防尘、除尘功能的结构）。与序号1的要素符号组合使用，倾斜方向应与工作介质流动方向相逆
3	\	短的粗实线与序号 2 的要素符号成 90°	表示有防尘和除尘功能的副唇，与序号 2 的要素符号组合使用
4	>	短的粗实线与相应的轮廓线成 30°，必要时，可附加一个表示密封方向的箭头	表示往复运动的动态密封要素（密封圈和防尘圈上具有动态密封功能的唇），与序号 5 的要素符号组合使用
5	⌐	短的粗实线与相应的轮廓线平行，由矩形线框的中心画出	表示往复运动的静态密封要素（密封圈和防尘圈上具有静态密封功能的部分）
6	⊤	粗实线 T 形（凸起）	T 形、U 形组合使用，表示非接触密封。例如：迷宫式密封
7	⊔	粗实线 U 形（凹入）	

表 2.1-90 旋转轴唇形密封圈的特征画法和规定画法

序号	特征画法	应　　用	规　定　画　法
1		主要用于旋转轴唇形密封圈。也可用于往复运动活塞杆唇形密封圈及结构类似的防尘圈	GB/T 9877　B 形

(续)

序号	特征画法	应用	规定画法
1		主要用于旋转轴唇形密封圈。也可用于往复运动活塞杆唇形密封圈及结构类似的防尘圈	GB/T 9877 W形 GB/T 9877 Z形
2		同序号1（孔用）	
3		主要用于有副唇的旋转轴唇形密封圈。也可用于结构类似的往复运动活塞杆唇形密封圈	GB/T 9877 FB形 GB/T 9877 FW形 GB/T 9877 FZ形
4		同序号3（孔用）	
5		主要用于双向密封旋转轴唇形密封圈。也可用于结构类似的往复运动活塞杆唇形密封圈	

第1章 机械制图　　2-81

(续)

序号	特征画法	应用	规定画法
6	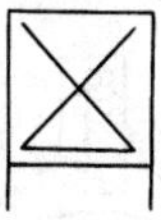 (带叉方框图)	同序号5（孔用）	

表 2.1-91　往复运动橡胶密封圈的特征画法和规定画法

序号	特征画法	应用	规定画法
1	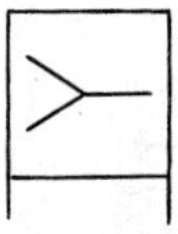 (Y形符号)	用于Y形、U形及蕾形橡胶密封圈	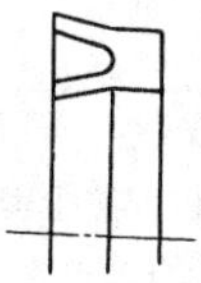 GB/T 10708.1　Y形　　U形 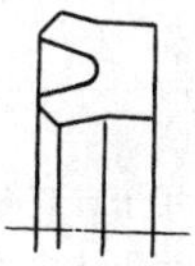　　GB/T 10708.1　蕾形 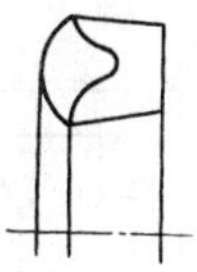
2	 (双箭头符号)	用于V形橡胶密封圈	GB/T 10708.1 V形 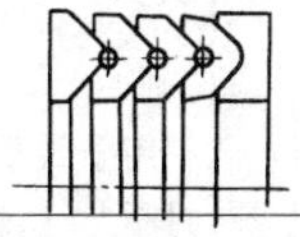
3	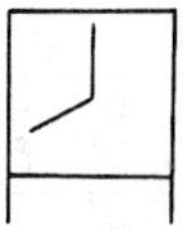 (J形符号)	用于J形橡胶密封圈	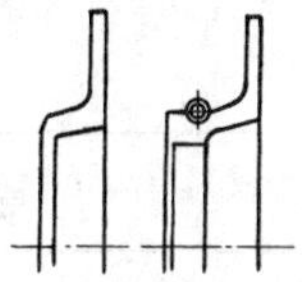
4	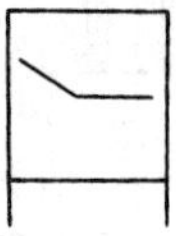 (折线符号)	用于高低唇Y形橡胶密封圈（孔用）和橡胶防尘密封圈	GB/T 10708.1　Y形 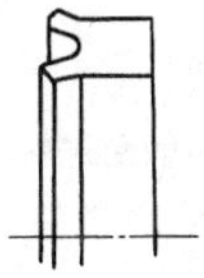　　　　Y形 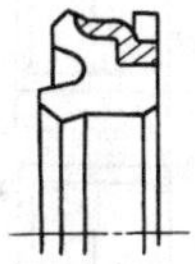
4		用于起端密封和防尘功能的橡胶密封圈	JB/T 6994　S形、A形 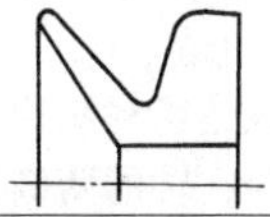
5	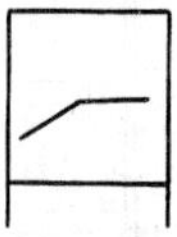 (折线符号)	用于高低唇Y形橡胶密封圈（轴用）和橡胶防尘密封圈	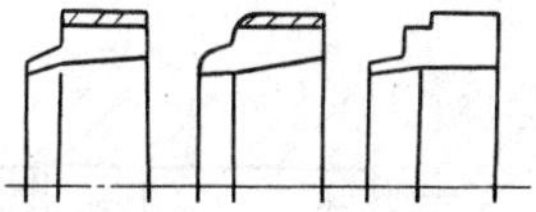 GB/T 10708.1　Y形 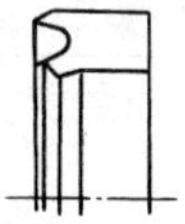　　　　Y形 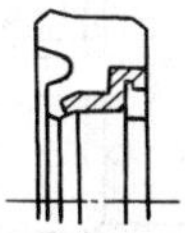 GB/T 10708.3　A形 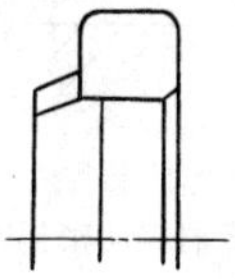　　GB/T 10708.3　B形 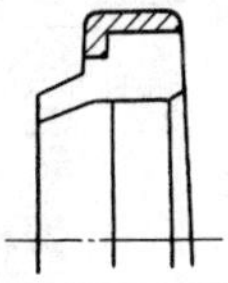

(续)

序号	特征画法	应 用	规 定 画 法
6		用于有双向唇的橡胶防尘密封圈。也可用于结构类似的防尘密封圈（轴用）	GB/T 10708.3　C形
7		用于有双向唇的橡胶防尘密封圈。也可用于结构类似的防尘密封圈（孔用）	
8		用于鼓形橡胶密封圈和山形橡胶密封圈	GB/T 10708.3　鼓形　　GB/T 10708.2　山形

表 2.1-92　迷宫式密封的特征画法和规定画法

特征画法	应 用	规 定 画 法
	非接触密封的迷宫式密封	

(3) 规定画法

如需较详细地表达密封圈的内部结构可采用规定画法。这种画法可绘在轴的两侧，也可绘制在轴的一侧，另一侧按通用画法绘制。

(4) 密封圈画法应用示例

示例 1　旋转轴唇形密封圈（图 2.1-33）

示例 2　带副唇的旋转轴唇形密封圈（图 2.1-34）

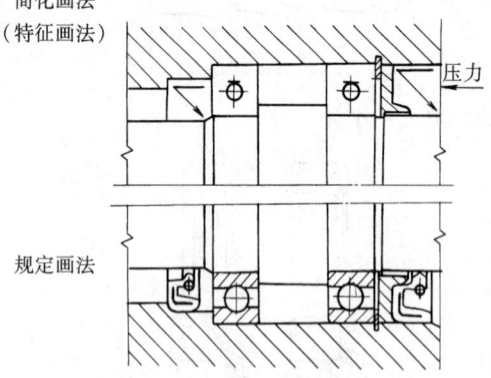

图 2.1-33　旋转轴唇形密封圈

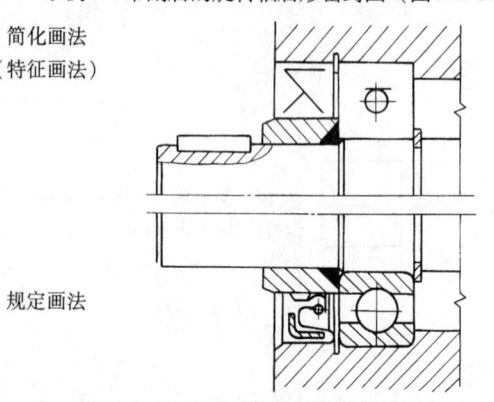

图 2.1-34　带副唇的旋转轴唇形密封圈

示例 3　Y 形橡胶密封圈、橡胶防尘圈（图

2.1-35）

示例 4 V形橡胶密封圈（图2.1-36）
示例 5 橡胶防尘圈（图2.1-37）
示例 6 迷宫式防尘圈（图2.1-38）

简化画法
（特征画法）

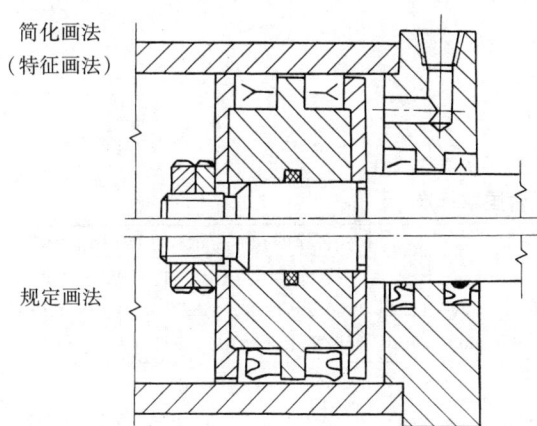

规定画法

图 2.1-35　Y形橡胶密封圈、橡胶防尘圈

简化画法
（特征画法）

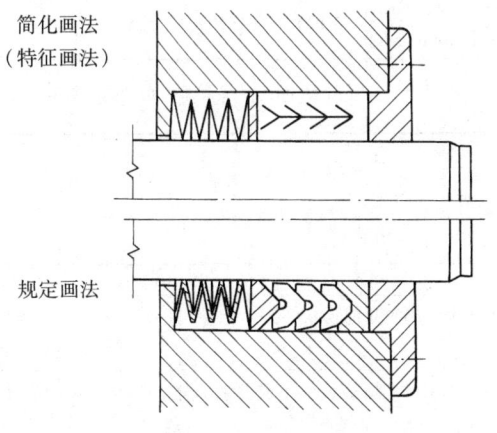

规定画法

图 2.1-36　V形橡胶密封圈

简化画法
（特征画法）

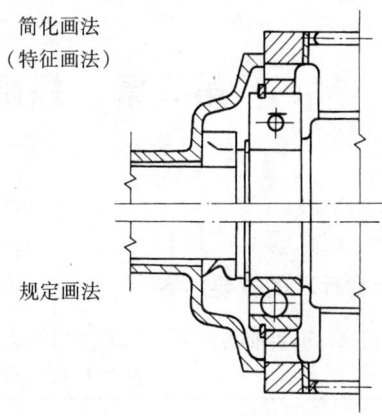

规定画法

图 2.1-37　橡胶防尘圈

简化画法
（特征画法）

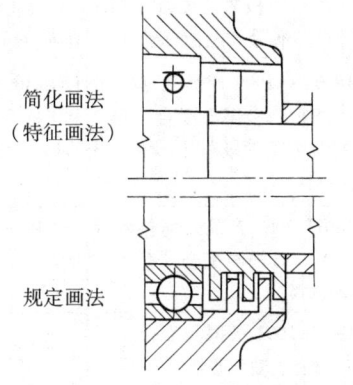

规定画法

图 2.1-38　迷宫式防尘圈

第 2 章 极限、配合与公差

1 极限与配合

1.1 极限与配合标准的主要内容

极限与配合国家标准目前共有 4 个。其主要内容及相关标准见表 2.2-1。

表 2.2-1 极限与配合国家标准

序号	国家标准	ISO 标准	代替原国家标准和采用 ISO 标准程度
1	GB/T 1800.1—2009 产品几何技术规范（GPS） 极限与配合 第 1 部分：公差、偏差和配合的基础	ISO 286—1：1988 ISO system of limits and fit—Part1：Bases of tolerances, deviations and fit	代替 GB/T 1800.1—1997，GB/T 1800.2—1998，GB/T 1800.3—1998；修改采用（MOD）ISO 286—1：1988
2	GB/T 1800.2—2009 产品几何技术规范（GPS） 极限与配合 第 2 部分：标准公差等级和孔、轴极限偏差表	ISO 286—2：1988 ISO system of limits and fit—Part2：Tables of standard tolerance grads and limit deviations for holes and shafts	代替 GB/T 1800.4—1999 修改采用（MOD）ISO 286—2：1988
3	GB/T 1801—2009 产品几何技术规范（GPS） 极限与配合 公差带和配合的选择	ISO 1829：1975 ISO system of limits and fits—Selection of tolerance zones for general purposes	代替 GB/T 1801—1999 修改采用（MOD）ISO 1829：1975
4	GB/T 1803—2003 极限与配合 尺寸至 18mm 孔、轴公差带		代替 GB/T 1803—1979

1.1.1 术语和定义（表 2.2-2）

表 2.2-2 术语和定义（GB/T 1800.1—2009）

序号	术语	定义
1	尺寸要素	由一定大小的线性尺寸或角度尺寸确定的几何形状 ［GB/T 18780.1—2002 中 2.2］
2	实际（组成）要素	由接近实际（组成）要素所限定的工件实际表面的组成要素部分 ［GB/T 18780.1—2002 中 2.4.1］
3	提取组成要素	按规定方法，由实际（组成）要素提取有限数目的点所形成的实际（组成）要素的近似替代 ［GB/T 18780.1—2002 中 2.5］
4	拟合组成要素	按规定方法，由提取组成要素形成的并具有理想形状的组成要素 ［GB/T 18780.1—2002 中 2.6］
5	轴	通常，指工件的圆柱形外尺寸要素，也包括非圆柱形的外尺寸要素（由二平行平面或切面形成的被包容面）
6	基准轴	在基轴制配合中选作基准的轴，即上极限偏差为零的轴
7	孔	通常，指工件的圆柱形内尺寸要素，也包括非圆柱形的内尺寸要素（由二平行平面或切面形成的包容面）
8	基准孔	在基孔制配合中选作基准的孔，即极限下偏差为零的孔

(续)

序号	术语	定义
9	尺寸	以特定单位表示线性尺寸值的数值
10	公称尺寸	由图样规范确定的理想形状要素的尺寸 注1：通过它应用上、下极限偏差可计算出极限尺寸 注2：公称尺寸可以是一个整数或一个小数值，例如32，15，8.75，0.5……
11	提取组成要素的局部尺寸	一切提取组成要素上两对应点之间距离的统称 注：为方便起见，可将提取组成要素的局部尺寸简称为提取要素的局部尺寸
12	提取圆柱面的局部尺寸	要素上两对应点之间的距离。其中：两对应点之间的连线通过拟合圆圆心；横截面垂直于由提取表面得到的拟合圆柱面的轴线 [GB/T 18780.2—2003 中 3.5]
13	两平行提取表面的局部尺寸	两平行对应提取表面上两对应点之间的距离。其中：所有对应点的连线均垂直于拟合中心平面；拟合中心平面是由两平行提取表面得到的两拟合平行平面的中心平面（两拟合平行平面之间的距离可能与公称距离不同） [GB/T 18780.2—2003 中 3.6]
14	极限尺寸	尺寸要素允许的尺寸的两个极端。提取组成要素的局部尺寸应位于其中，也可达到极限尺寸
15	上极限尺寸	尺寸要素允许的最大尺寸 注：在以前的标准中，上极限尺寸称为最大极限尺寸
16	下极限尺寸	尺寸要素允许的最小尺寸 注：在以前的标准中，下极限尺寸称为最小极限尺寸
17	极限制	经标准化的公差与偏差制度
18	零线	在极限与配合图解中，表示公称尺寸的一条直线，以其为基准确定偏差和公差 通常，零线沿水平方向绘制，正偏差位于其上，负偏差位于其下
19	偏差	某一尺寸减其公称尺寸所得的代数差
20	极限偏差	上极限偏差和下极限偏差。轴的上、下极限偏差代号用小写字母 es，ei；孔的上、下极限偏差代号用大写字母 ES，EI 表示
21	上极限偏差（ES，es）	上极限尺寸减其公称尺寸所得的代数差 注：在以前的标准中，上极限偏差称为上偏差
22	下极限偏差（EI，ei）	下极限尺寸减其公称尺寸所得的代数差 注：在以前的标准中，下极限偏差称为下偏差
23	基本偏差	在极限与配合制中，确定公差带相对零线位置的那个极限偏差，它可以是上极限偏差或下极限偏差，一般为靠近零线的那个偏差
24	尺寸公差（简称公差）	上极限尺寸减下极限尺寸之差，或上极限偏差减下极限偏差之差。它是允许尺寸的变动量，尺寸公差是一个没有符号的绝对值，且不能为零
25	标准公差（IT）	在极限与配合制中，国家标准规定的确定公差带大小的任一公差 注：字母 IT 为"国际公差"的英文缩略语
26	标准公差等级	标准公差等级共 20 级，用 IT01、IT0、IT1 至 IT18 表示。在极限与配合制中，同一公差等级（例如 IT7）对所有公称尺寸的一组公差被认为具有同等精确程度
27	公差带	在公差带图解中，由代表上极限偏差和下极限偏差或上极限尺寸和下极限尺寸的两条直线所限定的一个区域。它由公差大小和其相对零线的位置如基本偏差来确定

(续)

序号	术语	定义
28	标准公差因子（i, I）	在极限与配合制中，用以确定标准公差的基本单位，该因子是公称尺寸的函数 注：1. 标准公差因子 i 用于公称尺寸至 500mm 　　2. 标准公差因子 I 用于公称尺寸大于 500mm
29	间隙	孔的尺寸减去相配合的轴的尺寸之差为正
30	最小间隙	在间隙配合中，孔的下极限尺寸与轴的上极限尺寸之差
31	最大间隙	在间隙配合或过渡配合中，孔的上极限尺寸与轴的下极限尺寸之差
32	过盈	孔的尺寸减去相配合的轴的尺寸之差为负
33	最小过盈	在过盈配合中，孔的上极限尺寸与轴的下极限尺寸之差
34	最大过盈	在过盈配合或过渡配合中，孔的下极限尺寸与轴的上极限尺寸之差
35	配合	公称尺寸相同并相互结合的孔和轴公差带之间的关系
36	间隙配合	具有间隙（包括最小间隙等于零）的配合。此时，孔的公差带在轴的公差带之上
37	过盈配合	具有过盈（包括最小过盈等于零）的配合。此时，孔的公差带在轴的公差带之下
38	过渡配合	可能具有间隙或过盈的配合。此时，孔的公差带与轴的公差带相互交叠
39	配合公差	组成配合的孔与轴的公差之和。它是允许间隙或过盈的变动量 注：配合公差是一个没有符号的绝对值
40	配合制	同一极限制的孔和轴组成配合的一种制度
41	基轴制配合	基本偏差为一定的轴的公差带，与不同基本偏差的孔的公差带形成各种配合的一种制度。基轴制配合的轴为基准轴，选用轴的上极限尺寸与公称尺寸相等，轴的上极限偏差为零，即基本偏差为 h 的一种配合制
42	基孔制配合	基本偏差为一定的孔的公差带，与不同基本偏差的轴的公差带形成各种配合的一种制度。基孔制配合的孔为基准孔，选用孔的下极限尺寸与公称尺寸相等，孔的下极限偏差为零，即基本偏差为 H 的一种配合制

部分有关术语和定义的进一步解释

（1）轴、孔

轴、孔通常指工件的圆柱形外、内尺寸要素，如图 2.2-1 中上方两图所示；但也包括非圆柱形的外尺寸（由二平行平面或切面形成的被包容面）和内尺寸（由二平行平面或切面形成的包容面）。如图 2.2-1 中普通平键的键宽、矩形花键的键宽都为轴的尺寸要素；而平键的键槽宽度和花键的键槽宽度则为孔的尺寸要素。图 2.2-1 中下方两图与花键轴的大、小直径相对应的不连续的外圆柱面为轴的尺寸要素，与大、小直径相对应的不连续内圆柱面则为孔的尺寸要素。

（2）偏差和尺寸公差

如表 2.2-2 所示，偏差是某一尺寸（实际尺寸、极限尺寸等）减其公称尺寸所得的代数差。上极限尺寸和下极限尺寸与公称尺寸的代数差分别为上极限偏差和下极限偏差，统称为极限偏差。因为上、下极限尺寸可以大于、小于，也可能等于公称尺寸，所以

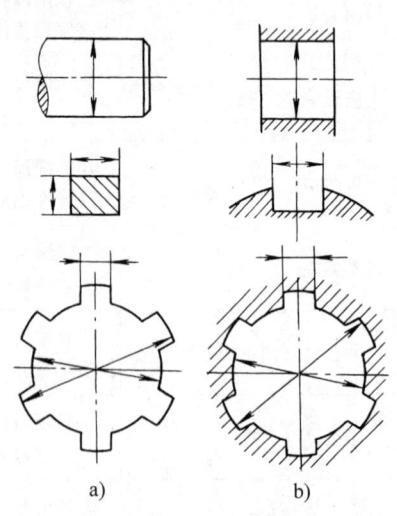

图 2.2-1　轴与孔图解
a）轴　b）孔

偏差可以是正值、负值或零。实际尺寸与公称尺寸的

代数差为实际偏差，实际偏差应位于极限偏差范围之内。

尺寸公差是一个没有数学符号的绝对值。如图 2.2-2 所示，无论公称尺寸为 50mm 的两个极限偏差值均为正值、均为负值、一正一负、一正一零或一零一负哪种情况，其尺寸公差都是 0.02mm 这样一个允许尺寸变化的变动量。绝对值只有大小，没有符号，不能在尺寸公差数值前冠以符号，把尺寸公差称为"正公差"或"负公差"都是错误的。

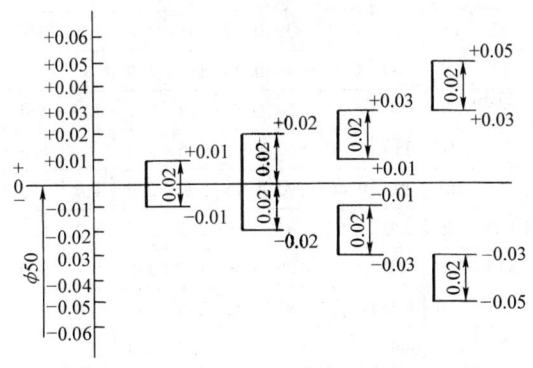

图 2.2-2 尺寸公差图解

（3）间隙、过盈

由表 2.2-2 可见，无论间隙或过盈，孔的尺寸均作为被减数，相配合的轴的尺寸均作为减数，间隙是两者之差为正，过盈是两者之差为负。

在间隙或过盈计算中，如孔的尺寸减去相配合的轴的尺寸为"+0.02mm"，则表示此配合的间隙为 0.02mm；如孔的尺寸减去相配合的轴的尺寸为"-0.02mm"，则表示配合的过盈为 0.02mm。如某一配合孔与轴之差为"-0.035mm"，另一配合孔与轴之差为"-0.001mm"，前者表示过盈为 0.035mm，后者表示过盈为 0.001mm，自然前者过盈大，后者过盈小。

（4）配合

GB/T 1800.1—2009 对此术语基本采用原来标准 GB/T 1800.1—1997 的定义，该定义与 ISO/286—1：1988 国际标准相应术语的定义不同。由表 2.2-2 可见，它是指公称尺寸相同的，相互结合的孔和轴公差带之间的相对位置关系，如图 2.2-3 所示。它不是指单个孔与单个轴的结合关系，而是从区分配合类别的角度进行定义的。孔的公差带在轴的公差带之上的，为间隙配合（图 2.2-3a）；孔的公差带在轴的公差带之下的，为过盈配合（图 2.2-3b）；孔的公差带与轴的公差带相互交叠的，为过渡配合（图 2.2-3c）。单个孔与单个轴相互结合后只能具有间隙或者具有过盈，不可能过渡其间，如有间隙，则该结合可能属于间隙配合类，也可能属于过渡配合类；如有过盈，则该结合可能属于过盈配合类，也可能属于过渡配合类。

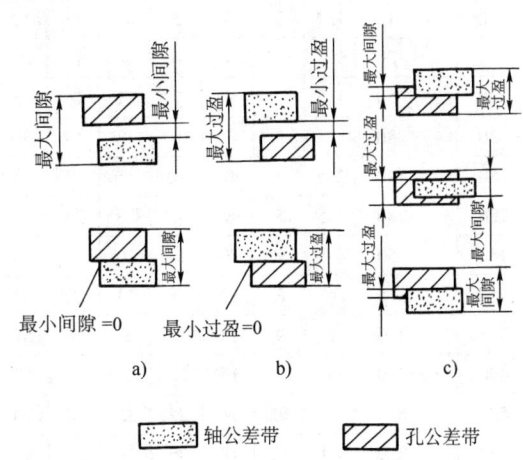

图 2.2-3 配合类别
a) 间隙配合 b) 过盈配合 c) 过渡配合

1.1.2 标准公差

GB/T 1800.1—2009 规定标准公差等级代号用符号 IT 和数字组成，例如 IT7。当其与代表基本偏差的字母一起组成公差带时，省略 IT 字母，如 h7。

GB/T 1800.1—2009 将标准公差分为 IT01、IT0、IT1 至 IT18 共 20 级。GB/T 1800.1—2009 的正文列出了公称尺寸至 3150mm 的 IT1 至 IT18 级的标准公差数值，见表 2.2-3。标准公差等级 IT01 和 IT0 在工业中很少用到，所以在 GB/T 1800.1—2009 的正文中没有给出该两公差等级的标准公差数值，但为满足使用者需要，在 GB/T 1800.1—2009 的附录 A 中给出了这些数值，而且公称尺寸只至 500mm，见表 2.2-4。

GB/T 1801—2009 的附录 C 提供了公称尺寸大于 3150mm 至 10000mm IT6 至 IT18 的标准公差数值，见表 2.2-5，供参考使用。

表 2.2-3 公称尺寸至 3150mm 的标准公差数值

公称尺寸/mm		标准公差等级																
		IT1	IT2	IT3	IT4	IT5	IT6	IT7	IT8	IT9	IT10	IT11	IT12	IT13	IT14	IT15	IT16	IT17	IT18
大于	至	μm											mm						
—	3	0.8	1.2	2	3	4	6	10	14	25	40	60	0.1	0.14	0.25	0.4	0.6	1	1.4
3	6	1	1.5	2.5	4	5	8	12	18	30	48	75	0.12	0.18	0.3	0.48	0.75	1.2	1.8
6	10	1	1.5	2.5	4	6	9	15	22	36	58	90	0.15	0.22	0.36	0.58	0.9	1.5	2.2
10	18	1.2	2	3	5	8	11	18	27	43	70	110	0.18	0.27	0.43	0.7	1.1	1.8	2.7
18	30	1.5	2.5	4	6	9	13	21	33	52	84	130	0.21	0.33	0.52	0.84	1.3	2.1	3.3
30	50	1.5	2.5	4	7	11	16	25	39	62	100	160	0.25	0.39	0.62	1	1.6	2.5	3.9
50	80	2	3	5	8	13	19	30	46	74	120	190	0.3	0.46	0.74	1.2	1.9	3	4.6
80	120	2.5	4	6	10	15	22	35	54	87	140	220	0.35	0.54	0.87	1.4	2.2	3.5	5.4
120	180	3.5	5	8	12	18	25	40	63	100	160	250	0.4	0.63	1	1.6	2.5	4	6.3
180	250	4.5	7	10	14	20	29	46	72	115	185	290	0.46	0.72	1.15	1.85	2.9	4.6	7.2
250	315	6	8	12	16	23	32	52	81	130	210	320	0.52	0.81	1.3	2.1	3.2	5.2	8.1
315	400	7	9	13	18	25	36	57	89	140	230	360	0.57	0.89	1.4	2.3	3.6	5.7	8.9
400	500	8	10	15	20	27	40	63	97	155	250	400	0.63	0.97	1.55	2.5	4	6.3	9.7
500	630	9	11	16	22	32	44	70	110	175	280	440	0.7	1.1	1.75	2.8	4.4	7	11
630	800	10	13	18	25	36	50	80	125	200	320	500	0.8	1.25	2	3.2	5	8	12.5
800	1000	11	15	21	28	40	56	90	140	230	360	560	0.9	1.4	2.3	3.6	5.6	9	14
1000	1250	13	18	24	33	47	66	105	165	260	420	660	1.05	1.65	2.6	4.2	6.6	10.5	16.5
1250	1600	15	21	29	39	55	78	125	195	310	500	780	1.25	1.95	3.1	5	7.8	12.5	19.5
1600	2000	18	25	35	46	65	92	150	230	370	600	920	1.5	2.3	3.7	6	9.2	15	23
2000	2500	22	30	41	55	78	110	175	280	440	700	1100	1.75	2.8	4.4	7	11	17.5	28
2500	3150	26	36	50	68	96	135	210	330	540	860	1350	2.1	3.3	5.4	8.6	13.5	21	33

注：1. 公称尺寸大于 500mm 的 IT1 至 IT5 的标准公差数值为试行的。
  2. 公称尺寸小于或等于 1mm 时，无 IT14 至 IT18。

1.1.3 基本偏差

GB/T 1800.1—2009 对基本偏差的代号规定为：孔用大写字母 A，…，ZC 表示；轴用小写字母 a，…，zc 表示（图 2.2-4），各 28 个。其中，H 代表基准孔的基本偏差代号，h 代表基准轴的基本偏差代号。

GB/T 1800.1—2009 给出了公称尺寸至 3150mm 的轴的基本偏差数值，见表 2.2-6；以及孔的基本偏差数值，见表 2.2-7。

GB/T 1801—2009 的附录 C 提供了公称尺寸大于 3150mm 至 10000mm 的孔、轴基本偏差数值（表 2.2-8），供参考使用。

表 2.2-4 IT01 和 IT0 的标准公差数值

公称尺寸/mm		标准公差等级		公称尺寸/mm		标准公差等级	
		IT01	IT0			IT01	IT0
大于	至	公差/μm		大于	至	公差/μm	
—	3	0.3	0.5	80	120	1	1.5
3	6	0.4	0.6	120	180	1.2	2
6	10	0.4	0.6	180	250	2	3
10	18	0.5	0.8	250	315	2.5	4
18	30	0.6	1	315	400	3	5
30	50	0.6	1	400	500	4	6
50	80	0.8	1.2				

表 2.2-5　公称尺寸大于 3150mm 至 10000mm 的标准公差数值

公称尺寸/mm		公差等级											
		IT6	IT7	IT8	IT9	IT10	IT11	IT12	IT13	IT14	IT15	IT16	IT17	IT18
大于	至	μm						mm					
3150	4000	165	260	410	660	1050	1650	2.60	4.10	6.6	10.5	16.5	26.0	41.0
4000	5000	200	320	500	800	1300	2000	3.20	5.00	8.0	13.0	20.0	32.0	50.0
5000	6300	250	400	620	980	1550	2500	4.00	6.20	9.8	15.5	25.0	40.0	62.0
6300	8000	310	490	760	1200	1950	3100	4.90	7.60	12.0	19.5	31.0	49.0	76.0
8000	10000	380	600	940	1500	2400	3800	6.00	9.40	15.0	24.0	38.0	60.0	94.0

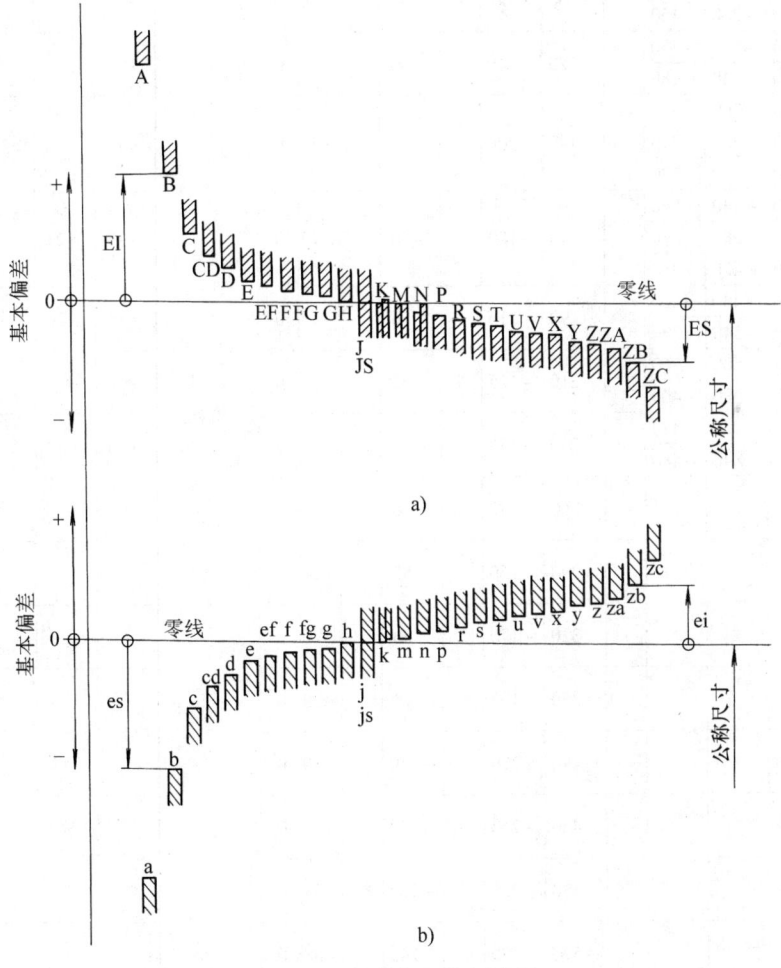

图 2.2-4　基本偏差系列示意图
a) 孔　b) 轴

表 2.2-6 轴的

公称尺寸 /mm		基本偏差数值（上极限偏差 es）											IT5 和 IT6	IT7	IT8	IT4 至 IT7	≤ IT3 > IT7
		所有标准公差等级															
大于	至	a	b	c	cd	d	e	ef	f	fg	g	h	js	j			k
—	3	−270	−140	−60	−34	−20	−14	−10	−6	−4	−2	0		−2	−4	−6	0	0
3	6	−270	−140	−70	−46	−30	−20	−14	−10	−6	−4	0		−2	−4		+1	0
6	10	−280	−150	−80	−56	−40	−25	−18	−13	−8	−5	0		−2	−5		+1	0
10	14	−290	−150	−95		−50	−32		−16		−6	0		−3	−6		+1	0
14	18																	
18	24	−300	−160	−110		−65	−40		−20		−7	0		−4	−8		+2	0
24	30																	
30	40	−310	−170	−120		−80	−50		−25		−9	0		−5	−10		+2	0
40	50	−320	−180	−130														
50	65	−340	−190	−140		−100	−60		−30		−10	0		−7	−12		+2	0
65	80	−360	−200	−150														
80	100	−380	−220	−170		−120	−72		−36		−12	0		−9	−15		+3	0
100	120	−410	−240	−180														
120	140	−460	−260	−200		−145	−85		−43		−14	0		−11	−18		+3	0
140	160	−520	−280	−210														
160	180	−580	−310	−230														
180	200	−660	−340	−240		−170	−100		−50		−15	0	偏差 = ± $\dfrac{\text{IT}n}{2}$，式中 ITn 是 IT 值数	−13	−21		+4	0
200	225	−740	−380	−260														
225	250	−820	−420	−280														
250	280	−920	−480	−300		−190	−110		−56		−17	0		−16	−26		+4	0
280	315	−1050	−540	−330														
315	355	−1200	−600	−360		−210	−125		−62		−18	0		−18	−28		+4	0
355	400	−1350	−680	−400														
400	450	−1500	−760	−440		−230	−135		−68		−20	0		−20	−32		+5	0
450	500	−1650	−840	−480														
500	560					−260	−145		−76		−22	0					0	0
560	630																	
630	710					−290	−160		−80		−24	0					0	0
710	800																	
800	900					−320	−170		−86		−26	0					0	0
900	1000																	
1000	1120					−350	−195		−98		−28	0					0	0
1120	1250																	
1250	1400					−390	−220		−110		−30	0					0	0
1400	1600																	
1600	1800					−430	−240		−120		−32	0					0	0
1800	2000																	
2000	2240					−480	−260		−130		−34	0					0	0
2240	2500																	
2500	2800					−520	−290		−145		−38	0					0	0
2800	3150																	

注：1. 公称尺寸小于或等于 1mm 时，基本偏差 a 和 b 均不采用。

2. 公差带 js7 至 js11，若 ITn 值数是奇数，则取偏差 = ± $\dfrac{\text{IT}n-1}{2}$。

基本偏差数值

(μm)

基本偏差数值（下极限偏差 ei）												
所有标准公差等级												
m	n	p	r	s	t	u	v	x	y	z	za	zb	zc
+2	+4	+6	+10	+14		+18		+20		+26	+32	+40	+60
+4	+8	+12	+15	+19		+23		+28		+35	+42	+50	+80
+6	+10	+15	+19	+23		+28		+34		+42	+52	+67	+97
+7	+12	+18	+23	+28		+33		+40		+50	+64	+90	+130
							+39	+45		+60	+77	+108	+150
+8	+15	+22	+28	+35		+41	+47	+54	+63	+73	+98	+136	+188
					+41	+48	+55	+64	+75	+88	+118	+160	+218
+9	+17	+26	+34	+43	+48	+60	+68	+80	+94	+112	+148	+200	+274
					+54	+70	+81	+97	+114	+136	+180	+242	+325
+11	+20	+32	+41	+53	+66	+87	+102	+122	+144	+172	+226	+300	+405
			+43	+59	+75	+102	+120	+146	+174	+210	+274	+360	+480
+13	+23	+37	+51	+71	+91	+124	+146	+178	+214	+258	+335	+445	+585
			+54	+79	+104	+144	+172	+210	+254	+310	+400	+525	+690
+15	+27	+43	+63	+92	+122	+170	+202	+248	+300	+365	+470	+620	+800
			+65	+100	+134	+190	+228	+280	+340	+415	+535	+700	+900
			+68	+108	+146	+210	+252	+310	+380	+465	+600	+780	+1000
+17	+31	+50	+77	+122	+166	+236	+284	+350	+425	+520	+670	+880	+1150
			+80	+130	+180	+258	+310	+385	+470	+575	+740	+960	+1250
			+84	+140	+196	+284	+340	+425	+520	+640	+820	+1050	+1350
+20	+34	+56	+94	+158	+218	+315	+385	+475	+580	+710	+920	+1200	+1550
			+98	+170	+240	+350	+425	+525	+650	+790	+1000	+1300	+1700
+21	+37	+62	+108	+190	+268	+390	+475	+590	+730	+900	+1150	+1500	+1900
			+114	+208	+294	+435	+530	+660	+820	+1000	+1300	+1650	+2100
+23	+40	+68	+126	+232	+330	+490	+595	+740	+920	+1100	+1450	+1850	+2400
			+132	+252	+360	+540	+660	+820	+1000	+1250	+1600	+2100	+2600
+26	+44	+78	+150	+280	+400	+600							
			+155	+310	+450	+660							
+30	+50	+88	+175	+340	+500	+740							
			+185	+380	+560	+840							
+34	+56	+100	+210	+430	+620	+940							
			+220	+470	+680	+1050							
+40	+66	+120	+250	+520	+780	+1150							
			+260	+580	+840	+1300							
+48	+78	+140	+300	+640	+960	+1450							
			+330	+720	+1050	+1600							
+58	+92	+170	+370	+820	+1200	+1850							
			+400	+920	+1350	+2000							
+68	+110	+195	+440	+1000	+1500	+2300							
			+460	+1100	+1650	+2500							
+76	+135	+240	+550	+1250	+1900	+2900							
			+580	+1400	+2100	+3200							

表 2.2-7 孔的

公称尺寸 /mm		基本偏差数值（下极限偏差 EI）												IT6	IT7	IT8	≤IT8	>IT8	≤IT8	>IT8	≤IT8	>IT8
		所有标准公差等级																				
大于	至	A	B	C	CD	D	E	EF	F	FG	G	H	JS	J			K		M		N	
—	3	+270	+140	+60	+34	+20	+14	+10	+6	+4	+2	0		+2	+4	+6	0	0	−2	−2	−4	−4
3	6	+270	+140	+70	+46	+30	+20	+14	+10	+6	+4	0		+5	+6	+10	−1+Δ		−4	−4	−8+Δ	0
6	10	+280	+150	+80	+56	+40	+25	+18	+13	+8	+5	0		+5	+8	+12	−1+Δ		−6	−6	−10+Δ	0
10	14	+290	+150	+95		+50	+32		+16		+6	0		+6	+10	+15	−1+Δ		−7+Δ	−7	−12+Δ	0
14	18																					
18	24	+300	+160	+110		+65	+40		+20		+7	0	偏差 = ±$\frac{ITn}{2}$，式中 ITn 是 IT 值数	+8	+12	+20	−2+Δ		−8+Δ	−8	−15+Δ	0
24	30																					
30	40	+310	+170	+120		+80	+50		+25		+9	0		+10	+14	+24	−2+Δ		−9+Δ	−9	−17+Δ	0
40	50	+320	+180	+130																		
50	65	+340	+190	+140		+100	+60		+30		+10	0		+13	+18	+28	−2+Δ		−11+Δ	−11	−20+Δ	0
65	80	+360	+200	+150																		
80	100	+380	+220	+170		+120	+72		+36		+12	0		+16	+22	+34	−3+Δ		−13+Δ	−13	−23+Δ	0
100	120	+410	+240	+180																		
120	140	+460	+260	+200		+145	+85		+43		+14	0		+18	+26	+41	−3+Δ		−15+Δ	−15	−27+Δ	0
140	160	+520	+280	+210																		
160	180	+580	+310	+230																		
180	200	+660	+340	+240		+170	+100		+50		+15	0		+22	+30	+47	−4+Δ		−17+Δ	−17	−31+Δ	0
200	225	+740	+380	+260																		
225	250	+820	+420	+280																		
250	280	+920	+480	+300		+190	+110		+56		+17	0		+25	+36	+55	−4+Δ		−20+Δ	−20	−34+Δ	0
280	315	+1050	+540	+330																		
315	355	+1200	+600	+360		+210	+125		+62		+18	0		+29	+39	+60	−4+Δ		−21+Δ	−21	−37+Δ	0
355	400	+1350	+680	+400																		
400	450	+1500	+760	+440		+230	+135		+68		+20	0		+33	+43	+66	−5+Δ		−23+Δ	−23	−40+Δ	0
450	500	+1650	+840	+480																		
500	560					+260	+145		+76		+22	0					0		−26		−44	
560	630																					
630	710					+290	+160		+80		+24	0					0		−30		−50	
710	800																					
800	900					+320	+170		+86		+26	0					0		−34		−56	
900	1000																					
1000	1120					+350	+195		+98		+28	0					0		−40		−66	
1120	1250																					
1250	1400					+390	+220		+110		+30	0					0		−48		−78	
1400	1600																					
1600	1800					+430	+240		+120		+32	0					0		−58		−92	
1800	2000																					
2000	2240					+480	+260		+130		+34	0					0		−68		−110	
2240	2500																					
2500	2800					+520	+290		+145		+38	0					0		−76		−135	
2800	3150																					

注：1. 公称尺寸小于或等于 1mm 时，基本偏差 A 和 B 及大于 IT8 的 N 均不采用。

2. 公差带 JS7 至 JS11，若 ITn 值数是奇数，则取偏差 = $\pm\frac{ITn-1}{2}$。

3. 对小于或等于 IT8 的 K、M、N 和小于或等于 IT7 的 P 至 ZC，所需 Δ 值从表内右侧选取。例如：

   18 至 30mm 段的 K7：Δ = 8μm，所以 ES = (−2+8) μm = +6μm

   18 至 30mm 段的 S6：Δ = 4μm，所以 ES = (−35+4) μm = −31μm

4. 特殊情况：250 至 315mm 段的 M6，ES = −9μm（代替 −11μm）。

基本偏差值　　（μm）

≤IT7	基本偏差数值（上极限偏差 ES）标准公差等级大于 IT7											Δ 值 标准公差等级				
P 至 ZC	P	R	S	T	U	V	X	Y	Z	ZA	ZB	ZC	IT3	IT4	IT5	IT6	IT7	IT8

≤IT7	P	R	S	T	U	V	X	Y	Z	ZA	ZB	ZC	IT3	IT4	IT5	IT6	IT7	IT8
在大于 IT7 的相应数值上增加一个 Δ 值	−6	−10	−14		−18		−20		−26	−32	−40	−60	0	0	0	0	0	
	−12	−15	−19		−23		−28		−35	−42	−50	−80	1	1.5	1	3	4	6
	−15	−19	−23		−28		−34		−42	−52	−67	−97	1	1.5	2	3	6	7
	−18	−23	−28		−33	−40 / −39	−45		−50 / −60	−64 / −77	−90 / −108	−130 / −150	1	2	3	3	7	9
	−22	−28	−35	−41	−41 / −48	−47 / −55	−54 / −64	−63 / −75	−73 / −88	−98 / −118	−136 / −160	−188 / −218	1.5	2	3	4	8	12
	−26	−34	−43	−48 / −54	−60 / −70	−68 / −81	−80 / −97	−94 / −114	−112 / −136	−148 / −180	−200 / −242	−274 / −325	1.5	3	4	5	9	14
	−32	−41 / −43	−53 / −59	−66 / −75	−87 / −102	−102 / −120	−122 / −146	−144 / −174	−172 / −210	−226 / −274	−300 / −360	−405 / −480	2	3	5	6	11	16
	−37	−51 / −54	−71 / −79	−91 / −104	−124 / −144	−146 / −172	−178 / −210	−214 / −254	−258 / −310	−335 / −400	−445 / −525	−585 / −690	2	4	5	7	13	19
	−43	−63 / −65 / −68	−92 / −100 / −108	−122 / −134 / −146	−170 / −190 / −210	−202 / −228 / −252	−248 / −280 / −310	−300 / −340 / −380	−365 / −415 / −465	−470 / −535 / −600	−620 / −700 / −780	−800 / −900 / −1000	3	4	6	7	15	23
	−50	−77 / −80 / −84	−122 / −130 / −140	−166 / −180 / −196	−236 / −258 / −284	−284 / −310 / −340	−350 / −385 / −425	−425 / −470 / −520	−520 / −575 / −640	−670 / −740 / −820	−880 / −960 / −1050	−1150 / −1250 / −1350	3	4	6	9	17	26
	−56	−94 / −98	−158 / −170	−218 / −240	−315 / −350	−385 / −425	−475 / −525	−580 / −650	−710 / −790	−920 / −1000	−1200 / −1300	−1550 / −1700	4	4	7	9	20	29
	−62	−108 / −114	−190 / −208	−268 / −294	−390 / −435	−475 / −530	−590 / −660	−730 / −820	−900 / −1000	−1150 / −1300	−1500 / −1650	−1900 / −2100	4	5	7	11	21	32
	−68	−126 / −132	−232 / −252	−330 / −360	−490 / −540	−595 / −660	−740 / −820	−920 / −1000	−1100 / −1250	−1450 / −1600	−1850 / −2100	−2400 / −2600	5	5	7	13	23	34
	−78	−150 / −155	−280 / −310	−400 / −450	−600 / −660													
	−88	−175 / −185	−340 / −380	−500 / −560	−740 / −840													
	−100	−210 / −220	−430 / −470	−620 / −680	−940 / −1050													
	−120	−250 / −260	−520 / −580	−780 / −840	−1150 / −1300													
	−140	−300 / −330	−640 / −720	−960 / −1050	−1450 / −1600													
	−170	−370 / −400	−820 / −920	−1200 / −1350	−1850 / −2000													
	−195	−440 / −460	−1000 / −1100	−1500 / −1650	−2300 / −2500													
	−240	−550 / −580	−1250 / −1400	−1900 / −2100	−2900 / −3200													

表 2.2-8　公称尺寸大于 3150mm 至 10000mm，孔、轴的基本偏差数值　　（μm）

轴的基本偏差		上极限偏差（es）					下极限偏差（ei）						
		d	e	f	g	h	js	k	m	n	p	r	s	t	u
公差等级		6 至 18													
公称尺寸/mm		符　　号													
大于	至	-	-	-	-			+	+	+	+	+	+	+	+
3150	3550	580	320	160	0	0	偏差 = ± $\frac{\text{IT}}{2}$	290			680	1600	2400	3600
3550	4000										720	1750	2600	4000
4000	4500	640	350	175	0			360			840	2000	3000	4600
4500	5000										900	2200	3300	5000
5000	5600	720	380	190	0			440			1050	2500	3700	5600
5600	6300										1100	2800	4100	6400
6300	7100	800	420	210	0			540			1300	3200	4700	7200
7100	8000										1400	3500	5200	8000
8000	9000	880	460	230	0			680			1650	4000	6000	9000
9000	10000										1750	4400	6600	10000
大于	至	+	+	+	+			-	-	-	-	-	-	-
公称尺寸/mm		符　　号													
公差等级		6 至 18													
孔的基本偏差		D	E	F	G	H	JS	K	M	N	P	R	S	T	U
		下极限偏差（EI）						上极限偏差（ES）						

1.1.4　公差带

GB/T 1800.1—2009 规定：公差带用基本偏差的字母和公差等级数字表示，例如 H7 表示一种孔的公差带，h7 表示一种轴的公差带；注公差的尺寸用公称尺寸后跟所要求的公差带或（和）对应的偏差值表示，例如 32H7、80js15、100g5、100$_{-0.034}^{-0.012}$、100g6（$_{-0.034}^{-0.012}$）；当使用有限的字母组的装置传输信息时，例如电报，在标注前加注 H 或 h（对孔）、S 或 s（对轴），例如 50H5 或为 H50H5 或 h50h5，50h6 或为 S50H6 或 s50h6，但这种方法不能在图样上使用。

图 2.2-5 为各种公差带上、下偏差的归类图释。由于各种公差带的极限偏差值均可由标准公差数值表 2.2-3、表 2.2-5 和基本偏差数值表 2.2-6 ~ 表 2.2-8 计算得到，此处仅举几个示例说明其计算方法，不再将各种公差带的极限偏差值一一列出。

例 2.2-1　计算轴 ϕ40g11 的极限偏差

标准公差 = 160μm（由表 2.2-3）

基本偏差 = -9μm（由表 2.2-6）

上极限偏差 = 基本偏差 = -9μm

下极限偏差 = 基本偏差 - 标准公差 = (-9 - 160) μm = -169μm

例 2.2-2　计算轴 ϕ130n4 的极限偏差

标准公差 = 12μm（由表 2.2-3）

基本偏差 = +27μm（由表 2.2-6）

下极限偏差 = 基本偏差 = +27μm

上极限偏差 = 基本偏差 + 标准公差 = (+27 + 12) μm = +39μm

例 2.2-3　计算孔 ϕ130N4 的极限偏差

标准公差 = 12μm（由表 2.2-3）

基本偏差 = -27 + Δ（由表 2.2-7）= (-27 + 4) μm = -23μm

上极限偏差 = 基本偏差 = -23μm

下极限偏差 = 基本偏差 - 标准公差 = (-23 - 12) μm = -35μm

1.1.5　配合

GB/T 1800.1—2009 规定：配合用相同的公称尺寸后跟孔、轴公差带表示，孔、轴公差带写成分数形式，分子为孔公差带，分母为轴公差带，例如 52H7/g6 或 52 $\frac{H7}{g6}$；当使用有限的字母组的装置传输配合信息时，例如电报，在标注前加注 H 或 h（对孔）、S 或 s（对轴），例如 52H7/g6 可用 H52H7/S52G6 或 h52h7/s52g6，但这种方法同样也不能在图样上使用。

配合分基孔制配合和基轴制配合（图 2.2-6），如有特殊需要，允许将任一孔、轴公差带组成配合。无论基孔制配合还是基轴制配合，都有间隙配合、过渡配合和过盈配合三类。属于哪一种配合取决于孔、轴公差带的相互位置关系。

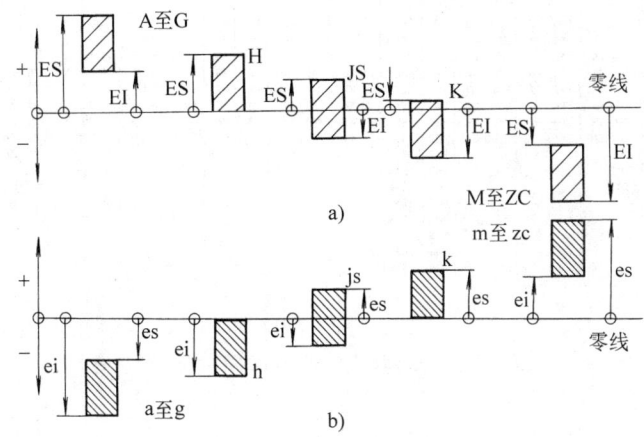

图 2.2-5 各种孔、轴公差带上极限偏差和下极限偏差归类图释
a）孔　b）轴

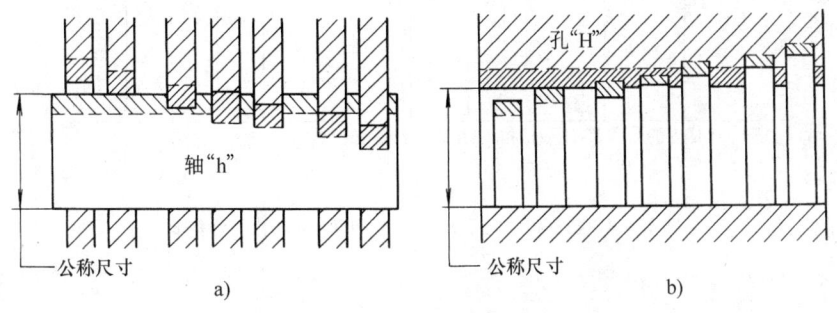

图 2.2-6 基孔制和基轴制配合
a）基轴制配合　b）基孔制配合

1.1.6 公差带和配合的选择

（1）公差带的选择

按照表 2.2-3、表 2.2-6 和表 2.2-7 所列的标准公差和基本偏差数值，在公称尺寸至 3150mm 内可以组成大量不同大小与位置的公差带，具有非常广泛选用的可能性。从经济性出发，为避免定值刀具、量具的品种、规格不必要的繁杂，GB/T 1800.2—2009 限定了许多孔、轴公差带，如图 2.2-7～图 2.2-10 所示。为了适应精密机械和钟表制造业的需要 GB/T 1803—2003 专门规定了尺寸至 18mm 孔、轴公差带，见图 2.2-11、图 2.2-12。上述各种孔、轴公差带的极限偏差均列于表 2.2-9～表 2.2-12。

GB/T 1801—2009 对公差带的选择进一步限定如下：

1) 孔公差带　公称尺寸至 500mm 的孔公差带见图 2.2-13。选择时，应优先选用图 2.2-13 中圆圈中的公差带，其次选用方框中的公差带，最后选用其他公差带。

公称尺寸大于 500mm 至 3150mm 的孔公差带，见图 2.2-14。

2) 轴公差带 公称尺寸至 500mm 的轴公差带，见图 2.2-15。选择时，应优先选用图 2.2-15 中圆圈中的公差带，其次选用方框中的公差带，最后选用其他公差带。

公称尺寸大于 500mm 至 3150mm 的轴公差带，见图 2.2-16。

(2) 配合的选择

图 2.2-7 公称尺寸至 500mm 的孔的公差带

注：框格内的公差带 H1 至 H5 和 JS1 至 JS5 为试用的。

图 2.2-8 公称尺寸大于 500mm 至 3150mm 的孔的公差带

图 2.2-9 公称尺寸至 500mm 的轴的公差带

第 2 章 极限、配合与公差

```
                              h1    js1
                              h2    js2
                              h3    js3
                              h4    js4
                              h5    js5
                    e6        h6    js6        k6   m6 n6   p6   r6   s6   t6 u6
         d7    e7   f7        h7    js7        k7   m7 n7   p7   r7   s7   t7 u7
         d8    e8   f8   g8   h8    js8        k8       n8   p8   r8   s8       u8
         d9    e9   f9        h9    js9        k9
         d10   e10             h10   js10       k10
         d11                   h11   js11       k11
                              h12   js12       k12
                              h13   js13       k13
                              h14   js14
                              h15   js15
                              h16   js16
                              h17   js17
                              h18   js18
```

注：框格内的公差带h1至h5和js1至js5为试用的。

图 2.2-10 公称尺寸大于 500mm 至 3150mm 的轴的公差带

							H1	JS1										
							H2	JS2										
			EF3	F3	FG3	G3	H3	JS3	K3	M3	N3	P3	R3					
			EF4	F4	FG4	G4	H4	JS4	K4	M4	N4	P4	R4					
		E5	EF5	F5	FG5	G5	H5	JS5	K5	M5	N5	P5	R5	S5				
	CD6	D6	E6	EF6	F6	FG6	G6	H6	J6	JS6	K6	M6	N6	P6	R6	S6	U6	V6	X6	Z6
	CD7	D7	E7	EF7	F7	FG7	G7	H7	J7	JS7	K7	M7	N7	P7	R7	S7	U7	V7	X7	Z7	ZA7	ZB7	ZC7
B8	C8	CD8	D8	E8	EF8	F8	FG8	G8	H8	J8	JS8	K8	M8	N8	P8	R8	S8	U8	V8	X8	Z8	ZA8	ZB8	ZC8
A9	B9	C9	CD9	D9	E9	EF9	F9	FG9	G9	H9		JS9	K9	M9	N9	P9	R9	S9	U9		X9	Z9	ZA9	ZB9	ZC9
A10	B10	C10	CD10	D10	E10	EF10				H10		JS10			N10
A11	B11	C11		D11						H11		JS11
A12	B12	C12								H12		JS12
										H13		JS13

图 2.2-11 公称尺寸至 18mm 的孔的公差带（精密机械和钟表制造业用）

										h1		js1
										h2		js2
				ef3	f3	fg3	g3	h3		js3	k3	m3	n3	p3	r3
				ef4	f4	fg4	g4	h4		js4	k4	m4	n4	p4	r4	s4
	c5	cd5	d5	e5	ef5	f5	fg5	g5	h5	j5	js5	k5	m5	n5	p5	r5	s5	u5	v5	x5	z5
	c6	cd6	d6	e6	ef6	f6	fg6	g6	h6	j6	js6	k6	m6	n6	p6	r6	s6	u6	v6	x6	z6	za6
	c7	cd7	d7	e7	ef7	f7	fg7	g7	h7	j7	js7	k7	m7	n7	p7	r7	s7	u7	v7	x7	z7	za7	zb7	zc7
b8	c8	cd8	d8	e8	ef8	f8	fg8	g8	h8		js8	k8	m8	n8	p8	r8	s8	u8	v8	x8	z8	za8	zb8	zc8
a9	b9	c9	cd9	d9	e9	ef9	f9	fg9	g9	h9		js9	k9	m9	n9	p9	r9	s9	u9		x9	z9	za9	zb9	zc9
a10	b10	c10	cd10	d10	e10	ef10	f10			h10		js10	k10
a11	b11	c11		d11						h11		js11
a12	b12	c12								h12		js12
a13	b13	c13								h13		js13

图 2.2-12 公称尺寸至 18mm 的轴的公差带（精密机械和钟表制造业用）

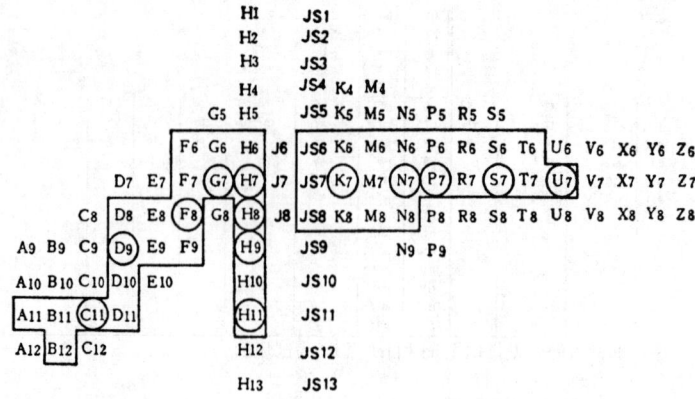

图 2.2-13 公称尺寸至 500mm 的孔的常用、优先公差带

差和基本偏差数值,在公称尺寸至 3150mm 内可以组成大量不同大小和位置的公差带,这些孔、轴公差带更可组成很多种配合。与公差带选择同理,从经济性出发,也应对配合的选择加以限定。GB/T 1801—2009 在其选定的孔、轴公差带里,进一步从中选取了少量孔、轴公差带组成了一些优先和常用配合。

公称尺寸至 500mm 的基孔制优先和常用配合见表 2.2-13,基轴制优先和常用配合见表 2.2-14。表 2.2-15 为这些配合的极限间隙或极限过盈。选择时,首先选用表中的优先配合(带圆圈的),其次选用常用配合(带方框的)。

图 2.2-14 公称尺寸大于 500mm 至 3150mm 的孔的常用公差带

按照表 2.2-3、表 2.2-6 和表 2.2-7 所列的标准公

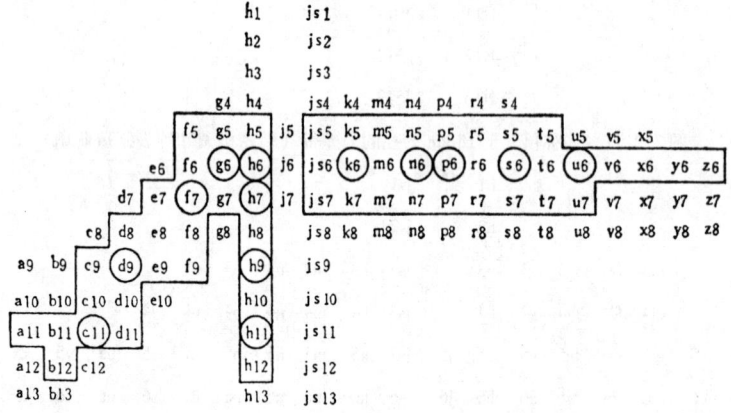

图 2.2-15 公称尺寸至 500mm 轴的常用、优先公差带

图 2.2-16 公称尺寸大于 500mm 至 3150mm 的轴的常用公差带

表 2.2-9 孔的极限偏差（500mm 以下） (μm)

公称尺寸/mm		A				B					C					
大于	至	9	10	11	12	13	8	9	10	11	12	13	8	9	10	11	12	13
—	3	+295 +270	+310 +270	+330 +270	+370 +270	+410 +270	+154 +140	+165 +140	+180 +140	+200 +140	+240 +140	+280 +140	+74 +60	+85 +60	+100 +60	+120 +60	+160 +60	+200 +60
3	6	+300 +270	+318 +270	+345 +270	+390 +270	+450 +270	+158 +140	+170 +140	+188 +140	+215 +140	+260 +140	+320 +140	+88 +70	+100 +70	+118 +70	+145 +70	+190 +70	+250 +70
6	10	+316 +280	+338 +280	+370 +280	+430 +280	+500 +280	+172 +150	+186 +150	+208 +150	+240 +150	+300 +150	+370 +150	+102 +80	+116 +80	+138 +80	+170 +80	+230 +80	+300 +80
10	18	+333 +290	+360 +290	+400 +290	+470 +290	+560 +290	+177 +150	+193 +150	+220 +150	+260 +150	+330 +150	+420 +150	+122 +95	+138 +95	+165 +95	+205 +95	+275 +95	+365 +95
18	30	+352 +300	+384 +300	+430 +300	+510 +300	+630 +300	+193 +160	+212 +160	+244 +160	+290 +160	+370 +160	+490 +160	+143 +110	+162 +110	+194 +110	+240 +110	+320 +110	+440 +110
30	40	+372 +310	+410 +310	+470 +310	+560 +310	+700 +310	+209 +170	+232 +170	+270 +170	+330 +170	+420 +170	+560 +170	+159 +120	+182 +120	+220 +120	+280 +120	+370 +120	+510 +120
40	50	+382 +320	+420 +320	+480 +320	+570 +320	+710 +320	+219 +180	+242 +180	+280 +180	+340 +180	+430 +180	+570 +180	+169 +130	+192 +130	+230 +130	+290 +130	+380 +130	+520 +130
50	65	+414 +340	+460 +340	+530 +340	+640 +340	+800 +340	+236 +190	+264 +190	+310 +190	+380 +190	+490 +190	+650 +190	+186 +140	+214 +140	+260 +140	+330 +140	+440 +140	+600 +140
65	80	+434 +360	+480 +360	+550 +360	+660 +360	+820 +360	+246 +200	+274 +200	+320 +200	+390 +200	+500 +200	+660 +200	+196 +150	+224 +150	+270 +150	+340 +150	+450 +150	+610 +150
80	100	+467 +380	+520 +380	+600 +380	+730 +380	+920 +380	+274 +220	+307 +220	+360 +220	+440 +220	+570 +220	+760 +220	+224 +170	+257 +170	+310 +170	+390 +170	+520 +170	+710 +170
100	120	+497 +410	+550 +410	+630 +410	+760 +410	+950 +410	+294 +240	+327 +240	+380 +240	+460 +240	+590 +240	+780 +240	+234 +180	+267 +180	+320 +180	+400 +180	+530 +180	+720 +180
120	140	+560 +460	+620 +460	+710 +460	+860 +460	+1090 +460	+323 +260	+360 +260	+420 +260	+510 +260	+660 +260	+890 +260	+263 +200	+300 +200	+360 +200	+450 +200	+600 +200	+830 +200

（续）

公称尺寸/mm		A					B						C						
大于	至	9	10	11	12	13	8	9	10	11	12	13	8	9	10	11	12	13
140	160	+620 +520	+680 +520	+770 +520	+920 +520	+1 150 +520	+343 +280	+380 +280	+440 +280	+530 +280	+680 +280	+910 +280	+273 +210	+310 +210	+370 +210	+460 +210	+610 +210	+840 +210
160	180	+680 +580	+740 +580	+830 +580	+980 +580	+1 210 +580	+373 +310	+410 +310	+470 +310	+560 +310	+710 +310	+940 +310	+293 +230	+330 +230	+390 +230	+480 +230	+630 +230	+860 +230
180	200	+775 +660	+845 +660	+950 +660	+1 120 +660	+1 380 +660	+412 +340	+455 +340	+525 +340	+630 +340	+800 +340	+1 060 +340	+312 +240	+355 +240	+425 +240	+530 +240	+700 +240	+960 +240
200	225	+855 +740	+925 +740	+1 030 +740	+1 200 +740	+1 460 +740	+452 +380	+495 +380	+565 +380	+670 +380	+840 +380	+1 100 +380	+332 +260	+375 +260	+445 +260	+550 +260	+720 +260	+980 +260
225	250	+935 +820	+1 005 +820	+1 110 +820	+1 280 +820	+1 540 +820	+492 +420	+535 +420	+605 +420	+710 +420	+880 +420	+1 140 +420	+352 +280	+395 +280	+465 +280	+570 +280	+740 +280	+1 100 +280
250	280	+1 050 +920	+1 130 +920	+1 240 +920	+1 440 +920	+1 730 +920	+561 +480	+610 +480	+690 +480	+800 +480	+1 000 +480	+1 290 +480	+381 +300	+430 +300	+510 +300	+620 +300	+820 +300	+1 110 +300
280	315	+1 180 +1 050	+1 260 +1 050	+1 370 +1 050	+1 570 +1 050	+1 860 +1 050	+621 +540	+670 +540	+750 +540	+860 +540	+1 060 +540	+1 350 +540	+411 +330	+460 +330	+540 +330	+650 +330	+850 +330	+1 140 +330
315	355	+1 340 +1 200	+1 430 +1 200	+1 560 +1 200	+1 700 +1 200	+2 000 +1 200	+689 +600	+740 +600	+830 +600	+960 +600	+1 170 +600	+1 490 +600	+449 +360	+500 +360	+590 +360	+720 +360	+930 +360	+1 250 +360
355	400	+1 490 +1 350	+1 580 +1 350	+1 710 +1 350	+1 920 +1 350	+2 240 +1 350	+769 +680	+820 +680	+910 +680	+1 040 +680	+1 250 +680	+1 570 +680	+489 +400	+540 +400	+630 +400	+760 +400	+970 +400	+1 290 +400
400	450	+1 655 +1 500	+1 750 +1 500	+1 900 +1 500	+2 130 +1 500	+2 470 +1 500	+857 +760	+915 +760	+1 010 +760	+1 160 +760	+1 390 +760	+1 730 +760	+537 +440	+595 +440	+690 +440	+840 +440	+1 070 +440	+1 410 +440
450	500	+1 805 +1 650	+1 900 +1 650	+2 050 +1 650	+2 280 +1 650	+2 620 +1 650	+937 +840	+995 +840	+1 090 +840	+1 240 +840	+1 470 +840	+1 810 +840	+577 +480	+635 +480	+730 +480	+880 +480	+1 110 +480	+1 450 +480

注：公称尺寸小于1mm时，各级的A和B均不采用。

公称尺寸/mm		CD				D								E					
大于	至	6	7	8	9	10	6	7	8	9	10	11	12	13	5	6	7	8	9	10
—	3	+40 +34	+44 +34	+48 +34	+59 +34	+74 +34	+26 +20	+30 +20	+34 +20	+45 +20	+60 +20	+80 +20	+120 +20	+160 +20	+18 +14	+20 +14	+24 +14	+28 +14	+39 +14	+54 +14
3	6	+54 +46	+58 +46	+64 +46	+76 +46	+94 +46	+38 +30	+42 +30	+48 +30	+60 +30	+78 +30	+105 +30	+150 +30	+210 +30	+25 +20	+28 +20	+32 +20	+38 +20	+50 +20	+68 +20
6	10	+65 +56	+71 +56	+78 +56	+92 +56	+114 +56	+49 +40	+55 +40	+62 +40	+76 +40	+98 +40	+130 +40	+190 +40	+260 +40	+31 +25	+34 +25	+40 +25	+47 +25	+61 +25	+83 +25
10	18						+61 +50	+68 +50	+77 +50	+93 +50	+120 +50	+160 +50	+230 +50	+320 +50	+40 +32	+43 +32	+50 +32	+59 +32	+75 +32	+102 +32
18	30						+78 +65	+86 +65	+98 +65	+117 +65	+149 +65	+195 +65	+275 +65	+395 +65	+49 +40	+53 +40	+61 +40	+73 +40	+92 +40	+124 +40
30	50						+96 +80	+105 +80	+119 +80	+142 +80	+180 +80	+240 +80	+330 +80	+470 +80	+61 +50	+66 +50	+75 +50	+89 +50	+112 +50	+150 +50
50	80						+119 +100	+130 +100	+146 +100	+174 +100	+220 +100	+290 +100	+400 +100	+560 +100	+73 +60	+79 +60	+90 +60	+106 +60	+134 +60	+180 +60
80	120						+142 +120	+155 +120	+174 +120	+207 +120	+260 +120	+340 +120	+470 +120	+660 +120	+87 +72	+94 +72	+107 +72	+125 +72	+159 +72	+212 +72
120	180						+170 +145	+185 +145	+208 +145	+245 +145	+305 +145	+395 +145	+545 +145	+775 +145	+103 +85	+110 +85	+125 +85	+148 +85	+185 +85	+245 +85
180	250						+199 +170	+216 +170	+242 +170	+285 +170	+355 +170	+460 +170	+630 +170	+890 +170	+120 +100	+129<or>+100	+146 +100	+172 +100	+215 +100	+285 +100
250	315						+222 +190	+242 +190	+271 +190	+320 +190	+400 +190	+510 +190	+710 +190	+1 000 +190	+133 +110	+142 +110	+162 +110	+191 +110	+240 +110	+320 +110
315	400						+246 +210	+267 +210	+299 +210	+350 +210	+440 +210	+570 +210	+780 +210	+1 100 +210	+150 +125	+161 +125	+182 +125	+214 +125	+265 +125	+355 +125
400	500						+270 +230	+293 +230	+327 +230	+385 +230	+480 +230	+630 +230	+860 +230	+1 200 +230	+162 +135	+175 +135	+198 +135	+232 +135	+290 +135	+385 +135

（续）

公称尺寸/mm		EF								F								FG								G							
大于	至	3	4	5	6	7	8	9	10	3	4	5	6	7	8	9	10	3	4	5	6	7	8	9	10	3	4	5	6	7	8	9	10
—	3	+12/+10	+13/+10	+14/+10	+16/+10	+20/+10	+24/+10	+35/+10	+50/+10	+8/+6	+9/+6	+10/+6	+12/+6	+16/+6	+20/+6	+31/+6	+46/+6	+6/+4	+7/+4	+8/+4	+10/+4	+14/+4	+18/+4	+29/+4	+44/+4	+4/+2	+5/+2	+6/+2	+8/+2	+12/+2	+16/+2	+27/+2	+42/+2
3	6	+16.5/+14	+18/+14	+19/+14	+22/+14	+26/+14	+32/+14	+44/+14	+62/+14	+12.5/+10	+14/+10	+15/+10	+18/+10	+22/+10	+28/+10	+40/+10	+58/+10	+8.5/+6	+10/+6	+11/+6	+14/+6	+18/+6	+24/+6	+36/+6	+54/+6	+6.5/+4	+8/+4	+9/+4	+12/+4	+16/+4	+22/+4	+34/+4	+52/+4
6	10	+20.5/+18	+22/+18	+24/+18	+27/+18	+33/+18	+40/+18	+54/+18	+76/+18	+15.5/+13	+17/+13	+19/+13	+22/+13	+28/+13	+35/+13	+49/+13	+71/+13	+10.5/+8	+12/+8	+14/+8	+17/+8	+23/+8	+30/+8	+44/+8	+66/+8	+7.5/+5	+9/+5	+11/+5	+14/+5	+20/+5	+27/+5	+41/+5	+63/+5
10	18									+19/+16	+21/+16	+24/+16	+27/+16	+34/+16	+43/+16	+59/+16	+86/+16									+9/+6	+11/+6	+14/+6	+17/+6	+24/+6	+33/+6	+49/+6	+76/+6
18	30									+24/+20	+26/+20	+29/+20	+33/+20	+41/+20	+53/+20	+72/+20	+104/+20									+11/+7	+13/+7	+16/+7	+20/+7	+28/+7	+40/+7	+59/+7	+91/+7
30	50									+29/+25	+32/+25	+36/+25	+41/+25	+50/+25	+64/+25	+87/+25	+125/+25									+13/+9	+16/+9	+20/+9	+25/+9	+34/+9	+48/+9	+71/+9	+109/+9
50	80											+43/+30	+49/+30	+60/+30	+76/+30	+104/+30												+23/+10	+29/+10	+40/+10	+56/+10		
80	120											+51/+36	+58/+36	+71/+36	+90/+36	+123/+36												+27/+12	+34/+12	+47/+12	+66/+12		
120	180											+61/+43	+68/+43	+83/+43	+106/+43	+143/+43												+32/+14	+39/+14	+54/+14	+77/+14		
180	250											+70/+50	+79/+50	+96/+50	+122/+50	+165/+50												+35/+15	+44/+15	+61/+15	+87/+15		
250	315											+79/+56	+88/+56	+108/+56	+137/+56	+186/+56												+40/+17	+49/+17	+69/+17	+98/+17		
315	400											+87/+62	+98/+62	+119/+62	+151/+62	+202/+62												+43/+18	+54/+18	+75/+18	+107/+18		
400	500											+95/+68	+108/+68	+131/+68	+165/+68	+223/+68												+47/+20	+60/+20	+83/+20	+117/+20		

(续)

公称尺寸/mm		偏差 H																
大于	至	1	2	3	4	5	6	7	8	9	10	11	12	13	14	15	16	17	18
						μm							mm						
—	3	+0.8 0	+1.2 0	+2 0	+3 0	+4 0	+6 0	+10 0	+14 0	+25 0	+40 0	+60 0	+0.1 0	+0.14 0	+0.25 0	+0.4 0	+0.6 0		+1.8 0
3	6	+1 0	+1.5 0	+2.5 0	+4 0	+5 0	+8 0	+12 0	+18 0	+30 0	+48 0	+75 0	+0.12 0	+0.18 0	+0.3 0	+0.48 0	+0.75 0	+1.2 0	+1.8 0
6	10	+1 0	+1.5 0	+2.5 0	+4 0	+6 0	+9 0	+15 0	+22 +0	+36 0	+58 0	+90 0	+0.15 0	+0.22 0	+0.36 0	+0.58 0	+0.9 0	+1.5 0	+2.2 0
10	18	+1.2 0	+2 0	+3 0	+5 0	+8 0	+11 0	+18 0	+27 0	+43 0	+70 0	+110 0	+0.18 0	+0.27 0	+0.43 0	+0.7 0	+1.1 0	+1.8 0	+2.7 0
18	30	+1.5 0	+2.5 0	+4 0	+6 0	+9 0	+13 0	+21 0	+33 0	+52 0	+84 0	+130 0	+0.21 0	+0.33 0	+0.52 0	+0.84 0	+1.3 0	+2.1 0	+3.3 0
30	50	+1.5 0	+2.5 0	+4 0	+7 0	+11 0	+16 0	+25 0	+39 0	+62 0	+100 0	+160 0	+0.25 0	+0.39 0	+0.62 0	+1 0	+1.6 0	+2.5 0	+3.9 0
50	80	+2 0	+3 0	+5 0	+8 0	+13 0	+19 0	+30 0	+46 0	+74 0	+120 0	+190 0	+0.3 0	+0.46 0	+0.74 0	+1.2 0	+1.9 0	+3 0	+4.6 0
80	120	+2.5 0	+4 0	+6 0	+10 0	+15 0	+22 0	+35 0	+54 0	+87 0	+140 0	+220 0	+0.35 0	+0.54 0	+0.87 0	+1.4 0	+2.2 0	+3.5 0	+5.4 0
120	180	+3.5 0	+5 0	+8 0	+12 0	+18 0	+25 0	+40 0	+63 0	+100 0	+160 0	+250 0	+0.4 0	+0.63 0	+1 0	+1.6 0	+2.5 0	+4 0	+6.3 0
180	250	+4.5 0	+7 0	+10 0	+14 0	+20 0	+29 0	+46 0	+72 0	+115 0	+185 0	+290 0	+0.46 0	+0.72 0	+1.15 0	+1.85 0	+2.9 0	+4.6 0	+7.2 0
250	315	+6 0	+8 0	+12 0	+16 0	+23 0	+32 0	+52 0	+81 0	+130 0	+210 0	+320 0	+0.52 0	+0.81 0	+1.3 0	+2.1 0	+3.2 0	+5.2 0	+8.1 0
315	400	+7 0	+9 0	+13 0	+18 0	+25 0	+36 0	+57 0	+89 0	+140 0	+230 0	+360 0	+0.57 0	+0.89 0	+1.4 0	+2.3 0	+3.6 0	+5.7 0	+8.9 0
400	500	+8 0	+10 0	+15 0	+20 0	+27 0	+40 0	+63 0	+97 0	+155 0	+250 0	+400 0	+0.63 0	+0.97 0	+1.55 0	+2.5 0	+4 0	+6.3 0	+9.7 0

(续)

公称尺寸/mm		1	2	3	4	5	6	7	8	9	10	11	12	13	14	15	16	17	18
大于	至											JS 偏差							
						μm									mm				
—	3	+0.4 -0.4	+0.6 -0.6	+1 -1	+1.5 -1.5	+2 -2	+3 -3	+5 -5	+7 -7	+12 -12	+20 -20	+30 -30	+0.05 -0.05	+0.07 -0.07	+0.125 -0.125	+0.2 -0.2	+0.3 -0.3		
3	6	+0.5 -0.5	+0.75 -0.75	+1.25 -1.25	+2 -2	+2.5 -2.5	+4 -4	+6 -6	+9 -9	+15 -15	+24 -24	+37 -37	+0.06 -0.06	+0.09 -0.09	+0.15 -0.15	+0.24 -0.24	+0.375 -0.375	+0.6 -0.6	+0.9 -0.9
6	10	+0.5 -0.5	+0.75 -0.75	+1.25 -1.25	+2 -2	+3 -3	+4.5 -4.5	+7 -7	+11 -11	+18 -18	+29 -29	+46 -46	+0.075 -0.075	+0.11 -0.11	+0.18 -0.18	+0.29 -0.29	+0.45 -0.45	+0.75 -0.75	+1.1 -1.1
10	18	+0.6 -0.6	+1 -1	+1.5 -1.5	+2.5 -2.5	+4 -4	+5.5 -5.5	+9 -9	+13 -13	+21 -21	+36 -36	+55 -55	+0.09 -0.09	+0.135 -0.135	+0.215 -0.215	+0.35 -0.35	+0.55 -0.55	+0.9 -0.9	+1.35 -1.35
18	30	+0.75 -0.75	+1.25 -1.25	+2 -2	+3 -3	+4.5 -4.5	+6.5 -6.5	+10 -10	+16 -16	+26 -26	+42 -42	+65 -65	+0.105 -0.105	+0.165 -0.165	+0.26 -0.26	+0.42 -0.42	+0.65 -0.65	+1.05 -1.05	+1.65 -1.65
30	50	+0.75 -0.75	+1.25 -1.25	+2 -2	+3.5 -3.5	+5.5 -5.5	+8 -8	+12 -12	+19 -19	+31 -31	+50 -50	+80 -80	+0.125 -0.125	+0.195 -0.195	+0.31 -0.31	+0.5 -0.5	+0.8 -0.8	+1.25 -1.25	+1.95 -1.95
50	80	+1 -1	+1.5 -1.5	+2.5 -2.5	+4 -4	+6.5 -6.5	+9.5 -9.5	+15 -15	+23 -23	+37 -37	+60 -60	+95 -95	+0.15 -0.15	+0.23 -0.23	+0.37 -0.37	+0.6 -0.6	+0.95 -0.95	+1.5 -1.5	+2.3 -2.3
80	120	+1.25 -1.25	+2 -2	+3 -3	+5 -5	+7.5 -7.5	+11 -11	+17 -17	+27 -27	+43 -43	+70 -70	+110 -110	+0.175 -0.175	+0.27 -0.27	+0.435 -0.435	+0.7 -0.7	+1.1 -1.1	+1.75 -1.75	+2.7 -2.7
120	180	+1.75 -1.75	+2.5 -2.5	+4 -4	+6 -6	+9 -9	+12.5 -12.5	+20 -20	+31 -31	+50 -50	+80 -80	+125 -125	+0.2 -0.2	+0.315 -0.315	+0.5 -0.5	+0.8 -0.8	+1.25 -1.25	+2 -2	+3.15 -3.15
180	250	+2.25 -2.25	+3.5 -3.5	+5 -5	+7 -7	+10 -10	+14.5 -14.5	+23 -23	+36 -36	+57 -57	+92 -92	+145 -145	+0.23 -0.23	+0.36 -0.36	+0.575 -0.575	+0.925 -0.925	+1.45 -1.45	+2.3 -2.3	+3.6 -3.6
250	315	+3 -3	+4 -4	+6 -6	+8 -8	+11.5 -11.5	+16 -16	+26 -26	+40 -40	+65 -65	+105 -105	+160 -160	+0.28 -0.28	+0.405 -0.405	+0.65 -0.65	+1.05 -1.05	+1.6 -1.6	+2.6 -2.6	+4.05 -4.05
315	400	+3.5 -3.5	+4.5 -4.5	+6.5 -6.5	+9 -9	+12.5 -12.5	+18 -18	+28 -28	+44 -44	+70 -70	+115 -115	+180 -180	+0.285 -0.285	+0.445 -0.445	+0.7 -0.7	+1.15 -1.15	+1.8 -1.8	+2.85 -2.85	+4.45 -4.45
400	500	+4 -4	+5 -5	+7.5 -7.5	+10 -10	+13.5 -13.5	+20 -20	+31 -31	+48 -48	+77 -77	+125 -125	+200 -200	+0.315 -0.315	+0.485 -0.485	+0.775 -0.775	+1.25 -1.25	+2 -2	+3.15 -3.15	+4.85 -4.85

（续）

公称尺寸/mm		J			K						M					
大于	至	6	7	8	3	4	5	6	7	8	9	10	3	4	5	6	7	8	9	10
—	3	+2 -4	+4 -6	+6 +8	0 -2	0 -3	0 -4	0 -6	0 -10	0 -14	0 -25	0 -40	-2 -4	-2 -5	-2 -6	-2 -8	-2 -12	-2 -16	-2 -27	-2 -42
3	6	+5 -3	+6 -6	+10 -8	0 -2.5	+0.5 -3.5	0 -5	+2 -6	+3 -9	+5 -13			-3 -5.5	-2.5 -6.5	-3 -8	-1 -9	0 -12	+2 -16	-4 -34	-4 -52
6	10	+5 -4	+8 -7	+12 -10	0 -2.5	0.5 -3.5	+1 -5	+2 -7	+5 -10	+6 -16			-5 -7.5	-4.5 -8.5	-4 -10	-3 -12	0 -15	+1 -21	-6 -42	-6 -64
10	18	+6 -5	+10 -8	+15 -12	0 -3	+1 -4	+2 -6	+2 -9	+6 -12	+8 -19			-6 -9	-5 -10	-4 -12	-4 -15	0 -18	+2 -25	-7 -50	-7 -77
18	30	+8 -5	+12 -9	+20 -13	-0.5 -4.5	0 -6	+1 -8	+2 -11	+6 -15	+10 -23			-6.5 -10.5	-6 -12	-5 -14	-4 -17	0 -21	+4 -29	-8 -60	-8 -92
30	50	+10 -6	+14 -11	+24 -15	-0.5 -4.5	+1 -6	+2 -9	+3 -13	+7 -18	+12 -27			-7.5 -11.5	-6 -13	-5 -16	-4 -20	0 -25	+5 -34	-9 -71	-9 -108
50	80	+13 -6	+18 -12	+28 -18			+3 -10	+4 -15	+9 -21	+14 -32					-6 -19	-5 -24	0 -30	+5 -41		
80	120	+16 -6	+22 -13	+34 -20			+2 -13	+4 -18	+10 -25	+16 -38					-8 -23	-6 -28	0 -35	+6 -48		
120	180	+18 -7	+26 -14	+41 -22			+3 -15	+4 -21	+12 -28	+20 -43					-9 -27	-8 -33	0 -40	+8 -55		
180	250	+22 -7	+30 -16	+47 -25			+2 -18	+5 -24	+13 -33	+22 -50					-11 -31	-8 -37	0 -46	+9 -63		
250	315	+25 -7	+36 -16	+55 -26			+3 -20	+5 -27	+16 -36	+25 -56					-13 -36	-9 -41	0 -52	+9 -72		
315	400	+29 -7	+39 -18	+60 -9			+3 -22	+7 -29	+17 -40	+28 -61					-14 -39	-10 -46	0 -57	+11 -78		
400	500	+33 -7	+43 -20	+66 -31			+2 -25	+8 -32	+18 -45	+29 -68					-16 -43	-10 -50	0 -63	+11 -86		

(续)

公称尺寸/mm		N									P							
大于	至	3	4	5	6	7	8	9	10	11	3	4	5	6	7	8	9	10
—	3	-4 -6	-4 -7	-4 -8	-4 -10	-4 -14	-4 -18	-4 -29	-4 -44	-4 -64	-6 -8	-6 -9	-6 -10	-6 -12	-6 -16	-6 -20	-6 -31	-6 -46
3	6	-7 -9.5	-6.5 -10.5	-7 -12	-5 -13	-4 -16	-2 -20	0 -30	0 -48	0 -75	-11 -13.5	-10.5 -14.5	-11 -16	-9 -17	-8 -20	-12 -30	-12 -42	-12 -60
6	10	-9 -11.5	-8.5 -12.5	-8 -14	-7 -16	-4 -19	-3 -25	0 -36	0 -58	0 -90	-14 -16.5	-13.5 -17.5	-13 -19	-12 -21	-9 -24	-15 -37	-15 -51	-15 -73
10	18	-11 -14	-10 -15	-9 -17	-9 -20	-5 -23	-3 -30	0 -43	0 -70	0 -110	-17 -20	-16 -21	-15 -23	-15 -26	-11 -29	-18 -45	-18 -61	-18 -88
18	30	-13.5 -17.5	-13 -19	-12 -21	-11 -24	-7 -28	-3 -36	0 -52	0 -84	0 -130	-20.5 -24.5	-20 -26	-19 -28	-18 -31	-14 -35	-22 -55	-22 -74	-22 -106
30	50	-15.5 -19.5	-14 -21	-13 -24	-12 -28	-8 -33	-3 -42	0 -62	0 -100	0 -160	-24.5 -28.5	-23 -30	-22 -33	-21 -37	-17 -42	-26 -65	-26 -88	-26 -126
50	80			-15 -28	-14 -33	-9 -39	-4 -50	0 -74	0 -120	0 -190			-27 -40	-26 -45	-21 -51	-32 -78	-32 -106	
80	120			-18 -33	-16 -38	-10 -45	-4 -58	0 -87	0 -140	0 -220			-32 -47	-30 -52	-24 -59	-37 -91	-37 -124	
120	180			-21 -39	-20 -45	-12 -52	-4 -67	0 -100	0 -160	0 -250			-37 -55	-36 -61	-28 -68	-43 -106	-43 -143	
180	250			-25 -45	-22 -51	-14 -60	-5 -77	0 -115	0 -185	0 -290			-44 -64	-41 -70	-33 -79	-50 -122	-50 -165	
250	315			-27 -50	-25 -57	-14 -66	-5 -86	0 -130	0 -210	0 -320			-49 -72	-47 -79	-36 -88	-56 -137	-56<>-186	
315	400			-30 -55	-26 -62	-16 -73	-5 -94	0 -140	0 -230	0 -360			-55 -80	-51 -87	-41 -98	-62 -151	-62 -202	
400	500			-33 -60	-27 -67	-17 -80	-6 -103	0 -155	0 -250	0 -400			-61 -88	-55 -95	-45 -108	-68 -165	-68 -223	

（续）

公称尺寸/mm		R								S							
大于	至	3	4	5	6	7	8	9	10	3	4	5	6	7	8	9	10
—	3	−10 −12	−10 −13	−10 −14	−10 −16	−10 −20	−10 −24	−10 −35	−10 −50	−14 −16	−14 −17	−14 −18	−14 −20	−14 −24	−14 −28	−14 −39	−14 −54
3	6	−14 −16.5	−13.5 −17.5	−14 −19	−12 −20	−11 −23	−15 −33	−15 −45	−15 −63	−18 −20.5	−17.5 −21.5	−18 −23	−16 −24	−15 −27	−19 −37	−19 −49	−19 −67
6	10	−18 −20.5	−17.5 −21.5	−17 −23	−16 −25	−13 −28	−19 −41	−19 −55	−19 −77	−22 −24.5	−21.5 −25.5	−21 −27	−20 −29	−17 −32	−23 −45	−23 −59	−23 −81
10	18	−22 −25	−21 −26	−20 −28	−20 −31	−16 −34	−23 −50	−23 −66	−23 −93	−27 −30	−26 −31	−25 −33	−25 −36	−21 −39	−28 −55	−28 −71	−28 −98
18	30	−26.5 −30.5	−26 −32	−25 −34	−24 −37	−20 −41	−28 −61	−28 −80	−10 −112	−33.5 −37.5	−33 −39	−32 −41	−31 −44	−27 −48	−35 −68	−35 −87	−35 −119
30	50	−32.5 −36.5	−31 −38	−30 −41	−29 −45	−25 −50	−34 −73	−34 −96	−34 −134	−41.5 −45.5	−40 −47	−39 −50	−38 −54	−34 −59	−43 −82	−43 −105	−43 −143
50	65			−36 −49	−35 −54	−30 −60	−41 −87					−48 −61	−47 −66	−42 −72	−53 −99	−53 −127	
65	80			−38 −51	−37 −56	−32 −62	−43 −89					−54 −67	−53 −72	−48 −78	−59 −105	−59 −133	
80	100			−46 −61	−44 −66	−38 −73	−51 −105					−66 −81	−64 −86	−58 −93	−71 −125	−71 −158	
100	120			−49 −64	−47 −69	−41 −76	−54 −108					−74 −89	−72 −94	−66 −101	−79 −133	−79 −166	
120	140			−57 −75	−56 −81	−48 −88	−63 −126					−86 −104	−85 −110	−77 −117	−92 −155	−92 −192	

(续)

公称尺寸/mm		3	4	5	R 6	7	8	9	10	3	4	5	S 6	7	8	9	10
大于	至																
140	160			−59 −77	−58 −83	−50 −90	−65 −128					−94 −112	−93 −118	−85 −125	−100 −163	−100 −200	
160	180			−62 −80	−61 −86	−53 −93	−68 −131					−102 −120	−101 −126	−93 −133	−108 −171	−108 −208	
180	200			−71 −91	−68 −97	−60 −106	−77 −149					−116 −136	−113 −142	−105 −151	−122 −194	−122 −237	
200	225			−74 −94	−71 −100	−63 −109	−80 −152					−124 −144	−121 −150	−113 −159	−130 −202	−130 −245	
225	250			−78 −98	−75 −104	−67 −113	−84 −156					−134 −154	−131 −160	−123 −169	−140 −212	−140 −255	
250	280			−87 −110	−85 −117	−74 −126	−94 −175					−151 −174	−149 −181	−138 −190	−158 −239	−158 −288	
280	315			−91 −114	−89 −121	−78 −130	−98 −179					−163 −186	−161 −193	−150 −202	−170 −251	−170 −300	
315	355			−101 −126	−97 −133	−87 −144	−108 −197					−183 −208	−179 −215	−169 −226	−190 −279	−190 −330	
355	400			−107 −132	−103 −139	−93 −150	−114 −203					−201 −226	−197 −233	−187 −244	−208 −297	−208 −348	
400	450			−119 −146	−113 −153	−103 −166	−126 −223					−225 −252	−219 −259	−209 −272	−232 −329	−232 −387	
450	500			−125 −152	−119 −159	−109 −172	−132 −229					−245 −272	−239 −279	−229 −292	−252 −349	−252 −407	

（续）

公称尺寸/mm		T			U					V				X					Y			
大于	至	5	6	7	8	5	6	7	8	9	10	5	6	7	8	5	6	7	8	9	10	6	7	8	9	10
—	3					−18 −22	−18 −24	−18 −28	−18 −32	−18 −43	−18 −58					−20 −24	−20 −26	−20 −30	−20 −34	−20 −45	−20 −60					
3	6					−22 −27	−20 −28	−19 −31	−23 −41	−23 −53	−23 −71					−27 −32	−25 −33	−24 −36	−28 −46	−28 −58	−28 −76					
6	10					−26 −32	−25 −34	−22 −37	−28 −50	−28 −64	−28 −86					−32 −38	−31 −40	−28 −43	−34 −56	−34 −70	−34 −92					
10	14					−30 −38	−30 −41	−26 −44	−33 −60	−33 −76	−33 −103					−37 −45	−37 −48	−33 −51	−40 −67	−40 −83	−40 −110					
14	18															−42 −50	−42 −53	−38 −56	−45 −72	−45 −88	−45 −115					
18	24					−38 −47	−37 −50	−33 −54	−41 −74	−41 −93	−41 −125	−36 −44	−36 −47	−32 −50	−39 −66	−51 −60	−50 −63	−46 −67	−54 −87	−54 −106	−54 −138	−59 −72	−55 −76	−63 −96	−63 −115	−63 −147
24	30	−38 −47	−37 −50	−33 −54	−41 −74	−45 −54	−44 −57	−40 −61	−48 −81	−48 −100	−48 −132	−44 −53	−43 −56	−39 −60	−47 −80	−61 −70	−60 −73	−56 −77	−64 −97	−64 −116	−64 −148	−71 −84	−67 −88	−75 −108	−75 −127	−75 −159
30	40	−44 −55	−43 −59	−39 −64	−48 −87	−56 −67	−55 −71	−51 −76	−60 −99	−60 −122	−60 −160	−52 −63	−51 −64	−47 −68	−55 −88	−76 −87	−75 −91	−71 −96	−80 −119	−80 −142	−80 −180	−89 −105	−85 −110	−94 −133	−94 −156	−94 −194
40	50	−50 −61	−49 −65	−45 −70	−54 −93	−66 −77	−65 −81	−61 −86	−70 −109	−70 −132	−70 −170	−64 −75	−63 −79	−59 −84	−68 −107	−93 −104	−91 −108	−88 −113	−97 −136	−97 −159	−97 −197	−109 −125	−105 −130	−114 −153	−114 −176	−114 −214
50	65		−60 −79	−55 −85	−66 −112		−81 −100	−76 −106	−87 −133	−87 −161	−87 −207	−77 −88	−76 −92	−72 −97	−81 −120	−116 −135	−114 −135	−111 −141	−122 −168	−122 −196	−122 −—	−138 −157	−133 −163	−144 −190		
65	80		−69 −88	−64 −94	−75 −121		−96 −115	−91 −121	−102 −148	−102 −176	−102 −222	−92 −108	−96 −115	−91 −121	−102 −148	−140 −159	−140 −159	−136 −165	−146 −192	−146 −220	−146 −—	−168 −187	−163 −193	−174 −220		
80	100		−84 −106	−78 −113	−91 −145		−117 −139	−111 −146	−124 −178	−124 −211	−124 −264	−108 −126	−114 −133	−109 −139	−120 −146	−171 −193	−171 −193	−165 −200	−178 −232	−178 −265	−178 −—	−207 −229	−201 −236	−214 −268		
100	120		−97 −119	−91 −126	−104 −158		−137 −159	−131 −166	−144 −198	−144 −231	−144 −284	−128 −148	−139 −161	−133 −168	−146 −200	−203 −225	−203 −225	−197 −232	−210 −264	−210 −297	−210 −—	−247 −269	−241 −276	−254 −308		
120	140		−115 −140	−107 −147	−122 −185		−163 −188	−155 −195	−170 −233	−170 −270	−170 −330	−148 −172	−165 −187	−159 −194	−172 −226	−241 −266	−241 −266	−233 −273	−248 −311	−248 −348	−248 −—	−293 −318	−285 −325	−300 −363		

（续）

公称尺寸/mm		T				U						V				X						Y				
大于	至	5	6	7	8	5	6	7	8	9	10	5	6	7	8	5	6	7	8	9	10	6	7	8	9	10
140	160		−127 −152	−119 −159	−134 −197		−183 −208	−175 −215	−190 −253	−190 −290	−190 −350		−221 −246	−213 −253	−228 −291		−273 −298	−265 −305	−280 −343	−280 −380		−333 −358	−325 −365	−340 −403		
160	180		−139 −164	−131 −171	−146 −209		−203 −228	−195 −235	−210 −273	−210 −310	−210 −370		−245 −270	−237 −277	−252 −315		−303 −328	−295 −335	−310 −373	−310 −410		−373 −398	−365 −405	−380 −443		
180	200		−157 −186	−149 −195	−166 −238		−227 −256	−219 −265	−236 −308	−236 −351	−236 −421		−275 −304	−267 −313	−284 −356		−341 −370	−333 −379	−350 −422	−350 −465		−416 −445	−408 −454	−425 −497		
200	225		−171 −200	−163 −209	−180 −252		−249 −278	−241 −287	−258 −330	−258 −373	−258 −443		−301 −330	−293 −339	−310 −382		−376 −405	−368 −414	−385 −457	−385 −500		−461 −490	−453 −499	−470 −542		
225	250		−187 −216	−179 −225	−196 −268		−275 −304	−267 −313	−284 −356	−284 −399	−284 −469		−331 −360	−323 −369	−340 −412		−416 −445	−408 −454	−425 −497	−425 −540		−511 −540	−503 −549	−520 −592		
250	280		−209 −241	−198 −250	−218 −299		−306 −338	−295 −347	−315 −396	−315 −445	−315 −525		−376 −408	−365 −417	−385 −466		−466 −498	−455 −507	−475 −556	−475 −605		−571 −603	−560 −612	−580 −661		
280	315		−231 −263	−220 −272	−240 −321		−341 −373	−330 −382	−350 −431	−350 −480	−350 −560		−416 −448	−405 −457	−425 −506		−516 −548	−505 −557	−525 −606	−525 −655		−641 −673	−630 −682	−650 −731		
315	355		−257 −293	−247 −304	−268 −357		−379 −415	−369 −426	−390 −479	−390 −530	−390 −620		−464 −500	−454 −511	−475 −564		−579 −615	−569 −626	−590 −679	−590 −730		−719 −755	−709 −766	−730 −819		
355	400		−283 −319	−273 −330	−294 −383		−424 −460	−414 −471	−435 −524	−435 −575	−435 −665		−519 −555	−509 −566	−530 −619		−649 −685	−639 −696	−660 −749	−660 −800		−809 −845	−799 −856	−820 −909		
400	450		−317 −357	−307 −370	−330 −427		−477 −517	−467 −530	−490 −587	−490 −645	−490 −740		−582 −622	−572 −635	−595 −692		−727 −767	−717 −780	−740 −837	−740 −895		−907 −947	−897 −960	−920 −1 017		
450	500		−347 −387	−337 −400	−360 −457		−527 −567	−517 −580	−540 −637	−540 −695	−540 −790		−647 −687	−637 −700	−660 −757		−807 −847	−797 −860	−820 −917	−820 −975		−987 −1 027	−977 −1 040	−1 000 −1 097		

(续)

公称尺寸/mm		Z						ZA					
大于	至	6	7	8	9	10	11	6	7	8	9	10	11
—	3	-26 -32	-26 -36	-26 -40	-26 -51	-26 -66	-26 -86	-32 -38	-32 -42	-32 -46	-32 -57	-32 -72	-32 -92
3	6	-32 -40	-31 -43	-35 -53	-35 -65	-35 -83	-35 -110	-39 -47	-38 -50	-42 -60	-42 -72	-42 -90	-42 -117
6	10	-39 -48	-36 -51	-42 -64	-42 -78	-42 -100	-42 -132	-49 -58	-46 -61	-52 -74	-52 -88	-52 -110	-52 -142
10	14	-47 -58	-43 -61	-50 -77	-50 -93	-50 -120	-50 -160	-61 -72	-57 -75	-64 -91	-64 -107	-64 -134	-64 -174
14	18	-57 -68	-53 -71	-60 -87	-60 -103	-60 -130	-60 -170	-74 -85	-70 -88	-77 -104	-77 -120	-77 -147	-77 -187
18	24	-69 -82	-65 -86	-73 -106	-73 -125	-73 -157	-73 -203	-94 -107	-90 -111	-98 -131	-98 -150	-98 -182	-98 -228
24	30	-84 -97	-80 -101	-88 -121	-88 -140	-88 -172	-88 -218	-114 -127	-110 -131	-118 -151	-118 -170	-118 -202	-118 -248
30	40	-107 -123	-103 -128	-112 -151	-112 -174	-112 -212	-112 -272	-143 -159	-139 -164	-148 -187	-148 -210	-148 -248	-148 -308
40	50	-131 -147	-127 -152	-136 -175	-136 -198	-136 -236	-136 -296	-175 -191	-171 -196	-180 -219	-180 -242	-180 -280	-180 -340
50	65		-161 -191	-172 -218	-172 -246	-172 -292	-172 -362		-215 -245	-226 -272	-226 -300	-226 -346	-226 -416
65	80		-199 -229	-210 -256	-210 -284	-210 -330	-210 -400		-263 -293	-274 -320	-274 -348	-274 -394	-274 -464
80	100		-245 -280	-258 -312	-258 -345	-258 -398	-258 -478		-322 -357	-335 -389	-335 -422	-335 -475	-335 -555
100	120		-297 -332	-310 -364	-310 -397	-310 -450	-310 -530		-387 -422	-400 -454	-400 -487	-400 -540	-400 -620
120	140		-350 -390	-365 -428	-365 -465	-365 -525	-365 -615		-455 -495	-470 -533	-470 -570	-470 -630	-470 -720

（续）

公称尺寸/mm		Z						ZA				
大于	至	6	7	8	9	10	11	7	8	9	10	11
140	160		-400 -440	-415 -478	-415 -515	-415 -575	-415 -665	-520 -560	-535 -598	-535 -635	-535 -695	-535 -785
160	180		-450 -490	-465 -528	-465 -565	-465 -625	-465 -715	-585 -625	-600 -663	-600 -700	-600 -760	-600 -850
180	200		-503 -549	-520 -592	-520 -635	-520 -705	-520 -810	-653 -699	-670 -742	-670 -785	-670 -855	-670 -960
200	225		-558 -604	-575 -647	-575 -690	-575 -760	-575 -865	-723 -769	-740 -812	-740 -855	-740 -925	-740 -1030
225	250		-623 -669	-640 -712	-640 -755	-640 -825	-640 -930	-803 -849	-820 -892	-820 -935	-820 -1005	-820 -1110
250	280		-690 -742	-710 -791	-710 -840	-710 -920	-710 -1030	-900 -952	-920 -1001	-920 -1050	-920 -1130	-920 -1240
280	315		-770 -822	-790 -871	-790 -920	-790 -1000	-790 -1110	-980 -1032	-1000 -1081	-1000 -1130	-1000 -1210	-1000 -1320
315	355		-879 -936	-900 -989	-900 -1040	-900 -1130	-900 -1260	-1129 -1186	-1150 -1239	-1150 -1290	-1150 -1380	-1150 -1510
355	400		-979 -1036	-1000 -1089	-1000 -1140	-1000 -1230	-1000 -1360	-1279 -1336	-1300 -1389	-1300 -1440	-1300 -1530	-1300 -1660
400	450		-1077 -1140	-1100 -1197	-1100 -1255	-1100 -1350	-1100 -1500	-1427 -1490	-1450 -1547	-1450 -1605	-1450 -1700	-1450 -1850
450	500		-1227 -1290	-1250 -1347	-1250 -1405	-1250 -1500	-1250 -1650	-1577 -1640	-1600 -1697	-1600 -1755	-1600 -1850	-1600 -2000

公称尺寸/mm		ZB					ZC				
大于	至	7	8	9	10	11	7	8	9	10	11
—	3	-40 -50	-50 -54	-40 -65	-40 -80	-40 -100	-60 -70	-60 -74	-60 -85	-60 -100	-60 -120

第 2 章 极限、配合与公差

(续)

公称尺寸 /mm		ZB				ZC				
大于	至	7	8	9	10	11	7	8	9	10	11
3	6	-46 -58	-50 -68	-50 -80	-50 -98	-50 -125	-76 -88	-80 -98	-80 -110	-80 -128	-80 -155
6	10	-61 -76	-67 -89	-67 -103	-67 -125	-67 -157	-91 -106	-97 -119	-97 -133	-97 -155	-97 -187
10	14	-83 -101	-90 -117	-90 -133	-90 -160	-90 -200	-123 -141	-130 -157	-130 -173	-130 -200	-130 -240
14	18	-101 -119	-108 -135	-108 -151	-108 -178	-108 -218	-143 -161	-150 -177	-150 -193	-150 -220	-150 -260
18	24	-128 -149	-136 -169	-136 -188	-136 -220	-136 -266	-180 -201	-188 -221	-188 -240	-188 -272	-188 -318
24	30	-152 -173	-160 -193	-160 -212	-160 -244	-160 -290	-210 -231	-218 -251	-218 -270	-218 -302	-218 -348
30	40	-191 -216	-200 -239	-200 -262	-200 -300	-200 -360	-265 -290	-274 -313	-274 -336	-274 -374	-274 -434
40	50	-233 -258	-242 -281	-242 -304	-242 -342	-242 -402	-316 -341	-325 -364	-325 -387	-325 -425	-325 -485
50	65	-289 -319	-300 -346	-300 -374	-300 -420	-300 -490	-394 -424	-405 -451	-405 -479	-405 -525	-405 -595
65	80	-349 -379	-360 -406	-360 -434	-360 -480	-360 -550	-469 -499	-480 -526	-480 -554	-480 -600	-480 -670
80	100	-432 -467	-445 -499	-445 -532	-445 -585	-445 -665	-572 -607	-585 -639	-585 -672	-585 -725	-585 -805
100	120	-512 -547	-525 -579	-525 -612	-525 -665	-525 -745	-677 -712	-690 -744	-690 -777	-690 -830	-690 -910
120	140	-605 -645	-620 -683	-620 -720	-620 -780	-620 -870	-785 -825	-800 -863	-800 -900	-800 -960	-800 -1050
140	160	-685 -725	-700 -763	-700 -800	-700 -860	-700 -950	-885 -925	-900 -963	-900 -1000	-900 -1060	-900 -1150
160	180	-765 -805	-780 -843	-780 -880	-780 -940	-780 -1030	-985 -1025	-1000 -1063	-1000 -1100	-1000 -1160	-1000 -1250

（续）

公称尺寸 /mm		ZB				ZC				
大于	至	7	8	9	10	11	7	8	9	10	11
180	200	-863 -909	-880 -952	-880 -995	-880 -1065	-880 -1170	-1133 -1179	-1150 -1222	-1150 -1265	-1150 -1335	-1150 -1440
200	225	-943 -989	-960 -1032	-960 -1075	-960 -1145	-960 -1250	-1233 -1279	-1250 -1322	-1250 -1365	-1250 -1435	-1250 -1540
225	250	-1033 -1079	-1050 -1122	-1050 -1165	-1050 -1235	-1050 -1340	-1333 -1379	-1350 -1422	-1350 -1465	-1350 -1535	-1350 -1640
250	280	-1180 -1232	-1200 -1281	-1200 -1330	-1200 -1410	-1200 -1520	-1530 -1582	-1550 -1631	-1550 -1680	-1550 -1760	-1550 -1870
280	315	-1280 -1332	-1300 -1381	-1300 -1430	-1300 -1510	-1300 -1620	-1680 -1732	-1700 -1781	-1700 -1830	-1700 -1910	-1700 -2020
315	355	-1479 -1536	-1500 -1589	-1500 -1640	-1500 -1730	-1500 -1860	-1879 -1936	-1900 -1989	-1900 -2040	-1900 -2130	-1900 -2260
355	400	-1629 -1686	-1650 -1739	-1650 -1790	-1650 -1880	-1650 -2010	-2079 -2136	-2100 -2189	-2100 -2240	-2100 -2330	-2100 -2460
400	450	-1827 -1890	-1850 -1947	-1850 -2005	-1850 -2100	-1850 -2250	-2377 -2440	-2400 -2497	-2400 -2555	-2400 -2650	-2400 -2800
450	500	-2077 -2140	-2100 -2197	-2100 -2255	-2100 -2350	-2100 -2500	-2577 -2640	-2600 -2697	-2600 -2755	-2600 -2850	-2600 -3000

注：1. 各级的 CD、EF、FG 主要用于精密机械和钟表制造业。
2. IT14 至 IT18 只用于大于 1mm 的公称尺寸。
3. J8、J10 等公差带对称于零线，其偏差值可见 JS9、JS10 等。
4. 公称尺寸大于 3mm 时，大于 IT8 的 K 的偏差值不作规定。
5. 公称尺寸大于 3～6mm 的 J7 的偏差值与对应尺寸段的 JS7 等值。
6. 公差带 N9、N10 和 N11 只用于大于 1mm 的公称尺寸。
7. 公称尺寸至 24mm 的 T5 至 T8 的偏差值未列入表内，建议以 U5 至 U8 代替。如非要 T5 至 T8，则可按 GB/T 1800.3 计算。
8. 公称尺寸至 14mm 的 V5 至 V8 的偏差值未列入表内，建议以 X5 至 X8 代替。如非要 V5 至 V8，则可按 GB/T 1800.3 计算。
9. 公称尺寸至 18mm 的 Y6 至 Y10 的偏差值未列入表内，建议以 Z6 至 Z10 代替。如非要 Y6 至 Y10，则可按 GB/T 1800.3 计算。

表 2.2-10 孔的极限偏差（500mm 以上） (μm)

公称尺寸/mm		D								E				F			G		
大于	至	6	7	8	9	10	11	12	13	6	7	8	9	10	6	7	8	9	6	7	8
500	630	+304 +260	+330 +260	+370 +260	+435 +260	+540 +260	+700 +260	+960 +260	+1360 +260	+189 +145	+215 +145	+255 +145	+320 +145	+425 +145	+120 +76	+146 +76	+186 +76	+251 +76	+66 +22	+92 +22	+132 +22
630	800	+340 +290	+370 +290	+415 +290	+490 +290	+610 +290	+790 +290	+1090 +290	+1540 +290	+210 +160	+240 +160	+285 +160	+360 +160	+480 +160	+130 +80	+160 +80	+205 +80	+280 +80	+74 +24	+104 +24	+149 +24
800	1000	+376 +320	+410 +320	+460 +320	+550 +320	+680 +320	+880 +320	+1220 +320	+1720 +320	+226 +170	+260 +170	+310 +170	+400 +170	+530 +170	+142 +86	+176 +86	+226 +86	+316 +86	+82 +26	+116 +26	+166 +26
1000	1250	+416 +350	+455 +350	+515 +350	+610 +350	+770 +350	+1010 +350	+1400 +350	+2000 +350	+261 +195	+300 +195	+360 +195	+455 +195	+615 +195	+164 +98	+203 +98	+263 +98	+358 +98	+94 +28	+133 +28	+193 +28
1250	1600	+468 +390	+515 +390	+585 +390	+700 +390	+890 +390	+1170 +390	+1640 +390	+2340 +390	+298 +220	+345 +220	+415 +220	+530 +220	+720 +220	+188 +110	+235 +110	+305 +110	+420 +110	+108 +30	+155 +30	+225 +30
1600	2000	+522 +430	+580 +430	+660 +430	+800 +430	+1030 +430	+1350 +430	+1930 +430	+2730 +430	+332 +240	+390 +240	+470 +240	+610 +240	+840 +240	+212 +120	+270 +120	+350 +120	+490 +120	+124 +32	+182 +32	+262 +32
2000	2500	+590 +480	+655 +480	+760 +480	+920 +480	+1180 +480	+1580 +480	+2230 +480	+3280 +480	+370 +260	+435 +260	+540 +260	+700 +260	+960 +260	+240 +130	+305 +130	+410 +130	+570 +130	+144 +34	+209 +34	+314 +34
2500	3150	+655 +520	+730 +520	+850 +520	+1060 +520	+1380 +520	+1870 +520	+2620 +520	+3820 +520	+425 +290	+500 +290	+620 +290	+830 +290	+1150 +290	+280 +145	+355 +145	+475 +145	+685 +145	+173 +38	+248 +38	+368 +38

(续)

公称尺寸/mm		H 偏差																
大于	至	1	2	3	4	5	6	7	8	9	10	11	12	13	14	15	16	17	18
		μm											mm						
500	630	+9 0	+11 0	+16 0	+22 0	+32 0	+44 0	+70 0	+110 0	+175 0	+280 0	+440 0	+0.7 0	+1.1 0	+1.75 0	+2.8 0	+4.4 0	+7 0	+11 0
630	800	+10 0	+13 0	+18 0	+25 0	+36 0	+50 0	+80 0	+125 0	+200 0	+320 0	+500 0	+0.8 0	+1.25 0	+2 0	+3.2 0	+5 0	+8 0	+12.5 0
800	1000	+11 0	+15 0	+21 0	+28 0	+40 0	+56 0	+90 0	+140 0	+230 0	+360 0	+560 0	+0.9 0	+1.4 0	+2.3 0	+3.6 0	+5.6 0	+9 0	+14 0
1000	1250	+13 0	+18 0	+24 0	+33 0	+47 0	+66 0	+105 0	+165 0	+260 0	+420 0	+660 0	+1.05 0	+1.65 0	+2.6 0	+4.2 0	+6.6 0	+10.5 0	+16.5 0
1250	1600	+15 0	+21 0	+29 0	+39 0	+55 0	+78 0	+125 0	+195 0	+310 0	+500 0	+780 0	+1.25 0	+1.95 0	+3.1 0	+5 0	+7.8 0	+12.5 0	+19.5 0
1600	2000	+18 0	+25 0	+35 0	+46 0	+65 0	+92 0	+150 0	+230 0	+370 0	+600 0	+920 0	+1.5 0	+2.3 0	+3.7 0	+6 0	+9.2 0	+15 0	+23 0
2000	2500	+22 0	+30 0	+41 0	+55 0	+78 0	+110 0	+175 0	+280 0	+440 0	+700 0	+1100 0	+1.75 0	+2.8 0	+4.4 0	+7 0	+11 0	+17.5 0	+28 0
2500	3150	+26 0	+36 0	+50 0	+68 0	+96 0	+135 0	+210 0	+330 0	+540 0	+860 0	+1350 0	+2.1 0	+3.3 0	+5.4 0	+8.6 0	+13.5 0	+21 0	+33 0

第2章 极限、配合与公差

(续)

公称尺寸/mm		JS 偏差																	
大于	至	1	2	3	4	5	6	7	8	9	10	11	12	13	14	15	16	17	18
							μm									mm				
500	630	+4.5 −4.5	+5.5 −5.5	+8 −8	+11 −11	+16 −16	+22 −22	+35 −35	+55 −55	+87 −87	+140 −140	+220 −220	+0.35 −0.35	+0.55 −0.55	+0.875 −0.875	+1.4 −1.4	+2.2 −2.2	+3.5 −3.5	+5.5 −5.5
630	800	+5 −5	+6.5 −6.5	+9 −9	+12.5 −12.5	+18 −18	+25 −25	+40 −40	+62 −62	+100 −100	+160 −160	+250 −250	+0.4 −0.4	+0.625 −0.652	+1 −1	+1.6 −1.6	+2.5 −2.5	+4 −4	+6.25 −6.25
800	1000	+5.5 −5.5	+7.5 −7.5	+10.5 −10.5	+14 −14	+20 −20	+28 −28	+45 −45	+70 −70	+115 −115	+180 −180	+280 −280	+0.45 −0.45	+0.7 −0.7	+1.15 −1.15	+1.8 −1.8	+2.8 −2.8	+4.5 −4.5	+7 −7
1000	1250	+6.5 −6.5	+9 −9	+12 −12	+16.5 −16.5	+23.5 −23.5	+33 −33	+52 −52	+82 −82	+130 −130	+210 −210	+330 −330	+0.525 −0.525	+0.825 −0.825	+1.3 −1.3	+2.1 −2.1	+3.3 −3.3	+5.25 −5.25	+8.25 −8.25
1250	1600	+7.5 −7.5	+10.5 −10.5	+14.5 −14.5	+19.5 −19.5	+27.5 −27.5	+39 −39	+62 −62	+97 −97	+155 −155	+250 −250	+390 −390	+0.625 −0.625	+0.975 −0.975	+1.55 −1.55	+2.5 −2.5	+3.9 −3.9	+6.25 −6.25	+9.75 −9.75
1600	2000	+9 −9	+12.5 −12.5	+17.5 −17.5	+23 −23	+32.5 −32.5	+46 −46	+75 −75	+115 −115	+185 −185	+300 −300	+460 −460	+0.75 −0.75	+1.15 −1.15	+1.85 −1.85	+3 −3	+4.6 −4.6	+7.5 −7.5	+11.5 −11.5
2000	2500	+11 −11	+15 −15	+20.5 −20.5	+27.5 −27.5	+39 −39	+55 −55	+87 −87	+140 −140	+220 −220	+350 −350	+550 −550	+0.875 −0.875	+1.4 −1.4	+2.2 −2.2	+3.5 −3.5	+5.5 −5.5	+8.75 −8.75	+14 −14
2500	3150	+13 −13	+18 −18	+25 −25	+34 −34	+48 −48	+67.5 −67.5	+105 −105	+165 −165	+270 −270	+430 −430	+675 −675	+1.05 −1.05	+1.65 −1.65	+2.7 −2.7	+4.3 −4.3	+6.75 −6.75	+10.5 −10.5	+16.5 −16.5

注：黑框中的数值，即公称尺寸于500~3150mm，IT1 至 IT5 的偏差值为试用的。

(续)

公称尺寸/mm		K			M			N			P		
大于	至	6	7	8	6	7	8	6	7	8	6	7	8	9
500	630	0 -44	0 -70	0 -110	-26 -70	-26 -96	-26 -136	-44 -88	-44 -114	-44 -154	-44 -219	-78 -122	-78 -148	-78 -188	-78 -253
630	800	0 -50	0 -80	0 -125	-30 -80	-30 -110	-30 -155	-50 -100	-50 -130	-50 -175	-50 -250	-88 -138	-88 -168	-88 -213	-88 -288
800	1000	0 -56	0 -90	0 -140	-34 -90	-34 -124	-34 -174	-56 -112	-56 -146	-56 -196	-56 -286	-100 -156	-100 -190	-100 -240	-100 -330
1000	1250	0 -66	0 -105	0 -165	-40 -106	-40 -145	-40 -205	-66 -132	-66 -171	-66 -231	-66 -326	-120 -186	-120 -225	-120 -285	-120 -380
1250	1600	0 -78	0 -125	0 -195	-48 -126	-48 -173	-48 -243	-78 -156	-78 -203	-78 -273	-78 -388	-140 -218	-140 -265	-140 -335	-140 -450
1600	2000	0 -92	0 -150	0 -230	-58 -150	-58 -208	-58 -288	-92 -184	-92 -242	-92 -322	-92 -462	-170 -262	-170 -320	-170 -400	-170 -540
2000	2500	0 -110	0 -175	0 -280	-68 -178	-68 -243	-68 -348	-110 -220	-110 -285	-110 -390	-110 -550	-195 -305	-195 -370	-195 -475	-195 -635
2500	3150	0 -135	0 -210	0 -330	-76 -211	-76 -286	-76 -406	-135 -270	-135 -345	-135 -465	-135 -675	-240 -375	-240 -450	-240 -570	-240 -780

(续)

公称尺寸/mm		R			S			T			U		
大于	至	6	7	8	6	7	8	6	7	8	6	7	8
500	560	-150 -194	-150 -220	-150 -260	-280 -324	-280 -350	-280 -390	-400 -444	-400 -470	-400 -510	-600 -644	-600 -670	-600 -710
560	630	-155 -199	-155 -225	-155 -265	-310 -354	-310 -380	-310 -420	-450 -494	-450 -520	-450 -560	-660 -704	-660 -730	-660 -770
630	710	-175 -225	-175 -255	-175 -300	-340 -390	-340 -420	-340 -465	-500 -550	-500 -580	-500 -625	-740 -790	-740 -820	-740 -865
710	800	-185 -235	-185 -265	-185 -310	-380 -430	-380 -460	-380 -505	-560 -610	-560 -640	-560 -685	-840 -890	-840 -920	-840 -965
800	900	-210 -266	-210 -300	-210 -350	-430 -486	-430 -520	-430 -570	-620 -676	-620 -710	-620 -760	-940 -996	-940 -1030	-940 -1080
900	1000	-220 -276	-220 -310	-220 -360	-470 -526	-470 -560	-470 -610	-680 -736	-680 -770	-680 -820	-1050 -1106	-1050 -1140	-1050 -1190
1000	1120	-250 -316	-250 -355	-250 -415	-520 -586	-520 -625	-520 -685	-780 -846	-780 -885	-780 -945	-1150 -1216	-1150 -1255	-1150 -1315
1120	1250	-260 -326	-260 -365	-260 -425	-580 -646	-580 -685	-580 -745	-840 -906	-840 -945	-840 -1005	-1300 -1366	-1300 -1405	-1300 -1465
1250	1400	-300 -378	-300 -425	-300 -495	-640 -718	-640 -765	-640 -835	-960 -1038	-960 -1085	-960 -1155	-1450 -1528	-1450 -1575	-1450 -1645
1400	1600	-330 -408	-330 -455	-330 -525	-720 -798	-720 -845	-720 -915	-1050 -1128	-1050 -1175	-1050 -1245	-1600 -1678	-1600 -1725	-1600 -1795
1600	1800	-370 -462	-370 -520	-370 -600	-820 -912	-820 -970	-820 -1050	-1200 -1292	-1200 -1360	-1200 -1430	-1850 -1942	-1850 -2000	-1850 -2080
1800	2000	-400 -492	-400 -550	-400 -630	-920 -1012	-920 -1070	-920 -1150	-1350 -1442	-1350 -1500	-1350 -1580	-2000 -2092	-2000 -2150	-2000 -2230
2000	2240	-440 -550	-440 -615	-440 -720	-1000 -1110	-1000 -1175	-1000 -1280	-1500 -1610	-1500 -1675	-1500 -1780	-2300 -2410	-2300 -2475	-2300 -2580
2240	2500	-460 -570	-460 -635	-460 -740	-1100 -1210	-1100 -1275	-1100 -1380	-1650 -1760	-1650 -1825	-1650 -1930	-2500 -2610	-2500 -2675	-2500 -2780
2500	2800	-550 -685	-550 -760	-550 -880	-1250 -1385	-1250 -1460	-1250 -1580	-1900 -2035	-1900 -2110	-1900 -2230	-2900 -3035	-2900 -3110	-2900 -3230
2800	3150	-580 -715	-580 -790	-580 -910	-1400 -1535	-1400 -1610	-1400 -1730	-2100 -2235	-2100 -2310	-2100 -2430	-3200 -3335	-3200 -3410	-3200 -3530

表 2.2-11 轴的极限偏差 (500mm 以下) (μm)

公称尺寸/mm		a					b						c				
大于	至	9	10	11	12	13	8	9	10	11	12	13	8	9	10	11	12
—	3	−270 −295	−270 −310	−270 −330	−270 −370	−270 −410	−140 −154	−140 −165	−140 −180	−140 −200	−140 −240	−140 −280	−60 −74	−60 −85	−60 −100	−60 −120	−60 −160
3	6	−270 −300	−270 −318	−270 −345	−270 −390	−270 −450	−140 −158	−140 −170	−140 −188	−140 −215	−140 −260	−140 −320	−70 −88	−70 −100	−70 −118	−70 −145	−70 −190
6	10	−280 −316	−280 −338	−280 −370	−280 −430	−280 −500	−150 −172	−150 −186	−150 −208	−150 −240	−150 −300	−150 −370	−80 −102	−80 −116	−80 −138	−80 −170	−80 −230
10	18	−290 −333	−290 −360	−290 −400	−290 −470	−290 −560	−150 −177	−150 −193	−150 −220	−150 −260	−150 −330	−150 −420	−95 −122	−95 −138	−95 −165	−95 −205	−95 −275
18	30	−300 −352	−300 −384	−300 −430	−300 −510	−300 −630	−160 −193	−160 −212	−160 −244	−160 −290	−160 −370	−160 −490	−110 −143	−110 −162	−110 −194	−110 −240	−110 −320
30	40	−310 −372	−310 −410	−310 −470	−310 −560	−310 −700	−170 −209	−170 −232	−170 −270	−170 −330	−170 −420	−170 −560	−120 −159	−120 −182	−120 −220	−120 −280	−120 −370
40	50	−320 −382	−320 −420	−320 −480	−320 −570	−320 −710	−180 −219	−180 −242	−180 −280	−180 −340	−180 −430	−180 −570	−130 −169	−130 −192	−130 −230	−130 −290	−130 −380
50	65	−340 −414	−340 −460	−340 −530	−340 −640	−340 −800	−190 −236	−190 −264	−190 −310	−190 −380	−190 −490	−190 −650	−140 −186	−140 −214	−140 −260	−140 −330	−140 −440
65	80	−360 −434	−360 −480	−360 −550	−360 −660	−360 −820	−200 −246	−200 −274	−200 −320	−200 −390	−200 −500	−200 −660	−150 −196	−150 −224	−150 −270	−150 −340	−150 −450
80	100	−380 −467	−380 −520	−380 −600	−380 −730	−380 −920	−220 −274	−220 −307	−220 −360	−220 −440	−220 −570	−220 −760	−170 −224	−170 −257	−170 −310	−170 −390	−170 −520
100	120	−410 −497	−410 −550	−410 −630	−410 −760	−410 −950	−240 −294	−240 −327	−240 −380	−240 −460	−240 −590	−240 −780	−180 −234	−180 −267	−180 −320	−180 −400	−180 −530
120	140	−460 −560	−460 −620	−460 −710	−460 −860	−460 −1 090	−260 −323	−260 −360	−260 −420	−260 −510	−260 −660	−260 −890	−200 −263	−200 −300	−200 −360	−200 −450	−200 −600

(续)

公称尺寸/mm		a					b						c				
大于	至	9	10	11	12	13	8	9	10	11	12	13	8	9	10	11	12
140	160	-520 -620	-520 -680	-520 -770	-520 -920	-520 -1150	-280 -343	-280 -380	-280 -440	-280 -530	-280 -680	-280 -910	-210 -273	-210 -310	-210 -370	-210 -460	-210 -610
160	180	-580 -680	-580 -740	-580 -830	-580 -980	-580 -1210	-310 -373	-310 -410	-310 -470	-310 -560	-310 -710	-310 -940	-230 -293	-230 -330	-230 -390	-230 -480	-230 -630
180	200	-660 -775	-660 -845	-660 -950	-660 -1120	-660 -1380	-340 -412	-340 -455	-340 -525	-340 -630	-340 -800	-340 -1060	-240 -312	-240 -355	-240 -425	-240 -530	-240 -700
200	225	-740 -855	-740 -925	-740 -1030	-740 -1200	-740 -1460	-380 -452	-380 -495	-380 -565	-380 -670	-380 -840	-380 -1100	-260 -332	-260 -375	-260 -445	-260 -550	-260 -720
225	250	-820 -935	-820 -1005	-820 -1110	-820 -1280	-820 -1540	-420 -492	-420 -535	-420 -605	-420 -710	-420 -880	-420 -1140	-280 -352	-280 -395	-280 -465	-280 -570	-280 -740
250	280	-920 -1050	-920 -1130	-920 -1240	-920 -1440	-920 -1730	-480 -561	-480 -610	-480 -690	-480 -800	-480 -1000	-480 -1290	-300 -381	-300 -430	-300 -510	-300 -620	-300 -820
280	315	-1050 -1180	-1050 -1260	-1050 -1370	-1050 -1570	-1050 -1860	-540 -621	-540 -670	-540 -750	-540 -860	-540 -1060	-540 -1350	-330 -411	-330 -460	-330 -540	-330 -650	-330 -850
315	355	-1200 -1340	-1200 -1430	-1200 -1560	-1200 -1770	-1200 -2090	-600 -689	-600 -740	-600 -830	-600 -960	-600 -1170	-600 -1490	-360 -449	-360 -500	-360 -590	-360 -720	-360 -930
355	400	-1350 -1490	-1350 -1580	-1350 -1710	-1350 -1920	-1350 -2240	-680 -769	-680 -820	-680 -910	-680 -1040	-680 -1250	-680 -1570	-400 -489	-400 -540	-400 -630	-400 -760	-400 -970
400	450	-1500 -1655	-1500 -1750	-1500 -1900	-1500 -2130	-1500 -2470	-760 -857	-760 -915	-760 -1010	-760 -1160	-760 -1390	-760 -1730	-440 -537	-440 -595	-440 -690	-440 -840	-440 -1070
450	500	-1650 -1805	-1650 -1900	-1650 -2050	-1650 -2280	-1650 -2620	-840 -937	-840 -995	-840 -1090	-840 -1240	-840 -1470	-840 -1810	-480 -577	-480 -635	-480 -730	-480 -880	-480 -1110

注：公称尺寸小于1mm时，各级的 a 和 b 均不采用。

(续)

公称尺寸/mm		cd						d									e		
大于	至	5	6	7	8	9	10	5	6	7	8	9	10	11	12	13	5	6	7
—	3	-34 -38	-34 -40	-34 -44	-34 -48	-34 -59	-34 -74	-20 -24	-20 -26	-20 -30	-20 -34	-20 -45	-20 -60	-20 -80	-20 -120	-20 -160	-14 -18	-14 -20	-14 -24
3	6	-46 -51	-46 -54	-46 -58	-46 -64	-46 -76	-46 -94	-30 -35	-30 -38	-30 -42	-30 -48	-30 -60	-30 -78	-30 -105	-30 -150	-30 -210	-20 -25	-20 -28	-20 -32
6	10	-56 -62	-56 -65	-56 -71	-56 -78	-56 -92	-56 -114	-40 -46	-40 -49	-40 -55	-40 -62	-40 -76	-40 -98	-40 -130	-40 -190	-40 -260	-25 -31	-25 -34	-25 -40
10	18							-50 -58	-50 -61	-50 -68	-50 -77	-50 -93	-50 -120	-50 -160	-50 -230	-50 -320	-32 -40	-32 -43	-32 -50
18	30							-65 -74	-65 -78	-65 -86	-65 -98	-65 -117	-65 -149	-65 -195	-65 -275	-65 -395	-40 -49	-40 -53	-40 -61
30	50							-80 -91	-80 -96	-80 -105	-80 -119	-80 -142	-80 -180	-80 -240	-80 -330	-80 -470	-50 -61	-50 -66	-50 -75
50	80							-100 -113	-100 -119	-100 -130	-100 -146	-100 -174	-100 -220	-100 -290	-100 -400	-100 -560	-60 -73	-60 -79	-60 -90
80	120							-120 -135	-120 -142	-120 -155	-120 -174	-120 -207	-120 -260	-120 -340	-120 -470	-120 -660	-72 -87	-72 -94	-72 -107
120	180							-145 -163	-145 -170	-145 -185	-145 -208	-145 -245	-145 -305	-145 -395	-145 -545	-145 -775	-85 -103	-85 -110	-85 -125
180	250							-170 -190	-170 -199	-170 -216	-170 -242	-170 -285	-170 -355	-170 -460	-170 -630	-170 -890	-100 -120	-100 -129	-100 -146
250	315							-190 -213	-190 -222	-190 -242	-190 -271	-190 -320	-190 -400	-190 -510	-190 -710	-190 -1000	-110 -133	-110 -142	-110 -162
315	400							-210 -235	-210 -246	-210 -267	-210 -299	-210 -350	-210 -440	-210 -570	-210 -780	-210 -1100	-125 -150	-125 -161	-125 -182
400	500							-230 -257	-230 -270	-230 -293	-230 -327	-230 -385	-230 -480	-230 -630	-230 -860	-230 -1200	-135 -162	-135 -175	-135 -198

(续)

公称尺寸/mm		e			ef								f							
大于	至	8	9	10	3	4	5	6	7	8	9	10	3	4	5	6	7	8	9	10
—	3	-14 -28	-14 -39	-14 -54	-10 -12	-10 -13	-10 -14	-10 -16	-10 -20	-10 -24	-10 -35	-10 -50	-6 -8	-6 -9	-6 -10	-6 -12	-6 -16	-6 -20	-6 -31	-6 -46
3	6	-20 -38	-20 -50	-20 -68	-14 -16.5	-14 -18	-14 -19	-14 -22	-14 -26	-14 -32	-14 -44	-14 -62	-10 -12.5	-10 -14	-10 -15	-10 -18	-10 -22	-10 -28	-10 -40	-10 -58
6	10	-25 -47	-25 -61	-25 -83	-18 -20.5	-18 -22	-18 -24	-18 -27	-18 -33	-18 -40	-18 -54	-18 -76	-13 -15.5	-13 -17	-13 -19	-13 -22	-13 -28	-13 -35	-13 -49	-13 -71
10	18	-32 -59	-32 -75	-32 -102									-16 -19	-16 -21	-16 -24	-16 -27	-16 -34	-16 -43	-16 -59	-16 -86
18	30	-40 -73	-40 -92	-40 -124									-20 -24	-20 -26	-20 -29	-20 -33	-20 -41	-20 -53	-20 -72	-20 -104
30	50	-50 -89	-50 -112	-50 -150									-25 -29	-25 -32	-25 -36	-25 -41	-25 -50	-25 -64	-25 -87	-25 -125
50	80	-60 -106	-60 -134	-60 -180										-30 -38	-30 -43	-30 -49	-30 -60	-30 -76	-30 -104	
80	120	-72 -126	-72 -159	-72 -212										-36 -46	-36 -51	-36 -58	-36 -71	-36 -90	-36 -123	
120	180	-85 -148	-85 -185	-85 -245										-43 -55	-43 -61	-43 -68	-43 -83	-43 -106	-43 -143	
180	250	-100 -172	-100 -215	-100 -285										-50 -64	-50 -70	-50 -79	-50 -96	-50 -122	-50 -165	
250	315	-110 -191	-110 -240	-110 -320										-56 -72	-56 -79	-56 -88	-56 -108	-56 -137	-56 -185	
315	400	-125 -214	-125 -265	-125 -355										-62 -80	-62 -87	-62 -98	-62 -119	-62 -151	-62 -202	
400	500	-135 -232	-135 -290	-135 -385										-68 -88	-68 -95	-68 -108	-68 -131	-68 -165	-68 -223	

(续)

公称尺寸/mm		fg								g							
大于	至	3	4	5	6	7	8	9	10	3	4	5	6	7	8	9	10
—	3	−4 −6	−4 −7	−4 −8	−4 −10	−4 −14	−4 −18	−4 −29	−4 −44	−2 −4	−2 −5	−2 −6	−2 −8	−2 −12	−2 −16	−2 −27	−2 −42
3	6	−6 −8.5	−6 −10	−6 −11	−6 −14	−6 −18	−6 −24	−6 −36	−6 −54	−4 −6.5	−4 −8	−4 −9	−4 −12	−4 −16	−4 −22	−4 −34	−4 −52
6	10	−8 −10.5	−8 −12	−8 −14	−8 −17	−8 −23	−8 −30	−8 −44	−8 −66	−5 −7.5	−5 −9	−5 −11	−5 −14	−5 −20	−5 −27	−5 −41	−5 −63
10	18									−6 −9	−6 −11	−6 −14	−6 −17	−6 −24	−6 −33	−6 −49	−6 −76
18	30									−7 −11	−7 −13	−7 −16	−7 −20	−7 −28	−7 −40	−7 −59	−7 −91
30	50									−9 −13	−9 −16	−9 −20	−9 −25	−9 −34	−9 −48	−9 −71	−9 −109
50	80										−10 −18	−10 −23	−10 −29	−10 −40	−10 −56		
80	120										−12 −22	−12 −27	−12 −34	−12 −47	−12 −66		
120	180										−14 −26	−14 −32	−14 −39	−14 −54	−14 −77		
180	250										−15 −29	−15 −35	−15 −44	−15 −61	−15 −87		
250	315										−17 −33	−17 −40	−17 −49	−17 −69	−17 −98		
315	400										−18 −36	−18 −43	−18 −54	−18 −75	−18 −107		
400	500										−20 −40	−20 −47	−20 −60	−20 −83	−20 −117		

(续)

公称尺寸/mm		h 偏差																
大于	至	1	2	3	4	5	6	7	8	9	10	11	12	13	14	15	16	17	18
		μm											mm						
—	3	0 -0.8	0 -1.2	0 -2	0 -3	0 -4	0 -6	0 -10	0 -14	0 -25	0 -40	0 -60	0 -0.1	0 -0.14	0 -0.25	0 -0.4	0 -0.6		
3	6	0 -1	0 -1.5	0 -2.5	0 -4	0 -5	0 -8	0 -12	0 -18	0 -30	0 -48	0 -75	0 -0.12	0 -0.18	0 -0.3	0 -0.48	0 -0.75	0 -1.2	0 -1.8
6	10	0 -1	0 -1.5	0 -2.5	0 -4	0 -6	0 -9	0 -15	0 -22	0 -36	0 -58	0 -90	0 -0.15	0 -0.22	0 -0.36	0 -0.58	0 -0.9	0 -1.5	0 -2.2
10	18	0 -1.2	0 -2	0 -3	0 -5	0 -8	0 -11	0 -18	0 -27	0 -43	0 -70	0 -110	0 -0.18	0 -0.27	0 -0.43	0 -0.7	0 -1.1	0 -1.8	0 -2.7
18	30	0 -1.5	0 -2.5	0 -4	0 -6	0 -9	0 -13	0 -21	0 -33	0 -52	0 -84	0 -130	0 -0.21	0 -0.33	0 -0.52	0 -0.84	0 -1.3	0 -2.1	0 -3.3
30	50	0 -1.5	0 -2.5	0 -4	0 -7	0 -11	0 -16	0 -25	0 -39	0 -62	0 -100	0 -160	0 -0.25	0 -0.39	0 -0.62	0 -1	0 -1.6	0 -2.5	0 -3.9
50	80	0 -2	0 -3	0 -5	0 -8	0 -13	0 -19	0 -30	0 -46	0 -74	0 -120	0 -190	0 -0.3	0 -0.46	0 -0.74	0 -1.2	0 -1.9	0 -3	0 -4.6
80	120	0 -2.5	0 -4	0 -6	0 -10	0 -15	0 -22	0 -35	0 -54	0 -87	0 -140	0 -220	0 -0.35	0 -0.54	0 -0.87	0 -1.4	0 -2.2	0 -3.5	0 -5.4
120	180	0 -3.5	0 -5	0 -8	0 -12	0 -18	0 -25	0 -40	0 -63	0 -100	0 -160	0 -250	0 -0.4	0 -0.63	0 -1	0 -1.6	0 -2.5	0 -4	0 -6.3
180	250	0 -4.5	0 -7	0 -10	0 -14	0 -20	0 -29	0 -46	0 -72	0 -115	0 -185	0 -290	0 -0.46	0 -0.72	0 -1.15	0 -1.85	0 -2.9	0 -4.6	0 -7.2
250	315	0 -6	0 -8	0 -12	0 -16	0 -23	0 -32	0 -52	0 -81	0 -130	0 -210	0 -320	0 -0.52	0 -0.81	0 -1.3	0 -2.1	0 -3.2	0 -5.2	0 -8.1
315	400	0 -7	0 -9	0 -13	0 -18	0 -25	0 -36	0 -57	0 -89	0 -140	0 -230	0 -360	0 -0.57	0 -0.89	0 -1.4	0 -2.3	0 -3.6	0 -5.7	0 -8.9
400	500	0 -8	0 -10	0 -15	0 -20	0 -27	0 -40	0 -63	0 -97	0 -155	0 -250	0 -400	0 -0.63	0 -0.97	0 -1.55	0 -2.5	0 -4	0 -6.3	0 -9.7

（续）

公称尺寸/mm		偏差 js																
大于	至	1	2	3	4	5	6	7	8	9	10	11	12	13	14	15	16	17	18
		μm											mm						
—	3	+0.4 -0.4	+0.6 -0.6	+1 -1	+1.5 -1.5	+2 -2	+3 -3	+5 -5	+7 -7	+12 -12	+20 -20	+30 -30	+0.05 -0.05	+0.07 -0.07	+0.125 -0.125	+0.2 -0.2	+0.3 -0.3		+0.9 -0.9
3	6	+0.5 -0.5	+0.75 -0.75	+1.25 -1.25	+2 -2	+2.5 -2.5	+4 -4	+6 -6	+9 -9	+15 -15	+24 -24	+37 -37	+0.06 -0.06	+0.09 -0.09	+0.15 -0.15	+0.24 -0.24	+0.375 -0.375	+0.6 -0.6	+0.9 -0.9
6	10	+0.5 -0.5	+0.75 -0.75	+1.25 -1.25	+2 -2	+3 -3	+4.5 -4.5	+7 -7	+11 -11	+18 -18	+29 -29	+45 -45	+0.075 -0.075	+0.11 -0.11	+0.18 -0.18	+0.29 -0.29	+0.45 -0.45	+0.75 -0.75	+1.1 -1.1
10	18	+0.6 -0.6	+1 -1	+1.5 -1.5	+2.5 -2.5	+4 -4	+5.5 -5.5	+9 -9	+13 -13	+21 -21	+35 -35	+55 -55	+0.09 -0.09	+0.135 -0.135	+0.215 -0.215	+0.35 -0.35	+0.55 -0.55	+0.9 -0.9	+1.35 -1.35
18	30	+0.75 -0.75	+1.25 -1.25	+2 -2	+3 -3	+4.5 -4.5	+6.5 -6.5	+10 -10	+16 -16	+26 -26	+42 -42	+65 -65	+0.105 -0.105	+0.165 -0.165	+0.26 -0.26	+0.42 -0.42	+0.65 -0.65	+1.05 -1.05	+1.65 -1.65
30	50	+0.75 -0.75	+1.25 -1.25	+2 -2	+3.5 -3.5	+5.5 -5.5	+8 -8	+12 -12	+19 -19	+31 -31	+50 -50	+80 -80	+0.125 -0.125	+0.195 -0.195	+0.31 -0.31	+0.5 -0.5	+0.8 -0.8	+1.25 -1.25	+1.95 -1.95
50	80	+1 -1	+1.5 -1.5	+2.5 -2.5	+4 -4	+6.5 -6.5	+9.5 -9.5	+15 -15	+23 -23	+37 -37	+60 -60	+95 -95	+0.15 -0.15	+0.23 -0.23	+0.37 -0.37	+0.6 -0.6	+0.95 -0.95	+1.5 -1.5	+2.3 -2.3
80	120	+1.25 -1.25	+2 -2	+3 -3	+5 -5	+7.5 -7.5	+11 -11	+17 -17	+27 -27	+43 -43	+70 -70	+110 -110	+0.175 -0.175	+0.27 -0.27	+0.435 -0.435	+0.7 -0.7	+1.1 -1.1	+1.75 -1.75	+2.7 -2.7
120	180	+1.75 -1.75	+2.5 -2.5	+4 -4	+6 -6	+9 -9	+12.5 -12.5	+20 -20	+31 -31	+50 -50	+80 -80	+125 -125	+0.2 -0.2	+0.315 -0.315	+0.5 -0.5	+0.8 -0.8	+1.25 -1.25	+2 -2	+3.15 -3.15
180	250	+2.25 -2.25	+3.5 -3.5	+5 -5	+7 -7	+10 -10	+14.5 -14.5	+23 -23	+36 -36	+57 -57	+92 -92	+145 -145	+0.23 -0.23	+0.36 -0.36	+0.575 -0.575	+0.925 -0.925	+1.45 -1.45	+2.3 -2.3	+3.6 -3.6
250	315	+3 -3	+4 -4	+6 -6	+8 -8	+11.5 -11.5	+16 -16	+26 -26	+40 -40	+65 -65	+105 -105	+160 -160	+0.26 -0.26	+0.405 -0.405	+0.65 -0.65	+1.05 -1.05	+1.6 -1.6	+2.6 -2.6	+4.05 -4.05
315	400	+3.5 -3.5	+4.5 -4.5	+6.5 -6.5	+9 -9	+12.5 -12.5	+18 -18	+28 -28	+44 -44	+70 -70	+115 -115	+180 -180	+0.285 -0.285	+0.445 -0.445	+0.7 -0.7	+1.15 -1.15	+1.8 -1.8	+2.85 -2.85	+4.45 -4.45
400	500	+4 -4	+5 -5	+7.5 -7.5	+10 -10	+13.5 -13.5	+20 -20	+31 -31	+48 -48	+77 -77	+125 -125	+200 -200	+0.315 -0.315	+0.485 -0.485	+0.775 -0.775	+1.25 -1.25	+2 -2	+3.15 -3.15	+4.85 -4.85

(续)

公称尺寸/mm		j				k											m			
大于	至	5	6	7	8	3	4	5	6	7	8	9	10	11	12	13	3	4	5	6
—	3	+2/-2	+4/-2	+6/-4	+8/-6	+2/0	+3/0	+4/0	+6/0	+10/0	+14/0	+25/0	+40/0	+60/0	+100/0	+140/0	+4/+2	+5/+2	+6/+2	+8/+2
3	6	-3/-2	+6/-2	+8/-4		+2.5/0	+5/+1	+6/+1	+9/+1	+13/+1	+18/0	+30/0	+48/0	+75/0	+120/0	+180/0	+6.5/+4	+8/+4	+9/+4	+12/+4
6	10	+4/-2	+7/-2	+10/-5		+2.5/0	+5/+1	+7/+1	+10/+1	+16/+1	+22/0	+36/0	+58/0	+90/0	+150/0	+220/0	+8.5/+6	+10/+6	+12/+6	+15/+6
10	18	+5/-3	+8/-3	+12/-6		+3/0	+6/+1	+9/+1	+12/+1	+19/+1	+27/0	+43/0	+70/0	+110/0	+180/0	+270/0	+10/+7	+12/+7	+15/+7	+18/+7
18	30	+5/-4	+9/-4	+13/-8		+4/0	+8/+2	+11/+2	+15/+2	+23/+2	+33/0	+52/0	+84/0	+130/0	+210/0	+330/0	+12/+8	+14/+8	+17/+8	+21/+8
30	50	+6/-5	+11/-5	+15/-10		+4/0	+9/+2	+13/+2	+18/+2	+27/+2	+39/0	+62/0	+100/0	+160/0	+250/0	+390/0	+13/+9	+16/+9	+20/+9	+25/+9
50	80	+6/-7	+12/-7	+18/-12			+10/+2	+15/+2	+21/+2	+32/+2	+46/0	+74/0	+120/0	+190/0	+300/0	+460/0		+19/+11	+24/+11	+30/+11
80	120	+6/-9	+13/-9	+20/-15			+13/+3	+18/+3	+25/+3	+38/+3	+54/0	+87/0	+140/0	+220/0	+350/0	+540/0		+23/+13	+28/+13	+35/+13
120	180	+7/-11	+14/-11	+22/-18			+15/+3	+21/+3	+28/+3	+43/+3	+63/0	+100/0	+160/0	+250/0	+400/0	+630/0		+27/+15	+33/+15	+40/+15
180	250	+7/-13	+16/-13	+25/-21			+18/+4	+24/+4	+33/+4	+50/+4	+72/0	+115/0	+185/0	+290/0	+460/0	+720/0		+31/+17	+37/+17	+46/+17
250	315	+7/-16	+16/-16	±26			+20/+4	+27/+4	+36/+4	+56/+4	+81/0	+130/0	+210/0	+320/0	+520/0	+810/0		+36/+20	+43/+20	+52/+20
315	400	+7/-18	+18/-18	+29/-28			+22/+4	+29/+4	+40/+4	+61/+4	+89/0	+140/0	+230/0	+360/0	+570/0	+890/0		+39/+21	+46/+21	+57/+21
400	500	+7/-20	+20/-20	+31/-32			+25/+5	+32/+5	+45/+5	+68/+5	+97/0	+155/0	+250/0	+400/0	+630/0	+970/0		+43/+23	+50/+23	+63/+23

(续)

公称尺寸/mm		m			n							p							
大于	至	7	8	9	3	4	5	6	7	8	9	3	4	5	6	7	8	9	10
—	3	+12 +2	+16 +2	+27 +2	+6 +4	+7 +4	+8 +4	+10 +4	+14 +4	+18 +4	+29 +4	+8 +6	+9 +6	+10 +6	+12 +6	+16 +6	+20 +6	+31 +6	+46 +6
3	6	+16 +4	+22 +4	+34 +4	+10.5 +8	+12 +8	+13 +8	+16 +8	+20 +8	+26 +8	+38 +8	+14.5 +12	+16 +12	+17 +12	+20 +12	+24 +12	+30 +12	+42 +12	+60 +12
6	10	+21 +6	+28 +6	+42 +6	+12.5 +10	+14 +10	+16 +10	+19 +10	+25 +10	+32 +10	+46 +10	+17.5 +15	+19 +15	+21 +15	+24 +15	+30 +15	+37 +15	+51 +15	+73 +15
10	18	+25 +7	+34 +7	+50 +7	+15 +12	+17 +12	+20 +12	+23 +12	+30 +12	+39 +12	+55 +12	+21 +18	+23 +18	+26 +18	+29 +18	+36 +18	+45 +18	+61 +18	+88 +18
18	30	+29 +8	+41 +8	+60 +8	+19 +15	+21 +15	+24 +15	+28 +15	+36 +15	+48 +15	+67 +15	+26 +22	+28 +22	+31 +22	+35 +22	+43 +22	+55 +22	+74 +22	+106 +22
30	50	+34 +9	+48 +9	+71 +9	+21 +17	+24 +17	+28 +17	+33 +17	+42 +17	+56 +17	+79 +17	+30 +26	+33 +26	+37 +26	+42 +26	+51 +26	+65 +26	+88 +26	+126 +26
50	80	+41 +11	+48 +13			+28 +20	+33 +20	+39 +20	+50 +20				+40 +32	+45 +32	+51 +32	+62 +32	+78 +32		
80	120	+48 +13	+55 +15			+33 +23	+38 +23	+45 +23	+58 +23				+47 +37	+52 +37	+59 +37	+72 +37	+91 +37		
120	180	+55 +15	+63 +17			+39 +27	+45 +27	+52 +27	+67 +27				+55 +43	+61 +43	+68 +43	+83 +43	+106 +43		
180	250	+63 +17	+72 +20			+45 +31	+51 +31	+60 +31	+77 +31				+64 +50	+70 +50	+79 +50	+96 +50	+122 +50		
250	315	+72 +20	+78 +21			+50 +34	+57 +34	+66 +34	+86 +34				+72 +56	+79 +56	+88 +56	+108 +56	+137 +56		
315	400	+78 +21	+86 +23			+55 +37	+62 +37	+73 +37	+94 +37				+80 +62	+87 +62	+98 +62	+119 +62	+151 +62		
400	500	+86 +23				+60 +40	+67 +40	+80 +40	+103 +40				+88 +68	+95 +68	+108 +68	+131 +68	+165 +68		

(续)

公称尺寸 /mm		r								s							t				u				
大于	至	3	4	5	6	7	8	9	10	3	4	5	6	7	8	9	10	5	6	7	8	5	6	7	8	9
—	3	+12 +10	+13 +10	+14 +10	+16 +10	+20 +10	+24 +10	+35 +10	+50 +10	+16 +14	+17 +14	+18 +14	+20 +14	+24 +14	+28 +14	+39 +14	+54 +14					+22 +18	+24 +18	+28 +18	+32 +18	+43 +18
3	6	+17.5 +15	+19 +15	+20 +15	+23 +15	+27 +15	+33 +15	+45 +15	+63 +15	+21.5 +19	+23 +19	+24 +19	+27 +19	+31 +19	+37 +19	+49 +19	+67 +19					+28 +23	+31 +23	+35 +23	+41 +23	+53 +23
6	10	+21.5 +19	+23 +19	+25 +19	+28 +19	+34 +19	+41 +19	+55 +19	+77 +19	+25.5 +23	+27 +23	+29 +23	+32 +23	+38 +23	+45 +23	+59 +23	+81 +23					+34 +28	+37 +28	+43 +28	+50 +28	+64 +28
10	18	+26 +23	+28 +23	+31 +23	+34 +23	+41 +23	+50 +23	+66 +23	+93 +23	+31 +28	+33 +28	+36 +28	+39 +28	+46 +28	+55 +28	+71 +28	+98 +28					+41 +33	+44 +33	+51 +33	+60 +33	+76 +33
18	24	+32 +28	+34 +28	+37 +28	+41 +28	+49 +28	+61 +28	+80 +28	+112 +28	+39 +35	+41 +35	+44 +35	+48 +35	+56 +35	+68 +35	+87 +35	+119 +35	+50 +41	+54 +41	+62 +41	+74 +41	+57 +41	+61 +41	+69 +41	+81 +41	+100 +41
24	30																	+59 +48	+64 +48	+73 +48	+87 +48	+71 +48	+76 +48	+85 +48	+99 +48	+122 +48
30	40	+38 +34	+41 +34	+45 +34	+50 +34	+59 +34	+73 +34	+96 +34	+134 +34	+47 +43	+50 +43	+54 +43	+59 +43	+68 +43	+82 +43	+105 +43	+143 +43	+65 +54	+70 +54	+79 +54	+93 +54	+81 +60	+86 +60	+95 +60	+109 +60	+132 +60
40	50																					+70 +70				
50	65		+49 +41	+54 +41	+60 +41	+71 +41	+87 +41				+61 +53	+66 +53	+72 +53	+83 +53	+99 +53	+127 +53		+79 +66	+85 +66	+96 +66	+112 +66	+100 +87	+106 +87	+117 +87	+183 +87	+161 +87
65	80		+51 +43	+56 +43	+62 +43	+72 +43	+89 +43				+67 +59	+72 +59	+78 +59	+89 +59	+105 +59	+133 +59		+88 +75	+94 +75	+105 +75	+121 +75	+115 +102	+121 +102	+132 +102	+148 +102	+176 +102
80	100		+61 +51	+66 +51	+73 +51	+86 +51	+105 +51				+81 +71	+86 +71	+93 +71	+106 +71	+125 +71	+158 +71		+106 +91	+113 +91	+126 +91	+145 +91	+139 +124	+146 +124	+159 +124	+178 +124	+211 +124
100	120		+64 +54	+69 +54	+76 +54	+89 +54	+108 +54				+89 +79	+94 +79	+101 +79	+114 +79	+133 +79	+166 +79		+119 +104	+126 +104	+139 +104	+158 +104	+159 +144	+166 +144	+179 +144	+198 +144	+231 +144

（续）

公称尺寸/mm		r								s								t				u				
大于	至	3	4	5	6	7	8	9	10	3	4	5	6	7	8	9	10	5	6	7	8	5	6	7	8	9
120	140		+75/+63	+81/+63	+88/+63	+103/+63	+126/+63				+104/+92	+110/+92	+117/+92	+132/+92	+155/+92	+192/+92		+140/+122	+147/+122	+162/+122	+185/+122	+188/+170	+195/+170	+210/+170	+233/+170	+270/+170
140	160		+77/+65	+83/+65	+90/+65	+105/+65	+128/+65				+112/+100	+118/+100	+125/+100	+140/+100	+163/+100	+200/+100		+152/+134	+159/+134	+174/+134	+197/+134	+208/+190	+215/+190	+230/+190	+253/+190	+290/+190
160	180		+80/+68	+86/+68	+93/+68	+108/+68	+131/+68				+120/+108	+126/+108	+133/+108	+148/+108	+171/+108	+208/+108		+164/+146	+171/+146	+186/+146	+209/+146	+228/+210	+235/+210	+250/+210	+273/+210	+310/+210
180	200		+91/+77	+97/+77	+106/+77	+123/+77	+149/+77				+136/+122	+142/+122	+151/+122	+168/+122	+194/+122	+237/+122		+186/+166	+195/+166	+212/+166	+238/+166	+256/+236	+265/+236	+282/+236	+308/+236	+351/+236
200	225		+94/+80	+100/+80	+109/+80	+126/+80	+152/+80				+144/+130	+150/+130	+159/+130	+176/+130	+202/+130	+245/+130		+200/+180	+209/+180	+226/+180	+252/+180	+278/+258	+287/+258	+304/+258	+330/+258	+373/+258
225	250		+98/+84	+104/+84	+113/+84	+130/+84	+156/+84				+154/+140	+160/+140	+169/+140	+186/+140	+212/+140	+255/+140		+216/+196	+225/+196	+242/+196	+268/+196	+304/+284	+313/+284	+330/+284	+356/+284	+399/+284
250	280		+110/+94	+117/+94	+126/+94	+146/+94	+175/+94				+174/+158	+181/+158	+190/+158	+210/+158	+239/+158	+288/+158		+241/+218	+250/+218	+270/+218	+299/+218	+338/+315	+347/+315	+367/+315	+396/+315	+445/+315
280	315		+114/+98	+121/+98	+130/+98	+150/+98	+179/+98				+186/+170	+193/+170	+202/+170	+222/+170	+251/+170	+300/+170		+263/+240	+272/+240	+292/+240	+321/+240	+373/+350	+382/+350	+402/+350	+431/+350	+480/+350
315	355		+126/+108	+133/+108	+144/+108	+165/+108	+197/+108				+208/+190	+215/+190	+226/+190	+247/+190	+279/+190	+330/+190		+293/+268	+304/+268	+325/+268	+357/+268	+415/+390	+426/+390	+447/+390	+479/+390	+530/+390
355	400		+132/+114	+139/+114	+150/+114	+171/+114	+203/+114				+226/+208	+233/+208	+244/+208	+265/+208	+297/+208	+348/+208		+319/+294	+330/+294	+351/+294	+383/+294	+460/+435	+471/+435	+492/+435	+524/+435	+575/+435
400	450		+146/+126	+153/+126	+166/+126	+189/+126	+223/+126				+252/+232	+259/+232	+272/+232	+295/+232	+329/+232	+387/+232		+357/+330	+370/+330	+393/+330	+427/+330	+517/+490	+530/+490	+553/+490	+587/+490	+645/+490
450	500		+152/+132	+159/+132	+172/+132	+195/+132	+229/+132				+272/+252	+279/+252	+292/+252	+315/+252	+349/+252	+407/+252		+387/+360	+400/+360	+423/+360	+457/+360	+567/+540	+580/+540	+603/+540	+637/+540	+695/+540

第2章 极限、配合与公差

（续）

公称尺寸/mm		v				x						y				
大于	至	5	6	7	8	5	6	7	8	9	10	6	7	8	9	10
—	3					+24 +20	+26 +20	+30 +20	+34 +20	+45 +20	+60 +20					
3	6					+33 +28	+36 +28	+40 +28	+46 +28	+58 +28	+76 +28					
6	10					+40 +34	+43 +34	+49 +34	+56 +34	+70 +34	+92 +34					
10	14					+48 +40	+51 +40	+58 +40	+67 +40	+83 +40	+110 +40					
14	18	+47 +39	+50 +39	+57 +39	+66 +39	+53 +45	+56 +45	+63 +45	+72 +45	+88 +45	+115 +45					
18	24	+56 +47	+60 +47	+68 +47	+80 +47	+63 +54	+67 +54	+75 +54	+87 +54	+106 +54	+138 +54	+76 +63	+84 +63	+96 +63	+115 +63	+147 +63
24	30	+64 +55	+68 +55	+76 +55	+88 +55	+73 +64	+77 +64	+85 +64	+97 +64	+116 +64	+148 +64	+88 +75	+96 +75	+108 +75	+127 +75	+159 +75
30	40	+79 +68	+84 +68	+93 +68	+107 +68	+91 +80	+96 +80	+105 +80	+119 +80	+142 +80	+180 +80	+110 +94	+119 +94	+133 +94	+156 +94	+194 +94
40	50	+92 +81	+97 +81	+106 +81	+120 +81	+108 +97	+113 +97	+122 +97	+136 +97	+159 +97	+197 +97	+130 +114	+139 +114	+153 +114	+176 +114	+214 +114
50	65	+115 +102	+121 +102	+132 +102	+148 +102	+135 +122	+141 +122	+152 +122	+168 +122	+196 +122	+242 +122	+163 +144	+174 +144	+190 +144		
65	80	+133 +120	+139 +120	+150 +120	+166 +120	+159 +146	+165 +146	+176 +146	+192 +146	+220 +146	+266 +146	+193 +174	+204 +174	+220 +174		
80	100	+161 +146	+168 +146	+181 +146	+200 +146	+193 +178	+200 +178	+213 +178	+232 +178	+265 +178	+318 +178	+236 +214	+249 +214	+268 +214		
100	120	+187 +172	+194 +172	+207 +172	+226 +172	+225 +210	+232 +210	+245 +210	+264 +210	+297 +210	+350 +210	+276 +254	+289 +254	+308 +254		

(续)

公称尺寸/mm		v				x						y			
大于	至	5	6	7	8	5	6	7	8	9	10	6	7	8	9	10
120	140	+220 +202	+227 +202	+242 +202	+265 +202	+266 +248	+273 +248	+288 +248	+311 +248	+348 +248	+408 +248	+325 +300	+340 +300	+363 +300		
140	160	+246 +228	+253 +228	+268 +228	+291 +228	+298 +280	+305 +280	+320 +280	+343 +280	+380 +280	+440 +280	+365 +340	+380 +340	+403 +340		
160	180	+270 +252	+277 +252	+292 +252	+315 +252	+328 +310	+335 +310	+350 +310	+373 +310	+410 +310	+470 +310	+405 +380	+420 +380	+443 +380		
180	200	+304 +284	+313 +284	+330 +284	+356 +284	+370 +350	+379 +350	+396 +350	+422 +350	+465 +350	+535 +350	+454 +425	+471 +425	+497 +425		
200	225	+330 +310	+339 +310	+356 +310	+382 +310	+405 +385	+414 +385	+431 +385	+457 +385	+500 +385	+570 +385	+499 +470	+516 +470	+542 +470		
225	250	+360 +340	+369 +340	+386 +340	+412 +340	+445 +425	+454 +425	+471 +425	+497 +425	+540 +425	+610 +425	+549 +520	+566 +520	+592 +520		
250	280	+408 +385	+417 +385	+437 +385	+466 +385	+498 +475	+507 +475	+527 +475	+556 +475	+605 +475	+685 +475	+612 +580	+632 +580	+661 +580		
280	315	+448 +425	+457 +425	+477 +425	+506 +425	+548 +525	+557 +525	+577 +525	+606 +525	+655 +525	+735 +525	+682 +650	+702 +650	+731 +650		
315	355	+500 +475	+511 +475	+532 +475	+564 +475	+615 +590	+626 +590	+647 +590	+679 +590	+730 +590	+820 +590	+766 +730	+787 +730	+819 +730		
355	400	+555 +530	+566 +530	+587 +530	+619 +530	+685 +660	+696 +660	+717 +660	+749 +660	+800 +660	+890 +660	+856 +820	+877 +820	+909 +820		
400	450	+622 +595	+635 +595	+658 +595	+692 +595	+767 +740	+780 +740	+803 +740	+837 +740	+895 +740	+990 +740	+960 +920	+983 +920	+1017 +920		
450	500	+687 +660	+700 +660	+723 +660	+757 +660	+847 +820	+860 +820	+883 +820	+917 +820	+975 +820	+1070 +820	+1040 +1000	+1063 +1000	+1097 +1000		

(续)

公称尺寸/mm 大于	至	z 6	z 7	z 8	z 9	z 10	z 11	za 6	za 7	za 8	za 9	za 10	za 11
—	3	+32 +26	+36 +26	+40 +26	+51 +26	+66 +26	+86 +26	+38 +32	+42 +32	+46 +32	+57 +32	+72 +32	+92 +32
3	6	+43 +35	+47 +35	+53 +35	+65 +35	+83 +35	+110 +35	+50 +42	+54 +42	+60 +42	+72 +42	+90 +42	+117 +42
6	10	+51 +42	+57 +42	+64 +42	+78 +42	+100 +42	+132 +42	+61 +52	+67 +52	+74 +52	+88 +52	+110 +52	+142 +52
10	14	+61 +50	+68 +50	+77 +50	+93 +50	+120 +50	+160 +50	+75 +64	+82 +64	+91 +64	+107 +64	+134 +64	+174 +64
14	18	+71 +60	+78 +60	+87 +60	+103 +60	+130 +60	+170 +60	+88 +77	+95 +77	+104 +77	+120 +77	+147 +77	+187 +77
18	24	+86 +73	+94 +73	+106 +73	+125 +73	+157 +73	+203 +73	+111 +98	+119 +98	+131 +98	+150 +98	+182 +98	+228 +98
24	30	+101 +88	+109 +88	+121 +88	+140 +88	+172 +88	+218 +88	+131 +118	+139 +118	+151 +118	+170 +118	+202 +118	+248 +118
30	40	+128 +112	+137 +112	+151 +112	+174 +112	+212 +112	+272 +112	+164 +148	+173 +148	+187 +148	+210 +148	+248 +148	+308 +148
40	50	+152 +136	+161 +136	+175 +136	+198 +136	+236 +136	+296 +136	+196 +180	+205 +180	+219 +180	+242 +180	+280 +180	+340 +180
50	65	+191 +172	+202 +172	+218 +172	+246 +172	+292 +172	+362 +172	+245 +226	+256 +226	+272 +226	+300 +226	+346 +226	+416 +226
65	80	+229 +210	+240 +210	+256 +210	+284 +210	+330 +210	+400 +210	+293 +274	+304 +274	+320 +274	+348 +274	+394 +274	+464 +274
80	100	+280 +258	+293 +258	+312 +258	+345 +258	+398 +258	+478 +258	+357 +335	+370 +335	+389 +335	+422 +335	+475 +335	+555 +335

(续)

公称尺寸/mm		z						za					
大于	至	6	7	8	9	10	11	6	7	8	9	10	11
100	120	+332 +310	+345 +310	+364 +310	+397 +310	+450 +310	+530 +310	+422 +400	+435 +400	+454 +400	+487 +400	+540 +400	+620 +400
120	140	+390 +365	+405 +365	+428 +365	+465 +365	+525 +365	+615 +365	+495 +470	+510 +470	+533 +470	+570 +470	+630 +470	+720 +470
140	160	+440 +415	+455 +415	+478 +415	+515 +415	+575 +415	+665 +415	+560 +535	+575 +535	+598 +535	+635 +535	+695 +535	+785 +535
160	180	+490 +465	+505 +465	+528 +465	+565 +465	+625 +465	+715 +465	+625 +600	+640 +600	+663 +600	+700 +600	+760 +600	+850 +600
180	200	+549 +520	+566 +520	+595 +520	+635 +520	+705 +520	+810 +520	+699 +670	+716 +670	+742 +670	+785 +670	+855 +670	+960 +670
200	225	+604 +575	+621 +575	+647 +575	+690 +575	+760 +575	+865 +575	+769 +740	+786 +740	+812 +740	+855 +740	+925 +740	+1030 +740
225	250	+669 +640	+686 +640	+712 +640	+755 +640	+825 +640	+930 +640	+849 +820	+866 +820	+892 +820	+935 +820	+1005 +820	+1110 +820
250	280	+742 +710	+762 +710	+791 +710	+840 +710	+920 +710	+1030 +710	+952 +920	+972 +920	+1001 +920	+1050 +920	+1130 +920	+1240 +920
280	315	+822 +790	+842 +790	+871 +790	+920 +790	+1000 +790	+1110 +790	+1032 +1000	+1052 +1000	+1081 +1000	+1130 +1000	+1210 +1000	+1320 +1000
315	355	+936 +900	+957 +900	+989 +900	+1040 +900	+1130 +900	+1260 +900	+1186 +1150	+1207 +1150	+1239 +1150	+1290 +1150	+1380 +1150	+1510 +1150
355	400	+1036 +1000	+1057 +1000	+1089 +1000	+1140 +1000	+1230 +1000	+1360 +1000	+1336 +1300	+1357 +1300	+1389 +1300	+1440 +1300	+1530 +1300	+1660 +1300
400	450	+1140 +1100	+1163 +1100	+1197 +1100	+1255 +1100	+1350 +1100	+1500 +1100	+1490 +1450	+1513 +1450	+1547 +1450	+1605 +1450	+1700 +1450	+1850 +1450
450	500	+1290 +1250	+1313 +1250	+1347 +1250	+1405 +1250	+1500 +1250	+1650 +1250	+1640 +1600	+1663 +1600	+1697 +1600	+1755 +1600	+1850 +1600	+2000 +1600

第 2 章 极限、配合与公差

(续)

公称尺寸/mm		zb					zc				
大于	至	7	8	9	10	11	7	8	9	10	11
—	3	+50 +40	+54 +40	+65 +40	+80 +40	+100 +40	+70 +60	+74 +60	+85 +60	+100 +60	+120 +60
3	6	+62 +50	+68 +50	+80 +50	+98 +50	+125 +50	+92 +80	+98 +80	+110 +80	+128 +80	+155 +80
6	10	+82 +67	+89 +67	+103 +67	+125 +67	+157 +67	+112 +97	+119 +97	+133 +97	+155 +97	+187 +97
10	14	+108 +90	+117 +90	+133 +90	+160 +90	+200 +90	+148 +130	+157 +130	+173 +130	+200 +130	+240 +130
14	18	+126 +108	+135 +108	+151 +108	+178 +108	+218 +108	+168 +150	+177 +150	+193 +150	+220 +150	+260 +150
18	24	+157 +136	+169 +136	+188 +136	+220 +136	+266 +136	+209 +188	+221 +188	+240 +188	+272 +188	+318 +188
24	30	+181 +160	+193 +160	+212 +160	+244 +160	+290 +160	+239 +218	+251 +218	+270 +218	+302 +218	+348 +218
30	40	+225 +200	+239 +200	+262 +200	+300 +200	+360 +200	+299 +274	+313 +274	+336 +274	+374 +274	+434 +274
40	50	+267 +242	+281 +242	+304 +242	+342 +242	+402 +242	+350 +325	+364 +325	+387 +325	+425 +325	+485 +325
50	65	+330 +300	+346 +300	+374 +300	+420 +300	+490 +300	+435 +405	+451 +405	+479 +405	+525 +405	+595 +405
65	80	+390 +360	+406 +360	+434 +360	+480 +360	+550 +360	+510 +480	+526 +480	+554 +480	+600 +480	+670 +480
80	100	+480 +445	+499 +445	+532 +445	+585 +445	+665 +445	+620 +585	+639 +585	+672 +585	+725 +585	+805 +585
100	120	+560 +525	+579 +525	+612 +525	+665 +525	+745 +525	+725 +690	+744 +690	+777 +690	+830 +690	+910 +690
120	140	+660 +620	+683 +620	+720 +620	+780 +620	+870 +620	+840 +800	+863 +800	+900 +800	+960 +800	+1 050 +800

（续）

公称尺寸/mm		zb					zc				
大于	至	7	8	9	10	11	7	8	9	10	11
140	160	+740 +700	+763 +700	+800 +700	+860 +700	+950 +700	+940 +900	+963 +900	+1000 +900	+1060 +900	+1150 +900
160	180	+820 +780	+843 +780	+880 +780	+940 +780	+1030 +780	+1040 +1000	+1063 +1000	+1100 +1000	+1160 +1000	+1250 +1000
180	200	+926 +880	+952 +880	+995 +880	+1065 +880	+1170 +880	+1196 +1150	+1222 +1150	+1265 +1150	+1335 +1150	+1440 +1150
200	225	+1160 +960	+1032 +960	+1075 +960	+1450 +960	+1250 +960	+1296 +1250	+1322 +1250	+1365 +1250	+1435 +1250	+1540 +1250
225	250	+1096 +1050	+1122 +1050	+1165 +1050	+1235 +1050	+1340 +1050	+1396 +1350	+1422 +1350	+1465 +1350	+1535 +1350	+1640 +1350
250	280	+1252 +1200	+1281 +1200	+1380 +1200	+1410 +1200	+1520 +1200	+1602 +1550	+1631 +1550	+1680 +1550	+1760 +1550	+1870 +1550
280	315	+1352 +1300	+1381 +1300	+1430 +1300	+1510 +1300	+1620 +1300	+1752 +1700	+1781 +1700	+1830 +1700	+1910 +1700	+2020 +1700
315	355	+1557 +1500	+1589 +1500	+1640 +1500	+1730 +1500	+1860 +1500	+1957 +1900	+1989 +1900	+2040 +1900	+2130 +1900	+2260 +1900
355	400	+1707 +1650	+1739 +1650	+1790 +1650	+1880 +1650	+2010 +1650	+2157 +2100	+2189 +2100	+2240 +2100	+2330 +2100	+2460 +2100
400	450	+1913 +1850	+1947 +1850	+2005 +1850	+2100 +1850	+2250 +1850	+2463 +2400	+2497 +2400	+2555 +2400	+2650 +2400	+2800 +2400
450	500	+2163 +2100	+2197 +2100	+2255 +2100	+2350 +2100	+2500 +2100	+2663 +2600	+2697 +2600	+2755 +2600	+2850 +2600	+3000 +2600

注：1. 各级的 cd、ef、fg 主要用于精密机械和钟表制造业。
2. IT14 至 IT18 只用于大于 1mm 的公称尺寸。
3. 公称尺寸至 24mm 的 t5 至 t8 的偏差值未列入表内，建议以 u5 至 u8 代替。如必须要 t5 至 t8，则可按 GB/T 1800.3 计算。
4. 公称尺寸至 14mm 的 v5 至 v8 的偏差值未列入表内，建议以 x5 至 x8 代替。如必须要 v5 至 v8，则可按 GB/T 1800.3 计算。
5. 公称尺寸至 18mm 的 y6 至 y10 的偏差值未列入表内，建议以 z6 至 z10 代替。如必须要 y6 至 y10，则可按 GB/T 1800.3 计算。

表 2.2-12　轴的极限偏差（500mm 以上）

公称尺寸/mm		d					e					f				g		
大于	至	7	8	9	10	11	7	8	9	10	11	6	7	8	9	6	7	8
500	630	-260 -330	-260 -370	-260 -435	-260 -540	-260 -700	-145 -189	-145 -215	-145 -255	-145 -320	-145 -425	-76 -120	-76 -146	-76 -186	-76 -251	-22 -66	-22 -92	-22 -132
630	800	-290 -370	-290 -415	-290 -490	-290 -610	-290 -790	-160 -210	-160 -240	-160 -285	-160 -360	-160 -480	-80 -130	-80 -160	-80 -205	-80 -280	-24 -74	-24 -104	-24 -149
800	1000	-320 -410	-320 -460	-320 -550	-320 -680	-320 -880	-170 -226	-170 -260	-170 -310	-170 -400	-170 -530	-86 -142	-86 -176	-86 -226	-86 -316	-26 -82	-26 -116	-26 -166
1000	1250	-350 -455	-350 -515	-350 -610	-350 -770	-350 -1010	-195 -261	-195 -300	-195 -360	-195 -455	-195 -615	-98 -164	-98 -203	-98 -263	-98 -358	-28 -94	-28 -133	-28 -193
1250	1600	-390 -515	-390 -585	-390 -700	-390 -890	-390 -1170	-220 -298	-220 -345	-220 -415	-220 -530	-220 -720	-110 -188	-110 -235	-110 -305	-110 -420	-30 -108	-30 -155	-30 -225
1600	2000	-430 -580	-430 -660	-430 -800	-430 -1030	-430 -1350	-240 -332	-240 -390	-240 -470	-240 -610	-240 -840	-120 -212	-120 -270	-120 -350	-120 -490	-32 -124	-32 -182	-32 -262
2000	2500	-480 -655	-480 -760	-480 -920	-480 -1180	-480 -1580	-260 -370	-260 -435	-260 -540	-260 -700	-260 -960	-130 -240	-130 -305	-130 -410	-130 -570	-34 -144	-34 -209	-34 -314
2500	3150	-520 -730	-520 -850	-520 -1060	-520 -1380	-520 -1870	-290 -425	-290 -500	-290 -620	-290 -830	-290 -1150	-145 -280	-145 -355	-145 -475	-145 -685	-38 -173	-38 -248	-38 -368

（续）

公称尺寸/mm		1	2	3	4	5	6	7	8	9	10	11	12	13	14	15	16	17	18
大于	至						μm				偏 差					mm			
											h								
500	630	0 −9	0 −11	0 −16	0 −22	0 −32	0 −44	0 −70	0 −110	0 −175	0 −280	0 −440	0 −0.7	0 −1.1	0 −1.75	0 −2.8	0 −4.4	0 −7	0 −11
630	800	0 −10	0 −13	0 −18	0 −25	0 −36	0 −50	0 −80	0 −125	0 −200	0 −320	0 −500	0 −0.8	0 −1.25	0 −2	0 −3.2	0 −5	0 −8	0 −12.5
800	1000	0 −11	0 −15	0 −21	0 −28	0 −40	0 −56	0 −90	0 −140	0 −230	0 −360	0 −560	0 −0.9	0 −1.4	0 −2.3	0 −3.6	0 −5.6	0 −9	0 −14
1000	1250	0 −13	0 −18	0 −24	0 −33	0 −47	0 −66	0 −105	0 −165	0 −260	0 −420	0 −660	0 −1.05	0 −1.65	0 −2.6	0 −4.2	0 −6.6	0 −10.5	0 −16.5
1250	1600	0 −15	0 −21	0 −29	0 −39	0 −55	0 −78	0 −125	0 −195	0 −310	0 −500	0 −780	0 −1.25	0 −1.95	0 −3.1	0 −5	0 −7.8	0 −12.5	0 −19.5
1600	2000	0 −18	0 −25	0 −35	0 −46	0 −65	0 −92	0 −150	0 −230	0 −370	0 −600	0 −920	0 −1.5	0 −2.3	0 −3.7	0 −6	0 −9.2	0 −15	0 −23
2000	2500	0 −22	0 −30	0 −41	0 −55	0 −78	0 −110	0 −175	0 −280	0 −440	0 −700	0 −1100	0 −1.75	0 −2.8	0 −4.4	0 −7	0 −11	0 −17.5	0 −28
2500	3150	0 −26	0 −36	0 −50	0 −68	0 −96	0 −135	0 −210	0 −330	0 −540	0 −860	0 −1350	0 −2.1	0 −3.3	0 −5.4	0 −8.6	0 −13.5	0 −21	0 −33
											js								
500	630	±4.5	±5.5	±8	±11	±16	±22	±35	±55	±87	±140	±220	±0.35	±0.55	±0.875	±1.4	±2.2	±3.5	±5.5
630	800	±5	±6.5	±9	±12.5	±18	±25	±40	±62	±100	±160	±250	±0.4	±0.625	±1	±1.6	±2.5	±4	±6.25
800	1000	±5.5	±7.5	±10.5	±14	±20	±28	±45	±70	±115	±180	±280	±0.45	±0.7	±1.15	±1.8	±2.8	±4.5	±7
1000	1250	±6.5	±9	±12	±16.5	±23.5	±33	±52	±82	±130	±210	±330	±0.525	±0.825	±1.3	±2.1	±3.3	±5.25	±8.25
1250	1600	±7.5	±10.5	±14.5	±19.5	±27.5	±39	±62	±97	±155	±250	±390	±0.625	±0.975	±1.55	±2.5	±3.9	±6.25	±9.75
1600	2000	±9	±12.5	±17.5	±23	±32.5	±46	±75	±115	±185	±300	±460	±0.75	±1.15	±1.85	±3	±4.6	±7.5	±11.5
2000	2500	±11	±15	±20.5	±27.5	±39	±55	±87	±140	±220	±350	±550	±0.875	±1.4	±2.2	±3.5	±5.5	±8.75	±14
2500	3150	±13	±18	±25	±34	±48	±67.5	±105	±165	±270	±430	±675	±1.05	±1.65	±2.7	±4.3	±6.75	±10.5	±16.5

注：黑框中的数值，即公称尺寸大于500～3150mm，IT1至IT5的偏差值为试用的。

(续)

公称尺寸/mm		k								m		n		p		
大于	至	6	7	8	9	10	11	12	13	6	7	6	7	6	7	8
500	630	+44 0	+70 0	+110 0	+175 0	+280 0	+440 0	+700 0	+1100 0	+70 +26	+96 +26	+88 +44	+114 +44	+122 +78	+148 +78	+188 +78
630	800	+50 0	+80 0	+125 0	+200 0	+320 0	+500 0	+800 0	+1250 0	+80 +30	+110 +30	+100 +50	+130 +50	+138 +88	+168 +88	+213 +88
800	1000	+56 0	+90 0	+140 0	+230 0	+360 0	+560 0	+900 0	+1400 0	+90 +34	+124 +34	+112 +56	+146 +56	+156 +100	+190 +100	+240 +100
1000	1250	+66 0	+105 0	+165 0	+260 0	+420 0	+660 0	+1050 0	+1650 0	+106 +40	+145 +40	+132 +66	+171 +66	+186 +120	+225 +120	+285 +120
1250	1600	+78 0	+125 0	+195 0	+310 0	+500 0	+780 0	+1250 0	+1950 0	+126 +48	+173 +48	+156 +78	+203 +78	+218 +140	+265 +140	+335 +140
1600	2000	+92 0	+150 0	+230 0	+370 0	+600 0	+920 0	+1500 0	+2300 0	+150 +58	+208 +58	+184 +92	+242<) +92	+262 +170	+320 +170	+400 +170
2000	2500	+110 0	+175 0	+280 0	+440 0	+700 0	+1100 0	+1750 0	+2800 0	+178 +68	+243 +68	+220 +110	+285 +110	+305 +195	+370 +195	+475 +195
2500	3150	+135 0	+210 0	+330 0	+540 0	+860 0	+1350 0	+2100 0	+3300 0	+211 +76	+286 +76	+270 +135	+345 +135	+375 +240	+450 +240	+570 +240

(续)

公称尺寸/mm		r			s			t		u		
大于	至	6	7	8	6	7	8	6	7	6	7	8
500	560	+194 +150	+220 +150	+260 +150	+324 +280	+350 +280	+390 +280	+444 +400	+470 +400	+644 +600	+670 +600	+710 +600
560	630	+199 +155	+225 +155	+265 +155	+354 +310	+380 +310	+420 +310	+494 +450	+520 +450	+704 +660	+730 +660	+770 +660
630	710	+225 +175	+255 +175	+300 +175	+390 +340	+420 +340	+465 +340	+550 +500	+580 +500	+790 +740	+820 +740	+865 +740
710	800	+235 +185	+265 +185	+310 +185	+430 +380	+460 +380	+505 +380	+610 +560	+640 +560	+890 +840	+920 +840	+965 +840
800	900	+266 +210	+300 +210	+350 +210	+486 +430	+520 +430	+570 +430	+676 +620	+710 +620	+996 +940	+1030 +940	+1080 +940
900	1000	+276 +220	+310 +220	+360 +220	+526 +470	+560 +470	+610 +470	+736 +680	+770 +680	+1106 +1050	+1140 +1050	+1190 +1050
1000	1120	+316 +250	+355 +250	+415 +250	+586 +520	+625 +520	+685 +520	+846 +780	+885 +780	+1216 +1150	+1255 +1150	+1315 +1150
1120	1250	+326 +260	+365 +260	+425 +260	+646 +580	+685 +580	+745 +580	+906 +840	+945 +840	+1366 +1300	+1405 +1300	+1465 +1300
1250	1400	+378 +300	+425 +300	+495 +300	+718 +640	+765 +640	+835 +640	+1038 +960	+1085 +960	+1528 +1450	+1575 +1450	+1645 +1450
1400	1600	+408 +330	+455 +330	+525 +330	+798 +720	+845 +720	+915 +720	+1128 +1050	+1175 +1050	+1678 +1600	+1725 +1600	+1795 +1600
1600	1800	+462 +370	+520 +370	+600 +370	+912 +820	+970 +820	+1050 +820	+1292 +1200	+1350 +1200	+1942 +1850	+2000 +1850	+2080 +1850
1800	2000	+492 +400	+550 +400	+630 +400	+1012 +920	+1070 +920	+1150 +920	+1442 +1350	+1500 +1350	+2092 +2000	+2150 +2000	+2230 +2000
2000	2240	+550 +440	+615 +440	+720 +440	+1110 +1000	+1175 +1000	+1280 +1000	+1610 +1500	+1675 +1500	+2410 +2300	+2475 +2300	+2580 +2300
2240	2500	+570 +460	+635 +460	+740 +460	+1210 +1100	+1275 +1100	+1380 +1100	+1760 +1650	+1825 +1650	+2610 +2500	+2675 +2500	+2780 +2500
2500	2800	+685 +550	+760 +550	+880 +550	+1385 +1250	+1460 +1250	+1580 +1250	+2035 +1900	+2110 +1900	+3035 +2900	+3110 +2900	+3230 +2900
2800	3150	+715 +580	+790 +580	+910 +580	+1535 +1400	+1610 +1400	+1730 +1400	+2235 +2100	+2310 +2100	+3335 +3200	+3410 +3200	+3530 +3200

表 2.2-13 基孔制优先、常用配合

基准孔	轴																			
	a	b	c	d	e	f	g	h	js	k	m	n	p	r	s	t	u	v	x	y	z
	间隙配合								过渡配合				过盈配合								
H6						$\frac{H6}{f5}$	$\frac{H6}{g5}$	$\frac{H6}{h5}$	$\frac{H6}{js5}$	$\frac{H6}{k5}$	$\frac{H6}{m5}$	$\frac{H6}{n5}$	$\frac{H6}{p5}$	$\frac{H6}{r5}$	$\frac{H6}{s5}$	$\frac{H6}{t5}$					
H7						▼$\frac{H7}{f6}$	▼$\frac{H7}{g6}$	▼$\frac{H7}{h6}$	$\frac{H7}{js6}$	▼$\frac{H7}{k6}$	$\frac{H7}{m6}$	▼$\frac{H7}{n6}$	▼$\frac{H7}{p6}$	$\frac{H7}{r6}$	▼$\frac{H7}{s6}$	$\frac{H7}{t6}$	▼$\frac{H7}{u6}$	$\frac{H7}{v6}$	$\frac{H7}{x6}$	$\frac{H7}{y6}$	$\frac{H7}{z6}$
H8				$\frac{H8}{e7}$	▼$\frac{H8}{f7}$	$\frac{H8}{g7}$	▼$\frac{H8}{h7}$	$\frac{H8}{js7}$	$\frac{H8}{k7}$	$\frac{H8}{m7}$	$\frac{H8}{n7}$	$\frac{H8}{p7}$	$\frac{H8}{r7}$	$\frac{H8}{s7}$	$\frac{H8}{t7}$	$\frac{H8}{u7}$					
			$\frac{H8}{d8}$	$\frac{H8}{e8}$	$\frac{H8}{f8}$		$\frac{H8}{h8}$													
H9			$\frac{H9}{c9}$	$\frac{H9}{d9}$	$\frac{H9}{e9}$	$\frac{H9}{f9}$	▼$\frac{H9}{h9}$													
H10			$\frac{H10}{c10}$	$\frac{H10}{d10}$			$\frac{H10}{h10}$													
H11	▼$\frac{H11}{a11}$	$\frac{H11}{b11}$	▼$\frac{H11}{c11}$	$\frac{H11}{d11}$			▼$\frac{H11}{h11}$													
H12		$\frac{H12}{b12}$					$\frac{H12}{h12}$													

注：1. $\frac{H6}{n5}$、$\frac{H7}{p6}$ 在公称尺寸小于或等于 3mm 和 $\frac{H8}{r7}$ 在小于或等于 100mm 时，为过渡配合。

2. 标注 ▼ 的配合为优先配合。

表 2.2-14 基轴制优先、常用配合

基准轴	孔																			
	A	B	C	D	E	F	G	H	JS	K	M	N	P	R	S	T	U	V	X	Y	Z
	间隙配合								过渡配合				过盈配合								
h5						$\frac{F6}{h5}$	$\frac{G6}{h5}$	$\frac{H6}{h5}$	$\frac{JS6}{h5}$	$\frac{K6}{h5}$	$\frac{M6}{h5}$	$\frac{N6}{h5}$	$\frac{P6}{h5}$	$\frac{R6}{h5}$	$\frac{S6}{h5}$	$\frac{T6}{h5}$					
h6						▼$\frac{F7}{h6}$	$\frac{G7}{h6}$	▼$\frac{H7}{h6}$	$\frac{JS6}{h6}$	▼$\frac{K7}{h6}$	$\frac{M7}{h6}$	▼$\frac{N7}{h6}$	▼$\frac{P7}{h6}$	$\frac{R7}{h6}$	▼$\frac{S7}{h6}$	$\frac{T7}{h6}$	▼$\frac{U7}{h6}$				
h7					$\frac{E8}{h7}$	▼$\frac{F8}{h7}$		▼$\frac{H8}{h7}$	$\frac{JS8}{h7}$	$\frac{K8}{h7}$	$\frac{M8}{h7}$	$\frac{N8}{h7}$									
h8				$\frac{D8}{h8}$	$\frac{E8}{h8}$	$\frac{F8}{h8}$		$\frac{H8}{h8}$													
h9				▼$\frac{D9}{h9}$	$\frac{E9}{h9}$	$\frac{F9}{h9}$		▼$\frac{H9}{h9}$													
h10				$\frac{D10}{h10}$				$\frac{H10}{h10}$													
h11	$\frac{A11}{h11}$	$\frac{B11}{h11}$	▼$\frac{C11}{h11}$	$\frac{D11}{h11}$				▼$\frac{H11}{h11}$													
h12		$\frac{B12}{h12}$						$\frac{H12}{h12}$													

注：标注 ▼ 的配合为优先配合。

表 2.2-15 基孔制与基轴制优先、

基孔制	$\frac{H6}{f5}$	$\frac{H6}{g5}$	$\frac{H6}{h5}$	$\frac{H7}{f6}$	▼$\frac{H7}{g6}$	▼$\frac{H7}{h6}$	$\frac{H8}{e7}$	▼$\frac{H8}{f7}$	$\frac{H8}{g7}$	▼$\frac{H8}{h7}$	$\frac{H8}{d8}$	$\frac{H8}{e8}$	$\frac{H8}{f8}$	$\frac{H8}{h8}$	$\frac{H9}{e9}$	▼$\frac{H9}{d9}$
基轴制	$\frac{F6}{h5}$	$\frac{G6}{h5}$	$\frac{H6}{h5}$	$\frac{F7}{h6}$	$\frac{G7}{h6}$	▼$\frac{H7}{h6}$	$\frac{E8}{h7}$	▼$\frac{F8}{h7}$		▼$\frac{H8}{h7}$	$\frac{D8}{h8}$	$\frac{E8}{h8}$	$\frac{F8}{h8}$	$\frac{H8}{h8}$		▼$\frac{D9}{h9}$

公称尺寸/mm																	间　隙
大于	至																
—	3	+16 +6	+12 +2	+10 0	+22 +6	+18 +2	+16 0	+38 +14	+30 +6	+26 +2	+24 0	+48 +20	+42 +14	+34 +6	+28 0	+110 +60	+70 +20
3	6	+23 +10	+17 +4	+13 0	+30 +10	+24 +4	+20 0	+50 +20	+40 +10	+34 +4	+30 0	+66 +30	+56 +20	+46 +10	+36 0	+130 +70	+90 +30
6	10	+28 +13	+20 +5	+15 0	+37 +13	+29 +5	+24 0	+62 +25	+50 +13	+42 +5	+37 0	+84 +40	+69 +25	+57 +13	+44 0	+152 +80	+112 +40
10	14	+35 +16	+25 +6	+19 0	+45 +16	+35 +6	+29 0	+77 +32	+61 +16	+51 +6	+45 0	+104 +50	+86 +32	+70 +16	+54 0	+181 +95	+136 +50
14	18																
18	24	+42 +20	+29 +7	+22 0	+54 +20	+41 +7	+34 0	+94 +40	+74 +20	+61 +7	+54 0	+131 +65	+106 +40	+86 +20	+66 0	+214 +110	+169 +65
24	30																
30	40	+52 +25	+36 +9	+27 0	+66 +25	+50 +9	+41 0	+114 +50	+89 +25	+73 +9	+64 0	+158 +80	+128 +50	+103 +25	+78 0	+244 +120	+204 +80
40	50															+254 +130	
50	65	+62 +30	+42 +10	+32 0	+79 +30	+59 +10	+49 0	+136 +60	+106 +30	+86 +10	+76 0	+192 +100	+152 +60	+122 +30	+92 0	+288 +140	+248 +100
65	80															+298 +150	
80	100	+73 +36	+49 +12	+37 0	+93 +36	+69 +12	+57 0	+161 +72	+125 +36	+101 +12	+89 0	+228 +120	+180 +72	+144 +36	+108 0	+344 +170	+294 +120
100	120															+354 +180	
120	140	+86 +43	+57 +14	+43 0	+108 +43	+79 +14	+65 0	+188 +85	+146 +43	+117 +14	+103 0	+271 +145	+211 +85	+169 +43	+126 0	+400 +200	+345 +145
140	160															+410 +210	
160	180															+430 +230	
180	200	+99 +50	+64 +15	+49 0	+125 +50	+90 +15	+75 0	+218 +100	+168 +50	+133 +15	+118 0	+314 +170	+244 +100	+194 +50	+144 0	+470 +240	+400 +170
200	225															+490 +260	
225	250															+510 +280	
250	280	+111 +56	+72 +17	+55 0	+140 +56	+101 +17	+84 0	+243 +110	+189 +56	+150 +17	+133 0	+352 +190	+272 +110	+218 +56	+162 0	+560 +300	+450 +190
280	315															+590 +330	
315	355	+123 +62	+79 +18	+61 0	+155 +62	+111 +18	+93 0	+271 +125	+208 +62	+164 +18	+146 0	+388 +210	+303 +125	+240 +62	+178 0	+640 +360	+490 +210
355	400															+400	
400	450	+135 +68	+87 +20	+67 0	+171 +68	+123 +20	+103 0	+295 +135	+228 +68	+180 +20	+160 0	+424 +230	+329 +135	+262 +68	+194 0	+750 +440	+540 +230
450	500															+790 +480	

注：1. 表中"+"值为间隙量，"−"值为过盈量。
    2. 标注▼的配合为优先配合。

常用配合极限间隙或极限过盈　　　　　　　　　　　　　　　　　　　　　　　　　　　（μm）

$\frac{H9}{e9}$	$\frac{H9}{f9}$	$\frac{H9}{h9}$	$\frac{H10}{c10}$	$\frac{H10}{d10}$	$\frac{H10}{h10}$	$\frac{H11}{a11}$	$\frac{H11}{b11}$	$\frac{H11}{c11}$	$\frac{H11}{d11}$	$\frac{H11}{h11}$	$\frac{H12}{b12}$	$\frac{H12}{h12}$	$\frac{H6}{js5}$
$\frac{E9}{h9}$	$\frac{F9}{h9}$	$\frac{H9}{h9}$		$\frac{D10}{h10}$	$\frac{H10}{h10}$	$\frac{A11}{h11}$	$\frac{B11}{h11}$	$\frac{C11}{h11}$	$\frac{D11}{h11}$	$\frac{H11}{h11}$	$\frac{B12}{h12}$	$\frac{H12}{h12}$	$\frac{JS6}{h5}$

配　合　　　　　　　　　　　　　　　　　　　　　　　　　　　　　　　　　过渡配合

H9/e9	H9/f9	H9/h9	H10/c10	H10/d10	H10/h10	H11/a11	H11/b11	H11/c11	H11/d11	H11/h11	H12/b12	H12/h12	H6/js5
+64 +14	+56 +6	+50 0	+140 +60	+100 +20	+80 0	+390 +270	+260 +140	+180 +60	+140 +20	+120 0	+340 +140	+200 0	+8 -2	+7 -3
+80 +20	+70 +10	+60 0	+166 +70	+126 +30	+96 0	+420 +270	+290 +140	+220 +70	+180 +30	+150 0	+380 +140	+240 0	+10.5 -2.5	+9 -4
+97 +25	+85 +13	+72 0	+196 +80	+156 +40	+116 0	+460 +280	+330 +150	+260 +80	+220 +40	+180 0	+450 +150	+300 0	+12 -3	+10.5 -4.5
+118 +32	+102 +16	+86 0	+235 +95	+190 +50	+140 0	+510 +290	+370 +150	+315 +95	+270 +50	+220 0	+510 +150	+360 0	+15 -4	+13.5 -5.5
+144 +40	+124 +20	+104 0	+278 +110	+233 +65	+168 0	+560 +300	+420 +160	+370 +110	+325 +65	+260 0	+580 +160	+420 0	+17.5 -4.5	+15.5 -6.5
+174 +50	+149 +25	+124 0	+320 +120 +330 +130	+280 +80	+200 0	+630 +310 +640 +320	+490 +170 +500 +180	+440 +120 +450 +130	+400 +80	+320 0	+670 +170 +680 +180	+500 0	+21.5 -5.5	+19 -8
+208 +60	+178 +30	+148 0	+380 +140 +390 +150	+340 +100	+240 0	+720 +340 +740 +360	+570 +190 +580 +200	+520 +140 +530 +150	+480 +100	+380 0	+790 +190 +800 +200	+600 0	+25.5 -6.5	+22.5 -9.5
+246 +72	+210 +36	+174 0	+450 +170 +460 +180	+400 +120	+280 0	+820 +380 +850 +410	+660 +220 +680 +240	+610 +170 +620 +180	+560 +120	+440 0	+920 +220 +940 +240	+700 0	+29.5 -7.5	+26 -11
+285 +85	+243 +43	+200 0	+520 +200 +530 +210 +550 +230	+465 +145	+320 0	+960 +460 +1020 +520 +1080 +580	+760 +260 +780 +280 +810 +310	+700 +200 +710 +210 +730 +230	+645 +145	+500 0	+1060 +260 +1080 +280 +1110 +310	+800 0	+34 -9	+30.5 -12.5
+330 +100	+280 +50	+230 0	+610 +240 +630 +260 +650 +280	+540 +170	+370 0	+1240 +660 +1320 +740 +1400 +820	+920 +340 +960 +380 +1000 +420	+820 +240 +840 +260 +860 +280	+750 +170	+580 0	+1260 +340 +1300 +380 +1340 +420	+920 0	+39 -10	+34.5 -14.5
+370 +110	+316 +56	+260 0	+720 +300 +750 +330	+610 +190	+420 0	+1560 +920 +1690 +1050	+1120 +480 +1180 +540	+940 +300 +970 +330	+830 +190	+640 0	+1520 +480 +1580 +540	+1040 0	+43.5 -11.5	+39 -16
+405 +125	+342 +62	+280 0	+820 +360 +860 +400	+670 +210	+460 0	+1920 +1200 +2070 +1350	+1320 +600 +1400 +680	+1080 +360 +1120 +400	+930 +210	+720 0	+1740 +600 +1820 +680	+1140 0	+48.5 -12.5	+43 -18
+445 +135	+378 +68	+310 0	+940 +440 +980 +480	+730 +230	+500 0	+2300 +1500 +2450 +1650	+1560 +760 +1640 +840	+1240 +440 +1280 +480	+1030 +230	+800 0	+2020 +760 +2100 +840	+1260 0	+53.5 -13.5	+47 -20

基孔制	$\dfrac{H6}{k5}$	$\dfrac{H6}{m5}$	$\dfrac{H7}{js6}$	▼$\dfrac{H7}{k6}$	$\dfrac{H7}{m6}$	▼$\dfrac{H7}{n6}$	$\dfrac{H8}{js7}$	$\dfrac{H8}{k7}$
基轴制	$\dfrac{K6}{h5}$	$\dfrac{M6}{h5}$	$\dfrac{JS7}{h6}$	▼$\dfrac{K7}{h6}$	$\dfrac{M7}{h6}$	▼$\dfrac{N7}{h6}$	$\dfrac{JS8}{h7}$	$\dfrac{K8}{h7}$

公称尺寸/mm 大于	至					过	渡		
—	3	+6 / −4	+4 / −6	+4 / −6	+2 / −8	+13 / −3	+11 / −5	+10 / −6	+6 / −10	±8	+4 / −12	+6 / −10	+2 / −14	+19 / −5	+17 / −7	+14 / −10	+10 / −14
3	6	+7 / −6		+4 / −9		+16 / −4	+14 / −6	+11 / −9		+8 / −12		+4 / −16		+24 / −6	+21 / −9		+17 / −13
6	10	+8 / −7		+3 / −12		+19.5 / −4.5	+16 / −7	+14 / −10		+9 / −15		+5 / −19		+29 / −7	+26 / −11		+21 / −16
10	14	+10 / −9		+4 / −15		+23.5 / −5.5	+20 / −9	+17 / −12		+11 / −18		+6 / −23		+36 / −9	+31 / −13		+26 / −19
14	18																
18	24	±11		+5 / −17		+27.5 / −6.5	+23 / −10	+19 / −15		+13 / −21		+6 / −28		+43 / −10	+37 / −16		+31 / −23
24	30																
30	40	+14 / −13		+7 / −20		+33 / −8	+28 / −12	+23 / −18		+16 / −25		+8 / −33		+51 / −12	+44 / −19		+37 / −27
40	50																
50	65	+17 / −15		+8 / −24		+39.5 / −9.5	+34 / −15	+28 / −21		+19 / −30		+10 / −39		+61 / −15	+53 / −23		+44 / −32
65	80																
80	100	+19 / −18		+9 / −28		+46 / −11	+39 / −17	+32 / −25		+22 / −35		+12 / −45		+71 / −17	+62 / −27		+51 / −38
100	120																
120	140	+22 / −21		+10 / −33		+52.5 / −12.5	+45 / −20	+37 / −28		+25 / −40		+13 / −52		+83 / −20	+71 / −31		+60 / −43
140	160																
160	180																
180	200	+25 / −24		+12 / −37		+60.5 / −14.5	+52 / −23	+42 / −33		+29 / −46		+15 / −60		+95 / −23	+82 / −36		+68 / −50
200	225																
225	250																
250	280	+28 / −27		+12 / −43	+14 / −41	+68 / −16	+58 / −26	+48 / −36		+32 / −52		+18 / −66		+107 / −26	+92 / −40		+77 / −56
280	315																
315	355	+32 / −29		+15 / −46		+75 / −18	+64 / −28	+53 / −40		+36 / −57		+20 / −73		+117 / −28	+101 / −44		+85 / −61
355	400																
400	450	+35 / −32		+17 / −50		+83 / −20	+71 / −31	+58 / −45		+40 / −63		+23 / −80		+128 / −31	+111 / −48		+92 / −68
450	500																

注：$\dfrac{H6}{n5}$、$\dfrac{H7}{p6}$ 在公称尺寸小于或等于 3mm 时，为过渡配合。

（续）

$\dfrac{H8}{m7}$	$\dfrac{H8}{n7}$	$\dfrac{H8}{p7}$	$\dfrac{H6}{n5}$	$\dfrac{H6}{p5}$	$\dfrac{H6}{r5}$	$\dfrac{H6}{s5}$	$\dfrac{H6}{t5}$	▼$\dfrac{H7}{p6}$
$\dfrac{M8}{h7}$	$\dfrac{N8}{h7}$		$\dfrac{N6}{h5}$	$\dfrac{P6}{h5}$	$\dfrac{R6}{h5}$	$\dfrac{S6}{h5}$	$\dfrac{T6}{h5}$	▼$\dfrac{P7}{h6}$
配　　合				过　盈　配　合				
+12 / −12 +8 / −16	+10 / −14 +6 / −18	+8 / −16	+2 / −8 0 / −10	0 / −10 −2 / −12	−4 / −14 −6 / −16	−8 / −18 −10 / −20	—	+4 / −12 0 / −16
+14 / −16	+10 / −20	+6 / −21	0 / −13	−4 / −17	−7 / −20	−11 / −24	—	0 / −20
+16 / −21	+12 / −25	+7 / −30	−1 / −16	−6 / −21	−10 / −25	−14 / −29	—	0 / −24
+20 / −25	+15 / −30	+9 / −36	−1 / −20	−7 / −26	−12 / −31	−17 / −36	—	0 / −29
+25 / −29	+18 / −36	+11 / −43	−2 / −24	−9 / −31	−15 / −37	−22 / −44	−28 / −50	−1 / −35
+30 / −34	+22 / −42	+13 / −51	−1 / −28	−10 / −37	−18 / −45	−27 / −54	−32 / −59 −38 / −65	−1 / −42
+35 / −41	+26 / −50	+14 / −62	−1 / −33	−13 / −45	−22 / −54 −24 / −56	−34 / −66 −40 / −72	−47 / −79 −56 / −88	−2 / −51
+41 / −48	+31 / −58	+17 / −72	−1 / −38	−15 / −52	−29 / −66 −32 / −69	−49 / −86 −57 / −94	−69 / −106 −82 / −119	−2 / −59
+48 / −55	+36 / −67	+20 / −83	−2 / −45	−18 / −61	−38 / −81 −40 / −83 −43 / −86	−67 / −110 −75 / −118 −83 / −126	−97 / −140 −109 / −152 −121 / −164	−3 / −68
+55 / −63	+41 / −77	+22 / −96	−2 / −51	−21 / −70	−48 / −97 −51 / −100 −55 / −104	−93 / −142 −101 / −150 −111 / −160	−137 / −186 −151 / −200 −167 / −216	−4 / −79
+61 / −72	+47 / −86	+25 / −108	−2 / −57	−24 / −79	−62 / −117 −66 / −121	−126 / −181 −138 / −193	−186 / −241 −208 / −263	−4 / −88
+68 / −78	+52 / −91	+27 / −119	−1 / −62	−26 / −87	−72 / −133 −78 / −139	−154 / −215 −172 / −233	−232 / −293 −258 / −319	−5 / −98
+74 / −86	+57 / −103	+29 / −131	0 / −67	−28 / −95	−86 / −153 −92 / −159	−192 / −259 −212 / −279	−290 / −357 −320 / −387	−5 / −108

(续)

基孔制	$\frac{H7}{r6}$	▼$\frac{H7}{s6}$	$\frac{H7}{t6}$	▼$\frac{H7}{u6}$	$\frac{H7}{v6}$	$\frac{H7}{x6}$	$\frac{H7}{y6}$	$\frac{H7}{z6}$	$\frac{H8}{r7}$	$\frac{H8}{s7}$	$\frac{H8}{t7}$	$\frac{H8}{u7}$
基轴制	$\frac{R7}{h6}$	▼$\frac{S7}{h6}$	$\frac{T7}{h6}$	▼$\frac{U7}{h6}$								
公称尺寸 /mm					过 盈 配 合								

大于	至												
—	3	0 −16	−4 −20	−4 −20	−8 −24	−8 −24	−12 −28	−10 −26	−16 −32	+4 −20	0 −24	—	−4 −28
3	6	−3 −23	−7 −27	—	−11 −31	−16 −36	—	−23 −43	+3 −27	−1 −31	—	−5 −35
6	10	−4 −28	−8 −32	—	−13 −37	−19 −43	—	−27 −51	+3 −34	−1 −38	—	−6 −43
10	14	−5 −34	−10 −39	—	−15 −44	−22 −51	—	−32 −61	+4 −41	−1 −46	—	−6 −51
14	18					−21 −50	−27 −56	—	−42 −71				
18	24	−7 −41	−14 −48	—	−20 −54	−26 −60	−33 −67	−42 −76	−52 −86	+5 −49	−2 −56	—	−8 −62
24	30			−20 −54	−27 −61	−34 −68	−43 −77	−54 −88	−67 −101			−8 −62	−15 −69
30	40	−9 −50	−18 −59	−23 −64	−35 −76	−43 −84	−55 −96	−69 −110	−87 −128	+5 −59	−4 −68	−9 −73	−21 −85
40	50			−29 −70	−45 −86	−56 −97	−72 −113	−89 −130	−111 −152			−15 −79	−31 −95
50	65	−11 −60	−23 −72	−36 −85	−57 −106	−72 −121	−92 −141	−114 −163	−142 −191	+5 −71	−7 −83	−20 −96	−41 −117
65	80	−13 −62	−29 −78	−45 −94	−72 −121	−90 −139	−116 −165	−144 −193	−180 −229	+3 −73	−13 −89	−29 −105	−56 −132
80	100	−16 −73	−36 −93	−56 −113	−89 −146	−111 −168	−143 −200	−179 −236	−223 −280	+3 −86	−17 −106	−37 −126	−70 −159
100	120	−19 −76	−44 −101	−69 −126	−109 −166	−137 −194	−175 −232	−219 −276	−275 −332	0 −89	−25 −114	−50 −139	−90 −179
120	140	−23 −88	−52 −117	−82 −147	−130 −195	−162 −227	−208 −273	−260 −325	−325 −390	0 −103	−29 −132	−59 −162	−107 −210
140	160	−25 −90	−60 −125	−94 −159	−150 −215	−188 −253	−240 −305	−300 −365	−375 −440	−2 −105	−37 −140	−71 −174	−127 −230
160	180	−28 −93	−68 −133	−106 −171	−170 −235	−212 −277	−270 −335	−340 −405	−425 −490	−5 −108	−45 −148	−83 −186	−147 −250
180	200	−31 −106	−76 −151	−120 −195	−190 −265	−238 −313	−304 −379	−379 −454	−474 −549	−5 −123	−50 −168	−94 −212	−164 −282
200	225	−34 −109	−84 −159	−134 −209	−212 −287	−264 −339	−339 −414	−424 −499	−529 −604	−8 −126	−58 −176	−108 −226	−186 −304
225	250	−38 −113	−94 −169	−150 −225	−238 −313	−294 −369	−379 −454	−474 −549	−594 −669	−12 −130	−68 −186	−124 −242	−212 −330
250	280	−42 −126	−106 −190	−166 −250	−263 −347	−333 −417	−423 −507	−528 −612	−658 −742	−13 −146	−77 −210	−137 −270	−234 −367
280	315	−46 −130	−118 −202	−182 −272	−298 −382	−373 −457	−473 −557	−598 −682	−738 −822	−17 −150	−89 −222	−159 −292	−269 −402
315	355	−51 −144	−133 −226	−211 −304	−333 −426	−418 −511	−533 −626	−673 −766	−843 −936	−19 −165	−101 −247	−179 −325	−301 −447
355	400	−57 −150	−151 −244	−237 −330	−378 −471	−473 −566	−603 −696	−763 −856	−943 −1036	−25 −171	−119 −265	−205 −351	−346 −492
400	450	−63 −166	−169 −272	−267 −370	−427 −530	−532 −635	−677 −780	−857 −960	−1037 −1140	−29 −189	−135 −295	−233 −393	−393 −553
450	500	−69 −172	−189 −292	−297 −400	−477 −580	−597 −700	−757 −860	−937 −1040	−1187 −1290	−35 −195	−155 −315	−263 −423	−443 −603

注：$\frac{H8}{r7}$ 在小于或等于100mm时，为过渡配合。

公称尺寸大于 500mm 至 3150mm 的配合一般采用基孔制的孔、轴同级配合。根据零件制造特点,可采用配制配合。

配制配合:

GB/T 1801—2009 的附录 B 中,提出了公称尺寸大于 500mm 的零件除采用互换性生产外,根据其制造特点可采用配制配合。该附录对配制配合的应用提供了指导。

配制配合是以一个零件的实际尺寸为基数,来配制另一个零件的一种工艺措施。一般用于公差等级较高,单件小批生产的配合零件。

对配制配合零件的一般要求为:

1) 先按互换性生产选取配合,配制的结果应满足此配合公差;

2) 一般选择较难加工,但能得到较高测量精度的那个零件(在多数情况下是孔)作为先加工件,给它一个比较容易达到的公差或按"线性尺寸的未注公差"加工;

3) 配制件(多数情况下是轴)的公差可按所定的配合公差来选取,所以配制件的公差比采用互换性生产时单个零件的公差要宽,配制件的偏差和极限尺寸以先加工件的实际尺寸为基数来确定;

4) 配制配合是关于尺寸极限方面的技术规定,不涉及其他技术要求,如零件的几何公差、表面粗糙度等,不因采用配制配合而降低;

5) 测量对保证配合性质有很大关系,要注意温度、形状和位置误差对测量结果的影响,应采用尺寸相互比较的测量方法,并在同样条件下,使用同一基准装置或校对量具,由同一组计量人员进行测量,以提高测量精度。

在图样上用代号 MF(Matched Fit)表示配制配合,借用基准孔的基本偏差代号 H 或基准轴的基本偏差代号 h 表示先加工件。

举例:

公称尺寸为 $\phi3000$mm 的孔和轴,要求配合的最大间隙为 0.45mm,最小间隙为 0.14mm。按互换性生产可选用 $\phi3000$H6/f6 或 $\phi3000$F6/h6,其最大间隙为 0.415mm,最小间隙为 0.145mm。现确定采用配制配合。

1) 在装配图上标注为:

$\phi3000$H6/f6 MF(先加工件为孔)

或 $\phi3000$F6/h6 MF(先加工件为轴)

2) 若先加工件为孔,给一个较容易达到的公差,例如 H8,在零件图上标注为:

$\phi3000$H8 MF

若按"线性尺寸的未注公差"加工,则标注为:

$\phi3000$ MF

3) 配制件为轴,根据已确定的配合公差选取合适的公差带,例如 f7,此时其最大间隙为 0.355mm,最小间隙为 0.145mm,图上标注为:

$\phi3000$f7 MF

或 $\phi3000_{-0.355}^{-0.145}$ MF

若先加工件(孔)的实际尺寸为 $\phi3000.195$mm,则配制件(轴)的极限尺寸计算如下:

上极限尺寸 = (3000.195 − 0.145) mm = 3000.050mm

下极限尺寸 = (3000.195 − 0.355) mm = 2999.840mm

1.2 标准公差与配合的选用

公差与配合的选用不仅关系到产品的质量,而且关系到产品的制造和生产成本。选用公差与配合的原则应为:在保证产品质量的前提下,尽可能便于制造和降低成本,以取得最佳的技术经济效果。选用公差与配合的方法大体可归纳为类比法、计算法和试验法三种。

类比法有的又称"先例法""对照法"。它是以类似的机械、机构、零部件为参照对象,在功能、结构、材料和使用条件等方面与所要设计的对象进行对比后,确定公差与配合的方法。

计算法是按照一定的理论和公式,通过计算确定公差与配合的方法。我国已将尺寸链的计算和选用(见 GB/T5847—2004)、极限与配合 过盈配合的计算和选用(见 GB/T5371—2004)进行了标准化,间隙配合计算以及计算机辅助公差设计(含优化设计、并行设计)等方法也日趋成熟,但尚未制定标准和推广。

试验法是通过试验确定公差与配合的方法。以往常用实物进行试验,现在由于科学技术和计算机的发展,各种模拟、仿真等先进方法也应运而生。

类比法迄今仍最为常用,计算法用得较少,试验法往往与上述两种方法相结合。

1.2.1 标准公差的选用

无配合要求的尺寸,精确者(如量块、量规)选用何级标准公差主要取决于功能要求;未注公差者,在一般公差 未注公差的线性和角度尺寸的公差国家标准(GB/T1804—2000)中选取。

有配合要求的尺寸,孔、轴配合尺寸的公差按允许间隙或过盈的变动量(配合公差)而定。

表 2.2-16 列出了各标准公差等级的应用、表 2.2-17 列出了各种加工方法能达到的标准公差等级、表 2.2-18 列出了常用加工方法所能达到的标准公差等级和加工成本的关系等经验资料,供选用标准公差时参考。

表 2.2-16 标准公差等级的应用

应用	IT 等级																		
	01	0	1	2	3	4	5	6	7	8	9	10	11	12	13	14	15	16	17	18
量块	─	─	─																	
量规			─	─	─	─	─	─	─											
配合尺寸							─	─	─	─	─	─	─	─						
特别精密零件的配合				─	─	─	─													
非配合尺寸（大制造公差）														─	─	─	─	─	─	─
原材料公差										─	─	─	─	─	─	─				

表 2.2-17 各种加工方法能达到的标准公差等级

加工方法	IT 等级																
	01	0	1	2	3	4	5	6	7	8	9	10	11	12	13	14	15	16
研磨	─	─	─	─	─	─	─											
珩						─	─	─	─									
内、外圆磨							─	─	─	─								
平面磨							─	─	─	─								
金刚石车							─	─	─									
金刚石镗							─	─	─									
拉削							─	─	─	─								
铰孔								─	─	─	─	─						
车									─	─	─	─	─	─	─			
镗									─	─	─	─	─	─	─			
铣										─	─	─	─	─				
刨插										─	─	─	─	─				
钻孔											─	─	─	─				
滚压、挤压												─	─					
冲压												─	─	─	─	─		
压铸													─	─	─			
粉末冶金成形									─	─								
粉末冶金烧结									─	─	─	─						
砂型铸造、气割																		─
锻造																	─	─

表 2.2-18 常用加工方法能达到的标准公差等级和加工成本的关系[①]

————5————2.5————1

尺寸	加工方法	IT 等级															
		1	2	3	4	5	6	7	8	9	10	11	12	13	14	15	16
外径	普通车削							─	─	─	─	─	─	─	─		
	转塔车床车削							─	─	─	─	─	─	─	─		
	自动车削							─	─	─	─	─	─	─	─		
	外圆磨					─	─	─	─								
	无心磨					─	─	─	─								
内径	普通车削								─	─	─	─	─	─	─		
	转塔车床车削								─	─	─	─	─	─	─		
	自动车削								─	─	─	─	─	─	─		
	钻										─	─	─	─	─		
	铰							─	─	─	─	─					
	镗							─	─	─	─	─					
	精镗					─	─	─	─								
	内圆磨					─	─	─	─								
	研磨			─	─	─	─										

(续)

尺寸	加工方法	IT 等 级															
		1	2	3	4	5	6	7	8	9	10	11	12	13	14	15	16
长 度	普通车削																
	转塔车床车削																
	自动车削																
	铣																

① 虚线、实线、点画线表示成本比例为1:2.5:5。

1.2.2 配合的选用

当设计者应用类比法、计算法或试验法确定配合的间隙或过盈及其范围后,在极限与配合标准中如何选用配合实际上是如何选用配合代号的问题。选用配合代号时,要同时考虑选用什么基准制,选用什么标准公差等级,以及非基准件(基孔制中的轴或基轴制中的孔)选用什么基本偏差代号等问题。

(1) 基准制的选用

基准制的选用应从结构、工艺、经济等方面综合考虑。GB/T 1800.1—2009提出:一般情况下,优先选用基孔制配合,如有特殊需要,允许将任一孔、轴公差带组成配合。之所以提出优先选用基孔制配合,主要出自工艺、经济方面的考虑。一般中等尺寸有较高公差等级要求的孔,常用定值刀具(如铰刀、拉刀等)加工,用定值量具(如光滑极限量规)检验,如用基孔制配合,既可减少定值刀、量具的品种,又利于提高效率和保证质量。

当轴采用型料,其结合面无须再进行切削加工时,则选用基轴制配合较为经济。在仪器仪表和钟表中,对于小尺寸的配合,由于改变孔径大小比改变轴径大小在技术和经济上更为合理,所以也多采用基轴制配合。

对于同一公称尺寸、同一个轴上有多孔与之配合,或同一公称尺寸、同一个孔上有多轴与之配合,且配合要求不同时,采用基孔制、基轴制甚至非基准制,应视具体结构、工艺等情况而定。与标准件(如滚动轴承)的配合,基准制的选用应视标准件的配合面是孔还是轴而定,是孔的采用基孔制,是轴的采用基轴制。

例如图2.2-17所示的结构:滚动轴承外圈与机座孔的配合只能采用基轴制,内圈与轴的配合只能采用基孔制,为便于加工,与内圈配合的轴均按φ50k6制造;齿轮孔与轴要求采用过渡配合,采用基孔制φ50H7/k6配合可满足要求;挡环孔与轴要求采用间隙配合时,由于轴公差带已经采用了φ50k6,挡环孔的公差带就不能再用基准孔的,只能在高于φ50k6公差带的位置上选取一个合适的孔公差带如φ50F8,这样一来,挡环孔与轴的配合φ50F8/k6便成了非基准制的间隙配合;机座孔与端盖φ110mm外表面也要求采用间隙配合,由于机座孔公差带已经采用了φ110J7,端盖φ110mm外表面的公差带就不能采用基准轴的,只能在低于φ110J7公差带的位置下选取一个合适的轴公差带如φ110f9,这样一来,机座孔与端盖的配合φ110J7/f9也成为非基准制的间隙配合了。图2.2-18所示为这些配合的公差带图解。

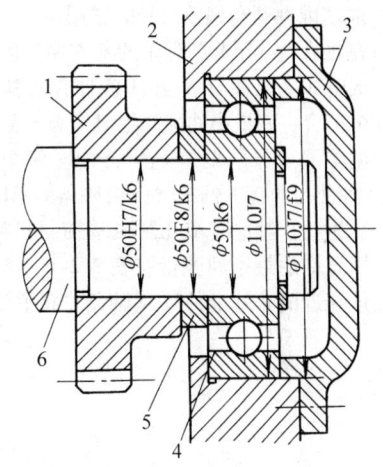

图 2.2-17 基准制应用分析示例
1—齿轮 2—机座 3—端盖
4—滚动轴承 5—挡环 6—轴

(2) 标准公差等级的选用

由于配合公差等于孔、轴公差之和,所以当设计者按照类比法、计算法或试验法确定配合间隙或过盈的变化量(配合公差)之后,便可依此配合公差对照表2.2-3所列的标准公差数值,确定孔、轴配合尺寸所用的标准公差等级。当配合尺寸≤500mm时,配合公差<2倍的IT8标准公差的,推荐孔比轴低一级,如轴为IT7、孔为IT8;配合公差≥2倍的IT8标准公差的,推荐孔、轴同级。当配合尺寸>500mm时,一般采用孔、轴同级配合。

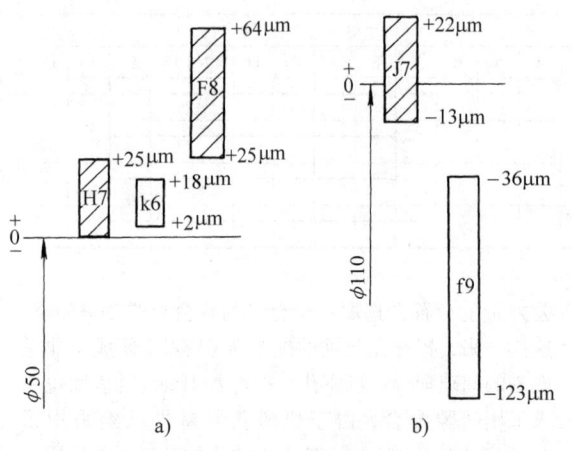

图 2.2-18 图 2.2-17 中有关配合的公差带图
a) 轴与齿轮孔、挡环孔的配合
b) 机座孔与端盖凸缘的配合

(3) 非基准件基本偏差代号的选用

由 H 基准孔与 a 至 h 各种轴的基本偏差形成的间隙配合，或由 h 基准轴与 A 至 H 各种孔的基本偏差形成的间隙配合，其最小间隙的绝对值与 a 至 h 各种轴的基本偏差（上极限偏差 es）的绝对值相等，或与 A 至 H 各种孔的基本偏差（下极限偏差 EI）的绝对值相等。为此，对这些基孔制或基轴制间隙配合，可直接按照允许的最小间隙量在表 2.2-6、表 2.2-7 中查出数值相近的非基准件（基轴制中的孔或基孔制中的轴）的基本偏差代号。由 H 基准孔与 k 至 zc 各种轴的基本偏差形成过渡配合或过盈配合的，或由 h 基准轴与 K 至 ZC 各种孔的基本偏差形成过渡配合或过盈配合的，基孔制或基轴制过渡配合中各种非基准件（轴或孔）的基本偏差 ei 或 ES 按式（2.2-1）求得；基孔制或基轴制过盈配合中各种非基准件（轴或孔）的基本偏差 ei 或 ES 按式（2.2-2）求得。

$$ei = T_H - X_{max} \text{ 或 } ES = -(T_S - X_{max}) \quad (2.2\text{-}1)$$
$$ei = T_H - Y_{min} \text{ 或 } ES = -(T_S - Y_{min}) \quad (2.2\text{-}2)$$

式中 X_{max}——过渡配合的最大间隙；
Y_{min}——过盈配合的最小过盈；
T_H——孔公差；
T_S——轴公差。

图 2.2-19 为各类配合基准件和非基准件的上极限偏差、下极限偏差、公差、极限间隙或极限过盈、配合公差的归类图释。

当求得非基准件（轴或孔）的基本偏差 ei 或 ES 之后，便可在表 2.2-6 和表 2.2-7 中查出相近的轴或孔的基本偏差代号。

表 2.2-19 为三类配合代号的选用示例，供读者参考。

表 2.2-20 列出了轴的各种基本偏差的应用资料，该资料也适用于同名孔的各种基本偏差（如轴的基本偏差代号 a、b 与孔的基本偏差 A、B 同名），供选用配合时参考。

表 2.2-21 列出了表 2.2-13 和表 2.2-14 所列优先和常用配合的特征及应用资料，亦供选用时参考。

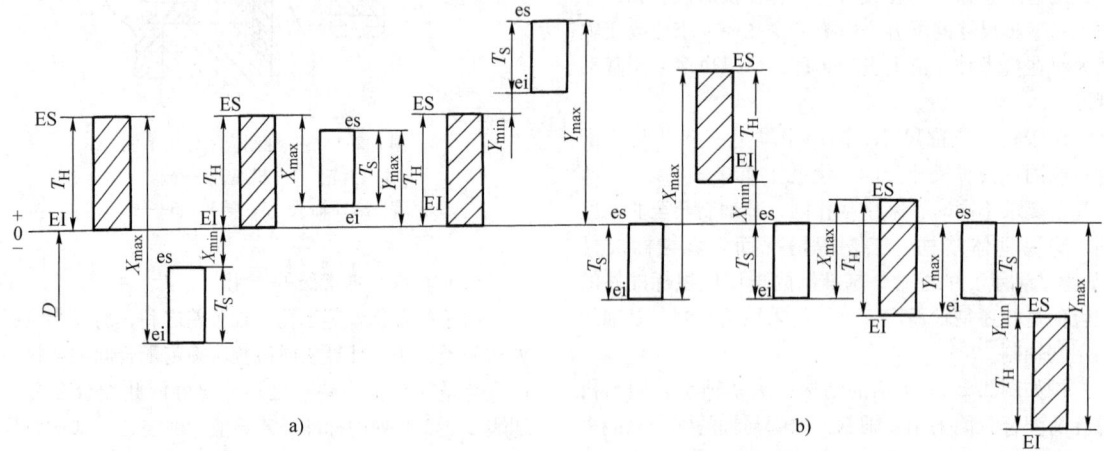

图 2.2-19 各类配合基准件和非基准件的上极限偏差、下极限偏差、公差、极限间隙或极限过盈、配合公差的归类图释
a) 基孔制（非基准件为轴） b) 基轴制（非基准件为孔）
T_H—孔公差 T_S—轴公差 X_{max}—最大间隙 X_{min}—最小间隙 Y_{max}—最大过盈 Y_{min}—最小过盈
$T_f = T_H + T_S = X_{max} - X_{min}$（对间隙配合）$= X_{max} - Y_{max}$（对过渡配合）$= Y_{min} - Y_{max}$（对过盈配合）

表 2.2-19 配合代号选用示例

	参数和要求	例 1	例 2	例 3
已知条件	公称尺寸/mm	$\phi30$	$\phi30$	$\phi30$
	配合类别	间隙配合	过渡配合	过盈配合
	允许间隙或过盈/mm	$+0.02 \sim +0.06$	$-0.03 \sim +0.025$	$-0.007 \sim -0.041$
	配合公差 T_f/mm	$X_{max} - X_{min} = T_H + T_S$ $= +0.06 - (+0.02)$ $= 0.04$	$X_{max} - Y_{max} = T_H + T_S$ $= +0.025 - (-0.03)$ $= 0.055$	$Y_{min} - Y_{max} = T_H + T_S$ $= -0.007 - (-0.041)$ $= 0.034$
待定参数和要求	基准制	选用基孔制	选用基孔制	选用基孔制
	孔用公差等级	由于 $T_H + T_S = 0.04$mm < 该尺寸段 2 倍 IT8 标准公差($2 \times 33\mu$m $= 0.066$mm)，所以孔用 IT7	由于 $T_H + T_S = 0.055$mm < 该尺寸段 2 倍 IT8 标准公差($2 \times 33\mu$m $= 0.066$mm)，所以孔用 IT7	由于 $T_H + T_S = 0.034$mm < 该尺寸段 2 倍 IT8 标准公差($2 \times 33\mu$m $= 0.066$mm)，所以孔用 IT7
	轴用公差等级	由于 $T_H + T_S = 0.04$mm < 该尺寸段 2 倍 IT8 标准公差，轴宜比孔高一级，故选用 IT6	由于 $T_H + T_S = 0.055$mm < 该尺寸段 2 倍 IT8 标准公差，轴宜比孔高一级，故选用 IT6	由于 $T_H + T_S = 0.034$mm < 该尺寸段 2 倍 IT8 标准公差，轴宜比孔高一级，故选用 IT6
	非基准件(轴)的基本偏差值/μm	es = +20	ei = 30 - 25 = +5 (取 +8)	ei = 21 - (-7) = +28
	非基准件(轴)的基本偏差代号	f	m	r
	配合代号	ϕ30H7/f6	ϕ30H8/m7	ϕ30H7/r6

表 2.2-20 轴的各种基本偏差的应用

配合	基本偏差	配合特性及应用	配合	基本偏差	配合特性及应用
间隙配合	a、b	可得到特别大的间隙，应用很少	间隙配合	f	多用于 IT6～IT8 级的一般转动配合。当温度差别不大，对配合基本上没影响时，被广泛用于普通润滑油（或润滑脂）润滑的支承，如齿轮箱、小电动机、泵等的转轴与滑动支承的配合
	c	可得到很大间隙，一般适用于低速、松弛的配合，用于工作条件较差（如农业机械），受力变形，或为了便于装配，而必须有较大间隙时。推荐配合为 H11/c11。其较高等级的配合，如 H8/c7 适用于轴在高温工作的紧密动配合，例如内燃机排气阀和导管			
	d	一般用于 IT7～IT11 级，适用于松的转动配合，如密封盖、滑轮、空转带轮等与轴的配合；也适用于大直径滑动轴承配合，如涡轮（透平）机、球磨机、轧辊成型轮和重型弯曲机，及其他重型机械中的一些滑动支承		g	多用于 IT5～IT7 级，配合间隙很小，制造成本高，除很轻载荷的精密装置外，不推荐用于转动配合，最适合不回转的精密滑动配合，也用于插销等定位配合，如精密连杆轴承、活塞及滑阀、连杆销等
	e	多用于 IT7～IT9 级，通常适用于要求有明显间隙，易于转动的支承配合，如大跨距支承、多支点支承等配合。高等级的 e 轴适应于大的、高速重载支承，如涡轮发电机、大的电动机支承等，也适用于内燃机主要轴承、凸轮轴支承、摇臂支承等配合		h	多用于 IT4～IT11 级，广泛应用于无相对转动的零件，作为一般的定位配合。若没有温度、变形的影响，也用于精密滑动配合

(续)

配合	基本偏差	配合特性及应用	配合	基本偏差	配合特性及应用
过渡配合	js	为完全对称偏差（±IT/2），平均起来为稍有间隙的配合，多用于IT4~IT7，要求间隙比h轴配合时小，并允许略有过盈的定位配合，如联轴器、齿圈与钢制轮毂。一般可用手或木锤装配	过盈配合	p	与H6或H7孔配合时是过盈配合，而与H8孔配合时为过渡配合。对非铁类零件装配，为较轻的压入装配，当需要时易于拆卸。对钢、铸铁或铜-钢组件装配是标准压入装配。对弹性材料装配，如轻合金装配等，往往要求很小的过盈配合，可采用p轴配合
	k	平均起来没有间隙的配合，适用于IT4~IT7级，推荐用于要求稍有过盈的定位配合，例如为了消除振动用的定位配合。一般用木锤装配		r	对铁类零件装配，为中等打入装配。对非铁类零件装配，为轻的打入装配，当需要时可以拆卸。与H8孔配合，直径在φ100mm以上时为过盈配合，直径小时为过渡配合
	m	平均起来具有不大过盈的过渡配合，适用于IT4~IT7级。一般可用木锤装配，但在最大过盈时，要求相当的压入力		s	用于钢和铁制零件的永久性和半永久性装配，过盈量充分，可产生相当大的结合力。当用弹性材料，如轻合金时，配合性质与铁类零件的p轴相当。例如套环压在轴上、阀座等配合。尺寸较大时，为了避免损伤配合表面，需用热胀或冷缩法装配
	n	平均过盈比用m轴时稍大，很少得到间隙，适用于IT4~IT7级。用锤子或压力机装配。通常推荐用于紧密的组件配合。H6/n5为过盈配合		t、u v、x y、z	过盈量依次增大，除u外，一般不推荐

表 2.2-21 优先配合、常用配合的特征及应用

基本偏差		a、A	b、B	c、C	d、D	e、E	f、F	g、G
配合种类		间　隙　配　合						
配合特征		可得到特别大的间隙，用于高温工作。很少用	可得到特大的间隙，用于高温工作。一般少用	可得到很大的间隙，高温工作时用	具有显著的间隙，适用于松动的配合	有相当的间隙，适用于高速运动、大跨距、多支承配合	配合间隙适中，用于一般转速的动配合	配合间隙很小，用于不回转的精密滑动配合
基准孔或基准轴的公差带	H6						$\frac{H6}{f5}$	$\frac{H6}{g5}$
	h5						$\frac{F6}{h5}$	$\frac{G6}{h5}$
	H7						$\frac{H7}{f6}$	$\frac{H7}{g6}$ $\frac{G7}{h6}$
	h6						$\frac{F7}{h6}$	
	H8					$\frac{H8}{e7}$	$\frac{H8}{f7}$	$\frac{H8}{g7}$
	h7					$\frac{E8}{h7}$	$\frac{F8}{h7}$	
	h8				$\frac{H8}{d8}$ $\frac{D8}{h8}$	$\frac{H8}{e8}$ $\frac{E8}{h8}$	$\frac{H8}{f8}$ $\frac{F8}{h8}$	
	H9			$\frac{H9}{c9}$	$\frac{H9}{d9}$ $\frac{D9}{h9}$	$\frac{H9}{e9}$ $\frac{E9}{h9}$	$\frac{H9}{f9}$ $\frac{F9}{h9}$	
	h9							
	H10			$\frac{H10}{c10}$	$\frac{H10}{d10}$ $\frac{D10}{h10}$			
	h10							
	H11	$\frac{H11}{a11}$ $\frac{A11}{h11}$	$\frac{H11}{b11}$ $\frac{B11}{h11}$	$\frac{H11}{c11}$ $\frac{C11}{h11}$	$\frac{H11}{d11}$ $\frac{D11}{h11}$			
	h11							
	H12		$\frac{H12}{b12}$ $\frac{B12}{h12}$					
	h12							
按配合特征、装配方法及其应用分类		液体润滑情况较差，有湍流。间隙非常大，用于高温工作和很松的转动配合；要求大公差、大间隙的外露组件，要求装配很松的配合			液体润滑情况尚好，用于精度非主要要求、有大的温度变动、高转速或大的轴径压力时的自由转动配合		带层流，液体润滑情况良好，配合间隙适中，能保证轴与孔相对旋转时最好的润滑条件	

（续）

基本偏差		h、H	js、Js	k、K	m、M	n、N	p、P	r、R
配合种类		间隙配合	过渡配合				过盈配合	
配合特征		装配后有小间隙，但在最大实体状态下间隙为零，一般用于间隙定位配合	为完全对称偏差，平均起来稍有间隙的过渡配合（约有 2% 的过盈配合）	平均起来没有间隙的过渡配合（约有 30% 的过盈配合）	平均起来有不大过盈量的过渡配合（约有 40% 至 60% 的过盈配合）	平均起来过盈量稍大，很少得到间隙（约有 60% 至 84% 的过盈配合）	与 H6、H7 配合时是真正的过盈配合，但与 H8 配合时是过渡配合	与 H6、H7 配合是过盈配合，但当公称尺寸至 100mm 时与 H8 配合为过渡配合（约 80% 的过盈配合）
基准孔或基准轴的公差带	H6	$\frac{H6}{h5}$ $\frac{H6}{h5}$	$\frac{H6}{js5}$	$\frac{H6}{k5}$	$\frac{H6}{m5}$	$\frac{H6}{n5}$	$\frac{H6}{p5}$	$\frac{H6}{r5}$
	H7	$\frac{H7}{h6}$ $\frac{H7}{h6}$	$\frac{H7}{js6}$ $\frac{H7}{h6}$	$\frac{H7}{k6}$ $\frac{H7}{h6}$	$\frac{H7}{m6}$ $\frac{H7}{h6}$	$\frac{H7}{n6}$ $\frac{H7}{h6}$	$\frac{H7}{p6}$ $\frac{H7}{h6}$	$\frac{H7}{r6}$ $\frac{H7}{h6}$
	H8	$\frac{H8}{h7}$ $\frac{H8}{h7}$	$\frac{H8}{js7}$ $\frac{H8}{h7}$	$\frac{H8}{k7}$ $\frac{H8}{h7}$	$\frac{H8}{m7}$ $\frac{H8}{h7}$	$\frac{H8}{n7}$ $\frac{H8}{h7}$	$\frac{H8}{p7}$	$\frac{H8}{r7}$
	h8	$\frac{H8}{h8}$ $\frac{H8}{h8}$						
	H9	$\frac{H9}{h9}$ $\frac{H9}{h9}$						
	H10	H10 h10			H10 H10 h10 h10			
	H11	$\frac{H11}{h11}$ $\frac{H11}{h11}$						
	H12	H12 H12 h12 h12						
按配合特征、装配方法及其应用分类		能较好地保持孔、轴的同轴度，但无法容纳足够的润滑油，不适于自由转动的配合	用锤子或木锤装配，是略有过盈的定位配合	用木锤装配，是稍有过盈的定位配合，消除振动时用	用铜锤装配，在最大实体状态时要有相当的压力装配	用铜锤或压力机装配，用于紧密的组合件配合	约 67% 至 94% 的过盈配合，用压力机装配	属于轻型压入配合，用在传递较小转矩或轴向力时（压入力较中型压入装配小一半左右）若承受冲击载荷，则应加辅助紧固件

基本偏差		s、S	t、T	u、U	v、V	x、X	y、Y	z、Z
配合种类		过 盈 配 合						
配合特征		相对平均过盈量为 0.0005~0.0018mm	相对平均过盈量 >0.00072~0.0018mm；相对最小过盈 >0.00026~0.00105mm	相对平均过盈量为 >0.00095~0.0022mm；相对最小过盈 >0.00038~0.00112mm	相对平均过盈量为 >0.00117~0.00125mm；相对最小过盈为 >0.00125~0.00132mm	相对平均过盈量为 >0.0017~0.0031mm；相对最小过盈为 >0.0016~0.0019mm	相对平均过盈量为 >0.0021~0.0029mm；相对最小过盈为 0.002mm 左右	相对平均过盈量为 >0.0026~0.004mm；相对最小过盈为 >0.00244~0.0027mm
基准孔或基准轴的公差带	H6	$\frac{H6}{h5}$ $\frac{S6}{h5}$	$\frac{H6}{t5}$ $\frac{T6}{h5}$					
	H7	$\frac{H7}{s6}$ $\frac{S7}{h6}$	$\frac{H7}{u6}$ $\frac{H7}{h6}$	$\frac{H7}{u6}$ $\frac{U7}{h6}$	$\frac{H7}{v6}$	$\frac{H7}{x6}$	$\frac{H7}{y6}$	$\frac{H7}{z6}$
	H8	h7 $\frac{H8}{s7}$	$\frac{H8}{t7}$	$\frac{H8}{u7}$				
		h8						
	H9	h9						
	H10	h10						
	H11	h11						
	H12	h12						
按配合特征、装配方法及其应用分类		属于中型压入装配，用在传递较小转矩或轴向力时不需加辅助件（压入力较重型压入装配小三分之一至二分之一），若承受变动载荷、振动冲击时需加辅助件	属于重型压入装配，用压力机或热胀（孔套）冷缩（轴）的方法装配，能传递大转矩、变动载荷。材料许用应力要大		属于重型压入装配，用热胀（孔套）或冷缩（轴）的方法装配，能传递很大转矩，承受变动载荷、振动和冲击（较重型压入装配大一倍），材料许用应力要相当大			

注：表中粗线框内为优先配合。

2 线性和角度尺寸的一般公差

2.1 线性和角度尺寸一般公差的概念和应用

(1) 一般公差的概念

图样中零件的任何要素都有一定的功能要求和精度要求，其中一些精度要求不高的要素可不专门规定公差。这种在车间通常加工条件下可保证的公差称为一般公差。采用一般公差的要素在图样上不单独注出其极限偏差，而是在图样上的技术要求或技术文件中统一做出说明，详细规定参见 GB/T 1804—2000。

(2) 一般公差的应用

一般公差适用于金属加工的零件要素及一般冲压加工的零件要素，非金属材料和其他工艺方法加工的零件可以参照采用。对功能上无特殊要求的要素可采用一般公差。

一般公差可应用于线性尺寸、角度尺寸、形状和位置等几何要素。应用中要注意如下问题：

1) 线性尺寸包括外尺寸、内尺寸、阶梯尺寸、直径、半径、距离、倒圆半径和倒角高度等。线性尺寸的一般公差主要用于低精度的非配合尺寸。

2) 角度尺寸包括通常不注出角度值的角度尺寸，如直角 (90°)。GB/T 1184—1996 中提到的或等多边形的角度除外。

3) 未注公差的机加工组装件的线性和角度尺寸可采用一般公差。

4) GB/T 1804—2000 不适用于括号内的参考尺寸、矩形框格内的理论正确尺寸和其他一般公差标准涉及的线性和角度尺寸。

2.2 一般公差的公差等级和极限偏差

一般公差分为精密 f、中等 m、粗糙 c、最粗 v 共 4 个公差等级。线性尺寸的极限偏差数值见表 2.2-22；倒圆半径和倒角高度的极限偏差数值见表 2.2-23；角度尺寸的极限偏差数值见表 2.2-24，其值按角度短边长度确定，对圆锥角按圆锥素线长度确定。

采用 GB/T 1804—2000 标准规定的一般公差，应在图样标题栏附近或技术要求、技术文件（如企业标准）中注出该标准号及公差等级代号。例如选取中等级时，标注为：GB/T 1804—m。采用一般公差的尺寸，在通常车间精度保证的条件下，一般可不检验。

表 2.2-22 线性尺寸的极限偏差数值（摘自 GB/T 1804—2000） (mm)

公差等级	基本尺寸分段							
	0.5~3	>3~6	>6~30	>30~120	>120~400	>400~1000	>1000~2000	>2000~4000
精密 f	±0.05	±0.05	±0.1	±0.15	±0.2	±0.3	±0.5	—
中等 m	±0.1	±0.1	±0.2	±0.3	±0.5	±0.8	±1.2	±2
粗糙 c	±0.2	±0.3	±0.5	±0.8	±1.2	±2	±3	±4
最粗 v	—	±0.5	±1	±1.5	±2.5	±4	±6	±8

表 2.2-23 倒圆半径和倒角高度尺寸的极限偏差数值（摘自 GB/T 1804—2000） (mm)

公差等级	基本尺寸分段			
	0.5~3	>3~6	>6~30	>30
精密 f	±0.2	±0.5	±1	±2
中等 m	±0.2	±0.5	±1	±2
粗糙 c	±0.4	±1	±2	±4
最粗 v	±0.4	±1	±2	±4

注：倒圆半径和倒角高度的含义参见 GB/T 6403.4—2008。

表 2.2-24 角度尺寸的极限偏差数值（摘自 GB/T 1804—2000）

公差等级	长度分段/mm				
	≤10	>10~50	>50~120	>120~400	>400
精密 f	±1°	±30′	±20′	±10′	±5′
中等 m	±1°	±30′	±20′	±10′	±5′
粗糙 c	±1°30′	±1°	±30′	±15′	±10′
最粗 v	±3°	±2°	±1°	±30′	±20′

3 圆锥公差与配合

3.1 圆锥的锥度与锥角系列

圆锥的锥度与锥角系列的主要内容见标准 GB/T 157—2001。

3.1.1 术语和定义

标准 GB/T 157—2001 中所规定的术语及其定义见表 2.2-25。

表 2.2-25 术语和定义

序号	术语	定义
1	圆锥表面	与轴线成一定角度,且一端交于轴线的一条直线段（母线）,围绕着该轴线旋转形成的表面（图1）
2	圆锥	由圆锥表面与一定尺寸所限定的几何体
3	圆锥角（α）	在通过圆锥轴线的截面内,两条素线间的夹角（图2）
4	锥度（C）	两个垂直圆锥轴线截面的圆锥直径 D 和 d 之差与该两截面之间的轴向距离 L 之比（图2）$$C = \frac{D-d}{L}$$ 锥度 C 与圆锥角 α 的关系为 $$C = 2\tan\frac{\alpha}{2} = 1 : \frac{1}{2}\cot\frac{\alpha}{2}$$ 锥度一般用比例或分式形式表示

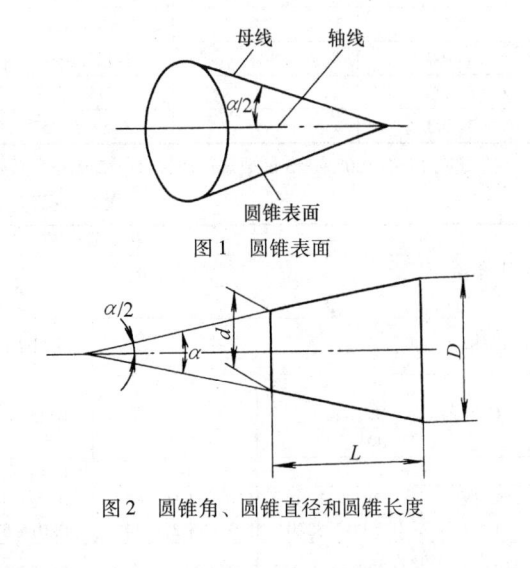

图 1 圆锥表面

图 2 圆锥角、圆锥直径和圆锥长度

3.1.2 锥度与锥角系列（GB/T 157—2001）

GB/T 157—2001 标准规定了一般用途圆锥的锥度与锥角系列（表 2.2-26）以及特定用途圆锥的锥度与锥角系列（表 2.2-27）。工程应用时表 2.2-26 中的数值优先选用第 1 系列,其次选用第 2 系列。为便于设计,表 2.2-26 给出了圆锥角或锥度的推算值,其有效位数可按需要确定。

表 2.2-26 一般用途圆锥的锥度与锥角系列

基本值		推算值			
		圆锥角 α			锥度 C
系列 1	系列 2	(°)(′)(″)	(°)	rad	
120°	—	—	—	2.094 395 10	1:0.288 675 1
90°	—	—	—	1.570 796 33	1:0.500 000 0
—	75°	—	—	1.308 996 94	1:0.651 612 7
60°	—	—	—	1.047 197 55	1:0.866 025 4
45°	—	—	—	0.785 398 16	1:1.207 106 8
30°	—	—	—	0.523 598 78	1:1.866 025 4
1:3	—	18°55′28.7199″	18.924 644 42°	0.330 297 35	—
—	1:4	14°15′0.1177″	14.250 032 70°	0.248 709 99	—
1:5	—	11°25′16.2706″	11.421 186 27°	0.199 337 30	—
—	1:6	9°31′38.2202″	9.527 283 38°	0.166 282 46	—
—	1:7	8°10′16.4408″	8.171 233 56°	0.142 614 93	—
—	1:8	7°9′9.6075″	7.152 668 75°	0.124 837 62	—
1:10	—	5°43′29.3176″	5.724 810 45°	0.099 916 79	—
—	1:12	4°46′18.7970″	4.771 888 06°	0.083 285 16	—

(续)

基本值		推算值			锥度 C
系列 1	系列 2	圆锥角 α			
		(°) (′) (″)	(°)	rad	
	1:15	3°49′5.8975″	3.818 304 87°	0.066 641 99	—
1:20		2°51′51.0925″	2.864 192 37°	0.049 989 59	—
1:30		1°54′34.8570″	1.909 682 51°	0.033 330 25	—
1:50		1°8′45.1586″	1.145 877 40°	0.019 999 33	—
1:100		34′22.6309″	0.572 953 02°	0.009 999 92	—
1:200		17′11.3219″	0.286 478 30°	0.004 999 99	—
1:500		6′52.5295″	0.114 591 52°	0.002 000 00	—

注：系列 1 中 120°~1:3 的数值近似按 R10/2 优先数系列，1:5~1:500 按 R10/3 优先数系列（见 GB/T 321）。

表 2.2-27 特定用途的圆锥

基本值	推算值			锥度 C	标准号 GB/T (ISO)	用途
	圆锥角 α					
	(°) (′) (″)	(°)	rad			
11°54′	—	—	0.207 694 18	1:4.797 451 1	(5237) (8489-5)	纺织机械和附件
8°40′	—	—	0.151 261 87	1:6.598 441 5	(8489-3) (8489-4) (324.575)	
7°	—	—	0.122 173 05	1:8.174 927 7	(8489-2)	
1:38	1°30′27.7080″	1.507 696 67°	0.026 314 27	—	(368)	
1:64	0°53′42.8220″	0.895 228 34°	0.015 624 68	—	(368)	
7:24	16°35′39.4443″	16.594 290 08°	0.289 625 00	1:3.428 571 4	3837.3 (297)	机床主轴工具配合
1:12.262	4°40′12.1514″	4.670 042 05°	0.081 507 61	—	(239)	贾各锥度 No.2
1:12.972	4°24′52.9039″	4.414 695 52°	0.077 050 97	—	(239)	贾各锥度 No.1
1:15.748	3°38′13.4429″	3.637 067 47°	0.063 478 80	—	(239)	贾各锥度 No.33
6:100	3°26′12.1776″	3.436 716 00°	0.059 982 01	1:16.666 666 7	1962 (594-1) (595-1) (595-2)	医疗设备
1:18.779	3°3′1.2070″	3.050 335 27°	0.053 238 39	—	(239)	贾各锥度 No.3
1:19.002	3°0′52.3956″	3.014 554 34°	0.052 613 90	—	1443 (296)	莫氏锥度 No.5
1:19.180	2°59′11.7258″	2.986 590 50°	0.052 125 84	—	1443 (296)	莫氏锥度 No.6
1:19.212	2°58′53.8255″	2.981 618 20°	0.052 039 05	—	1443 (296)	莫氏锥度 No.0
1:19.254	2°58′30.4217″	2.975 117 13°	0.051 925 59	—	1443 (296)	莫氏锥度 No.4
1:19.264	2°58′24.8644″	2.973 573 43°	0.051 898 65	—	(239)	贾各锥度 No.6
1:19.922	2°52′31.4463″	2.875 401 76°	0.050 185 23	—	1443 (296)	莫氏锥度 No.3
1:20.020	2°51′40.7960″	2.861 332 23°	0.049 939 67	—	1443 (296)	莫氏锥度 No.2
1:20.047	2°51′26.9283″	2.857 480 08°	0.049 872 44	—	1443 (296)	莫氏锥度 No.1
1:20.288	2°49′24.7802″	2.823 550 06°	0.049 280 25	—	(239)	贾各锥度 No.0
1:23.904	2°23′47.6244″	2.396 562 32°	0.041 827 90	—	1443 (296)	布朗夏普锥度 No.1 至 No.3
1:28	2°2′45.8174″	2.046 060 38°	0.035 710 49	—	(8382)	复苏器（医用）
1:36	1°35′29.2096″	1.591 447 11°	0.027 775 99	—	(5356-1)	麻醉器具
1:40	1°25′56.3516″	1.432 319 89°	0.024 998 70	—		

3.1.3 应用说明

表 2.2-26 对一般用途的锥度与锥角列出了两个系列，优先选用系列 1，其次选用系列 2。为便于圆锥件的设计、生产和控制，表 2.2-26 中给出了圆锥角或锥度的推算值，其有效位数可按需要确定。表 2.2-27 所列特定用途的圆锥，主要用于表中最后一栏所指的用途。

3.2 圆锥公差

圆锥公差的主要内容见 GB/T 11334—2005。

3.2.1 术语和定义

GB/T 11334—2005 规定了以下术语和定义（见表2.2-28）。

表 2.2-28 术语和定义

序号	术语	定义	图例
1	公称圆锥	设计给定的理想形状的圆锥，见图1。公称圆锥可用两种形式确定： ① 一个公称圆锥直径（最大圆锥直径 D、最小圆锥直径 d、给定截面圆锥直径 d_x）、公称圆锥长度 L、公称圆锥角 α 或公称锥度 C ② 两个公称圆锥直径和公称圆锥长度 L	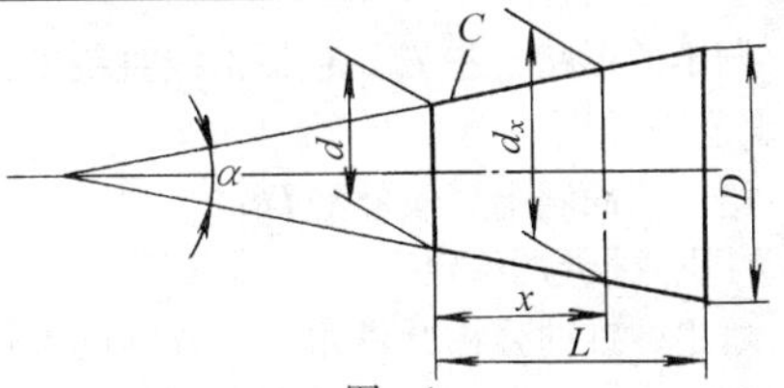 图1
2	实际圆锥	实际存在并与周围介质分离的圆锥	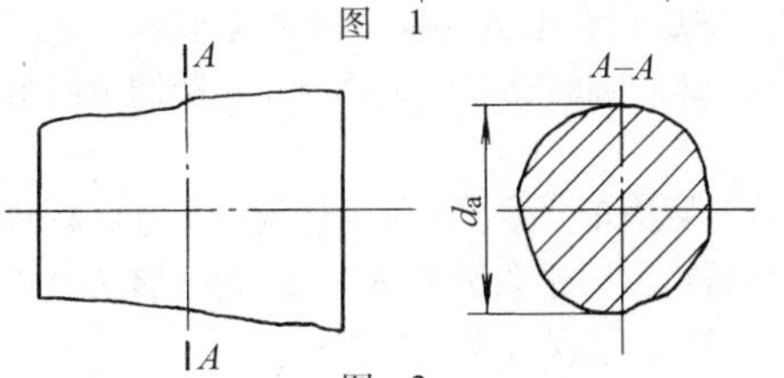
3	实际圆锥直径 d_a	实际圆锥上的任一直径，见图2	图2
4	实际圆锥角	在实际圆锥的任一轴向截面内，包容圆锥素线且距离为最小的两对平行直线之间的夹角，见图3	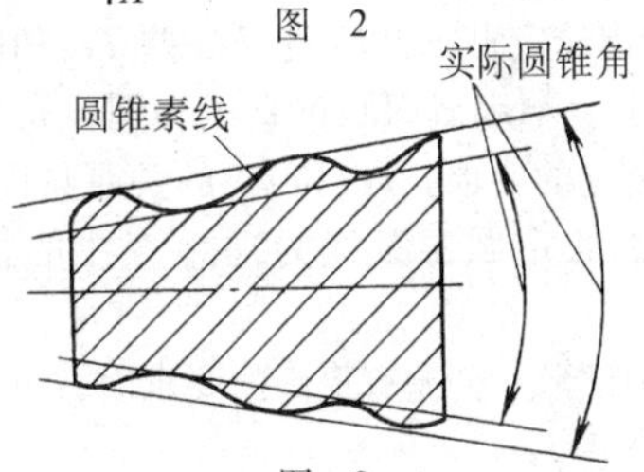 图3
5	极限圆锥	与公称圆锥共轴且圆锥角相等，直径分别为上极限直径和下极限直径的两个圆锥。在垂直于圆锥轴线的任一截面上，这两个圆锥的直径差都相等，见图4	
6	极限圆锥直径	极限圆锥上的任一直径，如图4中的 D_{max}、D_{min}、d_{max}、d_{min}	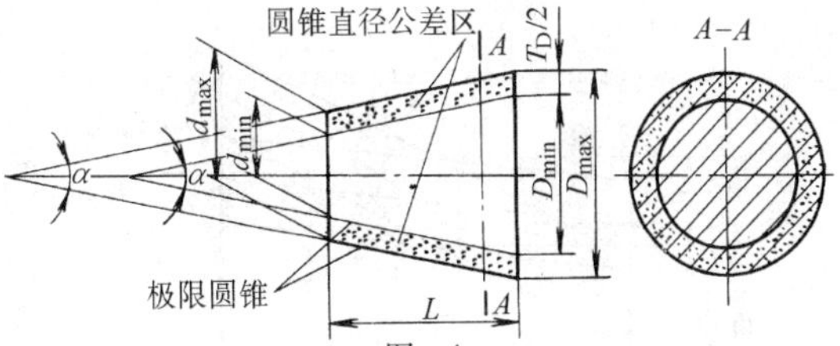 图4
7	极限圆锥角	允许的上极限或下极限圆锥角，见图5	
8	圆锥直径公差 T_D	圆锥直径的允许变动量，见图4	
9	圆锥直径公差区	两个极限圆锥所限定的区域。在轴向截面内的圆锥直径公差区见图4	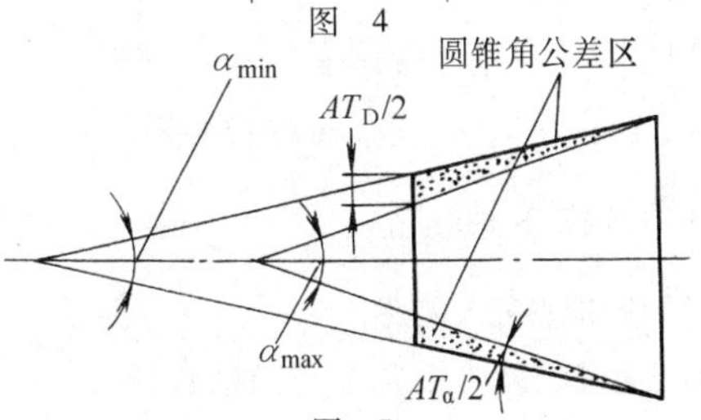
10	圆锥角公差 AT（AT_α 或 AT_D）	圆锥角的允许变动量，见图5	
11	圆锥角公差区	两个极限圆锥角所限定的区域。圆锥角公差区见图5	图5
12	给定截面圆锥直径公差 T_{DS}	在垂直圆锥轴线给定截面内圆锥直径的允许变动量，见图6	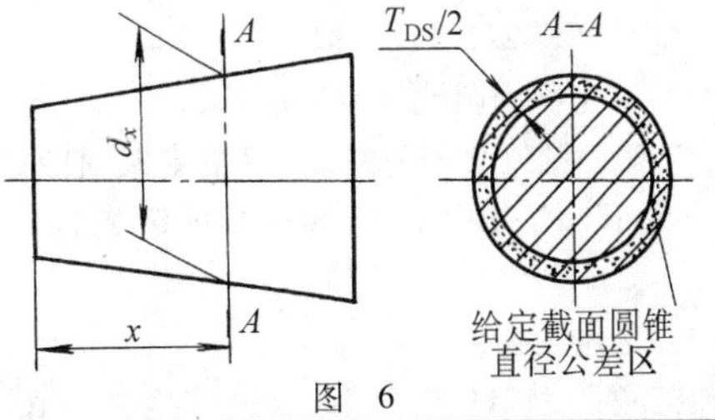
13	给定截面圆锥直径公差区	在给定的圆锥截面内，由两个同心圆所限定的区域。给定截面圆锥直径公差区见图6	图6

3.2.2 圆锥公差的项目和给定方法

(1) 圆锥公差的项目
1) 圆锥直径公差 T_D。
2) 圆锥角公差 AT，用角度值 AT_α 或线性值 AT_D 给定。
3) 圆锥的形状公差 T_F，包括素线直线度公差和截面圆度公差。
4) 给定截面圆锥直径公差 T_{DS}。

(2) 圆锥公差的给定方法
1) 给出圆锥的公称圆锥角 α（或锥度 C）和圆锥直径公差 T_D，由 T_D 确定两个极限圆锥。此时，圆锥角误差和圆锥的形状误差均应在极限圆锥所限定的区域内。

当对圆锥角公差、圆锥的形状公差有更高的要求时，可再给出圆锥角公差 AT、圆锥的形状公差 T_F。此时，AT 和 T_F 仅占 T_D 的一部分。

2) 给出给定截面圆锥直径公差 T_{DS} 和圆锥角公差 AT。此时，给定截面圆锥直径和圆锥角应分别满足这两项公差的要求。T_{DS} 和 AT 的关系见图 2.2-20。该方法是在假定圆锥素线为理想直线的情况下给出的。

当对圆锥形状公差有更高的要求时，可再给出圆锥的形状公差 T_F。

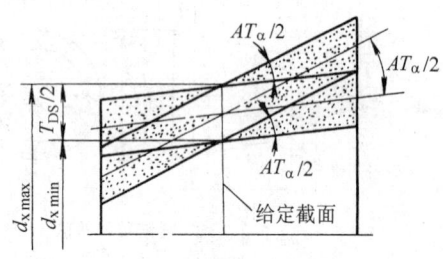

图 2.2-20　T_{DS} 和 AT 的关系

3.2.3 圆锥公差数值

(1) 圆锥直径公差 T_D
圆锥直径公差 T_D，以公称圆锥直径（一般取最大圆锥直径 D）为公称尺寸，按 GB/T 1800.1 规定的标准公差（见表 2.2-3）选取。

(2) 给定截面圆锥直径公差 T_{DS}
给定截面圆锥直径公差 T_{DS} 以给定截面圆锥直径 d_x 为公称尺寸，按 GB/T 1800.1 规定的标准公差选取。

(3) 圆锥角公差 AT
圆锥角公差 AT 共分 12 个公差等级，用 $AT1$、$AT2$、……、$AT12$ 表示，圆锥角公差的数值见表 2.2-29。表中数值用于棱体的角度时，以该角短边长度作为 L 选取公差值。如需要更高或更低等级的圆锥角公差时，按公比 1.6 向两端延伸得到：更高等级用 $AT0$、$AT01$……表示；更低等级用 $AT13$、$AT14$……表示。

圆锥角公差可用两种形式表示：AT_α，以角度单位微弧度或以度、分、秒表示；AT_D，以长度单位微米表示。AT_α 和 AT_D 的关系如下：

$$AT_D = AT_\alpha \times L \times 10^{-3} \qquad (2.2-3)$$

式中，AT_D 的单位为 μm；
AT_α 的单位为 μrad；
L 单位为 mm。

表 2.2-29 给出与圆锥长度 L 的尺寸段相对应的 AT_D 范围值。若基本圆锥长度 L 不为任一尺寸段的端点值，AT_D 值则应按式（2.2-3）计算，计算结果的尾数按 GB/T 8170 的规定进行修约，其有效位数应与表 2.2-29 中所列该 L 尺寸段的最大范围值的位数相同。

AT_D 取值举例：

例 2.2-1　L 为 63mm，选用 $AT7$，查表 2.2-29 得 AT_α 为 315μrad 或 1′05″，AT_D 为 20μm。

例 2.2-2　L 为 50mm，选用 $AT7$，查表 2.2-29 得 AT_α 为 315μrad 或 1′05″，但 50mm 非尺寸段 >40～63mm 的端点值，为此，AT_D 要进行如下计算：

$$AT_D = AT_\alpha \times L \times 10^{-3} = 315 \times 50 \times 10^{-3} \mu m = 15.75\mu m$$

（取 AT_D 为 15.8μm）。

(4) 圆锥角的极限偏差
圆锥角的极限偏差可按单向或双向（对称或不对称）取值（见图 2.2-21）。

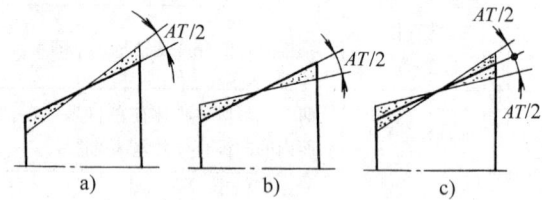

图 2.2-21　圆锥角极限偏差
a) $\alpha + AT$　b) $\alpha - AT$　c) $\alpha \pm \dfrac{AT}{2}$

(5) 圆锥的形状公差
圆锥的形状公差推荐按 GB/T 1184—1996 中附录 B "图样上注出公差值的规定" 选取。

3.2.4 应用说明

1) 圆锥公差第一种给定方法类似于包容要求，

它要求圆锥角误差和圆锥的形状误差均控制在极限圆锥所限定的区域之内。因此，这种给定方法能使相配合的内、外圆锥保持预期的配合要求，是圆锥配合中内、外圆锥普遍应用的一种公差给定方法。

2）圆锥公差第二种给定方法类似于独立原则，它只要求圆锥直径和圆锥角分别满足各自的公差即可。因此，这种给定方法只能在 d_x 给定的截面上保持配合要求，主要适用于要求特定功能的场合。例如，阀类零件，为使其相互结合的圆锥表面接触紧密，以保证良好的密封性，以这种给定方法为宜。这种方法的公差空间是随实际给定截面直径和锥角公差构成的两个楔形环区（图 2.2-20）。图 2.2-20 只画出给定截面三个尺寸（上极限尺寸、下极限尺寸和平均尺寸）与 $AT_\alpha/2$ 的关系，看图时要注意与各个尺寸相对应的、其他截面尺寸所容许的各自范围。

3）GB/T 11334—2005 标准的附录 A（表 2.2-30）给出了圆锥直径公差所能限制的最大圆锥角误差，为采用圆锥公差第一种给定方法且需对圆锥角提出进一步要求时的参考。如认为圆锥角误差太大不符合要求时，可再规定出更小的圆锥角公差。

表 2.2-29　圆锥角公差数值

公称圆锥长度 L /mm		圆锥角公差等级								
		AT1			AT2			AT3		
		AT_α		AT_D	AT_α		AT_D	AT_α		AT_D
大于	至	μrad	(″)	μm	μrad	(″)	μm	μrad	(″)	μm
自 6	10	50	10	>0.3~0.5	80	16	>0.5~0.8	125	26	>0.8~1.3
10	16	40	8	>0.4~0.6	63	13	>0.6~1.0	100	21	>1.0~1.6
16	25	31.5	6	>0.5~0.8	50	10	>0.8~1.3	80	16	>1.3~2.0
25	40	25	5	>0.6~1.0	40	8	>1.0~1.6	63	13	>1.6~2.5
40	63	20	4	>0.8~1.3	31.5	6	>1.3~2.0	50	10	>2.0~3.2
63	100	16	3	>1.0~1.6	25	5	>1.6~2.5	40	8	>2.5~4.0
100	160	12.5	2.5	>1.3~2.0	20	4	>2.0~3.2	31.5	6	>3.2~5.0
160	250	10	2	>1.6~2.5	16	3	>2.5~4.0	25	5	>4.0~6.3
250	400	8	1.5	>2.0~3.2	12.5	2.5	>3.2~5.0	20	4	>5.0~8.0
400	630	6.3	1	>2.5~4.0	10	2	>4.0~6.3	16	3	>6.3~10.0

公称圆锥长度 L /mm		圆锥角公差等级									
		AT4			AT5				AT6		
		AT_α		AT_D	AT_α			AT_D	AT_α		AT_D
大于	至	μrad	(″)	μm	μrad	(′)	(″)	μm	μrad	(′)(″)	μm
自 6	10	200	41	>1.3~2.0	315	1′05″		>2.0~3.2	500	1′43″	>3.2~5.0
10	16	160	33	>1.6~2.5	250		52″	>2.5~4.0	400	1′22″	>4.0~6.3
16	25	125	26	>2.0~3.2	200		41″	>3.2~5.0	315	1′05″	>5.0~8.0
25	40	100	21	>2.5~4.0	160		33″	>4.0~6.3	250	52″	>6.3~10.0
40	63	80	16	>3.2~5.0	125		26″	>5.0~8.0	200	41″	>8.0~12.5
63	100	63	13	>4.0~6.3	100		21″	>6.3~10.0	160	33″	>10.0~16.0
100	160	50	10	>5.0~8.0	80		16″	>8.0~12.5	125	26″	>12.5~20.0
160	250	40	8	>6.3~10.0	63		13″	>10.0~16.0	100	21″	>16.0~25.0
250	400	31.5	6	>8.0~12.5	50		10″	>12.5~20.0	80	16″	>20.0~32.0
400	630	25	5	>10.0~16.0	40		8″	>16.0~25.0	63	13″	>25.0~40.0

公称圆锥长度 L /mm		圆锥角公差等级								
		AT7			AT8			AT9		
		AT_α		AT_D	AT_α		AT_D	AT_α		AT_D
大于	至	μrad	(′)(″)	μm	μrad	(′)(″)	μm	μrad	(′)(″)	μm
自 6	10	800	2′45″	>5.0~8.0	1250	4′18″	>8.0~12.5	2000	6′52″	>12.5~20
10	16	630	2′10″	>6.3~10.0	1000	3′26″	>10.0~16.0	1600	5′30″	>16~25
16	25	500	1′43″	>8.0~12.5	800	2′45″	>12.5~20.0	1250	4′18″	>20~32
25	40	400	1′22″	>10.0~16.0	630	2′10″	>16.0~20.5	1000	3′26″	>25~40
40	63	315	1′05″	>12.5~20.0	500	1′43″	>20.0~32.0	800	2′45″	>32~50
63	100	250	52″	>16.0~25.0	400	1′22″	>25.0~40.0	630	2′10″	>40~63
100	160	200	41″	>20.0~32.0	315	1′05″	>32.0~50.0	500	1′43″	>50~80
160	250	160	33″	>25.0~40.0	250	52″	>40.0~63.0	400	1′22″	>63~100
250	400	125	26″	>32.0~50.0	200	41″	>50.0~80.0	315	1′05″	>80~125
400	630	100	21″	>40.0~63.0	160	33″	>63.0~100.0	250	52″	>100~600

(续)

公称圆锥长度 L /mm		圆锥角公差等级								
		AT10			AT11			AT12		
		AT_α		AT_D	AT_α		AT_D	AT_α		AT_D
大于	至	μrad	(′)(″)	μm	μrad	(′)(″)	μm	μrad	(′)(″)	μm
自6	10	3150	10′49″	>20~32	5000	17′10″	>32~50	8000	27′28″	>50~80
10	16	2500	8′35″	>25~40	4000	13′44″	>40~63	6300	21′38″	>63~100
16	25	2000	6′52″	>32~50	3150	10′49″	>50~80	5000	17′10″	>80~125
25	40	1600	5′30″	>40~63	2500	8′35″	>63~100	4000	13′44″	>100~600
40	63	1250	4′18″	>50~80	2000	6′52″	>80~125	3150	10′49″	>125~200
63	100	1000	3′26″	>63~100	1600	5′30″	>100~600	2500	8′35″	>160~250
100	160	800	2′45″	>80~125	1250	4′18″	>125~200	2000	6′52″	>200~320
160	250	630	2′10″	>100~600	1000	3′26″	>160~250	1600	5′30″	>250~400
250	400	500	1′43″	>125~200	800	2′45″	>200~320	1250	4′18″	>320~500
400	630	400	1′22″	>160~250	630	2′10″	>250~400	1000	3′26″	>400~630

表 2.2-30 圆锥直径公差所能限定的最大圆锥角误差

圆锥直径公差等级	圆锥直径/mm						
	≤3	>3~6	>6~10	>10~18	>18~30	>30~50	>50~80
	$\Delta\alpha_{max}$/μrad						
IT01	3	4	4	5	6	6	8
IT0	5	6	6	8	10	10	12
IT1	8	10	10	12	15	15	20
IT2	12	15	15	20	25	25	30
IT3	20	25	25	30	40	40	50
IT4	30	40	40	50	60	70	80
IT5	40	50	60	80	90	110	130
IT6	60	80	90	110	130	160	190
IT7	100	120	150	180	210	250	300
IT8	140	180	220	270	330	390	460
IT9	250	300	360	430	520	620	740
IT10	400	480	580	700	840	1000	1200
IT11	600	750	900	1000	1300	1600	1900
IT12	1000	1200	1500	1800	2100	2500	3000
IT13	1400	1800	2200	2700	3300	3900	4600
IT14	2500	3000	3600	4300	5200	6200	7400
IT15	4000	4800	5800	7000	8400	10000	12000
IT16	6000	7500	9000	11000	13000	16000	19000
IT17	10000	12000	15000	18000	21000	25000	30000
IT18	14000	18000	22000	27000	33000	39000	46000

圆锥直径公差等级	圆锥直径/mm					
	>80~120	>120~180	>180~250	>250~315	>315~400	>400~500
	$\Delta\alpha_{max}$/μrad					
IT01	10	12	20	25	30	40
IT0	15	20	30	40	50	60
IT1	25	35	45	60	70	80
IT2	40	50	70	80	90	100
IT3	60	80	100	120	130	150
IT4	100	120	140	160	180	200
IT5	150	180	200	230	250	270
IT6	220	250	290	320	360	400
IT7	350	400	460	520	570	630
IT8	540	630	720	810	890	970
IT9	870	1000	1150	1300	1400	1550
IT10	1400	1600	1850	2100	2300	2500
IT11	2200	2500	2900	3200	3600	4000
IT12	3500	4000	4600	5200	5700	6300
IT13	5400	6300	7200	8100	8900	9700
IT14	8700	10000	11500	13000	14000	15500
IT15	14000	16000	18500	21000	23000	25000
IT16	22000	25000	29000	32000	36000	40000
IT17	35000	40000	46000	52000	57000	63000
IT18	54000	63000	72000	81000	89000	97000

注：圆锥长度不等于100mm时，需将表中的数值乘以100/L，L 的单位为 mm。

3.3 圆锥配合

圆锥配合标准的主要内容见 GB/T 12360—2005。

3.3.1 圆锥配合的形式

圆锥配合是通过相互结合的内、外圆锥规定的轴向位置，以形成间隙或过盈的。按确定其轴向位置方法的不同，圆锥配合形成的方式有：

（1）结构型圆锥配合

在结构型圆锥配合中，分为由内、外圆锥的结构确定装配最终位置而获得的配合和由内、外圆锥基准平面间的尺寸确定装配最终位置而获得的配合。上述两种结构方式均可形成间隙配合、过渡配合和过盈配合。图 2.2-22 为由轴肩接触这种结构确定装配最终位置而获得的间隙配合示例。图 2.2-23 为由结构尺寸 a（内、外圆锥基准平面间的尺寸）确定装配最终位置而获得的过盈配合示例。

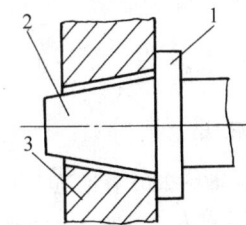

图 2.2-22　由轴肩接触得到的间隙配合
1—轴肩　2—外圆锥　3—内圆锥

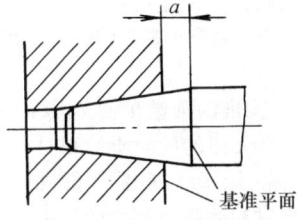

图 2.2-23　由结构尺寸 a 得到的过盈配合

（2）位移型圆锥配合

在位移型圆锥配合中，分为由内、外圆锥实际初始位置（P_a）开始，做一定相对轴向位移（E_a）而获得的配合（这种方式既可形成间隙配合，又可形成过盈配合，图 2.2-24 为间隙配合的示例）及由内、外圆锥实际初始位置（P_a）开始，施加一定装配力产生轴向位移而获得的配合（这种方式只能形成过盈配合，如图 2.2-25 所示）。

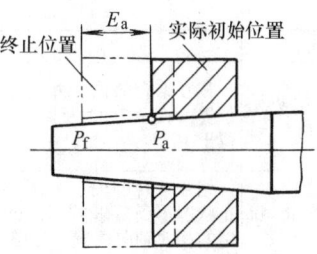

图 2.2-24　由相对轴向位移 E_a 得到的间隙配合

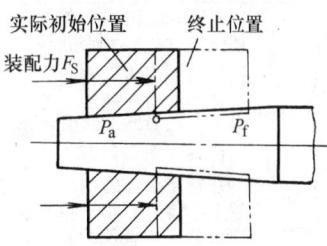

图 2.2-25　施加一定装配力获得的过盈配合

3.3.2 术语和定义

GB/T 12360—2005 标准规定了以下术语和定义（见表 2.2-31）。

表 2.2-31　术语和定义

序号	术语	定义
1	圆锥配合	圆锥配合有结构型圆锥配合和位移型圆锥配合两种
2	结构型圆锥配合	由圆锥结构确定装配位置，内、外圆锥公差区之间的相关关系，见图 2.2-22 和图 2.2-23
3	位移型圆锥配合	内、外圆锥在装配时做一定相对轴向位移（E_a）确定的相互关系，见图 2.2-24 和图 2.2-25
4	初始位置 P	在不施加力的情况下，相互结合的内、外圆锥表面接触时的轴向位置
5	极限初始位置 P_1、P_2	初始位置允许的界限 P_1 为内圆锥的下极限圆锥与外圆锥的上极限圆锥的接触位置；P_2 为内圆锥的上极限圆锥与外圆锥的下极限圆锥的接触位置，见图 2.2-26
6	初始位置公差 T_P	初始位置允许的变动量，见图 2.2-26 $T_P = \dfrac{1}{C}(T_{Di} + T_{De})$

(续)

序号	术语	定义
7	实际初始位置 P_a	相互结合的内、外实际圆锥的初始位置（图2.2-24及图2.2-25），它应位于 P_1 和 P_2 之间
8	终止位置 P_f	相互结合的内、外圆锥，为使其终止状态得到要求的间隙或过盈，所规定的相对轴向位置，见图2.2-24及图2.2-25
9	装配力 F_S	相互结合的内、外圆锥，为在终止位置（P_f）得到要求的过盈所施加的轴向力（图2.2-25）
10	轴向位移 E_a	相互结合的内、外圆锥，从实际初始位置（P_a）到终止位置（P_f）移动的距离（图2.2-24）
11	最小轴向位移 E_{amin}	在相互结合的内、外圆锥的终止位置上，得到最小间隙或最小过盈的轴向位移（图2.2-27）
12	最大轴向位移 E_{amax}	在相互结合的内、外圆锥的终止位置上，得到最大间隙或最大过盈的轴向位移（图2.2-27）
13	轴向位移公差 T_E	轴向位移允许的变动量，见图2.2-27 $T_E = E_{amax} - E_{amin}$
14	圆锥直径配合量 T_{Df}	圆锥配合在配合直径上允许的间隙或过盈的变动量

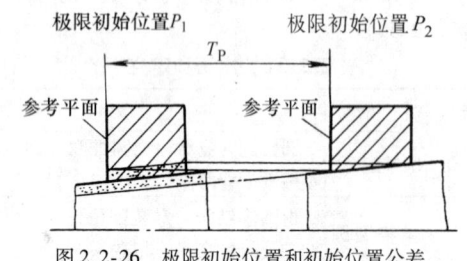

图2.2-26 极限初始位置和初始位置公差

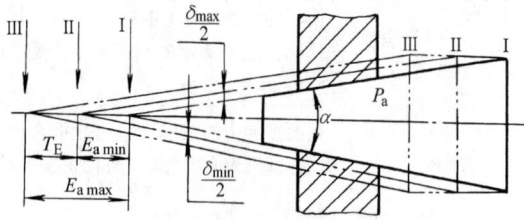

图2.2-27 轴向位移及其公差
Ⅰ—实际初始位置　Ⅱ—最小过盈位置
Ⅲ—最大过盈位置

3.3.3 圆锥配合的一般规定

1）结构型圆锥配合推荐优先采用基孔制。内、外圆锥直径公差带及配合按图2.2-13、图2.2-15及表2.2-13选取。

如表2.2-13给出的常用配合仍不能满足需要，可按GB/T 1800.1规定的标准公差（表2.2-3）和基本偏差（表2.2-6、表2.2-7）组成所需要的配合。

2）位移型圆锥配合的内、外圆锥直径公差带的基本偏差推荐选用 H、h 和 JS、js。其轴向位移的极限值按GB/T 1801规定的极限间隙或极限过盈来计算。

3）位移型圆锥配合的轴向位移极限值（E_{amin}、E_{amax}）和轴向位移公差（T_E）按下列公式计算：

① 对于间隙配合

$$E_{amin} = \frac{1}{C} \times |X_{min}|$$

$$E_{amax} = \frac{1}{C} \times |X_{max}|$$

$$T_E = E_{amax} - E_{amin} = \frac{1}{C} |X_{max} - X_{min}|$$

② 对于过盈配合

$$E_{amin} = \frac{1}{C} \times |Y_{min}|$$

$$E_{amax} = \frac{1}{C} \times |Y_{max}|$$

$$T_E = E_{amax} - E_{amin} = \frac{1}{C} |Y_{max} - Y_{min}|$$

3.3.4 应用说明

1）GB/T 12360—2005标准适用于锥度 C 自1:3至1:500、圆锥长度 L 自6mm至630mm、圆锥直径 D 至500mm的光滑圆锥配合。其内、外圆锥公差均按第一种方法给定（见3.2.2节），即给出圆锥的理论正确圆锥角 α（或锥度 C）和圆锥直径公差 T_D，由 T_D 确定两个极限圆锥。圆锥误差和圆锥的形状误差均应在极限圆锥所限定的区域内（当对圆锥角公差、圆锥的形状公差有更高要求时，可在此区域内进一步给出）。

2）内、外圆锥的圆锥角偏离其基本圆锥角时，将影响圆锥配合表面的接触质量和对中性能。GB/T 12360—2005标准附录A列出了内、外圆锥的圆锥角偏差不同组合对初始接触部位的影响分析（表2.2-32），供使用者参考。由表2.2-32可见，当要求初始接触部位在最大圆锥直径处时，应规定圆锥角为单向极限偏差，且外圆锥的为正（$+AT_e$），内圆锥的为负（$-AT_i$）；当要求初始接触部位在最小圆锥直径处时，也应规定圆锥角为单向极限偏差，但外圆锥的为负（$-AT_e$），内圆锥的为正（$+AT_i$）；当对初始接触部位无特殊要求，而要求保证配合圆锥角之间的差最小时，内、外圆锥角的极限偏差方向应相同，可以是对称的 $\left(\pm\frac{AT_e}{2}, \pm\frac{AT_i}{2}\right)$，也可以是单向的（$+AT_e$、$+AT_i$，或 $-AT_e$、$-AT_i$）。

表 2.2-32　内、外圆锥角偏差不同组合对初始接触部位的影响分析

公称圆锥角	圆锥角偏差		简　图	初始接触部位
	内圆锥	外圆锥		
α	$+AT_i$	$-AT_e$		最小圆锥直径处
	$-AT_i$	$+AT_e$		最大圆锥直径处
	$+AT_i$	$+AT_e$		
	$-AT_i$	$-AT_e$		视实际圆锥角而定，可能在最大圆锥直径处（$\alpha_e > \alpha_i$ 时），也可能在最小圆锥直径处（$\alpha_i > \alpha_e$ 时）
	$\pm\dfrac{AT_i}{2}$	$\pm\dfrac{AT_e}{2}$		
	$\pm\dfrac{AT_i}{2}$	$+AT_e$		可能在最大圆锥直径处（$\alpha_e > \alpha_i$ 时），也可能在最小圆锥直径处（$\alpha_i > \alpha_e$ 时）。最小圆锥直径处接触的可能性比较大
	$-AT_i$	$\pm\dfrac{AT_e}{2}$		
	$\pm\dfrac{AT_i}{2}$	$-AT_e$		可能在最大圆锥直径处（$\alpha_e > \alpha_i$ 时），也可能在最小圆锥直径处（$\alpha_i > \alpha_e$ 时）。最大圆锥直径处接触的可能性比较大
	$+AT_i$	$\pm\dfrac{AT_e}{2}$		

3) 为了确定位移型圆锥配合的极限初始位置，结构型圆锥配合后基准平面之间的极限轴向距离，以及确定圆锥直径极限偏差相应的圆锥量规的轴向距离（当用圆锥量规检验圆锥直径时）的需要，GB/T 12360—2005 的附录 B 给出了圆锥配合的内圆锥或外圆锥直径极限偏差转换为轴向极限偏差的计算方法。

圆锥轴向极限偏差是某一极限圆锥与其公称圆锥轴向位置的偏离（见图 2.2-28、图 2.2-29）。GB/T 12360—2005 的附录中规定，下极限圆锥与公称圆锥的偏离为轴向上极限偏差（es_z，ES_z），上极限圆锥与公称圆锥的偏离为轴向下极限偏差（ei_z，EI_z），轴向上极限偏差与轴向下极限偏差之代数差的绝对值为轴向公差（T_z）。

图 2.2-30 为用圆锥量规检验内圆锥直径的示意图。如该内圆锥大端直径偏差在其极限偏差之内，则大端端面应处于圆锥量规轴向距离 m 的两个截面之间，此 m 值即按内圆锥的轴向公差而定。

圆锥轴向极限偏差的计算式见表 2.2-33。

为了便于设计，GB/T 12360—2005 的附录 B 提供了按 GB/T 1800.1 轴的基本偏差数值（表 2.2-6）转换算出 $C = 1:10$ 的外圆锥轴向基本偏差（e_z）数值表（表 2.2-34）；按 GB/T 1800.1 标准公差数值（表

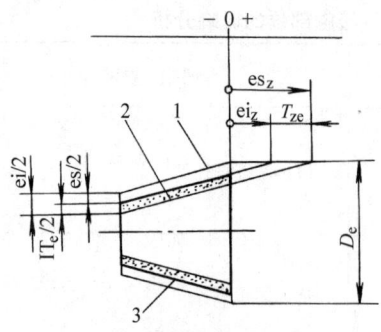

图 2.2-28 外圆锥轴向极限偏差示意图
1—基本圆锥　2—最小极限圆锥
3—最大极限圆锥

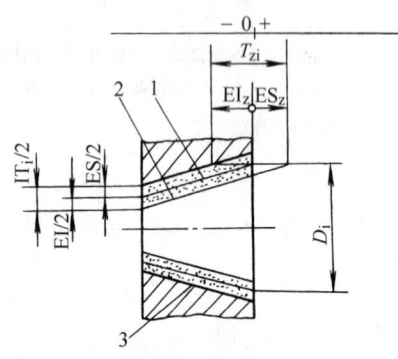

图 2.2-29 内圆锥轴向极限偏差示意图
1—基本圆锥　2—最小极限圆锥
3—最大极限圆锥

2.2-3）转换算出 $C=1:10$ 的圆锥轴向公差（T_z）数值表（表2.2-35），以及 $C\neq 1:10$ 时一般用途圆锥的

换算系数表（表2.2-36）和特殊用途圆锥的换算系数表（表2.2-37）。

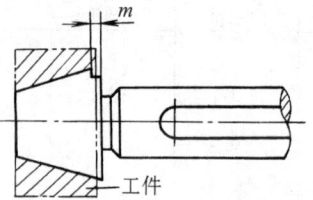

图 2.2-30 用圆锥量规检验内
圆锥直径示意图

表 2.2-33 圆锥轴向极限偏差计算式

计算项目	计 算 式
轴向上极限偏差	$es_z = -\frac{1}{C}ei$（外圆锥） $ES_z = -\frac{1}{C}EI$（内圆锥）
轴向下极限偏差	$ei_z = -\frac{1}{C}es$（外圆锥） $EI_z = -\frac{1}{C}ES$（内圆锥）
轴向基本偏差	$e_z = -\frac{1}{C}×$直径基本偏差（外圆锥） $E_z = -\frac{1}{C}×$直径基本偏差（内圆锥）
轴向公差	$T_{ze} = \frac{1}{C}IT_e$（外圆锥） $T_{zi} = \frac{1}{C}IT_i$（内圆锥）

注：ei、EI—外、内圆锥直径下极限偏差的代号；es、ES—外、内圆锥直径上极限偏差的代号；IT_e、IT_i—外、内圆锥直径公差的代号。

表 2.2-34　锥度 $C=1:10$ 时，外圆锥的轴向基本偏差（e_z）数值　　　　（mm）

基本偏差	a	b	c	cd	d	e	ef	f	fg	g	h	js	j			k
公称尺寸	公 差 等 级															
大于	至	所有等级											5、6	7	8	≤3、>7
—	3	+2.7	+1.4	+0.6	+0.34	+0.20	+0.14	+0.1	+0.06	+0.04	+0.02	0		+0.02	+0.04	+0.06	0
3	6	+2.7	+1.4	+0.7	+0.46	+0.30	+0.2	+0.14	+0.1	+0.06	+0.04	0		+0.02	+0.04	—	0
6	10	+2.8	+1.5	+0.8	+0.56	+0.40	+0.25	+0.18	+0.13	+0.08	+0.05	0		+0.02	+0.05	—	0
10	14	+2.9	+1.5	+0.95	—	+0.50	+0.32	—	+0.16	—	+0.06	0		+0.03	+0.06	—	0
14	18																
18	24	+3	+1.6	+1.1	—	+0.65	+0.4	—	+0.20	—	+0.07	0		+0.04	+0.08	—	0
24	30																
30	40	+3.1	+1.7	+1.2	—	+0.80	+0.5	—	+0.25	—	+0.09	0		+0.05	+0.1	—	0
40	50	+3.2	+1.8	+1.3													
50	65	+3.4	+1.9	+1.4	—	+1	+0.60	—	+0.3	—	+0.1	0	$e_z=\pm\frac{T_{ze}}{2}$	+0.07	+0.12	—	0
65	80	+3.6	+2	+1.5													
80	100	+3.8	+2.2	+1.7	—	+1.2	+0.72	—	+0.36	—	+0.12	0		+0.09	+0.15	—	0
100	120	+4.1	+2.4	+1.8													
120	140	+4.6	+2.6	+2	—	+1.45	+0.85	—	+0.43	—	+0.14	0		+0.11	+0.18	—	0
140	160	+5.2	+2.8	+2.1													
160	180	+5.8	+3.1	+2.3													
180	200	+6.6	+3.4	+2.4	—	+1.7	+1	—	+0.50	—	+0.15	0		+0.13	+0.21	—	0
200	225	+7.4	+3.8	+2.6													

(续)

基本偏差	a	b	c	cd	d	e	ef	f	fg	g	h	js	j			k
公称尺寸							公差等级									
大于	至					所有等级							5、6	7	8	≤3、>7
225	250	+8.2	+4.2	+2.8	—	+1.7	+1	—	+0.50	—	+0.15	0		+0.13	+0.21	—	0
250	280	+9.2	+4.8	+3		+1.9	+1.1		+0.56		+0.17	0	$e_z = \pm\dfrac{T_{ze}}{2}$	+0.16	+0.26	—	0
280	315	+10.5	+5.4	+3.3	—			—		—							
315	355	+12	+6	+3.6	—	+2.1	+1.25	—	+0.62	—	+0.18	0		+0.18	+0.28	—	0
355	400	+13.5	+6.8	+4													
400	450	+15	+7.6	+4.4	—	+2.3	+1.35	—	+0.68	—	+0.2	0		+0.20	+0.32	—	0
450	500	+16.5	+8.4	+4.8													

基本偏差		k	m	n	p	r	s	t	u	v	x	y	z	za	zb	zc
公称尺寸									公差等级							
大于	至	4~7							所有等级							
—	3	0	-0.02	-0.04	-0.06	-0.1	-0.14	—	-0.18	—	-0.20	—	-0.26	-0.32	-0.4	-0.6
3	6	-0.01	-0.04	-0.08	-0.12	-0.15	-0.19	—	-0.23	—	-0.28	—	-0.35	-0.42	-0.5	-0.8
6	10	-0.01	-0.06	-0.1	-0.15	-0.19	-0.23	—	-0.28	—	-0.34	—	-0.42	-0.52	-0.67	-0.97
10	14	-0.01	-0.07	-0.12	-0.18	-0.23	-0.28	—	-0.33	—	-0.4	—	-0.5	-0.64	-0.9	-1.3
14	18								-0.33	-0.39	-0.45	—	-0.6	-0.77	-1.08	-1.5
18	24	-0.02	-0.08	-0.15	-0.22	-0.28	-0.35	—	-0.41	-0.47	-0.54	-0.63	-0.73	-0.98	-1.36	-1.88
24	30							-0.41	-0.48	-0.55	-0.64	-0.75	-0.88	-1.18	-1.6	-2.18
30	40	-0.02	-0.09	-0.17	-0.26	-0.34	-0.43	-0.48	-0.6	-0.68	-0.8	-0.94	-1.12	-1.48	-2	-2.74
40	50							-0.54	-0.7	-0.81	-0.97	-1.14	-1.36	-1.80	-2.42	-3.25
50	65	-0.02	-0.11	-0.2	-0.32	-0.41	-0.53	-0.66	-0.87	-1.02	-1.22	-1.44	-1.72	-2.25	-3	-4.05
65	80					-0.43	-0.59	-0.75	-1.02	-1.2	-1.46	-1.74	-2.1	-2.74	-3.6	-4.8
80	100	-0.03	-0.13	-0.23	-0.37	-0.51	-0.71	-0.91	-1.24	-1.46	-1.78	-2.14	-2.58	-3.35	-4.45	-5.85
100	120					-0.54	-0.79	-1.04	-1.44	-1.72	-2.10	-2.54	-3.1	-4	-5.25	-6.9
120	140	-0.03	-0.15	-0.27	-0.43	-0.63	-0.92	-1.22	-1.7	-2.02	-2.48	-3	-3.65	-4.7	-6.2	-8
140	160					-0.65	-1	-1.34	-1.9	-2.28	-2.8	-3.4	-4.15	-5.35	-7	-9
160	180					-0.68	-1.08	-1.46	-2.1	-2.52	-3.1	-3.8	-4.65	-6	-7.8	-10
180	200	-0.04	-0.17	-0.31	-0.5	-0.77	-1.22	-1.66	-2.36	-2.84	-3.5	-4.25	-5.2	-6.7	-8.8	-11.5
200	225					-0.80	-1.3	-1.8	-2.58	-3.1	-3.85	-4.7	-5.75	-7.4	-9.6	-12.5
225	250					-0.84	-1.4	-1.96	-2.84	-3.4	-4.25	-5.2	-6.4	-8.2	-10.5	-13.5
250	280	-0.04	-0.2	-0.34	-0.56	-0.94	-1.58	-2.18	-3.15	-3.85	-4.75	-5.8	-7.1	-9.2	-12	-15.5
280	315					-0.98	-1.7	-2.4	-3.5	-4.25	-5.25	-6.5	-7.9	-10	-13	-17
315	355	-0.04	-0.21	-0.37	-0.62	-1.08	-1.9	-2.68	-3.9	-4.75	-5.9	-7.3	-9	-11.5	-15	-19
355	400					-1.14	-2.08	-2.94	-4.35	-5.3	-6.6	-8.2	-10	-13	-16.5	-21
400	450	-0.05	-0.23	-0.4	-0.68	-1.26	-2.32	-3.3	-4.9	-5.95	-7.4	-9.2	-11	-14.5	-18.5	-24
450	500					-1.32	-2.52	-3.6	-5.4	-6.6	-8.2	-10	-12.5	-16	-21	-26

表 2.2-35 锥度 $C = 1:10$ 时，轴向公差 (T_z) 数值　　　　　（mm）

公称尺寸		公差等级									
大于	至	IT3	IT4	IT5	IT6	IT7	IT8	IT9	IT10	IT11	IT12
—	3	0.02	0.03	0.04	0.06	0.10	0.14	0.25	0.40	0.60	1
3	6	0.025	0.04	0.05	0.08	0.12	0.18	0.30	0.48	0.75	1.2
6	10	0.025	0.04	0.06	0.09	0.15	0.22	0.36	0.58	0.90	1.5
10	18	0.03	0.05	0.08	0.11	0.18	0.27	0.43	0.70	1.1	1.8
18	30	0.04	0.06	0.09	0.13	0.21	0.33	0.52	0.84	1.3	2.1
30	50	0.04	0.07	0.11	0.16	0.25	0.39	0.62	1	1.6	2.5
50	80	0.05	0.08	0.13	0.19	0.30	0.46	0.74	1.2	1.9	3
80	120	0.06	0.10	0.15	0.22	0.35	0.54	0.87	1.4	2.2	3.5
120	180	0.08	0.12	0.18	0.25	0.40	0.63	1	1.6	2.5	4
180	250	0.10	0.14	0.20	0.29	0.46	0.72	1.15	1.85	2.9	4.6
250	315	0.12	0.16	0.23	0.32	0.52	0.81	1.3	2.1	3.2	5.2
315	400	0.13	0.18	0.25	0.36	0.57	0.89	1.4	2.3	3.6	5.7
400	500	0.15	0.20	0.27	0.40	0.63	0.97	1.55	2.5	4	6.3

表 2.2-36　一般用途圆锥的换算系数

基本值		换算系数	基本值		换算系数
系列 1	系列 2		系列 1	系列 2	
1:3		0.3		1:15	1.5
	1:4	0.4	1:20		2
1:5		0.5	1:30		3
	1:6	0.6		1:40	4
	1:7	0.7	1:50		5
	1:8	0.8	1:100		10
1:10		1	1:200		20
	1:12	1.2	1:500		50

表 2.2-37　特殊用途圆锥的换算系数

基本值	换算系数	基本值	换算系数
18°30′	0.3	1:18.779	1.8
11°54′	0.48	1:19.002	1.9
8°40′	0.66	1:19.180	1.92
7°40′	0.75	1:19.212	1.92
7:24	0.34	1:19.254	1.92
1:9	0.9	1:19.264	1.92
1:12.262	1.2	1:19.922	1.99
1:12.972	1.3	1:20.020	2
1:15.748	1.57	1:20.047	2
1:16.666	1.67	1:20.288	2

GB/T 12360—2005 的附录 B 还给出了内圆锥基本偏差 H、外圆锥基本偏差 a 至 zc 的轴向极限偏差计算式（见表 2.2-38）。

4）为了确定相互配合的内、外圆锥基准平面之间

表 2.2-38　基孔制的圆锥轴向极限偏差计算式

内、外圆锥	基本偏差	上偏差	下偏差
内圆锥	H	$ES_z = 0$	$EI_z = -T_{zi}$
外圆锥	a ~ g	$es_z = e_z + T_{ze}$	$ei_z = e_z$
	h	$es_z = e_z$	$ei_z = 0$
	js	$es_z = +\dfrac{T_{ze}}{2}$	$ei_z = -\dfrac{T_{ze}}{2}$
	j ~ zc	$es_z = e_z$	$ei_z = e_z - T_{ze}$

表 2.2-39　基准平面间极限初始位置计算式

已知参数	基准平面的位置	计算公式	
		Z_{pmin}	Z_{pmax}
圆锥直径极限偏差	在锥体大直径端（图 2.2-31）	$Z_p + \dfrac{1}{C}(ei - ES)$	$Z_p + \dfrac{1}{C}(es - EI)$
	在锥体小直径端（图 2.2-32）	$Z_p + \dfrac{1}{C}(EI - es)$	$Z_p + \dfrac{1}{C}(ES - ei)$
圆锥轴向极限偏差	在锥体大直径端（图 2.2-31）	$Z_p + EI_z - es_z$	$Z_p + ES_z - ei_z$
	在锥体小直径端（图 2.2-32）	$Z_p + ei_z - ES_z$	$Z_p + es_z - EI_z$

注：1. 对于结构型圆锥配合，基准平面间的极限初始位置仅对过盈配合有意义，且在必要时才需计算；对于位移型圆锥配合，仅在对基准平面间的极限初始位置有要求时才进行计算。

2. 表中 $Z_p = Z_e - Z_i$，在外圆锥距基准平面为 Z_e 处的 d_{xe} 和内圆锥距基准平面为 Z_i 处的 d_{xi} 是相等的。

的距离（基面距）的极限初始位置和极限终止位置，GB/T 12360—2005 的附录 C 提供了基准平面间极限初始位置的计算式（表 2.2-39）和基准平面间极限终止位置的计算式（表 2.2-40）。

表 2.2-40　基准平面间极限终止位置计算式

已知参数	基准平面的位置	计算公式	
		Z_{pfmin}	Z_{pfmax}
间隙配合轴向位移 E_a	在锥体大直径端（图 2.2-31）	$Z_{pmin} + E_{amin}$	$Z_{pmax} + E_{amax}$
	在锥体小直径端（图 2.2-32）	$Z_{pmin} - E_{amax}$	$Z_{pmax} - E_{amin}$
过盈配合轴向位移 E_a	在锥体大直径端（图 2.2-31）	$Z_{pmin} - E_{amax}$	$Z_{pmax} - E_{amin}$
	在锥体小直径端（图 2.2-32）	$Z_{pmin} + E_{amin}$	$Z_{pmax} + E_{amax}$

注：1. 对于结构型圆锥配合，基准平面间的极限终止位置由设计给定，不需要进行计算，见图 2.2-22 及图 2.2-23。

2. 表中 Z_{pmin}、Z_{pmax} 的值用表 2.2-39 的公式确定。

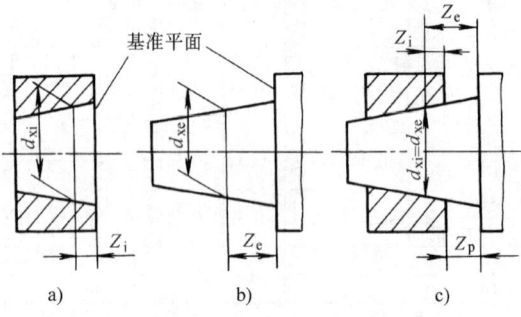

图 2.2-31　基准平面在锥体大直径端
a）内圆锥　b）外圆锥　c）圆锥配合

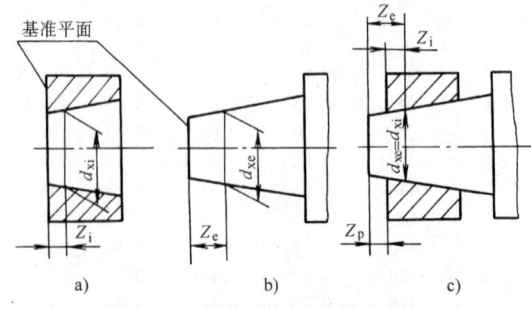

图 2.2-32　基准平面在锥体小直径端
a）内圆锥　b）外圆锥　c）圆锥配合

1995年，我国为适应光滑圆锥面在弹性范围内利用油压装拆的过盈连接计算和过盈配合选用的需要，制定了《圆锥过盈配合的计算和选用》国家标准（GB/T 15755—1995）。

4 光滑工件尺寸的检验

4.1 产品几何技术规范（GPS）光滑工件尺寸的检验标准（GB/T 3177—2009）的主要内容

4.1.1 验收原则

所用验收方法应只接收位于规定的尺寸极限之内的工件。

4.1.2 验收方法的基础

由于计量器具和计量系统都存在内在误差，故任何测量都不能测出真值。另外，多数通用计量器具通常只用于测量尺寸，不测量工件上可能存在的形状误差。因此，对遵循包容要求的尺寸要素，完善的工件检验还应测量形状误差（如圆度、直线度等），并把这些形状误差的测量结果与尺寸的测量结果综合起来，以判定工件表面各部位是否超出最大实体边界。

在车间实际情况下，工件的形状误差通常取决于加工设备及工艺装备的精度，工件合格与否，只按一次测量来判断。对于温度、压陷效应等，以及计量器具和标准器的系统误差均不进行修正。因此，任何检验都存在误判。由测量误差引起的误判概率参见 GB/T 3177—2009 的附录 A，由工件形状误差引起的误收率见 GB/T 3177—2009 的附录 B。为保证验收质量，GB/T 3177—2009 标准规定了验收极限、计量器具的测量不确定度允许值和计量器具选用原则。

4.1.3 标准温度

测量的标准温度为 20℃，见 GB/T 19765。

如果工件与计量器具的线胀系数相同，测量时只要计量器具与工件保持相同的温度，可以偏离 20℃。

4.1.4 验收极限

验收极限是检验工件尺寸时判断合格与否的尺寸界限。

（1）验收极限方式的确定

验收极限可以按照下列两种方式之一确定：

1）验收极限是从规定的最大实体尺寸（MMS）和最小实体尺寸（LMS）分别向工件公差带内移动一个安全裕度（A）来确定的，如图 2.2-33 所示。A 值按工件公差（T）的 1/10 确定，其数值在表 2.2-41 中给出。

孔尺寸的验收极限：

上验收极限 = 最小实体尺寸（LMS） - 安全裕度（A）

下验收极限 = 最大实体尺寸（MMS） + 安全裕度（A）

轴尺寸的验收极限：

上验收极限 = 最大实体尺寸（MMS） - 安全裕度（A）

下验收极限 = 最小实体尺寸（LMS） + 安全裕度（A）

2）验收极限等于规定的最大实体尺寸（MMS）和最小实体尺寸（LMS），即 A 值等于零。

（2）验收极限方式的选择

验收极限方式的选择要结合尺寸功能要求及其重要程度、尺寸公差等级、测量不确定度和过程能力等因素综合考虑。

1）对遵循包容要求的尺寸、公差等级高的尺寸，其验收极限按上述第一种方式确定。

2）当过程能力指数 $C_p \geq 1$ 时，其验收极限可以按上述第二种方式确定。但对遵循包容要求的尺寸，其最大实体尺寸一边的验收极限仍应按上述第一种方式确定。

3）对偏态分布的尺寸，其验收极限可以仅对尺寸偏向的一边按上述第一种方式确定。

4）对非配合和一般公差的尺寸，其验收极限按上述第二种方式确定。

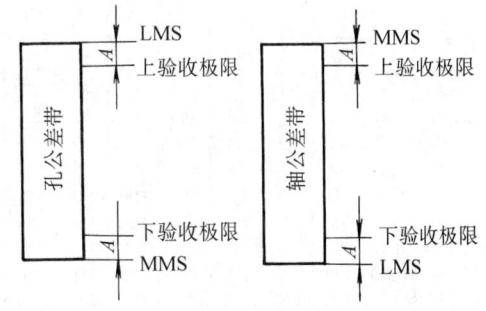

图 2.2-33 光滑工件尺寸的验收极限

表 2.2-41 安全裕度（A）与计量器具的测量不确定度允许值（u_1） （μm）

公差等级		6					7					8					9				
公称尺寸/mm		T	A	u_1			T	A	u_1			T	A	u_1			T	A	u_1		
大于	至			Ⅰ	Ⅱ	Ⅲ			Ⅰ	Ⅱ	Ⅲ			Ⅰ	Ⅱ	Ⅲ			Ⅰ	Ⅱ	Ⅲ
—	3	6	0.6	0.54	0.9	1.4	10	1.0	0.9	1.5	2.3	14	1.4	1.3	2.1	3.2	25	2.5	2.3	3.8	5.6
3	6	8	0.8	0.72	1.2	1.8	12	1.2	1.1	1.8	2.7	18	1.8	1.6	2.7	4.1	30	3.0	2.7	4.5	6.8
6	10	9	0.9	0.81	1.4	2.0	15	1.5	1.4	2.3	3.4	22	2.2	2.0	3.3	5.0	36	3.6	3.3	5.4	8.1
10	18	11	1.1	1.0	1.7	2.5	18	1.8	1.7	2.7	4.1	27	2.7	2.4	4.1	6.1	43	4.3	3.9	6.5	9.7
18	30	13	1.3	1.2	2.0	2.9	21	2.1	1.9	3.2	4.7	33	3.3	3.0	5.0	7.4	52	5.2	4.7	7.8	12
30	50	16	1.6	1.4	2.4	3.6	25	2.5	2.3	3.8	5.6	39	3.9	3.5	5.9	8.8	62	6.2	5.6	9.3	14
50	80	19	1.9	1.7	2.9	4.3	30	3.0	2.7	4.5	6.8	46	4.6	4.1	6.9	10	74	7.4	6.7	11	17
80	120	22	2.2	2.0	3.3	5.0	35	3.5	3.2	5.3	7.9	54	5.4	4.9	8.1	12	87	8.7	7.8	13	20
120	180	25	2.5	2.3	3.8	5.6	40	4.0	3.6	6.0	9.0	63	6.3	5.7	9.5	14	100	10	9.0	15	23
180	250	29	2.9	2.6	4.4	6.5	46	4.6	4.1	6.9	10	72	7.2	6.5	11	16	115	12	10	17	26
250	315	32	3.2	2.9	4.8	7.2	52	5.2	4.7	7.8	12	81	8.1	7.3	12	18	130	13	12	19	29
315	400	36	3.6	3.2	5.4	8.1	57	5.7	5.1	8.4	13	89	8.9	8.0	13	20	140	14	13	21	32
400	500	40	4.0	3.6	6.0	9.0	63	6.3	5.7	9.5	14	97	9.7	8.7	15	22	155	16	14	23	35

公差等级		10					11					12				13			
公称尺寸/mm		T	A	u_1			T	A	u_1			T	A	u_1		T	A	u_1	
大于	至			Ⅰ	Ⅱ	Ⅲ			Ⅰ	Ⅱ	Ⅲ			Ⅰ	Ⅱ			Ⅰ	Ⅱ
—	3	40	4.0	3.6	6.0	9.0	60	6.0	5.4	9.0	14	100	10	9.0	15	140	14	13	21
3	6	48	4.8	4.3	7.2	11	75	7.5	6.8	11	17	120	12	11	18	180	18	16	27
6	10	58	5.8	5.2	8.7	13	90	9.0	8.1	14	20	150	15	14	23	220	22	20	33
10	18	70	7.0	6.3	11	16	110	11	10	17	25	180	18	16	27	270	27	24	41
18	30	84	8.4	7.6	13	19	130	13	12	20	29	210	21	19	32	330	33	30	50
30	50	100	10	9.0	15	23	160	16	14	24	36	250	25	23	38	390	39	35	59
50	80	120	12	11	18	27	190	19	17	29	43	300	30	27	45	460	46	41	69
80	120	140	14	13	21	32	220	22	20	33	50	350	35	32	53	540	54	49	81
120	180	160	16	15	24	36	250	25	23	38	56	400	40	36	60	630	63	57	95
180	250	185	18	17	28	42	290	29	26	44	65	460	46	41	69	720	72	65	110
250	315	210	21	19	32	47	320	32	29	48	72	520	52	47	78	810	81	73	120
315	400	230	23	21	35	52	360	36	32	54	81	570	57	51	86	890	89	80	130
400	500	250	25	23	38	56	400	40	36	60	90	630	63	57	95	970	97	87	150

公差等级		14			15			16			17			18		
公称尺寸/mm		T	A	u_1	T	A	u_1	T	A	u_1	T	A	u_1	T	A	u_1
大于	至															
—	3	250	25	23	400	40	36	600	60	54	1000	100	90	1400	140	135
3	6	300	30	27	480	48	43	750	75	68	1200	120	110	1800	180	160
6	10	360	36	32	580	58	52	900	90	81	1500	150	140	2200	220	200
10	18	430	43	39	700	70	63	1100	110	100	1800	180	160	2700	270	240
18	30	520	52	47	840	84	76	1300	130	120	2100	210	190	3300	330	300
30	50	620	62	56	1000	100	90	1600	160	140	2500	250	220	3900	390	350
50	80	740	74	67	1200	120	110	1900	190	170	3000	300	270	4600	460	410
80	120	870	87	78	1400	140	130	2200	220	200	3500	350	320	5400	540	480
120	180	1000	100	90	1600	160	150	2500	250	230	4000	400	360	6300	630	570
180	250	1150	115	100	1850	180	170	2900	290	260	4600	460	410	7200	720	650
250	315	1300	130	120	2100	210	190	3200	320	290	5200	520	470	8100	810	730
315	400	1400	140	130	2300	230	210	3600	360	320	5700	570	510	8900	890	800
400	500	1500	150	140	2500	250	230	4000	400	360	6300	630	570	9700	970	870

Note: 公差等级 18 列 Ⅱ 值: 210, 270, 330, 400, 490, 580, 690, 810, 940, 1080, 1210, 1330, 1450

4.1.5 计量器具的选择

(1) 计量器具选用原则

按照计量器具所导致的测量不确定度的允许值（u_1，简称计量的测量不确定度允许值）选择计量器具。选择时，应使所选用的计量器具的测量不确定度数值等于或小于选定的 u_1 值。

计量器具的测量不确定度允许值（u_1）按测量不确定度（u）与工件公差的比值分档：对 IT6～IT11 的分为 Ⅰ、Ⅱ、Ⅲ 三档，对 IT12～IT18 的分为 Ⅰ、Ⅱ 两档。测量不确定度（u）的 Ⅰ、Ⅱ、Ⅲ 三档值，分别为工件公差的 1/10、1/6、1/4。

计量器具的测量不确定度允许值（u_1）约为测量不确定度（u）的 90%，其三档数值列于表 2.2-41。

(2) 计量器具的测量不确定度允许值（u_1）的选定

一般情况下，优先选用 Ⅰ 档，其次选用 Ⅱ 档、Ⅲ 档。

4.1.6 仲裁

对验收结果的争议，可以采用更精确的计量器具或按双方事先商定的方法解决。一般情况下按 GB/T 18779.1 进行合格或不合格判定。

4.2 应用说明

4.2.1 适用范围

GB/T 3177—2009 不仅适用于注出公差尺寸（IT6～IT8，公称尺寸至 500mm）的检验，也适用于按一般公差尺寸的检验。

这里所指的光滑工件尺寸的检验，应理解为光滑孔或轴（包括圆柱形内尺寸要素或外尺寸要素，以及非圆柱形内或外尺寸要素）局部实际尺寸的最终检验，而且这种检验是在一般车间条件下，以一次测量为准，对环境温度无严格要求，对测量结果也不做任何修正和计算。

4.2.2 验收原则和验收极限

按 GB/T 3177—2009 对验收原则的规定，所用验收方法应只接收位于规定尺寸极限之内的工件。

该标准按此原则规定了两种验收极限，但由于计量器具和测量系统都存在误差，任何测量方法都可能存在一定的误判概率。

该标准的附录 A（误判概率与验收质量的评估）对两种验收极限分别就其验收工件时的误判概率，以工件尺寸遵循正态分布、偏态分布和均匀分布三种情况进行了计算，为节约篇幅，此处不具体引述，需要时，读者可在 GB/T 3177—2009 中进一步查看。

该标准的附录 B（工件形状误差引起的误收率）还在假定工艺过程只测量出工件的中间尺寸（最小二乘圆柱直径），验收时在将中间尺寸与形状误差作为两个独立随机变量进行综合的条件下，对两种验收极限分别就其验收工件时的误收率提供了计算参考，为节约篇幅，此处也不具体引述，需要时，读者亦可在 GB/T 3177—2009 中进一步查看。

4.2.3 计量器具的选择说明

GB/T 3177—2009 规定，选择计量器具时，应使所选用的计量器具的测量不确定度数值等于或小于按表 2.2-41 选定的 u_1 值。

值得注意的是：计量器具的测量不确定度与总的测量不确定度不同。按照标准所述，计量器具的测量不确定度允许值（u_1）约为测量不确定度（u）的 90%，由此可见，计量器具的测量不确定度虽为总的测量不确定度的主要成分，但不是其全部。总的测量不确定度如何合成，标准未做规定。

该标准对测量不确定度推荐采用 GB/T 18779.2 规定的方法进行评定，并且提出在未做特别说明时，置信概率为 95%。

第3章 几何公差

1 概述

1.1 零件的几何特性

零件的功能是由其内在特性和表面状况所决定的。零件的内在特性指零件的材质、材料特性以及材料的内部缺陷（缩孔、偏析）等。零件的表面状况指零件边界层的材料状况（如硬度、粒度、残余应力及其不均匀度）及零件的几何特性。零件的几何特性是指零件的实际要素相对其几何理想要素的偏离状况。它包括尺寸的偏离、零件几何要素的形状、方向或位置的偏离，表面粗糙度，表面波纹度等。

除了尺寸偏离外，形成零件几何特性的表面误差是由形状、方向、位置和跳动误差、表面粗糙度和表面波纹度组成的。零件表面误差的综合状态如图2.3-1a所示。可分解为表面粗糙度（图2.3-1b）、表面波纹度（图2.3-1c）和表面的方向误差（图2.3-1d）。

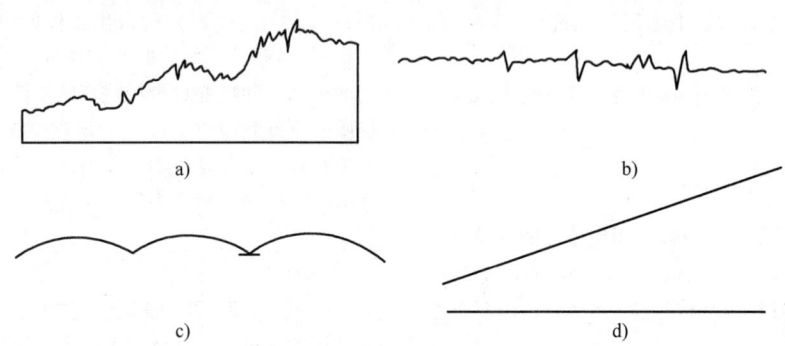

图 2.3-1 零件表面误差

1.2 几何公差标准及对应的 ISO 标准

几何公差标准属 ISO 4636 矩阵模型中的通用标准，包括几何公差各项误差的测量与检验等一系列标准，它所代替的原标准和对应的 ISO 标准和采用程度见表 2.3-1。

表 2.3-1 国家标准与 ISO 标准对照

序号	国 家 标 准	ISO 标准	采用程度
1	GB/T 1182—2008（代替 GB/T 1182—1996）《产品几何技术规范（GPS）几何公差 形状、方向、位置和跳动公差》	ISO1101:2004《产品几何技术规范（GPS）几何公差 形状、方向、位置和跳动公差》	等同
2	GB/T 1184—1996《形状和位置公差① 未注公差值》	ISO 2768—2:1989《一般几何公差—第二部分 未注几何公差》	等效
3	GB/T 1958—2004（代替 GB/T 1958—1980）《产品几何量技术规范（GPS）形状和位置公差① 检测规定》	ISO/TR 8460:1985《技术制图—几何公差—形状、方向、位置和跳动公差 检测原则与方法指南》	参照
4	GB/T 4249—2009（代替 GB/T 4249—1996）《产品几何技术规范（GPS）公差原则》	ISO 8015:1985《技术制图—基本的公差原则》	修改采用
5	GB/T 4380—2004（代替 GB/T 4380—1984）《圆度误差的评定 两点三点法》	ISO 4292:1985《圆度误差的评定方法两点三点法测量》	等效

(续)

序号	国家标准	ISO 标准	采用程度
6	GB/T 17851—2010（代替 GB/T 17851—1999）《产品几何技术规范（GPS）几何公差 基准和基准体系》	ISO 5459：1981《技术制图 几何公差 基准和基准体系》	修改采用
7	GB/T 17852—1999《形状和位置公差① 轮廓的尺寸和公差注法》	ISO 1660：1982《技术制图 几何公差 轮廓的尺寸和公差注法》	等效
8	GB/T 11337—2004（代替 GB/T 11337—1989）《平面度误差检测》		
9	GB/T 13319—2003《产品几何量技术规范（GPS）几何公差 位置度公差注法》	ISO 5458：1998 《技术制图 几何公差 位置度公差》	等效
10	GB/T 15754—1995《技术制图 圆锥的尺寸和公差注法》	ISO 3040：1990《技术制图—尺寸和公差注法—圆锥》	等效
11	GB/T 16671—2009（代替 GB/T 16671—1996）《产品几何技术规范（GPS）几何公差 最大实体要求 最小实体要求和可逆要求》	ISO 2692：2006《产品几何量技术规范—几何公差—最大实体要求（MMR），最小实体要求（LMR）和可逆要求（RPR）》	修改采用
12	GB/T 16892—1997《形状和位置公差① 非刚性零件注法》	ISO 10579：1993 《技术制图—尺寸和公差注法—非刚性零件》	等效
13	GB/T 17773—1999《形状和位置公差① 延伸公差带及其表示法》	ISO 10578：1992 《技术制图—几何公差表示法—延伸公差带》	等效
14	GB/T 18780.1—2002《产品几何量技术规范（GPS）几何要素 第1部分：基本术语和定义》	ISO 14660—1：1999《产品几何量技术规范（GPS） 几何要素 第1部分：基本术语和定义》	等同
15	GB/T 18780.2—2003《产品几何量技术规范（GPS）几何要素 第2部分：圆柱面和圆锥面的提取中心线、平行平面的提取中心面、提取要素的局部尺寸》	ISO 14660—2：1999《产品几何量技术规范（GPS） 几何要素——第2部分：圆柱面和圆锥面的提取中心线、平行平面的提取中心面、提取要素的局部尺寸》	等同
16	GB/Z 20308—2006《产品几何技术规范（GPS）总体规划》	ISO/TR 14638：1995《产品几何技术规范（GPS）总体规划》	修改采用

① 几何公差即形位公差，尚未修订的标准仍保留"形状与位置公差"名称。

2 几何公差的术语、定义或解释

几何公差术语，定义或解释，依据 GB/T 18780.1—2002、GB/T 18780.2—2003 和 GB/T 1182—2008 的有关规定，并保留了原 GB/T 1182—1996 标准中给出的，而现行标准中仍沿用的一些术语和定义（如被测要素，基准要素，形状公差的定义等）。

2.1 几何公差要素类的术语及其定义或解释（表2.3-2、表2.3-3）

表 2.3-2　几何公差要素类术语及其定义（摘自 GB/T 18780.1—2002、GB/T 18780.2—2003）

序号	术语	定义或解释	图示
1	要素	零件上的特征部分——点、线或面。这些要素是实际存在的，也可以由实际要素取得的中心线或中心平面	
2	点、线、面	"点"系指圆心、球心、中心点、交点等 "线"系指素线、曲线、轴线、中心线等 "面"系指平面、曲面、圆柱面、圆锥面、球面、中心平面等	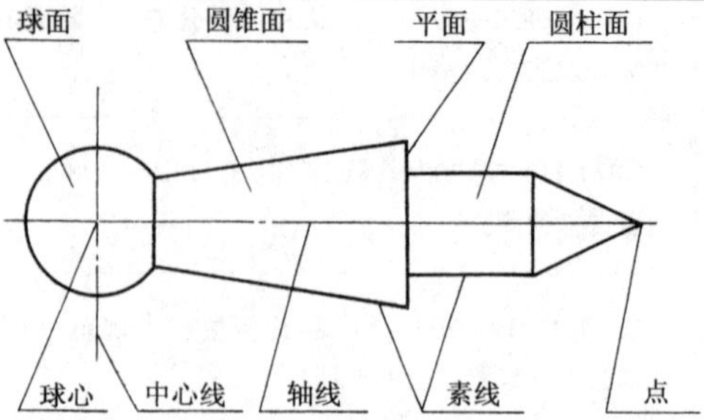 球面　圆锥面　平面　圆柱面 球心　中心线　轴线　素线　点
3	组成要素	面或面上的线	
4	导出要素	由一个或几个组成要素获得的中心点、中心线或中心面，如球心是由球面导出的要素（该球面则为组成要素）	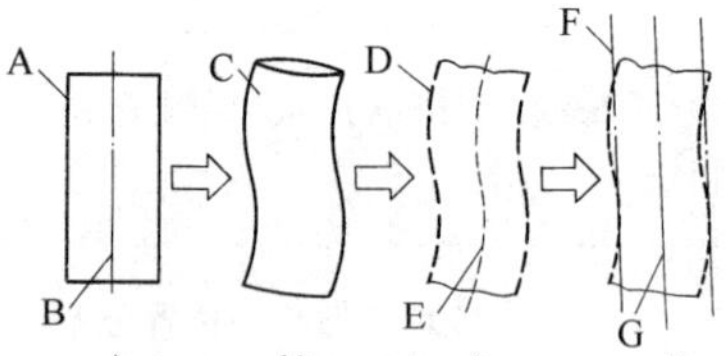
5	工件实际表面	实际存在并将整个工件与周围介质分隔的一组要素	
6	公称组成要素	由技术制图或其他方法确定的理论正确组成要素	A—公称组成要素　B—公称导出要素　C—实际要素 D—提取组成要素　E—提取导出要素 F—拟合组成要素　G—拟合导出要素
7	公称导出要素	由一个或几个公称组成要素导出的中心点，轴线或中心面	
8	实际（组成）要素	由接近实际（组成）要素所限定的工件实际表面的组成要素部分	
9	提取组成要素	按规定方法，从实际组成要素提取的有限数目的点所形成的实际组成要素的近似替代	
10	提取导出要素	由一个或几个提取组成要素得到的中心点，中心线或中心面	
11	拟合组成要素	按规定的方法由提取组成要素形成且具有理想形状的组成要素	
12	拟合导出要素	由一个或几个拟合组成要素导出的中心点，轴线或中心平面	
13	尺寸要素	由一定大小的线性尺寸或角度尺寸确定的几何形状，可以是圆形、圆柱面形、圆锥形、楔形、两平行对应等	 由尺寸 ϕ 确定的圆要素 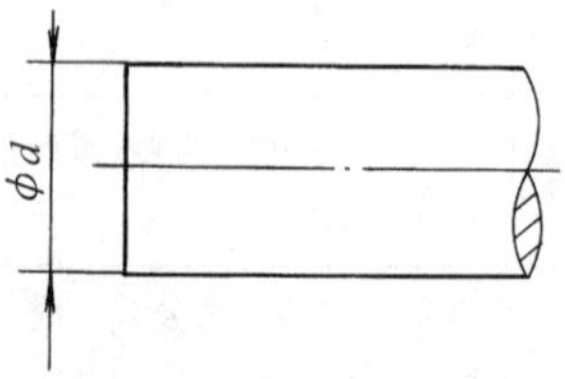　由尺寸 ϕd 确定的圆柱面要素 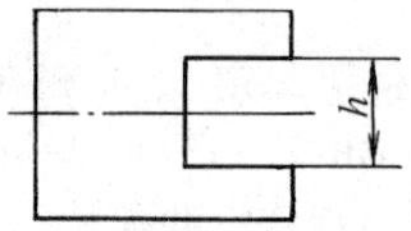 由尺寸 h 确定的两个平行的平面要素

(续)

序号	术语		定义或解释	图示
14	提取的导出要素（中心要素）	圆柱面的提取中心线	圆柱面的各横截面中心点的轨迹。此时：各横截面的中心点就是各拟合圆的圆心、各横截面均应垂直于拟合圆柱面的轴线（其半径有可能与理想圆的半径有差异） 拟合圆和拟合圆柱面由最小二乘法确定。如，拟合圆即最小二乘圆（见图）	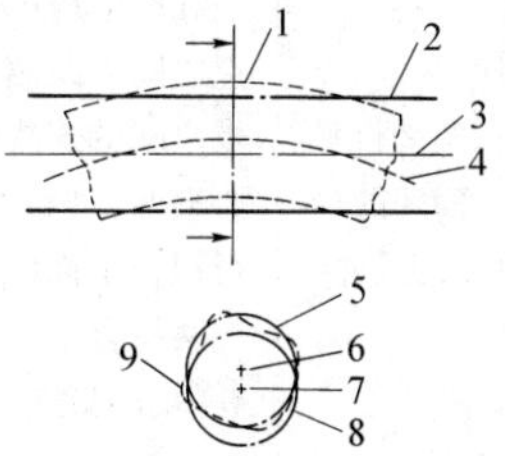 1—提取表面 2—拟合圆柱面 3—拟合圆柱面轴线 4—提取中心线 5—拟合圆 6—拟合圆圆心 7—拟合圆柱面轴线 8—拟合圆柱面 9—提取线
		圆锥面的提取中心线	圆锥面的各横截面中心点的轨迹。此时，各横截面的中心点就是各拟合圆的圆心。各横截面均应垂直于拟合圆锥面的轴线（其锥角可能与理想圆锥面的锥角有差异） 拟合圆和拟合圆锥面由最小二乘法确定。如拟合圆锥面即最小二乘圆锥面（见图）	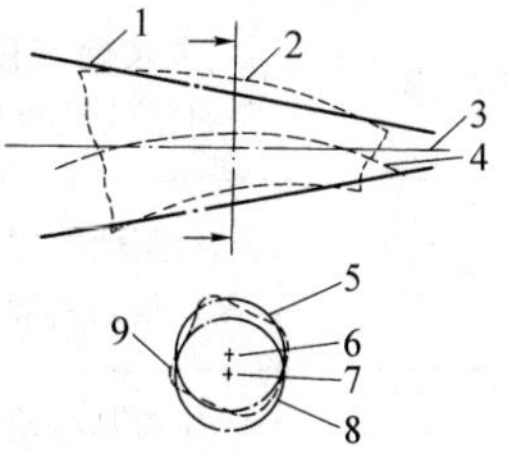 1—拟合圆锥面 2—拟合表面 3—拟合轴线 4—提取中心线 5—拟合圆 6—拟合圆圆心 7—拟合圆锥面轴线 8—拟合圆锥面 9—提取线
		提取的中心面	在两对应的提取面上，各组对应点连线的中心点的轨迹。此时，各组对应点之间的连线均应垂直于拟合中心平面。拟合中心平面是两个平行拟合平面的中心平面（两平行的拟合平面由提取表面获得，其距离与理想的距离有差异），两个平行的拟合平面由最小二乘法获得（见图）	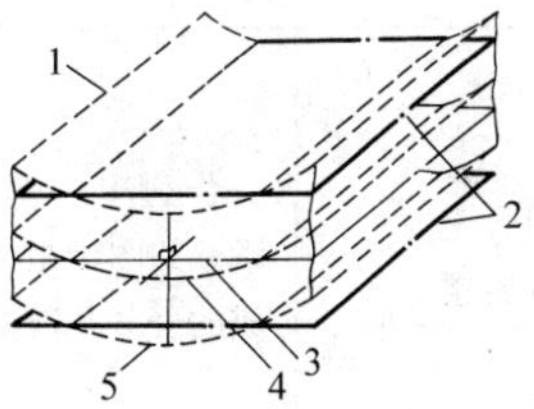 1—提取表面 2—拟合平面 3—拟合中心平面 4—提取中心面 5—提取表面
15	提取的局部尺寸（局部实际尺寸）	圆柱面局部直径	提取要素上两对应点的距离。此时，两点之间的连线应通过拟合圆的中心，各横截面均应垂直于拟合圆柱面的轴线 拟合圆是最小二乘圆，拟合圆柱面是最小二乘圆柱面	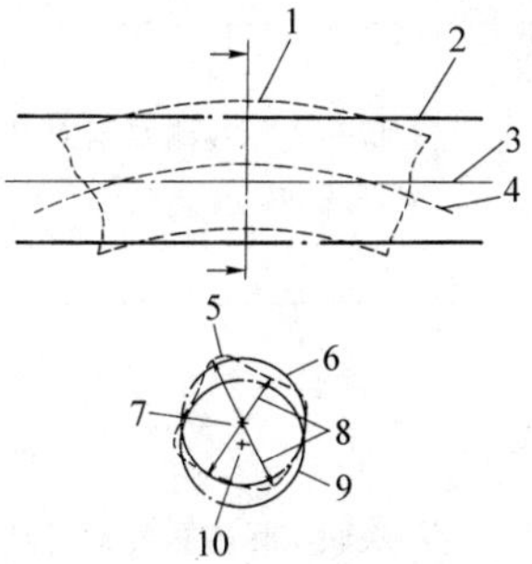 1—提取表面 2—拟合圆柱面 3—拟合圆柱面轴线 4—提取中心线 5—提取线 6—拟合圆 7—拟合圆圆心 8—提取要素的局部直径 9—拟合圆柱面 10—拟合圆柱面轴线

(续)

序号	术语		定义或解释	图示
15	提取的局部尺寸（局部实际尺寸）	两平行平面间的局部尺寸	在两对应的提取表面上两对应点之间的距离。此时，各组对应点之间的连线应垂直于拟合的中心平面；拟合的中心平面是两平行拟合平面的中心平面 两拟合平行平面由最小二乘法获得（见图）	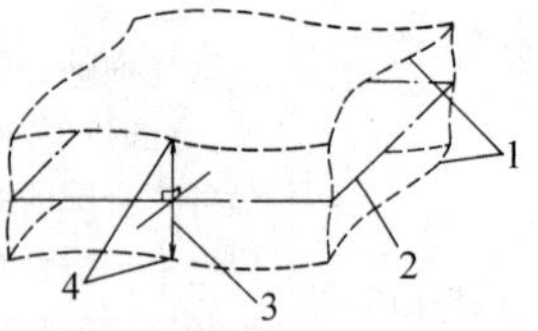 1—提取表面　2—拟合中心平面 3—再提取表面的局部尺寸　4—对应点
16	被测要素		给出几何公差的要素	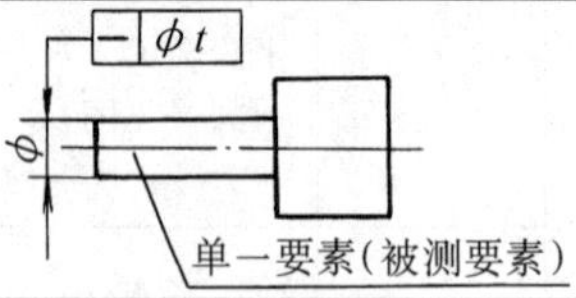 单一要素（被测要素）
17	单一要素		仅对其本身给出几何公差要求的要素	
18	基准要素		用来确定被测要素的方向或（和）位置的要素	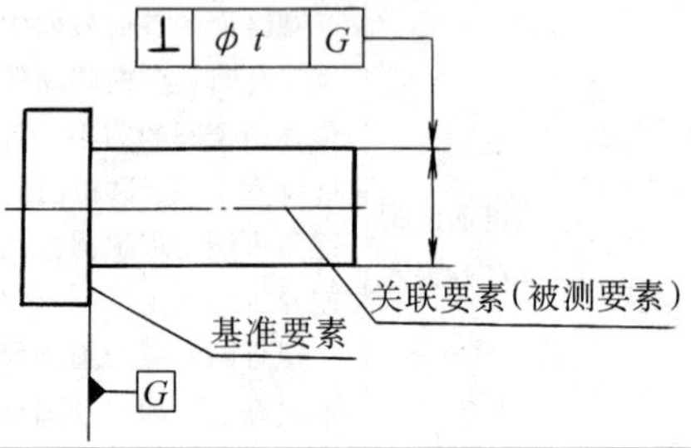 关联要素（被测要素） 基准要素
19	关联要素		对其他要素有功能（方向、位置）要求的要素	
20	单一基准要素		作为基准使用的单一要素（图中的基准 G）	
21	理想基准要素		确定要素间几何关系的依据，分别称为基准点、基准线和基准平面	
22	组合基准要素		作为单一基准使用的一组要素。如图中由 A 基准和 B 基准组成的公共基准要素	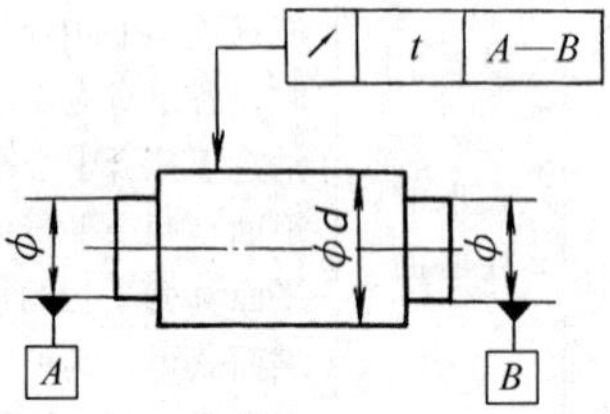

表 2.3-3　几何公差术语定义（摘自 GB/T 18780.1—2002）

序号	术语	定义	图示或注释
1	形状公差	单一实际被测要素对其理想要素的允许变动	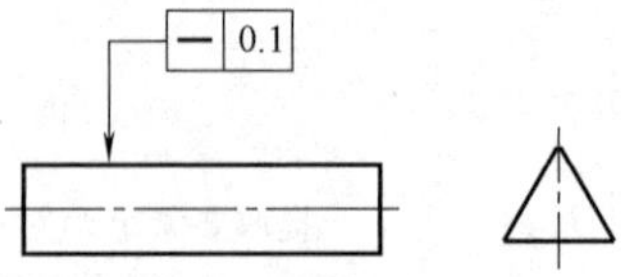
2	方向公差	关联实际被测要素对具有确定方向的理想被测要素的允许变动量	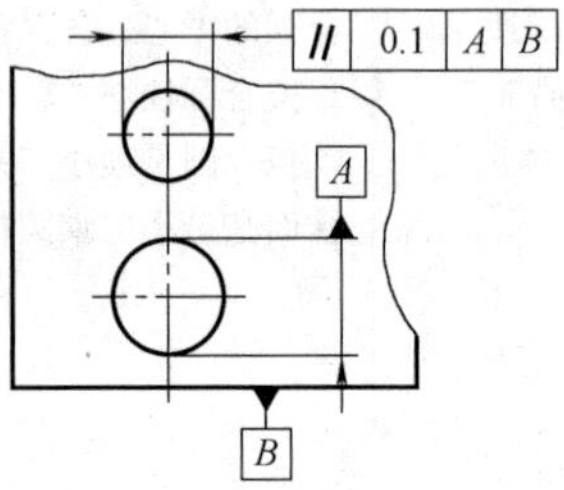

（续）

序号	术语	定　　义	图示或注释
3	位置公差	关联实际被测要素对具有确定位置的理想被测要素的允许变动	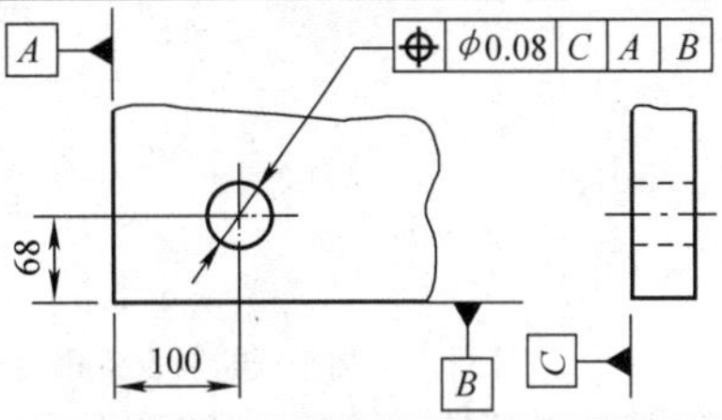A ϕ0.08 C A B 68 100 B C
4	跳动公差	关联实际被测要素围绕基准轴线回转一周或连续回转时允许的最大跳动	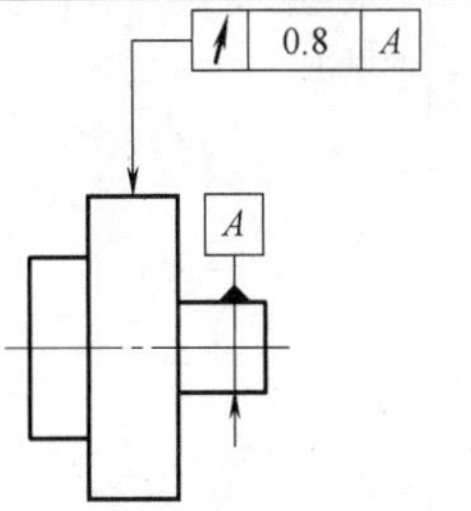0.8 A A
5	公差带	由一个或几个理想的几何线或面所限定的、由线性公差值表示其大小的区域	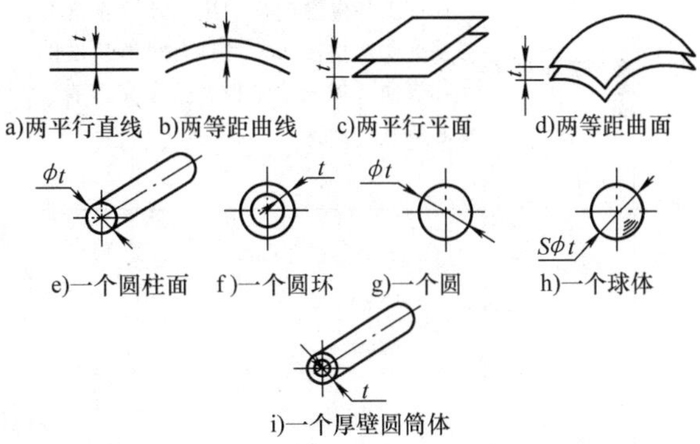a)两平行直线 b)两等距曲线 c)两平行平面 d)两等距曲面 ϕt t ϕt Sϕt e)一个圆柱面 f)一个圆环 g)一个圆 h)一个球体 t i)一个厚壁圆筒体

2.2　基准和基准体系术语定义（见表 2.3-4）

表 2.3-4　基准和基准体系术语定义（摘自 GB/T 17851—2010）

序号	术语	定　　义	图示或注释
1	基准	与被测要素有关且用来确定其几何位置关系的几何理想要素（如轴线、直线、平面等），可由零件上的一个或多个要素构成	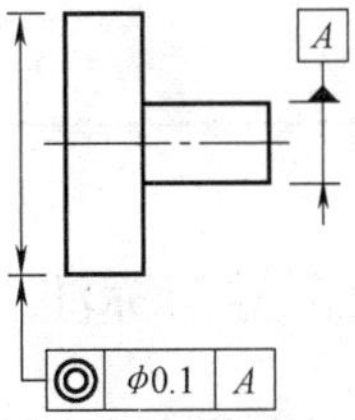A ϕ0.1 A
2	基准体系	由两个或三个单独的基准构成的组合，用来共同确定被测要素几何位置关系	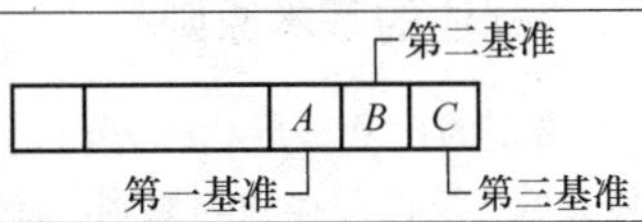第二基准 A B C 第一基准 第三基准
3	基准要素	零件上用来建立基准并实际起基准作用的实际要素（如一条边、一个表面或一个孔）。标注为基准的要素必然存在加工误差，因此，在必要时应对其规定适当的形状公差	—

(续)

序号	术语	定义	图示或注释
4	基准目标	零件上与加工或检验设备相接触的点、线或局部区域，用来体现满足功能要求的基准	
5	模拟基准要素	在加工和检测过程中用来建立基准并与基准要素相接触，且具有足够精度的实际表面（如一个平板、一个支撑或一根芯棒）	模拟基准要素是基准的实际体现
6	三基面体系	由三个互相垂直的基准平面组成的基准体系	

3 几何公差的符号与标注

3.1 几何公差标注的基本原则

1) 图样上给定的尺寸、形状、方向、位置的公差要求均是独立的，均应遵循独立原则，此时不需加注任何符号。只有当尺寸和形状、方向位置之间有相关要求时，才需给出相关要求的符号。

2) 构成零件的各要素均应符合规定的几何公差要求，无一例外。

3) 在大多数情况下，零件要素的几何公差由机床和工艺保证，不需在图样中给出，只有在高于所保证的精度时，才需给出几何公差要求。

4) 由设计给出的几何公差带适用于整个被测要素，否则必须在图样上表示所要求的被测要素范围。

5) 几何公差的给定方向，就是公差带的宽度方向，应垂直于被测要素。否则，必须在图样上注明。

3.2 几何公差的分类、几何特征、符号及附加符号（见表 2.3-5）

表 2.3-5　几何公差的分类、几何特征、符号和附加符号（摘自 GB/T 1182—2008）

几何特征符号				附加符号	
公差类型	几何特征	符号	有无基准	说明	符号
形状公差	直线度	—	无	被测要素	
	平面度	▱			
	圆度	○			
	圆柱度	⌭		基准要素	
	线轮廓度	⌒			
	面轮廓度	⌓			
方向公差	平行度	∥	有	基准目标	$\frac{\phi2}{A1}$
	垂直度	⊥		理论正确尺寸	50
	倾斜度	∠		延伸公差带	Ⓟ
	线轮廓度	⌒		最大实体要求	Ⓜ
	面轮廓度	⌓		最小实体要求	Ⓛ
位置公差	位置度	⌖	有或无	自由状态条件（非刚性零件）	Ⓕ
	同心度（用于中心点）	◎		全周（轮廓）	
	同轴度（用于轴线）	◎	有	包容要求	Ⓔ
	对称度	═		公共公差带	CZ
	线轮廓度	⌒		小径	LD
	面轮廓度	⌓		大径	MD
跳动公差	圆跳动	↗		中径、节径	PD
				线素	LE
	全跳动	⌰		不凸起	NC
				任意横截面	ACS

注：如需标注可逆要求，可采用符号Ⓡ，见 GB/T 16671—2009。

3.3 几何公差标注方法

几何公差标注法是国际统一的，可以准确表达设计者对被控要素的几何公差要求的标注方法，见表 2.3-6～表 2.3-8。

表 2.3-6 公差框格的标注（摘自 GB/T 1182—2008）

项目	标注方法	标注示例
公差框格基本标注	公差要求注写在划分成两格或多格的矩形框格内，各格自左至右顺序标注以下内容（图a～图e） 1）几何特征符号 2）公差值，以线性尺寸单位表示的量值。如果公差带为圆形或圆柱形，公差值前加注符号"ϕ"；如果公差带为圆球形，公差值前加注符号"$S\phi$" 3）基准，用一个字母表示单个基准或用几个字母表示基准体系或公共基准（图b～图e）	a) — 0.1 b) ∥ 0.1 A c) ⌖ ϕ0.1 A B C d) ⌖ $S\phi$0.1 A B C e) ◎ ϕ0.1 A-B
一项要求用于几个相同要素	当某项公差应用于几个相同要素时，应在公差框格的上方注明被测要素的个数及符号"×"；若被测要素为尺寸要素，则还应在符号"×"后加注被测要素的尺寸	6× ▱ 0.2 6×ϕ12±0.02 ⌖ ϕ0.1
需限制要素形状的附加说明	如果需要限制被测要素在公差带内的形状，应在公差框格的下方注明	▱ 0.1 NC
一个要素几种公差特征要求	如果需要就某要素给出几种几何特征的公差，可将一个公差框格放在另一个下面	— 0.01 ∥ 0.06 A

表 2.3-7 基准要素的标注（摘自 GB/T 1182—2008）

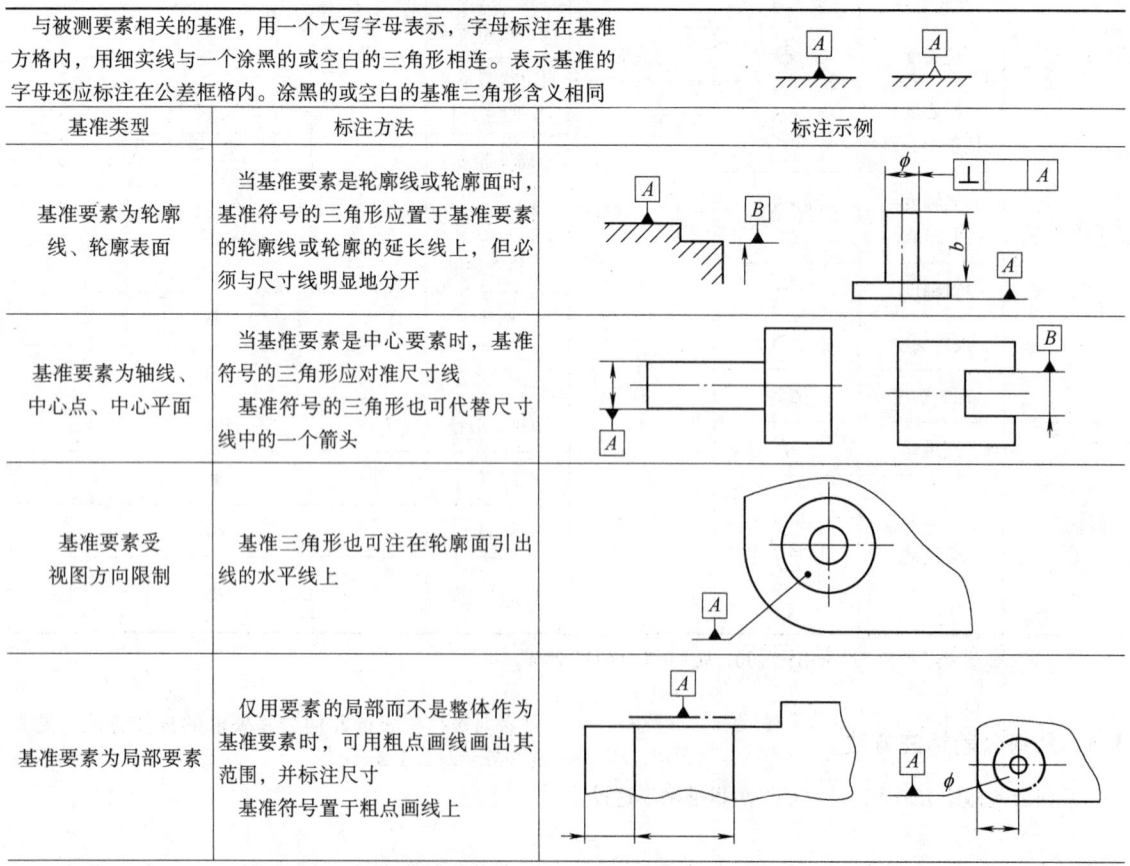

与被测要素相关的基准，用一个大写字母表示，字母标注在基准方格内，用细实线与一个涂黑的或空白的三角形相连。表示基准的字母还应标注在公差框格内。涂黑的或空白的基准三角形含义相同

基准类型	标注方法	标注示例
基准要素为轮廓线、轮廓表面	当基准要素是轮廓线或轮廓面时，基准符号的三角形应置于基准要素的轮廓线或轮廓的延长线上，但必须与尺寸线明显地分开	
基准要素为轴线、中心点、中心平面	当基准要素是中心要素时，基准符号的三角形应对准尺寸线 基准符号的三角形也可代替尺寸线中的一个箭头	
基准要素受视图方向限制	基准三角形也可注在轮廓面引出线的水平线上	
基准要素为局部要素	仅用要素的局部而不是整体作为基准要素时，可用粗点画线画出其范围，并标注尺寸 基准符号置于粗点画线上	

(续)

基准类型		标注方法	标注示例
基准要素为公共基准		当公共基准由两个要素表示时,基准在公差框格第三格起的某格内,用中间加连字符的两个大写字母表示,基准三角形应标注在相应要素上	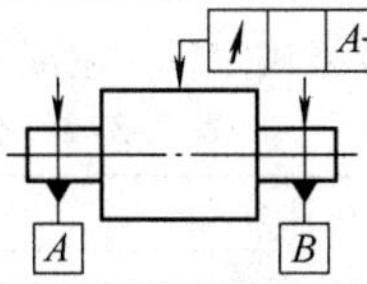
公差框格内的基准字母标注	单一基准	以单一要素作基准,用一个大写字母表示	
	两个或多个要素组成的公共基准	以两个或多个要素建立公共基准,用中间加连字符的两个或多个大写字母表示	
	两个或三个要素组成的基准体系	以两个或三个基准建立基准体系,表示基准的大写字母按基准的优先顺序自左至右写在各框格内	

表 2.3-8 被测要素的标注（摘自 GB/T 1182—2008）

按下列方式之一用指引线连接被测要素和公差框格。指引线引自框格的任意一端,终端带一箭头。箭头应指向公差带的宽度方向或直径

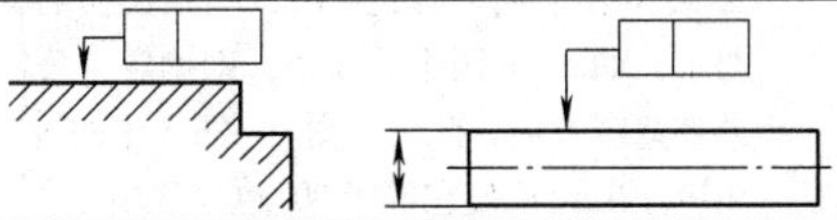

被测要素类型	标注方法	标注示例
被测要素为轮廓要素	箭头指向要素的轮廓线上或其延长线上,但必须与尺寸线明显错开	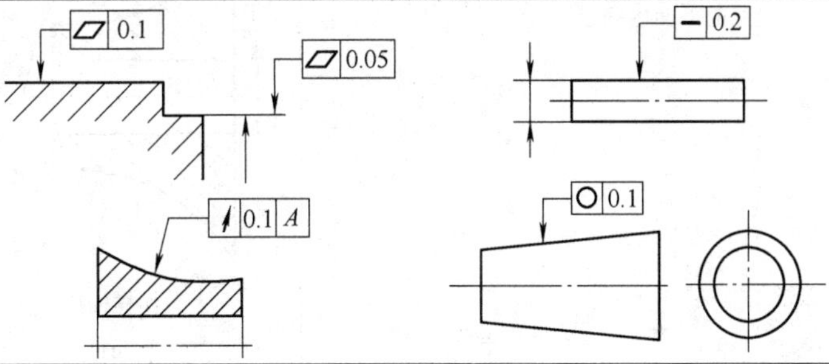
	箭头指向被测表面的引出线的水平线	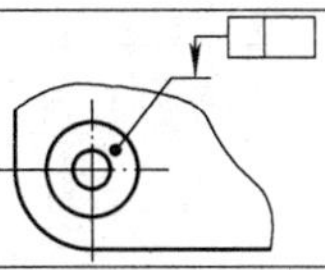
被测要素为中心要素	被测要素为中心点、轴线、中心平面等时,指引线箭头应与尺寸线对齐,即与尺寸线的延长线重合,指引线的箭头也可代替尺寸线的一个箭头	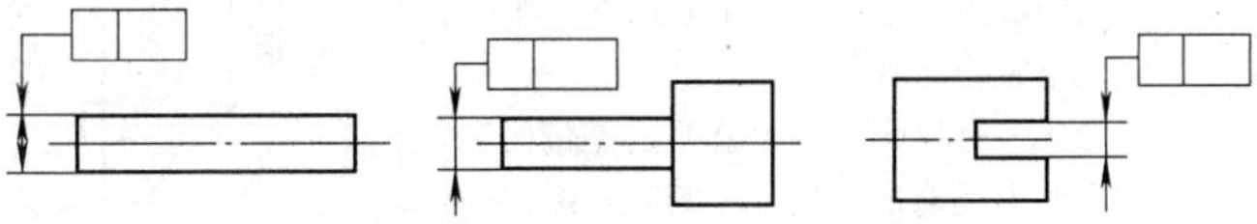
	当被测要素是圆锥体的轴线时,指引线应对准圆锥体的大端或小端的尺寸线	
	如图样中仅有任意处的空白尺寸线,则可与该尺寸线相连	
被测要素为局部要素	仅对被测要素的局部提出形位公差要求,可用粗点画线画出其范围,并加注该范围的尺寸	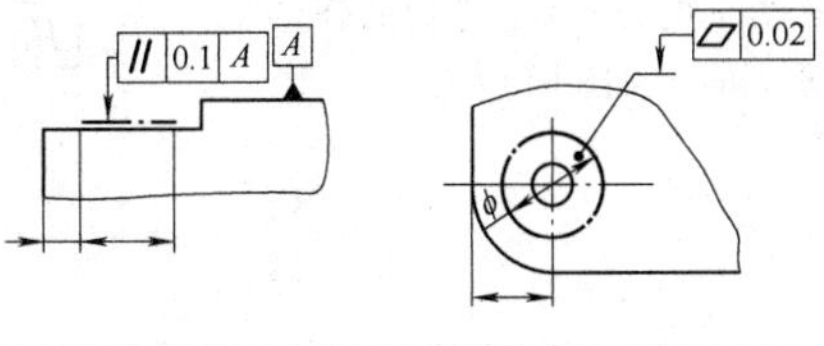

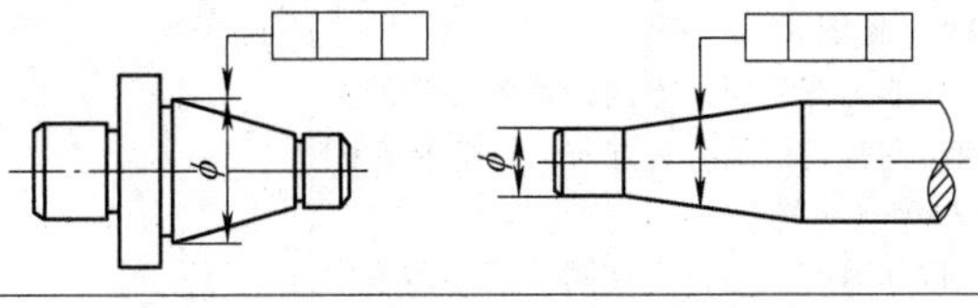

3.4 公差带标注的规定

被测要素与基准要素确定后，应按零件的功能要求，从形状、大小、方向和位置四个方面确定被测要素相对于基准要素的公差带，公差带的标注方法见表 2.3-9。

表 2.3-9　公差带标注方法（摘自 GB/T 1182—2008）

标注项目	标注方法	标注示例
公差带	公差带的宽度方向为被测要素的法向如 a、b 图。当另有说明时，则按说明的要求，如 a、b 图中的 α 角，即确定了公差带宽度方向，此时，图 c、图 d 中的 α 角应注出（即使它等于 90°也应注出） 圆度公差带的宽度应在垂直于公称轴线的平面内确定	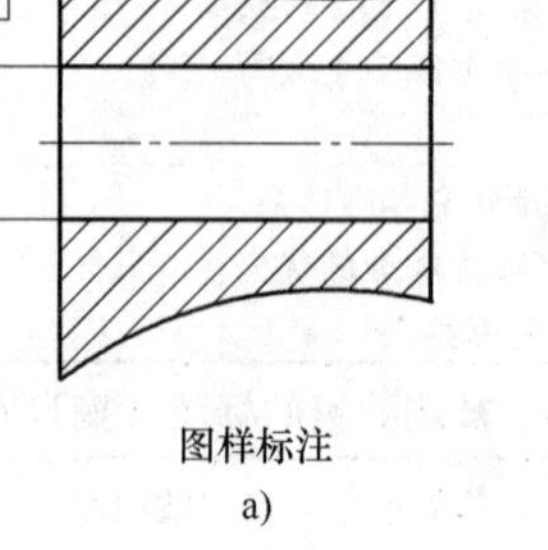 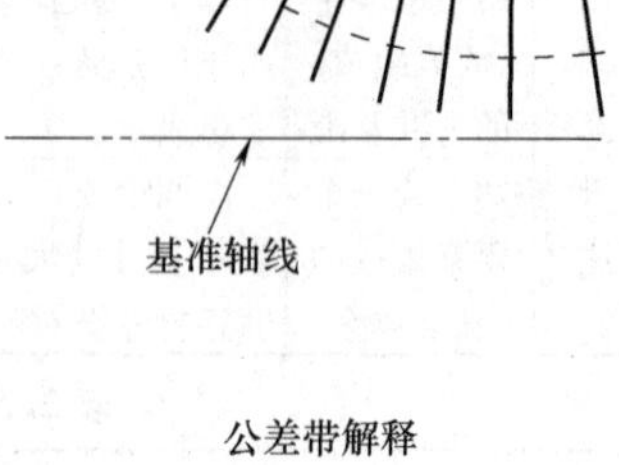 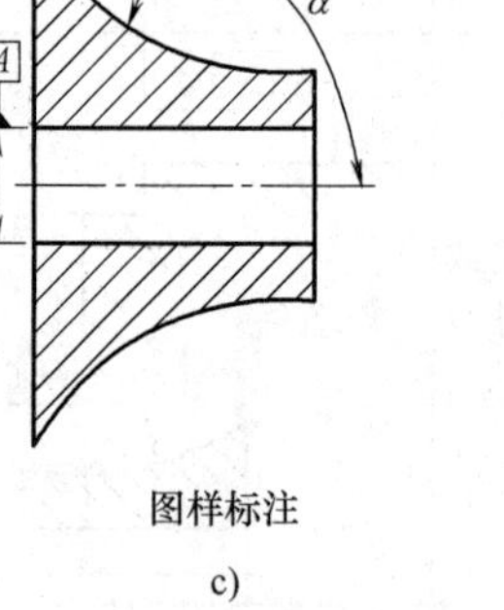 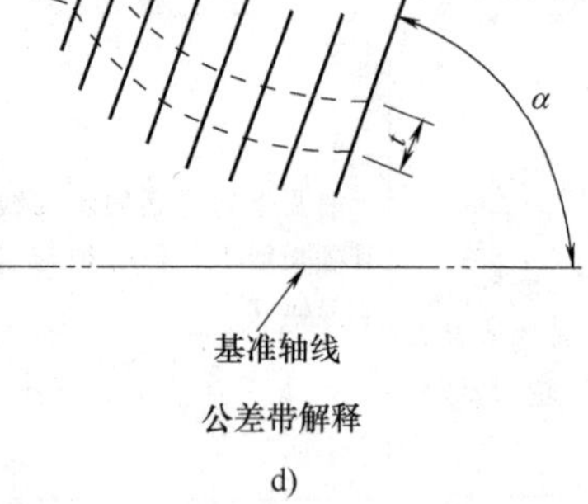 a) 图样标注　b) 公差带解释 c) 图样标注　d) 公差带解释
	当中心点、中心线、中心面在一个方向上给定公差时： 除非另有说明，位置公差公差带的宽度方向为理论正确尺寸（TED）图框的方向，并按指引线箭头所指互成 0° 或 90°（见图 a） 除非另有说明，方向公差公差带的宽度方向为指引线箭头方向，与基准成 0° 或 90°（见图 b） 除非另有规定，当在同一基准体系中规定两个方向的公差时，它们的公差带是互相垂直的（见图 b）	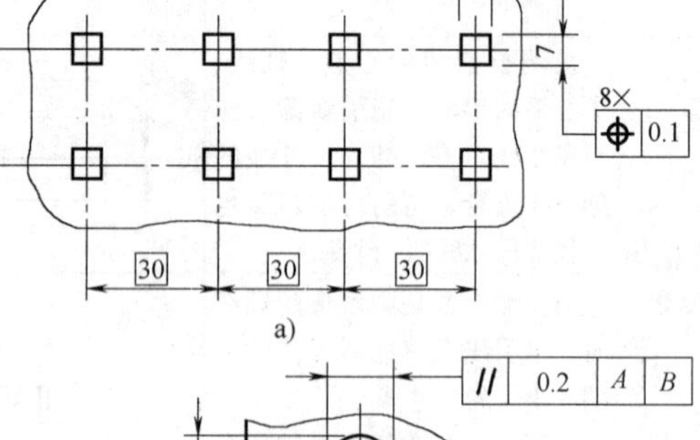 a) 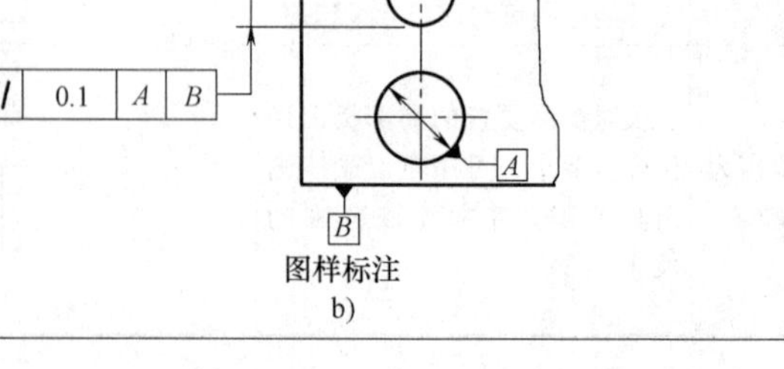 b) 图样标注

(续)

标注项目	标注方法	标注示例
公差带	当中心点、中心线、中心面在一个方向上给定公差时： 除非另有说明，方向公差公差带的宽度方向为指引线箭头方向，与基准成0°或90° 除非另有规定，当在同一基准体系中规定两个方向的公差时，它们的公差带是互相垂直的	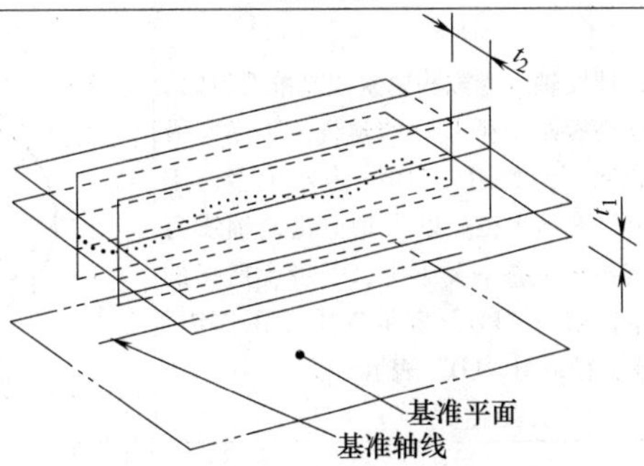 公差带解释
	若公差值前面标注符号"ϕ"，公差带为圆柱形或圆形；若公差值前面标注符号"$S\phi$"，公差带为圆球形	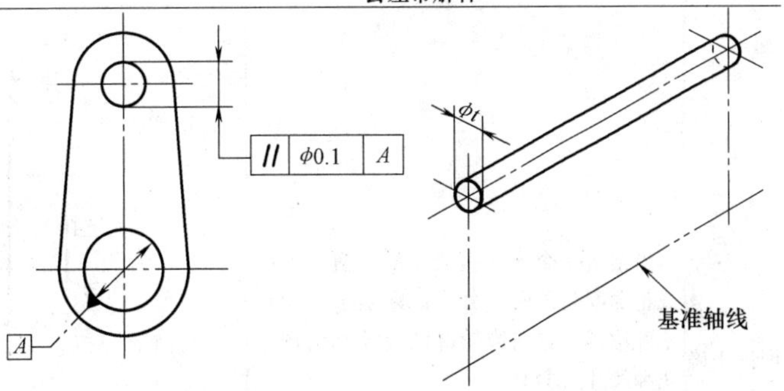 a) 图样标注　　b) 公差带为圆柱形
	一个公差框格可以用于具有相同几何特征和公差值的若干个分离要素	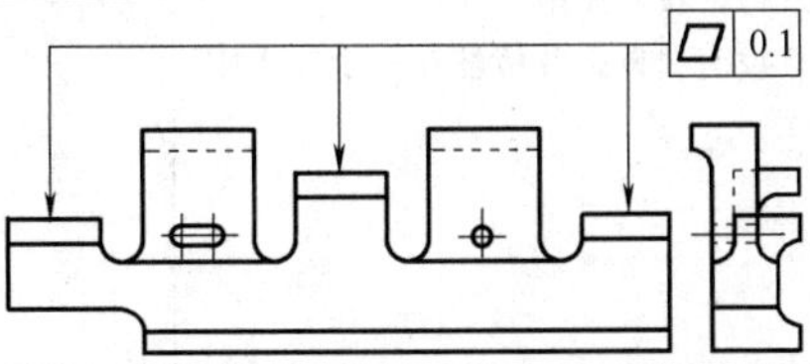
	若干个分离要素给出单一公差带时，可在公差框格内公差值的后面加注公共公差带的符号 CZ	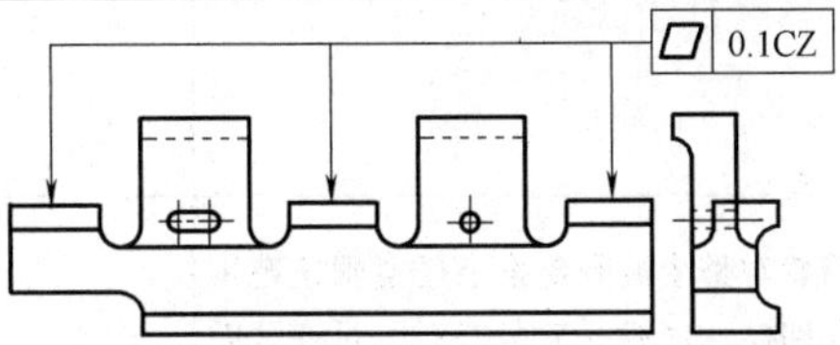
附加标记	如果轮廓度特征适用于横截面的整周轮廓或由该轮廓所示的整周表面时，应采用"全周"符号表示。"全周"符号并不包括整个工件的所有表面，只包括由轮廓和公差标注所表示的各个表面（图中长画短画线表示所涉及的要素，不涉及图中的表面a和表面b）	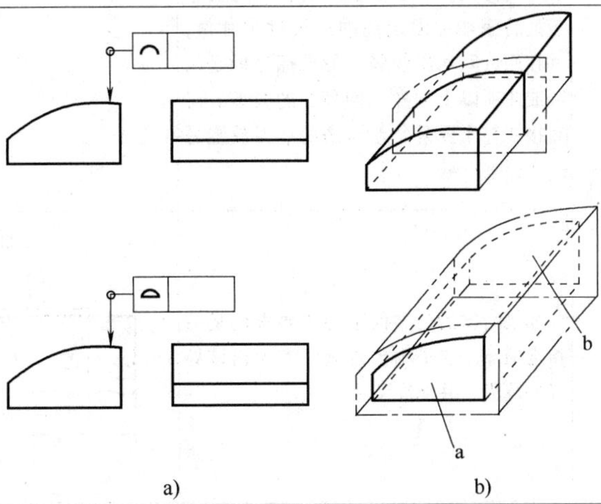 a)　　b)

(续)

标注项目	标注方法	标注示例
附加标记	以螺纹轴线为被测要素或基准要素时，默认为螺纹中径圆柱的轴线，否则应另有说明，例如用"MD"表示大径，用"LD"表示小径。以齿轮、花键轴线为被测要素或基准要素时，需说明所指的要素，如用"PD"表示节径，用"MD"表示大径，用"LD"表示小径	a) b)
理论正确尺寸	当给出一个或一组要素的位置、方向或轮廓度公差时，分别用来确定其理论正确位置、方向或轮廓的尺寸称为理论正确尺寸（TED）。 TED 也用于确定基准体系中各基准之间的方向、位置关系。 TED 没有公差，并标注在一个方框中	a) b)
限定性规定	需要对整个被测要素上任意限定范围标注同样几何特征的公差时，可在公差值的后面加注限定范围的线性尺寸值，并在两者间用斜线隔开如果标注的是两项或两项以上同样几何特征的公差，可直接在整个要素公差框格的下方放置另一个公差框格	a) b)
	如果给出的公差仅适用于要素的某一指定局部，应采用粗点画线表示出该局部的范围，并加注尺寸	a) b)

标注项目	标注方法	标注示例
延伸公差带	延伸公差带用规范的附加符号Ⓟ表示	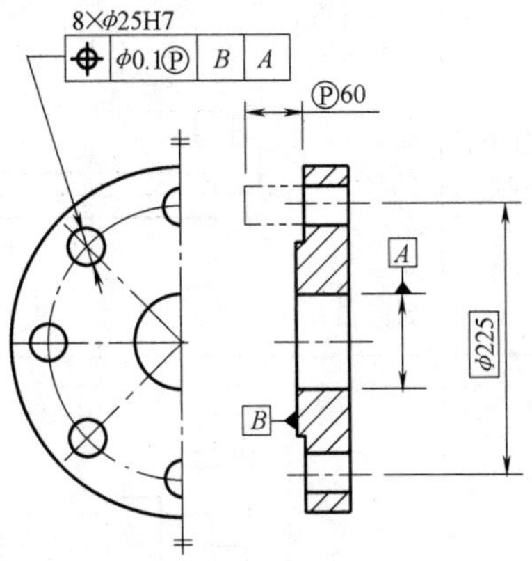 (图示)
最大实体要求	最大实体要求用规范的附加符号Ⓜ表示。该符号可根据需要单独或者同时标注在相应公差值和（或）基准字母的后面	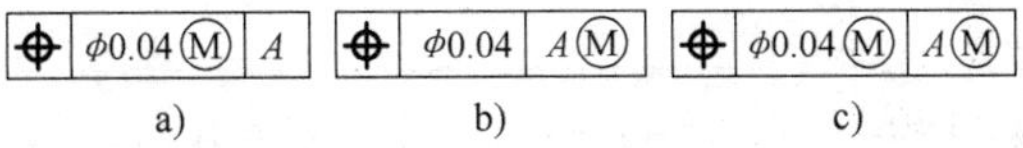 ⌖ φ0.04Ⓜ A a)　　⌖ φ0.04 AⓂ b)　　⌖ φ0.04Ⓜ AⓂ c)
最小实体要求	最小实体要求用规范的附加符号Ⓛ表示。该符号可根据需要单独或者同时标注在相应公差值和（或）基准字母的后面	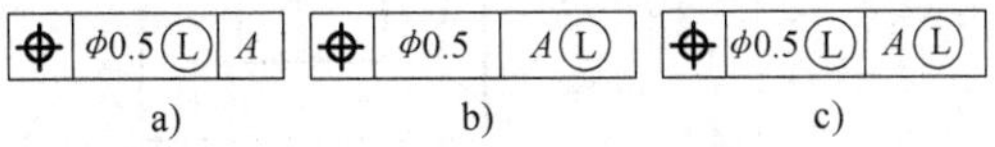 ⌖ φ0.5Ⓛ A a)　　⌖ φ0.5 AⓁ b)　　⌖ φ0.5Ⓛ AⓁ c)
可逆要求	可逆要求的符号为Ⓡ该符号置于被测要素框格内几何公差值后的符号Ⓜ或Ⓛ的后面	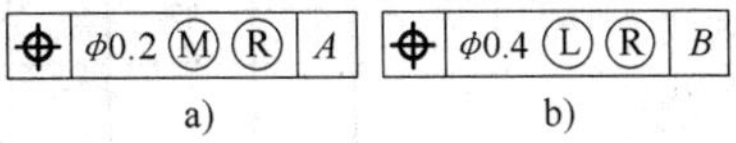 ⌖ φ0.2ⓂⓇ A a)　　⌖ φ0.4ⓁⓇ B b)
自由状态下的要求	非刚性零件自由状态下的公差要求应该用在相应公差值的后面加注规范的附加符号Ⓕ的方法表示。各附加符号Ⓟ、Ⓜ、Ⓛ、Ⓕ和CZ，可以同时用于一个公差框格中	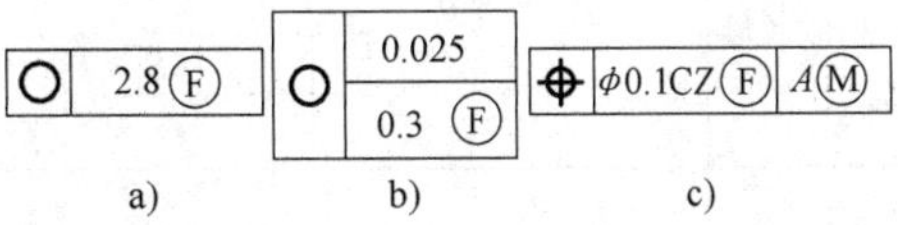 ◯ 2.8Ⓕ a)　　◯ 0.025 / 0.3Ⓕ b)　　⌖ φ0.1CZⒻ AⓂ c)

3.5 废止的标注方法

GB/T 1182—2008 几何公差标注的新标准在资料性附录中列举了若干曾经使用、现已废止的标注方法，这些方法还会在有些资料中出现，见表 2.3-10。

表 2.3-10 废止的标注方法（摘自 GB/T 1182—2008）

废止的标注方法	GB/T 1182—2008 的标注方法
被测要素为单个轴线、单个中心平面	
被测要素为公共中心平面、公共轴线	
基准要素为轴线、中心平面、公共轴线、公共中心平面	
标注的多基准字母没有给出先后顺序	
用指引线直接连接公差框格和基准要素	

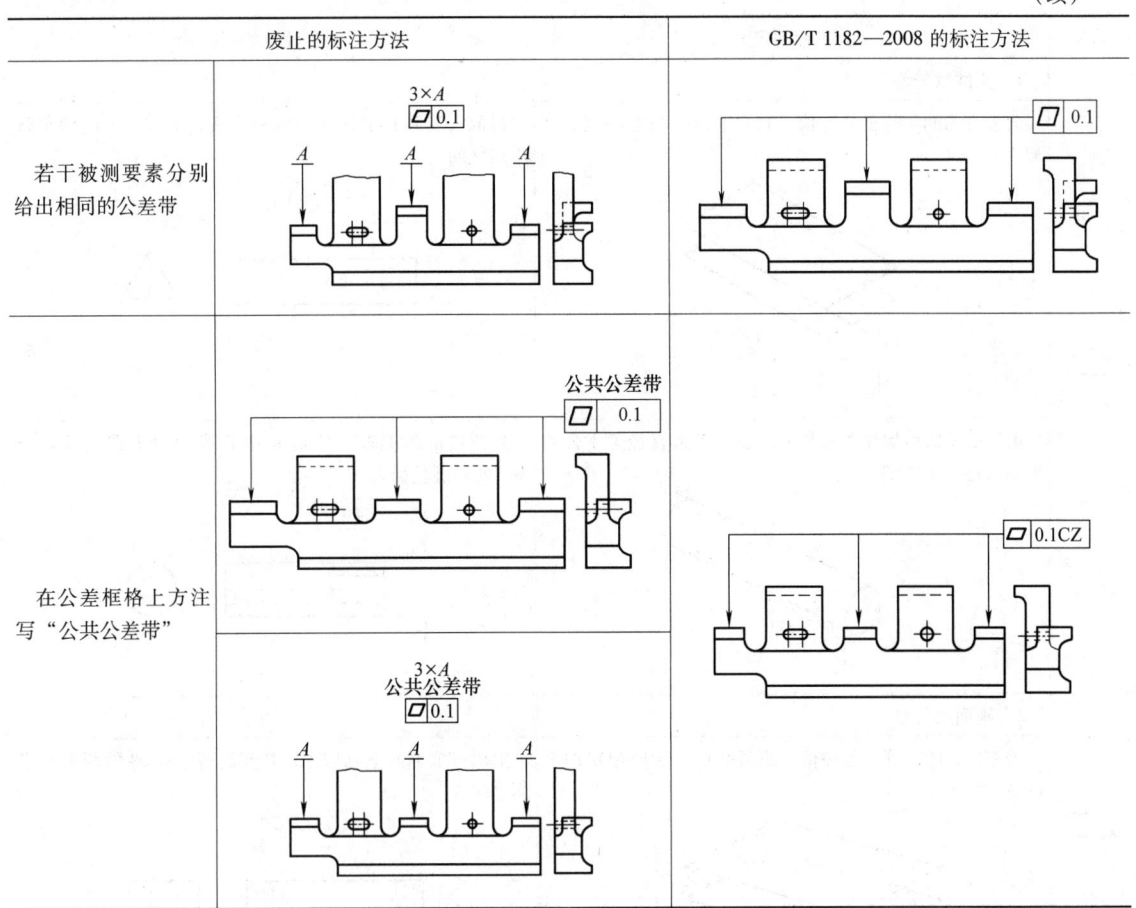

4 几何公差的公差带定义、标注解释

GB/T 1182—2008 中规定了形状、方向、位置和跳动公差的公差带定义,标注解释及示例,见表 2.3-11。

表 2.3-11 几何公差项目及其公差带的定义、标注和解释(摘自 GB/T 1182—2008)

符号	公差带的定义	标注及解释
	1 直线度公差	
—	公差带为在给定平面内和给定方向上,间距等于公差值 t 的两平行直线所限定的区域 a—任一距离	在任一平行于图示投影面的平面内,上平面的提取(实际)线应限定在间距等于 0.1 的两平行直线之间

（续）

符号	公差带的定义	标注及解释
—	1　直线度公差 公差带为间距等于公差值 t 的两平行平面所限定的区域	提取（实际）的棱边应限定在间距等于 0.1 的两平行平面之间
—	由于公差值前加注了符号 ϕ，公差带为直径等于公差值 ϕt 的圆柱面所限定的区域	外圆柱面的提取（实际）中心线应限定在直径等于 $\phi 0.08$ 的圆柱面内
▱	2　平面度公差 公差带为间距等于公差值 t 的两平行平面所限定的区域	提取（实际）表面应限定在间距等于 0.08 的两平行平面之间
○	3　圆度公差 公差带为在给定横截面内、半径差等于公差值 t 的两同心圆所限定的区域	在圆柱面和圆锥面的任意横截面内，提取（实际）圆周应限定在半径差等于 0.03 的两共面同心圆之间 在圆锥面的任意横截面内，提取（实际）圆周应限定在半径差等于 0.1 的两同心圆之间 注：提取圆周的定义尚未标准化。

(续)

符号	公差带的定义	标注及解释
⌭	4 圆柱度公差 公差带为半径差等于公差值 t 的两同轴圆柱面所限定的区域 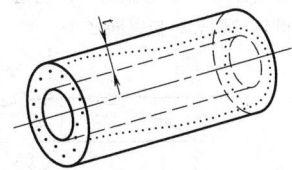	提取（实际）圆柱面应限定在半径差等于 0.1 的两同轴圆柱面之间 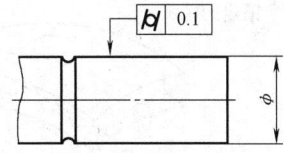
⌒	5 无基准的线轮廓度公差（见 GB/T 17852） 公差带为直径等于公差值 t、圆心位于具有理论正确几何形状上的一系列圆的两包络线所限定的区域 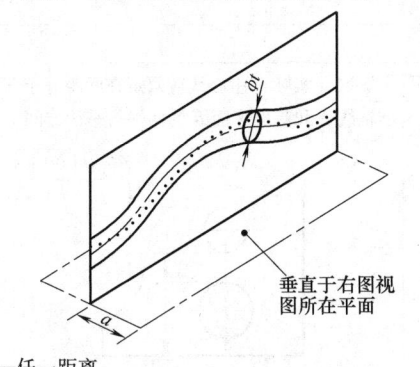 a—任一距离	在任一平行于图示投影面的截面内，提取（实际）轮廓线应限定在直径等于 0.04、圆心位于被测要素理论正确几何形状上的一系列圆的两包络线之间 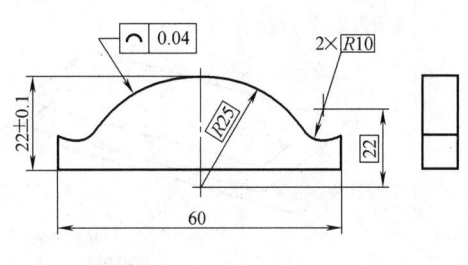
⌒	6 相对于基准体系的线轮廓度公差（见 GB/T 17852） 公差带为直径等于公差值 t、圆心位于由基准平面 A 和基准平面 B 确定的被测要素理论正确几何形状上的一系列圆的两包络线所限定的区域 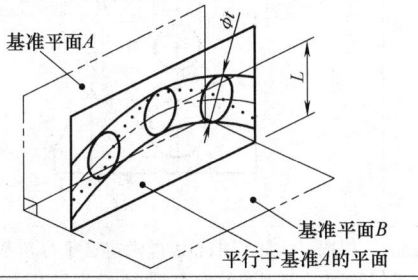	在任一平行于图示投影平面的截面内，提取（实际）轮廓线应限定在直径等于 0.04、圆心位于由基准平面 A 和基准平面 B 确定的被测要素理论正确几何形状上的一系列圆的两等距包络线之间 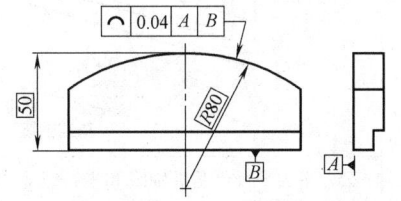
⌓	7 无基准的面轮廓度公差（见 GB/T 17852） 公差带为直径等于公差值 t、球心位于被测要素理论正确形状上的一系列圆球的两包络面所限定的区域 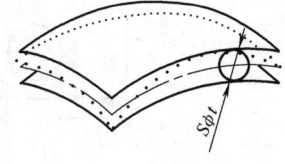	提取（实际）轮廓面应限定在直径等于 0.02、球心位于被测要素理论正确几何形状上的一系列圆球的两等距包络面之间 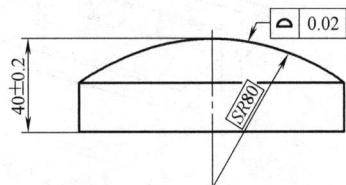

(续)

符号	公差带的定义	标注及解释
⌒	8　相对于基准的面轮廓度公差（见 GB/T 17852）	
	公差带为直径等于公差值 t、球心位于由基准平面 A 确定的被测要素理论正确几何形状上的一系列圆球的两包络面所限定的区域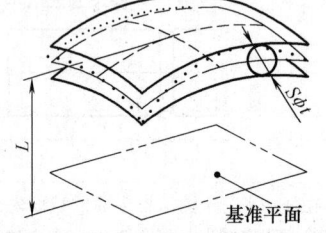	提取（实际）轮廓面应限定在直径等于0.1、球心位于由基准平面 A 确定的被测要素理论正确几何形状上的一系列圆球的两等距包络面之间 ⌒ 0.1 A
∥	9　平行度公差 9.1　线对基准体系的平行度公差	
	公差带为间距等于公差值 t、平行于两基准的两平行平面所限定的区域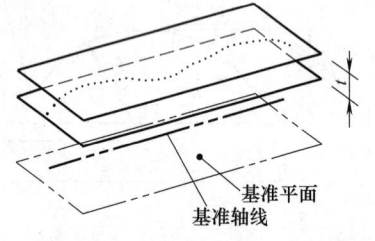	提取（实际）中心线应限定在间距等于0.1、平行于基准轴线 A 和基准平面 B 的两平行平面之间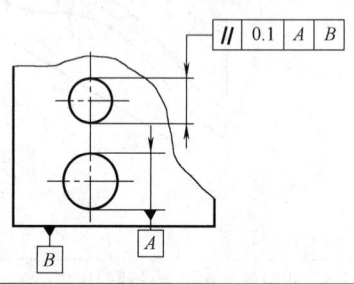
	公差带为间距等于公差值 t、平行于基准轴线 A 且垂直于基准平面 B 的两平行平面所限定的区域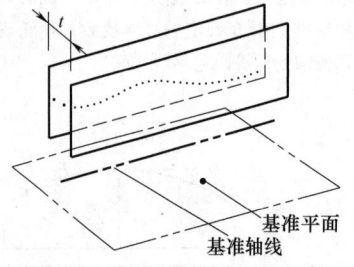	提取（实际）中心线应限定在间距等于0.1 的两平行平面之间。该两平行平面平行于基准轴线 A 且垂直于基准平面 B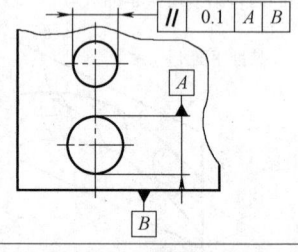
	公差带为平行于基准轴线和平行或垂直于基准平面、间距分别等于公差值 t_1 和 t_2，且相互垂直的两组平行平面所限定的区域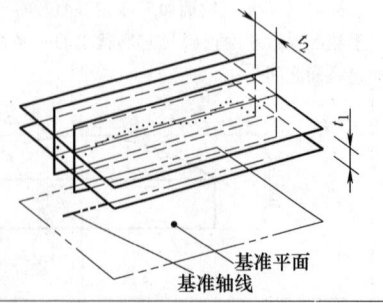	提取（实际）中心线应限定在平行于基准轴线 A 和平行或垂直于基准平面 B、间距分别等于公差值0.1 和0.2，且相互垂直的两组平行平面之间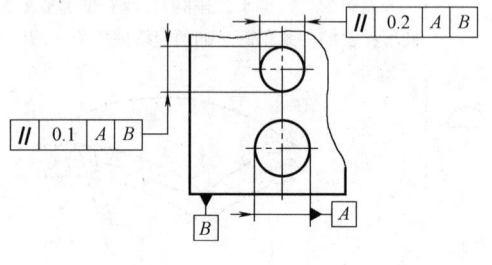

(续)

符号	公差带的定义	标注及解释
//	**9.2 线对基准线的平行度公差** 若公差值前加注了符号"ϕ",公差带为平行于基准轴线、直径等于公差值 ϕt 的圆柱面所限定的区域 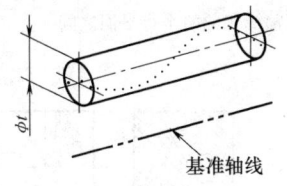	提取(实际)中心线应限定在平行于基准轴线 A、直径等于 $\phi 0.03$ 的圆柱面内 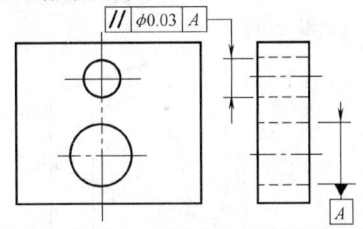
	9.3 线对基准面的平行度公差 公差带为平行于基准平面、间距等于公差值 t 的两平行平面所限定的区域 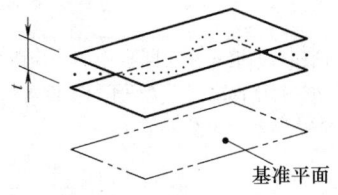	提取(实际)中心线应限定在平行于基准平面 B、间距等于 0.01 的两平行平面之间 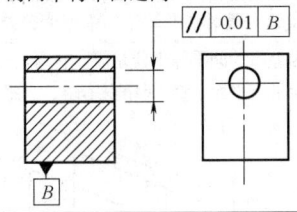
	9.4 线对基准体系的平行度公差 公差带为间距等于公差值 t 的两平行直线所限定的区域。该两平行直线平行于基准平面 A 且处于平行于基准平面 B 的平面内 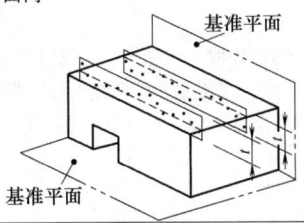	提取(实际)线应限定在间距等于 0.02 的两平行直线之间。该两平行直线平行于基准平面 A、且处于平行于基准平面 B 的平面内 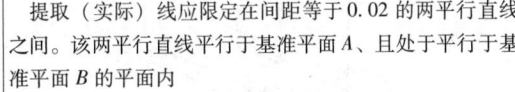 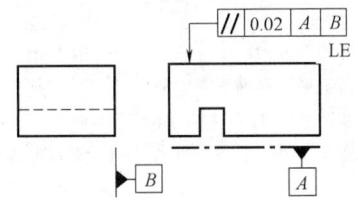
	9.5 面对基准线的平行度公差 公差带为间距等于公差值 t、平行于基准轴线的两平行平面所限定的区域 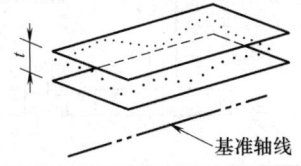	提取(实际)表面应限定在间距等于 0.1、平行于基准轴线 C 的两平行平面之间 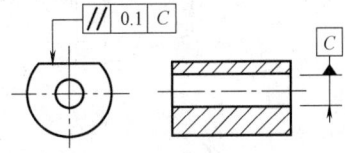
	9.6 面对基准面的平行度公差 公差带为间距等于公差值 t、平行于基准平面的两平行平面所限定的区域 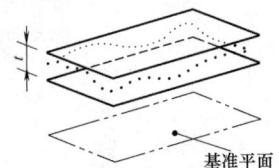	提取(实际)表面应限定在间距等于 0.01、平行于基准 D 的两平行平面之间 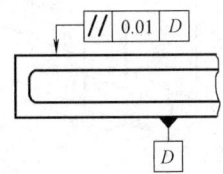

（续）

符号	公差带的定义	标注及解释
⊥	**10 垂直度公差** **10.1 线对基准线的垂直度公差** 公差带为间距等于公差值 t、垂直于基准线的两平行平面所限定的区域 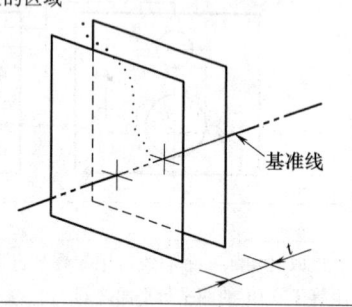	提取（实际）中心线应限定在间距等于0.06、垂直于基准轴线 A 的两平行平面之间 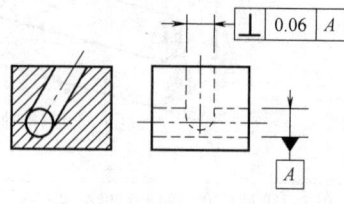
	10.2 线对基准体系的垂直度公差 公差带为间距等于公差值 t 的两平行平面所限定的区域。该两平行平面垂直于基准平面 A，且平行于基准平面 B 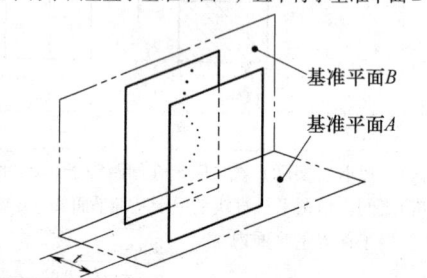	圆柱面的提取（实际）中心线应限定在间距等于0.1的两平行平面之间。该两平行平面垂直于基准平面 A，且平行于基准平面 B 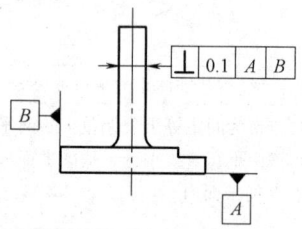
	公差带为间距分别等于公差值 t_1 和 t_2，且互相垂直的两组平行平面所限定的区域。该两组平行平面都垂直于基准平面 A。其中一组平行平面垂直于基准平面 B（见图a），另一组平行平面平行于基准平面 B（见图b） 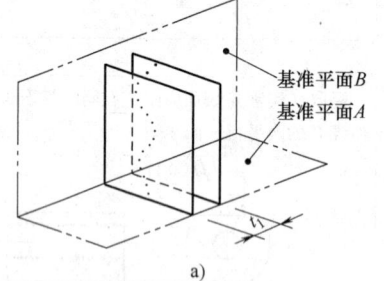 a) 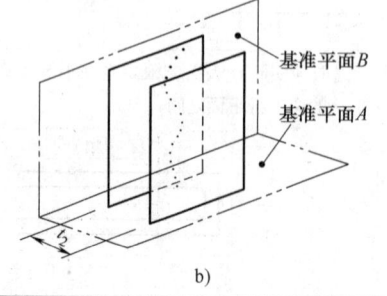 b)	圆柱的提取（实际）中心线应限定在间距分别等于0.1和0.2，且相互垂直的两组平行平面内。该两组平行平面垂直于基准平面 A 且垂直或平行于基准平面 B 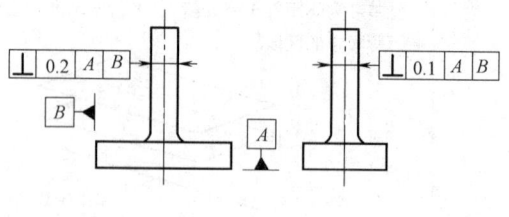

(续)

符号	公差带的定义	标注及解释
⊥	**10.3 线对基准面的垂直度公差** 若公差值前加注符号 ϕ，公差带为直径等于公差值 ϕt、轴线垂直于基准平面的圆柱面所限定的区域 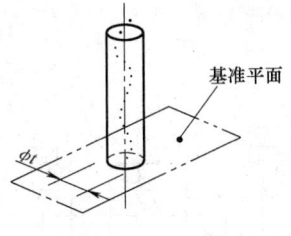	圆柱面的提取（实际）中心线应限定在直径等于 $\phi 0.01$、垂直于基准平面 A 的圆柱面内 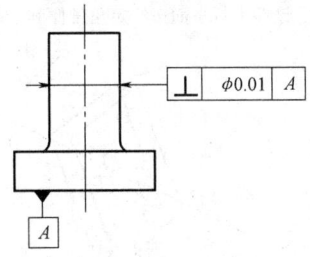
	10.4 面对基准线的垂直度公差 公差带为间距等于公差值 t 且垂直于基准轴线的两平行平面所限定的区域 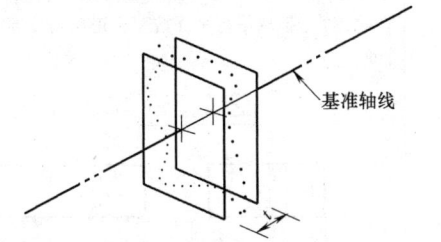	提取（实际）表面应限定在间距等于 0.08 的两平行平面之间。该两平行平面垂直于基准轴线 A 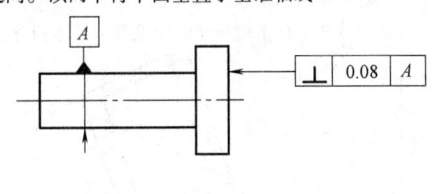
	10.5 面对基准平面的垂直度公差 公差带为间距等于公差值 t、垂直于基准平面的两平行平面所限定的区域 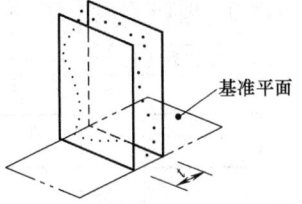	提取（实际）表面应限定在间距等于 0.08、垂直于基准平面 A 的两平行平面之间 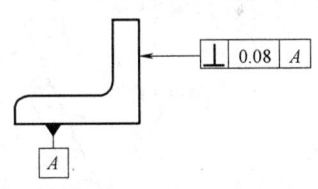
∠	**11 倾斜度公差** **11.1 线对基准线的倾斜度公差** a) 被测线与基准线在同一平面上 公差带为间距等于公差值 t 的两平行平面所限定的区域。该两平行平面按给定角度倾斜于基准轴线 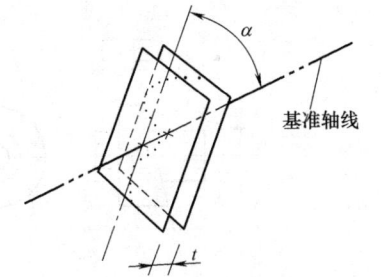	提取（实际）中心线应限定在间距等于 0.08 的两平行平面之间。该两平行平面按理论正确角度 60° 倾斜于公共基准轴线 $A—B$ 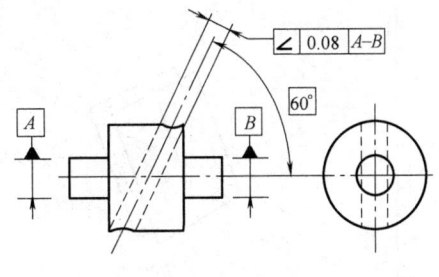

(续)

符号	公差带的定义	标注及解释
	11.1 线对基准线的倾斜度公差	
	b) 被测线与基准线在不同平面内 公差带为间距等于公差值 t 的两平行平面所限定的区域。该两平行平面按给定角度倾斜于基准轴线 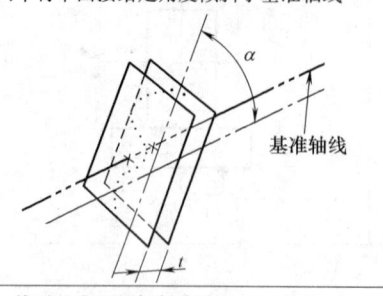	提取（实际）中心线应限定在间距等于 0.08 的两平行平面之间。该两平行平面按理论正确角度 60° 倾斜于公共基准轴线 $A—B$ 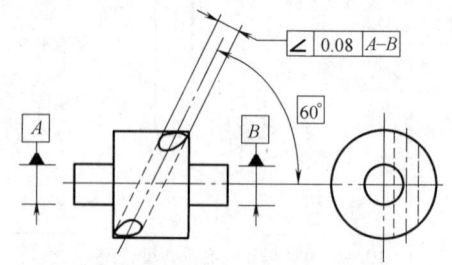
∠	**11.2 线对基准面的倾斜度公差**	
	公差带为间距等于公差值 t 的两平行平面所限定的区域。该两平行平面按给定角度倾斜于基准平面 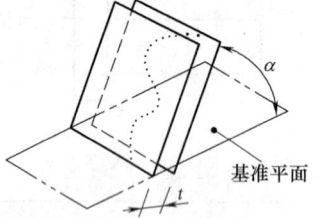	提取（实际）中心线应限定在间距等于 0.08 的两平行平面之间。该两平行平面按理论正确角度 60° 倾斜于基准平面 A 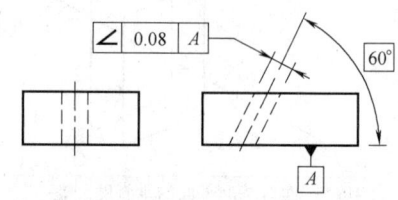
	公差值前加注符号 ϕ，公差带为直径等于公差值 ϕt 的圆柱面所限定的区域。该圆柱面公差带的轴线按给定角度倾斜于基准平面 A 且平行于基准平面 B 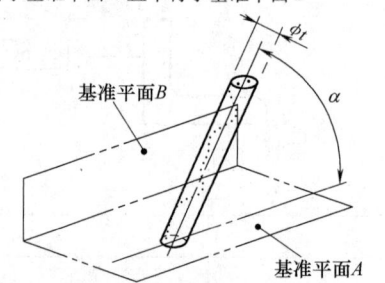	提取（实际）中心线应限定在直径等于 $\phi 0.1$ 的圆柱面内。该圆柱面的中心线按理论正确角度 60° 倾斜于基准平面 A 且平行于基准平面 B 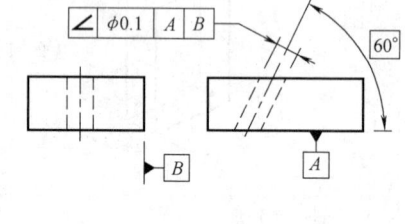
	11.3 面对基准线的倾斜度公差	
	公差带为间距等于公差值 t 的两平行平面所限定的区域。该两平行平面按给定角度倾斜于基准直线 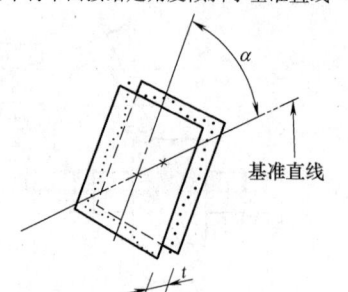	提取（实际）表面应限定在间距等于 0.1 的两平行平面之间。该两平行平面按理论正确角度 75° 倾斜于基准轴线 A 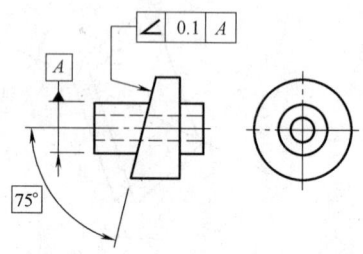

（续）

符号	公差带的定义	标注及解释
∠	**11.4 面对基准面的倾斜度公差** 公差带为间距等于公差值 t 的两平行平面所限定的区域。该两平行平面按给定角度倾斜于基准平面 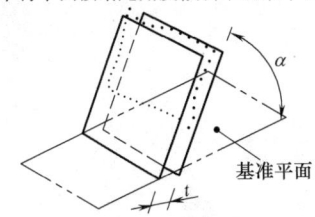	提取（实际）表面应限定在间距等于 0.08 的两平行平面之间。该两平行平面按理论正确角度 40° 倾斜于基准平面 A 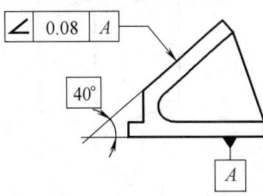
	12 位置度公差（见 GB/T 13319）	
⊕	**12.1 点的位置度公差** 公差值前加注 $S\phi$，公差带为直径等于公差值 $S\phi t$ 的圆球面所限定的区域。该圆球面中心的理论正确位置由基准 A、B、C 和理论正确尺寸确定 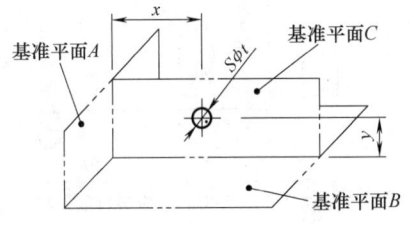	提取（实际）球心应限定在直径等于 $S\phi 0.3$ 的圆球面内。该圆球面的中心由基准平面 A、基准平面 B、基准中心平面 C 和理论正确尺寸 30、25 确定 注：提取（实际）球心的定义尚未标准化。 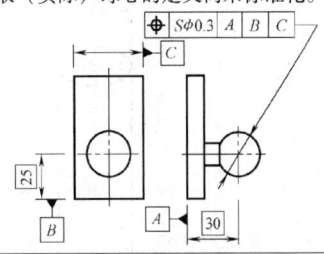
⊕	**12.2 线的位置度公差** 给定一个方向的公差时，公差带为间距等于公差值 t、对称于线的理论正确位置的两平行平面所限定的区域。线的理论正确位置由基准平面 A、B 和理论正确尺寸确定。公差只在一个方向上给定 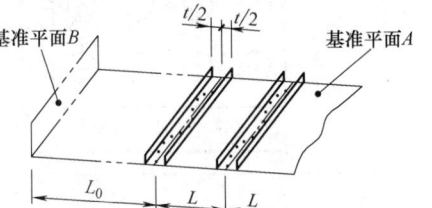	各条刻线的提取（实际）中心线应限定在间距等于 0.1、对称于基准平面 A、B 和理论正确尺寸 25、10 确定的理论正确位置的两平行平面之间 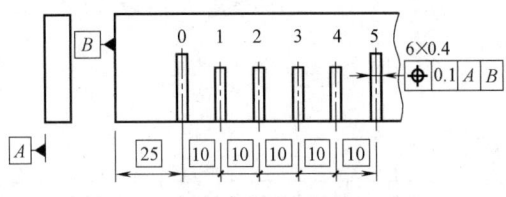
	给定两个方向的公差时，公差带为间距分别等于公差值 t_1 和 t_2、对称于线的理论正确（理想）位置的两对相互垂直的平行平面所限定的区域。线的理论正确位置由基准平面 C、A 和 B 及理论正确尺寸确定。该公差在基准体系的两个方向上给定（图 a、图 b） 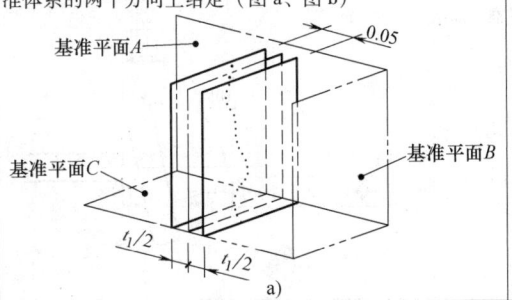
a)	各孔的测得（实际）中心线在给定方向上应各自限定在间距分别等于 0.05 和 0.2、且相互垂直的两对平行平面内。每对平行平面对称于由基准平面 C、A、B 和理论正确尺寸 20、15、30 确定的各孔轴线的理论正确位置 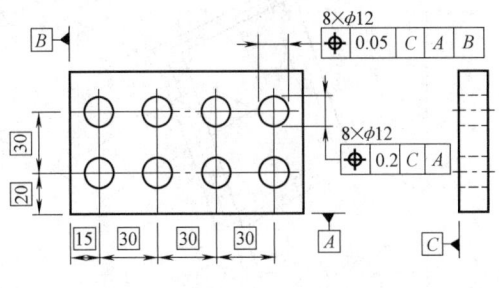

(续)

符号	公差带的定义	标注及解释
	12.2　线的位置度公差	
⊕	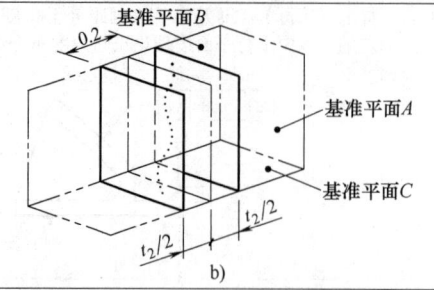

b)

公差值前加注符号 ϕ，公差带为直径等于公差值 ϕt 的圆柱面所限定的区域。该圆柱面的轴线的位置由基准平面 C、A、B 和理论正确尺寸确定

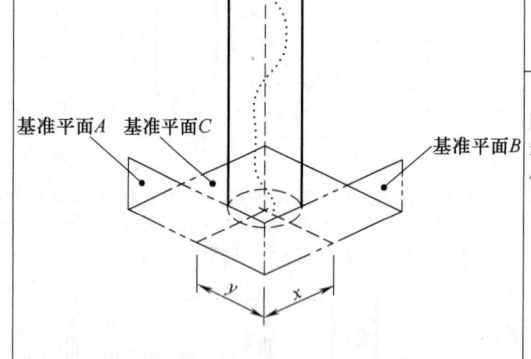 | 提取（实际）中心线应限定在直径等于 $\phi 0.08$ 的圆柱面内。该圆柱面的轴线的位置应处于由基准平面 C、A、B 和理论正确尺寸 100、68 确定的理论正确位置上

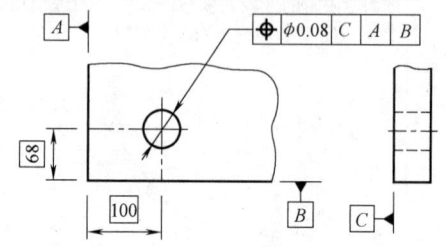

各提取（实际）中心线应各自限定在直径等于 $\phi 0.1$ 的圆柱面内。该圆柱面的轴线应处于由基准平面 C、A、B 和理论正确尺寸 20、15、30 确定的各孔轴线的理论正确位置上

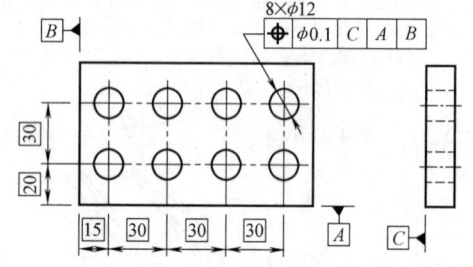 |
| | 12.3　轮廓平面或者中心平面的位置度公差 | |
| | 公差带为间距等于公差值 t，且对称于被测面理论正确位置的两平行平面所限定的区域。面的理论正确位置由基准平面、基准轴线和理论正确尺寸确定

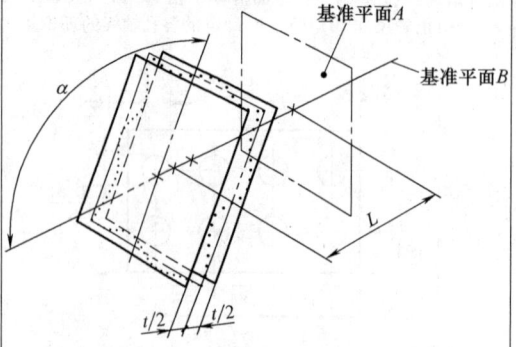 | 提取（实际）表面应限定在间距等于 0.05、且对称于被测面的理论正确位置的两平行平面之间。该两平行平面对称于由基准平面 A、基准轴线 B 和理论正确尺寸 15、105°确定的被测面的理论正确位置

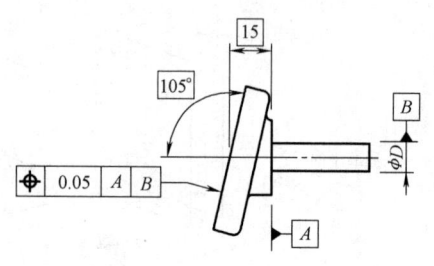 |

符号	公差带的定义	标注及解释
⊕	12.3 轮廓平面或者中心平面的位置度公差	提取（实际）中心面应限定在间距等于0.05的两平行平面之间。该两平行平面对称于由基准轴线 A 和理论正确角度 45° 确定的各被测面的理论正确位置 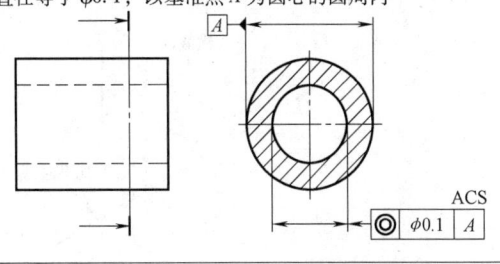 注：有关8个缺口之间理论正确角度的默认规定见 GB/T 13319。
◎	13 同心度和同轴度公差	
	13.1 点的同心度公差	
	公差值前标注符号 φ，公差带为直径等于公差值 φt 的圆周所限定的区域。该圆周的圆心与基准点重合 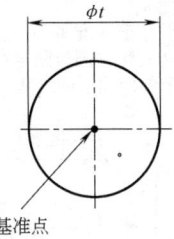	在任意横截面内，内圆的提取（实际）中心应限定在直径等于 φ0.1、以基准点 A 为圆心的圆周内 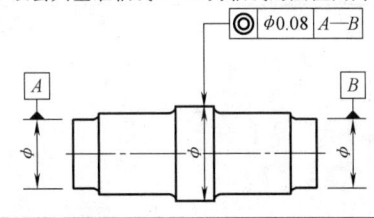
	13.2 轴线的同轴度公差	
	公差值前标注符号 φ，公差带为直径等于公差值 φt 的圆柱面所限定的区域。该圆柱面的轴线与基准轴线重合	大圆柱面的提取（实际）中心线应限定在直径等于 φ0.08、以公共基准轴线 A—B 为轴线的圆柱面内 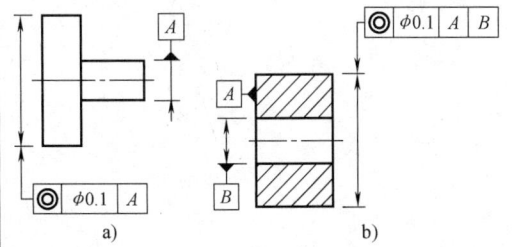 大圆柱面的提取（实际）中心线应限定在直径等于 φ0.1、以基准轴线 A 为轴线的圆柱面内（见图 a） 大圆柱面的提取（实际）中心线应限定在直径等于 φ0.1、以垂直于基准平面 A 的基准轴线 B 为轴线的圆柱面内（见图 b）

(续)

符号	公差带的定义	标注及解释
=	**14 对称度公差** **14.1 中心平面的对称度公差** 公差带为间距等于公差值 t，对称于基准中心平面的两平行平面所限定的区域	提取（实际）中心面应限定在间距等于 0.08、对称于基准中心平面 A 的两平行平面之间 提取（实际）中心面应限定在间距等于 0.08、对称于公共基准中心平面 $A—B$ 的两平行平面之间
↗	**15 圆跳动公差** **15.1 径向圆跳动公差** 公差带为在任一垂直于基准轴线的横截面内、半径差等于公差值 t，圆心在基准轴线上的两同心圆所限定的区域	在任一垂直于基准 A 的横截面内，提取（实际）圆应限定在半径差等于 0.1，圆心在基准轴线 A 上的两同心圆之间（见图 a） 在任一平行于基准平面 B、垂直于基准轴线 A 的截面上，提取（实际）圆应限定在半径差等于 0.1，圆心在基准轴线 A 上的两同心圆之间（见图 b）
		在任一垂直于公共基准轴线 $A—B$ 的横截面内，提取（实际）圆应限定在半径差等于 0.1、圆心在基准轴线 $A—B$ 上的两同心圆之间
	圆跳动通常适用于整个要素，但亦可规定只适用于局部要素的某一指定部分	在任一垂直于基准轴线 A 的横截面内，提取（实际）圆弧应限定在半径差等于 0.2，圆心在基准轴线 A 上的两同心圆弧之间

（续）

符号	公差带的定义	标注及解释
	15.2 轴向圆跳动公差 公差带为与基准轴线同轴的任一半径的圆柱截面上，间距等于公差值 t 的两圆所限定的圆柱面区域 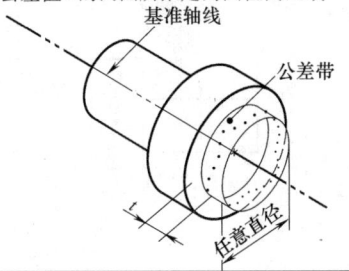	在与基准轴线 D 同轴的任一圆柱形截面上，提取（实际）圆应限定在轴向距离等于 0.1 的两个等圆之间 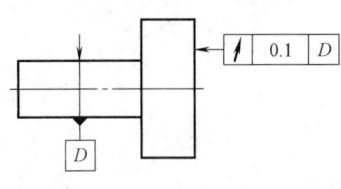
↗	15.3 斜向圆跳动公差 公差带为与基准轴线同轴的某一圆锥截面上，间距等于公差值 t 的两圆所限定的圆锥面区域 除非另有规定，测量方向应沿被测表面的法向 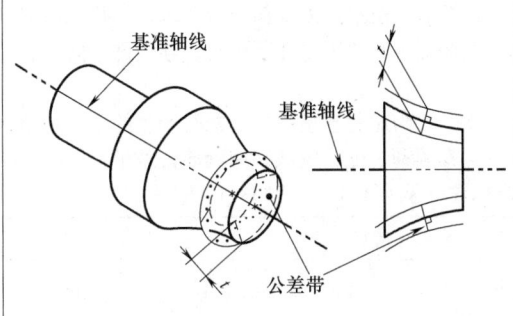	在与基准轴线 C 同轴的任一圆锥截面上，提取（实际）线应限定在素线方向间距等于 0.1 的两不等圆之间 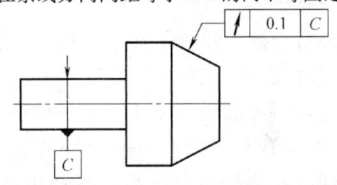 当标注公差的素线不是直线时，圆锥截面的锥角要随所测圆的实际位置而改变 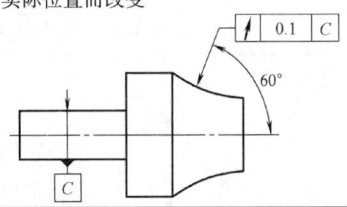
	15.4 给定方向的斜向圆跳动公差 公差带为在与基准轴线同轴的、具有给定锥角的任一圆锥截面上，间距等于公差值 t 的两不等圆所限定的区域 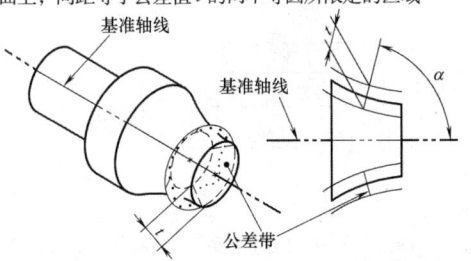	在与基准轴线 C 同轴且具有给定角度 60° 的任一圆锥截面上，提取（实际）圆应限定在素线方向间距等于 0.1 的两不等圆之间 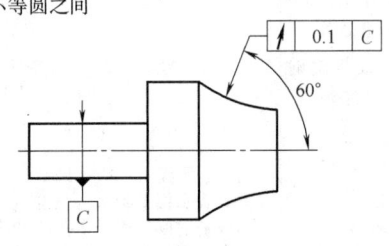
↗↗	16 全跳动公差 16.1 径向全跳动公差 公差带为半径差等于公差值 t，与基准轴线同轴的两圆柱面所限定的区域 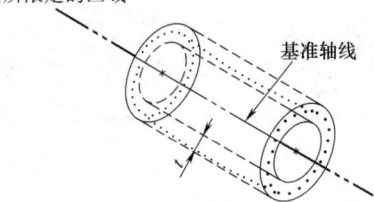	提取（实际）表面应限定在半径差等于 0.1，与公共基准轴线 $A—B$ 同轴的两圆柱面之间 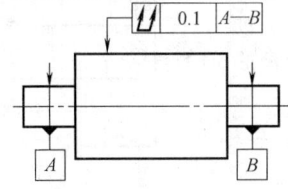

符号	公差带的定义	标注及解释
⌰	16.2 轴向全跳动公差 公差带为间距等于公差值 t、垂直于基准轴线的两平行平面所限定的区域	提取（实际）表面应限定在间距等于0.1、垂直于基准轴线 D 的两平行平面之间

5 延伸公差带的含义及标注

延伸公差带是一种特殊的公差带标注方法，以满足特殊的功能要求。GB/T 17773—1999《形状和位置公差 延伸公差带及其表示法》中规定了延伸公差带的含义、符号及图样上的标注形式。修订后的 GB/T 13319《位置度公差注法》标准中也将其纳入附录。

（1）延伸公差带的含义（见表2.3-12）

对于螺纹件（螺钉、螺柱、螺栓等）、销、键等连接件，如各自给出几何公差要求，常会出现虽各自能满足所给出的几何公差要求，但仍无法保证装配的情况。其原因是在装配时，连接件之间产生了干涉现象。

为避免连接件在装配时产生的干涉现象，以保证其顺利装配，应该采用延伸公差带。

表 2.3-12 延伸公差带含义及标注（摘自 GB/T 17773—1999）

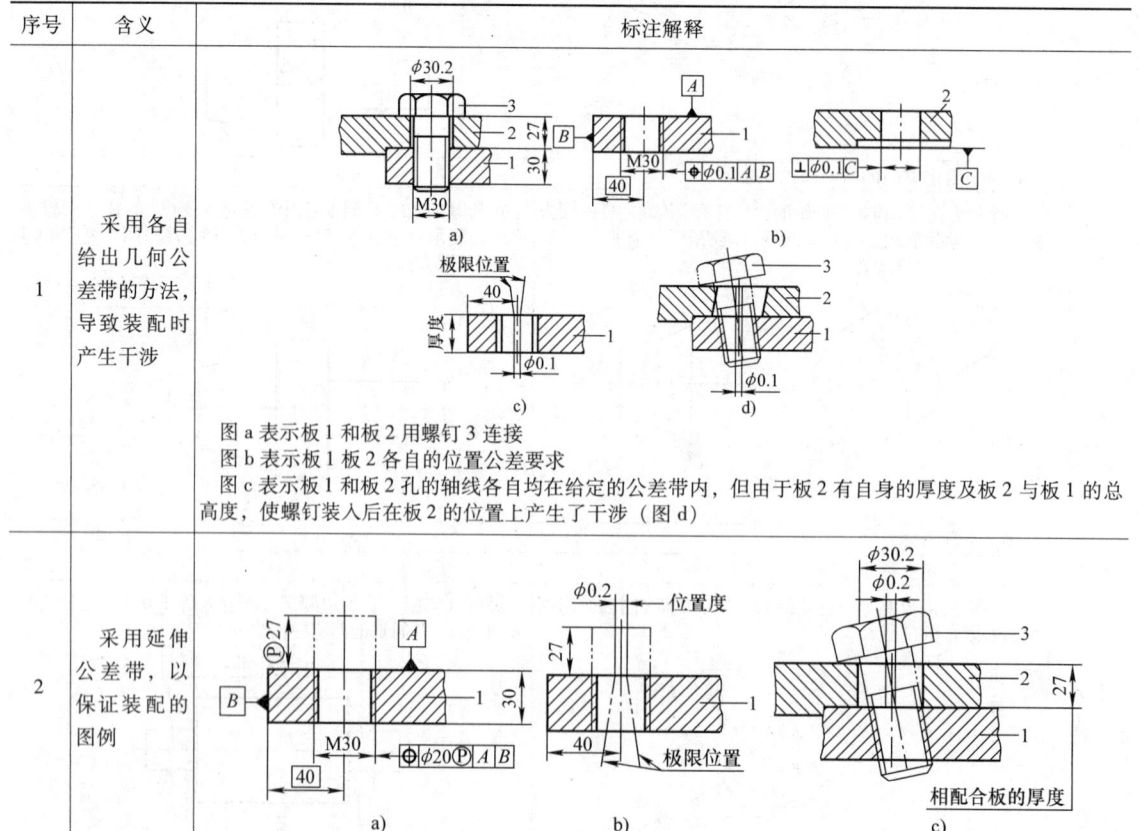

序号	含义	标注解释
1	采用各自给出几何公差带的方法，导致装配时产生干涉	图a 表示板1和板2用螺钉3连接 图b 表示板1板2各自的位置公差要求 图c 表示板1和板2孔的轴线各自均在给定的公差带内，但由于板2有自身的厚度及板2与板1的总高度，使螺钉装入后在板2的位置上产生了干涉（图d）
2	采用延伸公差带，以保证装配的图例	

第3章 几何公差

(续)

序号	含义	标注解释
2	采用延伸公差带，以保证装配的图例	a 表示板 1 螺孔轴线的位置度公差不在板 1 处控制，而是将其向板 2 延伸在板 2 的位置上控制。此时，应加注延伸公差带符号Ⓟ b 表示在板 2 高度处控制板 1 的实际轴线在给定的公差带内 c 表示由于在板 2 处的板 1 孔的轴线已被控制在公差带内，则必然不再产生干涉，可以顺利地用螺钉 3 进行装配
3	采用延伸公差带时应加注延伸公差带符号Ⓟ	在图样上除应将符号Ⓟ加注在几何公差框格中公差值的右边外，还应在图样中延伸长度的尺寸数字前加注符号Ⓟ

(2) 延伸公差带的符号及标注

采用延伸公差带时应加注延伸公差带符号，延伸公差带符号采用其英文名词 Project Tolerance Zone 中的第一个字的字首 P 并围以圆圈，即Ⓟ。

在图样上除应将符号Ⓟ加注在几何公差框格中公差值的右边外，还应在图样中延伸长度的尺寸数字前加注符号Ⓟ。

(3) 延伸公差带示例（见表 2.3-13）

延伸公差带常用于螺纹连接、销连接和键连接等。延伸公差带的采用类型根据零件功能要求而定。

表 2.3-13 延伸公差带示例

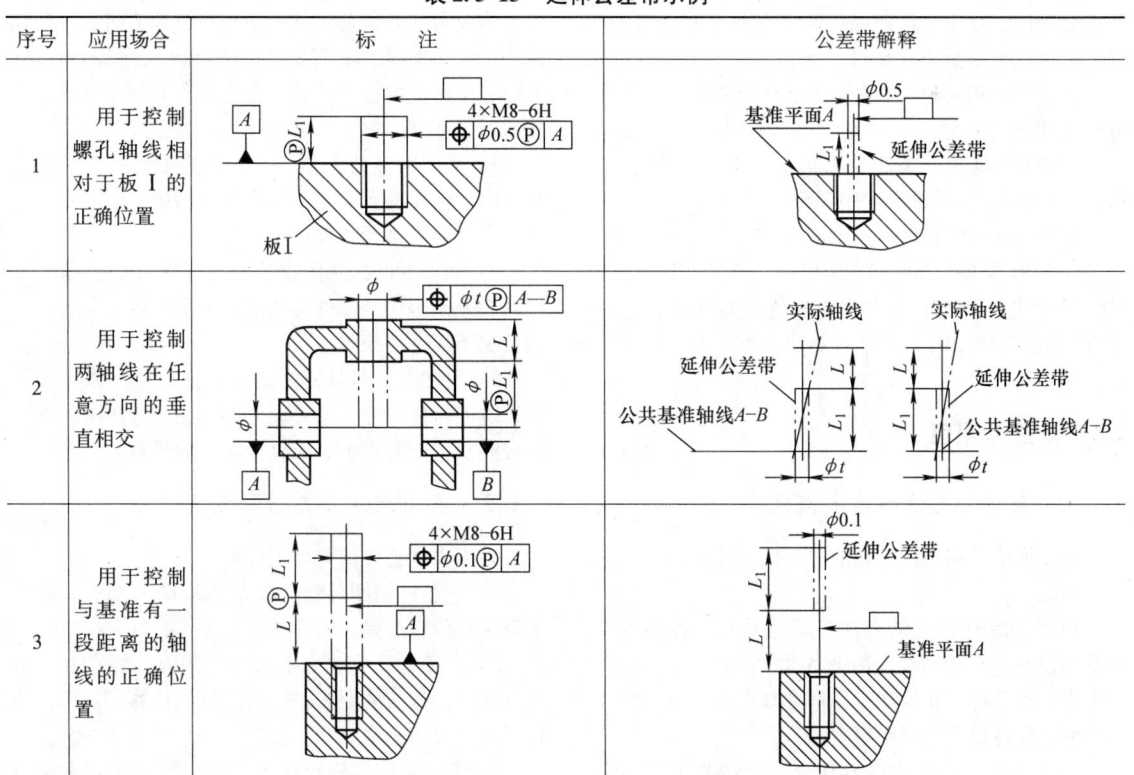

(续)

序号	应用场合	标注	公差带解释
4	用于控制螺柱连接的轴线正确位置		
5	用于控制两个方向的对称位置		

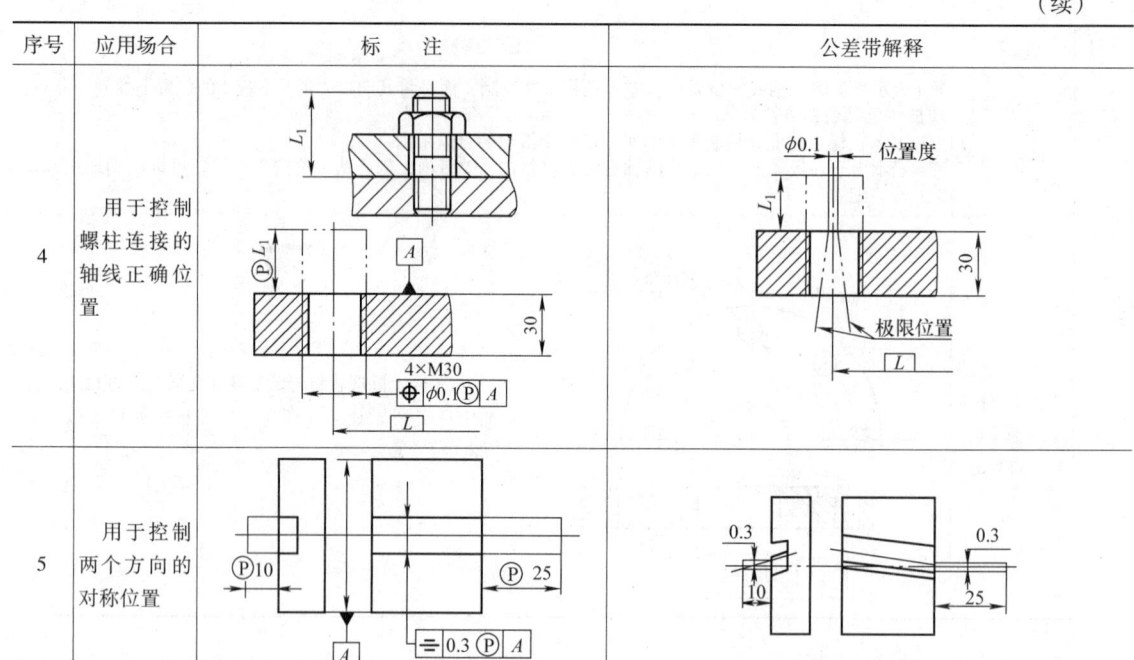

6 几何公差的公差值

零件要素的几何公差值决定几何公差带的宽度或直径,是控制零件制造精度的重要指标。合理的给出几何公差值,对于保证产品的功能、提高产品质量、降低制造成本是至关重要的。

图样中的几何公差值有两种表达形式:一种是在框格内注出公差值;一种是不在图样中注出,采用 GB/T 1184 中规定的未注公差值(又称为一般公差值),并在图样的技术要求中说明。

国家标准 GB/T 1184—1996 规定了未注公差值。它与国际标准 ISO2768—2:1989 是一致的。在 GB/T 1184 附录中,给出了注出公差的值的系数表,它是按加工精度的规律给出的。在给出公差值时,可参考使用。

6.1 未注公差值

6.1.1 未注公差值的基本概念

在图形中采用未注公差值时,应该建立以下几个基本概念。

1) 在标准中给出的未注公差值是基于各类工厂的常用设备应有的精度,因此在贯彻 GB/T 1184 时,要求工厂有关部门在发现设备精度降低时,应立即予以修复,保持设备的应有精度。

2) 由于大部分要素的几何公差值应是工厂中常用设备能保证的精度,因此不需在图样中标注其公差值。只有当要素的公差值小于未注公差值时,即零件要素的精度高于未注公差值的精度时,才需要在图样中用框格给出几何公差要求。

当要素的几何公差值大于未注公差值时,一般仍采用未注公差值,不需要用框格给出几何公差要求。只有在给出大的公差值后,会给工厂的加工带来经济效益时,才有必要给出大的几何公差值。

3) 采用未注公差值,一般不需要检查,只有在仲裁时才需要检查。为了解设备的精度,可以对于批量生产的零件进行首检或抽检。

4) 如果零件的几何误差超出了未注公差值,要视其超差是否影响零件的功能,才确定拒收与否。一般情况下,不必拒收。

5) 图样中大部分要素的几何公差值是未注公差值,既可简化标注,又可使人们的注意力集中到有几何公差要求的要素上,以保证零件的质量。

6.1.2 采用未注公差值的优点

采用未注公差值有如下优点:

1) 使图样简明易读,既节省绘图时间,又能高效地进行信息交换。

2) 设计者只需对小于未注公差值的要素和部分大于未注公差值的要素进行公差值的计算和选择,节省了设计时间。

3) 图样中用框格标注法对极少数关键要素给出

几何公差值，重点突出。在安排生产和质量控制、检查验收中会集中精力，保证这个重点。

4) 由于工厂的设备能满足未注公差值的要求，一般不需要对零件要素进行检测，只需抽样检查工厂的设备和加工的精度，以保证不被破坏，必要时可对零件要素进行抽查或首检。

6.1.3 未注公差值的规定

(1) 直线度和平面度

直线度和平面度的未注公差值见表 2.3-14。表中的"基本长度"对于直线度是指其被测长度，对平面度，如被测要素是平面则指较长一边的长度，是圆平面则指其直径。H、K、L 为未注公差的三个等级。

(2) 圆度

圆度的未注公差值为其相应的直径公差值，但不能大于表 2.3-17 中的径向圆跳动值。因为圆度误差会直接反映到径向圆跳动值中去，而径向圆跳动值则是几何误差的综合反映。

表 2.3-14　直线度和平面度未注公差值　　（mm）

公差等级	直线度和平面度基本长度的范围					
	~10	>10~30	>30~100	>100~300	>300~1000	>1000~3000
H	0.02	0.05	0.1	0.2	0.3	0.4
K	0.05	0.1	0.2	0.4	0.6	0.8
L	0.1	0.2	0.4	0.8	1.2	1.6

(3) 圆柱度

圆柱度误差由圆度、轴线直线度、素线直线度和素线平行度等误差组成。其中每一项误差均由它们的注出公差或未注公差控制。

如因功能要求，圆柱度需小于圆度、轴线直线度、素线直线度、素线平行度的综合反映值，应在图样中用框格注出。

圆柱形零件遵守包容要求（加注符号Ⓔ）时，则圆柱度误差受其最大实体边界的控制。

(4) 线、面轮廓度

在标准中对线、面轮廓度的未注公差值未作具体规定。线、面轮廓度误差直接与该线、面轮廓的线性尺寸公差或角度公差有关，受注出或未注的线性尺寸公差或角度公差控制。

(5) 倾斜度

倾斜度未注公差值在标准中未作规定，由注出或未注出的角度公差控制。

(6) 平行度

平行度的未注公差值等于其相应的尺寸公差（两要素间的距离公差）值，或等于其平面度或直线度的未注公差值，取两者中数值较大者。两个要素中取较长者作为基准要素，较短者作为被测要素。如两要素长度相等，则可取任一要素作为基准要素。

(7) 垂直度

垂直度的未注公差值见表 2.3-15。形成直角的两要素中的较长者作为基准要素，较短者为被测要素。如两者相等，则可取任一要素作为基准要素。

(8) 对称度

对称度的未注公差值见表 2.3-16 两要素中较长者作为基准要素，如两要素长度相等，可取任一要素

表 2.3-15　垂直度未注公差值　　（mm）

公差等级	垂直度公差短边基本长度的范围			
	≤100	>100~300	>300~1000	>1000~3000
H	0.2	0.3	0.4	0.5
K	0.4	0.6	0.8	1
L	0.6	1	1.5	2

表 2.3-16　对称度未注公差值　　（mm）

公差等级	对称度公差基本长度的范围			
	≤100	>100~300	>300~1000	>1000~3000
H	0.5	0.5	0.5	0.5
K	0.6	0.6	0.8	1
L	0.6	1	1.5	2

作为基准要素。

对称度的未注公差值用于至少两个要素中有一个是中心平面，或者是轴线互相垂直的两要素。

(9) 同轴度

同轴度误差会直接反映到径向圆跳动误差值中。但径向圆跳动误差值除包括同轴度误差外，还包括圆度误差。因此，在极限情况下，同轴度误差值可取表 2.3-17 中圆跳动值。

(10) 位置度

位置度的未注公差值在标准中未作规定。因为位置度误差是一项综合性误差，是各项误差的综合反映，不需要另行规定位置度的未注公差值。

(11) 圆跳动

圆跳动包括径向、轴向和斜向圆跳动，其未注公差值见表 2.3-17。

表 2.3-17　圆跳动未注公差值（mm）

公差等级	圆跳动公差值
H	0.1
K	0.2
L	0.5

对于圆跳动未注公差值，应选择设计给出的支承轴线作为基准要素。如无法选择支承轴线，则对于径向圆跳动应取两要素中较长者为基准要素。如两要素相等，则取任一要素为基准要素。对于轴向和斜向圆跳动，其基准必然是支承它的轴线。

6.1.4　未注公差值在图样上的表示方法

为明确图样中的各要素未注公差值，应按照标准中规定选择合适的等级，并在标题栏内或附近注出，如："未注形位公差采用 GB/T 1184—H"，也可简化为"GB/T 1184—H"。在一张图样中，未注公差值应采用同一个等级。未注公差值也可在企业标准中统一规定，以省去图样中的说明。

6.1.5　未注公差值的测量

根据 GB/T 4249 的规定，未注公差值应采用两点法测量，遵守独立原则。

提取实际要素处处都是最大实体尺寸时，仍然会产生几何误差。因此，图样中没有注出几何公差值时，应遵守未注公差值的规定，见图 2.3-2a。图 2.3-2b 表示当横截面内的圆呈奇数棱状，其直径处处都处于最大实体尺寸 φ150.5mm（未注尺寸公差为 ±0.5mm）时，还会产生圆度误差 0.1mm。图 2.3-2c 表示在纵剖面内的轴，当其直径处处都是 φ150.5mm 时，还会产生轴线直线度误差 0.2mm。

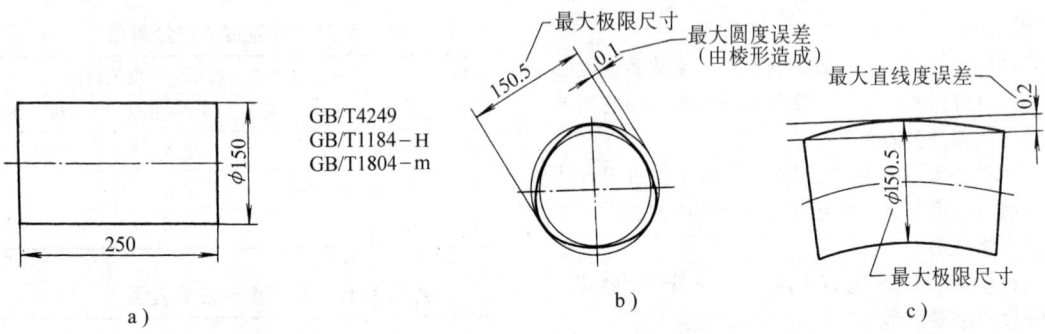

图 2.3-2　遵守未注公差值图例

6.1.6　未注公差值的应用要点

(1) 圆度

注出直径公差值的圆要素。图 2.3-3a 为注出直径公差值 $\phi25_{-0.1}^{\ 0}$，其圆度未注公差值应等于尺寸公差值 0.1mm，见图 2.3-3b。

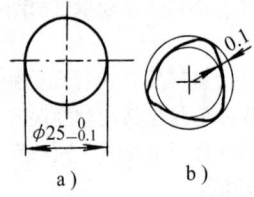

图 2.3-3　注出尺寸公差值控制圆度

采用未注公差的圆要素。图 2.3-4a 规定其未注尺寸公差按 GB/T 1804 中 m 级，其未注几何公差按 GB/T 1184 中 K 级（仅对直线度而言）。图 2.3-4b 表示其未注圆度公差值按其未注尺寸公差值取 0.2mm（见表 2.3-17），其素线直线度和轴线直线度未注公差值则按 GB/T 1184—K，即 0.1mm。

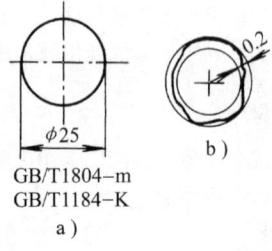

图 2.3-4　未注尺寸公差值控制圆度

(2) 圆柱度

由于圆度、直线度和两相应素线的平行度同时反映到圆柱度误差中去，因此它们综合形成的圆柱度未注公差值应小于上述三种公差值的综合值。为简单起见，采用包容要求Ⓔ或注出圆柱度公差，较为适宜。

(3) 平行度

由于几何公差采用公差带概念，平行度误差可由尺寸（距离）公差值控制（图 2.3-5）；如果提取实际要素处处均为最大实体尺寸，此时无法用尺寸公差控制，则由直线度、平面度未注公差值控制（图 2.3-6）。

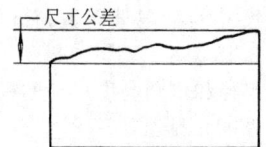

图 2.3-5 尺寸公差值控制直线度

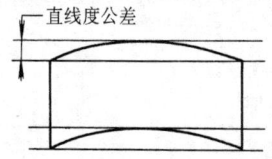

图 2.3-6 直线度公差控制直线度

（4）对称度

对称度的未注公差应取较长要素为基准，如两要素长度相等则可任选一要素为基准（见图 2.3-7）。

图 2.3-7a，$l_1 > l_2$，l_2 为基准要素，l_1 为被测要素；

图 2.3-7b，$l_1 > l_2$，l_2 为基准要素，l_1 为被测要素；

图 2.3-7c，$l_2 > l_1$，l_2 为基准要素，l_1 为被测要素；

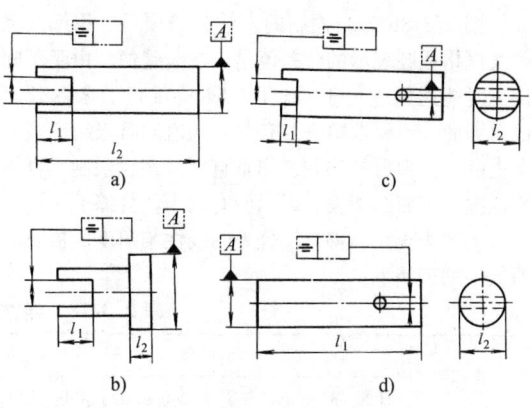

图 2.3-7 对称度未注公差的基准选取

图 2.3-7d，$l_1 > l_2$，l_1 为基准要素，l_2 为被测要素。

6.1.7 综合示例

图 2.3-8a 为一销轴，除轴 $\phi15_{-0.15}^{0}$ 的径向圆跳动和孔 $\phi3H12$（$_{0}^{+0.1}$）的轴线位置度外，其余几何公差值都由未注公差控制。尺寸公差除注出外，也均由未注公差控制。

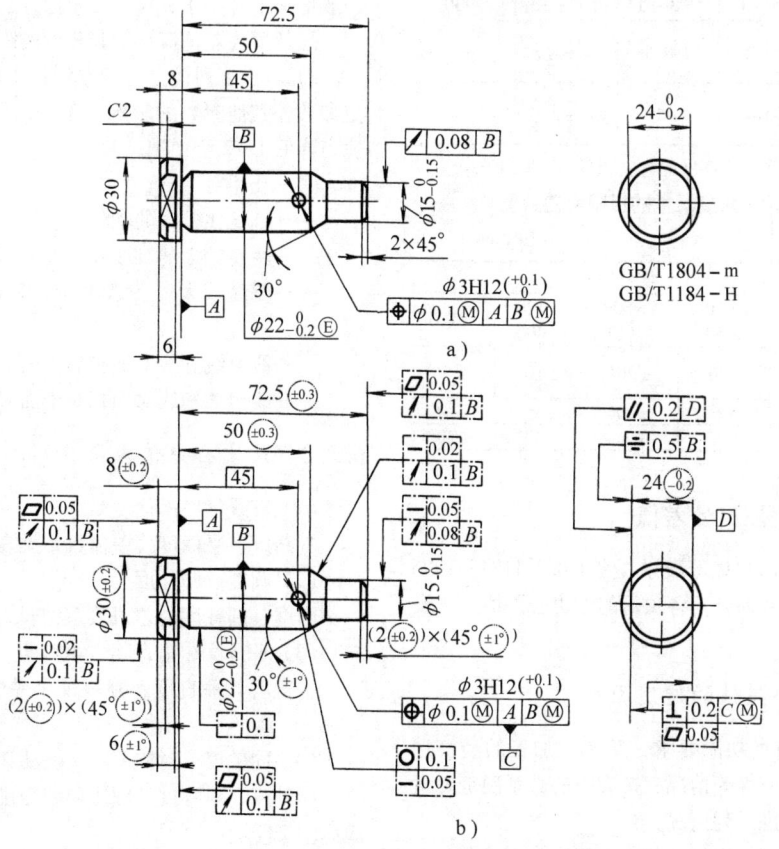

图 2.3-8 综合示例

图 2.3-8b 为应控制的未注公差项目。用细双点画线框格或圆表示的公差值是未注公差值。由于车间加工时能达到或小于 GB/T 1184 所规定的未注公差值，因此，不要求检查。有些公差值同时限制了该要素上的其他项目的误差，如垂直度公差也限制了直线度误差，因而图中没有表示所有的未注公差值。

为便于查找，将未注公差的线性与角度的极限偏差数值列表如下：

——线性尺寸的极限偏差数值（GB/T 1804—2000）见表 2.3-18。

——倒圆半径和倒角高度尺寸的极限偏差数值（GB/T 1804—2000）见表 2.3-19。

——角度尺寸的极限偏差值按角度短边的长度确定，其数值按（GB/T 1804—2000）选用，见表 2.3-20。

表 2.3-18 线性尺寸的极限偏差数值 （mm）

公差等级	尺寸分段							
	0.5~3	>3~6	>6~30	>30~120	>120~400	>400~1000	>1000~2000	>2000~4000
精密 f	±0.05	±0.05	±0.1	±0.15	±0.2	±0.3	±0.5	—
中等 m	±0.1	±0.1	±0.2	±0.3	±0.5	±0.8	±1.2	±2
粗糙 c	±0.2	±0.3	±0.5	±0.8	±1.2	±2	±3	±4
最粗 v		±0.5	±1	±1.5	±2.5	±4	±6	±8

表 2.3-19 倒圆半径和倒角高度尺寸的极限偏差数值 （mm）

公差等级	基本尺寸分段			
	0.5~3	>3~6	>6~30	>30
精密 f	±0.2	±0.5	±1	±2
中等 m				
粗糙 c	±0.4	±1	±2	±4
最粗 v				

注：倒圆半径和倒角高度的含义参见 GB/T 6403.4。

表 2.3-20 角度尺寸的极限偏差数值 （mm）

公差等级	长度分段				
	~10	>10~50	>50~120	>120~400	>400
精密 f	±1°	±30′	±20′	±10′	±5′
中等 m					
粗糙 c	±1°30′	±1°	±30′	±15′	±10′
最粗 v	±3°	±2°	±1°	±30′	±20′

6.2 几何公差注出公差值

根据加工规律和优选数系，在 GB/T 1184—1996 的附录中提出了几何公差各项目的注出公差值，供设计者参照用。

6.2.1 注出公差值的选用原则

1) 根据零件的功能要求，并考虑加工的经济性和零件的结构、刚性等情况，按表中的数系确定要素的公差值。并考虑下列情况：

在同一要素上给出的形状公差值应小于位置公差值。如要求平行的两个平面，其平面度公差值应小于平行度公差值；

圆柱形零件的形状公差值（轴线的直线度除外）一般情况下应小于其尺寸公差值；

平行度公差值应小于其相应的距离公差值。

2) 对于下列情况，考虑到加工的难易程度和除主参数外其他参数的影响，在满足零件功能要求下，适当降低 1~2 级使用。

——孔相对于轴；

——细长比较大的轴或孔；

——距离较大的轴或孔；

——宽度较大（一般大于 1/2 长度）的零件表面；

——线对线和线对面相对于面对面的平行度；

——线对线和线对面相对于面对面的垂直度。

6.2.2 注出公差值数系表

(1) 直线度、平面度

直线度、平面度公差值数系见表 2.3-21。

(2) 圆度、圆柱度

圆度、圆柱度公差值数系见表 2.3-22。

(3) 平行度、垂直度、倾斜度

平行度、垂直度、倾斜度公差值数系见表 2.3-23。

(4) 同轴度、对称度、圆跳动和全跳动

同轴度、对称度、圆跳动和全跳动公差值数系见表 2.3-24。

表 2.3-21 直线度、平面度（摘自 GB/T 1184—1996）

主参数 L 图例

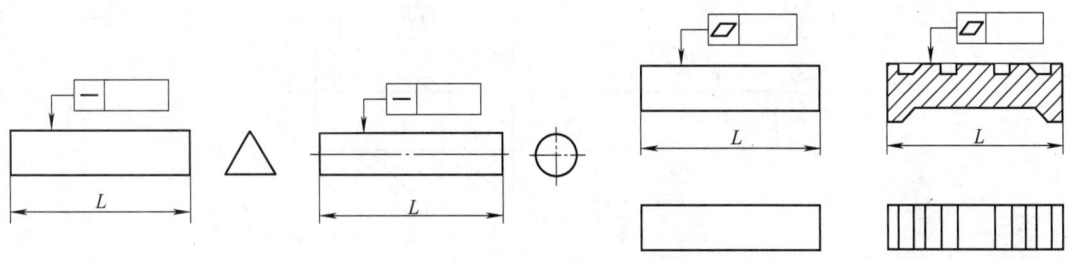

公差等级	主参数 L/mm ≤10	>10~16	>16~25	>25~40	>40~63	>63~100	>100~160	>160~250	>250~400	>400~630	>630~1000	>1000~1600	>1600~2500	>2500~4000	>4000~6300	>6300~10000
	公差值/μm															
1	0.2	0.25	0.3	0.4	0.5	0.6	0.8	1	1.2	1.5	2	2.5	3	4	5	6
2	0.4	0.5	0.6	0.8	1	1.2	1.5	2	2.5	3	4	5	6	8	10	12
3	0.8	1	1.2	1.5	2	2.5	3	4	5	6	8	10	12	15	20	25
4	1.2	1.5	2	2.5	3	4	5	6	8	10	12	15	20	25	30	40
5	2	2.5	3	4	5	6	8	10	12	15	20	25	30	40	50	60
6	3	4	5	6	8	10	12	15	20	25	30	40	50	60	80	100
7	5	6	8	10	12	15	20	25	30	40	50	60	80	100	120	150
8	8	10	12	15	20	25	30	40	50	60	80	100	120	150	200	250
9	12	15	20	25	30	40	50	60	80	100	120	150	200	250	300	400
10	20	25	30	40	50	60	80	100	120	150	200	250	300	400	500	600
11	30	40	50	60	80	100	120	150	200	250	300	400	500	600	800	1000
12	60	80	100	120	150	200	250	300	400	500	600	800	1000	1200	1500	2000

公差等级	应用举例
1、2	用于精密量具、测量仪器和精度要求极高的精密机械零件，如高精度量规、样板平尺、工具显微镜等精密测量仪器的导轨面，喷油嘴针阀体端面，油泵柱塞套端面等高精度零件
3	用于 0 级及 1 级宽平尺的工作面，1 级样板平尺的工作面，测量仪器圆弧导轨，测量仪器测杆等
4	用于量具、测量仪器和高精度机床的导轨，如 0 级平板，测量仪器的 V 形导轨，高精度平面磨床的 V 形滚动导轨，轴承磨床床身导轨，液压阀芯等
5	用于 1 级平板，2 级宽平尺，平面磨床的纵导轨、垂直导轨、立柱导轨及工作台，液压龙门刨床和转塔车床床身的导轨，柴油机进、排气门导杆
6	用于普通机床导轨面，如普通车床、龙门刨床、滚齿机、自动车床等的床身导轨、立柱导轨，滚齿机、卧式镗床、铣床的工作台及机床主轴箱导轨、柴油机体结合面等
7	用于 2 级平板，分度值 0.02mm 游标卡尺尺身，机床主轴箱体，摇臂钻床底座工作面，镗床工作台，液压泵泵盖等
8	用于机床传动箱体，挂轮箱体，车床溜板箱体，主轴箱体，柴油机气缸体，连杆分离面，缸盖结合面，汽车发动机缸盖，曲轴箱体等及减速器壳体的结合面
9	用于 3 级平板，机床溜板箱，立钻工作台，螺纹磨床的挂轮架，金相显微镜的载物台，柴油机气缸体，连杆的分离面，缸盖的结合面，阀片，空气压缩机的气缸体，液压管件和法兰的连接面等
10	用于 3 级平板，自动车床床身底面，车床挂轮架，柴油机气缸体，摩托车的曲轴箱体，汽车变速器的壳体，汽车发动机缸盖结合面，阀片，以及辅助机构及手动机械的支承面
11、12	用于易变形的薄片，薄壳零件，如离合器的摩擦片，汽车发动机缸盖的结合面，手动机械支架，机床法兰等

注：应用举例不属本标准内容，仅供参考。

表 2.3-22 圆度、圆柱度（摘自 GB/T 1184—1996）

主参数 $d(D)$ 图例

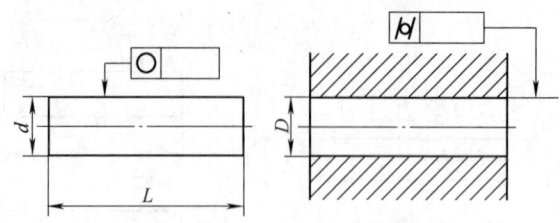

公差等级	主参数 $d(D)$ /mm											
	≤3	>3~6	>6~10	>10~18	>18~30	>30~50	>50~80	>80~120	>120~180	>180~250	>250~315	>315~400	>400~500
	公差值/μm												
0	0.1	0.1	0.12	0.15	0.2	0.25	0.3	0.4	0.6	0.8	1.0	1.2	1.5
1	0.2	0.2	0.25	0.25	0.3	0.4	0.5	0.6	1	1.2	1.6	2	2.5
2	0.3	0.4	0.4	0.5	0.6	0.6	0.8	1	1.2	2	2.5	3	4
3	0.5	0.6	0.6	0.8	1	1	1.2	1.5	2	3	4	5	6
4	0.8	1	1	1.2	1.5	1.5	2	2.5	3.5	4.5	6	7	8
5	1.2	1.5	1.5	2	2.5	2.5	3	4	5	7	8	9	10
6	2	2.5	2.5	3	4	4	5	6	8	10	12	13	15
7	3	4	4	5	6	7	8	10	12	14	16	18	20
8	4	5	6	8	9	11	13	15	18	20	23	25	27
9	6	8	9	11	13	16	19	22	25	29	32	36	40
10	10	12	15	18	21	25	30	35	40	46	52	57	63
11	14	18	22	27	33	39	46	54	63	72	81	89	97
12	25	30	36	43	52	62	74	87	100	115	130	140	155

公差等级	应用举例
1	高精度量仪主轴，高精度机床主轴，滚动轴承滚珠和滚柱等
2	精密量仪主轴、外套、阀套，高压油泵柱塞及套，纺锭轴承，高速柴油机进、排气门，精密机床主轴轴径，针阀圆柱表面，喷油泵柱塞及柱塞套
3	小工具显微镜套管外圆，高精度外圆磨床轴承，磨床砂轮主轴套筒，喷油嘴针阀体，高精度微型轴承内外圈
4	较精密机床主轴，精密机床主轴箱孔，高压阀门活塞、活塞销、阀体孔，小工具显微镜顶针，高压油泵柱塞，较高精度滚动轴承配合的轴，铣床动力头箱体孔等
5	一般量仪主轴，测杆外圆，陀螺仪轴颈，一般机床主轴，较精密机床主轴箱孔，柴油机、汽油机活塞、活塞销孔，铣床动力头、轴承座孔，高压空气压缩机十字头销、活塞，较低精度滚动轴承配合的轴等
6	仪表端盖外圆，一般机床主轴及箱孔，中等压力液压装置工作面（包括泵、压缩机的活塞和气缸），汽车发动机凸轮轴，纺织机锭子，通用减速器轴颈，高速船用发动机曲轴，拖拉机曲轴主轴颈
7	大功率低速柴油机曲轴、活塞、活塞销、连杆、气缸，高速柴油机箱体孔，千斤顶或液压油缸活塞，液压传动系统的分配机构，机车传动轴，水泵及一般减速器轴颈
8	低速发动机、减速器、大功率曲柄轴颈，压缩机连杆盖、体，拖拉机气缸体、活塞，炼胶机冷铸轴辊，印刷机传墨辊，内燃机曲轴，柴油机机体孔，凸轮轴，拖拉机，小型船用柴油机气缸套
9	空气压缩机缸体，液压传动筒，通用机械杠杆、拉杆与套筒销子，拖拉机活塞环、套筒孔
10	印染机导布辊、绞车、起重机滑动轴承轴颈等

注：应用举例不属本标准内容，仅供参考。

表 2.3-23　平行度、垂直度、倾斜度（摘自 GB/T 1184—1996）

主参数 L、$d(D)$ 图例

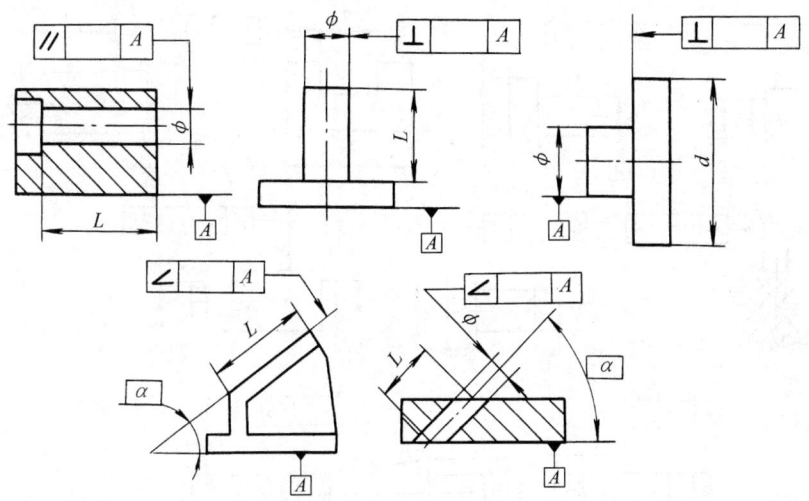

公差等级	主参数 L、$d(D)$/mm													
	≤10	>10~16	>16~25	>25~40	>40~63	>63~100	>100~160	>160~250	>250~400	>400~630	>630~1000	>1000~1600	>1600~2500	>2500~4000	>4000~6300	>6300~10000
	公差值/μm													
1	0.4	0.5	0.6	0.8	1	1.2	1.5	2	2.5	3	4	5	6	8	10	12
2	0.8	1	1.2	1.5	2	2.5	3	4	5	6	8	10	12	15	20	25
3	1.5	2	2.5	3	4	5	6	8	10	12	15	20	25	30	40	50
4	3	4	5	6	8	10	12	15	20	25	30	40	50	60	80	100
5	5	6	8	10	12	15	20	25	30	40	50	60	80	100	120	150
6	8	10	12	15	20	25	30	40	50	60	80	100	120	150	200	250
7	12	15	20	25	30	40	50	60	80	100	120	150	200	250	300	400
8	20	25	30	40	50	60	80	100	120	150	200	250	300	400	500	600
9	30	40	50	60	80	100	120	150	200	250	300	400	500	600	800	1000
10	50	60	80	100	120	150	200	250	300	400	500	600	800	1000	1200	1500
11	80	100	120	150	200	250	300	400	500	600	800	1000	1200	1500	2000	2500
12	120	150	200	250	300	400	500	600	800	1000	1200	1500	2000	2500	3000	4000

公差等级	应用举例	
	平行度	垂直度和倾斜度
1	高精度机床、测量仪器以及量具等主要基准面和工作面	
2、3	精密机床、测量仪器、量具以及模具的基准面和工作面，精密机床上重要箱体主轴孔对基准面，尾座孔对基准面	精密机床导轨，普通机床主要导轨，机床主轴轴向定位面，精密机床主轴肩端面，滚动轴承座圈端面，齿轮测量仪的心轴，光学分度头心轴，涡轮轴端面，精密刀具、量具的基准面和工作面
4、5	普通机床、测量仪器、量具及模具的基准面和工作面，高精度轴承座圈、端盖、挡圈的端面，机床主轴孔对基准面，重要轴承孔对基准面，主轴箱体重要孔间，一般减速器壳体孔，齿轮泵的轴孔端面等	普通机床导轨，精密机床重要零件，机床重要支承面，普通机床主轴偏摆，发动机轴和离合器的凸缘，气缸的支承端盖，装/P4、/P5 级轴承的箱体的凸肩，液压传动轴瓦端面，量具、量仪的重要端面
6~8	一般机床零件的工作面或基准，压力机和锻锤的工作面，中等精度钻模的工作面，一般刀具、量具、模具，机床一般轴承孔对基准面，主轴箱一般孔间，变速器箱孔，主轴花键对定心直径，重型机械轴承盖的端面，卷扬机、手动传动装置中的传动轴、气缸轴线	低精度机床主要基准面和工作面，回转工作台轴向跳动，一般导轨，主轴箱体孔，刀架、砂轮架及工作台回转中心，机床轴肩、气缸配合面对其轴线，活塞销孔对活塞中心线以及装/P6、/P0 级轴承壳体孔的轴线等
9、10	低精度零件、重型机械滚动轴承端盖、柴油机和煤气发动机的曲轴孔、轴颈等	花键轴轴肩端面、带式运输机法兰盘端面对轴心线，手动卷扬机及传动装置中轴承端面，减速器壳体平面等
11、12	零件的非工作面、卷扬机、运输机上用的减速器壳体平面	农业机械齿轮端面等

注：应用举例不属本标准内容，仅供参考。

表 2.3-24 同轴度、对称度、圆跳动和全跳动（摘自 GB/T 1184—1996）

主参数 $d(D)$、B、L 图例

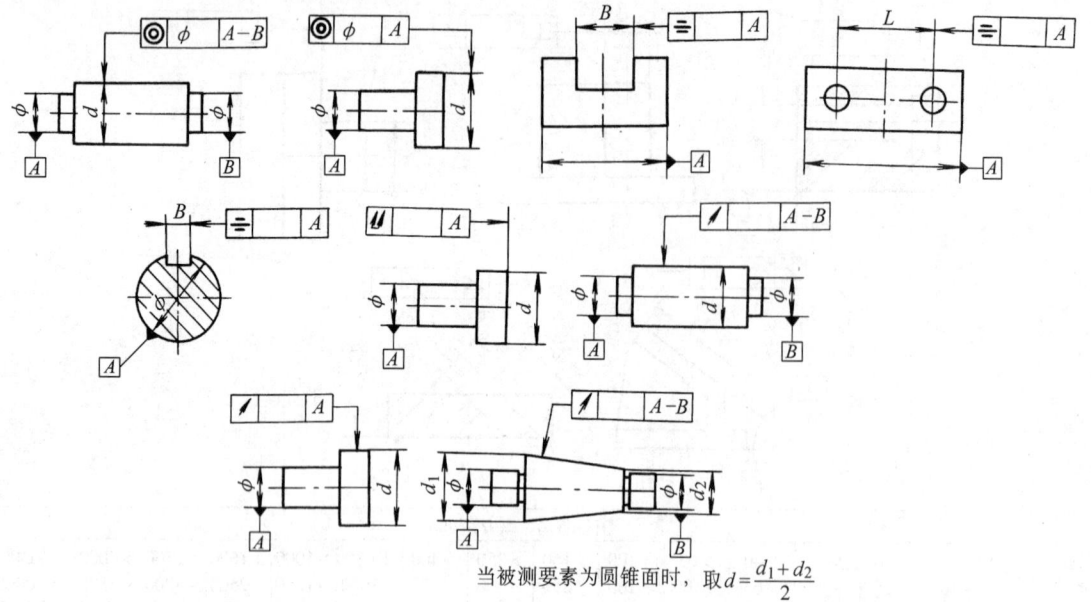

当被测要素为圆锥面时，取 $d = \dfrac{d_1 + d_2}{2}$

公差等级	主参数 $d(D)$、B、L/mm														
	≤1	>1~3	>3~6	>6~10	>10~18	>18~30	>30~50	>50~120	>120~250	>250~500	>500~800	>800~1250	>1250~2000	>2000~3150	>3150~5000	>5000~8000	>8000~10000
	公差值/μm														
1	0.4	0.4	0.5	0.6	0.8	1	1.2	2	2.5	3	4	5	6	8	10	12
2	0.6	0.6	0.8	1	1.2	1.5	2	2.5	3	4	5	6	8	10	12	15	20
3	1	1	1.2	1.5	2	2.5	3	4	5	6	8	10	12	15	20	25	30
4	1.5	1.5	2	2.5	3	4	5	6	8	10	12	15	20	25	30	40	50
5	2.5	2.5	3	4	5	6	8	10	12	15	20	25	30	40	50	60	80
6	4	4	5	6	8	10	12	15	20	25	30	40	50	60	80	100	120
7	6	6	8	10	12	15	20	25	30	40	50	60	80	100	120	150	200
8	10	10	12	15	20	25	30	40	50	60	80	100	120	150	200	250	300
9	15	20	25	30	40	50	60	80	100	120	150	200	250	300	400	500	600
10	25	40	50	60	80	100	120	150	200	250	300	400	500	600	800	1000	1200
11	40	60	80	100	120	150	200	250	300	400	500	600	800	1000	1200	1500	2000
12	60	120	150	200	250	300	400	500	600	800	1000	1200	1500	2000	2500	3000	4000

公差等级	应用举例
1~4	用于同轴度或旋转精度要求很高的零件，一般需要按尺寸精度公差等级 IT5 级或高于 IT5 级制造的零件。1、2 级用于精密测量仪器的主轴和顶尖，柴油机喷油嘴针阀等；3、4 级用于机床主轴轴颈，砂轮机轴轴颈，汽轮机主轴，测量仪器的小齿轮轴，高精度滚动轴承内、外圈等
5~7	应用范围较广的精度等级，用于精度要求比较高、一般按尺寸精度公差等级 IT6 或 IT7 级制造的零件。5 级精度常用在机床轴颈，测量仪器的测量杆，汽轮机主轴，柱塞液压泵转子，高精度滚动轴承外圈，一般精度滚动轴承内圈；7 级精度用于内燃机曲轴，凸轮轴轴颈，水泵轴，齿轮轴，汽车后桥输出轴，电动机转子，/P0 级精度滚动轴承内圈，印刷机传墨辊等
8~10	用于一般精度要求，通常按尺寸精度公差等级 IT9~IT10 制造的零件。8 级精度用于拖拉机发动机分配轴轴颈，9 级精度以下齿轮轴的配合面，水泵叶轮，离心泵泵体，棉花精梳机前后辊子；9 级精度用于内燃机气缸套配合面，自行车中轴；10 级精度用于摩托车活塞，印染机导布辊，内燃机活塞环槽底径对活塞中心，气缸套外圈对内孔等
11~12	用于无特殊要求，一般按尺寸精度公差等级 IT12 级制造的零件

注：应用举例不属本标准内容，仅供参考。

6.2.3 常用的加工方法可达到的几何公差等级（仅供参考）

1）常用加工方法可达到的直线度、平面度公差等级见表 2.3-25。

表 2.3-25 常用加工方法可达到的直线度、平面度公差等级

加工方法		直线度、平面度公差等级										
		1	2	3	4	5	6	7	8	9	10	11	12
车	粗											○	○
	细									○	○		
	精						○	○	○	○			
铣	粗											○	○
	细									○	○		
	精						○	○	○	○			
刨	粗										○	○	
	细								○	○			
	精						○	○	○				
磨	粗								○	○			
	细						○	○					
	精		○	○	○	○							
研磨	粗					○	○						
	细			○	○								
	精	○	○										
刮研	粗							○	○				
	细					○	○						
	精		○	○	○								

2）常用加工方法可达到的圆度、圆柱度公差等级见表 2.3-26。

表 2.3-26 常用加工方法可达到的圆度、圆柱度公差等级

表面	加工方法		圆度、圆柱度公差等级											
			1	2	3	4	5	6	7	8	9	10	11	12
轴	精密车削				○	○	○							
	普通车削						○	○	○	○	○	○		
	普通立车	粗								○	○	○	○	
		细						○	○	○				
	自动、半自动车	粗							○	○	○	○		
		细					○	○	○					
		精				○	○	○						
	外圆磨	粗						○	○	○				
		细				○	○							
		精	○	○	○									
	无心磨	粗					○	○	○					
		细			○	○	○							
	研磨			○	○									
	精磨		○	○										
孔	钻								○	○	○	○	○	
	镗	普通镗 粗							○	○	○	○		
		普通镗 细					○	○	○					
		金刚石镗			○	○	○							
	铰孔					○	○	○	○					
	扩孔								○	○	○			
	内圆磨	细				○	○	○						
		精		○	○									

3）常用加工方法可达到的平行度、垂直度公差等级见表 2.3-27。

4）常用加工方法可达到的同轴度、圆跳动公差等级见表 2.3-28。

表 2.3-27 常用加工方法可达到的平行度、垂直度公差等级

加工方法		平行度、垂直度公差等级											
		1	2	3	4	5	6	7	8	9	10	11	12
面 对 面													
研磨		○	○										
刮			○	○	○								
磨	粗							○	○				
	细					○	○						
	精			○	○								
铣								○	○	○			
刨								○	○	○			
拉						○	○	○					
插									○	○	○		
轴线对轴线（或平面）													
磨	粗						○	○	○				
	细				○	○							
镗	粗							○	○	○			
	细				○	○	○						
金刚石镗				○	○	○							
车	粗								○	○	○		
	细						○	○	○				
铣									○	○	○		
钻										○	○	○	

表 2.3-28 常用加工方法可达到的同轴度、圆跳动公差等级

加工方法		同轴度、圆跳动公差等级										
		1	2	3	4	5	6	7	8	9	10	11
车、镗	（加工孔）					○	○	○	○				
	（加工轴）				○	○	○	○					
铰					○	○	○						
磨	孔			○	○	○							
	轴		○	○	○								
珩磨		○	○	○									
研磨		○	○										

7 公差原则

一般情况下，图样中的各项要求都是基于功能的要求分别独立给出的，如尺寸公差、几何公差、表面粗糙度和表面波纹度等，它们均应各自满足设计要求。

我国于 1996 年发布了 GB/T 4249 和 GB/T 16671 两项标准，规定了在加工、装配和检验时应分别保证其尺寸公差和几何公差之间的设计要求，并将此规定称之为独立原则。独立原则是尺寸公差与几何公差之间应遵循的基本原则。对于产品功能的特定要求，除独立原则外，为满足产品功能的要求，尽可能地降低制造成本，标准还规定了最大实体要求，最小实体要求和可逆要求等尺寸公差与几何公差之间互相补偿的相关要求。

ISO TC213 成立后，从 GPS 角度统一提出了产品几何技术特征方面的术语、名词定义和解释，为与 ISO 标准取得一致，我国于 2009 年发布了修订后的 GB/T 4249 和 GB/T 16671 标准，与原标准相比，主要是在一些名词术语和文字编辑方面进行了改动，本质上没有变化。

7.1 独立原则

独立原则定义、应用范围及应用示例见表 2.3-29。

表 2.3-29　独立原则的定义、应用范围及应用示例

术语、定义及图示		
术语	定义	图示
独立原则	图样上给定的尺寸和几何（形状、方向或位置）要求均是独立的，应分别满足要求。如果对尺寸和几何（形状、方向或位置）要求之间的相互关系有特定要求，应在图样上规定	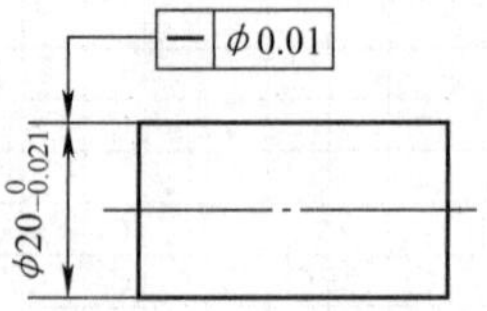 $\phi 20_{-0.021}^{0}$，$\phi 0.01$

应用范围
主要满足功能要求，应用很广，如有密封性、运动平稳性、运动精度、磨损寿命、接触强度、外形轮廓大小要求等场合，有时甚至用于有配合性质要求的场合。常用的有： （1）没有配合要求的要素尺寸如零件外形尺寸、管道尺寸，以及工艺结构尺寸如退刀槽尺寸、肩距、螺纹收尾、倒圆、倒角尺寸等，还有未注尺寸公差的要素尺寸 （2）有单项特殊功能的要素。其单项功能由几何公差保证，不需要或不可能由尺寸公差控制，如印染机的滚筒，为保证印染时接触均匀，印染图案清晰，滚筒表面必须圆整，而滚筒尺寸大小，影响不大，可由调整机构补偿，因此采用独立原则，分别给定极限尺寸和较严的圆柱度公差即可，如用尺寸公差来控制圆柱度误差是不经济的 （3）非全长配合的要素尺寸。有些要素尽管有配合要求，但与其相配的要素仅在局部长度上配合，故可不必将全长控制在最大实体边界之内 （4）对配合性质要求不严的尺寸。有些零件装配时，对配合性质要求不严，尽管由于形状或位置误差的存在，配合性质将有所改变，但仍能满足使用功能要求

应用示例	
说明	示例
销轴，未注尺寸公差和几何公差	 $\phi 30$
极限尺寸不控制轴线直线度误差 实际要素的局部尺寸由给定的极限尺寸控制，几何误差由未注几何公差控制，两者分别满足要求	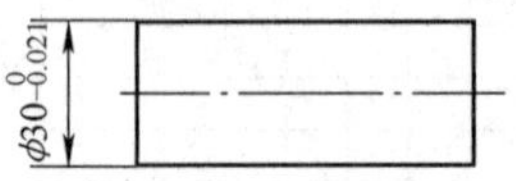 $\phi 30_{-0.021}^{0}$
未注尺寸公差，注有圆度公差。上极限尺寸与下极限尺寸之间任何实际尺寸的圆度公差都是 0.005	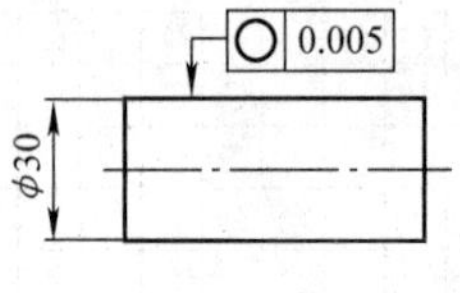 $\phi 30$，○ 0.005

(续)

应用示例	
说明	示例
极限尺寸不控制轴线直线度误差 实际要素的局部尺寸由给定的极限尺寸控制，圆度误差由圆度公差控制，两者分别满足要求	$\phi 30_{-0.021}^{0}$ ⌭ 0.005

7.2 包容要求

包容要求的定义、应用范围及应用示例见表 2.3-30。

表 2.3-30 包容要求的定义、应用范围及应用示例

术语、定义及说明		
术语	定义	说明
包容要求	尺寸要素的非理想要素不得违反其最大实体边界（MMB）的一种尺寸要素要求	适用于圆柱表面或两平行对应面 表示提取组成要素不得超越其最大实体边界（MMB），其局部尺寸不得超出最小实体尺寸（LMS）

应用范围
1. 单一要素。主要满足配合性能，如与滚动轴承相配的轴颈等，或必须遵守最大实体状态边界，如轴、孔的作用尺寸不允许超过最大实体尺寸，要素的任意局部实际尺寸不允许超过最小实体尺寸 2. 关联要素。主要用于满足装配互换性。零件处于最大实体状态时，几何公差为零。零值公差主要应用于： ① 保证可装配性，有一定配合间隙的关联要素的零件 ② 几何公差要求较严，尺寸公差相对地要求差些的关联要素的零件 ③ 轴线或对称中心面有几何公差要求的零件，即零件的配合要素必须是包容件和被包容件 ④ 扩大尺寸公差，即由几何公差补偿给尺寸公差，以解决实际上应该合格，而经检测被判定为不合格的零件的验收问题

应用示例	
说明	示例
由上极限尺寸（$\phi 30\text{mm}$）形成的最大实体边界控制了轴的尺寸大小和形状误差 形状误差受极限尺寸控制，最大可达尺寸公差（0.021mm），不必考虑未注形状公差的控制	$\phi 30_{-0.021}^{0}$ Ⓔ
由上极限尺寸（$\phi 30\text{mm}$）形成的最大实体边界控制了轴的尺寸大小和形状误差，形状误差除受极限尺寸控制外，还必须满足圆度公差的进一步要求	$\phi 30_{-0.021}^{0}$ Ⓔ ⌭ 0.005
用于关联要素，采用零值公差	◎ $\phi 9$ Ⓜ A Ⓜ $\phi 30H7_{0}^{+0.021}$ $\phi 20H6_{0}^{+0.013}$ Ⓔ A

7.3 最大实体要求

最大实体要求是一种几何公差与尺寸公差间的相关要求。当被测要素或基准要素偏离其最大实体状态时,形状公差,方向位置公差可获得补偿值,即所允许的形状,方向或位置误差值可以在原设计的基础上增大。

最大实体要求适用于中心要素。采用最大实体要求应在几何公差框格中的公差值或(和)基准符号后加注符号"Ⓜ"。

最大实体要求的定义、应用范围及应用示例见表 2.3-31。

表 2.3-31 最大实体要求的定义、应用范围及应用示例

术语、定义及图示		
术语	定义	图示
最大实体要求 (MMR)	尺寸要素的非理想要素不得违反其最大实体实效状态(MMVC)的一种尺寸要素要求,即尺寸要素的非理想要素不得超越其最大实体实效边界(MMVB)的一种尺寸要素要求	
最大实体状态 (MMC)	提取组成要素的局部尺寸处位于极限尺寸,且使其具有实体最大时的状态	a) b) c) 图 b、图 c 中的 $\phi 30mm$ 为最大实体尺寸
最大实体尺寸 (MMS)	确定要素最大实体状态的尺寸,即外尺寸要素的上极限尺寸,内尺寸要素的下极限尺寸	
最大实体实效尺寸(MMVS)	尺寸要素的最大实体尺寸与其导出要素的几何公差(形状、方向或位置)共同作用产生的尺寸	对于外尺寸要素,MMVS = MMS + 几何公差;对于内尺寸要素,MMVS = MMS − 几何公差 图样标注 a) b) MMVS=D_{MV}=D_M−tⓂ =30−0.03=29.97
最大实体实效状态(MMVC)	拟合要素的尺寸为其最大实体实效尺寸(MMVS)时的状态	图 b 中 $\phi 29.97mm$ 为孔 $\phi 30^{+0.1}_{0}mm$ 的最大实体实效尺寸 当几何公差是方向公差时,最大实体实效状态(MMVC)和最大实体实效边界(MMVB)受其方向所约束;当几何公差是位置公差时,最大实体实效状态(MMVC)和最大实体实效边界(MMVB)受其位置所约束

(续)

术语、定义及图示		
术语	定义	图示
最大实体边界（MMB）	最大实体状态的理想形状的极限包容面	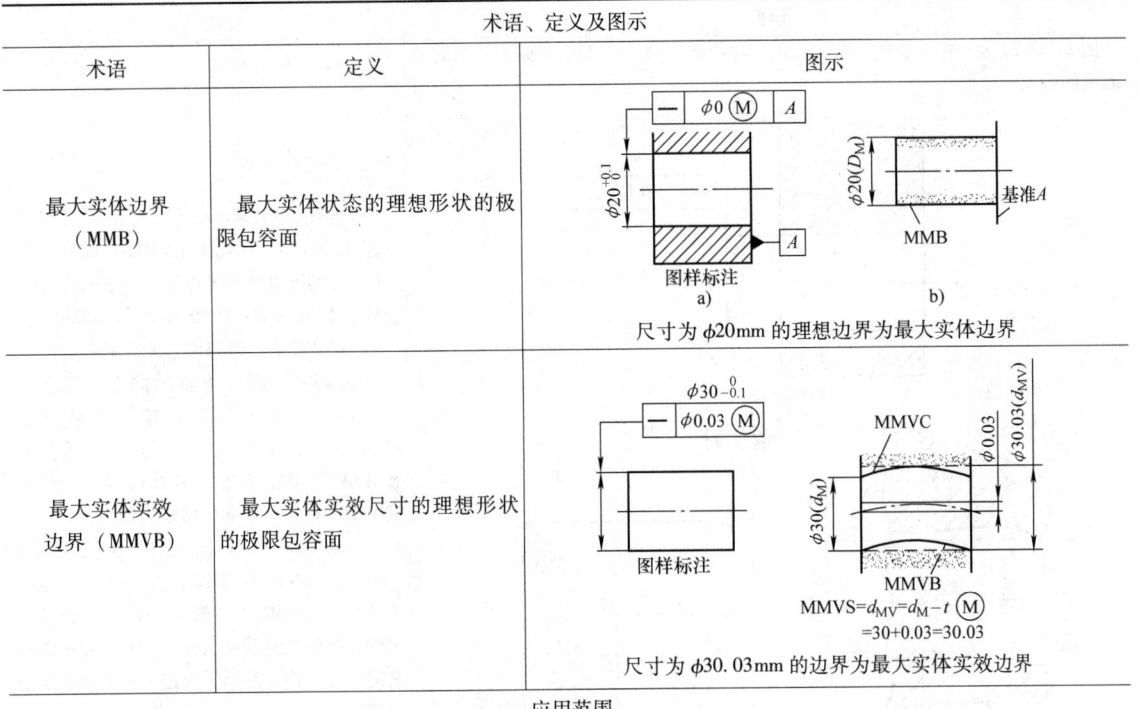 a) 图样标注　　b) 尺寸为 $\phi 20$mm 的理想边界为最大实体边界
最大实体实效边界（MMVB）	最大实体实效尺寸的理想形状的极限包容面	图样标注　　MMVB $MMVS = d_{MV} = d_M - t\,Ⓜ$ $= 30 + 0.03 = 30.03$ 尺寸为 $\phi 30.03$mm 的边界为最大实体实效边界

应用范围
主要应用于保证装配互换性，如控制螺钉孔、螺栓孔等中心距的位置度公差等 （1）保证可装配性，包括大多数无严格要求的静止配合部位，使用后不致破坏配合性能 （2）用于配合要素有装配关系的类似包容件或被包容件，如孔、槽等面和轴、凸台等面 （3）公差带方向一致的公差项目 形状公差只有直线度公差 位置公差有： 1）定向公差（垂直度、平行度、倾斜度等）的线/线、线/面、面/线，即线Ⓜ/线Ⓜ、线Ⓜ/面、面Ⓜ/面 2）定位公差（同轴度、对称度、位置度等）的轴线或对称中心平面和中心线 3）跳动公差的基准轴线（测量不便） 4）尺寸公差不能控制几何公差的场合，如销轴轴线直线度

应用示例	
示例	说明
例1：图1a为一标注公差的轴，其预期功能是可与一个等长的标注公差的孔形成间隙配合 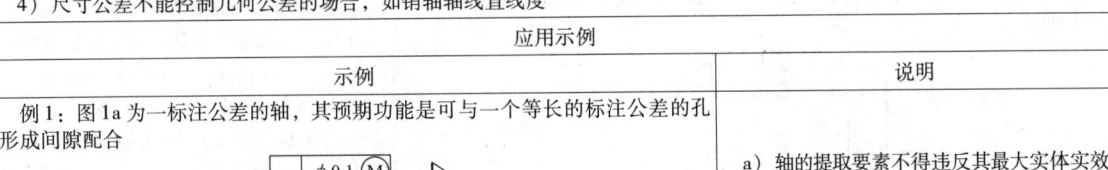 a) 图样标注 b) 解释　　c) 动态公差图 图1　一个外圆柱要素具有尺寸要求和对其轴线具有形状（直线度）要求的MMR示例	a）轴的提取要素不得违反其最大实体实效状态（MMVC），其直径为 MMVS = 35.1mm b）轴的提取要素各处的局部直径应大于 LMS = 34.9mm 且应小于 MMS = 35.0mm c）MMVC 的方向和位置无约束 补充解释：图a中轴线的直线度公差（$\phi 0.1$mm）是该轴为其最大实体状态（MMC）时给定的；若该轴为其最小实体状态（LMC）时，其轴线直线度误差允许达到的最大值可为图a中给定的轴线直线度公差（$\phi 0.1$mm）与该轴的尺寸公差（0.1mm）之和 $\phi 0.2$mm；若该轴处于最大实体状态（MMC）与最小实体状态（LMC）之间，其轴线直线度公差在 $\phi 0.1 \sim \phi 0.2$mm 之间变化。图c给出了表述上述关系的动态公差图

示例	说明
例2：图2a为一标注公差的孔，其预期功能是可与一个等长的标注公差的轴形成间隙配合 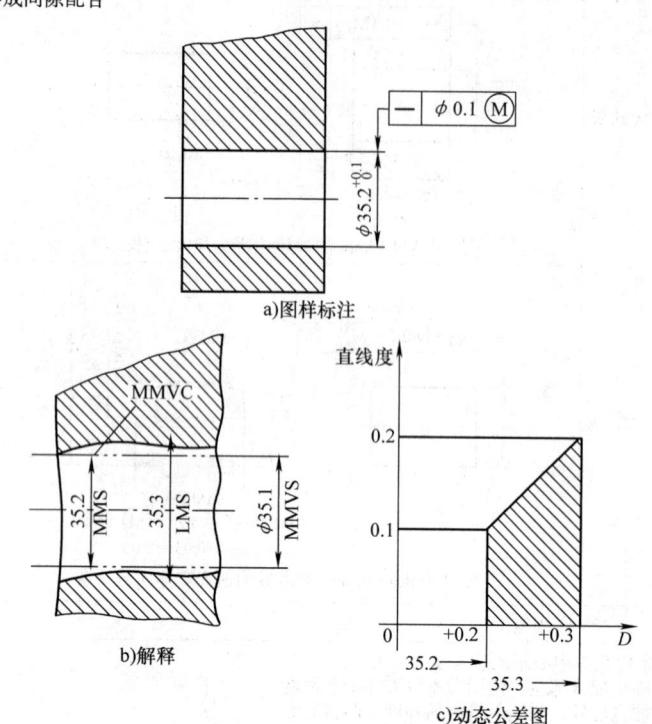 图2 一个内圆柱要素具有尺寸要求和对其轴线具有形状（直线度）要求的 MMR 示例	a) 孔的提取要素不得违反其最大实体实效状态（MMVC），其直径为 MMVS = 35.1mm b) 孔的提取要素各处的局部直径应小于 LMS = 35.3mm 且应大于 MMS = 35.2mm c) MMVC 的方向和位置无约束 补充解释：图 a 中轴线的直线度公差（$\phi 0.1$mm）是该孔为其最大实体状态（MMC）时给定的；若该轴为其最小实体状态（LMC）时，直轴线直线度误差允许达到的最大值可为图 a 中给定的轴线直线度公差（$\phi 0.1$mm）与该孔的尺寸公差（0.1mm）之和 $\phi 0.2$mm；若该孔处于最大实体状态（MMC）与最小实体状态（LMC）之间，其轴线直线度公差在 $\phi 0.1 \sim \phi 0.2$mm 之间变化。图 c 给出了表述上述关系的动态公差图
例3：图3a为一标注公差的轴，其预期功能是可与一个等长的标注公差的孔形成间隙配合 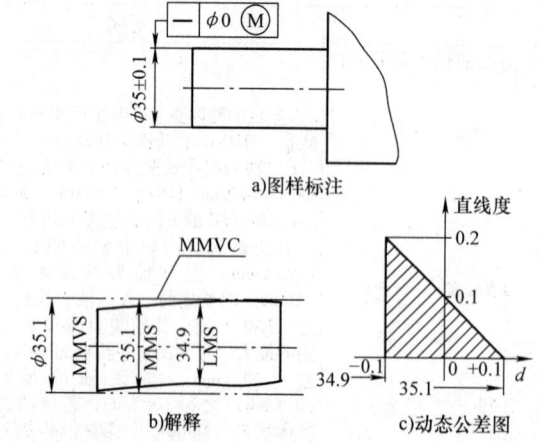 图3 一个外圆柱要素具有尺寸要求和对其轴线具有形状（直线度）要求的 MMR 示例（具有 Ⓜ 示例）	a) 轴的提取要素不得违反其最大实体实效状态（MMVC），其直径为 MMVS = 35.1mm b) 轴的提取要素各处的局部直径应大于 LMS = 34.9mm 且应小于 MMS = 35.1mm c) MMVC 的方向和位置无约束 补充解释：图 a 中轴线的直线度公差（$\phi 0$mm）是该轴为其最大实体状态（MMC）时给定的，轴线直线度公差为零，即该轴为其最大实体状态（MMC）时不允许有轴线直线度误差；若该轴为其最小实体状态（LMC）时，其轴线直线度误差允许达到的最大值可为图 a 中给定的轴线直线度公差（$\phi 0$mm）与该轴的尺寸公差（0.2mm）之和 $\phi 0.2$mm，也即其轴线直线度误差允许达到的最大值只等于该轴的尺寸公差（0.2mm）；若该轴处于最大实体状态（MMC）与最小实体状态（LMC）之间，其轴线直线度公差在 $\phi 0 \sim \phi 0.2$mm 之间变化。图 c 给出了表述上述关系的动态公差图

(续)

示例	说明
例4：图4a为一标注公差的孔，其预期的功能是可与一个等长的标注公差的轴形成间隙配合 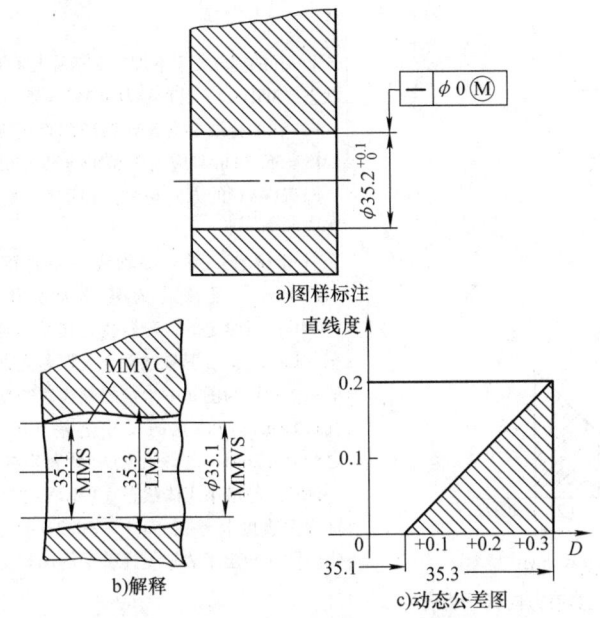 图4 一个内圆柱要素具有尺寸要求和对其轴线具有形状（直线度）要求的 MMR 示例（具有Ⓜ示例）	a) 孔的提取要素不得违反其最大实体实效状态（MMVC），其直径为 MMVS = 35.1mm b) 孔的提取要素各处的局部直径应小于 LMS = 35.3mm 且应大于 MMS = 35.1mm c) MMVC 的方向和位置无约束 补充解释：图 a 中轴线的直线度公差（φ0mm）是该孔为其最大实体状态（MMC）时给定的，轴线直线度公差为最大实体状态（MMC）时给定的，轴线直线度公差为零，即该孔为其最大实体状态（MMC）时不允许有轴线直线度误差；若该孔为其最小实体状态（LMC）时，其轴线直线度误差允许达到的最大值可为图 a 中给定的轴线直线度公差（φ0mm）与该孔的尺寸公差（0.2mm）之和φ0.2mm，也即其轴线直线度误差允许达到的最大值只等于该孔的尺寸公差（0.2mm）；若该孔处于最大实体状态（MMC）与最小实体状态（LMC）之间，其轴线直线度公差在 φ0 ~ φ0.2mm 之间变化。图 c 给出了表述上述关系的动态公差图
例5：图5a所示零件的预期功能是与图6a所示零件相装配，而且要求轴装入孔内时两基准平面应同时相接触 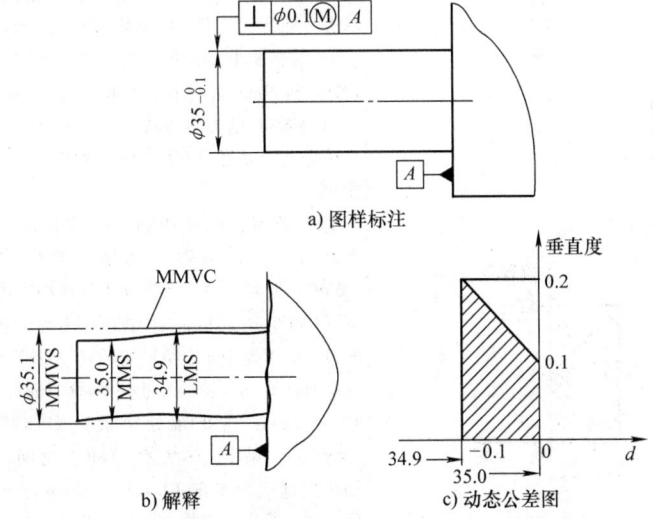 图5 一个外圆柱要素具有尺寸要求和对其轴线具有方向（垂直度）要求的 MMR 示例	a) 轴的提取要素不得违反其最大实体实效状态（MMVC），其直径为 MMVS = 35.1mm b) 轴的提取要素各处的局部直径应大于 LMS = 34.9mm 且应小于 MMS = 35.0mm c) MMVC 的方向与基准垂直，但其位置无约束 补充解释：图 a 中轴线的垂直度公差（φ0.1mm）是该轴为其最大实体状态（MMC）时给定的；若该轴为其最小实体状态（LMC）时，其轴线垂直度误差允许达到的最大值可为图 a 中给定的轴线直线度公差（φ0.1mm）与该轴的尺寸公差（0.1mm）之和φ0.2mm；若该轴处于最大实体状态（MMC）与最小实体状态（LMC）之间，其轴线垂直度公差在 φ0.1 ~ φ0.2mm 之间变化。图 c 给出了表述上述关系的动态公差图

(续)

示例	说明
例6：图6a所示零件的预期功能是与图5a所示零件相装配，而且要求轴装入孔内时两基准平面应同时相接触 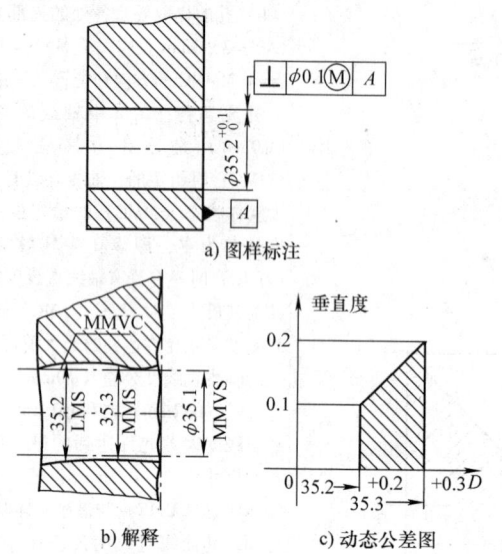 图6 一个内圆柱要素具有尺寸要求和对其轴线具有方向（垂直度）要求的MMR示例	a) 孔的提取要素不得违反其最大实体实效状态（MMVC），其直径为 MMVS = 35.1mm b) 孔的提取要素各处的局部直径应小于 LMS = 35.3mm 且应大于 MMS = 35.2mm c) MMVC 的方向与基准相垂直，但其位置无约束 补充解释：图 a 中轴线的垂直度公差（ϕ0.1mm）是该孔为其最大实体状态（MMC）时给定的；若该孔为其最小实体状态（LMC）时，其轴线垂直度误差允许达到的最大值可为图 a 中给定的轴线直线度公差（ϕ0.1mm）与该孔的尺寸公差（0.1mm）之和 ϕ0.2mm；若该孔处于最大实体状态（MMC）与最小实体状态（LMC）之间，其轴线垂直度公差在 ϕ0.1 ~ ϕ0.2mm 之间变化。图 c 给出了表述上述关系的动态公差图
例7：图7a所示零件的预期功能是与图8a所示零件相装配，而且要求两基准平面 A 相接触，两基准平面 B 双方同时与另一零件（图中未画出）的平面相接触 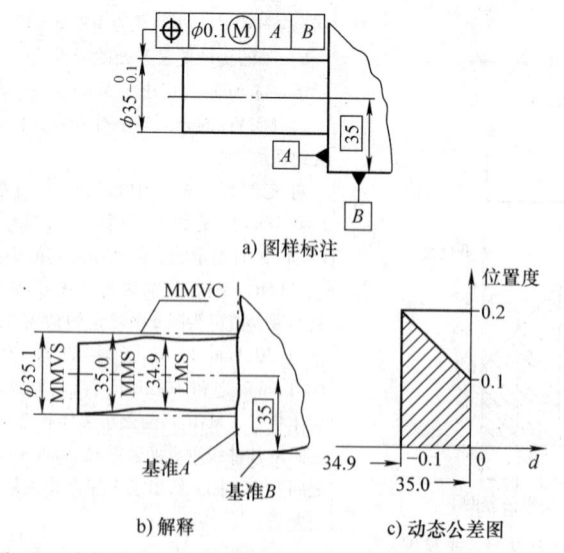 图7 一个外圆柱要素具有尺寸要求和对其轴线具有位置（位置度）要求的MMR示例	a) 轴的提取要素不得违反其最大实体实效状态（MMVC），其直径为 MMVS = 35.1mm b) 轴的提取要素各处的局部直径应大于 LMS = 34.9mm 且应小于 MMS = 35.0mm c) MMVC 的方向与基准 A 相垂直，并且其位置在与基准 B 相距 35mm 的理论正确位置上 补充解释：图 a 中轴线的位置度公差（ϕ0.1mm）是该轴为其最大实体状态（MMC）时给定的；若该轴为其最小实体状态（LMC）时，其轴线位置度误差允许达到的最大值可为图 a 中给定的轴线位置度公差（ϕ0.1mm）与该轴的尺寸公差（0.1mm）之和 ϕ0.2mm；若该轴处于最大实体状态（MMC）与最小实体状态（LMC）之间，其轴线位置度公差在 ϕ0.1 ~ ϕ0.2mm 之间变化。图 c 给出了表述上述关系的动态公差图

(续)

示例	说明
例8：图8a所示零件的预期功能是与图7a所示零件相装配，而且要求两基准平面 A 相接触，两基准平面 B 双方同时与另一零件（图中未画出）的平面相接触 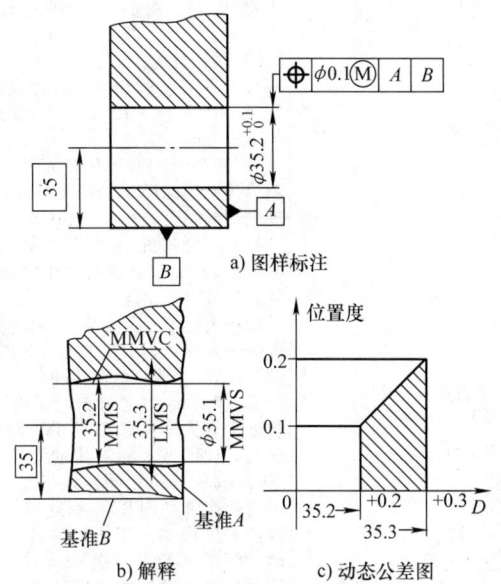 图8 一个内圆柱要素具有尺寸要求和对其轴线具有位置（位置度）要求的 MMR 示例	a）孔的提取要素不得违反其最大实体实效状态（MMVC），其直径为 MMVS = 35.1mm b）孔的提取要素各处的局部直径应小于 LMS = 35.3mm 且应大于 MMS = 35.2mm c）MMVC 的方向与基准 A 相垂直，并且其位置在与基准 B 相距35mm 的理论正确位置上 补充解释：图 a 中轴线的位置度公差（$\phi0.1$mm）是该孔为其最大实体状态（MMC）时给定的；若该孔为最小实体状态（LMC）时，其轴线位置度误差允许达到的最大值可为图 a 中给定的轴线位置度公差（$\phi0.1$mm）与该孔的尺寸公差（0.1mm）之和 $\phi0.2$mm；若该孔处于最大实体状态（MMC）与最小实体状态（LMC）之间，其轴线位置度公差在 $\phi0.1 \sim \phi0.2$mm 之间变化。图 c 给出了表述上述关系的动态公差图
例9：图9所示零件的预期功能是两销柱要与一个具有两个公称尺寸为 ϕ10mm 的孔相距25mm 的板类零件装配，且要与平面 A 相垂直 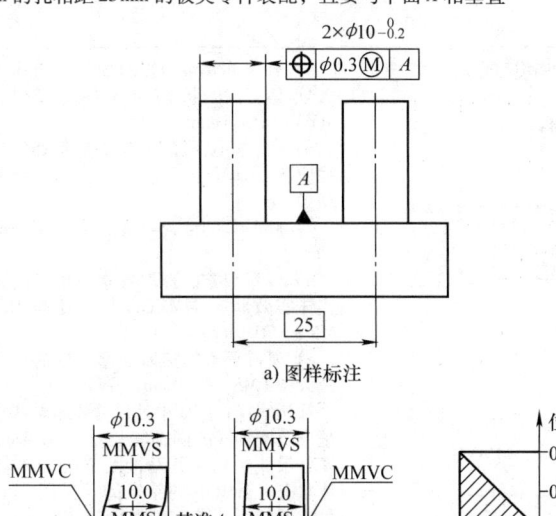 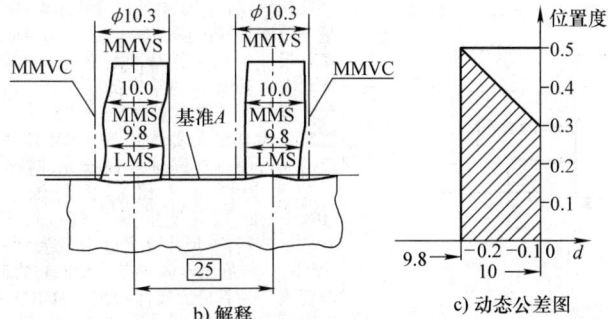 图9 两外圆柱要素具有尺寸要求和对其轴线具有位置度要求的 MMR 示例	a）两销柱的提取要素不得违反其最大实体实效状态（MMVC），其直径为 MMVS = 10.3mm b）两销柱的提取要素各处的局部直径均应大于 LMS = 9.8mm 且均应小于 MMS = 10.0mm c）两个 MMVC 的位置处于其轴线彼此相距为理论正确尺寸25mm，且与基准 A 保持理论正确垂直 补充解释：图 a 中两销柱的轴线位置度公差（$\phi0.3$mm）是这两销柱均为其最大实体状态（MMC）时给定的；若这两销柱均为其最小实体状态（LMC）时，其轴线位置度误差允许达到的最大值可为图 a 中给定的轴线位置度公差（$\phi0.3$mm）与销柱的尺寸公差（0.2mm）之和 $\phi0.5$mm；当两销柱各自处于最大实体状态（MMC）与最小实体状态（LMC）之间，其轴线位置度公差在 $\phi0.3 \sim \phi0.5$mm 之间变化。图 c 给出了表述上述关系的动态公差图

(续)

示例	说明
例10：图10所示零件的预期功能也是两销柱要与一个具有两个公称尺寸为 ϕ10mm 的孔相距25mm 的板类零件装配，且要与平面 A 相垂直 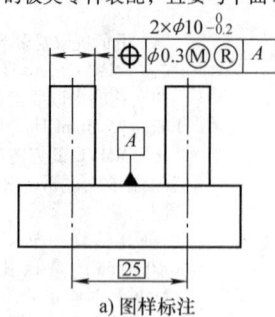 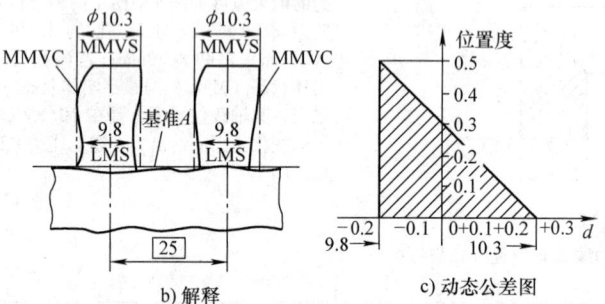 图10 两外圆柱要素具有尺寸要求和对其轴线具有位置度要求的 MMR 和附加 RPR 要求	a) 两销柱的提取要素不得违反其最大实体实效状态（MMVC），其直径为 MMVS = 10.3mm b) 两销柱的提取要素各处的局部直径均应大于 LMS = 9.8mm；RPR 允许其局部直径从 MMS（= 10.0mm）增加至 MMVS（= 10.3mm） c) 两个 MMVC 的位置处于其轴线彼此相距为理论正确尺寸25mm，且与基准 A 保持理论正确垂直 补充解释：图 a 中两销柱的轴线位置度公差（ϕ0.3mm）是这两销柱均为其最大实体状态（MMC）时给定的；若这两销柱均为其最小实体状态（LMC）时，其轴线位置度误差允许达到的最大值可为图 a 中给定的轴线位置度公差（ϕ0.3mm）与销柱的尺寸公差（0.2mm）之和 ϕ0.5mm；当两销柱各自处于最大实体状态（MMC）与最小实体状态（LMC）之间时，其轴线位置度公差在 ϕ0.3~ϕ0.5mm 之间变化。由于本例还附加了可逆要求（RPR），因此如果两销柱的轴线位置度误差小于给定的公差（ϕ0.3mm）时，两销柱的尺寸公差允许大于0.2mm，即其提取要素各处的局部直径均可大于它们的最大实体尺寸（MMS = 10mm）；如果两销柱的轴线位置度误差为零，则两销柱的尺寸公差允许增大至10.3mm。图 c 给出了表述上述关系的动态公差图
例11：图11a 所示零件的预期功能是与图12a 所示零件相装配 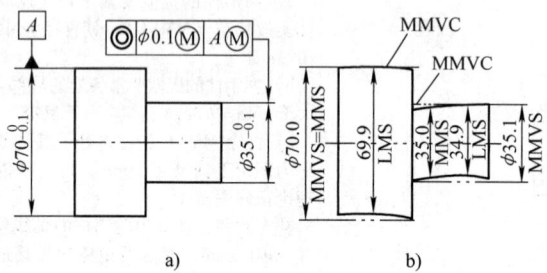 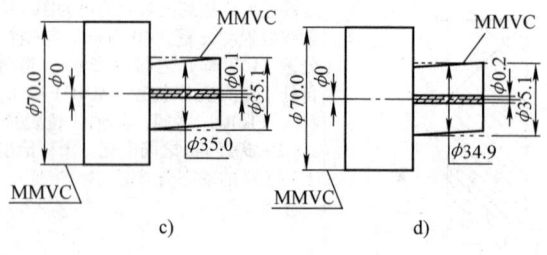	a) 外尺寸要素的提取要素不得违反其最大实体实效状态（MMVC），其直径 MMVS = 35.1mm b) 外尺寸要素的提取要素各处的局部直径应大于 LMS = 34.9mm 且应小于 MMS = 35.0mm c) MMVC 的位置与基准要素的 MMVC 同轴 d) 基准要素的提取要素不得违反其最大实体实效状态 MMVC，其直径为 MMVS = MMS = 70.0mm e) 基准要素的提取要素各处的局部直径应大于 LMS = 69.9mm 补充解释：图 a 中外尺寸要素轴线相对于基准要素轴线的同轴度公差（ϕ0.1mm）是该外尺寸要素及其基准要素均为其最大实体状态（MMC）时给定的（见图 c）；若外尺寸要素为其最小实体状态（LMC），基准要素仍为其最大实体状态（MMC）时，外尺寸要素的轴线同轴度误差允许达到的最大值可为图 a 中给定的同轴度公差（ϕ0.1mm）与其尺寸公差（0.1mm）之和 ϕ0.2mm；若外尺寸要素处于最大实体状态（MMC）与最小实体状态（LMC）之间，基准要素仍为最大实体状态（MMC），其轴线同轴度公差在 ϕ0.1~ϕ0.2mm 之间变化

(续)

示例	说明
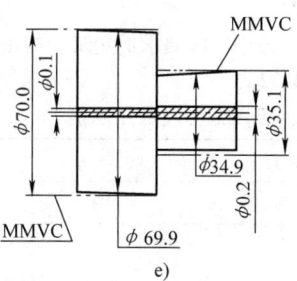 e) 图11 一个外尺寸要素具有尺寸要求和对其轴线具有位置（同轴度）要求的 MMR 和作为基准的外尺寸要素具有尺寸要求同时也用 MMR 的示例	若基准要素偏离其最大实体状态（MMC），由此可使其轴线相对于其理论正确位置有一些浮动（偏移、倾斜或弯曲）；若基准要素为其最小实体状态（LMC）时，其轴线相对于其理论正确位置的最大浮动量可以达到的最大值为 $\phi0.1$（70.0~69.9）mm，在此情况下，若外尺寸要素也为其最小实体状态（LMC），其轴线与基准要素轴线的同轴度误差可能会超过 $\phi0.3$mm［图 a 中给定的同轴度公差（$\phi0.1$mm）、外尺寸要素的尺寸公差（0.1mm）与基准要素的尺寸公差（0.1mm）三者之和］，同轴度误差的最大值可以根据零件具体的结构尺寸近似估算
例12：图12a 所示零件的预期功能是与图11a 所示零件相装配 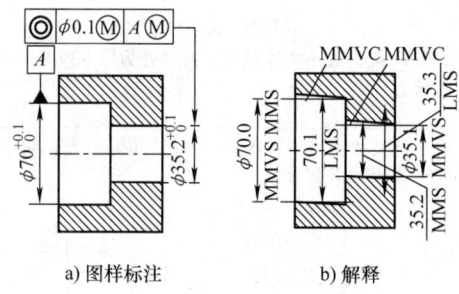 a) 图样标注　　b) 解释 图12 一个内尺寸要素具有尺寸要求和对其轴线具有位置（同轴度）要求的 MMR 和作为基准的尺寸要素具有尺寸要求同时也用 MMR 的示例	a）内尺寸要素的提取要素不得违反其最大实体实效状态（MMVC），其直径为 MMVS = 35.1mm b）内尺寸要素的提取要素各处的局部直径应大于 MMS = 35.2mm，且应小于 LMS = 35.3mm c）MMVC 的位置与基准要素的 MMVC 同轴 d）基准要素的提取要素不得违反其最大实体实效状态 MMVC，其直径为 MMVS = MMS = 70.0mm e）基准要素的提取要素各处的局部直径应小于 LMS = 70.1mm 补充解释：图 a 中内尺寸要素轴线相对于基准要素轴线的同轴度公差（$\phi0.1$mm）是该内尺寸要素及其基准要素均为其最大实体状态（MMC）时给定的［类同例17 图 c］；若内尺寸要素为其最小实体状态（LMC），基准要素仍为其最大实体状态（MMC）时，内尺寸要素的轴线同轴度误差允许达到的最大值可为图 a 中给定的同轴度公差（$\phi0.1$mm）与其尺寸公差（0.1mm）之和 $\phi0.2$mm（类同例17 图 d）；若内尺寸要素处于最大实体状态（MMC）与最小实体状态（LMC）之间，基准要素仍为其最大实体状态（MMC），其轴线同轴度公差在 $\phi0.1 \sim \phi0.2$mm 之间变化 若基准要素偏离其最大实体状态（MMC），由此可使其轴线相对于其理论正确位置有一些浮动（偏移、倾斜或弯曲）；若基准要素为其最小实体状态（LMC）时，其轴线相对于其理论正确位置的最大浮动量可以达到的最大值为 $\phi0.1$（70.0~69.9）mm（类同例17 图 e），在此情况下，若内尺寸要素也为其最小实体状态（LMC），其轴线与基准要素轴线的同轴度误差可能会超过 $\phi0.3$mm［图 a 中给定的同轴度公差（$\phi0.1$mm）、内尺寸要素的尺寸公差（0.1mm）与基准要素的尺寸公差（0.1mm）三者之和］，同轴度误差的最大值可以根据零件具体的结构尺寸近似估算

7.4 最小实体要求

最小实体要求与最大实体要求一样,也是几何公差与尺寸公差间的一种相关要求,所不同的是最小实体要求规定当被测要素或基准要素偏离其最小实体状态而不是最大实体状态时,形状、方向或位置公差可获得补偿值。此时,允许几何公差值增大。

最小实体要求适用于中心要素。采用最小实体要求时在几何公差框格中的公差值或基准符号后加注符号Ⓛ。

最小实体要求的定义、应用范围及应用示例见表2.3-32。

表2.3-32 最小实体要求的定义、应用范围及应用示例

术语	定义	图示
最小实体要求 (LMR)	尺寸要素的非理想要素不得违反其最小实体实效状态(LMVC)的一种尺寸要素要求,也即尺寸要素的非理想要素不得超越其最小实体实效边界(LMVB)的一种尺寸要素要求	
最小实体状态 (LMC)	提取组成要素的局部尺寸处位于极限尺寸,且使其具有实体最小时的状态	a) $\phi 30^{\ 0}_{-0.1}$　　b) $\phi 29.9$ LMC　　c) $\phi 29.9$ LMC
最小实体尺寸 (LMS)	确定要素最小实体状态的尺寸,即外尺寸要素的下极限尺寸,内尺寸要素的上极限尺寸	$LMS = d_L = d_{min} = \phi 29.9$ $\phi 29.9$mm 为最小实体尺寸,直径处为以 $\phi 29.9$mm 的状态为最小实体状态
最小实体实效尺寸(LMVS)	尺寸要素的最小实体尺寸与其导出要素的几何公差(形状、方向或位置)共同作用产生的尺寸	对于外尺寸要素,LMVS = LMS - 几何公差;对于内尺寸要素,LMVS = LMS + 几何公差 a) $\phi 30^{+0.1}_{\ 0}$　$\phi 0.03$Ⓛ　　b) LMVB $\phi 0.03$ 30.13(D_{LV}) 30.1(D_L) LMVC $LMVS = D_{LV} = D_L + t$ Ⓛ = 30.1+0.03 = 30.13
最小实体实效状态(LMVC)	拟合要素的尺寸为其最小实体实效尺寸(LMVS)时的状态	直径处处均为 $\phi 30.1$mm,且轴线弯曲为 $\phi 0.03$mm 时的零件状态为最小实体实效状态;最小实体实效尺寸为 $\phi 30.13$mm、最小实体边界为 $\phi 30.13$mm 时的理想圆柱孔;最小实体实效边界为 $\phi 30.13$mm 的理想圆柱孔
最小实体边界 (LMB)	最小实体状态的理想形状的极限包容面	a) $\phi 30^{\ 0}_{-0.1}$　$\phi 0.03$Ⓛ　　b) LMVB $\phi 0.03$ $\phi 29.87(d_{LV})$ $\phi 29.9(d_L)$ LMVC $LMVS = d_{LV} = d_L - t$ Ⓛ = 29.9 - 0.03 = 29.87

(续)

术语	定义	图示
最小实体实效边界（LMVB）	最小实体实效尺寸的理想形状的极限包容面	直径处处均为 ϕ29.9mm，且轴线弯曲为 ϕ0.03mm 时的零件状态为最小实体实效状态；最小实体实效尺寸为 ϕ29.87mm、最小实体边界为 ϕ29.87mm 时的理想圆柱；最小实体实效边界为 ϕ29.87mm 的理想圆柱 当几何公差是方向公差时，最小实体实效状态（LMVC）和最小实体实效边界（LMVB）受其方向所约束；当几何公差是位置公差时，最小实体实效状态（LMVC）和最小实体实效边界（LMVB）受其位置所约束

应用范围
主要应用于控制最小壁厚，以保证零件具有允许的刚度和强度。提高对中度必须用于中心要素。被测要素和基准要素均可采用最小实体要求。常见于位置度、同轴度等位置公差同Ⓔ，可扩大零件合格率

应用示例	
示例	说明
例1：图1a 仅说明最小实体要求的一些原则。本图样标注不全，不能控制最小壁厚。在其他要素中缺少最小实体要求，因此不能表示这一功能。本图例可以用位置度，同轴度或同心度标注，其意义均相同 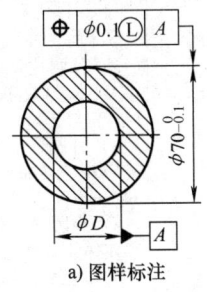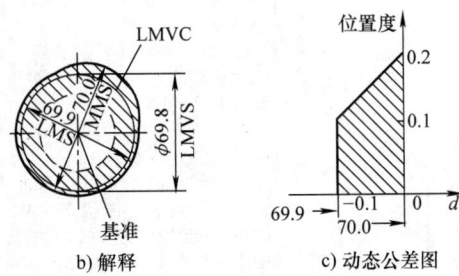 图1 一个外尺寸要素与一个作为基准的同心内尺寸要素具有位置度要求的 LMR 示例	a) 外尺寸要素的提取要素不得违反其最小实体实效状态（LMVC），其直径为 LMVS = 69.8mm b) 外尺寸要素的提取要素各处的局部直径应小于 MMS = 70.0mm 且应大于 LMS = 69.9mm c) LMVC 的方向与基准 A 相平行，并且其位置在与基准 A 同轴的理论正确位置上 补充解释：图 a 中轴线的位置度公差（ϕ0.1mm）是该外尺寸要素为其最小实体状态（LMC）时给定的；若该外尺寸要素为其最大实体状态（MMC）时，其轴线位置度误差允许达到的最大值可为图 a 中给定的轴线位置度公差（ϕ0.1mm）与该轴的尺寸公差（0.1mm）之和 ϕ0.2mm；若该轴处于最小实体状态（LMC）与最大实体状态（MMC）之间，其轴线位置度公差在 ϕ0.1～ϕ0.2mm 之间变化。图 c 给出了表述上述关系的动态公差图

(续)

示例	说明
例2：图2a 仅说明最小实体要求的一些原则。本图样标注不全，不能控制最小壁厚。在其他要素中缺少最小实体要求，因此不能表示这一功能。本图例可以用位置度，同轴度或同心度标注，其意义均相同 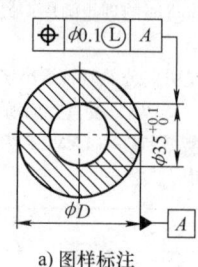 a) 图样标注 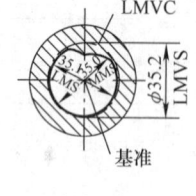 b) 解释　　　c) 动态公差图 图 2　一个内尺寸要素与一个作为基准的同心外尺寸要素具有位置度要求的 LMR 示例	a) 内尺寸要素的提取要素不得违反其最小实体实效状态（LMVC），其直径为 LMVS = 35.2mm b) 内尺寸要素的提取要素各处的局部直径应大于 MMS = 35.0mm 且应小于 LMS = 35.1mm c) LMVC 的方向与基准 A 相平行，并且其位置是在与基准 A 同轴的理论正确位置上 补充解释：图 a 中轴线的位置度公差（$\phi0.1$mm）是该内尺寸要素为其最小实体状态（LMC）时给定的；若该内尺寸要素为其最大实体状态（MMC）时，其轴线位置度误差允许达到的最大值可为图 a 中给定的轴线位置度公差（$\phi0.1$mm）与该内尺寸要素的尺寸公差（0.1mm）之和 $\phi0.2$mm；若该内尺寸要素处于最小实体状态（LMC）与最大实体状态（MMC）之间，其轴线位置度公差在 $\phi0.1 \sim \phi0.2$mm 之间变化。图 c 给出了表述上述关系的动态公差图
例3：图 3 所示零件的预期功能是承受内压并防止崩裂 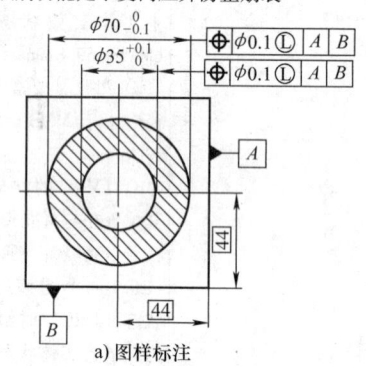 a) 图样标注 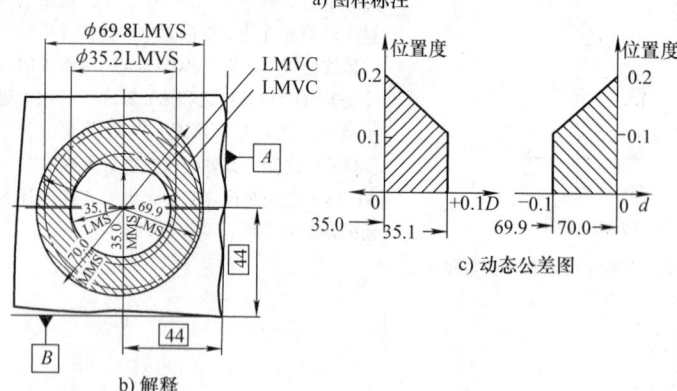 b) 解释　　　　　　c) 动态公差图 图 3　两同心圆柱要素（内与外）由同一基准体系 A 和 B 控制其尺寸和位置的 LMR 示例	a) 外圆柱要素的提取要素不得违反其最小实体实效状态（LMVC），其直径为 LMVS = 69.8mm b) 外圆柱要素的提取要素各处的局部直径应小于 MMS = 70.0mm 且应大于 LMS = 69.9mm c) 内圆柱要素的提取要素不得违反其最小实体实效状态，其直径为 LMVS = 35.2mm d) 内圆柱要素的提取要素各处的局部直径应大于 MMS = 35.0mm 且应小于 LMS = 35.1mm e) 内、外圆柱要素的最小实体实效状态的理论正确方向和位置应处于距基准体系 A 和 B 各为 44mm 补充解释：图 a 中内、外圆柱要素轴线的位置度公差（$\phi0.1$mm）均为其最小实体状态（LMC）时给定的；若此内、外圆柱要素均为其最大实体状态（MMC）时，其轴线位置度误差均允许达到的最大值可为图 a 中给定的位置度公差（$\phi0.1$mm）与其尺寸公差（0.1mm）之和 $\phi0.2$mm；若此内、外圆柱要素处于各自的最小实体状态（LMC）与最大实体状态（MMC）之间，各自轴线的位置度公差都在 $\phi0.1 \sim \phi0.2$mm 之间变化。图 c 给出了表述上述关系的动态公差图

示例	说明
例4：图4a所示零件的预期功能是承受内压并防止崩裂 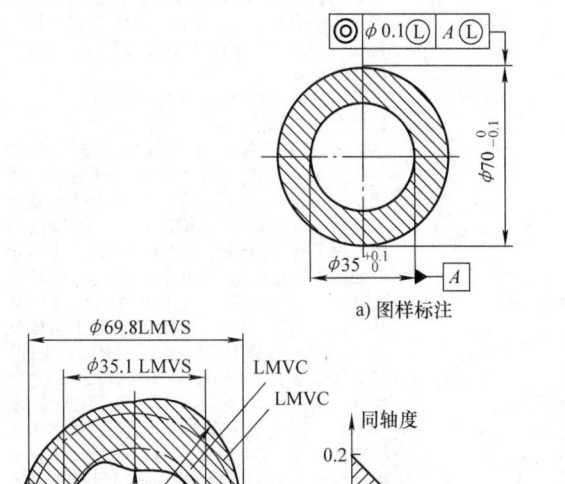 a）图样标注 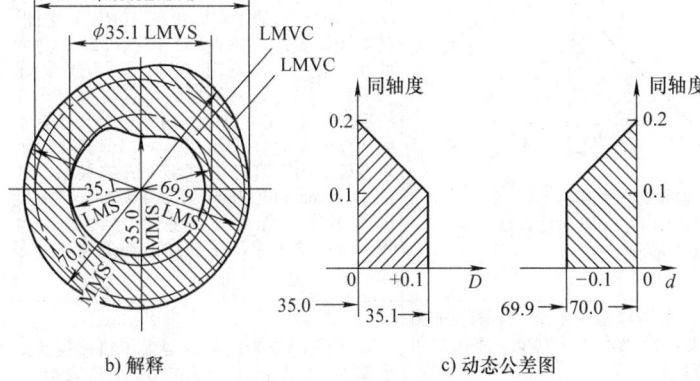 b）解释　　　　　　　c）动态公差图 图4　一个外圆柱要素由尺寸和相对于由尺寸和LMR控制的内圆柱要素作为基准的位置（同轴度）控制的LMR示例	a）外圆柱要素的提取要素不得违反其最小实体实效状态（LMVC），其直径为 LMVS = 69.8mm b）外圆柱要素的提取要素各处的局部直径应小于 MMS = 70.0mm 且应大于 LMS = 69.9mm c）内圆柱要素（基准要素）的提取要素不得违反其最小实体实效状态（LMVC），其直径为 LMVS = LMS = 35.1mm d）内圆柱要素（基准要素）的提取要素各处的局部直径大于 MMS = 35.0mm 且应小于 LMS = 35.1mm e）外圆柱要素的最小实体实效状态（LMVC）位于内圆柱要素（基准要素）轴线的理论正确位置 补充解释：图a外圆柱要素轴线相对于内圆柱要素（基准要素）的同轴度公差（ϕ0.1mm）是它们均为其最小实体状态（LMC）时给定的；若外圆柱要素为最大实体状态（MMC），内圆柱要素（基准要素）仍为其最小实体状态（LMC），外圆柱要素的轴线同轴度误差允许达到的最大值可为图a中给定的同轴度公差（ϕ0.1mm）与其尺寸公差（0.1mm）之和 ϕ0.2mm；若外圆柱要素处于最小实体状态（LMC）与最大实体状态（MMC）之间，内圆柱要素（基准要素）仍为其最小实体状态（LMC），其轴线的同轴度公差在 ϕ0.1～ϕ0.2mm 之间变化。若内圆柱要素（基准要素）偏离其最小实体状态（LMC），由此可使其轴线相对于理论正确位置有一些浮动；若内圆柱要素（基准要素）为其最大实体状态（MMC）时，其轴线相对于理论正确位置的最大浮动量可以达到的最大值为 ϕ0.1mm（35.1～35.0）mm（见图c），在此情况下，若外圆柱要素也为其最大实体状态（MMC），其轴线与内圆柱要素（基准要素）轴线的同轴度误差可能会超过 ϕ0.3mm[图a中的同轴度公差（ϕ0.1mm）与外圆柱要素的尺寸公差（0.1mm）、内圆柱要素（基准要素）的尺寸公差（0.1mm）三者之和]，同轴度误差的最大值可以根据零件的具体结构尺寸近似算出

7.5　可逆要求

可逆要求的定义、应用范围及应用示例见表 2.3-33。

表 2.3-33　可逆要求的定义、应用范围及应用示例

术语及定义	
术语	定义
可逆要求（RPR）	最大实体要求（MMR）或最小实体要求（LMR）的附加要求，表示尺寸公差可以在实际几何误差小于几何公差之间的差值范围内增大
应用范围	
1. 应用于最大实体要求，但允许其实际尺寸超出最大实体尺寸。必须用于中心要素。形状公差只有直线度公差。位置公差有平行度、垂直度、倾斜度、同轴度、对称度、位置度	
2. 应用于最小实体要求，但允许实际尺寸超出最小实体尺寸。必须用于中心要素。只有同轴度和位置度等位置公差	

(续)

应用示例	
示例	说明
例1：图1a仅说明最小实体要求的一些原则。本图样标注不全，不能控制最小壁厚。在其他要素中缺少最小实体要求，因此不能表示这一功能。本图例可以用位置度，同轴度或同心度标注，其意义均相同 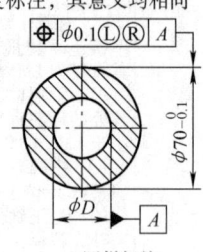 a) 图样标注 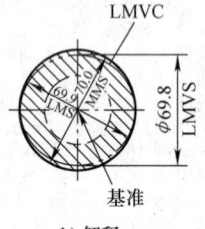 b) 解释 c) 动态公差图 图1 一个外尺寸要素与一个作为基准的同心内尺寸要素具有位置度要求的LMR和附加RPR示例	a) 外尺寸要素的提取要素不得违反其最小实体实效状态（LMVC），其直径为LMVS=69.8mm b) 外尺寸要素的提取要素各处的局部直径应小于MMS=70.0mm，RPR允许其局部直径从LMS（=69.9mm）减小至LMVS（=69.8mm） c) LMVC的方向与基准A相平行，并且其位置在与基准A同轴的理论正确位置上 补充解释：图a中轴线的位置度公差（ϕ0.1mm）是该外尺寸要素为其最小实体状态（LMC）时给定的；若该外尺寸要素为其最大实体状态（MMC）时，其轴线位置度误差允许达到的最大值可为图a中给定的轴线位置度公差（ϕ0.1mm）与该外尺寸要素尺寸公差（0.1mm）之和，即ϕ0.2mm；若外尺寸要素处于最小实体状态（LMC）与最大实体状态（MMC）之间，其轴线位置度公差在ϕ0.1～ϕ0.2mm之间变化。由于本例还附加了可逆要求（RPR），因此如果其轴线位置度误差小于给定的公差（ϕ0.1mm）时，该外尺寸要素的尺寸公差允许大于0.1mm，即其提取要素各处的局部直径均可小于它的最小实体尺寸（LMS=69.9mm）；如果其轴线位置度误差为零，则其局部直径允许减小至69.8mm。图c给出了表述上述关系的动态公差图
例2：图2a仅说明最小实体要求的一些原则。本图样标注不全，不能控制最小壁厚。在其他要素中缺少最小实体要求，因此不能表示这一功能。本图例可以用位置度，同轴度或同心度标注，其意义均相同 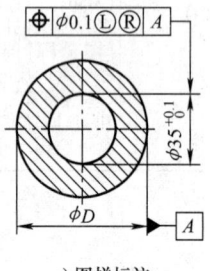 a) 图样标注 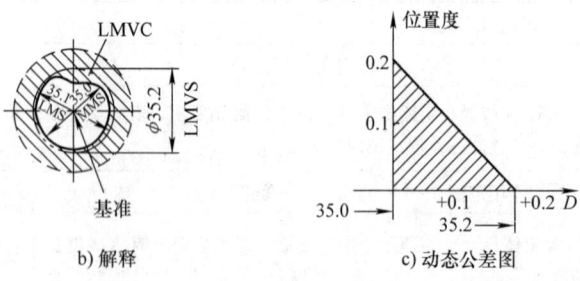 b) 解释 c) 动态公差图 图2 一个内尺寸要素与一个作为基准的同心外尺寸要素具有位置度要求的LMR和附加RPR示例	a) 内尺寸要素的提取要素不得违反其最小实体实效状态（LMVC），其直径为LMVS=35.2mm b) 内尺寸要素的提取要素各处的局部直径应小于MMS=35.0mm，RPR允许其局部直径从LMS（=35.1mm）增大至LMVS（=35.2mm） c) LMVC的方向与基准A相平行，并且其位置在与基准A同轴的理论正确位置上 补充解释：图a中轴线的位置度公差（ϕ0.1mm）是该内尺寸要素为其最小实体状态（LMC）时给定的；若该内尺寸要素为其最大实体状态（MMC）时，其轴线位置度误差允许达到的最大值可为图a中给定的轴线位置度公差（ϕ0.1mm）与该内尺寸要素尺寸公差（0.1mm）之和，即ϕ0.2mm；若外尺寸要素处于最小实体状态（LMC）与最大实体状态（MMC）之间，其轴线位置度公差在ϕ0.1～ϕ0.2mm之间变化。由于本例还附加了可逆要求（RPR），因此如果其轴线位置度误差小于给定的公差（ϕ0.1mm）时，该内尺寸要素的尺寸公差允许大于0.1mm，即其提取要素各处的局部直径均可大于它的最小实体尺寸（LMS=35.1mm）；如果其轴线位置度误差为零，则其局部直径允许增大至35.2mm。图c给出了表述上述关系的动态公差图

7.6 公差原则的综合分析与选用

公差原则包括独立原则和相关要求。独立原则是尺寸公差和几何公差相互关系应遵循的基本原则,在生产中被广泛采用。相关要求可以满足尺寸公差和几何公差之间特定功能的要求。选用公差原则应当了解公差原则中各种功能的要求和适用条件,结合被测要素的设计功能要求,对比分析,综合选择与其相适应的具体公差原则种类,以其获得最佳效果。

关于各项公差原则的功能、应用要素、应用的几何公差项目,以及允许实际尺寸变化范围,有关实际应用说明等综合分析对比,见表2.3-34。

表 2.3-34 独立原则与相关要求综合归纳

公差原则	符号	应用要素	应用项目	功能要求	控制边界	允许的形位误差变化范围	允许的实际尺寸变化范围	检测方法	
								形位误差	实际尺寸
独立原则	无	组成要素及导出要素	各种几何公差项目	各种功能要求但互相不能关联	无边界,形位误差和实际尺寸各自满足要求	按图样中注出或未注几何公差的要求	按图样中注出或未注出形位公差的要求	通用量仪	两点法测量
包容要求	Ⓔ	单一尺寸要素(圆、圆柱面、两平行平面)	形状公差(线、面轮廓度除外)	配合要求	最大实体边界	各种形状误差不能超出其控制边界	体外作用尺寸不能超出其控制边界,而局部实际尺寸不能超出其最小实体尺寸	通端极限量规及专用量仪	通端极限量规测量最大实体尺寸,两点法测量最小实体尺寸
最大实体要求	Ⓜ	导出要素(轴线及中心平面)	直线度、倾斜度、平行度、垂直度、同轴度、对称度、位置度	满足装配要求但无严格的配合要求时采用,如螺栓孔轴线的位置度、两轴线的平行度等	最大实体实效边界	当局部实际尺寸偏离其最大实体尺寸时,形位公差可获得补偿值(增大)	其局部实际尺寸不能超出形位公差的允许范围	综合量规(功能量规及专用量仪)	两点法测量
最小实体要求	Ⓛ	导出要素(轴线及中心平面)	直线度、垂直度、同轴度、位置度等	满足临界设计值的要求,以控制最小壁厚,提高对中度,满足最小强度的要求	最小实体实效边界	当局部实际尺寸偏离其最小实体实效尺寸时,几何公差可获得补偿值(增大)	其局部尺寸不能超出尺寸公差的允许范围	通用量仪	两点法测量
可逆要求	ⓂⓇ	导出要素(轴线及中心平面)	适用于Ⓜ的各项目	对最大实体尺寸没有严格要求的场合	最大实体实效边界	当与Ⓜ同时使用时,几何误差变化同Ⓜ	当几何误差小于给出的形位公差时,可补偿给尺寸公差,使尺寸公差增大,其局部实际尺寸可超出给定范围	综合量规或专用量仪控制其最大实体边界	仅用两点法测量最小实体尺寸
	ⓁⓇ		适用于Ⓛ的各项目	对最小实体尺寸没有严格要求的场合	最小实体实效边界	当与Ⓛ同时使用时,几何误差变化同Ⓛ		三坐标仪或专用量仪控制其最小实体边界	仅用两点法测量最大实体尺寸

8 综合示例

为了说明必须从零件在产品中的功能要求出发，正确地选用几何公差的项目、数值，选定适合的基准或基准体系，正确采用公差原则及相关要求，本节特选择了 10 个典型零件的图例，并从以上诸方面加以解释，供读者参考。

本节所选的图例主要为了说明上述问题及采用的概念，图样并不完整，各项要求也是不齐全的，不能作为生产图样使用。

示例 1 圆柱齿轮

1）图例（图 2.3-9）

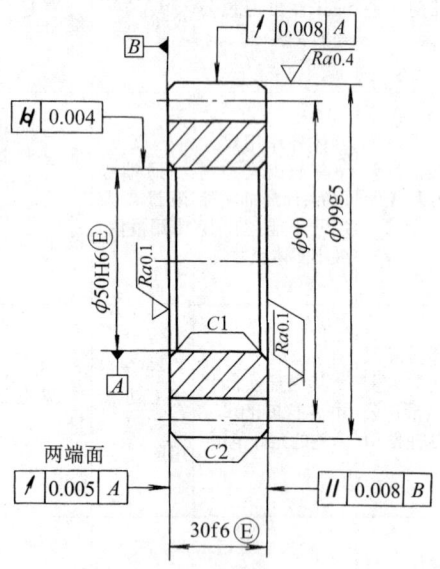

公差原则按 GB/T 4249
未注线性尺寸公差按 GB/T 1804-f
未注角度公差按 GB/T 1804-f
未注几何公差按 GB/T 1184-H

图 2.3-9 圆柱齿轮

2）说明

① 为保证与相配轴的配合要求，孔 ϕ50H6 采用包容要求，标注包容要求符号Ⓔ。但此孔圆柱度要求较高，用最大实体边界控制尚不能满足它的要求，特别注出⌭0.004。

② 以 ϕ50H6 Ⓔ孔的轴线为基准，两侧面对基准 A 的轴向圆跳动公差为 0.005mm。

③ 圆柱齿轮两个端面形状相同不易分辨，可选取其中一个作为基准，其平行度公差为 0.008mm。

④ 齿顶圆柱面对基准 A 的径向圆跳动公差为 0.008mm。

⑤ 必须在图样右下角（或其他空白处）标明该图样是贯彻国标公差原则，即公差原则按 GB/T 4249，并注明所采用的线性尺寸和角度的未注公差级别，如未注线性尺寸公差按 GB/T 1804—f、未注角度公差按 GB/T 1804—f。也应注明未注几何公差值的级别，如未注几何公差按 GB/T 1184—H（以下图例同此，不再叙述）。

示例 2 端盖

1）图例（图 2.3-10）

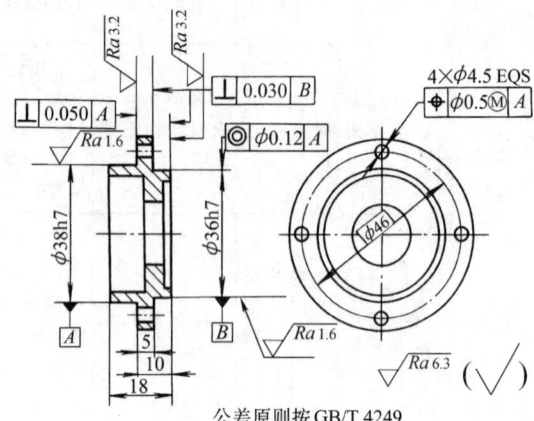

公差原则按 GB/T 4249
未注线性尺寸公差按 GB/T 1804-m
未注角度公差按 GB/T 1804-m
未注几何公差按 GB/T 1184-K

图 2.3-10 端盖

2）说明

① ϕ38h7 与 ϕ36h7 均要求与相应的孔配合。

② ϕ38h7 与孔配合后需用螺栓固定，4 个螺栓光孔 ϕ4.5mm 的轴线应相对于 ϕ38h7 的轴线均匀分布。给出位置度公差 ϕ0.5mm，相对于基准 A。

③ ϕ38h7 的轴线与 ϕ36h7 的轴线应保持同轴，以保证螺栓的装入及端面的贴合，给出同轴度公差 ϕ0.12mm。

④ 左右两端面分别要求与 ϕ38h7 和 ϕ36h7 轴线垂直，以保证装配，给出相对于基准 A 的垂直度为 0.050mm 和相对于基准 B 的垂直度为 0.030mm。

⑤ 允许尺寸补偿给位置度，采用最大实体要求 ϕ0.5 Ⓜ。

示例 3 排气阀

1）图例（图 2.3-11）

2）说明

① 在图样中示出的尺寸"90"要求的长度内，排气阀杆部要进行往复运动，除给出较高的尺寸公差及较小的表面粗糙度外，还应控制其形状误差，这里采用了包容要求Ⓔ，以最大实体边界 ϕ8.95mm 控制该部分的实际尺寸和形状误差。

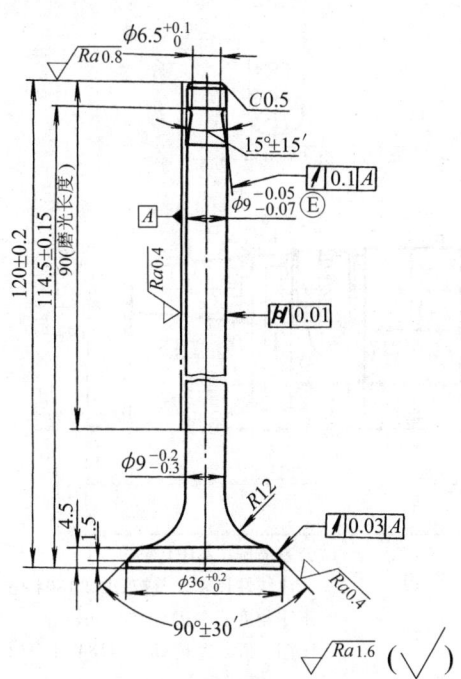

公差原则按 GB/T 4249
未注线性尺寸公差按 GB/T 1804—m
未注角度公差按 GB/T 1804—m
未注几何公差按 GB/T 1184—H

图 2.3-11 排气阀

② 采用包容要求后，在极端的情况下，该部位的圆柱度误差可能达 0.02（=0.07−0.05）mm，为保证其配合精度及运动的平稳，需对圆柱度进行控制，因而给出了圆柱度公差 0.01mm，以保证零件的功能。

③ 为保证气密性，对锥面 90°±30′给出了相对于基准轴线 A 的斜向圆跳动 0.03mm，用于综合控制同轴度误差和锥面的形状误差。

示例 4　传动轴
1）图例（图 2.3-12）
2）说明

① 在轴颈 φ18h7 上需装齿轮，为保证齿轮的传动精度，应控制 φ18h7、φ25js6 轴颈相对于该传动轴轴线的几何误差，该轴的轴线应采用公共轴线，以两端顶尖孔的连线 A—B 为基准轴线，两轴颈分别对基准 A—B 给出径向圆跳动，以控制其圆表面的形状误差和相对于基准轴线的同轴度误差，保证其与基准轴线的同轴度及与锥面的配合精度。

② 锥度为 1:5 的圆锥表面也是一配合表面，需控制其圆锥表面的形状和位置误差，按 GB/T 15754 的规定给出有位置要求的轮廓度公差，即相对于基准轴线 A—B 的面轮廓度 0.01mm。

③ φ32 轴两端面用于轴承的轴向定位，给出其对基准轴线 A—B 的轴向圆跳动公差 0.02mm。

④ 6N9 键槽应与其相应轴有正确的位置要求。给出其对称平面对基准轴线 C 的对称度公差 0.2mm，并进一步给出平行度公差 0.02mm，以限制键侧面与槽侧面的歪斜，用以保证两者之间的良好接触。

示例 5　尾座
1）图例（图 2.3-13）
2）说明

① 该尾座的平导轨和 V 形导轨需与床身导轨相配合并进行往复运动，尾座孔 φ9H6 必须与此两导轨保持正确的方向。

② 以平导轨面作第一基准 A，以 V 形导轨面的对称中心平面作第二基准 B，两基准互相垂直形成一个三基面体系。

③ 平导轨面与 V 形导轨面都应有较高的平面度公差要求，并只允许误差向中间减少，以便于与床身导轨贴合。

给出平导轨面的平面度公差总值为 0.02mm（−），误差只允许向中间凹下，并同时限制在整个面上每 40mm 的平面度误差不得大于平面度公差值 0.01mm。

给出 V 形导轨两个面的平面度公差总值为 0.02mm（−），误差只允许向中间凹下，并同时限制在整个面上每 40mm 的平面度误差不得大于平面度公差值 0.01mm。

④ 给出孔 φ9H6 相对于三基面体系的两个互相垂直方向的平行度公差，即分别为平行度公差 0.01mm 和 0.02mm。

示例 6　凸轮
1）图例（图 2.3-14）
2）说明

① 为保证凸轮运行的精确度，除控制两凸轮曲面的轮廓形状外，还应控制其相对于内孔轴线和凸缘中心平面的对称位置。

② 凸轮以 φ18H8Ⓔ孔的轴线作为第一基准 B，凸缘 12f9Ⓔ的中心平面为第二基准 C。

③ 两凸轮曲面全周对第一基准 B、第二基准 C 的面轮廓度公差均为 0.1mm，且最大实体要求应用于基准要素 C。基准要素 C 本身采用包容要求（12f9Ⓔ），因此应遵守其最大实体边界。

示例 7　右曲柄
1）图例（图 2.3-15）

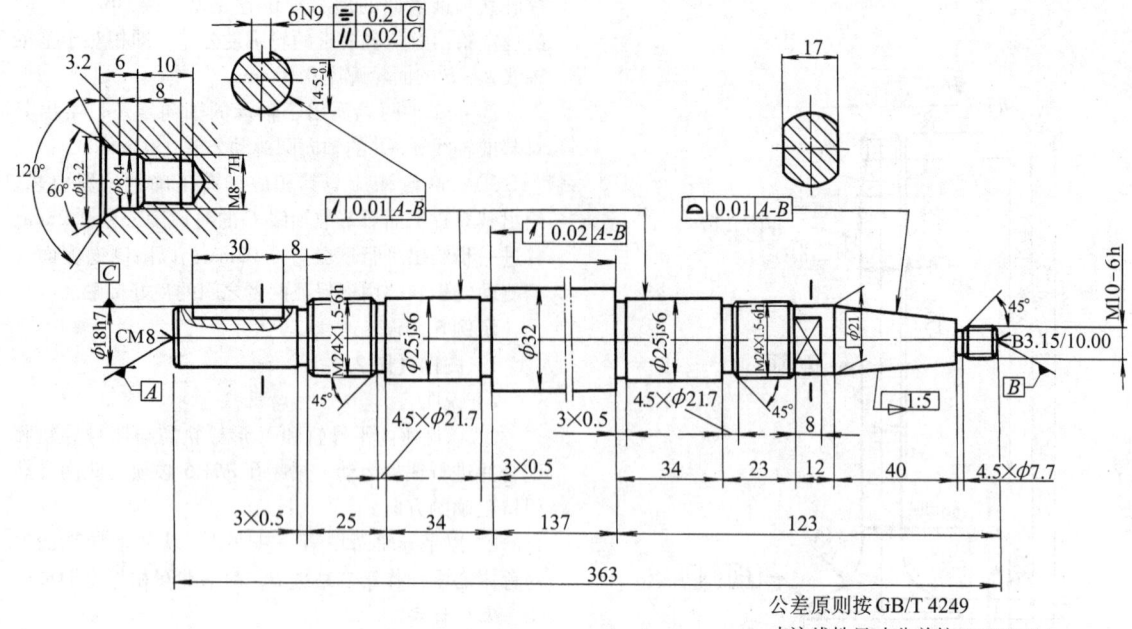

图 2.3-12 传动轴

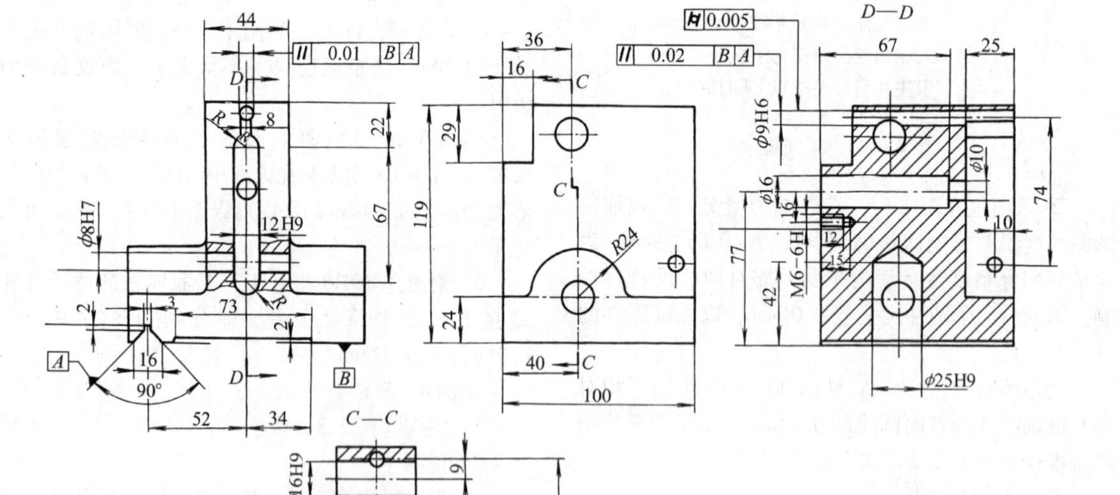

图 2.3-13 尾座

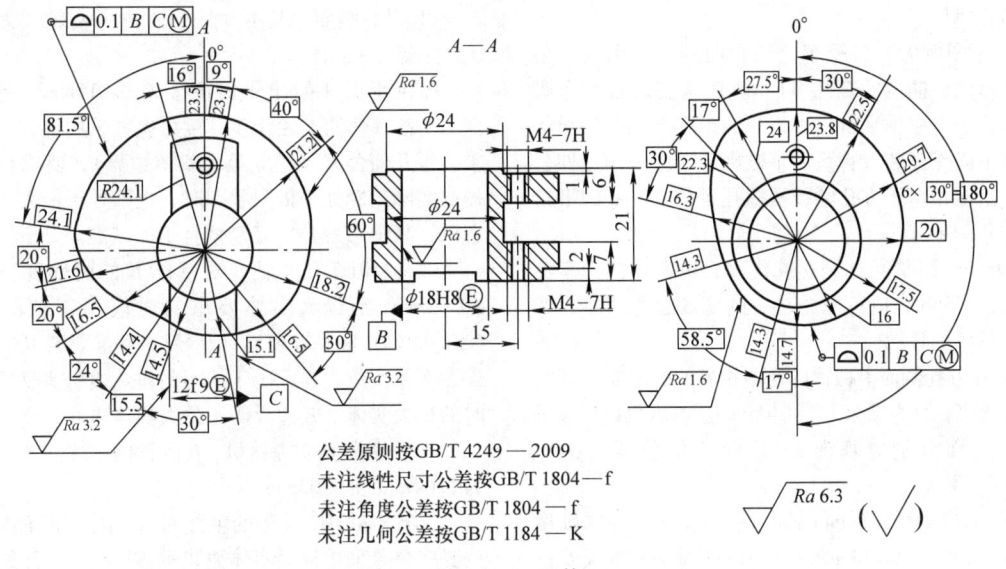

A—A
M4-7H
ϕ24
ϕ18H8Ⓔ
12f9Ⓔ
R24.1
0.1 B CⓂ
公差原则按GB/T 4249—2009
未注线性尺寸公差按GB/T 1804—f
未注角度公差按GB/T 1804—f
未注几何公差按GB/T 1184—K
Ra 6.3 (√)

图 2.3-14 凸轮

I
2:1
ϕ22±0.05
ϕ0.10 C
0.10 C
B0.568-20
ϕ1.0Ⓟ C
Ⓟ95
M22×1-7H
ϕ22.5
4 处
0.03 A B C
N—N
2°±30'
165
公差原则按 GB/T 4249
未注线性尺寸公差按GB/T 1804—c
未注角度公差按 GB/T 1804—c
未注几何公差按 GB/T 1184—L

图 2.3-15 右曲柄

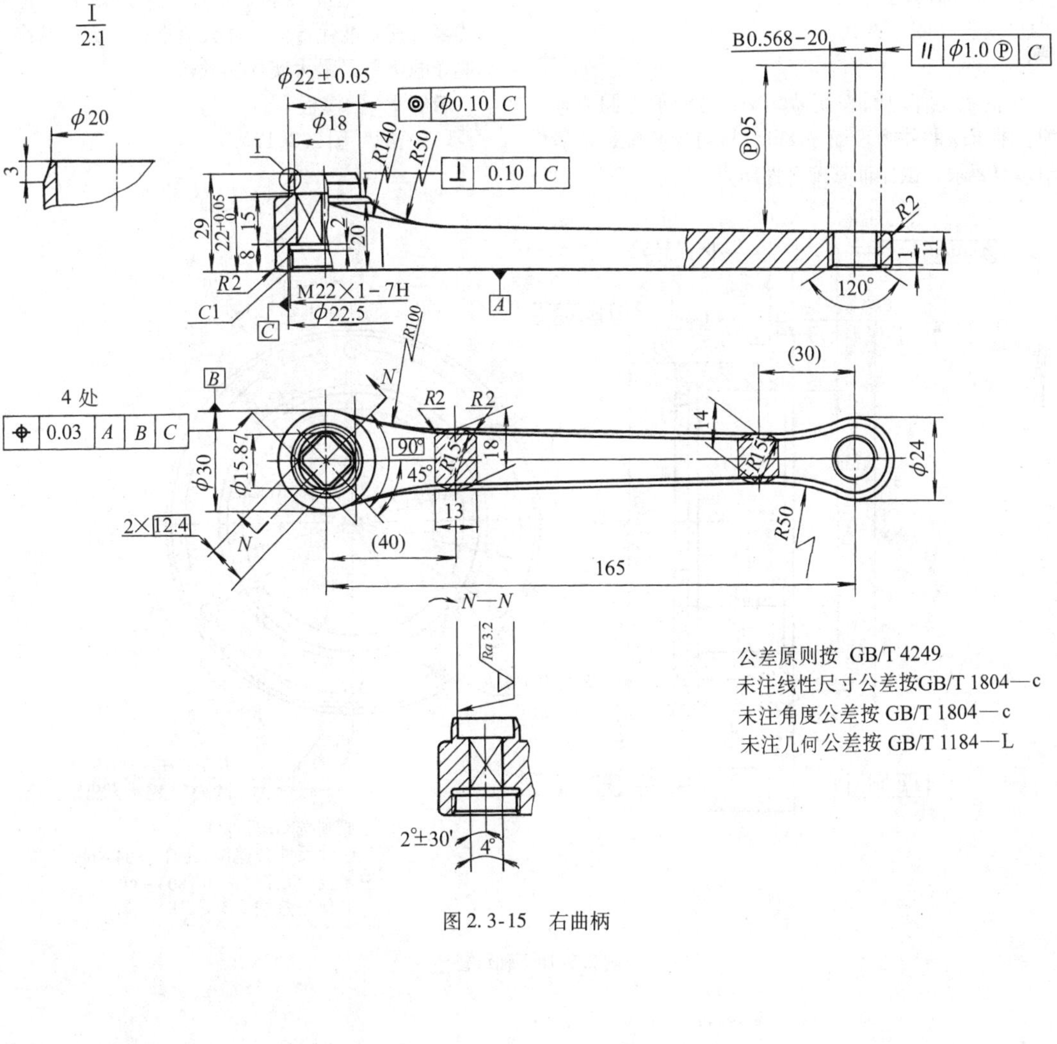

2）说明

① 本图例为一自行车上的右曲柄，采用延伸公差带的示例，曲柄的螺孔 B0.568 用来安装自行车脚蹬，脚蹬应与中轴平行，由于一般锥孔与螺孔轴线的平行度不能保证装上脚蹬后不被破坏，应采用延伸公差带，给出相对于方孔轴线从螺孔延伸 95mm 的平行度公差 ϕ1.0mm。

B0.568-20 为英寸制螺纹代号，B 表示自行车英制螺纹，0.568 是以英寸为单位的螺纹公称直径，20 表示每英寸的牙数。

② 在方孔侧面上截得的任两相邻的提取实际截线应相互垂直，垂直度公差为 0.06mm。本示例以四棱锥孔的各侧面分别对基准 A、B 和 C 的位置度公差 0.03mm 来保证。

③ (ϕ22±0.05) mm 轴对基准轴线 C 的同轴度公差（ϕ0.10）mm 和 ϕ30mm 上端面对基准轴线 C 的垂直度公差（ϕ0.10）mm 均遵循独立原则。

示例 8 轴承套杯

1）图例（图 2.3-16）

2）说明

① 轴承套杯内圆表面 ϕ150H7 与轴承外圆表面相配，轴承座的外圆表面 ϕ180h6 与箱体相配，前者采用包容要求，以保证其配合性质。

② 以右端面为基准 A，外圆 ϕ180h6 轴线为基准 B，组成三基面体系。

基准平面 A 给出平面度公差 0.015mm，基准 B 应对基准 A 垂直，给出垂直度公差并采用最大实体要求的零几何公差（遵守最大实体边界），要求在外圆提取实际轮廓处于极限状态时，也即处于最大实体状态时，其中心线必须完全垂直于 A 基准。

③ ϕ150H7 孔的轴线对基准 B 的同轴度公差为 ϕ0.02mm，且最大实体要求同时应用于被测要素（ϕ0.02 Ⓜ）和基准要素（B Ⓜ）。基准要素 B 应遵守最大实体实效边界，由于给出的垂直度公差为 0，此时的最大实体实效边界等于最大实体边界。

④ 两处端面对基准 A、B 的轴向圆跳动公差分别为 0.04mm 和 0.02mm。

⑤ 6×ϕ12H9 孔组的轴线对 A、B 三基面体系的位置度公差采用最大实体要求（ϕ0.4Ⓜ），且最大实体要求也应用于基准要素 B。

⑥ 由于基准要素 B 本身也采用最大实体要求（ϕ0Ⓜ），其基准代号标注在公差框格下方，基准要素所遵守的边界是最大实体实效边界。

示例 9 钻模板

1）图例（图 2.3-17）

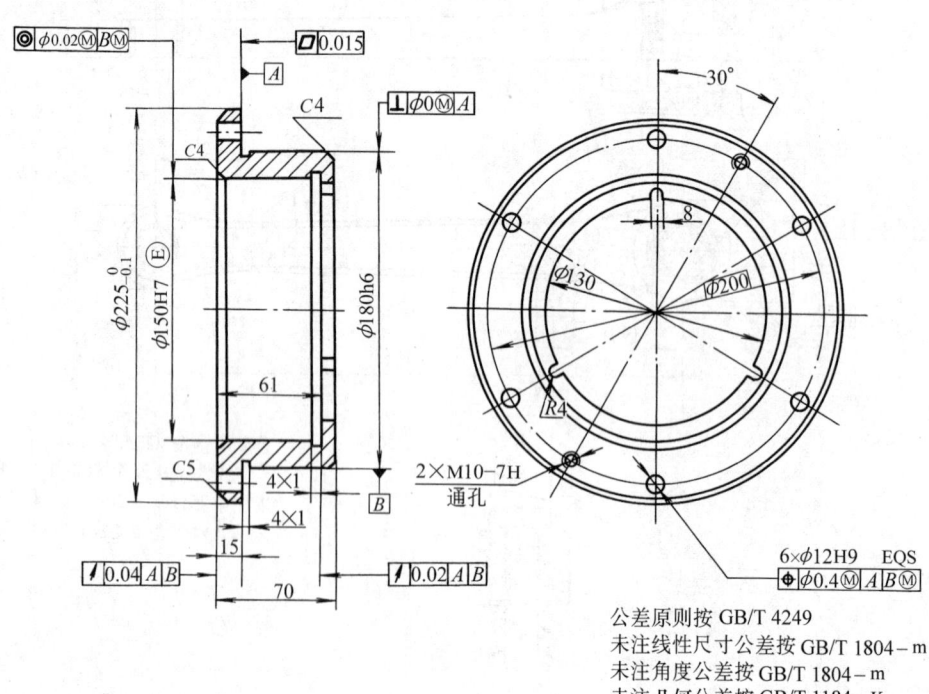

公差原则按 GB/T 4249
未注线性尺寸公差按 GB/T 1804-m
未注角度公差按 GB/T 1804-m
未注几何公差按 GB/T 1184-K

图 2.3-16　轴承套杯

第3章 几何公差

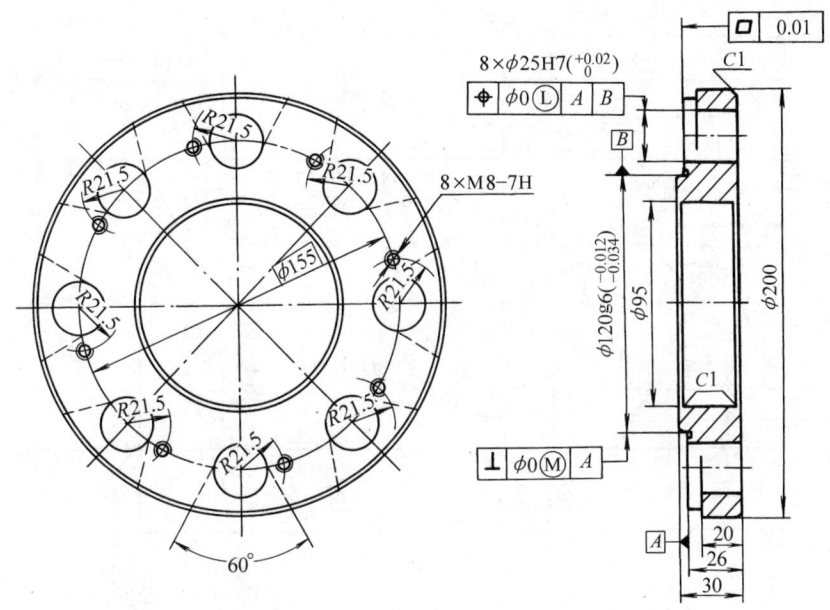

公差原则按 GB/T 4249
未注线性尺寸公差按 GB/T 1804—m
未注角度公差按 GB/T 1804—m
未注几何公差按 GB/T 1184—H

图 2.3-17 钻模板

2) 说明

① 钻模板要求板上的钻模孔尺寸精确,轴线定位准确,由于受冲击力较大,孔与孔之间需保证一定的距离,以保证足够的强度。

② 为保证各孔轴线的正确位置及分布均匀性,应给出其位置度要求,并采用三基面体系。

③ 由平面 A 和轴线 B 构成基准体系。平面 A 为第一基准,其平面度公差为 0.01mm。轴线 B 为第二基准,它对基准 A 的垂直度公差采用最大实体要求的零几何公差($\phi 0 Ⓜ$),以保证定位精度。

④ 8×ϕ25H7 孔组轴线对基准体系的位置度公差采用最小实体要求的零几何公差($\phi 0 Ⓛ$),以保证定位精度。因为钻模孔与钻头之间的间隙会产生定位误差,应限制钻模孔壁至理想中心平面的最大距离,以保证其强度要求。

示例10 仪表板

1) 图例(图 2.3-18)

2) 说明

① 仪表板上各孔是供装配用的。只需由最大实体实效边界控制,尺寸无严格要求。

② 3 孔组 3×$\phi 8^{+0.09}_{0}$ 相对于大孔 $\phi 60^{+0.19}_{0}$ 的轴线有较准确的位置要求,给出位置度公差 ϕ0.1mm;被测孔和基准孔均采用最大实体要求,并允许反补偿,因此同时采用可逆要求,即控制边界为 ϕ7.8mm,也就是在位置度误差为 0 的极限情况下,孔直径可做得更小些为 ϕ7.9mm。当实际尺寸为最小实体尺寸时,各孔轴线的位置度可增至 ϕ1.09mm。至于基准 B 对孔位置度的补偿,只能对孔组的几何图框进行补偿,不能补偿给各孔的直径尺寸。

③ 同理,6 孔组 $\phi 12^{+0.11}_{0}$ 相对于基准 A($\phi 120^{+0.22}_{0}$ 的轴线)采用最大实体要求,同时采用可逆要求。基准 A 采用最大实体要求,在位置度为零的极限情况下,6 孔的直径允许减小到 ϕ11.9mm。当孔的实际尺寸做到最小实体尺寸这一极限情况时,各孔轴线位置度公差可增至 ϕ1.11mm。

④ 4 孔 $\phi 10^{+0.09}_{0}$、4 孔 $\phi 12^{+0.11}_{0}$、2 孔 $\phi 15^{+0.11}_{0}$、2 孔 $\phi 8^{+0.09}_{0}$ 和 2 孔 $\phi 14^{+0.11}_{0}$ 同时采用了最大实体要求和可逆要求。但它们没有对基准的要求,仅要求孔与孔之间的正确位置。在极限情况下,孔的提取面的直径可分别减小至 ϕ9.8mm、ϕ14.8mm、ϕ11.8mm、ϕ7.8mm 和 ϕ13.8mm。当孔提取面的实际尺寸为最小实体尺寸时,轴线的位置度公差可增至 ϕ0.209mm、ϕ0.211mm、ϕ0.211mm、ϕ0.209mm 和 ϕ0.211mm。

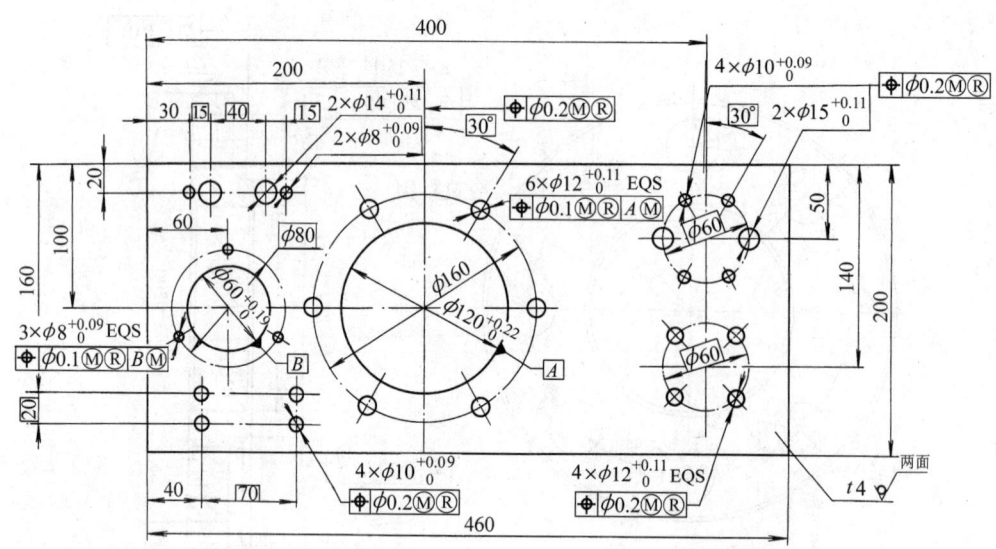

图 2.3-18　仪表板

第4章 表面结构

1 概述

1.1 基本概念

通过去除材料或成形加工制造的零件表面，必然具有各种不同类型的不规则状态，叠加在一起形成一个实际存在的复杂的表面轮廓。它主要由尺寸的偏离、实际形状相对于理想（几何）形状的偏离以及表面的微观值和中间值的几何形状误差等综合形成。各实际的表面轮廓都具有其特定的表面特征，这种表面特征称为零件的表面结构。

对于零件的表面轮廓，应给出有关表面结构的要求。除了需要控制其实际尺寸、形状、方向和位置外，还应控制其表面粗糙度、表面波纹度和表面缺陷。

表面粗糙度主要是由于加工过程中刀具和零件表面之间的摩擦、切屑分离时的塑性变形以及工艺系统中存在的高频振动等原因所形成的，属于微观几何误差。它影响着工件的摩擦因数、密封性、耐腐蚀性、疲劳强度、接触刚度及导电、导热性能等。

表面波纹度主要是由于在加工过程中机床—刀具—工件这一加工系统的振动、发热，以及在回转过程中的质量不均衡等原因形成的，它具有较强的周期性。改善和提高机床的安装、调整精度及工艺性，可降低表面波纹度的参数值。

表面缺陷是从零件加工一直到使用过程中都可能形成的一种表面状况。它不存在周期性及规律性，但发生缺陷时也有其内在的规律。因此，控制缺陷以及接受零件表面所产生的不影响零件功能的缺陷也是合理地控制产品质量的一个生产环节。

区分形状偏差、表面粗糙度与表面波纹度常见的方法有：在表面轮廓截面上，采用三种不同的频率范围的定义来划定；以波形峰与峰之间的间距作为区分界限。对于间距小于1mm的，称表面粗糙度；1~10mm范围的，称表面波纹度；大于10mm的则视作形状偏差，但这显然不够严密。零件大小不一及工艺条件变化均会影响这种区分原则。还有一种是用波形起伏的间距和幅度比来划分，比值小于50的为粗糙度；在50~1000范围内为波纹度；大于1000的视为形状偏差。这种比值的划分是在生产实际中综合统计得出的，也没有严格的理论支持。

图2.4-1a 所示为零件在加工后表面粗糙度和表面波纹度的复合轮廓，图2.4-1b 所示为排除波纹度后的粗糙度轮廓，图2.4-1c 所示为排除粗糙度后的波纹度轮廓。

图2.4-2a 所示为铰孔后的表面粗糙度和表面波纹度的复合轮廓，图2.4-2b 所示为排除波纹度后的粗糙度轮廓，图2.4-2c 所示为排除粗糙度后的波纹度轮廓。

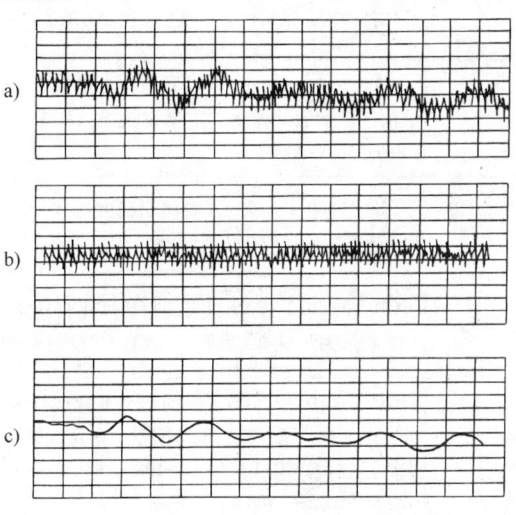

图2.4-1 加工后表面轮廓分析

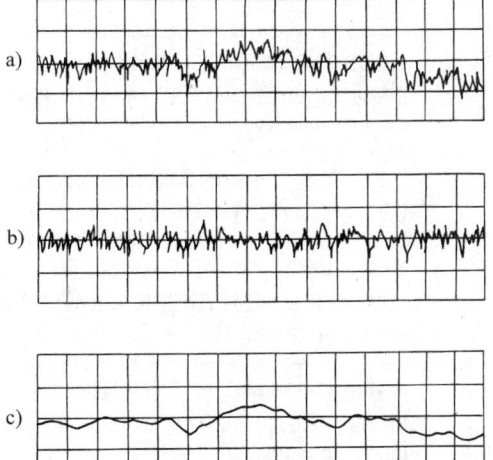

图2.4-2 铰孔后表面轮廓分析

1.2 国家标准与对应的 ISO 标准

对于表面粗糙度,原 ISO TC213 "尺寸规范和几何产品规范及检验"技术委员会已提出一系列标准,包括术语、参数值、符号、代号和图样上的表示方法以及有关测试方法及测试仪器等。对于表面波纹度,除词汇已有标准规定外,其参数值以及与表面粗糙度的区分界限等目前尚提不出一个统一的定量区分标准。我国等效等同采用该领域的各项 ISO 标准,制定和发布了一系列有关标准,详见国家标准与对应的 ISO 标准(表 2.4-1)。

表 2.4-1 国家标准与对应的 ISO 标准

序号	标准	ISO 标准	采用程度
1	GB/T 1031—2009《产品几何技术规范(GPS) 表面结构 轮廓法 表面粗糙度参数及其数值》(代替 GB/T 1031—1995)	—	—
2	GB/T 131—2006《产品几何技术规范(GPS) 技术产品文件中表面结构的表示法》(代替 GB/T 131—1993)	ISO 1302:2002《产品几何技术规范(GPS) 技术产品文件中表面结构表示法》	IDT(等同采用)
3	GB/T 3505—2009《产品几何技术规范(GPS) 表面结构 轮廓法 术语、定义及表面结构参数》(代替 GB/T 3505—2000)	ISO 4287:1997《产品几何技术规范(GPS) 表面结构 轮廓法 术语、定义及表面结构参数》	IDT
4	GB/T 6060.1—1997《表面粗糙度比较样块 铸造表面》(代替 GB/T 6060.1—1985)	ISO 2632—3:1979《表面粗糙度对比试样 第3部分 铸造表面》	EQV(等效采用)
5	GB/T 6060.2—2006《表面粗糙度比较样块 磨、车、镗、铣、插及刨加工表面》(代替 GB/T 6060.2—1985)	ISO 2632-1:1985《表面粗糙度比较样块 第1部分 磨,车,镗,铣,插及刨加工表面》	MOD(修改采用)
6	GB/T 6060.3—2008《表面粗糙度比较样块 第3部分:电火花、抛(喷)丸、喷砂、研磨、锉、抛光加工表面》(代替 GB/T 6060.3—1986,GB/T 6060.4—1988,GB/T 6060.5—1988)	—	—
7	GB/T 6062—2009《产品几何技术规范(GPS) 表面结构 轮廓法 接触(触针)式仪器的标称特性》(代替 GB/T 6062—2002)	ISO 3274:1996《产品几何技术规范(GPS) 表面结构 轮廓法 接触(触针)式仪器的标称特性》	IDT
8	GB/T 7220—2004《产品几何技术规范(GPS) 表面结构 轮廓法 表面粗糙度 术语 参数测量》(代替 GB/T 7220—1987)	—	—
9	JB/T 7976—2010《轮廓法测量表面粗糙度的仪器 术语》(代替 JB/T 7976—1999)	—	—
10	GB/T 10610—2009《产品几何技术规范(GPS) 表面结构 轮廓法 评定表面结构的规则和方法》(代替 GB/T 10610—1998)	ISO 4288:1996《产品几何技术规范(GPS) 表面结构 轮廓法 评定表面结构的规则和方法》	IDT
11	GB/T 12472—2003《产品几何量技术规范(GPS) 表面结构 轮廓法 木制件表面粗糙度及其数值》(代替 GB/T 12472—1992)	—	—
12	GB/T 14495—2009《产品几何技术规范(GPS) 表面结构 轮廓法 木制件表面粗糙度比较样块》(代替 GB/T 14495—1993)	—	—

(续)

序号	标准	ISO 标准	采用程度
13	GB/T 15757—2002《产品几何量技术规范（GPS）表面缺陷 术语、定义及参数》（代替 GB/T 15757—1995）	ISO 8785：1998《产品几何量技术规范（GPS）表面缺陷 术语、定义及参数》	EQV
14	GB/T 16747—2009《产品几何技术规范（GPS）表面结构 轮廓法表面波纹度词汇》（代替 GB/T 16747—1997）	—	—
15	GB/T 18618—2009《产品几何技术规范（GPS）表面结构 轮廓法 图形参数》（代替 GB/T 18618—2002）	ISO 12085：1996《产品几何技术规范（GPS）表面结构 轮廓法 图形参数》	IDT
16	GB/T 18777—2009《产品几何技术规范（GPS）表面结构 轮廓法 相位修正滤波器的计量特性》（代替 GB/T 18777—2002）	ISO 11562：1996《产品几何技术规范（GPS）表面结构 轮廓法 相位修正滤波器的计量特性》	IDT
17	GB/T 18778.1—2002《产品几何量技术规范（GPS）表面结构 轮廓法 具有复合加工特征的表面 第1部分：滤波和一般测量条件》	ISO 13565—1：1996《产品几何技术规范（GPS）表面结构 轮廓法 具有分层功能特性的表面 第1部分：滤波和一般测量条件》	EQV
18	GB/T 18778.2—2003《产品几何量技术规范（GPS）表面结构 轮廓法 具有复合加工特征的表面 第2部分：用线性化的支承率曲线表征高度特性》	ISO 13565.2—1996《产品几何技术规范（GPS）表面结构 轮廓法 具有复合加工特征表面 第2部分：用线性化的支承率曲线表征高度特性》	IDT
19	GB/T 18778.3—2006《产品几何技术规范（GPS）表面结构 轮廓法 具有复合加工特征的表面 第3部分：用概率支承率曲线表征高度特性》	ISO 13565—3：1998《产品几何技术规范 表面结构 轮廓法 具有复合加工特征表面 第3部分：用概率支承率曲线表征高度特性》	IDT

2 术语及定义

表面结构的术语及定义涉及设计、加工工艺、计量、测试和评定等各生产环节，关系到国内外技术交流及贸易往来。因此，它的统一和标准化是至关重要的。

GB/T 3505—2009 不仅规定了粗糙度轮廓及其参数的术语及其定义，并从定义出发涉及或包含了波纹度轮廓及原始轮廓。有关表面波纹度的术语及定义详见本章第4节表面波纹度。

2.1 一般术语及定义

一般术语包括表面轮廓、中线、取样长度及测试仪器的基本术语，见表2.4-2。

表 2.4-2 一般术语及定义

序号	术语	定义或解释	图示
1	坐标系	确定表示结构参数的坐标体系 注：通常采用一个直角坐标体系，其轴线形成一右旋笛卡儿坐标系，x轴与中线方向一致，y轴也处于实际表面上，而z轴则在从材料到周围介质的外延方向上。所有参数和术语均在此坐标系中定义	
2	实际表面	物体与周围介质分离的表面	

(续)

序号	术语	定义或解释	图示
3	表面轮廓	一个指定平面与实际表面相交所得的轮廓 注：实际上，通常采用一条名义上与实际表面平行和在一个适当方向的法线来选择一个平面	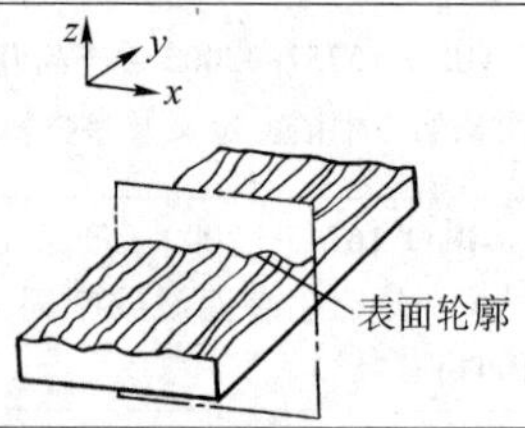
4	原始轮廓	通过 λs 轮廓滤波器后的总的轮廓 注：原始轮廓是评定原始轮廓参数的基础	
5	粗糙度轮廓	粗糙度轮廓是对原始轮廓采用 λc 滤波器抑制长波成分以后形成的轮廓，这是人为修正的轮廓 注： 1. 粗糙度轮廓的传输频带是由 λs 和 λc 轮廓滤波器来限定的 2. 粗糙度轮廓是评定粗糙度轮廓参数的基础 3. λc 和 λs 之间的关系标准中不作规定	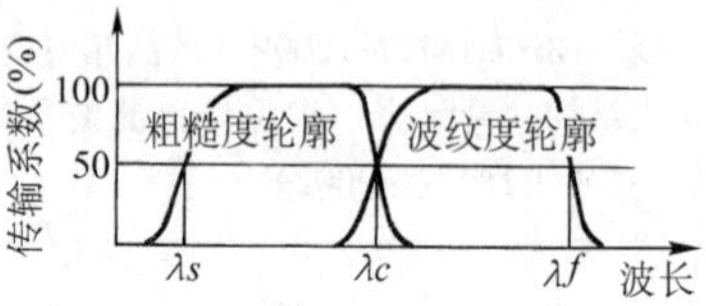
6	波纹度轮廓	波纹度轮廓是对原始轮廓连续应用 λf 和 λc 两个滤波器以后形成的轮廓。采用 λf 滤波器抑制长波成分，而采用 λc 滤波器抑制短波成分。这是人为修正的轮廓 注： 1. 在运用 λf 滤波器分离波纹度轮廓前，应首先用最小二乘法的最佳拟合，从总轮廓中提取标称的形状。对于圆的标称形式，建议将半径也包含在最小二乘法的优化计算中，而不是保持固定的标称值。这个分离波纹度轮廓的过程限定了理想的波纹度运算操作 2. 波纹度轮廓的传输频带是由 λf 和 λc 轮廓滤波器来限定的 3. 波纹度轮廓是评定波纹度轮廓参数的基础	
7	中线	具有几何轮廓形状并划分轮廓的基准线	
8	粗糙度轮廓中线	用轮廓滤波器 λc 抑制了长波轮廓成分相对应的中线	
9	波纹度轮廓中线	用 λf 轮廓滤波器抑制了长波轮廓成分相对应的中线	
10	原始轮廓中线	用标称形式的线穿过在原始轮廓上，按标称形式用最小二乘法拟合所确定的中线	
11	取样长度	在 x 轴方向判别被评定轮廓的不规则特征的 x 轴方向上的长度 注：评定长度粗糙度和波纹度轮廓的取样长度 lr 和 lw，在数值上分别与轮廓滤波器 λc 和 λf 的轮廓滤波器的截止波长相等。原始轮廓的取样长度 lp 则与评定长度相等	

(续)

序号	术语	定 义 或 解 释	图 示
12	评定长度	用于判别被评定轮廓的 x 轴方向上的长度 注：评定长度包含一个或和几个取样长度	
13	轮廓滤波器	把轮廓分成长波和短波成分的滤波器 注：在测量粗糙度、波纹度和原始轮廓的仪器中使用三种滤波器（λs、λc、λf 滤波器）。它们的传输特性相同但截止波长不同	
14	λs 滤波器	确定存在于表面上的粗糙度与比它更短的波的成分之间相交界限的滤波器（见图）	
15	λc 滤波器	确定粗糙度与波纹度成分之间相交界限的滤波器（见图）	
16	λf 滤波器	确定存在于表面上的波纹度与比它更长的波的成分之间相交界限的滤波器（见图）	

2.2 几何参数术语及定义

几何参数术语包括在原始轮廓、表面粗糙度轮廓及波纹度轮廓上的轮廓及参数，以及与其有关的术语及定义，见表2.4-3。

表 2.4-3　几何参数术语及定义

序号	术语	定 义 或 解 释	图 示
1	P 参数	从原始轮廓上计算所得的参数	
2	R 参数	从粗糙度轮廓上计算所得的参数	
3	W 参数	从波纹度轮廓上计算所得的参数	
4	轮廓峰	被评定轮廓上连接（轮廓和 x 轴）两相邻交点向外（从材料到周围介质）的轮廓部分	
5	轮廓谷	被评定轮廓上连接两相邻交点向内（从周围介质到材料）的轮廓部分	
6	高度和间距辨别力	应计入的被评定轮廓的轮廓峰和轮廓谷的最小高度和最小间距 注：轮廓峰和轮廓谷的最小高度通常用 Rz、Pz、Wz 或任一幅度参数的百分率来表示，最小间距则以取样长度的百分率表示	
7	轮廓单元	轮廓峰和相邻轮廓谷的组合（见图） 注：在取样长度始端或末端的评定轮廓的向外部分或向内部分应看成是一个轮廓峰或一个轮廓谷。当在若干个连续的取样长度上确定若干个轮廓单元时，在每一个取样长度的始端或末端评定的峰和谷仅在每个取样长度的始端计入一次	

(续)

序号	术语	定义或解释	图示
8	纵坐标值 $Z(x)$	被评定轮廓在任一位置上距 x 轴的高度 注：若纵坐标于 x 轴下方，该高度被视为负值，反之则为正值	
9	局部斜率 $\dfrac{\mathrm{d}Z}{\mathrm{d}X}$	评定轮廓在某一位置 x_1 的斜率 注： 1. 局部斜率和这些参数 $P\Delta q$、$R\Delta q$、$W\Delta q$ 的数值主要视纵坐标间距 ΔX 而定 2. 计算局部斜率的公式之一 $$\frac{\mathrm{d}Z_i}{\mathrm{d}X} = \frac{1}{60\Delta X}(Z_{i+3} - 9Z_{i+2} + 45Z_{i+1} - 45Z_{i-1} + 9Z_{i-2} - Z_{i-3})$$ 式中，Z_i 为第 i 个轮廓点的高度，ΔX 为相邻两轮廓点的间距	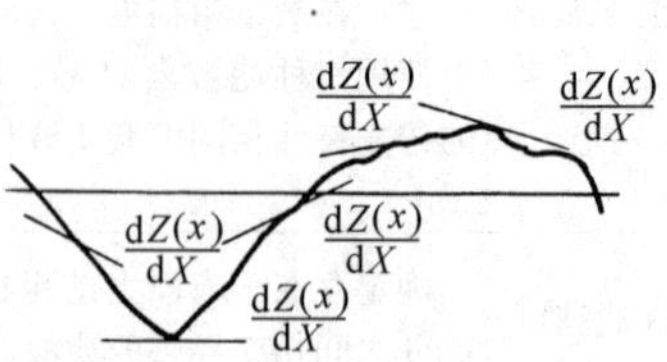
10	轮廓峰高 Zp	轮廓峰的最高点距 x 轴的距离	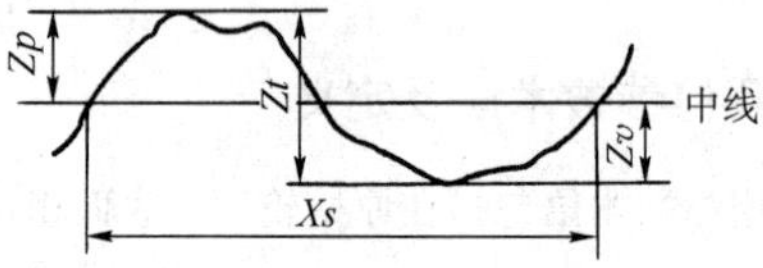
11	轮廓谷深 Zv	轮廓谷最低点距 x 轴的距离	
12	轮廓单元的高度 Zt	一个轮廓单元的轮廓峰高和轮廓谷深之和	
13	轮廓单元的宽度 Xs	一个 x 轴线与轮廓单元相交线段的长度	
14	在水平位置 c 上，轮廓的实体材料长度 $Ml(c)$	在一个给定水平截面高度 c 上，用一平行于 x 轴的线与轮廓单元相截所获得的各段截线长度之和（见图）	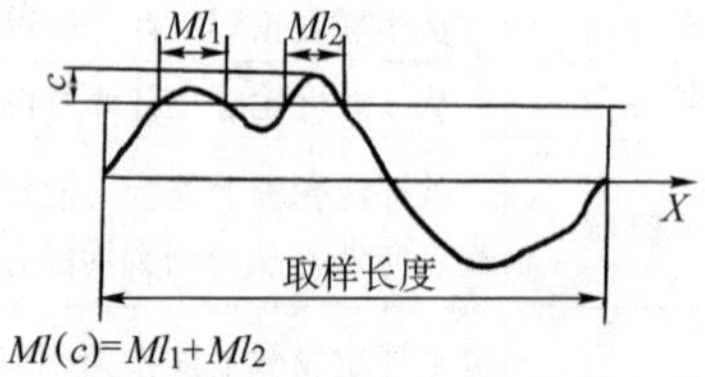 $Ml(c) = Ml_1 + Ml_2$

2.3 表面轮廓参数术语及定义

表面轮廓参数术语及定义包括了表示峰、谷之间关系的幅度参数。以纵坐标平均值定义的幅度参数、间距参数以及混合参数的术语及定义，见表 2.4-4。

表 2.4-4 表面轮廓参数术语及定义

序号	术语	定义或解释	图示
1	幅度参数（峰和谷）	包括以峰和谷值定义的最大轮廓峰高、最大轮廓谷深、轮廓的最大高度、轮廓单元的平均线高度及轮廓的总高度等参数	
2	最大轮廓峰高 Pp、Rp、Wp	在一个取样长度内，最大的轮廓峰高 Zp	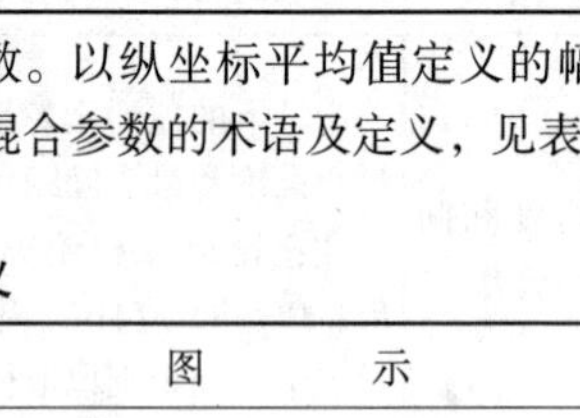

(续)

序号	术语	定义或解释	图示
3	最大轮廓谷深 Pv、Rv、Wv	在一个取样长度内,最大的轮廓谷深 Zv	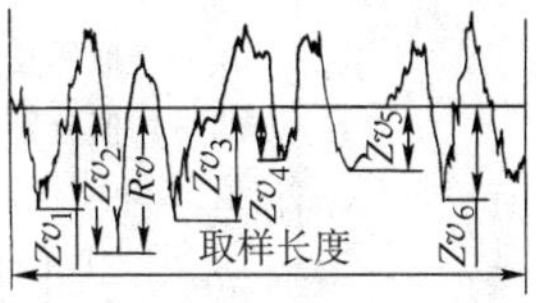
4	轮廓最大高度 Pz、Rz、Wz	在一个取样长度内,最大轮廓峰高和最大轮廓谷深之和	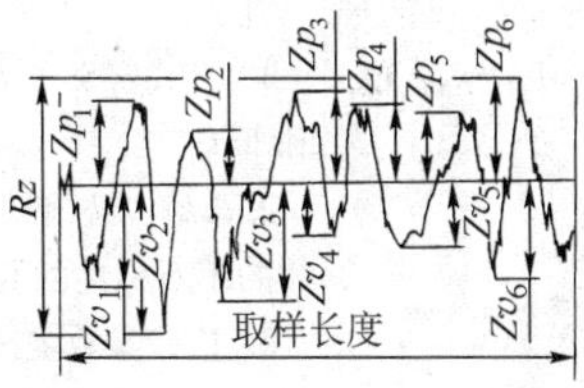
5	轮廓单元的平均高度 Pc、Rc、Wc	在一个取样长度内,轮廓单元高度 Zt 的平均值,见图 $$Pc = Rc = Wc = \frac{1}{m}\sum_{i=1}^{m} Zt_i$$ 注:对参数 Pc、Rc、Wc 需要辨别高度和间距。除非另有要求,省略标注的高度分辨力应分别按 Pz、Rz、Wz 的10%选取;省略标注的间距分辨率应按取样长度的1%选取。上述两个条件都应满足	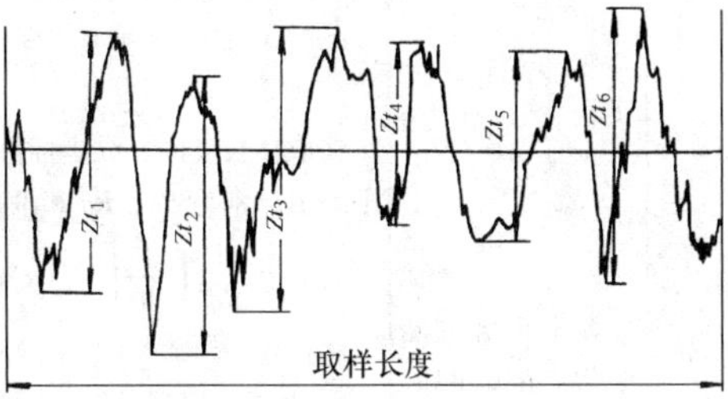
6	轮廓总高度 Pt、Rt、Wt	在评定长度内,最大轮廓峰高和最大轮廓谷深之和 注: 1. 由于 Pt、Rt、Wt 是根据评定长度而不是取样长度定义的,以下关系对任何轮廓来讲都成立:$Pt \geq Pz$;$Rt \geq Rz$;$Wt \geq Wz$ 2. 在未规定的情况下,Pz 和 Pt 是相等的,此时建议采用 Pt	
7	幅度参数(纵坐标平均值)	以纵坐标平均值定义的评定轮廓的算术平均偏差、评定轮廓的均方根偏差、评定轮廓的偏斜度及评定轮廓的陡度等参数	
8	评定轮廓的算术平均偏差 Pa、Ra、Wa	在一个取样长度内纵坐标值 $Z(x)$ 绝对值的算术平均值 $$Pa = Ra = Wa = \frac{1}{l}\int_0^l |Z(x)|\,\mathrm{d}x$$ 式中 $l = lp$,lr 或 lw	
9	评定轮廓的均方根偏差 Pq、Rq、Wq	在一个取样长度内纵坐标值 $Z(x)$ 的均方根值 $$Pq = Rq = Wq = \sqrt{\frac{1}{l}\int_0^l Z^2(x)\,\mathrm{d}x}$$ 式中 $l = lp$,lr 或 lw	

(续)

序号	术语	定义或解释	图示
10	评定轮廓的偏斜度 Psk、Rsk、Wsk	在一个取样长度内，纵坐标值 $Z(x)$ 三次方的平均值分别与 Pq、Rq 和 Wq 的三次方的比值 $$Rsk = \frac{1}{Rq^3}\left[\frac{1}{lr}\int_0^{lr} Z^3(x)\mathrm{d}x\right]$$ 注： 1. 上式定义了 Rsk，用类似的方式定义 Psk 和 Wsk 2. Psk、Rsk 和 Wsk 是纵坐标值概率密度函数的不对称性的测定 3. 这些参数受离散的峰或离散的谷的影响很大	
11	评定轮廓的陡度 Rku、Rku、Wku	在取样长度内，纵坐标值 $Z(x)$ 四次方的平均值分别与 Pq，Rq 和 Wq 的四次方的比值 $$Rku = \frac{1}{Rq^4}\left[\frac{1}{lr}\int_0^{lr} Z^4(x)\mathrm{d}x\right]$$ 注： 1. 上式定义了 Rku，用类似方式定义 Pku 和 Wku 2. Pku、Rku 和 Wku 是纵坐标值概率密度函数锐度的测定	
12	间距参数	以轮廓单元宽度值定义的参数，如轮廓单元的平均宽度	
13	轮廓单元的平均宽度 Psm、Rsm、Wsm	在一个取样长度内，轮廓单元宽度 Xs 的平均值 $$Psm = Rsm = Wsm = \frac{1}{m}\sum_{i=1}^{m} Xs_i$$ 注：对参数 Psm、Rsm、Wsm 需要判断高度和间距。若未另外规定，省略标注的高度分辨力分别为 Pz、Rz、Wz 的 10%，省略标注的水平间距分辨率为取样长度的 1%。上述两个条件都应满足	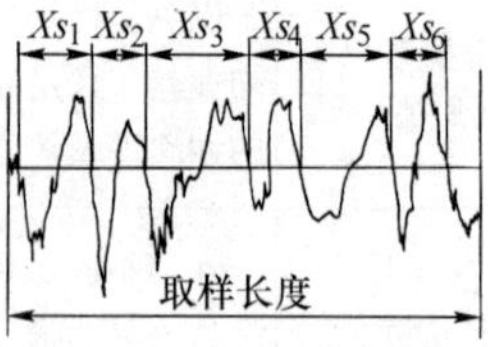
14	评定轮廓的均方根斜率 $P\Delta q$、$R\Delta q$、$W\Delta q$	在取样长度内，纵坐标斜率 $\dfrac{\mathrm{d}Z}{\mathrm{d}X}$ 的均方根值	

(续)

序号	术语	定义或解释	图示
15	曲线和相关参数	依据评定长度而不是在取样长度上定义，提供稳定的曲线和相关参数，包括轮廓的支承长度率、轮廓的支承长度率曲线、轮廓截面高度差、相对支承比率及轮廓幅度分布曲线等	
16	轮廓支承长度率 $Pmr(c)$、$Rmr(c)$、$Wmr(c)$	在给定的水平截面高度 c 上，轮廓的实体材料长度 $Ml(c)$ 与评定长度的比率 $$Pmr(c) = Rmr(c) = Wmr(c) = \frac{Ml(c)}{ln}$$	
17	轮廓支承长度率曲线	表示轮廓支承率随水平截面高度 c 变化的关系曲线 注：该曲线为在一个评定长度内的各坐标值 $Z(x)$ 采样累积的分布概率函数	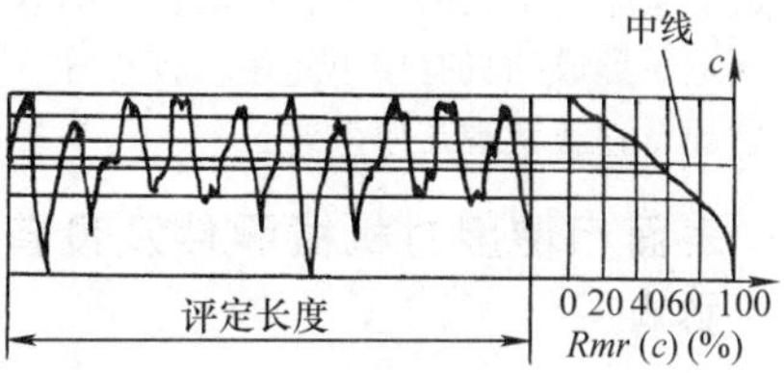
18	轮廓水平截面高度差 $P\delta c$、$R\delta c$、$W\delta c$	给定支承比率的两个水平截面之间的垂直距离 $$R\delta c = c(Rmr1) - c(Rmr2)$$ $Rmr1 < Rmr2$ 注：以上公式定义了 $R\delta c$，用类似方法可定义 $P\delta c$ 和 $W\delta c$	
19	相对支承长度率 Pmr、Rmr、Wmr	在一个轮廓水平截面 $R\delta c$ 确定的，与起始零位 c_0 相关的支承长度率 Pmr、Rmr、$Wmr = Pmr$、Rmr、Wmr (c_1) 式中： $c_1 = c_0 - R\delta c$（或 $P\delta c$ 或 $W\delta c$） $c_0 = c\ (Pmr0, Rmr0, Wmr0)$	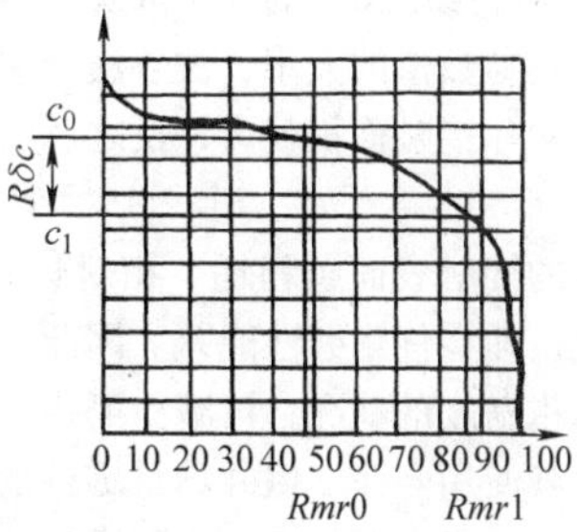
20	轮廓幅度分布曲线	在评定长度内，纵坐标值 $Z(x)$ 采样的概率密度函数 注：有关轮廓幅度分布曲线的各参数见本表中 7~11	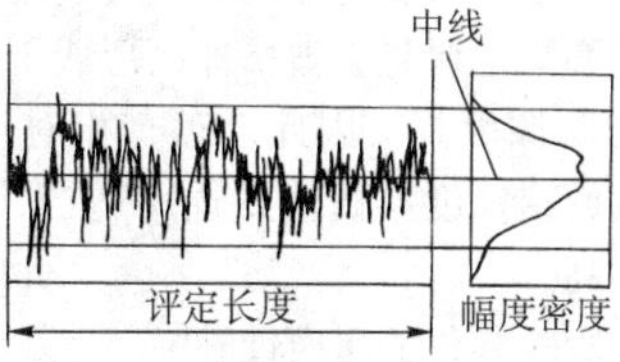

2.4 GB/T 3505 新、旧标准的区别

GB/T 3505—2009 与 GB/T 3505—2000 相比，没有根本性的变化，主要是编写方法与国际标准进一步统一，个别术语名称发生了变化。

(1) 将 2000 年标准中几何参数术语"水平位置 c"改为"截面高度 c"；将"轮廓单元的平均线高度"改为"轮廓单元的平均高度"等。

(2) 将局部斜率的计算公式 $\dfrac{XP}{ZP}$ 改为 $\dfrac{\mathrm{d}Z}{\mathrm{d}X}$。

(3) 修改了附录 D，说明了该标准在 GPS 体系中的位置。

3 表面粗糙度

表面粗糙度是指零件在加工过程中由于不同的加工方法、机床与工具的精度、振动及磨损等因素在加工表面上所形成的具有较小间距和较小峰、谷的微观不平状况，它属微观几何误差。

3.1 表面粗糙度对机械零件及设备功能的影响

3.1.1 对机械零件的影响

(1) 对机械零件耐磨性的影响

由于零件表面粗糙度的存在，两个表面接触时，其接触面仅仅是在加工表面许多凸出小峰的顶端上，实际两零件表面的接触面积只是理论面积的一部分。当两个零件表面有相对运动时，由于两零件实际接触面积较理论面积要小，因而单位面积上承受的压力相应增大。实际接触面积的大小取决于两接触表面粗糙度的状况及参数值的大小，波谷浅，参数值小，表面较平坦，实际接触面积就大，反之，实际接触面积就小。

零件的接触表面越粗糙、相对运动速度越快时，磨损越快，即零件耐磨性能差。因此，合理地提高零件的表面粗糙度的状况，可减少磨损，提高零件耐磨性，延长其使用寿命。但并不是零件的表面越精细越好，因为超出了合理值后，不仅增加制造成本，而且由于表面过于光滑会使金属分子的吸附力加大，接触表面间的润滑油层就会被挤掉而形成干摩擦，使金属表面加剧摩擦磨损。因此，对有相对运动的接触表面，其表面粗糙度参数值要选用适当，既不能偏低，也不能过高。

(2) 影响零件的耐腐蚀性

金属的腐蚀速度取决于它们各自加工表面的表面粗糙度。不同加工方法所获得的不同表面粗糙度的表面，具有不同的腐蚀速度。因此，提高零件表面粗糙度的等级，可提高耐腐蚀能力，从而延长机械设备的使用寿命。

(3) 影响零件的抗疲劳强度

机械零件的抗疲劳强度除金属材料的理化性能、零件自身结构及内应力等外，与零件的表面粗糙度有很大关系。零件表面越粗糙，其凹痕、裂纹或尖锐的切口越明显。当零件受力，尤其受到交变载荷时，这些凹痕、裂纹或切口处会产生应力集中现象，金属疲劳裂纹往往从这些地方开始。因此适当提高零件的表面粗糙度等级，就可以增加零件的抗疲劳强度。表 2.4-5 说明圆柱滚子轴承零件表面粗糙度与轴承平均寿命的关系，供读者参考。

表 2.4-5 圆柱滚子轴承零件表面粗糙度与轴承平均寿命

套圈滚道 $Ra/\mu m$	滚子外径 $Ra/\mu m$	轴承平均寿命和计算寿命之比
0.8	0.4	1.00
0.4	0.2	3.80
0.2	0.2	4.40
0.2	0.1 ~ 0.05	4.84
0.1	0.1 ~ 0.05	5.60

(4) 影响零件的接触刚度

接触刚度是零件结合面在外力作用下，抵抗接触变形的能力。机器的刚度在很大程度上取决于各零件之间的接触刚度。

两表面接触时，其实际接触面积只是理论接触面积的一部分，所接触的峰顶由于其面积减小而压强增大，在外力作用下，这些峰顶很容易产生接触变形，从而降低了表面层的接触刚度。因此，欲提高结合面的接触刚度，必须提高对零件表面粗糙度的要求。

(5) 影响零件的配合性能

零件之间的配合性能是根据零件在机械设备中的功能要求及工作条件来确定的。如果相配合两零件的表面比较粗糙，不仅会增加装配的困难，更重要的是在设备运转时易于磨损，造成间隙，从而改变配合的性质，这是不允许的。对于那些配合间隙或过盈较小、运动稳定性要求较高的高速重载的机械设备零件，选定适当的零件表面粗糙度参数值尤为重要。

(6) 影响机械零件的密封性

机械零件的结合密封分为静力密封和动力密封两种。

对于静力密封的表面，当表面加工粗糙、波谷过深时，密封材料在装配后受到的预压力还不能塞满这些微观不平的波谷，因而会在密封面上留下许多渗漏的微小缝隙，影响结合密封性。对于动力密封面，由于存在相对运动，故需加适当的润滑油。虽然表面加

工粗糙会影响密封性能，但加工过于精细，会使附着在波峰上的油分子受压后被排开，从而破坏油膜，失去了润滑作用。因此，对于密封表面来说，其表面粗糙度参数值不能过低或过高。

（7）影响零件的测量精度

零件被测表面和测量工具测量面的表面粗糙度都会直接影响测量的精度，尤其是在精密测量时。

在测量过程中往往会出现读数不稳定现象，这是由于被测表面存在微观不平度，当参数值较大时，测头会因落在波峰或波谷上而使读数各不相同。所以，被测表面和测量工具测量面的表面越粗糙，测量误差就越大。

此外，表面粗糙度对零件的镀涂层、导热性和接触电阻、反射能力和辐射性能、液体和气体流动的阻力、导体表面电流的流通等都会有不同程度的影响。

3.1.2 对机械设备功能的影响

（1）影响机械设备的动力损耗

如果相互接触且有相对运动的零件表面粗糙，机械设备在运转时为了克服运动件之间相互摩擦而会损耗动力。

（2）使机械设备产生振动和噪声

在机械设备中，如果所有的运动副表面加工精细、平整光滑，设备运转时运动件的运动会平稳，不会产生振动与噪声。反之，如果运动副的表面加工粗糙，运动件就会产生振动和噪声。这种现象在高速运转的发动机的曲轴和凸轮、齿轮以及滚动轴承上尤为显著。因此，提高对运动件表面粗糙度的要求，是提高机械设备运动平稳性、降低振动和噪声的一项有效措施。

3.2 表面粗糙度数值及其选用原则

GB/T 1031—2009《产品几何技术规范（GPS）表面结构 轮廓法 表面粗糙度参数及其数值》中规定了表面粗糙度的参数首先从高度参数 Ra、Rz⊖ 两项中选取，根据产品表面功能的要求，在高度参数不能满足的前提下，可用附加参数 Rsm⊖ 或 $Rmr(c)$。对于有表面粗糙度要求的表面，应同时给出两项要求——参数值和取样长度。附加参数一般不单独使用，常作为补充参数使用，与高度参数一起共同控制零件表面的微观不平程度。

3.2.1 参数值、取样长度值及两者之间的关系

（1）高度参数值

高度参数值包括：轮廓的算术平均偏差 Ra 和轮廓的最大高度 Rz 的数值，分别见表2.4-6和表2.4-7。

表2.4-6 轮廓的算术平均偏差 Ra 的数值（μm）

Ra			
0.012	0.2	3.2	50
0.025	0.4	6.3	100
0.05	0.8	12.5	
0.1	1.6	25	

表2.4-7 轮廓的最大高度 Rz 的数值（μm）

Rz				
0.025	0.4	6.3	100	1600
0.05	0.8	12.5	200	
0.1	1.6	25	400	
0.2	3.2	50	800	

（2）附加参数值

附加参数值包括：轮廓单元的平均宽度 Rsm 和轮廓的支承长度率 $Rmr(c)$ 的数值，分别见表2.4-8和表2.4-9。

$Rmr(c)$ 是衡量零件表面耐磨性的参数，是控制表面微观不平度的高度和间距的综合参数，选用此参数时必须同时给出轮廓截面高度 c 值，它可用微米（μm）或 Rz 的百分数表示，如 $Rmr(c)$ 为70%，c 为 Rz 的50%，则表示在轮廓最大高度50%的截面位置上，其轮廓的支承长度率的最小允许值为70%。

表2.4-8 轮廓单元的平均宽度 Rsm 的数值（mm）

Rsm			
0.006	0.1	1.6	
0.0125	0.2	3.2	
0.025	0.4	6.3	
0.05	0.8	12.5	

表2.4-9 轮廓的支承长度率 $Rmr(c)$ 的数值

$Rmr(c)$ (%)	10	15	20	25	30	40	50	60	70	80	90

Rz 的百分数系列见表2.4-10。

表2.4-10 Rz 的百分数系列

Rz 的百分数系列（%）											
5	10	15	20	25	30	40	50	60	70	80	90

⊖ 原标准 GB/T 1031—1995 中高度参数为 Ra、Rz、Ry 三项，新标准中为了与 GB/T 3505—2009 标准取得一致，将三项高度参数改为 Ra、Rz 两项。要注意的是新标准中的 Rz 为原标准中的 Ry。原标准中的 Rz，其术语及定义已取消，即取消了"微观不平度十点高度"这一参数定义。

⊖ 原标准 GB/T 1031—1995 中间距参数为 S、Sm 两项。新标准中仅采用了轮廓单元宽度 Xs 的平均值（原 Sm），命名为 Rsm，取消了原单峰平均间距 S。

(3) 取样长度及评定长度

取样长度系列见表 2.4-11。

表 2.4-11 取样长度系列 (mm)

| lr | 0.08 | 0.25 | 0.8 | 2.5 | 8 | 25 |

一般情况下，在测量 Ra、Rz 时推荐按表 2.4-12 和表 2.4-13 选用对应的取样长度 lr，此时取样长度的标注在图样上或技术文件中可省略。当有特殊要求时应给出相应的取样长度，并在图样上或技术文件中注出。

表 2.4-12 Ra 与取样长度的对应关系

$Ra/\mu m$	lr/mm	ln ($ln = 5lr$) /mm
≥0.008 ~ 0.02	0.08	0.4
>0.02 ~ 0.1	0.25	1.25
>0.1 ~ 2.0	0.8	4.0
>2.0 ~ 10.0	2.5	12.5
>10.0 ~ 80.0	8.0	40.0

表 2.4-13 Rz 与取样长度的对应关系

$Rz/\mu m$	lr/mm	ln ($ln = 5lr$) /mm
≥0.025 ~ 0.10	0.08	0.4
>0.10 ~ 0.50	0.25	1.25
>0.50 ~ 10.0	0.8	4.0
>10.0 ~ 50.0	2.5	12.5
>50 ~ 320	8.0	40.0

对于微观不平度间距较大的端铣、滚铣及其他大进给量的加工表面，应按标准中规定的取样长度系列选取较大的取样长度值。

由于加工表面的不均匀性，在评定表面粗糙度时其评定长度应根据不同的加工方法和相应的取样长度并考虑加工表面的均匀状况来确定。如被测表面均匀性较好，测量时可选用小于 $5lr$ 的评定长度，均匀性较差的表面可选用大于 $5lr$ 的评定长度。

3.2.2 参数及参数值的选用原则

(1) 参数的选择原则

1) 在 Ra、Rz 两个高度参数中，由于 Ra 既能反映加工表面的微观几何形状特征又能反映凸峰高度，且在测量时便于进行数值处理，因此被推荐优先选用 Ra 来评定轮廓表面。

参数 Rz 只能反映表面轮廓的最大高度，不能反映轮廓的微观几何形状特征，但它可控制表面不平度的极限情况，因此常用于某些零件不允许出现较深的加工痕迹及小零件的表面，其测量、计算也较方便，常用于在 Ra 评定的同时控制 Rz，也可单独使用。

2) 在 Rsm、Rmr (c) 两个参数中，Rsm 是反映轮廓间距特性的评定参数，$Rmr(c)$ 是反映轮廓微观不平度形状特性的综合评定参数。在大多数情况下，首先采用 Ra、Rz 反映高度特性的参数，只有在选用高度参数还不能满足零件表面功能要求时，即还需要控制其间距或综合情况时，才选用 Rsm 或 $Rmr(c)$ 其中的一个参数。例如，必须控制零件表面加工痕迹的疏密度时，应增加选用 Rsm。当零件要求具有良好的耐磨性能时，则应增加选用 $Rmr(c)$ 参数。需要指出的是参数 $Rmr(c)$ 是一个在高度和间距方面全面反映零件微观几何形状的参数，一些先进工业国家常以 $Rmr(c)$ 这一综合性参数来观察零件的微观几何形状。

(2) 参数值的选择原则

参数值的选用应根据零件功能要求来确定，在满足零件的工作性能和使用寿命的前提下，应尽可能选择要求较低的表面粗糙度。由于零件的材料和功能要求不同，每个零件的表面都有一个合理的参数值范围。一般来讲，高于或低于合理值都会影响零件的性能和使用寿命。

在选用表面粗糙度参数值时，还应考虑下列各种因素：

1) 同一零件上工作面的表面粗糙度参数值应小于非工作面的参数值。

2) 工作过程中摩擦表面粗糙度参数值应小于非摩擦表面参数值；滚动摩擦表面的表面粗糙度参数值应小于滑动摩擦表面参数值。

3) 运动精度要求高的表面，应选取较小的表面粗糙度参数值。

4) 接触刚度要求较高的表面，应选取较小的表面粗糙度参数值。

5) 承受交变载荷的零件，在易引起应力集中的部位，表面粗糙度参数值要求较小。

6) 表面承受腐蚀的零件，应选取较小的表面粗糙度参数值。

7) 配合性质和公差相同的零件、基本尺寸较小的零件，应选取较小的表面粗糙度参数值。

8) 要求配合稳定可靠的零件表面，其表面粗糙度参数值应选取较小的值。

9) 在间隙配合中，间隙要求越小，表面粗糙度参数值也应相应地小；在条件相同时，间隙配合表面的粗糙度参数值应比过盈配合表面小；在过盈配合中，为了保证连接强度，应选取较小的表面粗糙度参数值。

10) 操作手柄、食品用具及卫生设备等特殊用途的零件表面，因与其尺寸大小和公差等级无关，一般应选取较小的表面粗糙度参数值，以保证外观光滑、亮洁。

3.2.3 实际应用中有关参数的经验图表

对零件表面粗糙度的要求，除考虑其功能要求外，还应进一步掌握加工中的内在规律及各参数的特征，以便准确合理地规定其参数及参数值。现提供一些在生产实际中的经验图表，供选参数及参数值时参考。

(1) 加工时间对参数值的影响

英国标准中提供了几种常用切削加工方法所得的 Ra 值和所需的生产工时之间的关系（见图 2.4-3）。从曲线可以看出，加工时间越长，其表面得到的 Ra 值越小，表面的状况也越好。

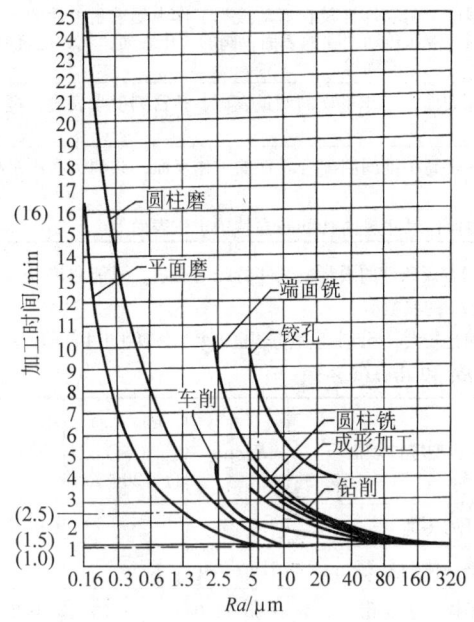

图 2.4-3　生产工时与 Ra 的关系

按图中平面磨曲线可以看出：表面参数值 $Ra = 5\mu m$ 时，加工时间为 1min；$Ra = 2.5\mu m$ 时，加工时间为 1.5min；$Ra = 1.3\mu m$ 时，加工时间为 2.5min；当 $Ra = 0.16\mu m$ 时，则加工时间需长达 16min。因此，当给出表面粗糙度参数值时，应同时考虑加工的经济性，即在不降低零件使用性能的前提下，尽量选用较大的表面粗糙度数值。

(2) Ra 值相同的表面微观几何形状差异很大

由于 Ra 值是由表面不平状况的所有各点参与计算并取绝对值的算术平均值，因此相同的 Ra 值，其实际表面的微观几何特性会有很大差异。图 2.4-4 说明三个表面的 Ra 值相同，但 Rz 值相差甚大，必要时应对图 2.4-4c 中给出的 Rz 值加以限制。

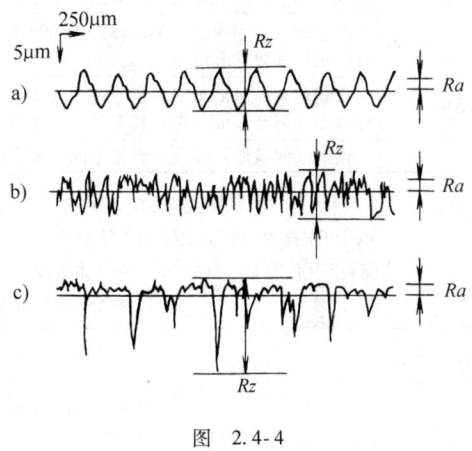

图　2.4-4

3.2.4　参数值应用举例

1) 表面粗糙度参数值 Ra 的应用范围见表 2.4-14。
2) 典型零件表面的 Ra 和 $Rmr(c)$ 值见表 2.4-15。
3) 常用零件表面的 Ra 值见表 2.4-16。
4) 各种加工方法所能达到的 Ra 值见表 2.4-17。

表 2.4-14　Ra 的应用范围

$Ra/\mu m$	适应的零件表面
12.5	粗加工非配合表面，包括轴端面、倒角、钻孔、键槽非工作表面、垫圈接触面、不重要的安装支承面、螺钉、铆钉孔表面等
6.3	半精加工表面，用于不重要的零件的非配合表面，包括支柱、轴、支架、外壳、衬套、盖等的端面；螺钉、螺栓和螺母的自由表面；不要求定心和配合特性的表面。如：螺栓孔、螺钉通孔、铆钉孔等；飞轮、带轮、离合器、联轴器、凸轮、偏心轮的侧面；平键及键槽上、下面，花键非定心表面，齿顶圆表面；所有轴和孔的退刀槽；不重要的连接配合表面；犁铧、犁侧板、深耕铲等零件的摩擦工作面；插秧爪面等
3.2	半精加工表面，包括：外壳、箱体、盖、套筒、支架等和其他零件连接面而不形成配合的表面；不重要的紧固螺纹表面；非传动用梯形螺纹、锯齿形螺纹表面；燕尾槽表面；键和键槽的工作面；需要发蓝的表面；需滚花的预加工表面；低速滑动轴承和轴的摩擦面；张紧链轮、导向滚轮与轴的配合表面；滑块及导向面（速度 20～50m/min）；收割机械切割器的摩擦器动刀片、压力片的摩擦面；脱粒机格板工作表面等
1.6	要求有定心及配合特性的固定支承、衬套、轴承和定位销的压入孔表面；不要求定心及配合特性的活动支承面、活动关节及花键结合面；8 级齿轮的齿面、齿条齿面；传动螺纹工作面；低速传动的轴颈；楔形键及键槽上、下面；轴承盖凸肩（对中心用），V 带轮槽表面，电镀前金属表面等

(续)

$Ra/\mu m$	适应的零件表面
0.8	要求保证定心及配合特性的表面,锥销和圆柱销表面;与 P0 和 P6 级滚动轴承相配合的孔和轴颈表面;中速转动的轴颈、过盈配合的孔(IT7)、间隙配合的孔(IT8)、花键轴定心表面及滑动导轨面 不要求保证定心及配合特性的活动支承面;高精度的活动球状接头表面、支承垫圈、榨油机螺旋榨辊表面等
0.2	要求能长期保持配合特性的孔(IT6、IT5)、6 级精度齿轮齿面,蜗杆齿面(6~7 级),与 P5 级滚动轴承配合的孔和轴颈表面;要求保证定心及配合特性的表面;滑动轴承轴瓦工作表面;分度盘表面;工作时受交变应力的重要表面;受力螺栓的圆柱表面、曲轴和凸轮轴工作表面、发动机气门圆锥面、与橡胶油封相配合的轴表面等
0.1	工作时受较大交变应力的重要零件表面,保证疲劳强度、耐腐蚀性及在活动接头工作中要求耐久性的一些表面;精密机床主轴箱与套筒配合的孔;活塞销的表面;液压传动用孔的表面,阀的工作表面,气缸内表面,保证精确定心的锥体表面;仪器中承受摩擦的表面,如导轨、槽面等
0.05	滚动轴承套圈滚道、滚动体表面,摩擦离合器的摩擦表面,工作量规的测量表面,精密刻度盘表面,精密机床主轴套筒外圆面等
0.025	特别精密的滚动轴承套圈滚道、滚动体表面;量仪中较高精度间隙配合零件的工作表面;柴油机高压泵中柱塞副的配合表面;保证高度气密的接合表面等
0.012	仪器的测量面;量仪中高精度间隙配合零件的工作表面;尺寸超过 100mm 量块的工作表面等

注:1. 表中只列举了 Ra 参数值所适应的零件表面的示例,如由于客观条件的限制或某些特殊的要求,只能测出 Rz 参数值时,可根据 Ra 和 Rz 之间的大致对应比值关系,换算出 Rz 的参数值。
2. 对应关系比值为 $Rz=(4~15)Ra$(由于较大轮廓出现的随机性较大,因此其发散范围也较大,一般处于中间部位)。

表 2.4-15 典型零件表面的 Ra 和 $Rmr(c)$ 值

典型零件表面	$Ra/\mu m$	$Rmr(c)$ (%) ($c=20\%Rz$)	lr/mm	典型零件表面	$Ra/\mu m$	$Rmr(c)$ (%) ($c=20\%Rz$)	lr/mm
和滑动轴承配合的支承轴颈	0.32	30	0.8	蜗杆齿侧面	0.32	—	0.25
和青铜轴瓦配合的支承轴颈	0.40	15	0.8	铸铁箱体上主要孔	1.0~2.0	—	0.8
和巴比特合金轴瓦配合的支承轴颈	0.25	20	0.25	钢箱体上主要孔	0.63~1.6	—	0.8
和铸铁轴瓦配合的支承轴颈	0.32	40	0.8	箱体和盖的结合面	—	—	2.5
和石墨片轴瓦 AИC-1 配合的支承轴颈	0.32	40	0.8	机床滑动导轨 普通	0.63	—	0.8
				机床滑动导轨 高精度	0.10	15	0.25
				机床滑动导轨 重型	1.6	—	0.25
和滚动轴承配合的支承轴颈	0.80	—	0.8	滚动导轨	0.16	—	0.25
钢球和滚柱轴承的工作面	0.80	15	0.25	缸体工作面	0.40	40	0.8
保证选择器或排挡转移情况的表面	0.25	15	0.25	活塞环工作面	0.25	—	0.25
				曲轴轴颈	0.32	30	0.8
				曲轴连杆轴颈	0.25	20	0.8
和齿轮孔配合的轴颈	1.6	—	0.8	活塞侧缘	0.80	—	0.8
按疲劳强度工作的轴	—	60	0.8	活塞上活塞销孔	0.50	—	0.8
喷镀过的滑动摩擦面	0.08	10	0.25	活塞销	0.25	15	0.25
准备喷镀的表面	—	—	0.8	分配轴轴颈和凸轮部分	0.32	30	0.8
电化学镀层前的表面	0.2~0.8	—	—	油针偶件	0.08	15	0.25
齿轮配合孔	0.5~2.0	—	—	摇杆小轴孔和轴颈	0.63	—	0.8
齿轮齿面	0.63~1.25	—	0.8	腐蚀性的表面	0.063	10	0.25

注:本表数据仅供参考。

表 2.4-16 常用零件表面的 Ra 参数值 (μm)

	公差等级	表面	公称尺寸	
			≤50mm	50~500mm
配合表面	IT5	轴	0.2	0.4
		孔	0.4	0.8
	IT6	轴	0.4	0.8
		孔	0.4~0.8	0.8~1.6
	IT7	轴	0.4~0.8	0.8~1.6
		孔	0.8	1.6
	IT8	轴	0.8	1.6
		孔	0.8~1.6	1.6~3.2

		公差等级	表面	公称尺寸		
				≤50mm	50~120mm	120~500mm
过盈配合	压入装配	IT5	轴	0.1~0.2	0.4	0.4
			孔	0.2~0.4	0.8	0.8
		IT6、IT7	轴	0.4	0.8	1.6
			孔	0.8	1.6	1.6
		IT8	轴	0.8	0.8~1.6	1.6~3.2
			孔		1.6~3.2	1.6~3.2
	热装	—	轴	1.6		
			孔	1.6~3.2		

	表面	分组公差				
分组装配的零件表面		<2.5	2.5	5	10	20
	轴	0.05	0.1	0.2	0.4	0.8
	孔	0.1	0.2	0.4	0.8	1.6

	表面	径向圆跳动公差					
定心精度高的配合表面		2.5	4	6	10	16	20
	轴	0.05	0.1	0.1	0.2	0.4	0.8
	孔	0.1	0.2	0.2	0.4	0.8	1.6

	表面	公差等级		液体润滑
滑动轴承表面		IT6~IT9	IT10~IT12	
	轴	0.4~0.8	0.8~3.2	0.1~0.4
	孔	0.8~1.6	1.6~3.2	0.2~0.8

	性质	速度/m·s^{-1}	平面度公差（每100mm范围内）				
导轨面			≤6	10	20	60	>60
	滑动	≤0.5	0.2	0.4	0.8	1.6	3.2
		>0.5	0.1	0.2	0.4	0.8	1.6
	滚动	≤0.5	0.1	0.2	0.4	0.8	1.6
		>0.5	0.05	0.1	0.2	0.4	0.8

圆锥结合工作表面	密封结合	对中结合	其他
	0.1~0.4	0.4~1.6	1.6~6.3

	结构名称		键	轴上键槽	毂上键槽
键结合	不动结合	工作面	3.2	1.6~3.2	1.6~3.2
		非工作面	6.3~12.5	6.3~12.5	6.3~12.5
	用导向键	工作面	1.6~3.2	1.6~3.2	1.6~3.2
		非工作面	6.3~12.5	6.3~12.5	6.3~12.5

	结构名称	孔槽	轴齿	定心面		非定心面	
渐开线花键结合				孔	轴	孔	轴
	不动结合	1.6~3.2	1.6~3.2	0.8~1.6	0.4~0.8	3.2~6.3	1.6~6.3
	动结合	0.8~1.6	0.4~0.8	0.8~1.6	0.4~0.8	3.2	1.6~6.3

(续)

	精度等级	4、5级			6、7级		8、9级	
螺纹结合	紧固螺纹	1.6			3.2		3.2~6.3	
	在轴上、杆上和套上的螺纹	0.8~1.6			1.6		3.2	
	丝杠和起重螺纹	—			0.4		0.8	
	丝杠螺母和起重螺母	—			0.8		1.6	

	精度等级	3	4	5	6	7	8	9	10	11
齿轮传动	直齿、斜齿、人字齿轮、蜗轮（圆柱）	0.1~0.2	0.2~0.4	0.2~0.4	0.4~0.8	0.4~0.8	1.6	3.2	6.3	6.3
	锥齿轮	—	—	0.2~0.4	0.4~0.8	0.4~0.8	0.8~1.6	1.6~3.2	3.2~6.3	6.3
	蜗杆牙型面	0.1	0.2	0.2	0.4	0.4~0.8	0.8~1.6	1.6~3.2		
	根圆	和工作面同或接近的更粗的优先数								
	顶圆	3.2~12.5								

	应用精度	普通	提高
链轮	工作表面	3.2~6.3	1.6~3.2
	根圆	6.3	3.2
	顶圆	3.2~12.5	3.2~12.5

	定位精度					
分度机构表面（如分度板、插销）	≤4	6	10	25	63	>63
	0.1	0.2	0.4	0.8	1.6	3

齿轮、链轮和蜗轮的非工作端面	3.2~12.5
孔和轴的非工作表面	6.3~12.5
倒角、倒圆、退刀槽等	3.2~12.5
螺栓、螺钉等用的通孔	25
精制螺栓和螺母	3.2~12.5
半精制螺栓和螺母	25
螺钉头表面	3.2~12.5
压簧支承表面	12.5~25
准备焊接的倒棱	50~100
床身、箱体上的槽和凸起	12.5~25
在水泥、砖或木质基础上的表面	100或更大
对疲劳强度有影响的非结合表面	0.2~0.4抛光

影响蒸汽和气流的表面	特别精密	0.2抛光
	一般	0.8~1.6
影响零件平衡的表面	直径 ≤180mm	1.6~3.2
	180~500mm	6.3
	>500mm	12.5~25

表2.4-17 各种加工方法能达到的 Ra 值

加工方法	表面粗糙度 $Ra/\mu m$												
	0.012	0.025	0.05	0.10	0.20	0.40	0.80	1.60	3.20	6.30	12.5	25	50	100
砂型铸造														
壳型铸造														
金属型铸造														

第4章 表面结构

（续）

加工方法		表面粗糙度 $Ra/\mu m$ 范围
离心铸造		1.60 ~ 12.5
精密铸造		0.80 ~ 12.5
熔模铸造		0.80 ~ 6.30
压力铸造		0.40 ~ 3.20
热轧		6.30 ~ 100
模锻		3.20 ~ 25
冷轧		0.80 ~ 6.30
挤压		0.40 ~ 6.30
冷拉		0.40 ~ 3.20
锉		0.40 ~ 12.5
铲刮		0.40 ~ 6.30
刨削	粗	6.30 ~ 25
	半精	1.60 ~ 12.5
	精	0.40 ~ 3.20
插削		1.60 ~ 25
钻孔		1.60 ~ 25
扩孔	粗	3.20 ~ 25
	精	1.60 ~ 6.30
金刚镗孔		0.10 ~ 0.40
镗孔	粗	6.30 ~ 50
	半精	0.80 ~ 6.30
	精	0.40 ~ 1.60
铰孔	粗	3.20 ~ 12.5
	半精	0.80 ~ 3.20
	精	0.20 ~ 1.60
端面铣	粗	3.20 ~ 12.5
	半精	0.80 ~ 6.30
	精	0.40 ~ 3.20
车外圆	粗	6.30 ~ 50
	半精	0.80 ~ 6.30
	精	0.40 ~ 3.20
金刚车		0.10 ~ 0.40
车端面	粗	6.30 ~ 25
	半精	0.80 ~ 6.30
	精	0.40 ~ 3.20
磨外圆	粗	0.80 ~ 6.30
	半精	0.20 ~ 1.60
	精	0.05 ~ 0.40
磨平面	粗	1.60 ~ 6.30
	半精	0.40 ~ 1.60
	精	0.025 ~ 0.40
珩磨	平面	0.05 ~ 0.40
	圆柱	0.025 ~ 0.40
研磨	粗	0.20 ~ 0.80
	半精	0.05 ~ 0.40
	精	0.012 ~ 0.20
抛光	一般	0.10 ~ 0.80
	精	0.025 ~ 0.20

(续)

加工方法		表面粗糙度 $Ra/\mu m$												
		0.012	0.025	0.05	0.10	0.20	0.40	0.80	1.60	3.20	6.30	12.5	25	50	100
滚压抛光															
超精加工	平面														
	柱面														
化学蚀割															
电火花加工															
切割	气割														
	锯														
	车														
	铣														
	磨														
锯加工															
成形加工															
拉削	半精														
	精														
滚铣	粗														
	半精														
	精														
螺纹加工	丝锥板牙														
	梳洗														
	滚														
	车														
	搓螺纹														
	滚压														
	磨														
	研磨														
齿轮及花键加工	刨														
	滚														
	插														
	磨														
	剃														
电光束加工															
激光加工															
电化学加工															

3.3 木制件表面粗糙度及其参数值

由于木制件的表面功能、加工方法以及评定方法不同于金属和非金属表面，GB/T 12472—2003《产品几何量技术规范（GPS）表面结构 轮廓法 木制件表面粗糙度参数及其数值》中规定了对木制件表面粗糙度的评定方法、参数和数值。该标准适用于木制件未经涂饰处理表面的粗糙度评定，也适用于采用单板、复面板木质基材、胶合板、木质刨花板、木质层压板、中密度纤维板等制成的制件未经涂饰处理表面的粗糙度评定。

3.3.1 评定参数及其数值

木制件的有关表面粗糙度的术语及定义与国标 GB/T 3505—2009《产品几何技术规范（GPS）表面结构 轮廓法 术语、定义及表面结构参数》完全一致。为适用于评定有较粗孔材木制件的表面粗糙度，在 GB/T 12472—2003 标准的附录 B 中介绍了参数 Rpv。

（1）高度参数及其数值

评定木制件表面粗糙度的高度参数可由轮廓算术平均偏差 Ra 和轮廓最大高度 Rz 两项中选取。其参数值见表 2.4-18。

表 2.4-18　高度参数 Ra、Rz 数值　　　　　（μm）

Ra	0.8	1.6	3.2	6.3	12.5	25	50	100
Rz	3.2	6.3	12.5	25	50	100	200	400

（2）附加的评定参数

根据表面功能的需要，除高度参数（Ra、Rz）外，可用轮廓微观不平度的平均间距 Rsm 作为附加的评定参数。其数值见表 2.4-19。

表 2.4-19　附加评定参数 Rsm（mm）

Rsm	0.4	0.8	1.6	3.2	6.3	12.5

（3）取样长度的数值（见表 2.4-20）和选用

表 2.4-20　取样长度数值　（mm）

lr	0.8	25	8	25

在测量 Ra 和 Rz 时，可按表 2.4-21 选用对应的取样长度，此时，在图样上的表面粗糙度代号或技术文件中无须注出。如有特殊要求时，应给出相应的取样长度，并在图样上注出其数值。

表 2.4-21　lr 的选用

$Ra/\mu m$	$Rz/\mu m$	lr/mm
0.8、1.6、3.2	3.2、6.3、12.5	0.8
6.3、12.5	25、50	2.5
25、50	100、200	8
100	400	25

（4）单个微观不平度高度和在测量长度上的平均值（Rpv）

为了减小木材导管被剖切形成构造不平度对测量结果的影响，标准中增加了参数 Rpv，见图 2.4-5，即在给定测量长度（L）内各单个微观不平度的高度（h_1）之和除以该测量长度，以单位 μm/mm 表示，计算公式为

$$Rpv = \frac{\sum_{i=1}^{n} h_i}{L}$$

测量长度规定为 20~200mm，一般情况下选用 200mm。若被测表面幅面较小或微观不平度均匀性较好时，可选用 20mm。

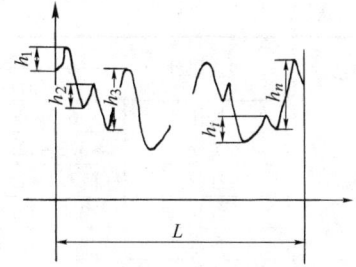

图 2.4-5　参数 Rpv 图解

单个微观不平度高度和在测量长度上的平均值 Rpv 的数值见表 2.4-22。

表 2.4-22　（μm/mm）

Rpv	6.3	12.5	25	50	100

3.3.2　选用木制件表面粗糙度的一般规则

在选用和标注木制件表面粗糙度时应遵循下列规则：

1）必须给出高度参数的数值和测定时的取样长度，必要时也可规定构造纹理、加工工艺等附加要求。

2）标注方法应符合 GB/T 131—2006《产品几何技术规范（GPS）技术产品文件中表面结构的表示法》的有关规定。

3）表面粗糙度各参数的数值是指在垂直于基准面的各截面上获得的。给定的表面如截面方向与加工产生的微观不平度高度参数（Ra，Rz）最大值的方向一致时，可不规定其测量截面的方向，否则应在图样上标出。

4）用 Ra、Rz 参数评定木制件表面粗糙度时，一般应避开剖切导管较集中的局部表面。若无法避开，则应在评定时除去剖切导管形成的轮廓凹坑。

5）对木制件表面粗糙度的要求不适用于表面缺陷。在评定时不应把表面缺陷（如裂纹、节子、纤维撕裂、表面碰伤、木刺等）包含在内，必要时可单独规定对表面缺陷的限制。

在标准附录 C 中给出了不同加工方法对不同材质所能达到的参数值范围，见表 2.4-23。

表 2.4-23　不同加工方法能达到的参数值范围

加工方法	表面树种	参数值范围		
		$Ra/\mu m$	$Rz/\mu m$	$Rpv/\mu m \cdot mm^{-1}$
手光刨	水曲柳	12.5~25	50~200	12.5~25
	柞木	3.2~25	25~200	12.5~25
	樟子松	3.2~25	25~100	6.3~25
	落叶松	6.3~25	25~100	12.5~50

(续)

加工方法	表面树种	参数值范围		
		$Ra/\mu m$	$Rz/\mu m$	$Rpv/\mu m \cdot mm^{-1}$
手光刨	柳桉	6.3~50	25~200	12.5~25
	美松	3.2~12.5	25~50	6.3~25
	红杉	3.2~25	25~100	12.5~25
	红松	3.2~12.5	25~50	12.5~25
	色木	3.2~12.5	25~50	6.3~25
砂光	柞木	6.3~25	25~200	25~100
	水曲柳	6.3~50	25~200	25~100
	刨花板	6.3~50	50~200	12.5~50
	人造柚木	3.2~25	12.5~200	25~100
	柳桉	6.3~50	50~200	25~100
	红松	3.2~12.5	25~100	12.5~50
机光刨	柞木	6.3~25	25~100	12.5~25
	红松	6.3~25	50~100	12.5~25
	樟子松	6.3~25	25~100	12.5~25
	落叶松	6.3~25	25~100	12.5~25
	红杉	6.3~25	25~100	12.5~50
	美松	6.3~25	25~100	12.5~50
车削	红松	3.2~25	25~100	—
	落叶松	3.2~12.5	25~100	—
	樟子松	3.2~25	25~100	—
	红杉	12.5~25	50~100	—
	美松	3.2~25	50~100	—
纵铣	樟子松	3.2~12.5	25~100	12.5~25
	美松	3.2~12.5	25~100	12.5~25
	红松	6.3~12.5	25~100	12.5~25
	落叶松	3.2~25	25~100	12.5~25
	红杉	3.2~12.5	25~100	12.5~50
平刨	水曲柳	6.3~50	50~200	12.5~25
	柞木	6.3~50	50~200	12.5~50
	麻栎	3.2~25	25~200	12.5~50
	桦木层压板	3.2~12.5	12.5~50	12.5~25
	柳桉	6.3~50	50~200	12.5~50
	樟子松	3.2~25	25~100	12.5~25
	红松	3.2~25	25~100	12.5~25
	美松	3.2~12.5	25~100	12.5~25
	枫杨	6.3~25	25~100	12.5~50
	落叶松	3.2~25	25~100	12.5~25
	红杉	6.3~50	50~100	12.5~25
	梣木	6.3~25	50~200	12.5~25
压刨	水曲柳	3.2~50	25~200	12.5~50
	柞木	6.3~25	25~200	12.5~50
	麻栎	3.2~50	25~100	12.5~50
	桦木层压板	3.2~25	25~100	12.5~25
	柳桉	3.2~50	50~200	12.5~50
	美松	6.3~50	25~100	12.5~25
	樟子松	6.3~25	25~100	12.5~25
	红杉	3.2~12.5	25~100	12.5~25
	美松	3.2~12.5	25~100	12.5~25

(续)

加工方法	表面树种	参数值范围		
		$Ra/\mu m$	$Rz/\mu m$	$Rpv/\mu m \cdot mm^{-1}$
压刨	落叶松	3.2~25	25~100	12.5~25
	柞木	6.3~25	25~100	12.5~25

注：除砂光、机光刨光及手光刨的测量方向垂直于木材构造纹理外，其他加工方法的测量方向均平行于木材构造纹理方向。

4 表面波纹度

表面波纹度是间距大于表面粗糙度小于表面形状误差的随机或接近周期形式的成分构成的表面几何不平度，是零件表面在机械加工过程中，由于机床与工具系统的振动或一些意外因素所形成的表面纹理变化。

表面波纹度直接影响零件表面的机械性能，如零件的接触刚度、疲劳强度、结合强度、耐磨性、抗振性和密封性等，它与表面粗糙度一样也是影响产品质量的一项重要指标，与表面粗糙度、形状误差一起形成零件的表面特征。

GB/T 16747—2009《产品几何技术规范（GPS）表面结构 轮廓法 表面波纹度词汇》规定了表面波纹度的表面、轮廓和参数的术语及定义。

为使读者较全面了解和选用表面波纹度，本节除介绍 GB/T 16747 外，还介绍国家标准和国际标准尚未规定的参数值，以及不同加工方法可能达到的表面波纹度幅值范围，供读者参考。

4.1 表面波纹度术语及定义

4.1.1 表面、轮廓及基准的术语及定义（表 2.4-24）

表 2.4-24 表面、轮廓及基准的术语及定义

序号	术语	定义或解释	图例
1	表面波纹度	由间距比表面粗糙度大得多的随机或接近周期形式的成分构成的表面不平度（见图）。通常包含了工件表面加工时由意外因素引起的不平度，例如由一个工件或某一刀具的失控运动所引起的工件表面的纹理变化。波纹度通频带的极限由高斯滤波器的长波段截止波长和短波段截止波长之比 $\lambda f : \lambda c$ 确定，此比值通常为10:1	
2	实际表面	物体与周围介质分离的表面，实际表面是由粗糙度、波纹度和形状叠加而成的	
3	表面轮廓（实际轮廓）	由一个指定平面与实际表面相交所得的轮廓。它由粗糙度轮廓、波纹度轮廓和形状轮廓构成	
4	波纹度轮廓	是一个实际表面的轮廓的组成部分，是不平度的间距比粗糙度大得多的那部分。实际上，该轮廓部分是用波纹度求值系统（滤波器）从实际表面的轮廓中分离而得出的	

(续)

序号	术语	定义或解释	图例
5	波纹度轮廓峰	被评定波纹度轮廓上连接轮廓与 x 轴两相邻交点的向外（从工件材料到周围介质）的轮廓部分 注：在波纹度取样长度内，即使是始端或终端，若有向外的轮廓部分，也应视作波纹度轮廓峰。当计算波纹度的连续几个取样长度上的峰数时，对每个取样长度的始端或终端的波纹度轮廓峰，只应计入一次始端的波纹度轮廓峰	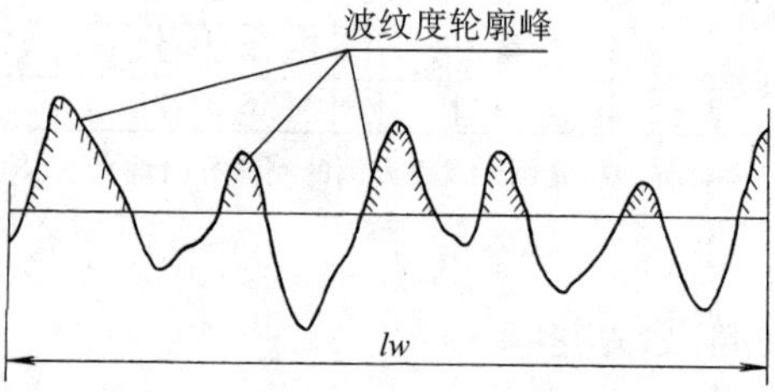
6	波纹度轮廓谷	表面波纹度轮廓与波纹度中线相交，相邻两交点之间的向内（从周围介质到材料）的轮廓部分 注：在波纹度取样长度的始端或终端，若有向内的轮廓部分，也应视作轮廓谷。当计算波纹度的连续几个取样长度上的谷数时，对每个取样长度的始端或终端的波纹度轮廓谷，只计入一次始端的波纹度轮廓谷	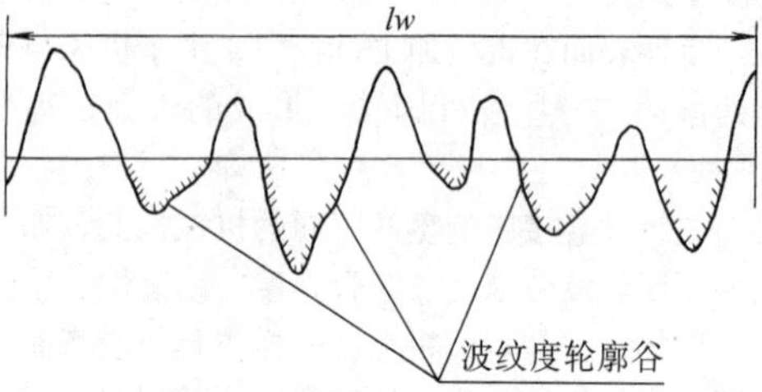
7	波纹度轮廓峰顶线	在波纹度取样长度内，与中线等距并通过波纹度轮廓最高点的线	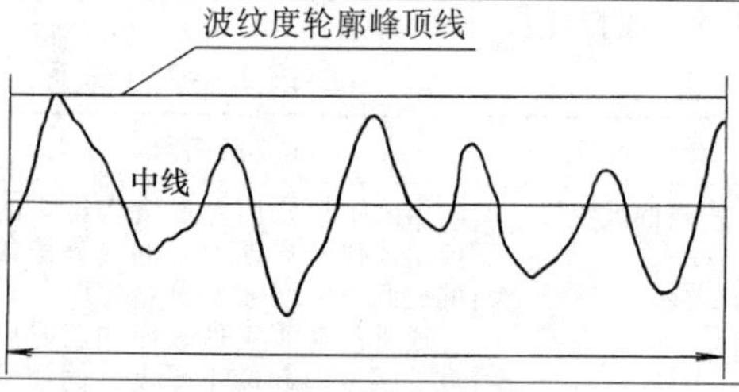
8	波纹度轮廓谷底线	在波纹度取样长度内，与中线等距并通过波纹度轮廓最低点的线	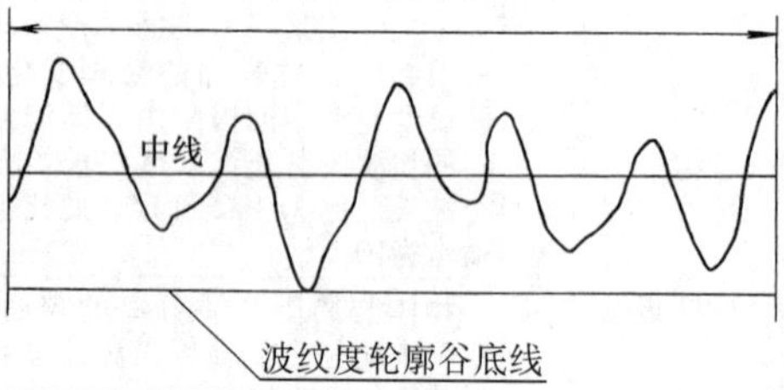
9	波纹度轮廓偏距 [$Z(x)$]	波纹度轮廓上的点与波纹度中线之间的距离	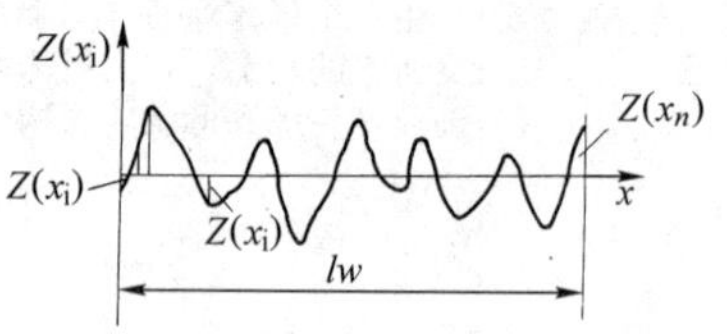
10	分离实际表面轮廓成分的求值系统（滤波器）	通过预定的信息转换，对实际表面的轮廓的成分进行分离的一种处理过程，如图示。实际上，该过程可用不同的方式实现。对各种不同方式分离出的轮廓成分，应说明其方法离差。若总体轮廓含有公认的公称形状，就需用一个附加的预处理过程来消除该轮廓的形状部分	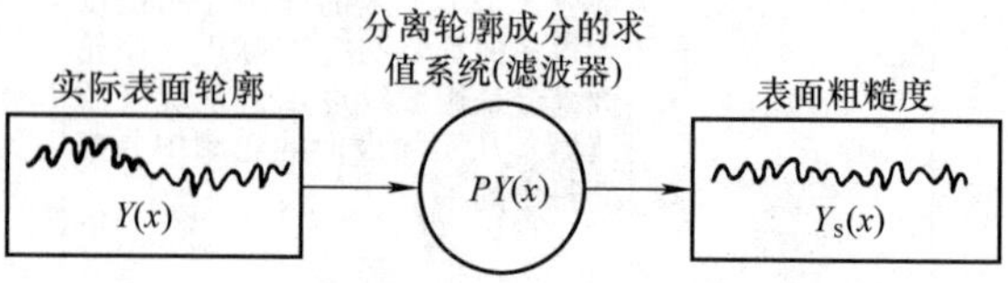

第4章 表面结构

（续）

序号	术语	定义或解释	图例
11	标准的波纹度求值系统	具有符合标准规定特性的求值系统（滤波器）。该求值系统一般被认为是理想的	
12	波纹度截止波长	在高斯滤波器的传输系数为 0.5 的条件下，短波区界的波长 λc 和长波区界的波长 λf	
13	波纹度取样长度 lw	波纹度轮廓上的一段基准线长度，它等于长波区截止波长 λf，在这段长度上确定波纹度参数	
14	波纹度评定长度 ln	用于评定波纹度参数值的一段长度，它可包含一个或几个取样长度	
15	波纹度轮廓中线	用于评定波纹度轮廓的 x 轴方向上的长度，它包含一个或几个取样长度	

4.1.2 波纹度参数的术语及定义（表 2.4-25）

表 2.4-25 波纹度参数的术语及定义

序号	术语	定义或解释	图例
1	波纹度轮廓峰高（Zp）	波纹度中线至波纹度轮廓峰最高点之间的距离	
2	波纹度轮廓谷深（Zv）	波纹度中线至波纹度轮廓谷最低点之间的距离	
3	波纹度轮廓不平度高度（Zt）	波纹度轮廓峰高和相邻波纹度轮廓谷深之和	
4	波纹度轮廓不平度的平均高度（Wc）	在波纹度评定长度内，波纹度轮廓峰高和波纹度轮廓谷深的平均值的绝对值之和。计算公式如下：$$Wc = \frac{1}{n}\sum_{i=1}^{n} Zti$$	

(续)

序号	术语	定义或解释	图例
5	波纹度轮廓的最大峰高（Wp）	在波纹度取样长度内，波纹度轮廓最高点和波纹度中线之间的距离	
6	波纹度轮廓的最大谷深（Wv）	在波纹度取样长度内，波纹度轮廓最低点和波纹度中线之间的距离	
7	波纹度轮廓的最大高度（Wz）	在波纹度评定长度内，波纹度轮廓峰顶线和波纹度轮廓谷底线之间的距离	
8	波纹度轮廓算术平均偏差（Wa）	在波纹度评定长度内，波纹度轮廓偏距绝对值的算术平均值 $$Wa = \frac{1}{lw}\int_0^{lw} |Z(x)| \, dx$$ 或近似为 $$Wa = \frac{1}{n}\sum_{i=1}^{n} |Zi|$$ 式中 n——离散的波纹度轮廓偏距的个数	
9	波纹度轮廓均方根偏差（Wq）	在波纹度评定长度内，波纹度轮廓偏距的均方根值 $$Wq = \sqrt{\frac{1}{lw}\int_0^{lw} Z^2(x) \, dx}$$	
10	波纹度轮廓不平度的间距（Ws）	含有一个波纹度轮廓峰和相邻波纹度轮廓谷的一段波纹度中线长度	
11	波纹度轮廓的平均间距（Wsm）	在波纹度取样长度内，波纹度轮廓不平度间距的平均值 $$Wsm = \frac{1}{n}\sum_{i=1}^{n} Wsi$$ 式中 Wsi——波纹度轮廓不平度间距 n——在波纹度取样长度内，波纹度轮廓间距的个数	

4.1.3 新、旧标准在术语与参数代号方面的变化

GB/T 16747—2009 与原标准 GB/T 16747—1997 标准中基本术语代号的变化见表2.4-26，表面结构参数术语代号的变化见表2.4-27。

表 2.4-26 基本术语代号的变化

基本术语	1997 版本	2009 版本
波纹度取样长度	l_w	lw
波纹度评定长度	l_{mw}	ln
波纹度轮廓偏距	$h_w(x)$	$Z(x)$

表 2.4-27 表面结构参数代号的变化

参数术语	1997版本	2009版本	在测量范围内评定长度 ln	取样长度①
波纹度轮廓峰高	h_{wp}	Zp		✓
波纹度轮廓谷深	h_{ww}	Zv		✓
波纹度轮廓不平度高度	—	Zt		✓
波纹度轮廓不平度的平均高度	W_c	Wc	✓	
波纹度轮廓的最大峰高	W_p	Wp	✓	
波纹度轮廓的最大谷深	W_m	Wv	✓	
波纹度轮廓的最大高度	W_t	Wz	✓	
波纹度轮廓的算术平均偏差	W_a	Wa	✓	
波纹度轮廓的均方根偏差	W_q	Wq	✓	
波纹度轮廓不平度的间距	S_{wi}	—		✓
波纹度轮廓的平均间距	S_{wm}	Wsm	✓	

① ✓符号表示在测量范围内，现采用的评定长度和取样长度。

4.2 表面波纹度参数值

在原 ISO/TC57 的工作文件《表面粗糙度参数值和给定要求的通则》中，提出了在图样和技术文件中规定表面波纹度要求的一般规则、表面波纹度评定参数、参数值和波纹度截止波长数值等内容。上述内容，至今尚无正式标准发布。

工作文件中规定，在需要给出评定表面波纹度参数时，一般采用波纹度轮廓最大高度 Wz 参数。如需要也可采用以下波纹度参数：

波纹度轮廓不平度平均高度 Wc；
波纹度轮廓最大峰高 Wp；
波纹度轮廓算术平均偏差 Wa；
波纹度轮廓最大谷深 Wv；
波纹度轮廓不平度的平均间距 Ws。

对于表面波纹度参数的数值，在工作文件中只规定了波纹度轮廓最大高度 Wz 的参数系列值，见表 2.4-28。

对 Wc、Wp、Wa、Wv 和 Ws 等 5 个波纹度参数的数值，可从 GB/T 321—2005（ISO 3：1973）优先数和优先数系中选取优先数系列值。

表 2.4-28 Wz 的参数系列值（μm）

	0.1	1.6	25
	0.2	3.2	50
	0.4	6.3	100
0.05	0.8	12.5	200

4.3 不同加工方法可能达到的表面波纹度幅值范围

不同加工方法可能达到的表面波纹度幅值范围见表 2.4-29 和表 2.4-30（仅供参考）。

表 2.4-29 圆柱表面加工波幅值

加工方法			表面粗糙度 Ra/μm	尺寸公差等级	波幅值 /μm 直径公称尺寸/mm					
					≤6	6~18	18~50	50~120	120~260	260~500
外圆柱表面	车	粗	10~40	IT14	20	30	40	50	60	80
				IT12~IT13	12	20	25	30	40	50
		半精	2.5~20	IT11	8	12	16	20	25	30
				IT10	5	8	10	12	16	20
		精	1.25~10	IT8~IT9	3	5	6	8	10	12
		精细	0.4~1.25	IT6~IT7	2	3	4	5	6	8
	磨	粗	0.8~2.5	IT8~IT9	3	5	6	8	10	12
		精	0.4~1.25	IT6~IT7	2	3	4	5	6	8
		精细	0.08~0.63	IT5	1.2	2	2.5	3	4	5
	超精磨和研磨	粗	0.16~0.63	IT5~IT6	0.8	1.2	1.6	2	2.5	3
		精	0.04~0.32	IT4~IT5	0.5	0.8	1	1.2	1.6	2
		精细	0.01~0.16	IT3~IT4	0.3	0.5	0.6	0.8	1	1.2
	滚压		0.32~1.25	IT8~IT10	3	5	6	8	10	12
				IT6~IT7	2	3	4	5	6	8

（续）

加工方法			表面粗糙度 $Ra/\mu m$	尺寸公差等级	波 幅 值 /μm 直径公称尺寸/mm					
					≤6	6~18	18~50	50~120	120~260	260~500
内圆柱表面	钻、扩钻		2.5~20	IT12~IT13	12	20	25	30	—	—
				IT11	8	12	16	—	—	—
	扩	粗	IT5~20	IT12~IT13	—	20	25	30	—	—
		毛坯上孔	2.5~10	IT11	—	12	16	20	—	—
		精	2.5~10	IT10	—	8	10	12	—	—
	铰	粗	2.5	IT11	5	8	10	12	16	20
				IT10	3	5	6	8	10	12
		精	1.25	IT8~IT9	2	3	4	5	6	8
		精细	0.63	IT6~IT7	1.2	2	2.5	3	4	5
	拉	粗	2.5	IT11	—	—	10	12	16	—
				IT10	—	5	6	8	10	—
		精	0.4~1.25	IT7~IT9	—	3	4	5	6	—
	镗	粗	5~20	IT12~IT13	8	12	16	20	25	30
				IT11	5	8	10	12	16	20
		精	1.25~5	IT9~IT10	3	5	6	8	10	12
				IT7~IT8	2	3	4	5	6	8
		精细	0.16~1.25	IT6	1.2	2	2.5	3	4	5
	磨	粗	2.5	IT9	3	5	6	8	10	12
		精	0.4~1.25	IT7~IT8	2	3	4	5	6	8
		精细	0.08~0.63	IT6	1.2	2	2.5	3	4	5
	珩	粗	0.8~2.5	IT9	—	—	6	8	10	12
		精	0.16~0.63	IT7~IT8	—	—	4	5	6	8
		精细	0.08~0.32	IT6	—	—	2.5	3	4	5
	研磨	精	0.04~0.32	IT6	0.8	1.2	1.6	2	2.5	3
				IT5	0.5	0.8	1.0	1.2	1.6	2
		精细	0.01~0.08	IT4	0.3	0.5	0.6	0.8	1.0	1.2

表 2.4-30 平面加工波幅值

加工方法			表面粗糙度 $Ra/\mu m$	尺寸公差等级	波 幅 值 /μm 加工平面尺寸/mm			
					≤60×60	(60×60)~(160×160)	(160×160)~(400×400)	(400×400)~(1000×1000)
平面加工	铣和刨	粗	5~20	IT12~IT13	40	60	100	160
				IT11	25	40	60	100
				IT9~IT10	16	25	40	60
		精	0.63~2.5	IT10~IT11	25	40	60	100
				IT9	16	25	40	60
				IT8	10	16	25	40
		精细	0.4~1.25	IT9	10	16	25	40
				IT8	6	10	16	25
				IT7	4	6	10	16
	端面车	粗	10~40	IT12~IT14	40	60	100	160
				IT11	25	40	60	100
		精	1.25~20	IT12~IT13	40	60	100	160
				IT11	25	40	60	100
				IT10	16	25	40	60
				IT9	10	16	25	40

(续)

加工方法			表面粗糙度 $Ra/\mu m$	尺寸公差等级	波 幅 值 /μm			
					加工平面尺寸/mm			
					≤60×60	(60×60)~(160×160)	(160×160)~(400×400)	(400×400)~(1000×1000)
平面加工	端面车	精细	0.32~2.5	IT10	10	16	25	40
				IT9	6	10	16	25
				IT8	4	6	10	16
	拉		0.63~2.5	IT10	10	16	25	40
				IT9	6	10	16	25
				IT8	4	6	10	16
	磨	粗	2.5	IT10	10	16	25	40
				IT9	6	10	16	25
				IT8	4	6	10	16
		精	0.4~1.25	IT9	6	10	16	25
				IT8	4	6	10	16
				IT7	2.5	4	6	10
		精细	0.08~0.63	IT8	2.5	4	6	10
				IT7	1.6	2.5	4	6
				IT6	1.0	1.6	2.5	4
	研磨和刮削		0.16~0.63	IT6	1.6	2.5	4	6
			0.08~0.32	IT6	1.0	1.6	2.5	4
			0.08~0.16	IT5	0.6	1.0	1.6	2.5

5 表面缺陷

表面缺陷是零件表面在加工、运输、储存或使用过程中生成的无一定规则的单元体。它与表面粗糙度、表面波纹度和有限表面上的形状误差一起综合形成了零件的表面特征。

GB/T 15757—2002《产品几何量技术规范（GPS）表面缺陷 术语、定义及参数》等效采用国际标准草案 ISO/DIS8785—1998《表面缺陷 术语、定义及参数》。由于国际标准化组织尚未对表面缺陷在图样上的表示方法制定统一的标准，目前只能以文字叙述的方式在图样或技术文件中说明。

5.1 一般术语与定义

表面缺陷的一般术语及定义见表 2.4-31。

表 2.4-31　一般术语及定义

名　称	定义或解释	说　明
基准面	用以评定表面缺陷参数的一个几何表面	1. 基准面通过除缺陷之外的实际表面的最高点，且与由最小二乘法确定的表面等距 2. 基准面是在一定的表面区域或表面区域的某有限部分上确定的，这个区域和单个缺陷的尺寸大小有关。该区域的大小需足够用来评定缺陷，同时在评定时能控制表面形状误差的影响 3. 基准面具有几何表面形状，它的方位和实际表面在空间与总的走向一致
表面缺陷评定区域（A）	工件实际表面的局部或全部，在该区域上，检验和确定表面缺陷	
表面结构	出自几何表面的重复或偶然的偏差，这些偏差形成该表面的三维形貌	表面结构包括在有限区域上的粗糙度、波纹度、纹理方向、表面缺陷和形状误差
表面缺陷（SIM）	在加工、储存或使用期间，非故意或偶然生成的实际表面的单元体、成组的单元体、不规则体	1. 这些单元体或不规则体的类型，明显区别于构成一个粗糙度表面的那些单元体或不规则体 2. 在实际表面上存在缺陷并不表示该表面不可用。缺陷的可接受性取决于表面的用途或功能，并由适当的项目来确定，即长度、宽度、深度、高度、单位面积上的缺陷数等

5.2 表面缺陷的特征和参数

表面上允许的表面缺陷参数和特征的最大值，是一个规定的极限值，零件的表面缺陷不允许超过这个极限值。例如：$SIM_n = 60$

式中，SIM_n 是表面缺陷数。

$$SIM_n/A = 60/1\text{m}^{-2}$$
$$SIM_n/A = 10/50\text{mm}^{-2}$$

式中，A 是表面缺陷评定区域面积。

1）表面缺陷长度（SIM_e） 平行于基准面测得的表面缺陷最大尺寸。

2）表面缺陷宽度（SIM_w） 平行于基准面且垂直于表面缺陷长度测得的表面缺陷最大尺寸。

3）缺陷深度

① 单一表面缺陷深度（SIM_{sd}） 从基准面垂直测得的表面缺陷最大深度。

② 混合表面缺陷深度（SIM_{cd}） 从基准面垂直测得的该基准面和表面缺陷中的最低点之间的距离。

4）缺陷高度

① 单一表面缺陷高度（SIM_{sh}） 从基准面垂直测得的表面缺陷最大高度。

② 混合表面缺陷高度（SIM_{ch}） 从基准面垂直测得的该基准面和表面缺陷中的最高点之间的距离。

5）表面缺陷面积（SIM_a） 单个表面缺陷投影在基准面上的面积。

6）表面缺陷总面积（SIM_t） 在商定的判别极限内，各单个表面缺陷面积之和。

① 表面缺陷总面积的计算公式：

$$SIM_t = SIM_{a1} + SIM_{a2} + \cdots + SIM_{an}$$

② 使用判别极限时，采用的尺寸判别条件规定了表面缺陷特征的最小尺寸，在确定 SIM_n 和 SIM_t 值时，小于该差别条件的表面缺陷被忽略。

7）表面缺陷数（SIM_n） 在商定判别极限范围内，实际表面上的表面缺陷总数。

8）单位面积上表面缺陷数（SIM_n/A） 在给定的评定区域面积 A 内，表面缺陷的个数。

5.3 表面缺陷类型的术语及定义

5.3.1 凹缺陷的术语及定义（表2.4-32）

表 2.4-32 凹缺陷术语及定义

序号	术语	定义或解释	图例	序号	术语	定义或解释	图例
1	沟槽	具有一定长度的、底部圆弧形的或平的凹缺陷		5	砂眼	由于杂粒失落、侵蚀或气体影响形成的以单个凹缺陷形式出现的表面缺陷	
2	擦痕	形状不规则和没有确定方向的凹缺陷		6	缩孔	铸件、焊缝等在凝固时，由于不均匀收缩所引起的凹缺陷	
3	破裂	由于表面和基体完整性的破损造成具有尖锐底部的条状缺陷		7	裂缝、缝隙、裂隙	条状凹缺陷，呈尖角形，有很浅的不规则开口	
4	毛孔	尺寸很小，斜壁很陡的孔穴，通常带锐边，孔穴的上边缘不高过基准面的切平面		8	缺损	在工件两个表面的相交处呈圆弧状的缺陷	

第4章 表面结构

(续)

序号	术语	定义或解释	图例	序号	术语	定义或解释	图例
9	瓢曲（凹面）	板材表面由于局部弯曲形成的凹缺陷		10	窝陷	无隆起的凹坑，通常由于压印或打击产生塑性变形而引起的凹缺陷	

5.3.2 凸缺陷的术语及定义（表2.4-33）

表2.4-33 凸缺陷的术语及定义

序号	术语	定义或解释	图例	序号	术语	定义或解释	图例
1	树瘤	小尺寸和有限高度的脊状或丘状凸起		5	夹杂物	嵌进工件材料里的杂物	
2	疱疤	由于表面下层含有气体或液体所形成的局部凸起		6	飞边	表面周边上尖锐状的凸起，通常在对应的一边出现缺损	
3	瓢曲（凸面）	板材表面由于局部弯曲所形成的拱起		7	缝脊	工件材料的脊状凸起，是由于模铸或模锻等成形加工时材料从模子缝隙挤出，或在电阻焊接（电阻对焊、熔化对焊）两表面时，在受压面的垂直方向形成	
4	氧化皮	和基体材料成分不同的表皮层剥落形成局部脱离的小厚度鳞片状凸起		8	附着物	堆积在工件上的杂物或另一工件的材料	

5.3.3 混合表面缺陷

混合表面缺陷是指部分向外和部分向内的缺陷，混合表面缺陷的术语及定义见表2.4-34。

表2.4-34 混合表面缺陷术语及定义

序号	术语	定义或解释	图例	序号	术语	定义或解释	图例
1	环形坑	环形周边隆起、类似火山口的坑，它的周边高出基准面		3	划痕	由于外来物移动，划掉或挤压工件表层材料而形成的连续凹凸状缺陷	
2	折叠	微小厚度的舌状隆起，一般呈皱纹状，是滚压或锻压时的材料被褶皱压向表层所形成		4	切屑残余	由于切屑去除不良引起的带状隆起	

5.3.4 区域缺陷和外观缺陷

散布在最外层表面上,一般没有尖锐的轮廓,且通常没有实际可测量的深度或高度。区域缺陷和外观缺陷的术语及定义见表 2.4-35。

表 2.4-35 区域缺陷和外观缺陷术语及定义

序号	术语	定义或解释	图例
1	划痕	由于间断性过载在表面上不连续区域出现,如球轴承、滚子轴承和轴承座圈上所形成的雾状表面损伤	
2	磨蚀	由于物理性破坏或磨损而造成的表面损伤	
3	腐蚀	由于化学性破坏造成的表面损伤	
4	麻点	在表面上大面积分布,往往是深的凹点状和小孔状缺陷	
5	裂纹	表面上呈网状细小裂痕的缺陷	
6	斑点、斑纹	外观用眼看上去与相邻表面不同的区域	
7	褪色	表面上脱色或颜色变淡的区域	
8	条纹	深度较浅的呈带状的凹陷区域,或表面结构呈异样的区域	
9	劈裂、鳞片	局部工件表层部分分离所形成的缺陷	

6 表面结构的表示法

在 GB/T 131—2006《产品几何技术规范(GPS)技术产品文件中表面结构的表示法》中规定了表面结构在图样和技术文件中的符号、代号和表示方法,它适用于粗糙度参数(R)、波纹度参数(W)和原始轮廓参数(P)。GB/T 131 同样适用木制件的表面粗糙度,但不适用于表面缺陷的图样表示。

6.1 表面结构的图形符号及代号(GB/T 131—2006)

表面结构的图形符号分为基本符号,扩展符号和完整(信息完整)符号三种,其形式及含义见表 2.4-36。

表 2.4-36 表面结构的符号及其含义

	符号	意义及说明
基本符号	√	基本图形符号由两条不等长的与标注表面成 60°夹角的直线构成,仅适用于简化代号标注,没有补充说明时不能单独使用
扩展符号	√ (要求去除材料) √ (不允许去除材料)	在基本图形符号上加一短横,表示指定表面是用去除材料的方法获得,如通过机械加工获得的表面 在基本图形符号上加一个圆圈,表示指定表面是用不去除材料方法获得

(续)

	符号	意义及说明
完整符号	∇ ∇ ∇ 允许任何工艺　去除材料　不去除材料	当要求标注表面结构特征的补充信息时,应在基本图形符号和扩展图形符号的长边上加一横线

6.1.1 表面结构的图形符号及其组成

在图样中,除了标注表面结构的参数和数值外,根据零件表面的要求,有时还需标注有关的附加要求,如表面纹理方向、加工余量、传输带(传输带是两个定义的滤波器或图形法的两个极限值之间的波长范围)、取样长度、加工工艺等(详见 GB/T 131—2006 附录 D)。它的标注位置见图 2.4-6,各字母代号的含义见表 2.4-37。

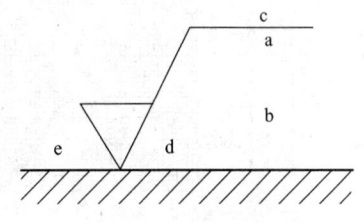

图 2.4-6　补充要求的注写位置

表 2.4-37　字母代号的含义

字母代号	含义	示例
a	表面结构的参数代号和极限值,必要时标注传输带或取样长度	1) 0.0025 - 0.8/Rz 6.3 (传输带标注/表面结构的参数代号和极限值) 2) -0.8/Rz 6.3 (取样长度标注/表面结构的参数代号和极限值)
b	两个或多个表面结构参数要求,在 a 位置的垂直延长部位	Fe/Ep·Ni10bCr0.3r -0.8/Ra 1.6 U-2.5/Rz 12.5 L-2.5/Rz 3.2
c	表面的加工方法,如表面处理、涂镀层、车、磨、铣等加工方法,右图为车削加工,表面粗糙度 Rz3.2	车 Rz 3.2
d	表面纹理和纹理方向	见表 2.4-39
e	加工余量。在必要时,可提出加工余量的要求,以 mm 为单位,右图表示在视图上所有表面的加工余量为 3mm	车 Rz 3.2 3

6.1.2 图形符号的比例和尺寸

1）表面结构的基本符号由两条长度不等且与被注表面的投影轮廓成 60°的细实线组成。符号中的线宽、高度及宽度的规定分别见图 2.4-7 和图 2.4-8。完整的符号各项内容的位置及比例见图 2.4-9。

2）图形符号和附加标注的尺寸及宽度见表 2.4-38。

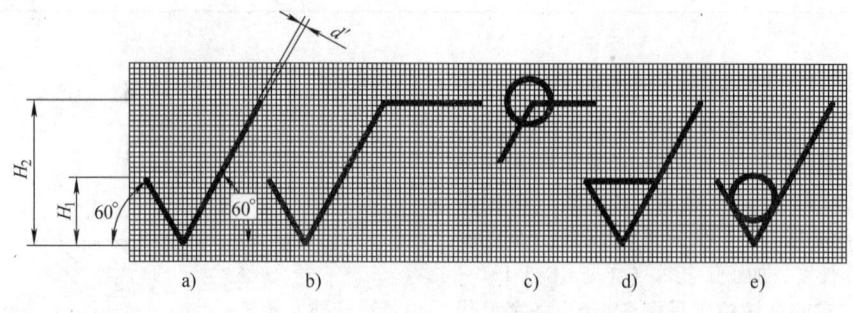

图 2.4-7 基本符号的规定

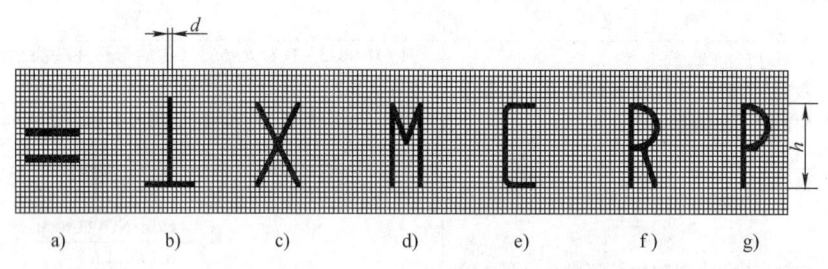

图 2.4-8 字体的规定

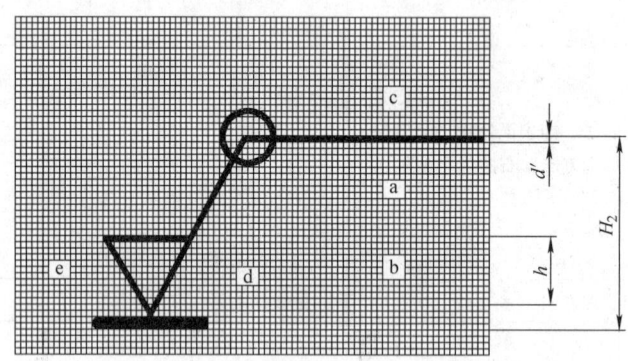

图 2.4-9 完整符号的位置及比例

表 2.4-38 图形符号和附加标注的尺寸及宽度 (mm)

数字和字母高度 h（见 GB/T 14691）	2.5	3.5	5	7	10	14	20
符号线宽 d'	0.25	0.35	0.5	0.7	1	1.4	2
字母线宽 d							
高度 H_1	3.5	5	7	10	14	20	28
高度 H_2（最小值）[①]	7.5	10.5	15	21	30	42	60

① H_2 取决于标注内容。

6.1.3 表面纹理符号及标注解释

表面纹理符号及标注解释见表2.4-39。

表 2.4-39　表面纹理符号及标注解释

符　号	标　注　解　释
=	纹理平行于视图所在的投影面
⊥	纹理垂直于视图所在的投影面
X	纹理呈两斜向交叉且与视图所在的投影面相交
M	纹理呈多方向
C	纹理呈近似同心圆且圆心与表面中心相关
R	纹理呈近似放射状且与表面圆心相关

（续）

符号	标注解释
P	纹理呈微粒、凸起，无方向

注：如果表面纹理不能清楚地用这些符号表示，必要时，可以在图样上加注说明。

6.2 标注参数及附加要求的规定

6.2.1 表面结构的四项内容

给出表面结构代号时，一般应包括以下四项内容，并按完整符号的规定注出。

1) 三种轮廓参数（R、W、P）中的一种。
2) 轮廓特征。
3) 满足评定长度要求的取样长度个数，如按标准规定的对应关系选取，则不必标注，此时取样长度为"默认"值。
4) 极限值或最大值。

6.2.2 取样长度和评定长度的标注

（1）取样长度 lr 的标注

参数 Ra 和 Rz 所对应的取样长度 lr 系列见表 2.4-12 和表 2.4-13。

当图样上给定参数值的后面没有任何标注时，则默认为按表中选定的取样长度，即取样长度为"默认值"。

（2）评定长度 ln 的标注

评定长度包含一个或几个取样长度，按 GB/T 10610 的规定，当评定长度为 5 个取样长度即 $ln=5lr$ 时，则不必标出取样长度的个数，否则需标出。如 $Ra3$、$Rz1$ 分别表示 3 个和 1 个取样长度。三种轮廓参数的评定长度的选取方法有区别。

1) 粗糙度 R 轮廓的评定长度。表面粗糙度的评定长度不是默认值时，应在相应的参数后面标注其个数，如 $Ra3$、$Rz2$、$Rc3$、$Rp1$、$Rv6$、$Rt4$ 等。

2) 波纹度 W 轮廓的评定长度。表面波纹度的评定长度没有默认值的规定，应在相应的波纹度参数代号后标注其个数，如 $W25$、$Wa3$ 等。

3) 原始 P 轮廓的评定长度。P 轮廓参数的评定长度等于取样长度，也与测量长度相等，因此不需要标注取样长度的个数。

6.2.3 传输带的标注

传输带的波长范围在两个指定的滤波器（GB/T 6062）之间或图形法（GB/T 18618）的两个极限值之间，也即被一个截止短波滤波器和一个截止长波滤波器所限制。

1) 当参数代号中没有标注传输带时，表面结构要求采用默认的传输带。具体规定由 GB/T 131—2006 中的附录 G 给出如下：

① R 轮廓。R 轮廓传输带的截止波长值代号是 λs（短波滤波器）和 λc（长波滤波器），λc 表示取样长度。粗糙度参数默认传输带由 GB/T 10610—1998 第 7 章和 GB/T 6062—2002 的 4.4 共同定义。

GB/T 10610 定义默认长波滤波器 λc，而 GB/T 6062 定义与 λc 相关的默认短波滤波器 λs。

② W 轮廓：W 轮廓传输带的截止波长值代号是 λc（短波滤波器）和 λf（长波滤波器），λf 表示取样长度。W 轮廓传输带没有定义默认值，也没有定义 λc 和 λf 的比率。

③ P 轮廓：P 轮廓传输带的截止波长值代号是 λs（短波滤波器），长波滤波器无规定代号。P 轮廓短波滤波器的截止波长值 λs 没有定义默认值。

2) 传输带应标注在参数代号的前面，并用斜线"/"隔开。传输带标注包括滤波器截止波长（mm），短波滤波器 λs 与长波滤波器 λc 中间用"-"隔开，如图 2.4-10a（用于文本中）和图 2.4-10b（用于图样上）所示。

MRR 0.0025-0.8/Rz 3.2　　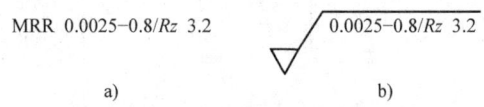

a)　　　　　　　　　　b)

图 2.4-10 表面结构代号中传输带的注法
a) 在文本中　b) 在图样上

在某些情况下，在传输带中只标注两个滤波器中的一个。如果存在第二个滤波器，使用默认的截止波长值。如果只标注一个滤波器，应保留连字号"-"来区分是短波滤波器还是长波滤波器。举例如下：

① 0.008 - 短波滤波器标注。
② -0.25   长波滤波器标注。

各参数代号中传输带的标注示例见表2.4-40。

表2.4-40 传输带的标注

参数	传输带标注	解释
R（粗糙度）	0.008-0.8/Rz 3.2	λs 为 0.008 λc 为 0.8
	0.008-/Ra 1.6	λs 为 0.008 λc 为默认值
	Ra 3.2	λs、λc 均为默认值
W（波纹度）	0.8-2.5/Wz 125	λc 为 0.8 λf 为 2.5
P（原始轮廓）	0.008-/Pt max 25	λs = 0.008 无长波滤波器用"-"表示

6.2.4 极限值判断规则的标注

在表面结构的代号中给出的极限值的判断规则应遵循下列两种规则中的一种，这两种规则均是对上限值的判断。

（1）16%规则

当表面结构代号中仅标注参数代号和参数值时，应遵循16%规则（见本章7.2），它是默认规则，见图2.4-11。

（2）最大规则

当表面结构代号中的参数代号右边加上"max"时，则应遵循最大规则（见本章7.2），见图2.4-12。

MRR Ra 0.8；Rz1 3.2

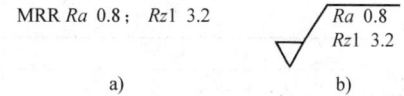

a)　　　　　　　　b)

图2.4-11 应用16%规则（默认传输带）时参数值的标注
a）在文本中　b）在图样上

MRR Ramax 0.8；Rz1max 3.2

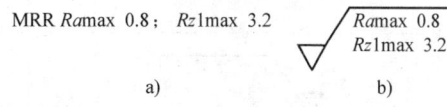

a)　　　　　　　　b)

图2.4-12 应用最大规则时参数值的标注
a）在文本中　b）在图样上

轮廓参数可采用16%规则或最大规则；图形参数只能采用16%规则；支承率曲线参数与轮廓参数一样，可采用16%规则或最大规则。

6.2.5 表面参数的双向极限值的标注

由于产品功能的要求，有时工件表面结构的参数需给出双向的极限值。上极限值标在上方，在参数值前加注"U"，下极限值标在下方，在参数值前加注"L"。同一参数具有双向极限要求时，可以不加注"U"和"L"，见图2.4-13。

图2.4-13a Rz0.8 为上极限值，Ra0.2 为下极限值。图2.4-13b Ra 要求双向极限值，上极限值为1.6，下极限值为0.8，不会引起误解，省略标注"U"和"L"。

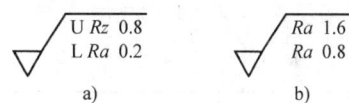

a)　　　　　　　　b)

图2.4-13 双向极限值的标注

6.2.6 表面结构代号示例及含义

表面结构代号示例及含义见表2.4-41。

表2.4-41 表面结构代号示例及含义

序号	符号	含义或解释
1	Rz 0.4	表示不允许去除材料，单向上限值，默认传输带，R轮廓，粗糙度的最大高度0.4μm，评定长度为5个取样长度（默认），"16%规则"（默认）
2	Rz max 0.2	表示去除材料，单向上限值，默认传输带，R轮廓，粗糙度最大高度的最大值0.2μm，评定长度为5个取样长度（默认），"最大规则"
3	0.008-0.8/Ra 3.2	表示去除材料，单向上限值，传输带 0.008-0.8mm，R轮廓，算术平均偏差3.2μm，评定长度为5个取样长度（默认），"16%规则"（默认）
4	-0.8/Ra3 3.2	表示去除材料，单向上限值，传输带：根据 GB/T 6062，取样长度 0.8μm（λs默认0.0025mm），R轮廓，算术平均偏差3.2μm，评定长度包含3个取样长度，"16%规则"（默认）

(续)

序号	符 号	含义或解释
5	⌀ U Ra max 3.2 / L Ra 0.8	表示不允许去除材料，双向极限值，两极限值均使用默认传输带，R 轮廓，上限值：算术平均偏差 3.2μm，评定长度为 5 个取样长度（默认），"最大规则"，下限值：算术平均偏差 0.8μm，评定长度为 5 个取样长度（默认），"16% 规则"（默认）
6	▽ 0.8-25/Wz3 10	表示去除材料，单向上限值，传输带 0.8-25mm，W 轮廓，波纹度最大高度 10μm，评定长度包含 3 个取样长度，"16% 规则"（默认）
7	▽ 0.008-/Pt max 25	表示去除材料，单向上限值，传输带 $\lambda s = 0.008$mm，无长波滤波器，P 轮廓，轮廓总高 25μm，评定长度等于工件长度（默认），"最大规则"
8	▽ 0.0025-0.1//Rx 0.2	表示任意加工方法，单向上限值，传输带 $\lambda s = 0.0025$mm，$A = 0.1$mm，评定长度 3.2mm（默认），粗糙度图形参数，粗糙度图形最大深度 0.2μm，"16% 规则"（默认）
9	⌀ /10/R 10	表示不允许去除材料，单向上限值，传输带 $\lambda s = 0.008$mm（默认），$A = 0.5$mm（默认），评定长度 10mm，粗糙度图形参数，粗糙度图形平均深度 10μm，"16% 规则"（默认）
10	▽ W 1	表示去除材料，单向上限值，传输带 $A = 0.5$mm（默认），$B = 2.5$mm（默认），评定长度 16mm（默认），波纹度图形参数，波纹度图形平均深度 1mm，"16% 规则"（默认） W—图形参数
11	▽ -0.3/6/AR 0.09	表示任意加工方法，单向上限值，传输带 $\lambda s = 0.008$mm（默认），$A = 0.3$mm（默认），评定长度 6mm，粗糙度图形参数，粗糙度图形平均间距 0.09mm，"16% 规则"（默认）

6.2.7 其他标注的规定

在表面结构的完整符号中，有时需注明加工方法、表面纹理方向和加工余量等信息、这些补充注释的标注示例见表 2.4-42。

表 2.4-42 带补充注释的符号标注示例

项目	示例	意义及说明
表面纹理	铣 Ra 0.8 / Rz1 3.2 ⊥	表面纹理的要求应按表 2.4-39 中的规定标注。示例中的纹理方向应垂直于视图所在的投影面
加工余量	Ra 1.6 / 3	在同一图样中，多个加工工序的表面可给出加工余量以保证其表面粗糙度的要求。有时为了限制其加工方法也需给出加工余量，示例中的加工余量为 3mm
加工方法	车 / Rz 3.2	加工方法直接影响轮廓曲线的特征，必要时应标注特定的加工方法

(续)

项目	示例	意义及说明
表面处理、镀（涂）覆层	镀 Ra 0.8 / 镀前 Ra 1.6；镀 Ra 1.6 / 镀前 Ra 3.2	为提高零件的表面质量，需进行镀、涂或表面处理时，应将此要求标注在表面结构代号的横线上方。如不另加说明，表面结构的参数值为完工后的数值，否则应加注"前"字。
封闭轮廓表面注法		对投影视图上封闭的轮廓线所表示的各表面有相同的表面结构要求

6.3 表面结构代号在图样上的标注

表面结构要求对每一表面一般只标注一次，并尽可能注在相应的尺寸及其公差的同一视图上。除非另有说明，所标注的表面结构要求是对完工零件表面的要求。表面结构代号的标注位置与注写方向见表2.4-43。

表 2.4-43 表面结构要求在图样中的标注（摘自 GB/T 131—2006）

项目	图例	意义及说明
总的原则	a)	总的原则是根据 GB/T 4458.4—2003《机械制图 尺寸注法》的规定，使表面结构的注写和读取方向与尺寸的注写和读取方向一致（图 a）
标注在轮廓线上	b)	表面结构要求可标注在轮廓线上，其符号应从材料外指向并接触表面。必要时，表面结构符号也可用带箭头或带黑点的指引线引出标注（图 b、图 c）
标注在指引线上	c)	

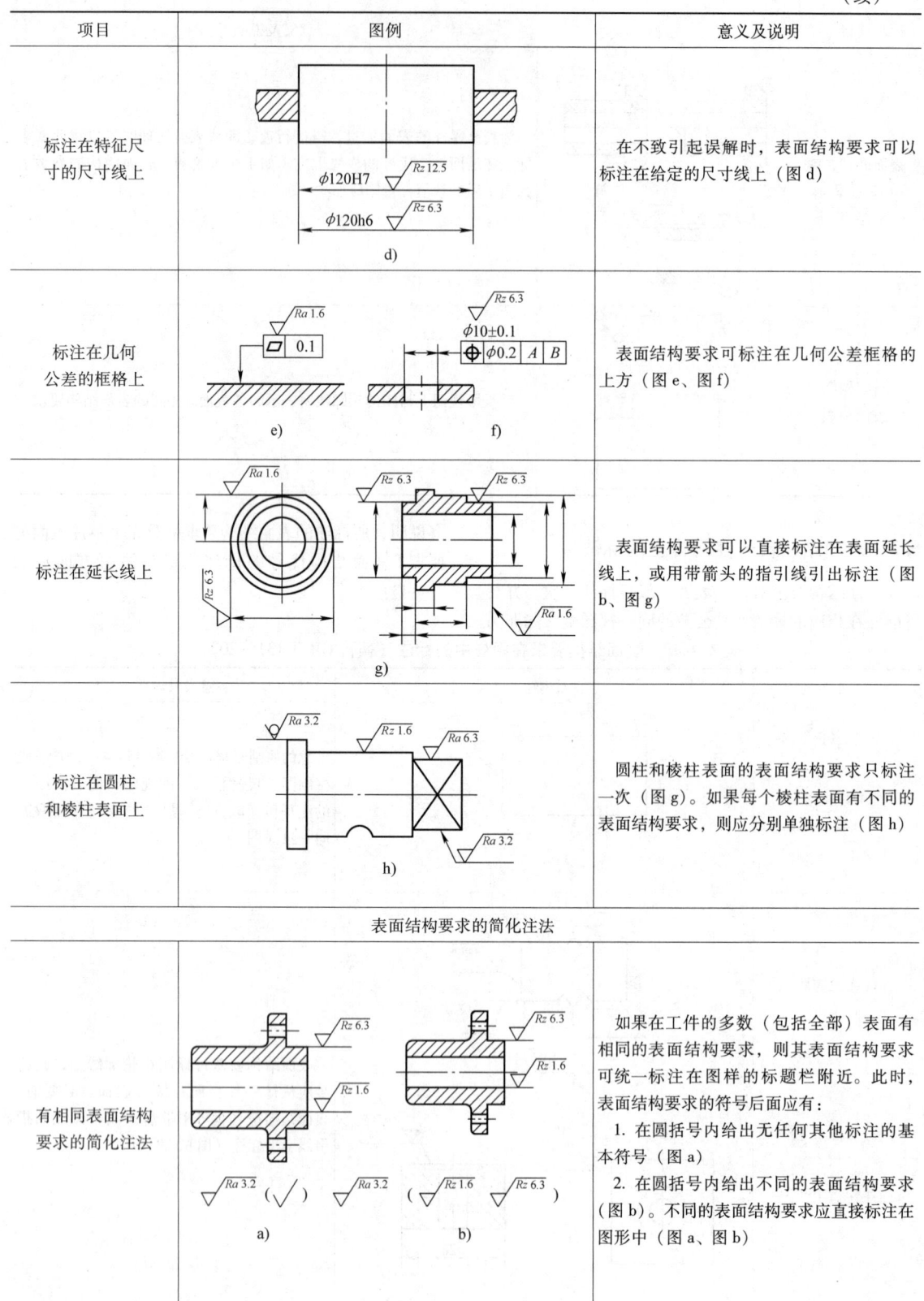

项目		图例	意义及说明
多个表面有共同要求的注法	用带字母的完整符号的简化注法	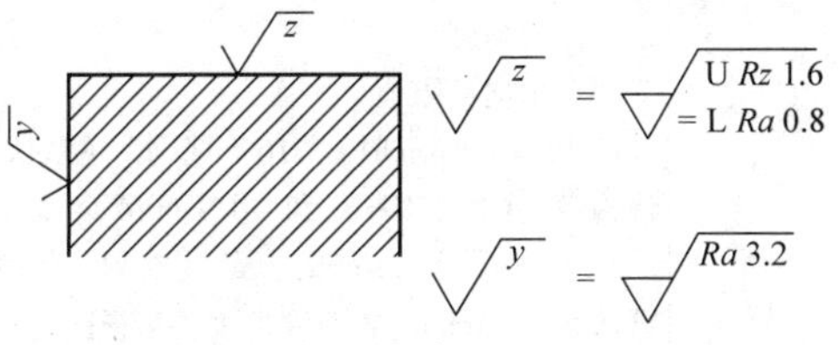 c)	在图纸空间有限时，可用带字母的完整符号，以等式的形式，在图形或标题栏附近，对有相同表面结构要求的表面进行简化标注（图 c）
	只用表面结构符号的简化注法	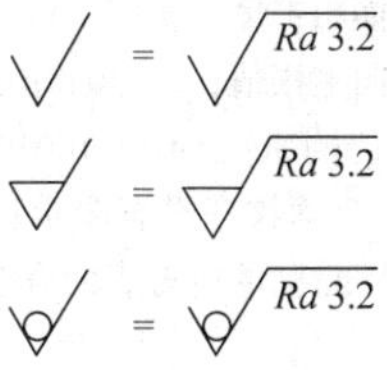 d)	可用表 2.4-36 的基本图形符号和扩展图形符号，以等式的形式给出对多个表面共同的表面结构要求（图 d）
两种或多种工艺获得的同一表面的注法			
同时给出镀覆前后表面结构要求的注法		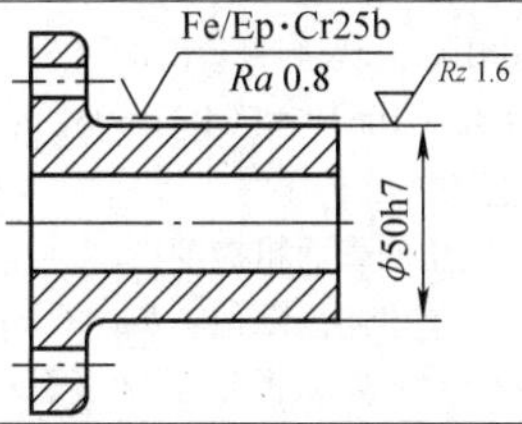 Fe/Ep·Cr25b Ra 0.8 Rz 1.6 ϕ50h7	由几种不同的工艺方法获得的同一表面，当需要明确每种工艺方法的表面结构要求时，可按左图进行标注

6.4 表面结构代号的综合示例

表面结构代号的综合示例见表 2.4-44。

表 2.4-44 表面结构代号的综合示例（摘自 GB/T 131—2006）

示例	意义及说明
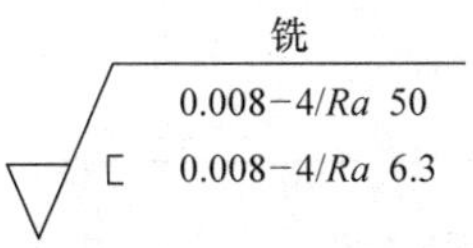 铣 0.008-4/Ra 50 0.008-4/Ra 6.3	表面粗糙度： 双向极限值：上限值为 Ra = 50μm，下限值为 Ra = 6.3μm；均为"16% 规则"（默认）；两个传输带均为 0.008 ~ 4mm；默认的评定长度 5 × 4mm = 20mm；表面纹理呈近似同心圆且圆心与表面中心相关；加工方法为铣削；不会引起争议时，不必加 U 和 L
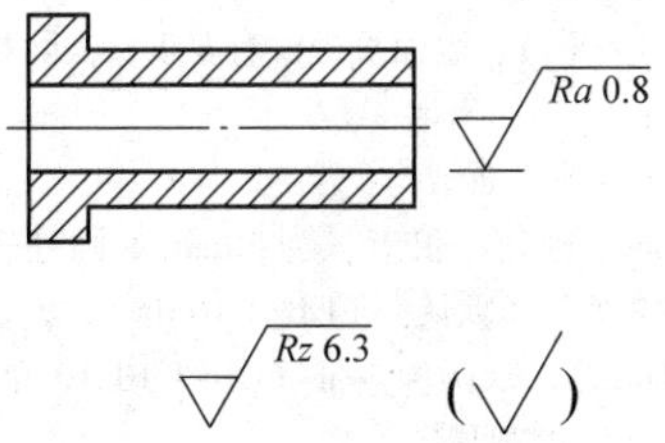 Ra 0.8 Rz 6.3 (√)	除一个表面以外，所有表面的粗糙度： 单向上限值：Rz = 6.3μm；"16% 规则"（默认）；默认传输带；默认评定长度（5 × λc）；表面纹理没有要求；去除材料的工艺 不同要求的表面的表面粗糙度： 单向上限值：Ra = 0.8μm；"16% 规则"（默认）；默认传输带；默认评定长度（5 × λc）；表面纹理没有要求；去除材料的工艺

（续）

示例	意义及说明
	表面粗糙度： 两个单向上限值 1. $Ra = 1.6\mu m$ 时："16% 规则"（默认）（GB/T 10610）；默认传输带（GB/T 10610 和 GB/T 6062）；默认评定长度（$5 \times \lambda c$） 2. $Rz\ max = 6.3\mu m$ 时：最大规则；传输带 $-2.5mm$；评定长度默认 $5 \times 2.5mm$；表面纹理垂直于视图的投影面；加工方法为磨削
	表面粗糙度： 单向上限值；$Rz = 0.8\mu m$；"16% 规则"（默认）（GB/T 10610）；默认传输带（GB/T 10610 和 GB/T 6062）；默认评定长度（$5 \times \lambda c$）；表面纹理没有要求；表面处理：铜件，镀镍/铬，表面要求对封闭轮廓的所有表面有效
	表面结构和尺寸可以标注在同一尺寸线上 键槽侧壁的表面粗糙度： 一个单向上限值；$Ra = 3.2\mu m$；"16% 规则"（默认）（GB/T 10610）；默认评定长度（$5 \times \lambda c$）（GB/T 6062）；默认传输带（GB/T 10610 和 GB/T 6062）；表面纹理没有要求；去除材料的工艺 倒角的表面粗糙度： 一个单向上限值；$Ra = 6.3\mu m$；"16% 规则"（默认）（GB/T 10610）；默认评定长度（$5 \times \lambda c$）（GB/T 6062）；默认传输带（GB/T 6062 和 GB/T 6062）；表面纹理没有要求；去除材料的工艺
	表面结构和尺寸可以一起标注在延长线上或分别标注在轮廓线和尺寸界线上 示例中的三个表面粗糙度要求： 单向上限值；分别是 $Ra = 1.6\mu m$；$Ra = 6.3\mu m$；$Rz = 12.5\mu m$；"16% 规则"（默认）（GB/T 10610）；默认评定长度（$5 \times \lambda c$）（GB/T 6062）；默认传输带（GB/T 10610 和 GB/T 6062）；表面纹理没有要求；去除材料的工艺
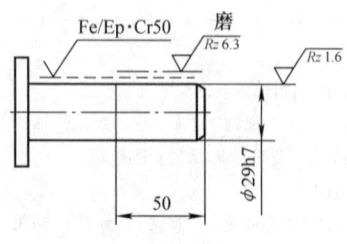	表面结构、尺寸和表面处理的标注：该示例是三个连续的加工工序 第一道工序：单向上限值；$Rz = 1.6\mu m$；"16% 规则"（默认）（GB/T 10610）；默认评定长度（$5 \times \lambda c$）（GB/T 6062）；默认传输带（GB/T 10610 和 GB/T 6062）；表面纹理没有要求；去除材料的工艺 第二道工序：镀铬，无其他表面结构要求 第三道工序：一个单向上限值，仅对长为 50mm 的圆柱表面有效；$Rz = 6.3\mu m$；"16% 规则"（默认）（GB/T 10610）；默认评定长度（$5 \times \lambda c$）（GB/T 6062）；默认传输带（GB/T 10610 和 GB/T 6062）；表面纹理没有要求；磨削加工工艺

（续）

示例	意义及说明
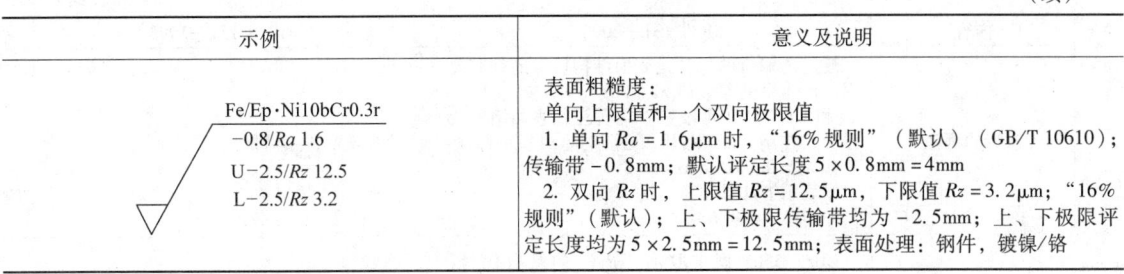 Fe/Ep·Ni10bCr0.3r −0.8/Ra 1.6 U−2.5/Rz 12.5 L−2.5/Rz 3.2	表面粗糙度： 单向上限值和一个双向极限值 1. 单向 $Ra=1.6\mu m$ 时，"16% 规则"（默认）（GB/T 10610）；传输带 −0.8mm；默认评定长度 $5\times0.8=4mm$ 2. 双向 Rz 时，上限值 $Rz=12.5\mu m$，下限值 $Rz=3.2\mu m$；"16% 规则"（默认）；上、下极限传输带均为 −2.5mm；上、下极限评定长度均为 $5\times2.5mm=12.5mm$；表面处理：钢件，镀镍/铬

6.5 新、旧国家标准 GB/T 131 的主要不同点

2006 年发布的 GB/T 131 与 1993 年标准的主要不同点见表 2.4-45。

表 2.4-45 新、旧国标 GB/T 131 的主要不同点

序号	内容	GB/T 131—2006	GB/T 131—1993
1	标准名称	《产品几何技术规范（GPS）技术产品文件中表面结构的表示法》	《机械制图 表面粗糙度符号、代号及其标注》
2	适用范围	适用于表面结构包含表面粗糙度、表面波纹度、原始轮廓的参数及图形参数	仅适用于表面粗糙度
3	参数符号及参数值的标注位置	标注在符号长边的横线下面 *Ra* 3.2	标注在符号的上方 3.2
4	对于 Ra 参数	和其他参数符号一样要在符号上标出	由于 Ra 用得较广泛，Ra 符号可省略不标
5	关于上、下极限值	上极限值前要加注"U"，下极限值前要加注"L" 在不致引起误解时，可省略 U *Rz* 1.6 L *Ra* 0.8	只规定上、下极限值标注位置，不加注字母 *Rz* 1.6 *Ra* 0.8
6	在图样中零件表面部分相同或全部相同的表面结构参数要求的简化注法	1）部分相同 不同部分注在图样上，相同部分按规定（见下图）注在标题栏的上方或图样的右下方空白处 （图：*Rz* 6.3, *Rz* 1.6） *Ra* 3.2 (*Rz* 1.6 *Rz* 6.3) 2）全部相同 将代号和带有圆括号的基本符号注在图样中标题栏的上方或图样右下方空白处 *Ra* 3.2 (√)	1）部分相同 不同部分注在图样上，相同部分的代号注在图样的右上角并加注"其余"两字，如下图，需放大 1.4 倍注出 （图：3.2 φ 其余 25，2-φ 锪平φ，12.5） 2）全部相同 将代号放大 1.4 倍，注在图样的右上方，如下图 3.2

序号	内容	GB/T 131—2006	GB/T 131—1993
7	传输带的标注	规定传输带的标注是表面结构代号的补充要求。传输带的参数值 λs 和 λc（对于 R 参数），λc 和 λf（对于 W 参数）需标注在表面结构代号前，并用"/"隔开，必要时也可省略标注 如 $\lambda s = 0.0025$，$\lambda c = 0.8$ 则表示方法如下：0.0025 - 0.8/Rz6.3	没有规定，不需标出
8	Rz 参数及其含义	GB/T 3505 规定取消"Ry"的参数代号，以"Rz"取代"Ry"，其含义为"Ry"的含义。标注中不再出现"Ry"代号，同时也取消了原 Rz 的含义	Rz 与 Ry 同时存在并有不同含义，示例中有 Ry 的图样

7 轮廓法评定表面结构的规则和方法

GB/T 10610—2009《产品几何技术规范（GPS） 表面结构 轮廓法 评定表面结构的规则和方法》规定了参数测定，测得值与公差极限值相比较的规则，参数评定和用触针式仪器检验的规则和方法。

7.1 参数测定

（1）在取样长度上定义的参数

1）仅由一个取样长度测得的数据计算参数值的一次测定称"参数测定"。

2）将所有按单个取样长度计算的参数值，取其算术平均值得到的参数值称"平均参数测定"。

（2）在评定长度上定义的参数

对于在评定长度上定义的参数 Pt、Rt 和 Wt，其参数值的测定是由在评定长度上所测得的数据计算而得的。

（3）曲线及相关参数测定

对于曲线及相关参数的测定，首先以评定长度为基础求解曲线，以此曲线测得的数据计算得出某一参数值。

（4）默认评定长度

如在图样上或技术文件中没有标出评定长度，则视为默认评定长度，应遵循以下规定：

——R 参数，按表 2.4-46 确定评定长度；

——P 参数，评定长度等于被测特征的长度；

——图形参数，评定长度的规定按 GB/T 18618 规定选取。

7.2 测得值与规定值的对比规则

表面结构均匀的情况下，采用整体表面上测得的参数值与图样（或技术文件）中规定值比较。

表面结构有明显差异时，应将每个区域上测定的参数值分别与规定值比较。

当参数的规定值为上限值时，应在若干个测量区域中选择可能出现最大参数值的区域测量。

（1）16% 规则

当参数规定值为上限值时，在同一评定长度上全部测得值大于规定值的个数不超过实测值总数 16%，则该表面为合格表面。

当参数的规定值为下限值时，在同一评定长度上的全部实测值中，小于规定值的个数不超过实测值总数的 16%，则该表面为合格表面。

（2）最大规则

若参数规定的是最大值而不是上下极限值时，应在参数符号后加注"max"，如 Rzmax。

检验时，应在被检表面的全部区域内测得的参数值均不得超过其规定值。

7.3 参数评定的基本要求

1）表面结构参数不能用来描述表面缺陷，因此在检验表面结构时，不应把表面缺陷（如划痕、气孔等）考虑进去。

2）为了判定工件表面是否符合技术要求，必须采用表面结构参数的一组测量值，其中每个单元的数值是从一个评定长度上测得的。

3）判别被检表面是否符合技术要求的可靠性，以及由同一表面获得的表面结构参数平均值的精度取决于获得表面参数单元值的评定长度内取样长度的个数。

4）粗糙度轮廓参数。对于 GB/T 3505 有关的粗糙度系列参数，如果评定长度不等于 5 个取样长度，则上、下限值应重新计算，而且将其和等于 5 个取样长度的评定长度联系起来。图 2.4-14 所示每个 σ 等于 σ_5。

σ_n 和 σ_5 的关系由下式给出：$\sigma_5 = \sigma_n \sqrt{n/5}$

式中，n 为所用取样长度的个数（小于 5）。

测量的次数越多、评定长度越长，则判别被测表面是否符合要求的可靠性越高，测量参数平均值的不确定度也越小。

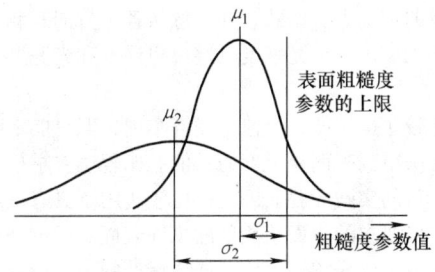

图 2.4-14 σ_n 不等于 σ_5 的换算示例

然而，测量次数的增加将导致测量时间和成本的增加。因此，检验方法必须考虑一个兼顾可靠性和成本的折中方案。

7.4 粗糙度轮廓参数的测量

1）当没有指定测量方向时，工件的安放应使其测量截面方向与粗糙度高度参数（Ra、Rz）的最大值的测量方向相一致，该方向垂直于被测表面的加工纹理。对无方向性的表面，测量截面的方向可以是任意的。

2）应该在被测表面可能产生极值的部位进行测量，这可通过目测来估计。应在表面这一部位均匀分布的位置上分别测量，以获得各个独立的测量结果。

3）为了确定粗糙度轮廓参数的测得值，应首先观察表面并判断粗糙度轮廓是周期性的还是非周期性的。若没有其他规定，基于这一判断，则应分别遵照7.4.1和7.4.2中所述的程序执行。如果采用特殊的测量程序，必须在技术文件和测量记录中加以说明。

7.4.1 非周期性粗糙度轮廓的测量程序

对于具有非周期性粗糙度轮廓的表面应遵循下列步骤进行测量：

① 待求的粗糙度轮廓参数 Ra、Rz、$Rz1\max$ 或 Rsm 的数值，可先用目测、粗糙度比较样块、全轮廓轨迹的图解分析等方法来估计。

② 利用①中估计的 Ra、Rz、$Rz1\max$ 或 Rsm 的数值，按表 2.4-46、表 2.4-47 或表 2.4-48 预选取样长度。

表 2.4-46 测量 Ra 值的取样长度

Ra /μm	粗糙度取样长度 lr/mm	粗糙度评定长度 ln/mm
(0.006) < Ra ≤ 0.02	0.08	0.4
0.02 < Ra ≤ 0.1	0.25	1.25
0.1 < Ra ≤ 2	0.8	4
2 < Ra ≤ 10	2.5	12.5
10 < Ra ≤ 80	8	40

③ 利用测量仪器按②中预选的取样长度，完成 Ra、Rz、$Rz1\max$ 或 Rsm 的一次预测量。

④ 将测得的 Ra、Rz、$Rz1\max$ 或 Rsm 的数值和表 2.4-46、表 2.4-47 或表 2.4-48 中预先取样长度所对应的 Ra、Rz、$Rz1\max$ 或 Rsm 的数值范围相比较。

表 2.4-47 测量 Rz、$Rz1\max$ 值的取样长度

Rz[①] $Rz1$[②]max /μm	粗糙度取样长度 lr/mm	粗糙度评定长度 ln/mm
(0.025) < Rz、$Rz1\max$ ≤ 0.1	0.08	0.4
0.1 < Rz、$Rz1\max$ ≤ 0.5	0.25	1.25
0.5 < Rz、$Rz1\max$ ≤ 10	0.8	4
10 < Rz、$Rz1\max$ ≤ 50	2.5	12.5
50 < Rz、$Rz1\max$ ≤ 200	8	40

① Rz 是在测量 Rz、Rv、Rp、Rc 和 Rt 时使用。

② $Rz1\max$ 仅在测量 $Rz1\max$、$Rv1\max$、$Rp1\max$ 和 $Rc1\max$ 时使用。

表 2.4-48 测量 Rsm 值时的取样长度

Rsm /μm	粗糙度取样长度 lr/mm	粗糙度评定长度 ln/mm
0.013 < Rsm ≤ 0.04	0.08	0.4
0.04 < Rsm ≤ 0.13	0.25	1.25
0.13 < Rsm ≤ 0.4	0.8	4
0.4 < Rsm ≤ 1.3	2.5	12.5
1.3 < Rsm ≤ 4	8	40

如果测得值超出了预选取样长度对应的数值范围，则应按测得值对应的取样长度来设定，即把仪器调整至相应的较高或较低的取样长度。然后应用这一调定的取样长度测得一组典型数值，并再次与三个表中数值相比。此时，测得值应达到由表中建议的测得值和取样长度的组合。

⑤ 如果以前在④步骤评定时没有采用过更短的取样长度，则把取样长度调至更短些获得一组 Ra、Rz、$Rz1\max$ 或 Rsm 的数值，检查所得到的 Ra、Rz、$Rz1\max$ 或 Rsm 的数值和取样长度的组合是否亦满足表中的规定。

⑥ 只要④步骤中最后的设定与表相符合，则设定的取样长度和 Ra、Rz、$Rz1\max$ 或 Rsm 的数值二者是正确的。如果⑤步骤也产生一个满足表中规定的组合，则这个较短的取样长度设定值和相对应的 Ra、Rz、$Rz1\max$ 或 Rsm 的数值是最佳的。

⑦ 运用上述步骤中预选出的截止波长（取样长度）完成一次所需参数的测量。

7.4.2 周期性粗糙度轮廓的测量程序

对于具有周期性粗糙度轮廓的表面应采用下述步骤进行测量：

① 用图解法估计待求粗糙度的表面参数 Rsm 的数值。

② 按估计的 Rsm 的数值，由表 2.4-48 确定推荐的取样长度作为截止波长值。

③ 必要时，如在有争议的情况下，利用由②选定的截止波长值测量 Rsm 值。

④ 如果按照③步骤得到相应的 Rsm 值后查表 2.4-48 确定的取样长度比②步骤较小或较大，则应采用这较小或较大的取样长度值作为截止波长值。

⑤ 用上述步骤中预选的截止波长（取样长度）完成一次所需参数的测量。

8 表面粗糙度比较样块

对于完工的零件或在加工过程中（如镀前）有表面粗糙度要求的零件表面需进行表面粗糙度的检测和评定，以保证产品质量。

常用的检测方法有触针法、干涉法、光切法等，均需在精密的测量仪器上进行。在车间里则常用比较法进行检测。

比较法，即将零件的被测表面与一组表面粗糙度的比较样块进行比对，凭触觉或视觉进行评定。用触觉即凭手指抚摸其加工痕迹的深浅和疏密程度时，应将两者放在同一温度的外在环境下进行。用视觉（肉眼观察或借助放大镜或显微镜）进行比对时，要求两者的加工方法一致，并注意从各个方向观测，比对其加工痕迹及反光强度，避免粗糙度和光亮度相混淆。

比较法虽简便、快速、经济实用，但只能定性测量，无法得到表面粗糙度的量值。比较法要求检验者具有丰富的实践经验。因此，比较法用于具有一般而不是严格要求的表面粗糙度的零件表面。

本节主要介绍四项比较样块标准的主要内容。

8.1 铸造表面比较样块

GB/T 6060.1—1997《表面粗糙度比较样块 铸造表面》规定了铸造金属及合金表面粗糙度比较样块的制造方法、表面特征、样块分类和粗糙度参数值及其评定方法，适用于与相同表征的铸造金属及合金材质和铸造方法相同的并经过喷砂、喷丸、滚筒清理等方法清理的铸造表面进行比对，它还作为其他特定铸造工艺和铸造表面粗糙度选用的参考依据。

8.1.1 样块的分类及参数值

铸造表面比较样块按铸造工艺及材质的不同分成两大类 15 种，其详细分类及所表征的表面粗糙度参数值（Ra）见表 2.4-49。

表 2.4-49 铸造表面样块的分类及参数值

铸型类型		砂型类									金属型类				
合金种类		钢			铁		铜	铝	镁	锌	铜		铝		镁	锌
铸造方法		砂型铸造	壳型铸造	熔模铸造	砂型铸造	壳型铸造	砂型铸造	砂型铸造	砂型铸造	砂型铸造	金属型铸造	压力铸造	金属型铸造	压力铸造	压力铸造	压力铸造
粗糙度参数公称值 $Ra/\mu m$	0.2															×
	0.4											×		×	×	※
	0.8			×							×	※	×	※	※	※
	1.6		×	×		×					※	※	※	※	※	※
	3.2	×	※	×	×	※	×	×	×	×	※	※	※	※	※	※
	6.3	※	※	×	※	※	×	※	×	×	※		※			
	12.5	×	※		※	※	※	※	※	※						
	25	×	※		※	※	※	※	※	※						
	50	※			※		※	※	※	※						
	100	※			※		※	※	※	※						
	200	※			※		※	※	※	※						
	400	※														

注：× 为采取特殊措施方能达到的表面粗糙度；
※ 表示可以达到的表面粗糙度。

8.1.2 样块的表面特征

1）样块表面特征应呈现它所要表征的特定铸造金属及合金材质和铸造方法产生的铸造表面粗糙度特征，而不应含有表面粗糙度以外的其他表面特征（尽管这些特征可能是实际铸造表面所允许存在的），如波纹度、缺陷等。

2）样块表面的色泽，应是它所表征的特定铸造金属及合金材质铸件表面所能出现的色泽。

8.1.3 表面粗糙度的评定方法

(1) 测量数据与取样长度

在均匀分布的表面位置上取足够的数据（对于大多数铸造表面，取25个读数），如数据过于分散可增加数目。测量时，对应样块的表面粗糙度参数公称值，选用表2.4-50的取样长度值。

表2.4-50 对应样块的表面粗糙度取样长度

表面粗糙度参数公称值/μm	0.2	0.4	0.8	1.6	3.2	6.3	12.5	25	50	100	200	400
取样长度/mm	0.25		0.8			2.5			8		25	

(2) 平均值公差

测得读数值的平均值对公称值的偏离量不应超过给出的公称值百分率的范围，见表2.4-51。

表2.4-51 平均值公差及标准偏差

合金种类	铸造方法	平均值公差（公差值百分率）(%)	标准偏差（有效值百分率）(%) 评定长度所包括的取样长度的数目			
			2个	3个	4个	5个	6个
黑色金属	砂型铸造	+10 -20	32	26	22	20	18
	壳型铸造						
	熔模铸造						
有色金属	各种方法		24	19	17	15	14

测量结果的标准偏差，应不超过表2.4-51中给出的有效值（即算术平均值）百分率的范围。表中以5个取样长度的评定长度标准偏差为基础，对其他不同评定长度（即测量长度）的标准偏差的最大允许值，依据其评定长度所包括的取样长度的个数，按下式计：

$$\delta_n = \delta_5 \sqrt{\frac{5}{n}}$$

式中 δ_n——评定长度包括 n 个取样长度的标准偏差；

δ_5——评定长度包括5个取样长度的标准偏差；

n——实测所选用的评定长度包括的取样长度的个数。

8.1.4 样块的结构尺寸

样块表面每边的最小尺寸符合表2.4-52中的规定。

表2.4-52 铸造表面样块的每边最小尺寸

粗糙度参数值/μm		Ra											
		0.2	0.4	0.8	1.6	3.2	6.3	12.5	25	50	100	200	400
样块规格尺寸/mm	Ⅰ	20						30		50			
	Ⅱ	17										26	
	Ⅲ	100											

8.1.5 样块的标志

比较样块的标志包括以下各项：
1) 国家标准号——GB/T 6060.1—1997；
2) 表面粗糙度参数公称值 Ra（μm）；
3) 表征的铸造金属及合金材质种类及铸造方法的类型；
4) 制造厂名称或注册商标；
5) 产品序号。

8.2 机械加工——磨、车、镗、铣、插及刨加工表面的比较样块

GB/T 6060.2—2006规定了表征磨、车、镗、铣、插及刨等机械加工的已知轮廓算术平均偏差 Ra 值的表面粗糙度比较样块，该样块用来与相同加工纹理和相同方法制造的加工表面进行比较，通过视觉和触觉评定表面粗糙度。

机械加工样块有电铸复制、塑料或其他材料复制和机加工三种，电铸复制经济耐用，复制精度不失真，机加工样块精度高，但成本也高。一般采用电铸法较多。

8.2.1 样块的定义及表面特征

(1) 定义

磨、车、镗、铣、插及刨加工的表面粗糙度比较样块是表征一种特定机械加工或其他生产方法的已知表面轮廓算术平均偏差 Ra 值的样块。

"加工纹理"系指主要表面的加工痕迹方向，通常由加工方法决定。

(2) 表面特征

样块表面只应呈现它所要表征的机械加工方法产生的表面粗糙度特征，而不应包含其他特征，如在不

正常条件下,磨削可能产生的不真实表面特征。

8.2.2 样块的分类及参数值

样块按加工方法分成四类,其分类及所表征的表面粗糙度参数值(Ra)见表2.4-53。

表 2.4-53 分类及参数值 (μm)

样块加工方法	磨	车、镗	铣	插、刨
表面粗糙度参数 Ra 公称值	0.025			
	0.05			
	0.1			
	0.2			
	0.4	0.4	0.4	
	0.8	0.8	0.8	0.8
	1.6	1.6	1.6	1.6
	3.2	3.2	3.2	3.2
		6.3	6.3	6.3
		12.5	12.5	12.5
				25.0

注:1. 表中的表面粗糙度参数 Ra 公称值系选自 GB/T 1031—2009 表1;如需提供中间数值的样块,其中间数值则应从 GB/T 1031—2009 附录 A 的表 A1 中选择。
2. 表中表面粗糙度参数 Ra 值较小(如 0.025μm、0.05μm 和 0.1μm)的样块主要适用于为设计人员提供较小表面粗糙度差异的概念。

8.2.3 表面粗糙度的评定

(1) 评定方法

在样块标准表面垂直于加工纹理的方向上,均匀分布测取足够的数据,以便能求出平均值和标准偏差。对于大多数样块标准表面,测取 25 个数据已经足够;对于加工纹理呈周期变化的样块标准表面,则可以少于 25 个数据;而对于加工纹理呈随机变化的样块标准表面,则可以多于 25 个数据。数据必须是按 GB/T 6062—2009 的要求选择测量仪器,经正确操作所测得的。

(2) 取样长度

取样长度应按照表2.4-54 的规定选取。

表 2.4-54 取样长度

表面粗糙度参数 Ra 公称值/μm	样块加工方法			
	磨	车、镗	铣	插、刨
	取样长度/mm			
0.025	0.25	—	—	—
0.05	0.25	—	—	—
0.1	0.25	—	—	—
0.2	0.25	—	—	—
0.4	0.8	0.8	0.8	—
0.8	0.8	0.8	0.8	0.8
1.6	0.8	0.8	2.5	0.8
3.2	2.5	2.5	2.5	2.5
6.3	—	2.5	8.0	2.5
12.5	—	2.5	8.0	8.0
25.0	—	—	—	8.0

注:1. 样块表面微观不平度主要间距应不大于给定的取样长度。
2. 对于加工纹理呈周期变化的样块标准表面,其取样长度应取距表中规定值最近的、较大的整周期数的长度。

(3) 平均值公差

测量读数的平均值对公称值的偏离量应不超过表 2.4-55 给出的公称值百分率的范围。

表 2.4-55 平均值公差与标准偏差

样块加工方法	平均值公差(公称值百分率,%)	标准偏差(有效值百分率,%)			
		评定长度所包括的取样长度的数目			
		3个	4个	5个	6个
磨铣	+12 −17	12	10	9	8
车、镗		5		4	
插刨		4		3	

注:表中取样长度数目为 3 个、4 个、6 个的标准偏差是按取样长度数目为 5 个的标准偏差计算的。

(4) 标准偏差

偏离平均值的标准偏差应不超过表 2.4-55 中给出的有效值百分率的范围。

不同评定长度的标准偏差的最大允许值 σ_n,依据评定长度所包括的取样长度的数目,按照以下公式计算:

$$\sigma_n = \sigma_5 \sqrt{\frac{5}{n}}$$

式中 σ_5——评定长度包括 5 个取样长度的标准偏差;

n——实测所选用的评定长度所包括的取样长度的个数。

8.2.4 样块的加工纹理

加工纹理的总方向最好平行于样块的短边。对精圆周铣削时,虽然走刀痕迹可平行于长边,但主要加工纹理仍应平行于样块的短边，而由于切削刃的不完善所产生的表面微观不平度不视作加工纹理。样块的加工纹理特征应符合表 2.4-56 的规定。

表 2.4-56　机加工表面样块的纹理特征

纹理形式	加工方法	样块表面形式	表面纹理特征图
直纹理	圆周磨削	平面圆柱凸面	
	车	圆柱凸面	
	镗	圆柱凹面	
	平铣	平面	
	插	平面	
	刨	平面	
弓形纹理	端铣	平面	
	端车	平面	
交叉式弓形纹理	端铣	平面	
	端磨	平面	

8.2.5　样块的结构尺寸及标志

1) 样块的结构尺寸应便于样块与机械加工表面的对比，以及便于自身的检测，样块表面每边的最小长度应符合表 2.4-57 的要求。

表 2.4-57　机加工表面样块每边最小长度

粗糙度参数公称值 Ra/μm	0.025~3.2	6.3~12.5	25
最小长度/mm	20	30	50

2) 机加工样块必须有相应的标志，以表明其加工方法与参数值，其内容包括以下 5 个方面：
① 制造厂厂名或注册商标；
② 采用的标准代号；
③ 表面粗糙度参数 Ra 及其公称值（μm）；
④ 表征的机械加工方法；
⑤ 产品序号。

8.3　电火花、抛（喷）丸、喷砂、研磨、锉、抛光表面比较样块

GB/T 6060.3—2008《表面粗糙度比较样块　第 3 部分：电火花、抛（喷）丸、喷砂、研磨、锉、抛光加工表面》代替了原 GB/T 6060.3—1986，GB/T 6060.4—1988 和 GB/T 6060.5—1988 三个标准中的有关内容，并增加了研磨、锉加工表面的技术要求。

8.3.1　电火花、研磨、锉和抛光表面及抛（喷）丸、喷砂表面的表面粗糙度参数值（表 2.4-58 及表 2.4-59）

表 2.4-58　电火花、研磨、锉、抛光表面参数值

比较样块的分类	研磨	抛光	锉	电火花
			金属或非金属	
表面粗糙度参数 Ra 公称值/μm	0.012	0.012	—	—
	0.025	0.025	—	—
	0.05	0.05	—	—
	0.1	0.1	—	—
	—	0.2	—	—
	—	0.4	—	0.4
	—	—	0.8	0.8
	—	—	1.6	1.6
	—	—	3.2	3.2
	—	—	6.3	6.3
	—	—	—	12.5

表 2.4-59　抛（喷）丸、喷砂表面参数值

表面粗糙度参数 Ra 公称值/μm	抛(喷)丸表面比较样块的分类			喷砂表面比较样块的分类			覆盖率
	钢、铁	铜	铝、镁、锌	钢、铁	铜	铝、镁、锌	
0.2		☆	☆		☆		
0.4							
0.8							
1.6							
3.2							98%
6.3							
12.5	※	※	※	※	※	※	
25							
50							
100			—			—	

注：1. "☆" 表示采取特殊措施方能达到的表面粗糙度。
2. "※" 表示采取一般工艺措施可以达到的表面粗糙度。

8.3.2　表面粗糙度的评定

（1）评定方法

在比较样块标准表面均匀分布的 10 个位置上（有纹理方向的应垂直于纹理方向），测取 Ra 值数据，以便能求出平均值和标准偏差。当有争议时，测取 25 个数据。根据数据的分散程度，可适当增加或减少测取 Ra 数据的个数。

测量仪器应符合 GB/T 6062—2009 的规定，测量方法应符合 GB/T 10610—2009 的规定。测量仪器如有已知或给定的误差，应予以考虑。

（2）取样长度

比较样块取样长度的选取见表 2.4-60 的规定。

表 2.4-60　取样长度

表面粗糙度参数 Ra 公称值 /μm	取样长度/mm				
	电火花表面	抛（喷）丸、喷砂表面	锉表面	研磨表面	抛光表面
0.012				0.08	0.08
0.025					
0.05	—	—		0.25	0.25
0.1					
0.2					
0.4					0.8
0.8	0.8	0.8	0.8		
1.6					
3.2	2.5	2.5	2.5		
6.3					—
12.5	8.0		8.0		
25		0.8			
50			—		
100		25			

（3）平均值公差及标准偏差

1）测量读数的平均值对公称值的偏差不应大于表 2.4-61 所给出的平均值公差（公称值百分率）的范围。

2）标准偏差。偏离平均值的标准偏差不应大于表 4 所给出的标准偏差（有效值百分率）的范围。不同评定长度的标准偏差的最大值，根据评定长度所包括的取样长度的个数，按下式计算。

$$\sigma_n = \sigma_5 \sqrt{\frac{5}{n}}$$

式中　σ_n——实测时，选用的评定长度所包括 n 个取样长度的标准偏差；

　　　σ_5——评定长度所包括 5 个取样长度的标准偏差；

　　　n——实测时，选用的评定长度所包括取样长度的个数。

读数的平均值公差与标准偏差见表 2.4-61。

表 2.4-61　平均值公差与标准偏差

比较样块	平均值公差（公称值百分率）	标准偏差（有效值百分率）			
		评定长度所包括的取样长度数目			
		3 个	4 个	5 个	6 个
电火花表面 抛（喷）丸、喷砂表面 锉表面 抛光表面	（+12%）～（-17%）	15%	13%	12%	11%
研磨表面	（+20%）～（-25%）	12%	10%	9%	8%

（4）样块的加工纹理

加工纹理的总方向应平行于比较样块的短边，其纹理特征见表 2.4-62。

表 2.4-62　样块的加工纹理特征

纹理式样	具有代表性的加工方法	比较样块形式
多方向性直纹理	机械抛光	平面、凸圆（圆柱形）
	手研	
	锉	
无方向性	机械研磨	
	电化学抛光	
	化学抛光	

（5）样块的结构尺寸与标志

1）比较样块的结构尺寸应满足使用以及测量本身表面粗糙度的要求。

比较样块的标准表面为矩形，长边尺寸不应小于 20mm；对轮廓算术平均偏差 Ra 的公称值为 6.3μm～0.012μm 的比较样块，短边尺寸不应小于 11mm；对轮廓算术平均偏差 Ra 的公称值为 50μm、100μm 的比较样块，长边尺寸不应小于 50mm，短边尺寸不应小于 20mm。

2）样块必须有相应的标志，以表明其加工方法与参数值，其内容应包括以下 5 个方面：

① 制造厂厂名或注册商标；

② 表面粗糙度参数 Ra 及其公称值（μm）；

③ 所表征的加工方法；

　　注：如"抛光"字样。

④ 本部分的标准号；

⑤ 产品序号。

8.4　木制件表面比较样块

GB/T 14495—2009 规定了木制件表面粗糙度比较样块的制造方法、表面特征、样块分类、表面粗糙度参数、评定方法结构尺寸及标志等内容。它适用于砂、铣、刨、车等方法加工的木制件。该样块用以与其结构纹理相近和加工方法相同的表面进行比较。通过视觉和触觉来评定木制件的表面粗糙度。还可作为木制件表面粗糙度选用的参考依据。

8.4.1　样块的定义及表面特征

（1）定义

木制件表面粗糙度比较样块是表征木材经机械加工或其他方法加工的具有与实际工件相近表面特征的已知表面轮廓算术平均偏差 Ra 值的样块。

（2）表面特征

样块表面只应呈现它所要表征的特定材质和加工方法所产生的表面粗糙度特征，而不应含有表面粗糙度以外的如波纹度、翘曲度、木材缺陷及加工缺陷等其他表面特征。

8.4.2 样块的分类及参数值

样块按加工方法及材质分成四类 8 种。其详细分类与所表征的表面粗糙度参数值 Ra 见表 2.4-63。

表 2.4-63 样块表面粗糙度参数值

加工方法	砂光		光刨类		平、压刨类		车	
木材分类	粗孔材	细孔材	粗孔材	细孔材	粗孔材	细孔材	粗孔材	细孔材
表面粗糙度参数公称值 Ra /μm	3.2	3.2	3.2	3.2	3.2	3.2	3.2	3.2
	6.3	6.3	6.3	6.3	6.3	6.3	6.3	6.3
	12.5	12.5	12.5	12.5	12.5	12.5	12.5	12.5
	25		25		25	25	25	25
					50	50		

注：1. 光刨类包括手光刨、机光刨、刮刨。
  2. 平、压刨类包括铣削。
  3. 粗孔材类指管孔直径大于 200μm 的木材；细孔材类指管孔直径小于或等于 200μm 的木材（包括无孔材）。

8.4.3 表面粗糙度的评定

（1）评定方法

按加工产生的最大粗糙度参数值的方向，在样块表面均匀分布的 25 个位置，分别测得表面粗糙度参数值，并计算这些参数值的平均值和标准偏差。根据测得参数的分散程度，可适当增加或减少测量位置的个数。测量时，一般应避开剖切导管较集中的局部表面。

测量仪器应符合 GB/T 6062—2009 的规定。测量仪器如果有已知或给定的误差，应予以考虑。

（2）取样长度

测量时，取样长度按表 2.4-64 选取。

表 2.4-64 取样长度推荐数值

Ra/μm		3.2	6.3	2.5	25	50[①]
加工方法	平、压刨类	2.5		8.0		25
	其他		2.5		8.0	

① 对于轮廓微观不平度的平均间距（Rsm）大于 10mm 的木制件表面，在评定表面粗糙度 Ra 参数值时，应采用记录轮廓图形上计算的方法。

（3）平均值偏差与标准偏差

测量粗糙度参数值的平均值对公称值的相对偏差，应不超过表 2.4-65 中给出的百分率的范围。

表 2.4-65 平均值偏差与标准偏差

加工方法	木材分类	平均值偏差（公称值百分率,%）	评定长度所包括的取样长度个数			
			2	3	4	5	6
			标准偏差（有效值百分率,%）				
砂光	细孔材	+20 −15	24	19	17	15	14
	粗孔材	+25 −20	32	26	22	20	18
其他	细孔材	+25 −20	32	26	22	20	18
	粗孔材	+30 −25	40	32	28	25	23

偏离平均值的标准偏差，应不超过表中所规定的有效值百分率范围。

不同评定长度的标准偏差的最大允许值，根据评定长度所包括的取样长度的个数按下列公式计算：

$$\sigma_n = \sigma_5 \sqrt{\frac{5}{n}}$$

式中 σ_n——实测时选用的评定长度所包括 n 个取样长度的标准偏差；
  σ_5——评定长度包括 5 个取样长度的标准偏差；
  n——实测时选用的评定长度所包括的取样长度的个数。

8.4.4 样块的结构尺寸与标志

（1）样块的结构尺寸

样块的结构尺寸应满足使用需要和对本身表面粗糙度测量的要求。

样块表面的最小尺寸应为 50mm×100mm。

（2）样块的标志

样块的标志应包含以下 5 个方面：

① 采用的标准代号；
② 表面粗糙度参数 Ra 及其公称值（μm）；
③ 木材分类及加工方法的类型；
④ 制造厂厂名或注册商标；
⑤ 产品序号。

参考文献

[1] 机械工程手册电机手册编辑委员会. 机械工程手册：机械零部件设计卷 [M]. 2版. 北京：机械工业出版社，1997.

[2] 闻邦椿. 机械设计手册：第1卷 [M]. 5版. 北京：机械工业出版社，2010.

[3] 闻邦椿. 现代机械设计师手册：上册 [M]. 北京：机械工业出版社，2012.

[4] 闻邦椿. 现代机械设计实用手册 [M]. 北京：机械工业出版社，2015.

[5] 成大先. 机械设计手册：第1卷 [M]. 6版. 北京：化学工业出版社，2016.

[6] 秦大同，谢里阳. 现代机械设计手册：第1卷 [M]. 北京：化学工业出版社，2011.

[7] 方昆凡. 公差与配合实用手册 [M]. 2版. 北京：机械工业出版社，2012.

[8] 任嘉卉. 公差与配合手册 [M]. 3版. 北京：机械工业出版社，2013.

[9] 吴宗泽. 机械设计实用手册 [M]. 3版. 北京：化学工业出版社，2010.

[10] 毛昕，黄英，肖平阳. 画法几何及机械制图 [M]. 4版. 北京：高等教育出版社，2010.

[11] 孙开元，许爱芬. 机械制图与公差测量速查手册 [M]. 北京：化学工业出版社，2008.

[12] 王启义. 中国机械设计大典 [M]. 南昌：江西科学技术出版社，2002.

[13] 汪恺. 机械工业基础标准应用手册 [M]. 北京：机械工业出版社，2001.

[14] 甘永立. 几何量公差与检测 [M]. 7版. 上海：上海科学技术出版社，2005.

[15] 黄云清. 公差配合与测量技术 [M]. 2版. 北京：机械工业出版社，2007.

[16] 毛平淮. 互换性与测量技术基础 [M]. 北京：机械工业出版社，2007.

[17] 何永熹，武充沛. 几何精度规范学 [M]. 2版. 北京：北京理工大学出版社，2008.

第3篇 机械工程材料

主 编 方昆凡
编写人 方昆凡 夏永发 黄 英
 鄂晓宇 单宝峰 高 虹
审稿人 鄂中凯

第 5 版
机械工程材料

主　编　方昆凡
编写人　方昆凡　夏永发　黄　英
　　　　鄂晓宇　单宝峰　高　虹
审稿人　谭建荣

第1章 钢铁材料

1 钢铁材料牌号表示方法

1.1 钢铁产品牌号表示方法（见表3.1-1～表3.1-3）

表3.1-1 常用化学元素符号（摘自 GB/T 221—2008）

元素名称	铁	锰	铬	镍	钴	铜	钨	钼	钒	钛	锂	铍	镁	钙	锆	锡	铅	铋	铯	钡
化学元素符号	Fe	Mn	Cr	Ni	Co	Cu	W	Mo	V	Ti	Li	Be	Mg	Ca	Zr	Sn	Pb	Bi	Cs	Ba
元素名称	钐	锕	硼	碳	硅	硒	碲	砷	硫	磷	铝	铌	钽	镧	铈	钕	氮	氧	氢	—
化学元素符号	Sm	Ac	B	C	Si	Se	Te	As	S	P	Al	Nb	Ta	La	Ce	Nd	N	O	H	—

注：混合稀土元素符号采用"RE"表示。

表3.1-2 产品名称、用途、特性和工艺方法表示符号（摘自 GB/T 221—2008）

产品名称	采用的汉字及汉语拼音或英文单词			采用字母	位置
	汉字	汉语拼音	英文单词		
碳素结构钢、低合金结构钢	屈	QU	—	Q	牌号头
热轧光圆钢筋	热轧光圆钢筋	—	Hot Rolled Plain Bars	HPB	牌号头
热轧带肋钢筋	热轧带肋钢筋	—	Hot Rolled Ribbed Bars	HRB	牌号头
细晶粒热轧带肋钢筋	热轧带肋钢筋+细	—	Hot Rolled Ribbed Bars + Fine	HRBF	牌号头
冷轧带肋钢筋	冷轧带肋钢筋	—	Cold Rolled Ribbed Bars	CRB	牌号头
预应力混凝土用螺纹钢筋	预应力、螺纹、钢筋	—	Prestressing、Screw、Bars	PSB	牌号头
焊接气瓶用钢	焊瓶	HAN PING	—	HP	牌号头
管线用钢	管线	—	Line	L	牌号头
船用锚链钢	船锚	CHUAN MAO	—	CM	牌号头
煤机用钢	煤	MEI	—	M	牌号头
锅炉和压力容器用钢	容	RONG	—	R	牌号尾
锅炉用钢（管）	锅	GUO	—	G	牌号尾
低温压力容器用钢	低容	DI RONG	—	DR	牌号尾
桥梁用钢	桥	QIAO	—	Q	牌号尾
耐候钢	耐候	NAI HOU	—	NH	牌号尾
高耐候钢	高耐候	GAO NAI HOU	—	GNH	牌号尾
汽车大梁用钢	梁	LIANG	—	L	牌号尾
高性能建筑结构用钢	高建	GAO JIAN	—	GJ	牌号尾
低焊接裂纹敏感性钢	低焊接裂纹敏感性	—	Crack Free	CF	牌号尾
保证淬透性钢	淬透性	—	Hardenability	H	牌号尾
矿用钢	矿	KUANG	—	K	牌号尾
船用钢	采用国际符号				
沸腾钢	沸	FEI	—	F	牌号尾
半镇静钢	半	BAN	—	b	牌号尾
镇静钢	镇	ZHEN	—	Z	牌号尾
特殊镇静钢	特镇	TE ZHEN	—	TZ	牌号尾
质量等级	—	—	—	A、B、C、D、E	牌号尾

表 3.1-3　钢铁产品牌号表示方法及示例
（摘自 GB/T 221—2008、GB/T 5612—2008、GB/T 5613—2014）

产品分类	牌号表示方法					
	说明	牌号组成及牌号示例				
		产品名称	第1部分			牌号示例
			采用汉字	汉语拼音	采用字母	第2部分
生铁	生铁牌号通常由两部分组成，组成示例见右栏 第1部分：表示产品用途、特性及工艺方法的大写汉语拼音字母 第2部分：表示主要元素平均含量（以千分之几计）的阿拉伯数字。炼钢用生铁、铸造用生铁、球墨铸铁用生铁、耐磨生铁为硅元素平均含量；脱碳低磷粒铁为碳平均含量，含钒生铁为钒元素平均含量	炼钢用生铁	炼	LIAN	L	含硅量为 0.85%～1.25%（质量分数，后同）的炼钢用生铁，阿拉伯数字为 10	L10
		铸造用生铁	铸	ZHU	Z	含硅量为 2.80%～3.20% 的铸造用生铁，阿拉伯数字为 30	Z30
		球墨铸铁用生铁	球	QIU	Q	含硅量为 1.00%～1.40% 的球墨铸铁用生铁，阿拉伯数字为 12	Q12
		耐磨生铁	耐磨	NAI MO	NM	含硅量为 1.60%～2.00% 的耐磨生铁，阿拉伯数字为 18	NM18
		脱碳低磷粒铁	脱粒	TUO LI	TL	含碳量为 1.20%～1.60% 的炼钢用脱碳低磷粒铁，阿拉伯数字为 14	TL14
		含钒生铁	钒	FAN	F	含钒量不小于 0.40% 的含钒生铁，阿拉伯数字为 04	F04

产品分类	说明	牌号组成及牌号示例				
		产品名称	第1部分	第2部分	第3部分	第4部分	牌号示例
碳素结构钢和低合金结构钢	牌号由4部分组成 第1部分：前缀符号后加强度值（N/mm² 或 MPa 为单位），其中通用结构钢前缀符号为代表屈服强度的拼音字母"Q"，专用结构钢前缀符号见表 3.1-2 第2部分（必要时）：钢的质量等级，用英文字母 A、B、C、D、E、F……表示 第3部分（必要时）：脱氧方式表示符号，即沸腾钢、半镇静钢、镇静钢、特殊镇静钢分别以"F""b""Z""TZ"表示，镇静钢（Z）、特殊镇静钢（TZ）符号通常可省略 第4部分（必要时）：产品用途、特性、工艺方法符号，见表 3.1-2 牌号组成示例见右栏 根据需要，低合金高强度结构钢的牌号也可以用二位阿拉伯数字（表示平均含碳量，以万分之几计）加表 3.1-1 规定的元素，必要时加代表产品用途、特性和工艺方法的表示符号（见表 3.1-2），按顺序表示。例如，碳含量为 0.15%～0.26%，锰含量为 1.20%～1.60% 的矿用钢牌号为 20MnK	碳素结构钢	最小屈服强度 235MPa	A 级	沸腾钢	—	Q235AF
		低合金高强度结构钢	最小屈服强度 345MPa	D 级	特殊镇静钢	—	Q345D
		热轧光圆钢筋	屈服强度特征值 235MPa	—	—	—	HPB235
		热轧带肋钢筋	屈服强度特征值 335MPa	—	—	—	HRB335
		细晶粒热轧带肋钢筋	屈服强度特征值 335MPa	—	—	—	HRBF335
		冷轧带肋钢筋	最小抗拉强度 550MPa	—	—	—	CRB550
		预应力混凝土用螺纹钢筋	最小屈服强度 830MPa	—	—	—	PSB830
		焊接气瓶用钢	最小屈服强度 345MPa	—	—	—	HP345
		管线用钢	最小规定总延伸强度 415MPa	—	—	—	L415
		船用锚链钢	最小抗拉强度 370MPa	—	—	—	CM370
		煤机用钢	最小抗拉强度 510MPa	—	—	—	M510
		锅炉和压力容器用钢	最小屈服强度 345MPa	—	特殊镇静钢	压力容器"容"的汉语拼音首位字母"R"	Q345R

(续)

产品分类	牌号表示方法							
	说　明	牌号组成及牌号示例						
优质碳素结构钢和优质碳素弹簧钢	由5部分组成 第1部分：以两位阿拉伯数字表示平均含碳量（以万分之几计） 第2部分（必要时）：较高含锰量的优质碳素结构钢，加锰元素符号Mn 第3部分（必要时）：钢材冶金质量，高级优质钢、特级优质钢分别用A、E表示，优质钢不用字母表示 第4部分（必要时）：脱氧方式符号，沸腾钢（F）、半镇静钢（b）、镇静钢（Z），但Z通常可以省略 第5部分（必要时）：产品用途、特性、工艺方法表示符号，见表3.1-2，牌号组成示例见右栏	产品名称	第1部分	第2部分	第3部分	第4部分	第5部分	牌号示例
		优质碳素结构钢	碳含量：0.05%~0.11%	锰含量：0.25%~0.50%	优质钢	沸腾钢	—	08F
		优质碳素结构钢	碳含量：0.47%~0.55%	锰含量：0.50%~0.80%	高级优质钢	镇静钢	—	50A
		优质碳素结构钢	碳含量：0.48%~0.56%	锰含量：0.70%~1.00%	特级优质钢	镇静钢	—	50MnE
		保证淬透性用钢	碳含量：0.42%~0.50%	锰含量：0.50%~0.85%	高级优质钢	镇静钢	保证淬透性钢表示符号"H"	45AH
		优质碳素弹簧钢	碳含量：0.62%~0.70%	锰含量：0.90%~1.20%	优质钢	镇静钢	—	65Mn
	说　明	牌号组成及牌号示例						
合金结构钢和合金弹簧钢	合金结构钢和合金弹簧钢牌号的表示方法相同，其牌号通常由4部分组成： 第1部分：以二位阿拉伯数字表示平均碳含量（以万分之几计） 第2部分：合金元素含量，以化学元素符号及阿拉伯数字表示。具体表示方法为：平均含量小于1.50%时，牌号中仅标明元素，一般不标明含量；平均含量为1.50%~2.49%、2.50%~3.49%、3.50%~4.49%、4.50%~5.49%……时，在合金元素后相应写成2、3、4、5…… 化学元素符号的排列顺序推荐按含量值递减排列。如果两个或多个元素的含量相等时，相应符号位置按英文字母的顺序排列 第3部分：钢材冶金质量，即高级优质钢、特级优质钢分别以A、E表示，优质钢不用字母表示 第4部分（必要时）：产品用途、特性或工艺方法表示符号，见表3.1-2	产品名称	第1部分	第2部分	第3部分	第4部分		牌号示例
		合金结构钢	碳含量：0.22%~0.29%	铬含量1.50%~1.80%、钼含量0.25%~0.35%、钒含量0.15%~0.30%	高级优质钢	—		25Cr2MoVA
		锅炉和压力容器用钢	碳含量：≤0.22%	锰含量1.20%~1.60%、钼含量0.45%~0.65%、铌含量0.025%~0.050%	特级优质钢	锅炉和压力容器用钢		18MnMoNbER
		合金弹簧钢	碳含量：0.56%~0.64%	硅含量1.60%~2.00%、锰含量0.70%~1.00%	优质钢	—		60Si2Mn

(续)

产品分类		牌号表示方法						
名称	说明	第1部分			第2部分	第3部分	第4部分	牌号示例
		汉字	汉语拼音	采用字母				
车辆车轴用钢	牌号通常由两部分组成 第1部分：车辆车轴用钢符号"LZ"或机车车轴用钢符号"JZ" 第2部分：以两位阿拉伯数字表示平均碳含量（以万分之几计）	辆轴	LIANG ZHOU	LZ	碳含量： 0.40%~0.48%	—	—	LZ45
机车车轴用钢		机轴	JI ZHOU	JZ	碳含量： 0.40%~0.48%	—	—	JZ45
非调质机械结构钢	牌号由4部分组成 第1部分：非调质机械结构钢符号"F" 第2、第3部分与合金结构钢第1、第2部分相同 第4部分（必要时）：改善可加工性的钢加硫元素S	非	FEI	F	碳含量： 0.32%~0.39%	钒含量： 0.06%~0.13%	硫含量： 0.035% ~0.075%	F35VS
碳素工具钢	第1部分：碳素工具钢符号"T" 第2部分：阿拉伯数字表示平均碳含量（以千分之几计） 第3部分（必要时）：较高含锰量加元素符号Mn 第4部分（必要时）：高级优质钢加A，优质钢不加字母	碳	TAN	T	碳含量 0.80%~0.90%	锰含量： 0.40%~0.60%	高级优质钢	T8MnA
合金工具钢	牌号由两部分组成 第1部分：平均含碳量小于1.00%时，用一位数字表示碳含量（以千分之几计）。平均碳含量不小于1.00%时，不标明含碳量数字 第2部分：合金元素含量表示方法同合金结构钢第2部分。低铬（平均铬含量小于1%）合金工具钢，在铬含量（以千分之几计）前加数字"0"				碳含量： 0.85%~0.95%	硅含量： 1.20%~1.60% 铬含量： 0.95%~1.25%	—	—	9SiCr

（续）

产品分类		牌号表示方法						
名称	说明	牌号组成及牌号示例						牌号示例
		第1部分			第2部分	第3部分	第4部分	
		汉字	汉语拼音	采用字母				
高速工具钢	高速工具钢牌号表示方法与合金结构钢相同，但在牌号头部一般不标明表示碳含量的阿拉伯数字。为了区别牌号，在牌号头部可以加"C"表示高碳高速工具钢	碳含量：0.80%~0.90%			钨含量：5.50%~6.75% 钼含量：4.50%~5.50% 铬含量：3.80%~4.40% 钒含量：1.75%~2.20%	—	—	W6Mo5Cr4V2
		碳含量：0.86%~0.94%			钨含量：5.90%~6.70% 钼含量：4.70%~5.20% 铬含量：3.80%~4.50% 钒含量：1.75%~2.10%	—	—	CW6Mo5Cr4V2
高碳铬轴承钢	牌号通常由两部分组成 第1部分：滚动轴承钢表示符号"G"不标明碳含量 第2部分：合金元素"Cr"符号及其含量（以千分之几计） 其他合金元素含量的表示方法同合金结构钢第2部分	滚	GUN	G	铬含量：1.40%~1.65%	硅含量：0.45%~0.75% 锰含量：0.95%~1.25%	—	GCr15SiMn
钢轨钢	钢轨钢和冷镦钢牌号通常由3部分组成 第1部分：钢轨钢表示符号"U"、冷镦钢（铆螺钢）表示符号"ML" 第2部分：以阿拉伯数字表示平均碳含量，方法与优质碳素结构、合金结构钢第1部分相同 第3部分：合金元素含量等的表示方法同合金结构钢的第2部分	轨	GUI	U	碳含量：0.66%~0.75%	硅含量：0.85%~1.15% 锰含量：0.85%~1.15%	—	U70MnSi
冷镦钢		铆螺	MAO LUO	ML	碳含量：0.26%~0.34%	铬含量：0.80%~1.10% 钼含量：0.15%~0.25%	—	ML30CrMo
焊接用钢	焊接用钢包括焊接用碳素钢、焊接用合金钢和焊接用不锈钢，其牌号通常由两部分组成 第1部分：焊接用钢表示符号"H" 第2部分：各类焊接用钢牌号表示方法。焊接用碳素钢、合金钢、不锈钢分别与优质碳素结构钢、合金结构钢、不锈钢相同	焊	HAN	H	碳含量≤0.10%的高级优质碳素结构钢	—	—	H08A
					碳含量≤0.10%、铬含量为0.80%~1.10%、钼含量为0.40%~0.60%的高级优质合金结构钢	—	—	H08CrMoA

(续)

产品分类		牌号表示方法						
名称	说明	牌号组成及牌号示例						牌号示例
		第1部分			第2部分	第3部分	第4部分	
		汉字	汉语拼音	采用字母				
电磁纯铁	牌号通常由3部分组成 第1部分：电磁纯铁表示符号"DT" 第2部分：以阿拉伯数字表示不同牌号的顺序号 第3部分：按电磁性能不同，采用"A""C""E"符号表示质量等级	电铁	DIAN TIE	DT	顺序号4	磁性能A级	—	DT4A
原料纯铁	牌号通常由两部分组成 第1部分：原料纯铁符号"YT" 第2部分：以阿拉伯数字表示不同牌号顺序号	原铁	YUAN TIE	YT	顺序号1	—	—	YT1
易切削钢	易切削钢牌号通常由3部分组成 第1部分：易切削钢表示符号"Y" 第2部分：以两位阿拉伯数字表示平均碳含量（以万分之几计） 第3部分：易切削元素符号，如含钙、铅、锡等易切削元素的易切削钢，分别以Ca、Pb、Sn表示。加硫和加硫磷的易切削钢，通常不加易切削元素符号S、P。较高锰含量的加硫或加硫磷易切削钢，本部分为锰元素符号Mn。为区分牌号，对较高含硫量的易切削钢，在牌号尾部加硫元素符号S 例如：碳含量为0.42%~0.50%、钙含量为0.002%~0.006%的易切削钢，其牌号表示为Y45Ca；碳含量为0.40%~0.48%、锰含量为1.35%~1.65%、硫含量为0.16%~0.24%的易切削钢，其牌号表示为Y45Mn；碳含量为0.40%~0.48%、锰含量为1.35%~1.65%、硫含量为0.24%~0.32%的易切削钢，其牌号表示为Y45MnS							
渗碳轴承钢	在牌号头部加符号"G"，采用合金结构钢的牌号表示方法。高级优质渗碳轴承钢，在牌号尾部加"A" 例如：碳含量为0.17%~0.23%、铬含量为0.35%~0.65%、镍含量为0.40%~0.70%、钼含量为0.15%~0.30%的高级优质渗碳轴承钢，其牌号表示为G20CrNiMoA							
高碳铬不锈轴承钢和高温轴承钢	在牌号头部加符号"G"，采用不锈钢和耐热钢的牌号表示方法 例如：碳含量为0.90%~1.00%、铬含量为17.0%~19.0%的高碳铬不锈轴承钢，其牌号表示为G95Cr18；碳含量为0.75%~0.85%、铬含量为3.75%~4.25%、钼含量为4.00%~4.50%的高温轴承钢，其牌号表示为G80Cr4Mo4V							
不锈钢和耐热钢	1. 碳含量 用2或3位阿拉伯数字表示碳含量最佳控制值（以万分之几或十万分之几计） （1）只规定碳含量上限者，当碳含量上限不大于0.10%时，以其限的3/4表示碳含量；当碳含量上限大于0.10%时，以其上限的4/5表示碳含量 例如：碳含量上限为0.08%时，碳含量以06表示；碳含量上限为0.20%时，碳含量以16表示；碳含量上限为0.15%时，碳含量以12表示 对超低碳不锈钢（即碳含量不大于0.030%），用3位阿拉伯数字表示碳含量最佳控制值（以十万分之几计） 例如：碳含量上限为0.030%时，其牌号中的碳含量以022表示；碳含量上限为0.020%时，其牌号中的碳含量以015表示 （2）规定上、下限者，以平均碳含量×100表示 例如：碳含量为0.16%~0.25%时，其牌号中的碳含量以20表示 2. 合金元素含量							

（续）

产品分类	牌号表示方法
不锈钢和耐热钢	合金元素含量以化学元素符号及阿拉伯数字表示，表示方法同合金结构钢第2部分。钢中有意加入的铌、钛、锆、氮等合金元素，虽然含量很低，但也应在牌号中标出 例如：碳含量不大于0.08%、铬含量为18.00%~20.00%、镍含量为8.00%~11.00%的不锈钢，牌号为06Cr19Ni10；碳含量不大于0.030%、铬含量为16.00%~19.00%、钛含量为0.10%~1.00%的不锈钢，牌号为022Cr18Ti；碳含量为0.15%~0.25%、铬含量为14.00%~16.00%、锰含量为14.00%~16.00%、镍含量为1.50%~3.00%、氮含量为0.15%~0.30%的不锈钢，牌号为20Cr15Mn15Ni2N；碳含量不大于0.25%、铬含量为24.00%~26.00%、镍含量为19.00%~22.00%的耐热钢，牌号为20Cr25Ni20
冷轧电工钢	冷轧电工钢分为取向电工钢和无取向电工钢，牌号通常由3部分组成 第1部分：材料公称厚度（单位：mm）100倍的数字 第2部分：普通级取向电工钢表示符号"Q"、高磁导率级取向电工钢表示符号"QG"或无取向电工钢表示符号"W" 第3部分：取向电工钢，磁极化强度为1.7T、频率为50Hz、以W/kg为单位的相应厚度产品的最大比总损耗值的100倍；无取向电工钢，磁极化强度为1.5T、频率为50Hz、以W/kg为单位的相应厚度产品的最大比总损耗值的100倍 例如：公称厚度为0.30mm、比总损耗$P_{1.7/50}$为1.30W/kg的普通级取向电工钢，牌号为30Q130；公称厚度为0.30mm、比总损耗$P_{1.7/50}$为1.10W/kg的高磁导率级取向电工钢，牌号为30QG110；公称厚度为0.50mm、比总损耗$P_{1.5/50}$为4.0W/kg的无取向电工钢，牌号为50W400
高电阻电热合金	高电阻电热合金牌号采用化学元素符号和阿拉伯数字表示。牌号表示方法与不锈钢和耐热钢的牌号表示方法相同（镍铬基合金不标出含碳量） 例如：铬含量为18.00%~21.00%、镍含量为34.00%~37.00%、碳含量不大于0.08%的合金（其余为铁），其牌号表示为06Cr20Ni35
铸钢	1）铸钢代号 铸钢代号用"铸"和"钢"两字的汉语拼音的第一个大写正体字母"ZG"表示。当要表示铸钢的特殊性能时，用代表铸钢特殊性能的汉语拼音的第一个大写正体字母排列在铸钢代号的后面，如"M"表示"耐磨"，耐磨铸钢的代号为"ZGM"，此种代号置于铸钢牌号的前面部位 2）元素符号、含义含量及力学性能的表示方法 铸钢牌号中主要合金元素符号用国际化学元素符号表示，混合稀土元素用符号"RE"表示。名义含量及力学性能用阿拉伯数字表示。其含量修约规则执行GB/T 8170—2008的规定。上述内容置于铸钢牌号中铸钢代号之后 3）以力学性能表示的铸钢牌号 在牌号中"ZG"后面的两组数字表示力学性能，第一组数字表示该牌号铸钢的屈服强度最低值，第二组数字表示其抗拉强度最低值，单位均为MPa。两组数字间用"-"隔开 4）以化学成分表示的铸钢牌号 当以化学成分表示铸钢的牌号时，碳含量（质量分数）以及合金元素符号和含量（质量分数）排列在铸钢代号"ZG"之后 在牌号中"ZG"后面以一组（两位或三位）阿拉伯数字表示铸钢的含义碳含量（以万分之几计） 平均碳含量<0.1%的铸钢，其第一位数字为"0"，牌号中含义碳含量用上限表示；碳含量≥0.1%的铸钢，牌号中名义碳含量用平均碳含量表示 在名义碳含量后面排列各主要合金元素符号，在元素符号后用阿拉伯数字表示合金元素名义含量（以百分之几计）。合金元素平均含量<1.50%时，牌号中只标明元素符号，一般不标明含量；合金元素平均含量为1.50%~2.49%、2.50%~3.49%、3.50%~4.49%、4.50%~5.49%……时，在合金元素符号后面相应写成2、3、4、5…… 当主要合金化元素多于三种时，可以在牌号中只标注前两种或前三种元素的名义含量值；各元素符号的标注顺序按它们的平均含量的递减顺序排列。若两种或多种元素平均含量相同，则按元素符号的英文字母顺序排列 铸钢中常规的锰、硅、磷、硫等元素一般在牌号中不标明 在特殊情况下，当同一牌号分几个品种时，可在牌号后面用"-"隔开，用阿拉伯数字标注品种序号 5）各种铸钢名称、代号及牌号表示方法实例

(续)

产品分类	牌号表示方法		
	铸钢名称	代号	牌号表示方法实例
	铸造碳钢	ZG	ZG270-500
	焊接结构用铸钢	ZGH	ZGH230-450
	耐热铸钢	ZGR	ZGR40Cr25Ni20
	耐蚀铸钢	ZGS	ZGS06Cr16Ni5Mo
	耐磨铸钢	ZGM	ZGM30CrMnSiMo

铸钢	铸钢牌号表示方法符合 GB/T 5613—2014 的规定 6）铸钢牌号示例及含义说明 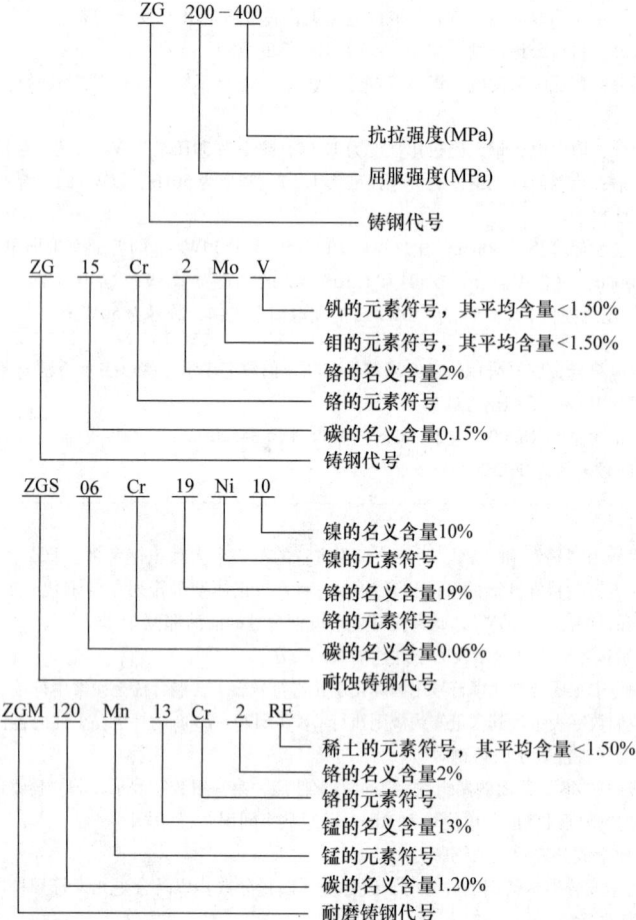

铸铁	1）铸铁基本代号由表示该铸铁特征的汉语拼音的第一个大写正体字母组成。当两种铸铁名称的代号字母相同时，可在该大写正体字母后加小写正体字母来区别。当要表示铸铁的组织特征或特殊性能时，代表铸铁组织特征或特殊性能的汉语拼音字的第一个大写正体字母排列在基本代号的后面 2）合金化元素符号用化学元素符号表示，混合稀土元素用符号"RE"表示，元素的名义含量及力学性能数值用阿拉伯数字表示 3）当以化学元素成分表示铸铁的牌号时，合金元素符号及名义含量（质量分数）排列在铸铁代号之后。牌号中常规（含量的）碳、硅、锰、硫、磷、元素一般不标注，仅在有特殊作用时，才标注其元素符号及含量。合金元素含量大于或等于1%时，在牌号中用整数标注；小于1%时，一般不标注，只有对该合金特性有较大影响时，才标注其合金化元素符号。合金化元素按其含量递减次序排列，含量相等时按元素符号的字母顺序排列 4）当以力学性能表示铸铁牌号时，力学性能数值排列在铸铁代号之后。当牌号中有合金元素符号时，抗拉强度值排列于元素符号及含量之后，之间用"-"隔开。牌号中代号后有一组数字时，此数字表示抗拉强度值（MPa）；有两组数字时，第一组表示抗拉强度值（MPa），第二组表示断后伸长率值（%），两组数字间用"-"隔开

产品分类	牌号表示方法
铸铁	5) 牌号结构形式举例： 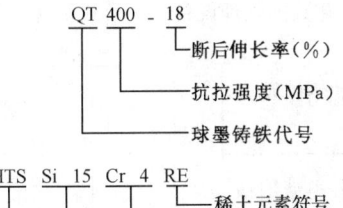 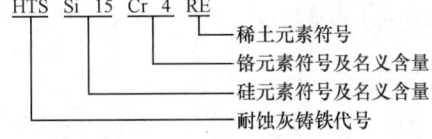 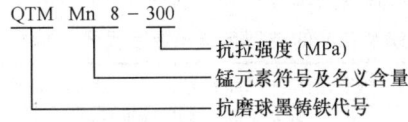 铸铁牌号表示方法符合 GB/T 5612—2008 的规定 铸铁代号及牌号示例如下 | 铸铁名称	代 号	牌号示例
---	---	---
灰铸铁	HT	
灰铸铁	HT	HT250，HT Cr-300
奥氏体灰铸铁	HTA	HTA Ni20Cr2
冷硬灰铸铁	HTL	HTL Cr1Ni1Mo
耐磨灰铸铁	HTM	HTM Cu1CrMo
耐热灰铸铁	HTR	HTR Cr
耐蚀灰铸铁	HTS	HTS Ni2Cr
球墨铸铁	QT	
球墨铸铁	QT	QT400-18
奥氏体球墨铸铁	QTA	QTA Ni30Cr3
冷硬球墨铸铁	QTL	QTL CrMo
抗磨球墨铸铁	QTM	QTM Mn8-30
耐热球墨铸铁	QTR	QTR Si5
耐蚀球墨铸铁	QTS	QTS Ni20Cr2
蠕墨铸铁	RuT	RuT420
可锻铸铁	KT	
白心可锻铸铁	KTB	KTB350-04
黑心可锻铸铁	KTH	KTH350-10
珠光体可锻铸铁	KTZ	KTZ650-02
白口铸铁	BT	
抗磨白口铸铁	BTM	BTM Cr15Mo
耐热白口铸铁	BTR	BTR Cr16
耐蚀白口铸铁	BTS	BTS Cr28	

注：1. GB/T 221—2008《钢铁产品牌号表示方法》代替 GB/T 221—2000。
2. GB/T 5612—2008《铸铁牌号表示方法》代替 GB/T 5612—1985。
3. GB/T 221—2008 规定，产品牌号中的元素含量均用质量分数表示。
4. GB/T 5613—2014《铸钢牌号表示方法》代替 GB/T 5613—1995。

1.2 钢铁及合金牌号统一数字代号体系

GB/T 17616—2013《钢铁及合金牌号统一数字代号体系》与 GB/T 221—2008《钢铁产品牌号表示方法》同时并用，作为钢铁及合金产品牌号的两种表示方法，在现行国家标准和行业标准中并列有效使用。

GB/T 17616—2013 标准规定的统一数字代号体系，以固定的 6 位符号结构形式，统一了钢铁及合金的所有产品牌号表示形式，便于现代化数据处理设备进行贮存和检索，便于生产管理和使用。

统一数字代号的结构形式为 6 位符号组成，左边第一位为大写的拉丁字母，后接 5 位阿拉伯数字，其形式及含意如下：

□×××××

- 大写拉丁字母，代表不同的钢铁及合金类型
- 第一位阿拉伯数字，代表各类型钢铁及合金细分类
- 第二、三、四、五位阿拉伯数字代表不同分类内的编组和同一编组内的不同牌号的区别顺序号（各类型材料编组不同）

钢铁及合金的类型和每个类型产品牌号统一数字代号，见表 3.1-4。各类型钢铁及合金的细分类和主要编组及其产品牌号统一数字代号，请参见 GB/T 17616—2013。

表 3.1-4　钢铁及合金的类型与统一数字代号（摘自 GB/T 17616—2013）

钢铁及合金的类型	前缀字母	统一数字代号	钢铁及合金的类型	前缀字母	统一数字代号
合金结构钢	A	A×××××	杂类材料	M	M×××××
轴承钢	B	B×××××	粉末及粉末材料	P	P×××××
铸铁、铸钢及铸造合金	C	C×××××	快淬金属及合金	Q	Q×××××
电工用钢和纯铁	E	E×××××	不锈钢和耐热钢	S	S×××××
铁合金和生铁	F	F×××××	工模具钢	T	T×××××
高温合金和耐蚀合金	H	H×××××	非合金钢	U	U×××××
金属功能材料	J	J×××××	焊接用钢及合金	W	W×××××
低合金钢	L	L×××××			

1.3　金属材料常用力学性能名称、符号及含义（见表 3.1-5）

表 3.1-5　金属材料常用力学性能名称、符号及含义

性能名称及符号	单位	含义说明
比例极限 弹性极限	MPa	材料能够承受的没有偏离应力-应变比例特性的最大应力，称为比例极限。材料在应力完全释放时能够保持没有永久应变的最大应力，称为弹性极限。比例极限的定义在理论上具有重要意义，它是材料从弹性变形向塑性变形转变之点，但是很难准确测定，因此，GB/T 228.1—2010《金属材料　拉伸试验　第1部分：室温试验方法》中没有列入此项指标，采用规定塑性（非比例）延伸性能代替。弹性极限和比例极限数值很接近。有关内容详见 GB/T 10623《金属材料力学性能试验术语》和 GB/T 228.1—2010《金属材料　拉伸试验　第1部分：室温试验方法》
弹性模量 E	MPa	低于比例极限的应力与相应应变的比值，称为弹性模量 E；在切应力与切应变成线性比例关系范围内，切应力与切应变之比，称为剪切模量 G。弹性模量可视为衡量材料产生弹性变形难易程度的指标，其值越大，使材料发生一定弹性变形的应力也越大，即材料刚性越大
屈服强度、上屈服强度 R_{eH}、下屈服强度 R_{eL}	MPa	当金属材料呈现屈服现象时，在试验期间达到塑性变形发生但力不增加的应力点称为屈服强度。GB/T 228.1—2010《金属材料　拉伸试验　第1部分》：将屈服强度区分为上屈服强度和下屈服强度》（旧标准 GB/T 228—1987 规定为屈服点 σ_s、上屈服点 σ_{sU} 和下屈服点 σ_{sL}） 试样发生屈服而力首次下降前的最高应力称为上屈服强度 R_{eH} 在屈服期间，不计初始瞬时效应时的最低应力称为下屈服强度 R_{eL}
规定塑性延伸强度 R_p（例如 $R_{p0.2}$）	MPa	塑性延伸率等于规定的引伸计标距百分率对应的应力，称为规定塑性延伸强度 R_p。使用的符号应附以下角注说明所规定的塑性延伸率，例如 $R_{p0.2}$ 表示规定塑性延伸率为 0.2% 时的应力

第 1 章　钢铁材料

(续)

性能名称及符号	单　位	含　义　说　明
规定总延伸强度 R_t（例如 $R_{t0.5}$）	MPa	总延伸率等于规定的引伸计标距百分率时的应力，称为规定总延伸强度 R_t，使用的符号应附以下角注说明所规定的总延伸率，例如 $R_{t0.5}$ 表示规定总延伸率为0.5%时的应力
规定残余延伸强度 R_r（例如 $R_{r0.2}$）	MPa	卸除应力后残余延伸率等于规定的引伸计标距百分率时对应的应力，称为规定残余延伸强度 R_r。使用的符号应附以下角注说明所规定的百分率，例如 $R_{r0.2}$ 表示规定残余延伸率为 0.2%时的应力
抗拉强度 R_m	MPa	相应最大力 F_m 对应的应力称为抗拉强度 R_m，$R_m = F_m/S_0$；式中 F_m 为最大力，对于无明显屈服（不连续屈服）的金属材料，F_m 为试验期间的最大力；对于有不连续屈服的金属材料，F_m 为在加工硬化开始之后，试样所承受的最大力。S_0 为试样原始横截面积
抗扭强度 τ_m	MPa	相应最大扭矩的切应力称为抗扭强度 τ_m
抗压强度 R_{mc}	MPa	对于脆性材料，试样压至破坏过程中的最大压应力，称为抗压强度 R_{mc}。对于在压缩中不以粉碎性破坏而失效的塑性材料，则抗压强度取决于规定应变和试样的几何形状
疲劳强度 条件疲劳强度 σ_N	MPa	材料在特定环境下，应力循环导致其失效的次数，称为疲劳寿命 N_f，在指定疲劳寿命下，试样发生失效时的应力水平 S 值，称为疲劳强度 S（应力水平 S 是在试验控制条件下的应力强度，例如：应力幅值、最大应力和应力范围）。条件疲劳强度 σ_N 是在规定应力比下试样具有 N 次循环的应力幅值；σ_N 是在 N 次循环的疲劳强度，σ_N 是一个特定应力比的应力幅值，在此种情况下，试样具有 N 次循环的寿命。应力比是最小应力与最大应力的代数比值
疲劳极限 σ_D	MPa	疲劳极限 σ_D 是一个应力幅的值，在这个值下，试样在给定概率时被希望可以进行无限次的应力循环。国家标准指出，某些材料没有疲劳极限；其他的材料在一定的环境下会显示出疲劳强度
扭转疲劳极限 τ_D	MPa	扭转疲劳极限是指定循环基数下的中值扭转疲劳强度。循环基数一般取 10^7 或更高
蠕变强度 $\sigma_{\frac{温度}{应变量/时间}}$	MPa	金属材料在高于一定温度下受到应力作用，即使应力小于屈服强度，试件也会随着时间的增长而缓慢地产生塑性变形，此种现象称为蠕变。在给定温度下和规定的使用时间内，使试样产生一定蠕变变形量的应力称为蠕变强度，例如 $\sigma_{\frac{500}{1/100000}} = 100$MPa，表示材料在500℃温度下，$10^5$h 后应变量为 1%的蠕变强度为 100MPa。蠕变强度是材料在高温长期负荷下对塑性变形抗力的性能指标

布氏硬度 HBW		对一定直径的硬质合金球施加试验力 F 压入试件表面，经保持规定时间后，卸除试验力，测量试件表面压痕的直径。布氏硬度与试验力除以压痕表面积的商成正比。即布氏硬度 = 常数 × 试验力 F/压痕表面积 = $0.102 \times 2F/[\pi D(D - \sqrt{D^2 - d^2})]$。式中 D 为球直径；d 为压痕平均直径。
		表示方法举例：
		600 HBW 1 / 30 / 20
		       └── 试验力保持时间(20s)(如果不在规定时间10～15s范围内)
		     └── 施加试验力(30kgf=294.2N)
		   └── 硬质合金球直径(1mm)
		  └── 硬度符号
		 └── 布氏硬度值
		（详见 GB/T 231.1—2009）

(续)

性能名称及符号	单位	含 义 说 明
洛氏硬度 HRA、HRB、HRC、 HRD、HRE、HRF、 HRG、HRH、HRK、 HRN、HRT	量纲一	采用金刚石圆锥体或一定直径的淬火钢球作为压头，压入金属材料表面，取其压痕深度计算确定硬度的大小，这种方法测量的硬度为洛氏硬度。GB/T230.1—2009《金属材料 洛氏硬度试验 第1部分：试验方法（A、B、C、D、E、F、G、H、K、N、T标尺）》中规定了A、B、C、D、E、F、G、H、K、N、T等标尺，以及相应的硬度符号、压头类型、总试验力等。由于压痕较浅，工件表面损伤小，适于批量、成品件及半成品件的硬度检验，对于晶粒粗大且组织不均的零件不宜采用。采用不同压头和试验力，洛氏硬度可以用于较硬或较软的材料，使用范围较广 硬度标尺A，硬度符号为HRA，顶角为120°的圆锥金刚石压头，总试验力为588.4N，HRA主要用于测定硬质材料，如硬质合金、薄而硬的钢材及表面硬化层较薄的材料等 HRB的压头为ϕ1.5875mm的钢球，总试验力为980.7N，适用于测定低碳钢、软金属、铜合金、铝合金及可锻铸铁等中、低硬度材料的硬度 HRC的压头为顶角120°的金刚石圆锥体，总试验力为1471N，适用于测定一般钢材、硬度较高的铸件、珠光体可锻铸铁及淬火回火的合金钢等材料硬度 HRN和HRT为表面洛氏硬度，HRN压头为金刚石圆锥体，HRT压头为ϕ1.5875mm的淬硬钢球，两者试验载荷均为15kgf、30kgf和45kgf，将载荷加注于符号之后，如HRN15、HRT30。表面洛氏硬度只适用于钢材表面渗碳、渗氮等处理的表层硬度、较薄、较小的试件硬度测定 表示方法举例： 70 HR 30T W ├─ 使用球形压头的类型（W为硬质合金球，S为钢球） ├─ 洛氏标尺符号 ├─ 洛氏硬度符号 └─ 洛氏硬度值 （有关内容详见GB/T 230.1—2009）
维氏硬度HV	一般不标注单位	维氏硬度试验是用一个相对面夹角为136°的正四棱锥体金刚石压头，以规定的试验力（49.03~980.7N）压入试样表面，经规定时间后卸除试验力，以其压痕表面积除试验力所得的商，即为维氏硬度值 维氏硬度试验法适用于测量面积较小、硬度值较高的试样和零件的硬度，各种表面处理后的渗层或镀层以及薄材的硬度，如0.3~0.5mm厚度金属材料、镀铬、渗碳、氮化、碳氮共渗层等的硬度测量 表示方法举例： 640 HV 30 / 20 ├─ 试验力保持时间（20s）（规定时间为10~15s不注） ├─ 试验力（30kgf=294.2N） ├─ 硬度符号 └─ 硬度值 （详见GB/T 4340.1—2009）
断面收缩率Z		断裂后试样横截面积的最大缩减量（$S_0 - S_u$）与原始横截面积S_0之比的百分率，称为断面收缩率Z，$Z = \frac{S_0 - S_u}{S_0} \times 100\%$，$S_u$为断后最小横截面积，$S_0$为原始横截面积，单位均为$mm^2$。旧标准GB/T 228—1987规定为断面收缩率ψ
断后伸长率A、$A_{11.3}$、A_{xmm}		断后标距的残余伸长与原始标距之比的百分率，称为断后伸长率A。对于比例试样，若原始标距不为$5.65\sqrt{S_0}$（S_0为平行长度的原始横截面积），符号A应附以下角注，说明所使用的比例系数。例如，$A_{11.3}$表示原始标距为$11.3\sqrt{S_0}$的断后伸长率。对于非比例试样，符号A应附以下角注，说明所使用的原始标距，以毫米（mm）表示。例如，A_{80mm}表示原始标距为80mm的断后伸长率。（旧标准GB/T 228—1987规定为伸长率δ_5、δ_{10}、δ_{xmm}）
断裂总伸长率A_t		断裂时刻原始标距总伸长（弹性伸长加塑性伸长）与原始标距之比的百分率，称为断裂总伸长率

(续)

性能名称及符号	单位	含义说明
最大力总伸长率 A_{gt}、最大力非比例伸长率 A_g		最大力时原始标距的伸长率与原始标距之比的百分率,称为最大力伸长率,应区分最大力总伸长率 A_{gt} 和最大力非比例伸长率 A_g
屈服点延伸率 A_e		呈现明显屈服(不连续屈服)现象的金属材料,屈服开始至均匀加工硬化开始之间引伸计标距的延伸与引伸计标距之比的百分率,称为屈服点延伸率
冲击吸收能量 K	J	使用摆锤冲击试验机冲断试样所需的能量(该能量已经对摩擦损失做了修正),称为冲击吸收能量 K。用字母 V 或 U 表示缺口几何形状,即 KV 或 KU,用数字 2 或 8 以下标形式表示冲击刀刃半径,如 KV_2、KU_8

注:1. GB/T 228.1—2010《金属材料 拉伸试验 第 1 部分:室温试验方法》代替 GB/T 228—2002《金属材料室温拉伸试验方法》,相关术语和性能定义符号均采用 ISO 6892—1:2009《金属材料 拉伸试验 第 1 部分:室温试验方法》(英文版)的规定,本表所有有关金属材料室温拉伸的性能名称、符号及含义均符合 GB/T 228.1—2010 的规定。由于某些原因,在一些资料中仍保留旧标准(GB/T 228—1987)的名称和符号,为查对之用,新标准和旧标准有关室温拉伸试验的性能名称、符号对照参见下表。

新标准(GB/T 228.1—2010)		旧标准(GB/T 228—1987)		新标准(GB/T 228.1—2010)		旧标准(GB/T 228—1987)	
性能名称	符号	性能名称	符号	性能名称	符号	性能名称	符号
断面收缩率	Z	断面收缩率	ψ	上屈服强度	R_{eH}	上屈服点	σ_{sU}
断后伸长率	A $A_{11.3}$ A_{xmm}	断后伸长率	δ_5 δ_{10} δ_{xmm}	下屈服强度	R_{eL}	下屈服点	σ_{sL}
				规定塑性延伸强度	R_p 如 $R_{p0.2}$	规定非比例伸长应力	σ_p 如 $\sigma_{p0.2}$
最大力总伸长率	A_{gt}	最大力下的总伸长率	δ_{gt}	规定总延伸强度	R_t 如 $R_{t0.5}$	规定总伸长应力	σ_t 如 $\sigma_{t0.5}$
最大力非比例伸长率	A_g	最大力下的非比例伸长率	δ_g	规定残余延伸强度	R_r 如 $R_{r0.2}$	规定残余伸长应力	σ_r 如 $\sigma_{r0.2}$
屈服点延伸率	A_e	屈服点伸长率	δ_s				
屈服强度	—	屈服点	σ_s	抗拉强度	R_m	抗拉强度	σ_b

2. 本表的资料参见 GB/T 228.1—2010《金属材料 拉伸试验 第 1 部分:室温试验方法》、GB/T 10623—2008《金属材料 力学性能试验术语》、GB/T 22315—2008《金属材料 弹性模量和泊松比试验方法》、GB/T 24182—2009《金属力学性能试验出版标准中的符号及定义》;有关布氏硬度、洛氏硬度、维氏硬度参见 GB/T 231.1—2009、GB/T 230.1—2009、GB/T 4340.1—2009 等。

2 铸铁

2.1 灰铸铁件(见表 3.1-6 ~ 表 3.1-9)

表 3.1-6 灰铸铁牌号和力学性能(摘自 GB/T 9439—2010)

牌号	铸件壁厚/mm		最小抗拉强度 R_m(强制性值)(min)		铸件本体预期抗拉强度 R_m(min)/MPa	应用举例
	>	≤	单铸试棒/MPa	附铸试棒或试块/MPa		
HT100	5	40	100	—	—	负荷轻、磨损性要求低的铸件,如托盘、盖、罩、手轮、把手、重锤等形状简单且性能要求不高的零件;高炉平衡锤、炼钢炉重锤、钢锭模等

（续）

牌号	铸件壁厚/mm >	铸件壁厚/mm ≤	最小抗拉强度 R_m（强制性值）(min) 单铸试棒/MPa	最小抗拉强度 R_m（强制性值）(min) 附铸试棒或试块/MPa	铸件本体预期抗拉强度 R_m (min)/MPa	应用举例
HT150	5	10	150	—	155	承受中等弯曲应力，摩擦面间压强高于500kPa的铸件，如多数机床的底座，有相对运动和磨损的零件，如溜板、工作台等，汽车中的变速器、排气管、进气管等；液压泵进、出油管，鼓风机底座，后盖板，高炉冷却壁，热风炉箅，流渣槽，渣缸，炼焦炉保护板，轧钢机托辊、夹板，加热炉盖，冷却头，内燃机车水泵壳，止回阀体、阀盖，吊车滑轮，泵体，电机轴承盖，汽轮机操纵座外壳，缓冲器外壳
HT150	10	20	150	—	130	
HT150	20	40	150	120	110	
HT150	40	80	150	110	95	
HT150	80	150	150	100	80	
HT150	150	300	150	(90)	—	
HT200	5	10	200	—	205	承受较大弯曲应力，要求保持气密性的铸件，如机床立柱，刀架，齿轮箱体，多数机床床身，滑板，箱体，油缸，泵体，阀体，刹车毂，飞轮，气缸盖，分离器本体，左半轴、右半轴壳，鼓风机座，带轮，轴承盖，叶轮，压缩机机身，轴承架，冷却器盖板，炼钢浇注平台，煤气喷嘴，真空过滤器销盘、喉管，内燃机车风缸体，阀套，汽轮机，气缸中部，隔板套，前轴承座主体，机架，电机接力器缸，活塞，导水套筒，前缸盖
HT200	10	20	200	—	180	
HT200	20	40	200	170	155	
HT200	40	80	200	150	130	
HT200	80	150	200	140	115	
HT200	150	300	200	(130)	—	
HT225	5	10	225	—	230	承受较大弯曲应力，要求保持气密性的铸件，如机床立柱，刀架，齿轮箱体，多数机床床身，滑板，箱体，油缸，泵体，阀体，制动鼓，飞轮，气缸盖，分离器本体，左半轴、右半轴壳，鼓风机座，带轮，轴承盖，叶轮，压缩机机身，轴承架，冷却器盖板，炼钢浇注平台，煤气喷嘴，真空过滤器销气盘、喉管，内燃机车缸体，阀套，汽轮机，气缸中部，隔板套，前轴承座主体，机架，电机接力器缸，活塞，导水套筒，前缸盖
HT225	10	20	225	—	200	
HT225	20	40	225	190	170	
HT225	40	80	225	170	150	
HT225	80	150	225	155	135	
HT225	150	300	225	(145)	—	
HT250	5	10	250	—	250	炼钢用轨道板、气缸套、齿轮、机床立柱、齿轮箱体、机床床身、磨床转体、油缸，泵体，阀体
HT250	10	20	250	—	225	
HT250	20	40	250	210	195	
HT250	40	80	250	190	170	
HT250	80	150	250	170	155	
HT250	150	300	250	(160)	—	
HT275	10	20	275	—	250	炼钢用轨道板、气缸套、齿轮、机床立柱、齿轮箱体、机床床身、磨床转体、油缸泵体、阀体
HT275	20	40	275	230	220	
HT275	40	80	275	205	190	
HT275	80	150	275	190	175	
HT275	150	300	275	(175)	—	
HT300	10	20	300	—	270	承受高弯曲应力，拉应力，要求保持高度气密性的铸件，如重型机床床身，多轴机床主轴箱，卡盘齿轮，高压油缸，泵体，阀体，水泵出水段、进水段，吸入盖，双螺旋分级机机座，锥齿轮，大型卷筒，轧钢机座，焦化炉导板，汽轮机隔板，泵壳，收缩管，轴承支架，主配阀壳体，环形缸座
HT300	20	40	300	250	240	
HT300	40	80	300	220	210	
HT300	80	150	300	210	195	
HT300	150	300	300	(190)	—	

(续)

牌号	铸件壁厚/mm >	铸件壁厚/mm ≤	最小抗拉强度 R_m（强制性值）(min) 单铸试棒/MPa	最小抗拉强度 R_m（强制性值）(min) 附铸试棒或试块/MPa	铸件本体预期抗拉强度 R_m (min) /MPa	应用举例
HT350	10	20	350	—	315	轧钢滑板，辊子，炼焦柱塞，圆筒混合机齿圈，支承轮座，挡轮座
	20	40		290	280	
	40	80		260	250	
	80	150		230	225	
	150	300		(210)	—	

注：1. 生产方法：采用砂型或导热性与砂型相当的铸型生产灰铸铁件。灰铸铁件的生产方法由供方自行决定，如需方有特殊要求（其他铸型方式或热处理等）时，由供需双方商定。
2. 化学成分：如需方的技术条件中包含化学成分的验收要求时，按需方规定执行。化学成分按供需双方商定的频次和数量进行检测。当需方对化学成分没有要求时，化学成分由供方自行确定，化学成分不作为铸件验收的依据。但化学成分的选取必须保证铸件材料满足 GB/T 9439—2010 所规定的力学性能和金相组织要求。
3. 力学性能：在单铸试棒上还是在铸件本体上测定力学性能，以抗拉强度还是以硬度作为性能验收指标，均必须在订货协议或需方技术要求中明确规定。铸件的力学性能验收指标应在订货协议中明确规定。灰铸铁试棒的力学性能和物理性能参见表 3.1-8 和表 3.1-9。
4. 当铸件壁厚超过 300mm 时，其力学性能由供需双方商定。
5. 当用某牌号的铁液浇注壁厚均匀、形状简单的铸件时，壁厚变化引起抗拉强度的变化，可从本表查出参考数据，当铸件壁厚不均匀，或有型芯时，此表只能给出不同壁厚处大致的抗拉强度值，铸件的设计应根据关键部位的实测值进行。
6. 表中括号内数值表示指导值，其余抗拉强度值均为强制性值，铸件本体预期抗拉强度值不作为强制性值。

表 3.1-7　灰铸铁的硬度等级和铸件硬度（摘自 GB/T 9439—2010）

硬度等级	铸件主要壁厚/mm >	铸件主要壁厚/mm ≤	铸件上的硬度范围/HBW min	铸件上的硬度范围/HBW max
H155	5	10	—	185
	10	20	—	170
	20	40	—	160
	(40)	(80)	—	(155)
H175	5	10	140	225
	10	20	125	205
	20	40	110	185
	(40)	(80)	(100)	(175)
H195	4	5	190	275
	5	10	170	260
	10	20	150	230
	20	40	125	210
	(40)	(80)	(120)	(195)

(续)

硬度等级	铸件主要壁厚/mm		铸件上的硬度范围/HBW	
	>	≤	min	max
H215	5	10	200	275
	10	20	180	255
	20	40	160	235
	(40)	(80)	(145)	(215)
H235	10	20	200	275
	20	40	180	255
	(40)	(80)	(165)	(235)
H255	20	40	200	275
	(40)	(80)	(185)	(255)

注：1. 灰铸铁的硬度等级分为6个等级，各硬度等级的硬度是指主要壁厚40mm<t≤80mm 的上限硬度值。硬度等级分类适用于以机械加工性能和以抗磨性能为主的铸件。对于主要壁厚 t>80mm 的铸件，不按硬度进行分级。
2. 如果需方要求将硬度作为验收指标时，硬度的检测频次和数量由供需双方商定，并选用如下之一的验收规则：
1）铸件本体的硬度值应符合本表的规定。
2）在单铸试棒加工的试样上测定材料的硬度时，应符合 GB/T 9439—2010 表3 的规定。
若需方对铸件本体的测试部位及硬度值有明确规定时，应符合需方图样及技术要求。
3. 硬度和抗拉强度的关系以及硬度和壁厚的关系见 GB/T 9439—2010 的相关规定。
4. 括号内数字表示与该硬度等级所对应的主要壁厚的最大和最小硬度值。
5. 在供需双方商定的铸件某位置上，铸件硬度差可以控制在40HBW 硬度值范围内。

表3.1-8 灰铸铁 ϕ30mm 单铸试棒和 ϕ30mm 附铸试棒的力学性能（摘自 GB/T 9439—2010）

力学性能	材料牌号[①]						
	HT150	HT200	HT225	HT250	HT275	HT300	HT350
	基体组织						
	铁素体+珠光体	珠光体					
抗拉强度 R_m/MPa	150~250	200~300	225~325	250~350	275~375	300~400	350~450
屈服强度 $R_{p0.1}$/MPa	98~165	130~195	150~210	165~228	180~245	195~260	228~285
伸长率 A（%）	0.3~0.8	0.3~0.8	0.3~0.8	0.3~0.8	0.3~0.8	0.3~0.8	0.3~0.8
抗压强度 σ_{db}/MPa	600	720	780	840	900	960	1080
抗压屈服强度 $\sigma_{d0.1}$/MPa	195	260	290	325	360	390	455
抗弯强度 σ_{dB}/MPa	250	290	315	340	365	390	490
抗剪强度 σ_{aB}/MPa	170	230	260	290	320	345	400

(续)

力学性能	材料牌号①						
	HT150	HT200	HT225	HT250	HT275	HT300	HT350
	基体组织						
	铁素体+珠光体	珠光体					
扭转强度② τ_{tB}/MPa	170	230	260	290	320	345	400
弹性模量③ E/GPa	78~103	88~113	95~115	103~118	105~128	108~137	123~143
泊松比 ν	0.26	0.26	0.26	0.26	0.26	0.26	0.26
弯曲疲劳强度④ σ_{bW}/MPa	70	90	105	120	130	140	145
反压应力疲劳极限⑤ σ_{zdW}/MPa	40	50	55	60	68	75	85
断裂韧性 K_{IC}/MPa³/⁴	320	400	440	480	520	560	650

① 当对材料的机加工性能和抗磁性能有特殊要求时，可以选用HT100。如果试图通过热处理的方式改变材料金相组织而获得所要求的性能时，不宜选用HT100。
② 扭转疲劳强度 $\tau_{tw} \approx 0.42 R_m$。
③ 取决于石墨的数量及形态，以及加载量。
④ $\sigma_{bW} \approx (0.35 \sim 0.50) R_m$。
⑤ $\sigma_{zdW} \approx 0.53 \sigma_{bW} \approx 0.26 R_m$。

表 3.1-9 灰铸铁 $\phi 30mm$ 单铸试棒和 $\phi 30mm$ 附铸试棒的物理性能（摘自 GB/T 9439—2010）

特 性		材 料 牌 号						
		HT150	HT200	HT225	HT250	HT275	HT300	HT350
密度 ρ/kg·dm⁻³		7.10	7.15	7.15	7.20	7.20	7.25	7.30
比热容 c /J·kg⁻¹·K⁻¹	20~200℃	460						
	20~600℃	535						
线胀系数 α /μm·m⁻¹·K⁻¹	-20~600℃	10.0						
	20~200℃	11.7						
	20~400℃	13.0						
热传导率 λ /W·m⁻¹·K⁻¹	100℃	52.5	50.0	49.0	48.5	48.0	47.5	45.5
	200℃	51.0	49.0	48.0	47.5	47.0	46.0	44.5
	300℃	50.0	48.0	47.0	46.5	46.0	45.0	43.5
	400℃	49.0	47.0	46.0	45.0	44.5	44.0	42.0
	500℃	48.5	46.0	45.0	44.5	43.5	43.0	41.5
电阻率 ρ/Ω·mm²·m⁻¹		0.80	0.77	0.75	0.73	0.72	0.70	0.67
矫磁性 H_o/A·m⁻¹		560~720						
室温下的最大磁导率 μ/Mh·m⁻¹		220~330						
$B=1T$ 时的磁滞损耗/J·m⁻³		2500~3000						

注：当对材料的机加工性能和抗磁性能有特殊要求时，可以选用HT100。如果试图通过热处理的方式改变材料金相组织而获得所要求的性能时，不宜选用HT100。

2.2 可锻铸铁件（见表3.1-10）

表 3.1-10 可锻铸铁件牌号和力学性能及应用（摘自 GB/T 9440—2010）

	牌 号	试样直径 d [①][②] /mm	力学性能 ≥ R_m /MPa	力学性能 ≥ $R_{p0.2}$ /MPa	力学性能 ≥ $A(\%)$ $L_0=3d$	HBW	冲击吸收能量[⑥] /J	应用举例
黑心可锻铸铁	KTH275-05[③]	12或15	275	—	5	≤150	—	黑心可锻铸铁比灰铸铁强度高，塑性与韧性更好，可承受冲击和扭转载荷，具有良好的耐蚀性，切削性能良好。制作薄壁铸件，多用于机床零件、运输机零件、升降机械零件，管道配件，低压阀门。KTH300-06、KTH330-08可耐800~1400kPa的压力（气压、水压），可用于自来水管路、配件，高压锅炉管路配件，压缩空气管道配件以及农机零件。KTH350-10和KTH370-12能承受较大的冲击负荷，在寒冷环境（-40℃）下工作，不产生低温脆断，在汽车和拖拉机中用作后桥外壳，转向机构，弹簧钢板支座，农机中的收割机升降机构、护刃器、压刃器、捆束器等
	KTH300-06[③]		300	—	6			
	KTH330-08		330	—	8			
	KTH350-10		350	200	10		90~130	
	KTH370-12		370	—	12			
珠光体可锻铸铁	KTZ450-06	12或15	450	270	6	150~200	80~120	珠光体可锻铸铁的塑性、韧性比黑心可锻铸铁稍差，但其强度高，耐磨性好，低温性能优于球墨铸铁，加工性良好，可代替有色合金、低合金钢及中低碳钢制作较高强度和耐磨性的零件。KTZ450-06用于制作插销、轴承座，KTZ550-04用于制作一定强度、韧性适当的零件，如汽车前轮轮毂，发动机支架，传动箱及拖拉机履带轨板。KTZ650-02用于制作较高强度的零件，如柴油机活塞、差速器壳、摇臂及农业机械的犁刀、犁片、齿轮箱。KTZ700-02用于制作高强度的零件，如曲轴，传动齿轮，凸轮轴，活塞环等
	KTZ500-05		500	300	5	165~215	—	
	KTZ550-04		550	340	4	180~230	70~110	
	KTZ600-03		600	390	3	195~245	—	
	KTZ650-02[④][⑤]		650	430	2	210~260	60~100	
	KTZ700-02		700	530	2	240~290	50~90	
	KTZ800-01[④]		800	600	1	270~320	30~40	
白心可锻铸铁	KTB350-04	6	270	—	10	≤230	30~80	将低碳低硅的白口铸铁和氧化铁一起加热，进行脱碳软化后的铸铁称为白心可锻铸铁，断口呈白色，表面层大量脱碳形成铁素体，心部为珠光体基体，且有少量残余游离碳，因而心部韧性难于提高，一般仅限于薄壁件的制造。由于工艺复杂、生产周期长、性能较差，国内在机械工业中较少应用，KTB380-12适用于对强度有特殊要求和焊接后不需进行热处理的零件。所有级别的白心可锻铸铁均可以焊接
		9	310	—	5			
		12	350	—	4			
		15	360	—	3			
	KTB360-12	6	280	—	16	≤200	130~180	
		9	320	170	15			
		12	360	190	12			
		15	370	200	7			
	KTB400-05	6	300	—	12	≤220	40~90	
		9	360	200	8			
		12	400	220	5			
		15	420	230	4			

(续)

牌号	试样直径 $d^{①②}$/mm	力学性能 ≥			HBW	冲击吸收能量[⑥]/J	应用举例
		R_m/MPa	$R_{p0.2}$/MPa	$A(\%)$ $L_0=3d$			
白心可锻铸铁 KTB450-07	6	330	—	12	≤220	80~130	将低碳低硅的白口铸铁和氧化铁一起加热，进行脱碳软化后的铸铁称为白心可锻铸铁，断口呈白色，表面层大量脱碳形成铁素体，心部为珠光体基体，且有少量残余游离碳，因而心部韧性难于提高，一般仅限于薄壁件的制造。由于工艺复杂、生产周期长、性能较差，国内在机械工业中较少应用，KTB380-12 适用于对强度有特殊要求和焊接后不需进行热处理的零件。所有级别的白心可锻铸铁均可以焊接
	9	400	230	10			
	12	450	260	7			
	15	480	280	4			
白心可锻铸铁 KTB550-04	6	—	—	—	≤250	30~80	
	9	490	310	5			
	12	550	340	4			
	15	570	350	3			

注：1. 可锻铸铁的生产方式由供方选定，但应保证达到订货的要求。
   2. 可锻铸铁的化学成分由供方选定，但化学成分不作为验收依据。如有要求，应在合同中规定。
① 如果需方没有明确要求，供方可以任意选取 6mm 或 12mm 两种试棒直径中的一种。
② 试样直径代表同样壁厚的铸件，如果铸件为薄壁件时，供需双方可以协商选取直径 6mm 或者 9mm 试样。
③ KTH275-05 和 KTH300-06 为专门用于保证压力密封性能，而不要求高强度或者高延展性的工作条件者。
④ 油淬加回火。
⑤ 空冷加回火。
⑥ 冲击吸收能量为冲击性能指导值。当需方要求时，其检测方法由供需双方商定。本表中冲击吸收能量检测试样为：无缺口，单铸试样尺寸为 10mm×10mm×55mm。

2.3 球墨铸铁件（见表 3.1-11）

表 3.1-11 球墨铸铁件材料牌号、单铸试样、附铸试样力学性能及应用

（摘自 GB/T 1348—2009）

1. 单铸试样力学性能					
材料牌号	抗拉强度 R_m/MPa ≥	屈服强度 $R_{p0.2}$/MPa ≥	断后伸长率 A（%）≥	布氏硬度 HBW	主要基体组织
QT350-22L	350	220	22	≤160	铁素体
QT350-22R	350	220	22	≤160	铁素体
QT350-22	350	220	22	≤160	铁素体
QT400-18L	400	240	18	120~175	铁素体
QT400-18R	400	250	18	120~175	铁素体
QT400-18	400	250	18	120~175	铁素体
QT400-15	400	250	15	120~180	铁素体
QT450-10	450	310	10	160~210	铁素体
QT500-7	500	320	7	170~230	铁素体+珠光体
QT500-5	550	350	5	180~250	铁素体+珠光体
QT600-3	600	370	3	190~270	珠光体+铁素体
QT700-2	700	420	2	225~305	珠光体

（续）

材料牌号	抗拉强度 R_m/MPa ≥	屈服强度 $R_{p0.2}$/MPa ≥	断后伸长率 A（%）≥	布氏硬度 HBW	主要基体组织
QT800-2	800	480	2	245~335	珠光体或索氏体
QT900-2	900	600	2	280~360	回火马氏体或屈氏体+索氏体

2. 附铸试样力学性能

材料牌号	铸件壁厚/mm	抗拉强度 R_m/MPa ≥	屈服强度 $R_{p0.2}$/MPa ≥	断后伸长率 A(%) ≥	布氏硬度 HBW	主要基体组织
QT350-22AL	≤30	350	220	22	≤160	铁素体
	>30~60	330	210	18		
	>60~200	320	200	15		
QT350-22AR	≤30	350	220	22	≤160	铁素体
	>30~60	330	220	18		
	>60~200	320	210	15		
QT350-22A	≤30	350	220	22	≤160	铁素体
	>30~60	330	210	18		
	>60~200	320	200	15		
QT400-18AL	≤30	380	240	18	120~175	铁素体
	>30~60	370	230	15		
	>60~200	360	220	12		
QT400-18AR	≤30	400	250	18	120~175	铁素体
	>30~60	390	250	15		
	>60~200	370	240	12		
QT400-18A	≤30	400	250	18	120~175	铁素体
	>30~60	390	250	15		
	>60~200	370	240	12		
QT400-15A	≤30	400	250	15	120~180	铁素体
	>30~60	390	250	14		
	>60~200	370	240	11		
QT450-10A	≤30	450	310	10	160~210	铁素体
	>30~60	420	280	9		
	>60~200	390	260	8		
QT500-7A	≤30	500	320	7	170~230	铁素体+珠光体
	>30~60	450	300	7		
	>60~200	420	290	5		
QT550-5A	≤30	550	350	5	180~250	铁素体+珠光体
	>30~60	520	330	4		
	>60~200	500	320	3		
QT600-3A	≤30	600	370	3	190~270	珠光体+铁素体
	>30~60	600	360	2		
	>60~200	550	340	1		
QT700-2A	≤30	700	420	2	225~305	珠光体
	>30~60	700	400	2		
	>60~200	650	380	1		
QT800-2A	≤30	800	480	2	245~335	珠光体或索氏体
	>30~60	由供需双方商定				
	>60~200					
QT900-2A	≤30	900	600	2	280~360	回火马氏体或索氏体+屈氏体
	>30~60	由供需双方商定				
	>60~200					

(续)

3. 球墨铸铁的常温物理力学性能（其他力学性能参见单铸和附铸试样力学性能）

特性值	材料牌号									
	QT350-22	QT400-18	QT450-10	QT500-7	QT550-5	QT600-3	QT700-2	QT800-2	QT900-2	QT500-10
剪切强度/MPa	315	360	405	450	500	540	630	720	810	—
扭转强度/MPa	315	360	405	450	500	540	630	720	810	—
弹性模量 E（拉伸和压缩）/GPa	169	169	169	169	172	174	176	176	176	170
泊松比 ν	0.275	0.275	0.275	0.275	0.275	0.275	0.275	0.275	0.275	0.28~0.029
无缺口疲劳极限[1]（旋转弯曲）（ϕ10.6mm）/MPa	180	195	210	224	236	248	280	304	304	225
有缺口疲劳极限[2]（旋转弯曲）（ϕ10.6mm）/MPa	114	122	128	134	142	149	168	182	182	140
抗压强度/MPa	—	700	700	800	840	870	1000	1150	—	—
断裂韧性 K_{IC}/MPa·m$^{\frac{1}{2}}$	31	30	28	25	22	20	15	14	14	28
300℃时的热传导率/W·(K·m)$^{-1}$	36.2	36.2	36.2	35.2	34	32.5	31.1	31.1	31.1	
20~500℃时的比热容/J·(kg·K)$^{-1}$	515	515	515	515	515	515	515	515	515	
20~400℃时的线胀系数/10^{-6}K^{-1}	12.5	12.5	12.5	12.5	12.5	12.5	12.5	12.5	12.5	
密度/kg·dm^{-3}	7.1	7.1	7.1	7.1	7.1	7.2	7.2	7.2	7.2	7.1
最大渗透性/μH·m^{-1}	2136	2136	2136	1596	1200	866	501	501	501	
磁滞损耗（B=1T）/J·m^{-3}	600	600	600	1345	1800	2248	2700	2700	2700	
电阻率/μΩ·m	0.50	0.50	0.50	0.51	0.52	0.53	0.54	0.54	0.54	—
主要基体组织	铁素体	铁素体	铁素体	铁素体-珠光体	铁素体-珠光体	铁素体-珠光体	珠光体	珠光体或索氏体	回火马氏体或索氏体+屈氏体[3]	铁素体

[1] 对抗拉强度是370MPa的球墨铸铁件无缺口试样，退火铁素体球墨铸铁件的疲劳极限强度大约是抗拉强度的0.5倍。在珠光体球墨铸铁和（淬火+回火）球墨铸铁中这个比率随着抗拉强度的增加而减少，疲劳极限强度大约是抗拉强度的0.4倍。当抗拉强度超过740MPa时这个比率将进一步减少。

[2] 对直径ϕ10.6mm的45°圆角R0.25mm的V形缺口试样，退火球墨铸铁件的疲劳极限强度降低到无缺口球墨铸铁件（抗拉强度是370MPa）疲劳极限的0.63倍。这个比率随着铁素体球墨铸铁件抗拉强度的增加而减少。对中等强度的球墨铸铁件、珠光体球墨铸铁件和（淬火+回火）球墨铸铁件，有缺口试样的疲劳极限大约是无缺口试样疲劳极限强度的0.6倍。

[3] 对大型铸件，可能是珠光体，也可能是回火马氏体或屈氏体+索氏体。

(续)

4. 球墨铸铁的特性及应用举例

牌 号	特性及应用举例
QT400-18L QT400-18R QT400-18	为铁素体型球墨铸铁，有良好的韧性和塑性，且有一定的抗温度急变性和耐蚀性，焊接性和切削性较好，低温冲击值较高，在低温下的韧性和脆性转变温度较低。适用于制造承受高冲击振动、扭转等静负荷和动负荷的部位之零件，适于制作具有较高韧性和塑性的零件，特别适于制作在低温条件下要求一定冲击性能的零件，如汽车、拖拉机中的牵引框、轮毂、驱动桥壳体、离合器壳体、差速器壳体、弹簧吊耳、阀体、阀盖、支架、压缩机中较高温度的高低压气缸、输气管、铁道垫板、农机用犁铧、犁柱、犁托、牵引架、收割机导架、护刃器等
QT400-15	为铁素体型球墨铸铁，具有良好的塑性和韧性，较好的焊接性和切削性，并有一定的抗温度急变性和耐蚀性，在低温下有较低的韧性。适用于制作承受高扭转及冲击振动等静负荷和动负荷，要求塑性及韧性较高的零件，特别适于制作低温条件下要求一定冲击性能的零件，其应用情况与 QT400-18 相近
QT450-10	为铁素体型球墨铸铁，具有较高的韧性和塑性，在低温下的韧性和脆性转变温度较低，低温冲击韧性较高，且有一定的抗温度急变性和耐蚀性，焊接性能和切削性能均较好，与 QT400-18 相比较，其塑性稍低于 QT400-18，强度和小能量冲击力优于 QT400-18。其应用范围和 QT400-18 相近
QT500-7	为珠光体加铁素体类型的球墨铸铁，具有一定的强度和韧性，铸造工艺性能较好，切削加工性尚好；耐磨性和减振性能良好，缺口敏感性比钢低，能够采用不同的热处理方法改变其性能。在机械制造中应用广泛，适用于制作内燃机的机油泵齿轮、汽轮机中温气缸隔板及水轮机的阀门体、铁路机车的轴瓦、机器座架、液压缸体、连杆、传动轴、飞轮、千斤顶座等
QT600-3	为珠光体类型球墨铸铁（珠光体含量大于65%），具有较高的综合性能，中高等强度，中等塑性及韧性，良好的耐磨性、减振性及铸造工艺性，可以采用热处理方法改变其性能。主要用于制造各种动力机械曲轴、凸轮轴、连接轴、连杆、齿轮、离合器片、液压缸体等
QT700-2 QT800-2	为珠光体类型球墨铸铁，有较高强度，良好的耐磨性，较高的疲劳极限，且有一定的塑性和韧性。适用于制作强度要求较高的零件，如柴油机和汽油机的曲轴、汽油机的凸轮、气缸套、进排气门座、连杆；农机用的脚踏脱粒机齿条及轻载荷齿轮；机床用主轴；空压机、冷冻机、制氧机的曲轴、缸体、缸套、球磨机齿轴、矿车轮、桥式起重机大小车滚轮、小型水轮机的主轴等
QT900-2	高强度，高耐磨性，具有一定的韧性，较高的弯曲疲劳强度和接触疲劳强度。用于制作农机用的犁铧、耙片、低速农用轴承套圈，汽车用的传动轴、转向轴及螺旋锥齿轮，内燃机的凸轮轴及曲轴，拖拉机用减速齿轮等
QT500-10	机械加工性能优于QT500-7，基体组织以铁素体为主，珠光体含量不超过5%，渗碳体不超过1%，适用于制作要求切削性能良好、较高韧性和中等强度的各种铸件

注：1. GB/T 1348—2009《球墨铸铁件》代替 GB/T 1348—1988。适用于砂型铸造的普通和低合金球墨铸铁件，亦可适用于特种铸造方法生产的球墨铸铁件。

2. 牌号中的"L"表示此牌号有低温（-20℃或-40℃）冲击性能要求；字母"R"表示此牌号有室温（23℃）冲击性能要求；字母"A"表示附铸试样的牌号。

3. 球墨铸铁的生产方法和化学成分由供方自行决定，但必须保证铸件材料满足 GB/T 1348—2009 规定的性能指标，化学成分不作为铸件验收条件，抗拉强度和伸长率为验收指标。除特殊规定外，一般不做屈服强度试验。

4. 如需方要求，冲击性能，其指标应符合 GB/T 1348—2009 的规定。QT350-22L、QT350-22R、QT400-18L、QT400-18R 等 4 个牌号标准规定可用于压力容器。

5. 抗拉强度和硬度是相互关联的，各牌号按硬度分类及布氏硬度范围应符合 GB/T 1348—2009 附录的规定。球墨铸铁材料的硬度等级材料牌号 QT-130HBW、QT-150HBW、QT-155HBW、QT-185HBW、QT-200HBW、QT-215HBW、QT-230HBW、QT-265HBW、QT-300HBW、QT-330HBW 的布氏硬度范围分别为（HBW）：< 160、130 ~ 175、135 ~ 180、160 ~ 210、170 ~ 230、180 ~ 250、190 ~ 270、225 ~ 305、245 ~ 335、270 ~ 360。当需方要求，硬度指标也可作为检验项目，且应符合 GB/T 1348—2009 的规定。

6. 铸件本体性能的试样取样部位及要求达到的性能指标，由供需双方商定。铸件本体的性能指标标准没有统一规定，也无法统一，因其取决于铸件的复杂程度、铸件壁厚的变化等因素，本表所列为铸件力学性能的指导值，铸件本体性能可能等于或低于本表所给定的数值。

2.4 低温铁素体球墨铸铁件（见表3.1-12）

表3.1-12 低温铁素体球墨铸铁件牌号和力学性能（摘自 GB/T 32247—2015）

	材料牌号	抗拉强度 R_m/MPa (min)	屈服强度 $R_{p0.2}$/MPa (min)	断后伸长率 A（%）(min)	布氏硬度 HBW
单铸试样的力学性能	QT350-22L（-50℃、-60℃）	350	220	22	≤160
	QT400-18L（-40℃、-50℃、-60℃）	400	240	18	≤170

	材料牌号	最小冲击吸收能量 KV/J					
		-40℃±2℃		-50℃±2℃		-60℃±2℃	
		三个试样平均值	单个试样	三个试样平均值	单个试样	三个试样平均值	单个试样
单铸试样V型缺口冲击吸收能量	QT350-22L（-50℃）	—	—	12	9	—	—
	QT350-22L（-60℃）	—	—	—	—	12	9
	QT400-18L（-40℃）	12	9	—	—	—	—
	QT400-18L（-50℃）	—	—	12	9	—	—
	QT400-18L（-60℃）	—	—	—	—	12	9

	材料牌号	铸件厚度/mm	试块厚度/mm	抗拉强度 R_m/MPa (min)	屈服强度 $R_{p0.2}$/MPa (min)	断后伸长率 A（%）(min)	布氏硬度 HBW
附铸试样的力学性能	QT350-22AL（-50℃、-60℃）	≤30	25	350	220	22	≤160
		>30~60	40	330	210	18	
		>60~200	70	由供需双方商定			
	QT400-18AL（-40℃、-50℃、-60℃）	≤30	25	390	240	18	≤170
		>30~60	40	370	230	15	
		>60~200	70	由供需双方商定			

	材料牌号	铸件壁厚/mm	试块厚度/mm	最小冲击吸收能量 KV/J					
				-40℃±2℃		-50℃±2℃		-60℃±2℃	
				三个试样平均值	单个试样	三个试样平均值	单个试样	三个试样平均值	单个试样
附铸试样V型缺口冲击吸收能量	QT350-22AL（-50℃）	≤30	25	—	—	12	9	—	—
		>30~60	40	—	—	12	9	—	—
		>60~200	70	—	—	—	—	—	—
	QT350-22AL（-60℃）	≤30	25	—	—	—	—	12	9
		>30~60	40	—	—	—	—	12	9
		>60~200	70	—	—	—	—	—	—
	QT400-18AL（-40℃）	≤30	25	12	9	—	—	—	—
		>30~60	40	12	9	—	—	—	—
		>60~200	70	—	—	—	—	—	—

(续)

	材料牌号	铸件壁厚 /mm	试块厚度 /mm	最小冲击吸收能量 KV/J					
				−40℃±2℃		−50℃±2℃		−60℃±2℃	
				三个试样平均值	单个试样	三个试样平均值	单个试样	三个试样平均值	单个试样
附铸试样 V型缺口 冲击吸收 能量	QT400-18AL (−50℃)	≤30	25	—	—	12	9	—	—
		>30~60	40	—	—	12	9	—	—
		>60~200	70	—	—	—	—	—	—
	QT400-18AL (−60℃)	≤30	25	—	—	—	—	12	9
		>30~60	40	—	—	—	—	12	9
		>60~200	70	—	—	—	—	—	—

注：1. GB/T 32247—2015《低温铁素体球墨铸铁件》为我国首次发布的标准，砂型或导热性与砂型相当的其他铸型铸造的低温铁素体球墨铸铁件，使用温度为 −60~−40℃。低温铁素体球墨铸铁件的生产方法、牌号的化学成分、热处理工艺由供方自行决定，但力学性能应满足本表的规定。
2. 铸件的化学成分不作为铸件的验收依据。当需方对铸件化学成分、热处理方法有特殊要求时，由供需双方协定。
3. 铸件力学性能一般以试样的V型缺口冲击吸收能量、抗拉强度、屈服强度和断后伸长率作为验收依据。
4. 如在铸件的本体上取样，取样部位及力学性能指标，由供需双方商定。本体试样的力学性能指标一般低于单铸试块。
5. 从附铸试样上测得的力学性能并不能准确地反映铸件本体的力学性能，但与单铸试样上测得的值相比更接近于铸件的实际性能值；本体性能值也许等于或低于本表所给定的值。
6. 铸件的几何形状及其尺寸公差均应符合铸件图样的规定。

2.5 蠕墨铸铁件（见表3.1-13 ~ 表3.1-20）

表3.1-13 蠕墨铸铁的牌号和附铸试样力学性能（摘自GB/T 26655—2011）

牌号	主要壁厚 t /mm	抗拉强度 R_m /MPa（min）	0.2%屈服强度 $R_{p0.2}$ /MPa（min）	断后伸长率 A （%）（min）	典型布氏硬度 范围 HBW	主要基体组织
RuT300A	t≤12.5	300	210	2.0	140~210	铁素体
	12.5<t≤30	300	210	2.0	140~210	
	30<t≤60	275	195	2.0	140~210	
	60<t≤120	250	175	2.0	140~210	
RuT350A	t≤12.5	350	245	1.5	160~220	铁素体+ 珠光体
	12.5<t≤30	350	245	1.5	160~220	
	30<t≤60	325	230	1.5	160~220	
	60<t≤120	300	210	1.5	160~220	
RuT400A	t≤12.5	400	280	1.0	180~240	珠光体+ 铁素体
	12.5<t≤30	400	280	1.0	180~240	
	30<t≤60	375	260	1.0	180~240	
	60<t≤120	325	230	1.0	180~240	
RuT450A	t≤12.5	450	315	1.0	200~250	珠光体
	12.5<t≤30	450	315	1.0	200~250	
	30<t≤60	400	280	1.0	200~250	
	60<t≤120	375	260	1.0	200~250	

(续)

牌号	主要壁厚 t /mm	抗拉强度 R_m /MPa (min)	0.2%屈服强度 $R_{p0.2}$ /MPa (min)	断后伸长率 A (%) (min)	典型布氏硬度范围 HBW	主要基体组织
RuT500A	$t \leq 12.5$	500	350	0.5	220~260	珠光体
	$12.5 < t \leq 30$	500	350	0.5	220~260	
	$30 < t \leq 60$	450	315	0.5	220~260	
	$60 < t \leq 120$	400	280	0.5	220~260	

注：1. 采用附铸试块时，牌号后加字母"A"。蠕墨铸铁附铸试样的力学性能应符合本表规定。
2. 从附铸试样测得的力学性能并不能准确地反映铸件本体的力学性能，但与单铸试棒上测得的值相比更接近于铸件的实际性能值。
3. 力学性能随铸件结构（形状）和冷却条件而变化，随铸件断面厚度增加而相应降低。
4. 布氏硬度值仅供参考。
5. $R_{p0.2}$ 一般不作为验收依据，需方要求时，方可进行测定。
6. 一般铸件的质量≥2000kg，壁厚在 30~200mm 时，优先采用附铸试块。
7. 对于铸件指定部位的力学性能有要求时，由供需双方商定。这些性能应从铸件指定部位切取的试样上进行测定。
8. 蠕墨铸铁件的生产方法及化学成分在确保所要求的牌号及性能符合 GB/T 26655—2011 标准情况下由供方自行确定。如有特殊要求时，化学成分及热处理可由供需双方商定。

表 3.1-14　蠕墨铸铁件单铸试样力学性能（摘自 GB/T 26655—2011）

牌号	抗拉强度 R_m /MPa (min)	0.2%屈服强度 $R_{p0.2}$ /MPa (min)	断后伸长率 A (%) (min)	典型的布氏硬度范围 HBW	主要基体组织
RuT300	300	210	2.0	140~210	铁素体
RuT350	350	245	1.5	160~220	铁素体+珠光体
RuT400	400	280	1.0	180~240	珠光体+铁素体
RuT450	450	315	1.0	200~250	珠光体
RuT500	500	350	0.5	220~260	珠光体

注：1. 布氏硬度（指导值）仅供参考。
2. $R_{p0.2}$ 一般不作为验收依据，需方有特殊要求时，方可进行测定。
3. 单铸试块应在与铸件相同的铸型或导热性能相当的铸型中单独铸造。R_m 和 A 为验收项目，应符合本表规定。

表 3.1-15　蠕墨铸铁附铸试样的力学性能（摘自 GB/T 26655—2011）

牌号	主要壁厚 t /mm	抗拉强度 R_m /MPa (min)	0.2%屈服强度 $R_{p0.2}$ /MPa (min)	断后伸长率 A (%) (min)	典型布氏硬度范围 HBW	主要基体组织
RuT300A	$t \leq 12.5$	300	210	2.0	140~210	铁素体
	$12.5 < t \leq 30$	300	210	2.0	140~210	
	$30 < t \leq 60$	275	195	2.0	140~210	
	$60 < t \leq 120$	250	175	2.0	140~210	
RuT350A	$t \leq 12.5$	350	245	1.5	160~220	铁素体+珠光体
	$12.5 < t \leq 30$	350	245	1.5	160~220	
	$30 < t \leq 60$	325	230	1.5	160~220	
	$60 < t \leq 120$	300	210	1.5	160~220	
RuT400A	$t \leq 12.5$	400	280	1.0	180~240	珠光体+铁素体
	$12.5 < t \leq 30$	400	280	1.0	180~240	
	$30 < t \leq 60$	375	260	1.0	180~240	
	$60 < t \leq 120$	325	230	1.0	180~240	
RuT450A	$t \leq 12.5$	450	315	1.0	200~250	珠光体
	$12.5 < t \leq 30$	450	315	1.0	200~250	
	$30 < t \leq 60$	400	280	1.0	200~250	
	$60 < t \leq 120$	375	260	1.0	200~250	

(续)

牌号	主要壁厚 t /mm	抗拉强度 R_m /MPa (min)	0.2%屈服强度 $R_{p0.2}$ /MPa (min)	断后伸长率 A (%) (min)	典型布氏硬度范围 HBW	主要基体组织
RuT500A	$t \leq 12.5$	500	350	0.5	220~260	珠光体
	$12.5 < t \leq 30$	500	350	0.5	220~260	
	$30 < t \leq 60$	450	315	0.5	220~260	
	$60 < t \leq 120$	400	280	0.5	220~260	

注：1. 采用附铸试块时，牌号后加字母"A"。
2. 从附铸试样测得的力学性能并不能准确地反映铸件本体的力学性能，但与单铸试棒上测得的值相比更接近于铸件的实际性能值。
3. 力学性能随铸件结构（形状）和冷却条件而变化，随铸件断面厚度增加而相应降低。
4. 布氏硬度值仅供参考。

表 3.1-16　蠕墨铸铁的性能特点和应用（摘自 GB/T 26655—2011）

材料牌号	性能特点	应用举例
RuT300	强度低，塑韧性高；高的热导率和低的弹性模量；热应力积聚小；铁素体基体为主，长时间置于高温之中引起的生长小	排气歧管；大功率船用、机车、汽车和固定式内燃机缸盖；增压器壳体；纺织机、农机零件
RuT350	与合金灰铸铁比较，有较高强度并有一定的塑韧性；与球铁比较，有较好的铸造、机加工性能和较高工艺出品率	机床底座；托架和联轴器；大功率船用、机车、汽车和固定式内燃机缸盖；钢锭模、铝锭模；焦化炉炉门、门框、保护板、桥管阀体、装煤孔盖座；变速器箱体；液压件
RuT400	有综合的强度、刚性和热导率性能；较好的耐磨性	内燃机的缸体和缸盖；机床底座，托架和联轴器；载重卡车制动鼓、机车车辆制动盘；泵壳和液压件；钢锭模、铝锭模、玻璃模具
RuT450	比 RuT400 有更高的强度、刚性和耐磨性，不过切削性稍差	汽车内燃机缸体和缸盖；气缸套；载重卡车制动盘；泵壳和液压件；玻璃模具；活塞环
RuT500	强度高，塑韧性低；耐磨性最好，切削性差	高负荷内燃机缸体；气缸套

表 3.1-17　蠕墨铸铁件的高温力学性能

蠕化率（%）	温度/℃	室温	200	300	400	500	600	700
30	R_m/MPa	490	425	430	450	300	270	90
	A (%)	—	3.5	4.0	5.0	5.0	6.0	22.0
50	R_m/MPa	400	420	450	465	300	250	57
	A (%)	1.9	1.8	5.5	5.7	—	5.0	16.5

（续）

蠕化率（%）	温度/℃	室温	200	300	400	500	600	700
70	R_m/MPa	410	325	370	400	250	160	54
	A（%）	3.0	—	2.5	3.5	—	3.0	15.0
90	R_m/MPa	385	340	310	320	230	150	70
	A（%）	3.0	4.0	3.0	5.0	3.0	3.0	19.0

注：本表试验数据仅供参考。

表 3.1-18　蠕墨铸铁（有缺口试样）的冲击韧度

铸造断面	基体组织	平均冲击韧度/J·cm^{-2}									
		-60℃	-20℃	0℃	10℃	20℃	40℃	60℃	80℃	100℃	160℃	200℃
44.5mm 基尔试块	铁素体	4.1	4.8	5.4	5.4	6.1	6.8	6.8	6.8	6.8	—	—
φ200mm 试样	铁素体	4.1	5.4	6.8	6.8	6.8	6.8	7.5	7.5	7.5	—	—
44.5mm 基尔试块	珠光体	—	2.7	—	—	2.7	—	3.4	—	4.1	4.8	4.8
φ200mm 试样	珠光体	—	2.7	—	—	3.4	—	4.1	—	4.1	5.4	5.4

注：本表为参考资料。

表 3.1-19　不同壁厚蠕墨铸铁件的力学性能

性　　能	碳当量 CE（%）	基体组织	直径或壁厚/mm			
			30	53	44.5 基尔试块	200
抗拉强度 R_m /MPa	4.3	铁素体	365	324	310	280
	4.0		400	350	330	300
	4.3	珠光体	440	370	360	320
	4.0		460	390	385	340
0.1% 屈服强度 $R_{p0.1}$ /MPa	4.3	铁素体	260	230	210	190
	4.0		285	250	235	220
	4.3	珠光体	305	270	240	210
	4.0		340	280	265	230
0.2% 屈服强度 $R_{p0.2}$ /MPa	4.3	铁素体	290	270	224	200
	4.0		324	295	265	240
	4.3	珠光体	330	300	295	255
	4.0		370	330	310	260
0.5% 屈服强度 $R_{p0.5}$ /MPa	4.3	铁素体	324	300	230	224
	4.0		365	340	290	255
	4.3	珠光体	365	324	340	250
	4.0		—	365	330	290
弹性模量 E /10^{5}MPa	4.3	铁素体	1.646	1.62	1.62	1.62
	4.0		1.686	1.62	1.62	1.65
	4.3	珠光体	1.646	1.58	1.65	1.55
	4.0		1.646	—	1.62	1.55
断后伸长率 A （%）	4.3	铁素体	4.5	4.5	5.5	4.5
	4.0		2.0	2.5	3.0	3.0
	4.3	珠光体	1.5	1.0	2.0	2.0
	4.0		1.0	1.0	2.0	1.5
硬度 HBW10/3000	4.3	铁素体	140~155	135~150	120~130	120~130
	4.0		180~205	170~180	135~145	130~140
	4.3	珠光体	225~245	175~245	195~205	160~180
	4.0		210~260	175~240	195~215	160~190

表 3.1-20 蠕墨铸铁牌号、单铸试块力学性能及应用举例（摘自 JB/T 4403—1999）

牌号	R_m/MPa ≥	$R_{p0.2}$/MPa ≥	断后伸长率 A (%) ≥	硬度 HBW	蠕化率VG (%) ≥	性能特点及应用举例	
RuT420	420	335	0.75	200~280	50	蠕墨铸铁是一种很有发展前景的新型材料，即蠕虫状石墨铸铁，材质性能介于球墨铸铁和灰铸铁之间。它既有球墨铸铁的强度、刚性及一定的韧性、良好的耐磨性，同时它的铸造性及热传导性又接近于灰铸铁。它用于制造液压件、排气管件、底座、大型机床身、钢锭模及飞轮等铸件，有的铸件重量已高达数十吨	具有高强度、高耐磨性、高硬度以及较好的导热性，需经正火热处理，适于制造高强度或高耐磨性的重要铸件，如制动鼓、钢珠的研磨盘、气缸套、活塞环、玻璃模具、制动盘、吸淤泵体等
RuT380	380	300	0.75	193~274			
RuT340	340	270	1.0	170~249			具有较高的强度、硬度、耐磨性及导热率，适于制造较高强度、刚度及耐磨性的零件，如大型齿轮箱体、盖、底座制动鼓、大型机床件、飞轮、起重机卷筒、烧结机滑板等
RuT300	300	240	1.5	140~217			具有良好的强度和硬度，一定的塑性及韧性，较高的热导率，致密性良好，适于制造较高强度及耐热疲劳的零件，如气缸盖、变速箱体、纺织机械零件、液压件、排气管、钢锭模及小型烧结机箅条等
RuT260	260	195	3.0	121~197			强度不高，硬度较低，有较高的塑性、韧性及热导率，铸件需经退火热处理，适用于制造受冲击及热疲劳的零件，如汽车及拖拉机的底盘零件、增压机废气进气壳体

注：1. 蠕墨铸铁件的力学性能以单铸试块的抗拉强度为验收条件，RuT260 增加伸长率验收项目。
2. 铸铁金相组织中石墨的蠕化率一般按本表规定，但可根据供需双方协商，另定蠕化率的要求。
3. 本表规定的力学性能可经热处理之后达到。
4. 各牌号主要基体金相组织：RuT420、RuT380 为珠光体，RuT340 为珠光体+铁素体，RuT300 为铁素体+珠光体，RuT260 为铁素体。
5. JB/T 4403—1999 在生产中仍在应用，本表资料在执行 GB/T 26655—2011 时作为参考。

2.6 耐热铸铁件（见表 3.1-21、表 3.1-22）

表 3.1-21 耐热铸铁牌号及化学成分（摘自 GB/T 9437—2009）

铸铁牌号	化学成分（质量分数,%）						
	C	Si	Mn	P	S	Cr	Al
			不大于				
HTRCr	3.0~3.8	1.5~2.5	1.0	0.10	0.08	0.50~1.00	—
HTRCr2	3.0~3.8	2.0~3.0	1.0	0.10	0.08	1.00~2.00	—
HTRCr16	1.6~2.4	1.5~2.2	1.0	0.10	0.05	15.00~18.00	—
HTRSi5	2.4~3.2	4.5~5.5	0.8	0.10	0.08	0.5~1.00	—
QTRSi4	2.4~3.2	3.5~4.5	0.7	0.07	0.015	—	—
QTRSi4Mo	2.7~3.5	3.5~4.5	0.7	0.07	0.015	Mo0.5~0.9	—
QTRSi4Mo1	2.7~3.5	4.0~4.5	0.3	0.05	0.015	Mo1.0~1.5	Mg0.01~0.05
QTRSi5	2.4~3.2	4.5~5.5	0.7	0.07	0.015	—	—
QTRAl4Si4	2.5~3.0	3.5~4.5	0.5	0.07	0.015	—	4.0~5.0
QTRAl5Si5	2.3~2.8	4.5~5.2	0.5	0.07	0.015	—	5.0~5.8
QTRAl22	1.6~2.2	1.0~2.0	0.7	0.07	0.015	—	20.0~24.0

注：1. GB/T 9437—2009《耐热铸铁件》代替 GB/T 9437—1988。适用于砂型铸造或导热性与砂型相仿的铸型中浇注而成的且工作在 1100℃ 以下的耐热铸铁件。
2. 铸件的几何形状与尺寸应符合图样的要求。其尺寸公差和加工余量应符合 GB/T 6414 的规定，其质量偏差应符合 GB/T 11351 的规定。
3. 铸件表面粗糙度应符合 GB/T 6060.1 的规定，由供需双方商定标准等级。
4. 铸件应清理干净，修整多余部分，去除浇冒口残余、芯骨、粘砂及内腔残余物等。铸件允许的浇冒口残余、飞边、毛刺残余、内腔清洁度等，应符合需方图样、技术要求或供需双方订货协定。
5. 铸件上允许的缺陷，其形态、数量、尺寸与位置、可否修补及修补方法等由供需双方商定。

表 3.1-22 耐热铸铁室温力学性能、高温短时力学性能及应用（摘自 GB/T 9437—2009）

	铸铁牌号	室温力学性能		在下列温度时的最小抗拉强度 R_m/MPa				
		最小抗拉强度 R_m/MPa	硬度 HBW	500℃	600℃	700℃	800℃	900℃
室温力学性能和高温短时力学性能	HTRCr	200	189~288	225	144	—	—	—
	HTRCr2	150	207~288	243	166	—	—	—
	HTRCr16	340	400~450	—	—	—	144	88
	HTRSi5	140	160~270	—	—	41	27	—
	QTRSi4	420	143~187	—	—	75	35	—
	QTRSi4Mo	520	188~241	—	—	101	46	—
	QTRSi4Mo1	550	200~240	—	—	101	46	—
	QTRSi5	370	228~302	—	—	67	30	—
	QTRAl4Si4	250	285~341	—	—	—	82	32
	QTRAl5Si5	200	302~363	—	—	—	167	75
	QTRAl22	300	241~364	—	—	—	130	77

	铸铁牌号	使用条件	应用举例
应用举例	HTRCr	在空气炉气中，耐热温度到550℃。具有高的抗氧化性和体积稳定性	适用于急冷急热的，薄壁、细长件。用于炉条、高炉支梁式水箱、金属型、玻璃模等
	HTRCr2	在空气炉气中，耐热温度到600℃。具有高的抗氧化性和体积稳定性	适用于急冷急热的，薄壁、细长件。用于煤气炉内灰盆、矿山烧结车挡板等
	HTRCr16	在空气炉气中耐热温度到900℃。具有高的室温及高温强度，高的抗氧化性，但常温脆性较大。耐硝酸的腐蚀	可在室温及高温下作抗磨件使用。用于退火罐、煤粉烧嘴、炉栅、水泥焙烧炉零件、化工机械等零件
	HTRSi5	在空气炉气中，耐热温度到700℃。耐热性较好，承受机械和热冲击能力较差	用于炉条、煤粉烧嘴、锅炉用梳形定位板、换热器针状管、二硫化碳反应瓶等
	QTRSi4	在空气炉气中耐热温度到650℃。力学性能抗裂性较 RQTSi5 好	用于玻璃窑烟道闸门、玻璃引上机墙板、加热炉两端管架等
	QTRSi4Mo	在空气炉气中耐热温度到680℃。高温力学性能较好	用于内燃机排气歧管、罩式退火炉导向器、烧结机中后热筛板、加热炉吊梁等
	QTRSi4Mo1	在空气炉气中耐热温度到800℃。高温力学性能好	用于内燃机排气歧管、罩式退火炉导向器、烧结机中后热筛板、加热炉吊梁等
	QTRSi5	在空气炉气中耐热温度到800℃。常温及高温性能显著优于 RTSi5	用于煤粉烧嘴、炉条、辐射管、烟道闸门、加热炉中间管架等
	QTRAl4Si4	在空气炉气中耐热温度到900℃。耐热性良好	适用于高温轻载荷下工作的耐热件。用于烧结机箅条、炉用件等
	QTRAl5Si5	在空气炉气中耐热温度到1050℃。耐热性良好	
	QTRAl22	在空气炉气中耐热温度到1100℃。具有优良的抗氧化能力，较高的室温和高温强度，韧性好，抗高温硫蚀性好	适用于高温（1100℃）、载荷较小、温度变化较缓的工件。用于锅炉用侧密封块、链式加热炉炉爪、黄铁矿焙烧炉零件等

2.7 高硅耐蚀铸铁件（见表 3.1-23、表 3.1-24）

表 3.1-23 高硅耐蚀铸铁牌号及化学成分（摘自 GB/T 8491—2009）

牌号	化学成分（质量分数，%）								
	C	Si	Mn≤	P≤	S≤	Cr	Mo	Cu	RE 残留量≤
HTSSi11Cu2CrR	≤1.20	10.00~12.00	0.50	0.10	0.10	0.60~0.80		1.80~2.20	0.10
HTSSi15R	0.65~1.10	14.20~14.75	1.50	0.10	0.10	≤0.50	≤0.50	≤0.50	0.10

(续)

牌号	化学成分（质量分数,%）								
	C	Si	Mn≤	P≤	S≤	Cr	Mo	Cu	RE残留量≤
HTSSi15Cr4MoR	0.75~1.15	14.20~14.75	1.50	0.10	0.10	3.25~5.00	0.40~0.60	≤0.50	0.10
HTSSi15Cr4R	0.70~1.10	14.20~14.75	1.50	0.10	0.10	3.25~5.00	≤0.20	≤0.50	0.10

注：1. GB/T8491—2009《高硅耐蚀铸铁件》代替 GB/T8491—1987。本表各牌号均适用于腐蚀的工况条件。
2. 高硅耐蚀铸铁以化学成分作为验收依据，力学性能一般不作为验收依据。
3. 铸件的几何形状、尺寸公差等技术要求应符合 GB/T8491—2009 的有关规定，并在需方提出的图样上反映清楚。
4. 除另有规定外，铸铁的生产工艺由供方自行确定。

表 3.1-24　高硅耐蚀铸铁力学性能及应用（GB/T 8491—2009）

牌号	最小抗弯强度 σ_{dB}/MPa	最小挠度 f/mm	性能和适用条件	应用举例
HTSSi11Cu2CrR	190	0.80	具有较好的力学性能，可以用一般的机械加工方法进行生产。在浓度大于或等于10%的硫酸、浓度小于或等于46%的硝酸或由上述两种介质组成的混合酸、浓度大于或等于70%的硫酸加氯、苯、苯磺酸等介质中具有较稳定的耐蚀性能，但不允许有急剧的交变载荷、冲击载荷和温度突变	卧式离心机、潜水泵、阀门、旋塞、塔罐、冷却排水管、弯头等化工设备和零部件等
HTSSi15R	118	0.66	在氧化性酸（例如：各种温度和浓度的硝酸、硫酸、铬酸）各种有机酸和一系列盐溶液介质中都有良好的耐蚀性，但在卤素的酸、盐溶液（如氢氟酸和氯化物等）和强碱溶液中不耐蚀。不允许有急剧的交变载荷、冲击载荷和温度突变	各种离心泵、阀类、旋塞、管道配件、塔罐、低压容器及各种非标准零部件等
HTSSi15Cr4R	118	0.66	具有优良的耐电化学腐蚀性能，并有改善抗氧化性条件的耐蚀性能。高硅铬铸铁中的铬可提高其钝化性和点蚀击穿电位，但不允许有急剧的交变载荷和温度突变	在外加电流的阴极保护系统中，大量用作辅助阳极铸件
HTSSi15Cr4MoR	118	0.66	适用于强氯化物的环境	

注：高硅耐蚀铸铁的力学性能一般不作为验收依据。如需方有要求时，则应对其试棒进行弯曲试验，以测定其抗弯强度和挠度，试验结果应符合本表的规定。

2.8　抗磨白口铸铁件（见表 3.1-25～表 3.1-27）

表 3.1-25　抗磨白口铸铁牌号及其化学成分（摘自 GB/T 8263—2010）

牌号	化学成分（质量分数,%）								
	C	Si	Mn	Cr	Mo	Ni	Cu	S	P
BTMNi4Cr2-DT	2.4~3.0	≤0.8	≤2.0	1.5~3.0	≤1.0	3.3~5.0	—	≤0.10	≤0.10
BTMNi4Cr2-GT	3.0~3.6	≤0.8	≤2.0	1.5~3.0	≤1.0	3.3~5.0	—	≤0.10	≤0.10
BTMCr9Ni5	2.5~3.6	1.5~2.2	≤2.0	8.0~10.0	≤1.0	4.5~7.0	—	≤0.06	≤0.06
BTMCr2	2.1~3.6	≤1.5	≤2.0	1.0~3.0	—	—	—	≤0.10	≤0.10
BTMCr8	2.1~3.6	1.5~2.2	≤2.0	7.0~10.0	≤3.0	≤1.0	≤1.2	≤0.06	≤0.06
BTMCr12-DT	1.1~2.0	≤1.5	≤2.0	11.0~14.0	≤3.0	≤2.5	≤1.2	≤0.06	≤0.06
BTMCr12-GT	2.0~3.6	≤1.5	≤2.0	11.0~14.0	≤3.0	≤2.5	≤1.2	≤0.06	≤0.06
BTMCr15	2.0~3.6	≤1.2	≤2.0	14.0~18.0	≤3.0	≤2.5	≤1.2	≤0.06	≤0.06
BTMCr20	2.0~3.3	≤1.2	≤2.0	18.0~23.0	≤3.0	≤2.5	≤1.2	≤0.06	≤0.06
BTMCr26	2.0~3.3	≤1.2	≤2.0	23.0~30.0	≤3.0	≤2.5	≤1.2	≤0.06	≤0.06

注：1. 牌号中，"DT"和"GT"分别是"低碳"和"高碳"的汉语拼音大写字母，表示该牌号含碳量的高低。
2. 允许加入微量 V、Ti、Nb、B 和 RE 等元素。

表 3.1-26 抗磨白口铸铁硬度、特性及应用（摘自 GB/T 8263—2010）

牌号	硬度						特性及应用举例
	铸态或铸态并去应力处理		硬化态或硬化态并去应力处理		软化退火态		
	HRC	HBW	HRC	HBW	HRC	HBW	
BTMNi4Cr2-DT	≥53	≥550	≥56	≥600	—	—	抗磨白口铸铁中，碳主要以碳化物的形式分布于金属基体中，具有优良的磨料磨损性能，适用于制造矿山、冶金、电力、建材和机械制造等行业的易磨损零件	可用于承受中等冲击载荷的易磨损零件
BTMNi4Cr2-GT	≥53	≥550	≥56	≥600	—	—	^	用于承受较小冲击载荷的易磨损零件
BTMCr9Ni5	≥50	≥500	≥56	≥600	—	—	^	有很好的淬透性，可用于承受中等冲击载荷的磨损零件
BTMCr2	≥45	≥435	—	—	—	—	^	用于承受较小冲击载荷的易磨损零件
BTMCr8	≥46	≥450	≥56	≥600	≤41	≤400	^	有一定的耐蚀性，可用于承受中等冲击载荷的易磨损零件
BTMCr12-DT	—	—	≥50	≥500	≤41	≤400	^	可用于承受中等冲击载荷的易磨损零件
BTMCr12-GT	≥46	≥450	≥58	≥650	≤41	≤400	^	可用于承受中等冲击载荷的磨料磨损零件
BTMCr15	≥46	≥450	≥58	≥650	≤41	≤400	^	可用于承受中等冲击载荷的易磨损零件
BTMCr20	≥46	≥450	≥58	≥650	≤41	≤400	^	有很好的淬透性、较好的耐蚀性，可用于承受较大冲击载荷的易磨损零件
BTMCr26	≥46	≥450	≥58	≥650	≤41	≤400	^	有很好的淬透性、良好的耐蚀性和抗高温氧化性，可用于承受较大冲击载荷的易磨损零件

注：1. HRC 和 HBW 之间无精确的对应值，因此，这两种硬度值应独立使用。
  2. 铸件断面深度 40% 的硬度应不低于表面硬度值的 92%。

表 3.1-27 抗磨白口铸铁件热处理规范（摘自 GB/T 8263—2010）

牌号	软化退火处理	硬化处理	回火处理
BTMNi4Cr2-DT	—	430~470℃保温 4~6h，出炉空冷或炉冷	在 250~300℃保温 8~16h，出炉空冷或炉冷
BTMNi4Cr2-GT	—	430~470℃保温 4~6h，出炉空冷或炉冷	在 250~300℃保温 8~16h，出炉空冷或炉冷
BTMCr9Ni5	—	800~850℃保温 6~16h，出炉空冷或炉冷	在 250~300℃保温 8~16h，出炉空冷或炉冷
BTMCr8	920~960℃保温，缓冷至 700~750℃保温，缓冷至 600℃以下出炉空冷或炉冷	940~980℃保温，出炉后以合适的方式快速冷却	在 200~550℃保温，出炉空冷或炉冷
BTMCr12-DT	920~960℃保温，缓冷至 700~750℃保温，缓冷至 600℃以下出炉空冷或炉冷	900~980℃保温，出炉后以合适的方式快速冷却	在 200~550℃保温，出炉空冷或炉冷
BTMCr12-GT	920~960℃保温，缓冷至 700~750℃保温，缓冷至 600℃以下出炉空冷或炉冷	900~980℃保温，出炉后以合适的方式快速冷却	在 200~550℃保温，出炉空冷或炉冷
BTMCr15	920~960℃保温，缓冷至 700~750℃保温，缓冷至 600℃以下出炉空冷或炉冷	920~1000℃保温，出炉后以合适的方式快速冷却	在 200~550℃保温，出炉空冷或炉冷
BTMCr20	960~1060℃保温，缓冷至 700~750℃保温，缓冷至 600℃以下出炉空冷或炉冷	950~1050℃保温，出炉后以合适的方式快速冷却	在 200~550℃保温，出炉空冷或炉冷
BTMCr26	960~1060℃保温，缓冷至 700~750℃保温，缓冷至 600℃以下出炉空冷或炉冷	960~1060℃保温，出炉后以合适的方式快速冷却	在 200~550℃保温，出炉空冷或炉冷

注：1. 本表为 GB/T 8263—2010 在附录中列出的资料。抗磨白口铸铁件的热处理规范，除了与铸件的化学成分有关外，还与其结构、壁厚、装炉量和使用条件等因素有关；因此，实际生产中，应根据具体情况，参照本表制定铸件可行的热处理规范。
  2. 热处理规范中保温时间主要由铸件壁厚决定。

2.9 铬锰钨系抗磨铸铁件（见表3.1-28）

表 3.1-28 铬锰钨系抗磨铸铁件牌号、化学成分及性能（摘自 GB/T 24597—2009）

<table>
<tr><td rowspan="7">牌号及化学成分</td><td rowspan="2">牌号</td><td colspan="7">化学成分（质量分数,%）</td></tr>
<tr><td>C</td><td>Si</td><td>Cr</td><td>Mn</td><td>W</td><td>P</td><td>S</td></tr>
<tr><td>BTMCr18Mn3W2</td><td>2.8~3.5</td><td>0.3~1.0</td><td>16~22</td><td>2.5~3.5</td><td>1.5~2.5</td><td>≤0.08</td><td>≤0.06</td></tr>
<tr><td>BTMCr18Mn3W</td><td>2.8~3.5</td><td>0.3~1.0</td><td>16~22</td><td>2.5~3.5</td><td>1.0~1.5</td><td>≤0.08</td><td>≤0.06</td></tr>
<tr><td>BTMCr18Mn2W</td><td>2.8~3.5</td><td>0.3~1.0</td><td>16~22</td><td>2.0~2.5</td><td>0.3~1.0</td><td>≤0.08</td><td>≤0.06</td></tr>
<tr><td>BTMCr12Mn3W2</td><td>2.0~2.8</td><td>0.3~1.0</td><td>10~16</td><td>2.5~3.5</td><td>1.5~2.5</td><td>≤0.08</td><td>≤0.06</td></tr>
<tr><td>BTMCr12Mn3W</td><td>2.0~2.8</td><td>0.3~1.0</td><td>10~16</td><td>2.5~3.5</td><td>1.0~1.5</td><td>≤0.08</td><td>≤0.06</td></tr>
<tr><td>BTMCr12Mn2W</td><td>2.0~2.8</td><td>0.3~1.0</td><td>10~16</td><td>2.0~2.5</td><td>0.3~1.0</td><td>≤0.08</td><td>≤0.06</td></tr>
</table>

<table>
<tr><td rowspan="8">硬度要求</td><td rowspan="2">牌号</td><td colspan="2">硬度 HRC</td></tr>
<tr><td>软化退火态</td><td>硬化态</td></tr>
<tr><td>BTMCr18Mn3W2</td><td>≤45</td><td>≥60</td></tr>
<tr><td>BTMCr18Mn3W</td><td>≤45</td><td>≥60</td></tr>
<tr><td>BTMCr18Mn2W</td><td>≤45</td><td>≥60</td></tr>
<tr><td>BTMCr12Mn3W2</td><td>≤40</td><td>≥58</td></tr>
<tr><td>BTMCr12Mn3W</td><td>≤40</td><td>≥58</td></tr>
<tr><td>BTMCr12Mn2W</td><td>≤40</td><td>≥58</td></tr>
</table>

<table>
<tr><td rowspan="4">淬硬深度</td><td>牌号</td><td>淬硬深度/mm</td><td>牌号</td><td>淬硬深度/mm</td></tr>
<tr><td>BTMCr18Mn3W2</td><td>100</td><td>BTMCr12Mn3W2</td><td>80</td></tr>
<tr><td>BTMCr18Mn3W</td><td>80</td><td>BTMCr12Mn3W</td><td>65</td></tr>
<tr><td>BTMCr18Mn2W</td><td>65</td><td>BTMCr12Mn2W</td><td>50</td></tr>
</table>

用途	含锰、钨的高铬抗磨铸铁，具有良好的抗磨料磨损性能，用于冶金、电力、建材等部门在磨料磨损工作条件下的零部件

注：1. 各牌号的化学成分铬碳比应当≥5。
    2. 铸件断面深度40%部位的硬度应不低于表面硬度值的96%。
    3. 淬硬深度指在风冷硬化条件下铸件心部硬度分别达到58HRC以上（BTMCr18Mn3W2、BTMCr18Mn3W、BTMCr18Mn2W）或56HRC以上（BTMCr12Mn3W2、BTMCr12Mn3W、BTMCr12Mn2W）的铸件厚度1/2处至铸件表面的距离。

2.10 奥氏体铸铁件（见表3.1-29~表3.1-35）

表 3.1-29 奥氏体铸铁牌号及其化学成分（摘自 GB/T 26648—2011）

<table>
<tr><td rowspan="2">分类</td><td rowspan="2">材料牌号</td><td colspan="8">化学成分（质量分数,%）</td></tr>
<tr><td>C≤</td><td>Si</td><td>Mn</td><td>Cu</td><td>Ni</td><td>Cr</td><td>P≤</td><td>S≤</td></tr>
<tr><td rowspan="7">一般工程用牌号</td><td>HTANi15Cu6Cr2</td><td>3.0</td><td>1.0~2.8</td><td>0.5~1.5</td><td>5.5~7.5</td><td>13.5~17.5</td><td>1.0~3.5</td><td>0.25</td><td>0.12</td></tr>
<tr><td>QTANi20Cr2</td><td>3.0</td><td>1.5~3.0</td><td>0.5~1.5</td><td>≤0.5</td><td>18.0~22.0</td><td>1.0~3.5</td><td>0.05</td><td>0.03</td></tr>
<tr><td>QTANi20Cr2Nb[①]</td><td>3.0</td><td>1.5~2.4</td><td>0.5~1.5</td><td>≤0.5</td><td>18.0~22.0</td><td>1.0~3.5</td><td>0.05</td><td>0.03</td></tr>
<tr><td>QTANi22</td><td>3.0</td><td>1.5~3.0</td><td>1.5~2.5</td><td>≤0.5</td><td>21.0~24.0</td><td>≤0.50</td><td>0.05</td><td>0.03</td></tr>
<tr><td>QTANi23Mn4</td><td>2.6</td><td>1.5~2.5</td><td>4.0~4.5</td><td>≤0.5</td><td>22.0~24.0</td><td>≤0.2</td><td>0.05</td><td>0.03</td></tr>
<tr><td>QTANi35</td><td>2.4</td><td>1.5~3.0</td><td>0.5~1.5</td><td>≤0.5</td><td>34.0~36.0</td><td>≤0.2</td><td>0.05</td><td>0.03</td></tr>
<tr><td>QTANi35Si5Cr2</td><td>2.3</td><td>4.0~6.0</td><td>0.5~1.5</td><td>≤0.5</td><td>34.0~36.0</td><td>1.5~2.5</td><td>0.05</td><td>0.03</td></tr>
<tr><td rowspan="5">特殊用途牌号</td><td>HTANi13Mn7</td><td>3.0</td><td>1.5~3.0</td><td>6.0~7.0</td><td>≤0.5</td><td>12.0~14.0</td><td>≤0.2</td><td>0.25</td><td>0.12</td></tr>
<tr><td>QTANi13Mn7</td><td>3.0</td><td>2.0~3.0</td><td>6.0~7.0</td><td>≤0.5</td><td>12.0~14.0</td><td>≤0.2</td><td>0.05</td><td>0.03</td></tr>
<tr><td>QTANi30Cr3</td><td>2.6</td><td>1.5~3.0</td><td>0.5~1.5</td><td>≤0.5</td><td>28.0~32.0</td><td>2.5~3.5</td><td>0.05</td><td>0.03</td></tr>
<tr><td>QTANi30Si5Cr5</td><td>2.6</td><td>5.0~6.0</td><td>0.5~1.5</td><td>≤0.5</td><td>28.0~32.0</td><td>4.5~5.5</td><td>0.05</td><td>0.03</td></tr>
<tr><td>QTANi35Cr3</td><td>2.4</td><td>1.5~3.0</td><td>1.5~2.5</td><td>≤0.5</td><td>34.0~36.0</td><td>2.0~3.0</td><td>0.05</td><td>0.03</td></tr>
</table>

注：1. GB/T 26648—2011《奥氏体铸铁件》修改采用 ISO 2892：2007《奥氏体铸铁分类》。
    2. 以铁、碳、镍为主，添加硅、锰、铜和铬等元素经熔炼而成，室温下具有稳定的以奥氏体基体为主的铸铁，称为奥氏体铸铁。
    3. 奥氏体铸铁件的化学成分应符合本表规定。

① 当 Nb% ≤ [0.353 - 0.032(Si% + 64×Mg%)] 时，此牌号材料具有良好的焊接性能，Nb 的正常范围是 0.12%~0.20%。

表 3.1-30 奥氏体铸铁室温力学性能（摘自 GB/T 26648—2011）

分类	材料牌号	抗拉强度 R_m /MPa（≥）	屈服强度 $R_{p0.2}$ /MPa（≥）	断后伸长率 A (%)（≥）	冲击吸收能量（V型缺口）/J（≥）	布氏硬度 HBW
一般工程用	HTANi15Cu6Cr2	170	—	—	—	120～215
	QTANi20Cr2	370	210	7	13	140～255
	QTANi20Cr2Nb	370	210	7	13	140～200
	QTANi22	370	170	20	20	130～170
	QTANi23Mn4	440	210	25	24	150～180
	QTANi35	370	210	20	—	130～180
	QTANi35Si5Cr2	370	200	10	—	130～170
特殊用途	HTANi13Mn7	140	—	—	—	120～150
	QTANi13Mn7	390	210	15	16	120～150
	QTANi30Cr3	370	210	7	—	140～200
	QTANi30Si5Cr5	390	240	—	—	170～250
	QTANi35Cr3	370	210	7	—	140～190

注：1. 铸件力学性能应符合本表规定。验收项目由供需双方商定。一般情况下，奥氏体灰铸铁和 QTANi30Si5Cr5 以 R_m 为验收依据，奥氏体球墨铸铁以 R_m 和 A 作为验收依据。
2. 对屈服强度、冲击性能和硬度有要求时，经供需双方商定，亦可为验收依据。

表 3.1-31 奥氏体铸铁物理性能（摘自 GB/T 26648—2011）

牌号	密度 /kg·dm^{-3}	线胀系数 (20～200℃) /μm·(m·K)$^{-1}$	热导率/W·(m·K)$^{-1}$	比热容 /J·(g·K)$^{-1}$	电阻率 /μΩ·m	相对磁导率 (H=79.58A/cm)
HTANi13Mn7	7.40	17.70	39.00	46～50	1.2	1.02
HTANi15Cu6Cr2	7.30	18.7	39.00	46～50	1.6	1.03
QTANi13Mn7	7.30	18.20	12.60	46～50	1.0	1.02
QTANi20Cr2	7.4～7.45	18.70	12.60	46～50	1.0	1.05
QTANi20Cr2Nb	7.40	18.70	12.60	46～50	1.0	1.04
QTANi22	7.40	18.40	12.60	46～50	1.0	1.02
QTANi23Mn4	7.45	14.70	12.6	46～50	—	1.02
QTANi30Cr3	7.45	12.60	12.60	46～50	—	①
QTANi30Si5Cr5	7.45	14.40	12.60	46～50	—	1.10
QTANi35	7.60	5.0	12.60	46～50	—	①
QTANi35Cr3	7.70	5.0	12.60	46～50	—	①
QTANi35Si5Cr2	7.45	15.10	12.6	46～50	—	①

① 铁磁体。

表 3.1-32 奥氏体铸铁力学性能补充数值（摘自 GB/T 26648—2011）

牌号	抗拉强度 R_m /MPa	抗压强度 /MPa	屈服强度 $R_{p0.2}$ /MPa	断后伸长率 A (%)	冲击吸收能量 /J	弹性模量 /GPa	布氏硬度 HBW
HTANi13Mn7	140～220	630～840	—	—	—	70～90	120～150
HTANi15Cu6Cr2	170～210	700～840	—	2	—	85～105	120～215
QTANi13Mn7	390～470	—	210～260	15～18	15～25	140～150	120～150
QTANi20Cr2	370～480	—	210～250	7～20	11～24	112～130	140～255
QTANi20Cr2Nb	370～480	—	210～250	8～20	11～24	112～130	140～200
QTANi22	370～450	—	170～250	20～40	17～29	85～112	130～170

（续）

牌号	抗拉强度 R_m /MPa	抗压强度 /MPa	屈服强度 $R_{p0.2}$ /MPa	断后伸长率 A (%)	冲击吸收能量 /J	弹性模量 /GPa	布氏硬度 HBW
QTANi23Mn4	440~480	—	210~240	25~45	20~30	120~140	150~180
QTANi30Cr3	370~480	—	210~260	7~18	5	92~105	140~200
QTANi30Si5Cr5	390~500	—	240~310	1~4	1~3	90	170~250
QTANi35	370~420	—	210~240	20~40	18	112~140	130~180
QTANi35Cr3	370~450	—	210~290	7~10	4	112~123	140~190
QTANi35Si5Cr2	380~500	—	210~270	10~20	7~12	130~150	130~170

注：本表为 GB/T 26648—2011 附录的资料。

表 3.1-33　QTANi23Mn4 低温力学性能（摘自 GB/T 26648—2011）

温度 /℃	抗拉强度 R_m /MPa（≥）	屈服强度 $R_{p0.2}$ /MPa（≥）	断后伸长率 A (%)（≥）	断面收缩率 (%)	冲击吸收能量 /J
+20	450	220	35	32	29
0	450	240	35	32	31
−50	460	260	38	35	32
−100	490	300	40	37	34
−150	530	350	38	35	33
−183	580	430	33	27	29
−196	620	450	27	25	27

表 3.1-34　奥氏体铸铁的力学性能（摘自 GB/T 26648—2011）

材料牌号	抗拉强度 R_m /MPa（≥）	屈服强度 $R_{p0.2}$ /MPa（≥）	断后伸长率 A (%)（≥）	冲击吸收能量（V型缺口）/J（≥）	布氏硬度 HBW
一般工程用牌号					
HTANi15Cu6Cr2	170	—	—	—	120~215
QTANi20Cr2	370	210	7	13	140~255
QTANi20Cr2Nb	370	210	7	13	140~200
QTANi22	370	170	20	20	130~170
QTANi23Mn4	440	210	25	24	150~180
QTANi35	370	210	20	—	130~180
QTANi35Si5Cr2	370	200	10	—	130~170
特殊用途牌号					
HTANi13Mn7	140	—	—	—	120~150
QTANi13Mn7	390	210	15	16	120~150
QTANi30Cr3	370	210	7	—	140~200
QTANi30Si5Cr5	390	240	—	—	170~250
QTANi35Cr3	370	210	7	—	140~190

表 3.1-35　奥氏体铸铁特性及应用（摘自 GB/T 26648—2011）

分类	牌号	特性	应用举例
一般工程用	HTANi15Cu6Cr2	良好的耐腐蚀性，尤其是在碱、稀酸、海水和盐溶液内。良好的耐热性、承载性，热膨胀系数高，含低铬时无磁性	泵、阀、炉子构件、衬套、活塞环托架，无磁性铸件

(续)

分类	牌 号	特 性	应用举例
一般工程用	QTANi20Cr2	良好的耐腐蚀性和耐热性，较强的承载性，较高的热膨胀系数，含低铬时无磁性。若增加1% Mo（质量分数）可提高高温力学性能	泵、阀、压缩机、衬套、涡轮增压器外壳、排气歧管、无磁性铸件
	QTANi20Cr2Nb	适用于焊接产品，其他性能同QTANi20Cr2	同QTANi20Cr2
	QTANi22	伸长率较高，比QTANi20Cr2的耐腐蚀性和断后耐热性低，高的热膨胀系数。-100℃仍具韧性，无磁性	泵、阀、压缩机、衬套、涡轮增压器外壳、排气歧管、无磁性铸件
	QTANi23Mn4	断后伸长率特别高，-196℃仍具韧性，无磁性	适用于-196℃的制冷工程用铸件
	QTANi35	热膨胀系数最低，耐热冲击	要求尺寸稳定性好的机床零件、科研仪器、玻璃模具
	QTANi35Si5Cr2	抗热性好，其伸长率和抗蠕变能力高于QTANi35Cr3。若增加1% Mo（质量分数）抗蠕变能力会更强	燃气涡轮壳体铸件、排气歧管、涡轮增压器外壳
特殊用途	HTANi13Mn7	无磁性	无磁性铸件，如：涡轮发电机端盖、开关设备外壳、绝缘体法兰、终端设备、管道
	QTANi13Mn7	无磁性，与HTANi13Mn7性能相似，力学性能有所改善	无磁性铸件，如：涡轮发电机端盖、开关设备外壳、绝缘体法兰、终端设备、管道
	QTANi30Cr3	力学性能与QTANi20Cr2Nb相似，但耐蚀性和耐热性较好，中等热膨胀系数，优良的耐热冲击性，增加1% Mo（质量分数），具有良好的耐高温性	泵、锅炉、阀门、过滤器零件、排气歧管、涡轮增压器外壳
	QTANi30Si5Cr5	优良的耐腐蚀性和耐热性，中等热膨胀系数	泵、排气歧管、涡轮增压器外壳、工业熔炉铸件
	QTANi35Cr3	与QTANi35相似，增加1% Mo（质量分数），具有良好的耐高温性	燃气轮机外壳，玻璃模具

3 钢

3.1 铸钢

3.1.1 一般工程用铸造碳钢件（见表3.1-36、表3.1-37）

表3.1-36 一般工程用铸造碳钢的牌号及化学成分（摘自GB/T 11352—2009）

牌 号	元素最高含量（质量分数,%）										
	C	Si	Mn	S	P	残余元素					残余元素总量
						Ni	Cr	Cu	Mo	V	
ZG200-400	0.20	0.60	0.80	0.035	0.035	0.40	0.35	0.40	0.20	0.05	1.00
ZG230-450	0.30		0.90								
ZG270-500	0.40										
ZG310-570	0.50										
ZG340-640	0.60										

注：1. 对上限减少0.01%的碳，允许增加0.04%的锰，对ZG200-400的锰最高至1.00%，其余四个牌号锰最高至1.20%。
2. 除另有规定外，残余元素不作为验收依据。

表 3.1-37　一般工程用铸造碳钢力学性能及应用（摘自 GB/T 11352—2009）

牌号	最小值						特点	应用举例
	R_{eL} 或 $R_{p0.2}$ /MPa	R_m /MPa	A_5 (%)	按合同规定				
				Z (%)	KV /J	KU /J		
ZG200-400	200	400	25	40	30	47	低碳铸钢，韧性及塑性均好，但强度和硬度较低，低温冲击韧性大，脆性转变温度低，导磁、导电性能良好，焊接性好，但铸造性差	机座、电磁吸盘、变速器箱体等受力不大，但要求韧性的零件
ZG230-450	230	450	22	32	25	35		用于负荷不大、韧性较好的零件，如轴承盖、底板、阀体、机座、侧架、轧钢机架、铁道车辆摇枕、箱体、犁柱、砧座等
ZG270-500	270	500	18	25	22	27	中碳铸钢，有一定的韧性及塑性，强度和硬度较高，切削性良好，焊接性尚可，铸造性能比低碳钢好	应用广泛，用于制作飞轮、车辆车钩、水压机工作缸、机架、蒸汽锤气缸、轴承座、连杆、箱体、曲拐
ZG310-570	310	570	15	21	15	24		用于重负荷零件，如联轴器、大齿轮、缸体、气缸、机架、制动轮、轴及辊子
ZG340-640	340	640	10	18	10	16	高碳铸钢，具有高强度、高硬度及高耐磨性，塑性韧性低，铸造焊接性均差，裂纹敏感性较大	起重运输机齿轮、联轴器、齿轮、车轮、棘轮、叉头

注：1. 试验环境温度为（20±10）℃。
　　2. 需方无要求时，断面收缩率和冲击值由供方任选其一。
　　3. 热处理规定：
　　　　除另有规定外，热处理工艺由供方自行决定。
　　　　铸钢件的热处理按 GB/T 16923、GB/T 16924 的规定执行。

3.1.2　熔模铸造碳钢件（见表 3.1-38、表 3.1-39）

表 3.1-38　熔模铸造碳钢件分类、牌号、化学成分及力学性能（摘自 GB/T 31204—2014）

	类别	定　义	检验项目
分类	Ⅰ	承受重载荷或工作条件复杂的，用于重要部位，铸件损坏将危及整机正常工作	化学成分、力学性能、尺寸公差、表面粗糙度、表面及内部缺陷、其他特殊要求
	Ⅱ	承受中等载荷，用于重要部位，铸件损坏影响部件正常工作	化学成分、力学性能、尺寸公差、表面粗糙度、表面及内部缺陷
	Ⅲ	承受轻载荷，用于一般部位	力学性能、尺寸公差、表面粗糙度、表面缺陷

	牌号	化学成分（质量分数,%）≤									
		C	Si	Mn①	S	P	残余元素②				
							Cr	Ni	Cu	Mo	V	Ti
牌号及化学成分	ZG200-400	0.20	0.60	0.80	0.035	0.035	0.35	0.40	0.40	0.20	0.05	0.05
	ZG230-450	0.30										
	ZG270-500	0.40		0.90								
	ZG310-570	0.50										
	ZG340-640	0.60										

(续)

	牌号	屈服强度 $R_{eL}(R_{p0.2})$/MPa ≥	抗拉强度 R_m/MPa ≥	断后伸长率 $A(\%)$ ≥	主要基体组织	供需双方商定		
						断面收缩率 $Z(\%)$ ≥	冲击吸收能量/J	
							KV	KU
力学性能	ZG200-400	200	400	25	铁素体+珠光体	40	30	47
	ZG230-450	230	450	22		32	25	35
	ZG270-500	270	500	18		25	22	27
	ZG310-570	310	570	15		21	15	24
	ZG340-640	340	640	10		18	10	16

注：1. 熔模铸造碳钢件类别应在图样或有关文件中注明，如未注明者，视为Ⅲ类。
2. 当铸件厚度超过100mm时，屈服强度仅供设计使用。
3. 冲击吸收能量 U 型试样缺口为2mm。
4. 熔模铸造碳钢件牌号表示方法按 GB/T 11352 进行，示例如下：

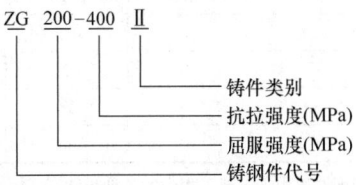

① 对上限每减少0.01%的碳，允许增加0.04%的锰；对ZG200-400，锰最高至1.00%，其余4个牌号锰最高至1.20%。
② 残余元素总量不超过1.00%，如无特殊要求，残余元素不作为验收依据。

表3.1-39 熔模铸造碳钢件的尺寸公差和几何公差（摘自 GB/T 31204—2014）

不同工艺执行的尺寸公差等级	熔模铸造工艺	尺寸公差等级	铸钢件最大轮廓尺寸对应的几何公差等级	最大轮廓尺寸/mm	几何公差等级
	水玻璃工艺	CT7 ~ CT9		≤100	GCTG4 ~ GCTG6
	硅溶胶工艺	CT3 ~ CT6		>100	GCTG4 ~ GCTG8
	复合型壳工艺	CT5 ~ CT7			

几何公差项目名称	相关公称尺寸	铸件几何公差等级（GCTG）						
		GCTG2	GCTG3	GCTG4	GCTG5	GCTG6	GCTG7	GCTG8
铸件直线度公差/mm	≤10	0.08	0.12	0.18	0.27	0.4	0.6	0.9
	>10 ~ 30	0.12	0.18	0.27	0.4	0.6	0.9	1.4
	>30 ~ 100	0.18	0.27	0.4	0.6	0.9	1.4	2
	>100 ~ 300	0.27	0.4	0.6	0.9	1.4	2	3
	>300 ~ 1000	0.4	0.6	0.9	1.4	2	3	4.5
	>1000 ~ 3000	—	—	—	3	4	6	9
	>3000 ~ 6000	—	—	—	6	8	12	18
	>6000 ~ 10000	—	—	—	12	16	24	36
铸件平面度公差/mm	≤10	0.12	0.18	0.27	0.4	0.6	0.9	1.4
	>10 ~ 30	0.18	0.27	0.4	0.6	0.9	1.4	2
	>30 ~ 100	0.27	0.4	0.6	0.9	1.4	2	3
	>100 ~ 300	0.4	0.6	0.9	1.4	2	3	4.5
	>300 ~ 1000	0.6	0.9	1.6	2	3	4.5	7
	>1000 ~ 3000	—	—	—	4	6	9	14
	>3000 ~ 6000	—	—	—	8	12	18	28
	>6000 ~ 10000	—	—	—	16	24	36	56
铸件圆度、平行度、垂直度和对称度公差/mm	≤10	0.18	0.27	0.4	0.6	0.9	1.4	2
	>10 ~ 30	0.27	0.4	0.6	0.9	1.4	2	3
	>30 ~ 100	0.4	0.6	0.9	1.4	2	3	4.5
	>100 ~ 300	0.6	0.9	1.4	2	3	4.5	7

(续)

几何公差项目名称	相关公称尺寸	铸件几何公差等级 (GCTG)						
		GCTG2	GCTG3	GCTG4	GCTG5	GCTG6	GCTG7	GCTG8
铸件圆度、平行度、垂直度和对称度公差 /mm	>300~1000	0.9	1.4	2	3	4.5	7	10
	>1000~3000	—	—	—	6	9	14	20
	>3000~6000	—	—	—	12	18	28	40
	>6000~10000	—	—	—	24	36	56	80
铸件同轴度公差 /mm	≤10	0.27	0.4	0.6	0.9	1.4	2	3
	>10~30	0.4	0.6	0.9	1.4	2	3	4.5
	>30~100	0.6	0.9	1.4	2	3	4.5	7
	>100~300	0.9	1.4	2	3	4.5	7	10
	>300~1000	1.4	2	3	4.5	7	10	15
	>1000~3000	—	—	—	9	14	20	30
	>3000~6000	—	—	—	18	28	40	60
	>6000~10000	—	—	—	36	56	80	120

注：GB/T 31204—2014 规定的熔模铸造碳钢件适用于一般工程中的各种铸件。

3.1.3 焊接结构用铸钢件（见表3.1-40）

表3.1-40　焊接结构用铸钢牌号、化学成分及力学性能（摘自 GB/T 7659—2010）

牌号	化学成分（质量分数,%）					单铸试块室温力学性能				
	主要元素					拉伸性能			根据合同选择	
	C	Si	Mn	P	S	上屈服强度 R_{eH} /MPa(min)	抗拉强度 R_m /MPa(min)	断后伸长率 A (%)(min)	断面收缩率 Z (%)(min)	冲击吸收能量 KV_2 /J(min)
ZG200-400H	≤0.20	≤0.60	≤0.80	≤0.025	≤0.025	200	400	25	40	45
ZG230-450H	≤0.20	≤0.60	≤1.20	≤0.025	≤0.025	230	450	22	35	45
ZG270-480H	0.17~0.25	≤0.60	0.80~1.20	≤0.025	≤0.025	270	480	20	35	40
ZG300-500H	0.17~0.25	≤0.60	1.00~1.60	≤0.025	≤0.025	300	500	20	21	40
ZG340-550H	0.17~0.25	≤0.80	1.00~1.60	≤0.025	≤0.025	340	550	15	21	35

注：1. GB/T 7659—2010 规定的牌号，其材料具有良好的焊接性能，适用于一般工程结构用且焊接性好的铸钢件。
    2. 本表各牌号均有残余元素（Ni、Cr、Cu、Mo、V），残余元素总和≤1.0%，标准规定残余元素一般不做分析，如需方要求时，方可做残余元素分析，并应符合 GB/T 7659—2010 的有关规定。
    3. 实际碳含量比本表中碳上限每减少0.01%，允许实际锰含量超出表中锰上限0.04%，但总超出量不得大于0.2%。
    4. 当无明显屈服时，测定规定非比例延伸强度 $R_{p0.2}$。
    5. 铸件应进行热处理，如无特别要求，热处理工艺由供方决定。

3.1.4 奥氏体锰钢铸件（见表3.1-41）

表3.1-41　奥氏体锰钢铸件牌号、化学成分及力学性能（摘自 GB/T 5680—2010）

牌号及化学成分	牌号	化学成分（质量分数,%）								
		C	Si	Mn	P	S	Cr	Mo	Ni	W
	ZG120Mn7Mo1	1.05~1.35	0.3~0.9	6~8	≤0.060	≤0.040	—	0.9~1.2	—	—
	ZG110Mn13Mo1	0.75~1.35	0.3~0.9	11~14	≤0.060	≤0.040	—	0.9~1.2	—	—
	ZG100Mn13	0.90~1.05	0.3~0.9	11~14	≤0.060	≤0.040	—	—	—	—
	ZG120Mn13	1.05~1.35	0.3~0.9	11~14	≤0.060	≤0.040	—	—	—	—

(续)

	牌号	化学成分（质量分数,%）								
		C	Si	Mn	P	S	Cr	Mo	Ni	W
牌号及化学成分	ZG120Mn13Cr2	1.05~1.35	0.3~0.9	11~14	≤0.060	≤0.040	1.5~2.5	—	—	—
	ZG120Mn13W1	1.05~1.35	0.3~0.9	11~14	≤0.060	≤0.040	—	—	—	0.9~1.2
	ZG120Mn13Ni3	1.05~1.35	0.3~0.9	11~14	≤0.060	≤0.040	—	—	3~4	—
	ZG90Mn14Mo1	0.70~1.00	0.3~0.6	13~15	≤0.070	≤0.040	—	1.0~1.8	—	—
	ZG120Mn17	1.05~1.35	0.3~0.9	16~19	≤0.060	≤0.040	—	—	—	—
	ZG120Mn17Cr2	1.05~1.35	0.3~0.9	16~19	≤0.060	≤0.040	1.5~2.5	—	—	—

	牌号	力学性能			
		下屈服强度 R_{eL} /MPa	抗拉强度 R_m /MPa	断后伸长率 A (%)	冲击吸收能量 KU_2 /J
部分牌号力学性能	ZG120Mn13	—	≥685	≥25	≥118
	ZG120Mn13Cr2	≥390	≥735	≥20	—

注：1. GB/T 5680—2010 规定的奥氏体锰钢铸钢，适用于冶金、建材、电力、建筑、铁路、国防、煤炭、化工和机械等行业的承受不同程度冲击载荷的耐磨损铸件。
2. 各牌号铸钢允许加入微量 V、Ti、Nb、B 和 RE 等元素。
3. 如无特别约定，室温条件下铸件硬度不应高于 300HBW。
4. 经供需双方商定，可对铸件的金相组织、力学性能、弯曲性能和无损检测中的一项或多项作为产品验收项目，验收规定按 GB/T 5680—2010 附录 A 执行。本表列出的两个牌号的力学性能数据是经水韧处理的，此两牌号铸件应符合的规定。
5. 铸件的尺寸公差、几何公差等技术要求应符合图样或订货要求。否则按标准的有关规定执行。

3.1.5 一般工程与结构用低合金钢铸件（见表3.1-42）

表 3.1-42 一般工程与结构用低合金钢铸钢牌号、化学成分及力学性能（摘自 GB/T 14408—2014）

材料牌号	力学性能					化学成分要求（质量分数,%）	
	屈服强度 $R_{p0.2}$ /MPa ≥	抗拉强度 R_m /MPa ≥	断后伸长率 A_5 (%) ≥	断面收缩率 Z (%) ≥	冲击吸收能量 KV/J ≥	S ≤	P ≤
ZGD270-480	270	480	18	38	25		
ZGD290-510	290	510	16	35	25		
ZGD345-570	345	570	14	35	20	0.040	0.040
ZGD410-620	410	620	13	35	20		
ZGD535-720	535	720	12	30	18		
ZGD650-830	650	830	10	25	18		
ZGD730-910	730	910	8	22	15	0.035	0.035
ZGD840-1030	840	1030	6	20	15		
ZGD1030-1240	1030	1240	5	20	22	0.020	0.020
ZGD1240-1450	1240	1450	4	15	18		

注：1. 除另有规定外，各材料牌号化学成分由供方确定，但 S、P 的含量应符合本表规定。
2. 除 S、P 外，其他元素不作为验收依据，但需方有要求时，可以进行成品化学成分分析。
3. 各牌号的力学性能应符合本表规定。如需方要求，其中断面收缩率和冲击吸收能量，由供方选择其一。

3.1.6 大型低合金钢铸件（见表3.1-43、表3.1-44）

表 3.1-43 大型低合金钢铸件铸钢的牌号及化学成分（摘自 JB/T 6402—2006）

材料牌号	化学成分（质量分数,%）								
	C	Si	Mn	P	S	Cr	Ni	Mo	Cu
ZG20Mn	0.16~0.22	0.60~0.80	1.00~1.30	≤0.030	≤0.030	—	≤0.40	—	—
ZG30Mn	0.27~0.34	0.30~0.50	1.20~1.50	≤0.030	≤0.030	—	—	—	—
ZG35Mn	0.30~0.40	0.60~0.80	1.10~1.40	≤0.030	≤0.030	—	—	—	—
ZG40Mn	0.35~0.45	0.30~0.45	1.20~1.50	≤0.030	≤0.030	—	—	—	—
ZG40Mn2	0.35~0.45	0.20~0.40	1.60~1.80	≤0.030	≤0.030	—	—	—	—
ZG45Mn2	0.42~0.49	0.20~0.40	1.60~1.80	≤0.030	≤0.030	—	—	—	—
ZG50Mn2	0.45~0.55	0.20~0.40	1.50~1.80	≤0.030	≤0.030	—	—	—	—
ZG35SiMnMo	0.32~0.40	1.10~1.40	1.10~1.40	≤0.030	≤0.030	—	—	0.20~0.30	≤0.30
ZG35CrMnSi	0.30~0.40	0.50~0.75	0.90~1.20	≤0.030	≤0.030	0.50~0.80	—	—	—
ZG20MnMo	0.17~0.23	0.20~0.40	1.10~1.40	≤0.030	≤0.030	—	—	0.20~0.35	≤0.30
ZG30Cr1MnMo	0.25~0.35	0.17~0.45	0.90~1.20	≤0.030	≤0.030	0.90~1.20	—	0.20~0.30	—
ZG55CrMnMo	0.50~0.60	0.25~0.60	1.20~1.60	≤0.030	≤0.030	0.60~0.90	—	0.20~0.30	≤0.30
ZG40Cr1	0.35~0.45	0.20~0.40	0.50~0.80	≤0.030	≤0.030	0.80~1.10	—	—	—
ZG34Cr2Ni2Mo	0.30~0.37	0.30~0.60	0.60~1.00	≤0.030	≤0.030	1.40~1.70	1.40~1.70	0.15~0.35	—
ZG15Cr1Mo	0.12~0.20	≤0.60	0.50~0.80	≤0.030	≤0.030	1.00~1.50	—	0.45~0.65	—
ZG20CrMo	0.17~0.25	0.20~0.45	0.50~0.80	≤0.030	≤0.030	0.50~0.80	—	0.45~0.65	—
ZG35Cr1Mo	0.30~0.37	0.30~0.50	0.50~0.80	≤0.030	≤0.030	0.80~1.20	—	0.20~0.30	—
ZG42Cr1Mo	0.38~0.45	0.30~0.60	0.60~1.00	≤0.030	≤0.030	0.80~1.20	—	0.20~0.30	—
ZG50Cr1Mo	0.46~0.54	0.25~0.60	0.50~0.80	≤0.030	≤0.030	0.90~1.20	—	0.15~0.25	—
ZG65Mn	0.60~0.70	0.17~0.37	0.90~1.20	≤0.030	≤0.030	—	—	—	—
ZG28NiCrMo	0.25~0.30	0.30~0.80	0.60~0.90	≤0.030	≤0.030	0.35~0.85	0.40~0.80	0.35~0.55	—
ZG30NiCrMo	0.25~0.35	0.30~0.60	0.70~1.00	≤0.030	≤0.030	0.60~0.90	0.60~1.00	0.35~0.50	—
ZG35NiCrMo	0.30~0.37	0.60~0.90	0.70~1.00	≤0.030	≤0.030	0.40~0.90	0.60~0.90	0.40~0.50	—

注：残余元素含量的质量分数：$w(Ni)≤0.30\%$，$w(Cr)≤0.30\%$，$w(Cu)≤0.25\%$，$w(Mo)≤0.15\%$，$w(V)≤0.05\%$，残余元素总含量≤1.0%。如需方无要求，残余元素不作为验收依据。

表 3.1-44 大型低合金钢铸件铸钢力学性能及应用（摘自 JB/T 6402—2006）

材料牌号	热处理状态	R_{eH}/MPa ≥	R_m/MPa ≥	A(%) ≥	Z(%) ≥	A_{KU}/J ≥	A_{KV}/J ≥	A_{KDVM}/J ≥	硬度 HBW ≥	应用举例
ZG20Mn	正火+回火	285	495	18	30	39	—	—	145	焊接及流动性良好，用于水压机缸、叶片、喷嘴体、阀、弯头等
	调质	300	500~650	24	—	45	—	—	150~190	
ZG30Mn	正火+回火	300	558	18	30	—	—	—	163	用于承受摩擦和冲击的零件，如齿轮等
ZG35Mn	正火+回火	345	570	12	20	24	—	—	—	用于承受摩擦的零件
	调质	415	640	12	25	27	—	27	200~240	
ZG40Mn	正火+回火	295	640	12	30	—	—	—	163	用于承受摩擦和冲击的零件，如齿轮等
ZG40Mn2	正火+回火	395	590	20	40	30	—	—	179	用于承受摩擦的零件，如齿轮等
	调质	685	835	13	45	35	—	35	269~302	
ZG45Mn2	正火+回火	392	637	15	30	—	—	—	179	用于模块、齿轮等
ZG50Mn2	正火+回火	445	785	18	37	—	—	—	—	用于高强度零件，如齿轮、齿轮缘等

(续)

材料牌号	热处理状态	R_{eH}/MPa ≥	R_m/MPa ≥	A(%) ≥	Z(%) ≥	A_{KU}/J ≥	A_{KV}/J ≥	A_{KDVM}/J ≥	硬度HBW ≥	应用举例
ZG35SiMnMo	正火+回火	395	640	12	20	24	—	—	—	用于承受负荷较大的零件
	调质	490	690	12	25	27	—	27	—	
ZG35CrMnSi	正火+回火	345	690	14	30	—	—	—	217	用于承受冲击、摩擦的零件,如齿轮、滚轮等
ZG20MnMo	正火+回火	295	490	16	—	39	—	—	156	用于受压容器,如泵壳等
ZG30Cr1MnMo	正火+回火	392	686	15	30	—	—	—	—	用于拉坯和立柱
ZG55CrMnMo	正火+回火	不规定	不规定	—	—	—	—	—	—	有一定的热硬性,用于锻模等
ZG40Cr1	正火+回火	345	630	18	26	—	—	—	212	用于高强度齿轮
ZG34Cr2Ni2Mo	调质	700	950~1000	12	—	—	32	—	240~290	用于特别要求的零件,如锥齿轮、小齿轮、吊车行走轮、轴等
ZG15Cr1Mo	正火+回火	275	490	20	35	24	—	—	140~220	用于汽轮机
ZG20CrMo	正火+回火	245	460	18	30	30	—	—	135~180	用于齿轮、锥齿轮及高压缸零件等
	调质	245	460	18	30	24	—	—	—	
ZG35Cr1Mo	正火+回火	392	588	12	20	23.5	—	—	—	用于齿轮、电炉支承轮轴套、齿圈等
	调质	510	686	12	25	31	—	27	201	
ZG42Cr1Mo	正火+回火	343	569	12	20	—	30	—	—	用于承受高负荷零件、齿轮、锥齿轮等
	调质	490	690~830	11	—	—	—	21	200~250	
ZG50Cr1Mo	调质	520	740~880	11	—	—	—	34	200~260	用于减速器零件、齿轮、小齿轮等
ZG65Mn	正火+回火	不规定	不规定	—	—	—	—	—	—	用于球磨机衬板等
ZG28NiCrMo	—	420	630	20	40	—	—	—	—	适用于直径大于300mm的齿轮铸件
ZG30NiCrMo	—	590	730	17	35	—	—	—	—	适用于直径大于300mm的齿轮铸件
ZG35NiCrMo	—	660	830	14	30	—	—	—	—	适用于直径大于300mm的齿轮铸件

注:1. 需方无特殊要求时,由供方任选一种冲击吸收能量试验作为依据。
2. 需方无特殊要求时,硬度不作为验收依据,仅供设计参考。

3.1.7 一般用途耐蚀钢铸件(见表3.1-45~表3.1-50)

表3.1-45 一般用途耐蚀钢铸件牌号及化学成分(摘自 GB/T 2100—2002)

牌号	化学成分(质量分数,%)								
	C	Si	Mn	P	S	Cr	Mo	Ni	其他
ZG15Cr12	0.15	0.8	0.8	0.035	0.025	11.5~13.5	0.5	1.0	
ZG20Cr13	0.16~0.24	1.0	0.6	0.035	0.025	12.0~14.0	—	—	
ZG10Cr12NiMo	0.10	0.8	0.8	0.035	0.025	11.5~13.0	0.2~0.5	0.8~1.8	
ZG06Cr12Ni4(QT1) ZG06Cr12Ni4(QT2)	0.06	1.0	1.5	0.035	0.025	11.5~13.0	1.0	3.5~5.0	
ZG06Cr16Ni5Mo	0.06	0.8	0.8	0.035	0.025	15.0~17.0	0.7~1.5	4.0~6.0	

(续)

牌 号	化学成分（质量分数,%）								
	C	Si	Mn	P	S	Cr	Mo	Ni	其他
ZG03Cr18Ni10	0.03	1.5	1.5	0.040	0.030	17.0~19.0	—	9.0~12.0	
ZG03Cr18Ni10N	0.03	1.5	1.5	0.040	0.030	17.0~19.0	—	9.0~12.0	N0.10%~0.20%
ZG07Cr19Ni9	0.07	1.5	1.5	0.040	0.030	18.0~21.0	—	8.0~11.0	
ZG08Cr19Ni10Nb	0.08	1.5	1.5	0.040	0.030	18.0~21.0	—	9.0~12.0	Nb:$8 \times w(C)$~1.00%
ZG03Cr19Ni11Mo2	0.03	1.5	1.5	0.040	0.030	17.0~20.0	2.0~2.5	9.0~12.0	
ZG03Cr19Ni11Mo2N	0.03	1.5	1.5	0.040	0.030	17.0~20.0	2.0~2.5	9.0~12.0	N:0.10%~0.20%
ZG07Cr19Ni11Mo2	0.07	1.5	1.5	0.040	0.030	17.0~20.0	2.0~2.5	9.0~12.0	
ZG08Cr19Ni11Mo2Nb	0.08	1.5	1.5	0.040	0.030	17.0~20.0	2.0~2.5	9.0~12.0	Nb:$8 \times w(C)$~1.00
ZG03Cr19Ni11Mo3	0.03	1.5	1.5	0.040	0.030	17.0~20.0	3.0~3.5	9.0~12.0	
ZG03Cr19Ni11Mo3N	0.03	1.5	1.5	0.040	0.030	17.0~20.0	3.0~3.5	9.0~12.0	N:0.10%~0.20%
ZG07Cr19Ni11Mo3	0.07	1.5	1.5	0.040	0.030	17.0~20.0	3.0~3.5	9.0~12.0	
ZG03Cr26Ni5Cu3Mo3N	0.03	1.0	1.5	0.035	0.025	25.0~27.0	2.5~3.5	4.5~6.5	Cu:2.4%~3.5% N:0.12%~0.25%
ZG03Cr26Ni5Mo3N	0.03	1.0	1.5	0.035	0.025	25.0~27.0	2.5~3.5	4.5~6.5	N:0.12%~0.25%
ZG03Cr14Ni14Si4	0.03	3.5~4.5	0.8	0.035	0.025	13.0~15.0	—	13.0~15.0	

注：1. GB/T 2100—2002 等效采用 ISO11972：1998《通用耐蚀铸钢》。
    2. 本表的牌号适用于一般耐蚀用途的铸钢件，这些牌号代表了适合在各种不同腐蚀场合广泛应用的合金铸钢件的种类。GB/T2100—2002 规定，可以在订货合同中商定采用 GB/T2100—2002 中未列出的其他牌号。

表 3.1-46　一般用途耐蚀铸钢的热处理及室温力学性能（摘自 GB/T 2100—2002）

牌 号	热处理规范	$R_{p0.2}$[①] /MPa min	R_m[①] /MPa min	A[①] (%) min	KV[①] /J min	最大厚度 /mm
ZG15Cr12	奥氏体化 950~1050℃，空冷；650~750℃回火，空冷	450	620	14	20	150
ZG20Cr13	950℃退火，1050℃油淬，750~800℃空冷	440（R_{eL}）	610	16	58（KU[①]）	300
ZG10Cr12NiMo	奥氏体化 1000~1050℃，空冷；620~720℃回火，空冷或炉冷	440	590	15	27	300
ZG06Cr12Ni4（QT1）	奥氏体化 1000~1100℃，空冷；570~620℃回火，空冷或炉冷	550	750	15	45	300
ZG06Cr12Ni4（QT2）	奥氏体化 1000~1100℃，空冷；500~530℃回火，空冷或炉冷	830	900	12	35	300
ZG06Cr16Ni5Mo	奥氏体化 1020~1070℃，空冷；580~630℃回火，空冷或炉冷	540	760	15	60	300
ZG03Cr18Ni10	1050℃固溶处理；淬火。随厚度增加，提高空冷速度	180[②]	440	30	80	150
ZG03Cr18Ni10N		230[②]	510	30	80	150
ZG07Cr19Ni9		180[②]	440	30	60	150
ZG08Cr19Ni10Nb		180[②]	440	25	40	150

(续)

牌　号	热处理规范	$R_{p0.2}$[①]/MPa min	R_m[①]/MPa min	A[①](%) min	KV[①]/J min	最大厚度/mm
ZG03Cr19Ni11Mo2	1080℃固溶处理；淬火。随厚度增加，提高空冷速度	180[②]	440	30	80	150
ZG03Cr19Ni11Mo2N		230[②]	510	30	80	150
ZG07Cr19Ni11Mo2		180[②]	440	30	60	150
ZG08Cr19Ni11Mo2Nb		180[②]	440	25	40	150
ZG03Cr19Ni11Mo3	1120℃固溶处理；淬火。随厚度增加，提高空冷速度	180[②]	440	30	80	150
ZG03Cr19Ni11Mo3N		230[②]	510	30	80	150
ZG07Cr19Ni11Mo3		180[②]	440	30	60	150
ZG03Cr26Ni5Cu3Mo3N	1120℃固溶处理，水淬。高温固溶处理之后，水淬之前，铸件可冷至1010～1040℃，以防止复杂形状铸件的开裂	450	650	18	50	150
ZG03Cr26Ni5Mo3N		450	650	18	50	150
ZG03Cr14Ni14Si4	1050～1100℃固溶；水淬	245(R_{eL})	490	60(A_5)	270(KU[①])	150

注：1. 除另有规定外，炼钢方法和铸造工艺由供方自行确定。
　　2. 要求做晶间腐蚀倾向试验的铸件，应在合同中注明，其试验方法按 GB/T 2100—2002 的规定进行。

① $R_{p0.2}$—0.2%试验应力；
　R_m—抗拉强度；
　A—断裂后，原始测试长度 L_0 的延伸百分比；
　KV—V 型缺口冲击吸收能量；
　KU—U 型缺口冲击吸收能量。

② $R_{p1.0}$ 的最低值高于 25MPa。

表 3.1-47　一般用途耐蚀铸钢的应用举例

牌号	特性及应用举例
ZG15Cr12	铸造性能较好，具有良好的力学性能，在大气、水和弱腐蚀介质（如盐水溶液、稀硝酸及某些体积分数不高的有机酸）和温度不高的情况下，均有良好的耐蚀性，可用于承受冲击负荷、要求韧性高的铸件，如泵壳、阀、叶轮、水轮机转轮或叶片、螺旋桨等
ZG20Cr13	基本性能与 ZG15Cr12 相似，含碳量高于 ZG15Cr12，因而具有较高的硬度，焊接性较差，应用与 ZG15Cr12 相似，可用作较高硬度的铸件，如热油液压泵、阀门等
ZG03Cr18Ni10	为超低碳不锈钢，冶炼要求高，在氧化性介质（如硝酸）中具有良好的耐蚀性及良好的耐晶间腐蚀性能，焊后不出现刀口腐蚀，主要用于化学、化肥、化纤及国防工业上重要的耐蚀铸件和铸焊结构件等
ZG07Cr19Ni9	铸造性能比较好，在硝酸、有机酸等介质中具有良好的耐蚀性，在固溶处理后具有良好的耐晶间腐蚀性能，但在敏化状态下的耐晶间腐蚀性能会显著下降，低温冲击性能好，主要用于硝酸、有机酸、化工石油等工业用泵、阀等铸件
ZG03Cr14Ni14Si4	为超低碳高硅不锈钢，在浓硝酸中具有较好的耐蚀性，力学性能较高，对各种配比的浓硝酸、浓硫酸、混合酸的耐蚀性好，焊后不出现刀口腐蚀，用于化工、纺织、轻工、国防、医药等行业中的泵、阀、管接头等

注：本表为 GB/T 2100—2002 国家标准牌号及其应用的实用资料，但是此表为参考资料，不是 GB/T 2100—2002 国家标准内容。

表 3.1-48 非标准耐蚀铸钢件的牌号及化学成分

组织类型	序号	牌号	代号	化学成分（质量分数，%）									
				C	Si	Mn	Cr	Ni	Mo	Cu	Ti	S	P	N
马氏体型	1	ZG1Cr13（ZG15Cr13）	101	0.08~0.15	≤1.0	≤0.6	12.0~14.0	—	—	—	—	≤0.030	≤0.040	—
	2	ZG2Cr13（ZG20Cr13）	102	0.16~0.24	≤1.0	≤0.6	12.0~14.0	—	—	—	—	≤0.030	≤0.040	—
铁素体型	3	ZG1Cr17	201	≤0.12	≤1.2	≤0.7	16.0~18.0	—	—	—	—	≤0.030	≤0.040	—
	4	ZG1Cr19Mo2	202	≤0.15	≤0.8	0.5~0.8	18.5~20.5	—	1.5~2.5	—	—	≤0.030	≤0.045	—
	5	ZGCr28	203	0.50~1.00	0.50~1.30	0.50~0.8	26.0~30.0	—	—	—	—	≤0.035	≤0.10	—
奥氏体型	6A	ZG00Cr14Ni14Si4	300	≤0.03	3.5~4.5	≤1	13~15	13~15	—	—	—	≤0.030	≤0.04	—
	6	ZG00Cr18Ni10	301	≤0.03	≤1.5	0.8~2.0	17.0~20.0	8.0~12.0	—	—	—	≤0.030	≤0.040	—
	7	ZG0Cr18Ni9	302	≤0.08	≤1.5	0.8~2.0	17.0~20.0	8.0~11.0	—	—	—	≤0.030	≤0.040	—
	8	ZG1Cr18Ni9	303	≤0.12	≤1.5	0.8~2.0	17.0~20.0	8.0~11.0	—	—	—	≤0.030	≤0.045	—
	9	ZG0Cr18Ni9Ti	304	≤0.08	≤1.5	0.8~2.0	17.0~20.0	8.0~11.0	—	—	5×[w(C)−0.02%]~0.7%	≤0.030	≤0.040	—
	10	ZG1Cr18Ni9Ti（ZG12Cr18Ni9Ti）	305	≤0.12	≤1.5	0.8~2.0	17.0~20.0	8.0~11.0	—	—	5×[w(C)−0.02%]~0.7%	≤0.030	≤0.045	—
	11	ZG0Cr18Ni12Mo2Ti	306	≤0.08	≤1.5	0.8~2.0	16.0~19.0	11.0~13.0	2.0~3.0	—	5×[w(C)−0.02%]~0.7%	≤0.030	≤0.040	—
	12	ZG1Cr18Ni12Mo2Ti	307	≤0.12	≤1.5	0.8~2.0	16.0~19.0	11.0~13.0	2.0~3.0	—	5×[w(C)−0.02%]~0.7%	≤0.030	≤0.045	—
	13	ZG1Cr24Ni20Mo2Cu3	308	≤0.12	≤1.5	0.8~2.0	23.0~25.0	19.0~21.0	2.0~3.0	3.0~4.0	—	≤0.030	≤0.045	—
	14	ZG1Cr18Mn8Ni4N	309	≤0.10	≤1.5	7.5~10.0	17.0~19.0	3.5~5.5	—	—	—	≤0.030	≤0.060	0.15~0.25

(续)

组织类型	序号	牌号	代号	化学成分（质量分数，%）									
				C	Si	Mn	Cr	Ni	Mo	Cu	Ti	S	P	N

组织类型	序号	牌号	代号	C	Si	Mn	Cr	Ni	Mo	Cu	Ti	S	P	N
奥氏体-铁素体型	15	ZG1Cr17Mn9Ni4Mo3Cu2N (ZG12Cr17Mn9Ni4Mo35Cu2N)	401	≤0.12	≤1.5	8.0~10.0	16.0~19.0	3.0~5.0	2.9~3.5	2.0~2.5	—	≤0.035	≤0.060	0.16~0.26
奥氏体型	16	ZG1Cr18Mn13Mo2CuN (ZG12Cr18Mn13Mo2CuN)	402	≤0.12	≤1.5	12.0~14.0	17.0~20.0	—	1.5~2.0	1.0~1.5	—	≤0.035	≤0.060	0.19~0.26
沉淀硬化型	17	ZG0Cr17Ni4Cu4Nb	501	≤0.07	≤1.0	≤1.0	15.5~17.5	3.0~5.0	—	2.6~4.6	Nb=0.15~0.45	≤0.030	≤0.035	—

注：1. 需要作为排焊件的铬镍奥氏体不锈耐酸钢铸件中磷的质量分数应≤0.040%，硅的质量分数应≤1.2%。
2. 本表所列耐蚀铸钢牌号为生产中常用非国家标准牌号，括号中的牌号为 JB/T 6405—2006 中的对应牌号。一般用途耐蚀铸钢件的标准牌号参见 GB/T 2100—2002。

表 3.1-49 非标准耐蚀铸钢件的力学性能

组织类型	序号	牌号	代号	热处理规范			力学性能 ≥				
				类型	加热温度/℃	冷却介质	抗拉强度 R_m/MPa	下屈服强度 R_{eL}/MPa	断后伸长率 A（%）	断面收缩率 Z（%）	冲击韧度 a_K/kJ·m^{-2}	硬度 HBW
马氏体型	1	ZG1Cr13（ZG15Cr13）	101	淬火	950	—	549	392	20	50	785	—
				淬火	1050	水						
				回火	750	空气						
	2	ZG2Cr13（ZG20Cr13）	102	退火	950	—	618	441	16	40	588	—
				淬火	1050	油						
				回火	750~800	空气						
铁素体型	3	ZG1Cr17	201	退火	750~800	—	392	245	20	30	—	—
	4	ZG1Cr19Mo2	202	退火	800	—	392	—	—	—	—	—
	5	ZGCr28	203	退火	850	—	343	—	—	—	—	—

(续)

组织类型	序号	牌号	热处理规范 类型	热处理规范 加热温度/℃	热处理规范 冷却介质	力学性能≥ 抗拉强度 R_m/MPa	力学性能≥ 下屈服强度 R_{eL}/MPa	力学性能≥ 断后伸长率 A(%)	力学性能≥ 断面收缩率 Z(%)	力学性能≥ 冲击韧度 a_K/kJ·m^{-2}	硬度 HBW
奥氏体型	6A	ZG00Cr14Ni14Si4	淬火	1050~1100	水	490	245	$A_5=60$	—	274	—
奥氏体型	6	ZG00Cr18Ni10	淬火	1050~1100	水	392	177	25	32	980	—
奥氏体型	7	ZG0Cr18Ni9	淬火	1080~1130	水	441	196	25	32	980	—
奥氏体型	8	ZG1Cr18Ni9	淬火	1050~1100	水	441	196	25	32	980	—
奥氏体型	9	ZG0Cr18Ni9Ti	淬火	950~1050	水	441	196	25	32	980	—
奥氏体型	10	ZG1Cr18Ni9Ti（ZG12Cr18Ni9Ti）	淬火	950~1050	水	441	196	25	32	980	—
奥氏体型	11	ZG0Cr18Ni12Mo2Ti	淬火	1100~1150	水	490	216	30	30	980	—
奥氏体型	12	ZG1Cr18Ni12Mo2Ti	淬火	1100~1150	水	490	216	30	30	980	—
奥氏体型	13	ZG1Cr24Ni20Mo2Cu3	淬火	1100~1150	水	441	245	20	32	980	—
奥氏体型	14	ZG1Cr18Mn8Ni4N	淬火	1100~1150	水	588	245	40	50	147	—
奥氏体-铁素体型	15	ZG1Cr17Mn9Ni4Mo3Cu2N（ZG12Cr17Mn9Ni4Mo3Cu2N）	淬火	1100~1180	水	588	392	25	35	980	—
奥氏体-铁素体型	16	ZG1Cr18Mn13Mo2CuN（ZG12Cr18Mn13Mo2Cu2N）	淬火	1100~1150	水	588	392	30	40	980	—
沉淀硬化型	17	ZG0Cr17Ni4Cu4Nb	淬火 时效	1000~1100 485~570	水 空气	981	785	5	10	—	≥337

注：1. 在不能切地测出下屈服强度 R_{eL} 时，允许用屈服强度 $R_{p0.2}$ 代替，但需注明为屈服强度。
2. 本表所列耐蚀铸钢牌号为生产中常用非国家标准牌号，括号中的牌号为 JB/T 6405—2006 中的对应牌号。一般用途耐蚀铸钢件的标准牌号参见 GB/T 2100—2002。

表 3.1-50　非标准耐蚀铸钢件的特性和用途

类型	牌号	代号	特性和用途
马氏体型	ZG1Cr13（ZG15Cr13）	101	铸造性能较好，具有良好的力学性能；在大气、水、弱腐蚀介质（加盐水溶液、稀硝酸及某些含量不高的有机酸）和温度不高的情况下，均有良好的耐蚀性；可用于制造承受冲击负荷、要求韧性高的铸件，如泵壳、阀、叶轮、水轮机转轮或叶片、螺旋桨等
马氏体型	ZG2Cr13（ZG20Cr13）	102	基本性能与 ZG1Cr13 相似，由于含碳量比 ZG1Cr13 高，故具有更高的硬度，但耐蚀性较低，焊接性能较差，用途也与 ZG1Cr13 相似，可用于制作较高硬度的铸件，如热油油泵、阀门等
铁素体型	ZG1Cr17	201	铸造性能较差，晶粒易粗大，韧性较低，但在氧化性酸中具有良好的耐蚀性，如在温度不太高的工业用稀硝酸、大部分有机酸（乙酸、甲酸、乳酸）及有机酸盐水溶液中有良好的耐蚀性；在草酸中不耐蚀，主要用于制造硝酸生产上的化工设备，也可制造食品和人造纤维工业用的设备，但一般在退火后使用，不宜用于 3×10^5 Pa（3 个大气压）以上或受冲击的零件
铁素体型	ZG1Cr19Mo2	202	铸造工艺性能与 ZG1Cr17 相似，晶粒易粗大，韧性较低，在磷酸与沸腾的乙酸等还原性介质中具有良好的耐蚀性，主要用于沸腾温度下各种含量的乙酸介质中不受冲击的维尼纶、电影胶片以及造纸漂液工段用的铸件，代替部分 ZG1Cr18Ni12Mo2Ti（非标准牌号）和 ZGCr28
铁素体型	ZGCr28	203	铸造性能差，热裂倾向大，韧性低，但在浓硝酸介质中具有很好的耐蚀性，在 1100℃ 的高温下仍有很好的抗氧化性，主要用于制造不受冲击负荷的高温硝酸浓缩设备和铸件，如泵、阀等，也可用于制造次氯酸钠及磷酸设备的高温抗氧化耐热零件
奥氏体型	ZG00Cr14Ni14Si4	300	为超低碳高硅不锈钢，在浓硝酸中优于高纯铝的耐蚀性，且具有普通不锈钢的力学性能，还对各种配比的浓硝酸、浓硫酸混酸的耐蚀性好，焊后不出现刀口腐蚀，主要用于国防、化工、纺织、轻工、医药等行业，制造泵、阀、管接头等铸件
奥氏体型	ZG00Cr18Ni10	301	为超低碳不锈钢，冶炼要求高，在氧化性介质（如硝酸）中具有良好的耐蚀性及良好的抗晶间腐蚀性能，焊后不出现刀口腐蚀，主要用于制造化工、国防工业上重要的耐蚀铸件和铸焊结构件等
奥氏体型	ZG0Cr18Ni9	302	是典型的不锈耐酸钢，铸造性能比含钛的同类型不锈耐酸钢好，在硝酸、有机酸等介质中具有良好的耐蚀性，在固溶处理后具有良好的抗晶间腐蚀性能，但在敏化状态下的抗晶间腐蚀性能会显著下降，低温冲击性能好，主要用于制造硝酸、有机酸、化工石油等工业用泵、阀等铸件
奥氏体型	ZG1Cr18Ni9	303	是典型的不锈耐酸钢，与 ZG0Cr18Ni9 相似，由于含碳量比 ZG0Cr18Ni9 高，故其耐蚀性和抗晶间腐蚀性能较低，用途与 ZG0Cr18Ni9 相同
奥氏体型	ZG0Cr18Ni9Ti	304	由于含有稳定化元素钛，所以提高了抗晶间腐蚀的能力，但铸造性能比 ZG0Cr18Ni9 差，易使铸件产生夹杂、缩松、冷隔等铸造缺陷，主要用于制造硝酸、有机酸等化工、石油、原子能工业的泵、阀、离心机铸件
奥氏体型	ZG1Cr18Ni9Ti（ZG12Cr18Ni9Ti）	305	与 ZG0Cr18Ni9Ti 相似，由于含碳量较高，故抗晶间腐蚀性能比 ZG0Cr18Ni9Ti 稍低，基本性能与用途同 ZG0Cr18Ni9Ti
奥氏体型	ZG0Cr18Ni12MoTi	306	铸造性能与 ZG1Cr18Ni9Ti 相似，由于含钼，所以明显提高了对还原性介质和各种有机酸、碱、盐类的耐蚀性，抗晶间腐蚀好，主要用于制造在常温硫酸、较低含量的沸腾磷酸、甲酸、乙酸介质中用的铸件
奥氏体型	ZG1Cr18Ni12Mo2Ti	307	同 ZG0Cr18Ni12MoTi，但由于含碳量较高，故其耐蚀性较差一些
奥氏体型	ZG1Cr24Ni20Mo2Cu3	308	具有良好的铸造性能、力学性能和加工性能，在 60℃ 以下各种含量的硫酸介质和某些有机酸、磷酸、硝酸混酸中均有很好的耐蚀性，主要用于硫酸、磷酸、硝酸混酸等工业制作泵、叶轮等铸件
奥氏体型	ZG1Cr18Mn8Ni4N	309	是节镍的铬锰氮不锈耐酸铸钢，铸造工艺稳定，力学性能好，在硝酸及若干有机酸中具有良好的耐蚀性，可部分代替 ZG1Cr18Ni9 及 ZG1Cr18Ni9Ti

(续)

类型	牌号	代号	特性和用途
奥氏体-铁素体型	ZG1Cr17Mn9Ni4Mo3Cu2N （ZG12Cr17Mn9Ni4Mo3Cu2N）	401	是节镍的铬锰氮不锈耐酸铸钢，其耐蚀性与 ZG1Cr18Ni12MoTi 基本相同，而在硫酸和含氯离子的介质中具有比 ZG1Cr18Ni12MoTi 更好的耐蚀性和耐点蚀性能，抗晶间腐蚀较好，有良好的冶炼和铸造、焊接性能，主要用于代替 ZG1Cr18Ni12MoTi 在硫酸、漂白粉、维尼纶等介质中工作的泵、阀、离心机铸件
	ZG1Cr18Mn13Mo2CuN （ZG12Cr18Mn13Mo2CuN）	402	是无镍的不锈耐酸铸钢，在大多数化工介质中的耐蚀性能相当或优于 ZG1Cr18Ni9Ti，尤其是在腐蚀与磨损都存在的条件下比 ZG1Cr18Ni9Ti 更优，力学性能和铸造性能好，但气孔敏感性比 ZG1Cr18Ni9Ti 大，主要用于代替 ZG1Cr18Ni9Ti 制造在硝酸、硝酸铵、有机酸等化工工业中的泵、阀、离心机等铸件
沉淀硬化型	ZG0Cr17Ni4CuNb	501	在体积分数为 40% 以下的硝酸、体积分数为 10% 的盐酸（30℃）和浓缩乙酸介质中具有良好的耐蚀性，是强度高、韧性好、较耐磨的沉淀型马氏体不锈铸钢，主要用于化工、造船、航空等具有一定耐蚀性的耐磨和高强度的铸件

注：本表所列耐蚀铸钢牌号为生产中常用非国家标准牌号，括号中的牌号为 JB/T 6405—2006 中的对应牌号。一般耐蚀铸铁的标准牌号参见 GB/T 2100—2002。

3.1.8 工程结构用中、高强度不锈钢铸件（见表 3.1-51、表 3.1-52）

表 3.1-51 工程结构用中、高强度不锈钢铸件的牌号及化学成分（摘自 GB/T 6967—2009）（质量分数，%）

铸钢牌号	C	Si	Mn	P	S	Cr	Ni	Mo	残余元素≤			
		≤							Cu	V	W	总量
ZG20Cr13	0.16~0.24	0.80	0.80	0.035	0.025	11.5~13.5	—	—	0.50	0.05	0.10	0.50
ZG15Cr13	≤0.15	0.80	0.80	0.035	0.025	11.5~13.5	—	—	0.50	0.05	0.10	0.50
ZG15Cr13Ni1	≤0.15	0.80	0.80	0.035	0.025	11.5~13.5	≤1.00	≤0.50	0.50	0.05	0.10	0.50
ZG10Cr13Ni1Mo	≤0.10	0.80	0.80	0.035	0.025	11.5~13.5	0.8~1.80	0.20~0.50	0.50	0.05	0.10	0.50
ZG06Cr13Ni4Mo	≤0.06	0.80	1.00	0.035	0.025	11.5~13.5	3.5~5.0	0.40~1.00	0.50	0.05	0.10	0.50
ZG06Cr13Ni5Mo	≤0.06	0.80	1.00	0.035	0.025	11.5~13.5	4.5~6.0	0.40~1.00	0.50	0.05	0.10	0.50
ZG06Cr16Ni5Mo	≤0.06	0.80	1.00	0.035	0.025	15.5~17.0	4.5~6.0	0.40~1.00	0.50	0.05	0.10	0.50
ZG04Cr13Ni4Mo	≤0.04	0.80	1.50	0.030	0.010	11.5~13.5	3.5~5.0	0.40~1.00	0.50	0.05	0.10	0.50
ZG04Cr13Ni5Mo	≤0.04	0.80	1.50	0.030	0.010	11.5~13.5	4.5~6.0	0.40~1.00	0.50	0.05	0.10	0.50

注：除另有规定外，残余元素含量不作为验收依据。

表 3.1-52 工程结构用中、高强度不锈钢铸件的力学性能及应用（摘自 GB/T 6967—2009）

铸钢牌号		屈服强度 $R_{p0.2}$/MPa	抗拉强度 R_m/MPa	断后伸长率 A_5（%）	断面收缩率 Z（%）	冲击吸收能量 KV/J	布氏硬度 HBW	应用举例
				≥				
ZG15Cr13		345	540	18	40	—	163~229	耐大气腐蚀好，力学性能较好，可用于承受冲击负荷且韧性较高的零件，可耐有机酸水溶液、聚乙烯醇、碳酸氢钠、橡胶液，还可做水轮机转轮叶片、水压机阀
ZG20Cr13		390	590	16	35	—	170~235	
ZG15Cr13Ni1		450	590	16	35	20	170~241	
ZG10Cr13Ni1Mo		450	620	16	35	27	170~241	
ZG06Cr13Ni4Mo		550	750	15	35	50	221~294	综合力学性能高，抗大气腐蚀、水中抗疲劳性能均好，钢的焊接性良好，焊后不必热处理，铸造性能尚好，耐泥砂磨损，可用于制作大型水轮机转轮（叶片）
ZG06Cr13Ni5Mo		550	750	15	35	50	221~294	
ZG06Cr16Ni5Mo		550	750	15	35	50	221~294	
ZG04Cr13-Ni4Mo	HT1[①]	580	780	18	50	80	221~294	
	HT2[②]	830	900	12	35	35	294~350	
ZG04Cr13-Ni5Mo	HT1[①]	580	780	18	50	80	221~294	
	HT2[②]	830	900	12	35	35	294~350	

注：1. 本表中牌号为 ZG15Cr13、ZG20Cr13、ZG15Cr13Ni1 铸钢的力学性能适用于壁厚小于或等于 150mm 的铸件。牌号为 ZG10Cr13Ni1Mo、ZG06Cr13Ni4Mo、ZG06Cr13Ni5Mo、ZG06Cr16Ni5Mo、ZG04Cr13Ni4Mo、ZG04Cr13Ni5Mo 的铸钢适用于壁厚小于或等于 300mm 的铸件。
2. ZG04Cr13Ni4Mo（HT2）、ZG04Cr13Ni5Mo（HT2）用于大中型铸焊结构铸件时，供需双方应另行商定。
3. 需方要求做低温冲击试验时，其技术要求由供需双方商定。其中 ZG06Cr16Ni5Mo、ZG06Cr13Ni4Mo、ZG04Cr13Ni4Mo、ZG06Cr13Ni5Mo 和 ZG04Cr13Ni5Mo 温度为 0℃ 的冲击吸收能量应符合本表规定。

① 回火温度应在 600~650℃。
② 回火温度应在 500~550℃。

3.1.9 一般用途耐热钢和合金铸件（见表3.1-53）

表 3.1-53　一般用途耐热钢和合金铸件牌号、化学成分及力学性能（摘自 GB/T 8492—2014）

材料牌号	主要元素含量（质量分数,%）								
	C	Si	Mn	P	S	Cr	Mo	Ni	其他
ZG30Cr7Si2	0.20~0.35	1.0~2.5	0.5~1.0	0.04	0.04	6~8	0.5	0.5	
ZG40Cr13Si2	0.30~0.50	1.0~2.5	0.5~1.0	0.04	0.03	12~14	0.5	1	
ZG40Cr17Si2	0.30~0.50	1.0~2.5	0.5~1.0	0.04	0.03	16~19	0.5	1	
ZG40Cr24Si2	0.30~0.50	1.0~2.5	0.5~1.0	0.04	0.03	23~26	0.5	1	
ZG40Cr28Si2	0.30~0.50	1.0~2.5	0.5~1.0	0.04	0.03	27~30	0.5	1	
ZGCr29Si2	1.20~1.40	1.0~2.5	0.5~1.0	0.04	0.03	27~30	0.5	1	
ZG25Cr18Ni9Si2	0.15~0.35	1.0~2.5	2.0	0.04	0.03	17~19	0.5	8~10	
ZG25Cr20Ni14Si2	0.15~0.35	1.0~2.5	2.0	0.04	0.03	19~21	0.5	13~15	
ZG40Cr22Ni10Si2	0.30~0.50	1.0~2.5	2.0	0.04	0.03	21~23	0.5	9~11	
ZG40Cr24Ni24Si2Nb	0.25~0.50	1.0~2.5	2.0	0.04	0.03	23~25	0.5	23~25	Nb 1.2~1.8
ZG40Cr25Ni12Si2	0.30~0.50	1.0~2.5	2.0	0.04	0.03	24~27	0.5	11~14	
ZG40Cr25Ni20Si2	0.30~0.50	1.0~2.5	2.0	0.04	0.03	24~27	0.5	19~22	
ZG40Cr27Ni4Si2	0.30~0.50	1.0~2.5	1.5	0.04	0.03	25~28	0.5	3~6	
ZG45Cr20Co20Ni20Mo3W3	0.35~0.60	1.0	2.0	0.04	0.03	19~22	2.5~3.0	18~22	Co18~22 W2~3
ZG10Ni31Cr20Nb1	0.05~0.12	1.2	1.2	0.04	0.03	19~23	0.5	30~34	Nb 0.8~1.5
ZG40Ni35Cr17Si2	0.30~0.50	1.0~2.5	2.0	0.04	0.03	16~18	0.5	34~36	
ZG40Ni35Cr26Si2	0.30~0.50	1.0~2.5	2.0	0.04	0.03	24~27	0.5	33~36	
ZG40Ni35Cr26Si2Nb1	0.30~0.50	1.0~2.5	2.0	0.04	0.03	24~27	0.5	33~36	Nb 0.8~1.8
ZG40Ni38Cr19Si2	0.30~0.50	1.0~2.5	2.0	0.04	0.03	18~21	0.5	36~39	
ZG40Ni38Cr19Si2Nb1	0.30~0.50	1.0~2.5	2.0	0.04	0.03	18~21	0.5	36~39	Nb 1.2~1.8
ZNiCr28Fe17-W5Si2C0.4	0.35~0.55	1.0~2.5	1.5	0.04	0.03	27~30		47~50	W4~6
ZNiCr50Nb1C0.1	0.10	0.5	0.5	0.02	0.02	47~52	0.5	a	N0.16 N+C0.2 Nb1.4~1.7
ZNiCr19Fe18Si1C0.5	0.40~0.60	0.5~2.0	1.5	0.04	0.03	16~21	0.5	50~55	
ZNiFe18Cr15Si1C0.5	0.35~0.65	2.0	1.3	0.04	0.03	13~19		64~69	
ZNiCr25Fe20-Co15W5Si1C0.46	0.44~0.48	1.0~2.0	2.0	0.04	0.03	24~26		33~37	W4~6 Co14~16
ZCoCr28Fe18C0.3	0.50	1.0	1.0	0.04	0.03	25~30	0.5	1	Co48~52 Fe20 最大值

(续)

材料牌号	屈服强度 $R_{p0.2}$/MPa 大于或等于	抗拉强度 R_m/MPa 大于或等于	断后伸长率 A（%）大于或等于	布氏硬度 HBW	最高使用温度[①]/℃
ZG30Cr7Si2					750
ZG40Cr13Si2				300[②]	850
ZG40Cr17Si2				300[②]	900
ZG40Cr24Si2				300[②]	1050
ZG40Cr28Si2				320[②]	1100
ZGCr29Si2				400[②]	1100
ZG25Cr18Ni9Si2	230	450	15		900
ZG25Cr20Ni14Si2	230	450	10		900
ZG40Cr22Ni10Si2	230	450	8		950
ZG40Cr24Ni24Si2Nb1	220	400	4		1050
ZG40Cr25Ni12Si2	220	450	6		1050
ZG40Cr25Ni20Si2	220	450	6		1100
ZG45Cr27Ni4Si2	250	400	3	400[③]	1100
ZG45Cr20Co20Ni20Mo3W3	320	400	6		1150
ZG10Ni31Cr20Nb1	170	440	20		1000
ZG40Ni35Cr17Si2	220	420	6		980
ZG40Ni35Cr26Si2	220	440	6		1050
ZG40Ni35Cr26Si2Nb1	220	440	4		1050
ZG40Ni38Cr19Si2	220	420	6		1050
ZG40Ni38Cr19Si2Nb1	220	420	4		1100
ZNiCr28Fe17W5Si2C0.4	220	400	3		1200
ZNiCr50Nb1C0.1	230	540	8		1050
ZNiCr19Fe18Si1C0.5	220	440	5		1100
ZNiFe18Cr15Si1C0.5	200	400	3		1100
ZNiCr25Fe20Co15W5Si1C0.46	270	480	5		1200
ZCoCr28Fe18C0.3	—[④]	—[④]	—[④]	—[④]	1200

注：1. 表中的单个值表示最大值。
  2. a 为余量。
  3. 当供需双方协定要求提供室温力学性能时，其力学性能应按本表规定。
  4. ZG30Cr7Si2、ZG40Cr13Si2、ZG40Cr17Si2、ZG40Cr24Si2、ZG40Cr28Si2、ZGCr29Si2 可以在 800～850℃之间进行退火处理。若需要 ZG30Cr7Si2 也可铸态下供货。其他牌号耐热钢和合金铸件，不需要热处理。若需热处理，则热处理工艺由供需双方商定，并在定货合同中注明。
  5. 本表列出的最高使用温度为参考数据，这些数据仅适用于牌号间的比较，在实际应用时，还应考虑环境、载荷等实际使用条件。

① 最高使用温度取决于实际使用条件，所列数据仅供用户参考。这些数据适用于氧化气氛，实际的合金成分对其也有影响。
② 退火态最大布氏硬度值，铸件也可以铸态提供，此时硬度限制就不适用。
③ 最大布氏硬度值。
④ 由供需双方协商确定。

3.1.10 耐磨钢铸件（见表3.1-54）

表3.1-54 耐磨钢铸钢牌号及化学成分（摘自GB/T 26651—2011）

牌号	化学成分（质量分数,%)								表面硬度 HRC	冲击吸收能量 KV_2/J	冲击吸收能量 $K_{N2}^{①}$/J
	C	Si	Mn	Cr	Mo	Ni	S	P			
ZG30Mn2Si	0.25~0.35	0.5~1.2	1.2~2.2	—	—	—	≤0.04	≤0.04	≥45	≥12	—
ZG30Mn2SiCr	0.25~0.35	0.5~1.2	1.2~2.2	0.5~1.2	—	—	≤0.04	≤0.04	≥45	≥12	—
ZG30CrMnSiMo	0.25~0.35	0.5~1.8	0.6~1.6	0.5~1.8	0.2~0.8	—	≤0.04	≤0.04	≥45	≥12	—
ZG30CrNiMo	0.25~0.35	0.4~0.8	0.4~1.0	0.5~2.0	0.2~0.8	0.3~2.0	≤0.04	≤0.04	≥45	≥12	—
ZG40CrNiMo	0.35~0.45	0.4~0.8	0.4~1.0	0.5~2.0	0.2~0.8	0.3~2.0	≤0.04	≤0.04	≥50	—	≥25
ZG42Cr2Si2MnMo	0.38~0.48	1.5~1.8	0.8~1.2	1.8~2.2	0.2~0.6	—	≤0.04	≤0.04	≥50	—	≥25
ZG45Cr2Mo	0.40~0.48	0.8~1.2	0.4~1.0	1.7~2.0	0.8~1.2	≤0.5	≤0.04	≤0.04	≥50	—	≥25
ZG30Cr5Mo	0.25~0.35	0.4~1.0	0.5~1.2	4.0~6.0	0.2~0.8	≤0.5	≤0.04	≤0.04	≥42	≥12	—
ZG40Cr5Mo	0.35~0.45	0.4~1.0	0.5~1.2	4.0~6.0	0.2~0.8	≤0.5	≤0.04	≤0.04	≥44	—	≥25
ZG50Cr5Mo	0.45~0.55	0.4~1.0	0.5~1.2	4.0~6.0	0.2~0.8	≤0.5	≤0.04	≤0.04	≥46	—	≥15
ZG60Cr5Mo	0.55~0.65	0.4~1.0	0.5~1.2	4.0~6.0	0.2~0.8	≤0.5	≤0.04	≤0.04	≥48	—	≥10

注：1. GB/T 26651—2011规定了奥氏体锰钢之外的合金耐磨钢铸件的牌号，适用于冶金、建材、电力、建筑、铁路、船舶、煤炭、化工和机械等行业的耐磨钢铸件之用。其他类型的要求耐磨性能良好的各种铸件，亦可选用本表规定的材料牌号。
2. 各牌号的化学成分应符合本表之规定。
3. 本表规定成分外，允许加入微量V、Ti、Nb、B和RE等元素。
4. 铸件的尺寸、公差、几何公差等技术要求应符合图样或合同规定，否则，应符合GB/T 26651—2011的相关规定。
① 下角"N"表示无缺口。

3.1.11 耐磨耐蚀钢铸件（见表3.1-55）

表3.1-55 耐磨耐蚀钢铸件牌号、化学成分及力学性能（摘自GB/T 31205—2014）

牌号	化学成分（质量分数,%)									表面硬度		冲击吸收能量/J		
	C	Si	Mn	Cr	Mo	Ni	Cu	S	P	HRC	HBW	KV_2	KU_2	K_{N2}
ZGMS30Mn2SiCr	0.22~0.35	0.5~1.2	1.2~2.2	0.5~1.2	—	—	—	≤0.04	≤0.04	≥45	—	≥12	—	—
ZGMS30CrMnSiMo	0.22~0.35	0.5~1.8	0.6~1.6	0.5~1.8	0.2~0.8	—	—	≤0.04	≤0.04	≥45	—	≥12	—	—
ZGMS30CrNiMo	0.22~0.35	0.4~0.8	0.4~1.0	0.5~2.5	0.2~0.8	0.3~2.5	—	≤0.04	≤0.04	≥45	—	≥12	—	—
ZGMS40CrNiMo	0.35~0.45	0.4~0.8	0.4~1.0	0.5~2.5	0.2~0.8	0.3~2.5	—	≤0.04	≤0.04	≥50	—	—	—	≥25
ZGMS30Cr5Mo	0.25~0.35	0.4~1.0	0.5~1.2	4.0~6.0	0.2~0.8	≤0.5	—	≤0.04	≤0.04	≥42	—	≥12	—	—
ZGMS50Cr5Mo	0.45~0.55	0.4~1.0	0.5~1.2	4.0~6.0	0.2~0.8	≤0.5	—	≤0.04	≤0.04	≥46	—	—	—	≥15
ZGMS60Cr2MnMo	0.45~0.70	0.4~1.0	0.5~1.5	1.5~2.5	0.2~0.8	≤1.0	—	≤0.04	≤0.04	≥30	—	—	—	≥25
ZGMS85Cr2MnMo	0.70~0.95	0.4~1.0	0.5~1.5	1.5~2.5	0.2~0.8	≤1.0	—	≤0.04	≤0.04	≥32	—	—	—	≥15
ZGMS25Cr10MnSiMoNi	0.15~0.35	0.5~2.0	0.5~2.0	7.0~13.0	0.2~0.8	0.3~2.0	≤1.0	≤0.04	≤0.04	≥40	—	—	—	≥50
ZGMS110Mn13Mo1	0.75~1.35	0.3~0.9	11~14	—	0.9~1.2	—	—	≤0.04	≤0.06	—	≤300	—	≥118	—

(续)

牌号	化学成分（质量分数,%）									表面硬度		冲击吸收能量/J		
	C	Si	Mn	Cr	Mo	Ni	Cu	S	P	HRC	HBW	KV_2	KU_2	K_{N2}
ZGMS120Mn13	1.05~1.35	0.3~0.9	11~14	—	—	—	—	≤0.04	≤0.06	—	≤300	—	≥118	—
ZGMS120-Mn13Cr2	1.05~1.35	0.3~0.9	11~14	1.5~2.5	—	—	—	≤0.04	≤0.06	—	≤300	—	≥90	—
ZGMS120-Mn13Ni3	1.05~1.35	0.3~0.9	11~14	—	—	3.0~4.0	—	≤0.04	≤0.06	—	≤300	—	≥118	—
ZGMS120Mn18	1.05~1.35	0.3~0.9	16~19	—	—	—	—	≤0.04	≤0.06	—	≤300	—	≥118	—
ZGMS120-Mn18Cr2	1.05~1.35	0.3~0.9	16~19	1.5~2.5	—	—	—	≤0.04	≤0.06	—	≤300	—	≥90	—

注：1. GB/T 31205—2014 规定的耐磨耐蚀钢铸钢牌号适用于冶金、建材、电力、建筑、化工和机械等行业的磨料磨损为主的湿态腐蚀磨料磨损工况易磨蚀零部件之用，其他类型的耐磨耐蚀钢铸件也可采用本表的有关牌号。
2. 化学成分应符合本表规定，允许加入适量 W、V、Ti、Nb、B 和 RE 等元素。
3. 耐磨耐蚀钢铸件的硬度和冲击吸收能量应符合本表规定。奥氏体锰钢铸件之外的铸件断面深度 40% 处的硬度应不低于表面硬度值的 92%。
4. 经供需双方商定，室温条件下可对耐磨耐蚀奥氏体锰钢铸件、试块和试样做金相组织、拉伸性能（下屈服强度、抗拉强度、断后伸长率）、弯曲性能和无损检验，可选择其中一项或多项作为产品验收的必检项目。具体要求参见 GB/T 31205—2014 附录，在附录中规定了 ZGMS120Mn13 牌号的 R_m≥685MPa，A≥25%；ZGMS120Mn13Cr2 牌号的 R_{eL}≥390MPa、R_m≥735MPa、A≥20%。本表中其他牌号耐磨耐蚀钢铸件的检验项目及检验方法由供需双方商定。
5. 铸件的尺寸公差和形状公差应符合 GB/T 31205—2014 的规定。
6. 耐磨耐蚀钢铸件牌号表示方法如下：

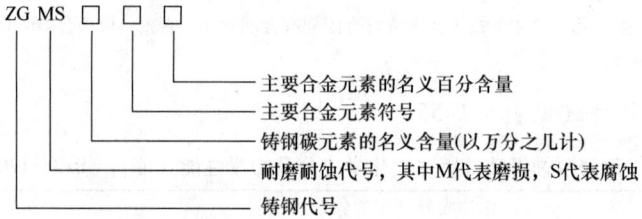

示例：ZGMS25Cr10MnSiMoNi，表示为名义碳含量 0.25%，铬含量 10%，且含有锰、硅、钼和镍元素的耐磨耐蚀钢铸件。

3.1.12 低温承压通用铸钢件（见表 3.1-56、表 3.1-57）

表 3.1-56 低温承压通用铸钢件材料牌号及其化学成分（摘自 GB/T 32238—2015）

牌号	化学成分（质量分数,%）										
	C	Si	Mn	P	S	Cr	Mo	Ni	V	Cu	其他
ZG240-450	0.15~0.20	0.60	1.00~1.60	0.030	0.025①	0.30②	0.12②	0.40②	0.03②	0.30②	—
ZG300-500	0.17~0.23	0.60	1.00~1.60	0.030	0.025①	0.30②	0.12②	0.40②	0.03②	0.30②	—
ZG18Mo	0.15~0.20	0.60	0.60~1.00	0.030	0.025	0.30	0.45~0.65	0.40	0.05	0.30	—
ZG17Ni3Cr2Mo	0.15~0.19	0.50	0.55~0.80	0.030	0.025	1.30~1.80	0.45~0.60	3.00~3.50	0.05	0.30	—
ZG09Ni3	0.06~0.12	0.60	0.50~0.80	0.030	0.025	0.30	0.20	2.00~3.00	0.05	0.30	—

(续)

牌号	化学成分（质量分数,%）										
	C	Si	Mn	P	S	Cr	Mo	Ni	V	Cu	其他
ZG09Ni4	0.06~0.12	0.60	0.50~0.80	0.030	0.025	0.30	0.20	3.50~5.00	0.08	0.30	—
ZG09Ni5	0.06~0.12	0.60	0.50~0.80	0.030	0.025	0.30	0.20	4.00~5.00	0.05	0.30	—
ZG07Ni9	0.03~0.11	0.60	0.50~0.80	0.030	0.025	0.30	0.20	8.50~10.0	0.05	0.30	—
ZG05Cr13Ni4Mo	0.05	1.00	1.00	0.035	0.025	12.0~13.5	0.70	3.50~5.00	0.08	0.30	—

注：表中化学成分各元素的规定值，除给出范围值外，其余均为最大值。
① 对于测量壁厚 <28mm 的铸件，允许 $w(S)$ 为 0.030%。
② $w(Cr)+w(Mo)+w(Ni)+w(V)+w(Cu) \leq 1.00\%$。

表 3.1-57 低温承压通用铸钢件力学性能（摘自 GB/T 32238—2015）

牌号	热处理状态		厚度 t/mm ≤	室温拉伸试验		冲击试验		
	正火或淬火温度/℃	回火温度/℃		屈服强度 $R_{p0.2}$/MPa ≥	抗拉强度 R_m/MPa ≥	断后伸长率 A（%）≥	试验温度/℃	冲击吸收能量 KV_2/J ≥
ZG240-450	890~980	600~700	50	240	450~600	24	−40	27
ZG300-500	900~980	—	30	300	480~620	20	−40	27
	900~940	610~660	100	300	500~650	22	−30	27
ZG18Mo	920~980	650~730	200	240	440~790	23	−45	27
ZG17Ni3Cr2Mo	890~930	600~640	35	600	750~900	15	−80	27
ZG09Ni3	830~890	600~650	35	280	480~630	24	−70	27
ZG09Ni4	820~900	590~640	35	360	500~650	20	−90	27
ZG09Ni5	800~880	580~660	35	390	510~710	24	−110	27
ZG07Ni9	770~850	540~620	35	510	690~840	20	−196	27
ZG05Cr13Ni4Mo	1000~1050	670~690 +590~620	300	500	700~900	15	−120	27

注：1. GB/T 32238—2015《低温承压通用铸钢件》为我国首次发布，该标准规定的铸钢适于 −196~−30℃ 条件下使用的铸造阀门、法兰、管件等承压钢铸件以及其他低温承压通用铸钢件。
2. 铸钢件均应进行热处理，本表热处理温度仅供参考。
3. 铸钢件以正火+回火或淬火+回火状态供货。
4. 铸钢件几何形状、尺寸和公差应符合图样或订货合同规定。否则，铸件尺寸公差按 GB/T 6414 选择。

3.1.13 高温承压马氏体不锈钢和合金钢通用铸件（见表 3.1-58 ~ 表 3.1-61）

表 3.1-58 高温承压马氏体不锈钢和合金钢铸件材料牌号及其化学成分（摘自 GB/T 32255—2015）

牌号	化学成分（质量分数,%）										
	C	Si	Mn	P	S	Cr	Mo	Ni	V	Cu	其他
ZG19Mo	0.15~0.23	0.60	0.50~1.00	0.025	0.020①	0.30	0.40~0.60	0.40	0.05	0.30	—
ZG17Cr1Mo	0.15~0.20	0.60	0.50~1.00	0.025	0.020①	1.00~1.50	0.45~0.65	0.40	0.05	0.30	—
ZG17Cr2Mo1	0.13~0.20	0.60	0.50~0.90	0.025	0.020①	2.00~2.50	0.90~1.20	0.40	0.05	0.30	—
ZG13MoCrV	0.10~0.15	0.45	0.40~0.70	0.030	0.020①	0.30~0.50	0.40~0.60	0.40	0.22~0.30	0.30	Sn0.025

(续)

牌号	化学成分（质量分数,%）									
	C	Si	Mn	P	S	Cr	Mo	Ni	V	Cu	其他
ZG17Cr1Mo1V	0.15~0.20	0.60	0.50~0.90	0.020	0.015	1.20~1.50	0.90~1.10	0.40	0.20~0.30	0.30	Sn0.025
ZG16Cr5Mo	0.12~0.19	0.80	0.50~0.80	0.025	0.025	4.00~6.00	0.45~0.65	0.40	0.05	0.30	—
ZG16Cr9Mo1	0.12~0.19	1.00	0.35~0.65	0.030	0.030	8.00~10.00	0.90~1.20	0.40	0.05	0.30	—
ZG10Cr9Mo1VNbN	0.08~0.12	0.20~0.50	0.30~0.60	0.030	0.010	8.00~9.50	0.85~1.05	0.40	0.18~0.25	—	Nb0.06~0.10 N0.03~0.07 Al0.02, Ti0.01 Zr0.01
ZG12Cr9Mo1VNbN	0.11~0.14	0.20~0.50	0.40~0.80	0.020	0.010	8.00~9.50	0.85~1.05	0.40	0.18~0.25	—	Nb0.05~0.08 N0.04~0.06 Al0.02
ZG08Cr12Ni1Mo	0.05~0.10	0.40	0.50~0.80	0.030	0.020	11.50~12.50	0.50	0.80~1.50	0.08	0.30	—
ZG06Cr13Ni4Mo	0.06	1.00	1.00	0.035	0.025	12.00~13.50	0.70	3.50~5.00	0.08	0.30	—
ZG23Cr12Mo1NiV	0.20~0.26	0.40	0.50~0.80	0.030	0.020	11.30~12.20	1.00~1.20		0.25~0.35	0.30	W0.50

① 对于测量壁厚 <28mm 的铸件，允许 $w(S)$ 为 0.030%。

表 3.1-59 高温承压马氏体不锈钢和合金钢铸件室温力学性能（摘自 GB/T 32255—2015）

牌号	热处理状态		厚度 t /mm ≤	屈服强度 $R_{p0.2}$/MPa ≥	抗拉强度 R_m /MPa	断后伸长率 A (%) ≥	冲击吸收能量 KV_2/J ≥
	正火或淬火温度/℃	回火温度/℃					
ZG19Mo	920~980	650~730	100	245	440~590	22	27
ZG17Cr1Mo	920~960	680~730	100	315	490~690	20	27
ZG17Cr2Mo1	930~970	680~740	150	400	590~740	18	40
ZG13MoCrV	950~1000	680~720	100	295	510~660	17	27
ZG17Cr1Mo1V	1020~1070	680~740	100	440	590~780	15	27
ZG16Cr5Mo	930~990	680~730	150	420	630~760	16	27
ZG16Cr9Mo1	960~1020	680~730	150	415	620~795	18	27
ZG10Cr9Mo1VNbN	1040~1080	730~800	100	415	585~760	16	27
ZG12Cr9Mo1VNbN	1040~1090	730~780	100	450	630~750	16	35
ZG08Cr12Ni1Mo	1000~1060	680~730	300	355	540~690	18	45
	1000~1060	600~680	300	500	600~800	16	40
ZG06Cr13Ni4Mo	1000~1060	630~680 +590~620	300	550	760~960	15	27
ZG23Cr12Mo1NiV	1030~1080	700~750	150	540	740~880	15	27

注：1. GB/T 32255—2015 为我国首次发布的关于高温承压马氏体不锈钢和合金钢铸件通用标准，该标准规定的铸件适用于工作温度不高于 600℃ 条件下的各种阀门、法兰、管件以及其他高温承压铸件。
2. 铸件均应进行热处理，本表热处理温度仅供参考。
3. 铸件应以正火 + 回火或淬火 + 回火状态供货。
4. 铸件的几何形状、尺寸和公差应符合图样或订货合同规定，如图样和订货合同中无规定，铸件尺寸公差按 GB/T 6414 选择。

表 3.1-60　高温承压马氏体不锈钢和合金钢通用铸件不同热处理温度下的最小屈服强度

（摘自 GB/T 32255—2015）

牌号	热处理状态	下列温度（℃）的屈服强度 $R_{p0.2}$/MPa ≥								
		100	200	300	350	400	450	500	550	600
ZG19Mo	正火+回火，淬火+回火	—	190	165	155	150	145	135	—	—
ZG17Cr1Mo	正火+回火，淬火+回火	—	250	230	215	200	190	175	160	—
ZG17Cr2Mo1	正火+回火，淬火+回火	264	244	230	—	214	—	194	144	—
ZG13MoCrV	淬火+回火	—	385	365	350	335	320	300	260	—
ZG17Cr1Mo1V	淬火+回火	—	355	345	330	315	305	280	240	—
ZG16Cr5Mo	正火+回火	—	390	380	—	370	—	305	250	—
ZG16Cr9Mo1	正火+回火	—	375	355	345	320	295	265	—	—
ZG10Cr9Mo1VNbN	正火+回火	410	380	360	350	340	320	300	270	215
ZG12Cr9Mo1VNbN	正火+回火-1	—	275	265	—	255	—	—	—	—
ZG08Cr12Ni1Mo	正火+回火-2	—	410	390	—	370	—	—	—	—
ZG06Cr13Ni4Mo	正火+回火	—	450	430	410	390	370	340	290	—
ZG23Cr12Mo1NiV	淬火+回火	515	485	465	440	—	—	—	—	—

表 3.1-61　GB/T 32255—2015 铸钢牌号与 BS EN 10213：2007、ASTM A217—2012 牌号的近似对照表

（摘自 GB/T 32255—2015）

GB/T 32255—2015 铸钢牌号	BS EN 10213：2007 铸钢牌号	ASTM A217—2012 铸钢牌号
ZG19Mo	G20Mo5	WC1
ZG17Cr1Mo	G17CrMo5-5	WC6
ZG17Cr2Mo1	G17CrMo9-10	WC9
ZG13MoCrV	G12MoCrV5-2	—
ZG17Cr1Mo1V	G17CrMoV5-10	—
ZG16Cr5Mo	GX15CrMo5	C5
ZG16Cr9Mo1	GX15CrMo9-1	C12
ZG10Cr9Mo1VNbN	GX10CrMoV9-1	C12A
ZG12Cr9Mo1VNbN	—	—
ZG08Cr12Ni1Mo	GX8CrNi12-1	CA15
ZG06Cr13Ni4Mo	GX4CrNi13-4	—
ZG23Cr12Mo1NiV	GX23CrMoV12-1	—

3.2 结构钢

3.2.1 碳素结构钢（见表 3.1-62）

表 3.1-62 碳素结构钢牌号、力学性能及应用举例（摘自 GB/T 700—2006）

牌号	统一数字代号	等级	上屈服强度 R_{eH}/MPa ≥ 厚度（或直径）/mm ≤16	>16~40	>40~60	>60~100	>100~150	>150~200	抗拉强度 R_m/MPa	断后伸长率 A（%）≥ 厚度（或直径）/mm ≤40	>40~60	>60~100	>100~150	>150~200	冲击试验（V 型缺口）温度/℃	冲击吸收能量（纵向）/J ≥	冷弯试验180°（$B=2a$）试样方向	钢材厚度（或直径）/mm ≤60	>60~100	应用举例
Q195	U11952	—	195	185	—	—	—	—	315~430	33	—	—	—	—	—	—	纵	0	—	具有良好韧性，较高断后伸长率，焊接性良好，用于制作螺栓、拉杆、犁板、短轴、支架、焊接件等
																	横	0.5a		
Q215	U12152	A	215	205	195	185	175	165	335~450	31	30	29	27	26	—	—	纵	0.5a	1.5a	韧性良好，冲击和焊接性较好，广泛用于制作一般机械零件，如销、拉杆、套筒、焊接件等
	U12155	B													+20	27	横	a	2a	
Q235	U12352	A	235	225	215	215	195	185	370~500	26	25	24	22	21	—	—	纵	a	2a	较高强度，一定的焊接性，制作齿轮、心轴、转轴、键、制动板、农机用机架、链和链节等，C、D 级用于重要的焊接结构件
	U12355	B													+20	27				
	U12358	C													0	27	横	1.5a	2.5a	
	U12359	D													-20	27				
Q275	U12752	A	275	265	255	245	225	215	410~540	22	21	20	18	17	—	—	纵	1.5a	2.5a	较高强度，制作齿轮、心轴、转轴、键、制动板、链和链节等，C、D 级用于强度要求较高的零件
	U12755	B													+20	27				
	U12758	C													0	27	横	2a	3a	
	U12759	D													-20	27				

注：1. 各牌号的化学成分应符合 GB/T700—2006 的有关规定。
2. 碳素结构钢钢板、型带钢棒材的尺寸规格应符合相应标准的规定。
3. Q195 的屈服强度值仅供参考，不作为交货条件。
4. 厚度大于 100mm 的钢材，抗拉强度下限允许降低 20MPa。宽带钢（包括剪切钢板）抗拉强度上限不作为交货条件。
5. 厚度小于 25mm 的 Q235B 级钢材，如供方能保证冲击吸收能量值合格，经需方同意，可不作冲击试验。
6. 冷弯试验中的 B 为试样宽度或直径。
7. 厚度不小于 12mm 或直径不小于 16mm 的钢材应做冲击试验，试样尺寸为 10mm×10mm×55mm，并符合本表规定。

3.2.2 优质碳素结构钢（见表3.1-63～表3.1-65）

表3.1-63 优质碳素结构钢牌号及力学性能（摘自GB/T 699—2015）

统一数字代号	牌号	试样毛坯尺寸① /mm	推荐的热处理制度③ 正火	淬火	回火	力学性能 抗拉强度 R_m /MPa	下屈服强度 R_{eL}④ /MPa	断后伸长率 A (%)	断面收缩率 Z (%)	冲击吸收能量 KU_2/J	交货硬度 HBW 未热处理钢	退火钢
			加热温度/℃			≥					≤	
U20082	08	25	930	—	—	325	195	33	60	—	131	—
U20102	10	25	930	—	—	335	205	31	55	—	137	—
U20152	15	25	920	—	—	375	225	27	55	—	143	—
U20202	20	25	910	—	—	410	245	25	55	—	156	—
U20252	25	25	900	870	600	450	275	23	50	71	170	—
U20302	30	25	880	860	600	490	295	21	50	63	179	—
U20352	35	25	870	850	600	530	315	20	45	55	197	—
U20402	40	25	860	840	600	570	335	19	45	47	217	187
U20452	45	25	850	840	600	600	355	16	40	39	229	197
U20502	50	25	830	830	600	630	375	14	40	31	241	207
U20552	55	25	820	—	—	645	380	13	35	—	255	217
U20602	60	25	810	—	—	675	400	12	35	—	255	229
U20652	65	25	810	—	—	695	410	10	30	—	255	229
U20702	70	25	790	—	—	715	420	9	30	—	269	229
U20702	75	试样②	—	820	480	1080	880	7	30	—	285	241
U20802	80	试样②	—	820	480	1080	930	6	30	—	285	241
U20852	85	试样②	—	820	480	1130	980	6	30	—	302	255
U21152	15Mn	25	920	—	—	410	245	26	55	—	163	—
U21202	20Mn	25	910	—	—	450	275	24	50	—	197	—
U21252	25Mn	25	900	870	600	490	295	22	50	71	207	—
U21302	30Mn	25	880	860	600	540	315	20	45	63	217	187
U21352	35Mn	25	870	850	600	560	335	18	45	55	229	197
U21402	40Mn	25	860	840	600	590	355	17	45	47	229	207
U21452	45Mn	25	850	840	600	620	375	15	40	39	241	217
U21502	50Mn	25	830	830	600	645	390	13	40	31	255	217
U21602	60Mn	25	810	—	—	690	410	11	35	—	269	229
U21652	65Mn	25	830	—	—	735	430	9	30	—	285	229
U21702	70Mn	25	790	—	—	785	450	8	30	—	285	229

注：1. GB/T 699—2015《优质碳素结构钢》代替GB/T 699—1999，本表的牌号为新标准的全部牌号，其化学成分应符合GB/T 699—2015的规定。
2. GB/T 699—2015 优质碳素结构钢适用于公称直径或厚度不大于250mm热轧和锻制的棒材，经供需双方协定，也可供公称直径或厚度大于250mm的热轧和锻制钢棒。热轧钢棒尺寸规格应符合GB/T 702的规定，锻制钢棒尺寸规格应符合GB/T 908的规定。
3. 交货状态通常为热轧或热轧状态。按需方要求，钢棒可以按热处理（退火、正火、高温回火）状态交货；按需方要求，钢棒可以按特殊表面状态（酸洗SA、喷丸（砂）SS、剥皮SF、磨光SP）交货，需方要求均需在合同中注明。
4. 本表的力学性能适用于公称直径或厚度不大于80mm的钢棒。
5. 试样毛坯经正火后制成试样测定钢棒的纵向拉伸性能应符合本表的规定。如供方能保证拉伸性能合格时，可不进行试验。
6. 根据需方要求，用热处理（淬火+回火）毛坯制成试样测定25～50、25Mn～50Mn钢棒的纵向冲击吸收能量应符合本表的规定。公称直径小于16mm的圆钢和公称厚度不大于12mm的方钢、扁钢，不做冲击试验。
7. 切削加工用钢棒或冷拔坯料用棒材的交货硬度应符合本表规定。未热处理钢材的硬度，供方若能保证合格时，可不做检验。高温回火或正火后棒材的硬度值由供需双方协商确定。
8. 根据需方要求，25～60钢棒的抗拉强度允许比本表规定值降低20MPa，但其断后伸长率同时提高2%（绝对值）。
9. 公称直径或厚度大于80～250mm的钢棒，允许其断后伸长率、断面收缩率比本表的规定分别降低2%（绝对值）和5%（绝对值）。
10. 公称直径或厚度大于120～250mm的钢棒允许改锻（轧）成70～80mm的试料取样检验，其结果应符合本表的规定。
11. 按使用要求，钢棒分为压力加工用钢UP（热加工用钢UHP、顶锻用钢UF、冷拔坯料用钢UCD）和切削加工用钢UC两类，在合同中应注明，未注明者按切削加工用钢。

① 钢棒尺寸小于试样毛坯尺寸时，用原尺寸钢棒进行热处理。
② 留有加工余量的试样，其性能为淬火+回火状态下的性能。
③ 热处理温度允许调整范围：正火±30℃，淬火±20℃，回火±50℃；推荐保温时间：正火不少于30min，空冷；淬火不少于30min，75、80和85钢油冷，其他钢棒水冷；600℃回火不少于1h。
④ 当屈服现象不明显时，可用规定塑性延伸强度 $R_{p0.2}$ 代替。

表 3.1-64　优质碳素结构钢的特性及应用举例

牌号	特　性	应用举例	牌号	特　性	应用举例
08F 10F	冷变形塑性很好,深冲压等冷加工性和焊接性很高,但成分偏析倾向较大,钢经时效处理后韧性下降较多(时效敏感性较明显),所以冷作件常经水韧处理及消除应力处理来消除时效敏感性,强度和硬度均很低,但生产成本低。08F 和 10F 在 GB/T 699—2015 中被取消,暂保留作为参考	常用于生产成钢带、薄板及冷拉钢丝,适用于制作深冲击、深拉深的制品,如汽车车身、驾驶室、发动机罩、翼子板等不受负载的各种盖罩件,各种贮存器、搪瓷设备、仪表板、管子、垫片,还可制作心部强度要求不高的渗碳、碳氮共渗零件,如套筒、支架、靠模和挡块等	15	低碳渗碳钢,塑性、韧性高,有良好的焊接性及冷冲压性,无回火脆性,切削性低,但经水韧处理或正火之后,即能提高切削性,强度较低,且淬硬性和淬透性较低	用于制作受载不大、韧性要求较高的零件、渗碳件、冲模锻件、紧固件,不需热处理的低负载零件,焊接性能较好的中、小结构件,如螺栓、螺钉、法兰盘、拉条、化工容器、蒸汽锅炉、小轴、挡铁、小模数齿轮、滚子、仿形板、摩擦片、销子、套筒、球轴承(轻载,H 级)的套圈和滚珠,起重钩,农机用链轮、链条、轴套等
08	强度和硬度都很低,是一种极软的低碳钢,韧性和塑性极高,深冲压、深拉深、弯曲、镦粗等冷加工性均良好,并有良好的焊接性,淬硬性及淬透性极低,且存在一定的时效敏感性,通常在热轧供应状态下或正火后使用,经冷拉或正火处理之后,能提高其切削性能,是一种塑性很好的冷冲压钢	这种钢常轧制成高精度的厚度小于 4mm 的薄钢板或冷轧钢带,广泛用于制造无强度要求,而易加工成形的深冲压、深拉深的盖罩件及焊接件,可制作心部强度不高而表面需要硬化的渗碳和氰化零件,如离合器盘、齿轮等,经退火处理后,这种钢还可制作具有良好导磁性能、剩磁较少的磁性零件,如电磁吸盘、软性电磁铁等	15F	特性和 15 钢相近,但是沸腾钢成分偏析倾向较大,热轧或冷轧成低碳薄钢板。15F 在 GB/T 699—2015 中被取消,暂保留作为参考	用于制作心部强度不高的渗碳或氰化零件,如套筒、挡块、支架、短轴、齿轮、靠模、离合器盘,也可制作塑性良好的零件,如管子、垫片、垫圈,还可用于制作摇杆、吊钩、衬套、螺栓、车钩以及农机中的低负载零件,亦可适于制作钣金件及各种冲压件(最深冲压、深冲压等)
10	渗碳钢,塑性和韧性均高,无回火脆性倾向,在冷拉状态下或经正火处理之后的切削性明显提高,焊接性能高,在冷状态下,易于挤压成形和压模成形,但强度低,且淬透性和淬硬性很差	采用镦锻、弯曲、冷冲、热压、拉深及焊接等多种加工方法,制作各种韧性高、负荷小的零件,如卡头、钢管垫片、垫圈、摩擦片、汽车车身、防尘罩、容器、深冲器皿、搪瓷制品、冷镦螺栓螺母及各种受载较小的焊接件,也可制作渗碳件,如链轮、齿轮、链的滚子和套筒、犁壁等,还可退火后制作电磁吸盘	20	低碳渗碳钢,特性与 15 钢相近,但强度比 15 钢稍高	在热轧或正火状态下用于制作负载不大、但韧性要求高的零件,如重型及通用机械中的锻、压的拉杆、杠杆、钩环、套筒、夹具及衬垫,在一般机械及汽车、拖拉机中,用于制作不甚重要的中、小型渗碳、氰化零件,如手制动蹄片、杠杆轴、变速叉、被动齿轮、气阀挺杆、拖拉机上的凸轮轴、悬挂平衡器轴、内外衬套,机车车辆上的十字头、活塞、气缸盖等铸件,还可制作压力低于 6MPa、温度低于 450℃ 的无腐蚀介质中使用的管子、导管等锅炉零件

(续)

牌号	特 性	应 用 举 例	牌号	特 性	应 用 举 例
25	和20钢的性能相近，其强度略高于20钢，塑性和韧性较好，且具有一定的强度，冷冲压性和焊接性较好，有较好的切削性能，无回火脆性，但淬透性及淬硬性不高，一般在热轧及正火后使用	用于制作焊接构件，以及经锻造、热冲压和切削加工，且负载较小的零件，如辊子、轴、垫圈、螺栓、螺母、螺钉、连接器，还用于制造压力小于6MPa、温度低于450℃的应力不大的锅炉零件，如螺栓、螺母等，在汽车拖拉机中，常用作冲击钢板，如厚度4～11mm的钢板，可制作横梁、车架、大梁、脚踏板等具有相当载荷的零件，经淬火处理（获得低马氏体）可制造强度和韧性良好的零件，如汽车轮胎螺钉等，还可制作心部强度不高、表面要求良好耐磨性的渗碳和氰化零件	40	强度较高，切削性能良好，是一种高强度的中碳钢，焊接性差，但可焊接，在焊前采用预热处理至150℃，冷变形塑性中等，适于水淬和油淬，但淬透性低，形状复杂零件，水淬易发生裂纹，多在正火或调质或高频表面淬火热处理后使用	用于制造机器中的运动件，心部强度要求不高，表面耐磨性好的淬火零件及截面尺寸较小，负载较大的调质零件，应力不大的大型正火件，如传动轴、心轴、曲轴、曲柄销、辊子、拉杆、连杆、活塞杆、齿轮、圆盘、链轮等，一般不适用作焊接件
30	具有一定的强度和硬度，塑性和焊接性较好，通常在正火状态下使用，也可调质，截面尺寸不大的钢材调质处理后，能得到较好的机械综合性能，并且具有良好的切削性能	用于制造受载不大、工作温度低于150℃的截面尺寸小的零件，如化工机械中的螺钉、拉杆、套筒、丝杠、轴、吊环、键等，在自动机床上加工的螺栓、螺母，亦可制作心部强度较高、表面耐磨的渗碳和氰化零件、焊接构件及冷镦锻零件	45	高强度中碳调质钢，具有一定的塑性和韧性，较高的强度，切削性能良好，采用调质处理可获得很好的综合力学性能，淬透性较差，水淬易产生裂纹，中、小型零件调质后可得到较好的韧性及较高的强度，大型零件（截面尺寸超过80mm）以采用正火处理为宜，但45钢的焊接性能较低，仍可焊接，不过焊前应将焊件进行预热，且焊后应进行退火处理，以消除焊接应力	适用于制造较高强度的运动零件，如空压机、泵的活塞、蒸汽轮机的叶轮、重型及通用机械中的轧制轴、连杆、蜗杆、齿条、齿轮、销子等，通常在调质或正火状态下使用，可代替渗碳钢，用以制造表面耐磨的零件，此时，不需经高频或火焰表面淬火，如曲轴、齿轮、机床主轴、活塞销、传动轴等，还用于制造农机中等负荷的轴、脱粒滚筒、凹板钉齿、链轮、齿轮以及钳工工具等
35	中碳钢，性能与30钢相似，具有一定的强度，良好的塑性，冷变形塑性高，可进行冷拉和冷镦及冷冲压，并具有良好的切削加工性能，其含碳量为规定含碳量的下限时，焊接性能良好；其含碳量为规定的上限时，焊接性能不好；钢的淬透性差，通常在正火或调质状态下使用，综合力学性能要求不高时，亦可在热轧供货状态下使用	广泛地用于制造负载较大，但截面尺寸较小的各种机械零件、热压件，如轴销、轴、曲轴、横梁、连杆、杠杆、星轮、轮圈、垫圈、圆盘、钩环、螺栓、螺钉、螺母等，还可不经热处理制作负载不大的锅炉用（温度低于450℃）螺栓、螺母等紧固件，这种钢通常不用于制作焊接件	50	高强度中碳钢，弹性性能较高，切削加工性能尚好，退火后切削加工性为50%，焊接性差，冷应变塑性低，淬透性较低，水中淬火易产生裂纹，但无回火脆性，一般在正火或淬火、回火以及高频表面淬火之后使用	主要用于制造动负载、冲击载荷不大以及要求耐磨性好的机械零件，如锻造齿轮、轴摩擦盘、机床主轴、发动机曲轴、轧辊、拉杆、弹簧垫圈、不重要的弹簧、农机中掘土犁铧、翻土板、铲子、重载心轴及轴类零件等

(续)

牌号	特性	应用举例	牌号	特性	应用举例
55	高强度中碳钢,弹性较高,塑性及韧性低,热处理后可获得高强度、高硬度、切削加工性中等,淬透性低,水中淬火有产生裂纹的倾向,焊接性以及冷变形性能均低,一般在正火或淬火、回火后使用	主要用于制造耐磨、强度较高的机械零件以及弹性零件,也可用于制作铸钢件,如连杆、齿轮、机车轮箍、轮缘、轮圈、轧辊、扁弹簧	70	性能和65钢相近,但其强度和弹性均比65钢稍高。由于淬透性低,直径大于12~15mm不能淬透	仅适用于制造强度不高、截面尺寸较小的扁形、圆形、方形弹簧、钢带、钢丝、车轮圈、电车车轮及犁铧等
60	高强度中碳钢,具有相当高的强度、硬度及弹性,切削加工性不高,冷变形塑性低,淬透性低,水中淬火产生裂纹倾向,因此大型零件不适合淬火,多在正火状态下使用,只有小型零件才适于淬火,焊接性差,回火脆性不敏感	主要用于制造耐磨、强度较高、受力较大、摩擦工作以及相当弹性的弹性零件,如轴、偏心轴、轧辊、轮箍、离合器、钢丝绳、弹簧垫圈、弹簧圈、减振弹簧、凸轮及各种垫圈	75, 80	75钢和80钢的性能和65钢相近,其弹性比65钢稍差,而强度较高,淬透性较低,一般在淬火回火状态下使用	用于制造强度不高、截面尺寸较大的螺旋弹簧、板弹簧,也用于制造承受摩擦工作的机械零件
			85	高耐磨性的高碳钢,其性能与65钢相近,但其强度和硬度均比65、70钢要高,但弹性稍低,淬透性也不好	主要用于制造截面尺寸不大、强度不高的振动弹簧,如普通机械中的扁形弹簧、圆形螺旋弹簧、铁道车辆和汽车拖拉机中的板簧及螺旋弹簧,农机中的清棉机锯片和摩擦盘以及其他用途的钢丝和钢带等
65	高强度中碳钢,是一种广泛应用的碳素弹簧钢,经适当的热处理,其疲劳强度与合金弹簧钢相近,并能得到良好的弹性和较高的强度,切削加工性差,淬透性低,截面尺寸大于7~18mm时,在油中不能淬透,水淬易产生裂纹,小型零件多采用淬火,大型尺寸零件多采用正火或水淬油冷,回火脆性不敏感,通常在淬火并中温回火状态下使用,也可在正火状态下使用	主要用于制造弹簧垫圈、弹簧环、U形卡、气门弹簧、受力不大的扁形弹簧、螺旋弹簧等,在正火状态下,可制造轧辊、凸轮、轴、钢丝绳等耐磨零件	15Mn 20Mn	高锰低碳渗碳钢,其性能和15钢相近,但其淬透性、强度和塑性均比15钢有所提高,切削性能也有所提高,低温冲击韧度及焊接性能良好,通常在渗碳或正火或在热轧供货状态下使用,20Mn的含碳量略高于15Mn,因而其强度和淬透性比15Mn略高	主要用于制造中心部力学性能较高的渗碳或氰化零件,如凸轮轴、曲柄轴、活塞销、齿轮、滚动轴承(H级、轻载)的套圈以及圆柱、圆锥轴承中的滚动体等,在正火或热轧状态下用于制造韧性高而应力较小的零件,如螺钉、螺母、支架、铰链及铆焊结构件,还可轧制成板材(4~10mm),制作低温条件下工作的油罐等容器
			25Mn	强度比25钢和20Mn都高,其他性能和25钢、20Mn相近	一般用于制造渗碳件和焊接件,如连杆、销、凸轮轴、齿轮、联轴器、铰链等

(续)

牌号	特　性	应用举例	牌号	特　性	应用举例
30Mn	强度和淬透性比30钢均高，冷变形时塑性尚好，切削加工性良好，焊接性中等，但有回火脆性倾向，因而锻后要立即回火，通常在正火或调质状态下使用	一般用于制造低负荷的各种零件，如杠杆、拉杆、小轴、制动踏板、螺栓、螺钉及螺母，还可用于制造高应力负载的细小零件（采用冷拉钢制作），如农机中的钩环链的链环、刀片、横向制动机齿轮等	50Mn	性能与50钢相近，但淬透性较高，因而热处理之后的强度、硬度及弹性均比50钢要好，但有过热敏感性及回火脆性倾向，焊接性差，一般在淬火、回火后应用，在某些个别情况也允许正火后应用	一般用于制造高耐磨性、高应力的零件，如直径小于80mm的心轴、齿轮轴、齿轮、摩擦盘、板弹簧等，高频淬火后还可制造汽车轴、蜗杆、连杆及汽车曲轴等
35Mn	强度和淬透性均比30Mn要高，切削加工性好，冷变形时塑性中等，焊接性较差，常用作调质钢	一般用于制造载荷中等的零件，如啮合杆、传动轴、螺栓、螺钉、螺母等，还可用于制造受磨损的零件（采用淬火回火），如齿轮、心轴、叉等	60Mn	强度较高，淬透性较好，脱脆倾向小，但有过热敏感性及回火脆性倾向，水淬易产生淬火裂纹，通常在淬火回火后应用，退火后的切削加工性良好	用于制造尺寸较大的螺旋弹簧，各种扁、圆弹簧、板簧、弹簧片、弹簧环、发条和冷拉钢丝（直径小于7mm）
40Mn	淬透性比40钢稍高，经热处理之后的强度、硬度及韧性都较40钢高，切削加工性好，冷变形时塑性中等，存在回火脆性及过热敏感性，水淬时易形成裂纹，并且焊接性差，40Mn既可在正火状态下应用，亦可在淬火与回火状态下应用	经调质处理后，可代替40Cr使用，用于制造在疲劳负载下工作的零件，如曲轴、连杆、辊子、轴以及高应力的螺栓、螺钉、螺母等	65Mn	高锰弹簧钢，具有高的强度和硬度，弹性良好，淬透性较好，适于油淬、水淬易产生裂纹，直径大于80mm的零件常采用水淬油冷，但热处理后有过热敏感性及回火脆性，退火后的切削性尚好，冷作变形塑性较差，焊接性能不好，一般不适于作焊接构件，通常在淬火、中温回火状态下应用	经淬火及低温回火或调质、表面淬火处理，用于制造受摩擦、高弹性、高强度的机械零件，如收割机铲、犁、切碎机切刀、翻土板、整地机械圆盘、机床主轴、机床丝杠、弹簧卡头、钢轨、螺旋滚子轴承的套圈，经淬火、中温回火处理后，用于制造中等负载的板弹簧（厚度5~15mm）、螺旋弹簧（直径7~20mm）、弹簧垫圈、弹簧卡环、弹簧发条、轻型汽车的离合器弹簧、制动弹簧、气门弹簧
45Mn	中碳调质钢，强度、韧性及淬透性均比45钢高，调质处理可获得较好的综合力学性能，切削加工性还好，但焊接性差，冷变形时塑性低，并且有回火脆性倾向，一般在调质状态下应用，也可在淬火、回火或在正火状态下应用	一般用于较大负载及承受磨损工作条件的零件，如曲轴、花键轴、轴、连杆、万向节轴、啮合杆、齿轮、离合器盘、螺栓、螺母等	70Mn	淬透性比70钢要好，经热处理可获得比70钢更好的强度、硬度及弹性，但冷作变形塑性差，焊接性能低，热处理时易产生过热敏感性以及回火脆性，易于脱碳，水淬时易形成裂纹，主要在淬火、回火状态下使用	用于制造耐磨、载荷较大的机械零件，如止推环、离合器盘、弹簧圈、弹簧垫圈、锁紧圈、碟簧等

表 3.1-65 优质碳素结构钢的物理性能数据

牌号	密度 ρ /g·cm⁻³	弹性模量 E/GPa				切变模量 G/GPa				比热容 c/J·(g·K)⁻¹			
		20°C	100°C	300°C	500°C	20°C	100°C	300°C	500°C	20°C	200°C	400°C	600°C
08	7.83	207	210	156	136 (450°C)	81	—	—	—	—	0.657 (900°C)	0.670 (1000°C)	—
10	7.85	210	193 (200°C)	185	175 (400°C)	81	73 (200°C)	70	65 (400°C)	0.461	0.523	0.607	—
15	7.85	210	193 (200°C)	—	—	81	73 (200°C)	—	—	0.461	0.523	—	—
20	7.85	210	205	185	—	81	76	71	—	0.469	0.523	0.565 (300°C)	0.569
25	7.85	202	200	189	167 (400°C)	—	—	—	—	0.469	0.481	0.536	0.569
30	7.85	204	200	189	140 (550°C)	81	—	—	—	0.469	0.481	0.536	—
35	7.85	210	205	185	—	81	76	71	—	0.481	0.523	0.607	0.620 (900°C)
40	7.85	213.5	210	198	179.5	—	—	—	—	—	—	—	—
45	7.85	210	205	185	—	81	76	71	—	0.461	0.544	0.586 (300°C)	0.569
50	7.85	220	215	200	180	81	—	—	—	—	0.481	0.536	0.569
55	7.85	210	194 (200°C)	185	165	81	73 (200°C)	70	65 (400°C)	—	0.481	0.536	—
60	7.85	210	205	185	—	80	76	71	—	0.490 (100°C)	0.532	—	0.574
65	7.85	210	—	—	—	81	—	—	—	0.481 (100°C)	0.486	0.523	—
70	7.85	210	194 (200°C)	185	165	—	73 (200°C)	—	65	0.481 (100°C)	0.486	0.528	0.574
15Mn	7.82	210	200	185	175 (400°C)	—	—	—	—	0.469	—	—	—
20Mn	7.8	210	—	—	—	—	—	—	—	0.469	—	—	—
30Mn	7.81	210	195 (200°C)	185	175 (400°C)	81	75 (200°C)	71	67 (400°C)	0.461	0.544 (300°C)	0.599	—
40Mn	7.82	210	195 (200°C)	185	175 (400°C)	81	75 (200°C)	71	67 (400°C)	0.641	0.481	0.490	0.703
50Mn	7.82	204	200	180	153	84.5	83	81	75	—	0.561 (300°C)	0.641 (500°C)	—
60Mn	7.82	211	—	—	208.9	—	—	81.56 (400°C)	82.97	0.481 (100°C)	0.486	0.528	0.574
65Mn	7.81	211	—	—	208.9	83.67	—	81.56 (400°C)	82.97	0.481 (100°C)	0.486	0.528	0.578

(续)

牌号	热导率 λ/W·(m·K)⁻¹						线胀系数 $\alpha_l/10^{-6}$K⁻¹					20℃时的电阻率 /10⁻⁶Ω·m
	20℃	100℃	300℃	500℃	700℃	20℃	20~200℃	20~400℃	20~600℃	20~800℃		
08	65.31	60.29	54.85	410.3	36.43 (600℃)	—	12.6	13.0	14.6	—	0.110
10	58.62	54.43	50.24 (200℃)	43.96 (400℃)	—	9.5	11.8	13.2	—	—	0.110
15	58.62	54.43	50.24 (200℃)	—	—	9.5	11.8	—	—	—	0.115
20	51.08	50.24	48.15 (200℃)	—	—	9.1	12.1	12.9 (20~300℃)	13.9 (20~500℃)	—	0.120
25	51.08	48.99 (200℃)	42.71 (400℃)	35.59 (600℃)	25.96 (800℃)	—	12.66	13.47	14.41	12.64	0.122
30	—	41.87	37.68	29.31 (600℃)	29.31 (900℃)	—	11.89	13.42	14.43	11.33	0.126
35	50.24	48.57	46.06 (200℃)	—	—	9.1	11.1 (20~100℃)	12.9 (20~300℃)	13.5 (20~400℃)	13.9 (20~500℃)	0.128
40	51.92	50.66	45.64	38.10	30.15	—	12.14	13.58	14.58	11.84	0.130
45	52.34	50.24	46.06 (200℃)	41.87 (400℃)	31.82	9.1	12.32	13.71	14.67	12.50	0.122
50	—	—	—	—	—	10.98 (20~100℃)	11.85	12.65 (20~300℃)	14.02 (20~500℃)	—	0.135
55	—	6.99	36.43 (400℃)	31.40	—	—	11.80	13.5	14.6	—	0.125
60	—	50.24	41.87	33.49 (600℃)	29.31	11.1 (20~100℃)	11.90	13.5	14.6	—	0.127
65	—	67.41	52.34 (200℃)	30.56	—	10.74 (50℃)	11.57	13.16	14.20	—	—
70	—	68.66	43.54	30.15	—	11.1 (20~100℃)	12.1	13.5	14.10	—	0.132
15Mn	53.59	51.08	44.38	39.78 (400℃)	34.75	12.3 (20~100℃)	13.2 (20~300℃)	—	14.90	—	—
20Mn	53.59	51.08	43.96	34.75	—	12.3 (20~100℃)	13.2 (20~300℃)	—	14.90	—	—
30Mn	—	75.36	52.34	37.97	—	11.0	12.5	13.5	—	—	0.23
40Mn	—	59.45	46.89 (400℃)	23.87	—	11.0	12.5	13.5	—	—	0.23
50Mn	—	—	37.68	35.59 (400℃)	34.83 (600℃)	—	11.1 (20~100℃)	12.9 (20~300℃)	14.6	—	—
60Mn	—	—	—	—	—	—	11.1 (20~100℃)	12.9 (20~300℃)	14.6	—	—
65Mn	—	—	—	—	—	—	11.1 (20~100℃)	12.9 (20~300℃)	14.6	—	—

注：本表为参考性资料。

3.2.3 低合金高强度结构钢（见表3.1-66～表3.1-72）

表3.1-66 低合金高强度结构钢牌号及钢材的力学性能（摘自GB/T 1591—2008）

牌号	质量等级	拉伸试验[①②③]														夏比（V型）冲击试验		
		以下公称厚度（直径，边长）下屈服强度 R_{eL}/MPa							以下公称厚度（直径，边长）抗拉强度 R_m/MPa					断后伸长率 A（%）公称厚度（直径，边长）		试验温度/℃	冲击吸收能量 KV_2/J ≥ 公称厚度（直径，边长）	
		≤16mm	>16mm~40mm	>40mm~63mm	>63mm~80mm	>80mm~100mm	>100mm~150mm	>150mm~200mm	>200mm~250mm	>250mm~400mm	≤40mm	>40mm~63mm	>63mm~80mm	>80mm~100mm	>100mm~150mm	>150mm~250mm	>250mm~400mm		12mm~150mm	>150mm~250mm
Q345	A	≥345	≥335	≥325	≥315	≥305	≥285	≥275	≥265	—	470~630	470~630	470~630	470~630	450~600	450~600	—	—	—	—
	B																	20	34	—
	C																	0	34	27
	D																	-20	34	27
	E									≥265								-40	27	27 (>150~250mm)
Q390	A	≥390	≥370	≥350	≥330	≥330	≥310	—	—	—	490~650	490~650	490~650	490~650	470~620	—	—	—	—	—
	B																	20	34	—
	C																	0	34	—
	D																	-20	34	—
	E																	-40	27	—
Q420	A	≥420	≥400	≥380	≥360	≥360	≥340	—	—	—	520~680	520~680	520~680	520~680	500~650	—	—	—	—	—
	B																	20	34	—
	C																	0	34	—
	D																	-20	34	—
	E																	-40	27	—

牌号	质量等级	屈服强度 R_{eL} (MPa)						抗拉强度 R_m (MPa)			断后伸长率 A (%)			温度 (℃)	冲击吸收能量 KV_2 (J)	—
Q460	C	≥460	≥440	≥420	≥400	≥400	≥380	550~720	550~720	530~700	≥17	≥16	≥16	0	34	—
	D													-20	34	—
	E													-40	—	—
Q500	C	≥500	≥480	≥470	≥450	≥440	—	610~770	600~760	590~750 540~730	≥17	≥17	≥17	0	55	—
	D													-20	47	—
	E													-40	31	—
Q550	C	≥550	≥530	≥520	≥500	≥490	—	670~830	620~810	600~790 590~780	≥16	≥16	≥16	0	55	—
	D													-20	47	—
	E													-40	31	—
Q620	C	≥620	≥600	≥590	≥570	—	—	710~880	690~880	670~860	≥15	≥15	≥15	0	55	—
	D													-20	47	—
	E													-40	31	—
Q690	C	≥690	≥670	≥660	≥640	—	—	770~940	750~920	730~900	≥14	≥14	≥14	0	55	—
	D													-20	47	—
	E													-40	31	—

注：
1. GB/T1591—2008 代替 GB/T1591—1994。本表各牌号的化学成分应符合 GB/T1591—2008 的规定。
2. GB/T1591—2008 适用于一般结构和工程结构用低合金高强度结构钢钢板、钢带、型钢和钢棒等，钢材的尺寸规格应符合相关产品标准规定。钢材以热轧、控轧、正火、正火轧制或正火加回火、热机械轧制（TMCP）或热机械轧制加回火状态交货。
3. 当需方要求时，可做弯曲试验。
4. 冲击试验取纵向试样。

① 当屈服不明显时，可测量 $R_{p0.2}$ 代替下屈服强度。
② 宽度不小于600mm 的扁平材，拉伸试验取横向试样；宽度小于600mm 的扁平材、型材及棒材取纵向试样。型材和棒材取纵向试样，断后伸长率最小值相应提高1%（绝对值）。
③ 厚度 >250~400mm 的数值适用于扁平材。

表 3.1-67　低合金高强度结构钢牌号对照及应用

GB/T1591—2008 牌号	GB/T1591—1988 旧牌号对照	特性及应用举例
Q345	12MnV、14MnNb、16Mn、16MnRE、09MnCuPTi、18Nb、10MnSiCu、10MnPNiRE	具有良好的综合力学性能，塑性和焊接性良好，冲击韧性较好，一般在热轧或正火状态下使用，适于制作桥梁、船舶、车辆、管道、锅炉、各种容器、油罐、电站、厂房结构，低温压力容器等结构件
Q390	15MnV、15MnTi、10MnPNbRE、16MnNb	具有良好的综合力学性能，焊接性及冲击韧度较好，一般在热轧状态下使用，适于制作锅炉、中、高压石油化工容器、桥梁、船舶、起重机、较高负荷的焊接件、连接构件等
Q420	15MnVN、14MnVTiRE	具有良好的综合力学性能，优良的低温韧性，焊接性好，冷热加工性良好，一般在热轧或正火状态下使用，适于制作高压容器、重型机械、桥梁、船舶、机车车辆、锅炉及其他大型焊接结构件
Q460	—	高强度，在正火加回火或淬火加回火处理后具有很高的综合力学性能，C、D、E 级钢可保证良好的韧性。备用钢种，主要用于各种大型工程结构及要求高强度、重负荷的轻型结构

注：低合金结构钢的牌号由代表屈服强度的汉语拼音字母、屈服强度值、质量等级符号等三个部分组成，如 Q345D，其中 Q 为屈服强度"屈"字汉语拼音首位字母；345 为屈服强度数值，单位为 MPa；D 为质量等级 D 级。新国家标准规定，根据供需双方协定，可订购具有厚度方向性能要求的钢材。当需方要求钢板具有厚度方向性能时，则在上述牌号后加上代表厚度方向（Z 向）性能级别的符号，例如：Q345DZ15。

表 3.1-68　低合金耐磨钢的化学成分

牌号	标准号	化学成分（质量分数，%）						
		C	Si	Mn	Cr	P	S	其他
40Mn2	GB3077	0.37~0.44	0.17~0.37	1.40~1.80	—	≤0.035	≤0.035	—
45Mn2	GB3077	0.42~0.49	0.17~0.37	1.40~1.80	—	≤0.035	≤0.035	—
50Mn2	GB3077	0.47~0.55	0.17~0.37	1.40~1.80	—	≤0.035	≤0.035	—
42SiMn	GB3077	0.39~0.45	1.10~1.40	1.10~1.40	—	≤0.035	≤0.035	—
50SiMn	见注	0.46~0.54	0.80~1.10	0.80~1.10	—	≤0.035	≤0.035	—
40SiMn2	见注	0.37~0.44	0.60~1.00	1.40~1.80	—	≤0.040	≤0.040	—
55SiMnRE	见注	0.50~0.60	0.80~1.10	0.90~1.25	—	≤0.045	≤0.045	RE（加入量）0.1~0.15
65SiMnRE	见注	0.62~0.70	0.90~1.20	0.90~1.20	—	≤0.040	≤0.040	RE（加入量）≤0.20
41Mn2SiRE	见注	0.37~0.44	0.60~1.0	1.40~1.80	—	≤0.040	≤0.040	RE（加入量）0.15
20Cr5Cu	见注	0.16~0.24	0.17~0.37	0.7~0.9	4.5~5.5	≤0.035	≤0.03	Cu：0.37~0.52
31Si2CrMoB	见注	0.27~0.35	1.50~1.90	0.30~0.70	0.50~0.80	≤0.035	≤0.035	Mo：0.05~0.20 B：0.0005~0.005
36CuPCr	见注	0.31~0.42	0.50~0.80	0.60~1.00	0.80~1.20	0.02~0.06	≤0.040	Cu：0.10~0.30
55PV	见注	0.50~0.60	0.30~0.60	0.45~0.75	—	0.02~0.06	≤0.040	V：0.05~0.13

注：本表为生产中常用的非国家标准牌号，仅供参考。

表 3.1-69　低合金耐磨钢的特性和用途

牌号	主要特性	热处理	用途举例
40Mn2	具有较好的综合力学性能，淬透性较高，有过热倾向及回火脆性	淬火、回火	主要制造轴类、齿轮零件，拖拉机和推土机的支重轮、导向轮，钻探机械的岩心管、锁接头等
45Mn2			
50Mn2			

(续)

牌号	主要特性	热处理	用途举例
42SiMn	具有良好的综合力学性能，淬透性较好，耐磨性较好，有回火脆性及过热倾向	淬火、回火	制造截面较大的齿轮，轴，工程机械、拖拉机的驱动轮、导向轮、支重轮等耐磨零件，矿山机械中的齿轮
50SiMn			
40SiMn2	淬透性较高，耐磨性好，较高的综合力学性能，有回火脆性	调质	拖拉机、推土机履带板
55SiMnRE	有较高的强度、耐磨性，抗氧化脱碳性良好，淬透性较高，回火稳定性良好	淬火、回火	犁铧
65SiMnRE			
41Mn2SiRE	耐磨性良好，韧性较高，热处理工艺性良好	淬火、回火	制造大型履带式拖拉机履带板
25Cr5Cu	有良好的耐磨、耐蚀性，薄板轧制后退火，中板轧制后热处理	—	制造水轮机叶片以及大型泥浆泵和水泥搅拌机的易损件
31Si2CrMoB	推土机刀刃用钢，有很好的强韧性，使用寿命较长	淬火、回火	推土机刀刃
36CuPCr	具有良好的耐磨、耐蚀性，使用寿命比碳素钢轻轨约提高0.5倍	—	用于煤矿井下、冶金矿山和森林开发的运输铁道线路的轻轨
55PV			

注：本表为参考性资料。

表 3.1-70 耐低温普通合金结构钢的化学成分

使用温度等级 /℃	序号	牌号	化学成分（质量分数,%）								S	P
			C	Si	Mn	Al	Cu	Ti	Nb	其他	≤	
−40	1	16Mn（Q345）	≤0.20	0.20~0.60	1.20~1.60	—	—	—	—	—	0.035	0.035
	2	16MnRE（Q345）								RE≤0.20	0.035	0.035
−60	3	09MnTiCuRE	≤0.12	≤0.40	1.40~1.70	—	0.20~0.40	0.03~0.08	—	RE0.15	0.035	0.035
−70	4	09Mn2V	≤0.12	0.20~0.50	1.40~1.80	—	—	—	—	V0.04~0.10	0.035	0.035
−90	5	06MnNb	≤0.07	0.17~0.37	1.20~1.60	—	—	—	0.02~0.05	—	0.030	0.030
−120	6	06AlCu	≤0.06	≤0.25	0.80~1.10	0.09~0.26	0.35~0.45	—	—	—	0.025	0.015
	7	06AlNbCuN	≤0.08	≤0.35	0.80~1.20	0.04~0.15	0.30~0.40	—	0.04~0.08	N0.01~0.015	0.035	0.020

注：表中所列牌号为生产中常用非国家标准牌号，括号中为对应的国家标准牌号。

表 3.1-71 耐低温普通合金结构钢的力学性能

牌号	钢板厚度 /mm	热处理状态	常温性能				低温冲击试验				
			抗拉强度 R_m MPa	下屈服强度 R_{eL} MPa	伸长率 A_5（%）	冷弯试验 $b=2a$ 180°	最低冲击温度 /℃	试样方向	冲击吸收能量 KV/J 试样尺寸/mm		冲击韧度 /J·cm^{-2}
									10×10×55	5×10×55	
16Mn（Q345）	6~20	热轧	490~620	≥315	≥21	$d=2a$	−40	纵向	≥20.6	≥13.7	—
16MnRE（Q345）	21~38		470~600	≥295	≥19	$d=3a$	−30				

(续)

牌号	钢板厚度/mm	热处理状态	常温性能					最低冲击温度/℃	低温冲击试验				冲击韧度/J·cm^{-2}
			抗拉强度 R_m MPa	下屈服强度 R_{eL}	伸长率 A_5 (%)	冷弯试验 $b=2a$ 180°			冲击吸收能量 KV/J			
								试样方向	试样尺寸/mm		
									10×10×55	5×10×55	
09MnTiCuRE	6~26	正火	440~570	≥315	≥21	$d=2a$	-60①	纵向	≥20.6	≥13.7	—
	27~40		420~550	≥295	≥21	$d=2a$	-50				
							-40				
09Mn2V	6~20	热轧	460~590	≥325	≥21	$d=2a$	-70	纵向	≥20.6	≥13.7	—
06MnNb	6~16	热轧	390~520	≥295	≥21	$d=2a$	-90	纵向	≥20.6	≥13.7	—
06AlCu	16	正火	395~400	≥285	34~37.5	$d=2a$	-120	—	—	—	≥59
06AlNbCuN	3~14	正火	≥390	≥295	≥21	$d=2a$					
	>14	水淬+回火									

注：本表牌号为生产中常用的非国家标准牌号。

① -60℃适用于厚度为 6~20mm 的钢材，-50℃适用于厚度为 21~30mm 的钢材，-40℃适用于厚度为 32~40mm 的钢材。

表 3.1-72　耐低温普通合金结构钢的特性和用途

牌号	主要特性	用途举例
16Mn (Q345)	经过各种低温性能试验和低温爆破试验，证明作为 -40℃级低温用钢是安全可靠的	用于 -40℃以下寒冷地区的车辆、桥梁、中、低压力容器、管道及其他结构件
16MnRE (Q345)	冲击韧度及冷弯性能比 16Mn 稍高	
09MnTiCuRE	正火或热轧态的钢有良好的容器制造工艺性能和焊接性能。采用一般普通碳素钢焊条—41Mn、H10MnMoVTi 焊丝和焊剂 250，母材及其接头基本上能满足低温设备的要求	用于工作温度在 -60℃左右的冷冻设备、大型压力容器、管道
09Mn2V	有良好的焊接、热压及冷卷等工艺性能。其耐低温性能可与 18-8 铬镍不锈钢媲美 　一般在正火态使用	用于制造在 -70℃左右工作的冷冻设备及低温压力容器、管道
06MnNb	化学成分简单，冶炼、轧制方便，成材率高，冷热加工性能优良，焊接性好 　一般在正火态使用	制造在 -90℃左右工作的压力容器、管道
06AlCu	化学成分简单，工艺性能良好，在 -120℃时的实际爆破压力超过按常温抗拉强度计算的爆破压力	制造在 -120℃左右使用的压力容器、管道、冷冻设备及低温零部件
06AlNbCuN	晶粒细小，强韧性好，在室温和低温下均具有良好的综合力学性能 　一般在正火或水淬+回火后使用	

注：本表所列牌号为生产中常用的非标准牌号。

3.2.4 合金结构钢（见表 3.1-73 ~ 表 3.1-77）

表 3.1-73 合金结构钢的牌号及力学性能（摘自 GB/T 3077—2015）

钢组	统一数字代号	牌号	试样毛坯尺寸① /mm	推荐的热处理制度					力学性能				供货状态为退火或高温回火钢棒布氏硬度 HBW
				淬火			回火		抗拉强度 R_m /MPa	下屈服强度 R_{eL}② /MPa	断后伸长率 A (%)	断面收缩率 Z (%)	冲击吸收能量 $KU_2$③ /J
				加热温度/℃		冷却剂	加热温度/℃	冷却剂					
				第1次淬火	第2次淬火						不小于			不大于
Mn	A00202	20Mn2	15	850	—	水、油	200	水、空气	785	590	10	40	47	187
	A00302	30Mn2	25	880	—	水、油	440	水	785	635	12	45	63	207
	A00352	35Mn2	25	840	—	水	500	水	835	685	12	45	55	207
	A00402	40Mn2	25	840	—	水、油	540	水	885	735	12	45	55	217
	A00452	45Mn2	25	840	—	油	550	水、油	885	735	10	45	47	217
	A00502	50Mn2	25	820	—	油	550	水、油	930	785	9	40	39	229
MnV	A01202	20MnV	15	880	—	水、油	200	水、空气	785	590	10	40	55	187
SiMn	A10272	27SiMn	25	920	—	水	450	水、油	980	835	12	40	39	217
	A10352	35SiMn	25	900	—	水	570	水、油	885	735	15	45	47	229
	A10422	42SiMn	25	880	—	水	590	水	885	735	15	40	47	229
SiMnMoV	A14202	20SiMn2MoV	试样	900	—	油	200	水、空气	1380	—	10	45	55	269
	A14262	25SiMn2MoV	试样	900	—	油	200	水、空气	1470	—	10	40	47	269
	A14372	37SiMn2MoV	25	870	—	水、油	650	水、空气	980	835	12	50	63	269
B	A70402	40B	25	840	—	水	550	水	785	635	12	45	55	207
	A70452	45B	25	840	—	水	550	水	835	685	12	45	47	217
	A70502	50B	20	840	—	油	600	空气	785	540	10	45	39	207
MnB	A712502	25MnB	25	850	—	油	500	水、油	835	635	10	45	47	207
	A713502	35MnB	25	850	—	油	500	水、油	930	735	10	45	47	207
	A71402	40MnB	25	850	—	油	500	水、油	980	785	10	45	47	207
	A71452	45MnB	25	840	—	油	500	水、油	1030	835	9	40	39	217
MnMoB	A72202	20MnMoB	15	880	—	油	200	油、空气	1080	885	10	50	55	207

(续)

钢组	统一数字代号	牌号	试样毛坯尺寸[1]/mm	推荐的热处理制度 淬火 第1次淬火 加热温度/°C	推荐的热处理制度 淬火 第2次淬火 加热温度/°C	推荐的热处理制度 淬火 冷却剂	推荐的热处理制度 回火 加热温度/°C	推荐的热处理制度 回火 冷却剂	力学性能 抗拉强度 R_m/MPa	力学性能 下屈服强度 R_{eL}[2]/MPa	力学性能 断后伸长率 A(%)	力学性能 断面收缩率 Z(%)	力学性能 冲击吸收能量 KU_2[3]/J	供货状态为退火或高温回火钢棒布氏硬度 HBW 不大于
											不小于			
MnVB	A73152	15MnVB	15	860	—	油	200	水、空气	885	635	10	45	55	207
	A73202	20MnVB	15	860	—	油	200	水、空气	1080	885	10	45	55	207
	A73402	40MnVB	25	850	—	油	520	水、油	980	785	10	45	47	207
MnTiB	A74202	20MnTiB	15	860	—	油	200	水、空气	1130	930	10	45	55	187
	A74252	25MnTiBRE	试样	860	—	油	200	空气	1380	—	10	40	47	229
Cr	A20152	15Cr	15	880	770~820	水、油	180	油、空气	685	490	12	45	55	179
	A20202	20Cr	15	880	780~820	水、油	200	水、空气	835	540	10	40	47	179
	A20302	30Cr	25	860	—	油	500	水、油	885	685	11	45	47	187
	A20352	35Cr	25	860	—	油	500	水、油	930	735	11	45	47	207
	A20402	40Cr	25	850	—	油	520	水、油	980	785	9	45	47	207
	A20452	45Cr	25	840	—	油	520	水、油	1030	835	9	40	39	217
	A20502	50Cr	25	830	—	油	520	水、油	1080	930	9	40	39	229
CrSi	A21382	38CrSi	25	900	—	油	600	水、油	980	835	12	50	55	255
CrMo	A30122	12CrMo	30	900	—	空气	650	空气	410	265	24	60	110	179
	A30152	15CrMo	30	900	—	空气	650	空气	440	295	22	60	94	179
	A30202	20CrMo	15	880	—	水、油	500	水、油	885	685	12	50	78	197
	A30252	25CrMo	25	870	—	水、油	600	水、油	900	600	14	55	68	229
	A30302	30CrMo	15	880	—	油	540	水、油	930	735	12	50	71	229
	A30352	35CrMo	25	850	—	油	550	水、油	980	835	12	45	63	229
	A30422	42CrMo	25	850	—	油	560	水、油	1080	930	12	45	63	229
	A30502	50CrMo	25	840	—	油	560	水、油	1130	930	11	45	48	248
CrMoV	A31122	12CrMoV	30	970	—	空气	750	空气	440	225	22	50	78	241
	A31352	35CrMoV	25	900	—	油	630	水、油	1080	930	10	50	71	241
	A31132	12Cr1MoV	30	970	—	空气	750	空气	490	245	22	50	71	179

类别	牌号代码	牌号	试样尺寸	淬火温度1	淬火温度2	淬火介质	回火温度	回火介质	σb	σs	δ	ψ	ak	HB
CrMoV	A31252	25Cr2MoV	25	900	—	油	640	空气	930	785	14	55	63	241
	A31262	25Cr2Mo1V	25	1040	—	空气	700	空气	735	590	16	50	47	241
CrMoAl	A33382	38CrMoAl	30	940	—	水、油	640	水、油	980	835	14	50	71	229
CrV	A23402	40CrV	25	880	—	油	650	水、油	885	735	10	50	71	241
	A23502	50CrV	25	850	—	油	500	水、油	1280	1130	10	40	—	255
CrMn	A22152	15CrMn	15	880	—	油	200	水、空气	785	590	12	50	47	179
	A22202	20CrMn	15	850	—	油	200	水、空气	930	735	10	45	47	187
	A22402	40CrMn	25	840	—	油	550	水、油	980	835	9	45	47	229
CrMnSi	A24202	20CrMnSi	25	880	—	油	480	水、油	785	635	12	45	55	207
	A24252	25CrMnSi	25	880	—	油	480	水、油	1080	885	10	40	39	217
	A24302	30CrMnSi	25	880	—	油	540	水、油	1080	835	10	45	39	229
	A24352	35CrMnSi	试样	加热到880℃, 于280～310℃等温淬火					1620	1280	9	40	31	241
CrMnMo	A34202	20CrMnMo	15	950	890	空气、油	230	空气、油	1180	885	10	45	55	217
	A34402	40CrMnMo	25	850	—	油	200	水、油	980	785	10	45	63	217
CrMnTi	A26202	20CrMnTi	15	850	870	油	600	水、空气	1080	850	10	45	55	217
	A26302	30CrMnTi	25	880	850	油	200	水、油	1470	—	9	40	47	229
CrNi	A40202	20CrNi	25	850	—	水、油	460	水、油	785	590	10	50	63	197
	A40402	40CrNi	25	820	—	油	500	水、油	980	785	10	45	63	241
	A40452	45CrNi	25	820	—	油	530	水、油	980	785	10	45	55	255
	A40502	50CrNi	15	820	—	油	500	水、油	1080	835	8	40	55	255
	A41122	12CrNi2	15	860	780	水、油	200	水、空气	785	590	12	50	39	207
	A41342	34CrNi2	25	840	—	油	530	水、油	930	735	11	45	63	241
	A42122	12CrNi3	15	860	780	水、油	200	水、空气	930	685	11	50	71	217
	A42202	20CrNi3	25	830	—	油	480	水、油	930	735	11	55	71	241
	A42302	30CrNi3	25	820	—	油	500	水、油	980	785	9	45	78	241
	A42372	37CrNi3	25	820	—	油	500	水、油	1130	980	10	50	63	269
	A43122	12Cr2Ni4	15	860	780	油	200	水、空气	1080	835	10	50	71	269
	A43202	20Cr2Ni4	15	880	780	油	200	水、空气	1180	1080	10	45	63	269

（续）

钢组	统一数字代号	牌号	试样毛坯尺寸①/mm	推荐的热处理制度					力学性能					供货状态为退火或高温回火钢棒布氏硬度HBW
				淬火			回火		抗拉强度 R_m/MPa	下屈服强度 R_{eL}②/MPa	断后伸长率 A(%)	断面收缩率 Z(%)	冲击吸收能量 $KU_2$③/J	
				加热温度/℃		冷却剂	加热温度/℃	冷却剂						
				第1次淬火	第2次淬火				不小于					不大于
	A50152	15CrNiMo	15	850	—	油	200	空气	930	750	10	40	46	197
	A50202	20CrNiMo	15	850	—	油	200	空气	980	785	9	40	47	197
	A50302	30CrNiMo	25	850	—	油	500	水、油	980	785	10	50	63	269
	A50402	40CrNiMo	25	850	—	油	600	水、油	980	835	12	55	78	269
CrNiMo	A50400	40CrNi2Mo	25	正火890	850	油	560~580两次回火	空气	1050	980	12	45	48	269
			试样	正火890	850		220两次回火		1790	1500	6	25	—	
	A50300	30Cr2Ni2Mo	25	850	—	油	520	水、油	980	835	10	50	71	269
	A50342	34Cr2Ni2Mo	25	850	—	油	540	水、油	1080	930	10	50	71	269
	A50300	30Cr2Ni4Mo	25	850	—	油	560	水、油	1080	930	10	50	71	269
	A50352	35Cr2Ni4Mo	25	850	—	油	560	空气	1130	980	10	50	71	269
CrMnNiMo	A50182	18CrMnNiMo	15	830	—	油	200	空气	1180	885	10	45	71	269
CrNiMoV	A51452	45CrNiMoV	试样	860	—	油	460	油	1470	1330	7	35	31	269
CrNiW	A52182	18Cr2Ni4W	15	950	850	空气	200	空气	1180	835	10	45	78	269
	A52252	25Cr2Ni4W	25	850	—	油	550	水、油	1080	930	11	45	71	269

注：1. GB/T 3077—2015《合金结构钢》代替 GB/T 3077—1999。本表所列新标准新牌号的化学成分应符合 GB/T 3077—2015 的规定。
2. GB/T 3077—2015 合金结构钢适用于公称直径或厚度不大于 250mm 的轧材和锻制合金结构钢棒材，经协商双方协定，也可供应公称直径或厚度大于 250mm 热轧和锻制合金结构钢棒材。热轧钢棒材或热锻钢棒尺寸规格应符合 GB/T 702 的规定，热锻钢棒尺寸规格应符合 GB/T 908 的规定，并在合同中注明，按需方要求，按热轧或热锻状态交货，剥皮 SF 或其他精整方法交货。
3. 钢棒通常以热轧或热锻状态交货，也可以按热处理（正火、退火或高温回火）状态交货。剥皮 SF 或其他精整方法交货。
4. 本表力学性能毛坯按推荐热处理制度处理后，测定的力学性能纵向力学性能。
5. 表中热处理温度允许调整范围为：淬火±15℃；低温回火±20℃；高温回火±50℃。
6. 硼钢在淬火前可先经正火，正火温度应不高于其淬火温度。
7. 本表所列力学性能适用于公称直径或厚度不大于 80mm 的钢棒。公称直径或厚度大于 80mm 的钢棒允许下列规定：
  1) 公称尺寸大于 80~100mm 的钢棒，允许其断后伸长率、断面收缩率及冲击吸收能量较本表的规定分别降低 1%（绝对值）、5%（绝对值）及 5%；
  2) 公称尺寸大于 100~150mm 的钢棒，允许其断后伸长率、断面收缩率及冲击吸收能量较本表的规定分别降低 2%（绝对值）、10%（绝对值）及 10%；
  3) 公称尺寸大于 150~250mm 的钢棒，允许其断后伸长率、断面收缩率及冲击吸收能量较本表的规定分别降低 3%（绝对值）、15%（绝对值）及 15%；
  4) 允许将毛坯改锻（轧）成截面 70~80mm 后取样，其检验结果应符合本表规定。
8. 本表冶金质量分为两类：优质钢（牌号后不加"E"）、高级优质钢（牌号后加"A"）、特殊优质钢（牌号后加"E"）。
9. 钢棒按使用加工方法分为两类：a. 压力加工用钢 UHP，顶锻用钢 UF，热压力加工用钢 UHP，顶锻用钢 UP（热压力加工用钢）、冷拔坯料 UCD）。b. 切削加工用钢 UC。在合同中应注明，未注明者，按切削加工用钢。

① 钢棒尺寸小于试样毛坯尺寸时，用原尺寸钢棒进行热处理。
② 当屈服现象不明显时，可用规定塑性延伸强度 $R_{p0.2}$ 代替。
③ 直径小于 16mm 的圆钢和厚度小于 12mm 的方钢、扁钢，不做冲击试验。

表 3.1-74 合金结构钢的特性及应用举例

牌 号	特 性	应 用 举 例
20Mn2	具有中等强度、较小截面尺寸的 20Mn2 和 20Cr 性能相似，低温冲击韧度、焊接性能较 20Cr 好，冷变形时塑性高，切削加工性良好，淬透性比相应的碳钢要高，热处理时有过热、脱碳敏感性及回火脆性倾向	用于制造截面尺寸小于 50mm 的渗碳零件，如渗碳的小齿轮、小轴、力学性能要求不高的十字头销、活塞销、柴油机套筒、变速齿轮操纵杆、钢套，热轧及正火状态下用于制造螺栓、螺钉、螺母及铆焊件等
30Mn2	30Mn2 通常经调质处理之后使用，其强度高，韧性好，并具有优良的耐磨性能，当制造截面尺寸小的零件时，具有良好的静强度和疲劳强度，拉丝、冷镦、热处理工艺性都良好，切削加工性中等，焊接性尚可，一般不做焊接件，需焊接时，应将零件预热到 200℃ 以上，具有较高的淬透性，淬火变形小，但有过热、脱碳敏感性及回火脆性	用于制造汽车、拖拉机中的车架、纵横梁、变速器齿轮、轴、冷镦螺栓、较大截面的调质件，也可制造心部强度较高的渗碳件，如起重机的后车轴等
35Mn2	比 30Mn2 的含碳量高，因而具有更高的强度和更好的耐磨性，淬透性也提高，但塑性略有下降，冷变形时塑性中等，切削加工性能中等，焊接性低，且有白点敏感性、过热倾向及回火脆性倾向，水淬易产生裂纹，一般在调质或正火状态下使用	制造小于直径 20mm 的较小零件时，可代替 40Cr，用于制造直径小于 15mm 的各种冷镦螺栓、力学性能要求较高的小轴、轴套、小连杆、操纵杆、曲轴、风机配件、农机中的锄铲柄、锄铲
40Mn2	中碳调质锰钢，其强度、塑性及耐磨性均优于 40 钢，并具有良好的热处理工艺性及切削加工性，焊接性差，当含碳量在下限时，需要预热至 100～425℃ 才能焊接，存在回火脆性和过热敏感性，水淬易产生裂纹，通常在调质状态下使用	用于制造重载工作的各种机械零件，如曲轴、车轴、轴、半轴、杠杆、连杆、操纵杆、蜗杆、活塞杆、承载的螺栓、螺钉、加固环、弹簧，当制造直径小于 40mm 的零件时，其静强度及疲劳性能与 40Cr 相近，因而可代替 40Cr 制作小直径的重要零件
45Mn2	中碳调质钢，具有较高的强度、耐磨性及淬透性，调制后能获得良好的综合力学性能，适宜于油淬再高温回火，常在调质状态下使用，需要时也可在正火状态下使用，切削加工性尚可，但焊接性能差，冷变形时塑性低，热处理有过热敏感性和回火脆性倾向，水淬易产生裂纹	用于制造承受高应力和耐磨损的零件，如果制作直径小于 60mm 的零件，可代替 40Cr 使用，在汽车、拖拉机及通用机械中，常用于制造轴、车轴、万向轴接头、蜗杆、齿轮轴、齿轮、连杆盖、摩擦盘、车厢轴、电车和蒸汽机车轴、重负载机架、冷拉状态中的螺栓和螺母等
50Mn2	中碳调质高强度锰钢，具有高强度、高弹性及优良的耐磨性，并且淬透性亦较高，切削加工性尚好，冷变形塑性低，焊接性能差，具有过热敏感、白点敏感及回火脆性，水淬易产生裂纹，采用适当的调质处理，可获得良好的综合力学性能，一般在调质后使用，也可在正火及回火后使用	用于制造高应力、高磨损工作的大型零件，如通用机械中的齿轮轴、曲轴、各种轴、连杆、蜗杆、万向轴接头、齿轮等、汽车的传动轴、花键轴，承受强烈冲击负荷的心轴，重型机械中的滚动轴承支承的主轴、轴及大型齿轮以及用于制造手卷簧、板弹簧等，如果用于制作直径小于 80mm 的零件，可代替 45Cr 使用
27SiMn	27SiMn 的性能高于 30Mn2，具有较高的强度和耐磨性，淬透性较高，冷变形塑性中等，切削加工性良好，焊接性能尚可，热处理时，钢的韧性降低较少，水淬时仍能保持较高的韧性，但有过热敏感性、白点敏感性及回火脆性倾向，大多在调质后使用，也可在正火或热轧供货状态下使用	用于制造高韧性、高耐磨的热冲压件，不需热处理或正火状态下使用的零件，如拖拉机履带销
35SiMn	合金调质钢，性能良好，可以代替 40Cr 使用，还可部分代替 40CrNi 使用，调质处理后具有高的静强度、疲劳强度、耐磨性以及良好的韧性，淬透性良好，冷变形时塑性中等，切削加工性良好，但焊接性能差，焊前应预热，且有过热敏感性、白点敏感性和回火脆性，并且易脱碳	在调质状态下用于制造中速、中负载的零件，在淬火回火状态下用于制造高负载、小冲击振动的零件以及制作截面较大、表面淬火的零件，如汽轮机的主轴和轮毂（直径小于 250mm，工作温度小于 400℃）、叶轮（厚度小于 170mm）以及各种重要紧固件、通用机械中的传动轴、主轴、心轴、连杆、齿轮、蜗杆、电车轴、发电机轴、曲轴、飞轮及各种锻件，农机中的锄铲柄、犁辕等耐磨件，另外还可制作薄壁无缝钢管

(续)

牌号	特性	应用举例
42SiMn	性能与 35SiMn 相近,其强度、耐磨性及淬透性均略高于 35SiMn,在一定条件下,此钢的强度、耐磨及热加工性能优于 40Cr,还可代替 40CrNi 使用	在高频淬火及中温回火状态下,用于制造中速、中载的齿轮传动件,在调质后高频淬火、低温回火状态下,用于制造较大截面的表面高硬度、较高耐磨的零件,如齿轮、主轴、轴等;在淬火后低、中温回火状态下,用于制造中速、重载的零件,如主轴、齿轮、液压泵转子、滑块等
20MnV	20MnV 性能好,可以代替 20Cr、20CrNi 使用,其强度、韧性及塑性均优于 15Cr 和 20Mn2,淬透性亦好,切削加工性尚可,渗碳后,可以直接淬火、不需要第二次淬火来改善心部组织,焊接性较好,但热处理时,在 300~360℃时有回火脆性	用于制造高压容器、锅炉、大型高压管道等的焊接构件(工作温度不超过 450~475℃),还用于制造冷轧、冷拉、冷冲压加工的零件,如齿轮、自行车链条、活塞销等,还广泛用于制造直径小于 20mm 的矿用链环
20SiMn2MoV	高强度、高韧性低碳淬火新型结构钢,有较高的淬透性,油淬变形和裂纹倾向很小,脱碳倾向低,锻造工艺性能良好,焊接性较好,复杂形状零件焊前应预热至 300℃,焊后缓冷,但切削性差,一般在淬火和低温回火状态下使用	在低温回火状态下可代替调质状态下使用的 35CrMo、35CrNi3MoA、40CrNiMoA 等中碳合金结构钢使用,用于制造较重载荷、应力状态复杂或低温下长期工作的零件,如石油机械中的吊卡、吊环、射孔器以及其他较大截面的连接件
25SiMn2MoV	性能与 20SiMn2MoV 基本相同,但强度及淬硬性稍高于 20SiMn2MoV,而塑性及韧性又略有降低	用途和 20SiMn2MoV 基本相同,用该钢制成的石油钻机吊环等零件,使用性能良好,较之 35CrNi3Mo 和 40CrNiMo 制作的同类零件更安全可靠,且重量轻,节省材料
37SiMn2MoV	高级调制钢,具有优良的综合力学性能,热处理工艺性良好,淬透性好,淬裂敏感性小。回火稳定性高,回火脆性倾向很小,高温强度较佳,低温韧性亦好,调质处理后能得到高强度和高韧性,一般在调质状态下使用	调质处理后,用于制造重载、大截面的重要零件,如重型机器中的齿轮、轴、连杆、转子、高压无缝钢管等,石油化工用的高压容器及大螺栓,制作高温条件下的大螺栓紧固件(工作温度低于 450℃),淬火低温回火后可作为超高强度钢使用,可代替 35CrMo、40CrNiMo 使用
20MnTiB	具有良好的力学性能和工艺性能,正火后切削加工性良好,热处理后的疲劳强度较高	较多地用于制造汽车拖拉机中尺寸较小、中载的各种齿轮及渗碳零件,可代替 20CrMnTi 使用
25MnTiBRE	综合力学性能比 20CrMnTi 好,且具有很好的工艺性能及较好的淬透性,冷热加工性良好,锻造温度范围大,正火后切削加工性较好,RE 加入后,低温冲击韧性提高,缺口敏感性降低,热处理变形比铬钢稍大,但可以控制工艺条件予以调整	常用以代替 20CrMnTi、20CrMo 使用,用于制造中载的拖拉机齿轮(渗碳),推土机和中、小汽车变速箱齿轮和轴等渗碳、碳氮共渗零件
15MnVB	低碳马氏体淬火钢,可完全代替 40Cr 钢,经淬火低温回火后,具有较高的强度、良好的塑性及低温冲击韧度,较低的缺口敏感性,淬透性好,焊接性能亦佳	采用淬火低温回火,用以制造高强度的重要螺栓零件,如汽车上的气缸盖螺栓、半轴螺栓、连杆螺栓,亦可用于制造中负载的渗碳零件
20MnVB	渗碳钢,其性能与 20CrMnTi 及 20CrNi 相近,具有高强度、高耐磨性及良好的淬透性,切削加工性、渗碳及热处理工艺性能均较好,渗碳后可直接降温淬火,但淬火变形、脱碳较 20CrMnTi 稍大,可代替 20CrMnTi、20Cr、20CrNi 使用	常用于制造较大载荷的中小渗碳零件,如重型机床上的轴、大模数齿轮、汽车后桥的主、从动齿轮
40B	硬度、韧性、淬透性都比 40 钢高,调质后的综合力学性能良好,可代替 40Cr 使用,一般在调质状态下使用	用于制造比 40 钢截面大、性能要求高的零件,如轴、拉杆、齿轮、凸轮、拖拉机曲轴柄等,制作小截面尺寸零件,可代替 40Cr 使用
45B	强度、耐磨性、淬透性都比 45 钢好,多在调质状态下使用,可代替 40Cr 使用	用于制造截面较大、强度要求较高的零件,如拖拉机的连杆、曲轴及其他零件,制造小尺寸且性能不高的零件,可代替 40Cr 使用

(续)

牌 号	特 性	应用举例
50B	调质后,比50钢的综合力学性能要高,淬透性好,正火时硬度偏低,切削性尚可,一般在调质状态下使用,因抗回火性能较差,调质时应降低回火温度50℃左右	用于代替50、50Mn、50Mn2,制造强度较高、淬透性较高、截面尺寸不大的各种零件,如凸轮、轴、齿轮、转向拉杆等
40MnB	具有高强度、高硬度、良好的塑性及韧性,高温回火后,低温冲击韧度良好,调质或淬火低温回火后,承受动载荷能力有所提高,淬透性和40Cr相近,回火稳定性比40Cr低,有回火脆性倾向,冷热加工性良好,工作温度范围为-20~425℃,一般在调质状态下使用	用于制造拖拉机、汽车及其他通用机器设备中的中小重要调质零件,如汽车半轴、转向轴、花键轴、蜗杆和机床主轴、齿轴等,可代替40Cr制造较大截面的零件,如卷扬机中轴,制造小尺寸零件时,可代替40CrNi使用
45MnB	强度、淬透性均高于40Cr,塑性和韧性略低,热加工和切削加工性良好,加热时晶粒长大、氧化脱碳、热处理变形都小,在调质状态下使用	用于代替40Cr、45Cr和45Mn2,制造中、小截面的耐磨的调质件及高频淬火件,如钻床主轴、拖拉机拐轴、机床齿轮、凸轮、花键轴、曲轴、惰轮、左右分离叉、轴套等
40MnVB	综合性能优于40Cr,具有高强度、高韧性和塑性,淬透性良好,热处理的过热敏感性较小,冷拔、切削加工性均好,调质状态下使用	常用于代替40Cr、45Cr及38CrSi,制造低温回火、中温回火及高温回火状态的零件,还可代替42CrMo、40CrNi制作重要调质件,如机床和汽车上的齿轮、轴等
38CrSi	具有高强度、较高的耐磨性及韧性,淬透性好,低温冲击韧度较高,回火稳定性好,切削加工性尚可,焊接性差,一般在淬火回火后使用	一般用于制造直径30~40mm,强度和耐磨性要求较高的各种零件,如拖拉机、汽车等机器设备中的小模数齿轮、拨叉轴、履带轴、小轴、起重钩、螺栓、进气阀,铆钉机压头等
15CrMn	渗碳钢,淬透性好,表面硬度高,耐磨性好,可用于代替15CrMo	用于制造齿轮、蜗轮、塑料模子,汽轮机油封和轴套等
20CrMn	渗碳钢,强度、韧性均高,淬透性良好,热处理所得到的性能优于20Cr,淬火变形小,低温韧性良好,切削加工性较好,但焊接性能低,一般在渗碳淬火或调质后使用	用于制造重载大截面的调质零件及小截面的渗碳零件,还可在制造中等负载、冲击较小的中小零件时,代替20CrNi使用,如齿轮、轴、摩擦轮、蜗杆调速器的套筒等
40CrMn	强度高,具有好的淬透性,可代替42CrMo和40CrNi	用于制造高速高弯曲负荷的泵类轴和连杆、无火的冲击负荷的齿轮泵、水泵转子、离合器、高压容器盖板的螺栓等
20CrMnSi	具有较高的强度和韧性,冷变形加工塑性高,冲压性能较好,适于冷拔、冷轧等冷作工艺,焊接性能较好,淬透性较低,回火脆性较大,一般不用于渗碳或其他热处理,需要时,也可在淬火回火后使用	用于制造强度较高的焊接件、韧性较好的受拉力的零件以及厚度小于16mm的薄板冲压件、冷拉零件、冷冲零件,如矿山设备中的较大截面的链条、链环、螺栓等
25CrMnSi	强度高于20CrMnSi,韧性稍差,经热处理后,强度、塑性、韧性均良好	用于制造拉杆、重要的焊接件和冲压零件,高强度的焊接构件
30CrMnSi	高强度调质结构钢,具有很高的强度和韧性,淬透性较高,冷变形塑性中等,切削加工性能良好,有回火脆性倾向,横向的冲击韧度差,焊接性能好,但厚度大于3mm时,先预热到150℃,焊后热处理,一般调质后使用	多用于制造高负载、高速的各种重要零件,如齿轮、轴、离合器、链轮、砂轮轴、轴套、螺栓、螺母等,也用于制造耐磨、工作温度不高的零件、变载荷的焊接构件,如高压鼓风机的叶片、阀板以及非腐蚀管道用管
35CrMnSi	低合金超高强度钢,热处理后具有良好的综合性能,高强度,足够的韧性,淬透性、焊接性(焊前预热),加工成形性均较好,但耐蚀和抗氧化性能低,使用温度通常不高于200℃,一般是低温回火或等温淬火后使用	用于制造中速、重载、高强度的零件及高强度构件,如飞机起落架等高强度零件、高压鼓风机叶片,在制造中小截面零件时,可以部分替代相应的铬镍钼合金钢使用

(续)

牌号	特性	应用举例
40CrV	调质钢，具有高抗拉强度和高屈服强度，综合性能比40Cr要好，冷变形塑性和切削性均属中等，过热敏感性小，但有回火脆性倾向及白点敏感性，一般在调质状态下使用	用于制造变载、高负荷的各种重要零件，如机车连杆、曲轴、推杆、螺旋桨、横梁、轴套支架、双头螺柱、螺钉、不渗碳齿轮、经渗氮处理的各种齿轮和销子、高压锅炉水泵轴（直径小于30mm）、高压气缸、钢管以及螺栓（工作温度低于420℃，小于300个大气压）等
50CrV	合金弹簧钢，具有良好的综合力学性能和工艺性，淬透性较好，回火稳定性良好，疲劳强度高，工作温度最高可达500℃，低温冲击韧度良好，焊接性差，通常在淬火并中温回火后使用	用于制造工作温度低于210℃的各种弹簧以及其他机械零件，如内燃机气门弹簧、喷油嘴弹簧、锅炉安全阀弹簧、轿车缓冲弹簧
20CrMnTi	渗碳钢，也可作为调质钢使用，淬火低温回火后，综合力学性能和低温冲击韧度良好，渗碳后具有良好的耐磨性和抗弯强度，热处理工艺简单，热加工和冷加工性较好，但高温回火时有回火脆性倾向	是应用广泛、用量很大的一种合金结构钢，用于制造汽车拖拉机中的截面尺寸小于30mm的中载或重载、冲击耐磨且高速的各种重要零件，如齿轮轴、齿圈、齿轮、十字轴、滑动轴承支撑的主轴、蜗杆、爪牙离合器，有时，还可以代替20SiMnVB、20MnTiB使用
30CrMnTi	主要用做渗碳钢，有时也可作为调质钢使用，渗碳及淬火后具有耐磨性好、静强度高的特点，热处理工艺性好，渗碳后可直接降温淬火，且淬火变形很小，高温回火时有回火脆性	用于制造心部强度特高的渗碳零件，如齿轮轴、齿轮、蜗杆等，也可做调质零件，如汽车、拖拉机上较大截面的主动齿轮等
12CrMo	耐热钢，具有高的热强度，且无热脆性，冷变形塑性及切削性良好，焊接性能尚可，一般在正火及高温回火后使用	正火回火后用于制造蒸汽温度510℃的锅炉及汽轮机之主汽管，管壁温度不超过540℃的各种导管、过热器管，淬火回火后还可制造各种高温弹性零件
15CrMo	耐热钢，强度优于12CrMo，韧性稍低，在500~550℃温度下，持久强度较高，切削性及冷应变塑性良好，焊接性尚可（焊前预热至300℃，焊后处理），一般在正火及高温回火状态下使用	正火及高温回火后用于制造蒸汽温度至510℃的锅炉过热器，中高压蒸汽导管及联箱，蒸汽温度至510℃的主汽管，淬火回火后，可用于制造常温工作的各种重要零件
20CrMo	热强性较高，在500~520℃时，热强度仍高，淬透性较好，无回火脆性，冷应变塑性、切削性及焊接均良好，一般在调质或渗碳淬火状态下使用	用于制造化工设备中非腐蚀介质及工作温度250℃以下，氮氢介质的高压管和各种紧固件，汽轮机、锅炉的叶片、隔板、锻件、轧制型材，一般机器中的齿轮、轴等重要渗碳零件，还可以替代12Cr13钢使用，制造中压、低压汽轮机处在过热蒸汽区压力级工作叶片
30CrMo	具有高强度、高韧性，在低于500℃温度时，具有良好的高温强度，切削性好，冷变形塑性中等，淬透性较高，焊接性能良好，一般在调质状态下使用	用于制造300大气压，工作温度400℃以下的导管，锅炉、汽轮机中工作温度低于450℃的紧固件，工作温度低于500℃、高压用的螺母及法兰，通用机械中受载荷大的主轴、轴、齿轮、螺栓、螺柱、操纵轮，化工设备中低于250℃、氮氢介质中工作的高压导管以及焊接件
35CrMo	高温下具有高的持久强度和蠕变强度，低温韧性较好，工作温度高温可达500℃，低温可至-110℃，并具有高的静强度、冲击韧度及较高的疲劳强度，淬透性良好，无过热倾向，淬火变形很小，冷变形时塑性尚可，切削性能中等，但有第一类火脆性，焊接性不好，如果需焊接时，焊前预热至150~400℃，焊后处理以消除应力，一般在调质处理后使用，也可在高中频表淬或淬火、中温回火后使用	用于制造承受冲击、弯扭、高载荷的各种机器中的重要零件，如轧钢机人字齿轮、曲轴、锤杆、连杆、紧固件，汽轮发动机主轴、车轴、发动机传动零件，大型电动机轴，石油机械中的穿孔器，工作温度低于400℃的锅炉用螺栓，低于510℃的螺母，化工机械中高压无缝壁厚的导管（温度450~500℃，无腐蚀性介质）等，还可替代40CrNi用于制造高载荷传动轴、汽轮发电机转子，大截面齿轮、支承轴（直径小于500mm）等

(续)

牌 号	特 性	应用举例
42CrMo	和35CrMo的性能相近，由于碳和铬含量增高，因而其强度和淬透性均优于35CrMo，调质后有较高的疲劳强度和抗多次冲击能力，低温冲击韧度良好，且无明显的回火脆性，一般在调质后使用	一般用于制造比35CrMo强度要求更高、断面尺寸较大的重要零件，如轴、齿轮、连杆、变速箱齿轮、增压器齿轮、发动机气缸、弹簧、弹簧夹、1200~2000mm石油钻杆接头、打捞工具以及代替含镍较高的调质钢使用
15CrMnMo	具有高强度、高韧性的高级渗碳钢，比20CrMnMo的强度略低，塑性及韧性略高，淬透性、切削性及焊接性均良好，无回火脆性	适于制造心部韧性好、高表面硬度、高耐磨性的渗碳件，如凸轮轴、曲轴、连杆、传动齿轮、石油钻机的牙轮及牙轮钻头、活塞销、球头销，有时还可代替含镍较高的渗碳钢使用
20CrMnMo	高强度的高级渗碳钢，强度高于15CrMnMo，塑性及韧性稍低，淬透性及力学性能比20CrMnTi较高，淬火低温回火后具有良好的综合力学性能和低温冲击韧度，渗碳淬火后具有较高的抗弯强度和耐磨性能，但磨削时易产生裂纹，焊接性不好，适于电阻焊接，焊前预热，焊后回火处理，切削加工性和热加工性良好	常用于制造高硬度、高强度、高韧性的较大的重要渗碳件（其要求均高于15CrMnMo），如曲轴、凸轮轴、连杆、齿轮轴、齿轮、销轴、还可代替12Cr2Ni4使用
40CrMnMo	调质处理之后具有良好的综合力学性能，淬透性较好，回火稳定性较高，大多在调质状态下使用	用于制造重载、截面较大的齿轮轴、齿轮、大卡车的后桥半轴、轴、偏心轴、连杆、汽轮机的类似零件，还可代替40CrNiMo使用
12CrMoV	耐热钢，具有较高的高温力学性能，冷变形时塑性高，无回火脆性倾向，切削加工性较好，焊接性尚可（壁厚零件应焊前预热焊后处理消除应力），使用温度范围较大，高温达560℃，低温可至-40℃，一般在高温正火及高温回火状态下使用	用于制造汽轮机温度540℃的主汽管道，转向导叶环，汽轮机隔板以及温度≤570℃的各种过热器管、导管
12Cr1MoV	此钢具有蠕变极限与持久强度数值相近的特点，在持久拉伸时，具有高的塑性，其抗氧化性及热强性均比12CrMoV更高，且工艺性与焊接性良好（焊前应预热，焊后处理消除应力），一般在正火及高温回火后使用	用于制造工作温度不超过570~585℃的高压设备中的过热钢管、导管、散热器管及有关的锻件
25Cr2MoV	中碳耐热钢，强度和韧性均高，低于500℃时，高温性能良好，无热脆倾向，淬透性较好，切削性尚可，冷变形塑性中等，焊接性差，一般在调质状态下使用，也可在正火及高温回火后使用	用于制造高温条件下的螺母（≤550℃）、螺栓（<530℃）、长期工作温度至510℃左右的紧固件，汽轮机整体转子、套筒、主汽阀、调节阀，还可作为渗氮钢，用以制作阀杆、齿轮等
38CrMoAl	高级渗氮钢，具有很高的渗氮性能和力学性能，良好的耐热性和耐蚀性，经渗氮处理后，能得到高的表面硬度，高的疲劳强度及良好的抗过热性，无回火脆性，切削性尚可，高温工作温度可达500℃，但冷变形时塑性低，焊接性差，淬透性低，一般在调质及渗氮后使用	用于制造高疲劳强度、高耐磨性、热处理后尺寸精确、强度较高的各种尺寸不大的渗氮零件，如气缸套、座板、底盖、活塞螺栓、检验规、精密磨床主轴、车床主轴、镗杆、精密丝杠和齿轮、蜗杆、高压阀门、阀杆、仿模、滚子、样板、汽轮机的调速器、转动套、固定套、塑料挤压机上的一些耐磨零件

(续)

牌号	特性	应用举例
15Cr	低碳合金渗碳钢，较之 15 钢，强度和淬透性均有提高，冷变形塑性高，焊接性良好，退火后切削性较好，对性能要求不高且形状简单的零件，渗碳后可直接淬火，但热处理变形较大，有回火脆性，一般均作为渗碳钢使用	用于制造表面耐磨、心部强度和韧性较高、较高工作速度但断面尺寸在 30mm 以下的各种渗碳零件，如曲柄销、活塞销、活塞环、联轴器、小凸轮轴、小齿轮、滑阀、活塞、衬套、轴承圈、螺钉、铆钉等，还可以用作淬火钢，制造要求一定强度和韧性，但变形要求较宽的小型零件
20Cr	比 15Cr 和 20 钢的强度和淬透性均有提高，经淬火低温回火后，能得到良好的综合力学性能和低温冲击性能，无回火脆性，渗碳时，钢的晶粒仍有长大的倾向，因而应当二次淬火以提高心部韧性，不宜降温淬火，冷变形时塑性较高，可进行冷拉丝，高温正火或调质后，切削性良好，焊接性较好（焊前一般应预热至 100～150℃），一般作为渗碳钢使用	用于制造小截面（＜30mm），形状简单、较高转速、载荷较小、表面耐磨、心部强度较高的各种渗碳或氰化零件，如小齿轮、小轴、阀、活塞销、衬套棘轮、托盘、凸轮、蜗杆、爪形离合器等，对热处理变形小、耐磨性高的零件，渗碳后应高频表面淬火，如小模数（＜3）齿轮、花键轴、轴等，也可作为调质钢用于制造低速、中载（冲击）的零件
30Cr	强度和淬透性均高于 30 钢，冷变形塑性尚好，退火或高温回火后的切削加工性良好，焊接性中等，一般在调质后使用，也可在正火后使用	用于制造耐磨或受冲击的各种零件，如齿轮、滚子、轴、杠杆、摇杆、连杆、螺栓、螺母等，还可用作高频表面淬火用钢，制造耐磨、表面高硬度的零件
35Cr	中碳合金调质钢，强度和韧性较高，其强度比 35 钢高，淬透性比 30Cr 略高，性能基本上与 30Cr 相近	用于制造齿轮、轴、滚子、螺栓以及其他重要调质件，用途和 30Cr 基本相同
40Cr	经调质处理后，具有良好的综合力学性能、低温冲击性及低的缺口敏感性，淬透韧度良好，油淬时可得到较高的疲劳强度，水淬时复杂形状的零件易产生裂纹，冷变形塑性中等，正火或调质后切削加工性好，但焊接性不佳，易产生裂纹，焊前应预热到 100～150℃，一般在调质状态下使用，还可以氰化和高频淬火处理	使用最广泛的钢种之一，调质处理后用于制造中速、中载的零件，如机床齿轮、轴、蜗杆、花键轴、顶针套等，调质并表面高频淬火后用于制造表面高硬度、耐磨的零件，如齿轮、轴、主轴、曲轴、心轴、套筒、销子、连杆、螺钉、螺母、进气阀等，经淬火及中温回火后用于制造重载、中速冲击的零件，如液压泵转子、滑块、齿轮、主轴、套环等，经淬火及低温回火后用于制造重载、低冲击、耐磨的零件，如蜗杆、主轴、轴、套环等，氰化处理后制造尺寸较大、低温韧度较高的传动零件，如轴、齿轮等，40Cr 的代用钢有 40MnB、45MnB、35SiMn、42SiMn、40MnVB、42MnV、40MnMoB、40MnWB 等
45Cr	强度、耐磨性及淬透性均优于 40Cr，但韧性稍低，性能与 40Cr 相近	与 40Cr 的用途相似，主要用于制造表面高频淬火的轴、齿轮、套筒、销子等
50Cr	淬透性好，在油淬及回火后，具有高强度、高硬度，水淬易产生裂纹，切削性良好，但冷变形时塑性低，且焊接性不好，有裂纹倾向，焊前预热到 200℃，焊后处理消除应力，一般在淬火及回火或调质状态下使用	用于制造重载、耐磨的零件，如 600mm 以下的热轧辊、传动轴、齿轮、止推环、支承辊的心轴、柴油机连杆、挺杆、拖拉机离合器、螺栓、重型矿山机械中耐磨、高强度的油膜轴承套、齿轮，也可制作高频表面淬火零件、中等弹性的弹簧等
20CrNi	具有高强度、高韧性、良好的淬透性，经渗碳及淬火后，心部具有韧性，表面硬度很高，切削性尚好，冷变形时塑性中等，焊接性差，焊前应预热到 100～150℃，一般经渗碳及淬火回火后使用	用于制造重载大型重要的渗碳零件，如花键轴、对轴、键、齿轮、活塞销，也可用于制造高冲击韧度的调质零件

(续)

牌号	特性	应用举例
40CrNi	中碳合金调质钢，具有高强度、高韧性以及高的淬透性，调质状态下，综合力学性能良好，低温冲击韧度良好，有回火脆性倾向，水淬易产生裂纹，切削加工性良好，但焊接性差，在调质状态下使用	用于制造锻造和冷冲压且截面尺寸较大的重要调质件，如连杆、圆盘、曲轴、齿轮、轴、螺钉等
45CrNi	性能和40CrNi相近，由于含碳量高，因而其强度和淬透性均稍有提高	用于制造各种重要的调质件，和40CrNi用途相近，如制造变速器齿轮轴，内燃机曲轴，汽车、拖拉机主轴、连杆、气门及螺栓等
50CrNi	性能优于45CrNi	用于制造重要的轴、曲轴、传动轴等
12CrNi2	低碳合金渗碳结构钢，具有高强度、高韧性及高淬透性，冷加工时塑性中等，低温冲击韧度较好，切削性和焊接性较好，热加工时有形成白点的倾向，回火脆性倾向小	适于制造心部韧性较高，强度要求不高的受力复杂的中、小渗碳或碳氮共渗零件，如活塞销、轴套、推杆、小轴、小齿轮、齿套等
12CrNi3	高级渗碳钢，淬火低温回火或高温回火后，均具有良好的综合力学性能，低温冲击韧度好，缺口敏感性小，切削加工性及焊接性尚好，但有回火脆性，白点敏感性较高，渗碳后均采用二次淬火，特殊情况还需作冷处理	用于制造表面硬度高、心部力学性能良好、重负荷、冲击、磨损等要求的各种渗碳或碳氮共渗零件，如传动轴、主轴、凸轮轴、心轴、连杆、齿轮、轴套、滑轮、气阀托盘、液压泵转子、活塞胀圈、活塞销、万向联轴器十字头、重要螺杆、调节螺钉等
20CrNi3	经调质或淬火低温回火后，均具有良好的综合力学性能，低温冲击韧度较好，但有白点敏感倾向，高温回火有回火脆性倾向，切削性良好，中等焊接性能，通常在调质后使用，也可以作为渗碳钢使用	用于制作高负荷工作的各种重要零件，如凸轮、齿轮、蜗杆、机床主轴、螺栓、螺柱、销钉等
30CrNi3	具有极佳的淬透性，强度和韧性较高，经淬火低温回火或高温回火后均具有良好的综合力学性能，切削加工性良好，但冷变形时塑性低，焊接性差，有白点敏感性及回火脆性倾向，一般均在调质状态下使用	用于制造大型、载荷较高的重要零件或热锻、热冲压的负荷高的零件，如轴、蜗杆、连杆、曲轴、传动轴、方向轴、前轴、齿轮、键、螺栓、螺母等
37CrNi3	具有高韧性，淬透性很高，油淬可把φ150mm的零件完全淬透，在450℃时抗蠕变性稳定，低温冲击韧性良好，在450~550℃范围内回火时有第二类回火脆性，热加工时易形成白点，由于淬透性很好，必须采用正火及高温回火来降低硬度，改善切削性，一般在调质状态下使用	用于制造重载、冲击、截面较大的零件或低温，受冲击的零件或热锻、热冲压的零件，如转子轴、叶轮、重要的紧固件等
12Cr2Ni4	合金渗碳钢，具有高强度、高韧性，且淬透性良好，渗碳淬火后表面硬度和耐磨性很高，切削加工性尚好，冷变形时塑性中等，但有白点敏感性及回火脆性，焊接性差，焊前需预热，一般在渗碳及二次淬火、低温回火后使用	采用渗碳及二次淬火、低温回火后，用于制造高载荷的大型渗碳件，如各种齿轮、蜗轮、蜗杆、轴、方向接手叉等，也可经淬火及低温回火之后使用，制造高强度，高韧性的机械构件

(续)

牌 号	特 性	应用举例
20Cr2Ni4	强度、韧性及淬透性均高于12Cr2Ni4，渗碳后不能直接淬火，而在淬火前需进行一次高温回火，以减少表层大量残余奥氏体，冷变形塑性中等，切削性尚可，焊接性差，焊前应预热到150℃，白点敏感性大，有回火脆性倾向	用于制造要求高于12Cr2Ni4性能的大型渗碳件，如大型齿轮、轴等，也可用作强度、韧性均高的调质件
35CrMoV	强度较高，淬透性良好，焊接性差，冷变形时塑性低，经调质后使用	用于制造高应力下的重要零件，如500～520℃以下工作的汽轮机叶轮、高级涡轮鼓风机和压缩机的转子、盖盘、轴盘、发电机轴、强力发动机的零件
20CrNiMo	20CrNiMo钢原系美国AISI、SAE标准中的钢号8720。淬透性能与20CrNi相近。虽然钢中Ni含量为20CrNi钢的一半，但由于加入少量Mo元素，使奥氏体等温转变曲线的上部往右移；又因适当提高Mn含量，致使此钢的淬透性仍然很好，强度也比20CrNi钢高	常用于制造中小型汽车、拖拉机的发动机和传动系统中的齿轮；亦可代替12CrNi3钢制造要求心部性能较高的渗碳件、氰化件，如石油钻探和冶金露天矿用的牙轮钻头的牙爪和牙轮体
40CrNiMo	具有高的强度、高的韧性和良好的淬透性，当淬硬到半马氏体硬度时（45HRC），水淬临界淬透直径为$\phi \geq 100mm$，油淬临界淬透直径为$\phi \geq 75mm$；当淬硬到90%马氏体时，水淬临界直径为$\phi80 \sim \phi90mm$，油淬临界直径为$\phi55 \sim 66mm$。此钢又具有抗过热的稳定性，但白点敏感性高，有回火脆性，钢的焊接性很差，焊前需经高温预热，焊后要进行消除应力处理	经调质后使用，用于制作要求塑性好，强度高及大尺寸的重要零件，如重型机械中高载荷的轴类、直径大于250mm的汽轮机轴、叶片、高载荷的传动件、紧固件、曲轴、齿轮等；也可用于操作温度超过400℃的转子轴和叶片等，此外，这种钢还可以进行氮化处理后用来制作特殊性能要求的重要零件
45CrNiMoV	这是一种低合金超高强度钢，钢的淬透性高，油中临界淬透直径为60mm（96%马氏体），钢在淬火回火后可获得很高的强度，并具有一定的韧性，且可加工成形；但冷变形塑性与焊接性较低。抗腐蚀性能较差，受回火温度的影响，使用温度不宜过高，通常均在淬火、低温（或中温）回火后使用	主要用于制作飞机发动机曲轴、大梁、起落架、压力容器和中小型火箭壳体等高强度结构零、部件。在重型机器制造中，用于制作重载荷的扭力轴、变速器轴、摩擦离合器轴等
18Cr2Ni4W	高强度，高韧性，淬透性良好，性能优于12Cr2Ni4钢，是一种较高含镍量的高级合金钢。经渗碳及二次淬火并低温回火之后，表面硬度和耐磨性均较高，心部强度和韧性高。工艺性能较差，锻造时变形抗力较大，锻件正火后硬度较高，经长时间高温回火才能软化，切削性较差。通常在渗碳后淬火、回火后使用，也可以在调质状态下使用	适用于制造高强度、良好韧性及缺口敏感性低的大截面渗碳零件，如传动轴、曲轴、花键轴、活塞销、大型齿轮、精密机床控制进刀的蜗轮等；承受重负荷与振动的高强度的调质零件，如重型或中型机械的连杆、曲轴、减速器轴等；调质后再渗氮，可用于制作大功率高速发动机的曲轴
25Cr2Ni4W	能耐较高的工作温度，综合力学性能良好。可用于渗氮或碳氮共渗处理。其性能和用途与18Cr2Ni4W相近	用于制作负荷下工作的大截面零件，如汽轮机主轴、叶轮、挖掘机轴、齿轮等

表 3.1-75 合金结构钢的物理性能和高温力学性能

牌号	密度 ρ /g·cm⁻³	弹性模量 E/GPa					切变模量 G/GPa					比热容 c/J·(g·K)⁻¹				
		20℃	100℃	300℃	500℃		20℃	100℃	300℃	500℃		20℃	200℃	400℃	600℃	
20Mn2	7.85	210	—	185	175 (400℃)		—	—	—	—		0.586 (900℃)	0.620 (1100℃)	—	—	
30Mn2	7.80	211	—	—	—		—	—	—	—		—	—	—	—	
35Mn2	7.85	208	—	—	—		—	—	—	—		—	—	—	—	
40Mn2	7.80	—	—	—	—		—	—	—	—		—	—	—	—	
45Mn2	7.80	208	—	—	—		84.4	—	—	—		—	—	—	—	
50Mn2	7.85	210	195 (200℃)	185	171		80	—	81.5	83.1		0.461	—	—	—	
20MnV	7.85	210	185 (200℃)	175 (400℃)	165		81	—	—	—		—	—	—	—	
35SiMn	7.85	214	211.5	205	189		84	83	81	73.5		0.461	—	—	—	
15Cr	7.83	210	195 (200℃)	—	—		81	75 (200℃)	—	—		0.641	0.523	—	—	
20Cr	7.83	207	—	—	—		—	—	—	—		—	—	—	—	
30Cr	7.83	218.5	215	201 (200℃)	179.5		85	83	76	66		0.461	—	—	—	
35Cr	7.85	210	195 (200℃)	185	175 (400℃)		81	75 (200℃)	71	67 (400℃)		0.461	—	—	—	
40Cr	7.85	210	205	185	175 (400℃)		81	79	71	67 (400℃)		0.461	—	—	—	
45Cr	7.82	210	—	210.2 (350℃)	210.9		81	—	79.45 (350℃)	80.15		0.461	—	—	—	
50Cr	7.82	—	—	210.2 (350℃)	210.9		—	—	—	—		—	—	—	—	
38CrSi	7.85	223	220	211	192.5		87	84	80	75		0.461	—	—	—	
12CrMo	7.85	210.5	—	—	173.7 (450℃)		—	—	—	—		—	—	—	—	
15CrMo	7.85	210	200	185	165		—	—	—	—		0.486	—	—	—	
20CrMo	7.85	205	200	188 (200℃)	—		79	74	72 (200℃)	—		0.461	—	—	—	
30CrMo	7.82	219.5	216	205	186		84	83	75.5	66		0.461	—	—	—	
35CrMo	7.82	210	205	185	—		81	79	71	—		0.461	—	—	—	
42CrMo	7.85	210	205	185	165		81	79	71	—		0.461	—	—	—	
12CrMoV	7.80	210	—	—	—		—	—	—	—		—	—	—	—	

(续)

牌号	密度 ρ /g·cm⁻³	弹性模量 E/GPa 20℃	100℃	300℃	500℃	切变模量 G/GPa 20℃	100℃	300℃	500℃	比热容 c/J·(g·K)⁻¹ 20℃	200℃	400℃	600℃
35CrMoV	7.84	217	213	203.5	183.5	85.5	83.5	76	68	—	—	—	—
12Cr1MoV	7.80	—	—	—	—	—	—	—	—	—	—	—	—
25Cr2MoV	7.84	210	—	—	—	—	—	—	—	—	—	—	—
25Cr2Mo1V	7.85	221	215	204	190	—	—	—	—	—	—	—	—
38CrMoAl	7.72	203	—	—	—	—	—	—	—	—	—	—	—
40CrV	7.85	210	195 (200℃)	185	175 (400℃)	81	75 (200℃)	71	67 (400℃)	—	—	—	—
50CrV	7.85	210	195 (200℃)	185	175 (400℃)	83	—	—	—	0.461	—	—	—
15CrMn	7.85	210	188 (200℃)	—	—	81	72 (200℃)	—	—	0.461	—	—	—
20CrMn	7.85	210	188 (200℃)	—	—	81	72 (200℃)	—	—	0.461	—	—	—
30CrMnSi	7.75	215.8	212	203	—	—	—	—	—	0.473	0.582	0.699	0.841
20CrMnTi	7.8	—	—	—	—	—	—	—	—	—	—	—	—
40CrNi	7.82	—	—	—	—	—	—	—	—	0.452 (58℃)	—	—	0.720 (920℃)
45CrNi	7.82	204	—	—	—	—	—	—	—	—	—	—	0.645 (425℃)
50CrNi	7.82	204	—	—	—	81.5	—	—	—	—	—	0.691 (490℃)	—
12CrNi2	7.88	212	210	202	184	83	—	—	—	0.465 (34℃)	0.544 (204℃)	0.657 (380℃)	0.645 (425℃)
12CrNi3	7.88	199	—	—	—	—	—	—	—	—	—	0.641 (512℃)	—
20CrNi3	7.88	204	—	—	—	—	—	—	—	—	—	0.657 (380℃)	0.645 (425℃)
30CrNi3	7.83	204	—	168	142	—	—	—	—	0.149	—	0.775 (530℃)	0.721 (900℃)
37CrNi3	7.8	—	—	—	—	—	—	—	—	—	—	—	—
12Cr2Ni4	7.84	—	—	—	—	—	—	—	—	—	—	0.657 (380℃)	0.645 (425℃)
40CrNiMo	7.85	204	—	—	—	86.36	—	—	—	0.486 (70℃)	0.515 (230℃)	0.775 (530℃)	0.721 (900℃)
18Cr2Ni4W	7.94	204	—	—	—	—	—	—	—	0.465 (70℃)	—	0.754 (535℃)	0.825 (900℃)
25Cr2Ni4W	7.9	200	—	—	—	—	—	—	—	—	—	—	—

物理性能参考数据

(续)

牌号	热导率 λ/W·(m·K)⁻¹ 20℃	100℃	300℃	500℃	700℃	线胀系数 $\alpha_l/10^{-6}·K^{-1}$ 20~100℃	20~200℃	20~400℃	20~600℃	20~800℃	20℃时的电阻率 $\rho/10^{-6}\Omega·m$
20Mn2	—	40.06	42.29	37.26	30.98	—	12.1	13.5	14.1	—	—
30Mn2	—	39.78	36.01	—	—	—	—	—	—	—	—
35Mn2	—	39.78	36.01	—	—	—	12.1	13.5	14.1	—	—
40Mn2	—	37.68 (200℃)	37.26	36.01 (400℃)	—	11.3	11.5 (≈100℃)	—	—	—	0.16
45Mn2	—	44.38	41.03	35.17	—	11.3	12.7 (≈300℃)	14.7	15.4	—	—
50Mn2	—	40.61	37.68	35.17	—	11.1	12.2	14.2 (≈300℃)	14.1	—	—
20MnV	41.87	—	—	—	—	11.5	12.1	13.5 (≈450℃)	14.6	—	—
35SiMn	—	45.22 (200℃)	42.71	41.03 (400℃)	36.43 (600℃)	11.3	12.6	14.1	14.2	—	0.16
15Cr	43.96	41.87	39.78 (200℃)	—	—	11.3	11.6	13.2	14.2	—	—
20Cr	—	—	—	35.59 (400℃)	—	—	11.6	13.2	14.1	—	—
30Cr	—	46.06	38.94	—	—	11.0	11.8~12.1	13.7	—	—	0.19
35Cr	43.12	—	—	—	—	11.0	12.5	13.5	—	—	0.19
40Cr	41.87	40.19	33.49	31.82 (400℃)	—	12.8	12.5	13.5	—	—	—
45Cr	—	—	—	—	—	12.8	13.0	13.8 (≈300℃)	14.8	—	—
50Cr	—	—	—	—	—	11.7	12.7	13.8 (≈300℃)	—	—	—
38CrSi	—	36.84 (200℃)	35.59	34.75 (400℃)	33.49 (600℃)	11.2	12.5	14.0	14.8	13.8 (≈700℃)	—
12CrMo	—	50.24	48.57 (400℃)	46.89	43.96	11.1	12.1	12.9	13.5	—	—
15CrMo	53.59	51.08	44.38	34.75	—	11.0	12.0	13.5	14.1	—	—
20CrMo	43.96	41.87	39.78 (200℃)	—	—	12.3	12.5	13.9	14.6	—	0.16
30CrMo	—	35.59	32.66	30.98	—	12.3	12.6	13.9	14.6	—	0.18
35CrMo	—	40.61	38.52	37.26 (400℃)	—	11.1	12.1	13.5	14.1	—	0.19
42CrMo	41.87	—	—	—	—	10.8	11.8	12.8	13.6	13.8 (≈700℃)	—
12CrMoV	45.64	—	—	—	—	11.8	12.5	13.0	13.7	14.0 (≈700℃)	—
35CrMoV	—	41.87	41.03	40.61 (400℃)	—	10.8	11.8	12.8	13.6	13.8 (≈700℃)	—
12Cr1MoV	35.59	35.59	35.17	32.24	30.56 (600℃)	—	—	—	—	—	—

物理性能参考数据

(续)

物理性能参数数据	牌号	热导率 λ/W·(m·K)$^{-1}$					线胀系数 $\alpha_l/10^{-6}$·K^{-1}					20℃时的电阻率 $\rho/10^{-6}\Omega$·m
		20℃	100℃	300℃	500℃	700℃	20~100℃	20~200℃	20~400℃	20~600℃	20~800℃	
	25Cr2MoV	—	41.87	41.03	41.03	17.17(600℃)	11.3	11.4~12.7	13.9	14~14.6	—	—
	25Cr2Mo1V	—	27.21	21.77	19.26	—	12.5	12.9	13.7	14.7	—	—
	38CrMoAl	—	—	—	—	—	12.3	13.1	13.5	13.8	—	—
	40CrV	—	52.34	45.22	41.87(400℃)	—	11	—	12.9(300℃)	14.5	—	—
	50CrV	46.06	—	—	—	—	11.3	12.4	12.9	17.35	—	0.19
	15CrMn	41.87	39.78	37.68(200℃)	—	—	11	12	—	—	—	0.16
	20CrMn	41.87	39.78	37.68(200℃)	—	—	11	12	—	—	—	0.16
	30CrMnSi	27.63	29.31	30.56	29.52	27.21	11	11.72	13.62	14.22	13.43	0.21
	20CrMnTi	—	—	—	—	—	—	11.7	13.7	14.4	14.5(≈700℃)	—
	40CrNi	46.06	44.80	41.03	39.36(400℃)	25.54(760℃)	11.9	13.4	14.1	14.9	15.1(≈700℃)	—
	45CrNi	—	44.80	41.03	39.36(400℃)	21.35(750℃)	11.8	12.3	13.4	14.0	—	—
	50CrNi	—	—	—	—	21.35(750℃)	11.8	12.3	13.4	14.0	—	—
	12Cr2Ni2	21.77(35℃)	23.87(125℃)	30.15(230℃)	30.98(480℃)	25.54(760℃)	12.6	13.8	14.8	14.3	—	—
	12Cr2Ni3	30.98(60℃)	—	—	25.54(500℃)	21.35(750℃)	11.8	13.0	14.7	15.6	—	—
	20Cr2Ni3	30.98(60℃)	—	—	25.54	32.66(600℃)	11.8	13.0	14.7	15.6	—	—
	30Cr2Ni3	—	37.68(200℃)	36.01(300℃)	34.75(400℃)	32.66(600℃)	11.6	13.2	13.4	13.5	—	—
	37CrNi3	34.33	—	—	—	20.93(750℃)	11.8	—	12.8(≈300℃)	—	—	—
	12Cr2Ni4	30.98(60℃)	—	—	25.54	—	11.8	13.0	14.7	15.6	—	—
	40CrNiMo	—	46.06	41.87	37.68	—	—	11.4	14.0	14.7	15.0(≈700℃)	—
	18Cr2Ni4W	23.86(70℃)	25.12(230℃)	—	28.05(530℃)	24.28(900℃)	14.5	14.5	14.3	14.2	—	—
	25Cr2Ni4W	27.21(40℃)	—	25.96(200℃)	25.54	23.03(950℃)	10.7	13.1	14.6	13.2	—	—

（续）

牌号	材料状态	高温短时力学性能/MPa								蠕变强度/MPa						持久强度/MPa					
			20℃	200℃	400℃	500℃	600℃			480℃	500℃	520℃	540℃	560℃		480℃	510℃	540℃	550℃	
12CrMo	920℃正火，680~690℃回火，空冷（φ273mm×26mm 管）	R_m	445	445	450	395	305			215	—	—	—	—	$\sigma_{L/10^4}$	245	155	110	—	
		$R_{p0.2}$	280	250	250	235	220			145	70	—	35	—	$\sigma_{L/10^5}$	200	120	70	—	
15CrMo	900~920℃正火，630~650℃回火	R_m	530	500	495	440	305			450℃	475℃	500℃	520℃	560℃	$\sigma_{L/10^4}$	450℃	475℃	500℃	550℃	
										195	165	135	—	—		—	—	175~195	80~100	
		$R_{p0.2}$	345	250	245	265	240			145	100	55	—	35	$\sigma_{L/10^5}$	235	175	110~135	50~70	
	钢管	(计算用) $R_{p0.2}$	225	215	195	190	—									475℃	500℃	525℃	550℃	
															$\sigma_{L/10^5}$	185	150	110	75	
20CrMo	860~870℃淬火，油冷，690~700℃回火（切向试样）	R_m	565	535	530	440	400			420℃	475℃	520℃			$\sigma_{L/10^4}$	420℃	470℃	520℃		
										—	—	130	—	—		390	295	165	—	
		$R_{p0.2}$	435	425	420	365	350			285	135	60	—	—	$\sigma_{L/10^5}$	375	255	120~135	—	
30CrMo	880℃油淬，600℃回火	R_m	825	800	845	745	690			425℃	450℃	500℃	550℃		$\sigma_{L/10^4}$	450℃	500℃	525℃	550℃	
										—	—	140	60	—		295	185	145	110	
		$R_{p0.2}$	735	685	690	610	580			135	110	70	35	—	$\sigma_{L/10^5}$	225	130	105	77	
35CrMo	880℃正火	R_m	750	750	660	540	—			—	—	—	—	—		—	—	—	—	
		$R_{p0.2}$	465	525	505	380	—			—	—	—	—	—		—	—	—	—	
	880℃淬火，油冷，650℃回火	R_m	880	735	670	545	—			450℃	500℃	550℃			$\sigma_{L/10^4}$	—	—	—	—	
										155	85	50								
		$R_{p0.2}$	770	575	555	485	—			105	50	25			$\sigma_{L/10^5}$	—	—	—	—	
12CrMoV	980~1000℃正火，740~760℃回火，（φ275mm×29mm 钢管）	R_m	490	450	430	345	215			480℃	510℃	540℃	565℃		$\sigma_{L/10^4}$	480℃	510℃	540℃	565℃	
										225	165	120	100			245	185	145	110	
		$R_{p0.2}$	305	255	215	205	155			175	135	90	50		$\sigma_{L/10^5}$	195	155	120	70	
12Cr1MoV	1000~1020℃套筒正火，740~760℃回火（钢管）	R_m	—	415	360~375	300~310	270~280			480℃	520℃	560℃	580℃		$\sigma_{L/10^5}$	480℃	560℃	580℃	600℃	
										—	—	—	50~55			—	—	85~100	60~70	

(续)

牌号	材料状态	高温短时力学性能/MPa								蠕变强度/MPa						持久强度/MPa				
12Cr1MoV	1000～1020℃ 正火，740℃ 回火		20℃	480℃	520℃	560℃	—			480℃	520℃	560℃	580℃			480℃	560℃	580℃	600℃	
		R_m	535	480	455	380	—			185	125	80	60		$\sigma_{1/105}$	195	100	80	60	
		$R_{p0.2}$	370	335	325	280	—													
38CrMoAl	900～934℃ 淬火，油冷，600℃ 回火，空冷		20℃	200℃	300℃	400℃	500℃			450℃	500℃	550℃	—		$\sigma_{1/105}$	—	—	—	—	
		R_m	815	795	825	725	460			195										
		$R_{p0.2}$	655	590	565	545	420													
20CrMn	—	—	—	—	—	—	—			20℃ DVM 蠕变强度 735	400℃ 215	450℃ 80	500℃ 40			—	—	—	—	
30CrMnSiA	880℃ 淬火，油冷，560℃ 回火		20℃	250℃	350℃	400℃	450℃			400℃	450℃	500℃	550℃		$\sigma_{1/105}$	400℃	450℃	500℃	550℃	
		R_m	1055	1005	975	900	775			160	110	55	22			590	450	255	120	
		$R_{p0.2}$	945	840	815	785	700													
40Mn2	—		—	—	—	—	—			400℃ 205	450℃ 100 70	500℃ 6 35			$\sigma_{0.2/200}$ $\sigma_{1/105}$	—	—	—	—	
		R_{eL}	540	410	375	325	—			120		60			DVM 蠕变强度					
20MnV	退火状态		20℃	200℃	250℃	300℃	350℃			—	—	—	—			—	—	—	—	
		$R_{p0.2}$	315	265	245	225	215													
40MnB	—		250℃	350℃	450℃	550℃				—	—	—	—			—	—	—	—	
		R_m	835	750	545	400														
		$R_{p0.2}$	640	560	430	175														
40Cr	820～840℃ 淬火，油冷，550℃ 回火，($\phi28～\phi55$mm)		20℃	200℃	300℃	400℃	500℃			425℃ 125	—	—	—		$\sigma_{1/104}$	—	—	—	—	
		R_m	935	890	880	685	490													
		$R_{p0.2}$	790	710	680	615	390													
40Cr	820～840℃ 油淬，680℃ 回火（$\phi28～\phi55$mm）		20℃	200℃	300℃	400℃	500℃	600℃		—	—	—	—		$\sigma_{1/104}$	—	—	—	—	
		R_m	695	640	595	420	365	245												
		$R_{p0.2}$	570	475	425	365		210												

（高温力学性能参考数据）

注：表中所列高温力学性能，除注明者外，均为单个试样数据，仅供参考。

第1章 钢铁材料

表 3.1-76 合金结构钢的热处理规范

牌号	临界温度/°C						热加工温度/°C			退火			正火			高温回火		渗碳热处理							淬火			回火							
	Ac_1	Ac_3	Ar_1	Ar_3	Ms	Mf	加热	始锻	终锻	温度/°C	冷却方式	硬度HBW	温度/°C	冷却方式	硬度HBW	温度/°C	硬度HBW	渗碳温度/°C	一次淬火温度/°C	二次淬火温度/°C	降温淬火温度/°C	冷却介质	回火温度/°C	硬度HRC	温度/°C	淬火冷却介质	硬度HRC	\multicolumn{8}{c}{各种不同温度回火后的硬度值HRC}
																												150°C	200°C	300°C	400°C	500°C	550°C	600°C	650°C
20Mn2	725	840	610	740	400	—	1200~1240	1180~1200	≥850	850~880	炉冷	≤187	870~900	空冷	≤187	670~700	—	910~930	850~870	770~800	770~800	水或油	150~175	54~59	860~880	水	>40	—	—	—	—	—	—	—	—
30Mn2	718	804	627	727	—	—	1200~1220	1160~1200	>800	830~860	炉冷	≤207	840~880	空冷	≤207	680~720	—	—	—	—	—	—	—	—	820~850	油	≥49	48	47	45	36	26	24	18	11
35Mn2	713	793	630	710	—	—	≤1200	1160	>800	830~880	炉冷	≤207	840~880	空冷	≤241	680~720	—	—	—	—	—	—	—	—	820~850	油	≥57	57	56	48	38	34	23	17	15
40Mn2	713	766	627	704	340	—	1200~1220	1180~1200	>800	820~840	炉冷	≤217	830~870	空冷	≤241	670~700	—	—	—	—	—	—	—	—	810~850	油	≥58	58	56	48	41	33	29	25	23
45Mn2	715	770	640	704	320	—	1200~1220	1180~1200	>800	810~840	炉冷	≤217	820~860	空冷	187~241	680~720	—	—	—	—	—	—	—	—	810~840	油	≥58	58	56	48	43	35	31	27	19
50Mn2	710	720	596	680	—	—	1200	1180~1200	>800	810~840	炉冷	≤229	820~860	空冷	206~241	670~710	187~229	—	—	—	—	—	—	—	810~840	油	≥58	58	56	49	44	35	31	27	20
20MnV	715	825	630	750	—	—	1200	1100~1200	≥850	800~830	炉冷	≤187	880~900	空冷	≤207	650~700	—	930	880	—	—	油	180~200	56~60	—	—	—	—	—	—	—	—	—	—	—
27SiMn	750	880	—	750	355	—	—	1200	800	850~870	炉冷	≤217	930	空冷	≤217	680~720	≤229	—	—	—	—	—	—	—	900~920	油	≥52	52	50	45	42	33	28	24	20
35SiMn	750	830	645	—	330	—	1220	1200	>850	850~870	炉冷	≤229	880~920	空冷	≤229	680~720	—	—	—	—	—	—	—	—	880~900	油	≥55	55	53	49	40	31	27	23	20

(续)

牌号	临界温度/℃					热加工温度/℃			退火			正火			高温回火		渗碳热处理						淬火			回火							
	Ac_1	Ac_3	Ar_1	Ar_3	Ms	Mf	加热	始锻	终锻	温度/℃	冷却方式	硬度HBW	温度/℃	冷却方式	硬度HBW	温度/℃	硬度HBW	渗碳温度/℃	一次淬火温度/℃	二次淬火温度/℃	降温淬火温度/℃	冷却介质	回火温度/℃	硬度HRC	温度/℃	淬火冷却介质	硬度HRC	各种不同温度回火后的硬度值 HRC						
																												150℃	200℃	300℃	400℃	500℃	550℃	600℃	650℃
42SiMn	765	820	—	—	—	—	1180	1150~≥800	850~870	炉冷	≤229	860~890	空冷	≤244	680~720	≤229	—	—	—	—	—	840~860	油	≥55	55	50	47	45	35	30	27	22
20SiMn2MoV	816	877	645	—	312	—	1200~1240	1100~1200 ≥850	710~±20	炉冷	≤269	920~930	空冷	≤269	690~730	≤269	—	—	—	—	—	890~920	油或水	≥45	—	—	—	—	—	—	—	—
25SiMn2MoV	830	877	740	830	312	—	1200~1240	1100~1200 ≥850	680~700	堆冷	≤255	920~950	空冷	≤255	680~700	≤255	—	—	—	—	—	880~910	油或水	≥46	—	200~250℃ ≥45						
37SiMn2MoV	729	823	740	816	314	—	—	1180~1200 ≥850	870~900	炉冷	≤269	880~900	空冷	650	—	—	—	—	—	—	850~870	油或水	56	—	—	—	—	44	40	33	24
40B	730	790	690	727	280	—	—	1150~≥850	840~870	炉冷	≤207	850~900	空冷(HRC)≥20	680~720	≤207	—	—	—	—	—	840~860	盐水或油	—	—	—	48	40	30	28	25	22
45B	725	770	690	720	—	—	1200	1150~800	780~800	炉冷	≤217	840~890	空冷	≤217	680~720	≤217	—	—	—	—	—	840~870	盐水或油	—	—	55	50	42	37	34	31	29
50B	740	790	670	719	280	—	—	1020~1120 >800	800~820	炉冷	≤207	850~890	空冷	≤207	680~720	≤207	—	—	—	—	—	840~860	油	52~58	56	55	48	41	31	28	25	20
40MnB	730	780	690	727	—	—	1200	1150~1120 ≥850	820~860	炉冷	≤207	860~900	空冷	≤229	680~720	≤229	—	—	—	—	—	820~860	油	≥55	55	54	48	38	31	29	28	27
45MnB	727	780	650	700	—	—	1140~1200	1050~1120 ≥850	820~860	炉冷	≤217	840~900	空冷	≤229	680~700	≤217	—	—	—	—	—	840~860	油	≥55	54	52	44	38	34	31	26	23
20MnMoB	740	850	—	—	—	—	1150~1200	1130~1180 ≥900	680~720	炉冷	≤207	900~950	空冷	≤217 ±10	690~720	≤207	920~950	860~890	800~840	830~850	油	180~200	表面≥58	—	—	—	—	—	—	—	—	—

牌号	15MnVB		20MnVB		40MnVB		20MnTiB	25MnTiBRE		15Cr/15CrA		20Cr		30Cr		35Cr		40Cr	
	730	850	720	840	740	786	720	708	810	735	870	766	838	740	815	740	815	743	782
	645	765	635	770	645	720	648	605	705	720	—	702	799	670	—	670	—	693	730
Ms (℃)	430		—		300		—	391		—		—		355		365		355	
锻造温度 (℃)	1160~1200	1130~1180	<1200	1150	1180~1200	1160~1200	1200	1130~1220	1100~1200	1240~1260	1220	1220	1200	—	1200	—	1200	<1200	1100~1150
	>850		>850		>850		800	≥850		>800		≥800		800		800		>800	
正火/退火温度 (℃)	780	±10	700 <600℃	830~900		670~690	860~890		860~890		830~850	825~845	
	空冷		空冷		炉冷		炉冷		炉冷		炉冷		炉冷		炉冷		炉冷		炉冷
硬度HBW	≤207		≤207		≤207		≤229		≤179		≤179		≤179		≤187		≤207	
正火温度 (℃)	920~970		880~900		860~900		900~920		920~960		870~900		870~900		850~870		850~870	
	空冷		空冷		空冷		空冷		空冷		空冷		空冷		空冷		空冷	
硬度HBW	149~179		≤217		≤229		143~149		≤217		≤270		≤270		≤300		≤250	
高温回火 (℃)	—		680±20		660~700		—		700~720		700~720		700~720		—		680~700	
硬度HBW	—		≤207		≤229		—		≤179		≤179		≤187		—		≤207	
淬火温度 (℃)	920~940		900~930		860~880		930~970		920~940		890~910		890~910		—		860~890	
	860~880		780~800		—		860~890		790~850		860~890		860~890		—		860~890	
	840~860		800~830		—		830~840		800~830		870		780~820		—		—	
淬火冷却介质	油		油		—		油		油		油、水		油、水		油		油	
回火温度 (℃)	200		180~200		—		200		180~200		180~200		170~190		—		—	
硬度HRC	表面≥58		表面56~62 中心35~40		—		52~62		≥58		表面56~62		表面56~62		—		—	
调质淬火温度 (℃)	860~880		860~880		840~880		860~890		840~870		870~880		860~880		840~860		860		830~860	
冷却介质	油		油		油或水		油		油		水		油、水		油		油		油	
回火硬度HRC	38~42		—		≥55		≥47		≥43		≥35		≥28		>50		48~56		>55	
力学性能 σb	36		—		52		47		—		34		26		48		—		53	
σs	34		—		45		46		—		32		25		45		—		51	
δ5 (%)	30		—		35		42		—		28		24		35		—		43	
ψ (%)	27		—		31		40		—		24		22		25		—		34	
Ak	25		—		30		39		—		19		20		21		—		32	
HRC	24		—		27		38		—		14		18		14		—		28	
	—		—		22		—		—		15		—		—		—		24	

第1章 钢铁材料

（续）

牌号	临界温度/°C						热加工温度/°C			退火			正火			高温回火		渗碳热处理							淬火			回火 各种不同温度回火后的硬度值HRC							
	Ac_1	Ac_3	Ar_1	Ar_3	Ms	Mf	加热	始锻	终锻	温度/°C	冷却方式	硬度HBW	温度/°C	冷却方式	硬度HBW	温度/°C	硬度HBW	渗碳温度/°C	一次淬火温度/°C	二次淬火温度/°C	降温淬火温度/°C	冷却介质	回火温度/°C	硬度HRC	温度/°C	冷却介质	硬度HRC	150°C	200°C	300°C	400°C	500°C	550°C	600°C	650°C
45Cr	721	771	660	693	—	—	1170~1220	1150~1200	800	840~850	炉冷	≤217	830~850	空冷	≤320	680~700	≤217	—	—	—	—	—	—	—	820~850	油	>55	55	53	49	45	33	31	29	21
50Cr	721	771	660	692	250	—	—	1200	800	840~850	炉冷	≤217	830~850	空冷	≤320	680~700	≤217	—	—	—	—	—	—	—	820~840	油	>56	56	55	54	52	40	37	28	18
38CrSi	763	810	680	755	330	—	1180~1220	1150	850	860~880	炉冷	≤255	900~920	空冷	≤350	650~680	≤288	—	—	—	—	—	—	—	880~920	油或水	57~60	57	56	54	48	40	37	35	29
12CrMo	720	880	695	790	—	—	—	1200	800	600~650	空冷	—	900~930	空冷	—	720~740	≤156	—	—	—	—	—	—	—	900~940	油	—	—	—	—	—	—	—	—	—
15CrMo	745	845	—	—	435	—	—	1100	850	—	—	—	910~940	空冷	—	650~700	≤156	—	—	—	—	—	—	—	880	油	—	—	—	—	—	—	—	—	—
20CrMo	743	818	504	746	400	—	1200	1200	800	850~860	炉冷	≤197	880~920	空冷	—	720	—	850~880	—	—	—	水或油	—	—	860~880	水或油	≥33	33	32	28	28	23	20	18	16
30CrMo / 30CrMoA	757 / 693	807 / 763	693	763	345	—	1180	1180	800	830~850	炉冷	≤229	870~900	空冷	≤400	700~720	≤250	—	—	—	—	—	—	—	850~880	水或油	>52	52	51	49	44	36	32	27	25
35CrMo	755	800	695	750	371	—	1150~1220	1150~1220	850	820~840	炉冷	≤229	830~880	空冷	241~286	680~720	≤250	—	—	—	—	—	—	—	850	油	>55	55	53	51	43	34	32	28	24
42CrMo	730	780	—	—	360	—	1100	1150	850	820~840	炉冷	≤241	850~880	空冷	—	680~720	≤217	—	—	—	—	—	—	—	840	油	>55	55	54	53	46	40	38	35	31
12CrMoV	820	945	—	—	—	—	—	1100	850	960~980	炉冷	≤156	960~980	空冷	—	700~760	≤156	—	—	—	—	—	—	—	—	—	—	—	—	—	—	—	—	—	—
35CrMoV	755	835	600	—	—	—	1180	1180	850	870~900	炉冷	≤229	880~920	空冷	—	650~670	≤241	—	—	—	—	—	—	—	880	油	>50	50	49	47	43	39	37	33	25

第1章 钢铁材料

牌号																											
12Cr1MoV	774~803	882~914	—	—	—	1150	—	960~980 炉冷	≤156	910~960 空冷	650~700	≤156	—	—	—	—	—	910~960 空气或油	—	—	—	—	—	—	—	—	32
25Cr2MoVA	761~787	830~895	—	—	—	850	—	—	—	—	—	—	—	—	—	—	—	—	—	—	—	—	—	—	—	37	—
25Cr2MoVA	760	840	—	—	—	1100	—	—	—	980~1000 空冷	650~680	≤229	—	—	—	—	—	910~930 油	—	—	—	—	—	—	—	40	—
25Cr2Mo1VA	680~690	760~780	—	—	—	850	—	—	—	—	—	—	—	—	—	—	—	—	—	—	—	—	—	—	—	41	—
25Cr2Mo1VA	780	870	—	—	—	1100	—	—	—	1030~1050 空冷	680~720	179~207	—	—	—	—	—	1040 空气	—	—	—	—	—	—	—	—	—
38CrMoAl	700	790	—	—	—	850	—	—	—	—	—	—	—	—	—	—	—	—	—	—	—	—	—	—	—	—	28
38CrMoAl	760	885	360	1130~1180	1050~1150	840~870	≤229	930~970 空冷	700~720	≤229	—	175~200 油	—	940 油	—	—	—	—	—	—	—	—	—	—	—	—	—
40CrV	675~740	—	—	>900	1200	830~850	≤241	850~880 空冷	700~720	≤255	—	—	—	850~880 油	—	—	—	—	—	—	—	—	—	—	—	—	—
40CrV	755	790	281	—	800	—	—	—	—	—	—	—	—	—	—	—	—	—	—	—	—	—	—	—	—	35	—
50CrVA	700	745	—	—	—	—	—	—	—	—	—	—	—	—	—	—	—	—	—	—	—	—	—	—	—	—	25
50CrVA	752	788	270	1180~1220	1100~1160	810~870	≤254	850~880 空冷	640~680	≈288	180~200 油	—	830~860 油	—	—	—	—	—	—	—	—	—	—	—	—	—	—
15CrMn	688~746	—	—	<900	1180	850~870	≤179	570~900 空冷	650~680	—	—	—	—	—	900~930	840~870	810~840	—	—	—	—	—	—	—	—	—	—
15CrMn	750	845	400	—	800	—	—	—	—	—	—	—	—	—	—	—	—	—	—	—	—	—	—	—	—	—	29
20CrMn	765	838	360	—	1180	850~870	≤187	870~900 空冷	680~700	≤200	—	—	850~920 油或水	—	900~930	820~840	—	—	—	—	—	—	—	—	—	—	—
20CrMn	700	798	—	—	800	—	—	—	—	—	—	—	—	—	—	—	—	—	—	—	—	—	—	—	—	33	—
40CrMn	740	775	350	—	1150	820~840	≤229	850~870 空冷	670~690	—	—	—	820~840 油	—	—	—	—	—	—	—	—	—	—	—	—	28	—
40CrMn	—	—	170	—	800	—	—	—	—	—	—	—	—	—	—	—	—	—	—	—	—	—	—	—	34	—	—
20CrMnSi	755	840	—	1200	1200	860~870	≤207	880~920 空冷	680~720	≤207	—	—	880~910 油	52~60	—	—	—	—	—	—	—	—	—	—	—	27	20
20CrMnSi	690	—	—	—	—	—	—	—	—	—	—	—	—	—	—	—	—	—	—	—	—	—	—	—	—	31	—
25CrMnSi	760	880	305	—	1200	840~860	≤217	860~880 空冷	630~710	≤217	—	—	850~870 油	—	—	—	—	—	—	—	—	—	—	—	—	—	—
25CrMnSi	680	—	—	≥800	1180	—	—	—	—	—	—	—	—	—	—	—	—	—	—	—	—	—	—	—	—	35	—

(续)

牌号	临界温度/°C						热加工温度/°C			退火			正火			高温回火		渗碳热处理							淬火			回火 各种不同温度回火后的硬度值HRC							
	Ac_1	Ac_3	Ar_1	Ar_3	Ms	Mf	加热	始锻	终锻	温度/°C	冷却方式	硬度HBW	温度/°C	冷却方式	硬度HBW	温度/°C	硬度HBW	渗碳温度/°C	一次淬火温度/°C	二次淬火温度/°C	降温淬火温度/°C	冷却介质	回火温度/°C	硬度HRC	温度/°C	冷却介质	硬度HRC	150°C	200°C	300°C	400°C	500°C	550°C	600°C	650°C
30CrMnSi 30CrMnSiA	760 670	830 705	—	—	—	—	1200	1180 850		840~860	炉冷	≤217	880~900	空冷	—	680~710	≤229	—	—	—	—	—	—	—	860~880	油	≥55	55	54	49	44	38	34	30	27
35CrMnSiA	775	830	700	755	330	—	1200	1180 ≥850		840~860	炉冷	≤229	890~910	空冷	≤218	680~716	≤229	等温淬火：870~900°C，230~350°C 盐浴，硬度≤500HBW							860~890	油	≥55	54	53	45	42	40	35	32	28
20CrMnMo	710	830	620	740	—	—	1200~1240	1150~1200 ≥900		850~870	炉冷	≤217	880~930	空冷	190~228	660~710	≤229	880~950	830~860	—	—	油或碱浴	180~220	表面≥58	850	油	>46	45	44	43	35	—	—	—	—
40CrMnMo	735	780	680	—	—	—	1150~1200	1130~1170 ≥850		820~850	炉冷	≤241	850~880	空冷	≤321	660~680	≤241	—	—	—	—	—	—	—	840~860	油	>57	57	55	50	45	41	37	33	30
20CrMnTi	715	843	625	795	—	—	1200~1240	1160~1200 ≥900		680~720	炉冷至600°C空冷	156~207	950~970	空冷	—	—	—	930~950	870~890	860~880	830~850	油	180~200	表面 56~62	880	油	42~46	43	41	40	39	35	30	25	17
30CrMnTi	765	790	660	740	—	—	1160~1220	1140~1200 >850		—	—	—	950~970	空冷	150~216	—	—	900~960	900~930	800~840	800~820	油	180~200	表面≥56	880	油	>50	49	48	46	44	37	32	26	23
20CrNi	733	804	666	790	410	—	—	1200 800		860~890	炉冷	≤197	880~930	空冷	≤197	690~710	≤197	900~930	760~810	—	810~830	油或水	180~200	56~63	855~885	油	>43	43	42	40	26	16	13	10	8
40CrNi	731	769	660	702	—	—	1180	1150 850		820~850	炉冷	≤207	840~860	空冷	≤250	670~690	—	—	—	—	—	—	—	—	820~840	油	>53	53	50	47	42	33	29	26	23
45CrNi	725	775	680	—	—	—	—	1150 850		840~850	炉冷	≤217	850~880	空冷	≤229	—	—	—	—	—	—	—	—	—	820	油	>55	55	52	48	38	35	30	25	—

第 1 章 钢 铁 材 料

钢号	50CrNi	12CrNi2	12CrNi3	20CrNi3	30CrNi3	37CrNi3
	735 750	732 794	720 810 409	700 760	699 749	710 770 310
	657 690	671 763	600 715	500 630	621 649	640 —
	—	—	—	—	—	—
	—	1200	1200	1200	1200	—
	1150 / 850	1180 / ≥850	1180 / 850	1180 / 850	1150 / 850~900	1180 / 850
	820~850	840~880	870~900	840~860	810~830	790~820
	炉冷至600℃空冷	炉冷	炉冷	炉冷	炉冷	炉冷
	≤207	≤207	≤217	≤217	≤241	179~241
	870~900	880~940	885~940	860~890	840~860	840~860
	空冷	空冷	空冷	空冷	空冷	空冷
	—	≤207	—	—	—	—
	—	650~680	650~680	670~690	650~680	640~660
	—	≤207	≤217	≤229	≤241	≤241
	—	900~930	900~930	900~940	—	—
	—	860	860	860	—	—
	—	760~810	780~810	780~830	—	—
	—	760~800	—	—	—	—
	—	油或水	油	油	—	—
	—	180~200	150~200	180~200	—	—
	—	表面≥58	表面≥58 心≥26	表面≥58 心≥26	—	—
	820~840	850~870	860	820~860	820~840	830~860
	油	油	油	油	油	油
	57~59	>33	>43	>48	>52	>53
	—	33	43	48	52	53
	—	32	42	47	50	51
	—	30	41	42	45	47
	—	28	39	38	42	42
	—	23	31	34	35	36
	—	20	28	30	29	33
	—	18	24	25	26	30
	—	12	20	—	22	25

(续)

牌号	临界温度/℃					热加工温度/℃			退火			正火			高温回火		渗碳热处理							淬火		回火 各种不同温度回火后的硬度值 HRC							
	Ac_1	Ac_3	Ms			加热	始锻	终锻	温度/℃	冷却方式	硬度HBW	温度/℃	冷却方式	硬度HBW	温度/℃	硬度HBW	渗碳温度/℃	一次淬火温度/℃	二次淬火温度/℃	降温淬火温度/℃	冷却介质	回火温度/℃	硬度HRC	淬火温度/℃	淬火冷却介质	硬度HRC	150℃	200℃	300℃	400℃	500℃	550℃	600℃	650℃
	Ar_1	Ar_3	Mf																														
12Cr2Ni4	720	800	390	1200	1180	850	650~680	炉冷	≤269	890~940	空冷	187~255	650~680	≤229	900~930	840~860	770~790	—	油	150~200	表面≥58 心≥26	760~800	油	>46	46	45	41	38	35	33	30	—
	605	660	245																													
20Cr2Ni4	705	765	395	1150~1200	1120~1180	≥850	650~670	炉冷	≤229	860~900	空冷	—	630~650	≤229	900~950	880	780	—	油	180~200	表面≥58 心≥26	840~860	油	—	—	—	—	—	—	—	—	—
	580	640	—																													
20CrNiMo	725	810	396	1200	1180	850	660~690	炉冷	≤197	900~900	空冷	—	670	—	930	820~840	—	—	油	150~180	表面≥56	—	—	—	—	—	—	—	—	—	—	—
40CrNiMoA	760	790	308	1200	1150	850	840~880	炉冷	≤269	860~920	空冷	—	670~700	≤269	—	—	—	—	—	—	—	840~860	油	>55	55	54	49	44	38	34	30	27
	—	—	—																													
18CrMnNiMoA	—	—	—	—	—	—	—	—	—	—	—	—	—	—	—	—	—	—	—	—	—	—	—	—	—	—	—	—	—	—	—	—
	—	—	—																													
45CrNiMoVA	740	770	250	1180	1150	850	840~860	炉冷	—	870~890	空冷	(HRC)20~23	670~700	≤269	—	—	—	—	—	—	—	860~880	油	55~58	—	55	53	51	45	43	38	32
	650	—	—																													
18Cr2Ni4W	700	810	310	1200	1180	850	—	—	—	900~980	空冷	≤415	650~700	≤269	900~920	—	—	840~860	空气或油	180~200	表面56~62	850	油	>46	42	41	40	39	37	28	24	22
	350	400	—																													
25Cr2Ni4W	700	720	180~200	—	—	—	—	—	—	900~950	空冷	≤415	640~670	—	900~920	—	—	840~860	空气或油	180~200	表面56~62	850	油	>49	48	47	42	39	34	31	27	25
	300	—	—																													

注：本表为参考资料。

表 3.1-77　GB/T 3077—2015 合金结构钢与国外标准牌号的对照（摘自 GB/T 3077—2015）

GB/T 3077—2015 牌号	EN 10083-3：2006	ASTM A29/A29M-2012	JIS G 4053—2008
20Mn2	—	1524	SMn420
30Mn2	—	1330	SMn433
35Mn2	—	1335	SMn438
40Mn2	—	1340	SMn443
45Mn2	—	1345	SMn443
50Mn2	—	1552	—
20MnV	—	—	—
27SiMn	—	—	—
35SiMn	—	—	—
42SiMn	—	—	—
20SiMn2MoV	—	—	—
25SiMn2MoV	—	—	—
37SiMn2MoV	—	—	—
40B	—	—	—
45B	—	—	—
50B	—	—	—
25MnB	20MnB5	—	—
35MnB	30MnB5	—	—
40MnB	38MnB5	—	—
45MnB	—	—	—
20MnMoB	—	—	—
15MnVB	—	—	—
20MnVB	—	—	—
40MnVB	—	—	—
20MnTiB	—	—	—
25MnTiBRE	—	—	—
15Cr	—	5115	SCr415
20Cr	—	5120	SCr420
30Cr	—	5130	SCr430
35Cr	34Cr4	5135	SCr435
40Cr	41Cr4	5140	SCr440
45Cr	41Cr4	5145	SCr445
50Cr	—	5150	SCr445
38CrSi	—	—	—
12CrMo	—	—	—
15CrMo	—	—	SCM415
20CrMo	—	4120	SCM420
25CrMo	25CrMo4	4130	SCM430
30CrMo	34CrMo4	4130	SCM430
35CrMo	34CrMo4	4135	SCM435
42CrMo	42CrMo4	4140、4142	SCM440
50CrMo	50CrMo4	4150	SCM445
12CrMoV	—	—	—
35CrMoV	—	—	—
12Cr1MoV	—	—	—
25Cr2MoV	—	—	—
25Cr2Mo1V	—	—	—
38CrMoAl	—	—	SACM645
40CrV	—	—	—

(续)

GB/T 3077—2015 牌号	EN 10083-3：2006	ASTM A29/A29M-2012	JIS G 4053—2008
50CrV	51CrV4	6150	—
15CrMn	—	—	—
20CrMn	—	—	—
40CrMn	—	—	—
20CrMnSi	—	—	—
25CrMnSi	—	—	—
30CrMnSi	—	—	—
35CrMnSi	—	—	—
20CrMnMo	—	—	—
40CrMnMo	42CrMo4	4140、4142	SCM440
20CrMnTi	—	—	—
30CrMnTi	—	—	—
20CrNi	—	—	—
40CrNi	—	—	SNC236
45CrNi	—	—	—
50CrNi	—	—	—
12CrNi2	—	—	SNC415
34CrNi2	35NiCr6	—	—
12CrNi3	—	—	SNC815
20CrNi3	—	—	—
30CrNi3	—	—	SNC631
37CrNi3	—	—	SNC836
12Cr2Ni4	—	—	—
20Cr2Ni4	—	—	—
15CrNiMo	—	—	—
20CrNiMo	—	8620	SNCM220
30CrNiMo	—	—	—
30Cr2Ni2Mo	30CrNiMo8	—	SNCM431
30Cr2Ni4Mo	30NiCrMo16-6	—	—
34Cr2Ni2Mo	34CrNiMo6	—	—
35Cr2Ni4Mo	36NiCrMo16	—	—
40CrNiMo	39NiCrMo3	—	—
40CrNi2Mo	—	4340	SNCM439
18CrMnNiMo	—	—	—
45CrNiMoV	—	—	—
18Cr2Ni4W	—	—	—
25Cr2Ni4W	—	—	—

3.2.5 保证淬透性结构钢（见表3.1-78、表3.1-79）

表3.1-78 保证淬透性结构钢牌号、淬透性指标及钢材硬度（摘自 GB/T 5216—2004）

牌号	正火温度/℃	端淬温度/℃	淬透性带	离开淬火端下列距离（mm）处的硬度值 HRC									退火或高温回火后的硬度 HBW ≤
				1.5	3	5	7	9	11	13	15	20	25	30	
45H	850~870	840±5	H	61~54	60~37	50~27	36~24	33~22	31~21	30~20	29	27	26	24	197
			HH	61~54	60~44	50~33	36~28	33~25	31~23	30~22	29~21	27	26	24	
			HL	59~54	56~37	42~27	32~24	30~22	29~21	28~20	25	23	21	—	

(续)

牌号	正火温度/℃	端淬温度/℃	淬透性带	离开淬火端下列距离（mm）处的硬度值 HRC											退火或高温回火后的硬度 HBW ≤
				1.5	3	5	7	9	11	13	15	20	25	30	
15CrH	915~935	925±5	H	46~39	45~34	41~26	35~22	31~20	29	27	26	23	20	—	①
			HH	46~41	45~38	41~31	35~26	31~23	29~21	27	26	23	20	—	
			HL	44~39	41~34	36~26	31~22	28~20	26	24	22	—	—	—	
20CrH	880~900	870±5	H	48~40	47~36	44~26	37~21	32	29	26	25	22	—	—	179
			HH	48~43	47~40	44~32	37~26	32~23	29~21	26	25	22	—	—	
			HL	46~40	44~36	38~26	32~21	28	25	22	21	—	—	—	
20Cr1H	915~935	925±5	H	48~40	48~37	46~32	40~28	36~25	34~22	32~20	31	29	27	26	①
			HH	48~43	48~41	46~37	40~32	36~28	34~26	32~24	31~22	29	27	26	
			HL	46~40	45~37	40~32	36~28	33~25	30~22	28~20	26	23	20	—	
40CrH	860~880	880±5	H	59~51	59~51	58~49	56~47	54~42	50~36	46~32	43~30	40~26	38~25	37~23	207
			HH	59~54	59~54	58~51	56~49	54~46	50~41	46~37	43~34	40~31	38~29	37~28	
			HL	56~51	56~51	56~49	54~47	50~42	45~36	41~32	39~30	35~26	34~25	32~23	
45CrH	860~880	850±5	H	62~54	62~54	61~52	59~49	56~44	52~38	48~33	45~31	41~28	40~27	38~25	217
			HH	62~57	62~57	61~54	59~51	56~48	52~43	48~38	45~36	41~32	40~31	38~29	
			HL	59~54	59~54	59~52	57~49	52~44	47~38	43~33	40~31	37~28	36~27	34~25	
16CrMnH	910~930	920±5	H	47~39	46~36	44~31	41~28	39~24	37~21	35	33	31	30	29	①
			HH	47~42	46~39	44~35	41~32	39~29	37~26	35~24	33~22	31~20	30	29	
			HL	44~39	43~36	40~31	37~28	34~24	32~21	30	28	26	25	24	
20CrMnH	910~930	920±5	H	49~41	49~39	48~36	46~33	43~29	42~28	41~26	39~25	37~23	35~21	34	
			HH	49~44	49~42	48~40	46~37	43~34	42~33	41~31	39~30	37~28	35~26	34~25	
			HL	46~41	46~39	44~36	42~33	39~30	37~28	36~26	34~25	32~23	30~21	29	
15CrMnBH	920~940	870±5	H	42~35	42~35	41~34	39~32	36~29	34~27	32~25	31~24	28~21	25	24	
			HH	42~37	42~37	41~36	39~34	36~31	34~29	32~27	31~26	28~23	25~20	24	
			HL	40~35	40~35	39~34	37~32	34~29	32~27	30~25	29~24	26~21	23	21	
17CrMnBH	920~940	870±5	H	44~37	44~37	43~36	42~34	40~32	38~31	36~29	34~27	31~24	30~23	29~22	①
			HH	44~39	44~39	43~38	42~36	40~35	38~33	36~31	34~29	31~26	30~25	29~24	
			HL	42~37	42~37	41~36	40~34	38~33	36~31	34~29	32~27	29~24	28~23	27~22	
40MnBH	880~900	850±5	H	60~51	60~50	59~49	57~47	55~42	52~33	49~27	45~24	37~20	33	31	207
			HH	60~53	60~53	59~51	57~49	55~47	52~40	49~36	45~31	37~25	33~22	31	
			HL	58~51	58~50	57~49	55~47	51~42	46~33	44~27	39~24	31~20	27	26	
45MnBH	880~900	850±5	H	62~53	62~53	62~52	60~49	58~45	55~35	51~28	47~26	40~23	36~22	34~21	217
			HH	62~56	62~56	62~54	60~52	84~48	55~43	51~38	47~33	40~29	36~27	34~26	
			HL	60~53	60~53	60~52	57~49	54~45	51~35	46~28	41~26	34~23	31~22	30~21	
20MnVBH	930~950	860±5	H	48~40	48~40	47~38	46~36	44~32	42~28	40~25	38~23	33~20	30	28	207
			HH	48~43	48~43	47~40	46~38	44~36	42~33	40~30	38~28	33~25	30~22	28~20	
			HL	45~40	45~40	45~38	44~36	42~32	37~28	35~25	33~23	29~20	26	24	
20MnTiBH	930~950	880±5	H	48~40	48~40	48~39	46~36	44~32	42~27	40~23	37~20	31	26	24	187
			HH	48~43	48~43	48~41	46~38	44~36	42~32	40~29	37~26	31~20	26	24	
			HL	46~40	46~40	46~39	44~36	40~32	37~27	34~23	31~20	25	20	—	

(续)

牌号	正火温度/℃	端淬温度/℃	淬透性带	\multicolumn{10}{c}{离开淬火端下列距离（mm）处的硬度值 HRC}	退火或高温回火后的硬度 HBW ≤
				1.5	3	5	7	9	11	13	15	20	25	30	
15CrMoH	915~935	925±5	H	46~39	45~36	42~29	38~24	34~21	31~20	29	28	26	25	24	①
			HH	46~41	45~39	42~34	38~29	34~26	31~23	29~21	28~20	26	25	24	
			HL	44~39	42~36	38~29	34~24	30~21	28~20	25	23	21	20	—	
20CrMoH	915~935	925±5	H	48~40	48~39	47~35	44~31	42~28	39~25	37~24	35~23	33~20	31	30	①
			HH	48~43	48~42	47~39	44~36	43~33	39~30	37~28	35~27	33~25	31~22	30	
			HL	46~40	49~39	43~35	40~31	37~28	35~25	33~24	34~23	29~20	26	24	
22CrMoH	915~935	925±5	H	50~43	50~42	50~41	49~39	48~36	46~32	43~29	41~27	39~24	38~24	37~23	①
			HH	50~45	50~45	50~43	49~41	48~40	46~37	43~34	41~32	39~29	38~29	37~28	
			HL	48~43	48~42	48~41	47~39	44~36	42~32	39~29	37~27	34~24	34~24	33~23	
42CrMoH	860~880	860±5	H	60~53	60~53	60~52	59~51	58~50	57~48	57~46	56~43	55~38	53~35	51~33	①
			HH	60~55	60~55	60~54	59~53	58~52	57~50	57~49	56~48	55~44	53~41	51~39	
			HL	58~53	58~53	58~53	57~51	56~50	55~48	54~46	52~43	50~38	47~35	45~33	
20CrMnMoH	860~880	860±5	H	50~42	50~42	50~41	49~39	48~37	47~35	45~33	43~31	40~28	38~27	38~26	217
			HH	50~44	50~44	50~43	49~41	48~40	47~39	45~37	43~35	40~32	39~31	38~30	
			HL	48~42	48~39	48~41	47~39	45~37	43~35	41~33	39~31	36~28	35~27	34~26	
20CrMnTiH	900~920	880±5	H	48~40	48~39	47~36	45~33	42~30	39~27	37~24	35~22	30~20	29	28	217
			HH	48~43	48~42	47~39	45~37	42~34	39~31	37~29	35~27	32~24	29~21	28	
			HL	45~40	45~39	44~36	41~33	38~30	35~27	33~24	31~22	28~20	26	24	
20CrNi3H	850~870	830±5	H	49~41	49~40	48~38	47~35	45~34	43~32	41~30	39~28	36~24	34~22	32~21	241
			HH	49~44	49~43	48~41	47~39	45~37	43~35	41~33	39~31	36~28	34~26	32~24	
			HL	46~41	46~40	46~38	44~36	42~34	40~32	38~30	36~28	32~24	30~22	29~21	
12Cr2Ni4H	880~900	860±5	H	46~37	46~37	46~36	45~36	44~35	43~34	42~33	41~32	39~29	38~28	37~27	269
			HH	46~39	49~39	46~39	45~38	44~37	43~36	42~35	41~34	39~31	38~30	37~29	
			HL	44~37	44~37	44~37	43~36	42~35	41~34	40~33	39~32	37~29	36~28	35~27	
20CrNiMoH	920~940	925±5	H	48~41	47~37	44~30	40~25	35~22	32~20	30	28	25	24	23	197
			HH	48~43	47~40	44~34	40~30	35~26	32~24	30~22	28~20	25	24	23	
			HL	46~41	44~37	39~29	35~25	31~22	28~20	26	25	22	20	—	
20CrNi2MoH	930~950	925±5	H	48~41	47~39	46~35	42~30	39~27	36~25	34~23	32~22	28	26	26	①
			HH	48~43	47~41	45~38	42~34	39~31	36~28	34~26	32~24	28~21	26	25	
			HL	46~41	45~39	42~35	38~30	35~27	33~25	31~23	29~22	25	23	22	

注：1. 保证淬透性结构钢的钢号从优质碳素结构钢和合金结构钢中选出，在相应牌号后加注代号"H"。其钢材为热轧或锻制圆钢和方钢。
2. 保证淬透性结构钢具有相应的淬透性能，在机械制造业中用于制作各种零件。
3. 本表各牌号的化学成分应符合 GB/T 5216—2004 的规定。
① 供需双方协定。

表 3.1-79　保证淬透性结构钢特性及应用

牌号	主要特性	应用举例
45H	—	—
15CrH	特性与15Cr相同，但具有符合标准规定的淬透性，可以使机器零件通过热处理获得稳定尺寸	主要用于制造汽车、拖拉机等用的齿轮、轴类等零件
20CrH	特性与20Cr相同，但具有符合标准规定的稳定的淬透性，可以使机器零件在热处理后具有稳定的尺寸	主要用于制造汽车、拖拉机等用的齿轮和轴类，由于尺寸稳定，精度高，零部件啮合性好，噪声小，耐磨性强，延长了使用寿命

(续)

牌号	主要特性	应用举例
20Cr1H	特性基本与20CrH相同，但由于Cr含量稍高，所以其淬透性比20CrH要高	用途与20CrH相似
40CrH	特性与40Cr相同，但具有符合标准规定的稳定的淬透性，可以使机器零件在热处理后具有稳定的尺寸	主要用于制造汽车、拖拉机等用的齿轮和轴类，由于尺寸稳定、精度高、零部件啮合性好、噪声小、耐磨性强、延长了使用寿命
45CrH	特性与45Cr相同，但具有符合标准规定的稳定的淬透性，可以使机器零件在热处理后具有稳定的尺寸	主要用于制造汽车、拖拉机等用的齿轮和轴类，由于尺寸稳定、精度高、零部件啮合性好、噪声小、耐磨性强、延长了使用寿命
16CrMnH	淬透性好的渗碳钢，渗碳后经淬火处理，可得到高的表面硬度，耐磨性好	用于制造汽车、拖拉机等机械用的齿轮、蜗轮、轴套等
20CrMnH	淬透性好的渗碳钢，渗碳后经淬火处理，变形小，强度和韧性高，切削加工性较好。一般在渗碳淬火或调质后使用	用于制造汽车、拖拉机等机械用的齿轮、轴、摩擦轮等
15CrMnBH	特性与15CrMn相近，由于含有硼，淬透性更好	用途与15CrMn相似
17CrMnBH	特性与15CrMn相近，但碳含量稍高，且含有硼，淬透性、耐磨性更好，强度更高。一般在渗碳淬火后使用	用途与15CrMn相似
40MnBH	特性与40MnB相同，但具有符合标准规定的稳定的淬透性，可以使机器零件在热处理后具有稳定的尺寸	主要用于制造汽车、拖拉机等用的齿轮和轴类，由于尺寸稳定、精度高、零部件啮合性好、噪声小、耐磨性强、延长了使用寿命
45MnBH	特性与45MnB相同，但具有符合标准规定的稳定的淬透性，可以使机器零件在热处理后具有稳定的尺寸	主要用于制造汽车、拖拉机等用的齿轮和轴类，由于尺寸稳定、精度高、零部件啮合性好、噪声小、耐磨性强、延长了使用寿命
20MnVBH	特性与20MnVB相同，但具有符合标准规定的稳定的淬透性，可以使机器零件在热处理后具有稳定的尺寸	主要用于制造汽车、拖拉机等用的齿轮和轴，由于尺寸稳定、精度高、零部件啮合性好、噪声小、耐磨性强、延长了使用寿命
20MnTiBH	特性与20MnTiB相同，但具有符合标准规定的稳定的淬透性，可以使机器零件在热处理后具有稳定的尺寸	主要用于制造汽车、拖拉机等用的齿轮和轴，由于尺寸稳定、精度高、零部件啮合性好、噪声小、耐磨性强、延长了使用寿命
15CrMoH	特性与15CrMo相同	主要用于制造汽车、拖拉机等机械用的齿轮、轴等零件
20CrMoH	特性和用途与20CrMo相当	主要用于制造汽车、拖拉机等机械用齿轮、轴等重要渗碳零件
22CrMoH	特性与20CrMoH相近，但碳含量和钼含量稍高，因此淬透性、耐磨性更好，强度更高	用途与20CrMo相似
42CrMoH	特性与42CrMo相当	用途与42CrMo相似
20CrMnMoH	特性与20CrMnMo相同，但具有符合标准规定的稳定的淬透性，可以使机器零件在热处理后具有稳定的尺寸	主要用于制造汽车、拖拉机等用的齿轮和轴类，由于尺寸稳定、精度高、零部件啮合性好、噪声小、耐磨性强、延长了使用寿命
20CrMnTiH	特性与20CrMnTi相同，但具有符合标准规定的稳定的淬透性，可以使机器零件在热处理后具有稳定的尺寸	主要用于制造汽车、拖拉机等用的齿轮和轴类，由于尺寸稳定、精度高、零部件啮合性好、噪声小、耐磨性强、延长了使用寿命
20CrNi3H	特性与20CrNi3相同，但具有符合标准规定的稳定的淬透性，可以使机器零件在热处理后具有稳定的尺寸	主要用于制造汽车、拖拉机等用的齿轮和轴类，由于尺寸稳定、精度高、零部件啮合性好、噪声小、耐磨性强、延长了使用寿命
12Cr2Ni4H	特性与12Cr2Ni4相同，但具有符合标准规定的稳定的淬透性，可以使机器零件在热处理后具有稳定的尺寸	主要用于制造汽车、拖拉机等用的齿轮和轴类，由于尺寸稳定、精度高、零部件啮合性好、噪声小、耐磨性强、延长了使用寿命
20CrNiMoH	特性与20CrNiMo相同，但具有符合标准规定的稳定的淬透性，可以使机器零件在热处理后具有稳定的尺寸	主要用于制造汽车、拖拉机等用的齿轮和轴类，由于尺寸稳定、精度高、零部件啮合性好、噪声小、耐磨性强、延长了使用寿命
20CrNi2MoH	特性与20CrNiMo相近，但Ni和Mo含量较之要高，淬透性更好，强度高，耐磨性好	主要用于制造汽车、拖拉机的发动机和传动系统的齿轮等零件

3.2.6 耐候结构钢（见表 3.1-80）

表 3.1-80 耐候结构钢分类、牌号、力学性能、尺寸规格及应用举例（摘自 GB/T 4171—2008）

分类	牌号	拉伸试验 下屈服强度 R_{eL}/MPa ≥ 钢材公称尺寸/mm ≤16	>16~40	>40~60	>60	抗拉强度 R_m/MPa	断后伸长率 A (%) ≥ 钢材公称尺寸/mm ≤16	>16~40	>40~60	>60	180°弯曲试验弯心直径 (a 为钢板厚度) 钢材公称尺寸/mm ≤6	>6~16	>16	尺寸规格 钢板和钢带厚度范围/mm	型钢尺寸范围/mm	产品标准规定	应用举例
焊接耐候钢	Q235NH	235	225	215	215	360~510	25	25	24	23	a	$2a$	$2a$	100	100	热轧钢板和钢带尺寸按 GB/T 709 规定，冷轧钢板和钢带尺寸按 GB/T 708 规定，型钢尺寸按产品标准相关规定	耐候钢是通过添加少量合金元素如 Cu、P、Cr、Ni 等，使其在金属基体表面上形成保护层，以提高耐大气腐蚀性能的钢。焊接耐候钢适于制作车辆、桥梁、集装箱、建筑或其他结构件之用，与高耐候性钢相比，具有较好的焊接性能，以热轧方式生产
	Q295NH	295	285	275	255	430~560	24	24	23	22	a	$2a$	$3a$	100	100		
	Q355NH	355	345	335	325	490~630	22	22	21	20	a	$2a$	$3a$	100	100		
	Q415NH	415	405	395	—	520~680	22	22	20	—	a	$2a$	$3a$	60	—		
	Q460NH	460	450	440	—	570~730	20	20	19	—	a	$2a$	$3a$	60	—		
	Q500NH	500	490	480	—	600~760	18	16	15	—	a	$2a$	$3a$	60	—		
	Q550NH	550	540	530	—	620~780	16	16	15	—	a	$2a$	$3a$	60	—		
高耐候钢	Q295GNH	295	285	—	—	430~560	24	24	—	—	a	$2a$	$3a$	20	40		适于制作车辆、集装箱之用，塔架或其他结构件用耐候钢，其耐腐蚀性能优于焊接耐候钢，以热轧或冷轧方式生产
	Q355GNH	355	345	—	—	490~630	22	22	—	—	a	$2a$	$3a$	20	40		
	Q265GNH	265	—	—	—	≥410	27	—	—	—	a	—	—	3.5	—		
	Q310GNH	310	—	—	—	≥450	26	—	—	—	a	—	—	3.5	—		

注:
1. GB/T 4171—2008 代替 GB/T 4171—2000 高耐候结构钢，GB/T 4172—2000 焊接结构用耐候钢，GB/T 18982—2003 集装箱用耐腐蚀钢板和钢带。
2. 各牌号的化学成分应符合 GB/T 4171—2008 的规定。
3. 钢的牌号说明：Q355GNHC，Q—屈服强度中"屈"字汉语拼音首位字母；355—下屈服强度（MPa）；GNH—分别为"高"和"候"字汉语拼音首位字母；C—钢的质量等级，分为 A、B、C、D、E 共 5 个等级。
4. 钢材的冲击试验结果应符合 GB/T 4171—2008 的规定。牌号为 Q460NH、Q500NH、Q550NH 的钢材可以淬火加回火状态交货；冷轧钢材一般以退火状态交货。
5. 热轧钢材以热轧、控轧或正火状态交货。

3.2.7 冷镦和冷挤压用钢（见表 3.1-81 ~ 表 3.1-93）

表 3.1-81　冷镦和冷挤压用钢分类牌号表示方法及尺寸规格的规定（摘自 GB/T 6478—2015）

分类和牌号表示方法	1. 非热处理型 2. 表面硬化型 3. 调质型（包括含硼钢） 　上述三类钢的牌号由代表"铆螺"的汉语拼音字母"ML"、平均碳含量与合金元素含量三部分组成，如 ML20MnTiB，其中： 　ML——"铆螺"汉语拼音首字母；20——平均碳含量（以万分之几计）；MnTiB——合金元素 4. 非调质型 　钢的牌号由代表"铆"汉语拼音第一个首字母"M"、"非调质"汉语拼音前两个首字母"FT"、紧固件强度级别数字三部分组成，如 MFT8，其中：M——"铆"汉语拼音第一个首字母；FT——"非调质"汉语拼音前两个首字母；8——紧固件强度级别数字
尺寸规格	热轧圆钢公称直径 12 ~ 100mm，其尺寸、外形、质量及极限偏差应符合 GB/T 702 的规定 热轧盘条的公称直径为 5.0 ~ 60mm，其尺寸、外形、质量及极限偏差应符合 GB/T 14981—2009 的规定，尺寸和外形极限偏差应符合 B 级精度的规定
牌号化学成分的规定	钢的牌号参见表 3.1-82 ~ 表 3.1-87，其化学成分应符合 GB/T 6478—2015 的规定

表 3.1-82　非热处理型冷镦和冷挤压用钢热轧状态钢材的力学性能（摘自 GB/T 6478—2015）

统一数字代号	牌号	抗拉强度 R_m /MPa 不大于	断面收缩率 Z (%) 不小于
U40048	ML04Al	440	60
U40088	ML08Al	470	60
U40108	ML10Al	490	55
U40158	ML15Al	530	50
U40152	ML15	530	50
U40208	ML20Al	580	45
U40202	ML20	580	45

注：表中未列牌号钢材的力学性能按供需双方协议。未规定时，供方报实测值，并在质量证明书中注明。

表 3.1-83　退火状态交货的表面硬化型和调质型钢材的力学性能（摘自 GB/T 6478—2015）

类型	统一数字代号	牌号	抗拉强度 R_m /MPa 不大于	断面收缩率 Z (%) 不小于
表面硬化型	U40108	ML10Al	450	65
	U40158	ML15Al	470	64
	U40152	ML15	470	64
	U40208	ML20Al	490	63
	U40202	ML20	490	63
	A20204	ML20Cr	560	60
调质型	U40302	ML30	550	59
	U40352	ML35	560	58
	U41252	ML25Mn	540	60
	A20354	ML35Cr	600	60
	A20404	ML40Cr	620	58

(续)

类型	统一数字代号	牌号	抗拉强度 R_m /MPa 不大于	断面收缩率 Z (%) 不小于
含硼调质型	A70204	ML20B	500	64
	A70304	ML30B	530	62
	A70354	ML35B	570	62
	A71204	ML20MnB	520	62
	A71354	ML35MnB	600	60
	A20374	ML37CrB	600	60

注：表中未列牌号钢材的力学性能按供需双方协议。未规定时，供方报实测值，并在质量证明书中注明。
　　钢材直径大于12mm时，断面收缩率可降低2%（绝对值）。

表 3.1-84　热轧状态交货的非调质型钢材的力学性能（摘自 GB/T 6478—2015）

统一数字代号	牌号	抗拉强度 R_m /MPa	断后伸长率 A (%) 不小于	断面收缩率 Z (%) 不小于
L27208	MFT8	630~700	20	52
L27228	MFT9	680~750	18	50
L27128	MFT10	≥800	16	48

表 3.1-85　表面硬化型和调质型（包括含硼钢）钢材的末端淬透性（摘自 GB/T 6478—2015）

统一数字代号	牌号	推荐的淬火温度 /℃	距淬火端部9mm处的洛氏硬度 HRC
A20204	ML20Cr	900±5	23~38
A20354	ML35Cr	850±5	35~52
A20404	ML40Cr	850±5	41~58
U40352	ML35	870±5	≥28
A70204	ML20B	880±5	≤37
A70304	ML30B	850±5	22~44
A70354	ML35B	850±5	24~52
A71154	ML15MnB	880±5	≥28
A71204	ML20MnB	880±5	20~41
A71354	ML35MnB	850±5	36~55
A73154	ML15MnVB	880±5	≥30
A73204	ML20MnVB	880±5	≥32
A20374	ML37CrB	850±5	30~54

注：1. 根据需方要求，并在合同中注明，表面硬化型和调质型（包括含硼钢）冷镦和冷挤压用钢可进行末端淬透性试验，并应符合本表规定。
　　2. 本表未列牌号，供方报实测值，并在质量证明书中注明。
　　3. 淬透性指数以距离 $d$mm处的洛氏硬度值表示，即为 J_{xx}-d。
　　4. 公称直径小于30mm钢材允许在中间坯上取样进行实测。

表 3.1-86 冷镦和冷挤压用钢表面硬化型钢材热轧状态的硬度及试样经热处理后的力学性能（摘自 GB/T 6478—2015）

统一数字代号	牌号	试样推荐的热处理制度				试样力学性能				钢材热轧状态布氏硬度 HBW
		渗碳温度① /℃	直接淬火温度 /℃	双重淬火温度 /℃		回火温度② /℃	规定塑性延伸强度 $R_{p0.2}$ /MPa	抗拉强度 R_m /MPa	断后伸长率 A (%)	不大于
				心部淬硬	表面淬硬		不小于		不小于	
U40108	ML10Al	880~980	830~870	880~920	780~820	150~200	250	400~700	15	137
U40158	ML15Al	880~980	830~870	880~920	780~820	150~200	260	450~750	14	143
U40152	ML15	880~980	830~870	880~920	780~820	150~200	260	450~750	14	—
U40208	ML20Al	880~980	830~870	880~920	780~820	150~200	320	520~820	11	156
U40202	ML20	880~980	830~870	880~920	780~820	150~200	320	520~820	11	—
A20204	ML20Cr	880~980	820~860	860~900	780~820	150~200	490	750~1100	9	—

注：1. 本表的力学性能要求不是交货条件，仅为 GB/T 6478—2015 标准所列牌号力学性能的参考，不能作为采购、设计、开发、生产或其他用途的依据。使用者应当了解所能达到的力学性能实际状况。本表为国标的资料性附录。
2. 表中未列牌号，供方提供实测值，并在质量证明书中注明。
3. 试样毛坯直径为 25mm；公称直径小于 25mm 的钢材，按钢材实际尺寸。

① 渗碳温度取决于钢的化学成分和渗碳介质。一般情况下，如果钢直接淬火，不宜超过 950℃。
② 回火时间推荐为最少 1h。

表 3.1-87 冷镦和冷挤压用钢调质型钢（包括硼钢）热轧状态硬度及试样经热处理后的力学性能（摘自 GB/T 6478—2015）

统一数字代号	牌号	试样推荐热处理制度				试样力学性能				钢材热轧状态布氏硬度 HBW
		正火温度 /℃	淬火温度 /℃	淬火介质①	回火温度② /℃	规定塑性延伸强度 $R_{p0.2}$ /MPa	抗拉强度 R_m /MPa	断后伸长率 A (%)	断面收缩率 Z (%)	不大于
						不小于				
U40252	ML25	Ac_3+30~50	—	—	—	275	450	23	50	170
U40302	ML30	Ac_3+30~50	—	—	—	295	490	21	50	179
U40352	ML35	Ac_3+30~50	—	—	—	430	630	17	—	187
U40402	ML40	Ac_3+30~50	—	—	—	335	570	19	45	217

(续)

统一数字代号	牌号	试样推荐热处理制度					试样力学性能				钢材热轧状态布氏硬度 HBW
		正火温度 /℃	淬火温度 /℃	淬火介质①	回火温度② /℃	规定塑性延伸强度 $R_{p0.2}$ /MPa	抗拉强度 R_m /MPa	断后伸长率 A (%)	断面收缩率 Z (%)		
						不小于					不大于
U40452	ML45	$Ac_3+30\sim50$	—	—	—	355	600	16	40		229
L20151	ML15Mn	—	880~900	水	180~220	705	880	9	40		—
U41252	ML25Mn	$Ac_3+30\sim50$	—	—	—	275	450	23	50		170
A20354	ML35Cr	—	830~870	水或油	540~680	630	850	14	—		—
A20404	ML40Cr	—	820~860	油或水	540~680	660	900	11	—		—
A30304	ML30CrMo	—	860~890	水或油	490~590	785	930	12	50		—
A30354	ML35CrMo	—	830~870	油	500~600	835	980	12	45		—
A30404	ML40CrMo	—	830~870	油	500~600	930	1080	12	45		—
A70204	ML20B	880~910	860~890	水或油	550~660	400	550	16	—		—
A70304	ML30B	870~900	850~890	水或油	550~660	480	630	14	—		—
A70354	ML35B	860~890	840~880	水或油	550~660	500	650	14	45		—
A71154	ML15MnB	—	860~890	水	200~240	930	1130	9	—		—
A71204	ML20MnB	880~910	860~890	水或油	550~660	500	650	14	45		—
A71354	ML35MnB	860~890	840~880	油	550~660	650	800	12	45		—
A73154	ML15MnVB	—	860~900	油	340~380	720	900	10	45		207
A73204	ML20MnVB	—	860~900	油	370~410	940	1040	9	45		—
A74204	ML20MnTiB	—	840~880	油	180~220	930	1130	10	45		—
A20374	ML37CrB	855~885	835~875	水或油	550~660	600	750	12	—		—

注：1. 表3.1-86 注1～注3 的要求与本表相同，参见表3.1-86 注1～注3 执行。
2. 奥氏体化时间不少于0.5h，回火时间不少于1h。

① 选择淬火介质时，应考虑其他参数（形状、尺寸和淬火温度等）对性能和裂纹敏感性的影响。其他的淬火介质（如合成淬火剂）也可以使用。
② 标准件行业按GB/T 3098.1—2010 的规定，回火温度范围是380~425℃。在这种条件下的力学性能值与本表数值有较大的差异。

表 3.1-88　调质型冷镦钢牌号与国内外牌号的对照表（摘自 GB/T 6478—2015）

统一数字代号	GB/T 6478—2015	GB/T 6478—2001	ISO 4954：1993	EN 10263-2：2001	JIS G4053：2008	ASTM A29/A29M-12
A20304	ML30Cr	—	—	—	SCr430	5130
A20354	ML35Cr	ML37Cr	34Cr4E	34Cr4	SCr435	5135
A20404	ML40Cr	ML40Cr	41Cr4E	41Cr4	SCr440	5140
A20454	ML45Cr	—	—	—	SCr445	5145
A30204	ML20CrMo	—	—	—	SCM420	4120
A30254	ML25CrMo	—	25CrMo4E	25CrMo4	SCM425	—
A30304	ML30CrMo	ML30CrMo	—	—	SCM430	4130
A30354	ML35CrMo	ML35CrMo	34CrMo4E	34CrMo4	SCM435	4135
A30404	ML40CrMo	ML42CrMo	42CrMo4E	42CrMo4	SCM440	4140
A30454	ML45CrMo	—	—	—	SCM445	4145

表 3.1-89　含硼调质型冷镦钢牌号与国内外牌号的对照表（摘自 GB/T 6478—2015）

统一数字代号	GB/T 6478—2015	GB/T 6478—2001	ISO 4954：1993	EN 10263-4：2001	JIS G3508-1：2010	ASTM A29/A29M-12 ASTM A510/A510M-13
A70204	ML20B	ML20B	CE20BG1	17B2	SWRCHB223	10B21
A70254	ML25B	—	—	25B2	SWRCHB526	10B26
A70304	ML30B	ML28B	CE28B	28B2	SWRCHB331	10B30
A70354	ML35B	ML35B	CE35B	38B2	SWRCHB234	10B35
A71154	ML15MnB	ML15MnB	—	17MnB4	SWRCHB620	—
A71204	ML20MnB	ML20MnB	CE20BG2	20MnB4	SWRCHB320	10B22
A71254	ML25MnB	—	—	27MnB4、23MnB4	SWRCHB526	—
A71304	ML30MnB	—	—	30MnB4	SWRCHB331	—
A71354	ML35MnB	ML35MnB	35MnB5E	37MnB5	SWRCHB734	—
A71404	ML40MnB	—	—	—	—	—
A20374	ML37CrB	—	37CrB1E	—	—	—
A74204	ML20MnTiB	ML20MnTiB	—	—	—	—
A73154	ML15MnVB	ML15MnVB	—	—	—	—
A73204	ML20MnVB	ML20MnVB	—	—	—	—

表 3.1-90　非热处理型冷镦钢牌号与国内外牌号的对照表（摘自 GB/T 6478—2015）

统一数字代号	GB/T 6478—2015	GB/T 6478—2001	ISO 4954：1993	EN 10263-2：2001	JIS G3507-1：2010	ASTM A29/A29M-12
U40048	ML04Al	ML04Al	CC4A	C4C	—	1005
U40068	ML06Al	—	—	—	SWRCH6A	1006
U40088	ML08Al	ML08Al	CC8A	C8C	SWRCH8A	1008
U40108	ML10Al	ML10Al	CC11A	C10C	SWRCH10A	1010
U40102	ML10	—	CC11A	C10C	SWRCH10K	1010
U40128	ML12Al	—	—	—	SWRCH12A	1012
U40122	ML12	—	—	—	SWRCH12K	1012
U40158	ML15Al	ML15Al	CC15A	C15C	SWRCH15A	1015
U40152	ML15	ML15	CC15K	C15C	SWRCH15K	1015
U40208	ML20Al	ML20Al	CC21A	C20C	SWRCH20A	1020
U40202	ML20	ML20	CC21K	C20C	SWRCH20K	1020

表 3.1-91　表面硬化型冷镦钢牌号与国内外牌号的对照表（摘自 GB/T 6478—2015）

统一数字代号	GB/T 6478—2015	GB/T 6478—2001	ISO 4954：1993	EN 10263-2：2001	JIS G3507-1：2010	ASTM A29/A29M-12
U41188	ML18Mn	ML18Mn	CE16E4	C17E2C	SWRCH18A	1018
U41208	ML20Mn	ML22Mn	CE20E4	C17E2C	SWRCH22A	1022
A20154	ML15Cr	—	—	—	SCr415	5115
A20204	ML20Cr	ML20Cr	20Cr4E	17Cr3	SCr420	5120

表 3.1-92　调质型冷镦钢牌号与国内外牌号的对照表（摘自 GB/T 6478—2015）

统一数字代号	GB/T 6478—2015	GB/T 6478—2001	ISO 4954：1993	EN 10263-4：2001	JIS G3507-1：2010	ASTM A29/A29M-12
U40252	ML25	ML25			SWRCH25K	1025
U40302	ML30	ML30Mn	CE28E4	—	SWRCH30K	1030
U40352	ML35	ML35Mn	CE35E4	C35EC	SWRCH35K	1035
U40402	ML40	ML40	CE40E4		SWRCH40K	1040
U40452	ML45	ML45	CE45E4	C45EC	SWRCH45K	1045
U41252	ML25Mn	ML25Mn	CE28E4		SWRCH25K	1026

表 3.1-93　冷镦和冷挤压用钢的特性及应用

牌号	主要特性	应用举例
ML04Al	含碳量很低，具有很高的塑性，冷镦和冷挤压成形性极好	制作铆钉、强度要求不高的螺钉、螺母及自行车用零件等
ML08Al	具有很高的塑性，冷镦和冷挤压性能好	制作铆钉、螺母、螺栓及汽车和自行车用零件
ML10Al	塑性和韧性高，冷镦和冷挤压成形性好，需通过热处理改善可加工性	制作铆钉、螺母、半圆头螺钉、开口销等
ML15Al	具有很好的塑性和韧性，冷镦和冷挤压性能良好	制作铆钉、开口销、弹簧插销、螺钉、法兰盘、摩擦片、农机用链条等
ML15	与 ML15Al 钢基本相同	与 ML15Al 钢基本相同
ML20Al	塑性、韧性好，强度较 ML15 钢稍高，可加工性低，无回火脆性	制作六角螺钉、铆钉、螺栓、弹簧座、固定销等
ML20	与 ML20Al 钢基本相同	与 ML20Al 钢基本相同
ML18Mn	特性与 ML15 钢相似，但淬透性、强度、塑性均较之有所提高	制作螺钉、螺母、铰链、销、套圈等
ML22Mn	与 ML18Mn 钢基本相近	与 ML18Mn 钢基本相近
ML20Cr	冷变形塑性好，无回火脆性，可加工性尚好	制作螺栓、活塞销等
ML25	冷变形塑性高，无回火脆性倾向	制作螺栓、螺母、螺钉、垫圈等
ML30	具有一定的强度和硬度，塑性较好，在调质处理后可得到较好的综合力学性能	制作螺钉、丝杠、拉杆、键等
ML35	具有一定的强度，良好的塑性，冷变形塑性高，冷镦和冷挤压性较好，淬透性差，在调质状态下使用	制作螺钉、螺母、轴销、垫圈、钩环等
ML40	强度较高，冷变形塑性中等，加工性好，淬透性低，多在正火或调质或高频淬火热处理状态下使用	制作螺栓、轴销、链轮等

(续)

牌号	主要特性	应用举例
ML45	具有较高的强度，一定的塑性和韧性，进行球化退火热处理后具有较好的冷变形塑性，在调质处理后可获得很好的综合力学性能	制作螺栓、活塞销等
ML15Mn	高锰低碳调质型冷镦和冷挤压用钢，强度较高，冷变形塑性尚好	制作螺栓、螺母、螺钉等
ML25Mn	与ML25钢相近	与ML25钢相近
ML35Cr	具有较高的强度和韧性，淬透性良好，冷变形塑性中等	制作螺栓、螺母、螺钉等
ML40Cr	调质处理后具有良好的综合力学性能，缺口敏感性低，淬透性良好，冷变形塑性中等，经球化热处理后具有好的冷镦性能	制作螺栓、螺母、连杆螺钉等
ML30CrMo	具有高的强度和韧性，在低于500℃温度时具有良好的高温强度，淬透性较高，冷变形塑性中等，在调质状态下使用	用于制造锅炉和汽轮机中工作温度低于450℃的紧固件，工作温度低于500℃高压用的螺母及法兰，通用机械中受载荷大的螺栓、螺柱等
ML35CrMo	具有高的强度和韧性，在高温下有高的蠕变强度和持久强度，冷变形塑性中等	用于制造锅炉中工作温度低于480℃的螺栓、工作温度低于510℃的螺母，轧钢机的连杆、紧固件等
ML40CrMo	具有高的强度和韧性，淬透性较高，有较高的疲劳极限和较强的抗多次冲击能力	用于制造比ML35CrMo钢的强度要求更高，断面尺寸较大的螺栓、螺母等零件
ML20B	调质型低碳硼钢，塑性、韧性好，冷变形塑性高	制作螺钉、铆钉、销子等
ML28B	淬透性好，具有良好的塑性、韧性和冷变形成形性能，在调质状态下使用	制作螺钉、螺母、垫片等
ML35B	比ML35钢具有更好的淬透性和力学性能，冷变形塑性好，在调质状态下使用	制作螺钉、螺母、轴销等
ML15MnB	调质处理后强度高，塑性好	制作较为重要的螺栓、螺母等零件
ML20MnB	具有一定的强度和良好的塑性，冷变形塑性好	制作螺钉、螺母等
ML35MnB	调质处理后强度较ML35Mn钢高，塑性稍低，淬透性好，冷变形塑性尚好	制作螺钉、螺母、螺栓等
ML37CrB	具有良好的淬透性，调质处理后综合性能好，冷塑性变形中等	制作螺钉、螺母、螺栓等
ML20MnTiB	调质后具有高的强度，良好的韧性和低温冲击韧度，晶粒长大倾向小	用于制造汽车、拖拉机的重要螺栓
ML15MnVB	经淬火加低温回火后，具有较高的强度、良好的塑性及低温冲击韧度，较低的缺口敏感性，淬透性较好	用于制造高强度的重要螺栓，如汽车用气缸盖螺栓、半轴螺栓、连杆螺栓等
ML20MnVB	具有高强度、高耐磨性及较高的淬透性	用于制造汽车、拖拉机上的螺栓、螺母等

3.2.8 非调质机械结构钢（见表3.1-94、表3.1-95）

表3.1-94　非调质机械结构钢牌号及力学性能（摘自 GB/T 15712—2016）

统一数字代号	牌号	钢材直径或边长/mm	抗拉强度 R_m/MPa ≥	下屈服强度 R_{eL}/MPa ≥	断后伸长率 A（%）≥	断面收缩率 Z（%）≥	冲击吸收能量 KU_2/J ≥
L22358	F35VS（YF35V）	≤40	590	390	18	40	47
L22408	F40VS（YF40V）	≤40	640	420	16	35	37
L22468	F45VS（YF45V，F45V）	≤40	685	440	15	30	35
L22308	F30MnVS	≤60	700	450	14	30	实测
L22378	F35MnVS（YF35MnV F35MnVN）	≤40	735	460	17	35	37
		>40~60	710	440	15	33	35
L22388	F38MnVS	≤60	800	520	12	25	实测
L22428	F40MnVS（YF40MnV F40MnV）	≤40	785	490	15	33	32
		>40~60	760	470	13	30	28
L22478	F45MnVS（YF45MnV）	≤40	835	510	13	28	28
		>40~60	810	490	12	28	25
L22498	F49MnVS	≤60	780	450	8	20	实测

注：1. 非调质机械结构钢是一种通过微合金化、控制轧制（锻制）和控制冷却等强韧化方法，取消了调质热处理，达到或接近调质钢力学性能的优质或特殊质量的结构钢。钢材按规定分为两类：UC—直接切削加工用非调质机械结构钢；UHP—热压力加工用非调质机械结构钢。直接切削加工用钢材的牌号、公称直接或边长不大于60mm的力学性能应符合本表规定。GB/T 15712—2016 还规定了 F70VS、F48MnV、F37MnSiVS、F41MnSiV、F38MnSiNS、F12Mn2VBS、F25Mn2CrVS 等7种牌号，总计16个牌号均可用于 UHP 钢，热压力加工用钢材的力学性能要求由供需双方协商，本表仅供参考。
2. 牌号的化学成分应符合 GB/T 15712—2016 的相关规定。
3. 直接切削加工用钢材，直径或边长不大于60mm 钢材的力学性能应符合本表的规定。直径不大于16mm 的圆钢或边长不大于12mm 的方钢不做冲击试验；直径或边长大于60mm 的钢材力学性能可由供需双方协商。
4. 热压力加工用钢材，根据需方要求可检验力学性能及硬度，其试验方法和验收指标由供需双方协商，本表仅供参考。但直径不小于60mm 的 F12Mn2VBS 钢，应先改锻成直径30mm 圆坯，经450~650℃回火，其力学性能应符合本表规定。
5. 冲击吸收能量一栏中"实测"者，只提供实测数据，不作为判定依据。
6. 非调质机械结构钢热轧钢材尺寸规格应符合 GB/T 702 的规定；银亮钢材尺寸规格应符合 GB/T 3207 的规定。
7. 牌号加括号者为 GB/T 15712—1995 旧标准牌号。

表3.1-95　非调质机械结构钢的性能特点及应用举例

钢号	性能特点及应用举例
F35VS F40VS	热轧空冷后具有良好的综合力学性能，加工性能优于调质态的40钢 用于制造 CA15 发动机和空气压缩机的连杆及其他零件，可代替40钢
F45VS	属于685MPa级易切削非调质钢，比 F35VS 钢有更高的强度 用于制造汽车发动机曲轴、凸轮轴、连杆，以及机械行业的轴类、蜗杆等零件，可代替45钢
F35MnVS	与 F35VS 钢相比，有更好的综合力学性能，用于制造 CA6102 发动机的连杆及其他零件，可代替55钢
F40MnVS	比 F35MnVS 钢有更高的强度，其塑性和疲劳性能均优于调质态的45钢，加工性能优于45、40Cr、40MnB 钢，可代替45、40Cr 和 40MnB 制造汽车、拖拉机和机床的零部件
F45MnVS	属于785MPa级易切削非调质钢，与 F40MnVS 钢相比，耐磨性较高，韧性稍低，加工性能优于调质态的45钢，疲劳性能和耐磨性亦佳，主要取代调质态的45钢，用来制造拖拉机、机床等的轴类零件

3.2.9 易切削结构钢（见表 3.1-96）

表 3.1-96 易切削结构钢牌号、力学性能、钢材品种规格及应用举例（摘自 GB/T8731—2008）

钢材品种及尺寸规格	品 种	尺寸规格及允许偏差应符合的标准号	热处理后的易切削结构钢力学性能（其他中碳钢热处理后的性能可参照 Y45Ca 和 Y40Mn，或由供需双方协商）
	热轧钢棒（圆钢、方钢、扁钢、六角钢和八角钢）	GB/T 702—2008	Y45Ca 拉伸试样毛坯（直径 25mm）正火处理，加热温度 830～850℃，保温不小于 30min，其力学性能：下屈服强度 R_{eL} ≥355MPa；抗拉强度 R_m ≥600MPa；断后伸长率 A≥16%；断面收缩率 Z≥40%；冲击试样毛坯（直径 15mm）调质处理，淬火（840±20）℃，回火温度（600±20）℃，冲击吸收能量 KV_2 ≥39J
	锻制钢棒（圆钢、方钢、扁钢）	GB/T 908—2008	
	热轧盘条	GB/T 14981—2004	
	冷拉圆钢、方钢、六角钢	GB/T 905—1994	
	冷拉圆钢丝、方钢丝、六角钢丝	GB/T 342—1997	Y40Mn 冷拉条钢高温回火状态力学性能：R_m = 590～785MPa；A≥17%；布氏硬度 179～229HBW
	热轧钢板和钢带	GB/T 709—2006	
	冷轧钢板和钢带	GB/T 708—2006	

牌号	冷拉条钢和盘条 力学性能				热轧条钢和盘条 力学性能			
	抗拉强度 R_m/MPa			断后伸长率 A (%) 不小于	布氏硬度 HBW	抗拉强度 R_m/MPa	断后伸长率 A (%) 不小于	断面收缩率 Z (%) 不小于	布氏硬度 HBW 不大于
	钢材公称尺寸/mm							
	8～20	>20～30	>30						
Y08	480～810	460～710	360～710	7.0	140～217	360～570	25	40	163
Y12	530～755	510～735	490～685	7.0	152～217	390～540	22	36	170
Y15	530～755	510～735	490～685	7.0	152～217	390～540	22	36	170
Y20	570～785	530～745	510～705	7.0	167～217	450～600	20	30	175
Y30	600～825	560～765	540～735	6.0	174～223	510～655	15	25	187
Y35	625～845	590～785	570～765	6.0	176～229	510～655	14	22	187
Y45	695～980	655～880	580～880	6.0	196～255	560～800	12	20	229
Y08MnS	480～810	460～710	360～710	7.0	140～217	350～500	25	40	165
Y15Mn	530～755	510～735	490～685	7.0	152～217	390～540	22	36	170
Y45Mn	695～980	655～880	580～880	6.0	196～255	610～900	12	20	241
Y45MnS	695～980	655～880	580～880	6.0	196～255	610～900	12	20	241

(续)

牌号	冷拉条钢和盘条 力学性能					热轧条钢和盘条 力学性能			
	抗拉强度 R_m/MPa 钢材公称尺寸/mm			断后伸长率 A (%) 不小于	布氏硬度 HBW	抗拉强度 R_m/MPa	断后伸长率 A (%) 不小于	断面收缩率 Z (%) 不小于	布氏硬度 HBW 不大于
	8~20	>20~30	>30						
Y08Pb	480~810	460~710	360~710	7.0	140~217	360~570	25	40	165
Y12Pb	480~810	460~710	360~710	7.0	140~217	360~570	22	36	170
Y15Pb	530~755	510~735	490~685	7.0	152~217	390~540	22	36	170
Y45MnSPb	695~980	655~880	580~880	6.0	196~255	610~900	12	20	241
Y08Sn	480~705	460~685	440~635	7.5	140~200	350~500	25	40	165
Y15Sn	530~755	510~735	490~685	7.0	152~217	390~540	22	36	165
Y45Sn	695~920	655~855	635~835	6.0	196~255	600~745	12	26	241
Y45MnSn	695~920	655~855	635~835	6.0	196~255	610~850	12	26	241
Y45Ca	695~920	655~855	635~835	6.0	196~255	600~745	12	26	241

应用举例		
Y12、Y12Pb	强度接近15Mn，用于自动机床加工标准件，常用于制造力学性能要求不高的零件，如螺母、销钉、螺柱、手表零件、仪表的精密小零件等
Y15、Y15Pb	强度稍高于Y12，切削性比Y12好，用于自动机床加工紧固件和标准件，如双头螺栓、螺钉、螺母、管接头、弹簧座等
Y20	强度高于Y15，切削性比20提高30%~40%；用于复杂断面不易加工的小型零件，如内燃机凸轮轴、纺织机零件、表面耐磨的仪器、仪表零件、零件可渗碳
Y30	强度与35钢相近，用于制作要求有较高抗拉强度的零件，通常以冷拉状态使用
Y35	强度略高于35钢，用于制作要求有较高抗拉强度的零件，通常以冷拉状态使用
Y40Mn	切削性能高于45钢，并有较高的强度和硬度，如齿条、丝杠、花键轴等，一般以冷拉状态使用
Y45Ca	高速切削用钢，切削速度高于45钢1倍以上，热处理后具有良好的力学性能，用于力学性能要求高的重要零件，如机床齿轮轴、花键轴等

注：本表各牌号的化学成分应符合GB/T8731—2008的规定。

3.2.10 弹簧钢（见表3.1-97）

表3.1-97 弹簧钢牌号、力学性能及应用（摘自 GB/T 1222—2016）

	统一数字代号	牌号	热处理制度①			力学性能，不小于				
			淬火温度/℃	淬火介质	回火温度/℃	抗拉强度 R_m/MPa	下屈服强度 R_{eL}②/MPa	断后伸长率		断面收缩率 Z（%）
								A（%）	$A_{11.3}$（%）	
弹簧钢的牌号及力学性能	U20652	65	840	油	500	980	785	—	9.0	35
	U20702	70	830	油	480	1030	835	—	8.0	30
	U20802	80	820	油	480	1080	930	—	6.0	30
	U20852	85	820	油	480	1130	980	—	6.0	30
	U21653	65Mn	830	油	540	980	785	—	8.0	30
	U21702	70Mn	③	—	—	785	450	8.0	—	30
	A76282	28SiMnB④	900	水或油	320	1275	1180	—	5.0	25
	A77406	40SiMnVBE④	880	油	320	1800	1680	9.0	—	40
	A77552	55SiMnVB	860	油	460	1375	1225	—	5.0	30
	A11383	38Si2	880	水	450	1300	1150	8.0	—	35
	A11603	60Si2Mn	870	油	440	1570	1375	—	5.0	20
	A22553	55CrMn	840	油	485	1225	1080	9.0	—	20
	A22603	60CrMn	840	油	490	1225	1080	9.0	—	20
	A22609	60CrMnB	840	油	490	1225	1080	9.0	—	20
	A34603	60CrMnMo	860	油	450	1450	1300	6.0	—	30
	A21553	55SiCr	860	油	450	1450	1300	6.0	—	25
	A21603	60Si2Cr	870	油	420	1765	1570	6.0	—	20
	A24563	56Si2MnCr	860	油	450	1500	1350	6.0	—	25
	A45523	52SiCrMnNi	860	油	450	1450	1300	6.0	—	35
	A28553	55SiCrV	860	油	400	1650	1600	5.0	—	35
	A28603	60Si2CrV	850	油	410	1860	1665	6.0	—	20
	A28600	60Si2MnCrV	860	油	400	1700	1650	5.0	—	30
	A23503	50CrV	850	油	500	1275	1130	10.0	—	40
	A25513	51CrMnV	850	油	450	1350	1200	6.0	—	30
	A36523	52CrMnMoV	860	油	450	1450	1300	6.0	—	35
	A27303	30W4Cr2V⑤	1075	油	600	1470	1325	7.0	—	40

	牌号	主 要 用 途
弹簧钢的主要用途	65　70　80　85	应用非常广泛，但多用于工作温度不高的小型弹簧或不太重要的较大尺寸弹簧及一般机械用的弹簧
	65Mn　70Mn	制造各种小截面扁簧、圆簧、发条等，亦可制弹簧环、气门簧、减振器和离合器簧片、制动簧等
	28SiMnB	用于制造汽车钢板弹簧
	40SiMnVBE　55SiMnVB	制作重型、中型、小型汽车的板簧，亦可制作其他中型断面的板簧和螺旋弹簧
	38Si2	主要用于制造轨道扣件用弹条
	60Si2Mn	应用广泛，主要制造各种弹簧，如汽车、机车、拖拉机的板簧、螺旋弹簧，一般要求的汽车稳定杆、低应力的货车转向架弹簧，轨道扣件用弹条
	55CrMn　60CrMn	用于制作汽车稳定杆，亦可制作较大规格的板簧、螺旋弹簧
	60CrMnB	适用于制造较厚的钢板弹簧、汽车导向臂等产品
	60CrMnMo	大型土木建筑、重型车辆、机械等使用的超大型弹簧
	60Si2Cr	多用于制造载荷大的重要弹簧、工程机械弹簧等
	55SiCr	用于制作汽车悬挂用螺旋弹簧、气门弹簧
	56Si2MnCr	一般用于冷拉钢丝、淬回火钢丝制作悬架弹簧，或板厚大于10~15mm 的大型板簧等
	52Si2CrMnNi	铬硅锰镍钢，欧洲客户用于制作载重卡车用大规格稳定杆
	55SiCrV	用于制作汽车悬挂用螺旋弹簧、气门弹簧
	60Si2CrV	用于制造高强度级别的变截面板簧，货车转向架用螺旋弹簧，也可制造载荷大的重要大型弹簧、工程机械弹簧等
	50CrV　51CrMnV	适宜制造工作应力高、疲劳性能要求严格的螺旋弹簧、汽车板簧等；也可用作较大截面的高负荷重要弹簧及工作温度低于300℃的阀门弹簧、活塞弹簧、安全阀弹簧
	52CrMnMoV	用作汽车板簧、高速客车转向架弹簧、汽车导向臂等
	60Si2MnCrV	可用于制作大载荷的汽车板簧
	30W4Cr2V	主要用于工作温度500℃以下的耐热弹簧，如汽轮机主蒸汽阀弹簧、锅炉安全阀弹簧等

	（续）
弹簧钢材尺寸规格的规定	热轧棒材尺寸规格应符合 GB/T 702 的规定 锻制棒材尺寸规格应符合 GB/T 908 的规定 热轧盘条尺寸规格应符合 GB/T 14981 的规定 热轧扁钢尺寸规格应符合 GB/T 1222—2016 附录 A 的规定 冷拉棒材尺寸规格应符合 GB/T 905 的规定 银亮钢尺寸规格应符合 GB/T 3207 的规定 钢材按实际质量交货
弹簧钢牌号化学成分的规定	弹簧钢各牌号的化学成分应符合 GB/T 1222—2016 的规定 当需方要求，双方协商并在合同中注明，可以供应 GB/T 1222 规定之外的其他牌号弹簧钢

注：1. GB/T 1222—2016 代替 GB/T 1222—2007。
  2. 用热处理毛坯制成试样测定钢材的纵向力学性能应符合本表的规定。
  3. 本表所列力学性能适用于直径或边长不大于 80mm 的棒材以及厚度不大于 40mm 的扁钢。直径或边长大于 80mm 的棒材、厚度大于 40mm 的扁钢，允许其断后伸长率、断面收缩率较本表的规定分别降低 1%（绝对值）及 5%（绝对值）。
  4. 盘条通常不检验力学性能。如需方要求检验力学性能，则具体指标由供需双方协商确定。
  5. 力学性能试验采用直径 10mm 的比例试样，推荐取留有少许加工余量的试样毛坯（一般尺寸为 11～12mm）。
  6. 对于直径或边长小于 11mm 的棒材，用原尺寸钢材进行热处理。
  7. 对于厚度小于 11mm 的扁钢，允许采用矩形试样。当采用矩形试样时，断面收缩率不作为验收条件。
① 表中热处理温度允许调整范围为：淬火，±20℃；回火，±50℃（28MnSiB 钢 ±30℃）。根据需方要求，其他钢回火可按 ±30℃进行。
② 当检测钢材屈服现象不明显时，可用 $R_{p0.2}$ 代替 R_{eL}。
③ 70Mn 的推荐热处理制度为：正火 790℃，允许调整范围为 ±30℃。
④ 典型力学性能参数参见 GB/T 1222—2016 附录 D。
⑤ 30W4Cr2V 除抗拉强度外，其他力学性能检验结果供参考，不作为交货依据。

3.2.11 桥梁用结构钢（见表 3.1-98 ~ 表 3.1-100）

表 3.1-98　桥梁用结构钢的牌号和钢产品的规格（摘自 GB/T 714—2015）

项目	有关说明
牌号及其化学成分的规定	桥梁用结构钢按交货状态分为 1. 热轧或正火钢，包括：Q345q、Q370q 2. 热机械轧制钢，包括：Q345q、Q370q、Q420q、Q460q、Q500q 3. 调质钢，包括：Q500q、Q550q、Q620q、Q690q 4. 耐大气腐蚀钢，包括：Q345qNH、Q370qNH、Q420qNH、Q460qNH、Q500qNH、Q550qNH 按交货状态不同，对于各种交货状态牌号的化学成分，规定了不同的化学成分，应符合 GB/T 714—2015 的相关规定。质量等级分为 C、D、E、F 级
钢材产品的规格	1. 钢板的尺寸、外形、质量及极限偏差应符合 GB/T 709 的规定（厚度不大于 150mm） 2. 钢带及其剪切钢板的尺寸、外形、质量及极限偏差应符合 GB/T 709 的规定（厚度不大于 25.4mm） 3. 型钢的尺寸、外形、质量及极限偏差应符合 GB/T 706、GB/T 11263 的规定（厚度不大于 40mm） 4. 经供需双方协议，可供应其他尺寸、外形及极限偏差的钢材
特性及应用	桥梁用结构钢是采用转炉或电炉冶炼，并应进行炉外精炼，钢质纯净，质量等级高，具有优良的综合性能，较高的强度、良好的韧性、耐疲劳，抗冲击性优良，且有良好的耐大气腐蚀性能，一定的低温韧性，焊接性和加工工艺性均好，是桥梁结构件的专用钢种

表 3.1-99　桥梁用结构钢钢材的力学性能（摘自 GB/T 714—2015）

牌号	质量等级	拉伸试验①②					冲击试验③	
		下屈服强度 R_{eL}/MPa			抗拉强度 R_m/MPa	断后伸长率 A（%）	温度 /℃	冲击吸收能量 KV_2/J
		厚度 ≤50mm	50mm < 厚度 ≤100mm	100mm < 厚度 ≤150mm				
		不小于						不小于
Q345q	C	345	335	305	490	20	0	120
	D						-20	
	E						-40	
Q370q	C	370	360	—	510	20	0	120
	D						-20	
	E						-40	

(续)

牌号	质量等级	拉伸试验①② 下屈服强度 R_{eL}/MPa 厚度 ≤50mm	50mm<厚度 ≤100mm	100mm<厚度 ≤150mm	抗拉强度 R_m/MPa	断后伸长率 A(%)	冲击试验③ 温度/℃	冲击吸收能量 KV_2/J
		不小于						不小于
Q420q	D	420	410	—	540	19	-20	120
	E						-40	
	F						-60	47
Q460q	D	460	450	—	570	18	-20	120
	E						-40	
	F						-60	47
Q500q	D	500	480	—	630	18	-20	120
	E						-40	
	F						-60	47
Q550q	D	550	530	—	660	16	-20	120
	E						-40	
	F						-60	47
Q620q	D	620	580	—	720	15	-20	120
	E						-40	
	F						-60	47
Q690q	D	690	650	—	770	14	-20	120
	E						-40	
	F						-60	47

注：牌号示例说明：

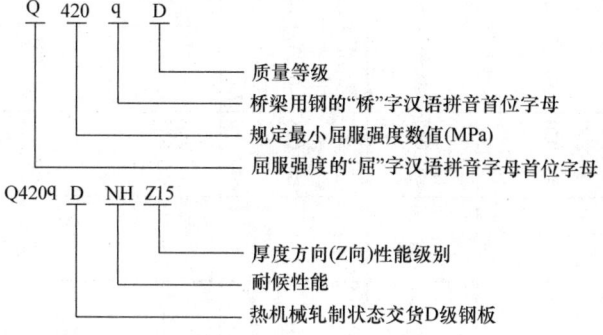

① 当屈服不明显时，可测量 $R_{p0.2}$ 代替下屈服强度。
② 拉伸试验取横向试样。
③ 冲击试验取纵向试样。

表 3.1-100　桥梁结构用钢国内外标准牌号对照（摘自 GB/T 714—2015）

GB/T 714—2015	ASTM A709：2011	EN 10025-3：2004	EN 10025-4：2004	EN 10025-6：2004(2009)
Q345q	50 [345] 50W [345W] HPS 50W [HPS 345W]	S355N、S355NL	S355M、S355ML	—
Q370q	—	—	—	—
	—	—	—	—
Q420q	—	S420N、S420NL	S420M、S420ML	—
Q460q	HPS 70W [HPS 485W]	S460N、S460NL	S460M、S460ML	S460Q、S460QL、S460QL1
Q500q	—	—	—	S500Q、S500QL、S500QL1
Q550q	—	—	—	S550Q、S550QL、S550QL1
Q620q	—	—	—	S620Q、S620QL、S620QL1
Q690q	HPS 100W [HPS 690W]	—	—	S690Q、S690QL、S690QL1

3.2.12 锻件用结构钢（见表3.1-101）

表3.1-101 锻件用结构钢牌号、化学成分和力学性能（摘自 GB/T 32289—2015、GB/T 17107—1997）

（1）锻件用碳素结构钢、优质碳素结构钢牌号、化学成分和试样力学性能（摘自 GB/T 17107—1997）

牌号	化学成分（质量分数，%）									热处理状态	截面尺寸（直径或厚度）/mm	试样方向	力学性能				
	C	Si	Mn	Cr	Ni	Mo	V	S	P	Cu				R_m/MPa	R_{eL}/MPa	A_5(%)	Z(%)	KU/J	硬度 HBW

牌号	C	Si	Mn	Cr	Ni	Mo	V	S	P	Cu	热处理状态	截面尺寸/mm	试样方向	R_m/MPa	R_{eL}/MPa	A_5(%)	Z(%)	KU/J	硬度 HBW
Q235	0.14~0.22	≤0.30	0.30~0.65	≤0.30	≤0.30	—	—	≤0.050	≤0.045	≤0.30	—	≤100	纵向	330	210	23	—	—	—
												100~300	纵向	320	195	22	43	—	—
												300~500	纵向	310	185	21	38	—	—
												500~700	纵向	300	175	20	38	—	—
15	0.12~0.19	0.17~0.37	0.35~0.65	≤0.25	≤0.25	—	—	≤0.035	≤0.035	≤0.25	正火+回火	≤100	纵向	320	195	27	55	47	97~143
												100~300	纵向	310	165	25	50	47	97~143
												300~500	纵向	300	145	24	45	43	97~143
20	0.17~0.24	0.17~0.37	0.35~0.65	≤0.25	≤0.25	—	—	≤0.035	≤0.035	≤0.25	正火或正火+回火	≤100	纵向	340	215	24	50	43	103~156
												100~250	纵向	330	195	23	45	39	103~156
												250~500	纵向	320	185	22	40	39	103~156
												500~1000	纵向	300	175	20	35	35	103~156
25	0.22~0.30	0.17~0.37	0.50~0.80	≤0.25	≤0.25	—	—	≤0.035	≤0.035	≤0.25	正火或正火+回火	≤100	纵向	420	235	22	50	39	112~170
												100~250	纵向	390	215	20	48	31	112~170
												250~500	纵向	380	205	18	40	31	112~170
30	0.27~0.35	0.17~0.37	0.50~0.80	≤0.25	≤0.25	—	—	≤0.035	≤0.035	≤0.25	正火或正火+回火	≤100	纵向	470	245	19	48	31	126~179
												100~300	纵向	460	235	19	46	27	126~179
												300~500	纵向	450	225	18	40	27	126~179
												500~800	纵向	440	215	17	35	28	126~179
35	0.32~0.40	0.17~0.37	0.50~0.80	≤0.25	≤0.25	—	—	≤0.035	≤0.035	≤0.25	正火或正火+回火	≤100	纵向	510	265	18	43	28	149~187
												100~300	纵向	490	255	18	40	24	149~187
												300~500	纵向	470	235	17	37	24	143~187
												500~750	纵向	450	225	16	32	20	137~187
												750~1000	纵向	430	215	15	28	20	137~187

牌号	C	Si	Mn	Cr	Ni	Cu	Mo	P	S	其他	热处理	尺寸/mm	取样方向	R_m/MPa	R_{eL}/MPa	A/%	Z/%	KU/J	HBW
35	0.32~0.40	0.17~0.37	0.50~0.80	≤0.25	—	—	≤0.25	≤0.035	≤0.035	≤0.25	调质	≤100	纵向	550	295	19	48	47	156~207
											正火+回火	≤100	纵向	530	275	18	40	39	156~207
												100~300	切向	470	245	13	30	20	—
												300~500	切向	450	225	12	28	20	—
												500~750	切向	430	215	11	24	16	—
												750~1000	切向	410	205	10	22	16	—
40	0.37~0.45	0.17~0.37	0.50~0.80	≤0.25	—	—	≤0.25	≤0.035	≤0.035	≤0.25	调质	≤100	纵向	550	275	17	40	24	143~207
												100~250	纵向	530	265	17	36	24	143~207
												250~500	纵向	510	255	16	32	20	143~207
												500~1000	纵向	490	245	15	30	20	143~207
											正火或正火+回火	≤100	纵向	615	340	18	40	39	196~241
												100~250	纵向	590	295	17	35	31	189~229
												250~500	纵向	560	275	17	—	—	163~219
												500~1000	纵向	590	295	15	38	23	170~217
												≤100	纵向	570	285	15	35	19	163~217
												100~300	纵向	550	275	14	32	19	163~217
												300~500	纵向	580	265	13	30	15	156~217
45	0.42~0.50	0.17~0.37	0.50~0.80	≤0.25	—	—	≤0.25	≤0.035	≤0.035	≤0.25	调质	≤100	纵向	630	370	17	40	31	207~302
												100~250	纵向	590	345	18	35	31	197~286
												250~500	纵向	590	345	17	—	—	187~255
											正火+回火	100~300	切向	540	275	10	25	16	—
												300~500	切向	520	265	10	23	16	—
												500~750	切向	500	255	9	21	12	—
												750~1000	切向	480	245	8	20	12	—

(1) 锻件用碳素结构钢、优质碳素结构钢牌号、化学成分和试样力学性能（摘自 GB/T 17107—1997）

牌号	化学成分（质量分数，%）										热处理状态	截面尺寸（直径或厚度）/mm	试样方向	力学性能 不小于					
	C	Si	Mn	Cr	Ni	Mo	V	S	P	Cu				R_m/MPa	R_{eL}/MPa	A_5(%)	Z(%)	KU/J	硬度 HBW
50	0.47~0.55	0.17~0.37	0.50~0.80	≤0.25	≤0.25	—	—	≤0.035	≤0.035	≤0.25	正火+回火	≤100	纵向	610	310	13	35	23	—
												100~300	纵向	590	295	12	33	19	—
												300~500	纵向	570	285	12	30	19	—
												500~750	纵向	550	265	12	28	15	—
											调质	≤16	纵向	700	500	14	30	31	—
												16~40	纵向	650	430	16	35	31	—
												40~100	纵向	630	370	17	40	31	—
												100~250	纵向	590	345	17	35	31	—
												250~500	纵向	590	345	17	35	—	—
55	0.52~0.60	0.17~0.37	0.50~0.80	≤0.25	≤0.25	—	—	≤0.035	≤0.035	≤0.25	正火+回火	≤100	纵向	645	320	12	35	23	187~229
												100~300	纵向	625	310	11	28	19	187~229
												300~500	纵向	610	305	10	22	19	187~229

（续）

(2) 锻件用合金结构钢牌号、化学成分和力学性能

牌号	化学成分（质量分数，%）								热处理状态	截面尺寸（直径或厚度）/mm	试样方向	力学性能 不小于					
	C	Si	Mn	Cr	Ni	Mo	V	其他				R_m/MPa	R_{eL}/MPa	A_5(%)	Z(%)	KU/J	硬度 HBW
30Mn2	0.27~0.34	0.17~0.37	1.40~1.80	—	—	—	—	—	调质	≤100	纵向	685	440	15	50	—	—
										100~300	纵向	635	410	16	45	—	—
35Mn2	0.32~0.39	0.17~0.37	1.40~1.80	—	—	—	—	—	正火+回火	≤100	纵向	620	315	18	45	—	207~241
										100~300	纵向	580	295	18	43	23	207~241
									调质	≤100	纵向	745	590	16	50	47	229~269
										100~300	纵向	690	490	16	45	47	229~269
45Mn2	0.42~0.49	0.17~0.37	1.40~1.80	—	—	—	—	—	正火+回火	≤100	纵向	690	355	16	38	—	187~241
										100~300	纵向	670	335	15	35	—	187~241

牌号	C	Si	Mn	Cr					热处理	尺寸/mm	取样方向	σ_b	σ_s	δ	ψ	Akv	HBS
35SiMn	0.32~0.40	1.10~1.40	1.10~1.40	—	—	—	—	—	调质	≤100	纵向	785	510	15	45	47	229~286
										100~300	纵向	735	440	14	35	39	217~265
										300~400	纵向	685	390	13	30	35	215~255
										400~500	纵向	635	375	11	28	31	196~255
42SiMn	0.39~0.45	1.10~1.40	1.10~1.40	—	—	—	—	—	调质	≤100	纵向	785	510	15	45	31	229~286
										100~200	纵向	735	460	14	35	23	217~269
										200~300	纵向	685	440	13	30	23	217~255
										300~500	纵向	635	375	10	28	20	196~255
15Cr	0.12~0.18	0.17~0.37	0.40~0.70	0.70~1.00	—	—	—	—	正火+回火	≤100	纵向	390	195	26	50	39	111~156
										100~300	纵向	390	195	23	45	35	111~156
20Cr	0.18~0.24	0.17~0.37	0.50~0.80	0.70~1.00	—	—	—	—	正火+回火	≤100	纵向	430	215	19	40	31	123~167
										100~300	纵向	430	215	18	35	31	123~167
30Cr	0.27~0.34	0.17~0.37	0.50~0.80	0.80~1.10	—	—	—	—	调质	≤100	纵向	470	275	20	40	35	137~179
										100~300	纵向	470	245	19	40	31	137~179
35Cr	0.32~0.39	0.17~0.37	0.50~0.80	0.80~1.10	—	—	—	—	调质	≤100	纵向	615	395	17	40	43	187~229
										100~300	纵向	615	395	15	35	39	187~229
40Cr	0.37~0.44	0.17~0.37	0.50~0.80	0.80~1.10	—	—	—	—	调质	≤100	纵向	735	540	15	45	39	241~286
										100~300	纵向	685	490	14	45	31	241~286
										300~500	纵向	685	440	10	35	23	229~269
										500~800	纵向	590	345	8	30	16	217~255
50Cr	0.47~0.54	0.17~0.37	0.50~0.80	0.80~1.10	—	—	—	—	调质	≤100	纵向	835	540	10	40	—	241~286
										100~300	纵向	785	490	10	40	—	241~286

(续)

(2) 锻件用合金结构钢牌号、化学成分和力学性能（摘自 GB/T 17107—1997）

牌号	化学成分（质量分数,%）								热处理状态	截面尺寸（直径或厚度）/mm	试样方向	力学性能 不小于				硬度 HBW
	C	Si	Mn	Cr	Ni	Mo	V	其他				R_m/MPa	R_{eL}/MPa	A_5(%)	Z(%)	KU/J	
12CrMo	0.08~0.15	0.17~0.37	0.40~0.70	0.40~0.70	—	0.40~0.55	—	—	正火+回火	≤100	纵向	440	275	20	50	55	≤159
										100~300	纵向	440	275	20	45	55	≤159
15CrMo	0.12~0.18	0.17~0.37	0.40~0.70	0.80~1.10	—	0.40~0.55	—	—	淬火+回火	≤100	切向	440	275	20	—	55	116~179
										100~300	切向	440	275	20	—	55	116~179
										300~500	切向	430	255	19	—	47	116~179
25CrMo	0.22~0.29	0.17~0.37	0.50~0.80	0.90~1.20	—	0.15~0.30	—	—	调质	17~40	纵向	780	600	14	55	—	—
										40~100	纵向	690	450	15	60	—	—
										100~160	纵向	640	400	16	60	—	—
30CrMo	0.26~0.34	0.17~0.37	0.40~0.70	0.80~1.10	—	0.15~0.25	—	—	调质	≤100	纵向	620	410	16	40	49	196~240
										100~300	纵向	590	390	15	40	44	196~240
35CrMo	0.32~0.40	0.17~0.37	0.40~0.70	0.80~1.10	—	0.15~0.25	—	—	调质	≤100	纵向	735	540	15	45	47	207~269
										100~300	纵向	685	490	15	40	39	207~269
										300~500	纵向	635	440	15	35	31	207~269
										500~800	纵向	590	390	12	30	23	—
										100~300	切向	635	440	11	30	27	—
										300~500	切向	590	390	10	24	24	—
										500~800	切向	540	345	9	20	20	—
42CrMo	0.38~0.45	0.17~0.37	0.50~0.80	0.90~1.20	—	0.15~0.25	—	—	调质	≤100	纵向	900	650	12	50	—	—
										100~160	纵向	800	550	13	50	—	—
										160~250	纵向	750	500	14	55	—	—
										250~500	纵向	690	460	15	—	—	—
										500~750	纵向	590	390	16	—	—	—
50CrMo	0.46~0.54	0.17~0.37	0.50~0.80	0.90~1.20	—	0.15~0.30	—	—	调质	≤100	纵向	900	700	12	50	—	—
										100~160	纵向	850	650	13	50	—	—

第1章 钢铁材料

牌号	C	Si	Mn	Cr	—	Mo	V	其他	热处理	试样尺寸/mm	方向	σb/MPa	σs/MPa	δ (%)	ψ (%)	Aku/J	HBW
50CrMo	0.46~0.54	0.17~0.37	0.50~0.80	0.90~1.20	—	0.15~0.30	—	—	调质	160~250	纵向	800	550	14	50	—	—
										250~500	纵向	740	540	14	—	—	—
										500~750	纵向	690	490	15	—	—	—
20CrMn	0.17~0.22	0.17~0.37	1.10~1.40	1.00~1.30	—	—	—	—	渗碳+淬火+回火	≤30	纵向	980	680	8	35	35	—
										30~63	纵向	790	540	10	35	—	—
20CrMnTi	0.17~0.23	0.17~0.37	0.80~1.10	1.00~1.30	—	—	—	Ti 0.04~0.10	调质	≤100	纵向	615	395	17	45	47	—
20CrMnMo	0.17~0.23	0.17~0.37	0.90~1.20	1.10~1.40	—	0.20~0.30	—	—	渗碳+淬火+回火	≤30	纵向	1080	785	7	40	—	—
										30~100	纵向	835	490	15	40	31	—
40CrMnMo	0.37~0.45	0.17~0.37	0.90~1.20	0.90~1.20	—	0.20~0.30	—	—	调质	≤100	纵向	885	735	12	40	39	235~293
										100~250	纵向	835	640	12	30	39	228~269
										250~400	纵向	785	530	12	40	31	241~293
										400~500	纵向	735	480	12	35	23	223~269
30CrMnSi	0.27~0.34	0.90~1.20	0.80~1.10	0.80~1.10	—	—	—	—	调质	≤100	纵向	735	590	12	35	35	143~179
										100~300	纵向	685	460	13	35	35	123~167
35CrMnSi	0.32~0.39	1.10~1.40	0.80~1.10	1.10~1.40	—	—	—	—	调质	≤100	纵向	785	640	12	35	31	123~167
										100~300	纵向	685	540	12	35	31	123~167
12CrMoV	0.08~0.15	0.17~0.37	0.40~0.70	0.30~0.60	—	0.25~0.35	0.15~0.30	—	正火+回火	≤100	纵向	470	245	22	48	39	123~167
										100~300	纵向	430	215	20	40	39	—
										300~500	纵向	440	245	19	50	39	—
										500~800	纵向	430	215	19	48	35	—
12Cr1MoV	0.08~0.15	0.17~0.37	0.40~0.70	0.90~1.20	—	0.25~0.35	0.15~0.30	—	正火+回火	100~200	纵向	430	215	18	40	31	—
35CrMoV	0.30~0.38	0.17~0.37	0.40~0.70	1.00~1.30	—	0.20~0.30	0.10~0.20	—	调质	100~200	切向	880	745	16	35	47	—
										200~240	切向	860	705	12	35	47	—

(续)

(2) 锻件用合金结构钢牌号、化学成分和力学性能（摘自 GB/T 17107—1997）

牌号	化学成分（质量分数,%）							热处理状态	截面尺寸（直径或厚度）/mm	试样方向	力学性能					
	C	Si	Mn	Cr	Ni	Mo	V	其他			R_m/MPa	R_{eL}/MPa	A_5(%)	Z(%)	KU/J	硬度 HBW
											不小于					
40CrNi	0.37~0.44	0.17~0.37	0.50~0.80	0.45~0.75	1.00~1.40	—	—	—	调质	≤100	纵向	735	590	14	45	47	223~277
										100~300	纵向	685	540	13	40	39	207~262
										300~500	纵向	635	440	13	35	39	197~235
										500~800	纵向	615	395	11	30	31	187~229
40CrNiMo	0.37~0.44	0.17~0.37	0.50~0.80	0.60~0.90	1.25~1.65	0.15~0.25	—	—	淬火+回火	≤80	纵向	980	835	12	55	78	—
										80~100	纵向	980	835	11	50	74	—
										100~150	纵向	980	835	10	45	70	241~293
										150~250	纵向	980	835	9	40	66	207~262
									调质	100~300	纵向	785	640	12	38	39	—
										300~500	纵向	685	540	12	33	35	—
30Cr2Ni2Mo	0.26~0.34	0.17~0.37	0.30~0.60	1.80~2.20	1.80~2.20	0.30~0.50	—	—	调质	<100	纵向	1100	900	10	45	—	—
										100~160	纵向	1000	800	11	50	—	—
										160~250	纵向	900	700	12	50	—	—
										250~500	纵向	830	635	12	—	—	—
										500~1000	纵向	780	590	12	—	—	—
34Cr2Ni2Mo	0.30~0.38	0.17~0.37	0.40~0.70	1.40~1.70	1.40~1.70	0.15~0.30	—	—	调质	≤100	纵向	1000	800	11	50	—	—
										100~160	纵向	900	700	12	55	—	—
										160~250	纵向	800	600	13	55	—	—
										250~500	纵向	740	540	14	—	—	—
										500~1000	纵向	690	490	15	—	—	—

(3) 大型锻件用优质碳素结构钢和合金结构钢化学成分（熔炼分析）应符合 GB/T 699—2015、GB/T 3077—2015 的规定，经供需双方研究和协商，并在合同中注明，亦可生产其他牌号的锻材。GB/T 32289—2015 规定的大型一般用途用锻件用优质碳素结构钢和合金结构钢锻材应经真空脱气处理成品化学成分的允许偏差应符合 GB/T 32289—2015 的规定

牌号及化学成分要求和规定：锻件用钢的牌号及化学成分（熔炼分析）应符合 GB/T 699—2015、GB/T 3077—2015 的规定，经供需双方研究和协商，并在合同中注明，亦可生产其他牌号的锻材。GB/T 32289—2015 规定的大型一般用途用锻件用优质碳素结构钢和合金结构钢锻材应经真空脱气处理成品化学成分的允许偏差应符合 GB/T 32289—2015 的规定

力学性能要求和规定	锻材的交货硬度应符合 GB/T 699、GB/T 3077 的规定, 未规定时, 提供实测硬度值 按需方要求, 经供需双方协定, 并在合同中注明, 公称尺寸不大于 400mm 的锻材力学性能允许在改锻成 90~100mm 的试料上取样检验, 其结果应符合 GB/T 699—2015、GB/T 3077—2015 的规定
尺寸规定	GB/T 32289—2015《大型锻件用优质碳素结构钢和合金结构钢》关于锻材的尺寸及允许偏差引用文件为 GB/T 908《锻制钢棒尺寸、外形、重量及允许偏差》;剥皮锻材尺寸极限偏差为 $^{+3.0}_{\ \ 0}$ mm;公称尺寸不大于 400mm 锻造及磨光锻材尺寸极限偏差应符合 GB/T 908 的规定 GB/T 32289 规定的公称直径大于 250~1500mm 锻制圆钢, 边长大于 250~1300mm 锻制方钢, 以及厚度大于 250~1700mm 锻制扁钢, 其长度极限偏差应在合同中注明, 定尺或倍尺交货锻件 (端面锯切), 其长度极限偏差为 $^{+50}_{\ \ 0}$ mm, 其他切断方式为 $^{+150}_{\ \ 0}$ mm
交货状态	锻材通常以退火状态 (A) 交货; 按需方要求, 并在合同中注明, 也可以高温回火 (T)、正火 (N)、正火 + 回火 (N + T) 状态交货 按需方要求, 并在合同中注明, 也可以特殊表面 (磨光 SP、剥皮 SF) 状态交货 锻材分为热压力加工用钢 (UHP) 和切削加工用钢 (UC) 两种, 如果合同中没有注明使用加工方法, 则锻切削加工用钢规定要求处理

注: 1. GB/T 17107《锻件用结构钢牌号和力学性能》适用于冶金、矿山、船舶、工程机械等设备中经整体热处理后取样检验的力学性能的一般锻件, 不适用于电铣设备中高速转动的主轴、转子、叶轮和压力容器等锻件。锻件必须在性能热处理后、表面处理前检验力学性能, 标准中规定的截面尺寸 (直径或厚度) 为锻件截面尺寸, 非试样尺寸。标准中规定的力学性能主要检验锻件材料的拉伸、冲击性能和硬度, 同时做试验时, 冲击和硬度值供参考; 也可作拉伸、冲击及磨光度试验后的某一项。

2. GB/T 32289—2015《大型锻件用优质碳素结构钢和合金结构钢》为我国首次发布, 2016 年 11 月实施, 参加标准制订的企业有北满特殊钢有限责任公司、大冶特殊钢有限公司、宝钢特钢有限公司。

3. 锻钢各牌号的性能特点及应用可根据实际生产参考表 3.1-64 和表 3.1-74。

3.2.13 超高强度合金钢锻件 (见表 3.1-102~表 3.1-105)

表 3.1-102 超高强度合金钢锻件的牌号及化学成分 (摘自 GB/T 32248—2015)

钢号	C	Mn	P	S	Si	Ni	Cr	Mo	Cu	Ti	V	Co	Al	W	Sn	Nb	N
11	0.23~0.28	≤0.20	≤0.010	≤0.01	≤0.10	2.75~3.25	1.40~1.65	0.80~1.00									
12	≤0.12	0.60~0.90	≤0.010	≤0.01	0.20~0.35	4.75~5.25	0.40~0.70	0.30~0.65			0.05~0.10						
12a	≤0.2	0.60~0.90	≤0.015	≤0.015	0.20~0.35	4.75~5.25	0.40~0.70	0.30~0.65			0.05~0.10					0.03~0.07	
13	0.27~0.33	0.40~0.60	≤0.025	≤0.025	0.20~0.35		0.80~1.10	0.15~0.25			0.05~0.10						
21	0.31~0.38	0.60~0.90	≤0.025	≤0.025	0.20~0.35	1.65~2.00	0.65~0.90	0.30~0.60			0.17~0.23						
22	0.38~0.43	0.60~0.90	≤0.025	≤0.025	0.20~0.35	1.65~2.00	0.70~0.90	0.30~0.60			0.05~0.10						

(续)

钢号	化学成分（质量分数,%）															
	C	Mn	P	S	Si	Ni	Cr	Mo	Cu	Ti	V	Co	Al	W	Sn	Nb	N
23	0.45~0.50	0.60~0.90	≤0.015	≤0.015	0.15~0.30	0.40~0.70	0.90~1.20	0.90~1.10			0.08~0.15						
31	0.23~0.28	1.20~1.50	≤0.025	≤0.025	1.30~1.70	1.65~2.00	0.20~0.40	0.35~0.45									
32	0.40~0.45	0.65~0.90	≤0.025	≤0.025	1.45~1.80	1.65~2.00	0.65~0.90	0.35~0.45									
33	0.41~0.46	0.75~1.00	≤0.025	≤0.025	1.40~1.75		1.90~2.25	0.45~0.60			0.03~0.08						
41	0.38~0.43	0.20~0.40	≤0.015	≤0.015	0.80~1.00		4.75~5.25	1.20~1.40			0.40~0.60						
51	≤0.15	≤1.00	≤0.025	≤0.025	≤1.00	≤0.75	11.50~13.50	≤0.50	≤0.50				≤0.05				
52	0.20~0.25	0.50~1.00	≤0.025	≤0.025	≤0.50	0.50~1.00	11.00~12.50	0.90~1.25		≤0.05	0.20~0.30	≤0.25	≤0.05	0.90~1.25			
53①	≤0.20	≤1.00	≤0.025	≤0.025	≤1.00	1.25~2.50	15.00~17.00										
61①,②	≤0.07	≤1.00	≤0.025	≤0.025	≤1.00	3.00~5.00	15.50~17.50		3.0~5.0							0.15~0.45	
62①,②	≤0.09	≤1.00	≤0.025	≤0.025	≤1.00	6.50~7.75	16.00~18.00	2.00~2.75					0.75~1.50				
63①,②	≤0.09	≤1.00	≤0.025	≤0.025	≤0.50	6.50~7.75	14.00~15.25	2.50~3.25					0.75~1.25				
64①,②	0.10~0.15	0.50~1.25	≤0.025	≤0.025	≤0.50	4.00~5.00	15.00~16.00										0.07~0.13
71①,②	≤0.03	≤0.10	≤0.010	≤0.010	≤0.10	17.00~19.00	4.75~5.25	3.00~3.50		0.15~0.25		8.00~9.00	0.05~0.15				
72①,②	≤0.03	≤0.10	≤0.010	≤0.010	≤0.10	17.00~19.00	4.75~5.25	4.60~5.20		0.30~0.50		7.00~8.50	0.05~0.15				
73①,②	≤0.03	≤0.10	≤0.010	≤0.010	≤0.10	18.00~19.00		4.60~5.20		0.50~0.80		8.50~9.50	0.05~0.15				
74①,②	≤0.03	≤0.10	≤0.010	≤0.010	≤0.12	11.50~12.50		2.75~3.25		0.05~0.15			0.25~0.40				
75①,②	≤0.03	≤0.10	≤0.010	≤0.010	≤0.12	11.50~12.50	4.75~5.25	2.75~3.25		0.10~0.25			0.35~0.50				
81①,②	0.24~0.30	0.10~0.35	≤0.010	≤0.010	≤0.10	7.00~9.00	0.35~0.60	0.35~0.60			0.06~0.12	3.50~4.50					
82①,②	0.28~0.34	0.10~0.35	≤0.010	≤0.010	≤0.10	7.00~8.50	0.90~1.10	0.90~1.10			0.06~0.12	4.00~5.00					
83①,②	0.42~0.47	0.10~0.35	≤0.010	≤0.010	≤0.10	7.00~8.50	0.20~0.35	0.20~0.35			0.06~0.12	3.50~4.50					
84①,②	0.16~0.23	0.20~0.40	≤0.010	≤0.005	≤0.20	8.50~9.50	0.65~0.85	0.95~1.10			0.06~0.15	4.25~4.75	≤0.02				

① 硫和磷的成品分析要求符合本表的要求。
② 另加0.06%的钙，0.003%的钙和0.02%的结。

表 3.1-103 超高强度合金钢锻件最低力学性能要求指标（摘自 GB/T 32248—2015）

类别	钢号	屈服强度 $R_{p0.2}$ /MPa	抗拉强度 R_m /MPa	断后伸长率 A[①] （%）	断面收缩率 Z[①] （%）
调质	13，21，22，23，12，12a	965	1035	13	40
	13，21，22，23，11	1100	1210	12	36
	13，21，22，23，31	1240[②]	1310	10	32
	13，21，22，23	1380[②]	1450	9	28
	22[③]，23，32，33	1550[②]	1720	6	25
空气淬火	41	1380[②]	1790	9	30
	41	1550[②]	1930	8	25
马氏体不锈钢	51，52，53	965	1210	12	45
	52	1100	1520	10	40
1 号沉淀硬化不锈钢	61	965	1140	12	50
	61	1100	1240	10	45
	61	1240[②]	1380	8	40
2 号沉淀硬化不锈钢	64	965	1140	12	25
	64	1100	1275	10	25
	64	1240[②]	1450	10	25
3 号沉淀硬化不锈钢	62	965	1140	6	25
	62，63	1100	1240	6	25
	63	1240[②]	1380	6	25
	63	1380[②]	1550	5	25
马氏体时效钢	74	1100	1170	15	65
	75	1240[②]	1310	14	60
	71	1380[②]	1450	12	55
	72	1720[②]	1760	10	45
	73	1895[②]	1930	9	40
其他	81	1240[④]	1310	13	45
	82	1380[④]	1450	10	30
	83[④]	1550[④]	1790	7	20
	83[⑤]	1720[④]	1930	4	15
	84	1240[④]	1275	14	45

注：供方将锻件按固溶热处理并时效处理或调质热处理，其力学性能应符合本表规定。如果由需方在机械加工或制造以后，进行最终热处理，则应由供方按照需方最终热处理的条件，对样品进行一次热处理并检测性能，以检验锻件是否合格。上述检测的结果应符合表 3.1-103～表 3.1-105 的规定。有关其他力学性能检测、无损检测、晶粒度、脱碳、断裂韧性、低温性能、高温性能等各种检测方法及要求，参见 GB/T 32248—2015 的相关规定。
① 见表 3.1-105 的注。
② 通常要求真空熔炼以达到表中性能。
③ 需经协商。
④ 贝氏体。
⑤ 马氏体。

表 3.1-104 室温下不同屈服强度级别钢的夏比 V 形缺口冲击能量吸收值[①]（摘自 GB/T 32248—2015） （J）

钢号	屈服强度						
	965MPa	1100MPa	1240[②]MPa	1380[②]MPa	1550[②]MPa	1720[②]MPa	1900[②]MPa
11	—	≥60	—	—	—	—	—
12，12a	≥70	—	—	—	—	—	—
13	≥25	≥15	③	—	—	—	—
21	≥45	≥40	≥25	≥20	—	—	—
22	≥40	≥35	≥25	≥20	—	—	—
23	≥45	≥35	≥25	≥20	≥15	—	—

（续）

钢号	屈服强度						
	965MPa	1100MPa	1240②MPa	1380②MPa	1550②MPa	1720②MPa	1900②MPa
31	—	—	≥35	—	—	—	—
32	—	—	—	—	≥17	—	—
33	—	—	—	—	≥20	—	—
41	—	—	—	≥20	③	—	—
51	≥20	—	—	—	—	—	—
52	③	③	—	—	—	—	—
53	③	—	—	—	—	—	—
61	≥35	—	③	—	—	—	—
62	③	③	—	—	—	—	—
63	③	③	③	—	—	—	—
64	≥35	≥20	≥20	—	—	—	—
71	—	—	—	≥45	—	—	—
72	—	—	—	—	—	≥25	—
73	—	—	—	—	—	—	≥20
74	—	≥80	≥70	—	—	—	—
81	—	—	—	≥35	—	—	—
82	—	—	—	≥25	—	—	—
83	—	—	—	—	≥20	≥15	—
84	—	—	≥35	—	—	—	—

① 见表 3.1-105 注。
② 通常要求真空熔炼以达到表中性能。
③ 需经协商。

表 3.1-105　不同屈服强度级别钢的最大退火硬度（HBW）和截面尺寸（摘自 GB/T 32248—2015）　　（mm）

钢号	最大退火硬度 HBW	屈服强度						
		965MPa	1100MPa	1240MPa	1380MPa	1550MPa	1720MPa	1900MPa
		截面尺寸/mm						
11	321	—	165	—	—	—	—	—
12, 12a	—	100	—	—	—	—	—	—
13	229	25	25	25	—	—	—	—
21	285	115	115	100	100	—	—	—
22	302	115	115	100	100	90	—	—
23	302	200	200	200	200	200	—	—
31	262	—	—	75	—	—	—	—
32	302	—	—	—	—	140	—	—
33	302	—	—	—	—	50	—	—
41	235	—	—	—	150	150	—	—
51	197	50	—	—	—	—	—	—
52	255	50	50	—	—	—	—	—
53	285	100	—	—	—	—	—	—
61	375	200	200	25	—	—	—	—
62	207	150	150	—	—	—	—	—
63	241	—	150	150	150	—	—	—
64	321	150	150	150	—	—	—	—
71	321	—	—	—	300	—	—	—
72	321	—	—	—	—	—	300	—
73	321	—	—	—	—	—	—	300
74	321	—	300	—	—	—	—	—
75	321	—	—	300	—	—	—	—
81	341	—	—	—	150	—	—	—
82	341	—	—	—	125	—	—	—
83	341	—	—	—	—	75	75	—
84	341	—	—	150	—	—	—	—

注：1. 表 3.1-103～表 3.1-105 列出了各种钢号和最大截面尺寸，在此条件下，在最大工作方向上深度为厚度的 1/4 处，屈服强度通常能够达到规定水平。由于锻件外形偏差和加工原因，表 3.1-103 和表 3.1-104 中所列延展性能和冲击强度总能在这种深度下获得。除非另有规定，表中所列数据为最小值。

2. GB/T 32248—2015 提供的超高强度合金钢锻件应符合 ASTMA788/A788M—2013《普通要求钢锻件的标准规范》的要求。如果与 ASTMA788/A788M—2013 的要求有冲突，应以 GB/T 32248—2015 为准。

3.2.14 大型不锈、耐酸、耐热钢锻件（见表 3.1-106）

表 3.1-106 大型不锈、耐酸、耐热钢锻件牌号、化学成分、力学性能及应用（摘自 JB/T 6398—2006）

钢号	化学成分（质量分数，%）							热处理类型	力学性能						特性和用途
	C	Mn	Si	Cr	Ni	Mo	Ti		R_m /MPa	$R_{p0.2}$	A_5 (%)	Z (%)	KU /J	HBW	表淬 HRC	
									≥							
12Cr18Ni9	≤0.15	≤2.00	≤1.00	17.00~19.00	8.00~10.00	—	—	固溶处理	520	206	40	60	—	≤187	—	具有良好的耐蚀性和冷加工性。由于含碳量较高，对晶间腐蚀敏感，故不宜制作耐蚀的焊接件。主要用于耐蚀要求较高的部件，如食品加工、化学和印染等工业的设备部件，以及一些通用机械制造业的要求耐蚀不锈品的零件
06Cr18Ni9	≤0.08	≤2.00	≤1.00	18.00~20.00	8.00~10.50	—	—	固溶处理	520	206	40	60	—	≤187	—	具有较 12Cr18Ni9 更好的耐蚀性、抗晶间腐蚀的能力，有好的焊接性良好，可作为通用耐热钢。在 870℃以下反复加热不起皮钢。在化工、食品、印染及耐皮设备
06Cr18Ni10Ti	≤0.08	≤2.00	≤1.00	17.00~19.00	9.00~12.00	—	≥5×C%	固溶处理	520	206	40	50	—	≤187	—	有很好的耐蚀、耐热性能，抗晶间腐蚀性能良好，适用于化工耐蚀件，在 400~900℃腐蚀条件下使用的部件，高温用焊接结构部件
06Cr18Ni11Nb	≤0.08	≤2.00	≤1.00	17.00~19.00	9.00~13.00	—	—	固溶处理	520	206	40	50	—	≤187	—	抗氧化性较好，实际上多作为耐热钢使用
06Cr25Ni20	≤0.08	≤2.00	≤1.00	24.00~26.00	19.00~22.00	—	—	固溶处理	520	206	40	50	—	≤187	—	
20Cr25Ni20	≤0.25	≤2.00	≤1.50	24.00~26.00	19.00~22.00	—	—	固溶处理	588	206	40	50	—	≤201	—	承受 1035℃以下反复加热的抗氧化钢，用于喷嘴等

(续)

钢号	化学成分（质量分数，%）							热处理类型	力学性能						特性和用途
	C	Mn	Si	Cr	Ni	Mo	Ti		R_m/MPa	$R_{p0.2}$/MPa	A_5 (%)	Z (%)	KU/J	HBW	表淬HRC	
									≥							
1Cr13	≤0.15	≤1.00	≤1.00	11.00~13.50	—	—	—	淬火回火	540	345	25	55	78	159	—	具有良好的抗大气腐蚀性能，在溶液中有一定的耐蚀能力。可用于汽轮机叶片、不锈钢螺母、螺栓、阀门等设备道附件、喷嘴、阀门等
2Cr13	0.16~0.25	≤1.00	≤1.00	12.00~14.00	—	—	—	淬火回火	635	440	20	50	63	192	—	
3Cr13	0.26~0.40	≤1.00	≤1.00	12.00~14.00	—	—	—	淬火回火	735	540	12	40	24	217	40~50	
4Cr13	0.35~0.45	≤1.00	≤1.00	12.00~14.00	—	—	—	淬火回火	930	735	9	40	29	229	45~55	
1Cr5Mo	≤0.15	≤0.60	0.50~2.00	4.00~6.00	—	0.45~0.60	—	淬火回火	590	390	18	—	—	197	—	抗石油裂化过程中产生的腐蚀，用于再热蒸汽管、石油裂解管、锅炉吊架、汽轮机缸体衬套、阀、泵、活塞杆、高压加氢设备部件及紧固件
4Cr9Si2	0.35~0.50	≤0.70	2.00~3.00	8.00~10.00	—	—	—	淬火回火	885	590	19	50	—	293	—	900℃以下不起皮，在600~700℃有较高的热稳定性和热强性，可用于700℃以下受负荷的部件，如汽车、内燃机、船舶、活动机用阀、挤料杆等，也可用于900℃以下加热炉构件，如料盘、炉底板等
1Cr17Ni2	0.11~0.17	≤0.80	≤0.80	16.00~18.00	1.50~2.50	—	—	淬火回火	1080	—	10	—	39	285	36~41	具有高的强度、硬度和韧性，并有很高的耐蚀性。用于化工设备的心轴、活塞杆等零件，以及航空和船舶所需的高强度和高耐蚀性部件

注：1. 锻件用钢牌号 P 含量不大于 0.035%，S 含量不大于 0.030%。
2. 锻件以强度作为验收依据，硬度不作为依据。截面尺寸（直径或厚度）大于 250mm 时，力学性能由供需双方协商确定。

3.3 工具钢

3.3.1 高速工具钢（见表3.1-107～表3.1-109）

表3.1-107　高速工具钢牌号及硬度（摘自 GB/T 9943—2008）

分类及代号	统一数字代号	牌号	交货硬度①（退火态）HBW 不大于	试样热处理制度及淬回火硬度					
				预热温度/℃	淬火温度/℃		淬火介质	回火温度②/℃	硬度③HRC 不小于
					盐浴炉	箱式炉			
低合金高速钢 HSS-L	T63342	W3Mo3Cr4V2	255	800~900	1180~1120	1180~1120	油或盐浴	540~560	63
	T64340	W4Mo3Cr4VSi	255		1170~1190	1170~1190		540~560	63
普通高速钢 HSS	T51841	W18Cr4V	255		1250~1270	1260~1280		550~570	63
	T62841	W2Mo8Cr4V	255		1180~1120	1180~1120		550~570	63
	T62942	W2Mo9Cr4V2	255		1190~1210	1200~1220		540~560	64
	T66541	W6Mo5Cr4V2	255		1200~1220	1210~1230		540~560	64
	T66542	CW6Mo5Cr4V2	255		1190~1210	1200~1220		540~560	64
	T66642	W6Mo6Cr4V2	262		1190~1210	1190~1210		550~570	64
	T69341	W9Mo3Cr4V	255		1200~1220	1220~1240		540~560	64
高性能高速钢 HSS-E	T66543	W6Mo5Cr4V3	262		1190~1210	1200~1220		540~560	64
	T66545	CW6Mo5Cr4V3	262		1180~1200	1190~1210		540~560	64
	T66544	W6Mo5Cr4V4	269		1200~1220	1200~1220		550~570	64
	T66546	W6Mo5Cr4V2Al	269		1200~1220	1230~1240		550~570	65
	T71245	W12Cr4V5Co5	277		1220~1240	1230~1250		540~560	65
	T76545	W6Mo5Cr4V2Co5	269		1190~1210	1200~1220		540~560	64
	T76438	W6Mo5Cr4V3Co8	285		1170~1190	1170~1190		550~570	65
	T77445	W7Mo4Cr4V2Co5	269		1180~1200	1190~1210		540~560	66
	T72948	W2Mo9Cr4VCo8	269		1170~1190	1180~1200		540~560	66
	T71010	W10Mo4Cr4V3Co10	285		1220~1240	1220~1240		550~570	66

注：1. 各牌号化学成分应符合 GB/T 9943—2008 规定。
　　2. 钢材截面尺寸（直径、边长、厚度或对边距离）不大于250mm 的热轧、锻制、冷拉圆钢、方钢、扁钢、六角钢、盘条和银亮钢棒，其尺寸规格应符合 GB/T 702、GB/T 14981、GB/T 908、GB/T 905、GB/T 3207 的规定。
① 退火+冷拉态的硬度，允许比退火态指标增加50HBW。
② 回火温度为550~570℃时，回火2次，每次1h；回火温度为540~560℃时，回火2次，每次2h。
③ 试样淬回火硬度供方若能保证可不检验。

表3.1-108　高速工具钢特性及应用举例

钢号	性能特点	应用举例
W18Cr4V	钨系通用性高速钢，具有较高的硬度、热硬性及高温硬度，淬火不易过热，易于磨削加工；缺点是热塑性低、韧性稍差。该钢种曾经用量很大，但20世纪70年代后使用减少	主要用于制作高速切削的车刀、钻头、铣刀、铰刀等刀具，还用作板牙、丝锥、扩孔钻、拉丝模、锯片等

(续)

钢　号	性　能　特　点	应　用　举　例
W12Cr4V5Co5	钨系高钒含钴高速钢，引自美国的T15，曾称为"王牌钢"，具有较高的硬度，尤其超高耐磨性，但可磨削性能差，强度与韧性较差，不宜制作用于高速切削的复杂刀具	适于制作要求特殊耐磨的切削刀具，如螺纹梳刀、车刀、铣刀、刮刀、滚刀及成形刀具、齿轮刀具等；还可用于冷作模具
W6Mo5Cr4V2	W-Mo系通用型高速钢，是当今各国用量最大的高速钢钢号（即M2），具有较高的硬度，热硬性及高温硬度，热塑性好，强度和韧性优良；缺点是钢的过热与脱碳敏感性较大	用于制作要求耐磨性和韧性配合良好的并承受冲击力较大的刀具和一般刀具，如插齿刀、锥齿轮刨刀、铣刀、车刀、丝锥、钻头等；还用作高载荷下耐磨性好的工具，如冷作模具等
CW6Mo5Cr4V2	高碳W-Mo系通用型高速钢，由于碳含量提高，淬火后的表面硬度也提高，而且高温硬度、耐磨性和耐热性都比W6Mo5Cr4V2高，但强度和韧性有所降低	适于制作要求切削性能优良的刀具
W6Mo5Cr4V3 CW6Mo5Cr4V3	高碳高钒型高速钢，其耐磨性优于W6Mo5Cr4V2，但可磨削性能也变差，脱碳敏感性较大	用于制作要求特别耐磨的工具和一般刀具，如拉刀、滚刀、螺纹梳刀、车刀、刨刀、丝锥、钻头等。由于钢的磨削性差，制作复杂刀具，需用特殊砂轮加工
W2Mo9Cr4V2	低钨高钼型钢种，相当于美国的M7，具有较高的热硬性和韧性，耐磨性好，但脱碳敏感性较大	主要用于制作螺纹工具，如丝锥、板牙等；还用作钻头、铣刀及各种车削刀具、各种冷冲模具等
W6Mo5Cr4V2Co5	W-Mo系一般含钴高速钢，其热硬性、耐磨性均比W6Mo5Cr4V2高，故切削性能好，但钢的韧性和强度较差，脱碳敏感性较大	用于制作高速切削机床的刀具和要求耐高温并有一定振动载荷的刀具
W2Mo9Cr4VCo8	W-Mo系高碳含钴超硬型钢种，相当于美国的M42，是一种用量最大的超硬型高速钢钢号，其硬度可达66～70HRC，具有高的热硬性和高温硬度，易磨削加工，但韧性较差	用于制作各种复杂的高精度刀具，如精密拉刀、成形铣刀、专用车刀、钻头以及各种高硬度刀具，可用于对难加工材料如钛合金、高温合金、超高强度钢等的切削加工
W9Mo3Cr4V	我国研制的新型W-Mo系通用型高速钢，使用性能与W18Cr4V（T1）和W6Mo5Cr4V2（M2）相当，但综合工艺性能优于T1和M2，钢的合金成本也较低	可代替W18Cr4V和W6Mo5Cr4V2制作各种工具
W6Mo5Cr4V2Al	我国研制的W-Mo系无钴超硬型高速钢（简称M2Al或501），具有高的硬度、热硬性及高温硬度，切削性能优良，耐磨性和热塑性较好，其韧性优于含钴高速钢，但可磨削性能稍差，钢的过热和脱碳敏感性较大	用于制作各种拉刀、插齿刀、齿轮滚刀、铣刀、刨刀、镗刀、车刀、钻头等切削刀具，刀具使用寿命长，切削一般材料时，其使用寿命为W18Cr4V的两倍，切削难加工材料时，接近含钴高速钢的使用寿命

表 3.1-109 高速工具钢的热处理规范

牌号	临界温度 /℃				锻造加工温度 /℃		钢锭、钢坯、钢材的退火工艺							淬火和回火工艺						
							软化退火			等温退火				淬火预热		淬火加热			回火制度	淬火、回火后的硬度 HRC
	Ac_1	Ac_3 (Ac_{cm})	Ar_1	Ms	始锻温度	终锻温度	加热温度 /℃	保温时间 /h	冷却	加热温度 /℃	保温时间 /h	冷却	硬度 HBW	温度 /℃	时间 /s·mm^{-1}	温度 /℃	时间 /s·mm^{-1}	介质		
W18Cr4V	820	860	760	210	1150~1180	900~950	860~880	2	以20~30℃/h的速度冷却到500~600℃,然后炉冷或堆冷	860~880	2		≤277	850	24	1260~1300	12~15	油	560℃回火3次,每次1h,空冷	≥62
W2Mo9Cr4V2	835~860	—	—	140	1040~1150	900~950	880~820	2		880~850	2	炉冷至740~760℃,保温2~4h,再炉冷至500~600℃,出炉空冷	≤255	800~850	4	1200~1240④	15	油	550~580℃回火3次,每次1h,空冷	≥65
																1210②	12~15			
																1210~1230③				
W6Mo5Cr4V2	835	885	770	225	1040~1150	900~950	840~860	2		840~860	2		≤255	850	24	1180~1220① 1220② 1230③	12~15	中性盐浴	560℃回火3次,每次1h,空冷	≥62
																1150~1200④	20			≥63
W6Mo5Cr4V3	835~860	—	—	140	1040~1150	950	850~870	2		850~870	2		≤255	850	24	1200~1230	12~15	油	550~570℃回火3次,每次1h,空冷	≥60
W6Mo5Cr4V2-Al	835	885	770	—	1040~1150	900~950	850~970	2		850~970	2		≤269	850	24	1220~1240	12~15	油	550~570℃回火4次,每次1h,空冷	≥64
W12Cr4V5Co5	841~873	—	740	—	1180	980	850~870	2		850~870	2		≤277	800~850	24	1220~1245	12~15	油	530~550℃回火4次,每次1h,空冷	≥65
W6Mo5Cr4V2-Co5	825~851	—	—	220	1040~1150	900	840~860	2		840~860	2		≤269	800~850	24	1210~1230	12~15	油	550℃回火3次,每次1h,空冷	≥65
W2Mo9Cr4V-Co8	841~873	—	740	—	1180	980	860~880	2		860~880	2	炉冷至740~750℃,保温2~4h,再炉冷至500~600℃,出炉空冷	≤285	850	24	1180~1200② 1200~1220③	12~15	油	550~570℃回火4次,每次1h,空冷	≥64
W10Mo4Cr4V3Co10	830	870	765	175	1180	950	850~870	2		850~870	2		≤302	800~850	24	1200~1230② 1230~1250③	12~15	油	550~570回火3次,每次1h,空冷	≥66

注：本表为参考资料。
① 高强薄刃刀具淬火温度。
② 复杂刀具淬火温度。
③ 简单刀具淬火温度。
④ 冷作模具淬火温度。

3.3.2 工模具钢（见表3.1-110～表3.1-118）

表3.1-110 工模具钢分类及尺寸规格（摘自 GB/T 1299—2014）

分类	1. 按用途分类 1）刃具模具用非合金钢 2）量具刃具用钢 3）耐冲击工具用钢 4）轧辊用钢 5）冷作模具用钢 6）热作模具用钢 7）塑料模具用钢 8）特殊用途模具用钢 2. 按使用加工方法分类 1）压力加工用钢（UP）	① 热压力加工（UHP） ② 冷压力加工（UCP） 2）切削加工用钢（UC） 钢材的使用加工方法应在合同中注明 3. 按化学成分分为四类： 非合金工具钢（牌号头带"T"） 合金工具钢 非合金模具钢（牌号头带"SM"） 合金模具钢 4. 工模具钢的牌号参见表3.1-111～表3.1-118，各牌号的化学成分应符合 GB/T 1299—2014 的规定

公称宽度10～310mm 热轧扁钢尺寸及其极限偏差/mm	公称宽度	极限偏差，不大于	公称厚度	极限偏差，不大于
	10	+0.70	≥4～6	+0.40
	>10～18	+0.80	>6～10	+0.50
	>18～30	+1.20	>10～14	+0.60
	>30～50	+1.60	>14～25	+0.80
	>50～80	+2.30	>25～30	+1.20
	>80～160	+2.50	>30～60	+1.40
	>160～200	+2.80	>60～100	+1.60
	>200～250	+3.00	—	—
	>250～310	+3.20	—	—

公称宽度大于310～850mm 热轧扁钢尺寸及其极限偏差/mm		尺寸极限偏差						
		1 组				2 组		3 组
	公称厚度	公称宽度>300～455		公称宽度>455～850		公称宽度>300～850		公称宽度510～850
		厚度极限偏差	宽度极限偏差	厚度极限偏差	宽度极限偏差	厚度极限偏差	宽度极限偏差	厚度极限偏差	宽度极限偏差
	6～12	+1.20	+5.00	+1.50	+7.00	+1.50	+15.00	协议	协议
	>12～20	+1.20	+6.0 -2.0	+1.50	+7.0 -3.0	+1.60			
	>20～70	+1.40	+6.0 -2.0	+1.70	+7.0 -3.0	+1.80			
	>70～90								
	>90～100	+2.00	+7.0 -3.0	+2.00	+10.0 -3.0			+6.00	+15.00
	>100～200								

锻制圆钢和方钢	1. 公称直径或边长90～400mm 的锻制圆钢和方钢的尺寸及其极限偏差应符合 GB/T 908—2008 表3中2组规定，需方如要求其他组别尺寸极限偏差应在合同中注明 2. 公称直径或边长大于400～500mm、大于500～800mm 的锻制圆钢和方钢的尺寸极限偏差分别为：$^{+12.0}_{-3.0}$ mm、$^{+13.0}_{-3.0}$ mm 3. 锻制圆钢和方钢的交货长度应不小于1000mm，允许搭交不超过总质量的10%、长度不小于500mm 的短尺料。定尺或倍尺交货时，长度应在合同中注明，长度极限偏差为 $^{+80}_{0}$ mm 4. 锻制圆钢的弯曲度应每米不大于5.0mm，总弯曲度应不大于总长度的0.50%；圆钢的圆度应不大于公称直径公差的0.7倍

(续)

锻制圆钢和方钢	5. 锻制方钢的弯曲度应每米不大于5.0mm，总弯曲度应不大于总长度的0.5%；方钢在同一截面的对角线长度之差应不大于公称边长公差的0.7倍，边长不大于300mm的方钢，棱角处圆角半径R应不大于5.0mm，边长大于300mm的方钢，棱角处圆角半径应不大于10.0mm，但其相对圆角之间的距离（对角线）应不小于公称边长的1.3倍；方钢不允许有显著的扭转 6. 锻制圆钢和方钢的两端应锯切平直
锻制扁钢	1. 公称宽度40~300mm锻制扁钢的尺寸及其允许偏差应符合GB/T 908—2008中表4中2组的规定。需方如要求其他组别尺寸允许偏差应在合同中注明 2. 公称宽度大于300~1500mm锻制扁钢的尺寸及其允许偏差应符合如下的规定 | 公称厚度/mm | 厚度极限偏差/mm | 公称宽度/mm | 宽度极限偏差/mm | |---|---|---|---| | >160~200 | +8.0 0 | >300~400 | +15.0 0 | | >200~400 | +10.0 0 | >400~600 | +20.0 0 | | >400~1000 | +15.0 0 | >600~1500 | +25.0 0 | 3. 锻制扁钢的截面积≤1200000mm²，宽:厚≤6:1 4. 锻制扁钢的交货长度应不小于1000mm，允许交付不超过总质量的10%、长度不小于500mm的短尺料。定尺或倍尺交货时，长度应在合同中注明，长度允许偏差为$^{+80}_{0}$mm 5. 锻制扁钢的平面弯曲度应每米不大于5.0mm，总平面弯曲度应不大于总长度的0.50%；扁钢的侧面弯曲度（镰刀弯）应每米不大于5.0mm，总侧面弯曲度（镰刀弯）应不大于总长度的0.50% 6. 公称厚度或宽度不大于300mm的扁钢，棱角处圆角半径R应不大于5.0mm；公称厚度或宽度大于300mm的扁钢，棱角处圆角半径R应不大于10.0mm，但扁钢在同一截面上两对角线长度差应不大于其公称宽度公差。扁钢不允许有显著的扭转
热轧扁钢通常交货长度/mm	| 公称宽度 | 通常长度 | 短尺长度 | 短尺搭交率 | |---|---|---|---| | 10~310 | 2000~6000 | ≥1000 | 短尺长度的交货量应不超过该批钢材总质量的10% | | >310~850 | 1000~6000 | ≥500 | |
热轧扁钢的弯曲度	| 公称宽度 | 尺寸极限偏差组别 | 弯曲度（平面、侧面） | | | | | 每米弯曲度 | 总弯曲度 | |---|---|---|---| | | | 不大于 | | | 10~310 | — | 4.0 | 钢材长度的0.40% | | >310~850 | 1组 | 3.0 | 钢材长度的0.30% | | | 2组、3组 | 4.0 | 钢材长度的0.40% |
热轧圆钢和方钢	1. 热轧圆钢和方钢的尺寸、外形及其极限偏差应符合GB/T 702—2008中2组规定。需方如要求其他组别尺寸极限偏差应在合同中注明 2. 热轧圆钢和方钢的通常长度应为2000~7000mm，允许搭交不超过总质量的10%、长度不小于1000mm的短尺料。定尺或倍尺交货时，长度应在合同中注明，长度允许偏差为$^{+60}_{0}$mm
冷拉钢棒	冷拉钢棒尺寸、外形及其极限偏差应符合GB/T 905的h11级规定，需方如要求其他级别的尺寸极限偏差应在合同中注明
银亮钢棒	银亮钢棒尺寸、外形及其极限尺寸偏差应符合GB/T 3207—2008的h11级规定，需方如要求其他级别极限偏差应在合同中注明
机加工钢棒	机加工交货钢材尺寸极限偏差为：钢材公称尺寸（直径、边长或宽度、厚度）为≤200mm、>200~400mm、>400mm，其公称尺寸的极限偏差分别为：$^{+1.5}_{0}$mm、$^{+2.0}_{0}$mm、$^{+3.0}_{0}$mm。如果需方对极限偏差另有要求，则应在合同中注明 机加钢材的弯曲度应每米不大于2.5mm
热轧盘条	热轧盘条的尺寸、外形及极限偏差应符合GB/T 14981《热轧圆盘条尺寸、外形、重量及允许偏差》

注：GB/T 1299—2014《工模具钢》代替GB/T 1299—2000《合金工具钢》和GB/T 1298—2008《碳素工具钢》。

表 3.1-111　刃具模具用非合金钢交货状态的硬度值和试样的淬火硬度值（摘自 GB/T 1299—2014）

统一数字代号	牌号	退火交货状态的钢材硬度 HBW，不大于	试样淬火硬度		
			淬火温度 /℃	冷却剂	洛氏硬度 HRC 不小于
T00070	T7	187	800～820	水	62
T00080	T8	187	780～800	水	62
T01080	T8Mn	187	780～800	水	62
T00090	T9	192	760～780	水	62
T00100	T10	197	760～780	水	62
T00110	T11	207	760～780	水	62
T00120	T12	207	760～780	水	62
T00130	T13	217	760～780	水	62

注：1. 非合金工具钢材退火后冷拉交货的布氏硬度应不大于 241HBW。
2. 工具钢材一般以退火状态交货，但 SM45、SM50、SM55、2Cr25Ni20Si2 及 7Mn15Cr2Al3V2Mo 钢一般以热轧或热锻状态交货，非合金工具钢可退火后冷拉交货。
3. 根据需方要求，并在合同中注明，塑料模具钢材、热作模具钢材、冷作模具钢材及特殊用途模具钢材可以预硬化状态交货。
4. 交货状态钢材的硬度值和试样的淬火硬度值应符合表 3.1-111～表 3.1-118 的规定。供方若能保证试样淬火硬度值符合表 3.1-111～表 3.1-118 的规定时可不做检验。
5. 截面尺寸小于 5mm 的退火钢材不作硬度试验。根据需方要求，可做拉伸或其他试验，技术指标由供需双方协商规定。

表 3.1-112　量具刃具用钢交货状态的硬度值和试样的淬火硬度值（摘自 GB/T 1299—2014）

统一数字代号	牌号	退火交货状态的钢材硬度 HBW	试样淬火硬度		
			淬火温度 /℃	冷却剂	洛氏硬度 HRC 不小于
T31219	9SiCr	197～241①	820～860	油	62
T30108	8MnSi	≤229	800～820	油	60
T30200	Cr06	187～241	780～810	水	64
T31200	Cr2	179～229	830～860	油	62
T31209	9Cr2	179～217	820～850	油	62
T30800	W	187～229	800～830	水	62

① 根据需方要求，并在合同中注明，制造螺纹刃具用钢为 187～229HBW。

表 3.1-113　耐冲击工具用钢交货状态的硬度值和试样的淬火硬度值（摘自 GB/T 1299—2014）

统一数字代号	牌号	退火交货状态的钢材硬度 HBW	试样淬火硬度		
			淬火温度 /℃	冷却剂	洛氏硬度 HRC 不小于
T40294	4CrW2Si	179～217	860～900	油	53
T40295	5CrW2Si	207～255	860～900	油	55
T40296	6CrW2Si	229～285	860～900	油	57
T40356	6CrMnSi2Mo1V①	≤229	667℃±15℃ 预热，885℃（盐浴）或 900℃（炉控气氛）±6℃ 加热，保温 5～15min 油冷，58～204℃ 回火		58
T40355	5Cr3MnSiMo1V①	≤235	667℃±15℃ 预热，941℃（盐浴）或 955℃（炉控气氛）±6℃ 加热，保温 5～15min 油冷，56～204℃ 回火		56
T40376	6CrW2SiV	≤225	870～910	油	58

注：保温时间指试样达到加热温度后保持的时间。
① 试样在盐浴中保持时间为 5min，在炉控气氛中保持时间为 5～15min。

表 3.1-114　轧辊用钢交货状态的硬度值和试样的淬火硬度值（摘自 GB/T 1299—2014）

统一数字代号	牌号	退火交货状态的钢材硬度 HBW	试样淬火硬度		
			淬火温度 /℃	冷却剂	洛氏硬度 HRC 不小于
T42239	9Cr2V	≤229	830~900	空气	64
T42309	9Cr2Mo	≤229	830~900	空气	64
T42319	9Cr2MoV	≤229	880~900	空气	64
T42518	8Cr3NiMoV	≤269	900~920	空气	64
T42519	9Cr5NiMoV	≤269	930~950	空气	64

表 3.1-115　冷作模具用钢交货状态的硬度值和试样的淬火硬度值（摘自 GB/T 1299—2014）

统一数字代号	牌号	退火交货状态的钢材硬度 HBW	试样淬火硬度		
			淬火温度 /℃	冷却剂	洛氏硬度 HRC 不小于
T20019	9Mn2V	≤229	780~810	油	62
T20299	9CrWMn	197~241	800~830	油	62
T21290	CrWMn	207~255	800~830	油	62
T20250	MnCrWV	≤255	790~820	油	62
T21347	7CrMn2Mo	≤235	820~870	空气	61
T21355	5Cr8MoVSi	≤229	1000~1050	油	59
T21357	7CrSiMnMoV	≤235	870~900℃油冷或空冷，150℃±10℃回火空冷		60
T21350	Cr8Mo2SiV	≤255	1020~1040	油或空气	62
T21320	Cr4W2MoV	≤269	960~980 或 1020~1040	油	60
T21386	6Cr4W3Mo2VN②	≤255	1100~1160	油	60
T21836	6W6Mo5Cr4V	≤269	1180~1200	油	60
T21830	W6Mo5Cr4V2①	≤255	730~840℃预热，1210~1230℃（盐浴或控制气氛）加热，保温 5~15min 油冷，540~560℃回火两次（盐浴或控制气氛），每次 2h		64（盐浴）63（炉控气氛）
T21209	Cr8	≤255	920~980	油	63
T21200	Cr12	217~269	950~1000	油	60
T21290	Cr12W	≤255	950~980	油	60
T21317	7Cr7Mo2V2Si	≤255	1100~1150	油或空气	60
T21318	Cr5Mo1V①	≤255	790℃±15℃预热，940℃（盐浴）或 950℃（炉控气氛）±6℃加热，保温 5~15min 油冷；200℃±6℃回火一次，2h		60
T21319	Cr12MoV	207~255	950~1000	油	58
T21310	Cr12Mo1V1②	≤255	820℃±15℃预热，1000℃（盐浴）±6℃或 1010℃（炉控气氛）±6℃加热，保温 10~20min 空冷，200℃±6℃回火一次，2h		59

注：保温时间指试样达到加热温度后保持的时间。
① 试样在盐浴中保持时间为 5min；在炉控气氛中保持时间为 5~15min。
② 试样在盐浴中保持时间为 10min；在炉控气氛中保持时间为 10~20min。

表 3.1-116　热作模具用钢交货状态的硬度值和试样的淬火硬度值（摘自 GB/T 1299—2014）

统一数字代号	牌号	退火交货状态的钢材硬度 HBW	试样淬火硬度 淬火温度 /℃	冷却剂	洛氏硬度 HRC[②]
T22345	5CrMnMo	197～241	820～850	油	
T22505	5CrNiMo	197～241	830～860	油	
T23504	4CrNi4Mo	≤285	840～870	油或空气	
T23514	4Cr2NiMoV	≤220	910～960	油	
T23515	5CrNi2MoV	≤255	850～880	油	
T23535	5Cr2NiMoVSi	≤255	960～1010	油	
T42208	8Cr3	207～255	850～880	油	
T23274	4Cr5W2VSi	≤229	1030～1050	油或空气	
T23273	3Cr2W8V	≤255	1075～1125	油	
T23352	4Cr5MoSiV[①]	≤229	790℃±15℃预热，1010℃（盐浴）或1020℃（炉控气氛）1020℃±6℃加热，保温5～15min 油冷，550℃±6℃回火两次回火，每次2h		
T23353	4Cr5MoSiV1[①]	≤229	790℃±15℃预热，1000℃（盐浴）或1010℃（炉控气氛）±6℃加热，保温5～15min 油冷，550℃±6℃回火两次回火，每次2h		
T23354	4Cr3Mo3SiV[①]	≤229	790℃±15℃预热，1010℃（盐浴）或1020℃（炉控气氛）1020℃±6℃加热，保温5～15min 油冷，550℃±6℃回火两次回火，每次2h		
T23355	5Cr4Mo3SiMnVAl	≤255	1090～1120	②	
T23364	4CrMnSiMoV	≤255	870～930	油	
T23375	5Cr5WMoSi	≤248	990～1020	油	
T23324	4Cr5MoWVSi	≤235	1000～1030	油或空气	
T23323	3Cr3Mo3W2V	≤255	1060～1130	油	
T23325	5Cr4W5Mo2V	≤269	1100～1150	油	
T23314	4Cr5Mo2V	≤220	1000～1030	油	
T23313	3Cr3Mo3V	≤229	1010～1050	油	
T23314	4Cr5Mo3V	≤229	1000～1030	油或空气	
T23393	3Cr3Mo3VCo3	≤229	1000～1050	油	

注：保温时间指试样达到加热温度后保持的时间。
① 试样在盐浴中保持时间为5min；在炉控气氛中保持时间为5～15min。
② 根据需方要求，并在合同中注明，可提供实测值。

表 3.1-117　塑料模具用钢交货状态的硬度值和试样的淬火硬度值（摘自 GB/T 1299—2014）

统一数字代号	牌号	交货状态的钢材硬度		试样淬火硬度		
		退火硬度 HBW，不大于	预硬化硬度 HRC	淬火温度 /℃	冷却剂	洛氏硬度 HRC 不小于
T10450	SM45	热轧交货状态硬度 155～215		—	—	—
T10500	SM50	热轧交货状态硬度 165～225		—	—	—
T10550	SM55	热轧交货状态硬度 170～230		—	—	—
T25303	3Cr2Mo	235	28～36	850～880	油	52
T25553	3Cr2MnNiMo	235	30～36	830～870	油或空气	48
T25344	4Cr2Mn1MoS	235	28～36	830～870	油	51
T25378	8Cr2MnWMoVS	235	40～48	860～900	空气	62

(续)

统一数字代号	牌号	交货状态的钢材硬度		试样淬火硬度		
		退火硬度 HBW，不大于	预硬化硬度 HRC	淬火温度 /℃	冷却剂	洛氏硬度 HRC 不小于
T25515	5CrNiMnMoVSCa	255	35～45	860～920	油	62
T25512	2CrNiMoMnV	235	30～38	850～930	油或空气	48
T25572	2CrNi3MoAl	—	38～43	—	—	—
T25611	1Ni3MnCuMoAl	—	38～42	—	—	—
A64060	06Ni6CrMoVTiAl	255	43～48	850～880℃固溶，油或空冷 500～540℃时效，空冷		实测
A64000	00Ni18Co8Mo5TiAl	协议	协议	805～825℃固溶，空冷 460～530℃时效，空冷		协议
S42023	20Cr13	220	30～36	1000～1050	油	45
S42043	40Cr13	235	30～36	1050～1100	油	50
T25444	4Cr13NiVSi	235	30～36	1000～1030	油	50
T25402	2Cr17Ni2	285	28～32	1000～1050	油	49
T25303	3Cr17Mo	285	33～38	1000～1040	油	46
T25513	3Cr17NiMoV	285	33～38	1030～1070	油	50
S44093	95Cr18	255	协议	1000～1050	油	55
S46993	90Cr18MoV	269	协议	1050～1075	油	55

表 3.1-118　特殊用途模具用钢交货状态的硬度值和试样的淬火硬度值（摘自 GB/T 1299—2014）

统一数字代号	牌号	交货状态的钢材硬度	试样淬火硬度	洛氏硬度 HRC 不小于
		退火硬度 HBW	热处理制度	
T26377	7Mn15Cr2Al3V2WMo	—	1170～1190℃固溶，水冷 650～700℃时效，空冷	45
S31049	2Cr25Ni20Si2	—	1040～1150℃固溶，水或空冷	①
S51740	0Cr17Ni4Cu4Nb	协议	1020～1060℃固溶，空冷 470～630℃时效，空冷	①
H21231	Ni25Cr15Ti2MoMn	≤300	950～980℃固溶，水或空冷 720℃+620℃时效，空冷	①
H07718	Ni53Cr19Mo3TiNb	≤300	980～1000℃固溶，水、油或空冷 710～730℃时效，空冷	①

① 根据需方要求，并在合同中注明，可提供实测值。

不同工模具钢的主要特点及用途见表 3.1-119～表 3.1-126。工模具钢的国内外牌号对照见表 3.1-127。

表 3.1-119　刃具模具用非合金钢的主要特点及用途（摘自 GB/T 1299—2014）

统一数字代号	牌号	主要特点及用途
T00070	T7	亚共析钢，具有较好的塑性、韧性和强度，以及一定的硬度，能承受振动和冲击负荷，但切削性能力差。用于制造承受冲击负荷不大，且要求具有适当硬度和耐磨性极较好韧性的工具
T00080	T8	淬透性、韧性均优于 T10 钢，耐磨性也较高，但淬火加热容易过热，变形也大，塑性和强度也较低，大、中截面模具易残存网状碳化物，适用于制作小型拉拔、拉深、挤压模具
T01080	T8Mn	共析钢，具有较高的淬透性和硬度，但塑性和强度较低。用于制造断面较大的木工工具、手锯锯条、刻印工具、铆钉冲模、煤矿用凿等
T00090	T9	过共析钢，具有较高的强度，但塑性和强度较低。用于制造要求较高硬度且有一定韧性的各种工具，如刻印工具、铆钉冲模、冲头、木工工具、凿岩工具等

统一数字代号	牌号	主要特点及用途
T00100	T10	性能较好的非合金工具钢，耐磨性也较高，淬火时对热敏感性小，经适当热处理可得到较高强度和一定韧性，适合制作要求耐磨性较高而受冲击载荷较小的模具
T00110	T11	过共析钢，具有较好的综合力学性能（如硬度、耐磨性和韧性等），在加热时对晶粒长大和形成碳化物网的敏感性小。用于制造在工作时切削刃口不变热的工具，如锯、丝锥、锉刀、刮刀、扩孔钻、板牙、尺寸不大和断面无急剧变化的冷冲模及木刀刀具等
T00120	T12	过共析钢，由于含碳量高，淬火后仍有较多的过剩碳化物，所以硬度和耐磨性高，但韧性低，且淬火变形大。不适于制造切削速度高和受冲击负荷的工具，用于制造不受冲击负荷、切削速度不高、切削刃口不变热的工具，如车刀、铣刀、钻头、丝锥、锉刀、刮刀、扩孔钻、板牙及断面尺寸小的冷切边模和冲孔模等
T00130	T13	过共析钢，由于含碳量高，淬火后有更多的过剩碳化物，所以硬度更高，但韧性更差，又由于碳化物数量增加且分布不均匀，故力学性能较差，不适于制造切削速度较高和受冲击负荷的工具，用于制造不受冲击负荷，但要求极高硬度的金属切削工具，如剃刀、刮刀、拉丝工具、锉刀、刻纹用工具，以及坚硬岩石加工用工具和雕刻用工具等

表 3.1-120　量具刃具用钢的主要特点及用途（摘自 GB/T 1299—2014）

统一数字代号	牌号	主要特点及用途
T31219	9SiCr	比铬钢具有更高的淬透性和淬硬性，且回火稳定性好。适宜制造形状复杂、变形小、耐磨性要求高的低速切削刃具，如钻头、螺纹工具、手动铰刀、搓丝板及滚丝轮等；也可以制作冷作模具（如冲模、打印模等），冷轧辊，矫正辊以及细长杆件
T30108	8MnSi	在 T8 钢基础上同时加入 Si、Mn 元素形成的低合金工具钢，具有较高的回火稳定性、较高的淬透性和耐磨性，热处理变形也较非合金工具钢小。适宜制造木工工具、冷冲模及冲头，也可制造冷加工用的模具
T30200	Cr06	在非合金工具钢基础上添加一定量的 Cr，淬透性和耐磨性较非合金工具钢高，冷加工塑性变形和切削加工性能较好，适宜制造木工工具，也可制作简单冷加工模具，如冲孔模、冷压模等
T31200	Cr2	在 T10 的基础上添加一定量的 Cr，淬透性提高，硬度、耐磨性也比非合金工具钢高，接触疲劳强度也高，淬火变形小。适宜制造木工工具、冷冲模及冲头，也用于制作中小尺寸冷作模具
T31209	9Cr2	与 Cr2 钢性能基本相似，但韧性好于 Cr2 钢。适宜制造木工工具、冷轧辊、冷冲模及冲头、钢印冲孔模等
T30800	W	在非合金工具钢基础上添加一定量的 W，热处理后具有更高的硬度和耐磨性，且过热敏感性小，热处理变形小，回火稳定性好等特点。适宜制造小型麻花钻头，也可用于制造丝锥、锉刀、板牙，以及温度不高、切削速度不高的工具

表 3.1-121　耐冲击工具用钢的主要特点及用途（摘自 GB/T 1299—2014）

统一数字代号	牌号	主要特点及用途
T40294	4CrW2Si	在铬硅钢的基础上添加一定量的钨，具有一定的淬透性和高温强度。适宜制造高冲击载荷下操作的工具，如风动工具、冲裁切边复合模、冲模、冷切用的剪刀等冲剪工具，以及部分小型热作模具
T40295	5CrW2Si	在铬硅钢的基础上添加一定量的钨，具有一定的淬透性和高温强度。适宜制造冷剪金属的刀片、铲搓丝板的铲刀、冷裁和切边的凹模，以及长期工作的木工工具等
T40296	6CrW2Si	在铬硅钢的基础上添加一定量的钨，淬火硬度较高，有一定的高温强度。适宜制造承受冲击载荷而有要求耐磨性高的工具，如风动工具、凿子和模具，冷剪机刀片、冲裁切边用凹槽、空气锤用工具等

(续)

统一数字代号	牌号	主要特点及用途
T40356	6CrMnSi2Mo1V	相当于 ASTM A681 中 S5 钢。具有较高的淬透性和耐磨性、回火稳定性,钢种淬火温度较低,模具使用过程很少发生崩刃和断裂,适宜制造在高冲击载荷下操作的工具、冲模、冷冲裁切边用凹模等
T40355	5Cr3MnSiMo1	相当于 ASTM A681 中 S7 钢。淬透性较好,有较高的强度和回火稳定性,综合性能良好。适宜制造在较高温度、高冲击载荷下工作的工具、冲模,也可用于制造锤锻模具
T40376	6CrW2SiV	中碳油淬型耐冲击冷作工具钢,具有良好的耐冲击和耐磨损性能的配合。同时具有良好的抗疲劳性能和高的尺寸稳定性。适宜制作刀片、冷成形工具和精密冲裁模以及热冲孔工具等

表 3.1-122 轧辊用钢的主要特点及用途（摘自 GB/T 1299—2014）

统一数字代号	牌号	主要特点及用途
T42239	9Cr2V	2% Cr 系列,高碳含量保证轧辊有高硬度;加铬,可增加钢的淬透性;加钒,可提高钢的耐磨性和细化钢的晶粒。适宜制作冷轧工作辊、支承辊等
T42309	9Cr2Mo	2% Cr 系列,高碳含量保证轧辊有高硬度,加铬、钼可增加钢的淬透性和耐磨性。该类钢锻造性能良好,控制较低的终锻温度与合适的变形量可细化晶粒,消除沿晶界分布的网状碳化物,并使其均匀分布。适宜制作冷轧工作辊、支承辊和矫正辊
T42319	9Cr2MoV	2% Cr 系列,但综合性能优于 9Cr2 系列钢。若采用电渣重熔工艺生产,其辊坯的性能更优良。适宜制造冷轧工作辊、支承辊和矫正辊
T42518	8Cr3NiMoV	3% Cr 系列,经淬火及冷处理后的淬硬层深度可达 30mm 左右。用于制作冷轧工作辊,使用寿命高于含 2% 铬钢
T42519	9Cr5NiMoV	即 MC5 钢,淬透性高,其成品轧辊单边的淬硬层可达 35~40mm（≥85HSD）,耐磨性好,适宜制造要求淬硬层深,轧制条件恶劣,抗事故性高的冷轧辊

表 3.1-123 冷作模具用钢的主要特点及用途（摘自 GB/T 1299—2014）

统一数字代号	牌号	主要特点及用途
T20019	9Mn2V	具有较高的硬度和耐磨性,淬火时变形较小,淬透性好。适宜制造各种精密量具、样板,也可用于制造尺寸较小的冲模及冷压模、雕刻模、落料模等,以及机床的丝杆等结构件
T20299	9CrWMn	具有一定的淬透性和耐磨性,淬火变形较小,碳化物分布均匀且颗粒细小,适宜制作截面不大而变形复杂的冷冲模
T21290	CrWMn	油淬钢。由于钨形成碳化物,在淬火和低温回火后比 9SiCr 钢具有更多的过剩碳化物、更高的硬度和耐磨性、较好的韧性。但该钢对形成碳化物网较敏感,若有网状碳化物的存在,工模具的刃部有剥落的危险,从而降低工模具的使用寿命。有碳化物网的钢必须根据其严重程度进行锻造或正火。适宜制作丝锥、板牙、铰刀、小型冲模等
T20250	MnCrWV	国际广泛采用的高碳低合金油淬钢,具有较高的淬透性,热处理变形小,硬度高,耐磨性较好。适宜制作钢板冲裁模、剪切刀、落料模、量具和热固性塑料成型等
T21347	7CrMn2Mo	空淬钢,热处理变形小,适宜制作需要接近尺寸公差的制品如修边模、塑料模、压弯工具、冲切模和精压模等
T21355	5Cr8MoVSi	ASTM A681 中 A8 的改良钢种,具有良好淬透性、韧性、热处理尺寸稳定性。适宜制作硬度在 55~60HRC 的冲头和冷锻模具。也可用于制作非金属刀具材料
T21357	7CrSiMnMoV	火焰淬火钢,淬火温度范围宽,淬透性良好,空冷即可淬硬,硬度达到 62~64HRC,具有淬火操作方便,成本低,过热敏感性小,空冷变形小等优点,适宜制作汽车冷弯模具

(续)

统一数字代号	牌号	主要特点及用途
T21350	Cr8Mo2SiV	高韧性、高耐磨性钢,具有高的淬透性和耐磨性,淬火时尺寸变化小等特点,适宜制作冷剪切模、切边模、滚边模、量规、拉丝模、搓丝板、冷冲模等
T21320	Cr4W2MoV	具有较高的淬透性、淬硬性、耐磨性和尺寸稳定性,适宜制作各种冲模、冷镦模、落料模、冷挤凹模及搓丝板等工模具
T21386	6Cr4W3Mo2VNb	即65Nb钢。加入铌以提高钢的强韧性和改善工艺性。适宜制作冷挤压、厚板冷冲、冷镦等承受较大载荷的冷作模具,也可用于制作温热挤压模具
T21836	6W6Mo5Cr4V	低碳型高速钢,较W6Mo5Cr4V2的碳、钒含量均低,具有较高的韧性,用于冷作模具钢,主要用于制作钢铁材料冷挤压模
T21830	W6Mo5Cr4V2	钨钼系高速钢的代表牌号。具有韧性高,热塑性好,耐磨性、红硬性高等特点。用于冷作模具钢,适宜制作各种类型的工具,大型热塑成型的刀具;还可以制作高负荷下耐磨性零件,如冷挤压模具、温挤压模具等
T21209	Cr8	具有较好的淬透性和高的耐磨性,适宜制作要求耐磨性较高的各类冷作模具钢,与Cr12相比具有较好的韧性
T21200	Cr12	相当于ASTM A681中D3钢,具有良好的耐磨性,适宜制作受冲击负荷较小的要求较高耐磨的冷冲模及冲头、冷剪切刀、钻套、量规、拉丝模等
T21290	Cr12W	莱氏体钢。具有较高的耐磨性和淬透性,但塑性、韧性较低。适宜制作高强度、高耐磨性,且受热不大于300~400℃的工模具,如钢板深拉深模、拉丝模、螺纹搓丝板、冷冲模、剪切刀、锯条等
T21317	7Cr7Mo2V2Si	比Cr12钢和W6Mo5Cr4V2钢具有更高的强度和韧性,更好的耐磨性,且冷热加工的工艺性能优良,热处理变形小,通用性强,适宜制作承受高负荷的冷挤压模具、冷镦模具、冷冲模具等
T21318	Cr5Mo1V	空淬钢,具有良好的空淬特性,耐磨性介于高碳油淬模具钢和高碳高铬耐磨型模具钢之间,但其韧性较好,通用性强,特别适宜制作既要求好的耐磨性又要求好的韧性工模具,如下料模和成型模、轧辊、冲头、压延模和滚丝模等
T21319	Cr12MoV	莱氏体钢。具有高的淬透性和耐磨性,淬火时尺寸变化小,比Cr12钢的碳化物分布均匀和较高的韧性。适宜制作形状复杂的冲孔模、冷剪切刀、拉伸模、拉丝模、搓丝板、冷挤压模、量具等
T21310	Cr12Mo1V1	莱氏体钢。具有高的淬透性、淬硬性和高的耐磨性;高温抗氧化性能好,热处理变形小;适宜制作各种高精度、长寿命的冷作模具、刃具和量具,如形状复杂的冲孔凹模、冷挤压模、滚丝轮、搓丝板、冷剪切刀和精密量具等

表3.1-124 热作模具用钢的主要特点及用途(摘自GB/T 1299—2014)

统一数字代号	牌号	主要特点及用途
T22345	5CrMnMo	具有与5CrNiMo相似的性能,淬透性较5CrNiMo略差,在高温下工作,耐热疲劳性逊于5CrNiMo,适宜制作要求具有较高强度和高耐磨性的各种类型的锻模
T22505	5CrNiMo	具有良好的韧性、强度和较高的耐磨性,在加热到500℃时仍能保持硬度在300HBW左右。由于含有Mo元素,钢对回火脆性不敏感,适宜制作各种大、中型锻模
T23504	4CrNi4Mo	具有良好的淬透性、韧性和抛光性能,可空冷硬化。适宜制作热作模具和塑料模具,也可用于制作部分冷作模具
T23514	4Cr2NiMoV	5CrMnMo钢的改进型,具有较高的室温强度及韧性,较好的回火稳定性、淬透性及抗热疲劳性能。适宜制作热锻模具
T23515	5CrNi2MoV	与5CrNiMo钢类似,具有良好的淬透性和热稳定性。适宜制作大型锻压模具和热剪

(续)

统一数字代号	牌号	主要特点及用途
T23535	5Cr2NiMoVSi	具有良好的淬透性和热稳定性。适宜制作各种大型热锻模
T23208	8Cr3	具有一定的室温、高温力学性能。适宜制作热冲孔模的冲头，热切边模的凹模镶块，热顶锻模、热弯曲模，以及工作温度低于500℃、受冲击较小且要求耐磨的工作零件，如热剪刀片等。也可用于制作冷轧工作辊
T23274	4Cr5W2VSi	压铸模用钢，在中温下具有较高的热强度、硬度、耐磨性、韧性和较好的热疲劳性能，可空冷硬化。适宜制作热挤压用的模具和芯棒，铝、锌等轻金属的压铸模，热顶锻结构钢和耐热钢用的工具，以及成型某些零件用的高速锤锻模
T23273	3Cr2W8V	在高温下具有高的强度和硬度（650℃时硬度300HBW左右），抗冷热交变疲劳性能较好，但韧性较差。适宜制作高温下高应力、但不受冲击载荷的凸模、凹模，如平锻机上用的凸凹模、镶块，铜合金挤压模、压铸用模具；也可用来制作同时承受大压应力、弯应力、拉应力的模具，如反挤压模具等；还可以制作高温下受力的热金属切刀等
T23352	4Cr5MoSiV	具有良好的韧性、热强性和热疲劳性能，可空冷硬化。在较低的奥氏体化温度下空淬，热处理变形小，空淬时产生的氧化皮倾向较小，且可以抵抗熔融铝的冲蚀作用。适宜制作铝压铸模、热挤压模和穿孔芯棒、塑料模等
T23353	4Cr5MoSiV1	压铸模用钢，相当于ASTM A681中H13钢，具有良好的韧性和较好的热强性、热疲劳性能和一定的耐磨性。可空冷淬硬，热处理变形小。适宜制作铝、铜及其合金铸件用的压铸模、热挤压模、穿孔用的工具、芯棒、压机锻模、塑料模等
T22354	4Cr3Mo3SiV	相当于ASTM A681中H10钢，具有非常好的淬透性、很高的韧性和高温强度。适宜制作热挤压模、热冲模、热锻模、压铸模等
T23355	5Cr4Mo3SiMnVA1	热作、冷作兼用的模具钢。具有较高的热强性、高温硬度、抗回火稳定性，并具有较好的耐磨性、抗热疲劳性、韧性和热加工塑性。模具工作温度可达700℃，抗氧化性好。用于热作模具钢时，其高温强度和热疲劳性能优于3Cr2W8V钢。用于冷作模具钢时，比Cr12型和低合金模具钢具有较高的韧性。主要用于轴承行业的热挤压模和标准件行业的冷镦模
T23364	4CrMnSiMoV	低合金大截面热锻模用钢，具有良好的淬透性、较高的热强性、耐热疲劳性能、耐磨性和韧性，较好抗回火性能和冷热加工性能等特点。主要用于制作5CrNiMo钢不能满足要求的、大型锤锻模和机锻模
T23375	5Cr5WMoSi	具有良好淬透性和韧性、热处理尺寸稳定性好和中等的耐磨性。适宜制作硬度在55~60HRC的冲头。也适宜制作冷作模具、非金属刀具材料
T23324	4Cr5MoWVSi	具有良好的韧性和热强性。可空冷硬化，热处理变形小，空淬时产生的氧化皮倾向较小，而且可以抵抗熔融铝的冲蚀作用。适宜制作铝压铸模、锻压模、热挤压模和穿孔芯棒等
T23323	3Cr3Mo3W2V	ASTM A681中H10改进型钢种，具有高的强韧性和抗冷热疲劳性能，热稳定性好。适宜制作热挤压模、热冲模、热锻模、压铸模等
T23325	5Cr4W5Mo2V	具有较高的回火抗力和热稳定性，高的热强性、高温硬度和耐磨性，但其韧性和抗热疲劳性能低于4Cr5MoSiV1。适宜制作对高温强度和抗磨损性能有较高要求的热作模具，可替代3Cr2W8V
T23314	4Cr5Mo2V	4Cr5MoSiV1改进型钢，具有良好的淬透性、韧性、热强性、耐热疲劳性，热处理变形小等特点。适宜制作铝、铜及其合金的压铸模具，热挤压模、穿孔用的工具、芯棒
T23313	3Cr3Mo3V	具有较高热强性和韧性，良好的抗回火稳定性和疲劳性能。适宜制作镦锻模、热挤压模和压铸模等
T23314	4Cr5Mo3V	具有良好的高温强度、良好的抗回火稳定性和高抗热疲劳性。适宜制作热挤压模、温锻模、压铸模具和其他的热成型模具
T23393	3Cr3Mo3VCo3	具有高的热强性、良好的回火稳定性和耐抗热疲劳性等特点。适宜制作热挤压模、温锻模和压铸模具

表 3.1-125　塑料模具用钢的主要特点及用途（摘自 GB/T 1299—2014）

统一数字代号	牌号	主要特点及用途
T10450	SM45	非合金塑料模具钢，切削加工性能好，淬火后具有较高的硬度，调质处理后具有良好的强韧性和一定的耐磨性，适宜制作中、小型的中、低档次的塑料模具
T10500	SM50	非合金塑料模具钢，切削加工性能好，适宜制作形状简单的小型塑料模具或精度要求不高、使用寿命不需要很长的塑料模具等，但焊接性能、冷变形性能差
T10550	SM55	非合金塑料模具钢，切削加工性能中等。适宜制作成形状简单的小型塑料模具或精度要求不高、使用寿命较短的塑料模具
T25303	3Cr2Mo	预硬型钢，相当于 ASTM A681 中的 P20 钢，其综合性能好，淬透性高，较大的截面钢材也可获得均匀的硬度，并且同时具有很好的抛光性能，模具表面光洁度高
T25553	3Cr2MnNiMo	预硬型钢，相当于瑞典 ASSAB 公司的 718 钢，其综合力学性能好，淬透性高，大截面钢材在调质处理后具有较均匀的硬度分布，有很好的抛光性能
T25344	4Cr2Mn1MoS	易切削预硬化型钢，其使用性能与 3Cr2MnNiMo 相似，但具有更优良的机械加工性能
T25378	8Cr2MnWMoVS	预硬化型易切削钢，适宜制作各种类型的塑料模、胶木模、陶土瓷料模以及印制板的冲孔模。由于淬火硬度高，耐磨性好，综合力学性能好，热处理变形小，也可用于制作精密的冷冲模具等
T25515	5CrNiMnMoVSCa	预硬化型易切削钢，钢中加入 S 元素改善钢的切削加工工艺性能，加入 Ca 元素主要是改善硫化物的组织形态，改善钢的力学性能，降低钢的各向异性。适宜制作各种类型的精密注塑模具、压塑模具和橡胶模具
T25512	2CrNiMoMnV	预硬化型镜面塑料模具钢，是 3Cr2MnNiMo 钢的改进型，其淬透性高、硬度均匀，并具有良好的抛光性能、电火花加工性能和蚀花（皮纹加工）性能，适用于渗氮处理，适宜制作大中型镜面塑料模具
T25572	2CrNi3MoAl	时效硬化钢。由于固溶处理工序是在切削加工制成模具之前进行的，从而避免了模具的淬火变形，因而模具的热处理变形小，综合力学性能好，适宜制作复杂、精密的塑料模具
T25611	1Ni3MnCuMoAl	即 10Ni3MnCuAl，一种镍铜铝系时效硬化型钢，其淬透性好，热处理变形小，镜面加工性能好，适宜制作高镜面的塑料模具、高外观质量的家用电器塑料模具
A64060	06Ni6CrMoVTiAl	低合金马氏体时效钢，简称 06Ni 钢，经固溶处理（也可在粗加工后进行）后，硬度为 25～28HRC。在机械加工成所需要的模具形状和经钳工修整及抛光后，再进行时效处理。使硬度明显增加，模具变形小，可直接使用，保证模具有高的精度和使用寿命
A64000	00Ni18Co8Mo5TiAl	沉淀硬化型超高强度钢，简称 18Ni（250）钢，具有高强韧性，低硬化指数，良好成形性和焊接性。适宜制作铝合金挤压模和铸件模、精密模具及冷冲模等工模具等
S42023	20Cr13	耐腐蚀型钢，属于 Cr13 型不锈钢，机械加工性能较好，经热处理后具有优良的耐腐蚀性能，较好的强韧性，适宜制作承受高负荷并在腐蚀介质作用下的塑料模具钢和透明塑料制品模具等
S42043	40Cr13	耐腐蚀型钢，属于 Cr13 型不锈钢，力学性能较好，经热处理（淬火及回火）后，具有优良的耐腐蚀性能、抛光性能、较高的强度和耐磨性，适宜制作承受高负荷并在腐蚀介质作用下的塑料模具钢和透明塑料制品模具等
T25444	4Cr13NiVSi	耐腐蚀预硬化型钢，属于 Cr13 型不锈钢，淬回火硬度高，有超镜面加工性，可预硬至 31～35HRC，镜面加工性好。适宜制作要求高精度、高耐磨、高耐蚀塑料模具；也用于制作透明塑料制品模具
T25402	2Cr17Ni2	耐腐蚀预硬化型钢，具有好的抛光性能；在玻璃模具的应用中具有好的抗氧化性。适宜制作耐腐蚀塑料模具，并且不用采用 Cr、Ni 涂层
T25303	3Cr17Mo	耐腐蚀预硬化型钢，属于 Cr17 型不锈钢，具有优良的强韧性和较高的耐蚀性，适宜制作各种类型的要求高精度、高耐磨、又要求耐蚀性的塑料模具和透明塑料制品模具

(续)

统一数字代号	牌号	主要特点及用途
T25513	3Cr17NiMoV	耐腐蚀预硬化型钢，属于Cr17型不锈钢，具有优良的强韧性和较高的耐蚀性，适宜制作各种要求高精度、高耐磨，又要求耐蚀的塑料模具和压制透明的塑料制品模具
S44093	95Cr18	耐腐蚀、耐磨型钢，属于高碳马氏体钢，淬火后具有很高的硬度和耐磨性，较Cr17型马氏体钢的耐蚀性能有所改善，在大气、水及某些酸类和盐类的水溶液中有优良的不锈耐蚀性。适宜制作要求耐蚀、高强度和耐磨损的零部件，如轴、杆类、弹簧、紧固件等
S46993	90Cr18MoV	耐腐蚀、耐磨型钢，属于高碳铬不锈钢，基本性能和用途与9Cr18相近，但热强性和抗回火性能更好。适宜制作承受摩擦并在腐蚀介质中工作的零件，如量具、不锈切片机械刃具及剪切工具、手术刀片、高耐磨设备零件等

表 3.1-126 特殊用途模具用钢的主要特点及用途（摘自 GB/T 1299—2014）

统一数字代号	牌号	主要特点及用途
T26377	7Mn15Cr2Al3V2WMo	一种高Mn-V系无磁钢。在各种状态下都能保持稳定的奥氏体，具有非常低的导磁系数，高的硬度、强度，较好的耐磨性。适宜制作无磁模具、无磁轴承及其他要求在强磁场中不产生磁感应的结构零件。也可以用来制造在700~800℃下使用的热作模具
S31049	2Cr25Ni20Si2	奥氏体型耐热钢，具有较好的抗一般耐蚀性能。最高使用温度可达1200℃。连续使用最高温度为1150℃；间歇使用最高温度为1050~1100℃。适宜制作加热炉的各种构件，也用于制造玻璃模具等
S51740	0Cr17Ni4Cu4Nb	马氏体沉淀硬化不锈钢。含碳量低，其抗腐蚀性和焊接性比一般马氏体不锈钢好。此钢耐酸性能好、切削性好、热处理工艺简单。在400℃以上长期使用时有脆化倾向，适宜制作工作温度400℃以下，要求耐酸蚀性、高强度的部件；也适宜制作在腐蚀介质作用下要求高性能、高精密的塑料模具等
H21231	Ni25Cr15Ti2MoMn	即GH2132B，Fe-25Ni-15Cr基时效强化型高温合金，加入钼、钛、铝、钒和微量硼综合强化，特点是高温耐磨性好，高温抗变形能力强，高温抗氧化性能优良，无缺口敏感性，热疲劳性能优良。适宜制作在650℃以下长期工作的高温承力部件和热作模具，如铜排模、热挤压模和内筒等
H07718	Ni53Cr19Mo3TiNb	即In718合金，以体心四方的γ''相和面心立方的γ'相沉淀强化的镍基高温合金，在合金中加入铝、钛以形成金属间化合物进行γ'（Ni3AlTi）相沉淀强化。具有高温强度高，高温稳定性好，抗氧化性好，冷热疲劳性能及冲击韧性优异等特点，适宜制作600℃以上使用的热锻模、冲头、热挤压模、压铸模等

表 3.1-127 工模具钢国内外牌号对照（摘自 GB/T 1299—2014）

钢类	GB/T 1299—2014	ASTM A 686/ASTM A 681	JIS G4401/JIS G4404	ISO 4957
刃具模具用非合金钢	T7	—	SK70	C70U
	T8	—	SK80	C80U
	T8Mn	W1-8	SK85	—
	T9	W1-8 1/2	SK90	C90U
	T10	W1-10	SK105	C105U
	T11	W1-11	—	—
	T12	W1-11 1/2	SK120	C120U
	T13	—	—	—
量具刃具用钢	9SiCr	—	—	—
	8MnSi	—	—	—
	Cr06	—	SKS8	—
	Cr2	L3	—	—
	9Cr2	—	—	—
	W	F1	SKS2	—

(续)

钢类	GB/T 1299—2014	ASTM A 686/ASTM A 681	JIS G4401/JIS G4404	ISO 4957
耐冲击工具用钢	4CrW2Si	—	SKS41	—
	5CrW2Si	S1	—	—
	6CrW2Si	—	—	—
	6CrMnSi2Mo1V	S5	—	—
	5Cr3MnSiMo1V	S7	—	—
	6CrW2SiV	—	—	60WCrV8
轧辊用钢	9Cr2V	—	—	—
	9Cr2Mo	—	—	—
	9Cr2MoV	—	—	—
	8Cr3NiMoV	—	—	—
	9Cr5NiMoV	—	—	—
冷作模具用钢	9Mn2V	O2	—	—
	9CrWMn	O1	SKS3	95MnCr5
	CrWMn	—	SKS31	—
	MnCrWV	—	—	95MnWCr5
热作模具用钢	5Cr4W5Mo2V	—	—	—
	4Cr5Mo2V	—	—	—
	3Cr3Mo3V	—	SKD7	32CrMoV12-28
	4Cr5Mo3V	—	—	—
	3Cr3Mo3VCo3	—	—	—
塑料模具钢	SM45	—	—	C45U
	SM50	—	—	—
	SM55	—	—	—
	3Cr2Mo	P20	—	35CrMo7
	3Cr2MnNiMo	—	—	40CrMnNiMo8-6-4
	4Cr2Mn1MoS	—	—	—
	8Cr2MnWMoVS	—	—	—
	5CrNiMnMoVSCa	—	—	—
	2CrNiMoMnV	—	—	—
	2CrNi3MoAl	—	—	—
	1Ni3MnCuAl	—	—	—
	06Ni6CrMoVTiAl	—	—	—
	00Ni18Co8Mo5TiAl	—	—	—
	20Cr18	—	—	—
	40Cr13	—	—	—
	4Cr13NiVSi	—	—	—
	2Cr17Ni2	—	—	—
	3Cr17Mo	—	—	X38CrMo16
	3Cr17NiMoV	—	—	—
	95Cr18	—	—	—
	90Cr18MoV	—	—	—

(续)

钢类	GB/T 1299—2014	ASTM A 686/ASTM A 681	JIS G4401/JIS G4404	ISO 4957
特殊用途模具钢	7Mn15Cr2Al3V2Mo	—	—	—
	2Cr25Ni20Si2	—	—	—
	05Cr17Ni4Cu4Nb	—	—	—
	Ni25Cr15Ti2MoMn	—	—	—
	Ni53Cr19Mo3TiNb	—	—	—
冷作模具用钢	7CrMn2Mo	—	—	70MnMoCr8
	5Cr8MoVSi	—	—	—
	7CrSiMnMoV	—	—	—
	Cr8Mo2VSi	—	—	—
	Cr4W2MoV	—	—	—
	6Cr4W3Mo2VNb	—	—	—
	6W6Mo5Cr4V	—	—	—
	W6Mo5Cr4V2	—	—	—
	Cr8	—	—	—
	Cr12	D3	SKD1	X210Cr12
	Cr12W	—	SKD2	X210CrW12
	7Cr7Mo2V2Si	—	—	—
	Cr5Mo1V	A2	SKD12	X100CrMoV5
	Cr12MoV	—	—	—
	Cr12Mo1V1	D2	SKD10	X153CrMoV12
热作模具用钢	5CrMnMo	—	—	—
	5CrNiMo	L6	—	—
	4CrNi4Mo	—	SKT6	45CrNiMo16
	4Cr2NiMoV	—	—	—
	5CrNi2MoV	—	SKT4	55NiCrMoV7
	5Cr2NiMoVSi	—	—	—
	8Cr3	—	—	—
	4Cr5W2VSi	—	—	—
	3Cr2W8V	H21	SKD5	X30WCrV9-3
	4Cr5MoSiV	H11	SKD6	X37CrMoV5-1
	4Cr5MoSiV1	H13	SKD61	X40CrMoV5-1
	4Cr3Mo3SiV	H10	—	—
	5Cr4Mo3SiMnVAl	—	—	—
	4CrMnSiMoV	—	—	—
	5Cr5WMoSi	A8	—	—
	4Cr5MoWVSi	H12	—	X35CrWMoV5
	3Cr3Mo3W2V	—	—	—

3.4 不锈钢和耐热钢

3.4.1 不锈钢（见表3.1-128～表3.1-136）

表3.1-128 不锈钢棒分类及产品规格的规定（摘自 GB/T 1220—2007）

产品分类及符号	压力加工用钢（UP）、热压力加工（UHP）、热顶锻用钢（UHF）、冷拔坯料（UCD）、切削加工用钢（UC）
热轧圆钢、方钢	产品尺寸规格按 GB/T 702—2008 规定
热轧扁钢	产品尺寸规格按 GB/T 702—2008 规定
热轧六角钢、八角钢	产品尺寸规格按 GB/T 702—2008 规定
锻制圆钢、方钢	产品尺寸规格按 GB/T 908—2008 规定
锻制扁钢	产品尺寸规格按 GB/T 908—2008 规定

表 3.1-129 不锈钢棒牌号及力学性能（摘自 GB/T 1220—2007）

类型	序号	统一数字代号	新牌号	旧牌号	热处理温度 /℃	规定非比例延伸强度 $R_{p0.2}$/MPa	抗拉强度 R_m/MPa	断后伸长率 A[②] (%) ≥	断面收缩率 Z[②] (%)	冲击吸收能量 KU_2[③] /J	硬度[①] HBW	硬度[①] HRB ≤	硬度[①] HV
奥氏体型	1	S35350	12Cr17Mn6Ni5N	1Cr17Mn6Ni5N	1010~1120，快冷	275	520	40	45		241	100	253
	2	S35450	12Cr18Mn9Ni5N	1Cr18Mn8Ni5N	1010~1120，快冷	275	520	40	45		207	95	218
	3	S30110	12Cr17Ni7	1Cr17Ni7	1010~1150，快冷	205	520	40	60		187	90	200
	4	S30210	12Cr18Ni9	1Cr18Ni9	1010~1150，快冷	205	520	40	60		187	90	200
	5	S30317	Y12Cr18Ni9	Y1Cr18Ni9	1010~1150，快冷	205	520	40	50		187	90	200
	6	S30327	Y12Cr18Ni9Se	Y1Cr18Ni9Se	1010~1150，快冷	205	520	40	50		187	90	200
	7	S30408	06Cr19Ni10	0Cr18Ni9	1010~1150，快冷	205	520	40	60		187	90	200
	8	S30403	022Cr19Ni10	00Cr19Ni10	1010~1150，快冷	175	480	40	60		187	90	200
	9	S30488	06Cr18Ni9Cu3	0Cr18Ni9Cu3	1010~1150，快冷	175	480	40	60		187	90	200
	10	S30458	06Cr19Ni10N	0Cr19Ni9N	1010~1150，快冷	275	550	35	50		217	95	220
	11	S30478	06Cr19Ni9NbN	0Cr19Ni10NbN	1010~1150，快冷	345	685	35	50		250	100	260
	12	S30453	022Cr19Ni10N	00Cr18Ni10N	1010~1150，快冷	245	550	40	50		217	95	220
	13	S30510	10Cr18Ni12	1Cr18Ni12	1010~1150，快冷	175	480	40	60		187	90	200
	14	S30908	06Cr23Ni13	0Cr23Ni13	1030~1150，快冷	205	520	40	60		187	90	200
	15	S31008	06Cr25Ni20	0Cr25Ni20	1030~1180，快冷	205	520	40	50		187	90	200
	16	S31608	06Cr17Ni12Mo2	0Cr17Ni12Mo2	1010~1150，快冷	205	520	40	60		187	90	200
	17	S31603	022Cr17Ni12Mo2	00Cr17Ni14Mo2	1010~1150，快冷	175	480	40	60		187	90	200
	18	S31668	06Cr17Ni12Mo2Ti	0Cr18Ni12Mo3Ti	1000~1100，快冷	205	530	40	55		187	90	200
	19	S31658	06Cr17Ni12Mo2N	0Cr17Ni12Mo2N	1010~1150，快冷	275	550	35	50		217	95	220
	20	S31653	022Cr17Ni12Mo2N	00Cr17Ni13Mo2N	1010~1150，快冷	245	550	40	50		217	95	220

类型	序号	统一数字代号	新牌号	旧牌号	热处理	σ₀.₂	σb	δ	ψ	—	HBW	HRB	HV
奥氏体型	21	S31688	06Cr18Ni12Mo2Cu2	0Cr18Ni12Mo2Cu2	1010~1150,快冷	205	520	40	60	—	187	90	200
	22	S31683	022Cr18Ni14Mo2Cu2	00Cr18Ni14Mo2Cu2	1010~1150,快冷	175	480	40	60	—	187	90	200
	23	S31708	06Cr19Ni13Mo3	0Cr19Ni13Mo3	1010~1150,快冷	205	520	40	60	—	187	90	200
	24	S31703	022Cr19Ni13Mo3	00Cr19Ni13Mo3	1010~1150,快冷	175	480	40	60	—	187	90	200
	25	S31794	03Cr18Ni16Mo5	0Cr18Ni16Mo5	1030~1180,快冷	175	480	40	45	—	187	90	200
	26	S32168	06Cr18Ni11Ti	0Cr18Ni10Ti	920~1150,快冷	205	520	40	50	—	187	90	200
	27	S34778	06Cr18Ni11Nb	0Cr18Ni11Nb	980~1150,快冷	205	520	40	50	—	187	90	200
	28	S38148	06Cr18Ni13Si4	0Cr18Ni13Si4	1010~1150,快冷	205	520	40	60	—	207	95	218
奥氏体-铁素体型	29	S21860	14Cr18Ni11Si4AlTi	1Cr18Ni11Si4AlTi	930~1050,快冷	440	715	25	40	63	—	—	—
	30	S21953	022Cr19Ni5Mo3Si2N	00Cr18Ni5Mo3Si2	920~1150,快冷	390	590	20	40	—	290	30	300
	31	S22253	022Cr22Ni5Mo3N	—	950~1200,快冷	450	620	25	—	—	290	—	—
	32	S22053	022Cr23Ni5Mo3N	—	950~1200,快冷	450	655	25	—	—	290	—	—
	33	S22553	022Cr25Ni6Mo2N	—	950~1200,快冷	450	620	20	—	—	260	—	—
	34	S25554	03Cr25Ni6Mo3Cu2N	—	1000~1200,快冷	550	750	25	—	—	290	—	—
铁素体型	35	S11348	06Cr13Al	0Cr13Al	780~830,空冷或缓冷	175	410	20	60	78	183	—	—
	36	S11203	022Cr12	00Cr12	700~820,空冷或缓冷	195	360	22	60	—	183	—	—
	37	S11710	10Cr17	1Cr17	780~850,空冷或缓冷	205	450	22	50	—	183	—	—
	38	S11717	Y10Cr17	Y1Cr17	680~820,空冷或缓冷	205	450	22	50	—	183	—	—
	39	S11790	10Cr17Mo	1Cr17Mo	780~850,空冷或缓冷	205	450	22	60	—	183	—	—
	40	S12791	008Cr27Mo	00Cr27Mo	900~1050,快冷	245	410	20	45	—	219	—	—
	41	S13091	008Cr30Mo2	00Cr30Mo2	900~1050,快冷	295	450	20	45	—	228	—	—

(续)

类型	序号	统一数字代号	新牌号	旧牌号	热处理温度/℃	规定非比例延伸强度 $R_{p0.2}$/MPa①	抗拉强度 R_m/MPa	断后伸长率 A (%) ≥	断面收缩率 Z② (%)	冲击吸收能量 $KU_2$③ /J	硬度① HBW	硬度① HRB ≤	硬度① HV
马氏体型	42	S40310	12Cr12	1Cr12	钢棒退火：800～900 缓冷或约750 快冷；试样淬火回火：950～1000 油冷 700～750 快冷（序号 42、43、44、45）；600～750 快冷（序号 46、47、48）	390	590	25	55	118	≥170	—	—
	43	S41008	06Cr13	0Cr13		345	490	24	60	—	≥159	—	—
	44	S41010	12Cr13	1Cr13		345	540	22	55	78	≥159	—	—
	45	S41617	Y12Cr13	Y1Cr13		345	540	17	45	55	≥192	—	—
	46	S42020	20Cr13	2Cr13		440	640	20	50	63	≥217	—	—
	47	S42030	30Cr13	3Cr13		540	735	12	40	24	≥217	—	—
	48	S42037	Y30Cr13	Y3Cr13		540	735	8	35	24	—	—	—
	49	S42040	40Cr13	4Cr13	钢棒退火、试样淬火回火	—	—	—	—	—	—	≥50	—
	50	S43110	14Cr17Ni2	1Cr17Ni2		700	1080	10	—	39	—	—	—
	51	S43120	17Cr16Ni2④ 性能组别 1	—	试样淬火回火：1010～1070 油淬 100～180 快冷	—	900 ≥1050	12	45	25 (A_{KV})	—	—	—
			17Cr16Ni2④ 性能组别 2	—		600	800 ≥950	14			—	—	—
	52	S44070	68Cr17	7Cr17	钢棒退火：800～920 缓冷	—	—	—	—	—	—	≥54	—
	53	S44080	85Cr17	8Cr17		—	—	—	—	—	—	≥56	—
	54	S44096	108Cr17	11Cr17		—	—	—	—	—	—	≥58	—
	55	S44097	Y108Cr17	Y11Cr17		—	—	—	—	—	—	≥58	—
	56	S44090	95Cr18	9Cr18		—	—	—	—	—	—	≥55	—
	57	S45710	13Cr13Mo	1Cr13Mo	钢棒退火 试样淬火回火	490	690	20	60	78	≥192	—	—
	58	S45830	32Cr13Mo	3Cr13Mo		—	—	—	—	—	—	≥50	—
	59	S45990	102Cr17Mo	9Cr18Mo		—	—	—	—	—	—	≥55	—
	60	S46990	90Cr18MoV	9Cr18MoV		—	—	—	—	—	—	≥55	—

第1章 钢铁材料

序号	牌号	对应牌号	热处理	组别	$R_{p0.2}$	R_m	A	Z	HBW	HRC
61	S51550	05Cr15Ni5Cu4Nb	固溶处理	0组	—	—	—	—	363	38
			480时效（沉淀硬化）	1组	1180	1310	10	35	≥375	≥40
			550时效	2组	1000	1070	12	45	≥331	≥35
			580时效	3组	865	1000	13	45	≥302	≥31
			620时效	4组	725	930	16	50	≥277	≥28
62	S51740	05Cr17Ni4Cu4Nb	固溶处理	0组	—	—	—	—	363	38
			480时效（沉淀硬化）	1组	1180	1310	10	40	≥375	≥40
			550时效	2组	1000	1070	12	45	≥331	≥35
			580时效	3组	865	1000	13	45	≥302	≥31
			620时效	4组	725	930	16	50	≥277	≥28
63	S51770	07Cr17Ni7Al	固溶处理	0组	≤380	≤1030	20	—	229	—
			510时效（沉淀硬化）	1组	1030	1230	4	10	≥388	—
			565时效	2组	960	1140	5	25	≥363	—
64	S51570	07Cr15Ni7Mo2Al	固溶处理	0组	—	—	—	—	269	—
			510时效（沉淀硬化）	1组	1210	1320	6	20	≥388	—
			565时效	2组	1100	1210	7	25	≥375	—

注：
1. 各牌号的化学成分应符合 GB/T 1220—2007 的规定。
2. 本表为热处理钢棒或热处理试样的力学性能。序号49、50、51、56~64 的热处理制度参见 GB/T 1220—2007 附录的规定。
3. 序号1~28 仅适用于直径、边长、厚度或对边距离小于或等于180mm 的钢棒。大于180mm 的钢棒，可改锻成180mm 的样坯检验，或由供需双方协商，规定允许降低其力学性能的数值。
4. 序号29~64 仅适用于直径、边长、厚度或对边距离小于或等于75mm 的钢棒。大于75mm 的钢棒，可改锻成75mm 的样坯检验或由供需双方协商，规定允许降低其力学性能的数值。

① 规定非比例延伸强度 $R_{p0.2}$ 和硬度，仅当需方要求时（合同注明）才进行测定（序号1~41），序号42~64 的 $R_{p0.2}$ 和硬度按本表规定，序号61~64 可选择HBW 或 HRC 均可。
② 扁钢不适用，但需方要求时，由供需双方协定。
③ 直径或边距对边距离小于等于16mm 的圆钢、六角钢、八角钢和边长或厚度小于等于12mm 的方钢，扁钢不做冲击试验。
④ 17Cr16Ni2 钢性能组别应在合同中注明，未注明时，由供方自行选择。

表 3.1-130　不锈钢的高温力学性能

类型	牌号	热处理制度	试验温度/℃	R_m MPa	R_{eL} MPa	A_5 %	Z %	冲击吸收能量/J·cm^{-2}
奥氏体型钢	12Cr18Mn9Ni5N（2.5mm 厚板材）	1075℃空冷	200	560	—	49	—	—
			300	560	—	49	—	—
			400	530	—	47	—	—
			500	480	—	45.5	—	—
			600	430	—	37	—	—
			750	250	—	60.5	—	—
	12Cr18Ni9	1150℃水冷	650	380	98	33	40	—
			760	210	98	17	18	—
			870	135	69	19	27	—
			900	82	—	34	61	—
			1000	43	—	38.3	66.8	—
			1100	28	—	57.5	74	—
	0Cr19Ni9	1050℃水冷	400	410	108	45	69	—
			480	385	98	45	69	—
			600	335	82	39	58	—
			700	235	74	35	36	—
			800	145	69	30	28	—
	00Cr19Ni11	1050℃水冷	200	410	118	52	75	—
			426	390	96	48	68	—
			538	355	32	45	67	—
	06Cr17Ni12Mo2Ti	1040℃水冷	20	590	225 ($R_{p0.2}$)	65	75	255
			200	450	175 ($R_{p0.2}$)	38	68	—
			400	450	175 ($R_{p0.2}$)	32	61	355
			500	430	128 ($R_{p0.2}$)	40	62	355
			600	390	118 ($R_{p0.2}$)	35	62	355
			700	305	118 ($R_{p0.2}$)	47	47	325
	022Cr18Ni14Mo2Cu2	1100℃保温 20min，水冷	800	225	—	22.0	24.2	—
			900	138	—	27.5	31.0	—
			1000	86	—	55.2	49.0	—
			1100	52	—	67.2	61.7	—
			1150	48	—	65.2	58.5	—
			1200	36	—	67.0	71.2	—

(续)

类型	牌号	热处理制度	试验温度/℃	R_m	R_{eL}	A_5	Z	冲击吸收能量/J·cm^{-2}
				MPa		%		
奥氏体型钢	022Cr19Ni13Mo3	1050~1100℃水冷	800	277	—	43.5	86.1	
			900	130	—	94.1	88.5	
			1000	79	—	68.5	76.0	—
			1100	47	—	71.4	63.7	—
			1200	29	—	59.2	—	—
	1Cr18Ni9Ti	1050℃水冷	300	450	195（$R_{p0.2}$）	31	65	—
			400	440	175（$R_{p0.2}$）	31	65	—
			500	400	175（$R_{p0.2}$）	29	65	—
			600	390	175（$R_{p0.2}$）	25	61	—
			700	275	155（$R_{p0.2}$）	26	59	—
			800	175	98（$R_{p0.2}$）	35	69	—
	06Cr18Ni11Nb	1050℃水冷	20	560~635	235~275（$R_{p0.2}$）	53~61	63~69	205~275
			500	390~490	145~215（$R_{p0.2}$）	28~36	56~66	235~285
			600	365~385	135~185（$R_{p0.2}$）	28~34	54~65	245~305
			650	305~365	118~165（$R_{p0.2}$）	31~38	54~61	235~315
			700	245~305	—	31~42	44~60	245~295
奥氏体-铁素体型钢	0Cr26Ni5Mo2	950~1000℃水冷	50	—	≥440	—	—	—
			100	—	≥420	—	—	—
			200	—	≥410	—	—	—
			300	—	≥375	—	—	—
	14Cr18Ni11Si4AlTi	950~1050℃水冷（棒材）	300	630	390（$R_{p0.2}$）	28（A_{10}）	57	—
			400	610	345（$R_{p0.2}$）	26（A_{10}）	56	—
		冷轧态（板材）	300	735	635（$R_{p0.2}$）	11（A_{10}）	—	—
			350	725	630（$R_{p0.2}$）	11（A_{10}）	—	—
			400	715	630（$R_{p0.2}$）	11（A_{10}）	—	—
	022Cr19Ni5Mo3Si2N	950~1050℃水冷	100	—	355	—	—	—
			200	—	295	—	—	—
			300	—	275	—	—	—
			400	—	255	—	—	—
铁素体型钢	10Cr17	982℃空冷	149	432	—	34	69.8	—
			288	407	—	31	66.9	—
			472	—	—	34.5	68.5	—
			538	—	—	31.5	70.5	—
			649	—	—	49.5	91.1	—

（续）

类型	牌号	热处理制度	试验温度/℃	R_m	R_{eL}	A_5	Z	冲击吸收能量/J·cm^{-2}
				MPa		%		
马氏体型钢	12Cr13	1030~1050℃油淬 750℃回火	20	600	400	22	60	108
			200	530	365	16	60	—
			400	490	365	16	58	195
			500	365	275	18	64	235
			600	225	175	18	70	215
	20Cr13	1000~1020℃油淬 720~750℃回火	20	705	510	21	68	64~172
			300	544	390	18	66	118
			400	520	397	16.5	58.5	201
			450	485	375	17.5	57	235
			470	485	410	22.5	71	—
			500	430	353	32.5	75	245
			550	345	280	36.5	83.5	220
	30Cr13	1000℃空冷 650℃回火	20	940	695	16	52	49
			200	805	655	14	57	128
			400	705	570	12	52	155
			500	610	530	14	54	155
			600	450	410	21	80	155
	14Cr17Ni2	1030℃油淬 680℃空淬	20	940	755（$R_{p0.2}$）	17	59	—
			300	855	685（$R_{p0.2}$）	14	53	—
			400	785	635（$R_{p0.2}$）	13	57	—
			500	635	540（$R_{p0.2}$）	18	66	—
			600	355	355（$R_{p0.2}$）	29	88	—
沉淀硬化型钢	07Cr17Ni7Al		540	635	—	—	—	—
	07Cr15Ni7Mo2Al	固溶后510℃时效	480	1150	—	16	—	—
			510	1028	—	15.8	—	—
			540	870	—	21.8	—	—
			600	540	—	42.6	—	—
			650	360	—	69.0	—	—

注：本表为参考资料。

表 3.1-131 不锈钢的耐蚀性能

牌号	介质条件			腐蚀深度 /mm·a⁻¹	介质条件			腐蚀深度 /mm·a⁻¹	介质条件			腐蚀深度 /mm·a⁻¹
	介质	质量分数(%)	温度/℃		介质	质量分数(%)	温度/℃		介质	质量分数(%)	温度/℃	
20Cr13 (2Cr13)	硝酸	5	20	<0.1	硝酸	65	沸	3.0~10.0	醋酸	10	20	<1.0
		5	沸	3.0~10.0		90	20	<0.1		5	沸	>10.0
		20	20	<0.1		90	沸	<10.0	柠檬酸	1	20	<0.1
		20	沸	1.0~3.0	硼酸	50~饱和	100	<0.1		20	沸	<10.0
		50	20	<0.1					氢氧化钠	20	50	<0.1
		50	沸	<3.0	醋酸	1	90	<0.1				
		65	20	<0.1		5	20	<1.0				
30Cr13 (3Cr13)	硫酸	2~50	20~100	腐蚀破坏	硫酸	52	60	8.6	硫酸	65	20	0.03
		52	15	2.11		63.4	15	2.1				
14Cr17Ni2 (1Cr17Ni2)	硝酸	10	50	<0.1	醋酸	10	75	<3.0	氢氧化钠	10	90	<0.1
		10	85	<0.1		10	90	3.0~10.0		20	50	<0.1
		30	60	<0.1		15	20	<1.0		20	沸	
		30	沸	<0.1		15	40	>3.0		30	沸	
		50	50	<0.1		25	50	<1.0		30	100	
		50	80	0.1~1.0		25	90	<3.0		40	90	<1.0
		50	沸	<3.0		25	沸	3.0~10.0		50	100	
		60	20	<0.1	磷酸	5	20	<0.1		60	90	
						5	85	<0.1				
	硫酸	1	20	3.0~10.0		10	20	<3.0	氢氧化钾	25	沸	<0.1
		5	20	>10.0		25	20	3.0~10.0		50	20	<0.1
		10	20	>10.0	盐酸	1	20	<3.0		50	沸	<1.0
	硫酸铝	10	50	<0.1		2	20	3.0~10.0		68	120	<1.0
		10	沸	1.0~3.0		5	20	>10.0		熔体	300	>10.0
06Cr19Ni10 (0Cr18Ni9)	硝酸	1~5	20	<0.1	硫酸	0.4	36~40	0.0001	盐酸	0.5	20	0.1~1.0
		1~5	80	<0.1		2	20	0~0.014		0.5	沸腾	>10
		5	沸腾	<0.1		2	100	3.0~6.5		3	20	0.1~1.0
		20	20~80	<0.1		5	50	3.0~4.5		5	20	0.1~1.0
		50	20~50	<0.1		10~50	20	2.0~5.0		10	20	0.1~1.0
		50	80	<0.1		10~65	50~100	不可用		30	20	>10
		50	沸腾	<0.1		90~95	20	0.006~0.008	氢氟酸	10	20	0.1~1.0
		60	20~60	<0.1	亚硫酸	2	20	<1.0		10	100	3.0~10
		60	沸腾	0.1~1.0		20	20	<0.1	氢氧化钠	10	90	<0.1
		65	20	<0.1		1	20	<0.1		50	90	<0.1
		65	85	<0.1		1	沸腾	<0.1		50	100	0.1~0.1
		65	沸腾	0.1~1.0		10	20	<0.1	高锰酸钾	90	300	1.0~3.0
		90	20	<0.1		10	沸腾	<0.1		熔盐	318	3.0~10
		90	70	0.1~1.0	磷酸	40	100	0.1~1.0	氟化钠	5~10	20	<0.1
		90	沸腾	1.0~3.0		65	80	<0.1		10	沸腾	<0.1
		99	20	0.1~1.0		65	110	>10	苯	5	20	0.1~1.0
		99	沸腾	3.0~10		80	60	<0.1		纯苯	20~沸	<0.1
10Cr17 (1Cr17)	硝酸	5	20	<0.1	磷酸	10	20	<1.0	醋酸	10	20	<0.1
		5	沸	<0.1								
		20	20	<0.1		10	沸	<1.0		10	100	1.0~3.0
		20	沸	<1.9								
		30	80	0.03		45	20~沸	0.1~3.0	硫酸	5	20	>10.0
		65	85	<1.0								
		65	沸	2.20		80	20	<1.0		50	20	>10.0
		90	70	1.0~3.0								
		90	沸	1.0~3.0		80	110~120	>10.0		80	20	1.0~3.0

注：1. GB/T 1220—2007 规定不锈钢耐蚀性能为供需双方的协议项目，有关腐蚀试验参见原标准。

2. 本表资料非标准内容，只供参考之用。

3. 括号内为旧牌号。

表 3.1-132 耐硫酸腐蚀不锈钢的选用

材料及介质	介质条件		试验时间/h	腐蚀率/g·(m²·h)⁻¹
	质量分数（%）	温度/℃		
022Cr18Ni14Mo2Cu2 介质：工业纯 H_2SO_4 均匀腐蚀	3	20	6	0.0170
		40	6	0.0165
		60	6	0.0508
		80	6	0.0862
		沸腾	6	4.580
	5	20	6	0.0251
		40	6	0.0259
		60	6	0.0425
		80	6	2.075
		沸腾	6	6.60
	10	20	6	0
		40	6	0.0259
		60	6	0.0676
		80	6	3.60
	20	20	6	0.0170
		40	6	0.0226
		60	6	0.737
		80	6	6.125
	40	20	6	0.0427
		40	6	0.253
		60	6	3.135
	60	20	6	0.621
		40	6	2.105
		60	6	5.105
	80	20	6	0.0169
		40	6	0.265
		60	6	2.340
		80	6	6.030

材料及介质	介质条件		腐蚀速度/mm·a⁻¹
	质量分数（%）	温度/℃	
06Cr17Ni12Mo2Ti 介质：H_2SO_4	10	沸点	>1.0
	20	20~40	<0.1
		50~60	0.1~1.0
		70~100	>1.0
	30	20	<0.1
		40	0.1~1.0
		60~70	>1.0
	40	20~90	>1.0
	50	20~70	>1.0
	60	20~70	>1.0
	70	20~70	>1.0
	80	20~40	0.1~1.0
		50~60	>1.0
	85	20	<0.1
		40	0.1~1.0
		50	>1.0

(续)

材料及介质	介质条件		腐蚀速度/mm·a^{-1}
	质量分数（%）	温度/℃	
06Cr17Ni12Mo2Ti 介质：H$_2$SO$_4$	90	20	<0.1
		40	0.1~1.0
		70	>1.0
	96.4	35	<0.1
		40	0.1~1.0
		50	>0.1
	98	30	<0.1
		40	0.1~1.0
		50	0.1~1.0
		80	>1.0
022Cr17Ni12Mo2 介质：H$_2$SO$_4$	10	20~50	<0.1
		60	0.1~1.0
		80~沸点	>1.0
	20	20	<0.1
		40~50	0.1~1.0
		60~100	>1.0
	30	20	0.1~1.0
		40~70	>1.0
	40	20~90	>1.0
	50	20~70	>1.0
	60	20~70	>1.0
	70	20~70	>1.0
	80	20~40	0.1~1.0
		50~60	>1.0
	85	20	<0.1
		40	0.1~1.0
		50	>1.0
	90	20	<0.1
		40	0.1~1.0

表 3.1-133 耐硝酸腐蚀不锈钢的选用

介质状况		选用不锈钢牌号
硝酸的质量分数（%）	温度/℃	
≤65	—	（1）18-8 型 Cr-Ni 不锈钢、铁素体不锈钢、马氏体不锈钢：06Cr19Ni10、022Cr19Ni10（硝酸级）、07Cr19Ni11Ti、1Cr18Ni9Ti[①]、06Cr13、12Cr13、1Cr17Ti[①]、00Cr17Ti[①]、10Cr17、0Cr13Si4NbRE[①]（≤80℃）、07Cr17Ni7Al （2）不含 Mo 的双相不锈钢：00Cr25Ni6N[①]、0Cr21Ni5Ti[①]、12Cr21Ni5Ti
共沸，≥68.4	—	00Cr25Ni20Nb[①]（不含 Mo 的双相不锈钢）
≤85	—	00Cr25Ni20Nb[①]（≤80%）
≥85	≤80	（1）高 Si（质量分数约为 4%）的 18-8 型 Cr-Ni 不锈钢：0Cr13Si4NbRE[①]（≤50℃）、1Cr17Ni11Si4AlTi[①]（≤50℃）、00Cr14Ni14Si4（Ti）[①]、00Cr17Ni14Si4（Ti、Nb）[①]、00Cr20Ni24Si4Ti[①] （2）选用 Si 质量分数约为 6%的不锈钢（00Cr17Ni17Si6[①]）
≥97	≤80	（1）0Cr13Si4NbRE[①]、1Cr18Ni11Si4AlTi[①]、00Cr17Ni14Si4Ti（Nb）[①] （2）Si 质量分数≥5%的 Cr-Ni 不锈钢

① 非国家标准牌号，仅供参考。

表 3.1-134 耐磷酸腐蚀不锈钢的选用

介质状况	选用不锈钢牌号
纯磷酸（不含杂质）	(1) 18-8 的 Cr-Ni 奥氏体不锈钢：1Cr18Ni9Ti[①]、022Cr19Ni10、06Cr19Ni10、14Cr17Ni2；铁素体不锈钢：1Cr17Ti、0Cr17Ti；马氏体不锈钢：12Cr13 (2) Mo 质量分数为 2%~3% 的 Cr-Ni 奥氏体不锈钢更佳：1Cr18Ni12Mo2Ti[①]、06Cr17Ni12Mo2、022Cr17Ni14Mo2、06Cr17Ni12Mo2Ti、06Cr19Ni13Mo3、022Cr18Ni14Mo3
磷酸中含 F^-、Cl^- 杂质	(1) 大量选用 Mo 质量分数为 2%~4% 的 Cr-Ni 奥氏体不锈钢：022Cr17Ni14Mo2、06Cr19Ni13Mo3、022Cr19Ni13Mo3 (2) $w(Cr)\geq22\%$ 的含 Mo 双相不锈钢：0Cr26Ni6Mo2Cu3[①]、00Cr22Ni6Mo2N[①]、00Cr25Ni7Mo3N[①] (3) 高 Mo 的 Cr-Ni 奥氏体不锈钢广泛应用：00Cr20Ni25Mo24.5Cu（N）（UB6、2RK65） (4) 不含 Ni 或含少量 Ni 的高铬铁素体不锈钢：00Cr26Mo1[①]、008Cr30Mo2、00Cr29Ni2Mo4、00Cr29Ni4Mo2[①]
制造 H_3PO_4 浓缩换热器	00Cr27Ni31Mo3Cu（Samicro-28） 其特点是腐蚀速率（mm/a）极低：80℃时为 0.07，90℃时为 0.12，100℃时为 0.21 [2RK65 腐蚀速率（mm/a）：80℃时为 0.36，90℃时为 0.80，100℃时为 2.1]

注：介质处于下列工况时，不能选用不锈钢：质量分数为 60%，温度 $t=120℃$；质量分数为 80%，$t=120~160℃$；质量分数为 100%，$t=120~160℃$。

① 非国家标准牌号，仅供参考。

表 3.1-135 耐氢氧化钠腐蚀不锈钢的选用

介质状况		选用不锈钢牌号	腐蚀速度/mm·a^{-1}
氢氧化钠质量分数（%）	温度/℃		
25	20	00Cr26Mo1[①]	0.00254
25	66	00Cr26Mo1	0.00254
25	100	00Cr26Mo1	0.00254
25	106	00Cr26Mo1	0.00254
48	100	022Cr17Ni12Mo2	0.10
45	66	00Cr26Mo1	<0.00254
50	35~88	06Cr19Ni10、06Cr17Ni12Mo2、022Cr18Ti	<0.00508、0.0165、0.01
50	82	00Cr26Mo1	无
70	100	00Cr26Mo1、00Cr20Ni29Mo3Cu4	<0.00254、0.01
73	99~135	00Cr19Ni10、06Cr17Ni12Mo2、022Cr18Ti	0.4、0.236、≥0.963
75	207	00Cr26Mo1	7.048
10~30	20~沸点	06Cr17Ni12Mo2Ti	<0.1
40~60	120	06Cr17Ni12Mo2Ti	<0.1
60	160	06Cr17Ni12Mo2Ti	<3.0
78	120	06Cr17Ni12Mo2Ti	<0.1
溶体	318	06Cr17Ni12Mo2Ti	1.0~3.0
混合液	25% NaOH + 0.1% NaCl	液温沸点　不锈钢 00Cr26Mo1	<0.00254
混合液	45% NaOH + 2.5% NaCl	液温 66℃　不锈钢 00Cr26Mo1	<0.00254
混合液	50% NaOH + 3% NaCl	液温 66℃　不锈钢 00Cr26Mo1	<0.00254
I 效蒸发器碱液	142℃	不锈钢　00Cr26Mo1	0.10 流速 4.6m/s
I 效蒸发器碱液	185℃	不锈钢　00Cr26Mo1	0.38 流速 4.6m/s

① 非国家标准牌号，仅供参考。

表 3.1-136　不锈钢的特性和应用举例（摘自 GB/T 1220—2007）

类型	序号	统一数字代号	牌号	特性和应用举例
奥氏体型	1	S35350	12Cr17Mn6Ni5N	节镍钢，性能与 12Cr17Ni7（1Cr17Ni7）相近，可代替 12Cr17Ni7（1Cr17Ni7）使用。在固溶态无磁，冷加工后具有轻微磁性，主要用于制造旅馆装备、厨房用具、水池、交通工具等
	2	S35450	12Cr18Mn9Ni5N	节镍钢，是 Cr-Mn-Ni-N 型最典型、发展比较完善的钢。在 800℃ 以下具有很好的抗氧化性，且保持较高的强度，可代替 12Cr18Ni9（1Cr18Ni9）使用。主要用于制作 800℃ 以下经受弱介质腐蚀和承受负荷的零件，如炊具、餐具等
	3	S30110	12Cr17Ni7	亚稳定奥氏体不锈钢，是最易冷变形强化的钢。经冷加工有高的强度和硬度，并仍保留足够的塑韧性，在大气条件下具有较好的耐蚀性。主要用于以冷加工状态承受较高载荷，又希望减轻装备重量和不生锈的设备和部件，如铁道车辆、装饰板、传送带、紧固件等
	4	S30210	12Cr18Ni9	奥氏体不锈钢，在固溶态具有良好的塑性、韧性和冷加工性，在氧化性酸和大气、水、蒸汽等介质中耐蚀性也好。经冷加工有高的强度，但伸长率比 12Cr17Ni7（1Cr17Ni7）稍差。主要用于对耐蚀性和强度要求不高的结构件和焊接件，如建筑物外表装饰材料；也可用于无磁部件和低温装置的部件。但在敏化态或焊后，具有晶间腐蚀倾向，不宜用作焊接结构材料
	5	S30317	Y12Cr18Ni9	12Cr18Ni9（1Cr18Ni9）改进切削性能钢。最适用于快速切削（如自动车床）制作辊、轴、螺栓、螺母等
	6	S30327	Y12Cr18Ni9Se	除调整 12Cr18Ni9（1Cr18Ni9）钢的磷、硫含量外，还加入硒，提高 12Cr18Ni9（1Cr18Ni9）钢的切削性能。用于小切削量，也适用于热加工或冷顶锻，如螺钉、铆钉等
	7	S30408	06Cr19Ni10	在 12Cr18Ni9（1Cr18Ni9）钢基础上发展演变的钢，性能类似于 12Cr18Ni9（1Cr18Ni9）钢，但耐蚀性优于 12Cr18Ni9（1Cr18Ni9）钢，可用作薄断面尺寸的焊接件，是应用量最大、使用范围最广的不锈钢。适用于制造深冲成形部件和输酸管道、容器、结构件等，也可以制造无磁、低温设备和部件
	8	S30403	022Cr19Ni10	为解决因 $Cr_{23}C_6$ 析出致使 06Cr19Ni10（0Cr18Ni9）钢在一些条件下存在严重的晶间腐蚀倾向而发展的超低碳奥氏体不锈钢，其敏化态耐晶间腐蚀能力显著优于 06Cr18Ni9（0Cr18Ni9）钢。除强度稍低外，其他性能同 06Cr18Ni9Ti（0Cr18Ni9Ti）钢，主要用于需焊接且焊接后又不能进行固溶处理的耐蚀设备和部件
	9	S30488	06Cr18Ni9Cu3	在 06Cr19Ni10（0Cr18Ni9）基础上为改进其冷成形性能而发展的不锈钢。铜的加入，使钢的冷作硬化倾向小，冷作硬化率降低，可以在较小的成形力下获得最大的冷变形。主要用于制作冷镦紧固件、深拉等冷成形的部件
	10	S30458	06Cr19Ni10N	在 06Cr19Ni10（0Cr18Ni9）钢基础上添加氮，不仅防止塑性降低，而且提高钢的强度和加工硬化倾向，改善钢的耐点蚀、晶间腐性，使材料的厚度减少。用于有一定耐腐性要求，并要求较高强度和减轻重量的设备或结构部件
	11	S30478	06Cr19Ni9NbN	在 06Cr19Ni10（0Cr18Ni9）钢基础上添加氮和铌，提高钢的耐点蚀和晶间腐蚀性能，具有与 06Cr19Ni10N（0Cr18Ni9N）钢相同的特性和用途
	12	S30453	022Cr19Ni10N	06Cr19Ni10N（0Cr18Ni9N）的超低碳钢。因 06Cr19Ni10N（0Cr18Ni9N）钢在 450～900℃ 加热后耐晶间腐蚀性能明显下降，因此对于焊接设备构件，推荐用 022Cr19Ni10N（00Cr18Ni10N）钢
	13	S30510	10Cr18Ni12	在 12Cr18Ni9（1Cr18Ni9）钢基础上，通过提高钢中镍含量而发展起来的不锈钢。加工硬化性比 12Cr18Ni9（1Cr18Ni9）钢低。适宜用于旋压加工、特殊拉拔，如作冷镦钢用等
	14	S30908	06Cr23Ni13	高铬镍奥氏体不锈钢，耐蚀性比 06Cr19Ni10（0Cr18Ni9）钢好，但实际上多作为耐热钢使用
	15	S31008	06Cr25Ni20	高铬镍奥氏体不锈钢，在氧化性介质中具有优良的耐蚀性，同时具有良好的高温力学性能，抗氧化性比 06Cr23Ni13（0Cr23Ni13）钢好，耐点蚀和耐应力腐蚀能力优于 18-8 型不锈钢，既可用于耐蚀部件又可作为耐热钢使用
	16	S31608	06Cr17Ni12Mo2	在 10Cr18Ni12（1Cr18Ni12）钢基础上加入钼，使钢具有良好的耐还原性介质和耐点腐蚀能力。在海水和其他各种介质中，耐腐蚀性优于 06Cr19Ni10（0Cr18Ni9）钢。主要用于耐点蚀材料

(续)

类型	序号	统一数字代号	牌号	特性和应用举例
奥氏体型	17	S31603	022Cr17Ni12Mo2	06Cr17Ni12Mo2（0Cr17Ni12Mo2）的超低碳钢，具有良好的耐敏化态晶间腐蚀的性能。适用于制造厚断面尺寸的焊接部件和设备，如石油化工、化肥、造纸、印染及原子能工业用设备的耐蚀材料
	18	S31668	06Cr17Ni12Mo2Ti	为解决06Cr17Ni12Mo2（0Cr17Ni12Mo2）钢的晶间腐蚀而发展起来的钢种，有良好的耐晶间腐蚀性，其他性能与06Cr17Ni12Mo2（0Cr17Ni12Mo2）钢相近。适合于制造焊接部件
	19	S31658	06Cr17Ni12Mo2N	在06Cr17Ni12Mo2（0Cr17Ni12Mo2）中加入氮，提高强度，同时又不降低塑性，使材料的使用厚度减薄。用于耐蚀性好的高强度部件
	20	S31653	022Cr17Ni12Mo2N	在022Cr17Ni12Mo2（00Cr17Ni14Mo2）钢中加入氮，具有与022Cr17Ni12Mo2（00Cr17Ni14Mo2）钢同样特性，用途与06Cr17Ni12Mo2N（0Cr17Ni12Mo2N）相同，但耐晶间腐蚀性能更好。主要用于化肥、造纸、制药、高压设备等领域
	21	S31688	06Cr18Ni12Mo2Cu2	在06Cr17Ni12Mo2（0Cr17Ni12Mo2）钢基础上加入质量分数约2%的Cu，其耐蚀性、耐点蚀性好。主要用于制作耐硫酸材料，也可用作焊接结构件和管道、容器等
	22	S31683	022Cr18Ni14Mo2Cu2	06Cr18Ni12Mo2Cu2（0Cr18Ni12Mo2Cu2）的超低碳钢。比06Cr18Ni12Mo2Cu2（0Cr18Ni12Mo2Cu2）钢的耐晶间腐蚀性能好。用途同06Cr18Ni12Mo2Cu2（0Cr18Ni12Mo2Cu2）钢
	23	S31708	06Cr19Ni13Mo3	耐点蚀和抗蠕变能力优于06Cr17Ni12Mo2（0Cr17Ni12Mo2）。用于制作造纸、印染设备，石油化工及耐有机酸腐蚀的装备等
	24	S31703	022Cr19Ni13Mo3	06Cr19Ni13Mo3（0Cr19Ni13Mo3）的超低碳钢，比06Cr19Ni13Mo3（0Cr19Ni13Mo3）钢耐晶间腐蚀性能好，在焊接整体件时抑制析出碳。用途与06Cr19Ni13Mo3（0Cr19Ni13Mo3）钢相同
	25	S31794	03Cr18Ni16Mo5	耐点蚀性能优于022Cr17Ni12Mo2（00Cr17Ni14Mo2）和06Cr17Ni12Mo2Ti（0Cr18Ni12Mo3Ti）的一种高钼不锈钢，在硫酸、甲酸、醋酸等介质中的耐蚀性要比一般质量分数为2%~4%Mo的常用Cr-Ni钢更好。主要用于处理含氯离子溶液的换热器、醋酸设备、磷酸设备、漂白装置等，以及在022Cr17Ni12Mo2（00Cr17Ni14Mo2）和06Cr17Ni12Mo2Ti（0Cr18Ni12Mo3Ti）不适用的环境中使用
	26	S32168	06Cr18Ni11Ti	钛稳定化的奥氏体不锈钢，添加钛提高耐晶间腐蚀性能，并具有良好的高温力学性能。可用超低碳奥氏体不锈钢代替。除专用（高温或抗氢腐蚀）外，一般情况不推荐使用
	27	S34778	06Cr18Ni11Nb	铌稳定化的奥氏体不锈钢，添加铌提高耐晶间腐蚀性能，在酸、碱、盐等腐蚀介质中的耐蚀性同06Cr18Ni11Ti（0Cr18Ni10Ti），焊接性能良好。既可作耐蚀材料又可作耐热钢使用，主要用于火电厂、石油化工等领域，如制作容器、管道、换热器、轴类等，还可作为焊接材料使用
	28	S38148	06Cr18Ni13Si4	在06Cr19Ni10（0Cr18Ni9）中增加镍，添加硅，提高耐应力腐蚀断裂性能。用于含氯离子环境，如汽车排气净化装置等
奥氏体-铁素体型	29	S21860	14Cr18Ni11Si4AlTi	含硅使钢的强度和耐浓硝酸腐蚀性能提高，可用于制作抗高温、浓硝酸介质的零件和设备，如排ađ阀门等
	30	S21953	022Cr19Ni5Mo3Si2N	在瑞典3RE60钢基础上，加入0.05%N~0.10%N（质量分数）形成的一种耐氯化物应力腐蚀的专用不锈钢。耐点蚀性能与022Cr17Ni12Mo2（00Cr17Ni14Mo2）相当。适用于含氯离子的环境，用于炼油、化肥、造纸、石油、化工等工业制造换热器、冷凝器等。也可代替022Cr19Ni10（00Cr19Ni10）和022Cr17Ni12Mo2（00Cr17Ni14Mo2）钢在易发生应力腐蚀破坏的环境下使用

(续)

类型	序号	统一数字代号	牌号	特性和应用举例
奥氏体-铁素体型	31	S22253	022Cr22Ni5Mo3N	在瑞典 SAF2205 钢基础上研制的，是目前世界上双相不锈钢中应用最普遍的钢。对含硫化氢、二氧化碳、氯化物的环境具有阻抗性，可进行冷、热加工及成形，焊接性良好，适用于作结构材料，用来代替 022Cr19Ni10（00Cr19Ni10）和 022Cr17Ni12Mo2（00Cr17Ni14Mo2）奥氏体不锈钢使用。用于制作油井管，化工储罐，换热器、冷凝冷却器等易产生点蚀和应力腐蚀的受压设备
奥氏体-铁素体型	32	S22053	022Cr23Ni5Mo3N	从 022Cr22Ni5Mo3N 基础上派生出来的，具有更窄的区间。特性和用途同 022Cr22Ni5Mo3N
奥氏体-铁素体型	33	S22553	022Cr25Ni6Mo2N	在 0Cr26Ni5Mo2 钢基础上调高钼含量、调低碳含量、添加氮，具有高强度、耐氯化物应力腐蚀、可焊接等特点，是耐点蚀最好的钢。代替 0Cr26Ni5Mo2 钢使用。应用于化工、化肥、石油化工等工业领域，主要制作换热器、蒸发器等
奥氏体-铁素体型	34	S25554	03Cr25Ni6Mo3Cu2N	在英国 Ferralium alloy 255 合金基础上研制的，具有良好的力学性能和耐局部腐蚀性能，尤其是耐磨损性能优于一般的奥氏体不锈钢，是海水环境中的理想材料。适用作舰船用的螺旋推进器、轴、潜艇密封件等，也适用于在化工、石油化工、天然气、纸浆、造纸等领域应用
铁素体型	35	S11348	06Cr13Al	低铬纯铁素体不锈钢，非淬硬性钢。具有相当于低铬钢的不锈性和抗氧化性，塑性、韧性和冷成形性优于铬含量更高的其他铁素体不锈钢。主要用于 12Cr13（1Cr13）或 10Cr17（1Cr17）由于空气可淬硬而不适用的地方，如石油精制装置、压力容器衬里、蒸汽涡轮叶片和复合钢板等
铁素体型	36	S11203	022Cr12	比 022Cr13（0Cr13）碳含量低，焊接部位弯曲性能、加工性能、耐高温氧化性能好。作汽车排气处理装置、锅炉燃烧室、喷嘴等
铁素体型	37	S11710	10Cr17	具有耐蚀性、力学性能和热导率高的特点，在大气、水蒸气等介质中具有不锈性，但当介质中含有较高氯离子时，不锈性则不足。主要用于生产硝酸、硝铵的化工设备，如吸收塔、换热器、贮槽等；薄板主要用于建筑内装饰、日用办公设备、厨房器具、汽车装饰、气体燃烧器等。由于它的脆性转变温度在室温以上，且对缺口敏感，不适用制作室温以下的承受载荷的设备和部件，且通常使用的钢材其截面尺寸一般不允许超过 4mm
铁素体型	38	S11717	Y10Cr17	10Cr17（1Cr17）改进的切削钢。主要用于大切削量自动车床机加零件，如螺栓、螺母等
铁素体型	39	S11790	10Cr17Mo	在 10Cr17（1Cr17）钢中加入钼，提高钢的耐点蚀、耐缝隙腐蚀性及强度等，比 10Cr17（1Cr17）钢抗盐溶液性强。主要用作汽车轮毂、紧固件以及汽车外装饰材料使用
铁素体型	40	S12791	008Cr27Mo	高纯铁素体不锈钢中发展最早的钢，性能类似于 008Cr30Mo2（00Cr30Mo2）。适用于既要求耐蚀性又要求软磁性的用途
铁素体型	41	S13091	008Cr30Mo2	高纯铁素体不锈钢。脆性转变温度低，耐卤离子应力腐蚀破坏性好，耐蚀性与纯镍相当，并具有良好的韧性、加工成形性和焊接性。主要用于化学加工工业（醋酸、乳酸等有机酸，苛性钠浓缩工程）成套设备，食品工业、石油精炼工业、电力工业、水处理和污染控制等用换热器、压力容器、罐和其他设备等

(续)

类型	序号	统一数字代号	牌号	特性和应用举例
马氏体型	42	S40310	12Cr12	作为汽轮机叶片及高应力部件之良好的不锈耐热钢
	43	S41008	06Cr13	作较高韧性及受冲击载荷的零件,如汽轮机叶片、结构架、衬里、螺栓、螺母等
	44	S41010	12Cr13	半马氏体型不锈钢,经淬火回火处理后具有较高的强度、韧性,良好的耐蚀性和加工性能。主要用于韧性要求较高且具有不锈性的受冲击载荷的部件,如刃具、叶片、紧固件、水压机阀、热裂解抗硫腐蚀设备等;也可制作在常温条件耐弱腐蚀介质的设备和部件
	45	S41617	Y12Cr13	不锈钢中切削性能最好的钢,自动车床用
	46	S42020	20Cr13	马氏体型不锈钢,其主要性能类似于12Cr13(1Cr13)。由于碳含量较高,其强度、硬度高于12Cr13(1Cr13),而韧性和耐蚀性略低。主要用于制造承受高应力载荷的零件,如汽轮机叶片、热油泵、轴和轴套、叶轮、水压机阀片等,也可用于造纸工业和医疗器械以及日用消费领域的刃具、餐具等
	47	S42030	30Cr13	马氏体型不锈钢,较12Cr13(1Cr13)和20Cr13(2Cr13)钢具有更高的强度、硬度和更好的淬透性,在室温的稀硝酸和弱的有机酸中具有一定的耐蚀性,但不及12Cr13(1Cr13)和20Cr13(2Cr13)钢。主要用于高强度部件,以及在承受高应力载荷并在一定腐蚀介质条件下的磨损件,如300℃以下工作的刀具、弹簧,400℃以下工作的轴、螺栓、阀门、轴承等
	48	S42037	Y30Cr13	改善30Cr13(3Cr13)切削性能的钢。用途与30Cr13(3Cr13)相似,需要更好的切削性能
	49	S42040	40Cr13	特性与用途类似于30Cr13(3Cr13)钢,其强度、硬度高于30Cr13(3Cr13)钢,而韧性和耐蚀性略低。主要用于制造外科医疗用具、轴承、阀门、弹簧等。40Cr13(4Cr13)钢焊接性差,通常不制造焊接部件
	50	S43110	14Cr17Ni2	热处理后具有较高的力学性能,耐蚀性优于12Cr13(1Cr13)和10Cr17(1Cr17)。一般用于既要求高力学性能的可淬硬性,又要求耐硝酸、有机酸腐蚀的轴类、活塞杆、泵、阀等零部件以及弹簧和紧固件
	51	S43120	17Cr16Ni2	加工性能比14Cr17Ni2(1Cr17Ni2)明显改善,适用于制作要求较高强度、韧性、塑性和良好的耐蚀性的零部件及在潮湿介质中工作的承力件
	52	S44070	68Cr17	高铬马氏体型不锈钢,比20Cr13(2Cr13)有较高的淬火硬度。在淬火回火状态下,具有高强度和硬度,并兼有不锈、耐蚀性能。一般用于制造要求具有不锈性或耐稀氧化性酸、有机酸和盐类腐蚀的刀具、量具、轴类、杆件、阀门、钩件等耐磨蚀的部件
	53	S44080	85Cr17	可淬硬性不锈钢。性能与用途类似于68Cr17(7Cr17),但硬化状态下,比68Cr17(7Cr17)硬,而比108Cr17(11Cr17)韧性高。如刃具、阀座等
	54	S44096	108Cr17	在可淬硬性不锈钢,不锈钢中硬度最高。性能与用途类似于68Cr17(7Cr17)。主要用于制作喷嘴、轴承等
	55	S44097	Y108Cr17	108Cr17(11Cr17)改进的切削性钢种。自动车床用
	56	S44090	95Cr18	高碳马氏体不锈钢。较Cr17型马氏体型不锈钢耐蚀性有所改善,其他性能与Cr17型马氏体型不锈钢相似。主要用于制造耐蚀高强度耐磨损部件,如轴、泵、阀件、杆类、弹簧、紧固件等。由于钢中极易形成不均匀的碳化物而影响钢的质量和性能,需在生产时予以注意

(续)

类型	序号	统一数字代号	牌号	特性和应用举例
马氏体型	57	S45710	13Cr13Mo	比12Cr13（1Cr13）钢耐蚀性高的高强度钢。用于制作汽轮机叶片，高温部件等
马氏体型	58	S45830	32Cr13Mo	在30Cr13（3Cr13）钢基础上加入钼，改善了钢的强度和硬度，并增强了二次硬化效应，且耐蚀性优于30Cr13（3Cr13）钢。主要用途同30Cr13（3Cr13）钢
马氏体型	59	S45990	102Cr17Mo	性能与用途类似于95Cr18（9Cr18）钢。由于钢中加入了钼和钒，热强性和抗回火能力均优于95Cr18（9Cr18）钢。主要用来制造承受摩擦并在腐蚀介质中工作的零件，如量具、刃具等
马氏体型	60	S46990	90Cr18MoV	
沉淀硬化型	61	S51550	05Cr15Ni5Cu4Nb	在05Cr17Ni4Cu4Nb（0Cr17Ni4Cu4Nb）钢基础上发展的马氏体沉淀硬化不锈钢，除高强度外，还具有高的横向韧性和良好的可锻性，耐蚀性与05Cr17Ni4Cu4Nb（0Cr17Ni4Cu4Nb）钢相当。主要应用于具有高强度、良好韧性，又要求有优良耐蚀性的服役环境，如高强度锻件、高压系统阀门部件、飞机部件等
沉淀硬化型	62	S51740	05Cr17Ni4Cu4Nb	添加铜和铌的马氏体沉淀硬化不锈钢，强度可通过改变热处理工艺予以调整，耐蚀性优于Cr13型及95Cr18（9Cr18）和14Cr17Ni2（1Cr17Ni2）钢，抗腐蚀疲劳及抗水滴冲蚀能力优于质量分数为12%Cr马氏体型不锈钢，焊接工艺简便，易于加工制造，但较难进行深度冷成形。主要用于既要求具有不锈性又要求耐弱酸、碱、盐腐蚀的高强度部件。如汽轮机末级动叶片以及在腐蚀环境下，工作温度低于300℃的结构件
沉淀硬化型	63	S51770	07Cr17Ni7Al	添加铝的半奥氏体沉淀硬化不锈钢，成分接近18-8型奥氏体不锈钢，具有良好的冶金和制造加工工艺性能。可用于350℃以下长期工作的结构件、容器、管道、弹簧、垫圈、计器部件。该钢热处理工艺复杂，有被马氏体时效钢取代的趋势，但目前仍有广泛应用的领域
沉淀硬化型	64	S51570	07Cr15Ni7Mo2Al	以质量分数为2%Mo取代07Cr17Ni7Al（0Cr17Ni7Al）钢中质量分数为2%Cr的半奥氏体沉淀硬化不锈钢，使之耐还原性介质腐蚀能力有所改善，综合性能优于07Cr17Ni7Al（0Cr17Ni7Al）。用于宇航、石油化工和能源等领域有一定耐蚀要求的高强度容器、零件及结构件

3.4.2 耐热钢（见表3.1-137～表3.1-141）

表3.1-137 耐热钢棒分类及产品规格的规定

产品分类及符号	压力加工用钢（UP），热压力加工用钢（UHF），热顶锻用钢（UHF），冷拔坯料（UCD）；切削加工用钢（UC）（摘自GB/T 1221—2007）
热轧圆钢及方钢	尺寸规格按GB/T 702—2008规定
热轧扁钢	尺寸规格按GB/T 702—2008规定
热轧六角钢	尺寸规格按GB/T 702—2008规定
锻制圆钢和方钢	尺寸规格按GB/T 908—2008规定
锻制扁钢	尺寸规格按GB/T 908—2008规定
冷加工钢棒	冷加工钢棒公称尺寸≥6～120mm，极限偏差按GB/T 1800.2—2009极限与配合的h10、h11、h12的规定，冷拉圆钢、方钢、六角钢、扁钢的尺寸规格及极限偏差按GB/T 1221—2007规定

表 3.1-138 耐热钢棒牌号及力学性能（摘自 GB/T 1221—2007）

类型	序号	统一数字代号	新牌号	旧牌号	热处理	规定非比例延伸强度 $R_{p0.2}^{②}$/MPa ≥	抗拉强度 R_m/MPa ≥	断后伸长率 A (%) ≥	断面收缩率 $Z^{③}$ (%) ≥	布氏硬度 $HBW^{②}$
奥氏体型	1	S35650	53Cr21Mn9Ni4N	5Cr21Mn9Ni4N	固溶 1100～1200℃，快冷 时效 730～780℃，空冷	560	885	8	—	≥302
	2	S35750	26Cr18Mn12Si2N	3Cr18Mn12Si2N	固溶 1100～1150℃，快冷	390	685	35	45	≤248
	3	S35850	22Cr20Mn10Ni2Si2N	2Cr20Mn9Ni2Si2N	固溶 1100～1150℃，快冷	390	635	35	45	≤248
	4	S30408	06Cr19Ni10	0Cr18Ni9	固溶 1010～1150℃，快冷	205	520	40	60	≤187
	5	S30850	22Cr21Ni12N	2Cr21Ni12N	固溶 1050～1150℃，快冷 时效 750～800℃，空冷	430	820	26	20	≤269
	6	S30920	16Cr23Ni13	2Cr23Ni13	固溶 1030～1150℃，快冷	205	560	45	50	≤201
	7	S30908	06Cr23Ni13	0Cr23Ni13	固溶 1030～1150℃，快冷	205	520	40	60	≤187
	8	S31020	20Cr25Ni20	2Cr25Ni20	固溶 1030～1180℃，快冷	205	590	40	50	≤201
	9	S31008	06Cr25Ni20	0Cr25Ni20	固溶 1030～1180℃，快冷	205	520	40	50	≤187
	10	S31608	06Cr17Ni12Mo2	0Cr17Ni12Mo2	固溶 1010～1150℃，快冷	205	520	40	60	≤187
	11	S31708	06Cr19Ni13Mo3	0Cr19Ni13Mo3	固溶 1010～1150℃，快冷	205	520	40	60	≤187
	12	S32168	06Cr18Ni11Ti[①]	0Cr18Ni10Ti[①]	固溶 920～1150℃，快冷	205	520	40	50	≤187
	13	S32590	45Cr14Ni14W2Mo	4Cr14Ni14W2Mo	退火 820～850℃，快冷	315	705	20	35	≤248
	14	S33010	12Cr16Ni35	1Cr16Ni35	固溶 1030～1180℃，快冷	205	560	40	50	≤201
	15	S34778	06Cr18Ni11Nb[①]	0Cr18Ni11Nb[①]	固溶 980～1150℃，快冷	205	520	40	50	≤187
	16	S38148	06Cr18Ni13Si4	0Cr18Ni13Si4	固溶 1010～1150℃，快冷	205	520	40	60	≤207
	17	S38240	16Cr20Ni14Si2	1Cr20Ni14Si2	固溶 1080～1130℃，快冷	295	590	35	50	≤187
	18	S38340	16Cr25Ni20Si2	1Cr25Ni20Si2	固溶 1080～1130℃，快冷	295	590	35	50	≤187

（续）

类型	序号	统一数字代号	新牌号	旧牌号	热处理	规定非比例延伸强度 $R_{p0.2}$[2]/MPa	抗拉强度 R_m/MPa	断后伸长率 A（%）	断面收缩率 Z[3]（%）	布氏硬度 HBW[2]
						≥				
铁素体型[4]	19	S11348	06Cr13Al	0Cr13Al	780~830℃，空冷或缓冷	175	410	20	60	≤183
	20	S11203	022Cr12	00Cr12	700~820℃，空冷或缓冷	195	360	22	60	≤183
	21	S11710	10Cr17	1Cr17	780~850℃，空冷或缓冷	205	450	22	50	≤183
	22	S12550	16Cr25N	2Cr25N	780~880℃，快冷	275	510	20	40	≤201
马氏体型[4]	23	S41010	12Cr13	1Cr13	淬火+回火	345	540	22	55	159
	24	S42020	20Cr13	2Cr13		440	640	20	50	192
	25	S43110	14Cr17Ni2	1Cr17Ni2		—	1080	10	—	—
	26	S43120	17Cr16Ni2[5] 1	—		700	900~1050	12	45	—
			17Cr16Ni2[5] 2			600	800~950	14	45	—
	27	S45110	12Cr5Mo	1Cr5Mo		390	590	18		
	28	S45610	12Cr12Mo	1Cr12Mo		550	685	18	60	217~248
	29	S45710	13Cr13Mo	1Cr13Mo		490	690	20	60	192
	30	S46010	14Cr11MoV	1Cr11MoV		490	685	16	55	
	31	S46250	18Cr12MoVNbN	2Cr12MoVNbN		685	835	15	30	≤321
	32	S47010	15Cr12WMoV	1Cr12WMoV		585	735	15	45	—
	33	S47220	22Cr12NiWMoV	2Cr12NiMoWV		735	885	10	25	≤341
	34	S47310	13Cr11Ni2W2MoV[5] 1	1Cr11Ni2W-2MoV[5]		735	885	15	55	269~321
			13Cr11Ni2W2MoV[5] 2			885	1080	12	50	311~388
	35	S47450	18Cr11NiMoNbVN	(2Cr11NiMoNbVN)		760	930	12	32	277~331
	36	S48040	42Cr9Si2	4Cr9Si2		590	885	19	50	—
	37	S48045	45Cr9Si3			685	930	15	35	≥269
	38	S48140	40Cr10Si2Mo	4Cr10Si2Mo		685	885	10	35	—
	39	S48380	80Cr20Si2Ni	8Cr20Si2Ni		685	885	10	15	≥262

(续)

类型	序号	统一数字代号	新牌号	旧牌号	热处理温度/℃		规定非比例延伸强度 $R_{p0.2}^{②}$/MPa	抗拉强度 R_m/MPa	断后伸长率 A (%)	断面收缩率 $Z^{③}$ (%)	布氏硬度 HBW[②]
							≥				
沉淀硬化型[④]	40	S51740	05Cr17Ni4Cu4Nb	0Cr17Ni4Cu4Nb	固溶处理	0组	—	—	—	—	≤363
					沉淀硬化	480, 时效 1组	1180	1310	10	40	≥375
						550, 时效 2组	1000	1070	12	45	≥331
						580, 时效 3组	865	1000	13	45	≥302
						620, 时效 4组	725	930	16	50	≥277
	41	S51770	07Cr17Ni7Al	0Cr17Ni7Al	固溶处理	0组	≤380	≤1030	20	—	≤229
					沉淀硬化	510, 时效 1组	1030	1230	4	10	≥388
						565, 时效 2组	960	1140	5	25	≥363
	42	S51525	06Cr15Ni25Ti2MoAlVB	0Cr15Ni25Ti2MoAlVB	固溶+时效		590	900	15	18	≥248

注：1. 牌号的化学成分应符合 GB/T 1221—2007 的规定。
2. 马氏体型钢的硬度为淬火回火后的硬度（序号 23～39）。
3. 本表为热处理钢棒或试样的力学性能。马氏体和沉淀硬化型钢各牌号的典型热处理制度参见 GB/T 1221—2007 附录的规定。
4. 沉淀硬化型钢硬度也可根据钢棒尺寸或状态选择洛氏硬度测定，其数值参见 GB/T 1221—2007 的相关规定。

① 53Cr21Mn9Ni4N 和 22Cr21Ni12N 仅适用于直径、边长及对边距离或厚度小于或等于 25mm 的钢棒；大于 25mm 的钢棒，可改锻成 25mm 的样坯检验或由供需双方协商确定允许降低其力学性能的数值。其余牌号仅适用于直径、边长及对边距离或厚度小于或等于 180mm 的钢棒。大于 180mm 的钢棒，可改锻成 180mm 的样坯检验或由供需双方协商确定，允许降低其力学性能数值。
② 规定非比例延伸强度和硬度，仅当需方要求时（合同中注明）才进行测定（序号 1～22）。
③ 扁钢不适用，但需方要求时，可由供需双方协商确定。
④ 仅适用于直径、边长、及对边距离或厚度小于或等于 75mm 的钢棒。大于 75mm 的钢棒，可改锻成 75mm 的样坯检验或由供需双方协商确定允许降低其力学性能的数值（序号 19～42）。
⑤ 17Cr16Ni2 和 13Cr11Ni2W2MoV 钢的性能组别应在合同中注明，未注明时，由供方自行选择。

表 3.1-139　耐热钢的高温力学性能

牌号	材料状态	试验温度/℃	热处理	高温短时间力学性能						高温长时间力学性能					
				R_m/MPa	R_{eL}/MPa	A (%)	Z (%)	a_K/kJ·m^{-2}	HBW	蠕变强度/MPa			持久强度/MPa		
										$\sigma_1/10^3$	$\sigma_1/10^4$	$\sigma_1/10^5$	$\sigma_b/10^3$	$\sigma_b/10^4$	$\sigma_b/10^5$
12Cr13(1Cr13)	调质	20	1030～1050℃淬油, 750℃回火	610	410	22	60	1100	—						
		20	1030～1050℃淬油, 680～700℃回火空冷	711	583	21.7	67.9	1530	—						
		100	—	680	520	14									
		200	—	640	490	12									
		200	1030～1050℃淬油, 750℃回火	540	370	16	60								

(续)

牌号	材料状态	试验温度/℃	热处理	高温短时间力学性能					HBW	高温长时间力学性能					
				R_m/MPa	R_{eL}/MPa	A(%)	Z(%)	a_K/kJ·m^{-2}		蠕变强度/MPa			持久强度/MPa		
										$\sigma_1/10^3$	$\sigma_1/10^4$	$\sigma_1/10^5$	$\sigma_b/10^3$	$\sigma_b/10^4$	$\sigma_b/10^5$
12Cr13(1Cr13)	调质	300	—	600	480	12	—	—	—	—	—	—	—	—	—
		300	1030~1050℃淬油,680~700℃回火空冷	657	564	14.1	66	1890	—	—	—	—	—	—	—
		400	—	560	430	14	—	—	—	—	—	—	—	—	—
		400	1030~1050℃淬油,750℃回火	500	370	16.5	58	2000	—	—	123	—	—	—	—
		430	1030~1050℃淬油,750℃回火	—	—	—	—	—	—	—	—	—	300	210	—
		450	1030~1050℃淬油,750℃回火	—	—	—	—	—	—	—	105	—	—	—	—
		470	1030~1050℃淬油,750℃回火	—	—	—	—	—	—	—	—	—	300	260	220
		500	1030~1050℃淬油,750℃回火	370	280	18	64	2400	—	—	95	57	270	220	190
		500	1030~1050℃淬油,680~700℃回火空冷	534	453	17.3	69.5	1930	—	—	—	—	—	—	—
		500	—	420	300	18	—	—	—	—	—	—	—	—	—
		530	1030~1050℃淬油,750℃回火	—	—	—	—	—	—	—	—	—	230	190	160
		550	1030~1050℃淬油,680~700℃回火空冷	455	428	19.8	73.3	—	—	—	—	—	—	—	—
		600	1030~1050℃淬油,750℃回火	230	180	18	70	2250	—	—	—	—	—	—	—
		600	1030~1050℃淬油,680~700℃回火空冷	330	320	27.3	85.2	1950	—	—	—	—	—	—	—
		700	—	100	70	63	—	—	—	—	—	—	—	—	—
		800	—	40	10	66	—	—	—	—	—	—	—	—	—
12Cr5Mo(1Cr5Mo)	退火	30	860℃炉冷	470	180	39	80	—	≤163	—	—	—	—	—	—
		400	860℃炉冷	365	145	3	77	—	≤163	—	—	—	—	—	—
		450	860℃炉冷	—	—	—	—	—	—	120	—	—	—	—	—
		480	860℃炉冷	335	140	28	77	—	≤163	—	106	81	—	—	—
		500	860℃炉冷	—	—	—	—	—	—	90~100	80	—	—	140	114
		540	860℃炉冷	310	120	28	74	—	≤163	—	71	53	—	—	—

(续)

牌号	材料状态	试验温度/℃	热处理	高温短时间力学性能					HBW	高温长时间力学性能					
				R_m/MPa	R_{eL}/MPa	A(%)	Z(%)	a_K/kJ·m^{-2}		蠕变强度/MPa			持久强度/MPa		
										$\sigma_1/10^3$	$\sigma_1/10^4$	$\sigma_1/10^5$	$\sigma_b/10^3$	$\sigma_b/10^4$	$\sigma_b/10^5$
12Cr5Mo(1Cr5Mo)	退火	550	860℃炉冷	—	—	—	—	—	—	—	—	45	—	92	71
		550	860℃炉冷	—	—	—	—	—	—	—	—	—	—	60	50~40
		575	860℃炉冷	—	—	—	—	—	—	—	—	—	—	74	57
		590	860℃炉冷	240	105	38	87	—	≤163	—	—	—	—	—	—
		600	860℃炉冷	—	—	—	—	—	—	40	20	—	50	45	—
		650	860℃炉冷	180	75	46	91	—	≤163	—	21	12	—	—	20
		705	860℃炉冷	135	70	65	95	—	≤163	—	13	6	—	—	10
		760	860℃炉冷	90	50	65	96	—	≤163	—	—	—	—	—	—
	正火,回火	25	900℃空冷,540℃回火,6h	1270	1205	17	61	—	353	—	—	—	—	—	—
		315	900℃空冷,540℃回火,6h	1345	1045	13	51.5	—	—	—	—	—	—	—	—
		425	900℃空冷,540℃回火,6h	1250	990	14	55.4	—	—	—	—	—	—	—	—
		500	1000℃空冷,700℃回火	—	—	—	—	—	—	—	—	—	—	228	190
		525	1000℃空冷,700℃回火	—	—	—	—	—	—	—	—	—	—	168	128
		540	900℃空冷,540℃回火,6h	905	790	13.5	52.5	—	—	—	—	—	—	—	—
		550	1000℃空冷,700℃回火	—	—	—	—	—	—	—	—	—	—	120	88
		575	1000℃空冷,700℃回火	—	—	—	—	—	—	—	—	—	—	92	68
		600	1000℃空冷,700℃回火	—	—	—	—	—	—	—	—	—	—	70	53
	调质	25	900℃淬油,540℃回火,6h	1235	1190	17	64.5	—	341	—	—	—	—	—	—
		315	900℃淬油,540℃回火,6h	1170	935	15	55.5	—	—	—	—	—	—	—	—
		425	900℃淬油,540℃回火,6h	1090	900	16.5	60	—	—	—	—	—	—	—	—
		540	900℃淬油,540℃回火,6h	820	690	16.5	62	—	—	—	—	—	—	—	—

(续)

牌号	材料状态	试验温度/℃	热处理	高温短时间力学性能						高温长时间力学性能					
				R_m/MPa	R_{eL}/MPa	A(%)	Z(%)	a_K/kJ·m^{-2}	HBW	蠕变强度/MPa			持久强度/MPa		
										$\sigma_1/10^3$	$\sigma_1/10^4$	$\sigma_1/10^5$	$\sigma_b/10^3$	$\sigma_b/10^4$	$\sigma_b/10^5$
14Cr11MoV(1Cr11MoV)	调质	20	1050℃空冷,680℃回火空冷	856	739	17.4	67.7	580	—	—	—	—	—	—	—
		20	1050℃空冷,740℃回火	745	580	19	66	1500	—	—	—	—	—	—	—
		20	1050℃淬油或淬空气,720~740℃回火空冷	700	500	15	—	600	—	—	—	—	—	—	—
		400	1050℃淬油或淬空气,720~740℃回火空冷	560	420	15	—	800	—	—	—	—	—	—	—
		500	1050℃淬油或淬空气,720~740℃回火空冷	480	400	15	—	800	—	—	—	—	—	—	—
		500	1050℃空冷,680℃回火空冷	494	366	14.2	79.4	1840	—	—	—	—	260	196 208	152 170
		550	1050℃空冷,740℃回火	540	450	16.5	66	—	—	—	—	90	240	200	130 150
15Cr12WMoV(1Cr12WMoV)	调质	580	1100℃淬油,680~700℃回火,空冷或油冷	—	—	—	—	—	—	—	5.5	—	—	120	—
42Cr9Si2(4Cr9Si2)	调质	20	1100℃淬油,800℃回火油冷	900	650	20	58	—	—	—	—	—	—	—	—
		200	1100℃淬油,800℃回火油冷	840	560	18	64	—	—	—	—	—	—	—	—
		300	1100℃淬油,800°C回火油冷	800	530	17.6	63	—	—	—	—	—	—	—	—
		400	1100℃淬油,800℃回火油冷	800	460	18	62	—	—	—	—	—	—	—	—
		475	1100℃淬油,800℃回火油冷	—	—	—	—	—	—	130	116	—	—	—	—
		500	1100℃淬油,800℃回火油冷	600	420	17.5	65	—	—	110	95	—	—	—	—
		550	1100℃淬油,800℃回火油冷	—	—	—	—	—	—	58	60	—	—	—	—
		600	1100℃淬油,800℃回火油冷	530	400	17.5	80	—	—	27	20	—	—	—	—
		700	1100℃淬油,800℃回火油冷	220	170	18.5	92	—	—	—	—	—	—	—	—
		800	1100℃淬油,800℃回火油冷	80	50	22	92	—	—	—	—	—	—	—	—
		1000	1100℃淬油,800℃回火油冷	60	30	26	87	—	—	—	—	—	—	—	—

（续）

牌号	材料状态	试验温度/℃	热处理	高温短时间力学性能					HBW	高温长时间力学性能					
										蠕变强度/MPa			持久强度/MPa		
				R_m/MPa	R_{eL}/MPa	A(%)	Z(%)	a_K/kJ·m^{-2}		$\sigma_1/10^3$	$\sigma_1/10^4$	$\sigma_1/10^5$	$\sigma_b/10^3$	$\sigma_b/10^4$	$\sigma_b/10^5$
40Cr10Si2Mo(4Cr10Si2Mo)	调质	20	1100℃淬油，800℃回火水冷	960	680	19	40.5	300	—	—	—	—	—	—	—
		100	1100℃淬油，800℃回火水冷	861	580	13.5	25.5	—	—	—	—	—	—	—	—
		200	1100℃淬油，800℃回火水冷	83.5	520	17.5	39	700	—	—	—	—	—	—	—
		300	1100℃淬油，800℃回火水冷	850	530	14.5	35.5	830	—	—	—	—	—	—	—
		400	1100℃淬油，800℃回火水冷	780	490	13	24	870	—	—	—	—	—	—	—
		500	1100℃淬油，800℃回火水冷	680	465	21	41	890	—	—	200	130	300	220	160
		550	—	—	—	—	—	—	—	110	100	40	170	130	90
		600	1100℃淬油，800℃回火水冷	440	375	30	70.5	—	—	—	50	20	—	—	—
		700	1100℃淬油，800℃回火水冷	225	205	41	91.5	1150	—	—	—	—	—	—	—
(1Cr18Ni9Ti)	固溶或固溶并时效	20	1050℃淬水或淬空气	620	280	41	63	—	—	—	—	—	—	—	—
		20	1050~1100℃空冷①	577	244	69.7	79.6	2800	—	—	—	—	—	—	—
		20	1130~1160℃淬水，800℃时效10h或700℃时效20h	655	310	55	75.5	2500	—	—	—	—	—	—	—
		200	1130~1160℃淬水，800℃时效10h或700℃时效20h	465	205	38	70	3700	—	—	—	—	—	—	—
		300	1130~1160℃淬水，800℃时效10h或700℃时效20h	460	220	29	66	3350	—	—	—	—	—	—	—
		300	1050℃淬水或淬空气	460	200	31	65	—	—	—	—	—	—	—	—
		400	1050℃淬水或淬空气	450	180	31	65	—	—	—	—	—	—	—	—
		400	1130~1160℃淬水，800℃时效10h或700℃时效20h	445	220	26.5	64	3170	—	—	—	—	—	—	—
		500	1130~1160℃淬水，800℃时效10h或700℃时效20h	430	210	30	64.5	3650	—	—	—	—	—	—	—
		500	1050℃淬水或淬空气	450	180	29	65	—	—	—	—	—	—	—	—
		550	1050~1100℃空冷①	436	144	37.3	66.2	2880	—	—	—	—	—	—	—
		550	1130~1160℃淬水，800℃时效10h或700℃时效20h	455	180	40.5	61	3650	—	—	—	—	240~290	190~240	140~200
		600	1130~1160℃淬水，800℃时效10h或700℃时效20h	360	210	28.5	64.5	3600	—	150	75~80	—	180~220	130~170	90~130
		600	1050℃淬水或淬空气	400	180	25	61	—	—	—	—	—	—	—	—

(续)

牌号	材料状态	试验温度/℃	热处理	高温短时间力学性能					HBW	高温长时间力学性能					
				R_m/MPa	R_{eL}/MPa	A(%)	Z(%)	a_K/kJ·m^{-2}		蠕变强度/MPa			持久强度/MPa		
										$\sigma_1/10^3$	$\sigma_1/10^4$	$\sigma_1/10^5$	$\sigma_b/10^3$	$\sigma_b/10^4$	$\sigma_b/10^5$
(1Cr18Ni9Ti)	固溶或固溶并时效	600	1050~1100℃空冷①	378	183	31	62.5	3030	—	—	200	76	—	—	—
		650	1050~1100℃空冷①	408	132	34.6	65.6	2920	—	—	—	—	—	—	—
		650	1050~1100℃空冷①	366	133	20	58.8	3200	—	—	—	—	—	—	—
		650	1130~1160℃淬水,800℃时效10h或700℃时效20h	355	195	30	68.3	3550	—	—	—	—	110~140	60~100	40~70
		700	1130~1160℃淬水,800℃时效10h或700℃时效20h	275	210	29.5	57.5	3400	—	—	—	—	70~120	50~70	30~50
		700	1050℃淬水或淬空气	280	160	26	59	—	—	—	—	—	—	—	—
		800	1050℃淬水或淬空气	180	100	35	59	—	—	—	—	—	—	—	—
45Cr14Ni14W2Mo(4Cr14Ni14W2Mo)	固溶并时效	550	1175℃淬水,750℃时效5h,700℃时效1000h	550	275	18	43	—	—	—	—	—	—	—	—
		600	1175℃淬水,750℃时效5h	501	256	15.6	26.3	670	—	—	180	80	220	180	150
		600	1175℃淬水,750℃时效5h	570	270	20	—	—	—	—	—	—	—	—	—
		600	550℃时效1000h / 600℃时效1000h / 700℃时效1000h	570	315	21	19	—	—	—	—	—	—	—	—
		600	550℃时效1000h / 600℃时效1000h / 700℃时效1000h	490	260	20	46	—	—	—	—	—	—	—	—
		650	1175℃淬水,750℃时效5h	448	241	12.6	24.9	750	—	175	80	40	170	130	100
		650	1175℃淬水,750℃时效5h	550	270	17	—	—	—	—	—	—	—	—	—
		650	550℃时效1000h / 600℃时效1000h / 700℃时效1000h	485	300	18.5	24	—	—	—	—	—	—	—	—
		650	550℃时效1000h / 600℃时效1000h / 700℃时效1000h	480	275	20	43	—	—	—	—	—	—	—	—
		700	1175℃淬水,750℃时效5h	345	223	10.5	22	790	—	90	37	16	78	23	—
		700	1175℃淬水,750℃时效5h	410	250	26.5	—	—	—	—	—	—	—	—	—
		700	550℃时效1000h / 600℃时效1000h / 700℃时效1000h	410	285	25	30	—	—	—	—	—	—	—	—
		700	550℃时效1000h / 600℃时效1000h / 700℃时效1000h	400	260	17	39	—	—	—	—	—	—	—	—
		750	1175℃淬水,750℃时效5h	288	201	8.8	17.5	830	—	—	—	—	—	—	—

注:本表数据供参考之用,括号内牌号为旧牌号;1Cr18Ni9Ti在GB/T 1221—2007被删掉,暂保留此资料作为参考。
① 管材 ϕ219mm×12mm。

表 3.1-140 耐热钢的特性和用途（摘自 GB/T 1221—2007）

类型	序号	统一数字代号	牌号	特性和用途
奥氏体型	1	S35650	53Cr21Mn9Ni4N	Cr-Mn-Ni-N 型奥氏体阀门钢。用于制作以经受高温强度为主的汽油及柴油机用排气阀
	2	S35750	26Cr18Mn12Si2N	有较高的高温强度和一定的抗氧化性，并且有较好的抗硫及抗增碳性。用于吊挂支架、渗碳炉构件、加热炉传送带、料盘、炉爪
	3	S35850	22Cr20Mn10Ni2Si2N	特性和用途同 26Cr18Mn12Si2N（3Cr18Mn12Si2N），还可用作盐浴坩埚和加热炉管道等
	4	S30408	06Cr19Ni10	通用耐氧化钢，可承受 870℃ 以下反复加热
	5	S30850	22Cr21Ni12N	Cr-Ni-N 型耐热钢。用以制造以抗氧化为主的汽油及柴油机用排气阀
	6	S30920	16Cr23Ni13	承受 980℃ 以下反复加热的抗氧化钢。加热炉部件，重油燃烧器
	7	S30908	06Cr23Ni13	耐蚀性比 06Cr19Ni10（0Cr18Ni9）钢好，可承受 980℃ 以下反复加热。炉用材料
	8	S31020	20Cr25Ni20	承受 1035℃ 以下反复加热的抗氧化钢。主要用于制作炉用部件、喷嘴、燃烧室
	9	S31008	06Cr25Ni20	抗氧化性比 06Cr23Ni13（0Cr23Ni13）钢好，可承受 1035℃ 以下反复加热。炉用材料、汽车排气净化装置等
	10	S31608	06Cr17Ni12Mo2	高温具有优良的蠕变强度，作热交换用部件，高温耐蚀螺栓
	11	S31708	06Cr19Ni13Mo3	耐点蚀和抗蠕变能力优于 06Cr17Ni12Mo2（0Cr17Ni12Mo2）。用于制作造纸、印染设备，石油化工及耐有机酸腐蚀的装备、热交换用部件等
	12	S32168	06Cr18Ni11Ti	作在 400~900℃ 腐蚀条件下使用的部件，高温用焊接结构部件
	13	S32590	45Cr14Ni14W2Mo	中碳奥氏体型阀门钢。在 700℃ 以下有较高的热强性，在 800℃ 以下有良好的抗氧化性能。用于制造 700℃ 以下工作的内燃机、柴油机重载荷进、排气阀和紧固件，500℃ 以下工作的航空发动机及其他产品零件。也可作为渗氮钢使用
	14	S33010	12Cr16Ni35	抗渗碳，易渗氮，1035℃ 以下反复加热。炉用钢料、石油裂解装置
	15	S34778	06Cr18Ni11Nb	作在 400~900℃ 腐蚀条件下使用的部件，高温用焊接结构部件
	16	S38148	06Cr18Ni13Si4	具有与 06Cr25Ni20（0Cr25Ni20）相当的抗氧化性。用于含氯离子环境，如汽车排气净化装置等
	17	S38240	16Cr20Ni14Si2	具有较高的高温强度及抗氧化性，对含硫气氛较敏感，在 600~800℃ 有析出相的脆化倾向，适用于制作承受应力的各种炉用构件
	18	S38340	16Cr25Ni20Si2	
铁素体型	19	S11348	06Cr13Al	冷加工硬化少，主要用于制作燃气透平压缩机叶片、退火箱、淬火台架等
	20	S11203	022Cr12	比 022Cr13（0Cr13）碳含量低，焊接部位弯曲性能、加工性能、耐高温氧化性能好。作汽车排气处理装置、锅炉燃烧室、喷嘴等
	21	S11710	10Cr17	作 900℃ 以下耐氧化用部件、散热器、炉用部件、油喷嘴等
	22	S12550	16Cr25N	耐高温腐蚀性强，1082℃ 以下不产生易剥落的氧化皮。常用于抗硫气氛，如燃烧室、退火箱、玻璃模具、阀、搅拌杆等

(续)

类型	序号	统一数字代号	牌号	特性和用途
马氏体型	23	S41010	12Cr13	作800℃以下耐氧化用部件
	24	S42020	20Cr13	淬火状态下硬度高,耐蚀性良好。汽轮机叶片
	25	S43110	14Cr17Ni2	作具有较高程度的耐硝酸、有机酸腐蚀的轴类、活塞杆、泵、阀等零部件以及弹簧、紧固件、容器和设备
	26	S43120	17Cr16Ni2	改善14Cr17Ni2（1Cr17Ni2）钢的加工性能，可代替14Cr17Ni2（1Cr17Ni2）钢使用
	27	S45110	12Cr5Mo	在中高温下有好的力学性能。能抗石油裂化过程中产生的腐蚀。作再热蒸汽管、石油裂解管、锅炉吊架、蒸汽轮机气缸衬套、泵的零件、阀、活塞杆、高压加氢设备部件、紧固件
	28	S45610	12Cr12Mo	铬钼马氏体耐热钢。制作汽轮机叶片
	29	S45710	13Cr13Mo	比12Cr13（1Cr13）耐蚀性高的高强度钢。用于制作汽轮机叶片，高温、高压蒸汽用机械部件等
	30	S46010	14Cr11MoV	铬钼钒马氏体耐热钢。有较高的热强性，良好的减振性及组织稳定性。用于透平叶片及导向叶片
	31	S46250	18Cr12MoVNbN	铬钼钒铌氮马氏体耐热钢。用于制作高温结构部件，如汽轮机叶片、盘、叶轮轴、螺栓等
	32	S47010	15Cr12WMoV	铬钼钨钒马氏体耐热钢。有较高的热强性，良好的减振性及组织稳定性。用于透平叶片、紧固件、转子及轮盘
	33	S47220	22Cr12NiWMoV	性能与用途类似于13Cr11Ni2W2MoV（1Cr11Ni2W2MoV）。用于制作汽轮机叶片
	34	S47310	13Cr11Ni2W2MoV	铬镍钨钼钒马氏体耐热钢。具有良好的韧性和抗氧化性能，在淡水和湿空气中有较好的耐蚀性
	35	S47450	18Cr11NiMoNbVN	具有良好的强韧性、抗蠕变性能和抗松弛性能，主要用于制作汽轮机高温紧固件和动叶片
	36	S48040	42Cr9Si2	铬硅马氏体阀门钢，750℃以下耐氧化。用于制作内燃机进气阀,轻载荷发动机的排气阀
	37	S48045	45Cr9Si3	
	38	S48140	40Cr10Si2Mo	铬硅钼马氏体阀门钢，经淬火回火后使用。因含有钼和硅，高温强度抗蠕变性能及抗氧化性能比40Cr13（4Cr13）高。用于制作进、排气阀门，鱼雷，火箭部件，预燃烧室等
	39	S48380	80Cr20Si2Ni	铬硅镍马氏体阀门钢。用于制作以耐磨性为主的进气阀、排气阀、阀座等
沉淀硬化型	40	S51740	05Cr17Ni4Cu4Nb	添加铜和铌的马氏体沉淀硬化型钢，作燃气透平压缩机叶片、燃气透平发动机周围材料
	41	S51770	07Cr17Ni7Al	添加铝的半奥氏体沉淀硬化型钢，作高温弹簧、膜片、固定器、波纹管
	42	S51525	06Cr15Ni25Ti2MoAlVB	奥氏体沉淀硬化型钢，具有高的缺口强度，在温度低于980℃时抗氧化性能与06Cr25Ni20（0Cr25Ni20）相当。主要用于700℃以下的工作环境，要求具有高强度和优良耐蚀性的部件或设备，如汽轮机转子、叶片、骨架、燃烧室部件和螺栓等

表 3.1-141 部分不锈钢和耐热钢牌号的物理性能参数(摘自 GB/T 20878—2007)

统一数字代号	牌号	密度/kg·dm^{-3} 20℃	熔点/℃	比热容/kJ·(kg·K)$^{-1}$ 0~100℃	热导率/W·(m·K)$^{-1}$ 100℃	热导率/W·(m·K)$^{-1}$ 500℃	线胀系数/10^{-6}K^{-1} 0~100℃	线胀系数/10^{-6}K^{-1} 0~500℃	电阻率/Ω·mm^2·m^{-1} 20℃	纵向弹性模量/kN·mm^{-2} 20℃	磁性
奥氏体型											
S35350	12Cr17Mn6Ni5N	7.93	1398~1453	0.50	16.3		15.7		0.69	197	
S35450	12Cr18Mn9Ni5N	7.93		0.50	16.3	19.0	14.8	18.7	0.69	197	
S35020	20Cr13Mn9Ni4	7.85		0.49					0.90	202	
S30110	12Cr17Ni7	7.93	1398~1420	0.50	16.3	21.5	16.9	18.7	0.73	193	
S30103	022Cr17Ni7	7.93		0.50	16.3	21.5	16.9	18.7	0.73	193	
S30153	022Cr17Ni7N	7.93		0.50	16.3		16.0	18.0	0.73	200	
S30220	17Cr18Ni9	7.85	1398~1453	0.50	18.8	23.5	16.0	18.0	0.73	196	
S30210	12Cr18Ni9	7.93	1398~1420	0.50	16.3	21.5	17.3	18.7	0.73	193	
S30240	12Cr18Ni9Si3	7.93	1370~1398	0.50	15.9	21.6	16.2	20.2	0.73	193	
S30317	Y12Cr18Ni9	7.98	1398~1420	0.50	16.3	21.5	17.3	18.4	0.73	193	
S30317	Y12Cr18Ni9Se	7.93	1398~1420	0.50	16.3	21.5	17.3	18.7	0.73	193	
S30408	06Cr19Ni10	7.93	1398~1454	0.50	16.3	21.5	17.2	18.4	0.73	193	
S30403	022Cr19Ni10	7.90		0.50	16.3	21.5	16.8	18.3			
S30409	0Cr19Ni10	7.90		0.50	16.3	21.5	16.8	18.3	0.73		
S30480	06Cr18Ni9Cu2	8.00		0.50	16.3	21.5	17.3	18.7	0.72	200	
S30458	06Cr19Ni10N	7.93	1398~1454	0.50	16.3	21.5	16.5	18.5	0.72	196	
S30453	022Cr19Ni10N	7.93		0.50	16.3	21.5	16.5	18.5	0.73	200	无[①]
S30510	10Cr18Ni12	7.93	1398~1453	0.50	16.3	21.5	17.3	18.7	0.72	193	
S38408	06Cr16Ni18	8.03	1430	0.50	16.2		17.3		0.75	193	
S30808	06Cr20Ni11	8.00	1398~1453	0.50	15.5	21.6	17.3	18.7	0.72	193	
S30850	22Cr21Ni12N	7.73			20.9 (24℃)		16.5				
S30920	16Cr23Ni13	7.98	1398~1453	0.50	13.8	18.7	14.9	18.0	0.78	200	
S30908	06Cr23Ni13	7.98	1397~1453	0.50	15.5	18.6	14.9	18.0	0.78	193	
S31010	14Cr23Ni18	7.90	1400~1454	0.50	15.9	18.8	15.4	19.2	1.0	196	
S31020	20Cr25Ni20	7.98	1398~1453	0.50	14.2	18.6	15.8	17.5	0.78	200	
S31008	06Cr25Ni20	7.98	1397~1453	0.50	16.3	21.5	14.4	17.5	0.78	200	
S31053	022Cr25Ni22Mo2N	8.02		0.45	12.0		15.8		1.0	200	
S31252	015Cr20Ni18Mo6CuN	8.00	1325~1400	0.50	13.5 (20℃)		16.5		0.85	200	
S31608	06Cr17Ni12Mo2	8.00	1370~1397	0.50	16.3	21.5	16.0	18.5	0.74	193	
S31603	022Cr17Ni12Mo2	8.00		0.50	16.3	21.5	16.0	18.5	0.74	193	
S31668	06Cr17Ni12Mo2Ti	7.90		0.50	16.0	24.0	15.7	17.6	0.75	199	
S31658	06Cr17Ni12Mo2N	8.00		0.50	16.3	21.5	16.5	18.0	0.73	200	

(续)

统一数字代号	牌号	密度/kg·dm^{-3} 20℃	熔点/℃	比热容/kJ·(kg·K)$^{-1}$ 0~100℃	热导率/W·(m·K)$^{-1}$ 100℃	热导率/W·(m·K)$^{-1}$ 500℃	线胀系数/10^{-6}K^{-1} 0~100℃	线胀系数/10^{-6}K^{-1} 0~500℃	电阻率/Ω·mm^2·m^{-1} 20℃	纵向弹性模量/kN·mm^{-2} 20℃	磁性
				奥氏体型							
S31653	022Cr17Ni12Mo2N	8.04		0.47	16.5		15.0			200	
S31688	06Cr18Ni12Mo2Cu2	7.96		0.50	16.1	21.7	16.6		0.74	186	
S31683	022Cr18Ni14Mo2Cu2	7.96		0.50	16.1	21.7	16.0	18.6	0.74	191	
S31782	015Cr21Ni26Mo5Cu2	8.00		0.50	13.7		15.0			188	
S31708	06Cr19Ni13Mo3	8.00	1370~1397	0.50	16.3	21.5	16.0	18.5	0.74	193	
S31703	022Cr19Ni13Mo3	7.98	1375~1400	0.50	14.4	21.5	16.5		0.79	200	
S31723	022Cr19Ni16Mo5N	8.00		0.50	12.8		15.2				
S32168	06Cr18Ni11Ti	8.03	1398~1427	0.50	16.3	22.2	16.6	18.6	0.72	193	无①
S32590	45Cr14Ni14W2Mo	8.00		0.51	15.9	22.2	16.6	18.0	0.81	177	
S32720	24Cr18Ni8W2	7.98		0.50	15.9	23.0	19.5	25.1			
S33010	12Cr16Ni35	8.00	1318~1427	0.46	12.6	19.7	16.6		1.02	196	
S34778	06Cr18Ni11Nb	8.03	1398~1427	0.50	16.3	22.2	16.6	18.6	0.73	193	
S38148	06Cr18Ni13Si4	7.75	1400~1430	0.50	16.3		13.8				
S38240	16Cr20Ni14Si2	7.90		0.50	15.0		16.5		0.85		
				奥氏体-铁素体型							
S21860	14Cr18Ni11Si4AlTi	7.51		0.48	13.0	19.0	16.3	19.7	1.04	180	
S21953	022Cr19Ni5Mo3Si2N	7.70		0.46	20.0	24.0 (300℃)	12.2	13.5 (300℃)		196	
S22160	12Cr21Ni5Ti	7.80			17.6	23.0	10.0	17.4	0.79	187	
S22253	022Cr22Ni5Mo3N	7.80	1420~1462	0.46	19.0	23.0 (300℃)	13.7	14.7 (300℃)	0.88	186	
S23043	022Cr23Ni4MoCuN	7.80		0.50	16.0		13.0			200	有
S22553	022Cr25Ni6Mo2N	7.80		0.50	21.0	25.0	13.4 (200℃)	24.0 (300℃)		196	
S22583	022Cr25Ni7Mo3-WCuN	7.80		0.50		25.0	11.5 (200℃)	12.7 (400℃)	0.75	228	
S25554	03Cr25Ni6Mo3Cu2N	7.80		0.46	13.5		12.3			210	
S25073	022Cr25Ni7Mo4N	7.80			14		12.0			185 (200℃)	
				铁素体型							
S11348	06Cr13Al	7.75	1480~1530	0.46	24.2		10.8		0.60	200	
S11168	06Cr11Ti	7.75		0.46	25.0		10.6	12.0	0.60		
S11163	022Cr11Ti	7.75		0.46	24.9	28.5	10.6	12.0	0.57	201	有
S11203	022Cr12	7.75		0.46	24.9	28.5	10.6	12.0	0.57	201	
S11510	10Cr15	7.70		0.46	26.0		10.3	11.9	0.59	200	
S11710	10Cr17	7.70	1480~1508	0.46	26.0		10.5	11.9	0.60	200	

（续）

统一数字代号	牌号	密度/kg·dm⁻³ 20℃	熔点/℃	比热容/kJ·(kg·K)⁻¹ 0~100℃	热导率/W·(m·K)⁻¹ 100℃	热导率/W·(m·K)⁻¹ 500℃	线胀系数/10⁻⁶K⁻¹ 0~100℃	线胀系数/10⁻⁶K⁻¹ 0~500℃	电阻率/Ω·mm²·m⁻¹ 20℃	纵向弹性模量/kN·mm⁻² 20℃	磁性
					铁素体型						
S11717	Y10Cr17	7.78	1427~1510	0.46	26.0		10.4	11.4	0.60	200	
S11863	022Cr18Ti	7.70		0.46	35.1 (20℃)		10.4		0.60	200	
S11790	10Cr17Mo	7.70		0.46	26.0		11.9		0.60	200	
S11770	10Cr17MoNb	7.70		0.44	30.0		11.7		0.70	220	
S11862	019Cr18MoTi	7.70		0.46	35.1		10.4		0.60	200	有
S11972	019Cr19Mo2NbTi	7.75		0.46	36.9		10.6 (200℃)		0.60	200	
S12791	008Cr27Mo	7.67		0.46	26.0		11.0		0.64	206	
S13091	008Cr30Mo2	7.64		0.50	26.0		11.0		0.64	210	
					马氏体型						
S40310	12Cr12	7.80	1480~1530	0.46	24.2		9.9	11.7	0.57	200	
S41008	06Cr13	7.75		0.46	25.0		10.6	12.0	0.60	220	
S41010	12Cr13	7.70	1480~1530	0.46	24.2	28.9	11.0	11.7	0.57	200	
S41595	04Cr13Ni5Mo	7.79		0.47	16.30		10.7			201	
S41617	Y12Cr13	7.78	1482~1532	0.46	25.0		9.9	11.5	0.57	200	
S42020	20Cr13	7.75	1470~1510	0.46	22.2	26.4	10.3	12.2	0.55	200	
S42030	30Cr13	7.76	1365	0.47	25.1	25.5	10.5	12.0	0.52	219	
S42037	Y30Cr13	7.78	1454~1510	0.46	25.1		10.3	11.7	0.57	219	
S42040	40Cr13	7.75		0.46	28.1	28.9	10.5	12.0	0.59	215	
S43110	14Cr17Ni2	7.75		0.46	20.2	25.1	10.3	12.4	0.72	193	
S43120	17Cr16Ni2	7.71		0.46	27.8	31.8	10.0	11.0	0.70	212	
S44070	68Cr17	7.78	1371~1508	0.46	24.2		10.2	11.7	0.60	200	有
S44080	85Cr17	7.78	1371~1508	0.46	24.2		10.2	11.9	0.60	200	
S44096	108Cr17	7.78	1371~1482		24.0		10.2	11.7	0.60	200	
S44097	Y108Cr17	7.78	1371~1482	0.46	24.2		10.1		0.60	200	
S44090	95Cr18	7.70	1377~1510	0.48	29.3		10.5	12.0	0.60	200	
S45990	102Cr17Mo	7.70		0.43	16.0		10.4	11.6	0.80	215	
S46990	90Cr18MoV	7.70		0.46	29.3		10.5	12.0	0.65	211	
S46110	158Cr12MoV	7.70					10.9	12.2 (600℃)			
S46250	18Cr12MoVNbN	7.75				27.2	9.3			218	
S47220	22Cr12NiWMoV	7.78		0.46	25.1		10.6 (260℃)	11.5		206	
S47310	13Cr11Ni2W2MoV	7.80		0.48	22.2	28.1	9.3	11.7		196	

(续)

统一数字代号	牌号	密度/kg·dm⁻³ 20℃	熔点/℃	比热容/kJ·(kg·K)⁻¹ 0~100℃	热导率/W·(m·K)⁻¹ 100℃	热导率/W·(m·K)⁻¹ 500℃	线胀系数/10^{-6}K⁻¹ 0~100℃	线胀系数/10^{-6}K⁻¹ 0~500℃	电阻率/Ω·mm²·m⁻¹ 20℃	纵向弹性模量/kN·mm⁻² 20℃	磁性
马氏体型											
S47410	14Cr12Ni2WMoVNb	7.80		0.47	23.0	25.1	9.9	11.4			有
S48040	42Cr9Si2				16.7 (20℃)			12.0	0.79		
S48140	40Cr10Si2Mo	7.62			15.9	25.1	10.4	12.1	0.84	206	
S48380	80Cr20Si2Ni	7.60						12.3 (600℃)	0.95		
沉淀硬化型											
S51380	04Cr13Ni8Mo2Al	7.76			14.0		10.4		1.00	195	有
S51290	022Cr12Ni9Cu2NbTi	7.7	1400~1440	0.46	17.2		10.6		0.90	199	
S51550	05Cr15Ni5Cu4Nb	7.78	1397~1435	0.46	17.9	23.0	10.8	12.0	0.98	195	
S51740	05Cr17Ni4Cu4Nb	7.78	1397~1435	0.46	17.9	23.0	10.8	12.0	0.98	196	
S51770	07Cr17Ni7Al	7.93	1390~1430	0.50	16.3	20.9	15.3	17.1	0.80	200	
S51570	07Cr15Ni7Mo2Al	7.80	1415~1450	0.46	18.0	22.2	10.5	11.8	0.80	185	
S51240	07Cr12Ni4Mn5Mo3Al	7.80			17.6	23.9	16.2	18.9	0.80	195	
S51750	09Cr17Ni5Mo3N				15.4		17.3		0.79	203	
S51525	06Cr15Ni25Ti2-MoAlVB	7.94	1371~1427	0.46	15.1	23.8 (600℃)	16.9	17.6	0.91	198	无[①]

注：GB/T 20878—2007《不锈钢和耐热钢 牌号及化学成分》规定的牌号及其化学成分适合制、修订不锈钢和耐热钢产品标准时采用；本表所列各牌号的化学成分应符合 GB/T 20878—2007 的相关规定。

① 冷变形后稍有磁性。

3.5 轴承钢

3.5.1 高碳铬轴承钢（见表 3.1-142）

表 3.1-142 高碳铬轴承钢牌号、特性、应用及钢材尺寸规格规定（摘自 GB/T 18254—2016）

牌号（统一数字代号）	钢材布氏硬度 HBW	性能特点	应用举例
G8Cr15（B00151）	179~207	—	—
GCr15（B00150）	179~207	高碳铬轴承钢的代表钢种，综合性能良好，淬火与回火后具有高而均匀的硬度，良好的耐磨性和高的接触疲劳寿命，热加工变形性能和切削加工性能均好，但焊接性差，对白点形成较敏感，有回火脆性倾向	用于制造壁厚≤12mm、外径≤250mm 的各种轴承套圈，也用作尺寸范围较宽的滚动体，如钢球、圆锥滚子、圆柱滚子、球面滚子、滚针等；还用于制造模具、精密量具以及其他要求高耐磨性、高弹性极限和高接触疲劳强度的机械零件

(续)

牌　　号 （统一数字代号）	钢材布氏 硬度 HBW	性能特点	应用举例
GCr15SiMn （B01150）	179~217	在 GCr15 钢的基础上适当增加硅、锰含量，其淬透性、弹性极限、耐磨性均有明显提高，冷加工塑性中等，切削加工性能稍差，焊接性能不好，对白点形成较敏感，有回火脆性倾向	用于制造大尺寸的轴承套圈、钢球、圆锥滚子、圆柱滚子、球面滚子等，轴承零件的工作温度小于180℃；还用于制造模具、量具、丝锥及其他要求硬度高且耐磨的零部件
GCr15SiMo （B03150）	179~217	在 GCr15 钢的基础上提高硅含量，并添加钼而开发的新型轴承钢。综合性能良好，淬透性高，耐磨性好，接触疲劳寿命高，其他性能与 GCr15SiMn 相近	用于制造大尺寸的轴承套圈、滚珠、滚柱，还可用于制造模具、精密量具以及其他要求硬度高且耐磨的零部件
GCr18Mo （B02180）	179~207	相当于瑞典 SKF24 轴承钢。是在 GCr15 钢的基础上加入钼，并适当提高铬含量，从而提高了钢的淬透性。其他性能与 GCr15 钢相近	用于制造各种轴承套圈，壁厚从不超过16mm增加到不超过20mm，扩大了使用范围；其他用途和 GCr15 钢基本相同
钢材尺寸规格	热轧圆钢尺寸及极限偏差应符合 GB/T 702—2008 第 2 组规定，长度为 3000~8000mm 锻制圆钢尺寸及极限偏差应符合 GB/T 908—2008 第 1 组规定，长度为 2000~6000mm 盘条尺寸及极限偏差应符合 GB/T 14981—2009B 级精度规定 冷拉圆钢（直条或盘状）尺寸及极限偏差应符合 GB/T 905—1994 中 h11 级规定，长度为 3000~6000mm 热轧钢管、冷拉（轧）钢管尺寸规格应符合 GB/T 18254—2002 的规定		

注：1. 各牌号的化学成分应符合 GB/T 18254—2002 的规定。
　　2. 钢材按下列几种交货状态提供，交货状态应在合同中注明。
　　　热轧圆钢：热轧不退火（WHR 或 AR）
　　　　　　　热轧软化退火（WHR + SA）
　　　　　　　热轧软化退火剥皮（WHR + SA + SF）
　　　　　　　热轧球化退火（WHR + G）
　　　　　　　热轧球化退火剥皮（WHR + G + SF）
　　　锻制圆钢：热锻不退火（WHF）
　　　　　　　热锻软化退火（WHF + SA）
　　　　　　　热锻软化退火剥皮（WHF + SA + SF）
　　　冷拉圆钢：冷拉（WCD）
　　　　　　　冷拉磨光（WCD + SP）
　　　圆盘条：热轧不退火（WHR 或 AR）
　　　　　　　热轧球化退火（WHR + G）
　　3. 钢材按加工用途交货：压力加工用钢（UP）；切削加工用钢（UC）或双方协定的其他加工用途要求交货。具体的用途均应在合同中注明。
　　4. 本表钢材硬度为退火硬度数值，各牌号软化退火硬度均不大于 245HBW。
　　5. 钢材顶锻试验要求、低倍组织、断口、非金属夹杂物、显微孔隙、显微组织、碳化物不均匀性、脱碳层及表面质量的各项技术要求均应符合 GB/T 18254—2016 的相关规定。
　　6. GB/T 18254 以规范性附录的形式列出了高碳铬轴承钢标准图谱［中心疏松、一般疏松、锭型偏析、中心偏析、显微孔隙、显微组织、球化退火碳化物网状、热轧（锻）软化退火碳化物网状、碳化物带状、碳化物液析］，详见标准原件。

3.5.2 高碳铬不锈轴承钢（见表3.1-143）

表3.1-143 高碳铬不锈轴承钢牌号、钢材规格、力学性能及应用（摘自 GB/T 3086—2008）

	钢材品种	尺寸、外形、长度及极限偏差	公称直径范围 /mm
钢材品种和规格	热轧圆钢	应符合 GB/T 702—2008 的有关规定，具体要求应在合同中注明。未注明时，尺寸极限偏差和弯曲度按 GB/T 702—2008 标准2组执行	5~160
	锻制圆钢	应符合 GB/T 908—2008 标准1组规定	5~160
	热轧盘条	应符合 GB/T 14981—2009 的有关规定，具体要求应在合同中注明。未注明时按 GB/T 14981—2009 标准B级执行	5~40
	冷拉圆钢	应符合 GB/T 905—1994 的有关规定，具体要求应在合同中注明。未注明时按 GB/T 905—1994 标准11级执行	5~160
	钢丝	应符合 GB/T 342—1997 标准表3的规定	1~16
	剥皮和磨光钢材	应符合 GB/T 3207—2008 的有关规定，具体要求应在合同中注明。未注明时按 GB/T 3207—2008 标准11级执行	5~160

	统一数字代号	新牌号	旧牌号（GB/T 3086—1982）	力学性能			性能特点	应用举例
				抗拉强度 R_m	布氏硬度	交货状态		
牌号、力学性能及应用	B21800	G95Cr18	9Cr18	直径不大于16mm钢材退火状态 R_m 为 590~835MPa	直径大于16mm钢材退火状态布氏硬度为 197~255HBW	钢材交货状态：热轧（锻造）退火、退火剥皮、磨光和冷拉退火，应在合同中注明，磨光状态钢材力学性能允许比退火状态波动 +10%	具有高的硬度和抗回火稳定性，淬火冷处理和低温回火后有更高的耐磨性、弹性、硬度和接触疲劳强度、优良的耐腐蚀性和低温性能，切削性及冷冲性良好，磨削和导热性差	用于制造耐腐蚀的轴承套圈及滚动体，如海水、河水、蒸馏水、硝酸、化工石油、原子反应堆中的轴承，还可作耐蚀高温轴承钢使用（温度不高于250℃），亦可制造高质量的刀具，如医用手术刀及耐磨、耐蚀但动载荷较小的其他零件
	B21810	G102Cr18Mo	9Cr18Mo					
	B21410	G65Cr14Mo						

注：1. 牌号的化学成分应符合 GB/T 3086—2008 相关规定。
2. 新标准提供了《高碳铬不锈轴承钢标准评级图》，作为钢材低倍组织、退火组织、显微孔隙等的合格依据，此图谱由冶金工业信息标准研究院提供。

3.5.3 渗碳轴承钢（见表 3.1-144 ~ 表 3.1-146）

表 3.1-144　渗碳轴承钢牌号及力学性能（摘自 GB/T 3203—2016）

序号	牌号	毛坯直径 mm	淬火 温度/℃ 一次	淬火 温度/℃ 二次	淬火 冷却剂	回火 温度/℃	回火 冷却剂	抗拉强度 R_m/MPa	断后伸长率 A(%)	断面收缩率 Z(%)	冲击吸收能量 KU_2/J
								不小于			
1	G20CrMo	15	860~900	770~810	油	150~200	空气	880	12	45	63
2	G20CrNiMo	15	860~900	770~810	油	150~200	空气	1180	9	45	63
3	G20CrNi2Mo	25	860~900	780~820	油	150~200	空气	980	13	45	63
4	G20Cr2Ni4	15	850~890	770~810	油	150~200	空气	1180	10	45	63
5	G10CrNi3Mo	15	860~900	770~810	油	180~200	空气	1080	9	45	63
6	G20Cr2Mn2Mo	15	860~900	790~830	油	180~200	空气	1280	9	40	55
7	G23Cr2Ni2Si1Mo	15	860~900	790~830	油	150~200	空气	1180	10	40	55

注：表中所列力学性能适用于公称直径小于或等于 80mm 的钢材。公称直径 81~100mm 的钢材，允许其断后伸长率、断面收缩率及冲击吸收能量较表中的规定分别降低 1%（绝对值）、5%（绝对值）及 5%；公称直径 101~150mm 的钢材，允许其断后伸长率、断面收缩率及冲击吸收能量较表中的规定分别降低 3%（绝对值）、15%（绝对值）及 15%；公称直径大于 150mm 的钢材，其力学性能指标由供需双方协商。

表 3.1-145　渗碳轴承钢钢材规格及应用

钢材品种规格	热轧圆钢，按 GB/T 702—2008 规定的尺寸规格
	锻制圆钢，按 GB/T 908—2008 规定的尺寸规格
	冷拉圆钢，按 GB/T 905—1994 规定的尺寸规格

	牌号	性能特点	应用举例
性能特点及应用	G20CrMo	低合金渗碳钢，渗碳后表面硬度较高，耐磨性较好，而心部硬度低，韧性好，适于制作耐冲击载荷的轴承及零部件	常用于制造汽车、拖拉机的承受冲击载荷的滚子轴承，也可用于制造汽车齿轮、活塞杆、螺栓等
	G20CrNiMo	有良好的塑性、韧性和强度，渗碳或碳氮共渗后表面有相当高的硬度，耐磨性好，接触疲劳寿命明显优于 GCr15 钢，而心部碳含量低，有足够的韧性承受冲击载荷	制造耐冲击载荷轴承的良好材料，用于制造承受冲击载荷的汽车轴承和中小型轴承，也用于制造汽车、拖拉机齿轮及牙轮钻头的牙爪和牙轮体
	G20CrNi2Mo	渗碳后表面硬度高，耐磨性好，具有中等表面硬化性，心部韧性好，可耐冲击载荷，钢的冷热加工塑性较好，能加工成棒、板、带及无缝钢管	用于制造承受较高冲击载荷的滚子轴承，如铁路货车轴承套圈和滚子，也可用于制造汽车齿轮、活塞杆、万向接轴、圆头螺栓等
	G10CrNi3Mo	渗碳后表面碳含量高，具有高硬度，耐磨性好，而心部碳含量低，韧性好，可耐冲击载荷	用于制造承受冲击载荷较高的大型滚子轴承，如轧钢机轴承等
	G20Cr2Ni4A	常用的渗碳结构钢用于制作轴承。渗碳后表面有相当高的硬度、耐磨性和接触疲劳强度，而心部韧性好，可耐强烈冲击载荷，焊接性中等，有回火脆性倾向，对白点形成较敏感	用于制造耐冲击载荷的大型轴承，如轧钢机轴承等，也可用于制造其他大型渗碳件，如大型齿轮、轴等，还可用于制造要求强韧性高的调质件
	G20Cr2Mn2Mo	渗碳后表面硬度高，而心部韧性好，可耐强烈冲击载荷。与 G20Cr2Ni4A 相比，渗碳速度快，渗碳层较易形成粗大碳化物，不易扩散消除	用于高冲击载荷条件下工作的特大型和大、中型轴承零件，以及轴、齿轮等

表 3.1-146 渗碳轴承钢的热处理规范

牌号	临界温度/℃			热加工温度/℃		普通退火			正火			高温回火		渗碳热处理					
	Ac_1	Ac_3 (Ac_{cm})	Ms	加热	始锻	温度/℃	冷却方式	硬度HBW	温度/℃	冷却方式	硬度HBW	温度/℃	硬度HBW	渗碳温度/℃	一次淬火温度/℃	二次淬火温度/℃	直接淬火温度/℃	淬火冷却介质	回火温度/℃	硬度HRC
	Ar_1	Ar_3 (Ar_{cm})	Mf		终锻															
G20CrMo	743	818	400	—	1200 ~ 800	850 ~ 860	炉冷	≤197	880 ~ 900	空冷	167 ~ 215	—	—	920 ~ 940	—	—	840	油	160 ~ 180	表≥56 心≥30
	504	746	—																	
G20CrNiMo	725	810	396	1200	1180 ~ 850	660	炉冷	≤197	920 ~ 980	空冷	—	670	—	930	880±20	790±20	820 ~ 840	油	150 ~ 180	表≥56 心≥30
	—	—	—																	
G20CrNi2Mo	—	—	—	—	—	—	—	—	920±20	空冷	—	—	—	930	880±20	800±20	—	油	150 ~ 200	表≥56 心≥30
	—	—	—																	
G20Cr2Ni4	685	775	305	1170 ~ 1200	1150 ~ 1180 ≥850	800 ~ 900	炉冷	≤269	890 ~ 920	空冷	—	640 ~ 670	≤269	930 ~ 950	870 ~ 890	790 ~ 810	—	油	160 ~ 180	表≥58 心≥28
	585	630	—																	
G10CrNi3Mo	—	—	—	—	—	—	—	—	—	—	—	—	—	930	880±20	790±20	—	油	150 ~ 200	表≥56 心≥30
	—	—	—																	
G20Cr2Mn2Mo	725	835	310	1180 ~ 1230	1150 ~ 1200 ≥800	600℃，保温4~6h，空冷至280~300℃，再加热至640~660℃，保温2~6h，空冷，硬度≤269HBW			910 ~ 930	空冷	—	640 ~ 660	≤269	920 ~ 950	870 ~ 890	810 ~ 830	—	油	160 ~ 180	表≥58 心≥30
	615	700	—																	

注：本表为参考资料。

3.5.4 碳素轴承钢（见表 3.1-147、表 3.1-148）

表 3.1-147 碳素轴承钢牌号、化学成分及钢棒尺寸规格（摘自 GB/T 28417—2012）

	牌号	化学成分（质量分数，%）										
		C	Si	Mn	S	P	Cr	Ni	Mo	Cu	Al	O
牌号及化学成分	G55	0.52 ~ 0.60	0.15 ~ 0.35	0.60 ~ 0.90	≤0.015	≤0.025	≤0.20	≤0.20	≤0.10	≤0.30	≤0.050	≤0.0012
	G55Mn	0.52 ~ 0.60	0.15 ~ 0.35	0.90 ~ 1.20								
	G70Mn	0.65 ~ 0.75	0.15 ~ 0.35	0.80 ~ 1.10								

	牌号	化学成分（质量分数，%）					
		Ti	Ca	Pb	Sn	Sb	As
	G55、G55Mn、G70Mn	≤0.0030	≤0.0010	≤0.002	≤0.030	≤0.005	≤0.040

尺寸规格和用途	碳素轴承钢为 φ20 ~ φ150mm 热轧棒材，主要用于制造汽车轮毂轴承单元，其尺寸及极限偏差应符合 GB/T 702—2008 中第 2 组的规定。长度为 3000 ~ 9000mm，定尺或倍尺供货

注：碳素轴承钢钢材以热轧状态交货。其低倍组织、脱碳层、非金属夹杂物、奥氏体晶粒度等要求，均应符合 GB/T 28417—2012 的规定。

表 3.1-148 国内外碳素轴承钢牌号对照（摘自 GB/T 28417—2012）

GB/T 28417—2012	ISO 683-17：1999	ASTM A866-01
G55	C56E2	C56E2
G55Mn	56Mn4	56Mn4
G70Mn	70Mn4	—

4 钢铁材料国内外牌号对照

4.1 铸铁国内外牌号对照（见表 3.1-149 ~ 表 3.1-153）

表 3.1-149 灰铸铁国内外牌号对照

中国 GB/T 9439—2010	国际 ISO 185：2005	欧洲 EN 1561：1997	日本 JIS G5501：1995	美国 ASTM A48/A48M：2003	
HT100 （HT10-26）	JL/100	GJL-100 JL-1010	FC100 （FC10）	No.20A F11401	
HT150 （HT15-33）	JL/150	GJL-150 JL-1020	FC150 （FC15）	No.25A F11701	
HT200 （HT20-40）	JL/200	GJL-200 JL-1030	FC200 （FC20）	No.30A F12101	
HT225	—	—	—		
HT250 （HT25-47）	JL/250	GJL-250 JL-1040	FC250 （FC25）	No.35A F12401	No.40A F12801
HT275	—	—	—		
HT300 （HT30-54）	JL/300	GJL-300 JL-1050	FC300 （FC30）	No.45A F13301	
HT350 （HT36-61）	JL/350	GJL-350 JL-1060	FC350 （FC35）	No.50A F13501	

注：括号内为旧牌号。

表 3.1-150 球墨铸铁国内外牌号对照

中国 GB/T 1348—2009 （硬度牌号）	国际 ISO 1083：2004	欧洲 EN 1563：1997 + A1：2002	日本 JIS G5502：2001	美国 ASTM A536：1984
QT400-18 （QT-H150）	JS/400-18	GJS400-18 JS1020	FCD400-18	60-40-18 F32800
QT400-15 （QT-H155）	JS/400-15	GJS400-15 JS1030	FCD400-15	60-42-10 F32900
QT430-10 （QT-H185）	JS/450-10	GJS450-10 JS1040	FCD450-10	65-42-15 F33100
QT500-7 （QT-H200）	JS/500-7	GJS500-7 JS1050	FCD500-7	70-50-05
QT600-3 （QT-H230）	JS/600-3	GJS600-3 JS1060	FCD600-3	80-60-03 F34100
QT700-2 （QT-H260）	JS/700-2	GJS700-2 JS1070	FCD700-2	100-70-03 F34800
QT800-2 （QT-H300）	JS/800-2	GJS800-2 JS1080	FCD800-2	120-90-02 F36200
QT900-2 （QT-H330）	JS/900-2	GJS900-2 JS1090	—	120-90-02 F36200

表 3.1-151　黑心可锻铸铁国内外牌号对照

中国 GB/T 9440—2010	国际 ISO 5922：2005	欧洲 EN 1562：1997	日本 JIS G5705：2000	美国 ASTM A47/A47M：1999
KTH275-05	—	—	—	—
KTH300-06	JMB/300-6	GJMB300-6 JM1000	FCMB30-06	—
KTH330-08	—	GJMB350-10 JM1030	FCMB31-08 （FCMB32）	—
KTH350-10	JMB/350-10	GJMB350-10 JM1030	FCMB35-10	32510 F22200
KTH370-12	—	—	—	—

表 3.1-152　白心可锻铸铁国内外牌号对照

中国 GB/T 9440—2010	国际 ISO 5922：2005	欧洲 EN 1562：1997	日本 JIS G5705：2000
KTB350-04	JMW/350-4	GJMW350-4 JM1010	FCMW34-04 （FCMW34）
KTB360-12	JMW/360-12	—	FCMW38-12
KTB400-05	JMW/400-5	GJMW400-5 JM1030	FCMW40-05
KTB450-07	JMW/450-7	GJMW450-7 JM1040	FCMW45-07 （FCMW45）
KTB550-04	—	—	—

表 3.1-153　珠光体可锻铸铁国内外牌号对照

中国 GB/T 9440—2010	日本 JIS G5705：2000	美国 ASTMA220/A220：1999
KTZ450-06	FCMP45-06	310M6 （45006） F23131
KTZ500-05	—	—
KTZ550-04	FCMP55-04	410M4 （60004） F24130
KTZ600-03	—	—
KTZ650-02	FCMP65-02	550M2 （80002） F25530
KTZ700-02	FCMP70-02	620M1 （90001） F26230
KTZ800-01	—	—

4.2 铸钢国内外牌号对照（见表 3.1-154 ~ 表 3.1-159）

表 3.1-154　铸造碳钢国内外牌号对照

中国 GB/T 11352—2009	国际 ISO 3755：1999	欧洲 EN 10213-2：1995	日本 JIS G7821：2001	美国 ASTM A27/A27M：2005
ZG200-400	200-400W	GP240GH	200-400W	Grade 60-30 （415-205） J03000
ZG230-450	230-450W	GP240GR	230-450W	Grade 65-35 （450-240） J03001
ZG270-500	270-480W	GP280GH	270-480W	Grade 70-40 （485-275） J03501
ZG310-570	340-550W	—	340-550W	—
ZG340-640	340-550W	—	340-550W	—

表 3.1-155　焊接结构用铸钢件国内外牌号对照

中国 GB/T 7659—2010	国际 ISO 3755：1999	欧洲 EN 10213-2：1995	日本 JIS G5102：1991	美国 ASTM A216/A216M：2004
ZG200-400H	200-400W	GP240GH	SCW410	Grade WCA
ZG230-450H	230-450W	GP240GR	SCW450	Grade WCB
ZG275-480H	270-480W	GP280GH	SCW480	Grade WCC
ZG300-500H	—	—	—	—
ZG340-550H	—	—	—	—

表 3.1-156　低合金铸钢国内外牌号对照

中国 GB/T 14408—2014	日本 JIS G5111：1991	美国 ASTM A148/A148M：2005	国际 ISO 9477：1997
ZGD270-480	SCMn1A	Grade 80-40 （550-275）	—
ZGD290-510	SCMn1B	Grade 80-40 （550-275）	—
ZGD345-510	SCMn2A	Grade 80-50 （550-345）	—
ZGD410-620	SCMnCr4A	Grade 90-60 （620-415）	410-620
ZGD535-720	SCMnCrM3A	Grade 105-85 （725-585）	540-720
ZGD650-830	SCNCrM2B	Grade 115-95 （795-655）	620-820
ZGD730-910	—	—	—
ZGD840-1030	—	Grade 135-125 （930-860）	840-1030
ZGD1030-1240 ZGD1240-1450	—	—	—

表 3.1-157 中高强度不锈钢国内外牌号对照

中国 GB/T 6967—2009	国际 ISO 11972：1998 （ISO 4491：1994）	欧洲 EN 10283：1999 （EN 10213—2：1995）	日本 JIS G5121：2003	美国 ASTM A743/A743M：2003
ZG20Cr13	(C39CH)	—	SCS2	CA-40
ZG10Cr13NiMo	(C39CNiH)	—	SCS3	CA-15M
ZG06Cr13Ni4Mo	(C39NiH)	(GX4CrNi13-4)	SCS6	CA-6NM
ZG06Cr16Ni5Mo	GX4CrNiMo16-5-1	GX4CrNiMo16-5-1	SCS31	CA-6NM

表 3.1-158 一般用途耐蚀铸钢国内外牌号对照

中国 GB/T 2100—2002	国际 ISO 11972：1998（E）	欧洲 EN 10283：1998E	日本 JIS G5121：2003	美国 ASTM A743/A743M：2003
ZG15Cr12	GX12Cr12	GX12Cr12 1.4011	SCS1X	CA-15 J91150
ZG20Cr13	C39CH (ISO 4991-1994)	—	SCS2	CA-40 J92253
ZG10Cr12NiMo	GX8CrNiMo12-1	GX7CrNiMo12-1 1.4008	SCS3	CA-15M J91151
ZG06Cr12Ni4（QT1）	GX4CrNi12-4 (QT1)	GX4CrNi13-4 1.4317	SCS6X	CA-6NM J91540
ZG06Cr12Ni4（QT2）	GX4CrNi12-4 (QT2)	GX4CrNi13-4 1.4317	SCS6X	CA-6NM J91540
ZG06Cr16Ni5Mo	GX4CrNiMo16-5-1	GX4CrNiMo16-5-1 1.4405	SCS31	CA-6NM J91540
ZG03Cr18Ni10	GX2CrNi18-10	GX2CrNi19-11 1.4309	SCS36	CF-3 J92500
ZG03Cr18Ni10N	GX2CrNiN18-10	GX2CrNi19-11 1.4309	SCS36N	CF-3A J92500
ZG07Cr19Ni9	GX5CrNi19-9	GX5CrNi19-9 1.4308	SCS13X	CF-8 J92600
ZG08Cr19Ni10N	GX6CrNiNb19-10	GX5CrNiNb19-11 1.4552	SCS21X	CF-8C J92710
ZG03Cr19Ni11Mo2	GX2CrNiMo19-11-2	GX2CrNiMo19-11-2 1.4409	SCS16AX	CF-3M J92800
ZG03Cr19Ni11Mo2N	GX2CrNiMoN19-11-2	GX2CrNiMo19-11-2 1.4409	SCS16AXN	CF-3MN J92804
ZG07Cr19Ni11Mo2	GX5CrNiMo19-11-2	GX5CrNiMo19-11-2 1.4408	SCS14X	CF-8M J93000
ZG08Cr19Ni11Mo2Nb	GX6CrNiNb19-11-2	GX5CrNiNb19-11-2 1.4581	SCS14XNb	—
ZG03Cr19Ni11Mo3	GX2CrNiMo19-11-3		SCS35	CF-3M J92800
ZG03Cr19Ni11Mo3N	GX2CrNiMoN19-11-3	GX2CrNiMoN17-13-4 1.446	SCS35N	CF-3MN J92804
ZG07Cr19Ni11Mo3	GX5CrNiMo19-11-3	GX5CrNiMo19-11-3 1.4412	SCS34	CG-8M J93000
ZG03Cr26Ni5Cu3Mo3N	GX2CrNiCuMoN26-5-3-3	GX2CrNiCuMoN26-5-3 1.4517	SCS32	—
ZG03Cr26Ni5Mo3N	GX2CrNiMoN26-5-3	GX2CrNiMoN25-6-3 1.4468	SCS33	—

表 3.1-159　一般用途耐热铸钢和耐热合金国内外牌号对照

中国 GB/T 8492—2002	国际 ISO 11973：1999（E）	欧洲 EN 10295：2002E	日本 JIS G5122：2003	美国 ASTM A297/A297M—1997
ZG30Cr7Si2	GX30CrSi7	GX30CrSi7 1.4710	SCH4	—
ZG40Cr13Si2	GX40CrSi13	GX40CrSi13 1.4729	SCH1X	—
ZG40Cr17Si2	GX40CrSi17	GX40CrSi17 1.4740	SCH5	—
ZG40Cr24Si2	GX40CrSi24	GX40CrSi24 1.4745	SCH2X1	HC（28Cr） J92605
ZG40Cr28Si2	GX40CrSi28	GX40CrSi28 1.4776	SCH2X2	HC（28Cr） J92605
ZGCr29Si2	GX130CrSi29	GX130CrSi29 1.4777	SCH6	HC（28Cr） J92605
ZG25Cr18Ni9Si2	GX25CrNiSi18-9	GX25CrNiSi18-9 1.4825	SCH31	HF（19Cr-9Ni） J92603
ZG25Cr20Ni14Si2	GX25CrNiSi20-14	GX25CrNiSi20-14 1.4832	SCH32	—
ZG40Cr22Ni10Si2	GX40CrNiSi22-10	GX40CrNiSi22-10 1.4826	SCH12X	HF（19Cr-9Ni） J96203
ZG40Cr24Ni24Si2Nb1	GX40CrNiSiNb24-24	GX40CrNiSiNb24-24 1.4855	SCH33	HN（20Cr-25Ni） J94213
ZG40Cr25Ni12Si2	GX40CrNiSi25-12	GX40CrNiSi25-12 1.4837	SCH13X	HH（25Cr-12Ni） J93503
ZG40Cr25Ni20Si2	GX40CrNiSi25-20	GX40CrNiSi25-20 1.4848	SCH22X	HK（25Cr-20Ni） J94224
ZG45Cr27Ni4Si2	GX40CrNiSi27-4	GX40CrNiSi27-4 1.4823	SGH11X	HD（28Cr-5Ni） J93005
ZG45Cr20Co20Ni20Mo3W3	GX40NiCrCo20-20-20	GX40NiCrCo20-20-20 1.4874	SCH41	—
ZG10Ni31Cr20Nb1	GX10NiCrNb31-20	GX10NiCrNb31-20 1.4859	SCH34	—
ZG40Ni35Cr17Si2	GX40NiCrSi35-17	GX40NiCrSi35-17 1.4806	SCH15X	HT（17Cr-35Ni） J94605
ZG40Ni35Cr26Si2	GX40NiCrSi35-26	GX40NiCrSi35-26 1.4857	SCH24X	HP（26Cr-35Ni） J95705
ZG40Ni35Cr26Si2Nb1	GX40NiCrSiNb35-26	GX40NiCrSiNb35-26 1.4852	SCH24XNb	HP（26Cr-35Ni） J95705
ZG40Ni38Cr19Si2	GX40NiCrSi38-19	GX40NiCrSi38-19 1.4885	SCH20X	HU（19Cr-38Ni） J95405
ZG40Ni38Cr19Si2Nb1	GX40NiCrSiNb38-19	GX40NiCrSiNb38-19 1.4849	SCH20XNb	HU（19Cr-38Ni） J95405
ZNiCr28Fe17W5Si2C0.4	GX45NiCrWSi48-28-5	C-NiCr28W 2.4879	SCH42	—
ZNiCr50Nb1C0.1	GX10NiCrNb50-50	G-NiCr50Nb 2.4680	SCH43	50Cr-50Ni
ZNiCr19Fe18Si1C0.5	GX50NiCr52-19	—	SCH44	
ZNiFe18Cr15Si1C0.5	GX50NiCr65-15	C-NiCr15 2.4815	SCH45	
ZNiCr25Fe20Co15W5Si1C0.46	GX45NiCrCoW 32-25-15-10	—	SCH46	
ZCoCr28Fe18C0.3	GX30CoCr50-28	G-CoCr28 2.4778	SCH47	

4.3 结构钢国内外牌号对照（见表3.1-160～表3.1-169）

表3.1-160 碳素结构钢国内外牌号对照

中国 GB/T 700—2006	国际 ISO 630：1995	欧洲 EN 10025-2：2004	日本 JIS G3101：2004 (JIS G3106：2004)	美国 ASTM A573/A573M：2000
Q195 U11952	E185	S185 1.0035	—	Gr. C [205]
Q215A U12152	—	—	SS330	Gr. 58 [220]
Q215B U12155	—	—	SS330	Gr. 58 [220]
Q235A U12352	E235A	S235JR 1.0038	SS400	Gr. 65 [240]
Q235B U12355	E235B	S235JR 1.0038	SS400	Gr. 65 [240]
Q235C U12358	E235C	S235J0 1.0114	(SM400A)	Gr. 65 [240]
Q235D U12359	E235D	S235J2 1.0117	(SM400B)	Gr. 65 [240] (ASTM A283/A283M：2003)
Q275A U12752	E275A	S275JR 1.0044	SS490	Gr. 70 [290]
Q275B U12753	E275B	S275JR 1.0044	(SM490A)	Gr. 70 [290]
Q275C U12758	E275C	S275J0 1.0143	(SM490B)	Cr. 70 [290]
Q275D U12759	E275D	S275J2 1.0145	(SM490B)	Cr. 70 [290]

表3.1-161 优质碳素结构钢国内外牌号对照

中国 GB/T 699—2015	国际 ISO 683-18：1996	欧洲 EN 10083-1 1991＋Al：1996 (EN 10084：1998)	日本 JIS G4051：2005 (JIS G3506：2004)	美国 ASTM A29/A29M：2005
08 U20082	C10	(C10E) 1.1121	S10C	1008
10 U20102	C10	(C10E) 1.1121	S10C	1010
15 U20152	C15E4	(C15E) 1.1141	S15C	1015

(续)

中国 GB/T 699—2015	国际 ISO 683-18: 1996	欧洲 EN 10083-1 1991 + Al: 1996 (EN 10084: 1998)	日本 JIS G4051: 2005 (JIS G3506: 2004)	美国 ASTM A29/A29M: 2005
20 U20202	C20E4	C20E 1.1151	S20C	1015
25 U20252	C25E4	C25E 1.1158	S25C	1025
30 U20302	C30E4	C30E 1.1178	S30C	1030
35 U20352	C35E4	C35E 1.1181	S35C	1035
40 U20402	C40E4	C40E 1.1186	S40C	1040
45 U20402	C45E4	C45E 1.1191	S45C	1045
50 U20502	C50E4	C50E 1.1206	S50C	1050
55 U20552	C55E4	C55E 1.1203	S55C	1055
60 U20602	C60E4	C60E 1.1221	S58C	1060
65 U20652	C60E4	C60E 1.1221	(SWRH67A)	1065
70 U20702	DC (ISO 8458-3: 1992)	C70D 1.0615 (EN 10016-2: 1994)	(SWRH72A)	1070
75 U20752		C76D 1.0614 (EN 10016-2: 1994)	(SWRH77A)	1075
80 U20802		C80D 1.0622 (EN 10016-2: 1994)	(SWRH82A)	1080
85 U20852	—	C85D 1.0616 (EN 10016-2: 1994)	(SWRH82B)	1084
15Mn U21152	CC15K (ISO 4954: 1993)	(C16E) 1.1148	—	1019
20Mn U21202	C20E4	C22E 1.1151	—	1022
25Mn U21252	C25E4	C25E 1.1158	—	1026
30Mn U21302	C30E4	C30E 1.1178	—	1030
35Mn U21352	C35E4	C35E 1.1181	—	1037

(续)

中国 GB/T 699—2015	国际 ISO 683-18：1996	欧洲 EN 10083-1 1991 + Al：1996 (EN 10084：1998)	日本 JIS G4051：2005 (JIS G3506：2004)	美国 ASTM A29/A29M：2005
40Mn U21402	C40E4	C40E 1.1186	(SWRH42B)	1043
45Mn U21452	C45E4	C45E 1.1191	(SWRH47B)	1046
50Mn U21502	C50E4	C50E 1.1206	(SWRH52B)	1053
60Mn U21602	C60E4	C60E 1.1221	(SWRH62B)	1060
65Mn U21652	C60E4	C60E 1.1221	—	1565
70Mn U21702	DC (ISO 8458-3：1992)	—	—	1572

表 3.1-162　低合金高强度结构钢国内外牌号对照

中国 GB/T 1591—2008	国际 ISO 4951：2001 (ISO 4950-3：1995)	欧洲 EN 10025-6：2004 (EN 10025-2：2004)	日本 JIS G3124：2004 (JIS G3135：1986)	美国 ASTM A572 A572M：2004
Q345A	E355CC	(E355) 1.0060	(SPFC590)	Gr. 50 [345]
Q345B	E3555CC	(S355JR) 1.0045	(SPFC590)	Gr. 50 [345]
Q345C	E355DD	(S355J0) 1.0553	(SPFC590)	Gr. 50 [345]
Q345D	E355DD	(S355J2) 1.0577	(SPFC590)	Gr. 50 [345]
Q345E	E355DD	(S355NL) 1.0546	(SPFC590)	Gr. 50 [345]
Q390A	E390CC	—	STKT540 (JIS G3474：1995)	—
Q390B	E390CC	—	STKT540 (JIS G3474：1995)	—
Q390C	E390DD	—	STKT540 (JIS G3474：1995)	—
Q420A	E420CC	S420N 1.8902 (EN 10025-3：2004)	—	Gr. 60 [415]
Q420B	E420CC	S420N 1.8902 (EN 10025-3：2004)	SEV295 [420]	Gr. 60 [415]
Q420C	E420DD	S420N 1.8902 (EN 10025-3：2004)	SEV295 [420]	Gr. 60 [415]

（续）

中国 GB/T 1591—2008	国际 ISO 4951：2001 （ISO 4950-3：1995）	欧洲 EN 10025-6：2004 （EN 10025-2：2004）	日本 JIS G3124：2004 （JIS G3135：1986）	美国 ASTM A572 A572M：2004
Q420D	—	S420NL 1.8912 （EN 10025-3：2004）	SEV345 ［430］	Gr. 60 ［415］
Q420E	—	S420NL 1.8912 （EN 10025-3：2004）	SEV345 ［430］	Gr. 60 ［415］
Q460C	E460CC （ISO 4950-2：1995）	S460Q 1.8908	SM570 （JIS G3106：2004）	Gr. 65 ［450］
Q460D	E460DD （ISO 4950-2：1995）	S460QL 1.8906	SM570 （JIS G3106：2004）	Gr. 65 ［450］
Q460E	E460E （ISO 4950-2：1995）	S460QL1 1.8916	SM570 （JIS G3106：2004）	Gr. 65 ［450］
（Q500D）	—	S500Q 1.8924	（SPFC980Y）	—
（Q500E）	—	S500QL 1.8909	（SPFC980Y）	—
（Q550D）	（E550DD）	S550Q 1.8904	—	Type7 （STM A656/ A656M：2003）
（Q550E）	（E550E）	S550QL 1.8926	—	—
（Q690D）	（E690DD）	S690Q 1.8931	SHY685N （JIS G3128：1999）	TypeC （ASTM A709/ A709M：2004）
（Q690E）	（E690E）	S690QL 1.8928	SHY685N （JIS G3128：1999）	TypeC （ASTM A709/ A709M：2004）

表 3.1-163　合金结构钢国内外牌号对照

中国 GB/T 3077—2015	国际 ISO 683-18：1996	欧洲 EN 10083-1： 1991 + A1：1996	日本 JIS G4053：2003	美国 ASTM A291 A29M：2005
20Mn2 A00202	22Mn6	20Mn5 1.1133 （EN 10250-2：1999）	SMn420	1524
30Mn2 A00302	28Mn6	28Mn6	SMn433	1330
35Mn2 A00352	38Mn6	—	SMn438	1335
40Mn2 A00402	42Mn6	—	SMn438	1340
45Mn2 A00452	42Mn6	—	SMn443	1345

(续)

中国 GB/T 3077—2015	国际 ISO 683-18：1996	欧洲 EN 10083-1： 1991 + Al：1996	日本 JIS G4053：2003	美国 ASTM A291 A29M：2005
20MnV A01202	19MnVS6 (ISO 11692：1994)	19MnVS6 1.3101 (EN 10267：1996)	—	—
40B A70402	—	38MnB5 1.5532 (EN 10083-3：1992)	—	50B44
40MnB A71402	—	38MnB5 1.5532 (EN 10083-3：1992)	—	1541B
15Cr A20152	20Cr4	17Cr3 1.7016 (EN 10084：1998)	SCr415	5115
20Cr A20202	20Cr4	17Cr13 1.7016 (EN 10084：1998)	SCr420	5120
30Cr A20302	34Cr4	34Cr4 1.7033	SCr430	5130
35Cr A20352	37Cr4	37Cr4 1.7034	SCr435	5135
40Cr A20402	41Cr4	41Cr4 1.7035	SCr440	5140
45Cr A20452	41Cr4	41Cr4 1.7035	SCr445	5145
50Cr A20502	—	55Cr3 1.7176 (EN 10089：2002)	SCr445	5150
12CrMo A30122	13CrMo4-5 (ISO 9329-2：1997)	13CrMo4-5 1.7355 (EN 10216-2：1998)	—	—
15CrMo A30152	13CrMo4-5 (ISO 9329-2：1997)	13CrMo4-5 1.7355 (EN 10216-2：1998)	SCM415	—
20CrMo A30202	18CrMo4 (ISO 683-11：1987)	18CrMo4 1.7243 (EN 10084：1998)	SCM 418	—
30CrMo A30302	25CrMo4	25CrMo4 1.7218	SCM430	4130
35CrMo A30352	34CrMo4	34CrMo4 1.7220	SCM435	4137

（续）

中国 GB/T 3077—2015	国际 ISO 683-18：1996	欧洲 EN 10083-1： 1991 + Al：1996	日本 JIS G4053：2003	美国 ASTM A291 A29M：2005
42CrMo A30422	42CrMo4	42CrMo4 1.7225	SCM440	4170
15CrMn A22152	16MnCr5	16MnCr5 1.7131 （EN 10084：1998）	SMnC420	5115
20CrMn A22202	20MnCr5	20MnCr5 1.7141 （EN 10084：1998）	SMnC420	5115
40CrMn A22402	41Cr4	41Cr4 1.7035	SMnC443	5140
20CrMnMo A34202	25CrMo4	25CrMo4 1.7218 （EN 10263-4：2001）	SCM421	4121
40CrMnMo A34402	42CrMo4	42CrMo4 1.7225	SCM440	4140
20CrNi A40202	20NiCrMo2	18NiCr5-4 1.5810 （EN 10084：1998）	SNC415	4720
40CrNi A40402	36CrNiMo4	36CrMiMo4 1.6511	SNC236	8640
45CrNi A40452	—	—	SNC236	8645

表 3.1-164　保证淬透性结构钢国内外牌号对照

中国 GB/T 5216—2014	国际 ISO 683-11：1987	欧洲 EN 10084：1998	日本 JIS G4052：2003	美国 ASTM A304：2004
45H U59455	C45E4H （ISO 683-1：1987）	C45E（H） 1.1191 （EN 10083-1：1991 + Al：1996）	—	—
15CrH A20155	16MnCr5H	17Cr3（H） 1.7016	SCr415H	5120H
20CrH A20205	20Cr4H	17Cr3（H） 1.7016	SCr420H	5120H
20Cr1H A20215	20Cr4H	17Cr3（H） 1.7016	SCr420H	5120H

(续)

中国 GB/T 5216—2014	国际 ISO 683-11：1987	欧洲 EN 10084：1998	日本 JIS G4052：2003	美国 ASTM A304：2004
40CrH A20405	41Cr4H (ISO 683-1：1987)	41Cr4（H） 1.7035 (EN 10083-1：1991 + Al：1996)	SCr440H	5140H
45CrH A20455	41Cr4H (ISO 683-1：1987)	41Cr4（H） 1.7035 (EN 10083-1：1991 + Al：1996)	SCr440H	5145H
16CrMnH A22165	16MnCr5H	16MnCr5（H） 1.7131	SMnC420H	5120H
20CrMnH A22205	20MnCr5H	20MnCr5（H） 1.7147	SMnC420H	5120H
15CrMoH A30155	18CrMo4H	18CrMo4（H） 1.7243	SCM415H	4118H
20CrMoH A30205	18CrMo4H	18CrMo4（H） 1.7243	SCM420H	4118H
22CrMoH A30225	25CrMo4H (ISO 683-1：1987)	25CrMo4（H） 1.7218 (EN 10083-1：1991 + Al：1996)	SCM822H	4118H
42CrMoH A30425	42CrMo4H (ISO 683-1：1987)	42CrMo4（H） 1.7225 (EN 10083-1：1991 + Al：1996)	SCM440H	4140H
20CrMnMoH A34205	20MnCr5H	20MnCr5（H） 1.7141	SCM420H	4118H
20CrNi3H A42205	—	15NiCr13（H） 1.5752	SNC613H	9310H
20CrNiMoH A50205	20NiCrMo2H	20NiCrMo2-2（H） 1.6523	SNCM220H	8620H
20CrNi2MoH A50215	18CrNiMo7H	20NiCrMoS8-4（H） 1.6571	SNCM420H	4320H

表 3.1-165　高耐候性结构钢国内外牌号对照

中国 GB/T 4171—2008	国际 ISO 4952：2003	欧洲 EN 10025-5：2004	日本 JIS G3125：2004	美国 ASTM A588/A588A：2005
Q265GNH	—	—	SPA-C	Crade A K11430
Q295GNH	—	—	SPA-C	Grade A K11430
Q310GNH	Fe355W-1A	S355J2WP 1.8946	SPA-H	Grade C K11538
Q355GNH	Fe355W-1A	S355J2WP 1.8946	SPA-H	Grade C K11538

表 3.1-166 焊接结构用耐候钢国内外牌号对照

中国 GB/T 4171—2008	国际 ISO 4952:2003	欧洲 EN 10025-5:2004	日本 JIS G3114:2004	美国 ASTM A588/A588M:2005
Q235NH	Fe235WB	S235J2W 1.8961	SMA400AP	Grade A K11430
Q295NH	Fe355W-1A	S355J2WP 1.8946	SMA400BW	Grade A K11430
Q355NH	Fe355W-2B	S355J2WP 1.8946	SMA490BP	Grade C K11538
Q460NH	—	—	SMA570P	Grade E K12202 (ASTM A633/A633M:2001)

表 3.1-167 冷镦和冷挤压用钢国内外牌号对照

中国 GB/T 6478—2015	国际 ISO 4954:1993	欧洲 EN 10263-3:2001 (EN 10263-4:2001)	日本 JIS G7401:2000	日本 JIS G3507-1:2005 (G3508-1:2005)	美国 ASTM A29/A29M:2005
ML04Al U40048	CC4A	C4C 1.0303 (EN 10263-2:2001)	CC4A	SWRCH6A	1005
HL08Al U40088	CC8A	C8C 1.0213 (EN 10263-2:2001)	CC8A	SWRCH8A	1008
ML10Al U40108	CC11A	C10C 1.0214 (EN 10263-2:2001)	CC11A	SWRCH10A	1010
ML15Al U40158	CC15A	C15C 1.0234 (EN 10263-2:2001)	CC15A	SWRCH15A	1015
ML15 U40152	CC15K	C15E2C 1.1132	CC15K	SWRCH15K	1015
ML20Al U40208	CC21A	C20C 1.0411 (EN 10263-2:2001)	CC21A	SWRCH20A	1020
ML20 U40202	CC21K	C20E2C 1.1152	CC21K	SWRCH20K	1020
ML18Mn U41188	CE16E4	C17C 1.0434	CE16E4	SWRCH18A	1518
ML22Mn U41228	CE20E4	C20C 1.0411 (EN 10263-2:2001)	CE20E4	SWRCH22A	1522
ML20Cr A20204	20CrE4	17Cr3 1.7016	20CrE4	SCr420RCH	5120
ML25 U40252	CE20E4	C20E2C 1.1152	CE20E4	SWRCH25K	1025
ML30 U40302	CE28E4	(C35EC) 1.1172	CE28E4	SWRCH30K	1030

(续)

中国 GB/T 6478—2015	国际 ISO 4954：1993	欧洲 EN 10263-3：2001 (EN 10263-4：2001)	日本 JIS		美国 ASTM A29/ A29M：2005
			G7401：2000	G3507-1：2005 (G3508-1：2005)	
ML35 U40352	CE35E4	(C35EC) 1.1172	CE35E4	SWRCH35K	1035
ML40 U40402	CE40E4	(C45EC) 1.1192	CE40E4	SWRCH35K	1040
ML45 U40452	CE45E4	(C45EC) 1.1192	CE45E4	SWRCH45K	1045
ML15Mn U20158	CE16E4	C16E 1.1148 (EN 10084：1998)	CE16E4	SWRCH24K	1513
ML25Mn U41252	CE20E4	C25E 1.1158 (EN 10083-1：1991 + Al：1996)	CE20E4	SWRCH27K	1525
ML30Mn U41302	CE28E4	C30E 1.1178 (EN 10083-1：1991 + Al：1996)	CE28E4	SWRCH33K	1526
ML35Mn U41302	CE35E4	C35E 1.1181 (EN 10083-1：1991 + Al：1996)	CE35E4	SWRCH38K	1536
ML37Cr A20374	37Cr4E	(37Cr4) 1.7034	37Cr4E	SCr435RCH	5135
ML40Cr A20404	41Cr4E	(41Cr4) 1.7035	41Cr4E	SCr440RCH	5140
ML30CrMo A30304	25CrMo4E	(25CrMo4) 1.7218	25CrMo4E	SCM430RCH	4130
ML35CrMo A30354	34CrMo4E	(34CrMo4) 1.7220	34CrMo4E	SCM435RCH	4135
ML42CrMo A30424	42CrMo4E	(42CrMo4) 1.7225	42CrMo4E	SCM440RCH	4142
ML20B A70204	CE20BG1	18B2 1.5503	CE20BG1	(SWRCHB223)	94B17
ML28B A70284	CE28B	(28B2) 1.5510	CE28B	—	94B30
ML35B A70354	CE35B	(38B2) 1.5515	CE35B	(SWRCHB237)	94B30
ML15MnB A71154	CE20BG2	20MnB5 1.5530	CE20BG2	(SWRCHB620)	94B17
ML20MnB A71204	CE20BG2	20MnB5 1.5530	CE20BG2	(SWRCHB420)	94B17
ML35MnB A71354	35MB5E	30MnB5 1.5531	35MB5E	(SWRCHB734)	94B30
ML37CrB A20378	37CrB1E	(36CrB4) 1.7707	37CrB1E	(SWRCHB237)	—

注：GB/T 6478—2015《冷镦和挤压用钢》新标准代替 GB/T 6478—2001，并在新标准中列出了冷镦和冷挤压用钢新、旧牌号、国内外牌号的对照，参见表 3.1-88～表 3.1-92。

表3.1-168 易切削结构钢国内外牌号对照

中国 GB/T 8731—2008	国际 ISO 683-9:1988	欧洲 EN 10087:1998	日本 JIS G4804:1999	美国 ASTM A29/A29M:2005
Y12 U71122	9S20	10S20	SUM12	1109
Y12Pb U72122	11SMnPb28	10SPb20	SUM22L	12L13
Y15 U71152	12SMn35	15S20	SUM22	1119
Y15Pb U72152	12SMnPb35	9SMnPb28	SUM24L	12L14
Y20 U70202	17SMn20	15S20	SUM32	1117
Y30 U70302	35S20	35S20	SUM41	1132
Y35 U70352	35SMn20	35S20	SUM41	1140
Y40Mn U20409	44Mn28	45S20	SUM42	1141

表3.1-169 弹簧钢国内外牌号对照

中国 GB/T 1222—2016	国际 ISO 683-14:2004	欧洲 EN 10089:2002	日本 JIS G4801:2005	美国 ASTM A29/A29M:2005
65 U20652	C60E4 (ISO 683-18:1996)	C60E 1.1221 (EN 10083-1:1991 + Al:1996)	S65-CSP (JIS G4802:2005)	1065
70 U20702	DC (ISO 8458.3:1992)	C70D 1.0615 (EN 10016-2:1994)	S70-CSP (JIS G4802:2005)	1070
85 U20852		C85D 1.0616 (EN 10016-2:1994)	SK5-CSP (JIS G4802:2005)	1084
65Mn U21653	C60E4 (ISO 683-18:1996)	C60E 1.1221 (EN 10083-1:1991 + Al:1996)	S65C-CSP (JIS G4802:2005)	1566
60Si2Mn A11602	61SiCr7	61SiCr7 1.7108	—	9260
50CrV4 A23503	51CrV4	51CrV4 1.8159	SUP10	6150
60CrMnBA A22613	60CrB3	—	SUP11A	51B60

4.4 工具钢国内外牌号对照（见表3.1-170～表3.1-172）

表 3.1-170　碳素工具钢国内外牌号对照

中国 GB/T 1299—2014	国际 ISO 4957：1999	欧洲 EN ISO 4957：1999	日本 JIS G4401：2001	美国 ASTM A686：1992（2004）
T7 T00070	C70U	C70U	SK65	—
T8 T00080	C80U	C80U	SK75	W1A-8 T72301
T8Mn T01080	C90U	C90U	SK85	W1-C8 T72301
T9 T00090	C90U	C90U	SK85	W1A-8½ T72301
T10 T00100	C105U	C105U	SK95	W1A-9½ T72301
T11 T00110	C105U	C105U	SK105	W1A-10½ T72301
T12 T00120	C120U	C120U	SK120	W1A-11½ T72301
T13 T00130	C120U	C120U	SK140	W2-C13 T72302

表 3.1-171　合金工具钢国内外牌号对照

中国 GB/T 1299—2014	国际 ISO 4957：1999	欧洲 EN ISO 4957：1999	日本 JIS G4404：2000	美国 ASTM A681：2007
W T30001	—	—	SKS21	F1 T60601
4CrW2Si T41901	50WCrV8	50WCrV8	SKS41	S1 T41901
5CrW2Si	50WCrV8	50WCrV8	SKS4	S1 T41901
6CrW2Si	60WCrV8	60WCrV8	SKS4	S1 T41901
Cr12 T21200	X210Cr12	X210Cr12	SKD1	D3 T30403
Cr12Mo1V T21202	X153CrMoV12	X153CrMoV12	SKD10	D2 T30402
Cr12MoV T21201	X153CrMoV12	X153CrMoV12	SKD11	D2 T30402
Cr5Mo1V T20503	X100CrMoV51	X100CrMoV51	SKD12	A2 T30102
9Mn2V T20000	90MnVCr8	90MnVCr8	—	O2 T31502
CrWMn T20111	95MnWCr5	95MnWCr5	SKS31	O7 T31507

（续）

中国 GB/T 1299—2014	国际 ISO 4957：1999	欧洲 EN ISO 4957：1999	日本 JIS G4404：2000	美国 ASTM A681：2007
9CrWMn T20110	95MnWCr5	95MnWCr5	SKS3	O1 T31501
5CrNiMo T20103	55NiCrMoV7	55NiCrMoV7	SKT4	L6 T61206
3Cr2W8V T20280	X30WCrV9-3	X30WCrV9-3	SKD5	H21 T20821
4Cr3Mo3SiV T20303	32CrMoV12-28	32CrMoV12-28	SKD7	H10 T20810
4Cr5MoSiV T20501	X37CrMoV5-1	X37CrMoV5-1	SKD6	H11 T20811
4Cr5MoSiV1 T20502	X40CrMoV5-1	X40CrMoV5-1	SKD61	H13 T20813
3Cr2Mo T22020	35CrMo7	35CrMo7	—	P20 T51620
35Cr2MnNiMo T22024	40CrMnNiMo8-6-4	40CrMnNiMo8-6-4	—	—

表 3.1-172 高速工具钢国内外牌号对照

中国 GB/T 9943—2008	国际 ISO 4957：1999	欧洲 EN ISO 4957：1999	日本 JIS G4403：2000	美国 ASTM A600：1992（2004）
W3Mo3Cr4V2 T63342	HS3-3-2	HS3-3-2	—	—
W18Cr4V T51841	HS18-0-1	HS18-0-1	SKH2	T1 T12001
W2Mo8Cr4V T62841	HS1-8-1	HS1-8-1	SKH50	M1 T11301
W2Mo9Cr4V2 T62942	HS2-9-2	HS2-9-2	SKH58	M7 T11307
W6Mo5Cr4V2 T66541	HS6-5-2	HS6-5-2	SKH51	M2 T11302
CW6Mo5Cr4V2 T66542	HS6-5-2C	HS6-5-2C	SKH51	M2（高碳） T11302
W6Mo6Cr4V2 T66642	HS6-6-2	HS6-6-2	SKH52	—
W6Mo5Cr4V3 T66543	HS6-5-3	HS6-5-3	SKH53	M3 T11313
CW6Mo5Cr4V3 T66545	HS6-5-3C	HS6-5-3C	SKH53	M3（高碳） T11323
W6Mo5Cr4V4 T66544	HS6-5-4	HS6-5-4	SKH54	—
W12Cr4V5Co5 T71245	—	—	SKH10	T15 T12015

(续)

中国 GB/T 9943—2008	国际 ISO 4957：1999	欧洲 EN ISO 4957：1999	日本 JIS G4403：2000	美国 ASTM A600：1992（2004）
W6Mo5Cr4V2Co5 T76545	HS6-5-2-5	HS6-5-2-5	SKH55	—
W6Mo5Cr4V3Co8 T76438	HS6-5-3-8	HS6-5-3-8	SKH56	M36 T11336
W7Mo4Cr4V2Co5 T77445	—	—	SKH55	M41 T11341
W2Mo9Cr4VCo8 T72948	HS2-9-1-8	HS2-9-1-8	SKH59	M42 T11342
W10Mo4Cr4V3Co10 T71010	HS10-4-3-10	HS10-4-3-10	SKH57	M48

4.5 轴承钢国内外牌号对照（见表3.1-173、表3.1-174）

表3.1-173　高碳铬轴承钢国内外牌号对照

中国 GB/T 18254—2016	国际 ISO 683-17：1999	欧洲 EN ISO 683-17：1999	日本 JIS G4805：1991	美国 ASTM A485：2003 （ASTM A295：1998）
GCr4 B00040	—	—	SUJ1	（K19526）
GCr15 B00150	100Cr6	100Cr6	SUJ2	（52100）
GCr15SiMn B01150	100CrMnSi6-4	100CrMnSi6-4	SUJ3	100CrMnSi6-4
GCr15SiMo B03150	100CrMnMoSi18-6-4	100CrMnMoSi18-6-4	SUJ4	100CrMnMoSi18-4-6
GCr18Mo B02180	100CrMo7	100CrMo7	SUJ5	100CrMo7

表3.1-174　渗碳轴承钢国内外牌号对照

中国 GB/T 3203—2016	国际 ISO 683-17：1999	欧洲 EN ISO 683-17：1999	日本 JIS G4053：2003	美国 ASTM A534：2004
G20CrMo B10200	20CrMo4	20CrMo4	SCM418	4118H
G20CrNiMo B12200	20NiCrMo2	20NiCrMo2	SNCM220	8520H
G20CrNi2Mo B12210	20NiCrMo7	20NiCrMo7	SNCM420	4320H
G10CrNi3Mo B12100	18NiCrMo14-6	18NiCrMo14-6	—	9310H

4.6 不锈钢和耐热钢国内外牌号对照（见表3.1-175）

表3.1-175 不锈钢和耐热钢国内外牌号对照

中国 GB/T 20878—2007	国际 ISO/TS 15510：2003（E） （ISO 4955：2005（E））	欧洲 EN 10088-1：2005E	日本 JIS G4303：2005 （JIS G4311：1991）	美国 ASTM A959：2004
12Cr17Mn6Ni5N S35350	X12CrMnNiN17-7-5	X12CrMnNiN17-7-5 1.4372	SUS201	201 S20100
12Cr18Mn5Ni5N S35450	—	X12CrMnNiN18-9-5 1.4373	SUS202	202 S20200
12Cr17Ni7 S30110	X5CrNi17-7	X5CrNi17-7 1.4319	SUS301	301 S30100
022Cr17Ni7 S30103	X2CrNiN18-7	X2CrNiN18-7 1.4318	SUS301L （JIS G4304：2005）	301L S30103
022Cr17Ni7N S30153	X2CrNiN18-7	X2CrNiN18-7 1.4318	SUS301L （JIS 4304：2005）	301LN S30153
12Cr18Ni9 S30210	X10CrNi18-8	X9CrNi18-9 1.4325	SUS302	302 S30200
12Cr18Ni9Si3 S30240	X12CrNiSi18-9-3	—	SUS302B （JIS G4304：2005）	302B S30215
Y12Cr18Ni9 S30317	X10CrNiSi18-9	X8CrNiSi18-9 1.4305	SUS303	303 S30300
Y12Cr18Ni9Se S30327	—	—	SUS303Se	303Se S30323
06Cr19Ni10 S30408	X7CrNi18-10	X5CrNi18-10 1.4301	SUS304	304 S30400
022Cr19Ni10 S30403	X2CrNi19-11	X2CrNi19-11 1.4306	SUS304L	304L S30403
07Cr19Ni10 S30409	（X7CrNi18-9）	X6CrNi18-10 1.4948	SUS304HTP （JIS G3459：2004）	304H S30409
05Cr19Ni10Si2CeN S30450	（X6CrNiSiNCe19-10）	X6CrNiSiNCe19-10 1.4818	—	S30415
06Cr18Ni9Cu3S 30488	X3CrNiCu18-9-4	X3CrNiCu18-9-4 1.4567	SUSXM7	—
06Cr19Ni10N S30458	X5CrNiN18-8	X5CrNiN19-9 1.4315	SUS304N1	304N S30451
06Cr19Ni9NbN S30478	—	—	SUS304N2	XM-21 S30452
022Cr19Ni10N S30453	X2CrNiN18-9	X2CrNiN18-10 1.4311	SUS304LN	304LN S30453
10Cr18Ni12 S30510	X6CrNi18-2	X4CrNi18-12 1.4303	SUS305	305 S30500
06Cr18Ni12 S30508	—	—	SUS305J1 （JIS G4309：1999）	308 S30800
16Cr23Ni13 S30920	—	X15CrNi20-12 1.4828	（SUH309）	309 S30900

(续)

中国 GB/T 20878—2007	国际 ISO/TS 15510：2003（E） （ISO 4955：2005（E））	欧洲 EN 10088-1：2005E	日本 JIS G4303：2005 （JIS G4311：1991）	美国 ASTM A959：2004
06Cr23Ni13 S30908	（X12CrNi23-13）	X12CrNi23-13 1.4833	SUS309S	309S S30908
20Cr25Ni20 S31020	—	—	SUS310	310 S31000
06Cr25Ni20 S31008	（X8CrNi25-21）	X8CrNi25-21 1.4845	SUS310S	310S S31008
022Cr25Ni22Mo2N S31053	X1CrNiMoN25-22-2	X1CrNiMoN25-22-2 1.4466	—	310MoLN S31050
015Cr20Ni18Mo6CuN S31252	X1CrNiMoN20-18-7	X1CrNiMoN20-18-7 1.4547	—	S31254
06Cr17Ni12Mo2 S31608	X5CrNiMo17-12-2	X5CrNiMo17-12-2 1.4401	SUS316	316 S31600
022Cr17Ni12Mo2 S31603	X2CrNiMo17-12-2	X2CrNiMo17-12-2 1.4404	SUS316L	316L S31603
07Cr17Ni12Mo2 S31609	—	X3CrNiMo17-13-3 1.4436	—	316H S31609
06Cr17Ni12Mo3Ti S31668	X6CrNiMoTi17-12-2	X6CrNiMoTi17-12-2 1.4571	SUS316Ti	316Ti S31635
06Cr17Ni12Mo2Nb S31678	X6CrNiMoNb17-12-2	X6CrNiMoNb17-12-2 1.4580	—	316Nb S31640
06Cr17Ni12Mo2N S31658	—	X2CrNiMoN17-11-2 1.4406	SUS316N	316N S31651
022Cr17Ni12Mo2N S31653	X2CrNiMoN17-12-3	X2CrNiMoN17-13-3 1.4429	SUS316LN	316LN S31653
06Cr19Ni13Mo3 S31708	—	X3CrNiMo17-13-3 1.4436	SUS317	317 S31700
022Cr19Ni13Mo3 S31703	X2CrNiMo19-14-4	X2CrNiMo18-15-4 1.4438	SUS317L	317L S31703
022Cr19Ni16Mo5N S31723	X2CrNiMoN18-15-5	X12CrNiMoN17-13-5 1.4439	—	S17LMN S31726
022Cr19Ni13Mo4N S31753	X2CrNiMoN18-12-4	X2CrNiMoN18-12-4 1.4434	SUS317LN	317LN S31753
06Cr18Ni11Ti S32168	X6CrNiTi18-10	X6CrNiTi18-10 1.4541	SUS321	321 S32100
07Cr19Ni11Ti S32169	（X7CrNiT18-10）	X6CrNiTi18-10 1.4541	SUS321HTP （JIS G3459：2004）	321H S32109
015Cr24Ni22Mo8Mn3CuN S32652	X1CrNiMoCuN24-22-8	X1CrNiMoCuN 24-22-8 1.4652	—	S32654
12Cr16Ni35 S33010	—	X12CrNiSi35-16 1.4864	（SUH330）	—
022Cr24Ni17MoMn6NbN S34553	X2CrNiMnMoN 25-18-6-5	X2CrNiMnMoN 25-18-6-5 1.4565	—	S34565

(续)

中国 GB/T 20878—2007	国际 ISO/TS 15510:2003(E) (ISO 4955:2005(E))	欧洲 EN 10088-1:2005E	日本 JIS G4303:2005 (JIS G4311:1991)	美国 ASTM A959:2004
06Cr18Ni11Nb S34778	X6CrNiNb18-10	X6CrNiNb18-10 1.4550	SUS347	347 S34700
07Cr18Ni11Nb S34779	(X7CrNiNb18-10)	X7CrNiNb18-10 1.4912	SUS347HTP (JIS G3459:2004)	347H S34709
06Cr18Ni13Si4 S38148	—	X1CrNiSi18-15-4 1.4361	SUSXM15J1	XM-15 S38100
16Cr20Ni14Si2 S38240	(X15CrNiSi20-12)	X15CrNiSi20-12 1.4828	—	—
022Cr22Ni5Mo3N S22253	X2CrNiMoN22-5-3	X2CrNiMoN22-5-3 1.4462	SUS329J3L	S31803
022Cr23Ni5Mo3N S22053	X2CrNiMoN22-5-3	X2CrNiMoN22-5-3 1.4462	—	2205 S32205
022Cr23Ni4MoCuN S23043	X2CrNiN23-4	X2CrNiN23-4 1.4362	—	2304 S32304
022Cr25Ni6Mo2N S22553	X3CrNiMoN27-5-2	X3CrNiMoN27-5-2 1.4460	—	S31200
022Cr25Ni7Mo3WCuN S22583	—	—	SUS329J4L	S31260
03Cr25Ni6Mo3Cu2N S25554	X2CrNiMoCuN25-6-3	X2CrNiMoCuN25-6-3 1.4507	SUS329J4L	255 S32550
022Cr25Ni7Mo4N S25073	X2CrNiMoN25-7-4	X2CrNiMoN25-7-4 1.4410	—	2507 S32750
022Cr25Ni7Mo4WCuN S27603	X2CrNiMoWN25-7-4	X2CrNiMoWN25-7-4 1.4501	—	S32760
06Cr13Al S11348	X6CrAl13	X6CrAl13 1.4002	SUS405	405 S40500
06Cr11Ti S11168	X6CrTi12	X6CrNiTi12 1.4516	SUH409 (JIS G4312:1991)	S40900
022Cr11Ti S11163	(X2CrTi12)	X2CrTi12 1.4512	SUH409L (JIS G4312:1991)	S40900
022Cr12Ni S11213	X2CrNi12	X2CrNi12 1.4003	—	S40977
022Cr12 S11203	—	X2CrNi12 1.4003	SUS410L	—
10Cr15 S11510	—	X15Cr13 1.4024	SUS429 (JIS G4304:2005)	429 S42900

（续）

中国 GB/T 20878—2007	国际 ISO/TS 15510：2003（E） （ISO 4955：2005（E））	欧洲 EN 10088-1：2005E	日本 JIS G4303：2005 （JIS G4311：1991）	美国 ASTM A959：2004
10Cr17 S11710	（X6Cr17）	X6Cr17 1.4016	SUS430	430 S43000
Y10Cr17 S11717	X14CrS17	X14CrMoS17 1.4104	SUS430F	430F S43020
022Cr18Ti S11863	（X3CrTi17）	X3CrTi17 1.4510	SUS430LX （JIS G4304：2005）	439 S43035
10Cr17Mo S11790	X6CrMo17-1	X6CrMo17-1 1.4113	SUS434	434 S43400
10Cr17MoNb S1170	X6CrMoNb17-1	X6CrMoNb17-1 1.4526	—	436 S43600
022Cr18NbTi S11873	（X2CrTiNb18）	X2CrTiNb18 1.4509	—	S43940
019Cr19Mo2NbTi S11972	X2CrMoTi18-2	X2CrMoTi18-2 1.4521	SUS444TP （JIS G3459：2004）	444 S44400
16Cr25N S12550	—	—	SUS446 （JIS G4312：1991）	446 S44600
008Cr27Mo S12791	—	—	SUSXM27	XM-27 S44627
12Cr12 S40310	—	—	SUS403	403 S40300
06Cr13 S41008	（X6Cr13）	X6Cr13 1.4000	SUS410S （JIS G4304：2005）	410S S41008
12Cr13 S41010	X12Cr13	X12Cr13 1.4006	SUS410	410 S41000
04Cr13Ni5Mo S41595	X3CrNiMo13-4	X3CrNiMo13-4 1.4313	—	S41500
Y12Cr13 S41617	X12CrS13	X12CrS13 1.4005	SUS416	416 S41600
20Cr13 S42020	X20Cr13	X20Cr13 1.4021	SUS420J1	420 S42000
30Cr13 S42030	X30Cr13	X30Cr13 1.4028	SUS420J2	420 S42000
Y30Cr13 S42037	—	X29CrS13 1.4029	SUS420F	420F S42020
40Cr13 S42040	X39Cr13	X39Cr13 1.4031	—	—
17Cr16Ni2 S43120	X17CrNi16-2	X17CrNi16-2 1.4057	SUS431	431 S43100
68Cr17 S44070	—	X70CrMo15 1.4109	SUS440A	440A S44002
85Cr17 S44080	—	—	SUS440B	440B S44003

(续)

中国 GB/T 20878—2007	国际 ISO/TS 15510：2003（E） （ISO 4955：2005（E））	欧洲 EN 10088-1：2005E	日本 JIS G4303：2005 （JIS G4311：1991）	美国 ASTM A959：2004
108Cr17 S44096	X105CrMo17	X105CrMo17 1.4125	SUS440C	440C S44004
Y108Cr17 S44097	—	—	SUS440F	440F S44020
120Cr17Mo S45990	X105CrMo17	X105CrMo17 1.4125	SUS440C	440C S44004
90Cr18MoV S46990	—	X90CrMoV18 1.4112	SUS440B	440B S44003
22Cr12NiWMoV S47220	—	—	(SUH616)	616 S42200
05Cr15Ni5Cu4Nb S51550	X5CrNiCuNb16-4	X5CrNiCuNb16-4 1.4542	—	XM-12 S15500
05Cr17Ni4Cu4Nb S51740	X5CrNiCuNb16-4	X5CrNiCuNb16-4 1.4542	SUS630	630 S17400
07Cr17Ni7Al S51770	X7CrNiAl17-7	X7CrNiAl17-7 1.4568	SUS631	631 S17700
07Cr15Ni7Mo2Al S51570	X8CrNiMoAl15-7-2	—	—	632 S15700
06Cr17Ni7AlTi S51778	(X7CrNiTi18-10)	—	—	635 S17600
Cr15Ni25Ti2MoAlVB S55525	X6NiCrTiMoVB25-15-2 (ISO/TR 4956：1984)	X5NiCrTiMoVB 25-15-2 1.4606	(SUH660)	660 S66286

5 钢材

5.1 型材

5.1.1 热轧钢棒（见表 3.1-176 ~ 表 3.1-178）

表 3.1-176 热轧圆钢和方钢的尺寸及理论质量（摘自 GB/T 702—2017）

圆钢公称直径 d/mm 方钢公称边长 a/mm	理论质量/kg·m^{-1}		圆钢公称直径 d/mm 方钢公称边长 a/mm	理论质量/kg·m^{-1}	
	圆钢	方钢		圆钢	方钢
5.5	0.187	0.237	13	1.04	1.33
6	0.222	0.283	14	1.21	1.54
6.5	0.260	0.332	15	1.39	1.77
7	0.302	0.385	16	1.58	2.01
8	0.395	0.502	17	1.78	2.27
9	0.499	0.636	18	2.00	2.54
10	0.617	0.785	19	2.23	2.83
11	0.746	0.950	20	2.47	3.14
12	0.888	1.13	21	2.72	3.46

(续)

圆钢公称直径 d/mm 方钢公称边长 a/mm	理论质量/kg·m^{-1}		圆钢公称直径 d/mm 方钢公称边长 a/mm	理论质量/kg·m^{-1}	
	圆钢	方钢		圆钢	方钢
22	2.98	3.80	105	68.0	86.5
23	3.26	4.15	110	74.6	95.0
24	3.55	4.52	115	81.5	104
25	3.85	4.91	120	88.8	113
26	4.17	5.31	125	96.3	123
27	4.49	5.72	130	104	133
28	4.83	6.15	135	112	143
29	5.19	6.60	140	121	154
30	5.55	7.07	145	130	165
31	5.92	7.54	150	139	177
32	6.31	8.04	155	148	189
33	6.71	8.55	160	158	201
34	7.13	9.07	165	168	214
35	7.55	9.62	170	178	227
36	7.99	10.2	180	200	254
38	8.90	11.3	190	223	283
40	9.86	12.6	200	247	314
42	10.9	13.8	210	272	323
45	12.5	15.9	220	298	344
48	14.2	18.1	230	326	364
50	15.4	19.6	240	355	385
53	17.3	22.1	250	385	406
55	18.7	23.7	260	417	426
56	19.3	24.6	270	449	447
58	20.7	26.4	280	483	468
60	22.2	28.3	290	519	488
63	24.5	31.2	300	555	509
65	26.0	33.2	310	592	
68	28.5	36.3	320	631	
70	30.2	38.5	330	671	
75	34.7	44.2	340	713	
80	39.5	50.2	350	755	
85	44.5	56.7	360	799	
90	49.9	63.6	370	844	
95	55.6	70.8	380	890	
100	61.7	78.5			

注：1. GB/T 702—2017《热轧钢棒尺寸、外形、重量及允许偏差》代替 GB/T 702—2008。热轧钢棒按截面形状分为圆钢、方钢、扁钢、六角钢和八角钢共 6 种。
2. 热轧钢棒的尺寸精度及几何精度符合 GB/T 702—2017 的相关规定。
3. 热轧圆钢和方钢棒材的长度为 2000～12000mm；碳素和合金工具钢钢棒公称尺寸 >75mm 时，其长度为 1000～8000mm。
4. 理论质量按密度 7.85g/cm^3 计算，产品一般按实际质量交货，经双方协定，也可按理论质量交货，但应在合同中注明。

表 3.1-177 热轧扁钢的尺寸及理论质量（摘自 GB/T 702—2017）

理论质量/kg·m⁻¹

公称宽度/mm	厚度/mm																								
	3	4	5	6	7	8	9	10	11	12	14	16	18	20	22	25	28	30	32	36	40	45	50	56	60
10	0.24	0.31	0.39	0.47	0.55	0.63																			
12	0.28	0.38	0.47	0.57	0.66	0.75																			
14	0.33	0.44	0.55	0.66	0.77	0.88																			
16	0.38	0.50	0.63	0.75	0.88	1.00	1.13	1.26																	
18	0.42	0.57	0.71	0.85	0.99	1.13	1.27	1.41																	
20	0.47	0.63	0.78	0.94	1.10	1.26	1.41	1.57	1.73	1.88															
22	0.52	0.69	0.86	1.04	1.21	1.38	1.55	1.73	1.90	2.07															
25	0.59	0.78	0.98	1.18	1.37	1.57	1.77	1.96	2.16	2.36	2.75	3.14													
28	0.66	0.88	1.10	1.32	1.54	1.76	1.98	2.20	2.42	2.64	3.08	3.53													
30	0.71	0.94	1.18	1.41	1.65	1.88	2.12	2.36	2.59	2.83	3.30	3.77	4.24	4.71											
32	0.75	1.00	1.26	1.51	1.76	2.01	2.26	2.55	2.76	3.01	3.52	4.02	4.52	5.02											
35	0.82	1.10	1.37	1.65	1.92	2.20	2.47	2.75	3.02	3.30	3.85	4.40	4.95	5.50											
40	0.94	1.26	1.57	1.88	2.20	2.51	2.83	3.14	3.45	3.77	4.40	5.02	5.65	6.28	6.91										
45	1.06	1.41	1.77	2.12	2.47	2.83	3.18	3.53	3.89	4.24	4.95	5.65	6.36	7.07	7.77										
50	1.18	1.57	1.96	2.36	2.75	3.14	3.53	3.93	4.32	4.71	5.50	6.28	7.06	7.85	8.64										
55		1.73	2.16	2.59	3.02	3.45	3.89	4.32	4.75	5.18	6.04	6.91	7.77	8.64	9.50										
60		1.88	2.36	2.83	3.30	3.77	4.24	4.71	5.18	5.65	6.59	7.54	8.48	9.42	10.36	11.78	13.19	14.13	15.07	16.96	18.84	21.20			
65		2.04	2.55	3.06	3.57	4.08	4.59	5.10	5.61	6.12	7.14	8.16	9.18	10.20	11.23	12.76	14.29	15.31	16.33	18.37	20.41	22.96			
70		2.20	2.75	3.30	3.85	4.40	4.95	5.50	6.04	6.59	7.69	8.79	9.89	10.99	12.09	13.74	15.39	16.49	17.58	19.78	21.98	24.73			
75		2.36	2.94	3.53	4.12	4.71	5.30	5.89	6.48	7.07	8.24	9.42	10.60	11.78	12.95	14.72	16.48	17.66	18.84	21.20	23.55	26.49			
80		2.51	3.14	3.77	4.40	5.02	5.65	6.28	6.91	7.54	8.79	10.05	11.30	12.56	13.82	15.70	17.58	18.84	20.10	22.61	25.12	28.26	31.40	35.17	40.04
85			3.34	4.00	4.67	5.34	6.01	6.67	7.34	8.01	9.34	10.68	12.01	13.34	14.68	16.68	18.68	20.02	21.35	24.02	26.69	30.03	33.36	37.37	
90			3.53	4.24	4.95	5.65	6.36	7.07	7.77	8.48	9.89	11.30	12.72	14.13	15.54	17.66	19.78	21.20	22.61	25.43	28.26	31.79	35.32	39.56	42.39
95			3.73	4.47	5.22	5.97	6.71	7.46	8.20	8.95	10.44	11.93	13.42	14.92	16.41	18.64	20.88	22.37	23.86	26.85	29.83	33.56	37.29	41.76	44.74
100			3.92	4.71	5.50	6.28	7.06	7.85	8.64	9.42	10.99	12.56	14.13	15.70	17.27	19.62	21.98	23.55	25.12	28.26	31.40	35.32	39.25	43.96	47.10
105			4.12	4.95	5.77	6.59	7.42	8.24	9.07	9.89	11.54	13.19	14.84	16.48	18.13	20.61	23.08	24.73	26.38	29.67	32.97	37.09	41.21	46.16	49.46
110			4.32	5.18	6.04	6.91	7.77	8.64	9.50	10.36	12.09	13.82	15.54	17.27	19.00	21.59	24.18	25.90	27.63	31.09	34.54	38.86	43.18	48.36	51.81
120			4.71	5.65	6.59	7.54	8.48	9.42	10.36	11.30	13.19	15.07	16.96	18.84	20.72	23.55	26.38	28.26	30.14	33.91	37.68	42.39	47.10	52.75	56.52
125				5.89	6.87	7.85	8.83	9.81	10.79	11.78	13.74	15.70	17.66	19.62	21.58	24.53	27.48	29.44	31.40	35.32	39.25	44.16	49.06	54.95	58.88
130				6.12	7.14	8.16	9.18	10.20	11.23	12.25	14.29	16.33	18.37	20.41	22.45	25.51	28.57	30.62	32.66	36.74	40.82	45.92	51.02	57.15	61.23
140					7.69	8.79	9.89	10.99	12.09	13.19	15.39	17.58	19.78	21.98	24.18	27.48	30.77	32.97	35.17	39.56	43.96	49.46	54.95	61.54	65.94
150					8.24	9.42	10.60	11.78	12.95	14.13	16.48	18.84	21.20	23.55	25.90	29.44	32.97	35.32	37.68	42.39	47.10	52.99	58.88	65.94	70.65
160					8.79	10.05	11.30	12.56	13.82	15.07	17.58	20.10	22.61	25.12	27.63	31.40	35.17	37.68	40.19	45.22	50.24	56.52	62.80	70.34	75.36
180					9.89	11.30	12.72	14.13	15.54	16.96	19.78	22.61	25.43	28.26	31.09	35.32	39.56	42.39	45.22	50.87	56.52	63.58	70.65	79.13	84.78
200					10.99	12.56	14.13	15.70	17.27	18.84	21.98	25.12	28.26	31.40	34.54	39.25	43.96	47.10	50.24	56.52	62.80	70.65	78.50	87.92	94.20

一般用途热轧扁钢

第1章 钢铁材料

(续)

公称宽度/mm	扁钢公称厚度/mm 理论质量/kg·m⁻¹																					
	4	6	8	10	13	16	18	20	23	25	28	32	36	40	45	50	56	63	71	80	90	100
10	0.31	0.47	0.63																			
13	0.41	0.61	0.82	1.02																		
16	0.50	0.75	1.00	1.26	1.63																	
20	0.63	0.94	1.26	1.57	2.04	2.51	2.83															
25	0.79	1.18	1.57	1.96	2.55	3.14	3.53	3.93	4.51													
32	1.00	1.51	2.01	2.51	3.27	4.02	4.52	5.02	5.78	6.28	7.03											
40	1.26	1.88	2.51	3.14	4.08	5.02	5.65	6.28	7.22	7.85	8.79	10.05	11.30									
50	1.57	2.36	3.14	3.93	5.10	6.28	7.07	7.85	9.03	9.81	10.99	12.56	14.13	15.70	17.66							
63	1.98	2.97	3.96	4.95	6.43	7.91	8.90	9.89	11.37	12.36	13.85	15.83	17.80	19.78	22.25	24.73	27.69					
71	2.23	3.34	4.46	5.57	7.25	8.92	10.03	11.15	12.82	13.93	15.61	17.84	20.06	22.29	25.08	27.87	31.21	35.11				
80	2.51	3.77	5.02	6.28	8.16	10.05	11.30	12.56	14.44	15.70	17.58	20.10	22.61	25.12	28.26	31.40	35.17	39.56	44.59			
90	2.83	4.24	5.65	7.07	9.18	11.30	12.72	14.13	16.25	17.66	19.78	22.61	25.43	28.26	31.79	35.33	39.56	44.51	50.16	56.52		
100	3.14	4.71	6.28	7.85	10.21	12.56	14.13	15.70	18.06	19.63	21.98	25.12	28.26	31.40	35.33	39.25	43.96	49.46	55.74	62.80	70.65	
112	3.52	5.28	7.03	8.79	11.43	14.07	15.83	17.58	20.22	21.98	24.62	28.13	31.65	35.17	39.56	43.96	49.24	55.39	62.42	70.34	79.13	87.92
125	3.93	5.89	7.85	9.81	12.76	15.70	17.66	19.63	22.57	24.53	27.48	31.40	35.33	39.25	44.16	49.06	54.95	61.82	69.67	78.50	88.31	98.13
140	4.40	6.59	8.79	10.99	14.29	17.58	19.78	21.98	25.28	27.48	30.77	35.17	39.56	43.96	49.46	54.95	61.54	69.24	78.03	87.92	98.91	109.90
160	5.02	7.54	10.05	12.56	16.33	20.10	22.61	25.12	28.89	31.40	35.17	40.19	45.22	50.24	56.52	62.80	70.34	79.13	89.18	100.48	113.04	125.60
180	5.65	8.48	11.30	14.13	18.37	22.61	25.43	28.26	32.50	35.33	39.56	45.22	50.87	56.52	63.59	70.65	79.13	89.02	100.32	113.04	127.17	141.30
200	6.28	9.42	12.56	15.70	20.41	25.12	28.26	31.40	36.11	39.25	43.96	50.24	56.52	62.80	70.65	78.50	87.92	98.91	111.47	125.60	141.30	157.00
224	7.03	10.55	14.07	17.58	22.86	28.13	31.65	35.17	40.44	43.96	49.24	56.27	63.30	70.34	79.13	88.31	98.47	110.78	124.85	140.67	158.26	175.84
250	7.85	11.78	15.70	19.63	25.51	31.40	35.33	39.25	45.14	49.06	54.95	62.80	70.65	78.50	88.31	98.13	109.90	123.64	139.34	157.00	176.63	196.25
280	8.79	13.19	17.58	21.98	28.57	35.17	39.56	43.96	50.55	54.95	61.54	70.34	79.13	87.92	98.91	109.90	123.09	138.47	156.06	175.84	197.82	219.80
310	9.73	14.60	19.47	24.34	31.64	38.94	43.80	48.67	55.97	60.84	68.14	77.87	87.61	97.34	109.51	121.68	136.28	153.31	172.78	194.68	219.02	243.35

热轧工具钢扁钢

注：1. 一般用途热轧扁钢通常长度为2000～12000mm；热轧工具钢公称宽度>50～70mm 时，公称宽度>70mm 时，通常长度≥2000mm，公称宽度≥1000mm。
2. 参见表3.1-176的注。
3. 对于高合金钢棒材，计算理论质量时，应采用相应牌号的密度计算（本表理论质量采用密度7.85g/cm³ 计算）。
4. 热轧扁钢截面形状。

表 3.1-178　热轧六角钢和热轧八角钢的尺寸及理论质量（摘自 GB/T 702—2017）

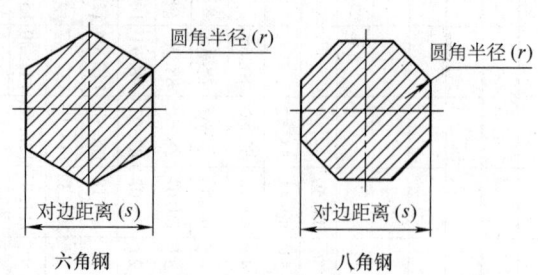

对边距离 s/mm	截面面积 A/cm²		理论质量/kg·m⁻¹	
	六角钢	八角钢	六角钢	八角钢
8	0.5543	—	0.435	—
9	0.7015	—	0.551	—
10	0.866	—	0.68	—
11	1.048	—	0.823	—
12	1.247	—	0.979	—
13	1.464	—	1.05	—
14	1.697	—	1.33	—
15	1.949	—	1.53	—
16	2.217	2.120	1.74	1.66
17	2.503	—	1.96	—
18	2.806	2.683	2.20	2.16
19	3.126	—	2.45	—
20	3.464	3.312	2.72	2.60
21	3.819	—	3.00	—
22	4.192	4.008	3.29	3.15
23	4.581	—	3.60	—
24	4.988	—	3.92	—
25	5.413	5.175	4.25	4.06
26	5.854	—	4.60	—
27	6.314	—	4.96	—
28	6.790	6.492	5.33	5.10
30	7.794	7.452	6.12	5.85
32	8.868	8.479	6.96	6.66
34	10.011	9.572	7.86	7.51
36	11.223	10.73	8.81	8.42
38	12.505	11.96	9.82	9.39
40	13.86	13.25	10.88	10.40
42	15.28	—	11.99	—
45	17.54	—	13.77	—
48	19.95	—	15.66	—
50	21.65	—	17.00	—
53	24.33	—	19.10	—
56	27.16	—	21.32	—
58	29.13	—	22.87	—
60	31.18	—	24.50	—
63	34.37	—	26.98	—
65	36.59	—	28.72	—
68	40.04	—	31.43	—
70	42.43	—	33.30	—

注：1. 表中的理论质量按密度 7.85g/cm³ 计算。表中截面面积（A）计算公式 $A = \frac{1}{4} n s^2 \tan \frac{\varphi}{2} \times \frac{1}{100}$

六角形 $A = \frac{3}{2} s^2 \tan 30° \times \frac{1}{100} \approx 0.866 s^2 \times \frac{1}{100}$

八角形 $A = 2 s^2 \tan 22°30' \times \frac{1}{100} \approx 0.828 s^2 \times \frac{1}{100}$

式中：

n—正 n 边形边数；

φ—正 n 边形圆内角；$\varphi = 360°/n$。

2. 参见表 3.1-176 的注。

5.1.2 热轧型钢

(1) 热轧工字钢 (见表 3.1-179)

表 3.1-179 热轧工字钢截面尺寸、截面面积、理论质量及截面特性（摘自 GB/T 706—2016）

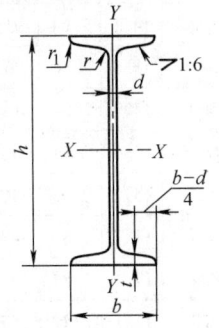

h—高度　　t—平均腿厚度
b—腿宽度　r—内圆弧半径
d—腰厚度　r_1—腿端圆弧半径

型号	截面尺寸/mm						截面面积 /cm²	理论质量 /kg·m⁻¹	外表面积 /m²·m⁻¹	惯性矩/cm⁴		惯性半径/cm		截面模数/cm³	
	h	b	d	t	r	r_1				I_x	I_y	i_x	i_y	W_x	W_y
10	100	68	4.5	7.6	6.5	3.3	14.33	11.3	0.432	245	33.0	4.14	1.52	49.0	9.72
12	120	74	5.0	8.4	7.0	3.5	17.80	14.0	0.493	436	46.9	4.95	1.62	72.7	12.7
12.6	126	74	5.0	8.4	7.0	3.5	18.10	14.2	0.505	488	46.9	5.20	1.61	77.5	12.7
14	140	80	5.5	9.1	7.5	3.8	21.50	16.9	0.553	712	64.4	5.76	1.73	102	16.1
16	160	88	6.0	9.9	8.0	4.0	26.11	20.5	0.621	1130	93.1	6.58	1.89	141	21.2
18	180	94	6.5	10.7	8.5	4.3	30.74	24.1	0.681	1660	122	7.36	2.00	185	26.0
20a	200	100	7.0	11.4	9.0	4.5	35.55	27.9	0.742	2370	158	8.15	2.12	237	31.5
20b	200	102	9.0	11.4	9.0	4.5	39.55	31.1	0.746	2500	169	7.96	2.06	250	33.1
22a	220	110	7.5	12.3	9.5	4.8	42.10	33.1	0.817	3400	225	8.99	2.31	309	40.9
22b	220	112	9.5	12.3	9.5	4.8	46.50	36.5	0.821	3570	239	8.78	2.27	325	42.7
24a	240	116	8.0	13.0	10.0	5.0	47.71	37.5	0.878	4570	280	9.77	2.42	381	48.4
24b	240	118	10.0	13.0	10.0	5.0	52.51	41.2	0.882	4800	297	9.57	2.38	400	50.4
25a	250	116	8.0	13.0	10.0	5.0	48.51	38.1	0.898	5020	280	10.2	2.40	402	48.3
25b	250	118	10.0	13.0	10.0	5.0	53.51	42.0	0.902	5280	309	9.94	2.40	423	52.4
27a	270	122	8.5	13.7	10.5	5.3	54.52	42.8	0.958	6550	345	10.9	2.51	485	56.6
27b	270	124	10.5	13.7	10.5	5.3	59.92	47.0	0.962	6870	366	10.7	2.47	509	58.9
28a	280	122	8.5	13.7	10.5	5.3	55.37	43.5	0.978	7110	345	11.3	2.50	508	56.6
28b	280	124	10.5	13.7	10.5	5.3	60.97	47.9	0.982	7480	379	11.1	2.49	534	61.2
30a	300	126	9.0	14.4	11.0	5.5	61.22	48.1	1.031	8950	400	12.1	2.55	597	63.5
30b	300	128	11.0	14.4	11.0	5.5	67.22	52.8	1.035	9400	422	11.8	2.50	627	65.9
30c	300	130	13.0	14.4	11.0	5.5	73.22	57.5	1.039	9850	445	11.6	2.46	657	68.5
32a	320	130	9.5	15.0	11.5	5.8	67.12	52.7	1.084	11100	460	12.8	2.62	692	70.8
32b	320	132	11.5	15.0	11.5	5.8	73.52	57.7	1.088	11600	502	12.6	2.61	726	76.0
32c	320	134	13.5	15.0	11.5	5.8	79.92	62.7	1.092	12200	544	12.3	2.61	760	81.2

（续）

型号	截面尺寸/mm						截面面积 /cm²	理论质量 /kg·m⁻¹	外表面积 /m²·m⁻¹	惯性矩/cm⁴		惯性半径/cm		截面系数/cm³	
	h	b	d	t	r	r_1				I_x	I_y	i_x	i_y	W_x	W_y
36a	360	136	10.0	15.8	12.0	6.0	76.44	60.0	1.185	15800	552	14.4	2.69	875	81.2
36b		138	12.0				83.64	65.7	1.189	16500	582	14.1	2.64	919	84.3
36c		140	14.0				90.84	71.3	1.193	17300	612	13.8	2.60	962	87.4
40a	400	142	10.5	16.5	12.5	6.3	86.07	67.6	1.285	21700	660	15.9	2.77	1090	93.2
40b		144	12.5				94.07	73.8	1.289	22800	692	15.6	2.71	1140	96.2
40c		146	14.5				102.1	80.1	1.293	23900	727	15.2	2.65	1190	99.6
45a	450	150	11.5	18.0	13.5	6.8	102.4	80.4	1.411	32200	855	17.7	2.89	1430	114
45b		152	13.5				111.4	87.4	1.415	33800	894	17.4	2.84	1500	118
45c		154	15.5				120.4	94.5	1.419	35300	938	17.1	2.79	1570	122
50a	500	158	12.0	20.0	14.0	7.0	119.2	93.6	1.539	46500	1120	19.7	3.07	1860	142
50b		160	14.0				129.2	101	1.543	48600	1170	19.4	3.01	1940	146
50c		162	16.0				139.2	109	1.547	50600	1220	19.0	2.96	2080	151
55a	550	166	12.5	21.0	14.5	7.3	134.1	105	1.667	62900	1370	21.6	3.19	2290	164
55b		168	14.5				145.1	114	1.671	65600	1420	21.2	3.14	2390	170
55c		170	16.5				156.1	123	1.675	68400	1480	20.9	3.08	2490	175
56a	560	166	12.5	21.0	14.5	7.3	135.4	106	1.687	65600	1370	22.0	3.18	2340	165
56b		168	14.5				146.6	115	1.691	68500	1490	21.6	3.16	2450	174
56c		170	16.5				157.8	124	1.695	71400	1560	21.3	3.16	2550	183
63a	630	176	13.0	22.0	15.0	7.5	154.6	121	1.862	93900	1700	24.5	3.31	2980	193
63b		178	15.0				167.2	131	1.866	98100	1810	24.2	3.29	3160	204
63c		180	17.0				179.8	141	1.870	102000	1920	23.8	3.27	3300	214

注：1. GB/T 706—2016《热轧型钢》代替 GB/T 706—2008《热轧型钢》。
2. 型钢的交货长度应在合同中注明。
3. 型钢应按理论质量交货，GB/T 706—2016 提供的理论质量是按密度为 7.85g/cm³ 计算所得。
4. 型钢牌号化学成分及其力学性能应符合 GB/T 700 或 GB/T 1591 的有关规定。
5. 型钢以热轧状态交货。
6. 本表中的 r、r_1 的数据仅用于孔型设计，不作为交货条件。

（2）热轧槽钢（见表 3.1-180）

表 3.1-180 热轧槽钢截面尺寸、截面面积、理论质量及截面特性（摘自 GB/T 706—2016）

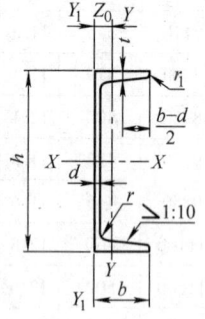

h—高度
b—腿宽度
d—腰厚度
t—平均腿厚度
r—内圆弧半径
r_1—腿端圆弧半径
Z_0—YY 轴与 Y_1Y_1 轴间距

(续)

型号	截面尺寸/mm						截面面积/cm²	理论质量/kg·m⁻¹	外表面积/m²·m⁻¹	惯性矩/cm⁴			惯性半径/cm		截面系数/cm³		重心距离/cm
	h	b	d	t	r	r_1				I_x	I_y	I_{y1}	i_x	i_y	W_x	W_y	Z_0
5	50	37	4.5	7.0	7.0	3.5	6.925	5.44	0.226	26.0	8.30	20.9	1.94	1.10	10.4	3.55	1.35
6.3	63	40	4.8	7.5	7.5	3.8	8.446	6.63	0.262	50.8	11.9	28.4	2.45	1.19	16.1	4.50	1.36
6.5	65	40	4.3	7.5	7.5	3.8	8.292	6.51	0.267	55.2	12.0	28.3	2.54	1.19	17.0	4.59	1.38
8	80	43	5.0	8.0	8.0	4.0	10.24	8.04	0.307	101	16.6	37.4	3.15	1.27	25.3	5.79	1.43
10	100	48	5.3	8.5	8.5	4.2	12.74	10.0	0.365	198	25.6	54.9	3.95	1.41	39.7	7.80	1.52
12	120	53	5.5	9.0	9.0	4.5	15.36	12.1	0.423	346	37.4	77.7	4.75	1.56	57.7	10.2	1.62
12.6	126	53	5.5	9.0	9.0	4.5	15.69	12.3	0.435	391	38.0	77.1	4.95	1.57	62.1	10.2	1.59
14a	140	58	6.0	9.5	9.5	4.8	18.51	14.5	0.480	564	53.2	107	5.52	1.70	80.5	13.0	1.71
14b	140	60	8.0	9.5	9.5	4.8	21.31	16.7	0.484	609	61.1	121	5.35	1.69	87.1	14.1	1.67
16a	160	63	6.5	10.0	10.0	5.0	21.95	17.2	0.538	866	73.3	144	6.28	1.83	108	16.3	1.80
16b	160	65	8.5	10.0	10.0	5.0	25.15	19.8	0.542	935	83.4	161	6.10	1.82	117	17.6	1.75
18a	180	68	7.0	10.5	10.5	5.2	25.69	20.2	0.596	1270	98.6	190	7.04	1.96	141	20.0	1.88
18b	180	70	9.0	10.5	10.5	5.2	29.29	23.0	0.600	1370	111	210	6.84	1.95	152	21.5	1.84
20a	200	73	7.0	11.0	11.0	5.5	28.83	22.6	0.654	1780	128	244	7.86	2.11	178	24.2	2.01
20b	200	75	9.0	11.0	11.0	5.5	32.83	25.8	0.658	1910	144	268	7.64	2.09	191	25.9	1.95
22a	220	77	7.0	11.5	11.5	5.8	31.83	25.0	0.709	2390	158	298	8.67	2.23	218	28.2	2.10
22b	220	79	9.0	11.5	11.5	5.8	36.23	28.5	0.713	2570	176	326	8.42	2.21	234	30.1	2.03
24a	240	78	7.0	12.0	12.0	6.0	34.21	26.9	0.752	3050	174	325	9.45	2.25	254	30.5	2.10
24b	240	80	9.0	12.0	12.0	6.0	39.01	30.6	0.756	3280	194	355	9.17	2.23	274	32.5	2.03
24c	240	82	11.0	12.0	12.0	6.0	43.81	34.4	0.760	3510	213	388	8.96	2.21	293	34.4	2.00
25a	250	78	7.0	12.0	12.0	6.0	34.91	27.4	0.722	3370	176	322	9.82	2.24	270	30.6	2.07
25b	250	80	9.0	12.0	12.0	6.0	39.91	31.3	0.776	3530	196	353	9.41	2.22	282	32.7	1.98
25c	250	82	11.0	12.0	12.0	6.0	44.91	35.3	0.780	3690	218	384	9.07	2.21	295	35.9	1.92
27a	270	82	7.5	12.5	12.5	6.2	39.27	30.8	0.826	4360	216	393	10.5	2.34	323	35.5	2.13
27b	270	84	9.5	12.5	12.5	6.2	44.67	35.1	0.830	4690	239	428	10.3	2.31	347	37.7	2.06
27c	270	86	11.5	12.5	12.5	6.2	50.07	39.3	0.834	5020	261	467	10.1	2.28	372	39.8	2.03
28a	280	82	7.5	12.5	12.5	6.2	40.02	31.4	0.846	4760	218	388	10.9	2.33	340	35.7	2.10
28b	280	84	9.5	12.5	12.5	6.2	45.62	35.8	0.850	5130	242	428	10.6	2.30	366	37.9	2.02
28c	280	86	11.5	12.5	12.5	6.2	51.22	40.2	0.854	5500	268	463	10.4	2.29	393	40.3	1.95
30a	300	85	7.5	13.5	13.5	6.8	43.89	34.5	0.897	6050	260	467	11.7	2.43	403	41.1	2.17
30b	300	87	9.5	13.5	13.5	6.8	49.89	39.2	0.901	6500	289	515	11.4	2.41	433	44.0	2.13
30c	300	89	11.5	13.5	13.5	6.8	55.89	43.9	0.905	6950	316	560	11.2	2.38	463	46.4	2.09
32a	320	88	8.0	14.0	14.0	7.0	48.50	38.1	0.947	7600	305	552	12.5	2.50	475	46.5	2.24
32b	320	90	10.0	14.0	14.0	7.0	54.90	43.1	0.951	8140	336	593	12.2	2.47	509	49.2	2.16
32c	320	92	12.0	14.0	14.0	7.0	61.30	48.1	0.955	8690	374	643	11.9	2.47	543	52.6	2.09

（续）

型号	截面尺寸/mm					截面面积/cm²	理论质量 kg·m⁻¹	外表面积/m²·m⁻¹	惯性矩/cm⁴			惯性半径/cm		截面系数/cm³		重心距离/cm
	h	b	d	t	r	r_1				I_x	I_y	I_{y1}	i_x	i_y	W_x	W_y	Z_0
36a	360	96	9.0	16.0	16.0	8.0	60.89	47.8	1.053	11900	455	818	14.0	2.73	660	63.5	2.44
36b		98	11.0				68.09	53.5	1.057	12700	497	880	13.6	2.70	703	66.9	2.37
36c		100	13.0				75.29	59.1	1.061	13400	536	948	13.4	2.67	746	70.0	2.34
40a	400	100	10.5	18.0	18.0	9.0	75.04	58.9	1.144	17600	592	1070	15.3	2.81	879	78.8	2.49
40b		102	12.5				83.04	65.2	1.148	18600	640	1140	15.0	2.78	932	82.5	2.44
40c		104	14.5				91.04	71.5	1.152	19700	688	1220	14.7	2.75	986	86.2	2.42

注：参见表 3.1-179 的注。

（3）热轧等边角钢（见表 3.1-181）

表 3.1-181 热轧等边角钢截面尺寸、截面面积、理论质量及截面特性（摘自 GB/T 706—2016）

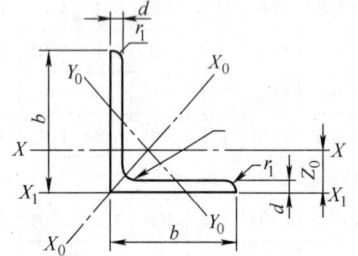

b—边宽度
d—边厚度
r—内圆弧半径
r_1—边端圆弧半径
Z_0—重心距离

型号	截面尺寸/mm			截面面积/cm²	理论质量/kg·m⁻¹	外形面积/m²·m⁻¹	惯性矩/cm⁴				惯性半径/cm			截面模数/cm³			重心距离/cm
	b	d	r				I_x	I_{x1}	I_{x0}	I_{y0}	i_x	i_{x0}	i_{y0}	W_x	W_{x0}	W_{y0}	Z_0
2	20	3	3.5	1.132	0.89	0.078	0.40	0.81	0.63	0.17	0.59	0.75	0.39	0.29	0.45	0.20	0.60
		4		1.459	1.15	0.077	0.50	1.09	0.78	0.22	0.58	0.73	0.38	0.36	0.55	0.24	0.64
2.5	25	3	3.5	1.432	1.12	0.098	0.82	1.57	1.29	0.34	0.76	0.95	0.49	0.46	0.73	0.33	0.73
		4		1.859	1.46	0.097	1.03	2.11	1.62	0.43	0.74	0.93	0.48	0.59	0.92	0.40	0.76
30	30	3	4.5	1.749	1.37	0.117	1.46	2.71	2.31	0.61	0.91	1.15	0.59	0.68	1.09	0.51	0.85
		4		2.276	1.79	0.117	1.84	3.63	2.92	0.77	0.90	1.13	0.58	0.87	1.37	0.62	0.89
3.6	36	3	4.5	2.109	1.66	0.141	2.58	4.68	4.09	1.07	1.11	1.39	0.71	0.99	1.61	0.76	1.00
		4		2.756	2.16	0.141	3.29	6.25	5.22	1.37	1.09	1.38	0.70	1.28	2.05	0.93	1.04
		5		3.382	2.65	0.141	3.95	7.84	6.24	1.65	1.08	1.36	0.7	1.56	2.45	1.00	1.07
4	40	3	5	2.359	1.85	0.157	3.59	6.41	5.69	1.49	1.23	1.55	0.79	1.23	2.01	0.96	1.09
		4		3.086	2.42	0.157	4.60	8.56	7.29	1.91	1.22	1.54	0.79	1.60	2.58	1.19	1.13
		5		3.792	2.98	0.156	5.53	10.7	8.76	2.30	1.21	1.52	0.78	1.96	3.10	1.39	1.17
4.5	45	3	5	2.659	2.09	0.177	5.17	9.12	8.20	2.14	1.40	1.76	0.89	1.58	2.58	1.24	1.22
		4		3.486	2.74	0.177	6.65	12.2	10.6	2.75	1.38	1.74	0.89	2.05	3.32	1.54	1.26
		5		4.292	3.37	0.176	8.04	15.2	12.7	3.33	1.37	1.72	0.88	2.51	4.00	1.81	1.30
		6		5.077	3.99	0.176	9.33	18.4	14.8	3.89	1.36	1.70	0.80	2.95	4.64	2.06	1.33

(续)

型号	截面尺寸/mm			截面面积/cm²	理论质量/kg·m⁻¹	外形面积/m²·m⁻¹	惯性矩/cm⁴				惯性半径/cm			截面模数/cm³			重心距离/cm
	b	d	r				I_x	I_{x1}	I_{x0}	I_{y0}	i_x	i_{x0}	i_{y0}	W_x	W_{x0}	W_{y0}	Z_0
5	50	3	5.5	2.971	2.33	0.197	7.18	12.5	11.4	2.98	1.55	1.96	1.00	1.96	3.22	1.57	1.34
		4		3.897	3.06	0.197	9.26	16.7	14.7	3.82	1.54	1.94	0.99	2.56	4.16	1.96	1.38
		5		4.803	3.77	0.196	11.2	20.9	17.8	4.64	1.53	1.92	0.98	3.13	5.03	2.31	1.42
		6		5.688	4.46	0.196	13.1	25.1	20.7	5.42	1.52	1.91	0.98	3.68	5.85	2.63	1.46
5.6	56	3	6	3.343	2.62	0.221	10.2	17.6	16.1	4.24	1.75	2.20	1.13	2.48	4.08	2.02	1.48
		4		4.39	3.45	0.220	13.2	23.4	20.9	5.46	1.73	2.18	1.11	3.24	5.28	2.52	1.53
		5		5.415	4.25	0.220	16.0	29.3	25.4	6.61	1.72	2.17	1.10	3.97	6.42	2.98	1.57
		6		6.42	5.04	0.220	18.7	35.3	29.7	7.73	1.71	2.15	1.10	4.68	7.49	3.40	1.61
		7		7.404	5.81	0.219	21.2	41.2	33.6	8.82	1.69	2.13	1.09	5.36	8.49	3.80	1.64
		8		8.367	6.57	0.219	23.6	47.2	37.4	9.89	1.68	2.11	1.09	6.03	9.44	4.16	1.68
6	60	5	6.5	5.829	4.58	0.236	19.9	36.1	31.6	8.21	1.85	2.33	1.19	4.59	7.44	3.48	1.67
		6		6.914	5.43	0.235	23.4	43.3	36.9	9.60	1.83	2.31	1.18	5.41	8.70	3.98	1.70
		7		7.977	6.26	0.235	26.4	50.7	41.9	11.0	1.82	2.29	1.17	6.21	9.88	4.45	1.74
		8		9.02	7.08	0.235	29.5	58.0	46.7	12.3	1.81	2.27	1.17	6.98	11.0	4.88	1.78
6.3	63	4	7	4.978	3.91	0.248	19.0	33.4	30.2	7.89	1.96	2.46	1.26	4.13	6.78	3.29	1.70
		5		6.143	4.82	0.248	23.2	41.7	36.8	9.57	1.94	2.45	1.25	5.08	8.25	3.90	1.74
		6		7.288	5.72	0.247	27.1	50.1	43.0	11.2	1.93	2.43	1.24	6.00	9.66	4.46	1.78
		7		8.412	6.60	0.247	30.9	58.6	49.0	12.8	1.92	2.41	1.23	6.88	11.0	4.98	1.82
		8		9.515	7.47	0.247	34.5	67.1	54.6	14.3	1.90	2.40	1.23	7.75	12.3	5.47	1.85
		10		11.66	9.15	0.246	41.1	84.3	64.9	17.3	1.88	2.36	1.22	9.39	14.6	6.36	1.93
7	70	4	8	5.570	4.37	0.275	26.4	45.7	41.8	11.0	2.18	2.74	1.40	5.14	8.44	4.17	1.86
		5		6.876	5.40	0.275	32.2	57.2	51.1	13.3	2.16	2.73	1.39	6.32	10.3	4.95	1.91
		6		8.160	6.41	0.275	37.8	68.7	59.9	15.6	2.15	2.71	1.38	7.48	12.1	5.67	1.95
		7		9.424	7.40	0.275	43.1	80.3	68.4	17.8	2.14	2.69	1.38	8.59	13.8	6.34	1.99
		8		10.67	8.37	0.274	48.2	91.9	76.4	20.0	2.12	2.68	1.37	9.68	15.4	6.98	2.03
7.5	75	5	9	7.412	5.82	0.295	40.0	70.6	63.3	16.6	2.33	2.92	1.50	7.32	11.9	5.77	2.04
		6		8.797	6.91	0.294	47.0	84.6	74.4	19.5	2.31	2.90	1.49	8.64	14.0	6.67	2.07
		7		10.16	7.98	0.294	53.6	98.7	85.0	22.2	2.30	2.89	1.48	9.93	16.0	7.44	2.11
		8		11.50	9.03	0.294	60.0	113	95.1	24.9	2.28	2.88	1.47	11.2	17.9	8.19	2.15
		9		12.83	10.1	0.294	66.1	127	105	27.5	2.27	2.86	1.46	12.4	19.8	8.89	2.18
		10		14.13	11.1	0.293	72.0	142	114	30.1	2.26	2.84	1.46	13.6	21.5	9.56	2.22
8	80	5	9	7.912	6.21	0.315	48.8	85.4	77.3	20.3	2.48	3.13	1.60	8.34	13.7	6.66	2.15
		6		9.397	7.38	0.314	57.4	103	91.0	23.7	2.47	3.11	1.59	9.87	16.1	7.65	2.19
		7		10.86	8.53	0.314	65.6	120	104	27.1	2.46	3.10	1.58	11.4	18.4	8.58	2.23
		8		12.30	9.66	0.314	73.5	137	117	30.4	2.44	3.08	1.57	12.8	20.6	9.46	2.27
		9		13.73	10.8	0.314	81.1	154	129	33.6	2.43	3.06	1.56	14.3	22.7	10.3	2.31
		10		15.13	11.9	0.313	88.4	172	140	36.8	2.42	3.04	1.56	15.6	24.8	11.1	2.35

(续)

型号	截面尺寸/mm			截面面积/cm²	理论质量/kg·m⁻¹	外形面积/m²·m⁻¹	惯性矩/cm⁴				惯性半径/cm			截面模数/cm³			重心距离/cm
	b	d	r				I_x	I_{x1}	I_{x0}	I_{y0}	i_x	i_{x0}	i_{y0}	W_x	W_{x0}	W_{y0}	Z_0
9	90	6	10	10.64	8.35	0.354	82.8	146	131	34.3	2.79	3.51	1.80	12.6	20.6	9.95	2.44
		7		12.30	9.66	0.354	94.8	170	150	39.2	2.78	3.50	1.78	14.5	23.6	11.2	2.48
		8		13.94	10.9	0.353	106	195	169	44.0	2.76	3.48	1.78	16.4	26.6	12.4	2.52
		9		15.57	12.2	0.353	118	219	187	48.7	2.75	3.46	1.77	18.3	29.4	13.5	2.56
		10		17.17	13.5	0.353	129	244	204	53.3	2.74	3.45	1.76	20.1	32.0	14.5	2.59
		12		20.31	15.9	0.352	149	294	236	62.2	2.71	3.41	1.75	23.6	37.1	16.5	2.67
10	100	6	12	11.93	9.37	0.393	115	200	182	47.9	3.10	3.90	2.00	15.7	25.7	12.7	2.67
		7		13.80	10.8	0.393	132	234	209	54.7	3.09	3.89	1.99	18.1	29.6	14.3	2.71
		8		15.64	12.3	0.393	148	267	235	61.4	3.08	3.88	1.98	20.5	33.2	15.8	2.76
		9		17.46	13.7	0.392	164	300	260	68.0	3.07	3.86	1.97	22.8	36.8	17.2	2.80
		10		19.26	15.1	0.392	180	334	285	74.4	3.05	3.84	1.96	25.1	40.3	18.5	2.84
		12		22.80	17.9	0.391	209	402	331	86.8	3.03	3.81	1.95	29.5	46.8	21.1	2.91
		14		26.26	20.6	0.391	237	471	374	99.0	3.00	3.77	1.94	33.7	52.9	23.4	2.99
		16		29.63	23.3	0.390	263	540	414	111	2.98	3.74	1.94	37.8	58.6	25.6	3.06
11	110	7	12	15.20	11.9	0.433	177	311	281	73.4	3.41	4.30	2.20	22.1	36.1	17.5	2.96
		8		17.24	13.5	0.433	199	355	316	82.4	3.40	4.28	2.19	25.0	40.7	19.4	3.01
		10		21.26	16.7	0.432	242	445	384	100	3.38	4.25	2.17	30.6	49.4	22.9	3.09
		12		25.20	19.8	0.431	283	535	448	117	3.35	4.22	2.15	36.1	57.6	26.2	3.16
		14		29.06	22.8	0.431	321	625	508	133	3.32	4.18	2.14	41.3	65.3	29.1	3.24
12.5	125	8	14	19.75	15.5	0.492	297	521	471	123	3.88	4.88	2.50	32.5	53.3	25.9	3.37
		10		24.37	19.1	0.491	362	652	574	149	3.85	4.85	2.48	40.0	64.9	30.6	3.45
		12		28.91	22.7	0.491	423	783	671	175	3.83	4.82	2.46	41.2	76.0	35.0	3.53
		14		33.37	26.2	0.490	482	916	764	200	3.80	4.78	2.45	54.2	86.4	39.1	3.61
		16		37.74	29.6	0.489	537	1050	851	224	3.77	4.75	2.43	60.9	96.3	43.0	3.68
14	140	10	14	27.37	21.5	0.551	515	915	817	212	4.34	5.46	2.78	50.6	82.6	39.2	3.82
		12		32.51	25.5	0.551	604	1100	959	249	4.31	5.43	2.76	59.8	96.9	45.0	3.90
		14		37.57	29.5	0.550	689	1280	1090	284	4.28	5.40	2.75	68.8	110	50.5	3.98
		16		42.54	33.4	0.549	770	1470	1220	319	4.26	5.36	2.74	77.5	123	55.6	4.06
15	150	8		23.75	18.6	0.592	521	900	827	215	4.69	5.90	3.01	47.4	78.0	38.1	3.99
		10		29.37	23.1	0.591	638	1130	1010	262	4.66	5.87	2.99	58.4	95.5	45.5	4.08
		12		34.91	27.4	0.591	749	1350	1190	308	4.63	5.84	2.97	69.0	112	52.4	4.15

(续)

型号	截面尺寸/mm			截面面积/cm²	理论质量/kg·m⁻¹	外形面积/m²·m⁻¹	惯性矩/cm⁴				惯性半径/cm			截面系数/cm³			重心距离/cm
	b	d	r				I_x	I_{x1}	I_{x0}	I_{y0}	i_x	i_{x0}	i_{y0}	W_x	W_{x0}	W_{y0}	Z_0
15	150	14	14	40.37	31.7	0.590	856	1580	1360	352	4.60	5.80	2.95	79.5	128	58.8	4.23
		15		43.06	33.8	0.590	907	1690	1440	374	4.59	5.78	2.95	84.6	136	61.9	4.27
		16		45.74	35.9	0.589	958	1810	1520	395	4.58	5.77	2.94	89.6	143	64.9	4.31
16	160	10	16	31.50	24.7	0.630	780	1370	1240	322	4.98	6.27	3.20	66.7	109	52.8	4.31
		12		37.44	29.4	0.630	917	1640	1460	377	4.95	6.24	3.18	79.0	129	60.7	4.39
		14		43.30	34.0	0.629	1050	1910	1670	432	4.92	6.20	3.16	91.0	147	68.2	4.47
		16		49.07	38.5	0.629	1180	2190	1870	485	4.89	6.17	3.14	103	165	75.3	4.55
18	180	12	16	42.24	33.2	0.710	1320	2330	2100	543	5.59	7.05	3.58	101	165	78.4	4.89
		14		48.90	38.4	0.709	1510	2720	2410	622	5.56	7.02	3.56	116	189	88.4	4.97
		16		55.47	43.5	0.709	1700	3120	2700	699	5.54	6.98	3.55	131	212	97.8	5.05
		18		61.96	48.6	0.708	1880	3500	2990	762	5.50	6.94	3.51	146	235	105	5.13
20	200	14	18	54.64	42.9	0.788	2100	3730	3340	864	6.20	7.82	3.98	145	236	112	5.46
		16		62.01	48.7	0.788	2370	4270	3760	971	6.18	7.79	3.96	164	266	124	5.54
		18		69.30	54.4	0.787	2620	4810	4160	1080	6.15	7.75	3.94	182	294	136	5.62
		20		76.51	60.1	0.787	2.870	5350	4550	1180	6.12	7.72	3.93	200	322	147	5.69
		24		90.66	71.2	0.785	3340	6460	5290	1380	6.07	7.64	3.90	236	374	167	5.87
22	220	16	21	68.67	53.9	0.866	3190	5680	5060	1310	6.81	8.59	4.37	200	326	154	6.03
		18		76.75	60.3	0.866	3540	6400	5620	1450	6.79	8.55	4.35	223	361	168	6.11
		20		84.76	66.5	0.865	3870	7110	6150	1590	6.76	8.52	4.34	245	395	182	6.18
		22		92.68	72.8	0.865	4200	7830	6670	1730	6.73	8.48	4.32	267	429	195	6.26
		24		100.5	78.9	0.864	4520	8550	7170	1870	6.71	8.45	4.31	289	461	208	6.33
		26		108.3	85.0	0.864	4830	9280	7690	2000	6.68	8.41	4.30	310	492	221	6.41
25	250	18	24	87.84	69.0	0.985	5270	9380	8370	2170	7.75	9.76	4.97	290	473	224	6.84
		20		97.05	76.2	0.984	5780	10400	9180	2380	7.72	9.73	4.95	320	519	243	6.92
		22		106.2	83.3	0.983	6280	11500	9970	2580	7.69	9.69	4.93	349	564	261	7.00
		24		115.2	90.4	0.983	6770	12500	10700	2790	7.67	9.66	4.92	378	608	278	7.07
		26		124.2	97.5	0.982	7240	13600	11500	2980	7.64	9.62	4.90	406	650	295	7.15
		28		133.0	104	0.982	7700	14600	12200	3180	7.61	9.58	4.89	433	691	311	7.22
		30		141.8	111	0.981	8160	15700	12900	3380	7.58	9.55	4.88	461	731	327	7.30
		32		150.5	118	0.981	8600	16800	13600	3570	7.56	9.51	4.87	488	770	342	7.37
		35		163.4	128	0.980	9240	18400	14600	3850	7.52	9.46	4.86	527	827	364	7.48

注: 1. 截面图中的 $r_1 = 1/3d$ 及表中 r 的数据用于孔型设计,不作为交货条件。
2. 参见表 3.1-179 注 1~5。

(4) 热轧不等边角钢（见表3.1-182）

表 3.1-182 热轧不等边角钢截面尺寸、截面面积、理论质量及截面特性（摘自 GB/T 706—2016）

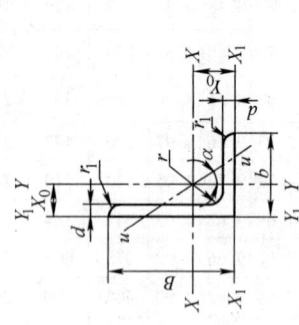

B—长边宽度
b—短边宽度
d—边厚度
r—内圆弧半径
r_1—边端圆弧半径
X_0—重心距离
Y_0—重心距离

型号	截面尺寸/mm				截面面积 /cm²	理论质量 /kg·m⁻¹	外表面积 /m²·m⁻¹	惯性矩/cm⁴					惯性半径/cm			截面系数/cm³			tanα	重心距离/cm	
	B	b	d	r				I_x	I_{x1}	I_y	I_{y1}	I_u	i_x	i_y	i_u	W_x	W_y	W_u		X_0	Y_0
2.5/1.6	25	16	3	3.5	1.162	0.91	0.080	0.70	1.56	0.22	0.43	0.14	0.78	0.44	0.34	0.43	0.19	0.16	0.392	0.42	0.86
			4		1.499	1.18	0.079	0.88	2.09	0.27	0.59	0.17	0.77	0.43	0.34	0.55	0.24	0.20	0.381	0.46	0.90
3.2/2	32	20	3		1.492	1.17	0.102	1.53	3.27	0.46	0.82	0.28	1.01	0.55	0.43	0.72	0.30	0.25	0.382	0.49	1.08
			4		1.939	1.52	0.101	1.93	4.37	0.57	1.12	0.35	1.00	0.54	0.42	0.93	0.39	0.32	0.374	0.53	1.12
4/2.5	40	25	3	4	1.890	1.48	0.127	3.08	5.39	0.93	1.59	0.56	1.28	0.70	0.54	1.15	0.49	0.40	0.385	0.59	1.32
			4		2.467	1.94	0.127	3.93	8.53	1.18	2.14	0.71	1.36	0.69	0.54	1.49	0.63	0.52	0.381	0.63	1.37
4.5/2.8	45	28	3	5	2.149	1.69	0.143	4.45	9.10	1.34	2.23	0.80	1.44	0.79	0.61	1.47	0.62	0.51	0.383	0.64	1.47
			4		2.806	2.20	0.143	5.69	12.1	1.70	3.00	1.02	1.42	0.78	0.60	1.91	0.80	0.66	0.380	0.68	1.51
5/3.2	50	32	3	5.5	2.431	1.91	0.161	6.24	12.5	2.02	3.31	1.20	1.60	0.91	0.70	1.84	0.82	0.68	0.404	0.73	1.60
			4		3.177	2.49	0.160	8.02	16.7	2.58	4.45	1.53	1.59	0.90	0.69	2.39	1.06	0.87	0.402	0.77	1.65
5.6/3.6	56	36	3	6	2.743	2.15	0.181	8.88	17.5	2.92	4.7	1.73	1.80	1.03	0.79	2.32	1.05	0.87	0.408	0.80	1.78
			4		3.590	2.82	0.180	11.5	23.4	3.76	6.33	2.23	1.79	1.02	0.79	3.03	1.37	1.13	0.408	0.85	1.82
			5		4.415	3.47	0.180	13.9	29.3	4.49	7.94	2.67	1.77	1.01	0.78	3.71	1.65	1.36	0.404	0.88	1.87

第1章 钢铁材料

6.3/4	63	40	4		4.058	3.19	0.202	16.5	33.3	5.23	8.63	3.12	2.02	1.14	0.88	3.87	1.70	1.40	0.398	0.92	2.04
			5	7	4.993	3.92	0.202	20.0	41.6	6.31	10.9	3.76	2.00	1.12	0.87	4.74	2.07	1.71	0.396	0.95	2.08
			6		5.908	4.64	0.201	23.4	50.0	7.29	13.1	4.34	1.96	1.11	0.86	5.59	2.43	1.99	0.393	0.99	2.12
			7		6.802	5.34	0.201	26.5	58.1	8.24	15.5	4.97	1.98	1.10	0.86	6.40	2.78	2.29	0.389	1.03	2.15
7/4.5	70	45	4		4.553	3.57	0.226	23.2	45.9	7.55	12.3	4.40	2.26	1.29	0.98	4.86	2.17	1.77	0.410	1.02	2.24
			5	7.5	5.609	4.40	0.225	28.0	57.1	9.13	15.4	5.40	2.23	1.28	0.98	5.92	2.65	2.19	0.407	1.06	2.28
			6		6.644	5.22	0.225	32.5	68.4	10.6	18.6	6.35	2.21	1.26	0.98	6.95	3.12	2.59	0.404	1.09	2.32
			7		7.658	6.01	0.225	37.2	80.0	12.0	21.8	7.16	2.20	1.25	0.97	8.03	3.57	2.94	0.402	1.13	2.36
7.5/5	75	50	5		6.126	4.81	0.245	34.9	70.0	12.6	21.0	7.41	2.39	1.44	1.10	6.83	3.3	2.74	0.435	1.17	2.40
			6	8	7.260	5.70	0.245	41.1	84.3	14.7	25.4	8.54	2.38	1.42	1.08	8.12	3.88	3.19	0.435	1.21	2.44
			8		9.467	7.43	0.244	52.4	113	18.5	34.2	10.9	2.35	1.40	1.07	10.5	4.99	4.10	0.429	1.29	2.52
			10		11.59	9.10	0.244	62.7	141	22.0	43.4	13.1	2.33	1.38	1.06	12.8	6.04	4.99	0.423	1.36	2.60
8/5	80	50	5		6.376	5.00	0.255	42.0	85.2	12.8	21.1	7.66	2.56	1.42	1.10	7.78	3.32	2.74	0.388	1.14	2.60
			6	8	7.560	5.93	0.255	49.5	103	15.0	25.4	8.85	2.56	1.41	1.08	9.25	3.91	3.20	0.387	1.18	2.65
			7		8.724	6.85	0.255	56.2	119	17.0	29.8	10.2	2.54	1.39	1.08	10.6	4.48	3.70	0.384	1.21	2.69
			8		9.867	7.75	0.254	62.8	136	18.9	34.3	11.4	2.52	1.38	1.07	11.9	5.03	4.16	0.381	1.25	2.73
9/5.6	90	56	5		7.212	5.66	0.287	60.5	121	18.3	29.5	11.0	2.90	1.59	1.23	9.92	4.21	3.49	0.385	1.25	2.91
			6	9	8.557	6.72	0.286	71.0	146	21.4	35.6	12.9	2.88	1.58	1.23	11.7	4.96	4.13	0.384	1.29	2.95
			7		9.881	7.76	0.286	81.0	170	24.4	41.7	14.7	2.86	1.57	1.22	13.5	5.70	4.72	0.382	1.33	3.00
			8		11.18	8.78	0.286	91.0	194	27.2	47.9	16.3	2.85	1.56	1.21	15.3	6.41	5.29	0.380	1.36	3.04
10/6.3	100	63	6	10	9.618	7.55	0.320	99.1	200	30.9	50.5	18.4	3.21	1.79	1.38	14.6	6.35	5.25	0.394	1.43	3.24

(续)

型号	截面尺寸/mm					截面面积/cm²	理论质量/kg·m⁻¹	外表面积/m²·m⁻¹	惯性矩/cm⁴					惯性半径/cm			截面系数/cm³			$\tan\alpha$	重心距离/cm	
	B	b	d		r				I_x	I_{x1}	I_y	I_{y1}	I_u	i_x	i_y	i_u	W_x	W_y	W_u		X_0	Y_0
10/6.3	100	63	7		10	11.11	8.72	0.320	113	233	35.3	59.1	21.0	3.20	1.78	1.38	16.9	7.29	6.02	0.394	1.47	3.28
			8			12.58	9.88	0.319	127	266	39.4	67.9	23.5	3.18	1.77	1.37	19.1	8.21	6.78	0.391	1.50	3.32
			10			15.47	12.1	0.319	154	333	47.1	85.7	28.3	3.15	1.74	1.35	23.3	9.98	8.24	0.387	1.58	3.40
10/8	100	80	6		10	10.64	8.35	0.354	107	200	61.2	103	31.7	3.17	2.40	1.72	15.2	10.2	8.37	0.627	1.97	2.95
			7			12.30	9.66	0.354	123	233	70.1	120	36.2	3.16	2.39	1.72	17.5	11.7	9.60	0.626	2.01	3.00
			8			13.94	10.9	0.353	138	267	78.6	137	40.6	3.14	2.37	1.71	19.8	13.2	10.8	0.625	2.05	3.04
			10			17.17	13.5	0.353	167	334	94.7	172	49.1	3.12	2.35	1.69	24.2	16.1	13.1	0.622	2.13	3.12
11/7	110	70	6		10	10.64	8.35	0.354	133	266	42.9	69.1	25.4	3.54	2.01	1.54	17.9	7.90	6.53	0.403	1.57	3.53
			7			12.30	9.66	0.354	153	310	49.0	80.8	29.0	3.53	2.00	1.53	20.6	9.09	7.50	0.402	1.61	3.57
			8			13.94	10.9	0.353	172	354	54.9	92.7	32.5	3.51	1.98	1.53	23.3	10.3	8.45	0.401	1.65	3.62
			10			17.17	13.5	0.353	208	443	65.9	117	39.2	3.48	1.96	1.51	28.5	12.5	10.3	0.397	1.72	3.70
12.5/8	125	80	7		11	14.10	11.1	0.403	228	455	74.4	120	43.8	4.02	2.30	1.76	26.9	12.0	9.92	0.408	1.80	4.01
			8			15.99	12.6	0.403	257	520	83.5	138	49.2	4.01	2.28	1.75	30.4	13.6	11.2	0.407	1.84	4.06
			10			19.71	15.5	0.402	312	650	101	173	59.5	3.98	2.26	1.74	37.3	16.6	13.6	0.404	1.92	4.14
			12			23.35	18.3	0.402	364	780	117	210	69.4	3.95	2.24	1.72	44.0	19.4	16.0	0.400	2.00	4.22
14/9	140	90	8		12	18.04	14.2	0.453	366	731	121	196	70.8	4.50	2.59	1.98	38.5	17.3	14.3	0.411	2.04	4.50
			10			22.26	17.5	0.452	446	913	140	246	85.8	4.47	2.56	1.96	47.3	21.2	17.5	0.409	2.12	4.58
			12			26.40	20.7	0.451	522	1100	170	297	100	4.44	2.54	1.95	55.9	25.0	20.5	0.406	2.19	4.66
			14			30.46	23.9	0.451	594	1280	192	349	114	4.42	2.51	1.94	64.2	28.5	23.5	0.403	2.27	4.74
15/9	150	90	8			18.84	14.8	0.473	442	898	123	196	74.1	4.84	2.55	1.98	43.9	17.5	14.5	0.364	1.97	4.92

型号	b/mm	d/mm	r/mm	截面面积/cm²	理论重量/(kg/m)	外表面积/(m²/m)	I_x	I_{x1}	I_y	I_{y1}	I_u	i_x	i_y	i_u	W_x	W_y	W_u	$\tan\alpha$	x_0/cm	y_0/cm
15/9	150/90	10	12	23.26	18.3	0.472	539	1120	149	246	89.9	4.81	2.53	1.97	54.0	21.4	17.7	0.362	2.05	5.01
		12		27.60	21.7	0.471	632	1350	173	297	105	4.79	2.50	1.95	63.8	25.1	20.8	0.359	2.12	5.09
		14		31.86	25.0	0.471	721	1570	196	350	120	4.76	2.48	1.94	73.3	28.8	23.8	0.356	2.20	5.17
		15		33.95	26.7	0.471	764	1680	207	376	127	4.74	2.47	1.93	78.0	30.5	25.3	0.354	2.24	5.21
		16		36.03	28.3	0.470	806	1800	217	403	134	4.73	2.45	1.93	82.6	32.3	26.8	0.352	2.27	5.25
16/10	160/100	10	13	25.32	19.9	0.512	669	1360	205	337	122	5.14	2.85	2.19	62.1	26.6	21.9	0.390	2.28	5.24
		12		30.05	23.6	0.511	785	1640	239	406	142	5.11	2.82	2.17	73.5	31.3	25.8	0.388	2.36	5.32
		14		34.71	27.2	0.510	896	1910	271	476	162	5.08	2.80	2.16	84.6	35.8	29.6	0.385	2.43	5.40
		16		39.28	30.8	0.510	1000	2180	302	548	183	5.05	2.77	2.16	95.3	40.2	33.4	0.382	2.51	5.48
18/11	180/110	10	14	28.37	22.3	0.571	956	1940	278	447	167	5.80	3.13	2.42	79.0	32.5	26.9	0.376	2.44	5.89
		12		33.71	26.5	0.571	1120	2330	325	539	195	5.78	3.10	2.40	93.5	38.3	31.7	0.374	2.52	5.98
		14		38.97	30.6	0.570	1290	2720	370	632	222	5.75	3.08	2.39	108	44.0	36.3	0.372	2.59	6.06
		16		44.14	34.6	0.569	1440	3110	412	726	249	5.72	3.06	2.38	122	49.4	40.9	0.369	2.67	6.14
20/12.5	200/125	12	14	37.91	29.8	0.641	1570	3190	483	788	286	6.44	3.57	2.74	117	50.0	41.2	0.392	2.83	6.54
		14		43.87	34.4	0.640	1800	3730	551	922	327	6.41	3.54	2.73	135	57.4	47.3	0.390	2.91	6.62
		16		49.74	39.0	0.639	2020	4260	615	1060	366	6.38	3.52	2.71	152	64.9	53.3	0.388	2.99	6.70
		18		55.53	43.6	0.639	2240	4790	677	1200	405	6.35	3.49	2.70	169	71.7	59.2	0.385	3.06	6.78

注：1. 截面图中的 $r_1 = 1/3d$ 及表中 r 的数据用于孔型设计，不作为交货条件。
2. 参见表 3.1-179 的注 1~5。

(5) 热轧型钢的理论质量及规格的表示方法（见表3.1-183）

表 3.1-183　热轧型钢的理论质量及规格的表示方法（摘自 GB/T 706—2016）

型钢理论质量及质量偏差	型钢应按理论质量交货，理论质量按密度为 7.85g/cm³ 计算。经供需双方协商并在合同中注明，也可按实际质量交货。 型钢质量允许偏差应不超过 ±5%。质量偏差（%）按下式计算。质量允许偏差适用于同一尺寸且质量超过 1t 的一批，当一批同一尺寸的质量不超过 1t 但根数大于 10 根时也适用。 $$质量偏差 = \frac{实际质量 - 理论质量}{理论质量} \times 100\%$$
型钢截面面积的计算方法	型钢种类　　　　　计算公式 工字钢　　　　$hd + 2t(b-d) + 0.577(r^2 - r_1^2)$ 槽钢　　　　　$hd + 2t(b-d) + 0.339(r^2 - r_1^2)$ 等边角钢　　　$d(2b-d) + 0.215(r^2 - 2r_1^2)$ 不等边角钢　　$d(B+b-d) + 0.215(r^2 - 2r_1^2)$
型钢规格的表示方法	工字钢："I" 与高度值×腿宽度值×腰厚度值 如：I450×150×11.5（简记为 I45a） 槽钢："["与高度值×腿宽度值×腰厚度值 如：[200×75×9（简记为 [20b） 等边角钢："∠" 与边宽度值×边宽度值×边厚度值 如：∠200×200×24（简记为 ∠200×24） 不等边角钢："∠" 与长边宽度值×短边宽度值×边厚度值 如：∠160×100×16

5.1.3　热轧 H 型钢（见表 3.1-184～表 3.1-187）

表 3.1-184　热轧 H 型钢尺寸规格（摘自 GB/T 11263—2017）

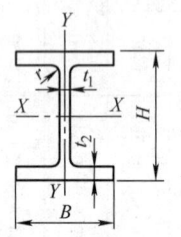

H—高度
B—宽度
t_1—腹板厚度
t_2—翼缘厚度
r—圆角半径

类别	型号 （高度×宽度） /mm	截面尺寸/mm					截面面积/cm²	理论质量/kg·m⁻¹	表面积/m²·m⁻¹	惯性矩/cm⁴		惯性半径/cm		截面模数/cm³	
		H	B	t_1	t_2	r				I_x	I_y	i_x	i_y	W_x	W_y
HW	100×100	100	100	6	8	8	21.58	16.9	0.574	378	134	4.18	2.48	75.6	26.7
	125×125	125	125	6.5	9	8	30.00	23.6	0.723	839	293	5.28	3.12	134	46.9
	150×150	150	150	7	10	8	39.64	31.1	0.872	1620	563	6.39	3.76	216	75.1
	175×175	175	175	7.5	11	13	51.42	40.4	1.01	2900	984	7.50	4.37	331	112
	200×200	200	200	8	12	13	63.53	49.9	1.16	4720	1600	8.61	5.02	472	160
		*200	204	12	12	13	71.53	56.2	1.17	4980	1700	8.34	4.87	498	167
	250×250	*244	252	11	11	13	81.31	63.8	1.45	8700	2940	10.3	6.01	713	233
		250	250	9	14	13	91.43	71.8	1.46	10700	3650	10.8	6.31	860	292
		*250	255	14	14	13	103.9	81.6	1.47	11400	3880	10.5	6.10	912	304

(续)

类别	型号 (高度×宽度) /mm	截面尺寸 /mm					截面 面积 /cm²	理论 质量 /kg·m⁻¹	表面 积 /m²·m⁻¹	惯性矩 /cm⁴		惯性半径 /cm		截面模数 /cm³	
		H	B	t_1	t_2	r				I_x	I_y	i_x	i_y	W_x	W_y
HW	300×300	*294	302	12	12	13	106.3	83.5	1.75	16600	5510	12.5	7.20	1130	365
		300	300	10	15	13	118.5	93.0	1.76	20200	6750	13.1	7.55	1350	450
		*300	305	15	15	13	133.5	105	1.77	21300	7100	12.6	7.29	1420	466
	350×350	*338	351	13	13	13	133.3	105	2.03	27700	9380	14.4	8.38	1640	534
		*344	348	10	16	13	144.0	113	2.04	32800	11200	15.1	8.83	1910	646
		*344	354	16	16	13	164.7	129	2.05	34900	11800	14.6	8.48	2030	669
		350	350	12	19	13	171.9	135	2.05	39800	13600	15.2	8.88	2280	776
		*350	357	19	19	13	196.4	154	2.07	42300	14400	14.7	8.57	2420	808
	400×400	*388	402	15	15	22	178.5	140	2.32	49000	16300	16.6	9.54	2520	809
		*394	398	11	18	22	186.8	147	2.32	56100	18900	17.3	10.1	2850	951
		*394	405	18	18	22	214.4	168	2.33	59700	20000	16.7	9.64	3030	985
		400	400	13	21	22	218.7	172	2.34	66600	22400	17.5	10.1	3330	1120
		*400	408	21	21	22	250.7	197	2.35	70900	23800	16.8	9.74	3540	1170
		*414	405	18	28	22	295.4	232	2.37	92800	31000	17.7	10.2	4480	1530
		*428	407	20	35	22	360.7	283	2.41	119000	39400	18.2	10.4	5570	1930
		*458	417	30	50	22	528.6	415	2.49	187000	60500	18.8	10.7	8170	2900
		*498	432	45	70	22	770.1	604	2.60	298000	94400	19.7	11.1	12000	4370
	500×500	*492	465	15	20	22	258.0	202	2.78	117000	33500	21.3	11.4	4770	1440
		*502	465	15	25	22	304.5	239	2.80	146000	41900	21.9	11.7	5810	1800
		*502	470	20	25	22	329.6	259	2.81	151000	43300	21.4	11.5	6020	1840
HM	150×100	148	100	6	9	8	26.34	20.7	0.670	1000	150	6.16	2.38	135	30.1
	200×150	194	150	6	9	8	38.10	29.9	0.962	2630	507	8.30	3.64	271	67.6
	250×175	244	175	7	11	13	55.49	43.6	1.15	6040	984	10.4	4.21	495	112
	300×200	294	200	8	12	13	71.05	55.8	1.35	11100	1600	12.5	4.74	756	160
		*298	201	9	14	13	82.03	64.4	1.36	13100	1900	12.6	4.80	878	189
	350×250	340	250	9	14	13	99.53	78.1	1.64	21200	3650	14.6	6.05	1250	292
	400×300	390	300	10	16	13	133.3	105	1.94	37900	7200	16.9	7.35	1940	480
	450×300	440	300	11	18	13	153.9	121	2.04	54700	8110	18.9	7.25	2490	540
	500×300	*482	300	11	15	13	141.2	111	2.12	58300	6760	20.3	6.91	2420	450
		488	300	11	18	13	159.2	125	2.13	68900	8110	20.8	7.13	2820	540
	550×300	*544	300	11	15	13	148.0	116	2.24	76400	6760	22.7	6.75	2810	450
		*550	300	11	18	13	166.0	130	2.26	89800	8110	23.3	6.98	3270	540
	600×300	*582	300	12	17	13	169.2	133	2.32	98900	7660	24.2	6.72	3400	511
		588	300	12	20	13	187.2	147	2.33	114000	9010	24.7	6.93	3890	601
		*594	302	14	23	13	217.1	170	2.35	134000	10600	24.8	6.97	4500	700
HN	*100×50	100	50	5	7	8	11.84	9.30	0.376	187	14.8	3.97	1.11	37.5	5.91
	*125×60	125	60	6	8	8	16.68	13.1	0.464	409	29.1	4.95	1.32	65.4	9.71
	150×75	150	75	5	7	8	17.84	14.0	0.576	666	49.5	6.10	1.66	88.8	13.2
	175×90	175	90	5	8	8	22.89	18.0	0.686	1210	97.5	7.25	2.06	138	21.7
	200×100	*198	99	4.5	7	8	22.68	17.8	0.769	1540	113	8.24	2.23	156	229
		200	100	5.5	8	8	26.66	20.9	0.775	1810	134	8.22	2.23	181	26.7
	250×125	*248	124	5	8	8	31.98	25.1	0.968	3450	255	10.4	2.82	278	41.1
		250	125	6	9	8	36.96	29.0	0.974	3960	294	10.4	2.81	317	47.0

（续）

类别	型号 （高度×宽度） /mm	截面尺寸 /mm					截面 面积 /cm²	理论 质量 /kg·m⁻¹	表面 积 /m²·m⁻¹	惯性矩 /cm⁴		惯性半径 /cm		截面模数 /cm³	
		H	B	t_1	t_2	r				I_x	I_y	i_x	i_y	W_x	W_y
HN	300×150	*298	149	5.5	8	13	40.80	32.0	1.16	6320	442	12.4	3.29	424	59.3
		300	150	6.5	9	13	46.78	36.7	1.16	7210	508	12.4	3.29	481	67.7
	350×175	*346	174	6	9	13	52.45	41.2	1.35	11000	791	14.5	3.88	638	91.0
		350	175	7	11	13	62.91	49.4	1.36	13500	984	14.6	3.95	771	112
	400×150	400	150	8	13	13	70.37	55.2	1.36	18600	734	16.3	3.22	929	97.8
	400×200	*396	199	7	11	13	71.41	56.1	1.55	19800	1450	16.6	4.50	999	145
		400	200	8	13	13	83.37	65.4	1.56	23500	1740	16.8	4.56	1170	174
	450×150	*446	150	7	12	13	66.99	52.6	1.46	22000	677	18.1	3.17	985	90.3
		450	151	8	14	13	77.49	60.8	1.47	25700	806	18.2	3.22	1140	107
	450×200	*446	199	8	12	13	82.97	65.1	1.65	28100	1580	18.4	4.36	1260	159
		450	200	9	14	13	95.43	74.9	1.66	32900	1870	18.6	4.42	1460	187
	475×150	*470	150	7	13	13	71.53	56.2	1.50	26200	733	19.1	3.20	1110	97.8
		*475	151.5	8.5	15.5	13	86.15	67.6	1.52	31700	901	19.2	3.23	1330	119
		482	153.5	10.5	19	13	106.4	83.5	1.53	39600	1150	19.3	3.28	1640	150
	500×150	*492	150	7	12	13	70.21	55.1	1.55	27500	677	19.8	3.10	1120	90.3
		*500	152	9	16	13	92.21	72.4	1.57	37000	940	20.0	3.19	1480	124
		504	153	10	18	13	103.3	81.1	1.58	41900	1080	20.1	3.23	1660	141
	500×200	*496	199	9	14	13	99.29	77.9	1.75	40800	1840	20.3	4.30	1650	185
		500	200	10	16	13	112.3	88.1	1.76	46800	2140	20.4	4.36	1870	214
		*506	201	11	19	13	129.3	102	1.77	55500	2580	20.7	4.46	2190	257
	550×200	*546	199	9	14	13	103.8	81.5	1.85	50800	1840	22.1	4.21	1860	185
		550	200	10	16	13	117.3	92.0	1.86	58200	2140	22.3	4.27	2120	214
	600×200	*596	199	10	15	13	117.8	92.4	1.95	66600	1980	23.8	4.09	2240	199
		600	200	11	17	13	131.7	103	1.96	75600	2270	24.0	4.15	2520	227
		*606	201	12	20	13	149.8	118	1.97	88300	2720	24.3	4.25	2910	270
	625×200	*625	198.5	13.5	17.5	13	150.6	118	1.99	88500	2300	24.2	3.90	2830	231
		630	200	15	20	13	170.0	133	2.01	101000	2690	24.4	3.97	3220	268
		*638	202	17	24	13	198.7	156	2.03	122000	3320	24.8	4.09	3820	329
	650×300	*646	299	12	18	18	183.6	144	2.43	131000	8030	26.7	6.61	4080	537
		*650	300	13	20	18	202.1	159	2.44	146000	9010	26.9	6.67	4500	601
		*654	301	14	22	18	220.6	173	2.45	161000	10000	27.4	6.81	4930	666
	700×300	*692	300	13	20	18	207.5	163	2.53	168000	9020	28.5	6.59	4870	601
		700	300	13	24	18	231.5	182	2.54	197000	10800	29.2	6.83	5640	721
	750×300	*734	299	12	16	18	182.7	143	2.61	161000	7140	29.7	6.25	4390	478
		*742	300	13	20	18	214.0	168	2.63	197000	9020	30.4	6.49	5320	601
		*750	300	13	24	18	238.0	187	2.64	231000	10800	31.1	6.74	6150	721
		*758	303	16	28	18	284.8	224	2.67	276000	13000	31.1	6.75	7270	859
	800×300	*792	300	14	22	18	239.5	188	2.73	248000	9920	32.2	6.43	6270	661
		800	300	14	26	18	263.5	207	2.74	286000	11700	33.0	6.66	7160	781

(续)

类别	型号 （高度×宽度） /mm	截面尺寸 /mm					截面面积 /cm²	理论质量 /kg·m⁻¹	表面积 /m²·m⁻¹	惯性矩 /cm⁴		惯性半径 /cm		截面模数 /cm³	
		H	B	t_1	t_2	r				I_x	I_y	i_x	i_y	W_x	W_y
HN	850×300	*834	298	14	19	18	227.5	179	2.80	251000	8400	33.2	6.07	6020	564
		*842	299	15	23	18	259.7	204	2.82	298000	10300	33.9	6.28	7080	687
		*850	300	16	27	18	292.1	229	2.84	346000	12200	34.4	6.45	8140	812
		*858	301	17	31	18	324.7	255	2.86	395000	14100	34.9	6.59	9210	939
	900×300	*890	299	15	23	18	266.9	210	2.92	339000	10300	35.6	6.20	7610	687
		900	300	16	28	18	305.8	240	2.94	404000	12600	36.3	6.42	8990	842
		*912	302	18	34	18	360.1	283	2.97	491000	15700	36.9	6.59	10800	1040
	1000×300	*970	297	16	21	18	276.0	217	3.07	393000	9210	37.8	5.77	8110	620
		*980	298	17	26	18	315.5	248	3.09	472000	11500	38.7	6.04	9630	772
		*990	298	17	31	18	345.3	271	3.11	544000	13700	39.7	6.30	11000	921
		*1000	300	19	36	18	395.1	310	3.13	634000	16300	40.1	6.41	12700	1080
		*1008	302	21	40	18	439.3	345	3.15	712000	18400	40.3	6.47	14100	1220
HT	100×50	95	48	3.2	4.5	8	7.620	5.98	0.362	115	8.39	3.88	1.04	24.2	3.49
		97	49	4	5.5	8	9.370	7.36	0.368	143	10.9	3.91	1.07	29.6	4.45
	100×100	96	99	4.5	6	8	16.20	12.7	0.565	272	97.2	4.09	2.44	56.7	19.6
	125×60	118	58	3.2	4.5	8	9.250	7.26	0.448	218	14.7	4.85	1.26	37.0	5.08
		120	59	4	5.5	8	11.39	8.94	0.454	271	19.0	4.87	1.29	45.2	6.43
	125×125	119	123	4.5	6	8	20.12	15.8	0.707	532	186	5.14	3.04	89.5	30.3
	150×75	145	73	3.2	4.5	8	11.47	9.00	0.562	416	29.3	6.01	1.59	57.3	8.02
		147	74	4	5.5	8	14.12	11.1	0.568	516	37.3	6.04	1.62	70.2	10.1
	150×100	139	97	3.2	4.5	8	13.43	10.6	0.646	476	68.6	5.94	2.25	68.4	14.1
		142	99	4.5	6	8	18.27	14.3	0.657	654	97.2	5.98	2.30	92.1	19.6
	150×150	144	148	5	7	8	27.76	21.8	0.856	1090	378	6.25	3.69	151	51.1
		147	149	6	8.5	8	33.67	26.4	0.864	1350	469	6.32	3.73	183	63.0
	175×90	168	88	3.2	4.5	8	13.55	10.6	0.668	670	51.2	7.02	1.94	79.7	11.6
		171	89	4	6	8	17.58	13.8	0.676	894	70.7	7.13	2.00	105	15.9
	175×175	167	173	5	7	13	33.32	26.2	0.994	1780	605	7.30	4.26	213	69.9
		172	175	6.5	9.5	13	44.64	35.0	1.01	2470	850	7.43	4.36	287	97.1
	200×100	193	98	3.2	4.5	8	15.25	12.0	0.758	994	70.7	8.07	2.15	103	14.4
		196	99	4	6	8	19.78	15.5	0.766	1320	97.2	8.18	2.21	135	19.6
	200×150	188	149	4.5	6	8	26.34	20.7	0.949	1730	331	8.09	3.54	184	44.4
	200×200	192	198	6	8	13	43.69	34.3	1.14	3060	1040	8.37	4.86	319	105
	250×125	244	124	4.5	6	8	25.86	20.3	0.961	2650	191	10.1	2.71	217	30.8
	250×175	238	173	4.5	8	13	39.12	30.7	1.14	4240	691	10.4	4.20	356	79.9
	300×150	294	148	4.5	6	13	31.90	25.0	1.15	4800	325	12.3	3.19	327	43.9
	300×200	286	198	6	8	13	49.33	38.7	1.33	7360	1040	12.2	4.58	515	105
	350×175	340	173	4.5	6	13	36.97	29.0	1.34	7490	518	14.2	3.74	441	59.9
	400×150	390	148	6	8	13	47.57	37.3	1.34	11700	434	15.7	3.01	602	58.6
	400×200	390	198	6	8	13	55.57	43.6	1.54	14700	1040	16.2	4.31	752	105

注：1. H型钢是一种性能良好的经济合理的宽腿工字钢。其截面形状设计科学，抗弯能力高，热轧生产时截面上各点延伸较均匀，内应力较小，截面系数大，质量较轻，节省金属材料，就国内外生产应用经验和资料而言，可减轻结构构件质量约35%；由于H型钢截面形状合理，组合拼装简单，降低焊接、铆接加工工艺成本约25%；国外生产中，用H型钢替代普通工字钢已取得很好的综合经济效益，国内已大力推广和发展这种优质型材。在机械工程及机械制造、机械结构支架、机械基础、基础桩、钢结构承重支架、石油化工和电力等工业设备构架、建筑、造船等行业中获得广泛应用。

2. "*"表示该规格为市场非常用规格。

3. 同一型号的产品，其内侧尺寸高度一致。

4. 截面面积计算公式为：$t_1(H-2t_2)+2Bt_2+0.858r^2$。

表 3.1-185　热轧剖分型钢尺寸规格（摘自 GB/T 11263—2017）

- h—高度
- B—宽度
- t_1—腹板厚度
- t_2—翼缘厚度
- C_X—质心距离
- r—圆角半径

类别	型号 (高度×宽度) mm×mm	截面尺寸 /mm				截面面积 /cm²	理论质量 /kg·m⁻¹	表面积 /m²·m⁻¹	惯性矩 /cm⁴		惯性半径 /cm		截面模数 /cm³		重心 C_X /cm	对应H型钢系列型号
		h	B	t_1	t_2	r				I_x	I_y	i_x	i_y	W_x	W_y		
TW	50×100	50	100	6	8	8	10.79	8.47	0.293	16.1	66.8	1.22	2.48	4.02	13.4	1.00	100×100
	62.5×125	62.5	125	6.5	9	8	15.00	11.8	0.368	35.0	147	1.52	3.12	6.91	23.5	1.19	125×125
	75×150	75	150	7	10	8	19.82	15.6	0.443	66.4	282	1.82	3.76	10.8	37.5	1.37	150×150
	87.5×175	87.5	175	7.5	11	13	25.71	20.2	0.514	115	492	2.11	4.37	15.9	56.2	1.55	175×175
	100×200	100	200	8	12	13	31.76	24.9	0.589	184	801	2.40	5.02	22.3	80.1	1.73	200×200
		100	204	12	12	13	35.76	28.1	0.597	256	851	2.67	4.87	32.4	83.4	2.09	
	125×250	125	250	9	14	13	45.71	35.9	0.739	412	1820	3.00	6.31	39.5	146	2.08	250×250
		125	255	14	14	13	51.96	40.8	0.749	589	1940	3.36	6.10	59.4	152	2.58	
	150×300	147	302	12	12	13	53.16	41.7	0.887	857	2760	4.01	7.20	72.3	183	2.85	300×300
		150	300	10	15	13	59.22	46.5	0.889	798	3380	3.67	7.55	63.7	225	2.47	
		150	305	15	15	13	66.72	52.4	0.899	1110	3550	4.07	7.29	92.5	233	3.04	
	175×350	172	348	10	16	13	72.00	56.5	1.03	1230	5620	4.13	8.83	84.7	323	2.67	350×350
		175	350	12	19	13	85.94	67.5	1.04	1520	6790	4.20	8.88	104	388	2.87	
	200×400	194	402	15	15	22	89.22	70.0	1.17	2480	8130	5.27	9.54	158	404	3.70	400×400
		197	398	11	18	22	93.40	73.3	1.17	2050	9460	4.67	10.1	123	475	3.01	
		200	400	13	21	22	109.3	85.8	1.18	2480	11200	4.75	10.1	147	560	3.21	
		200	408	21	21	22	125.3	98.4	1.2	3650	11900	5.39	9.74	229	584	4.07	
		207	405	18	28	22	147.7	116	1.21	3620	15500	4.95	10.2	213	766	3.68	
		214	407	20	35	22	180.3	142	1.22	4380	19800	4.92	10.4	250	967	3.90	
TM	75×100	74	100	6	9	8	13.17	10.3	0.341	51.7	75.2	1.98	2.38	8.84	15.0	1.56	150×100
	100×150	97	150	6	9	8	19.05	15.0	0.487	124	253	2.55	3.64	15.8	33.8	1.80	200×150
	125×175	122	175	7	11	13	27.74	21.8	0.583	288	492	3.22	4.21	29.1	56.2	2.28	250×175
	150×200	147	200	8	12	13	35.52	27.9	0.683	571	801	4.00	4.74	48.2	80.1	2.85	300×200
		149	201	9	14	13	41.01	32.2	0.689	661	949	4.01	4.80	55.2	94.4	2.92	
	175×250	170	250	9	14	13	49.76	39.1	0.829	1020	1820	4.51	6.05	73.2	146	3.11	350×250
	200×300	195	300	10	16	13	66.62	52.3	0.979	1730	3600	5.09	7.35	108	240	3.43	400×300
	225×300	220	300	11	18	13	76.94	60.4	1.03	2680	4050	5.89	7.25	150	270	4.09	450×300
	250×300	241	300	11	15	13	70.58	55.4	1.07	3400	3380	6.93	6.91	178	225	5.00	500×300
		244	300	11	18	13	79.58	62.5	1.08	3610	4050	6.73	7.13	184	270	4.72	
	275×300	272	300	11	15	13	73.99	58.1	1.13	4790	3380	8.04	6.75	225	225	5.96	550×300
		275	300	11	18	13	82.99	65.2	1.14	5090	4050	7.82	6.98	232	270	5.59	
	300×300	291	300	12	17	13	84.60	66.4	1.17	6320	3830	8.64	6.72	280	255	6.51	600×300
		294	300	12	20	13	93.60	73.5	1.18	6680	4500	8.44	6.93	288	300	6.17	
		297	302	14	23	13	108.5	85.2	1.19	7890	5290	8.52	6.97	339	350	6.41	

(续)

类别	型号 (高度×宽度) mm × mm	截面尺寸 /mm					截面面积 /cm²	理论质量 /kg·m⁻¹	表面积 /m²·m⁻¹	惯性矩 /cm⁴		惯性半径 /cm		截面模数 /cm³		重心 C_x /cm	对应H型钢系列型号
		h	B	t_1	t_2	r				I_x	I_y	i_x	i_y	W_x	W_y		
TN	50×50	50	50	5	7	8	5.920	4.65	0.193	11.8	7.39	1.41	1.11	3.18	2.950	1.28	100×50
	62.5×60	62.5	60	6	8	8	8.340	6.55	0.238	27.5	14.6	1.81	1.32	5.96	4.85	1.64	125×60
	75×75	75	75	5	7	8	8.920	7.00	0.293	42.6	24.7	2.18	1.66	7.46	6.59	1.79	150×75
	87.5×90	85.5	89	4	6	8	8.790	6.90	0.342	53.7	35.3	2.47	2.00	8.02	7.94	1.86	175×90
		87.5	90	5	8	8	11.44	8.98	0.348	70.6	48.7	2.48	2.06	10.4	10.8	1.93	
	100×100	99	99	4.5	7	8	11.34	8.90	0.389	93.5	56.7	2.87	2.23	12.1	11.5	2.17	200×100
		100	100	5.5	8	8	13.33	10.5	0.393	114	66.9	2.92	2.23	14.8	13.4	2.31	
	125×125	124	124	5	8	8	15.99	12.6	0.489	207	127	3.59	2.82	21.3	20.5	2.66	250×125
		125	125	6	9	8	18.48	14.5	0.493	248	147	3.66	2.81	25.6	23.5	2.81	
	150×150	149	149	5.5	8	13	20.40	16.0	0.585	393	221	4.39	3.29	33.8	29.7	3.26	300×150
		150	150	6.5	9	13	23.39	18.4	0.589	464	254	4.45	3.29	40.0	33.8	3.41	
	175×175	173	174	6	9	13	26.22	20.6	0.683	679	396	5.08	3.88	50.0	45.5	3.72	350×175
		175	175	7	11	13	31.45	24.7	0.689	814	492	5.08	3.95	59.3	56.2	3.76	
	200×200	198	199	7	11	13	35.70	28.0	0.783	1190	723	5.77	4.50	76.4	72.7	4.20	400×200
		200	200	8	13	13	41.68	32.7	0.789	1390	868	5.78	4.56	88.6	86.8	4.26	
	225×150	223	150	7	12	13	33.49	26.3	0.735	1570	338	6.84	3.17	93.7	45.1	5.54	450×150
		225	151	8	14	13	38.74	30.4	0.741	1830	403	6.87	3.22	108	53.4	5.62	
	225×200	223	199	8	12	13	41.48	32.6	0.833	1870	789	6.71	4.36	109	79.3	5.15	450×200
		225	200	9	14	13	47.71	37.5	0.839	2150	935	6.71	4.42	124	93.5	5.19	
	237.5×150	235	150	7	13	13	35.76	28.1	0.759	1850	367	7.18	3.20	104	48.9	7.50	475×150
		237.5	151.5	8.5	15.5	13	43.07	33.8	0.767	2270	451	7.25	3.23	128	59.5	7.57	
		241	153.5	10.5	19	13	53.20	41.8	0.778	2860	575	7.33	3.28	160	75.0	7.67	
	250×150	246	150	7	12	13	35.10	27.6	0.781	2060	339	7.66	3.10	113	45.1	6.36	500×150
		250	152	9	16	13	46.10	36.2	0.793	2750	470	7.71	3.19	149	61.9	6.53	
		252	153	10	18	13	51.66	40.6	0.799	3100	540	7.74	3.23	167	70.5	6.62	
	250×200	248	199	9	14	13	49.64	39.0	0.883	2820	921	7.54	4.30	150	92.6	5.97	500×200
		250	200	10	16	13	56.12	44.1	0.889	3200	1070	7.54	4.36	169	107	6.03	
		253	201	11	19	13	64.65	50.8	0.897	3660	1290	7.52	4.46	189	128	6.00	
	275×200	273	199	9	14	13	51.89	40.7	0.933	3690	921	8.43	4.21	180	92.6	6.85	550×200
		275	200	10	16	13	58.62	46.0	0.939	4180	1070	8.44	4.27	203	107	6.89	
	300×200	298	199	10	15	13	58.87	46.2	0.983	5150	988	9.35	4.09	235	99.3	7.92	600×200
		300	200	11	17	13	65.85	51.7	0.989	5770	1140	9.35	4.15	262	114	7.95	
		303	201	12	20	13	74.88	58.8	0.997	6530	1360	9.33	4.25	291	135	7.88	
	312.5×200	312.5	198.5	13.5	17.5	13	75.28	59.1	1.01	7460	1150	9.95	3.90	338	116	9.15	625×200
		315	200	15	20	13	84.97	66.7	1.02	8470	1340	9.98	3.97	380	134	9.21	
		319	202	17	24	13	99.35	78.0	1.03	9960	1160	10.0	4.08	440	165	9.26	
	325×300	323	299	12	18	18	91.81	72.1	1.23	8570	4020	9.66	6.61	344	269	7.36	650×300
		325	300	13	20	18	101.0	79.3	1.23	9430	4510	9.66	6.67	376	300	7.40	
		327	301	14	22	18	110.3	86.59	1.24	10300	5010	9.66	6.73	408	333	7.45	
	350×300	346	300	13	20	18	103.8	81.5	1.28	11300	4510	10.4	6.59	424	301	8.09	700×300
		350	300	13	24	18	115.8	90.9	1.28	12000	5410	10.2	6.83	438	361	7.63	
	400×300	396	300	14	22	18	119.8	94.0	1.38	17600	4960	12.1	6.43	592	331	9.78	800×300
		400	300	14	26	18	131.8	103	1.38	18700	5860	11.9	6.66	610	391	9.27	
	450×300	445	299	15	23	18	133.5	105	1.47	25900	5140	13.9	6.20	789	344	11.7	900×300
		450	300	16	28	18	152.9	120	1.48	29100	6320	13.8	6.42	865	421	11.4	
		456	302	18	34	18	180.0	141	1.50	34100	7830	13.8	6.59	997	518	11.3	

表 3.1-186 超厚超重 H 型钢截面尺寸、截面面积、理论质量及截面特性（摘自 GB/T 11263—2017）

类别	型号（高度×宽度）in×in	截面尺寸/mm					截面面积/cm²	理论质量/kg·m⁻¹	表面积/m²·m⁻¹	惯性矩/cm⁴		惯性半径/cm		截面模数/cm³	
		H	B	t_1	t_2	r				I_x	I_y	i_x	i_y	W_x	W_y
W14	W14×16	375	394	17.3	27.7	15	275.5	216	2.27	71100	28300	16.1	10.1	3790	1430
		380	395	18.9	30.2	15	300.9	237	2.28	78800	31000	16.2	10.2	4150	1570
		387	398	21.1	33.3	15	334.6	262	2.30	89400	35000	16.3	10.2	4620	1760
		393	399	22.6	36.6	15	366.3	287	2.31	99700	38800	16.5	10.3	5070	1940
		399	401	24.9	39.6	15	399.2	314	2.33	110000	42600	16.6	10.3	5530	2120
		407	404	27.2	43.7	15	442.0	347	2.35	125000	48100	16.8	10.4	6140	2380
		416	406	29.8	48.0	15	487.1	382	2.37	141000	53600	17.0	10.5	6790	2640
		425	409	32.8	52.6	15	537.1	421	2.39	160000	60100	17.2	10.6	7510	2940
		435	412	35.8	57.4	15	589.5	463	2.42	180000	67000	17.5	10.7	8280	3250
		446	416	39.1	62.7	15	649.0	509	2.45	205000	75400	17.8	10.8	9170	3630
		455	418	42.0	67.6	15	701.4	551	2.47	226000	82500	18.0	10.8	9940	3950
		465	421	45.0	72.3	15	754.9	592	2.50	250000	90200	18.2	10.9	10800	4280
		474	424	47.6	77.1	15	808.0	634	2.52	274000	98300	18.4	11.0	11600	4630
		483	428	51.2	81.5	15	863.6	677	2.55	299000	107000	18.6	11.1	12400	4990
		498	432	55.6	88.9	15	948.1	744	2.59	342000	120000	19.0	11.2	13700	5550
		514	437	60.5	97.0	15	1043	818	2.63	392000	136000	19.4	11.4	15300	6200
		531	442	65.9	106.0	15	1149	900	2.67	450000	153000	19.8	11.6	17000	6940
		550	448	71.9	115.0	15	1262	990	2.72	519000	173000	20.3	11.7	18900	7740
		569	454	78.0	125.0	15	1386	1090	2.77	596000	196000	20.7	11.9	20900	8650
W24	W24×12.75	679	338	29.5	53.1	13	529.4	415	2.63	400000	34300	27.5	8.05	11800	2030
		689	340	32.0	57.9	13	578.6	455	2.65	445000	38100	27.7	8.11	12900	2240
		699	343	35.1	63.0	13	634.8	498	2.68	495000	42600	27.9	8.19	14200	2480
		711	347	38.6	69.1	13	702.1	551	2.71	558000	48400	28.2	8.30	15700	2790
W36	W36×12	903	304	15.2	20.1	19	256.5	201	2.96	325000	9440	35.6	6.07	7200	621
		911	304	15.9	23.9	19	285.7	223	2.97	377000	11200	36.3	6.27	8270	738
		915	305	16.5	25.9	19	303.5	238	2.98	406000	12300	36.6	6.36	8880	806
		919	306	17.3	27.9	19	323.2	253	2.99	437000	13400	36.8	6.43	9520	874
		923	307	18.4	30.0	19	346.1	271	3.00	472000	14500	36.9	6.48	10200	946
		927	308	19.4	32.0	19	367.6	289	3.01	504000	15600	37.0	6.52	10900	1020
		932	309	21.1	34.5	19	398.4	313	3.03	548000	17000	37.1	6.54	11800	1100
W36	W36×16.5	912	418	19.3	32.0	24	436.1	342	3.42	625000	39000	37.9	9.46	13700	1870
		916	419	20.3	34.3	24	464.4	365	3.43	670000	42100	38.0	9.52	14600	2010
		921	420	21.3	36.6	24	493.0	387	3.44	718000	45300	38.2	9.58	15600	2160
		928	422	22.5	39.9	24	532.5	417	3.46	788000	50100	38.5	9.70	17000	2370
		933	423	24.0	42.7	24	569.6	446	3.47	847000	54000	38.6	9.73	18200	2550
		942	422	25.9	47.0	24	621.3	488	3.48	935000	59000	38.8	9.75	19900	2800
		950	425	28.4	51.1	24	680.1	534	3.50	1031000	65600	38.9	9.82	21700	3090
		960	427	31.0	55.9	24	745.3	585	3.52	1143000	72800	39.2	9.88	23800	3410
		972	431	34.5	62.0	24	831.9	653	3.56	1292000	83000	39.4	9.99	26600	3850
		996	437	40.9	73.9	24	997.7	784	3.62	1593000	103000	40.0	10.2	32000	4730
		1028	446	50.0	89.9	24	1231	967	3.70	2033000	134000	40.6	10.4	39500	6000

(续)

类别	型号 (高度×宽度) in × in	截面尺寸 /mm					截面面积 /cm²	理论质量 /kg·m⁻¹	表面积 /m²·m⁻¹	惯性矩 /cm⁴		惯性半径 /cm		截面模数 /cm³	
		H	B	t_1	t_2	r				I_x	I_y	i_x	i_y	W_x	W_y
W40	W40×12	970	300	16.0	21.1	30	282.8	222	3.06	408000	9550	38.0	5.81	8410	636
		980	300	16.5	26.0	30	316.8	249	3.08	481000	11800	39.0	6.09	9820	784
		990	300	16.5	31.0	30	346.8	272	3.10	554000	14000	40.0	6.35	11200	934
		1000	300	19.1	35.9	30	400.4	314	3.11	644000	16200	40.1	6.37	12900	1080
		1008	302	21.1	40.0	30	445.1	350	3.13	723000	18500	40.3	6.44	14300	1220
		1016	303	24.4	43.9	30	500.2	393	3.14	808000	20500	40.2	6.40	15900	1350
		1020	304	26.0	46.0	30	528.7	415	3.15	853000	21700	40.2	6.41	16700	1430
		1036	309	31.0	54.0	30	629.1	494	3.19	1028000	26800	40.4	6.53	19800	1740
		1056	314	36.0	64.0	30	743.7	584	3.24	1246000	33400	40.9	6.70	23600	2130
	W40×16	982	400	16.5	27.1	30	376.8	296	3.48	620000	29000	40.5	8.76	12600	1450
		990	400	16.5	31.0	30	408.8	321	3.50	696000	33100	41.3	9.00	14100	1660
		1000	400	19.0	36.1	30	472.0	371	3.51	814000	38600	41.5	9.03	16300	1930
		1008	402	21.1	40.0	30	524.2	412	3.53	910000	43400	41.6	9.09	18100	2160
		1012	402	23.6	41.9	30	563.7	443	3.53	967000	45500	41.4	8.98	19100	2260
		1020	404	25.4	46.0	30	615.1	483	3.55	1067000	50700	41.7	9.08	20900	2510
		1030	407	28.4	51.1	30	687.2	539	3.58	1203000	57600	41.8	9.16	23400	2830
		1040	409	31.0	55.9	30	752.7	591	3.60	1331000	64000	42.1	9.22	25600	3130
		1048	412	34.0	60.0	30	817.6	642	3.62	1451000	70300	42.1	9.27	27700	3410
		1068	417	39.0	70.0	30	953.4	748	3.67	1732000	85100	42.6	9.45	32400	4080
		1092	424	45.5	82.0	30	1125.3	883	3.74	2096000	105000	43.2	9.66	38400	4950
W44	W44×16	1090	400	18.0	31.0	20	436.5	343	3.71	867000	33100	44.6	8.71	15900	1660
		1100	400	20.0	36.0	20	497.0	390	3.73	1005000	38500	45.0	8.80	18300	1920
		1108	402	22.0	40.0	20	551.2	433	3.75	1126000	43400	45.2	8.87	20300	2160
		1118	405	26.0	45.0	20	635.2	499	3.77	1294000	50000	45.1	8.87	23100	2470

表 3.1-187 H 型钢与工字钢型号及性能参数比较表（摘自 GB/T 11263—2017）

工字钢规格	H型钢规格	H型钢与工字钢性能参数对比						工字钢规格	H型钢规格	H型钢与工字钢性能参数对比					
		横截面积	W_x	W_y	I_x	惯性半径				横截面积	W_x	W_y	I_x	惯性半径	
						i_x	i_y							i_x	i_y
I10	H125×60	1.16	1.34	1.00	1.67	1.20	0.87	I20a	H248×124	0.90	1.17	1.30	1.46	1.28	1.33
I12	H125×60	0.94	0.90	0.76	0.94	1.00	0.81		H250×125	1.04	1.34	1.49	1.68	1.28	1.33
	H150×75	1.00	1.22	1.04	1.53	1.23	1.02	I20b	H248×124	0.81	1.11	1.24	1.38	1.31	1.37
I12.6	H150×75	0.99	1.15	1.04	1.36	1.18	1.03		H250×125	0.93	1.27	1.42	1.59	1.31	1.37
I14	H175×90	1.06	1.35	1.35	1.70	1.26	1.19	I22a	H250×125	0.88	1.03	1.15	1.17	1.16	1.22
	H175×90	0.88	0.98	1.02	1.07	1.10	1.09		H298×149	0.97	1.37	1.45	1.86	1.38	1.42
I16	H198×99	0.87	1.11	1.08	1.36	1.25	1.19	I22b	H250×125	0.79	0.98	1.10	1.11	1.18	1.24
	H200×100	1.02	1.28	1.26	1.60	1.25	1.19		H298×149	0.88	1.30	1.39	1.77	1.41	1.45
I18	H200×100	0.87	0.98	1.03	1.09	1.12	1.12		H300×150	1.01	1.48	1.59	2.02	1.41	1.45
	H248×124	1.04	1.50	1.58	2.08	1.41	1.41	I24a	H298×149	0.85	1.11	1.23	1.38	1.27	1.36

（续）

工字钢规格	H型钢规格	H型钢与工字钢性能参数对比						工字钢规格	H型钢规格	H型钢与工字钢性能参数对比					
		横截面积	W_x	W_y	I_x	惯性半径				横截面积	W_x	W_y	I_x	惯性半径	
						i_x	i_y							i_x	i_y
I24b	H298×149	0.78	1.06	1.18	1.32	1.30	1.38	I40b	H446×199	0.88	1.11	1.65	1.23	1.18	1.61
I25a	H298×149	0.84	1.05	1.23	1.26	1.22	1.37		H450×200	1.01	1.28	1.94	1.44	1.19	1.63
	H300×150	0.96	1.20	1.40	1.44	1.22	1.37	I40c	H400×200	0.82	0.98	1.75	0.98	1.11	1.72
I25b	H298×149	0.76	1.00	1.13	1.20	1.25	1.37		H446×199	0.81	1.06	1.60	1.18	1.21	1.65
	H300×150	0.87	1.14	1.29	1.37	1.25	1.37		H450×200	0.93	1.23	1.88	1.38	1.22	1.67
I27a	H346×174	0.98	1.51	1.74	2.08	1.46	1.62	I45a	H450×200	0.93	1.02	1.64	1.02	1.05	1.53
	H346×174	0.96	1.32	1.61	1.68	1.33	1.55		H496×199	0.97	1.15	1.62	1.27	1.15	1.49
I27b	H346×174	0.87	1.25	1.54	1.60	1.36	1.57	I45b	H450×200	0.86	0.97	1.58	0.97	1.07	1.56
I28a	H346×174	0.95	1.26	1.61	1.55	1.28	1.55		H496×199	0.89	1.10	1.57	1.21	1.17	1.52
I28b	H346×174	0.86	1.19	1.49	1.47	1.31	1.56		H500×200	1.01	1.25	1.81	1.38	1.17	1.54
	H350×175	1.03	1.44	1.85	1.80	1.32	1.59	I45c	H450×200	0.79	0.93	1.53	0.93	1.09	1.59
I30a	H350×175	1.03	1.29	1.78	1.51	1.21	1.55		H496×199	0.82	1.05	1.52	1.16	1.19	1.54
I30b	H350×175	0.94	1.23	1.71	1.44	1.25	1.58		H500×200	0.93	1.19	1.75	1.33	1.19	1.56
I30c	H350×175	0.86	1.17	1.65	1.37	1.27	1.61		H596×199	0.98	1.43	1.63	1.89	1.39	1.47
I32a	H350×175	0.94	1.11	1.60	1.22	1.15	1.51	I50a	H500×200	0.94	1.01	1.51	1.01	1.04	1.42
	H350×175	0.86	1.06	1.49	1.16	1.17	1.52		H596×199	0.99	1.20	1.40	1.43	1.21	1.34
I32b	H400×150	0.96	1.28	1.29	1.60	1.29	1.24		H506×201	1.00	1.13	1.76	1.14	1.07	1.48
	H396×199	0.97	1.38	1.91	1.71	1.32	1.72	I50b	H596×199	0.91	1.15	1.36	1.37	1.23	1.36
	H350×175	0.79	1.01	1.39	1.11	1.20	1.52		H600×200	1.02	1.30	1.55	1.56	1.24	1.38
I32c	H400×150	0.88	1.22	1.20	1.52	1.33	1.24		H500×200	0.81	0.90	1.42	0.92	1.07	1.47
	H396×199	0.89	1.31	1.79	1.62	1.35	1.72	I50c	H506×201	0.93	1.05	1.70	1.10	1.09	1.51
I36a	H400×150	0.92	1.06	1.20	1.18	1.13	1.20		H596×199	0.85	1.08	1.32	1.32	1.25	1.39
	H396×199	0.93	1.14	1.79	1.25	1.15	1.67	I55a	H600×200	0.98	1.10	1.38	1.20	1.11	1.30
I36b	H400×150	0.84	1.01	1.16	1.13	1.16	1.22	I55b	H600×200	0.91	1.05	1.34	1.15	1.13	1.32
	H396×199	0.85	1.09	1.72	1.20	1.18	1.70	I55c	H600×200	0.84	1.01	1.30	1.11	1.15	1.35
	H400×200	1.00	1.27	2.06	1.42	1.19	1.73	I56a	H596×199	0.87	0.96	1.21	1.02	1.08	1.29
	H446×199	0.99	1.37	1.89	1.70	1.30	1.65		H600×200	0.97	1.08	1.38	1.15	1.09	1.31
	H396×199	0.79	1.04	1.66	1.14	1.20	1.73	I56b	H606×201	1.02	1.19	1.55	1.29	1.13	1.35
I36C	H400×200	0.92	1.22	1.99	1.36	1.22	1.75	I55c	H600×200	0.83	0.99	1.24	1.06	1.13	1.31
	H446×199	0.91	1.31	1.82	1.62	1.33	1.68		H606×201	0.95	1.15	1.48	1.24	1.14	1.35
I40a	H400×200	0.97	1.07	1.87	1.08	1.06	1.65	I63a	H582×300	1.00	1.14	2.65	1.05	0.99	2.03
	H446×199	0.96	1.16	1.71	1.29	1.16	1.57	I63b	H582×300	1.01	1.08	2.50	1.01	1.00	2.05
I40b	H400×200	0.89	1.03	1.81	1.03	1.08	1.68	I63c	H582×300	0.94	1.03	2.39	0.97	1.02	2.06

注：1. 表中"H型钢与工字钢性能参数对比"的数值为"H型钢参数值/工字钢参数值"。
    2. 本表按照截面积大体相近，并且绕X轴的抗弯强度不低于相应工字钢的原则，计算出了GB/T 11263热轧H型钢有关型号与GB/T 706热轧工字钢的有关型号以及性能参数的对比。本表比较直观反映出H型钢比工字钢优越的性能参数及节材特性，供有关人员选用H型钢代替工字钢参考。GB/T 11263—2010 由 GB/T 11263—2017 代替，请对照参考。

5.1.4 锻制钢棒（见表3.1-188、表3.1-189）

表3.1-188　锻制圆钢、方钢尺寸及理论质量（摘自 GB/T 908—2008）

圆钢公称直径 d 或方钢公称边长 a/mm	理论质量/kg·m^{-1} 圆钢	理论质量/kg·m^{-1} 方钢	圆钢公称直径 d 或方钢公称边长 a/mm	理论质量/kg·m^{-1} 圆钢	理论质量/kg·m^{-1} 方钢
50	15.4	19.5	180	200	254
55	18.6	23.7	190	223	283
60	22.2	28.3	200	247	314
65	26.0	33.2	210	272	346
70	30.2	38.5	220	298	380
75	34.7	44.2	230	326	415
80	39.5	50.2	240	355	452
85	44.5	56.7	250	385	491
90	49.9	63.6	260	417	531
95	55.6	70.8	270	449	572
100	61.7	78.5	280	483	615
105	68.0	86.5	290	518	660
110	74.6	95.0	300	555	707
115	81.5	104	310	592	754
120	88.8	113	320	631	804
125	96.3	123	330	671	855
130	104	133	340	712	908
135	112	143	350	755	962
140	121	154	360	799	1 017
145	130	165	370	844	1 075
150	139	177	380	890	1 134
160	158	201	390	937	1 194
170	178	227	400	986	1 256

注：1. GB/T 908—2008 代替 GB/T 908—1987 和 GB/T 16761—1997。
2. 锻制钢棒精度分为 1 组和 2 组，在合同中未注明者，按 2 组规定执行；极限偏差值按 GB/T 908 的规定。
3. 钢棒通常交货长度不小于 1m。
4. 表中理论质量按密度 7.85g/cm^3 计算所得，高合金钢棒应采用相应牌号的密度计算理论质量。
5. 标记示例：用 GB/T 3077—2015 标准中 40Cr 钢锻制成的直径为 120mm，尺寸极限偏差精度组别为 1 组的圆钢，其标记为：

$$\text{圆钢} \frac{120-1-\text{GB/T 908}-2008}{40\text{Cr}-\text{GB/T 3077}-2015}$$

表3.1-189　锻制扁钢尺寸及理论质量（摘自 GB/T 908—2008）

公称宽度 b/mm	公称厚度 t/mm 理论质量/kg·m^{-1}																			
	20	25	30	35	40	45	50	55	60	65	70	75	80	85	90	100	110	120	130	140	150	160
40	6.28	7.85	9.42																			
45	7.06	8.83	10.6																			
50	7.85	9.81	11.8	13.7	15.7																	
55	8.64	10.8	13.0	15.1	17.3																	
60	9.42	11.8	14.1	16.5	18.8	21.1	23.6															
65	10.2	12.8	15.3	17.8	20.4	23.0	25.5															
70	11.0	13.7	16.5	19.2	22.0	24.7	27.5	30.2	33.0													
75	11.8	14.7	17.7	20.6	23.6	26.5	29.4	32.4	35.3													
80	12.6	15.7	18.8	22.0	25.1	28.3	31.4	34.5	37.7	40.8	44.0											
90	14.1	17.7	21.2	24.7	28.3	31.8	35.3	38.8	42.4	45.9	49.4											
100	15.7	19.6	23.6	27.5	31.4	35.3	39.2	43.2	47.1	51.0	55.0	58.9	62.8	66.7								
110	17.3	21.6	25.9	30.2	34.5	38.8	43.2	47.5	51.8	56.1	60.4	64.8	69.1	73.4								
120	18.8	23.6	28.3	33.0	37.7	42.4	47.1	51.8	56.5	61.2	65.9	70.6	75.4	80.1								
130	20.4	25.5	30.6	35.7	40.8	45.9	51.0	56.1	61.2	66.3	71.4	76.5	81.6	86.7								
140	22.0	27.5	33.0	38.5	44.0	49.4	55.0	60.4	65.9	71.4	76.9	82.4	87.9	93.4	98.9	110						
150	23.6	29.4	35.3	41.2	47.1	53.0	58.9	64.8	70.7	76.5	82.4	88.3	94.2	100	106	118						
160	25.1	31.4	37.7	44.0	50.2	56.5	62.8	69.1	75.4	81.6	87.9	94.2	100	107	113	126	138	151				
170	26.7	33.4	40.0	46.7	53.4	60.0	66.7	73.4	80.1	86.7	93.4	100	107	113	120	133	147	160				
180	28.3	35.3	42.4	49.4	56.5	63.6	70.6	77.7	84.8	91.8	98.9	106	113	120	127	141	155	170	184	198		
190						67.1	74.6	82.0	89.5	96.9	104	112	119	127	134	149	164	179	194	209		
200						70.6	78.5	86.4	94.2	102	110	118	127	133	141	157	173	188	204	220		
210						74.2	82.4	90.7	98.9	107	115	124	132	140	148	165	181	198	214	231	247	264
220						77.7	86.4	95.0	103.6	112	121	130	138	147	155	173	190	207	224	242	259	276
230												135	144	153	162	180	199	217	235	253	271	289
240												141	151	160	170	188	207	226	245	264	283	301
250												147	157	167	177	196	216	235	255	275	294	314
260												153	163	173	184	204	224	245	265	286	306	326
280												165	176	187	198	220	242	264	286	308	330	352
300												177	188	200	212	236	259	283	306	330	353	377

注：扁钢截面形状为矩形。

5.1.5 冷拉圆钢、方钢和六角钢（见表3.1-190、表3.1-191）

表 3.1-190 冷拉圆钢、方钢和六角钢尺寸规格（摘自 GB/T 905—1994）

尺寸 d、a、s /mm	圆钢 截面面积 /mm²	圆钢 理论质量 /kg·m⁻¹	方钢 截面面积 /mm²	方钢 理论质量 /kg·m⁻¹	六角钢 截面面积 /mm²	六角钢 理论质量 /kg·m⁻¹
3.0	7.069	0.0555	9.000	0.0706	7.794	0.0612
3.2	8.042	0.0631	10.24	0.0804	8.868	0.0696
3.5	9.621	0.0755	12.25	0.0962	10.61	0.0833
4.0	12.57	0.0986	16.00	0.126	13.86	0.109
4.5	15.90	0.125	20.25	0.159	17.54	0.138
5.0	19.63	0.154	25.00	0.196	21.65	0.170
5.5	23.76	0.187	30.25	0.237	26.20	0.206
6.0	28.27	0.222	36.00	0.283	31.18	0.245
6.3	31.17	0.245	39.69	0.312	34.37	0.270
7.0	38.48	0.302	49.00	0.385	42.44	0.333
7.5	44.18	0.347	56.25	0.442	—	—
8.0	50.27	0.395	64.00	0.502	55.43	0.435
8.5	56.75	0.445	72.25	0.567	—	—
9.0	63.62	0.499	81.00	0.636	70.15	0.551
9.5	70.88	0.556	90.25	0.708	—	—
10.0	78.54	0.617	100.0	0.785	86.60	0.680
10.5	86.59	0.680	110.2	0.865	—	—
11.0	95.03	0.746	121.0	0.950	104.8	0.823
11.5	103.9	0.815	132.2	1.04	—	—
12.0	113.1	0.888	144.0	1.13	124.7	0.979
13.0	132.7	1.04	169.0	1.33	146.4	1.15
14.0	153.9	1.21	196.0	1.54	169.7	1.33
15.0	176.7	1.39	225.0	1.77	194.9	1.53
16.0	201.1	1.58	256.0	2.01	221.7	1.74
17.0	227.0	1.78	289.0	2.27	250.3	1.96
18.0	254.5	2.00	324.0	2.54	280.6	2.20
19.0	283.5	2.23	361.0	2.83	312.6	2.45
20.0	314.2	2.47	400.0	3.14	346.4	2.72
21.0	346.4	2.72	441.0	3.46	381.9	3.00
22.0	380.1	2.98	484.0	3.80	419.2	3.29
24.0	452.4	3.55	576.0	4.52	498.8	3.92
25.0	490.9	3.85	625.0	4.91	541.3	4.25
26.0	530.9	4.17	676.0	5.31	585.4	4.60
28.0	615.8	4.83	784.0	6.15	679.0	5.33
30.0	706.9	5.55	900.0	7.06	779.4	6.12
32.0	804.2	6.31	1024	8.04	886.8	6.96
34.0	907.9	7.13	1156	9.07	1001	7.86
35.0	962.1	7.55	1225	9.62	—	—
36.0	—	—	—	—	1122	8.81
38.0	1134	8.90	1444	11.3	1251	9.82
40.0	1257	9.86	1600	12.6	1386	10.9
42.0	1385	10.9	1764	13.8	1528	12.0
45.0	1590	12.5	2025	15.9	1754	13.8
48.0	1810	14.2	2304	18.1	1995	15.7
50.0	1968	15.4	2500	19.6	2165	17.0
52.0	2206	17.3	2809	22.0	2433	19.1
55.0	—	—	—	—	2620	20.5
56.0	2463	19.3	3136	24.6	—	—
60.0	2827	22.2	3600	28.3	3118	24.5
63.0	3117	24.5	3969	31.2	—	—
65.0	—	—	—	—	3654	28.7
67.0	3526	27.7	4489	35.2	—	—
70.0	3848	30.2	4900	38.5	4244	33.3
75.0	4418	34.7	5625	44.2	4871	38.2
80.0	5027	39.5	6400	50.2	5543	43.5

注：1. 本表理论质量按密度 7.85kg/dm³ 计算，对高合金钢应按相应牌号的密度计算理论质量。d—圆钢直径，a—方钢边长，s—六角钢对边距离。
2. 按需方要求，经供需双方协议，可以供应中间尺寸的钢材。
3. 钢材通常长度为 2000~6000mm，允许交付长度不小于 1500mm 的钢材，其质量不超过批总重的 10%，高合金钢钢材允许交付不小于 1000mm 的钢材，质量不超过批总质量的 10%。按需方要求，可供应长度大于 6000mm 钢材。
4. 按定尺、倍尺长度交货，应在合同中注明，其长度极限偏差不大于 $^{+50}_{0}$ mm。
5. 钢材以直条交货，经双方协议，钢材可成盘交货，盘径和盘质量由双方协定。
6. 标记示例：用 40Cr 制造，尺寸极限偏差为 11 级，直径 d（或边长 a 或对边距离 s）为 20mm 的冷拉钢材，标记为：冷拉圆钢 $\dfrac{11-20-\mathrm{GB/T}\ 905-1994}{40\mathrm{Cr}-\mathrm{GB/T}\ 3078-2008}$。

表 3.1-191　冷拉圆钢、方钢、六角钢尺寸极限偏差（摘自 GB/T 905—1994）

尺寸 d、a、s/mm	极限偏差级别					
	8 (h8)	9 (h9)	10 (h10)	11 (h11)	12 (h12)	13 (h13)
	极限偏差/mm					
3	0 -0.014	0 -0.025	0 -0.040	0 -0.060	0 -0.100	0 -0.140
>3~6	0 -0.018	0 -0.030	0 -0.048	0 -0.075	0 -0.120	0 -0.180
>6~10	0 -0.022	0 -0.036	0 -0.058	0 -0.090	0 -0.150	0 -0.220
>10~18	0 -0.027	0 -0.043	0 -0.070	0 -0.110	0 -0.180	0 -0.270
>18~30	0 -0.033	0 -0.052	0 -0.084	0 -0.130	0 -0.210	0 -0.330
>30~50	0 -0.039	0 -0.062	0 -0.100	0 -0.160	0 -0.250	0 -0.390
>50~80	0 -0.046	0 -0.074	0 -0.120	0 -0.190	0 -0.300	0 -0.460

注：1. 圆钢适用极限偏差级别为 8、9、10、11、12；方钢为 10、11、12、13；六角钢为 10、11、12、13。
2. 按需方要求，双方协议，可以供应本表规定极限偏差以外的钢材。
3. 按需方要求，可供应圆度不大于直径公差 50% 的圆钢。
4. 钢材不应有显著扭转，方钢不得有显著脱方。对于方钢、六角钢的顶角圆弧半径和对角线有特殊要求时，由供需双方协议。
5. 钢材端头不应有切弯和影响使用的剪切变形。
6. 经供需双方协议供自动切削用直条交货的六角钢，尺寸 s 为 7~25mm 时，每米弯曲度不大于 2mm，尺寸 s 大于 25mm 时，每米弯曲度不大于 1mm。尺寸 s 小于 7mm 直条交货钢材，每米弯曲度不大于 4mm。自动切削用圆钢应在合同中注明。尺寸大于或等于 7mm 的直条交货的钢材弯曲度应符合下列规定：

级别	弯曲度/mm·m^{-1}，不大于			总弯曲度/mm，不大于
	尺寸 d、a、s/mm			
	7~25	>25~50	>50~80	7~80
8、9 级（h8、h9）	1	0.75	0.50	总长度与每米允许弯曲度的乘积
10、11 级（h10、h11）	3	2	1	
12、13 级（h12、h13）	4	3	2	
供自动切削用圆钢	2	2	1	

5.1.6　银亮钢（见表 3.1-192）

表 3.1-192　银亮钢分类、牌号、尺寸规格及用途（摘自 GB/T 3207—2008）

分类及代号		剥皮材，代号 SF，通过车削剥去表皮去除轧制缺陷和脱碳层后，经矫直，表面粗糙度 $Ra ≤ 3.0 \mu m$ 磨光材，代号 SP，拉拔或剥皮后，经磨光处理，表面粗糙度 $Ra ≤ 5.0 \mu m$ 抛光材，代号 SB，经拉拔、车削剥皮或磨光后，再进行抛光处理，表面粗糙度 $Ra ≤ 0.6 \mu m$
材料要求	牌号	可以采用相关技术标准规定的牌号
	化学成分	化学成分符合相应技术标准的规定
	力学性能	银亮钢的力学性能（不含试样热处理的性能）和工艺性能允许比相应技术标准的规定波动 ±10%，试样经热处理后的力学性能应符合相应技术标准的规定
用途		银亮钢经加工处理，表面无轧制缺陷和脱碳层，具有一定表面质量和尺寸精度，适用于对表面质量有较高要求的，可简化钢材使用后加工要求的机械及相关各行业的零件制作

（续）

	通常长度：公称直径≤30mm时，通常长度为2～6m；公称直径＞30mm时，通常长度为2～7m；通常以直条交货，剥皮材（SF）和抛光材（SB）平直度≤1mm/m；磨光材（SP）平直度≤2mm/m							
	公称直径 d/mm	参考截面面积/mm²	参考质量 /kg·m⁻¹	公称直径 d/mm	参考截面面积/mm²	参考质量 /kg·m⁻¹	公称直径 d/mm	参考截面面积/mm²	参考质量 /kg·m⁻¹
尺寸规格	1.00	0.785 4	0.006	12.0	113.1	0.888	58.0	2 642	20.7
	1.10	0.950 3	0.007	13.0	132.7	1.04	60.0	2 827	22.2
	1.20	1.131	0.009	14.0	153.9	1.21	63.0	3 117	24.5
	1.40	1.539	0.012	15.0	176.7	1.39	65.0	3 318	26.0
	1.50	1.767	0.014	16.0	201.1	1.58	68.0	3 632	28.5
	1.60	2.001	0.016	17.0	227.0	1.78	70.0	3 848	30.2
	1.80	2.545	0.020	18.0	254.5	2.00	75.0	4 418	34.7
	2.00	3.142	0.025	19.0	283.5	2.23	80.0	5 027	39.5
	2.20	3.801	0.030	20.0	314.2	2.47	85.0	5 675	44.5
	2.50	4.909	0.039	21.0	346.4	2.72	90.0	6 362	49.9
	2.80	6.158	0.049	22.0	380.1	2.98	95.0	7 088	55.6
	3.00	7.069	0.056	24.0	452.4	3.55	100.0	7 854	61.7
	3.20	8.042	0.063	25.0	490.9	3.85	105.0	8 659	68.0
	3.50	9.621	0.076	26.0	530.9	4.17	110.0	9 503	74.6
	4.00	12.57	0.099	28.0	615.8	4.83	115.0	10 390	81.5
	4.50	15.90	0.125	30.0	706.9	5.55	120.0	11 310	88.8
	5.00	19.63	0.154	32.0	804.2	6.31	125.0	12 270	96.3
	5.50	23.76	0.187	33.0	855.3	6.71	130.0	13 270	104
	6.00	28.27	0.222	34.0	907.9	7.13	135.0	14 310	112
	6.30	31.17	0.244	35.0	962.1	7.55	140.0	15 390	121
	7.0	38.48	0.302	36.0	1 018	7.99	145.0	16 510	130
	7.5	44.18	0.347	38.0	1 134	8.90	150.0	17 670	139
	8.0	50.27	0.395	40.0	1 257	9.90	155.0	18 870	148
	8.5	56.75	0.445	42.0	1 385	10.9	160.0	20 110	158
	9.0	63.62	0.499	45.0	1 590	12.5	165.0	21 380	168
	9.5	70.88	0.556	48.0	1 810	14.2	170.0	22 700	178
	10.0	78.54	0.617	50.0	1 963	15.4	175.0	24 050	189
	10.5	86.59	0.680	53.0	2 206	17.3	180.0	25 450	200
	11.0	95.03	0.746	55.0	2 376	18.6			
	11.5	103.9	0.815	56.0	2 463	19.3			

	公称直径/mm	极限偏差/mm						
		6(h6)	7(h7)	8(h8)	9(h9)	10(h10)	11(h11)	12(h12)	13(h13)
直径极限偏差	1.0～3.0	0 -0.006	0 -0.010	0 -0.014	0 -0.025	0 -0.040	0 -0.060	0 -0.10	0 -0.14
	＞3.0～6.0	0 -0.008	0 -0.012	0 -0.018	0 -0.030	0 -0.048	0 -0.075	0 -0.12	0 -0.18
	＞6.0～10.0	0 -0.009	0 -0.015	0 -0.022	0 -0.036	0 -0.058	0 -0.090	0 -0.150	0 -0.22
	＞10.0～18.0	0 -0.011	0 -0.018	0 -0.027	0 -0.043	0 -0.070	0 -0.11	0 -0.18	0 -0.27
	＞18.0～30.0	0 -0.013	0 -0.021	0 -0.033	0 -0.052	0 -0.084	0 -0.13	0 -0.21	0 -0.33
	＞30.0～50.0	0 -0.016	0 -0.025	0 -0.039	0 -0.062	0 -0.100	0 -0.16	0 -0.25	0 -0.39
	＞50.0～80.0	0 -0.019	0 -0.030	0 -0.046	0 -0.074	0 -0.12	0 -0.19	0 -0.30	0 -0.46
	＞80.0～120.0	0 -0.022	0 -0.035	0 -0.054	0 -0.087	0 -0.14	0 -0.22	0 -0.35	0 -0.54
	＞120.0～180.0	0 -0.025	0 -0.040	0 -0.063	0 -0.100	0 -0.16	0 -0.25	0 -0.40	0 -0.63

5.1.7 结构用冷弯空心型钢

GB/T 6728—2002 结构用冷弯空心型钢的圆形、方形和矩形空心型钢截面如图3.1-1～图3.1-3所示;异型冷弯空心型钢（代号 YI）外形截面由供需双方协商确定；冷弯型钢尺寸规格见表3.1-193～表3.1-196。

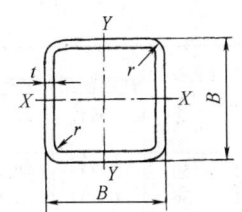

图3.1-2 方形

方形空心型钢，代号 F
B—边长
t—壁厚
r—外圆弧半径

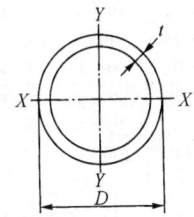

图3.1-1 圆形

圆形空心型钢，代号 Y
D—外径
t—壁厚

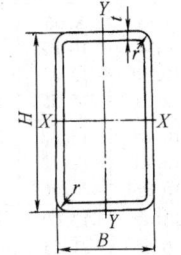

图3.1-3 矩形

矩形空心型钢，代号 J
H—长边
B—短边
t—壁厚
r—外圆弧半径

表3.1-193 圆形冷弯空心型钢尺寸规格（摘自 GB/T 6728—2017）

外径 D/mm	极限偏差/mm	壁厚 t/mm	理论质量 M/kg·m^{-1}	截面面积 A/cm^2	惯性矩 I/cm^4	惯性半径 i/cm	弹性模数 Z/cm^3	塑性模数 S/cm^3	扭转常数 I_t/cm^4	扭转常数 C_t/cm^3	每米长度表面积 A_s/m^2
21.3 (21.3)	±0.5	1.2	0.59	0.76	0.38	0.712	0.36	0.49	0.77	0.72	0.067
		1.5	0.73	0.93	0.46	0.702	0.43	0.59	0.92	0.86	0.067
		1.75	0.84	1.07	0.52	0.694	0.49	0.67	1.04	0.97	0.067
		2.0	0.95	1.21	0.57	0.686	0.54	0.75	1.14	1.07	0.067
		2.5	1.16	1.48	0.66	0.671	0.62	0.89	1.33	1.25	0.067
		3.0	1.35	1.72	0.74	0.655	0.70	1.01	1.48	1.39	0.067
26.8 (26.9)	±0.5	1.2	0.76	0.97	0.79	0.906	0.59	0.79	1.58	1.18	0.084
		1.5	0.94	1.19	0.96	0.896	0.71	0.96	1.91	1.43	0.084
		1.75	1.08	1.38	1.09	0.888	0.81	1.1	2.17	1.62	0.084
		2.0	1.22	1.56	1.21	0.879	0.90	1.23	2.41	1.80	0.084
		2.5	1.50	1.91	1.42	0.864	1.06	1.48	2.85	2.12	0.084
		3.0	1.76	2.24	1.61	0.848	1.20	1.71	3.23	2.41	0.084
33.5 (33.7)	±0.5	1.5	1.18	1.51	1.93	1.132	1.15	1.54	3.87	2.31	0.105
		2.0	1.55	1.98	2.46	1.116	1.47	1.99	4.93	2.94	0.105
		2.5	1.91	2.43	2.94	1.099	1.76	2.41	5.89	3.51	0.105
		3.0	2.26	2.87	3.37	1.084	2.01	2.80	6.75	4.03	0.105
		3.5	2.59	3.29	3.76	1.068	2.24	3.16	7.52	4.49	0.105
		4.0	2.91	3.71	4.11	1.053	2.45	3.50	8.21	4.90	0.105
42.3 (42.4)	±0.5	1.5	1.51	1.92	4.01	1.443	1.89	2.50	8.01	3.79	0.133
		2.0	1.99	2.53	5.15	1.427	2.44	3.25	10.31	4.87	0.133
		2.5	2.45	3.13	6.21	1.410	2.94	3.97	12.43	5.88	0.133
		3.0	2.91	3.70	7.19	1.394	3.40	4.64	14.39	6.80	0.133
		4.0	3.78	4.81	8.92	1.361	4.22	5.89	17.84	8.44	0.133
48 (48.3)	±0.5	1.5	1.72	2.19	5.93	1.645	2.47	3.24	11.86	4.94	0.151
		2.0	2.27	2.89	7.66	1.628	3.19	4.23	15.32	6.38	0.151
		2.5	2.81	3.57	9.28	1.611	3.86	5.18	18.55	7.73	0.151
		3.0	3.33	4.24	10.78	1.594	4.49	6.08	21.57	9.89	0.151
		4.0	4.34	5.53	13.49	1.562	5.62	7.77	26.98	11.24	0.151
		5.0	5.30	6.75	15.82	1.530	6.59	9.29	31.65	13.18	0.151
60 (60.3)	±0.6	2.0	2.86	3.64	15.34	2.052	5.11	6.73	30.68	10.23	0.188
		2.5	3.55	4.52	18.70	2.035	6.23	8.27	37.40	12.47	0.188
		3.0	4.22	5.37	21.88	2.018	7.29	9.76	43.76	14.58	0.188
		4.0	5.52	7.04	27.73	1.985	9.24	12.56	55.45	18.48	0.188
		5.0	6.78	8.64	32.94	1.953	10.98	15.17	65.88	21.96	0.188

（续）

外径 D /mm	极限偏差 /mm	壁厚 t /mm	理论质量 M/kg·m^{-1}	截面面积 A/cm^2	惯性矩 I/cm^4	惯性半径 i/cm	弹性模数 Z/cm^3	塑性模数 S/cm^3	扭转常数 I_t/cm^4	扭转常数 C_t/cm^3	每米长度表面积 A_s/m^2
75.5 (76.1)	±0.76	2.5 3.0 4.0 5.0	4.50 5.36 7.05 8.69	5.73 6.83 8.98 11.07	38.24 44.97 57.59 69.15	2.582 2.565 2.531 2.499	10.13 11.91 15.26 18.32	13.33 15.78 20.47 24.89	76.47 89.94 115.19 138.29	20.26 23.82 30.51 36.63	0.237 0.237 0.237 0.237
88.5 (88.9)	±0.90	3.0 4.0 5.0 6.0	6.33 8.34 10.30 12.21	8.06 10.62 13.12 15.55	73.73 94.99 114.72 133.00	3.025 2.991 2.957 2.925	16.66 21.46 25.93 30.06	21.94 28.58 34.90 40.91	147.45 189.97 229.44 266.01	33.32 42.93 51.85 60.11	0.278 0.278 0.278 0.278
114 (114.3)	±1.15	4.0 5.0 6.0	10.85 13.44 15.98	13.82 17.12 20.36	209.35 254.81 297.73	3.892 3.858 3.824	36.73 44.70 52.23	48.42 59.45 70.06	418.70 509.61 595.46	73.46 89.41 104.47	0.358 0.358 0.358
140 (139.7)	±1.40	4.0 5.0 6.0	13.42 16.65 19.83	17.09 21.21 25.26	395.47 483.76 568.03	4.810 4.776 4.742	56.50 69.11 85.15	74.01 91.17 107.81	790.94 967.52 1136.13	112.99 138.22 162.30	0.440 0.440 0.440
165 (168.3)	±1.65	4 5 6 8	15.88 19.73 23.53 30.97	20.23 25.13 29.97 39.46	655.94 805.04 948.47 1218.92	5.69 5.66 5.63 5.56	79.51 97.58 114.97 147.75	103.71 128.04 151.76 197.36	1311.89 1610.07 1896.93 2437.84	159.02 195.16 229.93 295.50	0.518 0.518 0.518 0.518
219.1 (219.1)	±2.20	5 6 8 10	26.4 31.53 41.6 51.6	33.60 40.17 53.10 65.70	1928 2282 2960 3598	7.57 7.54 7.47 7.40	176 208 270 328	229 273 357 438	3856 4564 5919 7197	352 417 540 657	0.688 0.688 0.688 0.688
273 (273)	±2.75	5 6 8 10	33.0 39.5 52.3 64.9	42.1 50.3 66.6 82.6	3781 4487 5852 7154	9.48 9.44 9.37 9.31	277 329 429 524	359 428 562 692	7562 8974 11700 14310	554 657 857 1048	0.858 0.858 0.858 0.858
325 (323.9)	±3.25	5 6 8 10 12	39.5 47.2 62.5 77.7 92.6	50.3 60.1 79.7 99.0 118.0	6436 7651 10014 12287 14472	11.32 11.28 11.21 11.14 11.07	396 471 616 756 891	512 611 804 993 1176	12871 15303 20028 24573 28943	792 942 1232 1512 1781	1.20 1.20 1.20 1.20 1.20
355.6 (355.6)	±3.55	6 8 10 12	51.7 68.6 85.2 101.7	65.9 87.4 109.0 130.0	10071 13200 16220 19140	12.4 12.3 12.2 12.2	566 742 912 1076	733 967 1195 1417	20141 26400 32450 38279	1133 1485 1825 2153	1.12 1.12 1.12 1.12
406.4 (406.4)	±4.10	8 10 12	78.6 97.8 116.7	100 125 149	19870 24480 28937	14.1 14.0 14.0	978 1205 1424	1270 1572 1867	39750 48950 57874	1956 2409 2848	1.28 1.28 1.28
457 (457)	±4.6	8 10 12	88.6 110.0 131.7	113 140 168	28450 35090 41556	15.9 15.8 15.7	1245 1536 1819	1613 1998 2377	56890 70180 83113	2490 3071 3637	1.44 1.44 1.44
508 (508)	±5.10	8 10 12	98.6 123.0 146.8	126 156 187	39280 48520 57536	17.7 17.6 17.5	1546 1910 2265	2000 2480 2953	78560 97040 115072	3093 3621 4530	1.60 1.60 1.60
610	±6.10	8 10 12.5 16	118.8 148.0 184.2 234.4	151 189 235 299	68552 84847 104755 131782	21.3 21.2 21.1 21.0	2248 2781 3435 4321	2899 3600 4463 5647	137103 169694 209510 263563	4495 5564 6869 8641	1.92 1.92 1.92 1.92

注：括号内为 ISO 4019 所列规格。

表 3.1-194　方形冷弯空心型钢尺寸规格（摘自 GB/T 6728—2017）

边长 B/mm	极限偏差 /mm	壁厚 t/mm	理论质量 M/kg·m^{-1}	截面面积 A/cm^2	惯性矩 $I_x=I_y$/cm^4	惯性半径 $i_x=i_y$/cm	截面模数 $W_x=W_y$/cm^3	扭转常数 I_t/cm^4	C_t/cm^3
20	±0.50	1.2	0.679	0.865	0.498	0.759	0.498	0.823	0.75
		1.5	0.826	1.052	0.583	0.744	0.583	0.985	0.88
		1.75	0.941	1.199	0.642	0.732	0.642	1.106	0.98
		2.0	1.050	1.340	0.692	0.720	0.692	1.215	1.06
20	±0.50	1.2	0.867	1.105	1.025	0.963	0.820	1.655	1.24
		1.5	1.061	1.352	1.216	0.948	0.973	1.998	1.47
		1.75	1.215	1.548	1.357	0.936	1.086	2.261	1.65
		2.0	1.363	1.736	1.482	0.923	1.186	2.502	1.80
30	±0.50	1.5	1.296	1.652	2.195	1.152	1.463	3.555	2.21
		1.75	1.490	1.898	2.470	1.140	1.646	4.048	2.49
		2.0	1.677	2.136	2.721	1.128	1.814	4.511	2.75
		2.5	2.032	2.589	3.154	1.103	2.102	5.347	3.20
		3.0	2.361	3.008	3.500	1.078	2.333	6.060	3.58
40	±0.50	1.5	1.767	2.525	5.489	1.561	2.744	8.728	4.13
		1.75	2.039	2.598	6.237	1.549	3.118	10.009	4.69
		2.0	2.305	2.936	6.939	1.537	3.469	11.238	5.23
		2.5	2.817	3.589	8.213	1.512	4.106	13.539	6.21
		3.0	3.303	4.208	9.320	1.488	4.660	15.628	7.07
		4.0	4.198	5.347	11.064	1.438	5.532	19.152	8.48
50	±0.50	1.5	2.238	2.852	11.065	1.969	4.426	17.395	6.65
		1.75	2.589	3.298	12.641	1.957	5.056	20.025	7.60
		2.0	2.933	3.736	14.146	1.945	5.658	22.578	8.51
		2.5	3.602	4.589	16.941	1.921	6.776	27.436	10.22
		3.0	4.245	5.408	19.463	1.897	7.785	31.972	11.77
		4.0	5.454	6.947	23.725	1.847	9.490	40.047	14.43
60	±0.60	2.0	3.560	4.540	25.120	2.350	8.380	39.810	12.60
		2.5	4.387	5.589	30.340	2.329	10.113	48.539	15.22
		3.0	5.187	6.608	35.130	2.305	11.710	56.892	17.65
		4.0	6.710	8.547	43.539	2.256	14.513	72.188	21.97
		5.0	8.129	10.356	50.468	2.207	16.822	85.560	25.61
70	±0.65	2.5	5.170	6.590	49.400	2.740	14.100	78.500	21.20
		3.0	6.129	7.808	57.522	2.714	16.434	92.188	24.74
		4.0	7.966	10.147	72.108	2.665	20.602	117.975	31.11
		5.0	9.699	12.356	84.602	2.616	24.172	141.183	36.65
80	±0.70	2.5	5.957	7.589	75.147	3.147	18.787	118.52	28.22
		3.0	7.071	9.008	87.838	3.122	21.959	139.660	33.02
		4.0	9.222	11.747	111.031	3.074	27.757	179.808	41.84
		5.0	11.269	14.356	131.414	3.025	32.853	216.628	49.68
90	±0.75	3.0	8.013	10.208	127.277	3.531	28.283	201.108	42.51
		4.0	10.478	13.347	161.907	3.482	35.979	260.088	54.17
		5.0	12.839	16.356	192.903	3.434	42.867	314.896	64.71
		6.0	15.097	19.232	220.420	3.385	48.982	365.452	74.16
100	±0.80	4.0	11.734	11.947	226.337	3.891	45.267	361.213	68.10
		5.0	14.409	18.356	271.071	3.842	54.214	438.986	81.72
		6.0	16.981	21.632	311.415	3.794	62.283	511.558	94.12
110	±0.90	4.0	12.99	16.548	305.94	4.300	55.625	486.47	83.63
		5.0	15.98	20.356	367.95	4.252	66.900	593.60	100.74
		6.0	18.866	24.033	424.57	4.203	77.194	694.85	116.47
120	±0.90	4.0	14.246	18.147	402.260	4.708	67.043	635.603	100.75
		5.0	17.549	22.356	485.441	4.659	80.906	776.632	121.75
		6.0	20.749	26.432	562.094	4.611	93.683	910.281	141.22
		8.0	26.840	34.191	696.639	4.513	116.106	1155.010	174.58
130	±1.00	4.0	15.502	19.748	516.97	5.117	79.534	814.72	119.48
		5.0	19.120	24.356	625.68	5.068	96.258	998.22	144.77
		6.0	22.634	28.833	726.64	5.020	111.79	1173.6	168.36
		8.0	28.921	36.842	882.86	4.895	135.82	1502.1	209.54

（续）

边长 B/mm	极限偏差 /mm	壁厚 t/mm	理论质量 M/kg·m^{-1}	截面面积 A/cm^2	惯性矩 $I_x=I_y$/cm^4	惯性半径 $i_x=i_y$/cm	截面模数 $W_x=W_y$/cm^3	扭转常数 I_t/cm^4	扭转常数 C_t/cm^3
140	±1.10	4.0	16.758	21.347	651.598	5.524	53.085	1022.176	139.8
		5.0	20.689	26.356	790.523	5.476	112.931	1253.565	169.78
		6.0	24.517	31.232	920.359	5.428	131.479	1475.020	197.9
		8.0	31.864	40.591	1153.735	5.331	164.819	1887.605	247.69
150	±1.20	4.0	18.014	22.948	807.82	5.933	107.71	1264.8	161.73
		5.0	22.26	28.356	982.12	5.885	130.95	1554.1	196.79
		6.0	26.402	33.633	1145.9	5.837	152.79	1832.7	229.84
		8.0	33.945	43.242	1411.8	5.714	188.25	2364.1	289.03
160	±1.20	4.0	19.270	24.547	987.152	6.341	123.394	1540.134	185.25
		5.0	23.829	30.356	1202.317	6.293	150.289	1893.787	225.79
		6.0	28.285	36.032	1405.408	6.245	175.676	2234.573	264.18
		8.0	36.888	46.991	1776.496	6.148	222.062	2876.940	333.56
170	±1.30	4.0	20.526	26.148	1191.3	6.750	140.15	1855.8	210.37
		5.0	25.400	32.356	1453.3	6.702	170.97	2285.3	256.80
		6.0	30.170	38.433	1701.6	6.654	200.18	2701.0	300.91
		8.0	38.969	49.642	2118.2	6.532	249.2	3503.1	381.28
180	±1.40	4.0	21.800	27.70	1422	7.16	158	2210	237
		5.0	27.000	34.40	1737	7.11	193	2724	290
		6.0	32.100	40.80	2037	7.06	226	3223	340
		8.0	41.500	52.80	2546	6.94	283	4189	432
190	±1.50	4.0	23.00	29.30	1680	7.57	176	2607	265
		5.0	28.50	36.40	2055	7.52	216	3216	325
		6.0	33.90	43.20	2413	7.47	254	3807	381
		8.0	44.00	56.00	3208	7.35	319	4958	486
200	±1.60	4.0	24.30	30.90	1968	7.97	197	3049	295
		5.0	30.10	38.40	2410	7.93	241	3763	362
		6.0	35.80	45.60	2833	7.88	283	4459	426
		8.0	46.50	59.20	3566	7.76	357	5815	544
		10	57.00	72.60	4251	7.65	425	7072	651
220	±1.80	5.0	33.2	42.4	3238	8.74	294	5038	442
		6.0	39.6	50.4	3813	8.70	347	5976	521
		8.0	51.5	65.6	4828	8.58	439	7815	668
		10	63.2	80.6	5782	8.47	526	9533	804
		12	73.5	93.7	6487	8.32	590	11149	922
250	±2.00	5.0	38.0	48.4	4805	9.97	384	7443	577
		6.0	45.2	57.6	5672	9.92	454	8843	681
		8.0	59.1	75.2	7299	9.80	578	11598	878
		10	72.7	92.6	8707	9.70	697	14197	1062
		12	84.8	108	9859	9.55	789	16691	1226
280	±2.20	5.0	42.7	54.4	6810	11.2	486	10513	730
		6.0	50.9	64.8	8054	11.1	575	12504	863
		8.0	66.6	84.8	10317	11.0	737	16436	1117
		10	82.1	104.6	12479	10.9	891	20173	1356
		12	96.1	122.5	14232	10.8	1017	23804	1574
300	±2.40	6.0	54.7	69.6	9964	12.0	664	15434	997
		8.0	71.6	91.2	12801	11.8	853	20312	1293
		10	88.4	113	15519	11.7	1035	24966	1572
		12	104	132	17767	11.6	1184	29514	1829
350	±2.80	6.0	64.1	81.6	16008	14.0	915	24683	1372
		8.0	84.2	107	20618	13.9	1182	32557	1787
		10	104	133	25189	13.8	1439	40127	2182
		12	123	156	29054	13.6	1660	47598	2552
400	±3.20	8.0	96.7	123	31269	15.9	1564	48934	2362
		10	120	153	38216	15.8	1911	60431	2892
		12	141	180	44319	15.7	2216	71843	3395
		14	163	208	50414	15.6	2521	82735	3877

第 1 章　钢 铁 材 料　　　3-235

（续）

边长 B/mm	极限偏差 /mm	壁厚 t/mm	理论质量 M/kg·m^{-1}	截面面积 A/cm^2	惯性矩 $I_x = I_y$/cm^4	惯性半径 $i_x = i_y$/cm	截面模数 $W_x = W_y$/cm^3	扭转常数 I_t/cm^4	C_t/cm^3
450	±3.60	8.0	109	139	44966	18.0	1999	70043	3016
		10	135	173	55100	17.9	2449	86629	3702
		12	160	204	64164	17.7	2851	103150	4357
		14	185	236	73210	17.6	3254	119000	4989
500	±4.00	8.0	122	155	62172	20.0	2487	96483	3750
		10	151	193	76341	19.9	3054	119470	4612
		12	179	228	89187	19.8	3568	142420	5440
		14	207	264	102010	19.7	4080	164530	6241
		16	235	299	114260	19.6	4570	186140	7013

注：表中理论质量按密度 7.85g/cm^3 计算。

表 3.1-195　矩形冷弯空心型钢尺寸规格（摘自 GB/T 6728—2017）

边长 /mm		极限偏差 /mm	壁厚 t/mm	理论质量 M /kg·m^{-1}	截面面积 A/cm^2	惯性矩 /cm^4		惯性半径 /cm		截面模数 /cm^3		扭转常数	
H	B					I_x	I_y	i_x	i_y	W_x	W_y	I_t/cm^4	C_t/cm^3
30	20	±0.50	1.5	1.06	1.35	1.59	0.84	1.08	0.788	1.06	0.84	1.83	1.40
			1.75	1.22	1.55	1.77	0.93	1.07	0.777	1.18	0.93	2.07	1.56
			2.0	1.36	1.74	1.94	1.02	1.06	0.765	1.29	1.02	2.29	1.71
			2.5	1.64	2.09	2.21	1.15	1.03	0.742	1.47	1.15	2.68	1.95
40	20	±0.50	1.5	1.30	1.65	3.27	1.10	1.41	0.815	1.63	1.10	2.74	1.91
			1.75	1.49	1.90	3.68	1.23	1.39	0.804	1.84	1.23	3.11	2.14
			2.0	1.68	2.14	4.05	1.34	1.38	0.793	2.02	1.34	3.45	2.36
			2.5	2.03	2.59	4.69	1.54	1.35	0.770	2.35	1.54	4.06	2.72
			3.0	2.36	3.01	5.21	1.68	1.32	0.748	2.60	1.68	4.57	3.00
40	25	±0.50	1.5	1.41	1.80	3.82	1.46	1.46	1.010	1.91	1.47	4.06	2.46
			1.75	1.63	2.07	4.32	2.07	1.44	0.999	2.16	1.66	4.63	2.78
			2.0	1.83	2.34	4.77	2.28	1.43	0.988	2.39	1.82	5.17	3.07
			2.5	2.23	2.84	5.57	2.64	1.40	0.965	2.79	2.11	6.15	3.59
			3.0	2.60	3.31	6.24	2.94	1.37	0.942	3.12	2.35	7.00	4.01
40	30	±0.50	1.5	1.53	1.95	4.38	2.81	1.50	1.199	2.19	1.87	5.52	3.02
			1.75	1.77	2.25	4.96	3.17	1.48	1.187	2.48	2.11	6.31	3.42
			2.0	1.99	2.54	5.49	3.51	1.47	1.176	2.75	2.34	7.07	3.79
			2.5	2.42	3.09	6.45	4.10	1.45	1.153	3.23	2.74	8.47	4.46
			3.0	2.83	3.61	7.27	4.60	1.42	1.129	3.63	3.07	9.72	5.03
50	25	±0.50	1.5	1.65	2.10	6.65	2.25	1.78	1.04	2.66	1.80	5.52	3.41
			1.75	1.90	2.42	7.55	2.54	1.76	1.024	3.02	2.03	6.32	3.54
			2.0	2.15	2.74	8.38	2.81	1.75	1.013	3.35	2.25	7.06	3.92
			2.5	2.62	2.34	9.89	3.28	1.72	0.991	3.95	2.62	8.43	4.60
			3.0	3.07	3.91	11.17	3.67	1.69	0.969	4.47	2.93	9.64	5.18
50	30	±0.50	1.5	1.767	2.252	7.535	3.415	1.829	1.231	3.014	2.276	7.587	3.83
			1.75	2.039	2.598	8.566	3.868	1.815	1.220	3.426	2.579	8.682	4.35
			2.0	2.305	2.936	9.535	4.291	1.801	1.208	3.814	2.861	9.727	4.84
			2.5	2.817	3.589	11.296	5.050	1.774	1.186	4.518	3.366	11.666	5.72
			3.0	3.303	4.206	12.827	5.696	1.745	1.163	5.130	3.797	13.401	6.49
			4.0	4.198	5.347	15.239	6.682	1.688	1.117	6.095	4.455	16.244	7.77
50	40	±0.50	1.5	2.003	2.552	9.300	6.602	1.908	1.608	3.720	3.301	12.238	5.24
			1.75	2.314	2.948	10.603	7.518	1.896	1.596	4.241	3.759	14.059	5.97
			2.0	2.619	3.336	11.840	8.348	1.883	1.585	4.736	4.192	15.817	6.673
			2.5	3.210	4.089	14.121	9.976	1.858	1.562	5.648	4.988	19.222	7.965
			3.0	3.775	4.808	16.149	11.382	1.833	1.539	6.460	5.691	22.336	9.123
			4.0	4.826	6.148	19.493	13.677	1.781	1.492	7.797	6.839	27.82	11.06

(续)

边长 /mm		极限偏差 /mm	壁厚 t/mm	理论质量 M /kg·m⁻¹	截面面积 A/cm²	惯性矩 /cm⁴		惯性半径 /cm		截面模数 /cm³		扭转常数	
H	B					I_x	I_y	i_x	i_y	W_x	W_y	I_t/cm⁴	C_t/cm³
55	25	±0.50	1.5	1.767	2.252	8.453	2.460	1.937	1.045	3.074	1.968	6.273	3.458
			1.75	2.039	2.598	9.606	2.779	1.922	1.034	3.493	2.223	7.156	3.916
			2.0	2.305	2.936	10.689	3.073	1.907	1.023	3.886	2.459	7.992	4.342
55	40	±0.50	1.5	2.121	2.702	11.674	7.158	2.078	1.627	4.245	3.579	14.017	5.794
			1.75	2.452	3.123	13.329	8.158	2.065	1.616	4.847	4.079	16.175	6.614
			2.0	2.776	3.536	14.904	9.107	2.052	1.604	5.419	4.553	18.208	7.394
55	50	±0.60	1.75	2.726	3.473	15.811	13.660	2.133	1.983	5.749	5.464	23.173	8.415
			2.0	3.090	3.936	17.714	15.298	2.121	1.971	6.441	6.119	26.142	9.433
60	30	±0.60	2.0	2.620	3.337	15.046	5.078	2.123	1.234	5.015	3.385	12.57	5.881
			2.5	3.209	4.089	17.933	5.998	2.094	1.211	5.977	3.998	15.054	6.981
			3.0	3.774	4.808	20.496	6.794	2.064	1.188	6.832	4.529	17.335	7.950
			4.0	4.826	6.147	24.691	8.045	2.004	1.143	8.230	5.363	21.141	9.523
60	40	±0.60	2.0	2.934	3.737	18.412	9.831	2.220	1.622	6.137	4.915	20.702	8.116
			2.5	3.602	4.589	22.069	11.734	2.192	1.595	7.356	5.867	25.045	9.722
			3.0	4.245	5.408	25.374	13.436	2.166	1.576	8.458	6.718	29.121	11.175
			4.0	5.451	6.947	30.974	16.269	2.111	1.530	10.324	8.134	36.298	13.653
70	50	±0.60	2.0	3.562	4.537	31.475	18.758	2.634	2.033	8.993	7.503	37.454	12.196
			3.0	5.187	6.608	44.046	26.099	2.581	1.987	12.584	10.439	53.426	17.06
			4.0	6.710	8.547	54.663	32.210	2.528	1.941	15.618	12.884	67.613	21.189
			5.0	8.129	10.356	63.435	37.179	2.171	1.894	18.121	14.871	79.908	24.642
80	40	±0.70	2.0	3.561	4.536	37.355	12.720	2.869	1.674	9.339	6.361	30.881	11.004
			2.5	4.387	5.589	45.103	15.255	2.840	1.652	11.275	7.627	37.467	13.283
			3.0	5.187	6.608	52.246	17.552	2.811	1.629	13.061	8.776	43.680	15.283
			4.0	6.710	8.547	64.780	21.474	2.752	1.585	16.195	10.737	54.787	18.844
			5.0	8.129	10.356	75.080	24.567	2.692	1.540	18.770	12.283	64.110	21.744
80	60	±0.70	3.0	6.129	7.808	70.042	44.886	2.995	2.397	17.510	14.962	88.111	24.143
			4.0	7.966	10.147	87.945	56.105	2.943	2.351	21.976	18.701	112.583	30.332
			5.0	9.699	12.356	103.247	65.634	2.890	2.304	25.811	21.878	134.503	35.673
90	40	±0.75	3.0	5.658	7.208	70.487	19.610	3.127	1.649	15.663	9.805	51.193	17.339
			4.0	7.338	9.347	87.894	24.077	3.066	1.604	19.532	12.038	64.320	21.441
			5.0	8.914	11.356	102.487	27.651	3.004	1.560	22.774	13.825	75.426	24.819
90	50	±0.75	2.0	4.190	5.337	57.878	23.368	3.293	2.093	12.862	9.347	53.366	15.882
			2.5	5.172	6.589	70.263	28.236	3.266	2.070	15.614	11.294	65.299	19.235
			3.0	6.129	7.808	81.845	32.735	3.237	2.047	18.187	13.094	76.433	22.316
			4.0	7.966	10.147	102.696	40.695	3.181	2.002	22.821	16.278	97.162	27.961
			5.0	9.699	12.356	120.570	47.345	3.123	1.957	26.793	18.938	115.436	36.774
90	55	±0.75	2.0	4.346	5.536	61.75	28.957	3.340	2.287	13.733	10.53	62.724	17.601
			2.5	5.368	6.839	75.049	33.065	3.313	2.264	16.678	12.751	76.877	21.357
90	60	±0.75	3.0	6.600	8.408	93.203	49.764	3.329	2.432	20.711	16.588	104.552	27.391
			4.0	8.594	10.947	117.499	62.387	3.276	2.387	26.111	20.795	133.852	34.501
			5.0	10.484	13.356	138.653	73.218	3.222	2.311	30.811	24.406	160.273	40.712
95	50	±0.75	2.0	4.347	5.537	66.084	24.521	3.455	2.104	13.912	9.808	57.458	16.804
			2.5	5.369	6.839	80.306	29.647	3.247	2.082	16.906	11.895	70.324	20.364
100	50	±0.80	3.0	6.690	8.408	106.451	36.053	3.558	2.070	21.290	14.421	88.311	25.012
			4.0	8.594	10.947	134.124	44.938	3.500	2.026	26.824	17.975	112.409	31.35
			5.0	10.484	13.356	158.155	52.429	3.441	1.981	31.631	20.971	133.758	36.804
120	50	±0.90	2.5	6.350	8.089	143.97	36.704	4.219	2.130	23.995	14.682	96.026	26.006
			3.0	7.543	9.608	168.58	42.693	4.189	2.108	28.097	17.077	112.87	30.317
120	60	±0.90	3.0	8.013	10.208	189.113	64.398	4.304	2.511	31.581	21.466	156.029	37.138
			4.0	10.478	13.347	240.724	81.235	4.246	2.466	40.120	27.078	200.407	47.048
			5.0	12.839	16.356	286.941	95.968	4.188	2.422	47.823	31.989	240.869	55.846
			6.0	15.097	19.232	327.950	108.716	4.129	2.377	54.658	36.238	277.361	63.597

（续）

边长 /mm		极限偏差 /mm	壁厚 t/mm	理论质量 M /kg·m^{-1}	截面面积 A/cm^2	惯性矩 /cm^4		惯性半径 /cm		截面模数 /cm^3		扭转常数	
H	B					I_x	I_y	i_x	i_y	W_x	W_y	I_t/cm^4	C_t/cm^3
120	80	±0.90	3.0	8.955	11.408	230.189	123.430	4.491	3.289	38.364	30.857	255.128	50.799
			4.0	11.734	11.947	294.569	157.281	4.439	3.243	49.094	39.320	330.438	64.927
			5.0	14.409	18.356	353.108	187.747	4.385	3.198	58.850	46.936	400.735	77.772
			6.0	16.981	21.632	105.998	214.977	4.332	3.152	67.666	53.744	165.940	83.399
140	80	±1.00	4.0	12.990	16.547	429.582	180.407	5.095	3.301	61.368	45.101	410.713	76.478
			5.0	15.979	20.356	517.023	215.914	5.039	3.256	73.860	53.978	498.815	91.834
			6.0	18.865	24.032	569.935	247.905	4.983	3.211	85.276	61.976	580.919	105.83
150	100	±1.20	4.0	14.874	18.947	594.585	318.551	5.601	4.110	79.278	63.710	660.613	104.94
			5.0	18.334	23.356	719.164	383.988	5.549	4.054	95.888	79.797	806.733	126.81
			6.0	21.691	27.632	834.615	444.135	5.495	4.009	111.282	88.827	915.022	147.07
			8.0	28.096	35.791	1039.101	519.308	5.388	3.917	138.546	109.861	1147.710	181.85
160	60	±1.20	3	9.898	12.608	389.86	83.915	5.561	2.580	48.732	27.972	228.15	50.14
			4.5	14.498	18.469	552.08	116.66	5.468	2.513	69.01	38.886	324.96	70.085
160	80	±1.20	4.0	14.216	18.117	597.691	203.532	5.738	3.348	71.711	50.883	493.129	88.031
			5.0	17.519	22.356	721.650	214.089	5.681	3.304	90.206	61.020	599.175	105.9
			6.0	20.749	26.433	835.936	286.832	5.623	3.259	104.192	76.208	698.881	122.27
			8.0	26.810	33.644	1036.485	343.599	5.505	3.170	129.560	85.899	876.599	149.54
180	65	±1.20	3.0	11.075	14.108	550.35	111.78	6.246	2.815	61.15	34.393	306.75	61.849
			4.5	16.264	20.719	784.13	156.47	6.152	2.748	87.125	48.144	438.91	86.993
180 / 200	100	±1.30	4.0	16.758	21.317	926.020	373.879	6.586	4.184	102.891	74.755	852.708	127.06
			5.0	20.689	26.356	1124.156	451.738	6.530	4.140	124.906	90.347	1012.589	153.88
			6.0	24.517	31.232	1309.527	523.767	6.475	4.095	145.503	104.753	1222.933	178.88
			8.0	31.861	40.391	1643.149	651.132	6.362	4.002	182.572	130.226	1554.606	222.49
			4.0	18.014	22.941	1199.680	410.261	7.230	4.230	119.968	82.152	984.151	141.81
			5.0	22.259	28.356	1459.270	496.905	7.173	4.186	145.920	99.381	1203.878	171.94
			6.0	26.101	33.632	1703.224	576.855	7.116	4.141	170.332	115.371	1412.986	200.1
			8.0	34.376	43.791	2145.993	719.014	7.000	4.052	214.599	143.802	1798.551	249.6
200	120	±1.40	4.0	19.3	24.5	1353	618	7.43	5.02	135	103	1345	172
			5.0	23.8	30.4	1649	750	7.37	4.97	165	125	1652	210
			6.0	28.3	36.0	1929	874	7.32	4.93	193	146	1947	245
			8.0	36.5	46.4	2386	1079	7.17	4.82	239	180	2507	308
200	150	±1.50	4.0	21.2	26.9	1584	1021	7.67	6.16	158	136	1942	219
			5.0	26.2	33.4	1935	1245	7.62	6.11	193	166	2391	267
			6.0	31.1	39.6	2268	1457	7.56	6.06	227	194	2826	312
			8.0	40.2	51.2	2892	1815	7.43	5.95	283	242	3664	396
220	140	±1.50	4.0	21.8	27.7	1892	948	8.26	5.84	172	135	1987	224
			5.0	27.0	34.4	2313	1155	8.21	5.80	210	165	2447	274
			6.0	32.1	40.8	2714	1352	8.15	5.75	247	193	2891	321
			8.0	41.5	52.8	3389	1685	8.01	5.65	308	241	3746	407
250	150	±1.60	4.0	24.3	30.9	2697	1234	9.34	6.32	216	165	2665	275
			5.0	30.1	38.4	3304	1508	9.28	6.27	264	201	3285	337
			6.0	35.8	45.6	3886	1768	9.23	6.23	311	236	3886	396
			8.0	46.5	59.2	4886	2219	9.08	6.12	391	296	5050	504
260	180	±1.80	5.0	33.2	42.4	4121	2350	9.86	7.45	317	261	4695	426
			6.0	39.6	50.4	4856	2763	9.81	7.40	374	307	5566	501
			8.0	51.5	65.6	6145	3493	9.68	7.29	473	388	7267	642
			10	63.2	80.6	7363	4174	9.56	7.20	566	646	8850	772
300	200	±2.00	5.0	38.0	48.4	6241	3361	11.4	8.34	416	336	6836	552
			6.0	45.2	57.6	7370	3962	11.3	8.29	491	396	8115	651
			8.0	59.1	75.2	9389	5042	11.2	8.19	626	504	10627	838
			10	72.7	92.6	11313	6058	11.1	8.09	754	606	12987	1012

(续)

边长 /mm		极限偏差 /mm	壁厚 t/mm	理论质量 M /kg·m⁻¹	截面面积 A/cm²	惯性矩 /cm⁴		惯性半径 /cm		截面模数 /cm³		扭转常数	
H	B					I_x	I_y	i_x	i_y	W_x	W_y	I_t/cm⁴	C_t/cm³
350	250	±2.20	5.0	45.8	58.4	10520	6306	13.4	10.4	601	504	12234	817
			6.0	54.7	69.6	12457	7458	13.4	10.3	712	594	14554	967
			8.0	71.6	91.2	16001	9573	13.2	10.2	914	766	19136	1253
			10	88.4	113	19407	11588	13.1	10.1	1109	927	23500	1522
400	200	±2.40	5.0	45.8	58.4	12490	4311	14.6	8.60	624	431	10519	742
			6.0	54.7	69.6	14789	5092	14.5	8.55	739	509	12069	877
			8.0	71.6	91.2	18974	6517	14.4	8.45	949	652	15820	1133
			10	88.4	113	23003	7864	14.3	8.36	1150	786	19368	1373
			12	104	132	26248	8977	14.1	8.24	1312	898	22782	1591
400	250	±2.60	5.0	49.7	63.4	14440	7056	15.1	10.6	722	565	14773	937
			6.0	59.4	75.6	17118	8352	15.0	10.5	856	668	17580	1110
			8.0	77.9	99.2	22048	10744	14.9	10.4	1102	860	23127	1440
			10	96.2	122	26806	13029	14.8	10.3	1340	1042	28423	1753
			12	113	144	30766	14926	14.6	10.2	1538	1197	33597	2042
450	250	±2.80	6.0	64.1	81.6	22724	9245	16.7	10.6	1010	740	20687	1253
			8.0	84.2	107	29336	11916	16.5	10.5	1304	953	27222	1628
			10	104	133	35737	14470	16.4	10.4	1588	1158	33473	1983
			12	123	156	41137	16663	16.2	10.3	1828	1333	39591	2314
500	300	±3.20	6.0	73.5	93.6	33012	15151	18.8	12.7	1321	1010	32420	1688
			8.0	96.7	123	42805	19624	18.6	12.6	1712	1308	42767	2202
			10	120	153	52328	23933	18.5	12.5	2093	1596	52736	2693
			12	141	180	60604	27726	18.3	12.4	2424	1848	62581	3156
550	350	±3.60	8.0	109	139	59783	30040	20.7	14.7	2174	1717	63051	2856
			10	135	173	73376	36752	20.6	14.6	2665	2100	77901	3503
			12	160	204	85249	42769	20.4	14.5	3100	2444	92646	4118
			14	185	236	97269	48731	20.3	14.4	3537	2784	106760	4710
600	400	±4.00	8.0	122	155	80670	43564	22.8	16.8	2689	2178	88672	3591
			10	151	193	99081	53429	22.7	16.7	3303	2672	109720	4413
			12	179	228	115670	62391	22.5	16.6	3856	3120	130680	5201
			14	207	264	132310	71282	22.4	16.4	4410	3564	150850	5962
			16	235	299	148210	79760	22.3	16.3	4940	3988	170510	6694

注：1. 表中理论质量按密度 7.85g/cm³ 计算。
2. 冷弯型钢（圆形、方形、矩形、异形）壁厚的极限偏差，当壁厚 t 不大于 10mm 时，不得超过公称壁厚的 ±10%；当 t 大于 10mm 时为壁厚的 ±8%。弯角及焊缝区域壁厚除外。
3. 冷弯型钢交货长度一般为 4000~12000mm。
4. 冷弯型钢弯曲度每米不大于 2mm，总弯曲度不大于总长度的 0.2%。
5. 按 GB/T 6725—2008 的规定，冷弯型钢用钢材的牌号和化学成分（熔炼分析）应符合 GB/T 699、GB/T 700、GB/T 1591、GB/T 4171、GB/T 4239 等标准的规定。根据需方要求也可提供钢材成品化学成分。
6. 冷弯型钢一般不做力学性能和工艺性能试验，按需方要求并在合同中注明，可在原料钢带上进行力学性能及工艺性能试验，并应符合相应标准的规定。
7. 标记示例：用 Q235 钢制造、尺寸为 150mm×100mm×6mm 的冷弯矩形空心型钢，标记为：冷弯空心型钢（矩形管）$\dfrac{\text{J}150 \times 100 \times 6 - \text{GB/T } 6728 - 2017}{\text{Q}235 - \text{GB/T } 700 - 2006}$。

表 3.1-196　冷弯型钢弯角外圆弧半径 r 值（摘自 GB/T 6728—2017）

厚度 t/mm	弯角外圆弧半径 r		厚度 t/mm	弯角外圆弧半径 r	
	碳素钢 ($R_{eL} \leq 320$MPa)	低合金钢 ($R_{eL} > 320$MPa)		碳素钢 ($R_{eL} \leq 320$MPa)	低合金钢 ($R_{eL} > 320$MPa)
$t \leq 3$	(1.0~2.5) t	(1.5~2.5) t	$6 < t \leq 10$	(2.0~3.0) t	(2.0~3.5) t
$3 < t \leq 6$	(1.5~2.5) t	(2.0~3.0) t	$t > 10$	(2.0~3.5) t	(2.5~4.0) t

注：R_{eL} 值指标准中规定的最低值。

5.1.8 通用冷弯开口型钢（见表 3.1-197）

表 3.1-197 通用冷弯开口型钢分类、代号、尺寸规格及应用（摘自 GB/T 6723—2017）

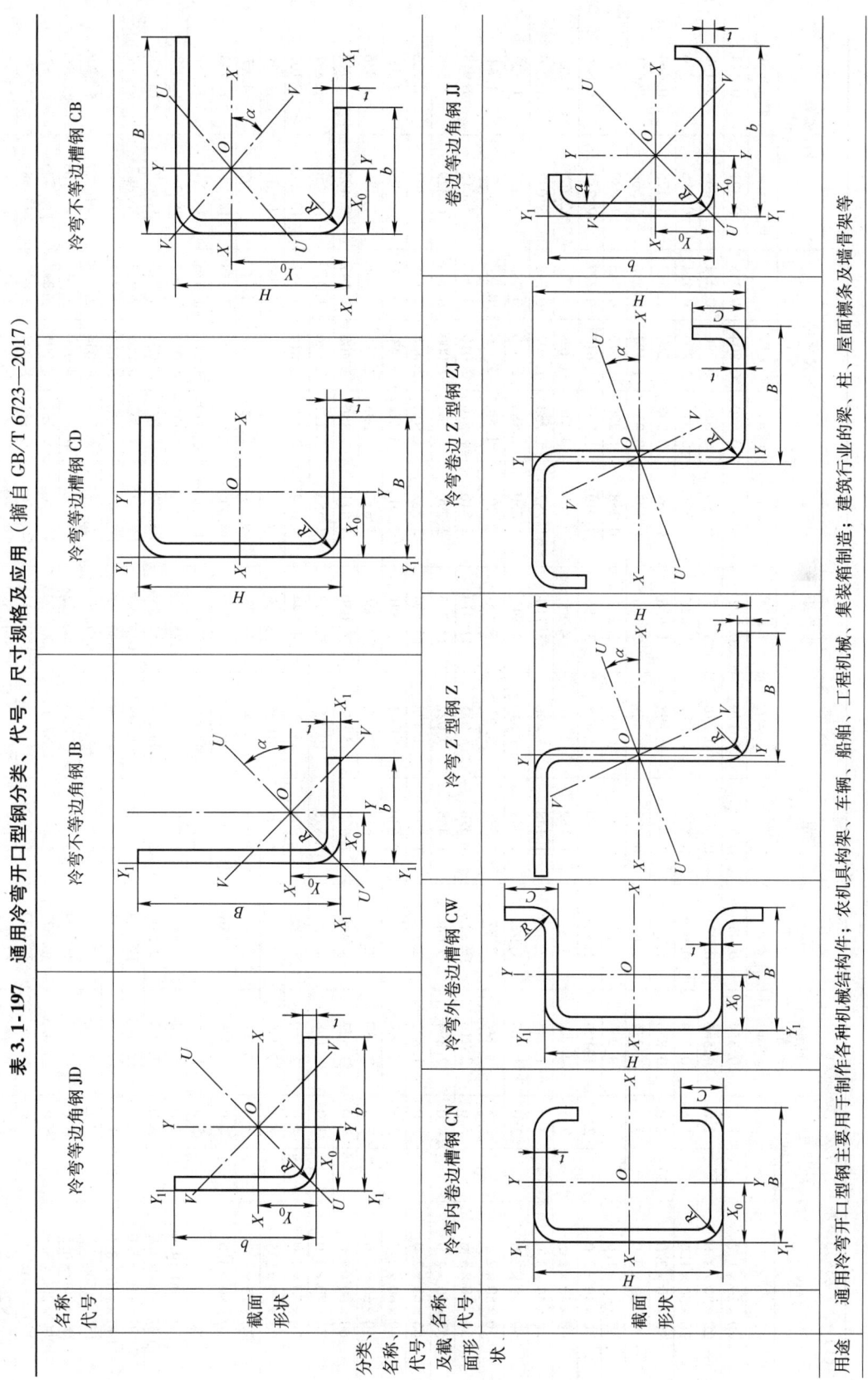

用途：通用冷弯开口型钢主要用于制作各种机械结构构件；农机具构架、车辆、船舶、工程机械、集装箱制造；建筑行业的梁、柱、屋面檩条及墙骨架等

(续)

(1) 冷弯等边角钢基本尺寸及主要参数

规格	尺寸/mm		理论质量/kg·m⁻¹	截面面积/cm²	质心 Y_0/cm	惯性矩/cm⁴			回转半径/cm			截面模数/cm³	
$b \times b \times t$	b	t				$I_x = I_y$	I_u	I_v	$r_x = r_y$	r_u	r_v	$W_{ymax} = W_{xmax}$	$W_{ymin} = W_{xmin}$
20×20×1.2	20	1.2	0.354	0.451	0.559	0.179	0.292	0.066	0.630	0.804	0.385	0.321	0.124
20×20×2.0		2.0	0.566	0.721	0.599	0.278	0.457	0.099	0.621	0.796	0.371	0.464	0.198
30×30×1.6	30	1.6	0.714	0.909	0.829	0.817	1.328	0.307	0.948	1.208	0.581	0.986	0.376
30×30×2.0		2.0	0.880	1.121	0.849	0.998	1.626	0.369	0.943	1.204	0.573	1.175	0.464
30×30×3.0		3.0	1.274	1.623	0.898	1.409	2.316	0.503	0.931	1.194	0.556	1.568	0.671
40×40×1.6	40	1.6	0.965	1.229	1.079	1.985	3.213	0.758	1.270	1.616	0.785	1.839	0.679
40×40×2.0		2.0	1.194	1.521	1.099	2.438	3.956	0.919	1.265	1.612	0.777	2.218	0.840
40×40×2.5		2.5	1.47	1.87	1.132	2.96	4.85	1.07	1.26	1.61	0.76	2.62	1.03
40×40×3.0		3.0	1.745	2.223	1.148	3.496	5.710	1.282	1.253	1.602	0.759	3.043	1.226
50×50×2.0	50	2.0	1.508	1.921	1.349	4.848	7.845	1.850	1.588	2.020	0.981	3.593	1.327
50×50×2.5		2.5	1.86	2.37	1.381	5.93	9.65	2.20	1.58	2.02	0.96	4.29	1.64
50×50×3.0		3.0	2.216	2.823	1.398	7.015	11.414	2.616	1.576	2.010	0.962	5.015	1.948
50×50×4.0		4.0	2.894	3.686	1.448	9.022	14.755	3.290	1.564	2.000	0.944	6.229	2.540
60×60×2.0	60	2.0	1.822	2.321	1.599	8.478	13.694	3.262	1.910	2.428	1.185	5.302	1.926
60×60×2.5		2.5	2.25	2.87	1.630	10.41	16.90	3.91	1.90	2.43	1.17	6.38	2.38
60×60×3.0		3.0	2.687	3.423	1.648	12.342	20.028	4.657	1.898	2.418	1.166	7.486	2.836
60×60×4.0		4.0	3.522	4.486	1.698	15.970	26.030	5.911	1.886	2.408	1.147	9.403	3.712
70×70×3.0	70	3.0	3.158	4.023	1.898	19.853	32.152	7.553	2.221	2.826	1.370	10.456	3.891
70×70×4.0		4.0	4.150	5.286	1.948	25.799	41.944	9.654	2.209	2.816	1.351	13.242	5.107
75×75×2.5	75	2.5	2.84	3.62	2.005	20.65	33.43	7.87	2.39	3.04	1.48	10.30	3.76
75×75×3.0		3.0	3.39	4.31	2.031	24.47	39.70	9.23	2.38	3.03	1.46	12.05	4.47
80×80×4.0	80	4.0	4.778	6.086	2.198	39.009	63.299	14.719	2.531	3.224	1.555	17.745	6.723
80×80×5.0		5.0	5.895	7.510	2.247	47.677	77.622	17.731	2.519	3.214	1.536	21.209	8.288
100×100×4.0	100	4.0	6.034	7.686	2.698	77.571	125.528	29.613	3.176	4.041	1.962	28.749	10.623
100×100×5.0		5.0	7.465	9.510	2.747	95.237	154.539	35.335	3.164	4.031	1.943	34.659	13.132
150×150×6.0	150	6.0	13.458	17.254	4.062	391.442	635.468	147.415	4.763	6.069	2.923	96.367	35.787
150×150×8.0		8.0	17.685	22.673	4.169	508.593	830.207	186.979	4.736	6.051	2.872	121.994	46.957
150×150×10		10	21.783	27.927	4.277	619.211	1016.638	221.785	4.709	6.034	2.818	144.777	57.746
200×200×6.0	200	6.0	18.138	23.254	5.310	945.753	1529.328	362.177	6.377	8.110	3.947	178.108	64.381
200×200×8.0		8.0	23.925	30.673	5.416	1237.149	2008.393	465.905	6.351	8.091	3.897	228.425	84.829
200×200×10		10	29.583	37.927	5.522	1516.787	2472.471	561.104	6.324	8.074	3.846	274.681	104.765
250×250×8.0	250	8.0	30.164	38.672	6.664	2453.559	3970.580	936.538	7.965	10.133	4.921	368.181	133.811
250×250×10		10	37.883	47.927	6.770	3020.384	4903.304	1137.464	7.939	10.114	4.872	446.142	165.682
250×250×12		12	44.472	57.015	6.876	3568.836	5812.612	1325.061	7.912	10.097	4.821	519.028	196.912

规格	B	t	理论质量/kg·m⁻¹	截面面积/cm²										
300×300×10	300	10	45.183	57.927	8.018	5286.252	8559.138	2013.367	9.553	12.155	5.896	659.298	240.481	
300×300×12		12	53.832	69.015	8.124	6263.069	10167.49	2358.645	9.526	12.138	5.846	770.934	286.299	
300×300×14		14	62.022	79.516	8.277	7182.256	11740.00	2624.502	9.504	12.150	5.745	867.737	330.629	
300×300×16		16	70.312	90.144	8.392	8095.516	13279.70	2911.336	9.477	12.137	5.683	964.671	374.654	

(2) 冷弯不等边角钢基本尺寸及主要参数

规格 $B \times b \times t$	尺寸/mm			理论质量 /kg·m⁻¹	截面面积 /cm²	质心/cm		惯性矩/cm⁴				回转半径/cm				截面模数/cm³			
	B	b	t			Y_0	X_0	I_x	I_y	I_u	I_v	r_x	r_y	r_u	r_v	$W_{x\max}$	$W_{x\min}$	$W_{y\max}$	$W_{y\min}$
30×20×2.0	30	20	2.0	0.723	0.921	1.011	0.490	0.860	0.318	1.014	0.164	0.966	0.587	1.049	0.421	0.850	0.432	0.648	0.210
30×20×3.0			3.0	1.039	1.323	1.068	0.536	1.201	0.441	1.421	0.220	0.952	0.577	1.036	0.408	1.123	0.621	0.823	0.301
50×30×2.5	50	30	2.5	1.473	1.877	1.706	0.674	4.962	1.419	5.597	0.783	1.625	0.869	1.726	0.645	2.907	1.506	2.103	0.610
50×30×4.0			4.0	2.266	2.886	1.794	0.741	7.419	2.104	8.395	1.128	1.603	0.853	1.705	0.625	4.134	2.314	2.838	0.931
60×40×2.5	60	40	2.5	1.866	2.377	1.939	0.913	9.078	3.376	10.665	1.790	1.954	1.191	2.117	0.867	4.682	2.235	3.694	1.094
60×40×4.0			4.0	2.894	3.686	2.023	0.981	13.774	5.091	16.239	2.625	1.932	1.175	2.098	0.843	6.807	3.463	5.184	1.686
70×40×3.0	70	40	3.0	2.452	3.123	2.402	0.861	16.301	4.142	18.092	2.351	2.284	1.151	2.406	0.867	6.785	3.545	4.810	1.319
70×40×4.0			4.0	3.208	4.086	2.461	0.905	21.038	5.317	23.381	2.973	2.268	1.140	2.391	0.853	8.546	4.635	5.872	1.718
80×50×3.0	80	50	3.0	2.923	3.723	2.631	1.096	25.450	8.086	29.092	4.444	2.614	1.473	2.795	1.092	9.670	4.740	7.371	2.071
80×50×4.0			4.0	3.836	4.886	2.688	1.141	33.025	10.449	37.810	5.664	2.599	1.462	2.781	1.076	12.281	6.218	9.151	2.708
100×60×3.0	100	60	3.0	3.629	4.623	3.297	1.259	49.787	14.347	56.038	8.096	3.281	1.761	3.481	1.323	15.100	7.427	11.389	3.026
100×60×4.0			4.0	4.778	6.086	3.354	1.304	64.939	18.640	73.177	10.402	3.266	1.749	3.467	1.307	19.356	9.772	14.289	3.969
100×60×5.0			5.0	5.895	7.510	3.412	1.349	79.395	22.707	89.566	12.536	3.251	1.738	3.453	1.291	23.263	12.053	16.830	4.882
150×120×6.0	150	120	6.0	12.054	15.454	4.500	2.962	362.949	211.071	475.645	98.375	4.846	3.696	5.548	2.532	80.655	34.567	71.260	23.354
150×120×8.0			8.0	15.813	20.273	4.615	3.064	470.343	273.077	619.416	124.003	4.817	3.670	5.528	2.473	101.916	45.291	89.124	30.559
150×120×10			10	19.443	24.927	4.732	3.167	571.010	331.066	755.971	146.105	4.786	3.644	5.507	2.421	120.670	55.611	104.536	37.481

(续)

(2) 冷弯不等边角钢基本尺寸及主要参数

规格 $B\times b\times t$	尺寸/mm			截面面积 /cm²	理论质量 /kg·m⁻¹	质心/cm		惯性矩 /cm⁴				回转半径 /cm				截面模数 /cm³			
	B	b	t			Y_0	X_0	I_x	I_y	I_u	I_v	r_x	r_y	r_u	r_v	W_{xmax}	W_{xmin}	W_{ymax}	W_{ymin}
200×160×8.0	200	160	8.0	27.473	21.429	6.000	3.950	1147.099	667.089	1503.275	310.914	6.462	4.928	7.397	3.364	191.183	81.936	168.883	55.360
200×160×10	200	160	10	33.927	24.463	6.115	4.051	1403.661	815.267	1846.212	372.716	6.432	4.902	7.377	3.314	229.544	101.092	201.251	68.229
200×160×12	200	160	12	40.215	31.368	6.231	4.154	1648.244	956.261	2176.288	428.217	6.402	4.876	7.356	3.263	264.523	119.707	230.202	80.724
250×220×10	250	220	10	44.927	35.043	7.188	5.652	2894.335	2122.346	4102.990	913.691	8.026	6.873	9.556	4.510	402.662	162.494	375.504	129.823
250×220×12	250	220	12	53.415	41.664	7.299	5.756	3417.040	2504.222	4859.116	1062.097	7.998	6.847	9.538	4.459	468.151	193.042	435.063	154.163
250×220×14	250	220	14	61.316	47.826	7.466	5.904	3895.841	2856.311	5590.119	1162.033	7.971	6.825	9.548	4.353	521.811	222.188	483.793	177.455
300×260×12	300	260	12	64.215	50.088	8.686	6.638	5970.485	4218.566	8347.648	1841.403	9.642	8.105	11.402	5.355	687.369	280.120	635.517	217.879
300×260×14	300	260	14	73.916	57.654	8.851	6.782	6835.520	4831.275	9625.709	2041.085	9.616	8.085	11.412	5.255	772.288	323.208	712.367	251.393
300×260×16	300	260	16	83.744	65.320	8.972	6.894	7697.062	5438.329	10876.951	2258.440	9.587	8.059	11.397	5.193	857.898	366.039	788.850	284.640

(3) 冷弯等边钢槽基本尺寸及主要参数

规格 $H\times B\times t$	尺寸/mm			理论质量 /kg·m⁻¹	截面面积 /cm²	质心 X_0 /cm	惯性矩 /cm⁴		回转半径 /cm		截面模数 /cm³		
	H	B	t				I_x	I_y	r_x	r_y	W_x	W_{ymax}	W_{ymin}
20×10×1.5	20	10	1.5	0.401	0.511	0.324	0.281	0.047	0.741	0.305	0.281	0.146	0.070
20×10×2.0	20	10	2.0	0.505	0.643	0.349	0.330	0.058	0.716	0.300	0.330	0.165	0.089
50×30×2.0	50	30	2.0	1.604	2.043	0.922	8.093	1.872	1.990	0.957	3.237	2.029	0.901
50×30×3.0	50	30	3.0	2.314	2.947	0.975	11.119	2.632	1.942	0.994	4.447	2.699	1.299
50×50×3.0	50	50	3.0	3.256	4.147	1.850	17.755	10.834	2.069	1.616	7.102	5.855	3.440
60×30×2.5	60	30	2.5	2.15	2.74	0.883	14.38	2.40	2.31	0.94	4.89	2.71	1.13
80×40×2.5	80	40	2.5	2.94	3.74	1.132	36.70	5.92	3.13	1.26	9.18	5.23	2.06
80×40×3.0	80	40	3.0	3.48	4.34	1.159	42.66	6.93	3.10	1.25	10.67	5.98	2.44
100×40×2.5	100	40	2.5	3.33	4.24	1.013	62.07	6.37	3.83	1.23	12.41	6.29	2.13
100×40×3.0	100	40	3.0	3.95	5.03	1.039	72.44	7.47	3.80	1.22	14.49	7.19	2.52
100×50×3.0	100	50	3.0	4.433	5.647	1.398	87.275	14.030	3.931	1.576	17.455	10.031	3.896
100×50×4.0	100	50	4.0	5.788	7.373	1.448	111.051	18.045	3.880	1.564	22.210	12.458	5.081

120	40	2.5	3.72	4.74	0.919	95.92	6.72	4.50	1.19	15.99	7.32	2.18
120	40	3.0	4.42	5.63	0.944	112.28	7.90	4.47	1.19	18.71	8.37	2.58
140	50	3.0	5.36	6.83	1.187	191.53	15.52	5.30	1.51	27.36	13.08	4.07
140	50	3.5	6.20	7.89	1.211	218.88	17.79	5.27	1.50	31.27	14.69	4.70
140	60	3.0	5.846	7.447	1.527	220.977	25.929	5.447	1.865	31.568	16.970	5.798
140	60	4.0	7.672	9.773	1.575	284.429	33.601	5.394	1.854	40.632	21.324	7.594
140	60	5.0	9.436	12.021	1.623	343.066	40.823	5.342	1.842	49.009	25.145	9.327
160	60	3.0	6.30	8.03	1.432	300.87	26.90	6.12	1.83	37.61	18.79	5.89
160	60	3.5	7.20	9.29	1.456	344.94	30.92	6.09	1.82	43.12	21.23	6.81
200	80	4.0	10.812	13.773	1.966	821.120	83.686	7.721	2.464	82.112	42.564	13.869
200	80	5.0	13.361	17.021	2.013	1000.710	102.441	7.667	2.453	100.071	50.886	17.111
200	80	6.0	15.849	20.190	2.060	1170.516	120.388	7.614	2.441	117.051	58.436	20.267
250×130	6.0		22.703	29.107	3.630	2876.401	497.071	9.941	4.132	230.112	136.934	53.049
250×130	8.0		29.755	38.147	3.739	3687.729	642.760	9.832	4.105	295.018	171.907	69.405
300×150	6.0		26.915	34.507	4.062	4911.518	782.884	11.930	4.763	327.435	192.734	71.575
300×150	8.0		35.371	45.347	4.169	6337.148	1017.186	11.822	4.736	422.477	243.988	93.914
300×150	10		43.566	55.854	4.277	7660.498	1238.423	11.711	4.708	510.700	289.554	115.492
350×180	8.0		42.235	54.147	4.983	10488.540	1771.765	13.918	5.721	599.345	355.562	136.112
350×180	10		52.146	66.854	5.092	12749.074	2166.713	13.809	5.693	728.519	425.513	167.858
350×180	12		61.799	79.230	5.501	14869.892	2542.823	13.700	5.665	849.708	462.247	203.442
400×200	10		59.166	75.854	5.522	18932.658	3033.575	15.799	6.324	946.633	549.362	209.530
400×200	12		70.223	90.030	5.630	22159.727	3569.548	15.689	6.297	1107.986	634.022	248.403
400×200	14		80.366	103.033	5.791	24854.034	4051.828	15.531	6.271	1242.702	699.677	285.159

(续)

(3) 冷弯等边槽钢基本尺寸及主要参数

规格	尺寸/mm			理论质量/kg·m⁻¹	截面面积/cm²	质心 X_0/cm	惯性矩/cm⁴		回转半径/cm		截面模数/cm³		
$H \times B \times t$	H	B	t				I_x	I_y	r_x	r_y	W_x	W_{ymax}	W_{ykmin}
450×220×10	450	220	10	66.186	84.854	5.956	26844.416	4103.714	17.787	6.954	1193.085	698.005	255.779
450×220×12	450	220	12	78.647	100.830	6.063	31506.135	4838.741	17.676	6.927	1400.273	798.077	303.617
450×220×14	450	220	14	90.194	115.633	6.219	35494.843	5510.415	17.520	6.903	1577.549	886.061	349.180
500×250×12	500	250	12	88.943	114.030	6.876	44593.265	7137.673	19.775	7.912	1783.731	1038.056	393.824
500×250×14	500	250	14	102.206	131.033	7.032	50455.689	8152.938	19.623	7.888	2018.228	1159.405	453.748
500×280×12	500	280	12	99.239	127.230	7.691	60862.568	10068.396	21.872	8.896	2213.184	1309.114	495.760
500×280×14	500	280	14	114.218	146.433	7.846	69095.642	11527.579	21.722	8.873	2512.569	1469.230	571.975
600×300×14	600	300	14	124.046	159.033	8.276	89412.972	14364.512	23.711	9.504	2980.432	1735.683	661.228
600×300×16	600	300	16	140.624	180.287	8.392	100367.430	16191.032	23.595	9.477	3345.581	1929.341	749.307

(4) 冷弯不等边槽钢基本尺寸及主要参数

规格	尺寸/mm				理论质量/kg·m⁻¹	截面面积/cm²	质心/cm		惯性矩/cm⁴				回转半径/cm				截面模数/cm³			
$H \times B \times b \times t$	H	B	b	t			X_0	Y_0	I_x	I_y	I_u	I_v	r_x	r_y	r_u	r_v	W_{xmax}	W_{xmin}	W_{ymax}	W_{ymin}
50×32×20×2.5	50	32	20	2.5	1.840	2.344	0.817	2.803	8.536	1.853	8.769	1.619	1.908	0.889	1.934	0.831	3.887	3.044	2.266	0.777
50×32×20×3.0	50	32	20	3.0	2.169	2.764	0.842	2.806	9.804	2.155	10.083	1.876	1.883	0.883	1.909	0.823	4.468	3.494	2.559	0.914
80×40×20×2.5	80	40	20	2.5	2.586	3.294	0.828	4.588	28.922	3.775	29.607	3.090	2.962	1.070	2.997	0.968	8.476	6.303	4.555	1.190
80×40×20×3.0	80	40	20	3.0	3.064	3.904	0.852	4.591	33.654	4.431	34.473	3.611	2.936	1.065	2.971	0.961	9.874	7.329	5.200	1.407
100×60×30×3.0	100	60	30	3.0	4.242	5.404	1.326	5.807	77.936	14.880	80.845	11.970	3.797	1.659	3.867	1.488	18.590	13.419	11.220	3.183
150×60×50×3.0	150	60	50	3.0	5.890	7.504	1.304	7.793	245.876	21.452	246.257	21.071	5.724	1.690	5.728	1.675	34.120	31.547	16.440	4.569
200×70×60×4.0	200	70	60	4.0	9.832	12.605	1.469	10.311	706.995	47.735	707.582	47.149	7.489	1.946	7.492	1.934	72.969	68.567	32.495	8.630
200×70×60×5.0	200	70	60	5.0	12.061	15.463	1.527	10.315	848.963	57.959	849.689	57.233	7.410	1.936	7.413	1.924	87.658	82.304	37.956	10.590
250×80×70×5.0	250	80	70	5.0	14.791	18.963	1.647	12.823	1616.200	92.101	1617.030	91.271	9.232	2.204	9.234	2.194	132.726	126.039	55.920	14.497
250×80×70×6.0	250	80	70	6.0	17.555	22.507	1.696	12.825	1891.478	108.125	1892.465	107.139	9.167	2.192	9.170	2.182	155.358	147.484	63.753	17.152
300×90×80×6.0	300	90	80	6.0	20.831	26.707	1.822	15.330	3222.869	161.726	3223.981	160.613	10.985	2.461	10.987	2.452	219.691	210.233	88.763	22.531
300×90×80×8.0	300	90	80	8.0	27.259	34.947	1.918	15.334	4115.825	207.555	4117.270	206.110	10.852	2.437	10.854	2.429	280.637	268.412	108.214	29.307

(上接表)

规格	数据
350×100×90×6.0	6.0 | 24.107 | 30.907 | 1.953 | 5065.739 | 229.226 | 12.801 | 2.731 | 12.802 | 2.723 | 295.031 | 283.980 | 118.005 | 28.640
350×100×90×8.0	8.0 | 31.627 | 40.547 | 2.048 | 17.834 | 5064.502 | 230.463 | 12.668 | 2.707 | 12.669 | 2.699 | 379.096 | 364.771 | 145.060 | 37.359
400×150×100×8.0	8.0 | 38.491 | 49.347 | 2.882 | 21.589 | 10787.704 | 763.610 | 14.786 | 3.934 | 14.824 | 3.786 | 585.938 | 499.685 | 264.958 | 63.015
400×150×100×10	10 | 47.466 | 60.854 | 2.981 | 21.602 | 13071.444 | 931.170 | 14.656 | 3.912 | 14.695 | 3.762 | 710.482 | 605.103 | 312.368 | 77.475
450×200×150×10	10 | 59.166 | 75.854 | 4.402 | 23.950 | 22328.149 | 2337.132 | 17.157 | 5.551 | 17.196 | 5.427 | 1060.720 | 932.282 | 530.925 | 149.835
450×200×150×12	12 | 70.223 | 90.030 | 4.504 | 23.960 | 26133.270 | 2750.039 | 17.037 | 5.527 | 17.077 | 5.402 | 1242.076 | 1090.704 | 610.577 | 177.468
500×250×200×12	12 | 84.263 | 108.030 | 6.008 | 26.355 | 40821.990 | 5579.208 | 19.439 | 7.186 | 19.478 | 7.080 | 1726.453 | 1548.928 | 928.630 | 293.766
500×250×200×14	14 | 96.746 | 124.033 | 6.159 | 26.371 | 46087.838 | 6369.068 | 19.276 | 7.166 | 19.306 | 7.058 | 1950.478 | 1747.671 | 1034.107 | 338.043
500×250×250×14	14 | 113.126 | 145.033 | 7.714 | 28.794 | 67847.216 | 11314.346 | 21.629 | 8.832 | 21.667 | 8.739 | 2588.995 | 2356.297 | 1466.729 | 507.689
550×300×250×16	16 | 128.144 | 164.287 | 7.831 | 28.800 | 76016.861 | 12738.984 | 21.511 | 8.806 | 21.549 | 8.711 | 2901.407 | 2639.474 | 1626.738 | 574.631

(5) 冷弯内卷边槽钢基本尺寸与主要参数

规格 $H \times B \times C \times t$	尺寸/mm				理论质量 /kg·m^{-1}	截面面积 /cm^2	质心 X_0 /cm	惯性矩 /cm^4		回转半径 /cm		截面模数 /cm^3		
	H	B	C	t				I_x	I_y	r_x	r_y	W_x	$W_{y\max}$	$W_{y\min}$
60×30×10×2.5	60	30	10	2.5	2.363	3.010	1.043	16.009	3.353	2.306	1.055	5.336	3.214	1.713
60×30×10×3.0	60	30	10	3.0	2.743	3.495	1.036	18.077	3.688	2.274	1.027	6.025	3.559	1.878
80×40×15×2.0	80	40	15	2.0	2.72	3.47	1.452	34.16	7.79	3.14	1.50	8.54	5.36	3.06
100×50×15×2.5	100	50	15	2.5	4.11	5.23	1.706	81.34	17.19	3.94	1.81	16.27	10.08	5.22
100×50×20×2.5	100	50	20	2.5	4.325	5.510	1.853	84.932	19.889	3.925	1.899	16.986	10.730	6.321
100×50×20×3.0	100	50	20	3.0	5.098	6.495	1.848	98.560	22.802	3.895	1.873	19.712	12.333	7.235
120×50×20×2.5	120	50	20	2.5	4.70	5.98	1.706	129.40	20.96	4.56	1.87	21.57	12.28	6.36
120×60×20×3.0	120	60	20	3.0	6.01	7.65	2.106	170.68	37.36	4.72	2.21	28.45	17.74	9.59
140×50×20×2.0	140	50	20	2.0	4.14	5.27	1.590	154.03	18.56	5.41	1.88	22.00	11.68	5.44
140×50×20×2.5	140	50	20	2.5	5.09	6.48	1.580	186.78	22.11	5.39	1.85	26.68	13.96	6.47
140×60×20×2.5	140	60	20	2.5	5.503	7.010	1.974	212.137	34.786	5.500	2.227	30.305	17.615	8.642
140×60×20×3.0	140	60	20	3.0	6.511	8.295	1.969	248.006	40.132	5.467	2.199	35.429	20.379	9.956

(5) 冷弯内卷边槽钢基本尺寸与主要参数

规格 $H\times B\times C\times t$	尺寸/mm H	B	C	t	理论质量 /kg·m^{-1}	截面面积 /cm^2	质心 X_0 /cm	惯性矩/cm^4 I_x	I_y	回转半径/cm r_x	r_y	W_x	截面模数/cm^3 W_{ymax}	W_{ymin}
160×60×20×2.0	160	60	20	2.0	4.76	6.07	1.850	236.59	29.99	6.24	2.22	29.57	16.19	7.23
160×60×20×2.5	160	60	20	2.5	5.87	7.48	1.850	288.13	35.96	6.21	2.19	36.02	19.47	8.66
160×70×20×3.0	160	70	20	3.0	7.42	9.45	2.224	373.64	60.42	6.29	2.53	46.71	27.17	12.65
180×60×20×3.0	180	60	20	3.0	7.453	9.495	1.739	449.695	43.611	6.881	2.143	49.966	25.073	10.235
180×70×20×3.0	180	70	20	3.0	7.924	10.095	2.106	496.693	63.712	7.014	2.512	55.188	30.248	13.019
180×70×20×2.0	180	70	20	2.0	5.39	6.87	2.110	343.93	45.18	7.08	2.57	38.21	21.37	9.25
180×70×20×2.5	180	70	20	2.5	6.66	9.48	2.110	420.20	54.42	7.04	2.53	46.69	25.82	11.12
200×60×20×3.0	200	60	20	3.0	7.924	10.095	1.644	578.425	45.041	7.569	2.112	57.842	27.382	10.342
200×70×20×2.0	200	70	20	2.0	5.71	7.27	2.000	440.04	46.71	7.78	2.54	44.00	23.32	9.35
200×70×20×2.5	200	70	20	2.5	7.05	8.98	2.000	538.21	56.27	7.74	2.50	53.82	28.18	11.25
200×70×20×3.0	200	70	20	3.0	8.395	10.695	1.996	636.643	65.883	7.715	2.481	63.664	32.999	13.167
220×75×20×2.0	220	75	20	2.0	6.18	7.87	2.080	574.45	56.88	8.54	2.69	52.22	27.35	10.50
220×75×20×2.5	220	75	20	2.5	7.64	9.73	2.070	703.76	68.66	8.50	2.66	63.98	33.11	12.65
250×40×15×3.0	250	40	15	3.0	7.924	10.095	0.790	773.495	14.809	8.753	1.211	61.879	18.734	4.614
300×40×15×3.0	300	40	15	3.0	9.102	11.595	0.707	1231.616	15.356	10.306	1.150	82.107	21.700	4.664
400×50×15×3.0	400	50	15	3.0	11.928	15.195	0.783	2837.843	28.888	13.666	1.378	141.892	36.879	6.851
450×70×30×6.0	450	70	30	6.0	28.092	36.015	1.421	8796.963	159.703	15.629	2.106	390.976	112.388	28.626
450×70×30×8.0	450	70	30	8.0	36.421	46.693	1.429	11030.645	182.734	15.370	1.978	490.251	127.875	32.801
500×100×40×6.0	500	100	40	6.0	34.176	43.815	2.297	14275.246	479.809	18.050	3.309	571.010	208.885	62.289
500×100×40×8.0	500	100	40	8.0	44.533	57.093	2.293	18150.796	578.026	17.830	3.182	726.032	252.083	75.000
500×100×40×10	500	100	40	10	54.372	69.708	2.289	21594.366	648.778	17.601	3.051	863.775	283.433	84.137
550×120×50×8.0	550	120	50	8.0	51.397	65.893	2.940	26259.069	1069.797	19.963	4.029	954.875	363.877	118.079
550×120×50×10	550	120	50	10	62.952	80.708	2.933	31484.498	1229.103	19.751	3.902	1144.891	419.060	135.558
550×120×50×12	550	120	50	12	73.990	94.859	2.926	36186.756	1349.879	19.531	3.772	1315.882	461.339	148.763
600×150×60×12	600	150	60	12	86.158	110.459	3.902	54745.539	2755.348	21.852	4.994	1824.851	706.137	248.274
600×150×60×14	600	150	60	14	97.395	124.865	3.840	57733.224	2867.742	21.503	4.792	1924.441	746.808	256.966
600×150×60×16	600	150	60	16	109.025	139.775	3.819	63178.379	3010.816	21.260	4.641	2105.946	788.378	269.280

(续)

(续)

(6) 冷弯外卷槽边钢基本尺寸与主要参数

规格	尺寸/mm				理论质量 /kg·m^{-1}	截面面积 /cm^2	质心 X_0 /cm	惯性矩 /cm^4		回转半径 /cm		截面模数 /cm^3		
$H \times B \times C \times t$	H	B	C	t				I_x	I_y	r_x	r_y	W_x	$W_{y\max}$	$W_{y\min}$
30×30×16×2.5	30	30	16	2.5	2.009	2.560	1.526	6.010	3.126	1.532	1.105	2.109	2.047	2.122
50×20×15×3.0	50	20	15	3.0	2.272	2.895	0.823	13.863	1.539	2.188	0.729	3.746	1.869	1.309
60×25×32×2.5	60	25	32	2.5	3.030	3.860	1.279	42.431	3.959	3.315	1.012	7.131	3.095	3.243
60×25×32×3.0	60	25	32	3.0	3.544	4.515	1.279	49.003	4.438	3.294	0.991	8.305	3.469	3.635
80×40×20×4.0	80	40	20	4.0	5.296	6.746	1.573	79.594	14.537	3.434	1.467	14.213	9.241	5.900
100×30×15×3.0	100	30	15	3.0	3.921	4.995	0.932	77.669	5.575	3.943	1.056	12.527	5.979	2.696
150×40×20×4.0	150	40	20	4.0	7.497	9.611	1.176	325.197	18.311	5.817	1.380	35.736	15.571	6.484
150×40×20×5.0	150	40	20	5.0	8.913	11.427	1.158	370.697	19.357	5.696	1.302	41.189	16.716	6.811
200×50×30×4.0	200	50	30	4.0	10.305	13.211	1.525	834.155	44.255	7.946	1.830	66.203	29.020	12.735
200×50×30×5.0	200	50	30	5.0	12.423	15.927	1.511	976.969	49.376	7.832	1.761	78.158	32.678	10.999
250×60×40×5.0	250	60	40	5.0	15.933	20.427	1.856	2029.828	99.403	9.968	2.206	126.864	53.558	23.987
250×60×40×6.0	250	60	40	6.0	18.732	24.015	1.853	2342.687	111.005	9.877	2.150	147.339	59.906	26.768
300×70×50×6.0	300	70	50	6.0	22.944	29.415	2.195	4246.582	197.478	12.015	2.591	218.896	89.967	41.098
300×70×50×8.0	300	70	50	8.0	29.557	37.893	2.191	5304.784	233.118	11.832	2.480	276.291	106.398	48.475
350×80×60×6.0	350	80	60	6.0	27.156	34.815	2.533	6973.923	319.329	14.153	3.029	304.538	126.068	58.410
350×80×60×8.0	350	80	60	8.0	35.173	45.093	2.475	8804.763	365.038	13.973	2.845	387.875	147.490	66.070
400×90×70×8.0	400	90	70	8.0	40.789	52.293	2.773	13577.846	548.603	16.114	3.239	518.238	197.837	88.101
400×90×70×10	400	90	70	10	49.692	63.708	2.868	16171.507	672.619	15.932	3.249	621.981	234.525	109.690
450×100×80×8.0	450	100	80	8.0	46.405	59.493	3.206	19821.232	855.920	18.253	3.793	667.382	266.974	125.982
450×100×80×10	450	100	80	10	56.712	72.708	3.205	23751.957	987.987	18.074	3.686	805.151	308.264	145.399
500×150×90×10	500	150	90	10	69.972	89.708	5.003	38191.923	2907.975	20.633	5.694	1157.331	581.246	290.885
500×150×90×12	500	150	90	12	82.414	105.659	4.992	44274.544	3291.816	20.470	5.582	1349.834	659.418	328.918

(续)

(6) 冷弯外卷边槽钢基本尺寸与主要参数

规格 $H \times B \times C \times t$	尺寸/mm H	尺寸/mm B	尺寸/mm C	尺寸/mm t	理论质量 /kg·m^{-1}	截面面积 /cm^2	质心 X_0 /cm	惯性矩 /cm^4 W_{ymin}	惯性矩 /cm^4 I_x	惯性矩 /cm^4 I_y	回转半径/cm r_x	回转半径/cm r_y	截面模数 /cm^3 W_x	截面模数 /cm^3 W_{ymax}
550×200×100×12	550	200	100	12	98.326	126.059	6.564	66449.957	6427.780	22.959	7.141	1830.577	979.247	478.400
550×200×100×14	550	200	100	14	111.591	143.065	6.815	74080.384	7829.699	22.755	7.398	2052.088	1148.892	593.834
600×250×150×14	600	250	150	14	138.891	178.065	9.717	125436.851	17163.911	26.541	9.818	2876.992	1766.380	1123.072
600×250×150×16	600	250	150	16	156.449	200.575	9.700	139827.681	18879.946	26.403	9.702	3221.836	1946.386	1233.983

(7) 冷弯Z形钢基本尺寸与主要参数

规格 $H \times B \times t$	尺寸/mm H	尺寸/mm B	尺寸/mm t	理论质量 /kg·m^{-1}	截面面积 /cm^2	惯性矩 /cm^4 I_x	惯性矩 /cm^4 I_y	惯性矩 /cm^4 I_u	惯性矩 /cm^4 I_v	回转半径 /cm r_v	惯性积矩 /cm^4 I_{xy}	截面模数 /cm^3 W_x	截面模数 /cm^3 W_y	角度 $\tan\alpha$
80×40×2.5	80	40	2.5	2.947	3.755	37.021	9.707	43.307	3.421	0.954	14.532	9.255	2.505	0.432
80×40×3.0	80	40	3.0	3.491	4.447	43.148	11.429	50.606	3.970	0.944	17.094	10.787	2.968	0.436
100×50×2.5	100	50	2.5	3.732	4.755	74.429	19.321	86.840	6.910	1.205	28.947	14.885	3.963	0.428
100×50×3.0	100	50	3.0	4.433	5.647	87.275	22.837	102.038	8.073	1.195	34.194	17.455	4.708	0.431
140×70×3.0	140	70	3.0	6.291	8.065	249.769	64.316	290.867	23.218	1.697	96.492	35.681	9.389	0.426
140×70×4.0	140	70	4.0	8.272	10.605	322.421	83.925	376.599	29.747	1.675	125.922	46.061	12.342	0.430
200×100×3.0	200	100	3.0	9.099	11.665	749.379	191.180	870.468	70.091	2.451	286.800	74.938	19.409	0.422
200×100×4.0	200	100	4.0	12.016	15.405	977.164	251.093	1137.292	90.965	2.430	376.703	97.716	25.622	0.425
300×120×4.0	300	120	4.0	16.384	21.005	2871.420	438.304	3124.579	185.144	2.969	824.655	191.428	37.144	0.307
300×120×5.0	300	120	5.0	20.251	25.963	3506.942	541.080	3823.534	224.489	2.940	1019.410	233.796	46.049	0.311
400×150×6.0	400	150	6.0	31.595	40.507	9598.705	1271.376	10321.169	548.912	3.681	2556.980	479.935	86.488	0.283
400×150×8.0	400	150	8.0	41.611	53.347	12449.116	1661.661	13404.115	706.662	3.640	3348.736	622.456	113.812	0.285

第 1 章 钢 铁 材 料

(8) 冷弯卷边 Z 形钢基本尺寸与主要参数

规格	尺寸/mm				理论质量 /kg·m⁻¹	截面面积 /cm²	惯性矩 /cm⁴				回转半径 /cm		惯性积矩 /cm⁴	截面模数 /cm³		角度
$H \times B \times C \times t$	H	B	C	t			I_x	I_y	I_u	I_v	r_v		I_{xy}	W_x	W_y	$\tan\alpha$
100×40×20×2.0	100	40	20	2.0	3.208	4.086	60.618	17.202	71.373	6.448	1.256		24.136	12.123	4.410	0.445
100×40×20×2.5	100	40	20	2.5	3.933	5.010	73.047	20.324	85.730	7.641	1.234		28.802	14.609	5.245	0.440
120×50×20×2.0	120	50	20	2.0	3.82	4.87	106.97	30.23	126.06	11.14	1.51		42.77	17.83	6.17	0.446
120×50×20×2.5	120	50	20	2.5	4.70	5.98	129.39	35.91	152.05	13.25	1.49		51.30	21.57	7.37	0.442
120×50×20×3.0	120	50	20	3.0	5.54	7.05	150.14	40.88	175.92	15.11	1.46		58.99	25.02	8.43	0.437
140×50×20×2.5	140	50	20	2.5	5.110	6.510	188.502	36.358	210.140	14.720	1.503		61.321	26.928	7.458	0.352
140×50×20×3.0	140	50	20	3.0	6.040	7.695	219.848	41.554	244.527	16.875	1.480		70.775	31.406	8.567	0.348
160×60×20×2.5	160	60	20	2.5	5.87	7.48	288.12	58.15	323.13	23.14	1.76		96.32	36.01	9.90	0.364
160×60×20×3.0	160	60	20	3.0	6.95	8.85	336.66	66.66	376.76	26.56	1.73		111.51	42.08	11.39	0.360
160×70×20×2.5	160	70	20	2.5	6.27	7.98	319.13	87.74	374.76	32.11	2.01		126.37	39.89	12.76	0.440
160×70×20×3.0	160	70	20	3.0	7.42	9.45	373.64	101.10	437.72	37.03	1.98		146.86	46.71	14.76	0.436
180×70×20×2.5	180	70	20	2.5	6.680	8.510	422.926	88.578	476.503	35.002	2.028		144.165	46.991	12.884	0.371
180×70×20×3.0	180	70	20	3.0	7.924	10.095	496.693	102.345	558.511	40.527	2.003		167.926	55.188	14.940	0.368
230×75×25×3.0	230	75	25	3.0	9.573	12.195	951.373	138.928	1030.579	59.722	2.212		265.752	82.728	18.901	0.298
230×75×25×4.0	230	75	25	4.0	12.518	15.946	1222.685	173.031	1320.991	74.725	2.164		335.933	106.320	23.703	0.292
250×75×25×3.0	250	75	25	3.0	10.044	12.795	1160.008	138.933	1236.730	62.211	2.205		290.214	92.800	18.902	0.264
250×75×25×4.0	250	75	25	4.0	13.146	16.746	1492.957	173.042	1588.130	77.869	2.156		366.984	119.436	23.704	0.259
300×100×30×4.0	300	100	30	4.0	16.545	21.211	2828.642	416.757	3066.877	178.522	2.901		794.575	188.576	42.526	0.300
300×100×30×6.0	300	100	30	6.0	23.880	30.615	3944.956	548.081	4258.604	234.434	2.767		1078.794	262.997	56.503	0.291
400×120×40×8.0	400	120	40	8.0	40.789	52.293	11648.355	1293.651	12363.204	578.802	3.327		2813.016	582.418	111.522	0.254
400×120×40×10	400	120	40	10	49.692	63.708	13835.982	1463.588	14645.376	654.194	3.204		3266.384	691.799	127.269	0.248

(9) 卷边等边角钢基本尺寸与主要参数

规格	尺寸/mm				理论质量 /kg·m⁻¹	截面面积 /cm²	质心 Y_0 /cm	惯性矩 /cm⁴			回转半径 /cm		截面模数 /cm³		
$b \times a \times t$	b	a	t					$I_x = I_y$	I_u	I_v	$r_x = r_y$	r_u	r_v	$W_{ymax} = W_{xmax}$	$W_{ymin} = W_{xmin}$
40×15×2.0	40	15	2.0		1.53	1.95	1.404	3.93	5.74	2.12	1.42	1.72	1.04	2.80	1.51
60×20×2.0	60	20	2.0		2.32	2.95	2.026	13.83	20.56	7.11	2.17	2.64	1.55	6.83	3.48
75×20×2.0	75	20	2.0		2.79	3.55	2.396	25.60	39.01	12.19	2.69	3.31	1.81	10.68	5.02
75×20×2.5	75	20	2.5		3.42	4.36	2.401	30.76	46.91	14.60	2.66	3.28	1.83	12.81	6.03

5.1.9 热轧轻轨（见表 3.1-198 ~ 表 3.1-200）

表 3.1-198 热轧轻轨尺寸规格（摘自 GB/T 11264—2012）

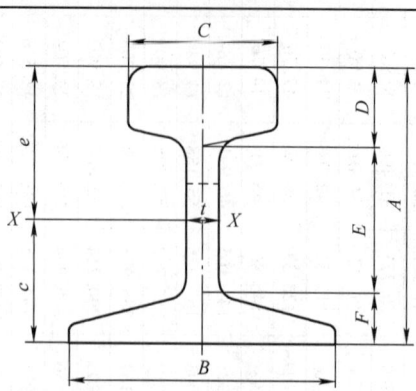

型号/ kg·m^{-1}	截面尺寸/mm							截面面积 A/ cm^2	理论质量 W/ kg·m^{-1}	截面特性参数				
	轨高	底宽	头宽	头高	腰高	底高	腰厚			重心位置		惯性矩	截面系数	回转半径
	A	B	C	D	E	F	t			c/ cm	e/ cm	I/ cm^4	W/ cm^3	i/ cm
9	63.50	63.50	32.10	17.48	35.72	10.30	5.90	11.39	8.94	3.09	3.26	62.41	19.10	2.33
12	69.85	69.85	38.10	19.85	37.70	12.30	7.54	15.54	12.20	3.40	3.59	98.82	27.60	2.51
15	79.37	79.37	42.86	22.22	43.65	13.50	8.33	19.33	15.20	3.89	4.05	156.10	38.60	2.83
22	93.66	93.66	50.80	26.99	50.00	16.67	10.72	28.39	22.30	4.52	4.85	339.00	69.60	3.45
30	107.95	107.95	60.33	30.95	57.55	19.45	12.30	38.32	30.10	5.21	5.59	606.00	108.00	3.98

注：1. 轻轨用钢的牌号为 55Q、50Q、45SiMnP 和 50SiMnP，其化学成分应符合 GB/T 11264—2012 的规定。
2. 轻轨的长度为 5.0 ~ 12.0 m（0.5 m 进级）。
3. 热轧轻轨适用于矿业、林业、建筑、港口及城市交通小型机车的轨道。以 50Q、45SiMnP 制造的 9kg/m、12kg/m 轻轨比较轻便，多用于建筑工地、港口轻便运输车辆或施工机具轨道；以 55Q、50SiMnP 制造的 15kg/m、22kg/m、30kg/m 轻轨耐磨性良好、强度高，综合性能好，多用于工厂、矿山、林业及城市交通小型机车车辆的轨道；以 45SiMnP、50SiMnP 制造的轻轨耐磨性好，耐蚀性高，多用于矿井、港口等侵蚀工况的轨道。

表 3.1-199 18kg/m、24kg/m 热轧轻轨尺寸规格（摘自 GB/T 11264—2012）

型号/ kg·m^{-1}	截面尺寸/mm							截面面积 A/ cm^2	理论质量 W/ kg·m^{-1}	截面特性参数					
	轨高	底宽	头宽	头高	腰高	底高	腰厚			重心位置		惯性矩		截面系数		
	A	B	C	D	E	F	t			c/ cm	e/ cm	I_x/ cm^4	I_y/ cm^4	W1 (I_x/c)/ cm^3	W2 (I_x/e)/ cm^3	W3 ($I_y/0.5B$)/ cm^3
18	90.00	80.00	40.00	32.00	42.30	15.70	10.00	23.07	18.06	4.29	4.71	240.00	41.10	56.10	51.00	10.30
24	107.00	92.00	51.00	32.00	58.00	17.00	10.90	31.24	24.46	5.31	5.40	486.00	80.46	91.64	90.12	17.49

注：GB/T 11264—2012 代替 GB/T 11264—1989。新标准在保留 9、12、15、22、30（kg/m）五个型号的尺寸规格（见表 3.1-198）的基础上，新增加了 18kg/m、24kg/m 两个轻轨型号，其尺寸规格均符合本表规定，轻型截面图示见表 3.1-198。

表 3.1-200 热轧轻轨的牌号及力学性能（摘自 GB/T 11264—2012）

牌号	型号/kg·m^{-1}	抗拉强度 R_m/MPa	布氏硬度 HBW
50Q	≤12	≥569	—
55Q	≤12	≥569	—
	15 ~ 30	≥685	≥197
45SiMnP	≤12	≥569	—
50SiMnP	≤12	≥569	—
	15 ~ 30	≥685	≥197

注：供方如能保证硬度合格，硬度可不作为检验项目。

5.2 钢板和钢带

5.2.1 冷轧钢板和钢带尺寸规格（见表3.1-201、表3.1-202）

表 3.1-201　冷轧钢板和钢带尺寸规格（摘自 GB/T 708—2006）

尺寸规格的规定	1. 钢板和钢带（包括纵切钢带）的公称厚度范围为 0.30~4.00mm，公称厚度小于1mm者，按0.05mm倍数的任何尺寸；公称厚度不小于1mm者，按0.1mm进级的任何尺寸 2. 钢板和钢带公称宽度范围为 600~2050mm，按10mm进级的任何尺寸 3. 钢板公称长度范围为 1000~6000mm，按50mm进级的任何尺寸 4. 按需方要求可供应其他尺寸规格的产品						
厚度允许偏差/mm		厚度极限偏差					
	公称厚度	普通精度 PT. A			较高精度 PT. B		
		公称宽度			公称宽度		
		≤1 200	>1 200~1 500	>1 500	≤1 200	>1 200~1 500	>1 500
	≤0.40	±0.04	±0.05	±0.06	±0.025	±0.035	±0.045
	>0.40~0.60	±0.05	±0.06	±0.07	±0.035	±0.045	±0.050
	>0.60~0.80	±0.06	±0.07	±0.08	±0.040	±0.050	±0.050
	>0.80~1.00	±0.07	±0.08	±0.09	±0.045	±0.060	±0.060
	>1.00~1.20	±0.08	±0.09	±0.10	±0.055	±0.070	±0.070
	>1.20~1.60	±0.10	±0.11	±0.11	±0.070	±0.080	±0.080
	>1.60~2.00	±0.12	±0.13	±0.13	±0.080	±0.090	±0.090
	>2.00~2.50	±0.14	±0.15	±0.15	±0.100	±0.110	±0.110
	>2.50~3.00	±0.16	±0.17	±0.17	±0.110	±0.120	±0.120
	>3.00~4.00	±0.17	±0.19	±0.19	±0.140	±0.150	±0.150

注：1. GB/T 708—2006 适用于轧制宽度不小于600mm的冷轧宽钢带及其剪切钢板、纵切钢带。
2. 规定的最小屈服强度小于280MPa的钢板和钢带的厚度，极限偏差符合本表规定。
3. 规定的最小屈服强度为 280MPa~<360MPa 的钢板和钢带的厚度极限偏差比本表规定值增加20%；规定的最小屈服强度不小于 360MPa 的钢板和钢带的厚度极限偏差比本表规定值增加40%。
4. 冷轧钢板和钢带的宽度极限偏差、长度极限偏差、平面度等其他技术要求，应符合 GB/T 708—2006 的规定。

表 3.1-202　钢板理论质量

厚度/mm	理论质量/kg·m^{-2}	厚度/mm	理论质量/kg·m^{-2}	厚度/mm	理论质量/kg·m^{-2}	厚度/mm	理论质量/kg·m^{-2}
0.2	1.570	1.50	11.78	10	78.50	29	227.70
0.25	1.963	1.6	12.56	11	86.35	30	235.50
0.27	2.120	1.8	14.13	12	94.20	32	251.20
0.30	2.355	2.0	15.70	13	102.10	34	266.90
0.35	2.748	2.2	17.27	14	109.20	36	282.60
0.40	3.140	2.5	19.63	15	117.80	38	298.30
0.45	3.533	2.8	21.98	16	125.60	40	314.00
0.50	3.925	3.0	23.55	17	133.50	42	329.70
0.55	4.318	3.2	25.12	18	141.30	44	345.40
0.60	4.710	3.5	27.48	19	149.20	46	361.10
0.70	5.495	3.8	29.83	20	157.00	48	376.80
0.75	5.888	4.0	31.40	21	164.90	50	392.50
0.80	6.280	4.5	35.33	22	172.70	52	408.20
0.90	7.065	5.0	39.25	23	180.60	54	423.90
1.00	7.850	5.5	43.18	24	188.40	56	439.60
1.10	8.635	6.0	47.10	25	196.30	58	455.30
1.20	9.420	7.0	54.95	26	204.10	60	471.00
1.25	9.813	8.0	62.80	27	212.00		
1.40	10.990	9.0	70.65	28	219.80		

注：密度为 7.85g/cm^3。

5.2.2 优质碳素结构钢冷轧薄钢板和钢带（见表 3.1-203）

表 3.1-203 优质碳素结构钢冷轧薄钢板和钢带的牌号及力学性能（GB/T 13237—2013）

牌号	抗拉强度[①][②] R_m /MPa	以下公称厚度（mm）的断后伸长率[③] A_{80mm} ($L_0=80mm$, $b=20mm$)（%）						180°弯曲试验 以下公称厚度/mm 弯曲压头直径 d	
		≤0.6	>0.6~1.0	>1.0~1.5	>1.5~2.0	>2.0~≤2.5	>2.5	≤2	>2
08Al	275~410	≥21	≥24	≥26	≥27	≥28	≥30	$d=0$	$d=1a$ （a 为试样厚度）
08	275~410	≥21	≥24	≥26	≥27	≥28	≥30		
10	295~430	≥21	≥24	≥26	≥27	≥28	≥30		
15	335~470	≥19	≥21	≥23	≥24	≥25	≥26		
20	355~500	≥18	≥20	≥22	≥23	≥24	≥25		
25	375~490	≥18	≥20	≥21	≥22	≥23	≥24		
30	390~510	≥16	≥18	≥19	≥21	≥21	≥22		
35	410~530	≥15	≥16	≥18	≥19	≥19	≥20		
40	430~550	≥14	≥15	≥17	≥18	≥18	≥19		
45	450~570	—	≥14	≥15	≥16	≥16	≥17		
50	470~590	—	—	≥13	≥14	≥14	≥15		
55	490~610	—	—	≥11	≥12	≥12	≥13		
60	510~630	—	—	≥10	≥10	≥10	≥11		
65	530~650	—	—	≥8	≥8	≥8	≥9		
70	550~670	—	—	≥6	≥6	≥6	≥7		

注：1. 厚度不大于 4mm、宽度不小于 600mm 的钢板和钢带尺寸规格应符合 GB/T 708 的规定。
2. 当需方要求时，可进行弯曲试验，并应符合本表要求。试样弯曲外表面不得有可见的裂纹、断层或起层。
3. 以退火状态交货。经供需双方商定，可以其他热处理状态交货，此时力学性能由双方协定。
① 拉伸试验取横向试样。
② 在需方同意的情况下，25、30、35、40、45、50、55、60、65 和 70 牌号钢板和钢带的抗拉强度上限值允许比规定值提高 50MPa。
③ 经供需双方协商，可采用其他标距。

5.2.3 不锈钢冷轧钢板和钢带（见表 3.1-204~表 3.1-217）

表 3.1-204 不锈钢冷轧钢板和钢带尺寸范围和厚度极限偏差（摘自 GB/T 3280—2015）（mm）

尺寸范围	形态	公称厚度	公称宽度	推荐的公称尺寸应符合 GB/T 708—2006 中的相关规定
	宽钢带、卷切钢板	0.10~8.00	600~2100	
	纵剪宽钢带、卷切钢带Ⅰ	0.10~8.00	<600	
	窄钢带、卷切钢带Ⅱ	0.01~3.00	<600	

	公称厚度 t	厚度较高精度（PT.A）		厚度普通精度（PT.B）		
		公称宽度		公称宽度		
		<1250	1250~2100	600~<1000	1000~<1250	1250~2100
宽钢带、卷切钢板、纵剪宽钢带、卷切钢带Ⅰ厚度极限偏差	0.10~<0.25	±0.03	—	—	—	—
	0.25~<0.30	±0.04	—	±0.038	±0.038	—
	0.30~<0.60	±0.05	±0.08	±0.040	±0.040	±0.05
	0.60~<0.80	±0.07	±0.09	±0.05	±0.05	±0.06
	0.80~<1.00	±0.09	±0.10	±0.05	±0.06	±0.07
	1.00~<1.25	±0.10	±0.12	±0.06	±0.07	±0.08
	1.25~<1.60	±0.12	±0.15	±0.07	±0.08	±0.10
	1.60~<2.00	±0.15	±0.17	±0.09	±0.10	±0.12
	2.00~<2.50	±0.17	±0.20	±0.10	±0.11	±0.13
	2.50~<3.15	±0.22	±0.25	±0.11	±0.12	±0.14
	3.15~<4.00	±0.25	±0.30	±0.12	±0.13	±0.16
	4.00~<5.00	±0.35	±0.40	—	—	—
	5.00~<6.50	±0.40	±0.45	—	—	—
	6.50~8.00	±0.50	±0.50	—	—	—

(续)

公称厚度 t	厚度较高精度（PT. A）			厚度普通精度（PT. B）		
	公称宽度			公称宽度		
	<125	125~<250	250~<600	<125	125~<250	250~<600
0.05~<0.10	±0.10t	±0.12t	±0.15t	±0.06t	±0.10t	±0.10t
0.10~<0.20	±0.010	±0.015	±0.020	±0.008	±0.012	±0.015
0.20~<0.30	±0.015	±0.020	±0.025	±0.012	±0.015	±0.020
0.30~<0.40	±0.020	±0.025	±0.030	±0.015	±0.020	±0.025
0.40~<0.60	±0.025	±0.030	±0.035	±0.020	±0.025	±0.030
0.60~<1.00	±0.030	±0.035	±0.040	±0.025	±0.030	±0.035
1.00~<1.50	±0.035	±0.040	±0.045	±0.030	±0.035	±0.040
1.50~<2.00	±0.040	±0.050	±0.060	±0.035	±0.040	±0.050
2.00~<2.50	±0.050	±0.060	±0.070	±0.040	±0.050	±0.060
2.50~3.00	±0.060	±0.070	±0.080	±0.050	±0.060	±0.070

窄钢带、卷切钢带Ⅱ厚度极限偏差

供需双方协定，极限偏差值可全为正值、负值或正负值不对称分布，但公差值应在表列范围内

表 3.1-205 经固溶处理的奥氏体型钢板和钢带的力学性能（摘自 GB/T 3280—2015）

统一数字代号	牌号	规定塑性延伸强度 $R_{p0.2}$/MPa	抗拉强度 R_m/MPa	断后伸长率[①] A（%）	硬度值 HBW	硬度值 HRB	硬度值 HV
		不小于			不大于		
S30103	022Cr17Ni7	220	550	45	241	100	242
S30110	12Cr17Ni7	205	515	40	217	95	220
S30153	022Cr17Ni7N	240	550	45	241	100	242
S30210	12Cr18Ni9	205	515	40	201	92	210
S30240	12Cr18Ni9Si3	205	515	40	217	95	220
S30403	022Cr19Ni10	180	485	40	201	92	210
S30408	06Cr19Ni10	205	515	40	201	92	210
S30409	07Cr19Ni10	205	515	40	201	92	210
S30450	05Cr19Ni10Si2CeN	290	600	40	217	95	220
S30453	022Cr19Ni10N	205	515	40	217	95	220
S30458	06Cr19Ni10N	240	550	30	217	95	220
S30478	06Cr19Ni9NbN	345	620	30	241	100	242
S30510	10Cr18Ni12	170	485	40	183	88	200
S30859	08Cr21Ni11Si2CeN	310	600	40	217	95	220
S30908	06Cr23Ni13	205	515	40	217	95	220
S31008	06Cr25Ni20	205	515	40	217	95	220
S31053	022Cr25Ni22Mo2N	270	580	25	217	95	220
S31252	015Cr20Ni18Mo6CuN	310	690	35	223	96	225
S31603	022Cr17Ni12Mo2	180	485	40	217	95	220
S31608	06Cr17Ni12Mo2	205	515	40	217	95	220
S31609	07Cr17Ni12Mo2	205	515	40	217	95	220
S31653	022Cr17Ni12Mo2N	205	515	40	217	95	220
S31658	06Cr17Ni12Mo2N	240	550	35	217	95	220

(续)

统一数字代号	牌号	规定塑性延伸强度 $R_{p0.2}$/MPa	抗拉强度 R_m/MPa	断后伸长率[①] A（%）	硬度值		
					HBW	HRB	HV
		不小于			不大于		
S31668	06Cr17Ni12Mo2Ti	205	515	40	217	95	220
S31678	06Cr17Ni12Mo2Nb	205	515	30	217	95	220
S31688	06Cr18Ni12Mo2Cu2	205	520	40	187	90	200
S31703	022Cr19Ni13Mo3	205	515	40	217	95	220
S31708	06Cr19Ni13Mo3	205	515	35	217	95	220
S31723	022Cr19Ni16Mo5N	240	550	40	223	96	225
S31753	022Cr19Ni13Mo4N	240	550	40	217	95	220
S31782	015Cr21Ni26Mo5Cu2	220	490	35	—	90	200
S32168	06Cr18Ni11Ti	205	515	40	217	95	220
S32169	07Cr19Ni11Ti	205	515	40	217	95	220
S32652	015Cr24Ni22Mo8Mn3CuN	430	750	40	250	—	252
S34553	022Cr24Ni17Mo5Mn6NbN	415	795	35	241	100	242
S34778	06Cr18Ni11Nb	205	515	40	201	92	210
S34779	07Cr18Ni11Nb	205	515	40	201	92	210
S38367	022Cr21Ni25Mo7N	310	690	30	—	100	258
S38926	015Cr20Ni25Mo7CuN	295	650	35	—	—	—

注：1. 经热处理的各类型钢板和钢带的力学性能应符合表 3.1-205 ~ 表 3.1-214 的规定。
2. 对于几种硬度试验，可根据钢板和钢带的不同尺寸和状态选择其中一种方法试验。
3. 厚度小于 0.3mm 的钢板和钢带的断后伸长率和硬度值仅供参考。
4. 钢板和钢带的牌号（参见表 3.1-205 ~ 表 3.1-214）的化学成分应符合 GB/T 3280—2015 的规定。
5. 钢板和钢带经冷轧后，可经热处理及酸洗或类似处理后交货，有关热处理制度参见 GB/T 3280—2015 资料性附录。
6. 根据需方要求，钢板和钢带可按不同冷作硬化状态交货。

① 厚度不大于 3mm 时使用 A_{50mm} 试样。

表 3.1-206　H 1/4 状态的钢板和钢带的力学性能（摘自 GB/T 3280—2015）

统一数字代号	牌号	规定塑性延伸强度 $R_{p0.2}$/MPa	抗拉强度 R_m/MPa	断后伸长率[①] A（%）		
				厚度 <0.4mm	厚度 0.4mm ~ <0.8mm	厚度 ≥0.8mm
				不小于		
S30103	022Cr17Ni7	515	825	25	25	25
S30110	12Cr17Ni7	515	860	25	25	25
S30153	022Cr17Ni7N	515	825	25	25	25
S30210	12Cr18Ni9	515	860	10	10	12
S30403	022Cr19Ni10	515	860	8	8	10
S30408	06Cr19Ni10	515	860	10	10	12
S30453	022Cr19Ni10N	515	860	10	10	12
S30458	06Cr19Ni10N	515	860	12	12	12
S31603	022Cr17Ni12Mo2	515	860	8	8	8
S31608	06Cr17Ni12Mo2	515	860	10	10	10
S31658	06Cr17Ni12Mo2N	515	860	12	12	12

① 厚度不大于 3mm 时使用 A_{50mm} 试样。

表 3.1-207 H 1/2 状态的钢板和钢带的力学性能（摘自 GB/T 3280—2015）

统一数字代号	牌号	规定塑性延伸强度 $R_{p0.2}$/MPa	抗拉强度 R_m/MPa	断后伸长率[①]A（%）		
				厚度 <0.4mm	厚度 0.4mm~<0.8mm	厚度 ≥0.8mm
		不小于		不小于		
S30103	022Cr17Ni7	690	930	20	20	20
S30110	12Cr17Ni7	760	1035	15	18	18
S30153	022Cr17Ni7N	690	930	20	20	20
S30210	12Cr18Ni9	760	1035	9	10	10
S30403	022Cr19Ni10	760	1035	5	6	6
S30408	06Cr19Ni10	760	1035	6	7	7
S30453	022Cr19Ni10N	760	1035	6	7	7
S30458	06Cr19Ni10N	760	1035	6	8	8
S31603	022Cr17Ni12Mo2	760	1035	5	6	6
S31608	06Cr17Ni12Mo2	760	1035	6	7	7
S31658	06Cr17Ni12Mo2N	760	1035	6	8	8

① 厚度不大于 3mm 时使用 A_{50mm} 试样。

表 3.1-208 H 3/4 状态的钢板和钢带的力学性能（摘自 GB/T 3280—2015）

统一数字代号	牌号	规定塑性延伸强度 $R_{p0.2}$/MPa	抗拉强度 R_m/MPa	断后伸长率[①]A（%）		
				厚度 <0.4mm	厚度 0.4mm~<0.8mm	厚度 ≥0.8mm
		不小于		不小于		
S30110	12Cr17Ni7	930	1205	10	12	12
S30210	12Cr18Ni9	930	1205	5	6	6

① 厚度不大于 3mm 时使用 A_{50mm} 试样。

表 3.1-209 H 状态的钢板和钢带的力学性能（摘自 GB/T 3280—2015）

统一数字代号	牌号	规定塑性延伸强度 $R_{p0.2}$/MPa	抗拉强度 R_m/MPa	断后伸长率[①]A（%）		
				厚度 <0.4mm	厚度 0.4mm~<0.8mm	厚度 ≥0.8mm
		不小于		不小于		
S30110	12Cr17Ni7	965	1275	8	9	9
S30210	12Cr18Ni9	965	1275	3	4	4
S30110	12Cr17Ni7	1790	1860	—	—	—

① 厚度不大于 3mm 时使用 A_{50mm} 试样。

表 3.1-210 经固溶处理的奥氏体-铁素体型钢板和钢带的力学性能（摘自 GB/T 3280—2015）

统一数字代号	牌号	规定塑性延伸强度 $R_{p0.2}$/MPa	抗拉强度 R_m/MPa	断后伸长率[①]A（%）	硬度值	
					HBW	HRC
		不小于			不大于	
S21860	14Cr18Ni11Si4AlTi	—	715	25	—	—
S21953	022Cr19Ni5Mo3Si2N	440	630	25	290	31
S22053	022Cr23Ni5Mo3N	450	655	25	293	31
S22152	022Cr21Mn5Ni2N	450	620	25	—	25
S22153	022Cr21Ni3Mo2N	450	655	25	293	31

（续）

统一数字代号	牌号	规定塑性延伸强度 $R_{p0.2}$/MPa	抗拉强度 R_m/MPa	断后伸长率[①] A（%）	硬度值 HBW	硬度值 HRC
		不小于			不大于	
S22160	12Cr21Ni5Ti	—	635	20	—	—
S22193	022Cr21Mn3Ni3Mo2N	450	620	25	293	31
S22253	022Cr22Mn3Ni2MoN	450	655	30	293	31
S22293	022Cr22Ni5Mo3N	450	620	25	293	31
S22294	03Cr22Mn5Ni2MoCuN	450	650	30	290	—
S22353	022Cr23Ni2N	450	650	30	290	—
S22493	022Cr24Ni4Mn3Mo2CuN	540	740	25	290	—
S22553	022Cr25Ni6Mo2N	450	640	25	295	31
S23043	022Cr23Ni4MoCuN	400	600	25	290	31
S25073	022Cr25Ni7Mo4N	550	795	15	310	32
S25554	03Cr25Ni6Mo3Cu2N	550	760	15	302	32
S27603	022Cr25Ni7Mo4WCuN	550	750	25	270	—

① 厚度不大于3mm时使用 A_{50mm} 试样。

表 3.1-211　经退火处理的铁素体型钢板和钢带的力学性能（摘自 GB/T 3280—2015）

统一数字代号	牌号	规定塑性延伸强度 $R_{p0.2}$/MPa	抗拉强度 R_m/MPa	断后伸长率[①] A（%）	180°弯曲试验弯曲压头直径 D	硬度值 HBW	硬度值 HRB	硬度值 HV
		不小于				不大于		
S11163	022Cr11Ti	170	380	20	$D=2a$	179	88	200
S11173	022Cr11NbTi	170	380	20	$D=2a$	179	88	200
S11203	022Cr12	195	360	22	$D=2a$	183	88	200
S11213	022Cr12Ni	280	450	18	—	180	88	200
S11348	06Cr13Al	170	415	20	$D=2a$	179	88	200
S11510	10Cr15	205	450	22	$D=2a$	183	89	200
S11573	022Cr15NbTi	205	450	22	$D=2a$	183	89	200
S11710	10Cr17	205	420	22	$D=2a$	183	89	200
S11763	022Cr17Ti	175	360	22	$D=2a$	183	89	200
S11790	10Cr17Mo	240	450	22	$D=2a$	183	89	200
S11862	019Cr18MoTi	245	410	20	$D=2a$	217	96	230
S11863	022Cr18Ti	205	415	22	$D=2a$	183	89	200
S11873	022Cr18Nb	250	430	18	—	180	88	200
S11882	019Cr18CuNb	205	390	22	$D=2a$	192	90	200
S11972	019Cr19Mo2NbTi	275	415	20	$D=2a$	217	96	230
S11973	022Cr18NbTi	205	415	22	$D=2a$	183	89	200
S12182	019Cr21CuTi	205	390	22	$D=2a$	192	90	200
S12361	019Cr23Mo2Ti	245	410	20	$D=2a$	217	96	230
S12362	019Cr23MoTi	245	410	20	$D=2a$	217	96	230
S12763	022Cr27Ni2Mo4NbTi	450	585	18	$D=2a$	241	100	242
S12791	008Cr27Mo	275	450	22	$D=2a$	187	90	200
S12963	022Cr29Mo4NbTi	415	550	18	$D=2a$	255	25[②]	257
S13091	008Cr30Mo2	295	450	22	$D=2a$	207	95	220

注：a 为弯曲试样厚度。

① 厚度不大于3mm时使用 A_{50mm} 试样。

② 为HRC硬度值。

表 3.1-212 经退火处理的马氏体型钢板和钢带（17Cr16Ni2 除外）的力学性能（摘自 GB/T 3280—2015）

统一数字代号	牌号	规定塑性延伸强度 $R_{p0.2}$/MPa	抗拉强度 R_m/MPa	断后伸长率[①] A（%）	180°弯曲试验弯曲压头直径 D	硬度值		
						HBW	HRB	HV
		不小于				不大于		
S40310	12Cr12	205	485	20	$D=2a$	217	96	210
S41008	06Cr13	205	415	22	$D=2a$	183	89	200
S41010	12Cr13	205	450	20	$D=2a$	217	96	210
S41595	04Cr13Ni5Mo	620	795	15	—	302	32[②]	308
S42020	20Cr13	225	520	18		223	97	234
S42030	30Cr13	225	540	18		235	99	247
S42040	40Cr13	225	590	15		—	—	—
S43120	17Cr16Ni2[③]	690	880~1080	12	—	262~326	—	—
		1050	1350	10	—	388	—	—
S44070	68Cr17	245	590	15		255	25[②]	269
S46050	50Cr15MoV	—	≤850	12		280	100	280

注：a 为弯曲试样厚度。
① 厚度不大于 3mm 时使用 A_{50mm} 试样。
② 为 HRC 硬度值。
③ 表列为淬火、回火后的力学性能。

表 3.1-213 经固溶处理的沉淀硬化型钢板和钢带试样的力学性能（摘自 GB/T 3280—2015）

统一数字代号	牌号	钢材厚度/mm	规定塑性延伸强度 $R_{p0.2}$/MPa	抗拉强度 R_m/MPa	断后伸长率[①] A（%）	硬度值	
						HRC	HBW
			不大于		不小于	不大于	
S51380	04Cr13Ni8Mo2Al	0.10~<8.0	—	—	—	38	363
S51290	022Cr12Ni9Cu2NbTi	0.30~8.0	1105	1205	3	36	331
S51770	07Cr17Ni7Al	0.10~<0.30	450	1035	—	—	—
		0.30~8.0	380	1035	20	92[②]	
S51570	07Cr15Ni7Mo2Al	0.10~<8.0	450	1035	25	100[②]	—
S51750	09Cr17Ni5Mo3N	0.10~<0.30	585	1380	8	30	—
		0.30~8.0	585	1380	12	30	—
S51778	06Cr17Ni7AlTi	0.10~<1.50	515	825	4	32	—
		1.50~8.0	515	825	5	32	—

① 厚度不大于 3mm 时使用 A_{50mm} 试样。
② 为 HRB 硬度值。

表 3.1-214 经时效处理后的沉淀硬化型钢板和钢带试样的力学性能（摘自 GB/T 3280—2015）

统一数字代号	牌号	钢材厚度 mm	处理① 温度 /℃	规定塑性延伸强度 $R_{p0.2}$/MPa	抗拉强度 R_m/MPa	断后②③ 伸长率 A (%)	硬度值 HRC	硬度值 HBW
				不小于			不大于	
S51380	04Cr13Ni8Mo2Al	0.10 ~ <0.50	510±6	1410	1515	6	45	—
		0.50 ~ <5.0		1410	1515	8	45	—
		5.0 ~ 8.0		1410	1515	10	45	—
		0.10 ~ <0.50	538±6	1310	1380	6	43	—
		0.50 ~ <5.0		1310	1380	8	43	—
		5.0 ~ 8.0		1310	1380	10	43	—
S51290	022Cr12Ni9Cu2NbTi	0.10 ~ <0.50	510±6 或 482±6	1410	1525	—	44	—
		0.50 ~ <1.50		1410	1525	3	44	—
		1.50 ~ 8.0		1410	1525	4	44	—
S51770	07Cr17Ni7Al	0.10 ~ <0.30	760±15	1035	1240	3	38	—
		0.30 ~ <5.0	15±3	1035	1240	5	38	—
		5.0 ~ 8.0	566±6	965	1170	7	38	352
		0.10 ~ <0.30	954±8	1310	1450	1	44	—
		0.30 ~ <5.0	−73±6	1310	1450	3	44	—
		5.0 ~ 8.0	510±6	1240	1380	6	43	401
S51570	07Cr15Ni7Mo2Al	0.10 ~ <0.30	760±15	1170	1310	3	40	—
		0.30 ~ <5.0	15±3	1170	1310	5	40	—
		5.0 ~ 8.0	566±6	1170	1310	4	40	375
		0.10 ~ <0.30	954±8	1380	1550	2	46	—
		0.30 ~ <5.0	−73±6	1380	1550	4	46	—
		5.0 ~ 8.0	510±6	1380	1550	4	45	429
		0.10 ~ 1.2	冷轧	1205	1380	1	41	—
		0.10 ~ 1.2	冷轧+482	1580	1655	1	46	—
S51750	09Cr17Ni5Mo3N	0.10 ~ <0.30	455±8	1035	1275	6	42	—
		0.30 ~ 5.0		1035	1275	8	42	—
		0.10 ~ <0.30	540±8	1000	1140	6	36	—
		0.30 ~ 5.0		1000	1140	8	36	—
S51778	06Cr17Ni7AlTi	0.10 ~ <0.80	510±8	1170	1310	3	39	—
		0.80 ~ <1.50		1170	1310	4	39	—
		1.50 ~ 8.0		1170	1310	5	39	—
		0.10 ~ <0.80	538±8	1105	1240	3	37	—
		0.80 ~ <1.50		1105	1240	4	37	—
		1.50 ~ 8.0		1105	1240	5	37	—
		0.10 ~ <0.80	566±8	1035	1170	3	35	—
		0.80 ~ <1.50		1035	1170	4	35	—
		1.50 ~ 8.0		1035	1170	5	35	—

① 为推荐性热处理温度，供方应向需方提供推荐性热处理制度。
② 适用于沿宽度方向的试验，垂直于轧制方向且平行于钢板表面。
③ 厚度不大于 3mm 时使用 A_{50mm} 试样。

表 3.1-215 不锈钢冷轧钢板和钢带耐晶间腐蚀试验（摘自 GB/T 3280—2015）

	统一数字代号	牌号	试验状态	腐蚀减量/g·(m²·h)⁻¹
硫酸-硫酸铁腐蚀试验的腐蚀减量	S30408 S30409 S31608 S31688 S31708	06Cr19Ni10 07Cr19Ni10 06Cr17Ni12Mo2 06Cr18Ni12Mo2Cu2 06Cr19Ni13Mo3	固溶处理 （交货状态）	按供需双方协议
	S30403 S31603 S31703	022Cr19Ni10 022Cr17Ni12Mo2 022Cr19Ni13Mo3	敏化处理	按供需双方协议
65%硝酸腐蚀试验的腐蚀减量	S30408 S30409	06Cr19Ni10 07Cr19Ni10	固溶处理 （交货状态）	按供需双方协议
	S30403	022Cr19Ni10	敏化处理	按供需双方协议
硫酸-硫酸铜腐蚀试验后弯曲面状态	S30408 S30409 S31608 S31688 S31708	06Cr19Ni10 07Cr19Ni10 06Cr17Ni12Mo2 06Cr18Ni12Mo2Cu2 06Cr19Ni13Mo3	固溶处理 （交货状态）	试验后弯曲面状态 不允许有晶间腐蚀裂纹
	S30403 S31603 S31668 S31703 S32168 S34778	022Cr19Ni10 022Cr17Ni12Mo2 06Cr17Ni12Mo2Ti 022Cr19Ni13Mo3 06Cr18Ni11Ti 06Cr18Ni11Nb	敏化处理	试验后弯曲面状态 不允许有晶间腐蚀裂纹

	统一数字代号	牌号	试验状态	硫酸-硫酸铁腐蚀试验	65%硝酸腐蚀试验	硫酸-硫酸铜腐蚀试验
10%草酸浸蚀试验的判别	S30408 S30409	06Cr19Ni10 07Cr19Ni10	固溶处理 （交货状态）	沟状组织	沟状组织 凹状组织Ⅱ	沟状组织
	S31608 S31688 S31708	06Cr17Ni12Mo2 06Cr18Ni12Mo2Cu2 06Cr19Ni13Mo3			—	
	S30403	022Cr19Ni10	敏化处理	沟状组织	沟状组织 凹状组织Ⅱ	沟状组织
	S31603 S31703	022Cr17Ni12Mo2 022Cr19Ni13Mo3			—	
	S31668 S32168 S34778	06Cr17Ni12Mo2Ti 06Cr18Ni11Ti 06Cr18Ni11Nb			—	

注：1. 钢板和钢带按本表进行耐晶间腐蚀试验，试验方法由供需双方协商，并在合同中注明。合同中未注明时，可不做试验。对于含钼量不小于3%的低碳不锈钢，试验前的敏化处理应由供需双方协商确定。
2. 本表中未列入的牌号需进行耐晶间腐蚀试验时，其试验方法和要求，由供需双方协商，并在合同中注明。

表 3.1-216　不锈钢的特性和用途（摘自 GB/T 3280—2015）

类型	统一数字代号	牌号	特性和用途
奥氏体型	S30110	12Cr17Ni7	经冷加工后有高的强度。用于铁道车辆、传送带螺栓、螺母等
	S30103	022Cr17Ni7	是 12Cr17Ni7 的超低碳钢，具有良好的耐晶间腐蚀性、焊接性，用于铁道车辆
	S30153	022Cr17Ni7N	是 12Cr17Ni7 的超低碳含氮钢，强度高，具有良好的耐晶间腐蚀性、焊接性，用于结构件
	S30210	12Cr18Ni9	经冷加工具有高的强度，但伸长率比 12Cr17Ni7 稍差。用于建筑装饰部件
	S30240	12Cr18Ni9Si3	耐氧化性比 12Cr18Ni9 好，900℃ 以下与 06Cr25Ni20 具有相同的耐氧化性和强度。用于汽车排气净化装置、工业炉等高温装置部件
	S30408	06Cr19Ni10	作为不锈耐热钢使用最广泛，用于食品设备、一般化工设备、原子能工业等
	S30403	022Cr19Ni10	比 06Cr19Ni10 碳含量更低的钢，耐晶间腐蚀性优越，焊接后不进行热处理
	S30409	07Cr19Ni10	在固溶态，钢的塑性、韧性、冷加工性良好，在氧化性酸和大气、水等介质中耐蚀性好，但在敏化态或焊接后有晶间腐蚀倾向。耐蚀性优于 12Cr19Ni9。适于制造深冲成型部件和输酸管道、容器等
	S30450	05Cr19Ni10Si2CeN	加氮，提高钢的强度和加工硬化倾向，塑性不降低。改善钢的耐点蚀、晶间腐蚀性，可承受更重的负荷，使材料的厚度减小。用于结构用强度部件
	S30458	06Cr19Ni10N	在 06Cr19Ni10 的基础上加氮，可提高钢的强度和加工硬化倾向，塑性不降低。改善钢的耐点蚀、晶间腐蚀性，使材料的厚度减少。用于有一定耐腐要求，并要求较高强度和减速轻重量的设备、结构部件
	S30478	06Cr19Ni9NbN	在 06Cr19Ni10 的基础上加氮和铌，提高钢的耐点蚀、晶间腐蚀性能，具有与 06Cr19Ni10N 相同的特性和用途
	S30453	022Cr19Ni10N	06Cr19Ni10N 的超低碳钢，因 06Cr19Ni10N 在 450~900℃ 加热后耐晶间腐蚀性有明显下降。因此对于焊接设备构件，推荐用 022Cr19Ni10N
	S30510	10Cr18Ni12	与 06Cr19Ni10 相比，加工硬化性低。用于手机配件、电器元件、发电机组配件等
	S30908	06Cr23Ni13	耐腐蚀性比 06Cr19Ni10 好，但实际上多作为耐热钢使用
	S31008	06Cr25Ni20	抗氧化性比 06Cr23Ni13 好，但实际上多作为耐热钢使用
	S31053	022Cr25Ni22Mo2N	钢中加氮提高了钢的耐孔蚀性，且使钢有具有更高的强度和稳定的奥氏体组织。适用于尿素生产中汽提塔的结构材料，性能远优于 022Cr17Ni12Mo2
	S31252	015Cr20Ni18Mo6CuN	一种高性价比超级奥氏体不锈钢，较低的碳含量和高钼、高氮含量，使其具有较好的耐晶间腐蚀能力、耐点腐蚀和耐缝隙腐蚀性能，主要用于海洋开发、海水淡化、热交换器、纸浆生产、烟气脱硫装置等领域
	S31608	06Cr17Ni12Mo2	在海水和其他各种介质中，耐腐蚀性比 06Cr19Ni10 好。主要用于耐点蚀材料
	S31603	022Cr17Ni12Mo2	为 06Cr17Ni12Mo2 的超低碳钢。超低碳奥氏体不锈钢对各种无机酸、碱类、盐类（如亚硫酸、硫酸、磷酸、醋酸、甲酸、氯盐、卤素、亚硫酸盐等）均有良好的耐蚀性。由于含碳量低，因此，焊接性能良好，适合于多层焊接，焊后一般不需热处理，且焊时无刀口腐蚀倾向。可用于制造合成纤维、石油化工、纺织、化肥、印染及原子能等工业设备，如塔、槽、容器、管道等
	S31609	07Cr17Ni12Mo2	与 06Cr17Ni12Mo2 相比，该钢种的碳含量由 ≤0.08% 调整至 0.04%~0.10%，耐高温性能增加，该钢种被广泛应用于加热釜、锅炉、硬质合金传送带等
	S31668	06Cr17Ni12Mo2Ti	有良好的耐晶间腐蚀性，用于抵抗硫酸、磷酸、甲酸、乙酸的设备

(续)

类型	统一数字代号	牌号	特性和用途
奥氏体型	S31678	06Cr17Ni12Mo2Nb	比 06Cr17Ni12Mo2 具有更好的耐晶间腐蚀性
	S31658	06Cr17Ni12Mo2N	在 06Cr17Ni12Mo2 中加入氮，提高强度，不降低塑性，使材料的使用厚度减薄。用于耐腐蚀性较好、强度较高的部件
	S31653	022Cr17Ni12Mo2N	用途与 06Cr17Ni12Mo2N 相同但耐晶间腐蚀性更好
	S31688	06Cr18Ni12Mo2Cu2	耐腐蚀性、耐点蚀性比 06Cr17Ni12Mo2 好。用于耐硫酸材料
	S31782	015Cr21Ni26Mo5Cu2	高钼不锈钢，全面耐硫酸、磷酸、醋酸等腐蚀，又可解决氯化物孔蚀、缝隙腐蚀和应力腐蚀问题。主要用于石化、化工、化肥、海洋开发等的塔、槽、管、换热器等
	S31708	06Cr19Ni13Mo3	耐点蚀性比 06Cr17Ni12Mo2 好，用于染色设备材料等
	S31703	022Cr19Ni13Mo3	为 06Cr19Ni13Mo3 的超低碳钢，比 06Cr19Ni13Mo3 耐晶间腐蚀性好，主要用于电站冷凝管等
	S31723	022Cr19Ni16Mo5N	高钼不锈钢，钢中钼含量 0.10%～0.20%，使其耐孔蚀性能进一步提高，此钢种在硫酸、甲酸、醋酸等介质中的耐蚀性要比一般含钼2%～4%的常用 Cr-Ni 钢更好
	S31753	022Cr19Ni13Mo4N	在 022Cr19Ni13Mo3 中添加氮，具有高强度、高耐蚀性，用于罐箱、容器等
	S32168	06Cr18Ni11Ti	添加钛提高耐晶间腐蚀性，不推荐作装饰部件
	S32169	07Cr19Ni11Ti	与 06Cr18Ni11Ti 相比，该钢种的碳含量由 ≤0.08% 调整至 0.04%～0.10%，耐高温性能增强，可用于锅炉行业
	S32652	015Cr24Ni22Mo8Mn3CuN	属于超级奥氏体不锈钢，高钼、高氮、高铬使其具有优异的耐点蚀、耐缝隙腐蚀性能，主要用于海洋开发、海水淡化、纸浆生产、烟气脱硫装置等领域
	S34553	022Cr24Ni17Mo5Mn6NbN	这是一种高强度且耐腐蚀的超级奥氏体不锈钢，在氯化物环境中，具有优良的耐点蚀和耐缝隙腐蚀性能。此钢被推荐用于海水淡化、海上采油平台以及电厂烟气脱硫等装置
	S34778	06Cr18Ni11Nb	添加铌提高奥氏体不锈钢的稳定性。由于其良好的耐蚀性能、焊接性能，因此被广泛应用于石油化工、合成纤维、食品、造纸等行业。在热电厂和核动力工业中，用于大型锅炉过热器、再热器、蒸汽管道、轴类和各类焊接结构件
	S34779	07Cr18Ni11Nb	与 06Cr18Ni11Nb 相比，该钢种的碳含量由 ≤0.08% 调整至 0.04%～0.10%，耐高温性能增加，可用于锅炉行业
	S30859	08Cr21Ni11Si2CeN	在 21Cr-11Ni 不锈钢的基础上，通过稀土铈和氮元素的合金化提高耐高温性能，与 06Cr25Ni20 相比，在优化使用性能的同时，还节约了贵重的镍资源。该钢种主要用于锅炉行业
	S38926	015Cr20Ni25Mo7CuN	与 015Cr20Ni18Mo6CuN 相比，镍含量由 17.5%～18.5% 提高至 24.0%～26.0%，具有更好的耐应力腐蚀能力，被推荐用于海洋开发、核电装置等领域
	S38367	022Cr21Ni25Mo7N	与 015Cr20Ni25Mo7CuN 相比，$w(Cr)$ 更高，耐点腐蚀性能更好，用于海洋开发、换热器、核电装置等领域
奥氏体·铁素体型	S21860	14Cr18Ni11Si4AlTi	由于硅的存在，既通过 α+β 两相强化提高了强度，又使此钢可在浓硝酸和发烟硝酸中形成表面氧化硅膜从而使提高耐浓硝酸腐蚀性能。用于制作抗高温浓硝酸介质的零件和设备
	S21953	022Cr19Ni5Mo3Si2N	耐应力腐蚀破裂性能良好，耐点蚀性能与 022Cr17Ni14Mo2 相当，具有较高强度，适用于含氯离子的环境，用于炼油、化肥、造纸、石油、化工等工业制造换热器、冷凝器等

(续)

类型	统一数字代号	牌号	特性和用途
奥氏体·铁素体型	S22160	12Cr21Ni5Ti	可代替06Cr18Ni11Ti,有更好的力学性能,特别是强度较高,可用于航天设备等
	S22293	022Cr22Ni5Mo3N	具有高强度,良好的耐应力腐蚀、耐点蚀性能,良好的焊接性能,在石化、造船、造纸、海水淡化、核电等领域具有广泛的用途
	S22053	022Cr23Ni5Mo3N	属于低合金双相不锈钢,强度高,能代替S30403和S31603,可用于锅炉和压力容器,化工厂和炼油厂的管道
	S23043	022Cr23Ni4MoCuN	具有双相组织,优异的耐应力腐蚀断裂和其他形式耐蚀的性能以及良好的焊接性。主要用于石油石化、造纸、海水淡化等行业
	S22553	022Cr25Ni6Mo2N	耐腐蚀疲劳性能远比S31603(尿素级)好,对低应力、低频率交变载荷条件下工作的尿素甲胺泵泵体选材有重要参考价值。主要应用于化工、化肥、石油化工等领域,多用于制造换热器、蒸发器等,国内主要用于尿素装置,也可用于耐海水腐蚀部件等
	S25554	03Cr25Ni6Mo3Cu2N	该钢具有良好的力学性能和耐局部腐蚀性能,尤其是耐磨损腐蚀性能优于一般的不锈钢。海水环境中的理想材料,适用于舰船用的螺旋推进器、轴,潜艇密封件等,而且在化工、石油化工、天然气、纸浆、造纸等领域也均有应用
	S25073	022Cr25Ni7Mo4N	是双相不锈钢中耐局部腐蚀最好的钢,特别是耐点蚀最好,并具有高强度、耐氯化物应力腐蚀、可焊接的特点。非常适用于化工、石油、石化和动力工业中以河水、地下水和海水等为冷却介质的换热设备
	S27603	022Cr25Ni7Mo4WCuN	在022Cr25Ni7Mo3N钢中加入钨、铜提高Cr25型双相钢的性能。特别是耐氯化物点蚀和耐缝隙腐蚀性能更佳,主要用于以水(含海水、卤水)为介质的换热设备
	S22153	022Cr21Ni3MoN	含有1.5%的钼,与铬、氮配合提高耐蚀性,其耐蚀性优于022Cr17Ni12Mo2,与022Cr19Ni13Mo3接近,是022Cr17Ni12Mo2的理想替代品。同时该钢种还具有较高的强度,可用于化学储罐、纸浆造纸、建筑屋顶、桥梁等领域
	S22294	03Cr22Mn5Ni2MoCuN	低镍、高氮含量,使其具有高强度、良好的耐蚀性和焊接性能的同时,制造成本大幅度降低。该钢种具有比022Cr19Ni10更好、与022Cr17Ni12Mo2相当的耐蚀性,是06Cr19Ni10、022Cr19Ni10理想的替代品,用于石化、造船、造纸、核电、海水淡化、建筑等领域
	S22152	022Cr21Mn5Ni2N	合金镍、钼含量大幅降低,氮含量较高,具有高强度、良好的耐蚀性、焊接性能以及较低的成本。该钢种具有与022Cr19Ni10相当的耐蚀性,在一定范围内可替代06Cr19Ni10、022Cr19Ni10,用于建筑、交通、石化等领域
	S22193	022Cr21Mn3Ni3Mo2N	含有1%~2%的钼以及较高的氮,具有良好的耐腐蚀性能、焊接性能,同时由于以Mn、N代Ni,降低了成本。该钢种具有与022Cr17Ni12Mo2相当甚至更好的耐点蚀及耐均匀腐蚀性能,耐应力腐蚀性能也显著提高,是022Cr17Ni12Mo2的理想替代品,用于建筑、储罐、造纸、石化领域
	S22253	022Cr22Mn3Ni2MoN	含有较高的Cr和N,材料耐点蚀和抗均匀腐蚀性高于022Cr19Ni10,与022Cr17Ni12Mo2相当,耐应力腐蚀性能显著提高,并具有良好的焊接性能,可替代022Cr19Ni10、022Cr17Ni12Mo2,用于建筑、储罐、石化、能源等领域
	S22353	022Cr23Ni2N	以较高的N代Ni,Mo含量较低,从而成本得到显著降低。由于含有约23%的Cr以及约0.2%的N,材料耐点蚀和抗均匀腐蚀性与022Cr17Ni12Mo2相当甚至更高,耐应力腐蚀性显著提高,焊接性能优良,可替代022Cr17Ni12Mo2。用于建筑、储罐、石化等领域

(续)

类型	统一数字代号	牌号	特性和用途
奥氏体·铁素体型	S22493	022Cr24Ni4Mn3Mo2CuN	以较高的氮及一定含量的锰代镍，铬含量较低，从而成本得到降低。由于含有约24%的铬以及约0.25%的氮，材料耐点蚀和抗均匀腐蚀性能高于022Cr17Ni12Mo2，接近022Cr19Ni13Mo3，耐应力腐蚀性能显著提高，焊接性能优良，可替代022Cr17Ni12Mo20及22Cr19Ni13Mo3。用于石化、造纸、建筑、储罐等领域
铁素体型	S11348	06Cr13Al	从高温下冷却不产生显著硬化，主要用于制作石油化工、锅炉等行业在高温中工作的零件
	S11163	022Cr11Ti	超低碳钢，焊接性能好，用于汽车排气处理装置
	S11173	022Cr11NbTi	在钢中加入铌+钛细化晶粒，提高铁素体钢的耐晶间腐蚀性、改善焊后塑性，性能比022Cr11Ti更好，用于汽车排气处理装置
	S11213	022Cr12Ni	具有中等的耐蚀性、良好的强度、良好的可焊性、较好的耐湿磨性和滑动性。主要应用于运输、交通、结构、石化和采矿等行业
	S11203	022Cr12	焊接部位弯曲性能、加工性能好。多用于集装箱行业
	S11510	10Cr15	作为10Cr17改善焊接性的钢种。用于建筑内装饰、家用电器部件
	S11710	10Cr17	耐蚀性良好的通用钢种，用于建筑内装饰、家庭用具、家用电器部件。脆性转变温度均在室温以上，而且对缺口敏感，不适于制作室温以下的承载备件
	S11763	022Cr17NbTi	降低10Cr17Mo中的碳和氮的含量，单独或复合加入钛、铌或锆，使加工性和焊接性改善，用于建筑内外装饰、车辆部件
	S11790	10Cr17Mo	在钢中加入钼，提高钢的耐点蚀、耐缝隙腐蚀性及强度等，主要用于汽车排气系统，建筑内外装饰等
	S11862	019Cr18MoTi	在钢中加入钼，提高钢的耐点蚀、耐缝隙腐蚀性及强度等
	S11873	022Cr18Nb	加入不少于0.3%的铌和0.1%~0.6%的钛，降低碳含量，改善加工性和焊接性能，且提高耐高温性能，用于烤箱炉管、汽车排气系统、燃气罩等领域
	S11972	019Cr19Mo2NbTi	含Mo比022Cr18MoTi多，耐腐蚀性提高，耐应力腐蚀破裂性好，用于贮水槽太阳能温水器、换热器、食品机器、染色机械等
	S12791	008Cr27Mo	用于性能、用途、耐蚀性和软磁性与008Cr30Mo2类似的用途
	S13091	008Cr30Mo2	高Cr-Mo系，碳、氮降至极低。耐蚀性很好，耐卤离子应力腐蚀破裂、耐点蚀性好。用于制作与醋酸、乳酸等有机酸有关的设备及苛性碱生产设备
	S12182	019Cr21CuTi	抗腐蚀性、成形性、焊接性与06Cr19Ni10相当。适用于建筑内外装饰材料、电梯、家电、车辆部件、不锈钢制品、太阳能热水器等领域
	S11973	022Cr18NbTi	降低10Cr17中的碳含量，复合加入铌、钛，高温性能优于022Cr11Ti，用于车辆部件、厨房设备、建筑内外装饰等
	S11863	022Cr18Ti	降低10Cr17中的碳含量，单独加入钛，使耐腐蚀性、加工性和焊接性改善，用于车辆部件、电梯面板、管式换热器、家电等
	S12362	019Cr23MoTi	属高铬系超纯铁素体不锈钢，耐蚀性优于019Cr21CuTi，可用于太阳能热水器内胆、水箱、洗碗机、油烟机等
	S12361	019Cr23Mo2Ti	钼含量高于019Cr23Mo，耐腐蚀性进一步提高，可作为022Cr17Ni12Mo2的替代钢种用于管式换热器、建筑屋顶、外墙等
	S12763	022Cr27Ni2Mo4NbTi	属于超级铁素体不锈钢，具有高铬高钼的特点，是一种耐海水腐蚀的材料，主要用于电站凝汽器、海水淡化换热器等行业

（续）

类型	统一数字代号	牌号	特性和用途
铁素体型	S12963	022Cr29Mo4NbTi	属于超级铁素体不锈钢，但通过提高铬含量提高耐腐蚀性，用途与022Cr27Ni2Mo3一致
	S11573	022Cr15NbTi	超低碳、氮控制，复合加入铌、钛，高温性能优于022Cr18Ti，用于车辆部件等
	S11882	019Cr18CuNb	超低碳、氮控制，添加了铌、铜，属于铬超纯铁素体不锈钢，具有优良的表面质量和冷加工成形性能，用于汽车及建筑的外装饰部件、家电等
马氏体型	S40310	12Cr12	具有较好的耐热性。用于制造汽轮机叶片及高应力部件
	S41008	06Cr13	比12Cr13的耐蚀性、加工成形性更优良的钢种
	S41010	12Cr13	具有良好的耐蚀性、机械加工性，一般用途，刃具类
	S41595	04Cr13Ni5Mo	以具有高韧性的低碳马氏体并通过镍、钼等合金元素的补充强化为主要强化手段，具有高强度和良好的韧性、焊接性及耐蚀性能。适用于厚截面尺寸并且要求焊接性能良好的使用条件，如大型的水电站转轮和转轮下环等
	S42020	20Cr13	淬火状态下硬度高，耐蚀性良好。用于汽轮机叶片
	S42030	30Cr13	比20Cr13淬火后的硬度高，用于制造刃具、喷嘴、阀座、阀门等
	S42040	40Cr13	比30Cr13淬火后的硬度高，用于制造刃具、喷嘴、阀座、阀门等
	S43120	17Cr16Ni2	马氏体不锈钢中强度和韧性匹配较好的钢种之一，对氧化酸、大多数有机酸及有机盐类的水溶液有良好的耐蚀性。用于制造耐一定程度的硝酸、有机酸腐蚀的零件、容器和设备
	S44070	68Cr17	硬化状态下，坚硬、韧性高，用于刃具、量具、轴承
	S46050	50Cr15MoV	碳含量提高至0.5%，铬含量提高至15%，并且添加了钼和钒元素，淬火后硬度可达56HRC左右，具有良好的耐蚀性、加工性和打磨性，用于刀具行业
沉淀硬化型	S51380	04Cr13Ni8Mo2Al	强度高，具有优良的断裂韧性，良好的横向力学性能和在海洋环境中的耐应力腐蚀性能，用于宇航、核反应堆和石油化工等领域
	S51290	022Cr12Ni9Cu2NbTi	具有良好的工艺性能，易于生产棒、丝、板、带和铸件，主要应用于要求耐蚀不锈的承力部件
	S51770	07Cr17Ni7Al	添加铝的沉淀硬化钢种。用于弹簧、垫圈、机器零部件
	S51570	07Cr15Ni7Mo2Al	在固溶状态下加工成形性能良好，易于加工，加工后经调整处理、冷处理及时效处理，所析出的镍-铝强化相使钢的室温强度可达1400MPa以上，并具有满足使用要求的塑韧性。由于钢中含有钼，使耐还原性介质腐蚀能力有所改善。被广泛应用于宇航、石油化工及能源工业中的耐腐蚀及400℃以下工作的承力构件、容器以及弹性元件制造
	S51750	09Cr17Ni5Mo3N	是一种半奥氏体沉淀硬化不锈钢，具有较高的强度和良好的韧性，适宜制造中温高强度部件
	S51778	06Cr17Ni7AlTi	具有良好的冶金和制造加工工艺性能，可用于350℃以下长期服役的不锈钢结构件、容器、弹簧、膜片等

表 3.1-217 不锈钢冷轧钢板和钢带表面加工类型（摘自 GB/T 3280—2015）

简称	加工类型	表面状态	备注
2E 表面	带氧化皮冷轧、热处理、除鳞	粗糙且无光泽	该表面类型为带氧化皮冷轧，除鳞方式为酸洗除鳞或机械除鳞加酸洗除鳞。这种表面适用于厚度精度较高、表面粗糙度要求较高的结构件或冷轧替代产品
2D 表面	冷轧、热处理、酸洗或除鳞	表面均匀、呈亚光状	冷轧后热处理、酸洗或除鳞。亚光表面经酸洗产生。可用毛面辊进行平整。毛面加工便于在深冲时将润滑剂保留在钢板表面。这种表面适用于加工深冲部件，但这些部件成形后还需进行抛光处理
2B 表面	冷轧、热处理、酸洗或除鳞、光亮加工	较 2D 表面光滑平直	在 2D 表面的基础上，对经热处理、除鳞后的钢板用抛光辊进行小压下量的平整。属最常用的表面加工。除极为复杂的深冲外，可用于任何用途
BA 表面	冷轧、光亮退火	平滑、光亮、反光	冷轧后在可控气氛炉内进行光亮退火。通常采用干氢或干氢与干氮混合气氛，以防止退火过程中的氧化现象。也是后工序再加工常用的表面加工
3# 表面	对单面或双面进行刷磨或亚光抛光	无方向纹理、不反光	需方可指定抛光带的等级或表面粗糙度。由于抛光带的等级或表面粗糙度的不同，表面所呈现的状态不同。这种表面适用于延伸产品还需进一步加工的场合。若钢板或钢带做成的产品不进行另外的加工或抛光处理时，建议用 4# 表面
4# 表面	对单面或双面进行通用抛光	无方向纹理、反光	经粗磨料粗磨后，再用粒度为 120 目~150 目或更细的研磨料进行精磨。这种材料被广泛用于餐馆设备、厨房设备、店铺门面、乳制品设备等
6# 表面	单面或双面亚光缎面抛光，坦皮科研磨	呈亚光状、无方向纹理	表面反光率较 4# 表面差。是用 4# 表面加工的钢板在中粒度研磨料和油的介质中经坦皮科刷磨而成。适用于不要求光泽度的建筑物和装饰。研磨粒度可由需方指定
7# 表面	高光泽度表面加工	光滑、高反光度	是由优良的基础表面进行擦磨而成，但表面磨痕无法消除，该表面主要适用于要求高光泽度的建筑物外墙装饰
8# 表面	镜面加工	无方向纹理、高反光度、影像清晰	该表面是用逐步细化的磨料抛光和用极细的铁丹大量擦磨而成。表面不留任何擦磨痕迹。该表面被广泛用于模压板和镜面板
TR 表面	冷作硬化处理	应材质及冷作量的大小而变化	对退火除鳞或光亮退火的钢板进行足够的冷作硬化处理。大大提高强度水平
HL 表面	冷轧、酸洗、平整、研磨	呈连续性磨纹状	用适当粒度的研磨材料进行抛光，使表面呈连续性磨纹

注：1. 单面抛光的钢板，另一面需进行粗磨，以保证必要的平直度。
2. 标准的抛光工艺在不同的钢种上所产生的效果不同。对于一些关键性的应用，订单中需要附"典型标样"做参照，以便于取得一致的看法。

5.2.4 热轧钢板和钢带尺寸规格（见表 3.1-218）

表 3.1-218　热轧钢板和钢带尺寸规格（摘自 GB/T 709—2006）

单轧钢板尺寸规格			钢板和钢带厚度极限偏差的规定			
项目	尺寸范围/mm	推荐的公称尺寸	单张轧制钢板（单轧板）厚度极允许偏差分为 N、A、B、C 四类，单轧板厚度允许偏差按 N 类规定。A、B、C 类公差值和 N 类公差值相等，但正负偏差分布不同，参见原标准，采用 A、B、C 类应在合同中注明 钢带和连轧钢板的厚度偏差分为普通级精度（PT.A）和较高级精度（PT.B），其偏差值见原标准，需方要求较高厚度精度供货时应在合同中注明，未注明者按普通级精度供货			
公称厚度	3~400	厚度小于 30mm 的钢板按 0.5mm 倍数的任何尺寸；厚度大于或等于 30mm 的钢板按 1mm 倍数的任何尺寸				
公称宽度	600~4800	宽度按 10mm 或 50mm 倍数的任何尺寸	单轧钢板厚度 N 类极限偏差（A 类：按公称厚度规定负偏差；B 类：固定负偏差为 0.3mm；C 类：固定负偏差为零；公差值与 N 类相等）			
公称长度	2000~20000	长度按 50mm 或 100mm 倍数的任何尺寸	公称厚度/mm	下列公称宽度的厚度极限偏差/mm		
				≤1500	>1500~2500	>2500~4000	>4000~4800
钢带和连轧钢板尺寸规格			3.00~5.00	±0.45	±0.55	±0.65	—
项目	尺寸范围/mm	推荐的公称尺寸	>5.00~8.00	±0.50	±0.60	±0.75	—
公称厚度	0.8~25.4	厚度 0.1mm 倍数的任何尺寸	>8.00~15.0	±0.55	±0.65	±0.80	±0.90
			>15.0~25.0	±0.65	±0.75	±0.90	±1.10
公称宽度	600~2200 纵切钢带为 120~900	宽度按 10mm 倍数的任何尺寸	>25.0~40.0	±0.70	±0.80	±1.00	±1.20
			>40.0~60.0	±0.80	±0.90	±1.10	±1.30
			>60.0~100	±0.90	±1.10	±1.30	±1.50
			>100~150	±1.20	±1.40	±1.60	±1.80
			>150~200	±1.40	±1.60	±1.80	±1.90
公称长度	2000~20000	长度按 50mm 或 100mm 倍数的任何尺寸	>200~250	±1.60	±1.80	±2.00	±2.20
			>250~300	±1.80	±2.00	±2.20	±2.40
			>300~400	±2.00	±2.20	±2.40	±2.60

5.2.5 碳素结构钢和低合金结构钢热轧钢板和钢带（见表 3.1-219）

表 3.1-219　碳素结构钢和低合金结构钢热轧钢板和钢带规格、牌号及力学性能（摘自 GB/T 3274—2017）

尺寸规格	热轧薄钢板和钢带厚度不大于 400mm，尺寸规格按 GB/T 709 热轧钢板和钢带的规定
牌号及力学性能	牌号和化学成分应符合 GB/T 700 碳素结构钢或 GB/T 1591 低合金高强度结构钢的规定 厚度不大于 3mm 的钢板和钢带抗拉强度及伸长率应符合 GB/T 700 或 GB/T 1591 的规定，按需方要求，钢板和钢带的屈服强度可按 GB/T 700、GB/T 1591 的规定，交货状态为热轧状态或退火状态
用途	碳素结构钢沸腾钢板大量用于制造各种冲压件、建筑及工程结构、性能要求不高的不重要的机器结构零件；镇静钢板主要用于低温承受冲击的构件，焊接结构件及其他对性能要求较高的构件，如机器外罩、开关箱、卷柜、通风管道等 低合金结构钢板均为镇静钢和半镇静钢板，具有较高的强度，综合性能好，能够减轻结构重量，在各工业部门应用较广泛

注：GB/T 3274—2017《碳素结构钢和低合金结构钢热轧钢板和钢带》代替 GB/T 912—2008《碳素结构钢和低合金结构钢热轧薄钢板和钢带》和 GB/T 3274—2007《碳素结构钢和低合金结构钢热轧厚钢板和钢带》。

5.2.6 合金结构钢热轧厚钢板（见表3.1-220）

表3.1-220 合金结构钢热轧厚钢板尺寸规格、牌号及力学性能（摘自 GB/T 11251—2009）

	牌号	力学性能		
		抗拉强度 R_m/MPa	断后伸长率 A（%）不小于	布氏硬度 HBW 不大于
牌号和力学性能	45Mn2	600~850	13	—
	27SiMn	550~800	18	—
	40B	500~700	20	—
	45B	550~750	18	—
	50B	550~750	16	—
	15Cr	400~600	21	—
	20Cr	400~650	20	—
	30Cr	500~700	19	—
	35Cr	550~750	18	—
	40Cr	550~800	16	—
	20CrMnSiA	450~700	21	—
	25CrMnSiA	500~700（980①）	20（10）①	229
	30CrMnSiA	550~750（1080②）	19（10）②	229
	35CrMnSiA	600~800	16	—
牌号化学成分	应符合 GB/T 3077 合金结构钢相应牌号化学成分的规定			
尺寸规格	应符合 GB/T 709 热轧钢板的规定			

注：1. 钢板应以热处理（正火、正火后回火）状态交货。本表为退火状态交货钢板的力学性能。若能保证标准规定的力学性能，也可以采用控制轧制和轧制后控温方法代替正火。
2. 25CrMnSiA、30CrMnSiA 的布氏硬度值仅当需要求时才测定。
3. 钢板适用于制作各种机器结构零部件。

① 供需双方协商，该牌号钢丝在热处理试样淬火（850~890℃，油冷）、回火（450~550℃，水、油冷）状态的力学性能。
② 供需双方协商，该牌号钢丝在热处理试样淬火（860~900℃，油冷）、回火（470~570℃，油冷）状态的力学性能。

5.2.7 超高强度结构用热处理钢板（见表3.1-221）

表3.1-221 超高强度结构用热处理钢板牌号、力学性能及规格（摘自 GB/T 28909—2012）

	牌号	拉伸试验				夏比（V 型缺口）冲击试验	
		规定塑性延伸强度 $R_{p0.2}$/MPa	抗拉强度 R_m/MPa		断后伸长率 A（%）	冲击吸收能量 KV_2	
			≤30mm	>30~50mm		温度/℃	J
牌号及力学性能	Q1030D Q1030E	≥1030	1150~1500	1050~1400	≥10	-20 -40	≥27
	Q1100D Q1100E	≥1100	1200~1550	—	≥9	-20 -40	≥27
	Q1200D Q1200E	≥1200	1250~1600	—	≥9	-20 -40	≥27
	Q1300D Q1300E	≥1300	1350~1700	—	≥8	-20 -40	≥27
牌号化学成分	钢板牌号的化学成分应符合 GB/T 28909—2012 的相关规定						
尺寸规格	钢板的厚度不大于50mm，其尺寸规格应符合 GB/T 709 的规定						
用途	钢板具有超高的强度，适用于矿山、建筑、农业等工程机械中应用						

注：拉伸试验采用横向试样，冲击试验采用纵向试样。

5.2.8 高强度结构用调质钢板（见表3.1-222）

表 3.1-222　高强度结构用调质钢板尺寸规格、牌号及力学性能（摘自 GB/T 16270—2009）

尺寸规格牌号化学成分规定	钢板尺寸规格应符合 GB/T 709 的规定，牌号的化学成分应符合 GB/T 16270—2009 的规定（钢板的最大厚度不大于 150mm）										
牌号及力学性能	牌号	拉伸试验						断后伸长率 A（%）	冲击试验			
		屈服强度 R_{eH}/MPa ≥			抗拉强度 R_m/MPa				冲击吸收能量（纵向）KV_2/J			
		厚度/mm			厚度/mm				试验温度/℃			
		≤50	>50~100	>100~150	≤50	>50~100	>100~150		0	-20	-40	-60
	Q460C	460	440	400	550~720	500~670		17	47			
	Q460D									47		
	Q460E										34	
	Q460F											34
	Q500C	500	480	440	590~770	540~720		17	47			
	Q500D									47		
	Q500E										34	
	Q500F											34
	Q550C	550	530	490	640~820	590~770		16	47			
	Q550D									47		
	Q550E										34	
	Q550F											34
	Q620C	620	580	560	700~890	650~830		15	47			
	Q620D									47		
	Q620E										34	
	Q620F											34
	Q690C	690	650	630	770~940	760~930	710~900	14	47			
	Q690D									47		
	Q690E										34	
	Q690F											34
	Q800C	800	740	—	840~1000	800~1000	—	13	34			
	Q800D									34		
	Q800E										27	
	Q800F											27
	Q890C	890	830	—	940~1100	880~1100	—	11	34			
	Q890D									34		
	Q890E										27	
	Q890F											27
	Q960C	960	—	—	980~1150	—	—	10	34			
	Q960D									34		
	Q960E										27	
	Q960F											27

注：1. 拉伸试验适用于横向试样，冲击试验适用于纵向试样。
　　2. 钢板按调质（淬火+回火）状态交货。

5.2.9 优质碳素结构钢热轧钢板和钢带

表 3.1-223　优质碳素结构钢热轧钢板和钢带牌号、规格及力学性能（摘自 GB/T 711—2017）

	牌号	抗拉强度 R_m/MPa	断后伸长率 A（%）	牌号	抗拉强度 R_m/MPa	断后伸长率 A（%）
		不小于			不小于	
牌号及力学性能	08	325	33	65①	695	10
	08Al	325	33	70①	715	9
	10	335	32	20Mn	450	24
	15	370	30	25Mn	490	22
	20	410	28	30Mn	540	20
	25	450	24	35Mn	560	18
	30	490	22	40Mn	590	17
	35	530	20	45Mn	620	15
	40	570	19	50Mn	650	13
	45	600	17	55Mn	675	12
	50	625	16	60Mn①	695	11
	55①	645	13	65Mn①	735	9
	60①	675	12	70Mn①	785	8
牌号化学成分规定	牌号的化学成分应符合 GB/T 711—2017 的相关规定					
尺寸规格	厚度不大于 100mm、宽度不小于 600mm，尺寸规格应符合 GB/T 709 的规定					
用途	主要用于制作机器结构零件及部件					

注：1. GB/T 711—2017《优质碳素结构钢热轧钢板和钢带》代替 GB/T 711—2008 和 GB/T 710—2008。
2. 产品交货状态为热轧或热处理（正火、退火或高温回火）。
3. 产品的力学性能应符合本表规定；经供需双方协商，45、45Mn 等牌号力学性能可按实际值交货。
4. 热处理状态交货的钢板，当其断后伸长率较本表规定提高 2% 以上（绝对值）时，允许抗拉强度比本表规定降低 40MPa。
5. 钢板和钢带厚度大于 20mm 时，厚度每增加 1mm 断后伸长率允许降低 0.25%（绝对值），厚度不大于 32mm 的总降低值不得大于 2%（绝对值），厚度大于 32mm 的总降低值不得大于 3%（绝对值）。
① 经供需双方协议，单张轧制钢板也可以热轧状态交货，以热处理样坯测定力学性能。

5.2.10 工程机械用高强度耐磨钢板（见表 3.1-224）

表 3.1-224　工程机械用高强度耐磨钢板牌号、尺寸规格及力学性能（摘自 GB/T 24186—2009）

尺寸规格	钢板尺寸、外形、质量及极限偏差应符合 GB/T 709 的规定，供需双方协定可供其他尺寸钢板（钢板厚度不大于 80mm）				
化学成分	各牌号的化学成分应符合 GB/T 24186—2009 的规定				
应用	钢板具有优良的耐磨损性能，适用于矿山、建筑、农业等工程机械要求良好耐磨损性能的结构部件，也适用于其他行业类似工况要求的零件和部件				

	牌号	厚度/mm	抗拉强度 R_m/MPa	断后伸长率 A_{50mm}（%）	-20℃冲击吸收能量（纵向）KV_2/J	表面布氏硬度 HBW
牌号及力学性能	NM300	≤80	≥1000	≥14	≥24	270~330
	NM360	≤80	≥1100	≥12	≥24	330~390
	NM400	≤80	≥1200	≥10	≥24	370~430
	NM450	≤80	≥1250	≥7	≥24	420~480
	NM500	≤70	—	—	—	≥470
	NM550	≤70	—	—	—	≥530
	NM600	≤60	—	—	—	≥570

注：钢的牌号由"耐磨"汉语拼音首位字母"NM"及规定布氏硬度数值组成，例如：

NM　500
　　└── 布氏硬度值500HBW
└── "耐磨"汉语拼音首位字母

5.2.11 耐热钢板和钢带（见表3.1-225～表3.1-231）

表 3.1-225 耐热钢板和钢带尺寸规格及牌号化学成分的规定（摘自 GB/T 4238—2015）

尺寸规格的规定	冷轧耐热钢板和钢带的尺寸、质量及极限偏差应符合 GB/T 3280—2015《不锈钢冷轧钢板和钢带》的规定 热轧耐热钢板和钢带的尺寸、质量及极限偏差应符合 GB/T 4237《不锈钢热轧钢板和钢带》的规定
牌号及化学成分的规定	耐热钢板和钢带分为热轧和冷轧两种工艺，产品采用的牌号参见表 3.1-226～表 3.1-229，牌号的化学成分应符合 GB/T 4238—2015 的相关规定

表 3.1-226 经固溶处理的奥氏体型耐热钢板和钢带的力学性能（摘自 GB/T 4238—2015）

统一数字代号	牌号	规定塑性延伸强度 $R_{p0.2}$/MPa	抗拉强度 R_m/MPa	断后伸长率[①] A（%）	硬度试验[②] HBW	HRB	HV
		不小于			不大于		
S30210	12Cr18Ni9	205	515	40	201	92	210
S30240	12Cr18Ni9Si3	205	515	40	217	95	220
S30408	06Cr19Ni10	205	515	40	201	92	210
S30409	07Cr19Ni10	205	515	40	201	92	210
S30450	05Cr19Ni10Si2CeN	290	600	40	217	95	220
S30808	06Cr20Ni11	205	515	40	183	88	200
S30859	08Cr21Ni11Si2CeN	310	600	40	217	95	220
S30920	16Cr23Ni13	205	515	40	217	95	220
S30908	06Cr23Ni13	205	515	40	217	95	220
S31020	20Cr25Ni20	205	515	40	217	95	220
S31008	06Cr25Ni20	205	515	40	217	95	220
S31608	06Cr17Ni12Mo2	205	515	40	217	95	220
S31609	07Cr17Ni12Mo2	205	515	40	217	95	220
S31708	06Cr19Ni13Mo3	205	515	35	217	95	220
S32168	06Cr18Ni11Ti	205	515	40	217	95	220
S32169	07Cr19Ni11Ti	205	515	40	217	95	220
S33010	12Cr16Ni35	205	560	—	201	92	210
S34778	06Cr18Ni11Nb	205	515	40	201	92	210
S34779	07Cr18Ni11Nb	205	515	40	201	92	210
S38240	16Cr20Ni14Si2	220	540	40	217	95	220
S38340	16Cr25Ni20Si2	220	540	35	217	95	220

① 厚度不大于 3mm 时使用 A_{50mm} 试样。
② 按钢板和钢带的不同尺寸和状态可以选择硬度试验中的一种进行。

表 3.1-227 经退火处理的铁素体型和马氏体型耐热钢板和钢带力学性能（摘自 GB/T 4238—2015）

类型	统一数字代号	牌号	规定塑性延伸强度 $R_{p0.2}$/MPa	抗拉强度 R_m/MPa	断后伸长率[①] A(%)	硬度试验 HBW	HRB	HV	弯曲试验 弯曲角度	弯曲压头直径 D
			不小于			不大于				
铁素体型	S11348	06Cr13Al	170	415	20	179	88	200	180°	$D=2a$
	S11163	022Cr11Ti	170	380	20	179	88	200	180°	$D=2a$
	S11173	022Cr11NbTi	170	380	20	179	88	200	180°	$D=2a$
	S11710	10Cr17	205	420	22	183	89	200	180°	$D=2a$
	S12550	16Cr25N	275	510	20	201	95	210	135°	—
马氏体型	S40310	12Cr12	205	485	25	217	88	210	180°	$D=2a$
	S41010	12Cr13	205	450	20	217	96	210	180°	$D=2a$
	S47220	22Cr12NiMoWV	275	510	20	200	95	210	—	$a⩾3mm, D=a$

注：a 为钢板和钢带的厚度。
① 厚度不大于 3mm 时使用 A_{50mm} 试样。

表 3.1-228 经固溶处理的沉淀硬化型耐热钢板和钢带的试样的力学性能（摘自 GB/T 4238—2015）

统一数字代号	牌号	钢材厚度/mm	规定塑性延伸强度 $R_{p0.2}$/MPa	抗拉强度 R_m/MPa	断后伸长率[1] A(%)	硬度值 HRC	硬度值 HBW
S51290	022Cr12Ni9Cu2NbTi	0.30~100	≤1105	≤1205	≥3	≤36	≤331
S51740	05Cr17Ni4Cu4Nb	0.4~100	≤1105	≤1255	≥3	≤38	≤363
S51770	07Cr17Ni7Al	0.1~<0.3	≤450	≤1035	—	—	—
		0.3~100	≤380	≤1035	≥20	≤92[2]	—
S51570	07Cr15Ni7Mo2Al	0.10~100	≤450	≤1035	≥25	≤100[2]	—
S51778	06Cr17Ni7AlTi	0.10~<0.80	≤515	≤825	≥3	≤32	—
		0.80~<1.50	≤515	≤825	≥4	≤32	—
		1.50~100	≤515	≤825	≥5	≤32	—
S51525	06Cr15Ni25Ti2MoAlVB[3]	<2	—	≥725	≥25	≤91[2]	≤192
		≥2	≥590	≥900	≥15	≤101[2]	≤248

[1] 厚度不大于 3mm 时使用 A_{50mm} 试样。
[2] HRB 硬度值。
[3] 时效处理后的力学性能。

表 3.1-229 经时效处理后的耐热钢板和钢带的试样的力学性能

统一数字代号	牌号	钢材厚度/mm	处理温度[1]	规定塑性延伸强度 $R_{p0.2}$/MPa	抗拉强度 R_m/MPa	断后伸长率[2][3] A(%)	硬度值 HRC	硬度值 HBW
				不小于	不小于	不小于		
S51290	022Cr12Ni9Cu2NbTi	0.10~<0.75	510℃±10℃ 或 480℃±6℃	1410	1525	—	≥44	—
		0.75~1.50		1410	1525	3	≥44	—
		1.50~16		1410	1525	4	≥44	—
S51740	05Cr17Ni4Cu4Nb	0.1~<5.0	482℃±10℃	1170	1310	5	40~48	—
		5.0~<16		1170	1310	8	40~48	388~477
		16~100		1170	1310	10	40~48	388~477
		0.1~<5.0	496℃±10℃	1070	1170	5	38~46	—
		5.0~<16		1070	1170	8	38~47	375~477
		16~100		1070	1170	10	38~47	375~477
		0.1~<5.0	552℃±10℃	1000	1070	5	35~43	—
		5.0~<16		1000	1070	8	33~42	321~415
		16~100		1000	1070	12	33~42	321~415
		0.1~<5.0	579℃±10℃	860	1000	5	31~40	—
		5.0~<16		860	1000	9	29~38	293~375
		16~100		860	1000	13	29~38	293~375
		0.1~<5.0	593℃±10℃	790	965	5	31~40	—
		5.0~<16		790	965	10	29~38	293~375
		16~100		790	965	14	29~38	293~375
		0.1~<5.0	621℃±10℃	725	930	8	28~38	—
		5.0~<16		725	930	10	26~36	269~352
		16~100		725	930	16	26~36	269~352

(续)

统一数字代号	牌号	钢材厚度/mm	处理温度①	规定塑性延伸强度 $R_{p0.2}$/MPa	抗拉强度 R_m/MPa	断后伸长率②③ A(%)	硬度值 HRC	硬度值 HBW
				不小于				
S51740	05Cr17Ni4Cu4Nb	0.1~<5.0	760℃±10℃	515	790	9	26~36	255~331
		5.0~<16		515	790	11	24~34	248~321
		16~100	621℃±10℃	515	790	18	24~34	248~321
S51770	07Cr17Ni7Al	0.05~<0.30	760℃±15℃	1035	1240	3	≥38	—
		0.30~<5.0	15℃±3℃	1035	1240	5	≥38	—
		5.0~16	566℃±6℃	965	1170	7	≥38	≥352
		0.05~<0.30	954℃±8℃	1310	1450	1	≥44	—
		0.30~<5.0	−73℃±6℃	1310	1450	3	≥44	—
		5.0~16	510℃±6℃	1240	1380	6	≥43	≥401
S51570	07Cr15Ni7Mo2Al	0.05~<0.30	760℃±15℃	1170	1310	3	≥40	—
		0.30~<5.0	15℃±3℃	1170	1310	5	≥40	—
		5.0~16	566℃±10℃	1170	1310	4	≥40	≥375
		0.05~<0.30	954℃±8℃	1380	1550	2	≥46	—
		0.30~<5.0	−73℃±6℃	1380	1550	4	≥46	—
		5.0~16	510℃±6℃	1380	1550	4	≥45	≥429
S51778	06Cr17Ni7AlTi	0.10~<0.80	510℃±8℃	1170	1310	3	≥39	—
		0.80~<1.50		1170	1310	4	≥39	—
		1.50~16		1170	1310	5	≥39	—
		0.10~<0.75	538℃±8℃	1105	1240	3	≥37	—
		0.75~<1.50		1105	1240	4	≥37	—
		1.50~16		1105	1240	5	≥37	—
		0.10~<0.75	566℃±8℃	1035	1170	3	≥35	—
		0.75~<1.50		1035	1170	4	≥35	—
		1.50~16		1035	1170	5	≥35	—
S51525	06Cr15Ni25Ti2MoAlVB	2.0~<8.0	700~760℃	590	900	15	≥101	≥248

注：本表为按需方指定的时效处理后的试样的力学性能指标。
① 表中所列为推荐性热处理温度。供方应向需方提供推荐性热处理制度。
② 适用于沿宽度方向的试验。垂直于轧制方向且平行于钢板表面。
③ 厚度不大于3mm时使用 A_{50mm} 试样。

表3.1-230 各国耐热钢牌号对照表（摘自GB/T 4238—2015）

统一数字代号	牌号	旧牌号	美国 ASTM A959	日本 JIS G4303 JIS G4311 JIS G4312 等	国际 ISO 15510 ISO 4955	欧洲 EN 10088-1 EN 10095
S30210	12Cr18Ni9	1Cr18Ni9	S30200, 302	SUS302	X10CrNi18-8	X10CrNi18-8, 1.4310
S30240	12Cr18Ni9Si3	1Cr18Ni9Si3	S30215, 302B	SUS302B	X12CrNiSi18-9-3	—
S30408	06Cr19Ni10	0Cr18Ni9	S30400, 304	SUS304	X5CrNi18-10	X5CrNi18-10, 1.4301
S30409	07Cr19Ni10	—	S30409, 304H	SUH304H	X7CrNi18-9	X6CrNi18-10, 1.4948
S30450	05Cr19Ni10Si2CeN	—	S30415	—	X6CrNiSiNCe19-10	X6CrNiSiNCe19-10, 1.4818
S30808	06Cr20Ni11	—	S30800, 308	SUS308	—	—
S30920	16Cr23Ni13	2Cr23Ni13	S30900, 309	SUH309	—	X15CrNiSi20-12, 1.4828
S30908	06Cr23Ni13	0Cr23Ni13	S30908, 309S	SUS309S	X12CrNi23-13	X12CrNi23-13, 1.4833

(续)

统一数字代号	牌号	旧牌号	美国 ASTM A959	日本 JIS G4303 JIS G4311 JIS G4312 等	国际 ISO 15510 ISO 4955	欧洲 EN 10088-1 EN 10095
S31020	20Cr25Ni20	2Cr25Ni20	S31000, 310	SUH310	X15CrNi25-21	X15CrNi25-21, 1.4821
S31008	06Cr25Ni20	0Cr25Ni20	S31008, 310S	SUS310S	X8CrNi25-21	X8CrNi25-21, 1.4845
S31608	06Cr17Ni12Mo2	0Cr17Ni12Mo2	S31600, 316	SUS316	X5CrNiMo17-12-2	X5CrNiMo17-12-2, 1.4401
S31609	07Cr17Ni12Mo2	1Cr17Ni12Mo2	S31609, 316H	—	—	X6CrNiMo17-13-2, 1.4918
S31708	06Cr19Ni13Mo3	0Cr19Ni13Mo3	S31700, 317	SUS317	—	—
S32168	06Cr18Ni11Ti	0Cr18Ni10Ti	S32100, 321	SUS321	X6CrNiTi18-10	X6CrNiTi18-10, 1.4541
S32169	07Cr19Ni11Ti	1Cr18Ni11Ti	S32109, 321H	SUH321H	X7CrNiTi18-10	X7CrNiTi18-10, 1.4940
S33010	12Cr16Ni35	1Cr16Ni35	N08330, 330	SUH330-	X12CrNiSi35-16	X12CrNiSi35-16, 1.4864
S34778	06Cr18Ni11Nb	0Cr18Ni11Nb	S34700, 347	SUS347	X6CrNiNb18-10	X6CrNiNb18-10, 1.4550
S34779	07Cr18Ni11Nb	1Cr19Ni11Nb	S34709, 347H	SUS347H	X7CrNiNb18-10	X7CrNiNb18-10, 1.4912
S38240	16Cr20Ni14Si2	1Cr20Ni14Si2	—	—	X15CrNiSi20-12	X15CrNiSi20-12, 1.4828
S38340	16Cr25Ni20Si2	1Cr25Ni20Si2	—	—	X15CrNiSi25-12	X15CrNiSi25-12, 1.4841
S30859	08Cr21Ni11Si2CeN	—	S30815	—	—	—
S11348	06Cr13Al	0Cr13Al	S40500, 405	SUS405	X6CrAl13	X6CrAl13, 1.4002
S11163	022Cr11Ti	—	S40920	SUH409L	X2CrTi12	X2CrTi12, 1.4512
S11173	022Cr11NbTi	—	S40930	—	—	—
S11710	10Cr17	1Cr17	S43000, 430	SUS430	X6Cr17	X6Cr17, 1.4016
S12550	16Cr25N	2Cr25N	S44600, 446	SUH446	—	—
S40310	12Cr12	1Cr12	S40300, 403	SUS403	—	—
S41010	12Cr13	1Cr13	S41000, 410	SUS410	X12Cr13	X12Cr13, 1.4006
S47220	22Cr12NiMoWV	2Cr12NiMoWV	616	SUH616	—	—
S51290	022Cr12Ni9Cu2NbTi	—	S45500, XM-16	—	—	—
S51740	05Cr17Ni4Cu4Nb	07Cr17Ni4Cu4Nb	S17400, 630	SUS630	X5CrNiCuNb16-4	X5CrNiCuNb16-4, 1.4542
S51770	07Cr17Ni7Al	0Cr17Ni7Al	S17700, 631	SUS631	X7CrNiAl17-7	X7CrNiAl17-7, 1.4568
S51570	07Cr15Ni7Mo2Al	0Cr15Ni7Mo2Al	S15700, 632	—	X8CrNiMoAl15-7-2	X8CrNiMoAl15-7-2, 1.4532
S51778	06Cr17Ni7AlTi	—	S17600, 635	—	—	—
S51525	06Cr15Ni25Ti2Mo-AlVB	0Cr15Ni25Ti2Mo-AlVB	S66286, 660	SUH660	X6CrNiTiMo-VB25-15-2	—

表 3.1-231 耐热钢的特性和用途（摘自 GB/T 4238—2015）

类型	统一数字代号	牌号	特性和用途
奥氏体型	S30210	12Cr18Ni9	有良好的耐热性及抗腐蚀性。用于焊芯、抗磁仪表、医疗器械、耐酸容器及设备衬里输送管道等设备和零件
奥氏体型	S30240	12Cr18Ni9Si3	耐氧化性优于 12Cr18Ni9，在 900℃ 以下具有较好的抗氧化性及强度。用于汽车排气净化装置，工业炉等高温装置部件
奥氏体型	S30408	06Cr19Ni10	作为不锈钢、耐热钢被广泛使用于一般化工设备及原子能工业设备
奥氏体型	S30409	07Cr19Ni10	与 06Cr19Ni10 相比，增加碳含量，适当控制奥氏体晶粒（一般为 7 级或更粗），有助于改善抗高温蠕变、高温持久性能
奥氏体型	S30450	05Cr19Ni10Si2CeN	在 600~950℃ 具有较好的高温使用性能，抗氧化温度可达 1050℃

(续)

类型	统一数字代号	牌号	特性和用途
奥氏体型	S30808	06Cr20Ni11	常用于制造锅炉、汽轮机、动力机械、工业炉和航空、石油化工等在高温下服役的零部件
	S30920	16Cr23Ni13	用于制作炉内支架、传送带、退火炉罩、电站锅炉防磨瓦等
	S30908	06Cr23Ni13	碳含量比 16Cr23Ni13 低，焊接性能较好，用途基本相同
	S31020	20Cr25Ni20	承受1035℃以下反复加热的抗氧化钢。用于电热管，坩埚、炉用部件、喷嘴、燃烧室
	S31008	06Cr25Ni20	碳含量比 20Cr25Ni20 低，焊接性能较好。用途基本相同
	S31608	06Cr17Ni12Mo2	高温具有优良的蠕变强度。用作热交换部件，高温耐蚀螺栓
	S31609	07Cr17Ni12Mo2	与 06Cr17Ni12Mo2 相比，增加碳含量，适当控制奥氏体晶粒（一般为7级或更粗），有助于改善抗高温蠕变、高温持久性能
	S31708	06Cr19Ni13Mo3	高温具有良好的蠕变强度。用作热交换部件
	S32168	06Cr18Ni11Ti	用于制作在 400～900℃腐蚀条件下使用的部件，高温用焊接结构部件
	S32169	07Cr18Ni11Ti	与 06Cr18Ni11Ti 相比，增加碳含量，适当控制奥氏体晶粒（一般为7级或更粗），有助于改善抗高温蠕变、高温持久性能
	S33010	12Cr16Ni35	抗渗碳，氮化性大的钢种，1035℃以下反复加热。炉用钢料、石油裂解装置
	S34778	06Cr18Ni11Nb	用于制作在 400～900℃腐蚀条件下使用的部件、高温用焊接结构部件
	S34779	07Cr18Ni11Nb	与 06Cr18Ni11Nb 相比，增加碳含量，适当控制奥氏体晶粒（一般为7级或更粗），有助于改善抗高温蠕变、高温持久性能
	S38240	16Cr20Ni14Si2	具有高的抗氧化性。用于高温（1050℃）下的冶金电炉部件、锅炉挂件和加热炉构件的制作
	S38340	16Cr25Ni20Si2	在 600～800℃有析出相的脆化倾向。适于承受应力的各种炉用构件
	S30859	08Cr21Ni11Si2CeN	在 850～1100℃具有较好的高温使用性能，抗氧化温度可达1150℃
铁素体型	S11348	06Cr13Al	用于燃气涡轮压缩机叶片、退火箱、淬火台架
	S11163	022Cr11Ti	添加了钛，焊接性及加工性优异。适用于汽车排气管、集装箱、换热器等焊接后不需要热处理的情况
	S11173	022Cr11NbTi	比 022Cr11Ti 具有更好的焊接性能。汽车排气阀净化装置用材料
	S11710	10Cr17	适用于 900℃以下耐氧化部件、散热器、炉用部件、喷油嘴
	S12550	16Cr25N	耐高温腐蚀性强，1082℃以下不产生易剥落的氧化皮，用于燃烧室
马氏体型	S40310	12Cr12	作为汽轮机叶片以及高应力部件
	S41010	12Cr13	适用于 800℃以下耐氧化用部件
	S47220	22Cr12NiMoWV	通常用来制作汽轮机叶片、轴、紧固件等
沉淀硬化型	S51290	022Cr12Ni9Cu2NbTi	适用于生产棒、丝、板、带和铸件，主要应用于要求耐蚀不锈的承力部件
	S51740	05Cr17Ni14Cu4Nb	添加铜的沉淀硬化性的钢种，适合轴类、汽轮机部件、胶合压板、钢带输送机用
	S51770	07Cr17Ni7Al	添加铝的沉淀硬化型钢种。适用于高温弹簧、膜片、固定器、波纹管
	S51570	07Cr15Ni7Mo2Al	适用于有一定耐蚀要求的高强度容器、零件及结构件
	S51778	06Cr17Ni7AlTi	具有良好的冶金和制造加工工艺性能。可用于 350℃以下长期服役的不锈钢结构件、容器、弹簧、膜片等
	S51525	06Cr15Ni25Ti2MoAlVB	适用于耐 700℃高温的汽轮机转子、螺栓、叶片、轴

5.2.12 不锈钢热轧钢板和钢带（见表3.1-232）

表 3.1-232 不锈钢热轧钢板和钢带尺寸范围及厚度极限偏差（摘自 GB/T 4237—2015）

(mm)

尺寸范围	产品名称	公称厚度	公称宽度	推荐的公称尺寸应符合 GB/T 709—2006 的相关规定
	厚钢板	3.0～200	600～4800	
	宽钢带、卷切钢板、纵剪宽钢带	2.0～25.4	600～2500	
	窄钢带、卷切钢带	2.0～13.0	<600	

	公称厚度	公称宽度							
		≤1000		>1000～1500		>1500～2000		>2000～2500		>2500～4800
		PT.A	PT.B	PT.A	PT.B	PT.A	PT.B	PT.A	PT.B	
厚钢板厚度极限偏差	3.0～4.0	±0.28	±0.25	±0.31	±0.28	±0.33	±0.31	±0.36	±0.32	±0.65
	>4.0～5.0	±0.31	±0.28	±0.33	±0.30	±0.36	±0.34	±0.41	±0.36	±0.65
	>5.0～6.0	±0.34	±0.31	±0.36	±0.33	±0.40	±0.37	±0.45	±0.40	±0.75
	>6.0～8.0	±0.38	±0.35	±0.40	±0.36	±0.44	±0.40	±0.50	±0.45	±0.75
	>8.0～10.0	±0.42	±0.39	±0.44	±0.40	±0.48	±0.43	±0.55	±0.50	±0.90
	>10.0～13.0	±0.45	±0.42	±0.48	±0.44	±0.52	±0.47	±0.60	±0.55	±0.90
	>13.0～25.0	±0.50	±0.45	±0.53	±0.48	±0.57	±0.52	±0.65	±0.60	±1.10
	>25.0～30.0	±0.53	±0.48	±0.56	±0.51	±0.60	±0.55	±0.70	±0.65	±1.20
	>30.0～34.0	±0.55	±0.50	±0.60	±0.55	±0.65	±0.60	±0.75	±0.70	±1.20
	>34.0～40.0	±0.65	±0.60	±0.70	±0.65	±0.70	±0.65	±0.85	±0.80	±1.20
	>40.0～50.0	±0.75	±0.70	±0.80	±0.75	±0.85	±0.80	±1.00	±0.95	±1.30
	>50.0～60.0	±0.90	±0.85	±0.95	±0.90	±1.00	±0.95	±1.10	±1.05	±1.30
	>60.0～80.0	±0.90	±0.85	±0.95	±0.90	±1.30	±1.25	±1.40	±1.35	±1.50
	>80.0～100.0	±1.00	±0.95	±1.00	±0.95	±1.50	±1.45	±1.60	±1.55	±1.60
	>100.0～150.0	±1.10	±1.05	±1.10	±1.05	±1.70	±1.65	±1.80	±1.75	±1.80
	>150.0～200.0	±1.20	±1.15	±1.20	±1.15	±2.00	±1.95	±2.10	±2.05	±2.10

	公称厚度	公称宽度						
		≤1200		>1200～1500		>1500～1800		>1800～2500	
		PT.A	PT.B	PT.A	PT.B	PT.A	PT.B	PT.A	PT.B
钢带（窄、宽及纵剪宽钢带）、卷切钢带和卷切钢板的厚度极限偏差	2.0～2.5	±0.22	±0.20	±0.25	±0.23	±0.29	±0.27	—	—
	>2.5～3.0	±0.25	±0.23	±0.28	±0.26	±0.31	±0.28	±0.33	±0.31
	>3.0～4.0	±0.28	±0.26	±0.31	±0.28	±0.33	±0.31	±0.35	±0.32
	>4.0～5.0	±0.31	±0.28	±0.33	±0.30	±0.36	±0.33	±0.38	±0.35
	>5.0～6.0	±0.33	±0.31	±0.36	±0.33	±0.38	±0.35	±0.40	±0.37
	>6.0～8.0	±0.38	±0.35	±0.39	±0.36	±0.40	±0.37	±0.46	±0.43
	>8.0～10.0	±0.42	±0.39	±0.43	±0.40	±0.45	±0.41	±0.53	±0.49
	>10.0～25.4	±0.45	±0.42	±0.47	±0.44	±0.49	±0.45	±0.57	±0.53

对于带头尾交货的宽钢带及其纵剪宽钢带，厚度偏差不适用于头尾不正常部分，其长度按下列公式计算：长度（m）=90/公称厚度（mm），但每卷总长度应不超过20m。

	公称厚度	厚度极限偏差[①]
窄钢带及卷切钢带厚度极限偏差	2.0～4.0	±0.17
	>4.0～5.0	±0.18
	>5.0～6.0	±0.20
	>6.0～8.0	±0.21
	>8.0～10.0	±0.23
	>10.0～13.0	±0.25

注：1. PT.A 表示厚度普通精度；PT.B 表示厚度较高精度，产品一般按普通精度（PT.A）规定供货，如需方有要求并在合同中注明，可按较高精度（PT.B）规定供货。
　　2. 不锈钢热轧钢板和钢带的牌号及化学成分、钢板和钢带的力学性能以及各种牌号的特性和应用，均应符合 GB/T 4237—2015 的相关规定，也可参见表 3.1-205～表 3.1-214 和表 3.1-216。

[①] 仅适用于同一牌号、同一尺寸规格且数量大于2个钢卷的情况，其他情况由供需双方协商确定。

5.2.13 花纹钢板（见表 3.1-233）

表 3.1-233　花纹钢板尺寸规格（摘自 GB/T 3277—1991）

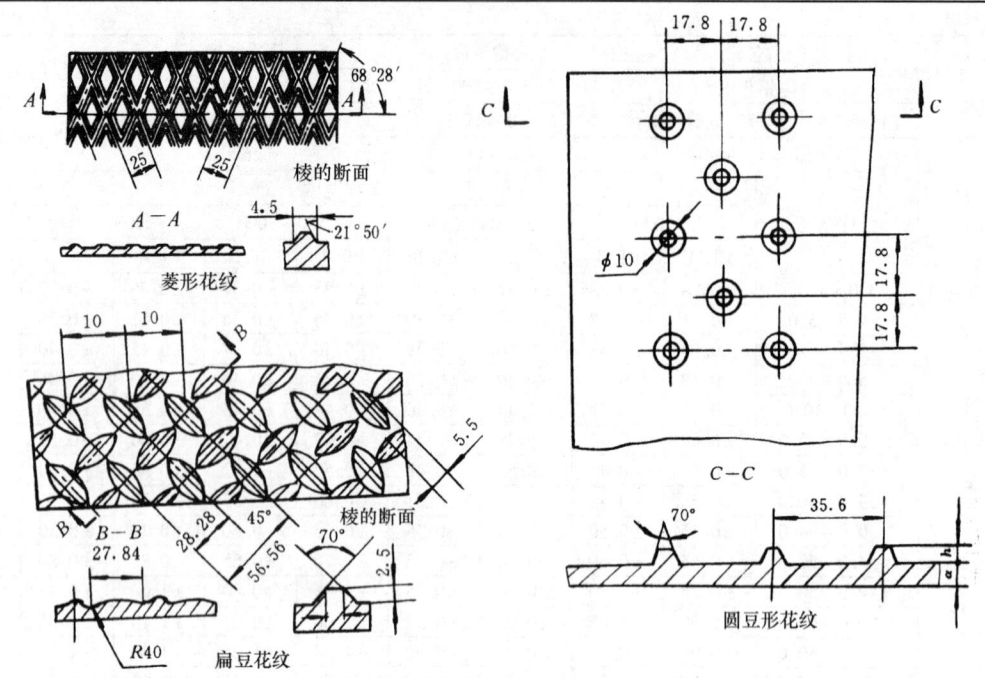

基本厚度/mm	基本厚度极限偏差/mm	理论质量/kg·m⁻²			基本厚度/mm	基本厚度极限偏差/mm	理论质量/kg·m⁻²		
		菱形	扁豆	圆豆			菱形	扁豆	圆豆
2.5	±0.3	21.6	21.3	21.1	5.5	+0.4 −0.5	46.2	44.3	44.1
3.0	±0.3	25.6	24.4	24.3	6.0	+0.5 −0.6	50.1	48.4	48.1
3.5	±0.3	29.5	28.4	28.3					
4.0	±0.4	33.4	32.4	32.3	7.0	+0.6 −0.7	59.0	52.6	52.4
4.5	±0.4	37.3	36.4	36.2					
5.0	+0.4 −0.5	42.3	40.5	40.2	8.0	+0.6 −0.8	66.8	56.4	56.2

注：1. 钢板宽度为 600~1800mm，按 50mm 进级；长度为 2000~12000mm，按 100mm 进级。
2. 花纹纹高不小于基板厚度的 0.2 倍。图中尺寸不作为成品检查依据。
3. 钢板用钢的牌号按 GB/T 700，GB/T 712，GB/T 4171 规定。
4. 钢板力学性能不作保证，当需方有要求时，按有关标准规定，也可由双方协定。
5. 钢板以热轧状态交货，适于制作厂房地板，厂房扶梯、工作架踏板、汽车薄板、船舶甲板等。
6. 标记示例：用 Q235A 制成的尺寸为 4mm×1000mm×4000mm，圆豆形花纹钢板，标记为：
   圆豆形花纹钢板 Q235A—4×1000×4000—GB/T 3277—1991。

5.3 钢管　　（见表 3.1-234 ~ 表 3.1-236）

5.3.1 焊接钢管尺寸及单位长度理论质量

表 3.1-234 普通焊接钢管尺寸及单位长度理论质量（摘自 GB/T 21835—2008）

单位长度理论质量/kg·m^{-1}

外径/mm			壁厚/mm																	
系列1	系列2	系列3	0.5	0.6	0.8	1.0	1.2	1.4	1.5	1.6	1.7	1.8	1.9	2.0	2.2	2.3	2.4	2.6	2.8	2.9	3.1
10.2			0.120	0.142	0.185	0.227	0.266	0.304	0.322	0.339	0.356	0.373	0.389	0.404	0.434	0.448	0.462	0.487	0.511	0.522	
	12		0.142	0.169	0.221	0.271	0.320	0.366	0.388	0.410	0.432	0.453	0.473	0.493	0.532	0.550	0.568	0.603	0.635	0.651	0.680
		12.7	0.150	0.179	0.235	0.289	0.340	0.390	0.414	0.438	0.461	0.484	0.506	0.528	0.570	0.590	0.610	0.648	0.684	0.701	0.734
13.5			0.160	0.191	0.251	0.308	0.364	0.418	0.444	0.470	0.495	0.519	0.544	0.567	0.613	0.635	0.657	0.699	0.739	0.758	0.795
	14		0.166	0.198	0.260	0.321	0.379	0.435	0.462	0.489	0.516	0.542	0.567	0.592	0.640	0.664	0.687	0.731	0.773	0.794	0.833
		16	0.191	0.228	0.300	0.370	0.438	0.504	0.536	0.568	0.600	0.630	0.661	0.691	0.749	0.777	0.805	0.859	0.911	0.937	0.986
17.2			0.206	0.246	0.324	0.400	0.474	0.546	0.581	0.616	0.650	0.684	0.717	0.750	0.814	0.845	0.876	0.936	0.994	1.02	1.08
	18		0.216	0.257	0.339	0.419	0.497	0.573	0.610	0.647	0.683	0.719	0.754	0.789	0.857	0.891	0.923	0.987	1.05	1.08	1.14
		19	0.228	0.272	0.359	0.444	0.527	0.608	0.647	0.687	0.725	0.764	0.801	0.838	0.911	0.947	0.983	1.05	1.12	1.15	1.22
		20	0.240	0.287	0.379	0.469	0.556	0.642	0.684	0.726	0.767	0.808	0.848	0.888	0.966	1.00	1.04	1.12	1.19	1.22	1.29
21.3			0.256	0.306	0.404	0.501	0.595	0.687	0.732	0.777	0.822	0.866	0.909	0.952	1.04	1.08	1.12	1.20	1.28	1.32	1.39
	22		0.265	0.317	0.418	0.518	0.616	0.711	0.758	0.805	0.851	0.897	0.942	0.986	1.07	1.12	1.16	1.24	1.33	1.37	1.44
		25	0.302	0.361	0.477	0.592	0.704	0.815	0.869	0.923	0.977	1.03	1.082	1.13	1.24	1.29	1.34	1.44	1.53	1.58	1.67
		25.4	0.307	0.367	0.485	0.602	0.716	0.829	0.884	0.939	0.994	1.05	1.10	1.15	1.26	1.31	1.36	1.46	1.56	1.61	1.70
26.9			0.326	0.389	0.515	0.639	0.761	0.880	0.940	0.998	1.06	1.11	1.17	1.23	1.34	1.40	1.45	1.56	1.66	1.72	1.82
	30		0.364	0.435	0.576	0.715	0.852	0.987	1.05	1.12	1.19	1.25	1.32	1.38	1.51	1.57	1.63	1.76	1.88	1.94	2.06
		31.8	0.386	0.462	0.612	0.760	0.906	1.05	1.12	1.19	1.26	1.33	1.40	1.47	1.61	1.67	1.74	1.87	2.00	2.07	2.19
		32	0.388	0.465	0.616	0.765	0.911	1.06	1.13	1.20	1.27	1.34	1.41	1.48	1.62	1.68	1.75	1.89	2.02	2.08	2.21
33.7			0.409	0.490	0.649	0.806	0.962	1.12	1.19	1.27	1.34	1.42	1.49	1.56	1.71	1.78	1.85	1.99	2.13	2.20	2.34
		35	0.425	0.509	0.675	0.838	1.00	1.16	1.24	1.32	1.40	1.47	1.55	1.63	1.78	1.85	1.93	2.08	2.22	2.30	2.44
	38		0.462	0.553	0.734	0.912	1.09	1.26	1.35	1.44	1.52	1.61	1.69	1.78	1.94	2.02	2.11	2.27	2.43	2.51	2.67
		40	0.487	0.583	0.773	0.962	1.15	1.33	1.42	1.52	1.61	1.70	1.79	1.87	2.05	2.14	2.23	2.40	2.57	2.65	2.82

(续)

外径/mm			壁厚/mm																	
系列1	系列2	系列3	3.2	3.4	3.6	3.8	4.0	4.37	4.5	4.78	5.0	5.16	5.4	5.56	5.6	6.02	6.3	6.35	7.1	7.92
			单位长度理论质量/kg·m^{-1}																	
10.2																				
	12																			
	12.7																			
13.5																				
		14																		
	16		1.01	1.06	1.10	1.14														
17.2			1.10	1.16	1.21	1.26														
		18	1.17	1.22	1.28	1.33														
	19		1.25	1.31	1.37	1.42														
	20		1.33	1.39	1.46	1.52	1.58	1.68												
21.3			1.43	1.50	1.57	1.64	1.71	1.82	1.86	1.95										
		22	1.48	1.56	1.63	1.71	1.78	1.90	1.94	2.03										
	25		1.72	1.81	1.90	1.99	2.07	2.22	2.28	2.38	2.47									
		25.4	1.75	1.84	1.94	2.02	2.11	2.27	2.32	2.43	2.52									
26.9			1.87	1.97	2.07	2.16	2.26	2.43	2.49	2.61	2.70	2.77								
	30		2.11	2.23	2.34	2.46	2.56	2.76	2.83	2.97	3.08	3.16								
		31.8	2.26	2.38	2.50	2.62	2.74	2.96	3.03	3.19	3.30	3.39								
	32		2.27	2.40	2.52	2.64	2.76	2.98	3.05	3.21	3.33	3.42								
33.7			2.41	2.54	2.67	2.80	2.93	3.16	3.24	3.41	3.54	3.63								
		35	2.51	2.65	2.79	2.92	3.06	3.30	3.38	3.56	3.70	3.80								
	38		2.75	2.90	3.05	3.21	3.35	3.62	3.72	3.92	4.07	4.18								
	40		2.90	3.07	3.23	3.39	3.55	3.84	3.94	4.15	4.32	4.43								

(续)

单位长度理论质量/kg·m⁻¹ — 壁厚/mm

外径/mm 系列1	外径/mm 系列2	外径/mm 系列3	0.5	0.6	0.8	1.0	1.2	1.4	1.5	1.6	1.7	1.8	1.9	2.0	2.2	2.3	2.4	2.6	2.8	2.9	3.1
42.4			0.517	0.619	0.821	1.02	1.22	1.42	1.51	1.61	1.71	1.80	1.90	1.99	2.18	2.27	2.37	2.55	2.73	2.82	3.00
	44.5		0.543	0.650	0.862	1.07	1.28	1.49	1.59	1.69	1.79	1.90	2.00	2.10	2.29	2.39	2.49	2.69	2.88	2.98	3.17
48.3				0.706	0.937	1.17	1.39	1.62	1.73	1.84	1.95	2.06	2.17	2.28	2.50	2.61	2.72	2.93	3.14	3.25	3.46
	51			0.746	0.990	1.23	1.47	1.71	1.83	1.95	2.07	2.18	2.30	2.42	2.65	2.76	2.88	3.10	3.33	3.44	3.66
		54		0.79	1.05	1.31	1.56	1.82	1.94	2.07	2.19	2.32	2.44	2.56	2.81	2.93	3.05	3.30	3.54	3.65	3.89
	57			0.835	1.11	1.38	1.65	1.92	2.05	2.19	2.32	2.45	2.58	2.71	2.97	3.10	3.23	3.49	3.74	3.87	4.12
60.3				0.883	1.17	1.46	1.75	2.03	2.18	2.32	2.46	2.60	2.74	2.88	3.15	3.29	3.43	3.70	3.97	4.11	4.37
	63.5			0.931	1.24	1.54	1.84	2.14	2.29	2.44	2.59	2.74	2.89	3.03	3.33	3.47	3.62	3.90	4.19	4.33	4.62
		70			1.37	1.70	2.04	2.37	2.53	2.70	2.86	3.03	3.19	3.35	3.68	3.84	4.00	4.32	4.64	4.80	5.11
	73				1.42	1.78	2.12	2.47	2.64	2.82	2.99	3.16	3.33	3.50	3.84	4.01	4.18	4.51	4.85	5.01	5.34
76.1					1.49	1.85	2.22	2.58	2.76	2.94	3.12	3.30	3.48	3.65	4.01	4.19	4.36	4.71	5.06	5.24	5.58
	82.5				1.61	2.01	2.41	2.80	3.00	3.19	3.39	3.58	3.78	3.97	4.36	4.55	4.74	5.12	5.50	5.69	6.07
88.9					1.74	2.17	2.60	3.02	3.23	3.44	3.66	3.87	4.08	4.29	4.70	4.91	5.12	5.53	5.95	6.15	6.56
101.6							2.97	3.46	3.70	3.95	4.19	4.43	4.67	4.91	5.39	5.63	5.87	6.35	6.82	7.06	7.53
	108						3.16	3.68	3.94	4.20	4.46	4.71	4.97	5.23	5.74	6.00	6.25	6.76	7.26	7.52	8.02
114.3							3.35	3.90	4.17	4.45	4.72	4.99	5.27	5.54	6.08	6.35	6.62	7.16	7.70	7.97	8.50
	127									4.95	5.25	5.56	5.86	6.17	6.77	7.07	7.37	7.98	8.58	8.88	9.47
	133									5.18	5.50	5.82	6.14	6.46	7.10	7.41	7.73	8.36	8.99	9.30	9.93
139.7										5.45	5.79	6.12	6.46	6.79	7.46	7.79	8.13	8.79	9.45	9.78	10.44
		141.3								5.51	5.85	6.19	6.53	6.87	7.55	7.88	8.22	8.89	9.56	9.90	10.57
		152.4								5.95	6.32	6.69	7.05	7.42	8.15	8.51	8.88	9.61	10.33	10.69	11.41
	159									6.21	6.59	6.98	7.36	7.74	8.51	8.89	9.27	10.03	10.79	11.16	11.92

（续）

外径/mm			壁厚/mm																		
系列1	系列2	系列3	3.2	3.4	3.6	3.8	4.0	4.5	4.78	5.0	5.16	5.4	5.56	5.6	6.02	6.3	6.35	7.1	7.92	8.0	8.74
			单位长度理论质量/kg·m⁻¹																		
42.4			3.09	3.27	3.44	3.62	3.79	4.21	4.43	4.61	4.74	4.93	5.05	5.08	5.40						
	44.5		3.26	3.45	3.63	3.81	4.00	4.44	4.68	4.87	5.01	5.21	5.34	5.37	5.71						
48.3			3.56	3.76	3.97	4.17	4.37	4.86	5.13	5.34	5.49	5.71	5.86	5.90	6.28						
	51		3.77	3.99	4.21	4.42	4.64	5.16	5.45	5.67	5.83	6.07	6.23	6.27	6.68						
		54	4.01	4.24	4.47	4.70	4.93	5.49	5.80	6.04	6.22	6.47	6.64	6.68	7.12						
	57		4.25	4.49	4.74	4.99	5.23	5.83	6.16	6.41	6.60	6.87	7.05	7.10	7.57						
60.3			4.51	4.77	5.03	5.29	5.55	6.19	6.54	6.82	7.02	7.31	7.51	7.55	8.06						
	63.5		4.76	5.04	5.32	5.59	5.87	6.55	6.92	7.21	7.42	7.74	7.94	8.00	8.53						
	70		5.27	5.58	5.90	6.20	6.51	7.27	7.69	8.01	8.25	8.60	8.84	8.89	9.50	9.90	9.97				
		73	5.51	5.84	6.16	6.48	6.81	7.60	8.04	8.38	8.63	9.00	9.25	9.31	9.94	10.36	10.44				
76.1			5.75	6.10	6.44	6.78	7.11	7.95	8.41	8.77	9.03	9.42	9.67	9.74	10.40	10.84	10.92				
		82.5	6.26	6.63	7.00	7.38	7.74	8.66	9.16	9.56	9.84	10.27	10.55	10.62	11.35	11.84	11.93				
88.9			6.76	7.17	7.57	7.98	8.38	9.37	9.92	10.35	10.66	11.12	11.43	11.50	12.30	12.83	12.93				
	101.6		7.77	8.23	8.70	9.17	9.63	10.78	11.41	11.91	12.27	12.81	13.17	13.26	14.19	14.81	14.92				
	108		8.27	8.77	9.27	9.76	10.26	11.49	12.17	12.70	13.09	13.66	14.05	14.14	15.14	15.80	15.92				
114.3			8.77	9.30	9.83	10.36	10.88	12.19	12.91	13.48	13.89	14.50	14.91	15.01	16.08	16.78	16.91	18.77	20.78	20.97	
	127		9.77	10.36	10.96	11.55	12.13	13.59	14.41	15.04	15.50	16.19	16.65	16.77	17.96	18.75	18.89	20.99	23.26	23.48	
	133		10.24	10.87	11.49	12.11	12.73	14.26	15.11	15.78	16.27	16.99	17.47	17.59	18.85	19.69	19.83	22.04	24.43	24.66	
139.7			10.77	11.43	12.08	12.74	13.39	15.00	15.90	16.61	17.12	17.89	18.39	18.52	19.85	20.73	20.88	23.22	25.74	25.98	
		141.3	10.90	11.56	12.23	12.89	13.54	15.18	16.09	16.81	17.32	18.10	18.61	18.74	20.08	20.97	21.13	23.50	26.05	26.30	
		152.4	11.77	12.49	13.21	13.93	14.64	16.41	17.40	18.18	18.74	19.58	20.13	20.27	21.73	22.70	22.87	25.44	28.22	28.49	
	159		12.30	13.05	13.80	14.54	15.29	17.15	18.18	18.99	19.58	20.46	21.04	21.19	22.71	23.72	23.91	26.60	29.51	29.79	32.39

(续)

系列			壁厚/mm																		
系列1	系列2	系列3	0.5	0.6	0.8	1.0	1.2	1.4	1.5	1.6	1.7	1.8	1.9	2.0	2.2	2.3	2.4	2.6	2.8	2.9	3.1
外径/mm			单位长度理论质量/kg·m^{-1}																		
系列1	系列2	系列3																			
		165								6.45	6.85	7.24	7.64	8.04	8.83	9.23	9.62	10.41	11.20	11.59	12.38
168.3										6.58	6.98	7.39	7.80	8.20	9.01	9.42	9.82	10.62	11.43	11.83	12.63
	177.8											7.81	8.24	8.67	9.53	9.95	10.38	11.23	12.08	12.51	13.36
		190.7										8.39	8.85	9.31	10.23	10.69	11.15	12.06	12.97	13.43	14.34
	193.7											8.52	8.99	9.46	10.39	10.86	11.32	12.25	13.18	13.65	14.57
219.1												9.65	10.18	10.71	11.77	12.30	12.83	13.88	14.94	15.46	16.51
	244.5													11.96	13.15	13.73	14.33	15.51	16.69	17.28	18.46
273.1														13.37	14.70	15.36	16.02	17.34	18.66	19.32	20.64
323.9																		20.60	22.17	22.96	24.53
355.6																		22.63	24.36	25.22	26.95
406.4																		25.89	27.87	28.86	30.83
457																					
508																					
		559																			
610																					
		660																			
711																					
	762																				
813																					
		864																			
914																					
		965																			

（续）

外径/mm			壁厚/mm 单位长度理论质量/kg·m^{-1}																		
系列1	系列2	系列3	3.2	3.4	3.6	3.8	4.0	4.37	4.5	4.78	5.0	5.16	5.4	5.56	5.6	6.02	6.3	6.35	7.1	7.92
168.3		165	12.77	13.55	14.33	15.11	15.88	17.31	17.81	18.89	19.73	20.34	21.25	21.86	22.01	23.60	24.66	24.84	27.65	30.68
		177.8	13.03	13.83	14.62	15.42	16.21	17.67	18.18	19.28	20.14	20.76	21.69	22.31	22.47	24.09	25.17	25.36	28.23	31.33
		190.7	13.78	14.62	15.47	16.31	17.14	18.69	19.23	20.40	21.31	21.97	22.96	23.62	23.78	25.50	26.65	26.85	29.88	33.18
		193.7	14.80	15.70	16.61	17.52	18.42	20.08	20.66	21.92	22.90	23.61	24.68	25.39	25.56	27.42	28.65	28.87	32.15	35.70
219.1			15.03	15.96	16.88	17.80	18.71	20.40	21.00	22.27	23.27	23.99	25.08	25.80	25.98	27.86	29.12	29.34	32.67	36.29
		244.5	17.04	18.09	19.13	20.18	21.22	23.14	23.82	25.26	26.40	27.22	28.46	29.28	29.49	31.63	33.06	33.32	37.12	41.25
273.1			19.04	20.22	21.39	22.56	23.72	25.88	26.63	28.26	29.53	30.46	31.84	32.76	32.99	35.41	37.01	37.29	41.57	45.21
323.9			21.30	22.61	23.93	25.24	26.55	28.96	29.81	31.63	33.06	34.10	35.65	36.68	36.94	39.65	41.45	41.77	46.58	51.79
355.6			25.31	26.87	28.44	30.00	31.56	34.44	35.45	37.62	39.32	40.56	42.42	43.65	43.96	47.19	49.34	49.73	55.47	61.72
406.4			27.81	29.53	31.25	32.97	34.68	37.85	38.96	41.36	43.23	44.59	46.64	48.00	48.34	51.90	54.27	54.69	61.02	67.91
457			31.82	33.79	35.76	37.73	39.70	43.33	44.60	47.34	49.50	51.06	53.40	54.96	55.35	59.44	62.16	62.65	69.92	77.83
508			35.81	38.03	40.25	42.47	44.69	48.78	50.23	53.31	55.73	57.50	60.14	61.90	62.34	66.95	70.02	70.57	78.78	87.71
		559	39.84	42.31	44.78	47.25	49.72	54.28	55.88	59.32	62.02	63.99	66.93	68.89	69.38	74.53	77.95	78.56	87.71	97.68
610			43.86	46.59	49.31	52.03	54.75	59.77	61.54	65.33	68.31	70.48	73.72	75.89	76.43	82.10	85.87	86.55	96.64	107.64
		660	47.89	50.86	53.84	56.81	59.78	65.27	67.20	71.34	74.60	76.97	80.52	82.88	83.47	89.67	93.80	94.53	105.57	117.60
711							64.71	70.66	72.75	77.24	80.77	83.33	87.17	89.74	90.38	97.09	101.56	102.36	114.32	127.36
	762						69.74	76.15	78.41	83.25	87.06	89.82	93.97	96.73	97.42	104.66	109.49	110.35	123.25	137.32
813							74.77	81.65	84.06	89.26	93.34	96.31	100.76	103.72	104.46	112.23	117.41	118.34	132.18	147.29
		864					79.80	87.15	89.72	95.27	99.63	102.80	107.55	110.71	111.51	119.81	125.33	126.32	141.11	157.25
914							84.84	92.64	95.38	101.29	105.92	109.29	114.34	117.71	118.55	127.38	133.26	134.31	150.04	167.21
		965					89.76	98.03	100.93	107.18	112.09	115.65	121.00	124.56	125.45	134.80	141.03	142.14	158.80	176.97
							94.80	103.53	106.59	113.19	118.38	122.14	127.79	131.56	132.50	142.37	148.95	150.13	167.73	186.94

（续）

外径/mm 系列1	系列2	系列3	壁厚/mm 单位长度理论质量/kg·m⁻¹																	
			8.0	8.74	8.8	9.53	10	10.31	11	11.91	12.5	12.70	14.2	15.09	16	16.66	17.5	19.05	20	20.62
		165	30.97	33.68																
168.3			31.63	34.39	34.61	37.31	39.04	40.17	42.67	45.93	48.03	48.73								
	177.8		33.50	36.44	36.68	39.55	41.38	42.59	45.25	48.72	50.96	51.71								
		190.7	36.05	39.22	39.48	42.58	44.56	45.87	48.75	52.51	54.93	55.75								
	193.7		36.64	39.87	40.13	43.28	45.30	46.63	49.56	53.40	55.86	56.69								
219.1			41.65	45.34	45.64	49.25	51.57	53.09	56.45	60.86	63.69	64.64	71.75							
	244.5		46.66	50.82	51.15	55.22	57.83	59.55	63.34	68.32	71.52	72.60	80.65							
273.1			52.30	56.98	57.36	61.95	64.88	66.82	71.10	76.72	80.33	81.56	90.67							
323.9			62.34	67.93	68.38	73.88	77.41	79.73	84.88	91.64	95.99	97.47	108.45	114.92	121.49	126.23	132.23			
	355.6		68.58	74.76	75.26	81.33	85.23	87.79	93.48	100.95	105.77	107.40	119.56	126.72	134.00	139.26	145.92			
406.4			78.60	85.71	86.29	93.27	97.76	100.71	107.26	115.87	121.43	123.31	137.35	145.62	154.05	160.13	167.84	181.98	190.58	196.18
		457	88.58	96.62	97.27	105.17	110.24	113.58	120.99	130.73	137.03	139.16	155.07	164.45	174.01	180.92	189.68	205.75	215.54	221.91
508			98.65	107.61	108.34	117.15	122.81	126.54	134.82	145.71	152.75	155.13	172.93	183.43	194.14	201.87	211.69	229.71	240.70	247.84
		559	108.71	118.60	119.41	129.14	135.39	139.51	148.66	160.69	168.47	171.10	190.79	202.41	214.26	222.83	233.70	253.67	265.85	273.78
610			118.77	129.60	130.47	141.12	147.97	152.48	162.49	175.67	184.19	187.07	208.65	221.39	234.38	243.78	255.71	277.63	291.01	299.71
		660	128.63	140.37	141.32	152.88	160.30	165.19	176.06	190.36	199.60	202.74	226.15	240.00	254.11	264.32	277.29	301.12	315.67	325.14
711			138.70	151.37	152.39	164.86	172.88	178.16	189.89	205.34	215.33	218.71	244.81	258.98	274.24	285.28	299.30	325.08	340.82	351.07
		762	148.76	162.36	163.46	176.85	185.45	191.12	203.73	220.32	231.05	234.68	261.87	277.96	294.36	306.23	321.31	349.04	365.98	377.01
813			158.82	173.35	174.53	188.83	198.03	204.09	217.56	235.29	246.77	250.65	279.73	296.94	314.48	327.18	343.32	373.00	391.13	402.94
		864	168.88	184.34	185.60	200.82	210.61	217.06	231.40	250.27	262.49	266.63	297.59	315.92	334.52	348.14	365.33	396.96	416.29	428.88
914			178.75	195.12	196.45	212.57	222.94	229.77	244.96	264.96	277.90	282.29	315.10	334.52	354.34	368.68	386.91	420.45	440.95	454.30
		965	188.81	206.11	207.52	224.56	235.52	242.74	258.80	279.94	293.63	298.26	332.96	353.50	374.46	389.64	408.92	444.41	466.10	480.24

（续）

外径/mm			壁厚/mm 单位长度理论质量/kg·m⁻¹																	
系列1	系列2	系列3	22.2	23.83	25	26.19	28	28.58	30	30.96	32	34.93	36	38.1	40	45	50	55	60	65
406.4			210.34	224.83	235.15	245.57	261.29	266.30	278.48											
	457		238.05	254.57	266.34	278.25	296.23	301.96	315.91											
508			265.97	283.54	297.79	311.19	331.45	337.91	353.65	364.23	375.64	407.51	419.05	441.52	461.66	513.82	564.75	614.44	662.90	710.12
		559	293.89	314.51	329.23	344.13	366.67	373.85	391.37	403.17	415.89	451.45	464.33	489.44	511.97	570.42	627.64	683.62	738.37	791.88
610			321.81	344.48	360.67	377.07	401.88	409.80	429.11	442.11	456.14	495.38	509.61	537.36	562.28	627.02	690.52	752.79	813.83	873.63
	660		349.19	373.87	391.50	409.37	436.41	445.04	466.10	480.28	495.60	538.45	554.00	584.34	611.61	682.51	752.18	820.61	887.81	953.78
711			377.11	403.84	422.94	442.31	471.63	480.99	503.83	519.22	535.85	582.38	599.27	632.26	661.91	739.11	815.06	889.79	963.28	1035.54
	762		405.03	433.81	454.39	475.25	506.84	516.93	541.57	558.16	576.09	626.32	644.55	680.18	712.22	795.70	877.95	958.96	1038.74	1117.29
813			432.95	463.78	485.83	508.19	542.06	552.88	579.30	597.10	616.34	670.25	689.83	728.10	762.53	852.30	940.84	1028.14	1114.21	1199.04
	864		460.87	493.75	517.27	541.13	577.28	588.83	617.03	636.04	656.59	714.18	735.11	776.02	812.84	908.90	1003.72	1097.31	1189.67	1280.22
914			488.25	523.14	548.10	573.42	611.80	624.07	654.02	674.22	696.05	757.25	779.50	823.00	862.17	964.39	1065.38	1165.13	1263.66	1360.94
		965	516.17	553.11	579.55	606.36	647.02	660.01	691.76	713.16	736.29	801.19	824.78	870.92	912.48	1020.99	1128.26	1234.31	1339.12	1442.70

注：
1. 普通焊接钢管外径尺寸分为：通用的系列1，推荐选用；非通用的系列2；少数特殊、专用的系列3。
2. 普通焊接钢管壁厚系列1，为优先选用系列；系列2为非优先选用系列。
3. 本表单位长度理论质量是取钢的密度为7.85kg/dm³计算所得。
4. GB/T 21835 规定的外径尚有 1016～2540mm 共18个大尺寸规格未编入本表。

表 3.1-235 精密焊接钢管尺寸及单位长度理论质量（摘自 GB/T 21835—2008）

外径/mm	系列2	系列3	0.5	(0.8)	1.0	(1.2)	1.5	(1.8)	2.0	(2.2)	2.5	(2.8)	3.0	(3.5)	4.0	(4.5)	5.0	(5.5)	6.0	(7.0)	8.0	(9.0)	10.0	(11.0)	12.5	(14)
8	8		0.092	0.142	0.173	0.201	0.240	0.275	0.296	0.315																	
10	10		0.117	0.182	0.222	0.260	0.314	0.364	0.395	0.423	0.462																
12	12		0.142	0.221	0.271	0.320	0.388	0.453	0.493	0.532	0.586	0.635	0.666														
14		14	0.166	0.260	0.321	0.379	0.462	0.542	0.592	0.640	0.709	0.773	0.814	0.906													
16	16		0.191	0.300	0.370	0.438	0.536	0.630	0.691	0.749	0.832	0.911	0.962	1.08	1.18												
18		18	0.216	0.339	0.419	0.497	0.610	0.719	0.789	0.857	0.956	1.05	1.11	1.25	1.38	1.50											
20	20		0.240	0.379	0.469	0.556	0.684	0.808	0.888	0.966	1.08	1.19	1.26	1.42	1.58	1.72											
22		22	0.265	0.418	0.518	0.616	0.758	0.897	0.988	1.07	1.20	1.33	1.41	1.60	1.78	1.94	2.10										
25	25		0.302	0.477	0.592	0.704	0.869	1.03	1.13	1.24	1.39	1.53	1.63	1.86	2.07	2.28	2.47	2.64									
28		28	0.339	0.536	0.666	0.793	0.980	1.16	1.28	1.40	1.57	1.74	1.85	2.11	2.37	2.61	2.84	3.05									
30	30		0.364	0.576	0.715	0.852	1.05	1.25	1.38	1.51	1.70	1.88	2.00	2.29	2.56	2.83	3.08	3.32	3.55	3.97							
32		32	0.388	0.616	0.765	0.911	1.13	1.34	1.48	1.62	1.82	2.02	2.15	2.46	2.76	3.05	3.33	3.59	3.85	4.31							
35		35	0.425	0.675	0.838	1.00	1.24	1.47	1.63	1.78	2.00	2.22	2.37	2.72	3.06	3.38	3.70	4.00	4.29	4.83	5.33						
38		38	0.462	0.704	0.912	1.09	1.35	1.61	1.78	1.94	2.19	2.43	2.59	2.98	3.35	3.72	4.07	4.41	4.74	5.35	5.92	6.44					
40	40		0.487	0.773	0.962	1.15	1.42	1.70	1.87	2.05	2.31	2.57	2.74	3.15	3.55	3.94	4.32	4.68	5.03	5.70	6.31	6.88					
45		45		0.872	1.09	1.30	1.61	1.92	2.12	2.32	2.62	2.91	3.11	3.58	4.04	4.49	4.93	5.36	5.77	6.56	7.30	7.99	8.63			
50	50			0.971	1.21	1.44	1.79	2.14	2.37	2.59	2.93	3.26	3.48	4.01	4.54	5.05	5.55	6.04	6.51	7.42	8.29	9.10	9.86			
55		55		1.07	1.33	1.59	1.98	2.36	2.61	2.86	3.24	3.60	3.85	4.45	5.03	5.60	6.17	6.71	7.25	8.29	9.27	10.21	11.10	11.94		
60	60			1.17	1.46	1.74	2.16	2.58	2.86	3.14	3.55	3.95	4.22	4.88	5.52	6.16	6.78	7.39	7.99	9.15	10.26	11.32	12.33	13.29		
70	70			1.35	1.70	2.04	2.53	3.03	3.35	3.68	4.16	4.64	4.96	5.74	6.51	7.27	8.01	8.75	9.47	10.88	12.23	13.54	14.80	16.01		
80	80			1.56	1.95	2.33	2.90	3.47	3.85	4.22	4.78	5.33	5.70	6.60	7.50	8.38	9.25	10.11	10.95	12.60	14.21	15.76	17.26	18.72		
90		90				2.63	3.27	3.92	4.34	4.76	5.39	6.02	6.44	7.47	8.48	9.49	10.48	11.46	12.43	14.33	16.18	17.98	19.73	21.43		
100	100					2.92	3.64	4.36	4.83	5.31	6.01	6.71	7.18	8.33	9.47	10.60	11.71	12.82	13.91	16.05	18.15	20.20	22.20	24.14		
110		110				3.22	4.01	4.80	5.33	5.85	6.63	7.40	7.92	9.19	10.46	11.71	12.95	14.17	15.39	17.78	20.12	22.42	24.66	26.86	30.06	
120	120						4.38	5.25	5.82	6.39	7.24	8.09	8.66	10.06	11.44	12.82	14.18	15.53	16.87	19.51	22.10	24.64	27.13	29.57	33.14	
140	140						5.25	6.13	6.81	7.48	8.48	9.47	10.14	11.78	13.42	15.04	16.65	18.24	19.83	22.96	26.04	29.08	32.06	34.99	39.30	
160	160							7.02	7.79	8.56	9.71	10.86	11.62	13.51	15.39	17.26	19.11	20.96	22.79	26.41	29.99	33.51	36.99	40.42	45.47	
180		180											13.09	15.24	17.37	19.48	21.58	23.67	25.75	29.87	33.93	37.95	41.92	45.85	51.64	57.80
200	200																21.58	23.67	25.75	28.71	33.32	37.88	42.39	46.86	51.27	57.80	
220		220																		31.64	36.77	41.83	46.83	51.79	56.70	63.97	71.12
240		240																			40.22	45.77	51.27	56.72	62.12	70.13	78.03
260		260																			43.68	49.72	55.71	61.65	67.55	76.30	84.93

注: 1. ( ) 内壁厚不推荐使用。
2. 精密焊接钢管外径尺寸未规定系列 1，只规定了非通用的系列 2 和少数特殊、专用的系列 3。
3. 本表理论质量是按钢密度 7.85kg/dm³ 计算所得。

表 3.1-236 不锈钢焊接钢管尺寸（摘自 GB/T 21835—2008） （mm）

外径 系列1	外径 系列2	外径 系列3	壁厚	外径 系列1	外径 系列2	外径 系列3	壁厚	外径 系列1	外径 系列2	外径 系列3	壁厚	外径 系列1	外径 系列2	外径 系列3	壁厚
	8		0.3~1.2	26.9			0.5~4.5 (4.6)		70		0.8~6.0	273.1			2.0~14 (14.2)
		9.5	0.3~1.2			28	0.5~4.5 (4.6)	76.1			0.8~6.0	323.9			2.5 (2.6)~16
	10		0.3~1.4			30	0.5~4.5 (4.6)		80		1.2~8.0	355.6			2.5 (2.6)~16
10.2			0.3~2.0	31.8			0.5~4.5 (4.6)			82.5	1.2~8.0			377	2.5 (2.6)~16
	12		0.3~2.0		32		0.5~4.5 (4.6)	88.9			1.2~8.0			400	2.5 (2.6)~20
	12.7		0.3~2.0	33.7			0.8~5.0		101.6		1.2~8.0	406.4			2.5 (2.6)~20
13.5			0.5~3.0			35	0.8~5.0		102		1.2~8.0			426	2.8 (2.9)~25
	14		0.5~3.5 (3.6)			36	0.8~5.0		108		1.6~8.0			450	2.8 (2.9)~25
	15		0.5~3.5 (3.6)		38		0.8~5.0	114.3			1.6~8.0	457			2.8 (2.9)~28
	16		0.5~3.5 (3.6)		40		0.8~5.5 (5.6)		125		1.6~10			500	2.8 (2.9)~28
17.2			0.5~3.5 (3.6)	42.4			0.8~5.5 (5.6)		133		1.6~10	508			2.8 (2.9)~28
		18	0.5~3.5 (3.6)			44.5	0.8~5.5 (5.6)	139.7			1.6~11			530	2.8 (2.9)~28
	19		0.5~3.5 (3.6)	48.3			0.8~5.5 (5.6)		141.3		1.6~12 (12.5)			550	2.8 (2.9)~28
		19.5	0.5~3.5 (3.6)		50.8		0.8~6.0		154		1.6~12 (12.5)			558.8	2.8 (2.9)~28
	20		0.5~3.5 (3.6)			54	0.8~6.0		159		1.6~12 (12.5)			600	3.2~28
21.3			0.5~4.2		57		0.8~6.0	168.3			1.6~12 (12.5)	610			3.2~28
	22		0.5~4.2	60.3			0.8~6.0		193.7		1.6~12 (12.5)			630	3.2~28
	25		0.5~4.2			63	0.8~6.0	219.1			1.6~14 (14.2)			660	3.2~28
		25.4	0.5~4.2	63.5			0.8~6.0		250		1.6~14 (14.2)	711			3.2~28

壁厚尺寸系列	0.3~1.0 (0.1 进级)、1.2、1.4、1.5、1.6、1.8、2.0、2.2 (2.3)、2.5 (2.6)、2.8 (2.9)、3.0、3.2、3.5 (3.6)、4.0、4.2、4.5 (4.6)、4.8、5.0、5.5 (5.6)、6.0、6.5 (6.3)、7.0 (7.1)、7.5、8.0、8.5、9.0 (8.8)、9.5、10、11、12 (12.5)、14 (14.2)、15、16、17 (17.5)、18、20、22 (22.2)、24、25、26、28

注：1. 括号内尺寸表示由相应英制规格换算成的米制规格。
2. GB/T 21835 规定的 762~1829mm 共 16 个大尺寸规格未编入本表。
3. 系列 1 为通用系列，推荐选用；系列 2 为非通用系列；系列 3 为少数特殊、专用系列。
4. 不锈钢焊接钢管单位长度理论质量计算公式如下：

$$W=\frac{\pi}{1000}S(D-S)\rho$$

式中 W——钢管理论质量（kg/m）；
π——圆周率，取 3.1416；
S——钢管公称壁厚（mm）；
D——钢管公称外径（mm）；
ρ——钢密度（kg/dm³），不锈钢各牌号的密度按 GB/T 20878 中的给定值。

5.3.2 直缝电焊钢管（见表3.1-237）

表3.1-237 直缝电焊钢管尺寸规格、牌号及力学性能（摘自 GB/T 13793—2008）

尺寸规格	1. 钢管外径 D 和公称壁厚 t 应符合 GB/T 21835—2008《焊接钢管尺寸及单位长度质量》的规定（外径 D 不大于 630mm） 2. 外径和壁厚允许偏差分为 A、B、C 三级，其偏差数值见 GB/T 13793—2008《直缝电焊钢管》的规定。合同未注明级别时，按 A 级（普通精度）交货，但用于带式输送机托辊用钢管应按 B 级（较高精度）交货 3. 通常长度 L：外径 ≤30mm，L 为 4000～6000mm； 　　　　　　　　外径 >30～70mm，L 为 4000～8000mm； 　　　　　　　　外径 >70mm，L 为 4000～12000mm 在合同中注明，在通常长度范围内，可按定尺或倍尺交货	用途：适于制作各种结构件、零件、带式输送机托辊及输送一般流体用管道

牌号及力学性能	牌号	下屈服强度 R_{eL}/MPa	抗拉强度 R_m/MPa	断后伸长率 A（%）	焊缝抗拉强度 R_m/MPa
		不小于			
	08、10	195（205）	315（375）	22（13）	315
	15	215（225）	355（400）	20（11）	355
	20	235（245）	390（440）	19（9）	390
	Q195	195（205）	315（335）	22（14）	315
	Q215A、Q215B	215（225）	335（355）	22（13）	335
	Q235A、Q235B、Q235C	235（245）	375（390）	20（9）	375
	Q295A、Q295B	295	390	18	390
	Q345A、Q345B、Q345C	345	470	18	470

注：1. GB/T 13793—2008《直缝电焊钢管》代替 GB/T 13792—1992《带式输送机托辊用电焊钢管》和 GB/T 13793—1992《直缝电焊钢管》。
　　2. 钢管牌号的化学成分应符合 GB/T 699、GB/T 700 和 GB/T 1591 相应牌号的规定。
　　3. 力学性能中带括号的数值为有特殊要求钢管的力学性能数值，按需方要求，且在合同中注明可按此指标交货。
　　4. 按需方要求，并在合同中注明，钢管外径不小于 219.1mm 者，可进行焊缝横向拉伸试验，取样部位应垂直焊缝，焊缝位于试样的中心，焊缝抗拉强度值按本表规定。
　　5. 按需方要求，并在合同中注明，钢管可在内、外表面进行镀锌后交货。
　　6. 带式输送机托辊用钢管应逐根进行液压试验，外径不大于 108mm 的管，试验压力为 7MPa，外径大于 108mm 的管，试验压力 5MPa，稳压时间不少于 5s，钢管不允许出现渗漏现象。

5.3.3 低压流体输送用焊接钢管（见表3.1-238～表3.1-240）

表3.1-238 低压流体输送用焊接钢管尺寸规格（摘自 GB/T 3091—2015）

钢管尺寸规格/mm	公称口径 DN	外径 D			最小公称壁厚 t	圆度不大于
		系列1	系列2	系列3		
	6	10.2	10.0	—	2.0	0.20
	8	13.5	12.7	—	2.0	0.20
	10	17.2	16.0	—	2.2	0.20
	15	21.3	20.8	—	2.2	0.30
	20	26.9	26.0	—	2.2	0.35
	25	33.7	33.0	32.5	2.5	0.40
	32	42.4	42.0	41.5	2.5	0.40
	40	48.3	48.0	47.5	2.75	0.50
	50	60.3	59.5	59.0	3.0	0.60
	65	76.1	75.5	75.0	3.0	0.60
	80	88.9	88.5	88.0	3.25	0.70
	100	114.3	114.0	—	3.25	0.80
	125	139.7	141.3	140.0	3.5	1.00
	150	165.1	168.3	159.0	3.5	1.20
	200	219.1	219.0	—	4.0	1.60

（续）

钢管外径和壁厚的极限偏差/mm	外径 D	外径极限偏差		壁厚 t 极限偏差
		管体	管端（距管端100mm范围内）	
	$D \leqslant 48.3$	±0.5	—	±10%t
	$48.3 < D \leqslant 273.1$	±1%D	—	
	$273.1 < D \leqslant 508$	±0.75%D	+2.4 −0.8	
	$D > 508$	±1%D 或 ±10.0，两者取较小值	+3.2 −0.8	

注：1. GB/T 3091—2015 低压流体输送用焊接管适于输送水、空气、采暖蒸汽和燃气等低压流体之用，产品包括直缝电焊钢管、直缝埋弧焊（SAWL）钢管和螺旋埋弧焊（SAWH）钢管。
2. 表中的公称口径系近似内径的名义尺寸，不表示外径减去两倍壁厚所得的内径。
3. 系列1是通用系列，属推荐选用系列；系列2是非通用系列；系列3是少数特殊、专用系列。
4. 外径（D）不大于219.1mm的钢管按公称口径DN和公称壁厚t交货，其公称口径和公称壁厚应符合本表的规定。外径大于219.1mm的钢管按公称外径和公称壁厚交货，其公称外径和公称壁厚应符合GB/T 21835的规定。

表 3.1-239　低压流体输送用焊接钢管管端用螺纹或沟槽连接钢管尺寸（摘自 GB/T 3091—2015）

（mm）

公称口径 DN	外径 D	壁厚 t	
		普通钢管	加厚钢管
6	10.2	2.0	2.5
8	13.5	2.5	2.8
10	17.2	2.5	2.8
15	21.3	2.8	3.5
20	26.9	2.8	3.5
25	33.7	3.2	4.0
32	42.4	3.5	4.0
40	48.3	3.5	4.5
50	60.3	3.8	4.5
65	76.1	4.0	4.5
80	88.9	4.0	5.0
100	114.3	4.0	5.0
125	139.7	4.0	5.5
150	165.1	4.5	6.0
200	219.1	6.0	7.0

注：表中的公称口径系近似内径的名义尺寸，不表示外径减去两倍壁厚所得的内径。

表 3.1-240　低压流体输送用焊接钢管牌号和力学性能（摘自 GB/T 3091—2015）

牌号	下屈服强度 R_{eL}/MPa 不小于		抗拉强度 R_m/MPa 不小于	断后伸长率 A（%）不小于	
	$t \leqslant 16$mm	$t > 16$mm		$D \leqslant 168.3$mm	$D > 168.3$mm
Q195	195	185	315	15	20
Q215A、Q215B	215	205	335		
Q235A、Q235B	235	225	370		
Q275A、Q275B	275	265	410	13	18
Q345A、Q345B	345	325	470		

注：1. Q195 的屈服强度值仅供参考，不作为交货条件。
2. 钢的牌号的化学成分应符合 GB/T 700 的相关规定。
3. 钢管按焊接状态交货。根据需方要求，经供需双方协商，并在合同中注明，钢管可按焊缝热处理状态交货，也可按整体热处理状态交货。
4. 根据需方要求，经供需双方协商，并在合同中注明，外径不大于 508mm 的钢管可镀锌交货，也可按其他保护涂层交货。镀锌钢管单位理论质量的计算方法参见 GB/T 3091—2015 的规定。
5. 外径小于 219.1mm 的钢管，拉伸试验应截取母材纵向试样。直缝钢管拉伸试样应在钢管上平行于轴线方向距焊缝约 90°的位置截取，也可在制造用钢板或钢带上平行于轧制方向或位于钢板或钢带边缘与钢板或钢带中心线之间的中间位置截取；螺旋缝钢管拉伸试样应在钢管上平行于轴线距焊缝约 1/4 螺距的位置截取。其中，外径不大于 60.3mm 的钢管可截取全截面拉伸试样。
6. 外径不小于 219.1mm 的钢管拉伸试验应截取母材横向试样。直缝钢管母材拉伸试样应在钢管上垂直于轴线距焊缝约 180°的位置截取，螺旋缝钢管母材拉伸试样应在钢管上垂直于轴线距焊缝约 1/2 螺距的位置截取。
7. 外径不大于 60.3mm 的钢管全截面拉伸时，断后伸长率仅供参考，不作为交货条件。
8. 钢管的压扁试验、弯曲试验、液压试验、超声检测等的试验方法及要求参见 GB/T 3091—2015 的规定。

5.3.4 流体输送用不锈钢焊接钢管（见表3.1-241）

表3.1-241 流体输送用不锈钢焊接钢管规格、牌号、性能及应用（摘自 GB/T 12771—2008）

尺寸规格	钢管外径 D 和壁厚 S 应符合 GB/T 21835 焊接钢管尺寸的规定，D 和 S 的允许偏差按 GB/T 12771—2008 的规定 钢管通常长度为 3000～9000mm，定尺长度或倍尺长度应在通常长度范围内				用途
					适于腐蚀性流体的输送及在腐蚀条件下工作的中、低压流体管道

	新牌号	旧牌号	规定非比例延伸强度 $R_{p0.2}$/MPa	抗拉强度 R_m/MPa	断后伸长率 A（%）	备注
					热处理状态	
			不小于			
牌号及力学性能	12Cr18Ni9	1Cr18Ni9	210	520	35（非热处理状态为25）	钢管在交货前，应采用连续式或周期式炉全长热处理，推荐的热处理制度参见原标准
	06Cr19Ni10	0Cr18Ni9	210	520		
	022Cr19Ni10	00Cr19Ni10	180	480		
	06Cr25Ni20	0Cr25Ni20	210	520		
	06Cr17Ni12Mo2	0Cr17Ni12Mo2	210	520		
	022Cr17Ni12Mo2	00Cr17Ni14Mo2	180	480		
	06Cr18Ni11Ti	0Cr18Ni10Ti	210	520		
	06Cr18Ni11Nb	0Cr18Ni11Nb	210	520		
	022Cr18Ti	00Cr17	180	360	20	钢管在交货前，应采用连续式或周期式炉全长热处理，推荐的热处理制度参见原标准
	019Cr19Mo2NbTi	00Cr18Mo2	240	410		
	06Cr13Al	0Cr13Al	177	410		
	022Cr11Ti	—	275	400	18	
	022Cr12Ni	—	275	400	18	
	06Cr13	0Cr13	210	410	20	

交货状态	钢管采用单面或双面自动焊接方法制造，以热处理并酸洗状态交货
液压试验	钢管应逐根进行液压试验，最大试验压力不大于10MPa。试验压力 $p=2SR/D$，式中：R 为允许应力，取 R_{eL} 的50%（MPa）；S 和 D 为公称壁厚和外径（mm）；p 单位为 MPa，p 的稳压时间不少于5s，不出现渗漏现象

注：1. 钢管牌号的化学成分应符合 GB/T 12771—2008 的相关规定。
  2. $R_{p0.2}$ 仅在需方要求，并合同注明时才给予保证。

5.3.5 奥氏体-铁素体型双相不锈钢焊接钢管（见表3.1-242～表3.1-244）

表3.1-242 奥氏体-铁素体型双相不锈钢焊接钢管分类及尺寸规格（摘自 GB/T 21832—2008）

分类及代号	Ⅰ类——钢管采用添加填充金属的双面自动焊接方法制造，且焊缝100%全长射线检测； Ⅱ类——钢管采用添加填充金属的单面自动焊接方法制造，且焊缝100%全长射线检测； Ⅲ类——钢管采用添加填充金属的双面自动焊接方法制造，且焊缝局部射线检测； Ⅳ类——钢管采用除根部焊道不添加填充金属外，其他焊道应添加填充金属的单面自动焊接方法制造，且焊缝100%全长射线检测； Ⅴ类——钢管采用添加填充金属的双面自动焊接方法制造，且焊缝不做射线检测； Ⅵ类——钢管采用不添加填充金属的自动焊接方法制造

(续)

尺寸规格	钢管的公称外径 D 和公称壁厚应符合 GB/T 21835—2008 的规定			
	公称外径 D/mm	外径极限偏差[①]/mm		壁厚极限偏差
		高级	普通级	
	≤38	±0.13	±0.40	±12.5% S
	>38~89	±0.25	±0.50	±10% S 或 ±0.2mm,两者取较大值
	>89~159	±0.35	±0.80	
	>159~219.1	±0.75	±1.00	
	>219.1	—	±0.75% D	
	钢管的通常长度为 3000~12000mm，定尺和倍尺总长度应在通常长度范围内			

注：1. 钢管适于耐腐蚀的承压设备、流体输送及换热器之用。
  2. 当合同中未注明钢管尺寸允许偏差级别时，钢管外径和壁厚极限偏差按普通级交货。
  3. 钢管应经热处理并酸洗交货，经保护气氛热处理的钢管，可不经酸洗交货。经供需双方协商，并在合同中注明，钢管可以不经热处理而以焊态交货，但应在钢管上做出标志"H"；钢管表面可要求进行抛光处理。
  4. 钢管交货的规定参见表 3.1-256 注 3。
① 当需方在合同中注明钢管用作换热器用途时，钢管应按外径允许偏差的高级交货。

表 3.1-243 奥氏体-铁素体型双相不锈钢焊接钢管牌号及力学性能（摘自 GB/T 21832—2008）

统一数字代号	牌 号	推荐热处理制度		拉伸性能			硬度[①]	
				抗拉强度 R_m/MPa	规定非比例延伸强度 $R_{p0.2}$/MPa	断后伸长率 A（%）	HBW	HRC
				≥			≤	
S21953	022Cr19Ni5Mo3Si2N	980~1040℃	急冷	630	440	30	290	30
S22253	022Cr22Ni5Mo3N	1020~1100℃	急冷	620	450	25	290	30
S22053	022Cr23Ni5Mo3N	1020~1100℃	急冷	655	485	25	290	30
S23043	022Cr23Ni4MoCuN	925~1050℃	急冷 $D≤25$mm	690	450	25	—	—
			急冷 $D>25$mm	600	400	25	290	30
S22553	022Cr25Ni6Mo2N	1050~1100℃	急冷	690	450	25	280	—
S22583	022Cr25Ni7Mo3WCuN	1020~1100℃	急冷	690	450	25	290	30
S25554	03Cr25Ni6Mo3Cu2N	≥1040℃	急冷	760	550	15	297	31
S25073	022Cr25Ni7Mo4N	1025~1125℃	急冷	800	550	15	300	32
S27603	022Cr25Ni7Mo4WCuN	1100~1140℃	急冷	750	550	25	300	—

注：1. 本表为钢管纵向或横向力学性能；各牌号的化学成分应符合 GB/T 20878 的规定。
  2. 钢管应逐根进行液压试验，试验压力和试验方法符合 GB/T 21832—2008 的规定，最大试验压力为 20MPa。
  3. 外径大于 219mm 的钢管应进行焊缝横向弯曲试验。弯曲试样从钢管或焊接试板上截取，焊接试板应与钢管同牌号、同炉号、同一焊接工艺、同热处理制度。
  一组弯曲试验应包括一个面弯试验和一个背弯试验（即钢管外焊缝和内焊缝分别处于最大弯曲表面）。壁厚大于 10mm 的钢管，可采用两个侧向弯曲试验代替面弯试验和背弯试验。
  弯曲试验时，弯芯直径为 4 倍试样厚度。弯曲角度为 180°。弯曲后焊缝区域不允许出现裂缝或裂口。
① 未要求硬度的牌号，只提供实测数据，不作为交货条件。

表 3.1-244 奥氏体-铁素体型双相不锈钢焊接钢管与美国、
日本、欧洲钢管标准的牌号对照（摘自 GB/T 21832—2008）

中国（GB/T 21832—2008）		美国	日本	欧洲	中国原用旧牌号
统一数字代号	GB/T 20878—2007 的牌号	ASTM A790-05a	JIS G3463：2006	EN 10217-7：2005	
S21953	022Cr19Ni5Mo3Si2N	S31500	—	—	00Cr18Ni5Mo3Si2N
S22253	022Cr22Ni5Mo3N	S31803	SUS329J3LTB	X2CrNiMoN22-5-3 1.4462	00Cr22Ni5Mo3N
S22053	022Cr23Ni5Mo3N	S32205	—	—	00Cr22Ni5Mo3N
S23043	022Cr23Ni4MoCuN	S32304	—	X2CrNiN23-4 1.4362	00Cr23Ni4N
S22553	022Cr25Ni6Mo2N	S31200	—	—	00Cr25Ni6Mo2N
S22583	022Cr25Ni7Mo3WCuN	S31260	SUS329J4LTB	—	00Cr25Ni7Mo3WCuN
S25554	03Cr25Ni6Mo3Cu2N	S32550	—	—	0Cr25Ni6Mo3Cu2N
S25073	022Cr25Ni7Mo4N	S32750	—	X2CrNiMoN25-7-4 1.4410	00Cr25Ni7Mo4N
S27603	022Cr25Ni7Mo4WCuN	S32760	—	X2CrNiMoCuWN25-7-4 1.4501	0Cr25Ni7Mo4WCuN

5.3.6 双层铜焊钢管（见表 3.1-245）

表 3.1-245 双层铜焊钢管尺寸规格（摘自 YB/T 4164—2007）

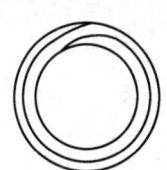

公称外径/mm	壁厚/mm			
	0.50	0.70	1.00	1.30
	理论质量（未增添其他镀层）/kg·m^{-1}			
3.17	0.033	0.042	—	—
4.00	0.043	0.057	—	—
4.76	0.052	0.070	—	—
5.00	0.055	0.074	—	—
6.00	0.068	0.091	—	—
6.35	0.072	0.097	—	—
8.00	—	0.125	0.172	—
9.52	—	0.152	0.209	—
10.00	—	0.160	0.221	—
12.00	—	0.194	0.270	0.342
14.00	—	0.229	0.319	0.405
15.00	—	0.246	0.344	0.437
16.00	—	0.263	0.368	0.469
17.00	—	—	0.393	0.501
18.00	—	—	0.417	0.533

注：1. 双层铜焊钢管适用于汽车、制冷、电器、电热等工业部门中制作燃料管、制动管、润滑油管、加热或冷却器工程管道用。
2. 产品力学性能：抗拉强度 $R_m \geqslant 290$MPa；屈服强度 $R_{eL} \geqslant 180$MPa；断后伸长率 $A \geqslant 25\%$。
3. 钢管通常长度为 1.5~1000m，长度不大于 6m 的钢管以条状交货，大于 6m 的钢管以盘状交货。

5.3.7 无缝钢管尺寸及单位长度理论质量（见表3.1-246～表3.1-248）

表3.1-246 普通无缝钢管外径和壁厚尺寸及单位长度理论质量（摘自 GB/T 17395—2008）

外径/mm			壁厚/mm															
系列1	系列2	系列3	0.25	0.30	0.40	0.50	0.60	0.80	1.0	1.2	1.4	1.5	1.6	1.8	2.0	2.2 (2.3)	2.5 (2.6)	2.8
			单位长度理论质量/kg·m^{-1}															
	6		0.035	0.042	0.055	0.068	0.080	0.103	0.123	0.142	0.159	0.166	0.174	0.186	0.197			
	7		0.042	0.050	0.065	0.080	0.095	0.122	0.148	0.172	0.193	0.203	0.213	0.231	0.247	0.260	0.277	
	8		0.048	0.057	0.075	0.092	0.109	0.142	0.173	0.201	0.228	0.240	0.253	0.275	0.296	0.315	0.339	
	9		0.054	0.064	0.085	0.105	0.124	0.162	0.197	0.231	0.262	0.277	0.292	0.320	0.345	0.369	0.401	0.428
10 (10.2)			0.060	0.072	0.095	0.117	0.139	0.182	0.222	0.260	0.297	0.314	0.331	0.364	0.395	0.423	0.462	0.497
	11		0.066	0.079	0.105	0.129	0.154	0.201	0.247	0.290	0.331	0.351	0.371	0.408	0.444	0.477	0.524	0.566
	12		0.072	0.087	0.114	0.142	0.169	0.221	0.271	0.320	0.366	0.388	0.410	0.453	0.493	0.532	0.586	0.635
		13 (12.7)	0.079	0.094	0.124	0.154	0.183	0.241	0.296	0.349	0.401	0.425	0.450	0.497	0.543	0.586	0.647	0.704
13.5			0.082	0.098	0.129	0.160	0.191	0.251	0.308	0.364	0.418	0.444	0.470	0.519	0.567	0.613	0.678	0.739
		14	0.085	0.101	0.134	0.166	0.198	0.260	0.321	0.379	0.435	0.462	0.489	0.542	0.592	0.640	0.709	0.773
	16		0.097	0.116	0.154	0.191	0.228	0.300	0.370	0.438	0.504	0.536	0.568	0.630	0.691	0.749	0.832	0.911
17 (17.2)			0.103	0.124	0.164	0.203	0.243	0.320	0.395	0.468	0.539	0.573	0.608	0.675	0.740	0.803	0.894	0.981
		18	0.109	0.131	0.174	0.216	0.257	0.339	0.419	0.497	0.573	0.610	0.647	0.719	0.789	0.857	0.956	1.05
	19		0.116	0.138	0.183	0.228	0.272	0.359	0.444	0.527	0.608	0.647	0.687	0.764	0.838	0.911	1.02	1.12
	20		0.122	0.146	0.193	0.240	0.287	0.379	0.469	0.556	0.642	0.684	0.726	0.808	0.888	0.966	1.08	1.19
21 (21.3)					0.203	0.253	0.302	0.399	0.493	0.586	0.677	0.721	0.765	0.852	0.937	1.02	1.14	1.26
		22			0.213	0.265	0.317	0.418	0.518	0.616	0.711	0.758	0.805	0.897	0.986	1.07	1.20	1.33
	25				0.243	0.302	0.361	0.477	0.592	0.704	0.815	0.869	0.923	1.03	1.13	1.24	1.39	1.53
		25.4			0.247	0.307	0.367	0.485	0.602	0.716	0.829	0.884	0.939	1.05	1.15	1.26	1.41	1.56
27 (26.9)					0.262	0.327	0.391	0.517	0.641	0.764	0.884	0.943	1.00	1.12	1.23	1.35	1.51	1.67
	28				0.272	0.339	0.405	0.537	0.666	0.793	0.918	0.980	1.04	1.16	1.28	1.40	1.57	1.74

(续)

外径/mm			壁厚/mm														
系列1	系列2	系列3	2.9 (3.0)	3.2	3.5 (3.6)	4.0	4.5	5.0	5.4 (5.5)	6.0	6.3 (6.5)	7.0 (7.1)	7.5	8.0	8.5	8.8 (9.0)	9.5	10
			单位长度理论质量/kg·m⁻¹														
	6																
	7																
	8																
	9																
10 (10.2)			0.518	0.537	0.561												
	11		0.592	0.616	0.647												
	12		0.666	0.694	0.734	0.789											
	13 (12.7)		0.740	0.773	0.820	0.888											
13.5			0.777	0.813	0.863	0.937											
		14	0.814	0.852	0.906	0.986											
	16		0.962	1.01	1.08	1.18	1.28	1.36									
17 (17.2)			1.04	1.09	1.17	1.28	1.39	1.48									
		18	1.11	1.17	1.25	1.38	1.50	1.60									
	19		1.18	1.25	1.34	1.48	1.61	1.73	1.83	1.92							
	20		1.26	1.33	1.42	1.58	1.72	1.85	1.97	2.07							
21 (21.3)			1.33	1.40	1.51	1.68	1.83	1.97	2.10	2.22							
		22	1.41	1.48	1.60	1.78	1.94	2.10	2.24	2.37							
	25		1.63	1.72	1.86	2.07	2.28	2.47	2.64	2.81	2.97	3.11					
		25.4	1.66	1.75	1.89	2.11	2.32	2.52	2.70	2.87	3.03	3.18					
27 (26.9)			1.78	1.88	2.03	2.27	2.50	2.71	2.92	3.11	3.29	3.45					
	28		1.85	1.96	2.11	2.37	2.61	2.84	3.05	3.26	3.45	3.63					

（续）

外径/mm			壁厚/mm															
系列1	系列2	系列3	0.25	0.30	0.40	0.50	0.60	0.80	1.0	1.2	1.4	1.5	1.6	1.8	2.0	2.2 (2.3)	2.5 (2.6)	2.8
			单位长度理论质量/kg·m^{-1}															
		30			0.292	0.364	0.435	0.576	0.715	0.852	0.987	1.05	1.12	1.25	1.38	1.51	1.70	1.88
	32 (31.8)				0.312	0.388	0.465	0.616	0.765	0.911	1.06	1.13	1.20	1.34	1.48	1.62	1.82	2.02
34 (33.7)					0.331	0.413	0.494	0.655	0.814	0.971	1.13	1.20	1.28	1.43	1.58	1.73	1.94	2.15
		35			0.341	0.425	0.509	0.675	0.838	1.00	1.16	1.24	1.32	1.47	1.63	1.78	2.00	2.22
	38				0.371	0.462	0.553	0.734	0.912	1.09	1.26	1.35	1.44	1.61	1.78	1.94	2.19	2.43
	40				0.391	0.487	0.583	0.773	0.962	1.15	1.33	1.42	1.52	1.70	1.87	2.05	2.31	2.57
42 (42.4)									1.01	1.21	1.40	1.50	1.59	1.78	1.97	2.16	2.44	2.71
		45 (44.5)							1.09	1.30	1.51	1.61	1.71	1.92	2.12	2.32	2.62	2.91
48 (48.3)									1.16	1.38	1.61	1.72	1.83	2.05	2.27	2.48	2.81	3.12
	51								1.23	1.47	1.71	1.83	1.95	2.18	2.42	2.65	2.99	3.33
		54							1.31	1.56	1.82	1.94	2.07	2.32	2.56	2.81	3.18	3.54
	57								1.38	1.65	1.92	2.05	2.19	2.45	2.71	2.97	3.36	3.74
60 (60.3)									1.46	1.74	2.02	2.16	2.30	2.58	2.86	3.14	3.55	3.95
	63 (63.5)								1.53	1.83	2.13	2.28	2.42	2.72	3.01	3.30	3.73	4.16
	65								1.58	1.89	2.20	2.35	2.50	2.81	3.11	3.41	3.85	4.30
	68								1.65	1.98	2.30	2.46	2.62	2.94	3.26	3.57	4.04	4.50
	70								1.70	2.04	2.37	2.53	2.70	3.03	3.35	3.68	4.16	4.64
		73							1.78	2.12	2.47	2.64	2.82	3.16	3.50	3.84	4.35	4.85
76 (76.1)									1.85	2.21	2.58	2.76	2.94	3.29	3.65	4.00	4.53	5.05
	77										2.61	2.79	2.98	3.34	3.70	4.06	4.59	5.12
	80										2.71	2.90	3.09	3.47	3.85	4.22	4.78	5.33

第 1 章 钢铁材料

（续）

外径/mm			壁厚/mm 单位长度理论质量/kg·m^{-1}															
系列1	系列2	系列3	2.9 (3.0)	3.2	3.5 (3.6)	4.0	4.5	5.0	(5.4) 5.5	6.0	(6.3) 6.5	7.0 (7.1)	7.5	8.0	8.5	(8.8) 9.0	9.5	10
		30	2.00	2.11	2.29	2.56	2.83	3.08	3.32	3.55	3.77	3.97	4.16	4.34				
	32 (31.8)		2.15	2.27	2.46	2.76	3.05	3.33	3.59	3.85	4.09	4.32	4.53	4.74				
34 (33.7)			2.29	2.43	2.63	2.96	3.27	3.58	3.87	4.14	4.41	4.66	4.90	5.13				
		35	2.37	2.51	2.72	3.06	3.38	3.70	4.00	4.29	4.57	4.83	5.09	5.33	5.56	5.77		
	38		2.59	2.75	2.98	3.35	3.72	4.07	4.41	4.74	5.05	5.35	5.64	5.92	6.18	6.44	6.68	6.91
	40		2.74	2.90	3.15	3.55	3.94	4.32	4.68	5.03	5.37	5.70	6.01	6.31	6.60	6.88	7.15	7.40
42 (42.4)			2.89	3.06	3.32	3.75	4.16	4.56	4.95	5.33	5.69	6.04	6.38	6.71	7.02	7.32	7.61	7.89
		45 (44.5)	3.11	3.30	3.58	4.04	4.49	4.93	5.36	5.77	6.17	6.56	6.94	7.30	7.65	7.99	8.32	8.63
48 (48.3)			3.33	3.54	3.84	4.34	4.83	5.30	5.76	6.21	6.65	7.08	7.49	7.89	8.28	8.66	9.02	9.37
	51		3.55	3.77	4.10	4.64	5.16	5.67	6.17	6.66	7.13	7.60	8.05	8.48	8.91	9.32	9.72	10.11
		54	3.77	4.01	4.36	4.93	5.49	6.04	6.58	7.10	7.61	8.11	8.60	9.08	9.54	9.99	10.43	10.85
	57		4.00	4.25	4.62	5.23	5.83	6.41	6.99	7.55	8.10	8.63	9.16	9.67	10.17	10.65	11.13	11.59
60 (60.3)			4.22	4.48	4.88	5.52	6.16	6.78	7.39	7.99	8.58	9.15	9.71	10.26	10.80	11.32	11.83	12.33
	63 (63.5)		4.44	4.72	5.14	5.82	6.49	7.15	7.80	8.43	9.06	9.67	10.27	10.85	11.42	11.99	12.53	13.07
	65		4.59	4.88	5.31	6.02	6.71	7.40	8.07	8.73	9.38	10.01	10.64	11.25	11.84	12.43	13.00	13.56
	68		4.81	5.11	5.57	6.31	7.05	7.77	8.48	9.17	9.86	10.53	11.19	11.84	12.47	13.10	13.71	14.30
	70		4.96	5.27	5.74	6.51	7.27	8.02	8.75	9.47	10.18	10.88	11.56	12.23	12.89	13.54	14.17	14.80
		73	5.18	5.51	6.00	6.81	7.60	8.38	9.16	9.91	10.66	11.39	12.11	12.82	13.52	14.21	14.88	15.54
76 (76.1)			5.40	5.75	6.26	7.10	7.93	8.75	9.56	10.36	11.14	11.91	12.67	13.42	14.15	14.87	15.58	16.28
	77		5.47	5.82	6.34	7.20	8.05	8.88	9.70	10.51	11.30	12.08	12.85	13.61	14.36	15.09	15.81	16.52
	80		5.70	6.06	6.60	7.50	8.38	9.25	10.11	10.95	11.78	12.60	13.41	14.21	14.99	15.76	16.52	17.26

(续)

外径/mm			壁厚/mm														
系列1	系列2	系列3	11	12 (12.5)	13	14 (14.2)	15	16	17 (17.5)	18	19	20	22 (22.2)	24	25	26	28	30
			单位长度理论质量/kg·m⁻¹														
34 (33.7)	32 (31.8)	30																
	38	35																
	40																	
42 (42.4)		45 (44.5)	9.22	9.77														
48 (48.3)	51		10.04	10.65														
		54	10.85	11.54														
	57		11.66	12.43	13.14	13.81												
			12.48	13.32	14.11	14.85												
60 (60.3)	63 (63.5)		13.29	14.21	15.07	15.88	16.65	17.36										
	65		14.11	15.09	16.03	16.92	17.76	18.55										
	68		14.65	15.68	16.67	17.61	18.50	19.33										
	70		15.46	16.57	17.63	18.64	19.61	20.52										
		73	16.01	17.16	18.27	19.33	20.35	21.31	22.22									
	77		16.82	18.05	19.24	20.37	21.46	22.49	23.48	24.41	25.30							
76 (76.1)			17.63	18.94	20.20	21.41	22.57	23.68	24.74	25.75	26.71	27.62						
	80		17.90	19.24	20.52	21.75	22.94	24.07	25.15	26.19	27.18	28.11						
			18.72	20.12	21.48	22.79	24.05	25.25	26.41	27.52	28.58	29.59						

外径/mm			壁厚/mm															
系列1	系列2	系列3	0.25	0.30	0.40	0.50	0.60	0.80	1.0	1.2	1.4	1.5	1.6	1.8	2.0	2.2 (2.3)	2.5 (2.6)	2.8
			单位长度理论质量/kg·m^{-1}															
		83 (82.5)									2.82	3.01	3.21	3.60	4.00	4.38	4.96	5.54
	85										2.89	3.09	3.29	3.69	4.09	4.49	5.09	5.68
89 (88.9)											3.02	3.24	3.45	3.87	4.29	4.71	5.33	5.95
	95										3.23	3.46	3.69	4.14	4.59	5.03	5.70	6.37
	102 (101.6)										3.47	3.72	3.96	4.45	4.93	5.41	6.13	6.85
		108									3.68	3.94	4.20	4.71	5.23	5.74	6.50	7.26
114 (114.3)												4.16	4.44	4.98	5.52	6.07	6.87	7.68
	121											4.42	4.71	5.29	5.87	6.45	7.31	8.16
	127													5.56	6.17	6.77	7.68	8.58
	133																8.05	8.99
140 (139.7)																		
		142 (141.3)																
	146																	
		152 (152.4)																
		159																
168 (168.3)																		
		180 (177.8)																
		194 (193.7)																
	203																	
219 (219.1)																		
		232																
		245 (244.5)																
		267 (267.4)																

(续)

（续）

外径/mm			壁厚/mm 单位长度理论质量/kg·m⁻¹															
系列1	系列2	系列3	(2.9) 3.0	3.2	3.5 (3.6)	4.0	4.5	5.0	(5.4) 5.5	6.0	(6.3) 6.5	7.0 (7.1)	7.5	8.0	8.5	(8.8) 9.0	9.5	10
		83 (82.5)	5.92	6.30	6.86	7.79	8.71	9.62	10.51	11.39	12.26	13.12	13.96	14.80	15.62	16.42	17.22	18.00
	85		6.07	6.46	7.03	7.99	8.93	9.86	10.78	11.69	12.58	13.47	14.33	15.19	16.04	16.87	17.69	18.50
89 (88.9)			6.36	6.77	7.38	8.38	9.38	10.36	11.33	12.28	13.22	14.16	15.07	15.98	16.87	17.76	18.63	19.48
	95		6.81	7.24	7.90	8.98	10.04	11.10	12.14	13.17	14.19	15.19	16.18	17.16	18.13	19.09	20.03	20.96
	102 (101.6)		7.32	7.80	8.50	9.67	10.82	11.96	13.09	14.21	15.31	16.40	17.48	18.55	19.60	20.64	21.67	22.69
	108		7.77	8.27	9.02	10.26	11.49	12.70	13.90	15.09	16.27	17.44	18.59	19.73	20.86	21.97	23.08	24.17
114 (114.3)			8.21	8.74	9.54	10.85	12.15	13.44	14.72	15.98	17.23	18.47	19.70	20.91	22.12	23.31	24.48	25.65
	121		8.73	9.30	10.14	11.54	12.93	14.30	15.67	17.02	18.35	19.68	20.99	22.29	23.58	24.86	26.12	27.37
	127		9.17	9.77	10.66	12.13	13.59	15.04	16.48	17.90	19.32	20.72	22.10	23.48	24.84	26.19	27.53	28.85
	133		9.62	10.24	11.18	12.73	14.26	15.78	17.29	18.79	20.28	21.75	23.21	24.66	26.10	27.52	28.93	30.33
140 (139.7)			10.14	10.80	11.78	13.42	15.04	16.65	18.24	19.83	21.40	22.96	24.51	26.04	27.57	29.08	30.57	32.06
		142 (141.3)	10.28	10.95	11.95	13.61	15.26	16.89	18.51	20.12	21.72	23.31	24.88	26.44	27.98	29.52	31.04	32.55
	146		10.58	11.27	12.30	14.01	15.70	17.39	19.06	20.72	22.36	24.00	25.62	27.23	28.82	30.41	31.98	33.54
		152 (152.4)	11.02	11.74	12.82	14.60	16.37	18.13	19.87	21.60	23.32	25.03	26.73	28.41	30.08	31.74	33.39	35.02
		159			13.42	15.29	17.15	18.99	20.82	22.64	24.45	26.24	28.02	29.79	31.55	33.29	35.03	36.75
168 (168.3)					14.20	16.18	18.14	20.10	22.04	23.97	25.89	27.79	29.69	31.57	33.43	35.29	37.13	38.97
		180 (177.8)			15.23	17.36	19.48	21.58	23.67	25.75	27.81	29.87	31.91	33.93	35.95	37.95	39.95	41.92
		194 (193.7)			16.44	18.74	21.03	23.31	25.57	27.82	30.06	32.28	34.50	36.70	38.89	41.06	43.23	45.38
	203				17.22	19.63	22.03	24.41	26.79	29.15	31.50	33.84	36.16	38.47	40.77	43.06	45.33	47.60
219 (219.1)										31.52	34.06	36.60	39.12	41.63	44.13	46.61	49.08	51.54
		232								33.44	36.15	38.84	41.52	44.19	46.85	49.50	52.13	54.75
		245 (244.5)								35.36	38.23	41.09	43.93	46.76	49.58	52.38	55.17	57.95
		267 (267.4)								38.62	41.76	44.88	48.00	51.10	54.19	57.26	60.33	63.38

第1章 钢铁材料

(续)

外径/mm			壁厚/mm																	
系列1	系列2	系列3	11	12 (12.5)	13	14 (14.2)	15	16	17 (17.5)	18	19	20	22 (22.2)	24	25	26	28	30
									单位长度理论质量/kg·m^{-1}									
89 (88.9)		83 (82.5)	19.53	21.01	22.44	23.82	25.15	26.44	27.67	28.85	29.99	31.07	33.10					
	85		20.07	21.60	23.08	24.51	25.89	27.23	28.51	29.74	30.93	32.06	34.18					
	95		21.16	22.79	24.37	25.89	27.37	28.80	30.19	31.52	32.80	34.03	36.35	38.47				
	102 (101.6)		22.79	24.56	26.29	27.97	29.59	31.17	32.70	34.18	35.61	36.99	39.61	42.02				
		108	24.69	26.63	28.53	30.38	32.18	33.93	35.64	37.29	38.89	40.44	43.40	46.17	47.47	48.73	51.10	57.71
114 (114.3)	121		26.31	28.41	30.46	32.45	34.40	36.30	38.15	39.95	41.70	43.40	46.66	49.71	51.17	52.58	55.24	62.15
	127		27.94	30.19	32.38	34.53	36.62	38.67	40.67	42.62	44.51	46.36	49.91	53.27	54.87	56.43	59.39	67.33
	133		29.84	32.26	34.62	36.94	39.21	41.43	43.60	45.72	47.79	49.82	53.71	57.41	59.19	60.91	64.22	71.77
140 (139.7)		142 (141.3)	31.47	34.03	36.55	39.01	41.43	43.80	46.12	48.39	50.61	52.78	56.97	60.96	62.89	64.76	68.36	76.20
	146		33.10	35.81	38.47	41.09	43.65	46.17	48.63	51.05	53.42	55.74	60.22	64.51	66.59	68.61	72.50	81.38
		152 (152.4)	34.99	37.88	40.72	43.50	46.24	48.93	51.57	54.16	56.70	59.19	64.02	68.66	70.90	73.10	77.34	82.86
		159	35.54	38.47	41.36	44.19	46.98	49.72	52.41	55.04	57.63	60.17	65.11	69.84	72.14	74.38	78.72	85.82
168 (168.3)		180 (177.8)	36.62	39.66	42.64	45.57	48.46	51.30	54.08	56.82	59.51	62.15	67.28	72.21	74.60	76.94	81.48	90.26
		194 (193.7)	38.25	41.43	44.56	47.65	50.68	53.66	56.60	59.48	62.32	65.11	70.53	75.76	78.30	80.79	85.62	95.44
	203		40.15	43.50	46.81	50.06	53.17	56.43	59.53	62.59	65.60	68.56	74.33	79.90	82.62	85.28	90.46	102.10
219 (219.1)		232	42.59	46.17	49.69	53.17	56.60	59.98	63.31	66.59	69.82	73.00	79.21	85.23	88.17	91.05	96.67	110.98
		245 (244.5)	45.85	49.72	53.54	57.31	61.04	64.71	68.34	71.91	75.44	78.92	85.72	92.33	95.56	98.74	104.96	121.33
		267 (267.4)	49.64	53.86	58.03	62.15	66.22	70.24	74.21	78.13	82.00	85.82	93.32	100.62	104.20	107.72	114.63	127.99
			52.09	56.52	60.91	65.25	69.55	73.79	77.98	82.13	86.22	90.26	98.20	105.95	109.74	113.49	120.84	139.83
			56.43	61.26	66.04	70.78	75.46	80.10	84.69	89.23	93.71	98.15	106.88	115.42	119.61	123.75	131.89	149.45
			59.95	65.11	70.21	75.27	80.27	85.23	90.14	95.00	99.81	104.57	113.94	123.11	127.62	132.09	140.87	149.83
			63.48	68.95	74.38	79.76	85.08	90.36	95.59	100.77	105.90	110.98	120.99	130.80	135.64	140.42	149.84	159.07
			69.45	75.46	81.43	87.35	93.22	99.04	104.81	110.53	116.21	121.83	132.93	143.83	149.20	154.53	165.04	175.34

(续)

外径/mm			壁厚/mm											
系列 1	系列 2	系列 3	32	34	36	38	40	42	45	48	50	55	60	65
			单位长度理论质量/kg·m^{-1}											
114 (114.3)	121		70.24											
	127		74.97											
	133		79.71	83.01	86.12									
140 (139.7)			85.23	88.88	92.33									
	146		86.81	90.56	94.11									
		142 (141.3)	89.97	93.91	97.66	101.21	104.57							
		152 (152.4)	94.70	98.94	102.99	106.83	110.48							
		159	100.22	104.81	109.20	113.39	117.39	121.19	126.51					
168 (168.3)			107.33	112.36	117.19	121.83	126.27	130.51	136.50					
		180 (177.8)	116.80	122.42	127.85	133.07	138.10	142.94	149.82	156.26	160.30			
		194 (193.7)	127.85	134.16	140.27	146.19	151.92	157.44	165.36	172.83	177.56			
	203		134.95	141.71	148.27	154.63	160.79	166.76	175.34	183.48	188.66	200.75		
219 (219.1)			147.57	155.12	162.47	169.62	176.58	183.33	193.10	202.42	208.39	222.45		
		232	157.83	166.02	174.01	181.81	189.40	196.80	207.53	217.81	224.42	240.08	254.51	267.70
		245 (244.5)	168.09	176.92	185.55	193.99	202.22	210.28	221.95	233.20	240.45	257.71	273.74	288.54
		267 (267.4)	185.45	195.37	205.09	214.60	223.93	233.05	246.37	259.24	267.58	287.55	306.30	323.81

注：1. GB/T 17395—2008 规定无缝钢管分为：普通钢管、精密钢管和不锈钢管 3 类。系列 1 为通用系列，系列 2 是推荐选用的系列；系列 3 是非通用系列。无缝钢管大外径尺寸本表未编入的有下列规格 (外径，其单位为 mm)：273，299，302，318.5，325，340，351，356，368，377，402，406，419，426，450，457，473，480，500，508，530，560，610，630，660，699，711，720，762，788.5，813，864，914，965，1016。其相对应的壁厚及单位长度理论质量参见 GB/T 17395—2008。
2. 无缝钢管通常长度为 3000~12500mm，定尺长度和倍尺长度均应在通常长度范围内。
3. 普通钢管通常长度为 3000~12500mm，定尺长度和倍尺长度均应在通常长度范围内。
4. 括号内尺寸为相应的 ISO 4200 的规格。
5. 无缝钢管理论质量计算公式：$W = \pi \rho (D-S) S/1000$，式中 W 为理论质量 (kg/m)，$\pi = 3.1416$；ρ 为钢密度 (kg/dm^3)；D 为公称外径 (mm)；S 为公称壁厚 (mm)。本表理论质量计算时，钢的密度为 7.85kg/dm^3。

第1章 钢铁材料

表 3.1-247 精密无缝钢管外径及壁厚尺寸（摘自 GB/T 17395—2008）

外径/mm		壁厚/mm	外径/mm		壁厚/mm	外径/mm		壁厚/mm
系列2	系列3	规格	系列2	系列3	规格	系列2	系列3	规格
4		0.5~(1.2)	32		0.5~8	100		(1.2)~25
5		0.5~(1.2)		35	0.5~8		110	(1.2)~25
6		0.5~2.0	38		0.5~10	120		(1.8)~25
8		0.5~2.5	40		0.5~10	130		(1.8)~25
10		0.5~2.5	42		(0.8)~10		140	(1.8)~25
12		0.5~3.0		45	(0.8)~12.5	150		(1.8)~25
12.7		0.5~3.0	48		(0.8)~12.5	160		(1.8)~25
	14	0.5~(3.5)	50		(0.8)~12.5	170		(3.5)~25
16		0.5~4		55	(0.8)~(14)		180	5~25
	18	0.5~(4.5)	60		(0.8)~16	190		(5.5)~25
20		0.5~5	63		(0.8)~16	200		6~25
	22	0.5~5	70		(0.8)~16		220	(7)~25
25		0.5~6	76		(0.8)~16		240	(7)~25
	28	0.5~8	80		(0.8)~(18)		260	(7)~25
	30	0.5~8		90	(1.2)~(22)			
壁厚尺寸系列/mm	0.5(0.8),1.0(1.2),1.5(1.8),2.0(2.2),2.5(2.8),3.0(3.5),4(4.5),5(5.5),6(7),8(9),10(11),12.5(14),16(18),20(22),25							

注：括号内尺寸不推荐使用。

表 3.1-248 不锈钢无缝钢管外径及壁厚尺寸（摘自 GB/T 17395—2008）

外径/mm			壁厚/mm	外径/mm			壁厚/mm
系列1	系列2	系列3	规格	系列1	系列2	系列3	规格
	6		0.5~1.2	34 (33.7)			1.0~6.5
	7		0.5~1.2				
	8		0.5~1.2			35	1.0~6.5
	9		0.5~1.2		38		1.0~6.5
10 (10.2)			0.5~2.0		40		1.0~6.5
	12		0.5~2.0	42 (42.4)			1.0~7.5
	12.7		0.5~3.2			45 (44.5)	1.0~8.5
13 (13.5)			0.5~3.2	48 (48.3)			1.0~8.5
		14	0.5~3.5		51		1.0~9.0
	16		0.5~4.0			54	1.6~10
17 (17.2)			0.5~4.0		57		1.6~10
		18	0.5~4.5	60 (60.3)			1.6~10
	19		0.5~4.5				
	20		0.5~4.5		64 (63.5)		1.6~10
21 (21.3)			0.5~5.0		68		1.6~12
		22	0.5~5.0		70		1.6~12
	24		0.5~5.0		73		1.6~12
	25		0.5~6.0	76 (76.1)			1.6~12
		25.4	1.0~6.0				
27 (26.9)			1.0~6.0		83 (82.5)		1.6~14
		30	1.0~6.5				
	32 (31.8)		1.0~6.5	89 (88.9)			1.6~14

（续)

外径/mm			壁厚/mm	外径/mm			壁厚/mm
系列1	系列2	系列3	规格	系列1	系列2	系列3	规格
	95		1.6~14		180		2.0~18
	102 (101.6)		1.6~14		194		2.0~18
	108		1.6~14	219 (219.1)			2.0~28
114 (114.3)			1.6~14		245		2.0~28
	127		1.6~14		273		2.0~28
	133		1.6~14	325 (323.9)			2.5~28
140 (139.7)			1.6~16		351		2.5~28
	146		1.6~16	356 (355.6)			2.5~28
	152		1.6~16		377		2.5~28
	159		1.6~16	406 (406.4)			2.5~28
168 (168.3)			1.6~18		426		3.2~20
壁厚尺寸系列/mm			0.5、0.6、0.7、0.8、0.9、1.0、1.2、1.4、1.5、1.6、2.0、2.2 (2.3)、2.5 (2.6)、2.8 (2.9)、3.0、3.2、3.5 (3.6)、4.0、4.5、5.0、5.5 (5.6)、6.0、6.5 (6.3)、7.0 (7.1)、7.5、8.0、8.5、9.0 (8.8)、9.5、10、11、12 (12.5)、14 (14.2)、15、16、17 (17.5)、18、20、22 (22.2)、24、25、26、28					

注：1. 括号内尺寸表示相应英制规格。
    2. 直径 194mm、219mm、245mm、273mm、325mm、351mm、356mm、377mm 的钢管无 6.0mm 的壁厚。

5.3.8 结构用无缝钢管和输送流体用无缝钢管（见表3.1-249）

表3.1-249 结构用无缝钢管（GB/T 8162—2008）和输送流体用无缝钢管（GB/T 8163—2008）规格、牌号及力学性能

尺寸规格的规定		钢管外径 D 和壁厚 S 的尺寸应符合 GB/T 17395—2008《无缝钢管尺寸、外形、重量及允许偏差》的相关规定 热轧（挤压、扩）钢管外径极限偏差为 ±1%D 或 ±0.50mm，取其中较大者 冷拔（轧）钢管外径极限偏差为 ±1%D 或 ±0.30mm，取其中较大者 钢管通常长度为 3000~12500mm，定尺长度应在通常长度范围内						
	牌号	质量等级	抗拉强度 R_m/MPa	下屈服强度 R_{eL}/MPa			断后伸长率 A（%）	冲击试验	
				壁厚/mm				温度/℃	吸收能量 KV_2/J
				≤16	>16~30	>30			
优质碳素结构钢和低合金高强度结构钢钢管的牌号及交货状态力学性能（GB/T 8162 为全部牌号，GB/T 8163 为 * 号的牌号）				不小于					不小于
	10*	—	≥335	205	195	185	24	—	—
	15	—	≥375	225	215	205	22	—	—
	20*	—	≥410	245	235	225	20	—	—
	25	—	≥450	275	265	255	18	—	—
	35	—	≥510	305	295	285	17	—	—
	45	—	≥590	335	325	315	14	—	—
	20Mn	—	≥450	275	265	255	20	—	—
	25Mn	—	≥490	295	285	275	18	—	—
	Q235	A	375~500	235	225	215	25	—	27
		B						+20	
		C						0	
		D						−20	

(续)

	牌号	质量等级	抗拉强度 R_m/MPa	下屈服强度 R_{eL}/MPa 壁厚/mm ≤16	>16~30	>30	断后伸长率 A(%)	冲击试验 温度/℃	吸收能量 KV_2/J
				不小于					不小于
优质碳素结构钢和低合金高强度结构钢钢管的牌号及交货状态力学性能（GB/T 8162 为全部牌号，GB/T 8163 为 * 号者牌号）	Q275	A	415~540	275	265	255	22	—	—
		B						+20	27
		C						0	
		D						-20	
	Q295*	A	390~570	295	275	255	22	—	—
		B						+20	34
	Q345*	A	470~630	345	325	295	20	—	—
		B						+20	34
		C						0	
		D						-20	
		E					21	-40	27
	Q390*	A	490~650	390	370	350	18	—	—
		B						+20	34
		C						0	
		D					19	-20	
		E						-40	27
	Q420*	A	520~680	420	400	380	18	—	—
		B						+20	34
		C						0	
		D					19	-20	
		E						-40	27
	Q460*	C	550~720	460	440	420	17	0	34
		D						-20	
		E						-40	27
GB/T 8162 合金结构钢钢管的牌号及纵向力学性能	40Mn2、45Mn2、27SiMn、40MnB、45MnB、20Mn2B、20Cr、30Cr、35Cr、40Cr、45Cr、50Cr、38CrSi、12CrMo、15CrMo、20CrMo、35CrMo、42CrMo、12CrMoV、12Cr1MoV、38CrMoAl、50CrVA、20CrMn、20CrMnSi、30CrMnSi、35CrMnSiA、20CrMnTi、30CrMnTi、12CrNi2、12CrNi3、12Cr2Ni4、40CrNiMoA、45CrNiMoVA；除 35CrMnSiA 之外，上述牌号的力学性能抗拉强度 R_m、下屈服强度 R_{eL}、断后伸长率 A 及布氏硬度 4 项指标应符合 GB/T 3077 合金结构钢相应牌号的规定值。35CrMnSiA 的 R_m 不小于 1620MPa、A 不小于 9%、退火或高温回火交货状态布氏硬度不大于 229HBW									

注：1. 钢材牌号的化学成分应符合 GB/T 699、GB/T 1591、GB/T 3077 的规定，牌号为 Q235、Q275 的化学成分应符合 GB/T 8162 的规定。
2. 热轧（挤压、扩）钢管可以热轧状态或热处理状态交货，要求热处理交货时，应在合同中注明。冷拔（轧）钢管应以热处理状态交货，双方协商，在合同中注明也可冷拔（轧）状态交货。
3. GB/T 8162 钢管适于机械结构及一般工程结构之用；GB/T 8163 钢管用于输送一般流体。

5.3.9 流体输送用不锈钢无缝钢管（见表 3.1-250～表 3.1~252）

表 3.1-250 流体输送用不锈钢无缝钢管分类及尺寸规格（摘自 GB/T 14976—2012）

分类和代号	热轧（挤、扩）钢管——W-H 冷拔（轧）钢管——W-C 尺寸精度：普通级——PA 　　　　　高级——PC
尺寸规格	钢管的外径和壁厚尺寸应符合 GB/T 17395《无缝钢管尺寸、外形、重量及允许偏差》的规定。外径和壁厚的极限偏差、钢管最小壁厚的极限偏差应符合 GB/T 14976—2012 的规定 W-H 钢管，通常长度为 2000~12000mm W-C 钢管，通常长度为 1000~12000mm
弯曲度	钢管全长弯曲度不应大于总长的 0.15% 每米弯曲度不应大于如下规定： 壁厚≤15mm，不大于 1.5mm/m 壁厚>15mm，不大于 2.0mm/m 热扩管（W-H），不大于 3.0mm/m

表 3.1-251 流体输送用不锈钢无缝钢管牌号、热处理制度及力学性能（摘自 GB/T 14976—2012）

组织类型	序号	GB/T 20878 统一数字代号	牌号	推荐热处理制度	抗拉强度 R_m /MPa	规定塑性延伸强度 $R_{p0.2}$ /MPa	断后伸长率 A (%)	密度 ρ /kg·dm^{-3}
					不小于			
奥氏体型	1	13	S30210	12Cr18Ni9	1010~1150℃，水冷或其他方式快冷	520	205	35	7.93
	2	17	S30438	06Cr19Ni10	1010~1150℃，水冷或其他方式快冷	520	205	35	7.93
	3	18	S30403	022Cr19Ni10	1010~1150℃，水冷或其他方式快冷	480	175	35	7.90
	4	23	S30458	06Cr19Ni10N	1010~1150℃，水冷或其他方式快冷	550	275	35	7.93
	5	24	S30478	06Cr19Ni9NbN	1010~1150℃，水冷或其他方式快冷	685	345	35	7.98
	6	25	S30453	022Cr19Ni10N	1010~1150℃，水冷或其他方式快冷	550	245	40	7.93
	7	32	S30908	06Cr23Ni13	1030~1150℃，水冷或其他方式快冷	520	205	40	7.98
	8	35	S31008	06Cr25Ni20	1030~1180℃，水冷或其他方式快冷	520	205	40	7.98
	9	38	S31608	06Cr17Ni12Mo2	1010~1150℃，水冷或其他方式快冷	520	205	35	8.00
	10	39	S31603	022Cr17Ni12Mo2	1010~1150℃，水冷或其他方式快冷	480	175	35	8.00
	11	40	S31609	07Cr17Ni12Mo2	≥1040℃，水冷或其他方式快冷	515	205	35	7.98
	12	41	S31668	06Cr17Ni12Mo2Ti	1000~1100℃，水冷或其他方式快冷	530	205	35	7.90
	13	43	S31658	06Cr17Ni12Mo2N	1010~1150℃，水冷或其他方式快冷	550	275	35	8.00
	14	44	S31653	022Cr17Ni12Mo2N	1010~1150℃，水冷或其他方式快冷	550	245	40	8.04
	15	45	S31688	06Cr18Ni12Mo2Cu2	1010~1150℃，水冷或其他方式快冷	520	205	35	7.96
	16	46	S31683	022Cr18Ni14Mo2Cu2	1010~1150℃，水冷或其他方式快冷	480	180	35	7.96
	17	49	S31708	06Cr19Ni13Mo3	1010~1150℃，水冷或其他方式快冷	520	205	35	8.00
	18	50	S31703	022Cr19Ni13Mo3	1010~1150℃，水冷或其他方式快冷	480	175	35	7.98
	19	55	S32168	06Cr18Ni11Ti	920~1150℃，水冷或其他方式快冷	520	205	35	8.03
	20	56	S32169	07Cr19Ni11Ti	冷拔（轧）≥1100℃，热轧（挤、扩）≥1050℃，水冷或其他方式快冷	520	205	35	7.93
	21	62	S34778	06Cr18Ni11Nb	980~1150℃，水冷或其他方式快冷	520	205	35	8.03
	22	63	S34779	07Cr18Ni11Nb	冷拔（轧）≥1100℃，热轧（挤、扩）≥1050℃，水冷或其他方式快冷	520	205	35	8.00
铁素体型	23	78	S11348	06Cr13Al	780~830℃，空冷或缓冷	415	205	20	7.75
	24	84	S11510	10Cr15	780~850℃，空冷或缓冷	415	240	20	7.70
	25	85	S11710	10Cr17	780~850℃，空冷或缓冷	415	240	20	7.70
	26	87	S11863	022Cr18Ti	780~950℃，空冷或缓冷	415	205	20	7.70
	27	92	S11972	019Cr19Mo2NbTi	800~1050℃，空冷	415	275	20	7.75
马氏体型	28	97	S41008	06Cr13	800~900℃，缓冷或750℃空冷	370	180	22	7.75
	29	98	S41010	12Cr13	800~900℃，缓冷或750℃空冷	415	205	20	7.70

注：1. 钢管材料牌号的化学成分应符合 GB/T 14976—2012 的规定。
2. 钢管化学成分按熔炼成分验收，如需方要求进行成品分析，则应在合同中注明。
3. 钢管纵向力学性能（R_m、A）应符合本表规定，当需方要求时，并在合同中注明，方可检验 $R_{p0.2}$，指标按本表规定。

表 3.1-252 流体输送用不锈钢无缝钢管国内外不锈钢牌号对照（摘自 GB/T 14976—2012）

序号	GB/T 20878—2007 统一数字代号	序号	新牌号	旧牌号	美国 ASTM A 959-09	日本 JIS G 4303-2005 JIS G 4311-1991	国际 ISO/TS 15510:2003 ISO 4955:2005	欧洲 EN 10088:1-2005	前苏联 ГОСТ 5632-1972
1	S30210	13	12Cr18Ni9	1Cr18Ni9	S30200, 302	SUS302	X10CrNi18-8	X10CrNi18-8, 1.4310	12Х18Н9
2	S30408	17	06Cr19Ni10	0Cr18Ni9	S30400, 304	SUS304	X5CrNi18-9	X5CrNi18-10, 1.4301	—
3	S30403	18	022Cr19Ni10	00Cr19Ni10	S30403, 304L	SUS304L	X2CrNi19-11	X2CrNi19-11, 1.4306	03Х18Н11
4	S30458	23	06Cr19Ni9N	0Cr19Ni9N	S30451, 304N	SUS304N1	X5CrNi18-8	X5CrNi19-9, 1.4315	—
5	S30478	24	06Cr19Ni9NbN	0Cr19Ni9NbN	S30452, XM-21	SUS304N2	—	—	—
6	S30453	25	022Cr19Ni10N	00Cr19Ni10N	S30453, 304LN	SUS304LN	X2CrNiN18-9	X2CrNiN18-10, 1.4311	—
7	S30908	32	06Cr23Ni13	0Cr23Ni13	S30908, 309S	SUS309S	X12CrNi23-13	X12CrNi23-13, 1.4833	—
8	S31008	35	06Cr25Ni20	0Cr25Ni20	S31008, 310S	SUS310S	X8CrNi25-21	X8CrNi25-21, 1.4845	10Х23Н18
9	S31608	38	06Cr17Ni12Mo2	0Cr17Ni12Mo2	S31600, 316	SUS316	X5CrNiMo17-12-2	X5CrNiMo17-12-2, 1.4401	—
10	S31603	39	022Cr17Ni12Mo2	00Cr17Ni14Mo2	S31603, 316L	SUS316L	X2CrNiMo17-12-2	X2CrNiMo17-12-2, 1.4404	03Х17Н14М3
11	S31609	40	07Cr17Ni12Mo2	1Cr17Ni12Mo2	S31609, 316H	—	—	X3CrNiMo17-13-3, 1.4436	—
12	S31668	41	06Cr17Ni12Mo2Ti	0Cr18Ni12Mo3Ti	S31635, 316Ti	SUS316Ti	X6CrNiMoTi17-12-2	X6CrNiMoTi17-12-2, 1.4571	08Х17Н13М2Т
13	S31658	43	06Cr17Ni12Mo2N	0Cr17Ni12Mo2N	S31651, 316N	SUS316N	—	—	—
14	S31653	44	022Cr17Ni12Mo2N	00Cr17Ni13Mo2N	S31653, 316LN	SUS316LN	X2CrNiMoN17-12-3	X2CrNiMoN17-13-3, 1.4429	—
15	S31688	45	06Cr18Ni12Mo2Cu2	0Cr18Ni12Mo2Cu2	—	SUS316J1	—	—	—
16	S31683	46	022Cr18Ni14Mo2Cu2	00Cr18Ni14Mo2Cu2	—	SUS316J1L	—	—	—
17	S31708	49	06Cr19Ni13Mo3	0Cr19Ni13Mo3	S31700, 317	SUS317	—	—	—
18	S31703	50	022Cr19Ni13Mo3	00Cr19Ni13Mo3	S31703, 317L	SUS317L	X2CrNiMo19-14-4	X2CrNiMo18-15-4, 1.4438	03Х16Н15М3б
19	S32168	55	06Cr18Ni11Ti	0Cr18Ni10Ti	S32100, 321	SUS321	X6CrNiTi18-10	X6CrNiTi18-10, 1.4541	08Х18Н10Т
20	S32169	56	07Cr19Ni11Ti	1Cr18Ni11Ti	S32109, 321H	—	X7CrNiTi18-10	—	12Х18Н10Т
21	S34778	62	06Cr18Ni11Nb	0Cr18Ni11Nb	S34700, 347	SUS347	X6CrNiNb18-10	X6CrNiNb18-10, 1.4550	08Х18Н12б
22	S34779	63	07Cr18Ni11Nb	1Cr19Ni11Nb	S34709, 347H	—	X7CrNiNb18-10	X7CrNiNb18-10, 1.4912	—
23	S11348	78	06Cr13Al	0Cr13Al	S40500, 405	SUS405	X6CrAl13	X6CrAl13, 1.4002	—
24	S11510	84	10Cr15	1Cr15	S42900, 429	—	—	—	—
25	S11710	85	10Cr17	1Cr17	S43000, 430	SUS430	X6Cr17	X6Cr17, 1.4016	12Х17
26	S11863	87	022Cr18Ti	00Cr17	S43035, 439	—	X3CrTi17	X3CrTi17, 1.4510	08Х17Т
27	S11972	92	019Cr19Mo2NbTi	00Cr18Mo2	S44400, 444	—	X2CrMoTi18-2	X2CrMoTi18-2, 1.4521	—
28	S41008	97	06Cr13	0Cr13	S41008, 410S	—	X6Cr13	X6Cr13, 1.4000	08Х13
29	S41010	98	12Cr13	1Cr13	S41000, 410	SUS410	X12Cr13	X12Cr13, 1.4006	12Х13

5.3.10 结构用不锈钢无缝钢管（见表3.1-253）

表3.1-253 结构用不锈钢无缝钢管牌号、热处理制度及性能（摘自GB/T 14975—2012）

组织类型	牌号	推荐热处理制度	抗拉强度 R_m/MPa	规定塑性延伸强度 $R_{p0.2}$/MPa	断后伸长率 A（%）	硬度 HBW/HV/HRB	密度 ρ/kg·dm⁻³
			≥	≥	≥	≤	
奥氏体型	12Cr18Ni9	1010~1150℃，水冷或其他方式快冷	520	205	35	192HBW/200HV/90HRB	7.93
	06Cr19Ni10	1010~1150℃，水冷或其他方式快冷	520	205	35	192HBW/200HV/90HRB	7.93
	022Cr19Ni10	1010~1150℃，水冷或其他方式快冷	480	175	35	192HBW/200HV/90HRB	7.90
	06Cr19Ni10N	1010~1150℃，水冷或其他方式快冷	550	275	35	192HBW/200HV/90HRB	7.93
	06Cr19Ni9NbN	1010~1150℃，水冷或其他方式快冷	685	345	35	—	7.98
	022Cr19Ni10N	1010~1150℃，水冷或其他方式快冷	550	245	40	192HBW/200HV/90HRB	7.93
	06Cr23Ni13	1030~1150℃，水冷或其他方式快冷	520	205	40	192HBW/200HV/90HRB	7.98
	06Cr25Ni20	1030~1180℃，水冷或其他方式快冷	520	205	40	192HBW/200HV/90HRB	7.98
	015Cr20Ni18Mo6CuN	≥1150℃，水冷或其他方式快冷	655	310	35	220HBW/230HV/96HRB	8.00
	06Cr17Ni12Mo2	1010~1150℃，水冷或其他方式快冷	520	205	35	192HBW/200HV/90HRB	8.00
	022Cr17Ni12Mo2	1010~1150℃，水冷或其他方式快冷	480	175	35	199HBW/200HV/90HRB	8.00
	07Cr17Ni12Mo2	≥1040℃，水冷或其他方式快冷	515	205	35	192HBW/200HV/90HRB	7.98
	06Cr17Ni12Mo2Ti	1000~1100℃，水冷或其他方式快冷	530	205	35	192HBW/200HV/90HRB	7.90
	022Cr17Ni12Mo2N	1010~1150℃，水冷或其他方式快冷	550	245	40	192HBW/200HV/90HRB	8.04
	06Cr17Ni12Mo2N	1010~1150℃，水冷或其他方式快冷	550	275	35	192HBW/200HV/90HRB	8.00
	06Cr18Ni12Mo2Cu2	1010~1150℃，水冷或其他方式快冷	520	205	35	—	7.96
	022Cr18Ni14Mo2Cu2	1010~1150℃，水冷或其他方式快冷	480	180	35	—	7.96
	015Cr21Ni26Mo5Cu2	≥1100℃，水冷或其他方式快冷	490	215	35	192HBW/200HV/90HRB	8.00
	06Cr19Ni13Mo3	1010~1150℃，水冷或其他方式快冷	520	205	35	192HBW/200HV/90HRB	8.00
	022Cr19Ni13Mo3	1010~1150℃，水冷或其他方式快冷	480	175	35	192HBW/200HV/90HRB	7.98
	06Cr18Ni11Ti	920~1150℃，水冷或其他方式快冷	520	205	35	192HBW/200HV/90HRB	8.03
	07Cr19Ni11Ti	冷拔（轧）≥1100℃，热轧（挤、扩）≥1050℃，水冷或其他方式快冷	520	205	35	192HBW/200HV/90HRB	7.93
	06Cr18Ni11Nb	980~1150℃，水冷或其他方式快冷	520	205	35	192HBW/200HV/90HRB	8.03
	07Cr18Ni11Nb	冷拔（轧）≥1100℃，热轧（挤、扩）≥1050℃，水冷或其他方式快冷	520	205	35	192HBW/200HV/90HRB	8.00
	16Cr25Ni20Si2	1030~1180℃，水冷或其他方式快冷	520	205	40	192HBW/200HV/90HRB	7.98
铁素体型	06Cr13Al	780~830℃，空冷或缓冷	415	205	20	207HBW/95HRB	7.75
	10Cr15	780~850℃，空冷或缓冷	415	240	20	190HBW/90HRB	7.70
	10Cr17	780~850℃，空冷或缓冷	410	245	20	190HBW/90HRB	7.70
	022Cr18Ti	780~950℃，空冷或缓冷	415	205	20	190HBW/90HRB	7.70
	019Cr19Mo2NbTi	800~1050℃，空冷	415	275	20	217HBW/230HV/96HRB	7.75
马氏体型	06Cr13	800~900℃，缓冷或750℃空冷	370	180	22	—	7.75
	12Cr13	800~900℃，缓冷或750℃空冷	410	205	20	207HBW/95HRB	7.70
	20Cr13	800~900℃，缓冷或750℃空冷	470	215	19	—	7.75

注：1. 各牌号的化学成分应符合GB/T 14975—2012的规定。
2. 产品的分类代号、尺寸外径和壁厚、长度、弯曲度参见表3.1-250。

5.3.11 不锈钢极薄壁无缝钢管（见表3.1-254）

表3.1-254 不锈钢极薄壁无缝钢管牌号、力学性能及尺寸规格（摘自 GB/T 3089—2008）

牌号及力学性能	统一数字代号	新牌号	旧牌号	抗拉强度 R_m/MPa ≥	断后伸长率 A(%) ≥
	S30408	06Cr19Ni10	0Cr18Ni9	520	35
	S30403	022Cr19Ni10	00Cr19Ni10	440	40
	S31603	022Cr17Ni12Mo2	00Cr17Ni14Mo2	480	40
	S31668	06Cr17Ni12Mo2Ti	0Cr18Ni12Mo3Ti	540	35
	S32168	06Cr18Ni11Ti	0Cr18Ni10Ti	520	40
化学成分	钢管用钢的牌号的化学成分应符合 GB/T 3089—2008 的规定					
用途	钢管主要用于机械、仪表、化工、石油、轻工等工业部门制造机械仪表结构件及制品、耐酸容器及输送管道等					

钢管尺寸规格	公称外径×公称壁厚				
	10.3×0.15	12.4×0.20	15.4×0.20	18.4×0.20	20.4×0.20
	24.4×0.20	26.4×0.20	32.4×0.20	35.0×0.50	40.4×0.20
	40.6×0.30	41.0×0.50	41.2×0.60	48.0×0.25	50.5×0.25
	53.2×0.60	55.0×0.40	59.6×0.30	60.0×0.25	60.0×0.50
	61.0×0.35	61.0×0.50	61.2×0.60	67.6×0.30	67.8×0.40
	70.2×0.60	74.0×0.50	75.5×0.25	75.6×0.30	82.8×0.40
	83.0×0.50	89.6×0.30	89.8×0.40	90.2×0.40	90.5×0.25
	90.6×0.30	90.8×0.40	95.6×0.30	101.0×0.50	102.6×0.30
	110.9×0.45	125.7×0.35	150.8×0.40	250.8×0.40	

5.3.12 薄壁不锈钢水管（见表3.1-255）

表3.1-255 薄壁不锈钢水管牌号、尺寸规格及力学性能（摘自 CJ/T 151—2016）

统一数字代号	牌号	规定塑性延伸强度 $R_{p0.2}$/MPa	抗拉强度 R_m/MPa	断后伸长率 A（%） 热处理状态	断后伸长率 A（%） 非热处理状态
S30408	06Cr19Ni10	≥205	≥520	≥35	≥25
S30403	022Cr19Ni10	≥180	≥480		
S31608	06Cr17Ni12Mo2	≥210	≥520		
S31603	022Cr17Ni12Mo2	≥180	≥480		
S11972	019Cr19Mo2NbTi	≥240	≥410	≥20	—

公称尺寸 DN	Ⅰ系列 外径 D	Ⅰ系列 壁厚 S	Ⅱ系列 外径 D	Ⅱ系列 壁厚 S	Ⅲ系列 外径 D	Ⅲ系列 壁厚 S
12	15.0±0.10	0.8±0.08	—	—	12.7±0.10	0.6±0.06
15	18.0±0.10	1.0±0.10	15.9±0.10	0.8±0.08	16.0±0.10	0.8±0.08
20	22.0±0.11	1.2±0.12	22.2±0.11	1.0±0.10	20.0±0.11	1.0±0.10
25	28.0±0.14	1.2±0.12	28.6±0.14	1.0±0.10	25.4±0.14	1.0±0.10
32	35.0±0.17	1.5±0.15	34.0±0.17	1.2±0.12	32.0±0.17	1.2±0.12
40	42.0±0.21	1.5±0.15	42.7±0.21	1.2±0.12	40.0±0.21	1.2±0.12
50	54.0±0.26		48.6±0.26		50.8±0.26	

(续)

公称尺寸 DN	Ⅰ系列 外径 D	Ⅰ系列 壁厚 S	Ⅱ系列 外径 D	Ⅱ系列 壁厚 S	Ⅲ系列 外径 D	Ⅲ系列 壁厚 S
60	60.3 ± 0.32	1.5 ± 0.15	—	—	—	—
	63.5 ± 0.32		—	—	—	—
65	76.1 ± 0.38		—	—	—	—
80	88.9 ± 0.44	2.0 ± 0.20	—	—	—	—
100	101.6 ± 0.51		—	—	—	—
	108.0 ± 0.54		—	—	—	—
125	133.0 ± 0.99	2.5 ± 0.30	—	—	—	—
150	159.0 ± 1.19		—	—	—	—
200	219.0 ± 1.64	3.0 ± 0.30	—	—	—	—
250	273.0 ± 2.05		—	—	—	—
300	325.0 ± 2.44	4.0 ± 0.30	—	—	—	—

注：1. 钢管的公称压力不大于 1.6MPa。
2. 钢管牌号的化学成分应符合 CJ/T 151—2016 的规定。
3. 钢管输送生活饮用水、净水等对卫生性能有要求的介质时，其卫生性能应符合 GB/T 17219 的规定。
4. 钢管的液压性能、气密性能、耐腐蚀性能、扩口和压扁试验要求应符合 CJ/T 151—2016 的规定。
5. 钢管长度为定尺长度，一般为 3000~6000mm。
6. 标记方法及示例
产品标记由产品代号、管子外径与壁厚、材料牌号或代号、用途和标准编号组成。
□□□/□ CJ/T 151—2016
　　　　└─ 饮用水(Y)或燃气代号(R)，其他用途可省略
　　　└─ 材料牌号或代号
　　└─ 管子外径×壁厚
　└─ 产品代号(钢管Ⅱ)

公称尺寸为 DN25、管子外径为 28.6mm、壁厚为 1.0mm、材料为 022Cr17Ni12Mo2，应用于燃气的钢管的标记为：钢管（Ⅱ）28.6×1.0 022Cr17Ni12Mo2（或 S31603）-(R) CJ/T 151—2016。

5.3.13 奥氏体-铁素体型双相不锈钢无缝钢管（见表3.1-256～表3.1-258）

表3.1-256 奥氏体-铁素体型双相不锈钢无缝钢管尺寸规格（摘自 GB/T 21833—2008）

制造方法	钢管尺寸规格的规定	钢管的尺寸/mm			极限偏差 普通级	极限偏差 高级
热轧（热挤压）钢管	公称外径 D 和公称壁厚 S 尺寸应符合 GB/T 17395—2008 的规定。钢管一般以通常长度交货，通常长度为 3000~12000mm，定尺和倍尺总长度应在通常长度范围内	公称外径 D	≤51		±0.40mm	±0.30mm
			>51~≤219	S≤35	±0.75%D	±0.5%D
				S>35	±1%D	±0.75%D
			>219		±1%D	±0.75%D
		公称壁厚 S	≤4.0		±0.45mm	±0.35mm
			>4.0~20		$^{+12.5}_{-10}$%S	±10%S
			>20	D<219	±10%S	±7.5%S
				D≥219	$^{+12.5}_{-10}$%S	±10%S
冷拔（轧）钢管		公称外径 D	12~30		±0.20mm	±0.15mm
			>30~50		±0.30mm	±0.25mm
			>50~89		±0.50mm	±0.40mm
			>89~140		±0.8%D	±0.7%D
			>140		±1%D	±0.9%D
		公称壁厚 S	≤3		±14%S	$^{+12}_{-10}$%S
			>3		$^{+12}_{-10}$%S	±10%S

注：1. 钢管适于在有腐蚀工况下使用，如承压设备、流体输送及换热器等。
2. 钢管应经热处理并酸洗交货，经保护气氛热处理的钢管，可不经酸洗交货。按需方要求，并在合同中注明，钢管也可以冷加工状态交货，其弯曲度、力学性能、工艺性能、金相组织等由供需双方协商确定。
3. 钢管按理论质量交货，亦可按实际质量交货。钢管每米的理论质量按下列公式计算：

$$W = \pi \rho (D-S) \times S/1000$$

式中　W—钢管的理论质量（kg/m）；
　　　π—3.1416；
　　　ρ—钢种密度（kg/dm³），022Cr19Ni5Mo3Si2N 的密度取 7.70kg/dm³，其他牌号的密度取 7.80kg/dm³；
　　　D—钢管的公称外径（mm）；
　　　S—钢管的公称壁厚（mm）。

表 3.1-257 奥氏体-铁素体型双相不锈钢无缝钢管牌号、室温纵向力学性能和高温力学性能（摘自 GB/T 21833—2008）

牌号	推荐热处理制度		拉伸性能			硬度		高温力学性能 $R_{p0.2}$/MPa （钢管固溶状态下，壁厚不大于30mm，下列温度下的 $R_{p0.2}$）				
			抗拉强度 R_m/MPa	规定非比例延伸强度 $R_{p0.2}$/MPa	断后伸长率 A (%)	HBW	HRC	50℃	100℃	150℃	200℃	250℃
			≥		≤			≥				
022Cr19Ni5Mo3Si2N	980～1040℃	急冷	630	440	30	290	30	430	370	350	330	325
022Cr22Ni5Mo3N	1020～1100℃	急冷	620	450	25	290	30	415	360	335	310	295
022Cr23Ni4MoCuN	925～1050℃	急冷 $D≤25mm$	690	450	25	370	330	310	290	280		
		急冷 $D>25mm$	600	400	25	290	30					
022Cr23Ni5Mo3N	1020～1100℃	急冷	655	485	25	290	30					
022Cr24Ni7Mo4CuN	1080～1120℃	急冷	770	550	25	310		485	450	420	400	380
022Cr25Ni6Mo2N	1050～1100℃	急冷	690	450	25	280		—	—	—	—	—
022Cr25Ni7Mo3WCuN	1020～1100℃	急冷	690	450	25	290	30					
022Cr25Ni7Mo4N	1025～1125℃	急冷	800	550	15	300	32	530	480	445	420	405
03Cr25Ni6Mo3Cu2N	≥1040℃	急冷	760	550	15	297	31	—	—	—	—	—
022Cr25Ni7Mo4WCuN	1100～1140℃	急冷	750	550	25	300		502	450	420	400	380
06Cr26Ni4Mo2	925～955℃	急冷	620	485	20	271	28	—	—	—	—	—
12Cr21Ni5Ti	950～1100℃	急冷	590	345	20			—	—	—	—	—

注：1. 本表各牌号的化学成分应符合 GB/T 21833—2008 的规定。
2. 壁厚大于等于 1.7mm 的钢管应进行布氏或洛氏硬度试验，指标值按本表规定。
3. 钢管应逐根进行液压试验，最大试验压力为 20MPa，液压试验按 GB/T 21833—2008 的规定进行。
4. 钢管的压扁试验、金相检验等均应符合 GB/T 21833—2008 的规定

表 3.1-258 奥氏体-铁素体型双相不锈钢无缝钢管与国外钢管标准的牌号对照（摘自 GB/T 21833—2008）

中国（GB/T 21833—2008）		美国	欧洲	国际	日本	中国原用旧牌号
统一数字代号	牌号	ASTM A789M-05b	EN 10216-5：2004	ISO 15156-3：2003	JIS G3459—2004	
S21953	022Cr19Ni5Mo3Si2N	S31500	X2CrNiMoSi18-5-3 1.4424			00Cr18Ni5Mo3Si2N
S22253	022Cr22Ni5Mo3N	S31803	X2CrNiMo22-5-3 1.4462	S31803/2205	SUS329J3LTP	00Cr22Ni5Mo3N
S23043	022Cr23Ni4MoCuN	S32304	X2CrNiN23-4 1.4362			00Cr23Ni4N
S22053	022Cr23Ni5Mo3N	S32205				00Cr25Ni5Mo3N
S25203	022Cr24Ni7Mo4CuN	S32520	X2CrNiMoCuN25-6-3 1.4507	S32520/52N+		00Cr25Ni7Mo4CuN

(续)

中国（GB/T 21833—2008）		美国	欧洲	国际	日本	中国原用旧牌号
统一数字代号	牌号	ASTM A789M-05b	EN 10216-5：2004	ISO 15156-3：2003	JIS G3459—2004	
S22553	022Cr25Ni6Mo2N	S31200		S31200/44LN		00Cr25Ni6Mo2N
S22583	022Cr25Ni7Mo3WCuN	S31260			SUS329J4LTP	00Cr25Ni7Mo3WCuN
S25073	022Cr25Ni7Mo4N	S32750	X2CrNiMoN25-7-4 1.4410	S32750/2507		00Cr25Ni7Mo4N
S25554	03Cr25Ni6Mo3Cu2N	S32550		S32550/255		0Cr25Ni6Mo3Cu2N
S27603	022Cr25Ni7Mo4WCuN	S32760	X2CrNiMoCuWN25-7-4 1.4501	S32760a/Z100		0Cr25Ni7Mo4WCuN
S22693	06Cr26Ni4Mo2	S32900			SUS329J1LTP	0Cr26Ni5Mo2
S22160	12Cr21Ni5Ti					1Cr21Ni5Ti

5.3.14 低温管道用无缝钢管（见表3.1-259～表3.1-261）

表3.1-259　低温管道用无缝钢管尺寸规格（摘自 GB/T 18984—2003）

尺寸规格	钢管外径和壁厚（≤25mm）尺寸应符合 GB/T 17395—2008 中表1 的规定（见表3.1-246），按需方要求，供需双方协定，可生产规定之外规格的钢管 钢管通常长度为 4000～12000mm，定尺长度和倍尺长度应在通常长度范围内，全长极限偏差为 $^{+20}_{0}$ mm			
外径及壁厚极限偏差/mm	钢管种类及代号	钢管尺寸		极限偏差
	热轧（扩）钢管（WH）	外径	<351	±1.0%D（最小±0.50）
			≥351	±1.25%D
		壁厚	≤25	±12.5%S[①]（最小±0.40）
	冷拔（轧）钢管（WC）	外径	≤30	±0.20
			>30～50	±0.30
			>50	±0.75%D
	冷拔（轧）钢管（WC）	壁厚	≤3	+12.5%S −10%S
			>3	±10%S

注：1. 壁厚≤15mm 钢管，弯曲度≤1.5mm/m；壁厚>15mm 钢管，弯曲度≤2.0mm/m；外径≥351mm 的热扩管，弯曲度≤3.0mm/m。
2. 按需方要求，双方协定，并在合同中注明，钢管的不圆度和壁厚不均应分别不超过外径和壁厚公差的80%。
3. 标记示例：
示例1：
用牌号为10MnDG 的钢制造的，外径为159mm，壁厚为7mm，长度为6000mm 的热轧（扩）钢管其标记为：
10MnDG-159×7×6000-GB/T 18984—2003
示例2：
用牌号为10MnDG 的钢制造的，外径为159mm，壁厚为7mm，按通常长度交货的冷拔（轧）钢管其标记为：
WC10MnDG-159×7-GB/T 18984—2003

① 对外径大于等于351mm 的热扩管，壁厚极限偏差为：±15%S。

表 3.1-260　低温管道用无缝钢管牌号及纵向力学性能（摘自 GB/T 18984—2003）

牌 号	抗拉强度 R_m/MPa	下屈服强度 R_{eL}/MPa		断后伸长率[①] A（%）		
		壁厚≤16mm	壁厚>16mm	1号试样	2号试样[②]	3号试样
16MnDG	490～665	≥325	≥315		≥30	
10MnDG	≥400	≥240			≥35	
09DG	≥385	≥210			≥35	
09Mn2VDG	≥450	≥300			≥30	
06Ni3MoDG	≥455	≥250			≥30	

注：1. 钢管适于 -45℃级～-100℃级低温压力容器管道及低温换热器管道之用。
2. 钢管以正火状态交货［当终轧温度不低于相变临界温度（Ar_3）可视为正火处理］。
3. 钢管工艺性能要求（液压试验、弯曲试验、扩口试验、压扁试验）、低倍组织检验、非金属夹杂物检验、无损检测等均应按 GB/T 18984—2003 的规定执行。
4. 1号试样为管段试样，2号试样为条状试样，3号试样为圆形试样，试样的形状及尺寸详见 GB/T 18984—2003 附录 A 钢管拉伸试样规定。
5. 钢管用牌号的化学成分应符合 GB/T 18984 的规定。
① 外径小于 20mm 的钢管，本表规定的断后伸长率值不适用，其断后伸长率值由供需双方商定。
② 壁厚小于 8mm 的钢管，用 2 号试样进行拉伸试验时，壁厚每减少 1mm 其断后伸长率的最小值应从本表规定最小断后伸长率中减去 1.5%，并按数字修约规则修约为整数。

表 3.1-261　低温管道用无缝钢管纵向低温冲击性能（摘自 GB/T 18984—2003）

试样尺寸/mm	冲击吸收能量[①]KV/J		
	一组（3个）的平均值	2个的各自值	1个的最低值
10×10×55	≥21	≥21	≥15
7.5×10×55	≥18	≥18	≥13
5×10×55	≥14	≥14	≥10
2.5×10×55	≥7	≥7	≥5

注：钢管低温冲击试验采用夏比纵向（V 型缺口）试样，试验温度：16MnDG、09DG 和 10MnDG 为 -45℃，09Mn2VDG 为 -70℃，06Ni3MoDG 为 -100℃。
① 对不能采用 2.5mm×10mm×55mm 冲击试样尺寸的钢管，冲击吸收能量由供需双方协商。

5.3.15　冷拔或冷轧精密无缝钢管（见表 3.1-262～表 3.1-263）

表 3.1-262　冷拔或冷轧精密无缝钢管牌号、交货状态及力学性能（摘自 GB/T 3639—2009）

牌号	交货状态										
	冷加工/硬 +C		冷加工/软 +LC		冷加工后消除应力退火 +SR			退火 +A		正火 +N		
	抗拉强度 R_m/MPa	断后伸长率 A(%)	抗拉强度 R_m/MPa	断后伸长率 A(%)	抗拉强度 R_m/MPa	上屈服强度 R_{eH}/MPa	断后伸长率 A(%)	抗拉强度 R_m/MPa	断后伸长率 A(%)	抗拉强度 R_m/MPa	上屈服强度 R_{eH}/MPa	断后伸长率 A(%)
	≥											
10	430	8	380	10	400	300	16	335	24	320～450	215	27
20	550	5	520	8	520	375	12	390	21	440～570	255	21
35	590	5	550	7	—	—	—	510	17	≥460	280	21
45	645	4	630	6	—	—	—	590	14	≥540	340	18
Q345B	640	4	580	7	580	450	10	450	22	490～630	355	22

注：1. 钢管的牌号 10、20、35、45 化学成分应符合 GB/T 699 的规定，Q345B 应符合 GB/T 1591 的规定，其中 P、S 含量均不大于 0.030%（质量分数）。
2. 钢管交货状态的有关说明

交货状态	代号	说　明
冷加工/硬	+C	最后冷加工之后钢管不进行热处理
冷加工/软	+LC	最后热处理之后进行适当的冷加工
冷加工后消除应力退火	+SR	最后冷加工后，钢管在控制气氛中进行去应力退火
退火	+A	最后冷加工之后，钢管在控制气氛中进行完全退火
正火	+N	最后冷加工之后，钢管在控制气氛中进行正火

3. 钢管适于制造机械结构、液压设备、汽车用具有特殊尺寸精度和高质量表面要求的管件和零件。

表 3.1-263 冷拔或冷轧精密无缝钢管尺寸规格（摘自 GB/T 3639—2009） (mm)

外径和极限偏差		壁厚 内径和极限偏差											
		0.5	0.8	1	1.2	1.5	1.8	2	2.2	2.5	2.8	3	3.5	4	4.5
4	±0.08	3±0.15	2.4±0.15	2±0.15	1.6±0.15										
5	±0.08	4±0.15	3.4±0.15	3±0.15	2.6±0.15										
6	±0.08	5±0.15	4.4±0.15	4±0.15	3.6±0.15	3±0.15	2.4±0.15	2±0.15							
7	±0.08	6±0.15	5.4±0.15	5±0.15	4.6±0.15	4±0.15	3.4±0.15	3±0.15							
8	±0.08	7±0.15	6.4±0.15	6±0.15	5.6±0.15	5±0.15	4.4±0.15	4±0.15	3.6±0.15	3±0.25					
9	±0.08	8±0.15	7.4±0.15	7±0.15	6.6±0.15	6±0.15	5.4±0.15	5±0.15	4.6±0.15	4±0.25	3.4±0.25				
10	±0.08	9±0.15	8.4±0.15	8±0.15	7.6±0.15	7±0.15	6.4±0.15	6±0.15	5.6±0.15	5±0.15	4.4±0.25	4±0.25			
12	±0.08	11±0.15	10.4±0.15	10±0.15	9.6±0.15	9±0.15	8.4±0.15	8±0.15	7.6±0.15	7±0.15	6.4±0.15	6±0.25	5±0.25	4±0.25	
14	±0.08	13±0.08	12.4±0.08	12±0.08	11.6±0.15	11±0.15	10.4±0.15	10±0.15	9.5±0.15	9±0.15	8.4±0.15	8±0.15	7±0.15	6±0.25	5±0.25
15	±0.08	14±0.08	13.4±0.08	13±0.08	12.5±0.08	12±0.15	11.4±0.15	11±0.15	10.6±0.15	10±0.15	9.4±0.15	9±0.15	8±0.15	7±0.15	6±0.25
16	±0.08	15±0.08	14.4±0.08	14±0.08	12.6±0.08	13±0.08	12.4±0.15	12±0.15	11.6±0.15	11±0.15	10.4±0.15	10±0.15	9±0.15	8±0.15	7±0.15
18	±0.08	17±0.08	16±0.04	16±0.08	15.6±0.08	15±0.08	14.4±0.08	14±0.08	13.6±0.15	13±0.15	12.4±0.15	12±0.15	11±0.15	10±0.15	9±0.15
20	±0.08	19±0.08	18.4±0.08	18±0.08	17.6±0.08	17±0.08	16.4±0.08	16±0.08	15.6±0.15	15±0.15	14.4±0.15	14±0.15	13±0.15	12±0.15	11±0.15
22	±0.08	21±0.08	20.4±0.08	20±0.08	19.6±0.08	19±0.08	18.4±0.08	18±0.08	17.6±0.08	17±0.15	16.4±0.15	16±0.15	15±0.15	14±0.15	13±0.15
25	±0.08	24±0.08	23.4±0.08	23±0.08	22.6±0.08	22±0.08	21.4±0.08	21±0.08	20.6±0.08	20±0.08	19.4±0.15	19±0.15	18±0.15	17±0.15	16±0.15
26	±0.08	25±0.08	24.4±0.08	24±0.08	23.8±0.08	23±0.08	22.4±0.08	22±0.08	21.6±0.08	21±0.08	20.4±0.15	20±0.15	19±0.15	18±0.15	17±0.15
28	±0.08	27±0.08	26.4±0.08	26±0.08	25.6±0.08	25±0.08	24.4±0.08	24±0.08	23.6±0.08	23±0.08	22.4±0.08	22±0.15	20±0.15	20±0.15	19±0.15
30	±0.08	29±0.08	28.4±0.08	28±0.08	27.8±0.08	27±0.08	26.4±0.08	26±0.08	25.6±0.08	25±0.08	24.4±0.08	24±0.08	23±0.15	22±0.15	21±0.15
32	±0.15	31±0.15	30.4±0.15	30±0.15	29.6±0.15	29±0.15	28.4±0.15	28±0.15	27.6±0.15	27±0.15	26.4±0.15	26±0.15	25±0.15	24±0.15	23±0.15
35	±0.15	34±0.15	33.4±0.15	33±0.15	32.6±0.15	32±0.15	31.4±0.15	31±0.15	30.6±0.15	30±0.15	29.4±0.15	29±0.15	28±0.15	27±0.15	26±0.15
38	±0.15	37±0.15	36.4±0.15	36±0.15	35.6±0.15	35±0.15	35.4±0.15	34±0.15	33.6±0.15	33±0.15	32.4±0.15	32±0.15	31±0.15	30±0.15	29±0.15
40	±0.15	39±0.15	38.4±0.15	38±0.15	37.6±0.15	37±0.15	36.4±0.15	36±0.15	35.6±0.15	35±0.15	34.4±0.15	34±0.15	33±0.15	32±0.15	31±0.15
42	±0.20			40±0.20	39.6±0.20	39±0.20	38.4±0.20	38±0.20	37.6±0.20	37±0.20	36.4±0.20	36±0.20	35±0.20	34±0.20	33±0.20

第1章 钢铁材料

	45	48	50	55	60	65	70	75	80	85	90	95	100	110	120	130	140	150	160	170	180	190	200
	35±0.20	39±0.20	41±0.20	46±0.25	51±0.25	56±0.30	61±0.30	66±0.35	71±0.35	76±0.40	81±0.40	86±0.45	91±0.45	101±0.50	111±0.50	121±0.70	131±0.70	141±0.80	151±0.80	161±0.90	171±0.90	181±1.00	191±1.00
	37±0.20	40±0.20	42±0.20	47±0.25	52±0.25	57±0.30	62±0.30	67±0.35	72±0.35	77±0.40	82±0.40	87±0.45	92±0.45	102±0.50	112±0.50	122±0.70	132±0.70	142±0.80	152±0.80	162±0.90	172±0.90	182±1.00	192±1.00
	38±0.20	41±0.20	43±0.20	48±0.25	53±0.25	58±0.30	63±0.30	68±0.35	73±0.35	78±0.40	83±0.40	88±0.45	93±0.45	103±0.50	113±0.50	123±0.70	133±0.70	143±0.80	153±0.80	163±0.90	173±0.90	183±1.00	193±1.00
	39±0.20	42±0.20	44±0.20	49±0.25	54±0.25	59±0.30	64±0.30	69±0.35	74±0.35	79±0.40	84±0.40	89±0.45	94±0.45	104±0.50	114±0.50	124±0.70	134±0.70	144±0.80	154±0.80	164±0.90			
	39.4±0.20	42.4±0.20	44.4±0.20	49.4±0.25	54.4±0.25	59.4±0.30	64.4±0.30	69.4±0.35	74.4±0.35	79.4±0.40	84.4±0.40	89.4±0.45	94.4±0.45	104.4±0.50	114.4±0.50	124.4±0.70	134.4±0.70						
	40±0.20	43±0.20	45±0.20	50±0.25	55±0.25	60±0.30	65±0.30	70±0.35	75±0.35	80±0.40	85±0.40	90±0.45	95±0.45	105±0.50	115±0.50	125±0.70	135±0.70						
	40.6±0.20	43.6±0.20	45.6±0.20	50.6±0.25	55.6±0.25	60.6±0.30	65.5±0.30	70.6±0.35	75.6±0.35	81.6±0.40	85.6±0.40	90.6±0.45	95.6±0.45	105.6±0.50	115.6±0.50								
	41±0.20	44±0.20	46±0.20	51±0.25	56±0.25	61±0.30	66±0.30	71±0.35	76±0.35	81±0.40	86±0.40	91±0.45	96±0.45	106±0.50	116±0.50								
	41.4±0.20	44.4±0.20	46.4±0.20	51.4±0.25	56.4±0.25	61.4±0.30	66.4±0.30	71.4±0.35	76.4±0.35	81.4±0.40	86.4±0.40												
	42±0.20	45±0.20	47±0.20	52±0.25	57±0.25	62±0.30	67±0.30	72±0.35	77±0.35	82.4±0.40	87±0.40												
	42.6±0.20	45.6±0.20	47.6±0.20	52.6±0.25	57.6±0.25	62.6±0.30	67.6±0.30	72.6±0.35	77.6±0.35														
	43±0.20	46±0.20	48±0.20	53±0.25	58±0.25	63±0.30	68±0.30	73±0.35	78±0.35														
	±0.20	±0.20	±0.20	±0.25	±0.25	±0.30	±0.30	±0.35	±0.35	±0.40	±0.40	±0.45	±0.45	±0.50	±0.50	±0.70	±0.70	±0.80	±0.80	±0.90	±0.90	±1.00	±1.00

(续)

外径和极限偏差		壁 厚											
		5	5.5	6	7	8	9	10	12	14	16	18	20	22
		内径和极限偏差											
4	±0.08												
5													
6													
7													
8													
9													
10													
12													
14		5±0.25											
15	±0.15	6±0.25	5±0.25	4±0.25									
16		8±0.15	7±0.25	6±0.25									
18		10±0.15	9±0.15	8±0.25	6±0.25								
20		12±0.15	11±0.15	10±0.15	8±0.25	6±0.25							
22		15±0.15	14±0.15	13±0.15	11±0.15	9±0.25							
25		16±0.15	15±0.15	14±0.15	12±0.15	10±0.25							
26		18±0.15	17±0.15	16±0.15	14±0.15	12±0.15							
28		20±0.15	19±0.15	18±0.15	16±0.15	14±0.15	12±0.15	10±0.25					
30		22±0.15	21±0.15	20±0.15	18±0.15	16±0.15	14±0.15	12±0.25					
32		25±0.15	24±0.15	23±0.15	21±0.15	19±0.15	17±0.15	15±0.15					
35		28±0.15	27±0.15	26±0.15	24±0.15	22±0.15	20±0.15	18±0.15					
38		30±0.15	29±0.15	28±0.15	26±0.15	24±0.15	22±0.15	20±0.15					
40	±0.20	32±0.20	31±0.20	30±0.20	28±0.20	26±0.20	24±0.20	22±0.20					
42													

外径	偏差												
45	±0.20	35±0.20	34±0.20	33±0.20	31±0.20	29±0.20	27±0.20	25±0.20						
48	±0.20	38±0.20	37±0.20	36±0.20	34±0.20	32±0.20	30±0.20	28±0.20						
50	±0.20	40±0.20	39±0.20	38±0.20	36±0.20	34±0.20	32±0.20	30±0.20						
55	±0.25	45±0.25	44±0.25	43±0.25	41±0.25	39±0.25	37±0.25	35±0.25	31±0.25					
60	±0.25	50±0.25	49±0.25	48±0.25	45±0.25	44±0.25	42±0.25	40±0.25	36±0.25					
65	±0.30	55±0.30	54±0.30	53±0.30	51±0.30	49±0.30	47±0.30	45±0.30	41±0.30	37±0.30				
70	±0.30	60±0.30	59±0.30	58±0.30	56±0.30	54±0.30	52±0.30	50±0.30	46±0.30	42±0.30				
75	±0.35	65±0.35	64±0.35	63±0.35	61±0.35	59±0.35	57±0.35	55±0.35	51±0.35	47±0.35	43±0.35			
80	±0.35	70±0.35	69±0.35	68±0.35	66±0.35	64±0.35	62±0.35	60±0.35	56±0.35	52±0.35	48±0.35			
85	±0.40	75±0.40	74±0.40	73±0.40	71±0.40	49±0.40	67±0.40	65±0.40	61±0.40	57±0.40	53±0.40			
90	±0.40	80±0.40	79±0.40	78±0.40	76±0.40	74±0.40	72±0.40	70±0.40	66±0.40	62±0.40	58±0.40			
95	±0.45	85±0.45	84±0.45	83±0.45	81±0.45	79±0.45	77±0.45	75±0.45	71±0.45	67±0.45	63±0.45	59±0.45		
100	±0.45	90±0.45	89±0.45	88±0.45	86±0.45	84±0.45	82±0.45	80±0.45	76±0.45	72±0.45	68±0.45	64±0.45		
110	±0.50	100±0.50	99±0.50	98±0.50	96±0.50	94±0.50	92±0.50	90±0.50	85±0.50	82±0.50	78±0.50	74±0.50		
120	±0.50	110±0.50	109±0.50	108±0.50	106±0.50	104±0.50	102±0.50	100±0.50	96±0.50	92±0.50	88±0.50	84±0.50		
130	±0.70	120±0.70	119±0.70	118±0.70	116±0.70	114±0.70	112±0.70	110±0.70	106±0.70	102±0.70	98±0.70	94±0.70		
140	±0.70	130±0.70	129±0.70	128±0.70	126±0.70	124±0.70	122±0.70	120±0.70	116±0.70	112±0.70	106±0.70	104±0.70		
150	±0.80	140±0.80	139±0.80	138±0.80	136±0.80	134±0.80	132±0.80	130±0.80	126±0.80	122±0.80	118±0.80	114±0.80	110±0.80	
160	±0.80	150±0.80	149±0.80	148±0.80	146±0.80	144±0.80	142±0.80	140±0.80	136±0.80	132±0.80	128±0.80	124±0.80	120±0.80	
170	±0.90	160±0.90	159±0.90	158±0.90	156±0.90	154±0.90	152±0.90	150±0.90	146±0.90	142±0.90	138±0.90	134±0.90	130±0.90	
180	±0.90	170±0.90	169±0.90	168±0.90	166±0.90	164±0.90	162±0.90	160±0.90	156±0.90	152±0.90	148±0.90	144±0.90	140±0.90	
190	±1.00	180±1.00	179±1.00	178±1.00	176±1.00	174±1.00	172±1.00	170±1.00	166±1.00	162±1.00	158±1.00	154±1.00	150±1.00	145±1.00
200	±1.00	190±1.00	189±1.00	188±1.00	186±1.00	184±1.00	182±1.00	180±1.00	176±1.00	172±1.00	168±1.00	164±1.00	160±1.00	156±1.00

注：钢管通常长度为2000~12000mm，全长允许偏差为0~20mm。

5.3.16 冷拔异型钢管（见表3.1-264～表3.1-266）

表3.1-264　冷拔异型钢管牌号和力学性能（摘自 GB/T 3094—2012）

牌号	质量等级	抗拉强度 R_m /MPa	下屈服强度 R_{eL} /MPa	断后伸长率 A (%)	冲击试验 温度/℃	吸收能量 KV_2 /J
		不小于				不小于
10	—	335	205	24	—	—
20	—	410	245	20	—	—
35	—	510	305	17	—	—
45	—	590	335	14	—	—
Q195	—	315～430	195	33	—	—
Q215	A	335～450	215	30	—	—
	B				+20	27
Q235	A	370～500	235	25	—	—
	B				+20	27
	C				0	
	D				-20	
Q345	A	470～630	345	20	—	—
	B				+20	34
	C				0	
	D			21	-20	
	E				-40	27
Q390	A	490～650	390	18	—	—
	B				+20	34
	C				0	
	D			19	-20	
	E				-40	27

注：1. 钢管用材的牌号应分别符合 GB/T 699、GB/T 700 和 GB/T 1591 相应牌号的化学成分的规定。
  2. 钢管按截面形状分为6种：方形（D-1）、矩形（D-2）、椭圆形（D-3）、平椭圆形（D-4）、内外六角形（D-5）和直角梯形（D-6）。本节只摘选了方形和矩形两种钢管。
  3. 钢管以冷拔状态交货。按需方要求，在合同中注明，也可以热处理状态交货。
  4. 钢管用材的牌号在供需双方商定的情况下，也可采用 GB/T 3077 合金结构钢。
  5. 冷拔状态交货的钢管，不做力学性能试验。当钢管以热处理状态交货时，钢管的纵向力学性能应符合本表的规定；合金结构钢钢管的纵向力学性能应符合 GB/T 3077 的规定。
  6. 以热处理状态交货的 Q195、Q215、Q235、Q345 和 Q390 钢管，当周长不小于 240mm 且壁厚不小于 10mm 时，应进行冲击试验，其夏比 V 型缺口冲击吸收能量（KV_2）应符合本表的规定。冲击试样宽度应为 10mm、7.5mm 或 5mm 中尽可能的较大尺寸；如无法截取宽度为 5mm 的试样时，可不进行冲击试验。
  7. 钢管适用于制作工程中各种结构件、工具、机械零件和部件等。

表 3.1-265 冷拔方形钢管尺寸规格（摘自 GB/T 3094—2012）

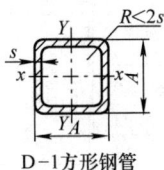

D-1 方形钢管

公称尺寸		截面面积 S	理论质量 G	惯性矩 $I_x = I_y$	截面系数 $W_x = W_y$	公称尺寸		截面面积 S	理论质量 G	惯性矩 $I_x = I_y$	截面系数 $W_x = W_y$
A	s					A	s				
mm		/cm²	/kg·m⁻¹	/cm⁴	/cm³	mm		/cm²	/kg·m⁻¹	/cm⁴	/cm³
12	0.8	0.347	0.273	0.072	0.119	42	2	3.131	2.458	8.265	3.936
	1	0.423	0.332	0.084	0.140		3	4.525	3.553	11.30	5.380
14	1	0.503	0.395	0.139	0.199		4	5.805	4.557	13.69	6.519
	1.5	0.711	0.558	0.181	0.259		5	6.971	5.472	15.51	7.385
16	1	0.583	0.458	0.216	0.270	45	2	3.371	2.646	10.29	4.574
	1.5	0.831	0.653	0.286	0.357		3	4.885	3.835	14.16	6.293
18	1	0.663	0.520	0.315	0.351		4	6.285	4.934	17.28	7.679
	1.5	0.951	0.747	0.424	0.471		5	7.571	5.943	19.72	8.763
	2	1.211	0.951	0.505	0.561	50	2	3.771	2.960	14.36	5.743
20	1	0.743	0.583	0.442	0.442		3	5.485	4.306	19.94	7.975
	1.5	1.071	0.841	0.601	0.601		4	7.085	5.562	24.56	9.826
	2	1.371	1.076	0.725	0.725		5	8.571	6.728	28.32	11.33
	2.5	1.643	1.290	0.817	0.817	55	2	4.171	3.274	19.38	7.046
22	1	0.823	0.646	0.599	0.544		3	6.085	4.777	27.11	9.857
	1.5	1.191	0.935	0.822	0.748		4	7.885	6.190	33.66	12.24
	2	1.531	1.202	1.001	0.910		5	9.571	7.513	39.11	14.22
	2.5	1.843	1.447	1.140	1.036	60	3	6.685	5.248	35.82	11.94
25	1.5	1.371	1.077	1.246	0.997		4	8.685	6.818	44.75	14.92
	2	1.771	1.390	1.535	1.228		5	10.57	8.298	52.35	17.45
	2.5	2.143	1.682	1.770	1.416		6	12.34	9.688	58.72	19.57
	3	2.485	1.951	1.955	1.564	65	3	7.285	5.719	46.22	14.22
30	2	2.171	1.704	2.797	1.865		4	9.485	7.446	58.05	17.86
	3	3.085	2.422	3.670	2.447		5	11.57	9.083	68.29	21.01
	3.5	3.500	2.747	3.996	2.664		6	13.54	10.63	77.03	23.70
	4	3.885	3.050	4.256	2.837	70	3	7.885	6.190	58.46	16.70
32	2	2.331	1.830	3.450	2.157		4	10.29	8.074	73.76	21.08
	3	3.325	2.611	4.569	2.856		5	12.57	9.868	87.18	24.91
	3.5	3.780	2.967	4.999	3.124		6	14.74	11.57	98.81	28.23
	4	4.205	3.301	5.351	3.344	75	4	11.09	8.702	92.08	24.55
35	2	2.571	2.018	4.610	2.634		5	13.57	10.65	109.3	29.14
	3	3.685	2.893	6.176	3.529		6	15.94	12.51	124.4	33.16
	3.5	4.200	3.297	6.799	3.885		8	19.79	15.54	141.4	37.72
	4	4.685	3.678	7.324	4.185	80	4	11.89	9.330	113.2	28.30
36	2	2.651	2.081	5.048	2.804		5	14.57	11.44	134.8	33.70
	3	3.805	2.987	6.785	3.769		6	17.14	13.46	154.0	38.49
	4	4.845	3.804	8.076	4.487		8	21.39	16.79	177.2	44.30
	5	5.771	4.530	8.975	4.986	90	4	13.49	10.59	164.7	36.59
40	2	2.971	2.332	7.075	3.537		5	16.57	13.01	197.2	43.82
	3	4.285	3.364	9.622	4.811		6	19.54	15.34	226.6	50.35
	4	5.485	4.306	11.60	5.799		8	24.59	19.30	265.8	59.06
	5	6.571	5.158	13.06	6.532						

(续)

公称尺寸 A	s	截面面积 S /cm²	理论质量 G /kg·m⁻¹	惯性矩 $I_x = I_y$ /cm⁴	截面系数 $W_x = W_y$ /cm³	公称尺寸 A	s	截面面积 S /cm²	理论质量 G /kg·m⁻¹	惯性矩 $I_x = I_y$ /cm⁴	截面系数 $W_x = W_y$ /cm³
100	5	18.57	14.58	276.4	55.27	150	8	43.79	34.38	1443.0	192.4
	6	21.94	17.22	319.0	63.80		10	53.42	41.94	1701.2	226.8
	8	27.79	21.82	379.8	75.95		12	62.53	49.09	1922.6	256.3
	10	33.42	26.24	432.6	86.52		14	71.11	55.82	2109.2	281.2
108	5	20.17	15.83	353.1	65.39	160	8	46.99	36.89	1776.7	222.1
	6	23.86	18.73	408.9	75.72		10	57.42	45.08	2103.1	262.9
	8	30.35	23.83	491.4	91.00		12	67.33	52.86	2386.8	298.4
	10	36.62	28.75	564.3	104.5		14	76.71	60.22	2630.1	328.8
120	6	26.74	20.99	573.1	95.51	180	8	53.39	41.91	2590.7	287.9
	8	34.19	26.84	696.8	116.1		10	65.39	51.36	3086.9	343.0
	10	41.42	32.52	807.9	134.7		12	76.93	60.39	3527.6	392.0
	12	48.13	37.78	897.0	149.5		14	87.91	69.01	3915.3	435.0
125	6	27.94	21.93	652.7	104.4	200	10	73.42	57.64	4337.6	433.8
	8	35.79	28.10	797.0	127.5		12	86.53	67.93	4983.6	498.4
	10	43.42	34.09	927.2	148.3		14	99.11	77.80	5562.3	556.2
	12	50.53	39.67	1033.2	165.3		16	111.2	87.27	6076.4	607.6
130	6	29.14	22.88	739.5	113.8	250	10	93.42	73.34	8841.9	707.3
	8	37.39	29.35	906.3	139.4		12	110.5	86.77	10254.2	820.3
	10	45.42	35.66	1057.6	162.7		14	127.1	99.78	11556.0	924.5
	12	52.93	41.55	1182.5	181.9		16	143.2	112.4	12751.4	1020.1
140	6	31.54	24.76	935.3	133.6	280	10	105.4	82.76	12648.9	903.5
	8	40.59	31.86	1153.9	164.8		12	124.9	98.07	14726.8	1051.9
	10	49.42	38.80	1354.1	193.4		14	143.9	113.0	16663.5	1190.2
	12	57.73	45.32	1522.8	217.5		16	162.4	127.5	18462.8	1318.8

表 3.1-266 冷拔矩形钢管尺寸规格（摘自 GB/T 3094—2012）

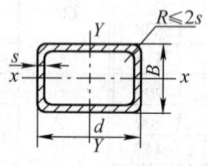

D-2 矩形钢管

公称尺寸 A	公称尺寸 B	公称尺寸 s	截面面积 S/cm²	理论质量 G/kg·m⁻¹	惯性矩 I_x /cm⁴	惯性矩 I_y /cm⁴	截面系数 W_x /cm³	截面系数 W_y /cm³
10	5	0.8	0.203	0.160	0.007	0.022	0.028	0.045
		1	0.243	0.191	0.008	0.025	0.031	0.050
12	6	0.8	0.251	0.197	0.013	0.041	0.044	0.069
		1	0.303	0.238	0.015	0.047	0.050	0.079
14	7	1	0.362	0.285	0.026	0.080	0.073	0.115
		1.5	0.501	0.394	0.080	0.099	0.229	0.141
		2	0.611	0.480	0.031	0.106	0.090	0.151
	10	1	0.423	0.332	0.062	0.106	0.123	0.151
		1.5	0.591	0.464	0.077	0.134	0.154	0.191
		2	0.731	0.574	0.085	0.149	0.169	0.213
16	8	1	0.423	0.332	0.041	0.126	0.102	0.157
		1.5	0.591	0.464	0.050	0.159	0.124	0.199
		2	0.731	0.574	0.053	0.177	0.133	0.221

(续)

公称尺寸			截面面积 S/cm^2	理论质量 $G/\text{kg}\cdot\text{m}^{-1}$	惯性矩 cm^4		截面系数 cm^3	
A	B	s			I_x	I_y	W_x	W_y
mm								
16	12	1	0.502	0.395	0.108	0.171	0.180	0.213
		1.5	0.711	0.558	0.139	0.222	0.232	0.278
		2	0.891	0.700	0.158	0.256	0.264	0.319
18	9	1	0.483	0.379	0.060	0.185	0.134	0.206
		1.5	0.681	0.535	0.076	0.240	0.168	0.266
		2	0.851	0.668	0.084	0.273	0.186	0.304
18	14	1	0.583	0.458	0.173	0.258	0.248	0.286
		1.5	0.831	0.653	0.228	0.342	0.326	0.380
		2	1.051	0.825	0.266	0.402	0.380	0.446
20	10	1	0.543	0.426	0.086	0.262	0.172	0.262
		1.5	0.771	0.606	0.110	0.110	0.219	0.110
		2	0.971	0.762	0.124	0.400	0.248	0.400
20	12	1	0.583	0.458	0.132	0.298	0.220	0.298
		1.5	0.831	0.653	0.172	0.396	0.287	0.396
		2	1.051	0.825	0.199	0.465	0.331	0.465
25	10	1	0.643	0.505	0.106	0.465	0.213	0.372
		1.5	0.921	0.723	0.137	0.624	0.274	0.499
		2	1.171	0.919	0.156	0.740	0.313	0.592
25	18	1	0.803	0.630	0.417	0.696	0.463	0.557
		1.5	1.161	0.912	0.567	0.956	0.630	0.765
		2	1.491	1.171	0.685	1.164	0.761	0.931
30	15	1.5	1.221	0.959	0.435	1.324	0.580	0.883
		2	1.571	1.233	0.521	1.619	0.695	1.079
		2.5	1.893	1.486	0.584	1.850	0.779	1.233
30	20	1.5	1.371	1.007	0.859	1.629	0.859	1.086
		2	1.771	1.390	1.050	2.012	1.050	1.341
		2.5	2.143	1.682	1.202	2.324	1.202	1.549
35	15	1.5	1.371	1.077	0.504	1.969	0.672	1.125
		2	1.771	1.390	0.607	2.429	0.809	1.388
		2.5	2.143	1.682	0.683	2.803	0.911	1.602
35	25	1.5	1.671	1.312	1.661	2.811	1.329	1.606
		2	2.171	1.704	2.066	3.520	1.652	2.011
		2.5	2.642	2.075	2.405	4.126	1.924	2.358
40	11	1.5	1.401	1.100	0.276	2.341	0.501	1.170
	20	2	2.171	1.704	1.376	4.184	1.376	2.092
		2.5	2.642	2.075	1.587	4.903	1.587	2.452
		3	3.085	2.422	1.756	5.506	1.756	2.753
	30	2	2.571	2.018	3.582	5.629	2.388	2.815
		2.5	3.143	2.467	4.220	6.664	2.813	3.332
		3	3.685	2.893	4.768	7.564	3.179	3.782
50	25	2	2.771	2.175	2.861	8.595	2.289	3.438
		3	3.985	3.129	3.781	11.64	3.025	4.657
		4	5.085	3.992	4.424	13.96	3.540	5.583
	40	2	3.371	2.646	8.520	12.05	4.260	4.821
		3	4.885	3.835	11.68	16.62	5.840	6.648
		4	6.285	4.934	14.20	20.32	7.101	8.128

(续)

公称尺寸			截面面积 S/cm^2	理论质量 $G/\text{kg}\cdot\text{m}^{-1}$	惯性矩		截面系数	
A	B	s			I_x	I_y	W_x	W_y
mm					cm^4		cm^3	
60	30	2	3.371	2.646	5.153	15.35	3.435	5.117
		3	4.885	3.835	6.964	21.18	4.643	7.061
		4	6.285	4.934	8.344	25.90	5.562	8.635
	40	2	3.771	2.960	9.965	18.72	4.983	6.239
		3	5.485	4.306	13.74	26.06	6.869	8.687
		4	7.085	5.562	16.80	32.19	8.402	10.729
70	35	2	3.971	3.117	8.426	24.95	4.815	7.130
		3	5.785	4.542	11.57	34.87	6.610	9.964
		4	7.485	5.876	14.09	43.23	8.051	12.35
	50	3	6.685	5.248	26.57	44.98	10.63	12.85
		4	8.685	6.818	33.05	56.32	13.22	16.09
		5	10.57	8.298	38.48	66.01	15.39	18.86
80	40	3	6.685	5.248	17.85	53.47	8.927	13.37
		4	8.685	6.818	22.01	66.95	11.00	16.74
		5	10.57	8.298	25.40	78.45	12.70	19.61
	60	4	10.29	8.074	57.32	90.07	19.11	22.52
		5	12.57	9.868	67.52	106.6	22.51	26.65
		6	14.74	11.57	76.28	121.0	25.43	30.26
90	50	3	7.885	6.190	33.21	83.39	13.28	18.53
		4	10.29	8.074	41.53	105.4	16.61	23.43
		5	12.57	9.868	48.65	124.8	19.46	27.74
	70	4	11.89	9.330	91.21	135.0	26.06	30.01
		5	14.57	11.44	108.3	161.0	30.96	35.78
		6	15.94	12.51	123.5	184.1	35.27	40.92
100	50	3	8.485	6.661	36.53	108.4	14.61	21.67
		4	11.09	8.702	45.78	137.5	18.31	27.50
		5	13.57	10.65	53.73	163.4	21.49	32.69
	80	4	13.49	10.59	136.3	192.8	34.08	38.57
		5	16.57	13.01	163.0	231.2	40.74	46.24
		6	19.54	15.34	186.9	265.9	46.72	53.18
120	60	4	13.49	10.59	82.45	245.6	27.48	40.94
		5	16.57	13.01	97.85	294.6	32.62	49.10
		6	19.54	15.34	111.4	338.9	37.14	56.49
	80	4	15.09	11.84	159.4	299.5	39.86	49.91
		6	21.94	17.22	219.8	417.0	54.95	69.49
		8	27.79	21.82	260.5	495.8	65.12	82.63
140	70	6	23.14	18.17	185.1	558.0	52.88	79.71
		8	29.39	23.07	219.1	665.5	62.59	95.06
		10	35.43	27.81	247.2	761.4	70.62	108.8
	120	6	29.14	22.88	651.1	827.5	108.5	118.2
		8	37.39	29.35	797.3	1014.4	132.9	144.9
		10	45.43	35.66	929.2	1184.7	154.9	169.2

（续）

公称尺寸			截面面积 S/cm^2	理论质量 $G/kg \cdot m^{-1}$	惯性矩 cm^4		截面系数 cm^3	
A	B	s			I_x	I_y	W_x	W_y
mm								
150	75	6	24.94	19.58	231.7	696.2	61.80	92.82
		8	31.79	24.96	276.7	837.4	73.80	111.7
		10	38.43	30.16	314.7	965.0	83.91	128.7
	100	6	27.94	21.93	451.7	851.8	90.35	113.6
		8	35.79	28.10	549.5	1039.3	109.9	138.6
		10	43.43	34.09	635.9	1210.4	127.2	161.4
160	60	6	24.34	19.11	146.6	713.1	48.85	89.14
		8	30.99	24.33	172.5	851.7	57.50	106.5
		10	37.43	29.38	193.2	976.4	64.40	122.1
	80	6	26.74	20.99	285.7	855.5	71.42	106.9
		8	34.19	26.84	343.8	1036.7	85.94	129.6
		10	41.43	32.52	393.5	1201.7	98.37	150.2
180	80	6	29.14	22.88	318.6	1152.6	79.65	128.1
		8	37.39	29.35	385.4	1406.5	96.35	156.3
		10	45.43	35.66	442.8	1640.3	110.7	182.3
	100	8	40.59	31.87	651.3	1643.4	130.3	182.6
		10	49.43	38.80	757.9	1929.6	151.6	214.4
		12	57.73	45.32	845.3	2170.6	169.1	241.2
200	80	8	40.59	31.87	427.1	1851.1	106.8	185.1
		12	57.73	45.32	543.4	2435.4	135.9	243.5
		14	65.51	51.43	582.2	2650.7	145.6	265.1
	120	8	46.99	36.89	1098.9	2441.3	183.2	244.1
		12	67.33	52.86	1459.2	3284.8	243.2	328.5
		14	76.71	60.22	1598.7	3621.2	266.4	362.1
220	110	8	48.59	38.15	981.1	2916.5	178.4	265.1
		12	69.73	54.74	1298.6	3934.5	236.1	357.7
		14	79.51	62.42	1420.5	4343.1	258.3	394.8
	200	10	77.43	60.78	4699.0	5445.9	469.9	495.1
		12	91.33	71.70	5408.3	6273.3	540.8	570.3
		14	104.7	82.20	6047.5	7020.7	604.8	638.2
240	180	12	91.33	71.70	4545.4	7121.4	505.0	593.4
250	150	10	73.43	57.64	2682.9	5960.2	357.7	476.8
		12	86.53	67.93	3068.1	6852.7	409.1	548.2
		14	99.11	77.80	3408.5	7652.9	454.5	612.1
	200	10	83.43	65.49	5241.0	7401.0	524.0	592.1
		12	98.53	77.35	6045.3	8553.5	604.5	684.3
		14	113.1	88.79	6775.4	9604.6	677.5	768.4
30	150	10	83.43	65.49	3173.7	9403.9	423.2	626.9
		14	113.1	88.79	4058.1	12195.7	541.1	813.0
		16	127.2	99.83	4427.9	13399.1	590.4	893.3
	200	10	93.43	73.34	6144.3	11507.2	614.4	767.1
		14	127.1	99.78	7988.6	15060.8	798.9	1004.1
		16	143.2	112.39	8791.7	16628.7	879.2	1108.6
400	200	10	113.4	89.04	7951.0	23348.1	795.1	1167.4
		14	155.1	121.76	10414.8	30915.0	1041.5	1545.8
		16	175.2	137.51	11507.0	34339.4	1150.7	1717.0

5.3.17 P3 型镀锌金属软管（见表 3.1-267）

表 3.1-267　P3 型镀锌金属软管尺寸规格（摘自 YB/T 5306—2006）

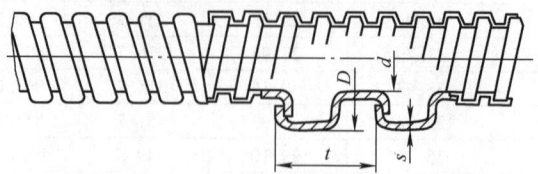

D—软管外径　t—节距　d—软管内径　s—钢带厚度

公称内径 d/mm	最小内径 d_{min}/mm	外径及极限偏差 D/mm	节距及极限偏差 t/mm	钢带厚度 s/mm	自然弯曲直径 R/mm	轴向拉力 /N ≥	理论质量 /g·m^{-1}
(4)	3.75	6.20±0.25	2.65±0.40	0.25	30	235	49.6
(6)	5.75	8.2±0.25	2.70±0.4	0.25	40	350	68.6
8	7.70	11.00±0.30	4.00±0.4	0.30	45	470	111.7
10	9.70	13.50±0.30	4.70±0.45	0.30	55	590	139.0
12	11.65	15.50±0.35	4.70±0.45	0.30	60	705	162.3
(13)	12.65	16.50±0.35	4.70±0.45	0.30	65	765	174.0
(15)	14.65	19.00±0.35	5.70±0.45	0.35	80	885	233.8
(16)	15.65	20.00±0.35	5.70±0.45	0.35	85	940	247.4
(19)	18.60	23.30±0.40	6.40±0.50	0.40	95	1120	326.7
20	19.60	24.30±0.40	6.40±0.50	0.40	100	1175	342.0
(22)	21.55	27.30±0.45	8.70±0.50	0.40	105	1295	375.1
25	24.55	30.30±0.45	8.70±0.50	0.40	115	1470	420.2
(32)	31.50	38.00±0.50	10.50±0.60	0.45	140	1880	585.8
38	37.40	45.00±0.60	11.40±0.60	0.50	160	2235	804.3
51	50.00	58.00±1.00	11.40±0.60	0.50	190	3000	1054.6
64	62.50	72.50±1.50	14.80±0.60	0.60	280	3765	1522.5
75	73.00	83.50±2.00	14.20±0.60	0.60	320	4410	1841.2
(80)	78.00	88.50±2.00	14.20±0.60	0.60	330	4705	1957.0
100	97.00	108.50±3.00	14.20±0.60	0.60	380	5880	2420.4

注：1. 钢带厚度 s 及理论质量，仅供参考。
　　2. 括弧中的规格不推荐使用。
　　3. 本产品用作电线保护管。
　　4. 软管长度不小于 3m。
　　5. 标记示例：公称内径 15mm 的 P3 型镀锌金属软管，
　　　　标记为：金属软管 P3d15 - YB/T 5306—2006

5.3.18 S 型钎焊不锈钢金属软管（见表 3.1-268）

表 3.1-268　S 型钎焊不锈钢金属软管尺寸规格（摘自 YB/T 5307—2006）

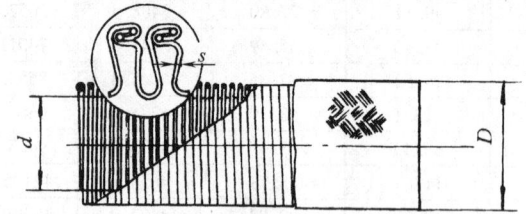

D—软管外径　d—软管内径　s—钢带厚度

公称内径 d/mm	最小内径 d_{min}/mm	软管外径 D/mm	钢带厚度 s/mm	编织钢丝直径 d_1/mm	软管性能参数		理论质量 /kg·m^{-1}
					20℃时工作压力 /MPa	20℃时爆破压力 /MPa	
6	5.9	10.8$_{-0.3}$	0.13	0.3	14.70	44.10	0.209
8	7.9	12.8$_{-0.3}$	0.13	0.3	11.75	35.30	0.238
10	9.85	15.6$_{-0.3}$	0.16	0.3	9.80	29.40	0.367
12	11.85	18.2$_{-0.3}$	0.16	0.3	9.30	27.95	0.434

(续)

公称内径 d/mm	最小内径 d_{min}/mm	软管外径 D/mm	钢带厚度 s/mm	编织钢丝直径 d_1/mm	软管性能参数		理论质量 /kg·m^{-1}
					20℃时工作压力 /MPa	20℃时爆破压力 /MPa	
14	13.85	20.2$_{-0.3}$	0.16	0.3	8.80	26.45	0.494
(15)	14.85	21.2$_{-0.3}$	0.16	0.3	8.35	25.00	0.533
16	15.85	22.2$_{-0.3}$	0.16	0.3	7.85	23.55	0.553
(18)	17.85	24.3$_{-0.3}$	0.16	0.3	7.35	22.06	0.630
20	19.85	29.3$_{-0.3}$	0.20	0.3	6.85	20.60	0.866
(22)	21.85	31.3$_{-0.3}$	0.20	0.3	6.35	19.10	0.946
25	24.80	35.3$_{-0.3}$	0.25	0.3	5.90	17.65	1.347
30	29.80	40.3$_{-0.3}$	0.25	0.3	4.90	14.70	1.555

5.4 钢丝

5.4.1 冷拉圆钢丝、方钢丝和六角钢丝（见表3.1-269、表3.1-270）

表 3.1-269 冷拉圆钢丝、方钢丝和六角钢丝尺寸规格（摘自 GB/T 342—1997）

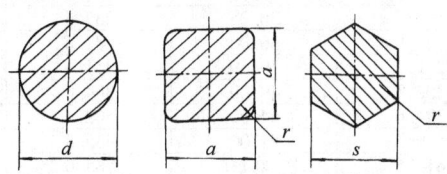

公称尺寸 /mm	圆 形		方 形		六 角 形	
	截面面积 /mm²	理论质量 /kg·(1000m)$^{-1}$	截面面积 /mm²	理论质量 /kg·(1000m)$^{-1}$	截面面积 /mm²	理论质量 /kg·(1000m)$^{-1}$
0.050	0.0020	0.016				
0.055	0.0024	0.019				
0.063	0.0031	0.024				
0.070	0.0038	0.030				
0.080	0.0050	0.039				
0.090	0.0064	0.050				
0.10	0.0079	0.062				
0.11	0.0095	0.075	—	—	—	—
0.12	0.0113	0.089				
0.14	0.0154	0.121				
0.16	0.0201	0.158				
0.18	0.0254	0.199				
0.20	0.0314	0.246				
0.22	0.0380	0.298				
0.25	0.0491	0.385				
0.28	0.0616	0.484				
0.30*	0.0707	0.555				
0.32	0.0804	0.631				
0.35	0.096	0.754				
0.40	0.126	0.989				
0.45	0.159	1.248				
0.50	0.196	1.539	0.250	1.962		
0.55	0.238	1.868	0.302	2.371		
0.60*	0.283	2.22	0.360	2.826		
0.63	0.312	2.447	0.397	3.116		
0.70	0.385	3.021	0.490	3.846		

(续)

公称尺寸 /mm	圆 形		方 形		六 角 形	
	截面面积 /mm²	理论质量 /kg·(1000m)⁻¹	截面面积 /mm²	理论质量 /kg·(1000m)⁻¹	截面面积 /mm²	理论质量 /kg·(1000m)⁻¹
0.80	0.503	3.948	0.640	5.024	—	—
0.90	0.636	4.993	0.810	6.358	—	—
1.00	0.785	6.162	1.000	7.850	—	—
1.10	0.950	7.458	1.210	9.498	—	—
1.20	1.131	8.878	1.440	11.30	—	—
1.40	1.539	12.08	1.960	15.39	—	—
1.60	2.011	15.79	2.560	20.10	2.217	17.40
1.80	2.545	19.98	3.240	25.43	2.806	22.03
2.00	3.142	24.66	4.000	31.40	3.464	27.20
2.20	3.801	29.84	4.840	37.99	4.192	32.91
2.50	4.909	38.54	6.250	49.06	5.413	42.49
2.80	6.158	48.34	7.840	61.54	6.790	53.30
3.00*	7.069	55.49	9.000	70.65	7.795	61.19
3.20	8.042	63.13	10.24	80.38	8.869	69.62
3.50	9.621	75.52	12.25	96.16	10.61	83.29
4.00	12.57	98.67	16.00	125.6	13.86	108.8
4.50	15.90	124.8	20.25	159.0	17.54	137.7
5.00	19.64	154.2	25.00	196.2	21.65	170.0
5.50	23.76	186.5	30.25	237.5	26.20	205.7
6.00*	28.27	221.9	36.00	282.6	31.18	244.8
6.30	31.17	244.7	39.69	311.6	34.38	269.9
7.00	38.48	302.1	49.00	384.6	42.44	333.2
8.00	50.27	394.6	64.00	502.4	55.43	435.1
9.00	63.62	499.4	81.00	635.8	70.15	550.7
10.0	78.54	616.5	100.00	785.0	86.61	679.9
11.0	95.03	746.0	—	—	—	—
12.0	113.1	887.8	—	—	—	—
14.0	153.9	1208.1	—	—	—	—
16.0	201.1	1578.6	—	—	—	—

注: 1. 本表理论质量按密度 7.85g/cm³ 计算的,对于特殊合金丝,应采用相应牌号的密度计算理论质量。
2. 表内公称尺寸一栏,对于圆钢丝表示直径 d,对于方钢丝表示边长 a,对于六角钢丝表示对边的距离 s。
3. 本表钢丝直径系列采用 R20 优先数系,其中"*"符号系列补充的 R40 优先数系中的优先数系。
4. 直条钢丝通常长度为 2000~4000mm,允许供应长度不小于 1500mm 的短尺钢丝,但不得超过该批质量的 15%。
5. 直条钢丝按定尺、倍尺交货时,其长度极限偏差为 $^{+50}_{0}$ mm。
6. GB/T 342—1997 代替 GB/T 342—1982、GB/T 3204—1982、GB/T 3205—1982。
7. 标记示例: 用 45 钢制造,尺寸极限偏差为 11 级,直径为 5mm 的软状态冷拉优质碳素结构钢圆钢丝,其标记为:

$$圆钢丝\frac{11-5-GB/T\ 342-1997}{45-R-GB/T\ 3206}。$$

表 3.1-270 冷拉圆、方、六角钢丝尺寸极限偏差(摘自 GB/T 342—1997) (mm)

钢丝公称尺寸	极限偏差级别					
	8	9	10	11	12	13
	极 限 偏 差					
0.05~0.10	±0.002	±0.005	±0.006	±0.010	±0.015	±0.020
>0.10~0.30	±0.003	±0.006	±0.009	±0.014	±0.022	±0.029
>0.30~0.60	±0.004	±0.009	±0.013	±0.018	±0.030	±0.038
>0.60~1.00	±0.005	±0.011	±0.018	±0.023	±0.035	±0.045
>1.00~3.00	±0.007	±0.015	±0.022	±0.030	±0.050	±0.060
>3.00~6.00	±0.009	±0.020	±0.028	±0.040	±0.062	±0.080
>6.00~10.0	±0.011	±0.025	±0.035	±0.050	±0.075	±0.100
>10.0~16.0	±0.013	±0.030	±0.045	±0.060	±0.090	±0.120

注: 1. GB/T 342 规定,公称尺寸极限偏差值可为单向负偏差值,其公差值仍按本表规定。
例如本表规定某尺寸极限偏差为 ±0.02,单向负偏差为 $^{\ 0}_{-0.04}$。
2. 中间尺寸钢丝的尺寸极限偏差按相邻较大规格钢丝的规定。
3. 偏差级别适用范围:圆钢丝为 8~12 级,方钢丝为 10~13 级,六角钢丝为 10~13 级。
4. 圆钢丝的圆度不大于直径公差之半;方钢丝的正截面对角线之差不大于相应级别边长公差的 0.7 倍。
5. 直条钢丝弯曲度不大于 4mm/m。

5.4.2 一般用途低碳钢丝（见表3.1-271、表3.1-272）

表3.1-271　一般用途低碳钢丝分类及尺寸规格（摘自 YB/T 5294—2009）

分类和代号	按交货状态分为： 冷拉钢丝　WCD 退火钢丝　TA 镀锌钢丝　SZ		按用途分为： Ⅰ类　普通用 Ⅱ类　制钉用 Ⅲ类　建筑用	
冷拉及退火钢丝直径及极限偏差/mm	钢丝直径	极限偏差	钢丝直径	极限偏差
	≤0.30	±0.01	>1.60~3.00	±0.04
	>0.30~1.00	±0.02	>3.00~6.00	±0.05
	>1.00~1.60	±0.03	>6.00	±0.06
镀锌钢丝直径及极限偏差/mm	钢丝直径	极限偏差	钢丝直径	极限偏差
	≤0.30	±0.02	>1.60~3.00	±0.06
	>0.30~1.00	±0.04	>3.00~6.00	±0.07
	>1.00~1.60	±0.05	>6.00	±0.08

注：1. 本表产品适用于一般的捆扎、牵拉、制钉、编织及建筑等用途；冷拉钢丝主要用于轻工业和建筑行业，如制钉、钢筋、焊接骨架、焊接网、水泥船织网、小五金等；退火钢丝主要用于一般捆扎、牵拉、编织等；镀锌钢丝用于需要耐蚀的捆扎、牵拉、编织等。
2. 钢丝可按英制线规或其他线规号交货。
3. 钢丝圆度不超出直径公差之半。
4. 标记示例：直径为2.00mm的冷拉钢丝，
标记为：低碳钢丝　WCD—2.00—YB/T 5294—2009。

表3.1-272　一般用途低碳钢丝力学性能（摘自 YB/T 5294—2009）

公称直径 /mm	抗拉强度/MPa					180°弯曲试验/次			断后伸长率（%）（标距100mm）
	冷拉普通钢丝	制钉用钢丝	建筑用钢丝	退火钢丝	镀锌钢丝	普通用钢丝	建筑用钢丝	冷拉建筑用钢丝	镀锌钢丝
≤0.30	≤980	—	—	295~540	295~540	见 YB/T 5294—2009 的5.2.3	—	—	≥10
>0.30~0.80	≤980	—	—				—	—	
>0.80~1.20	≤980	880~1320	—			≥6	—	—	
>1.20~1.80	≤1060	785~1220	—				—	—	
>1.80~2.50	≤1010	735~1170	—				—	—	≥12
>2.50~3.50	≤960	685~1120	≥550				—	—	
>3.50~5.00	≤890	590~1030	≥550			≥4	≥4	≥2	
>5.00~6.00	≤790	540~930	≥550						
>6.00	≤690	—	—						

注：1. 本表适用于冷拉普通用钢丝、制钉用钢丝、建筑用钢丝、退火钢丝、镀锌钢丝。
2. 对于直径≤0.80mm的冷拉普通钢丝，用打结拉伸试验代替弯曲试验，打结钢丝进行拉伸试验时所能承受的拉力不低于不打结破断拉力的50%。

5.4.3 重要用途低碳钢丝（见表3.1-273）

表3.1-273　重要用途低碳钢丝规格（摘自 YB/T 5032—2006）

钢丝直径/mm			力学性能				每盘钢丝质量（由一根钢丝组成）/kg≥	镀锌钢丝锌层质量/g·m^{-2} ≥	理论质量/kg·m^{-1}
公称尺寸	极限偏差		抗拉强度/MPa		扭转次数 次/360° ≥	弯曲次数 次/180° ≥			
	光面钢丝	镀锌钢丝	光面钢丝	镀锌钢丝					
0.3	±0.02	+0.04 -0.02	不小于390	不小于365	30	打结拉力试验抗拉强度 光面钢丝： ≥226MPa 镀锌钢丝： ≥186MPa	0.3	5	0.000555
0.4									0.000987
0.5							0.5	8	0.00154
0.6									0.00219
0.8							1	15	0.00395
1.0					25	22			0.00617
1.2	±0.04	+0.06 -0.02				18	24		0.00888
1.4					20	14	5		0.0121
1.6						12		41	0.0158

(续)

钢丝直径/mm			力 学 性 能				每盘钢丝质量（由一根钢丝组成）/kg≥	镀锌钢丝锌层质量/g·m^{-2} ≥	理论质量/kg·m^{-1}
公称尺寸	极限偏差		抗拉强度/MPa		扭转次数次/360°≥	弯曲次数次/180°≥			
	光面钢丝	镀锌钢丝	光面钢丝	镀锌钢丝					
1.8	±0.06	+0.08 -0.06	不小于 390	不小于 365	18	12	10	41	0.0200
2.0						10			0.0247
2.3					15	10		59	0.0326
2.6						8			0.0417
3.0					12	10		75	0.0555
3.5						10			0.0743
4.0	±0.07	+0.09 -0.07			10	8	20	95	0.0986
4.5						8			0.125
5.0					8	6		110	0.154
6.0					—	—			0.219

注：1. 本表钢丝用 GB/T 699—2015 优质碳素钢中的低碳钢制造，适于制作机器中重要部件及零件。
2. 按交货表面状况分为：Ⅰ类—镀锌钢丝（Z_d）；Ⅱ类—光面钢丝（Z_g）。
3. 标记示例：直径为 1.0mm 镀锌钢丝，标记为：Z_d1.0—YB/T 5032—2006。

5.4.4 油淬火-回火弹簧钢丝（见表 3.1-274 ~ 表 3.1-277）

表 3.1-274　油淬火-回火弹簧钢丝分类及代号（摘自 GB/T 18983—2003）

分　类		静态（FD）	中疲劳（TD）	高疲劳（VD）
抗拉强度分级	低强度	FDC	TDC	VDC
	中强度	FDCrV（A、B） FDSiMn	TDCrV（A、B） TDSiMn	VDCrV（A、B）
	高强度	FDCrSi	TDCrSi	VDCrSi
直径范围		0.50 ~ 17.00mm	0.50 ~ 17.00mm	0.50 ~ 10.00mm

注：1. 静态级钢丝适用于一般用途弹簧，以 FD 表示。
2. 中疲劳级钢丝用于离合器弹簧、悬架弹簧等，以 TD 表示。
3. 高疲劳级钢丝适用于剧烈运动的场合，例如用于阀门弹簧，以 VD 表示。
4. GB/T 18983—2003 油淬火-回火弹簧钢丝代替 YB/T 5008（原 GB2271）《阀门用油淬火-回火铬钒合金弹簧钢丝》、YB/T 5102（原 GB4359）《阀门用油淬火-回火碳素弹簧钢丝》、YB/T 5103（原 GB4360）《油淬火-回火碳素弹簧钢丝》、YB/T 5104（原 GB4361）《油淬火-回火硅锰合金弹簧钢丝》和 YB/T 5105（原 GB4362）《阀门用油淬火-回火铬硅合金弹簧钢丝》，适用于制造各种机械弹簧用碳素钢和低合金钢油淬火-回火圆截面钢丝。GB/T 18983 根据 ISO/FDIS8458—3《机械弹簧用钢丝，油淬火和回火钢丝》制订。
5. 钢丝抗拉强度分级代号和国内常用钢号的对应关系：FDC、TDC、VDC—65、70、65Mn；FDCrV-A、TDCrV-A、VDCrV-A—50CrVA；FDCrV-B、TDCrV-B、VDCrV-B—67CrV；FDSiMn—60Si2Mn；TDSiMn—60Si2MnA；FDCrSi、TDCrSi、VDCrSi—55CrSi。
6. 标记示例：用 60Si2MnA 钢制造的直径为 11.0mm 的 TD 级钢丝，标记为：TDSiMn—11.0—GB/T 18983—2003。

表 3.1-275　油淬火-回火弹簧钢丝（静态级、中疲劳级）力学性能
（摘自 GB/T 18983—2003）

直径范围/mm	抗拉强度/MPa					断面收缩率[①]（%）≥	
	FDC TDC	FDCrV-A TDCrV-A	FDCrV-B TDCrV-B	FDSiMn TDSiMn	FDCrSi TDCrSi	FD	TD
0.50 ~ 0.80	1800 ~ 2100	1800 ~ 2100	1900 ~ 2200	1850 ~ 2100	2000 ~ 2250	—	—
>0.80 ~ 1.00	1800 ~ 2060	1780 ~ 2080	1860 ~ 2160	1850 ~ 2100	2000 ~ 2250	—	—
>1.00 ~ 1.30	1800 ~ 2010	1750 ~ 2010	1850 ~ 2100	1850 ~ 2100	2000 ~ 2250	45	45
>1.30 ~ 1.40	1750 ~ 1950	1750 ~ 1990	1840 ~ 2070	1850 ~ 2100	2000 ~ 2250	45	45

（续）

直径范围 /mm	抗拉强度/MPa					断面收缩率① （%） ≥	
	FDC TDC	FDCrV-A TDCrV-A	FDCrV-B TDCrV-B	FDSiMn TDSiMn	FDCrSi TDCrSi	FD	TD
>1.40~1.60	1740~1890	1710~1950	1820~2030	1850~2100	2000~2250	45	45
>1.60~2.00	1720~1890	1710~1890	1790~1970	1820~2000	2000~2250	45	45
>2.00~2.50	1670~1820	1670~1830	1750~1900	1800~1950	1970~2140	45	45
>2.50~2.70	1640~1790	1660~1820	1720~1870	1780~1930	1950~2120	45	45
>2.70~3.00	1620~1770	1630~1780	1700~1850	1760~1910	1930~2100	45	45
>3.00~3.20	1600~1750	1610~1760	1680~1830	1740~1890	1910~2080	40	45
>3.20~3.50	1580~1730	1600~1750	1660~1810	1720~1870	1900~2060	40	45
>3.50~4.00	1550~1700	1560~1710	1620~1770	1710~1860	1870~2030	40	45
>4.00~4.20	1540~1690	1540~1690	1610~1760	1700~1850	1860~2020	40	45
>4.20~4.50	1520~1670	1520~1670	1590~1740	1690~1840	1850~2000	40	45
>4.50~4.70	1510~1660	1510~1660	1580~1730	1680~1830	1840~1990	40	45
>4.70~5.00	1500~1650	1500~1650	1560~1710	1670~1820	1830~1980	40	45
>5.00~5.60	1470~1620	1460~1610	1540~1690	1660~1810	1800~1950	35	40
>5.60~6.00	1460~1610	1440~1590	1520~1670	1650~1800	1780~1930	35	40
>6.00~6.50	1440~1590	1420~1570	1510~1660	1640~1790	1760~1910	35	40
>6.50~7.00	1430~1580	1400~1550	1500~1650	1630~1780	1740~1890	35	40
>7.00~8.00	1400~1550	1380~1530	1480~1630	1620~1770	1710~1860	35	40
>8.00~9.00	1380~1530	1370~1520	1470~1620	1610~1760	1700~1850	30	35
>9.00~10.00	1360~1510	1350~1500	1450~1600	1600~1750	1660~1810	30	35
>10.00~12.00	1320~1470	1320~1470	1430~1580	1580~1730	1660~1810	30	—
>12.00~14.00	1280~1430	1300~1450	1420~1570	1560~1710	1620~1770	30	—
>14.00~15.00	1270~1420	1290~1440	1410~1560	1550~1700	1620~1770	—	—
>15.00~17.00	1250~1400	1270~1420	1400~1550	1540~1690	1580~1730	—	—

注：一盘或一轴内钢丝抗拉强度允许波动范围为：VD级钢丝不超过50MPa，TD级钢丝不超过60MPa，FD级钢丝不超过70MPa。

① FDSiMn 和 TDSiMn 直径≤5.00mm 时，断面收缩率应≥35%；直径>5.00mm~14.00mm 时，断面收缩率应≥30%。

表3.1-276　油淬火-回火弹簧钢丝（高疲劳级）力学性能（摘自 GB/T 18983—2003）

直径范围 /mm	抗拉强度/MPa				断面收缩率（%） ≥
	VDC	VDCrV-A	VDCrV-B	VDCrSi	
0.50~0.80	1700~2000	1750~1950	1910~2060	2030~2230	—
>0.80~1.00	1700~1950	1730~1930	1880~2030	2030~2230	—
>1.00~1.30	1700~1900	1700~1900	1860~2010	2030~2230	45
>1.30~1.40	1700~1850	1680~1860	1840~1990	2030~2230	45
>1.40~1.60	1670~1820	1660~1860	1820~1970	2000~2180	45

（续)

直径范围/mm	抗拉强度/MPa				断面收缩率（%）≥
	VDC	VDCrV-A	VDCrV-B	VDCrSi	
>1.60~2.00	1650~1800	1640~1800	1770~1920	1950~2110	45
>2.00~2.50	1630~1780	1620~1770	1720~1860	1900~2060	45
>2.50~2.70	1610~1760	1610~1760	1690~1840	1890~2040	45
>2.70~3.00	1590~1740	1600~1750	1660~1810	1880~2030	45
>3.00~3.20	1570~1720	1580~1730	1640~1790	1870~2020	45
>3.20~3.50	1550~1700	1560~1710	1620~1770	1860~2010	45
>3.50~4.00	1530~1680	1540~1690	1570~1720	1840~1990	45
>4.20~4.50	1510~1660	1520~1670	1540~1690	1810~1960	45
>4.70~5.00	1490~1640	1500~1650	1520~1670	1780~1930	45
>5.00~5.60	1470~1620	1480~1630	1490~1640	1750~1900	40
>5.60~6.00	1450~1600	1470~1620	1470~1620	1730~1890	40
>6.00~6.50	1420~1570	1440~1590	1440~1590	1710~1860	40
>6.50~7.00	1400~1550	1420~1570	1420~1570	1690~1840	40
>7.00~8.00	1370~1520	1410~1560	1390~1540	1660~1810	40
>8.00~9.00	1350~1500	1390~1540	1370~1520	1640~1790	35
>9.00~10.00	1340~1490	1370~1520	1340~1490	1620~1770	35

表 3.1-277 油淬火-回火弹簧钢丝双向扭转试验要求（摘自 GB/T 18983—2003）

公称直径/mm	TDC	VDC	TDCrV	VDCrV	TDCrSi	VDCrSi
	右转圈数	左转圈数	右转圈数	左转圈数	右转圈数	左转圈数
>0.70~1.00	6	24	6	12	6	0
>1.00~1.60	6	16	6	8	5	0
>1.60~2.50	6	14	6	4	4	0
>2.50~3.00	6	12	6	4	4	0
>3.00~3.50	6	10	6	4	4	0
>3.50~4.50	6	8	6	4	4	0
>4.50~5.60	6	6	6	4	3	0
>5.60~6.00	6	4	6	4	3	0

注：1. 公称直径 >6.00mm 的钢丝绕直径等于钢丝直径 2 倍的芯棒弯曲 90°，试验后不得出现裂纹。
2. 钢丝表面应光滑，不应对钢丝使用可能产生有害影响的划伤、结疤、锈蚀、裂纹等缺陷。
3. VD 级和 TD 级钢丝表面不得有全脱碳层，表面脱碳允许最大深度：VD 级、TD 级和 FD 级钢丝分别为 1.0%d、1.3%d、1.5%d，TDSiMn 最大深度为 1.5%d，d 为钢丝公称直径。
4. VD 级钢丝应检验非金属夹杂物，其合格级别由供需双方协商，合同未规定者，合格级别由供方确定。阀门用钢丝应在合同中注明非金属夹杂物级别。
5. 公称直径 <3.00mm 的钢丝在芯棒（其直径等于钢丝直径）上缠绕至少 4 圈，其表面不得产生裂纹或断开。
6. 公称直径 0.70~6.00mm 的钢丝应进行扭转试验，单向扭转即向一个方向扭转至少 3 次直到断裂，断口应平齐。TD 级和 VD 级钢丝可采用双向扭转，试验方法、具体要求符合本表规定。

5.4.5 优质碳素结构钢丝（见表3.1-278）

表 3.1-278 优质碳素结构钢丝尺寸规格及力学性能（摘自 YB/T 5303—2010）

尺寸规格	1. 钢丝按力学性能分为两类，即硬状态和软状态；按截面形状分为三种，即圆形钢丝、方形钢丝和六角钢丝。 2. 直径小于 0.7mm 的钢丝用打结拉伸试验代替弯曲试验，其打结破断力应不小于不打结破断力的 50%。方钢丝和六角钢丝不做反复弯曲性能检验。 3. 钢丝按表面状态分为冷拉（WCD）、银亮（ZY）两种。银亮钢丝尺寸及极限偏差按 GB/T 3207 规定；冷拉钢丝尺寸及极限偏差应符合 GB/T 342 的规定。级别由供需双方商定，如在合同中未注明级别要求，则按 11 级交货 推荐钢丝公称直径：（单位为 mm） 0.20~1（0.05 进级）、1.10~2.60（0.1 进级）、2.8~4.2（0.2 进级）、4.50、4.80、5.00、5.50~10.0（0.5 进级）
用途	YB/T 5303—2010 钢丝适用于制造各种机器结构零件和标准件等

力学性能

硬状态

钢丝公称直径/mm	抗拉强度 R_m/MPa ≥					反复弯曲/次 ≥				
	牌号					牌号				
	08、10	15、20	25、30、35	40、45、50	55、60	8、10	15、20	25、30、35	40、45、50	55、60
0.3~0.8	750	800	1000	1100	1200	—	—	—	—	—
>0.8~1.0	700	750	900	1000	1100	6	6	6	5	5
>1.0~3.0	650	700	800	900	1000	6	6	5	4	4
>3.0~6.0	600	650	700	800	900	5	5	5	4	4
>6.0~10.0	550	600	650	750	800	5	4	3	2	2

软状态

牌号	抗拉强度 R_m/MPa	断后伸长率 A(%) ≥	断面收缩率 Z(%) ≥
10	450~700	8	50
15	500~750	8	45
20	500~750	7.5	40
25	550~800	7	40
30	550~800	7	35
35	600~850	6.5	35
40	600~850	6	35
45	650~900	6	30
50	650~900	6	30

注：1. 钢丝用钢的牌号及化学成分应符合 GB/T 699 的要求。
2. 直径大于 7.0mm 的硬态钢丝，其反复弯曲次数不作为考核要求。
3. 方钢丝和六角钢线不作为反复弯曲性能检验。

5.4.6 重要用途碳素弹簧钢丝（见表3.1-279）

表 3.1-279 重要用途碳素弹簧钢丝尺寸规格、力学性能及应用（摘自 YB/T 5311—2010）

分组及用途	YB/T 5311—2010 规定的重要用途碳素弹簧钢丝适于制造承受动载荷（频繁变化载荷、突发冲击性载荷，或弹簧旋绕比即弹簧指数较小的载荷）、阀门等重要用途的弹簧。弹簧成形后不需进行淬火-回火处理，仅需进行低温去除应力处理 钢丝分为 E、F、G 三组。E 组主要用于制造承受中等应力动载荷弹簧；F 组主要用于制造承受较高应力的动载荷弹簧；G 组主要用于制造承受振动载荷（振幅相对固定，频率高达 10^7 以上的交变载荷）的阀门弹簧
尺寸规格	E、F 组钢丝公称直径范围为 0.10~7.00mm，其直径极限偏差应符合 GB/T 342—1997 中 10 级的规定；G 组直径范围为 1.00~7.00mm，直径极限偏差符合 GB/T 342 中 11 级规定；钢丝圆度应不大于公称直径公差之半

（续）

	直径 /mm	抗拉强度 R_m/MPa			直径 /mm	抗拉强度 R_m/MPa		
		E 组	F 组	G 组		E 组	F 组	G 组
力学性能	0.10	2440~2890	2900~3380	—	0.90	2070~2400	2410~2740	—
	0.12	2440~2860	2870~3320	—	1.00	2020~2350	2360~2660	1850~2110
	0.14	2440~2840	2850~3250	—	1.20	1940~2270	2280~2580	1820~2080
	0.16	2440~2840	2850~3200	—	1.40	1880~2200	2210~2510	1780~2040
	0.18	2390~2770	2780~3160	—	1.60	1820~2140	2150~2450	1750~2010
	0.20	2390~2750	2760~3110	—	1.80	1800~2120	2060~2360	1700~1960
	0.22	2370~2720	2730~3080	—	2.00	1790~2090	1970~2250	1670~1910
	0.25	2340~2690	2700~3050	—	2.20	1700~2000	1870~2150	1620~1860
	0.28	2310~2660	2670~3020	—	2.50	1680~1960	1830~2110	1620~1860
	0.30	2290~2640	2650~3000	—	2.80	1630~1910	1810~2070	1570~1810
	0.32	2270~2620	2630~2980	—	3.00	1610~1890	1780~2040	1570~1810
	0.35	2250~2600	2610~2960	—	3.20	1560~1840	1760~2020	1570~1810
	0.40	2250~2580	2590~2940	—	3.50	1500~1760	1710~1970	1470~1710
	0.45	2210~2560	2570~2920	—	4.00	1470~1730	1680~1930	1470~1710
	0.50	2190~2540	2550~2900	—	4.50	1420~1680	1630~1880	1470~1710
	0.55	2170~2520	2530~2880	—	5.00	1400~1650	1580~1830	1420~1660
	0.60	2150~2500	2510~2850	—	5.50	1370~1610	1550~1800	1400~1640
	0.63	2130~2480	2490~2830	—	6.00	1350~1580	1520~1770	1350~1590
	0.70	2100~2460	2470~2800	—	6.50	1320~1550	1490~1740	1350~1590
	0.80	2080~2430	2440~2770	—	7.00	1300~1530	1460~1710	1300~1540

注：1. 钢丝用钢的化学成分应按 YB/T 5311—2010 的规定。
  2. 抗拉强度应符合本表规定。中间尺寸钢丝 R_m 按相邻较大尺寸的规定执行。当需方要求，并在合同中规定，中间尺寸钢丝的 R_m 值也可按相邻较小尺寸的规定执行。

5.4.7 冷拉碳素弹簧钢丝（见表3.1-280、表3.1-281）

表 3.1-280　冷拉碳素弹簧钢丝分类、符号及应用（摘自 GB/T 4357—2009）

用途	GB/T 4357—2009 规定的冷拉碳素弹簧钢丝适用于制造静载荷和动载荷工况的机械弹簧，不适用于制造高疲劳强度弹簧（如阀门簧）。该标准定义的静载荷是指弹簧承受静态载荷或不频繁动载荷（循环次数 $N<10^4$ 次），或承受这两种载荷。不适于低频高载荷状态。动载荷是指弹簧承受频率载荷（$N \geq 10^4$ 次）或以突发动载荷为主				
分类及代号	低抗拉强度：L；中抗拉强度：M；高抗拉强度：H；静载荷：S；动载荷：D				
	强度等级	静载荷	公称直径范围/mm	动载荷	公称直径范围/mm
	低抗拉强度	SL 型	1.00~10.00	—	—
	中等抗拉强度	SM 型	0.30~13.00	DM 型	0.08~13.00
	高抗拉强度	SH 型	0.30~13.00	DH 型	0.05~13.00
化学成分	钢丝用钢的化学成分按 GB/T 4357—2009 的规定				
扭转试验要求	钢丝公称直径，d/mm	最少扭转次数			
		静载荷		动载荷	
	0.70≤d≤0.99	40		50	
	0.99<d≤1.40	20		25	
	1.40<d≤2.00	18		22	
	2.00<d≤3.50	16		20	
	3.50<d≤4.99	14		18	
	4.99<d≤6.00	7		9	
	6.00<d≤8.00	4①		5①	
	8.00<d≤10.00	3①		4①	

注：1. 钢丝按照表面状态分类为光面钢丝和镀层钢丝。
  2. 标记示例
    例1：2.00mm 中等抗拉强度级、适用于动载的光面弹簧钢丝，标记为：光面弹簧钢丝-GB/T 4357-2.00mm-DM
    例2：4.50mm 高抗拉强度级、适用于静载的镀锌弹簧钢丝，标记为：镀锌弹簧钢丝-GB/T 4357-4.50mm-SH
① 该值仅作为双方协商时的参考。

表 3.1-281　冷拉碳素弹簧钢丝直径及抗拉强度（摘自 GB/T 4357—2009）

钢丝公称直径/mm	抗拉强度/MPa				
	SL 型	SM 型	DM 型	SH 型	DH 型
0.30	—	2370~2650	2370~2650	2660~2940	2660~2940
0.32		2350~2630	2350~2630	2640~2920	2640~2920
0.34		2330~2600	2330~2600	2610~2890	2610~2890
0.36		2310~2580	2310~2580	2590~2890	2590~2890
0.38		2290~2560	2290~2560	2570~2850	2570~2850
0.40		2270~2550	2270~2550	2560~2830	2570~2830
0.43		2250~2520	2250~2520	2530~2800	2570~2800
0.45		2240~2500	2240~2500	2510~2780	2570~2780
0.48		2220~2480	2240~2500	2490~2760	2570~2760
0.50		2200~2470	2200~2470	2480~2740	2480~2740
0.53		2180~2450	2180~2450	2460~2720	2460~2720
0.56		2170~2430	2170~2430	2440~2700	2440~2700
0.60		2140~2400	2140~2400	2410~2670	2410~2670
0.63		2130~2380	2130~2380	2390~2650	2390~2650
0.65		2120~2370	2120~2370	2380~2640	2380~2640
0.70		2090~2350	2090~2350	2360~2610	2360~2610
0.80		2050~2300	2050~2300	2310~2560	2310~2560
0.85		2030~2280	2030~2280	2290~2530	2290~2530
0.90		2010~2260	2010~2260	2270~2510	2270~2510
0.95		2000~2240	2000~2240	2250~2490	2250~2490
1.00	1720~1970	1980~2220	1980~2220	2230~2470	2230~2470
1.05	1710~1950	1960~2220	1960~2220	2210~2450	2210~2450
1.10	1690~1940	1950~2190	1950~2190	2200~2430	2200~2430
1.20	1670~1910	1920~2160	1920~2160	2170~2400	2170~2400
1.25	1660~1900	1910~2130	1910~2130	2140~2380	2140~2380
1.30	1640~1890	1900~2130	1900~2130	2140~2370	2140~2370
1.40	1620~1860	1870~2100	1870~2100	2110~2340	2110~2340
1.50	1600~1840	1850~2080	1850~2080	2090~2310	2090~2310
1.60	1590~1820	1830~2050	1830~2050	2060~2290	2060~2290
1.70	1570~1800	1810~2030	1810~2030	2040~2260	2040~2260
1.80	1550~1780	1790~2010	1790~2010	2020~2240	2020~2240
1.90	1540~1760	1770~1990	1770~1990	2000~2220	2000~2220
2.00	1520~1750	1760~1970	1760~1970	1980~2200	1980~2200
2.10	1510~1730	1740~1960	1740~1960	1970~2180	1970~2180
2.25	1490~1710	1720~1930	1720~1930	1940~2150	1940~2150
2.40	1470~1690	1700~1910	1700~1910	1920~2130	1920~2130
2.50	1460~1680	1690~1890	1690~1890	1900~2110	1900~2110
2.60	1450~1660	1670~1880	1670~1880	1890~2100	1890~2100
2.80	1420~1640	1650~1850	1650~1850	1860~2070	1860~2070
3.00	1410~1620	1630~1830	1630~1830	1840~2040	1840~2040
3.20	1390~1600	1610~1810	1610~1810	1820~2020	1820~2020
3.40	1370~1580	1590~1780	1590~1780	1790~1990	1790~1990
3.60	1350~1560	1570~1760	1570~1760	1770~1970	1770~1970
3.80	1340~1540	1550~1740	1550~1740	1750~1950	1750~1950
4.00	1320~1520	1530~1730	1530~1730	1740~1930	1740~1930

(续)

钢丝公称直径/mm	抗拉强度/MPa				
	SL 型	SM 型	DM 型	SH 型	DH 型
4.25	1310~1500	1510~1700	1510~1700	1710~1900	1710~1900
4.50	1290~1490	1500~1680	1500~1680	1690~1880	1690~1880
4.75	1270~1470	1480~1670	1480~1670	1680~1840	1680~1840
5.00	1260~1450	1460~1650	1460~1650	1660~1830	1660~1830
5.30	1240~1430	1440~1630	1440~1630	1640~1820	1640~1820
5.60	1230~1420	1430~1610	1430~1610	1620~1800	1620~1800
6.00	1210~1390	1400~1580	1400~1580	1590~1770	1590~1770
6.30	1190~1380	1390~1560	1390~1560	1570~1750	1570~1750
6.50	1180~1370	1380~1550	1380~1550	1560~1740	1560~1740
7.00	1160~1340	1350~1530	1350~1530	1540~1710	1540~1710
7.50	1140~1320	1330~1500	1330~1500	1510~1680	1510~1680
8.00	1120~1300	1310~1480	1310~1480	1490~1660	1490~1660
8.50	1110~1280	1290~1460	1290~1460	1470~1630	1470~1630
9.00	1090~1260	1270~1440	1270~1440	1450~1610	1450~1610
9.50	1070~1250	1260~1420	1260~1420	1430~1590	1430~1590
10.00	1060~1230	1240~1400	1240~1400	1410~1570	1410~1570
10.50	—	1220~1380	1220~1380	1390~1550	1390~1550
11.00	—	1210~1370	1210~1370	1380~1530	1380~1530
12.00	—	1180~1340	1180~1340	1350~1500	1350~1500
12.50	—	1170~1320	1170~1320	1330~1480	1330~1480
13.00	—	1160~1310	1160~1310	1320~1470	1320~1470

注: 1. 钢丝的抗拉强度应符合本表要求。
2. 直条定尺钢丝的极限强度最多可能低 10%。
3. 中间尺寸钢丝抗拉强度值按表中相邻较大钢丝的规定执行。
4. 对特殊用途的钢丝,可商定其他抗拉强度。
5. 对直径为 0.08~0.18mm 的 DH 型钢丝,经供需双方协商,其抗拉强度波动值范围可规定为 300MPa。

5.4.8 合金弹簧钢丝 (见表 3.1-282)

表 3.1-282 合金弹簧钢丝的尺寸规格 (摘自 YB/T 5318—2010)

项 目	指 标	
尺寸规格	1. 钢丝的直径为 0.50~14.0mm 2. 冷拉或热处理钢丝直径及直径允许偏差应符合 GB/T 342 的规定 3. 银亮钢丝直径及直径极限偏差应符合 GB/T 3207 的规定 4. 钢丝直径极限偏差级别应在合同中注明,未注明时银亮钢丝按 10 级、其他钢丝按 11 级供货	
外 形	1. 钢丝的圆度不得大于钢丝直径公差之半 2. 钢丝盘应规整,打开钢丝盘时不得散乱或呈现"∞"字形 3. 按直条交货的钢丝,其长度一般为 2000~4000mm	
盘 重	钢丝直径/mm	最小盘重/kg
	0.50~1.00	1.0
	>1.00~3.00	5.0
	>3.00~6.00	10.0
	>6.00~9.00	15.0
	>9.00~14.0	30.0

注: 1. 钢丝适于制造承受中、高应力的各种机械合金弹簧,采用 50CrVA、55CrSiA、60Si2MnA 制造,化学成分符合 YB/T 5318—2010 规定。
2. 直径大于 5mm 的冷拉钢丝其抗拉强度不大于 1030MPa,经供需双方同意,也可用硬度代替抗拉强度,其硬度值不大于 302HBW。
3. 交货状态:冷拉—WCD;热处理—退火 (A)、正火 (N)、银亮 (ZY)。
4. 直径不大于 5mm 的冷拉钢丝应按 YB/T 5318—2010 规定作缠绕试验。

5.4.9 合金结构钢丝（见表 3.1-283）

表 3.1-283　合金结构钢丝尺寸规格及力学性能（摘自 YB/T 5301—2010）

尺寸规格	1. 钢丝分为两种：交货状态为冷拉的钢丝，代号为 WCD 　　　　　　　　交货状态为退火的钢丝，代号为 A 2. 冷拉圆钢丝直径不大于 10mm；冷拉方、六角钢丝尺寸为 2.00~8.00mm 钢丝尺寸及其极限偏差应符合 GB/T 342 的规定（尺寸偏差按 11 级要求），要求其他级别时，应在合同中注明 3. 化学成分（钢丝用钢的牌号）均应符合 GB/T 3077 的规定		
力学性能	交货状态	公称尺寸<5.0mm 抗拉强度 R_m/MPa	公称尺寸≥5.00mm 硬度 HBW
	冷拉	≤1080	≤302
	退火	≤930	≤296

5.4.10 不锈钢丝（见表 3.1-284、表 3.1-285）

表 3.1-284　不锈钢丝规格（摘自 GB/T 4240—2009）

基本规定	1. 钢丝按组织分为奥氏体、铁素体和马氏体三类，共计 36 个牌号，其化学成分应符合 GB/T 4240—2009 的规定 2. GB/T 4240—2009 规定的不锈钢丝主要适于制作耐蚀的机械零件，不适于弹簧、冷顶锻及焊接用 3. 交货状态：软态—S；轻拉—LD；冷拉—WCD 4. 尺寸： 软态钢丝的公称尺寸范围为 0.05~16.0mm；轻拉钢丝的公称尺寸范围为 0.30~16.0mm；冷拉钢丝的公称尺寸范围为 0.10~12.0mm 钢丝尺寸极限偏差符合 GB/T 342—1997 表 2 中 h11 级的规定。经供需双方商定并在合同中注明，可提供 GB/T 342—1997 表 3 中规定的负偏差钢丝或其他级别的钢丝 圆形钢丝的圆度应不大于直径公差之半 按需方要求，可供应直条钢丝和磨光钢丝，其尺寸及允许偏差分别按 GB/T 342 及 GB/T 3207 的规定			
软态钢丝的牌号及力学性能	牌号	公称直径范围/mm	抗拉强度 R_m/MPa	断后伸长率[①]A(%) 不小于
	12Cr17Mn6Ni5N 12Cr18Mn9Ni5N 12Cr18Ni9 Y12Cr18Ni9 16Cr23Ni13 20Cr25Ni20Si2	0.05~0.10 >0.10~0.30 >0.30~0.60 >0.60~1.0 >1.0~3.0 >3.0~6.0 >6.0~10.0 >10.0~16.0	700~1000 660~950 640~920 620~900 620~880 600~850 580~830 550~800	15 20 20 25 30 30 30 30
	Y06Cr17Mn6Ni6Cu2 Y12Cr18Ni9Cu3 06Cr19Ni9 022Cr19Ni10 10Cr18Ni12 06Cr17Ni12Mo2 06Cr20Ni11 06Cr23Ni13 06Cr25Ni20 06Cr17Ni12Mo2 022Cr17Ni14Mo2 06Cr19Ni13Mo3 06Cr19Ni12Mo2Ti	0.05~0.10 >0.10~0.30 >0.30~0.60 >0.60~1.0 >1.0~3.0 >3.0~6.0 >6.0~10.0 >10.0~16.0	650~930 620~900 600~870 580~850 570~830 550~800 520~770 500~750	15 20 20 25 30 30 30 30

（续）

	牌号	公称直径范围/mm	抗拉强度 R_m/MPa	断后伸长率[①]A(%) 不小于
软态钢丝的牌号及力学性能	30Cr13 32Cr13Mo Y30Cr13 40Cr13 12Cr12Ni2 Y16Cr17Ni2Mo 20Cr17Ni2	1.0～2.0 >2.0～16.0	600～850 600～850	10 15
轻拉钢丝的牌号及力学性能	12Cr17Mn6Ni5N 12Cr18Mn9Ni5N Y06Cr17Mn6Ni6Cu2 12Cr18Ni9 Y12Cr18Ni9 Y12Cr18Ni9Cu3 06Cr19Ni9 022Cr19Ni10 10Cr18Ni12 06Cr20Ni11 16Cr23Ni13 06Cr23Ni13 06Cr25Ni20 20Cr25Ni20Si2 06Cr17Ni12Mo2 022Cr17Ni14Mo2 06Cr19Ni13Mo3 06Cr17Ni12Mo2Ti	0.50～1.0 >1.0～3.0 >3.0～6.0 >6.0～10.0 >10.0～16.0	850～1200 830～1150 800～1100 770～1050 750～1030	—
	06Cr13Al 06Cr11Ti 022Cr11Nb 10Cr17 Y10Cr17 10Cr17Mo 10Cr17MoNb	0.30～3.0 >3.0～6.0 >6.0～16.0	530～780 500～750 480～730	
	12Cr13 Y12Cr13 20Cr13	1.0～3.0 >3.0～6.0 >6.0～16.0	600～850 580～820 550～800	—
	30Cr13 32Cr13Mo Y30Cr13 Y16Cr17Ni2Mo	1.0～3.0 >3.0～6.0 >6.0～16.0	650～950 600～900 600～850	
冷拉钢丝的牌号及力学性能	12Cr17Mn6Ni5N 12Cr18Mn9Ni5N 12Cr18Ni9 06Cr19Ni9 10Cr18Ni12 06Cr17Ni12Mo2	0.10～1.0 >1.0～3.0 >3.0～6.0 >6.0～12.0	1200～1500 1150～1450 1100～1400 950～1250	—

① 易切削钢丝和公称直径小于1.0mm的钢丝，断后伸长率供参考，不作为判定依据。

表 3.1-285　不锈钢丝新、旧牌号及国外类似牌号对照（摘自 GB/T 4240—2009）

新标准（GB/T 4240—2009）	旧标准（GB/T 4240—1993）	ASTM	UNS	JIS	EN	BS	ГОСТ
12Cr17Mn6Ni5N	1Cr17Mn6Ni5N	201	S20100	SUS201	X12CrMnNiN17-7-5	—	—
12Cr18Mn9Ni5N	1Cr18Mn8Ni5N	202	S20200	—	X12CrMnNiN18-9-5	284S16	—
Y06Cr17Mn6Ni6Cu2	—	XM-1	S20300	—	—	—	—
12Cr18Ni9	1Cr18Ni9	302	S30200	SUS302	X10CrNi18-8	302S31	—
Y12Cr18Ni9	Y1Cr18Ni9	303	S30300	SUS303	X8CrNiS18-9	303S31	—
Y12Cr18Ni9Cu3	Y1Cr18Ni9Cu3	—	—	SUS303Cu	X6CrNiCuS18-9-2	—	—
06Cr19Ni10	0Cr18Ni9	304	—	SUS304	—	304S31	—
022Cr19Ni10	00Cr19Ni10	304L	—	SUS304L	X2CrNi19-11	304S11	—
10Cr18Ni12	1Cr18Ni12	305	S30500	SUS305	—	—	—
06Cr20Ni11	00Cr20Ni11	308	S30800	SUS308	—	—	—
16Cr23Ni13	2Cr23Ni13	309	S30900	—	—	—	—
06Cr23Ni13	0Cr23Ni13	309S	S30908	SUS309S	—	309S20	—
06Cr25Ni20	0Cr25Ni20	—	—	SUS310S	—	310S17	—
20Cr25Ni20Si2	2Cr25Ni20Si2	314	S31400	—	—	314S25	—
06Cr17Ni12Mo2	0Cr17Ni12Mo2	316	S31600	SUS316	—	316S19	—
022Cr17Ni12Mo2	00Cr17Ni14Mo2	316L	S31603	SUS316L	XCrNiMo17-12-2	316S14	—
06Cr19Ni13Mo3	0Cr19Ni13Mo3	317	S31700	SUS317	—	—	—
06Cr17Ni12Mo2Ti	0Cr18Ni12Mo3Ti	—	—	SUS316Ti	X6CrNiMoTi17-12-2	320S18	—
06Cr13Al	0Cr13Al	405	S40500	SUS405	X6CrAl13	—	—
06Cr11Ti	0Cr11Ti	409	S40900	—	—	409S17	—
02Cr11Nb	—	409Nb	S40940	—	—	—	—
10Cr17	1Cr17	430	S43000	SUS430	—	430S18	—
Y10Cr17	Y1Cr17	430F	S43020	SUS430F	X14CrMoS17	—	—
10Cr17Mo	1Cr17Mo	434	S43400	SUS434	X6CrMo17-1	434S20	—
10Cr17MoNb	—	436	S43600	—	X6CrMoNb17-1	436S20	—
12Cr13	1Cr13	410	S41000	SUS410	X12Cr13	420S29	10X13
Y12Cr13	Y1Cr13	416	S41600	SUS416	X12CrS13	—	20X13
20Cr13	2Cr13	420	S42000	SUS420J1	X20Cr13	420S37	30X13
30Cr13	3Cr13	—	—	SUS420J2	X30Cr13	420S45	—
32Cr13Mo	3Cr13Mo	—	—	—	—	—	—
Y30Cr13	Y3Cr13	420F	S42020	SUS420F	X29CrS13	—	—
40Cr13	4Cr13	—	—	—	X39Cr13	—	40X13
12Cr12Ni2	—	414	S41400	—	—	—	—
Y16Cr17Ni2Mo	—	—	—	—	X441S29	441S29	—
20Cr17Ni2	—	—	—	—	X17CrNi16-2	431S29	20X17H2

5.4.11 不锈弹簧钢丝（见表3.1-286）

表3.1-286　不锈弹簧钢丝尺寸规格及力学性能（摘自 GB/T 24588—2009）

尺寸规格	1. GB/T 24588—2009《不锈弹簧钢丝》适于制作要求防锈的弹簧。按钢丝牌号和抗拉强度等级分为 A、B、C、D 四个组 2. 钢丝直径范围：A 组—0.20~10.0mm；B 组—0.20~12.0mm；C 组—0.20~10.0mm；D 组—0.20~6.0mm 3. 直径极限偏差应符合 GB/T 342 中 h11 级的规定 4. 钢丝圆度不大于直径公差之半 5. 钢丝用钢的牌号及化学成分应符合 GB/T 24588—2009 规定				
公称直径 d/mm	A 组 12Cr18Ni9 06Cr19Ni9 06Cr17Ni12Mo2 10Cr18Ni9Ti 12Cr18Mn9Ni5N	B 组 12Cr18Ni9 06Cr19Ni9N 12Cr18Mn9Ni5N	C 组 07Cr17Ni7Al[①]		D 组 12Cr17Mn8Ni3Cu3N
			冷拉不小于	时效	
0.20	1700~2050	2050~2400	1970	2270~2610	1750~2050
0.22	1700~2050	2050~2400	1950	2250~2580	1750~2050
0.25	1700~2050	2050~2400	1950	2250~2580	1750~2050
0.28	1650~1950	1950~2300	1950	2250~2580	1720~2000
0.30	1650~1950	1950~2300	1950	2250~2580	1720~2000
0.32	1650~1950	1950~2300	1920	2220~2550	1680~1950
0.35	1650~1950	1950~2300	1920	2220~2550	1680~1950
0.40	1650~1950	1950~2300	1920	2220~2550	1680~1950
0.45	1600~1900	1900~2200	1900	2200~2530	1680~1950
0.50	1600~1900	1900~2200	1900	2200~2530	1650~1900
0.55	1600~1900	1900~2200	1850	2150~2470	1650~1900
0.60	1600~1900	1900~2200	1850	2150~2470	1650~1900
0.63	1550~1850	1850~2150	1850	2150~2470	1650~1900
0.70	1550~1850	1850~2150	1820	2120~2440	1650~1900
0.80	1550~1850	1850~2150	1820	2120~2440	1620~1870
0.90	1550~1850	1850~2150	1800	2100~2410	1620~1870
1.0	1550~1850	1850~2150	1800	2100~2410	1620~1870
1.1	1450~1750	1750~2050	1750	2050~2350	1620~1870
1.2	1450~1750	1750~2050	1750	2050~2350	1580~1830
1.4	1450~1750	1750~2050	1700	2000~2300	1580~1830
1.5	1400~1650	1650~1900	1700	2000~2300	1550~1800
1.6	1400~1650	1650~1900	1650	1950~2240	1550~1800
1.8	1400~1650	1650~1900	1600	1900~2180	1550~1800
2.0	1400~1650	1650~1900	1600	1900~2180	1550~1800
2.2	1320~1570	1550~1800	1550	1850~2140	1510~1800
2.5	1320~1570	1550~1800	1550	1850~2140	1510~1760
2.8	1230~1480	1450~1700	1500	1790~2060	1510~1760
3.0	1230~1480	1450~1700	1500	1790~2060	1510~1760
3.2	1230~1480	1450~1700	1450	1740~2000	1480~1730
3.5	1230~1480	1450~1700	1450	1740~2000	1480~1730
4.0	1230~1480	1450~1700	1400	1680~1930	1480~1730
4.5	1100~1350	1350~1600	1350	1620~1870	1400~1650
5.0	1100~1350	1350~1600	1350	1620~1870	1330~1580
5.5	1100~1350	1350~1600	1300	1550~1800	1330~1580
6.0	1100~1350	1350~1600	1300	1550~1800	1230~1480
6.3	1020~1270	1270~1520	1250	1500~1750	—
7.0	1020~1270	1270~1520	1250	1500~1750	—
8.0	1020~1270	1270~1520	1200	1450~1700	—
9.0	1000~1250	1150~1400	1150	1400~1650	—
10.0	980~1200	1000~1250	1150	1400~1650	—
11.0	—	1000~1250	—	—	—
12.0	—	1000~1250	—	—	—

（钢丝抗拉强度 /MPa）

注：1. 钢丝抗拉强度应符合本表规定。中间尺寸钢丝的抗拉强度按邻较大规格的执行。
2. 直条或磨光状态钢丝的力学性能极限偏差为 ±10%。

① 钢丝试样时效处理推荐工艺制度为：400~500℃，保温 0.5~1.5h，空冷。

5.4.12 高速工具钢丝（见表3.1-287）

表 3.1-287 高速工具钢丝牌号、尺寸规格及硬度值（摘自 YB/T 5302—2010）

尺寸规格	直径及极限偏差	1. 钢丝的直径范围为 1.00～16.0mm 2. 退火钢丝的直径及其极限偏差应符合 GB/T 342 中的 9～11 级规定 3. 磨光钢丝的直径及其极限偏差应符合 GB/T 3207 中的 9～11 级规定					
	形状公差	1. 退火直条钢丝的每米直线度不得大于 2mm，磨光直条钢丝每米直线度不得大于 1mm。端部变形由公称尺寸算起，端头直径增加量不得超过直径公差 2. 钢丝的圆度不得大于钢丝公称直径公差之半					
	长度	钢丝公称直径/mm		通常长度/mm		短尺长度/mm ≥	
		1.00～3.00		1000～2000		800	
		>3.00		2000～4000		1200	

	牌号	交货硬度（退火态）HBW	试样热处理制度及淬火-回火硬度				
			预热温度/℃	淬火温度/℃	淬火介质	回火温度/℃	硬度 HRC 不小于
牌号、热处理及硬度	W3Mo3Cr4V2	≤255	800～900	1180～1200	油	540～560	63
	W4Mo3Cr4VSi	207～255		1170～1190		540～560	63
	W18Cr4V	207～255		1250～1270		550～570	63
	W2Mo9Cr4V2	≤255		1190～1210		540～560	64
	W6Mo5Cr4V2	207～255		1200～1220		550～570	63
	CW6Mo5Cr4V2	≤255		1190～1210		540～560	64
	W9Mo3Cr4V	207～255		1200～1220		540～560	63
	W6Mo5Cr4V3	≤262		1190～1210		540～560	64
	CW6Mo5Cr4V3	≤262		1180～1200		540～560	64
	W6Mo5Cr4V2Al	≤269		1200～1220		550～570	65
	W6Mo5Cr4V2Co5	≤269		1190～1210		540～560	64
	W2Mo9Cr4VCo8	≤269		1170～1190		540～560	66

注：1. 钢丝的交货状态为退火或磨光状态。
2. 直径不小于 5.00mm 的钢丝应检验布氏硬度，硬度值应符合本表规定；直径小于 5.00mm 的钢丝应检验维氏硬度，其硬度值为 206～256HV，若供方能保证合格，可不做检验。
3. 钢丝牌号的化学成分应符合 YB/T 5302—2010 的规定。
4. 钢丝适于制作各类工具及偶件针阀等。

6 粉末冶金材料

6.1 粉末冶金结构材料

6.1.1 粉末冶金铁基结构材料（见表3.1-288、表3.1-289）

表 3.1-288 粉末冶金铁基结构材料性能参考值（摘自 GB/T 14667.1—1993）

牌号	屈服强度 $R_{p0.2}$/MPa	规定比例极限 $R_{p0.1}$/MPa	正弹性模量 E/GPa	剩余变形为 0.1% 的压缩强度 σ_{bc}/MPa
	≥			
F0001J	70	50	78	80
F0002J	100	80	88	100
F0003J	135	100	98	120
F0101J	70	50	78	100
F0102J	100	80	83	120
F0103J	135	100	88	145
F0111J	100	80	83	120
F0112J	135	100	88	145
F0113J	180	135	98	190
F0121J	135	100	88	145
F0122J	180	135	93	190
F0123J	220	180	103	245
F0201J	190	135	93	190
F0202J	245	180	107	295
F0203J	345	245	122	390
F0211J	295	190	112	345
F0212J	390	295	127	440

注：本表为 GB/T 14667.1—1993 粉末冶金铁基结构材料的附录（参考件）。

表 3.1-289 粉末冶金铁基结构材料分类、牌号、化学成分、性能及应用（GB/T 14667.1—1993）

类别	牌号	密度 /g·cm⁻³ ≥	化学成分（质量分数，%）						力学性能							表观硬度 HBW ≥	主要特点与应用举例
			Fe	$C_{化合}$	Cu	Mo	其他	R_m /MPa	A (%)	a_k /J·cm⁻²	$R_{p0.2}$ /MPa ≥	$R_{p0.1}$ /MPa	E /MPa	σ_{bc} /MPa		
烧结铁	F0001J	6.4	余量	≤0.1	—	—	≤1.5	100	3.0	4.9	68.6	49	78400	78.4	40	塑性、韧性、焊接性与导磁性较好，适于制造受力极小、要求导磁或翻铆或焊接以及要求耐磁的零件，如垫片、尺框、接铁、磁筒、滑块、极靴等
	F0002J	6.8	余量	≤0.1	—	—	≤1.5	150	5.0	9.8	98	78.4	88200	98	50	
	F0003J	7.2		≤0.1	—	—	≤1.5	200	7.0	19.6	137.2	98	98000	117.6	60	
	F0101J	6.2	余量	>0.1~0.4	—	—	≤1.5	100	1.5	4.9	68.6	49	78400	98	50	塑性、韧性、焊接性较好，可进行淬火处理，适于制造受力较小、或焊接零件以及要求渗碳淬火零件，如盖、滑块、底座等
	F0102J	6.4	余量	>0.1~0.4	—	—	≤1.5	150	2.0	9.8	98	78.4	83300	117.6	60	
	F0103J	6.8		>0.1~0.4	—	—	≤1.5	200	3.0	14.7	137.2	98	88200	147	70	
烧结碳钢	F0111J	6.2	余量	>0.4~0.7	—	—	≤1.5	150	1.0	4.9	98	78.4	83300	117.6	60	强度较高，可进行热处理，适于制造负荷较高的零件，一般不要求热处理的零件，如隔套、接头、调节螺母、传动小齿轮、转子等
	F0112J	6.4	余量	>0.4~0.7	—	—	≤1.5	200	1.5	4.9	137.2	98	88200	147	70	
	F0113J	6.8		>0.4~0.7	—	—	≤1.5	250	2.0	9.8	176.4	137.2	98000	196	80	
	F0121J	6.2	余量	>0.7~1.0	—	—	≤1.5	200	0.5	2.94	137.2	98	88200	147	70	强度与硬度较高，耐磨性较好，适于制造一般不进行热处理、如推力垫、挡套等
	F0122J	6.4	余量	>0.7~1.0	—	—	≤1.5	250	0.5	4.9	176.4	137.2	93100	196	80	
	F0123J	6.8		>0.7~1.0	—	—	≤1.5	300	1.0	4.9	215.6	171.4	102900	245	90	
烧结铜钢	F0201J	6.2	余量	0.5~0.8	2~4	—	≤1.5	250	0.5	2.94	196	137.2	93100	196	90	强度与硬度较高，可进行热处理，抗大气氧化性能好，适于制造耐磨、大负荷零件，如链轮、齿轮、推杆环、锁紧螺母、摆线转子等
	F0202J	6.4	余量	0.5~0.8	2~4	—	≤1.5	350	0.5	4.9	245	171.4	107800	294	100	
	F0203J	6.8	余量	0.5~0.8	2~4	—	≤1.5	500	0.5	4.9	343	245	122500	392	110	
烧结铜钼钢	F0211J	6.4	余量	0.4~0.7	2~4	0.5~1.0	≤1.5	400	0.5	4.9	294	196	112700	343	120	强度高、硬度高、高温回火脆性好，要求耐磨或要求调质处理零件，适于热定力高、渗透性好的零件，如滚子、螺旋螺母、活塞环、齿轮等
	F0212J	6.8	余量	0.4~0.7	2~4	0.5~1.0	≤1.5	500	0.5	4.9	392	294	127400	441	130	

注：牌号示例说明：

F 0 01 0 J
│ │ │ │ └── 烧结状态
│ │ │ └──── 顺序号
│ │ └────── 铁及铁基合金
│ └──────── 结构材料
└────────── 粉末冶金材料

6.1.2 铁基粉末冶金结构零件材料（见表3.1-290～表3.1-298）

表3.1-290 结构零件用铁基材料：铁与碳钢（摘自GB/T 19076—2003）[5]

参数	符号	单位	铁 牌号				铁与碳钢 牌号							备注
			-F-00-100	-F-00-120	-F-00-140	-F-05-140	-F-05-170	-F-05-340H[1]	-F-05-480H[1]	-F-08-210	-F-08-240	-F-08-450H[2]	-F-08-550H[2]	
化学成分 $C_{化合}$		%	<0.3	<0.3	<0.3	0.3~0.6	0.3~0.6	0.3~0.6	0.3~0.6	0.6~0.9	0.6~0.9	0.6~0.9	0.6~0.9	
Cu		%	—	—	—	—	—	—	—	—	—	—	—	
Fe		%	余量	余量	余量	余量	余量	余量	余量	余量	余量	余量	余量	
其他元素总和(max)		%	2	2	2	2	2	2	2	2	2	2	2	
抗拉屈服强度(min)	$R_{p0.2}$	MPa	100	120	140	140	170	340	480	210	240	450	550	标准值
极限抗拉强度(min)	R_m	MPa	—	—	—	—	—	—	—	—	—	—	—	
表观硬度		维氏	62HV5	75HV5	85HV5	90HV5	120HV5	280HV10	300HV10	120HV5	140HV5	320HV10	360HV10	参考值
		洛氏	60HRF	70HRF	80HRF	40HRB	60HRB	20HRC	25HRC	60HRB	70HRB	28HRC	33HRC	
密度	ρ	g/cm³	6.7	7.0	7.3	6.6	7.0	6.6	7.0	6.6	7.0	6.6	7.0	
抗拉强度	R_m	MPa	170	210	260	220	275	410	550	290	390	520	620	
抗压屈服强度	$R_{p0.2}$	MPa	120	150	170	160	200	①	①	240	260	③	③	
伸长率	A_{25}	%	3	4	7	1	2	—	—	1	1	—	—	
弹性模量		GPa	120	140	160	115	140	115	140	115	140	115	140	
泊松比			0.25	0.27	0.28	0.25	0.27	0.25	0.27	0.25	0.27	0.25	0.27	
无回口夏比冲击能	(0.1%)	J	8	24	47	5	8	4	5	5	7	5	7	
压缩屈服强度		MPa	120	125	130	210	225	300	420	290	290	400	550	
横向断裂强度		MPa	340	500	660	440	550	720	970	510	690	790	950	
疲劳极限(90%存活率)[4]		MPa	65	80	100	80	105	160	220	120	170	210	260	

① 在850℃，于0.5%碳势保护气氛中加热30min进行奥氏体化后油淬火，再在180℃回火1h。
② 在850℃，于0.8%碳势保护气氛中加热30min进行奥氏体化后油淬火，再在180℃回火1h。
③ 经过热处理的材料，抗拉屈服强度和极限抗拉强度近似相等。
④ 由旋转弯曲试验测定的存活率为90%的疲劳耐久寿命，按ISO 3928（GB/T 4337）切削加工的试样。
   这些材料可通过加添加剂提高可切削性，表中所列性能不变。
⑤ GB/T 19076—2003《烧结金属材料规范》由ISO 5755：2001《烧结金属材料规范》转化而成，技术内容等同。

表 3.1-291 结构零件用铁基材料：铜钢和铜-碳钢（摘自 GB/T 19076—2003）

参数	符号	单位	铜钢 牌号						铜-碳钢 牌号				备注
			-F-00C2-140	-F-00C2-175	-F-05C2-270	-F-05C2-300	-F-05C2-500H①	-F-05C2-620H①	-F-08C2-350	-F-08C2-390	-F-08C2-500H②	-F-05C2-620H②	
化学成分 $C_{化合}$		%	<0.3	<0.3	0.3~0.6	0.3~0.6	0.3~0.6	0.3~0.6	0.6~0.9	0.6~0.9	0.6~0.9	0.6~0.9	
Cu		%	1.5~2.5	1.5~2.5	1.5~2.5	1.5~2.5	1.5~2.5	1.5~2.5	1.5~2.5	1.5~2.5	1.5~2.5	1.5~2.5	
Fe		%	余量	余量	余量	余量	余量	余量	余量	余量	余量	余量	
其他元素总和（max）		%	2	2	2	2	2	2	2	2	2	2	
抗拉屈服强度（min）	$R_{p0.2}$	MPa	140	175	270	300			350	390			标准值
极限抗拉强度（min）	R_m	MPa					500	620			500	620	标准值
表观硬度		维氏	70HV5	90HV5	115HV5	150HV5	310HV10	390HV10	140HV5	165HV5	360HV10	430HV10	参考值
		洛氏	26HRB	39HRB	57HRB	68HRB	27HRC	36HRC	70HRB	78HRB	33HRC	40HRC	
密度	ρ	g/cm³	6.6	7.0	6.6	7.0	6.6	7.0	6.6	7.0	6.6	7.0	
抗拉强度	R_m	MPa	210	235	325	390	580	690	390	480	570	690	
抗拉屈服强度	$R_{p0.2}$	MPa	180	205	300	330	③	③	360	420	③	③	
伸长率	A_{25}	%	2	3	—	1	—	—	—	—	—	—	
弹性模量		GPa	115	140	115	140	115	140	115	140	115	140	
泊松比			0.25	0.27	0.25	0.27	0.25	0.27	0.25	0.27	0.25	0.27	
无凹口夏比冲击能		J	7	8	7	10	5	7	7	8	6	6	
压缩屈服强度（0.1%）		MPa	160	185	380	400	560	660	450	480	560	690	
横向断裂强度		MPa	390	445	620	760	800	930	800	980	830	1000	
疲劳极限（90%存活率）		MPa	80	89	130	200	220	260	150	200	230	270	
疲劳极限（50%存活率）		MPa			110	160			120	150			

① 在 850℃，于 0.5% 的碳势保护气氛中加热 30min 进行奥氏体化后油淬火，再在 180℃ 回火 1h。
② 在 850℃，于 0.8% 的碳势保护气氛中加热 30min 进行奥氏体化后油淬火，再在 180℃ 回火 1h。
③ 经过热处理的材料，抗拉屈服强度和极限抗拉强度近似相等。

第1章 钢铁材料

表 3.1-292 结构零件用铁基材料：磷钢 (摘自 GB/T 19076—2003)

参数	符号	单位	磷钢[①]			磷-碳钢		铜-磷钢		铜-磷-碳钢		备注
			牌号			牌号		牌号		牌号		
			-F-00P05 -180	-F-00P05 -210	-F-00P05 -270	-F-00P05 -320	-F-00C2P -260	-F-00C2P -300	-F-05C2P -320	-F-05C2P -380		
化学成分												
$C_{化合}$		%	<0.1	<0.1	0.3~0.6	0.3~0.6	<0.3	<0.3	0.3~0.6	0.3~0.6		
Cu		%	—	—	—	—	1.5~2.5	1.5~2.5	1.5~2.5	1.5~2.5		
Fe		%	余量	余量	余量	余量	余量	余量	余量	余量		
P		%	0.40~0.50	0.40~0.50	0.40~0.50	0.40~0.50	0.40~0.50	0.40~0.50	0.40~0.50	0.40~0.50		
其他元素总和 (max)		%	2	2	2	2	2	2	2	2		
抗拉屈服强度 (min)	$R_{p0.2}$	MPa	180	210	270	320	260	300	320	380		标准值
表观硬度		HV5	70	120	130	150	120	140	140	160		
		洛氏	40HRB	60HRB	65HRB	72HRB	60HRB	69HRB	69HRB	74HRB		
密度	ρ	g/cm³	6.6	7.0	6.6	7.0	6.6	7.0	6.6	7.0		
抗拉强度	R_m	MPa	300	400	400	480	400	500	450	550		
抗拉屈服强度	$R_{p0.2}$	MPa	210	240	305	365	300	340	360	400		
伸长率	A_{25}	%	4	9	3	5	3	6	2	3		
弹性模量		GPa	115	140	115	140	115	140	115	140		
泊松比			0.25	0.27	0.25	0.27	0.25	0.27	0.25	0.27		
无凹口夏比冲击能		J	18	30	9	15						
横向断裂强度		MPa	600	900	700	1000			820	1120		
疲劳极限 50%存活率[②]		MPa	110	140	140	175	130	160	150	180		

① 这些材料用于磁性用途时，事先应向供应商咨询。一些粉末冶金软磁材料在 IEC 60404-8-9 中已标准化。
② 根据四点平面弯曲试验测定的存活率为 50% 的疲劳耐久极限，试样按 ISO 3928 制造，不经切削加工。

表3.1-293 结构零件用铁基材料：镍钢（摘自 GB/T 19076—2003）

参数	符号	单位	镍钢牌号 F-05N2-140	F-05N2-180	F-05N2-550H①	F-05N2-800H①	F-08N2-260	F-08N2-600H②	F-08N2-900H②	F-05N4-180	F-05N4-240	F-05N4-600H②	F-05N4-900H②	备注
化学成分 $C_{化合}$		%	0.3~0.6	0.3~0.6	0.3~0.6	0.3~0.6	0.6~0.9	0.6~0.9	0.6~0.9	0.3~0.6	0.3~0.6	0.3~0.6	0.3~0.6	标准值
Ni		%	1.5~2.5	1.5~2.5	1.5~2.5	1.5~2.5	1.5~2.5	1.5~2.5	1.5~2.5	3.5~4.5	3.5~4.5	3.5~4.5	3.5~4.5	
Fe		%	余量	余量	余量	余量	余量	余量	余量	余量	余量	余量	余量	
其他元素总和（max）		%	2	2	2	2	2	2	2	2	2	2	2	
抗拉屈服强度（min）	$R_{p0.2}$	MPa	140	180	③	③	260	③	③	180	240	③	③	
极限抗拉强度（min）	R_m	MPa			550	800		600	900			600	900	
表观硬度		维氏	80HV5	140HV5	330HV10	350HV10	160HV5	350HV10	380HV10	107HV5	145HV5	270HV10	350HV10	参考值
		洛氏	44HRB	62HRB	23HRC	31HRC	74HRB	26HRC	35HRC	53HRB	71HRB	21HRC	31HRC	
密度	ρ	g/cm³	6.6	7.0	6.6	7.0	7.0	6.7	7.0	6.6	7.0	6.6	7.0	
抗拉强度	R_m	MPa	280	360	620	900	430	620	1000	285	410	610	930	
抗拉屈服强度	$R_{p0.2}$	MPa	170	220	③	③	300	③	③	220	280	③	③	
伸长率	A_{25}	%	1.5	2.5	—	—	1.5	—	—	1.0	3.0	—	—	
弹性模量		GPa	115	140	115	140	140	120	140	115	140	115	140	
泊松比			0.25	0.27	0.25	0.25	0.27	0.25	0.27	0.25	0.27	0.25	0.27	
无凹口夏比冲击能		J	8	20	5	7	15	5	7	8	20	6	9	
压缩屈服强度（0.1%）		MPa	230	270	530	650	350	680	940	240	280	510	710	
横向断裂强度		MPa	450	740	830	1200	800	830	1280	500	830	860	1380	
疲劳极限（90%存活率④）		MPa	100	130	180	260	150	200	320	120	150	190	290	

① 在850℃，于0.5%的碳势保护气氛中加热30min进行奥氏体化后油淬火，再在260℃回火1h。
② 在850℃，于0.8%的碳势保护气氛中加热30min进行奥氏体化后油淬火，再在260℃回火1h。
③ 经过热处理的材料，抗拉屈服强度和极限抗拉强度近似相等。
④ 由旋转弯曲试验测定的存活率为90%的疲劳耐久极限，试样按ISO 3928切削加工的。

第1章 钢铁材料

表 3.1-294 结构零件用铁基材料：铜或铜合金熔渗钢（摘自 GB/T 19076—2003）

参数	符号	单位	熔渗钢牌号 -FX-08C10-340	熔渗钢牌号 -FX-08C10-760H[①]	熔渗钢牌号 -FX-08C20-410	熔渗钢牌号 -FX-08C20-620H[①]	备注
化学成分 $C_{化合}^{②}$		%	0.6~0.9	0.6~0.9	0.6~0.9	0.6~0.9	标准值
Cu		%	8~15	8~15	15~25	15~25	
Fe		%	余量	余量	余量	余量	
其他元素总和（max）		%	2	2	2	2	
抗拉屈服强度（min）	$R_{p0.2}$	MPa	340	[③]	410	[③]	参考值
极限抗拉强度（min）	R_m	MPa		760		620	
表观硬度 维氏		维氏	210HV5	460HV10	210HV5	390HV10	
表观硬度 洛氏		洛氏	89HRB	43HRC	90HRB	36HRC	
密度	ρ	g/cm³	7.3	7.3	7.3	7.3	
抗拉强度	R_m	MPa	600	830	550	690	
抗拉屈服强度	$R_{p0.2}$	MPa	410	[③]	480	[③]	
伸长率	A_{25}	%	3	—	1	—	
弹性模量		GPa	160	160	145	145	
泊松比			0.28	0.28	0.24	0.24	
无凹口夏比冲击能		J	14	9	9	7	
压缩屈服强度（0.1%）		MPa	490	790	480	510	
横向断裂强度		MPa	1140	1300	1080	1100	
疲劳极限（90%存活率[④]）		MPa	230	280	160	190	

注：所有数据都是基于一步熔渗处理。
① 在850℃，于0.5%碳势保护气氛中加热30min奥氏体化后油淬火，再在180℃回火1h。
② 仅限于铁相。
③ 经过热处理的材料抗拉屈服强度和极限抗拉强度值近似相等。
④ 其值来源于超声谐振测量。

表 3.1-295 结构零件用铁基材料：扩散合金化镍-铜-钼钢（摘自 GB/T 19076—2003）

参数	符号	单位	镍-铜-钼钢① 牌号										备注
			-FD-05N2C-360	-FD-05N2C-400	-FD-05N2C-440	-FD-05N2C-950H②	-FD-05N2C-1100H②	-FD-05N4C-400	-FD-05N4C-440	-FD-05N4C-450	-FD-05N4C-930H②	-FD-05N4C-1100H②	
化学成分 $C_{化合}$		%	0.3~0.6	0.3~0.6	0.3~0.6	0.3~0.6	0.3~0.6	0.3~0.6	0.3~0.6	0.3~0.6	0.3~0.6	0.3~0.6	标准值
Ni		%	1.5~2.0	1.5~2.0	1.5~2.0	1.5~2.0	1.5~2.0	3.5~4.5	3.5~4.5	3.5~4.5	3.5~4.5	3.5~4.5	
Cu		%	1.0~2.0	1.0~2.0	1.0~2.0	1.0~2.0	1.0~2.0	1.0~2.0	1.0~2.0	1.0~2.0	1.0~2.0	1.0~2.0	
Mo		%	0.4~0.6	0.4~0.6	0.4~0.6	0.4~0.6	0.4~0.6	0.4~0.6	0.4~0.6	0.4~0.6	0.4~0.6	0.4~0.6	
Fe		%	余量	余量	余量	余量	余量	余量	余量	余量	余量	余量	
其他元素总和 (max)		%	2	2	2	③	③	2	2	2	③	③	
抗拉屈服强度 (min)	$R_{p0.2}$	MPa	360	400	440	950	1100	400	420	450	930	1100	
极限抗拉强度 (min)	R_m	MPa											
表观硬度		维氏	155HV5	180HV5	210HV5	400HV10	480HV10	170HV5	200HV5	230HV10	390HV10	460HV10	参考值
		洛氏	73HRB	80HRB	86HRB	37HRC	45HRC	82HRB	86HRB	92HRB	36HRC	43HRC	
密度	ρ	g/cm³	6.9	7.1	7.4	7.1	7.4	6.9	7.1	7.4	7.1	7.4	
抗拉强度④	R_m	MPa	540	590	680	1020	1170	650	750	1875	1000	1170	
抗拉屈服强度④	$R_{p0.2}$	MPa	390	420	460	③	③	440	460	485	③	③	
伸长率	A_{25}	%	2	3	4	—	—	1	2	3	—	—	
弹性模量		GPa	135	150	170	150	170	135	150	170	150	170	
泊松比			0.27	0.27	0.28	0.27	0.28	0.27	0.27	0.28	0.27	0.28	
无凹口夏比冲击能		J	14	22	38	11	15	21	28	39	10	15	
压缩屈服强度 (0.1%)		MPa	350	380	430	1170	1380	410	440	510	1060	1240	
横向断裂强度		MPa	1040	1200	1450	1420	1650	1220	1380	1630	1420	1650	
疲劳极限 (90%存活率)⑤		MPa	190	220	260	400	490	200	240	290	350	410	
疲劳极限 (50%存活率)⑥		MPa	170	200	240	380	—	190	220	260	—	—	

① 这些材料是由扩散合金化粉末与石墨粉的混合粉制成的。
② 在 850℃、干 0.5% 的碳势保护气氛中加热 30min 进行奥氏体化后油淬火，再在 180℃ 回火 1h。
③ 经过热处理的材料抗拉屈服强度和极限抗拉强度值大致相等。
④ 性能是按 ISO 2740 制得的试样经压制，烧结及热处理后（不进行切削加工）测定的。
⑤ 由旋转弯曲试验测定的存活率为 90% 的疲劳耐久极限，试样是按 ISO 3928，切削加工的。
⑥ 根据四点平面弯曲试验测定的存活率为 50% 的疲劳耐久极限，试样是按 ISO 3928 制造的，非切削加工试样。

表 3.1-296 结构零件用铁基材料：预合金化镍-钼-锰钢（摘自 GB/T 19076—2003）

参 数	符号	单位	牌号 镍-钼-锰钢[①]						备注
			-FL-05M07N -620H[②][③]	-FL-05M07N -830H[②][③]	-FL-05M1 -940H[②][③]	-FL-05M1 -1120H[③][④]	-FL-05N2M -650H[③][⑤]	-FL-05N2M -860H[③][⑤]	
化学成分									标准值
$C_{化合}$		%	0.4~0.7	0.4~0.7	0.4~0.7	0.4~0.7	0.4~0.7	0.4~0.7	
Ni		%	0.4~0.5	0.4~0.5	—	—	1.75~1.90	1.75~1.90	
Mo		%	0.55~0.85	0.55~0.85	0.75~0.95	0.75~0.95	0.50~0.85	0.50~0.85	
Mn		%	0.2~0.5	0.2~0.5	0.10~0.25	0.10~0.25	0.1~0.6	0.1~0.6	
Fe		%	余量	余量	余量	余量	余量	余量	
其他元素总和 (max)		%	2	2	2	2	2	2	
抗拉屈服强度 (min)	$R_{p0.2}$	MPa	⑥	⑥	⑥	⑥	⑥	⑥	
极限抗拉强度 (min)	R_m	MPa	620	830	940	1120	650	860	
表观硬度		维氏	340HV10	380HV10	350HV10	380HV10	320HV10	380HV10	参考值
		洛氏	30HRC	36HRC	32HRC	36HRC	28HRC	35HRC	
密度	ρ	g/cm³	6.7	7.0	7.0	7.2	6.7	7.0	
抗拉强度[⑦]	R_m	MPa	690	900	1020	1190	720	930	
伸长率[⑧]	A_{25}	%	—	—	—	—	—	—	
弹性模量		GPa	120	140	140	155	120	140	
泊松比			0.25	0.27	0.27	0.27	0.25	0.27	
无凹口夏比冲击能		J	8	11	10	15	7	12	
压缩屈服强度 (0.1%)		MPa	650	970	1140	1270	750	1000	
横向断裂强度		MPa	1020	1280	1480	1750	1100	1390	
疲劳极限 (90%存活率[⑧])		MPa	240	300	310	360	250	330	

① 这些材料是由预合金化粉末与石墨黑粉的混合粉制成的。
② 预合金基粉末的名义成分是：0.45%Ni，0.7%Mo，0.35%Mn，余量 Fe。
③ 在 850℃，于 0.6% 的碳势保护气氛中加热 30min 奥氏体化后油淬火，再在 180℃ 回火 1h。
④ 预合金基粉末名义成分：0.85%Mo，0.2%Mn，余量 Fe。
⑤ 预合金基粉末名义成分：1.8%Ni，0.7%Mo，0.3%Mn，余量 Fe。
⑥ 经热处理材料的抗拉屈服强度和极限抗拉强度值近似相等。
⑦ 热处理态的拉伸性能是由按 ISO 2740 切削加工的试样测定的。
⑧ 由旋转弯曲试验测定的存活率为 90% 的疲劳耐久极限，试样是按 ISO 3928 由切削加工制造的。

表 3.1-297 结构零件用铁基材料：奥氏体、马氏体及铁素体不锈钢（摘自 GB/T 19076—2003）

参数	符号	单位	奥氏体牌号							马氏体不锈钢牌号		铁素体不锈钢牌号			备注
			-FL303-170N[①]	-FL303-260N[②]	-FL303	-FL304-210N[①]	-FL304-260N[②]	-FL304	-FL316-170N[①]316	-FL316-260N[②]316	-FL316-150N[③]316L	-FL410-140[④]410	-FL410-620H[④]410	-FL430-170[⑤]430L	-FL434-170[⑤]434	
化学成分																
Cr		%	17~19	17~19	17~19	18~20	18~20	18~20	16~18	16~18	16~18	11.5~13.5	11.5~13.5	16~18	16~18	标准值
Ni		%	8~13	8~13	8~13	8~12	8~12	8~12	10~14	10~14	10~14	—	—	—	—	
Mo		%	—	—	—	—	—	—	2~3	2~3	2~3	—	—	—	0.75~1.25	
S		%	0.15~0.30	0.15~0.30	0.15~0.30	—	—	—	—	—	—	—	—	—	—	
C		%	<0.15	<0.15	<0.15	<0.08	<0.08	<0.08	<0.08	<0.08	<0.03	<0.03	0.10~0.25	<0.03	<0.03	
N		%	0.2~0.6	0.2~0.6	0.2~0.6	0.2~0.6	0.2~0.6	0.2~0.6	0.2~0.6	0.2~0.6	0.2~0.6	—	0.2~0.6	<0.03	<0.03	
Fe		%	余量	余量	余量	余量	余量	余量	余量	余量	余量	余量	余量	余量	余量	
其他元素总和（max）		%	3	3	3	3	3	3	3	3	3	3	3	3	3	
抗拉屈服强度（min）	$R_{p0.2}$	MPa	170	260	—	210	260	—	170	260	150	140	⑥	170	170	
极限抗拉强度（min）	R_{m}	MPa	—	—	—	—	—	—	—	—	—	—	620[②]	—	—	
表观硬度		维氏	120HV5	180HV5	125HV5	140HV5	125HV5	115HV5	125HV5	75HV5	80HV5	300HV10[④]	80HV5	95HV5		
		洛氏	62HRB	70HRB	61HRB	68HRB	65HRB	59HRB	65HRB	45HRB	45HRB	23HRC[④]	45HRB	50HRB		
密度	ρ	g/cm³	6.4	6.9	6.4	6.9	6.9	6.4	6.9	6.9	6.9	6.5	6.9	7.1	7.0	
抗拉强度[④]	R_{m}	MPa	270	470	300	480	480	280	480	390	330	720	340	340	参考值
抗拉屈服强度[④]	$R_{p0.2}$	MPa	220	310	260	310	310	230	310	210	180	⑥	210	210		
伸长率	A_{25}	%	—	10	—	8	13	—	21	—	—	16	—	20	15	
弹性模量		GPa	105	140	105	140	140	105	140	140	125	165	170	165		
泊松比			0.25	0.27	0.25	0.27	0.27	0.25	0.27	0.27	0.25	0.27	0.27	0.27		
无凹口夏比冲击能		J	5	47	5	34	7	3	68	108	88					
压缩屈服强度		MPa	260	320	260	320	250	320	220	640	190	230	230			
横向断裂强度		MPa	590	—	—	—	—	—	—	—	—	780	—	—		
疲劳极限（90%存活率）[⑦]		MPa	90	145	105	160	75	130	115	240	125	170	150			

① -FL303-170N，-FL304-210N，-FL316-170N 都是于 1150℃在含氮气气氛（如分解氨气）中烧结的。
② -FL303-260N，-FL304-260N，-FL316-260N 都是于 1290℃在含氮气气氛（如分解氨气）中烧结的。
③ -FL316-150N 是于 1290℃在无氮气气氛（如氢气或真空中反充氩气）中烧结的。
④ -FL410-620H 是于 1150℃在含氮气气氛（如分解氨气）中烧结的，通过快冷硬化，然后在 180℃回火 1h。
⑤ -FL410-140，-FL430-170，-FL434-170 都是于 1290℃在无氮气气氛（如氢气或真空中反充氩气）中烧结的。
⑥ 经过热处理的材料抗拉屈服强度和极限抗拉强度近似相等。
⑦ 由旋转弯曲试验测存活率为 90% 的疲劳寿命，试样是按 GB/T 4337（ISO3928）切削加工的。

表 3.1-298 结构零件用非铁金属材料：铜基合金（摘自 GB/T 19076—2003）

参数	符号	单位	黄铜 -CL-Z20-75	黄铜 -CL-Z20-80	青铜 -CL-Z30-100	青铜 -CL-Z30-110	青铜 -CL-T10-90R①	锌白铜 -CL-N18Z-120	备注
化学成分 Sn		%	—	—	—	—	8.5~11.0	—	标准值
Zn		%	余量	余量	余量	余量	—	余量	标准值
Ni		%	—	—	—	—	—	16~20	标准值
Cu		%	77~80	77~80	68~72	68~72	余量	62~66	标准值
其他元素总和(max)		%	2	2	2	2	2	2	标准值
抗拉屈服强度(min)	$R_{p0.2}$	MPa	75	80	100	110	90	120	标准值
表观硬度		HV5	50	68	72	84	68	82	标准值
表观硬度		洛氏	73HRH	82HRH	84HRH	92HRH	82HRH	90HRH	参考值
密度	ρ	g/cm³	7.6	8.0	7.6	8.0	7.2	7.9	参考值
抗拉强度	R_m	MPa	160	240	190	230	150	230	参考值
抗拉屈服强度	$R_{p0.2}$	MPa	90	120	110	130	110	140	参考值
伸长率	A_{25}	%	9	18	14	17	4	11	参考值
弹性模量		GPa	85	100	80	90	60	95	参考值
泊松比			0.31	0.31	0.31	0.31	0.31	0.31	参考值
无凹口夏比冲击能		J	37	61	31	52	5	53	参考值
压缩屈服强度(0.1%)		MPa	80	100	120	130	140	170	参考值
横向断裂强度		MPa	360	480	430	590	310	500	参考值

① 字母 R 表示材料经过复压。

6.1.3 热处理状态粉末冶金铁基结构材料（见表3.1-299）

表3.1-299 热处理状态粉末冶金铁基结构材料类别、化学成分及力学性能
（摘自 JB/T 3593—1999）

类 别	密度 /g·cm⁻³ ≥	化学成分（质量分数，%）					力学性能		
		Fe	C化合	Cu	Mo	其他	R_m/MPa ≥	α_k/J·cm⁻² ≥	HRA ≥
烧结低碳钢	6.5	余量	>0.1~0.4	—	—	≤2.0	(400)	3.0	50
	6.8	余量	>0.1~0.4	—	—	≤2.0	450	3.0	55
烧结中碳钢	6.5	余量	>0.4~0.7	—	—	≤2.0	450	3.0	45
	6.8	余量	>0.4~0.7	—	—	≤2.0	500	5.0	50
烧结高碳钢	6.5	余量	>0.7~1.0	—	—	≤2.0	500	3.0	50
	6.8	余量	>0.7~1.0	—	—	≤2.0	550	5.0	55
烧结铜钢	6.5	余量	>0.5~0.8	2~4	—	≤2.0	550	3.0	55
	6.8	余量	>0.5~0.8	2~4	—	≤2.0	650	5.0	60
烧结铜钼钢	6.5	余量	>0.5~0.8	2~4	0.5~1.0	≤2.0	550	3.0	55
	6.8	余量	>0.5~0.8	2~4	0.5~1.0	≤2.0	700	5.0	65

注：1. 化合碳量允许用金相法评定。
  2. 化合碳量低于0.4%采用渗碳淬火。
  3. 括弧内数字为参考值。
  4. 本表材料适于 GB/T 14667.1—1993 粉末冶金铁基结构材料规定的烧结碳钢、烧结铜钢、烧结铜钼钢热处理状态的选材。
  5. JB/T 3593—1999 于 2017 年 5 月废止，此处供作参考。

6.1.4 烧结奥氏体不锈钢结构零件材料（见表3.1-300）

表3.1-300 烧结奥氏体不锈钢结构零件材料的牌号、化学成分及力学性能（摘自 GB/T 13827—1992）

牌号	类别	化学成分（质量分数，%）								性能		
		Fe	Ni	Cr	Mo	Mn	Si	C化合	其他元素	密度 /g·cm⁻³	抗拉强度/MPa	硬度 HBW
										不低于		
F5001T	镍-铬	余量	8.0~11.0	17.0~19.0	—	≤2.0	≤1.5	≤0.08	≤3.0	6.4	230	68
F5001U										6.8	310	80
F5011T	镍-铬-钼	余量	10.0~14.0	16.0~18.0	1.8~2.5	≤2.0	≤1.5	≤0.08	≤3.0	6.4	230	68
F5011U										6.8	295	75

注：1. 产品采用镍-铬、镍-铬-钼两类不锈钢粉末通过成型和烧结而成。
  2. 烧结结构零件不同部位的密度差应不大于 0.38g/cm³。
  3. 牌号标记说明：

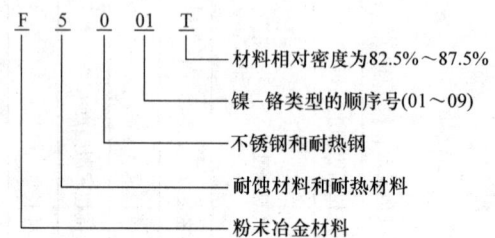

6.1.5 烧结锡青铜结构材料（见表 3.1-301）

表 3.1-301　烧结锡青铜结构材料牌号、化学成分及力学性能（JB/T 9139—1999）

牌号	密度 /g·cm⁻³	化学成分（质量分数，%）						力学性能			
		Cu	Sn	Zn	Pb	Fe	其他	抗拉强度 R_m/MPa	断后伸长率 A（%）	表观硬度 HBW	冲击韧度 a_k/J·cm⁻²
								≥			
F0600S	68~72	余	5~7	5~7	2~4	<0.5	<1.5	98	4.0	30	16.0
F0600T	72~76	余	5~7	5~7	2~4	<0.5	<1.5	118	6.3	35	20.2
F0600U	76~80	余	5~7	5~7	2~4	<0.5	<1.5	167	8.7	45	32.0

注：1. 本产品为粉末冶金工艺制造的 6-6-3 锡青铜结构材料。

2. 牌号标记说明：

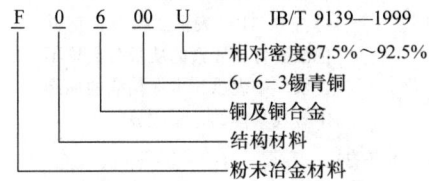

3. JB/T 9139—1999 于 2017 年 5 月废止，此处仅作参考。

6.1.6 美国 MPIF 标准粉末冶金结构零件材料

（1）铁与碳钢粉末冶金材料（见表 3.1-302、表 3.1-303）

表 3.1-302　铁与碳钢粉末冶金材料牌号及化学组成（质量分数，%）（摘自 MPIF 标准 35，2009 年版）

材料牌号	Fe	C
F-0000	余量	0.0~0.3
F-0005	余量	0.3~0.6
F-0008	余量	0.6~0.9

注：1. 化学组成中的其他元素：包括为了特殊目的而添加的其他微量元素，总量的最大值为 2.0%。

2. 美国 MPIF（金属粉末工业联合会）的标准《MPIF 标准 35，粉末冶金结构零件材料标准》自 1965 年开始发布，经过多次修订，是美国和其他许多国家广泛采用的标准，2009 年修订版为最新版本。MPIF 标准 35 还包括《粉末冶金自润滑轴承材料标准》《金属注射成形零件材料标准》和《P/F 钢零件材料标准》3 个标准，总计包括 4 个标准。

3. 采用水蒸气处理，可以提高烧结碳钢的压缩屈服强度、表观硬度和耐磨性，增多产品的工作时间，但由于水蒸气处理，会明显降低材料的抗拉强度。F-0000 牌号的材料适用于制作需求自润滑及轻载的各种结构零件，这种材料含碳量低，使用的烧结铁结构零件通常不含碳，当材料密度较高时，选材时偏重于材料的软磁性能。F-0005 具有适宜的表观硬度和中等强度，适合于中等强度和表观硬度性能要求的结构零件且要求切削加工的条件。F-0008 含碳量较高，具有较高的强度（高于 F-0005 牌号的硬度），但切削性差，其切削加工成本会提高。通过热处理方法 F-0005 和 F-0008 的性能均可改善，提高抗拉强度、增强耐磨性及增加表观硬度。

4. 粉末冶金结构零件材料牌号的有关说明

（a）粉末冶金结构零件材料牌号，按 MPIF 35 的规定，其表示方法应包括表示材料的化学组成（元素组元及组元的质量分数）和最小强度（单位为 $10^3 lbf/in^2 \approx 6.83 MPa$）等内容，牌号的形式由前缀、中部和后缀三部分，中间用短横线相连，相关说明如下：

前缀	中部	后缀
若干字母符号	一组数字	数字（或加字母代号）

前缀由字母组成，字母表示材料组成的类别，例如：

A	铝
C	铜
CT	青铜
CNZ	锌白铜
CZ	黄铜
F	铁
FC	铁-铜或铜钢
FD	扩散合金钢
FF	软磁铁
FL	预合金铁基材料（不包括不锈钢）
FN	铁-镍或镍钢
FS	铁硅
FX	铜熔渗铁或钢
FY	铁磷
G	游离石墨
M	锰
N	镍
P	铅
S	硅
SS	不锈钢（预合金化的）
T	锡
U	硫
Y	磷
Z	锌

数字表示材料的化学组成，对于非铁金属材料，此处的前两位数字表示主要合金组元的质量分数，后两位数字表示次要合金组元的质量分数。

对于铁基材料，主要合金元素（除化合碳外）都包括在前缀字母代号中，其他元素都不包括在牌号中，而是在相应标准中查具体的化学成分。主要合金元素的质量分数用数字的前两位数字表示。

铁基材料的化合碳含量用后两位数字表示。

当非铁合金材料中添加第三种合金元素铅时，铅在前缀中以字母符号"P"表示。铅或任何其他次要合金元素的质量分数均不在数字中表示，可在相应的标准中查找具体的化学成分。

后缀以两位或三位数字表示最小强度值，单位为 $10^3 lbf/in^2$。对于烧结态材料，其强度为抗拉屈服强度组；对于热处理态材料，其强度则为极限抗拉强度值。在后缀数字后用符号"HT"表示该材料是经过淬火硬化与回火处理的，其强度是以 $10^3 lbf/in^2$ 为单位表示的极限抗拉强度。

对于软磁合金，后缀是最大矫顽磁场（Oe 值的 10 倍），如纯铁材料 F-0000-23W，其最小密度为 $6.9 g/cm^3$，矫顽力为 2.3Oe（$1Oe \approx 79.6 A/m$）

(b) 粉末冶金镍钢牌号示例及含义说明：

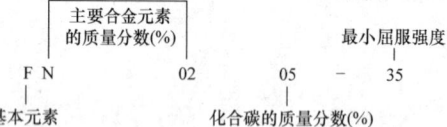

(c) 粉末冶金锌白铜牌号示例及含义说明：

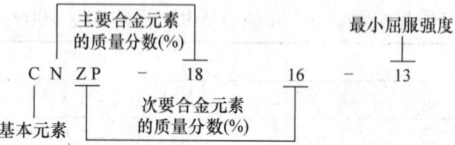

表 3.1-303 铁与碳钢粉末冶金材料物理-力学性能（摘自 MPIF 标准 35，2009 年版）

材料牌号[①][④]	最小值					标准值[②]								
	屈服强度/MPa	极限抗拉强度/MPa	拉伸性能			弹性常数		无凹口夏比冲击功/J	横向断裂强度/MPa	压缩屈服强度(0.1%)/MPa	硬度		疲劳极限(90%存活率)/MPa	密度/g·cm⁻³
			极限抗拉强度/MPa	屈服强度(0.2%)/MPa	伸长率（在25.4mm内）(%)	弹性模量/GPa	泊松比				宏观（表观）洛氏	微小压痕（换算的）		
F-0000-10	70	120		90	1	105	0.25	4	250	110	40HRF		46	6.1
-15	100	170		120	2	120	0.25	8	340	120	60	N/D[⑤]	65	6.7
-20	140	260		170	7	160	0.28	47	660	130	80		99	7.3
F-0005-15	100	170		120	<1	105	0.25	4	330	125	25HRB		60	6.1
-20	140	220		160	1	115	0.25	5	440	160	40	N/D[⑤]	80	6.6
-25	170	260		190	1	135	0.27	7	520	190	55		100	6.9
F-0005-50HT		340	410		<1	115	0.25	4	720	300	20HRC	58HRC	160	6.6
-60HT		410	480		[③]	130	0.27	5	830	360	22	58	190	6.8
-70HT		480	550		<1	140	0.27	5	970	420	25	58	220	7.0
F-0008-20	140	200		170	<1	85	0.25	3	350	190	35HRB		80	5.8
-25	170	240		210	<1	110	0.25	4	420	210	50	N/D[⑤]	100	6.2
-30	210	290		240	<1	115	0.25	5	510	210	60		120	6.6
-35	240	390		260	1	140	0.27	7	690	250	70		170	7.0

(续)

材料牌号[1][4]	最小值		标准值[2]										
	屈服强度/MPa	极限抗拉强度/MPa	拉伸性能			弹性常数		无凹口夏比冲击功/J	横向断裂强度/MPa	压缩屈服强度(0.1%)/MPa	硬度		疲劳极限(90%存活率)/MPa	密度/g·cm⁻³
			极限抗拉强度/MPa	屈服强度(0.2%)/MPa	伸长率(在25.4mm内)(%)	弹性模量/GPa	泊松比				宏观(表观)	微小压痕(换算的)		
											洛氏			
F-0008-55HT	380	450		<1	115	0.25	4	690	480	22HRC	60HRC	180	6.3
-65HT	450	520		<1	115	0.25	5	790	550	28	60	210	6.6
-75HT	520	590	[3]	<1	135	0.27	6	900	620	32	60	240	6.9
-85HT	590	660		<1	150	0.27	7	1000	690	35	60	280	7.1

① 后缀数字代表最小强度值（lbf/in²），烧结态为屈服强度，热处理态为极限抗拉强度。
② 力学性能数据来源于实验室制备的在工业生产条件下烧结的试样。
③ 对于热处理的材料，屈服强度和极限抗拉强度大体上相等。
④ 热处理（HT）材料的回火温度为177℃。
⑤ N/D：没有测定。

(2) 铁-铜合金和铜钢粉末冶金材料（见表3.1-304、表3.1-305）

表3.1-304 铁-铜合金和铜钢粉末冶金材料牌号及化学组成（质量分数，%）（摘自MPIF标准35，2009年版）

材料牌号	Fe	Cu	C
FC-0200	余量	1.5~3.9	0.0~0.3
FC-0205	余量	1.5~3.9	0.3~0.6
FC-0208	余量	1.5~3.9	0.6~0.9
FC-0505	余量	4.0~6.0	0.3~0.6
FC-0508	余量	4.0~6.0	0.6~0.9
FC-0808	余量	7.0~9.0	0.6~0.9
FC-1000	余量	9.5~11.0	0.0~0.3

注：1. 化学组成中的其他元素：包括为了特殊目的而添加的其他微量元素，总量的最大值为2.0%。
2. 铁基粉末冶金材料中添加铜可以提高表观硬度、耐磨性及强度，粉末冶金钢可采用热处理方法，实现提高其性能的目的，如获得良好的耐磨性、高的强度和表观硬度。FC-0205和FC-0208两种牌号的材料应用于中等负载条件的各种中等强度要求的结构零件。烧结态铜钢的显微组织为铁素体/珠光体，采用热处理后显微组织为马氏体。不宜进行热处理时，可以提高铜的含量以提高其耐磨性能。

表3.1-305 铁-铜合金和铜钢粉末冶金材料物理-力学性能（摘自MPIF标准35，2009年版）

材料牌号[1][4]	最小值		标准值[2]										
	屈服强度/MPa	极限抗拉强度/MPa	拉伸性能			弹性常数		无凹口夏比冲击功/J	横向断裂强度/MPa	压缩屈服强度(0.1%)/MPa	硬度		疲劳极限(90%存活率)/MPa	密度/g·cm⁻³
			极限抗拉强度/MPa	屈服强度(0.2%)/MPa	伸长率(在25.4mm内)(%)	弹性模量/GPa	泊松比				宏观(表观)	微小压痕(换算的)		
											洛氏			
FC-0200-15	100		170	140	1	95	0.25	6	310	120	60HRF		70	6.0
-18	120		190	160	1	115	0.25	7	350	140	65HRF	N/D[5]	72	6.3
-21	140		210	180	1	115	0.25	7	390	160	26HRB		80	6.6
-24	170		230	200	2	135	0.27	8	430	180	36HRB		87	6.9
FC-0205-30	210		240	240	<1	95	0.25	<3	410	240	37HRB		90	6.0
-35	240		280	280	<1	115	0.25	4	520	280	48	N/D[5]	100	6.3
-40	280		340	310	<1	120	0.25	7	660	310	60		140	6.7
-45	310		410	340	<1	150	0.27	10	790	340	72		210	7.1
FC-0205-60HT	410		480		<1	110	0.25	3	660	390	99HRB	58HRC	190	6.2
-70HT	480		550	[3]	<1	105	0.25	5	760	490	25HRC	58	210	6.5
-80HT	550		620		<1	130	0.27	6	830	590	31HRC	58	230	6.8
-90HT	620		690		<1	140	0.27	7	930	660	36HRC	58	260	7.0

(续)

材料牌号[1][4]	最小值		标准值[2]								硬度		疲劳极限(90%存活率)/MPa	密度/g·cm^{-3}
			拉伸性能			弹性常数		无凹口夏比冲击功/J	横向断裂强度/MPa	压缩屈服强度(0.1%)/MPa				
	屈服强度/MPa	极限抗拉强度/MPa	极限抗拉强度/MPa	屈服强度(0.2%)/MPa	伸长率(在25.4mm内)(%)	弹性模量/GPa	泊松比				宏观(表观)	微小压痕(换算的)		
											洛氏			
FC-0208-30	210		240	240	<1	85	0.25	<3	410	280	50HRB		90	5.8
-40	280		340	310	<1	115	0.25	3	620	310	61	N/D[5]	120	6.3
-50	340		410	380	<1	120	0.25	7	860	340	73		160	6.7
-60	410		520	450	<1	155	0.28	9	1070	380	84		230	7.2
FC-0208-50HT		340	450		<1	105	0.25	3	660	400	20HRC	60HRC	170	6.1
-65HT		450	520		<1	120	0.27	5	760	500	27	60	210	6.4
-80HT		550	620	[3]	<1	130	0.27	6	900	630	35	60	240	6.8
-95HT		660	720		<1	150	0.27	7	1030	720	43	60	280	7.1
FC-0505-30	210		300	250	<1	85	0.25	4	530	340	51HRB		114	5.8
-40	280		400	320	<1	115	0.25	6	700	370	62	N/D[5]	152	6.3
-50	340		490	390	<1	120	0.25	7	850	400	72		186	6.7
FC-0508-40	280		400	340	<1	90	0.25	4	690	400	60HRB		152	5.9
-50	340		470	410	<1	115	0.25	5	830	430	68	N/D[5]	179	6.3
-60	410		570	480	<1	130	0.27	6	1000	470	80		217	6.8
FC-0808-45	310		380	340	<1	95			590	430	65HRB	N/D[5]	144	6.0
FC-1000-20	140		210	180	<1	95	0.27	5	370	230	60HRF	N/D[5]	80	6.0

[1] 后缀数字代表最小强度值（lbf/in^2），烧结态为屈服强度，热处理态为极限抗拉强度。
[2] 力学性能数据来源于实验室制备的在工业生产条件下烧结的试样。
[3] 对于热处理的材料，屈服强度和极限抗拉强度大体上相等。
[4] 热处理（HT）材料的回火温度为177℃。
[5] N/D：没有测定。

(3) 铁-镍合金和镍钢粉末冶金材料（见表 3.1-306、表 3.1-307）

表 3.1-306　铁-镍合金和镍钢粉末冶金材料牌号及化学组成（质量分数，%）（摘自 MPIF 标准 35，2009 年版）

材料牌号	Fe	Ni	Cu	C
FN-0200	余量	1.0~3.0	0.0~2.5	0.0~0.3
FN-0205	余量	1.0~3.0	0.0~2.5	0.3~0.6
FN-0208	余量	1.0~3.0	0.0~2.5	0.6~0.9
FN-0405	余量	3.0~3.5	0.0~2.0	0.3~0.6
FN-0408	余量	3.0~5.5	0.0~2.0	0.6~0.9

注：1. 化学组成中的其他元素：包括为了特殊目的而添加的其他微量元素，总量最大值为 2.0%。
2. 本表所列各牌号的烧结铁镍合金与烧结镍钢是由纯铁粉、纯镍粉与石墨粉的混合粉制造的。镍的添加量一般为 1%~4%（质量分数）。不含碳者称为烧结铁镍合金。

石墨粉和（或）镍粉的添加量取决于所要求的强度水平和材料是于烧结态还是热处理态使用。还可添加其他合金元素（如钼），但添加量必须在规定的其他元素添加总和的范围内。

在常规工业烧结条件下，和碳不同，镍不可能完全扩散到铁基体中。形成的多相冶金组织，含有富镍相，可以显著改善材料的韧度、抗拉性能及淬透性。当要求材料的最终密度为 7.0g/cm^3 或更高时，可用压制-预烧结-复压-烧结工艺制造。

添加于铁粉与石墨粉混合粉中的细镍粉，在正常烧结时永可能充分扩散。烧结状态镍钢的金相组织形成浅色富镍奥氏体区，针状马氏体或贝氏体围绕在该区的边缘。在高于 1149℃ 的高温下烧结时，富镍奥氏体区的体积分数将减小。在热处理状态富镍区为浅色，其心部为奥氏体，其周围为针状马氏体。这种多相组织是正常的。基体是马氏体，这取决于淬火速率。细珠光体含量为 0~35%（体积分数）。

烧结镍钢主要用于可进行热处理的且要求具有高强度、高耐磨性及良好冲击韧性等综合性能优良的各种结构零件。

表 3.1-307 铁-镍合金和镍钢粉末冶金材料物理-力学性能（摘自 MPIF 标准 35，2009 年版）

材料牌号①④	最小值	标准值②										
	屈服强度/MPa	拉伸性能			弹性常数		无凹口夏比冲击能/J	横向断裂强度/MPa	压缩屈服强度(0.1%)/MPa	硬度		疲劳极限(90%存活率)/MPa	密度/g·cm⁻³
		极限抗拉强度/MPa	屈服强度(0.2%)/MPa	伸长率(在25.4mm内)(%)	弹性模量/GPa	泊松比				宏观(表观)	微小压痕(换算的)		
										洛氏			
FN-0200-15	100	170	120	3	115	0.25	14	340	110	55HRF	N/D⑤	70	6.6
-20	140	240	170	5	140	0.27	27	550	120	75		91	7.0
-25	170	280	210	10	160	0.28	68	720	140	80		103	7.3
FN-0205-20	140	280	170	1	115	0.25	8	450	170	44HRB	N/D⑤	100	6.6
-25	170	340	210	2	135	0.27	16	690	210	59		120	6.9
-30	210	410	240	4	155	0.28	28	860	240	69		150	7.2
-35	240	480	280	5	170	0.28	46	1030	280	78		180	7.4
FN-0205-80HT		550	620	<1	115	0.25	5	830	410	23HRC	55HRC	180	6.6
-105HT		720	830	<1	135	0.27	6	1110	550	29	55	240	6.9
-130HT		900	1000	③	150	0.27	7	1310	690	33	55	290	7.1
-155HT		1070	1100	<1	155	0.28	9	1480	830	36	55	320	7.2
-180HT		1240	1280	<1	170	0.28	13	1720	970	40	55	370	7.4
FN-0208-30	210	310	240	1	120	0.25	7	590	240	63HRB	N/D⑤	110	6.7
-35	240	380	280	1	135	0.27	11	720	280	71		140	6.9
-40	280	480	310	2	150	0.27	15	900	310	77		170	7.1
-45	310	550	340	2	160	0.28	22	1070	340	83		190	7.3
-50	340	620	380	3	170	0.28	28	1170	380	88		220	7.4
FN-0208-80HT		550	620	<1	120	0.25	5	830	680	26HRC	57HRC	200	6.7
-105HT		720	830	<1	135	0.27	6	1030	850	31	57	260	6.9
-130HT		900	1000	③	140	0.27	7	1280	940	35	57	320	7.0
-155HT		1070	1170	<1	155	0.28	9	1520	1120	39	57	370	7.2
-180HT		1240	1340	<1	170	0.28	11	1720	1300	42	57	430	7.4
FN-0405-25	170	280	210	<1	105	0.25	6	450	230	49HRB	N/D⑤	100	6.5
-35	240	410	280	3	140	0.27	20	830	280	71		150	7.0
-45	310	620	340	4	170	0.28	45	1210	310	84		220	7.4
FN-0405-80HT		550	590	<1	105	0.25	5	790	460	99HRB	55HRC	180	6.5
-105HT		720	760	<1	130	0.27	7	1000	610	25HRC	55	230	6.8
-130HT		900	930	③	140	0.27	9	1380	710	31HRC	55	290	7.0
-155HT		1070	1100	<1	160	0.28	13	1690	850	37HRC	55	340	7.3
-180HT		1240	1280	<1	170	0.28	18	1930	910	40HRC	55	390	7.4
FN-0408-35	240	310	280	1	105	0.25	5	520	260	67HRB	N/D⑤	110	6.5
-45	310	450	340	2	135	0.27	10	790	340	78		160	6.9
-55	380	550	410	1	155	0.28	15	1030	410	87		190	7.2

① 后缀数字代表最小强度值（lbf/in²），烧结态为屈服强度，热处理态为极限抗拉强度。
② 力学性能数据来源于实验室制备的在工业生产条件下烧结的试样。
③ 对于热处理的材料，屈服强度和极限抗拉强度大体上相等。
④ 热处理（HT）材料的回火温度为 260℃。
⑤ N/D：没有测定。

(4) 预合金化钢粉末冶金材料（见表3.1-308、表3.1-309）

表 3.1-308　预合金化钢粉末冶金材料牌号及化学组成（质量分数，%）（摘自 MPIF 标准 35，2009 年版）

材料牌号	Fe	C	Ni	Mo	Mn	Cr
FL-4005	余量	0.4~0.7	—	0.40~0.60	0.05~0.30	
FL-4205	余量	0.4~0.7	0.35~0.55	0.50~0.85	0.20~0.40	
FL-4400	余量	0.0~0.3	—	0.75~0.95	0.05~0.30	
FL-4405	余量	0.4~0.7	—	0.75~0.95	0.05~0.30	
FL-4605	余量	0.4~0.7	1.70~2.00	0.45~0.60	0.05~0.30	
FL-4805	余量	0.4~0.7	1.20~1.60	1.10~1.40	0.30~0.50	
FL-48105	余量	0.4~0.7	1.65~2.05	0.85~1.15	0.30~0.55	
FL-4905	余量	0.4~0.7	—	1.30~1.70	0.05~0.30	
FL-5208	余量	0.6~0.8	—	0.15~0.30	0.05~0.30	1.3~1.7
FL-5305	余量	0.4~0.6	—	0.40~0.60	0.05~0.30	2.7~3.3

注：1. 化学组成中的其他元素：包括为了特殊目的而添加的其他微量元素，总量最大值为 2.0%。
　　2. 预合金化钢即以前标准称之为低合金钢。需要进行热处理的烧结钢零件，通常都是由预合金化粉末生产的。由预合金化粉末生产的烧结钢的淬硬性取决于合金元素的种类与数量。
　　由预合金化粉末生产的烧结钢零件具有均一的显微组织和均匀的表观硬度。它们在烧结态形成的碳化物实质上不是层状的。可根据烧结状态显微组织中碳化物的特有形态来鉴别由预合金化粉末生产的烧结钢。由预合金化粉末生产的烧结钢，其热处理后具有均一的回火马氏体显微组织。预合金钢粉一般用于中至高密度粉末冶金结构零件。这类材料的淬透性高于烧结铜钢或烧结镍钢。当要求最终密度为 7.0g/cm³ 或更高时，可以采用压制、预烧结、复压和烧结工艺制造。

表 3.1-309　预合金化钢粉末冶金材料物理-力学性能（摘自 MPIF 标准 35，2009 年版）

材料牌号①④⑤	最小值					标准值②							
			拉伸性能			弹性常数					硬度		疲劳极限(90%存活率)/MPa	密度/g·cm⁻³
	屈服强度/MPa	极限抗拉强度/MPa	极限抗拉强度/MPa	屈服强度(0.2%)/MPa	伸长率(在25.4mm内)(%)	弹性模量/GPa	泊松比	无凹口夏比冲击能/J	横向断裂强度/MPa	压缩屈服强度(0.1%)/MPa	宏观(表观) 洛氏	微小压痕(换算的)		
FL-4205-35	240	360	290	1	130	0.27	8	690	290	60HRB		140	6.80
-40	280	400	320	1	140	0.27	12	790	320	66	N/D⑥	190	6.95
-45	310	460	360	1	150	0.27	16	860	360	70		220	7.10
-50	340	500	400	2	160	0.28	23	1030	390	75		280	7.30
FL-4205-80HT	550	620	③	<1	115	0.25	7	930	550	28HRC	60HRC	210	6.60
-100HT	690	760		<1	130	0.27	9	1100	760	32	60	260	6.80
-120HT	830	900		<1	140	0.27	11	1280	970	36	60	300	7.00
-140HT	970	1030		<1	155	0.28	16	1480	1170	39	60	340	7.20
FL-4405-35	240	360	290	1	120	0.25	8	690	270	60HRB		140	6.70
-40	280	400	320	1	135	0.27	15	860	310	67	N/D⑥	190	6.90
-45	310	460	360	1	150	0.27	22	970	360	73		220	7.10
-50	340	500	400	2	160	0.27	30	1140	390	80		280	7.30
FL-4405-100HT	690	760	③	<1	120	0.25	7	1100	930	24HRC	60HRC	230	6.70
-125HT	860	930		<1	135	0.27	9	1380	1070	29	60	290	6.90
-150HT	1030	1100		<1	150	0.27	12	1590	1210	34	60	330	7.10
-175HT	1210	1280		<1	160	0.28	19	1930	1340	38	60	400	7.30

(续)

材料牌号[1][4][5]	最小值				标准值[2]								
	屈服强度/MPa	拉伸性能			弹性常数		无凹口夏比冲击能/J	横向断裂强度/MPa	压缩屈服强度(0.1%)/MPa	硬度		疲劳极限(90%存活率)/MPa	密度/g·cm⁻³
		极限抗拉强度/MPa	屈服强度(0.2%)/MPa	伸长率(在25.4mm内)(%)	弹性模量/GPa	泊松比				宏观(表观) 洛氏	微小压痕(换算的)		
FL-4605-35	240	360	290	1	125	0.27	8	690	290	60HRB	N/D[6]	140	6.75
-40	280	400	320	1	140	0.27	15	830	310	65		190	6.95
-45	310	460	360	1	150	0.28	22	970	360	71		220	7.15
-50	340	500	400	2	165	0.28	30	1140	390	77		280	7.35
FL-4605-80HT		550	590	<1	110	0.25	6	900	630	24HRC	60HRC	200	6.55
-100HT		690	760	<1	125	0.27	8	1140	790	29	60	260	6.75
-120HT		830	900	<1	140	0.27	11	1340	960	34	60	320	6.95
-140HT		970	1070	<1	155	0.28	16	1590	1170	39	60	370	7.20
FL-5208-65	450	620	480	1	120	0.25	12	1100	410	83HRB	N/D[6]	190	6.70
-75	520	760	550	1	135	0.27	16	1310	520	88		220	6.90
-80	550	830	600	2	150	0.27	20	1520	590	93		250	7.10
-85	590	930	600	3	160	0.28	24	1760	660	98		280	7.30
FL-5305-75	520	760	590	<1	120	0.25	11	1280	520	90HRB	N/D[6]	190	6.70
-90	620	860	690	<1	135	0.27	14	1450	600	20HRC		220	6.90
-105	720	970	790	<1	150	0.27	15	1590	690	26HRC		260	7.10
-120	830	1100	900	<1	160	0.28	18	1720	790	33HRC		290	7.30

[1] 后缀数字代表最小强度值（lbf/in²），烧结态为屈服强度，热处理态为极限抗拉强度。
[2] 力学性能数据来源于实验室制备的在工业生产条件下烧结的试样。
[3] 对于热处理的材料，屈服强度和极限抗拉强度大体上相等。
[4] 热处理（HT）材料的回火温度为177℃。
[5] 对于FL-5305材料回火温度为204℃。
[6] N/D：没有测定。

(5) 混合低合金钢粉末冶金材料（见表3.1-310、表3.1-311）

表3.1-310 混合低合金钢粉末冶金材料牌号及化学组成（质量分数，%）（摘自MPIF标准35，2009年版）

材料牌号	Fe	C	Ni	Mo	Mn	Cu
FLN2C-4005	余量	0.4~0.7	1.55~1.95	0.40~0.60	0.05~0.30	1.3~1.7
FLN4C-4005	余量	0.4~0.7	3.60~4.40	0.40~0.60	0.05~0.30	1.3~1.7
FLN-4205（以前的低合金钢）	余量	0.4~0.7	1.35~2.50[1]	0.49~0.85	0.20~0.40	—
FLN2-4400	余量	0.0~0.3	1.00~3.00	0.65~0.95	0.05~0.30	—
FLN2-4405（以前的低合金钢）	余量	0.4~0.7	1.00~3.00	0.65~0.95	0.05~0.30	—
FLN4-4400	余量	0.0~0.3	3.00~5.00	0.65~0.95	0.05~0.30	—
FLN4-4405（以前的低合金钢）	余量	0.4~0.7	3.00~5.00	0.65~0.95	0.05~0.30	—
FLN6-4405（以前的低合金钢）	余量	0.4~0.7	5.00~7.00	0.65~0.95	0.05~0.30	—
FLNC-4405（以前的低合金钢）	余量	0.4~0.7	1.00~3.00	0.65~0.95	0.05~0.30	1.0~3.0

注：化学组成中的其他元素：包括为了特殊目的而添加的其他微量元素，总量最大值为2.0%。

[1] 至少1%的镍是以元素粉状混入的。

表 3.1-311 混合低合金钢粉末冶金材料物理-力学性能（摘自 MPIF 标准 35，2009 年版）

材料牌号①④⑥⑦	最小值				标准值②								
	屈服强度/MPa	极限抗拉强度/MPa	拉伸性能		弹性常数		无凹口夏比冲击能/J	横向断裂强度/MPa	压缩屈服强度(0.1%)/MPa	硬度		疲劳极限(90%存活率)/MPa	密度/g·cm⁻³
			极限抗拉强度/MPa	屈服强度(0.2%)/MPa	伸长率(在25.4mm内)(%)	弹性模量/GPa	泊松比				宏观(表观)	微小压痕(换算的)		
											洛氏			
FLN2C-4005-60	410		480	450	<1	120	0.25	9	1000	380	81HRB	N/D⑩	170⑨	6.70
-65	450		620	480	1	135	0.27	15	1210	410	84		210⑨	6.90
-70	480		720	520	2	150	0.27	22	1380	450	88		260⑨	7.10
-75	520		900	570	4	170	0.28	39	1650	520	93		320⑨	7.40
FLN2C-4005-105HT		720	790	③	<1	120	0.25	7	1280	690	25HRC	58HRC	210⑨	6.70
-140HT		970	1030	③	<1	135	0.27	12	1620	900	29	58	310⑨	6.90
-170HT		1170	1280	③	<1	150	0.27	18	2000	1070	34	58	410⑨	7.10
-220HT		1520	1650	1240	<1	170	0.28	26	2550	1380	40	58	540⑨	7.40
FLN4C-4005-70	480		590	540	<1	120	0.25	14	1170	430	85HRB	N/D⑩	165⑨	6.70
-75	520		690	570	<1	135	0.27	20	1380	470	88		230⑨	6.90
-80	550		790	590	<1	150	0.27	33	1620	500	94		290⑨	7.10
-85	590		970	620	1	170	0.28	62	1930	550	100		370⑨	7.4
FLN4C-4405-115HT		790	870	700	<1	120	0.25	11	1240	670	22HRC	55HRC	250⑨	6.70
-135HT		930	1000	900	<1	135	0.27	15	1570	820	25	55	330⑨	6.90
-170HT		1170	1270	1000	<1	150	0.27	22	1900	940	30	55	415⑨	7.10
-210HT		1450	1550	1270	<1	170	0.28	39	2380	1150	36	55	530⑨	7.40
FLN-4205-40	280		400	320	1	115	0.25	8	720	310	64HRB	N/D⑩	140	6.60
-45	310		460	360	1	130	0.27	11	860	340	70		190	6.80
⑧ -50	340		500	400	1	145	0.27	18	1030	390	77		220	7.05
-55	380		600	430	2	160	0.28	30	1210	410	83		280	7.30
FLN-4205-80HT		550	620	③	<1	115	0.25	7	900	860	24HRC	60HRC	190	6.60
-105HT		720	790	③	<1	130	0.27	9	1170	1000	30	60	250	6.80
⑧ -140HT		970	1030	③	<1	145	0.27	12	1590	1170	36	60	320	7.05
-175HT		1210	1280		1	160	0.28	19	2000	1380	42	60	400	7.30
FLN2-4405-45	310		410	360	<1	115	0.25	7	860	340	75HRB	N/D⑩	130	6.60
-50	340		450	400	1	130	0.27	9	1070	380	80		170	6.80
⑧ -55	380		550	440	1	145	0.27	16	1310	430	85		220	7.05
-60	410		690	480	2	160	0.28	30	1520	480	90		280	7.30
FLN2-4405-90HT		620	690	③	<1	115	0.25	5	1070	690	28HRC	60HRC	220	6.60
-120HT		830	900	860	<1	130	0.27	8	1450	860	32	60	280	6.80
⑧ -160HT		1100	1170	1000	<1	145	0.27	14	1800	1100	38	60	340	7.05
-190HT		1310	1450	1240	<1	160	0.28	18	2210	1310	44	60	410	7.30
FLN4-4405-55	380		470	440	<1	115	0.25	7	690	340	78HRB	N/D⑩	150	6.60
-70	480		570	530	<1	130	0.27	11	970	380	83		190	6.80
-85	590		710	650	<1	145	0.27	16	1310	410	90		220	7.05
-100	690		860	780	<1	160	0.28	35	1650	480	98		280	7.30

(续)

材料牌号①④⑥⑦	最小值				标准值②								密度 /g·cm⁻³
	屈服强度/MPa	极限抗拉强度/MPa	拉伸性能		弹性常数		无凹口夏比冲击能/J	横向断裂强度/MPa	压缩屈服强度(0.1%)/MPa	硬度		疲劳极限(90%存活率)/MPa	
			极限抗拉强度/MPa	屈服强度(0.2%)/MPa	伸长率(在25.4mm内)(%)	弹性模量/GPa	泊松比				宏观(表观)	微小压痕(换算的)		
											洛氏			
FLN4-4405-90HT	620	690		<1	115	0.25	8	880	550	20HRC	60HRC	180	6.60
-120HT	830	900		<1	130	0.27	11	1260	720	25	60	260	6.80
-165HT	1140	1210	③	<1	145	0.27	16	1700	930	32	60	340	7.05
-195HT	1340	1480		<1	160	0.28	24	2180	1140	39	60	430	7.30
FLN4-4405(HTS)-70	480	550	520	<1	115	0.25	7	1140	450	81HRB			6.60
-80	550	660	590	<1	130	0.27	11	1340	480	85	N/D⑩	5	6.80
-85	590	790	660	2	145	0.27	19	1590	550	89			7.05
-90	620	930	720	4	160	0.28	35	1830	590	94			7.30
FLN4-4405(HTS)-75HT	520	590	③	<1	115	0.25	7	1030	690	20HRC	55HRC		6.60
-120HT	830	900	830	<1	130	0.27	11	1550	830	24	55	⑤	6.80
-160HT	1100	1170	970	<1	145	0.27	19	2100	1000	31	55		7.05
-200HT	1380	1520	1100	1	160	0.28	31	2620	1210	37	55		7.30

① 后缀数字代表最小强度值（lbf/in²），烧结态为屈服强度，热处理态为极限抗拉强度。
② 力学性能数据来源于实验室制备的在工业生产条件下烧结的试样。
③ 对于热处理的材料，屈服强度和极限抗拉强度大体上相等。
④ 热处理（HT）材料的回火温度为 177℃。
⑤ 正在准备补充数据，将在本标准以后的版本中公布。
⑥ 对于热处理的 FLN2C 与 FLN4C 材料回火温度为 204℃。
⑦ 高温烧结条件：1260℃，于氮基气氛中。
⑧ 以前的低合金钢。
⑨ 从轴向疲劳试验结果换算的。
⑩ N/D：没有测定。

(6) 烧结硬化钢粉末冶金材料（见表 3.1-312、表 3.1-313）

表 3.1-312　烧结硬化钢粉末冶金材料牌号及化学组成（质量分数,%）（摘自 MPIF 标准 35，2009 年版）

材料牌号	Fe	C	Ni	Mo	Cu	Mn	Cr
FLN2-4408	余量	0.6~0.9	1.0~3.0	0.65~0.95	—	0.05~0.30	—
FLN4-4408	余量	0.6~0.9	3.0~5.0	0.65~0.95	—	0.05~0.30	—
FLN6-4408	余量	0.6~0.9	5.0~7.0	0.65~0.95	—	0.05~0.30	—
FLNC-4408	余量	0.6~0.9	1.0~3.0	0.65~0.95	1.0~3.0	0.05~0.30	—
FLC-4608	余量	0.6~0.9	1.6~2.0	0.43~0.60	1.0~3.0	0.05~0.30	—
FLC-4805	余量	0.5~0.7	1.2~1.6	1.1~1.4	0.75~1.35	0.30~0.50	—
FLC2-4808	余量	0.6~0.9	1.2~1.6	1.1~1.4	1.0~3.0	0.30~0.50	—
FLC-48108	余量	0.6~0.9	1.6~2.0	0.80~1.1	1.0~3.0	0.30~0.50	—
FLN-48108（以前的 FLN4608）	余量	0.6~0.9	3.6~5.0①	0.80~1.1	—	0.30~0.50	—
FLC-4908	余量	0.6~0.8	—	1.3~1.7	1.0~3.0	0.05~0.30	—
FLC2-5208	余量	0.6~0.8	—	1.5~3.0	1.0~3.0	0.05~0.30	1.3~1.7
FL-5305	余量	0.4~0.6	—	0.4~0.6	—	0.05~0.30	2.7~3.3

注：1. 化学组成的其他元素：包括了为了特殊目的而添加的其他微量元素，总量最大值为 2.0%。
2. 烧结硬化钢是由以 Ni、Mo 及 Mn 作为主要合金元素的预合金化低合金钢粉和元素铜粉，及在一些场合与元素镍粉的混合合金化粉生产的。为了使最终烧结硬化钢中具有所需碳含量，还混入适量的石墨粉。烧结硬化钢的化学组成应符合本表规定。烧结硬化钢一般用于制造中等-高密度粉末冶金结构零件。这些材料的淬硬性都相当高，因此在烧结后冷却期间能够淬硬。当要求最终密度为 7.0g/cm³ 或更高时，可采用压制-预烧结-复压-烧结工艺生产。
混合合金化粉末的压缩性取决于其组成的基体粉末。虽然，许多由混合合金粉制造的材料都适于在常规烧结温度（1120℃）下进行烧结，但往往采用高温烧结（>1150℃）来提高材料的力学性能。
烧结硬化钢具有马氏体显微组织。通常发现有细珠光体、贝氏体及残留奥氏体。当混合合金化粉末中混入镍粉时，在烧结硬化钢的显微组织中还可能有富镍区。
烧结硬化钢一般用于需要高的强度与耐磨性的场合。采用烧结硬化工艺的好处在于：可控制尺寸、清洁及减少生产工序。烧结硬化材料难以切削加工。

① 至少以元素粉状混入 2% 镍。

表 3.1-313　烧结硬化钢粉末冶金材料物理-力学性能（摘自 MPIF 标准 35，2009 年版）

材料牌号①④⑥	最小值		标准值②										密度 /g·cm⁻³
	屈服强度 /MPa	极限抗拉强度 /MPa	拉伸性能			弹性常数		无凹口夏比冲击能/J	横向断裂强度 /MPa	压缩屈服强度(0.1%) /MPa	硬度		疲劳极限(90%存活率) /MPa	
			极限抗拉强度 /MPa	屈服强度(0.2%) /MPa	伸长率（在25.4mm内）(%)	弹性模量 /GPa	泊松比				宏观（表观） 洛氏	微小压痕(换算的)⑤		
FLNC-4408-60HT	410	480			<1	115	0.25	5	1100	520	98HRB	55HRC	120	6.60
-85HT	590	660			<1	130	0.27	9	1310	590	21HRC	55	180	6.80
-105HT	720	790			<1	140	0.27	16	1520	660	25HRC	55	230	7.00
-130HT	900	970			1	155	0.28	22	1720	720	30HRC	55	290	7.20
FLC-4608-60HT	410	480			<1	115	0.25	9	900	660	28HRC	55HRC	120	6.60
-75HT	520	590	③		<1	130	0.27	11	1070	720	32	55	180	6.80
-95HT	660	720			<1	140	0.27	15	1240	790	36	55	230	7.00
-115HT	790	860			<1	155	0.28	18	1450	860	39	55	290	7.20
FLC-4805-70HT	480	520			<1	115	0.25	7	1100	690	24HRC	57HRC	150⑦	6.60
-100HT	690	760	③		<1	130	0.27	10	1380	900	29	57	230⑦	6.80
-140HT	970	1030			<1	140	0.27	14	1650	1100	34	57	300⑦	7.00
-175HT	1210	1280			<1	155	0.28	20	1970	1280	39	57	390⑦	7.20
FLC2-4808-70HT	480	520			<1	115	0.25	9	930	620	25HRC	55HRC	180⑦	6.60
-85HT	590	620	③		<1	130	0.27	15	1240	790	30	55	240⑦	6.80
-110HT	760	830			<1	140	0.27	19	1590	930	35	55	295⑦	7.00
-145HT	1000	1070			<1	155	0.28	23	1860	1100	40	55	350⑦	7.20
FLC-48108-50HT	340	410			<1	115	0.25	7	830		20HRC	55HRC	110	6.60
-70HT	480	550	③		<1	130	0.27	9	1030		26	55	160	6.80
-90HT	620	690			<1	140	0.27	12	1310		31	55	230	7.00
-110HT	760	830			<1	155	0.28	19	1590		37	55	290	7.20
FLC2-5208-85HT	590	660		590	<1	115	0.25	9	1410	690	23HRC	55HRC	190	6.60
-95HT	660	720		620	<1	130	0.27	12	1590	760	27	55	260	6.80
-110HT	760	830		690	<1	140	0.27	15	1760	830	30	55	320	7.00
-120HT	830	900		760	<1	155	0.28	18	1930	900	33	55	380	7.20
FL-5305-105HT	720	790			<1	115	0.25	9	1210	790	25HRC	55HRC	160	6.60
-120HT	830	900	③		<1	130	0.27	12	1520	930	30	55	230	6.80
-135HT	930	1000			<1	140	0.27	14	1830	1030	35	55	280	7.00
-150HT	1030	1100			<1	155	0.28	16	2140	1170	40	55	340	7.20

① 后缀数字代表最小强度值（lbf/in²），烧结态为屈服强度，热处理态为极限抗拉强度。
② 力学性能数据来源于实验室制备的在工业生产条件下烧结的试样。
③ 对于热处理的材料，屈服强度和极限抗拉强度大体上相等。
④ 热处理（HT）材料的回火温度为 177℃。
⑤ 微小压痕硬度值和马氏体有关。倘若珠光体或贝氏体存在的话，这些相的量度一般为 25~45HRC。
⑥ FLC-4805、FLC2-4808、FLC2-5208 及 FL-5305 材料的回火温度为 205℃。
⑦ 从轴向疲劳试验结果换算的。

(7) 扩散合金化钢粉末冶金材料（见表 3.1-314、表 3.1-315）

表 3.1-314　扩散合金化钢粉末冶金材料牌号、化学组成（质量分数,%）（摘自 MPIF 标准 35，2009 年版）

材料牌号	Fe	C	Ni	Mo	Mn	Cu
FD-0200	余量	0.0~0.3	1.55~1.95	0.40~0.60	0.05~0.30	1.3~1.7
FD-0205	余量	0.3~0.6	1.55~1.95	0.40~0.60	0.05~0.30	1.3~1.7
FD-0208	余量	0.6~0.9	1.55~1.95	0.40~0.60	0.05~0.30	1.3~1.7
FD-0400	余量	0.0~0.3	3.60~4.40	0.40~0.60	0.05~0.30	1.3~1.7
FD-0405	余量	0.3~0.6	3.60~4.40	0.40~0.60	0.05~0.30	1.3~1.7
FD-0408	余量	0.6~0.9	3.60~4.40	0.40~0.60	0.05~0.30	1.3~1.7
FLDN2-4908	余量	0.6~0.9	1.85~2.25	1.3~1.7①	0.05~0.30	—
FLDN4C2-4905	余量	0.3~0.6	3.60~4.40	1.3~1.7①	0.05~0.30	1.6~2.4

注：1. 化学组成的其他元素：包括为了特殊目的而添加的其他微量元素，总量的最大值为 2.0%。
　　2. 用扩散合金化粉末生产的铁基烧结材料所采用的粉末都是以高压缩性铁粉为基体，将合金添加剂加入其中，经扩散合金化而制成的。通过扩散合金化可减小混合粉的扬尘与合金添加剂的偏聚倾向，同时，为使烧结时获得所要求的化合碳含量和在压制时减小摩擦，通常在部分合金化粉末中都要添加适量的石墨粉与润滑剂。这些添加剂对扬尘与偏聚都很敏感，因此，用黏结剂处理可改进部分合金化粉末混合物的扬尘与偏聚性状。这些材料的复杂显微组织使之兼具高的抗拉强度、韧性及刚度。由扩散合金化粉末生产的铁基烧结材料可进行热处理，以增高强度、表观硬度及耐磨性。

① 基粉为预合金化。

表 3.1-315　扩散合金化钢粉末冶金材料物理-力学性能（摘自 MPIF 标准 35，2009 年版）

材料牌号①④	最小值				标准值②						疲劳极限（90%存活率）/MPa	密度/g·cm⁻³
	屈服强度/MPa	极限抗拉强度/MPa	拉伸性能		弹性常数		无凹口夏比冲击能/J	横向断裂强度/MPa	压缩屈服强度(0.1%)/MPa	硬度		
			极限抗拉强度/MPa	屈服强度(0.2%)/MPa	伸长率（在25.4mm内）(%)	弹性模量/GPa	泊松比				宏观（表观）洛氏	微小压痕（换算的）		

材料牌号	屈服强度/MPa	极限抗拉强度/MPa	屈服强度(0.2%)/MPa	伸长率(%)	弹性模量/GPa	泊松比	冲击能/J	横向断裂强度/MPa	压缩屈服强度/MPa	宏观洛氏	微小压痕	疲劳极限/MPa	密度/g·cm⁻³
FD-0205-45	310	470	360	1	125	0.27	11	900	320	72HRB		170	6.75
-50	340	540	390	1	140	0.27	16	1070	360	76	N/D⑤	200	6.95
-55	380	610	420	2	150	0.28	24	1240	390	80		220	7.15
-60	410	690	460	2	170	0.28	38	1450	430	86		260	7.40
FD-0205-95HT		660	720	<1	125	0.27	7	1100	900	28HRC	55HRC	290	6.75
-120HT		830	900	<1	140	0.27	9	1310	1070	33	55	360	6.95
-140HT		970	1030	③	<1	150	0.28	12	1450	1210	38	55	450	7.15
-160HT		1100	1170		<1	170	0.28	15	1650	1380	45	55	520	7.40
FD-0208-50	340	480	400	<1	125	0.27	9	930	400	80HRB		170	6.75
-55	380	540	430	<1	135	0.27	12	1070	430	83	N/D⑤	230	6.90
-60	410	630	470	1	150	0.27	16	1240	460	87		260	7.10
-65	450	710	500	1	160	0.28	23	1340	500	90		320	7.25
FD-0405-55	380	590	430	1	125	0.27	15	1100	390	80HRB		170	6.75
-60	410	710	460	1	145	0.27	27	1340	430	85	N/D⑤	200	7.05
-65	450	850	480	2	165	0.28	37	1590	500	91		280	7.35
FD-0405-100HT		690	760	<1	125	0.27	7	1100	860	30HRC	55HRC	180	6.75
-130HT		900	970	③	<1	145	0.27	9	1380	1030	35	55	340	7.05
-155HT		1070	1140		<1	165	0.28	14	1620	1210	42	55	400	7.35
FD-0408-50	340	490	390	<1	120	0.25	12	900	430	85HRB		150	6.70
-55	380	620	430	1	140	0.27	18	1140	470	89	N/D⑤	190	6.95
-60	410	760	460	1	155	0.28	24	1380	500	93		260	7.20
-65	450	860	490	2	170	0.28	30	1590	550	95		330	7.40

(续)

材料牌号[1][4]	最小值			标准值[2]							硬度		疲劳极限(90%存活率)/MPa	密度/g·cm⁻³
	屈服强度/MPa	极限抗拉强度/MPa		拉伸性能			弹性常数		无凹口夏比冲击能/J	横向断裂强度/MPa	压缩屈服强度(0.1%)/MPa			
			极限抗拉强度/MPa	屈服强度(0.2%)/MPa	伸长率(在25.4mm内)(%)		弹性模量/GPa	泊松比				宏观(表观)	微小压痕(换算的)	
												洛氏		
FLDN2-4908-70	480	570	540	<1		125	0.27	9	1100	410	91HRB		190	6.75
-80	550	660	610	<1		140	0.27	12	1310	460	94	N/D[5]	220	6.95
-90	620	810	690	1		150	0.28	18	1590	530	98		250	7.15
-100	690	880	740	1		160	0.28	27	1760	570	100		280	7.30
FLDN4C2-4905-50	340	590	400	1		125	0.27	14	1100	340	85HRB		130	6.75
-60	410	720	460	1		140	0.27	15	1340	410	90	N/D[5]	190	6.95
-70	480	860	530	1		150	0.27	24	1620	450	95		250	7.15
-80	550	970	590	1		165	0.28	50	1860	520	25HRC		310	7.35

① 后缀数字代表最小强度值（lbf/in²），烧结态为屈服强度，热处理态为极限抗拉强度。
② 力学性能数据来源于实验室制备的在工业生产条件下烧结的试样。
③ 对于热处理的材料，屈服强度和极限抗拉强度大体上相等。
④ 热处理（HT）材料的回火温度为177℃。
⑤ N/D：没有测定。

（8）渗铜铁和渗铜钢粉末冶金材料（见表3.1-316、表3.1-317）

表3.1-316 渗铜铁和渗铜钢粉末冶金材料牌号及化学组成（质量分数,%）（摘自MPIF标准35，2009年版）

材料牌号	Fe	Cu	C[1]
FX-1000	余量	8.0~14.9	0.0~0.3
FX-1005	余量	8.0~14.9	0.3~0.6
FX-1008	余量	8.0~14.9	0.6~0.9
FX-2000	余量	15.0~25.0	0.0~0.3
FX-2005	余量	15.0~25.0	0.3~0.6
FX-2008	余量	15.0~25.0	0.6~0.9

注：1. 化学组成中的其他元素：包括为了特殊目的而添加的其他微量元素，总量最大值为2.0%。
  2. 本表所列牌号烧结渗铜铁和烧结渗铜钢是由铁粉和（或）铁合金粉与石墨（碳）粉的混合粉经成形后，烧结时大部分孔隙用熔渗的铜基合金充填制成的。

  可以采用一步或两步熔渗工艺。和烧结态的烧结铁或烧结碳钢相比，熔渗铜可改进材料的抗拉强度、断后伸长率、硬度及冲击性能。

  烧结渗铜钢零件可于熔渗状态或热处理状态使用。由于钢显微组织中的孔隙为钢封闭，可避免镀液被截留于孔隙中，从而可改进材料的电镀特性。由于同样原因，对于需要考虑压力密封的中等压力的液压件，也可用烧结渗铜钢制造；对于切削加工，由于减少了断续切削，材料的切削性得到改善。

  用分别压制零件、组装，然后通过熔渗工艺进行连接，可将几个粉末冶金零件组合为一个部件。用铜焊可连接经过熔渗的和经过锻轧的金属零件。由于钢钎焊合金存留在被钎焊表面的界面处（而不会渗入烧结态烧结渗铜钢孔隙中）将烧结熔渗钢的表面孔隙充填，故于空气中进行高频淬火或火焰淬火时，钢基体内部不会发生过分氧化。材料密度高时，低碳烧结熔渗钢渗碳或碳氮共渗后，表面有一清晰可见的渗碳层，使材料表面硬且耐磨，而心部仍具有韧性。

① 只可根据铁相来估计化合碳。

表 3.1-317 渗铜铁和渗铜钢粉末冶金材料物理-力学性能（摘自 MPIF 标准 35，2009 年版）

材料牌号[1][4]	最小值		标准值[2]										
	屈服强度/MPa	极限抗拉强度/MPa	拉伸性能			弹性常数		无凹口夏比冲击能/J	横向断裂强度/MPa	压缩屈服强度(0.1%)/MPa	硬度		疲劳极限(90%存活率)/MPa	密度/g·cm⁻³
			极限抗拉强度/MPa	屈服强度(0.2%)/MPa	伸长率(在25.4mm内)(%)	杨氏模量/GPa	泊松比				宏观(表观) 洛氏	微小压痕(换算的)		
FX-1000-25	170		350	220	7	160	0.28	34	910	230	65HRB	N/D[5]	133	7.3
FX-1005-40	280		530	340	4	160	0.28	18	1090	370	82HRB	N/D[5]	200	7.3
FX-1005-110HT		760	830	[3]	<1	160	0.28	9	1450	760	38HRC	55HRC	230	7.3
FX-1003-50	340		600	410	3	160	0.28	14	1140	490	89HRB	N/D[5]	230	7.3
FX-1008-110HT		760	830	[3]	<1	160	0.28	9	1300	790	43HRC	58HRC	280	7.3
FX-2000-25	170		320	260	3	145	0.24	20	990	280	66HRB	N/D[5]	122	7.3
FX-2005-45	310		520	410	1	145	0.24	11	1020	410	85HRB	N/D[5]	140	7.3
FX-2005-90HT		620	690	[3]	<1	145	0.24	9	1180	490	36HRC	55HRC	160	7.3
FX-2008-60	410		550	480	1	145	0.24	9	1080	480	90HRB	N/D[5]	160	7.3
FX-2008-90HT		620	690	[3]	<1	145	0.24	7	1100	510	36HRC	58HRC	190	7.3

[1] 后缀数字代表最小强度值（lbf/in²），烧结态为屈服强度，热处理态为极限抗拉强度。
[2] 力学性能数据来源于实验室制备的在工业生产条件下烧结的试样。
[3] 对于热处理的材料，屈服强度和极限抗拉强度大体上相等。
[4] 热处理（HT）材料的回火温度为 180℃。
[5] N/D: 没有测定。

（9）不锈钢-300 系列合金粉末冶金材料（见表 3.1-318、表 3.1-319）

表 3.1-318 不锈钢-300 系列合金粉末冶金材料牌号及化学组成（质量分数,%）（摘自 MPIF 标准 35，2009 年版）

材料牌号	Fe	Cr	Ni	Mn	Si	S	C	P	Mo	N
SS-303N1, N2	余量	17.0~19.0	8.0~13.0	0.0~2.0	0.0~1.0	0.15~0.30	0.00~0.15	0.00~0.20	—	0.20~0.60
SS-303L	余量	17.0~19.0	8.0~13.0	0.0~2.0	0.0~1.0	0.15~0.30	0.00~0.03	0.00~0.20	—	0.00~0.03
SS-304N1, N2	余量	18.0~20.0	8.0~12.0	0.0~2.0	0.0~1.0	0.00~0.03	0.00~0.08	0.00~0.04	—	0.20~0.60
SS-304H, L	余量	18.0~20.0	8.0~12.0	0.0~2.0	0.0~1.0	0.00~0.03	0.00~0.03	0.00~0.04	—	0.00~0.03
SS-316N1, N2	余量	16.0~18.0	10.0~14.0	0.0~2.0	0.0~1.0	0.00~0.03	0.00~0.08	0.00~0.04	2.0~3.0	0.20~0.60
SS-316H, L	余量	16.0~18.0	10.0~14.0	0.0~2.0	0.0~1.0	0.00~0.03	0.00~0.03	0.00~0.04	2.0~3.0	0.00~0.03

注：化学组成中的其他元素：包括为了特殊目的而添加的其他微量元素，总量最大值为 2.0%。

表 3.1-319 不锈钢-300 系列合金粉末冶金材料物理-力学性能（摘自 MPIF 标准 35，2009 年版）

材料牌号[①]	最小值			标准值[②]									
	屈服强度/MPa	极限抗拉强度/MPa	最小伸长率(在25.4mm内)(%)	拉伸性能			弹性常数		无凹口夏比冲击能/J	横向断裂强度/MPa	压缩屈服强度(0.1%)/MPa	硬度		疲劳极限(90%存活率)/MPa	密度/g·cm⁻³
				极限抗拉强度/MPa	屈服强度(0.2%)/MPa	伸长率(在25.4mm内)(%)	弹性模量/GPa	泊松比				宏观(表观) 洛氏	微小压痕[③](换算的)		
SS-303N1-25	170		0	270	220	<1	105	0.25	5	590	260	62HRB	N/D	90	6.4
SS-303N2-35	240		3	380	290	5	115	0.25	26	680	320	63HRB	N/D	110	6.5
SS-303N2-38	260		6	470	310	10	140	0.27	47	N/D	320	70HRB	N/D	145	6.9
SS-303L-12	80		12	270	120	17	120	0.25	54	570	140	21HRB	N/D	105	6.6
SS-303L-15	100		15	330	170	20	140	0.27	75	N/D	200	35HRB	N/D	130	6.9
SS-304N1-30	210		0	300	260	0	105	0.25	5	770	260	61HRB	N/D	105	6.4
SS-304N2-33	230		5	390	280	10	115	0.25	34	880	320	62HRB	N/D	125	6.5
SS-304N2-38	260		8	480	310	13	140	0.27	75	N/D	320	68HRB	N/D	160	6.9
SS-304H-20	140		7	280	170	10	120	0.25	27	590	170	35HRB	N/D	110	6.6
SS-304L-13	90		15	300	140	23	120	0.25	61	N/D	150	30HRB	N/D	115	6.6
SS-304L-18	120		18	390	180	26	140	0.27	108	N/D	190	45HRB	N/D	145	6.9
SS-316N1-25	170		0	280	230	<1	105	0.25	7	740	250	59HRB	N/D	75	6.4
SS-316N2-33	230		5	410	270	10	115	0.25	38	860	300	62HRB	N/D	95	6.5
SS-316N2-38	260		8	480	310	13	140	0.27	65	N/D	320	65HRB	N/D	130	6.9
SS-316H-20	140		5	240	170	7	120	0.25	27	590	170	33HRB	N/D	105	6.6
SS-316L-15	100		12	280	140	18	120	0.25	47	550	150	20HRB	N/D	90	6.6
SS-316L-22	150		15	390	210	21	140	0.27	88	N/D	200	45HRB	N/D	115	6.9

① 后缀数字代表最小强度值（lbf/in²），烧结态为屈服强度，热处理态为极限抗拉强度；
② 力学性能数据来源于实验室制备的在工业生产条件下烧结的试样。
　　N1：氮合金化的，强度好，伸长率小（于1150℃在分解氨中烧结的）。
　　N2：氮合金化的，强度高，中等伸长率（于1290℃在分解氨中烧结的）。
　　H：低碳，强度较低，伸长率高（于1150℃在100% H_2 中烧结的）。
　　L：低碳，强度较低，伸长率最高（于1290℃在部分真空中烧结的，冷却时要避免吸收氮）。
　　括号中是为得到这些数据而使用的生产工艺参数，可使用其他条件。
③ N/D：没有测定。

(10) 烧结不锈钢-400 系列合金粉末冶金材料（见表3.1-320、表3.1-321）

表 3.1-320 烧结不锈钢-400 系列合金粉末冶金材料牌号及化学组成（质量分数，%）
（摘自 MPIF 标准 35，2009 年版）

材料牌号	Fe	Cr	Ni	Mn	Si	S	C	P	Mo	N	Cb（Nb）
SS-409L	余量	10.50~11.75	—	0.0~1.0	0.0~1.0	0.00~0.03	0.00~0.03	0.00~0.04	—	0.00~0.03	8×C%~0.8
SS-409LE[①]	余量	11.50~13.50	0.0~0.5	0.0~1.0	0.0~1.0	0.00~0.03	0.00~0.03	0.00~0.04	—	0.00~0.03	8×C%~0.8
SS-410	余量	11.50~13.50	—	0.0~1.0	0.0~1.0	0.00~0.03	0.00~0.25	0.00~0.04	—	0.00~0.60	—
SS-410L	余量	11.50~13.50	—	0.0~1.0	0.0~1.0	0.00~0.03	0.00~0.03	0.00~0.04	—	0.00~0.03	—
SS-430N2	余量	16.00~18.00	—	0.0~1.0	0.0~1.0	0.00~0.03	0.00~0.08	0.00~0.04	—	0.20~0.60	—
SS-430L	余量	16.00~18.00	—	0.0~1.0	0.0~1.0	0.00~0.03	0.00~0.03	0.00~0.04	—	0.00~0.03	—
SS-434N2	余量	16.00~18.00	—	0.0~1.0	0.0~1.0	0.00~0.03	0.00~0.08	0.00~0.04	0.75~1.25	0.20~0.60	—
SS-434L	余量	16.00~18.00	—	0.0~1.0	0.0~1.0	0.00~0.03	0.00~0.03	0.00~0.04	0.75~1.25	0.00~0.03	—
SS-434LCb	余量	16.00~18.00	—	0.0~1.0	0.0~1.0	0.00~0.03	0.00~0.03	0.00~0.04	0.75~1.25	0.00~0.03	0.4~0.6

注：化学组成的其他元素：包括了为特殊目的而添加的其他微量元素，总量最大值为2.0%。
① LE-L牌号，化学组成扩大了。

表 3.1-321　烧结不锈钢-400 系列合金粉末冶金材料物理-力学性能（摘自 MPIF 标准 35，2009 年版）

材料牌号①④	最小值			标准值②										密度 /g·cm⁻³
	屈服强度 /MPa	极限抗拉强度 /MPa	最小伸长率（在25.4mm内）(%)	拉伸性能			弹性常数		无凹口夏比冲击能 /J	横向断裂强度 /MPa	压缩屈服强度（0.1%）/MPa	硬度		疲劳极限（90%存活率）/MPa	
				极限抗拉强度 /MPa	屈服强度（0.2%）/MPa	伸长率（在25.4mm内）(%)	弹性模量 /GPa	泊松比				宏观（表观）	微小压痕（换算的）		
												洛氏 ||	
SS-410-90HT	620		0	720	③	<1	125	0.25	3	780	640	23HRC	55HRC	240	6.5
SS-410L-20	140		10	330	180	16	165	0.27	68	N/D⑤	190	45HRB	N/D⑤	125	6.9
SS-430N2-28	190		3	410	240	5	170	0.27	34	N/D⑤	230	70HRB	N/D⑤	170	7.1
SS-430L-24	170		14	340	210	20	170	0.27	108	N/D⑤	230	45HRB	N/D⑤	170	7.1
SS-434N2-28	190		4	410	240	8	165	0.27	20	N/D⑤	230	65HRB	N/D⑤	150	7.0
SS-434L-24	170		10	340	210	15	165	0.27	88	N/D⑤	230	50HRB	N/D⑤	150	7.0

① 后缀数字代表最小强度值（lbf/in²），烧结态为屈服强度，热处理态为极限抗拉强度。
② 力学性能数据来源于实验室制备的在工业生产条件下烧结的试样。
③ 对于热处理的材料，屈服强度和极限抗拉强度大体上相等。
④ 热处理（HT）材料的回火温度为 180℃。
　　N2：氮合金化的，强度高，中等伸长率（于 1290℃ 在分解氮中烧结的）。
　　L：低碳，强度较低，伸长率最高（于 1290℃ 在部分真空中烧结的，避免冷却时吸收氮）。
　　HT：马氏体，热处理的，强度最高（于 1150℃ 在分解氮中烧结硬化的）。
　　括号中为用于产生这些数据的制造工艺参数，可改用其他工艺条件。
⑤ N/D：没有测定。

（11）铜和铜合金粉末冶金材料（见表 3.1-322、表 3.1-323）

表 3.1-322　铜和铜合金粉末冶金材料牌号及化学组成（质量分数，%）（摘自 MPIF 标准 35，2009 年版）

材料牌号	Cu	Zn	Pb	Sn	Ni
C-0000	99.8~100.0	—	—	—	—
CZ-1000	88.0~91.0	余量	—	—	—
CZP-1002	88.0~91.0	余量	1.0~2.0	—	—
CZ-2000	77.0~80.0	余量	—	—	—
CZP-2002	77.0~80.0	余量	1.0~2.0	—	—
CZ-3000	68.5~71.5	余量	—	—	—
CZP-3002	68.5~71.5	余量	1.0~2.0	—	—
CNZ-1818	62.5~65.5	余量	—	—	16.5~19.5
CNZP-1816	62.5~65.5	余量	1.0~2.0	—	16.5~19.5
CT-1000	87.5~90.5	—	—	9.5~10.5	—

注：化学组成中的其他元素：对于 C-0000 材料最大为 0.2%；对于所有其他铜基材料最大为 2.0%。

表 3.1-323　铜和铜合金粉末冶金材料物理-力学性能（摘自 MPIF 标准 35，2009 年版）

材料牌号①	最小值	标准值②										密度 /g·cm⁻³
	屈服强度 /MPa	拉伸性能			弹性常数		无凹口夏比冲击能 /J	横向断裂强度 /MPa	压缩屈服强度（0.1%）/MPa	硬度		
		极限抗拉强度 /MPa	屈服强度（0.2%）/MPa	伸长率（在25.4mm内）(%)	弹性模量 /GPa	泊松比				宏观（表观）	微观压痕③（换算的）	
										洛氏		
C-0000-5	35	160	40	20	85	0.31	34	N/D	50	25HRH	N/D	8.0
C-0000-7	50	190	60	25	90	0.31	61	N/D	70	30HRH③	N/D	8.3
CZ-1000-9	60	120	70	9	80	0.31	20	270	80	65HRH	N/D	7.6
-10	70	140	80	10	90	0.31	33	320	80	72HRH	N/D	7.9
-11	80	160	80	12	100	0.31	42	360	80	80HRH	N/D	8.1
CZP-1002-7	50	140	60	10	90	0.31	33	310	70	66HRH	N/D	7.9

（续）

材料牌号[①]	最小值 屈服强度 /MPa	标准值[②] 拉伸性能 极限抗拉强度 /MPa	标准值[②] 拉伸性能 屈服强度(0.2%) /MPa	标准值[②] 拉伸性能 伸长率(在25.4mm内) (%)	标准值[②] 弹性常数 弹性模量 /GPa	标准值[②] 弹性常数 泊松比	标准值[②] 无凹口夏比冲击能/J	标准值[②] 横向断裂强度 /MPa	标准值[②] 压缩屈服强度(0.1%) /MPa	标准值[②] 硬度 宏观(表观) 洛氏	标准值[②] 硬度 微观压痕[③] (换算的)	密度 /g·cm⁻³
CZP-2000-11	80	160	90	9	85	0.31	37	360	80	73HRH	N/D	7.6
-12	80	240	120	18	100	0.31	61	480	100	82HRH	N/D	8.0
CZP-2002-11	80	160	90	9	85	0.31	37	360	80	73HRH	N/D	7.6
-12	80	240	120	18	100	0.31	61	480	100	82HRH	N/D	8.0
CZP-3000-14	100	190	110	14	80	0.31	31	430	120	84HRH	N/D	7.6
-16	110	230	130	17	90	0.31	52	590	130	92HRH	N/D	8.0
CZP-3002-13	90	190	100	14	80	0.31	16	390	80	80HRH	N/D	7.6
-14	100	220	110	16	90	0.31	34	490	100	88HRH	N/D	8.0
CNZ-1818-17	120	230	140	11	95	0.31	33	500	170	90HRH	N/D	7.9
CNZP-1816-13	90	180	100	10	95	0.31	30	340	120	86HRH	N/D	7.9
CT-1000-13（复压的）	90	150	110	4	60	0.31	5	310	140	82HRH	N/D	7.2

① 后缀数字代表最小强度值（lbf/in²），烧结态为屈服强度，热处理态为极限抗拉强度。
② 力学性能数据来源于实验室制备的在工业生产条件下烧结的试样。
③ N/D：没有测定。

（12）软磁合金粉末冶金材料（见表3.1-324、表3.1-325）

表3.1-324 软磁合金粉末冶金材料牌号及化学组成（质量分数，%）（摘自 MPIF 标准35，2009年版）

材料牌号	Fe	Ni	Si	P	C	O	N
F-0000	余量	—	—	—	0.00~0.03	0.00~0.10	0.00~0.01
FY-4500	余量	—	—	0.40~0.50	0.00~0.03	0.00~0.10	0.00~0.01
FY-8000	余量	—	—	0.75~0.85	0.00~0.03	0.00~0.10	0.00~0.01
FS-0300	余量	—	2.7~3.3	—	0.00~0.03	0.00~0.10	0.00~0.01
FN-5000	余量	46.0~51.0	—	—	0.00~0.02	0.00~0.10	0.00~0.01

注：化学组成中的其他元素：包括为了特殊目的而添加的其他微量元素，总量的最大值为0.5%。

表3.1-325 软磁合金粉末冶金材料物理-力学性能（摘自 MPIF 标准35，2009年版）

材料牌号[①]	指令值 最小密度 /g·cm⁻³	指令值 最大矫顽力场强度 /A·m⁻¹	标准值[②] 磁性 1200A/m B_m /T	标准值[②] 磁性 1200A/m B_r /T	标准值[②] 磁性 1200A/m H_c /A·m⁻¹	标准值[②] 磁性 1200A/m μ_{max}	标准值[②] 拉伸性能 极限抗拉强度 /MPa	标准值[②] 拉伸性能 屈服强度(0.2%) /MPa	标准值[②] 拉伸性能 伸长率(在25.4mm内) (%)	标准值[②] 弹性常数 弹性模量 /GPa	标准值[②] 弹性常数 泊松比	标准值[②] 无凹口冲击能/J	标准值[②] 压缩屈服强度(0.1%) /MPa	标准值[②] 宏观硬度(表观) 洛氏	标准值[②] 疲劳极限(90%存活率) /MPa	密度 /g·cm⁻³
FF-0000-23U	6.5	185	0.90	0.78	165	1700	125	75	6	115	0.25	12	N/D[④]	40HRF	N/D[④]	6.6
-20U	6.5	160	0.95	0.82	145	1800	130	75	8	115	0.25	16	N/D[④]	40	N/D[④]	6.6
FF-0000-23W	6.9	185	1.05	0.90	165	2100	190	115	11	140	0.27	34	N/D[④]	50HRF	N/D[④]	7.0
-20W	6.9	160	1.05	0.97	145	2300	195	115	12	140	0.27	43	N/D[④]	50	N/D[④]	7.0
FF-0000-23X	7.1	185	1.20	1.05	165	2700	255	155	16	155	0.28	68	N/D[④]	55HRF	N/D[④]	7.2
-20X	7.1	160	1.20	1.10	145	2900	255	155	17	155	0.28	75	N/D[④]	55	N/D[④]	7.2
FY-4500-20V	6.7	160	1.05	0.85	145	2300	275	205	5	130	0.27	34	210	40HRB	③	6.8
FY-4500-20W	6.9	160	1.15	0.90	145	2600	310	220	7	140	0.27	37	250	45HRB	③	7.0
-17W	6.9	135	1.15	0.90	120	3000	310	220	10	140	0.27	41	200	45	N/D[④]	7.0

(续)

材料牌号[1]	指令值		标准值[2]												
	最小密度 /g·cm^{-3}	最大矫顽力场强度 /A·m^{-1}	磁性 1200A/m				拉伸性能			弹性常数		无凹口冲击能 /J	压缩屈服强度(0.1%) /MPa	宏观硬度(表观) 洛氏	疲劳极限(90%存活率) /MPa	密度 /g·cm^{-3}
			B_m/T	B_r/T	H_c/A·m^{-1}	μ_{max}	极限抗拉强度 /MPa	屈服强度(0.2%) /MPa	伸长率(在25.4mm内)(%)	弹性模量 /GPa	泊松比				
FY-4500-20X	7.1	160	1.25	1.00	145	2700	345	240	7	155	0.28	64	280	55HRB	[3]	7.2
-17X	7.1	135	1.25	1.00	120	3200	380	270	12	155	0.28	65	220	55	N/D[4]	7.2
FY-4500-20Y	7.3	160	1.30	1.15	145	3200	380	260	9	170	0.28	136	310	65HRB	[3]	7.4
-17Y	7.3	135	1.35	1.10	120	3600	415	280	15	170	0.28	149	240	65	N/D[4]	7.4
FY-8000-17V	6.7	135	1.10	1.00	120	3500	330	275	2	130	0.27	4	N/D[4]	55HRB	N/D[4]	6.8
FY-8000-17W	6.9	135	1.20	1.10	120	4000	345	310	3	140	0.27	5	N/D[4]	65HRB	N/D[4]	7.0
-15W	6.9	120	1.20	1.05	105	4000	365	310	4	140	0.27	4	N/D[4]	65	N/D[4]	7.0
FY-8000-17X	7.1	135	1.30	1.20	120	4500	380	345	3	155	0.28	7	N/D[4]	70HRB	N/D[4]	7.2
-15X	7.1	120	1.30	1.15	105	4500	390	330	4	155	0.28	16	N/D[4]	70	N/D[4]	7.2
FY-8000-15Y	7.3	120	1.35	1.30	105	5000	430	365	4	170	0.28	19	N/D[4]	75HRB	N/D[4]	7.4
FS-0300-14V	6.7	110	1.10	0.90	95	3000	310	205	8	130	0.27	26	N/D[4]	65HRB	N/D[4]	6.8
FS-0300-14W	6.9	110	1.20	1.00	95	4000	345	240	10	140	0.27	33	N/D[4]	70HRB	N/D[4]	7.0
FS-0300-12X	7.1	95	1.30	1.10	80	5000	380	275	15	155	0.28	61	N/D[4]	75HRB	N/D[4]	7.2
FS-0300-11Y	7.3	90	1.40	1.20	70	6000	415	310	20	170	0.28	115	N/D[4]	80HRB	N/D[4]	7.4
FN-5000-5W	6.9	40	0.90	0.75	25	8000	240	140	9	85	0.32	45	N/D[4]	28HRB	N/D[4]	7.0
FN-5000-5Z	7.4	40	1.20	0.90	25	10000	275	170	15	110	0.34	92	N/D[4]	40HRB	N/D[4]	7.5

[1] 后级数字代表最大矫顽磁场值（Oe×10），字母代号表示密度的最小值。
[2] 力学性能数据来源于实验室制备的在工业生产条件下烧结的试样。
[3] 在准备数据，将在以后的版本中补充。
[4] N/D：没有测定。

(13) 粉末冶金结构零件材料淬透性（见表 3.1-326）

表 3.1-326 粉末冶金结构零件材料淬透性数据（到 65HRA 处深度）

材料系统	材料牌号	密度/g·cm^{-3}	深度 J_{65}（以 1.6mm 为单位）
铁与碳钢	F-0005	6.65	<1
		6.87	1
		7.03	1
	F-0008	6.78	1
		6.91	2
		7.06	2
铁铜合金与铜钢	FC-0205	6.50	<1
		6.82	1
		6.96	1
	FC-0208	6.40	1
		6.81	2
		7.15	2
铁镍合金与镍钢	FN-0205	6.90	1
		7.10	1
		7.38	2
	FN-0208	6.88	2
		6.97	2
		7.37	3

(续)

材料系统	材料牌号	密度/g·cm^{-3}	深度 J_{65}（以 1.6mm 为单位）
预合金化钢（以前的低合金钢）	FL-4205	6.75	2
		7.00	3
		7.20	3
	FL-4405	6.64	2
		6.94	3
		7.20	4
	FL-4605	6.76	2
		6.99	5
		7.12	7
	FL-5208	6.70	3
		6.85	4
		7.27	5
	FL-5305	6.70	15
		6.86	17
		7.32	44
混合低合金钢	FLN2C-4005	6.73	<1
		6.88	5
		7.27	10
	FLN4C-4005	6.73	5
		6.97	8
		7.28	40
	FLN-4205[1]	6.68	2
		7.00	5
		7.29	6
	FLN2-4405[1]	6.71	7
		7.11	10
		7.22	10
	FLN4-4405[1]	6.72	8
		7.10	14
		7.23	17
	FLN6-4405[1]	6.79	13
		7.15	18
		7.30	26
烧结硬化钢	FLNC-4408	6.65	9
		7.06	11
		7.22	15
	FLC-4608	6.63	26
		6.92	32
		7.24	>56
	FLC-4805	6.73	22
		6.87	33
		7.25	35
	FLC2-4808	6.75	36
		7.00	52
		7.34	>56
	FLC-48108	6.63	26
		6.86	48
		7.06	>56
		7.30	>56

(续)

材料系统	材料牌号	密度/g·cm^{-3}	深度J_{65}（以1.6mm为单位）
烧结硬化钢	FLN-48108（以前的FLN-4608）	6.82 6.92 7.26 7.36	22 28 46 >56
	FLC-4908	6.72 7.08 7.16	8 9 10
	FLC2-5208	6.72 6.90 7.34	10 16 26
	FL-5305	6.70 6.86 7.32	15 17 44
扩散合金化钢	FD-0205	6.98 7.24 7.32	2 2 4
	FD-0208	6.78 6.97 7.29	4 9 12
	FD-0405	6.70 7.13 7.26	2 4 10
	FD-0408	6.70 7.08 7.21	3 8 15
	FLDN2-4908	6.72 6.97 7.32	8 8 9
	FLDN4C2-4905	6.72 6.99 7.29	5 10 >56
渗铜铁与钢	FX-1005	7.40	2
	FX-1008	7.39	2
	FX-2005	7.38	<1

注：对于粉末冶金碳钢和合金钢结构零件，当其材料的$w(C) \geqslant 0.3\%$时，烧结之后均可采用热处理的方法，改善其性能，提高材料的强度、硬度和耐磨性。淬硬性是表征铁基粉末冶金结构零件材料淬硬深度的尺寸指标，淬硬性数值越大，表示材料淬火后的硬度越高。本表为MPIF 35《粉末冶金结构零件材料标准》（2009年版）提供的工程技术资料，这种资料不属于标准本身的规范数据，但对于产品设计和生产均有指导意义，因为这些资料是在MPIF标准委员会指导下，采用可靠的试验手段完成的。工程技术资料包括淬透性、轴向疲劳、滚动接触疲劳、切削性、线胀系数、断裂韧度、耐蚀性、水蒸气氧化等，限于篇幅，本手册只列出淬透性数据，有关其他资料可参阅MPIF产品设计手册。

6.2 粉末冶金摩擦材料

6.2.1 铁基干式摩擦材料（见表3.1-327～表3.1-329）

表3.1-327 铁基干式摩擦材料组成、性能及主要适用范围（摘自 JB/T 3063—2011）

牌号	化学成分（质量分数，%）										平均动摩擦因数 μ_d	静摩擦因数 μ_s	磨损率 /cm³·J⁻¹	密度 /g·cm⁻³	表观硬度 HBW	横向断裂强度 /MPa	主要适用范围
	铁	铜	锡	铅	石墨	二氧化硅	三氧化二铝	二硫化钼	碳化硅	铸石	其他							
F1001G	65~75	2~5	—	2~10	10~15	0.5~3	—	2~4	—	—	0~3	>0.25	>0.45	<5.0×10⁻⁷	4.2~5.3	30~60	>50	载重汽车和矿山重型车辆的制动带
F1002G	73	10	—	8	6	—	3	—	—	—	—				5.0~5.6	40~70		拖拉机、工程机械等干式离合器片和制动片
F1003G	69	1.5	1	8	16	1	—	—	—	—	3.5				4.8~5.5	35~55		挖掘机、起重机等离合器和制动器
F1004G	65~70	—	3~5	2~4	13~17	—	—	3~5	3~4	3~5	—				4.7~5.2	60~90		合金钢为对偶的飞机制动片
F1005G	65~70	1~5	2~4	2~4	—	—	—	4~6	—	—	—	>0.35			5.0~5.5	40~60		重型起重机、缆索起重机等制动器

注：1. 本表产品适于制造离合器和制动器之用。
    2. 牌号标记示例：

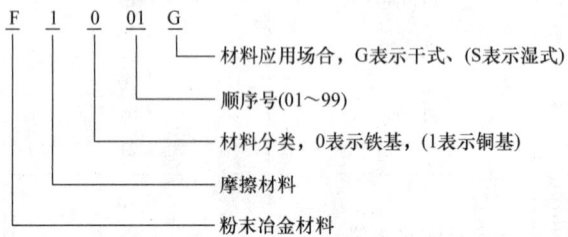

    3. JB/T 3063—2011《烧结金属摩擦材料 技术条件》代替 JB/T 3063—1996，对于旧标准的技术内容，考虑到国内行业的实际应用情况及对材料现实的指导意义，"横向断裂强度"不列入材料性能的标准数据。本表中保留此数据，供参考之用。

表3.1-328 国外铁基干式摩擦材料的化学成分

序号	材料牌号	Fe	Cu	Ni	C(石墨)	SiO₂	石棉	其他成分	资料来源
		（质量分数，%）							
1	ФMK-11	64	15	—	9	3	3	BaSO₄6	俄罗斯
2	MKB-50A	64	10	—	8	—	3	FeSO₄5；SiC5；B₄C5	俄罗斯
3	CMK	基体	9~25	—	—	—	—	Mn6.5~10；BN6~12；B₄C8~15；SiC1~6；MoS₂2.0~5.0	俄罗斯
4	CMK-80	48	23	—	—	—	—	Mn6.5；BN6.5；B₄C10.0；SiC3.5；MoS₂2.5	俄罗斯
5	CMK-83	54	20	—	—	—	—	Mn7.0；BN6.5；B₄C9.5；SiC1.0；MoS₂2.0	俄罗斯
6	—	基体	—	—	5~15	—	—	MoS₂0~10；MoSi₂5~20；SiC5以下	美国
7	—	31.25	31.25	—	10	—	—	Mo5；Sb2.5；铁磷20 可能添加 Bi，Cd，Pd	美国
8	—	基体	10~20	—	4~8	—	2~4	Co5以下；SiC2~10；B₄C2~10；FeSO₄5~10	俄罗斯

(续)

序号	材料牌号	Fe	Cu	Ni	C(石墨)	SiO$_2$	石棉	其他成分	资料来源
					(质量分数,%)				
9	—	60	—	5	—	—	—	Mo5；W5；莫来石5；WS$_2$20；可能添加Bi, Cd, Pd	德国
10	—	3~35	—	—	—	—	—	B$_4$C10~50；BN1~5；ZrC余量	俄罗斯
11	—	84	9	—	5	—	—	Pb1；Sn1	日本
12	—	60~75	—	—	10~25	—	—	SiC20以下；以及莫来石，Al$_2$O$_3$；MoS$_2$，Pb和Sn20以下	美国
13	—	71.4~93.2	1.9~11.4	—	1.9~11.4	—	—	Co6.5以下；Zn3.8~4.9	日本
14	—	基体	12~25	—	3~4	0.3~0.9	—	Pb1~3；Zn1~2.5	德国
15	—	90~95	—	6~15	5~10	2~13	—	Co2~8；Cr2~4	日本
16	—	基体	30以下	—	—	6以下	6以下	P1以下；Al9以下	俄罗斯
17	Fe-1A Fe-2B Fe-3C	62~72	—	15	4~8	5~13	—	Co2；Cr2	日本
18	—	基体	14~16	—	8~10	2~4	2~4	Fe$_2$O$_3$8~20；BaSO$_4$5~7	俄罗斯
19	—	基体	—	—	1.5	—	—	Al5；Pb4.6；Ni、Mg、Ca、Na、Ti、Si、B，总量达5%	德国
20	—	69~78	—	—	20~25	—	—	MoS$_2$2~6	法国
21	—	62.0	—	10	—	—	—	Cr23；Pb4.9	德国
22	—	67.0	8	—	20	—	—	Bi5	法国
23	—	基体	—	—	10	—	—	Al5	美国
24	—	70	—	—	20	—	—	生铁粉10	美国
25	—	59~78	5以下	—	20~25	—	—	MoS$_2$2~6；Pb3以下；莫来石2以下	澳大利亚
26	—	72~77	1以下	—	20~25	—	—	Pb1以下	澳大利亚
27	—	60	—	5	—	—	—	Mo5；W5；莫来石5；WS$_2$20	德国
28	—	84	—	—	4	—	—	MoS$_2$2；Pb2；Sn5；Al$_2$O$_3$3	美国
29	—	31.25	31.25	—	10	—	—	Mo5；Sb2.5；莫来石20	美国
30	—	80	—	—	20	—	—		捷克

注：本表所列铁基粉末冶金摩擦材料是从国外专利文献中摘录的。铁基粉末冶金摩擦材料适用于各种干式摩擦装置，如盘式制动器、汽车离合器、各种仪器的摩擦部件等，应用广泛。本表所列的序号1~11材料建议用于重载荷，摩擦表面温度可以达到1200~1300℃。材料序号7的静摩擦因数为0.3~0.6，动摩擦因数为0.12~0.40。当制动温度为600℃，制动能量为4410N·m/cm^{2}时，平均摩擦因数为0.5~0.55，稳定度为0.75~0.88，单次制动磨损为2~6μm；当制动温度为800℃，制动能量为9045.4N·m/cm^{2}时，平均摩擦因数为0.45~0.50，稳定度为0.85~0.90，单次制动磨损为6~11μm。其特点是，在配料中加入易熔金属铋、锑、镉和铅，在摩擦时熔化成为液相，可以得到较高的摩擦因数和高的稳定性。

在重负荷的铁路运输中，特别是对于速度高于200~250km/h的高速列车的制动装置，建议采用本表所列序号12~16的各种铁基材料。例如，材料序号12的制动履摩擦因数为0.28~0.43，运行1000km后磨损为83μm。材料序号12的特点是含有较高的摩擦添加剂（碳化硅、氧化铝）和抗卡剂（如石墨、二硫化钼和铅）。

材料序号16~20的铁基摩擦材料适于一般工业用途。以铁磷合金为基体的材料序号16，用在纺织的瓦块式制动器中，与灰铸铁配对使用，在起始制动速度为15~20m/s，压力0.196~0.294MPa时，摩擦因数为0.27~0.35，耐磨性好，保证使用要求。

材料序号17含有15%的镍，并加有钴和铬，是用作汽车展式制动器的材料。

分析本表中各材料的配方说明，用于重负荷的铁基和铁合金基材料具有两大特点：为了提高摩擦因数，一般不含氧化硅和氧化铝，而加有碳化物、硅化物、氮化物等难熔化合物；为了提高基体强度和导热性能，都含有10%~25%的铜。

不加二氧化硅的理由是：重负荷铁基材料在制动过程中，表面薄层会迅速达到1165~1170℃，这时二氧化硅与铁或其他金属氧化物会生成玻璃状硅酸盐化合物而降低摩擦因数。

表 3.1-329　国外一些铁基摩擦材料的物理-力学性能及摩擦性能

	指标	ΦMK-8	ΦMK-11	MKB-50A	CMK-80
ΦMK-8 等 4 种材料的物理-力学性能	密度/g·cm^{-3}	6.0	6.0	5.0	5.7
	抗拉强度/MPa	90~100	50~70	30~40	—
	抗压强度/MPa	450~500	300~350	150~210	200~250
	抗剪强度/MPa	70~90	80~100	67~85	65~80
	热导率/W·(m·K)$^{-1}$	37.68	46.05~19.26	27.21~18.84	29.31~20.93
	线胀系数 α (20~900℃)/℃$^{-1}$	—	—	12.67×10^{-6}	—
	质量热容 (100~800℃)/J·(g·K)$^{-1}$	—	—	0.50~0.83	—
	摩擦因数	0.21~0.22			
	平均制动力矩/最大制动力矩	0.54~0.55			
	一次制动磨损/μm	5~8			
	对偶材料-ЧHMX 铸铁	1~2			

	指标名称	20℃	300℃	600℃
MKB-50A 材料不同温度 F 的力学性能	抗弯强度/MPa	100~140	90~130	80~100
	抗压强度/MPa	155~210	150~200	125~155
	抗拉强度/MPa	30~40	27~45	20~30
	抗剪强度/MPa	67~85	55~80	50~60
	冲击韧性/J·mm^{-2}	0.8~1.2	—	—
	硬度 HB/MPa	800~1200	650~850	450~550

	材料牌号	压力/MPa	平均单位功率/W·cm^{-2}	平均摩擦因数	摩擦因数稳定度 $f_{平均}/f_{最大}$	一次制动线磨损/μm 摩擦材料	一次制动线磨损/μm 对偶材料(ЧHMX 铸铁)	体积温度/℃
某些材料的摩擦性能	ΦMK-11	—	245	0.27	0.90	16.0	2.0	430
			313.6	0.26	0.80	28.0	1.0	510
			411.6	0.25	0.80	36.0	0.5	520
			509.6	0.21	0.70	44.0	0	590
	MKB-50A		25	0.37	0.90	6	5.5	500
			32	0.34	0.85	8	5.0	550
			42	0.30	0.80	10	4.5	580
			52	0.28	0.70	13	4.0	610
	CMK-80	0.47	—	0.39	0.73	1.25	4.0	560

	摩擦偶	起始滑动速度/m·s^{-1}	压力/MPa	单位制动功/J·cm^{-2}	平均摩擦因数	摩擦因数稳定度 $f_{平均}/f_{最大}$	单次制动磨损/μm 摩擦材料	单次制动磨损/μm 对偶材料
	CMK-80-38XC 钢 (50HRC)	20	1.22	1600	0.36	0.73	5.0	1.0
	ΦMK-11-38XC 钢	20	1.22	1600	0.21	0.70	30.0	测不出
	MKB-50A-38XC 钢	20	1.22	1600	0.29	0.74	7.0	1.5
	CMK-80-СЧ21-40 铸铁	20	0.20	125	0.36	0.80	0.04	0.07
	CMK-83-СЧ21-40 铸铁	12	0.41	450	0.37	0.80	0.30	0.20
	ΦMK-11-СЧ21-40 铸铁	12	0.41	450	0.31	0.85	0.4	0.30
	MKB-50A-СЧ21-40 铸铁	12	0.41	450	0.35	0.80	0.6	0.50

注：本表是俄罗斯生产的铁基粉末冶金摩擦材料，至今仍在生产中广泛应用。材料 ΦMK-8 适用于重负荷的盘式制动器，ΦMK-11 材料摩擦因数数值及稳定性均优于 ΦMK-8，但耐磨性稍差。材料 MKB-50A 用于重负荷盘式制动器；在 600℃高温时，力学性能仍良好，摩擦性能及耐磨性能均优于 ΦMK-8 和 ΦMK-11。CMK 型铁基摩擦材料具有好的摩擦性能，且稳定性很高，用于重负荷的闭式多片式制动器中，重叠系数达 0.2 的开式盘式制动器及重负荷的带式和屐式等制动装置中。

6.2.2 铜基干式摩擦材料（见表3.1-330）

表3.1-330 铜基干式摩擦材料组成、性能及主要适用范围（摘自JB/T 3063—2011）

牌号	化学成分（质量分数，%）								平均动摩擦因数 μ_d	静摩擦因数 μ_s	磨损率 /cm³·J⁻¹	密度 /g·cm⁻³	表观硬度 HBW	横向断裂强度[1] /MPa	主要适用范围
	铜	铁	锡	锌	铅	石墨	二氧化硅	硫酸钡	其他						
F1106G	68	8	5	—	—	10	4	5	—	>0.15			5.5~6.5	25~50		干式离合及制动器
F1107G	64	8	7	—	8	8	5	—	—				5.5~6.2	20~50	>40	拖拉机、冲压及工程机械等干式离合器
F1108G	72	5	10	—	3	2	8	—	—	>0.20	>0.45	<3.0×10⁻⁷	5.5~6.2	25~55		DLM₂型、DLM₄型等系列机床、动力头的干式电磁离合器和制动器
F1109G	63~67	9~10	7~9	—	3~5	7~9	2~5	—	3				5.5~6.5	20~50	>60	喷撒工艺，用于DLMK型系列机床、动力头的干式电磁离合器和制动器
F1110G	70~80	—	6~8	3.5~5	2~3	3~4	3~5	2	—	>0.25	>0.40		6.0~6.8	35~65		锻压机床、剪切机、工程机械干式离合器

[1] 见表3.1-327注3。

6.2.3 铜基湿式摩擦材料（见表3.1-331～表3.1-333）

表3.1-331 铜基湿式摩擦材料组成、性能及主要适用范围（摘自JB/T 3063—2011）

牌号	化学成分（质量分数，%）								平均动摩擦因数 μ_d	静摩擦因数 μ_s	磨损率 /cm³·J⁻¹	能量负荷许用值 /cm	密度 /g·cm⁻³	表观硬度 HBW	横向断裂强度[1] /MPa	主要适用范围
	铜	铁	锡	锌	铅	石墨	二氧化硅	其他								
F1111S	69	6	8	—	8	6	3	—					5.8~6.4	20~50	>60	船用齿轮箱系列离合器、拖拉机主离合器、载重汽车及工程机械等湿式离合器
F1112S	75	8	3	—	5	5	4	—	0.04~0.05		<2.0×10⁻⁸		5.5~6.4	30~60	>50	中等负荷（载重汽车、工程机械）的液力变速箱离合器
F1113S	73	8	8.5	—	4	4	2.5	—					5.8~6.4	20~50		飞溅离合器
F1114S	72~76	3~6	7~10	—	5~8	6~8	1~2	—	0.03~0.05			8500	≥6.7	≥40	>80	转向离合器
F1115S	67~71	7~9	7~9	—	9~11	5~7	—	—	0.12~0.17							喷撒工艺，用于调速离合器
F1116S	63~67	7~10	7~9	—	3~5	7~9	2~5	3	0.05~0.08		<2.5×10⁻⁸		5.0~6.2	20~50	>60	喷撒工艺，用于船用齿轮箱系列离合器、拖拉机主离合器、载重汽车及工程机械等湿式离合器
F1117S	70~75	4~6	3~5	—	5~7	5~7	2~4	—					5.5~6.5	40~60		重负荷液力机械变速箱离合器
F1118S	68~74	—	2~4	4.5~7.5	2~4	13.5~16.5	2	—				32000	4.7~5.1	14~20	>30	工程机械高负荷传动件，如主离合器、动力换档变速器等

[1] 见表3.1-327注3。

表 3.1-332 国外铜基干式摩擦材料的化学成分

序号	化学成分（质量分数，%）									资料来源
	Cu	Sn	Pb	Fe	C(石墨)	石棉	SiO₂	Al₂O₃	其他成分	
1	50~80	—	10以下	20以下	5~15		5以下	—	MoS₂20以下；Ti2~10	美国
2	60	—	—	—	—		5		莫来石20；铋15	美国
3	70	—	—	—	—		5		莫来石20；锑15	美国
4	44.5						5		Zn5；莫来石35；铋8	美国
5	67.5				7.5		15		铋10	美国
6	67.5				7.5			15	铋10；可用15% MgO代替Al₂O₃	美国
7	61~62	6		7~8	6		—		Zn12；莫来石7	美国
8	70	7	8	—	8		7		TiO₂10	日本
9	62~67	6~10	6~12	4~6	5~9		4.5~8			日本
10	基体	6~10	10以下	5以下	1~8				Ti, V, Si, As2~10；MoS₂0~6	俄罗斯
11	62~72	6~10	6~12	4~6	5~9		4.5~8			日本
12	基体	5	0.5	8	4	2	3.5	5	MoO₃6	罗马尼亚
13	62~71	6~10	6~2	4.5~8	5~9				Si4.0~6.0	日本
14	基体	—	—	5~15	25以下			5	Sb4~8	德国
15	60~70	5~12			9以下				SiO₂, Si, SiC, Al₂O₃, Fe, 石棉及其他添加剂不少于10%	捷克
16	67~80	5~12	7~11	8以下	6~7		4.5以下			俄罗斯
17	68~76	8~10	7~9	3~5	6~8					俄罗斯
18	75	—	—	—	—		5	—	莫来石20	法国
19	60	—	—	—	10		5		莫来石20；Mo5	法国
20	25	3	—	—	30		5		玻璃料40	德国
21	18	2	—	—	30				玻璃料40；硫化铝10	德国
22	62~86	5~10	5~15	2以下	4~8	3以下	3以下	—	Ni2以下	俄罗斯
23	67	6	9	7	7		4			俄罗斯
24	72	5	9	4	7		—		SiC3	俄罗斯
25	86	10	—	4以下	—				Zn2以下	俄罗斯
26	75	8	5	4	1~20				Si0.75；Zn6	俄罗斯
27	70.9	6.3	10.9	—	7.4		4.5			美国
28	73	7.0	14.0	—	6.0					美国
29	62	12	7	8	7		4			美国
30	67.26	5.31	9.3	6.62	7.08		4.43			美国
31	68	8	7	7	6		4			英国
32	66~70	8~12	9~13	—	2~4		1~6			英国
33	60~90	10以下	10以下	18以下	10以下		2			日本

注：本表铜基粉末冶金干式摩擦材料资料来源于国外专利文献，在生产中经过实际应用，取得了可靠的实用效果。由于使用环境不同，适用工况条件广泛，化学组成较复杂。

本表锡青铜为基体的材料，耐磨性好，摩擦因数高，适用于各种制动和传动装置。与铁基材料相比，它们大大降低了对偶（铸铁或钢）的磨损。

青铜基材料也用来制造飞机的摩擦盘（见本表序号1~7）。在这种情况下，有时用钛、钒、硅或砷来代替加到这类材料组分中的锡，以防止锡在高温时在支承钢背晶界上渗出所引起的晶间腐蚀。

其他材料组分是加有7%~20%的莫来石，8%~10%的铋。硅、铝和镁的氧化物起着摩擦剂的作用。

日本专利提出在铁路运输制动盘中用含有2%~25%二氧化钛的铜基材料（见本表序号8、9）。

在汽车、拖拉机制造行业中，广泛使用了锡青铜基材料。这些材料（见本表序号8~14）的特点是含有：强化金属基体的锡5%~10%；起固体润滑剂作用的铅和石墨；能提高摩擦因数的铁、二氧化硅或硅。这些材料能承受高负荷，被推荐制造制动器的制动履或制动盘。

基阿弗利克特（Dafrikt）S型材料（见本表序号15）是捷克研制的产品，这类材料在国际上得到广泛应用，是久负盛名的优质材料，用于制造重负荷的盘式和履式制动器、盘式电磁离合器等的粉末冶金摩擦片。

锡青铜基材料中加入2%~8% MoO₃可增高摩擦因数和耐磨性（见本表序号12）。如含2% MoO₃的材料，在比压为0.515MPa和速度为15.25m/s下，摩擦因数为0.35；MoO₃含量为8%时，摩擦因数为0.435；磨损相应地为0.375mm和0.275mm。不含MoO₃的材料，摩擦因数为0.3，磨损为0.475mm。

铝青铜基摩擦材料在铣床电磁离合器中得到应用，其使用寿命增长2倍。

铝青铜基粉末冶金摩擦材料的密度为6.0~6.5g/cm³时，硬度为600~800MPa，抗弯强度极限达294MPa，抗剪强度极限为196MPa。在铣床电磁离合器运转条件下，对钢的摩擦因数为0.30~0.33。

第 1 章 钢铁材料

表 3.1-333 国外铜基湿式摩擦材料的化学成分

序号	化学成分（质量分数，%）							资料来源
	Cu	Sn	P	C(石墨)	SiO$_2$	Fe	其他添加剂	
1	基体	12	7	4	1.5	0.5	硅铁 0.5；石棉 2；镍 1	俄罗斯
2	73	9	4	4	—	6	皂土 2；石棉 2	俄罗斯
3	72	9	7	5	—	4	石棉 3	俄罗斯
4	73.5	9	8	4	—	4	莫来石 1.5	俄罗斯
5	68~76	8~10	7~9	6~8	—	3~5	—	俄罗斯
6	基体	3~9	6~7	6~7	—	—	滑石 7~8	俄罗斯
7	基体	5~9	5~15	0.5~10	0.5~8	—	滑石 1~16；石棉 0.5~8	俄罗斯
8	68	8	7	6	—	7	—	美国
9	62	7	12	7	4	8	—	美国
10	50~80	—	0~10	5~15	0~5	0~20	Ti, V, Si, As 2~10；MoS$_2$ 0~6	美国
11	青铜	75	—	—	12	10	碳化硅 3	美国
12	青铜	73.8	—	3.5	9.7	10	碳化硅 3	美国
13	72	7	6	6	3	3	三氧化钼 4	英国
14	基体	4~8	—	25	—	5~15	Al$_2$O$_3$，刚玉，金刚砂或石棉 5	德国
15	基体	4~5	—	20~30	—	3~30	刚玉，金刚砂或石棉 3~10	德国
16	基体	—	—	25	—	5~15	Al$_2$O$_3$ 5；Sb 4~8	德国
17	基体	5	4.7	17.5	—	—	—	德国
18	68	5.5	9	6	4.5	7	—	意大利
19	60~75	5.8	0~10	4~7	3~4	7	石棉 3~4	波兰
20	60~75	5~15	—	5~8	2~7	5~10	锌 5~10	波兰
21	62~72	6~12	2~6	5~9	—	4.5~8	硅 4~6	日本
22	62~72	6~12	6~12	5~9	4.5~8	4~6	—	日本
23	60~75	5	1~5	5~10	—	3~15	二硫化钼 1~10	日本

注：本表所列的铜基摩擦材料，在润滑或干摩擦条件下应用效果均较好，如本表序号 13 为英国烧结制品股份有限公司的产品，在干式或湿式条件下均可应用。

在矿物油（或合成油）润滑条件下工作的摩擦装置中，采用铜合金基，最初主要是青铜基的粉末冶金材料，现在已经研究出其他成分的材料，例如铜-锌基体粉末冶金材料。铜-锌材料基体强度高，孔隙度更高，可存留更多润滑油。与铜-锡材料相比，孔隙度较高的铜-锌材料具有较高的摩擦因数和较大的能量吸收能力。青铜和黄铜混合基材料兼有两种基体的特性，目前应用很广泛。由于各生产公司力图避开现有专利，因此，各国制造的材料常在摩擦添加剂的种类和含量方面具有各自的特点，材料组分上也名目繁多，本表资料供参考。

6.2.4 铁-铜基摩擦材料

表 3.1-334 日本部分铁-铜基摩擦材料的成分及用途

序号	组成（质量分数，%）										用途
	金属成分			摩擦剂				固体润滑剂			
	Cu	Fe	Sn	Fe	Mo	SiO$_2$	富铝红柱石	C	Pb	其他	
1	其余	—	5~10	3~6	—	3~6	—	5~10	5~10	—	日本新干线列车摩擦片
2	其余	—	3~6	—	—	3~6	—	4~6	—	—	日本新干线列车摩擦片
3	其余	—	5~10	3~5	—	3~6	—	10~15	10~15	—	干式离合器片
4	30~40	30~40	3~6	3~6	—	3~6	—	4~6	—	—	干式离合器片
5	其余	—	3~6	3~6	—	3~6	—	5~10	—	Bi 5~10	干式离合器片
6	3~6	60~70	—	—	—	—	1~3	15~25	3~5	Bi 3~5	一般火车用摩擦片

注：铁的熔点高，并且它的强度、硬度及耐热性能都可以用不同的合金元素加以调节，所以重负荷干式工况一般采用铁基摩擦材料。由于铁基摩擦材料与铁质对偶相溶性大，摩擦时容易发生黏着，拉伤对偶表面，在其表面形成沟槽，摩擦因数变化大，导致制动不稳或失效。铜及铜合金导热性能比铁及铁合金优良，抗氧化性能亦比铁好，与铁质对偶相溶性小，故铜基摩擦副接合平稳，耐磨性好。铜基摩擦材料在高负荷条件下摩擦因数不够稳定，没有铁基摩擦材料抗高温，且铜的价格比铁高。为了综合以上两种材料的优点，研制了铁-铜基摩擦材料。该材料在较宽的能量负荷范围内摩擦因数基本稳定；另一方面它比铜基摩擦材料价格低 30% 左右。

6.3 粉末冶金减摩材料

6.3.1 粉末冶金铁基和铜基轴承材料（见表3.1-335）

表3.1-335 粉末冶金铁基和铜基轴承材料牌号、化学成分及性能（摘自 GB/T 2688—2012）

牌号标记	基体分类	基类号	合金分类	分类号	化学成分（质量分数,%）							物理-力学性能		含油密度 /g·cm⁻³
					Fe	$C_{化合}$	$C_总$	Cu	Sn	Zn	Pb	其他	含油率(%)	径向压溃强度/MPa	
FZ11060	铁基	1	铁	1	余量	0~0.25	0~0.5	—	—	—	—	<2	18	200	5.7~6.2
FZ11065					余量	0~0.25	0~0.5	—	—	—	—	<2	12	250	6.2~6.6
FZ12058			铁-石墨	2	余量	0~0.5	2.0~3.5	—	—	—	—	<2	18	170	5.6~6.0
FZ12062					余量	0~0.5	2.0~3.5	—	—	—	—	<2	12	240	6.0~6.4
FZ12158					余量	0.5~1.0	2.0~3.5	—	—	—	—	<2	18	310	5.6~6.0
FZ12162					余量	0.5~1.0	2.0~3.5	—	—	—	—	<2	12	380	6.0~6.4
FZ13058			铁-碳-铜	3	余量	0~0.3	0~0.3	0~1.5	—	—	—	<2	21	100	5.6~6.0
FZ13062					余量	0~0.3	0~0.3	0~1.5	—	—	—	<2	17	160	6.0~6.4
FZ13158					余量	0.3~0.6	0.3~0.6	0~1.5	—	—	—	<2	21	140	5.6~6.0
FZ13162					余量	0.3~0.6	0.3~0.6	0~1.5	—	—	—	<2	17	190	6.0~6.4
FZ13258					余量	0.6~0.9	0.6~0.9	1.5~3.9	—	—	—	<2	21	140	5.6~6.0
FZ13262					余量	0.6~0.9	0.6~0.9	1.5~3.9	—	—	—	<2	17	220	6.0~6.4
FZ13358					余量	0.3~0.6	0.3~0.6	1.5~3.9	—	—	—	<2	22	140	5.6~6.0
FZ13362					余量	0.3~0.6	0.3~0.6	1.5~3.9	—	—	—	<2	17	240	6.0~6.4
FZ13458					余量	0.6~0.9	0.6~0.9	1.5~3.9	—	—	—	<2	22	170	5.6~6.0
FZ13462					余量	0.6~0.9	0.6~0.9	1.5~3.9	—	—	—	<2	17	280	6.0~6.4
FZ13558					余量	0~0.9	0.6~0.9	4~6	—	—	—	<2	22	300	5.6~6.0
FZ13562					余量	0~0.9	0.6~0.9	4~6	—	—	—	<2	12	320	6.0~6.4
FZ13658					余量	0.6~0.9	0.6~0.9	4~6	—	—	—	<2	22	140~230	5.6~6.0
FZ13662					余量	0.6~0.9	0.6~0.9	4~6	—	—	—	<2	17	320	6.0~6.4
FZ14058			铁-铜	4	余量	0~0.3	0~0.3	1.5~3.9	—	—	—	<2	22	140	5.6~6.0
FZ14062					余量	0~0.3	0~0.3	1.5~3.9	—	—	—	<2	17	230	6.0~6.4
FZ14158					余量	0~0.3	0~0.3	9~11	—	—	—	<2	22	140	5.6~6.0
FZ14160					余量	0~0.3	0~0.3	9~11	—	—	—	<2	19	210	5.8~6.2
FZ14162					余量	0~0.3	0~0.3	9~11	—	—	—	<2	17	280	6.0~6.4
FZ14258					余量	0~0.3	0~0.3	18~22	—	—	—	<2	22	170	5.6~6.0
FZ14260					余量	0~0.3	0~0.3	18~22	—	—	—	<2	19	200	5.8~6.2
FZ14262					余量	0~0.3	0~0.3	18~22	—	—	—	<2	17	280	6.0~6.4
FZ21070	铜基	2	铜-锡-锌-铅	1	<0.5	—	0.3~2.0	余量	5~7	5~7	2~4	<1.5	12	150	6.6~7.2
FZ21075					<0.5	—	0.3~2.0	余量	5~7	5~7	2~4	<1.5	12	200	7.2~7.8
FZ22062			铜-锡	2			0~0.3	余量	9.5~10.5	—	—	<2	24	130	6.0~6.4
FZ22066							0~0.3	余量	9.5~10.5	—	—	<2	19	180	6.4~6.8
FZ22070							0~0.3	余量	9.5~10.5	—	—	<2	12	260	6.8~7.2
FZ22074							0~0.3	余量	9.5~10.5	—	—	<2	9	280	7.2~7.6
FZ22162							0.5~1.8	余量	9.5~10.5	—	—	<2	22	120	6.0~6.4
FZ22166							0.5~1.8	余量	9.5~10.5	—	—	<2	17	160	6.4~6.8
FZ22170							0.5~1.8	余量	9.5~10.5	—	—	<2	9	210	6.8~7.2
FZ22174							0.5~1.8	余量	9.5~10.5	—	—	<2	7	230	7.2~7.6
FZ22260							2.5~5	余量	9.2~10.2	—	—	<2	11	70	5.8~6.2
FZ22264							2.5~5	余量	9.2~10.2	—	—	<2	—	100	7.2~7.6
FZ23065			铜-锡-铅	3	<0.5	—	0.5~2.0	余量	6~10	<1	3~5	<1	18	150	6.3~6.9
FZ24058			铜-锡-铁-碳	4	54.2~6.2		0.5~1.3	34~38	3.5~4.5	—	—	<2	22	110~250	5.6~6.0
FZ24062					54.2~6.2		0.5~1.3	34~38	3.5~4.5	—	—	<2	17	150~340	6.0~6.4
FZ24158					50.2~58		0.5~1.3	36~40	5.5~6.5	—	—	<2	22	100~240	5.6~6.0
FZ24162					50.2~58		0.5~1.3	36~40	5.5~6.5	—	—	<2	17	150~340	6.0~6.4
FZ24258					余量		0~0.1	17~19	1.5~2.5	—	—	<1	24	150	5.6~6.0
FZ24262					余量		0~0.1	17~19	1.5~2.5	—	—	<1	19	215	6.0~6.4
FZ24266					余量		0~0.1	17~19	1.5~2.5	—	—	<1	13	270	6.4~6.8

注：1. 铁基各类轴承材料的化学成分中允许有<1%的硫。
2. 化合碳含量允许用金相法评定。
3. 铜基各类轴承材料的化学成分中的总碳指游离石墨。
4. FZ24258、FZ24262、FZ24266 为采用铁-青铜扩散合金化粉末的原料制作。
5. 轴承材料牌号标记：
   铁基1类铁铜碳含油轴承为5.6~6.0g/cm³的粉末冶金轴承材料标记为：

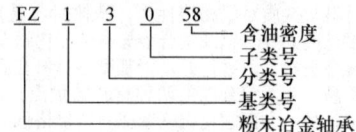

6.3.2 粉末冶金轴承用青铜、青铜-石墨材料（见表3.1-336、表3.1-337）

表3.1-336 粉末冶金轴承用青铜、青铜-石墨材料牌号、化学成分和性能（摘自 GB/T 19076—2003）

参数	符号	单位	青铜 牌号[①]			青铜-石墨 牌号[①]			备注
			-C-T10-K110	-C-T10-K140	-C-T10-K180	-C-T10G-K90	-C-T10G-K120	-C-T10G-K160	
化学成分（质量分数） Cu Sn 石墨 其他元素总和（最大）		% % % %	余量 8.5~11.0 — 2	余量 8.5~11.0 — 2	余量 8.5~11.0 — 2	余量 8.5~11.0 0.5~2.0 2	余量 8.5~11.0 0.5~2.0 2	余量 8.5~11.0 0.5~2.0 2	标准值
开孔孔隙度	P	%	27	22	15	27	22	17	
径向压溃强度（最小）	K	MPa	110	140	180	90	120	160	
密度（干态）	ρ	g/cm³	6.1	6.6	7.0	5.9	6.4	6.8	参考值
线胀系数		K⁻¹	18×10^{-6}	18×10^{-6}	18×10^{-6}	18×10^{-6}	18×10^{-6}	18×10^{-6}	

① 所有材料都能含浸润滑剂。

表3.1-337 粉末冶金轴承用材料：铁、铁-铜、铁-青铜、铁-碳-石墨牌号、化学成分和性能（摘自 GB/T 19076—2003）

参数	符号	单位	铁 牌号[②]		铁-铜 牌号[②]		铁-青铜[①] 牌号[②]				铁-碳-石墨[①] 牌号[②]	铁-碳-石墨[①] 牌号[②]	备注
			-F-00-K170	-F-00-K220	-F-00C2-K200	-F-00C2-K250	-F-03C36T-K90	-F-03C36T-K120	-F-03C45T-K70	-F-03C45T-K100	-F-03G3-K70	-F-03G3-K80	
化学成分（质量分数） $C_{化合}$[③] Cu Fe Sn 石墨 其他元素总和（最大）		% % % % % %	<0.3 — 余量 — — 2	<0.3 — 余量 — — 2	<0.3 1~4 余量 — — 2	<0.3 1~4 余量 — — 2	<0.5 34~38 余量 3.5~4.5 0.3~1.0 2	<0.5 34~38 余量 3.5~4.5 0.3~1.0 2	<0.5 43~47 余量 4.5~5.5 <1.0 2	<0.5 43~47 余量 4.5~5.5 <1.0 2	<0.5 — 余量 — 2.0~3.5 2	<0.5 — 余量 — 2.0~3.5 2	标准值
开孔孔隙度	P	%	22	17	22	17	24	19	24	19	20	13	
径向压溃强度（最小）	K	MPa	170	220	200	250	90~265	120~345	70~245	100~310	70~175	80~210	
密度（干态）	ρ	g/cm³	5.8	6.2	5.8	6.2	5.6	6.0	5.6	6.0			参考值
线胀系数		K⁻¹	12×10^{-6}	12×10^{-6}	12×10^{-6}	12×10^{-6}	14×10^{-6}	14×10^{-6}	14×10^{-6}	14×10^{-6}	12×10^{-6}	12×10^{-6}	

① 所给出径向压溃强度值的范围表明化合碳和游离石墨之间须保持平衡。
② 所有材料可浸渍润滑剂。
③ 仅铁相中的。

6.3.3 美国 MPIF 标准粉末冶金自润滑轴承材料

(1) 粉末冶金青铜轴承材料（见表 3.1-338）

表 3.1-338 粉末冶金青铜轴承材料牌号、化学组成和物理-力学性能

（摘自 MPIF 标准 35，2010 年版）

材　料	材料牌号	化学组成（质量分数,%）			最小值[①]			密度 $D_湿^{①②}$ /g·cm^{-3}	
		元素	最小	最大	径向压溃强度 K		含油量 $P_1^{④}$ (体积分数,%)	最小	最大
					10^3 lbf/in^2	MPa			
青铜 （低石墨）	CT-1000-K19	铜 锡 石墨 其他[⑤]	余量 9.5 0 0	余量 10.5 0.3 2.0	19	130	24[⑥]	6.0	6.4
	CT-1000-K26	铜 锡 石墨 其他[⑤]	余量 9.5 0 0	余量 10.5 0.3 2.0	26	180	19	6.4	6.8
	CT-1000-K37	铜 锡 石墨 其他[⑤]	余量 9.5 0 0	余量 10.5 0.3 2.0	37	260	12	6.8	7.2
	CT-1000-K40	铜 锡 石墨 其他[⑤]	余量 9.5 0 0	余量 10.5 0.3 2.0	40	280	9	7.2	7.6
青铜 （中等石墨）	CTG-1001-K17	铜 锡 石墨 其他[⑤]	余量 9.5 0.5 0	余量 10.5 1.8 2.0	17	120	22[⑦]	6.0	6.4
	CTG-1001-K23	铜 锡 石墨 其他[⑤]	余量 9.5 0.5 0	余量 10.5 1.8 2.0	23	160	17	6.4	6.8
	CTG-1001-K30	铜 锡 石墨 其他[⑤]	余量 9.5 0.5 0	余量 10.5 1.8 2.0	30	210	9	6.8	7.2
	CTG-1001-K34	铜 锡 石墨 其他[⑤]	余量 9.5 0.5 0	余量 10.5 1.8 2.0	34	230	7	7.2	7.6
青铜 （高石墨）	CTG-1004-K10	铜 锡 石墨 其他[⑤]	余量 9.2 2.5 0	余量 10.2 5.0 2.0	10	70	11[⑧]	5.8	6.2

(续)

材料	材料牌号	化学组成（质量分数,%）			最小值[1]		含油量 P_1[4] (体积分数,%)	密度 D [1][2] /g·cm^{-3}	
					径向压溃强度 K				
		元素	最小	最大	10^3 lbf/in^2	MPa		最小	最大
青铜 （高石墨）	CTG-1004-K15	铜 锡 石墨 其他[5]	余量 9.2 2.5 0	余量 10.2 5.0 2.0	15	100	[3]	6.2	6.6

注：1. 美国金属粉末工业联合会 MPIF 标准 35《粉末冶金自润滑轴承材料标准》是美国和世界许多国家广泛采用的粉末冶金轴承标准，2010 年修订版为最新版本。
2. 青铜（低石墨）轴承具有良好的耐蚀性，此种材料密度 6.4g/cm³ 下时，可保证有一定的韧性，能够承受振动负载。此种材料可用于打桩。也可用于办公机械、农具、机床与一般设备的轴承。密度较高（6.8g/cm³）的材料具有更高的韧性，可支承较高的负载。但密度提高时，轴承的含油量较少，因此，此种材料适于速度较低的工作条件。由于具有较高的强度，此种材料常可用于结构零件和轴承的复合件。石墨含量在 0.5%～1.8% 中等含量时，轴承具有好的性能，适用于重负载、高速度和一般磨蚀条件工况下之用。当石墨含量大于 3% 时，轴承运转平稳性非常好，适合于现场工作时较少补加油以及较高温度下使用，常用于摆动或间歇转动的工况条件的轴承。
3. 粉末冶金自润滑轴承材料牌号按 MPIF35 的规定，由前缀（表示材料化学元素组元的字母符号，参见表 3.1-303 注 4）、中部（4 位数字表示材料组成的质量分数）和后缀（两位数字表示强度 K 的最小值，K 是以 10^3 lbf/in^2 表示，需方可根据粉末冶金材料的化学成分预计 K 值。字符 K 表示轴承的材料牌号）。
在非铁材料中，4 位数字系列前 2 位数字表示主要合金化组分的质量分数。4 位数字系列后 2 位数字表示次要合金化组分的质量分数。牌号中虽未包括其他次要元素，但它们已在每一种标准材料的"化学组成"中给出。粉末冶金非铁材料牌号举例如下：

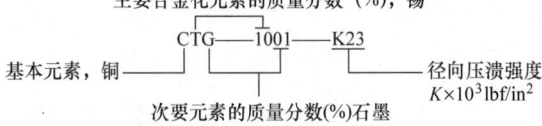

在铁基材料中，主要合金化元素（除化合碳外）都包括在前缀字符牌号中。牌号中虽不包括其他元素，但在每一种标准材料的"化学组成"中都将它们列了出来。4 位数字牌号的前 2 位数字表示主要合金化组分的质量分数。4 位数字系列中最后 2 位数字表示铁基材料的化合碳含量。在牌号系统中，冶金化合碳的范围表示如下：

化合碳范围	牌号表示法
0.0%～0.3%	00
0.3%～0.6%	05
0.6%～0.9%	08

铁-石墨轴承的碳含量范围	牌号表示方法
0.0%～0.5%	03
0.5%～1.0%	08

粉末冶金铁基材料牌号举例如下：

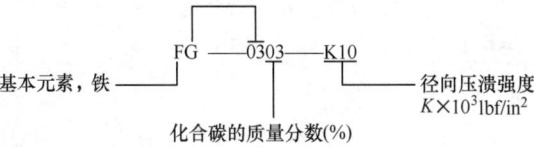

[1] 这些数据都是基于制成品的材料。
[2] 含油的。假定油的密度为 0.875g/cm³。
[3] 在石墨含量（5%）与密度最高（6.6g/cm³）的条件下，这种材料中仅含有微量油。在 3% 石墨与 6.2～6.6g/cm³ 密度下，其含油量可能为 8%（体积分数）。
[4] 随着密度增高，最小含油量将减小。表中所示之值在给出的密度上限都是有效的。
[5] 铁含量的最大值为 1%。
[6] 最小含油量为 27% 时，密度范围为 5.8～6.2g/cm³，K 的最小值为 105MPa。
[7] 最小含油量为 25% 时，密度范围为 5.8～6.2g/cm³，K 的最小值为 90MPa。
[8] 石墨含量为 3% 时，最小含油量为 14%。

(2) 粉末冶金扩散合金化铁-青铜轴承材料（见表3.1-339）

表3.1-339 粉末冶金扩散合金化铁-青铜轴承材料牌号、化学组成和物理-力学性能

（摘自 MPIF 标准35，2010年版）

材料	材料牌号	化学组成[3]（质量分数,%）			最小值[1]		含油量 P_1（体积分数,%）	密度 $D_{湿}^{[1][2]}$ /g·cm^{-3}	
		元素	最小	最大	径向压溃强度 K				
					10^3 lbf/in^2	MPa		最小	最大
扩散合金化铁-青铜	FDCT-1802-K18	铁 铜 锡 石墨 其他	余量 17.0 1.5 0 0	余量 19.0 2.5 0.1 1.0	22	150	24	5.6	6.0
	FDCT-1802-K28	铁 铜 锡 石墨 其他	余量 17.0 1.5 0 0	余量 19.0 2.5 0.1 1.0	31	215	19	6.0	6.4
	FDCT-1802-K38	铁 铜 锡 石墨 其他	余量 17.0 1.5 0 0	余量 19.0 2.5 0.1 1.0	39	270	13	6.4	6.8

注：扩散合金化铁-青铜轴承材料，铁含量比一般的预混合铁-青铜轴承材料高。和一般的预混合青铜（90-10青铜）轴承材料相比，扩散合金化铁-青铜轴承材料成本减少，价格较低，径向压溃强度较高。

[1] 这些数据都是基于制成品材料的。
[2] 含油的。假定油的密度为 0.875g/cm^3。
[3] 这些化学组成中没有添加石墨。

(3) 粉末冶金铁-青铜轴承材料（见表3.1-340）

表3.1-340 粉末冶金铁-青铜轴承材料牌号、化学组成和物理-力学性能

（摘自 MPIF 标准35，2010年版）

材料	材料牌号	化学组成（质量分数,%）			径向压溃强度[1] K				含油量最小值 $P_1^{[1]}$（体积分数,%）	密度 $D_{湿}^{[1][2]}$ /g·cm^{-3}	
		元素	最小	最大	10^3 lbf/in^2		MPa				
					最小	最大	最小	最大		最小	最大
铁-青铜	FCTG-3604-K16	铁 铜 锡 总碳[3] 其他	余量 34.0 3.5 0.5 0	余量 38.0 4.5 1.3 2.0	16	36	110	250	22	5.6	6.0
	FCTG-3604-K22	铁 铜 锡 总碳[3] 其他	余量 34.0 3.5 0.5 0	余量 38.0 4.5 1.3 2.0	22	50	150	340	17	6.0	6.4
	CFTG-3806-K14	铜 铁 锡 总碳[3] 其他	余量 36.0 5.5 0.5 0	余量 40.0 6.5 1.3 2.0	14	35	100	240	22	5.6	6.0

第1章 钢铁材料

（续）

材料	材料牌号	化学组成（质量分数,%）			径向压溃强度[1] K				含油量最小值 P_1[1]（体积分数,%）	密度 D[1][2] 湿 /g·cm^{-3}	
					10^3 lbf/in^2		MPa				
		元素	最小	最大	最小	最大	最小	最大		最小	最大
铁-青铜	CFTG-3806-K22	铜 铁 锡 总碳[3] 其他	余量 36.0 5.5 0.5 0	余量 40.0 6.5 1.3 2.0	22	50	150	340	17	6.0	6.4

注：为了降低原材料成本，可用40%~60%（质量分数）铁稀释青铜。为了自润滑，这些轴承通常都含有0.5%~1.3%（质量分数）石墨。轴承的烧结将会将化合碳含量减少到最低限度。这类轴承可用于轻-中等负载和中等-高速条件下。往往用它们替代分马力电动机与器具中的青铜轴承。化合碳含量超过最大值时，可能形成有噪声的、硬的轴承。"总碳"的定义是冶金化合碳与游离石墨之和。

[1] 这些数据都是基于制成品的材料。
[2] 含油的。假定油的密度为 0.875g/cm^3。
[3] 冶金化合碳的最高含量为 0.5%。

（4）粉末冶金铁与铁-碳轴承材料（见表3.1-341）

表 3.1-341 粉末冶金铁与铁-碳轴承材料牌号、化学组成和物理-力学性能

（摘自 MPIF 标准 35，2010 年版）

材料	材料牌号	化学组成（质量分数,%）			最小值[1]				密度 D[1][2] 湿 /g·cm^{-3}	
					径向压溃强度 K		含油量 P_1（体积分数,%）			
		元素	最小	最大	10^3 lbf/in^2	MPa			最小	最大
铁	F-0000-K15	铁 碳 铜 其他	余量 0 0 0	余量 0.3 1.5 2.0	15	100	21		5.6	6.0
铁	F-0000-K23	铁 碳 铜 其他	余量 0 0 0	余量 0.3 1.5 2.0	23	160	17		6.0	6.4
铁-碳	F-0005-K20	铁 碳[3] 铜 其他	余量 0.3 0 0	余量 0.6 1.5 2.0	20	140	21		5.6	6.0
铁-碳	F-0005-K28	铁 碳[3] 铜 其他	余量 0.3 0 0	余量 0.6 1.5 2.0	28	190	17		6.0	6.4
铁-碳	F-0008-K20	铁 碳[3] 铜 其他	余量 0.6 0 0	余量 0.9 1.5 2.0	20	140	21		5.6	6.0
铁-碳	F-0008-K32	铁 碳[3] 铜 其他	余量 0.6 0 0	余量 0.9 1.5 2.0	32	220	17		6.0	6.4

注：密度为 5.6~6.0g/cm^3 的普通铁可用作中等负载的轴承材料，此类材料一般比 90-10 青铜的硬度与强度高一些。碳与铁化合形成了钢轴承，其强度比纯铁高，同时径向压溃力较大，耐磨性与抗压强度较高。化合碳含量大于 0.3% 的轴承可以热处理，以全面改善力学性能。

[1] 这些数据都是基于制成品材料。
[2] 含油的。假定油的密度为 0.875g/cm^3。
[3] 冶金化合碳。

(5) 粉末冶金铁-铜轴承材料（见表3.1-342）

表 3.1-342　粉末冶金铁-铜轴承材料牌号、化学组成和物理-力学性能

（摘自 MPIF 标准 35，2010 年版）

材料	材料牌号	化学组成（质量分数,%）			最小值[①]		含油量 P_1（体积分数,%）	密度 $D_湿$[①②]/g·cm^{-3}	
		元素	最小	最大	径向压溃强度 K			最小	最大
					10^3 lbf/in^2	MPa			
铁-铜	FC-0200-K20	铁 铜 碳 其他	余量 1.5 0 0	余量 3.9 0.3 2.0	20	140	22	5.6	6.0
	FC-0200-K34	铁 铜 碳 其他	余量 1.5 0 0	余量 3.9 0.3 2.0	34	230	17	6.0	6.4
	FC-1000-K20	铁 铜 碳 其他	余量 9.0 0 0	余量 11.0 0.3 2.0	20	140	22	5.6	6.0
	FC-1000-K30	铁 铜 碳 其他	余量 9.0 0 0	余量 11.0 0.3 2.0	30	210	19	5.8	6.2
	FC-1000-K40	铁 铜 碳 其他	余量 9.0 0 0	余量 11.0 0.3 2.0	40	280	17	6.0	6.4
	FC-2000-K25	铁 铜 碳 其他	余量 18.0 0 0	余量 22.0 0.3 2.0	25	170	22	5.6	6.0
	FC-2000-K30	铁 铜 碳 其他	余量 18.0 0 0	余量 22.0 0.3 2.0	30	210	19	5.8	6.2
	FC-2000-K40	铁 铜 碳 其他	余量 18.0 0 0	余量 22.0 0.3 2.0	40	280	17	6.0	6.4

注：为了改进烧结材料的强度与硬度，可在铁中添加铜，一般铜的添加量（质量分数）为2%、10%或20%。添加20%铜时，轴承材料的硬度与强度都比90-10青铜高，另外还具有好的振动负载能力。这类材料往往用于需要极好地兼具好的结构性能与轴承特性的场合。

① 这些数据都是基于制成品的材料。

② 含油的。假定油的密度为 0.875g/cm³。

(6) 粉末冶金铁-铜-碳轴承材料（见表 3.1-343）

表 3.1-343　粉末冶金铁-铜-碳轴承材料牌号、化学组成和物理-力学性能

（摘自 MPIF 标准 35，2010 年版）

材料	材料牌号	化学组成（质量分数,%）			最小值[①]			密度 $D_湿^{①②}$ /g·cm^{-3}	
		元素	最小	最大	径向压溃强度 K		含油量 P_1（体积分数,%）	最小	最大
					10^3 lbf/in^2	MPa			
铁-铜-碳	FC-0205-K20	铁 铜 碳[③] 其他	余量 1.5 0.3 0	余量 3.9 0.6 2.0	20	140	22	5.6	6.0
	FC-0205-K35	铁 铜 碳[③] 其他	余量 1.5 0.3 0	余量 3.9 0.6 2.0	35	240	17	6.0	6.4
	FC-0208-K25	铁 铜 碳[③] 其他	余量 1.5 0.6 0	余量 3.9 0.9 2.0	25	170	22	5.6	6.0
	FC-0208-K40	铁 铜 碳[③] 其他	余量 1.5 0.6 0	余量 3.9 0.9 2.0	40	280	17	6.0	6.4
	FC-0508-K35	铁 铜 碳[③] 其他	余量 4.0 0.6 0	余量 6.0 0.9 2.0	35	240	22	5.6	6.0
	FC-0508-K46	铁 铜 碳[③] 其他	余量 4.0 0.6 0	余量 6.0 0.9 2.0	46	320	17	6.0	6.4
	FC-2008-K44	铁 铜 碳[③] 其他	余量 18.0 0.6 0	余量 22.0 0.9 2.0	44	300	22	5.6	6.0
	FC-2008-K46	铁 铜 碳[③] 其他	余量 18.0 0.6 0	余量 22.0 0.9 2.0	46	320	17	6.0	6.4

注：在铁-铜材料中添加 0.3%～0.9%（质量分数）碳可大大增高材料强度。另外，这些材料还可用热处理硬化。这些材料具有高的耐磨性与抗压强度。

① 这些数据都是基于制成品的材料。
② 含油的。假定油的密度为 0.875g/cm^3。
③ 冶金化合碳是根据铁含量确定的。

(7) 粉末冶金铁-石墨轴承材料（见表3.1-344）

表3.1-344　粉末冶金铁-石墨轴承材料牌号、化学组成和物理-力学性能

（摘自 MPIF 标准35，2010年版）

材料	材料牌号	化学组成（质量分数,%）			径向压溃强度[①] K				含油量最小值[①] P_1（容积）/%	密度 $D_湿^{①②}$/g·cm^{-3}	
					10^3 lbf/in^2		MPa				
		元素	最小	最大	最小	最大	最小	最大		最小	最大
铁-石墨	FG-0303-K10	铁 石墨[③] 碳[④] 其他	余量 2.0 0 0	余量 3.0 0.5 2.0	10	25	70	170	18	5.6	6.0
	FG-0303-K12	铁 石墨[③] 碳[④] 其他	余量 2.0 0 0	余量 3.0 0.5 2.0	12	35	80	240	12	6.0	6.4
	FC-0308-K16	铁 石墨[③] 碳[④] 其他	余量 1.5 0.5 0	余量 2.5 1.0 2.0	16	45	110	310	18	5.6	6.0
	FG-0308-K22	铁 石墨[③] 碳[④] 其他	余量 1.5 0.5 0	余量 2.5 1.0 2.0	22	55	150	380	12	6.0	6.4

注：在铁中可混合以石墨并烧结到含有化合碳，从而使大部分石墨可用于进行辅助润滑。这些材料具有优异的阻尼特性，可制成平稳运转的轴承。为了自润滑，所有材料都可以浸油。化合碳含量超过最大值时，可能形成有噪声的、硬的轴承。这种材料制造的含油轴承广泛用于内燃机车（百叶窗的衬套）、农机（联合收割机、拖拉机）、缝纫机；用于煤炭输送机、窄胶片电影放映机、汽车前悬挂杆和其他组件；用于2000与BK-2轧钢机横向输送机、板材轧机的整理机构、耐油橡胶扩孔轧机；用于电气列车车辆的制动传动、电锯机架关节及其他用途。

使用烧结Fe-石墨含油轴承时，必须注意，连续或经常地从外部供给润滑油，不得有剧烈的冲击负荷，要采用淬硬的钢轴。

① 这些数据都是基于制成品的材料。
② 含油的。假定油的密度为 0.875g/cm^3。
③ 石墨碳也称为游离碳。
④ 冶金化合碳。

(8) 粉末冶金自润滑轴承的标准荷载（见表3.1-345）

表3.1-345　粉末冶金自润滑轴承标准荷载

轴的速度 /m·min^{-1}	荷载/MPa										
	CT-1000[①]	CT-1000 CTG-1001 CTG-1004	F-0000	F-0005	FC-0200	FC-1000	FC-2000	FCTG-3604	FC-0303	FG-0308
静止	45	60	69	105	84	105	105	60	77	105
慢与间歇	22	28	25	25	25	35	35	28	25	25

(续)

轴的速度 /m·min^{-1}	荷载/MPa									
	CT-1000[①]	CT-1000 CTG-1001 CTG-1004	F-0000	F-0005	FC-0200	FC-1000	FC-2000	FCTG-3604	FC-0303	FG-0308
7~15	14	14	12	12	12	18	18	14	12	12
15~30	3.5	3.5	2.8	3.1	3.1	4.8	4.8	2.8	3.1	3.1
30~45	2.2	2.5	1.6	2.1	2.1	2.8	2.8	2.1	2.1	2.1
45~60	1.7	1.9	1.2	1.6	1.6	2.1	2.1	1.4	1.6	1.6
60~150	$p=\dfrac{105}{v}$	$p=\dfrac{105}{v}$						$p=\dfrac{85}{v}$		
>60			$p=\dfrac{75}{v}$	$p=\dfrac{105}{v}$	$p=\dfrac{105}{v}$	$p=\dfrac{105}{v}$	$p=\dfrac{105}{v}$		$p=\dfrac{105}{v}$	$p=\dfrac{105}{v}$
150~300		$p=\dfrac{127}{v}$								

注：p 为轴承投影面积（轴承长度与内径乘积）的荷载，单位为 MPa；v 为轴的速度，单位为 m/min。轴承荷载 p 是用力（N）除以轴承投影面积（mm^2）计算所得。极限 pv 值高的轴承和极限 pv 值低的轴承相比较；pv 值高者，可承受较大的荷载或适于在较高的转速下工作。粉末冶金轴承的性能与多种因素有关。本表数据来源于 MPIF35《粉末冶金自润滑轴承材料标准》（2010 年版）的工程技术资料，实践证明这些数据是可靠的（但没有列入标准规范），设计和应用时可供选用。

① 此牌号材料的密度为 5.8~6.2g/cm^3。

6.3.4 美国 SAE 烧结钢-铜铅合金减摩双金属带材（见表 3.1-346）

表 3.1-346 烧结钢-铜铅合金减摩双金属带材的性能与应用（美国汽车工程协会 SAE 资料）

材料牌号（SAE）	名义化学组成（质量分数,%）	性 能	应 用
792	80.0 Cu 10.0 Sn 10.0 Pb	高的物理性能，优异的耐冲击性和抗振性，高的负荷能力，好的耐磨性	活塞销，转向，履带支重轮，缸体摇臂轴，轴的衬套，耐磨板，高冲击止推垫圈（用于硬轴的）
798	84.0 Cu 4.0 Sn 8.0 Pb 4.0（最大）Zn	抗振性、负荷能力及耐蚀性好，物理强度稍低于 SAE792	一般用衬套材料，弹簧眼，摇臂，通用衬套（用于硬轴）
799	72.0 Cu 3.5 Sn 23.0 Pb 3.0（最大）Zn	兼有好的摩擦性能、嵌入性、相容性及中等负荷能力，可承受较高的表面速度和负荷	重负荷凸轮轴，电动机，自动变速箱，液压泵，齿轮变速器的轴承
480	65.0 Cu 35.0 Pb	好的摩擦性能、润滑性、顺应性，比巴氏合金耐疲劳	泵，小型电动机，非腐蚀环境的轴承

(续)

材料牌号 (SAE)	名义化学组成 (质量分数,%)	性能	应用
482	65.0 Cu 28.0 Pb 7.0 Sn	好的疲劳性能、顺应性及耐蚀性	中等负荷发动机,泵的轴承
49①	74.5 Cu 24.5 Pb 1.0 Sn	很高的疲劳性能和很好的耐蚀性	重负载发动机,泵,压缩机的软轴与硬轴用轴承
H-116①	73.0 Cu 23.75 Sn 3.25 Sn	较高的疲劳性能和很好的耐蚀性	主要用于要求最高负荷和耐久性的重负载发动机(硬轴)的轴承
H-14②	83.0 Cu 14.0 Pb 3.0 Sn	疲劳性能最高,较好的耐蚀性	柴油机的最高负荷能力(硬轴)处的轴承

注: 烧结钢-铜铅合金复合材料是将铜铅合金或铅青铜合金与带钢背烧结制成的双金属带材。这种带钢背的复合减摩材料,具有高的承载能力、优良的减摩性能,在农机、汽车、飞机工业、机械及其他工程领域中应用较多。
① 是 Federal Mogul 的材料代号。
② SAE49、H-116、H-14 都是有表面镀层的铜铅合金材料。

6.3.5 日本烧结金属含油轴承材料(见表3.1-347、表3.1-348)

表 3.1-347 烧结金属含油轴承材料的品种、化学成分和性能(摘自 JIS B1581)

种类	种类	种类符号	含油量(体积分数,%)	化学成分(质量分数,%)						压溃强度/MPa	表面多孔性
				Fe	C①	Cu	Sn	Pb	Zn	其他	
SBF1 种	1 号	SBF1118	18 以上	余	—	—	—	—	—	3 以下	170 以上
SBF2 种	1 号	SBF2118	18 以上	余	—	—	5 以下	—	—	3 以下	200 以上
	2 号	SBF2218					18~25				280 以上
SBF3 种	1 号	SBF3118	18 以上	余	0.2~0.5	—	—	—	—	3 以下	200 以上
SBF4 种	1 号	SBF4118	18 以上	余	0.2~0.9	—	5 以下	—	—	3 以下	280 以上
SBF5 种	1 号	SBF5110	10 以上	余	—	—	5 以下	—	3 以上 10 未满	3 以下	150 以上
SBK1 种	1 号	SBK1112	12 以上 18 未满	1 以下	2 以下	余	8~11	—	—	0.5 以下	200 以上
	2 号	SBK1218	18 以上								150 以上
SBK2 种	1 号	SBK2118	18 以上	1 以下	2 以下	余	6~10	5 以下	1 以下	0.5 以下	150 以上

加热时油要均匀地从滑动面渗出

① 化合碳。

表 3.1-348　粉末冶金轴承合金系种类、化学成分、性能及应用

合金系 (主要成分)	相应的 JIS标准	化学成分（质量分数,%)						性能				应用举例
		Cu	Fe	Sn	Pb	C	其他	密度 /g·cm^{-3}	含油量 (体积分数,%)	压溃强度 /MPa	极限pv值 /MPa·m·min^{-1}	
Cu-Sn	SBK1218	余	—	8~11	—	—	<1	6.4~7.2	>18	>150	100	微电动机、步进电动机
Cu-Sn-Pb-C	SBK2118	余	—	8~11	<3	<3	<1	6.4~7.2	>18	>150	100	换气扇、办公机械、运输机械
Cu-Sn-C	SBK1218	余	—	8~11	—	<3	<1	6.4~7.2	>18	>150	100	音响电动机、办公机械
Cu-Sn-Pb	SBK2118	余	—	3~5	4~7	—	<1	6.4~7.2	>18	>150	20	磁带录音机输带辊轴承
Cu-Sn-Pb-C	—	余	MoS$_2$ 1.5~5.5, Ni<3	7~11	<1.5	<1.5	<1	6.4~7.2	>12	>150	300	起动机、电动工具、VTR用的各种轴承
Cu-Sn-Pb	—	余	MoS$_2$ 1.5~2.5	7~11	<1.5	—	<1	6.4~7.2	>12	>150	100	D、D输带辊电动机和FDD主轴电动机用的轴承
Fe-Cu-C	SBF4118	<5	余	—	—	0.2~1.8	<1	5.6~6.4	>18	>150	200	热圈、隔片、齿轮传动电动机
Fe-Cu-Pb	SBF2118	<3	余	—	<2	—	<1	5.6~6.4	>18	>200	150	小型通用电动机、缝纫机轴承
Fe-Cu-Pb-C[①]	SBF5110	<5	余	—	3~10	0.2~1.8	<3	5.7~7.2	>15	>200	200	家用电器电动机轴承
Fe-Cu-Sn	—	48~52	余	1~3	—	—	<3	6.2~7.0	>18	>200	150	办公机械、家用电器用轴承
Fe-Cu-C	—	14~20	余	—	—	1~4	<1	5.6~6.4	>18	>160	150	运输机械轴承
Fe-Cu-Zn[①]	—	18~22	余	1~3	—	Zn 2~7	<1	5.6~6.4	>18	>150	100	各种微型电动机、传输带辊轴承

注：化学成分与密度各生产厂略有不同。
① 可替代铜基轴承。

6.3.6 德国轴承材料（见表 3.1-349）

表 3.1-349 德国 Deva Werke 的轴承材料种类、性能及特点

<table>
<tr><th colspan="2" rowspan="2"></th><th>材料代号</th><th>金属基体组成</th><th>石墨含量（质量分数,%）</th><th>密度 /g·cm^{-3}</th><th>硬度 HBW/MPa</th><th>抗压强度 /MPa</th><th>最高使用温度/℃</th><th>线胀系数 /10^{-6}℃$^{-1}$</th><th>偶合面硬度 HBW/MPa</th><th>适用范围</th></tr>
<tr></tr>
<tr><td rowspan="10">D 类材料</td><td rowspan="4">物理-力学性能</td><td>BL2/6</td><td>Cu-Sn-Pb</td><td>6</td><td>7.1</td><td>500~700</td><td>310</td><td rowspan="4">200</td><td rowspan="4">18</td><td rowspan="4">>2000</td><td rowspan="2">一般用水，中等负荷及中等速度</td></tr>
<tr><td>BL2/8</td><td>Cu-Sn-Pb</td><td>8</td><td>6.7</td><td>450~650</td><td>230</td></tr>
<tr><td>B1/6</td><td>Cu-Sn</td><td>6</td><td>7.0</td><td>550~750</td><td>330</td><td rowspan="2">食品、饮料、人体等忌避铅的场合</td></tr>
<tr><td>B1/8</td><td>Cu-Sn</td><td>8</td><td>6.8</td><td>500~700</td><td>250</td></tr>
<tr><td rowspan="5">减摩性能</td><td>合金基体</td><td>材料代号</td><td>负荷/MPa</td><td colspan="5">容许的滑动速度/m·s^{-1}</td><td colspan="2">磨损量（每摩擦1km）</td></tr>
<tr><td rowspan="2">铅青铜基</td><td>BL2/6</td><td>10~30</td><td colspan="5">10MPa 时，0.07m·s^{-1}　30MPa 时，0.016m·s^{-1}</td><td colspan="2">7μm（2MPa·0.05m·s^{-1}）</td></tr>
<tr><td>BL2/8</td><td>1~10</td><td colspan="5">1MPa 时，1.2m·s^{-1}　10MPa 时，0.15m·s^{-1}</td><td colspan="2">5μm（2MPa·0.05m·s^{-1}）</td></tr>
<tr><td rowspan="2">青铜基</td><td>B1/6</td><td>10~30</td><td colspan="5">10MPa 时，0.07m·s^{-1}　30MPa 时，0.016m·s^{-1}</td><td colspan="2">9μm（2MPa·0.05m·s^{-1}）</td></tr>
<tr><td>B1/8</td><td>1~10</td><td colspan="5">1MPa 时，1.2m·s^{-1}　10MPa 时，0.15m·s^{-1}</td><td colspan="2">6μm（2MPa·0.05m·s^{-1}）</td></tr>
<tr><td>特点</td><td colspan="10">D 类材料的代表性材料为铅青铜基与青铜基材料，适用于中等负荷与中等速度、低速的轴承。金属石墨轴承的负荷与容许滑动速度的关系取决于轴承运转时发热与散热的平衡。负荷、滑动速度、对偶轴的表面粗糙度均影响金属石墨轴承的磨损量</td></tr>
<tr><td rowspan="9">T 类材料</td><td rowspan="8">性能</td><td rowspan="2">合金基体</td><td colspan="2">石墨含量（质量分数,%）</td><td rowspan="2">使用温度/℃</td><td rowspan="2">最高负荷/MPa</td><td colspan="3">最高滑动速度/m·s^{-1}</td><td colspan="2" rowspan="2">适用范围</td></tr>
<tr><td>粉状</td><td>粒状</td><td colspan="3"></td></tr>
<tr><td>铅青铜基</td><td>6
8
12</td><td>8
12</td><td>-50~+200</td><td>50
30
5</td><td colspan="3">0.02
0.5
1.0</td><td colspan="2">含铅青铜，可用于水中、空气中；一般用材料</td></tr>
<tr><td>青铜基</td><td>6
8
12</td><td>8
12</td><td>-50~+200</td><td>50
30
5</td><td colspan="3">0.02
0.5
1.0</td><td colspan="2">无铅青铜，可用于食品机械，也可用于清水中</td></tr>
<tr><td>特殊青铜基</td><td>6
8
12</td><td>8
12</td><td>-180~+350</td><td>40
20
3</td><td colspan="3">0.02
0.5
1.0</td><td colspan="2">在铜合金中，尺寸稳定性优异</td></tr>
<tr><td>Ni-Fe-Cu 基</td><td>8
12</td><td></td><td>约 +450</td><td>20
5</td><td colspan="3">0.04
0.5</td><td colspan="2">耐蚀性好，特别是在海水中耐蚀性良好</td></tr>
<tr><td>Fe 基</td><td>8</td><td></td><td>约 +600</td><td>20</td><td colspan="3">0.04</td><td colspan="2">轴承无氧化问题的场合</td></tr>
<tr><td>Ni 基</td><td>8
12</td><td></td><td>约 +600</td><td>20
5</td><td colspan="3">0.04
0.3</td><td colspan="2">用于放射线、原子能方面的轴承；耐蚀性非常好；在液体中使用也是好的</td></tr>
<tr><td>Fe-Ni 基</td><td>10
10</td><td>10</td><td>约 +700</td><td>40</td><td colspan="3">0.02</td><td colspan="2">高温特性好；强度优异
高温、耐蚀性好</td></tr>
<tr><td>特点</td><td colspan="10">适用于轻-高负荷、低-高速的金属石墨轴承，使用温度范围较大，加入的石墨有粉状和粒状之分，加入 8% 粉状和 12% 粒状石墨者，材料强度基本相同，承受的最高负荷基本相同。无杂质侵入时，使用粉状石墨较好，有砂、Fe 粉侵入者，使用粉状石墨较好</td></tr>
</table>

第1章 钢铁材料

(续)

BB类材料	BB类材料是在冷轧钢板上,烧结以D类材料(BL2/8、B1/6、B1/8中之一)层制成的复合材料,适用于中-高负荷、低速金属石墨轴承。BB类材料的标准尺寸如下:				
	代号	厚度/mm	合金层厚度/mm	宽度$^{+2.0}_{\ 0}$/mm	长度$^{+5.0}_{\ 0}$/mm
	P1.5	1.5 ± 0.05	0.4	70	
	P2	2.0 ± 0.05	0.6	70	
	P2.5	2.5 ± 0.05	0.9	120	500
	P3	3 ± 0.05	1.0	120	
	P8	8.0 ± 0.075	1.3	110	

Deva塑料材料	Deva塑料材料是以耐热性高的塑料取代金属,将石墨与其他润滑剂加入其中制成的,其特点:具有优异的耐磨性;摩擦因数小,在运转中无变化;在高温条件下(约250℃)亦可用于干摩擦;热膨胀系数小;对腐蚀性气体与液体的抗力强;在低黏性流体条件下,边界润滑也是有效的;密度小,可减轻重量;模压成型性良好,易于制造特殊形状的零件。Deva塑料三种材料的物理-力学性能及最佳设计值如下:				
	性能		PIA	PIC	PIF
	物理-力学性能	抗压强度/MPa	5.8	9.5	4.2
		硬度 HBW/MPa	250	300	—
		抗拉强度/MPa	1.4	1.5	0.6
		密度/g·cm^{-3}	1.5	1.8	1.75
		线胀系数/℃$^{-1}$	22×10^{-6}	21×10^{-6}	23×10^{-6}
	最佳设计值	容许负荷/MPa	3(最小)	5(最大)	1(最小)
		使用温度极限/℃	200	250	200
		滑动速度/m·s^{-1}	0.8	0.6	1.0
	Deva塑料材料的摩擦因数比金属石墨材料小,完全干摩擦时的摩擦因数:起动时的静摩擦因数为0.13~0.18;运转中的动摩擦因数为0.1~0.15				

6.3.7 烧结金属石墨材料(见表3.1-350、表3.1-351)

表3.1-350 烧结金属(铁基)石墨材料品种、化学成分、特点及应用

序号	石墨含量(质量分数,%)	添加剂(质量分数,%)	应用范围	特点
1	2~20	达15 Cu	不润滑下工作	石墨含量高于10%~15%(体积分数)或高于4%~5%(质量分数)的烧结金属材料一般称为金属石墨材料,可以作为各种金属石墨轴承材料之用,金属石墨轴承有较多的特点:工作温度范围为-200~+700℃;可在粉尘、污染严重的气氛中;海水、水及其他液体;强腐蚀条件下及真空条件下使用;干摩擦或油润滑条件下,承受高负荷的工作;不会损伤偶合面,不会烧轴;可制成特殊的形状;由于是热及电的良导体,在运转时,轴承中不会积蓄热能,无静电现象
2	10~30	—	序号2~7材料在沉重摩擦条件下,不润滑时工作(在水、气体、水汽中,于温度-200~600℃下;在达900℃的温度作用下与达45m·s^{-1}的速度下)	
3	6~25	—		
4	6~8	—		
5	17~30	—		
6	4~14	—		
7	4~17	—		
8	10~15	(1.5~3.5)Bi、As、Sb	在$p = 0.2~1$MPa 和 $v = 4.35~35.8$m·s^{-1}下,于50~370℃范围内工作	

（续）

序号	石墨含量（质量分数,%）	添加剂（质量分数,%）	应用范围	特点
9	达10	(0.2~10) Ni 或 Mn、Cr、Mo、P、Si、V、Ta、W、Nb	—	金属石墨材料组成中的金属有多种金属元素，本表为金属（铁基）石墨材料的有关资料，很适于在沉重摩擦条件及高负荷下工作，在生产中得到较广泛应用，并取得良好的效果
10	达10	2~40 一种或几种 Ti、Ta、Zr、W、Nb、Cr、Mo、Si、B 或 V 的碳化物	—	
11	<8	5 TiH₂	不润滑下工作	
12	4~25	18 Ni	于高负荷、较高粉尘及不润滑下摩擦时的沉重工作条件下	
13	3~7 或 5~15	(0~20) Pb、(0~25) Cu、(1~15) Ni	滑块	

表 3.1-351　烧结金属（铜基、铝基等）石墨材料品种、化学成分、特点及应用

石墨含量（质量分数,%）	添加剂（质量分数,%）	应用范围	特点
（1）铜基			
4~20	Pb、Al、P、Sn、Zn	滑动、密封、轴承	金属石墨材料的特性参见表3.1-350。本表为金属（铜基）石墨材料、青铜基、黄铜基、Cr-Co基、铝基、银基、镍-铁合金基石墨材料的有关资料。不同特性的有色金属基的添加，使此类金属石墨材料具有不同的特性，以满足各种工况条件的需求，在生产中取得较为良好的应用效果
15~16	(10~20) Pb、(9~10) Sn	在不润滑下工作	
（2）铜与铜合金基（Cu-Al、Cu-Sn、Cu-Sn-Al、Cu-Sn-P、Cu-Sn-Zn、Cu-Sn-Pb）			
12~20	(4~15) Ti、Mn、Co、Ni、Fe	在不润滑下工作	
（3）青铜基或黄铜基			
4~25	—	在温度-200~350℃下，于水蒸气、水、气体中工作的轴承	
（4）Cr-Co 合金基			
40%~60%（体积分数）	—	在热水中工作	
（5）铝　基			
30 4~17 16~10	— — (2.5~5) Mg	这是一种热导率与耐磨性高的材料，用于制造触头、电机电刷	
（6）银　基			
10	—	同铝基	
（7）镍-铁合金基			
10	2.0Mn、2.5ZnS	用于在高滑动速度下，于自润滑下工作，在水中工作	

6.3.8 烧结金属含油轴承无铅合金材料（见表3.1-352）

表3.1-352 烧结金属含油轴承无铅合金品种、化学成分和性能

合金系 （主要成分）	化学成分（质量分数,%）							密度 /g·cm^{-3}	含油量 (体积分数,%)	压溃强度 /MPa	pv值 /MPa·m·min^{-1}	特点
	Cu	Fe	Sn	Zn	P	C	其他					
Cu-Sn	余	—	2~7	—	—	—	<2	6.7~7.8	>12	>100	50（最大）	用于便携式录音机等，摩擦因数小，省电
Cu-Sn-P-C	余	—	8~11	—	<0.3	<3	<1	7.0~7.6	>6	>180	150（最大）	适用于低速、高荷载，在摇动条件下仍可使用。可用于替代电动机中的滚动轴承
Cu-Fe-Sn-Zn-C	余	24~68	0.2~7	3~28	—	<2	<1	5.8~6.6	>18	>160	100（最大）	耐蚀性优良，耐磨性好，在低pv值下，性能与青铜材同。可替代青铜轴承，价格便宜。广泛用于家电、音响设备等
Fe-Cu-Sn-C	余	40~48	3~6	—	0~3	<1	—	5.8~6.6	>18	>200	120（最大）	耐磨性近于Fe基材料，在高pv值下，耐磨性比青铜轴承好。广泛用于汽车、音响设备
Fe-Cu-Sn-C	余	50~65	2~7	—	0~3	<2	—	根据使用条件	根据使用条件	>150	120（最大）	适用于高转速的含油轴承

注：为环保的需要，世界工业国家在粉末冶金轴承材料中不允许使用铅的观点，基本得到认可，特别是欧盟有关标准机构发布了《关于在电子、电器设备中禁止使用某些有害物质指令》，在此标准中强调了禁用铅的问题。本表为近期研制开发的无铅新材料，并经实际应用验证，效果良好。

6.4 粉末冶金过滤材料

6.4.1 烧结金属过滤元件（见表3.1-353～表3.1-360）

表3.1-353 烧结钛过滤元件牌号及性能（摘自GB/T 6887—2007）

牌号	液体中阻挡的颗粒尺寸值/μm		渗透性，不小于		耐压破坏强度/MPa 不小于
	过滤效率（98%）	过滤效率（99.9%）	渗透系数/10^{-12}m^2	相对透气系数/m^3·(h·kPa·m^2)$^{-1}$	
TG003	3	5	0.04	8	3.0
TG006	6	10	0.15	30	3.0
TG010	10	14	0.40	80	3.0
TG020	20	32	1.01	200	2.5
TG035	35	52	2.01	400	2.5
TG060	60	85	3.02	600	2.5

注：1. 轧制成形的过滤元件，其耐压破坏强度不小于0.3MPa。管状元件需进行耐内压破坏强度试验。
2. 表中的"渗透系数"值对应的元件厚度为1mm。
3. 牌号中的T表示材质钛，G表示过滤，后3位数字代表过滤效率为98%时阻挡的颗粒尺寸值（μm）。
4. 烧结钛过滤元件采用粉末冶金方法生产，用于气体和液体的净化和分离。适用过滤介质为亚硝酸酐、醋酸、硫酸、盐酸、硝酸、王水、甲酸、柠檬酸等。
5. 各种牌号烧结钛过滤元件的化学成分，除氧含量≤1.0%以外，其余化学成分应符合GB/T 2524—2010海绵钛中对牌号MHT-160的要求。
6. GB/T 6887—2007《烧结金属过滤元件》代替GB/T 6887—1986《烧结钛过滤元件及材料》、GB/T 6888—1986《烧结镍过滤元件》和GB/T 6889—1986《烧结镍铜合金过滤元件》。

表 3.1-354　烧结镍及镍合金过滤元件牌号及性能（摘自 GB/T 6887—2007）

牌号	液体中阻挡的颗粒尺寸值/μm		渗透性，不小于		耐压破坏强度/MPa 不小于
	过滤效率（98%）	过滤效率（99.9%）	渗透系数/10^{-12} m^2	相对透气系数/ $m^3 \cdot (h \cdot kPa \cdot m^2)^{-1}$	
NG003	3	5	0.08	8	3.0
NG006	6	10	0.40	40	3.0
NG012	12	18	0.71	70	3.0
NG022	22	36	2.44	240	2.5
NG035	35	50	6.10	600	2.5

注：1. 管状元件优先进行耐内压破坏强度试验。
2. 表中的"渗透系数"值对应的元件厚度为 2mm。
3. 本表产品采用粉末冶金方法生产，用于气体和液体的净化与分离，适用于过滤介质为液态钠和钾、水、氢氧化钠、氢氟酸、氟化物等。
4. 牌号中的 N 表示材质为镍及镍合金，G 表示过滤，后 3 位数字表示过滤效率为 98% 时阻挡的颗粒尺寸值（μm）。
5. 各种牌号烧结镍及镍合金过滤元件的化学成分应符合 GB/T 5235 加工镍及镍合金中牌号 N6、NCu28-2.5-1.5 的规定。

表 3.1-355　烧结金属过滤元件（A1 型）尺寸规格（摘自 GB/T 6887—2007）　　（mm）

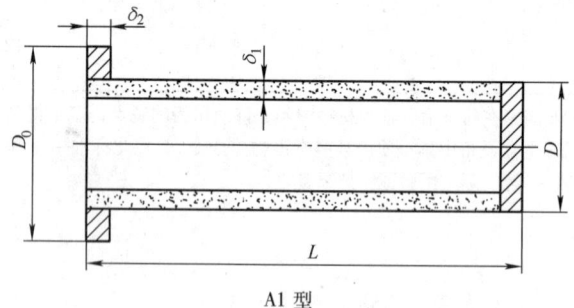

A1 型

直径 D		长度 L		壁厚 δ_1		法兰直径 D_0		法兰厚度 δ_2
公称尺寸	极限偏差	公称尺寸	极限偏差	公称尺寸	极限偏差	公称尺寸	极限偏差	
20	±1.0	200	±2	2.5	±0.5	30	±0.2	3~4
30	±1.0	200	±2	2.5	±0.5	40	±0.2	3~4
30	±1.0	300	±2	2.5	±0.5			
40	±1.0	200	±2	1.0	±0.1	52	±0.3	3~5
				1.5	±0.2			
				2.5	±0.5			
40	±1.0	300	±2	1.0	±0.1			
				1.5	±0.2			
				2.5	±0.5			
40	±1.0	400	±3	1.0	±0.1			
				1.5	±0.2			
				2.5	±0.5			

（续）

直径 D		长度 L		壁厚 δ_1		法兰直径 D_0		法兰厚度 δ_2
公称尺寸	极限偏差	公称尺寸	极限偏差	公称尺寸	极限偏差	公称尺寸	极限偏差	
50	±1.5	300	±2	1.0	±0.1			
				1.5	±0.2			
				2.5	±0.5			
50	±1.5	400	±3	1.5	±0.2	62	±0.3	4~6
				2.0	±0.3			
				2.5	±0.5			
50	±1.5	500	±3	1.0	±0.1			
				1.5	±0.2			
				2.5	±0.5			
60	±1.5	300	±2	1.0	±0.1			
				1.5	±0.2			
				3.0	±0.5			
60	±1.5	400	±3	1.0	±0.1			
				1.5	±0.2			
				3.0	±0.5	72	±0.3	4~6
60	±1.5	500	±3	1.0	±0.1			
				1.5	±0.2			
				3.0	±0.5			
60	±1.5	600	±4	3.0	±0.5			
60	±1.5	700	±4	3.0	±0.5			
90	±2.0	800	±5	5.5	±0.8	110	±0.5	5~12

注：1. 壁厚公称尺寸为1.0mm、1.5mm的管状过滤元件由轧制板材卷焊而成。
2. 管状过滤元件标记示例：
过滤效率为98%时的阻挡颗粒尺寸值为10μm，外径为20mm、长度为200mm的A1型焊接烧结钛过滤元件标记为：
TG010-A1-20-200H
相同条件的无缝钛过滤元件标记为：
TG010-A1-20-200

表 3.1-356　烧结金属过滤元件（A2型）尺寸规格（摘自 GB/T 6887—2007） （mm）

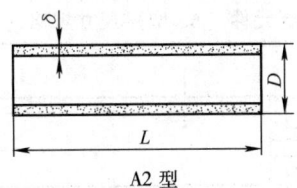

A2型

(续)

直径 D		长度 L		壁厚 δ	
公称尺寸	极限偏差	公称尺寸	极限偏差	公称尺寸	极限偏差
20	±1.0	200	±2	2.5	±0.5
30	±1.0	200	±2	2.5	±0.5
30	±1.0	300	±2	2.5	±0.5
40	±1.0	200	±2	1.0	±0.1
				1.5	±0.2
				2.5	±0.5
40	±1.0	300	±2	1.0	±0.1
				1.5	±0.2
				2.5	±0.5
40	±1.0	400	±3	1.0	±0.1
				1.5	±0.2
				2.5	±0.5
50	±1.5	300	±2	1.0	±0.1
				1.5	±0.2
				2.5	±0.5
50	±1.5	400	±3	1.5	±0.2
				2.0	±0.3
				2.5	±0.5
50	±1.5	500	±3	1.0	±0.1
				1.5	±0.2
				2.5	±0.5
60	±1.5	300	±2	1.0	±0.1
				1.5	±0.2
				3.0	±0.5
60	±1.5	400	±3	1.0	±0.1
				1.5	±0.2
				3.0	±0.5
60	±1.5	500	±3	1.0	±0.1
				1.5	±0.2
				3.0	±0.5
60	±1.5	600	±4	3.0	±0.5
60	±1.5	700	±4	3.0	±0.5
90	±2.0	800	±5	5.5	±0.8

注：壁厚公称尺寸为 1.0mm、1.5mm 的管状过滤元件由轧制板材卷焊而成。

表 3.1-357 烧结金属过滤元件（A3 型）尺寸规格（摘自 GB/T 6887—2007）　（mm）

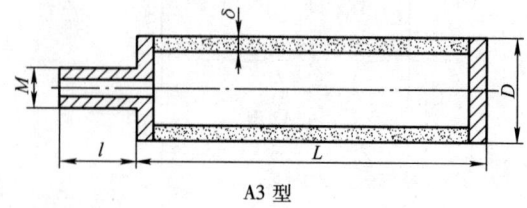

A3 型

(续)

直径 D		长度 L		壁厚 δ		管接头	
公称尺寸	极限偏差	公称尺寸	极限偏差	公称尺寸	极限偏差	螺纹尺寸	长度 l
20	±1.0	200	±2	2.5	±0.5		
30	±1.0	200	±2	2.5	±0.5		
30	±1.0	300	±2	2.5	±0.5		
40	±1.0	200	±2	1.0	±0.1	M12×1.0	28
				1.5	±0.2		
				2.5	±0.5		
40	±1.0	300	±2	1.0	±0.1		
				1.5	±0.2		
				2.5	±0.5		
40	±1.0	400	±3	1.0	±0.1		
				1.5	±0.2		
				2.5	±0.5		
50	±1.5	300	±2	1.0	±0.1		
				1.5	±0.2		
				2.5	±0.5		
50	±1.5	400	±3	1.5	±0.2	M20×1.5	40
				2.0	±0.3		
				2.5	±0.5		
50	±1.5	500	±3	1.0	±0.1		
				1.5	±0.2		
				2.5	±0.5		
60	±1.5	300	±2	1.0	±0.1		
				1.5	±0.2		
				3.0	±0.5		
60	±1.5	400	±3	1.0	±0.1	M30×2.0	40
				1.5	±0.2		
				3.0	±0.5		
60	±1.5	500	±3	1.0	±0.1		
				1.5	±0.2		
				3.0	±0.5		
60	±1.5	600	±4	3.0	±0.5		
60	±1.5	700	±4	3.0	±0.5	M30×2.0	50

注：壁厚公称尺寸为1.0mm、1.5mm的管状过滤元件由轧制板材卷焊而成。

表3.1-358 烧结金属过滤元件（B1型）尺寸规格（摘自GB/T 6887—2007） (mm)

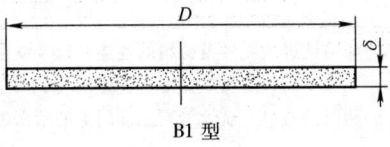

B1型

(续)

直径 D		壁厚 δ	
公称尺寸	极限偏差	公称尺寸	极限偏差
10	±0.2	1.0、1.5、2.0、2.5、3.0	±0.1
30	±0.5	1.0、1.5、2.0、2.5、3.0	±0.1
50	±1.0	1.0、1.5、2.0、2.5、3.0	±0.1
80	±1.5	1.0、1.5、2.0、2.5、3.0	±0.2
100	±2.0	1.0、1.5、2.0、2.5、3.0	±0.2
200	±2.5	2.5、3.0、3.5、4.0、5.0	±0.3
300	±2.5	3.0、3.5、4.0、5.0	±0.3
400	±2.5	3.0、3.5、4.0、5.0	±0.3

注：1. 厚度公称尺寸为 1.0mm、1.5mm 的片状过滤元件由轧制板材机加工而成。
2. 片状过滤元件标记示例：
过滤效率为98%时的阻挡颗粒尺寸值为 12μm，直径为30mm、厚度为3mm 的片状烧结镍及镍合金过滤元件标记为：
NG012-B1-30-3

表 3.1-359　烧结钛过滤元件及材料性能

	型号	液体中阻挡的颗粒尺寸值/μm		相对透气系数 /m³·(h·kPa·m²)$^{-1}$	耐压破坏强度 /MPa
		过滤效率（98%）	过滤效率（99.9%）		
等静压成形钛过滤元件	FTD01	1	3	≥5	≥3.0
	FTD03	3	5	≥8	≥3.0
	FTD05	5	10	≥30	≥3.0
	FTD10	10	14	≥80	≥3.0
	FTD15	15	20	≥150	≥3.0
	FTD20	20	32	≥200	≥2.5
	FTD35	35	52	≥400	≥2.5
	FTD60	60	85	≥600	≥2.5

	型号	最大孔径/μm	相对透气系数/m³·(h·kPa·m²)$^{-1}$	耐压破坏强度/MPa
轧制、模压成形钛过滤元件	FT05	5	≥5	≥0.5
	FT10	10	≥10	≥0.5
	FT15	15	≥30	≥0.5
	FT30	30	≥80	≥0.5
	FT50	50	≥180	≥0.5
	FT100	100	≥400	≥0.3
	FT150	150	≥600	≥0.3

注：1. 本表为国内常用的未列入国标的烧结钛过滤元件及材料的性能。钛及钛合金烧结多孔材料不但具有普通金属多孔材料的特性，而且具有密度小、比强度高、耐腐蚀性好、良好的生物相容性等优异性能，广泛用于冶金、化工、轻工、环保能源、食品饮料、医药以及航空、航天等军工部门等的精密过滤、布气、脱碳处理、电解制气及制作生物植入体。
2. 本表相对透气系数只适用于3mm以下厚度的元件，大于3mm厚度的元件以最大孔径验收，透气度仅作为参考。

第1章 钢铁材料

表 3.1-360 烧结镍过滤元件及材料性能

	型号	液体中阻挡的颗粒尺度值/μm		相对透气系数 /m³·(h·kPa·m²)⁻¹	耐压破坏强度 /MPa
		过滤效率（98%）	过滤效率（99.9%）		
等静压成形镍过滤元件	FND03	3	5	≥8	≥3.0
	FND05	5	10	≥30	≥3.0
	FND12	12	18	≥80	≥3.0
	FND22	22	34	≥240	≥3.0
	FND35	35	56	≥600	2.5

	型号	最大孔径/μm	相对透气系数/m³·(h·kPa·m²)⁻¹	耐压破坏强度/MPa
模压成形镍过滤元件	FN05	5	≥5	≥1.0
	FN10	10	≥8	≥1.0
	FN15	15	≥30	≥1.0
	FN30	30	≥80	≥1.0
	FN50	50	≥240	≥1.0
	FN100	100	≥650	≥0.5
	FN150	150	≥800	≥0.5

	型号	液体中阻挡的颗粒尺度值/μm		渗透性		耐压破坏强度 /MPa
		过滤效率		渗透系数/m²	相对渗透系数 /m³·(h·m²·kPa)⁻¹	
		98%	99.9%			
蒙乃尔合金多孔材料性能	NG004	4	6	≥0.18×10⁻¹²	≥18	3.0
	NG007	7	9	≥0.40×10⁻¹²	≥40	3.0
	NG010	10	14	≥0.80×10⁻¹²	≥80	3.0
	NG016	16	20	≥1.61×10⁻¹²	≥160	2.5
	NG025	25	33	≥3.22×10⁻¹²	≥320	2.5
	NG045	45	78	≥6.03×10⁻¹²	≥600	2.5
	NG080	80	100	≥9.05×10⁻¹²	≥900	2.5

注：1. 烧结粉末镍基多孔材料具有耐蚀、耐磨，热膨胀、导电性和导磁性好，高、低温强度高等优点。在石油化工、核能工业等行业适于高温精密过滤及充电电池的电极等，过滤元件能够过滤强腐蚀性溶液。烧结粉末镍合金多孔材料在工业上得到了广泛的应用。蒙乃尔合金是一种用途非常广泛、综合性能极佳的镍基耐蚀合金。此合金在氢氟酸和氟气介质中具有优异的耐蚀性，对热浓碱液也有优良的耐蚀性。同时还耐中性溶液、水、海水、大气、有机化合物等的腐蚀。采用蒙乃尔合金制作的多孔元件在上述环境和介质中具有高的耐蚀性，同时在海水中比铜基合金更具耐蚀性，在空气中连续工作的最高温度一般在600℃左右，在高温蒸汽中，腐蚀速度小于0.026mm/a。因此，蒙乃尔合金多孔材料可以在苛刻的腐蚀环境中实现稳定、高效的过滤作用，可用于制作动力工厂中的无缝输水管、蒸汽管中的过滤元件，海水交换器和蒸发器等的过滤器件，硫酸和盐酸环境过滤元件，原油蒸馏过滤元件，在海水中使用的过滤设备等，核工业用于制造铀提炼和同位素分离的过滤设备等，制造生产盐酸设备中的过滤元件，用于炼油厂烷基化装置氢氟酸系统低温区域的蒙乃尔合金过滤元件。

2. 本表相对透气系数仅适用于3mm以下厚度的等静压及模压成形镍过滤元件，大于3mm厚度的元件的透气度仅作参照。

3. 本表为未列入国标的国内目前常用的烧结镍过滤材料的性能资料。

6.4.2 烧结不锈钢过滤元件（见表 3.1-361 ~ 表 3.1-371）

表 3.1-361 烧结不锈钢过滤元件牌号及性能（摘自 GB/T 6886—2017）

牌号	液体中阻挡的颗粒尺度值/μm ≤		最大孔径/μm ≤	透气度/ m³·(h·kPa·m²)⁻¹ ≥	耐压强度 /MPa ≥
	过滤效率 (98%)	过滤效率 (99.9%)			
SG001	1	5	5	8	3.0
SG005	5	7	10	18	3.0
SG007	7	10	15	45	3.0

（续）

牌号	液体中阻挡的颗粒尺寸值/μm ≤		最大孔径/μm ≤	透气度/ $m^3 \cdot (h \cdot kPa \cdot m^2)^{-1}$ ≥	耐压强度 /MPa ≥
	过滤效率（98%）	过滤效率（99.9%）			
SG010	10	15	30	90	3.0
SG015	15	20	45	180	3.0
SG022	22	30	55	380	3.0
SG030	30	45	65	580	2.5
SG045	45	65	80	750	2.5
SG065	65	85	120	1200	2.5

注：1. GB/T 6886—2017《烧结不锈钢过滤元件》代替 GB/T 6886—2008。
2. 过滤效率：
在给定固体粒子浓度和流量的流体通过过滤元件时，过滤元件对大于某给定尺寸（x）固体颗粒的滤除百分率，称为过滤效率 η_x。

即：$\eta_x = \dfrac{N_1 - N_2}{N_1} \times 100\%$

式中 N_1——过滤性元件上游单位液体容积中大于某给定尺寸（x）的固体颗粒数；
N_2——过滤性元件下游单位液体容积中大于相同尺寸（x）的固体颗粒数。
3. 管状元件耐压强度为外压强度值。
4. 烧结不锈钢过滤元件材质牌号为：12Cr18Ni9、C6Cr19Ni10、022Cr19Ni10、06Cr17Ni12Mo2、022Cr17Ni12Mo2，其化学成分应符合 GB/T 1220 的规定。

表 3.1-362 烧结不锈钢过滤元件（A1 型）尺寸规格（摘自 GB/T 6886—2017） （mm）

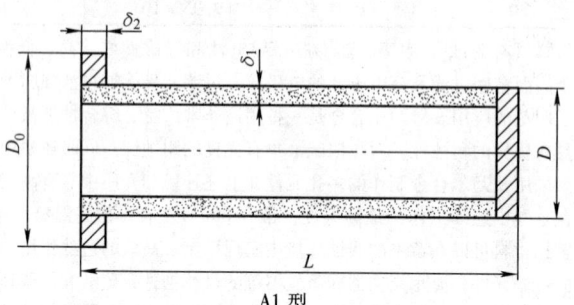

A1 型

直径 D		长度 L		壁厚 δ		法兰直径 D_0		法兰厚度 δ_1
公称尺寸	极限偏差	公称尺寸	极限偏差	公称尺寸	极限偏差	公称尺寸	极限偏差	
20	±1.0	200	±2	2.0	±0.5	30	±0.2	3~4
30	±1.0	300	±2	2.0	±0.5	40	±0.2	3~4
40	±1.0	200	±2	1.0	±0.1	50	±0.3	3~5
				1.5	±0.2			
				2.5	±0.5			
		300	±2	1.0	±0.1			
				1.5	±0.2			
				2.5	±0.5			
		400	±3	1.0	±0.1			
				1.5	±0.2			
				2.5	±0.5			

(续)

直径 D		长度 L		壁厚 δ		法兰直径 D_0		法兰厚度 δ_1
公称尺寸	极限偏差	公称尺寸	极限偏差	公称尺寸	极限偏差	公称尺寸	极限偏差	
50	±1.5	300	±2	1.0	±0.1	62	±0.3	4~6
				1.5	±0.2			
				2.5	±0.5			
		400	±3	1.5	±0.2			
				2.0	±0.3			
				2.5	±0.5			
		500	±3	1.0	±0.1			
				1.5	±0.2			
				2.5	±0.5			
60	±1.5	300	±2	1.0	±0.1	72	±0.3	4~6
				1.5	±0.2			
				3.0	±0.5			
		400	±3	1.0	±0.1			
				1.5	±0.2			
				3.0	±0.5			
		500	±3	1.0	±0.1			
				1.5	±0.2			
				2.5	±0.5			
		600	±3	2.5	±0.5			
		700	±4	2.5	±0.5			
		750	±4	2.5	±0.5			
90	±2.0	800	±5	3.5	±0.6	110	±0.5	5~12
100	±2.0	1000	±5	4.0	±0.6	120	±0.5	5~12

注：1. 壁厚公称尺寸为1.0mm、1.5mm的管状过滤元件由轧制板材卷焊而成。
  2. 标记示例

   过滤效率为98%时的阻挡颗粒尺寸值为10μm，外径为20mm、长度为200mm的A1型焊接烧结不锈钢过滤元件标记为：SG010-A1-20-200H，相同条件的无缝不锈钢过滤元件标记为：SG010-A1-20-200。

   过滤效率为98%时的阻挡颗粒尺寸值为15μm，直径为30mm、厚度为3mm的片状烧结不锈钢过滤元件标记为：SG015-30-3。

表3.1-363 烧结不锈钢过滤元件（A2型）尺寸规格（摘自GB/T 6886—2017） （mm）

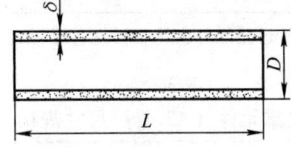

A2型

直径 D		长度 L		壁厚 δ	
公称尺寸	极限偏差	公称尺寸	极限偏差	公称尺寸	极限偏差
20	±1.0	200	±1	2.0	±0.5
30	±1.0	200	±1	2.0	±0.5
		300	±1	2.5	±0.5

(续)

直径 D		长度 L		壁厚 δ	
公称尺寸	极限偏差	公称尺寸	极限偏差	公称尺寸	极限偏差
40	±1.0	200	±1	1.0	±0.1
				1.5	±0.2
				2.5	±0.5
		300	±1	1.0	±0.1
				1.5	±0.2
				2.5	±0.5
		400	±1	1.0	±0.1
				1.5	±0.2
				2.5	±0.5
50	±1.5	300	±1	1.0	±0.1
				1.5	±0.2
				2.5	±0.5
		400	±1	1.5	±0.2
				2.0	±0.3
				2.5	±0.5
		500	±1	1.0	±0.1
				1.5	±0.2
				2.5	±0.5
60	±1.5	300	±1	1.0	±0.1
				1.5	±0.2
				2.5	±0.5
		400	±1	1.0	±0.1
				1.5	±0.2
				2.5	±0.5
		500	±1	1.0	±0.1
				1.5	±0.2
				2.5	±0.5
		600	±2	2.5	±0.5
		700	±2	2.5	±0.5
90	±2.0	800	±2	3.5	±0.6
100	±2.0	1000	±2	4.0	±0.6

注：壁厚公称尺寸为1.0mm、1.5mm的管状过滤元件由轧制板材卷焊而成。

表3.1-364 烧结不锈钢过滤元件（A3型）尺寸规格（摘自GB/T 6886—2017） （mm）

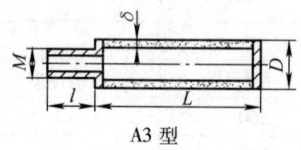

A3型

(续)

直径 D		长度 L		壁厚 δ	管接头	
公称尺寸	极限偏差	公称尺寸	极限偏差	公称尺寸±极限偏差	螺纹尺寸	长度 l
20	±1.0	200	±2	2.0±0.5	M12×1.0	28
30	±1.0	200	±2			
		300	±2			
40	±1.0	200	±2	1.0±0.1		
		300	±2	1.5±0.2		
		400	±2	2.0±0.5		
50	±1.5	300	±2		M20×1.5	
		400	±2			
		500	±2			
60	±1.5	300	±2	1.0±0.1 1.5±0.2 2.5±0.5	M30×2.0	40
		400	±2			
		500	±2			
		600	±2		M36×2.0	100
		700	±3			
		750	±3			
		1000	±4			
		1200	±4			
		1500	±5			
		2000	±5			
70	±1.5	500	±2		M36×2.0	40
		600	±3			
		800	±3			100
		1000	±4			
90	±2.0	600	±2	3.5±0.6	M36×2.0	40
		800	±4		M48×2.0	140
		1000	±4			
100	±2.0	1000	±4	4.0±0.6	M48×2.0	180

注：壁厚公称尺寸为 1.0mm、1.5mm 的管状过滤元件由轧制板材卷焊而成。

表 3.1-365 烧结不锈钢过滤元件（A4 型）尺寸规格（摘自 GB/T 6886—2017） (mm)

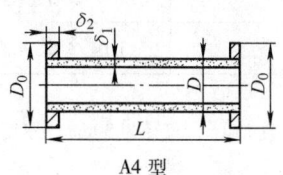

A4 型

(续)

直径 D		长度 L		壁厚 δ		法兰直径 D_0		法兰厚度 δ_1
公称尺寸	极限偏差	公称尺寸	极限偏差	公称尺寸	极限偏差	公称尺寸	极限偏差	
20	±0.5	200	±1			30	±0.2	3~4
30	±1.0	200	±1	2.3	±0.4	40	±0.2	3~4
		300	±1					
40	±1.0	200	±1			52	±0.3	3~5
		300	±1					
		400	±1					
50	±1.5	300	±1	2.3		62	±0.3	4~6
		400	±1					
		500	±1					
60	±1.5	300	±1	2.5	±0.4	72	±0.3	4~6
		400	±1					
		500	±1					
		600	±2					
		700	±2					
		750	±2					
90	±2.0	800	±2	3.5	±0.6	110	±1.0	5~12
100	±2.0	1000	±2	4.0	±0.6	130	±1.0	5~12

表 3.1-366 烧结不锈钢过滤元件（片状）尺寸规格（摘自 GB/T 6886—2017） （mm）

直径 D		壁厚 δ	
公称尺寸	极限偏差	公称尺寸	极限偏差
10	±0.2	1.5、2.0、2.5、3.0	±0.1
30	±0.2	1.5、2.0、2.5、3.0	±0.1
50	±0.5	1.5、2.0、2.5、3.0	±0.1
80	±0.5	2.5、3.0、3.5、4.0、5.0	±0.2
100	±1.0	2.5、3.0、3.5、4.0、5.0	±0.2
200	±1.5	3.0、3.5、4.0、5.0	±0.3
300	±2.0	3.0、3.5、4.0、5.0	±0.3
400	±2.5	3.0、3.5、4.0、5.0	±0.3

注：片状过滤元件标记示例：
　　过滤效率为98%时的阻挡颗粒尺寸值为15μm，直径为30mm、厚度为3mm的片状烧结不锈钢过滤元件标记为：SG015-30-3。

第1章 钢铁材料

表 3.1-367 不锈钢过滤元件材料的透过性能

试样	孔径/μm	相对透气系数 K_g /m³·(h·kPa·m²)$^{-1}$	相对渗透系数 K_L /m³·(k·kPa·m²)$^{-1}$	K_g/K_L
SG003-1	11	27.5	0.33	83
SG003-2	11	25.3	0.31	82
SG003-3	10	26.4	0.33	80
SG003-4	11	27.5	0.34	81
SG025-1	24	138	0.96	144
SG025-2	25	141	0.96	147
SG025-3	23	135	0.93	145
SG025-4	24	141	0.95	148

注：本表为 GB/T 6886—2008 过滤元件材料的实验资料。

表 3.1-368 不锈钢粉末冶金过滤材料的过滤性能

试样编号	孔径/μm	测试面积/cm²	流量/m³·h^{-1}	压差/kPa	相对透气系数/m³·(h·kPa·m²)$^{-1}$
FG301	285	40.72	2.0	0.157	3128
			2.5	0.220	2791
			3.0	0.289	2549
FG302	131	40.72	2.0	0.284	1729
			2.5	0.372	1650
			3.0	0.471	1564
FG303	68	40.72	1.0	0.362	678
			1.5	0.544	677
			2.0	0.731	672
			2.5	0.947	648
			3.0	1.167	631
FG304	40	40.72	0.25	0.194	321
			0.50	0.397	319
			1.0	0.760	323
			1.5	1.148	321
			2.0	1.579	311

注：本表为 GB/T 6886—2001 旧标准过滤元件材料的实验资料。

表 3.1-369 国内典型的烧结不锈钢过滤元件及材料性能

	型号	液体中阻挡的颗粒尺寸值/μm		相对透气系数 /m³·(h·kPa·m²)$^{-1}$	耐压破坏强度 /MPa
		过滤效率（98%）	过滤效率（99.9%）		
等静压成形不锈钢过滤元件	FSD01	1	3	≥5	≥3.0
	FSD03	3	5	≥18	≥3.0
	FSD05	5	9	≥45	≥3.0
	FSD10	10	15	≥100	≥3.0
	FSD15	15	24	≥200	≥3.0

（续）

	型号	液体中阻挡的颗粒尺寸值/μm		相对透气系数 /m³·(h·kPa·m²)⁻¹	耐压破坏强度 /MPa
		过滤效率(98%)	过滤效率(99.9%)		
等静压成形不锈钢过滤元件	FSD20	25	35	≥400	≥3.0
	FSD35	35	55	≥580	≥2.5
	FSD50	50	80	≥750	≥2.5
	FSD80	80	120	≥1200	≥2.5

	型号	相对透气系数 /m³·(h·kPa·m²)⁻¹	耐压破坏强度 /MPa	型号	相对透气系数 /m³·(h·kPa·m²)⁻¹	耐压破坏强度 /MPa
轧制、模压成形不锈钢多孔元件	FS05	≥5	≥1.0	FS50	≥380	≥1.0
	FS10	≥18	≥1.0	FS100	≥800	≥0.5
	FS15	≥45	≥1.0	FS150	≥1200	≥0.5
	FS30	≥150	≥1.0			

注：1. 本表为目前国内常用的未列入国标的烧结不锈钢过滤元件的性能资料，常用的不锈钢材质牌号有：12Cr18Ni9、06Cr18Ni9、022Cr19Ni10、06Cr17Ni12Mo2、022Cr17Ni14Mo2 等。这类材料具有优异的耐腐蚀、抗氧化性、耐磨性和力学性能，广泛应用于冶金、化工、医药、食品等行业的过滤、分离、流量控制、消声、毛细芯体等，产品形状有块状、管状、圆片状以及其他异型等。国内各生产企业可满足用户要求。
2. 相对透气系数只适合于 3mm 以下厚度的元件，大于 3mm 厚度的元件透气度仅作参考。

表 3.1-370　德国 GKN 公司制作的冷静压不锈钢多孔滤芯的性能

规格	孔隙度 (%)	透气系数		过滤效率 $X(T=98\%)/\mu m$	气泡压强/Pa	环拉强度/MPa
		α/m^2	β/m			
SIKA-R 0.5/S	17	0.05×10^{-12}	0.01×10^{-7}	3.2	13000	180
SIKA-R 1/S	20	0.15×10^{-12}	0.06×10^{-7}	4.3	10000	140
SIKA-R 3/S	31	0.55×10^{-12}	0.56×10^{-7}	5.1	5800	110
SIKA-R 5/S	30	0.80×10^{-12}	0.90×10^{-7}	6.5	4700	100
SIKA-R 8/S	30	1.20×10^{-12}	1.20×10^{-7}	8.7	4100	90
SIKA-R 10/S	32	1.80×10^{-12}	1.70×10^{-7}	12.6	3000	80
SIKA-R 15/S	36	4×10^{-12}	11×10^{-7}	18.4	1900	60
SIKA-R 20/S	45	10×10^{-12}	30×10^{-7}	23.9	1700	55
SIKA-R 30/S	44	17×10^{-12}	25×10^{-7}	38	1100	50
SIKA-R 50/S	44	25×10^{-12}	32×10^{-7}	45	800	35
SIKA-R 80/S	48	40×10^{-12}	50×10^{-7}	78	700	17
SIKA-R 100/S	45	65×10^{-12}	93×10^{-7}	92	550	15
SIKA-R 150/S	44	150×10^{-12}	110×10^{-7}	132	400	10
SIKA-R 200/S	54	258×10^{-12}	137×10^{-7}	173	350	5

表 3.1-371　德国 GKN 公司制作的压制成形不锈钢多孔滤芯的性能

规格	孔隙度（%）	透气系数 α/m^2	透气系数 β/m	过滤效率 $X(T=98\%)/\mu m$	气泡压强/Pa	环拉强度 $/N \cdot mm^{-2}$
SIKA-R 0.5/AX	21	0.1×10^{-12}	0.03×10^{-7}	3.5	8300	350
SIKA-R 1/AX	21	0.2×10^{-12}	0.05×10^{-7}	3.9	8000	355
SIKA-R 3/AX	31	0.6×10^{-12}	0.4×10^{-7}	7.4	5300	311
SIKA-R 5/AX	31	1.1×10^{-12}	1.2×10^{-7}	9.2	3600	278
SIKA-R 8/AX	43	3.8×10^{-12}	13×10^{-7}	11	2400	160
SIKA-R 10/AX	40	4.2×10^{-12}	17×10^{-7}	17	1600	200
SIKA-R 15/AX	43	7.2×10^{-12}	22×10^{-7}	20	1500	138
SIKA-R 20/AX	43	14×10^{-12}	29×10^{-7}	35	1100	144
SIKA-R 30/AX	46	25×10^{-12}	36×10^{-7}	44	950	135
SIKA-R 50/AX	47	36×10^{-12}	44×10^{-7}	54	600	121
SIKA-R 80/AX	50	43×10^{-12}	47×10^{-7}	61	500	98
SIKA-R 100/AX	52	58×10^{-12}	57×10^{-7}	67	450	85
SIKA-R 150/AX	47	62×10^{-12}	63×10^{-7}	90	350	110
SIKA-R 200/AX	51	78×10^{-12}	87×10^{-7}	107	300	95

6.4.3　烧结金属纤维毡（见表 3.1-372）

表 3.1-372　BZ 系列不锈钢多层纤维毡型号及性能（西北有色金属研究院产品资料）

型号	平均过滤精度/μm	平均气泡点压力/Pa	渗透系数/m^2	厚度/mm	孔隙度（%）
BZ5D	5.3	7322	1.9×10^{-12}	0.46	74.5
BZ7D	7.1	5524	4.2×10^{-12}	0.48	68.5
BZ10D	10.1	3775	11.1×10^{-12}	0.52	78.4
BZ15D	14	2856	12.6×10^{-12}	0.613	75.2
BZ20D	21.5	1893	25.6×10^{-12}	0.636	77.1
BZ25D	23.9	1722	33.4×10^{-12}	0.711	80.3
BZ40D	42.2	1030	78.1×10^{-12}	0.714	79.6
BZ60D	65.2	725	129.2×10^{-12}	0.755	86.2

注：烧结金属纤维毡是一种高效优质新型过滤材料，将直径为微米级的金属纤维经无纺铺制、叠配及高温烧结成为金属纤维毡。多层金属纤维毡由不同孔径层形成孔径梯度，可获得极高的过滤精度，其纳污容量远超过单层毡。金属纤维毡制品具有强度高、耐高温、可折叠、可再生、渗透性能优，耐蚀性好，且孔径分布均匀，寿命长的特点，是一种适合于高温、高压及腐蚀条件下应用的新一代金属过滤材料，广泛应用于高分子聚合物、食品、饮料、气体、水、油墨、药品、化工产品及黏胶过滤；也用于高温气体除尘、炼油过程的过滤、超滤器的预过滤、真空泵保护过滤器、滤膜支撑体、催化剂载体、汽车安全气囊、飞行器燃油过滤、液压系统过滤等。近年来，国内外不锈钢纤维毡生产主要向高精度、高强度、高纳污量、多品种、系列化方向发展。我国金属纤维毡在化工、石油、冶金、机械、纺织、制药、气体分离与净化等方面得到广泛应用。西北有色金属研究院已建成了不锈钢纤维、镍纤维生产线和金属纤维毡生产线。本表为西北有色金属研究院 BZ 系列不锈钢多层纤维毡产品的资料。

6.4.4 烧结锡青铜过滤元件（见表 3.1-373、表 3.1-374）

表 3.1-373　烧结锡青铜过滤元件的牌号及性能（摘自 JB/T 8395—2011）

牌号	允许值						推荐值	
	密度 /g·cm^{-3}	绝对过滤精度 /μm	最大孔径 /μm	渗透系数 /10^{-12} m^2	抗剪强度 /MPa	耐压抗压强度 /MPa	渗透系数 /10^{-12} m^2	抗剪强度 /MPa
FQG200	5.0~6.5	200	≤571	≥210	≥20	≥2.0	≥250	≥30
FQG150	5.0~6.5	150	≤428	≥160	≥30	≥2.0	≥200	≥40
FQG100	5.0~6.5	100	≤285	≥110	≥40	≥2.0	≥140	≥60
FQG080	5.0~6.5	80	≤228	≥70	≥55	≥2.0	≥90	≥80
FQG060	5.0~6.5	60	≤171	≥45	≥65	≥2.5	≥60	≥90
FQG045	5.0~6.5	45	≤128	≥25	≥75	≥2.5	≥40	≥90
FQG020	5.0~6.5	20	≤57	≥6	≥85	≥3.0	≥10	≥110
FQG008	5.0~6.5	8	≤22	≥1.2	≥95	≥3.0	≥2	≥130

注：1. 烧结粉末铜合金多孔材料主要包括青铜、黄铜、镍黄铜多孔材料等。这类材料过滤具有精度高、透气性好、强度高等优点，广泛用于化工、环保、气动元件等行业中的压缩空气除油净化、原油除沙、过滤、氮氢气（无硫）过滤、纯氧过滤、气泡发生器、流化床气体分布器等。烧结粉末青铜多孔材料的使用温度，在油中接近400℃，低温可以达到-200℃；在空气中可达200℃。青铜过滤材料比有机滤材优越，青铜滤材在空气过滤和油过滤中，比陶瓷滤材应用得广泛，因为陶瓷滤材存在效率低、阻力大及易破损等缺点。本表为烧结锡青铜过滤元件的性能，产品为锡青铜球形粉末松装烧结制造的过滤元件及消声元件。
2. 元件的几何尺寸精度按图样要求。
3. 表中推荐值不作为法定保证值。
4. 牌号标记说明：

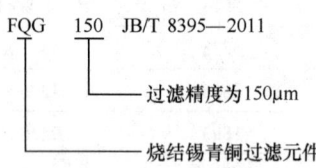

表 3.1-374　元件材料（锡青铜球形粉末）牌号及化学成分（摘自 JB/T 8395—2011）

产品牌号	化学成分（质量分数,%）					
	Cu	Sn	Zn	P	O	其他
QFQWCuSn-Ⅰ	87.5~90.0	10.0~11.5	—	0.2~0.40	≤0.10	≤0.60
QFQWCuSn-Ⅱ	88.5~91.0	9.0~11.0	—	0.05~0.30	≤0.10	≤0.60
QFQWCuSn-Ⅲ	85.5~90.0	7.3~8.7	2.3~3.7	0.05~0.30	≤0.10	≤0.60

注：产品牌号按 JB/T 6649—2010 的规定。

7 常用机械零件钢铁材料的选用（见表 3.1-375）

表 3.1-375　常用零件钢铁材料的选用

分类	要求	零件实例	推荐材料
机床齿轮	低速低载荷，耐磨性要求为主，强度要求不高	普通机床变速器齿轮、挂轮架齿轮、溜板箱齿轮	45、50、55（调质、感应淬火）
	中速、高速及中载荷，要求较高的耐磨性和较高的强度	车床变速器齿轮、钻床变速器齿轮、磨床砂轮变速器齿轮、高速机床进给箱变速器齿轮	40Cr、42CrMo、42SiMn（感应淬火）38CrMoAl、25Cr2MoV（渗氮）
	高速，中、重载荷，承受冲击载荷，高强度、耐磨性能好，具有良好的韧性	大型机床变速器齿轮、龙门铣电动机齿轮、立车齿轮	20Cr、20CrMo、20CrMnTi、12CrNi3、20SiMnVB（渗碳）
	截面尺寸大的齿轮、高的淬透性		35CrMo、50Mn2、60Mn2（调质）
汽车、拖拉机齿轮		汽车变速器和差速器齿轮	20CrMo、20CrMnTi（渗碳）40Cr（碳氮共渗）
		汽车驱动桥主动及从动圆柱、锥齿轮、差速器行星和半轴齿轮	20CrMo、20CrMnTi、20CrMnMo、20SiMnVB（渗碳）
		汽车起动电动机齿轮	20Cr、20CrMo、20CrMnTi（渗碳）
		汽车曲轴正时齿轮	40、45、40Cr（调质）
		汽车发动机凸轮轴齿轮	HT180、HT200
		汽车里程表齿轮	20（碳氮共渗）
		拖拉机传动齿轮、动力传动装置中的圆柱齿轮及轴齿轮	20Cr、20CrMo、20CrMnTi、20CrMnMo、20SiMnVB（渗碳）
		拖拉机曲轴正时齿轮、凸轮轴齿轮、液压泵驱动齿轮	45（调质）HT200
		汽车、拖拉机液压泵齿轮	40、45（调质）
各种低速重载及高速齿轮	耐磨、承载能力较强	起重、运输、冶金、采矿、化工等设备的普通减速器小齿轮	20CrMo、20CrMnTi、20CrMnMo（渗碳）
	运行速度高、周期长、安全可靠性高	冶金、化工、电站设备及铁路机车、宇航、船舶等的汽轮发动机、工业汽轮机、燃气轮机、高速鼓风机及透平压缩机等的齿轮	12CrNi2、12CrNi3、12Cr2Ni4、20CrNi3（渗碳）
	传递功率大、齿轮表面载荷高；耐冲击；齿轮尺寸大，要求淬透性高	大型轧钢机减速器齿轮、人字齿轮、机座齿轮、大型带式输送机传动轴齿轮、大型锥齿轮、大型挖掘机传动器主动齿轮、井下采煤机传动齿轮、坦克等齿轮	20CrNi2Mo、20Cr2Ni4、18Cr2Ni4W、20CrMn2Mo（渗碳）

(续)

分类	要求	零件实例	推荐材料
各种设备中常用渗氮齿轮	表面耐磨	一般齿轮	20Cr、20CrMnTi、40Cr
	表面耐磨、心部韧性高	在冲击载荷下工作的齿轮	18CrNiWA、18Cr2Ni4WA、30CrNi3、35CrMo
	表面耐磨、心部强度高	在重载荷下工作的齿轮	30CrMnSi、35CrMoV、25Cr2MoV、42CrMo
	表面耐磨、心部强度高、韧性高	在重载荷及冲击下工作的齿轮	30CrNiMoA、40CrNiMoA、30CrNi2Mo
	表面高硬度、变形小	精密耐磨齿轮	38CrMoAlA、30CrMoA
各种设备的低速重载大齿轮	一般载荷不大、截面尺寸也不大，要求不太高的齿轮	起重机械、运输机械、建筑机械、水泥机械、冶金机械、矿山机械、工程机械、石油机械等设备中的低速重载大齿轮	40Mn、50Mn2、40Cr、34SiMn、42SiMn（调质）
	截面尺寸较大，承受较大载荷，要求比较高的齿轮		35CrMo、42CrMo、40CrMnMo、35CrMnSi、40CrNi、35CrNiMo、45CrNiMoV（调质）
	截面尺寸很大，承受载荷大，并要求有足够韧性的重要齿轮		35CrNi2Mo、40CrNi2Mo、30CrNi3、34CrNi3Mo、37SiMn2MoV（调质+表面淬火）
链轮	$z \leqslant 25$，受冲击载荷的链轮	农业、采矿、冶金、起重、运输、石油、化工、纺织等行业的各种机械动力传动中的各种链轮	15、20（渗碳+淬火+回火）
	$z < 25$，承受动载荷且传递功率较大的链轮		15Cr、20Cr、12CrNi3（渗碳+淬火+回火）
	$z > 25$，正常工作条件的链轮		35（正火）
	中速、传递中等功率的链轮		Q235（焊后退火）
	重要的、要求强度较高、轮齿耐磨的链轮		40Cr、35SiMn、35CrMo、35CrMnSi（淬火+回火）
	$z \leqslant 40$，无强烈冲击振动，有磨损条件下的链轮		45、50、ZG310-570（淬火+回火）
	$z > 50$，外形复杂，精度要求不高的从动链轮		HT150、HT200、HT250、HT300、HT350（淬火+回火）
带轮	按带轮线速度选材 $v < 20$m/s	农业、采矿、选矿、冶金、建材、石油、化工等工业中各种传动中的带轮	HT150（自然时效或人工时效）
	$v < 25 \sim 30$m/s		HT200、HT250（自然时效或人工时效）
	$v > 35$m/s		35、40、ZG200-400、ZG230-450、ZG270-500、ZG310-570（自然时效或人工时效）
滑动螺旋传动螺杆	轻载荷、精度要求不高的螺杆	金属切削机床进给机构和分度机构传导螺杆、摩擦压力机传力螺杆、千斤顶传力螺杆	Q235、45、50、Y40、Y40Mn、YF45MnV（正火、调质）
	中载荷、精度要求不高的螺杆		40Cr、45、Y40Mn（碳氮共渗、油淬）
	高精度、轻载或中载螺杆		T10A、T12A、45、40Cr、65Mn、40WMn（调质或球化退火）
	高精度、重载螺杆		20CrMnTi、18CrMnAlA、T12A、9Mn2V、CrWMn、38CrMoAl、35CrMo（渗碳、淬火）
	高温、高精度螺杆		0Cr17Ni4Cu4Nb（固溶、时效）

(续)

分类	要求		零件实例	推荐材料	
滑动螺旋传动螺母	高精度传导螺旋的螺母		机床进给和分度机构传导螺母、摩擦压力机传力螺母、千斤顶传力螺母	ZCuSn10Pb1、ZCuSn5Pb5Zn5	
	低速重载传力螺旋的螺母			ZCuAl10Fe3、ZCuZn25Al6Fe3Mn3	
	重载调整螺旋的螺母			35、球墨铸铁	
	低速轻载螺旋的螺母			耐磨铸铁	
	大尺寸螺母	外套		20、45、40Cr、灰铸铁	
		内部（浇注）		青铜、巴氏合金	
滚动螺旋传动螺杆	低精度轻载		各种数控机床、加工中心、PMS柔性制造系统、各种仪器仪表（如万能材料拉伸试验机、液压脉冲马达、扫描电镜等）、汽车转向器、船舶转向器、起重机提升装置、客运索道、冶金设备、化工机械、轻工、印刷、医疗机械等的滚珠螺杆和螺母	60（冷轧）	
	高精度重载			GCr15、GCr15SiMn、CrWMn、9Mn2V、50CrMo（表面淬火或整体淬火）	
	小尺寸规格			20CrMnTi（渗碳淬火）	
	高温下工作且要求耐腐蚀性能良好			1Cr15Co14Mo5VN	
				05Cr17Ni4Cu4Nb（固溶+时效）	
滚动螺旋传动螺母	各种精度要求和不同的载荷均可适应			GCr15、CrWMn（整体淬火）	
传动链条	工作环境不完全封闭，承受滑动磨损和磨料磨损，链板要求较高的拉伸强度，销轴要求表面耐磨但心部具有较好的韧性		链板	20CrMnSi、45、40Mn、20Mn（淬火+低温回火）（45钢调质）	
			销轴	Q215B、20CrMo、20CrMnMo、20CrMnTi（碳氮共渗+淬火+回火）	
			滚子	Q215BF、08、10、15（碳氮共渗+淬火+回火）	
			套筒	08F、Q215BF（碳氮共渗+淬火+回火）	
			簧卡	45（淬火+中温回火）	
履带	工作条件差，要求承受压力和冲击载荷，应具有较高的抗表面磨料磨损、抗弯和抗断裂的韧性		小型拖拉机履带	ZG31Mn2Si（淬火+低温回火）	
			大、中型拖拉机履带坦克履带推土机履带起重机履带	40SiMn2（调质+表面淬火）ZGMn13（水韧处理）	
机床导轨（滑动导轨、滚动导轨、静压导轨）	机床导轨要求具有优良的耐磨性能，摩擦因数和动摩擦因数小，尺寸精度稳定性优良，具有足够的承载能力和工作寿命		C6140A 床身导轨，C620-3 床身导轨，C3163 六角车床床身导轨，M6025-C 磨床镶钢导轨、SI-220 数控车床床身镶钢导轨、JCS-013C 加工中心导轨	牌号	配合副材料
				HT150、HT200、HT250、HT300、HT350（表面淬火）	HT200、HT250
				QT500-7、QT600-3、QT700-2（表面淬火）	HT200、HT250
				RuT340（表面淬火）	HT200、HT250
				MTPCuTi15、MTPCuTi20、MTPCuTi25、MTPCuTi30、MTP15、MTP25、MTP30、MTVTi20、MTVTi25、MTVTi30、MTCrMoCu25、MTCrMoCu30、MTCrMoCu35、MTCrCu25、MTCrCu30、MTCrCu35（高温时效）	与主导轨相同的耐磨铸铁ZCuSn10Pb1 ZZnAl10-5
				GCr15、GCr15SiMn（淬火或表面淬火）	HT200、HT250、HT300、GCr15（滚动体）
				T7、T8、9Mn2V、CrWMn、9SiCr（淬火或表面淬火）	HT200、HT250、HT300
				45、40Cr、42CrMo、55、50CrV（淬火或表面淬火）	HT200、HT250、HT300
				20Cr、20CrMnTi、20CrMnMo、15CrMn（渗碳）	HT200、HT250、HT300、GCr15（滚动体）
				38CrMoAlA（渗氮）	HT200、HT250、HT300

(续)

分类	要求	零件实例	推荐材料
机床主轴	在滑动轴承内运转；高速、重载；很高的交变、冲击载荷	MEG1432 磨床砂轮主轴、T4240A 镗床主轴、T68 镗杆、C2150.6 自动车床中心轴	38CrMoAlA（调质后渗氮）
	在滑动轴承内运转；高速、中载；冲击载荷不大，但有较高的交变应力	Y236 刨齿机主轴、Y58 插齿机主轴、外圆磨床头架主轴、内圆磨床主轴	20Cr 20Mn2B 20MnVB （渗碳淬火）
	在滑动轴承内运转；高速、重载；冲击载荷高，交变应力高	Y163 齿轮磨床、CG1107 车床、SG8030 车床	20CrMnTi 12CrNi3 （渗碳淬火）
	在滚动轴承内运转；低速、轻或中载；稍有冲击载荷	一般简易机床主轴	45（水淬，回火）
	在滚动轴承内运转；转速稍高，轻或中载；冲击、交变载荷不大	龙门铣床、立式铣床、小型立式车床的主轴	45（正火或调质后局部淬火）
	在滚动轴承或滑动轴承内运转；低速、轻或中载；有一定的冲击、交变载荷	CW61100、CB3463、C6140A、C61200 等重型车床的主轴	45（正火或调质后轴颈部分表面淬火）
	在滚动轴承或滑动轴承内运转；低速、轻或中载	重型机床主轴	50Mn2（正火）
	在滚动轴承内；中速稍高载荷；冲击、交变载荷小	滚齿机、洗齿机、组合机床的主轴	40Cr 40MnB 40MnVB （整体淬火或调质后局部淬火）
	在滑动轴承内运转；中或重载荷，转速稍高；较大的冲击、交变载荷小	铣床、C616 车床、M7475B 磨床砂轮主轴	40Cr 40MnB 40MnVB （调质后轴颈部分表面淬火）
	在滑动轴承内运转；中载或重载；轴颈部分耐磨性要求高；冲击载荷较小，但有较高的交变应力	M145 磨床主轴	65Mn（调质后轴颈和方头处局部淬火）
	在滑动轴承内运转；中载或重载；轴颈部分耐磨性要求高；冲击载荷较小，但有较高的交变应力	MQ1420、MB1432 磨床砂轮主轴	GCr15 9Mn2V （调质后轴颈和方头处局部淬火）
轴、杠杆	承受载荷不大的光杆和轴	车床交换齿轮箱中的杠杆	35（水淬）
	装有滑动轴承，承受低载荷，速度<1m/s 的轴和不重要的花键轴	铣床变速箱中花键轴，T618 操纵机构中的轴及前主轴箱内的花键轴	45（820~840℃空冷）
	表面要求耐磨，速度<2m/s，在滑动轴承内旋转的小轴、心轴	铣床主轴箱中小轴	45（820~840℃水淬、350~400℃回火）

(续)

分类	要求	零件实例	推荐材料
轴、杠杆	表面耐磨的花键轴、心轴和轴	立式钻床变速箱中花键轴	45（860~900℃高频水淬、160~200℃回火）
	承受大弯曲载荷，速度>3m/s，摩擦条件下工作的轴	钻床进刀箱中水平轴	20Cr（910~940℃渗碳、790~820℃油淬、160~200℃回火）
	中载和不高速度下，滚动轴承内运转的要求强度较高的小轴及中载的花键轴	Y225的驱动箱中的轴	40Cr（840~860℃油淬、600~630℃回火）
	磨损条件下，要求硬度高，速度<3m/s在滑动轴承内运转的小轴和心轴	车床变速箱中的离合器轴，铣床变速箱中的花键轴	40Cr（830~850℃油淬、280~320℃回火）
	低速，低载荷或中载荷下工作的大轴	重型机床大轴	50Mn2（810~840℃油淬、550~600℃回火）
	一般工作要求的普通轴类		优质碳素结构钢，如35、40、45、50
	载荷较小且不重要的一般轴类		普通碳素结构钢，如Q235、Q255
	载荷大，直径尺寸受限制的轴类		合金结构钢，如35SiMn、35MnB
	结构复杂的轴类		铬钢，如40Cr、35CrMo
	大截面且重要的轴类		铬镍钢，如40CrNi
	高温条件或耐腐蚀要求的轴类		耐热钢或不锈钢，如12Cr13、20Cr13
	外形复杂的轴类		球墨铸铁
机架	机架应具有足够的刚度、强度和稳定性，精密机器还应考虑热变形对机架精度的影响，机架通常形状复杂，一般采用铸造工艺生产	机床底座、立柱、工作台、滑板，水泵壳体、鼓风机底座、汽轮机机架、气压机机身、锻压机机身	HT100、HT150、HT200、HT250
		汽车驱动桥壳体、离合器壳体、拖拉机驱动桥壳体、离合器壳体	QT400-18、QT400-15
		曲柄压力机机身	QT450-10、QT500-7
		冷冻机缸体和缸套 空压机缸体和缸套	QT700-2、QT800-2 QT900-2
		轧钢机机架，模锻锤砧座外壳、机座	ZG200-400 ZG230-450
		轧钢设备机架，如轧钢机机架、连轧机轨座、辊道架、动轧机立辊机架、板坯轧机机体	
		锻压设备机架，如水压机横梁和中间底座、曲柄压力机机身、锤锻立柱、热模锻底座	ZG270-500 ZG310-570
		矿山设备及其他大型设备机架，如破碎机机架	

(续)

分类	要求	零件实例	推荐材料
机架	机架应具有足够的刚度、强度和稳定性，精密机器还应考虑热变形对机架精度的影响，机架通常形状复杂，一般采用铸造工艺生产	汽车车身用钢板和钢带汽车大梁用热轧钢板	08F、08、10、15、20、25、15Al、Q195、Q215、Q235、Q255、Q275（以上为板、带材）16MnREL、09MnREL、06TiL、08TiL、10TiL、09SiVL、16MnL、碳素铸钢、低合金铸钢等
灰铸铁制阀门主要零件	公称压力 $p_N \leqslant 1.0$ MPa，温度范围为 $-10 \sim 200$ ℃ 的介质（水、蒸汽、空气、煤气、油类等）的阀门	阀体、阀盖、支架	HT200、HT250、HT300、HT350
		阀杆、轴	12Cr13、20Cr13、30Cr13
		摇杆	20、25、35
		弹簧	50CrVA、60Si2Mn、60Si2MnA
		浮子	12Cr18Ni9、06Cr18Ni9Ti、1Cr17Ni13Mo2Ti
		过滤网	12Cr18Ni9
		手轮	KTH330-08、KTH350-10、QT400-15、QT450-10
可锻铸铁制阀门主要零件	公称压力 $p_N \leqslant 2.5$ MPa，温度范围为 $-30 \sim 300$ ℃ 的介质（水、蒸汽、空气、油类等）的阀门	阀体、阀盖、启闭件	KTH300-06、KTH330-08、KTH350-10
		阀杆、轴	12Cr13、20Cr13、30Cr13
		摇杆	20、25、35
		汽缸	12Cr13、20Cr13
		活塞	20Cr13、30Cr13
		膜片	12Cr18Ni9
		弹簧	50CrVA、60Si2Mn、60Si2MnA
		浮子	12Cr18Ni9、06Cr18Ni9Ti、1Cr17Ni13Mo2Ti
		过滤网	12Cr18Ni9
		手轮	KTH330-08、KTH350-10、QT400-15、QT450-10
球墨铸铁制阀门主要零件	公称压力 $p_N \leqslant 4.0$ MPa，温度范围为 $-30 \sim 350$ ℃ 的介质（水、蒸汽、空气、油类等）的阀门	阀体、阀盖、启闭件、支架（其他零件的选材可参照可锻铸铁制阀门的相关零件）	QT400-15、QT450-10、QT500-7
碳素钢制阀门主要零件	公称压力 $p_N \leqslant 32$ MPa，温度为 $-30 \sim 450$ ℃ 的介质（水、蒸汽、空气、氢气、氨、氮及石油产品等）的阀门	阀体、阀盖、阀座、启闭件、支架、法兰、摇杆、压紧螺母	20、25、30、35、16Mn
		阀杆、汽缸、活塞	12Cr13、20Cr13、30Cr13
		销轴	35、45
		膜片、过滤网	12Cr18Ni9
		弹簧	50CrVA、30W4Cr2A、60Si2Mn、60Si2MnA、12Cr18Ni9
		浮子	12Cr18Ni9、06Cr18Ni9Ti、1Cr17Ni13Mo2Ti
		手轮	KTH330-08、KTH350-10、QT400-15、QT450-10、Q275

(续)

分类	要求	零件实例	推荐材料	
高温钢制阀门主要零件	公称压力 p_N ≤16MPa、温度≤550℃的蒸汽、石油产品的高温钢制阀门	阀体、阀盖、摇杆	ZGCr5Mo、ZG20CrMoV、ZG15Cr1Mo1V、1Cr5Mo、12CrMoV、12Cr1MoVA	
		启闭件、阀座	ZG12Cr18Ni9Ti	
		销轴	12Cr13、20Cr13	
		阀杆	4Cr9Si2、4Cr10Si2Mo、25Cr2MoV、25Cr2Mo1V	
		弹簧	30W4Cr2VA	
		浮子	12Cr18Ni9、06Cr18Ni9Ti、1Cr17Ni13Mo2Ti	
		过滤网	12Cr18Ni9	
		双头螺柱	25Cr2MoV、25Cr2Mo1V	
		螺母	30CrMo、35CrMo	
		手轮	KTH330-08、KTH350-10、QT400-15、QT450-10、Q275	
低温钢制阀门主要零件	公称压力 p_N ≤6.4MPa、温度不低于-196℃的乙烯、丙烯、液态天然气及液氮等介质的低温用阀门	阀体、阀盖、阀座、启闭件、摇杆	ZG06Cr18Ni9、ZG12Cr18Ni9、ZG06Cr18Ni9Ti、06Cr18Ni9、12Cr18Ni9、06Cr18Ni9Ti	
		阀杆	14Cr17Ni2、12Cr18Ni9	
		销轴	12Cr13、20Cr13、30Cr13	
		双头螺柱	14Cr17Ni2、12Cr18Ni9	
		螺母	06Cr13、12Cr13、20Cr13	
		手轮	KTH330-08、KTH350-10、QT400-15、QT450-10、Q275A	
不锈耐酸钢制阀门主要零件	公称压力 p_N ≤6.4MPa，温度不高于200℃的硝酸、醋酸等介质的不锈耐酸用阀门	阀体、阀盖、阀座、摇杆、销轴、启闭件	耐硝酸	ZG06Cr18Ni9Ti
				ZG00Cr18Ni10
				06Cr18Ni9Ti
				14Cr17Ni2、00Cr18Ni10
				1Cr18Ni11Si4AlTi
			耐醋酸和尿素	ZG0Cr18Ni12Mo2Ti
				ZG1Cr18Ni12Mo2Ti
				0Cr18Ni12Mo2Ti、1Cr18Ni12Mo2Ti
				0Cr18Ni12Mo3Ti、1Cr18Ni12Mo3Ti
				0Cr17Mn13Mo2N
				0Cr18Mn10Ni5Mo3N
		阀杆	1Cr18Ni12Mo2Ti	
			1Cr18Ni12Mo2Ti、1Cr18Ni12Mo3Ti	
			0Cr17Mn13Mo2N	
		双头螺栓	14Cr17Ni2、12Cr18Ni9	
		螺母	06Cr13、12Cr13、20Cr13、12Cr18Ni9	
		垫片（手轮材料同低温阀门手轮材料）	06Cr18Ni9Ti	

第 2 章 有色金属材料

1 有色金属及合金牌号表示方法

1.1 有色金属及合金加工产品牌号表示方法（见表 3.2-1）

表 3.2-1 有色金属及合金加工产品牌号表示方法

分类	牌号表示方法	举例名称	牌号
变形铝及铝合金	GB/T 16474—2011《变形铝及铝合金牌号表示方法》代替 GB/T 16474—1996 根据 GB/T 16474—2011《变形铝及铝合金牌号表示方法》的规定，变形铝及铝合金牌号用四位字符体系表示，牌号的第1、3、4位为阿拉伯数字，第2位为英文大写字母（C、I、L、N、O、P、Q、Z 等 8 个字母除外）。第1位数字表示铝及铝合金的组别，用 1~9 表示，如右所示；牌号的第 2 位字母表示原始纯铝或铝合金的改型情况。如果第 2 位字母为 A，则表示为原始纯铝；如果是 B~Y 的其他字母（按字母表顺序），则表示为原始纯铝的改型。纯铝牌号的最后两位数字表示铝的最低质量分数，当铝的最低质量分数精确到 0.01% 时，最后两位数字就是小数点后的两位数字。铝合金牌号的最后两位数字仅用于区别同一组中不同的铝合金或表示铝的纯度	纯铝（Al 的质量分数不小于 99.00%）	1×××
		以铜为主要合金元素的铝合金	2×××
		以锰为主要合金元素的铝合金	3×××
		以硅为主要合金元素的铝合金	4×××
		以镁为主要合金元素的铝合金	5×××
		以镁、硅为主要合金元素，并以 Mg_2Si 相为强化相的铝合金	6×××
		以锌为主要合金元素的铝合金	7×××
		以其他合金元素为主要合金元素的铝合金	8×××
		备用合金组	9×××
加工铜及铜合金	GB/T 29091—2012《铜及铜合金牌号和代号表示方法》中规定了铜及铜合金加工、铸造和再生产品的牌号和代号表示方法。高铜合金是指以铜为基体金属，在铜中加入一种或几种微量元素以获得某些预定特性的合金，一般铜含量在 96.0%~<99.3%（质量分数，下同）的范围内，用于冷、热压力加工 （1）铜和高铜合金的命名方法及示例（铜和高铜合金牌号中不体现铜的含量） 1）铜以"T+顺序号"或"T+第一主添加元素化学符号+各添加元素含量（数字间以'-'隔开）"命名 铜含量（含银）≥99.90%的二号纯铜，示例为： 　　T2 　　　└── 顺序号	二号纯铜	T2

(续)

分类	牌号表示方法	举例 名称	举例 牌号
加工铜及铜合金	银含量为 0.06%~0.12% 的银铜，示例为： TAg 0.1 └── 添加元素(银)的名义含量(%) └── 添加元素(银)的化学符号 银含量为 0.08%~0.12%、磷含量为 0.004%~0.012% 的银铜，示例为： TAg 0.1-0.01 └── 第二主添加元素(磷)的名义含量(%) └── 第一主添加元素(银)的名义含量(%) └── 第一主添加元素(银)的化学符号 2) 无氧铜以"TU+顺序号"或"TU+添加元素的化学符号+各添加元素含量"命名 氧含量≤0.002% 的一号无氧铜，示例为： TU1 └── 顺序号 银含量为 0.15%~0.25%、氧含量≤0.003% 的无氧银铜，示例为： TUAg 0.2 └── 添加元素(银)的名义含量(%) └── 添加元素(银)的化学符号 3) 磷脱氧铜以"TP+顺序号"命名 磷含量为 0.015%~0.040% 的二号磷脱氧铜，示例为： TP2 └── 顺序号 4) 高铜合金以"T+第一主添加元素化学符号+各添加元素含量（数字间以'-'隔开）"命名 铬含量为 0.50%~1.5%、锆含量为 0.05%~0.25% 的高铜，示例为： TCr 1-0.15 └── 第二主添加元素(锆)的名义含量(%) └── 第一主添加元素(铬)的名义含量(%) └── 第一主添加元素(铬)的化学符号 (2) 黄铜的命名方法及示例 1) 普通黄铜以"H+铜含量"命名 含量为铜 63.5%~68.0% 的普通黄铜，示例为： H65 └── 铜的名义含量(%)	银铜 银铜 一号无氧铜 无氧银铜 二号磷脱氧铜 高铜 普通黄铜	TAg0.1 TAg0.1-0.01 TU1 TUAg0.2 TP2 TCr1-0.15 H65

(续)

分 类	牌 号 表 示 方 法	举 例 名 称	举 例 牌 号
加工铜及铜合金	2）复杂黄铜以"H + 第二主添加元素化学符号 + 铜含量 + 除锌以外的各添加元素含量（数字间以'-'隔开）"命名 铅含量为 0.8%~1.9%、铜含量为 57.0%~60.0% 的铅黄铜，示例为： 　　　HPb　59 - 1 　　　　　　└── 第二主添加元素(铅)的名义含量(%) 　　　　└── 基本元素(铜)的名义含量(%) 　　└── 第二主添加元素(铅)的化学符号 注：黄铜中锌为第一主添加元素，但牌号中不体现锌的含量。 （3）青铜的命名方法 青铜以"Q + 第一主添加元素化学符号 + 各添加元素含量（数字间以'-'隔开）"命名 铝含量为 4.0%~6.0% 的铝青铜，示例为： 　　　QAl　5 　　　　　└── 添加元素(铝)的名义含量(%) 　　　└── 添加元素(铝)的化学符号 含锡 6.0%~7.0%、磷 0.10%~0.25% 的锡磷青铜，示例为： 　　　QSn　6.5 - 0.1 　　　　　　└── 第二主添加元素(磷)的名义含量(%) 　　　　└── 第一主添加元素(锡)的名义含量(%) 　　　└── 第一主添加元素(锡)的化学符号 （4）白铜的命名方法 1）普通白铜 普通白铜以"B + 镍含量"命名 镍（含钴）含量为 29%~33% 的白铜，示例为： 　　　B30 　　　　└── 镍的名义含量(%) 2）复杂白铜 铜为余量的复杂白铜，以"B + 第二主添加元素化学符号 + 镍含量 + 各添加元素含量（数字间以'-'隔开）" 镍含量为 9.0%~11.0%、铁含量为 1.0%~1.5%、锰含量为 0.5%~1.0% 的铁白铜，示例为： 　　　BFe　10 - 1 - 1 　　　　　　└── 第三主添加元素(锰)的名义含量(%) 　　　　　└── 第二主添加元素(铁)的名义含量(%) 　　　　└── 第一主添加元素(镍)的名义含量(%) 　　　└── 第二主添加元素(铁)的化学符号 锌为余量的锌白铜，以"B + Zn 元素化学符号 + 第一主添加元素（镍）含量 + 第二主添加元素（锌）含量 + 第三主添加元素含量（数字间以'-'隔开）"命名 铜含量为 60.0%~63.0%，镍含量为 14.0%~16.0%、铅含量为 1.5%~2.0%、锌为余量的铅锌白铜，示例为： 　　　BZn　15 - 21 - 1.8 　　　　　　└── 第三主添加元素(铅)含量(%) 　　　　　└── 第二主添加元素(锌)含量(%) 　　　　└── 第一主添加元素(镍)含量(%) 　　　└── Zn 元素化学符号	铅黄铜 铝青铜 锡磷青铜 白铜 铁白铜 铅锌白铜	HPb59-1 QAl5 QSn6.5-0.1 B30 BFe10-1-1 BZn15-21-1.8

(续)

分类	牌号表示方法	举例 名称	牌号
铸造铜及铜合金、再生铜及铜合金	GB/T 29091—2012 还规定了铸造铜及铜合金牌号的命名方法，即在加工铜及铜合金牌号命名方法的基础上，牌号的最前端冠以"铸造"汉语拼音的第一个大写字母"Z"；再生铜及铜合金牌号命名方法，即在加工铜及铜合金牌号命名方法的基础上，牌号的最前端冠以"再生"英文单词 recycling 的第一个大写字母"R"		
钛及钛合金	GB/T 3620.1—2007《钛及钛合金牌号和化学成分》规定了钛及钛合金产品的牌号。钛及钛合金用"T"加表示金属或合金组织类型的字母及顺序号表示 TA 1 ── 顺序号 ── 金属或合金的顺序号 分类代号 ── 表示金属或合金组织类型 TA──α 型钛及合金 TB──β 型钛合金 TC──α+β 型钛合金	一号 α 型钛 四号 α+β 型钛合金 二号 β 型钛合金	TA1 TC4 TB2
变形镁及镁合金	GB/T 5153—2003《变形镁及镁合金牌号和化学成分》规定了镁及镁合金加工产品的牌号。镁合金牌号以英文字母加数字再加英文字母组成。前面的英文字母是其最主要的合金组成元素代号，此元素代号符合下表的规定，其后的数字表示其最主要合金组成元素的大致含量，最后的英文字母为标识代号，用以标识各具体组成元素相异或元素含量有微小差别的不同合金 	元素代号	元素名称	元素代号	元素名称	元素代号	元素名称	元素代号	元素名称
---	---	---	---	---	---	---	---
A	铝	F	铁	M	锰	S	硅
B	铋	G	钙	N	镍	T	锡
C	铜	H	钍	P	铅	W	钇
D	镉	K	锆	Q	银	Y	锑
E	稀土	L	锂	R	铬	Z	锌 | AZ91D ── 标识代号 表示 Zn 的含量（质量分数）<1% 表示 Al 的含量（质量分数）大致为 9% 代表名义含量次高的合金元素 Zn 代表名义含量最高的合金元素 Al	纯镁 镁合金	Mg99.00 AZ91D、AZ31B

1.2 有色金属及合金铸造产品牌号表示方法

GB/T 8063—1994《铸造有色金属及其合金牌号表示方法》中规定：

1）铸造有色纯金属牌号由"Z"和相应纯金属的化学元素符号，及表明产品纯度百分含量（质量分数）的数字或用一短横线加顺序号组成。牌号示例：

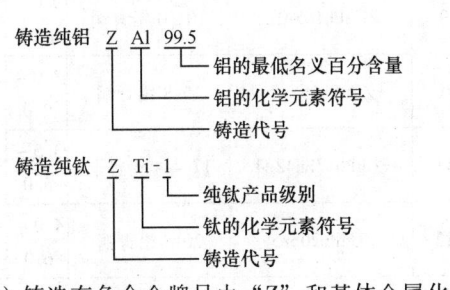

2）铸造有色合金牌号由"Z"和基体金属化学

元素符号、主要合金化学元素符号（其中混合稀土元素符号统一用 RE 表示），以及表明合金化学元素名义百分含量的数字组成。优质合金的牌号后面标注大写字母"A"。牌号示例：

铸造钛合金

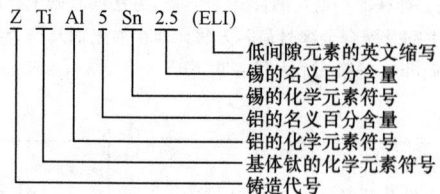

铸造锡青铜

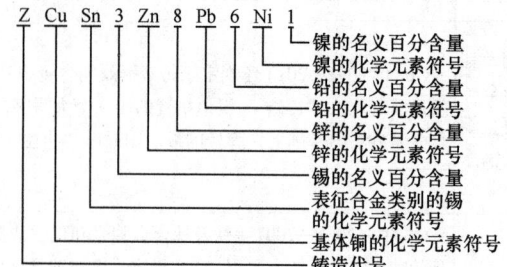

2 铜及铜合金

2.1 铜及铜合金铸造产品

2.1.1 铸造铜及铜合金（见表3.2-2～表3.2-5）

表3.2-2 铸造铜及铜合金牌号及化学成分（摘自 GB/T 1176—2013）

序号	合金牌号	合金名称	主要元素含量（质量分数,%）									
			Sn	Zn	Pb	P	Ni	Al	Fe	Mn	Si	其他	Cu
1	ZCu99	99 铸造纯铜											≥99.0
2	ZCuSn3Zn8Pb6Ni1	3-8-6-1 锡青铜	2.0~4.0	6.0~9.0	4.0~7.0		0.5~1.5						其余
3	ZCuSn3Zn11Pb4	3-11-4 锡青铜	2.0~4.0	9.0~13.0	3.0~6.0								其余
4	ZCuSn5Pb5Zn5	5-5-5 锡青铜	4.0~6.0	4.0~6.0	4.0~6.0								其余
5	ZCuSn10P1	10-1 锡青铜	9.0~11.5			0.8~1.1							其余
6	ZCuSn10Pb5	10-5 锡青铜	9.0~11.0		4.0~6.0								其余
7	ZCuSn10Zn2	10-2 锡青铜	9.0~11.0	1.0~3.0									其余
8	ZCuPb9Sn5	9-5 铅青铜	4.0~6.0		8.0~10.0								其余
9	ZCuPb10Sn10	10-10 铅青铜	9.0~11.0		8.0~11.0								其余
10	ZCuPb15Sn8	15-8 铅青铜	7.0~9.0		13.0~17.0								其余
11	ZCuPb17Sn4Zn4	17-4-4 铅青铜	3.5~5.0	2.0~6.0	14.0~20.0								其余
12	ZCuPb20Sn5	20-5 铅青铜	4.0~6.0		18.0~23.0								其余

(续)

序号	合金牌号	合金名称	主要元素含量（质量分数,%）										
			Sn	Zn	Pb	P	Ni	Al	Fe	Mn	Si	其他	Cu
13	ZCuPb30	30 铅青铜			27.0~33.0								其余
14	ZCuAl8Mn13Fe3	8-13-3 铝青铜						7.0~9.0	2.0~4.0	12.0~14.5			其余
15	ZCuAl8Mn13Fe3Ni2	8-13-3-2 铝青铜					1.8~2.5	7.0~8.5	2.5~4.0	11.5~14.0			其余
16	ZCuAl8Mn14Fe3Ni2	8-14-3-2 铝青铜			<0.5		1.9~2.3	7.4~8.1	2.6~3.5	12.4~13.2			其余
17	ZCuAl9Mn2	9-2 铝青铜						8.0~10.0		1.5~2.5			其余
18	ZCuAl8Be1Co1	8-1-1 铝青铜						7.0~8.5	<0.4			Be 0.7~1.0 Co 0.7~1.0	其余
19	ZCuAl9Fe4Ni4Mn2	9-4-4-2 铝青铜					4.0~5.0①	8.5~10.0	4.0~5.0①	0.8~2.5			其余
20	ZCuAl10Fe4Ni4	10-4-4 铝青铜					3.5~5.5	9.5~11.0	3.5~5.5				其余
21	ZCuAl10Fe3	10-3 铝青铜						8.5~11.0	2.0~4.0				其余
22	ZCuAl10Fe3Mn2	10-3-2 铝青铜						9.0~11.0	2.0~4.0	1.0~2.0			其余
23	ZCuZn38	38 黄铜		其余									60.0~63.0
24	ZCuZn21Al5Fe2Mn2	21-5-2-2 铝黄铜	<0.5	其余				4.5~6.0	2.0~3.0	2.0~3.0			67.0~70.0
25	ZCuZn25Al6Fe3Mn3	25-6-3-3 铝黄铜		其余				4.5~7.0	2.0~4.0	2.0~4.0			60.0~66.0
26	ZCuZn26Al4Fe3Mn3	26-4-3-3 铝黄铜		其余				2.5~5.0	2.0~4.0	2.0~4.0			60.0~66.0
27	ZCuZn31Al2	31-2 铝黄铜		其余				2.0~3.0					66.0~68.0
28	ZCuZn35Al2Mn2Fe1	35-2-2-1 铝黄铜		其余				0.5~2.5	0.5~2.0	0.1~3.0			57.0~65.0
29	ZCuZn38Mn2Pb2	38-2-2 锰黄铜		其余	1.5~2.5					1.5~2.5			57.0~60.0
30	ZCuZn40Mn2	40-2 锰黄铜		其余						1.0~2.0			57.0~60.0
31	ZCuZn40Mn3Fe1	40-3-1 锰黄铜		其余					0.5~1.5	3.0~4.0			53.0~58.0
32	ZCuZn33Pb2	33-2 铅黄铜		其余	1.0~3.0								63.0~67.0

(续)

序号	合金牌号	合金名称	主要元素含量（质量分数,%）									
			Sn	Zn	Pb	P	Ni	Al	Fe	Mn	Si	其他	Cu
33	ZCuZn40Pb2	40-2 铅黄铜		其余	0.5~2.5			0.2~0.8					58.0~63.0
34	ZCuZn16Si4	16-4 硅黄铜		其余							2.5~4.5		79.0~81.0
35	ZCuNi10Fe1Mn1	10-1-1 镍白铜					9.0~11.0		1.0~1.8	0.8~1.5			84.5~87.0
36	ZCuNi30Fe1Mn1	30-1-1 镍白铜					29.5~31.5		0.25~1.5	0.8~1.5			65.0~67.0

注：1. ZCuAl10Fe3 合金用于焊接件，铅含量不得超过 0.02%。
2. ZCuZn40Mn3Fe1 合金用于船舶螺旋桨，铜含量为 55.0%~59.0%。
3. ZCuSn5Pb5Zn5、ZCuSn10Zn2、ZCuPb10Sn10、ZCuPb15Sn8 和 ZCuPb20Sn5 合金用于离心铸造和连续铸造，磷含量由供需双方商定。
4. ZCuAl8Mn13Fe3Ni2 合金用于金属型铸造和离心铸造，铝含量为 6.8%~8.5%。

① 表示铁的含量不能超过镍的含量。

表 3.2-3 铸造铜及铜合金杂质元素化学成分（摘自 GB/T 1176—2013）

序号	合金牌号	杂质元素含量（质量分数,%） ≤													
		Fe	Al	Sb	Si	P	S	As	C	Bi	Ni	Sn	Zn	Pb	Mn	其他	总和
1	ZCu99					0.07						0.4					1.0
2	ZCuSn3Zn8Pb6Ni1	0.4	0.02	0.3	0.02	0.05											1.0
3	ZCuSn3Zn11Pb4	0.5		0.3	0.02	0.05											1.0
4	ZCuSn5Pb5Zn5	0.3	0.01	0.25	0.01	0.05	0.10				2.5*						1.0
5	ZCuSn10P1	0.1	0.01	0.05	0.02		0.05				0.10		0.05	0.25	0.05		0.75
6	ZCuSn10Pb5	0.3	0.02	0.3		0.05					1.0*						1.0
7	ZCuSn10Zn2	0.25	0.01	0.3	0.01	0.05	0.10				2.0*		1.5*	0.2			1.5
8	ZCuPb9Sn5			0.5		0.10					2.0*	2.0*					1.0
9	ZCuPb10Sn10	0.25	0.01	0.5	0.01	0.05	0.10				2.0*		2.0*		0.2		1.0
10	ZCuPb15Sn8	0.25		0.5	0.01	0.10	0.10				2.0*		2.0*		0.2		1.0
11	ZCuPb17Sn4Zn4	0.4	0.05	0.3	0.02	0.05											0.75
12	ZCuPb20Sn5	0.25	0.01	0.75	0.01	0.10	0.10				2.5*		2.0*		0.2		1.0
13	ZCuPb30	0.5	0.01	0.2	0.02	0.08		0.10		0.005	1.0*				0.3		1.0
14	ZCuAl8Mn13Fe3			0.15				0.10							0.3*	0.02	1.0
15	ZCuAl8Mn13Fe3Ni2			0.15				0.10							0.3*	0.02	1.0
16	ZCuAl8Mn14Fe3Ni2			0.15				0.10								0.02	1.0
17	ZCuAl9Mn2			0.05	0.20	0.10		0.05				0.2	1.5*		0.1		1.0
18	ZCuAl8Be1Co1			0.05	0.10											0.02	1.0
19	ZCuAl9Fe4Ni4Mn2			0.15				0.10								0.02	1.0
20	ZCuAl10Fe4Ni4			0.05	0.20	0.1		0.05				0.2	0.5	0.05	0.5		1.5
21	ZCuAl10Fe3			0.20							3.0*	0.3	0.4	0.2	1.0*		1.0

(续)

序号	合金牌号	杂质元素含量（质量分数,%） ≤													
		Fe	Al	Sb	Si	P	S	As	C	Bi	Ni	Sn	Zn	Pb	Mn	其他	总和
22	ZCuAl10Fe3Mn2			0.05	0.10	0.01		0.01				0.1	0.5*	0.3			0.75
23	ZCuZn38	0.8	0.5	0.1		0.01				0.002		2.0*					1.5
24	ZCuZn21Al5Fe2Mn2		0.1											0.1			1.0
25	ZCuZn25Al6Fe3Mn3				0.10						3.0*	0.2		0.2			2.0
26	ZCuZn26Al4Fe3Mn3				0.10						3.0*	0.2		0.2			2.0
27	ZCuZn31Al2	0.8										1.0*		1.0*	0.5		1.5
28	ZCuZn35Al2Mn2Fe1				0.10						3.0*	1.0*		0.5		Sb+P+As 0.40	2.0
29	ZCuZn38Mn2Pb2	0.8	1.0*	0.1								2.0*					2.0
30	ZCuZn40Mn2	0.8	1.0*	0.1								1.0					2.0
31	ZCuZn40Mn3Fe1		1.0*	0.1								0.5		0.5			1.5
32	ZCuZn33Pb2	0.8	0.1		0.05	0.05					1.0*	1.5*			0.2		1.5
33	ZCuZn40Pb2	0.8			0.05						1.0*	1.0*		0.5			1.5
34	ZCuZn16Si4	0.6	0.1	0.1								0.3		0.5	0.5		2.0
35	ZCuNi10Fe1Mn1				0.25	0.02	0.02		0.1					0.01			1.0
36	ZCuNi30Fe1Mn1				0.5	0.02	0.02		0.15					0.01			1.0

注：1. 有"*"符号的元素不计入杂质总和。
2. 未列出的杂质元素，计入杂质总和。

表 3.2-4 铸造铜及铜合金室温力学性能（摘自 GB/T 1176—2013）

序号	合金牌号	铸造方法	室温力学性能，不低于			
			抗拉强度 R_m/MPa	屈服强度 $R_{p0.2}$/MPa	伸长率 A（%）	布氏硬度 HBW
1	ZCu99	S	150	40	40	40
2	ZCuSn3Zn8Pb6Ni1	S	175		8	60
		J	215		10	70
3	ZCuSn3Zn11Pb4	S、R	175		8	60
		J	215		10	60
4	ZCuSn5Pb5Zn5	S、J、R	200	90	13	60*
		Li、La	250	100	13	65*
5	ZCuSn10P1	S、R	220	130	3	80*
		J	310	170	2	90*
		Li	330	170	4	90*
		La	360	170	6	90*
6	ZCuSn10Pb5	S	195		10	70
		J	245		10	70

(续)

序号	合金牌号	铸造方法	室温力学性能,不低于			
			抗拉强度 R_m/MPa	屈服强度 $R_{p0.2}$/MPa	伸长率 A(%)	布氏硬度 HBW
7	ZCuSn10Zn2	S	240	120	12	70*
		J	245	140	6	80*
		Li、La	270	140	7	80*
8	ZCuPb9Sn5	La	230	110	11	60
9	ZCuPb10Sn10	S	180	80	7	65*
		J	220	140	5	70*
		Li、La	220	110	6	70*
10	ZCuPb15Sn8	S	170	80	5	60*
		J	200	100	6	65*
		Li、La	220	100	8	65*
11	ZCuPb17Sn4Zn4	S	150		5	55
		J	175		7	60
12	ZCuPb20Sn5	S	150	60	5	45*
		J	150	70	6	55*
		La	180	80	7	55*
13	ZCuPb30	J				25
14	ZCuAl8Mn13Fe3	S	600	270	15	160
		J	650	280	10	170
15	ZCuAl8Mn13Fe3Ni2	S	645	280	20	160
		J	670	310	18	170
16	ZCuAl8Mn14Fe3Ni2	S	735	280	15	170
17	ZCuAl9Mn2	S、R	390	150	20	85
		J	440	160	20	95
18	ZCuAl8Be1Co1	S	647	280	15	160
19	ZCuAl9Fe4Ni4Mn2	S	630	250	16	160
20	ZCuAl10Fe4Ni4	S	539	200	5	155
		J	588	235	5	166
21	ZCuAl10Fe3	S	490	180	13	100*
		J	540	200	15	110*
		Li、La	540	200	15	110*
22	ZCuAl10Fe3Mn2	S、R	490		15	110
		J	540		20	120
23	ZCuZn38	S	295	95	30	60
		J	295	95	30	70
24	ZCuZn21Al5Fe2Mn2	S	608	275	15	160

(续)

序号	合金牌号	铸造方法	室温力学性能，不低于			
			抗拉强度 R_m/MPa	屈服强度 $R_{p0.2}$/MPa	伸长率 A（%）	布氏硬度 HBW
25	ZCuZn25Al6Fe3Mn3	S	725	380	10	160*
		J	740	400	7	170*
		Li、La	740	400	7	170*
26	ZCuZn26Al4Fe3Mn3	S	600	300	18	120*
		J	600	300	18	130*
		Li、La	600	300	18	130*
27	ZCuZn31Al2	S、R	295		12	80
		J	390		15	90
28	ZCuZn35Al2Mn2Fe2	S	450	170	20	100*
		J	475	200	18	110*
		Li、La	475	200	18	110*
29	ZCuZn38Mn2Pb2	S	245		10	70
		J	345		18	80
30	ZCuZn40Mn2	S、R	345		20	80
		J	390		25	90
31	ZCuZn40Mn3Fe1	S、R	440		18	100
		J	490		15	110
32	ZCuZn33Pb2	S	180	70	12	50*
33	ZCuZn40Pb2	S、R	220	95	15	80*
		J	280	120	20	90*
34	ZCuZn16Si4	S、R	345	180	15	90
		J	390		20	100
35	ZCuNi10Fe1Mn1	S、J、Li、La	310	170	20	100
36	ZCuNi30Fe1Mn1	S、J、Li、La	415	220	20	140

注：1. 有"*"符号的数据为参考值。
2. 铸造方法代号：S—砂型铸造；J—金属型铸造；La—连续铸造；Li—离心铸造；R—熔模铸造。

表 3.2-5　铸造铜及铜合金的主要特征和应用举例（摘自 GB/T 1176—2013）

序号	合金牌号	主要特征	应用举例
1	ZCu99	很高的导电、传热和延伸性能，在大气、淡水和流动不大的海水中具有良好的耐蚀性；凝固温度范围窄，流动性好，适用于砂型、金属型、连续铸造，适用于氩弧焊接	在黑色金属冶炼中用作高炉风、渣口小套，高炉风、渣中小套，冷却板，冷却壁；电炉炼钢用氧枪喷头、电极夹持器、熔沟。在有色金属冶炼中用作闪速炉冷却用件；大型电机用屏蔽罩、导电连接件。另外，还可用于饮用水管道、铜坩埚等
2	ZCuSn3Zn8Pb6Ni1	耐磨性能好，易加工，铸造性能好，气密性能较好，耐腐蚀，可在流动海水下工作	在各种液体燃料以及海水、淡水和蒸汽（≤225℃）中工作的零件，压力不大于 2.5MPa 的阀门和管配件

(续)

序号	合金牌号	主要特征	应用举例
3	ZCuSn3Zn11Pb4	铸造性能好，易加工，耐腐蚀	海水、淡水、蒸汽中，压力不大于2.5MPa的管配件
4	ZCuSn5Pb5Zn5	耐磨性和耐蚀性好，易加工，铸造性能和气密性较好	在较高负荷、中等滑动速度下工作的耐磨、耐腐蚀零件，如轴瓦、衬套、缸套、活塞离合器、泵件压盖以及蜗轮等
5	ZCuSn10P1	硬度高，耐磨性较好，不易产生咬死现象，有较好的铸造性能和切削性能，在大气和淡水中有良好的耐蚀性	可用于高负荷（20MPa以下）和高滑动速度（8m/s）下工作的耐磨零件，如连杆、衬套、轴瓦、齿轮、蜗轮等
6	ZCuSn10Pb5	耐腐蚀，特别是对稀硫酸、盐酸和脂肪酸具有耐腐蚀作用	结构材料、耐蚀、耐酸的配件以及破碎机衬套、轴瓦
7	ZCuSn10Zn2	耐蚀性、耐磨性和切削加工性能好，铸造性能好，铸件致密性较高，气密性较好	在中等及较高负荷和小滑动速度下工作的重要管配件，以及阀、旋塞、泵体、齿轮、叶轮和蜗轮等
8	ZCuPb10Sn5	润滑性、耐磨性能良好，易切削，可焊性良好，软钎焊性、硬钎焊性均良好，不推荐氧燃烧气焊和各种形式的电弧焊	轴承和轴套，汽车用衬管轴承
9	ZCuPb10Sn10	润滑性能、耐磨性能和耐蚀性能好，适合用作双金属铸造材料	表面压力高且存在侧压的滑动轴承，如轧辊、车辆用轴承。负荷峰值60MPa的受冲击零件，最高峰值达100MPa的内燃机双金属轴瓦，及活塞销套、摩擦片等
10	ZCuPb15Sn8	在缺乏润滑剂和用水质润滑剂条件下，滑动性和自润滑性能好，易切削，铸造性能差，对稀硫酸耐蚀性能好	表面压力高且有侧压力的轴承，冷轧机的铜冷却管，耐冲击负荷达50MPa的零件，内燃机的双金属轴瓦，负荷达70MPa的活塞销套，耐酸配件
11	ZCuPb17Sn4Zn4	耐磨性和自润滑性能好，易切削，铸造性能差	一般耐磨件、高滑动速度的轴承等
12	ZCuPb20Sn5	有较高滑动性能，在缺乏润滑介质和以水为介质时有特别好的自润滑性能，适用于双金属铸造材料，耐硫酸腐蚀，易切削，铸造性能差	高滑动速度的轴承，破碎机、水泵、冷轧机轴承，负荷达40MPa的零件，耐蚀零件，双金属轴承，负荷达70MPa的活塞销套
13	ZCuPb30	有良好的自润滑性，易切削，铸造性能差，易产生比重偏析	要求高滑动速度的双金属轴承、减摩零件等
14	ZCuAl8Mn13Fe3	具有很高的强度和硬度，良好的耐磨性能和铸造性能，合金致密性能高，耐蚀性好，作为耐磨件工作温度不大于400℃，可以焊接，不易钎焊	重型机械用轴套，以及要求强度高、耐磨、耐压零件，如衬套、法兰、阀体、泵体等
15	ZCuAl8Mn13Fe3Ni2	有很高的力学性能，在大气、淡水和海水中均有良好的耐蚀性，腐蚀疲劳强度高，铸造性能好，合金组织致密，气密性好，可以焊接，不易钎焊	要求强度高、耐蚀的重要铸件，如船舶螺旋桨、高压阀体、泵体；耐压、耐磨零件，如蜗轮、齿轮、法兰、衬套等

(续)

序号	合金牌号	主要特征	应用举例
16	ZCuAl8Mn14Fe3Ni2	有很高的力学性能,在大气、淡水和海水中具有良好的耐蚀性,腐蚀疲劳强度高,铸造性能好,合金组织致密,气密性好,可以焊接,不易钎焊	要求强度高、耐蚀性好的重要铸件,是制造各类船舶螺旋桨的主要材料之一
17	ZCuAl9Mn2	有高的力学性能,在大气、淡水和海水中耐蚀性好,铸造性能好,组织致密,气密性高,耐磨性好,可以焊接,不易钎焊	耐蚀、耐磨零件,形状简单的大型铸件,如衬套、齿轮、蜗轮;在250℃以下工作的管配件和要求气密性高的铸件,如增压器内气封
18	ZCuAl8Be1Co1	有很高的力学性能,在大气、淡水和海水中具有良好的耐蚀性,腐蚀疲劳强度高,耐气蚀性能优异,铸造性能好,合金组织致密,可以焊接	要求强度高、耐腐蚀、耐气蚀的重要铸件,主要用于制造小型快艇螺旋桨
19	ZCuAl9Fe4Ni4Mn2	有很高的力学性能,在大气、淡水和海水中耐蚀性好,铸造性能好,在400℃以下具有耐热性,可以热处理,焊接性能好,不易钎焊,铸造性能尚好	要求强度高、耐蚀性好的重要铸件,是制造船舶螺旋桨的主要材料之一,也可制造耐磨和400℃以下工作的零件,如轴承、齿轮、蜗轮、螺母、法兰、阀体、导向套筒
20	ZCuAl10Fe4Ni4	有很高的力学性能,良好的耐蚀性,高的腐蚀疲劳强度,可以热处理强化,在400℃以下有高的耐热性	高温耐蚀零件,如齿轮、球形座、法兰、阀导管及航空发动机的阀座,耐蚀零件,如轴瓦、蜗杆、酸洗吊钩及酸洗筐、搅拌器等
21	ZCuAl10Fe3	具有高的力学性能,耐磨性和耐蚀性能好,可以焊接,不易钎焊,大型铸件700℃空冷可以防止变脆	要求强度高、耐磨、耐蚀的重型铸件,如轴套、螺母、蜗轮以及250℃以下工作的管配件
22	ZCuAl10Fe3Mn2	具有高的力学性能和耐磨性,可热处理,高温下耐蚀性和抗氧化性能好,在大气、淡水和海水中耐蚀性好,可以焊接,不易钎焊,大型铸件700℃空冷可以防止变脆	要求强度高、耐磨、耐蚀的零件,如齿轮、轴承、衬套、管嘴,以及耐热管配件等
23	ZCuZn38	具有优良的铸造性能和较高的力学性能,切削加工性能好,可以焊接,耐蚀性较好,有应力腐蚀开裂倾向	一般结构件和耐蚀零件,如法兰、阀座、支架、手柄和螺母等
24	ZCuZn21Al5Fe2Mn2	有很高的力学性能,铸造性能良好,耐蚀性较好,有应力腐蚀开裂倾向	高强、耐磨零件,小型船舶及军辅船螺旋桨
25	ZCuZn25Al6Fe3Mn3	有很高的力学性能,铸造性能良好,耐蚀性较好,有应力腐蚀开裂倾向,可以焊接	高强、耐磨零件,如桥梁支撑板、螺母、螺杆、耐磨板、滑块和蜗轮等
26	ZCuZn26Al4Fe3Mn3	有很高的力学性能,铸造性能良好,在空气、淡水和海水中耐蚀性较好,可以焊接	要求强度高、耐蚀零件
27	ZCuZn31Al2	铸造性能良好,在空气、淡水、海水中耐蚀性较好,易切削,可以焊接	适用于压力铸造,如电机、仪表等中的压力铸件,以及船舶和机械上的耐蚀零件

(续)

序号	合金牌号	主要特征	应用举例
28	ZCuZn35Al2Mn2Fe1	具有高的力学性能和良好的铸造性能,在大气、淡水、海水中有较好的耐蚀性,切削性能好,可以焊接	管路配件和要求不高的耐磨件
29	ZCuZn38Mn2Pb2	有较高的力学性能和耐蚀性,耐磨性较好,切削性能良好	一般用途的结构件,船舶、仪表等使用的外形简单的铸件,如套筒、衬套、轴瓦、滑块等
30	ZCuZn40Mn2	有较高的力学性能和耐蚀性,铸造性能好,受热时组织稳定	在空气、淡水、海水、蒸汽(低于300℃)或各种液体燃料中工作的零件和阀体、阀杆、泵、管接头,以及需要浇注巴氏合金和镀锡零件等
31	ZCuZn40Mn3Fe1	有高的力学性能,良好的铸造性能和切削加工性能,在空气、淡水、海水中耐蚀性能好,有应力腐蚀开裂倾向	耐海水腐蚀的零件,300℃以下工作的管配件,船舶螺旋桨等大型铸件
32	ZCuZn33Pb2	结构材料,给水温度为90℃时抗氧化性能好,电导率约为10~14MS/m	煤气和给水设备的壳体,机器、电子设备、精密仪器和光学仪器的部分构件和配件
33	ZCuZn40Pb2	有好的铸造性能和耐磨性,切削加工性能好,耐蚀性较好,在海水中有应力腐蚀开裂倾向	一般用途的耐磨、耐蚀零件,如轴套、齿轮等
34	ZCuZn16Si4	具有较高的力学性能和良好的耐蚀性,铸造性能好;流动性高,铸件组织致密,气密性好	接触海水工作的管配件以及水泵、叶轮、旋塞,在空气、淡水、油、燃料,或者工作压力4.5MPa、250℃以下蒸汽中工作的铸件
35	ZCuNi10Fe1Mn1	具有高的力学性能和良好的耐海水腐蚀性能,铸造性能好,可以焊接	耐海水腐蚀的结构件和压力设备,海水泵、阀和配件
36	ZCuNi30Fe1Mn1	具有高的力学性能和良好的耐海水腐蚀性能,铸造性能好,铸件致密,可以焊接	用于需要耐海水腐蚀的阀、泵体、凸轮和弯管等

2.1.2 压铸铜合金（见表3.2-6）

表3.2-6 压铸铜合金牌号、化学成分、力学性能及应用（各参数摘自 GB/T 15116—1994）

牌号	合金代号	化学成分(质量分数,%)						杂质总和 ≤	力学性能 ≥			特性及应用
		Cu	Pb	Al	Si	Mn	Fe	Zn		抗拉强度 R_m/MPa	伸长率 A_5 (%)	布氏硬度 HBW 5/250/30	
YZCuZn40Pb	YT40-1 铅黄铜	58.0~63.0	0.5~1.5	0.2~0.5	—	—	—	余量	1.5	300	6	85	塑性好,耐磨性高,优良的可加工性及耐蚀性,但强度不高。适于制作一般用途的耐磨、耐蚀零件,如轴套、齿轮等

(续)

牌号	合金代号	化学成分(质量分数,%)							杂质总和 ≤	力学性能 ≥			特性及应用
		Cu	Pb	Al	Si	Mn	Fe	Zn		抗拉强度 R_m/MPa	伸长率 A_5(%)	布氏硬度 HBW 5/250/30	
YZCuZn16Si4	YT16-4 硅黄铜	79.0~81.0	—	—	2.5~4.5	—	—	余量	2.0	345	25	85	塑性、耐蚀性均好,高强度、铸造性能优良,可加工性和耐磨性能一般。适于制造普通腐蚀介质中工作的管配件、阀体、盖以及各种形状较复杂的铸件
YZCuZn30Al3	YT30-3 铝黄铜	66.0~68.0	—	2.0~3.0	—	—	—	余量	3.0	400	15	110	高强度、高耐磨性,铸造性能好,耐大气腐蚀好,耐其他介质一般,可加工性不好。适于制造在空气中工作的各种耐蚀件
YZCuZn35Al2Mn2Fe	YT35-2-2-1 铝锰铁黄铜	57.0~65.0	—	0.5~2.5	—	0.1~3.0	0.5~2.0	余量	2.0①	475	3	130	力学性能好,铸造性好,在大气、海水、淡水中有较好的耐蚀性。适于制作管路配件和一般要求的耐磨件

注：本表只列出了各牌号杂质总和,杂质含量的具体规定参见 GB/T 15116—1994。
① 杂质总和中不含 Ni。

2.2 加工铜及铜合金

2.2.1 加工铜及铜合金的牌号、特性及应用（见表3.2-7）

表 3.2-7 加工铜及铜合金的牌号、特性及应用举例

分类	组别	牌号	主要特性	应用举例
加工铜	纯铜	T1	有良好的导电、导热、耐蚀和加工性能,可以焊接和钎焊。含降低导电、导热性的杂质较少,微量的氧对导电、导热和加工等性能影响不大,但易引起"氢病",不宜在高温（如 >370℃）还原性气氛中加工（退火、焊接等）和使用	用于导电、导热、耐蚀器材。如：电线、电缆、导电螺钉、爆破用雷管、化工用蒸发器、贮藏器及各种管道等
		T2		
		T3	有较好的导电、导热、耐蚀和加工性能,可以焊接和钎焊；但含降低导电、导热性的杂质较多,含氧量更高,更易引起"氢病",不能在高温还原性气氛中加工、使用	用于一般铜材,如：电气开关、垫圈、垫片、铆钉、管嘴、油管及其他管道等
	无氧铜	TU1、TU2	纯度高,导电、导热性极好,无"氢病"或极少"氢病"；加工性能和焊接、耐蚀、耐寒性均好	主要用于电真空仪器仪表器件
	磷脱氧铜	TP1	焊接性能和冷弯性能好,一般无"氢病"倾向,可在还原性气氛中加工、使用,但不宜在氧化性气氛中加工、使用。TP1 的残留磷量比 TP2 少,故其导电、导热性较 TP2 高	主要以管材应用,也可以板、带或棒、线供应。用作汽油或气体输送管、排水管、冷凝管、水雷用管、冷凝器、蒸发器、换热器、火车厢零件
		TP2		
	银铜	TAg0.1	铜中加入少量的银,可显著提高软化温度（再结晶温度）和蠕变强度,而很少降低铜的导电、导热性和塑性。实用的银铜其时效硬化的效果不显著,一般采用冷作硬化来提高强度。它具有很好的耐磨性、电接触性和耐蚀性,如制成电车线时,使用寿命比一般硬铜高 2~4 倍	用于耐热、导电器材。如：电动机整流子片、发电机转子用导体、点焊电极、通信线、引线、导线、电子管材料等

(续)

分类	组别	牌号	主要特性	应用举例
加工黄铜	普通黄铜	H95	强度比纯铜高（但在普通黄铜中，它是最低的），导热、导电性好，在大气和淡水中有高的耐蚀性，且有良好的塑性，易于冷、热压力加工，易于焊接、锻造和镀锡，无应力腐蚀破裂倾向	在一般机械制造中用作导管、冷凝管、散热器管、散热片、汽车水箱带以及导电零件等
		H90	性能和H96相似，但强度较H96稍高，可镀金属及涂敷珐琅	供水及排水管、奖章、艺术品、水箱带以及双金属片
		H85	具有较高的强度，塑性好，能很好地承受冷、热压力加工，焊接和耐蚀性能也都良好	冷凝和散热用管、虹吸管、蛇形管、冷却设备制件
		H80	性能和H85近似，但强度较高，塑性也较好，在大气、淡水及海水中有较高的耐蚀性	造纸网、薄壁管、皱纹管及房屋建筑用品
		H70 H68	有极为良好的塑性（是黄铜中最佳者）和较高的强度，可加工性能好，易焊接，对一般腐蚀非常安定，但易产生腐蚀开裂。H68是普通黄铜中应用最为广泛的一个品种	复杂的冷冲件和深冲件，如散热器外壳、导管、波纹管、弹壳、垫片、雷管等
		H65	性能介于H68和H62之间，价格比H68便宜，也有较高的强度和塑性，能很好地承受冷、热压力加工，有腐蚀破裂倾向	小五金、日用品、小弹簧、螺钉、铆钉和机器零件
		H63 H62	有良好的力学性能，热态下塑性良好，冷态下塑性也可以，可加工性好，易钎焊和焊接，耐蚀，但易产生腐蚀破裂，此外价格便宜，是应用广泛的一个普通黄铜品种	各种深拉深和弯折制造的受力零件，如销钉、铆钉、垫圈、螺母、导管、气压表弹簧、筛网、散热器零件等
		H59	价格最便宜，强度、硬度高而塑性差，但在热态下仍能很好地承受压力加工，耐蚀性一般，其他性能和H62相近	一般机器零件、焊接件、热冲及热轧零件
	镍黄铜	HNi65-5 HNi56-3	有高的耐蚀性和减摩性，良好的力学性能，在冷态和热态下压力加工性能极好，对脱锌和"季裂"比较稳定，导热导电性低，但因镍的价格较贵，故HNi65-5一般用得不多	压力表管、造纸网、船舶用冷凝管等，可作锡磷青铜和德银的代用品
	铁黄铜	HFe59-1-1	具有高的强度、韧性、减摩性能良好，在大气、海水中的耐蚀性高，但有腐蚀破裂倾向，热态下塑性良好	制造在摩擦和受海水腐蚀条件下工作的结构零件
		HFe58-1-1	强度、硬度高，可加工性好，但塑性下降，只能在热态下压力加工，耐蚀性尚好，有腐蚀破裂倾向	适于用热压和切削加工法制作的高强度耐蚀零件
	铅黄铜	HPb63-3	含铅高的铅黄铜，不能热态加工，可加工性极为优良，且有高的减摩性能，其他性能和HPb59-1相似	主要用于要求可加工性极高的钟表结构零件及汽车拖拉机零件
		HPb63-0.1 HPb62-0.8	可加工性较HPb63-3低，其他性能和HPb63-3相同	用于一般机器结构零件
		HPb61-1	可加工性好，强度较高	用于要求高加工性能的一般结构件
		HPb59-1	应用较广的铅黄铜，它的特点是可加工性好，有良好的力学性能，能承受冷、热压力加工，易钎焊和焊接，对一般腐蚀有良好的稳定性，但有腐蚀破裂倾向	适于以热冲压和切削加工制作的各种结构零件，如螺钉、垫圈、垫片、衬套、螺母、喷嘴等

(续)

分类	组别	牌号	主要特性	应用举例
加工黄铜	铝黄铜	HAl77-2	典型的铝黄铜,有高的强度和硬度,塑性良好,可在热态及冷态下进行压力加工,对海水及盐水有良好的耐蚀性,并耐冲击腐蚀,但有脱锌及腐蚀破裂倾向	船舶和海滨热电站中用作冷凝管以及其他耐蚀零件
		HAl67-2.5	在冷态热态下能良好的承受压力加工,耐磨性好,对海水的耐蚀性尚可,对腐蚀破裂敏感,钎焊和镀锡性能不好	海船抗蚀零件
		HAl66-6-3-2	为耐磨合金,具有高的强度、硬度和耐磨性,耐蚀性也较好,但有腐蚀破裂倾向,塑性较差。为铸造黄铜的移植品种	重负荷下工作中固定螺钉的螺母及大型蜗杆;可作铝青铜 QAl10-4-4 的代用品
		HAl60-1-1	具有高的强度,在大气、淡水和海水中耐蚀性好,但对腐蚀破裂敏感,在热态下压力加工性好,冷态下可塑性低	要求耐蚀的结构零件,如齿轮、蜗轮、衬套、轴等
		HAl59-3-2	具有高的强度,耐蚀性是所有黄铜中最好的,腐蚀破裂倾向不大,冷态下塑性低,热态下压力加工性好	发动机和船舶业及其他在常温下工作的高强度耐蚀件
	锰黄铜	HMn58-2	在海水和过热蒸汽、氯化物中有高的耐蚀性,但有腐蚀破裂倾向;力学性能良好,导热导电性低,易于在热态下进行压力加工,冷态下压力加工性尚可,是应用较广的黄铜品种	腐蚀条件下工作的重要零件和弱电流工业用零件
		HMn57-3-1	强度、硬度高,塑性低,只能在热态下进行压力加工;在大气、海水、过热蒸汽中的耐蚀性比一般黄铜好,但有腐蚀破裂倾向	耐腐蚀结构零件
		HMn55-3-1	性能和 HMn57-3-1 接近,为铸造黄铜的移植品种	耐腐蚀结构零件
	锡黄铜	HSn90-1	力学性能和工艺性能与 H90 普通黄铜非常接近,但有高的耐蚀性和减摩性,目前只有这种锡黄铜可作为耐磨合金使用	汽车、拖拉机弹性套管及其他耐蚀减摩零件
		HSn70-1	典型的锡黄铜,在大气、蒸汽、油类和海水中有高的耐蚀性,且有良好的力学性能,可加工性尚可,易焊接和钎焊,在冷、热状态下压力加工性好,有腐蚀破裂倾向	海轮上的耐蚀零件(如冷凝气管),与海水、蒸汽、油类接触的导管,热工设备零件
		HSn62-1	在海水中有高的耐蚀性,有良好的力学性能,冷加工时有冷脆性,只适于热压加工,可加工性好,易焊接和钎焊,但有腐蚀破裂倾向	用作与海水或汽油接触的船舶零件或其他零件
		HSn60-1	性能与 HSn62-1 相似,主要产品为线材	船舶焊接结构用的焊条
	硅黄铜	HSi80-3	有良好的力学性能,耐蚀性高,无腐蚀破裂倾向,耐磨性亦可,在冷态、热态下压力加工性好,易焊接和钎焊,可加工性好,导热、导电性是黄铜中最低的	船舶零件、蒸汽管和水管配件

（续）

分类	组别	牌号	主要特性	应用举例
加工青铜	锡青铜	QSn4-3	为含锌的锡青铜，有高的耐磨性和弹性，抗磁性良好，能很好地承受热态或冷态压力加工；在硬态下，可加工性好，易焊接和钎焊，在大气、淡水和海水中耐蚀性好	制造弹簧（扁弹簧、圆弹簧）及其他弹性元件，化工设备上的耐蚀零件以及耐磨零件（如衬套、圆盘、轴承等）和抗磁零件，造纸工业用的刮刀
		QSn4-4-2.5 QSn4-4-4	为添有锌、铅合金元素的锡青铜，有高的减摩性和良好的可加工性，易于焊接和钎焊，在大气、淡水中具有良好的耐蚀性，只能在冷态下进行压力加工，因含铅，热加工时易引起热脆	制造在摩擦条件下工作的轴承、卷边轴套、衬套、圆盘以及衬套的内垫等。QSn4-4-4 使用温度可达 300℃ 以下，是一种热强性较好的锡青铜
		QSn6.5-0.1	磷锡青铜，有高的强度、弹性、耐磨性和抗磁性，在热态和冷态下压力加工性良好，对电火花有较高的抗燃性，可焊接和钎焊，可加工性好，在大气和淡水中耐蚀	制造弹簧和导电性好的弹簧接触片，精密仪器中的耐磨零件和抗磁零件，如齿轮、电刷盒、振动片、接触器
		QSn6.5-0.4	磷锡青铜，性能用途和 QSn6.5-0.1 相似，因含磷量较高，其抗疲劳强度较高，弹性和耐磨性较好，但在热加工时有热脆性，只能接受冷压力加工	除用于弹簧和耐磨零件外，主要用于造纸工业制作耐磨的铜网和单位负荷 <981MPa、圆周速度 <3m/s 的条件下工作的零件
		QSn7-0.2	磷锡青铜，强度高，弹性和耐磨性好，易焊接和钎焊，在大气、淡水和海水中耐蚀性好，可加工性良好，适于热压加工	制造中等负荷、中等滑动速度下承受摩擦的零件，如抗磨垫圈、轴承、轴套、蜗轮等，还可用作弹簧、簧片等
	铝青铜	QAl5	为不含其他元素的铝青铜，有较高的强度、弹性和耐磨性，在大气、淡水、海水和某些酸中耐蚀性高，可电焊、气焊，不易钎焊，能很好地在冷态或热态下承受压力加工，不能淬火回火强化	制造弹簧和其他要求耐蚀的弹性元件，齿轮摩擦轮，蜗轮传动机构等，可作为 QSn6.5-0.4、QSn4-3 和 QSn4-4-4 的代用品
		QAl7	性能用途和 QAl5 相似，因含铝量稍高，其强度较高	
		QAl9-2	含锰的铝青铜，具有高的强度，在大气、淡水和海水中抗蚀性很好，可以电焊和气焊，不易钎焊，在热态和冷态下压力加工性均好	高强度耐蚀零件以及在 250℃ 以下蒸汽介质中工作的管配件和海轮上零件
		QAl9-4	为含铁的铝青铜。有高的强度和减摩性，良好的耐蚀性，热态下压力加工性良好，可电焊和气焊，但钎焊性不好，可用作高锡耐磨青铜的代用品	制作在高负荷下工作的抗磨、耐蚀零件，如轴承、轴套、齿轮、蜗轮、阀座等，也用于制作双金属耐磨零件
		QAl9-5-1-1 QAl10-5-5	含有铁、镍元素的铝青铜，属于高强度耐热青铜，高温（400℃）下力学性能稳定，有良好的减摩性，在大气、淡水和海水中耐蚀性好，热态下压力加工性良好，可热处理强化，可焊接，不易钎焊，可加工性尚好 镍含量增加，强度、硬度、高温强度、耐蚀性提高	高强度的耐磨零件和 400～500℃ 工作的零件，如轴衬、轴套、齿轮、球形座、螺母、法兰盘、滑座、坦克用蜗杆等以及其他各种重要的耐蚀耐磨零件
		QAl10-3-1.5	为含有铁、锰元素的铝青铜，有高的强度和耐磨性，经淬火、回火后可提高硬度，有较好的高温耐蚀性和抗氧化性，在大气、淡水和海水中抗蚀性很好，可加工性尚可，可焊接，不易钎焊，热态下压力加工性良好	制造高温条件下工作的耐磨零件和各种标准件，如齿轮、轴承、衬套、圆盘、导向摇臂、飞轮、固定螺母等。可代替高锡青铜制作重要机件
		QAl10-4-4	为含有铁、镍元素的铝青铜，属于高强度耐热青铜，高温（400℃）下力学性能稳定，有良好的减摩性，在大气、淡水和海水中耐蚀性很好，热态下压力加工性良好，可热处理强化，可焊接，不易钎焊，可加工性尚好	高强度的耐磨零件和高温下（400℃）工作的零件，如轴衬、轴套、齿轮、球形座、螺母、法兰盘、滑座以及其他各种重要的耐蚀耐磨零件

(续)

分类	组别	牌号	主 要 特 性	应 用 举 例
加工青铜	铝青铜	QAl11-6-6	成分、性能和 QAl10-4-4 相近	高强度耐磨零件和500℃下工作的高温抗蚀耐磨零件
	硅青铜	QSi3-1	为加有锰的硅青铜,有高的强度、弹性和耐磨性,塑性好,低温下仍不变脆;能良好地与青铜、钢和其他合金焊接,特别是钎焊性好;在大气、淡水和海水中的耐蚀性高,对于苛性钠及氯化物的作用也非常稳定;能很好地承受冷、热压力加工,不能热处理强化,通常在退火和加工硬化状态下使用,此时有高的屈服强度和弹性	用于制造在腐蚀介质中工作的各种零件,弹簧和弹簧零件,以及蜗轮、蜗杆、齿轮、轴套、制动销和杆类耐磨零件,也用于制作焊接结构中的零件,可代替重要的锡青铜,甚至铍青铜
		QSi1-3	为含有锰、镍元素的硅青铜,具有高的强度,相当好的耐磨性,能热处理强化,淬火回火后强度和硬度大大提高,在大气、淡水和海水中有较高的耐蚀性,焊接性和可加工性良好	用于制造在300℃以下,润滑不良、单位压力不大的工作条件下的摩擦零件(如发动机排气和进气门的导向套)以及在腐蚀介质中工作的结构零件
		QSi3.5-3-1.5	为含有锌、锰、铁等元素的硅青铜,性能同 QSi3-1,但耐热性较好,棒材、线材存放时自行开裂的倾向性较小	主要用作在高温工作的轴套材料
	锰青铜	QMn1.5 QMn2	含锰量较 QMn5 低,与 QMn5 比较,强度、硬度较低,但塑性较高,其他性能相似,QMn2 的力学性能稍高于 QMn1.5	用于电子仪表零件,也可作为蒸气锅炉管配件和接头等
		QMn5	为含锰量较高的锰青铜,有较高的强度、硬度和良好的塑性,能很好地在热态及冷态下承受压力加工,有好的耐蚀性,并有高的热强性,400℃下还能保持其力学性能	用于制作蒸汽机零件和锅炉的各种管接头、蒸气阀门等高温耐蚀零件
加工白铜	普通白铜	B0.6	为电工铜镍合金,其特性是温差电动势小。最大工作温度为100℃	用于制造特殊温差电偶(铂-铂铑热电偶)的补偿导线
		B5	为结构白铜,它的强度和耐蚀性都比铜高,无腐蚀破裂倾向	用作船舶耐蚀零件
		B19	为结构铜镍合金,有高的耐蚀性和良好的力学性能,在热态及冷态下压力加工性良好,在高温和低温下仍能保持高的强度和塑性,可加工性不好	用于在蒸汽、淡水和海水中工作的精密仪表零件、金属网和抗化学腐蚀的化工机械零件以及医疗器具、钱币
		B25	为结构铜镍合金,具有高的力学性能和抗蚀性,在热态及冷态下压力加工性良好,由于其含镍量较高,故其力学性能和耐蚀性均较 B5、B19 高	用于在蒸汽、海水中工作的抗蚀零件以及在高温高压下工作的金属管和冷凝管等
	铁白铜	BFe10-1-1	为含镍较少的结构铁白铜,和 BFe30-1-1 相比,其强度、硬度较低,但塑性较高,耐蚀性相似	主要用于船舶业代替 BFe30-1-1 制作冷凝器及其他抗蚀零件
		BFe30-1-1	为结构铜镍合金,有良好的力学性能,在海水、淡水和蒸汽中具有高的耐蚀性,但可加工性较差	用于海船制造业中制作高温、高压和高速条件下工作的冷凝器和恒温器的管材
	锰白铜	BMn3-12	为电工铜镍合金,俗称锰铜,特点是有高的电阻率和低的电阻温度系数,电阻长期稳定性高,对铜的热电动势小	广泛用于制造工作温度在100℃以下的电阻仪器以及精密电工测量仪器
		BMn40-1.5	为电工铜镍合金,通常称为康铜,具有几乎不随温度而改变的高电阻率和高的热电动势,耐热性和抗蚀性好,有高的力学性能和变形能力	为制造热电偶(900℃以下)的良好材料,工作温度在500℃以下的加热器(电炉的电阻丝)和变阻器

（续）

分类	组别	牌号	主要特性	应用举例
加工白铜	锰白铜	BMn43-0.5	为电工铜镍合金，通常称为考铜，它的特点是，在电工铜镍合金中具有最大的温差电动势，并有高的电阻率和很低的电阻温度系数，耐热性和抗蚀性也比 BMn40-1.5 好，同时具有高的力学性能和变形能力	在高温测量中，广泛采用考铜作为补偿导线和热电偶的负极以及工作温度不超过600℃的电热仪器
	锌白铜	BZn15-20	为结构铜镍合金，因其外表具有美丽的银白色，俗称德银（本来是中国银），这种合金具有高的强度和耐蚀性，可塑性好，在热态或冷态下均能很好地承受压力加工，可加工性不好，焊接性差，弹性优于 QSn6.5-0.1	用于潮湿条件下和强腐蚀介质中工作的仪表零件以及医疗器械、工业器皿、艺术品、电信工业零件、蒸汽配件和水道配件、日用品以及弹簧管和簧片等
		BZn15-21-1.8 BZn15-24-1.5	为加有铅的锌白结构合金，性能和 BZn15-20 相似，但它的可加工性较好，而且只能在冷态下进行压力加工	用于手表工业制作精细零件
	铝白铜	BAl13-3	为结构铜镍合金，可以热处理，其特性是：除具有高的强度（是白铜中强度最高的）和耐蚀性外，还具有高的弹性和抗寒性，在低温（90K）下力学性能不但不降低，反而有些提高，这是其他铜合金所没有的性能	用于制作高强度耐蚀零件
		BAl6-1.5	为结构铜镍合金，可以热处理强化，有较高的强度和良好的弹性	制作重要用途的扁弹簧

注：加工铜及铜合金的各牌号化学成分应符合 GB/T 5231—2012《加工铜及铜合金牌号和化学成分》的相关规定。

2.2.2 加工铜及铜合金一般室温力学性能（见表3.2-8 ~ 表3.2-10）

表3.2-8 加工黄铜的一般室温力学性能

牌号	弹性模量 E/10^4MPa	抗拉强度 R_m/MPa		屈服强度 R_{eL}/MPa		弹性极限 σ_e/MPa		疲劳强度 σ_N/MPa		断后伸长率 A（%）		断面收缩率 Z（%）（软态）	冲击韧度 a_K/J·cm^{-2}（软态）	布氏硬度 HBW		洛氏硬度 HRB		摩擦因数	
		软态	硬态	软态	硬态	软态	硬态	软态	硬态	软态	硬态			软态	硬态	软态	硬态	有润滑剂	无润滑剂
H96	11.4	240	450	—	390	35	360	—	—	50	2	—	220	—	—	50[①]	95[①]		
H90	11	260	480	120	400	40	380	85	126	45	4	80	180	53	130	55[①]	102[①]	0.074	0.44
H85	10.6	280	550	100	450	40	450	106	140	45	4	85	—	54	126	57[①]	106[①]		
H80	10.6	320	640	120	520	80	420	105	154	52	4	70	160	53	145	60[①]	108[①]	0.015	0.71
H70	10.6	320	660	90	520	70	500	90	140	53	4	70	170	—	150	62[①]	107[①]		
H68	10.6	320	660	90	520	70	500	120	—	55	3	70	170	—	150	62[①]	107[①]		
H65	10.5	320	700	—	—	70	450	120	135	48	—	—	—	—	—	—	—		
H63	10	300	633	91	450	70	420	—	—	49	3~4	66	140	56	140	—	104[①]		
H62	10	330	600	110	520	80	420	120	154	49	3	66	140	56	164	63[①]	106[①]	0.012	0.39
H59	9.8	390	500	150	200	80	—	120	182	44	10	62	140	—	163	—	—	0.012	0.45
HNi65-5	11.2	400	700	200	630	100~150	—	500	—	—	65	4	—	—	—	35	90	0.008	0.20

(续)

牌号	弹性模量 $E/10^4$MPa	抗拉强度 R_m/MPa 软态	抗拉强度 R_m/MPa 硬态	屈服强度 R_{eL}/MPa 软态	屈服强度 R_{eL}/MPa 硬态	弹性极限 σ_e/MPa 软态	弹性极限 σ_e/MPa 硬态	疲劳强度 σ_N/MPa 软态	疲劳强度 σ_N/MPa 硬态	断后伸长率 A(%) 软态	断后伸长率 A(%) 硬态	断面收缩率 Z(%)(软态)	冲击韧度 a_K/J·cm^{-2}(软态)	布氏硬度 HBW 软态	布氏硬度 HBW 硬态	洛氏硬度 HRB 软态	洛氏硬度 HRB 硬态	摩擦因数 有润滑剂	摩擦因数 无润滑剂
HNi56-3	—	—	—	—	—	—	—	—	—	—	—	—	—	—	—	—	—	—	—
HFe59-1-1	106	450	600	170	—	—	—	—	—	35~50	6	45	120	80	160	—	—	0.012	0.39
HFe58-1-1	—	—	—	—	—	—	—	—	—	—	—	—	—	—	—	—	—	—	—
HPb63-3	10.5	350	580	120	500	80	420	—	—	55	5	—	—	—	—	17	86	—	—
HPb63-0.1	—	—	—	—	—	—	—	—	—	—	—	—	—	—	—	—	—	—	—
HPb62-0.8	—	—	—	—	—	—	—	—	—	—	—	—	—	—	—	—	—	—	—
HPb61-1	10.5	350	650	120	500	110	450	—	—	45	5	—	—	—	—	28	88	—	—
HPb59-1	10.5	420	550	140	400	100	350	—	—	45	5	44	50	75	149	44	80	0.0135	0.17
HAl77-2	102	350~400	600	—	—	75	540	—	—	50	10	58	—	65	170	65	—	—	—
HAl67-2.5	—	—	—	—	—	—	—	—	—	—	—	—	—	—	—	—	—	—	—
HAl66-6-3-2	—	—	650	—	—	—	—	—	—	—	7	—	—	—	—	—	—	—	—
HAl60-1-1	105	450	760	—	—	—	—	—	—	45	9	—	—	80	170	—	—	—	—
HAl59-3-2	100	380	650	—	—	—	—	—	—	42~50	10~15	—	—	75	150	—	—	0.01	0.32
HMn58-2	100	400	700	—	—	—	—	—	—	40	10	52.5	—	90	178	—	—	0.012	0.32
HMn57-3-1	—	550	700	—	—	—	—	—	—	25	5	—	—	115	178	—	—	—	—
HMn55-3-1	—	—	—	—	—	—	—	—	—	—	—	—	—	—	—	—	—	—	—
HSn90-1	105	280	520	85	450	70	380	—	—	40	4	55	—	58	148	13	82	0.013	0.45
HSn70-1	106	350	580	110	500	85	450	—	—	62	10	70	—	48	142	16	95	0.008	0.30
HSn62-1	105	380	700	150	550	110	480	—	—	40	4	52	—	85	146	50	95	—	—
HSn60-1	105	380	560	130	420	100	360	—	—	40	12	46	—	—	—	50	80	—	—
HSi80-3	98	300	600	—	—	—	—	—	—	58	4	—	—	—	—	60[2]	180[2]	—	—

注：1. 硬态的一般变形程度为50%。
  2. 软态一般为600℃退火的状态。
  3. 本表为参考资料。
① 洛氏硬度 HRF。
② 维氏硬度 HV。

表 3.2-9 加工青铜的一般室温力学性能

牌号	材料状态	弹性模量 E/GPa	抗拉强度 R_m/MPa	比例极限 R_p/MPa	弹性极限 σ_e/MPa	屈服强度 R_{eL}/MPa	断后伸长率 $A(\%)$	断面收缩率 $Z(\%)$	冲击韧度 a_K/J·cm^{-2}	疲劳强度 σ_N/MPa	布氏硬度 HBW	摩擦因数 有润滑剂	摩擦因数 无润滑剂
QSn4-0.3	软态	100	340	—	—	—	52	—	—	—	55~70	—	—
	硬态	—	600	350	—	540[①]	8	—	—	—	160~180	—	—
QSn4-3	软态	124	350	—	—	—	40	—	40	—	60	—	—
	硬态	—	550	—	—	—	4	34	—	—	160	—	—
QSn4-4-2.5	软态	—	300~350	56	—	130[①]	35~45	34	20	—	60	0.016	0.26
	硬态	—	550~650	—	—	280[①]	2~4	—	—	—	160~180	0.016	0.26
QSn4-4-4	软态	—	300~350	56	—	130[①]	46	34	36.5	—	62	0.016	0.26
	硬态	—	550~650	—	—	280[①]	2~4	—	—	—	160~180	0.016	0.26
QSn6.5-0.1	软态	—	350~450	—	—	200~250[①]	60~70	—	—	—	70~90	0.01	0.12
	硬态	124	700~800	450	—	590~650[①]	7.5~12	50	178	—	160~200	0.01	0.12
QSn6.5-0.4	软态	—	350~450	—	—	200~250[①]	60~70	20	70	—	70~90	0.01	0.12
	硬态	112	700~800	450	—	590~650[①]	7.5~12	—	—	—	160~200	0.01	0.12
QSn7-0.2	软态	108	360	85	130	230[①]	64	—	110	—	75	—	—
	硬态	—	500	—	—	—	15	—	—	—	180	0.0125	0.20
QAl5	挤压	—	—	—	—	—	—	70	—	—	—	0.007	0.30
	软态	100	380	—	130	160	65	50	—	—	60	0.007	0.30
	硬态	120	800	480	500	540	5	—	—	134[②]	200	0.007	0.30

第 2 章 有色金属材料

合金牌号	状态	E					δ (%)	ψ (%)	α_k		HB		
QAl7	挤压	115	420	—	250	—	70	75	150	—	70	0.012	—
QAl9-2	软态	—	1000	600	—	—	3~10	40	—	—	154	0.012	—
QAl9-2	硬态	120	400	—	300	—	25	—	—	156③	160	0.006	0.18
QAl9-4	挤压	—	450	—	300~500	—	20~40	35	90	—	80~100	0.006	0.18
QAl9-4	软态	116	600~800	—	300	—	4~5	—	—	210③	160~180	0.006	0.18
QAl9-4	硬态	112	550	127	200	—	12	30	60~70	210④	140	0.012	0.18
QAl10-3-1.5	挤压及热处理	116	500~600	—	350	—	40	—	—	—	110	0.004	0.18
QAl10-3-1.5	软态	105	800~1000	—	—	—	5	—	—	—	160~200	0.004	0.20
QAl10-3-1.5	硬态	—	650	—	—	—	—	—	—	—	160	0.01	—
QAl10-4-4	软态	100	500~600	—	210	—	20~30	55	60~80	280⑤	125~140	0.012	0.21
QAl10-4-4	硬态	120	700~900	—	—	—	9~12	—	—	—	160~200	0.012	0.21
QAl11-6-6	挤压	115	700	120	330	—	6	—	—	—	200	0.013	0.20
QAl11-6-6	软态	130	600~700	—	550~600	—	35~45	45	30~40	350④	140~160	0.013	0.20
QAl11-6-6	硬态	—	900~1100	300	—	—	9~15	11	—	—	180~225	0.013	0.20
QBe2 带材及线材	软态（淬火的）	—	—	—	—	160~180	30	—	—	—	—	—	—
QBe2	硬态（淬火后冷加工）	117	450~500	—	250~300	—	7	—	143	—	90HV	—	—
QBe2	时效态	121	950	700	750	—	40	—	12.5	—	250HV	—	—
QBe2	时效态（冷加工后）	133	1250	—	1150	—	3	—	—	200④	375HV	—	—
QBe2	时效态（冷加工后）	135	1350	—	—	—	2.5	—	—	250④	400HV	—	—

3－433

(续)

牌号		材料状态	弹性模量 E/GPa	抗拉强度 R_m/MPa	比例极限 R_p/MPa	弹性极限 σ_e/MPa	屈服强度 R_{eL}/MPa	断后伸长率 A(%)	断面收缩率 Z(%)	冲击韧度 a_K/J·cm^{-2}	疲劳强度 σ_N/MPa	布氏硬度 HBW	摩擦因数 有润滑剂	摩擦因数 无润滑剂
QBe1.9	带材及线材	软态（淬火的）	110	450	—	—	—	40	—	—	—	90HV	—	—
		硬态（淬火后冷加工）	—	750	—	—	—	3	—	—	—	240HV	—	—
		时效态（冷加工后）	131.5	1250	—	—	1000	2.5	—	—	—	380HV	—	—
		时效态（淬火的）	134	1400	—	—	—	2	—	—	—	400HV	—	—
QBe1.7	带材及线材	软态（淬火的）	107	440	—	—	—	50	—	—	—	85HV	—	—
		硬态（淬火后冷加工）	—	700	—	—	—	3.5	—	—	—	220HV	—	—
		时效态	124.5	1150	—	—	—	3.5	—	—	—	360HV	—	—
		时效态（冷加工后）	131.5	1350	—	—	—	3	—	—	—	375HV	—	—
QSi3-1	棒材	冷拉态	120	550	—	120	140	12	75	150	210[②]	—	0.015	0.40
	线材	软态	105	350~400	—	—	—	50~60	—	130~170	125[②]	80	0.013	0.40
		硬态	120	650~700	—	640	650	1~5	—	—	210[②]	180	0.013	0.40
QSi1-3	棒材	挤压，热处理后	—	550	—	—	520	15	28	40	230[②]	130~180	0.015	0.35
		软态	—	—	—	450	520	—	28	40~100	—	—	0.017	0.45
		硬态	—	600	—	—	—	8	—	—	—	150~200	0.017	0.45
QMn1.5		软态	—	≥210	—	—	—	≥30	—	—	—	—	—	—
		硬态	—	—	—	—	—	—	—	—	—	—	—	—
QMn5		软态	105	300	—	50	80	40	50	200	—	80	0.13	0.70
		硬态	—	500~600	—	350	450	2	—	—	—	160	0.13	0.70

合金	状态	$R_{p0.2}$①	R_m	—	$R_{p0.1}$⑥	A	—	硬度	—	—
QZr0.2	980℃淬火,500℃时效1h	—	260	—	134⑥	19	—	83HV	—	—
QZr0.2	900℃淬火,500℃时效1h	—	230	—	160⑥	40	—	—	—	—
QZr0.2	900℃加热30min,淬火,冷加工90%	136	450	—	385⑥	3	—	137HV	—	—
QZr0.2	980℃加热1h,冷加工90%,400℃时效1h	133	492	—	428⑥	10	—	150HV	—	—
QZr0.2	900℃淬火,冷加工90%,400℃时效1h	—	470	—	430⑥	10	—	140HV	—	—
QCr0.5	软态	119	230	—	—	30	40	50~70	—	—
QCr0.5	硬态	138	480	—	400	11	—	130~150	—	—
QCr0.5-0.2-0.1	淬火后于470~490℃时效4h	—	400~450	—	—	18	—	110~130	—	—
QCd1	软态	—	250~280	—	80	40~55	—	60	—	—
QCd1	硬态	126	400~600	—	350	1.5~6	—	95~115	—	—

注:1. 本表为参考资料。
2. 表中软态为退火的,硬态为加工率50%。

① 屈服强度 $R_{p0.2}$。
② 循环周次为 10^8 次。
③ 循环周次为 10^6 次。
④ 循环周次为 10^7 次。
⑤ 循环周次为 15×10^6 次。
⑥ 屈服强度 $R_{p0.1}$。

表 3.2-10 加工白铜的一般力学性能

牌号	弹性模量 E/GPa	抗拉强度 R_m/MPa		屈服强度 $R_{p0.2}$/MPa		断后伸长率 A（%）		布氏硬度 HBW		弹性极限 σ_e/MPa	
		软态	硬态	软态	硬态	软态	硬态	软态	硬态	软态	硬态
B0.6	120	250~300	450①	—	—	<50	2①	50~60	—	—	—
B5	—	270	470	—	—	50	4	38	—	—	—
B19	140	400	800	100	600	35	5②	70	120	—	—
B25	—	—	—	—	—	—	—	—	—	—	—
BFe10-1-1	—	—	—	—	—	—	—	—	—	—	—
BFe30-1-1	154	380	600	140	540	23~26	4~9	60~70	100~190	86	—
BMn3-12	126.5	400~550	900②	200	—	30	2	120	—	—	—
BMn40-1.5	166	400~500	700~850①	—	—	30	2~4①	75~90	155	87③	—
BMn43-0.5	120	400	700①	220（铸态）	—	35	2①	85~90	185①	—	100④
BZn15-20	126~140	380~450	800①	140	600	35~45	2~4	70	160~175	100	—
BZn15-21-1.8	—	—	—	—	—	—	—	—	—	—	—
BZn15-24-1.5	—	—	—	—	—	—	—	—	—	—	—
BAl13-3	—	380	900~950	—	—	13	5	—	—	—	—
BAl6-1.5	—	360	650~750	80	—	28	7	—	—	—	—

注：本表为参考资料。
① 加工率为 80%。
② 加工率为 60%。
③ 规定非比例延伸强度 R_p。
④ 加工率为 50%。

2.2.3 加工铜合金高、低温力学性能（见表 3.2-11~表 3.2-15）

表 3.2-11 加工黄铜的高温短时力学性能

合金牌号	化学成分（质量分数，%）	制品及状态	温度/℃	抗拉强度 R_m/MPa	屈服强度 $R_{p0.2}$/MPa	冲击韧度 a_K/J·cm^{-2}	断后伸长率 A（%）	布氏硬度 HBW
H90	—	—	100	265	—	177	48	53
			200	255	—	157	48	50
			300	255	—	147	50	48
			500	206	—	88.3	—	46
H80	—	—	100	304	—	157	52	53
			200	294	—	147	51	51
			300	275	—	132	47	48
			500	265	—	49	39	44
H59	—	—	100	353	—	68.7	57	56
			200	314	—	64.7	55	56
			300	206	—	39.2	48	43
			500	15.7	—	29.4	—	23

(续)

合金牌号	化学成分 (质量分数,%)	制品及状态	温度 /℃	抗拉强度 R_m/MPa	屈服强度 $R_{p0.2}$/MPa	冲击韧度 a_K/J·cm^{-2}	断后伸长率 A（%）	布氏硬度 HBW
HNi65-5	—	—	100	392	—	14.7	55	—
			200	363	—	12.8	43	—
			300	294	—	7.85	30	—
			400	216	—	5.88	15	—
HFe59-1-1	—	厚3mm，条材， 600℃退火	100	392	—	—	54	ψ56%
			200	343	—	—	52	ψ55%
			300	235	—	—	48	ψ53%
			400	128	—	—	38	ψ47%
HPb59-1	—	厚3mm， 条材， 600℃退火	100	353	—	—	40	ψ52%
			200	294	—	—	30	ψ45%
			300	196	—	—	17	ψ35%
			400	98	—	—	20	ψ38%
HAl77-2	—	—	100	314	147[①]	—	55	ψ60%
			200	275	128[①]	—	40	ψ45%
			300	216	118[①]	—	20	ψ24%
			400	177	122.6[①]	—	12	ψ15%
HSn70-1	Cu 70.11 Zn 28.71 Sn 1.06	条材，退火	20	402	141	—	55	—
			200	375	137	—	56	—
			300	353	132	—	62.5	—
			400	263	122.6	—	62.5	—
			500	106	58.8	—	62.5	—
HSn62-1	Cu 61.60 Zn 37.13 Sn 1.09	条材，退火	20	397	216	—	41	—
			200	365	201	—	53.5	—
			300	260	122.6	—	51	—
			400	157	69.6	—	54	—
			500	105	26.3	—	52	—
HSn60-1	Cu 59.85 Zn 39.2 Sn 0.75	棒材，退火	21	410	—	—	41.5	—
			149	348	—	—	20.5	—
			232	280	—	—	35	—
			288	214	—	—	45.5	—
			427	78.5	—	—	38.6	—
HSi80-3	Cu 81.60 Zn 13.95 Si 4.40 Fe 0.05	铸态	27	444	196	—	9	—
			260	385	201	—	9	—
			316	287	182	—	6.6	—
			371	255	>137	—	10.8	—
	—	硬拉棒材	100	490	—	—	30	—
			200	471	—	—	23	—
			300	392	—	—	18.5	—
			400	275	—	—	17	—

注：本表为参考资料。
[①] 为 R_{eL} 数值。

表 3.2-12 加工青铜的高温短时力学性能

牌号	制品及状态	温度/℃	抗拉强度 R_m/MPa	屈服强度 R_{eL}/MPa	断后伸长率 A (%)	断面收缩率 Z (%)	冲击韧度 a_K/J·cm^{-2}	布氏硬度 HBW
QAl9-2	—	20	412	—	25	—	—	—
		500	177	—	11	—	—	—
		600	88.3	—	17	—	—	—
		650	39.2	—	30	—	—	—
		700	14.7	—	40	—	—	—
		750	9.8	—	55	—	—	—
		800	7.85	—	70	—	—	—
		850	3.92	—	80	—	—	—
QSn4-4-2.5	—	100	319	—	30	—	35.3	59
		200	295	—	32.5	—	32.4	50.4
		300	324	—	37.7	—	21.6	50.4
		500	270	—	24.5	—	5.3	45
QAl10-3-1.5	—	20	490	—	20	24	58.8	120~140
		400	—	—	—	—	51	—
		500	294	—	40	—	43.2	—
		600	235	—	38	56	64.7	26
		700	49	—	23	33	53.9	7.6
		750	26.5	—	20	30	98.1	5.5
		800	17.7	—	40	50	92.2	4.0
		850	7.85	—	68	90	73.6	2.5
		900	6.87	—	83	99	54.9	1.1
		950	3.73	—	94	99.8	45.1	0.8
QAl11-6-6	—	100	637	471	1.3	3	7.85	—
		300	539	441	1.4	1.5	7.85	21.4
		500	324	294	4.5	4.5	3.92	20.7
QMn5	—	20	353	157①	35	—	—	70
		200	333	142①	32	—	—	50
		300	314	128①	32	—	—	50
		400	245	103①	30	—	—	34.5
		500	177	83.4①	40	—	—	—
		600	118	58.8①	59	—	—	—
QCr0.5	固溶处理后,冷加工85%,再在375℃时效1h	室温	483	—	25③	—	—	—
		400	295	—	1.0③	—	—	—
		500	228	—	3.0③	—	—	—
QCd1	冷加工44%, w(Cd)=1.05%	室温	388	383	16.9	—	—	124
		200	360	345	15	—	—	—
		300	305	270	17	—	—	—
	冷加工37%, w(Cd)=0.95%	400	224	147②	37.5③	57.5	—	—
		500	117	44②	111.2③	95.6	—	—
		600	69.5	29②	107.5③	78.2	—	—
		700	42.6	28.7②	139.5③	87.0	—	—

注：本表为参考资料。
① 屈服强度 $R_{p0.2}$。
② 屈服强度 $R_{p0.5}$。
③ 在 50.8mm 标距上。

第2章 有色金属材料

表3.2-13 加工黄铜的低温力学性能

合金牌号、成分、状态			温度 /℃	抗拉强度 R_m/MPa	屈服强度 $R_{p0.2}$/MPa	断后伸长率 A(%)	断面收缩率 Z(%)	维氏硬度 HV
H70[w(Cu)=69.56%,余量为锌]加工和退火			20	350	195	49	77	—
			−10	365	197	49	77	—
			−40	375	185	58	77	—
			−80	390	188	60	79	—
			−120	420	192	55	78	—
			−180	505	185	75	73	—
H70[w(Cu)=71.60%,余量为锌]加工和退火			18	285	66	82.6	76.4	—
			0	295	68	79.7	78.7	—
			−30	297	72	75.9	79.7	—
			−80	334	84	74.5	80.0	—
H68[w(Cu)=67%,余量为锌]550℃退火2h			20	390	270	50.4	72	77
			−78	420	300	49.8	76.6	86
			−183	525	390	50.8	70.7	100
H68[w(Cu)=67%,余量为锌]冷加工40%			20	589	580	6.3	66.5	142
			−78	635	630	7.8	71.5	149
			−183	705	698	10.1	66.5	172
H59[H60,w(Cu)=60%,余量为锌]冷加工25%			20	547	390	19.8	65.5	160
			−78	570	410	21.0	67.7	160
			−183	675	550	24.4	64.1	181
H59[H60,w(Cu)=60%,余量为锌]550℃退火2h			20	377	135	51.3	75.5	95
			−78	420	155	53.0	74.6	104
			−183	520	195	55.3	71.0	142
HPb59-1	w(Pb)=58.7% w(Pb)=1.3% w(Zn)=其余	500℃退火2h	20	362	140①	50.2	62.5	—
			−78	375	169①	49.8	64.0	—
			−183	475	198①	50.6	62	—
		冷轧12%	22	437	315①	28.2	57	—
			−78	483	372①	27.0	59	—
			−183	594	480①	30.8	57	—

注:本表为参考资料。
① 为 R_{eL} 数值。

表3.2-14 加工青铜的低温力学性能

牌号	制品及状态	温度 /℃	抗拉强度 R_m/MPa	屈服强度 $R_{p0.2}$/MPa	断后伸长率 A(%)	断面收缩率 Z(%)	冲击韧度 a_K/J·cm^{-2}
QSn6.5-0.4	—	17	618	—	12	61	—
		−196	824	—	29	54	—
		−253	932	—	29	51	—
QAl5	—	17	412	—	61	70	—
		−196	569	—	81	76	—
		−253	637	—	83	72	—

(续)

牌号	制品及状态		温度 /℃	抗拉强度 R_m/MPa	屈服强度 $R_{p0.2}$/MPa	断后伸长率 A(%)	断面收缩率 Z(%)	冲击韧度 a_K/J·cm^{-2}
QAl7	退火		20	530	182[①]	26	29	—
			-10	530	184[①]	33	30	—
			-40	539	185[①]	35	36	—
			-80	567	186[①]	31	30	—
			-120	607	190[①]	32	31	—
			-180	662	201[①]	29	30	—
QAl9-4	挤制棒材	未退火	20	628	274	26.0	30.0	30
			-183	707	380	14.9	15.7	21.6
			-196	724	367	17.4	15.5	14.7
		600℃退火	20	585	247	29.7	33.4	40
			-183	670	316	25.2	24.7	22.6
			-196	716	343	26.8	24.7	22.6
QAl10-3-1.5	ϕ65mm挤制棒材,不进行热处理		20	580	200	28.1	31.2	—
			-183	712	282	24.0	25.5	—
			-196	730	298	26.6	32.7	—
	热锻件,截面12mm×12mm		20	749	412	23.6	31.5	—
			-183	908	511	22.1	30.5	—
			-196	951	564	16.0	21.1	—
QAl10-4-4	ϕ80mm 挤制棒材	不进行热处理	20	705	336	8.2	12.7	27.5
			-183	784	425	4.0	9.0	15.1
			-196	772	418	3.4	4.9	16.7
		热锻成12mm×12mm方块	20	934	764	9.5	16.4	17.7
			-183	1093	843	6.0	7.9	13.0
			-196	1070	860	2.4	7.8	12.8
QBe2	800℃淬火		-80	594	200[①]	38	54	—
			-180	767	343[①]	41	57	—
	800℃淬火,并300℃时效2h		-10	1301	870[①]	0.8	9	
			-40	1301	814[①]	0.4	5	
			-80	1385	1012[①]	0.4	5	
			-120	1358	954[①]	0.4	4	
			-180	1472	1064[①]	3.0	6	
QSi3-1	冷拉棒材,ϕ12mm		0	524	—	31.2	70.4	
			-80	570	—	31.7	72.4	
			-190	690	—	36.2	72.5	
QCr0.5	板材		-269	417	250	18.6	—	

注：本表为参考资料。

① 为 R_{eL} 数值。

表 3.2-15 加工白铜的低温力学性能

牌号	温度 /℃	抗拉强度 R_m/MPa	屈服强度 R_{eL}/MPa	断后伸长率 A（%）	断面收缩率 Z（%）
B19	20	354	190①	26	78
	-10	386	197①	28	77
	-40	410	199①	29	77
	-80	424	200①	29	76
	-120	455	201①	28	75
	-180	506	224①	36	72
BMn43-0.5	20	414	135①	40	77
	-10	454	126①	47	78
	-40	465	144①	43	78
	-80	496	152①	48	75
	-120	530	166①	48	74
	-180	616	181①	57	76
BZn15-20 冷轧	20	507	477	21.5	54.3
	-183	642	553	35.5	62.6
BZn15-20 退火	20	446	203	46.8	62.3
	-183	573	263	56.8	69.5
BAl6-1.5 (900℃淬火，550℃时效2h)	20	626		24	50
	-10	688	378	22	48
	-40	712	424	25	57
	-80	692	354	23	57
	-120	740	435	26	63
	-180	736	378	26	67

注：本表为参考资料。
① 为 $R_{p0.2}$ 数值。

2.2.4 加工铜合金的物理性能（见表3.2-16、表3.2-17）

表 3.3-16 加工白铜的物理性能

牌号	上临界点 /℃	下临界点 /℃	密度 γ/ g·cm^{-3}	线胀系数 α_l /10^{-6}·K^{-1}	比热容 c/ J·(kg·K)$^{-1}$	热导率 λ/ W·(m·K)$^{-1}$	电阻率 ρ/ 10$^{-6}\Omega$·m	电阻温度系数 α_p/℃$^{-1}$
B0.6	1085.5	—	8.96	—		27.21	0.031	0.003147 (20℃)
B5	1121.5	1087.5	8.7	16.4(20℃)		129.8	0.07	0.0015
B19	1191.7	1131.5	8.9	16(20℃)	0.377	38.5	0.287	0.00029 (100℃)
B25	—	—	—	—		—	—	—
BFe10-1-1	—	—	—	—		—	—	—
BFe30-1-1	1231.7	1171.6	8.9	16(25~300℃)	—	37.3	0.42	0.0012
BMn3-12	1011.2	961	8.4	16(100℃)	0.408	21.8	0.435	0.00003
BMn40-1.5	1261.7		8.9	14.4	0.409	20.9	0.48	0.00002
BMn43-0.5	1291.8	1221.7	8.9	14(20℃)	—	24.3	0.49~0.50	-0.00014
BZn15-20	1081.5	1040	8.7	16.6 (20~100℃)	0.348	25.1~35.9	0.26	0.0002

（续）

牌号	上临界点 /℃	下临界点 /℃	密度 γ/ g·cm^{-3}	线胀系数 α_l /10^{-6}·K^{-1}	比热容 c/ J·(kg·K)$^{-1}$	热导率 λ/ W·(m·K)$^{-1}$	电阻率 ρ/ 10^{-6}Ω·m	电阻温度系数 α_p/℃$^{-1}$
BZn15-21-1.8	—	—	—	—	—	—	—	—
BZn15-24-1.5	—	—	—	—	—	—	—	—
BAl13-3	1184.7	—	8.5	—	—	—	—	—
BAl6-1.5	1141.6	—	8.7	—	—	—	—	—

注：本表为参考资料。

表 3.2-17 加工青铜的物理性能

牌号	上临界点（液相点）/℃	下临界点（固相点）/℃	密度 γ/ g·cm^{-3}	线胀系数 α_l/10^{-6}·K^{-1} 20~100℃	线胀系数 α_l/10^{-6}·K^{-1} 20~300℃	热导率 λ/W·(m·K^{-1})(20℃)	比热容 c/J·(kg·K^{-1})	电阻率 ρ/ 10^{-6}Ω·m(20℃)	电导率 κ(% IACS)	电阻温度系数 α_p/℃$^{-1}$ (20~100℃)
QSn4-0.3	1061	—	8.9	17.6	—	83.74	—	0.091	—	—
QSn4-3	1046	—	8.8	18.0	—	83.74	—	0.087	—	—
QSn4-4-2.5	1019	888	9.0	18.2	—	83.74	—	0.087	—	—
QSn4-4-4	1000	928	9.0	18.2	—	83.74	—	0.087	—	—
QSn6.5-0.1	996	—	8.8	17.2	—	59.50	—	0.128	—	—
QSn6.5-0.4	996	—	8.8	19.1	—	50.24	—	0.176	—	—
QSn7-0.2	996	—	8.8	17.5	—	50.24	—	0.123	—	—
QAl5	1076.5	1057.4	8.2	18.2	—	104.67	—	0.099	—	0.0016
QAl7	1041.4	—	7.8	17.8	—	79.55	—	0.11	—	0.001
QAl9-2	1061.4	—	7.6	17.0	—	71.18	436.7	0.11	—	—
QAl9-4	1041.4	—	7.5	16.2	—	58.62	—	0.123	6.58[①]	—
QAl10-3-1.5	1046.4	—	7.5	16.1	—	58.62	435.4	0.189	6.4[①]	—
QAl10-4-4	1085.4	—	7.5	17.1	—	75.36	—	0.193	5.15[①]	—
QAl11-6-6	1141.5	—	8.1	14.9	—	63.64	—	—	—	—
QBe2	956	865	8.23	16.6	17.6	104.67	—	0.1~0.068	—	—
QSi3-1	1026.3	971	8.4	15.8	18	37.68	—	0.15	—	—
QSi1-3	1051.4	—	8.85	—	—	104.67	—	0.046~0.083	—	—
QMn1.5	1071.4	—	—	—	—	—	—	≤0.087	—	≤0.0009
QMn5	1048.4	1008.4	8.6	20.4	—	108.86	—	0.197	—	0.0003
QZr0.2	1081.5	—	8.93	16.27	18.01	339.13	—	—	93.3	—
QZr0.4	1066.4	966	8.85	16.32	17.90	334.94	—	—	84.5	—
QCr0.5	1080	1073	8.9	17.6	—	334.94[②]	—	0.019[②] 0.03[③]	—	0.0033[②] 0.0023[③]
QCd1	1076	1040	8.9	17.6	—	343.32	—	0.0207	—	0.0031

注：本表为参考资料。
① 单位为 10^6m/(Ω·m^2)。
② 时效后的。
③ 加工的。

2.2.5 加工铜合金的耐蚀性能（见表3.2-18、表3.2-19）

表3.2-18 加工青铜的耐蚀性能

组别	牌号	腐蚀介质	含量（质量分数,%）	试验温度/℃	试验持续时间/h	腐蚀速度 g/(m²·h)	腐蚀速度 mm/a
锡青铜	QSn4-3	硫酸	浓的	20~40	—	0.05~0.37	0.05~0.37
		盐酸	10	20	—	2.68	2.63
			10	40	—	15.61	15.3
		（锻件）乙酸	30	20	—	0.04	0.04
			30	40	—	0.08	0.08
		硫酸铵	10	20	—	0.47	0.47
			10	40	—	0.67	0.65
		氯化铵	10	20	—	1.41	1.37
			10	40	—	4.63	4.53
	QSn4-4-2.5	硫酸	10	20	—	0.242	—
		盐酸	10	20	—	7.34	7.19
			10	40	—	不可用	不可用
		（锻件）乙酸	30	20	—	0.03	0.03
			30	40	—	0.2	0.19
		硫酸铵	10	20	—	0.56	0.54
			10	40	—	0.76	0.75
		氯化铵	10	20	—	2.10	2.06
			10	40	—	5.58	5.47
	QSn6.5-0.1	硫酸	0.5	190（12~14atm[③]）	—	0.17	0.19
			12.5（发烟硫酸）		—	0.58	0.55
			浓的	20	—	0.06	0.06
				40	—	0.13	0.13
		硝酸铵	结晶	—	—	有爆炸危险	
		氟化铵	溶液	—	—	不可用	
		乙炔	潮湿的	480	—	不可用	
		苯胺	纯的	—	—	不可用	
		硫	熔体	—	—	不可用	
		甲醇、丁醇	—	—	—	可用	
		乙醇	96	—	—	可用	
		苯	纯苯	—	—	可用	
		砷酸	溶液	—	—	可用	
	QSn6.5-0.4	硫酸	10	20	—	0.213	—
			10	80	—	0.746	—
			55	20	—	0.040	—
			55	80	—	0.217	—

(续)

组别	牌号	腐蚀介质	含量（质量分数,%）	试验温度/℃	试验持续时间/h	腐蚀速度 g/(m²·h)	腐蚀速度 mm/a
铝青铜	QAl5	硫酸	10	20	—	0.236	0.243
		硫酸	10	40	—	0.514	0.539
		硫酸	10	80	—	1.258	1.31
			35	20	—	0.15	0.16
			35	40	—	0.355	0.37
		硫酸	35	80	—	1.43	1.49
			50	20	—	0.101	0.10
			50	40	—	0.218	0.23
			50	80	—	0.469	0.49
		盐酸	10	20	360	>10.0	>10.0
		乙酸	1	40	720	0.214	0.219
			5	40	720	0.12	0.12
			10	40	720	0.31	0.315
			30	40	720	0.24	0.25
		冰乙酸	—	40	720	0.37	0.39
		动物胶	溶液	20	—	0.003	0.003
		甲醇	12~15+甲酸2	135	648	0.018	0.018
			20+10~15 丙酮+0.1 甲酸	135	1704	0.013	0.013
	QAl7	硫酸	10~25	40~60	1000	4.5~5.0	4.6~5.2
			40	60	1000	2.18	2.42
			10	100	—	6.22	6.9
			50	100	—	1.35	1.5
			80	100	—	4.2~4.8	4.7~5.3
			浓硫酸	30	—	0.12	0.13
		盐酸	3	30	—	0.65	0.72
			3	100	—	>10.0	>10.0
			10	20	360	>10.0	>10.0
			10	30	—	1.23	1.36
			3~10	100	—	>10.0	>10.0
			20	20	—	0.6	0.7
			20	40	—	3.1	3.5
			30	20	—	2.25	2.5
			30	40	—	4.5	5.0
			50（体积百分比）	30	—	1.32	1.47
			50（体积百分比）	100	—	3.24	3.60

(续)

组别	牌号	腐蚀介质	含量（质量分数,%）	试验温度/℃	试验持续时间/h	腐蚀速度 g/(m²·h)	腐蚀速度 mm/a
铝青铜	QAl7	乙酸	50	20	—	0.066	0.07
		乙酸	50	100	—	0.11	0.12
		乙酸	浓乙酸	20	—	0.14	0.16
		乙酸	浓乙酸	100	—	0.8	0.9
		甲酸	~40	30	—	0.07	0.08
		甲酸	~40	100	—	1.16	1.29
		甲酸	浓甲酸	30	—	0.13	0.15
		甲酸	浓甲酸	100	—	0.31	0.35
		磷酸	40~浓磷酸	20	—	0~0.009	0~0.01
		磷酸	40	沸腾	—	0.009	0.01
		磷酸	80	沸腾	—	0.21	0.23
		磷酸	浓磷酸	沸腾	—	0.9	1.0
		硫酸铵	饱和溶液+2硫酸	180	—	0.07	0.08
	QAl9-2	浓硫酸	—	20	720	0.06	0.07
		浓硫酸	—	40	720	0.31	0.36
		盐酸	10	20	720	1.31	1.50
		盐酸	10	40	720	6.28	7.16
		乙酸	30	20	720	0.03	0.03
		乙酸	30	40	720	0.24	0.24
		硫酸铵	20	20	720	0.03	0.03
		硫酸铵	40	40	720	0.05	0.054
	QAl9-4	硫酸	10	20	720	0.147	0.166
		硫酸	10	40	720	0.205	0.229
		硫酸	10	80	720	0.166	0.185
		硫酸	35	20	720	0.054	0.059
		硫酸	35	40	720	0.069	0.077
		硫酸	35	80	720	0.099	0.111
		硫酸	55	20	720	0.025	0.028
		硫酸	55	40	720	0.042	0.046
		硫酸	55	80	720	0.970	1.086
		盐酸	10	20	720	3.44	3.92
		浓磷酸	—	20	—	0.002~0.003	0.002~0.003
		浓磷酸	—	90	—	0.026~0.05	0.026~0.05
		硫酸铵	10	20	720	0.06	0.07
		硫酸铵	10	40	720	0.06	0.07

（续）

组别	牌号	腐蚀介质	含量（质量分数,%）	试验温度/℃	试验持续时间/h	腐蚀速度 g/(m²·h)	mm/a
铝青铜	QAl10-3-1.5	盐酸	10	20	720	1.35	1.53
			10	40	720	10.22	11.66
		乙酸	30	20	720	0.03	0.03
			30	40	720	0.104	0.12
		硫酸	10	20~80	720	<0.20	<0.20
			35~55	20~40	720	<0.10	<0.10
			35	80	720	0.404	0.45
			55	80	720	0.054	0.06
			浓的	20	720	0.03	0.033
			浓的	40	720	0.166	0.190
	QAl11-6-6	硫酸	35~60	20	—	0.04~0.08	0.04~0.09
铍青铜	QBe2（经淬火和时效后）	海水	—	20	—	2.48[①]	0.01
		蒸馏水	—	20	—	0.40[①]	—
		盐酸	10	20	—	—	1.47
		硫酸	1	20	—	74.24[①]	—
			10	60	—	—	21.64
		硝酸	1	20	—	386.20[①]	—
		大气	—	—	—	1.09[①]	—
硅青铜	QSi3-1	硫酸	浓的	20	720	0.37	0.39
			浓的	40	720	0.70	0.74
			3	25	—	—	0.069
			10	25	—	—	0.058
			25	25	—	—	0.036
			70	25	—	—	0.018
			3	70	—	—	0.178
			10	70	—	—	0.066
			25	70	—	—	0.094
			70	70	—	—	0.020
		盐酸	3	25	—	—	0.099
			10	25	—	—	0.091
			20	25	—	—	0.079
			35	25	—	—	0.0526
			3	70	—	—	0.780
			10	70	—	—	0.584
			20	70	—	—	1.019
			35	70	—	—	6.863

(续)

组别	牌号	腐蚀介质	含量 (质量分数,%)	试验温度 /℃	试验持续 时间/h	腐蚀速度	
						g/(m²·h)	mm/a
硅青铜	QSi3-1	乙酸	10	21~24	—	—	0.005
			25	21~24	—	—	0.041
			50	21~24	—	—	0.051
			75	21~24	—	—	0.102
			99.5	21~24	—	—	0.325
		混合酸	0.2H_2SO_4 0.15HNO_3 其余水	65	—	0.42	0.43
		柠檬酸	5	20	—	0.04	0.04
		硫酸铵	10	20	720	0.41	0.43
				40	720	0.55	0.59
		硫酸锌	—	>100	—	可用	—
		氯化锌	94+0.2H_2SO_4	20	163	0.013	0.013
			≈78+18$FeCl_3$	沸腾	12	0.04	0.04
				浓缩	12	11.12	11.79
		漂白粉	—	—	—	可用	—
		氢氧化钠	30	60	—	—	0.048
		水蒸气	—	—	—	—	0.015
		流动海水	—	50	—	—	0.05
		静止海水	—	20	—	—	0.01
		矿井水	—	—	—	—	0.05~3.32
		空气	—	—	—	—	0.00025~ 0.0018
锰青铜	QMn1.5	熔化的硫	—	130	—	4.9	4.76
			—	400	—	6.6	6.4
	QMn5	熔化的硫	—	130~140	—	3.6~4.0	3.5~3.8
			—	400	—	4.2	4.2
		(软态)硫酸	10	—	—	3[②]	—
		(软态)氢氧化钠	2	—	—	0.03[②]	—

注：本表为参考资料。
① 单位为 mg/(m²·d)。
② 单位为 g/(m²·d)。
③ 1 atm = 1.01×10⁵ Pa。

表 3.2-19 加工白铜的耐蚀性能

介质名称	含量 (质量分数,%)	温度 /℃	B19	BFe30-1-1	BMn43-0.5
			腐蚀速度/mm·a⁻¹		质量损失/g·(m²·d)⁻¹
工业区大气	—	—	0.0022	0.002	—
海洋大气	—	—	0.001	0.0011	—

(续)

介质名称	含量 （质量分数,%）	温度 /℃	B19	BFe30-1-1	BMn43-0.5
			腐蚀速度/mm·a^{-1}		质量损失/g·(m^2·d)$^{-1}$
乡村大气	—	—	0.00035	0.00035	—
淡水	—	—	0.03	0.03	—
海水	—	—		0.13~0.03	0.25
蒸汽凝结水	—	—	0.1	0.08	—
水蒸气（干或湿的）	—	—	—	0.0025	—
硝酸	50	—	—	6.4（mm/d）	—
盐酸（2g/mol 溶液）	25	—	—	2.3~76	—
盐酸	1	20	0.3	—	—
	10	20	0.8	—	—
硫酸	10	20	0.1	0.08	1.0
亚硫酸	饱和溶液	—	2.6	2.5	—
氢氟酸	38	110	0.9	0.9	—
	98	38	0.05	0.05	—
氢氟酸（无水）	—	—	0.13	0.008	—
磷酸	8	20	0.58	0.5	—
乙酸	10	20	0.028	0.025	—
柠檬酸	5	20	0.02	—	—
酒石酸	5	20	0.019	—	—
脂肪酸	60	100	0.066	0.06	—
氨水	7	30	0.5	0.25	—
氢氧化钠	10~50	100	0.13	0.005	—
碱	2	—	—	—	0.05

注：本表为参考资料。

2.3 铜及铜合金的热处理类型及应用（见表3.2-20）

表3.2-20 铜合金的热处理类型及应用

热处理类型	目的	适用合金	备注
退火（再结晶退火）	消除应力及冷作硬化，恢复组织，降低硬度，提高塑性 消除铸造应力，均匀组织、成分，改善加工性	除铍青铜外所有的铜合金	可作为黄铜压力加工件的中间热处理，青铜件毛坯的中间热处理 退火温度：黄铜一般为500~700℃，铝青铜为600~750℃，变形锡青铜为600~650℃，铸造锡青铜约为420℃
去应力退火（低温退火）	消除内应力，提高黄铜件（特别是薄冲压件）耐腐蚀破裂（季裂）的能力	黄铜，如H62、H68、HPb59-1等	一般作为机械加工或冲压后的热处理工序，加热温度为260~300℃
致密化退火	消除铸件的显微疏散，提高其致密性	锡青铜、硅青铜	—

（续）

热处理类型	目的	适用合金	备注
淬火	获得过饱和固溶体并保持良好的塑性	铍青铜	铍青铜淬火温度一般为780~800℃，水冷，硬度为120HBW，断后伸长率可以达25%~50%
淬火+时效	淬火后的铍青铜经冷变形后再进行时效，更好地提高硬度、强度、弹性极限和屈服极限	铍青铜如QBe1.7、QBe1.9等	冷压成形零件加热至300~350℃，保温2h，铍青铜抗拉强度可达到1250~1400MPa，硬度为330~400HBW，但断后伸长率仅为2%~4%
淬火+回火	提高青铜铸件和零件的硬度、强度和屈服强度	QAl9-2、QAl9-4、QAl10-3-1.5、QAl10-4-4	—
回火	消除应力，恢复和提高弹性极限	QSn6.5-0.1、QSn4-3、QSi3-1、QAl7	一般作为弹性元件成品的热处理工序
	稳定尺寸	HPb59-1	可作为成品的热处理工序

2.4 铜及铜合金加工产品

2.4.1 铜及铜合金拉制棒材（见表3.2-21~表3.2-23）

表3.2-21 铜及铜合金拉制棒材牌号、状态及尺寸规格（摘自GB/T 4423—2007）

牌号	状态	直径(或对边距离)/mm		牌号	状态	直径(或对边距离)/mm	
		圆形棒、方形棒、六角形棒	矩形棒			圆形棒、方形棒、六角形棒	矩形棒
T2、T3、TP2、H96、TU1、TU2	Y(硬) M(软)	3~80	3~80	QSn7-0.2	Y(硬) T(特硬)	4~40	—
H90	Y(硬)	3~40	—	QCd1	Y(硬) M(软)	4~60	—
H80、H65	Y(硬) M(软)	3~40	—				
H68	Y₂(半硬) M(软)	3~80 13~35		QCr0.5	Y(硬) M(软)	4~40	—
H62	Y₂(半硬)	3~80	3~80	QSi1.8	Y(硬)	4~15	—
HPb59-1	Y₂(半硬)	3~80	3~80	BZn15-20	Y(硬) M(软)	4~40	—
H63、HPb63-0.1	Y₂(半硬)	3~40	—				
HPb63-3	Y(硬) Y₂(半硬)	3~30 3~60	3~80	BZn15-24-1.5	T(特硬) Y(硬) M(软)	3~18	—
HPb61-1	Y₂(半硬)	3~20	—				
HFe59-1-1、HFe58-1-1、HSn62-1、HMn58-2	Y(硬)	4~60	—	BFe30-1-1	Y(硬) M(软)	16~50	—
QSn6.5-0.1、QSn6.5-0.4、QSn4-3、QSn4-0.3、QSi3-1、QAl9-2、QAl9-4、QAl10-3-1.5、QZr0.2、QZr0.4	Y(硬)	4~40	—	BMn40-1.5	Y(硬)	7~40	—

注：1. 棒材的化学成分应符合GB/T 5231的规定。
2. 矩形棒截面高度≤10mm，>10~20mm，>20mm时，其宽高比（宽度/高度）分别不大于2.0、3.0、3.5。

表 3.2-22 铜及铜合金拉制棒材尺寸及允许偏差（摘自 GB/T 4423—2007） (mm)

	直径 （或对边距）	圆形棒				方形棒或六角形棒			
		紫黄铜类		青白铜类		紫黄铜类		青白铜类	
		高精级	普通级	高精级	普通级	高精级	普通级	高精级	普通级
圆形棒、方形棒、六角形棒的尺寸及允许偏差	≥3~6	±0.02	±0.04	±0.03	±0.06	±0.04	±0.07	±0.06	±0.10
	>6~10	±0.03	±0.05	±0.04	±0.06	±0.04	±0.08	±0.08	±0.11
	>10~18	±0.03	±0.06	±0.05	±0.08	±0.05	±0.10	±0.10	±0.13
	>18~30	±0.04	±0.07	±0.06	±0.10	±0.06	±0.10	±0.10	±0.15
	>30~50	±0.08	±0.10	±0.09	±0.10	±0.12	±0.13	±0.13	±0.16
	>50~80	±0.10	±0.12	±0.12	±0.15	±0.15	±0.24	±0.24	±0.30
	宽度或高度	紫黄铜类				青铜类			
		高精级		普通级		高精级		普通级	
矩形棒尺寸及允许偏差	3	±0.08		±0.10		±0.12		±0.15	
	>3~6	±0.08		±0.10		±0.12		±0.15	
	>6~10	±0.08		±0.10		±0.12		±0.15	
	>10~18	±0.11		±0.14		±0.15		±0.18	
	>18~30	±0.18		±0.21		±0.20		±0.24	
	>30~50	±0.25		±0.30		±0.30		±0.38	
	>50~80	±0.30		±0.35		±0.40		±0.50	

注：1. GB/T 4423—2007《铜及铜合金拉制棒》代替 GB/T 4423—1992《铜及铜合金拉制棒》、GB/T 13809—1992《铜及铜合金矩形棒》，并纳入了 YS/T 76—1994《铅黄铜拉花棒》的内容。
2. 棒材不定尺长度规定：直径（或对边距离）为 3~50mm，供应长度为 1000~5000mm；直径（或对边距离）为 50~80mm，供应长度为 500~5000mm；经双方协商，直径（或对边距离）不大于 10mm 的棒材可成盘（卷）供货，其长度不小于 4000；定尺或倍尺长度应在不定尺范围内，并在合同中注明，否则按不定尺长度供货。
3. 棒材允许偏差等级应在合同中注明，未注明时按普通级供货。
4. 圆棒的圆度不得超过其直径允许偏差一半。
5. GB/T 4423—2007 未列出棒材尺寸优先尺寸，GB/T 4423—1992 优先尺寸为：5~10（0.5 分级）、11~30（1 分级）、32、34、35、36、38、40、42、44、45、46、48、50、52、54、55、56、58、60、65、70、75、80，单位为 mm。
6. 标记示例：用 H62 制造，供应状态为 Y_2，高精级，外径为 20mm，长度为 2000mm 的圆形棒，标记为：
圆形棒 H62 Y_2 高 20×2000 GB/T 4423—2007。

表 3.2-23 铜及铜合金拉制棒材力学性能（摘自 GB/T 4423—2007）

牌号	状态	直径、对边距/mm	抗拉强度 R_m/MPa	断后伸长率 A(%)	牌号	状态	直径、对边距/mm	抗拉强度 R_m/MPa	断后伸长率 A(%)
			不小于					不小于	
圆形棒材、方形棒材、六角形棒材					H68	Y_2	3~12	370	18
T2 T3	Y	3~40	275	10			12~40	315	30
		40~60	245	12			40~80	295	34
		60~80	210	16		M	13~35	295	50
	M	3~80	200	40	H65	Y	3~40	390	—
TU1 TU2 TP2	Y	3~80	—	—		M	3~40	295	44
H96	Y	3~40	275	8	H62	Y_2	3~40	370	18
		40~60	245	10			40~80	335	24
		60~80	205	14	HPb61-1	Y_2	3~20	390	11
	M	3~80	200	40	HPb59-1	Y_2	3~20	420	12
H90	Y	3~40	330				20~40	390	14
H80	Y	3~40	390				40~80	370	19
	M	3~40	275	50					

(续)

牌号	状态	直径、对边距/mm	抗拉强度 R_m/MPa	断后伸长率 A(%)	牌号	状态	直径、对边距/mm	抗拉强度 R_m/MPa	断后伸长率 A(%)
			不小于					不小于	
HPb63-0.1 H63	Y_2	3~20	370	18	QSn4-3	Y	4~12	430	14
		20~40	340	21			12~25	370	21
HPb63-3	Y	3~15	490	4			25~35	335	23
		15~20	450	9			35~40	315	23
		20~30	410	12	QCd1	Y	4~60	370	5 硬度 ≥100HBW
	Y_2	3~20	390	12					
		20~60	360	16		M	4~60	215	36 硬度 ≤75HBW
HSn62-1	Y	4~40	390	17					
		40~60	360	23					
HMn58-2	Y	4~12	440	24	QCr0.5	Y	4~40	390	6
		12~40	410	24		M	4~40	230	40
		40~60	390	29	QZr0.2 QZr0.4	Y	3~40	294	6 硬度 130HBW[①]
HFe58-1-1	Y	4~40	440	11					
		40~60	390	13					
HFe59-1-1	Y	4~12	490	17	BZn15-20	Y	4~12	440	6
		12~40	440	19			12~25	390	8
		40~60	410	22			25~40	345	13
QAl9-2	Y	4~40	540	16		M	3~40	295	33
QAl9-4	Y	4~40	580	13	BZn15-24-1.5	T	3~18	590	3
QAl10-3-1.5	Y	4~40	630	8		Y	3~18	440	5
QSi3-1	Y	4~12	490	13		M	3~18	295	30
		12~40	470	19	BFe30-1-1	Y	16~50	490	—
QSi1.8	Y	3~15	500	15		M	16~50	345	25
QSn6.5-0.1 QSn6.5-0.4	Y	3~12	470	13	BMn40-1.5	Y	7~20	540	6
		12~25	440	15			20~30	490	8
		25~40	410	18			30~40	440	11
					矩形棒材				
QSn7-0.2	Y	4~40	440	19 硬度 130~200HBW	T2	M	3~80	196	36
						Y	3~80	245	9
	T	4~40	—	硬度 ≥180HBW	H62	Y_2	3~20	335	17
							20~80	335	23
QSn4-0.3	Y	4~12	410	10	HPb59-1	Y_2	5~20	390	12
		12~25	390	13			20~80	375	18
		25~40	355	15	HPb63-3	Y_2	3~20	380	14
							20~80	365	19

注: 1. 直径或对边距离小于10mm 的棒材不做硬度试验。
　　2. 锆青铜电导率在20℃时应不小于85% IACS (或电阻率不大于0.0202835Ω·mm²/m), 此数值为经淬火处理及冷加工时效后的性能参考值。
　　3. 除 H96 外, 半硬、硬和特硬态的黄铜、锡青铜、硅青铜和锌白铜棒材均应进行消除内应力处理。
① 此硬度值为经淬火处理及冷加工时效后的性能参考值。

2.4.2 铜及铜合金挤制棒材（见表3.2-24、表3.2-25）

表 3.2-24 铜及铜合金挤制棒材牌号及尺寸规格（摘自 YS/T 649—2007）

牌号	挤制状态	直径或对边距离/mm		
		圆棒	矩形棒	方形、六角形棒
T2、T3	R	30~300	20~120	20~120
TU1、TU2、TP2	R	16~300	—	16~120
H96、HFe58-1-1、HAl60-1-1	R	10~160	—	10~120
HSn62-1、HMn58-2、HFe59-1-1	R	10~220	—	10~120
H80、H68、H59	R	16~120	—	16~120
H62、HPb59-1	R	10~220	5~50	10~120
HSn70-1、HAl77-2	R	10~160	—	10~120
HMn55-3-1、HMn57-3-1、HAl66-6-3-2、HAl67-2.5	R	10~160	—	10~120
QAl9-2	R	10~200	—	30~60
QAl9-4、QAl10-3-1.5、QAl10-4-4、QAl10-5-5	R	10~200	—	—
QAl11-6-6、HSi80-3、HNi56-3	R	10~160	—	—
QSi1-3	R	20~100	—	—
QSi3-1	R	20~160	—	—
QSi3.5-3-1.5、BFe10-1-1、BFe30-1-1、BAl13-3、BMn40-1.5	R	40~120	—	—
QCd1	R	20~120	—	—
QSn4-0.3	R	60~180	—	—
QSn4-3、QSn7-0.2	R	40~180	—	40~120
QSn6.5-0.1、QSn6.5-0.4	R	40~180	—	30~120
QCr0.5	R	18~160	—	—
BZn15-20	R	25~120	—	—

注：1. 直径（或对边距）为15~50mm的棒材，供应长度为1000~5000mm；直径（或对边距）>50~75mm的棒材，供应长度为500~5000mm；直径（或对边距）>75~120mm的棒材，供应长度为500~4000mm；直径（或对边距）>120mm的棒材，供应长度为300~4000mm。
2. 矩形棒的对边距指两边短边的距离。

表 3.2-25 铜及铜合金挤制棒的牌号和力学性能（摘自 YS/T 649—2007）

牌号	直径(对边距)/mm	抗拉强度 R_m/MPa	断后伸长率 $A(\%)$	布氏硬度 HBW	牌号	直径(对边距)/mm	抗拉强度 R_m/MPa	断后伸长率 $A(\%)$	布氏硬度 HBW
T2、T3、TU1、TU2、TP2	≤120	≥186	≥40	—	HSn70-1	≤75	≥245	≥45	—
					HMn58-2	≤120	≥395	≥29	—
H96	≤80	≥196	≥35	—	HMn55-3-1	≤75	≥490	≥17	—
H80	≤120	≥275	≥45	—	HMn57-3-1	≤70	≥490	≥16	—
H68	≤80	≥295	≥45	—	HFe58-1-1	≤120	≥295	≥22	—
H62	≤160	≥295	≥35	—	HFe59-1-1	≤120	≥430	≥31	—
H59	≤120	≥295	≥30	—	HAl60-1-1	≤120	≥440	≥20	—
HPb59-1	≤160	≥340	≥17	—	HAl66-6-3-2	≤75	≥735	≥8	—
HSn62-1	≤120	≥365	≥22	—	HAl67-2.5	≤75	≥395	≥17	—

(续)

牌号	直径(对边距)/mm	抗拉强度 R_m/MPa	断后伸长率 $A(\%)$	布氏硬度 HBW	牌号	直径(对边距)/mm	抗拉强度 R_m/MPa	断后伸长率 $A(\%)$	布氏硬度 HBW
HAl77-2	≤75	≥245	≥45	—	QSi3-1	≤100	≥345	≥23	—
HNi56-3	≤75	≥440	≥28	—	QSi3.5-3-1.5	40~120	≥380	≥35	—
HSi80-3	≤75	≥295	≥28	—	QSi4-0.3	60~120	≥280	≥30	—
QAl9-2	≤45	≥490	≥18	110~190	QSn4-3	40~120	≥275	≥30	—
QAl9-2	>45~160	≥470	≥24	—	QSn6.5-0.1、QSn6.5-0.4	≤40	≥355	≥55	—
QAl9-4	≤120	≥540	≥17	110~190	QSn6.5-0.1、QSn6.5-0.4	>40~100	≥345	≥60	—
QAl9-4	>120	≥450	≥13	110~190	QSn6.5-0.1、QSn6.5-0.4	>100	≥315	≥64	—
QAl10-3-1.5	≤16	≥610	≥9	130~190	QSn7-0.2	40~120	≥355	≥64	≥70
QAl10-3-1.5	>16	≥590	≥13	130~190	QCd1	20~120	≥196	≥38	≤75
QAl10-4-4 QAl10-5-5	≤29	≥690	≥5	170~260	QCr0.5	20~160	≥230	≥35	—
QAl10-4-4 QAl10-5-5	>29~120	≥635	≥6	170~260	BZn15-20	≤80	≥295	≥33	—
QAl10-4-4 QAl10-5-5	>120	≥590	≥6	170~260	BFe10-1-1	≤80	≥280	≥30	—
QAl11-6-6	≤28	≥690	≥4	—	BFe30-1-1	≤80	≥345	≥28	—
QAl11-6-6	>28~50	≥635	≥5	—	BAl13-3	≤80	≥685	≥7	—
QSi1-3	≤80	≥490	≥11	—	BMn40-1.5	≤80	≥345	≥28	—

注：直径大于50mm的QAl10-3-1.5棒材，当断后伸长率A不大于16%时，其抗拉强度可不小于540MPa。

2.4.3 铜及铜合金无缝管材尺寸规格（见表3.2-26、表3.2-27）

表3.2-26 挤制铜及铜合金圆管尺寸规格（摘自 GB/T 16866—2006） （mm）

公称外径	20、21、22	23、24、25、26	27、28、29	30、32	34、35、36	38、40、42、44	45、46、48	50、52、54、55	56、58、60	62、64、65、68、70	72、74、75、78、80	85、90	95、100	105、110	115、120	125、130	135、140
公称壁厚	1.5~3.0、4.0	1.5~4.0	2.5~6.0	2.5~6.0	2.5~6.0	2.5~10.0	2.5~10.0	2.5~17.5	4.0~17.5	4.0~20.0	4.0~25.0	7.5、10.0~30	7.5、10.0~30	10.0~37.5	10.0~35	10.0~37.5	10.0~37.5

公称外径	145、150	155、160	165、170	175、180	185、190、195、200	210、220	230、240、250	260、280	290、300	公称壁厚尺寸系列				
公称壁厚	10.0~35.0	10.0~42.5	10.0~42.5	10.0~42.5	10.0~45.0	10.0~45.0	10.0~15.0、20.0、25.0、30.0~50.0	15.0~20.0、25.0、30.0	20.0、25.0、30.0	1.5~5.0（0.5进级） 6.0、7.5、9.0、10.0 12.5~50.0（2.5进级） 50				

注：1. GB/T 16866—2006 代替 GB/T 16866—1997。
　　2. 通常供应长度为 500~6000mm。

表 3.2-27　拉制铜及铜合金圆管尺寸规格（摘自 GB/T 16866—2006）　　（mm）

公称外径	3、4	5、6、7	8~15	16~20	21~30	31~40	42~50	52~60	62~70	72~80	82~100	105~150	155~200	210~250	260~360
公称壁厚	0.2~1.25	0.2~1.5	0.2~3.0	0.3~4.5	0.4~5.0	0.4~5.0	0.75~6.0	0.75~8.0	1.0~11.0	2.0~13.0	2.0~15.0	2.0~15.0	3.0~15.0	3.0~15.0	4.0~5.0
公称外径尺寸系列	3~40（1 进级）、42、44、45、46、48、49、50、52、54、55、56、58、60、62、64、65、66、68、70、72、74、75、76、78、80、82、84、85、86、88、90、92、94、96、100~200（5 进级）、210~360（10 进级）															
公称壁厚尺寸系列	0.2~0.6（0.1 进级）、0.75~1.5（0.25 进级）、2.0~5.0（0.5 进级）、6.0~15.0（1 进级）															

注：外径不大于 100mm 的拉制管，长度为 1000~7000mm，其他圆管长度一般为 500~6000mm。

2.4.4　铜及铜合金拉制管（见表 3.2-28）

表 3.2-28　铜及铜合金拉制管牌号、状态、规格及力学性能（摘自 GB/T 1527—2017）

	分类	牌号	代号	状态	规格/mm			
					圆形		矩（方）形	
					外径	壁厚	对边距	壁厚
管材牌号、状态、尺寸规格及化学成分的规定	纯铜	T2、T3、TU1、TU2、TP1、TP2	T11050、T11090、T10150、T10180、C12000、C12200	软化退火（O60）、轻退火（O50）、硬（H04）、特硬（H06）	3~360	0.3~20	3~100	1~10
				1/2 硬（H02）	3~100			
	高铜	TCr1	C18200	固溶热处理+冷加工（硬）+沉淀热处理（TH04）	40~105	4~12	—	—
	黄铜	H95、H90	C21000、C22000	软化退火（O60）、轻退火（O50）、退火到 1/2 硬（O82）、硬+应力消除（HR04）	3~200			
		H85、H80、HAs85-0.05	C23000、C24000、T23030					
		H70、H68、H59、HPb59-1、HSn62-1、HSn70-1、HAs70-0.05、HAs68-0.04	T26100、T26300、T28200、T38100、T46300、T45000、C26130、T26330		3~100	0.2~10	3~100	0.2~7
		H65、H63、H62、HPb66-0.5、HAs65-0.04	C27000、T27300、T27600、C33000		3~200			
		HPb63-0.1	T34900	退火到 1/2 硬（O82）	18~31	6.5~13	—	—
	白铜	BZn15-20	T74600	软化退火（O60）、退火到 1/2 硬（O82）、硬+应力消除（HR04）	4~40	0.5~8	—	—
		BFe10-1-1	T70590	软化退火（O60）、退火到 1/2 硬（O82）、硬（H80）	8~160			
		BFe30-1-1	T71510	软化退火（O60）、退火到 1/2 硬（O82）	8~80			
管材长度	管材形状		管材外径/mm	管材壁厚/mm		管材长度/mm		
	直管	圆形	≤100	≤20		≤16000		
			>100	≤20		≤8000		
		矩（方）形	3~100	≤10		≤16000		
	盘管	圆形	≤30	<3		≥6000		
		矩（方）形	周长与壁厚之比≤15			≥6000		
管材的牌号及化学成分应符合 GB/T 5231 中相关规定，管材尺寸规格应符合 GB/T 16866 的规定								

(续)

牌号		状态	拉伸试验		硬度试验	
			抗拉强度 R_m /MPa, 不小于	断后伸长率 A (%) 不小于	维氏硬度[①] HV	布氏硬度[②] HBW
黄铜和白铜管材的力学性能	H95	O60	205	42	45~70	40~65
		O50	220	35	50~75	45~70
		O82	260	18	75~105	70~100
		HR04	320	—	≥95	≥90
	H90	O60	220	42	45~75	40~70
		O50	240	35	50~80	45~75
		O82	300	18	75~105	70~100
		HR04	360	—	≥100	≥95
	H85、HAs85-0.05	O60	240	43	45~75	40~70
		O50	260	35	50~80	45~75
		O82	310	18	80~110	75~105
		HR04	370	—	≥105	≥100
	H80	O60	240	43	45~75	40~70
		O50	260	40	55~85	50~80
		O82	320	25	85~120	80~115
		HR04	390	—	≥115	≥110
	H70、H68、HAs70-0.05、HAs68-0.04	O60	280	43	55~85	50~80
		O50	350	25	85~120	80~115
		O82	370	18	95~135	90~130
		HR04	420	—	≥115	≥110
	H65、HPb66-0.5、HAs65-0.04	O60	290	43	55~85	50~80
		O50	360	25	80~115	75~110
		O82	370	18	90~135	85~130
		HR04	430	—	≥110	≥105
	H63、H62	O60	300	43	60~90	55~85
		O50	360	25	75~110	70~105
		O82	370	18	85~135	80~130
		HR04	440	—	≥115	≥110
	H59、HPb59-1	O60	340	35	75~105	70~100
		O50	370	20	85~115	80~110
		O82	410	15	100~130	95~125
		HR04	470	—	≥125	≥120
	HSn70-1	O60	295	40	60~90	55~85
		O50	320	35	70~100	65~95
		O82	370	20	85~135	80~130
		HR04	455	—	≥110	≥105
	HSn62-1	O60	295	35	60~90	55~85
		O50	335	30	75~105	70~100
		O82	370	20	85~110	80~105
		HR04	455	—	≥110	≥105

(续)

	牌号	状态	拉伸试验		硬度试验	
			抗拉强度 R_m /MPa, 不小于	断后伸长率 A (%) 不小于	维氏硬度① HV	布氏硬度② HBW
黄铜和白铜管材的力学性能	HPb63-0.1	O82	353	20	—	110~165
	BZn15-20	O60	295	35	—	—
		O82	390	20	—	—
		HR04	490	8	—	—
	BFe10-1-1	O60	290	30	75~110	70~105
		O82	310	12	≥105	≥100
		H80	480	8	≥150	≥145
	BFe30-1-1	O60	370	35	85~120	80~115
		O82	480	12	≥135	≥130

	牌号	状态	壁厚 /mm	拉伸试验		硬度试验	
				抗拉强度 R_m /MPa, 不小于	断后伸长率 A (%) 不小于	维氏硬度④ HV	布氏硬度⑤ HBW
纯铜和高铜圆形管材力学性能	T2、T3、TU1、TU2、TP1、TP2	O60	所有	200	41	40~65	35~60
		O50	所有	220	40	45~75	40~70
		H02③	≤15	250	20	70~100	65~95
		H04③	≤6	290	—	95~130	90~125
			>6~10	265	—	75~110	70~105
			>10~15	250	—	70~100	65~95
		H06③	≤3	360	—	≥110	≥105
	TCr1	TH04	5~12	375	11	—	—

注: 1. GB/T 1527—2017《铜及铜合金拉制管》代替 GB/T 1527—2006。
2. 本表力学性能为纵向室温力学性能,管材应符合本表力学性能的规定;纯铜和高铜矩(方)形管材室温力学性能由供需双方协商确定。
3. 标记示例
产品标记按产品名称、标准编号、牌号、状态、规格的顺序表示。标记示例如下:
(1) 用 T2 (T11050) 制造的、O60 (软化退火) 态、外径为 20mm、壁厚为 0.5mm 的圆形管材标记为:
    圆形铜管 GB/T 1527-T2 O60-φ20×0.5
 或 圆形铜管 GB/T 1527-T11050 O60-φ20×0.5
(2) 用 H62 (T27600) 制造的、O82 (退火到1/2硬) 状态、长边为 20mm、短边为 15mm、壁厚为 0.5mm 的矩形管材标记为:
    矩形铜管 GB/T 1527-H62O82-20×15×0.5
 或 矩形铜管 GB/T 1527-T27600O82-20×15×0.5

① 维氏硬度试验负荷由供需双方协商确定。软化退火 (O60) 状态的维氏硬度试验仅适用于壁厚≥0.5mm 的管材。
② 布氏硬度试验仅适用于壁厚≥3mm 的管材, 壁厚<3mm 的管材布氏硬度试验供需双方协商确定。
③ H02、H04 状态壁厚>15mm 的管材、H06 状态壁厚>3mm 的管材, 其性能由供需双方协商确定。
④ 维氏硬度试验负荷由供需双方协商确定。软化退火 (O60) 状态的维氏硬度试验适用于壁厚≥1mm 的管材。
⑤ 布氏硬度试验仅适用于壁厚≥5mm 的管材, 壁厚<5mm 的管材布氏硬度试验供需双方协商确定。

2.4.5 铜及铜合金挤制管 (见表 3.2-29)

表 3.2-29 铜及铜合金挤制管牌号和尺寸规格 (摘自 YS/T 662—2007)

牌 号	规格/mm		长度
	外径	壁厚	
TU1、TU2、T2、T3、TP1、TP2	30~300	5~65	300~6000
H96、H62、HPb59-1、HFe59-1-1	20~300	1.5~42.5	
H80、H65、H68、HSn62-1、HSi80-3、HMn58-2、HMn57-3-1	60~220	7.5~30	

(续)

牌号	规格/mm		
	外径	壁厚	长度
QAl9-2、QAl9-4、QAl10-3-1.5、QAl10-4-4	20~250	3~50	500~6000
QSi3.5-3-1.5	80~200	10~30	
QCr0.5	100~220	17.5~37.5	500~3000
BFe10-1-1	70~250	10~25	300~3000
BFe30-1-1	80~120	10~25	

注：1. YS/T 662—2007 代替 GB/T 1528—1997。
2. 各牌号的化学成分应符合 GB/T 5231 的规定。力学性能见 YS/T 662—2007。
3. 管材适于工业中一般用途。
4. 标记示例 用 T2 制造的、挤制状态、外径为 80mm、壁厚为 10mm 的圆形管材标记为：
管 T2R　80×10　YS/T 662—2007。

2.4.6 铜及铜合金板材（见表 3.2-30、表 3.2-31）

表 3.2-30　铜及铜合金板材牌号及规格（摘自 GB/T 2040—2017）

分类	牌号	代号	状态	规格/mm		
				厚度	宽度	长度
无氧铜纯铜磷脱氧铜	TU1、TU2 T2、T3 TP1、TP2	T10150、T10180 T11050、T11090 C12000、C12200	热轧（M20）	4~80	≤3000	≤6000
			软化退火（O60）、1/4 硬（H01）、1/2 硬（H02）、硬（H04）、特硬（H06）	0.2~12	≤3000	≤6000
铁铜	TFe0.1	C19210	软化退火（O60）、1/4 硬（H01）、1/2 硬（H02）、硬（H04）	0.2~5	≤610	≤2000
	TFe2.5	C19400	软化退火（O60）、1/2 硬（H02）、硬（H04）、特硬（H06）	0.2~5	≤610	≤2000
镉铜	TCd1	C16200	硬（H04）	0.5~10	200~300	800~1500
铬铜	TCr0.5	T18140	硬（H04）	0.5~15	≤1000	≤2000
	TCr0.5-0.2-0.1	T18142	硬（H04）	0.5~15	100~600	≥300
普通黄铜	H95	C21000	软化退火（O60）、硬（H04）	0.2~10	≤3000	≤6000
	H80	C24000	软化退火（O60）、硬（H04）			
	H90、H85	C22000、C23000	软化退火（O60）、1/2 硬（H02）、硬（H04）			
	H70、H68	T26100、T26300	热轧（M20）	4~60	≤3000	≤6000
			软化退火（O60）、1/4 硬（H01）、1/2 硬（H02）、硬（H04）、特硬（H06）、弹性（H08）	0.2~10	≤3000	≤6000
	H66、H65	C26800、C27000	软化退火（O60）、1/4 硬（H01）、1/2 硬（H02）、硬（H04）、特硬（H06）、弹性（H08）	0.2~10	≤3000	≤6000

(续)

分类	牌号	代号	状态	规格/mm		
				厚度	宽度	长度
普通黄铜	H63、H62	T27300、T27600	热轧（M20）	4~60	≤3000	≤6000
			软化退火（O60）、1/2硬（H02）、硬（H04）、特硬（H06）	0.2~10		
	H59	T28200	热轧（M20）	4~60		
			软化退火（O60）、硬（H04）	0.2~10		
铅黄铜	HPb59-1	T38100	热轧（M20）	4~60		
			软化退火（O60）、1/2硬（H02）、硬（H04）	0.2~10		
	HPb60-2	C37700	硬（H04）、特硬（H06）	0.5~10		
锰黄铜	HMn58-2	T67400	软化退火（O60）、1/2硬（H02）、硬（H04）	0.2~10		
锡黄铜	HSn62-1	T46300	热轧（M20）	4~60		
			软化退火（O60）、1/2硬（H02）、硬（H04）	0.2~10		
	HSn88-1	C42200	1/2硬（H02）	0.4~2	≤610	≤2000
锰黄铜	HMn55-3-1 HMn57-3-1	T67320 T67410	热轧（M20）	4~20	≤1000	≤2000
铝黄铜	HAl60-1-1 HAl67-2.5 HAl66-6-3-2	T69240 T68900 T69200				
镍黄铜	HNi65-5	T69900				
锡青铜	QSn6.5-0.1	T51510	热轧（M20）	9~50	≤610	≤2000
			软化退火（O60）、1/4硬（H01）、1/2硬（H02）、硬（H04）、特硬（H06）、弹性（H08）	0.2~12		
	QSn6.5-0.4、Sn4-3、Sn4-0.3、QSn7-0.2	T51520、T50800、C51100、T51530	软化退火（O60）、硬（H04）、特硬（H06）	0.2~12	≤600	≤2000
	QSn8-0.3	C52100	软化退火（O60）、1/4硬（H01）、1/2硬（H02）、硬（H04）、特硬（H06）	0.2~5	≤600	≤2000
	QSn4-4-2.5、QSn4-4-4	T53300、T53500	软化退火（O60）、1/2硬（H02）、1/4硬（H01）、硬（H04）	0.8~5	200~600	800~2000
锰青铜	QMn1.5	T56100	软化退火（O60）	0.5~5	100~600	≤1500
	QMn5	T56300	软化退火（O60）、硬（H04）			

（续）

分类	牌号	代号	状态	规格/mm		
				厚度	宽度	长度
铝青铜	QAl5	T60700	软化退火（O60）、硬（H04）	0.4~12	≤1000	≤2000
	QAl7	C61000	1/2硬（H02）、硬（H04）			
	QAl9-2	T61700	软化退火（O60）、硬（H04）			
	QAl9-4	T61720	硬（H04）			
硅青铜	QSi3-1	T64730	软化退火（O60）、硬（H04）、特硬（H06）	0.5~10	100~1000	≥500
普通白铜铁白铜	B5、B19 BFe10-1-1、BFe30-1-1	T70380、T71050、T70590、T71510	热轧（M20）	7~60	≤2000	≤4000
			软化退火（O60）、硬（H04）	0.5~10	≤600	≤1500
锰白铜	BMn3-12	T71620	软化退火（O60）	0.5~10	100~600	800~1500
	BMn40-1.5	T71660	软化退火（O60）、硬（H04）			
铝白铜	BAl6-1.5	T72400	硬（H04）	0.5~12	≤600	≤1500
	BAl13-3	T72600	固溶热处理+冷加工（硬）+沉淀热处理（TH04）			
锌白铜	BZn15-20	T74600	软化退火（O60）、1/2硬（H02）、硬（H04）、特硬（H06）	0.5~10	≤600	≤1500
	BZn18-17	T75210	软化退火（O60）、1/2硬（H02）、硬（H04）	0.5~5	≤600	≤1500
	BZn18-26	C77000	1/2硬（H02）、硬（H04）	0.25~2.5	≤610	≤1500

注：1. GB/T 2040—2017《铜及铜合金板材》代替 GB/T 2040—2008《铜及铜合金板材》，GB/T 2040—2008《铜及铜合金板材》代替 GB/T 2040—2002《铜及铜合金板材》、GB/T 2044《镉青铜板》、GB/T 2045《铬青铜板》、GB/T 2046《锰青铜板》、GB/T 2047《硅青铜板》、GB/T 2049《锡锌铅青铜板》、GB/T 2052《锰白铜板》、GB/T 2531 换热器固定板用黄铜板。

2. 牌号 HSn88-1 的化学成分应符合 GB/T 2040—2017 的规定，其他牌号化学成分应符合 GB/T 5231 相应牌号的规定。

3. 板材的外形尺寸及极限偏差应符合 GB/T 17793 一般用途的加工铜及铜合金带材外形尺寸及极限偏差的规定。铜及铜合金板材和带材的厚度尺寸数值采用连续方法给定，通常可按用户要求确定，但应在 GB/T 2040 和 GB/T 2059 规定的尺寸规格范围内。常用的厚度尺寸数值为：0.005、0.008、0.010、0.012、0.015、0.02~0.10（0.01 进级）、0.12、0.15、0.18、0.20、0.22、0.25、0.30、0.32、0.34、0.35、0.40、0.45、0.50、0.52、0.55、0.57、0.60、0.65、0.70、0.72、0.75、0.80、0.85、0.90、0.93、1.00、1.10、1.13、1.20、1.22、1.30~1.50（0.05 进级）、1.60、1.65、1.80、2.00、2.20、2.25、2.50、2.75、2.80、3.00~8.0（0.5 进级）、9.0~30（1 进级）、32、34、35、36、38、40、42、45、46、48、50、52、54、55、56、58、60（单位为 mm）。可供板材带材选用时参考。

4. 板材供各工业部门一般用途使用。纯铜板、黄铜板在各工业部门广泛应用，复杂黄铜板主要用于制作热加工零件；铝青铜板主要用作制作机器及仪表弹簧零件；锡青铜板主要用于机器制造和仪表工业弹性元件；普通白铜板主要用于制作精密机器、化学和医疗器械各种零件，铝白铜板适于制作高强度各种零件和重要用途弹簧；锌白铜板适于制作仪器、仪表弹性元件等。

5. 标记示例
产品标记按产品名称、标准牌号、牌号（或代号）、状态和规格的顺序表示。标记示例如下：
（1）用 H62（T27600）制造的，供应状态为 H02、尺寸精度为普通级、厚度为 0.8mm、宽度为 600mm、长度为 1500mm 的定尺板材，标记为：
  铜板 GB/T 2040-H62H02-0.8×600×1500
或 铜板 GB/T 2040-T27600H02-0.8×600×1500
（2）用 H62（T27600）制造的，供应状态为 H02、尺寸精度为高级、厚度为 0.8mm、宽度为 600mm、长度为 1500mm 的定尺板材，标记为：
  铜板 GB/T 2040-H62H02 高 0.8×600×1500
或 铜板 GB/T 2040-T27600H02 高 0.8×600×1500

表 3.2-31 铜及铜合金板材室温力学性能（摘自 GB/T 2040—2017）

牌号	状态	拉伸试验 厚度/mm	拉伸试验 抗拉强度 R_m/MPa	拉伸试验 断后伸长率 $A_{11.3}$(%)	硬度试验 厚度/mm	硬度试验 维氏硬度 HV
T2、T3 TP1、TP2 TU1、TU2	M20	4~14	≥195	≥30	—	—
T2、T3 TP1、TP2 TU1、TU2	O60	0.3~10	≥205	≥30	≥0.3	≤70
T2、T3 TP1、TP2 TU1、TU2	H01	0.3~10	215~295	≥25	≥0.3	60~95
T2、T3 TP1、TP2 TU1、TU2	H02	0.3~10	245~345	≥8	≥0.3	80~110
T2、T3 TP1、TP2 TU1、TU2	H04	0.3~10	295~395	—	≥0.3	90~120
T2、T3 TP1、TP2 TU1、TU2	H06	0.3~10	≥350	—	≥0.3	≥110
TFe0.1	O60	0.3~5	255~345	≥30	≥0.3	≤100
TFe0.1	H01	0.3~5	275~375	≥15	≥0.3	90~120
TFe0.1	H02	0.3~5	295~430	≥4	≥0.3	100~130
TFe0.1	H04	0.3~5	335~470	≥4	≥0.3	110~150
TFe2.5	O60	0.3~5	≥310	≥20	≥0.3	≤120
TFe2.5	H02	0.3~5	365~450	≥5	≥0.3	115~140
TFe2.5	H04	0.3~5	415~500	≥2	≥0.3	125~150
TFe2.5	H06	0.3~5	460~515	—	≥0.3	135~155
TCd1	H04	0.5~10	≥390	—	—	—
TQCr0.5 TCr0.5-0.2-0.1	H04	—	—	—	0.5~15	≥100
H95	O60	0.3~10	≥215	≥30	—	—
H95	H04	0.3~10	≥320	≥3	—	—
H90	O60	0.3~10	≥245	≥35	—	—
H90	H02	0.3~10	330~440	≥5	—	—
H90	H04	0.3~10	≥390	≥3	—	—
H85	O60	0.3~10	≥260	≥35	≥0.3	≤85
H85	H02	0.3~10	305~380	≥15	≥0.3	80~115
H85	H04	0.3~10	≥350	≥3	≥0.3	≥105
H80	O60	0.3~10	≥265	≥50	—	—
H80	H04	0.3~10	≥390	≥3	—	—
H70、H68	M20	4~14	≥290	≥40	—	—
H70 H68 H66 H65	O60	0.3~10	≥290	≥40	≥0.3	≤90
H70 H68 H66 H65	H01	0.3~10	325~410	≥35	≥0.3	85~115
H70 H68 H66 H65	H02	0.3~10	355~440	≥25	≥0.3	100~130
H70 H68 H66 H65	H04	0.3~10	410~540	≥10	≥0.3	120~160
H70 H68 H66 H65	H06	0.3~10	520~620	≥3	≥0.3	150~190
H70 H68 H66 H65	H08	0.3~10	≥570	—	≥0.3	≥180

(续)

牌号	状态	拉伸试验			硬度试验	
		厚度 /mm	抗拉强度 R_m /MPa	断后伸长率 $A_{11.3}$ (%)	厚度 /mm	维氏硬度 HV
H63 H62	M20	4~14	≥290	≥30	—	—
	O60	0.3~10	≥290	≥35	≥0.3	≤95
	H02		350~470	≥20		90~130
	H04		410~630	≥10		125~165
	H06		≥585	≥2.5		≥155
H59	M20	4~14	≥290	≥25	—	—
	O60	0.3~10	≥290	≥10	≥0.3	—
	H04		≥410	≥5		≥130
HPb59-1	M20	4~14	≥370	≥18	—	—
	O60	0.3~10	≥340	≥25		
	H02		390~490	≥12		
	H04		≥440	≥5		
HPb60-2	H04	—	—	—	0.5~2.5	165~190
					2.6~10	—
	H06	—	—	—	0.5~1.0	≥180
HMn58-2	O60	0.3~10	≥380	≥30	—	—
	H02		440~610	≥25		
	H04		≥585	≥3		
HSn62-1	M20	4~14	≥340	≥20	—	—
	O60	0.3~10	≥295	≥35		
	H02		350~400	≥15		
	H04		≥390	≥5		
HSn88-1	H02	0.4~2	370~450	≥14	0.4~2	110~150
HMn55-3-1	M20	4~15	≥490	≥15	—	—
HMn57-3-1	M20	4~8	≥440	≥10	—	—
HAl60-1-1	M20	4~15	≥440	≥15	—	—
HAl67-2.5	M20	4~15	≥390	≥15	—	—
HAl66-6-3-2	M20	4~8	≥685	≥35	—	—
HNi65-5	M20	4~15	≥290	≥38	—	—
QSn6.5-0.1	M20	9~14	≥290	≥38	—	—
	O60	0.2~12	≥315	≥40	≥0.2	≤120
	H01	0.2~12	390~510	≥35		110~155
	H02	0.2~12	490~610	≥8		150~190
	H04	0.2~3	590~690	≥5		180~230
		>3~12	540~690	≥5		180~230
	H06	0.2~5	635~720	≥1		200~240
	H08	0.2~5	≥690	—		≥210

（续）

牌号	状态	拉伸试验			硬度试验	
		厚度 /mm	抗拉强度 R_m /MPa	断后伸长率 $A_{11.3}$ (%)	厚度 /mm	维氏硬度 HV
QSn6.5-0.4 QSn7-0.2	O60 H04 H06	0.2~12	≥295 540~690 ≥665	≥40 ≥8 ≥2	—	—
QSn4-3 QSn4-0.3	O60 H04 H06	0.2~12	≥290 540~690 ≥635	≥40 ≥3 ≥2	—	—
QSn8-0.3	O60 H01 H02 H04 H06	0.2~5	≥345 390~510 490~610 590~705 ≥685	≥40 ≥35 ≥20 ≥5 —	≥0.2	≤120 100~160 150~205 180~235 ≥210
QSn4-4-2.5 QSn4-4-4	O60 H01 H02 H04	0.8~5	290 390~490 420~510 ≥635	≥35 ≥10 ≥9 ≥5	≥0.8	—
QMn1.5	O60	0.5~5	≥205	≥30	—	—
QMn5	O60 H04	0.5~5	≥290 ≥440	≥30 ≥3	—	—
QAl5	O60 H04	0.4~12	≥275 ≥585	≥33 ≥2.5	—	—
QAl7	H02 H04	0.4~12	585~740 ≥635	≥10 ≥5	—	—
QAl9-2	O60 H04	0.4~12	≥440 ≥585	≥18 ≥5	—	—
QAl9-4	H04	0.4~12	≥585	—	—	—
QSi3-1	O60 H04 H06	0.5~10	≥340 585~735 ≥685	≥40 ≥3 ≥1	—	—
B5	M20	7~14	≥215	≥20	—	—
	O60 H04	0.5~10	≥215 ≥370	≥30 ≥10	—	—
B19	M20	7~14	≥295	≥20	—	—
	O60 H04	0.5~10	≥290 ≥390	≥25 ≥3	—	—

（续）

牌号	状态	拉伸试验			硬度试验	
		厚度 /mm	抗拉强度 R_m /MPa	断后伸长率 $A_{11.3}$ （%）	厚度 /mm	维氏硬度 HV
BFe10-1-1	M20	7~14	≥275	≥20	—	—
	O60	0.5~10	≥275	≥25		
	H04		≥370	≥3		
BFe30-1-1	M20	7~14	≥345	≥15	—	—
	O60	0.5~10	≥370	≥20		
	H04		≥530	≥3		
BMn3-12	O60	0.5~10	≥350	≥25	—	—
BMn40-1.5	O60	0.5~10	390~590	—	—	—
	H04		≥590	—		
BAl6-1.5	H04	0.5~12	≥535	≥3	—	—
BAl13-3	TH04	0.5~12	≥635	≥5	—	—
BZn15-20	O60	0.5~10	≥340	≥35	—	—
	H02		440~570	≥5		
	H04		540~690	≥1.5		
	H06		≥640	≥1		
BZn18-17	O60	0.5~5	≥375	≥20	≥0.5	—
	H02		440~570	≥5		120~180
	H04		≥540	≥3		≥150
BZn18-26	H02	0.25~2.5	540~650	≥13	0.5~2.5	145~195
	H04		645~750	≥5		190~240

注：1. 超出表中规定厚度范围的板材，其性能指标由供需双方协商。
2. 表中的"—"，表示没有统计数据，如果需方要求该性能，其性能指标由供需双立协商。
3. 维氏硬度试验力由供需双方协商。

2.4.7 铜及铜合金带材（见表 3.2-32）

表 3.2-32 铜及铜合金带材牌号及尺寸规格（摘自 GB/T 2059—2017）

分类	牌号	代号	状态	厚度/mm	宽度/mm
无氧铜 纯铜 磷脱氧铜	TU1、TU2 T2、T3 TP1、TP2	T10150、T10180、 T11050、T11090 C12000、C12200	软化退火态（O60）、 1/4 硬（H01）、1/2 硬（H02）、 硬（H04）、特硬（H06）	>0.15~<0.50	≤610
				0.50~5.0	≤1200
镉铜	TCd1	C16200	硬（H04）	>0.15~1.2	≤300
普通黄铜	H95、H80、H59	C21000、C24000、 T28200	软化退火态（O60）、 硬（H04）	>0.15~<0.50	≤610
				0.5~3.0	≤1200
	H85、H90	C23000、C22000	软化退火态（O60）、 1/2 硬（H20）、硬（H04）	>0.15~<0.50	≤610
				0.5~3.0	≤1200
	H70、H68 H66、H65	T26100、T26300 C26800、C27000	软化退火态（O60）、1/4 硬（H01）、 1/2 硬（H02）、硬（H04）、 特硬（H06）、弹硬（H08）	>0.15~<0.50	≤610
				0.50~3.5	≤1200
	H63、H62	T27300、T27600	软化退火态（O60）、1/2 硬（H02）、 硬（H04）、特硬（H06）	>0.15~<0.50	≤610
				0.50~3.0	≤1200

（续）

分类	牌号	代号	状态	厚度/mm	宽度/mm
锰黄铜	HMn58-2	T67400	软化退火态（O60）、1/2 硬（H02）、硬（H04）	>0.15~0.20	≤300
铅黄铜	HPb59-1	T38100		>0.20~2.0	≤550
	HPb59-1	T38100	特硬（H06）	0.32~1.5	≤200
锡黄铜	HSn62-1	T46300	硬（H04）	>0.15~0.20	≤300
				>0.20~2.0	≤550
铝青铜	QAl5	T60700	软化退火态（O60）、硬（H04）	>0.15~1.2	≤300
	QAl7	C61000	1/2 硬（H02）、硬（H04）		
	QAl9-2	T61700	软化退火态（O60）、硬（H04）、特硬（H06）		
	QAl9-4	T61720	硬（H04）		
锡青铜	QSn6.5-0.1	T51510	软化退火态（O60）、1/4 硬（H01）、1/2 硬（H02）、硬（H04）、特硬（H06）、弹硬（H08）	>0.15~2.0	≤610
	QSn7-0.2、QSn6.5-0.4、QSn4-3、QSn4-0.3	T51530、T51520、T50800、C51100	软化退火态（O60）、硬（H04）、特硬（H06）	>0.15~2.0	≤610
	QSn8-0.3	C52100	软化退火态（O60）、1/4 硬（H01）、1/2 硬（H02）、硬（H04）、特硬（H06）、弹硬（H08）	>0.15~2.6	≤610
	QSn4-4-2.5、QSn4-4-4	T53300、T53500	软化退火（O60）、1/4 硬（H01）、1/2 硬（H02）、硬（H04）	0.80~1.2	≤200
锰青铜	QMn1.5	T56100	软化退火（O60）	>0.15~1.2	≤300
	QMn5	T56300	软化退火（O60）、硬（H04）		
硅青铜	QSi3-1	T64730	软化退火态（O60）、硬（H04）、特硬（H06）	>0.15~1.2	≤300
普通白铜 铁白铜 锰白铜	B5、B19 BFe10-1-1 BFe30-1-1 BMn40-1.5	T70380、T71050 T70590 T71510 T71660	软化退火态（O60）、硬（H04）	>0.15~1.2	≤400
锰白铜	BMn3-12	T71620	软化退火态（O60）	>0.15~1.2	≤400
铝白铜	BAl6-1.5	T72400	硬（H04）	>0.15~1.2	≤300
	BAl13-3	T72600	固溶热处理+冷加工（硬）+沉淀热处理（TH04）		
锌白铜	BZn15-20	T74600	软化退火态（O60）、1/2 硬（H02）、硬（H04）、特硬（H06）	>0.15~1.2	≤610

（续）

分类	牌号	代号	状态	厚度/mm	宽度/mm
锌白铜	BZn18-18	C75200	软化退火态（O60）、1/4硬（H01）、1/2硬（H02）、硬（H04）	>0.15~1.0	≤400
	BZn18-17	T75210	软化退火态（O60）、1/2硬（H02）、硬（H04）	>0.15~1.2	≤610
	BZn18-26	C77000	1/4硬（H01）、1/2硬（H02）、硬（H04）	>0.15~2.0	≤610

注：1. GB/T 2059—2017《铜及铜合金带材》代替 GB/T 2059—2008。
2. 带材各牌号的化学成分应符合 GB/T 5231 的相应规定；带材的尺寸规格应符合 GB/T 17793 一般用途加工铜及铜合金板带材尺寸规格的相关规定。
3. GB/T 2059—2016 带材的力学性能和 GB/T 2040—2017 板材相同牌号的力学性能基本相同，可参见和对照表 3.2-31 查阅确定。
4. 标记示例
产品标记按产品名称、标准编号、牌号（或代号）、状态和规格的顺序表示。标记示例如下：
（1）用 H62（T27600）制造的、1/2 硬（H02）状态、尺寸精度为普通级、厚度为 0.8mm、宽度为 200mm 的带材标记为：
    带 GB/T 2059-H62 H02-0.8×200
  或 带 GB/T 2059-T27600 H02-0.8×200
（2）用 H62（T27600）制造的、1/2 硬（H02）状态、尺寸精度为高级、厚度为 0.8mm、宽度为 200mm 的带材标记为：
    带 GB/T 2059-H62 H02 高-0.8×200
  或 带 GB/T 2059-T27600 H02 高-0.8×200

2.4.8 铜及铜合金箔材（见表 3.2-33）

表 3.2-33 铜及铜合金箔材牌号、状态、尺寸规格及室温力学性能（摘自 GB/T 5187—2008）

牌号	状态	抗拉强度 R_m/MPa	伸长率 $A_{11.3}$（%）	维氏硬度 HV	尺寸规格（厚度×宽度）/mm
T1、T2、T3 TU1、TU2	软（M）	≥205	≥30	≤70	
	1/4硬（Y₄）	215~275	≥25	60~90	
	半硬（Y₂）	245~345	≥8	80~110	
	硬（Y）	≥295	—	≥90	
H68、H65、H62	软（M）	≥290	≥40	≤90	
	1/4硬（Y₄）	325~410	≥35	85~115	
	半硬（Y₂）	340~460	≥25	100~130	
	硬（Y）	400~530	≥13	120~160	(0.012~<0.025)×
	特硬（T）	450~600	—	150~190	(≤300)
	弹硬（TY）	≥500	—	≥180	(0.025~<0.15)×
QSn6.5-0.1 QSn7-0.2	硬（Y）	540~690	≥6	170~200	(≤600)
	特硬（T）	≥650	—	≥190	
QSn8-0.3	特硬（T）	700~780	≥11	210~240	
	弹硬（TY）	735~835	—	230~270	
QSi3-1	硬（Y）	≥635	≥5	—	
BZn15-20	软（M）	≥340	≥35	—	
	半硬（Y₂）	440~570	≥5	—	
	硬（Y）	≥540	≥1.5	—	

（续）

牌　号	状态	抗拉强度 R_m/MPa	伸长率 $A_{11.3}$（％）	维氏硬度 HV	尺寸规格（厚度×宽度）/mm
BZn18-18 BZn18-26	半硬（Y₂）	≥525	≥8	180～210	(0.012～<0.025)×(≤300) (0.025～<0.15)×(≤600)
	硬（Y）	610～720	≥4	190～220	
	特硬（T）	≥700	—	210～240	
BMn40-1.5	软（M）	390～590	—	—	
	硬（Y）	≥635	—	—	

注：1. 各牌号的化学成分应符合 GB/T 5231 的相应规定。
　　2. 箔材在仪表、电子等工业部门应用。
　　3. 箔材的维氏硬度试验、拉伸试验任选其一，在合同中未作特别注明者，按维氏硬度试验进行测定。
　　4. GB/T 5187—2008 代替 GB/T 5187—1985《纯铜箔》、GB/T 5188—1985《黄铜箔》、GB/T 5189—1985《青铜箔》。
　　5. 标记示例：用 T2 制造的、软（M）状态、厚度为 0.05mm、宽度为 600mm 箔材，标记为：
　　　　铜箔　T2M　0.05×600　GB/T 5187—2008

2.4.9　铜及铜合金线材（见表3.2-34、表3.2-35）

表 3.2-34　铜及铜合金线材牌号及尺寸规格（摘自 GB/T 21652—2017）

分类	牌号	代号	状态	直径(对边距)/mm
无氧铜	TU0	T10130	软（O60），硬（H04）	0.05～8.0
	TU1	T10150		
	TU2	T10180		
纯铜	T2	T11050	软（O60），1/2硬（H02），硬（H04）	0.05～8.0
	T3	T11090		
镉铜	TCd1	C16200	软（O60），硬（H04）	0.1～6.0
镁铜	TMg0.2	T18658	硬（H04）	1.5～3.0
	TMg0.5	T18664	硬（H04）	1.5～7.0
普通黄铜	H95	C21000	软（O60），1/2硬（H02），硬（H04）	0.05～12.0
	H90	C22000		
	H85	C23000		
	H80	C24000		
	H70	T26100	软（O60），1/8硬（H00），1/4硬（H01），1/2硬（H02），3/4硬（H03），硬（H04），特硬（H06）	0.05～8.5 特硬规格 0.1～6.0 软态规格 0.05～18.0
	H68	T26300		
	H66	C26800		
	H65	C27000		
	H63	T27300		0.05～13 特硬规格 0.05～4.0
	H62	T27600		
铅黄铜	HPb63-3	T34700	软（O60），1/2硬（H02），硬（H04）	0.5～6.0
	HPb62-0.8	T35100	1/2硬（H02），硬（H04）	0.5～6.0
	HPb61-1	C37100	1/2硬（H02），硬（H04）	0.5～8.5
	HPb59-1	T38100	软（O60），1/2硬（H02），硬（H04）	0.5～6.0
	HPb59-3	T38300	1/2硬（H02），硬（H04）	1.0～10.0

(续)

分类	牌号	代号	状态	直径(对边距)/mm
硼黄铜	HB90-0.1	T22130	硬（H04）	1.0～12.0
锡黄铜	HSn62-1	T46300	软（O60），硬（H04）	0.5～6.0
	HSn60-1	T46410		
锰黄铜	HMn62-13	T67310	软（O60），1/4 硬（H01），1/2 硬（H02），3/4 硬（H03），硬（H04）	0.5～6.0
锡青铜	QSn4-3	T50800	软（O60），1/4 硬（H01），1/2 硬（H02），3/4 硬（H03）	0.1～8.5
			硬（H04）	0.1～6.0
	QSn5-0.2	C51000	软（O60），1/4 硬（H01），1/2 硬（H02），3/4 硬（H03），硬（H04）	0.1～8.5
	QSn4-0.3	C51100		
	QSn6.5-0.1	T51510		
	QSn6.5-0.4	T51520		
	QSn7-0.2	T51530		
	QSn8-0.3	C52100		
	QSn15-1-1	T52500	软（O60），1/4 硬（H01），1/2 硬（H02），3/4 硬（H03），硬（H04）	0.5～6.0
	QSn4-4-4	T53500	1/2 硬（H02），硬（H04）	0.1～8.5
铬青铜	QCr4.5-2.5-0.6	T55600	软（O60），固溶热处理+沉淀热处理（TF00）固溶热处理+冷加工（硬）+沉淀热处理（TH04）	0.5～6.0
铝青铜	QAl7	C61000	1/2 硬（H02），硬（H04）	1.0～6.0
	QAl9-2	T61700	硬（H04）	0.6～6.0
硅青铜	QSi3-1	T64730	1/2 硬（H02），3/4 硬（H03），硬（H04）	0.1～8.5
			软（O60），1/4 硬（H01）	0.1～18.0
普通白铜	B19	T71050	软（O60），硬（H04）	0.1～6.0
铁白铜	BFe10-1-1	T70590	软（O60），硬（H04）	0.1～6.0
	BFe30-1-1	T71510		
锰白铜	BMn3-12	T71620	软（O60），硬（H04）	0.05～6.0
	BMn40-1.5	T71660		
锌白铜	BZn9-29	T76100	软（O60），1/8 硬（H00），1/4 硬（H01），1/2 硬（H02），3/4 硬（H03），硬（H04），特硬（H06）	0.1～8.0 特硬规格0.5～4.0
	Bn12-24	T76200		
	BZn12-26	T76210		
	BZn15-20	T74600	软（O60），1/8 硬（H00），1/4 硬（H01），1/2 硬（H02），3/4 硬（H03），硬（H04），特硬（H06）	0.1～8.0 特硬规格0.5～4.0 软态规格0.1～18.0
	BZn18-20	T76300		
	BZn22-16	T76400	软（O60），1/8 硬（H00），1/4 硬（H01），1/2 硬（H02），3/4 硬（H03），硬（H04），特硬（H06）	0.1～8.0 特硬规格0.1～4.0
	BZn25-18	T76500		
	BZn40-20	T77500	软（O60），1/4 硬（H01），1/2 硬（H02），3/4 硬（H03），硬（H04）	1.0～6.0
	BZn12-37-1.5	C79860	1/2 硬（H02），硬（H04）	0.5～9.0

（续）

线材直径（对边距）及其极限偏差/mm	直径（或对边距）	圆形		正方形、正六角形	
		普通级	高精级	普通级	高精级
	0.05~0.1	±0.004	±0.003	—	—
	>0.1~0.2	±0.005	±0.004	—	—
	>0.2~0.5	±0.008	±0.006	±0.010	±0.008
	>0.5~1.0	±0.010	±0.008	±0.020	±0.015
	>1.0~3.0	±0.020	±0.015	±0.030	±0.020
	>3.0~6.0	±0.030	±0.020	±0.040	±0.030
	>6.0~13.0	±0.040	±0.030	±0.050	±0.040
	>13.0~18.0	±0.050	±0.040	±0.060	±0.050

注：1. GB/T 21652—2017《铜及铜合金线材》代替 GB/T 21652—2008。
2. 牌号的化学成分应符合 GB/T 5231 的规定。
3. 标记示例
产品标记按产品名称、标准编号、牌号（代号）、状态、精度和规格的顺序表示。标记示例如下：
(1) 用 H65（C27000）制造的、状态为 H01、高精级、直径为 3.0mm 的圆线材标记为：
圆形线 GB/T 21652-H65H01 高 - ϕ3.0
或 圆形线 GB/T 21652-C27000H01 高 - ϕ3.0
(2) 用 BZn12-26（T76210）制造的、状态为 H02、普通级、对边距为 4.5mm 的正方形线材标记为：
正方形线 GB/T 21652-BZn12-26H02-a4.5
或 正方形线 GB/T 21652-T76210H02-a4.5
(3) 用 QSn6.5-0.1（T51500）制造的、状态为 H04、高精级、对边距为 5.0mm 的正六角形线材标记为：
正六角形线 GB/T 21652-QSn6.5-0.1H04 高-s5.0
或 正六角形线 GB/T 21652-T51500H04 高-s5.0

表 3.2-35 铜及铜合金线材室温力学性能（摘自 GB/T 21652—2017）

牌号	状态	直径（或对边距）/mm	抗拉强度 R_m/MPa	断后伸长率（%）	
				A_{100mm}	A
TU0	O60	0.05~8.0	195~255	≥25	—
TU1 TU2	H04	0.05~4.0	≥345	—	—
		>4.0~8.0	≥310	≥10	—
T2 T3	O60	0.05~0.3	≥195	≥15	—
		>0.3~1.0	≥195	≥20	—
		>1.0~2.5	≥205	≥25	—
		>2.5~8.0	≥205	≥30	—
	H02	0.05~8.0	255~365	—	—
	H04	0.05~2.5	≥380	—	—
		>2.5~8.0	≥365	—	—
TCd1	O60	0.1~6.0	≥275	≥20	—
	H04	0.1~0.5	590~880	—	—
		>0.5~4.0	490~735	—	—
		>4.0~6.0	470~685	—	—
TMg0.2	H04	1.5~3.0	≥530	—	—

(续)

牌号	状态	直径（或对边距）/mm	抗拉强度 R_m /MPa	断后伸长率（%） A_{100mm}	A
TMg0.5	H04	1.5~3.0	≥620	—	—
		>3.0~7.0	≥530	—	—
H95	O60	0.05~12.0	≥220	≥20	—
	H02	0.05~12.0	≥340	—	—
	H04	0.05~12.0	≥420	—	—
H90	O60	0.05~12.0	≥240	≥20	—
	H02	0.05~12.0	≥385	—	—
	H04	0.05~12.0	≥485	—	—
H85	O60	0.05~12.0	≥280	≥20	—
	H02	0.05~12.0	≥455	—	—
	H04	0.05~12.0	≥570	—	—
H80	O60	0.05~12.0	≥320	≥20	—
	H02	0.05~12.0	≥540	—	—
	H04	0.05~12.0	≥690	—	—
H70 H68 H66	O60	0.05~0.25	≥375	≥18	—
		>0.25~1.0	≥355	≥25	—
		>1.0~2.0	≥335	≥30	—
		>2.0~4.0	≥315	≥35	—
		>4.0~6.0	≥295	≥40	—
		>6.0~13.0	≥275	≥45	—
		>13.0~18.0	≥275	—	≥50
	H00	0.05~0.25	≥385	≥18	—
		>0.25~1.0	≥365	≥20	—
		>1.0~2.0	≥350	≥24	—
		>2.0~4.0	≥340	≥28	—
		>4.0~6.0	≥330	≥33	—
		>6.0~8.5	≥320	≥35	—
	H01	0.05~0.25	≥400	≥10	—
		>0.25~1.0	≥380	≥15	—
		>1.0~2.0	≥370	≥20	—
		>2.0~4.0	≥350	≥25	—
		>4.0~6.0	≥340	≥30	—
		>6.0~8.5	≥330	≥32	—
	H02	0.05~0.25	≥410	—	—
		>0.25~1.0	≥390	≥5	—
		>1.0~2.0	≥375	≥10	—
		>2.0~4.0	≥355	≥12	—
		>4.0~6.0	≥345	≥14	—
		>6.0~8.5	≥340	≥16	—

(续)

牌号	状态	直径（或对边距）/mm	抗拉强度 R_m /MPa	断后伸长率（%） A_{100mm}	A
H70 H68 H66	H03	0.05~0.25	540~735	—	—
		>0.25~1.0	490~685	—	—
		>1.0~2.0	440~635	—	—
		>2.0~4.0	390~590	—	—
		>4.0~6.0	345~540	—	—
		>6.0~8.5	340~520	—	—
	H04	0.05~0.25	735~930	—	—
		>0.25~1.0	685~885	—	—
		>1.0~2.0	635~835	—	—
		>2.0~4.0	590~785	—	—
		>4.0~6.0	540~735	—	—
		>6.0~8.5	490~685	—	—
	H06	0.1~0.25	≥800	—	—
		>0.25~1.0	≥780	—	—
		>1.0~2.0	≥750	—	—
		>2.0~4.0	≥720	—	—
		>4.0~6.0	≥690	—	—
H65	O60	0.05~0.25	≥335	≥18	—
		>0.25~1.0	≥325	≥24	—
		>1.0~2.0	≥315	≥28	—
		>2.0~4.0	≥305	≥32	—
		>4.0~6.0	≥295	≥35	—
		>6.0~13.0	≥285	≥40	—
	H00	0.05~0.25	≥350	≥10	—
		>0.25~1.0	≥340	≥15	—
		>1.0~2.0	≥330	≥20	—
		>2.0~4.0	≥320	≥25	—
		>4.0~6.0	≥310	≥28	—
		>6.0~13.0	≥300	≥32	—
	H01	0.05~0.25	≥370	≥6	—
		>0.25~1.0	≥360	≥10	—
		>1.0~2.0	≥350	≥12	—
		>2.0~4.0	≥340	≥18	—
		>4.0~6.0	≥330	≥22	—
		>6.0~13.0	≥320	≥28	—
	H02	0.05~0.25	≥410	—	—
		>0.25~1.0	≥400	≥4	—
		>1.0~2.0	≥390	≥7	—
		>2.0~4.0	≥380	≥10	—
		>4.0~6.0	≥375	≥13	—
		>6.0~13.0	≥360	≥15	—

(续)

牌号	状态	直径（或对边距）/mm	抗拉强度 R_m /MPa	断后伸长率（%） A_{100mm}	A
H65	H03	0.05~0.25	540~735	—	—
		>0.25~1.0	490~685	—	—
		>1.0~2.0	440~635	—	—
		>2.0~4.0	390~590	—	—
		>4.0~6.0	375~570	—	—
		>6.0~13.0	370~550	—	—
	H04	0.05~0.25	685~885	—	—
		>0.25~1.0	635~835	—	—
		>1.0~2.0	590~785	—	—
		>2.0~4.0	540~735	—	—
		>4.0~6.0	490~685	—	—
		>6.0~13.0	440~635	—	—
	H06	0.05~0.25	≥830	—	—
		>0.25~1.0	≥810	—	—
		>1.0~2.0	≥800	—	—
		>2.0~4.0	≥780	—	—
H63 H62	O60	0.05~0.25	≥345	≥18	—
		>0.25~1.0	≥335	≥22	—
		>1.0~2.0	≥325	≥26	—
		>2.0~4.0	≥315	≥30	—
		>4.0~6.0	≥315	≥34	—
		>6.0~13.0	≥305	≥36	—
	H00	0.05~0.25	≥360	≥8	—
		>0.25~1.0	≥350	≥12	—
		>1.0~2.0	≥340	≥18	—
		>2.0~4.0	≥330	≥22	—
		>4.0~6.0	≥320	≥26	—
		>6.0~13.0	≥310	≥30	—
	H01	0.05~0.25	≥380	≥5	—
		>0.25~1.0	≥370	≥8	—
		>1.0~2.0	≥360	≥10	—
		>2.0~4.0	≥350	≥15	—
		>4.0~6.0	≥340	≥20	—
		>6.0~13.0	≥330	≥25	—

（续）

牌号	状态	直径（或对边距）/mm	抗拉强度 R_m /MPa	断后伸长率（%） A_{100mm}	A
H63 H62	H02	0.05~0.25	≥430	—	—
		>0.25~1.0	≥410	≥4	—
		>1.0~2.0	≥390	≥7	—
		>2.0~4.0	≥375	≥10	—
		>4.0~6.0	≥355	≥12	—
		>6.0~13.0	≥350	≥14	—
	H03	0.05~0.25	590~785	—	—
		>0.25~1.0	540~735	—	—
		>1.0~2.0	490~685	—	—
		>2.0~4.0	440~635	—	—
		>4.0~6.0	390~590	—	—
		>6.0~13.0	360~560	—	—
	H04	0.05~0.25	785~980	—	—
		>0.25~1.0	685~885	—	—
		>1.0~2.0	635~835	—	—
		>2.0~4.0	590~785	—	—
		>4.0~6.0	540~735	—	—
		>6.0~13.0	490~685	—	—
	H06	0.05~0.25	≥850	—	—
		>0.25~1.0	≥830	—	—
		>1.0~2.0	≥800	—	—
		>2.0~4.0	≥770	—	—
HB90-0.1	H04	1.0~12.0	≥500	—	—
HPb63-3	O60	0.5~2.0	≥305	≥32	—
		>2.0~4.0	≥295	≥35	—
		>4.0~6.0	≥285	≥35	—
	H02	0.5~2.0	390~610	≥3	—
		>2.0~4.0	390~600	≥4	—
		>4.0~6.0	390~590	≥4	—
	H04	0.5~6.0	570~735	—	—
HPb62-0.8	H02	0.5~6.0	410~540	≥12	—
	H04	0.5~6.0	450~560	—	—

(续)

牌号	状态	直径（或对边距）/mm	抗拉强度 R_m /MPa	断后伸长率（%） A_{100mm}	A
HPb59-1	O60	0.5~2.0	≥345	≥25	—
		>2.0~4.0	≥335	≥28	—
		>4.0~6.0	≥325	≥30	—
	H02	0.5~2.0	390~590	—	—
		>2.0~4.0	390~590	—	—
		>4.0~6.0	375~570	—	—
	H04	0.5~2.0	490~735	—	—
		>2.0~4.0	490~685	—	—
		>4.0~6.0	440~635	—	—
HPb61-1	H02	0.5~2.0	≥390	≥8	—
		>2.0~4.0	≥380	≥10	—
		>4.0~6.0	≥375	≥15	—
		>6.0~8.5	≥365	≥15	—
	H04	0.5~2.0	≥520	—	—
		>2.0~4.0	≥490	—	—
		>4.0~6.0	≥465	—	—
		>6.0~8.5	≥440	—	—
HPb59-3	H02	1.0~2.0	≥385	—	—
		>2.0~4.0	≥380	—	—
		>4.0~6.0	≥370	—	—
		>6.0~10.0	≥360	—	—
	H04	1.0~2.0	≥480	—	—
		>2.0~4.0	≥460	—	—
		>4.0~6.0	≥435	—	—
		>6.0~10.0	≥430	—	—
HSn60-1 HSn62-1	O60	0.5~2.0	≥315	≥15	—
		>2.0~4.0	≥305	≥20	—
		>4.0~6.0	≥295	≥25	—
	H04	0.5~2.0	590~835	—	—
		>2.0~4.0	540~785	—	—
		>4.0~6.0	490~735	—	—
HMn62-13	O60	0.5~6.0	400~550	≥25	—
	H01	0.5~6.0	450~600	≥18	—

(续)

牌号	状态	直径（或对边距）/mm	抗拉强度 R_m /MPa	断后伸长率（%） A_{100mm}	A
HMn62-13	H02	0.5~6.0	500~650	≥12	—
	H03	0.5~6.0	550~700	—	—
	H04	0.5~6.0	≥650	—	—
QSn4-3	O60	0.1~1.0	≥350	≥35	—
		>1.0~8.5		≥45	—
	H01	0.1~1.0	460~580	≥5	—
		>1.0~2.0	420~540	≥10	—
		>2.0~4.0	400~520	≥20	—
		>4.0~6.0	380~480	≥25	—
		>6.0~8.5	360~450	≥25	—
	H02	0.1~1.0	500~700	—	—
		>1.0~2.0	480~680	—	—
		>2.0~4.0	450~650	—	—
		>4.0~6.0	430~630	—	—
		>6.0~8.5	410~610	—	—
	H03	0.1~1.0	620~820	—	—
		>1.0~2.0	600~800	—	—
		>2.0~4.0	560~760	—	—
		>4.0~6.0	540~740	—	—
		>6.0~8.5	520~720	—	—
	H04	0.1~1.0	880~1130	—	—
		>1.0~2.0	860~1060	—	—
		>2.0~4.0	830~1030	—	—
		>4.0~6.0	780~980	—	—
QSn5-0.2 QSn4-0.3 QSn6.5-0.1 QSn6.5-0.4 QSn7-0.2 QSi3-1	O60	0.1~1.0	≥350	≥35	—
		>1.0~8.5	≥350	≥45	—
	H01	0.1~1.0	480~680	—	—
		>1.0~2.0	450~650	≥10	—
		>2.0~4.0	420~620	≥15	—
		>4.0~6.0	400~600	≥20	—
		>6.0~8.5	380~580	≥22	—

(续)

牌号	状态	直径（或对边距）/mm	抗拉强度 R_m /MPa	断后伸长率（%） A_{100mm}	A
QSn5-0.2 QSn4-0.3 QSn6.5-0.1 QSn6.5-0.4 QSn7-0.2 QSi3-1	H02	0.1~1.0	540~740	—	—
		>1.0~2.0	520~720	—	—
		>2.0~4.0	500~700	≥4	—
		>4.0~6.0	480~680	≥8	—
		>6.0~8.5	460~660	≥10	—
	H03	0.1~1.0	750~950	—	—
		>1.0~2.0	730~920	—	—
		>2.0~4.0	710~900	—	—
		>4.0~6.0	690~880	—	—
		>6.0~8.5	640~860	—	—
	H04	0.1~1.0	880~1130	—	—
		>1.0~2.0	860~1060	—	—
		>2.0~4.0	830~1030	—	—
		>4.0~6.0	780~980	—	—
		>6.0~8.5	690~950	—	—
QSn8-0.3	O60	0.1~8.5	365~470	≥30	—
	H01	0.1~8.5	510~625	≥8	—
	H02	0.1~8.5	655~795	—	—
	H03	0.1~8.5	780~930	—	—
	H04	0.1~8.5	860~1035	—	—
QSi3-1	O60	>8.5~13.0	≥350	≥45	—
		13.0~18.0		—	≥50
	H01	>8.5~13.0	380~580	≥22	—
		>13.0~18.0		—	≥26
QSn15-1-1	O60	0.5~1.0	≥365	≥28	—
		>1.0~2.0	≥360	≥32	—
		>2.0~4.0	≥350	≥35	—
		>4.0~6.0	≥345	≥36	—
	H01	0.5~1.0	630~780	≥25	—
		>1.0~2.0	600~750	≥30	—
		>2.0~4.0	580~730	≥32	—
		>4.0~6.0	550~700	≥35	—

(续)

牌号	状态	直径（或对边距）/mm	抗拉强度 R_m /MPa	断后伸长率（%） A_{100mm}	A
QSn15-1-1	H02	0.5~1.0	770~910	≥3	—
		>1.0~2.0	740~880	≥6	—
		>2.0~4.0	720~850	≥8	—
		>4.0~6.0	680~810	≥10	—
	H03	0.5~1.0	800~930	≥1	—
		>1.0~2.0	780~910	≥2	—
		>2.0~4.0	750~880	≥2	—
		>4.0~6.0	720~850	≥3	—
	H04	0.5~1.0	850~1080	—	—
		>1.0~2.0	840~980	—	—
		>2.0~4.0	830~960	—	—
		>4.0~6.0	820~950	—	—
QSn4-4-4	H02	0.1~6.0	≥360	≥8	—
		>6.0~8.5		≥12	—
	H04	0.1~6.0	≥420	—	—
		>6.0~8.5		≥10	—
QCr4.5-2.5-0.6	O60	0.5~6.0	400~600	≥25	—
	TH04、TF00	0.5~6.0	550~850	—	—
QAl7	H02	1.0~6.0	≥550	≥8	—
	H04	1.0~6.0	≥600	≥4	—
QAl9-2	H04	0.6~1.0	≥580	—	—
		>1.0~2.0		≥1	—
		>2.0~5.0		≥2	—
		>5.0~6.0	≥530	≥3	—
B19	O60	0.1~0.5	≥295	≥20	—
		>0.5~6.0		≥25	—
	H04	0.1~0.5	590~880	—	—
		>0.5~6.0	490~785	—	—
BFe10-1-1	O60	0.1~1.0	≥450	≥15	—
		>1.0~6.0	≥400	≥18	—
	H04	0.1~1.0	≥780	—	—
		>1.0~6.0	≥650	—	—

（续）

牌号	状态	直径（或对边距）/mm	抗拉强度 R_m /MPa	断后伸长率（%） A_{100mm}	A
BFe30-1-1	O60	0.1~0.5	≥345	≥20	—
		>0.5~6.0		≥25	—
	H04	0.1~0.5	685~980	—	—
		>0.5~6.0	590~880	—	—
BMn3-12	O60	0.05~1.0	≥440	≥12	—
		>1.0~6.0	≥390	≥20	—
	H04	0.05~1.0	≥785	—	—
		>1.0~6.0	≥685	—	—
BMn40-1.5	O60	0.05~0.20	≥390	≥15	—
		>0.20~0.50		≥20	—
		>0.50~6.0		≥25	—
	H04	0.05~0.20	685~980	—	—
		>0.20~0.50	685~880	—	—
		>0.50~6.0	635~835	—	—
BZn9-29 BZn12-24 BZn12-26	O60	0.1~0.2	≥320	≥15	—
		>0.2~0.5		≥20	—
		>0.5~2.0		≥25	—
		>2.0~8.0		≥30	—
	H00	0.1~0.2	400~570	≥12	—
		>0.2~0.5	380~550	≥16	—
		>0.5~2.0	360~540	≥22	—
		>2.0~8.0	340~520	≥25	—
	H01	0.1~0.2	420~620	≥6	—
		>0.2~0.5	400~600	≥8	—
		>0.5~2.0	380~590	≥12	—
		>2.0~8.0	360~570	≥18	—
	H02	0.1~0.2	480~680	—	—
		>0.2~0.5	460~640	≥6	—
		>0.5~2.0	440~630	≥9	—
		>2.0~8.0	420~600	≥12	—
	H03	0.1~0.2	550~800	—	—
		>0.2~0.5	530~750	—	—
		>0.5~2.0	510~730	—	—
		>2.0~8.0	490~630	—	—

（续）

牌号	状态	直径（或对边距）/mm	抗拉强度 R_m /MPa	断后伸长率（%） A_{100mm}	A
BZn9-29 BZn12-24 BZn12-26	H04	0.1~0.2	680~880	—	—
		>0.2~0.5	630~820	—	—
		>0.5~2.0	600~800	—	—
		>2.0~8.0	580~700	—	—
	H06	0.5~4.0	≥720	—	—
BZn15-20 BZn18-20	O60	0.1~0.2	≥345	≥15	—
		>0.2~0.5		≥20	—
		>0.5~2.0		≥25	—
		>2.0~8.0		≥30	—
		>8.0~13.0		≥35	—
		>13.0~18.0		—	≥40
	H00	0.1~0.2	450~600	≥12	—
		>0.2~0.5	435~570	≥15	—
		>0.5~2.0	420~550	≥20	—
		>2.0~8.0	410~520	≥24	—
	H01	0.1~0.2	470~660	≥10	—
		>0.2~0.5	460~620	≥12	—
		>0.5~2.0	440~600	≥14	—
		>2.0~8.0	420~570	≥16	—
	H02	0.1~0.2	510~780	—	—
		>0.2~0.5	490~735	—	—
		>0.5~2.0	440~685	—	—
		>2.0~8.0	440~635	—	—
	H03	0.1~0.2	620~860	—	—
		>0.2~0.5	610~810	—	—
		>0.5~2.0	595~760	—	—
		>2.0~8.0	580~700	—	—
	H04	0.1~0.2	735~980	—	—
		>0.2~0.5	735~930	—	—
		>0.5~2.0	635~880	—	—
		>2.0~8.0	540~785	—	—
	H06	0.5~1.0	≥750	—	—
		>1.0~2.0	≥740	—	—
		>2.0~4.0	≥730	—	—

(续)

牌号	状态	直径（或对边距）/mm	抗拉强度 R_m /MPa	断后伸长率（%） A_{100mm}	A
BZn22-16 BZn25-18	O60	0.1~0.2	≥440	≥12	—
		>0.2~0.5		≥16	—
		>0.5~2.0		≥23	—
		>2.0~8.0		≥28	—
	H00	0.1~0.2	500~680	≥10	—
		>0.2~0.5	490~650	≥12	—
		>0.5~2.0	470~630	≥15	—
		>2.0~8.0	460~600	≥18	—
	H01	0.1~0.2	540~720	—	—
		>0.2~0.5	520~690	≥6	—
		>0.5~2.0	500~670	≥8	—
		>2.0~8.0	480~650	≥10	—
	H02	0.1~0.2	640~830	—	—
		>0.2~0.5	620~800	—	—
		>0.5~2.0	600~780	—	—
		>2.0~8.0	580~760	—	—
	H03	0.1~0.2	660~880	—	—
		>0.2~0.5	640~850	—	—
		>0.5~2.0	620~830	—	—
		>2.0~8.0	600~810	—	—
	H04	0.1~0.2	750~990	—	—
		>0.2~0.5	740~950	—	—
		>0.5~2.0	650~900	—	—
		>2.0~8.0	630~860	—	—
	H06	0.1~1.0	≥820	—	—
		>1.0~2.0	≥810	—	—
		>2.0~4.0	≥800	—	—
BZn40-20	O60	1.0~6.0	500~650	≥20	—
	H01	1.0~6.0	550~700	≥8	—
	H02	1.0~6.0	600~850	—	—
	H03	1.0~6.0	750~900	—	—
	H04	1.0~6.0	800~1000	—	—
BZn12-37-1.5	H02	0.5~9.0	600~700	—	—
	H04	0.5~9.0	650~750	—	—

注：表中的"—"表示没有统计数据，如果需方要求该性能，其性能指标由供需双方协商。

2.4.10 铍青铜线（见表3.2-36）

表3.2-36　铍青铜线牌号、状态及力学性能（YS/T 571—2006）

牌号	线材牌号为 QBe2，采用拉制方法，状态分为软态（M）、半硬（Y_2）、硬（Y）三种牌号的化学成分应符合 GB/T 5231—2012 的规定								
用途	线材用于制造精密弹簧								
力学性能	状态	硬化调质前的拉力试验		硬化调质后的拉力试验		状态	硬化调质前的拉力试验		硬化调质后的拉力试验	
		抗拉强度 R_m /MPa	断后伸长率 A_{100mm}（%）	抗拉强度 R_m /MPa	断后伸长率 A_{100mm}（%）		抗拉强度 R_m /MPa	断后伸长率 A_{100mm}（%）	抗拉强度 R_m /MPa	断后伸长率 A_{100mm}（%）
	软（M）	373～569		>1030		硬（Y）	≥785	—	>1275	
	半硬（Y_2）	539～785		>1177						
工艺性能	直径1.0～6.0mm 的线材应进行缠绕试验，于直径为线径2倍的圆柱上绕10圈									
尺寸规格	尺寸及极限偏差/mm		线卷质量		尺寸及极限偏差/mm		线卷质量			
	直径	极限偏差	直径/mm	卷质量/kg≥	直径	极限偏差	直径/mm	卷质量/kg≥		
	0.03～0.04	0 / -0.004	0.03～0.05	0.0005	>0.75～1.10	0 / -0.040	>0.60～0.80	0.150		
	>0.04～0.06	0 / -0.006	>0.05～0.10	0.002	>1.10～1.80	0 / -0.045	>0.80～2.0	0.300		
	>0.06～0.09	0 / -0.010	>0.10～0.20	0.010	>1.80～2.50	0 / -0.050	>2.0～4.0	1.000		
	>0.09～0.25	0 / -0.020	>0.20～0.30	0.025	>2.50～4.20	0 / -0.055	>4.0～6.0	2.000		
	>0.25～0.50	0 / -0.030	>0.030～0.40	0.050	>4.20～6.00	0 / -0.060				
	>0.50～0.75	0 / -0.035	>0.40～0.60	0.100						

注：线材圆度应不使直径超出其极限偏差范围。

2.4.11 铜及铜合金扁线（见表3.2-37、表3.2-38）

表3.2-37　铜及铜合金扁线的牌号、状态和尺寸规格（摘自 GB/T 3114—2010）

	牌号	状态	规格（厚度×宽度）/mm
牌号、状态及规格	T2、TU1、TP2	软（M）、硬（Y）	(0.5～6.0) × (0.5～15.0)
	H62、H65、H68、H70、H80、H85、H90B	软（M）、半硬（Y_2），硬（Y）	(0.5～6.0) × (0.5～15.0)
	HPb59-3、HPb62-3	半硬（Y_2）	(0.5～6.0) × (0.5～15.0)
	HBi60-1.3、HSb60-0.9、HSb61-0.8-0.5	半硬（Y_2）	(0.5～6.0) × (0.5～12.0)
	QSn6.5-0.1、QSn6.5-0.4、QSn7-0.2、QSn5-0.2	软（M）、半硬（Y_2）、硬（Y）	(0.5～6.0) × (0.5～12.0)
	QSn4-3、QSn3-1	硬（Y）	(0.5～6.0) × (0.5～12.0)
	BZn15-20、BZn18-20、BZn22-16	软（M）、半硬（Y_2）	(0.5～6.0) × (0.5～15.0)
	QCr1-0.18、QCr1	固溶+冷加工+时效（CYS）、固溶+时效+冷加工（CSY）	(0.5～6.0) × (0.5～15.0)

(续)

牌 号		规格（对边距）/mm	极限偏差/mm，±	
			普通级	高级
尺寸极限偏差	T2、TU1、TP2、H62、H65、H68、H70、H80、H85、H90B、HPb59-3、HPb62-3、HBi60-1.3、HSb60-0.9、HSb61-0.8-0.5	0.5~1.0	0.02	0.01
		>1.0~3.0	0.03	0.015
		>3.0~6.0	0.03	0.02
		>6.0~10.0	0.05	0.03
		>10.0	0.10	0.07
	QSn6.5-0.1、QSn6.5-0.4、QSn4-3、QSn3-1、QSn7-0.2、QSn5-0.2、BZn15-20、BZn18-20、BZn22-16、QCr1-0.18、QCr1	0.5~1.0	0.03	0.02
		>1.0~3.0	0.06	0.03
		>3.0~6.0	0.08	0.05
		>6.0~10.0	0.10	0.07
		>10.0	0.18	0.10

注：1. 经供需双方协商，可供应其他规格和允许偏差的扁线，具体要求应在合同中注明。
2. 扁线偏差等级须在订货合同中注明，否则按普通级供货。
3. 扁线不应相拧，扁线厚度的单向偏差应符合本表中数值的规定。当用户允许扁线宽度单向偏差超出本表中数值的规定时，其值可为本表中数值的2倍，但扁线厚度的单向偏差必须符合表中数值的规定。
4. 铜及铜合金扁线标记示例：用T2制造，软状态，厚度为1.02mm，宽度为4mm，高精度，扁线标记为：
　　扁线 T2 M 高 1.02×4 GB/T 3114—2010

表 3.2-38　铜及铜合金扁线材的室温力学性能（摘自 GB/T 3114—2010）

牌 号	状态	规格（对边距）/mm	抗拉强度 R_m/MPa	断后伸长率 A_{100mm}（%）
			≥	
T2、TU1、TP2	M	0.5~15.0	175	25
	Y	0.5~15.0	325	—
H62	M	0.5~15.0	295	25
	Y_2	0.5~15.0	345	10
	Y	0.5~15.0	460	—
H68、H65	M	0.5~15.0	245	28
	Y_2	0.5~15.0	340	10
	Y	0.5~15.0	440	—
H70	M	0.5~15.0	275	32
	Y_2	0.5~15.0	340	15
H80、H85、H90B	M	0.5~15.0	240	28
	Y_2	0.5~15.0	330	6
	Y	0.5~15.0	485	—

(续)

牌号	状态	规格（对边距）/mm	抗拉强度 R_m/MPa ≥	断后伸长率 A_{100mm}（%）≥
HPb59-3	Y_2	0.5~15.0	380	15
HPb62-3	Y_2	0.5~15.0	420	8
HSb60-0.9	Y_2	0.5~12.0	330	10
HSb61-0.8-0.5	Y_2	0.5~12.0	380	8
HBi60-1.3	Y_2	0.5~12.0	350	8
QSn6.5-0.1、QSn6.5-0.4、QSn7-0.2、QSn5-0.2	M	0.5~12.0	370	30
	Y_2	0.5~12.0	390	10
	Y	0.5~12.0	540	—
QSn4-3、QSn3-1	Y	0.5~12.0	735	—
BZn15-20、BZn18-20、BZn22-18	M	0.5~15.0	345	25
	Y_2	0.5~15.0	550	—
QCr1-0.18、QCr1	CYS、CSY	0.5~15.0	400	10

2.5 铜及铜合金锻件（见表3.2-39~表3.2-51）

表3.2-39 铜锻件材料标识及化学成分（摘自GB/T 20078—2006）

材料标识		元素	化学成分（质量分数,%）							密度[2]/g·cm^{-3} ≈
符号	代号		Cu[1]	Bi	O	P	Pb	其他元素[5] 合计	其他元素[5] 不含	
Cu-ETP	CW004A	min max	99.90 —	— 0.0005	— 0.040[3]	— —	— 0.005	— 0.03	Ag, O	8.9
Cu-OF	CW008A	min max	99.95 —	— 0.0005	— —[4]	— —	— 0.005	— 0.03	Ag	8.9
Cu-HCP	CW021A	min max	99.95 —	— 0.0005	—	0.002 0.007	— 0.005	— 0.03	Ag, P	8.9
Cu-DHP	CW024A	min max	99.90 —	—	—	0.015 0.040	—	—		8.9

[1] 包括银，最高含量为0.015%。
[2] 仅供参考。
[3] 氧含量允许达到最高0.060%，由用户和供应商协商决定。
[4] 氧含量应按照EN1976规定的材料氢脆要求确定。
[5] 其他元素总量（除铜外）规定为Ag、As、Bi、Cd、Co、Cr、Fe、Mn、Ni、O、P、Pb、S、Sb、Se、Si、Sn、Te和Zn的总量，但不含指出的个别元素。

表 3.2-40 低合金化铜合金锻件材料标识及化学成分（摘自 GB/T 20078—2006）

材料标识		元素	化学成分（质量分数,%）										密度① /g·cm⁻³ ≈
符号	代号		Cu	Be	Co	Cr	Fe	Mn	Ni	Pb	Si	Zr	其他合计	
CuBe2	CW101C	min max	余量 —	1.8 2.1	— 0.3	—	— 0.2	—	— 0.3	—	—	—	— 0.5	8.3
CuCo1Ni1Be	CW103C	min max	余量 —	0.4 0.7	0.8 1.3	—	— 0.2	—	0.8 1.3	—	—	—	— 0.5	8.8
CuCo2Be	CW104C	min max	余量 —	0.4 0.7	2.0 2.8	—	— 0.2	—	— 0.3	—	—	—	— 0.5	8.8
CuCr1	CW105C	min max	余量 —	—	—	0.5 1.2	— 0.08	—	—	—	— 0.1	—	— 0.2	8.9
CuCr1Zr	CW106C	min max	余量 —	—	—	0.5 1.2	— 0.08	—	—	—	— 0.1	0.03 0.3	— 0.2	8.9
CuNi1Si	CW109C	min max	余量 —	—	—	—	— 0.2	— 0.1	1.0 1.6	— 0.02	0.4 0.7	—	— 0.3	8.8
CuNi2Be	CW110C	min max	余量 —	0.2 0.6	— 0.3	—	— 0.2	—	1.4 2.4	—	—	—	— 0.5	8.8
CuNi2Si	CW111C	min max	余量 —	—	—	—	— 0.2	— 0.1	1.6 2.5	— 0.02	0.4 0.8	—	— 0.3	8.8
CuNi3Si1	CW112C	min max	余量 —	—	—	—	— 0.2	— 0.1	2.6 4.5	— 0.02	0.8 1.3	—	— 0.5	0.8
CuZr	CW120C	min max	余量 —	—	—	—	—	—	—	—	—	0.1 0.2	— 0.1	8.9

① 仅供参考。

表 3.2-41 铜-铝合金锻件材料标识及化学成分（摘自 GB/T 20078—2006）

材料标识		元素	化学成分（质量分数,%）										密度① /g·cm⁻³ ≈
符号	代号		Cu	Al	Fe	Mn	Ni	Pb	Si	Sn	Zn	其他合计	
CuAl6Si2Fe	CW301G	min max	余量 —	6.0 6.4	0.5 0.7	— 0.1	— 0.1	— 0.05	2.0 2.4	— 0.1	— 0.4	— 0.2	7.7
CuAl7Si2	CW302G	min max	余量 —	6.3 7.6	— 0.3	— 0.2	— 0.2	— 0.05	1.5 2.2	— 0.2	— 0.5	— 0.2	7.7
CuAl8Fe3	CW303G	min max	余量 —	6.5 8.5	1.5 3.5	— 1.0	— 1.0	— 0.05	— 0.2	— 0.1	— 0.5	— 0.2	7.7
CuAl9Ni3Fe2	CW304G	min max	余量 —	8.0 9.5	1.0 3.0	— 2.5	2.0 4.0	— 0.05	— 0.1	— 0.1	— 0.2	— 0.3	7.4
CuAl10Fe1	CW305G	min max	余量 —	9.0 10.0	0.5 1.5	— 0.5	— 1.0	— 0.02	— 0.2	— 0.1	— 0.5	— 0.2	7.6
CuAl10Fe3Mn2	CW306G	min max	余量 —	9.0 11.0	2.0 4.0	1.5 3.5	— 1.0	— 0.05	— 0.2	— 0.2	— 0.5	— 0.2	7.6
CuAl10Ni5Fe4	CW307G	min max	余量 —	8.5 11.0	3.0 5.0	— 1.0	4.0 6.0	— 0.05	— 0.2	— 0.1	— 0.4	— 0.2	7.6
CuAl11Fe6Ni6	CW308G	min max	余量 —	10.5 12.5	5.0 7.0	— 1.5	5.0 7.0	— 0.05	— 0.2	— 0.1	— 0.5	— 0.2	7.4

① 仅供参考。

表 3.2-42 铜-镍合金锻件材料标识及化学成分（摘自 GB/T 20078—2006）

材料标识		元素	化学成分（质量分数,%）										密度[1]/g·cm^{-3} ≈
符号	代号		Cu	C	Co	Fe	Mn	Ni	P	Pb	S	Sn	Zn	其他合计	
CuNi10Fe1Mn	CW352H	min	余量	—	—	1.0	0.5	9.0	—	—	—	—	—	—	8.9
		max	—	0.05	0.1[2]	2.0	1.0	11.0	0.02	0.02	0.05	0.03	0.5	0.2	
CuNi30Mn1Fe	CW354H	min	余量	—	—	0.4	0.5	30.0	—	—	—	—	—	—	8.9
		max	—	0.05	0.1[2]	1.0	1.5	32.0	0.02	0.02	0.05	0.05	0.5	0.2	

[1] 仅供参考。
[2] 将最大值 0.1% 的 Co 看作是 Ni。

表 3.2-43 铜-镍-锌合金锻件材料标识及化学成分（摘自 GB/T 20078—2006）

材料标识		元素	化学成分（质量分数,%）							密度[1]/g·cm^{-3} ≈
符号	代号		Cu	Fe	Mn	Ni	Pb	Sn	Zn	其他合计	
CuNi7Zn39Pb3Mn2	CW400J	min	47.0	—	1.5	6.0	2.3	—	余量	—	8.5
		max	50.0	0.3	3.0	8.0	3.3	0.2	—	0.2	
CuNi10Zn42Pb2	CW402J	min	45.0	—	—	9.0	1.0	—	余量	—	8.4
		max	48.0	0.3	0.5	11.0	2.5	0.2	—	0.2	

[1] 仅供参考。

表 3.2-44 铜-锌合金锻件材料标识及化学成分（GB/T 20078—2006）

材料标识		元素	化学成分（质量分数,%）							密度[1]/g·cm^{-3} ≈
符号	代号		Cu	Al	Fe	Ni	Pb	Sn	Zn	其他合计	
CuZn37	CW508L	min	62.0	—	—	—	—	—	余量	—	8.4
		max	64.0	0.05	0.1	0.3	0.1	0.1	—	0.1	
CuZn40	CW509L	min	59.5	—	—	—	—	—	余量	—	8.4
		max	61.5	0.05	0.2	0.3	0.3	0.2	—	0.2	

[1] 仅供参考。

表 3.2-45 铜-锌-铅合金锻件材料标识及化学成分（摘自 GB/T 20078—2006）

材料标识		元素	化学成分（质量分数,%）									密度[1]/g·cm^{-3} ≈
符号	代号		Cu	Al	As	Fe	Mn	Ni	Pb	Sn	Zn	其他合计	
CuZn36Pb2As	CW602N	min	61.0	—	0.02	—	—	—	1.7	—	余量	—	8.4
		max	63.0	0.05	0.15	0.1	0.1	0.3	2.8	0.1	—	0.2	
CuZn38Pb2	CW608N	min	60.0	—	—	—	—	—	1.6	—	余量	—	8.4
		max	61.0	0.05	—	0.2	—	0.3	2.5	0.2	—	0.2	
CuZn39Pb0.5	CW610N	min	59.0	—	—	—	—	—	0.2	—	余量	—	8.4
		max	60.5	0.05	—	0.2	—	0.3	0.8	0.2	—	0.2	
CuZn39Pb1	CW611N	min	59.0	—	—	—	—	—	0.8	—	余量	—	8.4
		max	60.0	0.05	—	0.2	—	0.3	1.6	0.2	—	0.2	
CuZn39Pb2	CW612N	min	59.0	—	—	—	—	—	1.6	—	余量	—	8.4
		max	60.0	0.05	—	0.3	—	0.3	2.5	0.3	—	0.2	
CuZn39Pb2Sn	CW613N	min	59.0	—	—	—	—	—	1.6	0.2	余量	—	8.4
		max	60.0	0.1	—	0.4	—	0.3	2.5	0.5	—	0.2	

(续)

材料标识		化学成分（质量分数,%）										密度[①]
符号	代号	元素	Cu	Al	As	Fe	Mn	Ni	Pb	Sn	Zn	其他合计	/g·cm⁻³ ≈
CuZn39Pb3	CW614N	min max	57.0 59.0	— 0.05	— —	— 0.3	— —	— 0.3	2.5 3.5	— 0.3	余量 —	— 0.2	8.4
CuZn39Pb3Sn	CW615N	min max	57.0 59.0	— 0.1	— —	— 0.4	— —	— 0.3	2.5 3.5	0.2 0.5	余量 —	— 0.2	8.4
CuZn40Pb1A1	CW616N	min max	57.0 59.0	0.05 0.30	— —	— 0.2	— —	— 0.2	1.0 2.0	— —	余量 —	— 0.2	8.3
CuZn40Pb2	CW617N	min max	57.0 59.0	— 0.05	— —	— 0.3	— —	— 0.3	1.6 2.5	— 0.3	余量 —	— 0.2	8.4
CuZn40Pb2Sn	CW619N	min max	57.0 59.0	— 0.1	— —	— 0.4	— —	— 0.3	1.6 2.5	0.2 0.5	余量 —	— 0.2	8.4

[①] 仅供参考。

表 3.2-46 复杂铜-锌合金锻件材料标识及化学成分（摘自 GB/T 20078—2006）

材料标识		化学成分（质量分数,%）										密度[①]
符号	代号	元素	Cu	Al	Fe	Mn	Ni	Pb	Si	Sn	Zn	其他合计	/g·cm⁻³ ≈
CuZn23Al6Mn4Fe3Pb	CW704R	min max	63.0 65.0	5.0 6.0	2.0 3.5	3.5 5.0	— 0.5	0.2 0.8	— 0.2	— —	余量 —	— 0.2	8.2
CuZn25Al5Fe2Mn2Pb	CW705R	min max	65.0 68.0	4.0 5.0	0.5 3.0	0.5 3.0	— 1.0	0.2 0.8	— —	— 0.2	余量 —	— 0.3	8.2
CuZn35Ni3Mn2AlPb	CW710R	min max	58.0 60.0	0.3 1.3	— 0.5	1.5 2.5	2.0 3.0	0.2 0.8	— 0.1	— 0.5	余量 —	— 0.3	8.3
CuZn36Sn1Pb	CW712R	min max	61.0 63.0	— —	— 0.1	— —	— 0.2	0.2 0.6	— —	1.0 1.5	余量 —	— 0.2	8.3
CuZn37Mn3Al2PbSi	CW713R	min max	57.0 59.0	1.3 2.3	— 1.0	1.5 3.0	— 1.0	0.2 0.8	0.3 1.3	— 0.4	余量 —	— 0.3	8.1
CuZn37Pb1Sn1	CW714R	min max	59.0 61.0	— —	— 0.1	— —	— 0.3	0.4 1.0	— —	0.5 1.0	余量 —	— 0.2	8.4
CuZn39Mn1AlPbSi	CW718R	min max	57.0 59.0	0.3 1.3	— 0.5	0.8 1.8	— —	0.2 0.8	0.2 0.8	— 0.5	余量 —	— 0.3	8.2
CuZn39Sn1	CW719R	min max	59.0 61.0	— —	— 0.1	— —	— 0.2	— 0.2	— —	0.5 1.0	余量 —	— 0.2	8.4
CuZn40Mn1Pb1	CW720R	min max	57.0 59.0	— 0.2	0.5 0.3	1.0 1.5	— 0.6	1.0 2.0	— 0.1	— 0.3	余量 —	— 0.3	8.3
CuZn40Mn1Pb1AlFeSn	CW721R	min max	57.0 59.0	0.3 1.3	0.2 1.2	0.8 1.8	— 0.3	0.8 1.6	— —	0.2 1.0	余量 —	— 0.3	8.3
CuZn40Mn1Pb1FeSn	CW722R	min max	56.5 58.5	— 0.1	0.2 1.2	0.8 1.8	— 0.3	0.8 1.6	— —	0.2 1.0	余量 —	— 0.3	8.3
CuZn40Mn2Fe1	CW723R	min max	56.5 58.5	— 0.1	0.5 1.5	1.0 2.0	— 0.6	— 0.5	— 0.1	— 0.3	余量 —	— 0.4	8.3

[①] 仅供参考。

表 3.2-47 铜和铜合金锻件材料组和分类（摘自 GB/T 20078—2006）

材料组	A 类材料标识		B 类[①]材料标识	
	符号	代号	符号	代号
I	CuZn40	CW509L	CuZn37	CW508L
	CuZn36Pb2As	CW602N	CuZn39Pb0.5	CW610N
	CuZn38Pb2	CW608N	CuZn39Pb1	CW611N
	CuZn39Pb2	CW612N	CuZn23Al6Mn4Fe3Pb	CW704R
	CuZn39Pb2Sn	CW613N	CuZn25Al5Fe2Mn2Pb	CW705R
	CuZn39Pb3	CW614N	CuZn35Ni3Mn2AlPb	CW710R
	CuZn39Pb3Sn	CW615N	CuZn36Sn1Pb	CW712R
	CuZn40Pb1Al	CW616N	CuZn37Pb1Sn1	CW714R
	CuZn40Pb2	CW617N	CuZn39Sn1	CW719R
	CuZn40Pb2Sn	CW619N	CuZn40Mn1Pb1	CW720R
	CuZn37Mn3Al2PbSi	CW713R	CuZn40Mn2Fe1	CW723R
	CuZn39Mn1AlPbSi	CW718R	—	—
	CuZn40Mn1Pb1AlFeSn	CW723R	—	—
	CuZn40Mn1Pb1FeSn	CW722R		
II	Cu-ETP	CW004A	Cu-HCP	CW021A
	Cu-OF	CW008A	Cu-DHP	CW024A
	CuAl8Fe3	CW303G	CuAl6Si2Fe	CW301G
	CuAl10Fe3Mn2	CW306G	CuAl7Si2	CW302G
	CuAl10Ni5Fe4	CW307G	CuAl9Ni3Fe2	CW304G
	CuAl11Fe6Ni6	CW308G	CuAl10Fe1	CW305G
III	CuCo1Ni1Be	CW103C	CuBe2	CW101C
	CuCo2Be	CW104C	CuCr1	CW105C
	CuCr1Zr	CW106C	CuNi1Si	CW109C
	CuNi2Si	CW111C	CuNi2Be	CW110C
	CuNi10Fe1Mn	CW352H	CuNi3Si1	CW112C
	CuNi30Mn1Fe	CW354H	CuZr	CW120C
	—	—	CuNi7Zn39Pb3Mn2	CW400J
	—	—	CuNi10Zn42Pb2	CW402J

注：因为 GB/T 20078—2006 标准所规定的材料在变形抗力、锻造温度以及在模具中形成的应力方面变化相当大，因此将它们分成三个都具有相似的热加工特性的组。此外，再将各组划分成两类来反映它们的可用性，A 类材料通常比 B 类材料具有更高的可用性。

① 对此类材料不作力学性能规定。

表 3.2-48 材料组 I 中 A 类锻件的力学性能（摘自 GB/T 20078—2006）

标识		材料状态	锻造方向厚度		硬度		抗拉性能（仅供参考）		
材料			小于或等于 80mm 的模锻件和自由锻件	大于 80mm 的自由锻件	布氏硬度 HBW min	维氏硬度 HV min	抗拉强度 R_m/MPa min	0.2% 屈服强度 $R_{p0.2}$/MPa min	断后伸长率 A（%）min
符号	代号								
CuZn40	CW509L	M	X	X	根据生产确定，没有指定的力学性能				
		H075	X	X	75	80	340	100	25
CuZn36Pb2As	CW602N	M	X	X	根据生产确定，没有指定的力学性能				
		H070	X	X	70	75	280	90	30

(续)

标识		材料状态	锻造方向厚度		硬度		抗拉性能（仅供参考）		
材料符号	代号		小于或等于80mm的模锻件和自由锻件	大于80mm的自由锻件	布氏硬度 HBW min	维氏硬度 HV min	抗拉强度 R_m/MPa min	0.2%屈服强度 $R_{p0.2}$/MPa min	断后伸长率 A（%）min
CuZn38Pb2 CuZn39Pb2 CuZn39Pb2Sn CuZn39Pb3 CuZn39Pb3Sn CuZn40Pb1Al CuZn40Pb2 CuZn40Pb2Sn	CW608N CW612N CW613N CW614N CW615N CW616N CW617N CW619N	M	X	X	根据生产确定，没有指定的力学性能				
		H075	—	X	75	80	340	110	20
		H080	—	—	80	85	360	120	20
CuZn37Mn3-Al2PbSi	CW713R	M	X	X	根据生产确定，没有指定的力学性能				
		H125	—	X	125	130	470	180	16
		H140	X	—	140	150	510	230	12
CuZn39Mn1-AlPbSi	CW718R	M	X	X	根据生产确定，没有指定的力学性能				
		H090	—	X	90	95	410	150	15
		H110	X	—	110	115	440	180	15
CuZn40Mn1-Pb1AlFeSn	CW721R	M	X	X	根据生产确定，没有指定的力学性能				
		H100	X	X	100	105	440	180	15
CuZn40Mn1-Pb1FeSn	CW722R	M	X	X	根据生产确定，没有指定的力学性能				
		H085	X	X	85	90	390	150	20

注：X 表示对应的厚度具有右侧所列的性能。

表 3.2-49 材料组 Ⅱ 中 A 类锻件的力学性能（GB/T 20078—2006）

标识		材料状态	锻造方向厚度		硬度		抗拉性能（仅供参考）		
材料符号	代号		小于或等于80mm的模锻件和自由锻件	大于80mm的自由锻件	布氏硬度 HBW min	维氏硬度 HV min	抗拉强度 R_m/MPa min	0.2%屈服强度 $R_{p0.2}$/MPa min	断后伸长率 A（%）min
Cu-ETP Cu-OF	CW004A CW008A	M	X	X	根据生产确定，没有指定的力学性能				
		H045	X	X	45	45	200	40	35
CuAl8Fe3	CW303G	M	X	X	根据生产确定，没有指定的力学性能				
		H110	X	X	110	115	460	180	30
CuAl10Fe3Mn2	CW306G	M	X	X	根据生产确定，没有指定的力学性能				
		H120	—	X	120	125	560	200	12
		H125	X	—	125	130	590	250	10
CuAl10Ni5Fe4	CW307G	M	X	X	根据生产确定，没有指定的力学性能				
		H170	—	X	170	185	700	330	15
		H175	X	—	175	190	720	360	12
CuAl11Fe6Ni6	CW308G	M	X	X	根据生产确定，没有指定的力学性能				
		H200	X	X	200	210	740	410	4

注：X 的含义同表 3.2-48。

表 3.2-50　材料组Ⅲ中 A 类锻件的力学性能（摘自 GB/T 20078—2006）

标识		材料状态	锻造方向厚度		硬度		抗拉性能（仅供参考）		
材料			小于或等于80mm 的模锻件和自由锻件	大于80mm的自由锻件	布氏硬度 HBW min	维氏硬度 HV min	抗拉强度 R_m/MPa min	0.2%屈服强度 $R_{p0.2}$/MPa min	断后伸长率 A（%） min
符号	代号								
CuCo1Ni1Be CuCo2Be	CW103C CW104C	M	X	X	根据生产确定，没有指定的力学性能				
		H210①	X	X	210	220	650	500	8
CuCr1Zr	CW106C	M	X	X	根据生产确定，没有指定的力学性能				
		H110①	X	X	110	115	360	270	15
CuNi2Si	CW111C	M	X	X	根据生产确定，没有指定的力学性能				
		H140①	—	X	140	150	470	320	12
		H150①	X	—	150	160	490	340	12
CuNi10Fe1Mn	CW352H	M	X	X	根据生产确定，没有指定的力学性能				
		H070	X	X	70	75	280	100	25
CuNi30Mn1Fe	CW354H	M	X	X	根据生产确定，没有指定的力学性能				
		H090	X	X	90	95	340	120	25

注：X 的含义同表 3.2-48。
① 固溶热处理和沉淀硬化。

表 3.2-51　铜和铜合金锻件电性能（摘自 GB/T 20078—2006）

材料标识		20℃时的电性能			
		电导率		容积电阻率 /($\Omega \cdot mm^2$)·m^{-1} max	质量电阻率② /($\Omega \cdot g$)·m^{-2} max
符号	代号	m·$(\Omega \cdot mm^2)^{-1}$ min	%IACS① min		
CF-ETP	CW004A	58.0	100.0	(0.01724)	(0.1533)
Cu-OF	CW008A	58.0	100.0	(0.01724)	(0.1533)
CuCo1Ni1Be CuCo2Be	CW103C CW104C	25.0③	43.1③	(0.0400)③	(0.3520)③
CuCr1Zr	CW106C	43.0④	74.1④	(0.02326)④	(0.2067)④
CuNi2Si	CW111C	17.0⑤	29.3⑤	(0.05882)⑤	(0.5176)⑤

注：1. %IACS 值按照退火高传导铜的标准值的百分比计算，由国际电工技术委员会制定。具有 20℃时，0.01724 $\frac{\Omega \cdot mm^2}{m}$ 容积电阻率的铜被定义为具有相当于 100%的传导性。

2. 1MS/m = 1 $\frac{m}{\Omega \cdot mm^2}$。

3. 括号内的数据不是 GB/T 20078—2006 的要求数据，仅供参考。

① IACS = 退火铜国际标准。
② 在计算铜和 CuCr1Zr（CW106C）的质量电阻率时其密度用 8.89g/cm³；其他铜合金采用 8.8g/cm³。
③ 仅适用于 H210 的材料状态。
④ 仅适用于 H110 的材料状态。
⑤ 仅适用于 H150 和 H140 的材料状态。

3 铝及铝合金

3.1 铝及铝合金铸造产品

3.1.1 铸造铝合金（见表 3.2-52 ~ 表 3.2-58）

表 3.2-52　铸造铝合金牌号及化学成分（摘自 GB/T 1173—2013）

合金牌号	合金代号	主要元素　（质量分数,%）							
		Si	Cu	Mg	Zn	Mn	Ti	其他	Al
ZAlSi7Mg	ZL101	6.5~7.5		0.25~0.45					余量
ZAlSi7MgA	ZL101A	6.5~7.5		0.25~0.45			0.08~0.20		余量
ZAlSi12	ZL102	10.0~13.0							余量
ZAlSi9Mg	ZL104	8.0~10.5		0.17~0.35		0.2~0.5			余量
ZAlSi5Cu1Mg	ZL105	4.5~5.5	1.0~1.5	0.4~0.6					余量
ZAlSi5Cu1MgA	ZL105A	4.5~5.5	1.0~1.5	0.4~0.55					余量
ZAlSi8Cu1Mg	ZL106	7.5~8.5	1.0~1.5	0.3~0.5		0.3~0.5	0.10~0.25		余量
ZAlSi7Cu4	ZL107	6.5~7.5	3.5~4.5						余量
ZAlSi12Cu2Mg1	ZL108	11.0~13.0	1.0~2.0	0.4~1.0		0.3~0.9			余量
ZAlSi12Cu1Mg1Ni1	ZL109	11.0~13.0	0.5~1.5	0.8~1.3				Ni: 0.8~1.5	余量
ZAlSi5Cu6Mg	ZL110	4.0~6.0	5.0~8.0	0.2~0.5					余量
ZAlSi9Cu2Mg	ZL111	8.0~10.0	1.3~1.8	0.4~0.6		0.10~0.35	0.10~0.35		余量
ZAlSi7Mg1A	ZL114A	6.5~7.5		0.45~0.75			0.10~0.20	Be: 0.00~0.07	余量
ZAlSi5Zn1Mg	ZL115	4.8~6.2		0.4~0.65	1.2~1.8			Sb: 0.1~0.25	余量
ZAlSi8MgBe	ZL116	6.5~8.5		0.35~0.55			0.10~0.30	Be: 0.15~0.40	余量
ZAlSi7Cu2Mg	ZL118	6.0~8.0	1.3~1.8	0.2~0.5		0.1~0.3	0.10~0.25		余量
ZAlCu5Mn	ZL201		4.5~5.3			0.6~1.0	0.15~0.35		余量
ZAlCu5MnA	ZL201A		4.8~5.3			0.6~1.0	0.15~0.35		余量
ZAlCu10	ZL202		9.0~11.0						余量
ZAlCu4	ZL203		4.0~5.0						余量
ZAlCu5MnCdA	ZL204A		4.6~5.3			0.6~0.9	0.15~0.35	Cd: 0.15~0.25	余量
ZAlCu5MnCdVA	ZL205A		4.6~5.3			0.3~0.5	0.15~0.35	Cd: 0.15~0.25 V: 0.05~0.3 Zr: 0.05~0.2 B: 0.005~0.06	余量
ZAlRE5Cu3Si2	ZL207	1.6~2.0	3.0~3.4	0.15~0.25		0.9~1.2		Ni: 0.2~0.3 Zr: 0.15~0.25 RE: 4.4~5.0①	余量
ZAlMg10	ZL301			9.5~11.0					余量
ZAlMg5Si1	ZL303	0.8~1.3		4.5~5.5		0.1~0.4			余量

（续）

合金牌号	合金代号	主要元素（质量分数,%）							
		Si	Cu	Mg	Zn	Mn	Ti	其他	Al
ZAlMg8Zn1	ZL305			7.5~9.0	1.0~1.5		0.1~0.2	Be: 0.03~0.1	余量
ZAlZn11Si7	ZL401	6.0~8.0		0.1~0.3	9.0~13.0				余量
ZAlZn6Mg	ZL402			0.5~0.65	5.0~6.5		0.15~0.25	Cr: 0.4~0.6	余量

注：1. 合金代号由 ZL（铸、铝汉语拼音第一个字母）及其后 3 个阿拉伯数字组成，ZL 后的第 1 个数字表示合金系列，其中 1、2、3、4 分别代表铝硅、铝铜、铝镁、铝锌系列；ZL 后第 2、第 3 两个数字表示合金的顺序号。优质合金在数字后面附加字母"A"。
2. 铝硅系需要变质的合金用钠或锶（含钠盐和铝锶中间合金）进行变质处理，在不降低合金使用性能前提下，允许采用其他变质剂或变质方法进行变质处理。
3. 在海洋环境中使用时，ZL101 铜的质量分数不大于 0.1%。用金属型铸造时，ZL203 硅的质量分数允许达 3.0%。
4. ZL105 中当铁的质量分数大于 0.4% 时，锰含量应大于铁含量的一半。
5. 当 ZL201、ZL201A 用于制作高温下工作的零件时，应加入 0.05%~0.20% 质量分数的锆。
6. 为提高力学性能，在 ZL101、ZL102 中允许含 0.08%~0.20%（质量分数）的钇；在 ZL203 中允许含 0.08%~0.20% 质量分数的钛，此时，其铁的质量分数应不大于 0.3%。
7. 与食品接触的铝合金制品，不允许含有铍；砷的质量分数不大于 0.015%，锌的质量分数不大于 0.3%，铅的质量分数不大于 0.15%。
8. 当用杂质总和来表示杂质含量时，如无特殊规定，其中每一种未列出的元素的质量分数不大于 0.05%。

① 混合稀土中含各种稀土总量不小于 98%，其中含铈（Ce）约 45%。

表 3.2-53　铸造铝合金力学性能（摘自 GB/T 1173—2013）

合金牌号	合金代号	铸造方法	合金状态	力学性能 ≥		
				抗拉强度 R_m/MPa	断后伸长率 A (%)	布氏硬度 HBW
ZAlSi7Mg	ZL101	S、R、J、K	F	155	2	50
		S、R、J、K	T2	135	2	45
		JB	T4	185	4	50
		S、R、K	T4	175	4	50
		J、JB	T5	205	2	60
		S、R、K	T5	195	2	60
		SB、RB、KB	T5	195	2	60
		SB、RB、KB	T6	225	1	70
		SB、RB、KB	T7	195	2	60
		SB、RB、KB	T8	155	3	55
ZAlSi7MgA	ZL101A	S、R、K	T4	195	5	60
		J、JB	T4	225	5	60
		S、R、K	T5	235	4	70
		SB、RB、KB	T5	235	4	70
		JB、J	T5	265	4	70
		SB、RB、KB	T6	275	2	80
		JB、J	T6	295	3	80
ZAlSi12	ZL102	SB、JB、RB、KB	F	145	4	50
		J	F	155	2	50
		SB、JB、RB、KB	T2	135	4	50
		J	T2	145	3	50

(续)

合金牌号	合金代号	铸造方法	合金状态	力学性能 ≥		
				抗拉强度 R_m/MPa	断后伸长率 A（%）	布氏硬度 HBW
ZAlSi9Mg	ZL104	S、J、R、K	F	145	2	50
		J	T1	195	1.5	65
		SB、RB、KB	T6	225	2	70
		J、JB	T6	235	2	70
ZAlSi5Cu1Mg	ZL105	S、J、R、K	T1	155	0.5	65
		S、R、K	T5	195	1	70
		J	T5	235	0.5	70
		S、R、K	T6	225	0.5	70
		S、J、R、K	T7	175	1	65
ZAlSi5Cu1MgA	ZL105A	SB、R、K	T5	275	1	80
		J、JB	T5	295	2	80
ZAlSi8Cu1Mg	ZL106	SB	F	175	1	70
		JB	T1	195	1.5	70
		SB	T5	235	2	60
		JB	T5	255	2	70
		SB	T6	245	1	80
		JB	T6	265	2	70
		SB	T7	225	2	60
		J	T7	245	2	60
ZAlSi7Cu4	ZL107	SB	F	165	2	65
		SB	T6	245	2	90
		J	F	195	2	70
		J	T6	275	2.5	100
ZAlSi12Cu2Mg1	ZL108	J	T1	195	—	85
		J	T6	255	—	90
ZAlSi12Cu1Mg1Ni1	ZL109	J	T1	195	0.5	90
		J	T6	245	—	100
ZAlSi5Cu6Mg	ZL110	S	F	125	—	80
		J	F	155	—	80
		S	T1	145	—	80
		J	T1	165	—	90
ZAlSi9Cu2Mg	ZL111	J	F	205	1.5	80
		SB	T6	255	1.5	90
		J、JB	T6	315	2	100
ZAlSi7Mg1A	ZL114A	SB	T5	290	2	85
		J、JB	T5	310	3	90
ZAlSi5Zn1Mg	ZL115	S	T4	225	4	70
		J	T4	275	6	80
		S	T5	275	3.5	90
		J	T5	315	5	100
ZAlSi8MgBe	ZL116	S	T4	255	4	70
		J	T4	275	6	80
		S	T5	295	2	85
		J	T5	335	4	90

（续）

合金牌号	合金代号	铸造方法	合金状态	力学性能 ≥		
				抗拉强度 R_m/MPa	断后伸长率 A（%）	布氏硬度 HBW
ZAlCu5Mn	ZL201	S、J、R、K	T4	295	8	70
		S、J、R、K	T5	335	4	90
		S	T7	315	2	80
ZAlSi7Cu2Mg	ZL118	SB、RB	T6	290	1	90
		JB	T6	305	2.5	105
ZAlCu5MnA	ZL201A	S、J、R、K	T5	390	8	100
ZAlCu10	ZL202	S、J	F	104	—	50
		S、J	T6	163	—	100
ZAlCu4	ZL203	S、R、K	T4	195	6	60
		J	T4	205	6	60
		S、R、K	T5	215	3	70
		J	T5	225	3	70
ZAlCu5MnCdA	ZL204A	S	T5	440	4	100
ZAlCu5MnCdVA	ZL205A	S	T5	440	7	100
		S	T6	470	3	120
		S	T7	460	2	110
ZAlRE5Cu3Si2	ZL207	S	T1	165	—	75
		J	T1	175	—	75
ZAlMg10	ZL301	S、J、R	T4	280	10	60
ZAlMg5Si1	ZL303	S、J、R、K	F	145	1	55
ZAlMg8Zn1	ZL305	S	T4	290	8	90
ZAlZn11Si7	ZL401	S、R、K	T1	195	2	80
		J	T1	245	1.5	90
ZAlZn6Mg	ZL402	J	T1	235	4	70
		S	T1	215	4	65

注：1. 合金状态代号含义：F—铸态，T1—人工时效，T2—退火，T4—固溶处理加自然时效，T5—固溶处理加不完全人工时效，T6—固溶处理加完全人工时效，T7—固溶处理加稳定化处理，T8—固溶处理加软化处理。

2. 铸造方法代号含义：S—砂型铸造，J—金属型铸造，R—熔模铸造，K—壳型铸造，B—变质处理。

表 3.2-54 铸造铝合金热处理规范（摘自 GB/T 1173—2013）

合金牌号	合金代号	合金状态	固溶处理			时效处理		
			温度/℃	时间/h	冷却介质及温度/℃	温度/℃	时间/h	冷却介质
ZAlSi7MgA	ZL101A	T4	535±5	6~12	水 60~100	室温	≥24	—
		T5	535±5	6~12	水 60~100	室温	≥8	空气
						再 155±5	2~12	空气
		T6	535±5	6~12	水 60~100	室温	≥8	空气
						再 180±5	3~8	空气

(续)

合金牌号	合金代号	合金状态	固溶处理			时效处理		
			温度/℃	时间/h	冷却介质及温度/℃	温度/℃	时间/h	冷却介质
ZAlSi5Cu1MgA	ZL105A	T5	525±5	4~6	水 60~100	160±5	3~5	空气
		T7	525±5	4~6	水 60~100	225±5	3~5	空气
ZAlSi7Mg1A	ZL114A	T5	535±5	10~14	水 60~100	室温	≥8	空气
						再 160±5	4~8	空气
ZAlSi5Zn1Mg	ZL115	T4	540±5	10~12	水 60~100	150±5	3~5	空气
		T5	540±5	10~12	水 60~100			
ZAlSi8MgBe	ZL116	T4	535±5	10~14	水 60~100	室温	≥24	—
		T5	535±5	10~14	水 60~100	175±5	6	空气
ZAlSi7Cu2Mg	ZL118	T6	490±5	4~6	水 60~100	室温	≥8	空气
			再 510±5	6~8		160±5	7~9	空气
			再 520±5	8~10				
ZAlCu5MnA	ZL201A	T5	535±5	7~9	水 60~100	室温	≥24	—
			再 545±5	7~9	水 60~100	160±5	6~9	
ZAlCu5MnCdA	ZL204A	T5	530±5	9		175±5	3~5	
			再 540±5	9	水 20~60			
ZAlCu5MnCdVA	ZL205A	T5	538±5	10~18		155±5	8~10	
		T6	538±5	10~18	水 20~60	175±5	4~5	
		T7	538±5	10~18		190±5	2~4	
ZAlRE5Cu3Si2	ZL207	T1				200±5	5~10	
ZAlMg8Zn1	ZL305	T4	435±5	8~10	水 80~100	室温	≥24	—
			再 490±5	6~8				

表 3.2-55 铸造铝合金推荐的热处理类型及应用

热处理类型及代号	目的及用途	适用合金	备注
不预先淬火的人工时效（T1）	改善铸件切削加工性，提高某些合金（如ZL105）零件的硬度和强度（约30%）用来处理承受载荷不大的硬模铸造零件	ZL104 ZL105 ZL401	用湿砂型或金属型铸造时，可获得部分淬火效果，即固溶体有着不同程度的过饱和度。时效温度为 150~180℃，保温 1~24h
退火（T2）	消除铸件的铸造应力和由机械加工引起的冷作硬化，提高塑性用于要求使用过程中尺寸很稳定的零件	ZL101 ZL102	一般铸件在铸造后或粗加工后常进行退火处理。退火温度为 280~300℃，保温 2~4h
淬火，自然时效（T4）	提高零件的强度并保持高的塑性，提高100℃以下工作零件的耐蚀性用于受动载荷冲击作用的零件	ZL101 ZL201 ZL203 ZL301	这种处理也称为固溶处理，对具有自然时效特性的合金 T4 也表示淬火自然时效。淬火温度为 500~535℃，铝镁系合金为 435℃

（续）

热处理类型及代号	目的及用途	适用合金	备注
淬火后短时间不完全人工时效（T5）	获得足够高的强度（较T4为高）并保持较高的屈服强度 用于承受高静载荷及在不很高温度下工作的零件	ZL101 ZL105 ZL201 ZL203	在低温或瞬时保温条件下进行人工时效，时效温度为150～170℃
淬火后完全时效至最高硬度（T6）	使合金获得最高强度而塑性稍有降低 用于承受高静载荷而不受冲击作用的零件	ZL101 ZL104 ZL204A	在较高温度和长时间保温条件下进行人工时效，时效温度为175～185℃
淬火后稳定回火（T7）	获得足够的强度和较高的稳定性，防止零件高温工作时力学性能下降和尺寸变化 适用于高温工作的零件	ZL101 ZL105 ZL207	最好在接近零件工作温度（超过T5和T6的回火温度）下进行回火，回火温度为190～230℃，保温4～9h
淬火后软化回火（T8）	获得较高的塑性，但强度特性有所降低 适用于要求高塑性的零件	ZL101	回火温度比T7更高，一般为230～270℃，保温时间为4～9h
冷处理或循环处理（冷后又热）（T9）	使零件几何尺寸进一步稳定，适用于仪表的壳体等精密零件	ZL101 ZL102	机械加工后冷处理是在-50℃、-70℃或-195℃保持3～6h 循环处理是冷至-196～-70℃，然后加热到350℃，根据具体要求多次循环

注：热处理类型中的淬火也称固溶处理。

表3.2-56　铸造铝合金高温和低温力学性能

	合金代号	铸造方法及热处理种类	高温短时强度/MPa						持久强度/MPa (100h)			蠕变强度/MPa (300℃, 100h)	
			100℃	150℃	175℃	200℃	250℃	300℃	200℃	250℃	300℃	总变形	残余变形
高温力学性能	ZL101	S、T4 S、T5	180 —	160 —	— —	160 140	150 110	— 90	— 60	— 45	— 28	— —	— 12
	ZL102	S、T2				150	130	80	70	40	28		12
	ZL104	S、T6	220	190	180	160	110	100	80	50	25	10	—
	ZL105	S、T5 S、T6	260 —	250 —	— —	220 180	180 150	130 110	80 90	46 60	24 35	15 —	— 24
	ZL201	S、T4 S、T5	— —	— —	270 280	270 280	180 200	140 150	— 150	110 115	65 65	40 40	— —
	ZL203	S、T4	250	240		210	150	—					
	ZL301	S、T4				220	150	90	80	40	15		10
	ZL401	S、T1	170			120		40	50	35			

(续)

	合金代号	状态	试验温度 /℃	抗拉强度 /MPa	屈服强度 /MPa	断后伸长率 (%)	冲击韧度 /J·cm^{-2}
低温力学性能	ZL101	T5	-70	189	133	3.7	4.0
			-196	223	157	2.8	3.6
		T6	-70	231	215	1.3	2.4
			-196	257	231	0.9	2.3
	ZL102	铸态	-40	190	—	9	6.0
			-70	200	—	8	5.0
	ZL104	T6	-40	280	—	3.5	2.5
			-70	290	—	2.8	2.5
			-196	330	—	2.5	2.5
	ZL201	T4	-40	280	—	6.5	—
			-70	280	—	6.5	—
		T5	-50	300	—	5	—
	ZL301	T4	-70	298	212	7.7	7.0
			-196	247	233	1.2	2.3
	ZL402	自然时效	-70	270	—	5	—

注：本表数值供参考。

表 3.2-57 铸造铝合金物理性能

合金代号	密度 ρ /g·cm^{-3}	熔化温度范围 /℃	20~100℃时平均线胀系数 α /10^{-6}·K^{-1}	100℃时比热容 c /J·(kg·K)$^{-1}$	25℃时热导率 λ /W·(m·K)$^{-1}$	20℃时电导率 γ (%IACS)	20℃时电阻率 ρ /nΩ·m
ZL101	2.66	577~620	23.0	879	151	36	45.7
ZL101A	2.68	557~613	21.4	963	150	36	44.2
ZL102	2.65	577~600	21.1	837	155	40	54.8
ZL104	2.65	569~601	21.7	753	147	37	46.8
ZL105	2.68	570~627	23.1	837	159	36	46.2
ZL106	2.73	—	21.4	963	100.5	—	—
ZL108	2.68	—	—	—	117.2	—	—
ZL109	2.68	—	19	963	117.2	29	59.4
ZL111	2.69	—	18.9	—	—	—	—
ZL201	2.78	547.5~650	19.5	837	113	—	59.5
ZL201A	2.83	547.5~650	22.6	833	105	—	52.2
ZL202	2.91	—	22.0	963	134	34	52.2
ZL203	2.80	—	23.0	837	154	35	43.3
ZL204A	2.81	544~650	22.03	—	—	—	—
ZL205A	2.82	544~633	21.9	888	113	—	—
ZL206	2.90	542~631	20.6	—	155	—	64.5
ZL207	2.83	603~637	23.6	—	96.3	—	53

(续)

合金代号	密度 ρ /g·cm^{-3}	熔化温度范围 /℃	20~100℃时平均线胀系数 α /10^{-6}·K^{-1}	100℃时比热容 c /J·(kg·K)$^{-1}$	25℃时热导率 λ /W·(m·K)$^{-1}$	20℃时电导率 γ (%IACS)	20℃时电阻率 ρ /nΩ·m
ZL208	2.77	545~642	22.5	—	155	—	46.5
ZL301	2.55		24.5	1047	92.1	21	91.2
ZL303	2.60	550~650	20.0	962	125	29	64.3
ZL401	2.95	545~575	24.0	879	—	—	—
ZL402	2.81	—	24.7	963	138.2	35	—

注：本表数值供参考。

表 3.2-58　铸造铝合金的特性及应用

组别	合金代号	铸造方法	主要特性	用途举例
铝硅合金	ZL101	砂型、金属型、壳型和熔模铸造	铝硅镁系列三元合金，特性是：①铸造性能良好，流动性高、无热裂倾向、线收缩小、气密性高，但稍有产生集中缩孔和气孔的倾向；②有相当高的耐蚀性，与 ZL102 相近；③可经热处理强化，同时合金淬火后有自然时效能力，因而具有较高的强度和塑性；④易于焊接，可加工性中等；⑤耐热性不高；⑥铸件可经变质处理或不经变质处理	适于铸造形状复杂、承受中等负荷的零件，也可用于要求高的气密性、耐蚀性和焊接性能良好的零件，但工作温度不得超过200℃，如水泵及传动装置壳体、水冷发动机气缸体、抽水机壳体、仪表外壳、汽化器等
	ZL101A		成分、性能和 ZL101 基本相同，但其杂质含量低，且加入少量 Ti 以细化晶粒，故其力学性能比 ZL101 有较大程度的提高	与 ZL101 基本相同，主要用于铸造高强度铝合金铸件
	ZL102	砂型、金属型、壳型和熔模铸造	系典型的铝硅二元合金，是应用最早的一种普通硅铝合金，其特性是：①铸造性能和 ZL101 一样好，但在铸件的断面厚度大处容易产生集中缩孔，吸气倾向也较大；②耐蚀性高，能经得住湿气、海水、二氧化碳、浓硝酸、氨、硫、过氧化氢的腐蚀作用；③不能热处理强化，力学性能不高，但随铸件壁厚增加，强度降低的程度小；④焊接性能良好，但可切削性差，耐热性不高；⑤需经变质处理	常在铸态或退火状态下使用，适于铸造形状复杂、承受较低载荷的薄壁铸件，以及要求耐腐蚀和气密性高、工作温度≤200℃的零件，如仪表壳体、机器罩、盖子、船舶零件等
	ZL104	砂型、金属型、壳型和熔模铸造	系铝硅镁锰系列四元合金，特性是：①铸造性能良好，流动性好、无热裂倾向、气密性良好、线收缩小，但吸气倾向大，易于形成针孔；②可经热处理强化，室温力学性能良好，但高温性能较差（只能在≤200℃下使用）；③耐蚀性能好（类似于 ZL102，但较 ZL102 低）；④可加工性和焊接性一般；⑤铸件需经变质处理	适于铸造形状复杂、薄壁、耐腐蚀和承受较高静载荷和冲击载荷的大型铸件，如水冷式发动机的曲轴箱、滑块和气缸盖、气缸体以及其他重要零件，但不宜用于工作温度超过200℃的场所

(续)

组别	合金代号	铸造方法	主要特性	用途举例
铝硅合金	ZL105	砂型、金属型、壳型和熔模铸造	系铝硅铜镁系列四元合金,特性是:①铸造性能良好,流动性高、收缩率较低、吸气倾向小、气密性良好、热裂倾向小;②熔炼工艺简单,不需采用变质处理和在压力下结晶等工艺措施;③可热处理强化,室温强度较高,但塑性、韧性较低;④高温力学性能良好;⑤焊接性和可加工性良好;⑥耐蚀性尚可	适于铸造形状复杂、承受较高静载荷的零件,以及要求焊接性能良好、气密性高或工作温度在225℃以下的零件,如水冷发动机的气缸体、气缸头、气缸盖、空冷发动机头和发动机曲轴箱等 ZL105合金在航空工业中应用相当广泛
	ZL105A		特性和ZL105合金基本相同,但其杂质Fe的含量较少,且加入少量Ti细化晶粒,属于优质合金,故其强度高于ZL105合金	与ZL105基本相同,主要用于铸造高强度铝合金铸件
	ZL106	砂型、金属型铸件	系铝硅铜镁锰多元合金,特性是:①铸造性能良好,流动性好、气密性高、无热裂倾向、线收缩小,产生缩孔及气孔的倾向也较小;②可经热处理强化,室温下具有较高的力学性能,高温性能也较好;③焊接和可加工性能良好;④耐蚀性接近于ZL101合金	适于铸造形状复杂、承受高静载荷的零件,也可用于要求气密性高或工作温度在225℃以下的零件,如泵体、水冷发动机气缸头等
	ZL107	砂型、金属型铸造	系铝硅铜三元合金,铸造流动性和抗热裂倾向均较ZL101、ZL102、ZL104差,但比铝铜、铝镁合金要好得多;吸气倾向较ZL101及102小,可热处理强化,在20~250℃的温度范围内力学性能较ZL104高;可加工性良好,耐蚀性不高;铸件需要进行变质处理(砂型)	用于铸造形状复杂、壁厚不均、承受较高负荷的零件,如机架、柴油发动机的附件、汽化器零件、电气设备外壳等
	ZL108	金属型铸造	系铝硅铜镁锰多元合金,是我国目前常用的一种活塞铝合金,其特性是:①密度小、热胀系数低、热导率高、耐热性能好,但可加工性较差;②铸造性能良好,流动性高、无热裂倾向、气密性高、线收缩小,但易于形成集中缩孔,且有较大的吸气倾向;③可经热处理强化,室温和高温力学性能都较高;④在熔炼中需要进行变质处理,一般在硬模中(金属型)铸造,可以得到尺寸精确的零件,节省加工时间	主要用于铸造汽车、拖拉机的发动机活塞和其他在250℃以下高温中工作的零件,当要求热胀系数小、强度高、耐磨性高时,也可以采用这种合金
	ZL109	金属型铸造	系加有部分镍的铝硅铜镁多元合多,和ZL108一样,也是一种常用的活塞铝合金,其性能和ZL108相似。加镍的目的在于提高其高温性能,但实际上效果并不显著,故在这种合金中的含镍量有降低和取消的倾向	与ZL108合金相同
	ZL111	砂型、金属型铸造	系铝硅铜镁锰钛多元合金,其特性是:①铸造性能良好,流动性好、充型能力优良,一般无热裂倾向、线收缩小、气密性高,可经受住高压气体和液体的作用;②在熔炼中需进行变质处理,可经热处理强化,在铸态或热处理后的力学性能是铝-硅系合金中最好的,可和高强铸铝合金ZL201相媲美,且高温性能也较好;③可加工性和焊接性良好;④耐蚀性较差	适于铸造形状复杂、承受高负荷、气密性要求高的大型铸件,以及在高压气体或液体下长期工作的大型铸件,如转子发动机的缸体、缸盖,以及水泵叶轮和军事工业中的大型壳体等重要机件

（续)

组别	合金代号	铸造方法	主要特性	用途举例
铝硅合金	ZL114A	砂型、金属型铸造	这是成分、性能和ZL101A优质合金相近似的铝硅镁系铝合金，由于杂质含量少、含镁量较ZL101A高，且加入少量的铍以消除杂质Fe的有害作用，故在保持ZL101A优良的铸造性能和耐蚀性的同时，显著地提高了合金的强度	这种合金是铝-硅系合金中强度最高的品种之一，主要用于铸造形状复杂、高强度铝合金铸件，由于铍的价格高，同时合金的热处理温度要求控制较严、热处理时间较长等原因，应用受到一定限制
铝硅合金	ZL115	砂型、金属型铸造	系加有少量锑的铝硅镁锌多元合金。在合金中添加少量的锑，目的是用其作为共晶硅的长效变质剂，以提高合金在热处理后的力学性能。成分中的锌也可起到辅助强化作用。因而，这种合金的特性是：在具有铝硅镁系合金优良的铸造性能和耐蚀性的同时，兼有高的强度和塑性，是铝-硅合金中高强度品种之一	主要用于铸造形状复杂、高强度铝合金铸件以及耐蚀的零件 这种合金在熔炼中不需再经变质处理
铝硅合金	ZL116	砂型、金属型铸造	系铝硅镁铍多元合金，这种合金的特点是：杂质中允许较多的Fe含量和含有少量的Be；Be的作用是与Fe形成化合物，使粗大针状的含Fe相变成团状，同时Be还有促进时效强化的作用，故加铍后显著提高了合金的力学性能，使其成为铝-硅合金中高强度品种之一，加Be还提高耐蚀性。由于合金的含硅量较高，有利于获得致密的铸件	适用于制造承受高液压的油壳泵体等发动机附件，以及其他外形复杂、要求高强度、高耐蚀性的机件 因Be的价格高且有毒，所以这种合金在使用上受到一定限制
铝铜合金	ZL201	砂型、金属型、壳型和熔模铸造	系加有少量锰、钛元素的铝-铜合金，其特性是：①铸造性能不好，流动性差，形成热裂和缩孔的倾向大，线收缩大，气密性低，但吸气倾向小；②可热处理强化，经热处理后，合金具有很高的强度和良好的塑性、韧性，同时耐热性高（在强高和耐热性两方面，ZL201是铸造铝合金中最好的合金）；③焊接性能和可加工性良好；④耐蚀性差	适于铸造工作温度为175～300℃或室温下承受高负荷、形状不太复杂的零件，也可用于低温下（-70℃）承受高负荷的零件，是用途较广的一种铝合金
铝铜合金	ZL201A		成分、性能和ZL201基本相同，但其杂质含量控制较严，属于优质合金，力学性能高于ZL210合金	与ZL201基本相同，主要用于要求高强度铝合金铸件的场所
铝铜合金	ZL202	砂型、金属型铸造	这是一种典型的铝铜二元合金，特性是：①铸造性能不好，流动性、收缩性和气密性等均一般，但较ZL203要好，热裂倾向大、吸气倾向小；②热处理强化效果差，合金的强度低、塑性及韧性差，并随铸件壁厚的增加而明显降低；③熔炼工艺简单，不需要进行变质处理；④有优良的可加工性和焊接性，耐蚀性差，密度大；⑤耐热性较好	用于铸造小型、低载荷的零件，亦可用来铸造在较高工作温度（≤250℃）下工作的零件，如小型内燃发动机的活塞和气缸头等。此合金由于密度大、强度低、脆性高，为其他合金所取代，现在已用得很少
铝铜合金	ZL203	砂型、金属型、壳型和熔模铸造	这也是一种典型的铝铜二元合金（含铜量比ZL202低），其特性是：①铸造性能差，流动性低，形成热裂和缩松倾向大，线收缩大，气密性一般，但吸气倾向小；②经淬火处理后，有较高的强度和好的塑性，铸件经淬火后有自然时效倾向；③熔炼工艺简单，不需要进行变质处理；④可加工性和焊接性良好；⑤耐蚀性差（特别是在人工时效状态下的铸件）；⑥耐热性不高	适于铸造形状简单、承受中等静负荷或冲击载荷、工作温度不超过200℃且要求可加工性良好的小型零件，如曲轴箱、支架、飞轮盖等

（续）

组别	合金代号	铸造方法	主要特性	用途举例
铝铜合金	ZL204A	砂型铸造	这是加入少量 Cd、Ti 元素的铝-铜合金，通过添加少量 Cd 以加速合金的人工时效，加少量 Ti 以细化晶粒，并降低合金中有害杂质的含量，选择合适的热处理工艺而获得 R_m 达 437MPa 的高强度耐热铸铝合金。这种合金属于固溶体型合金，结晶间隔较宽，铸造工艺较差，一般用于砂型铸造，不适于金属型铸造	这类高强度耐热铸铝合金的力学性能达到了常用锻铝合金的力学性能水平，它们的优质铸件可以代替一般的铝合金锻件。作为受力构件，在航空和航天工业中获得了广泛的应用
	ZL205A	砂型铸造	性能同上。这是在 ZL201 的基础上加入了 Cd、V、Zr、B 等微量元素而发展起来的 R_m 达 437MPa 以上的高强度耐热铸铝合金。微量 V、B、Zr 等元素能进一步提高合金的热强性，Cd 能改善合金的人工时效效果，显著提高合金的力学性能。合金的耐热性高于 ZL204A	与 ZL204A 合金基本相同
铝稀土金属合金	ZL207A	砂型及金属型铸造	系 Al-RE（富铈混合稀土金属）为基的铸造铝合金。这种合金除含有较高的 RE 以外，还含有 Cu、Si、Mn、Ni、Mg、Zr 等元素，其特性是：①耐热性好，可在高温下长期使用，工作温度可达 400℃；②铸造性能良好，结晶温度范围只有 30℃左右，充型能力良好，且形成针孔的倾向较小，铸件的气密性高，不易产生热裂和疏松；③缺点是室温力学性能较低，成分复杂	可用于铸造形状复杂、受力不大、在高温下长期工作的铸件
铝镁合金	ZL301	砂型、金属型和熔模铸造	系典型的铝镁二元合金，其特性是：①在海水、大气等介质中有很高的耐蚀性，是铸造铝合金中最好的；②铸造性能差，流动性和产生气孔、形成热裂的倾向一般，易于产生显微疏松，气密性低，收缩率低，吸气倾向大；③可热处理强化，铸件在淬火状态下使用，具有高的强度和良好的塑性、韧性，但具有自然时效倾向。在长期使用过程中，塑性明显下降、变脆，并出现应力腐蚀倾向；④耐热性不高；⑤可加工性良好，可以达到很高的表面质量要求。表面经抛光后，能长期保持原来的光泽；⑥焊接性较差；⑦熔炼中容易氧化，且熔铸工艺较复杂，废品率高	适于铸造承受高静载荷和冲击载荷、暴露在大气或海水等腐蚀介质中、工作温度不超过 200℃、形状简单的大、中、小型零件，如雷达底座、水上飞机和船舶配件（发动机机匣、起落架零件、船用舷窗等）以及其他装饰用零部件等
	ZL303	砂型、金属型、壳型和熔模铸造	这是添加质量分数 1% 左右 Si、少量 Mn 和含 Mg 的质量分数为 5% 左右的铝镁硅系合金，其特性是：①耐蚀性高，接近 ZL301 合金；②铸造性能尚可，流动性一般，有氧化、吸气、形成缩孔的倾向（但比 ZL301 好），收缩率大，气密性一般，形成热裂的倾向比 ZL301 小；③在铸态下具有一定的力学性能，但不能经热处理明显强化；④高温性能较 ZL301 高；⑤可加工性和抛光性与 ZL301 一样好，而焊接性则较 ZL301 有明显改善；⑥生产工艺简单，但熔炼中容易氧化和吸气	适于铸造同腐蚀介质接触和在较高温度（≤220℃）下工作、承受中等负荷的船舶、航空及内燃机车零件，如海轮配件、各种壳件、气冷发动机气缸头，以及其他装饰性零部件等

(续)

组别	合金代号	铸造方法	主要特性	用途举例
铝镁合金	ZL305	砂型铸造	这是加有少量 Be、Ti 元素的铝镁锌系合金，它是 ZL301 的改型合金，由于 ZL301 有自然时效和应力腐蚀倾向，力学性能稳定性差，故应用受到很大限制。针对 ZL301 合金的这一缺点，降低其 Mg 含量，并加入 Zn 及少量 Ti，从而提高了合金的自然时效稳定性和耐应力腐蚀能力。合金中加入微量 Be，可防止在熔炼和铸造过程中的氧化现象。合金的其他性能与 ZL301 相近	用途和 ZL301 基本相同，但工作温度不宜超过 100℃。因为这种合金在人工时效温度超过 150℃时，大量强化相析出，抗拉强度虽有提高，但塑性大量下降，应力腐蚀现象也同时加剧
铝锌合金	ZL401	砂型、金属型、壳型和熔模铸造	系铝锌硅镁四元合金，俗称锌硅铝明，其特性是：①铸造性能良好，流动性好、产生缩孔和形成热裂的倾向小、线收缩小，但有较大的吸气倾向；②在熔炼中需进行变质处理；③它的主要优点在于铸态下具有自然时效能力，可获得高的强度，因而不必进行热处理；④耐热性低，耐蚀性一般，密度大；⑤焊接和可加工性良好；⑥价格便宜	适于铸造大型、复杂和承受高的静载荷而又不便于进行热处理的零件，但工作温度不得超过 200℃，如汽车零件，医疗器械、仪器零件、日用品等。因密度大，在某些场合下限制了它的应用
铝锌合金	ZL402	砂型和金属型铸造	这是含有少量 Cr 和 Ti 的铝锌镁系合金，其特性是：①铸造性能尚好，流动性和气密性良好，缩松和热裂倾向都不大；②在铸态经时效后即可获得较高的力学性能，在 -70℃ 的低温下仍能保持良好的力学性能，但高温性能低（工作温度≤150℃）；③有良好的耐蚀性和耐应力腐蚀性能，在这方面超过铝铜合金而接近于铝硅合金；④可加工性良好，焊接性一般；⑤铸件经人工时效后尺寸稳定；⑥密度较大	适于铸造承受高的静载荷和冲击载荷而又不便于进行热处理的零件，亦可用于要求同腐蚀介质接触和尺寸稳定性高的零件，如高速旋转的整铸叶轮、飞机起落架、空气压缩机活塞、精密仪表零件等。因密度大，限制了它的应用

3.1.2 压铸铝合金（见表3.2-59）

表3.2-59 压铸铝合金牌号、化学成分及应用（摘自 GB/T 15115—2009）

牌号	代号	化学成分（质量分数,%）										特性	应用举例
		Si	Cu	Mn	Mg	Fe	Ni	Ti	Zn	Pb	Sn	Al		
YZAlSi12	YL102	10.0~13.0	≤1.0	≤0.35	≤0.10	≤1.0	≤0.50	—	≤0.40	≤0.10	≤0.15	余量	共晶铝硅合金。具有较好的抗热裂性能和很好的气密性，以及很好的流动性，不能热处理强化，抗拉强度低	用于承受低负荷、形状复杂的薄壁铸件，如各种仪壳体、汽车机匣、牙科设备、活塞等
YZAlSi10Mg	YL101	9.0~10.0	≤0.6	≤0.35	0.45~0.65	≤1.0	≤0.50		≤0.40	≤0.10	≤0.15	余量	亚共晶铝硅合金。较好的抗腐蚀性能，较高的冲击韧性和屈服强度，但铸造性能稍差	汽车车轮罩、摩托车曲轴箱、自行车车轮、船外机螺旋桨等
YZAlSi10	YL104	8.0~10.5	≤0.3	0.2~0.5	0.30~0.50	0.5~0.8	≤0.10		≤0.30	≤0.05	≤0.01	余量		

第 2 章 有色金属材料

(续)

牌号	代号	化学成分（质量分数,%）										特性	应用举例
		Si	Cu	Mn	Mg	Fe	Ni	Ti	Zn	Pb	Sn	Al		
YZAlSi9Cu4	YL112	7.5~9.5	3.0~4.0	≤0.50	≤0.10	≤1.0	≤0.50	—	≤2.90	≤0.10	≤0.15	余量	具有好的铸造性能和力学性能，很好的流动性、气密性和抗热裂性，较好的力学性能、切削加工性、抛光性和铸造性能	常用作齿轮箱、空冷气缸头、发报机机座、割草机罩子、气动制动、汽车发动机零件，摩托车缓冲器、发动机零件及箱体，农机具用箱体、缸盖和缸体，3C产品壳体，电动工具、缝纫机零件、渔具、煤气用具、电梯零件等。YL112的典型用途为带轮、活塞和气缸头等
YZAlSi11Cu3	YL113	9.5~11.5	2.0~3.0	≤0.50	≤0.10	≤1.0	≤0.30	—	≤2.90	≤0.10	—	余量	过共晶铝硅合金。具有特别好的流动性、中等的气密性和好的抗热裂性，特别是具有高的耐磨性和低的热膨胀系数	主要用于发动机机体、制动块、带轮、泵和其他要求耐磨的零件
YZAlSi17Cu5Mg	YL117	16.0~18.0	4.0~5.0	≤0.50	0.50~0.70	≤1.0	≤0.10	≤0.20	≤1.40	≤0.10	—	余量		
YZAlMg5Si1	YL302	≤0.35	≤0.25	≤0.35	7.60~8.60	≤1.1	≤0.15	≤0.15	≤0.10	≤0.15		余量	耐蚀性能强，冲击韧性高，伸长率差，铸造性能差	汽车变速器的油泵壳体，摩托车的衬垫和车架的联结器，农机具的连杆、船外机螺旋桨、钓鱼杆及其卷线筒等零件

注：1. GB/T 15115—2009 代替 GB/T 15115—1994。新标准没有规定各牌号的力学性能。
2. 除有含量范围的元素和铁为必检查元素外，其余元素在有要求时抽检。

3.1.3 铸造铝合金锭（见表3.2-60）

表 3.2-60 铸造铝合金锭牌号及化学成分（摘自 GB/T 8733—2007）

合金牌号	化学成分（质量分数,%）										其他杂质[①]		Al[②]	原合金代号
	Si	Fe	Cu	Mn	Mg	Ni	Zn	Sn	Ti	Zr	Pb	单个	合计		
201Z.1	0.30	0.20	4.5~5.3	0.6~1.0	0.05	0.10	0.20	—	0.15~0.35	0.20	—	0.05	0.15	余量	ZLD201
201Z.2	0.05	0.10	4.8~5.3	0.6~1.0	0.05	0.05	0.10	—	0.15~0.35	0.15	—	0.05	0.15		ZLD201A
201Z.3	0.20	0.15	4.5~5.1	0.35~0.8	0.05	—	—	Cd:0.07~0.25	0.15~0.35	0.15	—	0.05	0.15		ZLD210A

(续)

合金牌号	化学成分（质量分数,%）											其他杂质①		Al②	原合金代号
	Si	Fe	Cu	Mn	Mg	Ni	Zn	Sn	Ti	Zr	Pb	单个	合计		
201Z.4	0.05	0.13	4.6~5.3	0.6~0.9	0.05	—	0.10	Cd: 0.15~0.25	0.15~0.35	0.15	—	0.05	0.15	余量	ZLD204A
201Z.5	0.05	0.10	4.6~5.3	0.30~0.50	0.05	B: 0.01~0.06	0.10	Cd: 0.15~0.25	0.15~0.35	0.50~0.20	V: 0.05~0.30	0.05	0.15		ZLD205A
210Z.1	4.0~6.0	0.50	5.0~8.0	0.50	0.30~0.50	0.30	0.50	0.01	—	—	0.05	0.05	0.20		ZLD110
295Z.1	1.2	0.6	4.0~5.0	0.10	0.03	—	0.20	0.01	0.20	0.10	0.05	0.05	0.15		ZLD203
304Z.1	1.6~2.4	0.50	0.08	0.30~0.50	0.50~0.65	0.05	0.10	0.05	0.07~0.15	—	0.05	0.05	0.15		
312Z.1	11.0~13.0	0.40	1.0~2.0	0.30~0.9	0.50~1.0	0.30	0.20	0.01	0.20	—	0.05	0.05	0.20		ZLD108
315Z.1	4.8~6.2	0.25	0.10	0.10	0.45~0.7	Sb: 0.10~0.25	1.2~1.8	0.01	—	—	0.05	0.05	0.20		ZLD115
319Z.1	4.0~6.0	0.7	3.0~4.5	0.55	0.25	0.30	0.55	0.05	0.20	Cr: 0.15	0.15	0.05	0.20		—
319Z.2	5.0~7.0	0.8	2.0~4.0	0.50	0.50	0.35	1.0	0.10	0.20	Cr: 0.20	0.20	0.10	0.30		—
319Z.3	6.5~7.5	0.40	3.5~4.5	0.30	0.10	—	0.20	0.01	—	—	0.05	0.05	0.20		ZLD107
328Z.1	7.5~8.5	0.50	1.0~1.5	0.30~0.50	0.35~0.55	—	0.20	0.01	0.10~0.25	—	0.05	0.05	0.20		ZLD106
333Z.1	7.0~10.0	0.8	2.0~4.0	0.50	0.50	0.35	1.0	0.10	0.20	Cr: 0.20	0.20	0.10	0.30		—
336Z.1	11.0~13.0	0.40	0.50~1.5	0.20	0.9~1.5	0.8~1.5	0.20	0.05	0.20	—	0.05	0.05	0.20		ZLD109
336Z.2	11.0~13.0	0.7	0.8~1.3	0.15	0.8~1.3	0.8~1.5	0.15	0.05	0.20	Cr: 0.10	0.05	0.05	0.20		—
354Z.1	8.0~10.0	0.35	1.3~1.8	0.10~0.35	0.45~0.65	—	0.10	0.01	0.10~0.35	—	0.05	0.05	0.20		ZLD111
355Z.1	4.5~5.5	0.45	1.0~1.5	0.50	0.45~0.65	Be: 0.10	0.20	0.01	Ti+Zr: 0.15	—	0.05	0.05	0.15		ZLD105
355Z.2	4.5~5.5	0.15	1.0~1.5	0.10	0.50~0.65	—	0.10	0.01	—	—	0.05	0.05	0.15		ZLD105A
356Z.1	6.5~7.5	0.45	0.20	0.35	0.30~0.50	Be: 0.10	0.20	0.01	Ti+Zr: 0.15	—	0.05	0.05	0.15		ZLD101

(续)

合金牌号	化学成分（质量分数,%）											其他杂质①		Al②	原合金代号
	Si	Fe	Cu	Mn	Mg	Ni	Zn	Sn	Ti	Zr	Pb	单个	合计		
356Z.2	6.5~7.5	0.12	0.10	0.05	0.30~0.50	0.05	0.05	0.01	0.08~0.20	—	0.05	0.05	0.15	余量	ZLD101A
356Z.3	6.5~7.5	0.12	0.05	0.05	0.30~0.40	—	0.05	—	0.10~0.20	—	—	0.05	0.15		—
356Z.4	6.8~7.3	0.10	0.02	0.02	0.30~0.40	Sr: 0.020~0.035	0.10	—	0.10~0.15	Ca: 0.003	—	0.05	0.15		—
356Z.5	6.5~7.5	0.15	0.20	0.05	0.30~0.45	—	0.10	—	0.10~0.20	—	—	0.05	0.15		—
356Z.6	6.5~7.5	0.40	0.20	0.6	0.25~0.40	0.05	0.30	0.05	0.20	—	0.05	0.05	0.15		—
356Z.7	6.5~7.5	0.15	0.10	0.10	0.50~0.65	—	—	—	0.10~0.20	—	—	0.05	0.15		ZLD114A
356Z.8	6.5~8.5	0.50	0.30	0.10	0.40~0.60	Be: 0.15~0.40	0.30	0.01	0.10~0.30	Zr: 0.20 B: 0.10	0.05	0.05	0.20		ZLD116
A356.2	6.5~7.5	0.12	0.10	0.05	0.30~0.45	—	0.05	—	0.20	—	—	0.05	0.15		—
360Z.1	9.0~11.0	0.40	0.03	0.45	0.25~0.45	0.05	0.10	0.05	0.15	—	0.05	0.05	0.15		—
360Z.2	9.0~11.0	0.45	0.08	0.45	0.25~0.45	0.05	0.10	0.05	0.15	—	—	0.05	0.15		—
360Z.3	9.0~11.0	0.55	0.30	0.55	0.25~0.45	0.15	0.35	—	0.15	—	0.10	0.05	0.15		—
360Z.4	9.0~11.0	0.45~0.9	0.08	0.55	0.25~0.50	0.15	0.15	0.05	0.15	—	0.05	0.05	0.15		—
360Z.5	9.0~10.0	0.15	0.03	0.10	0.30~0.45	—	0.07	—	0.15	—	0.03	0.10		—
360Z.6	8.0~10.5	0.45	0.10	0.20~0.50	0.20~0.35	—	0.25	0.01	Ti+Zr: 0.15	—	0.05	0.05	0.20		ZLD104
360Y.6	8.0~10.5	0.8	0.30	0.20~0.50	0.20~0.35	—	0.10	0.10	Ti+Zr: 0.15	—	0.05	0.05	0.20		YLD104
A360.1	9.0~10.0	1.0	0.6	0.35	0.45~0.6	0.50	0.40	0.15	—	—	—	—	0.25		—
A380.1	7.5~9.5	1.0	3.0~4.0	0.50	0.10	0.50	2.9	0.35	—	—	—	—	0.50		—
A380.2	7.5~9.5	0.6	3.0~4.0	0.10	0.10	0.10	0.10	—	—	—	—	0.05	0.15		—
380Y.1	7.5~9.5	0.9	2.5~4.0	0.6	0.30	0.50	1.0	0.20	0.20	—	0.30	0.05	0.20		YLD112
380Y.2	7.5~9.5	0.9	2.0~4.0	0.50	0.30	0.50	1.0	0.20	—	—	—	—	0.20		—

（续）

合金牌号	化学成分（质量分数,%）											其他杂质[①]		Al[②]	原合金代号
	Si	Fe	Cu	Mn	Mg	Ni	Zn	Sn	Ti	Zr	Pb	单个	合计		
383.1	9.5~11.5	0.6~1.0	2.0~3.0	0.50	0.10	0.30	2.9	0.15	—	—	—	—	0.50	余量	—
383.2	9.5~11.5	0.6~1.0	2.0~3.0	0.10	0.10	0.10	0.10	0.10	—	—	—	—	0.20		—
383Y.1	9.6~12.0	0.9	1.5~3.5	0.50	0.30	0.50	3.0	0.20	—	—	—	—	0.20		—
383Y.2	9.6~12.0	0.9	2.0~3.5	0.50	0.30	0.50	0.8	0.20	—	—	—	0.05	0.30		YLD113
383Y.3	9.6~12.0	0.9	1.5~3.5	0.50	0.30	0.50	1.0	0.20	—	—	—	—	0.20		—
390Y.1	16.0~18.0	0.9	4.0~5.0	0.50	0.50~0.65	—	0.30	1.5	0.30	—	—	0.05	0.20		YLD117
398Z.1	19~22	0.50	1.0~2.0	0.30~0.50	0.50~0.8	RE:0.6~1.5	0.10	0.01	0.20	0.10	0.05	0.05	0.20		ZLD118
411Z.1	10.0~11.8	0.15	0.03	0.10	0.45	—	0.07	—	0.15	—	—	0.03	0.10		—
411Z.2	8.0~11.0	0.55	0.08	0.50	0.10	0.05	0.15	0.05	0.15	—	0.05	0.05	0.15		—
413Z.1	10.0~13.0	0.6	0.30	0.50	0.10	—	0.10	—	0.20	—	—	0.05	0.20		ZLD102
413Z.2	10.5~13.5	0.55	0.10	0.55	0.10	0.10	0.15	—	0.15	—	0.10	0.05	0.15		—
413Z.3	10.5~13.5	0.40	0.03	0.35	—	—	0.10	—	0.15	—	—	0.05	0.15		—
413Z.4	10.5~13.5	0.45~0.9	0.08	0.55	—	—	0.15	—	0.15	—	—	0.05	0.25		—
413Y.1	10.0~13.0	0.9	0.30	0.40	0.25	—	0.10	—	—	0.10	—	0.05	0.20		YLD102
413Y.2	11.0~13.0	0.9	1.0	0.30	0.30	0.50	0.50	0.10	—	—	—	0.05	0.30		—
A413.1	11.0~13.0	1.0	1.0	0.35	0.10	0.50	0.40	0.15	—	—	—	—	0.25		—
A413.2	11.0~13.0	0.6	0.10	0.05	0.05	0.05	0.05	0.05	—	—	—	—	0.10		—
443.1	4.5~6.0	0.6	0.6	0.50	0.05	Cr:0.25	0.50	—	0.25	—	—	—	0.35		—
443.2	4.5~6.0	0.6	0.10	0.10	0.05	—	0.10	—	0.20	—	—	0.05	0.15		—
502Z.1	0.8~1.3	0.45	0.10	0.10~0.40	4.6~5.6	—	0.20	—	0.20	—	—	0.05	0.15		ZLD303
502Y.1	0.8~1.3	0.9	0.10	0.10~0.40	4.6~5.5	—	0.20	—	0.15	—	—	0.05	0.25		YLD302

(续)

合金牌号	化学成分（质量分数,%）											其他杂质①		Al②	原合金代号
	Si	Fe	Cu	Mn	Mg	Ni	Zn	Sn	Ti	Zr	Pb	单个	合计		
508Z.1	0.20	0.25	0.10	0.10	7.6~9.0	Be: 0.03~0.10	1.0~1.5	—	0.10~0.20	—	—	0.05	0.15	余量	ZLD305
515Y.1	1.0	0.6	0.10	0.40~0.6	2.6~4.0	0.10	0.40	0.10	—	—	—	0.05	0.25		YLD306
520Z.1	0.30	0.30	0.10	0.15	9.8~11.0	0.05	0.15	0.01	0.15	0.20	0.05	0.05	0.15		ZLD301
701Z.1	6.0~8.0	0.6	0.6	0.50	0.15~0.35	—	9.2~13.0	—	—	—	—	0.05	0.20		ZLD401
712Z.1	0.30	0.40	0.25	0.10	0.55~0.70	Cr: 0.40~0.6	5.2~6.5	—	0.15~0.25	—	—	0.05	0.20		ZLD402
901Z.1	0.20	0.30	—	1.50~1.70	RE: 0.03	—	—	—	0.15	—	—	0.05	0.15		ZLD501
907Z.1	1.6~2.0	0.50	3.0~3.4	0.9~1.2	0.20~0.30	0.20~0.30	RE: 4.4~5.0	0.20	0.15~0.25	—	—	0.05	0.20		ZLD207

注：1. 表中含量有上下限者为合金元素；含量为单个数值者为最高限；"—"为未规定具体数值；铝为余量。
　　2. 铸造铝合金锭适用于铝合金铸件之用。
① 指表中未列出或未规定具体数值的金属元素。
② 指铝的质量分数为100%与质量分数等于或大于0.010%的所有元素含量总和的差值。

3.2 变形铝及铝合金牌号、特性及状态代号

3.2.1 变形铝及铝合金牌号、特性及应用（见表3.2-61）

表3.2-61 变形铝及铝合金牌号、特性及应用

类别	新牌号	旧牌号	特性	应用举例
工业用高纯铝	1A85、1A90 1A93、1A97 1A99	LG1、LG2 LG3、LG4 LG5	工业高纯铝	主要用于生产各种电解电容器用箔材，抗酸容器等，产品有板、带、箔、管等
工业用纯铝	1060、1050A 1035、8A06	L2、L3 L4、L6	工业纯铝都具有塑性高、耐蚀、导电性和导热性好的特点，但强度低，不能通过热处理强化，切削性不好，可接受接触焊、气焊	多利用其优点制造一些具有特定性能的结构件，如铝箔制成垫片及电容器、电子管隔离网、电线、电缆的防护套、网、线芯及飞机通风系统零件及装饰件
	1A30	L4-1	特性与1060、8A06等类似，但其Fe和Si杂质含量控制严格，工艺及热处理条件特殊	主要用于航天工业和兵器工业纯铝膜片等处的板材

(续)

类别	新牌号	旧牌号	特 性	应用举例
工业用纯铝	1100	L5-1	强度较低,但延展性、成形性、焊接性和耐蚀性优良	主要生产板材、带材,适于制作各种深冲压制品
包覆铝	7A01 1A50	LB1 LB2	是硬铝合金和超硬铝合金的包铝板合金	7A01用于超硬铝合金板材包覆,1A50用于硬铝合金板材包覆
防锈铝	5A02	LF2	为铝镁系防锈铝,强度、塑性、耐蚀性高,具有较高的抗疲劳强度,热处理不可强化,可用接触焊氢原子焊良好焊接,冷作硬化态下可切削加工,退火态下切削性不良,可抛光	油介质中工作的结构件及导管、中等载荷的零件装饰件、焊条、铆钉等
	5A03	LF3	铝镁系防锈铝性能与5A02相似,但焊接性优于5A02,可气焊、氩弧焊、点焊、滚焊	液体介质中工作的中等负载零件、焊件、冷冲件
	5A05 5B05	LF5 LF10	铝镁系防锈铝,抗腐蚀性高,强度与5A03类似,不能热处理强化,退火状态塑性好,半冷作硬化状态可进行切削加工,可进行氢原子焊、点焊、气焊、氩弧焊	5A05多用于在液体环境中工作的零件,如管道、容器等,5B05多用作连接铝合金、镁合金的铆钉、铆钉应退火并进行阳极化处理
	5A06	LF6	铝镁系防锈铝,强度较高,耐腐性较高,退火及挤压状态下塑性良好,可切削性良好,可氩弧焊、气焊、点焊	焊接容器,受力零件,航空工业的骨架及零件、飞机蒙皮
	5A12	LF12	镁含量高,强度较好,挤压状态塑性尚可	多用于航天工业及无线电工业用各种板材、棒材及型材
	5B06、5A13 5A33	LF14、LF13 LF33	镁含量高,且加入适量的Ti、Be、Zr等元素,使合金焊接性较高	多用于制造各种焊条的合金
	5A43	LF43	系铝镁锰合金,成本低,塑性好	多用于民用制品,如铝制餐具、日常用具
	3A21	LF21	铝锰系合金,强度低,退火状态塑性高,冷作硬化状态塑性低耐蚀性好,焊接性较好,不可热处理强化,是一种应用最为广泛的防锈铝	用在液体或气体介质中工作的低载荷零件,如油箱、导管及各种异形容器
	5083 5056	LF4 LF5-1	铝镁系高镁合金,由美国5083和5056合金成形引进,在不可热处理合金中具有强度良好、耐蚀性、切削性良好,阳极化处理外观美丽,且焊接性好	广泛用于船舶、汽车、飞机、导弹等方面,民用多来生产自行车、挡泥板,5056也制成管件制车架等结构件
硬铝	2A01	LY1	强度低,塑性高,耐蚀性低,点焊焊接良,切削性尚可,工艺性能良好,在制作铆钉时应先进行阳极氧化处理	是主要的铆接材料,用来制造工作温度小于100℃的中等强度的结构用铆钉

(续)

类别	新牌号	旧牌号	特　性	应用举例
硬铝	2A02	LY2	具有高强度,及较高的热强性可热处理强化,耐腐蚀性尚可,有应力腐蚀破坏倾向,切削性较好,多在人工时效状态下使用	是一种主要承载结构材料及高温(200~300℃)工作条件下的叶轮及锻件
	2A04	LY4	剪切强度和耐热性较高,在退火及刚淬火(4~6h 内)塑性良好,淬火及冷作硬化后切削性尚好,耐蚀性不良,需进行阳极氧化,是一种主要铆钉合金	用于制造 125~250℃ 工作条件下的铆钉
	2B11 2B12	LY8 LY9	剪切强度中等,退火及刚淬火状态下塑性尚好,可热处理强化,剪切强度较高	用作中等强度铆钉,但必须在淬火后 2h 使用,用作高强度铆钉制造,但必须在淬火后 20min 内使用
	2A10	LY10	剪切强度较高,焊接性一般,用气焊、氩弧焊有裂纹倾向,但点焊焊接性良好,耐蚀性与 2A01、2A11 相似,用作铆钉不受热处理后的时间限制,是其优越之处,但需要阳极氧化处理,并用重铬酸钾填充	用作工作温度低于 100℃ 的要求较高强度的铆钉,可替代 2A01、2B12、2A11、2A12 等合金
	2A11	LY11	一般称为标准硬铝,中等强度,点焊焊接性良好,以其作焊料进行气焊及亚弧焊时有裂纹倾向,可热处理强化,在淬火和自然时效状态下使用,耐蚀性不高,多采用包铝,阳极化和涂漆以作表面防护,退火态切削性不好,淬火时尚好	用作中等强度的零件,空气螺旋桨叶片、螺栓铆钉等,用作铆钉应在淬火后 2h 内使用
	2A12	LY12	高强度硬铝,点焊焊接性良好,氩弧焊及气焊有裂纹倾向,退火状态切削性尚可,可作热处理强化,抗蚀性差,常用包铝,阳极氧化及涂漆提高耐蚀性	用来制造高负荷零件,其工作温度在 150℃ 以下的飞机骨架、加强框、翼梁、翼肋、蒙皮等
	2A06	LY6	高强度硬铝、点焊焊接性与 2A12 相似,氩弧焊较 2A12 好,耐腐蚀性也 2A12 相同,加热至 250℃ 以下其晶间腐蚀倾向较 2A12 小,可进行淬火和时效处理,其压力加工、切削性与 2A12 相同	可作为 150~250℃ 工作条件下的结构板材,但对于淬火自然时效后冷作硬化的板材、不宜在高温长期加热条件下使用
	2A16	LY16	属耐热硬铝,即在高温下有较高的蠕变强度、合金在热态下有较高的塑性,无挤压效应切削性良好,可热处理强化,焊接性能良好,可进行点焊、滚焊和氩弧焊,但焊缝腐蚀稳定性较差,为防腐,应采用阳极氧化处理	用于在高温下(250~350℃)工作的零件,如压缩机叶片圆盘及焊接件,如容器
	2A17	LY17	成分与性能和 2A16 相近,但 2A17 在常温和 225℃ 下的持久强度超过 2A16,但在 225~300℃ 时低于 2A16、且 2A17 不可焊接	用 20~300℃ 要求有高强度的锻件和冲压件

(续)

类别	新牌号	旧牌号	特性	应用举例
锻铝	6A02	LD2	具有中等强度、退火和热态下有高的可塑性，淬火自然时效后塑性尚好，且这种状态下的抗蚀性可与 5A02、3A21 相比，人工时效状态合金具有晶间腐蚀倾向，可切削性淬火后尚好，退火后不好，合金可点焊、氢原子焊、气焊尚好	制造承受中等载荷、要求有高塑性和高耐蚀性，且形状复杂的锻件和模锻件，如发动机曲轴箱、直升机桨叶
	6B02	LD2-1	系 Al-Mg-Si 系合金，与 6A02 相比其晶间腐蚀倾向要小	多用于电子工业装箱板及各种壳体等
	6070	LD2-2	系 Al-Mg-Si 系合金，是由美国的 6070 合金转化而来，其耐蚀性很好，焊接性能良好	可用于制造大型焊接结构件，及高级跳水板等
	2A50	LD5	热态下塑性较高，易于锻造、冲压。强度较高，在淬火及人工时效时与硬铝相近，工艺性能较好，但有挤压效应，因此纵横向性能差别较大，抗蚀性较好，但有晶间腐蚀倾向，切削性良好，接触焊、滚焊良好，但电弧焊、气焊性能不佳	用于制造要求中等强度，且形状复杂的锻件和冲击件
	2B50	LD6	性能，成分与 2A50 相近，可互换通用，但热态下其可塑性优于 2A50	制造形状复杂的锻件
	2A70	LD7	热态下具有高的可塑性，无挤压效应，可热处理强化，成分与 2A50 相近，但组织较 2A80 要细，热强性及工艺性能比 2A80 稍好，属耐热锻铝，其耐蚀性、可切削性尚好，接触焊、滚焊性能良好，电弧焊及气焊性能不佳	用于制造高温环境下工作的锻件，如内燃机活塞及一些复杂件如叶轮、板材可用制造高温下的焊接冲压结构件
	2A80	LD8	热态下可塑性较低，可进行热处理强化，高温强度高，属耐热锻铝，无挤压效应，焊接性与 2A70 相同，耐蚀性，可切削性尚好，有应力腐蚀倾向	用途与 2A70 相近
	2A90	LD9	有较好的热强性、热态下可塑性尚好，可热处理强化，耐蚀性，焊接性和切削性与 2A70 相近，是一种较早应用的耐热锻铝	用途与 2A70、2A80 相近，且逐渐被 2A70、2A80 所代替
	2A14	LD10	与 2A50 相比，含铜量较高，因此强度较高，热强性较好，热态下可塑性尚好，可切削性良好，接触焊、滚焊性能良好，电弧焊和气焊性能不佳，耐蚀性不高，人工时效状态时有晶间腐蚀倾向，可热处理强化，有挤压效应，因此纵横向性能有所差别	用于制造承受高负荷和形状简单的锻件

(续)

类别	新牌号	旧牌号	特性	应用举例
锻铝	4A11	LD11	属 Al-Cu-Mg-Si 系合金,是由苏联 AK9 合金转化而来,可锻、可铸、热强性好,热膨胀系数小,抗磨性能好	主要用于制造蒸汽机活塞及汽缸材料
	6061 6063	LD30 LD31	属 Al-Mg-Si 系合金,相当美国的 6061 和 6063 合金,具有中等的强度、其焊接性优良,耐蚀性及冷加工性好,是一种使用范围广,很有前途的合金	广泛应用于建筑业门窗、台架等结构件、医疗办公、车辆、船舶、机械等方面
超硬铝	7A03	LC3	铆钉合金,淬火人工时效状态可以铆接,可热处理强化,常抗剪强度较高,耐蚀性和可切削性能尚好,铆钉铆接时,不受热处理后时间限制	用作承力结构铆钉、工作温度在 125℃以下,可作 2A10 铆钉合金代用品
	7A04	LC4	系高强度合金,在刚淬火及退火状态下塑性尚可,可热处理强化,通常在淬火人工时效状态下使用,这时得到的强度较一般硬铝高很多,但塑性较低,合金点焊焊接性良好,气焊不良,热处理后可切削性良好,但退火后的可切削性不佳	用于制造主要承力结构件,如飞机上的大梁,桁条、加强框、蒙皮、翼肋、接头、起落架等
	7A09	LC9	属高强度铝合金,在退火和刚淬火状态下的塑性稍低于同样状态的 2A12,稍优于 7A04,板材的静疲劳、缺口敏感,应力腐蚀性能优于 7A04	制造飞机蒙皮等结构件和主要受力零件
	7A10	LC10	是 Al-Cu-Mg-Zn 系合金	主要生产板材,管材和锻件等,用于纺织工业及防弹材料
	7003	LC12	属于 Al-Cu-Mn-Zn 系合金,由日本的 7003 合金转化而来、综合力学性能较好,耐蚀性好	主要用来制作型材、生产自行车的车圈
特殊铝	4A01	LT1	属铝硅合金、抗蚀性高,压力加工性良好,但机械强度差	多用于制作焊条、焊棒
	4A13 4A17	LT13 LT17	是 Al-Si 系合金	主要用于钎接板、带材的包覆板,或直接生产板、带、箔和焊线等
	5A41	LT41	特殊的高镁合金,其抗冲击性强	多用于制作飞机座舱防弹板
	5A66	LT66	高纯铝镁合金,相当于 5A02 其杂质含量要求严格控制	多用于生产高级饰品,如笔套、标牌等

注:1. GB/T 3190—2008 代替 GB/T 3190—1996《变形铝及铝合金牌号及化学成分》,新标准增加了 130 个牌号。本表选编的牌号化学成分应符合 GB/T 3190—2008 相应牌号的规定。
2. 本表旧牌号指 GB/T 3190—1982 旧版本的牌号。

3.2.2 变形铝及铝合金状态代号（见表3.2-62）

表3.2-62 变形铝及铝合金产品基础状态、H 与 T 细分状态代号及新旧代号对照（摘自 GB/T 16475—2008）

分类	代号	名 称	说 明
基础状态代号	F	自由加工状态	适用于在成形过程中，对于加工硬化和热处理条件无特殊要求的产品，该状态产品的力学性能不作规定
	O	退火状态	适用于经完全退火获得最低强度的加工产品
	H	加工硬化状态	适用于通过加工硬化提高强度的产品。H 后面应有2位或3位阿拉伯数字
	W	固溶处理状态	一种不稳定状态，仅适用于经固溶热处理后，室温下自然时效的合金，该状态代号仅表示产品处于自然时效阶段
	T	热处理状态（不同于 F、O、H 状态）	适用于热处理后，经过（或不经过）加工硬化达到稳定状态的产品，T 代号后面必须跟一位或多位阿拉伯数字
H 状态的细分状态代号	\multicolumn{3}{l}{H 后面的第1位数字表示获得该状态的基本工艺，用数字1～4表示}
	H1X	单纯加工硬化状态	适用于未经附加热处理，只经加工硬化即可获得所需强度的状态
	H2X	加工硬化后不完全退火状态	适用于加工硬化程度超过成品规定要求后，经不完全退火，使强度降低到规定指标的产品
	H3X	加工硬化后稳定化处理状态	适用于加工硬化后经低温热处理或由于加工过程中的受热作用致使其力学性能达到稳定的产品。H3X 状态仅适用于在室温下时效（除非经规定化处理）的合金
	H4X	加工硬化后涂漆（层）处理的状态	适用于加工硬化后，经涂漆（层）处理导致不完全退火的产品
	\multicolumn{3}{l}{H 后面的第2位数字表示产品的最终加工硬化程度，用数字1～9表示；数字8表示硬状态，HX8 状态的最小抗拉强度值可按 O 状态的最小抗拉强度与标准规定的强度差值之和来确定}
	\multicolumn{3}{l}{数字9为超硬状态，用 HX9 表示。HX9 状态的最小抗拉强度极限值，超过 HX8 状态至少 10MPa 以上}
	\multicolumn{3}{l}{数字1～7即细分状态代号 HX1、HX2、HX3、HX4、HX5、HX6、HX7 按标准规定分别表示不同的最终抗拉强度极限值}
	\multicolumn{3}{l}{H 后面的第3位数字或字母，表示影响产品特性，但产品特性仍接近其两位数字状态（H112、H116、H320 状态除外）的特殊处理，如 HX11 代号用于最终退火后又进行了适量的加工强化，但加工硬化程度又不及 H11 状态的产品}

分类	代号	说 明
T 状态的细分状态代号	T1	高温成形 + 自然时效 适用于高温成形后冷却、自然时效，不再进行冷加工（或影响力学性能极限的矫平、矫直）的产品
	T2	高温成形 + 冷加工 + 自然时效 适用于高温成形后冷却，进行冷加工（或影响力学性能极限的矫平、矫直）以提高强度，然后自然时效的产品
	T3	固溶热处理 + 冷加工 + 自然时效 适用于固溶热处理后，进行冷加工（或影响力学性能极限的矫平、矫直）以提高强度，然后自然时效的产品
	T4	固溶热处理 + 自然时效 适用于固溶热处理后，不再进行冷加工（或影响力学性能极限的矫直、矫平），然后自然时效的产品
	T5	高温成形 + 人工时效 适用高温成形后冷却，不经冷加工（或影响力学性能极限的矫直、矫平），然后进行人工时效的产品
	T6	固溶热处理 + 人工时效 适用于固溶热处理后，不再进行冷加工（或影响力学性能极限的矫直、矫平），然后人工时效的产品

(续)

分类	代号	说　　明
T状态的细分状态代号	T7	固溶热处理+过时效 适用于固溶热处理后，进行过时效至稳定化状态。为获取除力学性能外的其他某些重要特性，在人工时效时，强度在时效曲线上越过了最高峰点的产品
	T8	固溶热处理+冷加工+人工时效 适用于固溶热处理后，经冷加工（或影响力学性能极限的矫直、矫平）以提高强度，然后人工时效的产品
	T9	固溶热处理+人工时效+冷加工 适用于固溶热处理后，人工时效，然后进行冷加工（或影响力学性能极限的矫直、矫平）以提高强度的产品
	T10	高温成形+冷加工+人工时效 适用于高温成形后冷却，经冷加工（或影响力学性能极限的矫直、矫平）以提高强度，然后进行人工时效的产品
		某些6×××系或7×××系的合金，无论是炉内固溶热处理，还是高温成形后急冷以保留可溶性组分在固溶体中，均能达到相同的固溶热处理效果，这些合金的T3、T4、T6、T7、T8和T9状态可采用上述两种处理方法的任一种，但应保证产品的力学性能和其他性能（如抗腐蚀性能）。

新旧状态代号对照	旧代号	新代号	旧代号	新代号
	M	O	CYS	T-51、T-52 等
	R	热处理不可强化合金：H112 或 F	CZY	T2
		热处理可强化合金：T1 或 F	CSY	T9
	Y	HX8	MCS	T62
	Y1	HX6	MCZ	T42
	Y2	HX4	CGS1	T73
	Y4	HX2	CGS2	T76
	T	HX9	CGS3	T74
	CZ	T4	RCS	T5
	CS	T6		

注：1. 原以 R 状态交货的、提供 CZ、CS 试样性能的产品，其状态可分别对应新代号 T62、T42。
2. 本表旧代号指 GB/T 340—1976《有色金属及合金产品牌号表示方法》中有关变形铝及铝合金产品状态代号部分。

3.2.3 变形铝合金的热处理类型及应用（见表 3.2-63）

表 3.2-63　变形铝合金的热处理类型及应用

热处理类型	合金类型	目　的	备　注
高温退火	热处理不强化的铝合金，如 1070A、1060、1050A、1035、1200、5A02、5A03、5A05、3A21 等	降低硬度，提高塑性，达到充分软化的目的，以便进行变形程度较大的深冲压加工	一般在制作半成品板材时进行，如铝板坯的热处理或高温压延，3A21 合金的适宜温度为 350～400℃
低温退火		为保持一定程度的加工硬化效果，提高塑性，消除应力，稳定尺寸	在最终冷变形后进行，3A21 合金的加热温度为 250～280℃，保温 60～150min，空冷
完全退火	热处理强化的铝合金，如 2A02、2A06、2A11、2A12、2A13、2A16、7A04、7A09、6A02、2A50、2B50、2A70、2A80、2A90、2A14	用于消除原材料淬火、时效状态的硬度，或当退火不良未达到完全软化而用它制造形状复杂的零件时，也可消除内应力和冷作硬化，适用于变形量很大的冷压加工	变形量不大，冷作硬化程度不超过 10% 的 2A11、2A12、7A04 等板材不宜使用，以免引起晶粒粗大 一般加热到强化相溶解温度（400～450℃），保温、慢冷（30～50℃/h）到一定温度（硬铝为 250～300℃）后，空冷

(续)

热处理类型	合金类型	目 的	备 注
中间退火（再结晶退火）		消除加工硬化，提高塑性，以便进行冷变形的下一工序，也用于无淬火、时效强化后的半成品及零件的软化，部分消除内应力	对于 2A06、2A11、2A12 合金，可在硝盐槽中加热，保温 1~2h，然后水冷；对于飞机制造中形状复杂的零件，冷变形-退火要交替多次进行
淬火	热处理强化的铝合金，如 2A02、2A06、2A11、2A12、2A13、2A16、7A04、7A09、6A02、2A50、2B50、2A70、2A80、2A90、2A14	将高温下的固溶体固定到室温，得到均匀的过饱和固溶体，以便在随后的时效过程中使合金强化淬火后强度有提高，但塑性也相当高，可进行铆接、弯边、拉深和校正等冷塑性变形工序；不过对自然时效的零件，只能在短时间保持良好塑性，超过一定时间，强度、硬度急剧增长，故变形工序应在淬火后的短时间内进行	淬火加热的温度，上下限一般只有 ±5℃，为此应采用硝盐槽或空气循环炉加热，以便准确地控制温度自然时效铝合金，淬火后能保持良好塑性的时间：2A12 为 1.5h，2A11、2A02、2A06、6A02、2A50、2A70、2A80、2A14 等为 2~3h，7A04、7A09 则为 6h。变形工序应在淬火后这段时间内完成，如不能如期完成，则应在淬火后低温（如 -50℃）状态下保存
时效		将淬火得到的过饱和固溶体在低温（人工时效）或室温（自然时效）保持一定时间，使强化相从固溶体中呈弥散质点析出，从而使合金进一步强化，获得较高的力学性能	一般硬铝采用自然时效，超硬铝及锻铝采用人工时效。但硬铝在高于 150℃ 的温度下使用时则进行人工时效，锻铝 6A02、2A50、2A14 也可采用自然时效
稳定化处理（回火）	—	消除切削加工应力与稳定尺寸，用于精密零件的切削工序间，有时需进行多次	回火温度不高于人工时效的温度，时间为 5~10h；对自然时效的硬铝，可采用 90℃±10℃，时间为 2h
回归处理		使自然时效的铝合金恢复塑性，以便继续加工或适应修理时变形的需要	重新加热到 200~270℃，经短时间保温，然后在水中急冷，但每次处理后，强度有所下降

3.3 变形铝及铝合金加工产品

3.3.1 铝及铝合金挤压棒材（见表 3.2-64~表 3.2-66）

表 3.2-64 铝及铝合金挤压棒材尺寸规格（摘自 GB/T 3191—2010）

尺寸规格	圆棒直径：5~600mm 六角棒、方棒对边距离：5~200mm 棒材长度：1~6mm						
截面直径极限偏差	直径（方棒、六角棒直径指内切圆的直径）	极限偏差（-）（上极限偏差为零）				极限偏差（±）	
		A	B	C	D	E I 类	II 类
	5.00~6.00	0.30	0.48	—	—	—	—
	>6.00~10.00	0.36	0.58	—	—	0.20	0.25
	>10.00~18.00	0.43	0.70	1.10	1.30	0.22	0.30
	>18.00~25.00	0.50	0.80	1.20	1.45	0.25	0.35
	>25.00~28.00	0.52	0.84	1.30	1.50	0.28	0.38
	>28.00~40.00	0.60	0.95	1.50	1.80	0.30	0.40
	>40.00~50.00	0.62	1.00	1.60	2.00	0.35	0.45

(续)

	直径（方棒、六角棒直径指内切圆的直径）	极限偏差（-）（上极限偏差为零）				极限偏差（±）	
		A	B	C	D	E I类	E II类
截面直径极限偏差	>50.00~65.00	0.70	1.15	1.80	2.40	0.40	0.50
	>65.00~80.00	0.74	1.20	1.90	2.50	0.45	0.70
	>80.00~100.00	0.95	1.35	2.10	3.10	0.55	0.90
	>100.00~120.00	1.00	1.40	2.20	3.20	0.65	1.00
	>120.00~150.00	1.25	1.55	2.40	3.70	0.80	1.20
	>150.00~180.00	1.30	1.60	2.50	3.80	1.00	1.40
	>180.00~220.00	—	1.85	2.80	4.40	1.15	1.70
	>220.00~250.00	—	1.90	2.90	4.50	1.25	1.95
	>250.00~270.00	—	2.15	3.20	5.40	1.3	2.0
	>270.00~300.00	—	2.20	3.30	5.50	1.5	2.4
	>300.00~320.00	—	—	4.00	7.00	1.6	2.5
	>300.00~400.00	—	—	4.20	7.20	—	—
	>400.00~500.00	—	—	—	8.00	—	—
	>500.00~600.00	—	—	—	9.00	—	—

	直径（方棒、六角棒指内切圆直径）	弯曲度，不大于					
		普通级		高精级		超高精级	
		任意300mm长度上	每米长度上	任意300mm长度上	每米长度上	任意300mm长度上	每米长度上
弯曲度	>10.00~80.00	1.5	3.0	1.2	2.5	0.8	2.0
	>80.00~120.00	3.0	6.0	1.5	3.0	1.0	2.0
	>120.00~150.00	5.0	10.0	1.7	3.5	1.5	3.0
	>150.00~200.00	7.0	14.0	2.0	4.0	1.5	3.0

注：棒材标记按产品名称、牌号、供货状态、规格及标准编号的顺序表示。标记示例如下：

示例1：用2024合金制造的、供货状态为T3511、直径为30.00mm、定尺长度为3000mm的圆棒，标记为：
棒 2024-T3511 $\phi 30 \times 3000$ GB/T 3191—2010

示例2：用2A11合金制造的、供货状态为T4、内切圆直径为40.00mm的高强度方棒，标记为：
高强方棒 2A11-T4 40 GB/T 3191—2010

表3.2-65 铝及铝合金挤压棒材牌号及力学性能（摘自GB/T 3191—2010）

牌号	供货状态	试样状态	直径（方棒、六角棒指内切圆直径）/mm	抗拉强度 R_m/MPa	规定非比例延伸强度 $R_{p0.2}$/MPa	断后伸长率（%） A	断后伸长率（%） A_{50mm}
				不小于			
1070A	H112	H112	≤150.00	55	15	—	—
1060	O	O	≤150.00	60~95	15	22	—
	H112	H112		60	15	22	—
1050A	H112	H112	≤150.00	65	20	—	—
1350	H112	H112	≤150.00	60	—	25	—
1200	H112	H112	≤150.00	75	20	—	—
1035、8A06	O	O	≤150.00	60~120	—	25	—
	H112	H112		60	—	25	—

（续）

牌号	供货状态	试样状态	直径（方棒、六角棒指内切圆直径）/mm	抗拉强度 R_m/MPa	规定非比例延伸强度 $R_{p0.2}$/MPa	断后伸长率（%）	
						A	A_{50mm}
				不小于			
2A02	T1、T6	T62、T6	≤150.00	430	275	10	—
2A06	T1、T6	T62、T6	≤22.00	430	285	10	—
			>22.00~100.00	440	295	9	—
			>100.00~150.00	430	285	10	—
2A11	T1、T4	T42、T4	≤150.00	370	215	12	—
2A12	T1、T4	T42、T4	≤22.00	390	255	12	—
			>22.00~150.00	420	255	12	—
2A13	T1、T4	T42、T4	≤22.00	315	—	4	—
			>22.00~150.00	345	—	4	—
2A14	T1、T6、T6511	T62、T6、T6511	≤22.00	440	—	10	—
			>22.00~150.00	450	—	10	—
2014、2014A	T4、T4510、T4511	T4、T4510、T4511	≤25.00	370	230	13	11
			>25.00~75.00	410	270	12	—
			>75.00~150.00	390	250	10	—
			>150.00~200.00	350	230	8	—
2014、2014A	T6、T6510、T6511	T6、T6510、T6511	≤25.00	415	370	6	5
			>25.00~75.00	460	415	7	—
			>75.00~150.00	465	420	7	—
			>150.00~200.00	430	350	6	—
			>200.00~250.00	420	320	5	—
2A16	T1、T6、T6511	T62、T6、T6511	≤150.00	355	235	8	—
2017	T4	T42、T4	≤120.00	345	215	12	—
2017A	T4、T4510、T4511	T4、T4510、T4511	≤25.00	380	260	12	10
			>25.00~75.00	400	270	10	—
			>75.00~150.00	390	260	9	—
			>150.00~200.00	370	240	8	—
			>200.00~250.00	360	220	7	—
2024	O	O	≤150.00	≤250	≤150	12	10
	T3、T3510、T3511	T3、T3510、T3511	≤50.00	450	310	8	6
			>50.00~100.00	440	300	8	—
			>100.00~200.00	420	280	8	—
			>200.00~250.00	400	270	8	—
2A50	T1、T6	T62、T6	≤150.00	355	—	12	—
2A70、2A80、2A90	T1、T6	T62、T6	≤150.00	355	—	8	—
3102	H112	H112	≤250.00	80	30	25	23
3003	O	O	≤250.00	95~130	35	25	20
	H112	H112		90	30	25	20
3103	O	O	≤250.00	95	35	25	20
	H112	H112		95~135	35	25	20

(续)

牌号	供货状态	试样状态	直径（方棒、六角棒指内切圆直径）/mm	抗拉强度 R_m/MPa	规定非比例延伸强度 $R_{p0.2}$/MPa	断后伸长率（%） A	断后伸长率（%） A_{50mm}
				不小于			
3A21	O	O	≤150.00	≤165	—	20	20
	H112	H112		90	—	20	20
4A11、4032	T1	T62	100.00~200.00	360	290	2.5	2.5
5A02	O	O	≤150.00	≤225	—	10	—
	H112	H112		170	70	—	—
5A03	H112	H112	≤150.00	175	80	13	13
5A05	H112	H112	≤150.00	265	120	15	15
5A06	H112	H112	≤150.00	315	155	15	15
5A12	H112	H112	≤150.00	370	185	15	15
5052	H112	H112	≤250.00	170	70	—	—
	O	O		170~230	70	17	15
5005、5005A	H112	H112	≤200.00	100	40	18	16
	O	O	≤60.00	100~150	40	18	16
5019	H112	H112	≤200.00	250	110	14	12
	O	O	≤200.00	250~320	110	15	13
5049	H112	H112	≤250.00	180	80	15	15
5251	H112	H112	≤250.00	160	60	16	14
	O	O		160~220	60	17	15
5154A、5454	H112	H112	≤250.00	200	85	16	16
	O	O		200~275	85	18	18
5754	H112	H112	≤150.00	180	80	14	12
			>150.00~250.00	180	70	13	—
	O	O	≤150.00	180~250	80	17	15
5083	O	O	≤200.00	270~350	110	12	10
	H112	H112		270	125	12	10
5086	O	O	≤250.00	240~320	95	18	15
	H112	H112	≤200.00	240	95	12	10
6101A	T6	T6	≤150.00	200	170	10	10
6A02	T1、T6	T62、T6	≤150.00	295	—	12	12
6005、6005A	T5	T5	≤25.00	260	215	8	—
	T6	T6	≤25.00	270	225	10	8
			>25.00~50.00	270	225	8	—
			>50.00~100.00	260	215	8	—
6110A	T5	T5	≤120.00	380	360	10	8
	T6	T6	≤120.00	410	380	10	8
6351	T4	T4	≤150.00	205	110	14	12
	T6	T6	≤20.00	295	250	8	6
			>20.00~75.00	300	255	8	—

(续)

牌号	供货状态	试样状态	直径（方棒、六角棒指内切圆直径）/mm	抗拉强度 R_m/MPa	规定非比例延伸强度 $R_{p0.2}$/MPa	断后伸长率（%）	
						A	A_{50mm}
				不小于			
6351	T6	T6	>75.00~150.00	310	260	8	—
			>150.00~200.00	280	240	6	—
			>200.00~250.00	270	200	6	—
6060	T4	T4	≤150.00	120	60	16	14
	T5	T5		160	120	8	6
	T6	T6		190	150	8	6
6061	T6	T6	≤150.00	260	240	9	—
	T4	T4		180	110	14	—
6063	T4	T4	≤150.00	130	65	14	12
			>150.00~200.00	120	65	12	—
	T5	T5	≤200.00	175	130	8	6
	T6	T6	≤150.00	215	170	10	8
			>150.00~200.00	195	160	10	—
6063A	T4	T4	≤150.00	150	90	12	10
			>150.00~200.00	140	90	10	—
	T5	T5	≤200.00	200	160	7	5
	T6	T6	≤150.00	230	190	7	5
			>150.00~200.00	220	160	7	—
6463	T4	T4	≤150.00	125	75	14	12
	T5	T5		150	110	8	6
	T6	T6		195	160	10	8
6082	T6	T6	≤20.00	295	250	8	6
			>20.00~150.00	310	260	8	—
			>150.00~200.00	280	240	6	—
			>200.00~250.00	270	200	6	—
7003	T5	T5	≤250.00	310	260	10	8
	T6	T6	≤50.00	350	290	10	8
			>50.00~150.00	340	280	10	8
7A04、7A09	T1,T6	T62,T6	≤22.00	490	370	7	—
			>22.00~150.00	530	400	6	—
7A15	T1,T6	T62,T6	≤150.00	490	420	6	—
7005	T6	T6	≤50.00	350	290	10	8
			>50.00~150.00	340	270	10	—
7020	T6	T6	≤50.00	350	290	10	8
			>50.00~150.00	340	275	10	—
7021	T6	T6	≤40.00	410	350	10	8
7022	T6	T6	≤80.00	490	420	7	5
			>80.00~200.00	470	400	7	—

(续)

牌号	供货状态	试样状态	直径（方棒、六角棒指内切圆直径）/mm	抗拉强度 R_m/MPa	规定非比例延伸强度 $R_{p0.2}$/MPa	断后伸长率（%） A	A_{50mm}
				不小于			
7049A	T6、T6510、T6511	T6、T6510、T6511	≤100.00	610	530	5	4
			>100.00~125.00	560	500	5	—
			>125.00~150.00	520	430	5	—
			>150.00~180.00	450	400	3	—
7075	O	O	≤200.00	≤275	≤165	10	8
	T6、T6510、T6511	T6、T6510、T6511	≤25.00	540	480	7	5
			>25.00~100.00	560	500	7	—
			>100.00~150.00	530	470	6	—
			>150.00~250.00	470	400	5	—

注：1. 本表为棒材的室温纵向拉伸力学性能。
2. 棒材各牌号的化学成分应符合 GB/T 3190 的规定。

表 3.2-66 铝及铝合金棒材特殊力学性能要求的牌号及性能指标（摘自 GB/T 3191—2010）

	牌号	供货状态	试样状态	棒材直径（方棒、六角棒内切圆直径）/mm	抗拉强度 R_m/MPa	规定非比例延伸强度 $R_{p0.2}$/MPa	断后伸长率 A（%）
					不小于		
高强度要求的室温纵向拉伸力学性能	2A11	T1、T4	T42、T4	20.00~120.00	390	245	8
	2A12	T1、T4	T42、T4	20.00~120.00	440	305	8
	6A02	T1、T6	T62、T6	20.00~120.00	305	—	8
	2A50	T1、T6	T62、T6	20.00~120.00	380	—	10
	2A14	T1、T6	T62、T6	20.00~120.00	460	—	8
	7A04, 7A09	T1、T6	T62、T6	≤20.00~100.00	550	450	6
				>100.00~120.00	530	430	6

	牌号	温度/℃	应力/MPa	保温时间/h
高温持久纵向拉伸应力	2A02	270±3	64	100
			78	50
	2A16	300±3	69	100
	2A02 合金棒材，78MPa 应力，保温 50h 的试验结果不合格时，以 64MPa 应力，保温 100h 的试验结果作为高温持久纵向拉伸力学性能是否合格的最终判定依据			

注：当需方有要求，并在合同中注明时，方可按本表规定执行。

3.3.2 铝及铝合金挤压扁棒（见表 3.2-67）

表 3.2-67 铝及铝合金挤压扁棒尺寸规格及力学性能（摘自 YS/T 439—2012）

扁棒宽度和厚度尺寸及精度											
级别	宽度及允许偏差/mm		下列各栏厚度范围内的厚度偏差[①]/mm								
	宽度	宽度允许偏差	2.00~6.00	>6.00~10.00	>10.00~18.00	>18.00~30.00	>30.00~50.00	>50.00~80.00	>80.00~120.00	>120.00~180.00	>180.00~240.00
普通级	10.00~18.00	±0.35	±0.25	±0.30	±0.35	—	—	—	—	—	—
	>18.00~30.00	±0.40	±0.25	±0.30	±0.40	±0.40	—	—	—	—	—

(续)

扁棒宽度和厚度尺寸及精度

级别	宽度及允许偏差/mm		下列各栏厚度范围内的厚度偏差①/mm								
	宽度	宽度允许偏差	2.00~6.00	>6.00~10.00	>10.00~18.00	>18.00~30.00	>30.00~50.00	>50.00~80.00	>80.00~120.00	>120.00~180.00	>180.00~240.00
普通级	>30.00~50.00	±0.50	±0.25	±0.30	±0.40	±0.50	±0.50	—	—	—	—
	>50.00~80.00	±0.70	±0.30	±0.35	±0.45	±0.60	±0.70	±0.70	—	—	—
	>80.00~120.00	±1.00	±0.35	±0.40	±0.50	±0.60	±0.70	±0.80	±1.00	—	—
	>120.00~180.00	±1.30	±0.40	±0.45	±0.55	±0.70	±0.80	±1.00	±1.10	±1.30	—
	>180.00~240.00	±1.60	—	±0.50	±0.60	±0.70	±0.90	±1.10	±1.30	±1.50	—
	>240.00~300.00	±2.00	—	±0.50	±0.65	±0.80	±0.90	±1.20	±1.40	±1.60	—
	>300.00~350.00	±2.50	—	—	±0.70	±0.90	±1.00	±1.20	±1.60	±1.80	—
	>350.00~400.00	±2.50	—	—	±0.70	±0.90	±1.00	±1.20	±1.60	±1.80	—
	>400.00~450.00	±3.00	—	—	—	±1.10	±1.30	±1.80	±2.00	—	—
	>450.00~500.00	±3.00	—	—	—	±1.10	±1.30	±1.80	±2.00	—	—
	>500.00~600.00	±3.50	—	—	—	±1.20	±1.40	±1.80	—	—	—
高精级	10.00~18.00	±0.30	±0.23	±0.28	±0.30	—	—	—	—	—	—
	>18.00~30.00	±0.35	±0.23	±0.28	±0.30	±0.35	—	—	—	—	—
	>30.00~50.00	±0.45	±0.23	±0.28	±0.35	±0.40	±0.45	—	—	—	—
	>50.00~80.00	±0.65	±0.28	±0.32	±0.40	±0.50	±0.60	±0.65	—	—	—
	>80.00~120.00	±0.95	±0.32	±0.38	±0.45	±0.55	±0.65	±0.75	±0.95	—	—
	>120.00~180.00	±1.20	±0.38	±0.42	±0.50	±0.65	±0.70	±0.85	±1.00	±1.20	—
	>180.00~240.00	±1.50	—	±0.48	±0.55	±0.68	±0.85	±0.95	±1.20	±1.40	±1.80
	>240.00~300.00	±1.90	—	±0.48	±0.55	±0.78	±0.85	±1.10	±1.30	±1.50	±1.90
	>300.00~350.00	±2.20	—	±0.70	±0.65	±0.80	±0.90	±1.10	±1.30	±1.60	±1.90
	>350.00~400.00	±2.40	—	—	±0.65	±0.88	±0.95	±1.10	±1.40	±1.70	±2.30
	>400.00~450.00	±2.60	—	—	±0.90	±1.00	±1.00	±1.20	±1.50	±1.80	±2.30
	>450.00~500.00	±2.80	—	—	—	±1.00	±1.25	±1.65	±1.80	—	—
	>500.00~600.00	±3.30	—	—	—	±1.10	±1.30	±1.70	—	—	—

扁棒室温力学性能

牌号	供应状态	试样状态	厚度/mm	室温拉伸试验结果			
				抗拉强度 R_m /MPa	规定非比例延伸强度 $R_{p0.2}$ /MPa	断后伸长率(%)	
						A	A_{50mm}
				不小于			
1070A	H112	H112	≤150.00	60	15	25	23
1070	H112	H112	≤150.00	60	15	—	—
1060	H112	H112	≤150.00	60	15	25	23
1050A	H112	H112	≤150.00	60	20	25	23
	O/H111	O/H111	≤150.00	60~95	20	25	23
1050	H112	H112	≤150.00	60	20	—	—
1350	H112	H112	≤150.00	60	—	25	23
1035	H112	H112	≤150.00	70	20	—	—

(续)

牌号	供应状态	试样状态	厚度/mm	抗拉强度 R_m /MPa	规定非比例延伸强度 $R_{p0.2}$ /MPa	断后伸长率(%) A	断后伸长率(%) A_{50mm}
				不小于			
1100	O	O	≤150.00	75~105	20	25	23
	H112	H112	≤150.00	75	20	25	23
1200	H112	H112	≤150.00	75	25	20	18
2017	O	O	≤150.00	≤245	≤125	16	16
2017A	O/H111	O/H111	≤150.00	≤250	≤135	12	10
	T4	T4	≤25.00	380	260	12	10
	T3510	T3510	>25.00~75.00	400	270	10	—
	T3511	T3511	>75.00~150.00	390	260	9	—
2014 2014A	O/H111	O/H111	≤150.00	≤250	≤135	12	10
	T4	T4	≤25.00	370	230	13	11
	T3510	T3510	>25.00~75.00	410	270	12	—
	T3511	T3511	>75.00~150.00	390	250	10	—
2024	O/H111	O/H111	≤150.00	≤250	≤150	12	10
	T3	T3	≤50.00	450	310	8	6
	T3510	T3510	>50.00~100.00	440	300	8	—
	T3511	T3511	>100.00~150.00	420	280	8	—
	T4	T4	≤6.00	390	295	—	12
			>6.00~19.00	410	305	12	12
			>9.00~38.00	450	315	10	—
	T8 T8510 T8511	T8 T8510 T8511	≤150.00	455	380	5	4
2A11	H112、T4	T4	≤120.00	370	215	12	12
2A12	H112、T4	T4	≤120.00	390	255	12	12
2A14	H112、T6	T6	≤120.00	430	—	8	8
2A50	H112、T6	T6	≤120.00	355	—	12	12
2A70 2A80 2A90	H112、T6	T6	≤120.00	355		8	8
3102	H112	H112	≤150.00	80	30	25	23
3003	H112	H112	≤150.00	95	35	25	20
3103	O/H111	O/H111	≤150.00	95~135	35	25	20
3A21	H112	H112	≤120.00	≤165	—	20	20
5005 5005A	H112	H112	≤100.00	100	40	18	16
	O/H111	O/H111	≤60.00	100~150	40	18	16

(续)

牌号	供应状态	试样状态	厚度/mm	扁棒室温力学性能 抗拉强度 R_m /MPa	室温拉伸试验结果 规定非比例延伸强度 $R_{p0.2}$ /MPa	断后伸长率(%) A	A_{50mm}
				不小于			
5019	H112	H112	≤150.00	250	110	14	12
	O/H111	O/H111	≤150.00	250~320	110	15	13
5049	H112	H112	≤150.00	180	80	15	13
5051A	H112	H112	≤150.00	150	50	16	14
	O/H111	O/H111	≤150.00	150~200	50	18	16
5251	H112	H112	≤150.00	160	60	16	14
	O/H111	O/H111	≤150.00	160~220	60	17	15
5052	H112	H112	≤150.00	170	70	15	13
	O/H111	O/H111	≤150.00	170~230	70	17	15
5454 5154A	H112	H112	≤150.00	200	85	16	14
	O/H111	O/H111	≤150.00	200~275	85	18	16
5754	H112	H112	≤150.00	180	80	14	12
	O/H111	O/H111	≤150.00	180~250	80	17	15
5083	H112	H112	≤150.00	270	125	12	10
	O/H111	O/H111	≤150.00	270	110	12	10
5086	H112	H112	≤150.00	240	95	12	10
	O/H111	O/H111	≤150.00	240~320	95	18	15
5A02	H112	H112	≤150.00	≤225	—	10	10
5A03	H112	H112	≤150.00	175	80	13	13
5A05	H112	H112	≤120.00	265	120	15	15
5A06	H112	H112	≤120.00	315	155	15	15
5A12	H112	H112	≤120.00	370	185	15	15
6101	T6	T6	≤12.00	200	172	—	—
6101A	T6	T6	≤150.00	200	170	10	8
6101B	T6	T6	≤15.00	215	160	8	6
6005 6005A	T6	T6	≤25.00	270	225	10	8
			>25.00~50.00	270	225	8	—
			>50.00~100.00	260	215	8	
6110A	T5	T5	≤120.00	380	360	10	8
	T6	T6	≤150.00	410	380	10	8
6023	T6 T8510 T8511	T6 T8510 T8511	≤150.00	320	270	10	8
6351	O/H111	O/H111	≤150.00	≤160	≤110	14	12
	T4	T4	≤150.00	205	110	14	12
	T6	T6	≤20.00	295	250	8	6
			>20.00~75.00	300	255	8	—
			>75.00~150.00	310	260	8	—

(续)

扁棒室温力学性能

牌号	供应状态	试样状态	厚度/mm	室温拉伸试验结果		
				抗拉强度 R_m /MPa	规定非比例延伸强度 $R_{p0.2}$ /MPa	断后伸长率(%)
						A | A_{50mm}
				不小于		
6060	T4	T4	≤150.00	120	60	16 | 14
	T5	T5	≤150.00	160	120	8 | 6
	T6	T6	≤150.00	190	150	8 | 6
6360	T4	T4	≤150.00	110	50	16 | 14
	T5	T5	≤150.00	150	110	8 | 6
	T6	T6	≤150.00	185	140	8 | 6
6061	O/H111	O/H111	≤150.00	≤150	≤110	16 | 14
	T4	T4	≤150.00	180	110	15 | 13
	T6、T8511	T6、T8511	≤150.00	260	240	8 | 6
6261	O/H111	O/H111	≤100.00	≤170	≤120	14 | 12
	T4	T4	≤100.00	180	100	14 | 12
	T6	T6	≤20.00	290	245	8 | 7
	T6	T6	>20.00~100.00	290	245	8 | —
6262	T6	T6	≤150.00	260	240	10 | 8
6262A	T6	T6	≤150.00	260	240	10 | 8
6063	O/H111	O/H111	≤150.00	≤130	—	18 | 16
	T4	T4	≤150.00	130	65	14 | 12
	T5	T5	≤150.00	175	130	8 | 6
	T6	T6	≤150.00	215	170	10 | 8
6063A	O/H111	O/H111	≤150.00	≤150	—	16 | 14
	T4	T4	≤150.00	150	90	12 | 10
	T5	T5	≤150.00	200	160	7 | 5
	T6	T6	≤150.00	230	190	7 | 5
6463	T4	T4	≤150.00	125	75	14 | 12
	T5	T5	≤150.00	150	110	8 | 6
	T6	T6	≤150.00	195	160	10 | 8
6065	T6	T6	≤150.00	260	240	10 | 8
6081	T6	T6	≤150.00	275	240	8 | 6
6082	O/H111	O/H111	≤150.00	≤160	≤110	14 | 12
	T4	T4	≤150.00	205	110	14 | 12
	T6	T6	≤20.00	295	250	8 | 6
	T6	T6	>20.00~150.00	310	260	8 | —
6182	T4	T4	≤150.00	205	110	12 | 10
	T6	T6	9.00~100.00	360	330	9 | 7
	T6	T6	>100.00~150.00	330	300	8 | 6
6A02	H112、T6	T6	≤120.00	295	—	12 | 12

(续)

牌号	供应状态	试样状态	扁棒室温力学性能 厚度/mm	室温拉伸试验结果 抗拉强度 R_m /MPa	规定非比例延伸强度 $R_{p0.2}$ /MPa	断后伸长率(%) A	A_{50mm}
				不小于			
7003	T5	T5	≤150.00	310	260	10	8
	T6	T6	≤50.00	350	290	10	8
			>50.00~150.00	340	280	10	8
7005	T6	T6	≤50.00	350	290	10	8
			>50.00~150.00	340	270	10	—
7108	T6	T6	≤100.00	310	260	10	8
7108A	T6	T6	≤150.00	310	260	12	10
7020	T6	T6	≤50.00	350	290	10	8
			>50.00~150.00	340	275	10	—
7021	T6	T6	≤40.00	410	350	10	8
7022	T6、T8510、T8511	T6、T8510、T8511	≤80.00	490	420	7	5
			>80.00~150.00	470	400	7	—
7049A	T6、T8510、T8511	T6、T8510、T8511	≤100.00	610	530	5	4
			>100.00~125.00	560	500	5	—
			>125.00~150.00	520	430	5	—
7075	O/H111	O/H111	≤150.00	≤275	≤165	10	8
	T6	T6	≤25.00	540	480	7	5
	T8510	T8510	>25.00~100.00	560	500	7	—
	T8511	T8511	>100.00~150.00	530	470	6	—
7A04 7A09	H112、T6	T6	≤22.00	490	370	7	7
			>22.00~120.00	530	400	6	—
8A06	H112	H112	≤150.00	70	—	10	10

① 镁含量平均值不小于4.0%的5×××合金高镁合金，其偏差为对应数值的1.5倍。

3.3.3 铝及铝合金管材尺寸规格（见表3.2-68）

表3.2-68 铝及铝合金管材尺寸规格（摘自GB/T 4436—2012）

	外径/mm	6	8	10	12、14、15	16、18	20	22、24、25	26、28、30、32、34、35、36、38、40、42、45、48、50、52、55、58、60	65、70、75	80、85、90、95	100、105、110	115	120
冷拉、冷轧有缝圆管和无缝圆管	壁厚/mm	0.5~1.0	0.5~2.0	0.5~2.5	0.5~3.0	0.5~3.5	0.5~4.0	0.5~5.0	0.75~5.0	1.5~5.0	2.0~5.0	2.5~5.0	3.0~5.0	3.5~5.0
	壁厚尺寸系列/mm	0.5、0.75、1.0~5.0（0.5进级）												

(续)

冷拉有缝正方形管和无缝正方形管	公称边长/mm	10、12	14、16	18、20	22、25	28、32、36、40	42、45、50、55、60、65、70	
	壁厚/mm	1.0、1.5	1.0、1.5、2.0	1.0、1.5、2.0、2.5	1.5、2.0、2.5、3.0	1.5、2.0、2.5、3.0、4.5	1.5、2.0、2.5、3.0、4.5、5.0	
冷拉有缝矩形管和无缝矩形管	公称边长（长×宽）/mm	14×10、16×12、18×10	18×14、20×12、22×14	25×15、28×16	28×22、32×18	32×25、36×20、36×28	40×25、40×30、45×30、50×30、55×40	60×40、70×50
	壁厚/mm	1.0、1.5、2.0	1.0、1.5、2.0、2.5	1.0、1.5、2.0、2.5、3.0	1.0、1.5、2.0、2.5、3.0、4.0	1.0、1.5、2.0、2.5、3.0、4.0、5.0	1.5、2.0、2.5、3.0、4.0、5.0	2.0、2.5、3.0、4.0、5.0
挤压无缝圆管	外径/mm	25	28	30、32	34、36、38	40、42	45、48、50、52、55、58	60、62	65、70	75、80	85、90	95	100	105、110、115	120、125、130
	壁厚/mm	5.0	5.0、6.0	5.0~8.0	5.0~10.0	5.0~12.5	5.0~15.0	5.0~17.5	5.0~20.0	5.0~22.5	5.0~25.0	5.0~27.5	5.0~30.0	5.0~32.5	7.5~32.5
	外径/mm	135~145	150~155	160~200	205~260	外径尺寸系列/mm	25.0、28.0~42.0（2进级）、45.0、48.0、50.0、52.0、55.0、58.0、60.0、62.0、65.0~250.0（5进级）（外径270~450尺寸规格本表未编入）		
	壁厚/mm	10.0~32.5	10.0~35.0	10.0~40.0	15.0~50.0	壁厚尺寸系列/mm	5.0、6.0、7.0、7.5、8.0、9.0、10.0~50.0（2.5进级）		

注：1. GB/T 4436—2012《铝及铝合金管材外形尺寸及极限偏差》代替 GB/T 4436—1995。标准规定了铝及铝合金热挤压有缝圆管、无缝圆管、有缝矩形管、正方形管、正六边形管、正八边形管、冷轧有缝圆管、无缝圆管，冷拉圆管、冷拉有缝或无缝圆管、正方形管、矩形管、椭圆形管的尺寸规格，本表只摘编了一部分内容，其他资料请参见原标注。
2. 各种管材的不定尺寸供应长度不得小于 300mm。
3. 管材的尺寸精度、几何精度均应符合 GB/T 4436—2012 的规定。
4. 挤压有缝圆管、矩形管、正方形管、六边形管、正八边形管的截面尺寸由供需双方协定。

3.3.4 铝及铝合金拉（轧）制无缝管（见表3.2-69）

表3.2-69 铝及铝合金拉（轧）制无缝管的牌号、状态及室温纵向拉伸力学性能（摘自 GB/T 6893—2010）

牌号	状态	壁厚/mm	抗拉强度 R_m/MPa	规定非比例延伸强度 $R_{p0.2}$/MPa	断后伸长率（%） 全截面试样 A_{50mm}	断后伸长率（%） 其他试样 A_{50mm}	断后伸长率（%） 其他试样 A
					不小于		
1035	O	所有	60~95	—	—	22	25
1050A 1050	H14	所有	100~135	70	—	5	6

(续)

牌号	状态	壁厚/mm		抗拉强度 R_m/MPa	规定非比例延伸强度 $R_{p0.2}$/MPa	断后伸长率（%）		
						全截面试样	其他试样	
						A_{50mm}	A_{50mm}	A
				不小于				
1060 1070A 1070	O	所有		60~95	—		—	—
	H14	所有		85	70		—	—
1100 1200	O	所有		70~105	—		16	20
	H14	所有		110~145	80	—	4	5
2A11	O	所有		≤245	—		10	
	T4	外径≤22	≤1.5	375	195		13	
			>1.5~2.0				14	
			>2.0~5.0				—	
		外径>22~50	≤1.5	390	225		12	
			>1.5~5.0				13	
		>50	所有	390	225		11	
2017	O	所有		≤245	≤125	17	16	16
	T4	所有		375	215	13	12	12
2A12	O	所有		≤245	—		10	
	T4	外径≤22	≤2.0	410	255		13	
			>2.0~5.0				—	
		外径>22~50	所有	420	275		12	
		>50	所有	420	275		10	
2A14	T4	外径≤22	1.0~2.0	360	205		10	
			>2.0~5.0	360	205			
		外径>22	所有	360	205		10	
2024	O	所有		≤240	≤140	—	10	12
	T4	0.63~1.2		440	290	12	10	—
		>1.2~5.0		440	290	14	10	—
3003	O	所有		95~130	35	—	20	25
	H14	所有		130~165	110	—	4	6
3A21	O	所有		≤135	—		—	—
	H14	所有		135	—		—	—
	H18	外径<60，壁厚0.5~5.0		185	—		—	—
		外径≥60，壁厚2.0~5.0		175	—		—	—
	H24	外径<60，壁厚0.5~5.0		145	—		8	—
		外径≥60，壁厚2.0~5.0		135	—		8	—
5A02	O	所有		≤225	—		—	—
	H14	外径≤55，壁厚≤2.5		225	—		—	—
		其他所有		195	—		—	—
5A03	O	所有		175	80		15	
	H34	所有		215	125		8	

(续)

牌号	状态	壁厚/mm	抗拉强度 R_m/MPa	规定非比例延伸强度 $R_{p0.2}$/MPa	断后伸长率（%） 全截面试样 A_{50mm}	其他试样 A_{50mm}	其他试样 A
				不小于			
5A05	O	所有	215	90	15		
	H32	所有	245	145	8		
5A06	O	所有	315	145	15		
5052	O	所有	170~230	65	—	17	20
	H14	所有	230~270	180	—	4	5
5056	O	所有	≤315	100		16	
	H32	所有	305	—		—	
5083	O	所有	270~350	110		14	16
	H32	所有	280	200		4	6
5754	O	所有	180~250	80		14	16
6A02	O	所有	≤155	—		14	
	T4	所有	205	—		14	
	T6	所有	305	—		8	
6061	O	所有	≤150	≤110	—	14	16
	T4	所有	205	110		14	16
	T6	所有	290	240		8	10
6063	O	所有	≤130	—		15	20
	T6	所有	220	190		8	10
8A06	O	所有	≤120	—		20	
	H14	所有	100	—		5	

注：1. 断后伸长率一栏内的"A"表示原始标距（L_0）为 $5.65\sqrt{S_0}$ 的断后伸长率。
2. 产品的抗拉强度和断后伸长率应符合本表规定。5A03、5A05、5A06 牌号管材的规定非比例延伸强度参见本表规定，其他牌号的管材非比例延伸强度则应符合本表规定。
3. 管材的尺寸规格应符合 GB/T 4436—2012 的规定，参见表 3.2-68。
4. 牌号的化学成分应符合 GB/T 3190 的规定。
5. 标记示例
管材的标记按产品的名称、牌号、状态、规格和国家标准编号的顺序表示，标记示例如下：
示例1：3030牌号，O状态，外径为10.00mm，壁厚为2.00mm，长度为1500mm的定尺圆形管材标记为：
　　　　　　　管 3030-O　ϕ10×2.0×1500　GB/T 6893—2010
示例2：2024牌号，T4状态，边长为45.00mm，宽度为45.00mm，壁厚为3.00mm，长度为不定尺的矩形管材标记为：
　　　　　　　矩形管 2024-T4　45×45×3.0　GB/T 6893—2010

3.3.5　铝及铝合金热挤压无缝圆管（见表3.2-70）

表 3.2-70　铝及铝合金热挤压无缝圆管牌号及力学性能（摘自 GB/T 4437.1—2015）

牌号	供应状态	试样状态	壁厚/mm	室温拉伸试验结果 抗拉强度 R_m/MPa	规定非比例延伸强度 $R_{p0.2}$/MPa	断后伸长率（%） A_{50mm}	断后伸长率（%） A
				不小于			
1100 1200	O	O	所有	75~105	20	25	22
	H112	H112	所有	75	25	25	22
	F	—	所有				

(续)

牌号	供应状态	试样状态	壁厚 /mm	室温拉伸试验结果			
				抗拉强度 R_m /MPa	规定非比例延伸强度 $R_{p0.2}$ /MPa	断后伸长率（%）	
						A_{50mm}	A
				不小于			
1035	O	O	所有	60～100	—	25	23
1050A	O、H111	O、H111	所有	60～100	20	25	23
	H112	H112	60	20	25	23	
	F	—	所有	—	—	—	—
1060	O	O	所有	60～95	15	25	22
	H112	H112	60	—		25	22
1070A	O	O	所有	60～95	—	25	22
	H112	H112	所有	60	20	25	22
2014	O	O	所有	≤205	≤125	12	10
	T4、T4510、T4511	T4、T4510、T4511	所有	345	240	12	10
			所有	345	240	12	10
	T1[①]	T42	所有	345	200	12	10
		T62	≤18.00	415	365	7	6
			＞18	415	365	—	6
	T6、T6510、T6511	T6、T6510、T6511	≤12.50	415	365	7	6
			12.50～18.00	440	400	—	6
			＞18.00	470	400	—	6
2017	O	O	所有	≤245	≤125	16	16
	T4	T4	所有	345	215	12	12
	T1	T42	所有	335	195	12	—
2024	O	O	全部	≤240	≤130	12	10
	T3、T3510、T3511	T3、T3510、T3511	≤6.30	395	290	10	—
			＞6.30～18.00	415	305	10	9
			＞18.00～35.00	450	315	—	9
			＞35.00	470	330	—	7
	T4	T4	≤18.00	395	260	12	10
			＞18.00	395	260	—	9
	T1	T42	≤18.00	395	260	12	10
			＞18.00～35.00	395	260	—	9
			＞35.00	395	260	—	7
	T81、T8510、T8511	T81、T8510、T8511	＞1.20～6.30	440	385	4	—
			＞6.30～35.00	455	400	5	4
			＞35.00	455	400	—	4
2219	O	O	所有	≤220	≤125	12	10
	T31、T3510、T3511	T31、T3510、T3511	≤12.50	290	180	14	12
			＞12.50～80.00	310	185	—	12
	T1	T62	≤25.00	370	250	6	5
			＞25.00	370	250	—	5
	T81、T8510、T8511	T81、T8510、T8511	≤80.00	440	290	6	5

(续)

牌号	供应状态	试样状态	壁厚/mm	室温拉伸试验结果			
				抗拉强度 R_m /MPa	规定非比例延伸强度 $R_{p0.2}$ /MPa	断后伸长率（%）	
						A_{50mm}	A
				不小于			
2A11	O	O	所有	≤245	—	—	10
	T1	T1	所有	350	195	—	10
2A12	O	O	所有	≤245	—	—	10
	T1	T42	所有	390	255	—	10
	T4	T4	所有	390	255	—	10
2A14	T6	T6	所有	430	350	6	—
2A50	T6	T6	所有	380	250	—	10
3003	O	O	所有	95～130	35	25	22
	H112	H112	≤1.60	95	35	—	—
	H112	H112	>1.60	95	35	25	22
	F	F	所有	—	—	—	—
包铝3003	O	O	所有	90～125	30	25	22
	H112	H112	所有	90	30	25	22
	F	F	所有	—	—	—	—
3A21	H112	H112	所有	≤165	—	—	—
5051A	O、H111	O、H111	所有	150～200	60	16	18
	H112	H112	所有	150	60	14	16
	F	—	所有	—	—	—	—
5052	O	O	所有	170～240	70	15	17
	H112	H112	所有	170	70	13	15
	F	—	所有	—	—	—	—
5083	O	O	所有	270～350	110	14	12
	H111	H111	所有	275	165	12	10
	H112	H112	所有	270	110	12	10
	F	—	所有	—	—	—	—
5154	O	O	所有	205～285	75	—	—
	H112	H112	所有	205	75	—	—
5454	O	O	所有	215～285	85	14	12
	H111	H111	所有	230	130	12	10
	H112	H112	所有	215	85	12	10
5456	O	O	所有	285～365	130	14	12
	H111	H111	所有	290	180	12	10
	H112	H112	所有	285	130	12	10
5086	O	O	所有	240～315	95	14	12
	H111	H111	所有	250	145	12	10
	H112	H112	所有	240	95	12	10
	F	—	所有	—	—	—	—
5A02	H112	H112	所有	225	—	—	—

（续）

牌号	供应状态	试样状态	壁厚/mm	室温拉伸试验结果			
				抗拉强度 R_m /MPa	规定非比例延伸强度 $R_{p0.2}$ /MPa	断后伸长率（%）	
						A_{50mm}	A
				不小于			
5A03	H112	H112	所有	175	70	—	15
5A05	H112	H112	所有	225	110	—	15
5A06	H112、O	H112、O	所有	315	145	—	15
6005	T1	T1	≤12.50	170	105	16	14
	T5	T5	≤3.20	260	240	8	—
			3.20~25.00	260	240	10	9
6005A	T1	T1	≤6.30	170	100	15	—
	T5	T5	≤6.30	260	215	7	—
			6.30~25.00	260	215	9	8
	T61	T61	≤6.30	260	240	8	—
			6.30~25.00	260	240	10	9
6105	T1	T1	≤12.50	170	105	16	14
	T5	T5	≤12.50	260	240	8	7
6041	T5、T6511	T5、T6511	10.00~50.00	310	275	10	9
6042	T5、T5511	T5、T5511	10.00~12.50	260	240	10	—
			12.50~50.00	290	240	—	9
6061	O	O	所有	≤150	≤110	16	14
	T1②	T1	≤16.00	180	95	16	14
		T42	所有	180	85	16	14
		T62	≤6.30	260	240	8	—
			>6.30	260	240	10	9
	T4、T4510、T4511	T4、T4510、T4511	所有	180	110	16	14
	T51	T51	≤16.00	240	205	8	7
	T6、T6510、T6511	T6、T6510、T6511	≤6.30	260	240	8	—
			>6.30	260	240	10	9
	F	—	所有	—	—	—	—
6351	O、H111	O、H111	≤25.00	≤160	≤110	12	14
	T4	T4	≤19.00	220	130	16	14
	T6	T6	≤3.20	290	255	8	—
			>3.20~25.00	290	255	10	9
6162	T5、T5510、T5511	T5、T5510、T5511	≤25.00	255	235	7	6
	T6、T6510、T6511	T6、T6510、T6511	≤6.30	260	240	8	—
			>6.30~12.50	260	240	10	9
6262	T6、T6511	T6、T6511	所有	260	240	10	9
6063	O	O	所有	≤130	—	18	16
	T1③	T1	≤12.50	115	60	12	10
			>12.50~25.00	110	55	—	10

(续)

牌号	供应状态	试样状态	壁厚 /mm	室温拉伸试验结果			
				抗拉强度 R_m /MPa	规定非比例延伸强度 $R_{p0.2}$ /MPa	断后伸长率（%）	
						A_{50mm}	A
				不小于			
6063	T1③	T42	≤12.50	130	70	14	12
			>12.50~25.00	125	60	—	12
	T4	T4	≤12.50	130	70	14	12
			>12.50~25.00	125	60	—	12
	T5	T5	≤25.00	175	130	6	8
	T52	T52	≤25.00	150~205	110~170	8	7
	T6	T6	所有	205	170	10	9
	T66	T66	≤25.00	245	200	8	10
	F	—	所有	—	—	—	—
6064	T6、T6511	T6、T6511	10.00~50.00	260	240	10	9
6066	O	O	所有	≤200	≤125	16	14
	T4、T4510、T4511	T4、T4510、T4511	所有	275	170	14	12
	T1①	T42	所有	275	165	14	12
		T62	所有	345	290	8	7
	T6、T6510、T6511	T6、T6510、T6511	所有	345	310	8	7
6082	O、H111	O、H111	≤25.00	≤160	≤110	12	14
	T4	T4	≤25.00	205	110	12	14
	T6	T6	≤5.00	290	250	6	8
			>5.00~25.00	310	260	8	10
6A02	O	O	所有	≤145	—	—	17
	T4	T4	所有	205	—	—	14
	T1	T62	所有	295	—	—	8
	T6	T6	所有	295	—	—	8
7050	T76510	T76510	所有	545	475	7	—
	T73511	T73511	所有	485	415	8	7
	T74511	T74511	所有	505	435	7	—
7075	O、H111	O、H111	≤10.00	≤275	≤165	10	10
	T1	T62	≤6.30	540	485	7	6
			>6.30~12.50	560	505	7	6
			>12.50~70.00	560	495	—	6
	T6、T6510、T6511	T6、T6510、T6511	≤6.30	540	485	7	6
			>6.30~12.50	560	505	7	6
			>12.50~70.00	560	495	—	6
	T73、T73510、T73511	T73、T73510、T73511	1.60~6.30	470	400	5	7
			>6.30~35.00	485	420	6	8
			>35.00~70.00	475	405	—	8

(续)

牌号	供应状态	试样状态	壁厚 /mm	室温拉伸试验结果			
				抗拉强度 R_m /MPa	规定非比例延伸强度 $R_{p0.2}$ /MPa	断后伸长率（%）	
						A_{50mm}	A
				不小于			
7178	O	O	所有	≤275	≤165	10	9
	T6、T6510、T6511	T6、T6510、T6511	≤1.60	565	525	—	—
			>1.60~6.30	580	525	5	—
			>6.30~35.00	600	540	5	4
			>35.00~60.00	580	515	—	4
			>60.00~80.00	565	490	—	4
	T1	T62	≤1.60	545	505	—	—
			>1.60~6.30	565	510	5	—
			>6.30~35.00	595	530	5	4
			>35.00~60.00	580	515	—	4
			>60.00~80.00	565	490	—	4
7A04	T1	T62	≤80	530	400	—	5
7A09	T6	T6	≤80	530	400	—	5
7B05	O	O	≤12.00	245	145	12	—
	T4	T4	≤12.00	305	195	11	—
	T6	T6	≤6.00	325	235	10	—
			>6.00~12.00	335	225	10	—
7A15	T1	T62	≤80	470	420	—	6
	T6	T6	≤80	470	420	—	6
8A06	H112	H112	所有	≤120	—	—	20

注：1. GB/T 4437.1—2015《铝及铝合金热挤压管 第1部分：无缝圆管》代替 GB/T 4437.1—2000。管材适用于一般工业部门使用。
2. 管材牌号的化学成分应符合 GB/T 3190 及 GB/T 4437.1—2015 的相关规定。
3. 管材的尺寸偏差应符合 GB/T 4436《铝及铝合金管材外形尺寸及允许偏差》的普通级的规定，需要高精级、超高精级或特殊要求者，应在合同中注明。
4. 本表为管材纵向室温力学性能规定的指标要求。壁厚超出本表规定的管材，其力学性能由供需双方协定。
5. 管材的硬度、剥落腐蚀性能、晶间腐蚀性能、应力腐蚀性能及显微组织等要求，均应符合 GB/T 4437.1—2015 的相关规定。
6. 标记示例：
   2A12 牌号、供应状态为 O、外径为 40mm、壁厚 6mm、长度 4000mm 的定尺热挤压圆管，标记为：
   管 GB/T 4437.1—2A12 O—40×6×4000

① T1 状态供货的管材，由供需双方商定提供 T42 或 T62 试样状态的性能，并在订货单（或合同）中注明，未注明时提供 T42 试样状态的性能。
② T1 状态供货的管材，由供需双方商定提供 T1 或 T42、T62 试样状态的性能，并在订货单（或合同）中注明，未注明时提供 T1 试样状态的性能。
③ T1 状态供货的管材，由供需双方商定提供 T1 或 T42 试样状态的性能，并在订货单（或合同）中注明，未注明时提供 T1 试样状态的性能。

3.3.6 一般工业用铝及铝合金板、带材（见表3.2-71~表3.2-75）

表3.2-71 一般工业用铝及铝合金板、带材尺寸规格（摘自 GB/T 3880.1—2012） （mm）

板、带材厚度	板材的宽度和长度		带材的宽度和内径	
	板材的宽度	板材的长度	带材的宽度	带材的内径
>0.20~0.50	500.0~1660.0	500~4000	≤1800.0	75、150、200、300、405、505、605、650、750
>0.50~0.80	500.0~2000.0	500~10000	≤2400.0	
>0.80~1.20	500.0~2400.0	1000~10000	≤2400.0	

(续)

板、带材厚度	板材的宽度和长度		带材的宽度和内径	
	板材的宽度	板材的长度	带材的宽度	带材的内径
>1.20~3.00	500.0~2400.0	1000~10000	≤2400.0	75、150、200、300、405、505、605、650、750
>3.00~8.00	500.0~2400.0	1000~15000	≤2400.0	
>8.00~15.00	500.0~2500.0	1000~15000	—	—
>15.00~250.00	500.0~3500.0	1000~20000	—	—

精度等级	厚度	下列宽度上的厚度极限偏差									
		≤1000.0		>1000.0~1250.0		>1250.0~1600.0		>1600.0~2000.0		>2000.0~2500.0	>2500.0~3000.0	>3000.0~3500.0
		A类	B类	A类	B类	A类	B类	A类	B类	所有	所有	所有
高精级	>3.00~3.50	±0.10	±0.12	±0.15	±0.17	±0.17	±0.19	±0.18	±0.20	±0.24	—	—
	>3.50~4.00	±0.15		±0.18		±0.18		±0.23		±0.24	±0.34	±0.38
	>4.00~5.00	±0.18		±0.22		±0.24		±0.25		±0.28	±0.36	±0.42
	>5.00~6.00	±0.20		±0.24		±0.25		±0.26		±0.28	±0.40	±0.46

注：1. 带材是否带套筒及套筒材质，由供需双方商定后在订货单（或合同）中注明。
2. 产品标记示例：
产品标记按产品名称、标准编号、牌号、供应状态及尺寸的顺序表示。标记示例如下：
例1：
3003牌号、H22状态、厚度为2.00mm、宽度为1200.0mm、长度为2000mm的板材，标记为：
板 GB/T 3880.1—3003H22-2.00×1200×2000
例2：
5052牌号、O状态、厚度为1.00mm、宽度为1050.0mm的带材，标记为：
带 GB/T 3880.1-5052O-1.00×1050

表3.2-72 一般工业用铝及铝合金热轧板、带材厚度极限偏差（摘自GB/T 3880.3—2012）

(mm)

厚度	下列宽度上的厚度极限偏差				
	≤1250.0	>1250.0~1600.0	>1600.0~2000.0	>2000.0~2500.0	>2500.0~3500.0
2.50~4.00	±0.28	±0.28	±0.32	±0.35	±0.40
>4.00~5.00	±0.30	±0.30	±0.35	±0.40	±0.45
>5.00~6.00	±0.32	±0.32	±0.40	±0.45	±0.50
>6.00~8.00	±0.35	±0.40	±0.40	±0.50	±0.55
>8.00~10.00	±0.45	±0.50	±0.50	±0.55	±0.60
>10.00~15.00	±0.50	±0.60	±0.65	±0.65	±0.80
>15.00~20.00	±0.60	±0.70	±0.75	±0.80	±0.90
>20.00~30.00	±0.65	±0.75	±0.85	±0.90	±1.00
>30.00~40.00	±0.75	±0.85	±1.00	±1.10	±1.20
>40.00~50.00	±0.90	±1.00	±1.10	±1.20	±1.50
>50.00~60.00	±1.10	±1.20	±1.40	±1.50	±1.70
>60.00~80.00	±1.40	±1.50	±1.70	±1.90	±2.00
>80.00~100.00	±1.70	±1.80	±1.90	±2.10	±2.20
>100.00~150.00	±2.10	±2.20	±2.50	±2.60	—
>150.00~220.00	±2.50	±2.60	±2.90	±3.00	—
>220.00~250.00	±2.80	±2.90	±3.20	±3.30	—

注：一般工业用铝及铝合金板带材宽度的极限偏差、长度的极限偏差、平面度、侧边弯曲度及板材对角线偏差均应符合GB/T 3880.3—2012《一般工业用铝及铝合金板、带材 第3部分：尺寸偏差》的规定，详见标准原件。

表 3.2-73　一般工业用铝及铝合金冷轧板、带材的厚度极限偏差（摘自 GB/T 3880.3—2012）　　（mm）

精度分级	厚度	下列宽度上的厚度极限偏差										
		≤1000.0		>1000.0~1250.0		>1250.0~1600.0		>1600.0~2000.0		>2000.0~2500.0	>2500.0~3000.0	>3000.0~3500.0
		A类	B类	A类	B类	A类	B类	A类	B类	所有	所有	所有
普通级	>0.20~0.40	±0.03	±0.05	±0.05	±0.06	±0.06	±0.06	—	—	—	—	—
	>0.40~0.50	±0.05	±0.05	±0.06	±0.08	±0.07	±0.08	±0.08	±0.09	±0.12	—	—
	>0.50~0.60	±0.05	±0.05	±0.07	±0.08	±0.07	±0.08	±0.08	±0.09	±0.12	—	—
	>0.60~0.80	±0.05	±0.06	±0.07	±0.08	±0.07	±0.08	±0.09	±0.10	±0.13	—	—
	>0.80~1.00	±0.07	±0.08	±0.08	±0.09	±0.08	±0.09	±0.10	±0.11	±0.15	—	—
	>1.00~1.20	±0.07	±0.08	±0.09	±0.10	±0.09	±0.10	±0.11	±0.12	±0.15	—	—
	>1.20~1.50	±0.09	±0.10	±0.12	±0.13	±0.12	±0.13	±0.13	±0.14	±0.15	—	—
	>1.50~1.80	±0.09	±0.10	±0.12	±0.13	±0.12	±0.13	±0.14	±0.15	±0.15	—	—
	>1.80~2.00	±0.09	±0.10	±0.12	±0.13	±0.12	±0.13	±0.14	±0.15	±0.15	—	—
	>2.00~2.50	±0.12	±0.13	±0.14	±0.15	±0.14	±0.15	±0.15	±0.16	±0.16	—	—
	>2.50~3.00	±0.13	±0.15	±0.16	±0.17	±0.16	±0.17	±0.17	±0.18	±0.18	—	—
	>3.00~3.50	±0.14	±0.15	±0.17	±0.18	±0.17	±0.18	±0.22	±0.23	±0.19	—	—
	>3.50~4.00	±0.15		±0.18		±0.18		±0.23		±0.24	±0.51	±0.57
	>4.00~5.00	±0.23		±0.24		±0.24		±0.26		±0.28	±0.54	±0.63
	>5.00~6.00	±0.25		±0.26		±0.26		±0.26		±0.28	±0.60	±0.69
高精级	>0.20~0.40	±0.02	±0.03	±0.04	±0.05	±0.05	±0.06	—	—	—	—	—
	>0.40~0.50	±0.03	±0.03	±0.04	±0.05	±0.05	±0.06	±0.06	±0.07	±0.10	—	—
	>0.50~0.60	±0.03	±0.04	±0.05	±0.06	±0.06	±0.07	±0.07	±0.08	±0.11	—	—
	>0.60~0.80	±0.03	±0.04	±0.06	±0.07	±0.07	±0.08	±0.08	±0.09	±0.12	—	—
	>0.80~1.00	±0.04	±0.05	±0.06	±0.08	±0.08	±0.09	±0.09	±0.10	±0.13	—	—
	>1.00~1.20	±0.04	±0.05	±0.07	±0.09	±0.09	±0.10	±0.10	±0.12	±0.14	—	—
	>1.20~1.50	±0.05	±0.07	±0.09	±0.11	±0.10	±0.12	±0.11	±0.14	±0.16	—	—
	>1.50~1.80	±0.06	±0.08	±0.10	±0.12	±0.11	±0.13	±0.12	±0.15	±0.17	—	—
	>1.80~2.00	±0.06	±0.09	±0.11	±0.13	±0.13	±0.14	±0.14	±0.15	±0.19	—	—
	>2.00~2.50	±0.07	±0.10	±0.12	±0.14	±0.14	±0.15	±0.15	±0.16	±0.20	—	—
	>2.50~3.00	±0.08	±0.11	±0.13	±0.15	±0.15	±0.17	±0.17	±0.18	±0.23	—	—

表 3.2-74　一般工业用铝及铝合金板、带材牌号及力学性能（摘自 GB/T 3880.2—2012）

牌号	包铝分类	供应状态	试样状态	厚度/mm	室温拉伸试验结果				弯曲半径	
					抗拉强度 R_m/MPa	规定非比例延伸强度 $R_{p0.2}$/MPa	断后伸长率（%）		90°	180°
							A_{50mm}	A		
					不小于					
1A97 1A93	—	H112	H112	>4.50~80.00	附实测值				—	—
		F	—	>4.50~150.00						
1A90 1A85	—	H112	H112	>4.50~12.50	60		21	—	—	—
				>12.50~20.00			—	19	—	—
				>20.00~80.00	附实测值					
		F		>4.50~150.00						
1080A	—	O H111	O H111	>0.20~0.50	60~90	15	26	—	0t	0t
				>0.50~1.50			28	—	0t	0t
				>1.50~3.00			31	—	0t	0t
				>3.00~6.00			35	—	0.5t	0.5t
				>6.00~12.50			35	—	0.5t	0.5t

(续)

牌号	包铝分类	供应状态	试样状态	厚度/mm	室温拉伸试验结果		断后伸长率(%)		弯曲半径	
					抗拉强度 R_m/MPa	规定非比例延伸强度 $R_{p0.2}$/MPa	A_{50mm}	A	90°	180°
					不小于					
1080A	—	H12	H12	>0.20~0.50	8~120	55	5	—	0t	0.5t
				>0.50~1.50			6	—	0t	0.5t
				>1.50~3.00			7	—	0.5t	0.5t
				>3.00~6.00			9	—	1.0t	—
		H22	H22	>0.20~0.50	80~120	50	8	—	0t	0.5t
				>0.50~1.50			9	—	0t	0.5t
		H22	H22	>1.50~3.00	80~120	50	11	—	0.5t	0.5t
				>3.00~6.00			13	—	1.0t	—
		H14	H14	>0.20~0.50	100~140	70	4	—	0t	0.5t
				>0.50~1.50			4	—	0.5t	0.5t
				>1.50~3.00			5	—	1.0t	1.0t
				>3.00~6.00			6	—	1.5t	—
		H24	H24	>0.20~0.50	100~140	60	5	—	0t	0.5t
				>0.50~1.50			6	—	0.5t	0.5t
				>1.50~3.00			7	—	1.0t	1.0t
				>3.00~6.00			9	—	1.5t	—
		H16	H16	>0.20~0.50	110~150	90	2	—	0.5t	1.0t
				>0.50~1.50			2	—	1.0t	1.0t
				>1.50~4.00			3	—	1.0t	1.0t
		H26	H26	>0.20~0.50	110~150	80	3	—	0.5t	—
				>0.50~1.50			3	—	1.0t	—
				>1.50~4.00			4	—	1.0t	—
		H18	H18	>0.20~0.50	125	105	2	—	1.0t	—
				>0.50~1.50			2	—	2.0t	—
				>1.50~3.00			2	—	2.5t	—
		H112	H112	>6.00~12.50	70	—	20	—	—	—
				>12.50~25.00	70	—	—	20	—	—
		F	—	2.50~25.00	—	—	—	—	—	—
1070	—	O	O	>0.20~0.30	55~95	15	15	—	0t	—
				>0.30~0.50			20	—	0t	—
				>0.50~0.80			25	—	0t	—
				>0.80~1.50			30	—	0t	—
				>1.50~6.00			35	—	0t	—
				>6.00~12.50			35	—	—	—
				>12.50~50.00			—	30	—	—

（续）

牌号	包铝分类	供应状态	试样状态	厚度/mm	室温拉伸试验结果 抗拉强度 R_m/MPa	规定非比例延伸强度 $R_{p0.2}$/MPa	断后伸长率（%）A_{50mm}	断后伸长率（%）A	弯曲半径 90°	弯曲半径 180°
					不小于					
1070	—	H12	H12	>0.20~0.30	70~100	—	2	—	0t	—
				>0.30~0.50		—	3	—	0t	—
				>0.50~0.80		—	4	—	0t	—
				>0.80~1.50		—	6	—	0t	—
				>1.50~3.00		55	8	—	0t	—
				>3.00~6.00		55	9	—	0t	—
		H22	H22	>0.20~0.30	70	—	2	—	0t	—
				>0.30~0.50		—	3	—	0t	—
				>0.50~0.80		—	4	—	0t	—
				>0.80~1.50		—	6	—	0t	—
				>1.50~3.00		55	8	—	0t	—
				>3.00~6.00		55	9	—	0t	—
		H14	H14	>0.20~0.30	85~120	—	1	—	0.5t	—
				>0.30~0.50		—	2	—	0.5t	—
				>0.50~0.80		—	3	—	0.5t	—
				>0.80~1.50		—	4	—	1.0t	—
				>1.50~3.00		65	5	—	1.0t	—
				>3.00~6.00		65	6	—	1.0t	—
		H24	H24	>0.20~0.30	85	—	1	—	0.5t	—
				>0.30~0.50		—	2	—	0.5t	—
				>0.50~0.80		—	3	—	0.5t	—
				>0.80~1.50		—	4	—	1.0t	—
				>1.50~3.00		65	5	—	1.0t	—
				>3.00~6.00		65	6	—	1.0t	—
		H16	H16	>0.20~0.50	100~135	—	1	—	1.0t	—
				>0.50~0.80		—	2	—	1.0t	—
				>0.80~1.50		75	3	—	1.5t	—
				>1.50~4.00		75	4	—	1.5t	—
		H26	H26	>0.20~0.50	100	—	1	—	1.0t	—
				>0.50~0.80		—	2	—	1.0t	—

(续)

牌号	包铝分类	供应状态	试样状态	厚度/mm	抗拉强度 R_m/MPa	规定非比例延伸强度 $R_{p0.2}$/MPa	断后伸长率（%） A_{50mm}	断后伸长率（%） A	弯曲半径 90°	弯曲半径 180°
					不小于					
1070	—	H26	H26	>0.80~1.50	100	75	3	—	1.5t	—
				>1.50~4.00			4	—	1.5t	—
		H18	H18	>0.20~0.50	120		1	—	—	—
				>0.50~0.80			2	—	—	—
				>0.80~1.50			3	—	—	—
				>1.50~3.00			4	—	—	—
		H112	H112	>4.50~6.00	75	35	13	—	—	—
				>6.00~12.50	70	35	15	—	—	—
				>12.50~25.00	60	25	—	20	—	—
				>25.00~75.00	55	15	—	25	—	—
		F	—	>2.50~150.00	—					
1070A	—	O H111	O H111	>0.20~0.50	60~90	15	23	—	0t	0t
				>0.50~1.50			25	—	0t	0t
				>1.50~3.00			29	—	0t	0t
				>3.00~6.00			32	—	0.5t	0.5t
				>6.00~12.50			35	—	0.5t	0.5t
				>12.50~25.00			—	32	—	—
		H12	H12	>0.20~0.50	80~120	55	5	—	0t	0.5t
				>0.50~1.50			6	—	0t	0.5t
				>1.50~3.00			7	—	0.5t	0.5t
				>3.00~6.00			9	—	1.0t	—
		H22	H22	>0.20~0.50	80~120	50	7	—	0t	0.5t
				>0.50~1.50			8	—	0t	0.5t
				>1.50~3.00			10	—	0.5t	0.5t
				>3.00~6.00			12	—	1.0t	—
		H14	H14	>0.20~0.50	100~140	70	4	—	0t	0.5t
				>0.50~1.50			4	—	0.5t	0.5t
				>1.50~3.00			5	—	1.0t	1.0t
				>3.00~6.00			6	—	1.5t	—
		H24	H24	>0.20~0.50	100~140	60	5	—	0t	0.5t

（续）

牌号	包铝分类	供应状态	试样状态	厚度/mm	抗拉强度 R_m/MPa	规定非比例延伸强度 $R_{p0.2}$/MPa	断后伸长率（%）A_{50mm}	断后伸长率（%）A	弯曲半径 90°	弯曲半径 180°
						不小于				
1070A	—	H24	H24	>0.50~1.50	100~140	60	6	—	0.5t	0.5t
				>1.50~3.00			7	—	1.0t	1.0t
				>3.00~6.00			9	—	1.5t	—
		H16	H16	>0.20~0.50	110~150	90	2	—	0.5t	1.0t
				>0.50~1.50			2	—	1.0t	1.0t
				>1.50~4.00			3	—	1.0t	1.0t
		H26	H26	>0.20~0.50	110~150	80	3	—	0.5t	—
				>0.50~1.50			3	—	1.0t	—
				>1.50~4.00			4	—	1.0t	—
		H18	H18	>0.20~0.50	125	105	2	—	1.0t	—
				>0.50~1.50			2	—	2.0t	—
				>1.50~3.00			2	—	2.5t	—
		H112	H112	>6.00~12.50	70	20	20	—	—	—
				>12.50~25.00			—	20	—	—
		F	—	2.50~150.00	—	—	—	—	—	—
1060	—	O	O	>0.20~0.30	60~100	15	15	—	—	—
				>0.30~0.50			18	—	—	—
				>0.50~1.50			23	—	—	—
				>1.50~6.00			25	—	—	—
				>6.00~80.00			25	22	—	—
		H12	H12	>0.50~1.50	80~120	60	6	—	—	—
				>1.50~6.00			12	—	—	—
		H22	H22	>0.50~1.50	80	60	6	—	—	—
				>1.50~6.00			12	—	—	—
		H14	H14	>0.20~0.30	95~135	70	1	—	—	—
				>0.30~0.50			2	—	—	—
				>0.50~0.80			2	—	—	—
				>0.80~1.50			4	—	—	—
				>1.50~3.00			6	—	—	—
				>3.00~6.00			10	—	—	—

(续)

牌号	包铝分类	供应状态	试样状态	厚度/mm	抗拉强度 R_m/MPa	规定非比例延伸强度 $R_{p0.2}$/MPa	断后伸长率（%）		弯曲半径	
							A_{50mm}	A	90°	180°
					不小于					
1060	—	H24	H24	>0.20~0.30	95	70	1	—	—	—
				>0.30~0.50			2	—	—	—
				>0.50~0.80			2	—	—	—
				>0.80~1.50			4	—	—	—
				>1.50~3.00			6	—	—	—
				>3.00~6.00			10	—	—	—
		H16	H16	>0.20~0.30	110~155	75	1	—	—	—
				>0.30~0.50			2	—	—	—
				>0.50~0.80			2	—	—	—
				>0.80~1.50			3	—	—	—
				>1.50~4.00			5	—	—	—
		H26	H26	>0.20~0.30	110	75	1	—	—	—
				>0.30~0.50			2	—	—	—
				>0.50~0.80			2	—	—	—
				>0.80~1.50			3	—	—	—
				>1.50~4.00			5	—	—	—
		H18	H18	>0.20~0.30	125	85	1	—	—	—
				>0.30~0.50			2	—	—	—
				>0.50~1.50			3	—	—	—
				>1.50~3.00			4	—	—	—
		H112	H112	>4.50~6.00	75	—	10	—	—	—
				>6.00~12.50	75		10	—	—	—
				>12.50~40.00	70		—	18	—	—
				>40.00~80.00	60		—	22	—	—
		F	—	>2.50~150.00	—					
1050	—	O	O	>0.20~0.50	60~100	20	15	—	0t	—
				>0.50~0.80			20	—	0t	—
				>0.80~1.50			25	—	0t	—
				>1.50~6.00			30	—	0t	—
				>6.00~50.00			28	28	—	—

(续)

牌号	包铝分类	供应状态	试样状态	厚度/mm	室温拉伸试验结果 抗拉强度 R_m/MPa	规定非比例延伸强度 $R_{p0.2}$/MPa	断后伸长率（%） A_{50mm}	A	弯曲半径 90°	180°
						不小于				
1050	—	H12	H12	>0.20~0.30	80~120	—	2	—	0t	—
				>0.30~0.50		—	3	—	0t	—
				>0.50~0.80		—	4	—	0t	—
				>0.80~1.50		—	6	—	0.5t	—
				>1.50~3.00		65	8	—	0.5t	—
				>3.00~6.00			9	—	0.5t	—
		H22	H22	>0.20~0.30	80	—	2	—	0t	—
				>0.30~0.50		—	3	—	0t	—
				>0.50~0.80		—	4	—	0t	—
				>0.80~1.50		—	6	—	0.5t	—
				>1.50~3.00		65	8	—	0.5t	—
				>3.00~6.00			9	—	0.5t	—
		H14	H14	>0.20~0.30	95~130	—	1	—	0.5t	—
				>0.30~0.50		—	2	—	0.5t	—
				>0.50~0.80		—	3	—	0.5t	—
				>0.80~1.50		—	4	—	1.0t	—
				>1.50~3.00		75	5	—	1.0t	—
				>3.00~6.00			6	—	1.0t	—
		H24	H24	>0.20~0.30	95	—	1	—	0.5t	—
				>0.30~0.50		—	2	—	0.5t	—
				>0.50~0.80		—	3	—	0.5t	—
				>0.80~1.50		—	4	—	1.0t	—
				>1.50~3.00		75	5	—	1.0t	—
				>3.00~6.00			6	—	1.0t	—
		H16	H16	>0.20~0.50	120~150	—	1	—	2.0t	—
				>0.50~0.80		—	2	—	2.0t	—
				>0.80~1.50		85	3	—	2.0t	—
				>1.50~4.00			4	—	2.0t	—
		H26	H26	>0.20~0.50	120	—	1	—	2.0t	—
				>0.50~0.80		85	2	—	2.0t	—

(续)

牌号	包铝分类	供应状态	试样状态	厚度/mm	室温拉伸试验结果				弯曲半径	
					抗拉强度 R_m/MPa	规定非比例延伸强度 $R_{p0.2}$/MPa	断后伸长率(%)		90°	180°
							A_{50mm}	A		
					不小于					
1050	—	H26	H26	>0.80~1.50	120	85	3	—	2.0t	—
				>1.50~4.00			4	—	2.0t	—
		H18	H18	>0.20~0.50	130	—	1	—	—	—
				>0.50~0.80			2	—	—	—
				>0.80~1.50			3	—	—	—
				>1.50~3.00			4	—	—	—
		H112	H112	>4.50~6.00	85	45	10	—	—	—
				>6.00~12.50	80	45	10	—	—	—
				>12.50~25.00	70	35	—	16	—	—
				>25.00~50.00	65	30	—	22	—	—
				>50.00~75.00	65	30	—	22	—	—
		F	—	>2.50~150.00	—				—	—
1050A	—	O H111	O H111	>0.20~0.50	>65~95	20	20	—	0t	0t
				>0.50~1.50			22	—	0t	0t
				>1.50~3.00			26	—	0t	0t
				>3.00~6.00			29	—	0.5t	0.5t
				>6.00~12.50			35	—	1.0t	1.0t
				>12.50~80.00			—	32	—	—
		H12	H12	>0.20~0.50	>85~125	65	2	—	0t	0.5t
				>0.50~1.50			4	—	0t	0.5t
				>1.50~3.00			5	—	0.5t	0.5t
				>3.00~6.00			7	—	1.0t	1.0t
		H22	H22	>0.20~0.50	>85~125	55	4	—	0t	0.5t
				>0.50~1.50			5	—	0t	0.5t
				>1.50~3.00			6	—	0.5t	0.5t
				>3.00~6.00			11	—	1.0t	1.0t
		H14	H14	>0.20~0.50	>105~145	85	2	—	0t	1.0t
				>0.50~1.50			2	—	0.5t	1.0t
				>1.50~3.00			4	—	1.0t	1.0t
				>3.00~6.00			5	—	1.5t	—

（续）

牌号	包铝分类	供应状态	试样状态	厚度/mm	抗拉强度 R_m/MPa	规定非比例延伸强度 $R_{p0.2}$/MPa	断后伸长率（%） A_{50mm}	断后伸长率（%） A	弯曲半径 90°	弯曲半径 180°
					不小于	不小于	不小于	不小于		
1050A	—	H24	H24	>0.20~0.50	>105~145	75	3	—	0t	1.0t
				>0.50~1.50			4	—	0.5t	1.0t
				>1.50~3.00			5	—	1.0t	1.0t
				>3.00~6.00			8	—	1.5t	1.5t
		H16	H16	>0.20~0.50	>120~160	100	1	—	0.5t	—
				>0.50~1.50			2	—	1.0t	—
				>1.50~4.00			3	—	1.5t	—
		H26	H26	>0.20~0.50	>120~160	90	2	—	0.5t	—
				>0.50~1.50			3	—	1.0t	—
				>1.50~4.00			4	—	1.5t	—
		H18	H18	>0.20~0.50	135	120	1	—	1.0t	—
				>0.50~1.50	140		2	—	2.0t	—
				>1.50~3.00			2	—	3.0t	—
		H28	H28	>0.20~0.50	140	110	2	—	1.0t	—
				>0.50~1.50			2	—	2.0t	—
				>1.50~3.00			3	—	3.0t	—
		H19	H19	>0.20~0.50	155	140		1	—	—
				>0.50~1.50	150	130			—	—
				>1.50~3.00					—	—
		H112	H112	>6.00~12.50	75	30	20	—	—	—
				>12.50~80.00	70	25	—	20	—	—
		F	—	2.50~150.00	—					
1145	—	O	O	>0.20~0.50	60~100	—	15	—	—	—
				>0.50~0.80			20	—	—	—
				>0.80~1.50		20	25	—	—	—
				>1.50~6.00			30	—	—	—
				>6.00~10.00			28	—	—	—
		H12	H12	>0.20~0.30	80~120	—	2	—	—	—
				>0.30~0.50			3	—	—	—
				>0.50~0.80			4	—	—	—

(续)

牌号	包铝分类	供应状态	试样状态	厚度/mm	室温拉伸试验结果 抗拉强度 R_m/MPa	规定非比例延伸强度 $R_{p0.2}$/MPa	断后伸长率（%） A_{50mm}	A	弯曲半径 90°	180°
						不小于				
1145	—	H12	H12	>0.80~1.50	80~120	65	6	—	—	—
				>1.50~3.00			8	—	—	—
				>3.00~4.50			9	—	—	—
		H22	H22	>0.20~0.30	80		2	—	—	—
				>0.30~0.50			3	—	—	—
				>0.50~0.80			4	—	—	—
				>0.80~1.50			6	—	—	—
				>1.50~3.00			8	—	—	—
				>3.00~4.50			9	—	—	—
		H14	H14	>0.20~0.30	95~125	75	1	—	—	—
				>0.30~0.50			2	—	—	—
				>0.50~0.80			3	—	—	—
				>0.80~1.50			4	—	—	—
				>1.50~3.00			5	—	—	—
				>3.00~4.50			6	—	—	—
		H24	H24	>0.20~0.30	95	—	1	—	—	—
				>0.30~0.50			2	—	—	—
				>0.50~0.80			3	—	—	—
				>0.80~1.50			4	—	—	—
				>1.50~3.00			5	—	—	—
				>3.00~4.50			6	—	—	—
		H16	H16	>0.20~0.50	120~145	85	1	—	—	—
				>0.50~0.80			2	—	—	—
				>0.80~1.50			3	—	—	—
				>1.50~4.50			4	—	—	—
		H26	H26	>0.20~0.50	120	—	1	—	—	—
				>0.50~0.80			2	—	—	—
				>0.80~1.50			3	—	—	—
				>1.50~4.50			4	—	—	—
		H18	H18	>0.20~0.50	125	—	1	—	—	—

（续）

牌号	包铝分类	供应状态	试样状态	厚度/mm	室温拉伸试验结果		断后伸长率（%）		弯曲半径	
					抗拉强度 R_m/MPa	规定非比例延伸强度 $R_{p0.2}$/MPa	A_{50mm}	A	90°	180°
					不小于					
1145	—	H18	H18	>0.50~0.80	125	—	2	—	—	—
				>0.80~1.50			3	—	—	—
				>1.50~4.50			4	—	—	—
		H112	H112	>4.50~6.50	85	45	10	—	—	—
				>6.50~12.50	80	45	10	—	—	—
				>12.50~25.00	70	35	—	16	—	—
		F	—	>2.50~150.00	—					
1235	—	O	O	>0.20~1.00	65~105	—	15	—	—	—
		H12	H12	>0.20~0.30	95~130	—	2	—	—	—
				>0.30~0.50			3	—	—	—
				>0.50~1.50			6	—	—	—
				>1.50~3.00			8	—	—	—
				>3.00~4.50			9	—	—	—
		H22	H22	>0.20~0.30	95	—	2	—	—	—
				>0.30~0.50			3	—	—	—
				>0.50~1.50			6	—	—	—
				>1.50~3.00			8	—	—	—
				>3.00~4.50			9	—	—	—
		H14	H14	>0.20~0.30	115~150	—	1	—	—	—
				>0.30~0.50			2	—	—	—
				>0.50~1.50			3	—	—	—
				>1.50~3.00			4	—	—	—
		H24	H24	>0.20~0.30	115	—	1	—	—	—
				>0.30~0.50			2	—	—	—
				>0.50~1.50			3	—	—	—
				>1.50~3.00			4	—	—	—
		H16	H16	>0.20~0.50	130~165	—	1	—	—	—
				>0.50~1.50			2	—	—	—
				>1.50~4.00			3	—	—	—
		H26	H26	>0.20~0.50	130	—	1	—	—	—

（续）

牌号	包铝分类	供应状态	试样状态	厚度/mm	抗拉强度 R_m/MPa	规定非比例延伸强度 $R_{p0.2}$/MPa	断后伸长率（%） A_{50mm}	断后伸长率（%） A	弯曲半径 90°	弯曲半径 180°
					不小于					
1235	—	H26	H26	>0.50~1.50	130	—	2	—	—	—
				>1.50~4.00			3	—	—	—
		H18	H18	>0.20~0.50	145	—	1	—	—	—
				>0.50~1.50			2	—	—	—
				>1.50~3.00			3	—	—	—
1200	—	O H111	O H111	>0.20~0.50	75~105	25	19	—	0t	0t
				>0.50~1.50			21	—	0t	0t
				>1.50~3.00			24	—	0t	0t
				>3.00~6.00			28	—	0.5t	0.5t
				>6.00~12.50			33	—	1.0t	1.0t
				>12.50~80.00			—	30	—	—
		H12	H12	>0.20~0.50	95~135	75	2	—	0t	0.5t
				>0.50~1.50			4	—	0t	0.5t
				>1.50~3.00			5	—	0.5t	0.5t
				>3.00~6.00			6	—	1.0t	1.0t
		H22	H22	>0.20~0.50	95~135	65	4	—	0t	0.5t
				>0.50~1.50			5	—	0t	0.5t
				>1.50~3.00			6	—	0.5t	0.5t
				>3.00~6.00			10	—	1.0t	1.0t
		H14	H14	>0.20~0.50	105~155	95	1	—	0t	1.0t
				>0.50~1.50			3	—	0.5t	1.0t
				>1.50~3.00	115~155		4	—	1.0t	1.0t
				>3.00~6.00			5	—	1.5t	1.5t
		H24	H24	>0.20~0.50	115~155	90	3	—	0t	1.0t
				>0.50~1.50			4	—	0.5t	1.0t
				>1.50~3.00			5	—	1.0t	1.0t
				>3.00~6.00			7	—	1.5t	—
		H16	H16	>0.20~0.50	120~170	110	1	—	0.5t	—
				>0.50~1.50	130~170	115	2	—	1.0t	—
				>1.50~4.00			3	—	1.5t	—

（续）

牌号	包铝分类	供应状态	试样状态	厚度/mm	室温拉伸试验结果 抗拉强度 R_m/MPa	规定非比例延伸强度 $R_{p0.2}$/MPa	断后伸长率（%） A_{50mm}	断后伸长率（%） A	弯曲半径 90°	弯曲半径 180°
					不小于					
1200	—	H26	H26	>0.20~0.50	130~170	105	2	—	0.5t	—
				>0.50~1.50			3	—	1.0t	—
				>1.50~4.00			4	—	1.5t	—
		H18	H18	>0.20~0.50	150	130	1	—	1.0t	—
				>0.50~1.50			2	—	2.0t	—
				>1.50~3.00			2	—	3.0t	—
		H19	H19	>0.20~0.50	160	140	1	—	—	—
				>0.50~1.50			1	—	—	—
				>1.50~3.00			1	—	—	—
		H112	H112	>6.00~12.50	85	35	16	—	—	—
				>12.50~80.00	80	30	—	16	—	—
		F	—	>2.50~150.00	—		—	—	—	—
包铝 2A11 2A11	正常包铝 或 工艺包铝	O	O	>0.50~3.00	≤225	—	12	—	—	—
				>3.00~10.00	≤235	—	12	—	—	—
			T42①	>0.50~3.00	350	185	15	—	—	—
				>3.00~10.00	355	195	15	—	—	—
		T1	T42	>4.50~10.00	355	195	15	—	—	—
				>10.00~12.50	370	215	11	—	—	—
				>12.50~25.00	370	215	—	11	—	—
				>25.00~40.00	330	195	—	8	—	—
				>40.00~70.00	310	195	—	6	—	—
				>70.00~80.00	285	195	—	4	—	—
		T3	T3	>0.50~1.50	375	215	15	—	—	—
				>1.50~3.00			17	—	—	—
				>3.00~10.00			15	—	—	—
		T4	T4	>0.50~3.00	360	185	15	—	—	—
				>3.00~10.00	370	195	15	—	—	—
		F	—	>4.50~150.00	—		—	—	—	—

（续）

牌号	包铝分类	供应状态	试样状态	厚度/mm	抗拉强度 R_m/MPa	规定非比例延伸强度 $R_{p0.2}$/MPa	断后伸长率（%）		弯曲半径	
							A_{50mm}	A	90°	180°
					不小于					
包铝 2A12 2A12	正常包铝 或 工艺包铝	O	O	>0.50~4.50	≤215	—	14	—	—	—
				>4.50~10.00	≤235	—	12	—	—	—
			T42①	>0.50~3.00	390	245	15	—	—	—
				>3.00~10.00	410	265	12	—	—	—
		T1	T42	>4.50~10.00	410	265	12	—	—	—
				>10.00~12.50	420	275	7	—	—	—
				>12.50~25.00	420	275	—	7	—	—
				>25.00~40.00	390	255	—	5	—	—
				>40.00~70.00	370	245	—	4	—	—
				>70.00~80.00	345	245	—	3	—	—
		T3	T3	>0.50~1.60	405	270	15	—	—	—
				>1.60~10.00	420	275	15	—	—	—
		T4	T4	>0.50~3.00	405	270	13	—	—	—
				>3.00~4.50	425	275	12			
				>4.50~10.00	425	275	12	—	—	—
		F	—	>4.50~150.00	—					
2A14	工艺包铝	O	O	0.50~10.00	≤245	—	10	—	—	—
		T6	T6	0.50~10.00	430	340	5	—	—	—
		T1	T62	>4.50~12.50	430	340	5	—	—	—
				>12.50~40.00	430	340	—	5	—	—
		F	—	>4.50~150.00						
包铝 2E12 2E12	正常包铝 或 工艺包铝	T3	T3	0.80~1.50	405	270	—	15	—	5.0t
				>1.50~3.00	≥420	275	—	15	—	5.0t
				>3.00~6.00	425	275	—	15	—	8.0t
2014	工艺包铝 或不包铝	O	O	>0.40~1.50	≤220	≤140	12	—	0t	0.5t
				>1.50~3.00			13	—	1.0t	1.0t
				>3.00~6.00			16	—	1.5t	—
				>6.00~9.00			16	—	2.5t	—
				>9.00~12.50			16	—	4.0t	—
				>12.50~25.00			—	10	—	—

(续)

牌号	包铝分类	供应状态	试样状态	厚度/mm	抗拉强度 R_m/MPa	规定非比例延伸强度 $R_{p0.2}$/MPa	断后伸长率（%） A_{50mm}	A	弯曲半径 90°	180°
2014	工艺包铝或不包铝	T3	T3	>0.40~1.50	395	245	14	—	—	—
				>1.50~6.00	400	245	14	—	—	—
		T4	T4	>0.40~1.50	395	240	14	—	3.0t	3.0t
				>1.50~6.00	395	240	14	—	5.0t	5.0t
				>6.00~12.50	400	250	14	—	8.0t	—
				>12.50~40.00	400	250		10	—	—
				>40.00~100.00	395	250		7	—	—
		T6	T6	>0.40~1.50	440	390	6	—	—	—
				>1.50~6.00	440	390	7	—	—	—
				>6.00~12.50	450	395	7	—	—	—
				>12.50~40.00	460	400		6	5.0t	—
				>40.00~60.00	450	390		5	7.0t	—
				>60.00~80.00	435	380		4	10.0t	—
				>80.00~100.00	420	360		4	—	—
				>100.00~125.00	410	350		4	—	—
				>125.00~160.00	390	340		2	—	—
		F	—	>4.50~150.00		—		—	—	—
包铝2014	正常包铝	O	O	>0.50~0.63	≤205	≤95	16		—	—
				>0.63~1.00	≤220				—	—
				>1.00~2.50	≤205				—	—
				>2.50~12.50	≤205			9	—	—
				>12.50~25.00	≤220[②]	—	—	5	—	—
		T3	T3	>0.50~0.63	370	230	14	—	—	—
				>0.63~1.00	380	235	14	—	—	—
				>1.00~2.50	395	240	15	—	—	—
				>2.50~6.30	395	240	15	—	—	—
		T4	T4	>0.50~0.63	370	215	14	—	—	—
				>0.63~1.00	380	220	14	—	—	—
				>1.00~2.50	395	235	15	—	—	—
				>2.50~6.30	395	235	15	—	—	—

(续)

牌号	包铝分类	供应状态	试样状态	厚度/mm	室温拉伸试验结果 抗拉强度 R_m/MPa	规定非比例延伸强度 $R_{p0.2}$/MPa	断后伸长率（%） A_{50mm}	A	弯曲半径 90°	180°
					不小于					
包铝 2014	正常包铝	T6	T6	>0.50~0.63	425	370	7	—	—	—
				>0.63~1.00	435	380	7	—	—	—
				>1.00~2.50	440	395	8	—	—	—
				>2.50~6.30	440	395	8	—	—	—
		F	—	>4.50~150.00					—	—
包铝 2014A 2014A	正常包铝、工艺包铝或不包铝	O	O	>0.20~0.50	≤235	≤110	—	—	1.0t	
				>0.50~1.50			14	—	2.0t	
				>1.50~3.00			16	—	2.0t	
				>3.00~6.00			16	—	2.0t	
		T4	T4	>0.20~0.50	400	225	—	—	3.0t	
				>0.50~1.50			13	—	3.0t	
				>1.50~6.00			14	—	5.0t	
				>6.00~12.50			14	—		
				>12.50~25.00		250	—	12		
				>25.00~40.00			—	10		
				>40.00~80.00	395			7		
		T6	T6	>0.20~0.50	440	380	—	—	5.0t	
				>0.50~1.50			6	—	5.0t	
				>1.50~3.00			7	—	6.0t	
				>3.00~6.00			8	—	5.0t	
				>6.00~12.50	460	410	8	—		
				>12.50~25.00	460	410	—	6	—	—
				>25.00~40.00	450	400	—	5	—	—
				>40.00~60.00	430	390	—	5	—	—
				>60.00~90.00	430	390	—	4	—	—
				>90.00~115.00	420	370	—	4	—	—
				>115.00~140.00	410	350	—	4	—	—

(续)

牌号	包铝分类	供应状态	试样状态	厚度/mm	室温拉伸试验结果 抗拉强度 R_m/MPa	规定非比例延伸强度 $R_{p0.2}$/MPa	断后伸长率（%） A_{50mm}	A	弯曲半径 90°	180°
					不小于					
2024	工艺包铝或不包铝	O	O	>0.40~1.50	≤220	≤140	12		0t	0.5t
				>1.50~3.00					1.0t	2.0t
				>3.00~6.00			13		1.5t	3.0t
				>6.00~9.00					2.5t	—
				>9.00~12.50					4.0t	—
				>12.50~25.00	—	—		11	—	—
		T3	T3	>0.40~1.50	435	290	12	11	4.0t	4.0t
				>1.50~3.00	435	290	14		4.0t	4.0t
				>3.00~6.00	440	290	14		5.0t	5.0t
				>6.00~12.50	440	290	13		8.0t	—
				>12.50~40.00	430	290		11	—	—
				>40.00~80.00	420	290		8	—	—
				>80.00~100.00	400	285		7	—	—
				>100.00~120.00	380	270		5	—	—
				>120.00~150.00	360	250		5	—	—
		T4	T4	>0.40~1.50	425	275	12	—	—	4.0t
				>1.50~6.00	425	275	14	—	—	5.0t
		T8	T8	>0.40~1.50	460	400	5		—	—
				>1.50~6.00	460	400	6		—	—
				>6.00~12.50	460	400	5		—	—
				>12.50~25.00	455	400	—	4	—	—
				>25.00~40.00	455	395	—	4	—	—
		F	—	>4.50~80.00						
包铝2024	正常包铝	O	O	>0.20~0.25	≤205	≤95	10	—	—	—
				>0.25~1.60	≤205	≤95	12	—	—	—
				>1.60~12.50	≤220	≤95	12	—	—	—
				>12.50~45.50	≤220[②]	—	—	10	—	—
		T3	T3	>0.20~0.25	400	270	10	—	—	—
				>0.25~0.50	405	270	12	—	—	—
				>0.50~1.60	405	270	15	—	—	—

(续)

牌号	包铝分类	供应状态	试样状态	厚度/mm	抗拉强度 R_m/MPa	规定非比例延伸强度 $R_{p0.2}$/MPa	断后伸长率(%) A_{50mm}	断后伸长率(%) A	弯曲半径 90°	弯曲半径 180°
					不小于					
包铝2024	正常包铝	T3	T3	>1.60~3.20	420	275	15	—	—	—
				>3.20~6.00	420	275	15	—	—	—
		T4	T4	>0.20~0.50	400	245	12	—	—	—
				>0.50~1.60	400	245	15	—	—	—
				>1.60~3.20	420	260	15	—	—	—
包铝2017 2017	正常包铝、工艺包铝或不包铝	F	—	>4.50~80.00	—				—	—
		O	T42①	>0.40~1.60	≤215	≤110	12	—	0.5t	—
				>1.60~2.90					1.0t	
				>2.90~6.00					1.5t	
				>6.00~25.00					—	
		O		>0.40~0.50	355	195	12	—	—	—
				>0.50~1.60			15	—	—	—
				>1.60~2.90			17	—	—	—
				>2.90~6.50			15	—	—	—
				>6.50~25.00		185	12	—	—	—
		T3	T3	>0.40~0.50	375	215	12	—	1.5t	—
				>0.50~1.60			15	—	2.5t	—
				>1.60~2.90			17	—	3t	—
				>2.90~6.00			15	—	3.5t	—
		T4	T4	>0.40~0.50	355	195	12	—	1.5t	—
				>0.50~1.60			15	—	2.5t	—
				>1.60~2.90			17	—	3t	—
				>2.90~6.00			15	—	3.5t	—
		F	—	>4.50~150.00	—				—	—
包铝2017A 2017A	正常包铝、工艺包铝或不包铝	O	O	0.40~1.50	≤225	≤145	12	—	5t	0.5t
				>1.50~3.00			14	—	1.0t	1.0t
				>3.00~6.00				13	1.5t	—
				>6.00~9.00					2.5t	—
				>9.00~12.50					4.0t	—
				>12.50~25.00			—	12	—	—

(续)

牌号	包铝分类	供应状态	试样状态	厚度/mm	室温拉伸试验结果					弯曲半径	
					抗拉强度 R_m/MPa	规定非比例延伸强度 $R_{p0.2}$/MPa	断后伸长率（%）		90°	180°
							A_{50mm}	A		
					不小于						
包铝2017A	正常包铝、工艺包铝或不包铝	T4	T4	0.40~1.50	390	245	14	—	3.0t	3.0t
				>1.50~6.00		245	15	—	5.0t	5.0t
				>6.00~12.50		260	13	—	8.0t	—
				>12.50~40.00		250	—	12	—	—
				>40.00~60.00	385	245	—	12	—	—
				>60.00~80.00	370	240	—	7	—	—
				>80.00~120.00	360		—	6	—	—
				>120.00~150.00	350		—	4	—	—
				>150.00~180.00	330	220	—	2	—	—
				>180.00~200.00	300	200	—	2	—	—
包铝2219	正常包铝、工艺包铝或不包铝	O	O	>0.50~12.50	≤220	≤110	12	—	—	—
				>12.50~50.00	≤220②	≤110②	—	10	—	—
		T81	T81	>0.50~1.00	340	255	6	—	—	—
				>1.00~2.50	380	285	7	—	—	—
				>2.50~6.30	400	295	7	—	—	—
		T87	T87	>1.00~2.50	395	315	6	—	—	—
				>2.50~6.30	415	330	6	—	—	—
				>6.30~12.50	415	330	7	—	—	—
3A21	—	O	O	>0.20~0.80	100~150	—	19	—	—	—
				>0.80~4.50			23	—	—	—
				>4.50~10.00			21	—	—	—
		H14	H14	>0.80~1.30	145~215	—	6	—	—	—
				>1.30~4.50			6	—	—	—
		H24	H24	>0.20~1.30	145	—	6	—	—	—
				>1.30~4.50			6	—	—	—
		H18	H18	>0.20~0.50	185	—	1	—	—	—
				>0.50~0.80			2	—	—	—
				>0.80~1.30			3	—	—	—
				>1.30~4.50			4	—	—	—
		H112	H112	>4.50~10.00	110	—	16	—	—	—

(续)

牌号	包铝分类	供应状态	试样状态	厚度/mm	室温拉伸试验结果				弯曲半径	
					抗拉强度 R_m/MPa	规定非比例延伸强度 $R_{p0.2}$/MPa	断后伸长率（%）		90°	180°
							A_{50mm}	A		
					不小于					
3A21	—	H112	H112	>10.00~12.50	120	—	16	—	—	—
				>12.50~25.00	120	—	—	16	—	—
				>25.00~80.00	110	—	—	16	—	—
		F	—	>4.50~150.00	—				—	—
3102	—	H18	H18	>0.20~0.50	160	—	3	—	—	—
				>0.50~3.00			2	—	—	—
3003	—	O H111	O H111	>0.20~0.50	95~135	35	15	—	0t	0t
				>0.50~1.50			17	—	0t	0t
				>1.50~3.00			20	—	0t	0t
				>3.00~6.00			23	—	1.0t	1.0t
				>6.00~12.50			24	—	1.5t	—
				>12.50~50.00			—	23	—	—
		H12	H12	>0.20~0.50	120~160	90	3	—	0t	1.5t
				>0.50~1.50			4	—	0.5t	1.5t
				>1.50~3.00			5	—	1.0t	1.5t
				>3.00~6.00			6	—	1.0t	—
		H22	H22	>0.20~0.50	120~160	80	6	—	0t	1.0t
				>0.50~1.50			7	—	0.5t	1.0t
				>1.50~3.00			8	—	1.0t	1.0t
				>3.00~6.00			9	—	1.0t	—
		H14	H14	>0.20~0.50	145~195	125	2	—	0.5t	2.0t
				>0.50~1.50			2	—	1.0t	2.0t
				>1.50~3.00			3	—	1.0t	2.0t
				>3.00~6.00			4	—	2.0t	—
		H24	H24	>0.20~0.50	145~195	115	4	—	0.5t	1.5t
				>0.50~1.50			4	—	1.0t	1.5t
				>1.50~3.00			5	—	1.0t	1.5t
				>3.00~6.00			6	—	2.0t	—
		H16	H16	>0.20~0.50	170~210	150	1	—	1.0t	2.5t
				>0.50~1.50			2	—	1.5t	2.5t
				>1.50~4.00			2	—	2.0t	2.5t

（续）

牌号	包铝分类	供应状态	试样状态	厚度/mm	室温拉伸试验结果 抗拉强度 R_m/MPa	室温拉伸试验结果 规定非比例延伸强度 $R_{p0.2}$/MPa	断后伸长率（%） A_{50mm}	断后伸长率（%） A	弯曲半径 90°	弯曲半径 180°
					不小于					
3003	—	H26	H26	>0.20~0.50	170~210	140	2	—	1.0t	2.0t
3003	—	H26	H26	>0.50~1.50	170~210	140	3	—	1.5t	2.0t
3003	—	H26	H26	>1.50~4.00	170~210	140	3	—	2.0t	2.0t
3003	—	H18	H18	>0.20~0.50	190	170	1	—	1.5t	—
3003	—	H18	H18	>0.50~1.50	190	170	2	—	2.5t	—
3003	—	H18	H18	>1.50~3.00	190	170	2	—	3.0t	—
3003	—	H28	H28	>0.20~0.50	190	160	2	—	1.5t	—
3003	—	H28	H28	>0.50~1.50	190	160	2	—	2.5t	—
3003	—	H28	H28	>1.50~3.00	190	160	3	—	3.0t	—
3003	—	H19	H19	>0.20~0.50	210	180	1	—	—	—
3003	—	H19	H19	>0.50~1.50	210	180	2	—	—	—
3003	—	H19	H19	>1.50~3.00	210	180	2	—	—	—
3003	—	H112	H112	>4.50~12.50	115	70	10	—	—	—
3003	—	H112	H112	>12.50~80.00	100	40	—	18	—	—
3003	—	F	—	>2.50~150.00	—	—	—	—	—	—
3103	—	O H111	O H111	>0.20~0.50	90~130	35	17	—	0t	0t
3103	—	O H111	O H111	>0.50~1.50	90~130	35	19	—	0t	0t
3103	—	O H111	O H111	>1.50~3.00	90~130	35	21	—	0t	0t
3103	—	O H111	O H111	>3.00~6.00	90~130	35	24	—	1.0t	1.0t
3103	—	O H111	O H111	>6.00~12.50	90~130	35	28	—	1.5t	—
3103	—	O H111	O H111	>12.50~50.00	90~130	35	—	25	—	—
3103	—	H12	H12	>0.20~0.50	115~155	85	3	—	0t	1.5t
3103	—	H12	H12	>0.50~1.50	115~155	85	4	—	0.5t	1.5t
3103	—	H12	H12	>1.50~3.00	115~155	85	5	—	1.0t	1.5t
3103	—	H12	H12	>3.00~6.00	115~155	85	6	—	1.0t	—
3103	—	H22	H22	>0.20~0.50	115~155	75	6	—	0t	1.0t
3103	—	H22	H22	>0.50~1.50	115~155	75	7	—	0.5t	1.0t
3103	—	H22	H22	>1.50~3.00	115~155	75	8	—	1.0t	1.0t
3103	—	H22	H22	>3.00~6.00	115~155	75	9	—	1.0t	—

(续)

牌号	包铝分类	供应状态	试样状态	厚度/mm	室温拉伸试验结果 抗拉强度 R_m/MPa	规定非比例延伸强度 $R_{p0.2}$/MPa	断后伸长率（%） A_{50mm}	A	弯曲半径 90°	180°
					不小于					
3103	—	H14	H14	>0.20~0.50	140~180	120	2	—	0.5t	2.0t
				>0.50~1.50			2	—	1.0t	2.0t
				>1.50~3.00			3	—	1.0t	2.0t
				>3.00~6.00			4	—	2.0t	—
		H24	H24	>0.20~0.50	140~180	110	4	—	0.5t	1.5t
				>0.50~1.50			4	—	1.0t	1.5t
				>1.50~3.00			5	—	1.0t	1.5t
				>3.00~6.00			6	—	2.0t	—
		H16	H16	>0.20~0.50	160~200	145	1	—	1.0t	2.5t
				>0.50~1.50			2	—	1.5t	2.5t
				>1.50~4.00			2	—	2.0t	2.5t
				>4.00~6.00			2	—	1.5t	2.0t
		H26	H26	>0.20~0.50	160~200	135	2	—	1.0t	2.0t
				>0.50~1.50			3	—	1.5t	2.0t
				>1.50~4.00			3	—	2.0t	2.0t
		H18	H18	>0.20~0.50	185	165	1	—	1.5t	—
				>0.50~1.50			2	—	2.5t	—
				>1.50~3.00			2	—	3.0t	—
		H28	H28	>0.20~0.50	185	155	2	—	1.5t	—
				>0.50~1.50			2	—	2.5t	—
				>1.50~3.00			3	—	3.0t	—
		H19	H19	>0.20~0.50	200	175	1	—	—	—
				>0.50~1.50			2	—	—	—
				>1.50~3.00			2	—	—	—
		H112	H112	>4.50~12.50	110	70	10	—	—	—
				>12.50~80.00	95	40	—	18	—	—
		F	—	>20.00~80.00		—			—	—

(续)

牌号	包铝分类	供应状态	试样状态	厚度/mm	室温拉伸试验结果				弯曲半径	
					抗拉强度 R_m/MPa	规定非比例延伸强度 $R_{p0.2}$/MPa	断后伸长率（%）			
							A_{50mm}	A	90°	180°
					不小于					
3004	—	O H111	O H111	>0.20~0.50	155~200	60	13	—	0t	0t
				>0.50~1.50			14	—	0t	0t
				>1.50~3.00			15	—	0t	0.5t
				>3.00~6.00			16	—	1.0t	1.0t
				>6.00~12.50			16	—	2.0t	—
				>12.50~50.00			—	14	—	—
		H12	H12	>0.20~0.50	190~240	155	2	—	0t	1.5t
				>0.50~1.50			3	—	0.5t	1.5t
				>1.50~3.00			4	—	1.0t	2.0t
				>3.00~6.00			5	—	1.5t	—
		H22 H32	H22 H32	>0.20~0.50	190~240	145	4	—	0t	1.0t
				>0.50~1.50			5	—	0.5t	1.0t
				>1.50~3.00			6	—	1.0t	1.5t
				>3.00~6.00			7	—	1.5t	—
		H14	H14	>0.20~0.50	220~265	180	1	—	0.5t	2.5t
				>0.50~1.50			2	—	1.0t	2.5t
				>1.50~3.00			2	—	1.5t	2.5t
				>3.00~6.00			3	—	2.0t	—
		H24 H34	H24 H34	>0.20~0.50	220~265	170	3	—	0.5t	2.0t
				>0.50~1.50			4	—	1.0t	2.0t
				>1.50~3.00			4	—	1.5t	2.0t
		H16	H16	>0.20~0.50	240~285	200	1	—	1.0t	3.5t
				>0.50~1.50			1	—	1.5t	3.5t
				>1.50~4.00			2	—	2.5t	—
		H26 H36	H26 H36	>0.20~0.50	240~285	190	3	—	1.0t	3.0t
				>0.50~1.50			3	—	1.5t	3.0t
				>1.50~3.00			3	—	2.5t	—
		H18	H18	>0.20~0.50	260	230	1	—	1.5t	—
				>0.50~1.50			1	—	2.5t	—
				>1.50~3.00			2	—	—	—

(续)

牌号	包铝分类	供应状态	试样状态	厚度/mm	抗拉强度 R_m/MPa	规定非比例延伸强度 $R_{p0.2}$/MPa	断后伸长率（%） A_{50mm}	A	弯曲半径 90°	180°
					不小于					
3004	—	H28 H38	H28 H38	>0.20~0.50	260	220	2	—	1.5t	—
				>0.50~1.50			3	—	2.5t	—
		H19	H19	>0.20~0.50	270	240	1	—	—	—
				>0.50~1.50			1	—	—	—
		H112	H112	>4.50~12.50	160	60	7	—	—	—
				>12.50~40.00			—	6	—	—
				>40.00~80.00			—	6	—	—
		F	—	>2.50~80.00	—	—	—	—	—	—
3104	—	O H111	O H111	>0.20~0.50	155~195	—	10	—	0t	0t
				>0.50~0.80			14	—	0t	0t
				>0.80~1.30		60	16	—	0.5t	0.5t
				>1.30~3.00			18	—	0.5t	0.5t
		H12 H32	H12 H32	>0.50~0.80	195~245	—	3	—	0.5t	0.5t
				>0.80~1.30		145	4	—	1.0t	1.0t
				>1.30~3.00			5	—	1.0t	1.0t
		H22	H22	>0.50~0.80	195	—	3	—	0.5t	0.5t
				>0.80~1.30			4	—	1.0t	1.0t
				>1.30~3.00			5	—	1.0t	1.0t
		H14 H34	H14 H34	>0.20~0.50	225~265	—	1	—	1.0t	1.0t
				>0.50~0.80			3	—	1.5t	1.5t
				>0.80~1.30		175	3	—	1.5t	1.5t
				>1.30~3.00			4	—	1.5t	1.5t
		H24	H24	>0.20~0.50	225	—	1	—	1.0t	1.0t
				>0.50~0.80			3	—	1.5t	1.5t
				>0.80~1.30			3	—	1.5t	1.5t
				>1.30~3.00			4	—	1.5t	1.5t
		H16 H36	H16 H36	>0.20~0.50	245~285	—	1	—	2.0t	2.0t
				>0.50~0.80			2	—	2.0t	2.0t
				>0.80~1.30		195	3	—	2.5t	2.5t
				>1.30~3.00			4	—	2.5t	2.5t

（续）

牌号	包铝分类	供应状态	试样状态	厚度/mm	室温拉伸试验结果					弯曲半径	
					抗拉强度 R_m/MPa	规定非比例延伸强度 $R_{p0.2}$/MPa	断后伸长率（%）		弯曲半径	
							A_{50mm}	A	90°	180°
					不小于					
3104	—	H26	H26	>0.20~0.50	245	—	1	—	2.0t	2.0t
				>0.50~0.80	245	—	2	—	2.0t	2.0t
				>0.80~1.30	245	—	3	—	2.5t	2.5t
				>1.30~3.00	245	—	4	—	2.5t	2.5t
		H18 H38	H18 H38	>0.20~0.50	265	215	1	—	—	—
		H28	H28	>0.20~0.50	265		1	—	—	—
		H19 H29 H39	H19 H29 H39	>0.20~0.50	275		1	—	—	—
		F	—	>2.50~80.00					—	—
3005	—	O H111	O H111	>0.20~0.50	115~165	45	12	—	0t	0t
				>0.50~1.50	115~165	45	14	—	0t	0t
				>1.50~3.00	115~165	45	16	—	0.5t	1.0t
				>3.00~6.00	115~165	45	19	—	1.0t	—
		H12	H12	>0.20~0.50	145~195	125	3	—	0t	1.5t
				>0.50~1.50	145~195	125	4	—	0.5t	1.5t
				>1.50~3.00	145~195	125	4	—	1.0t	2.0t
				>3.00~6.00	145~195	125	5	—	1.5t	—
		H22	H22	>0.20~0.50	145~195	110	5	—	0t	1.0t
				>0.50~1.50	145~195	110	5	—	0.5t	1.0t
				>1.50~3.00	145~195	110	6	—	1.0t	1.5t
				>3.00~6.00	145~195	110	7	—	1.5t	—
		H14	H14	>0.20~0.50	170~215	150	1	—	0.5t	2.5t
				>0.50~1.50	170~215	150	2	—	1.0t	2.5t
				>1.50~3.00	170~215	150	2	—	1.5t	—
				>3.00~6.00	170~215	150	3	—	2.0t	—
		H24	H24	>0.20~0.50	170~215	130	4	—	0.5t	1.5t
				>0.50~1.50	170~215	130	4	—	1.0t	1.5t
				>1.50~3.00	170~215	130	4	—	1.5t	—

（续）

牌号	包铝分类	供应状态	试样状态	厚度/mm	室温拉伸试验结果 抗拉强度 R_m/MPa	规定非比例延伸强度 $R_{p0.2}$/MPa	断后伸长率（%） A_{50mm}	A	弯曲半径 90°	180°
					不小于					
3005	—	H16	H16	>0.20~0.50	195~240	175	1	—	1.0t	—
				>0.50~1.50			2	—	1.5t	—
				>1.50~4.00			2	—	2.5t	—
		H26	H26	>0.20~0.50	195~240	160	3	—	1.0t	—
				>0.50~1.50			3	—	1.5t	—
				>1.50~3.00			3	—	2.5t	—
		H18	H18	>0.20~0.50	220	200	1	—	1.5t	—
				>0.50~1.50			2	—	2.5t	—
				>1.50~3.00			2	—	—	—
		H28	H28	>0.20~0.50	220	190	2	—	1.5t	—
				>0.50~1.50			2	—	2.5t	—
				>1.50~3.00			3	—	—	—
		H19	H19	>0.20~0.50	235	210	1	—	—	—
				>0.50~1.50	235	210	1	—	—	—
		F	—	>2.50~80.00	—		—		—	—
4007	—	H12	H12	>0.20~0.50	140~180	110	4	—	—	—
				>0.50~1.50			4	—	—	—
				>1.50~3.00			5	—	—	—
		F	—	2.50~6.00	110	—	—	—	—	—
4015	—	O H111	O H111	>0.20~3.00	≤150	45	20	—	—	—
		H12	H12	>0.20~0.50	120~175	90	4	—	—	—
				>0.50~3.00			4	—	—	—
		H14	H14	>0.20~0.50	150~200	120	2	—	—	—
				>0.50~3.00			3	—	—	—
		H16	H16	>0.20~0.50	170~220	150	1	—	—	—
				>0.50~3.00			2	—	—	—
		H18	H18	>0.20~3.00	200~250	180	1	—	—	—

(续)

牌号	包铝分类	供应状态	试样状态	厚度/mm	室温拉伸试验结果 抗拉强度 R_m/MPa	规定非比例延伸强度 $R_{p0.2}$/MPa	断后伸长率（%） A_{50mm}	断后伸长率（%） A	弯曲半径 90°	弯曲半径 180°
					不小于					
5A02	—	O	O	>0.50~1.00	165~225	—	17	—	—	—
5A02	—	O	O	>1.00~10.00	165~225	—	19	—	—	—
5A02	—	H14 H24 H34	H14 H24 H34	>0.50~1.00	235	—	4	—	—	—
5A02	—	H14 H24 H34	H14 H24 H34	>1.00~4.50	235	—	6	—	—	—
5A02	—	H18	H18	>0.50~1.00	265	—	3	—	—	—
5A02	—	H18	H18	>1.00~4.50	265	—	4	—	—	—
5A02	—	H112	H112	>4.50~12.50	175	—	7	—	—	—
5A02	—	H112	H112	>12.50~25.00	175	—	—	7	—	—
5A02	—	H112	H112	>25.00~80.00	155	—	—	6	—	—
5A02	—	F	—	>4.50~150.00	—	—	—	—	—	—
5A03	—	O	O	>0.50~4.50	195	100	16	—	—	—
5A03	—	H14 H24 H34	H14 H24 H34	>0.50~4.50	225	195	8	—	—	—
5A03	—	H112	H112	>4.50~10.00	185	80	16	—	—	—
5A03	—	H112	H112	>10.00~12.50	175	70	13	—	—	—
5A03	—	H112	H112	>12.50~25.00	175	70	—	13	—	—
5A03	—	H112	H112	>25.00~50.00	165	60	—	12	—	—
5A03	—	F	—	>4.50~150.00	—	—	—	—	—	—
5A05	—	H112	H112	0.50~4.50	275	145	16	—	—	—
5A05	—	H112	H112	>4.50~10.00	275	125	16	—	—	—
5A05	—	H112	H112	>10.00~12.50	265	115	14	—	—	—
5A05	—	H112	H112	>12.50~25.00	265	115	—	14	—	—
5A05	—	H112	H112	>25.00~50.00	255	105	—	13	—	—
5A05	—	F	—	>4.50~150.00	—	—	—	—	—	—
3105	—	O H111	O H111	>0.20~0.50	100~155	40	14	—	—	0t
3105	—	O H111	O H111	>0.50~1.50	100~155	40	15	—	—	0t
3105	—	O H111	O H111	>1.50~3.00	100~155	40	17	—	—	0.5t

(续)

牌号	包铝分类	供应状态	试样状态	厚度/mm	室温拉伸试验结果 抗拉强度 R_m/MPa	规定非比例延伸强度 $R_{p0.2}$/MPa	断后伸长率(%) A_{50mm}	A	弯曲半径 90°	180°
					不小于					
3105	—	H12	H12	>0.20~0.50	130~180	105	3	—	—	1.5t
				>0.50~1.50			4	—	—	1.5t
				>1.50~3.00			4	—	—	1.5t
		H22	H22	>0.20~0.50	130~180	105	6	—	—	—
				>0.50~1.50			6	—	—	—
				>1.50~3.00			7	—	—	—
		H14	H14	>0.20~0.50	150~200	130	2	—	—	2.5t
				>0.50~1.50			2	—	—	2.5t
				>1.50~3.00			2	—	—	2.5t
		H24	H24	>0.20~0.50	150~200	120	4	—	—	2.5t
				>0.50~1.50			4	—	—	2.5t
				>1.50~3.00			5	—	—	2.5t
		H16	H16	>0.20~0.50	175~225	160	1	—	—	—
				>0.50~1.50			2	—	—	—
				>1.50~3.00			2	—	—	—
		H26	H26	>0.20~0.50	175~225	150	3	—	—	—
				>0.50~1.50			3	—	—	—
				>1.50~3.00			3	—	—	—
		H18	H18	>0.20~3.00	195	180	1	—	—	—
		H28	H28	>0.20~1.50	195	170	2	—	—	—
		H19	H19	>0.20~1.50	215	190	1	—	—	—
		F	—	>2.50~80.00	—				—	—
4006	—	O	O	>0.20~0.50	95~130	40	17	—	—	0t
				>0.50~1.50			19	—	—	0t
				>1.50~3.00			22	—	—	0t
				>3.00~6.00			25	—	—	1.0t
		H12	H12	>0.20~0.50	120~160	90	4	—	—	1.5t
				>0.50~1.50			4	—	—	1.5t
				>1.50~3.00			5	—	—	1.5t

(续)

牌号	包铝分类	供应状态	试样状态	厚度/mm	抗拉强度 R_m/MPa	规定非比例延伸强度 $R_{p0.2}$/MPa	断后伸长率（%） A_{50mm}	A	弯曲半径 90°	180°
					不小于					
4006	—	H14	H14	>0.20~0.50	140~180	120	3	—	—	2.0t
				>0.50~1.50			3	—	—	2.0t
				>1.50~3.00			3	—	—	2.0t
		F	—	2.50~6.00	—	—	—	—	—	—
4007	—	O H111	O H111	>0.20~0.50	110~150	45	15	—	—	—
				>0.50~1.50			16	—	—	—
				>1.50~3.00			19	—	—	—
				>3.00~6.00			21	—	—	—
				>6.00~12.50			25	—	—	—
5A06	工艺包铝或不包铝	O H112	O H112	0.50~4.50	315	155	16	—	—	—
				>4.50~10.00	315	155	16	—	—	—
				>10.00~12.50	305	145	12	—	—	—
				>12.50~25.00	305	145	—	12	—	—
				>25.00~50.00	295	135	—	6	—	—
		F	—	>4.50~150.00	—		—	—	—	—
5005 5005A	—	O H111	O H111	>0.20~0.50	100~45	35	15	—	0t	0t
				>0.50~1.50			19	—	0t	0t
				>1.50~3.00			20	—	0t	0.5t
				>3.00~6.00			22	—	1.0t	1.0t
				>6.00~12.50			24	—	1.5t	—
				>12.50~50.00			—	20	—	—
		H12	H12	>0.20~0.50	125~165	95	2	—	0t	1.0t
				>0.50~1.50			2	—	0.5t	1.0t
				>1.50~3.00			4	—	1.0t	1.5t
				>3.00~6.00			5	—	1.0t	—
		H22 H32	H22 H32	>0.20~0.50	125~165	80	4	—	0t	1.0t
				>0.50~1.50			5	—	0.5t	1.0t
				>1.50~3.00			6	—	1.0t	1.5t
				>3.00~6.00			8	—	1.0t	—

(续)

牌号	包铝分类	供应状态	试样状态	厚度/mm	室温拉伸试验结果					弯曲半径	
					抗拉强度 R_m/MPa	规定非比例延伸强度 $R_{p0.2}$/MPa	断后伸长率(%)		90°	180°	
							A_{50mm}	A		
					不小于						
5005 5005A	—	H14	H14	>0.20~0.50	145~185	120	2	—	0.5t	2.0t
				>0.50~1.50			2	—	1.0t	2.0t
				>1.50~3.00			3	—	1.0t	2.5t
				>3.00~6.00			4	—	2.0t	—
		H24 H34	H24 H34	>0.20~0.50	145~185	110	3	—	0.5t	1.5t
				>0.50~1.50			4	—	1.0t	1.5t
				>1.50~3.00			5	—	1.0t	2.0t
				>3.00~6.00			6	—	2.0t	—
		H16	H16	>0.20~0.50	165~205	145	1	—	1.0t	—
				>0.50~1.50			2	—	1.5t	—
				>1.50~3.00			3	—	2.0t	—
				>3.00~4.00			3	—	2.5t	—
		H26 H36	H26 H36	>0.20~0.50	165~205	135	2	—	1.0t	—
				>0.50~1.50			3	—	1.5t	—
				>1.50~3.00			4	—	2.0t	—
				>3.00~4.00			4	—	2.5t	—
		H18	H18	>0.20~0.50	185	165	1	—	1.5t	—
				>0.50~1.50			2	—	2.5t	—
				>1.50~3.00			2	—	3.0t	—
		H28 H38	H28 H38	>0.20~0.50	185	160	1	—	1.5t	—
				>0.50~1.50			2	—	2.5t	—
				>1.50~3.00			3	—	3.0t	—
		H19	H19	>0.20~0.50	205	185	1	—	—	—
				>0.50~1.50			2	—	—	—
				>1.50~3.00			2	—	—	—
		H112	H112	>6.00~12.50	115	—	8	—	—	—
				>12.50~40.00	105	—	—	10	—	—
				>40.00~80.00	100	—	—	16	—	—
		F	—	>2.5~150.00	—	—	—	—	—	—

（续）

牌号	包铝分类	供应状态	试样状态	厚度/mm	室温拉伸试验结果					弯曲半径	
					抗拉强度 R_m/MPa	规定非比例延伸强度 $R_{p0.2}$/MPa	断后伸长率（%）			90°	180°
							A_{50mm}	A			
					不小于						
5040	—	H24 H34	H24 H34	0.80~1.80	220~260	170	6	—	—	—
		H26 H36	H26 H36	1.00~2.00	240~280	205	5	—	—	—
5049	—	O H111	O H111	>0.20~0.50	190~240	80	12	—	0t	0.5t
				>0.50~1.50			14	—	0.5t	0.5t
				>1.50~3.00			16	—	1.0t	1.0t
				>3.00~6.00			18	—	1.0t	1.0t
				>6.00~12.50			18	—	2.0t	—
				>12.50~100.00			—	17	—	—
		H12	H12	>0.20~0.50	220~270	170	4	—	—	—
				>0.50~1.50			5	—	—	—
				>1.50~3.00			6	—	—	—
				>3.00~6.00			7	—	—	—
		H22 H32	H22 H32	>0.20~0.50	220~270	130	7	—	0.5t	1.5t
				>0.50~1.50			8	—	1.0t	1.5t
				>1.50~3.00			10	—	1.5t	2.0t
				>3.00~6.00			11	—	1.5t	—
		H14	H14	>0.20~0.50	240~280	190	3	—	—	—
				>0.50~1.50			3	—	—	—
				>1.50~3.00			4	—	—	—
				>3.00~6.00			4	—	—	—
		H24 H34	H24 H34	>0.20~0.50	240~280	160	6	—	1.0t	2.5t
				>0.50~1.50			6	—	1.5t	2.5t
				>1.50~3.00			7	—	2.0t	2.5t
				>3.00~6.00			8	—	2.5t	—
		H16	H16	>0.20~0.50	265~305	220	2	—	—	—
				>0.50~1.50			3	—	—	—
				>1.50~3.00			3	—	—	—
				>3.00~6.00			3	—	—	—

(续)

牌号	包铝分类	供应状态	试样状态	厚度/mm	室温拉伸试验结果					弯曲半径	
					抗拉强度 R_m/MPa	规定非比例延伸强度 $R_{p0.2}$/MPa	断后伸长率（%）		90°	180°	
							A_{50mm}	A		
					不小于						
5049	—	H26 H36	H26 H36	>0.20~0.50	265~305	190	4	—	1.5t	—
				>0.50~1.50			4	—	2.0t	—
				>1.50~3.00			5	—	3.0t	—
				>3.00~6.00			6	—	3.5t	—
		H18	H18	>0.20~0.50	290	250	1	—	—	—
				>0.50~1.50			2	—	—	—
				>1.50~3.00			2	—	—	—
		H28 H38	H28 H38	>0.20~0.50	290	230	3	—	—	—
				>0.50~1.50			3	—	—	—
				>1.50~3.00			4	—	—	—
		H112	H112	6.00~12.50	210	100	12	—	—	—
				>12.50~25.00	200	90	—	10	—	—
				>25.00~40.00	190	80	—	12	—	—
				>40.00~80.00	190	80	—	14	—	—
5449	—	O H111	O H111	>0.50~1.50	190~240	80	14	—	—	—
				>1.50~3.00			16	—	—	—
		H22	H22	>0.50~1.50	220~270	130	8	—	—	—
				>1.50~3.00			10	—	—	—
		H24	H24	>0.50~1.50	240~280	160	6	—	—	—
				>1.50~3.00			7	—	—	—
		H26	H26	>0.50~1.50	265~305	190	4	—	—	—
				>1.50~3.00			5	—	—	—
		H28	H28	>0.50~1.50	290	230	3	—	—	—
				>1.50~3.00			4	—	—	—
5050	—	O H111	O H111	>0.20~0.50	130~170	45	16	—	0t	0t
				>0.50~1.50			17	—	0t	0t
				>1.50~3.00			19	—	0t	0.5t
				>3.00~6.00			21	—	1.0t	—
				>6.00~12.50			20	—	2.0t	—
				>12.50~50.00			—	20	—	—

(续)

牌号	包铝分类	供应状态	试样状态	厚度/mm	室温拉伸试验结果		断后伸长率（%）		弯曲半径	
					抗拉强度 R_m/MPa	规定非比例延伸强度 $R_{p0.2}$/MPa	A_{50mm}	A	90°	180°
					不小于					
5050	—	H12	H12	>0.20~0.50	155~195	130	2	—	0t	—
				>0.50~1.50			2	—	0.5t	—
				>1.50~3.00			4	—	1.0t	—
		H22 H32	H22 H32	>0.20~0.50	155~195	110	4	—	0t	1.0t
				>0.50~1.50			5	—	0.5t	1.0t
				>1.50~3.00			7	—	1.0t	1.5t
				>3.00~6.00			10	—	1.5t	—
		H14	H14	>0.20~0.50	175~215	150	2	—	0.5t	—
				>0.50~1.50			2	—	1.0t	—
				>1.50~3.00			3	—	1.5t	—
				>3.00~6.00			4	—	2.0t	—
		H24 H34	H24 H34	>0.20~0.50	175~215	135	3	—	0.5t	1.5t
				>0.50~1.50			4	—	1.0t	1.5t
				>1.50~3.00			5	—	1.5t	2.0t
				>3.00~6.00			8	—	2.0t	—
		H16	H16	>0.20~0.50	195~235	170	1	—	1.0t	—
				>0.50~1.50			2	—	1.5t	—
				>1.50~3.00			2	—	2.5t	—
				>3.00~4.00			3	—	3.0t	—
		H26 H36	H26 H36	>0.20~0.50	195~235	160	2	—	1.0t	—
				>0.50~1.50			3	—	1.5t	—
				>1.50~3.00			4	—	2.5t	—
				>3.00~4.00			6	—	3.0t	—
		H18	H18	>0.20~0.50	220	190	1	—	1.5t	—
				>0.50~1.50			2	—	2.5t	—
				>1.50~3.00			2	—	—	—
		H28 H38	H28 H38	>0.20~0.50	220	180	1	—	1.5t	—
				>0.50~1.50			2	—	2.5t	—
				>1.50~3.00			3	—	—	—

(续)

牌号	包铝分类	供应状态	试样状态	厚度/mm	室温拉伸试验结果				弯曲半径	
					抗拉强度 R_m/MPa	规定非比例延伸强度 $R_{p0.2}$/MPa	断后伸长率（%）			
							A_{50mm}	A	90°	180°
					不小于					
5050	—	H112	H112	6.00~12.50	140	55	12	—	—	—
				>12.50~40.00			—	10	—	—
				>40.00~80.00			—	10	—	—
		F	—	2.50~80.00			—			
5251	—	O H111	O H111	>0.20~0.50	160~200	60	13	—	0t	0t
				>0.50~1.50			14	—	0t	0t
				>1.50~3.00			16	—	0.5t	0.5t
				>3.00~6.00			18	—	1.0t	—
				>6.00~12.50			18	—	2.0t	—
				>12.50~50.00			—	18	—	—
		H12	H12	>0.20~0.50	190~230	150	3	—	0t	2.0t
				>0.50~1.50			4	—	1.0t	2.0t
				>1.50~3.00			5	—	1.0t	2.0t
				>3.00~6.00			8	—	1.5t	—
		H22 H32	H22 H32	>0.20~0.50	190~230	120	4	—	0t	1.5t
				>0.50~1.50			6	—	1.0t	1.5t
				>1.50~3.00			8	—	1.0t	1.5t
				>3.00~6.00			10	—	1.5t	—
		H14	H14	>0.20~0.50	210~250	170	2	—	0.5t	2.5t
				>0.50~1.50			2	—	1.5t	2.5t
				>1.50~3.00			3	—	1.5t	2.5t
				>3.00~6.00			4	—	2.5t	—
		H24 H34	H24 H34	>0.20~0.50	210~250	140	3	—	0.5t	2.0t
				>0.50~1.50			5	—	1.5t	2.0t
				>1.50~3.00			6	—	1.5t	2.0t
				>3.00~6.00			8	—	2.5t	—
		H16	H16	>0.20~0.50	230~270	200	1	—	1.0t	3.5t
				>0.50~1.50			2	—	1.5t	3.5t
				>1.50~3.00			3	—	2.0t	3.5t
				>3.00~4.00			3	—	3.0t	—

（续）

牌号	包铝分类	供应状态	试样状态	厚度/mm	室温拉伸试验结果				弯曲半径	
					抗拉强度 R_m/MPa	规定非比例延伸强度 $R_{p0.2}$/MPa	断后伸长率（%）		90°	180°
							A_{50mm}	A		
					不小于					
5251	—	H26 H36	H26 H36	>0.20~0.50	230~270	170	3	—	1.0t	3.0t
				>0.50~1.50			4	—	1.5t	3.0t
				>1.50~3.00			5	—	2.0t	3.0t
				>3.00~4.00			7	—	3.0t	—
		H18	H18	>0.20~0.50	255	230	1	—	—	—
				>0.50~1.50			2	—	—	—
				>1.50~3.00			2	—	—	—
		H28 H38	H28 H38	>0.20~0.50	255	200	2	—	—	—
				>0.50~1.50			3	—	—	—
				>1.50~3.00			3	—	—	—
		F	—	2.50~80.00	—		—		—	—
5052	—	O H111	O H111	>0.20~0.50	170~215	65	12	—	0t	0t
				>0.50~1.50			14	—	0t	0t
				>1.50~3.00			16	—	0.5t	0.5t
				>3.00~6.00			18	—	1.0t	—
				>6.00~12.50			19	—	2.0t	—
				>12.50~80.00	165~215		—	18	—	—
		H12	H12	>0.20~0.50	210~260	160	4	—	—	—
				>0.50~1.50			5	—	—	—
				>1.50~3.00			6	—	—	—
				>3.00~6.00			8	—	—	—
		H22 H32	H22 H32	>0.20~0.50	210~260	130	5	—	0.5t	1.5t
				>0.50~1.50			6	—	1.0t	1.5t
				>1.50~3.00			7	—	1.5t	1.5t
				>3.00~6.00			10	—	1.5t	—
		H14	H14	>0.20~0.50	230~280	180	3	—	—	—
				>0.50~1.50			3	—	—	—
				>1.50~3.00			4	—	—	—
				>3.00~6.00			4	—	—	—

（续）

牌号	包铝分类	供应状态	试样状态	厚度/mm	室温拉伸试验结果 抗拉强度 R_m/MPa	规定非比例延伸强度 $R_{p0.2}$/MPa	断后伸长率（%） A_{50mm}	断后伸长率（%） A	弯曲半径 90°	弯曲半径 180°
					不小于					
5052	—	H24 H34	H24 H34	>0.20~0.50	230~280	150	4	—	0.5t	2.0t
				>0.50~1.50			5	—	1.5t	2.0t
				>1.50~3.00			6	—	2.0t	2.0t
				>3.00~6.00			7	—	2.5t	—
		H16	H16	>0.20~0.50	250~300	210	2	—	—	—
				>0.50~1.50			3	—	—	—
				>1.50~3.00			3	—	—	—
				>3.00~6.00			3	—	—	—
		H26 H36	H26 H36	>0.20~0.50	250~300	180	3	—	1.5t	—
				>0.50~1.50			4	—	2.0t	—
				>1.50~3.00			5	—	3.0t	—
				>3.00~6.00			6	—	3.5t	—
		H18	H18	>0.20~0.50	270	240	1	—	—	—
				>0.50~1.50			2	—	—	—
				>1.50~3.00			2	—	—	—
		H28 H38	H28 H38	>0.20~0.50	270	210	3	—	—	—
				>0.50~1.50			3	—	—	—
				>1.50~3.00			4	—	—	—
		H112	H112	>6.00~12.50	190	80	7	—	—	—
				>12.50~40.00	170	70	—	10	—	—
				>40.00~80.00	170	70	—	14	—	—
		F	—	>2.50~150.00	—					
5154A	—	O H111	O H111	>0.20~0.50	215~275	85	12	—	0.5t	0.5t
				>0.50~1.50			13	—	0.5t	0.5t
				>1.50~3.00			15	—	1.0t	1.0t
				>3.00~6.00			17	—	1.5t	—
				>6.00~12.50			18	—	2.5t	—
				>12.50~50.00			—	16	—	—

（续）

牌号	包铝分类	供应状态	试样状态	厚度/mm	室温拉伸试验结果		断后伸长率（%）		弯曲半径	
					抗拉强度 R_m/MPa	规定非比例延伸强度 $R_{\mathrm{p}0.2}$/MPa	$A_{50\mathrm{mm}}$	A	90°	180°
					不小于					
5154A	—	H12	H12	>0.20~0.50	250~305	190	3	—	—	—
				>0.50~1.50			4	—	—	—
				>1.50~3.00			5	—	—	—
				>3.00~6.00			6	—	—	—
		H22 H32	H22 H32	>0.20~0.50	250~305	180	5	—	0.5t	1.5t
				>0.50~1.50			6	—	1.0t	1.5t
				>1.50~3.00			7	—	2.0t	2.0t
				>3.00~6.00			8	—	2.5t	—
		H14	H14	>0.20~0.50	270~325	220	2	—	—	—
				>0.50~1.50			3	—	—	—
				>1.50~3.00			3	—	—	—
				>3.00~6.00			4	—	—	—
		H24 H34	H24 H34	>0.20~0.50	270~325	200	4	—	1.0t	2.5t
				>0.50~1.50			5	—	2.0t	2.5t
				>1.50~3.00			6	—	2.5t	3.0t
				>3.00~6.00			7	—	3.0t	—
		H26 H36	H26 H36	>0.20~0.50	290~345	230	3	—	—	—
				>0.50~1.50			3	—	—	—
				>1.50~3.00			4	—	—	—
				>3.00~6.00			5	—	—	—
		H18	H18	>0.20~0.50	310	270	1	—	—	—
				>0.50~1.50			1	—	—	—
				>1.50~3.00			1	—	—	—
		H28 H38	H28 H38	>0.20~0.50	310	250	3	—	—	—
				>0.50~1.50			3	—	—	—
				>1.50~3.00			3	—	—	—
		H19	H19	>0.20~0.50	330	285	1	—	—	—
				>0.50~1.50			1	—	—	—
		H112	H112	6.00~12.50	220	125	8	—	—	—
				>12.50~40.00	215	90	—	9	—	—

(续)

牌号	包铝分类	供应状态	试样状态	厚度/mm	抗拉强度 R_m/MPa	规定非比例延伸强度 $R_{p0.2}$/MPa	断后伸长率（%） A_{50mm}	断后伸长率（%） A	弯曲半径 90°	弯曲半径 180°
					不小于					
5154A	—	H112	H112	>40.00~80.00	215	90	—	13	—	—
		F	—	2.50~80.00	—	—	—	—	—	—
5454	—	O H111	O H111	>0.20~0.50	215~275	85	12	—	0.5t	0.5t
				>0.50~1.50			13	—	0.5t	0.5t
				>1.50~3.00			15	—	1.0t	1.0t
				>3.00~6.00			17	—	1.5t	—
				>6.00~12.50			18	—	2.5t	—
				>12.50~80.00			—	16	—	—
		H12	H12	>0.20~0.50	250~305	190	3	—	—	—
				>0.50~1.50			4	—	—	—
				>1.50~3.00			5	—	—	—
				>3.00~6.00			6	—	—	—
		H22 H32	H22 H32	>0.20~0.50	250~305	180	5	—	0.5t	1.5t
				>0.50~1.50			6	—	1.0t	1.5t
				>1.50~3.00			7	—	2.0t	2.0t
				>3.00~6.00			8	—	2.5t	—
		H14	H14	>0.20~0.50	270~325	220	2	—	—	—
				>0.50~1.50			3	—	—	—
				>1.50~3.00			3	—	—	—
				>3.00~6.00			4	—	—	—
		H24 H34	H24 H34	>0.20~0.50	270~325	200	4	—	1.0t	2.5t
				>0.50~1.50			5	—	2.0t	2.5t
				>1.50~3.00			6	—	2.5t	3.0t
				>3.00~6.00			7	—	3.0t	—
		H26 H36	H26 H36	>0.20~1.50	290~345	230	3	—	—	—
				>1.50~3.00			4	—	—	—
				>3.00~6.00			5	—	—	—
		H28 H38	H28 H38	>0.20~3.00	310	250	3	—	—	—

(续)

牌号	包铝分类	供应状态	试样状态	厚度/mm	抗拉强度 R_m/MPa	规定非比例延伸强度 $R_{p0.2}$/MPa	断后伸长率（%）		弯曲半径	
							A_{50mm}	A	90°	180°
					不小于					
5454	—	H112	H112	6.00~12.50	220	125	8	—	—	—
				>12.50~40.00	215	90	—	9	—	—
				>40.00~120.00			—	13	—	—
		F	—	>4.50~150.00	—				—	—
5754	—	O H111	O H111	>0.20~0.50	190~240	80	12	—	0t	0.5t
				>0.50~1.50			14	—	0.5t	0.5t
				>1.50~3.00			16	—	1.0t	1.0t
				>3.00~6.00			18	—	1.0t	1.0t
				>6.00~12.50			18	—	2.0t	—
				>12.50~100.00			—	17	—	—
		H12	H12	>0.20~0.50	220~270	170	4	—	—	—
				>0.50~1.50			5	—	—	—
				>1.50~3.00			6	—	—	—
				>3.00~6.00			7	—	—	—
		H22 H32	H22 H32	>0.20~0.50	220~270	130	7	—	0.5t	1.5t
				>0.50~1.50			8	—	1.0t	1.5t
				>1.50~3.00			10	—	1.5t	2.0t
				>3.00~6.00			11	—	1.5t	—
		H14	H14	>0.20~0.50	240~280	190	3	—	—	—
				>0.50~1.50			3	—	—	—
				>1.50~3.00			4	—	—	—
				>3.00~6.00			4	—	—	—
		H24 H34	H24 H34	>0.20~0.50	240~280	160	6	—	1.0t	2.5t
				>0.50~1.50			6	—	1.5t	2.5t
				>1.50~3.00			7	—	2.0t	2.5t
				>3.00~6.00			8	—	2.5t	—
		H16	H16	>0.20~0.50	265~305	220	2	—	—	—
				>0.50~1.50			3	—	—	—
				>1.50~3.00			3	—	—	—
				>3.00~6.00			3	—	—	—

(续)

牌号	包铝分类	供应状态	试样状态	厚度/mm	抗拉强度 R_m/MPa	规定非比例延伸强度 $R_{p0.2}$/MPa	断后伸长率(%) A_{50mm}	断后伸长率(%) A	弯曲半径 90°	弯曲半径 180°
					不小于					
5754	—	H26 H36	H26 H36	>0.20~0.50	265~305	190	4	—	1.5t	—
				>0.50~1.50			4	—	2.0t	—
				>1.50~3.00			5	—	3.0t	—
				>3.00~6.00			6	—	3.5t	—
		H18	H18	>0.20~0.50	290	250	1	—	—	—
				>0.50~1.50			2	—	—	—
				>1.50~3.00			2	—	—	—
		H28 H38	H28 H38	>0.20~0.50	290	230	3	—	—	—
				>0.50~1.50			3	—	—	—
				>1.50~3.00			4	—	—	—
		H112	H112	6.00~12.50	190	100	12	—	—	—
				>12.50~25.00		90	—	10	—	—
				>25.00~40.00		80	12	—	—	—
				>40.00~80.00			—	14	—	—
		F	—	>4.50~150.00	—					
5082	—	H18 H38	H18 H38	>0.20~0.50	335		1	—		
		H19 H39	H19 H39	>0.20~0.50	355		1	—		
		F	—	>4.50~150.00	—					
5182	—	O H111	O H111	>0.2~0.50	255~315	110	11	—	—	1.0t
				>0.50~1.50			12	—	—	1.0t
				>1.50~3.00			13	—	—	1.0t
		H19	H19	>0.20~1.50	380	320	1	—	—	—
5083	—	O H111	O H111	>0.20~0.50	275~350	125	11	—	0.5t	1.0t
				>0.50~1.50			12	—	1.0t	1.0t
				>1.50~3.00			13	—	1.0t	1.5t
				>3.00~6.30			15	—	1.5t	—

(续)

牌号	包铝分类	供应状态	试样状态	厚度/mm	抗拉强度 R_m/MPa	规定非比例延伸强度 $R_{p0.2}$/MPa	断后伸长率(%)		弯曲半径	
							A_{50mm}	A	90°	180°
					不小于					
5083	—	O H111	O H111	>6.30~12.50	270~345	115	16	—	2.5t	—
				>12.50~50.00			—	15	—	—
				>50.00~80.00			—	14	—	—
				>80.00~120.00	260	110		12		
				>120.00~200.00	255	105		12		
		H12	H12	>0.20~0.50	315~375	250	3	—	—	—
				>0.50~1.50			4	—	—	—
				>1.50~3.00			5	—	—	—
				>3.00~6.00			6	—	—	—
		H22 H32	H22 H32	>0.20~0.50	305~380	215	5	—	0.5t	2.0t
				>0.50~1.50			6	—	1.5t	2.0t
				>1.50~3.00			7	—	2.0t	3.0t
				>3.00~6.00			8	—	2.5t	—
		H14	H14	>0.20~0.50	340~400	280	2	—	—	—
				>0.50~1.50			3	—	—	—
				>1.50~3.00			3	—	—	—
				>3.00~6.00			3	—	—	—
		H24 H34	H24 H34	>0.20~0.50	340~400	250	4	—	1.0t	—
				>0.50~1.50			5	—	2.0t	—
				>1.50~3.00			6	—	2.5t	—
				>3.00~6.00			7	—	3.5t	—
		H16	H16	>0.20~0.50	360~420	300	1	—	—	—
				>0.50~1.50			2	—	—	—
				>1.50~3.00			2	—	—	—
				>3.00~4.00			2	—	—	—
		H26 H36	H26 H36	>0.20~0.50	360~420	280	2	—	—	—
				>0.50~1.50			3	—	—	—
				>1.50~3.00			3	—	—	—
				>3.00~4.00			3	—	—	—

(续)

牌号	包铝分类	供应状态	试样状态	厚度/mm	室温拉伸试验结果 抗拉强度 R_m/MPa	规定非比例延伸强度 $R_{p0.2}$/MPa	断后伸长率(%) A_{50mm}	断后伸长率(%) A	弯曲半径 90°	弯曲半径 180°
					不小于					
5083	—	H116 H321	H116 H321	1.50~3.00	305	215	8	—	2.0t	—
				>3.00~6.00	305	215	10	—	2.5t	—
				>6.00~12.50	305	215	12	—	4.0t	—
				>12.50~40.00	305	215	—	10	—	—
				>40.00~80.00	285	200	—	10	—	—
		H112	H112	>6.00~12.50	275	125	12	—	—	—
				>12.50~40.00	275	125	—	10	—	—
				>40.00~80.00	270	115	—	10	—	—
				>40.00~120.00	260	110	—	10	—	—
		F	—	>4.50~150.00	—					
5383	—	O H111	O H111	>0.20~0.50	290~360	145	11	—	0.5t	1.0t
				>0.50~1.50	290~360	145	12	—	1.0t	1.0t
				>1.50~3.00	290~360	145	13	—	1.0t	1.5t
				>3.00~6.00	290~360	145	15	—	1.5t	—
				>6.00~12.50	290~360	145	16	—	2.5t	—
				>12.50~50.00	290~360	145	—	15	—	—
				>50.00~80.00	285~355	135	—	14	—	—
				>80.00~120.00	275	130	—	12	—	—
				>120.00~150.00	270	125	—	12	—	—
		H22 H32	H22 H32	>0.20~0.50	305~380	220	5	—	0.5t	2.0t
				>0.50~1.50	305~380	220	6	—	1.5t	2.0t
				>1.50~3.00	305~380	220	7	—	2.0t	3.0t
				>3.00~6.00	305~380	220	8	—	2.5t	—
		H24 H34	H24 H34	>0.20~0.50	340~400	270	4	—	1.0t	—
				>0.50~1.50	340~400	270	5	—	2.0t	—
				>1.50~3.00	340~400	270	6	—	2.5t	—
				>3.00~6.00	340~400	270	7	—	3.5t	—

（续）

牌号	包铝分类	供应状态	试样状态	厚度/mm	室温拉伸试验结果					弯曲半径	
					抗拉强度 R_m/MPa	规定非比例延伸强度 $R_{p0.2}$/MPa	断后伸长率（%）		90°	180°
					不小于			A_{50mm}	A		
5383	—	H116 H321	H116 H321	1.50~3.00	305	220	8	—	2.0t	3.0t
				>3.00~6.00	305	220	10	—	2.5t	—
				>6.00~12.50	305	220	12	—	4.0t	—
				>12.50~40.00	305	220	—	10		
				>40.00~80.00	285	205	—	10		
		H112	H112	6.00~12.50	290	145	12			
				>12.50~40.00	290	145	—	10		
				>40.00~80.00	285	135	—	10		
5086	—	O H111	O H111	>0.20~0.50	240~310	100	11	—	0.5t	1.0t
				>0.50~1.50	240~310	100	12	—	1.0t	1.0t
				>1.50~3.00	240~310	100	13	—	1.0t	1.0t
				>3.00~6.00	240~310	100	15	—	1.5t	1.5t
				>6.00~12.50	240~310	100	17	—	2.5t	—
				>12.50~150.00	240~310	100	—	16	—	—
		H12	H12	>0.20~0.50	275~335	200	3	—	—	—
				>0.50~1.50	275~335	200	4	—	—	—
				>1.50~3.00	275~335	200	5	—	—	—
				>3.00~6.00	275~335	200	6	—	—	—
		H22 H32	H22 H32	>0.20~0.50	275~335	185	5	—	0.5t	2.0t
				>0.50~1.50	275~335	185	6	—	1.5t	2.0t
				>1.50~3.00	275~335	185	7	—	2.0t	2.0t
				>3.00~6.00	275~335	185	8	—	2.5t	—
		H14	H14	>0.20~0.50	300~360	240	2	—	—	—
				>0.50~1.50	300~360	240	3	—	—	—
				>1.50~3.00	300~360	240	3	—	—	—
				>3.00~6.00	300~360	240	3	—	—	—
		H24 H34	H24 H34	>0.20~0.50	300~360	220	4	—	1.0t	2.5t
				>0.50~1.50	300~360	220	5	—	2.0t	2.5t
				>1.50~3.00	300~360	220	6	—	2.5t	2.5t
				>3.00~6.00	300~360	220	7	—	3.5t	—

(续)

牌号	包铝分类	供应状态	试样状态	厚度/mm	抗拉强度 R_m/MPa	规定非比例延伸强度 $R_{p0.2}$/MPa	断后伸长率（%）		弯曲半径	
							A_{50mm}	A	90°	180°
					不小于					
5086	—	H16	H16	>0.20~0.50	325~385	270	1	—	—	—
				>0.50~1.50			2	—	—	—
				>1.50~3.00			2	—	—	—
				>3.00~4.00			2	—	—	—
		H26 H36	H26 H36	>0.20~0.50	325~385	250	2	—	—	—
				>0.50~1.50			3	—	—	—
				>1.50~3.00			3	—	—	—
				>3.00~4.00			3	—	—	—
		H18	H18	>0.20~0.50	345	290	1	—	—	—
				>0.50~1.50			1	—	—	—
				>1.50~3.00			1	—	—	—
		H116 H321	H116 H321	>1.50~3.00	275	195	8	—	2.0t	2.0t
				>3.00~6.00			9	—	2.5t	—
				>6.00~12.50			10	—	3.5t	—
				>12.50~50.00			—	9		
		H112	H112	>6.00~12.50	250	105	8	—	—	—
				>12.50~40.00	240	105	—	9	—	—
				>40.00~80.00	240	100	—	12	—	—
		F	—	>4.50~150.00	—	—	—	—	—	—
6A02	—	O	O	>0.50~4.50	≤145	—	21	—	—	—
				>4.50~10.00			16	—	—	—
			T62③	>0.50~4.50	295		11	—	—	—
				>4.50~10.00			8	—	—	—
		T4	T4	>0.50~0.80	195	—	19	—	—	—
				>0.80~2.90			21	—	—	—
				>2.90~4.50			19	—	—	—
				>4.50~10.00	175		17	—	—	—
		T6	T6	>0.50~4.50	295		11	—	—	—
				>4.50~10.00			8	—	—	—

(续)

牌号	包铝分类	供应状态	试样状态	厚度/mm	室温拉伸试验结果					弯曲半径	
					抗拉强度 R_m/MPa	规定非比例延伸强度 $R_{p0.2}$/MPa	断后伸长率（%）			90°	180°
							A_{50mm}	A			
					不小于						
6A02	—	T1	T62④	>4.50~12.50	295	—	8	—	—	—
				>12.50~25.00			—	7	—	—
				>25.00~40.00	285		—	6	—	—
				>40.00~80.00	275		—	6	—	—
			T42④	>4.50~12.50	175	—	17	—	—	—
				>12.50~25.00			—	14	—	—
				>25.50~40.00	165		—	12	—	—
				>40.00~80.00			—	10	—	—
		F	—	>4.50~150.00	—	—	—	—	—	—
6061	—	O	O	0.40~1.50	≤150	≤85	14	—	0.5t	1.0t
				>1.50~3.00			16	—	1.0t	1.0t
				>3.00~6.00			19	—	1.0t	—
				>6.00~12.50			16	—	2.0t	—
				>12.50~25.00			—	16	—	—
		T4	T4	0.40~1.50	205	110	12	—	1.0t	1.5t
				>1.50~3.00			14	—	1.5t	2.0t
				>3.00~6.00			16	—	3.0t	—
				>6.00~12.50			18	—	4.0t	—
				>12.50~40.00			—	15	—	—
				>40.00~80.00			—	14	—	—
		T6	T6	0.40~1.50	290	240	6	—	2.5t	—
				>1.50~3.00			7	—	3.5t	—
				>3.00~6.00			10	—	4.0t	—
				>6.00~12.50			9	—	5.0t	—
				>12.50~40.00			—	8	—	—
				>40.00~80.00			—	6	—	—
				>80.00~100.00			—	5	—	—
		F	—	>2.50~150.00	—	—	—	—	—	—
6016	—	T4	T4	0.40~3.00	170~250	80~140	24	—	0.5t	0.5t
		T6	T6	0.40~3.00	260~300	180~260	10	—	—	—

(续)

牌号	包铝分类	供应状态	试样状态	厚度/mm	室温拉伸试验结果					弯曲半径	
					抗拉强度 R_m/MPa	规定非比例延伸强度 $R_{p0.2}$/MPa	断后伸长率（%）			90°	180°
							A_{50mm}	A			
					不小于						
6063	—	O	O	0.50~5.00	≤130	—	20	—	—	—
				>5.00~12.50			15	—	—	—
				>12.50~20.00			—	15	—	—
			T62③	0.50~5.00	230	180	—	8	—	—
				>5.00~12.50	220	170	—	6	—	—
				>12.50~20.00	220	170	6	—	—	—
		T4	T4	0.50~5.00	150	—	10	—	—	—
				5.00~10.00	130		10	—	—	—
		T6	T6	0.50~5.00	240	190	8	—	—	—
				>5.00~10.00	230	180	8	—	—	—
6082	—	O	O	0.40~1.50	≤150	≤85	14	—	0.5t	1.0t
				>1.50~3.00			16	—	1.0t	1.0t
				>3.00~6.00			18	—	1.5t	—
				>6.00~12.50			17	—	2.5t	—
				>12.50~25.00	≤155	—	—	16	—	—
		T4	T4	0.40~1.50	205	110	12	—	1.5t	3.0t
				>1.50~3.00			14	—	2.0t	3.0t
				>3.00~6.00			15	—	3.0t	—
				>6.00~12.50			14	—	4.0t	—
				>12.50~40.00			—	13	—	—
				>40.00~80.00			—	12	—	—
		T6	T6	0.40~1.50	310	260	6	—	2.5t	—
				>1.50~3.00			7	—	3.5t	—
				>3.00~6.00			10	—	4.5t	—
				>6.00~12.50	300	255	9	—	6.0t	—
		F	—	>4.50~150.00		—				

（续）

牌号	包铝分类	供应状态	试样状态	厚度/mm	室温拉伸试验结果			弯曲半径	
					抗拉强度 R_m/MPa	规定非比例延伸强度 $R_{p0.2}$/MPa	断后伸长率（%）		90°	180°
							A_{50mm}	A		
					不小于						
包铝7A04 包铝7A09 7A04 7A09	正常包铝或工艺包铝	O	O	0.50～10.00	≤245	—	11	—	—	—
		O	T62③	0.50～2.90	470	390	7	—	—	—
				>2.90～10.00	490	410		—	—	—
		T6	T6	0.50～2.90	480	400		—	—	—
				>2.90～10.00	490	410		—	—	—
		T1	T62	>4.50～10.00	490	410		—	—	—
				>10.00～12.50	490	410	4	—	—	—
				>12.50～25.00				—	—	—
				>25.50～40.00			3	—	—	—
		F	—	>4.50～150.00	—	—	—	—	—	—
7020	—	O	O	0.40～1.50	≤220	≤140	12	—	2.0t	—
				>1.50～3.00			13	—	2.5t	—
				>3.00～6.00			15	—	3.5t	—
				>6.00～12.50			12	—	5.0t	—
		T4⑤	T4⑤	0.40～1.50	320	210	11	—	—	—
				>1.50～3.00			12	—	—	—
				>3.00～6.00			13	—	—	—
				>6.00～12.50			14	—	—	—
		T6	T6	0.40～1.50	350	280	7	—	3.5t	—
				>1.50～3.00			8	—	4.0t	—
				>3.00～6.00			10	—	5.5t	—
				>6.00～12.50			10	—	8.0t	—
				>12.50～40.00			—	9	—	—
				>40.00～100.00	340	270	—	8	—	—
				>100.00～150.00			—	7	—	—
				>150.00～175.00	330	260	—	6	—	—
				>175.00～200.00			—	5	—	—
7021	—	T6	T6	1.50～3.00	400	350	7	—	—	—
				>3.00～6.00			6	—	—	—

(续)

牌号	包铝分类	供应状态	试样状态	厚度/mm	室温拉伸试验结果			弯曲半径	
					抗拉强度 R_m/MPa	规定非比例延伸强度 $R_{p0.2}$/MPa	断后伸长率（%）		90°	180°
							A_{50mm}	A		
					不小于					
7022	—	T6	T6	3.00～12.50	450	370	8	—	—	—
				>12.50～25.00			—	8	—	—
				>25.00～50.00			—	7	—	—
				>50.00～100.00	430	350	—	5	—	—
				>100.00～200.00	410	330	—	3	—	—
7075	工艺包铝或不包铝	O	O	0.40～0.80	≤275	≤145	10	—	0.5t	1.0t
				>0.80～1.50				—	1.0t	2.0t
				>1.50～3.00				—	1.0t	3.0t
				>3.00～6.00				—	2.5t	—
				>6.00～12.50				—	4.0t	—
				>12.50～75.00	—	—	—	9	—	—
			T62[③]	0.40～0.80	525	460	6	—	—	—
				>0.80～1.50	540	460	6	—	—	—
				>1.50～3.00	540	470	7	—	—	—
				>3.00～6.00	545	475	8	—	—	—
				>6.00～12.50	540	460	8	—	—	—
				>12.50～25.00	540	470	—	6	—	—
				>25.00～50.00	530	460	—	5	—	—
				>50.00～60.00	525	440	—	4	—	—
				>60.00～75.00	495	420	—	4	—	—
		T6	T6	0.40～0.80	525	460	6	—	4.5t	—
				>0.80～1.50	540	460	6	—	5.5t	—
				>1.50～3.00	540	470	7	—	6.5t	—
				>3.00～6.00	545	475	8	—	8.0t	—
				>6.00～12.50	540	460	8	—	12.0t	—
				>12.50～25.00	540	470	—	6	—	—
				>25.00～50.00	530	460	—	5	—	—
				>50.00～60.00	525	440	—	4	—	—

（续）

牌号	包铝分类	供应状态	试样状态	厚度/mm	抗拉强度 R_m/MPa	规定非比例延伸强度 $R_{p0.2}$/MPa	断后伸长率（%）		弯曲半径	
							A_{50mm}	A	90°	180°
					不小于					
7075	工艺包铝或不包铝	T76	T76	>1.50~3.00	500	425	7	—	—	—
				>3.00~6.00	500	425	8	—	—	—
				>6.00~12.50	490	415	7	—	—	—
		T73	T73	>1.50~3.00	460	385	7	—	—	—
				>3.00~6.00	460	385	8	—	—	—
				>6.00~12.50	475	390	7	—	—	—
				>12.50~25.00	475	390	—	6	—	—
				>25.00~50.00	475	390	—	5	—	—
				>50.00~60.00	455	360	—	5	—	—
				>60.00~80.00	440	340	—	5	—	—
				>80.00~100.00	430	340	—	5	—	—
		F	—	>6.00~50.00	—				—	—
包铝7075	正常包铝	O	O	>0.39~1.60	≤275	≤145	10	—	—	—
				>1.60~4.00				—	—	—
				>4.00~12.50				—	—	—
				>12.50~50.00	—	—		9	—	—
		O	T62③	>0.39~1.00	505	435	7	—	—	—
				>1.00~1.60	515	445	8	—	—	—
				>1.60~3.20	515	445	8	—	—	—
				>3.20~4.00	515	445	8	—	—	—
				>4.00~6.30	525	455	8	—	—	—
				>6.30~12.50	525	455	9	—	—	—
				>12.50~25.00	540	470	—	6	—	—
				>25.00~50.00	530	460	—	5	—	—
				>50.00~60.00	525	440	—	4	—	—
		T6	T6	>0.39~1.00	505	435	7	—	—	—
				>1.00~1.60	515	445	8	—	—	—
				>1.60~3.20	515	445	8	—	—	—
				>3.20~4.00	515	445	8	—	—	—
				>4.00~6.30	525	455	8	—	—	—

(续)

牌号	包铝分类	供应状态	试样状态	厚度/mm		室温拉伸试验结果				弯曲半径	
						抗拉强度 R_m/MPa	规定非比例延伸强度 $R_{p0.2}$/MPa	断后伸长率（%）			
								A_{50mm}	A	90°	180°
						不小于					
包铝7075	正常包铝	T76	T76	>3.10~4.00		470	390	8	—	—	—
				>4.00~6.30		485	405	8	—	—	—
		F	—	>6.00~100.00		—				—	—
包铝7475	正常包铝	O	O	1.00~1.60		≤250	≤140	10	—	—	2.0t
				>1.60~3.20		≤260	≤140	10	—	—	3.0t
				>3.20~4.80		≤260	≤140	10	—	—	4.0t
				>4.80~6.50		≤270	≤145	10	—	—	4.0t
		T761⑥	T761⑥	1.00~1.60		455	379	9	—	—	6.0t
				>1.60~2.30		469	393	9	—	—	7.0t
				>2.30~3.20		469	393	9	—	—	8.0t
				>3.20~4.80		469	393	9	—	—	9.0t
				>4.80~6.50		483	414	9	—	—	9.0t
7475	工艺包铝或不包铝	T6	T6	>0.35~6.00		515	440	9	—	—	—
		T76 T761⑥	T76 T761⑥	1.00~1.60	纵向	490	420	9	—	—	6.0t
					横向	490	415	9			
				>1.60~2.30	纵向	490	420	9	—	—	7.0t
					横向	490	415	9			
				>2.30~3.20	纵向	490	420	9	—	—	8.0t
					横向	490	415	9			
				>3.20~4.80	纵向	490	420	9	—	—	9.0t
					横向	490	415	9			
				>4.80~6.50	纵向	490	420	9	—	—	9.0t
					横向	490	415	9			
8A06	—	O	O	>0.20~0.30		≤110	—	16	—	—	—
				>0.30~0.50				21	—	—	—
				>0.50~0.80				26	—	—	—
				>0.80~10.00				30	—	—	—

（续）

牌号	包铝分类	供应状态	试样状态	厚度/mm	室温拉伸试验结果 抗拉强度 R_m/MPa	规定非比例延伸强度 $R_{p0.2}$/MPa	断后伸长率（%） A_{50mm}	断后伸长率（%） A	弯曲半径 90°	弯曲半径 180°
					不小于					
8A06	—	H14 H24	H14 H24	>0.20~0.30	100	—	1	—	—	—
				>0.30~0.50			3	—	—	—
				>0.50~0.80			4	—	—	—
				>0.80~1.00			5	—	—	—
				>1.00~4.50			6	—	—	—
		H18	H18	>0.20~0.30	135	—	1	—	—	—
				>0.30~0.80			2	—	—	—
				>0.80~4.50			3	—	—	—
		H112	H112	>4.50~10.00	70	—	19	—	—	—
				>10.00~12.50	80		19	—	—	—
				>12.50~25.00	80		—	19	—	—
				>25.00~80.00	65		—	16	—	—
		F	—	>2.50~150	—					
8011	—	H14	H14	>0.20~0.50	125~165	—	2	—	—	—
		H24	H24	>0.20~0.50	125~165	—	3	—	—	—
		H16	H16	>0.20~0.50	130~185	—	1	—	—	—
		H26	H26	>0.20~0.50	130~185	—	2	—	—	—
		H18	H18	0.20~0.50	165	—	1	—	—	—
8011A	—	O H111	O H111	>0.20~0.50	85~130	30	19	—	—	—
				>0.50~1.50			21	—	—	—
				>1.50~3.00			24	—	—	—
				>3.00~6.00			25	—	—	—
				>6.00~12.50			30	—	—	—
		H22	H22	>0.20~0.50	105~145	90	4	—	—	—
				>0.50~1.50			5	—	—	—
				>1.50~3.00			6	—	—	—
		H14	H14	>0.20~0.50	120~170	110	1	—	—	—
				>0.50~1.50			3	—	—	—
				>1.50~3.00	125~165		3	—	—	—
				>3.00~6.00			4	—	—	—

(续)

牌号	包铝分类	供应状态	试样状态	厚度/mm	室温拉伸试验结果 抗拉强度 R_m/MPa	规定非比例延伸强度 $R_{p0.2}$/MPa	断后伸长率（%） A_{50mm}	断后伸长率（%） A	弯曲半径 90°	弯曲半径 180°
						不小于				
8011A	—	H24	H24	>0.20~0.50	125~165	100	3	—	—	—
				>0.50~1.50			4	—	—	—
				>1.50~3.00			5	—	—	—
				>3.00~6.00			6	—	—	—
		H16	H16	>0.20~0.50	140~190	130	1	—	—	—
				>0.50~1.50	145~185		2	—	—	—
				>1.50~4.00			3	—	—	—
		H26	H26	>0.20~0.50		120	2	—	—	—
				>0.50~1.50	145~185		3	—	—	—
				>1.50~4.00			4	—	—	—
		H18	H18	>0.20~0.50	160	145	1	—	—	—
				>0.50~1.50	165		2	—	—	—
				>1.50~3.00			2	—	—	—
8079	—	H14	H14	>0.20~0.50	125~175	—	2	—	—	—

注：1. 当 A_{50mm} 和 A 两栏均有数值时，A_{50mm} 适用于厚度不大于12.5mm的板材，A 适用于厚度大于12.5mm的板材。
2. 弯曲半径中的 t 表示板材的厚度，对表中既有90°弯曲也有180°弯曲的产品，当需方未指定采用90°弯曲或180°弯曲时，弯曲半径由供方任选一种。
3. 牌号4006、4007、4015、5040、5449的化学成分应符合GB/T 3880.1—2012规定，其他牌号化学成分符合GB/T 3190的规定。

① 对于2A11、2A12、2017合金的O状态板材，需要T42状态的性能值时，应在订货单（或合同）中注明，未注明时，不检测该性能。
② 厚度为>12.5~25.00mm的2014、2024、2219合金O状态的板材，其拉伸试样由芯材机加工得到，不得有包铝层。
③ 对于6A02、6063、7A04、7A09和7075合金的O状态板材，需要T62状态的性能值时，应在订货单（或合同）中注明，未注明时，不检测该性能。
④ 对于6A02合金T1状态的板材，当需方未注明需要T62或T42状态的性能时，由供方任选一种。
⑤ 应尽量避免订购7020合金T4状态的产品。T4状态产品的性能是在室温下自然时效3个月后才能达到规定的稳定的力学性能，将淬火后的试样在60~65℃的条件下持续60h后也可以得到近似的自然时效性能值。
⑥ T761状态专用于7475合金薄板和带材，与T76状态的定义相同，是在固溶热处理后进行人工过时效以获得良好的抗剥落腐蚀性能的状态。

表 3.2-75 铝及铝合金板材理论质量

厚度/mm	理论质量/kg·m⁻²	厚度/mm	理论质量/kg·m⁻²
0.3	0.84	1.5	4.20
0.4	1.12	1.8	5.04
0.5	1.40	2.0	5.60
0.6	1.68	2.3	6.44
0.7	1.96	2.5	7.00
0.8	2.24	2.8	7.84
0.9	2.52	3.0	8.40
1.0	2.80	3.5	9.80
1.2	3.36	4	11.20

(续)

厚度/mm	理论质量/kg·m^{-2}	厚度/mm	理论质量/kg·m^{-2}
5	14.00	30	84.0
6	16.80	35	98.0
7	19.60	40	112.0
8	22.40	50	140.0
9	25.20	60	168.0
10	28.00	70	196.0
12	33.60	80	224.0
14	39.20	90	252.0
15	42.00	100	280.0
16	44.80	110	308.0
18	50.40	120	336.0
20	56.00	130	364.0
22	61.60	140	392.0
25	70.0	150	420.0

注：本表理论质量按 ZA11 等代号铝合金的密度（2.8g/cm^3）计算，当铝合金密度不等于 2.8g/cm^3 时，此表理论质量乘质量换算系数即为该合金牌号板材的质量，质量换算系数 = 该合金牌号的密度/2.8。

3.3.7 铝及铝合金花纹板

铝及铝合金花纹板（GB/T 3618—2006）是单面花纹板，适用于车辆、船舶、飞机、建筑等防滑板。花纹板的花纹图案分为 9 种，各种花纹纹形见图 3.2-1 ~ 图 3.2-9；其尺寸规格及质量见表 3.2-76 和表 3.2-77。

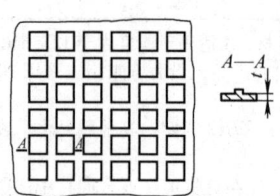

图 3.2-1　1 号花纹板

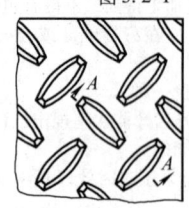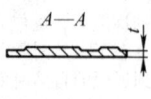

图 3.2-2　2 号花纹板

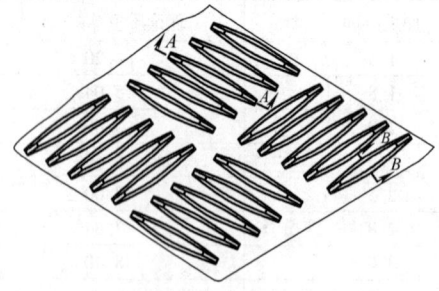

图 3.2-3　3 号花纹板

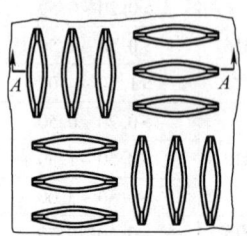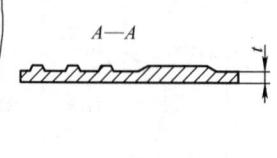

图 3.2-4　4 号花纹板

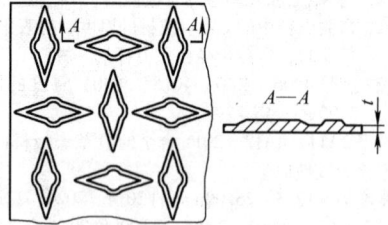

图 3.2-5　5 号花纹板

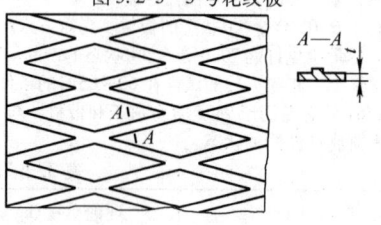

图 3.2-6　6 号花纹板

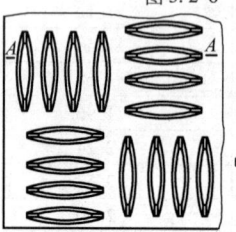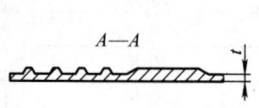

图 3.2-7　7 号花纹板

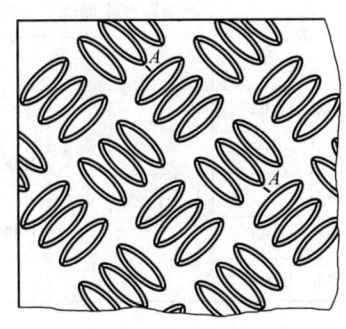

图 3.2-8　8号花纹板

图 3.2-9　9号花纹板

表 3.2-76　铝及铝合金花纹板牌号、图案及尺寸规格（摘自 GB/T 3618—2006）

花纹代号	花纹图案	牌　号	状　态	底板厚度	筋高	宽度	长度
				mm			
1号	方格型（如图3.2-1）	2A12	T4	1.0~3.0	1.0	1000 ~ 1600	2000 ~ 10000
2号	扁豆型（如图3.2-2）	2A11、5A02、5052	H234	2.0~4.0	1.0		
		3105、3003	H194				
3号	五条型（如图3.2-3）	1×××、3003	H194	1.5~4.5	1.0		
		5A02、5052、3105、5A43、3003	O、H114				
4号	三条型（如图3.2-4）	1×××、3003	H194	1.5~4.5	1.0		
		2A11、5A02、5052	H234				
5号	指针型（如图3.2-5）	1×××	H194	1.5~4.5	1.0		
		5A02、5052、5A43	O、H114				
6号	菱型（如图3.2-6）	2A11	H234	3.0~8.0	0.9	1000 ~ 1600	2000 ~ 10000
7号	四条型（如图3.2-7）	6061	O	2.0~4.0	1.0		
		5A02、5052	O、H234				
8号	三条型（如图3.2-8）	1×××	H114、H234、H194	1.0~4.5	0.3		
		3003	H114、H194				
		5A02、5052	O、H114、H194				

(续)

花纹代号	花纹图案	牌号	状态	底板厚度 mm	筋高	宽度	长度
9号	星月型（如图3.2-9）	1×××	H114、H234、H194	1.0~4.0	0.7	1000~1600	2000~10000
		2A11	H194	1.0~4.0			
		2A12	T4	1.0~3.0			
		3003	H114、H234、H194	1.0~4.0			
		5A02、5052	H114、H234、H194				

注：1. 各牌号的化学成分应符合 GB/T 3190—2008 相应牌号的规定。

2. 板材状态含义说明：

状态代号	状态代号含义
T4	花纹板淬火自然时效
O	花纹板成品完全退火
H114	用完全退火（O）状态的平板，经过一个道次的冷轧得到的花纹板材
H234	用不完全退火（H22）状态的平板，经过一个道次的冷轧得到的花纹板材
H194	用硬状态（H18）的平板，经过一个道次的冷轧得到的花纹板材

3. 2A11、2A12 合金花纹板双面可带有 1A50 合金包覆层，其每面包覆层平均厚度不小于底板公称厚度的 4%。

4. 需方要求其他合金、状态及规格时，双方协定应在合同中注明。

表 3.2-77 铝及铝合金花纹板单位面积理论质量（摘自 GB/T 3618—2006）

2A11 合金花纹板						2A12 合金花纹板		当花纹板花型不变，只改变牌号时，按该牌号的密度及比密度换算系数，换算该牌号花纹板单位面积的理论质量		
单位面积的理论质量/kg·m⁻²							1号花纹板单位面积的理论质量 /kg·m⁻²			
底板厚度 /mm	花纹代号					底板厚度 /mm		牌号	密度 /g·cm⁻³	比密度换算系数
	2号	3号	4号	6号	7号					
1.8	6.340	5.719	5.500	—	5.668	1.0	3.452	2A11	2.80	1.000
2.0	6.900	6.279	6.060	—	6.228	1.2	4.008	纯铝	2.71	0.968
2.5	8.300	7.679	7.460	—	7.628	1.5	4.842	2A12	2.78	0.993
3.0	9.700	9.079	8.860	—	9.028	1.8	5.676	3A21	2.73	0.975
3.5	11.100	10.479	10.260	—	10.428	2.0	6.232	3105	2.72	0.971
4.0	12.500	11.879	11.660	12.343	11.828	2.5	7.622	5A02、5A43、5052	2.68	0.957
4.5	—	—	—	13.743	—	3.0	9.012			
5.0	—	—	—	15.143	—					
6.0	—	—	—	17.943	—					
7.0	—	—	—	20.743	—			6061	2.70	0.964

3.3.8 一般工业用铝及铝合金箔（见表3.2-78、表3.2-79）

表 3.2-78 一般工业用铝及铝合金箔的牌号、状态及规格（摘自 GB/T 3198—2010）

牌号	状态	规格尺寸/mm			
		厚度	宽度	管芯内径	卷外径
1050、1060、1070、1100、1145、1200、1235	O	0.0045～0.2000			150～1200
	H22	>0.0045～0.2000			
	H14、H24	0.0045～0.0060			
	H16、H26	0.0045～0.2000			
	H18	0.0045～0.2000			
	H19	>0.0060～0.2000			
2A11、2A12	O、H18	0.0300～0.2000			100～1500
3003	O	0.0900～0.2000			
	H22	0.0200～0.2000			
	H14、H24	0.0300～0.2000			
	H16、H26	0.1000～0.2000			
	H18	0.0100～0.2000			
	H19	0.0180～0.1000			
3A21	O	0.0300～0.0400	50.0～1820.0	75.0 76.2 150.0 152.4 300.0 400.0 406.0	100～1500
	H22	>0.0400～0.2000			
	H24	0.1000～0.2000			
4A13	O、H18	0.0300～0.2000			
5A02	O	0.0300～0.2000			
	H16、H26	0.1000～0.2000			
	H18	0.0200～0.2000			
5052	O	0.0300～0.2000			
	H14、H24	0.0500～0.2000			
	H16、H26	0.1000～0.2000			
	H18	0.0500～0.2000			
	H19	0.1000～0.2000			
5082、5083	O、H18、H38	0.1000～0.2000			
8006	O	0.0060～0.2000			250～1200
	H22	0.0350～0.2000			
	H24	0.0350～0.2000			
	H26	0.0350～0.2000			
	H18	0.0180～0.2000			

（续）

牌号	状态	规格尺寸/mm			
		厚度	宽度	管芯内径	卷外径
8011、8011A、8079	O	0.0060~0.2000	—	—	—
	H22	0.0350~0.2000			
	H24	0.0350~0.2000			
	H26	0.0350~0.2000			
	H18	0.0180~0.2000			
	H19	0.0350~0.2000			

注：1. 一般工业用铝及铝合金箔的化学成分应符合 GB/T 3190—2008 的规定。
2. 一般工业用铝及铝合金箔产品标记按产品名称、牌号、状态和标准编号的顺序表示。标记示例如下：
示例1：8011 牌号，O 状态，厚度为 0.0160mm，宽度为 900.0mm 的铝箔卷，标记为：
　　　　　　铝箔 8011-O　0.016×900　GB/T 3198—2010
示例2：1235 牌号，O 状态，厚度为 0.0060mm，宽度为 780.0mm，长度为 12000m 的铝箔，标记为：
　　　　　　铝箔 1235-O　0.006×780×12000　GB/T 3198—2010

表 3.2-79　一般工业用铝及铝合金箔的室温拉伸性能（摘自 GB/T 3198—2010）

牌号	状态	厚度/mm	室温拉伸性能		
			抗拉强度 R_m/MPa	断后伸长率（%）≥	
				A_{50mm}	A_{100mm}
1050 1060 1070 1100 1145 1200 1235	O	0.0045~0.0060	40~95	—	—
		0.0060~0.0090	40~100	—	—
		>0.0090~0.0250	40~105	—	1.5
		>0.0250~0.0400	50~105	—	2.0
		>0.0400~0.0900	55~105	—	2.0
		>0.0900~0.1400	60~115	12	—
		>0.1400~0.2000	60~115	15	—
	H22	0.0045~0.0250	—	—	—
		>0.0250~0.0400	90~135	—	2
		>0.0400~0.0900	90~135	—	3
		>0.0900~0.1400	90~135	4	—
		>0.1400~0.2000	90~135	6	—
	H14、H24	0.0045~0.0250	—	—	—
		>0.0250~0.0400	110~160	—	2
		>0.0400~0.0900	110~160	—	3
		>0.0900~0.1400	110~160	4	—
		>0.1400~0.2000	110~160	4	—
	H16、H26	0.0045~0.0250	—	—	—
		>0.0250~0.0900	125~180	—	1
		>0.0900~0.2000	125~180	2	—
	H18	0.0045~0.0060	≥115	—	—
		>0.0060~0.2000	≥140	—	—
	H19	>0.0060~0.2000	≥150	—	—

(续)

牌号	状态	厚度/mm	室温拉伸性能		
			抗拉强度 R_m/MPa	断后伸长率（%）≥	
				A_{50mm}	A_{100mm}
2A11	O	0.0300~0.0490	≤195	1.5	—
		>0.0490~0.2000	≤195	3.0	—
	H18	0.0300~0.0490	≥205	—	—
		>0.0490~0.2000	≥215	—	—
2A12	O	0.0300~0.0490	≤195	1.5	—
		>0.0490~0.2000	≤205	3.0	—
	H18	0.0300~0.0490	≥225	—	—
		>0.0490~0.2000	≥245	—	—
3003	O	0.0090~0.0120	80~135	—	—
		>0.0180~0.2000	80~140	—	—
	H22	0.0200~0.0500	90~130	—	3.0
		>0.0500~0.2000	90~130	10.0	—
	H14	0.0300~0.2000	140~170	—	—
	H24	0.0300~0.2000	140~170	—	—
	H16	0.1000~0.2000	≥180	—	—
	H26	0.1000~0.2000	≥180	1.0	—
	H18	0.0100~0.2000	≥190	1.0	—
	H19	0.0100~0.1000	≥200	—	—
5A02	O	0.0300~0.0490	≤195	—	—
		0.0500~0.2000	≤195	4.0	—
	H16	0.0500~0.2000	≤195	4.0	—
	H16、H26	0.1000~0.2000	≥255	—	—
	H18	0.0200~0.2000	≥265	—	—
5052	O	0.0300~0.2000	175~225	4	—
	H14、24	0.0500~0.2000	250~300	—	—
	H16、H26	0.1000~0.2000	≥270	—	—
	H18	0.0500~0.2000	≥275	—	—
	H19	0.1000~0.2000	≥285	1	—
8006	O	0.0060~0.0090	80~135	—	1
		>0.0090~0.0250	85~140	—	2
		>0.0250~0.0400	85~140	—	3
		>0.0400~0.0900	90~140	—	4
		>0.0900~0.1400	110~140	15	—
		>0.14000~0.2000	110~140	20	—
	H22	0.0350~0.0090	120~150	5.0	—
		>0.0090~0.1400	120~150	15	—
		>0.1400~0.2000	120~150	20	—
	H24	0.0350~0.0090	120~150	5.0	—
		>0.0090~0.1400	120~155	15	—
		>0.1400~0.2000	120~155	18	—

(续)

牌号	状态	厚度/mm	室温拉伸性能		
			抗拉强度 R_m/MPa	断后伸长率（%）≥	
				A_{50mm}	A_{100mm}
8006	H26	0.0090~0.1400	130~160	10	—
		0.1400~0.2000	130~160	12	—
	H18	0.0060~0.0250	≥140	—	—
		>0.0250~0.0400	≥150	—	—
		>0.0400~0.0900	≥160	—	1
		>0.0900~0.2000	≥160	0.5	—
8011 8011A 8079	O	0.0060~0.0090	50~100	—	0.5
		>0.0090~0.0250	55~100	—	1
		>0.0250~0.0400	55~110	—	4
		>0.0400~0.0900	60~120	—	4
		>0.0900~0.1400	60~120	13	—
		>0.1400~0.2000	60~120	15	—
	H22	0.0350~0.0400	90~150	—	1.0
		>0.0400~0.0900	90~150	—	2.0
		>0.0900~0.1400	90~150	5	—
		>0.1400~0.2000	90~150	6	—
	H24	0.0350~0.0400	120~170	2	—
		>0.0400~0.0900	120~170	3	—
		>0.0900~0.1400	120~170	4	—
		>0.1400~0.2000	120~170	5	—
8011 8011A 8079	H26	0.0350~0.0090	140~190	1	—
		>0.0090~0.2000	140~190	2	—
	H18	0.0350~0.2000	≥160	—	—
	H19	0.0350~0.2000	≥170	—	—

注：需方对其他牌号的铝箔的力学性能要求应由供需双方协定，并在合同中注明。

3.3.9 铝及铝合金（导体用）拉制圆线（见表 3.2-80）

表 3.2-80 铝及铝合金（导体用）拉制圆线牌号、规格及力学性能（摘自 GB/T 3195—2008）

牌号	状态	直径/mm	力学性能		弯曲次数 不少于
			抗拉强度 R_m/MPa	断后伸长率 A_{200mm}（%）	
1A50	O	0.8~1.0	≥75	≥10	—
		>1.0~1.5		≥12	
		>1.5~2.0		≥12	
		>2.0~3.0		≥15	
		>3.0~4.0		≥15	
		>4.0~4.5		≥18	
		>4.5~5.0		≥18	
	H19	0.8~1.0	≥160	≥1.0	—
		>1.0~1.5	≥155	≥1.2	
		>1.5~2.0		≥1.2	7
		>2.0~3.0		≥1.5	
		>3.0~4.0	≥135	≥1.5	
		>4.0~4.5		≥2.0	6
		>4.5~5.0		≥2.0	

(续)

牌号	状态	直径/mm	力学性能		弯曲次数不少于
			抗拉强度 R_m/MPa	断后伸长率 A_{200mm}（%）	
1350	O	9.5～12.7	60～100	—	
	H12、H22	9.5～12.7	80～120	—	
	H14、H24		100～140		
	H16、H26		115～155		
	H19	1.2～2.0	≥160	≥1.2	—
		>2.0～2.5	≥175	≥1.5	
		>2.5～3.5	≥160		
		>3.5～5.3	≥160	≥1.8	
		>5.3～6.5	≥155	≥2.2	

注：1. 牌号的化学成分应符合 GB/T 3190《变形铝及铝合金化学成分》的相应牌号的规定。
2. 1A50（H19）普通级 20℃电阻率不大于 0.0295（Ω·μm），体积电导率为 58.4%IACS。
3. GB/T 3195—2008《铝及铝合金拉制圆线材》代替 GB/T 3195、GB/T 3196、GB/T 3197 导电用铆钉用及焊条用铝及铝合金线材三个标准，本表只摘编其中导体用线材。
4. 标记示例：1A50 合金、H19 状态、φ4.0mm 的导体用线材，标记为：
   导体用线 1A50—H19φ4.0　GB/T 3195—2008

4　钛及钛合金（见表3.2-81）

4.1　铸造钛及钛合金和铸件（见表3.2-81～表3.2-83）

表3.2-81　铸造钛及钛合金牌号和化学成分（摘自 GB/T 15073—2014）

铸造钛及钛合金		化学成分（质量分数,%）														
		主要成分							杂质，不大于						其他元素	
牌号	代号	Ti	Al	Sn	Mo	V	Zr	Nb	Ni	Pd	Fe	Si	C	N	H	O	单个	总和
ZTi1	ZTA1	余量	—	—	—	—	—	—	—	—	0.25	0.10	0.10	0.03	0.015	0.25	0.10	0.40
ZTi2	ZTA2	余量	—	—	—	—	—	—	—	—	0.30	0.15	0.10	0.05	0.015	0.35	0.10	0.40
ZTi3	ZTA3	余量	—	—	—	—	—	—	—	—	0.40	0.15	0.10	0.05	0.015	0.40	0.10	0.40
ZTiAl4	ZTA5	余量	3.3~4.7	—	—	—	—	—	—	—	0.30	0.15	0.10	0.04	0.015	0.20	0.10	0.40
ZTiAl5Sn2.5	ZTA7	余量	4.0~6.0	2.0~3.0	—	—	—	—	—	—	0.50	0.15	0.10	0.05	0.015	0.20	0.10	0.40
ZTiPd0.2	ZTA9	余量	—	—	—	—	—	—	—	0.12~0.25	0.25	0.10	0.10	0.05	0.015	0.40	0.10	0.40
ZTiMo0.3Ni0.8	ZTA10	余量	—	—	0.2~0.4	—	—	—	0.6~0.9	—	0.30	0.10	0.10	0.05	0.015	0.25	0.10	0.40
ZTiAl6Zr2Mo1V1	ZTA15	余量	5.5~7.0	—	0.5~2.0	0.8~2.5	1.5~2.5	—	—	—	0.30	0.15	0.10	0.05	0.015	0.20	0.10	0.40
ZTiAl4V2	ZTA17	余量	3.5~4.5	—	—	1.5~3.0	—	—	—	—	0.25	0.10	0.10	0.05	0.015	0.20	0.10	0.40
ZTiMo32	ZTB32	余量	—	—	30.0~34.0	—	—	—	—	—	0.30	0.10	0.10	0.05	0.015	0.15	0.10	0.40

(续)

铸造钛及钛合金		化学成分（质量分数,%）															
		主要成分								杂质，不大于						其他元素	
牌号	代号	Ti	Al	Sn	Mo	V	Zr	Nb	Ni	Pd	Fe	Si	C	N	H	O	单个	总和
ZTiAl6V4	ZTC4	余量	5.50~6.75	—	—	3.5~4.5	—	—	—	—	0.40	0.15	0.10	0.05	0.015	0.25	0.10	0.40
ZTiAl6Sn4.5Nb2Mo1.5	ZTC21	余量	5.5~6.5	4.0~5.0	1.0~2.0	—	—	1.5~2.0	—	—	0.30	0.15	0.10	0.05	0.015	0.20	0.10	0.40

注：1. 其他元素是指钛及钛合金铸件生产过程中固有的微量元素，一般包括 Al、V、Sn、Mo、Cr、Mn、Zr、Ni、Cu、Si、Nb、Y 等（该牌号中含有的合金元素应除去）。
2. 其他元素单个含量和总量只有在需方有要求时才考虑分析。
3. 当需方要求对杂质含量有特殊限制时经双方协商，并在合同中注明即可。
4. 铸造钛及钛合金代号由 ZT 加 A、B 或 C（A、B 和 C 分别表示 α 型、β 型和 α+β 型合金）及顺序号组成，顺序号参照同类型变形钛及钛合金的表示方法。
5. GB/T 15073—2014《铸造钛及钛合金》适用于机加工石墨型、捣实型、金属型和熔模精铸型的铸件。

表 3.2-82　钛及钛合金铸件牌号和附铸试样室温力学性能（摘自 GB/T 6614—2014）

代号	牌号	抗拉强度 R_m/MPa 不小于	屈服强度 $R_{p0.2}$/MPa 不小于	断后伸长率 A（%）不小于	硬度 HBW 不大于
ZTA1	ZTi1	345	275	20	210
ZTA2	ZTi2	440	370	13	235
ZTA3	ZTi3	540	470	12	245
ZTA5	ZTiAl4	590	490	10	270
ZTA7	ZTiAl5Sn2.5	795	725	8	335
ZTA9	ZTiPd0.2	450	380	12	235
ZTA10	ZTiMo0.3Ni0.8	483	345	8	235
ZTA15	ZTiAl6Zr2Mo1V1	885	785	5	—
ZTA17	ZTiAl4V2	740	660	5	—
ZTB32	ZTiMo32	795	—	2	260
ZTC4	ZTiAl6V4	835（895）	765（825）	5（6）	365
ZTC21	ZTiAl6Sn4.5Nb2Mo1.5	980	850	5	350

注：1. 括号内的性能指标为氧含量控制较高时测得。
2. 铸件各牌号的化学成分应符合 GB/T 15073—2014 的规定（参见表 3.2-81）。
3. 铸件可选择以下状态供应：铸态（C）、退火态（M）、热等静压状态（HIP）或热等静压（HIP）+退火态（M）等。
4. 当需方对铸件供应状态有特殊要求时，应由供需双方商定，并在合同或技术协议中注明。
5. 允许从铸件本体上取样，其取样位置及室温力学性能指标由供需双方商定。
6. 当需方有特殊要求时，其力学性能指标应由供需双方商定，并在合同或技术协议中注明。
7. 铸件几何形状和尺寸应符合铸件图样或订货协议的规定。若铸型、模具或蜡模由需方提供，则铸件尺寸由供需双方商定。
8. 铸件尺寸公差应符合 GB/T 6414 的规定，图纸或合同中未注明时，应不低于 CT9 的要求（捣实型铸件应不低于 CT11）。如有特殊要求，由供需双方商定，并在合同或技术协议中注明。
9. 铸件适合机加工石墨型、捣实型、金属型和熔模精铸型生产工艺。

表 3.2-83　钛及钛合金铸件退火制度（摘自 GB/T 6614—2014）

合金代号	温度/℃	保温时间/min	冷却方式
ZTA1、ZTA2、ZTA3	500~600	30~60	炉冷或空冷
ZTA5	550~650	30~90	
ZTA7	550~650	30~120	
ZTA9、ZTA10	500~600	30~120	
ZTA15	550~750	30~240	
ZTA17	550~650	30~240	
ZTC4	550~650	30~240	

注：铸件按需要可进行消除应用退火处理。退火处理制度可参照本表、或由供需双方协商。

4.2 加工钛及钛合金牌号、特性及应用（见表 3.2-84 ~ 表 3.2-87）

表 3.2-84　钛及钛合金牌号、特性及应用

牌号	特性	应用举例
TA1 TA2 TA3 TA4	工业纯钛的杂质含量较化学纯钛要多，因此其强度、硬度也稍高，其力学性能及化学性能与不锈钢相近，与钛合金相比，纯钛强度低、塑性好，且可焊接、可切削加工、耐蚀性较好，在抗氧化性方面优于奥氏体不锈钢，但耐热性较差，TA1、TA2、TA3 杂质含量依次增高，机械强度、硬度依次增强，但塑性、韧性依次下降	主要用于工作温度在 350℃ 以下，受力不大，但要求高塑性的冲压件和耐蚀结构零件，如飞机骨架、蒙皮、船用阀门、管道、海水淡化装置等，化学工业的泵、冷却器、搅拌器、蒸馏塔、叶轮等及压缩机气阀、柴油发动机活塞等。TA1、TA2 由于有良好的低温韧性及低温强度，可作为 -253℃ 以下低温结构材料
TA28		可用作中等强度范围的结构材料
TA5 TA6	α 型钛合金不能热处理强化，主要依靠固溶强化，提高力学性能，室温下其强度低于 β 型和 α + β 型钛合金，但在 500~600℃ 其高温强度是三类钛合金中是最好的，α 型钛合金还具有组织稳定、抗氧化性及焊接性好，耐蚀性及切削加工性尚好，塑性低，压力加工性较差	400℃ 以下腐蚀性介质中工作的零件及焊接件如：飞机蒙皮、骨架零件、压气机叶片等
TA7		500℃ 以下长期工作的结构件及模锻件，也是一种优良的超低温材料
TA8		500℃ 以下长期工作零件，可用于制造压气机盘及叶片、由于组织稳定性较差，使用受到一定限制
TB2	β 型钛合金可以热处理强化，合金强度高、焊接性、压力加工性良好，但性能不稳定，且熔炼工艺复杂	主要用于 350℃ 以下工作的零件，如压气机叶片，轮盘及飞机构件等
TC1 TC2	α + β 型钛合金综合力学性能较好，TC1、TC2、TC7 不能热处理强化，其他可热处理强化，可切削加工、压力加工性良好、室温强度高，在 150~500℃ 以下有较好的耐热性，综合力学性能良好	400℃ 以下工作的冲压件、焊接件及模锻件，也可用作低温材料
TC3 TC4		400℃ 以下长期工作零件、结构锻件、各种容器、泵、低温部件、坦克履带、舰船耐压壳体，TC4 是 α + β 型钛合金中产量最多，应用最广的一种
TC6		450℃ 以下使用，可作为飞机发动机结构材料
TC9		500℃ 以下长期使用的零件，如飞机发动机叶片等
TC10		450℃ 以下长期工作零件，如飞机结构件、起落架、导弹发动机外壳、武器结构件等

注：1. GB/T 3620.1—2007《钛及钛合金牌号及化学成分》规定了钛及钛合金产品 76 个牌号及其化学成分，这些牌号适用于钛及钛合金压力加工的各种加工成品和半成品（包括铸锭）。
　　2. GB/T 3620.1—2007 代替 GB/T 3620.1—1994，本表只选编部分牌号，其化学成分应符合新标准相应牌号的规定。本表所列的特性及应用非国标资料，供参考。

表 3.2-85　钛及钛合金力学性能

代号	种类和状态	试验温度/℃	抗拉强度 R_m/MPa	屈服强度 $R_{p0.2}$/MPa	断后伸长率 A（%）	冲击韧度 a_K/J·cm^{-2}	弹性模量 E/GPa
TA2	棒材，退火	20	420	—	35	105	105
TA3	棒材，退火	20	500	—	31	90	105
TA4	棒材，退火	20	600	—	24	80	105
TA28	锻件	20 300	730 370	640 320	22 26	80 180	— —
TA5	板材，退火	20 500	700 380	650 300	15 15.7	60 —	126 98
TA6	板材，退火	20 500	800 —	690 350	5 14	30~50 —	105 —
TA7	板、棒，退火	20 500	750~950 520~450	650~850 300~400	10 20	40 —	105~120 58.5
TA8	棒材，退火	20 500	1040~1100 750	980~1000 620	12 17	24~32 —	120 90
TB2	棒材，淬火+时效	20	1400	—	7	15	—
TC1	板材，退火	20 400	600~750 310~450	470~650 240~390	20~40 12~25	60~120 —	105 —
TC2	板材，退火	20 500	700 420	— —	15 —	— —	— —
TC3	棒材，退火	20 500	1100 750	1000 —	13 14	35~60 —	118 —
TC4	棒材，退火	20 400	950 640	860 500	15 17	40 —	113 —
TC6	棒材，淬火时效	20 400	1100 750	1000 600	12 15	40 —	115 —
TC9	棒材，退火	20 500	1200 870	1030 660	11 14	30 —	118 95
TC10	棒材，退火	20 450	1100 800	1050 600	12 19	40 —	108 90
TC11	棒材	20 500	1110 780	1014 600	17 22	30 —	123 99

表 3.2-86 钛及钛合金物理性能数值

性能		TA2、TA3、TA4	TA28	TA5	TA6	TA7	TA8	TB2	TC1	TC2	TC3	TC4	TC6	TC9	TC10	TC11
0℃时的密度 γ/g·cm^{-3}		4.5	—	4.43	4.40	4.46	4.56	4.81	4.55	4.55	4.43	4.45	4.5	4.52	4.53	4.48
熔点/℃		1640~1671	—	—	—	1538~1649	—	—	—	1570~1640	1593~1610	1538~1649	1620~1650	—	—	1710
比热容 c /J·(g·K)$^{-1}$	20℃	0.544	—	—	—	0.540	—	0.540	—	—	—	—	—	—	—	—
	100℃	0.544	—	—	0.586	0.540	0.502	0.540	0.574	0.565	0.586	0.678	0.502	0.540	0.540	0.605
	200℃	0.628	—	—	0.670	0.569	0.586	0.553	0.641	0.628	0.628	0.691	0.586	—	0.548	0.654
	300℃	0.670	—	—	0.712	0.590	0.628	0.569	0.699	0.670	0.670	0.703	0.670	—	0.565	0.712
	400℃	0.712	—	—	0.796	0.620	0.628	0.636	0.729[①]	0.754	0.712	0.741	0.712	—	0.557	—
	500℃	0.754	—	—	0.879	0.653	0.670	0.599	—	—	—	0.754	0.796	—	0.528	—
	600℃	0.837	—	—	0.921	0.691	—	0.862	—	—	—	0.879	—	—	—	0.786
电阻率 ρ/nΩ·m		470	—	1260	1080	1380	16940	1550	—	—	1420	1600	1360	1620	1870	—
热导率 λ /W·(m·K)$^{-1}$	20℃	16.33	10.47	—	7.54	8.79	7.54	—	9.63	9.63	8.37	5.44	7.95	7.54	—	6.3
	100℃	16.33	12.14	—	8.79	9.63	8.37	12.14[②]	10.47	—	8.79	6.70	8.79	12.98	—	7.5
	200℃	16.33	—	—	10.05	10.89	9.63	12.56	11.72	11.30	10.05	8.79	10.05	11.30	—	9.2
	300℃	16.75	—	—	11.72	12.14	10.89	12.98	12.14	12.14	10.89	10.47	11.30	12.14	10.47	10.5
	400℃	17.17	—	—	13.40	13.40	12.14	16.33	13.40	13.40	12.56	12.56	12.59	12.98	12.14	12.1
	500℃	18.00	—	—	15.07	14.65	—	17.58	14.65	14.65	14.24	14.24	—	13.40[⑧]	13.40	13.0
	600℃	—	—	—	16.75	15.91	—	18.84	16.33	—	15.49	15.91	—	14.65	—	—
线胀系数 /10^{-6}·K^{-1}	20~100℃	8.0	8.2	9.28	8.3	9.36	9.02	8.53	8.0	8.0	—	7.89	8.60	7.70	9.45	9.3
	20~200℃	8.6	—	9.53	8.9[③]	9.4	9.41	9.34	8.6	8.6	—	9.01	—	8.90	9.73	9.3
	20~300℃	9.1	—	9.87	9.5[④]	9.5	9.72	9.52	9.1	9.1	—	9.30	—	9.27	9.97	9.5
	20~400℃	9.25	—	10.08	10.4[⑤]	9.54	9.98	9.79	9.6	9.6	—	9.24	11.60[⑥]	9.64	10.15	9.7
	20~500℃	9.4	—	10.09	10.6[⑥]	9.68	10.20	9.83	9.6	9.4	—	9.39	—	9.85	10.19	10.0
	20~600℃	9.8	—	10.28	10.8[⑦]	9.86	10.42	9.99	—	—	—	9.40	—	—	12.21	10.2

注：本表数值供参考用。
① 450℃。
② 80℃。
③ 100~200℃。
④ 200~300℃。
⑤ 300~400℃。
⑥ 400~500℃。
⑦ 500~600℃。
⑧ 490℃。

表 3.2-87 工业纯钛在各种介质中的耐蚀性能

介质		质量分数（%）	温度/℃	腐蚀速度/mm·a^{-1}	耐蚀等级
无机酸	盐酸	1	室温/沸腾	0.000/0.345	优良/良好
		5	室温/沸腾	0.000/6.530	优良/差
		10	室温/沸腾	0.175/40.87	良好/差
		20	室温/—	1.340/—	差/—
		35	室温/—	6.660/—	差/—
	硫酸	5	室温/沸腾	0.000/13.01	优良/良好
		10	室温/—	0.230/—	优良/—
		60	室温/—	0.277/—	良好/—
		80	室温/—	32.660/—	差/—
		95	室温/—	1.400/—	差/—
	硝酸	37	室温/沸腾	0.000/<0.127	优良/优良
		64	室温/沸腾	0.000/<0.127	优良/优良
		95	室温/—	0.0025/—	优良/—
	磷酸	10	室温/沸腾	0.000/6.400	优良/差
		30	室温/沸腾	0.000/17.600	优良/差
		50	室温/—	0.097/—	优良/—
	铬酸	20	室温/沸腾	<0.127/<0.127	优良/优良
	硝酸+盐酸	1:3（体积比）	室温/沸腾	0.0040/<0.127	优良/优良
		3:1（体积比）	室温/—	<0.127/—	优良/—
	硝酸+硫酸	7:3（体积比）	室温/—	<0.127/—	优良/—
		4:6（体积比）	室温/—	<0.127/—	优良/—
有机酸	乙酸	100	室温/沸腾	0.000/0.000	优良/优良
	草酸	5	室温/沸腾	0.127/29.390	良好/差
		10	室温/—	0.008/—	优良/—
	乳酸	10	室温/沸腾	0.000/0.033	优良/优良
		25	—/沸腾	—/0.028	—/优良
	甲酸	10	—/沸腾	—/1.270	—/良好
		25	—/100	—/2.440	—/差
		50	—/100	—/7.620	—/差
	单宁酸	25	室温/沸腾	<0.127/<0.127	优良/优良
	柠檬酸	50	室温/沸腾	<0.127/<0.127	优良/优良
	硬脂酸	100	室温/沸腾	<0.127/<0.127	优良/优良
碱溶液	氢氧化钠	10	—/沸腾	—/0.020	—/优良
		20	室温/沸腾	<0.127/<0.127	优良/优良
		50	室温/沸腾	<0.0025/<0.0508	优良/优良
		73	—/沸腾	—/0.127	—/良好
	氢氧化钾	10	—/沸腾	—/<0.127	—/优良
		25	—/沸腾	—/0.305	—/良好
		50	30/沸腾	0.000/2.743	优良/差
	氢氧化铵	28	室温/—	0.0025/—	优良/—
	碳酸钠	20	室温/沸腾	<0.127/<0.127	优良/优良
	氨水	20	室温/—	0.0708/—	优良/—

(续)

介质		质量分数（%）	温度/℃	腐蚀速度/mm·a^{-1}	耐蚀等级
无机盐溶液	氯化铁	40	室温/95	0.000/0.002	优良/优良
	氯化亚铁	30	室温/沸腾	0.000/<0.127	
	氯化亚铅	10		<0.127/<0.127	
	氯化亚铜	50		<0.127/<0.127	
	氯化铵	10		<0.127/<0.000	
	氯化钙	10		<0.127/<0.000	
	氯化铝	25		<0.127/<0.127	
	氯化镁	10		<0.127/<0.127	
	氯化镍	5~10		<0.127/<0.127	
	氯化钡	20		<0.127/<0.127	
	硫酸铜	20		<0.127/<0.127	
	硫酸铵	20℃饱和		<0.127/<0.127	
	硫酸钠	50		<0.127/<0.127	
	硫酸亚铅	20℃饱和		<0.127/<0.127	
	硫酸亚铜	10		<0.127/<0.127	
	硝酸银	11	室温/—	<0.127/—	优良/—
有机化合物	苯（含微量 HCl、NaCl）	蒸气与液体	80	0.005	优良
	四氯化碳	同上	沸腾	0.005	
	四氯乙烯（稳定）	100%蒸气或溶液		0.0005	
	四氯乙烯（H_2O）	100%蒸气或溶液		0.0005	
	三氯甲烷	100%蒸气或溶液		0.0005	
	三氯甲烷（H_2O）			0.127	良好
	三氯乙烯	99%蒸气或溶液		0.00254	优良
	三氯乙烯（稳定）	99		0.00254	
	甲醛	37		0.127	良好
	甲醛（含质量分数为 2.5% 的 H_2SO_4）	50		0.305	良好

注：1. 耐蚀等级分为三级：优良——耐蚀，腐蚀速度在 0.127mm/a 以下；良好——中等耐蚀，腐蚀速度在 0.127~1.27mm/a 之间；差——不耐蚀；腐蚀速度在 1.27mm/a 以上。
2. 纯钛在大多数介质中，特别是在中性、氧化性介质和海水中有高的耐蚀性。钛在海水中的耐蚀性比铝合金、不锈钢和镍合金还高，在工业、农业和海洋环境的大气中，虽经数年，表面也不变色。氢氟酸、硫酸、盐酸、正磷酸以及某些热的浓有机酸对钛的腐蚀较大。其中，氢氟酸不论含量多少、温度高低，对钛都有很大的腐蚀作用。钛对各种含量的硝酸和铬酸的稳定性高，在碱溶液和大多数有机液、无机盐溶液中的耐蚀性也很高。
3. 钛不发生局部腐蚀和晶间腐蚀，腐蚀是均匀进行的。
4. 钛合金的耐蚀性与工业纯钛相近，这一点是钛合金能在化工和造船工业获得广泛应用的原因。

4.3 钛及钛合金加工产品

4.3.1 钛及钛合金棒材（见表 3.2-88）

表 3.2-88 钛及钛合金棒材牌号、尺寸规格及力学性能（摘自 GB/T 2965—2007）

牌号及尺寸规格	牌号	供应状态①	直径或截面厚度/mm	长度/mm
牌号及尺寸规格	TA1、TA2、TA3、TA4、TA5、TA6、TA7、TA9、TA10、TA13、TA15、TA19、TB2、TC1、TC2、TC3、TC4、ELI、TC6、TC9、TC10、TC11、TC12	热加工态（R）	>7~230	300~6000
		冷加工态（Y）		300~6000
		退火状态（M）		300~3000

(续)

	牌号	室温力学性能，不小于			
		抗拉强度 R_m/MPa	规定非比例延伸强度 $R_{p0.2}$/MPa	断后伸长率 A（%）	断面收缩率 Z（%）
室温力学性能	TA1	240	140	24	30
	TA2	400	275	20	30
	TA3	500	380	18	30
	TA4	580	485	15	25
	TA5	685	585	15	40
	TA6	685	585	10	27
	TA7	785	680	10	25
	TA9	370	250	20	25
	TA10	485	345	18	25
	TA13	540	400	16	35
	TA15	885	825	8	20
	TA19	895	825	10	25
	TB2[③]	≤980	820	18	40
	TB2[④]	1370	1100	7	10
	TC1	585	460	15	30
	TC2	685	560	12	30
	TC3	800	700	10	25
	TC4	895	825	10	25
	TC4 ELI	830	760	10	15
	TC6[②]	980	840	10	25
	TC9	1060	910	9	25
	TC10	1030	900	12	25
	TC11	1030	900	10	30
	TC12	1150	1000	10	25

	牌号	试验温度/℃	高温力学性能，≥			
			抗拉强度 R_m/MPa	持久强度/MPa		
				σ_{100h}	σ_{50h}	σ_{35h}
高温力学性能	TA6	350	420	390	—	—
	TA7	350	490	440	—	—
	TA15	500	570	—	470	—
	TA19	480	620	—	—	480
	TC1	350	345	325	—	—
	TC2	350	420	390	—	—
	TC4	400	620	570	—	—
	TC6	400	735	665	—	—

(续)

	牌号	试验温度 /℃	高温力学性能，≥			
			抗拉强度 R_m/MPa	持久强度/MPa		
				σ_{100h}	σ_{50h}	σ_{35h}
高温力学性能	TC9	500	785	590	—	—
	TC10	400	835	785	—	—
	TC11	500	685	—	—	640
	TC12	500	700	590	—	—

注：1. 棒材牌号的化学成分应符合 GB/T 3620.1—2007 的规定。
2. 棒材以热加工或冷加工表面交货，可经车（磨）光后交货。热锻造或挤压棒、热轧棒、车（磨）光棒、冷轧或冷拉棒的尺寸允许偏差应符合 GB/T 2965—2007 的规定。
3. 棒材横截面积不大于 64.5cm² 且矩形棒的截面厚度不大于 76mm 时，其纵向室温力学性能符合本表规定；本表所列纵向高温力学性能，仅满足用户要求应在合同中注明者。本表力学性能在经热处理后的试样上测试，试样推荐热处理制度参见原标准附录。
4. 标记示列
   a) 直径 50mm、长度 3000mm 的 TC4 钛合金热加工态圆棒标记为：TC4 Rφ50×3000 GB/T 2965—2007
   b) 截面厚度均为 60mm、长度为 2000mm 的 TA15 钛合金退火态方棒标记为：TA15 M60×60×2000 GB/T 2965—2007
   c) 直径 10mm、长度 4000mm 的 TC4 钛合金冷加工态圆棒标记为：TC4 Yφ10×4000 GB/T 2965—2007
① TC9、TA19 和 TC11 钛合金棒材的供应状态为热加工态（R）和冷加工态（Y）；TC6 钛合金棒材的退火态（M）为普通退火态。
② TC6 棒材测定普通退火状态的性能，当需方要求应在合同中注明时，方测定等温退火状态的性能。
③ 淬火性能。
④ 时效性能。

4.3.2 钛及钛合金无缝管（见表 3.2-89～表 3.2-91）

表 3.2-89 钛及钛合金无缝管牌号及尺寸规格（摘自 GB/T 3624—2010）

牌号	状态	外径/mm	壁厚/mm														管长度/mm
			0.2	0.3	0.5	0.6	0.8	1.0	1.25	1.5	2.0	2.5	3.0	3.5	4.0	4.5	5.0	5.5	
TA1 TA2 TA8 TA8-1 TA9 TA9-1 TA10	退火态（M）	3～5	○	○	○	○	—	—	—	—	—	—	—	—	—	—	—	—	外径≤15，管长为 500～4000；外径>15，壁厚≤2.0，管长为 500～9000，壁厚>2.0～5.5，管长为 500～6000
		>5～10	—	○	○	○	○	○	—	—	—	—	—	—	—	—	—	—	
		>10～15	—	—	○	○	○	○	○	○	—	—	—	—	—	—	—	—	
		>15～20	—	—	○	○	○	○	○	○	○	—	—	—	—	—	—	—	
		>20～30	—	—	○	○	○	○	○	○	○	○	—	—	—	—	—	—	
		>30～40	—	—	—	○	○	○	○	○	○	○	○	—	—	—	—	—	
		>40～50	—	—	—	—	○	○	○	○	○	○	○	○	—	—	—	—	
		>50～60	—	—	—	—	—	○	○	○	○	○	○	○	○	—	—	—	
		>60～80	—	—	—	—	—	—	○	○	○	○	○	○	○	○	○	—	
		>80～110	—	—	—	—	—	—	—	○	○	○	○	○	○	○	○	○	

注：1. 产品采用冷轧（冷扎）方法生产，适于一般工业部门的各种应用。
2. 产品牌号的化学成分应符合 GB/T 3620.1—2007 的规定。
3. ○表示可供规格产品。
4. 标记示例：
产品标记按产品名称、牌号、状态、规格、标准编号的顺序表示。标记示例如下：
按本标准生产的 TA2 无缝管，退火状态，外径为 30mm，壁厚为 1.5mm，长度为 3500mm，标记为：
管 TA2 M φ30×1.5×3500 GB/T 3624—2010

表 3.2-90 TA3 管材的尺寸规格（摘自 GB/T 3624—2010）

牌号	状态	外径/mm	壁厚/mm										
			0.5	0.6	0.8	1.0	1.25	1.5	2.0	2.5	3.0	3.5	4.0	4.5
TA3	退火态（M）	>10~15	○	○	○	○	○	○	○	—	—	—	—	—
		>15~20	—	○	○	○	○	○	○	○	—	—	—	—
		>20~30	—	○	○	○	○	○	○	○	—	—	—	—
		>30~40	—	—	—	○	○	○	○	○	○	—	—	—
		>40~50	—	—	—	—	○	○	○	○	○	○	—	—
		>50~60	—	—	—	—	—	○	○	○	○	○	○	—
		>60~80	—	—	—	—	—	—	○	○	○	○	○	○

注：○表示可以供规格产品。

表 3.2-91 钛及钛合金管室温力学性能（摘自 GB/T 3624—2010）

牌号	状态	抗拉强度 R_m/MPa	规定非比例延伸强度 $R_{p0.2}$/MPa	断后伸长率 A_{50mm}（%）
TA1	退火（M）	≥240	140~310	≥24
TA2		≥400	275~450	≥20
TA3		≥500	380~550	≥18
TA8		≥400	275~450	≥20
TA8-1		≥240	140~310	≥24
TA9		≥400	275~450	≥20
TA9-1		≥240	140~310	≥24
TA10		≥460	≥300	≥18

注：管材的压扁试验、水（气）压试验、弯曲试验方法及要求按 GB/T 3624—2010 的规定。

4.3.3 钛及钛合金挤压管（见表 3.2-92 ~ 表 3.2-94）

表 3.2-92 钛及钛合金挤压管牌号及尺寸规格（摘自 GB/T 26058—2010）

牌号	供应状态	外径/mm	规定外径和壁厚时的允许最大长度/m 壁厚/mm												
			4	5	6	7	8	9	10	12	15	18	20	22	25	28	30
TA1	热挤压状态（R）	25、26	3.0	2.5	—	—	—	—	—	—	—	—	—	—	—	—	—
TA2		28	2.5	2.5	2.5	—	—	—	—	—	—	—	—	—	—	—	—
TA3		30	3.0	2.5	2.0	2.0	—	—	—	—	—	—	—	—	—	—	—
TA4		32	3.0	2.5	2.0	1.5	1.5	—	—	—	—	—	—	—	—	—	—
TA8		34	2.5	2.0	1.5	1.2	1.0	—	—	—	—	—	—	—	—	—	—
TA8-1		35	2.5	2.0	1.5	1.2	1.0	—	—	—	—	—	—	—	—	—	—
TA9		38	2.0	2.0	1.5	1.2	1.2	—	—	—	—	—	—	—	—	—	—
TA9-1		40	2.0	2.0	1.5	1.5	1.2	—	—	—	—	—	—	—	—	—	—
TA10		42	2.0	1.8	1.5	1.2	1.2	—	—	—	—	—	—	—	—	—	—
TA18		45	1.5	1.5	1.2	1.2	1.0	—	—	—	—	—	—	—	—	—	—

第 2 章 有色金属材料

(续)

牌号	供应状态	规定外径和壁厚时的允许最大长度/m														
		外径/mm	壁厚/mm												
			4	5	6	7	8	9	10	12	15	18	20	22	25	28	30
TA1 TA2 TA3 TA4 TA8 TA8-1 TA9 TA9-1 TA10 TA18	热挤压状态(R)	48	1.5	1.5	1.2	1.2	1.0	—	—	—	—	—	—	—	—	—	—
		50	—	1.5	1.2	1.2	1.0	—	—	—	—	—	—	—	—	—	—
		53	—	1.5	1.2	1.2	1.0	—	—	—	—	—	—	—	—	—	—
		55	—	1.5	1.2	1.2	1.0	—	—	—	—	—	—	—	—	—	—
		60	—	—	—	—	11	10	—	—	—	—	—	—	—	—	—
		63	—	—	—	—	10	9	—	—	—	—	—	—	—	—	—
		65	—	—	—	—	9	8	—	—	—	—	—	—	—	—	—
		70	—	—	10.0	9.0	8.0	7.0	6.5	6.0	—	—	—	—	—	—	—
		75	—	—	10.0	9.0	8.0	7.0	6.0	5.5	—	—	—	—	—	—	—
		80	—	—	8.0	7.0	6.5	6.0	5.5	5.0	4.5	—	—	—	—	—	—
		85	—	—	8.0	7.0	6.5	6.0	5.5	5.0	4.5	—	—	—	—	—	—
		90	—	—	8.0	7.0	6.0	5.5	5.0	4.5	4.5	4.0	—	—	—	—	—
		95	—	—	7.0	6.0	5.5	5.0	4.5	5.5	5.0	4.5	4.0	—	—	—	—
		100	—	—	6.0	5.5	5.0	4.5	5.5	5.0	4.5	4.0	3.5	3.0	2.5	—	—
		105	—	—	—	5.0	4.5	4.0	5.0	4.5	4.0	3.5	3.0	2.5	2.0	—	—
		110	—	—	—	5.0	4.5	4.0	5.0	4.5	4.0	3.5	3.0	2.5	2.0	—	—
		115	—	—	—	5.0	4.5	4.0	5.0	4.5	4.0	3.5	3.0	2.5	2.0	1.5	1.2
		120	—	—	—	6.0	5.5	5.0	4.5	4.0	3.5	3.0	2.5	2.0	1.5	1.5	1.2
		130	—	—	—	5.5	5.0	4.5	4.0	3.5	3.0	2.5	2.0	1.5	1.5	1.2	1.0
		140	—	—	—	5.0	4.5	4.0	3.5	3.0	2.5	2.0	1.5	3.5	3.0	2.5	2.0
		150	—	—	—	—	—	—	—	3.5	3.5	3.5	3.0	2.5	2.5	2.0	1.5
		160	—	—	—	—	—	—	—	3.5	3.5	3.5	3.0	2.5	2.0	1.5	1.5
		170	—	—	—	—	—	—	—	3.5	3.0	2.5	2.5	2.0	1.8	1.5	1.2
		180	—	—	—	—	—	—	—	3.5	3.0	2.5	2.5	2.0	1.8	1.5	1.2
		190	—	—	—	—	—	—	—	3.0	2.5	2.5	2.0	1.8	1.5	1.2	1.0
		200	—	—	—	—	—	—	—	—	2.5	2.0	2.0	1.8	1.5	1.2	1.0
		210	—	—	—	—	—	—	—	—	—	2.0	1.8	1.5	1.2	1.0	

注：1. 管材牌号的化学成分应符合 GB/T 3620.1 的相关规定。
2. 管材的最小长度为 500mm。管材的尺寸及其极限偏差应符合 GB/T 26058—2010 的规定。
3. 需方要求时，经协商可提供其他规格的管材。
4. 标记示例：
产品标记按产品名称、牌号、生产方式、状态、规格（外径×壁厚×长度）和标准编号的顺序表示。用 TA2 挤压生产的外径为 30mm、壁厚为 5mm、长度为 2000mm 的热挤压无缝管，标记为：
管 TA2 J R ϕ30×5×2000　GB/T 26058—2010

表 3.2-93　TC1 和 TC4 管材尺寸规格（摘自 GB/T 26058—2010）

牌号	供应状态	规定外径和壁厚时的允许最大长度/m								
		外径/mm	壁厚/mm							
			12	15	18	20	22	25	28	30
TC1 TC4	热挤压状态(R)	90		4.5	4.5	4.0	—	—	—	—
		95		5.0	4.5	4.0	—	—	—	—
		100		4.5	4.0	3.5	3.0	2.5	—	—
		105		4.0	3.5	3.0	2.5	2.0	—	—
		110	4.5	4.0	3.5	3.0	2.5	2.0	—	—
		115			3.0	2.5	2.0	1.5	1.2	
		120				2.5	2.0	1.5	1.5	1.2

(续)

牌号	供应状态	外径/mm	规定外径和壁厚时的允许最大长度/m							
			壁厚/mm							
			12	15	18	20	22	25	28	30
TC1 TC4	热挤压状态（R）	130		3.0	2.5	2.0	1.5	1.5	1.2	1.0
		140	3.0	2.5	2.0	1.5	3.5	3.0	2.5	2.0
		150	3.5	3.5	3.5	3.0	2.5	2.5	2.0	1.5
		160	3.5	3.5	3.5	3.0	2.5	2.0	1.5	1.5
		170							1.5	1.2
		180	—	—	—	2.5	2.0	1.8	1.5	1.2
		190	—	2.5	2.5	2.0	1.8	1.5	1.2	1.0
		200	—	2.5	2.0	2.0	1.8	1.5	1.2	1.0
		210	—	—	—	—	—	—	—	1.0

注：1. 管材的最小长度为500mm。
2. 需方要求时，经协商可提供其他规格的管材。

表 3.2-94　钛及钛合金管室温力学性能（摘自 GB/T 26058—2010）

合金牌号	状态	室温力学性能	
		抗拉强度 R_m/MPa	断后伸长率 A（%）
TA1	热挤压（R）	≥240	≥24
TA2		≥400	≥20
TA3		≥450	≥18
TA9		≥400	≥20
TA10		≥485	≥18

注：管材力学性能应符合本表规定。当需方要求并在合同中注明时，其他牌号的力学性能报实测值或由供需双方协定。

4.3.4　钛及钛合金板材（见表3.2-95～表3.2-97）

表 3.2-95　钛及钛合金板材牌号及尺寸规格（摘自 GB/T 3621—2007）

牌号	制造方法	供应状态	规格		
			厚度/mm	宽度/mm	长度/mm
TA1、TA2、TA3、 TA4、TA5、TA6、 TA7、TA8、TA8-1、 TA9、TA9-1、TA10、 TA11、TA15、TA17、 TA18、TC1、TC2、 TC3、TC4、TC4ELI	热轧	热加工状态（R） 退火状态（M）	>4.75～60.0	400～3000	1000～4000
	冷轧	冷加工状态（Y） 退火状态（M） 固溶状态（ST）	0.30～6	400～1000	1000～3000
TB2	热轧	固溶状态（ST）	>4.0～10.0	400～3000	1000～4000
	冷轧	固溶状态（ST）	1.0～4.0	400～1000	1000～3000
TB5、TB6、TB8	冷轧	固溶状态（ST）	0.30～4.75	400～1000	1000～3000

注：1. 本表各牌号化学成分应符合 GB/T 3620.1—2007《钛及钛合金牌号和化学成分》的规定。
2. 钛及钛合金板适用于工业技术部门各种结构的零件制作，多用于飞机制造业、化工设备、炼钢工业等。
3. GB/T 3621—2007《钛及钛合金板材》尺寸规格没有给出厚度优先尺寸系列。旧标准 GB/T 3621—1994 厚度优先尺寸系列为：0.3～1.2（0.1 进级）、1.4、1.5、1.6、1.8、2.0、2.2、2.5、2.8、3.0～6.0（0.5 进级）、7.0～12.0（1.0 进级）、14、15、16、18、20、22.5、25、28、30、32、35、38、40、42、45、48、50、53、56、60（mm）。
4. 工业纯钛板材供货的最小厚度为0.3mm，其他牌号的最小厚度见表3.2-96，如对供货厚度和尺寸规格有特殊要求，可由供需双方协商。
5. 当需方在合同中注明时，可供应消应力状态（M）的板材。
6. 标记示例：
产品标记按产品名称、牌号、供应状态、规格和标准编号的顺序表示。标记示例如下：用 TA2 制成的厚度为3.0mm、宽度500mm、长度2000mm 的退火态板材，标记为：
板 TA2　M3.0×500×2000　GB/T 3621—2007

表 3.2-96 钛及钛合金板材横向室温力学性能（摘自 GB/T 3621—2007）

牌号		状态	板材厚度 /mm	抗拉强度 R_m/MPa	规定非比例延伸强度 $R_{p0.2}$/MPa	断后伸长率[①] A（%）≥
TA1		M	0.3~25.0	≥240	140~310	30
TA2		M	0.3~25.0	≥400	275~450	25
TA3		M	0.3~25.0	≥500	380~550	20
TA4		M	0.3~25.0	≥580	485~655	20
TA5		M	0.5~1.0 >1.0~2.0 >2.0~5.0 >5.0~10.0	≥685	≥585	20 15 12 12
TA6		M	0.8~1.5 >1.5~2.0 >2.0~5.0 >5.0~10.0	≥685	—	20 15 12 12
TA7		M	0.8~1.5 >1.6~2.0 >2.0~5.0 >5.0~10.0	735~930	≥685	20 15 12 12
TA8		M	0.8~10	≥400	275~450	20
TA8-1		M	0.8~10	≥240	140~310	24
TA9		M	0.8~10	≥400	275~450	20
TA9-1		M	0.8~10	≥240	140~310	24
TA10[②]	A 类	M	0.8~10.0	≥485	≥345	18
	B 类	M	0.8~10.0	≥345	≥275	25
TA11		M	5.0~12.0	≥895	≥825	10
TA13		M	0.5~2.0	540~770	460~570	18
TA15		M	0.8~1.8 >1.8~4.0 >4.0~10.0	930~1130	≥855	12 10 8
TA17		M	0.5~1.0 >1.1~2.0 >2.1~4.0 >4.1~10.0	685~835	—	25 15 12 10
TA18		M	0.5~2.0 >2.0~4.0 >4.0~10.0	590~735	—	25 20 15
TB2		ST STA	1.0~3.5	≤980 1320	—	20 8
TB5		ST	0.8~1.75 >1.75~3.18	705~945	690~835	12 10

（续)

牌号	状态	板材厚度 /mm	抗拉强度 R_m/MPa	规定非比例延伸强度 $R_{p0.2}$/MPa	断后伸长率[①] A（%）≥
TB6	ST	1.0~5.0	≥1000	—	6
TB8	ST	0.3~0.6 >0.6~2.5	825~1000	795~965	6 8
TC1	M	0.5~1.0 >1.0~2.0 >2.0~5.0 >5.0~10.0	590~735	—	25 25 20 20
TC2	M	0.5~1.0 >1.0~2.0 >2.0~5.0 >5.0~10.0	≥685	—	25 15 12 12
TC3	M	0.8~2.0 >2.0~5.0 >5.0~10.0	≥880		12 10 10
TC4	M	0.8~2.0 >2.0~5.0 >5.0~10.0 10.0~25.0	≥895	≥830	12 10 10 8
TC4ELI	M	0.8~25.0	≥860	≥795	10

注：当需方要求，应在合同中注明，可测定板材纵间室温力学性能，其值按本表规定。
① 厚度不大于0.64mm的板材，伸长率报实测值。
② 正常供货按A类，B类适合于复合板复材，当需方要求并在合同中注明时，按B类供货。

表3.2-97 钛及钛合金板材高温力学性能（摘自 GB/T 3621—2007）

合金牌号	板材厚度 /mm	试验温度 /℃	抗拉强度 R_m/MPa,≥	持久强度 σ_{100h}/MPa,≥
TA6	0.8~10	350 500	420 340	390 195
TA7	0.8~10	350 500	490 440	440 195
TA11	5.0~12	425	620	—
TA15	0.8~10	500 550	635 570	440 440
TA17	0.5~10	350 400	420 390	390 360
TA18	0.5~10	350 400	340 310	320 280
TC1	0.5~10	350 400	340 310	320 295
TC2	0.5~10	350 400	420 390	390 360
TC3、TC4	0.8~10	400 500	590 440	540 195

注：当需方要求并在合同中注明时（包括试验温度），高温性能按本表规定。

4.3.5 钛及钛合金饼和环（见表3.2-98～表3.2-100）

表 3.2-98　钛及钛合金饼和环牌号和尺寸规格（摘自 GB/T 16598—2013）　　　　　　（mm）

<table>
<tr><th rowspan="2">产品牌号、状态和规格</th><th rowspan="2">牌号</th><th rowspan="2">供应状态</th><th rowspan="2">产品形式</th><th colspan="4">规格</th></tr>
<tr><th>外径 D</th><th>内径 d</th><th>截面高度 H</th><th>环材壁厚</th></tr>
<tr><td rowspan="5">TA1、TA2、TA3、TA4、TA5、TA7、TA9、TA10、TA13、TA15、TC1、TC2、TC4、TC11</td><td rowspan="2">热加工态（R）</td><td rowspan="2">饼材</td><td>150～500</td><td>—</td><td>H＜D</td><td>—</td></tr>
<tr><td>＞500～1000</td><td>—</td><td>50～300</td><td>—</td></tr>
<tr><td rowspan="3">退火态（M）</td><td rowspan="3">环材</td><td>200～500</td><td>100～400</td><td>25～300</td><td>25～150</td></tr>
<tr><td>＞500～900</td><td>300～850</td><td>110～500</td><td>25～250</td></tr>
<tr><td>＞900～1500</td><td>400～1450</td><td>110～700</td><td>25～400</td></tr>
<tr><th rowspan="2">产品经车光的尺寸及其极限偏差</th><th colspan="4">饼材</th><th colspan="6">环材</th></tr>
<tr><th>直径</th><th>极限偏差</th><th>截面高度</th><th>极限偏差</th><th>外径</th><th>极限偏差</th><th>内径</th><th>极限偏差</th><th>截面高度</th><th>极限偏差</th></tr>
<tr><td></td><td>150～300</td><td>+3
−1</td><td>＜50</td><td>+2
0</td><td>200～400</td><td>+3
−1</td><td>100～300</td><td>+1
−3</td><td>25～100</td><td>+2
0</td></tr>
<tr><td></td><td>＞300～600</td><td>+3
−2</td><td>50～200</td><td>+3
−1</td><td>＞400～600</td><td>+3
−2</td><td>＞300～500</td><td>+2
−3</td><td>＞100～200</td><td>+2
−1</td></tr>
<tr><td></td><td>＞600～1000</td><td>+5
−3</td><td>＞200～500</td><td>+4
−2</td><td>＞600～900</td><td>+5
−3</td><td>＞500～800</td><td>+3
−5</td><td>＞200～350</td><td>+4
−1</td></tr>
<tr><td></td><td>—</td><td>—</td><td>—</td><td>—</td><td>＞900～1200</td><td>+6
−3</td><td>＞800～1100</td><td>+3
−6</td><td>＞350～500</td><td>+4
−2</td></tr>
<tr><td></td><td>—</td><td>—</td><td>—</td><td>—</td><td>＞1200～1500</td><td>+8
−4</td><td>＞1100～1450</td><td>+4
−8</td><td>＞500～700</td><td>+5
−3</td></tr>
</table>

注：1. 产品牌号的化学成分应符合 GB/T 3620.1 的规定。
　　2. 牌号 TC11 钛合金产品供应状态一般为热加态（R），其退火态（M）仅限壁厚或高度不大于100mm 的产品。
　　3. 产品的倒角半径为 3～10mm。

表 3.2-99　钛及钛合金饼和环室温力学性能（摘自 GB/T 16598—2013）

牌号	推荐热处理制度	室温力学性能≥			
		抗拉强度 R_m/MPa	规定非比例延伸强度 $R_{p0.2}$/MPa	断后伸长率 A（%）	断面收缩率 Z（%）
TA1	600～700℃，1～4h，空冷	240	140	24	30
TA2	600～700℃，1～4h，空冷	400	275	20	30
TA3	600～700℃，1～4h，空冷	500	380	18	30
TA4	600～700℃，1～4h，空冷	580	485	15	25
TA5	700～850℃，1～4h，空冷	685	585	15	40
TA7	750～850℃，1～4h，空冷	785	680	10	25
TA9	600～700℃，1～4h，空冷	370	250	20	25
TA10	600～700℃，1～4h，空冷	485	345	18	25
TA13	780～800℃，0.5～4h，空冷	540	400	16	35
TA15	700～850℃，1～4h，空冷	885	825	8	20
TC1	700～850℃，1～4h，空冷	585	460	15	30
TC2	700～850℃，1～4h，空冷	685	560	12	30
TC4	700～800℃，1～4h，空冷	895	825	10	25
TC11	950±10℃，1～3h，空冷	1030	900	10	30

注：1. 纵剖面不大于100cm² 的饼材和最大截面积不大于100cm² 的环材，室温力学性能按本表规定。
　　2. 纵剖面大于100cm² 的饼材和最大截面积大于100cm² 的环材，当需方要求时（合同中注明）可测定产品力学性能，报实测数值或由供需双方约定指标值。

表 3.2-100 钛及钛合金饼和环高温力学性能（摘自 GB/T 16598—2013）

牌号	试验温度/℃	高温力学性能，不小于			
		抗拉强度 R_m/MPa	持久强度/MPa		
			σ_{100h}	σ_{50h}	σ_{35h}
TA7	350	490	440	—	—
TA15	500	570	—	470	—
TC1	350	345	325	—	—
TC2	350	420	390	—	—
TC4	400	620	570	—	—
TC11	500	685	—	—	640①

注：当需方要求并在合同中注明时，纵剖面不大于 100cm² 的饼材和最大截面积不大于 100cm² 的环材，其高温力学性能按本表规定。

① TC11 钛合金产品持久强度不合格时，允许按 500℃ 的 100h 持久强度 $\sigma_{100h}\geqslant$590MPa 进行检验，检验合格则该批产品的持久强度合格。

4.3.6 冷轧钛带卷（见表 3.2-101、表 3.2-102）

表 3.2-101 冷轧钛带卷牌号及尺寸规格（摘自 GB/T 26723—2011）

牌号及规格	牌号	制造方法	供应状态	规格 厚度×宽度×长度/mm
	TA1、TA2、TA3、TA4、TA8-1、TA9、TA9-1、TA10	冷轧	M（退火状态） Y（冷加工态）	(0.3~4.75)×(500~1500)×L

厚度及其极限偏差/mm	公称厚度	厚度极限偏差	
		普通精度	较高精度
	0.3~<0.5	±0.05	±0.04
	0.5~<0.7	±0.06	±0.05
	0.7~<1.0	±0.09	±0.07
	1.0~<1.5	±0.13	±0.08
	1.5~<2.0	±0.16	±0.09
	2.0~<2.5	±0.20	±0.12
	2.5~<4.0	±0.22	±0.14
	4.0~4.75	±0.30	±0.16

注：1. 在规定范围以外的钛带卷，其允许偏差由供需双方协议规定，用户需要较高精度时需在合同中注明。
2. 带卷各牌号的化学成分应符合 GB/T 3620.1 的相关规定。
3. 标记示例：
用 TA2 制造的、退火状态的、厚度为 0.6mm、宽度为 1200mm 的钛带卷。
标记为：带卷 TA2 M 0.6×1200 GB/T 26723—2011。

表 3.2-102 冷轧钛带卷的室温力学性能（摘自 GB/T 26723—2011）

牌号		状态	带厚/mm	抗拉强度 R_m/MPa	规定非比例延伸强度 $R_{p0.2}$/MPa	断后伸长率 A (%)
TA1		退火态（M）	0.3~4.75	≥240	138~310	≥24
TA2				≥345	275~450	≥20
TA3				≥450	380~550	≥18
TA4				≥550	485~655	≥15
TA8-1				≥240	138~310	≥24
TA9				≥345	275~450	≥20
TA9-1				≥240	138~310	≥24
TA10①	A 类			≥485	≥345	≥18
	B 类			≥345	≥275	≥25

注：在规定范围以外的钛带卷的力学性能可由供需双方协商确定。

① 正常供货按 A 类，B 类适应于复合板复材，当需方要求并在合同中注明时，按 B 类供货。

4.3.7 钛及钛合金丝（见表3.2-103、表3.2-104）

表 3.2-103　钛及钛合金丝牌号、规格及用途（摘自 GB/T 3623—2007）

牌号	直径/mm		状态	化学成分	用途
TA1、TA1ELI、TA2、TA2ELI、TA3、TA3ELI、TA4、TA4ELI、TA28、TA7、TA9、TA10、TC1、TC2、TC3	0.1～7.0		热加工态 R 冷加工态 Y 退火态 M	结构件丝化学成分符合 GB/T 3620.1—2007 相应牌号的规定 焊丝化学成分符合 GB/T 3623—2007 相应牌号规定	结构件丝用于制作结构件及紧固件 焊丝主要用于制作电极材料和焊接材料
TA1-1、TC4、TC4ELI	1.0～7.0				
直径允许偏差	直径/mm	0.1～0.2	>0.2～0.5	>0.5～1.0	>1.0～2.0	>2.0～4.0	>4.0～7.0
	允许偏差/mm	0 -0.025	0 -0.04	0 -0.06	0 -0.08	0 -0.10	0 -0.14
长度及弯曲度	丝材一般按散卷供货，直径小于 3.5mm 焊丝可焊接变绕（盘）；直径大于 1.0mm 丝材，当需方要求且在合同中注明时可供直段丝；加工态直丝的不定尺长度为 700～3000mm；退火态直丝不定尺长度：直径大于 2.0mm 时，为 500～2000mm，直径在 1.0～2.0mm 时，为 500～1000mm。定尺长度应在不定尺长度范围内 直丝的弯曲度不得大于 5mm/m						

注：丝材的用途和供应状态应在合同中注明，未注明者按加工状态（Y 或 R）焊丝供应。

表 3.2-104　钛及钛合金丝力学性能（摘自 GB/T 3623—2007）

牌号	直径/mm	热处理制度	室温力学性能	
			抗拉强度 R_m/MPa	断后伸长率 A（%）
TA1	0.1～<4.0	加热温度为 600～700℃，保温 1h	≥240	≥15
TA2			≥400	≥12
TA3			≥500	≥10
TA4			≥580	≥8
TA1	4.0～7.0		≥240	≥24
TA2			≥400	≥20
TA3			≥500	≥18
TA4			≥580	≥15
TA1-1	1.0～7.0		295～470	≥30
TC4ELI	1.0～7.0	加热温度为 700～850℃，保温 1h	≥860	≥10
TC4	1.0～2.0		≥925	≥8
	≥2.0～7.0		≥895	≥10

注：1. 直径小于 2.0mm 的丝材断后伸长率不满足要求时可按实测值报告。
　　2. 本表未列出牌号结构件丝的性能报实测数值。

5 镁及镁合金

5.1 镁及镁合金铸造产品

5.1.1 镁合金铸件（见表3.2-105、表3.2-106）

表3.2-105 镁合金铸件的牌号及化学成分（摘自GB/T 19078—2003）

合金组别	牌号	对应EN1753的数字牌号	铸造工艺	化学成分（质量分数,%）													Fe/Mn[⑥]
				Mg	Al	Zn	Mn	RE	Zr	Ag	Y	Li	Si	Fe	Cu	Ni	其他元素[⑤]	
																	单个	总计	
MgAlZn	AZ81A	—	S、K、L	余量	7.0~8.1	0.40~1.00	0.13~0.35	—	—	—	—	—	≤0.30	—	≤0.10	≤0.01	—	0.30	
	AZ81S	MC21110	D	余量	7.0~8.7	0.35~1.00	0.10~0.50	—	—	—	—	—	≤0.10	≤0.005	≤0.03	≤0.002	≤0.01		
			S、K、L	余量	7.0~8.7	0.40~1.00	0.17~0.35	—	—	—	—	—	≤0.20	≤0.005	≤0.03	≤0.001	≤0.01		
	AZ91D	MC21120	D	余量	8.3~9.7	0.35~1.00	0.15~0.50	—	—	—	—	—	≤0.10	≤0.005	≤0.03	≤0.002	≤0.01		≤0.032
			S、K、L	余量	8.3~9.7	0.40~1.00	0.17~0.35	—	—	—	—	—	≤0.20	≤0.005	≤0.03	≤0.001	≤0.01		≤0.032
	AZ91S	MC21121	D、S、K、L	余量	8.0~10.0	0.30~1.00	0.10~0.60	—	—	—	—	—	≤0.30	≤0.03	≤0.2	≤0.01	≤0.05		—
	AZ63A	—	S	余量	5.3~6.7	2.5~3.5	0.15~0.35	—	—	—	—	—	≤0.30	≤0.005	≤0.25	≤0.01	—	0.30	
MgAlMn	AM20S	MC21210	D	余量	1.6~2.6	≤0.20	0.33~0.70	—	—	—	—	—	≤0.10	≤0.004	≤0.01	≤0.002	≤0.01		≤0.012
	AM50A	MC2120	D	余量	4.4~5.4	≤0.20	0.26~0.60	—	—	—	—	—	≤0.10	≤0.004	≤0.01	≤0.002	≤0.01		≤0.015
	AM60B	MC21230	D	余量	5.5~6.5	≤0.20	0.24~0.60	—	—	—	—	—	≤0.10	≤0.005	≤0.010	≤0.002	≤0.01		≤0.021
	AM100A	—	S、K、L	余量	9.3~10.7	≤0.30	0.10~0.35	—	—	—	—	—	≤0.30	—	≤0.10	≤0.01	—	0.30	
MgAlSi	AS21S	MC21310	D	余量	1.8~2.6	≤0.20	0.18~0.70	—	—	—	—	—	0.7~1.2	≤0.004	≤0.01	≤0.002	≤0.01		≤0.022
	AS41B	—	D	余量	3.5~5.0	≤0.12	0.35~0.70	—	—	—	—	—	0.5~1.5	≤0.0035	≤0.02	≤0.002	≤0.02		≤0.010
	AS41S	MC21320	D	余量	3.5~5.0	≤0.20	0.18~0.70	—	—	—	—	—	0.5~1.5	≤0.004	≤0.010	≤0.002	≤0.01		≤0.022

(续)

合金组别	牌号	对应EN1753的数字牌号	铸造工艺	化学成分（质量分数,%）													其他元素[5]		Fe/Mn[6]
				Mg	Al	Zn	Mn	RE	Zr	Ag	Y	Li	Si	Fe	Cu	Ni	单个	总计	
MgZnCu	ZC63A	MC32110	S、K、L	余量	≤0.2	5.5~6.5	0.25~0.75	—	—	—	—	—	≤0.20	≤0.05	2.4~3.0	≤0.01	≤0.01	0.30	—
MgZnZr	ZK51A	—	S	余量	—	3.6~5.5	—	—	0.50~1.0	—	—	—	—	≤0.10	≤0.01	—		0.30	
	ZK61A	—	S、L	余量	—	5.5~6.5	—	—	0.60~1.0	—	—	—	—	≤0.10	≤0.01	—		0.30	
MgZr	K1A	—	S、L	余量	—	—	—	—	0.40~1.0	—	—	—	—	—	—	—		0.30	
MgZnREZr[1]	ZE41A	MC35110	S、K、L	余量	—	3.5~5.0	≤0.15	0.75~1.75	0.40~1.0	—	—	—	≤0.01	≤0.01	0.03	≤0.005	≤0.01	0.30	
	EZ33A	MC65120	S、K、L	余量	—	2.0~3.1	≤0.15	2.5~4.0	0.50~1.0	—	—	—	≤0.01	≤0.01	0.03	≤0.005	≤0.01	0.30	
MgREAgZr[2]	QE22A	—	S、K、L	余量	—	—	—	1.8~2.5	0.40~1.0	2.0~3.0	—	—	—	—	≤0.10	≤0.01		0.30	
	QE22S	MC65210	S、K、L	余量	—	≤0.20	≤0.15	2.0~3.0	0.40~1.0	2.0~3.0	—	—	≤0.01	≤0.01	0.03	≤0.005	≤0.01		
	EQ21A	—	S、K、L	余量	—	—	—	1.5~3.0	0.40~1.0	1.3~1.7	—	—	—	—	0.05~0.10	≤0.01	—	0.30	
	EQ21S	MC65220	S、K、L	余量	—	≤0.20	≤0.15	1.5~3.0	0.40~1.0	1.3~1.7	—	—	≤0.01	≤0.01	0.05~0.10	≤0.005	≤0.01		
MgYREZr[3][4]	WE54A	MC95310	S、K、L	余量	—	≤0.20	≤0.15	1.5~4.0	0.40~1.0	—	4.75~5.50	≤0.2	≤0.01	≤0.01	0.03	≤0.005	≤0.01	0.30	
	WE43A	MC95320	S、K、L	余量	—	≤0.20	≤0.15	2.4~4.4	0.40~1.0	—	3.70~4.30	≤0.2	≤0.01	≤0.01	0.03	≤0.005	≤0.01	0.30	

[1] 富铈。
[2] 富钕。钕含量不应小于70%（质量分数）。
[3] 富钕和重稀土。WE54A、WE43A 含稀土元素钕的质量分数分别为 1.5%~2.0%、2.0%~2.5%，余量为重稀土。
[4] 如下调整成分可改善合金抗蚀能力：$w(Mn) \leq 0.03\%$，$w(Fe) \leq 0.01\%$，$w(Cu) \leq 0.02\%$，$w(Zn+Ag) \leq 0.2\%$。
[5] 其他元素指在本表表头中列出了元素符号，但在本表中却未规定极限数值含量的元素。
[6] 如果 Mn 含量达不到表中最小极限，或 Fe 含量超出表中规定的最大极限，则 Fe/Mn 值应符合表中规定。

表 3.2-106　镁合金铸件的力学性能（摘自 GB/T 19078—2003）

铸造工艺	牌号	状态代号	拉伸试验结果			布氏硬度 HBW A5mm 球径
			抗拉强度 R_m/MPa	规定非比例延伸强度 R_{p02}/MPa	断后伸长率 A（%）	
			≥			
砂型铸造（S）	AZ81A、AZ81S	F	160	90	2	50~65
		T4	240	90	8	50~65
	AZ91D	F	160	90	2	55~65
		T4	240	110	6	55~70
		T6	240	150	2	60~90
	AZ63A	F	180	80	4	—
		T4	235	80	7	—
		T5	180	85	2	—
		T6	235	110	3	—
	AM100A	T6	240	120	—	—
	ZC63A	T6	195	125	2	55~65
	ZK51A	T5	235	140	5	—
	ZK61A	T6	275	180	5	—
	K1A	F	165	40	14	—
	ZE41A	T5	200	135	2.5	55~70
	EZ33A	T5	140	95	2.5	50~60
	QE22A、QE22S	T6	240	175	2	70~90
	EQ21A、EQ21S	T6	240	175	2	70~90
	WE54A	T6	250	170	2	80~90
	WE43A	T6	220	170	2	75~90
永久模铸造（K）	AZ81A	F	160	90	2	50~65
		T4	240	90	8	50~65
	AZ91D	F	160	110	2	55~70
		T4	240	120	6	55~70
		T6	240	150	2	60~90
	AM100A	F	140	70	—	—
		T4	235	70	6	—
		T6	235	105	2	—
	ZC63A	T6	195	125	2	55~65
	ZE41A	T5	210	135	3	55~70
	EZ33A	T5	145	100	3	50~60
	QE22A	T6	240	175	3	70~90
	EQ21A	T6	240	175	2	70~90
	WE54A	T6	250	170	2	80~90
	WE43A	T6	220	170	2	75~90

第 2 章 有色金属材料

(续)

铸造工艺	牌号	状态代号	拉伸试验结果			布氏硬度 HBW A5mm 球径
			抗拉强度 R_m/MPa	规定非比例延伸强度 R_{p02}/MPa	断后伸长率 A (%)	
			≥			
模压铸造 (D)	AZ81A	F	200~250	140~160	1~7	60~85
	AZ91D	F	200~260	140~170	1~6	65~85
	AM20S	F	150~220	80~100	8~18	40~55
	AM50A	F	180~230	110~130	5~15	50~65
	AM60B	F	190~250	120~150	4~14	55~70
	AS21S	F	170~230	110~130	4~14	50~70
	AS41B、AS41S	F	200~250	120~150	3~12	55~80

注：1. GB/T 19078—2003 为铸造镁合金锭新标准，本表和表 3.2-105 为采用该标准的铸锭生产的镁合金铸件的化学成分和力学性能。
2. 拉伸试样不在铸件上切取，而是另外铸造，其形状、尺寸符合 ISO 6892。砂型铸造和永久模铸造的产品拉伸试样直径不小于 12mm，熔模铸造产品拉伸试样直径不小于 5mm。模压铸造产品拉伸试样横截面积为 20mm²，最小厚度 2mm。
3. 表中模压铸造产品拉伸试验结果仅供参考。
4. 供需双方也可商定在铸件某部位上切取拉伸试样，但其试验结果与表中数值可能有差异。
5. 表中砂型铸造及永久模铸造产品的布氏硬度值仅供参考。
6. F 为铸态，适用于铸造过程中通过一定温度控制获得某些性能的产品。T4 为固溶热处理后自然时效状态；适用于固溶处理后不再进一步处理的产品。T6 为固溶热处理后人工时效状态；适用于固溶处理后进行人工时效的产品。T5 为铸造冷却后人工时效状态；适用于由铸造冷却后进行人工时效以改善力学性能或稳定尺寸的产品。

5.1.2 铸造镁合金（见表 3.2-107 ~ 表 3.2-109）

表 3.2-107 铸造镁合金牌号、化学成分及力学性能（摘自 GB/T 1177—1991）

	牌号	代号	化学成分[①]（质量分数,%）									
			Zn	Al	Zr	RE	Mn	Ag	Si	Cu	Fe	Ni	杂质总和
牌号及化学成分	ZMgZn5Zr	ZM1	3.5~5.5	—	0.5~1.0	—	—	—	—	0.1	—	0.01	0.3
	ZMgZn4RE1Zr	ZM2	3.5~5.0			0.75[②]~1.75							
	ZMgRE3ZnZr	ZM3	0.2~0.7	—	0.4~1.0	2.5[②]~4.0	—	—	—				
	ZMgRE3Zn2Zr	ZM4	2.0~0.3		0.5~1.0								
	ZMgAl8Zn	ZM5	0.2~0.8	7.5~9.0	—	—	0.15~0.5	—	0.3	0.2	0.05		
	ZMgRE2ZnZr	ZM6	0.2~0.7	—	0.4~1.0	2.0[③]~2.8	—	—	—	0.1			
	ZMgZn8AgZr	ZM7	7.5~9.0	—	0.5~1.0	—	—	0.6~1.2	—	—			
	ZMgAl10Zn	ZM10	0.6~1.2	9.0~10.2	—	—	0.1~0.5	—	0.3	0.2	0.05		

	牌号	代号	热处理状态	抗拉强度 R_m/MPa	0.2% 屈服强度 $R_{p0.2}$/MPa	伸长率 A_5 (%)	牌号	代号	热处理状态	抗拉强度 R_m/MPa	0.2% 屈服强度 $R_{p0.2}$/MPa	伸长率 A_5 (%)
				≥						≥		
室温力学性能	ZMgZn5Zr	ZM1	T1	235	140	5	ZMgRE3ZnZr	ZM3	F	120	85	1.5
	ZMgZn4RE1Zr	ZM2	T1	200	135	2			T2			

（续）

	牌号	代号	热处理状态	抗拉强度 R_m /MPa	0.2%屈服强度 $R_{p0.2}$ /MPa	伸长率 A_5 (%)	牌号	代号	热处理状态	抗拉强度 R_m /MPa	0.2%屈服强度 $R_{p0.2}$ /MPa	伸长率 A_5 (%)
				≥						≥		
室温力学性能	ZMgRE3Zn2Zr	ZM4	T1	140	95	2	ZMgZn8AgZr	ZM7	T4	265	—	6
	ZMgAl8Zn	ZM5	F	145	75	2			T6	275		4
			T4	230		6	ZMgAl10Zn	ZM10	F	145	85	1
		ZM5	T6	230	100	2			T4	230		4
	ZMgRE2ZnZr	ZM6	T6	230	135	3			T6		130	1

	牌号	代号	热处理状态	抗拉强度 R_m /MPa ≥		蠕变强度 $R_{p0.2/100}$ /MPa ≥		牌号	代号	热处理状态	抗拉强度 R_m /MPa ≥		蠕变强度 $R_{p0.2/100}$ /MPa ≥	
				220℃	250℃	200℃	250℃				200℃	250℃	200℃	250℃
高温力学性能	ZMgZn4RE1Zr	ZM2	T1	100	—	—	—	ZMgRE3Zn2Zr	ZM4	T1		100	50	25
	ZMgRE3ZnZr	ZM3	F	—	110	50	25	ZMgRE2ZnZr	ZM6	T6	145	—		30

注：1. 热处理状态代号：F—铸态；T1—人工时效；T2—退火；T4—固溶处理；T6—固溶处理加完全人工时效。
2. 表中有上、下限数值的为主要组元，只有一个数值的为非主要组元所允许的上限含量。

① 合金可加入铍，其含量不大于0.002%。
② 铈的质量分数不小于45%的铈混合稀土金属，其中稀土金属总量不小于98%。
③ 钕的质量分数不小于85%的钕混合稀土金属，其中Nd+Pr不小于95%。

表 3.2-108 铸造镁合金的高温力学性能

代号	热处理状态	力学性能	试验温度/℃				
			100	150	200	250	300
ZM1	T1	R_m/MPa	215	170	125	88	
		$R_{p0.2}$/MPa	160	140	110	85	—
		A_5（%）	13	16	—		
	T6	R_m/MPa	235	205	160	125	85
		$R_{p0.2}$/MPa	—	—	—	—	—
		A_5（%）	20	21	23	27	28
ZM2	T1	R_m/MPa	215	175	165	135	
		$R_{p0.2}$/MPa	—	130	120	105	
		A_5（%）	8	26	33	35	
ZM3	T2	R_m/MPa	130	130	130	130	110
		$R_{p0.2}$/MPa	85	69	69	69	59
		A_{10}（%）	—	—	14.3	—	—
ZM4	T1	R_m/MPa	148	156	141	132	94
		$R_{p0.2}$/MPa	85	73	67	63	53
		A_{10}（%）	4	20	23.9	31.4	25

（续）

代号	热处理状态	力学性能	试验温度/℃				
			100	150	200	250	300
ZM5	T4	R_m/MPa	225	180	150	120	—
		$R_{p0.2}$/MPa	79	59	49	39	—
		A_{10}（%）	10	12	15	15	—
	T6	R_m/MPa	225	180	150	120	—
		$R_{p0.2}$/MPa	—	—	—	—	—
		A_{10}（%）	6	10	15	15	—
ZM6	T6	R_m/MPa	203	196	193	162	109
		$R_{p0.2}$/MPa	130	129	126	121	79
		A_{10}（%）	10.9	9.4	16.7	13.3	22.2
ZM7	T6	R_m/MPa	230	183	—	—	—
		$R_{p0.2}$/MPa	162	144	—	—	—
		A_{10}（%）	23.9	23.2	—	—	—

注：本表为参考资料。

表 3.2-109　铸造镁合金的特性和用途

合金代号	主要特性	用途举例
ZM1	铸造流动性好，抗拉强度和屈服强度较高，力学性能壁厚效应较小，抗蚀性良好，但热裂倾向大，故不宜焊接	适于形状简单的受力零件，如飞机轮毂
ZM2	耐腐蚀性与高温力学性能良好，但常温时力学性能比ZM1 低，铸造性能良好，缩松和热裂倾向小，可焊接	可用于200℃以下工作而要求强度高的零件，如发动机各类机匣、整流舱、电动机壳体等
ZM3	属耐热镁合金，在 200~250℃下高温持久和抗蠕变性能良好，有较好的抗蚀性和焊接性，铸造性能一般，对形状复杂零件有热裂倾向	航空工业中应用历史较久，可用于250℃下工作且气密性要求高的零件，如压气机机匣、离心机匣、附件机匣、燃烧室罩等
ZM4	铸件致密性高，热裂倾向小，无显微疏松倾向，可焊性好，但室温强度低于其他合金	适于制造室温下要求气密或在 150~250℃下工作的发动机附件和仪表壳体、机匣等
ZM5	属于高强铸镁合金，强度高、塑性好，易于铸造，可焊接，也能抗蚀，但有显微缩松和壁厚效应倾向	广泛用于飞机上的翼肋、发动机和附件上各种机匣等零件，制作副油箱挂架、支臂、支座等
ZM6	具有良好铸造性能、显微疏松和热裂倾向低，气密性好，在250℃以下综合性能优于ZM3、ZM4，铸件不同壁厚力学性能均匀	可用于飞机受力构件，发动机各种机匣与壳体，已在直升机上用于减速机匣、机翼翼肋等处
ZM7	室温下抗拉强度、屈服强度和疲劳极限均很高，塑性好，铸造充型性良好，但有较大疏松倾向，不宜作耐压零件，此外，焊接性能也差	可用于飞机轮毂及形状简单的各种受力构件
ZM10	铝量高，耐蚀性好，对显微疏松敏感，宜压铸	一般要求的铸件

5.1.3 镁合金压铸件（见表 3.2-110~表 3.2-113）

表 3.2-110 镁合金压铸件的牌号及化学成分（摘自 GB/T 25747—2010）

合金牌号	合金代号	元素含量（质量分数,%）									
		Al	Zn	Mn	Si	Cu	Ni	Fe	RE	其他元素	Mg
YZMgAl2Si	YM102	1.8~2.5	≤0.20	0.18~0.70	0.70~1.20	≤0.01	≤0.001	≤0.005	—	≤0.01	余量
YZMgAl2Si（B）	YM103	1.8~2.5	≤0.25	0.05~0.15	0.70~1.20	≤0.008	≤0.001	≤0.0035	0.06~0.25	≤0.01	余量
YZMgAl4Si（A）	YM104	3.5~5.0	≤0.12	0.20~0.50	0.50~1.50	≤0.06	≤0.030	—	—	—	余量
YZMgAl4Si（B）	YM105	3.5~5.0	≤0.12	0.35~0.70	0.50~1.50	≤0.02	≤0.002	≤0.0035	—	≤0.02	余量
YZMgAl4Si（S）	YM106	3.5~5.0	≤0.20	0.18~0.70	0.50~1.50	≤0.01	≤0.002	≤0.004	—	≤0.02	余量
YZMgAl2Mn	YM202	1.6~2.5	≤0.20	0.33~0.70	≤0.08	≤0.008	≤0.001	≤0.004	—	≤0.01	余量
YZMgAl5Mn	YM203	4.4~5.4	≤0.22	0.26~0.60	≤0.10	≤0.01	≤0.002	≤0.004	—	≤0.02	余量
YZMgAl6Mn（A）	YM204	5.5~6.5	≤0.22	0.13~0.60	≤0.50	≤0.35	≤0.030	—	—	—	余量
YZMgAl6Mn	YM205	5.5~6.5	≤0.22	0.24~0.60	≤0.10	≤0.01	≤0.002	≤0.005	—	≤0.02	余量
YZMgAl8Zn1	YM302	7.0~8.1	0.4~1.0	0.13~0.35	≤0.30	≤0.10	≤0.010	—	—	≤0.30	余量
YZMgAl9Zn1（A）	YM303	8.3~9.7	0.35~1.00	0.13~0.50	≤0.50	≤0.10	≤0.030	—	—	—	余量
YZMgAl9Zn1（B）	YM304	8.3~9.7	0.35~1.00	0.13~0.50	≤0.50	≤0.35	≤0.030	—	—	—	余量
YZMgAl9Zn1（D）	YM305	8.3~9.7	0.35~1.00	0.15~0.50	≤0.10	≤0.03	≤0.002	≤0.005	—	≤0.02	余量

注：除有范围的元素和铁为必检元素外，其余元素有要求时抽检。

表 3.2-111 压铸镁合金试样的力学性能（摘自 GB/T 25747—2010）

合金牌号	合金代号	拉伸性能			布氏硬度 HBW
		抗拉强度 R_m /MPa	屈服强度 $R_{p0.2}$ /MPa	断后伸长率 A（%）（$L_0=50$）	
YZMgAl2Si	YM102	230	120	12	55
YZMgAl2Si（B）	YM103	231	122	13	55
YZMgAl4Si（A）	YM104	210	140	6	55
YZMgAl4Si（B）	YM105	210	140	6	55
YZMgAl4Si（S）	YM106	210	140	6	55
YZMgAl2Mn	YM202	200	110	10	58
YZMgAl5Mn	YM203	220	130	8	62
YZMgAl6Mn（A）	YM204	220	130	8	62
YZMgAl6Mn	YM205	220	130	8	62
YZMgAl8Zn1	YM302	230	160	3	63
YZMgAl9Zn1（A）	YM303	230	160	3	63
YZMgAl9Zn1（B）	YM304	230	160	3	63
YZMgAl9Zn1（D）	YM305	230	160	3	63

注：1. 表中未特殊说明的数值均为最小值。
  2. 如果没有特殊规定，力学性能不作为验收依据。
  3. 本表为压铸单铸试样的典型力学性能。

表3.2-112 镁合金压铸件几何公差（摘自 GB/T 25747—2010） （mm）

	被测量部位尺寸	铸态	整形后
		公差值	
平面度	≤25	0.20	0.10
	>25~63	0.30	0.15
	>63~100	0.40	0.20
	>100~160	0.55	0.25
	>160~250	0.80	0.30
	>250~400	1.10	0.40
	>400~630	1.50	0.50
	>630	2.00	0.70

	被测量部位在测量方向上的尺寸	被测部位和基准部位在同一半模内			被测部位和基准部位不在同一半模内		
		两个部位都不动的	两个部位中有一个动的	两个部位都动的	两个部位都不动的	两个部位中有一个动的	两个部位都动的
		公差值					
平行度、垂直度、轴向圆跳动	≤25	0.10	0.15	0.20	0.15	0.20	0.30
	>25~63	0.15	0.20	0.30	0.20	0.30	0.40
	>63~100	0.20	0.30	0.40	0.30	0.40	0.60
	>100~160	0.30	0.40	0.60	0.40	0.60	0.80
	>160~250	0.40	0.60	0.80	0.60	0.80	1.00
	>250~400	0.60	0.80	1.00	0.80	1.00	1.20
	>400~630	0.80	1.00	1.20	1.00	1.20	1.40
	>630	1.00	—	—	1.20	—	—
同轴度、对称度	≤30	0.15	0.30	0.35	0.30	0.35	0.50
	>30~50	0.25	0.40	0.50	0.40	0.50	0.70
	>50~120	0.35	0.55	0.70	0.55	0.70	0.85
	>120~250	0.55	0.80	1.00	0.80	1.00	1.20
	>250~500	0.80	1.20	1.40	1.20	1.40	1.60
	>500~800	1.20	—	—	1.60	—	—

注：压铸件的尺寸公差、几何公差应符合铸件图样的规定。

表3.2-113 国内外镁合金压铸件材料代号对照（摘自 GB/T 25747—2010）

合金系列	GB/T 25747	ISO 16220：2005	ASTM B 94-07	JIS H 5303：2006	EN 1753-1997
MgAlSi	YM102	MgAl2Si	AS21A	MDC6	EN-MC21310
	YM103	MgAl2Si（B）	AS21B	—	—
	YM104	MgAl4Si（A）	AS41A	—	—
	YM105	MgAl4Si（B）	AS41B	MDC3B	EN-MC21320
	YM106	MgAl4Si（S）	—	—	—
MgAlMn	YM202	MgAl2Mn	—	MDC5	EN-MC21210
	YM203	MgAl5Mn	AM50A	MDC4	EN-MC21220
	YM204	MgAl6Mn（A）	AM60A	—	—
	YM205	MgAl6Mn	AM60B	MDC2B	EN-MC21230
MgAlZn	YM302	MgAl8Zn1	—	—	EN-MC21110
	YM303	MgAl9Zn1（A）	AZ91A	—	EN-MC21120
	YM304	MgAl9Zn1（B）	AZ91B	MDC1B	EN-MC21121
	YM305	MgAl9Zn1（D）	AZ91D	MDC1D	—

5.2 加工镁及镁合金牌号、特性及应用（见表3.2-114～表3.2-119）

表3.2-114 加工镁合金牌号、特性及应用

牌号		产品种类	特性	应用举例
新	旧			
M2M	MB1	板材、棒材、型材、管材、带材、锻件及模锻件	属镁-锰系镁合金，其主要特性是： 1）强度较低，但有良好的耐蚀性；在镁合金中，它的耐蚀性能最好，在中性介质中，无应力腐蚀破裂倾向 2）室温塑性较低，高温塑性高，可进行轧制、挤压和锻造 3）不能热处理强化 4）焊接性能良好，易于用气焊、氩弧焊、点焊等方法焊接 5）同纯镁一样，镁-锰系合金有良好的可加工性和	用于制造承受外力不大，但要求焊接性和耐蚀性好的零件，如汽油和滑油系统的附件等
ME20M	MB8	板材、棒材、带材、型材、管材、锻件及模锻件	MB1合金比较，MB8合金的强度较高，且有较好的高温性能	强度较MB1高，常用来代替MB1合金使用，其板材可制飞机蒙皮、壁板及内部零件，型材和管材可制造汽油和滑油系统的耐蚀零件，模锻件可制外形复杂的零件
AZ40M	MB2	板材、棒材、型材、锻件及模锻件		用于制造形状复杂的锻件、模锻件及中等载荷的机械零件
AZ41M	MB3	板材	属镁-铝-锌系镁合金，其主要特性是： 1）强度高，可热处理强化 2）铸造性能良好 3）耐蚀性较差，MB2和MB3合金的应力腐蚀破裂倾向较小，MB5、MB6、MB7合金的应力腐蚀破裂倾向较大 4）可加工性良好 5）热塑性以MB2、MB3合金为佳，可加工成板材、棒材、锻件等各种镁材；MB6、MB7合金热塑性较低，主要用做挤压件和锻材 6）MB2、MB3合金焊接性较好，可气焊和氩弧焊；MB5合金的焊接性低；MB7合金焊接性尚好，但需进行消除应力退火	用作飞机内部组件、壁板
AZ61M	MB5	板材、带材、锻件及模锻件		主要用于制造承受较大载荷的零件
AZ62M	MB6	棒材、型材、锻件		主要用于制造承受较大载荷的零件
AZ80M	MB7	棒材、锻件及模锻件		可代替MB6使用，用做承受高载荷的各种结构零件
ZK61M	MB15	棒材、型材、带材、锻件及模锻件	属镁-锌-锆系镁合金，具有较高的强度和良好的塑性及耐蚀性，是目前应用最多的变形镁合金之一。无应力腐蚀破裂倾向，热处理工艺简单，可加工性良好，能制造形状复杂的大型锻件，但焊接性能不合格	用做室温下承受高载荷和高屈服强度的零件，如机翼长桁、翼肋等，零件的使用温度不能超过150℃

注：各牌号的化学成分应符合 GB/T 5153—2003 的规定。

表 3.2-115 M2M、AZ61M、AZ62M、AZ80M 镁合金的室温力学性能

合金代号	材料品种及状态	抗拉强度 R_m/MPa	屈服强度 $R_{p0.2}$/MPa	伸长率 A_{10}(%)	断面收缩率 Z(%)	弯曲疲劳强度 σ_{-1}/MPa 光滑试样	弯曲疲劳强度 σ_{-1}/MPa 带缺口试样	弹性模量 E/GPa	泊松比 μ	抗剪强度 τ_b/MPa	剪切模量 G/GPa	扭转强度 τ_m/MPa	扭转屈服强度 $\tau_{0.3}$/MPa	扭转角 φ/(°)	抗压强度 R_{mc}/MPa	抗压屈服强度 $\sigma_{-0.2}$/MPa	冲击韧度 a_K/J·cm^{-2}	布氏硬度 HBW
M2M	挤压棒材	260	180	4.5	6	75	—	40	0.34	130	16	190	—	—	330	120	6	40
	退火板材(300℃退火)	210	120	8	—	75	—	—	—	—	—	—	—	—	—	—	5	45
	模锻件,锻件	245	150	6	—	—	—	—	—	—	—	—	—	—	—	—	—	45
	带材	255	185	9	—	—	6	—	—	—	—	—	—	—	—	—	—	40
	管材	235	150	7	—	—	—	—	—	—	—	—	—	—	—	—	—	40
	型材	180	165	10	—	—	—	—	—	—	—	—	—	—	—	—	—	45
AZ61M	棒材(R)	290	200	16	23	115	95	43.4	0.34	140	16	190	70	309	420	150	7	64
	锻件(M)	280	180	10	13	105	—	43	—	140	—	—	—	—	—	—	7	55
	带材(R)	300	210	13	18	115	—	43	—	145	—	—	—	—	—	—	10	55
AZ62M	棒材(R)	325	210	14.5	23	120	—	44.6	0.39	150	16	240	105	305	465	—	9.2	76
	锻件(R)	310	215	8	—	129	—	—	—	140	—	—	—	—	—	—	—	70
	(M)	330	220	6	—	110	—	—	—	—	—	—	—	—	—	—	—	70
	(C)	350	240	5	—	—	—	—	—	—	—	—	—	—	—	—	—	80
	带材(R)	330	225	12	—	120	—	45	—	—	—	—	—	—	—	—	—	65
	(M)	340	240	7	—	130	—	—	—	—	—	—	—	—	—	—	—	80
	(C)	350	260	7	—	—	—	—	—	—	—	—	—	—	—	—	—	80
AZ80M	棒材(C)	340	240	15	20	140	110	43	0.34	180	16	210	65	370	470	140	—	64
	锻件(C)	310	220	12	—	—	—	—	—	—	—	212	—	—	—	—	—	—

注:本表数据仅供参考。

表 3.2-116　加工镁合金的高温力学性能

牌号	材料品种及状态	力学性能	试验温度/℃				
			100	150	200	250	300
AZ40M	挤压棒材	抗拉强度 R_m/MPa 屈服强度 $R_{p0.2}$/MPa 断后伸长率 A（%）	215 140 33	190 100 50	120 70 65	115 40 75	75 22 90
	模锻件	抗拉强度 R_m/MPa 屈服强度 $R_{p0.2}$/MPa 断后伸长率 A（%）	210 150 30	155 90 45	105 60 55	80 35 75	45 25 125
AZ41M	热轧板 （12~30mm 厚）	抗拉强度 R_m/MPa 屈服强度 $R_{p0.2}$/MPa 断后伸长率 A（%）	238 — 21	182 — 46.3	— — —	— — —	— — —
AZ61M	带材 （M）	抗拉强度 R_m/MPa 屈服强度 $R_{p0.2}$/MPa 断后伸长率 A（%）	265 160 21	190 105 28	150 80 28	115 45 225	— — —
AZ62M	锻件 （C）	抗拉强度 R_m/MPa 屈服强度 $R_{p0.2}$/MPa 断后伸长率 A（%）	280 200 21	200 140 40	140 90 50	95 55 80	70 50 120
	棒材 （C）	抗拉强度 R_m/MPa 屈服强度 $R_{p0.2}$/MPa 断后伸长率 A（%）	240 170 30	170 120 45	100 80 60	90 55 100	65 — 145
AZ80M	挤压棒材	抗拉强度 R_m/MPa 屈服强度 $R_{p0.2}$/MPa 断后伸长率 A（%）	220 130 22	170 100 30	125 70 35	85 55 45	70 35 85
	棒材 （C）	抗拉强度 R_m/MPa 屈服强度 $R_{p0.2}$/MPa 断后伸长率 A（%）	320 220 20	230 150 41	150 100 49	100 60 83	65 35 120
ME20M	挤压棒材 （D18mm 未退火）	持久强度 σ_{100}/MPa 蠕变强度 $\sigma_{0.1/100}$/MPa	140 —	120 57	75 30	35 —	— —
	板材（厚1.5mm， 350℃退火30min）	持久强度 σ_{100}/MPa 蠕变强度 $\sigma_{0.1/100}$/MPa	130 —	110 50	50 —	20 —	— —
ZK61M	挤压棒材 （人工时效状态）	抗拉强度 R_m/MPa 伸长率 A_{10}（%）	260 20	210 28	150 55	105 59	70 62
	挤压带材 （人工时效状态）	抗拉强度 R_m/MPa 伸长率 A_{10}（%）	260 20	210 28	140 50	— —	— —

注：本表数据仅供参考。

表 3.2-117 加工镁合金的典型热处理工艺规范

合金牌号	浇注温度/℃	均匀化退火			热加工温度/℃	退火			淬火				时效		
		温度/℃	保温时间/h	冷却介质		温度/℃	保温时间/h	冷却介质	温度/℃	保温时间/h	淬火冷却介质		温度/℃	保温时间/h	冷却介质
M2M	720~750	410~425	12	空气	260~450	320~350	0.5	空气	—	—	—		—	—	—
ME20M	720~750	410~425	12	空气	280~450	250~350	1	空气	—	—	—		—	—	—
AZ40M	700~745	390~410	10	空气	275~450	280~350	3~5	空气	—	—	—		—	—	—
AZ41M	710~745	380~420	6~8	空气	250~450	250~280	0.5	空气	—	—	—		—	—	—
AZ61M	710~730	390~405	10	空气	250~340	320~350	0.5~4	空气	—	—	—		—	—	—
AZ62M	710~730	—	—	—	280~350	320~350	4~6	空气	分级加热 (1)335±5 (2)380±5	2~3 4~10	热水		—	—	—
AZ80M	710~730	390~405	10	空气	300~400	350~380	3~6	空气	410~425	2~6	空气或热水		175~200	8~16	空气
									410~425	2~6	空气或热水		175~200	8~16	空气
									—	—	—		170~180	10~24	空气
ZK61M	690~750	360~390	10	空气	340~420	—	—	—	505~515	24	—		160~170	24	空气

表 3.2-118 加工镁合金的物理性能

性能		合金代号							
		M2M	AZ40M	AZ41M	AZ61M	MZ62M	AZ80M	ME20M	ZK61M
密度 ρ（20℃）/g·cm^{-3}		1.76	1.78	1.79	1.80	1.84	1.82	1.78	1.80
电阻率（20℃）/μΩ·m		0.0513	0.093	0.120	0.153	0.196	0.162	0.0612	0.0565
比热容 c /J·(kg·K)$^{-1}$	100℃	1010	1130	1090	1130	—	1130	—	—
	200℃	1050	1170	1130	1210	—	1210	—	—
	300℃	1130	1210	1210	1260	—	1260	—	—
	350℃	1170②	1260	1260	1300	—	1300	—	—
	20~100℃	1050	1050	1050	1050	1050	1050	1050	1030
线胀系数 α_l /10^{-6}·K^{-1}	20~100℃	22.29	26.0	26.1	24.4	23.4	26.3	23.61	20.9
	20~200℃	24.19	27.0	—	26.5	25.43	27.1	25.64	22.6
	20~300℃	32.01	27.9	—	31.2	30.18	27.6	30.58	—
热导率 λ /W·(m·K)$^{-1}$	30℃	125.60	96.3①	96.3	69.08	—	58.62	133.98	117.23①
	100℃	125.60	100.48	—	73.27	—	—	133.98	121.42
	200℃	138.68	104.67	—	79.55	—	—	133.98	125.60
	300℃	133.98	108.86	—	79.55	67.41	75.36	—	125.60

注：本表数据仅供参考。
① 温度为 25℃。
② 温度为 400℃。

表 3.2-119 镁在各种介质中的耐蚀性能

介质种类	腐蚀情况	介质种类	腐蚀情况
淡水、海水、潮湿大气	腐蚀破坏	甲醛、乙醛、丙酮	不腐蚀
有机酸及其盐	强烈腐蚀破坏	石油、汽油、煤油	不腐蚀
无机酸及其盐（不包括氟盐）	强烈腐蚀破坏	芳香族化合物（苯、甲苯、二甲苯、酚、甲酚、萘、蒽）	不腐蚀
氨水	强烈腐蚀破坏		
甲醛、乙醛、三氯乙醛	腐蚀破坏	氢氧化钠溶液	不腐蚀
无水乙醇	不腐蚀	干燥空气	不腐蚀

5.3 镁及镁合金加工产品

5.3.1 镁合金热挤压棒材（见表3.2-120、表3.2-121）

表 3.2-120 镁合金热挤压棒材尺寸规格（摘自 GB/T 5155—2013）

棒材长度	直径≤50mm，交货长度为 1000~6000mm；直径 >50mm 交货长度为 500~6000mm。棒材长度可按定尺或倍尺交货，其长度偏差：下极限偏差为"0"，上极限偏差为"+20mm"			
棒材直径及极限偏差	棒材直径（方棒、六角棒为内切圆直径）/mm	直径极限偏差/mm		
		A 级	B 级	C 级
	5~6	-0.30	-0.48	—
	>6~10	-0.36	-0.58	—
	>10~18	-0.43	-0.70	-1.10
	>18~30	-0.52	-0.84	-1.30
	>30~50	-0.62	-1.00	-1.60
	>50~80	-0.74	-1.20	-1.90
	>80~120		-1.40	-2.20
	>120~180			-2.50
	>180~250			-2.90
	>250~300			-3.30
外径要求（±）偏差时，其偏差为本表对应数值绝对值的一半，本表数值为下极限偏差，上极限偏差为"0"				

（续）

<table>
<tr><td rowspan="4">棒材弯曲度</td><td rowspan="3">直径/mm</td><td colspan="6">弯曲度/mm
不大于</td></tr>
<tr><td colspan="2">普通级</td><td colspan="2">高精级</td><td colspan="2">超高精级</td></tr>
<tr><td>每米长度上 h_s</td><td>全长 L 米上 h_t</td><td>每米长度上 h_s</td><td>全长 L 米上 h_t</td><td>每米长度上 h_s</td><td>全长 L 米上 h_t</td></tr>
<tr><td>>10~100</td><td>3.0</td><td>3.0×L</td><td>2.0</td><td>2.0×L</td><td rowspan="3">1.05</td><td rowspan="3">1.05×L</td></tr>
<tr><td></td><td>>100~120</td><td>7.0</td><td>7.0×L</td><td>5.0</td><td>5.0×L</td></tr>
<tr><td></td><td>>120~130</td><td>10.0</td><td>10.0×L</td><td>7.0</td><td>7.0×L</td></tr>
<tr><td colspan="8">不足1m棒材弯曲度按1m计算。直径大于130mm的棒材弯曲度检查由供需双方协商，并在订货单（或合同）中注明。</td></tr>
</table>

<table>
<tr><td rowspan="4">棒材扭拧度</td><td rowspan="3">方棒、六角棒内切圆直径/mm</td><td colspan="6">扭拧度/mm
不大于</td></tr>
<tr><td colspan="2">普通级</td><td colspan="2">高精级</td><td colspan="2">超高精级</td></tr>
<tr><td>每米长度上</td><td>全长 L 米</td><td>每米长度上</td><td>全长 L 米</td><td>每米长度上</td><td>全长 L 米</td></tr>
<tr><td>≤14</td><td>8</td><td>8×L</td><td>6</td><td>6×L</td><td>4</td><td>4×L</td></tr>
<tr><td></td><td>>14~30</td><td>22</td><td>22×L</td><td>16</td><td>16×L</td><td>10</td><td>16×L</td></tr>
<tr><td></td><td>>30~50</td><td>36</td><td>36×L</td><td>24</td><td>24×L</td><td>18</td><td>24×L</td></tr>
<tr><td></td><td>>50~100</td><td>50</td><td>50×L</td><td></td><td></td><td></td><td></td></tr>
<tr><td colspan="8">不足1m棒材扭拧度按1m计算。直径大于100mm的棒材扭拧度检查由供需双方协商，并在合同（或订货单）中注明。</td></tr>
</table>

注：棒材的标记按照产品名称、标准编号、合金牌号、状态、规格的顺序表示。标记示例如下：

示例1：

ME20M 合金牌号、H112 状态、直径为 60mm、定尺长度为 4000mm 的棒材，标记为：

棒材 GB/T 5155—2013 ME20M-H112 $\phi 60 \times 4000$

示例2：

ZK61M 合金牌号、T5 状态、直径为 120mm、A 级精度的非定尺六角棒，标记为：

棒材 GB/T 5155—2013 ZK61M-T5 六120 A 级

表 3.2-121 镁合金热挤压棒材牌号及室温纵向力学性能（摘自 GB/T 5155—2013）

合金牌号	状态	棒材直径（方棒、六角棒内切圆直径）/mm	抗拉强度 R_m/MPa	规定非比例延伸强度 $R_{p0.2}$/MPa	断后伸长率 A（%）
			不小于		
AZ31B	H112	≤130	220	140	7.0
AZ40M	H112	≤100	245	—	6.0
		>100~130	245	—	5.0
AZ41M	H112	≤130	250		5.0
AZ61A	H112	≤130	260	160	6.0
AZ61M	H112	≤130	265	—	8.0
AZ80A	H112	≤60	295	195	6.0
		>60~130	290	180	4.0
	T5	≤60	325	205	4.0
		>60~130	310	205	2.0

(续)

合金牌号	状态	棒材直径（方棒、六角棒内切圆直径）/mm	抗拉强度 R_m/MPa	规定非比例延伸强度 $R_{p0.2}$/MPa	断后伸长率 A（%）
			不小于		
ME20M	H112	≤50	215	—	4.0
		>50~100	205	—	3.0
		>100~130	195	—	2.0
ZK61M	T5	≤100	315	245	6.0
		>100~130	305	235	6.0
ZK61S	T5	≤130	310	230	5.0

注：1. 直径大于130mm的棒材力学性能附实测结果。
2. 棒材各牌号的化学成分应符合 GB/T 5153《变化镁和镁合金牌号和化学成分》的规定。

5.3.2 镁合金板材和带材（见表3.2-122~表3.2-124）

表3.2-122 镁及镁合金板、带材的牌号、状态和规格（摘自 GB/T 5154—2010）

牌号	供应状态	规格/mm		
		厚度	宽度	长度
Mg99.00	H18	0.20	3.0~6.0	≥100.0
M2M	O	0.80~10.00	400.0~1200.0	1000.0~3500.0
AZ40M	H112、F	>8.00~70.00	400.0~1200.0	1000.0~3500.0
AZ41M	H18、O	0.40~2.00	≤1000.0	≤2000.0
	O	>2.00~10.00	400.0~1200.0	1000.0~3500.0
	H112、F	>8.00~70.00	400.0~1200.0	1000.0~2000.0
AZ31B	H24	0.40~2.00	≤600.0	≤2000.0
		>2.00~4.00	≤1000.0	≤2000.0
		>8.00~32.00	400.0~1200.0	1000.0~3500.0
		>32.00~70.00	400.0~1200.0	1000.0~2000.0
	H26	6.30~50.00	400.0~1200.0	1000.0~2000.0
	O	>0.40~1.00	≤600.0	≤2000.0
		>1.00~8.00	≤1000.0	≤2000.0
		>8.00~70.00	400.0~1200.0	1000.0~2000.0
	H112、F	>8.00~70.00	400.0~1200.0	1000.0~2000.0
ME20M	H18、O	0.40~0.80	≤1000.0	≤2000.0
	H24、O	>0.80~10.00	400.0~1200.0	1000.0~3500.0
	H112、F	>8.00~32.00	400.0~1200.0	1000.0~3500.0
		>32.00~70.00	400.0~1200.0	1000.0~2000.0

注：1. 牌号的化学成分按 GB/T 5153 的规定。
2. 镁合金板材、带材产品标记按产品名称、牌号、状态、规格和标准编号的顺序表示，标记示例如下：
用 AZ41M 合金制造的，供应状态为 H112，厚度为 30.00mm，宽度为 1000.0mm，长度为 2500.0mm 的定尺板材，标记为：
镁板 AZ41M-H112 30×1000×2500 GB/T 5154—2010

表 3.2-123 镁合金板材、带材的厚度、宽度和长度的尺寸及其极限偏差（摘自 GB/T 5154—2010）

(mm)

厚度	产品厚度极限偏差		剪切板、带材宽度、长度尺寸极限偏差		锯切板材宽度、长度尺寸极限偏差				
	宽度		宽度极限偏差	长度极限偏差	尺寸范围				
	≤1000	>1000~1200			≤800	>800~1000	>1000~1200	>1200~2000	>2000
0.20	±0.02	—	±0.1	—					
0.40~0.80	±0.04	—	±2	±5					
>0.80~1.00	±0.05	—	±3	±5					
>1.00~1.20	±0.06	±0.08	±3	±5					
>1.20~2.00	±0.07	±0.10	±4	±5					
>2.00~3.00	±0.10	±0.12	±4	±10			—		
>3.00~4.00	±0.11	±0.15	±5	±10					
>4.00~5.00	±0.14	±0.17	±5	±10					
>5.00~6.00	±0.17	±0.18	±6	±10					
>6.00~8.00	±0.20	±0.20	±7	±10					
>8.00~10.00	±0.22	±0.22	±8	±10					
>10.00~12.00	±0.25	±0.25	±9	±12					
>12.00~20.00	±0.50	±0.50	±10	±16	±4	±5	±6	±7	±8
>20.00~26.00	±0.75	±0.75	—	—					
>26.00~40.00	±1.00	±1.00	—	—					
>40.00~60.00	±1.50	±1.50	—	—					
>60.00~70.00	±1.90	±1.90	—	—					

表 3.2-124 镁合金板材的室温力学性能（摘自 GB/T 5154—2010）

牌号	供应状态	板材厚度/mm	抗拉强度 R_m/MPa	规定非比例强度/MPa 延伸 $R_{p0.2}$	规定非比例强度/MPa 压缩 $R_{p0.2}$	断后伸长率 A(%) $A_{5.65}$	断后伸长率 A(%) A_{50mm}
			≥				
M2M	O	0.80~3.00	190	110	—	—	6.0
M2M	O	>3.00~5.00	180	100	—	—	5.0
M2M	O	>5.00~10.00	170	90	—	—	5.0
M2M	H112	8.00~12.50	200	90	—	—	4.0
M2M	H112	>12.50~20.00	190	100	—	4.0	—
M2M	H112	>20.00~70.00	180	110	—	4.0	—
AZ40M	O	0.80~3.00	240	130	—	—	12.0
AZ40M	O	>3.00~10.00	230	120	—	—	12.0
AZ40M	H112	8.00~12.50	230	140	—	—	10.0
AZ40M	H112	>12.50~20.00	230	140	—	8.0	—
AZ40M	H112	>20.00~70.00	230	140	70	8.0	—
AZ41M	H18	0.40~0.80	290	—	—	—	2.0
AZ41M	O	0.40~3.00	250	150	—	—	12.0
AZ41M	O	>3.00~5.00	240	140	—	—	12.0
AZ41M	O	>5.00~10.00	240	140	—	—	10.0
AZ41M	H112	8.00~12.50	240	140	—	—	10.0
AZ41M	H112	>12.50~20.00	250	150	—	6.0	—
AZ41M	H112	>20.00~70.00	250	140	80	10.0	—
AZ31B	O	0.40~3.00	225	150	—	—	12.0
AZ31B	O	>3.00~12.50	225	140	—	—	12.0
AZ31B	O	>12.50~70.00	225	140	—	10.0	—
AZ31B	H24	0.40~8.00	270	200	—	—	—
AZ31B	H24	>8.00~12.50	255	165	—	—	8.0
AZ31B	H24	>12.50~20.00	250	150	—	8.0	—
AZ31B	H24	>20.00~70.00	235	125	—	8.0	—
AZ31B	H26	6.30~10.00	270	186	—	—	6.0
AZ31B	H26	>10.00~12.50	265	180	—	—	6.0
AZ31B	H26	>12.50~25.00	255	160	—	6.0	—
AZ31B	H26	>25.00~50.00	240	150	—	5.0	—
AZ31B	H112	8.00~12.50	230	140	—	—	10.0
AZ31B	H112	>12.50~20.00	230	140	—	8.0	—
AZ31B	H112	>20.00~32.00	230	140	70	8.0	—
AZ31B	H112	>32.00~70.00	230	130	60	8.0	—
ME20M	H18	0.40~0.80	260	—	—	—	2.0
ME20M	H24	>0.80~3.00	250	160	—	—	8.0
ME20M	H24	>3.00~5.00	240	140	—	—	7.0
ME20M	H24	>5.00~10.00	240	140	—	—	6.0
ME20M	O	0.40~3.00	230	120	—	—	12.0
ME20M	O	>3.0~10.00	220	110	—	—	10.0

(续)

牌号	供应状态	板材厚度/mm	抗拉强度 R_m/MPa	规定非比例强度/MPa 延伸 $R_{p0.2}$	规定非比例强度/MPa 压缩 $R_{p0.2}$	断后伸长率 A(%) $A_{5.65}$	断后伸长率 A(%) A_{50mm}
			≥	≥	≥	≥	≥
ME20M	H112	8.0~12.50	220	110	—	—	10.0
		>12.5~20.0	210	110	—	10.0	
		>20.0~32.0	210	110	70	7.0	
		>32.0~70.0	200	90	50	6.0	

5.3.3 镁合金热挤压管材（见表 3.2-125）

表 3.2-125 镁合金热挤压管材牌号、尺寸规格及力学性能（摘自 YS/T 495—2005）

尺寸规格	圆管	直径（外径或内径）小于 200mm 的允许偏差、壁厚小于 100mm 的允许偏差应符合 YS/T 495—2005 的规定，具体尺寸规格在合同中注明
	正方形、矩形、六角形和八角形管	公称宽度或高度小于 180mm 的允许偏差、壁厚小于 50mm 的允许偏差应符合 YS/T 495—2005 的规定，具体尺寸规格在合同中注明

牌号	状态	管材壁厚/mm	抗拉强度 R_m/MPa	规定非比例延伸强度 $R_{p0.2}$/MPa	断后伸长率 A(%)	牌号	状态	管材壁厚/mm	抗拉强度 R_m/MPa	规定非比例延伸强度 $R_{p0.2}$/MPa	断后伸长率 A(%)
			≥	≥	≥				≥	≥	≥
AZ31B	H112	0.7~6.3	220	140	8	ZK61S	H112	0.7~20	275	195	5
		>6.3~20			4		T5	0.7~6.3	315	260	4
AZ61A		0.7~20	250	110	7			2.5~30	305	230	
M2S			195	—	2						

注：各牌号的化学成分应符合 GB/T 5153—2003 的规定。

5.3.4 镁合金热挤压型材（见表 3.2-126）

表 3.2-126 镁合金热挤压型材牌号、规格及力学性能（摘自 GB/T 5156—2013）

牌号	化学成分	供应状态	室温纵向力学性能≥ R_m/MPa	室温纵向力学性能≥ $R_{p0.2}$/MPa	室温纵向力学性能≥ A(%)	室温纵向力学性能≥ 硬度 HBW	规格/mm 名义尺寸	规格/mm 长度	规格/mm
AZ40M	按 GB/T 5153—2013 的规定	H112	240	—	5.0		≤300	1000~6000	标准规定了型材的外形要求、尺寸偏差要求，具体尺寸规格及技术要求应在合同及图样中确定
ME20M		H112	225	—	10.0	40			
ZK61M		T5	310	245	7.0	60			

6 其他有色金属材料

6.1 镍及镍合金

6.1.1 加工镍及镍合金组别、牌号、特性及应用（见表3.2-127）

表3.2-127 加工镍及镍合金组别、代号、特性及应用

组别		牌号	主要特性	用途举例
纯镍		N2、N4、N6、N8	纯镍的特点是：熔点高（1455℃），力学性能和冷、热压力加工性能好，特别是耐腐蚀性优良，是耐热浓碱溶液腐蚀的最好材料，耐中性和微酸性溶液以及有机溶剂，在大气、淡水和海水中化学性稳定，但不耐氧化性酸和高温含硫气体的腐蚀，无毒，且耐果酸腐蚀	机械、化工设备耐蚀结构件，精密仪器结构件，电子管及无线电设备零件，医疗器械及食品工业餐具器皿等
		DN	为电真空用镍，除具有纯镍的一般特性外，由于加有少量的Si、Mg元素，所以具有高的电真空性能	电子管阴极芯子及其他零件
阳极镍		NY1 NY2 NY3	电解镍，质地纯净，且有去钝化作用 电镀用的阳极镍要求在电镀过程中溶解均匀，产生的阳极泥少，能保证镀层表面光洁分布均匀，与基体金属结合牢固，因而要求有害杂质含量少，在电镀中不发生钝化现象，否则将达不到上述要求	用于电镀镍槽中作阳极用。NY1适用于pH小，不易钝化的电镀条件；NY2适用于pH范围大，电镀件形状复杂的条件；NY3适用于一般的电镀条件
镍锰合金		NMn3 NMn5	有较高的室温和高温强度，耐热、耐蚀性好，加工性能优良。这类合金在温度较高的含硫气氛中的耐蚀性比纯镍高，热稳定性和电阻率也比纯镍高	内燃机火花塞电极，电阻灯泡灯丝，电子管的栅极
镍铜合金		NCu40-2-1	耐蚀性高，无磁性	抗磁性零件
		NCu28-2.5-1.5（蒙乃尔合金）	耐蚀性与镍、铜相似，但在一般情况下更优越一些，特别是对氢氟酸的耐蚀性非常好。合金强度比纯镍高，而且具有良好的加工工艺性能；耐高温性能好，在750℃以下的大气中是稳定的，在500℃时还有足够的强度	高强度、高耐蚀零件，高压充油电缆，供油槽，加热设备和医疗器械零件
电子用镍合金	镍美合金	NMg0.1	具有高的电真空性能，耐蚀性好，但用这类合金制造的氧化物阴极芯，在电子管工作过程中，氧化物层与芯金属接触面上往往产生一层高电阻的化合物，因而降低阴极的发射能力，缩短电子管的寿命	主要用作无线电真空管氧化物阴极芯，但不适用于长寿命、高性能电子管的阴极芯
	镍硅合金	NSi0.19		
	镍钨合金	NW4-0.15 NW4-0.1 NW4-0.07	有好的高温强度和耐震强度，还有优良的电子发射性能。用这类合金制造的电子管氧化物阴极芯，在工作温度下，氧化层有高的稳定性	主要用于制造要求长寿命、高性能的无线电真空管氧化物阴极芯及其他零件

（续）

组别		牌号	主要特性	用途举例
热电合金	镍硅合金	NSi3	在 600~1250℃ 范围内有足够大的热电势与热电势率，耐蚀性好	热电偶负极材料
	镍铬合金	NCr10	在 0~1200℃ 温度范围内有足够大的热电势与热电势率，测温比较灵敏、准确，且互换性强，便于更换使用，辐射效应小，电势比较稳定，制造简易，成本低，测温范围宽，抗氧化性强，此外，电阻率高，电阻温度系数小，耐蚀性好	热电偶正极和高电阻仪器。镍铬合金是目前最典型、最基本的热电偶材料之一

6.1.2 加工镍及镍合金的物理、力学性能（见表 3.2-128~表 3.2-136）

表 3.2-128 加工镍及镍合金的室温力学性能

性能		合金牌号				
		N2、N4、N6、N8	NMn3	NMn5	NCr10	NCu28-2.5-1.5（蒙乃尔合金）
弹性模量 E/GPa		210~230	210	210	—	182
切变模量 G/GPa		73	—	—	—	—
抗拉强度 R_m/MPa	软材	300~600	500	550~600①	600~700	450~500
	硬材	500~900	1000	—	1100	600~850
屈服强度 $R_{p0.2}$/MPa	软材	120	165~220①	180~240①	—	240
	硬材	700	—	—	—	630~800
断后伸长率 A（%）	软材	10~30	40	40~45①	35~45	25~40
	硬材	2~20	2	—	3	2~3
布氏硬度 HBW	软材	90~120	140①	147①	150~200	135
	硬材	120~240	—	—	300	210

注：本表为参考资料。
① 热轧状态下所测数据。

表 3.2-129 NCu28-2.5-1.5 合金的高温力学性能

温度/℃	室温	93	149	204	260	316	371	427	483	538
屈服强度 $R_{p0.2}$/MPa	227	210	191	181	179	177	179	181	132	162
抗拉强度 R_m/MPa	586	557	539	536	540	558	525	490	431	378
断后伸长率 A（%）	45	43.5	43	42	44	45.5	47.5	49	42	41
弹性模量 E/GPa	182	180.6	179.9	178.5	175	170.8	164.5	156.2	143.5	112

注：本表为参考资料。

表 3.2-130 NCu28-2.5-1.5 合金的低温力学性能

温度/℃	$R_{p0.2}$/MPa	R_m/MPa	A（%）	温度/℃	$R_{p0.2}$/MPa	R_m/MPa	A（%）
20	150	500	41	-80	190	600	40
-10	180	540	48	-120	200	640	41
-40	180	560	47	-180	210	790	51

注：1. 表中数据为合金软状态下所测数据。
2. 本表为参考资料。

表 3.2-131　加工镍及镍合金的物理性能

性能	合金代号							
	N2	N4	N6	N8	NMn3	NMn5	NCr10	NCu28-2.5-1.5（蒙乃尔合金）
密度 $\rho/g \cdot cm^{-3}$	8.91	8.90	8.89	8.90	8.90	8.76	8.70	8.80
熔点/℃	1455	—	1435~1446	—	1442	1412	1437	1350
比热容 $c/J \cdot (kg \cdot K)^{-1}$ (20℃)	461	440	456	459	—	—	—	532④
热导率 $\lambda/W \cdot (m \cdot K)^{-1}$	82.90	59.45	67.41	59.45	53.17	48.15	—	25.12⑤
电阻率 $\rho/(10^{-6}\Omega \cdot m)$	7.16①	6.84①	9.50①	8.2~9.2①	0.140	0.195	0.6~0.7	0.482
电阻温度系数 $\alpha_P/(1/℃)$ 20~100℃ 20~1000℃	0.0038② —	0.0069 —	0.0027② —	0.0052~0.0069 —	0.0042 —	0.0036 0.0024	0.00048 —	0.0019 —
线胀系数 $\alpha_l/10^{-6} \cdot K^{-1}$ 0~100℃ 25~100℃ 25~300℃	— — 16.7③	— 13.3 14.4	— — 15.3③	13.7 — —	13.4 — —	13.7 — —	12.8 — —	— 14 15
居里点/℃	353	360	360	—	—	—	—	27~95

注：本表为参考资料。
① 计量单位为 $\mu\Omega \cdot cm$。
② 计量单位为 $10^{-2}\mu\Omega \cdot m/°F$。
③ 20~540℃时的热胀系数。
④ 200~400℃时的比热容。
⑤ 0~100℃时的热导率。

表 3.2-132　镍的耐蚀性能

腐蚀介质名称	含量（质量分数，%）	温度/℃	腐蚀速度/mm·a^{-1}	备注
硫酸	5	30	0.06	当搅动溶液和溶液被空气饱和时，腐蚀速度显著增加
	5	60	0.24	
	5	102	0.84	
	10	20	0.043	
	10	77	0.3	
	10	103	3	
	20	20	0.1	
	20	105	2.82	
	95	20	1.8	
盐酸	10	30	0.3	—
	20	30	1	
	30	30	2	
	0.5	100	7.72	
	1	100	17.2	
	5	100	146	

(续)

腐蚀介质名称	含量 (质量分数,%)	温度/℃	腐蚀速度 /mm·a^{-1}	备 注
磷酸	稀释的	20	0.3	纯的
	85	95	14	—
	稀释的	80	20	不干净的
亚硫酸	1（SO$_2$）	20	1.4	—
氢氟酸	6	76	8.94	
	10	10~20	0.0025	
	48	80	0.558	
乙酸	6	30	0.1	
	50	20	0.25	
	5	沸腾	0.28	吹风时腐蚀速度显著增加
	50	沸腾	0.48	
	99.9	沸腾	0.364	
脂肪酸	—	227	0.1	油酸和硬脂酸
石碳酸	—	53	0.0018	—
中性和碱性盐溶液	—	加热	0.013	硫酸盐、盐酸盐、硝酸盐、乙酸盐、碳酸盐等
氯化钠	饱和溶液	95	0.53	中性溶液
氯化铝	28~40	102	0.21	由水解产生的酸性溶液
硫化氢溶液	饱和溶液	25	0.048	—
硫酸铝	57	115	1.5	由水解产生的酸性溶液
硫酸锌	—	105	0.64	
四氯化碳	带有水分	25	0.0005	若无水分，则在沸腾时耐蚀性还相当高
三氯乙烯	带有水分	25	0.01	—

注：本表为参考资料。

表 3.2-133　NCu28-2.5-1.5 镍铜合金的耐蚀性能

腐蚀介质名称	含量（质量分数,%）	温度/℃	腐蚀速度/mm·a^{-1}	备注
工业区大气	—	—	0.0003~0.0015	—
海洋大气	—	—	0.0002~0.0008	—
天然淡水	—	—	<0.003	—
天然海水	—	—	0.008~0.025	—
酸性地下水	—	—	0.36~2.8	
蒸汽凝结水	—	—	<0.003	无空气和二氧化碳
	—	—	1.52	有空气和二氧化碳
硫酸	5	30	1.246	被空气饱和的
	5	101	0.066	
	10	102	0.061	
	20	104	0.19	
	50	123	13.16	
	75	182	43	
	96	295	83.3	—

(续)

腐蚀介质名称	含量（质量分数,%）	温度/℃	腐蚀速度/mm·a^{-1}	备注
盐酸	10	30	2.2	—
	20	30	3	—
	30	30	8	—
	0.5	沸腾	0.74	—
	1.0	沸腾	1.07	—
	5.0	沸腾	6.2	—
氢氟酸	6	76	0.02	—
	25	30	0.005	—
	25	80	0.061	—
	50	80	0.015	—
	100	50	0.013	—
乙酸	50	20	0.3~0.6	最大腐蚀
	5	沸腾	0.033	未被空气饱和
	50	沸腾	0.053	未被空气饱和
	98	沸腾	0.048	未被空气饱和
	99.9	沸腾	0.157	未被空气饱和
脂肪酸		260	0.1	带水层的油酸和硬脂酸
氢氧化钠	5~50	20~100	0.001~0.015	—
	70	90~115	0.028	沸腾时
	60~75	150~175	0.12	沸腾时
	60~98	150~260	0.34	沸腾时
	60~98	400	1.25	沸腾时
氯化钠	饱和溶液	95	0.066	溶液水解成碱性
氯化铵	30~40	102	0.3	溶液水解成碱性
硝酸钠	27	50	0.05	—
硫酸锌	35	105	0.51	—
四氯化碳		30	0.003	—
三氯甲烷		30	0.0005	—
三氯乙烯		30	0.018	—

注：本表为参考资料。

表 3.2-134　NCu28-2.5-1.5 铜镍合金在氢氧化钠及氨中的腐蚀速度

条件	腐蚀率/mg·(dm^2·d)$^{-1}$		备注
	氢氧化钠	氨	
全部浸渍静止	1.0	0.5	
全部浸渍空气搅动	1.3	0.4	
持续的交错浸渍	0.4	1.5	溶液温度全部为30℃
非持续的交替浸渍	0.9	1.6	
熏烟试验（室温,30d）	<0.1	<0.1（蒸熏试验）	

注：本表为参考资料。

表 3.2-135 NCu28-2.5-1.5 铜镍合金制品在各种介质中的适用程度

适用于下列介质	可用于下列介质	不适用于下列介质	适用于下列介质	可用于下列介质	不适用于下列介质
氨气	硫酸	盐酸	汽油、矿物油	硫酸亚铁溶液	三氯化铁
氨水溶液	磷酸	硝酸	酚、甲酚	干燥的氯	铬酸
苛性碱和碳酸盐的溶液	氢氰酸	熔融铅	摄影用试剂	—	—
脂肪酸及大部分有机酸	氢氟酸	熔融锌	染料溶液	—	—
海水及碱水	乙酸	氰化钾粉末及溶液	酒精	—	—
中性盐的水溶液	柠檬酸	亚硫酸			

表 3.2-136 镍的物理性能和力学性能

物理性能					力学性能	
项目	数值	项目	数值		项目	数值
密度 $\gamma/(g \cdot cm^{-3})(20℃)$	8.902	比热容 $c/J \cdot (kg \cdot K)^{-1}$ (20℃)	471		抗拉强度 R_m/MPa	317
熔点/℃	1453	线胀系数 $\alpha_l/10^{-6} \cdot K^{-1}$	13.3		屈服强度 $R_{p0.2}/MPa$	59
沸点/℃	2730	热导率 $\lambda/W \cdot (m \cdot K)^{-1}$	82.9		断后伸长率 A (%)	30
熔化热/kJ · mol^{-1}	17.71	电阻率 $\rho/n\Omega \cdot m^{-1}$	68.44		硬度 HBW	60~80
汽化热/kJ · mol^{-1}	374.3	电导率 κ (%, IACS)	25.2		弹性模量（拉伸）E/GPa	207

6.1.3 镍及镍合金棒（见表 3.2-137、表 3.2-138）

表 3.2-137 镍及镍合金棒的牌号和尺寸规格（摘自 GB/T 4435—2010）

棒材牌号、状态、直径及长度	牌号	状态	直径/mm	长度/mm
	N4、N5、N6、N7、N8、NCu28-2.5-1.5、NCu30-3-0.5、NCu40-2-1、NMn5、NCu30、NCu35-1.5-1.5	Y（硬） Y$_2$（半硬） M（软）	3~65	300~6000 直径 3~30，长度为 1000~6000 直径为 30~254，长度为 300~6000
		R（热加工）	6~254	

冷加工棒材直径及极限偏差	直径	极限偏差	
		高精级（±）	普通级（±）
	3~6	0.03	0.05
	>6~10	0.04	0.06
	>10~18	0.05	0.08
	>18~30	0.06	0.10
	>30~50	0.09	0.13
	>50~65	0.12	0.16

热加工棒材直径及极限偏差	直径	极限偏差				
		挤压		热轧		锻造
		高精级（±）	普通级（±）	+	−	
	6~15	0.60	0.80	0.60	0.50	±1.00
	>15~30	0.75	1.00	0.70	0.50	±1.50
	>30~50	1.00	1.20	1.50	1.00	±2.00
	>50~80	1.20	1.55	2.00	1.00	±3.00
	>80~120	1.55	2.00	2.20	1.20	±3.50
	>120~160	—	—	—	—	±5.00
	>120~200	—	—	—	—	±6.50
	>200~254	—	—	—	—	±7.00

注：1. 当要求单向偏差时，其值为表中数值的 2 倍；当要求棒材的直径为高精级允许偏差时，应在合同中注明，否则按普通级供货。
2. 棒材牌号的化学成分应符合 GB/T 5235 的规定。
3. 棒材适于电子、化工等部门制作各种零件之用。
4. 标记示例
  a. 用 N6 制造的、供应状态为 R、普通级、直径为 40mm、长度为 2000mm 的圆形棒材，标记为：
  棒 N6 R ϕ40×2000 GB/T 4435—2010
  b. 用 NCu40-2-1 制造的、供应状态为 Y、高精级、直径为 15mm 的圆形棒材，标记为：
  棒 NCu40-2-1 Y 高 ϕ15×L GB/T 4435—2010

表 3.2-138　镍及镍合金棒的力学性能（摘自 GB/T 4435—2010）

合金牌号	状态	直径/mm	抗拉强度 R_m/MPa ≥	断后伸长率 A（%） ≥
N4、N5、N6、N7、N8	Y	3~20	590	5
		>20~30	540	6
		>30~65	510	9
	M	3~30	380	34
		>30~65	345	34
	R	32~60	345	25
		>60~254	345	20
NCu28-2.5-1.5	Y	3~15	665	4
		>15~30	635	6
		>30~65	590	8
	Y_2	3~20	590	10
		>20~30	540	12
	M	3~30	440	20
		>30~65	440	20
	R	6~254	390	25
NCu30-3-0.5	Y	3~20	1000	15
	R	>20~40	965	17
	M	>40~65	930	20
NCu40-2-1	Y	3~20	635	4
		>20~40	590	5
	M	3~40	390	25
	R	32~254	实测	实测
NMn5	M	3~65	345	40
	R	32~254	345	40
NCu30	R	76~152	550	30
		>152~254	515	30
	M	3~65	480	35
	Y	3~15	700	8
	Y_2	3~15	580	10
		>15~30	600	20
		>30~65	580	20
NCu35-1.5-1.5	R	6~254	实测	实测

6.1.4 镍及镍合金管（见表3.2-139～表3.2-142）

表3.2-139 镍及镍合金管的牌号、状态及规格（摘自GB/T 2882—2013）

牌号	状态	规格/mm 外径	规格/mm 壁厚	长度
N2、N4、DN	软态（M） 硬态（Y）	0.35～18	0.05～0.90	100～15000
N6	软态（M） 半硬态（Y_2） 硬态（Y） 消除应力状态（Y_0）	0.35～110	0.05～8.00	100～15000
N5（N02201）、 N7（N02200）、N8	软态（M） 消除应力状态（Y_0）	5～110	1.00～8.00	
NCr15-8（N06600）	软态（M）	12～80	1.00～3.00	
NCu30（N04400）	软态（M） 消除应力状态（Y_0）	10～110	1.00～8.00	
NCu28-2.5-1.5	软态（M） 硬态（Y）	0.35～110	0.05～5.00	
	半硬态（Y_2）	0.35～18	0.05～0.90	
NCu40-2-1	软态（M） 硬态（Y）	0.35～110	0.05～6.00	100～15000
	半硬态（Y_2）	0.35～18	0.05～0.90	
NSi0.19 NMg0.1	软态（M） 硬态（Y） 半硬态（Y_2）	0.35～18	0.05～0.90	

注：1. 本表管材牌号NCr15-18（N06600）化学成分应符合GB/T 2882—2013规定，其他牌号应符合GB/T 5235《加工镍及镍合金》的规定。
2. 管材适用于仪表、化工、电信、电子、电力等工业部门制造耐蚀或其他重要零部件之用。
3. 标记示例
产品标记按标准编号、产品名称、牌号、状态和规格的顺序表示，标记示例如下：
用N6制造的、供应状态为Y、外径10mm、壁厚1.00mm、长度为2000mm定尺的管材，标记为：
管 GB/T 2882—N6 Y—Φ10×1.00×2000

表 3.2-140 镍及镍合金管材公称尺寸（摘自 GB/T 2882—2013） （mm）

外径	壁厚																					长度
	0.05~0.06	>0.06~0.09	>0.09~0.12	>0.12~0.15	>0.15~0.20	>0.20~0.25	>0.25~0.30	>0.30~0.40	>0.40~0.50	>0.50~0.60	>0.60~0.70	>0.70~0.90	>0.90~1.00	>1.00~1.25	>1.25~1.80	>1.80~3.00	>3.00~4.00	>4.00~5.00	>5.00~6.00	>6.00~7.00	>7.00~8.00	
0.35~0.4	○	—	—	—	—	—	—	—	—	—	—	—	—	—	—	—	—	—	—	—	—	≤3000
>0.40~0.50	○	○	—	—	—	—	—	—	—	—	—	—	—	—	—	—	—	—	—	—	—	
>0.50~0.60	○	○	○	—	—	—	—	—	—	—	—	—	—	—	—	—	—	—	—	—	—	
>0.60~0.70	○	○	○	○	—	—	—	—	—	—	—	—	—	—	—	—	—	—	—	—	—	
>0.70~0.80	○	○	○	○	○	—	—	—	—	—	—	—	—	—	—	—	—	—	—	—	—	
>0.80~0.90	○	○	○	○	○	○	—	—	—	—	—	—	—	—	—	—	—	—	—	—	—	
>0.90~1.50	○	○	○	○	○	○	○	—	—	—	—	—	—	—	—	—	—	—	—	—	—	
>1.50~1.75	—	○	○	○	○	○	○	○	—	—	—	—	—	—	—	—	—	—	—	—	—	
>1.75~2.00	—	—	○	○	○	○	○	○	○	—	—	—	—	—	—	—	—	—	—	—	—	
>2.00~2.25	—	—	—	○	○	○	○	○	○	○	—	—	—	—	—	—	—	—	—	—	—	
>2.25~2.50	—	—	—	—	○	○	○	○	○	○	○	—	—	—	—	—	—	—	—	—	—	
>2.50~3.50	—	—	—	—	—	○	○	○	○	○	○	○	—	—	—	—	—	—	—	—	—	
>3.50~4.20	—	—	—	—	—	—	○	○	○	○	○	○	○	—	—	—	—	—	—	—	—	
>4.20~6.00	—	—	—	—	—	—	—	○	○	○	○	○	○	○	—	—	—	—	—	—	—	
>6.00~8.50	—	—	—	—	—	—	—	—	○	○	○	○	○	○	○	—	—	—	—	—	—	≤15000
>8.50~10	—	—	—	—	—	—	—	—	—	○	○	○	○	○	○	—	—	—	—	—	—	
>10~12	—	—	—	—	—	—	—	—	—	—	○	○	○	○	○	○	—	—	—	—	—	
>12~14	—	—	—	—	—	—	—	—	—	—	—	○	○	○	○	○	—	—	—	—	—	
>14~15	—	—	—	—	—	—	—	—	—	—	—	○	○	○	○	○	○	—	—	—	—	
>15~18	—	—	—	—	—	—	—	—	—	—	—	—	○	○	○	○	○	—	—	—	—	
>18~20	—	—	—	—	—	—	—	—	—	—	—	—	—	○	○	○	○	—	—	—	—	
>20~30	—	—	—	—	—	—	—	—	—	—	—	—	—	—	○	○	○	○	—	—	—	
>30~35	—	—	—	—	—	—	—	—	—	—	—	—	—	—	—	○	○	○	○	—	—	
>35~40	—	—	—	—	—	—	—	—	—	—	—	—	—	—	—	○	○	○	○	—	—	
>40~60	—	—	—	—	—	—	—	—	—	—	—	—	—	—	—	○	○	○	○	○	—	
>60~90	—	—	—	—	—	—	—	—	—	—	—	—	—	—	—	—	○	○	○	○	○	
>90~110	—	—	—	—	—	—	—	—	—	—	—	—	—	—	—	—	—	○	○	○	○	

注："○" 表示可供规格；"—" 表示不推荐采用规格，需要其他规格的产品应由供需双方商定。

表 3.2-141 镍及镍合金管外径和壁厚的极限偏差（摘自 GB/T 2882—2013） (mm)

外径极限偏差			壁厚极限偏差		
外径	极限偏差		壁厚	极限偏差	
	普通级	较高级		普通级	较高级
0.35~0.90	±0.007	±0.005	0.05~0.06	±0.010	±0.006
>0.90~2.00	±0.010	±0.007	>0.06~0.09	±0.010	±0.007
>2.00~3.00	±0.012	±0.010	>0.09~0.12	±0.015	±0.010
>3.00~4.00	±0.018	±0.015	>0.12~0.15	±0.020	±0.015
>4.00~5.00	±0.022	±0.020	>0.15~0.20	±0.025	±0.020
>5.00~6.00	±0.030	±0.025	>0.20~0.25	±0.030	±0.025
>6.00~9.00	±0.040	±0.030	>0.25~0.30	±0.035	±0.030
>9.00~12	±0.045	±0.040	>0.30~0.40	±0.040	±0.035
>12~15	±0.080	±0.050	>0.40~0.50	±0.045	±0.040
>15~18	±0.100	±0.060	>0.50~0.60	±0.055	±0.050
>18~20	±0.120	±0.080	>0.60~0.70	±0.070	±0.060
>20~30	±0.150	±0.110	>0.70~0.90	±0.080	±0.070
>30~40	±0.170	±0.150	>0.90~3.00	公称壁厚的10%	公称壁厚的10%
>40~50	±0.250	±0.200	>3.00~5.00	公称壁厚的12.5%	
>50~60	±0.350	±0.250	>5.00~8.00	公称壁厚的12.5%	
>60~90	±0.450	±0.300	—		
>90~110	±0.550	±0.400			

注：1. 极限偏差精度等级应在合同中注明，否则按普通级供货。
  2. 硬态和半硬态管材的圆度不得超出其外径的极限偏差。

表 3.2-142 镍及镍合金管室温力学性能（摘自 GB/T 2882—2013）

牌号	壁厚/mm	状态	抗拉强度 R_m/MPa 不小于	规定塑性延伸强度 $R_{p0.2}$/MPa	断后伸长率(%)不小于	
					A	A_{50mm}
N4、N2、DN	所有规格	M	390	—	35	—
		Y	540	—	—	—
N6	<0.90	M	390	—	—	35
		Y	540	—	—	—
	≥0.90	M	370	—	35	—
		Y_2	450	—	—	12
		Y	520	—	6	—
		Y_0	460	—	—	—
N7（N02200）、N8	所有规格	M	380	105	—	35
		Y_0	450	275	—	15
N5（N02201）	所有规格	M	345	80	—	35
		Y	415	205	—	15
NCu30（N04400）	所有规格	M	480	195	—	35
		Y_0	585	380	—	15
NCu28-2.5-1.5 NCu40-2-1 NSi0.19 NMg0.1	所有规格	M	440	—	—	20
		Y	540	—	6	—
		Y	585	—	3	—
NCr15-8（N06600）	所有规格	M	550	240	—	30

注：1. 外径小于18mm、壁厚小于0.90mm的硬（Y）态镍及镍合金管材的断后伸长率值仅供参考。
  2. 供农用飞机作喷头用的 NCu28-2.5-1.5 合金硬状态管材，其抗拉强度不小于645MPa、断后伸长率不小于2%。
  3. 当需方要求并在合同中注明，N5、N7、NCu30管材可进行扩口试验和水压试验，其试验方法及指标要求，应符合 GB/T 2882—2013 的规定。

6.1.5 镍及镍合金板（见表3.2-143、表3.2-144）

表3.2-143 镍及镍合金板材牌号及规格（摘自 GB/T 2054—2013）

板材牌号及尺寸规格	牌号	制造方法	状态	规格/mm 矩形板材（厚度×宽度×长度）	规格/mm 圆形板材（厚度×直径）
板材牌号及尺寸规格	N4、N5（NW2201，N02201） N6、N7（NW2200，N02200） NSi0.19、NMg0.1、NW4-0.15 NW4-0.1、NW4-0.07、DN NCu28-2.5-1.5 NCu30（NW4400，N04400） NS1101（N08800）、NS1102（N08810） NS1402（N08825）、NS3304（N10276） NS3102（NW6600，N06600） NS3306（N06625）	热轧	热加工态（R） 软态（M） 固溶退火态（ST）	(4.1~100.0) ×(50~3000) ×(500~4500)	(4.1~100.0) ×(50~3000)
板材牌号及尺寸规格	同上	冷轧	冷加工态（Y） 半硬状态（Y₂） 软态（M） 固溶退火态（ST）	(0.1~4.0) ×(50~1500) ×(500~4000)	(0.5~4.0) ×(50~1500)

	厚度	规定宽度范围的厚度极限偏差 50~1000	规定宽度范围的厚度极限偏差 >1000~3000	宽度极限偏差 50~1000	宽度极限偏差 >1000~3000	长度极限偏差 ≤3000	长度极限偏差 >3000~4500
热轧板尺寸及极限偏差	4.1~6.0	±0.35	±0.40	±4	+7 -5	±5	+10 -5
热轧板尺寸及极限偏差	>6.0~8.0	±0.40	±0.50	±4	+7 -5	±5	+10 -5
热轧板尺寸及极限偏差	>8.0~10.0	±0.50	±0.60	±6	+10 -5	+10 -5	+15 -5
热轧板尺寸及极限偏差	>10.0~15.0	±0.60	±0.70	±6	+10 -5	+10 -5	+15 -5
热轧板尺寸及极限偏差	>15.0~20.0	±0.70	±0.90	±6	+10 -5	+10 -5	+15 -5
热轧板尺寸及极限偏差	>20.0~30.0	±0.90	±1.10	±8	+13 -5	+15 -5	+20 -5
热轧板尺寸及极限偏差	>30.0~40.0	±1.10	±1.30	±8	+13 -5	+15 -5	+20 -5
热轧板尺寸及极限偏差	>40.0~50.0	±1.20	±1.50	±8	+13 -5	+15 -5	+20 -5
热轧板尺寸及极限偏差	>50.0~80.0	±1.40	±1.70	±8	+13 -5	+15 -5	+20 -5
热轧板尺寸及极限偏差	>80.0~100.0	±1.60	±1.90	±8	+13 -5	+15 -5	+20 -5

	厚度	规定宽度范围的厚度极限偏差 50~600	规定宽度范围的厚度极限偏差 >600~1500	宽度极限偏差	长度极限偏差
冷轧板尺寸及极限偏差	0.1~0.3	±0.03		±5	+10 -5
冷轧板尺寸及极限偏差	>0.3~0.5	±0.04	±0.05	±5	+10 -5
冷轧板尺寸及极限偏差	>0.5~0.7	±0.05	±0.07	±5	+10 -5
冷轧板尺寸及极限偏差	>0.7~1.0	±0.07	±0.09	±5	+10 -5
冷轧板尺寸及极限偏差	>1.0~1.5	±0.09	±0.11	±5	+10 -5
冷轧板尺寸及极限偏差	>1.5~2.5	±0.11	±0.13	±5	+10 -5
冷轧板尺寸及极限偏差	>2.5~4.0	±0.13	±0.15	±5	+10 -5

注：本表板材适于仪表、电子通信、各种压力容器、耐蚀装置及其他工业部门制作各种零部件之用。

第2章 有色金属材料

表 3.2-144 镍及镍合金板材力学性能（摘自 GB/T 2054—2013）

牌号	状态	厚度 /mm	室温力学性能 不小于			硬度	
			抗拉强度 R_m /MPa	规定塑性延伸强度① $R_{p0.2}$/MPa	断后伸长率 A_{50mm}(%)	HV	HRB
N4、N5 NW4-0.15 NW4-0.1 NW4-0.07	M	≤1.5②	345	80	35	—	—
	M	>1.5	345	80	40	—	—
	R③	>4	345	80	30	—	—
	Y	≤2.5	490	—	2	—	—
N6、N7 DN⑤、NSi0.19 NMg0.1	M	≤1.5②	380	100	35	—	—
	M	>1.5	380	100	40	—	—
	R	>4	380	135	30	—	—
	Y④	>1.5	620	480	2	188~215	90~95
		≤1.5	540	—	2	—	—
	$Y_2$④	>1.5	490	290	20	147~170	79~85
NCu28-2.5-1.5	M	—	440	160	35	—	—
	R③	>4	440	—	25	—	—
	$Y_2$④	—	570	—	6.5	157~188	82~90
NCu30 (N04400)	M	—	485	195	35	—	—
	R③	>4	515	260	25	—	—
	$Y_2$④	—	550	300	25	157~188	82~90
NS1101 (N08800)	R	所有规格	550	240	25	—	—
	M		520	205	30	—	—
NS1102 (N08810)	M	所有规格	450	170	30	—	—
NS1402 (N08825)	M	所有规格	586	241	30	—	—
NS3102 (NW6600、N06600)	M	0.1~100	550	240	30	≤88⑥	—
	Y	<6.4	860	620	2	—	—
	Y_2	<6.4	—	—	—	—	93~98
NS3304 (N10276)	ST	所有规格	690	283	40	≤100	—
NS3306 (N06625)	ST	所有规格	690	276	30	—	—

① 厚度≤0.5mm 板材的规定塑性延伸强度不作考核。
② 厚度<1.0mm 用于成形换热器的 N4 和 N6 薄板力学性能报实测数据。
③ 热轧板材可在最终热轧前做一次热处理。
④ 硬态及半硬态供货的板材性能，以硬度作为验收依据，需方要求时，可提供拉伸性能。提供拉伸性能时，不再进行硬度测试。
⑤ 仅适用于电真空器件用板。
⑥ 仅适用于薄板和带材，且用于深冲成形时的产品要求。用户要求并在合同中注明时进行检测。

6.1.6 镍及镍合金锻件（见表 3.2-145～表 3.2-148）

表 3.2-145 镍及镍合金锻件牌号及化学成分（摘自 GB/T 26030—2010）

牌号		质量分数① (%)													
ISO 数字牌号	元素符号牌号	Ni	Fe	Al	B	C	Co②	Cr	Cu	Mn	Mo	P	S	Si	Ti	W	其他元素
NW2200	Ni99.0 (ASTM N02200)	99.0	0.4	—	—	0.15	—	—	0.2	0.3	—	—	0.010	0.3	—	—	—

(续)

牌号		质量分数① (%)													
ISO 数字牌号	元素符号牌号	Ni	Fe	Al	B	C	Co②	Cr	Cu	Mn	Mo	P	S	Si	Ti	W	其他元素
NW2201	Ni99.0-LC (ASTM N02201)	99.0	0.4	—	—	0.02	—	—	0.2	0.3	—	—	0.010	0.3	—	—	—
NW3021	NiCo20Cr15Mo-5Al4Ti	余量	0.1	4.5~4.9	0.003~0.010	0.12~0.17	18.0~22.0	14.0~15.7	0.2	1.0	4.5~5.5	—	0.015	1.0	0.9~1.5	—	Ag: 0.0005 Bi: 0.0001 Pb: 0.0015
NW7263	NiCo20Cr20-Mo5Ti2Al	余量	0.7	0.3~0.6	0.005	0.04~0.08	19.0~21.0	19.0~21.0	0.2	0.6	5.6~6.1	—	0.007	0.4	1.9~2.4	—	Ag: 0.0005 Bi: 0.0001 Pb: 0.0020 Ti+Al: 2.4~2.8
NW7001	NiCr20Co13-Mo4Ti3Al	余量	2.0	1.2~1.6	0.003~0.010	0.02~0.10	12.0~15.0	18.0~21.0	0.10	1.0	3.5~5.0	0.015	0.015	0.1	2.8~3.3	—	Ag: 0.0005 Bi: 0.0001 Pb: 0.0010 Zr: 0.02~0.08
NW7090	NiCr20Co18Ti3	余量	1.5	1.0~2.0	0.020	0.13	15.0~21.0	18.0~21.0	0.2	1.0	—	—	0.015	1.0	2.0~3.0	—	Zr: 0.15
NW7750	NiCr15Fe7Ti2Al	70.0	5.0~9.0	0.4~1.0	—	0.08	—	14.0~17.0	0.5	1.0	—	—	0.015	0.5	2.2~2.8	—	Nb+Ta: 0.7~1.2
NE6600	NiCr15Fe8 (ASTM N06600)	72.0	6.0~10.0	—	—	0.15	—	14.0~17.0	0.5	1.0	—	—	0.015	0.5	—	—	—
NW6602	NiCr15Fe8-LC	72.0	6.0~10.0	—	—	0.02	—	14.0~17.0	0.5	1.0	—	—	0.015	0.5	—	—	—
NW7718	NiCr19Fe19Nb5Mo3	50.0~55.0	余量	0.2~0.8	0.006	0.08	—	17.0~21.0	0.3	0.4	2.8~3.3	0.015	0.015	0.4	0.6~1.2	—	Nb+Ta: 4.7~5.5
NW6002	NiCr21Fe18Mo9	余量	17.0~20.0	—	0.010	0.05~0.15	0.5~2.5	20.5~23.0	—	1.0	8.0~10.0	0.040	0.030	1.0	—	0.2~1.0	—
NW6601	NiCr23Fe15Al	58.0~63.0	余量	1.0~1.7	—	0.10	—	21.0~25.0	1.0	1.0	—	—	0.015	0.5	—	—	—
NW6455	NiCr16Mo16Ti	余量	3.0	—	—	0.015	2.0	14.0~18.0	—	1.0	14.0~17.0	0.040	0.030	0.08	0.7	—	—
NW6625	NiCr22Mo9Nb (ASTM N06625)	58.0	5.0	0.40	—	0.10	1.0	20.0~23.0	—	0.50	8.0~10.0	0.015	0.015	0.50	0.40	—	Nb+Ta: 3.15~4.15
NW6621	NiCr20Ti	余量	5.0	—	—	0.08~0.15	5.0	18.0~21.0	0.5	1.0	—	—	0.020	1.0	0.20~0.60	—	Pb: 0.0050
NW7080	NiCr20Ti2Al	余量	1.5	1.0~1.8	0.008	0.04~0.10	2.0	18.0~21.0	0.2	1.0	—	—	0.015	1.0	1.8~2.7	—	Ag: 0.0005 Bi: 0.0001 Pb: 0.0020
NW4400	NiCu30 (ASTM N04400)	63.0	2.5	—	—	0.30	—	—	28.0~34.0	2.0	—	—	0.025	0.5	—	—	—
NW4402	NiCu30-LC	63.0	2.5	—	—	0.04	—	—	28.0~34.0	2.0	—	—	0.025	0.5	—	—	—

(续)

牌号		质量分数① （%）													
ISO 数字牌号	元素符号牌号	Ni	Fe	Al	B	C	Co②	Cr	Cu	Mn	Mo	P	S	Si	Ti	W	其他元素
NW5500	NiCu30Al3Ti	余量	2.0	2.2~3.2	—	0.25	—	—	27.0~34.0	1.5	—	0.020	0.015	0.5	0.35~0.85	—	—
NW8825	NiFe30CrMo3（ASTM N08825）	38.0~46.0	余量	0.2	—	0.05	—	19.5~23.5	1.5~3.0	1.0	2.5~3.5	—	0.015	0.5	0.6~1.2	—	—
NW9911	NiFe36Cr12Mo6Ti3	40.0~45.0	余量	0.35	0.010~0.020	0.02~0.06	—	11.0~14.0	0.2	0.5	5.0~6.5	0.020	0.020	0.4	2.8~3.1	—	—
NW0276	NiMo16Cr15Fe6W4（ASTM N010276）	余量	4.0~7.0	—	—	0.010	2.5	14.5~16.5	—	1.0	15.0~17.0	0.040	0.030	0.08	—	3.0~4.5	—
NW0665	NiMo28（ASTM N10665）	余量	2.0	—	—	0.02	1.0	1.0	—	1.0	26.0~30.0	0.040	0.030	0.1	—	—	—
NW0001	NiMo30Fe5	余量	4.0~6.0	—	—	0.05	2.5	1.0	—	1.0	26.0~30.1	0.040	0.030	1.0	—	—	V：0.2~0.4
NW8800	FeNi32Cr21AlTi（ASTM N08800）	30.0~35.0	余量	0.15~0.60	—	0.10	—	19.0~23.0	0.7	1.5	—	—	0.015	1.0	0.15~0.60	—	—
NW8810	FeNi32Cr21AlTi-LC（ASTM N08810）	30.0~35.0	余量	0.15~0.60	—	0.15~0.10	—	19.0~23.0	0.7	1.5	—	—	0.015	—	0.15~0.60	—	—
NW8811	FeNi32Cr21AlTi-HT（ASTM N08811）	30.0~35.0	余量	0.25~0.60	—	0.06~0.10	—	19.0~23.0	0.5	1.5	—	—	0.015	1.0	0.25~0.60	—	Al+Ti：0.85~1.2
NW8801	FeNi32Cr21Ti	30.0~34.0	余量	—	—	0.10	—	19.0~22.0	0.5	1.5	—	—	0.015	1.0	0.7~1.5	—	—
NW8020	FeNi35Cr20Cu4Mo2	32.0~38.0	余量	—	—	0.07	—	19.0~21.0	3.0~4.0	2.0	2.0~3.0	0.040	0.030	1.0	—	—	Nb+Ta：8×C~1.0

注：1. 锻件的外形尺寸及其极限偏差应在订货单或图样上规定。
2. 锻件适于电子、仪表、航空及其他工业部门之用。
3. 标记示例
产品标记按产品名称、牌号、状态、规格和标准编号的顺序表示，标记示例如下：
示例：用 NW4-0.1 合金制造的、供应状态为热加工、厚度为 70mm、宽度为 500mm、长度为 800mm 锻件标为：
锻件 NW4-0.1R 70×500×800 GB/T 26030—2010
① 除镍单个值为最小含量外，凡为范围值者为主成分元素，所有其他元素含量的单个值均为杂质元素，其值为最大含量。
② 没有规定钴含量时，允许钴含量最大值1.5%，并计为镍含量。

表3.2-146 镍及镍合金锻件室温力学性能（摘自 GB/T 26030—2010）

ISO 数字牌号	合金牌号	状态	外形尺寸/mm	抗拉强度 R_m/MPa 不小于	规定非比例延伸强度 $R_{p0.2}$/MPa 不小于	断后伸长率 A（%）不小于
NW2200	Ni99.0	热加工（R）	所有	410	105	35
		退火（M）	所有	380	105	35
NW2201	Ni99.0-LC	热加工（R）	所有	340	65	35
		退火（M）	所有	340	65	35
NW3021	NiCo20Cr15Mo5Al4Ti①	固溶、稳定化和时效（CS）	所有	—	—	—

（续）

ISO 数字牌号	合金牌号	状态	外形尺寸/mm	抗拉强度 R_m/MPa 不小于	规定非比例延伸强度 $R_{p0.2}$/MPa 不小于	断后伸长率 A（%）不小于
NW7001	NiCr20Co13Mo4Ti3Al[①]	固溶和时效（CS）	所有	1100	755	15
NW7090	NiCr20Co18Ti3[①]	固溶和时效（CS）	所有	—	—	—
NW7750	NiCr15Fe7Ti2Al[①]	固溶和时效（CS）	≤65	1170	790	18
			>65~100	1170	790	15
NW6600	NiCr15Fe8	热加工（R）	所有	590	240	27
		退火（M）	所有	550	240	30
NW6602	NiCr15Fe8-LC	退火（M）	所有	550	180	30
NW7718	NiCr19Fe19Nb5Mo3[①]	固溶和时效（CS）	≤100	1280	1030	12
NW6002	NiCr21Fe18Mo9	退火（M）	所有	660	240	30
NW6601	NiCr23Fe15Al	退火（M）	所有	550	205	30
NW6455	NiCr16Mo16Ti	固溶（C）	所有	690	275	35
NW6625	NiCr22Mo9Nb	退火（M）	≤100	830	415	30
			>100~250	760	345	25
		固溶（C）	所有	690	275	30
NW6621	NiCr20Ti	退火（M）	所有	640	230	30
NW7080	NiCr20Ti2Al[①]	固溶和时效（CS）	所有	—	—	—
NW4400	NiCu30	热加工和消除应力（R）	>100~300	550	275	27
			>300	520	275	27
		退火（M）	所有	480	170	35
NW4402	NiCu30-LC	退火（M）	所有	430	160	35
NW5500	NiCu30Al3Ti[①]	热加工和时效（RS）	≤100	970	690	15
			>100	830	550	15
		固溶和时效（CS）	≤25	900	620	20
			>25~100	900	585	20
			>100~300	830	500	15
NW8825	NiFe30CrMo3	退火（M）	所有	590	240	30
NW0276	NiMo16Cr15Fe6W4	退火（M）	所有	690	280	35
NW0665	NiMo28	固溶（C）	>7~90	760	350	35
NW0001	NiMo30Fe5	固溶（C）	>7~40	790	315	30
			>40~90	690	315	27
NW8800	FeNi32Cr21AlTi	热加工（R）	所有	550	240	25
		退火（M）	所有	520	205	30
NW8810	FeNi32Cr21AlTi-LC	退火（M）	所有	450	170	30
NW8811	FeNi32Cr21AlTi-HT	退火（M）	所有	450	170	30
NW8801	FeNi32Cr21Ti	退火（M）	所有	450	170	30
NW8020	FeNi35Cr20Cu4Mo2	退火（M）	所有	550	240	27
—	NW4-0.07	热加工（R）、退火（M）	所有	用户要求时，报实测		
—	N6、NSi0.19、NMg0.1、NCu28-2.5-1.5、NCu40-2-1、DN、NW4-0.1、NW4-0.15、NW4-0.07	热加工（R）、退火（M）	所有	用户要求时，报实测		
—	NY1、NY2、NY3	热加工（R）、退火（M）	所有	用户要求时，报实测		

[①] 如果可热处理强化合金锻件以固溶状态交货时，供方应以实验证实，试样按表 3.2-148 时效处理后，能够满足完全热处理的性能要求。

表 3.2-147 镍及镍合金锻件高温力学性能和蠕变及应力断裂性能 (摘自 GB/T 26030—2010)

	ISO 数字牌号	合金牌号	状态	外形尺寸/mm	抗拉强度 R_m/MPa 不小于	规定非比例延伸强度 $R_{p0.2}$/MPa 不小于	断后伸长率 A(%) 不小于	拉伸试验温度/℃
高温力学性能	NW7263	NiCo20Cr20Mo5Ti2Al	固溶和时效 (CS)	所有	540	400	12	780
	NW9911	NiFe36Cr12Mo6Ti3	固溶、稳定化和时效 (CS)	所有	960	690	8	575

注:如上述两产品以固溶状态交货时,供方应以实验证实,试样按 GB/T 26030—2010 表 7 时效处理后,能够满足完全热处理的性能要求

	ISO 数字牌号	合金牌号	外形尺寸/mm	温度/℃	最小应力/MPa	最少断裂时间/h	断裂时延伸率(%)	持久时间/h	塑性变形总量(%)
蠕变和应力断裂性能	NW3021	NiCo20Cr15Mo5Al4Ti	所有	815	≥380①	30	—	—	—
	NW7263	NiCo20Cr20Mo5Ti2Al	所有	780	≥120	—	—	≥50	≤0.10
	NW7001	NiCr20Co13Mo4Ti3Al	所有	730	≥550①	23	≤5	—	—
	NW7090	NiCr20Co18Ti3	所有	870	≥140①	30	—	—	—
	NW7718	NiCr19Fe19Nb5Mo3	≤100	650	≥690①	23	≤5	—	—
	NW7080	NiCr20Ti2Al	所有	750	≥340①	30	—	—	—
	NW9911	NiFe36Cr12Mo6Ti3	所有	575	≥590	—	—	≥100	≤0.10

① 初始应力可采用较高的应力,但在试验过程中不能改变,必须满足规定断裂时间和延伸率的要求,另一种方法是,在规定应力达到最少断裂时间后,可增加应力。

表 3.2-148 镍及镍合金锻件可热处理强化合金的热处理制度 (摘自 GB/T 26030—2010)

合金牌号	固溶①	时效
NiCo20Cr15Mo5Al4Ti	(1150±10)℃,4h,空冷	1050℃,16h,空冷~+850℃,16h,空冷
NiCo20Cr20Mo5Ti2Al	1150℃,空冷或快冷	800℃,8h,空冷
NiCr20Co13Mo4Ti3Al	995~1040℃,4h,油或水冷	845℃,4h,空冷~+760℃,16h,空冷或炉冷
NiCr20Co18Ti3	1050~1100℃,8h,空冷或快冷	700℃,16h,空冷
NiCr15Fe7Ti2Al	980~1100℃,空冷或快冷	730℃,8h,以 55℃/h 冷却速率冷却至 620℃,在 620℃保温 8h,空冷。另一种方法是,以任意冷却速率冷却至 620℃,在 620℃保温,保温时间为整个沉淀处理时间 18h
NiCr19Fe19Nb5Mo3	940~1060℃,16h,空冷或快冷	720℃,8h,以 55℃/h 冷却速率冷却至 620℃,在 620℃保温 8h,空冷。另一种方法是,以任意冷却速率冷却至 620℃,在 620℃保温,保温时间整个沉淀处理时间 18h
NiCr20Ti2Al	1050~1100℃,8h,空冷或快冷	700℃,16h,空冷
NiCu30Al3Ti	最低 980℃,水冷	590~610℃,8~16h,在 8℃/h 和 15℃/h 冷却速率之间,炉冷至 480℃,空冷。另一种方法是,炉冷至 535℃,在 535℃保温 6h,炉冷至 480℃,保温 8h,空冷
NiFe36Cr12Mo6Ti3	1090℃,空冷	770℃,2~4h+700~720℃,24h,空冷

① 温度偏差应为 ±15℃。

6.2 锌合金

6.2.1 铸造锌合金（见表3.2-149）

表3.2-149 铸造锌合金牌号、化学成分、力学性能及应用（GB/T 1175—1997）

合金牌号	合金代号	化学成分（质量分数，%） 合金元素 Al	Cu	Mg	Zn	杂质含量 ≤ Fe	Pb	Cd	Sn	铸造方法及状态	抗拉强度 R_m /MPa ≥	断后伸长率 A (%) ≥	布氏硬度 HBW	特性及应用
ZZnAl4Cu1Mg	ZA4-1	3.5~4.5	0.75~1.25	0.03~0.08	余量	0.1	0.015	0.005	0.003	JF	175	0.5	80	用于复杂形状的铸件小尺寸的高强度零件的好的耐蚀性 锌合金
ZZnAl4Cu3Mg	ZA4-3	3.5~4.3	2.5~3.2	0.03~0.06	余量	0.075	Pb+Cd 0.009		0.002	SF / JF	220 / 240	0.5 / 1	90 / 100	用于压铸各种零件 熔点低，流动性
ZZnAl6Cu1	AZ6-1	5.6~6.0	1.2~1.6	—	余量	0.075	Pb+Cd 0.009		0.002	SF / JF	180 / 220	1 / 1.5	80	用于硬模铸造及压铸各种零件 好，耐磨
ZZnAl8Cu1Mg	ZA8-1	8.0~8.8	0.8~1.3	0.015~0.030	余量	0.075	0.006	0.006	0.003	SF / JF	250 / 225	1 / 1	80 / 85	用于管接头、阀、电气开关和变压器铸件、滑轮和搪瓷客车运输系统零件以及小五金零件 性能良好，有接近黄铜的力学
ZZnAl9Cu2Mg	ZA9-2	8.0~10.0	1.0~2.0	0.03~0.06	余量	0.2	0.03	0.02	0.01	SF / JF	275 / 315	0.7 / 1.5	90 / 105	制造复杂形状零件及滑动轴承，可代替锡青铜及低锡巴氏合金 性能，广
ZZnAl11Cu1Mg	ZA11-1	10.5~11.5	0.5~1.2	0.015~0.030	余量	0.075	0.006	0.006	0.003	SF / JF	280 / 310	1 / 1	90	泛用于汽车、拖拉机、机械制造等部门
ZZnAl11Cu5Mg	ZA11-5	10.0~12.0	4.0~5.5	0.03~0.06	余量	0.2	0.03	0.02	0.01	SF / JF	275 / 295	0.5 / 1.0	80 / 100	用于滑动轴承制作，和ZA4-1相近
ZZnAl27Cu2Mg	ZA27-2	25.0~28.0	2.0~2.5	0.010~0.020	余量	0.075	0.006	0.006	0.003	SF / ST3 / JF	400 / 310 / 420	3 / 8 / 1	110 / 90 / 110	工作温度可达150℃，用于高强度薄壁零件，抗擦伤的耐磨配套、气动及液压配件、工业设备、机具、运输车、客车零件

注：1. 工艺代号：S—砂型铸造，J—金属型铸造，F—铸态，T3—均匀化处理。
2. T3工艺为320℃，3h，炉冷。

6.2.2 压铸锌合金和锌合金压铸件（见表3.2-150）

表3.2-150 压铸锌合金和锌合金压铸件牌号、化学成分及技术要求（摘自GB/T 13818—2009、GB/T 13821—2009）

压铸锌合金牌号及化学成分（GB/T 13818—2009）

序号	合金牌号	合金代号	主要成分（质量分数,%）				杂质含量（质量分数,%）≤			
			Al	Cu	Mg	Zn	Fe	Pb	Sn	Cd
1	YZZnAl4A	YX040A	3.9~4.3	≤0.1	0.030~0.060	余量	0.035	0.004	0.0015	0.003
2	YZZnAl4B	YX040B	3.9~4.3	≤0.1	0.010~0.020	余量	0.075	0.003	0.0010	0.002
3	YZZnAl4Cu1	YX041	3.9~4.3	0.7~1.1	0.030~0.060	余量	0.035	0.004	0.0015	0.003
4	YZZnAl4Cu3	YX043	3.9~4.3	2.7~3.3	0.025~0.050	余量	0.035	0.004	0.0015	0.003
5	YZZnAl8Cu1	YX081	8.2~8.8	0.9~1.3	0.020~0.030	余量	0.035	0.005	0.0050	0.002
6	YZZnAl11Cu1	YX111	10.8~11.5	0.5~1.2	0.020~0.030	余量	0.050	0.005	0.0050	0.002
7	YZZnAl27Cu2	YX272	25.5~28.0	2.0~2.5	0.012~0.020	余量	0.070	0.005	0.0050	0.002

锌合金压铸件（GB/T 13821—2009）

1. 锌合金压铸件的分类

类别	使用要求	检验项目
1	具有结构和功能性要求的零件	尺寸公差、表面质量、化学成分、其他特殊要求
2	无特殊要求的零件	表面质量、化学成分、尺寸公差

2. 锌合金压铸件的表面分级

级别	符号	使用范围	表面粗糙度 Ra
1	Y1	镀、抛光、研磨的表面，相对运动的配合面，危险应力区表面	不大于1.6μm
2	Y2	要求密封的表面、装配接触面等	不大于3.2μm
3	Y3	保护性的涂覆表面及紧固接触面，油漆打腻表面，其他表面	不大于6.3μm

3. 锌合金压铸件合金牌号及化学成分

序号	合金牌号	合金代号	主要成分（质量分数,%）				杂质含量（质量分数,%）			
			Al	Cu	Mg	Zn	Fe	Pb	Sn	Cd
1	YZZnAl4A	YX040A	3.5~4.3	≤0.25	0.02~0.06	余量	0.10	0.005	0.003	0.004
2	YZZnAl4B	YX040B	3.5~4.3	≤0.25	0.005~0.02	余量	0.075	0.003	0.001	0.002
3	YZZnAl4Cu1	YX041	3.5~4.3	0.75~1.25	0.03~0.08	余量	0.10	0.005	0.003	0.004
4	YZZnAl4Cu3	YX043	3.5~4.3	2.5~3.0	0.02~0.05	余量	0.10	0.005	0.003	0.004
5	YZZnAl8Cu1	YX081	8.0~8.8	0.8~1.3	0.015~0.03	余量	0.075	0.006	0.003	0.006
6	YZZnAl11Cu1	YX111	10.5~11.5	0.5~1.2	0.015~0.03	余量	0.075	0.006	0.003	0.006
7	YZZnAl27Cu2	YX272	25.0~28.0	2.0~2.5	0.010~0.02	余量	0.075	0.006	0.003	0.006

4. 锌压铸合金牌号对照及典型的力学、物理性能

锌压铸合金牌号对照

中国合金代号	YX040A	YX040B	YX041	YX043	YX081	YX111	YX272
北美商业标准（NADCA）	No.3	No.7	No.5	No.2	ZA-8	ZA-12	ZA-27
美国材料试验学会（ASTM）	AG-40A	AG-40B	AG-41A	—			

力学性能

	YX040A	YX040B	YX041	YX043	YX081	YX111	YX272
抗拉强度/MPa	283	283	328	359	372	400	426
屈服强度/MPa	221	221	269	283	283~296	310~331	359~370
抗压强度/MPa	414	414	600	641	252	269	358
断后伸长率（%）	10	13	7	7	6~10	4~7	2.0~3.5

(续)

力学性能							
布氏硬度/HBW	82	80	91	100	100~106	95~105	116~122
抗剪强度/MPa	214	214	262	317	275	296	325
冲击强度/J	58	58	65	47.5	32~48	20~37	9~16
疲劳强度/MPa	47.6	47.6	56.5	58.6	103	—	145
弹性模量/GPa	—	—	—	—	85.5	83	77.9
物理性能							
密度/g·cm^{-3}	6.6	6.6	6.7	6.6	6.3	6.03	5.00
熔化温度范围/℃	381~387	381~387	380~386	379~390	375~404	377~432	372~484
比热容/J·(kg℃)$^{-1}$	419	419	419	419	435	450	525
线胀系数/10^{-6}·K^{-1}	27.4	27.4	27.4	27.8	23.2	24.1	26.0
热导率/W·(mK)$^{-1}$	113	113	109	104.7	115	116	122.5
泊松比	0.30	0.30	0.30	0.30	0.30	0.30	0.30

注: 1. GB/T 13818—2009 压铸锌合金用于压铸各种零件, 如汽车、仪表零件外壳、形状较复杂零件等。该标准没有规定各牌号的力学性能指标,化学成分应符合本表规定。
2. 锌合金压铸件的典型力学、物理性能指标是采用专用试样模具获得的单铸试样进行试验而得到的结果, GB/T 13821—2009 作为资料性附录收入该标准附录中, 作为参考。修订的新标准规定化学成分为验收依据, 力学性能不作为验收依据。
3. 锌合金压铸件的尺寸要求、表面质量等技术要求应符合 GB/T 13821—2009 的有关规定, 并需在图样上注明。
4. 牌号的表示方法
   压铸锌合金牌号是由锌及主要合金元素的化学符号组成。主要合金元素后面跟有表示其名义百分含量的数字(名义百分含量为该元素的平均百分含量的修约化整值)。
   在合金牌号前面以字母 "Y" "Z" ("压" "铸" 两字汉语拼音的第一字母) 表示用于压力铸造。
5. 代号的表示方法
   标准中合金代号由字母 "Y" "X" ("压" "锌" 两字汉语拼音的第一字母) 表示压铸锌合金。合金代号后面由三位阿拉伯数字以及一位字母组成。YX 后面前两位数字表示合金中化学元素铝的名义百分含量, 第三个数字表示合金中化学元素铜的名义百分含量, 末位字母用以区别成分略有不同的合金。

6.2.3 加工锌及锌合金 (见表 3.2-151 ~ 表 3.2-154)

表 3.2-151 加工锌及锌合金的品号、化学成分及应用

品号	牌号	化学成分（质量分数,%）								用途举例
		Zn ≥	杂质含量 ≤							
			Pb	Fe	Cd	Cu	As	Sb	Sn	总和	
一号锌	Zn1	99.99	0.005	0.003	0.002	0.001	—	—	—	0.010	制成板、箔、线, 用于机械、仪表工业制造零件以及电镀阳极板等
二号锌	Zn2	99.96	0.015	0.010	0.010	0.001	—	—	—	0.040	
三号锌	Zn3	99.90	0.05	0.02	0.02	0.002	—	—	—	0.10	
四号锌	Zn4	99.50	0.3	0.03	0.07	0.002	0.005	0.01	0.002	0.5	
五号锌	Zn5	98.70	1.0	0.07	0.2	0.005	0.01	0.02	0.002	1.3	制嵌线锌板, 用于印刷嵌线条等

表 3.2-152 锌铜合金和锌铝合金牌号、化学成分及应用

组别	牌号	主要成分（质量分数,%）				用途举例
		Al	Cu	Mg	Zn	
锌铜合金	ZnCu1.5	—	1.2~1.7	—	余量	用于轧制和挤制, 可作 H68、H70 等黄铜的代用品, 制造拉链、千层锁、日用五金等制品
	ZnCu1.2	—	1.0~1.5	—		
	ZnCu1	—	0.8~1.2	—		
	ZnCu0.3	—	0.2~0.4	—		

(续)

组别	牌号	主要成分（质量分数,%）				用途举例
		Al	Cu	Mg	Zn	
锌铝合金	ZnAl15	14~16	—	0.02~0.04	余量	用于挤压，可作黄铜的代用品
	ZnAl10-5	9~11	4.5~5.5	—		
	ZnAl10-1	9~10	0.6~1.0	0.02~0.05		
	ZnAl4-1	3.7~4.3	0.6~1.0	0.02~0.05		用于轧制和挤制，可作 H59 黄铜的代用品
	ZnAl0.2-4	0.2~0.25	3.5~4.5	—		用于轧制和挤制，供制作尺寸要求稳定的零件

表 3.2-153　锌的物理性能和力学性能

密度 ρ/ g·cm^{-3}	熔点/℃	比热容 c /J·(kg·K)$^{-1}$		热导率 λ /W·(m·K)$^{-1}$		线胀系数 α_l /10^{-6}·K^{-1}		电阻率 ρ/ (10^{-6}Ω·m)
		0℃	100℃	18℃	500℃	20~100℃	20~200℃	(20℃)
7.13	419.58	366	404	110.11	57.78	39.5	39.7	0.062

电阻温度系数 α_ρ/℃$^{-1}$	弹性模量 E	切变模量 G	屈服强度 $R_{p0.2}$/MPa		抗拉强度 R_m/MPa		
	GPa		铸造的	加工的	铸造的	加工的	退火的
0.00417	0.008~0.013	0.0008	75	80~100	120~140	120~170	70~100

断后伸长率 A（%）			断面收缩率 Z（%）		冲击韧度 a_K /J·cm^{-2}	布氏硬度 HBW	
铸造的	加工的	退火的	铸造的	加工的		铸造的	加工的
0.3~0.5	40~50	10~20	30	60~80	6~7.5	30~40	35~45

注：本表为参考资料。

表 3.2-154　加工锌合金的物理性能和力学性能

牌号	密度 ρ/g·cm^{-3}	凝固温度 /℃	线胀系数 α_l /10^{-6}·K^{-1} (20~100℃)	弹性模量 E /GPa	抗拉强度 R_m/MPa	断后伸长率 A（%）	断面收缩率 Z（%）	冲击韧度 a_K /J·cm^{-2}	布氏硬度 HBW
ZnCu1	7.18	422~430	34.8	—	200~300	20~30	70~80	15~20	45~75
ZnAl15	5.7	450~380	27~28	0.0113	250~400	10~40	40~50	13~16	60~100
ZnAl10-5	6.3	395~378	27	—	350~450	12~18	—	5~10	90~110
ZnAl10-1	6.2	410~380	27~28	0.013	400~460	8~12	45~60	18~21	90~110
ZnAl4-1	6.7	385~380	27.4	0.013	370~440	8~12	25~60	18~22	90~105
ZnAl0.2-4	7.25	470~424	—	0.0126	300~360	20~30	60~70	5~7	75~90

注：本表为参考资料。

6.3　铅及铅合金

6.3.1　铅锭（见表 3.2-155）

表 3.2-155　铅锭的牌号及化学成分（摘自 GB/T 469—2013）

牌号	化学成分（质量分数,%）											
	Pb	杂质，不大于										
	不小于	Ag	Cu	Bi	As	Sb	Sn	Zn	Fe	Cd	Ni	总和
Pb99.994	99.994	0.0008	0.001	0.004	0.0005	0.0007	0.0005	0.0004	0.0005	0.0002	0.0002	0.006
Pb99.990	99.990	0.0015	0.001	0.010	0.0005	0.0008	0.0005	0.0004	0.0010	0.0002	0.0002	0.010
Pb99.985	99.985	0.0025	0.001	0.015	0.0005	0.0008	0.0005	0.0004	0.0010	0.0002	0.0005	0.015
Pb99.970	99.970	0.0050	0.003	0.030	0.0010	0.0010	0.0010	0.0005	0.0020	0.0010	0.0010	0.030
Pb99.940	99.940	0.0080	0.005	0.060	0.0010	0.0010	0.0010	0.0005	0.0020	0.0020	0.0020	0.060

注：1. Pb 含量为 100% 减去表中所列杂质实测总和的余量。
　　2. 小锭单件质量为：48kg±3kg、42kg±2kg、40kg±2kg、24kg±1kg；大锭单件质量为：950kg±50kg、500kg±25kg。

6.3.2 铅及铅锑合金管（见表 3.2-156、表 3.2-157）

表 3.2-156　铅及铅锑合金管牌号及尺寸规格（摘自 GB/T 1472—2014）

铅　管			铅锑合金管		
牌号	常用尺寸规格		牌号	常用尺寸规格	
	公称内径/mm	公称壁厚/mm		公称内径/mm	公称壁厚/mm
Pb1 Pb2	5、6、8、10、13、16、20	2～12	PbSb0.5 PbSb2 PbSb4 PbSb6 PbSb8	10、15、17、20、25、30、35、40、45、50	3～14
	25、30、35、38、40、45、50	3～12		55、60、65、70	4～14
	55、60、65、70、75、80、90、100	4～12		75、80、90、100	5～14
	110	5～12		110	6～14
	125、150	6～12		125、150	7～14
	180、200、230	8～12		180、200	8～14

注：1. 牌号的化学成分应符合 GB/T 1472—2014 的规定。
2. 公称壁厚尺寸系列（mm）：2、3、4、5、6、7、8、9、10、12、14。
3. 管材长度：定尺或倍尺长度供货，在合同中协定，其长度极限偏差为 $^{+20}_{0}$ mm。
4. 管材用于化工、染料、制药及其他工业领域作为防腐材料。
5. 需方要求，并在合同中注明，可进行气压试验，最大试验压力为 0.5MPa，试验持续时间 5min，应无裂、漏现象发生。
6. 标记示例：
  1) 用 Pb2 制造的、挤制状态、内径为 50mm、壁厚为 6mm 的铅管，标记为：
  　管 Pb2R - φ50×6　GB/T 1472—2014
  2) 用 PbSb0.5 制造的、挤制状态、内径为 50mm、壁厚为 6mm 的高精级铅锑管，标记为：
  　管 PbSb0.5R 高 - φ50×6　GB/T 1472—2014

表 3.2-157　铅及铅锑合金管理论质量及质量换算系数（摘自 GB/T 1472—2014）

内径/mm	壁厚/mm									内径/mm	壁厚/mm								
	2	3	4	5	6	7	8	9	10	12		2	3	4	5	6	7	8	9	10	12
	理论质量/kg·m⁻¹（密度 11.34g·cm⁻³）											理论质量/kg·m⁻¹（密度 11.34g·cm⁻³）									
5	0.5	0.9	1.3	1.8	2.3	3.0	3.7	4.7	5.3	7.3	55			8.4	10.7	13.1	15.5	18.0	20.5	23.1	28.6
6	0.6	1.0	1.4	1.9	2.6	3.2	4.1	4.8	5.7	7.7	60			9.1	11.6	14.1	16.7	19.4	22.1	24.9	30.8
8	0.7	1.2	1.7	2.3	3.0	3.7	4.5	5.4	6.4	8.5	65			9.8	12.4	15.2	18.8	20.8	24.6	26.9	32.9
10	0.8	1.4	2.0	2.6	3.4	4.2	5.1	6.0	7.1	9.4	70			10.5	13.3	16.2	19.1	22.2	25.3	28.5	35.0
13	1.1	1.7	2.4	3.2	4.1	5.0	6.0	7.0	8.2	10.7	75			11.3	14.2	17.3	20.4	23.6	27.1	30.3	37.2
16	1.3	2.0	2.8	3.7	4.7	5.8	6.9	8.0	9.3	12.0	80			12.0	15.1	18.3	21.7	26.0	28.5	32.0	39.3
20	1.6	2.5	3.4	4.4	5.5	6.7	8.0	9.3	10.7	13.7	90			13.4	16.9	20.5	24.2	27.9	31.8	35.6	43.6
25		3.0	4.1	5.3	6.5	7.9	9.4	10.9	12.5	15.8	100			14.8	18.7	22.6	26.6	30.8	35.0	39.2	47.9
30		3.5	4.9	6.2	7.7	9.2	10.8	12.5	14.2	17.9	110				20.5	24.8	29.2	33.6	38.2	42.7	52.1
35		4.1	5.6	7.1	8.8	10.5	12.3	14.1	16.0	20.1	125					28.0	32.9	37.9	42.9	48.1	58.6
38	—	4.1	6.0	7.6	9.4	11.2	13.1	15.1	17.1	21.4	150					33.3	39.1	45.0	50.9	57.1	69.3
40		4.6	6.3	8.0	9.8	11.7	13.7	15.7	17.8	22.2	180						53.6	60.5	67.7	82.2	
45		5.1	7.0	8.9	10.8	13.0	15.1	17.3	19.6	24.3	200						59.3	67.0	74.8	90.7	
50		5.7	7.7	9.8	12.0	14.2	16.5	18.9	21.4	26.5	230						67.8	76.5	85.5	103.5	

质量换算	牌号	Pb1、Pb2	PbSb0.5	PbSb2	PbSb4	PbSb6	PbSb8
	密度/g·cm⁻³	11.34	11.32	11.25	11.15	11.06	10.97
	换算系数	1.0000	0.99982	0.9921	0.9850	0.9753	0.9674

6.3.3 铅及铅锑合金棒和线材（见表 3.2-158）

表 3.2-158 铅及铅锑合金棒和线材牌号、规格及用途（摘自 YS/T 636—2007）

牌号	化学成分	产品种类及状态	尺寸规格/mm		用途
			直径	长度	
Pb1、Pb2、PbSb0.5、PbSb2、PbSb4、PbSb6	按 YS/T 636—2007 的相关规定	挤制 R	盘线 0.5~6.0	—	各工业技术部门耐酸耐蚀材料之用
			盘棒 >6.0~<20	≥2500	
			直棒 20~180	≥1000	

注：1. YS/T 636—2007 取代 GB/T 1473—1988。
  2. 产品直径极限偏差分为普通级和较高级，在合同中未注明者，按普通级供货。其极限偏差数值见 YS/T 636—2007。

6.3.4 铅及铅锑合金板（见表 3.2-159）

表 3.2-159 铅及铅锑合金板牌号、尺寸规格、用途及理论质量（摘自 GB/T 1470—2014）

牌 号	规格/mm			用 途
	厚度	宽度	长度	
Pb1、Pb2	0.3~120	≤2500	≥1000	医疗、核工业放射防护和工业耐腐蚀及稀硫酸容器衬里及其他工业部门做耐酸材料，防护放射性材料之用
PbSb0.5、PbSb1、PbSb2、PbSb4、PbSb6、PbSb8、PbSb1-0.1-0.05、PbSb2-0.1-0.05、PbSb3-0.1-0.05、PbSb4-0.1-0.05、PbSb5-0.1-0.05、PbSb6-0.1-0.05、PbSb7-0.1-0.05、PbSb8-0.1-0.05、PbSb4-0.2-0.5、PbSb6-0.2-0.5、PbSb8-0.2-0.5	1.0~120			

厚度/mm	理论质量/kg·m^{-2}						厚度/mm	理论质量/kg·m^{-2}					
	Pb1、Pb2	PbSb0.5	PbSb2	PbSb4	PbSb6	PbSb8		Pb1、Pb2	PbSb0.5	PbSb2	PbSb4	PbSb6	PbSb8
0.5	5.67	5.66	5.63	5.58	5.53	5.48	20.0	226.80	226.40	225.00	223.00	221.20	219.40
1.0	11.34	11.32	11.25	11.15	11.06	10.97	25.0	283.50	283.00	281.25	278.75	276.50	274.25
2.0	22.68	22.64	22.50	22.30	22.12	21.94	30.0	340.20	339.60	337.50	334.50	331.80	329.10
3.0	34.02	33.96	33.75	33.45	33.18	32.91	40.0	453.60	452.80	450.00	446.00	442.40	438.80
4.0	45.36	45.28	45.00	44.60	44.24	43.88	50.0	567.00	566.00	562.50	557.50	553.00	548.50
5.0	56.70	56.60	56.25	55.75	55.30	54.85	60.0	680.40	679.20	675.00	669.00	663.60	658.20
6.0	68.04	67.92	67.50	66.90	66.36	65.82	70.0	793.80	792.80	787.50	780.50	774.20	767.90
7.0	79.38	79.24	78.75	78.05	77.42	76.79	80.0	902.20	905.60	900.00	892.00	884.80	877.60
8.0	90.72	90.56	90.00	89.20	88.48	87.76	90.0	1020.60	1018.80	1012.50	1003.50	995.40	987.30
9.0	102.06	101.88	101.25	100.35	99.54	98.73	100.0	1134.00	1132.00	1125.00	1115.00	1106.00	1097.00
10.0	113.40	113.20	112.50	111.50	110.60	109.70	110.0	1247.40	1245.20	1237.50	1226.50	1216.60	1206.70
15.0	170.10	169.80	168.75	167.25	165.90	164.55							

注：1. 牌号的化学成分应符合 GB/T 1470—2014 的规定。
  2. GB/T 1470—2014 规定的铅锑合金板的硬度（维氏，HV）：PbSb2≥6.6，PbSb4≥7.2，PbSb6≥8.1，PbSb8≥9.5。
  3. 板材表面应光滑、清洁、平整、不应有分层、气泡、波浪、压坑、裂纹和夹杂等缺陷，但允许有轻微和局部的不影响使用的划痕和凹坑等。
  4. 标记示例：
    1）用 PbSb0.5 制造的、厚度为 3.0mm、宽度为 2500mm、长度为 5000mm 的板材，标记为：板 PbSb0.5 3.0×2500×5000 GB/T 1470—2014
    2）用 PbSb0.5 制造的、厚度为 3.0mm、宽度为 2500mm、长度为 5000mm 的较高精度的板材，标记为：板 PbSb0.5 较高 3.0×2500×5000 GB/T 1470—2014

6.4 铸造轴承合金材料

6.4.1 铸造轴承合金锭（见表3.2-160、表3.2-161）

表 3.2-160 铸造轴承合金锭牌号及化学成分（摘自 GB/T 8740—2013）

类别	牌号	化学成分（质量分数，%）										与 ASTMB23：2000 (R2005) 牌号对照
		Sn	Pb	Sb	Cu	Fe	As	Bi	Zn	Al	Cd	
锡基合金	SnSb4Cu4	余量	0.35	4.00~5.00	4.00~5.00	0.060	0.10	0.080	0.0050	0.0050	0.050	UNS-L13910
	SnSb8Cu4	余量	0.35	7.00~8.00	3.00~4.00	0.060	0.10	0.080	0.0050	0.0050	0.050	UNS-L13890
	SnSb8Cu8	余量	0.35	7.50~8.50	7.50~8.50	0.080	0.10	0.080	0.0050	0.0050	0.050	UNS-L13840
	SnSb9Cu7	余量	0.35	7.50~9.50	7.50~8.50	0.080	0.10	0.080	0.0050	0.0050	0.050	无
	SnSb11Cu6	余量	0.35	10.00~12.00	5.50~6.50	0.080	0.10	0.080	0.0050	0.0050	0.050	无
	SnSb12Pb10Cu4	余量	9.00~11.00	11.00~13.00	2.50~5.00	0.080	0.10	0.080	0.0050	0.0050	0.050	无
铅基合金	PbSb16Sn1As1	0.80~1.20	余量	14.50~17.50	0.6	0.10	0.80~1.40	0.10	0.0050	0.0050	0.050	UNS-L53620
	PbSb16Sn16Cu2	15.00~17.00	余量	15.00~17.00	1.50~2.00	0.10	0.25	0.10	0.0050	0.0050	0.050	无
	PbSb15Sn10	9.30~10.70	余量	14.00~16.00	0.50	0.10	0.30~0.60	0.10	0.0050	0.0050	0.050	UNS-L53585
	PbSb15Sn5	4.50~5.50	余量	14.00~16.00	0.50	0.10	0.30~0.60	0.10	0.0050	0.0050	0.050	UNS-L53565
	PbSn10Sn6	5.50~6.50	余量	9.50~10.50	0.50	0.10	0.25	0.10	0.0050	0.0050	0.050	UNS-53346

注：表内没有标明范围的值都是最大值。

表 3.2-161　锡基、铅基轴承合金的成分和物理性能（摘自 GB/T 8740—2013）

类别	牌号	浇注温度/℃	验证测试							
			主要成分（质量分数,%）				布氏硬度	抗压强度/MPa	屈服强度/MPa	抗拉强度/MPa
			Sn	Pb	Sb	Cu				
锡基	SnSb4Cu4	440	90.83		4.62	4.46	19.3	107.8	32.2	64.3
	SnSb8Cu4	420	89.39		7.42	3.12	23.7	101.5	42.0	77.0
	SnSb8Cu8	490	83.36		8.26	7.96	27.6	141.8	52.0	94.0
	SnSb9Cu7	450	83.04		8.74	7.77	24.9	140.3	54.3	88.6
	SnSb11Cu6	420	82.58		10.81	6.05	28.0	145.2	54.5	87.0
	SnSb12Pb10Cu4	480	74.11	10.48	11.55	3.78	29.2	142.0	54.5	94.2
铅基	PbSb16Sn1As1	350	1.22	81.16	15.96		23.7	96.4	30.3	54.3
	PbSb15Sb10	340	10.11	74.12	15.07		26.8	138.9	29.2	66.4
	PbSb15Sn5	340	4.93	79.14	15.24		23.7	118.5	25.6	42.0
	PbSb10Sn6	450	6.10	83.55	10.24		18.8	110.0	25.8	71.9
	PbSb16Sn16Cu2	570	16.06	余量	15.85	2.00	23.8	134.5	42.7	58.0

注：1. 布氏硬度的试验方法为 GB/T 231《金属材料　布氏硬度试验》；抗压强度的试验方法为 GB/T 7314《金属材料室温压缩试验方法》、屈服强度、抗拉强度试验方法为 GB/T 228.1《金属材料　室温拉伸试验方法》。
2. 布氏硬度、抗压强度、屈服强度、抗拉强度试验的室内温度 10～25℃。
3. 供布氏硬度试验的试样是用生产铸锭的横截面切制为 15mm 厚的试块。供抗压试验的试样是用铸造件加工为直径 13mm、长 38mm 的试块。供屈服强度和抗拉强度的试样是用铸造件机械加工为直径 10mm，有效长度 100mm 的条形试样。
4. 布氏硬度值是使用一个直径 10mm 的钢球和 500kg 的负荷对试样施加 30s 形成的 3 个压痕的平均值。
5. 抗压强度值是形成试样长度 25% 的变形所需的单位负荷。
6. 屈服强度值是试样的一个确定测量长度的 0.125% 变形时所需的单位负荷。
7. 抗拉强度值是将试样拉断时所需的单位负荷。
8. 铸造锡基、铅基轴承合金主要用于制造涡轮、压缩机、电气机械和齿轮等普通轴承。物理性能的测试是以 ASTM B23：2000 标准附录中的方法作为参考进行验证性的试验，经验证测试，各牌号的合金锭的布氏硬度、抗压强度、屈服强度、抗拉强度等物理性能测试值与 ASTM B23：2000《巴氏轴承合金》标准附录中所列的试验结果基本相符。这些物理性能的结果因成分的变化、浇铸温度和浇铸方法的不同而存在一定的差值，个别情况甚至出现较大的偏差。本表所列为一组按标准配制、在一定的温度下浇铸的样品的物理性能测试数据。所有数据均根据试验，验证数据进行过修正。本表的数据不是标准中的内容，只作为参考资料，供购买者选择使用轴承合金时作参考。

6.4.2 铸造轴承合金（见表 3.2-162～表 3.2-167）

表 3.2-162 铸造轴承合金牌号、化学成分及力学性能（摘自 GB/T 1174—1992）

种类	合金牌号	化学成分（质量分数,%）											其他元素总和	铸造方法	力学性能≥		
		Sn	Pb	Cu	Zn	Al	Sb	Ni	Mn	Si	Fe	Bi	As			R_m/MPa	A(%)	布氏硬度 HBW
锡基	ZSnSb12-Pb10Cu4	其余	9.0~11.0	2.5~5.0	0.01	0.01	11.0~13.0	—	—	—	0.1	0.08	0.1	0.55	J	—	—	29
	ZSnSb12-Cu6Cd11	其余	0.15	4.5~6.3	0.05	0.05	10.0~13.0	0.3~0.6	—	—	0.1	—	0.4~0.7	Cd1.1~1.6 Fe+Al+Zn ≤0.15	J	—	—	34
	ZSnSb-11Cu6	其余	0.35	5.5~6.5	0.01	0.01	10.0~12.0	—	—	—	0.1	0.03	0.1	0.55	J	—	—	27
	ZSnSb8-Cu4	其余	0.35	3.0~4.0	0.005	0.005	7.0~8.0	—	—	—	0.1	0.03	0.1	0.55	J	—	—	24
	ZSnSb4-Cu4	其余	0.35	4.0~5.0	0.01	0.01	4.0~5.0	—	—	—	—	0.08	0.1	0.50	J	—	—	20
铅基	ZPbSb16-Sn16Cu2	15.0~17.0	其余	1.5~2.0	0.15	—	15.0~17.0	—	—	—	0.1	0.1	0.3	0.6	J	—	—	30
	ZPbSb15-Sn5Cu3Cd2	5.0~6.0	其余	2.5~3.0	0.15	—	14.0~16.0	—	—	—	0.1	0.1	0.6~1.0	Cd1.75~2.25	0.4	J	—	—	32
	ZPbSb15-Sn10	9.0~11.0	其余	0.7	0.005	0.005	14.0~16.0	—	—	—	0.1	0.1	0.6	Cd0.05	0.45	J	—	—	24
	ZPbSb15Sn5	4.0~5.5	其余	0.5~1.0	0.15	0.01	14.0~15.5	—	—	—	0.1	0.1	0.2	0.75	J	—	—	20
	ZPbSb-10Sn6	5.0~7.0	其余	0.7	0.005	0.005	9.0~11.0	—	—	—	0.1	0.1	0.25	Cd0.05	0.7	J	—	—	18
铜基	ZCuSn5-Pb5Zn5	4.0~6.0	4.0~6.0	其余	4.0~6.0	0.01	0.25	2.5△	—	0.01	0.30	—	—	P0.05 S0.10	0.7	S,J,Li	200/250	13/13	60*/65*
	ZCuSn-10P1	9.0~11.5	0.25	其余	0.05	0.01	0.05	0.10	0.05	0.02	0.10	0.005	—	P0.05~1.0 S0.05	0.7	S J Li	200/310/330	3/2/4	80*/90*/90*
	ZCuPb-10Sn10	9.0~11.0	8.0~11.0	其余	2.0△	0.01	0.5	2.0△	0.2	0.01	0.25	0.005	—	P0.05 S0.10	1.0	S J Li	180/220/220	7/5/6	65*/70*/70*
	ZCuPb-15Sn8	7.0~9.0	13.0~17.0	其余	2.0△	0.01	0.5	2.0△	0.2	0.01	0.25	—	—	P0.10 S0.10	1.0	S J Li	170/200/220	5/6/8	60*/65*/65*
	ZCuPb-20Sn5	4.0~6.0	18.0~23.0	其余	2.0△	0.01	0.75	2.5△	0.2	0.01	0.25	—	—	P0.10 S0.10	1.0	S J	150/150	5/6	45*/55*
	ZCuPb30	1.0	27.0~33.0	其余	—	0.01	0.2	—	0.3	0.02	0.5	0.005	0.10	P0.08	1.0	J	—	—	25*
	ZCuAl-10Fe3	0.3	0.2	其余	0.4	8.5~11.0	—	3.0△	1.0△	0.20	2.0~4.0	—	—	—	1.0	S J Li	490/540	13/15	100*/110*
铝基	ZAlSn6-Cu1Ni1	5.5~7.0	—	0.7~1.3	其余	0.7~1.3	0.1	0.7	0.7	—	—	—	—	Ti0.2 Fe+Si+Mn ≤1.0	1.5	S J	110/130	10/15	35*/40*

注：1. 凡表格中所列两个数值，系指该合金主要元素含量范围，表格中所列单一数值，系指允许的其他元素最高含量。
2. 表中有"△"号为数值，不计入其他元素总和；"*"者为参考硬度值。

第2章 有色金属材料

表 3.2-163　锡基轴承合金的力学性能

名称		ZSnSb12Pb10Cu4	ZSnSb11Cu6	ZSnSb8Cu4	ZSnSb4Cu4
抗拉强度 R_m/MPa		83	88	78	63
屈服强度 $R_{p0.2}$/MPa		38	66	61	29
断后伸长率 A_5（%）		—	6.0	18.6	7.0
断面收缩率 Z（%）		—	38	25	—
抗压强度 R_{mc}/MPa		112	113	112	88
抗压屈服强度 $\sigma_{-0.2}$/MPa		37	80	42	29
疲劳极限 σ_D/MPa		30	24	27	26
弹性模量 E/GPa		53	48	57	51
冲击韧度 a_K /kJ·m^{-2}	有缺口 a_{KV}	—	58.8	114.7	—
	无缺口 a_K	—	104.9	294.2	539.4
不同温度下的硬度 HBW	17~20℃	24.5	30.0	24.3	22.0
	25℃	—	29.0	22.3	—
	50℃	—	22.8	18.2	16.4
	75℃	—	18.5	14.8	12.7
	100℃	12	14.5	11.3	9.2
	125℃	—	10.9	—	6.9
	150℃	—	8.2	6.4	6.4

注：本表为参考资料。

表 3.2-164　锡基轴承合金的物理性能

合金牌号	密度 ρ/g·cm^{-3}	线胀系数 α_l/10^{-6}·K^{-1}	热导率 λ /W·(m·K)$^{-1}$	电导率 γ /MS·m^{-1}	摩擦因数 μ 有润滑	无润滑
ZSnSb12Pb10Cu4	7.70	—	50.24	—	—	—
ZSnSb11Cu6	7.88	23.0	33.49	—	0.005	0.28
ZSnSb8Cu4	7.39	23.2	38.52	6.65	—	—
ZSnSb4Cu4	7.34	—	56.24	—	—	—

注：本表为参考资料。

表 3.2-165　铅锑轴承合金的力学性能

性能		ZPbSb16Sn16Cu2	ZPbSb15Sn5Cu3Cd2	ZPbSb15Sn10	ZPbSb15Sn5	ZPbSb10Sn6
抗拉强度 R_m/MPa		76.5	67	59	—	78.5
屈服强度 $R_{p0.2}$/MPa		—	—	57	—	—
断后伸长率 A_5/%		0.2	0.2	1.8	0.2	5.5
抗压强度 R_{mc}/MPa		121	133	125.5	108	—
抗压屈服强度 $\sigma_{-0.2}$/MPa		84	81	61	78.5	—
疲劳极限 σ_D/MPa		22.5	—	27.5	17	25.5
弹性模量 E/GPa		—	—	29.4	9.4	29.0
冲击韧度 a_K/kJ·m^{-2}		13.70	14.70	43.15	—	46.10
硬度 HBW	17~20℃	34.0	32.0	26.0	20.0	23.7
	50℃	29.5	24.9	24.8	—	18.0
	70℃	22.8	21.3	22.1	—	—
	100℃	15.0	14.0	14.3	9.5	11.0
	125℃	6.9	12.1	—	—	—
	150℃	6.4	8.1	—	—	8.1

注：本表为参考资料。

表 3.2-166　铅锑轴承合金的物理性能

合金牌号	密度 ρ/g·cm^{-3}	线胀系数 α_l/10^{-6}·K^{-1}	热导率 λ/W(m·K)$^{-1}$	摩擦因数 μ 有润滑	无润滑
ZPbSb16Sn16Cu2	9.29	24.0	25.12	0.006	0.25
ZPbSb15Sn5Cu3Cd2	9.60	28.0	20.93	0.005	0.25
ZPbSb15Sn10	9.60	24.0	23.86	0.009	0.38
ZPbSb15Sn5	10.20	24.3	24.28	—	—
ZPbSb10Sn6	10.50	25.3	—	—	—

注：本表为参考资料。

表 3.2-167　铸造轴承合金特性及应用

组别	合金代号	主 要 特 征	用 途 举 例
锡基轴承合金	ZSnSb12Pb10Cu4	为含锡量最低的锡基轴承合金，其特点是：性软而韧、耐压、硬度较高，因含铅，浇注性能较其他锡基轴承合金差，热强性也较低，但价格比其他锡基轴承合金低	适于浇注一般中速、中等载荷发动机的主轴承，但不适用于高温部分
锡基轴承合金	ZSnSb11Cu6	机械工业中应用较广的一种锡基轴承合金。其组成成分的特点是：锡含量较低，铜、锑含量较高。其性能特点是：有一定的韧性、硬度适中（27HBW）、抗压强度较高、可塑性好，所以它的减摩性和抗磨性均较好，其冲击韧度虽比 ZSnSb8Cu4、ZSnSb4Cu4 锡基轴承合金差，但比铅基轴承合金高。此外，还有优良的导热性和耐蚀性、流动性能好，膨胀系数比其他巴氏合金都小。缺点是：疲劳强度较低，故不能用于浇注层很薄和承受较大振动载荷的轴承。此外，工作温度不能高于 110℃，使用寿命较短	适于浇注重载、高速、工作温度低于 110℃ 的重要轴承，如：2000 马力（1 马力 = 735.5W）以上的高速蒸汽机、500 马力的涡轮压缩机和涡轮泵、1200 马力以上的快速行程柴油机、750kW 以上的电动机、500kW 以上发电机，高转速的机床主轴的轴承和轴瓦
锡基轴承合金	ZSnSb8Cu4	除韧性比 ZSnSb11Cu6 好，强度及硬度比 ZSnSb11Cu6 低之外，其他性能与 ZSnSb11Cu6 近似，但因含锡量高，价格比 ZSnSb11Cu6 更贵	适于浇注工作温度在 100℃ 以下的一般负荷压力大的大型机器轴承及轴衬、高速高载荷汽车发动机薄壁双金属轴承
锡基轴承合金	ZSnSb4Cu4	韧度是巴氏合金中最高的，强度及硬度比 ZSnSb11Cu6 略低，其他性能与 ZSnSb11Cu6 近似，但价格也最贵	用于要求韧性较大和浇注层厚度较薄的重载高速轴承，如：内燃机、涡轮机、特别是航空和汽车发动机的高速轴承及轴衬
铅基轴承合金	ZPbSb16Sn16Cu2	和 ZSnSb11Cu6 相比，它的摩擦因数较大，硬度相同，抗压强度较高，在耐磨性和使用寿命方面也不低，尤其是价格便宜得多；但其缺点是冲击韧度低，在室温下是比较脆的。当轴承经受冲击负荷的作用时，易形成裂缝和剥落；当轴承经受静载荷的作用时，工作情况比较好	适用于工作温度＜120℃ 的条件下承受无显著冲击载荷、重载高速的轴承，如：汽车拖拉机的曲柄轴承和 1200 马力以内的蒸汽或水力涡轮机、750kW 以内的电动机、500kW 以内的发电机、500 马力以内的压缩机以及轧钢机等轴承
铅基轴承合金	ZPbSb15Sn5Cu3Cd2	含锡量比 ZPbSb16Sn16Cu2 约低 2/3，但因加有 Cd（镉）和 As（砷），它们之间的性能却无多大差别。它是 ZPbSb16Sn16Cu2 很好的代用材料	用以代替 ZPbSb16Sn16Cu2 浇注汽车拖拉机发动机的轴承，以及船舶机械、100～250kW 电动机、抽水机、球磨机和金属切削机床齿轮箱轴承
铅基轴承合金	ZPbSb15Sn10	冲韧度比 ZPbSb16Sn16Cu2 高，它的摩擦因数虽然较大，但因其具有良好的磨合性和可塑性，所以仍然得到广泛的应用。合金经热处理（退火）后，塑性、韧性、强度和减摩性能均大大提高，而硬度则有所下降，故一般在浇注后均进行热处理，以改善其性能	用于浇注承受中等压力、中速和冲击负荷机械的轴承，如汽车、拖拉机发动机的曲轴轴承和连杆轴承。此外，也适用于高温轴承
铅基轴承合金	ZPbSb15Sn5	是性能较好的铅基低锡轴承合金，和锡基轴承合金 ZSnSb11Cu6 相比，耐压强度相同，塑性和热导率较差，在高温高压和中等冲击负荷的情况下，它的使用性能比锡基轴承合金差；但在温度不超过 80～100℃ 和冲击载荷较低的条件下，这种合金完全可以适用，其使用寿命并不低于锡基轴承合金 ZSnSb11Cu6	可用于低速、轻压力条件下工作的机械轴承。一般多用于浇注矿山水泵轴承，也可用于汽轮机、中等功率电动机、拖拉机发动机、空压机等轴承和轴衬

(续)

组别	合金代号	主要特征	用途举例
铅基轴承合金	ZPbSb10Sn6	是锡基轴承合金 ZSnSb4Cu4 理想的代用材料，其主要特点是：① 强度与弹性模量的比值 R_m/E 较大，抗疲劳剥落的能力较强；② 由于铅的弹性模量较小，硬度较低，因而具有较好的顺应性和嵌藏性；③ 铅有自然润滑性能，并有较好的油膜吸附能力，故有较好的抗咬合性能；④ 铅和钢的摩擦因数较小，硬度低，对轴颈的磨损小；⑤ 软硬适中，韧性好，装配时容易刮削加工，使用中容易磨合；⑥ 原材料成本低廉，制造工艺简单，浇注质量容易保证。缺点是耐蚀性和合金本身的耐磨性不如锡基轴承合金	可代替 ZSnSb4Cu4 用于浇注工作层厚度不大于 0.5mm、工作温度不超过 120℃的条件下，承受中等载荷或高速低载荷的机械轴承。如：汽车汽油发动机、高速转子发动机、空压机、制冷机、高压油泵等主机轴承，也可用于金属切削机床、通风机、真空泵、离心泵、水力透平机和一般农机上的轴承
铜基轴承合金	ZCuSn5Pb5Zn5	耐磨性和耐蚀性好，易切削加工，铸造性能和气密性较好	在较高负荷、中等滑动速度下工作的耐磨、耐蚀零件，如轴瓦、衬套、缸套、活塞、离合器、泵件压盖、涡轮等
铜基轴承合金	ZCuSn10P1	硬度高，耐磨性极好，不易产生咬死现象，有较好的铸造性能和可切削加工性，在大气和淡水中有良好的耐蚀性	可用于高负荷（20MPa 以下）和高滑动速度（8m/s）下工作的耐磨零件，如连杆、衬套、轴瓦、齿轮、涡轮等
铜基轴承合金	ZCuPb10Sn10	润滑性能、耐磨性能和耐蚀性能好，适合用做双金属铸造材料	表面压力高且存在侧压力的滑动轴承，如轧辊、车辆轴承、负荷峰值为 60MPa 的受冲击零件，最高峰值达 100MPa 的内燃机双金属轴瓦，以及活塞销套、摩擦片等
铜基轴承合金	ZCuPb15Sn8	在缺乏润滑剂和用水质润滑剂的条件下，滑动性和润滑性能好，易切削加工，对稀硫酸耐蚀性能好，但铸造性能差	表面压力高且有侧压力的轴承，可用来制造冷轧机的铜冷却管、耐冲击负荷达 50MPa 的零件、内燃机的双金属轴承，主要用于最大负荷达 70MPa 的活塞销套和耐酸配件
铜基轴承合金	ZCuPb20Sn5	有较高的滑动性能，在缺乏润滑介质和以水为介质时有特别好的润滑性能，适用于双金属铸造材料，耐硫酸腐蚀，易切削加工，但铸造性能差	高滑动速度的轴承及破碎机、水泵、冷轧机轴承、负荷达 40MPa 的零件、耐蚀零件、双金属轴承、负荷达 70MPa 的活塞销套
铜基轴承合金	ZCuPb30	有良好的润滑性，易切削，铸造性能差，易产生密度偏析	要求高滑动速度的双金属轴瓦、减摩零件等
铜基轴承合金	ZCuAl10Fe3	具有高的力学性能，耐磨性和耐蚀性能好，可以焊接，不易钎焊，大型铸件经 700℃空冷可以防止变脆	要求强度高、耐磨、耐蚀的重型铸件，如轴套、螺母、涡轮以及在 250℃以下温度工作的管配件
铝基轴承合金	ZAlSn6Cu1Ni1	密度小，导热性好，承载能力强，疲劳强度高，抗咬合性好。有较高的高温硬度，优良的耐蚀性和耐磨性，但摩擦因数较大，要求轴颈有较高的硬度	用于高速、重载荷的机械设备轴承，亦可用于铸造铝锡合金制造的一般机床轴承

7 常用机械零件有色金属材料的选用（表3.2-168）

表 3.2-168 常用零件有色金属材料的选用

分类	要求	零件实例	推荐材料
齿轮及蜗轮	强度高，耐蚀性好	耐蚀齿轮、蜗轮	HAl60-1-1
	强度高，耐磨性好，耐蚀性好	大型蜗轮	HAl66-6-3-2
	有很高的力学性能，铸造性能良好，耐蚀性较好，有应力腐蚀开裂倾向，可以焊接	蜗轮	ZCuZn25Al6Fe3Mn3
	有好的铸造性能和耐磨性，可加工性好，耐蚀性较好，在海水中有应力腐蚀倾向	齿轮	ZCuZn40Pb2
	有较高的力学性能和耐蚀性，耐磨性较好，可加工性较好	蜗轮	ZCuZn38Mn2Pb2
	强度高，耐磨性好，压力及加工性好	精密仪器齿轮	QSn6.5-0.1
	强度高，耐磨性好	蜗轮	QSn7-0.2
	耐磨性和耐蚀性好，减摩性好，能承受冲击载荷，易加工，铸造性能和气密性较好	较高负荷，中等滑动速度下工作的蜗轮	ZCuSn5Pb5Zn5
	硬度高，耐磨性极好，有较好的铸造性能和可加工性，在大气和淡水中有良好的耐蚀性	高负荷，耐冲击和高滑动速度（8m/s）下的齿轮、蜗轮	ZCuSn10Pb1
	耐蚀性、耐磨性和可加工性好，铸造性能好，铸件气密性较好	中等及较多负荷和小滑动速度的齿轮、蜗轮	ZCuSn10Zn2
	较高的强度和耐磨性及耐蚀性	耐蚀齿轮、蜗轮	QAl5
	强度高，较高的耐磨性及耐蚀性	高强度、耐蚀的齿轮、蜗轮	QAl7
	高强度，高减摩性和耐蚀性	高负荷齿轮、蜗轮	QAl9-4
	高的强度和耐磨性，可热处理强化，高温抗氧化性，耐蚀性好	高温下使用齿轮	QAl10-3-1.5
	高温（400℃）力学性能稳定，减摩性好	高温下使用齿轮	QAl10-4-4
	高的力学性能，在大气、淡水和海水中耐蚀性好，耐磨性好，铸造性能好，组织紧密，可以焊接，不易钎焊	耐蚀、耐磨齿轮、蜗轮	ZCuAl9Mn2
	高的力学性能、耐磨性和耐蚀性好，可以焊接，不易钎焊，大型铸件自700℃空冷可以防止变脆	高负荷大型齿轮、蜗轮	ZCuAl10Fe3
	高的力学性能和耐磨性，可热处理，高温下耐蚀性和抗氧化性好，在大气、淡水和海水中耐蚀性好，焊接性好，不易钎焊，大型铸件自700℃空冷可以防止变脆	高温、高负荷、耐蚀齿轮、蜗轮	ZCuAl10Fe3Mn2
	很高的力学性能，耐蚀性好，应力腐蚀疲劳强度高，铸造性能好，合金组织致密，气密性好，可以焊接，不易钎焊	高强、耐腐蚀重要齿轮、蜗轮	ZCuAl8Mn13Fe3Ni2
	很高的力学性能，耐蚀性好，应力腐蚀疲劳强度高，耐磨性良好，在400℃以下具有耐热性，可热处理，焊接性能好，不易钎焊，铸造性能尚好	要求高强度、耐蚀性好及400℃以下工作的重要齿轮、蜗轮	ZCuAl9Fe4Ni4Mn2

(续)

分类	要求	零件实例	推荐材料	
机架	要求重量比较轻的机架，且要求有足够的强度要求，通常铸造铝合金和压铸铝合金是机架采用有色金属材料的主要品种	抽水机壳体、船用柴油机机体	ZAlSi7Mg ZAlSi7MgA	
		仪表壳体、机器盖	ZAlSi12	
		中小型高速柴油机的机体	ZAlSi9Mg	
		高速柴油机机体、油泵泵体	ZAlSi5Cu1Mg ZAlSi5Cu1MgA	
		发动机汽缸头、泵体	ZAlSi8Cu1Mg	
		曲轴箱、飞轮盖、支架	ZAlCu4	
带轮	高速度、小功率、大批量的带轮可采用压铸铝合金、压铸镁合金和压铸铜合金	各种小功率且高速（线速度 v 大于35m/s）的带轮	YZAlSi2、YZAlSi10Mg、YZAlSi12Cu2、YZAlSi9Cu4、YZAlSi11Cu3、YZAlSi7Cu5Mg、YZAlMg5Si、YZMgAl9Zn、YZCuZn40Pb、YZCuZn16Si4	
弹簧	对弹簧有耐蚀、耐磨及防磁性能要求，可采用铜合金材料制作	各种机械及仪器仪表中的有耐蚀耐磨、防磁工况要求的弹簧	QSi3-1、QSn4-3、QSn6.5-0.1、QSn6.5-0.4、QSn7-0.2、QBe2、QBe1.7、QBe1.9、BZn15-20、BAl6-1.5	
活塞	载荷变化、耐磨性能好、抗疲劳、抗冲击性能好，能够在高温条件下工作。活塞重量轻，可降低能量消耗，可选用铸造铝合金	汽车、拖拉机、内燃机车等气缸用活塞	ZAlSi12Cu2Mg1、ZAlSi5Cu6Mg ZAlSi12Cu1Mg1Ni1、ZAlZn6Mg	
阀门主要零件	公称压力小于4MPa、温度范围为-30～350℃的水、蒸汽、空气及油类介质的铸铁制的各种阀门用阀杆及轴	灰铸铁制阀门、可锻铸铁制阀门、球墨铸铁制阀门的阀杆及轴	QAl9-2、QAl9-4、HMn58-2	
		阀杆螺母	ZCuAl9Mn2、ZCuAl9Fe4Ni4Mn2、ZCuZn38Mn2Pb2、ZCuZn25Al6Fe3Mn3	
	公称压力小于或等于2.5MPa的水、海水、氧气、空气、油类等介质，以及温度为-40～250℃的蒸汽的铜合金制阀门	阀体、阀盖、启闭件	ZCuSn3Zn11Pb4 ZCuSn5Pb5Zn5、ZCuSn10Zn2 ZCuZn16Si4 ZCuAl9Mn2、ZCuAl9Fe4Ni4Mn2 ZCuZn31Al2 H62 HPb59-1、QAl9-2、QAl9-4	
		阀杆	QAl9-2、QAl9-4	
滑动轴承	要求具有足够的强度、塑性、耐磨性和减摩性好，并且应具有一定的耐蚀性能	各种滑动轴承的轴瓦和轴衬；中等载荷发动机的主轴承、高转速的机床主轴的轴瓦和轴衬、内燃机和涡轮机的高速重载轴承、汽车和拖拉机发动机的曲轴轴承及连杆轴承、矿山泵轴承、空压机和通风机轴承等	铸造轴承合金	
			锡基	ZSnSb12Pb10Cu4 ZSnSb12Cu6Cd1 ZSnSb11Cu6 ZSnSb8Cu4 ZSnSb4Cu4
			铅基	ZPbSb16Sn16Cu2 ZPbSb15Sn5Cu3Cd2 ZPbSb15Sn10 ZPbSb15Sn5 ZPbSb10Sn6

（续）

分类	要求	零件实例	推荐材料	
滑动轴承	要求具有足够的强度、塑性、耐磨性和减摩性好，并且应具有一定的耐蚀性能	各种滑动轴承的轴瓦和轴衬；中等载荷发动机的主轴承、高转速的机床主轴的轴瓦和轴衬、内燃机和涡轮机的高速重载轴承、汽车和拖拉机发动机的曲轴轴承及连杆轴承、矿山泵轴承、空压机和通风机轴承等	铜基	ZCuSn5Pb5Zn5
				ZCuSn10Pb1
				ZCuPb10Sn10
				ZCuPb15Sn8
				ZCuPb20Sn5
				ZCuPb30
				ZCuAl10Fe3
			铝基	ZAlSn6Cu1Ni1
			锡青铜 　QSn4-3、QSn4-4-2.5、 　QSn4-4-4、QSn6.5-0.4 　QSn7-0.2 铝青铜 　QAl5、QAl9-4、QAl10-3-1.5、 　QAl10-4-4、QAl11-6-6、 　QAl9-5-1-1、QAl10-5-5 铍青铜 　QBe2、QBe1.9、QBe1.9-0.1 黄铜 　HSi80-3、HMn58-2、 　HMn57-3-1、HMn55-3-1 铸造铜合金 ZCuSn5Pb5Zn5、ZCuSn10Pb1、 ZCuSn10Pb5、ZCuPb10Sn10、 ZCuPb15Sn8、ZCuPb17Sn4Zn4、 ZCuPb20Sn5、ZCuPb30、 ZCuAl8Mn13Fe3、ZCuAl9 Fe4Ni4Mn2 ZCuAl10Fe3、ZCuAl10Fe3Mn2、 ZCuZn38Mn2Pb2、ZCuZn40Mn2、 ZCuZn25Al6Fe3Mn3、ZCuZn16Si4		

8 有色金属及其合金国内外牌号对照

8.1 铜及铜合金国内外牌号对照（见表 3.2-169 ~ 表 3.2-173）

表 3.2-169　铸造铜合金国内外牌号对照

中国 GB/T 1176—2013	欧洲 EN 1982：1998	日本 JIS H5120：2006	美国 ASTM B584：2006
ZCuSn3Zn8Pb6Ni1 3-8-6-1 锡青铜	CuSn3Zn8Pb5-C CC490K	CAC401	C83800
ZCuSn5Pb5Zn5 5-5-5 锡青铜	CuSn5Zn5Pb5-C CC491K	CAC406	C83600
ZCuSn10Pb5 10-5 锡青铜	CuSn11Pb2-C CC482K	CAC602	—

(续)

中国 GB/T 1176—2013	欧洲 EN 1982：1998	日本 JIS H5120：2006	美国 ASTM B584：2006
ZCuSn10Zn2 10-2 锡青铜	CuSn10-C CC480K	CAC403	C90500
ZCuPb10Sn10 10-10 铅青铜	—	CAC603	C93700
ZCuPb15Sn8 15-8 铅青铜	CuSn7Pb15-C CC496K	CAC604	C93800
ZCuPb20Sn5 20-5 铅青铜	CuSn5Pb20-C CC497K	CAC605	—
ZCuAl9Fe4Ni4Mn2 9-4-4-2 铝青铜	CuAl10Fe5Ni5-C CC333G	CAC703	—
ZCuAl10Fe3 10-3 铝青铜	CuAl10Fe2-C CC331C	CAC701	—
ZCuAl10Fe3Mn2 10-3-2 铝青铜	CuAl10Fe2-C CC331G	CAC702	—
ZCuZn38 38 黄铜	CuZn38Al-C CC767S	CAC301	C85700
ZCuZn25Al6Fe3Mn3 25-6-3-3 铝黄铜	CuZn25Al5Mn4Fe3-C CC762s	CAC304	C86300
ZCuZn26Al4Fe3Mn3 26-4-3-3 铝黄铜	CuZn25Al5Mn4Fe3-C CC762S	CAC303	C86300
ZCuZn31Al2 31-2 铝黄铜	CuZn37Al-C CC766S	—	C86700
ZCuZn35Al2Mn2Fe1 35-2-2-1 铝黄铜	CuZn35Mn2AlFe1-C CC765S	CAC302	—
ZCuZn40Mn3Fe1 40-3-1 锰黄铜	CuZn34Mn3Al2Fe1-C CC744C	—	C86500
ZCuZn33Pb2 33-2 铅黄铜	CuZn33Pb2-C CC750S	—	C85400
ZCuZn40Pb2 40-2 铅黄铜	CuZn39Pb1Al-C CC754S	CAC202	C85400
ZCuZn16Si4 16-4 硅黄铜	CuZn16Si4 CC761S	CAC802	C87400

表 3.2-170 加工铜国内外牌号对照

中国 GB/T 5231—2012 代号及名称	国际 ISO 1337（E）：1980	欧洲 EN 1652：1997	日本 JIS H3100：2006	美国 ASTM B152/B152M：2006
T1 一号铜	Cu-OF	Cu-OF CW008A	C1020	C10200
T2 二号铜	Cu-ETP	Cu-ETP CW004A	C1100	C11000

(续)

中国 GB/T 5231—2012 代号及名称	国际 ISO 1337（E）：1980	欧洲 EN 1652：1997	日本 JIS H3100：2006	美国 ASTM B152/B152M：2006
T3 三号铜	—	—	C1221	C12500
TU0 零号无氧铜	—	—	C1011 （JIS H3510：2006）	C10100
TU1 一号无氧铜	Cu-OF	Cu-OF CW008A	C1020	C10200
TU2 二号无氧铜	Cu-OF	Cu-OF CW008A	C1020	C10200
TP1 一号脱氧铜	Cu-DLP	Cu-DLP CW023A	C1201	C12000
TP2 二号脱氧铜	Cu-DHP	Cu-DHP CW024A	C1220	C12200
TAg0.1 0.1 银铜	CuAg0.1 （ISO 1336（E）：1980）	—	—	C11600

表 3.2-171 加工白铜国内外牌号对照

中国 GB/T 5231—2012 代号及名称	国际 ISO 429：1983 （ISO 430：1983）	欧洲 EN 1652：1997	日本 JIS H3100：2006 （JIS H3110：2006）	美国 ASTM B122 /B122M：2006
B25 25 白铜	CuNi25	CuNi25 CW350H	—	—
B30 30 白铜	CuNi30Mn1Fe	CuNi30Mn1Fe CW354H	C7150	C71500
BFe10-1-1 10-1-1 铁白铜	CuNi10Fe1Mn	CuNi10Fe1Mn CW352H	C7060	C70600
BFe30-1-1 30-1-1 铁白铜	CuFe30Mn1Fe	CuNi30Mn1Fe CW354H	C7150	C71500
BZn18-18 18-18 锌白铜	(CuNi18Zn20)	CuNi18Zn20 CW409J	(C7521)	C75200
BZn18-26 18-26 锌白铜	(CuNi18Zn27)	CuNi18Zn27 CW410J	C7701 （JIS H3130：2006）	C77000
BZn15-20 15-20 锌白铜	(CuNi15Zn21)	CuNi12Zn24 CW403J	(C7451)	—
BZn15-21-1.8 15-21-1.8 锌白铜	(CuNi18Zn19Pb1)	—	C7941 （JIS G 3270：2006）	—
BZn15-24-1.5 15-24-1.5 锌白铜	(CuNi10Zn28Pb1)	CuNi12Zn25Pb1 CW404J	—	C79200 （ASTM B151/ B151M：2005）
QAl9-5-1-1 9-5-1-1 铝青铜	(CuAl10Ni5Fe4)	CuAl10Ni5Fe4 CW307G （EN 1653：1997 + Al：2000）	C6280	C63010 （ASTM B283：2006）
QAl10-3-1.5 10-3-1.5 铝青铜	(CuAl10Fe3)	—	C6161	C62300 （ASTM B283：2006）

(续)

中国 GB/T 5231—2012 代号及名称	国际 ISO 429：1983 (ISO 430：1983)	欧洲 EN 1652：1997	日本 JIS H3100：2006 (JIS H3110：2006)	美国 ASTM B139 /B139M：2006
QAl10-4-4 10-4-4 铝青铜	(CuAl9Fe4Ni4)	CuAl10Ni5Fe4 CW307G (EN 1653：1997 + A1：2000)	C6301	C63000 (ASTM B283：2006)
QAl10-5-5 10-5-5 铝青铜	(CuAl9Fe4Ni4)		C6301	—
QAl11-6-6 11-6-6 铝青铜	(CuAl10Ni5Si4)	—	C6301	C63020 (ASTM B150/ B150M：2003)
QBe2 2 铍青铜	CuBe2 (ISO 1187：1983)	CuBe2 CW101C	C1720 (JIS H3130：2006)	C17200 (ASTM B194：2001)
QBe1.9 1.9 铍青铜	CuBe2 (ISO 1187：1983)	CuBe2 CW101C	—	—
QBe1.9-0.1 1.9-0.1 铍青铜	CuBe2 (ISO 1187：1983)	CuBe2 CW101C	C1720 (JIS H3130：2006)	C17200 (ASTM B194：2001)
QTe0.5 0.5 碲青铜		CuTeP CW118C (EN 12166：1998)		C14500 (ASTM B283：2006)

表 3.2-172 加工青铜国内外牌号对照

中国 GB/T 5231—2012 代号及名称	国际 ISO 427：1983 (ISO 428：1983)	欧洲 EN 1652：1997	日本 JIS H3100：2006 (JIS H3110：2006)	美国 ASTM B139 /B139M：2006
QSn1.5-0.2 1.5-0.2 锡青铜	CuSn2	—	—	C50500 (ASTM B508： 1997 (2003))
QSn4-0.3 4-0.3 锡青铜	CuSn4	CuSn4 CW450K	—	C51000
QSn4-3 4-3 锡青铜	CuSn4Zn2	CuSn4 CW450K	—	—
QSn4-4-2.5 4-4-2.5 锡青铜	CuSn4Pb4Zn3	—	C5441 (JIS H3270：2006)	—
QSn4-4-4 4-4-4 锡青铜	CuSn4Pb4Zn3	—	C5441 (JIS H3270：2006)	—
QSn6.5-0.1 6.5-0.1 锡青铜	CuSn6	CuSn6 CW452K	(C5191)	—
QSn6.5-0.4 6.5-0.4 锡青铜	CuSn6	CuSn6 CW452K	(C5191)	—
QSn7-0.2 7-0.2 锡青铜	CuSn8	CuSn8 CW453K	C5210 (JIS H3130：2006)	—
QSn8-0.3 8-0.3 锡青铜	CuSn8	CuSn8 CW453K	(C5212)	C52100
QAl5 5 铝青铜	(CuAl5)	—	(C5102)	C60800 (ASTM B111 /B111M：2004)
QAl9-4 9-4 铝青铜	(CuAl10Fe3)	CuAl8Fe3 CW303G	C6161	C61900 (ASTM B283：2006)

(续)

中国 GB/T 5231—2012 代号及名称	国际 ISO 426-1：1983 (ISO 426-2：1983)	欧洲 EN 1652：1997	日本 JIS H3100：2006 (JIS H3110：2006)	美国 ASTM B36/B36M： 2008
HPb62-0.8 62-0.8 铅黄铜	(CuZn37Pb1)	CuZn37Pb0.5 CW604N	C3710	C37100
HPb62-3 62-3 铅黄铜	(CuZn36Pb3)	CuZn38Pb2 CW608N	C3601 (JIS H3250：2006)	C36000 (ASTM B16 /B16M：2005)
HPb62-2 62-2 铅黄铜	(CuZn37Pb2)	CuZn38Pb2 CW608N	C3713	—
HPb61-1 61-1 铅黄铜	(CuZn39Pb1)	CuZn39Pb0.5 CW610N	C3710	C37100
HPb60-2 60-2 铅黄铜	(CuZn38Pb2)	CuZn39Pb2 CW612N	C3771 (JIS H3250：2006)	C37700 (ASTM A283：2006)
HPb59-3 59-3 铅黄铜	(CuZn39Pb3)	CuZn39Pb2 CW612N	C3561	—
HPb59-1 59-1 铅黄铜	(CuZn39Pb1)	—	C3710	C37000 (ASTM B135：2002)
HAl77-2 77-2 铝黄铜	CuZn20Al2	CuZn20Al2As CW702R	—	C68700 (ASTM B111 /B111M：2004)
HSn70-1 70-1 锡黄铜	CuZn28Si1	—	C4430	C44300 (ASTMB111 /B111：2004)
HSn62-1 62-1 锡黄铜	CuZn38Si1	CuZn38Sn1As CW715R (EN 1653：1997 + A1：2000)	C4621	C46200 (ASTMB21/ B21：2006)
HSn60-1 60-1 锡黄铜	—	CuZn39Sn1 CW719R EN 1653：1997 + A1：2000	C4640	C46400 (ASTM B124 /B124M：2006)

表 3.2-173 加工黄铜国内外牌号对照

中国 GB/T 5231—2012 代号及名称	国际 ISO 426-1：1983 (ISO 426-2：1983)	欧洲 EN 1652：1997	日本 JIS H3100：2006 (JIS H3110：2006)	美国 ASTM B36/B36M： 2008
H96 96 黄铜	CuZn5	CuZn5 CW500L	C2100	C21000
H90 90 黄铜	CuZn10	CuZn10 CW501L	C2200	C22000
H85 85 黄铜	CuZn15	CuZn15 CW502L	C2300	C23000

(续)

中国 GB/T 5231—2012 代号及名称	国际 ISO 426-1：1983 （ISO 426-2：1983）	欧洲 EN 1652：1997	日本 JIS H3100：2006 （JIS H3110：2006）	美国 ASTM B36/B36M： 2008
H80 80 黄铜	CuZn20	CuZn20 CW503L	C2400	C24000
H70 70 黄铜	CuZn30	CuZn30 CW505L	C2600	C26000
H68 68 黄铜	CuZn30	CuZn33 CW506L	C2680	C26800
H65 65 黄铜	CuZn35	CuZn36 CW507L	C2720	C27200
H63 63 黄铜	CuZn37	CuZn37 CW508L	C2720 （JIS H3250：2006）	C27200
H62 62 黄铜	CuZn37	CuZn37 CW508L	C2720 （JIS H3250：2006）	C27200
H59 59 黄铜	CuZn40	CuZn40 CW509L	C2800 （JIS H3250：2006）	C28000
HPb66-0.5 66-0.5 铅黄铜	（CuZn32Pb1）	—	—	C33000 （ASTM B135：2002）
HPb63-3 63-3 铅黄铜	（CuZn34Pb2）	CuZn35Pb1 CW600N	C3560	C35600 （ASTM B453 /B453M：2005）
HPb63-0.1 63-0.1 铅黄铜	（CuZn37Pb1）	CuZn37Pb0.5 CW604N	C4620 （JIS H3250：2006）	—

8.2 铝及铝合金国内外牌号对照（见表 3.2-174 ~ 表 3.2-176）

表 3.2-174　铸造铝合金锭国内外牌号对照

中国 GB/T 8733—2007	国际 ISO 3522：2006（E）	欧洲 EN 1706：1998	日本 JIS H2211：1992	美国 ASTM B179：2006
201Z.1 （ZLD201）	AlCu	EN AC-AlCu4Ti EN AC-21100	AC1B1	—
Z01Z.2 （ZLD201A）	AlCu	—	—	A201.1
210Z.1 （ZLD110）	AlCu	—	AC2A-1	—
295.1 （ZLD203）	AlCu	—	—	295.2
304Z.1	AgSiMgTi	EN AC-AlSi2MgTi EN AC4100D	—	—
312Z.1 （ZLD108）	AlSi2Cu	EN AC-AlSi12（Cu） EN AC-47000	—	—
319Z.1	AlSiCu	—	—	319.1
319Z.2	AlSiCu	EN AC-AlSi6Cu4 EN AC-45000	—	—

（续）

中国 GB/T 8733—2007	国际 ISO 3522：2006（E）	欧洲 EN 1706：1998	日本 JIS H2211：1992	美国 ASTM B179：2006
328Z.1 （ZLD106）	AlSi9Cu	—	—	328.1
333Z.1	AlSi9Cu	EN AC-AlSi9Cu3（Fe） EN AC-46000	AC4B.1	333.1
336Z.1 （ZLD109）	AlSiCuNiMg	—	—	336.2
336Z.2	AlSiCuNiMg	—	—	336.1
354Z.1 （ZLD111）	AlSi9Cu	—	—	354.1
355Z.1 （ZLD105）	AlSi5Cu	—	—	355.1
355Z.2 （ZLD105A）	AlSi5Cu	—	AC4D.2	355.2
356Z.1 （ZLD101）	AlSi7Mg	—	—	356.1
356Z.2 （ZLD101A）	AlSi7Mg	—	—	356.2
356Z.3	AlSi7Mg	—	—	A356.1
356Z.5	AlSi7Mg	EN AC-AlSi7Mg EN AC-42000	—	A356.2
356.7 （ZLD114A）	AlSi7Mg	—	AC4CH.1	—
356Z.2	AlSi7Mg	—	—	F356.2
360Z.1	AlSi10Mg	—	AC4A.1	—
360Z.4	AlSi10Mg	EN AC-AlSi10Mg（Fe） EN AC-43400	—	A360.2
360Z.5	AlSi10Mg	EN AC-AlSi9Mg EN AC-43300	—	—
360Z.6 （ZLD104）	AlSi10Mg	EN AC-AlSi10Mg（b） EN AC-43100	—	—
A380.1	AlSi9Cu	—	AC8C.1	A380.1
A380.2	AlSi9Cu	—	AC8B.2	A380.2
380Y.1 （YLD112）	AlSi9Cu	—	—	C380.1
380Y.2	AlSi9Cu	—	AC8B.1	D380.1
383.1	AlSi9Cu	EN AC-AlSi9Cu3（Fe） EN AC-46000	—	383.1
383.2	AlSi9Cu	EN AC-AlSi11Cu2（Fe） EN AC-46100	—	383.2

(续)

中国 GB/T 8733—2007	国际 ISO 3522：2006（E）	欧洲 EN 1706：1998	日本 JIS H2211：1992	美国 ASTM B179：2006
383Y.1	AlSi9Cu	—	—	A383.1
398Z.1 （ZLD118）	AlSi20Cu	—	AC9B.1	—
411Z.1	AlSi（11）	EN AC-AlSi11 EN AC-44000	—	—
413Z.1 （ZLD102）	AlSi（12）	—	AC3A.1	—
413Z.2	AlSi（12）	EN AC-AlSi12（b） EN AC-44100	—	B413.1
413Z.3	AlSi（12）	EN AC-AlSi12（a） EN AC-44200	—	—
413Z.4	AlSi（12）	EN AC-AlSi12（Fe） EN AC-44300	—	—
A413.1	AlSi（12）	—	—	A413.1
A413.2	AlSi（12）	—	—	A413.2
443.1	AlSi（5）	—	—	443.1
443.2	AlSi（5）	—	—	443.2
502Z.1 （ZLD303）	AlMg（5Si）	EN AC-AlMg5（Si） EN AC-51400	—	—
515Y.1 （YLD306）	AlMg（3）	EN AC-AlMg3（b） EN AC-51000	—	515.2
712Z.1 （ZLD402）	AlZnMg	EN AC-AlZn5Mg EN AC-71000	—	712.2

注：中国标准一栏内加注括号者为 GB/T 8733—2000 的牌号；国际标准一栏内加括号者为合金类型。

表 3.2-175　铸造铝合金国内外牌号对照

中国 GB/T 1173—2013	国际 ISO 3522：2006（E）	欧洲 EN 1706：1998	日本 JIS H5202：1999	美国 ASTM B108：2006
ZAlSi7Mg	AlSi7Mg	EN AC-AlSi7Mg EN AC-42000	AC4C	356.0 A03560
ZAlSi7MgA	AlSi7Mg	EN AC-AlSi7Mg EN AC-42000	AC4C	356.0 A03560
ZAlSi12	AlSi（12）	EN AC-AlSi12（a） EN AC-44200	AC3A	—
ZAlSi9Mg	AlSi10Mg	EN AC-AlSi10Mg（a） EN AC-43000	AC4A	359.0 A03590
ZAlSi5Cu1Mg	AlSi5Cu	EN AC-AlSi5Cu1Mg EN AC-45300	AC4D	355.0 A03550
ZAlSi5Cu1MgA	AlSi5Cu	EN AC-AlSi5Cu1Mg EN AC-45300	AC4D	355.0 A03550
ZAlSi8Cu1Mg	AlSi9Cu	EN AC-AlSi9Cu1Mg EN AC-46400	AC4B	—

（续）

中国 GB/T 1173—2013	国际 ISO 3522：2006（E）	欧洲 EN 1706：1998	日本 JIS H5202：1999	美国 ASTM B108：2006
ZAlSi7Cu4	—	EN AC-AlSi7Cu3Mg EN AC-46300	AC2B	319.0 A03190
ZAlSi12Cu2Mg1	AlSi12Cu	EN AC-AlSi12Cu EN AC-47000	AC3A	336.0 A03360
ZAlSi12Cu1Mg1Ni1	—	—	AC3A	336.0 A03360
ZAlSi5Cu6Mg	AlCu	—	—	308.0 A03080
ZAlSi9Cu2Mg	AlSi9Cu2	—	AC4B	—
ZAlSi7Mg1A	AlSi7Mg	—	AC4C	357.0 A03570
ZAlCu4	AlCu	—	AC1A.1	—
ZAlMg10	AlMg10	EN AC-AlMg9 EN AC-51200	—	—
ZAlMg5Si	AlMg（5Si）	EN AC-AlMg5（Si） EN AC-51400	—	—
ZAlZn6Mg	AlZnMg	EN AC-AlZn5Mg EN AC-71000	—	—

表 3.2-176　变形铝及铝合金国内外牌号对照

中国 GB/T 3190—2008	国际 ISO 209：2007（E）	欧洲 EN 573-3：2003	日本 JIS H4040：2006 （JIS H4001：2006）	美国 ASTM B221M：2006 （ASTM B209M：2006）
1060	—	EN AW-1060 EN AW-Al99.6	1060 （JIS H4180：1990）	1060
1070A	AW-1070A AW-Al99.7	EN AW-1070A EN AW-Al99.7	—	—
1080	—	—	1080 （JIS H4000：1990）	1080 （2006年前注册国际牌号）
1080A	AW-1080A AW-Al99.8	EN AW-1080A EN AW-Al99.8（A）	—	—
1085	—	EN AW-1085 EN AW-Al99.85	1085 （JIS H4160：1994）	1085 （2006年前注册国际牌号）
1100	AW-1100 AW-Al99.0Cu	EN AW-1100 EN AW-Al99.0Cu	（1100）	1100
1200	AW-1200 AW-Al99.0	EN AW-1200 EN AW-Al99.0	1200	1200 （2006年前注册国际牌号）
1350	AW-1350 AW-EAl99.5	EN AW-1350 EN AW-Al99.5	—	1350 （2006年前注册国际牌号）
1370	AW-1370 AW-EAl99.7	EN AW-1370 EN AW-EAl99.7	—	—
2011	AW-2011 AW-AlCu6BiPb	EN AW-2011 EN AW-AlCu6BiPb	2011	2011 （ASTM B210M：2003）

(续)

中国 GB/T 3190—2008	国际 ISO 209：2007（E）	欧洲 EN 573-3：2003	日本 JIS H4040：2006 （JIS H4001：2006）	美国 ASTM B221M：2006 （ASTM B209M：2006）
2014	AW-2014 AW-AlCu4SiMg	EN AW-2014 EN AW-AlCu4SiMg	2014	2014
2014A	AW-2014A AW-AlCu4SiMg	EN AW-2014A EN AW-AlCu4SiMg（A）	—	—
2017	AW-2017 AW-AlCu4MgSi	—	2017	2017 （ASTM B211M：2003）
2017A	AW-2017A AW-AlCu4MgSi	EN AW-2017A EN AW-AlCu4MgSi（A）	—	—
2117	—	EN AW-2117 EN AW-AlCu2.5Mg	—	2117 （2006年前注册国际牌号）
3004	AW-3004 AW-AlMn1Mg1	EN AW-3004 EN AW-AlMn1Mg1	(3004)	3004
3104	—	EN AW-3104 EN AW-AlMn1Mg1Cu	(3104)	3104 （2006年前注册国际牌号）
3005	AW-3005 AW-AlMn1Mg0.5	EN AW-3005 EN AW-AlMn1Mg0.5	(3005)	(3005)
3105	AW-3105 AW-AlMn0.5Mg0.5	EN AW-3105 EN AW-AlMn0.5Mg0.5	(3105)	(3105)
4032	—	EN AW-4032 EN AW-AlSi12.5MgCuNi	4032 （JIS H4140：1988）	—
4043A	AW-4043A AW-AlSi5	EN AW-4043A EN AW-AlSi5（A）	—	—
4047	AW-4047 AW-AlSi12	—	—	4047 （2006年前注册国际牌号）
4047A	AW-4047A AW-AlSi12	EN AW-4047A EN AW-AlSi12（A）	—	—
5005	AW-5005 AW-AlMg1	EN AW-5005 EN AW-AlMg1（B）	(5005)	(5005)
5010	—	EN AW-5010 EN AW-AlMg0.5Mn	—	(5010)
5019	AW-5019 AW-AlMg5	EN AW-5019 EN AW-AlMg5	—	—
5050	AW-5050 AW-AlMg1.5	EN AW-5050 EN AW-AlMg1.5（C）	—	(5050)
5052	AW-5052 AW-AlMg2.5	EN AW-5052 EN AW-AlMg2.5	5052	5052
5154	AW-5154 AW-AlMg3.5	—	5154 JIS H4080：2006	5154
5454	AW-5454 AW-AlMg3Mn	EN AW-5454 EN AW-AlMg3Mn	5454	5454
5554	AW-5554 AW-AlMg3Mn	EN AW-5554 EN AW-AlMg3Mn（A）	—	5554 （2006年前注册国际牌号）
5754	AW-5754 AW-AlMg3	EN AW-5754 EN AW-AlMg3	—	5754 （2006年前注册国际牌号）

(续)

中国 GB/T 3190—2008	国际 ISO 209：2007（E）	欧洲 EN 573-3：2003	日本 JIS H4040：2006 （JIS H4001：2006）	美国 ASTM B221M：2006 （ASTM B209M：2006）
5056	AW-5056 AW-AlMg5Cr	—	5056	5056 （ASTM B211M：2003）
5356	AW-5356 AW-AlMg5Cr	EN AW-5356 EN AW-AlMg5Cr（A）	—	5356 （2006年前注册国际牌号）
5456	AW-5456 AW-AlMg5Cu1	—	—	5456
5082	AW-5082 AW-AlMg4.5	EN AW-5082 EN AW-AlMg4.5	5082 （JIS H4000：1999）	5082 （2006年前注册国际牌号）
5182	AW-5182 AW-AlMg4.5-Mn0.4	EN AW-5182 EN AW-AlMg4.5Mn0.4	5182 （JIS H4000：1999）	5182 （2006年前注册国际牌号）
5083	AW-5083 AW-AlMg4.5-Mn0.7	EN AW-5083 EN AW-AlMg4.5Mn0.7	5083	5083
5183	AW-5183 AW-AlMg4.5-Mn0.7	EN AW-5183 EN AW-AlMg4.5-Mn0.7（A）	—	5183 （2006年前注册国际牌号）
5086	AW-5086 AW-AlMg4	EN AW-5086 EN AW-AlMg4	5086 （JIS H4100：2006）	5086
6101	AW-6101 AW-EAlMgSi	EN AW-6101 EN AW-EAlMgSi	6101 （JIS H4180：1990）	6101 （2006年前注册国际牌号）
6101A	AW-6101A AW-EAlMgSi	EN AW-6101A EN AW-EAlMgSi（A）	—	—
6005	AW-6005 AW-AlSiMg	EN AW-6005 EN AW-AlSiMg	—	6005
6005A	—	EN AW-6005A EN AW-AlSiMg（A）	—	6005A
6060	AW-6060 AW-AlMgSi	EN AW-6060 EN AW-AlMgSi	—	6060
6061	AW-6061 AW-AlMg1SiCu	EN AW-6061 EN AW-AlMg1SiCu	6061	6061
6262	AW-6262 AW-AlMg1SiPb	EN AW-6262 EN AW-AlMg1SiPb	—	6262
6063	AW-6063 AW-AlMg0.7Si	EN AW-6063 EN AW-AlMg0.7Si	6063	6063
6463	—	EN AW-6463 EN AW-AlMg0.7Si（B）	—	6463
6181	AW-6181 AW-AlSiMg0.8	EN AW-6181 EN AW-AlSiMg0.8	—	—
6082	AW-6082 AW-AlSiMgMn	EN AW-6082 EN AW-AlSi1MgMn	—	—
7003	—	EN AW-7003 EN AW-AlZn6Mg0.8Zr	7003	—

(续)

中国 GB/T 3190—2008	国际 ISO 209：2007（E）	欧洲 EN 573-3：2003	日本 JIS H4040：2006 （JIS H4001：2006）	美国 ASTM B221M：2006 （ASTM B209M：2006）
7005	—	EN AW-7005 EN AW-AlZn4.5-Mg1.5Mn	—	7005
7020	AW-7020 AW-AlZn4.5Mg1	EN AW-7020 EN AW-AlZn4.5Mg1	—	—
7021	—	EN AW-7021 EN AW-AlZn4.5Mg1.5	—	7021 （2006年前注册国际牌号）
7039	—	EN AW-7039 EN AW-AlZn4Mg3	—	7039 （2006年前注册国际牌号）
7049A	AW-7049A AW-AlZn8MgCu	EN AW-7049A EN AW-AlZn8MgCu	—	—
7050	AW-7050 AW-AlZn6CuMgZr	EN AW-7050 EN AW-AlZn6CuMgZr	7050 （JIS H4150：1988）	7050 （2006年前注册国际牌号）
7150	—	EN AW-7150 EN AW-AlZn6Cu-MgZr（A）	—	7150 （2006年前注册国际牌号）
7072	—	EN AW-7072 EN AW-AlZn1	7072 （JIS H4000：1999）	7072
7075	AW-7075 AW-AlZn5.5MgCu	EN AW-7075 EN AW-AlZn5.5MgCu	7075	7075
7175	—	EN AW-7175 EN AW-AlZn5.5-MgCu（B）	—	7175 （2006年前注册国际牌号）
7475	AW-7475 AW-AlZn5.5-MgCu（A）	EN AW-7475 EN AW-AlZn5.5-MgCu（A）	—	—
8006	—	EN AW-8006 EN AW-AlFe1.5Mn	—	8006 （2006年前注册国际牌号）
8014	—	EN AW-8014 EN AW-AlFe1.5Mn0.4	—	8014 （2006年前注册国际牌号）
8079	—	EN AW-8079 EN AW-AlFe1Si	8079 （JIS H4160：1994）	8079 （2006年前注册国际牌号）

8.3 镁及镁合金国内外牌号对照（见表3.2-177～表3.2-180）

表3.2-177 铸造镁合金锭国内外牌号对照

中国 GB/T 19078—2003	国际 ISO 16220：2005	欧洲 EN 1753：1997	日本 JIS H2221：2000	美国 ASTM B93M：2006
AZ81S	—	MBMgAl8Zn1 MB21110	MD11A	—
AZ91D	MgAl9Zn1（A） ISO MB21120	MBMgAl9Zn1（A） MB21120	MC12A	AZ91D M11917
AZ91S	MgAl9Zn1（B） ISO MB21121	MBMgAl9Zn1（B） MB21121	—	—
AM20S	MgAl2Mn ISO MB21210	MBMgAl2Mn MB21210	—	—

(续)

中国 GB/T 19078—2003	国际 ISO 16220：2005	欧洲 EN 1753：1997	日本 JIS H2221：2000	美国 ASTM B93M：2006
AM50A	MgAl5Mn ISO MB21220	MBMgAl5Mn MB21220	—	AM50A M10501
AM60B	MgAl6Mn ISO MB21230	MBMgAl6Mn MB21230	MD12B	AM60B M10603
AS21S	MgAl2Si ISO MB21310	MBMgAl2Si MB21310	—	—
AS41S	MgAl4Si ISO MB21320	MBMgAl4Si MB21320	MD13A	—
ZC63A	MgZn6Cu3Mn ISO MB32110	MBZn6Cu3Mn MB32110		
ZE41A	MgZn4RE1Zr ISO MB35110	MBMgZn4RE1Zr MB35110	MC110	ZE41A M16411
EZ33A	MgRE3Zn2Zr ISO MB65120	MBRE3Zn2Zr MB65120	MC18	EZ33A M12331
QE22S	MgAg2RE2Zr ISO MB65210	MBMgRE2Ag2Zr MB65210	MC19	—
EQ21S	MgRE2Ag1Zr ISO MB65220	MBMgRE2Ag1Zr MB65220	—	—
WE54A	MgY5RE4Zr ISO MB95310	MBMgY5RE4Zr MB95310	—	WE54A M18410
WE43A	MgY4RE3Zr ISO MB95320	MBMgY4RE3Zr MB95320	—	WE43A M18430

表 3.2-178 变形镁及镁合金国内外牌号对照

中国 GB/T 5153—2003	国际 ISO 3116：2001	日本 JIS H4203：2005	美国 ASTMB107/B107M：2006
AZ31B	—	MB1	AZ31B M11311
AZ31S	WD21150	MB1	AZ31C M11312
AZ31T	WD21150	MB1	AZ31C M11312
AZ61A	—	MB2	AZ61A M11610
AZ61M	—	MB2	AZ61A M11610
AZ61S	WD21160	MB2	AZ61A M11610
AZ80A	—	MB3	AZ80A M11800
AZ80M	WD21170	MB3	AZ80A M11800

（续）

中国 GB/T 5153—2003	国际 ISO 3116：2001	日本 JIS H4203：2005	美国 ASTMB107/B107M：2006
AZ80S	—	MB3	AZ80A M11800
AZ91D	—	MB3	AZ91D （ASTM B90/B90M：1998）
M2S	WD43150	—	M1A M15100
ZK61M	—	MB6	ZK60A M16600
ZK61S	WD32260	MB6	ZK60A M16600

表 3.2-179　原生镁国内外牌号对照

中国 GB/T 3499—2003	国际 ISO 8287：2002	欧洲 EN12421：1998	日本 JIS H2150：1998	美国 ASTM B92/B92M：2001
Mg9998	99.95A	EN MB99.95-A EN MB10030	—	9998A 19998
Mg9995	99.95B	EN MB99.95-B EN MB10031	—	9995A 19995
Mg9990	—	—	1级	9990A 19990
Mg9980	99.80A	EN MB99.80-A EN MB10020	2级	9980A 19980

表 3.2-180　铸造镁合金国内外牌号对照

中国 GB/T 1177—1991	国际 ISO 16220：2005	欧洲 EN 1753：1997	日本 JIS H5203：2000	美国 ASTM B93M：2006
ZMgZn4RE1Zr	MgZn4RE1Zr ISO MC35110	MCZn4RE1Zr MC35110	MC5	ZE41A M16411
ZMgRE3Zn2Zr	MgRE3Zn2Zr ISO MC65120	MCMgRE3Zn2Zr MC65120	MC8	E233A M12331
ZMgAl8Zn	—	MCMgAl8Zn1 MC21110	MC2	
ZMgAl10Zn	MgAl9Zn1（A） ISO MC21120	MCMgAl9Zn1（A） MC21120	MC5	AZ91D M1191T

8.4　锌及锌合金国内外牌号对照（见表 3.2-181、表 3.2-182）

表 3.2-181　铸造用锌合金锭国内外牌号对照

中国 GB/T 8738—2006	国际 ISO 301：2006（E）	欧洲 EN1774：1997	日本 JIS H2201：1999	美国 ASTM B240：2004
ZX01 ZnAl4	ZnAl4 ZL0400	ZnAl4	2级	Z33521 （AC40A）
ZX03 ZnAl4Cu1	ZnAl4Cu1 ZL0410	ZnAl4Cu1	1级	Z35530 （AC41A）

(续)

中国 GB/T 8738—2006	国际 ISO 301：2006（E）	欧洲 EN1774：1997	日本 JIS H2201：1999	美国 ASTM B240：2004
ZX04 ZnAl4Cu3	ZnAl4Cu3 ZL0430	ZnAl4Cu3	—	Z35540 （AC43A）
ZX06 ZnAl8Cu1	ZnAl8Cu1 ZL0810	ZnAl8Cu1	—	Z35635 （ZA-8）
ZX08 ZnAl11Cu1	ZnAl11Cu1 ZL1110	ZnAl11Cu1	—	Z35630 （ZA-12）
ZX10 ZnAl27Cu2	ZnAl27Cu2 ZL2720	ZnAl27Cu2	—	Z35840 （ZA-27）

表 3.2-182　铸造锌合金国内外牌号对照

中国 GB/T 1175—1997	国际 ISO 301：2006（E）	欧洲 EN 1774：1997	日本 JIS H2201：1999	美国 ASTM B240：2004
ZZnAl4Cu1Mg	ZnAl4Cu1 ZL0410	ZnAl4Cu1	1级	Z35530 （AC41A）
ZZnAl4Cu3Mg	ZnAl4Cu3 ZL0430	ZnAl4Cu3	—	Z35540 （AC43A）
ZZnAl8Cu1Mg	ZnAl8Cu1 ZL0810	ZnAl8Cu1	—	Z35635 （ZA-8）
ZZnAl9Cu2Mg	ZnAl8Cu1 ZL0810	ZnAl8Cu1	—	—
ZZnAl11Cu1Mg	ZnAl11Cu1 ZL1110	ZnAl11Cu1	—	Z35630 （ZA-12）
ZZnAl27Cu2Mg	ZnAl27Cu2 ZL2720	ZnAl27Cu2	—	Z35840 （ZA-27）

第3章 非金属材料

1 橡胶及橡胶制品

1.1 工程常用橡胶的性能及应用（见表3.3-1～表3.3-4）

表3.3-1 工程常用橡胶的种类、特性及应用

种类（代号）	化学组成	特 性	应用举例
天然橡胶（NR）	以橡胶烃（聚异戊二烯）为主，另含少量蛋白质、水分、树脂酸、糖类和无机盐	弹性大，拉伸强度高，抗撕裂性和电绝缘性优良，耐磨、耐寒性好，加工性佳，易与其他材料黏合，综合性能优于多数合成橡胶。缺点是耐氧及耐臭氧性差，容易老化，耐油、耐溶剂性不好，耐酸碱腐蚀的能力低，耐热性不高	制作轮胎、胶鞋、胶管、胶带、电线电缆的绝缘层和护套，以及其他通用橡胶制品
丁苯橡胶（SBR）	丁二烯和苯乙烯的共聚物	耐磨性突出，耐老化和耐热性超过天然橡胶，其他性能与天然橡胶接近。缺点是弹性和加工性能较天然橡胶差，特别是自黏性差，生胶强度低	代替天然橡胶制作轮胎、胶板、胶管、胶鞋及其他通用制品
顺丁橡胶（BR）	由丁二烯聚合而成的顺式结构橡胶	结构与天然橡胶基本一致。它的突出优点是弹性与耐磨性优良，耐老化性佳，耐低温性优越，在动负荷下发热量小，易与金属黏合；但强度较低，抗撕裂性差，加工性能与自黏性差，产量仅次于丁苯橡胶	一般和天然或丁苯橡胶混用，主要用于制作轮胎胎面、运输带和特殊耐寒制品
异戊橡胶（IR）	以异戊二烯为单体聚合而成，组成和结构均与天然橡胶相似	又称合成天然橡胶，具有天然橡胶的大部分优点，吸水性低，电绝缘性好，耐老化性优于天然橡胶，但弹性和加工性能比天然胶较差，成本较高	可代替天然橡胶制作轮胎、胶鞋、胶管、胶带，以及其他通用橡胶制品
丁基橡胶（IIR）	异丁烯和少量异戊二烯的共聚物，又称异丁橡胶	耐老化性及气密性、耐热性优于一般通用橡胶，吸振及阻尼特性良好，耐酸碱、耐一般无机介质及动植物油脂，电绝缘性亦佳，但弹性不好，加工性能差，表现为硫化慢，难黏，动态生热大	主要用于制作内胎、水胎、气球、电线电缆绝缘层、化工设备衬里及防振制品、耐热运输带、耐热耐老化胶布制品
氯丁橡胶（CR）	由氯丁二烯作为单体，乳液聚合而成的聚合物	有优良的抗臭氧、抗臭氧及耐候性，不易燃，着火后能自熄，耐油、耐溶剂及耐酸碱性、气密性等亦较好。主要缺点是耐寒性较差，密度较大，相对成本高，电绝缘性不好，加工时易粘辊、焦烧及黏模。此外，生胶稳定性差，不易保存。产量次于丁苯橡胶、顺丁橡胶，在合成橡胶中居第三位	主要用于制作要求抗臭氧、耐老化性高的重型电缆护套，耐油、耐化学腐蚀的胶管、胶带和化工设备衬里、耐燃的地下采矿用制品，以及汽车门窗嵌条、密封圈等
丁腈橡胶（NBR）	丁二烯与丙烯腈的共聚物	耐油性仅次于聚硫橡胶、丙烯酸酯橡胶及氟橡胶而优于其他通用胶，耐热性较好，可达150℃，气密性和耐水性良好，黏结力强，但耐寒、耐臭氧性较差，强度及弹性较低，电绝缘性不好，耐酸及耐极性溶剂性能较差	主要用于制作各种耐油制品，如耐油的胶管、密封圈、贮油槽衬里等，也可用于制作耐热运输带

(续)

种类 （代号）	化学组成	特　性	应用举例
二元、三元乙丙橡胶（EPM、EPDM）	是乙烯和丙烯的共聚物。一般分二元乙丙橡胶和三元乙丙橡胶（乙烯、丙烯和二烯类三元共聚）两类	为密度小、颜色浅、成本较低的品种。耐化学稳定性很好（仅不耐浓硝酸），耐臭氧及耐候性优异，电绝缘性突出，耐热可达150℃，耐极性溶剂但不耐脂肪烃及芳香烃。其他综合物理力学性能略次于天然橡胶而优于丁苯橡胶。缺点是硫化缓慢、黏着性差	主要用于制作化工设备衬里、电线电缆绝缘层、蒸汽胶管、耐热运输带、汽车配件（散热管及发动机部位的橡胶零件）及其他工业制品
氯磺化聚乙烯橡胶（CSM）	用氯和二氧化硫处理（即氯磺化）聚乙烯后，再经硫化而成	耐臭氧及耐日光老化性优良，耐候性高于其他橡胶。不易燃，耐热、耐酸碱及耐溶剂性能也较好，电绝缘性尚佳，耐磨性良好。缺点是抗撕裂性不太好，加工性能差，价格较贵	用于制作臭氧发生器上的密封材料、耐油垫圈、电线电缆包皮及绝缘层、耐腐蚀件及化工设备衬里等
丙烯酸酯橡胶（AR）	烷基丙烯酸酯与不饱和单体（如丙烯腈）的共聚物	最大特点是兼有耐油、耐热性能，可在180℃以下热油中使用，还耐日光老化、耐氧与臭氧、耐紫外光，气密性也较好。缺点是耐低温性较差，不耐水及蒸汽，强度、弹性及耐磨性均较差，在苯及丙酮溶剂中膨胀较大，加工性能不好	可用于制作一切需要耐油、耐热、耐老化的制品，如耐热油软管、油封等
聚氨酯橡胶（UR）	由聚酯或聚醚与二异氰酸酯类化合物聚合而成	耐磨性高于其他橡胶，强度高，耐油性好，其他如耐臭氧、耐氧及日光老化、气密性等均很好。缺点是耐热、耐水、耐酸碱性能差	用于制作轮胎及耐油、耐苯零件、垫圈、防振制品及其他要求耐磨、高强度零件
硅橡胶（SR）	主链为硅氧原子组成的、带有机基团的缩聚物	耐高温（可达300℃）及低温（最低-100℃）性能突出，电绝缘性优良，对热氧化和臭氧的稳定性高。缺点是机械强度较低，耐油、耐酸碱、耐溶剂性较差，价格较贵	用于制作耐高低温制品（如胶管、密封件）、耐高温电绝缘制品
氟橡胶（FPM）	由含氟单体共聚而得	耐高温可达300℃，耐介质腐蚀性高于其他橡胶（耐酸碱、耐油性是橡胶中最好的），抗辐射及高真空性优良。此外，机械强度、电绝缘性、耐老化性能都很好，是性能全面的特种合成橡胶。缺点是加工性差，价格贵	用于制作耐化学腐蚀制品，如化工衬里、垫圈、高级密封件、高真空橡胶件
聚硫橡胶（PSR）	三氯乙烷和多硫化钠的缩聚物。为分子主链中含有硫原子的特种橡胶	耐油及耐各种化学介质腐蚀性能特别高，在这方面仅次于氟橡胶，能耐臭氧、日光、各种氧化剂，气密性良好。缺点是机械强度极差，变形大，耐热、耐寒、耐磨、耐曲挠性均差，黏着性小，冷流现象严重	由于综合性能较差以及易燃烧、有催泪性气味，故工业上很少采用，仅用作密封腻子或油库覆盖层
氯化聚乙烯橡胶	乙烯、氯乙烯与二氯乙烯的三元共聚物	耐候、耐臭氧性卓越，电绝缘性尚可，耐酸碱、耐油性良好，耐水、耐燃、耐磨性优异，但弹性差，压缩变形较大，性能与氯磺化聚乙烯橡胶近似	用于制作电线电缆护套、胶带、胶管、胶辊、化工衬里

表 3.3-2　工程常用橡胶技术性能数据

性能	品种	天然橡胶	异戊橡胶	丁苯橡胶	顺丁橡胶	氯丁橡胶	丁基橡胶	丁腈橡胶
生胶密度/g·cm^{-3}		0.90~0.95	0.92~0.94	0.92~0.94	0.91~0.94	1.15~1.30	0.91~0.93	0.96~1.20
拉伸强度/MPa	未补强硫化胶	17~29	20~30	2~3	1~10	15~20	14~21	2~4
	补强硫化胶	25~35	20~30	15~20	18~25	25~27	17~21	15~30
伸长率(%)	未补强硫化胶	650~900	800~1200	500~800	200~900	800~1000	650~850	300~800
	补强硫化胶	650~900	600~900	500~800	450~800	800~1000	650~800	300~800
200%定伸24h后永久变形(%)	未补强硫化胶	3~5	—	5~10	—	18	2	6.5
	补强硫化胶	8~12	—	10~15	—	7.5	11	6
回弹率(%)		70~95	70~90	60~80	70~95	50~80	20~50	5~65
永久压缩变形(%)100℃×70h		+10~+50	+10~+50	+2~+20	+2~+10	+2~+40	+10~+40	+7~+20
硬度 邵尔A		20~100	10~100	35~100	10~100	20~95	15~75	10~100
热导率/W·(m·K)$^{-1}$		0.17	—	0.29	—	0.21	0.27	0.25
最高使用温度/℃		100	100	120	120	150	170	170
长期工作温度/℃		-55~70	-55~70	-45~100	-70~100	-40~120	-40~130	-10~120
脆化温度/℃		-55~-70	-55~-70	-30~-60	-73	-35~-42	-30~-55	-10~-20
体积电阻率/Ω·cm		10^{15}~10^{17}	10^{10}~10^{15}	10^{14}~10^{16}	10^{14}~10^{15}	10^{11}~10^{12}	10^{14}~10^{16}	10^{12}~10^{15}
表面电阻率/Ω		10^{14}~10^{15}	—	10^{13}~10^{14}	—	10^{11}~10^{12}	10^{13}~10^{14}	10^{12}~10^{15}
相对介电常数(10^{3}Hz)		2.3~3.0	2.37	2.9	—	7.5~9.0	2.1~2.4	13.0
瞬时击穿强度/kV·mm^{-1}		>20	—	>20	—	10~20	25~30	15~20
损耗角正切(10^{3}Hz)		0.0023~0.0030	—	0.0032	—	0.03	0.003	0.055
耐溶剂性膨胀率(体积分数,%)	汽油	+80~+300	+80~+300	+75~+200	+75~+200	+10~+45	+150~+400	-5~+5
	苯	+200~+500	+200~+500	+150~+400	+150~+500	+100~+300	+30~+350	+50~+100
	丙酮	0~+10	0~+10	+10~+30	+10~+30	+15~+50	0~+10	+100~+300
	乙醇	-5~+5	-5~+5	-5~+10	-5~+10	+5~+20	-5~+5	+2~+12

（续）

性能	品种	乙丙橡胶	氯磺化聚乙烯橡胶	丙烯酸酯橡胶	聚氨酯橡胶	硅橡胶	氟橡胶	聚硫橡胶	氯化聚乙烯橡胶
生胶密度/g·cm^{-3}		0.86~0.87	1.11~1.13	1.09~1.10	1.09~1.30	0.95~1.40	1.80~1.82	1.35~1.41	1.16~1.32
拉伸强度/MPa	未补强硫化胶	3~6	8.5~24.5	—	—	2~5	10~20	0.7~1.4	—
	补强硫化胶	15~25	7~20	7~12	20~35	4~10	20~22	9~15	>15
伸长率(%)	未补强硫化胶	—	—	—	—	40~300	500~700	300~700	400~500
	补强硫化胶	400~800	100~500	400~600	300~800	50~500	100~500	100~700	—
200%定伸24h后永久变形(%)	未补强硫化胶								
	补强硫化胶								
回弹率(%)		50~80	30~60	30~40	40~90	50~85	20~40	20~40	
永久压缩变形(%) 100℃×70h		—	+20~+80	+25~+90	+50~+100		+5~+30		
硬度 邵尔A		30~90	40~95	30~95	40~100	30~80	50~60	40~95	
热导率/W·(m·K)$^{-1}$		0.36	0.11	—	0.067	0.25	—	—	—
最高使用温度/℃		150	150	180	80	315	315	180	—
长期工作温度/℃		-50~130	-30~130	-10~180	-30~70	-100~250	-10~280	-10~70	90~105
脆化温度/℃		-40~-60	-20~-60	0~-30	-30~-60	-70~-120	-10~-50	-10~-40	
体积电阻率/Ω·cm		10^{12}~10^{15}	10^{13}~10^{15}	10^{11}	10^{10}	10^{16}~10^{17}	10^{13}	10^{11}~10^{12}	10^{12}~10^{13}
表面电阻率/Ω		—	10^{14}	—	10^{11}	10^{13}	—	—	—
相对介电常数(10^3Hz)		3.0~3.5	7.0~10	4.0	—	3.0~3.5	2.0~2.5	—	7.0~10
瞬时击穿强度/kV·mm^{-1}		30~40	15~20	—	—	20~30	20~25	—	15~20
损耗角正切(10^3Hz)		0.004(60Hz)	0.03~0.07	—	—	0.001~0.01	0.3~0.4	—	0.01~0.03
耐溶剂性膨胀率(体积分数)(%)	汽油	+100~+300	+50~+150	+5~+15	-1~+5	+90~+175	+1~+3	-2~+3	
	苯	+200~+600	+250~+350	+350~+450	+30~+60	+100~+400	+10~+25	-2~+50	
	丙酮	—	+10~+30	+250~+350	~+40	-2~+15	+150~+300	-2~+25	—
	乙醇	—	-1~+2	-1~+1	-5~+20	-1~+1	-1~+2	-2~+20	—

注：本表为经过硫化的软橡胶的技术性能数据。

表 3.3-3　工程常用橡胶性能比较

性能＼品种	天然橡胶	异戊橡胶	丁苯橡胶	顺丁橡胶	氯丁橡胶	丁基橡胶	丁腈橡胶
抗撕裂性	优	良或优	良	可或良	良或优	良	良
耐磨性	优	优	优	优	良或优	可或良	优
耐曲挠性	优	优	良	优	良或优	优	良
冲击性能	优	优	优	良	良	良	可
耐矿物油	劣	劣	劣	劣	良	劣	可或优
耐动植物油	次	次	可或良	次	良	优	优
耐碱性	可或良	可或良	可或良	可或良	良	优	可或良
耐强酸性	次	次	次	次	可或良	良	良
耐弱酸性	可或良	可或良	可或良	可或良	优	优	良
耐水性	优	优	良或优	优	优	良或优	可或良
耐日光性	良	良	良	良	良	良	可
耐氧老化	劣	劣	劣或可	劣	优	优	劣
耐臭氧老化	劣	劣	劣	次或可	良或优	劣	劣或可
耐燃性	劣	劣	劣	劣	良或优	劣	良或优
气密性	良	良	良	良	可或良	优	可或良
耐辐射	可或良	可或良	良	良	良	劣	良
耐蒸汽性	良	良	良	良	劣	优	良

性能＼品种	乙丙橡胶	氯磺化聚乙烯橡胶	丙烯酸酯橡胶	聚氨酯橡胶	硅橡胶	氟橡胶	聚硫橡胶	氯化聚乙烯橡胶
抗撕裂性	良或优	可或良	可	良	劣或可	良	劣或可	优
耐磨性	良或优	优	可或良	优	可或良	良	劣或可	优
耐屈挠性	良	良	良	优	劣或可	良	劣	—
耐冲击性能	良	可或良	劣	良	劣或可	劣或可	劣	—
耐矿物油	劣	良	良	良	劣	优	优	良
耐动植物油	良或优	优	优	良	优	优	优	优
耐碱性	优	良	可	可	次或良	优	优	优
耐强酸性	良	可或良	可或次	劣	次	优	可或良	优
耐弱酸性	优	良	可	劣	次	优	优	优
耐水性	优	优	劣或可	可	优	优	可	优
耐日光性	优	优	优	良或优	优	优	优	优
耐氧老化	优	优	优	优	优	优	优	优
耐臭氧老化	优	优	优	优	优	优	优	优
耐燃性	劣	良	劣或可	劣或可	可或良	优	优	良
气密性	良或优	良	良	良	可	良	优	—
耐辐射性	劣	可或良	劣或可	良	可或优	可或良	可或良	—
耐蒸汽性	优	优	劣	劣	良	优	优	—

注：1. 性能等级：优、良、可、次、劣 5 个等级，从优至劣依次降低。
　　2. 表列性能系指经过硫化的软橡胶而言。

表 3.3-4　工程常用橡胶在各种介质中的耐蚀性

橡胶品种	丁苯橡胶	丁腈橡胶	丁基橡胶	氯丁橡胶	乙丙橡胶	乙丙酸酯橡胶	聚氨酯橡胶	硅橡胶	氟橡胶	聚硫橡胶
发烟硝酸	×	×	×	×	—	—	×	×	△	×
浓硝酸	×	×	×	×	—	—	×	×	△	×
浓硫酸	×	×	×	×	—	—	×	×	○	×
浓盐酸	×	×	△	△	—	—	—	△	○	×
浓磷酸	○	×	○	△	—	—	—	○	○	×
浓醋酸	△	×	○	×	—	—	—	○	×	×
浓氢氧化钠	○	○	△	○	☆	—	—	○	△	△
无水氨	△	△	○	△	☆	—	—	—	—	—
稀硝酸	×	×	×	×	—	—	—	△	○	×
稀硫酸	△	△	○	△	—	—	—	△	○	×
稀盐酸	×	×	△	○	—	—	—	△	○	△
稀醋酸	△	×	○	×	—	—	—	△	×	×
氨水	△	△	○	△	—	—	—	○	×	×

(续)

橡胶品种	丁苯橡胶	丁腈橡胶	丁基橡胶	氯丁橡胶	乙丙橡胶	乙丙酸酯橡胶	聚氨酯橡胶	硅橡胶	氟橡胶	聚硫橡胶
苯	×	×	✓	×	✓	—	×	×	○	○
汽油	×	○	×	○	×	○	○	×	○	○
石油	✓	△	×	✓	—	—	—	✓	○	○
四氯化碳	×	○	×	△	—	—	—	×	○	○
二硫化碳	×	○	×	△	—	—	—	×	○	○
乙醇	○	○	○	○	○	×	×	○	○	○
丙酮	△	×	△	✓	✓	—	—	✓	×	○
甲酚	○	○	×	△	—	—	—	△	△	—
乙醛	×	✓	○	×	—	—	—	—	—	—
乙苯	×	×	×	×	✓	—	—	×	○	—
丙烯腈	×	×	✓	△	—	—	—	—	×	—
丁醇	☆	☆	☆	☆	☆	☆	✓	☆	☆	☆
丁二烯	×	—	—	—	—	—	—	—	—	—
苯乙烯	×	×	×	×	—	—	—	—	—	△
醋酸乙酯	×	×	○	×	○	×	△	✓	○	×
醚	×	×	△	×	△	×	—	×	×	×

注：○—可用，寿命较长；△—可用，寿命一般；✓—可作代用材料，寿命较短；×—不可用；☆—在任何浓度均可用；——不推荐。

1.2 橡胶板

1.2.1 工业用橡胶板（见表3.3-5）

表3.3-5 工业用橡胶板尺寸规格及性能（摘自 GB/T 5574—2008）

尺寸规格/mm		厚度：0.5、1.0、1.5、2.0、2.5、3.0、4.0、5.0、6.0~22（2进级）25、30、40、50 宽度：500~2000 长度供需双方协定							
耐油性能分类		A类	不耐油						
		B类	中等耐油，3#标准油，100℃×72h，体积变化率 ΔV 为40%~90%						
		C类	耐油，3#标准油，100℃×72h，体积变化率 ΔV 为 -5%~40%						
力学性能	拉伸强度/MPa	≥3	≥4	≥5	≥7	≥10	≥14	≥17	
	代号	03	04	05	07	10	14	17	
	拉断伸长率（%）	≥100	≥150	≥200	≥250	≥300	≥350	≥400	≥500	≥600
	代号	1	1.5	2	2.5	3	3.5	4	5	6
	公称橡胶国际硬度或邵尔硬度A	30	40	50	60	70	80	90	硬度偏差均为：+5 -4	
	代号	H3	H4	H5	H6	H7	H8	H9		
热空气老化性能（A_r）（B类和C类胶板应按代号 A_r2 的规定）		A_r1	热空气老化 70℃×72h	拉伸强度降低率为≤30%						
				拉断伸长率降低率为≤40%						
		A_r2	热空气老化 100℃×72h	拉伸强度降低率为≤20%						
				拉断伸长率降低率为≤50%						
用途		A类橡胶板的工作介质为水和空气，工作温度范围一般为 -30~50℃，用于制作机器衬垫、各种密封或缓冲用胶垫、胶圈以及室内外、轮船、火车、飞机等铺地面材料。耐油橡胶板（B、C类）工作介质为汽油、煤油、机油、柴油及其他矿物油类，工作温度范围为 -30~50℃，用于制作机器衬垫、各种密封或缓冲用胶圈、衬垫等。								

注：1. 按用户需要，可提供耐低温性能 T_b、耐热性能 H_r、抗撕裂性能 T_s、耐臭氧性能 O_r、压缩永久变形性能 C_s 及阻燃性能 FR 等附加性能的试验，试验条件可参照 GB/T 5574—2008 的相关规定，具体指标值由供需双方协定。
2. 标记示例：拉伸强度为5MPa（代号05），拉断伸长率为400%（代号4），公称硬度为60IRHD（公称橡胶国际硬度，代号H6），抗撕裂（代号T_s）的不耐油（A类）橡胶板，标记为：工业胶板 GB/T 5574-A-05-4-H6-Ts。

1.2.2 设备防腐橡胶衬里（见表3.3-6）

表3.3-6 设备防腐橡胶衬里分类、规格、性能及应用（摘自 GB/T 18241.1—2014）

分类	1. 衬里按施工后是否需要加热硫化分为： 加热硫化橡胶衬里—J 非加热硫化橡胶衬里：预硫化橡胶衬里—Y 　　　　　　　　　　　自硫化橡胶衬里—Z 2. 衬里用胶板完成硫化后的硬度分为：硬胶用 Y 表示；软胶用 R 表示 3. 橡胶衬里的分类				
	分类	加热硫化硬胶	加热硫化软胶	预硫化软胶	自硫化软胶
	代号	JY	JR	YR	ZR
尺寸规格	厚度			宽度极限偏差/mm	
	公称尺寸 t/mm		极限偏差		
	2、2.5、3、4、5、6		$t(-10\sim+15)\%$	$-10\sim+15$	
衬里胶板物理及力学性能	项目		JY	JR、YR、ZR	
	硬度	邵尔 A/度	—	40~80	
		邵尔 D/度	40~85	—	
	拉伸强度/MPa ≥		10	4	
	拉断伸长率（%）≥		—	250	
	冲击强度/J·m^{-3} ≥		200×10^3		
	硬胶与金属的黏合强度/MPa ≥		6.0	—	
	软胶与金属的黏合强度/kN·m^{-1} ≥		—	3.5	
衬里胶板耐化学介质性能	耐温等级	1	2	3	4
	使用温度范围	常温 T	$T\leqslant70℃$	$70℃<T\leqslant85℃$	$T>85℃$
	试验温度	$(23\pm2)℃$	70℃	85℃	标记温度
	试验条件	质量变化率 Δm（%）			
	40% $H_2SO_4\times168h$	$-2\sim+1$	$-2\sim+3$	$-3\sim+5$	$-3\sim+5$
	70% $H_3PO_4\times168h$	$-2\sim+1$	$-2\sim+3$	$-3\sim+5$	$-3\sim+5$
	20% $HCl\times168h$	$-2\sim+3$	$-2\sim+8$	$-3\sim+10$	—
	40% $NaOH\times168h$	$-2\sim+1$	$-2\sim+3$	$-3\sim+5$	$-3\sim+5$

注：1. 其他介质和浓度的试验和判定由供需双方协商，选择合适的试验条件进行试验。
2. 按供需双方协定，可供其他尺寸规格的衬里胶板。
3. 橡胶衬里是采用未经硫化的橡胶板或预先加热硫化过的橡胶板贴合于受衬设备上，防止设备受介质腐蚀的一种技术。GB/T 18241 橡胶衬里分为设备防腐衬里、磨机衬里、浮选机衬里、烟气脱硫设备衬里、耐高温防腐衬里。国家标准号分别为 GB/T 18241.1—2014～GB/T 18241.5—2015，有关资料可查阅国家标准原件。橡胶防腐衬里具有一定的强度，耐酸碱介质种类较多，耐热和耐寒性能好，软质胶底层再衬以半硬胶层时，设备外表面还能承受冲击力。适用于化工防腐蚀及防机械磨损材料，如化工设备衬里、矿山冶金用泥浆泵、浮选机、磨机、建材水泥磨机等的衬里。
4. 产品标记方法及示例：
1）标记方法
产品的标记应按下列顺序标记，并可根据需要增加标记内容：产品名称、类别、胶种、耐温等级、标准号。
2）标记示例
示例：使用温度范围为 70℃<T≤85℃的加热硫化硬质天然橡胶衬里标记如下：

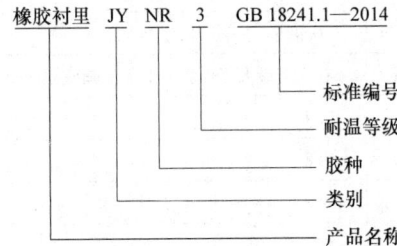

1.3 橡胶管

1.3.1 输水通用橡胶软管（见表3.3-7）

表3.3-7 输水通用橡胶软管规格（HG/T 2184—2008）

型号	工作压力 /MPa≤	内径 /mm	用途	内径及极限偏差/mm		胶层厚度≥/mm	
				公称尺寸	极限偏差	内胶层	外胶层
1型 低压型 a级	0.3	≤100	适用于输送60℃以下的生活用水、工业用水的橡胶软管，不适用于输送饮用水	10	±0.75	1.8	1.0
1型 低压型 b级	0.5	≤100		12.5	±0.75	1.8	1.0
1型 低压型 c级	0.7	≤100		16	±0.75	1.8	1.0
2型 中压型 d	1.0	≤50		20	±1.25	2.0	1.0
2型 中压型 d	1.0	≤50		25	±1.25	2.0	1.0
2型 中压型 d	1.0	≤50		31.5	±1.25	2.0	1.0
2型 中压型 d	1.0	≤50		40	±1.50	2.3	1.2
2型 中压型 d	1.0	≤50		50	±1.50	2.3	1.2
2型 中压型 d	1.0	≤50		63	±1.50	2.3	1.2
3型 高压型 e	≤2.5	≤25		80	±2.00	2.5	1.5
3型 高压型 e	≤2.5	≤25		100	±2.00	2.5	1.5

注：标记示例：胶管内径40mm，长度1000mm，低压型，工作压力≤0.5MPa的输水胶管，标记为：
胶管 1—b—40×1000 HG/T 2184—2008

1.3.2 蒸汽橡胶软管（见表3.3-8）

表3.3-8 蒸汽橡胶软管规格及性能（摘自 HG/T 3036—2009）

内径		外径		厚度（最小）		弯曲半径（最小）
数值	偏差范围	数值	偏差范围	内衬层	外覆层	
9.5	±0.5	21.5	±1.0	2.0	1.5	120
13	±0.5	25	±1.0	2.5	1.5	130
16	±0.5	30	±1.0	2.5	1.5	160
19	±0.5	33	±1.0	2.5	1.5	190
25	±0.5	40	±1.0	2.5	1.5	250
32	±0.5	48	±1.0	2.5	1.5	320
38	±0.5	54	±1.2	2.5	1.5	380
45	±0.7	61	±1.2	2.5	1.5	450
50	±0.7	68	±1.4	2.5	1.5	500
51	±0.7	69	±1.4	2.5	1.5	500
63	±0.8	81	±1.6	2.5	1.5	630
75	±0.8	93	±1.6	2.5	1.5	750
76	±0.8	94	±1.6	2.5	1.5	750
100	±0.8	120	±1.6	2.5	1.5	1000
102	±0.8	122	±1.6	2.5	1.5	1000

性能		要求	试验方法
软管			
爆破压力（最小）	/MPa	10倍最大工作压力	GB/T 5563
验证压力	/MPa	在5倍最大工作压力下无泄漏或扭曲	GB/T 5563
层间黏合强度（最小）	/kN·m^{-1}	2.4	GB/T 14905
弯曲试验(无压力下，最小)	/(T/D)	0.8	ISO 1746
验证压力下长度变化	(%)	−3 ~ +8	GB/T 5563
验证压力下扭转(最大)	/(°)·m^{-1}	10	GB/T 5563

(续)

性能		要求	试验方法
外覆层耐臭氧性能		放大2倍时无可视龟裂	GB/T 24134—2009 中方法3，相对湿度（55±10)%，臭氧浓度 $(50±5)×10^{-9}$，伸长率20%，温度40℃
软管组合件			
验证压力	/MPa	在5倍最大工作压力下无泄漏或扭曲	GB/T 5563
电阻	/Ω	≤10^2/M 型组合件 ≤10^6/组合件 ≤10^9/Ω 型内衬层与外覆层间电阻	GB/T 9572—2001 方法4 GB/T 9572—2001 方法 3.4、3.5 或 3.6

1.3.3 压缩空气用织物增强橡胶软管（见表3.3-9）

表 3.3-9 压缩空气用织物增强橡胶软管分类、型号、尺寸规格及技术性能（摘自 GB/T 1186—2007）

管结构及材料		管由橡胶内衬层、中间为采用适当技术铺放的一层或多层天然的或合成的织物、橡胶外覆层组成						
型号、工作压力及用途	型号	1型	2型	3型	4型	5型	6型	7型
	最大工作压力/MPa	1.0			1.6		2.5	
	用途	一般工业用空气软管	重型建筑用空气软管	具有良好耐油性能的重型建筑用空气软管	重型建筑用空气软管	具有良好耐油性能的重型建筑用空气软管	重型建筑用空气软管	具有良好耐油性能的重型建筑用空气软管
分类	A类 工作温度范围	−25~70℃						
	B类	−40~70℃						
尺寸规格	公称内径/mm	5、6.3、8、10、12.5、16、20(19)、25、31.5、40(38)、50、63、80(76)、100(102)						
	长度	软管长度及长度公差应符合 GB/T 9575—2013 对橡胶和塑料软管尺寸规格的规定						
	内层外层最小厚度/mm 内衬层	1.0			1.5		2.0	
	外覆层	1.5			2.0		2.5	
技术性能	拉伸强度/MPa 内衬层	5.0			7.0			
	外覆层	7.0			10.0			
	断后伸长率(%) 内衬层	200			250			
	外覆层	250			300			
	层间黏合强度/kN·m⁻¹	1.5			2.0			
	耐液体性能 1号油中70℃浸泡72h	2、4、6型内衬层试样不应收缩，体积增大不超过15%						
	3号油中70℃浸泡72h	3、5、7型内、外层试样不应收缩；内层试样体积增大不超过30%，外层试样体积增大不超过75%						
	静液压要求/MPa 工作压力	1.0			1.6		2.5	
	试验压力	2.0			3.2		5.0	
	最小爆破压力	4.0			6.4		10.0	
	尺寸变化	在试验压力下，各型号长度变化为±5%，各型号直径变化为±5%						
	加速老化 100℃老化72h后	内衬层和外覆层拉伸强度变化不超过±25%，拉断伸长率变化不超过原始值的±50%						

注：公称内径中带括号的尺寸数字是供选择的。

1.3.4 氧气橡胶软管（见表3.3-10）

表3.3-10 氧气橡胶软管规格尺寸（摘自 GB/T 2550—2007） （mm）

公称尺寸及极限偏差			胶层厚度 不小于	
公称内径	内径极限偏差	长度极限偏差	内胶层	外胶层
6.3	±0.55	软管全长的1%	1.5	1.2
8.0	±0.60			
10.0	±0.60			
12.5	±0.65			

注：1. 产品适用于 -20~45℃ 环境下焊接和切割输送氧气。
2. 软管耐压性能：工作压力 2MPa，试验压力 4MPa，最小爆破压力 6MPa。
3. 软管长度由供需双方协定。
4. GB/T 2550—2007《气体焊接设备 焊接、切割和类似作业用橡胶软管》代替 GB/T 2550—1992 氧气橡胶软管。

1.3.5 乙炔橡胶软管（见表3.3-11）

表3.3-11 乙炔橡胶软管规格尺寸及极限偏差（摘自 GB/T 2550—2016） （mm）

公称内径	公差	同心度（最大）
4	±0.40	1
4.8		
5		
6.3		
7.1		
8	±0.50	
9.5		
10		
12.5	±0.60	
16		
20		
25		1.25
32	±1.0	
40	±1.25	1.50
50		

注：对于中间的尺寸，数字宜从 R20 优先数系中选取（见 GB/T 321），公差按表1所示的相邻较大内径规格的公差计。

1.3.6 输送无水氨用橡胶软管及软管组合件（见表3.3-12）

表3.3-12 输送无水氨用橡胶软管压力及尺寸规格（摘自 GB/T 16591—2016）

项目	压力要求	
	bar	MPa
最大工作压力	25	2.5
验证压力	63	6.3
最小爆破压力	125	12.5
标称规格/mm	最小内径/mm	最大内径/mm
12.5	12.1	13.5
16	15.3	16.7

(续)

标称规格/mm	最小内径/mm	最大内径/mm
19	18.5	19.9
25	24.6	26.6
31.5	31.0	33.4
38	37.3	39.7
51	49.6	52.0
64	62.3	64.7
76	75.0	77.4

1.3.7 耐稀酸碱橡胶软管（见表3.3-13）

表3.3-13 耐稀酸碱橡胶软管规格及应用（摘自 HG/T 2183—2014）

	公称内径		内径及极限偏差/mm		内衬层厚度/mm（不小于）	外覆层厚度/mm（不小于）
	A 型	B 型及 C 型	内径	极限偏差		
软管分型、公称内径、内外层厚度	12.5	—	13.0	±0.5	2.2	1.2
	16	—	16			
	19	—	19			
	22	—	22			
	25	—	25	±1.0	2.2	1.2
	31.5	31.5	32.0	±1.0	2.5	1.5
	38	38	38	±1.3	2.5	1.5
	45	45	45			
	51	51	51			
	63.5	63.5	64			
	76	76	76			
	89	89	89	±1.3	2.8	2.0
	102	102	102			
	127	127	127	±1.5	3.5	2.0
	152	152	152			

软管结构及用途	A 型	有增强层不含钢丝螺旋线，用于输送酸碱液体	适于 -20~45℃ 环境中，输送浓度不高于40%的硫酸溶液和浓度不高于15%氢氧化钠溶液，以及与上述浓度相当的酸碱溶液（硝酸除外）
	B 型	有增强层含钢丝螺旋线，用于吸引酸碱液体	
	C 型	有增强层含钢丝螺旋线，用于排、吸酸碱液体	

	性能项目			指标	
				内衬层	外覆层
软管内衬层和外覆层力学和物理性能	拉伸强度/MPa		≥	7.0	
	拉断伸长率（%）		≥	250	
	热空气老化，70℃，72h	拉伸强度变化率（%）		-25~+25	
		拉断伸长率变化率（%）		-30~+10	

按 GB/T 1690 规定，室温下分别将软管试样在 40%硫酸、30%盐酸、15%氢氧化钠溶液中浸泡 72h 后内衬层耐酸碱性能	拉伸强度变化率（%）	≥	-15
	拉断伸长率变化率（%）	≥	-20

软管静压要求（按 GB/T 5563 进行试验）	长度变化率（％）	最大工作压力，15min	−1.5 ~ +1.5
	外径变化率（％）	最大工作压力，15min	−0.5 ~ +0.5
	最大工作压力/MPa	验证压力/MPa	最小爆破压力/MPa
	0.3	0.6	1.2
	0.5	1.0	2.0
	0.7	1.4	2.8
	1.0	2.0	4.0

注：软管长度由需方提出，供方确认。

1.3.8 液化石油气（LPG）橡胶软管（见表3.3-14）

表3.3-14 液化石油气（LPG）橡胶软管规格及性能（摘自 GB/T 10546—2013）

D、D-LT 型胶管尺寸

公称内径	内径/mm	公差/mm	外径/mm	公差/mm	最小弯曲半径/mm
12	12.7	±0.5	22.7	±1.0	100
15	15	±0.5	25	±1.0	120
16	15.9	±0.5	25.9	±1.0	125
19	19	±0.5	31	±1.0	160
25	25	±0.5	38	±1.0	200
32	32	±0.5	45	±1.0	250
38	38	±0.5	52	±1.0	320
50	50	±0.6	66	±1.2	400
51	51	±0.6	67	±1.2	400
63	63	±0.6	81	±1.2	550
75	75	±0.6	93	±1.2	650
76	76	±0.6	94	±1.2	650
80	80	±0.6	98	±1.2	725
100	100	±1.6	120	±1.6	800
150	150	±2.0	174	±2.0	1200
200	200	±2.0	224	±2.0	1600
250①	254	±2.0	—	—	2000
300①	305	±2.0	—	—	2500

SD、SD-LT 型胶管尺寸

公称内径	内径/mm	公差/mm	外径/mm	公差/mm	最小弯曲半径/mm
12	12.7	±0.5	22.7	±1.0	90
15	15	±0.5	25	±1.0	95
16	15.9	±0.5	25.9	±1.0	95
19	19	±0.5	31	±1.0	100
25	25	±0.5	38	±1.0	150
32	32	±0.5	45	±1.0	200
38	38	±0.5	52	±1.0	280
50	50	±0.5	66	±1.2	350
51	51	±0.6	67	±1.2	350
63	63	±0.6	81	±1.2	480
75	75	±0.6	93	±1.2	550
76	76	±0.6	94	±1.2	550
80	80	±0.6	98	±1.2	680
100	100	±1.6	120	±1.6	720
150	150	±2.0	174	±2.0	1000
200	200	±2.0	224	±2.0	1400
250①	254	±2.0	—	—	1750
300①	305	±2.0	—	—	2100

(续)

成品软管和软管组合件物理性能		
性能	要求	试验方法
成品软管		
验证压力,最小/MPa	3.75（无泄漏或其他缺陷）	ISO 1402
验证压力下长度变化,最大(%)	D 型和 D-LT 型：+5 SD、SD-LTR 和 SD-LTS 型：+10	ISO 1402
验证压力下扭转变化,最大/(°)/m	8	ISO 1402
耐真空 0.08MPa 下 10min（仅 SD、SD-LTS 及 SD-LTR 型）	无结构破坏,无塌陷	ISO 7233
爆破压力,最小/MPa	10	ISO 1402
层间黏合强度,最小/kN·m^{-1}	2.4	ISO 8033
外覆层耐臭氧 40℃	72h 后在两倍放大镜下观察无龟裂	GB/T 24134—2009 方法 1,不大于 25 公称内径；方法 3 大于 25 公称内径相对湿度（55±10）%；臭氧浓度（50±5）×10^{-8},拉伸 20%（仅方法 3 适用）
低温弯曲性能： -30℃下（D 和 SD 型） -50℃下（D-LT、SD-LTR 和 SD-LTS 型）	无永久变形或可见的结构缺陷,电阻无增长及电连续性无损害	GB/T 5564—2006,方法 B
电阻性能	软管的电性能应满足软管组合件的要求	ISO 8031
燃烧性能	立即熄灭或在 2min 后无可见的发光	GB/T 10546—2013 附录 A
在最小弯曲半径下软管外径的变化系数,最大（内压 0.07MPa,D 和 D-LT 型）	$T/D \geq 0.9$	ISO 1746
软管组合件		
验证压力,最小/MPa	3.75（无泄漏或其他缺陷）	ISO 1402
验证压力下长度变化,最大(%)	D 型和 D-LT 型：+5 SD、SD-LTR 和 SD-LTS 型：+10	ISO 1402
验证压力下扭转变化,最大/(°)·m^{-1}	8	ISO 1402
耐负压 0.08MPa 下 10min（仅 SD、SD-LTS 及 SD-LTR 型）	无结构破坏,无塌陷	ISO 7233
电阻性能/(Ω)/根	M 式：最大 10^2；Ω 式：最大 10^6；非导电式：最小 2.5×10^4	ISO 8031

① 公称内径 250 和 300 仅应用于内接式连接管。

1.3.9 织物增强液压橡胶软管和软管组合件（见表 3.3-15）

表 3.3-15 织物增强液压橡胶软管规格（摘自 GB/T15329.1—2003）

结构和类型	软管由耐油、耐水的合成橡胶内胶层、一层或多层纤维线增强层和耐油、耐天候的外胶层构成。1 型,带有一层织物增强层的软管；2 型,带有一层或多层织物增强层的软管；3 型,带有一层或多层织物增强层的软管（较高工作压力）；R3 型,带有两层织物增强层的软管；R6 型,带有一层织物增强层的软管													
尺寸规格	公称内径/mm		5	6.3	8	10	12.5	16	19	25	31.5	38	51	60	80	100
	内径/mm	各型 min	4.4	5.9	7.4	9.0	12.1	15.3	18.2	24.6	30.8	37.1	49.8	58.8	78.8	98.6
		max	5.2	6.9	8.4	10.0	13.3	16.5	19.8	26.2	32.8	39.1	51.8	61.2	81.2	101.4
	外径/mm	1 型 min	10.0	11.6	13.1	14.7	17.7	21.9								
		max	11.6	13.2	14.7	16.3	19.7	23.9								
		2 型 min	11.0	12.6	14.1	15.7	18.7	22.9	26.0	32.9	35.9					
		max	12.6	14.2	15.7	17.3	20.7	24.9	28.0							
		3 型 min	12.0	13.6	16.1	17.7	20.7	24.9	28.0	34.4	40.8	47.6	60.3	70.0	91.5	113.5
		max	13.5	15.2	17.7	19.3	22.7	26.9	30.0	37.4	43.8	51.6	64.3	74.0	96.5	118.5
		R3 型 min	11.9	13.5	16.2	18.3	23.0	26.2	31.0	36.9	42.9					
		max	13.5	15.1	18.3	19.8	24.6	27.8	32.5	39.3	46.0					
		R6 型 min	10.3	11.9	13.5	15.1	19.0	22.2	25.4							
		max	11.9	13.5	15.1	16.7	20.6	23.8	27.8							

	公称内径/mm	5	6.3	8	10	12.5	16	19	25	31.5	38	51	60	80	100
最大工作压力/MPa	1 型	2.5	2.5	2.0	2.0	1.6	1.6								
	2 型	8.0	7.5	6.8	6.3	5.8	5.0	4.5	4.0						
	3 型	16.0	14.5	13.0	11.0	9.3	8.0	7.0	5.5	4.5	4.0	3.3	2.5	1.8	1.0
	R3 型	10.5	8.8	8.2	7.9	7.0	6.1	5.2	3.9	2.6					
	R6 型	3.5	3.0	3.0	3.0	3.0	2.6	2.2							
用途	产品适用在 -40~100℃的温度下输送普通液压流体,液压流体为 GB/T7631.2 规定的液压系统用油,如 HH 液压油、HL 抗氧防锈液压油、HM 抗磨液压油、HV 低温液压油、HR 液压油等,也可用于油水乳油液、乙二醇水溶液及水等,不适用于蓖麻油和酯基流体;当工作温度超过93℃时,会明显降低软管工作寿命													

注:1. 软管长度按用户要求,但最小长度为1m。
    2. 标记:1 型、公称内径为 19mm 的织物液压胶管,标记为:
       织物液压胶管 1 型/19 GB/T15329.1—2003

1.3.10 钢丝缠绕增强外覆橡胶的液压橡胶软管和软管组合件(见表3.3-16)

表 3.3-16 钢丝缠绕增强外覆橡胶液压橡胶软管尺寸规格(摘自 GB/T 10544—2013)

	公称内径/mm	内径/mm									
		4SP 型		4SH 型		R12 型		R13 型		R15 型	
		最小	最大	最小	最大	最小	最大	最小	最大	最小	最大
软管内径	6.3	6.2	7.0	—	—	—	—	—	—	—	—
	10	9.3	10.1	—	—	9.3	10.1	—	—	9.3	10.1
	12.5	12.3	13.5	—	—	12.3	13.5	—	—	12.3	13.5
	16	15.5	16.7	—	—	15.5	16.7	—	—	—	—
	19	18.6	19.8	18.6	19.8	18.6	19.8	18.6	19.8	18.6	19.8
	25	25.0	26.4	25.0	26.4	25.0	26.4	25.0	26.4	25.0	26.4
	31.5	31.4	33.0	31.4	33.0	31.4	33.0	31.4	33.0	31.4	33.0
	38	37.7	39.3	37.7	39.3	37.7	39.3	37.7	39.3	37.7	39.3
	51	50.4	52.0	50.4	52.0	50.4	52.0	50.4	52.0	—	—

	公称内径/mm	4SP 型				4SH 型				R12 型				R13 型				R15 型			
		增强层外径/mm		软管外径/mm		增强层外径/mm		软管外径/mm		增强层外径/mm		软管外径/mm		增强层外径/mm		软管外径/mm		增强层外径/mm		软管外径/mm	
		最小	最大	最小	最大	最小	最大	最小	最大	最小	最大	最小	最大	最小	最大	最小	最大	最小	最大	最小	最大
软管增强层外径和软管外径	6.3	14.1	15.3	17.1	18.7	—	—	—	—	—	—	—	—	—	—	—	—	—	—	—	—
	10	16.9	18.1	20.6	22.2	—	—	—	—	16.6	17.8	19.5	21.0	—	—	—	—	20.3	—	23.3	—
	12.5	19.4	21.0	23.8	25.4	—	—	—	—	19.9	21.5	23.0	24.6	—	—	—	—	24.0	—	26.8	—
	16	23.0	24.6	27.4	29.0	—	—	—	—	23.8	25.4	26.6	28.2	—	—	—	—	—	—	—	—
	19	27.4	29.0	31.4	33.0	27.6	29.2	31.4	33.0	26.9	28.4	29.9	31.5	28.2	29.8	31.0	33.2	—	—	32.9	36.1
	25	34.5	36.1	38.5	40.9	34.4	36.0	37.5	39.9	34.1	35.7	36.8	39.2	34.9	36.4	37.6	39.8	—	—	38.9	42.9
	31.5	45.0	47.0	49.2	52.4	40.9	42.9	43.9	47.1	42.7	45.1	45.4	48.6	45.6	48.0	48.3	51.3	—	—	48.4	51.5
	38	51.4	53.4	55.6	58.8	47.8	49.8	51.8	55.1	49.2	51.6	51.9	55.0	53.1	55.5	55.8	58.8	—	—	56.3	59.6
	51	64.3	66.3	68.2	71.4	62.2	64.2	66.5	69.7	62.5	64.8	65.1	68.3	66.9	69.3	69.5	72.7	—	—	—	—

	公称内径/mm	最大工作压力/MPa					试验压力/MPa				
		4SP	4SH	R12	R13	R15	4SP	4SH	R12	R13	R15
技术性能	6.3	45.0	—	—	—	—	90.0	—	—	—	—
	10	44.5	—	28.0	—	42.0	89.0	—	56.0	—	84.0
	12.5	41.5	—	28.0	—	42.0	83.0	—	56.0	—	84.0
	16	35.0	—	28.0	—	42.0	70.0	—	56.0	—	—
	19	35.0	42.0	28.0	35.0	42.0	70.0	84.0	56.0	70.0	84.0
	25	28.0	38.0	28.0	35.0	42.0	56.0	76.0	56.0	70.0	84.0
	31.5	21.0	32.5	21.0	35.0	42.0	42.0	65.0	42.0	70.0	84.0
	38	18.5	29.0	17.5	35.0	42.0	37.0	58.0	35.0	70.0	84.0
	51	16.5	25.0	17.5	35.0	42.0	33.0	50.0	35.0	70.0	—

（续）

公称内径 /mm	最小爆破压力/MPa					最小弯曲半径/mm				
	4SP	4SH	R12	R13	R15	4SP	4SH	R12	R13	R15
6.3	180.0	—	—	—	168.0	150	—	—	—	150
10	178.0	—	112.0	—	168.0	180	—	130	—	150
12.5	160.0	—	112.0	—	168.0	230	—	180	—	200
16	140.0	—	112.0	—	—	250	—	200	—	—
19	140.0	168.0	112.0	140.0	168.0	300	280	240	240	265
25	112.0	152.0	112.0	140.0	168.0	340	340	300	300	330
31.5	84.0	130.0	84.0	140.0	168.0	460	460	420	420	445
38	74.0	116.0	70.0	140.0	168.0	560	560	500	500	530
51	66.0	100.0	70.0	140.0	—	660	700	630	630	—

注：1. 软管由一层耐液压流体的橡胶内衬层、以交替方向缠绕的钢丝增强层和一层耐油和耐天候的橡胶外覆层构成，每层缠绕钢丝层由橡胶隔离。软管适用于符合 GB/T7631.2 液压油分类中的 HH（无抗氧剂的精制矿油）、HL（精制矿油，并改善其防锈性和抗氧性）、HM（HL 油，改善其抗磨性）、HR（HL 油，改善其黏温性）、HV（HM 油，改善其黏温性）液压流体。4SH 型软管适用温度为 -40 ~ +100℃，R12、R13 和 R15 型适用温度为 -40 ~ +120℃。

2. 软管按其结构、工作压力和耐油性能分为 5 种型别：
 4SP 型：4 层钢丝缠绕的中压软管；
 4SH 型：4 层钢丝缠绕的高压软管；
 R12 型：4 层钢丝缠绕苛刻条件下的高温中压软管；
 R13 型：多层钢丝缠绕苛刻条件下的高温高压软管；
 R15 型：多层钢丝缠绕苛刻条件下的高温超高压软管。

3. 软管和软管组合件的供货长度由供需双方协定，通常以需方要求的长度供应，长度的偏差为全长的 ±2%。软管组合件应遵循制造厂的软管组合件装备及装配说明书。

4. 耐油基流体脉冲

脉冲试验应按 ISO 6803 或 ISO 6605 进行。对于试验流体的温度，4SP 和 4SH 型应为 100℃，R12、R13 和 R15 型应为 120℃。

对于 4SP 和 4SH 型软管，当在最大工作压力 133% 的脉冲压力下试验时，软管应能承受至少 400000 次脉冲。

对于 R12 型软管，当在最大工作压力 133% 的脉冲压力下试验时，软管应能承受至少 500000 次脉冲。

对于 R13 和 R15 型软管，当在最大工作压力 120% 的脉冲压力下试验时，软管应能承受至少 500000 次脉冲。

在达到规定的脉冲次数之前，软管应无泄漏或其他损坏现象。

本试验应视为破坏性试验，试验后试样应报废。

5. 耐水基流体脉冲

脉冲试验应按 ISO 6803 或 ISO 6605 进行。试验流体的温度应为 60℃，试验流体应使用 ISO 6743-4 规定的 HFC，HFAE、HFAS 或 HFB。

对于 4SP 和 4SH 型软管，当在最大工作压力 133% 的压力下试验时，软管应能承受至少 400000 次脉冲。

对于 R12 型软管，当在最大工作压力 133% 的脉冲压力下试验时，软管应能承受至少 500000 次脉冲。

对于 R13 和 R15 型软管，当在最大工作压力 120% 的脉冲压力下试验时，软管应能承受至少 500000 次脉冲，在达到规定脉冲次数之前，软管应无泄漏或其他损坏现象。

6. 软管的泄漏试验、低温曲挠性能、层间黏合强度、耐油性能、耐水性能、耐臭氧试验等试验应按 GB/T 10544—2013 的规定。

7. 标注示例：公称内径 10mm、型别 4SP、最大工作压力 44.5MPa 的 GB/T 10544—2013 软管，标记为：MAN（制造厂名称或标识）/GB/T 10544—2013/4SP/10/44.5MPa/12/09（生产日期 2012 年 9 月）

2 涂料

2.1 涂料产品分类及基本名称代号（见表3.3-17）

表3.3-17 涂料产品分类、基本名称及代号（摘自 GB/T2705—2003）

涂料类别代号	代号	涂料名称	代号	涂料名称	代号	涂料名称	代号	涂料名称	代号	涂料名称	代号	涂料名称
	Y	油脂漆类	L	沥青漆类	Q	硝基漆类	X	烯树脂漆类	H	环氧漆类	J	橡胶漆类
	T	天然树脂漆类	C	醇酸漆类	M	纤维素漆类	B	丙烯酸漆类	S	聚氨酯漆类	E	其他漆类
	F	酚醛漆类	A	氨基漆类	G	过氯乙烯漆类	Z	聚酯漆类	W	元素有机漆类		
基本名称代号	分类	代号	基本名称	分类	代号	基本名称	分类	代号	基本名称	分类	代号	基本名称	分类	代号	基本名称	分类	代号	基本名称

（以下基本名称按分类列出）

分类	代号	基本名称
基本品种	00	清油
	01	清漆
	02	厚漆
	03	调和漆
	04	磁漆
	05	粉末涂料
	06	底漆
	07	腻子
	09	大漆
	11	电泳漆
	12	乳胶漆
	13	水溶性漆
美术漆	14	透明漆
	15	斑纹漆
	16	锤纹漆
	17	皱纹漆
	18	金属效应漆
	19	闪光漆
轻工用漆	20	铅笔漆
	22	木器漆
	23	罐头漆
绝缘漆	30	（浸渍）绝缘漆
	31	（覆盖）绝缘漆
	32	互感器漆
	33	绝缘漆
	34	漆包线漆
	35	硅钢片漆
	36	电容器漆
绝缘漆	37	电阻漆、电位器漆
	38	半导体漆
船舶漆	40	防污漆
	41	水线漆
	42	甲板漆、甲板防滑漆
	43	船壳漆
	44	船底漆
防腐漆	50	耐酸漆
	52	防腐漆
	53	防锈漆
	54	耐油漆
	55	防火漆
特种漆	61	耐热漆
	62	示温漆
	63	涂布漆
	64	可剥漆
特种漆	65	感光涂料
	67	隔热涂料
	70	机床漆
	71	工程机械漆
	72	农机用漆
备用	80	地板漆
	82	锅炉漆
	83	烟囱漆
	84	黑板漆
	86	标志漆
	98	胶液
	99	其他

产品序号	涂料品种	序号（自干）	序号（烘干）	涂料品种	序号（自干）	序号（烘干）	涂料品种	序号（自干）	序号（烘干）
	清漆、底漆、腻子	1~29	30以上	磁漆（有光）	1~49	50~59	专用漆（清漆）	1~9	10~29
				（半光）	60~69	70~79	（有光磁漆）	30~49	50~59
				（无光）	80~89	90~99	（半光磁漆）	60~64	65~69
							（无光磁漆）	70~74	75~79
							（底漆）	80~89	90~99

注：涂料型号标记示例：

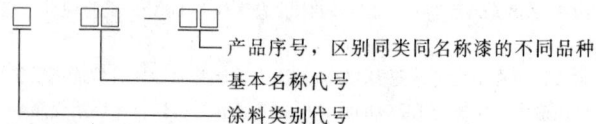

例如：Q01-17 硝基清漆

2.2 常用涂料的性能及应用（见表3.3-18~表3.3-26）

表3.3-18 各类涂料的类别代号、性能特点及应用

类别（代号）	主要成膜物质	性能特点	应用举例
油脂漆类（Y）	天然动植物油、鱼油、合成油、松浆油（洁油）	耐大气性、涂刷性、渗透性好，价廉；干燥较慢，膜软，力学性能差，水膨胀性大，不耐碱，不能打磨抛光	用于质量要求不高的建筑工程或其他制品的涂饰之用
天然树脂漆类（T）	松香及其衍生物，虫胶、动物胶、乳酪素、大漆及其衍生物	涂膜干燥较油脂漆快，坚硬耐磨，光泽好，短油度的涂膜坚硬好打光，长油度的漆膜柔韧，耐大气性较好；力学性能差，短油度的耐大气性差，长油度的不能打磨抛光，天然大漆毒性较大	短油度的适宜作室内物件的涂层，长油度的适宜室外使用

(续)

类别（代号）	主要成膜物质	性能特点	应用举例
酚醛漆类（F）	酚醛树脂，改性酚醛树脂，二甲苯树脂	涂膜坚硬，耐水性良好，耐化学腐蚀性良好，有一定的绝缘强度，附着力好；涂膜较脆，颜色易变深，易粉化，不能制白漆或浅色漆	广泛应用于木器、建筑、船舶、机械、电气及防化学腐蚀等方面
沥青漆类（L）	天然沥青，煤焦沥青，石油沥青，硬脂酸沥青	耐潮、耐水性良好，价廉，耐化学腐蚀性较好，有一定的绝缘强度，黑度好；对日光不稳定，不能制白漆或浅色漆，有渗透性，干燥性不好	广泛用于缝纫机、自行车及五金零件。还可用作浸渍、覆盖及制造绝缘制品
醇酸漆类（C）	甘油醇酸树脂，季戊四醇醇酸树脂，改性醇酸树脂	光泽较亮，耐气候性优良，施工性好，可刷、烘、喷，附着力较好；涂膜较软，耐水耐碱性差，干燥较慢，不能打磨	适用于大型机床、农业机械、工程机械、门窗、室内木结构的涂装
氨基漆类（A）	脲醛树脂，三聚氰胺甲醛树脂，聚酰亚胺树脂	涂膜坚硬、丰满、光泽亮，可以打磨抛光，色浅，不易泛黄，附着力较好，有一定的耐热性，耐水性、耐气候性较好；须高温烘烤才能固化，若烘烤过度，漆膜变脆	广泛用于五金零件、仪器仪表、电动机电器设备的涂装
硝基漆类（Q）	硝酸纤维素酯	干燥迅速，涂膜耐油、坚韧，可以打磨抛光；易燃，清漆不耐紫外线，不能在60℃以上使用，固体分低	适合金属、木材、皮革、织物等的涂饰
纤维素漆类（M）	乙基纤维，苄基纤维，羟丁基纤维，乙酸纤维，乙酸丁酸纤维，其他纤维酯及醚类	耐大气性和保色性好，可打磨抛光，个别品种耐热、耐碱，绝缘性也较好；附着力和耐潮性较差，价格高	用于金属、木材、皮革、纺织品、塑料、混凝土等的涂覆
过氯乙烯漆类（G）	过氯乙烯树脂	耐候性和耐化学腐蚀性优良，耐水、耐油、防延燃性及三防性能好；附着力较差，打磨抛光性差，不能在70℃以上使用，固体分低	用于化工厂的厂房建筑、机械设备的防护，木材、水泥表面的涂饰
烯树脂漆类（X）	聚二乙烯乙炔树脂，氯乙烯共聚树脂，聚醋酸乙烯及其共聚物，聚乙烯醇缩醛树脂，含氟树脂	有一定的柔韧性，色淡，耐化学腐蚀性较好，耐水性好；耐溶剂性差，固体分低，高温时碳化，清漆不耐紫外线	用于织物防水、化工设备防腐、玻璃、纸张、电缆、船底防锈、防污、防延烧用的涂层
丙烯酸漆类（B）	丙烯酸酯树脂，丙烯酸共聚物及其改性树脂	色浅，保光性良好，耐候性优良，耐热性较好，有一定的耐化学腐蚀性；耐溶剂性差，固体分低	用于汽车、医疗器械、仪表、表盘、轻工产品、高级木器、湿热带地区的机械设备等的涂饰
聚酯漆类（Z）	饱和聚酯树脂，不饱和聚酯树脂	固体分高，能耐一定的温度，耐磨，能抛光，绝缘性较好；施工较复杂，干燥性不易掌握，对金属附着力差	用于木器、防化学腐蚀设备以及金属、砖石、水泥、电气绝缘件的涂装
环氧漆类（H）	环氧树脂，改性环氧树脂	涂膜坚韧，耐碱、耐溶剂，绝缘性良好，附着力强；保光性差，色泽较深，外观较差，室外暴晒易粉化	适于作底漆和内用防腐蚀涂料

（续）

类别（代号）	主要成膜物质	性能特点	应用举例
聚氨酯漆类（S）	聚氨基甲酸酯	耐潮、耐水、耐热、耐溶剂性好，耐化学和石油腐蚀，耐磨性好，附着力强，绝缘性良好；涂膜易粉化泛黄，对酸碱盐、水等物敏感，施工要求高，有一定毒性	广泛用于石油、化工设备、海洋船舶、机电设备等作为金属防腐蚀漆。也适用于木器、水泥、皮革、塑料、橡胶、织物等非金属材料的涂装
元素有机漆类（W）	有机硅，有机钛，有机铝	耐候性极好，耐高温，耐水性、耐潮性好，绝缘性能良好；耐汽油性差，涂膜坚硬较脆，需要烘烤干燥，附着力较差	主要用于涂装耐高温机械设备
橡胶漆类（J）	天然橡胶及其衍生物，合成橡胶及其衍生物	耐磨，耐化学腐蚀性良好，耐水性好；易变色，个别品种施工复杂，清漆不耐紫外线，耐溶剂性差	主要用于涂装化工设备、橡胶制品、水泥、砖石、船壳及水线部位、道路标志、耐大气曝晒机械设备等

表 3.3-19 常用涂料技术性能的比较

	涂料类型 性能	油脂漆	天然树脂漆	酚醛树脂漆	沥青漆	醇酸树脂漆	氨基漆	硝基纤维漆	醋酸丁酸纤维漆	乙基纤维漆
	户外耐久性	良	可	中	可	优	优	良	优	优
	耐盐雾	良	可	良	优	良	良	良	优	优
	耐醇类溶剂	劣	可	优	劣	可	中	中	中	劣
	耐石油溶剂	中	中	良	劣	中	优	中	中	劣
	耐烃类溶剂	可	良	优	劣	中	优	可	可	可
	耐酯、酮类溶剂	劣	可	可	劣	劣	可	劣	劣	劣
	耐氯化溶剂	劣	劣	劣	劣	劣	劣	劣	劣	劣
抗化学介质性能	耐盐类	可	可	优	中	良	优	中	良	中
	耐氨	劣	可	劣	—	劣	劣	劣	劣	中
	耐碱	劣	可	劣、劣	优	可、劣	良、劣	劣、劣	劣、劣	中、中
	耐无机酸（矿物酸）	可	可	中、可、劣	中、—、—	可、劣、劣	中、可、劣	优、中、可	中、可、劣	中、可、劣
	耐氧化性酸	劣	劣	中、劣	劣	劣	劣	劣	可、劣	劣
	耐有机酸（醋酸、甲酸）	可	可	中、可、劣	优、—、—	劣、劣	劣、劣	劣、劣	劣、劣	中、—、—
	耐有机酸（油酸、硬脂酸）	中	可	优	劣	可	中	可	可	—
	耐磷酸	可	可	可	优	劣	劣	劣	劣	—
	耐淡水、盐水	可	可	优	优	可	中	良	优	优
物理性能	硬度	劣	优	优	中	中	优	优	中	中
	柔韧性	优	中	中	优	优	良	优	优	优
	耐磨性（周）	—	—	>5000	—	3500	>5000	2500	2500	—
	最高使用温度/℃	80	93	170	93	93	120	82	82	150
	毒性	无	无	无	无	无	无	无	无	无
	冲击强度	—	中	中	优	良	优	良	良	良
	介电性能	中	可	优	优	良	优	可	中	中
附着力	铁基金属上	良	良	优	优	优	优	良	良	劣
	非铁基金属上	—	优	优	可	优	优	中	中	劣
	旧漆层上	—	—	中	良	—	—	劣	劣	劣

(续)

性能	涂料类型	脂油漆	天然树脂漆	酚醛树脂漆	沥青漆	醇酸树脂漆	氨基漆	硝基纤维漆	醋酸丁酸纤维漆	乙基纤维漆
装饰性	颜色选择性	任选	任选	有限	有限	任选	任选	任选	任选	任选
	保色性	中	中	劣	—	良	良	良	良	良
	原始光泽	可	良	良	良	优	优	良	良	良
	保光性	可	良	可	—	优	良	良	良	良

性能	涂料类型	过氯乙烯漆	乙烯漆	丙烯酸漆	聚酯漆	环氧树脂漆类		
						环氧胺固化漆	环氧酯漆	环氧酚醛漆
抗化学介质性能	户外耐久性	优	优	优	优	中	优	良
	耐盐雾	优	优	优	良	良	良	良
	耐醇类溶剂	优	可	劣	中	中	可	良
	耐石油溶剂	优	中	中	中	优	优	优
	耐烃类溶剂	可	劣	可	中	优	中	优
	耐酯、酮类溶剂	劣	劣	劣	劣	良	劣	良
	耐氯化溶剂	劣	劣	劣	中	中	劣	良
	耐盐类	优	优	良	中	优	优	优
	耐氨	优	优	劣	劣	中	劣	可
	耐碱	优	优、优	中、可	劣	优、优	中、可	优、优
	耐无机酸（矿物酸）	良	优、优、中	中、可、劣	中	优、良、中	中、可、劣	优、良
	耐氧化性酸	良	优、良、中	可、劣、劣	劣	中、劣、劣	可、可、劣	优、良、劣
	耐有机酸（醋酸、甲酸）	优	优、劣、劣	劣、劣、劣	劣、劣	可、可、劣	劣、劣、劣	优、可、良
	耐有机酸（油酸、硬脂酸）	优	优	可	可	优	可	优
	耐磷酸	优	优	劣	中	优	劣	优
	耐淡水、盐水	优	优	优	中	优	中	优
物理性能	硬度	中	中	良	良	良	良	优
	柔韧性	优	优	优	中	中	优	良
	耐磨性（周）	—	>5000	2500	3500	>5000	>5000	>5000
	最高使用温度/℃	65	65	180	93	200	150	200
	毒性	无	无	无	无	无	无	无
	冲击强度	优	优	良	可	良	良	良
	介电性能	中	优	良	良	优	良	良
附着力	铁基金属上	中	中	良	良	优	良	良
	非铁基金属上	—	良	良	可、劣	优	良	良
	旧漆层上	—	—	劣	劣	中	良	劣
装饰性	颜色选择性	任选	任选	任选	任选	任选	任选	有限
	保色性	中	优	优	良	可	中	劣
	原始光泽	中	中	优	优	中	中	中
	保光性	中	中	优	优	可	中	可

性能	涂料类型	聚氨酯漆	有机硅漆	氯化聚醚漆	橡胶漆类		
					氯化橡胶漆	氯丁橡胶漆	氯磺化聚乙烯漆
抗化学介质性能	户外耐久性	可	优	优	优	优	优
	耐盐雾	优	可	优	优	优	优
	耐醇类溶剂	良	可	优	优	优	—
	耐石油溶剂	中~优	可	优	中	中	中
	耐烃类溶剂	中~优	良	优	劣	劣	可~劣
	耐酯、酮类溶剂	可	劣	优	劣	劣	劣
	耐氯化溶剂	可	劣	优	劣	劣	劣
	耐盐类	优	中	优	优	优	优
	耐氨	劣	劣	优	中	中	中
	耐碱	良、可	优、可	优	优、优	优、优	优、优

(续)

性能		涂料类型	聚氨酯漆	有机硅漆	氯化聚醚漆	橡胶漆类		
						氯化橡胶漆	氯丁橡胶漆	氯磺化聚乙烯漆
抗化学介质性能	耐无机酸(矿物酸)		中、可、劣	中、中、劣	优、优、优	优、优、优	优、中、中	优、优、中
	耐氧化性酸		中、可、劣	劣、劣、劣	优、中、可	优、优、可	可、劣、劣	中、中、可
	耐有机酸(醋酸、甲酸)		中、可、劣	劣、劣、劣	优、优、优	中、劣、劣	中、可、可	中、可、可
	耐有机酸(油酸、硬脂酸)		中	中	优	可	中	中
	耐磷酸		中	可	优	中	良	中
	耐淡水、盐水		良	优	优	优	优	优
物理性能	硬度		优	中	优	中	可	可
	柔韧性		优	可	可	良	优	优
	耐磨性(周)		>5000	2500	>5000	>5000	5000	5000
	最高使用温度/℃		150	280	150	93	93	120
	毒性		微	无	无	微	无	—
	冲击强度		优	可	可	中	优	优
	介电性能		优	优	优	优	中	良
	附着力	铁基金属上	优	可	良	可	良	良
		非铁基金属上	优	优	中	良	良	良
		旧漆层上	—	优	劣	—	—	—
装饰性	颜色选择性		任选	任选	有限	任选	有限	任选
	保色性		可	优	优	中	中	优
	原始光泽		良	中	优	良	劣	劣
	保光性		可	良	可	中	可	可

注：1. 此表仅作为每大类油漆性能比较的参考，不代表每一品种性能；
2. 质量优劣分5等，其次序是：优→良→中→可→劣；
3. 化学性能中有两个等级时，第一个代表稀溶液（20%），第二个代表浓溶液；有三个等级时，第一个代表10%稀溶液，第二个代表10%～30%中等溶液，第三个代表浓溶液时的性能等级。

表3.3-20 各类面漆应用实例

涂料类别 \ 可选涂料应用实例	金属切削机床	载货汽车、火车	轿车、摩托车	起重机、拖拉机、柴油机	仪器仪表	船壳、甲板、桅杆、船舱	船底、防锈、防污	木壁、门窗、地板、楼梯	钢架、铁柱、水管、水塔	泥墙、砖墙、水泥墙	漆包线、浸渍绕组、覆盖电绝缘用	电线、电缆绝缘用
油脂漆				▽		▽		▽	▽	▽		
酯胶漆				▽				▽	▽			
酚醛漆	▽			▽	▽	▽		▽	▽		▽	▽
沥青漆						▽	▽		▽		▽	▽
醇酸漆	▽	▽		▽	▽			▽	▽		▽	
氨基漆	▽	▽	▽		▽							
硝基漆	▽	▽	▽	▽				▽				▽
过氯乙烯漆	▽	▽		▽		▽			▽	▽		
乙烯漆							▽					
丙烯酸漆			▽									
环氧漆	▽			▽	▽	▽	▽				▽	▽
虫胶漆								▽				
有机硅漆											▽	
聚醋酸乙烯漆					▽				▽	▽		
聚氨酯漆	▽						▽				▽	▽

（续）

涂料类别＼应用实例	金属切削机床	载货汽车、火车	轿车、摩托车	起重机、拖拉机、柴油机	仪器仪表	船壳、甲板、桅杆、船舱	船底、防锈、防污	木壁、门窗、地板、楼梯	钢架、铁柱、水管、水塔	泥墙、砖墙、水泥墙	漆包线、浸渍绕组、覆盖电绝缘用	电线、电缆绝缘用
氯乙烯醋酸乙烯漆												
聚酰胺漆												
橡胶漆（氯丁橡胶）												
乙基纤维漆												
苄基纤维漆												▽
氯化橡胶漆							▽		▽			
氯磺化聚乙烯漆											▽	
聚酯漆												
聚乙烯醇缩醛漆												

涂料类别＼应用实例	大型化工设备及建筑物防腐蚀	小型管道、蓄电池、仪表耐腐蚀	木质墙壁及易燃物防火	烟囱锅炉、管道高温防火	自行车、缝纫机	洗衣机、冰箱	收音机、乐器、高级家具	罐头内、外壁	玩具	橡胶、塑料、皮革	油布、油毡
油脂漆											▽
酯胶漆											
酚醛漆		▽	▽	▽			▽	▽			
沥青漆	▽	▽	▽	▽					▽		
醇酸漆			▽								
氨基漆					▽	▽	▽	▽	▽		
硝基漆						▽	▽		▽		
过氯乙烯漆	▽		▽								
乙烯漆	▽										
丙烯酸漆										▽	
环氧漆	▽	▽			▽		▽				
虫胶漆						▽					
有机硅漆		▽	▽								
聚醋酸乙烯漆											
聚氨酯漆	▽					▽				▽	
氯乙烯醋酸乙烯漆	▽										
聚酰胺漆								▽			
橡胶漆（氯丁橡胶）											
乙基纤维漆	▽										
苄基纤维漆										▽	
氯化橡胶漆	▽										
氯磺化聚乙烯漆	▽										
聚酯漆							▽				
聚乙烯醇缩醛漆									▽		

注："▽"表示可选用的涂料。

表 3.3-21　各种金属表面选用底漆品种

金属表面种类	推荐选用的底漆品种
黑色金属（铸铁、钢）	铁红醇酸底漆、铁红纯酚醛底漆、铁红酚醛底漆、铁红酯胶底漆、铁红过氯乙烯底漆、沥青底漆、磷化底漆、各种树脂的红丹防锈漆、铁红环氧底漆、铁红硝基底漆、富锌底漆、氨基底漆、铁红油性防锈漆、铁红缩醛底漆
铜及其合金	氨基底漆、磷化底漆、铁红环氧底漆或醇酸底漆
铝及铝镁合金	锌黄酚醛底漆、锶黄丙烯酸底漆、锌黄环氧底漆、锌黄过氯乙烯底漆
镁及其合金	锌黄或锶黄纯酚醛底漆或丙烯酸底漆、环氧底漆、锌黄过氯乙烯底漆
钛及钛合金	锶黄氯醋-氯化橡胶底漆

(续)

金属表面种类	推荐选用的底漆品种
镉铜合金	铁红纯酚醛底漆或酚醛底漆、铁红环氧底漆、磷化底漆
锌金属	锌黄纯酚醛底漆、磷化底漆、锌黄环氧底漆、环氧富锌底漆
镉金属	锌黄纯酚醛或环氧底漆
铬金属	铁红环氧底漆或醇酸底漆
铅金属	铁红环氧底漆或醇酸底漆
锡金属	铁红醇酸底漆或环氧底漆、磷化底漆

表 3.3-22　各种涂料所适应的施工方法比较

涂料类别＼施工方法	刷涂	浸涂	滚涂	浇涂	喷涂	热喷涂	高压无气喷涂	静电（湿）	静电（干）	电泳
油性调合漆	优	差	差	差	中	差	中	差	劣	劣
醇酸调合漆	优	中	中	中	良	中	良	良	劣	劣
酯胶漆	优	中	良	中	良	中	良	良	差	劣
酚醛漆	优	良	中	中	良	中	良	良	差	劣
沥青漆	良	中	优	良	良	中	良	良	劣	劣
醇酸漆	良	良	良	良	优	良	优	良	良	劣
氨基漆	差	良	良	优	优	优	优	优	良	劣
硝基漆	差	中	劣	差	优	优	优	中	良	劣
过氯乙烯漆	差	中	劣	差	优	优	优	中	劣	劣
氯乙烯醋酸乙烯漆	良	中	差	差	良	差	优	劣	劣	劣
乙烯乳胶漆	优	中	良	中	良	劣	良	劣	劣	劣
环氧漆	中	中	中	差	良	良	良	良	良	良
丙烯酸漆	差	中	中	中	优	优	优	良	良	劣
水溶性烘漆	中	中	中	中	中	中	差	劣	劣	优
聚酯漆	良	优	良	良	良	良	良	良	良	劣
聚氨酯漆	中	中	中	差	优	差	优	中	良	劣
粉末涂料	劣	劣	劣	劣	劣	劣	劣	劣	优	劣

注：施工方法的适应次序：优、良、中、可、劣五等级，适应性依次降低。

表 3.3-23　机床用漆配套选用实例

涂料类型		配套品种的选择				备注
		底漆	腻子	二道底漆	面漆	
涂料类型	甲组	Q06-4 各色硝基底漆	Q07-5 各色硝基腻子或桐油石膏腻子	Q06-4 各色硝基底漆	Q04-2 各色硝基外用磁漆	使用面最广，可以满足通用机床的需要，但三防性能差
	乙组	G06-4 铁红过氯乙烯底漆	G07-3 各色过氯乙烯腻子（或聚酯型）	G06-5 各色过氯乙烯二道底漆	G04-12 过氯乙烯机床磁漆或 G04-9 各色过氯乙烯外用磁漆、G16-31、G16-32 各色过氯乙烯锤纹漆	同上，也可用于湿热带地区，但需酌加少量有机防霉剂
	丙组	G06-4 铁红过氯乙烯底漆或环氧酯底漆（自干）	G07-3 各色过氯乙烯腻子（或聚酯型）	G06-5 各色过氯乙烯二道底漆（或聚氨酯型）	S04-10 各色聚氨酯磁漆	适用于要求装饰性较高的机床，可用于湿热地区
	丁组	环氧酯型（自干）	聚酯型	聚氨酯型	乙烯型	适用于大型机床

注：1. 甲组已逐步被乙组取代。
　　2. 近年来为了减少腻子的收缩性，机床用漆大多改用无溶剂腻子，如不饱和聚酯型腻子、环氧腻子，以代替油性或石膏腻子，这种腻子的填坑性好，腻子层可涂刮得很厚，施工也比较方便。
　　3. 由铸铁件、铸钢件及钢板件构成的各种工业机器均可参考机床用漆的选用实例。

表 3.3-24 耐腐蚀涂料的选用

使用条件	推荐选用的涂料品种			
	自干型		烘干型	
	常用品种	亦可用品种	常用品种	亦可用品种
耐酸用漆	L50-1 沥青耐酸漆，G01-5 过氯乙烯清漆，G52-2、G52-31、G52-33、G52-37、G52-38 过氯乙烯防腐漆，H01-1 环氧清漆，H04-4 环氧磁漆，H52-33 环氧防腐漆，聚氨酯沥青漆、大漆	T09-11 漆酚清漆，T09-17 漆酚环氧防腐漆，F50-31 酚醛耐酸漆，X52-31 或 2、83 乙烯防腐漆，S01-1 聚氨酯清漆，S04-4 聚氨酯磁漆，S06-2 聚氨酯底漆，氯化橡胶漆，环氧聚氨酯漆	H01-32 环氧酚醛清烘漆，H52-11、H52-56 环氧酚醛烘干防腐漆，H52-55 环氧酯烘干防腐漆，F01-36 酚醛烘干清漆，F52-11、F52-52 酚醛环氧酯烘干防腐漆	T09-17 漆酚环氧防腐漆
耐碱用漆	L01-13、17 沥青清漆，G01-5 过氯乙烯清漆，G51-31 过氯乙烯耐氨漆，G52-2、31、33、37 过氯乙烯防腐漆，X51-31 乙烯耐氨漆，H01-1 环氧清漆，H01-4 环氧沥青清漆，H04-1 环氧磁漆，H04-3 环氧沥青磁漆，H52-33 环氧防腐漆	X52-2、31、4、35、83 乙烯防腐漆，S01-1 聚氨酯清漆，S04-4 聚氨酯磁漆，S06-2 聚氨酯底漆，氯化橡胶漆，环氧聚氨酯漆	H52-11、12、56 环氧酚醛烘干防腐漆，F52-11、52 酚醛环氧酯烘干防腐漆	T09-17 漆酚环氧防腐漆
耐溶剂用漆	H01-1 环氧清漆，H04-1 环氧磁漆，H06-4 环氧富锌底漆，E06-1 无机富锌底漆，S54-33 白聚氨酯漆	T09-11 漆酚清漆，H52-33 环氧防腐漆，S01-3 聚氨酯清漆，S04-1、S04-5 聚氨酯磁漆，S06-1、3、4、5 聚氨酯底漆，S54-31 白聚氨酯耐油清漆，S54-32 各色聚氨酯耐油漆，S54-84 各色聚氨酯耐油底漆	H01-32 环氧酚醛烘干清漆，H52-11、H52-56 环氧酚醛烘干防腐漆	H52-54 灰环氧酯基烘干防腐漆，H52-55 草绿环氧酯烘干防腐漆
耐盐类用漆	L01-13、17 沥青清漆，L40-32 沥青防污漆，G52-2、31、33、37、38 过氯乙烯防腐漆，H01-1 环氧清漆，H01-4 环氧沥青清漆，H04-3 棕环氧沥青磁漆，H52-33 环氧防腐漆	T09-11 漆酚清漆，X52-2、31 乙烯防腐漆，X52-83 乙烯防腐底漆，J41-31 氯化橡胶水线漆，J06-1 铝粉氯化橡胶底漆	H52-56 环氧酚醛烘干防腐漆，F52-11、F52-52 酚醛环氧酯烘干防腐漆	H52-55 草绿环氧酯烘干防腐漆，T09-17 漆酚环氧防腐漆
耐水用漆	L01-13、17 沥青清漆，L40-32 沥青防污漆，L44-81、82、83 沥青船底漆，X55-31、33 铝粉乙烯耐水漆，X06-4 铝粉乙烯沥青漆，H01-4 环氧沥青清漆，H06-4 环氧富锌底漆，H06-10 环氧酯富锌底漆，F06-1 酚醛底漆，J06-1 铝粉氯化橡胶底漆，J41-31、32 氯化橡胶水线漆	T09-11 漆酚清漆，X52-2、31、83 乙烯防腐漆，聚氨酯沥青漆，S55-30 聚氨酯环氧耐水漆	H55-11 环氧聚氨酯烘干耐水漆	T09-17 漆酚环氧防腐漆
耐油用漆	H04-5 白环氧磁漆，H06-4 环氧富锌底漆，H06-10 环氧酯富锌底漆，E06-1 无机富锌底漆，S04-1、5、7 聚氨酯磁漆，S06-1、5、4 聚氨酯底漆，S54-33 白聚氨酯耐油漆，环氧无溶剂漆	S54-1 聚氨酯耐油清漆，S54-31 白聚氨酯耐油漆，S54-32 各色聚氨酯耐油漆，S54-84 聚氨酯耐油底漆	H54-31 棕环氧沥青耐油漆，H54-82 铝粉环氧沥青耐油底漆	H52-12 环氧酚醛烘干防腐漆

表 3.3-25 过氯乙烯防腐漆配套选用实例

配套品种＼使用条件	室内耐化学涂层	室外耐化学涂层	室外耐大气腐蚀涂层	木材表面耐化学涂层	混凝土表面耐化学涂层	铸铁表面耐化学涂层
			层 次			
磷化底漆	1	1	1	—	—	1
铁红醇酸底漆	—	—	1	—	—	—
铁红醇酸底漆 铁红过氯乙烯底漆 }1:1	1	1	1	—	—	1
铁红过氯乙烯底漆 过氯乙烯防腐蚀磁漆 }1:1	1	1	—	—	—	—
过氯乙烯防腐蚀磁漆	2~3	4	3~4	—	—	—
过氯乙烯防腐蚀清漆	2	—	—	1	1	—
过氯乙烯防腐蚀腻子	—	—	—	1~2	1~2	2
过氯乙烯防腐蚀底漆	—	—	—	1	1	—
过氯乙烯防腐蚀底漆 过氯乙烯防腐蚀磁漆 }1:1	—	—	—	1	—	3~4
过氯乙烯防腐蚀磁漆	—	—	—	3~4	3~4	—

表 3.3-26　特种涂料的选用

涂层特性	涂料种类
耐酸涂层	聚氨酯漆、氯丁橡胶漆、氯化橡胶漆、环氧树脂漆、沥青漆、过氯乙烯漆、乙烯漆、酚醛树脂漆
耐碱涂层	过氯乙烯漆、乙烯漆、沥青漆、氯化橡胶漆、氯丁橡胶漆、环氧树脂漆、聚氨酯漆等
耐油涂层	醇酸漆、氨基漆、硝基漆、缩丁醛漆、过氯乙烯漆、醇溶酚醛漆、环氧树脂漆
耐热涂层	醇酸漆、沥青漆、氨基漆、有机硅漆、丙烯酸漆
耐水涂层	氯化橡胶漆、氯丁橡胶漆、聚氨酯漆、过氯乙烯漆、乙烯漆、环氧树脂漆、酚醛漆、沥青漆、氨基漆、有机硅漆
防潮涂层	乙烯漆、过氯乙烯漆、氯化橡胶漆、氯丁橡胶漆、聚氨酯漆、沥青漆、酚醛树脂漆、有机硅漆、环氧树脂漆等
耐磨涂层	聚氨酯漆、氯丁胶漆、环氧树脂漆、乙烯漆、酚醛树脂漆等
保色涂层	丙烯酸漆、氨基漆、有机硅漆、醇酸树脂漆、硝基漆、乙烯漆
保光涂层	醇酸漆、丙烯酸漆、有机硅漆、乙烯漆、硝基漆、乙酸丁酯纤维漆
耐大气涂层	天然树脂漆、油性漆、醇酸漆、氨基漆、硝基漆、过氯乙烯漆、丙烯酸漆、有机硅漆、酚醛树脂漆、氯丁橡胶漆等
耐溶剂涂层	聚氨酯漆、乙烯漆、环氧树脂漆
绝缘涂层	油性绝缘漆、酚醛绝缘漆、醇酸绝缘漆、环氧绝缘漆、氨基漆、聚氨酯漆、有机硅漆、沥青绝缘漆等

2.3　常用涂料品种（见表 3.3-27）

表 3.3-27　常用涂料品种型号、成分、特性及应用

型号及名称	组成成分	特性及应用
清油		
Y00-1 清油 Y00-2 清油 Y00-3 清油	干性植物油或干性植物油加部分半干性植物油经熬炼并加入，催干剂而成。Y00-1 以亚麻油为主，Y00-2 以梓油为主，Y00-3 以各种混合植物油制成	清油比植物油（未熬炼）干燥性能好、易干、易涂刷；漆膜软，易发黏。清油主要用于调和厚漆和红丹防锈漆，也可单独使用于防水、防锈、防腐之用
厚漆		
Y02-1 各色厚漆	用颜料与干性或半干性植物油混合研磨而成的软膏状物	价格低、施工方便，漆膜软、干燥慢，耐久性差。用于要求不高的建筑物或水管接头处的涂覆，也可作为木质表面打底用
Y02-2 锌白厚漆	由干性油和氧化锌混合研磨而成，比 Y02-1 耐候性好、遮盖力好	主要用于造船工业，也可作刻度盘上画线
调合漆		
Y03-1 各色油性调合漆	是由干性植物油同各色颜料、体质颜料研磨后，加入催干剂，并用 200 号溶剂油或松节油与 200 号溶剂油的混合溶剂调制而成	耐候性比酯胶调合漆好，但干燥时间较长，漆膜较软。适用于涂刷室内外一般金属、木质物件及建筑物的表面，作保护和装饰之用
Y03-3 白色油性调和漆	由熬炼后的干性植物油与颜料碾磨并加催干剂、200 号溶剂油或松节油调制而成	用于室内外金属物件、木质物件和船舱等的涂装
T03-1 各色酯胶调合漆	是用干性植物油和多元醇松香酯炼制后，与颜料和体质颜料研磨，加入催干剂，以 200 号溶剂油或松节油调制而成	干燥性能比油性调合漆好，漆膜较硬、有一定的耐水性。用于室内外一般金属、木质物件及建筑物表面的涂覆，作为保护和装饰之用
C03-1 各色醇酸调合漆	由醇酸树脂、颜料、体质颜料、催干剂及有机溶剂调制而成	质量比胶调合漆稍好，适用于涂覆一般金属、木质物件及建筑物表面，起保护和装饰作用
清漆		
A01-1、A01-2 氨基烘干清漆	氨基清漆是氨基树脂、醇酸树脂溶于有机溶剂中而成	漆膜光亮、坚硬，色泽淡，具有优良的附着力，耐水、耐油和耐磨擦性。A01-1 为通用漆，丰满度好、柔韧性佳。A01-2 为罩光漆，色泽浅、硬度高、光泽好，可调配色漆作罩光用
T01-1 酯胶清漆	用干性植物油和多元醇松香熬炼后，加入催干剂，并以 200 号溶剂油或松节油作为溶剂调配而成	漆膜光亮，耐水性较好，次于酚醛清漆，适合于木制家具、门窗、板壁等的涂覆及金属表面的罩光
F01-1 酚醛清漆	用干性植物油和松香改性酚醛树脂熬炼后，加入催干剂，以 200 号溶剂油或松节油作为溶剂调配而成	该漆耐水性比酯胶清漆好，漆膜光亮，但容易泛黄，它主要用于涂饰木家具，可显示出木器的底色及花纹
L01-6 沥青烘干清漆	用石油沥青（软化点 90~120℃）、芳烃溶剂制成而成	有良好的耐水、防潮、耐腐蚀性能，但力学性能差，耐候性不好。不能涂于太阳光直接照射的物体表面，涂于各种容器与金属机械等内表面，作防潮、耐水、防腐用
G52-2 过氯乙烯防腐清漆	是过氯乙烯树脂及增韧剂溶于有机混合溶剂（苯类、酯类及酮类）中的溶液	漆膜具有优良的防腐性能，可耐无机酸、碱类、盐类、煤油等的侵蚀，涂于化工设备、运输管道作防腐涂层，可喷涂或浸渍木质，防火、防霉、防腐蚀性良好

(续)

型号及名称	组成成分	特性及应用
B01-34 丙烯酸烘干清漆	由甲基丙烯酸酯、甲基丙烯酸共聚树脂及氨基树脂溶解在酯类、醇类、苯类的混合溶剂中,加增韧剂制成	有良好的耐气候性和附着力,在120℃干燥1.5~2h,可提高漆膜的耐油性、耐水性和硬度,在180℃使用,除颜色发黄外,其他性能良好。适于喷涂经阳极化处理的硬铝板或其他金属表面
B01-6 丙烯酸清漆	是甲基丙烯酸酯和甲基丙烯酰胺共聚树脂中加入氨基树脂,溶解在酯类、醇类、苯类混合溶剂中,加增韧剂而成	具有耐候、耐水、耐高温(180℃以下)性能,硬度高,对轻金属有良好附着力,能常温干燥,适于涂覆经阳极化处理的硬铝板和其他金属制件表面
C01-7 醇酸清漆	是用干性油改性季戊四醇醇酸树脂、催干剂和有机溶剂经调制而成的长油度醇酸清漆	能常温干燥,漆膜具有较好的柔韧性和耐候性,可作为各种涂有底漆、磁漆的钢铁及铝合金表面罩光涂层,也可作为户外木器上的罩光涂层
底漆		
Q06-4 各色硝基底漆	是由硝化棉、油改性醇酸树脂、松香甘油酯、颜料、体质颜料、增韧剂和混合溶剂调制而成	漆膜干得快,易打磨。适于涂覆铸件、车辆表面,供各种硝基磁漆作套底漆用
X06-1 乙烯磷化底漆(分装)	是由聚乙烯醇缩丁醛树脂、防锈颜料、乙醇、丁醇的混合溶剂调制而成,与组分磷化液配合使用	主要作为有色及黑色金属底层的防锈涂料,能起到一定的磷化作用,增加有机涂层和金属表面的附着力,防止腐蚀,延长有机涂层的使用寿命,不能代替一般采用的底漆,适于涂覆船舶、桥梁、浮筒及其他各种金属结构器材表面
B06-2 锶黄丙烯酸底漆	是由甲基丙烯酸甲酯和甲基丙烯酸共聚树脂溶于酯类、醇类、苯类溶剂中,加铬酸锶、增韧剂及体质颜料而成	有良好防霉、防腐、耐热、耐久性能,能室温干燥,适用于不能高温干燥的金属设备及轻金属零件的打底
H06-2 铁红、锌黄、铁黑环氧酯底漆	是用环氧树脂和植物油酸酯化后,与氧化铁红、氧化铁黑或锌铬黄等颜料及体质颜料研磨,加入催干剂,再以有机溶剂调配而成	漆膜坚韧耐久,附着力很好,若其与磷化底漆配套使用时,可提高漆膜的防潮、防盐雾及防锈性能,适于涂覆沿海地区及湿热带气候的金属材料。铁红、铁黑底漆适用于黑色金属表面打底,锌黄底漆适用于有色金属表面打底
H06-33 铁红、锌黄环氧烘干底漆	是由环氧树脂、三聚氰胺甲醛树脂、醇酸树脂与铁红、锌黄、氧化锌和体质颜料研磨后,以二甲苯与丁醇的混合溶剂调配而成	该漆具有良好的耐化学药品性能及耐水性,并有优越的附着力。它适用于能烘烤的各种金属表面作底漆(铁红色用于钢铁表面,锌黄色用于轻金属表面)
C06-1 铁红醇酸底漆	是用干性植物油改性醇酸树脂(中油度或长油度)与氧化铁红、铅铬黄、体质颜料等研磨后,加入催干剂,并以200号溶剂油及二甲苯调配而成	该漆有良好的附着力和一定的防锈能力,它与硝基磁漆、醇酸磁漆等多种面漆的层间结合力好。在一般气候条件下耐久性也不错,但在湿热带、海洋性气候和潮湿地区条件下,耐久性不太好。用于黑色金属表面打底防锈
C06-10 醇酸二道底漆	是用油改性醇酸树脂、颜料及体质颜料研磨后,加入催干剂,以200号溶剂油或松节油与二甲苯的混合溶剂调配而成	该漆可常温干燥,也可烘干。容易打磨,对腻子层及面漆的附着力好。它适合于涂在打磨平滑的腻子层上,以填平腻子层的砂孔、纹道
T06-5 铁红、灰酯胶底漆	是用松香钙酯和多元醇松香酯与干性植物油熬炼后,以氧化铁红等颜料及体质颜料研磨,并加入催干剂,以200号溶剂油或松节油作溶剂调配而成	漆膜坚硬,容易打磨,附着力强。主要用于要求不高的钢铁、木质表面打底
F06-8 锌黄、铁红灰酚醛底漆	是用松香改性酚醛树脂、聚合植物油炼成漆基,与颜料和体质颜料研磨后,加入催干剂,并以200号油漆溶剂油及二甲苯作溶剂调配而成	该漆有良好的附着力和防锈性能。锌黄酚醛底漆用于铝合金表面,铁红、灰酚醛底漆用于钢铁表面
F06-9 锌黄、铁红、纯酚醛底漆	是用纯酚醛树脂与干性油炼成的漆基,同锌黄、铁红颜料及体质颜料研磨后,并加入催干剂,以二甲苯或松节油作溶剂调配而成	该漆有一定的防锈能力,耐水性好。锌黄纯酚醛底漆用于涂饰铝合金表面,铁红纯酚醛底漆用于钢铁表面
L06-33 沥青烘干底漆	是用石油沥青、干性植物油与松香改性树脂熬炼后,用200号溶剂油及苯类溶剂稀释再与黑色颜料(炭黑、铁黑)体质颜料等研磨而成	该漆附着力好,有良好的柔韧性及防潮、耐湿热、耐滑油性能。它主要用于汽车、发动机,也可用于缝纫机、自行车以及其他金属表面打底
G06-4 锌黄、铁红、过氯乙烯底漆	是过氯乙烯树脂,油改性醇酸树脂、增韧剂、颜料及体质颜料等经研磨后,溶于有机混合溶剂(苯、酯及酮类)制成	有一定的防锈性及耐化学性,但附着力不太好,如在60~65℃烘烤2h后,可增强附着力及其他各种性能。铁红底漆主要用于车辆、机床及各种工业用的钢铁或木材表面打底,锌黄底漆用于轻金属表面打底
腻子		
T07-31 各色酯胶烘干腻子	是用酯胶清漆与颜料、体质颜料、催干剂和200号溶剂油、二甲苯研磨后而成	涂刮性和打磨性较好,可用来填平钢铁、木质表面的凹坑、针孔及缝隙等处
H07-5 各色环氧酯腻子	是用环氧树脂和植物油酸经酯化后,与颜料、体质颜料、二甲苯、催干剂、丁醇等研磨配制而成	腻子膜坚硬,耐潮性好,与底漆有良好的附着力,经打磨表面光洁。可供各种预先涂有底漆的金属表面不平处作填嵌用

(续)

型号及名称	组成成分	特性及应用
C07-5 各色醇酸腻子	是用醇酸树脂、颜料、体质颜料、催干剂及溶剂（200号溶剂油，二甲苯）研磨而成	涂层坚硬，附着力好，易于涂刷，它可用来填嵌金属及木器制品表面的凹坑和缝隙处
Q07-5 各色硝基腻子	各色硝基腻子的成膜物质是由硝化棉，醇酸树脂，增韧剂，各色颜料、体质颜料和混合溶剂组成	该腻子干得快，附着力好，容易打磨。可供涂有底漆的金属及木质物面作填平细孔、缝隙之用
G07-3 各色过氯乙烯腻子	是用过氯乙烯树脂、增韧剂、颜料、体质颜料和酯、酮、苯类等混合溶剂，经调和研磨而成	干燥快，主要用于填平已涂有醇酸底漆或过氯乙烯底漆的各种车辆、机床及各种工业品的钢铁或木材表面
磁　漆		
04-42 各色醇酸磁漆	是用干性植物油改性的季戊四醇醇酸树脂与颜料研磨后，加入催干剂，以松节油、200号溶剂汽油与二甲苯调配而成	该漆具有良好的耐候性及附着力，机械强度较好，能自然干燥，也可低温烘干。适用于涂饰户外的钢铁表面
C04-83 各色醇酸无光磁漆	是中油度醇酸树脂与颜料及体质颜料混合研磨后，加入催干剂，以200号溶剂汽油和二甲苯作为溶剂调配而成	漆膜平整无光，常温或100℃以下干燥时，耐久性比酚醛无光磁漆好，比有光的醇酸磁漆差。若烘干耐水性更好，用于涂装车箱、船舱的内壁及特种车辆外表面及仪表盘
G04-60 各色过氯乙烯半光磁漆	是由过氯乙烯树脂，干性油改性醇酸树脂，增韧剂、颜料及体质颜料经调和研磨后，以有机混合溶剂苯类、酯类及酮类调配而成	有较好的户外耐久性及机械强度，耐海洋性气候和湿热带气候的性能好，耐油性和耐水好，但干燥时间较长，故附着力差一些，主要喷涂于金属或木质物件上
G04-9 各色过氯乙烯外用磁漆	是用过氯乙烯树脂，干性油改性醇酸树脂及颜料与增韧剂等研磨后，以有机混合剂苯类、酯类及酮类调配而成	该漆干燥较快，漆膜光亮、色泽鲜艳，能打磨。耐候性和抗老化性比硝基外用磁漆好，适合于亚热带和潮湿地区使用。用于涂饰车辆、机床、电工器材、医疗器械、农业机械配件等
B04-6 白丙烯酸磁漆	是由甲基丙烯酸酯，甲基丙烯酰胺共聚树脂与氨基树脂溶解在酯类、醇类、苯类混合溶剂中，并加钛白粉，增韧剂而成	具有耐光性与耐久性，能室温干燥，不泛黄，对湿热带气候具有良好的稳定性，涂覆各种金属表面及经阳极化处理后涂有底漆的硬铝表面
B04-87 黑丙烯酸无光磁漆	是由甲基丙烯酸酯和甲基丙烯酰胺共聚树脂溶于酯类、酮类、苯类混合溶剂中，加炭黑、消光剂、增韧剂而成	有良好的附着力，柔韧性较各，专供涂覆光学仪器上要求不反光的部位及涂覆不在弯曲条件下使用的硬铝黄铜，透明塑料零件
H04-2 各色环氧硝基磁漆	是环氧树脂、醇酸树脂与颜料研磨后，与硝化棉溶液混合而成。以苯二甲酸二丁酯作增韧剂，以乙酸丁酯、乙酸乙酯、丁醇、甲苯、二甲苯等混合溶液作溶剂	漆膜坚硬，较一般硝基外用磁漆的耐气候性好，在潮湿的海洋性和湿热带气候的条件下，更能显出其优越性。它的耐油性也很好，涂覆于已涂有环氧底漆的金属制品表面，防大气腐蚀的涂层
F04-11 各色纯酚醛磁漆	用纯酚醛树脂和干性植物油熬炼后与各色颜料研磨，加入催干剂，以二甲苯及200号溶剂油作溶剂调配而成	漆膜坚硬，其耐水性、耐候性、耐化学药品性能均比酚醛磁漆好。主要涂于机械设备、建筑物、交通运输工具及其他要求耐潮湿或需经干湿交替的金属、木材表面上
F04-60 各色酚醛半光磁漆	用松香改性酚醛树脂、季戊四醇松香酯与聚合干性植物油炼成漆基，与颜料和体质颜料研磨后加入催干剂，以200号溶剂汽油或松节油作溶剂调配而成	附着力强、漆膜坚硬，但耐候性比醇酸半光磁漆差。它主要用来涂覆要求半光的木材、钢铁表面
F04-89 各色酚醛无光磁漆	用松香改性酚醛树脂、季戊四醇松香脂与聚合干性植物油炼制后，与颜料和体质颜料研磨，加入催干剂，以200号溶剂汽油或松节油作溶剂调配而成	该漆附着力强，漆膜坚硬，但耐候性比醇酸无光磁漆差。它主要用于涂覆要求无光的钢铁、木材表面
F04-1 各色酚醛磁漆	用干性植物油和松香改性酚醛树脂熬炼后，与颜料及体质颜料研磨，加入催干剂，以200号溶剂汽油或松节油作溶剂调配而成	该漆附着力强，光泽好，漆膜坚硬，但耐候性比醇酸磁漆差。它主要用于建筑工程、交通工具、机械设备以及室内外一切木材、金属表面上
Q04-2 各色硝基外用磁漆	由硝化棉、油改性醇酸树脂、氨基树脂、各色颜料与增韧剂组成；挥发部分是由酯类、酮类、苯类、醇类等溶剂组成	漆膜干得快，外观平整光亮，耐候性较好，能用砂蜡打磨，它通常涂于各种交通车辆、机床、机器设备及工具上，作保护装饰
Q04-62 各色硝基半光磁漆	由硝化棉、醇酸树脂、各色颜料、增韧剂及体质颜料组成；挥发部分是由酯、酮、醇、苯类等溶剂组成	漆膜反光性能不大，在阳光下对人的眼睛刺激性较小。加有大量体质颜料，故漆膜易粉化，耐久性比硝基外用磁漆差。用于仪表设备及要求半光的金属表面装饰保护
Q04-17 各色硝基醇酸磁漆	由硝化棉、季戊四醇醇酸树脂、各色颜料、增韧剂组成；挥发部分是由酯、酮、醇、苯类等溶剂组成	漆膜具有良好的光泽与耐大气性能，但磨光性较差，故不宜打磨。它适于涂装车辆或机器设备
C04-2 各色醇酸磁漆	是以中油度醇酸树脂与颜料研磨后，加入适量催干剂，并以有机溶剂调配而成	具有较好的光泽和力学强度，能常温干燥，耐候性比调合漆及酚醛漆好，适合户外使用。耐水性较差，但若在60~70℃下烘烤后，耐水性可显著提高。最宜于涂装金属表面，木材表面也可使用

(续)

型号及名称	组成成分	特性及应用
A04-84 各色氨基无光烘干磁漆	用氨基树脂、醇酸树脂与各色颜料、体质颜料研磨后，以有机溶剂调配而成	漆膜色彩柔和，细度较细。用于光学仪器、仪表及要求无光的物件上
A04-81 各色氨基无光烘干磁漆	用氨基树脂、醇酸树脂与各色颜料、体质颜料研磨后，以有机溶剂调配而成	漆膜色彩柔和、平整无光、无刺目态，并有良好的物理性能。涂装仪器仪表、计算机、打字机、标牌等不反光的各种金属表面
H04-94 各色环氧酯无光烘干磁漆	用环氧树脂和植物油酸酯化后，加颜料、体质颜料研磨，加入氨基树脂及二甲苯、丁醇等混合溶剂配制而成	该漆漆膜坚硬、耐磨性好、附着力强，并有良好的耐水性，用于电动机、电器、仪表等外壳的涂覆
L04-1 沥青磁漆	由植物油与天然沥青或石油沥青、松香改性酚醛树脂、催干剂、200号溶剂油及芳烃溶剂调制而成	漆膜黑亮光滑，耐水性较好。用于涂覆汽车底盘、水箱及其他金属零件表面
T04-1 各色酯胶磁漆	由甘油松香酯与干性植物油熬炼成漆料，再与各种颜料、填料研磨后加入催干剂及200号溶剂油调制而成	漆膜光亮鲜艳，但耐候性较差。用于室内一般金属、木质物件以及五金零件等表面作装饰保护之用
绝 缘 漆		
F30-13 酚醛烘干绝缘漆	用酚醛树脂与干性植物油熬炼加入催干剂及200号溶剂油制成	耐水性、防潮性能较好，力学强度较差。它是A级绝缘材料，适用于浸渍和喷涂要求耐水、防潮和绝缘性能的塑料及金属表面
L30-19、L30-20 沥青烘干绝缘漆	用天然沥青、石油沥青和干性植物油熬炼后，加入催干剂并溶于200号溶剂油而制成	防潮湿性能和耐温度性能较好。L30-19因加入适量的三聚氰胺甲醛树脂，其干燥后漆膜不发粘，能达到厚层干透性的要求。是A级绝缘材料。用于浸渍电机转子、定子线圈及不要求耐油的电器零部件
L31-3 沥青绝缘漆	用石油沥青（或天然沥青）和植物油熬炼，加入催干剂及有机溶剂而成	干燥快，常温即可干燥。耐变压器油性和硬度较差。它用来覆盖要求常温干燥的电机、电器绕组，作A级绝缘之用
C30-11 醇酸烘干绝缘漆	用植物油改性醇酸树脂，加入催干剂以二甲苯作为溶剂稀释制成	有较好的耐油性和耐电弧性。它是B级绝缘材料，用于浸渍电机设备、变压器的绕组，也可作为覆盖漆用
A30-11 氨基烘干绝缘漆	用油改性醇酸树脂与三聚氰胺甲醛树脂、二甲苯、丁醇调制而成	有较好的干透性、耐油性、耐电弧性及附着力。漆膜平整光泽。是B级绝缘材料，用于浸渍各种电机、电器绕组
Z30-11 聚酯烘干绝缘漆	用不饱和丙烯酸聚酯与蓖麻油改性聚酯混合，补加催干剂、引发剂制成	为无溶剂漆，浸渍性高，干燥快，漆膜浸水或受潮后绝缘电阻变化小。是B级绝缘材料，用于浸渍电机线圈
H30-12 环氧酯烘干绝缘漆	用环氧树脂、植物油酸经过酯化后，加适当氨基树脂，用苯类溶剂及丁醇稀释制成	用优良的耐热性和附着力，耐油性和柔韧性也较好，耐强烈的化学气体。适合湿热带及化工防腐蚀电动机电器的使用要求。是B级绝缘材料，用于浸渍电机、变压器及一般电动机绕组和电信器材，也适用于金属层压制品表面处理
H30-13 环氧聚酯酚醛烘干绝缘漆	用环氧树脂及改性酚醛树脂经酯化聚合后，加入二甲苯、丁醇、环己酮稀释而制成	漆膜坚韧，具有耐热、耐化学腐蚀、防潮、防霉和防盐雾性能。是B级绝缘材料，用于浸渍及覆盖电动机、电器绕组等
H31-54 灰环氧酯烘干绝缘漆	用环氧树脂、植物油酸经过酯化后，以二甲苯、丁醇混合溶剂稀释，加入适量三聚氰胺树脂及防毒剂与颜料研磨后制成	除有防霉性能外，还具有较好的耐油、防潮及力学性能以及很好的附着力，耐强烈的化学性气体。是B级绝缘材料，用于涂覆湿热带的电动机、电器、精密仪表绕组外层，亦可涂覆机器零件
Q32-31 粉红硝基绝缘漆	用硝化棉与醇酸树脂溶解于酯、酮、醇、苯等混合溶剂中，加入颜料而制成	较其他类型绝缘漆干得快，能室温干燥，漆膜坚硬有光。是A级绝缘材料，适用于涂覆电动机设备的绝缘部件
W30-11 有机硅烘干绝缘漆	用聚甲基苯硅氧烷加二甲苯配制而成	是烘干型漆，漆膜具有较高的耐热性和较好的绝缘防潮性能。是H级绝缘材料，用于浸渍短期250～300℃工作的电动机电器线圈。也可用来浸渍长期在180～200℃运转的电动机电器线圈
W32-53 粉红有机硅烘干绝缘漆	用有机硅耐热清漆与无机颜料研磨后，以二甲苯、丁醇稀释而制成	有较高的耐热性和硬度，较好的耐油性、介电性和热带气候稳定性。适用于涂刷和修理长期在180℃或高温条件下运转的H级绝缘电动机线圈端部，也可用于涂饰需在120～125℃下进行热处理的电动机及电器零件
电 阻 漆		
C37-51 各色醇酸烘干电阻漆	由油改性季戊四醇醇酸树脂、适量氨基树脂、酚醛树脂和颜料研磨后，用二甲苯和松节油作为溶剂稀释而成。产品分为灰、红、绿三种颜色	具有良好的绝缘性和防潮性，附着力和机械强较高，适于涂覆非线绕电阻，也可喷涂于其他金属表面作防潮用

(续)

型号及名称	组成成分	特性及应用
W37-51 红有机硅烘干电阻漆	是用油改性醇酸树脂、有机硅树脂及少量氨基树脂和颜料、体质颜料等研磨后,以二甲苯稀释而成	该漆附着力好,并具有良好的耐热、防潮及耐温变性。它主要用于涂覆非绕线电阻以及其他金属零件表面
电泳漆		
F11-54 各色酚醛油烘干电泳漆	是由干性植物油、顺丁烯二酸酐、丁醇醚化的酚醛树脂、颜料和蒸馏水等调制而成	烘干后漆膜平整光亮。具有良好的附着力和力学强度以及较好的漆液稳定性和一定的耐水性,适于以电泳施工方式涂覆于表面经磷化处理过的钢铁等金属表面
H11-51 各色环氧酯烘干电泳漆	由环氧树脂与干性油脂肪酸酯化后,再与顺丁烯二酸酐发生加成反应,所得产物加入助溶剂,并用胺类中和而成的水溶性环氧酯,再用该树脂液与各色颜料研磨调制而成	具有不燃性、电泳施工、便于油漆施工机械化、自动化、漆膜具有良好的附着力、力学强度、防腐性、耐水性,适用于黑色金属表面作底漆或非装饰性的内用表面作面漆
H11-52 各色环氧酯烘干电泳漆	是由干性油脂肪酸和顺丁二酸酐改性的环氧酯,配以适量由干性油脂肪酸和酚醛树脂改性的醇酸树脂,加入醇类助溶剂并用胺类中和成盐,再加入适量蒸馏水和颜料,经研磨而制成稠厚的漆液。使用时按施工要求,加入蒸馏水	烘干后的漆膜平整,具有良好的力学强度和较好的附着力,有一定的防锈性和耐水性,并且漆液稳定性也好;适用于以电泳施工方式,涂覆在预先经过磷化处理的黑色金属表面
防锈漆		
Y53-32 铁红油性防锈漆	由干性植物油炼制后与氧化锌、氧化铁红和体质颜料、催干剂、200号溶剂油或松节油调制而成	附着力较强,防锈性能较好,但次于红丹油性防锈漆,漆膜较软。主要用于室内外一般要求的钢铁结构表面作防锈打底之用
C53-31 红丹醇酸防锈漆	是由醇酸树脂、红丹粉、体质颜料、催干剂与溶剂调制而成	防锈性能好,干燥快,附着力强。用于钢铁结构表面作防锈打底之用
F53-34 锌黄酚醛防锈漆	由松香改性酚醛树脂、多元醇松香酯、干性植物油、锌黄、氧化锌、体质颜料、催干剂及油漆溶剂油等制成	具有良好的防锈性能。用于轻金属表面作为防锈打底之用
F53-31 红丹酚醛防锈漆	由松香改性酚醛树脂、多元醇松香酯、干性植物油、红丹、体质颜料、催干剂、200号溶剂油等调制而成	具有良好的防锈性能,适用于钢铁表面的涂覆,作为防锈打底之用
F53-39 硼钡酚醛防锈漆	由松香改性酚醛树脂、多元醇松香酯、干性植物油、防锈颜料偏硼酸钡和其他颜料、催干剂、200号溶剂油等调制而成的长油度防锈漆	在大气环境中具有良好的防锈性能。适用于桥梁、火车车辆、船壳、大型建筑钢铁构件以及其他钢铁器材表面,作为防锈打底之用
F53-41 各色硼钡酚醛防锈漆	由松香改性酚醛树脂、聚合植物油、防锈颜料偏硼酸钡和其他颜料、催干剂、200号溶剂油等调制而成的中短油度防锈漆	在大气环境中具有良好的防锈性能。主要用于火车车辆、工程机械、通用机床等钢铁器材表面,作为防锈打底之用
F53-40 云铁酚醛防锈漆	由酚醛漆料与云母氧化铁等防锈颜料研磨后,加入催干剂及混合溶剂等调制而成	防锈性好、干燥快、遮盖力及附着力强、无铅毒。用于桥梁、铁塔、车辆、船舶等户外钢铁结构上防锈打底
Y53-31 红丹油性防锈漆	用干性植物油熬炼后,再与红丹粉、体质颜料研磨而成,并加入催干剂,用200号溶剂油或松节油作为溶剂	防锈性能好,但干燥较慢。主要用于涂刷大型钢铁结构表面,作为防锈打底之用
F53-33 铁红酚醛防锈漆	用松香改性酚醛树脂、多元醇松香酯与干性植物油炼制后,再与氧化铁红和适当的防锈颜料、体质颜料研磨,加入催干剂,并以200号溶剂油或松节油作溶剂调配而成	附着力强,但漆膜较软。主要涂覆防锈要求不高的钢铁结构表面,作为打底用
F53-32 灰酚醛防锈漆	用松香改性酚醛树脂、多元醇松香酯与干性植物油经炼制后,与氧化锌等颜料研磨,溶于200号溶剂油或松节油等有机溶剂中,并加入催干剂调制而成	该漆防锈性能好,适于涂刷钢铁表面
耐酸漆		
T50-32 各色酯胶耐酸漆	是用多元醇松香酯与干性植物油炼制后,以200号溶剂油或松节油稀释,加入颜料、体质颜料研磨并加催干剂而成	用于一般化工厂中需要防止酸性气体腐蚀的金属和木质结构表面的涂覆,也可用于耐酸要求不高的工程结构物上,但不宜涂覆于长期浸渍在酸液内的物体上,也不宜涂覆于要求耐碱的物件上
L50-1 沥青耐酸漆	是用干性植物油与石油沥青或天然沥青熬炼后,加入催干剂,并以200号溶剂油和二甲苯混合溶剂调配而成	该漆具有耐硫酸腐蚀的性能,并有良好的附着力。主要涂覆于需要防止硫酸侵蚀的金属表面
C50-31 白醇酸耐酸漆	用醇酸树脂与钛白粉等耐酸颜料混合研磨,加入催干剂,以有机溶剂调配而成。有一定的耐酸性,但不宜长期浸泡在硫酸溶液中	适用于在酸性气氛环境中的金属与木材表面的防护涂装之用

(续)

型号及名称	组成成分	特性及应用
防腐漆		
G52-31 各色过氯乙烯防腐漆	用过氯乙烯树脂、醇酸树脂、增韧剂及颜料研磨后,再以有机溶剂调配而成	优良的防腐蚀性和防潮性,主要用于各种化工机械、管道、建筑等金属或木质表面上,防酸、碱及其他化学药品的侵蚀
X52-2 乙烯防腐漆	氯乙烯—醋酸乙烯—顺丁烯二酸单丁酯三元共聚树脂,用酮、苯类溶剂溶解,加入少量稳定剂和增韧剂调制而成	有良好的耐候性、耐酸碱、耐海水、耐化学腐蚀性,并耐石油烃和醇类溶剂。可用于大型化工机械设备、贮槽、化工仪器仪表、机电产品或其他金属构件的耐化学腐蚀涂装;可供钢铁桥梁、舰艇、船底、船壳及船上建筑物防腐涂装之用
耐热漆		
C61-51 铝粉醇酸烘干耐热漆(分装)	是醇酸清漆与铝粉分别包装的一种油漆,使用前按70%清漆与30%铝粉混合搅拌均匀。该漆中的醇酸清漆是用半干性油改性醇酸树脂热溶于200号溶剂油与松节油与二甲苯的混合溶剂,加入催干剂而成	对钢铁或铝制品表面有较强的附着力,漆膜受热后不易起泡,耐水性好。主要用于各种金属制品表面作为耐热防腐涂层
W61-34 草绿有机硅耐热漆	是用有机硅树脂、乙基纤维、颜料(氧化铬绿等)及体质颜料研磨后,加有机溶剂稀释而成	该漆具有良好的耐热(耐400℃)、耐油、耐盐水性。用于涂覆各种耐高温又要求常温干燥的钢铁金属设备与零件
W61-55 铝粉有机硅耐热烘漆(分装)	是由清漆和铝粉组成。清漆是聚酯和有机硅树脂用甲苯稀释后制得的胶体溶液。清漆和铝粉分装,使用时清漆与铝粉以10∶1混合均匀	该漆可以在150℃烘干,能耐500℃高温。它主要用于涂覆高温设备的钢铁零件,如发动机外壳、烟囱、排气管、烘箱、火炉、暖气管道等防腐蚀用
带锈涂料		
环氧酯稳定型带锈涂料 醇酸稳定型带锈涂料	带锈涂料是近年来发展的一种新型涂料,其特点是可以在经简单清理过的带锈钢铁表面上施工,以代替喷砂、酸洗、去锈等复杂而繁重的表面处理工艺;同时这种涂料又能起到底漆作用。对提高生产效率、节约施工费用、改善劳动条件、保障工人身体健康等都具有重要意义 环氧酯稳定型带锈涂料的防锈性能良好,醇酸稳定型带锈涂料的防锈性能比环氧酯型稍差。两种带锈涂料均可在带锈钢铁表面上使用 两种涂料的组成成分参见生产厂家的企业标准,生产厂家为:天津油漆总厂、武汉造漆总厂、无锡造漆厂、杭州油墨油漆厂等,有关施工方法及注意事项如下: 1)涂料可以涂刷,亦可喷涂。施工时以涂两道、每道涂层(40~50)μm为宜 2)涂前切莫忽视必要的去锈工序。凡被涂物件表面的松散锈层、松动老皮以及泥土灰尘、焊皮、水分等均须清除干净。如有油污,须用溶剂擦洗干净。使用本涂料时,带锈涂层厚度在60μm以下效果最好 3)使用时须将本涂料充分搅匀,太稠时,环氧酯带锈涂料可用 X-7 环氧漆稀料或 X-4 氨基稀料对稀。醇酸带锈涂料可用二甲苯或 X-6 醇酸漆稀料对稀 4)本涂料应与下列各漆配套使用:漆膜干透后,可以醇酸漆、过氯乙烯漆、氨基漆、环氧漆或聚氨酯漆罩面 5)本涂料存放和使用时须保持通风、干燥、防止日光曝晒和雨淋,须远离热源,严禁明火	

注:各种型号涂料技术质量指标参见相应产品的标准。

3 水泥品种

3.1 通用硅酸盐水泥

3.1.1 硅酸盐水泥和普通硅酸盐水泥（见表3.3-28）

表3.3-28 硅酸盐水泥和普通硅酸盐水泥性能与应用（摘自 GB 175—2007）

组成	硅酸盐水泥	凡由硅酸盐水泥熟料、质量分数不超过的5%石灰石或粒化高炉矿渣、适量石膏磨细制成的水硬性胶凝材料，称为硅酸盐水泥（即国外通称的波特兰水泥）。硅酸盐水泥分两种类型，不掺混合材料的称Ⅰ型硅酸盐水泥，代号P·Ⅰ。在硅酸盐水泥熟料粉磨时掺加不超过水泥重量5%石灰石或粒化高炉矿渣混合材料的称Ⅱ型硅酸盐水泥，代号P·Ⅱ	
	普通硅酸盐水泥	凡由硅酸盐水泥熟料、质量分数为6%~15%混合材料、适量石膏磨细制成的水硬性胶凝材料，称为普通硅酸盐水泥（简称普通水泥），代号P·O 掺活性混合材料时，最大掺质量分数不得超过15%，其中允许用不超过水泥重量5%的窑灰或不超过水泥重量10%的非活性混合材料来代替。掺非活性混合材料时的最大掺量不得超过水泥重量10%	
应用	具有快硬、早强、标号高，抗冻性、耐磨性优良，不透水性强等特点，适用于土木和建筑工程、道路及低温下施工的工程，用于制造水泥制品、预制构件、预应力混凝土及砂浆等，普通硅酸盐水泥的抗冻性、耐磨性较硅酸盐水泥有所降低，但抗硫酸盐侵蚀能力有所提高。不适于大体积混凝土及地下工程之用		

		品种	硅酸盐水泥	普通硅酸盐水泥
质量指标	技术性能	细度	硅酸盐水泥比表面积大于300m²/kg，普通水泥为80μm方孔筛，筛余量不得超过10%	
		凝结时间	初凝不得早于45min，硅酸盐水泥终凝不得迟于390min，普通水泥终凝不得迟于10h	
		体积安定性	用沸煮法检验，必须合格	

品种	强度等级	抗压强度/MPa ≥		抗折强度/MPa ≥	
		3d	28d	3d	28d
硅酸盐水泥	42.5	17.0	42.5	3.5	6.5
	42.5R	22.0	42.5	4.0	6.5
	52.5	23.0	52.5	4.0	7.0
	52.5R	27.0	52.5	5.0	7.0
	62.5	28.0	62.5	5.0	8.0
	62.5R	32.0	62.5	5.5	8.0
普通水泥	32.5	11.0	32.5	2.5	5.5
	32.5R	16.0	32.5	3.5	5.5
	42.5	16.0	42.5	3.5	6.5
	42.5R	21.0	42.5	4.0	6.5
	52.5	22.0	52.5	4.0	7.0
	52.5R	26.0	52.5	5.0	7.0

注：1. GB 175—2007《通用硅酸盐水泥》分为硅酸盐水泥、普通硅酸盐水泥、矿渣硅酸盐水泥、火山灰质硅酸盐水泥、粉煤灰硅酸盐水泥和复合硅酸盐水泥共6种；前2种水泥的性能和应用见本表，后4种水泥的性能及应用见表3.3-29。
2. GB 175—2007 代替 GB 175—1999《硅酸盐水泥、普通硅酸盐水泥》、GB 1344—1999《矿渣硅酸盐水泥、火山灰质硅酸盐水泥、粉煤灰硅酸盐水泥》、GB 12958—1999《复合硅酸盐水泥》3项标准。

3.1.2 掺混合料的硅酸盐水泥（见表3.3-29）

表3.3-29 掺混合料的硅酸盐水泥性能及应用（摘自 GB/T 175—2007）

<table>
<tr><td rowspan="4">组成</td><td>矿渣硅酸盐水泥</td><td>凡由硅酸盐水泥熟料和粒化高炉矿渣、适量石膏磨细制成的水硬性胶凝材料称为矿渣硅酸盐水泥（简称矿渣水泥），代号为 P·S·A、P·S·B。水泥中粒化高炉矿渣掺加量按质量分数计为 20%~70%。允许用石灰石、窑灰、粉煤灰和火山灰质混合材料中的一种材料代替矿渣，代替数量不得超过水泥重量的8%，替代后水泥中粒化高炉矿渣不得少于20%（质量分数）</td></tr>
<tr><td>火山灰质硅酸盐水泥</td><td>硅酸盐水泥熟料和火山灰质混合材料、适量石膏磨细制成的硅酸盐水泥（简称火山灰水泥）代号 P·P。水泥中火山灰质混合材料掺 20%~50%（质量分数）</td></tr>
<tr><td>粉煤灰硅酸盐水泥</td><td>凡由硅酸盐水泥熟料和粉煤灰、适量石膏磨细制成的水硬性胶凝材料称为粉煤灰硅酸盐水泥（简称粉煤灰水泥），代号 P·F。水泥中粉煤灰掺加量按质量分数计为 20%~40%</td></tr>
<tr><td>复合硅酸盐水泥</td><td>由粒化高炉矿渣、粒化高炉矿渣粉、粉煤灰、火山灰质混合材料及石灰石、砂岩等组成，代号为 P·C</td></tr>
<tr><td rowspan="3">应用</td><td>矿渣硅酸盐水泥</td><td>主要用于有地下水、海水或经常受高水压的工程，以及受热工程中早期强度低，抗冻性差，不适于受冻融循环干湿交替的工程</td></tr>
<tr><td>火山灰质硅酸盐水泥</td><td>用途与矿渣水泥相似，但突出缺点是干缩性大</td></tr>
<tr><td>粉煤灰硅酸盐水泥</td><td>用途与上两种水泥相同，但干缩性小，抗裂性好，用于地下施工和潮湿环境</td></tr>
<tr><td rowspan="10">质量指标</td><td colspan="2">技术性能</td></tr>
<tr><td>细度</td><td>80μm 方孔筛筛余量不得超过10%</td></tr>
<tr><td>凝结时间</td><td>初凝不得早于 45min，终凝不得迟于 10h</td></tr>
<tr><td>体积安定性</td><td>用沸煮法检验，必须合格</td></tr>
</table>

强度等级	抗压强度/MPa ≥		抗折强度/MPa ≥	
	3d	28d	3d	28d
32.5	10.0	32.5	2.5	5.5
32.5R	15.0	32.5	3.5	5.5
42.5	15.0	42.5	3.5	6.5
42.5R	19.0	42.5	4.0	6.5
52.5	21.0	52.5	4.0	7.0
52.5R	23.0	52.5	4.5	7.0

3.2 抗硫酸盐硅酸盐水泥（见表3.3-30）

表3.3-30 抗硫酸盐硅酸盐水泥性能及应用（摘自 GB 748—2005）

定义与代号	中抗硫酸盐硅酸盐水泥	以适当成分的硅酸盐水泥熟料，加入适量石膏，磨细制成的具有抵抗中等浓度硫酸根离子侵蚀的水硬性胶凝材料，简称中抗硫酸水泥。代号为 P·MSR
	高抗硫酸盐硅酸盐水泥	以适当成分的硅酸盐水泥熟料，加入适量石膏，磨细制成的具有抵抗较高浓度硫酸根离子侵蚀的水硬性胶凝材料，简称高抗硫酸水泥。代号为 P·HSR
用途		主要用于受硫酸盐侵蚀的海港、水利、地下、隧道、引水、道路和桥梁基础等工程。中抗硫酸盐硅酸盐水泥，一般用于硫酸根离子浓度不超过 2500mg/L 的纯硫酸盐的腐蚀。高抗硫酸盐硅酸盐水泥，一般用于硫酸根离子浓度不超过 8000mg/L 的纯硫酸盐的腐蚀

(续)

质量指标	化学指标	水泥中硅酸三钙和铝酸三钙含量（质量分数,%）		
		水泥名称	$3CaO \cdot SiO_2$	$3CaO \cdot Al_2O_3$
		中抗硫水泥	<55.0	<5.0
		高抗硫水泥	<50.0	<3.0
		烧失量	水泥中烧失量<3.0	
		氧化镁	水泥中含量应<5.0，如果水泥经过压蒸安定性试验合格；则水泥中的含量允许放宽到6.0	
		碱含量	水泥中含量按$w(Na_2O)+0.658w(K_2O)$计算值来表示，其含量应<0.60或由供需双方商定	
		三氧化硫	水泥中含量应<2.5	
		不溶物	水泥中含量应<1.5	
	技术性能	比表面积	水泥比表面积不得小于280m^2/kg	
		凝结时间	初凝不得早于45min，终凝不得迟于10h	
		安定性	用沸煮法检验，必须合格	

		中抗硫、高抗硫水泥				
强度等级	抗压强度/MPa ≥			抗折强度/MPa ≥		
	3d	28d		3d		28d
32.5	10.0	32.5		2.5		6.0
42.5	15.0	42.5		3.0		6.5

3.3 特快硬调凝铝酸盐水泥（见表3.3-31）

表3.3-31 特快硬调凝铝酸盐水泥性能及应用（JC/T 736—1996）

组成	是以铝酸钙为主要成分的水泥熟料，加入适量硬石膏和促硬剂，经磨细制成的，凝结时间可调节、小时强度增长迅速、以硫铝酸钙盐为主要水化物的水硬性胶凝材料						
应用	适用于特快硬调凝铝酸盐水泥，该水泥用于抢建、抢修、堵漏以及喷射、负温施工等工程						
质量指标	化学成分	三氧化硫	熟料中三氧化硫（质量分数）不低于7%；不超过11%				
	技术性能	比表面积	比表面积不得低于5000cm^2/g				
		凝结时间	初凝不早于2min；终凝不迟于10min；加入水泥质量（质量分数）的0.2%酒石酸钠缓凝剂初凝不早于15min；终凝不迟于40min				
		标号	抗压强度/MPa ≥			抗折强度/MPa ≥	
			2h	1d	28d	2h	1d	28d
		225	22.06	34.31	53.92	3.43	5.39	7.35

使用中注意事项	本水泥不得与其他品种水泥混合使用。可以与已硬化的硅酸盐水泥混凝土接触使用 不得使用于温度长期处于50℃以上的环境中 应用本水泥施工时，必须随拌随使用防止结硬 采用机械拌和混凝土时，除必须将设备清洗洁净外，应先加水和石子转几转后，再加砂和水泥 用于钢筋混凝土工程时，钢筋的保护层厚度不得小于3cm，预应力混凝土工程暂不使用 根据施工条件和强度要求，采用酒石酸钠、氟硅酸钠等调节凝结时间 浇注和修补用的混凝土配比，根据设计强度而定，水灰的比不应大于0.42，水泥用量应大于400kg/m^3 浇注和修补的混凝土或砂浆施工后，应根据硬化情况及时浇水养护 本水泥水化热集中在前2h释放，在浇注较大体积混凝土工程时，应根据环境温度情况，采取适当的降温措施 混凝土标号的设计，以2h或1d的强度指标为准

4 陶瓷

4.1 耐酸陶瓷

4.1.1 耐酸陶瓷种类、性能及应用（见表3.3-32～表3.3-35）

表3.3-32 耐酸陶瓷种类、品名及应用

种类	主要制品名称	应用举例	最高使用温度
耐酸陶 耐酸耐温陶	砖、板	砌制耐酸池、电解电镀槽、造纸蒸煮锅、防酸地面、防酸台面和防酸墙壁等	耐酸陶：90℃，耐酸碱，耐酸耐温陶：150℃，耐酸耐碱，耐温度急变
	管	用于输送腐蚀性流体和含有固体颗粒的腐蚀性材料	
	塔、塔填料	用于对腐蚀性气体进行干燥、净化、吸收、冷却、反应和回收废气	
	容器	用于酸洗槽、电解电镀槽、计量槽	
	过滤器	用于两相分离或两相结合、渗透、渗析、离子交换	
硬质瓷	阀、旋塞	用于腐蚀性流体的流量调节	150℃，耐酸，耐碱
	泵、风机	用于输送腐蚀性流体	
莫来石瓷	阀、旋塞、泵、风机	性能比硬质瓷较好，用途与硬质瓷相同	150℃，耐酸耐碱，耐温度急变，负荷较大
75%氧化铝瓷（质量分数）（含铬）		性能比硬质瓷较好，用途与硬质瓷相同	
97%氧化铝瓷（质量分数）		性能明显优于硬质瓷，用途与硬质瓷相同	
氟化钙瓷		力学性能优于硬质瓷，耐腐蚀性高于纯氧化铝瓷20倍以上，制作耐氢氟酸的零件	—

表3.3-33 耐酸陶瓷的物理力学性能

性能项目＼种类	耐酸陶	耐酸耐温陶	硬质瓷	莫来石瓷	75%氧化铝瓷（含铬）（质量分数）	97%氧化铝瓷（质量分数）	氟化钙瓷
体积密度/g·cm^{-3}	2.2～2.3	2.1～2.2	2.3～2.4	2.79～2.88	3.05～3.21	3.74	3.04
气孔率（%）＜	5	12	3	—	1	—	—
吸水率（%）＜	3	6	0.5	0.2	0.5	0.1	0
抗弯强度/MPa	39.2～58.8	29.4～49.0	63.7～83.4	128～147	147～177	206～226	34.3
抗拉强度/MPa	7.85～11.8	6.87～7.85	19.6～35.3	58.8～78.5	—	118～137	—
抗压强度/MPa	78.5～118	118～137	451～647	687～883	824～932	1471～1569	—
冲击韧度/J·cm^{-2}	0.098～0.147	—	0.147～0.294	0.245～0.343	—	0.687～0.785	—
弹性模量/MPa×10^6	441～588	108～137	—	0.128～0.142	0.197	0.286～0.288	—
硬度（HRA）	—	—	7（莫氏）	75～80	72～74	85～86	3.5～4（莫氏）
热导率/W·(m·C)$^{-1}$	0.92～1.05	—	1.05～1.298	—	2.72～2.89	—	4.19～8.37
线胀系数/10^{-6}℃$^{-1}$	4.5～6	—	3～6	3.18～3.68	7.4	—	24.3
耐热震性次＞（200℃急降到20℃水中）	2	2①	2	10	—	10	—

① 由450℃急降至20℃水中的耐热震性次数。

表 3.3-34 耐酸陶、耐酸耐温陶及硬质瓷的耐腐蚀性能

介 质	质量分数,%	温度/℃	耐腐蚀性评价	介 质	质量分数,%	温度/℃	耐腐蚀性评价
硫酸	18～20	30～70	良	氢氧化钾	浓溶液	沸腾	良
硝酸	任何	<沸腾	良	氢氧化钠	20	60～70	可
盐酸	浓溶液	100	良	氨	任何	沸腾	良
磷酸	稀溶液	20	可	碳酸钠	稀溶液	20	可
氢氟酸	40	沸腾	差	氯	任何	<沸腾	良
氟硅酸		高温	差	丙酮	<100	沸腾	良
草酸	任何	<沸腾	良	苯	任何	沸腾	良

表 3.3-35 莫来石瓷、氧化铝瓷的耐腐蚀性能

介 质	质量分数（%）	温度/℃	莫来石瓷		97%氧化铝瓷	
			失重（%）	腐蚀深度/mm·a^{-1}	失重（%）	腐蚀深度/mm·a^{-1}
硫酸	40 95～98	沸腾 沸腾	0.05 0.16	0.04 0.12	0.13 0.01	0.09 0.01
硝酸	65～68	沸腾	0.03	0.03	0.01	0.01
盐酸	10 36～38	沸腾 沸腾	0.04 0.05	0.04 0.04	0.02 0.02	0.01 0.01
氢氟酸	40		不耐		0.47	0.34
醋酸	99	沸腾	0.01		0.01	0.00
氢氧化钠	20 50	沸腾 沸腾	0.21 2.03	0.16 0.63	0.02 0.07	0.01 0.05
氨	25～28	常温	0.01	0.00	0.01	0.00

注：75%氧化铝瓷（质量分数）（含铬）对 95%～98%沸腾硫酸（质量分数）的失重为 1%，对 50%沸腾氢氧化钠的失重为 0.8%。

4.1.2 耐酸砖（见表 3.3-36、表 3.3-37）

表 3.3-36 耐酸砖尺寸规格（摘自 GB/T 8488—2008） （mm）

砖的形状及名称	规 格				砖的形状及名称	规 格			
	长（a）	宽（b）	厚（h）	厚（h$_1$）		长（a）	宽（b）	厚（h）	厚（h$_1$）
标型砖	230	113	65 40 30	—	侧面楔型砖	230	113	65 65 55 65	55 45 45 35
端面楔型砖	230	113	65 65 55 65	55 45 45 35	平板型砖	300 200 150 150 100 100 125	300 200 150 75 100 50 125	15～30 15～30 15～30 15～30 10～20 10～20 15	—

表 3.3-37 耐酸砖物理化学性能（摘自 GB/T 8488—2008）

项 目	性能指标分级及要求				项 目	性能指标分级及要求			
	Z-1	Z-2	Z-3	Z-4		Z-1	Z-2	Z-3	Z-4
吸水率（%）	≤0.2	≤0.5	≤2.0	≤4.0	耐急冷急热性	温差 100℃	温差 100℃	温差 130℃	温差 150℃
弯曲强度/MPa	≥58.8	≥39.2	≥29.4	≥19.6		试验一次后，试样不得有裂纹、剥落等破损现象			
耐酸度（%）	≥99.8	≥99.8	≥99.8	≥99.7					

4.1.3 化工陶瓷管（见表3.3-38）

表3.3-38 化工陶瓷管种类、尺寸规格及性能（摘自 JC 705—1998） （mm）

直 管	弯 管
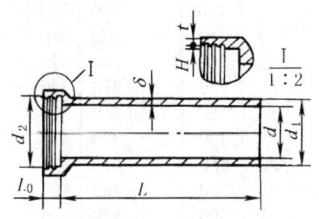	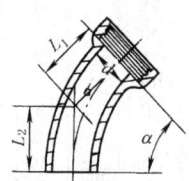

标记示例：

公称直径为100mm、长为1000mm 直管标记为：

直管 D_g 100×1000 JC705—1998

D_g（内径 d）	50	75	100	150	200	250	300	400	500	600
有效长度 L	300、500		500、600、700、800、1000							
管身壁厚 δ	14	17	18	20	22	24	30	35	40	
承口壁厚 t	≥10	≥13	≥16	≥20	≥24	≥28	≥32			
承口深度 L_0	≥40	≥50	≥55	≥60	≥70	≥75	≥80			
承插口间隙 $(d_2-d_1)/2$	≥10	≥12		≥15	≥20	≥25				
承口倾斜 H	≈4	≈5		≈6	≈7					

标记示例：

公称直径为100mm的90°弯管标记为：

弯管 D_g 100×90° JC705—1998

D_g（内径 d）		50	75	100	150	200	250	300	400
$\alpha=30°$	L_1	120	130	140	150	160	180	200	
	L_2	140	150	160	180	200	220	250	
$\alpha=45°$	L_1			150		200	220	240	300
	L_2	150		220		260	280	300	400
$\alpha=60°$	L_1	150	200	220	300		330		350
	L_2	150	200	220	300		330		350
$\alpha=90°$	L_1	150		220		330	350	380	400
	L_2	150		220		330	350	380	400

Y形三通管	异径管
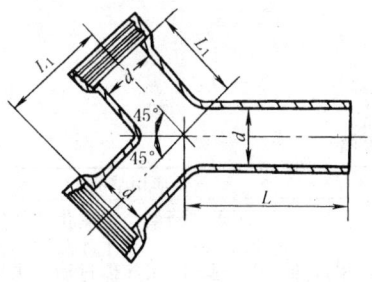	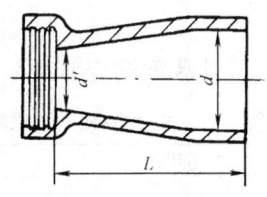

D_g	d	L	L_1
50	50	200	110
75	75		140
100	100		160
150	150		230
200	200	400	380

标记示例：

公称直径为100mm的Y形三通管标记为：

Y形三通管 D_g 100 JC705—1998

标记示例：

公称直径从100mm至50mm的异径管标记为：

异径管 D_g 100×50 JC705—1998

D_g	d	d'	L
100×50	100	50	300
100×75		75	
150×75	150	75	
150×100		100	
200×100	200	100	
200×150		150	
250×150	250	150	
250×200		200	
300×200	300	200	
300×250		250	

45°三通和四通管、90°三通和四通管

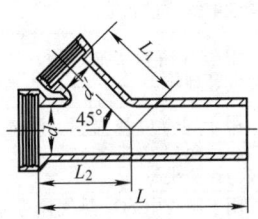 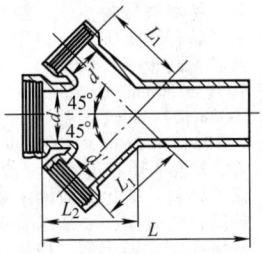 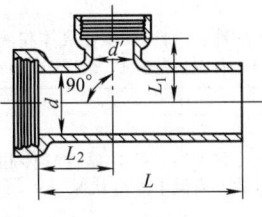 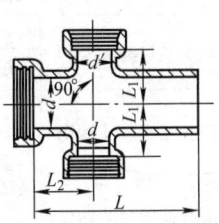

标记示例：

主管内径为100mm、支管内径为50mm的45°四通管标记为：

四通管 D_g 100×50×45° JC705—1998

(续)

D_g	主管 d	支管 d'	45° 三通和四通			90° 三通和四通			D_g	主管 d	支管 d'	45° 三通和四通			90° 三通和四通		
			L	L_1	L_2	L	L_1	L_2				L	L_1	L_2	L	L_1	L_2
50×50	50	50	400	150	180	400	75	250	250×75	250	75	500	280	290	600	170	300
75×50	75			165	190		85		250×100		100		300	310			
75×75		75		180	210		90		250×150		150		320	340			
100×50	100	50		200	220		100		250×200		200		340	375		180	
100×75		75					105		250×250		250		410	440			
100×100		100			230		110		300×75	300	75		360	370			
150×50	150	50	500	220	250	500	120	300	300×100		100		390	410		220	
150×75		75		235	270				300×150		150		410	430			
150×100		100		250	290		130		300×200		200		480	500		230	
150×150		150		280	320				300×300		300		520	570		240	
200×50	200	50		280	290		170		400×75	400	75	800	420	420	800	250	
200×75		75		300	310				400×100		100		450	450		260	
200×100		100		320	340				400×200		200		480	480			
200×150		150		340	375		180		400×300		300		530	550		270	
200×200		200		410	440				400×400		400		580	620		290	

性能	D_g/mm	50	75	100	150	200	250	300	400	≥500
	抗外压强度 /kN·m⁻¹	17.7	17.7	19.6	19.6	21.6	23.5	26.5	29.4	协议
	D_g/mm	100	150	吸水率≤8%，耐酸度≥98%，耐水压 0.275MPa 保持 5min 不漏						
	弯曲强度 /MPa	7.8	9.8							

注：1. 表中 D_g 表示管的公称直径。
2. 除陶管及配件的承插口连接部位及承口底部、插口端面不施釉外，其余部分均应施釉。施用盐釉的制品不受此限。

4.2 过滤陶瓷

4.2.1 过滤陶瓷种类、特性及应用（见表3.3-39）

表 3.3-39 过滤陶瓷种类、特性及应用

种类	适用条件	特性	应用举例
石英质过滤陶瓷	适于酸性、中性气体和液体过滤，无温度急变状况	过滤陶瓷是一种用于过滤和透气的多孔陶瓷，含有大量一定孔径的开口气孔，其开气孔率通常为 30%～40%，需要时可高达 60%～70%；气孔半径一般在 0.2～200μm 范围内。过滤陶瓷还具有耐蚀、耐高温、高强度、寿命长、易清洗等特点。可制作的产品有厚度 0.1mm 以下的薄膜、圆板（φ700mm）、大管（φ150mm×φ250mm×1000mm）和薄壁长管（φ10mm×2mm×1000mm）等，产品采用石英砂、河沙、矾土熟料、碳化硅或刚玉砂等原料为骨架，添加结合剂和增孔剂，经成型、烧结而成	用于农药生产中氯化氢气体分离、液态氧和干冰分离、污水处理、高压气体过滤、味精发酵液电渗析预滤等
刚玉质过滤陶瓷	适于冷热酸性、中性、碱性气体和液体过滤，有温度急变状况		用于双氧水电解隔膜、电解电镀槽液过滤、高温烟气过滤、热碱液过滤、气动仪表执行机构液体过滤等
硅藻土质过滤陶瓷	适于酸性、中性气体和液体过滤，无温度急变状况		用于尘埃分离、细菌过滤、酸性电解质过滤等
矾土质过滤陶瓷	适于酸性、中性、弱碱性气体和液体过滤，有温度急变状况		用于汽油和柴油过滤、汽车废气处理等
氧化铝质过滤陶瓷	适于冷热酸性、中性碱性气体和液体过滤，有温度急变状况		用于银锌电池隔膜、油水分离、压缩空气油雾分离、土壤张力测头等
碳化硅质过滤陶瓷	适于冷热酸性、中性碱性气体和液体过滤，有温度急变状况		用于制酸中 SO_2 热气体过滤、潜水泵呼吸器、气体分析过滤器、熔融铝过滤等
素烧陶土质过滤陶瓷	适于无腐蚀性气体和液体过滤，无温度急变状况		用于饮用水过滤、药物生产过滤等

4.2.2 过滤陶瓷性能（见表3.3-40）

表 3.3-40　过滤陶瓷的性能

性能项目＼种类	石英质过滤陶瓷	刚玉质过滤陶瓷	硅藻土质过滤陶瓷	矾土质过滤陶瓷	氧化铝质过滤陶瓷	碳化硅质过滤陶瓷	素烧陶土质过滤陶瓷
孔半径/μm	1.4~190	0.22~200	0.5~8	25~55	0.2~0.8	40~100	1.1~8
气孔率（%）	30~50	30~50	40~65	—	25~55	32~37	最高达70
透气度/($m^3 \cdot cm$)·[$m^{-2} \cdot h^{-1} \cdot (10Pa)^{-1}$]	0.08~40	0.0001~58	0.001~0.33	7~10	0.022~0.36	2.3~20	—
密度/$g \cdot cm^{-3}$	1.5~1.8	1.7~2.4	—	—	—	1.9~2.1	0.70~0.85
抗弯强度/MPa	4.9~14.70	19.6~43.2	4.9~30.9	—	39.2~118	—	1.96~4.9
抗压强度/MPa	17.7~39.2	39.2~88.3	—	—	—	39.2~58.8	6.87~12.75
酸蚀失重（%）	<2	<1	—	—	2	—	—
碱蚀失重（%）	—	<5	—	—	—	—	—
允许使用温度/℃	300以下	1000，短时1400	300以下	900	1000	900	300
耐热震性①	差	好	差	好	好	好	好

① 差，指700℃⇌室温水中急冷1~2次即裂；好，指700℃⇌室温水中急冷80次才破裂。

4.2.3 孔梯度陶瓷性能及应用（见表3.3-41）

表 3.3-41　孔梯度陶瓷的性能及应用

	特性	支撑体	微滤膜	超滤膜
孔梯度陶瓷的材料组成及技术性能	材料成分	α-Al_2O_3	α-Al_2O_3	γ-Al_2O_3
	有效孔直径/μm	~15	0.2~0.5	$4 \times 10^{-3} \sim 10^{-1}$
	破坏压力/Pa	>100	不锈钢外壳	不锈钢外壳
	最大操作压力/Pa	25	8	25
	渗透性（20℃，水）		3000L/h·m^2Pa（0.2μm）	10L/h·m^2·Pa（4×10^{-3}μm）
	耐腐蚀性		热NaOH、2%NaOH、2%HNO_3	一定范围
	特性	支撑体		陶瓷纤维膜
国产陶瓷纤维膜孔梯度陶瓷的材料组成及技术性能（山东工业陶瓷研究设计院产品）	材料成分	刚玉、SiC、硅酸铝		硅酸铝、氧化铝、氧化锆
	最大孔径/μm	200~1000		20~40
	气孔率（%）	30~45		90~95
	厚度/mm	5~30		0.05~0.5
	抗弯强度/MPa	10~50		—
	使用温度/℃	800~1350		600~1600
应用	孔梯度陶瓷是一种孔径随厚度有规律缩小或增大的陶瓷，能够完成分离、分散和混合过程，动力消耗小，耐高温，机械强度较高。可分为陶瓷膜、陶瓷纤维膜、无膜三种孔梯度陶瓷，按孔分布状况可分为连续孔、阶梯孔两种孔梯度陶瓷。在饮料、食品、农药、石油化工、医药、生物工程和环保等工业中广泛应用。如：啤酒、果汁、葡萄酒、医药、生物工程的一般过滤；乳蛋白质、乳酪清浓缩等制乳工业的预涂过滤；制氢、制氧、高温烟气干除尘、化工、石油化工的气体-固体、气-液、气-气分离；超净水制备介质过滤；混合气体催化分离、粉尘处理等			

4.3 结构陶瓷

4.3.1 常用结构陶瓷种类、特性及应用（见表3.3-42）

表 3.3-42　常用结构陶瓷的种类、特性及应用

种类	性能特点	应用
氧化铝瓷	具有耐高温、高强度、耐磨、耐腐蚀性能，有良好的抗氧化性、电绝缘性、真空气密性及透微波特性，一般随Al_2O_3含量的增加，其耐高温性能、力学性能、耐腐蚀性能均相应提高。氧化铝陶瓷硬度很高（低于金刚石、碳化硼、立方氮化硼、碳化硅，居第五位）。耐酸碱和其他腐蚀介质，高温下抗氧化性大、脆性大，不能承受冲击负荷，抗热震性差。微晶刚玉瓷和氧化铝金属陶瓷是新型氧化铝陶瓷，其性能比氧化铝陶瓷有明显提高。在下列情况下适用的最高温度为：空气，1980℃；真空，1800℃；还原气氛，1925℃	制作高温器皿，电绝缘、电真空器件，磨料，高速切削工具。如熔融金属液坩埚、高温容器、测温热电偶的绝缘套管、内燃机火花塞、电子管外壳、电子管内的绝缘零件、微波功率输出窗口等。微晶刚玉陶瓷和氧化铝金属陶瓷可用作金属切削工具、耐磨性能高的零件，如金属拉丝模、石油化工用泵及农用泵的密封环、纺织机高速导纱等

(续)

种类	性能特点	应用
氧化锆陶瓷	密度大,硬度较高,抗弯强度和断裂韧性在各种陶瓷中为最高,酸性,在氧化气氛中,加入 CaO、MgO 稳定剂,在 2400℃ 是稳定的,是一种具有优良综合性能的结构陶瓷	用于制作耐磨、耐蚀零部件,如化工用泥浆泵密封件、叶片及泵体、矿业用轴承、拉管模及拉丝模模具、刀具、喷嘴、隔热件、火箭和喷气发动机的耐磨耐腐蚀件、原子反应堆的高温结构材料。在绝热内燃机中,相变增韧氧化锆陶瓷用于制作轴承、进排气阀座、活塞顶、汽缸内衬、气门导管、挺杆、凸轮、活塞环等。喷涂于高温合金涡轮叶片,可提高工作温度 20~50℃,完全稳定氧化锆陶瓷用于制作绝热件,如绝热纤维及毛毡等
氧化镁陶瓷	碱性,抗热冲击性差,质脆,在高温时易被还原,在氧化气氛中使用温度应低于 2300℃,对碱性金属熔渣有较好的抗浸蚀能力。在空气中,氧化镁陶瓷极易水化而生成 $Mg(OH)_2$,在潮湿空气中水化加剧,高温下具有良好的电绝缘性能	适用于高温电绝缘材料;利用抗碱性好的特性,用于制造熔炼贵金属、放射性金属铀、钍及其合金的坩埚,浇注铁及其合金的真空熔融用坩埚以及高温热电偶保护管、高温炉的炉衬等
氧化铍陶瓷	导热性良好,高温绝缘性好,高温蒸气压和蒸发速度较低,在真空或惰性气体中长期使用温度可达 1800℃,在氧化气氛中 1800℃ 时有明显的蒸发,当有水蒸气存在时,1500℃ 就挥发很快,有良好的防核性能,耐碱性高。但机械强度较低,高温时机械强度降低较慢,1000℃ 时为 248.5MPa	适于用作散热器零件,高温绝缘材料,冶炼稀有金属高纯金属铍、铂、钒的坩埚,原子反应堆中的中子减速剂和防辐射材料
莫来石陶瓷	具有良好的抗蠕变性、低热导率、高温强度高。高纯莫来石陶瓷韧度差,不宜用作高温结构材料,但氧化锆增韧莫来石(ZTM),或引入 SiC 颗粒、晶须构成复相陶瓷后,其强度和韧性明显提高,是一种高温结构陶瓷	高纯莫来石正被开发用作夹具或辊道窑中辊棒材料以及高温(>1000℃)氧化气氛中长的喷嘴、炉衬或热电偶保护管。ZTM 具有高的强度和韧性,用作刀具材料、绝缘发动机的零部件、电绝缘管、高温炉衬、高压开关、碳膜电阻的基体等
二氧化硅(石英)陶瓷	二氧化硅陶瓷包括沸石、水晶、二氧化硅玻璃、光通信玻璃纤维等品种。二氧化硅玻璃具有优异的化学稳定性,线胀系数极小,热震性优良,透明性好,紫外线和红外线的透过率高,电绝缘性好,使用温度较低。水晶的纯度高,化学稳定性好,几乎不溶于除氢氟酸以外的其他酸,压电性和光学性能优良	二氧化硅玻璃在许多工业部门中获得应用,熔融石英用于制作窑具匣钵材料。水晶用于光学材料和装饰材料,制作振荡电路的振荡元件,在电视机、计算机、录像机中也广泛应用
氮化铝陶瓷	氮化铝是难烧结的物质,具有高导热性、电绝热性。其理论密度为 $3.261g/cm^3$,实际制品的密度与烧结添加剂种类和数量有关	用于换向组件基板,如在各种工作机械、机器人遥控机械中使用的大功率、大电流换向组件,超高频功率增幅器基板,点火器基板,大规格集成电路包封材料及绝缘热板材料;用于耐热材料,制作坩埚、保护管及烧结用的器具,高温热机中耐蚀部件,非氧化气氛下的耐火材料骨料,还可用作赛隆陶瓷、碳化硅陶瓷烧结用添加物,红外与雷达透过材料,以及 AlN-BN 系可机加工陶瓷等
氮化硅陶瓷	具有良好的耐磨性及自润滑性,高硬度,耐腐蚀,耐高温,抗热震性和耐热疲劳性能均优良,耐各种无机酸(甚至沸腾的盐酸、硝酸、硫酸、磷酸、王水,但不包括氢氟酸)、30%的烧碱液及其他碱液的腐蚀,能抗熔融铝、铅、锌、金银、黄铜、镍等金属溶体的侵蚀,有良好的电绝缘性和耐辐照性能。不同工艺制备的氮化硅陶瓷性能不同	反应烧结氮化硅陶瓷适于制作形状复杂、尺寸精确的零件,如农用潜水泵、船用泵、盐酸泵、氯气压缩泵的端面密封环、炼铝测温用的热电偶套管、铁锌熔体的流量计零件、化工用球阀的阀芯、炼油厂提升装置中的滑阀;热压烧结氮化硅陶瓷性能优于反应烧结氮化硅陶瓷,但只能制造形状简单的制品,如转子发动机中的刮片、高温轴承、金属切削刀具等

（续）

种类	性能特点	应用
赛隆陶瓷 (sialon)	赛隆瓷属于氮化硅固溶体，一般分为 β-赛隆、α-赛隆、o-赛隆和赛隆多型体 4 种类型，前 3 种可依次简写为 β′、α′和 o′。β′是 β-Si_3N_4 形成的固溶体，具有较高的强度，添加氧化钇的无压烧结 β-赛隆，室温强度为 1000MPa，1300℃高温时强度仍保持 700MPa。α′的特点是硬度较高，抗热震性较好，抗氧化性和 β′相当，o′的抗氧化性能优良，赛隆多型体具有优良的韧性和高强度。β′ + α′、β′ + o′、α′为主的 α′ + β′等复相陶瓷的性能可满足不同的要求	用于制作金属材料的切削刀具，多用于铸铁和镍基合金的机加工。用于冷态或热态金属挤压模的内衬；可用制作汽车零部件，如针形阀、挺柱的填片；制作车辆底盘上的定位销，日操作 $5×10^6$ 次，使用一年基本不磨损；可与许多金属材料配对，组成摩擦副
氮化硼陶瓷	导热性良好，高压下合成的立方晶系具有与金刚石相同的硬度，具有较好的耐高温性能和绝缘性，性能稳定，加工性良好	用于高温润滑剂，高温电绝缘材料，雷达的传递窗，核反应堆的结构材料，高温金属冶炼坩埚、耐热材料；用作散热片和导热材料，在中性或还原气氛中的使用温度可达 2800℃；制作发动机部件、钢坯连铸结晶器的分离环等
碳化硅陶瓷	强度高，硬度高，导电性能优良，热稳定性和抗氧化性能均优，具有很好的高温强度，热传导性良好，耐磨，耐蚀，抗蠕变性能好，适用最高温度：空气中，1400 ~ 1500℃，短时 1600℃；不活泼气体中，2300℃；NH_3 中，小于 1400℃	制作高温强度高的零件（火箭尾喷嘴，浇注金属用喉嘴、热电锅套管、炉管等）；热传导能力高的零件（高温下的换热器零件、核燃料的包封材料等）；耐磨耐蚀性良好的零件（各种泵的密封圈、陶瓷轴承）、金属材料的切削工具等，是国内外应用较多的基本密封材料
碳化钛陶瓷	强度和硬度高，导热性较好，熔点高，抗热震性好，化学稳定性好，不水解，高温抗氧化性能低于碳化硅，常温下不与酸起反应，但在硝酸和氢氟酸的混合酸中能溶解，在 1000℃的氮气氛中能形成氮化物，在氧化气氛中的使用温度可达 1400℃	是硬质合金的重要原料，用于制作耐磨零件、切削刀具、机械零件等，还可制作熔炼锡、铅、镉、锌等金属的坩埚，透明碳化钛瓷是优良的光学材料。制作涡轮机叶片材料可在 1400℃高温下使用
碳化硼陶瓷	高硬度、高强度，硬度仅低于金刚石；研磨效率可达到金刚石的 60% ~ 70%，高于 SiC 的 50%，是刚玉研磨能力的 1 ~ 2 倍，耐酸耐碱性能高，线胀系数小，能吸收热中子，但抗冲击性能差。高温强度大，在 1000℃高温时急剧氧化	用于制作磨料、切削刀具、耐磨零件、喷嘴、轴承、车轴等；还用于制造高温换热器、核反应堆的控制剂、化学器皿以及熔融金属的坩埚等
碳化锆陶瓷	熔点高，硬度高，易氧化	用于金属陶瓷材料
碳化钨陶瓷	硬度高，强度高，易氧化，熔点高，不适于用作高温材料	用于制作刀具
硼化物陶瓷	硼化物陶瓷的熔点高，难挥发，硬度高，导电性及导热性均优良，线胀系数大，除硼化钛和硼化铬外，高温耐蚀性、抗氧化性较差。硼化物在真空中稳定，在高温下也不易与碳、氮发生反应，Mg、Cu、Zn、Al、Fe 等的熔体对 TiB_2、ZrB_2、CrB_2 等是不润湿的。Cr-B 系陶瓷材料对强酸有良好的耐蚀性	利用硼化物陶瓷硬度高、熔点高的性质，用于制作高温轴承、耐磨零件及工具。利用 TiB_2 和 CrB_2 等高温耐蚀性、抗氧化性优良的特性，用于制作熔融非铁系金属的器具、内燃机喷嘴、高温器件及电触点。利用在真空中的高温稳定性，制作高温真空器件。电子放射系数大的硼化物瓷用于制作高温电极材料。硼化锆瓷是硼化物瓷中常用的品种，多用于制作高温热电偶保护套管、发热元件、冶炼金属的坩埚和铸模，在 1250℃长时抗氧化，用于制作高温电极
硅化物陶瓷	常用的硅化物陶瓷有二硅化钼（$MoSi_2$）和硅化硼（B_4Si）陶瓷。二硅化钼陶瓷熔点高、导热系数较高，高温抗氧化性能优良（温度在 1700℃以下），溶于硝酸与氢氟酸的混合液及熔融的碱中。硅化硼的硬度高，抗氧化性好	$MoSi_2$ 用于制作高温发热元件及高温热电偶，冶炼金属钠、锂、铅、铋、锡的坩埚，原子反应堆装置的换热器，超高速飞机、火箭、导弹上的某些高温抗氧化零部件。B_4Si 用于原子反应堆的减速材料及石墨涂层等
透明氧化铝陶瓷	透明氧化铝陶瓷的主要成分为 α-Al_2O_3，具有高致密度，小而且均匀晶相，表面光洁，对可见光和红外光有优良的透过性，并且耐热性好，高温强度高，耐腐蚀性好，比体积电阻大，光学性能和力学性能均优良	透明氧化铝陶瓷用作红外检测窗材料，制造高压钠灯管，制作熔制玻璃的坩埚，并可制作铂金坩埚，还用于制作电子工业中的集成电路基片，高频绝缘材料以及有关结构材料等

4.3.2 氧化铝陶瓷（见表3.3-43、表3.3-44）

表 3.3-43 氧化铝陶瓷的配方及原料成分

原料成分（质量分数，%）	刚玉-莫来石		刚玉陶瓷（75氧化铝陶瓷）									92瓷	95瓷（Ⅰ）	95瓷（Ⅱ）	97瓷	99瓷（Ⅰ）	99瓷（Ⅱ）	99瓷（Ⅲ）	99瓷（Ⅳ）
	GB-1	Ⅲ-3	CP-1	CP-2	75料	A组料	A$_5$	A$_4$	1	2	3	4								
1420℃烧氧化铝	35.2	36	67	68	65	65	65	70	65	65	70	70	91.5	93.78	93.5	97	99	99	99	99
高岭土	24.8	24	24	20	25.5	20														
黏土							24	10	23	24	10	10	1.67	1.95	1					0.75
方解石	28	24					3	3	3	3	3	3								
碳酸钡	2	3	2	3	2	3	4	5	4	4	5	5								
碳酸锶	8	10	4	5	4									0.3						
膨润土	2					2	7	3	2	7	7									
萤石		3	2	2		2														
菱镁矿			3	2		2														
生滑石					2.5	3		2	5	2	5	5								
氧化镁																			0.4	
菱镁矿							10			1.12	1									
烧石英													1.29	1.28						0.13
碳酸钙													3	3.26	3.25					
氧化镧													0.5			0.5	0.1			
氧化钇																0.25	0.3			
氧化铌																0.25	0.3			
烧滑石													5			1.2	0.4			
CaO·MgO																				0.13
MgO·Al$_2$O$_3$																			1	
烧成温度/℃	1350±20	1350±20	1420±10	1420±10	1410±10	1410±20							1650	1680	1700	1710	1710			1816

表 3.3-44 氧化铝陶瓷的技术性能

性能		GB-1	CP-1	CP-2	75料	A组料	A$_5$	A$_4$	1	3	95瓷（Ⅰ）	95瓷（Ⅱ）	92瓷	97瓷	99瓷（Ⅰ）	99瓷（Ⅱ）	99瓷（Ⅲ）	99瓷（Ⅳ）
在(1±0.5)MHz下的介电常数 ε/F·m^{-1}		6.8~7.4	8~8.2	8~8.5	8.3~9	9~11	7.8~8.2	7.8~8.7	8~8.4	<9	9.4~9.8	8~10	8.8~9.3	9.3~9.7	9.2~11	9.2~11	8.5~10.5	9.5
损耗角正切/10^{-4}（1±0.2MHz）	20℃±5℃	14~18	8~10	3~5	5~10	3~5	3~5	3.4~4.1	5.6~6	<10	2~3.1	1.5~2.8	1.1~1.2	0.6~1	0.1~0.3	0.1~0.3	0.2~1.5	8
	80℃±5℃	20~24	12~15	4~8			4~4.7	4.6~5.8	5.8~6.1	<12	2.3~2.9	1.6~2.8	2	0.5~0.6	0.1	0.1	—	—
	受潮后	—	—	—	—	—	3.6~4.2	7.4~7.7	<12		2.8~3.8	1.8~3.5	1.5	1.5~1.9	0.3~1.7	0.3~1.5	—	—

(续)

性能	配方代号														
	GB-1	CP-1	CP-2	75料	A组料	A_5	A_4	1	3	95瓷(Ⅰ)	95瓷(Ⅱ)	92瓷	97瓷	99瓷(Ⅰ)	99瓷(Ⅱ)	99瓷(Ⅲ)	99瓷(Ⅳ)
直流击穿强度/kV·mm^{-1}	30~35	20~25	25~30	—	—	27~41	34~37	>20	—	17.6~20	15~35	—	16~24	15~16	13~16	>30	—
在100℃±5℃下体积电阻率/Ω·cm	10^{13}~10^{14}	10^{12}~10^{14}	10^{12}~10^{14}	10^{12}~10^{13}	10^{12}~10^{13}	10^{13}~10^{14}	10^{12}	10^{13}~10^{14}	>10^{12}	10^{15}	10^{14}	—	10^{14}	—	—	10^{13}~10^{14}	—
静态抗弯强度/MPa	160~200	200~250	250~300	200~280	—	201.2~261.5	159.8~303.5	216.2~292	>200	274~305	250~408.8	280~314	290~388	300~363	300~363	350	—
线胀系数/10^{-6}℃$^{-1}$	4~4.5	5~5.5	5~5.5	—	—	4.6~4.9	5.7~5.9	—	<6	6.26	6.5~8.5	6.8~7.1	—	—	—	—	—
在(1±0.5)MHz下的电容率的温度系数/10^{-6}℃$^{-1}$	+(110±30)	+(110±30)	+(110±30)	122~147	90~110	—	—	—	—	—	—	—	—	—	—	—	—

4.3.3 氧化锆陶瓷（见表3.3-45）

表3.3-45 氧化锆陶瓷的技术性能

材料		抗弯强度/MPa			断裂韧性/MPa·$m^{\frac{1}{2}}$	硬度(HV)/GPa		密度/g·cm^{-3}	弹性模量/GPa	抗热冲击性 ΔT/℃	热导率/W·(m·K)$^{-1}$		线胀系数/10^{-6}℃$^{-1}$(200℃)
		室温	800℃	1000℃		室温	1000℃				室温	800℃	
TZ-3Y	烧结	1200	350	—	7	12.8	4.0	6.05	205	250	2.93	2.93	10
	热等静压	1700	—	350	7	13.3	4.0	6.07	205	250	2.93	2.93	10
日本特殊陶业的"TTZ"二氧化锆陶瓷	UTZ-10	750	—	—	破坏韧性 2.3	3.78	—	5.8	230	230	2.51	—	10.2
	UTZ-20①	1100	—	—	4.0	3.87	—	4.9	320	260	9.21	—	9.6
	UTZ-30	1000	—	—	4.3	3.78	—	5.9	240	300	2.09	—	11.4

① UTZ-20是ZrO_2-Al_2O_3陶瓷。

4.3.4 氧化铍陶瓷（见表3.3-46）

表3.3-46 氧化铍陶瓷的技术性能

项目		95氧化铍陶瓷	99氧化铍陶瓷
配方成分（质量分数,%）	氧化铍	95	99
	氧化铝	2.5	0.5
	氧化镁	2.5	0.5
技术性能	热导率/W·(m·K)$^{-1}$	120.2~122.2	170.3~180.3
	100℃下体积电阻率/Ω·cm	10^{12}~10^{13}	>10^{15}
	介电常数/F·m^{-1}	6.9~7.3	6.0~6.4
	损耗角正切/10^{-4}（1MHz）20℃	0.8~1.3	1.2~7.6
	850℃	1.0~1.6	1.1~1.3
	受潮	1.4~5.8	1.4~1.7
	直流击穿强度/kV·mm^{-1}	11~14	24~30
	静态抗弯强度/MPa	133.7~187	157.6~200
	线胀系数/10^{-6}℃$^{-1}$	6.47~6.97	6.43~6.5
	密度/g·cm^{-3}	2.8~2.9	2.9

4.3.5 二氧化硅陶瓷（见表3.3-47）

表3.3-47　二氧化硅（石英）玻璃的技术性能

玻璃种类（代号）	线胀系数/$10^{-6}℃^{-1}$（0~300℃）	密度/$g·cm^{-3}$	弹性模量/GPa	泊松比	体积固有阻抗/$\Omega·cm$（25℃）	介电常数/$F·m^{-1}$（1 MHz,20℃）	损耗角正切	折射率
石英玻璃（7940）	0.55	2.20	740	0.16	$1×10^{17}$	3.8	$3.8×10^{-3}$	1.459
含氧化钛石英玻璃（7971）	0.05	2.21	690	0.17	$1×10^{20}$	4.0	$<8×10^{-2}$	1.484
高硅氧玻璃（7913）	0.75	2.18	691	0.19	$1×10^{17}$	3.8	$1.5×10^{-2}$	1.458

4.3.6 莫来石陶瓷（见表3.3-48、表3.3-49）

表3.3-48　莫来石陶瓷及刚玉-莫来石陶瓷的化学组成

名称		莫来石瓷	刚玉-莫来石瓷75瓷	刚玉-莫来石瓷85瓷	名称		莫来石瓷	刚玉-莫来石瓷75瓷	刚玉-莫来石瓷85瓷
牌号					牌号				
质量分数(%)	SiO_2	25.54	14.25	11.01	质量分数(%)	R_2O	1.03	0.53	0.47
	Al_2O_3	53.44	73.83	72.43		BaO	5.98	3.13	2.62
	TiO_2	0.30	0.25	0.20		B_2O_3	—	—	2.38
	Fe_2O_3	0.20	0.38	0.35		SrO	1.36	—	—
	CaO	1.92	1.85	1.89		CaF_2	—	—	1.98
	MgO	—	0.65	1.39					

表3.3-49　莫来石陶瓷技术性能

晶系	介电常数/$F·m^{-1}$	损耗角正切/10^{-4}（20℃,1MHz）	体积电阻率$\rho/\Omega·cm$（20℃）	莫氏硬氏	密度/$g·cm^{-3}$	折射率 N_g	折射率 N_p	熔点/℃
斜方	7	≤5	$~10^{18}$	6~7	3.23	1.654	1.642	1810

4.3.7 氮化硅陶瓷（见表3.3-50）

表3.3-50　不同方法制造的氮化硅陶瓷的技术性能

性能	反应烧结氮化硅	热压氮化硅	常压烧结氮化硅	重烧结氮化硅
密度/$g·cm^{-3}$	2.55~2.73	3.17~3.40	3.20	3.20~3.26
显气孔率（%）	10~20	<0.1	0.01	<0.2
抗弯强度/MPa	250~340	750~1200	828	600~670
抗拉强度/MPa	120	—	400	225
抗压强度/MPa	1200	3600	>3500	2400
冲击韧性/$J·cm^{-2}$	1.5~2.0	0.40~5.24	—	0.61~0.65
显微硬度（HR）/GPa	80~85	91~93	91~92	90~92
弹性模量/GPa	160	300	300	271~286
断裂韧性/$MPa·m^{\frac{1}{2}}$	2.85	5.5~6.0	5	27.4
韦伯尔系数	12~16	13	15	28
线胀系数/$10^{-6}℃^{-1}$	2.7（0~1400℃）	2.95~3.5（0~1400℃）	3.2（0~1000℃）	3.55~3.6（0~1400℃）
热导率/$W·(m·K)^{-1}$	8~12	25		

4.3.8 氮化铝陶瓷（见表3.3-51）

表3.3-51　氮化铝陶瓷的技术性能

特性	普通烧结 AlN	普通烧结 $AlN-Y_2O_3$	热压烧结 AlN	热压烧结 $AlN-Y_2O_2$
密度/$g·cm^{-3}$	2.61~2.93	3.26~3.50	≈3.20	3.26~3.50
气孔率（%）	10~20	≈0	2	≈0
颜色	灰白色	黑色	黑灰色	黑色
抗折强度/MPa	100~300	450~650	300~400	500~900
显微硬度（HR）/GPa	—	12~16	12	12~16
弹性模量/GPa		310	351	279
线胀系数/$10^{-6}℃^{-1}$（25~1000℃）	5.70	—	5.64	4.90

(续)

特性	普通烧结		热压烧结	
	AlN	AlN-Y_2O_3	AlN	AlN-Y_2O_2
热导率/W·(m·K)$^{-1}$				
200℃	—	—	29.31	—
800℃	—	—	20.93	—
机械加工性	良	良	良	良
抗氧化性	劣	优	良	优

4.3.9 赛隆陶瓷（见表3.3-52）

表3.3-52 赛隆陶瓷的技术性能

性能项目	指标	性能项目	指标
理论密度/g·cm^{-3}	3.05~3.13	破裂表面能/J·m^{-2}	40.6
体积密度/g·cm^{-3}	2.9	弹性模量/GPa	200~280
显气孔率（%）	<5	泊松比（20℃）	2.288
抗弯强度/MPa	400~450（四点抗弯）	线胀系数/10^{-6}℃$^{-1}$（20~1000℃）	2.4~3.2
显微硬度/GPa	13~15	热扩散系数/cm^2·s^{-1}（300℃）	0.0195

4.3.10 碳化物陶瓷（见表3.3-53）

表3.3-53 各类碳化物陶瓷的技术性能

化合物	晶体结构	点阵常数/10^{-10}m	密度/g·cm^{-3}	摩尔热容（20℃）/J·(mol·K)$^{-1}$	熔点/℃	线胀系数/10^{-6}℃$^{-1}$（20~1000℃）	热导率（20℃）/W·(m·K)$^{-1}$	体积电阻率/μΩ·cm	电阻温度系数（+α_p）/10^3℃$^{-1}$	显微硬度/GPa	弹性模量/GPa	抗压强度/MPa
TiC	面心立方NaCl型	4.320	4.93	33.66	3147	7.74	24.28	52.5	1.16	30	46.0	138.0
ZrC	同上	4.685	6.9	61.13	3530	6.74	20.52	50.0	0.95	29.3	35.5	167.0
HfC	同上	4.64	12.6	—	3890	5.60	6.28	45.0	1.42	29.1	35.9	—
VC	同上	4.160	5.36	33.37	2810	4.2	24.7	65	—	20.9	43.0	62
NbC	同上	4.461	7.56	37.35	3480	6.65	14.24	51.1	0.86	19.6	34.5	—
TaC	同上	4.455	14.3	36.80	3880	8.3	22.19	42.1	1.07	16	29.1	—
Cr_3C_2	菱面体	—	6.68	99.98	1895	11.77	19.26	75.0	2.33	13.5	38.8	—
Mo_2C_2	六方	—	9.18	—	2410	7.8	6.7	71.0	3.78	15	54.4	—
WC	六方	—	15.55	35.71	2720	3.84	29.31	19.2	0.495	17.8	71.0	56
B_4C	斜方六面体	—	2.51	2.51	2450	4.5	8.37~29.3	—	—	50	—	196
SiC	α，六方	—	3.21	0.95	2600（分解）	4.7	—	—	—	—	—	—
	β，立方	—	—	—	—	4.35	41.9	—	—	33.4	—	225

4.3.11 硼化物陶瓷（见表3.3-54）

表3.3-54 硼化物陶瓷的技术性能

物质	晶体结构	熔点/℃	硬度		密度/g·cm^{-3}	热导率/W·(m·K)$^{-1}$			体积电阻率/μΩ·cm	线胀系数/10^{-6}℃$^{-1}$
			莫氏	显微硬度/GPa		23℃	200℃	500℃		
TiB_2	六方	2980	—	34	4.52	24.28	—	41.87	12~28.4	8.1（25℃~2000℃）
ZrB_2	六方	3040	—	22	6.09	—	23.02	—	9.2~38.8	5.5（20℃~1000℃）
HfB_2	六方	3060	—	—	11.2	10.84	~25.12	—	100~104	5.3（20℃~1000℃）
TaB_2	六方	3000	—	17	12.6	—	—	—	68~86.5	—
MoB_2	六方	2100	—	12.8	7.8	(25℃)	13.75	—	22.5~45	—
CrB_2	六方	2760	—	17	5.6	20.62	—	—	21	4.6
NbB_2	六方	—	—	—	—	16.75	19.68~25.12	—	28.4~65.5	—
MoB	正方	2180	8	15.7	8.8	—	—	—	40~50	—
NbB	斜方	>2900	8	—	7.2	—	—	—	32	—
UB_2	六方	2100	8~9	16	5.1	—	—	—	35	—
WB	正方	2860	—	—	16	—	—	—	—	—
Mo_2B	正方	2000	8~9	16	9.3	—	—	—	40	—
ThB_2	立方	>2100	—	—	8.5	—	—	—	—	—

4.3.12 硅化物陶瓷（见表3.3-55）

表3.3-55 各类硅化物陶瓷的技术性能

化合物	密度 /g·cm^{-3}	比热容 (20℃)/J· kg·K^{-1}	熔点/℃	线胀系数 /10^{-6}℃$^{-1}$ (20~1000℃)	热导率 (20℃) /W·(m·K)$^{-1}$	体积电阻率 /μΩ·cm	电阻温度系数 /10^3℃$^{-1}$	显微硬度 /GPa	弹性模量 /10^{4}GPa	抗弯强度 /MPa
TiSi$_2$	4.35	27.76	1540	—	—	16.9	6.3	8.9	264	—
ZrSi$_2$	4.88	—	1700	—	—	75.8	1.30	10.6	268	—
HfSi$_2$	7.2	—	1750	—	—	—	—	9.3	—	—
VSi$_2$	4.42	—	1660	—	—	66.5	3.52	9.6	—	—
NbSi$_2$	5.45	—	2150	—	—	50.4	—	10.5	—	—
TaSi$_2$	8.83	—	2200	—	—	46.1	3.32	14	—	—
CrSi$_2$	4.40	52.92	1500	—	6.28	9.4	2.93	11.3	—	—
MoSi$_2$	6.30	58.53	2030	5.1	29.31	21.6	6.38	12	430	1139

4.3.13 透明氧化铝陶瓷（见表3.3-56、表3.3-57）

表3.3-56 透明氧化铝陶瓷的配方

原料组成（质量分数,%）	配方代号			
	烧结刚玉（Lucalox）	1	2	3
Al$_2$O$_3$	≈100	99	100	100
MgO	少量	0.9	0.75	0.4
La$_2$O$_3$	—	—	0.125	—
杂质	—	微量	—	—

注：本表为原料配方，为了促进制品的致密化，加入适量的添加剂。如 MgO 或微量 La$_2$O$_3$，配方中的 MgO 是以 Mg(NO$_3$)$_2$ 的形式加入硫酸铝铵中共同加热分解，以此得到均匀分布，活性较大的 MgO，但加入量要适当。

表3.3-57 透明氧化铝陶瓷的技术性能

性能项目	配方代号			
	烧结刚玉（Lucalox）	1	2	3
密度/g·cm^{-3}	3.98	3.98	3.98	—
气孔率（体积分数,%）	0	—	—	—
平均粒径/μm	—	~20	15~20	—
总透光率（%）	90	—	92~95	—
抗弯强度/MPa	381.20~386.60	350.00	—	350.00
线胀系数/10^{-6}℃$^{-1}$	6.5	8.8	—	7.7
热导率/W·(m·K)$^{-1}$	37.7	33.5	—	21.0
体积电阻率/Ω·cm (500℃时)	—	10^{12}	—	10^{12}
击穿强度/kV·mm^{-1}	64	60	—	—
介电常数 ε/F·m^{-1} (1 GHz)	9.9	—	—	9.9
使用温度/℃	—	1700~1900	—	—
在 H$_2$ 中的烧结温度/℃	1650~1950	—	1680	—

5 玻璃

5.1 平板玻璃（见表3.3-58、表3.3-59）

表3.3-58 平板玻璃分类及尺寸规格（摘自 GB 11614—2009）

分类及说明	按颜色属性分为无色透明平板玻璃和本体着色平板玻璃 按外观质量分为合格品、一等品和优等品，幅面应切裁成矩形 GB 11614—2009《平板玻璃》代替 GB 4871—1995《普通平板玻璃》、GB 11614—1999《浮法玻璃》和 GB/T 18701—2002《着色玻璃》。新标准适用于各种工艺生产的钠钙硅平板玻璃，不适用于压花玻璃和夹丝玻璃

(续)

尺寸规格	公称厚度/mm	2	3	4	5	6	8	10	12	15	19	22	25
	厚度偏差/mm	±0.2					±0.3			±0.5	±0.7	±1.0	
	厚薄差/mm	0.2					0.3			0.5	0.7	1.0	
	长、宽尺寸≤3000mm的偏差/mm	±2					$^{+2}_{-3}$			±3		±5	
	无色透明平板玻璃可见光透射比最小值（％）	89	88	87	86	85	83	81	79	76	72	69	67

注：1. 平板玻璃的长和宽尺寸由供需双方商定，新标准规定了大于3000mm（长、宽）尺寸的极限偏差，见GB11614—2009。
2. 平板玻璃的技术性能，合格品、一等品、优等品的质量要求应符合GB11614—2009的规定。

表3.3-59 国产普通平板玻璃产品规格 （mm）

厂家	厚度										特殊规格
	2		3		4		5		6		
	长度	宽度	长度	宽度	长度	宽度	长度	宽度	长度	宽度	
秦皇岛耀华玻璃公司	400~1200	300~900	400~1200	300~900	—	—	600~1800	400~1500	600~1800	400~1500	
大连玻璃厂	600~1450	300~900	600~1500	300~1000	600~1500	400~1200	600~2750	400~1200	600~2650	400~1250	8、10、12（厚），2900×1250
沈阳玻璃厂	400~1350	300~900	400~1600	300~900	300~1600	300~900	400~2700	400~1350	400~2700	400~1350	8（厚）
太原平板玻璃厂	—	—	600~1350	400~900	—	—	600~2200	400~1000	—	—	
洛阳玻璃厂	400~1200	300~900	400~1200	300~900	—	—	500~1600	400~1200	—	—	8、10（厚）
株洲玻璃厂	400~1250	300~600	400~1250	300~900	—	—	1000~2400	400~1000	—	—	7~20（厚），2400×1500
蚌埠平板玻璃厂	400~1100	300~750	400~1100	300~1100	—	—	600~2200	400~2200	600~1800	400~1200	8（厚），2200×2000
上海耀华玻璃厂	—	—	400~1250	300~1250	—	—	600~2000	400~1000	—	—	8、9、10（厚），1800×1600 1900×1700

注：1. 目前国内企业可以加工订货的厚度还有8mm、10mm、12mm、15mm、20mm等5种。
2. 目前国产最大规格为2000mm×2500mm×5mm（6mm、8mm、10mm），特大尺寸规格3000mm×3000mm×5mm（6mm、8mm、10mm、12mm、15mm、20mm）。有些企业也可协商供货。
3. 由于GB11614—2009《平板玻璃》的发布和实施，大规格平板玻璃的产品按市场需求将会有企业进行生产。

5.2 钢化玻璃（见表3.3-60）

表3.3-60 钢化玻璃尺寸规格（摘自GB 15763.2—2005） （mm）

玻璃厚度 \ 边的长度 L	平面钢化玻璃长度允许偏差				平面和曲面钢化玻璃厚度允许偏差
	L≤1000	1000<L≤2000	2000<L≤3000	L>3000	
3、4、5、6	$^{+1}_{-2}$	±3	±4	±5	±0.2
8、10	$^{+2}_{-3}$				±0.3
12					±0.4
15	±4	±4			±0.6
19	±5	±5	±6	±7	±1.0

注：1. 钢化玻璃具有普通平板玻璃的透明度，并具有很高的热稳定性、耐冲击性和高强度的特点。适于制作长期振动冲击的汽车、火车、船舶等的门窗玻璃及挡风玻璃，也可用于建筑及工业部门的观察玻璃及保护玻璃等。
2. 平面钢化玻璃的长度、宽度尺寸由供需双方商定。当边长大于3000mm时或为异型制品时，其尺寸偏差由供需双方商定。曲面钢化玻璃的形状和边长的允许偏差、吻合度均由双方商定。钢化玻璃开孔的孔径一般不小于玻璃的厚度，孔径4~50mm，允许偏差为±1.0mm；孔径51~100mm，允许偏差±2.0mm；孔径>100mm，允许偏差双方商定。
3. 平型钢化玻璃弯曲度，弓形时不超过0.3%，波形时不超过0.2%。
4. 抗冲击性、碎片状态、散弹袋冲击性能、透射比、抗风压性能、外观质量要求按GB 15763.2—2005的规定。

5.3 防火玻璃（见表3.3-61）

表3.3-61 防火玻璃分类、尺寸规格及性能（摘自 GB 15763.1—2009）

分类和分级	复合防火玻璃（FFB）：由两层或两层以上玻璃复合而成，或由一层玻璃和一层有机材料复合而成；单片防火玻璃（DFB）：由单层玻璃构成 防火玻璃按耐火性能分为 A、C 二类，各类耐火等级按耐火时间分为五个等级：0.50h、1.00h、1.50h、2.00h、3.00h A 类：同时满足耐火完整性、耐火隔热性要求，称为隔热型防火玻璃 C 类：满足耐火完整性要求，称为非隔热型防火玻璃			
原片玻璃要求	选用普通平板玻璃、浮法玻璃、钢化玻璃等材料作为原片，复合防火玻璃也可选用单片防火玻璃作为原片，原片玻璃应分别符合 GB 11614—2009、GB 15763.2—2005 等相应标准和本标准相应条款的规定			

复合玻璃尺寸厚度/mm	玻璃的总厚度 d	长度或宽度（L）极限偏差		厚度极限偏差
		$L \leqslant 1200$	$1200 < L \leqslant 2400$	
	$5 \leqslant d < 11$	±2	±3	±1.0
	$11 \leqslant d < 17$	±3	±4	±1.0
	$17 \leqslant d < 24$	±4	±5	±1.3
	$24 \leqslant d < 35$	±5	±6	±1.5
	$d \geqslant 35$	±5	±6	±2.0

单片玻璃尺寸厚度/mm	玻璃厚度	长度或宽度（L）极限偏差			厚度极限偏差
		$L \leqslant 1000$	$1000 < L \leqslant 2000$	$L > 2000$	
	5	+1 -2	±3	±4	±0.2
	6				±0.2
	8				±0.3
	10	+2 -3			±0.3
	12				±0.4
	15	±4	±4		±0.6
	19	±5	±5	±6	±1.0

耐火性能	耐火等级	0.50h	1.00h	1.50h	2.00h	3.00h
	耐火极限时间/h	0.5	1	1.5	2	3

注：1. 防火玻璃弯曲度，弓形和波形时均不超过 0.3%。
    2. 复合防火玻璃透光度：玻璃总厚度 d（mm）；$5 \leqslant d < 11$、$11 \leqslant d < 17$、$17 \leqslant d \leqslant 24$、$d > 24$ 透光度分别为：≥75%、≥70%、≥65%、≥60%。
    3. 防火玻璃的耐热性、耐寒性、耐紫外光辐射性、力学性能及外观质量等详见 GB 15763.1—2001 的有关规定。
    4. 标记示例

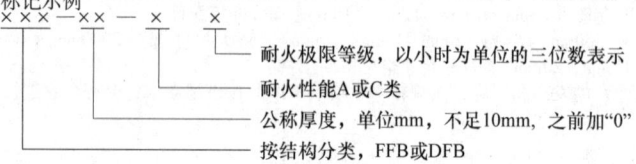

    示例：一块公称厚度为 25mm，耐火性能为非隔热类（C类），耐火等级为 1.00h 的单片防火玻璃，标记为：DFB—12—C1.00。

5.4 石英玻璃（见表3.3-62、表3.3-63）

表3.3-62 石英玻璃技术性能

项目		温度/℃	指标	
			透明石英玻璃	不透明石英玻璃
密度/g·cm⁻³			2.2~2.21	2.18~2.20
软化点/℃			1730	1580
最高安全使用温度/℃	连续		1000~1100	900~1000
	短时间		1300~1400	1100~1200
耐热急变温度/℃			800~1100	800
平均线胀系数/K⁻¹		0~1000	5.4×10^{-7}	5.5×10^{-7}
热导率/W·(m·K)⁻¹		20	1.38	1.09
		100	1.47	1.38
平均比热容/J·(kg·K)⁻¹		100	772.46	772.46
		500	963.80	963.80
		900	1051.72	1051.72

（续）

项目		温度/℃	指标	
			透明石英玻璃	不透明石英玻璃
热辐射率		250	0.93	0.93
		850	0.47	0.68
弹性模量/GPa		20	76.7	71.2
		500	80.9	74.6
		900	83.4	77
泊松比		20	0.17	0.17
莫氏硬度			7	7
抗拉强度/MPa		20	48.1	34.4
		500	114	184
		900	156	158
		1100	128	113
抗压强度/MPa		20	785~1150	392~491
抗折强度/MPa		20	36.5~59.2	22.5~32.3
冲击韧度 ×981/J·m^{-2}		20	1060	834
扭转刚度/MPa		20	46.5	15.4
电导率/S·m^{-1}		20	10^{-17}~10^{-16}	10^{-14}~3.2×10^{-13}
介电常数/F·m^{-1}（0~10^6Hz）		常温	3.7	3.5
损耗角正切	10^3Hz		$<5\times10^{-4}$（约1.5×10^{-4}）	$(6~20)\times10^{-4}$
	10^7Hz		$<1\times10^{-4}$	$(4~12)\times10^{-4}$
	10^8Hz		$<1\times10^{-4}$	$(4~12)\times10^{-4}$
	10^9Hz		$<1\times10^{-4}$	$(4~12)\times10^{-4}$
	10^{10}Hz		4×10^{-4}	—
击穿电压/10^6V·m^{-1}		20	43.0	32.0
		100	37.0	26.0
		200	32.0	21.0
		300	28.0	16.0
		400	17.0	12.0
		500	10.0	7.0
		600	5.2	3.2

表 3.3-63 石英玻璃耐蚀性能

介质	浓度（质量分数,%）	处理时间/h	处理温度/℃	质量损失/g·m^{-2}	
				透明石英玻璃	不透明石英玻璃
硫酸	100	24	205	0.06	0.13
	100	240	20	0.016	0.046
硝酸	68	24	115	0.11	0.15
	68	240	20	0.06	0.092
盐酸	40	24	66	0.14	0.33
	40	240	20	0.18	0.33
氢氧化钠	1	2	101	1.66	15.20
氢氧化钾	1	2	98	0.68	4.63
氢氧化铵	25	2	65	0.09	0.33
氯化钠	10	2	102	0.14	0.34
氯化钙	20	2	103	0.06	0.40
碳酸钠	10	2	102	1.20	4.99
硫酸铜	10	24	102	0.29	0.70

6 石棉制品

6.1 常用石棉性能及应用（见表3.3-64）

表3.3-64 常用石棉性能及应用

性　　能	温石棉	青石棉
密度/g·cm^{-3}	2.2~2.4	3.2~3.3
硬度（莫氏）	2.5~4.0	4.0
纤维外形	白色有光泽	深青色光泽不明显
柔顺性	柔软	柔软
强韧性	强	稍强
热导率/W·(m·K)$^{-1}$	0.2512	—
熔点/℃	1200~1600	900~1150
使用温度/℃	400	200
最高使用温度/℃	600~800	—
灼烧减量（800℃）（质量分数,%）	13~15	3~4
吸湿率（质量分数,%）	1~3	1~3
耐酸性	弱	强
耐碱性	强	弱
抗拉强度/MPa	3000	3300
作为绝缘材料	适宜	较差
特性及应用	质软，有弹性，熔化温度高，耐热性好，耐酸性较差。主要用于纺织、保温制品和复合材料、隔音材料	质硬，强度高，耐酸性好，能防辐射，熔化温度低。主要用于水泥石棉管道、防辐射及过滤材料等

6.2 温石棉（见表3.3-65）

表3.3-65 机选温石棉分级、产品代号及质量要求（摘自 GB/T 8071—2008）

级别	产品代号	干式分级（质量分数,%）				松解棉含量（质量分数,%）	+1.18mm纤维含量（质量分数,%）	-0.075mm细粉量（质量分数,%）	纤维系数	砂粒含量（质量分数,%）	夹杂物含量（质量分数,%）
		+12.5mm	+4.75mm	+1.40mm	-1.40mm						
		≥	≥	≥	≤	≥	≥	≤	≥	≤	≤
1	1-70	70	93	97	3	—	50	40	—	0.3	0.04
	1-60	60	88	96	4		47	44			
	1-50	50	85	95	5		43	46			
2	2-40	40	82	94	6		37	50			
	2-30	30	82	93	7		32	54			
	2-20	20	75	91	9		28	58			
3	3-80	—	80	93	7	50	10	38	1.3	0.3	0.04
	3-70		70	91	9			40	1.2		
	3-60		60	89	11			42	1.1		
	3-50		50	87	13		9	43	1.0		
	3-40		40	84	16			44	0.9		
4	4-30	—	30	83	17	45	8	46	0.7	0.4	0.03
	4-20		20	82	18		7	49	0.6		
	4-15		15	80	20		6	52	0.5		
	4-10		10	80	20		6	52	0.5		

(续)

级别	产品代号	干式分级（质量分数,%）				松解棉含量（质量分数,%）≥	+1.18mm 纤维含量（质量分数,%）≥	-0.075mm 细粉量（质量分数,%）≤	纤维系数 ≥	砂粒含量（质量分数,%）≤	夹杂物含量（质量分数,%）≤
		+12.5mm	+4.75mm	+1.40mm	-1.40mm						
		≥			≤						
5	5-80	—	—	80	20	40	4	54	0.40	0.5	0.02
	5-70			70	30		3	56	0.35		
	5-60			60	40		1.5	58	0.30		
	5-50			50	50		1	60	0.25		
6	6-40	—	—	40	60	35	—	66	—	2.0	
	6-30			30	70			68			
	6-20			20	80			70			

级别	产品代号	松散密度/kg·m⁻³ ≤	-0.045mm 细粉含量（质量分数,%）≤	砂粒含量（质量分数,%）≤
7	7-250	250	50	0.05
	7-350	350	50	0.1
	7-450	450	60	0.3
	7-550	550	70	0.5

注：1. 温石棉是一种纤维状含水硅酸镁矿物，矿物学上称为纤维蛇纹石，分子式为3MgO·2SiO$_2$·2H$_2$O；温石棉纤维是具有一定长径比、最大横向尺寸小于0.1mm的温石棉集合体；机选温石棉是用机械方法从矿石中选出来的各等级温石棉纤维；细粉是按规定试验方法，对温石棉纤维进行长度分级所得到的最细粒级，通常是指按GB/T 6646—2008规定的湿式分级中通过0.075mm筛孔的物料；松解棉是经过松解、具有高度纤维化的温石棉；主体纤维含量是机选温石棉经干式分级后留存在所规定筛网上的累积筛余量，1、2级温石棉规定筛孔为12.5mm；3、4级筛孔为4.75mm；5、6级筛孔为1.4mm。纤维系数是表示温石棉纤维长度和数量的综合特征量，是用GB/T 6646—2008快速湿式分级方法测定的数据计算得出。
2. GB/T 8071—2008《温石棉》代替GB/T 8071—2001，取消了原标准中手选温石棉的规定，只保留机选温石棉。些标准规定的机选温石棉在生产中广泛用于绝热、保温、防火、隔声的材料。
3. 产品代号和标记：
1级~6级机选温石棉的产品代号由级别识别数字（一位数字）和主体纤维含量识别数字（两位数字）组成。7级机选温石棉的产品代号由数字7和松散密度数值组成。

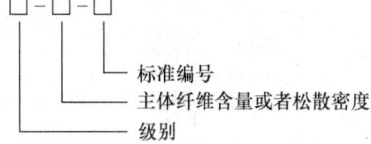
标准编号
主体纤维含量或者松散密度
级别

示例如下：
5级温石棉、主体纤维含量（质量分数）为60%，其标记为：5-60-GB/T 8071—2008
7级温石棉、松散密度为350kg/m³，其标记为：7-350-GB/T 8071—2008

6.3 石棉橡胶板（见表3.3-66）

表3.3-66 石棉橡胶板等级牌号、性能及应用（摘自GB/T 3985—2008）

等级牌号	对应GB/T 20671.1的编码	表面颜色	推荐使用范围	应用
XB510	F119000—B7M7TZ	墨绿色	温度510℃以下、压力7MPa以下的非油、非酸介质	板材以温石棉为增强纤维，以橡胶为黏合剂，经辊压形成，用于制造耐热耐压密封垫片及其他要求的密封垫片
XB450	F119000—B7M6TZ	紫色	温度450℃以下、压力6MPa以下的非油、非酸介质	
XB400	F119000—B7M6TZ	紫色	温度400℃以下、压力5MPa以下的非油、非酸介质	
XB350	F119000—B7M5TZ	红色	温度350℃以下、压力4MPa以下的非油、非酸介质	
XB300	F119000—B7M4TZ	红色	温度300℃以下、压力3MPa以下的非油、非酸介质	
XB200	F119000—B7M3TZ	灰色	温度200℃以下、压力1.5MPa以下的非油、非酸介质	
XB150	F119000—B7M3TZ	灰色	温度150℃以下、压力0.8MPa以下的非油、非酸介质	

（续）

项目		XB510	XB450	XB400	XB350	XB300	XB200	XB150
物理机械性能	横向拉伸强度/MPa ≥	21.0	18.0	15.0	12.0	9.0	6.0	5.0
	老化系数 ≥	0.9						
	烧失量（%）≤	28.0			30.0			
	压缩率（%）	7~17						
	回弹率（%）≥	45			40		35	
	蠕变松弛率（%）≤	50						
	密度/g·cm^{-3}	1.6~2.0						
	常温柔软性	在直径为试样公称厚度12倍的圆棒上弯曲180°，试样不得出现裂纹等破坏迹象						
	氮气泄漏率/mL·(h·mm)$^{-1}$ ≤	500						
	耐热耐压性 温度/℃	500~510	440~450	390~400	340~350	290~300	190~200	140~150
	蒸汽压力/MPa	13~14	11~12	8~9	7~8	4~5	2~3	1.5~2
	要求	保持30min，不被击穿						

注：1. GB/T 3985—2008 没有规定板材厚度、长度和宽度的具体尺寸，可按用户要求提供，长、宽、厚尺寸的允许偏差应按标准规定的要求执行。GB/T 3985—1995 旧标准规定的厚度为 0.5、0.6、0.8、1.0~3.0 以上（0.5 进级）；宽度为 500、620、1200、1260、1500；长度为 500、620、1000、1260、1350、1500、4000（以上单位均为 mm）；供参考。
2. GB/T 20671.1 非金属垫片材料分类体系及试验方法 第1部分：非金属垫片材料分类体系。
3. 标记示例：
 a. 按产品等级牌号和标号编号标记，石棉橡胶板，等级牌号为 XB350，标记为：XB350—GB/T 3985。
 b. 按产品型号类别和物理机械性能按 GB/T 20671.1 规定方法标记，石棉橡胶板，等级牌号为 XB350，根据其产品的型号类别和物理机械性能标记为：
    GB/T 20671—ASTM F104（F119000—B7M5TZ）。
 上述两种标记方法，任选其一即可。

6.4 耐油石棉橡胶板（见表3.3-67）

表3.3-67 耐油石棉橡胶板分类、等级牌号、性能及应用（摘自 GB/T 539—2008）

分类、等级牌号及用途	分类	等级牌号	对应GB/T 20671.1的编码	表面颜色	推荐使用范围	应用
	一般工业用耐油石棉橡胶板	NY510	F119040—A9B7E04M6TZ	草绿色	温度510℃以下、压力5MPa以下的油类介质	以温石棉为增强纤维，以耐油橡胶为黏合剂，辊压形成；用于制造耐油密封垫片及其他要求的密封垫片
		NY400	F119040—A9B7E04M6TZ	灰褐色	温度400℃以下、压力4MPa以下的油类介质	
		NY300	F119040—A9B7E04M5TZ	蓝色	温度300℃以下、压力3MPa以下的油类介质	
		NY250	F119040—A9B7E04M5TZ	绿色	温度250℃以下、压力2.5MPa以下的油类介质	
		NY150	F119040—A9M4TZ	暗红色	温度150℃以下、压力1.5MPa以下的油类介质	
	航空工业用耐油石棉橡胶板	HNY300	F119040—A9B7E04M5TZ	蓝色	温度300℃以下的航空燃油、石油基润滑油及冷气系统的密封垫片	

项目		NY510	NY400	NY300	NY250	NY150	HNY300
物理机械性能	横向拉伸强度/MPa ≥	18.0	15.0	12.7	11.0	9.0	12.7
	压缩率（%）	7~17					
	回弹率（%）≥	50			45	35	50
	蠕变松弛率（%）≤	45				—	45
	密度/g·cm^{-3}	1.6~2.0					
	常温柔软性	在直径为试样公称厚度12倍的圆棒上弯曲180°，试样不得出现裂纹等破坏迹象					
	浸渍 IRM903 油后性能 149℃，5h 横向拉伸强度/MPa ≥	15.0	12.0	9.0	7.0	5.0	9.0
	增重率（%）≤	30					
	外观变化	—					无起泡

(续)

	项　目		NY510	NY400	NY300	NY250	NY150	HNY300
物理机械性能	浸渍ASTM燃料油B后性能 21℃~30℃, 5h	增厚率（%）	0~20				—	0~20
		浸油后柔软性	—					同常温柔软性要求
	对金属材料的腐蚀性		—					无腐蚀
	常温油密封性	介质压力/MPa	18	16	15	10	8	15
		密封要求	保持30min，无渗漏					
	氮气泄漏率/mL·(h·mm)$^{-1}$ ≤		300					

注：1. GB/T 539—2008没有规定板材的厚、宽、长的具体尺寸，可按用户要求提供；但长、宽、厚的尺寸允许偏差应按此标准规定的要求执行。旧标准GB/T 539—1995规定的厚度为0.4、0.5、0.6、0.8、0.9、1.2、1.5、2.0、2.5、3.0；宽度为550、620、1200、1260、1500；长度550、620、1000、1260、1350、1500；（以上单位均为mm）供参考。
2. GB/T 20671.1 非金属垫片材料分类体系及试验方法 第1部分：非金属垫片材料分类体系。
3. 厚度大于3mm的板材，不做拉伸强度试验。
4. 标记：按下述两种方法任选一种标记均可
　a. 按等级牌号和本标准编号顺序标记。
　标记示例：
　等级牌号为NY250的一般工业用耐油石棉橡胶板，标记为：NY250—GB/T 539。
　b. 根据其产品的型号类别和物理机械性能按GB/T 20671.1规定的方法进行标记。
　标记示例：
　等级牌号为NY250一般工业用耐油石棉橡胶板，可根据其产品的型号类别和物理机械性能标记为：GB/T 20671—ASTM F104（F119040—A9B7E04M5YZ）。

6.5 耐酸石棉橡胶板（见表3.3-68）

表3.3-68　耐酸石棉橡胶板规格及性能（摘自JC/T 555—2010）

	厚度	厚度极限偏差	同一张上相距500mm任意两点的厚度差	长度	宽度	长、宽度极限偏差（%）
尺寸规格 /mm	≤0.41	+0.13 -0.05	≤0.08	按需方要求，（推荐范围 500~1500）		±5
	<0.41~1.57	±0.13	≤0.10			
	<1.57~3.00	±0.20	≤0.20			
	>3.00	±0.25	≤0.25			
物理性能	指标名称					技术指标
	横向拉伸强度/MPa ≥					10.0
	密度/g·cm^{-3}					1.7~2.1
	压缩率（%）					12±5
	回弹率（%） ≥					40
	柔软性					无裂纹①
耐酸性能	硫酸 $c(H_2SO_4)=18$ mol/L，室温，48h			外观		不起泡、无裂纹
				增重率（%）不大于		50
	盐酸 $c(HCl)=12$ mol/L，室温，48h			外观		不起泡、无裂纹
				增重率（%）不大于		45
	硝酸 $c(HNO_3)=1.67$ mol/L，室温，48h			外观		不起泡、无裂纹
				增重率（%）不大于		40

注：1. 厚度大于3.0mm者不做拉伸强度试验。
2. 厚度不小于2.5mm者不做柔软性试验。
3. 其他性能要求可由供需双方商定。
4. 耐酸石棉橡胶板产品代号为"NS"，适用于温度200℃，压力2.5MPa以下的酸类介质的设备及管道密封衬垫用。
① 在直径为试样公称厚度12倍的圆棒上弯曲180°，试样不出现裂纹等破坏现象。

6.6 工农业机械用摩擦片（见表3.3-69、表3.3-70）

表3.3-69　工农业机械用摩擦片分类、用途及规格（摘自 GB/T 11834—2011）

类别		代号	材料及工艺	用途
分类和代号	1类	ZP1	普通软质编织制品	制动片
		ZD1		制动带
	2类	ZP2	软质辊压或软质模压制品	制动片
		ZD2		制动带
		LP2		离合器片
	3类	ZD3	特殊加工编织制品	制动带
		ZP3	编织或模压制品	制动片
		LP3	缠绕式	离合器片

		基本尺寸	极限偏差	
			ZP1、ZD1、ZP2、ZD2、ZD3	ZP3
制动片（带）尺寸极限偏差/mm	宽度	≤30	±1.0	±0.5
		>30~60	±1.0	±0.6
		>60~100	±1.5	±0.8
		>100~200	±2.0	±1.0
		>200	±2.5	±1.2
	厚度	≤6.5	±0.3	±0.2
		>6.5~10.0	±0.5	±0.2
		>10.0	±0.6	±0.3

	外径基本尺寸	外径极限偏差	内径极限偏差
离合器片外径、内径极限偏差/mm	≤100	0 -0.8	+0.8 0
	>100~250	0 -1.0	+1.0 0
	>250~400	0 -1.5	+1.5 0
	>400	0 -2.0	+2.0 0

	厚度基本尺寸	厚度极限偏差	每片厚薄差
离合器片厚度极限偏差及厚薄差/mm	≤6.5	±0.15	≤0.15
	>6.5~10.0	±0.20	≤0.20
	>10.0	±0.25	≤0.25

注：1. 产品适用于工业、农业机械用石棉制动器衬片（带）、干式石棉离合器片和干式石棉摩擦片。
　　2. 摩擦片基本尺寸由需方确定，制动带和制动片基本尺寸用宽度和厚度表示，离合器片基本尺寸用外径、内径和厚度表示，异形摩擦片基本尺寸由供需双方协定。
　　3. 标记示例：
　　　摩擦片产品标记由产品用途、本标准代号和顺序号、分类代号及产品尺寸数字组成。例如：
　　　宽100mm、厚4mm 的 2 类制动带：制动带 GB/T 11834 ZD2-100×4。
　　　外径380mm、内径202mm、厚10mm 的 3 类离合器片：离合器片 GB/T 11834 LP3-380×202×10。

表3.3-70　工农业机械用摩擦片技术性能（摘自 GB/T 11834—2011）

项目名称	分类	试验机圆盘摩擦面温度/℃				
		100	150	200	250	
摩擦片的摩擦因数 μ	1类	0.30~0.60	0.25~0.60	—	—	
	2类	0.30~0.60	0.25~0.60	0.20~0.60	—	
	3类	0.30~0.60	0.30~0.60	0.25~0.60	0.20~0.60	

(续)

项目名称	分类	试验机圆盘摩擦面温度/℃			
		100	150	200	250
摩擦片的指定摩擦因数的极限偏差 $\Delta\mu$	1类	±0.10	±0.12	—	—
	2类	±0.10	±0.12	±0.14	—
	3类	±0.08	±0.10	±0.12	±0.14
摩擦片的磨损率 $V/10^{-7}cm^3 \cdot (N \cdot m)^{-1}$	1类	0~1.00	0~2.00	—	—
	2类	0~0.50	0~0.75	0~1.00	—
	3类	0~0.50	0~0.75	0~1.00	0~1.50
弯曲性能	离合器片的弯曲强度≥25.0MPa 离合器片的最大应变≥6.0×10^{-3}mm·mm^{-1}				
柔软性能	1类摩擦片应进行柔软性试验,试验方法按 GB/T 11834—2011 规定方法进行,试验片摩擦表面不允许有影响使用的龟裂缺陷。当需方要求时,对厚度不大于6.5mm的2类、3类制动带柔软性要求亦可按1类摩擦片柔软性试验及要求执行				
剪切性能	ZP2、ZP3 黏结型制动片在室温下的剪切强度应不小于2.5MPa				

6.7 石棉布、带（见表3.3-71）

表3.3-71 石棉布、带种类、尺寸规格及质量要求（摘自 JC/T 210—2009）

种类	宽度/mm		厚度/mm		经纬密度/(根/100mm)		单位面积质量≤ kg·m^{-2}	织纹结构
	公称尺寸	极限偏差	公称尺寸	极限偏差	经线≥	纬线≥		
SB	1000 1200 1500	±20	0.8	±0.1	80	40	0.60	平纹
			1.0		75	38	0.75	
			1.5		72	36	1.10	
			2.0		64	32	1.50	
			2.5	±0.2	60	30	1.90	
			3.0		52	26	2.30	
			3.0		84	60	2.40	平斜纹
WSB	800 1000 1200 1500	±20	0.6	±0.05	140	70	0.45	平纹
			0.8	±0.1	124	62	0.55	
			1.0		108	54	0.75	
			1.5		72	36	1.00	
			2.0		64	32	1.20	
			2.5	±0.2	60	30	1.40	
			3.0		48	24	1.70	

| 按原料组成分类及代号 | 1类—未夹有增强物的石棉纱、线织成的布、带。代号为 SB1、WSB1、SD1、WSD1
2类—夹有金属丝（铜、铅、镍、锌或其他金属丝及合金丝）的石棉纱、线织成的布、带。代号为 SB2、WSB2、SD2、WSD2
3类—夹有有机增强丝（棉、尼龙、人造丝等）的石棉纱、线织成的布、带。代号为 SB3、WSB3、SD3、WSD3
4类—夹有非金属无机增强丝（玻璃丝、陶瓷纤维等）的石棉纱、线织成的布、带。代号为 SB4、WSB4、SD4、WSD4
5类—用1～4类布、带中的两种或两种以上的纱、线织成的布、带。代号为 SB5、WSB5、SD5、WSD5
夹有增强丝的石棉布、带,其中金属丝用化学符号表示:如铜（Cu）、铅（Pb）、锌（Zn）……,其他增强丝用汉语拼音表示,如玻璃丝（B）、陶瓷纤维（T）、棉（M）、尼龙（N）、人造丝（R）……,可加注于分类代号字母之后 |

石棉布、带按烧失量分级	分级代号	4A级	3A级	2A级	A级	B级	S级
	烧失量范围（％）	≤16.0	16.1~19.0	19.1~24.0	24.1~28.0	28.1~32.0	32.1~35.0
	烧失量标准规定值（％）≤	16.0	19.0	24.0	28.0	32.0	35.0

石棉布断裂强力/(N/50mm)	种类	厚度/mm	4A		3A		2A		A		B		S		织纹结构
			常温		加热后		常温		加热后		常温		加热后		
			经向	纬向	经向	纬向	经向	纬向	经向	纬向	经向	纬向	经向	纬向	
	SB	0.8	294	147	147	78	245	137	137	68	196	98	98	59	平纹
		1.0	392	196	196	98	412	176	147	68	294	147	137	59	
		1.5	490	245	245	127	441	196	157	68	441	196	137	59	
		2.0	588	294	294	147	461	216	167	78	461	216	137	69	
		2.5	686	343	343	176	490	245	176	88	490	225	147	78	
		3.0	784	392	392	196	588	294	206	108	588	294	176	88	
		3.0	882	441	441	245	680	340	274	157	784	392	235	137	平斜纹

（续）

种类	厚度/mm	4A 常温 经向	4A 常温 纬向	3A 加热后 经向	3A 加热后 纬向	2A 常温 经向	2A 常温 纬向	A 加热后 经向	A 加热后 纬向	B 常温 经向	B 常温 纬向	S 加热后 经向	S 加热后 纬向	织纹结构
石棉布断裂强力 /(N/50mm) WSB	0.6	294	147	147	74	295	147	147	75	—	—	—	—	平纹
	0.8	392	196	196	98	350	175	175	87	—	—	—	—	
	1.0	490	245	245	123	452	226	226	98	—	—	—	—	
	1.5	590	295	295	147	490	245	245	100	—	—	—	—	
	2.0	690	345	345	172	580	255	255	105	—	—	—	—	
	2.5	785	392	392	196	685	275	275	110	—	—	—	—	
	3.0	850	425	425	213	750	295	295	115	—	—	—	—	

注：1. 石棉布、带分为干法工艺生产的布（SB）、带（SD）和湿法工艺生产的布（WSB）、带（WSD）。
2. 石棉带的规格和经纬密度的基本要求由需方确定，其极限偏差应按 JC/T 210 的规定。
3. 石棉布的断裂强力指 1 类石棉布。
4. 石棉带的断裂强力、含其他金属丝或其他增强纤维石棉布的断裂强力由供需双方商定。
5. 本表石棉加热后断裂强力的试验温度如下：4A 级为 550℃、3A 级为 500℃、2A 级为 350℃、A 级为 250℃、B 级和 S 级为 200℃。
6. 石棉布、带适用于各种传导系统及热设备作保温隔热材料以及制作有关石棉制品的原材料。
7. 产品标记：标记由分类代号、分级代号、厚度及标准号组成，示例如下：
（1）SB 种 2 类 3A 级 2mm 烧失量为 16.1%～19.0% 干法石棉铜丝布标记示例如下：

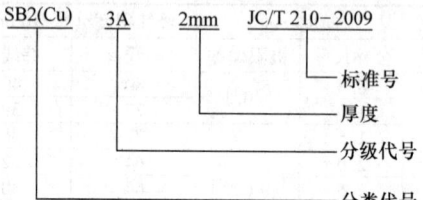

（2）WSB 种 4 类 2A 级 2.0mm 烧失量为 19.1%～24.0% 湿石棉玻璃丝布标记示例如下：

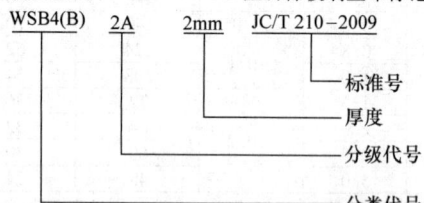

（3）SD 种 2 类 3A 级 2.0mm 烧失量为 16.1%～19.0% 干法石棉铜丝带标记示例如下：

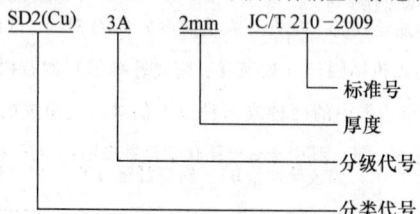

（4）WSD 种 1 类 2A 级 2.0mm 烧失量为 19.1%～24.0% 湿法石棉带标记示例如下：

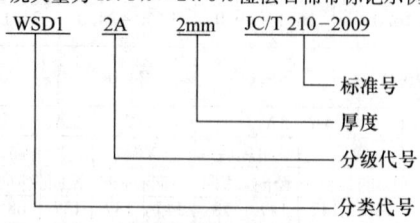

6.8 石棉绳（见表 3.3-72）

表 3.3-72 石棉绳产品名称、分类、代号及规格（摘自 JC/T 222—2009）

	产品名称	制造方法	代号
名称及代号	石棉扭绳	用石棉纱、线扭合而成	SN
	石棉圆绳	用石棉纱、线编结成圆形的绳	SY
	石棉方绳	用石棉纱、线编结成方形的绳	SF
	石棉松绳	用石棉绒作芯，以石棉纱、线编成菱形网状外皮的松软的圆形绳	SC
	分级	烧失量（%）	代号
按烧失量分级	AAAA 级	≤16.0	4A
	AAA 级	16.1～19.0	3A
	AA 级	19.1～24.0	2A
	A 级	24.1～28.0	A
	B 级	28.1～32.0	B
	S 级	32.1～35.0	S
尺寸规格/mm	石棉扭绳	直径：3.0、5.0、6.0、8.0、10.0、>10.0；（密度≤1.00g/cm³）	
	石棉圆绳	直径：6.0、8.0、10.0、13.0、16.0、19.0、22.0、25.0、28.0、32.0、35.0、38.0、42.0、45.0、50.0，（密度≤1.00g/cm³）	
	石棉方绳	边长：4.0、5.0、6.0、8.0、10.0、13.0、16.0、19.0、22.0、25.0、28.0、32.0、38.0、42.0、45.0、50.0，（密度≥0.8g/cm³）	
	石棉松绳	直径：13.0、16.0、19.0，（密度≤0.55g/cm³）；直径：22.0、25.0、32.0，（密度≤0.45g/cm³）；直径：38.0、45.0、50.0，（密度≤0.35g/cm³）	
	应用	用于各种热传导系统及热设备作保温隔热材料或填衬材料	

注：直径 3mm，长度 1000mm，4A 级石棉扭绳，标记为：石棉绳 SN-4A3×1000 JC/T 222—2009

6.9 常用密封填料（见表 3.3-73）

表 3.3-73 常用密封填料品种及规格

		牌号	适用范围	牌号	适用范围
石棉密封填料（JC/T 1019—2006）	橡胶石棉密封填料	XS 550 A	适用于介质温度≤550℃，压力≤8MPa	XS 350 A	适用于介质温度≤350℃，压力≤4.5MPa
		XS 550 B	适用于介质温度≤550℃，压力≤8MPa	XS 350 B	适用于介质温度≤350℃，压力≤4.5MPa
		XS 450 A	适用于介质温度≤450℃，压力≤6MPa	XS 250 A	适用于介质温度≤250℃，压力≤4.5MPa
		XS 450 B	适用于介质温度≤450℃，压力≤6MPa	XS 250 B	适用于介质温度≤250℃，压力≤4.5MPa
		各牌号体积密度，夹金属丝：≥1.1g/cm³；无金属丝：≥0.9g/cm³			
	油浸石棉密封填料	牌号	适用范围	牌号	适用范围
		YS 350 F	适用于介质温度≤350℃，压力≤4.5MPa	YS 250 F	适用于介质温度≤250℃，压力≤4.5MPa
		YS 350 Y	适用于介质温度≤350℃，压力≤4.5MPa	YS 250 Y	适用于介质温度≤250℃，压力≤4.5MPa
		YS 350 N	适用于介质温度≤350℃，压力≤4.5MPa	YS 250 N	适用于介质温度≤250℃，压力≤4.5MPa
		各牌号体积密度，夹金属丝：≥1.1g/cm³；无金属丝：≥0.9g/cm³			
	聚四氟乙烯石棉密封填料	聚四氟乙烯石棉密封填料牌号，由大写"FS"和表示产品规格的阿拉伯数字组成，如聚四氟乙烯石棉盘根，尺寸规格 10mm×10mm，牌号表示为 FS—10			
		适用于压力为 12MPa 以下，温度为 -100～250℃ 管道阀门、活塞杆的密封			
		体积密度≥1.1g/cm³			
	石棉密封填料的应用	JC/T1019—2006 适用于压力为 8MPa 以下、温度为 550℃ 以下的蒸汽机、往复泵的活塞和阀门杆上的橡胶石棉密封填料；压力为 4.5MPa 以下，温度为 350℃ 以下，介质为蒸汽、空气、工业用水、重质石油产品的回转轴、往复泵的活塞和阀门杆上的油浸石棉密封填料；压力为 12MPa 以下、温度为 -100～250℃ 的管道阀门、活塞杆上的聚四氟乙烯石棉密封填料			
	规格/mm（直径或方形边长）	3.0、4.0、5.0、6.0、8.0、10.0、13.0、16.0、19.0、22.0、25.0、28.0、32.0、35.0、38.0、42.0、45.0、50.0			

（续）

油浸棉、麻密封填料（JC/T 332—2006）	牌号	规格（直径或方形边长）/mm	体积密度	适用最大压力	适用最高温度	应用举例
油浸棉、麻密封填料（JC/T 332—2006）	YM 120 F YM 120 Y	3、4、5、6、8、10、13、16、19 22、25、28、32、35、38、42、45、50	≥0.9g/cm³	12MPa	120℃	用于管道、阀门、旋转轴、往复泵活塞杆的密封，温度低于120℃，压力小于12MPa的工作条件

注：牌号示例说明：

(1) XS 550 A，XS 450 B——其中 XS 表示"橡胶石棉"，数字 550、450 表示产品最高适应温度（℃）A 表示产品结构为编织，B 表示为卷制。

(2) YS 350 F，YS 350 Y，YS 350 N——其中 YS 表示"油浸石棉"，数字 350 表示产品最高适应温度（℃）F 表示产品结构为方形，Y 为圆形，N 为圆形扭制。

(3) YM 120 F，YM 120 Y——其中 YM 表示"油浸棉、麻"，数字 120 表示最高适应温度（℃）

7 木材

7.1 常用木材品种及性能（见表3.3-74、表3.3-75）

表 3.3-74 机械产品常用木材品种

用途		技术要求	主要适用木材	用途	技术要求	主要适用木材
木质机械		密度、强度和冲击强度大，不劈裂，易加工	柏木、硬木松类、铁杉属、落叶松属、山毛榉、水曲柳、桦（白蜡）、槐、械属、桉属	车架	强度高	铁杉属、落叶松属、云杉松属、桦属、榆属、锥栗属、刺槐、银荷木、荷木、西南荷木、云南双翅龙脑香
农业机具	机械零部件	强度、硬度和冲击强度较高，不易翘曲和变形，易加工	硬木松类、红松、云杉属、铁杉属、柏木、苦楝、桦属、山毛榉属、锥栗属、栎属、青冈属、桐属、水曲柳、桉、色木械、槐树、黄檀、榉属	内墙板（侧板）	外貌美观易加工	冷杉属、云杉属、铁杉属、桦属、械属、柞属、水曲柳、桉、山毛榉属、银荷木、西南荷木、榆科等
农业机具	农具	强度中等，有一定弹性和韧性，变形小	硬木松类、云杉属、铁杉属、落叶松属、柏木、旱柳、槐树、荷木、桑树、桦属、朴属、青冈属、栎属、桐属、锥栗属	地板（底板）	木材耐磨，有装饰价值	栎属、鹅耳枥属、桦属、桉属、槠属、榆属、桐属、刺槐、槐树、云南双翅龙脑香等
农业机具	农具	强度中等，有一定弹性和韧性，变形小	硬木松类、云杉属、铁杉属、落叶松属、柏木、旱柳、槐树、荷木、桑树、桦属、朴属、青冈属、栎属、桐属、锥栗属	车梁		同上
农业机具	农具	强度中等，有一定弹性和韧性，变形小	硬木松类、云杉属、铁杉属、落叶松属、柏木、旱柳、槐树、荷木、桑树、桦属、朴属、青冈属、栎属、桐属、锥栗属	蓄电池隔板	纹理直，结构均匀，耐酸	松属、罗汉松属、黄杉属、椴属、拟赤杨
锻锤垫木		横纹全部抗压强度和横纹抗压模量较高	落叶松属、云杉属、红松、华山松、马尾松、樟子松、云南松、油松、铁杉、云南铁杉、柞栎、麻栎、小叶栎、青冈、红锥、海南锥、荷木、红桦、水曲柳、桉属	包装箱桶	有适当的强度，钉着性较好，变形小	冷杉属、云杉属、铁杉属、松属、柳杉、杉木、杨属、柳属、杨桐属、椴属、苦楝、拟赤杨、枫杨、青钱柳、锥栗属、槭属、拟赤杨、臭椿、山椿、朴属、旱莲、山茱、白颜树、三果树、兰科树、悬铃木、荷木、银荷木、西南荷木
木模		以胀缩性小为主，强度较高，易加工	松属、云杉属、铁杉属、柏木属、梓树属、黄桐、杨属、柳属、椴属、黄杞、苦楝、臭椿、桦属、锥栗属、朴属、荷木、械属	重型机械	强度较大	落叶松属、硬木松类、铁杉属、桦属、榆属、锥栗属、栎属、杜英属、马蹄荷、粘木、灰木属等

表 3.3-75 工业用木材物理力学性能

树 种	地 区	气干密度/g·cm⁻³	体积干缩系数（%）	顺纹抗压强度/MPa	横纹抗压强度（弦向）/MPa 局部受压	横纹抗压强度（弦向）/MPa 全部受压	顺纹抗拉强度/MPa	抗弯强度（弦向）/MPa	抗弯模量（弦向）/GPa	冲击韧度（弦向）/N·m	顺纹抗剪强度（弦面）/MPa	硬度（端面）/MPa
针叶树材												
冷杉	四川大渡河、青衣江	0.433	0.537	34.8	4.3	3.2	95.4	68.6	9.8	3.8	5.4	31
杉松冷杉	东北长白山	0.390	0.437	31.9	3.5	2.4	72.1	65.1	9.1	3.0	6.4	25
臭冷杉	东北小兴安岭	0.384	0.472	38.8	3.3	2.3	77.2	63.8	9.4	3.1	6.2	22
杉木	湖南江华	0.371	0.420	37.0	3.2	1.4	75.7	62.5	9.4	2.5	4.8	25
柏木	湖北崇阳	0.600	0.320	53.2	9.4	6.6	114.8	98.5	10.0	4.5	10.9	58
银杏	安徽歙县	0.532	0.417	40.2	5.2	3.1	80.4	76.2	9.1	3.3	10.8	111
油杉	福建永泰	0.552	0.510	43.7	7.1	4.5	107.4	89.3	12.3	5.6	6.9	43
落叶松	东北小兴安岭	0.641	0.588	56.4	8.2	—	127.3	111.0	14.2	4.8	6.7	37
黄花落叶松	东北长白山	0.594	0.554	51.3	7.6	—	120.1	97.3	12.4	4.8	6.9	33
红杉	四川平武	0.452	0.416	34.3	6.2	4.3	76.0	68.8	8.6	2.8	5.1	31

(续)

树种	地区	气干密度/g·cm^{-3}	体积干缩系数(%)	顺纹抗压强度/MPa	横纹抗压强度(弦向)/MPa 局部受压	横纹抗压强度(弦向)/MPa 全部受压	顺纹抗拉强度/MPa	抗弯强度(弦向)/MPa	抗弯模量(弦向)/GPa	冲击韧度(弦向)/N·m	顺纹抗剪强度(弦面)/MPa	硬度(端面)/MPa
云 杉	四川理县	0.459	0.521	37.8	4.4	2.8	92.1	74.4	10.1	3.8	5.8	24
红皮云杉	东北小兴安岭	0.417	0.484	34.5	4.3	—	94.8	68.5	10.9	3.2	6.1	21
紫果云杉	四川平武	0.481	0.521	42.1	4.9	2.8	111.5	81.1	11.4	4.1	6.1	34
华山松	贵州威宁	0.476	0.449	35.3	4.3	2.6	85.5	63.3	8.5	3.6	7.5	25
红 松	小兴安岭、长白山	0.440	0.459	32.7	3.7	—	96.1	64.0	9.8	3.4	6.8	21
广东松	湖南莽山	0.501	0.409	31.4	—	6.1	96.2	89.9	9.9	3.9	7.8	34
黄山松	安徽霍山	0.571	0.589	46.6	6.6	4.5	—	89.4	12.8	5.4	8.7	31
马尾松	湖南郴县、会同	0.519	0.470	43.5	6.5	3.0	102.8	89.2	12.1	3.8	6.6	29
樟子松	黑龙江图里河	0.477	—	36.1	3.4	—	112.8	69.9	9.8	4.1	7.7	25
油 松	湖北秭归	0.537	0.476	41.6	5.4	3.5	118.2	86.2	11.3	4.2	6.2	28
云南松	云南广通	0.588	0.612	44.6	4.6	3.1	118.1	93.4	12.6	5.5	7.6	38
铁 杉	四川青衣江	0.511	0.439	45.4	6.0	3.5	115.4	89.7	11.1	3.9	8.2	40
阔叶树材												
槭 木	东北长白山	0.709	0.510	47.8	8.4	6.2		13.1	13.1	8.3	14.0	66
山合欢	江西武宁	0.577	0.390	45.9	6.7	4.2	88.3	11.9	11.9	6.9	12.4	58
拟赤杨	福建南靖	0.431	0.399	29.9	2.7	2.0		8.0	8.0	3.3	7.8	34
西南桤木	云南广通	0.503	0.441	39.1	3.7	2.9	80.4	74.6	9.6	4.126	9.4	38
西南蕈树	云南屏边	0.768	0.627	66.5	7.1	4.9	—	121.6	12.7	7.330	14.5	89
光皮桦	安徽岳西	0.723	0.557	58.2	9.4	6.5	148.0	127.8	14.3	8.614	19.0	81
红 桦	四川岷江、黑水	0.597	0.474	44.4	4.6	3.4	147.7	90.6	10.6	6.899	11.4	53
白 桦	甘肃洮河	0.615	0.466	41.7	4.7	3.4	101.4	85.6	9.0	7.820	11.6	38
蚬 木	广西龙津县	1.130	0.806	75.1	17.8	12.5	—	158.2	20.7	17.856	20.7	140
亮叶鹅耳枥	海南尖峰岭	0.651	0.518	44.4	7.8	5.1		71.3	11.2	5.037	10.5	75
米 槠	广东乳沅	0.548	0.465	37.9	4.1	2.6	108.3	81.4	10.7	6.478	9.2	38
甜 槠	安徽歙县	0.552	0.400	37.7	4.5	3.4	71.8	73.5	9.1	4.420	9.9	43
栲 树	福建建瓯	0.610	0.446	43.0	5.1	3.5		85.4	11.0	6.997	9.4	39
苦 槠	福建	0.595	0.392	41.7	4.9	3.3	75.7	82.7	8.8	4.498	8.7	47
山 枣	江西武宁	0.569	0.463	43.3	5.9	3.6		96.5	12.1	6.880	10.7	41
香 樟	湖南郴县	0.580	0.412	40.8	7.1			73.6	9.0	3.861	9.1	40
青 冈	安徽黟县	0.892	0.598	64.2	12.9	8.4	—	141.7	16.3	11.113	20.7	111
细叶青冈	安徽黟县	0.893	0.635	63.6	11.9	7.9	139.7	139.2	16.6	9.643	20.9	110
黄 檀	江西武宁	0.897	0.579	—	12.3	8.0		156.6	18.0	12.956	20.5	124
黄 杞	福建南靖	0.569	0.411	44.2	5.5	4.3	113.2	89.4	9.9	4.253	9.8	55
柠檬桉	广西宜山	0.968	0.732	63.5	14.4	7.7	148.5	142.3	18.6	15.670	15.5	85
水青冈	云南金平	0.793	0.617	51.5	6.8	4.7	139.6	113.2	13.4	13.289	14.0	62
水曲柳	东北长白山	0.686	0.577	51.5	10.5	—	135.9	116.2	14.3	6.978	10.3	63
毛坡垒	云南屏边	0.965	0.787	72.4	8.2	5.6	—	152.7	20.3	12.417	15.3	112
核桃楸	东北长白山	0.526	0.465	36.0	4.5	—	125.0	26.3	11.8	5.174	9.9	34
枫 香	湖南郴县	0.608	0.468	41.8	5.4	—	106.5	80.8	9.6	5.145	7.0	62
石 栎	浙江昌化	0.665	0.480	49.6	11.0	—	108.1	94.5	11.3	4.312	11.9	62
红 楠	广东乳沅	0.560	0.468	37.5	5.5	3.8	100.2	79.7	10.1	6.546	9.0	35
花榈木	江西武宁	0.588	0.448	40.8	6.0	3.5	—	91.6	8.9	8.506	13.4	59
黄菠椤	东北长白山	0.449	0.368	33.0	4.6	3.4		74.6	8.8	4.194	9.0	32
山 杨	黑龙江带岭	0.364	—	30.7	2.3	—		54.8	5.9	7.683	6.6	20
毛白杨	北京	0.525	0.458	38.2	3.4	2.7	91.6	77.0	10.2	7.850	9.4	38
麻 栎	安徽肥西	0.930	0.616	51.1	9.9	6.4	152.3	126.0	16.5	11.985	17.6	80
柞 木	东北长白山	0.766	0.590	54.5	8.6	—	152.3	121.5	15.2	11.074	12.6	74
刺 槐	北京	0.792	0.548	52.5	10.2	7.3	—	124.3	12.7	17.042	12.8	67
檫 木	湖南郴县	0.584	0.469	40.5	7.1	—	108.6	91.2	11.3	6.194	7.8	41
荷 木	湖南郴县	0.611	0.473	43.8	4.7	—	121.0	91.0	12.7	6.811	10.0	52
槐 树	山东	0.702	0.511	45.0	8.1	6.5	—	103.3	10.2	12.642	13.6	65
柚 木	云南景东	0.601	0.413	49.6	7.3	5.0	79.4	103.2	10.0	4.567	4.7	49
紫 椴	东北长白山	0.493	0.470	28.4	2.7	—	105.8	59.2	11.0	4.792	7.7	21
裂叶榆	黑龙江带岭	0.548	0.517	31.8	4.2	2.9	114.6	79.3	11.6	5.635	8.3	38
榉 树	安徽滁县	0.791	0.591	47.7	8.6	6.9	149.5	127.5	12.3	15.053	15.0	82

注：表列木材的物理、力学性能，除体积干缩系数、冲击韧度及针叶树木材顺纹抗拉强度外，均为含水率15%（质量分数）的数值。

7.2 针叶树锯材和阔叶树锯材（见表3.3-76）

表3.3-76 针叶树和阔叶树锯材尺寸规格
（摘自 GB/T 153—2009、GB/T 4817—2009）

类别	树种名称	针叶树和阔叶树锯材尺寸规格			宽度/mm	
		分类	长度/m	厚度/mm	尺寸范围	进级
针叶树锯材 GB/T 153—2009	所有针叶树的锯材产品（毛边锯材、专用锯材除外）	薄板	1~8	12、15、18、21	30~300	10
		中板		25、30、35		
阔叶树锯材 GB/T 4817—2009	所有阔叶树的锯材产品（毛边锯材、专用锯材除外）	厚板		40、45、50、60		
		方材		25×20、25×25、30×30、40×30、60×40、60×50、100×55、100×60		

注：1. 长度进级：自2m以上按0.2m进级，不足2m者按0.1m进级。
  2. 锯材分为特等、一等、二等和三等共四个等级，各等级材质指标应符合 GB/T 153—2009、GB/T 4817—2009 的规定。

8 纸制品

8.1 硬钢纸板（见表3.3-77）

表3.3-77 硬钢纸板尺寸规格及技术指标（摘自 QB/T 2199—1996）

分类及尺寸规格	项目	指标			
		A类	B类	C类	
	按用途分类	供航空构件用	供机械、电器、仪表的部件和绝缘消弧材料用	供纺织、铁路、氧气设备及其他机械部件电器、电机的绝缘消弧材料用	
				Ⅰ型	Ⅱ型
				间歇性生产	连续性生产
	尺寸和偏差	硬钢纸板的幅面尺寸为 1000mm×1200mm、900mm×1200mm、850mm×1000mm、700mm×1200mm、500mm×600mm，或按订货合同规定，厚度在合同中注明			
		尺寸极限差不超过 ±10mm			
		偏斜度：0.5~2.0mm 为8mm，2.1~3.0mm 为10mm，3.1~15mm 为12mm，15mm以上为15mm			
	用途	适用于加工机械、航空、电器仪表、铁路、纺织设备的部件的绝缘材料			

	项目	指标			
		A类	B类	C类	
				Ⅰ型	Ⅱ型
技术指标	紧度/g·cm^{-3} ≥				
	厚度：0.5~0.9mm	1.25	1.15	1.10	1.10
	1.0~2.0mm	1.30	1.25	1.15	1.15
	2.1~5.9mm	1.30	1.25	1.15	1.15
	6.0mm 以上	—	1.25	1.20	1.20
	体积电阻率/Ω·cm (23±1)℃ ≥	10^9		10^8	
	击穿电压强度[①]/kV·mm^{-1}				
	厚度：0.5~0.9mm		8.0	6.0	
	1.0~2.0mm ≥		7.0	5.0	
	2.1~5.0mm		5.0	3.0	
	5.1~12mm		4.0	2.5	
	横断面抗张强度/kN·m^{-2} ≥				
	厚度：0.5~0.9mm 纵向	8.5×10^4	7.0×10^4	5.5×10^4	
	横向	4.5×10^4	4.0×10^4	3.5×10^4	3.0×10^4

(续)

项目			指标			
			A类	B类	C类	
					Ⅰ型	Ⅱ型
技术指标	厚度：1.0~2.0mm 纵向 横向		9.0×10^4 5.5×10^4	7.5×10^4 4.0×10^4	6.0×10^4 3.5×10^4	3.0×10^4
	厚度：2.1~3.5mm 纵向 横向		9.0×10^4 5.5×10^4	7.5×10^4 4.5×10^4	6.0×10^4 4.5×10^4	3.0×10^4
	厚度：3.6~5.0mm 纵向 横向		8.5×10^4 5.0×10^4	6.5×10^4 4.5×10^4	5.0×10^4 3.0×10^4	
	厚度：5.0mm 以上者 纵向 横向		— —	5.0×10^4 3.5×10^4	4.0×10^4 3.0×10^4	
	伸长率（%） 纵向 横向	≥	10 12	— —	— —	
	层间剥离强度/N·m^{-1} 厚度 1.5~3.0mm <1.5mm、>3.0mm 以上者不予试验	≥	200	200	200	
	吸水率质量分数（%）水温（20±2）℃的条件下浸 2h 厚度：1.0~2.0mm 2.1~3.5mm 3.6~5.0mm >5.0mm 以上者 <0.9mm 不予试验	≤	— — — —	60 50 40 30	65 60 50 40	
	吸油率质量分数（%） 在 15~20℃ 的航空汽油中浸 24h 在 15~20℃ 的变压器油中浸 24h	≤	1.5 1.3	— —	— —	
	交货水分质量分数（%）		6.0~10.0			
	灰分质量分数（%）	≤	1.5		2.5	
	氯化锌质量分数（%）	≤	0.15	0.10	0.20	

注：5.0mm 以上的硬钢纸板系用薄钢纸黏合而成。
① 试验条件：温度（23±1）℃，相对湿度（50±2）% 的空气介质中，电流频率 50Hz。

8.2 软钢纸板（见表3.3-78）

表3.3-78 软钢纸板尺寸规格及技术指标（摘自 QB/T 2200—1996）

	项目	指标	
		A 类	B 类
分类及尺寸规格	按用途分类	供飞机发动机制作密封连接处的垫片及其他部件用	供汽车、拖拉机的发动机及其他内燃机制作密封片及其他部件用
	尺寸和偏差	软钢纸板的幅面尺寸为：920mm×650mm、650mm×490mm、650mm×400mm、400mm×300mm，或按订货合同规定，厚度在合同中注明 尺寸极限偏差不超过±10mm，偏斜度不超过1.2%	
	用途	适用于飞机、汽车、拖拉机及其他内燃机等制作密封连接处的垫圈	

	项目		指标	
			A 类	B 类
技术指标	厚度/mm 　　0.5~0.8 　　0.9~2.0 　　2.1~3.0		±0.12 ±0.15 −0.20	±0.20
	紧度/g·cm^{-3}		1.10~1.40	
	横切面抗张强度/kN·m^{-2} 横向 厚度：0.5~1.0mm 　　　1.1~3.0mm	≥	3.0×10^4 3.0×10^4	2.5×10^4 3.0×10^4
	抗压强度/MPa	≥	160	
	氯含量（质量分数,%）	≤	0.075	
	水分（质量分数,%）		4.0~8.0	

8.3 绝缘纸板（见表 3.3-79）

表 3.3-79 绝缘纸板分类、尺寸规格及技术性能（摘自 QB/T 2688—2005）

| 分类及代号 | 各种类型由不同的字母和数字表示
字母有 B 和 P，其中"B"代表厚型绝缘纸板，"P"代表薄型绝缘纸板
数字由两位数组成。第一位数表示用途及制造工艺，数"0"为极高化学纯的压纸板，数"2"为高化学纯的压纸板，数"3"为具有高纯度和高机械强度的硬而坚固的压纸板。数"4"为高纯度和高吸油性的软压光薄纸板，数"6"为通常施胶的低紧度硬压光薄纸板。第二位数表示原料成分，数"1"为100%硫酸盐木浆，数"3"为硫酸盐木浆和棉浆的混合物
绝缘纸板按紧度不同分为 D、G 两种，其中"D"为较高紧度绝缘纸板，"G"为高紧度绝缘纸板
绝缘纸板代号为 JYB |

尺寸规格/mm	分类	基本尺寸（纵向×横向）/mm	极限偏差/mm	偏斜度/mm
	大规格	4200×1980 3250×1400	±10	≤10
	中规格	1050×1980 1080×1400 2000×1000 3000×1000	±10	≤10
	小规格	1000×1000 920×1320 880×1040 880×1030 800×1050	±5	≤5
	标称厚度	0.10、0.15、0.20、0.25、0.30、0.35、0.40、0.50、0.60、0.80、1.0、1.3、1.6、2.0、2.5、3.0、4.0、5.0、6.0、7.0、8.0		

技术指标	指标名称		单位	规格				
				B 型				
				B.0.1		B.2.1		B.3.1
				D	G	D	G	
	厚度极限偏差	≤1.6mm >1.6mm	%	±7.5 ±5.0	±7.5 ±5.0	±7.5 ±5.0	±7.5 ±5.0	±7.5 ±5.0
	紧度	≤1.6mm >1.6~3.0mm >3.0~6.0mm >6.0~8.0mm	g/cm^3	1.0~1.2	1.2~1.3	1.0~1.2	1.2~1.3	1.00~1.20 1.10~1.25 1.15~1.30 1.20~1.30
抗张强度≥	纵向	≤1.6mm >1.6~3.0mm >3.0~6.0mm >6.0~8.0mm	N/mm^2	80 80 80 —	110 120 130 —	80 80 80 —	110 110 110 —	100 105 110 110
	横向	≤1.6mm >1.6~3.0mm >3.0~6.0mm >6.0~8.0mm		55 55 55 —	85 90 80 —	55 55 50 —	80 85 80 —	75 80 85 85
伸长率≥	横向 纵向		%	6.0 8.0	7.0 9.0	6.0 8.0	7.0 9.0	3.0 4.0

(续)

指标名称			单位	规格 B 型				
				B.0.1		B.2.1		B.3.1
				D	G	D	G	
收缩率	≤	纵向	%	0.7		0.7		0.5
		横向		1.0		1.0		0.7
		厚向		5.0		5.0		5.0
吸油率	≥	≤1.6mm	%	15		15	10	11
		>1.6~3.0mm						9
		>3.0~8.0mm						7
灰分		≤	%	0.7		1.0		1.0
水抽提液 pH				6.0~9.5		6.0~9.0		6.0~9.0
水抽提液电导率	≤	≤1.6mm	mS/m	6.0		8.0		5.0
		>1.6~3.0mm						6.0
		>3.0~6.0mm						8.0
		>6.0~8.0mm						10.0
电气强度 ≥	空气	≤1.6mm	kV/mm	14		14		12
		>1.6~3.0mm		13		13		11
		>3.0~6.0mm		12		12		10
		>6.0~8.0mm		—		—		9
	油中	≤1.6mm		40		40		40
		>1.6~3.0mm		30		30		35
		>3.0~6.0mm		25		25		30
		>6.0~8.0mm		—		—		30
交货水分		≤	%	8.0		8.0		6.0

指标名称			单位	规格 P 型						
				P.2.1		P.4.1		P.4.3	P.6.1	
				D	G	D	G		D	G
厚度极限偏差		0.10mm~0.50mm	%	±10.0		±10.0		±10.0	±10.0	
紧度		≤0.50mm	g/cm³	1.20~1.30		1.00~1.20		0.95~1.20	1.15~1.25	
抗张强度 ≥	纵向	0.10mm	N/mm²	80		80		70	80	
		0.15mm		85		80		70	85	
		0.20mm		90		80		70	90	
		0.25mm		90		80		70	90	
		0.30mm		90		80		70	90	
		0.35mm~0.50mm		—		80		70	—	
	横向	0.10mm		45		40		35	45	
		0.15mm		50		40		35	50	
		0.20mm		50		40		35	50	
		0.25mm		50		40		35	50	
		0.30mm		50		40		35	50	
		0.35mm~0.50mm		—		40		35	—	
折后抗张强度 ≥	纵向	0.10mm	N/mm²	60		60		60	50	
		0.15mm		65		60		60	55	
		0.20mm		70		60		60	70	
		0.25mm		70		60		60	70	
		0.30mm		65		60		60	55	
		0.35mm~0.50mm		—		60		60	—	
	横向	0.10mm		40	35	40		30	40	
		0.15mm		45	35	40		30	45	
		0.20mm		45	35	40		30	45	
		0.25mm		45	35	40		30	45	
		0.30mm		45	35	40		30	45	
		0.35mm~0.50mm		—	35	40		30	—	

(续)

指标名称			单位	规格 P型						
				P.2.1		P.4.1		P.4.3	P.6.1	
				D	G	D	G		D	G
伸长率 ≥	纵向	0.10mm	%	1.0	4.5	1.0	4.5	1.8	1.0	4.5
		0.15mm		1.0	5.0	1.0	5.0	1.8	1.0	5.0
		0.20mm		1.5	5.5	1.5	6.0	2.0	2.0	5.5
		0.25mm		2.0	5.5	1.5	6.0	2.0	2.0	5.5
		0.30mm		2.5	5.5	2.0	—	2.5	2.5	6.0
		0.35mm~0.50mm		—	—	2.5	—	2.5	—	—
	横向	0.10mm	%	4.0	10.0	6.0	10.0	6.0	4.0	10.0
		0.15mm		5.0	12.0	6.0	12.0	6.0	5.0	12.0
		0.20mm		6.0	12.0	7.0	12.0	7.0	6.0	12.0
		0.25mm		7.0	12.0	7.0	12.0	7.0	7.0	12.0
		0.30mm		8.0	12.0	7.0	—	7.0	7.0	12.0
		0.35mm~0.50mm		—	—	7.0	—	7.0	—	—
折后伸长率≥	纵向	0.10mm	%	1.0	2.5	1.0	3.0	1.3	1.0	2.5
		0.15mm		1.0	3.5	1.0	4.0	1.3	1.0	3.5
		0.20mm		1.5	4.0	1.0	5.0	1.3	1.5	4.0
		0.25mm		1.5	4.5	1.2	5.0	1.5	1.5	4.5
		0.30mm		1.5	5.0	1.2	—	1.5	1.5	5.0
		0.35mm				1.5		1.8		
		0.40mm~0.50mm				1.5		2.0		
	横向	0.10mm	%	3.0	9.0	5.0	9.0	6.0	3.0	8.0
		0.15mm		3.0	10.0	5.0	9.0	6.0	3.0	10.0
		0.20mm		4.0	10.0	5.0	9.0	6.0	4.5	10.0
		0.25mm		4.5	10.0	5.0	11.0	6.0	4.5	10.0
		0.30mm		5.0	10.0	5.0	—	6.0	5.0	10.0
		0.35mm~0.50mm		—	—	5.0	—	6.0	—	—
收缩率 ≤	纵向		%	1.0		1.0		1.0	1.0	
	横向			1.5		1.5		1.5	1.5	
	厚向			7.0		7.0		7.0	7.5	
吸油率 ≥			%	9		10	12	15	—	
灰分 ≤			%	1.0		1.0		1.0	1.0	
水抽提液pH			—	6.0~9.0		6.0~9.0		6.0~9.0	6.0~9.0	
水抽提液电导率 ≤			mS/m	8.0		8.0		8.0	20.0	
电气强度≥	空气中	0.10mm	kV/mm	10		9	9	9	10	
		0.15mm		11		10	10	10	11	
		0.20mm		11		10	10	10	11	
		0.25mm		11		10	10	10	11	
		0.30mm		11		10	—	10	11	
		0.35mm		—		10		10	—	
		0.40mm~0.50mm				9		9		
	折后空气中	0.10mm		7		7	7	7	7	
		0.15mm		7		7	7	7	7	
		0.20mm		8		8	8	8	8	
		0.25mm		8		8	8	8	8	
		0.30mm		8		8	—	8	8	
		0.35mm~0.50mm		—		7	—	7	—	
	油中	0.10mm		50		65	60	70		
		0.15mm		50		60	60	65		
		0.20mm		45		55	60	60		
		0.25mm		45		55	—	60	—	
		0.30mm		45		50	—	55		
		0.35mm		—		45	—	50		
		0.40mm~0.50mm		—		40	—	45		
交货水分 ≤			%	8.0						

9 石墨材料

9.1 碳、石墨制品的分类、特性、应用及应用实例（表3.3-80、表3.3-81）

表3.3-80 碳、石墨制品的分类、特性及应用

类别	种类	特性及应用
电机用电刷	电化石墨电刷	电阻较高，适用于高速、换向困难的电动机
	树脂黏合石墨电刷	电阻高，适用于换向特别困难的交流换向器电动机等
	石墨电刷	不经石墨化，润滑性能好，适用于速度一般、换向困难的电动机
	金属石墨电刷	电阻较小，适用于要求低电压、高电流密度电刷的电动机，如电解、电镀用直流电机等
炭棒	电影放映炭棒	高亮度弧光炭棒，燃烧稳定，适用于各种型号弧光电影放映机
	摄影炭棒	高色温炭棒为高强度光源炭棒，光强而色白，燃烧稳定，无噪声，用于照明弧光灯
	照相制版炭棒	利用其弧光做各种照相制版作业的晒版光源
	老化仪炭棒	炭棒的弧光光谱富有紫外线，近似于太阳光谱，主要用于人工阳光老化仪，对各种材料进行老化试验
	碳弧气刨炭棒	导电率高、灰分少、消耗率低，适用于开焊接坡口、切割、钻孔、消除毛刺、铲平焊缝等
	光谱炭棒	机械强度、纯度高，适用于光谱分析仪
	加热器炭棒	炭棒发热高，抗氧化性好，用作发热体
	小型电解炭棒	炭棒发热高，用于电解、冶金电炉的小型电极
机械用	炭石墨材料	机械强度高，耐磨性好，用于机械密封、轴承、刮片等
	电化石墨材料	机械强度较高，润滑性、耐冲击性好，适用于机械密封、轴承等耐磨材料
	树脂炭复合材料	机械强度高，耐磨性好，适用于机械密封、轴承等耐磨材料
	金属石墨材料	耐高温、抗冲击性能、导热性能好，适用于高温、冲击负荷较大的工况
触点	无轨电车炭滑块	摩擦因数低，接触性好，噪声小，能提高架空线的使用寿命，用于无轨电车受电杆集电靴
	电力机车炭滑板	本身磨耗小，对导电体的磨损小，润滑性能好，用于电力机车受电弓导电材料
	炭石墨触点	机械强度高，耐磨损，在电气装置中作为切断、开启的导电接触点
	铜石墨触点	
	银石墨触点	机械强度高，接触电阻小，耐磨损，在电气装置中作为切断、开启的导电接触点
传声器用炭砂和石墨粉	送话器用炭砂	用作扩音器或喉头传声器中的调变电阻
	石墨粉	系用天然石墨粉经高温提纯精炼石墨粉，灰分不大于0.0005%（质量分数），用于金属熔炼和粉末冶金材料
特种石墨	防爆膜石墨	热胀系数小，耐高温，耐化学腐蚀，对正、负压力波动敏感，爆破压力为0.02～1MPa。漏气率小于$1 \times 10^{-7} \cdot MPa \cdot cm^3/s$，在盐酸、油气、水蒸气、六氟化硫等介质中作防爆膜保护装置
	石墨纤维（碳纤维）	机械强度、弹性模量高，密度小，耐蚀性强，耐高低温剧变，线胀系数低，导电导热性能好，吸附性强，耐中子辐射等特点，在航天、人造卫星、火箭、原子能工程、化工、机械工业、电动机、医疗等方面均有广泛的应用
	各向同性石墨	力学性能、电性能、热性能等静态特性具有各向同性，异性比为1～1.1，机械强度、密度高，用作电火花加工电极、碳化硅涂层基料、密封材料、坩埚、火箭喷嘴等
	电火花加工石墨	热导率高，热胀系数低，耐热冲击性强，自润滑性能好，不浸润被熔融的金属等
	人造金刚石用石墨	具有纯度、石墨化高等特点，用作人工合成金刚石的炭源材料
	高强度高密度高纯石墨	机械强度高、密度高、纯度高、耐氧化、耐腐蚀、耐高温，用于宇航火箭喷嘴和化学分析的石墨化炉等
	柔性石墨（膨胀石墨）	具有石墨的优良性能，还具有优良的柔韧性与弹性，对液体、气体渗透性低，自润滑性和抗氧化性比一般石墨高得多，用于密封填料和集电体等
	激光石墨	机械强度高，密度高，纯度高，结构细密，异性比小，耐离子轰击，溅散小，是氩离子激光器放电管的重要材料
	硅化石墨	具有很高的耐腐蚀性、耐热性及在液体和气体中的抗磨性，用作耐磨材料
	热解石墨	机械强度高、耐氧化、耐腐蚀、致密、透气率极低，各向异性强，用于制造粒状核燃料的包壳层和燃料的套筒，也用于电子设备和其他工业中
	氟化石墨	具有优良的热稳定性、耐腐蚀性和润滑性，可用作润滑脂和耐磨材料的添加剂及无水高能电池阴极材料等
	化工用石墨	机械强度高，纯度高，导热性好，耐腐蚀，可用作换热器等
	抗氧化石墨	机械强度高，氧化失重率低，耐高温，用于金属冶炼等
	玻璃炭	具有玻璃和炭的不透气性，耐腐蚀性、抗氧化性，在惰性气体中耐高温，在冶金、半导体化学工业中均有广泛应用
	泡沫石墨	质轻、多孔、耐热性、耐腐蚀性好，吸附力强，易于加工，用作高温隔热材料、催化剂载体、过滤器和吸附材料等

(续)

类别	种类	特性及应用
高纯石墨	一级高纯石墨	机械强度高，纯度高，灰分含量小于 0.00003%（质量分数，下同）。耐高温，抗氧化，结构细密，导热和导电，用作光谱分析等
	二级高纯石墨	灰分含量在 0.00003%~0.0001% 之间，适用于汞整流器阳极及半导体技术用石墨舟皿、石墨模等
	三级高纯石墨	纯度高，适用于汞整流器阳极及半导体技术用石墨舟皿、电热元件、电火花加工用电极等
	四级高纯石墨	纯度高，适用于电子管阳极、电热元件、坩埚和石墨模等
调压器用炭电阻片	特种调压器用碳电阻片	由厚度为 0.5~2.2mm 炭片叠合而成的调压器用炭电阻片柱，在不断改变负荷的作用下具有改变接触电阻等特点，用于发电机的电压调整器和连续改变电阻的各种结构的变阻器等
	自动电压调整器用碳电阻片	
石墨制品	普通石墨电极	采用低灰分原料，经高温石墨化制成。导电性好，具有一定机械强度，用于普通电弧炉作导电电极
	特制石墨电极	采用优质原料，经高温石墨化制成。导电性与机械强度比普通石墨电极好，使用电流密度比普通石墨电极提高 15%~25%
	高功率石墨电极	采用针状石油焦等原料制成。导电性、机械强度及抗热冲击性能均比普通石墨电极高。使用电流密度比普通石墨电极提高 25%~40%
	抗氧化涂层石墨电极	在电极表面喷涂烧结一层抗氧化材料，可减少电极在电弧炉中的氧气消耗
	石墨块	生产过程与石墨电极基本相同。用于冶金炉作为炉衬材料或导电材料
	石墨电极	用于电解食盐溶液，提取烧碱
青铜石墨含油轴承		具有较高的耐磨性和润滑性能，在汽车、拖拉机和洗衣机以及其他机械设备的小型发电机或电动机中均能应用

表 3.3-81 炭、石墨制品在工业部门中的应用实例

工业部门	制品名称	应用实例
机械工业用炭石墨制品	石墨耐磨制品	制作炭石墨轴承、炭石墨活塞环、炭石墨密封环、石墨制动片等
	石墨润滑剂	用于高温及高负荷的滑动轴承及各种机械的滑动或转动部分，适用于作金属拉丝、管棒挤压以及冲压、模锻等冷热加工时的润滑剂
	碳纤维	采用碳纤维增强塑料可制成磨床用的磨头以及其他各种磨床零件，如旋转刀具、齿轮、轴承等
	柔性石墨	可用于腐蚀性和高温条件下的密封垫圈或垫片、阀门的密封垫料环、仪器仪表的密封元件等
	玻璃态炭	用于尖端、化工、冶金、半导体等工作部门在机械工业中可制成玻璃工业用的心轴、各种高温耐腐蚀介质中的轴承和机械密封件等
电工用炭石墨制品	电机用电刷	可作为汽轮发电机、牵引电动机、汽车拖拉机、电动工具电动机等的电刷
	电接点用炭石墨制品	用作断开触点、电动机车用炭石墨滑块以及各种炭石墨滑轮、滑块等
	炭石墨电阻及发热材料	用作炭石墨固定电阻、无级调节炭电阻、片柱和炭石墨发热元件
	整流器和电子管用石墨制品	可作为汞整流器的阳极、栅极和大型电子管的阳极、栅极等
	电加工用石墨电极	用作电火花加工、电解加工以及电解成形磨削用石墨电极
	炭棒	可制作照明炭棒、加热炭棒、导电炭棒、光谱分析用炭棒、电弧气刨用炭棒以及接地用炭棒等
冶金工业用炭石墨制品	石墨制品	制成各种石墨电极，用于电弧炉炼钢
	炭制品	制成各种炭块，砌筑炉衬；制成炭电极，用作导电电极
	炭糊类制品	用于矿热炉做自焙电极，或用于砌筑炭块
	石墨模	用作有色金属连续铸造、压力铸造和离心铸造的石墨模以及热压模等
化工用炭石墨制品	不透性石墨制品	可制成换热设备、反应和吸收设备以及流体输送系统中的管道、旋塞和泵等
	石墨阳极	制成氯碱工业用石墨阳极、电渗析用石墨电极

9.2 高纯石墨（见表3.3-82）

表3.3-82 高纯石墨的型号及技术性能（摘自 JB/T 2750—2006）

型号	技术性能						
	灰分	硫含量	钙含量	体积密度 /g·cm^{-3} ≥	真密度 /g·cm^{-3} ≥	抗压强度 /MPa ≥	抗折强度 /MPa ≥	体积电阻率 /μΩ·m ≤
	（质量分数,%）≤							
G2	0.010	0.050	—	1.65	2.20	40	20	15
G3	0.025	0.050	0.006	1.55	2.15	25	14	—
G4	0.100	0.050	0.030	1.55	2.15	25	17	—

注：高纯石墨纯度高，杂质少；强度高，抗热震性好，耐高温、耐腐蚀、耐摩擦，切削性好，广泛应用于机械、冶金、化工、轻工、纺织、电子、航空、原子能及各种新技术部门。

9.3 玻璃态碳材料（见表3.3-83）

表3.3-83 玻璃态碳材料品种、规格、性能及应用（摘自 JC 425—1991）

<table>
<tr><th rowspan="2">品种</th><th colspan="2">长度/mm</th><th colspan="2">宽度/mm</th><th colspan="2">厚度/mm</th><th colspan="2">直径/mm</th></tr>
<tr><th>基本尺寸</th><th>极限偏差</th><th>基本尺寸</th><th>极限偏差</th><th>基本尺寸</th><th>极限偏差</th><th>基本尺寸</th><th>极限偏差</th></tr>
<tr><td>长方板材</td><td>230
200
180</td><td>±0.5</td><td>90
80
60</td><td>±0.3</td><td>6
7
7</td><td rowspan="3">±0.3</td><td>—</td><td>—</td></tr>
<tr><td>圆板材</td><td>—</td><td>—</td><td>—</td><td>—</td><td>5</td><td>160</td><td>0
-0.5</td></tr>
<tr><td>棒材</td><td>100
80~130
50~80</td><td>±0.5</td><td></td><td></td><td></td><td>10, 9, 8
7, 6, 5, 4
3.5, 3, 2.5</td><td>±0.3
±0.2</td></tr>
</table>

项目	指标	特性及应用
密度/g·cm^{-3}	1.51~1.52	以热固性树脂经特殊工艺处理制成，是各向同性的不透性材料。质脆、兼有石墨和玻璃性质，强度和电阻率比一般石墨材料高数倍，线胀系数近似，热导率低于一般石墨而高于玻璃，硬度高、耐高温、耐蚀和抗氧化性均好。可作为旋转密封的辅助面、冶炼金属坩埚、舟皿及激光技术中的电极材料
肖氏硬度（HS）	120~128	
体积电阻率/（10^{-4}Ω·cm）	48~55	
平均线胀系数（室温至500℃）/10^{-6}K^{-1}	2.3~2.4	
透气率/10^{-8}Pa·L·s^{-1}	不大于 1	

注：1. 按用户要求，可供应其他规格产品。
  2. 产品外观呈黑色，镜面，表面平滑，无裂纹，无明显弯曲。

9.4 阀门用柔性石墨填料环（见表3.3-84）

表3.3-84 阀门用柔性石墨填料环规格及技术性能（摘自 JB/T 6617—2016）

| 尺寸规格 | 填料环根据需要可以经45°（需要时也可以60°）切开成单开口或双开口（见图）。切口应平整，不应出现散圈
a) 填料环 b) 单开口 c) 双开口
填料环的内、外径极限偏差应符合 GB/T 1800.2 和 GB/T 1801 的规定。 |

填料环技术性能	项目		指标	
			单一柔性石墨类	金属复合类
	密度/g·cm^{-3}		1.4~1.7	≥1.7
	压缩率（%）		10~25	7~20
	回弹率（%）		≥35	≥35
	热失重[①]（%）	450℃	≤0.8	≤0.6
		600℃	≤8.0	≤6.0
	摩擦因数		≤0.14	≤0.14
填料环用柔性石墨技术指标	硫含量、氯含量、灰分应符合 JB/T 7758.2 的规定			

[①] 对于金属复合类，当金属熔点低于试验温度时，不宜做该温度试验。

9.5 机械密封用炭石墨密封环（见表 3.3-85 ~ 表 3.3-87）

表 3.3-85 机械密封用炭石墨密封环分类、代号及材料技术性能（摘自 JB/T 8872—2016）

分类名称、代号	系列名称、代号	浸渍物或黏结剂	浸渍物代号	肖氏硬度 HS	抗折强度/MPa	抗压强度/MPa	体积密度/g·cm^{-3}	开口气孔率（%）
机械用碳类 M	炭石墨 M1	基体材料		≥50	≥30	≥65	≥1.50	≤15
		环氧树脂	H	≥70	≥49	≥176	≥1.75	≤2.0
		呋喃树脂	K	≥70	≥50	≥180	≥1.75	≤2.5
		酚醛树脂	F	≥70	≥48	≥176	≥1.78	≤2.5
		巴氏合金	B	≥75	≥70	≥218	≥2.50	≤3.5
		铝合金	A	≥75	≥70	≥220	≥2.00	≤2.0
		铜合金	P	≥70	≥70	≥230	≥2.50	≤3.0
		锑	D	≥75	≥70	≥220	≥2.90	≤2.5
		银	G	≥70	≥70	≥200	≥2.90	≤2.5
		玻璃	R	≥90	≥57	≥170	≥1.78	≤2.0
机械用碳类 M	电化石墨 M2	基体材料		≥30	≥20	≥30	≥1.50	≤20
		环氧树脂	H	≥40	≥35	≥75	≥1.80	≤2.0
		呋喃树脂	K	≥40	≥40	≥80	≥1.78	≤3.0
		酚醛树脂	F	≥40	≥40	≥75	≥1.78	≤2.5
		巴氏合金	B	≥40	≥45	≥80	≥2.40	≤2.5
		铝合金	A	≥40	≥60	≥130	≥2.00	≤2.0
		铜合金	P	≥40	≥50	≥100	≥2.60	≤4.0
		锑	D	≥40	≥50	≥110	≥2.30	≤3.0
		银	G	≥68	≥68	≥195	≥2.80	≤2.5
		玻璃	R	≥60	≥45	≥100	≥1.80	≤2.0
	树脂炭石墨 M3	树脂黏结剂	—	≥55	≥54	≥147	≥1.72	≤1.5
特种石墨类 T	硅化石墨 T10	硅	—	≥100（洛氏）	≥45	≥150	≥1.79	≤2.0

注：1. 炭石墨密封环应做水压试验，非平衡式和平衡式机械密封环的试验压力分别为 0.8MPa 和 1.6MPa，持续 10min，密封环不得渗漏。
2. 炭石墨密封环的尺寸公差、表面粗糙度和几何公差参见 JB/T 8872—2016 的有关规定。

表 3.3-86 炭石墨密封环材料的抗化学腐蚀性能

介质	浓度（质量分数,%)	炭石墨和电化石墨	浸渍树脂			浸渍金属、非金属					树脂炭石墨	硅化石墨
			酚醛	环氧	呋喃	巴氏合金	铝合金	铜合金	锑	银	玻璃		
盐酸	36	+	0	0	+	—	—	—	—	—	+	0	+
硫酸	50	+	0	—	+	—	—	—	—	—	+	0	+
硫酸	98	0	0	—	0	—	—	—	—	—	0	0	+
硝酸	50	0	0	—	0	—	—	—	—	—	0	0	+
硝酸	65	—	—	—	—	—	—	—	—	—	—	—	+
氢氟酸	40	+	0	—	+	—	—	—	—	—	—	—	+
磷酸	85	+	+	+	+	—	—	—	—	—	+	+	+
铬酸	10	+	0	0	0	—	—	—	—	—	+	0	+
醋酸	36	+	+	+	+	—	—	—	—	0	+	+	+
氢氧化钠	50	+	—	+	+	+	+	+	+	+	0	+	0
氢氧化钾	50	+	—	+	+	+	+	+	+	+	0	+	0
海水	—	+	0	+	+	+	—	+	+	+	+	0	+
苯	100	+	+	0	+	+	+	—	+	+	+	+	+
氨水	10	+	0	+	+	+	+	—	+	+	+	+	+
丙酮	100	+	0	0	+	0	+	—	+	+	+	0	+
尿素	—	+	+	+	+	0	+	—	+	+	+	+	+
四氟化碳	—	+	+	+	+	+	+	+	+	+	+	+	+
润滑油	—	+	+	+	+	+	+	+	+	+	+	+	+
汽油	—	+	+	+	+	+	+	+	+	+	+	+	+

注：试验温度为 20℃，"+"为稳定；"-"为不稳定；"0"为尚稳定。

表 3.3-87 炭石墨密封环的摩擦因素和推荐配对材料

系列代号	浸渍物		摩擦因素	推荐的配对材料	最高使用温度/℃
M1	树脂		≤0.15	硬质合金、镀铬钢、陶瓷、氮化硅、碳化硅、高硅铸铁、马氏体不锈钢（如 95Cr18、90Cr18MoV）、司太利特合金	200
	低熔点金属	巴氏合金	≤0.15		200
		铝合金			300
	高熔点金属	锑			500①
		铜合金			400①
		银			900①
	非金属	玻璃	≤0.25		610①
M2	树脂		≤0.25	陶瓷、硬质合金、青铜、不锈钢、镀铬钢、氮化硅、碳化硅、高硅铸铁、司太利特合金	200
	低熔点金属	巴氏合金	≤0.25		200
		铝合金			300
	高熔点金属	锑	≤0.25		500①
		铜合金			400①
		银	≤0.15		900①
	非金属	玻璃	≤0.13		610①
M3	无		≤0.15	不锈钢、黄铜、陶瓷、氮化硅、硬质合金	200
T10	硅		≤0.15	硅墨、硬质合金、硅化石墨、铸铁、陶瓷	500

注：摩擦因数系碳石墨配对 95Cr18，在 MM-200 型摩擦磨损试验机上进行干摩擦的测定值。
① 在无氧条件下。

9.6 柔性石墨板（见表 3.3-88）

表 3.3-88 柔性石墨板尺寸规格及技术性能（摘自 JB/T 7758.2—2005）

	项 目		指标		
技术性能	密度极限偏差/g·cm⁻³（密度为 1.0~1.1g/cm³）	$H \geq 0.4$	±0.07	尺寸规格	石墨板的长、宽、厚尺寸按用户和生产厂双方商定宽度和厚度尺寸极限偏差应符合 JB/T 7758.2—2005 的规定：宽度极限偏差为 ±3mm 厚度 H 极限偏差 T：厚度 $H \leq 0.4$mm，T 为 ±10%H；0.4mm < $H \leq 1.0$mm，T 为 ±7%H；$H > 1.0$mm，T 为 ±5%H
		$H < 0.4$	±0.1		
	抗拉强度/MPa		≥4.0		
	压缩率（%）		35~55		
	回弹率（%）		≥9		
	灰分（%）		≤2.0		
	热失重（%）	450℃	≤1.0		
		600℃	≤20		
	硫含量/μg·g⁻¹		≤1200		
	硫含量/μg·g⁻¹		≤80		

注：1. 本表也适用柔性石墨带。
2. 柔性石墨板的表面应平滑，无明显气泡、裂纹、皱折、划痕、杂质等缺陷。

9.7 柔性石墨编织填料

表 3.3-89 柔性石墨编织填料规格及技术性能（摘自 JB/T 7370—2014）

截面尺寸极限偏差/mm	横截面边长 l	<6.0	6.0~15.0	>15.0~25.0	>25.0
	极限偏差	±0.4	±0.8	±1.2	±1.6
模压环尺寸极限偏差/mm	外径 D	内径极限偏差		外径极限偏差	厚度极限偏差
	$D \leq 25$	+0.25 / 0		0 / -0.25	±0.50
	$25 < D \leq 100$	+0.38 / 0		0 / -0.38	±0.75
	$100 < D \leq 200$	+0.60 / 0		0 / -0.60	±1.0
	$D > 200$	+1.0 / 0		0 / -1.0	±1.2

（续）

	性能	单位	RBT	RBTN	RBTW	RBTH
填料性能	表观密度	g·cm^{-3}	0.8~1.5	0.9~1.6	1.1~1.8	1.2~2.2
	硫含量	μg·g^{-1}	≤1500	≤1500	≤1500	—
	热失重	%	≤17（450℃）	≤20（600℃）	≤20（600℃）	—
	压缩率	%	≥25	≥20	≥20	≥10
	回弹率	%	≥10	≥12	≥15	≥20

注：1. 柔性石墨编织填料分为四类：
　　　非金属纤维增强柔性石墨编织填料——代号为 RBT
　　　内部非金属和金属增强型柔性石墨编织填料——代号为 RBTN
　　　外部金属增强型柔性石墨编织填料——代号为 RBTW
　　　柔性石墨编织填料模压环——代号为 RBTH
　　2. 柔性石墨编织填料用材料应符合有关标准的规定。填料中加入缓蚀剂、浸渍剂、润滑剂时应注明其类型。
　　3. 硫含量测定时，应将增强材料去掉后再进行测试。

9.8 柔性石墨复合增强（板）垫（见表3.3-90~表3.3-92）

表3.3-90　柔性石墨复合增强（板）垫分类、剖面结构及标记（摘自 JB/T 6628—2016）

产品分类	产品标记	剖面结构简图
柔性石墨、金属齿板复合增强（板）垫	RSB 1222	柔性石墨 金属齿板
柔性石墨、金属平板复合增强（板）垫	RSB 1232	柔性石墨 金属平板

表3.3-91　柔性石墨复合增强（板）垫厚度极限偏差（摘自 JB/T 6628—2008）　（mm）

规格	厚度	厚度极限偏差	同张厚度差	规格	厚度	厚度极限偏差	同张厚度差
≤500	0.5~1.0	±0.10	≤0.10	>500	0.5~1.0	±0.10	≤0.15
	>1.0~2.0	±0.15	≤0.15		>1.0~2.0	±0.15	≤0.20
	>2.0	±0.20	≤0.20		>2.0	±0.20	≤0.25

表3.3-92　柔性石墨复合增强（板）垫物理力学性能（摘自 JB/T 6628—2008）

性能		指标	
		RSB 1222	RSB 1232
压缩率（%）		15~35	35~55
回弹率（%）≥		20	10
耐温失量（%）≤	450℃	1.0	1.0
	600℃	10	10
吸油率（%）≤	0号柴油	20	20
	20号机械润滑油	20	20
复合后石墨层密度/g·cm^{-3}		1.0~1.3	1.0~1.3

9.9 柔性石墨金属缠绕垫片（见表3.3-93、表3.3-94）

表3.3-93　柔性石墨金属缠绕垫片尺寸规格（摘自 JB/T 6369—2005）

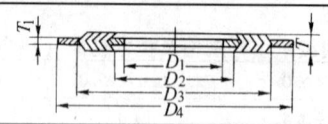

	公称通径	垫片本体		内外环	
		D_2	D_3	D_1	D_4
本体及内、外环公称通径及极限偏差/mm	≤200	+0.5 0	0 -0.8	+0.5 0	0 -0.8
	250~600	+0.8 0	0 -1.3	+0.8 0	0 -1.3
	650~1200	+1.8 0	0 -1.8	+1.5 0	0 -1.8
	1300~3000	+2.0 0	0 -2.5	+2.0 0	0 -2.5

第3章 非金属材料

（续）

主体及加强环厚度及极限偏差/mm	垫片主体		加强	
	厚度 T	极限偏差	厚度 T_1	极限偏差
	2.2 ~ 3.2	+0.2 0	2	±0.2
	4.5 ~ 6.5	+0.4 0	3 ~ 5	±0.3
垫片技术指标	压缩率：18% ~ 30%；回弹率：≥17%；应力松弛率：≤15%； 泄漏率：≤1.0×10^{-3}cm^3/s			

注：1. 垫片本体表面不应有伤痕、凹凸不平、空隙、锈斑等缺陷。主体缠绕完成后，其密封面不允许再进行预压处理或其他加工。
2. 垫片本体表面柔性石墨带应均匀突出金属带，且光洁平整。
3. 垫片由 V 型金属带和柔性石墨带相互重叠连续缠绕而成，金属带与柔性石墨带应紧密贴合，层次均匀，不应有皱折、空隙等缺陷。
4. 缠绕时，初绕和终绕一般各应有不少于 3 圈的金属带，其间不填入柔性石墨带。
5. 垫片外环在贮存和运输过程中不应与本体脱落。

表 3.3-94　垫片用材料的技术性能（摘自 JB/T 6369—2005）

	项目	指标
垫片用金属带材	厚度	0.15 ~ 0.25mm
	材质	06Cr19Ni10 冷轧钢带，也可选用 06Cr13、12Cr13、06Cr18Ni11Ti、0Cr17Ni12Mo2Ti 或其他金属带材
	技术要求	(1) 材料的化学成分和尺寸偏差应符合 GB/T 4239 的规定或用户要求 (2) 不锈钢带硬度为 140 ~ 160HBW 或按用户要求 (3) 金属带表面应光滑、洁净，不允许有粗糙不平、裂纹、划伤和锈斑等缺陷

	项目	指标
垫片用柔性石墨板	拉伸强度/MPa	≥4
	硫含量/μg·g^{-1}	≤1200
	氯含量/μg·g^{-1}	≤80
	热失重（%）	450℃　≤1.0
		600℃　≤20.0

注：垫片主体内、外侧的点焊数应符合 JB/T 6369—2005 的规定。

9.10　碳（化）纤维浸渍聚四氟乙烯编织填料（见表 3.3-95、表 3.3-96）

表 3.3-95　碳（化）纤维浸渍聚四氟乙烯编织填料分类及尺寸规格（摘自 JB/T 6627—2008）

分类	类型	最高使用温度/℃	适用介质	类型	最高使用温度/℃	适用介质
	T1101	≤345	溶剂、酸、碱 pH：1 ~ 14	T2102	≤300	溶剂、酸、碱 pH：1 ~ 14
	T1102	≤345	溶剂、酸、碱 pH：1 ~ 14	T3101	≤260	溶剂、弱酸、弱碱 pH：2 ~ 12
	T2101	≤300	溶剂、酸、碱 pH：1 ~ 14	T3102	≤260	溶剂、弱酸、弱碱 pH：2 ~ 12

压模成型环规格/mm	内径	4 ~ 100	101 ~ 200	外径	10 ~ 150	151 ~ 250	高度	3 ~ 25
	偏差	+0.3	+0.5	偏差	-0.5	-0.7		

正方形截面填料规格尺寸/mm	规格	3.0	4.0	5.0	6.0	8.0	10.0	12.0	14.0	16.0	18.0	20.0	22.0	24.0	25.0
	偏差	±0.2			±0.3			±0.5		±0.7			±1.0		

注：1. JB/T 6627—2008 代替 JB/T 6627—1993，该标准适用于碳纤维、碳化纤维 I 型、II 型浸渍聚四氟乙烯或浸润滑油类编织及模压成型填料。
2. 产品内型号由大写汉语拼音字母和阿拉伯数字组成，表示方法如下：

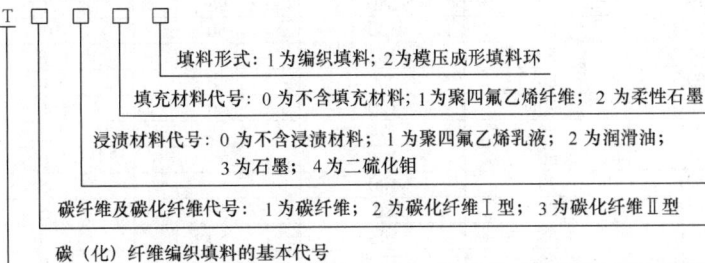

表 3.3-96 碳（化）纤维浸渍聚四氟乙烯编织填料的技术指标（摘自 JB/T 6627—2008）

项　目		T1101	T1102	T2101	T2102	T3101	T3102
体积密度/g·cm^{-3}		≥1.2	≥1.5	≥1.2	≥1.4	≥1.1	≥1.3
耐温失量 (%)	(345±10)℃	≤6	≤5	—	—	—	—
	(300±10)℃	—	—	≤6	≤5	—	—
	(260±10)℃	—	—	—	—	≤6	≤5
摩擦因数		≤0.15					
磨耗量/g		<0.1	<0.07	<0.1	<0.07	<0.1	<0.1
压缩率（%）		20~45	10~25	25~45	10~25	25~45	10~25
回弹率（%）		≥30	≥30	≥30	≥30	≥25	≥30
酸失量（%）（5%硫酸）		<3	<3	<3	<3	<5	<5
碱失量 (%)	25%NaOH	<3	<3	<3	<3	—	—
	5%NaOH	—	—	—	—	<8	<8

9.11 机械用炭材料及制品（见表 3.3-97 ~ 表 3.3-99）

表 3.3-97 机械用炭材料及制品系列、分类及型号（摘自 JB/T 2934—2006）

系列代号	分　类	型　号
M1	炭石墨类	M103 M126 M134 M161 M164
	浸渍炭石墨类	M113A M120B M161B M169D M170D M103F M135F M140F M161F M106H M112H M120H M126H M161H M103K M106K M120K M126K M158K M161K M120P M120R
M2	电化石墨类	M201 M202 M204 M205 M216 M218 M233 M238 M276 M252
	浸渍电化石墨类	M262A M201B M202B M205B M216B M254B M218C M201F M202F M205F M216F M218F M201H M202H M204H M205H M216H M233H M238H M252H M254H M255H M201K M202K M204K M205K M216K M218K M252K M254K M262P M262R
M3	树脂炭复合类	M301 M304 M312 M353 M356 M357 M369

注：1. JB/T 2934—2006 代替 JB/T 2934—1993。此标准适用于机械、化工、轻工业部门使用的炭石墨密封环、轴承和旋片。

2. 浸渍物的名称及代号如下：

名称	铝合金	巴氏合金	铜	锑	油 脂	酚醛树脂	银	环氧树脂
代号	A	B	C	D	E	F	G	H

名称	聚四氟乙烯	呋喃树脂	磷酸铝	半干性油	脂肪酸	铝青铜	石蜡	玻璃	干性油
代号	J	K	L	M	N	P	S	R	Y

3. 型号示例：

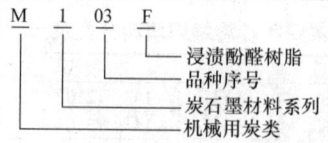

表 3.3-98 机械用炭材料的技术性能（摘自 JB/T 2934—2006）

系列代号	型　号	肖氏硬度 ≥	抗压强度 /MPa ≥	抗折强度 /MPa ≥	开口气孔率 (%) ≤	密度 /g·cm^{-3} ≥
M1	M103	58	59	24	30	1.41
	M126	50	60	25	20	1.60
	M134	50	69	30	23	1.46
	M161	40	58	24	25	1.50
	M164	70	70	30	16	1.50
	M113A	60	250	98	2.0	1.9
	M120B	50	130	50	10	2.3
	M161B	50	102	36	6.0	2.6
	M169D	80	200	60	3.0	2.10
	M170D	70	120	40	5.0	2.20
	M103F	75	176	45	2.5	1.60
	M135F	60	100	49	3.0	1.70
	M140F	70	180	54	2.5	1.68
	M161F	50	80	36	2.5	1.75
	M106H	65	148	50	2.0	1.60
	M112H	55	170	52	2.0	1.62
	M120H	65	150	46	2.0	1.65

（续）

系列代号	型号	肖氏硬度 ≥	抗压强度 /MPa ≥	抗折强度 /MPa ≥	开口气孔率 (%) ≤	密度 /g·cm^{-3} ≥
M1	M126H	70	137	44	1.5	1.70
	M161H	65	122	56	2.5	1.80
	M103K	75	170	45	2.5	1.60
	M106K	70	161	54	3.0	1.60
	M120K	70	165	50	3.0	1.65
	M126K	70	137	39	3.0	1.65
	M158K	75	147	54	2.0	1.62
	M161K	65	122	56	2.5	1.75
	M120P	70	200	70	3.0	2.40
	M120R	90	180	57	3.0	1.80
M2	M201	23	37	15	28	1.54
	M202	30	26	18	28	1.57
	M204	40	74	30	18	1.60
	M205	27	40	15	27	1.48
	M216	26	34	15	27	1.60
	M218	60	100	40	18	1.70
	M233	55	98	39	10	1.80
	M238	35	60	30	20	1.70
	M252	32	39	20	25	1.55
	M276	40	59	25	20	1.60
	M262A	35	147	74	2.0	2.0
	M201B	28	75	34	5.0	2.5
	M202B	30	75	28	5.0	2.5
	M205B	55	115	31	5.0	2.5
	M216B	40	91	26	5.0	2.5
	M254B	30	60	30	1.0	2.3
	M218C	85	185	85	3.0	2.50
	M201F	40	78	34	2.5	1.80
	M202F	45	93	39	2.5	1.82
	M205F	40	75	38	2.5	1.80
	M216F	40	98	44	2.5	1.83
	M218F	70	160	55	1.0	1.85
	M254F	45	78	39	3.0	1.80
	M201H	48	88	41	2.5	1.82
	M202H	50	98	46	2.5	1.83
	M204H	62	127	50	1.0	1.85
	M205H	62	75	38	2.5	1.82
	M216H	48	97	46	2.5	1.83
	M233H	70	156	54	2.0	1.80
	M238H	40	78	39	2.0	1.85
	M252H	48	88	42	2.0	1.75
	M254H	42	74	35	2.0	1.75
	M255H	40	78	34	2.0	1.75
	M201K	42	88	35	2.5	1.82
	M202K	48	102	40	2.5	1.83
	M204K	60	137	39	3.0	1.85
	M205K	65	137	49	2.5	1.80
	M216K	40	87	30	2.5	1.80
	M218K	75	165	65	1.0	1.85
	M252K	50	88	34	3.0	1.80
	M262P	40	80	40	5.0	2.60
	M262R	64	100	48	2.0	1.80

（续）

系列代号	型号	肖氏硬度 ≥	抗压强度 /MPa ≥	抗折强度 /MPa ≥	开口气孔率 （%） ≤	密度 /g·cm⁻³ ≥
M3	M301	50	—	55	—	1.75
	M304	47	—	42	—	1.60
	M353	45	120	45	1.0	1.75
	M356	50	140	50	1.0	1.72
	M357	40	80	40	1.0	1.75
	M369	30	80	—	1.0	1.80
	M312	50	100	35	1.0	1.68

注：1. 浸渍类材料在作为非密封制品时，表中开口气孔率数字可不考核。
2. 如用户对浸渍制品有抗渗漏要求，可按供需双方拟定条件进行耐压试验。进行耐压试验的制品，不再做开口气孔率试验。
3. 机械用炭材料不允许有开裂、起层、氧化、夹料、浸渍不透和影响成品加工尺寸的表观缺陷。
4. M301 和 M304 型号 200℃线胀系数分别为（不大于）$22×10^{-6}K^{-1}$ 和 $15×10^{-6}K^{-1}$。

表 3.3-99 机械用炭制品技术要求（摘自 JB/T 2934—2006）

制品名称	技 术 要 求
密封环	1. 静止环和旋转环的密封端面的平面度公差为 0.0009mm。表面粗糙度参数 Ra 为 $0.4\mu m$ 2. 静止环和旋转环的密封端面对与辅助密封圈接触的端面的平行度按 GB/T 1184 的 7 级公差 3. 静止环和旋转环与辅助密封圈接触部位的表面粗糙度参数 Ra 为 $3.2\mu m$ 4. 静止环和旋转环与辅助密封圈接触部位的圆周表面的尺寸公差带分别为 h8、H8 5. 静止环和旋转环的密封端面对于辅助密封圈接触部位的圆周表面的垂直度均按 GB/T 1184 的 7 级公差 6. 活塞分瓣环的外圆周面的尺寸公差带不低于 h8，表面粗糙度参数 Ra 为 $3.2\mu m$、与端面垂直度不低于 GB/T 1184 的 9 级公差；两端面平行度不低于 GB/T 1184 的 8 级公差、表面粗糙度参数 Ra 为 $3.2\mu m$，端面间尺寸偏差不低于 GB/T 1800 的 $\pm\frac{IT8}{2}$ 7. 轴封分瓣环的内圆周面的尺寸公差带不低于 H8、表面粗糙度参数 Ra 为 $3.2\mu m$、对端面的垂直度不低于 GB/T 1184 的 9 级公差；两端面的平行度不低于 GB/T 1184 的 8 级、表面粗糙度参数 Ra 为 $3.2\mu m$，端面间尺寸偏差不低于 GB/T 1800 的 $\pm\frac{IT8}{2}$
轴承	1. 导向轴承内圆周面的尺寸公差带不低于 H8、表面粗糙度参数 Ra 为 $3.2\mu m$；外圆周面的尺寸公差带不低于 h8、表面粗糙度参数 Ra 为 $3.2\mu m$；内外圆的同轴度不低于 GB/T 1184 的 8 级公差 2. 推力轴承的工作面与外圆周表面的垂直度不低于 GB/T 1184 的 9 级公差；外圆周面的尺寸公差带 h8
旋片	两短工作面间和两大面间的尺寸偏差不低于 GB/T 1800 的 $\pm\frac{IT8}{2}$，长工作面与短工作面间的垂直度不低于 GB/T 1184 的 8 级公差，工作面与两大面表面粗糙度参数 Ra 均为 $3.2\mu m$

9.12 炭石墨耐磨材料（见表 3.3-100）

表 3.3-100 炭石墨耐磨材料的性能

类 别		体积密度 /g·cm⁻³	硬度 HS	气孔率（体积分数，%）	抗压强度 /MPa	抗折强度 /MPa	线胀系数 /$10^{-6}K^{-1}$	耐热温度 /℃
炭石墨		1.50~1.70	50~85	10~20	80~180	25~55		350
电化石墨		1.60~1.80	40~55	10~20	35~75	20~40	3	400
炭石墨基体	浸酚醛	1.65	90	5	260	65	14	170
	浸环氧	1.62~1.68	65~92	2	100~270	45~75	11.5	—
	浸呋喃	1.70	70~90	2	170~270	60	6.5	—
	浸四氟乙烯	1.60~1.90	80~100	<8	140~180	40~60	—	—
	浸巴氏合金	2.40	60	2	200	65	—	—
	浸青铜	2.40	90	4	320	80	6	500
电化石墨基体	浸酚醛	1.80	45~72	2~3	90~140	35~50	14	170
	浸环氧	1.80~1.90	40~90	1	70~150	30~80	11.5	—
	浸呋喃	1.85~1.90	50~80	2	120~150	45~50	6.5	170
	浸四氟乙烯	1.70	65	—	60	30	5.2	250
	浸巴氏合金	2.40	42~60	3	100~200	40~70	5.5	200
	浸青铜	2.25	45~60	2~3	120~150	60~70	6	500
	浸铝合金	2.10~2.20	45	1	200	100	6	400
	浸磷酸盐	1.60	65	—	50	30	5.2	500

注：炭石墨材料在润滑介质和腐蚀介质中，均能靠自润滑长期工作，浸渍石墨（树脂、青铜、巴氏合金）适用于制作油泵、水泵、汽轮机、搅拌机以及各种酸碱化工泵的密封环（静环）、防爆片、管道、管件等；炭石墨，浸渍石墨（树脂、金属）适用于造纸、木材加工、纺织、食品等机器上忌油脂处的轴承；电化石墨，浸渍石墨（金属）适于化工用气体压缩机的活塞环等；浸渍石墨（金属）适于制作计量泵、真空泵、分配泵的刮片等。

9.13 不透性石墨 （见表3.3-101～表3.3-104）

表3.3-101 不透性石墨品种及技术性能

品 种	人造石墨	酚醛树脂压型石墨		浸渍石墨			浇注石墨（常温常压）
				浸酚醛		浸呋喃	
		压型管	碳化管	管材	块材		
堆密度/g·cm^{-3}	1.5～1.6	1.87	1.79	1.90	1.80～1.90	1.80	1.20
抗压强度/MPa	20～24	66	69	83	60～70	42～59	49
抗弯强度/MPa	8.5～10.0	43.0	39.0	30.7	24.0～28.0	14.0～20.0	21.1
抗拉强度/MPa	2.5～3.5	16.0	14.1	19.5～23.2	8.0～10.0	—	7.7
线胀系数/10^{-6}K^{-1}	2.25	24.75 (129℃)	8.45 (151℃)	2.4	5.5	—	30
热导率/W·(m·K)$^{-1}$	172～130	33 (56℃)	—	105～117	117～126	—	—
马丁耐热温度/℃	—	≤170	300	≤170	≤170	180～200	≤106
透气性	—	10MPa 水压不透	8MPa 水压不透	—	6MPa 水压不透	5MPa 水压不透	—
热稳定性次数（150℃急冷至20℃）	>20	>20	>20	>20	>20	>20	>20

注：不透性石墨以一般人造石墨制品为基体，浸渍树脂填充基体中孔隙而成，或以石墨粉加树脂为黏结剂，压制或浇注成型，俗称塑料石墨。具有优良的耐腐蚀性，导热性好，耐热冲击性强。用于化工设备中的块、管式和径向式石墨换热器、降膜式石墨吸收器、浓硫酸石墨稀释器、石墨盐酸合成炉和耐腐蚀管道、管件和床板、石墨防爆片等。

表3.3-102 酚醛浸渍石墨耐蚀性能

	介质名称	质量浓度/10g·L^{-1}	工作温度/℃	耐蚀性能		介质名称	质量浓度/10g·L^{-1}	工作温度/℃	耐蚀性能
酸类	盐酸	任意	沸点以下	A	有机介质	硝基苯	100	135	A
	硫酸	<80	沸点以下	A		二硫化碳	100	沸点以下	A
	亚硫酸	任意	沸点以下	A		苯酚	98	80	A
	磷酸	<85	沸点以下	A		汽油	100	沸点以下	A
	硝酸	<15	<50	A		植物油、动物油	—	<170	A
	亚硝酸	任意	沸点以下	A		煤油	—	<170	A
	硝酸	30	<20	A		甘油	95	沸点以下	A
	氢氟酸	48	沸点以下	A		石蜡	—	60	A
	氢溴酸	任意	沸点以下	A	盐类溶液	硫酸盐	任意	沸点以下	A
	铬酸	10	20	A		硫代硫酸盐	任意	沸点以下	A
	甲—丁酸	任意	沸点以下	A		钾钠碳酸盐	任意	80	B
	顺丁烯乙酸	45	90	A		其他碳酸盐	任意	沸点以下	A
	谷氨酸	20	<140	A		磷酸盐	任意	沸点以下	A
	苯磺酸	10	120	A		次氯酸盐	<12.5	沸点以下	A
	其他有机酸	任意	沸点以下	A		金属氯化物	任意	沸点以下	A
碱类	氢氧化钠	2.5	20	C		金属硫酸盐	任意	沸点以下	A
	氢氧化钾	2.5	20	C		硫氢酸盐	任意	沸点以下	A
	氢氧化铵	28	50	A		硫酸锰	15	95	A
有机介质	甲-戊醇	100	沸点以下	A		高锰酸盐	20	80	C
	甲-戊酮	100	沸点以下	A		高锰酸钾	20	60	B
	甲-戊醛	100	沸点以下	A		重铬酸钾	40	60	B
	氯代甲-戊醛	任意	沸点以下	A	其他介质	氟气	100	常温	C
	氯代甲-戊烷	任意	沸点以下	A		干氯气	100	常温	A
	氯代甲-戊烯	任意	沸点以下	A		溴	100	20	C
	苯、氯苯、苯胺	100	沸点以下	A		溴水	饱和	50	C
	苯乙烯、乙苯	100	80	A		碘	100	100	C
	二甲苯	100	100	A		拉开粉	20	100	C
	双二氯苯	100	125	A		发泡粉	20	100	C

注：A—完全耐蚀，B—中等耐蚀，C—耐蚀性差。

表3.3-103 浸呋喃树脂石墨耐蚀性能

介质	质量浓度/10g·L^{-1}	工作温度/℃	耐蚀性能
硫酸	90	50	A
铬酸	10	50	A
氢氧化钠	<50	沸点	A
氢氧化钾	20	40	A
次氯酸钙	20	60	A
高锰酸钾	20	60	A
重铬酸钾	20	60	A

注：A—完全耐蚀。

表 3.3-104　不透性石墨管尺寸规格和技术性能（摘自 HG/T 2059—2014）

性能			压层酚醛石墨管		浸渍树脂石墨管	
			YFSG1	YFSG2	JSSG1	JSSG2
技术性能	体积密度/kg·m^{-3}	≥	1.8×10^3	1.8×10^3	1.9×10^3	1.74×10^3
	热导率/W·(m·K)$^{-1}$		31.4~40.7	31.4~40.7	104.6~116.0	49.0
	线胀系数/℃$^{-1}$		24.7×10^{-6}(129℃)	8.2×10^{-6}(129℃)	2.4×10^{-6}(129℃)	—
	抗拉强度/MPa	≥	19.6	16.7	15.7	30.0
	抗压强度/MPa	≥	88.2	73.5	75.0	90.0
	抗弯强度/MPa	≥ϕ32mm/ϕ22mm	55.0	50.0	50.0	50.0
		ϕ50mm/ϕ36mm	35.0	35.0	35.0	35.0
	水压爆破强度/MPa		7 (ϕ32mm/ϕ22mm×300mm)		6~10 (根据直径不同确定)	
			6 (ϕ50mm/ϕ36mm×300mm)			
	抗渗透性		ϕ32mm/ϕ22mm×100mm 试样，在 1MPa 进行水压试验 10min，不渗漏			
尺寸规格	公称直径 DN/mm		22　25　30　36　40　50　65　75　102　127　152　203　254			
	内径/mm		22　25　30　36　40　50　65　75　102　127　152　203　254			
	外径/mm		32　38　43　50　55　67　85　100　133　159　190　254　330			
	设计压力/MPa		0.3		0.2	

10 隔热材料

10.1 膨胀珍珠岩绝热制品（见表 3.3-105）

表 3.3-105　膨胀珍珠岩绝热制品分类、规格及性能（摘自 GB/T 10303—2015）

产品分类					
	按产品密度分为 200 号和 250 号；按产品有无憎水性分为普通型和憎水型（用 Z 表示）				
	按用途分为建筑物用膨胀珍珠岩绝热制品（J）及设备、工业窑炉用膨胀绝热制品（S）				
	按形状分为平板（P）、弧形板（H）和管壳（G）				

		项目		指标	
				平板	弧形板、管壳
产品外观及尺寸极限偏差	外观质量	垂直度偏差/mm		≤2	≤5
		合缝间隙/mm		—	≤2
		弯曲/mm		≤3	≤3
		裂纹		不允许	
		缺棱掉角		不允许有三个方向投影尺寸的最小值大于 3mm 的棱损伤和最小值大于 4mm 的角损伤	
	尺寸极限偏差	长度/mm		±3	±3
		宽度/mm		±3	—
		内径/mm			+3 +1
		厚度/mm		+3 -1	+3 -1

		项目		指标	
				200 号	250 号
物理性能要求	密度/kg·m^{-3}			≤200	≤250
	热导率/W·(m·K)$^{-1}$	A	25℃±2℃	≤0.065	≤0.070
		B	350℃±5℃	≤0.11	≤0.12
	抗压强度/MPa			≥0.35	≥0.45
	抗折强度/MPa			≥0.20	≥0.25
	质量含水率（质量分数,%）			≤4	

注：1. GB/T 10303—2015《膨胀珍珠岩绝热制品》代替 GB/T 10303—2001。
2. 憎水型制品（Z）是在产品中添加憎水剂，降低其亲水性能的制品。
3. 导热系数 B 项指标只限于 S 类产品要求此项指标。
4. S 类产品 650℃时匀温灼烧线收缩率不大于 2%，且灼烧后无裂纹。
5. 产品燃烧性能应达到 GB 8624—2012 中 A（A1）级的要求。
6. 产品标记
　标记中的顺序为产品名称、密度、形状、产品的用途、憎水性、长度×宽度（内径）×厚度、本标准号。
　示例：长为 600mm、宽为 300mm、厚为 50mm，密度为 200 号的建筑物用憎水型平板标记为：
　膨胀珍珠岩绝热制品 200PJZ 600×300×50 GB/T 10303—2015

10.2 绝热用玻璃棉及其制品（见表3.3-106）

表 3.3-106　绝热用玻璃棉及其制品分类、尺寸规格及性能（摘自 GB/T 13350—2008）

	类别	说　明		
玻璃棉制品分类	玻璃棉	用火焰法、离心法、高压载能气体喷吹法等技术，将熔融玻璃纤维化而制成的材料	制品按工艺分类	火焰法，代号为 a
	玻璃棉板	玻璃棉施加热固性黏结剂制成的具有一定刚度的板状制品		离心法，代号为 b
	玻璃棉带	将玻璃棉切成一定的宽度		
	玻璃棉毯	用不含黏结剂的玻璃棉，并用纸、布或金属网等作贴面材料增强制成的毯状制品		
	玻璃棉毡	玻璃棉施加热固性黏结剂制成的柔性的毡状制品		
	玻璃棉管壳	玻璃棉施加热固性黏结剂制成的管状制品		

	玻璃棉种类	纤维平均直径 /μm ≤	渣球含量（粒径>0.25mm）（%）≤	热导率/W·(m·K)$^{-1}$（平均温度 70^{+5}_{-2}℃）≤	热荷重收缩温度 /℃ ≥
玻璃棉种类及性能	1号	5.0	1.0（1a）	0.041（40kg/m³）	400
	2号	8.0	4.0（2a） 0.3（1b、2b）	0.042（64kg/m³）	400

		种类	密度/kg·m^{-3}	厚度 mm	极限偏差	宽度 mm	长度 mm
玻璃棉板	规格	2号	24	25，30，40	+5 0	600^{+10}_{-3}	1200^{+10}_{-3}
				50，75	+0.8 0		
				100	+10 0		
			32、40	25，30，40，50，75，100	+3 -2		
			48、64	15，20，25，30，40，50			
			80、96、120	12，15，20，25，30，40	±2		
	性能	种类	体积密度/kg·m^{-3}	热导率/W·(m·K)$^{-1}$（平均温度 70^{+5}_{-2}℃）≤	燃烧性能	热荷重收缩温度 /℃ ≥	
		2号	24	0.049	不燃材料	250	
			32	0.046		300	
			40	0.044		350	
			48	0.043			
			64、80、96、120	0.042		400	

		种类	长度 mm	长度极限偏差	宽度 mm	宽度极限偏差	厚度 mm	厚度极限偏差
玻璃棉带	规格	2号	1820	±20	605	±15	25	+4 -2
	性能	种类	体积密度/kg·m^{-3}	热导率/W·(m·K)$^{-1}$（平均温度 70^{+5}_{-2}℃）	燃烧性能	热荷重收缩温度 /℃		
		2号	32、40、48、64、80、96、120	≤0.052	不燃	≥300～≥400（按密度不同）		

		种类	长度 mm	长度极限偏差	宽度 mm	宽度极限偏差	厚度 mm	厚度极限偏差
玻璃棉毯	规格	1号	2500	不允许负偏差	600	不允许负偏差	25、30、40、50、75	不允许负偏差
		2号	1000 1200 5000	+10 -3 不允许负偏差	600	+10 -3	25、40、50、75、100	不允许负偏差
	性能	种类	体积密度/kg·m^{-3}	热导率/W·(m·K)$^{-1}$（平均温度 70^{+5}_{-2}℃）≤		热荷重收缩温度 /℃ ≥		
		1号	≥24	≤0.047		350		
		2号	24～40	≤0.048		350		
			41～120	≤0.043		400		

(续)

	种类		长度/mm	长度极限偏差/mm	宽度/mm	宽度极限偏差/mm	厚度/mm	厚度极限偏差/mm
玻璃棉毡	规格	2号	1000 1200 2800	+10 -3	600 1200 1800	+10 -3	25 30 40	不允许负偏差
			5500 11000 20000	不允许负偏差			50 75 100	
		种类	密度/kg·m^{-3}	密度极限偏差(%)	热导率(平均温度 70^{+5}_{-2}℃)/W·(m·K)$^{-1}$		燃烧性能	热荷重收缩温度/℃
	性能	2号	10 12 16	+20 -10	≤0.062 ≤0.058		不燃材料	≥250
			20 24		≤0.053			≥300
			32 40		≤0.048			≥350
			48		≤0.043			≥400
		长度/mm	长度极限偏差/mm	厚度/mm	厚度极限偏差/mm	内径/mm		内径极限偏差/mm
玻璃棉管壳	规格	1 000	+5 -3	20 25 30	+3 -2	22, 38, 45, 57, 89		+3 -1
				40 50	+5 -2	108, 133, 159, 194		+4 -1
						219, 245, 273, 325		+5 -1
		密度/kg·m^{-3}	密度极限偏差(%)	热导率(平均温度 70^{+5}_{-2}℃)/W·(m·K)$^{-1}$		燃烧性能		热荷重收缩温度/℃
	性能	45~90	+15 0	≤0.043		不燃材料		≥350

注：1. GB/T 13350—2008 代替 GB/T 13350—2000。
2. 玻璃棉热导率一栏带括号的数值是试验产品的体积密度（kg/m³）。
3. 纤维直径<15μm 的普通玻璃棉，耐蚀性较差，使用温度不超过300℃；纤维直径<5μm 的普通超细玻璃棉，耐热温度≤400℃，纤维直径<2μm 的无碱超细玻璃棉，使用温度为 -120~600℃，耐蚀性强，吸声和防振性均好；高硅氧玻璃棉，吸声好，耐蚀性高，耐高温，使用温度最高可达1000℃。
4. 表中热荷重收缩温度为试样在热荷重作用下，厚度收缩率为10%时的对应温度，旧标准称为最高使用温度。
5. 产品标记：由产品名称、技术特性（密度、尺寸、外覆层）、标准号组成。产品技术特性由下列部分组成：
 1) 用数字 1 或 2 表示玻璃棉种类；
 2) 用 a 或 b 表示生产工艺，后空一格；
 3) 表示制品密度数字，单位为 kg/m³，后接"—"。
 4) 表示制品尺寸的数字，板、带、毯、毡以"长度×宽度×厚度"表示，管壳以"内径×长度×厚度"表示，单位为 mm；
 5) 制造商标记，包括热阻 R 值，贴面等，彼此用逗号分开，放于圆括号内。
 例 a：密度为48kg/m³，长度×宽度×厚度为1 200mm×600mm×50mm，制造商标称热阻 R 值为1.4m²·K/W，外覆铝箔，纤维平均直径不大于8.0μm 以离心法生产的玻璃棉板，标记为：
  玻璃棉板 2b 48—1 200×600×50（R1.4，铝箔）GB/T 13350—2008。
 例 b：密度为64kg/m³，内径×长度×壁厚为φ89mm×1000mm×50mm，纤维直径不大于5.0μm 以火焰法生产的玻璃棉管壳，标记为：
  玻璃棉管壳 1a 64—φ89×1000×50 GB/T 13350—2008。

10.3 膨胀蛭石及其制品（见表3.3-107～表3.3-109）

表3.3-107　膨胀蛭石分类及技术性能（摘自 JC/T 441—2009）

类别	累计筛余（%） 筛孔直径/mm	9.5	4.75	2.36	1.18	600μm	300μm	150μm
按颗粒级配分类	1号	30～80	—	80～100	—	—	—	—
	2号	0～10	—	—	90～100	—	—	—
	3号	—	0～10	45～90	—	95～100	—	—
	4号	—	—	0～10	—	90～100	—	—
	5号	—	—	—	0～5	—	60～98	90～100

技术性能	项目		产品等级		
			优等品	一等品	合格品
	密度/kg·m⁻³	≤	100	200	300
	热导率（平均温度25℃±5℃）/W·(m·K)⁻¹	≤	0.062	0.078	0.095
	含水率（%）	≤	3	3	3

注：膨胀蛭石的使用温度为 -30～900℃。

表3.3-108　膨胀蛭石制品尺寸规格（摘自 JC/T 442—2009）

制品名称及代号	尺寸规格/mm	尺寸极限偏差
砖（P）	230×113×65；240×115×53	产品分为优等品、一等品、合格品。板、砖长、宽、厚的允许偏差均为：优等品：±3mm，一等品：±4mm，合格品：±5mm 管壳优等、一等、合格品，长度极限偏差分别为：±3mm、±5mm、±5mm，厚度极限偏差分别为：±3mm、±4mm、±5mm；内径极限偏差分别为：$^{+3}_{0}$mm、$^{+4}_{0}$mm、$^{+5}_{0}$mm
板（P）	长200，250，300，500 宽200，250，300，400 厚40，50，60，65，70，80，100，120，150，200	
管壳（G）	长150，300，350 厚50，60，70，80，100，120，200 内径25，28，32，38，42，45，48，57，73，76，83，89，103，108，114，121，133，140，146，159，168，194，219，245，273，325，356，377，419，426，480	

注：按粘结剂不同分为：水泥膨胀蛭石制品，用于中低温管道绝热，冷库不宜用；水玻璃膨胀蛭石制品，用于非潮湿环境中；沥青膨胀蛭石制品，用于建筑防水层、冷库等。

表3.3-109　水泥膨胀蛭石制品技术性能（摘自 JC/T 442—2009）

项目		产品等级		
		优等品	一等品	合格品
压缩强度/MPa	≥	0.4	0.4	0.4
密度/kg·m⁻³	≤	350	480	550
含水率（%）	≤	4	5	6
热导率（平均温度25℃±5℃）/W·(m·K)⁻¹	≤	0.090	0.112	0.142

注：1. 水玻璃膨胀蛭石制品、沥青膨胀蛭石制品的各项物理性能指标由供需双方协议确定。
　　2. 膨胀蛭石制品使用温度为：-40～800℃。

11 工业用毛毡（见表3.3-110～表3.3-115）

表3.3-110 平面毛毡、匹毡及毡制品零件的化学和物理指标及评等规定（摘自FZ/T 25001—2012）

分类	品号	堆密度/g·cm^{-3}		断裂强度/N·cm^{-2} 不小于		断裂伸长率（%）不大于		剥离力/N 不小于		游离硫酸含量（%）不大于	
		一等品	二等品	一等品	二等品	一等品	二等品	一等品	二等品	一等品	二等品
细毛	T112-65	—	$0.05^{+0.07}_{-0.05}$	—	一向 588 另一向 392	—	一向 110 另一向 120	—	—	—	0.5
	T112-32～44	$0.32^{+0.03}_{-0.02}$～$0.44^{+0.03}_{-0.02}$	$0.32^{+0.03}_{-0.02}$～$0.44^{+0.05}_{-0.04}$	490①	392	90	108	—	—	0.3	0.6
				460②	374	105	126	—	—		
				441③	353	110	132	—	—		
				342④	274	115	138	—	—		
				245⑤	196	120	144	—	—		
	T112-25～31	0.25 ± 0.02～0.3 ± 0.02	0.25 ± 0.02～0.3 ± 0.04	—	—	—	—	—	—	0.15	0.3
	112-32～44	$0.32^{+0.03}_{-0.02}$～$0.44^{+0.03}_{-0.02}$	$0.32^{+0.03}_{-0.02}$～$0.44^{+0.05}_{-0.04}$	—	—	—	—	—	—	0.3	0.6
	112-25～31	0.25 ± 0.02～0.3 ± 0.02	0.25 ± 0.02～0.3 ± 0.04	—	—	—	—	—	—	0.3	0.6
	112-09～24	0.09 ± 0.02～$0.24^{+0.03}_{-0.02}$	0.09 ± 0.02～0.2 ± 0.04	—	—	—	—	—	—	—	—
	111-32	$0.32^{+0.04}_{-0.01}$	$0.32^{+0.05}_{-0.04}$	—	—	—	—	59	59	—	—
	T122-30～38	$0.30^{+0.03}_{-0.02}$～$0.38^{+0.03}_{-0.02}$	$0.30^{+0.03}_{-0.02}$～$0.38^{+0.05}_{-0.04}$	392⑥	314	95	114	—	—	0.4	0.7
				294⑦	235	110	132	—	—		
				245⑧	196	110	132	—	—		
				245⑨	196	125	150	—	—		

类别	代号	密度	密度							
半粗毛	T122-24~29	0.24±0.02~0.29±0.02	0.24±0.02~0.29±0.04	—	—	—	—	—	—	0.15	0.3
半粗毛	122-30~38	0.24$^{+0.03}_{-0.02}$~0.29$^{+0.03}_{-0.02}$	0.30$^{+0.03}_{-0.02}$~0.38$^{+0.05}_{-0.04}$	—	—	—	—	—	—	0.4	0.7
半粗毛	122-24~29	0.24$^{+0.03}_{-0.02}$~0.2$^{+0.03}_{-0.02}$	0.24±0.02~0.2±0.04	—	—	—	—	—	—	0.3	0.6
半粗毛	222-34~36	0.34$^{+0.03}_{-0.02}$~0.36$^{+0.03}_{-0.02}$	0.34$^{+0.03}_{-0.02}$~0.36$^{+0.05}_{-0.04}$	—	—	—	—	—	—	—	0.4
半粗毛	T132-32~36	0.32$^{+0.03}_{-0.02}$~0.36$^{+0.03}_{-0.02}$	0.32$^{+0.03}_{-0.02}$~0.36$^{+0.05}_{-0.04}$	249[⑩]	235	110	132	—	—	0.4	0.7
半粗毛	T132-24~31	0.24±0.02~0.31±0.02	0.24±0.02~0.29±0.04	245[⑪]	196	130	156	—	—	—	0.3
粗毛	T132-23	0.23±0.02	0.23±0.04	—	—	—	—	—	—	0.15	0.3
粗毛	132-32~36	0.32$^{+0.03}_{-0.02}$~0.36$^{+0.03}_{-0.02}$	0.32$^{+0.03}_{-0.02}$~0.36$^{+0.05}_{-0.04}$	245	196	110	132	—	—	0.2	0.4
粗毛	132-23~1	0.24±0.02~0.31±0.02	0.24±0.02~0.3±0.04	—	—	—	—	—	—	0.4	0.7
粗毛	232-36	0.36$^{+0.03}_{-0.02}$	0.36$^{+0.05}_{-0.04}$	—	—	—	—	—	—	0.3	0.6
粗毛										0.4	0.7

注：112-65 即 112-60/70。

① ② ③ ④ ⑤ 是体积分别为 0.44g/cm³、0.41g/cm³、0.39g/cm³、0.36g/cm³ 细毛毡品的断裂强度。

⑥ ⑦ ⑧ ⑨ 是堆密度分别为 0.38g/cm³、0.36g/cm³、0.34g/cm³、0.32g/cm³ 半粗毛毡品的断裂强度。

⑩ ⑪ 是堆密度分别为 0.36g/cm³、0.32g/cm³ 粗毛毡品的断裂强度。

（续）

分类	品号	pH 一等品	pH 二等品	植物性杂质（包括矿物性杂质）含量（%）不大于 一等品	植物性杂质（包括矿物性杂质）含量（%）不大于 二等品	矿物性杂质（包括植物性杂质的灰分）含量（%）不大于 一等品	矿物性杂质（包括植物性杂质的灰分）含量（%）不大于 二等品	总灰分（%）不大于 一等品	总灰分（%）不大于 二等品	油脂含量（%）不大于 一等品	油脂含量（%）不大于 二等品	毛细管作用 5分 一等品	5分 二等品	10分 一等品	10分 二等品	20分 一等品	20分 二等品
细毛	T112-65	—	—	—	—	—	—	1	—	—	—	—	—	—	—	—	—
细毛	T112-32~44	—	—	0.35	0.75	0.12	0.17	—	—	—	—	35	25	40	30	45	35
细毛	T112-25~31	—	—	0.35	0.75	0.12	0.17	—	—	—	—	—	—	—	—	—	—
细毛	112-32~44	—	—	0.35	0.75	0.12	0.17	—	—	—	—	—	—	—	—	—	—
细毛	112-25~31	—	—	0.35	0.75	0.12	0.17	—	—	—	—	—	—	—	—	—	—
细毛	112-09~24	—	—	0.50	0.90	—	—	—	—	—	—	—	—	—	—	—	—
细毛	111-32	7±0.5	7±0.5	—	—	—	—	—	—	—	—	—	—	—	—	—	—
半粗毛	T122-30~38	—	—	0.60	1.00	0.15	0.20	—	—	—	—	25	15	35	25	45	35
半粗毛	T122-24~29	—	—	0.50	0.90	0.15	0.20	—	—	—	—	—	—	—	—	—	—
半粗毛	122-30~38	—	—	0.60	1.00	0.15	0.20	—	—	—	—	—	—	—	—	—	—
半粗毛	122-24~29	—	—	0.50	0.90	0.12	0.17	—	—	—	—	—	—	—	—	—	—
半粗毛	222-34~36	—	—	—	—	—	—	—	—	—	—	—	—	—	—	—	—
半粗毛	T132-32~36	—	—	0.70	1.10	0.20	0.25	—	—	—	—	—	—	—	—	—	—
半粗毛	T132-24~31	—	—	0.50	0.90	0.20	0.25	—	—	—	—	25	15	35	25	45	35
半粗毛	T132-23	—	—	0.50	0.90	0.20	0.25	1.50	1.70	1.50	1.75	—	—	—	—	—	—
半粗毛	132-32~36	—	—	0.70	1.10	0.20	0.25	—	—	—	—	—	—	—	—	—	—

粗毛	132-23~1	—	—	0.50	0.90	—	0.25	—	—	—	—
	232-36	—	—	—	—	0.20	—	—	—	—	—
	T152-23	—	—	1.00	1.40	—	—	1.50	1.70	1.50	—
杂毛	152-20~29	—	—	1.00	1.40	—	—	—	—	1.75	—
	342-36	—	—	—	—	—	—	—	—	—	—
	552-23~36 520-20	—	—	—	—	—	—	—	—	—	—

注: 1. 毛毡是工业上常用的材料，可以冲切制造成为各种形状的零件，如圆环形零件、条块形零件等；可作为隔热保温材料、过滤材料、抛磨光材料、防振材料、密封材料、衬垫材料及弹性钢丝钢丝布底毡材料。

2. 毛毡品号的含义：

$$\underset{\substack{\text{特品毡}}}{T}\ \underset{\substack{\text{颜色代号，1—白色（羊毛本}\\\text{色），2—灰色，3—天然杂色}\\\text{4—彩色（人工染色或人工加}\\\text{白），5—各种杂色}}}{1}\ \underset{\substack{\text{品种规格：1—匹毡，2—块毡，3—毡轮，4—毡筒}\\\text{6—缝接环形零件（缝接油封），7—块形零件，8—圆片零件，9—条形零件，}\\\text{O—滤芯}}}{1}\ \underset{\substack{\text{原料，1—细毛，2—半粗毛，3—粗毛，4—杂毛，5—兽毛，6—纯化纤，}\\\text{7—其他}}}{2}-\underset{\substack{\text{堆密度为}0.32\text{g/cm}^3\sim 0.44\text{g/cm}^3}}{32\sim 44}$$

表 3.3-111 平面毡厚度极限偏差及评定规定（摘自 FZ/T 25001—2012）

项目	品种	等级	单位体积质量				备注
			在 0.30g/cm³ 以上	在 0.30g/cm³ 以下（包括 0.30g/cm³）	在 0.60g/cm³ ~ 0.70g/cm³ 细毛毡	在 0.32g/cm³ 钢丝针布毡	
平面毡厚度范围/mm	1.5~2.5	一等品	±20%	±25%	±0.2%	—	每块厚度测量点中每个测量点不允许超过测量误差
		二等品	±22%	±30%	—	—	
	2.6~5	一等品	±14%	±18%	±0.2%	—	
		二等品	±17%	±25%	—	—	
	5.1~13	一等品	±12%	±15%	—	—	
		二等品	±15%	±20%	—	—	
	13.1~2.5	一等品	±11%	±11%	—	—	
		二等品	±15%	±15%	—	—	
	3	一等品	—	—	—	—	
		二等品	—	—	—	—	
	4.5	一等品	—	—	—	—	
		二等品	—	—	—	—	
	6	一等品	—	—	—	—	
		二等品	—	—	—	—	

表 3.3-112 匹毡（钢丝针布毡）、块毡长度和宽度极限偏差及评定规定（摘自 FZ/T 25001—2012）

项目	等级	长度极限偏差		宽度极限偏差	
匹毡（钢丝针布毡）尺寸/m	一等品	$124^{+0.1}_{-1}$	$114^{+0.1}_{-1}$	$1.07^{+0.01}_{0}$	$1.07^{+0.01}_{0}$
	二等品	$124^{+0.1}_{-1}$	$114^{+0.1}_{-1}$	$1.07^{+0.01}_{0}$	$1.07^{+0.01}_{0}$
块毡/mm	一等品	$^{+10}_{-5}$	±10	±10	±10
	二等品	$^{+10}_{-5}$	±10	$^{+10}_{-5}$	±10

注：匹毡（钢丝针布毡）厚度，按规定取样测试 10 测量点，求平均值。4.5mm 规格，厚度极差应在 3.8mm 及以上和 5mm 及以下；3mm 规格，厚度极差应在 2.5mm 及以上和 3.3mm 及以下。

表 3.3-113 毡制品零件尺寸极限偏差（摘自 FZ/T 25001—2012）

分类	零件形状及尺寸名称		名义尺寸/mm																		
			10以下（包括10）			10~25			25.1~100			100.1~200			200.1~300			300.1~400		
			极限偏差																		
			油封	衬垫	滤芯、毡筒	油封	衬垫	滤芯、毡筒	油封	衬垫	滤芯、毡筒	油封	衬垫	滤芯、毡筒	油封	衬垫	滤芯、毡筒	油封	衬垫	滤芯、毡筒
细毛	圆环形零件	外径	±0.5	±0.5	±0.8	±0.5	±0.5	±1.0	±0.7	±0.7	±1.2	±1.0	±1.0	±1.3	±1.0	±1.0	±1.8	—	—	—
		内径	±0.5	±0.5	±0.8	±0.5	±0.5	±1.0	±0.7	±0.7	±1.2	±1.0	±1.0	±1.3	±1.0	±1.0	±1.8	—	—	—
		长度	±0.8	±0.8	±1.0	±1.0	±1.0	±1.5	±1.5	±1.5	±2.0	±1.8	±1.8	±3.0	±2.5	±2.5	±3.5	±3.5	±4.0	±5.0
	条块型零件	宽度	±0.5	±0.5	±0.8	±1.0	±1.0	±1.5	±1.3	±1.3	±2.0	±1.8	±1.8	±2.8	±2.5	±2.5	±3.8	±3.5	±4.0	±5.0
	厚度		1.5~3.9			4~10			10.1~25											
			±0.3	—	—	±0.5	—	—	±1.0	—	—									
半粗毛及粗毛	圆环形零件	外径	—	—	±0.5	±0.7	±0.5	±0.7	±0.9	±1.1	±1.5	±1.2	±1.4	±1.5	±1.3	±1.5	±1.8	—	—	—
		内径	—	—	—	±0.7	±1.0	±1.0	±0.9	±1.2	±1.2	±1.2	±1.4	±1.5	±1.3	±1.5	±1.8	—	—	—
		长度	—	—	—	±1.0	±1.0	±1.5	±1.5	—	±2.5	±2.0	±2.5	±3.5	±2.5	±3.0	±4.0	±4.0	±4.0	±6.0
	条块型零件	宽度	—	—	—	±1.0	±1.5	±1.5	±1.5	±2.0	±2.0	±2.0	±2.5	±3.0	±2.5	±3.0	±4.0	±4.0	±4.0	±6.0
	厚度		1.5~3.9			4~10			10.1~25											
			±0.3	±0.3	±0.5	±0.5	±0.5	±0.7	±1.0	±1.0	±1.5									

注：1. 特品毡厚度小于 2mm 的产品，其强力、伸长指标作参考。
2. 毡制品零件物理及化学指标，凡表中没有的项目均按表 3.3-110 规定。
3. 毡制品零件厚度按取数所测量点的算术平均值计算。

表 3.3-114　毡轮的物理和化学指标极限偏差及评等规定（摘自 FZ/T 25001—2012）

分类	单位体积质量/g·m⁻³		游离硫酸含量（%）不大于	油脂含量（%）不大于	总灰分含量（%）不大于	植物性杂质（包括矿物性杂质）含量（%）不大于	矿物性杂质（包括植物性杂质灰分）含量（%）不大于
	一等品	二等品					
细毛	$0.30^{+0.03}_{-0.02} \sim 0.40^{+0.03}_{-0.02}$ $0.44 \pm 0.03 \sim 0.46 \pm 0.03$ 0.5 以上 ± 0.04	$0.30^{+0.03}_{-0.02} \sim 0.40^{+0.05}_{-0.04}$ $0.44 \pm 0.03 \sim 0.46 \pm 0.05$ 0.5 以上 ± 0.06	0.50	—	0.50	0.40	0.15
半细毛	0.5 以上 ± 0.04	0.5 以上 ± 0.06	0.50	—	0.50	0.40	0.15
粗毛（包括兽毛）	0.5 以上 ± 0.04	0.5 以上 ± 0.06	0.60	1.50	0.60	0.40	0.20

注：毡轮、毡制品零件二等品化学指标应符合一等品要求。

表 3.3-115　毡轮外径、厚度极限偏差及评等规定（摘自 FZ/T 25001—2012）

项目		极限偏差												
		10 以下		10~50		51~99		100~200		201~300		301~400		400 以上	
		一等品	二等品	一等品	二等品	一等品	二等品	一等品	二等品	一等品	二等品	一等品	二等品	一等品	二等品
外径/mm		±0.6	±1.0	±1.0	±2.0	±1.5	±3.0	±2.0	±4.0	±2.5	±6.0	±3.0	±8.0	±4.0	±10
厚度/mm	体积密度	6~9		10~20				21~40				40 以上			
		一等品	二等品	一等品	二等品			一等品	二等品			一等品	二等品		
	0.46g/m³ 以上（含 0.46g/m³）	±0.5	±1.0	±1.0	±2.0			±1.50	±3.0			±2.0	±4.0		
	0.46g/m³ 以下	±0.6	±1.5	±3.0	±2.0			±5.0	±3.0			±7.0	±4.0		
均匀度		厚度在偏差范围内的同只产品，其厚度偏差不大于 1.5mm													

注：1. 长度及宽度大于 400mm 的条块形毡制品零件的名义尺寸技术要求，规定其长度和宽度每增加 100mm 时，增加 ±1.0mm。

条与块的含义，长大于宽的四倍及以上为条，长大于宽度三倍及以下者为块。

2. 用于条料缝成的毛毡圆环应符合下列要求：

　　a）圆环的外径小于 300mm（包括 300mm）其接缝允许一处，圆环的外径大于 300mm 时允许有两处接缝处。

　　b）接缝处的剪割角（α）应在 20°~25°范围内，如图：

　　c）根据圆环的边缘，用米制支数为 9.5³/3、14.5³/4 的苎麻线（或化学纤维线）来缝合，至少要缝两行，当边缘的宽度为 10mm 或大于 10mm 时，最靠边缘的内边线行与内边的距离至少为 3mm，当边缘的宽度小于 100mm，线行之间的距离与两边的距离应相等。

　　d）用厚度在 10mm 以下的毛毡条来缝制圆环时，其针距不应该大于 6mm，毛毡条的厚度大于 10mm 时，针距应该大于 10mm。

第4章 塑料和复合材料

1 工程常用塑料的性能和应用

1.1 工程常用塑料性能特点及应用（见表3.4-1）

表 3.4-1 工程常用塑料性能特点及应用举例

名　称	特　性	应用举例
硬质聚氯乙烯（PVC-U）	机械强度较高，化学稳定性及介电性能优良，耐油性和耐老化性也较好，易熔接及黏合，价格较低。缺点是使用温度低（在60℃以下），线胀系数大，成型加工性不良	制品有管、棒、板、塑料焊条及管件，主要用作耐磨蚀的结构材料或设备衬里材料（代替有色合金、不锈钢和橡胶）及电气绝缘材料
软质聚氯乙烯（PVC-S）	拉伸强度、弯曲强度及冲击强度均较硬质聚氯乙烯低，但断后伸长率较高。质柔软，耐摩擦、曲挠、弹性良好，像橡胶，吸水性低，易加工成型，有良好的耐寒性和电气性能，化学稳定性强，能制各种鲜艳而透明的制品。缺点是使用温度低，在-15~55℃之间	通常制成管、棒、薄板、薄膜、耐寒管、耐酸碱软管等半成品，用作绝缘包皮、套管、耐腐蚀材料、包装材料和日常生活用品
聚乙烯（PE）	具有优良的介电性能，耐冲击、耐水性好，化学稳定性高，使用温度可达80~100℃，耐摩擦性能和耐寒性好。缺点是机械强度不高，质较软，成型收缩率大	用作一般电缆的包皮，耐腐蚀的管道、阀、泵的结构零件，亦可喷涂于金属表面，作为耐磨、减摩及耐腐蚀涂层
有机玻璃（聚甲基丙烯酸甲酯）（PMMA）	有极好的透光性，可透92%以上的太阳光，紫外光透过率可达73.5%；力学性能较高，有一定耐热耐寒性，耐腐蚀，绝缘性能良好，尺寸稳定，易于成型，但质较脆，易溶于有机溶剂中，表面硬度不高，易擦毛	可作要求有一定强度的透明结构零件，如油杯、车灯、仪表零件，以及光学镜片、装饰件、光学纤维等
聚丙烯（PP）	是最轻的塑料之一，其弯曲、拉伸、压缩强度和硬度均优于低压聚乙烯，有很突出的刚性。高温（90℃）抗应力松弛性能良好，耐热性能较好，可在100℃以上使用，如无外力150℃也不变形。除浓硫酸、浓硝酸外，在许多介质中很稳定，但低相对分子质量的脂肪烃、芳香烃、氯化烃，对它有软化和溶胀作用。几乎不吸水，高频电性能不好，成型容易，但收缩率大，低温呈脆性，耐磨性不高	用于成型一般结构零件，作耐腐蚀化工设备和受热的电气绝缘零件，如泵叶轮、汽车零件、化工容器、管道、涂层、蓄电池匣
聚苯乙烯（PS）	有较高的韧性和冲击强度，耐酸、耐碱性能好，不耐有机溶剂，电气性能优良，透光性好，着色性佳，并易成型	用于成型一般结构零件和透明结构零件以及仪表零件、油浸式多点切换开关、电池外壳，透明零件
丙烯腈-丁二烯-苯乙烯（ABS）	由丙烯腈（A）、丁二烯（B）与苯乙烯（S）三种单体共聚而成，有硬质、半硬质和特殊等级品种 综合性能好；丁二烯含量愈高，冲击强度愈大，但强度和耐气候性降低；丙烯腈增加可提高耐腐蚀性、热稳定性和抗老化性；增加苯乙烯，可改善刚性、表面光泽性和成型加工性，冲击强度高，随温度下降缓慢；抗蠕变性和尺寸稳定性好；摩擦因数低，耐磨性好；易于镀金属，性能优良；受酯、酮和醛类溶剂侵蚀	一般结构件。如，电机外壳、仪表壳、仪表板、蓄电池槽、汽车零件、齿轮、轴承、泵叶轮、轿车车身、装饰件等

(续)

名称		特性	应用举例
聚酰胺（尼龙）（PA）	尼龙66	疲劳强度和刚性较高，耐热性较好，摩擦因数低，耐磨性好，但吸湿性大，尺寸稳定性不够	用于成型中等载荷、使用温度≤100℃、无润滑或少润滑条件下工作的耐磨受力传动零件
	尼龙6	疲劳强度、刚性、耐热性较尼龙66稍低，但弹性好，有较好的消振、降低噪声能力。其余同尼龙66	用于成型在轻负荷、中等温度（最高100℃）、无润滑或少润滑、要求噪声低的条件下工作的耐磨受力传动零件
	尼龙610	强度、刚性、耐热性略低于尼龙66，但吸湿性较小，耐磨性好	同尼龙6，用于成型要求比较精密的齿轮、在湿度波动较大的条件下工作的零件
	尼龙1010	强度、刚性、耐热性均与尼龙6和610相似，吸湿性低于尼龙610，成型工艺性较好，耐磨性亦好	用于成型轻载荷、温度不高、湿度变化较大且无润滑或少润滑的情况下工作的零件
	单体浇铸尼龙（MC尼龙）	强度、耐疲劳性、耐热性、刚性均优于尼龙6及尼龙66，吸湿性低于尼龙6及尼龙66，耐磨性好，能直接在模型中聚合成型，宜浇铸大型零件	用于成型在较高载荷、较高的使用温度（最高使用温度小于120℃）、无润滑或少润滑的条件下工作的零件
聚甲醛（POM）		拉伸强度、冲击强度、刚性、疲劳强度、抗蠕变性能都很高，尺寸稳定性好，吸水性小，摩擦因数小，有很好的耐化学药品能力，性能不亚于尼龙，但价格较尼龙低，缺点是加热易分解，成型比尼龙困难	用于成型轴承、齿轮、凸轮、阀门、管道螺母、泵叶轮、车身底盘的小零件、汽车仪表板、汽化器、箱体、容器、杆件以及喷雾器的各种代铜零件
聚碳酸酯（PC）		具有突出的冲击强度和抗蠕变性能，有很高的耐热性，耐寒性也很好，脆化温度达-100℃，弯曲、拉伸强度与尼龙等相当，并有较高的伸长率和弹性模量，但疲劳强度小于尼龙66，吸水性较低，收缩率小，尺寸稳定性好，耐磨性与尼龙相当，并有一定的耐腐蚀能力。缺点是成型条件要求较高	用于成型各种齿轮、蜗轮、齿条、凸轮、轴承、心轴、滑轮、传送链、螺母、垫圈、泵叶轮、灯罩、容器、外壳、盖板等
氯化聚醚（聚氯醚）（CPE）		具有独特的耐腐蚀性能，仅次于聚四氟乙烯，与聚三氟乙烯相近，能耐各种酸碱和有机溶剂，但在高温下不耐浓硝酸、浓双氧水和湿氯气等。可在120℃下长期使用，强度、刚性比尼龙、聚甲醛等低，耐磨性略优于尼龙，吸水性小，成品收缩率小，尺寸稳定，成品精度高，可用火焰喷镀法涂于金属表面	用于成型耐腐蚀设备的零件，作为在腐蚀介质中使用的低速或高速、低负荷的精密耐磨受力传动零件，如泵、阀、轴承、密封圈、化工管道涂层、窥镜等
聚酚氧（苯氧树脂）		具有良好的力学性能，高的刚性、硬度和韧性。冲击强度可与聚碳酸酯相比，抗蠕变性能与大多数热塑性塑料相比属于优等，吸水性小，尺寸稳定，成型精度高，一般推荐的最高使用温度为77℃	用于成型精密、形状复杂的耐磨受力传动零件，仪表、计算机等的零件，还可用作涂料及胶黏剂
聚苯醚（聚苯撑氧）（PPO）、改性聚苯醚（MPPO）		在高温下有良好的力学性能，特别是拉伸强度和抗蠕变性极好，有较高的耐热性（长期使用温度为-127~120℃），成型收缩率低，尺寸稳定性强，耐高浓度的无机酸、有机酸、盐的水溶液、碱及水蒸气，但溶于氯化烃和芳香烃中。在丙酮、苯甲醇、石油中龟裂和膨胀	用于成型在高温下工作的耐磨受力传动零件，和耐腐蚀的化工设备与零件，如泵叶轮、阀门、管道等，还可以代替不锈钢作外科医疗器械的材料
聚四氟乙烯（PTFE、F-4）		具有优异的化学稳定性，与强酸、强碱或强氧化剂均不起作用，有很高的耐热性、耐寒性，使用温度为-180~250℃，摩擦因数很低，是极好的自润滑材料。缺点是力学性能较低，刚性差，有冷流动性，热导率低，热膨胀大，耐磨性不高（可加入填充剂适当改善），需采用预压烧结的方法，成型加工费用较高	主要用于成型耐化学腐蚀、耐高温的密封元件，如填料、衬垫、胀圈、阀座、阀片，也用作输送腐蚀介质的高温管道、耐腐蚀衬里、容器，以及轴承、导轨、无油润滑活塞环、密封圈等。其分散液可以作涂层及浸渍多孔制品
填充聚四氟乙烯（PTFE）		用玻璃纤维粉末、二硫化钼、石墨、氧化镉、硫化钨、青铜粉、铅粉等填充的聚四氟乙烯，在承载能力、刚性、pv极限值等方面都有不同的提高	用于成型高温或腐蚀介质中工作的摩擦零件，如活塞环等
聚三氟氯乙烯（PCTFE、F-3）		耐热性、电性能和化学稳定性仅次于F-4，在180℃的酸、碱和盐的溶液中亦不溶胀或侵蚀，机械强度、抗蠕变性能、硬度都比F-4好些，长期使用温度为-195~190℃之间，但要求长期保持弹性时，则最高使用温度为120℃，涂层与金属有一定的附着力，其表面坚韧，耐磨，有较高的强度	用于成型耐腐蚀的设备与零件，悬浮液涂于金属表面可作防腐、电绝缘防潮等涂层

第4章 塑料和复合材料

(续)

名 称	特 性	应 用 举 例
聚全氟乙烯丙烯（FEP、F-46）	力学、电性能和化学稳定性基本与F-4相同，但突出的优点是冲击强度高，即使是带缺口的试样也冲不断，能在-85~205℃温度范围内长期使用	同F-4，用于成型要求大批量生产或外形复杂的零件，并用注射成型代替F-4的冷压烧结成型
酚醛树脂（PF）	力学性能很高，刚性大，冷流性小，耐热性很高（100℃以上），在水润滑下摩擦因数极低（0.01~0.03），许用pv值很高，有良好的电性能和耐酸碱侵蚀的能力，不易因温度和湿度的变化而变形，成型简便，价格低廉。缺点是质较脆，色调有限，耐光性差，耐电弧性较小，不耐强氧化性酸的腐蚀	常用的为层压酚醛塑料和粉末状压塑料，用于成型板材、管材及棒材等。可成型农用潜水电泵的密封件和轴承、轴瓦、带轮、齿轮、制动装置和离合装置的零件、摩擦轮及电气绝缘零件等
环氧树脂（EP）	具有较高的强度，良好的化学稳定性和电绝缘性能，成型收缩率小，成型简便	制造金属拉延模、压形模、铸造模、各种结构零件，用来修补金属零件及铸件
热塑性聚酯，又称线性聚酯 1. 聚对苯二甲酸乙二（醇）酯（PET） 2. 聚对苯二甲酸丁二（醇）酯（PBT）	可由对苯二甲酸与二元醇反应聚合而成，有PET和PBT两种 PET：硬度高；力学性能和耐磨性良好，可与聚甲醛、尼龙相比；抗蠕变性突出；线胀系数小，尺寸稳定性好；低温（-196℃）下仍能保持柔软；透光性好，透光率达88%；薄膜强韧 PBT：综合性能优良，耐热性较高，能在150℃下长期使用；吸湿性低，电性能优良，在潮湿环境下，甚至热水中仍稳定；摩擦因数小、耐磨，韧性大，动态疲劳强度好；良好的抗化学药品性	纤维、薄膜、容器；齿轮、凸轮、叶片、泵体、离心泵、汽车上的结构零部件和电气配件如配电盘罩、发火线圈、阀门、电容器和变压器外壳；精密仪表零部件
聚酰亚胺（PI） 1. 均苯型聚酰亚胺（PI） 2. 醚酐型PI 3. 聚醚酰亚胺（PEI） 4. 聚酰胺-酰亚胺（PAI）	主链上含有酰亚胺基团的聚合物总称。可由四元酸二酐与二元伯胺反应缩聚而成，有均苯型、醚酐型、聚醚型和聚酰胺型几种 均苯型PI：耐热性优越，在-269~400℃范围内能保持较高的力学性能，可在-240~260℃的空气或氮气中长期使用；抗辐射性能突出；在高温和高真空条件下摩擦因数低，自润滑性能良好，不易挥发；加工性差，低温硬度和尺寸稳定性均良好；耐电晕；耐稀酸但不耐碱、强氧化剂和高压蒸汽 醚酐型PI：物理力学性能与均苯型PI相仿，耐热性较低，但可在-180~230℃下长期使用；成型加工性优于均苯型PI；电性能、抗辐射性和耐磨性均较优；价格较低 聚醚型PI：保留PI各种优异性能；抗拉、抗弯和抗蠕变性优异；高温、高频介电性能良好；耐热性较低，但可在170℃下长期使用；能透微波和红外线 聚酰胺型PI：与均苯型PI相比，长期使用温度略低，为220℃，柔韧性、耐磨性、耐蚀性、加工性和黏结性相当或较优；尺寸稳定性好和蠕变小；成本低	特殊工作条件下的精密零件，如高温、高真空的自润滑轴承、压缩机的活塞环、密封圈、鼓风机叶轮；高温工作中的电气设备零件 轴承、齿轮、密封件、活塞环、刹车片、电子、电器零件、耐辐射零件、胶黏剂薄膜、多层印制电路板 高温、高强度机械零件，换热器元件、轴承、断路器支架、印制电路板 模塑料、浇注料，F级和H级绝缘件，耐烧蚀器件；轴承、齿轮等

(续)

名 称	特 性	应用举例
聚砜（PSU） 1. 双酚 A 型聚砜（PSF） 2. 聚芳砜（PAS）	是主链上含有砜基和芳核的聚合物总称，主要有双酚 A 型聚砜、聚芳砜、聚醚砜等品种 　PSF：可由双酚 A 与 4,4-二氯二苯基砜反应缩聚而成。强度高，冲击强度大；耐热性好，可在 -65~150℃下长期使用；电性能优良，在水、湿气或较高温度下仍能保持较高温度下性能稳定，但会受酮类，芳香烃和氯化烃溶剂的侵蚀 　PAS：可由二氯磺酸二苯醚、联苯和氯磺酸联苯等反应缩聚而成 　耐热性优良，能在 260℃下长期使用，强度和模量保持不变；电性能优良，在 -240~260℃下仍不变；低温性能好，在 -196℃下仍有一定韧性；能耐酸、碱、燃料油、润滑油和多数溶剂，但不耐酯类、酮类和氯化烃类；耐应力开裂性好；耐燃性较好	耐热、高强度和抗蠕变的结构件；汽车零件；电表上的齿轮、线圈骨架、示波器振子接触器、凸轮；计算机零件、印制电路板、薄膜、板材、管道等；电绝缘件；耐腐蚀零部件 电气、电子元件，如微型收音机、照相机中印制电路板、微型电容器；食品工业阀、管；医疗器具
聚醚砜（PES）（聚苯醚砜、聚苯砜醚）	可由 4,4′-双磺酰氯二苯醚与二苯醚反应缩聚而成，或由二苯醚单磺酰氯反应缩聚而成 　耐热性好，可在 180℃下长期使用，电性能优良，电容从温度 20℃升到 200℃时，变化只有 1%；抗蠕变性好；冲击强度高，与尼龙相似，而缺口敏感性低，有嵌件时无应力开裂现象；能耐电焊不变形	用于线圈骨架、印制电路板、电位计的外壳等
聚苯硫醚（PPS）	可由二氯化苯与硫，或以卤代硫酚金属盐缩聚而成 　耐热性优越，可达 250℃下长期使用，经约 600℃热处理或化学交联后，可提高到 290℃使用；耐化学腐蚀性能优越，在 190~204℃下无溶剂可溶，除氧化酸外，对其他酸、碱均很稳定；与不锈钢、铝、镀铬表面和玻璃等胶结强度突出（金属需作特殊处理）；电性能优越；阻燃性好	用于制作高温结构件、耐腐蚀件，可作为 H 级绝缘材料，高温胶粘剂
聚酮树脂	聚酮树脂包括聚醚醚酮（PEEK）、聚醚酮（PEK）、聚芳醚酮（PAEK）、聚醚酮酮（PEKK）等，聚酮塑料具有超高温性能、优异的耐化学品性能，电性能好，还有一定的刚性和强度，优异的耐水解性、耐辐射等 　PEEK 对氧稳定性高，与聚砜相似；耐疲劳性优越，韧性极好，难以切断；耐热性高，能耐 315℃高温，长期使用温度，可达 243℃，在 260℃过热水中性能长期良好；耐腐蚀性优良，在 600g/L 硫酸到 400g/L 氢氧化钠的宽广的 pH 范围内、高温下仍耐侵蚀，但某些浓酸可侵蚀；抗辐射性优良，在 11mGy 照射下，无明显降解；难燃烧、低烟、低毒 　PEK 许多特性与 PEEK 相似；热变形温度比 PEEK 高；电绝缘性优越；除浓硫酸外，几乎能耐所有化学试剂	PEEK 用于制造汽车制动系统零件、发动机零件、变速箱高温垫片、复印机的分离爪和轴套等办公设备上的高温部件、特种机械齿轮、无油润滑轴承、压缩机阀片、活塞环、阀门等部件、高温传感器探头、微波炉耐热零部件等 PEK 用于制造机械、化工、电气、电子各种部件，以及汽车发动机、排气阀、弹簧盘的零件等
聚芳酯，又称 U-聚合物（PAR）	可由双酚 A 与苯二甲酰氯反应缩聚而成，有对苯二甲酸双酚 A 型和间苯二甲酸双酚 A 型聚芳酯两种 　无定形，透明；耐热性优良，热变形温度（1.82MPa 应力下）可达 175℃，耐摩擦磨损；线胀系数比一般塑料低；尺寸稳定性好；电性能优良，阻燃性优良；低烟、低毒；耐油、耐溶剂、耐候性好；强度高，韧性好	耐热、耐燃烧和尺寸稳定性高的电气零件，如电极板、线圈架、继电器外壳、热敏电阻器；齿轮、轴承、保持架；照明零件、包括材料；印制电路板；飞机内饰件；汽车车身板
液晶聚合物（LCP）	是一种在熔体和固体状态都呈现高度有序结构的聚合物。在固体中有分散均匀、类似木材结构的纤维样聚集体。是一种自增强聚合物 　单向强度和弹性模量极高；线胀系数小，尤其是在熔体流动方向上；耐化学腐蚀性优良，耐候、耐辐射、耐燃烧；尺寸稳定性很高；耐热性优越，可在 200~240℃下长期使用	光导纤维包覆材料；集成电路灌封材料；化工设备中填充物和零部件；精密机械零件；泵、阀零件，印制电路板

1.2 工程常用塑料的技术性能（见表3.4-2）

表3.4-2 工程常用塑料的技术性能

塑料名称		密度 /g·cm⁻³	吸水率 (%)	成品收缩率 (%)	马丁耐热 ℃	连续耐热 ℃	维卡耐热	热变形温度/℃ 1.86 MPa	热变形温度/℃ 0.46 MPa	脆化温度 /℃	燃烧性	线胀系数 /10⁻⁵·℃⁻¹	拉伸强度 MPa	弯曲强度 MPa
硬聚氯乙烯 PVC-U		1.35~1.45	0.4~0.6	0.6~0.8	50~65	49~71		56~73	75~82	-15	自熄	5~8	45~50	70~112
软聚氯乙烯（PVC-S）		1.16~1.35	0.15~0.75	2~4	40~70	55~80					缓慢至自熄	7~25		
低压（高密度）聚乙烯（HDPE）		0.94~0.965	<0.01	1.5~3.6		121	121~127	48	60~82	-30~-35	很慢	12.6~16	屈服 22~29 断裂 15~16	25~40
改性有机玻璃（372）(PMMA)		1.18	<0.2	0.5	≥60		≥110	85~100		-70		5~6	≥50	≥100
聚丙烯（PP）		0.9~0.91	0.03~0.04	1.0~1.2	44	121		56~67	100~116	-35	自熄	10.8~11.2	30~39	42~56
改性聚苯乙烯（204）(PS)		1.07	0.17	0.4~0.7	75	60~96		175~205			自熄	5~5.5	≥50	≥72
聚砜（PSU）		1.24	0.12~0.22	0.8	156	150~174		174	181	-100	自熄	5.0~5.2	72~85	108~127
ABS	超高冲击型	1.05	0.3	0.5				87	96		厚>1.27mm, 0.55mm/s	10.0	35	62
	高强度中冲击型	1.07	0.3	0.4				89	98		缓慢	7.0	63	97
	低温冲击型	1.02	0.2					78~85	98					
	耐热型	1.06~1.08	0.2					96~110	104~116			6.8~8.2	53~56	84
聚酰胺（PA）	尼龙1010	1.04~1.06	0.39	1.0~2.5	45	80~120	123~190			-60	自熄	10.5	52~55	89
	尼龙610	1.23	0.05		180					-60	自熄	3.1	180	237
	尼龙66 干态	1.07~1.09	0.4~0.5	1.0~1.5	51~56		195~205				自熄	9~12	60	
	含水1.5%												47	
	玻璃纤维增强													
	尼龙66 干态	1.14~1.15	1.5	1.5	50~60	82~140		66~68	182~185	-25~-30	自熄	9~10	83	100~110
	含水2.3%												56.5	
	尼龙6 干态	1.13~1.15	1.9	0.8~1.5	40~50	79~121		55~58	180	-20~-30	自熄	7.9~8.7	74~78	100
	含水3.5%												52~54	70
尼龙11		1.04	0.4		38		173~178				自熄	11.4~12.4	47~58	76
尼龙9		1.05	1.2	1.5~2.5	42~48		>160				自熄	8~12	58~65	80~85
MC尼龙（单体浇注尼龙）		1.16			55			94	205		自熄	8.3	90~97	152~171

第4章　塑料和复合材料

（续）

塑料名称		压缩强度 /MPa	疲劳强度 (10^7次) /MPa	冲击强度 /J·cm^{-2}		拉伸弹性模量 10^3 MPa	弯曲弹性模量 10^3 MPa	断裂伸长率 (%)	硬度				相对电介常数	损耗角正切	体积电阻率 /Ω·cm	击穿强度 /kV·mm^{-1}	耐电弧性 /s
				缺口	无缺口				洛氏 HRR	HRM	邵氏	布氏 HBW		10^6 Hz			
硬聚氯乙烯 (PVC-U)		56.2~91.4		1.09~2.18	0.3~0.4			20~40			邵尔 D 70~90		14~17		10^{12}~10^{16}	17~52	60~80
软聚氯乙烯 (PVC-S)		6.2~11.8			0.39~1.18			200~450			邵尔 D 20~30		5~9	0.08~0.015	10^{11}~10^{18}	12~40	
低压(高密度)聚乙烯 (HDPE)		22.5		7~8	不断	0.84~0.95	1.1~1.4	60~150			邵尔 D 60~70		2.3~2.35	<0.005	10^{16}		150
改性有机玻璃 (372)(PMMA)					≥0.12							≥10	表面 4.5		×10^{15}	20	
聚丙烯 (PP)		39~56	11~22	0.22~0.5	不断	1.1~1.6	1.2~1.6	>200	95~105				2.0~2.6	0.001	>10^{16}	30	125~185
改性聚苯乙烯 (204)(PS)		≥90		≥1.6	0.12~0.26			1.0~3.7	120	68~98		10.8	3.12		10^{16}	25	
聚砜 (PSU)		89~97		0.7~0.81	1.72~3.7	2.5~2.8	2.8	20~100	121				2.9~3.1	0.001~0.006	10^{16}	16.1~2.0	122
ABS	超高冲击型			5.3		1.8	1.8		100				2.4~5.0	0.003~0.008	10^{16}		50~85
	高强度中冲击型			0.6		2.9	3.0						2.4~5.0	0.003~0.008	10^{16}		50~85
	低温冲击型	18~39		2.7~4.9		0.7~1.8	1.2~2.0		62~88				3.7	0.011~0.073	10^{13}	15.1~15.7	70~80
	耐热型	70		1.6~3.2		2.5	2.5~2.6	108~116					2.7~3.5	0.034	10^{13}	14.2~15.7	70~80
聚酰胺 (PA)	尼龙 1010 未增强	79		0.4~0.5	不断	1.6	1.3	100~250				7.1	2.5~3.6	0.020~0.026	>10^{14}	>20	
	玻璃纤维增强	157		0.85	100	8.8	5.9					12.4		0.027	10^{15}	29	
	尼龙 610 干态	90		0.035~0.55		2.3		85	111~113				3.9	0.04	10^{14}	28.5	
	含水 1.5%	70		0.98		1.2		220~240	90								
	尼龙 66 干态	120		0.39	3.8	3.2~3.3	2.9~3.0	60	118				40	0.014	10^{14}	15~19	130~140
	含水 2.3%	90	23~25	1.38		1.4	1.2	200	100								
	尼龙 6 干态	90	12~19	0.31		2.6	2.4~2.6	150	114				4.1	0.01	10^{14}~10^{15}	22	
	含水 3.5%	60		>5.5		0.83	0.53	250	85								
	尼龙 11	80~110		0.35~0.48		1.2	11	60~230	100~113			7.5	3.7	0.06	10^{15}	29.5	
	尼龙 9				2.5~3.0	1.0~1.2	1.0~1.2						3.7	0.019	$5.5×10^{14}$	>15	
MC尼龙 (单体浇注尼龙)		107~130	约20		>5.0	3.6	4.2	20~30				14~21	3.7	0.02			

第4章 塑料和复合材料

（续）

塑料名称		密度 /g·cm^{-3}	吸水率 (%)	成品收缩率 (%)	马丁耐热	连续耐热 /℃	维卡耐热	热变形温度 /℃ 1.86 MPa	热变形温度 /℃ 0.46 MPa	脆化温度 /℃	燃烧性	线胀系数 /10^{-5}·℃$^{-1}$	拉伸强度 MPa	弯曲强度 MPa
聚甲醛（POM）	共聚	1.41~1.43	0.22~0.25	2.0~3.0	57~62	104		110	168	-40	缓慢	11.0	屈服 62~68	91~92
	均聚	1.42~1.43	0.25	2.0~2.5	60~64	85		124	170		缓慢	10.0	70	98
聚碳酸酯（PC）	未增强	1.20	0.13	0.5~0.8	110~130	121		132~138		-100	自熄	6~7	67	98~106
	增强	1.4	0.07~0.09	0.1~0.5	150~152	140~141		147~149			不燃	1.6~2.7	110~140	160~190
氯化聚醚（CPE）		1.4	0.01	0.4~0.8	72	120~143		100	141	-40	自熄	12	42.3	70~77
聚酚氧（苯氧树脂）		1.18	0.13	0.3~0.4		77		86	92	-60	缓慢	5.8~6.8	63~70	90~110
线性聚酯（PET）	未增强	1.37~1.38	0.26	1.8				85	115		缓慢	6.0	80	117
	增强	1.63~1.70	0.07	0.2~1.0	130~140			240			自熄	2.5~3.4	120	145~175
聚苯醚（PPO）	未改性	1.06~1.07	0.066	0.7~1.0	144~160	200		190		-127	自熄	5.0~5.6	屈服 86.5~89.5 断裂 66.5	98~137
	改性	1.06	0.066	模压 1~5		100	190			-45	自熄	6.7	67	95
氟塑料	F-4（聚四氟乙烯）(PTFE)	2.1~2.2	0.001~0.005	1~2.5	70	260		55	121	-180~-195	不燃	10~12	14~25	11~14
	F-3（聚三氟氯乙烯）(PCTFE)	2.1~2.2	<0.005	2.0		120~190		75	130	-180~-195	不燃	4.5~7.0	32~40	55~70
	F-2	1.76	0.04	2~5		150		91	149	-62	自熄	8.5~15.3	46~49.2	
	F-46（聚全氟乙丙烯）	2.1~2.2	<0.01			204		51	70	-200	不燃	8.3~10.5	20~25	
	F-23	2.02				170~180					自熄		25~30	35
聚酰亚胺（PI）	均苯型	1.4~1.6	0.2~0.3	0.5~1.0		260	>300	360		-180	自熄	5.5~6.3	94.5	>100
	可溶性型	1.34~1.40	0.2~0.3			200~250	250~270			-180	自熄		120	200~210
酚醛塑料（PF）		1.6~2.0	≤0.05		≥150						自熄	1.5~2.5	≥25	≥60
聚苯硫醚（PPS）	未增强型	1.3~1.5			105			135			自熄	2.8	6.5	9.6
	增强型	1.6~1.65	0.02					260					14.2~17.9	1.96

（续）

塑料名称		压缩强度/MPa	疲劳强度(10⁷次)/MPa	冲击强度/J·cm⁻²		拉伸弹性模量 GPa	弯曲弹性模量 GPa	断裂伸长率(%)	硬度			介电系数	介电损耗 10⁶Hz	体积电阻率/Ω·cm	击穿电压/kV·mm⁻¹	耐电弧性/s
				缺口	无缺口				洛氏 HRR	洛氏 HRM	布氏 HBW					
聚甲醛(POM)	共聚	113	25~27	0.65~0.76	0.90~1.1	2.8	2.6	60~75	120	94		3.8	0.005	10^{14}	18.6	240
	均聚	122	30~35	0.65	1.08	2.9	2.9	15~25		80		3.7	0.004	10^{14}		129
聚碳酸酯(PC)	未增强	83~88	7~10	6.4~7.5	不断	2.2~2.4	2.0~3.0	60~100		75	9.7~10.4	3.0	0.006~0.007	10^{16}	17~22	120
	增强	120~135				6.6~11.9	4.8~7.5	1~5			12.8	3.2~3.5	0.003~0.005	10^{15}		5~120
氯化聚醚(CPE)		63~87		0.21	0.65	1.1	0.9	60~160	100			3.1~3.3	0.011	$6×10^{14}$	15.8	
聚酚氧(苯氧树脂)		84		0.134	>0.50	2.7	2.9	60~100	121	72		3.8~4.1	0.0012	10^{15}		
线性聚酯(PET)	未增强			0.040		2.9		200				3.4	0.021	10^{14}	18~35	90~120
	增强	130~161	14	0.085	不断	8.3~9.0	6.2	15	118~123	95~100	14.5	3.78	0.016	10^{16}	15.8~20.5	
聚苯醚(PPO)	未改性	91~112		0.083~0.102	0.53~0.64	2.6~2.8	2.0~2.1	30~80	119	78		2.58	0.001	10^{16}~10^{17}	25~40	>200
	改性	115	~20	0.70		2.5	2.5	20	58	78		2.64	0.0004	10^{17}		
氟塑料	F-4(聚四氟乙烯)(PTFE)	12		0.164		0.4		250~350		邵尔D 50~65		2.0~2.2	0.0002	10^{18}	19.7	360
	F-3(聚三氟氯乙烯)(PCTFE)			0.130~0.170		1.1~1.31	1.3~1.85	50~190		邵尔D 74~78	10~13	2.3~2.7	0.0017	$1.2×10^{16}$	10.2	50~70
	F-2	70		0.203	0.160	0.84	1.4	30~300		邵尔D 80		8.4	0.018	$2×10^{14}$	40	>160
	F-46(聚全氟乙丙烯)			不断	不断	0.35		250~370	25		7.8~8.0	2.1	0.0007	$2×10^{18}$	23~25	
	F-23			0.54			1.0~1.2	150~250				3.0	0.012	10^{16}~10^{17}	>40	230
聚酰亚胺(PI)	均聚型	>170	26	0.38		3.2		6~8	117			3~4	0.003	10^{17}	>30	
	可溶性型	>230	抗剪强度 ≥25	1.20		3.3		6~10	123	428		3.1~3.5	0.001~0.005	10^{15}~10^{16}		
酚醛塑料(PF)		≥100			≥0.35		3.8	3			≥30				20	
聚苯硫醚(PPS)	未增强型				0.78~0.98							3.4~3.8	0.002~0.006		17.1~18.4	160
	增强型				2.9~3.9		10.7	3				3.8~4.2				

1.3 塑料符号和缩略语（见表3.4-3）

表3.4-3　塑料符号和缩略语（摘自 GB/T 1844.1—2008）

缩略语	材料术语	缩略语	材料术语
AB	丙烯腈-丁二烯塑料	MSAN	α-甲基苯乙烯-丙烯腈塑料
ABAK	丙烯腈-丁二烯-丙烯酸酯塑料；曾推荐使用 ABA	PA	聚酰胺
		PAA	聚丙烯酸
ABS	丙烯腈-丁二烯-苯乙烯塑料	PAEK	聚芳醚酮
ACS	丙烯腈-氯化聚乙烯-苯乙烯塑料；曾推荐使用 ACPES	PAI	聚酰胺（酰）亚胺
		PAK	聚丙烯酸酯
AEPDS	丙烯腈-（乙烯-丙烯-二烯）-苯乙烯塑料；曾推荐使用 AEPDMS	PAN	聚丙烯腈
		PAR	聚芳酯
AMMA	丙烯腈-甲基丙烯酸甲酯塑料	PARA	聚芳酰胺
ASA	丙烯腈-苯乙烯-丙烯酸酯塑料	PB	聚丁烯
CA	乙酸纤维素	PBAK	聚丙烯酸丁酯
CAB	乙酸丁酸纤维素	PBD	1,2-聚丁二烯
CAP	乙酸丙酸纤维素	PBN	聚萘二甲酸丁二酯
CEF	甲醛纤维素	PBT	聚对苯二甲酸丁二酯
CF	甲酚-甲醛树脂	PC	聚碳酸酯
		PCCE	聚亚环乙基-二亚甲基-环己基二羧酸酯
CMC	羧甲基纤维素	PCL	聚己内酯
CN	硝酸纤维素	PCT	聚对苯二甲酸亚环己基-二亚甲酯
COC	环烯烃共聚物	PCTFE	聚二氟氯乙烯
CP	丙酸纤维素	PDAP	聚邻苯二甲酸二烯丙酯
CTA	三乙酸纤维素	PDCPD	聚二环戊二烯
EAA	乙烯-丙烯酸塑料	PE	聚乙烯
EBAK	乙烯-丙烯酸丁酯塑料；曾推荐使用 EBA	PE-C	氯化聚乙烯；曾推荐使用 CPE
EC	乙基纤维素	PE-HD	高密度聚乙烯；曾推荐使用 HDPE
EEAK	乙烯-丙烯酸乙酯塑料；曾推荐使用 EEA	PE-LD	低密度聚乙烯；曾推荐使用 LDPE
		PE-LLD	线型低密度聚乙烯；曾推荐使用 LLDPE
EMA	乙烯-甲基丙烯酸塑料	PE-MD	中密度聚乙烯；曾推荐使用 MDPE
EP	环氧；环氧树脂或环氧塑料	PE-UHMW	超高分子量聚乙烯；曾推荐使用 UHMWPE
E/P	乙烯-丙烯塑料；曾推荐使用 EPM	PE-VLD	极低密度聚乙烯；曾推荐使用 VLDPE
ETFE	乙烯-四氟乙烯塑料		
EVAC	乙烯-乙酸乙烯酯塑料；曾推荐使用 EVA	PEC	聚酯碳酸酯
EVOH	乙烯-乙烯醇塑料	PEEK	聚醚醚酮
FEP	全氟（乙烯-丙烯）塑料；曾推荐使用 PFEP	PEEST	聚醚酯
FF	呋喃-甲醛树脂	PEI	聚醚（酰）亚胺
LCP	液晶聚合物	PEK	聚醚酮
MABS	甲基丙烯酸甲酯-丙烯腈-丁二烯-苯乙烯塑料	PEN	聚萘二甲酸乙二酯
		PEOX	聚氧化乙烯
MBS	甲基丙烯酸甲酯-丁二烯-苯乙烯塑料	PESTUR	聚酯型聚氨酯
MC	甲基纤维素	PESU	聚醚砜
MF	三聚氰胺-甲醛树脂	PET	聚对苯二甲酸乙二酯
MP	三聚氰胺-酚醛树脂	PEUR	聚醚型聚氨酯

(续)

缩略语	材料术语	缩略语	材料术语
PF	酚醛树脂	PVB	聚乙烯醇缩丁醛
PFA	全氟烷氧基烷树脂	PVC	聚氯乙烯
PI	聚酰亚胺	PVC-C	氯化聚氯乙烯；曾推荐使用 CPVC
PIB	聚异丁烯	PVC-U	未增塑聚氯乙烯；曾推荐使用 UPVC
PIR	聚异氰脲酸酯	PVDC	聚偏二氯乙烯
PK	聚酮	PVDF	聚偏二氟乙烯
PMI	聚甲基丙烯酰亚胺	PVF	聚氟乙烯
PMMA	聚甲基丙烯酸甲酯	PVFM	聚乙烯醇缩甲醛
PMMI	聚 N-甲基甲基丙烯酰亚胺	PVK	聚-N-乙烯基咔唑
PMP	聚-4-甲基-1-戊烯	PVP	聚-N-乙烯基吡咯烷酮
PMS	聚-α-甲基苯乙烯	SAN	苯乙烯-丙烯腈塑料
POM	聚氧亚甲基；聚甲醛；聚缩醛	SB	苯乙烯-丁二烯塑料
PP	聚丙烯	SI	有机硅塑料
PP-E	可发性聚丙烯；曾推荐使用 EPP	SMAH	苯乙烯-顺丁烯二酸酐塑料；曾推荐使用S/MA 或 SMA
PP-HI	高抗冲聚丙烯；曾推荐使用 HIPP		
PPE	聚苯醚	SMS	苯乙烯-α-甲基苯乙烯塑料
PPOX	聚氧化丙烯	UF	脲-甲醛树脂
PPS	聚苯硫醚	UP	不饱和聚酯树脂
PPSU	聚苯砜	VCE	氯乙烯-乙烯塑料
PS	聚苯乙烯	VCEMAK	氯乙烯-乙烯-丙烯酸甲酯塑料；曾推荐使用 VCEMA
PS-E	可发聚苯乙烯；曾推荐使用 EPS		
PS-HI	高抗冲聚苯乙烯；曾推荐使用 HIPS	VCEVAC	氯乙烯-乙烯-丙烯酸乙酯塑料
PSU	聚砜	VCMAK	氯乙烯-丙烯酸甲酯塑料；曾推荐使用 VCMA
PTFE	聚四氟乙烯	VCMMA	氯乙烯-甲基丙烯酸甲酯塑料
PTT	聚对苯二甲酸丙二酯	VCOAK	氯乙烯-丙烯酸辛酯塑料；曾推荐使用 VCOA
PUR	聚氨酯	VCVAC	氯乙烯-乙酸乙烯酯塑料
PVAC	聚乙酸乙烯酯	VCVDC	氯乙烯-偏二氯乙烯塑料
PVAL	聚乙烯醇；曾推荐使用 PVOH	VF	乙烯基酯树脂

2 工程常用塑料的品种

工程常用塑料包括通用塑料和工程塑料，从功能和应用出发，本节侧重选择与装备工业有关的品种（包括改性产品）的生产技术和应用资料。工程常用塑料品种的有关性能特点及应用资料可参考表 3.4-1。

2.1 聚乙烯（PE）（见表 3.4-4）

表 3.4-4 聚乙烯的性能

性能	测试方法（ASTM）	低密度	中密度	高密度 熔体流动速率 >1g·(10min)$^{-1}$	高密度 熔体流动速率 =0
密度/g·cm^{-3}	D792—2000	0.910~0.925	0.926~0.940	0.941~0.965	0.945
平均相对分子质量		~3×10^5	~2×10^5	~1.25×10^5	(1.5~2.5)×10^6
折射率（%）		1.51	1.52	1.54	
透气速率（相对值）		1	1 1/3	1/3	
断裂伸长率（%）	D638—2002	90~800	50~600	15~100	

(续)

性能		测试方法（ASTM）	低密度	中密度	高密度	
					熔体流动速率 >1g·(10min)$^{-1}$	熔体流动速率 =0
邵氏硬度（D）		A785	41~50	50~60	60~70	55（洛氏R）
冲击强度(悬臂梁式,缺口)/J·m^{-1}		D256—2002	>853.4	>853.4	80~1067	>1067
拉伸强度/MPa		D638—2002	6.9~15.9	8.3~24.1	21.4~37.9	37.2
拉伸强性模量/MPa		D638—2002	117.2~241.3	172.3~379.2	413.7~1034	689.5
连续耐热温度/℃			82~100	104~121	121	
热变形温度（0.46MPa）/℃		D648—2001	38~49	49~74	60~82	73
比热容/J·(kg·K)$^{-1}$			2302.7		2302.7	
结晶熔点/℃			108~126	126~135	126~136	135
脆化温度/℃		D746	−80~−55		<−140~−100	<−137
熔体流动速率/g·(10min)$^{-1}$		D1238—2001	0.2~30	0.1~4.0	0.1~4.0	0.00
线胀系数/K^{-1}			(16~18)×10^{-5}	(14~16)×10^{-5}	(11~13)×10^{-5}	7.2×10^{-5}
热导率/W·(m·K)$^{-1}$			0.35		0.46~0.52	
耐电弧性/s		D495—1999	135~160	200~235		
相对介电常数	60~100Hz	D150—1998	2.25~2.35	2.25~2.35	2.30~2.35	2.34
	1MHz		2.25~2.35	2.25~2.35	2.30~2.35	2.30
损耗角正切	60~100Hz	D150—1998	<5×10^{-4}	<5×10^{-4}	<5×10^{-4}	<3×10^{-4}
	1MHz		<5×10^{-4}	<5×10^{-4}	<5×10^{-4}	<2×10^{-4}
体积电阻率(RH50%,23℃)/Ω·cm		D257—1998	>10^{16}	>10^{16}	>10^{16}	>10^{16}
介电强度/kV·mm^{-1}	短时	D149—1997	18.4~28.0	20~28	18~20	28.4
	步级		16.8~28.0	20~28	17.6~24	27.2

2.2 聚对苯二甲酸乙二醇酯（PET）（见表3.4-5、表3.4-6）

表3.4-5 国产PET的牌号和性能

项目		BNN3030	FR-PET-1	FR-PET-2	SD101	SD103	SD311	SD313
外观		颗粒	颗粒	颗粒	颗粒	颗粒	颗粒	颗粒
拉伸强度/MPa		125	80~120	60~80	80	120	60	80
伸长度（%）		—	5	4	5	5	4	4
弯曲强度/MPa		180	150~200	100~150	150	200	100	150
弯曲弹性模量/GPa		9.1	—	—				
压缩强度/MPa		159	110~140	90~130	110	140	90	130
冲击强度/kJ·m^{-2}	缺口	5.3	3~9	3~7	40[①]	100[①]	40[①]	80[①]
	非缺口	7.3	33~58	23~38				
布氏硬度		170	180	150				
马丁耐热温度/℃		178	160~190	140~160	140[②]	140[②]	140[②]	140[②]
热变形温度/℃		240	220	200	230	230	230	230
线胀系数/10^{-5}K^{-1}		2.5	—					
表面电阻率/10^{16}Ω		2.3						
体积电阻率/10^{16}Ω·cm		3.67	1.0	1.0				
介电强度/kV·mm^{-1}		>24	20	20				
相对介电常数（10Hz）		3.7	3.2	3.2				
损耗角正切（1MHz）		1.33×10^{-3}	—					

注：本表为上海涤纶厂双蝶牌PET产品资料。

表 3.4-6 北京魄力高分子新材料厂 PET 的牌号及性能

牌号	拉伸强度/MPa	弯曲强度/MPa	缺口冲击强度/J·m^{-1}	热变形温度/℃	燃烧性(UL94)	介电常数	体积电阻率/10^{13}Ω·cm	损耗角正切	成型收缩率(%)
2030	125	190	80	220	HB	3.0	2.5	0.02	0.15~0.3
3030	135	200	55	220	V-O	3.0	2.5	0.02	0.15~0.3

注: 聚对苯二甲酸乙二(醇)酯简称 PET 或 PETP, 俗称涤纶树脂, 用于纺丝和薄膜, 改性 PET 多用于工程塑料, 魄力公司的 PET 含玻璃纤维, 力学性能好, 强度高, 热变形温度高, 具有优良的抗蠕变性、耐磨性和尺寸稳定性均优, 硬度高, 良好的电性能, 耐热性优良, 可在 120℃长期使用。薄膜用于电气绝缘材料、片基、基带等。玻璃纤维增强 PET 适于汽车行业、电子电气、变压器、电视机零部件以及外壳, 也可用于机械件、焊接件的壳体或骨架等, 其应用范围正在不断扩大, 是一种具有很好发展前景的材料。

2.3 聚氯乙烯(PVC)(见表 3.4-7、表 3.4-8)

表 3.4-7 悬浮法聚氯乙烯树脂型号及性能(摘自 GB/T 5761—2006)

项目		型号 SG0		型号 SG1			型号 SG2			型号 SG3			型号 SG4		
			优等品	一等品	合格品	优等品	一等品	合格品	优等品	一等品	合格品	优等品	一等品	合格品
黏数/mL·g^{-1}		>156 >(77) >[1785]	156~144 (77~75) [1785~1536]			143~136 (74~73) [1535~1371]			135~127 (72~71) [1370~1251]			126~119 (70~69) [1250~1136]		
杂质粒子数/个	≤	16	30	80	16	30	80	16	30	80	16	30	80
挥发物(包括水)质量分数(%)	≤	0.30	0.40	0.50	0.30	0.40	0.50	0.30	0.40	0.50	0.30	0.40	0.50
表观密度/g·cm^{-3}	≥	0.45	0.42	0.40	0.45	0.42	0.40	0.45	0.42	0.40	0.47	0.45	0.42
筛余物质量分数(%)	250μm 筛孔 ≤	2.0	2.0	8.0	2.0	2.0	8.0	2.0	2.0	8.0	2.0	2.0	8.0
	63μm 筛孔 ≥	95	90	85	95	90	85	95	90	85	95	90	85
"鱼眼"数/(个/400cm^2)	≤	20	40	90	20	40	90	20	40	90	20	40	90
100g 树脂增塑剂吸收量/g	≥	27	25	23	27	25	23	26	25	23	23	22	20
白度(160℃, 10min)(%)	≥	78	75	70	78	75	70	78	75	70	78	75	70
水萃取物电导率/μS·(cm·g)$^{-1}$	≤	5	5	—	5	5	—	5	5	—	—	—	—
残留氯乙烯单体含量/μg·g^{-1}	≤	30	5	10	30	5	10	30	5	10	30	5	10	30

项目	型号 SG5			型号 SG6			型号 SG7			型号 SG8			型号 SG9
	优等品	一等品	合格品	优等品	一等品	合格品	优等品	一等品	合格品	优等品	一等品	合格品	
黏数/mL·g^{-1}	118~107 (68~66) [1135~981]			106~96 (65~63) [980~846]			95~87 (62~60) [845~741]			86~73 (59~55) [740~650]			<73 <(55) <[650]

(续)

项目		型号 SG5			SG6			SG7			SG8			SG9
		等级												
		优等品	一等品	合格品	优等品	一等品	合格品	优等品	一等品	合格品	优等品	一等品	合格品	
杂质粒子数/个	≤	16	30	80	16	30	80	20	40	80	20	40	80	
挥发物（包括水）质量分数（%）	≤	0.40	0.40	0.50	0.40	0.40	0.50	0.40	0.40	0.50	0.40	0.40	0.50	
表观密度/g·cm⁻³	≥	0.48	0.45	0.42	0.48	0.45	0.42	0.50	0.45	0.42	0.50	0.45	0.42	
筛余物质量分数（%） 250μm 筛孔	≤	2.0	2.0	8.0	2.0	2.0	8.0	2.0	2.0	8.0	2.0	2.0	8.0	
筛余物质量分数（%） 63μm 筛孔	≥	95	90	85	95	90	85	95	90	85	95	90	85	
"鱼眼"数/（个/400cm²）	≤	20	40	90	20	40	90	30	50	90	30	50	90	
100g 树脂增塑剂吸收量/g	≥	19	17	—	15	15	—	12	12	—	12	12	—	
白度（160℃，10min）（%）	≥	78	75	70	78	75	70	75	70	70	75	70	70	
水萃取物电导率/μS·(cm·g)⁻¹	≤		—			—			—			—		
残留氯乙烯单体含量/μg·g⁻¹	≤	5	10	30	5	10	30	5	10	30	5	10	30	30

注：SG0、SG9 项目指标除残留氯乙烯单体项目外由供需双方协商确定。

表 3.4-8 氯化聚氯乙烯（CPVC）性能

项目名称		性能
相对密度		1.48~1.58
吸水率（%）		0.05
外观		白色粉末或颗粒
拉伸强度/MPa	20℃	60~70
	100℃	18.6~19.0
弯曲强度/MPa		116~125
弯曲弹性模量/MPa		2620
断裂伸长率（%）		50
冲击强度/kJ·m⁻²	20℃	>40
	-20℃	25~60
邵氏硬度（D）		95
热变形温度（1.82MPa）/℃		100~120
线胀系数/K⁻¹		$7 \times 10^{-5} \sim 8 \times 10^{-5}$
热导率/W·(m·K)⁻¹		0.105~0.138
维卡软化温度/℃		90~125
比热容/kJ·(kg·K)⁻¹		1.47
长期使用温度/℃		100

注：氯化聚氯乙烯为改性聚氯乙烯，也称过氯乙烯。热变形温度为 90~120℃，明显高于普通 PVC，但燃性、耐化学腐蚀性、力学性能均优良，热导率低电绝缘性能好。适于制作耐腐蚀耐热管、绝缘制品、电气阻火片等。

2.4 聚苯乙烯(PS)(见表3.4-9、表3.4-10)

表3.4-9 聚苯乙烯树脂的技术要求(摘自 GB/T 12671—2008)

序号	项目		单位	PS, MLN, 085-08			PS, MLN, 090-04		
				优级	一级	合格	优级	一级	合格
1	颗粒外观	色粒	个/kg	≤10	≤20	≤40	≤10	≤20	≤40
2	熔体质量流动速率		g/10min	6~10	5.5~10.5	5.0~11.0	2.5~4.5	2.0~4.5	2.0~5.0
3	拉伸断裂应力		MPa	≥40	≥37	≥34	≥45	≥45	≥40
4	简支梁冲击强度		kJ/m²	≥7.5		≥6.5	≥8.0	≥8.0	≥7.0
5	维卡软化温度(T_V50/50)		℃	≥90	≥85		95	90	85
6	负荷变形温度(T_f0.45)		℃	≥80		≥75	≥80	≥80	≥75
7	残留苯乙烯单体含量		mg/kg	≤500	≤700	≤800	≤500	≤700	≤800
8	透光率		%		≥85		由供方提供的数据		
9	模塑收缩率		%	由供方提供的数据					

序号	项目		单位	PS, ELN, 095-02			PS, MLN, 100-02		
				优级	一级	合格	优级	一级	合格
1	颗粒外观	色粒	个/kg	≤10	≤20	≤40	≤10	≤20	≤40
2	熔体质量流动速率(MFR)		g/10min	1.3~2.5		1.0~3.0	2.0~3.0		1.5~3.5
3	拉伸断裂应力		MPa	≥45		≥40	≥50	≥47	≥43
4	简支梁冲击强度		kJ/m²	≥9.0		≥8.5		≥8.0	≥7.0
5	维卡软化温度(T_V50/50)		℃	≥100	≥95	≥90	≥100	≥95	≥90
6	负荷变形温度(T_f0.45)		℃	≥85		≥80	≥80	≥80	≥75
7	残留苯乙烯单体含量		mg/kg	≤500	≤500		≤500	≤700	≤800
8	透光率		%		≥85		≥85		
9	模塑收缩率		%	由供方提供的数据			由供方提供的数据		

表 3.4-10　高抗冲聚苯乙烯（HIPS）牌号、助剂和性能

	牌号	测试方法	412B	420D	479	486	492J
助剂	高顺式聚丁二烯（%）		4.5	4.9	7	6	7
	矿物油（%）			1.4	4	1.5	0.4
	硬脂酸锌（%）		0.23	0.23			0.2
	抗氧剂 1076（%）		0.08	0.14	0.14	0.14	0.15
性能	熔体流动速率/g·(10min)$^{-1}$	ASTM D1238	15	2.7	7.5	2.6	2.8
	维卡软化点/℃	ASTM D1525	91	102	94.5	102	103
	拉伸屈服强度/MPa	ASTM D638	15.9	25.2	18.6	17.9	24.2
	拉伸断裂强度/MPa	ASTM D638	13.1	20.4	13.8	18.6	20.7
	伸长率（%）	ASTM D638	25	20	30	35	25
	悬臂梁冲击强度/J·m^{-1}	ASTM D256	56.1	80.1	88.1	74.8	93.5
	凝胶率（%）	SP8	16	12	20.5	21	24
	溶胀指数（%）	SP8	14	12.3	12.5	12.5	12.5
特性及应用	高抗冲聚苯乙烯（HIPS）通常是以丁苯橡胶或顺丁橡胶与苯乙烯进行本体-悬浮接枝共聚而得，也可以是聚苯乙烯用橡胶共混接枝改性而成。其抗冲韧性视共聚物中丁二烯含量而定，当含量（质量分数）为 2%~4% 时系一般抗冲型聚苯乙烯，含 5%~10% 者为高抗冲型，大于 10% 者为超高抗冲型。 高抗冲聚苯乙烯为乳白色不透明的非结晶聚合物，其拉伸强度、硬度、耐光性和热稳定性不如通用级聚苯乙烯，但韧性和冲击强度较通用级聚苯乙烯高 7 倍以上，且着色性、电绝缘性、化学稳定性好。 可以用于制作各种仪器、仪表零件，电器、电视机、收音机、电话机及小型设备的罩壳，冰箱内衬，洗衣机桶体、家具及文教用品等						

注：本表为北京燕山石油化工公司化工一厂和化工二厂产品的资料。

2.5　ABS（丙烯腈-丁二烯-苯乙烯）（见表 3.4-11~表 3.4-13）

表 3.4-11　ABS 不同用途品种的物理-力学性能

项目	耐冲击用	耐热用	透明用	电镀用	20% 玻璃纤维增强
相对密度	1.03	1.04	1.07	1.03	1.16
拉伸强度/MPa	30	43	30	36	80
伸长率（%）	20	15	50	20	5
弯曲弹性模量/MPa	2000	2600	2050	2400	3800
悬臂梁缺口冲击强度/kJ·m^{-2}	29	15	13	25	6
洛氏硬度（HRR）	104	113	103	110	—
热变形温度/℃	88	103	87	89	95
吸水率（%）	0.3	0.3	0.3	0.3	—
燃烧性（UL94）	—	HB	HB	HB	—
成形收缩率（%）	0.5	—	—	—	—

表 3.4-12　ABS 牌号、性能及应用

牌号	弯曲强度 /MPa	悬臂梁缺口冲击强度/kJ·m^{-2}	热变形温度（未退火）/℃	特性	应用
R-101	≥70	≥7	≥70	通用级，低抗冲击性，可注射	文教用品、无线电零件
R-102	≥60	≥15	≥68	通用级，中抗冲击性，注射级	洗衣机、电视机、打印机、计算机等壳体及机件
R-103	≥55	≥25	≥65	通用级，高抗冲击性，注射级	汽车零部件、家具、水表壳、仪表壳
R-104	≥50	≥32	≥62	通用级，超高抗冲击性，注射级	安全帽，照明器材、泵叶轮，交通设备、电器
IH-100	41.4	320J/m（22.7℃）	81.1	通用级，注射级，高抗冲击性，力学性能优，加工性优	汽车零部件、日用品
IMT-100	49.6	213.4J/m	83.9	通用级，注射级，中等抗冲击性，拉伸强度高，加工性优，耐化学性好，尺寸稳定性好	日用品、游泳池附件、汽车部件
PIH-100	43.4	302J/m	90.6	注射级，电镀级，流动性好，力学性能好	汽车格栅、耐热器具
ISH-100	34.5	346.7J/m	85	注射级，通用级，超高抗冲击性，韧性好，成型性好	管件、头盔、各种家庭及车用器材
EHL-100	34.5	346.7J/m	85	挤出级，高抗冲击性，光泽性好，物理性能好，低温韧性好，耐化学性好，耐污染	冰箱衬里、手提式冷却器、浴缸
EM-100	44.8	266.7J/m	90.6	挤出级，中抗冲击性，韧性好，光泽性好，易流动	板材、浴室冷却器
EH-100	44.8	400J/m	88.9	挤出级，高抗冲击性，力学性好，抗污染，尺寸稳定性好，延伸性好	行李箱、滑雪车体

注：本表为上海高桥化工公司产品。国内 ABS 生产企业有兰州化学工业公司、吉林化工集团合成树脂厂、大庆石化公司、南京立汉化工有限公司、辽宁盘锦乙烯工业公司等。

表 3.4-13 ABS 的品种及性能

性能		ASTM测试法	挤出级	阻燃级 ABS	阻燃级 ABS/PVC	模塑与挤出 ABS/PC	ABS/PC 注射与挤出	注射级 耐热	注射级 中等冲击强度	ASTM测试法	注射级 高冲击强度	注射级 电镀级	20%玻璃纤维增强	EM1屏蔽 20%PAN碳纤维	EM1屏蔽 20%石墨纤维	40%铝粉(导电)
力学性能	悬臂梁冲击强度(3.18mm厚,有缺口)/J·m^{-1}	D256A	96.3~642	160.0~640.0	348.0~562.0	219.0~562.0	342.0~562.0	107.0~348.0	160.0~321.0	D256A	321.0~482.0	268.0~283.0	64.0~75.0	53.5	70.0	107.0
	洛氏硬度(HRR)	D785	R75~115	R100~120	R100~106	R117~119	R111~120	R100~115	R107~115	D785	R85~106	R103~109	M35			R107
	收缩率 cm·cm^{-1}	D955	0.004~0.008	0.003~0.005		0.005~0.007	0.005~0.008	0.004~0.009	0.004~0.009	D2583	0.004~0.009	0.005~0.008	0.002	0.0005~0.003	0.001	0.001
	拉伸断裂强度/MPa	D638	17.5~56	35~56	40	47~65	50~52	35~52	39~52	D638	31~44	42~45	77	112	106~110	29
	断裂伸长率(%)	D638	20~100	5~25		50	50~65	3~30	5~25	D638	5~70	3	3	1.0	2.0~2.2	5
	拉伸屈服强度/MPa	D638	30~45	28~52	40	59~63	25~60	30~49	35~46	D638	18~40					
	压缩强度(断裂或屈服)/MPa	D695	36~70	46~53		78~80		51~70	13~87.5	D695	32~56		98	112~119		46
	弯曲强度(断裂或屈服)/MPa	D790	28~98	63~98	64~67	84~95	84~95	67~95	50~95	D790	38~77	74~80	98~109	175	161	55
	拉伸弹性模量/GPa	D638	0.19~2.8	2.2~2.8	2.28~2.3	2.6~3.2	2.5~2.7	2.1~2.5	2.1~2.8	D638	1.5~2.31	2.31~2.7	5.2			
	压缩弹性模量/GPa	D695	1.05~2.7	0.91~2.2		1.61		1.3~3.08	1.4~3.15	D695	0.98~2.1					
热性能	线胀系数/K^{-1}	D696	(60~130)×10^{-6}	(65~95)×10^{-6}	46×10^{-6}	67×10^{-6}	(62~72)×10^{-6}	(60~93)×10^{-6}	(80~100)×10^{-6}	D696	(95~110)×10^{-6}	(47~53)×10^{-6}	21×10^{-6}	20×10^{-6}	20×10^{-6}	40×10^{-6}
	热变形温度/℃ 1.82MPa	D648	170~220(退火)	195~225	180	211~220	232~240	220~240(退火)	200~220(退火)	D648	205~215(退火)	204~215(退火)	210	215	216	212
	热变形温度/℃ 0.45MPa	D648	170~235(退火)	210~245		225~244	225~250	230~245(退火)	215~225(退火)	D648	210~225(退火)	215~222(退火)	220		240	220
物理性能	密度/g·cm^{-3}	D792	1.02~1.06	1.16~1.21	1.20~1.21	1.20~1.23	1.07~1.12	1.05~1.08	1.03~1.06	D792	1.01~1.05	1.06~1.07	1.22	1.14	1.17	1.61
	吸水性(3.18mm厚,24h)(%)	D570	0.20~0.45	0.2~0.6		0.24	0.21~0.24	0.20~0.45	0.20~0.45	D570	0.20~0.45				0.15	0.23
	介电强度(3.18mm厚,短时间)/kV·mm^{-1}	D149	14~20	14~20	20	18	17	14~20	14~20	D149	14~20	14~20	18			

2.6 聚甲基丙烯酸甲酯（PMMA）（见表3.4-14）

表 3.4-14　PMMA（有机玻璃）性能

项目	PMMA	佛山合成材料厂企标	湖州红雷有机厂企标	MF001[3]	阜新化工厂企标
密度/g·cm^{-3}	1.18	1.18		1.19	
吸水率（%）	1.0			0.3	
雾度（%）	—			0.3	
熔体流动速率/g·(10min)$^{-1}$	0.8			1.4	
简支梁无缺口冲击强度/kJ·m^{-2}	18.0	17.5	12～14	20	19
拉伸强度/MPa	75	67.6	55～77	69	55～77
断裂伸长率（%）	5～7			5	
弯曲强度/MPa	80		110	114	
布氏硬度	166	191	210	92（洛氏）	180～240
折射率（%）	—			1.49	
透光率（%）（厚度≤15mm）	90	92	89	93	>92
马丁耐热/℃	90[1]			84[2]	
维卡耐热/℃	95			88	
热导率/W·(m·K)$^{-1}$	—			0.2	
表面电阻率/Ω	$1×10^{14}$		$>1×10^{16}$	$>1×10^{16}$	$>1×10^{16}$
体积电阻率/Ω·cm	$10^{15}～10^{17}$			$>10^{15}$	$>1×10^{15}$
介电常数（60Hz）	3.2～3.5		3.5～4.5	3.7	3.5～4.5
损耗角正切（60Hz）	0.03～0.05			0.05	

[1] 为热变形温度（1.82MPa）。
[2] 载荷弯曲温度。
[3] 江苏南通丽阳公司产品。

2.7 聚碳酸酯（PC）（表3.4-15）

表 3.4-15　PC 树脂的性能

	项目	光气法				酯交换法
		JTG-1	JTG-2	JTG-3	JTG-4	
技术性能	外观	微黄	透明	颗粒	—	无色或微黄颗粒
	平均相对分子质量（×10^4）	2.6±0.2	3±0.2	3.5±0.3	3.8以上	—
	透光率（%）	50～70	50～70	50～70	50～70	—
	热降解率（%）	10～15	10～15	13～18	13～18	10～20
	拉伸强度/MPa	60.8	60.8	60.8	60.8	60
	断裂伸长率（%）	80	80	80	80	70
	弯曲强度/MPa	88.3	88.3	88.3	88.3	95
	Izod 缺口冲击强度/kJ·m^{-2}	44.1	44.1	54	54	44.1
	马丁耐热/℃	110	110	115	115	126
	体积电阻率/Ω·cm	$1×10^{13}$	$1×10^{13}$	$1×10^{13}$	$1×10^{13}$	$5×10^{13}$
	介电强度/kV·mm^{-1}	—				16
	介电常数（1MHz）					2.7～3.0
	损耗角正切（1MHz）	$1.0×10^{-2}$	$1.0×10^{-2}$	$1.0×10^{-2}$	$1.0×10^{-2}$	$1.0×10^{-2}$
应用	聚碳酸酯综合性能优良，已得到广泛应用。长期以来聚碳酸酯主要用于高透明性及高冲击强度的领域，作为光学材料光盘用材是聚碳酸酯的主要用途之一 在电子电气产品方面，聚碳酸酯及其合金可用于通用通信设备、照明设备等的零部件，可用于制造吸尘器、洗衣机、淋浴器的零件等，也可用于制造各种元件、大型线圈轴架、电动制品、电气开关、电动工具外壳等 聚碳酸酯可用于制备要求冲击强度高的机械零件如防护罩、齿轮、螺杆等。玻璃纤维增强的聚碳酸酯有似金属特性，可代替铜、锌、铝等压铸件。又可制电子电器的绝缘件、电动工具外壳、精密仪表零件、高频头。与聚烯烃共混，可制安全帽、纬纱管、餐具；与ABS共混适合制作高刚性、高冲击韧性的制作，如泵叶轮、汽车部件等。也有含有发泡剂的树脂，这种用低发泡注射成型所得的树脂可代替木材					

2.8 聚丙烯（PP）（见表3.4-16～表3.4-24）

表3.4-16 聚丙烯塑料

性能		技术指标 材料等级						
		均聚物①	共聚物②	共聚物③	GF增强④	填充型PP⑤	填充型PP⑥	填充型PP⑦	耐高冲击型⑧	无机增强型⑨
拉伸强度/MPa	≥	30	25	23	60	20	22	22	11 (23℃) 30 (-30℃)	25
断裂伸长率 (%)	≥	200	250	100	3	60	3	3	300 (23℃) 200 (-30℃)	3
弯曲弹性模量/MPa		1000	900	800	3000	2000～3300	2300	1300	800 (23℃) 200 (80℃)	3500
热变形温度/℃ 1.85MPa		55	50	50	120	73	75	55		90
0.46MPa		100	95	95	—	115	120	100	85	130
冲击强度/kJ·m⁻¹ 23℃	≥	2	4	3	10	20	3	3	25	0.6
-30℃		—	—	—	—	5	—	—	5	3.5

注：本表资料数据采用DIS M5514-1试验方法获得。
① 丙烯均聚物，一般成型用。
② 乙烯丙烯共聚物，适于低温耐冲击用制品。
③ 用于耐热而刚性又好的零件。
④ 用20%玻璃纤维增强改性。
⑤ 用20%～30%滑石粉和1%～10%乙丙橡胶均匀改性，适用于高冲击性零部件。
⑥ 用20%～30%滑石粉、云母、碳酸钙、硫酸钡等改性，适用于耐热性零部件。
⑦ 用5%～19%滑石粉、云母、碳酸钙等添加剂改性，适用于一般零部件。
⑧ 用乙丙橡胶、滑石粉等添加剂改性，适用于耐高冲击性零部件。
⑨ 用玻璃纤维增强，并添加40%±5%滑石粉。

表 3.4-17 改性聚丙烯（MPP）品级牌号性能表

牌号	PP1	PP2	PP3	PP4	PP5	PP6	PP7	PP8	PP9	PP10
材料品种	均聚物			共聚物		均聚物或共聚物				
应用范围	耐热	耐高热	耐热耐光	耐热、耐溶剂、流动性好	耐热	耐高热充填滑石粉20%	耐高热充填滑石粉30%	耐高热玻璃纤维增强20%	耐高热玻璃纤维增强20%	耐高热用化学连接的玻璃纤维增强30%
	制作在90℃以下工作的内部零件	短时间在140℃以下工作的内部零件	不受冲击的外部零件	制作模具流道长、韧性要求高、形状复杂零件	外部受冲击零件（发泡）	形状稳定性、韧性要求高，短时间140℃以下工作	刚性、韧性要求高	同PP6,但用于不受冲击零件	同PP6,但有翘曲倾向	耐热、负荷高及对强度要求高
密度/g·cm^{-3}	—	—	—	—	0.91±0.1	1.05±0.02	1.12±0.02	1.22±0.02	1.05±0.02	1.15±0.03
熔融温度/℃	≥158	—	—	—	—	—	—	—	—	≥158
燃烧残余（按 DIN EN60）（%）	—	—	—	—	—	22±2	30±3	38±3	20±2	30±3
球压痕（测量 50s）	≥65	≥65	≥65	≥48	≥45	≥80	≥60	≥85	≥75	≥110
屈服极限/MPa	≥30	≥30	≥30	≥24	≥22	≥30	—	—	≥27	—
拉伸强度/MPa	—	—	—	—	—	—	≥24	≥30	—	≥30
弯曲强度/MPa	—	—	—	—	—	≥40	≥40	≥45	≥30	≥70
冲击强度/kJ·m^{-2}	不碎	—	—	—	不碎	≥20	≥30	≥10	≥25	≥15
缺口冲击强度/kJ·m^{-2}	≥3.5	≥3.0	≥3.5	≥6	≥16	≥2.5	≥10	—	—	—
抗老化性/h (150±2)℃	≥350	≥1000	≥200	≥400	≥500	≥700	≥500	≥700	≥1000	≥1000

表 3.4-18　上海日之升新技术发展有限公司玻璃纤维增强 PP 技术指标

项目	PHH00-G6	PPH11G6	PPR11G4	PPR11MG6
密度/g·cm^{-3}	1.15	1.15	1.05	1.15
拉伸强度/MPa	45	85	70	60
弯曲强度/MPa	60	110	90	80
弯曲弹性模量/MPa	4000	5000	3500	4500
简支梁无缺口冲击强度/kJ·m^{-2}	15	20	30	25
简支梁缺口冲击强度/kJ·m^{-2}	3	10	20	10
热变形温度/℃	158	162	155	160
成型收缩率（%）	0.3~0.5	0.3~0.5	0.4~0.7	0.3~0.5
备注	30%普通玻璃纤维增强	30%玻璃纤维增强高强度高耐热	20%玻璃纤维增强，耐冲击	30%玻璃纤维矿物复合增强

表 3.4-19　山东道恩化学有限公司玻璃纤维增强 PP 技术指标

项目	GRPP-130	GRPP-230	GRPP-330	GRPP-530
密度/g·cm^{-3}	30±2	30±2	30±2	30±2
拉伸强度/MPa	≥75	≥65	≥60	≥75
弯曲强度/MPa	≥95	≥95	≥80	≥95
弯曲弹性模量/MPa	≥4.0	≥4.0	≥3.4	≥4.0
简支梁缺口冲击强度/kJ·m^{-2}	≥12	≥10	≥20	≥12
热变形温度/℃	≥140	≥140	≥138	≥140
维卡软化点/℃	≥161	≥160	≥160	≥161
体积电阻率/Ω·cm	≥10^{15}	≥10^{15}	≥10^{15}	≥10^{15}
成型收缩率（%）	0.6~1.0	0.5~0.9	0.6~1.0	0.6~1.0
阻燃性（UL-94）		V-0		
备注	马来酰亚胺为改性剂，基料为均聚 PP	马来酰亚胺为改性剂，基料为均聚 PP，阻燃品级	马来酰亚胺为改性剂，基料为共聚 PP	接枝 PP 为改性剂，基料为均聚 PP

注：GRPP-100 系列是马来酰亚胺为改性剂，基料为均聚 PP；GRPP-200 系列是阻燃品级；GRPP-300 系列是基料为共聚 PP 的增强系列，其冲击性能较好；GRPP-500 系列是以接枝 PP 为改性剂的增强系列，其外观颜色均匀。

表 3.4-20　日本三井石油化学公司玻璃纤维增强 PP 技术指标

项目		牌号		
		K1700	V7100 高流动性	E7000
玻璃纤维含量（质量分数,%）		10	20	30
拉伸强度/MPa		52.92	76.44	88.2
伸长率（%）		4	3	2
弯曲强度/MPa		73.5	98	117.6
弯曲弹性模量/GPa	23℃	2.55	3.92	5.39
	100℃	1.18	1.96	4.90
简支梁缺口冲击强度（23℃）/kJ·m^{-2}		3.9	6.9	8.8
洛氏硬度（HRD）		105	107	110
热变形温度/℃	0.45MPa	155	160	162
	1.82MPa	135	150	153
线胀系数/10^{-5}K^{-1}		6.5	4.8	3.7
成型收缩（3mm 厚板）/mm		0.006	0.001	0.003
吸水率（%）	23℃，24h	0.02	0.02	0.02
	100℃，24h	0.08	0.13	0.20

表 3.4-21 国产玻璃纤维增强聚丙烯的性能

项目		特殊型		自熄型
		FRPP-T20	FRPP-T30	
玻璃纤维含量（质量分数,%）		20.5	31.6	22~27
拉伸强度/MPa		80~95	85~100	55~65
弯曲强度/MPa		100~115	110~130	60~75
简支梁冲击强度/kJ·m^{-2}	缺口	9~11	10~25	7~8
	无缺口	25~30	25~32	
布氏硬度 HBW		166.7~196.1	186.3~215.7	
马丁耐热温度/℃		100~105	100~110	130~145（负荷变形温度,0.46MPa）
相对介电常数（60Hz）		2.5~2.7	2.5~2.7	3.85~3.96
损耗角正切（60Hz）		$3\times10^{-3}\sim5\times10^{-3}$	$3\times10^{-3}\sim5\times10^{-3}$	$1.7\times10^{-2}\sim3.35\times10^{-2}$
体积电阻率/Ω·cm		$10^{15}\sim10^{16}$	$10^{15}\sim10^{16}$	$1.5\times10^{14}\sim2.4\times10^{14}$
表面电阻/Ω		$10^{12}\sim10^{13}$	$10^{12}\sim10^{13}$	$7\times10^{13}\sim3.6\times10^{14}$
介电强度/kV·mm^{-1}				7.5~15.8
燃烧等级, UL-94				V-0~V-1

表 3.4-22 中石油北京化工研究院玻璃纤维增强 PP 技术指标

项目		牌 号					
		GB-220	GB-230	GB-120	GB-230	GO-110	GO-210S
玻璃纤维含量（质量分数,%）		20±2	30±2	20±2	30±2	10±1	10±1
色泽		棕黄	棕黄	棕黄	棕黄	白色	白色
拉伸强度/MPa		>60	>65	>65	>80	>35	>35
弯曲强度/MPa		>80	>90	>90	>110	>55	>56
弯曲弹性模量/GPa		>2.7	>3.0	>4.0	>4.4		
简支梁冲击强度（缺口）/kJ·m^{-2}	室温	>15	>17	>10	>12	>5	>5
	-20℃	>10	>12	>6	>8	>3	>3
维卡软化点/℃		160~166	160~166	160~166	161~167	>120	>120
备注		共聚PP改性	共聚PP改性	均聚PP改性	均聚PP改性	均聚PP为主,含少量乙烯-丙烯共聚物	低泡型鲍尔环专用料

表 3.4-23 玻璃纤维增强聚丙烯复合材料性能及应用

性能	测试方法 ASTM	FR-PP	FR-PP	FR-PP
玻璃纤维含量（质量分数,%）		10	20	30
相对密度	D702	0.96	1.03	1.12
吸水率（23℃）（%）	D570	0.02	0.02	0.02
23℃平衡吸水率（%）	D570	0.10	0.10	0.10
拉伸强度（23℃）/MPa	D638	54	78	90
断裂伸长率（%）	D638	4	3	2
弯曲强度（23℃）/MPa	D790	75	100	1200
弯曲强度（100℃）/MPa	D790	30	45	58
弯曲弹性模量（23℃）/MPa	D790	2600	4000	5500
弯曲弹性模量（100℃）/MPa	D790	1200	2000	3000

(续)

性能	测试方法 ASTM	FR-PP	FR-PP	FR-PP
简支梁缺口冲击强度（23℃）/kJ·m^{-2}	D256	4	7	9
洛氏硬度	D785	R105	R107	R107
Taber 磨耗/mg·(1000次)$^{-1}$	D1044	34	45	50
维卡软化点/℃	D1525	156	161	161
热变形温度（18.6kg/cm^2）/℃	D648	135	150	153
线胀系数/℃$^{-1}$	D696	6.5×10^{-5}	4.8×10^{-5}	3.7×10^{-5}
成型收缩率（3mm 板）/mm·mm^{-1}	D955	0.006	0.004	0.003
相对介电常数（10^{6}Hz）	D150	2.2	2.2	2.2
损耗角正切（10^{6}Hz）	D150	2×10^{-4}	2×10^{-4}	2×10^{-4}
体积电阻率/Ω·cm	D257	10^{16}	10^{16}	10^{16}
击穿电压（3mm 板）/kV·mm^{-1}	D149	30	30	20
特性及应用举例		具有耐热、高强度、刚性好、重量轻、耐蠕变等优异性能，已广泛应用于各种工程领域。如制作轻型机械零件（染色用绕丝筒，农用喷雾器筒身、气室，农用船螺旋桨）；家电工业（风扇、洗碗机、洗衣机壳体，电冰箱外壳、内衬，空调机壳体、叶片，电视机壳体），各种耐腐蚀零配件（防腐泵壳体、阀门、管件、油泵叶轮、化工容器），汽车工业（轻型汽车、轿车前后保险杠、仪表盘、导流板、挡泥板、灯具罩壳）		

表 3.4-24 玻璃纤维聚丙烯复合材料耐腐蚀性能

腐蚀介质名称	质量分数（%）	温度/℃	变化率（%）拉伸强度	变化率（%）质量	腐蚀介质名称	质量分数（%）	温度/℃	变化率（%）拉伸强度	变化率（%）质量
硫酸	98	23	6	0.07	酒精	90	50	-2	0.56
硫酸	10	80	-7	0.53	乙二醇	100	80	5	0.05
硫酸	50	80	-9	0.70	乙酸乙烯	100	80	-9	4.24
盐酸	98	80	-66	2.50	苯酚	100	23	7	0.11
盐酸	10	80	-4	0.25	苯酚	100	80	-5	0.24
盐酸	36	50	-9	0.64	甲醛	37	60	-19	0.52
硝酸	60	23	5	0.02	刹车油	100	80	0	1.14
硝酸	10	80	-6	0.22	汽油	100	23	-25	6.20
硝酸	50	80	-95	6.22	汽油	100	50	-30	8.12
磷酸	50	80	6	0.05	润滑油	100	80	-4	2.42
醋酸	20	23	4	0.03	机械油	100	23	-7	0.20
醋酸	20	80	-14	0.56	机械油	100	80	-25	4.72
氨水	35	23	8	0.07	洗涤剂	50	80	-7	0.32
氨水	16	80	-45	0.70	三氯甲烷	100	23	—	13.25
氢氧化钠	50	23	14	-0.02	氯乙烯	100	23	—	6.73
氢氧化钠	10	80	-32	2.80	四氯化碳	100	23	—	17.49
氢氧化钠	50	80	-18	-0.13					
碳酸钠	5	80	-23	0.22					
碳酸钠	20	80	-7	0.04					
碳酸钠	饱和	80	-5	0.08					

注：本表为浸渍 30 天的试验数据。

2.9 聚酰胺（尼龙）(PA)（见表3.4-25～表3.4-43）

表3.4-25 玻璃纤维增强尼龙复合材料性能及应用

尼龙6

性能	模塑和挤出复合物	30%～35%玻璃纤维增强	30%长玻璃纤维增强	40%长玻璃纤维增强	增韧 非增强	增韧 33%玻璃纤维增强	阻燃级 30%玻璃纤维增强	40%矿物和玻璃纤维增强
断裂拉伸强度/MPa	41.3～165.4	165.4	179.2	209.6	44.8	122.7	137.9	199.9
断裂伸长率（%）	130～300	2.2～3.6	2.5	2.2	65.0	4.0	3.0	2～3
拉伸屈服强度/MPa	80.6	—	—	—	—	—	—	—
压缩强度（断裂或屈服）/MPa	89.6～110.3	131.0～165.4	165.4	233.0	—	—	158.5	96.5～124.1
弯曲强度（断裂或屈服）/MPa	108.2	241.3	275.8	315.1	62.7	177.8	199.9	158.5～160.0
悬臂梁缺口冲击强度/J·m^{-1}	32.0～117.3	117.3～181.3	224.0	341.3	874.7	186.6	80.0	32.0～224.0
洛氏硬度	119HRR	93～96HRM	93～96HRM	93HRM	—	—	—	118～120HRR
线胀系数/10^{-6}K^{-1}	80～83	16～80	22	—	—	—	—	11～41
1.82MPa负荷下的热变形温度/℃	68.3～85	200～215.5	215.5	207.2	57.2	204.4	204.4	207.2～215.5
热导率[2]/10^{-4}cal·(s·cm·℃)$^{-1}$	5.8	5.8～11.4	—	—	—	—	—	—
密度/g·cm^{-3}	1.12～1.14	1.35～1.42	1.4	1.45	1.07	1.33	1.62	1.45～1.50
吸水率（24h）（%）	1.3～1.9	0.9～1.2	1.3	—	—	0.86	0.5	0.6～0.9
介电强度（短时间）[3]/V·mil^{-1}	400	400～450	400	—	—	—	—	490～550

(续)

尼龙66

性能	模塑复合物	高冲橡胶改性复合物	30%~33%玻璃纤维增强	30%长玻璃纤维增强	40%长玻璃纤维增强	增韧 非增强	增韧 33%玻璃纤维增强	阻燃级 非增强	阻燃级 20%玻璃纤维增强
断裂拉伸强度/MPa	94.4	51.7	193.0	193.0	226.1	48.2	124.1~139.9	58.6~62.0	86.1
断裂伸长率(%)	15~80	4~90	2.0~3.4	2.5	2.5	125	4~6	4~10	2~3
拉伸屈服强度/MPa	55.1	—	172.3	—	—	—	—	—	—
压缩强度(断裂或屈服)/MPa	86.1~103.4	—	165.4~275.8	193.0	262.0	—	103.4~137.9	172.3	—
弯曲强度(断裂或屈服)/MPa	123.4~123.7	—	275.8	275.8	338.5	58.6	189.6~206.1	96.5~103.4	158.5
悬臂梁缺口冲击强度/J·m^{-1}	29.3~53.3	160.0~不断	85.3~240.0	213.3	368.0	906.7	218.6~240.0	26.6~32.0	58.6
洛氏硬度	120HRR	114~115HRR	101~119HRR	60HRE	—	100HRR	107HRR	82HRM	—
线胀系数/10^{-6}K^{-1}	80	—	15~54	23.4	—	—	—	—	—
1.82MPa负荷下的热变形温度/℃	75~87.7	70~71.1	122.2~271.1	257.2	—	65.5	243.3	79.4~93.3	211.1
热导率②/10^{-4}cal·(s·cm·℃)$^{-1}$	5.8	—	5.1~11.7	—	—	—	—	—	—
密度/g·cm^{-3}	1.13~1.15	1.08~1.10	1.15~1.40	1.4	1.45	1.08	1.34	1.36~1.42	1.51
吸水率(24h)(%)	1.0~2.8	—	0.7~1.1	0.9	—	1.0	0.7	0.9	0.7
介电强度③(短时间)/V·mil^{-1}	600	—	360~500	500	—	—	—	520	430

(续)

性能	尼龙610 模塑复合物	尼龙610 30%~35%玻璃纤维增强	尼龙610 35%~45%长玻璃纤维增强	尼龙612 非增强	尼龙612 增韧 33%玻璃纤维增强	阻燃级 30%玻璃纤维增强	尼龙1010 非增强	尼龙1010 30%长纤维增强	玻璃纤维增强尼龙复合材料的特性及应用
断裂抗拉强度/MPa	44.8~60.6	151.6	179.2~199.9	37.9	124.1	124.1~131.0	53.0	150.0	玻璃纤维增强尼龙的性能比一般尼龙要优越很多，力学性能、热性能、尺寸稳定性有明显提高，弯曲强度和压缩强度成倍增长，耐磨性优，是优良的工程材料。其中通用和一般尼龙相比之外，还适用于制作更高要求的耐磨、耐油、高强度、高韧性、高绝缘的机械、仪表、电气等的零部件。尼龙6和尼龙66用于制作轴承、齿轮、凸轮、滚子、辊轴；尼龙610用于制作输油管、储油容器、传送带、仪表盘、及汽车中的精密齿轮、村套、滑轮等精密零部件；尼龙612用于制作精密机械零部件，电线电缆绝缘层，工具箱架；尼龙1010用于制作机械零部件、轴承村、工业滤布、筛网、毛刷，电线电缆护套等
断裂伸长率（%）	39.9~57.9	4.5①	2.9~3.2	40	5	2.0~3.5	—	2~3	
抗张屈服强度（断裂或屈服）/MPa	—	151.6	158.5	—	—	103.4~144.7	—	—	
压缩屈服强度（断裂或屈服）/MPa	75.8	220.6~241.3	268.9~303.3	44.8	186.1	193.0	89.0	250.0	
弯曲强度（断裂或屈服）/MPa	53.3~101.3 74.6~不断①	96.0~138.6	224.0~336.0	666.7	240.0	53.3~80.0	—	—	
悬臂梁缺口冲击强度/J·m⁻¹	M78, M34①	M93	E40	57.2	—	M89	45	180	
洛氏硬度	—	10.2	21.6~25.2	—	—	—	—	—	
线胀系数/10⁻⁶ ℃⁻¹	5.2	198.8~218.3	210~212.7	—	196.1	196.1~198.8	—	—	
1.82MPa负荷下的热变形温度/℃	57.7~82.2	—	—	—	—	—	—	—	
热导率②/10⁻⁴cal·(s·cm·℃)⁻¹	1.05~1.10	1.30~1.38	1.34~1.45	1.03	1.28	1.55~1.60	1.06	1.23	
密度/g·cm⁻³	0.4~1.0	0.2	0.2	0.3	0.2	0.16	—	—	
吸水率(24h)（%）	400	520	—	—	—	450	—	—	
介电强度③（短时间）/V·mil⁻¹									

① 在相对湿度为50%的平衡状态下测得。
② 10⁻⁴cal·(s·cm·℃)⁻¹ = 0.042W·(m·℃)⁻¹。
③ 1mil = 25.4μm。

表 3.4-26 北京泛威工程塑料有限公司尼龙 6 的性能

项目	测试标准	增强型				阻燃增强型			
		201G0	201G10	201G20	201G30	301G0	301G10	301G20	301G30
拉伸强度/MPa	D638	62	89	115	135	64	80	101	—
弯曲强度/MPa	D790	88	150	175	200	101	140	155	—
简支梁冲击强度（缺口）/kJ·m^{-2}	D256	10	8	11	18	7.4	8.5	9.5	—
简支梁冲击强度（无缺口）/kJ·m^{-2}	D256	>100	36	44	78	51	44	48	—
弯曲弹性模量/MPa	D790	2.00×10^3	—	—	—	1.82×10^3	2.30×10^3	2.64×10^3	3.00×10^3
热变形温度/℃	D64	65	170	180	190	68	150	168	195
燃烧性	UL94	—	—	—	—	V-0	V-0	V-0	V-0
玻璃纤维含量（质量分数,%）		—	10	20	30	—	10	20	30
成型收缩率（%）	D955	1.5~2.0	0.8~1	0.4~0.8	0.2~0.6	1.0~1.5	0.6~0.8	0.4~0.6	0.2~0.4
体积电阻率/Ω·cm	D257	1×10^{14}	3.1×10^{15}	1.2×10^{15}	2.2×10^{15}	4.1×10^{15}	1.8×10^{15}	1.2×10^{15}	1.6×10^{15}
表面电阻率/Ω	D257	—	1.2×10^{14}	1.4×10^{14}	1.6×10^{14}	1.8×10^{14}	2.5×10^{14}	1.4×10^{14}	1.6×10^{14}
相对介电常数	D150	3.1	—	—	—	3.10	3.00	3.19	3.26
介电损耗角正切		—	—	—	—	0.028	0.030	0.029	0.023
密度/g·cm^{-3}	D792	1.12	1.20	1.27	1.35	1.25	1.30	1.34	1.38
摩擦因数		—	—	—	—	—	—	—	—
介电强度/kV·mm^{-1}	D149	21	23	23	23	21	25	25	25

(续)

项目	测试标准	增韧型		尼龙合金（防翘曲）			耐磨型	阻燃防静电型	增强防静电型	
		401	402	501G0	501	502	601G0	701G0	801	802
拉伸强度/MPa	D638	48	36	60	110	130	59	51	56	51
弯曲强度/MPa	D790	105	82	110	150	174	85	69	75	147
简支梁缺口冲击强度/kJ·m^{-2}	D256	20	30	6	8	10	8.5	5.2	7	9
简支梁无缺口冲击强度/kJ·m^{-2}	D256	>100	>210	—	—	43	41	—	—	—
弯曲弹性模量/MPa	D790	1.98×10^3	1.05×10^3	1.29×10^3	2.10×10^3	2.50×10^3	1.80×10^3	—	—	178
热变形温度/℃	D64	55	47	70	205	215	70	65	65	—
燃烧性	UL94	—	—	—	—	—	—	V-0	—	—
玻璃纤维含量（质量分数,%）		—	—	—	20	30	—	—	—	20
成型收缩率（%）	D955	1.5~2.0	1.5~2.0	0.8	0.5	0.2~0.4	—	0.5	1.0	0.5
体积电阻率/Ω·cm	D257	3.2×10^{15}	5.3×10^{15}	2.1×10^{15}	1.3×10^{15}	1.3×10^{15}	—	1.2×10^5	1.5×10^5	1.1×10^5
表面电阻率/Ω	D257	5×10^{14}	1.40×10^{15}	1.2×10^{15}	1.7×10^{15}	1.7×10^{15}	—	1.1×10^8	1.4×10^8	1.5×10^8
相对介电常数	D150	2.88	2.70	2.80	3.10	2.90	—	—	—	—
损耗角正切		0.029	0.028	0.030	0.030	0.030	—	—	—	—
密度/g·cm^{-3}	D792	1.10	1.10	1.37	1.45	1.53	1.20	1.17	1.11	1.20
摩擦因数		—	—	—	—	—	0.1	—	—	—
介电强度/kV·mm^{-1}	D149	22	25	25	25	25	—	—	—	—

表 3.4-27　南京聚隆化学实业公司尼龙 6 的性能

项目	测试标准	状态	BNOF	BG61	BG9	BG6	BHO	BRO
拉伸断裂强度/MPa	ISO527	干态/湿态	75/40	150/105	175/130	160/110	45/40	80/50
断裂伸长率（%）	ISO527	干态/湿态	80/200	4/5	2/4	3/4	40/>50	4/20
屈服弯曲强度/MPa	ISO178	干态/湿态	100/45	214/—	250/180	230/190	55/—	110/—
弯曲弹性模量/MPa	ISO178	干态/湿态	2550/850		10300/8500	7500/5000	1450/685	
悬臂梁缺口冲击强度/J·m^{-1}	ISO180	干态/湿态	60/110	130/150	150/—	120/200	850/NB	40/100
洛氏硬度（R）	ISO2039/2	干态/湿态	R118/—	R118/—	R120/R115	R120/R110	R100/—	R120/R112
熔点/℃	ISO3416		220	259	220	220	215	215
热变形温度/℃								
0.45MPa	ISO75		170	230	220	215	120	130
1.8MPa	ISO75		75	75	210	200	70	70
燃烧性	UL94		V2	HB	HB	HB	HB	V0
表面电阻率/Ω	ISO167	干态/湿态	$10^{13}/10^{10}$	$10^{12}/10^{10}$	$10^{13}/10^{10}$	$10^{12}/10^{10}$	$10^{13}/10^{10}$	$10^{12}/10^{10}$
介电强度/kV·mm^{-1}	IEC243	干态/湿态	20/—	19/—	20/—	20/—		18/—
密度/g·cm^{-3}	ISO1183		1.13	1.34	1.48	1.37	1.08	1.20
饱和吸水性（%）	ISO62		9.5	6.2	5.5	6.2	8.5	8.5
线性收缩率/mm·mm^{-1}			0.01~0.012	0.0015~0.005	0.001~0.003	0.0015~0.005	0.006~0.01	0.01~0.012
特性与应用	\multicolumn{8}{l}{BG6、BG9、BG61 分别为 30%、45%、30% 玻璃纤维增强品级，强度高、耐高温、电性能好，可用于制备机械零部件、电动工具外壳、线圈架、汽车配件、电气配件、旱冰鞋滚轮支架等。BHO 为抗冲击品级，可用于接插件、各类配件、机器零部件的制备。BRO 为阻燃品级，主要用于电子元器件、电气端子、熔断器盖的制备。BNOF 为通用品级，可用于制备机械零部件、线圈支架等}

表 3.4-28　南京聚隆化学实业有限公司尼龙 66 的性能

项目	测试标准	状态	ANOF	AG6	AG41	AG61	AM3	AHO	ARO	AROG5
拉伸断裂强度/MPa	ISO 527	干态/湿态	85/85	180/130	145/100	170/100	75/40	48/42	75/50	125/100
断裂伸长率（%）	ISO 527	干态/湿态	25/>50	3/5	4/5	3/6	16/50	40/>50	4/20	2/3
屈服弯曲强度/MPa	ISO 178	干态/湿态	105/60	255/195	205/—	220/—	105/—	60/20	110/45	220/—
弯曲弹性模量/MPa	ISO 178	干态/湿态	2700/1200	8200/5800	—	—	—	1500/850	2900/—	—
悬臂梁缺口冲击强度/J·m^{-1}	ISO 180	干态/湿态	40/100	105/170	55/110	110/160	70/—	1800/1000	35/90	45/100
洛氏硬度（HRR）	ISO 2039/2	干态/湿态	120/104	120/115	118/—	118/—	118/—	110/110	120/114	120/117
熔点/℃	ISO 3416		258	259	259	256	259	256	258	259
热变形温度/℃										
0.45MPa	ISO 75		200	259	255	255	230	128	200	250
1.8MPa	ISO 75		75	255	250	235	75	65	70	240
燃烧性	UI94		V2	HB	HB	HB	HB	HB	V0	V0
表面电阻率/Ω	ISO 167	干态/湿态	10^{13}/10^{10}	10^{12}/10^{10}	10^{12}/10^{10}	10^{12}/10^{10}	10^{13}/10^{10}	10^{13}/10^{12}	10^{13}/10^{12}	10^{13}/10^{10}
介电强度/kV·mm^{-1}	IEC 243	干态/湿态	20/—	20/—	—	—	20/—	—	17/—	21/—
密度/g·cm^{-3}	ISO 1183		1.13	1.37	1.29	1.34	1.24	1.08	1.24	1.42
饱和吸水性（%）	ISO 62		8.5	5.5	6.5	6.5	7.0	6.7	7.5	6
线性成型收缩率/mm·mm^{-1}			0.013	0.002~0.006	0.003~0.007	0.003~0.007	0.012~0.015	0.016~0.018	0.012	0.003

表 3.4-29 尼龙 610 的性能指标

项目	基础树脂	玻璃纤维增强级	碳纤维增强级
密度/g·cm^{-3}	1.07	1.39	1.26
成型线性收缩率/cm·cm^{-1}	0.013	0.0028	0.0017
熔体流动速率/g·(10min)$^{-1}$	50		
吸水率（%）	1.5	0.22	0.18
平衡吸湿率（%）	1.4		
洛氏硬度（R）	110	110	120
屈服拉伸强度/MPa	55	170	
极限拉伸强度/MPa	64.3	140	200
断裂伸长率（%）	80	3.1	2.6
弹性模量/GPa	2	9.2	20.7
弯曲模量/GPa	2	7.9	15.7
屈服弯曲强度/MPa	88	210	300
悬臂梁缺口冲击强度/J·cm^{-1}	0.7	1.4	1.4
悬臂梁无缺口冲击强度/J·cm^{-1}	6.4	9.7	9.6
压缩屈服强度/MPa	69	150	
1000h 拉伸蠕变模量/MPa	400		
剪切强度/MPa		75.5	
K 因子（耐磨性）		18	
摩擦因数		0.31	
线胀系数（20℃）/K^{-1}	110	40.3	15.3
热变形温度（0.46MPa）/℃	170	220	230
热变形温度（1.82MPa）/℃	72.2	210	220
熔点/℃	220	220	
空气中最高使用温度/℃	72.2	210	220
比热容/J·(g·K)$^{-1}$	1.6	1.6	
热导率/W·(m·K)$^{-1}$	0.21	0.43	
氧指数	24		
阻燃性（UL94）	V-2	V-0（最高）	HB
加工温度/℃	260	270	280
成型温度/℃		93.2	96.3
干燥温度/℃		80.8	87.7
体积电阻率/Ω·cm	4.3×10^{14}	3.1×10^{14}	310
表面电阻率/Ω	5.1×10^{11}		1000
介电常数	3.5	3.8	
低频介电常数	3.7	4.2	
介电强度/kV·mm^{-1}	17.9	19.5	
损耗角正切	0.079	0.016	
抗电弧性/s	120	130	
漏电起痕指数/V	600		
特性及应用	尼龙610的用途类似于尼龙6和尼龙66，有着巨大的潜在市场。在机械行业、交通运输行业，可用于制作套圈、套筒及轴承保持架等。在汽车行业可用于制作方向盘、法兰、操作杆等汽车零部件，但与尼龙6和尼龙66相比，尤其适合制造尺寸稳定性要求高的制品，如齿轮、轴承、衬垫、滑轮及要求耐磨的纺织机械的精密零部件；也可用于制造输油管道、贮油容器、绳索、传送带、单丝、鬃丝及降落伞布等；在电子电器行业，尼龙610可用于制造工业生产电绝缘产品、仪表外壳、电线电缆包覆料。另外，由于尼龙610的耐低温性能、拉伸强度、冲击强度等都优于尼龙1010，且成本低于后者，随着家用电器向轻量化、安全性方向发展，耐燃、增强及增韧尼龙610在家电行业的应用量以及粉末涂料中的应用可望迅速增加		

表 3.4-30 黑龙江尼龙厂尼龙 610 的性能

项目		I 型		II 型		增强级
		一级	二级	一级	二级	
外观		白色~微黄色	淡黄色	白色~微黄色	淡黄色	淡黄色
粒度/粒·g^{-1}	>	40		40		—
含水率（%）	≤	0.3		0.3		—
密度/g·cm^{-3}		1.08~1.10		1.10~1.13		1.13
熔点/℃		≥215（熔程7℃）		≥215（熔程7℃）		—
拉伸强度/MPa	≥	45		50		118
弯曲强度/MPa	≥	600（只弯不断）		700（只弯不断）		162
简支梁缺口冲击强度/kJ·m^{-2}	≥	3.5		3.2		9.8
介电强度/kV·mm^{-1}	≥	15		15		
体积电阻率/Ω·cm	≥	10^{13}		10^{13}		10^{15}
损耗角正切（1MHz）	≤	3.5×10^{-2}		3.5×10^{-2}		—
带黑点树脂含量（黑点直径0.2~0.7mm）（质量分数,%）	≤	1.0	1.5	1.0	1.5	—
热变形温度（1.8MPa）/℃		55		55		184
成型收缩率（%）		1.5~2.0		1.5~2		0.2
特性与应用		半透明微黄颗粒，除强度高，耐磨、耐油、抗冲击外，还具有吸水性低、尺寸稳定和电绝缘好等性能，宜制齿轮、密封材料、油管、绝缘材料		比 I 型强度高，除抗冲击好外，其他与 I 型类似		

表 3.4-31 尼龙 11 的性能

	项目		指标	项目		指标
性能指标	密度/g·cm^{-3}		1.03~1.05	断裂伸长率（%）		300
	吸水率（%）	23℃，水中，24h	0.3	拉伸弹性模量/MPa		1300
		20℃，65%RH 平衡	1.05	弯曲强度（干燥）/MPa		69
	熔点/℃		186	弯曲弹性模量/MPa		1400
	玻璃化温度/℃		42	成型收缩率（%）		1.2
	短时使用温度/℃		100~130	悬臂梁缺口冲击强度/J·m^{-1}	20℃	43
	最高连续使用温度/℃		60		-40℃	37
	马丁耐热/℃		50~55	洛氏硬度（R）		108
	维卡耐热/℃		160~165	相对介电常数（1kHz）		3.2~3.7
	热变形温度/℃	1.86MPa	56	损耗角正切（20℃，1kHz）		0.05
		0.46MPa	155	介电强度/kV·mm^{-1}		16.7
	线胀系数/10^{-5}·K^{-1}		15	体积电阻率/Ω·cm		6×10^{13}
	比热容/kJ·(kg·K)$^{-1}$		2.42	Taber 磨耗量/mg·(1000次)$^{-1}$		5
	熔解热/kJ·kg^{-1}		83.7	可燃性		自熄
	拉伸强度/MPa		55			
特性及应用	尼龙 11 为白色半透明固体，其分子中亚甲基数目与酰氨基数目之比较高，故其吸水性小，熔点低，加工温度宽，尺寸稳定性好，电气性能稳定可靠；低温性能优良，可在 -40~120℃保持良好的柔性；耐磨和耐油性优良，耐碱、醇、酮、芳烃、润滑油、汽油、柴油、去污剂等的性能优良；耐稀无机酸和氯代烃的性能中等；不耐浓无机酸；50%盐酸对它有很强的腐蚀，苯酚对它也有较强的腐蚀；耐候性中等，加入紫外光吸收剂，可大大提高耐候性					

表 3.4-32　美国尔特普公司 RTP 尼龙 11 的性能

牌号	密度 /g·cm^{-3}	拉伸屈服强度 /MPa	屈服伸长率(%)	弯曲弹性模量 /GPa	热变形温度 (0.44MPa)/℃	特性
201C	1.11	82	4	2.1	164~167	含 10% 玻璃纤维，低温性能好
203C	1.18	97	3.5	3.6	171~180	含 20% 玻璃纤维，耐水汽、强度高
205C	1.28	110	2.6	5.2	177~182	含 30% 玻璃纤维，抗冲击性好，强度高
207C	1.38	131	2.3	6.9	193~199	含 40% 玻璃纤维，耐水解，强度高

表 3.4-33　尼龙 12 的性能

	性能		数值	性能		数值
性能指标	密度/g·cm^{-3}		1.02	伸长率（干态）(%)		350
	吸水率（%）	23℃，水中，24h	0.25	拉伸强性模量/MPa		1300
		20℃，65%RH 平衡	0.95	弯曲强度（干态）/MPa		74
	熔点（T_m）/℃		178~180	弯曲弹性模量/MPa		1400
	玻璃化温度（T_g）/℃		41	悬臂梁缺口冲击强度/J·m^{-1}	干态，0℃	90
	热分解温度/℃		>350		干态，-28℃	80
	耐寒温度/℃		-70		干态，-40℃	70
	长期最高使用温度/℃	空气中	80~90	洛氏硬度（HRR）		105
		水中	70	相对介电常数	60Hz	4.2
		惰性气体中	110		10^{3}Hz	3.8
		油中	100		10^{6}Hz	3.1
	线胀系数/K^{-1}		10.4×10^{-5}	体积电阻率/Ω·cm		2.5×10^{15}
	热变形温度/℃	1.86MPa	55	损耗角正切	60Hz	0.04
		0.46MPa	150		10^{3}Hz	0.05
	可燃性		自熄		10^{6}Hz	0.03
	成型收缩率（%）		0.3~1.5	介电强度（3.2mm）/kV·mm^{-1}		18.1
	Taber 磨耗量/mg·(1000 次)$^{-1}$		5	耐电弧性/s		109
	拉伸强度（干态）/MPa		50			

特性及应用	尼龙口耐碱性好，耐去污剂、耐油性和耐油脂性优良，并且耐醇、耐无机稀酸、耐芳烃中等，不耐浓无机酸、氯代烃，可溶于苯酚。尼龙 12 密度在尼龙树脂中最小，吸水率小，故制品尺寸变化小，易成型加工，特别容易注射成型和挤出成型，具有优异的耐低温冲击性能、耐屈服疲劳性、耐磨性、耐水分解性，加增塑剂可赋予其柔软性。利用尼龙 12 的耐油性、耐磨性和耐沸水性，广泛用于管材和软管制造。由其制作的车用管材，寿命比钢质的高 7 倍，耐磨性高于橡胶管 10 倍，使用温度可达 -40℃，加上不导电，无振动等特点，使其在仪器、仪表、电子通信、汽车、金属涂层中得到广泛应用。国内已有淮阴大众塑料厂进行商品化生产

表 3.4-34 尼龙 1010 的性能

	项目		参数	项目		参数
性能指标	密度/g·cm^{-3}		1.04	长期使用温度/℃		80 以下
	比黏度		1.320	简支梁冲击强度/kJ·m^{-2}	缺口 23℃	9.10
	相对分子质量（黏度法）		13100		缺口 -40℃	5.67
	结晶度（%）		56.4		无缺口 23℃	458.5
	结晶温度/℃		180		无缺口 -40℃	308.3
	熔点/℃		204	定负荷变形（14.66MPa，24h）（%）		3.71
	分解温度（DSC 法）/℃		328	热变形温度（1.82MPa）/℃		54.5
	熔融体流动速率/g·(10min)$^{-1}$		5.89	马丁耐热/℃		43.7
	吸水性（%）	23℃，50%RH	1.1±0.2	维卡软化点[49N，(12±1.0)℃/6min]/℃		159
		水中（23℃）	1.8±0.2	线胀系数/10^{-5}K^{-1}		12.8
	布氏硬度		107	表面电阻率/Ω		4.73×10^{13}
	洛氏硬度（R）		55.8	体积电阻率/Ω·cm		5.9×10^{15}
	球压痕硬度/MPa		83	相对介电常数（1MHz）		3.66
	拉伸断裂强度/MPa		70	损耗角正切（1MHz）		0.072
	伸长率（%）		340	介电强度/kV·mm^{-1}		21.6
	拉伸弹性模量/MPa		700	耐电弧性/s		70
	弯曲强度/MPa		131	Taber 磨耗量/mg·(1000 次)$^{-1}$		2.92
	弯曲弹性模量/MPa		2200	脆化温度/℃		-60
	变形 5%压缩强度/MPa		1067			

特性及应用	尼龙 1010 具有半透明性，无毒、对光和霉菌的作用均有很好的稳定性，具有优良的延展性能，并且，在拉力的作用下，具有不可逆的拉伸能力高，在拉力的作用下，可牵伸至原长的 3～4 倍，同时，还具有优良的冲击性能和很高的拉伸强度，-60℃下不脆。自润滑性和耐磨性优良，其抗磨性是铜的 8 倍，优于尼龙 6、尼龙 66。耐化学腐蚀性能非常好，对大多数非极性溶剂稳定，如烃、酯、低级醇类等，但易溶于苯酚、甲酚、浓硫酸等强极性溶剂。在高于 100℃下，长期与氧接触逐渐变黄，力学性能下降，特别是在熔融状态下，极易热氧化降解 尼龙 1010 用途较广，可代替金属制作各种机械、电机、纺织器材、电气仪表、医疗器械等的零部件，如：注射产品有齿轮、轴承、轴套、活塞环、叶轮、叶片、密封圈等；挤出产品有管材、棒材和型材；吹塑产品有容器、中空制品及薄膜；抽丝产品有渔网、绳索及刷子等

表 3.4-35 上海赛璐珞厂尼龙 1010 的性能与应用

牌号	相对密度	熔点/℃	简支梁缺口冲击强度/kJ·m^{-2}	热变形温度（1.82MPa）/℃	特性	应用
A1	1.04	195	24	40	相对黏度 1.9～2.0，易加工，可注射成型	可用于制造工程制品
A2	1.04	204	22	40	相对黏度 2.1～2.3，可注射成型	可用于制造轴承、轴套、挤出阻燃管材等
A3	1.04	210	18	40	相对黏度＞2.3，可挤出或注射成型	可用于制造管、棒材和高强度零部件
A1H	1.04	190～200	22	40	黏度与熔点低，柔软，老化性好	可用于制造电线、电缆护套
B	1.04	190～200			相对黏度＜1.75，白色透明料，防老化	可用于制造一般户外制品
FR10V2	1.04	204	11.0	64	阻燃品级，可注射成型	可用于制造电子、电气制品

(续)

牌号	相对密度	熔点/℃	简支梁缺口冲击强度/kJ·m^{-2}	热变形温度(1.82MPa)/℃	特性	应用
FR10VOFR10	1.04	204	10.8	64	高阻燃品级（V-0），可注射成型	可用于制造电子、电气制品和电缆护套
G30		≥204	20	185	30%长玻璃纤维增强高强耐磨品级	可用于制造泵叶轮、凸轮等
G35		≥204	15	195	30%玻璃纤维增强品级，可注射成型	可用于制造叶轮、凸轮等
MR40			12	190	40%矿物填充品级，尺寸稳定性好	可用于制造机械壳体等
NT200		≥200			粉末（80目）料，与金属粘结力高	可用作黏合剂或涂料
SG30		≥204	20	185	30%玻璃纤维增强品级，强度高	可用于制造高载荷零部件
炭黑尼龙	1.06~1.10	200			填充炭黑品级，可注射成型	可用于制造齿轮、轴瓦等制品
耐磨级	1.06~1.10	200	32~38		填充 MoS$_2$ 灰色料，耐磨性好	可用于制造耐磨制品

表 3.4-36 国产 MC 尼龙的性能及应用

	项目		中科院化学所	黑龙江省尼龙厂	中国兵器工业总公司五三所
性能指标	相对密度		1.15~1.16	1.15~1.16	1.13~1.14
	平均相对分子质量		(5~10)×10^4	(5~10)×10^4	
	吸水率（%）	24h	0.7~1.2	0.7~1.2	0.56~0.79
		饱和	5.5~6.5	5.5~6.5	
	熔点/℃		223~225	223~225	
	线胀系数/K^{-1}		(4~7)×10^{-5}	(4~7)×10^{-5}	0.968×10^{-5}
	热导率/W·(m·K)$^{-1}$		0.32~0.34	0.32~0.34	
	热变形温度(1.82MPa)/℃		150~190	150~190	54~60
	马丁耐热/℃		49.5~55	67~74	
	洛氏硬度（R）		110~120	100~120	80~120
	拉伸强度/MPa		75~100	75~100	40~57
	拉伸弹性模量/GPa		3.5~4.5	4.0	
	断裂伸长率（%）		10~30	10~30	110~270
	压缩强度/MPa		100~140	100~140	51~67
	弯曲强度/MPa		140~170	140~170	35~37
	弯曲弹性模量/GPa		4.0	4.0	
	剪切强度/MPa		74~81	74~81	
	冲击强度/kJ·m^{-2}	无缺口	200~630	200~630	45~85
		缺口	5~9	2.7~4.5	
	介电强度/kV·mm^{-1}		15~23.6	15~23.6	
	介电常数	1MHz	2.5~3.6		
		50Hz	3.7		
	损耗角正切	1MHz	(1.5~2.0)×10^{-2}		
		50Hz	0.45×10^{-2}		
	无油润滑动摩擦因数			0.15~0.30	
特性及应用	浇铸用聚己内酰胺称为 MC 尼龙（浇铸尼龙6），具有优良的综合性能，耐磨性好，强度高，刚性和韧性均好，化学稳定性好，有自熄性，能耐碱、醇、醚、酮、碳氢化合物，有优良的自润滑性，MC 尼龙制品成本比钢材要低很多。广泛用于制作各种运动件，滑动零部件，可注射成型大型零部件，如大型齿轮、蜗轮、轴承等各种机械零部件，在机械工业中广泛应用		具有优良的尺寸稳定性，高强度，浸渍容易，耐磨性优良。适于制作工程耐磨结构零件，如轴承、齿轮、滑轮等	具有高强度和较好的刚性，抗冲击和耐磨性均好，工艺性好。适于制作机械工程构件、耐磨件及各种零件	具有高强度，尺寸稳定性好，优良的耐磨性，适于制作机械设备的耐磨件以及兵器的弹托、弹带等

表 3.4-37 尼龙 46 的性能

	性能		未增强级	玻璃纤维增强级	阻燃级	玻璃纤维增强阻燃级
性能指标	密度/g·cm^{-3}		1.18	1.41	1.37	1.63
	熔点/℃		295	295	290	290
	玻璃化温度/℃		78			
	热导率/W·(m·K)$^{-1}$		0.348～0.395			
	吸水性（%）	23℃，65%RH，平衡	3～4	1～2		
		23℃，100%RH，平衡	8～12	5～9		
	热变形温度/℃	1.86MPa	220	285	200	260
		0.46MPa	285	285	280	285
	线胀系数/K^{-1}		8×10^{-5}	3×10^{-5}	7×10^{-5}	3×10^{-5}
	维卡软件温度/℃		280	290	277	283
	介电强度/kV·mm^{-1}		24	24～27	24	25
	体积电阻率/Ω·cm		10^{15}	10^{15}	10^{15}	10^{15}
	表面电阻率/Ω		10^{16}	10^{16}	10^{16}	10^{16}
	相对介电常数（23℃，10^{3}Hz）		4	3.8～4.4	3.8	4.0
	耐电弧性/s		121	85～100	85	85
	阻燃性 UL94（0.8mm）		V-2	HB	V-0	V-0
	悬臂梁缺口冲击强度/J·m^{-1}	23℃	90～400	110～170	40～100	70～110
		-40℃	40～50	80～90	30	40～50
	拉伸屈服强度/MPa		70～102	140～200	50～103	105～138
	拉伸断裂伸长率（%）		50～200	15～20	30～200	10～15
	弯曲强度/MPa		50～146	225～310	75～145	190～230
	弯曲弹性模量/MPa		1200～3200	6500～8700	2200～3400	7800～8200
	压缩屈服强度/MPa		40～94	85～200	60～96	80～86
	剪切强度（3.0mm）/MPa		70～75	79～95	69～73	80～86
	洛氏硬度（R）		102～121	115～123	108～122	117～123
	Taber 磨耗量（1000g, S-17）/mg·(1000 次)$^{-1}$		4	24	9	36
特性及应用	尼龙 46 是具有耐热性好、耐磨性优良、高强度、高抗冲击性的综合性能的优质新型工程材料，在机械工业、汽车工业、电子工业、电器工业等多种行业得到了广泛的应用。尼龙 46 在各种尼龙中耐热性最好，增强尼龙 46（30%玻璃纤维增强）耐高温可达 290℃。尼龙 46 耐高温蠕变性小，高温下具有良好的刚度，抗蠕变性高，玻璃纤维增强 PA46 的力学性能更好，可以替代金属制作齿轮、轴承、带轮以及大型的结构件，传动件和摩擦件，是具有耐磨、耐热、抗冲击、高强度的工程塑料，国内已广泛使用					

注：1. 力学性能，除标明外，均为在 23℃时测定值。
　　2. 本表性能值均为日本合成橡胶公司测定，不是保证值。
　　3. 测定方法除标明外，均按 ASTM 标准测定。

表 3.4-38 美国透明尼龙牌号、特性及应用

牌号	公司名称	特性	应用
Zytel ST901L 无定形透明尼龙	美国杜邦公司	透明性好，抗冲击强度高，可以采用注射、挤出、吹塑成型	可以制作各种透明工程制品，如计算机零件、光学仪器零件，工业用监视窗，特种灯具外罩、X射线仪的窥窗、静电复印机显影剂贮器、餐具及食品容器，电气用接线柱、插头、插座、油过滤器等
Nydur C38F 透明尼龙	美国 Mobay 公司 (Mobay Co., Ltd.)	相对密度1.10，拉伸屈服强度69MPa，可注射或挤出成型	
Grilamid TR55LX 透明尼龙	美国埃姆化学公司 (Emser Chemicals Co.)	透光率（厚3.2mm）85%，在热水中浸泡1年，透明性基本无变化，使用温度 -40～122℃，坚韧、尺寸稳定，耐化学药品，可注射或挤出成型	
Capron C100 透明尼龙	美国阿尔迪公司（Allied Co.）	结晶型尼龙6，透明性好，耐化学药品	
Gelon A100 透明尼龙	美国通用电气型塑料公司（GE Plastics Co., Ltd.）	相对密度1.16，弯曲弹性模量315.3MPa，悬臂梁缺口冲击强度37.4J/m，热变形温度101℃	
Bacp 9/6 透明尼龙	美国菲利浦石油公司（Phillips Petroleum）	透明性好，具有较好的力学性能和耐化学药品性，可注射或挤出成型	

表 3.4-39 瑞士埃姆斯化学公司 Grivoryc 透明尼龙的性能与应用

牌号	拉伸屈服强度 /MPa	悬臂梁缺口冲击强度/J·cm^{-1}	热变形温度 (1.82MPa)/℃	特性	应用
G355NZ	49.0	10.4	138	超韧性品级，透明性好，可注射成型	可用于制造工程透明制品或受力透明制品
XE3038	90.2	0.343	136	高拉伸强度品级，透明性好，可注射成型	可用于制造工程结构透明制品

表 3.4-40 上海龙马工程塑料有限公司尼龙6/尼龙66共聚物的性能与应用

牌号	拉伸强度 /MPa	悬臂梁缺口冲击强度/J·m^{-1}	热变形温度 (1.82MPa)/℃	特性	应用
B216、B217、B218		45	67	通用品级，可注射或挤出成型	用于制造通用制品
B216 V20	140		230	20%玻璃纤维增强高强度高温品级，可注射成型	用于制造高强度耐高温工程制品
B216 V30 B216 V40	160	100	230	30%和40%玻璃纤维增强，高刚性，高冲击强度，耐高温品级，可注射成型	用于制造刚韧兼备的耐高温工程承力制品
B218 M×30 B218 M×25V5 B250MT16	86		180	矿物改性品级，性能均衡，可注射成型	可用于制造工程制品
B230	50	60	65	超韧性品级，可注射成型	用于制造工程承力零部件

表 3.4-41　上海日之升新技术发展公司改性尼龙牌号、性能及应用

	牌号	拉伸强度/MPa	悬臂梁缺口冲击强度/J·m^{-1}	热变形温度(1.82MPa)/℃	成型收缩率(%)	特性	应用
耐磨尼龙/弹性体合金	AF$_3$	75	50	70	1.0~1.8	20%弹性体增韧尼龙66,耐磨性好,摩擦因数降低50%,pv值高,噪声小,可注射成型	可用于制造齿轮、轴套、滑块和活塞等部件
	AF$_3$G$_5$	140	120	243	0.3~0.7	20%弹性体增韧,25%玻璃纤维增强尼龙66品级,耐高温、耐磨、抗冲击,机械强度比AF$_3$高,可注射成型	可用于制造工程结构部件和耐高温部件
	BF$_3$	70	55	60	1.0~1.8	20%弹性体增韧尼龙6,耐磨耗,摩擦因数小,pv值高,可注射成型	可用于制造齿轮、轴套等耐磨制品
	BF$_3$G$_5$	135	130	210	0.3~0.7	20%弹性体增韧,25%玻璃纤维增强尼龙6品级,耐热、耐磨、抗冲击,机械强度比BF$_3$高,可注射成型	可用于制造齿轮、轴承等耐磨制品
超韧性尼龙	BST320	40~50	420~600	130(0.46MPa)	0.6~1.6	20%弹性体增韧尼龙6,韧性比普通尼龙6高5~15倍,可注射成型	可用于制造耐热抗冲击制品
	BST520	42~55	600~800	130(0.46MPa)	0.6~1.6	20%弹性体增韧的高黏度尼龙6,韧性比普通尼龙高5~15倍,不受温度、缺口、应力作用的影响,可注射或挤出成型	可用于制造电动工具壳体、运动器材和带有嵌件的零部件
	ST320	42~48	800~900	>180(0.46MPa)	0.6~1.6	20%弹性体增韧尼龙66,性能不受温度、缺口、应力因素的影响,可注射成型	可用于制造运动器具、纺织器材和带有嵌件的零部件

表 3.4-42　国产尼龙合金牌号、性能及应用

公司名称	牌号	拉伸强度/MPa	悬臂梁缺口冲击强度/J·m^{-1}	热变形温度(1.82MPa)/℃	特性	应用
上海杰事杰新材料股份有限公司(尼龙合金)	HTPA	64	≥100	80	PA/PP合金,冲击强度高,可代替尼龙1010,可注射成型	可用于制造抗冲击制品,如电动工具外壳体、轴承保持架、齿轮、阀体、旱冰鞋滚轮、冰鞋刀座等
	STPA	55	≥800	71	PA/EPDM合金,超韧性品级,与美国杜邦公司的ST-801相媲美,可注射成型	
北京燕山石化公司树脂应用研究所(PA6/聚烯烃合金)	N50	45	≥950	>120(0.46MPa)	超韧性品级,耐磨,成型前不用干燥,可注射成型	可用于制造工程耐磨制品
	N100	48	950	147(0.46MPa)		
	N200	50	>950	150(0.46MPa)	超韧性品级,耐磨,成型前不用干燥,可注射成型	可用于制造工程耐磨结构制品
	N300	51	>950	153(0.46MPa)	超韧性品级,耐热耐磨性好,吸水率小,可注射成型	可用于制造工程耐热耐磨制品
	N400	54	260	165(0.46MPa)	耐热抗冲击品级,吸水率小,可注射成型	可用于制造工程制品,一般耐磨、自润滑制品等

(续)

公司名称	牌号	拉伸强度 /MPa	悬臂梁缺口冲击强度 /J·m^{-1}	热变形温度 (1.82MPa) /℃	特性	应用
上海合成树脂研究所（超韧性尼龙）	PA66	45.5	60 (kJ/m^2)	≥55	增韧改性品级，耐磨性好，可注射成型	可用于制造抗冲击制品
	PA6	45	60 (kJ/m^2)	≥55	增韧改性品级，耐磨性好，可注射成型	可用于制造耐磨抗冲击制品
上海龙马工程塑料有限公司（超韧性尼龙）	A148MT30	65	10	68	增韧改性尼龙66，可注射成型	可用于制造工程制品
	A230	70	60	70	增韧改性尼龙66，抗冲击，可注射成型	可用于制造工程结构制品
	A240	47	600	65	增韧改性尼龙66，超高韧性品级，可注射成型	可用于制造承力件和各种抗冲击制品
	A250	60	60	65	增韧改性尼龙6，可注射成型	可用于制造各种抗冲击制品
海尔科化工程塑料国家工程中心（尼龙合金）	KHPA6-E122	60	120	165 (0.46MPa)	增韧尼龙6品级，抗冲击强度高，耐磨、耐油，可注射成型	可用于制造冷库用零部件、冬季体育用品、接插件、齿轮、轴承、电动工具外壳体、汽车发动机罩、阀门、管、泵等
	KHPA6-E261	50	500	160 (0.46MPa)	超韧性尼龙6品级，耐磨、承力、耐油，可注射成型	
	KHPA6-E381	40	900	145 (0.46MPa)	超韧性尼龙6品级，尺寸稳定，耐磨、耐油，可注射成型	
	KHPA66-E222	54	200	160 (0.46MPa)	增韧尼龙66品级，抗冲击，耐磨、耐油，可注射成型	
	KHPA66-E332	45	300	150 (0.46MPa)	超韧性尼龙66品级，耐磨、承力、耐油，可注射成型	

表 3.4-43 美国改性尼龙的牌号、性能及应用

公司	牌号	拉伸屈服强度/MPa	悬臂梁缺口冲击强度/ kJ·m^{-1}	热变形温度 (1.82MPa) /℃	特性	应用
美国阿谢力聚合物公司（Ashley）超韧性尼龙	527LD	51	1.01	68	增韧改性尼龙66品级，抗冲击、耐油、耐磨，可注射成型	可用于制造工程结构制品或抗冲击制品
	527D	47	1.01	68	增韧改性尼龙66品级，抗冲击、耐油、耐磨，可注射成型	可用于制造工程抗冲击制品
	734D	56	0.533	56	增韧改性尼龙6品级，相对密度为1.07，伸长率30%，耐油性好，可注射成型	可用于制造抗冲击制品
	737	55	0.533	55	增韧改性尼龙6品级，相对密度1.10，伸长率10%，耐磨、耐油，可挤出成型	可用于制造一般抗冲击制品
	738D	59	0.75	63	增韧改性尼龙6品级，相对密度1.08，伸长率10%，耐磨、耐油，可注射成型	可用于制造工程制品和抗冲击制品

(续)

	牌号	拉伸屈服强度/MPa	悬臂梁缺口冲击强度/J·m⁻¹	热变形温度(0.46MPa)/℃	特性	应用
美国切索公司(Chisso Inc.) Anpnite PA/PP 合金	H200K	132	127	160	25%玻璃纤维增强、矿物填充品级，强度高、抗冲击、耐热、吸水率低，可注射或挤出成型	可用于制造工程制品
	H200B	159	176	160	35%玻璃纤维增强、矿物质填充品级，强度、抗冲击性、耐热性均高于H200K，可注射或挤出成型	可用于制造高强度结构制品
	H200R	168	176	160	45%玻璃纤维增强、矿物质填充品级，刚性高、耐热性好、尺寸稳定性强，可注射或挤出成型	可用于制造高强度、耐热结构制品
	W100B	169	203	201	35%玻璃纤维增强、矿物质填充品级，刚性、耐热性好，抗冲击强度高于H200R，可注射或挤出成型	可用于制造高强度、耐高温结构制品

2.10 玻璃纤维增强聚碳酸酯（PC）（见表3.4-44～表3.4-50）

表 3.4-44 玻璃纤维增强聚碳酸酯复合材料的性能及应用

性能	测定法 ASTM	长纤维粒料纤维含量			短纤维粒料纤维含量		
		20%	30%	40%	20%	30%	40%
相对密度	D792	1.33	1.42	1.51	1.33	1.42	1.52
拉伸强度/MPa	D638	100~125	130~150	140~160	90~100	110~130	120~140
伸长率（%）	D638	<5	<5	<5	<5	<5	<5
弯曲强度/MPa	D790	140~180	180~220	200~240	130~160	150~190	190~210
落球冲击强度（厚3mm）/MPa		40	40	50	40	50	50
抗弯疲劳强度（10^3次）/MPa		26.0	34.0	42.0	23.0	30.0	40.0
洛氏硬度	D789	R124 M98	R124 M98	R122 M98	R124 M98	R124 M98	R122 M98
热变形温度（1.85MPa）/℃	D648	142~150	142~150	142~150	142~150	142~150	142~150
热收缩率（%）	120℃, 50h	0.01~0.05	0.01~0.05	0.01~0.05	0.01~0.05	0.01~0.05	0.01~0.05
成型收缩率（%）		0.10~0.20	0.05~0.15	0.02~0.08	0.10~0.40	0.05~0.30	0.02~0.25
击穿电压（厚3mm）/kV·mm⁻¹		23.5	24.6	24.2	24.2	22.8	24.0
耐电弧性/s	JISK6911	111	115	115	110	112	113
特性及应用举例	聚碳酸酯（PC）具有良好的耐冲击性、耐热性、透明性、耐蠕变性、尺寸稳定性及自熄性等特点，但耐开裂性和耐蚀性较差。玻璃纤维增强聚碳酸酯明显地提高了耐开裂性，其拉伸强度、弯曲强度、疲劳强度等力学性能也得到很大的提高，耐热性大幅度提高，成形收缩率有所降低，冲击强度稍有下降，制品的透明性低。玻璃纤维增强聚碳酸酯的性能明显优于纯聚碳酸酯，广泛用于机械、仪表、电子电气等部门，可代替铜、锌、铝等压铸负荷铸件及嵌入金属制品，如制作小模数齿轮、凸轮、齿条、机械设备外壳及护罩、水泵叶轮、水泵泵体、纺织机轴瓦、电动工具外壳，家用电器、电子计算机、电视机、电话机、高压开关等的零部件						

表 3.4-45 天津有机化工二厂光气法 PC 的性能

项目		JTG-1		JTG-2		JTG-3		JTG-4	
		一级品	二级品	一级品	二级品	一级品	二级品	一级品	二级品
外观		微黄透明颗粒							
透光率（%）	≥	70	50	70	50	70	50	70	50
热降解率（%）	≤	10	15	10	15	13	18	13	18
马丁耐热/℃	≥	110	110	110	110	115	115	115	115
悬臂梁缺口冲击强度/kJ·m⁻¹	≥	0.45	0.45	0.45	0.45	0.55	0.55	0.55	0.55
拉伸强度/MPa	≥	62	62	62	62	62	62	62	62
断裂伸长率（%）	≤	80	80	80	80	80	80	80	80
弯曲强度/MPa	≥	90	90	90	90	90	90	90	90
体积电阻率/10^{15}Ω·cm	>	1.0	1.0	1.0	1.0	1.0	1.0	1.0	1.0
损耗角正切（1MHz）	≤	1×10^{-2}	1×10^{-2}	1×10^{-2}	1×10^{-2}	1×10^{-2}	1×10^{-2}	1×10^{-2}	1×10^{-2}

表 3.4-46 上海染料化工二厂聚碳酸酯性能

项目	T-1230	T-1260	T-1290	TX-1005
相对密度	1.2	1.2	1.2	1.2
吸水性（%）	0.2~0.3	0.2~0.3	0.2~0.3	0.2~0.3
屈服拉伸强度/MPa	60	60	60	58
断裂拉伸强度/MPa	58	58	58	50
伸长率（%）	70~120	70~120	70~120	60~120
弯曲强度/MPa	91	91	91	90
拉伸弹性模量/GPa	2.2	2.2	2.2	2.1
弯曲弹性模量/GPa	1.6	1.7	1.7	
压缩强度/MPa	70~80	70~80	70~80	60~75
剪切强度/MPa	50	50	50	50
简支梁冲击强度/kJ·m^{-2}				
无缺口	不断	不断	不断	
缺口	45	50	50	60
硬度（布氏）HBW	95	95	95	90
Taber磨耗/mg·(1000r)$^{-1}$	10~13	10~13	10~13	
热变形温度/℃	126~135	126~135	126~135	115~125
马丁耐热/℃	115	115	105	
模塑收缩率（%）	0.5~0.8	0.5~0.8	0.5~0.8	0.5~0.8
长期使用温度/℃	-60~120	-60~120	-60~120	
脆化温度/℃	-100	-100	-100	
熔点/℃	220~230	220~230		
玻璃化温度/℃	145~150	145~150	145~150	
热导率/W·(m·K)$^{-1}$	0.142	0.142	0.142	
比热容/kJ·(kg·K)$^{-1}$	1.09~1.26	1.09~1.26	1.09~1.26	
线胀系数/10^{-5}K^{-1}	5~7	5~7	5~7	5~7
光线透过率（%）	85~90	85~90	85~90	
折射率	1.5872	1.5872	1.5872	
耐辐射（7.74×10^{4}Ci/kg）	变棕红	变棕红	变棕红	
耐电弧性/s	10~120	1.0~120	10~120	10~120
介电强度/kV·mm^{-1}	18~22	18~22	18~22	18~22
体积电阻率Ω·cm	5×10^{16}	5×10^{16}	5×10^{16}	5×10^{16}
介电常数（1MHz）	2.8~3.1	2.8~3.1	2.8~3.1	2.8~3.1
损耗角正切（1MHz）	1×10^{-2}	1×10^{-2}	1×10^{-2}	1×10^{-2}
自熄性	自熄	自熄	自熄	自熄

表 3.4-47 德国拜耳公司聚碳酸酯性能

项 目	测试方法(DIN)	3100 3200	8020	8030	8320	8344	9310	9410
玻璃纤维含量(质量分数,%)			20	30	20	35	10	10
拉伸强度/MPa	53455	>65	55	70	100	100	70	70
伸长率(%)	53455	>110	7	3.5	3.8	3.8	8	7
压缩强度/MPa	53454	>80	100	110	125	125	105	105
弯曲强度/MPa	53452		120	130	160	160	130	130
拉伸弹性模量/GPa	53457	2.3	3.9	5.5	6.0	9.5	3.5	3.5
拉伸蠕变弹性模量/MPa	53444	>40						
缺口冲击强度/kJ·m^{-2}	53444	1.6						
球压痕硬度/MPa	53453	>35	7	6	15	6	15	15
	53456	110	140	145	140	155	125	125
线胀系数(-50~90℃)/10^{-5}K^{-1}	53752	65	45	27	27	20	32	32
热导率/W·(m·K)$^{-1}$	52612	0.21	0.23	0.24	0.23	0.25	0.23	0.23
比热容/kJ·(kg·K)$^{-1}$		1.17	1.13	1.09	1.13	1.09	1.13	1.13
维卡软化温度/℃	53460	150			150			150
热变形温度/℃	53461							
1.81MPa		138			147	147	150	147
0.45MPa		142			153		155	153
燃烧性	(ASTMD635)							
燃烧时间/s		5			5		<5	
燃烧距离/mm		15			15		10	
氧指数(%)	(ASTM2863)		30	32	34	34	34	36
密度/g·cm^{-3}	53479	0.36	1.35	1.44	1.35	1.51	1.27	1.27
吸水率(%)	53495	>30	0.29	0.29	0.29	0.27	0.32	0.32
介电强度(50Hz)/kV·mm^{-1}	53481							
表面电阻率/Ω	53482	>10^{15}			>10^{14}			
体积电阻率/Ω·cm	53482	>10^{16}			>10^{16}			
介电常数	53483							
50Hz		3.0	3.2	3.3	3.2	3.8	3.1	3.2
1kHz		3.0	3.2	3.3	3.2	3.8	3.1	3.2
1MHz		2.9	3.2	3.3	3.2	3.6	3.0	3.0
损耗角正切	53483							
50Hz		9×10^{-4}	9×10^{-4}	10×10^{-4}	9×10^{-4}	9×10^{-4}	10×10^{-4}	9×10^{-4}
1kHz		10×10^{-4}	10×10^{-4}	10×10^{-4}	11×10^{-4}	10×10^{-4}	10×10^{-4}	10×10^{-4}
1MHz		11×10^{-3}	11×10^{-3}	12×10^{-3}	9×10^{-3}	9×10^{-3}	7×10^{-3}	8×10^{-3}
耐电弧径迹	53480							
kB/A		100~125		100~125				
kC/F		250~300		150~175				

表 3.4-48　玻璃纤维增强聚碳酸酯性能

项目		玻璃纤维含量（质量分数,%）		
		0	30 长纤维	30 短纤维
密度/g·cm^{-3}		1.20	1.45	1.45
拉伸强度/MPa		56~66	130~140	110~120
拉伸模量/GPa		2.1~2.4	10	6.5~7.5
断裂伸长率（%）		60~120	<5	<5
弯曲强度/MPa		80~95	170~180	140~150
压缩强度/MPa		75~85	120~130	100~110
冲击强度（缺口）/kJ·m^{-2}		15~25	10~13	7~9
负荷变形温度/℃	0.46MPa	140~145	155	150
	1.86MPa	130~135	146	140
线胀系数/10^{-5}K^{-1}		7.2	2.4	2.3
热导率/W·(m·K)$^{-1}$		0.20	0.13	
体积电阻率/Ω·cm		2.1×10^{16}	1.5×10^{15}	1.5×10^{15}
相对介电常数（1MHz）		2.9	3.45	3.42
损耗角正切（1MHz）		8.3×10^{-3}	7.0×10^{-3}	6.0×10^{-3}
介电强度/kV·mm^{-1}		18	19	
成型收缩率（%）		0.5~0.7		0.2~0.5
吸水率（%）		0.15	0.1	

表 3.4-49　上海中联化工厂酯交换法 PC 的性能

项目		T1230	T1260	T1290	TE 型	TG2610
断裂拉伸强度/MPa		58	58	58	≥57	80
伸长率（%）		70~120	70~120	70~120	70	—
弯曲强度/MPa		91	91	91		100
弯曲弹性模量/GPa		1.6	1.7	1.7		3.5
冲击强度/kJ·m^{-2}	缺口	45	50	50	≥50	7~10
	无缺口	不断	不断	不断		40
布氏硬度 HBW		95	95	95		100
热变形温度/℃		126~135	126~135	126~135	≥120	129~138
模塑收缩率（%）		0.5~0.8	0.5~0.8	0.5~0.8		0.3~0.5
长期使用温度/℃		-60~120	-60~120	-60~120		220~230
线胀系数/10^{-5}K^{-1}		5~7	5~7	5~7		4~5
耐电弧/s		10~120	10~120	10~120		10~120
介电强度/kV·mm^{-1}		18~22	18~22	18~22		18~22
体积电阻率/Ω·cm		5×10^{16}	5×10^{16}	5×10^{16}		5×10^{16}
介电常数（1MHz）		2.8~3.1	2.8~3.1	2.8~3.1		3.0~3.3
损耗角正切（1MHz）		1×10^{-2}	1×10^{-2}	1×10^{-2}		1×10^{-2}
项目		TG2620	TG2630	TG2620S 型		TX1005
断裂拉伸强度/MPa		100	110	≥100		50
伸长率（%）		—				60~120

(续)

项目	TG2620	TG2630	TG2620S 型	TX1005
弯曲强度/MPa	130	150		90
弯曲弹性模量/GPa	4.0	5.0		—
冲击强度/kJ·m^{-2} 缺口	10~17	10~17	≥10	60
无缺口	50	50		不断
布氏硬度 HBW	110	110		90
热变形温度/℃	135~145	135~150	≥138	115~125
模塑收缩率（%）	0.2~0.4	0.1~0.3		0.5~0.8
长期使用温度/℃	220~230	220~230		—
线胀系数/10^{-5}K^{-1}	3~4	2~3		5~7
耐电弧/s	10~120	10~120		10~120
介电强度/kV·mm^{-1}	18~22	18~22		18~22
体积电阻率/Ω·cm	5×10^{16}	5×10^{16}	≥5×10^{15}	5×10^{16}
介电常数（1MHz）	3.0~3.3	3.0~3.3	3.2~3.6	2.8~3.1
损耗角正切（1MHz）	1×10^{-2}	1×10^{-2}	≤1.2×10^{-2}	1×10^{-2}

注：T1230 牌号适用制作薄壁及结构复杂的工程件；TE 型由聚乙烯改性，有良好的力学性能，适于制作纺纱管等零件；T1260、T1290 等牌号适于制作各种工程零部件。

表 3.4-50　美国通用电气塑料公司 Lexan PC 的性能

系列	牌号	密度 /g·cm^{-3}	吸水性 (%)	成型收缩率 (%)	透光率 (%)	热变形温度/℃ 0.45MPa	热变形温度/℃ 1.84MPa	线胀系数 /10^{-5}K^{-1}	燃烧性 (UL94)	拉伸屈服强度
超低黏度	HF1110 HF1130	1.2	0.15	5~7	86	138	133	7	V-2	63
一般规格	1×× 2××	1.2	0.15	5~7	87	139	135	7	V-2	63
玻璃纤维增强	3412	1.35	0.16	2~3		149	146	2.3~5.3	V-1	110
	3413	1.43	0.14	1.5~2.5		151	146	2.2~5.0	V-1	130
	3414	1.52	0.12	1~2		154	146	1.8~4.0	V-1	160
阻燃	920 系列 940 系列 950 系列	1.21	0.15	5~7	85	138	132	7	V-0	63
玻璃纤维增强阻燃	500 系列	1.25	0.12	3~4	—	146	142	4.5	V-0	67
	LGN1500	1.30	0.14	2.5~3.5	—	149	146	3.5	V-0	89
	LGN2000	1.35	0.16	2~3	—	149	146	3.0	V-0	110
	LGN3000	1.40	0.18	1.5~2.5	—	151	146	2.5	V-0	130
高刚性阻燃	LGK3020	1.43	0.13	1.5~2.5	—		146	3.5	V-0	120
	LGK4000	1.52	0.12	2.5~3.0	—		142	3.0	V-0	72
	LGK4030	1.52	0.12	1.5~2.0	—		146	2.7	V-0	140
耐候	LS$_1$ LS$_2$ L	1.2	0.15	5~7	89	138	132	7	—	63

第 4 章 塑料和复合材料

(续)

系列	牌号	密度 /g·cm^{-3}	吸水性 (%)	成型收缩率 (%)	透光率 (%)	热变形温度/℃ 0.45MPa	热变形温度/℃ 1.84MPa	线胀系数 /10^{-5}K^{-1}	燃烧性 (UL94)	拉伸屈服强度
耐蒸汽	SR1000 SR1000R SR1400 SR1400R	1.2	0.15	5~7	86	139	135	7	V-2	63
导电、阻燃	LC108	1.23	—	2.0~4.0	—	—	141	3~5	V-0	95
	LC112	1.24	—	2.0~3.0	—	—	141	2~4	V-0	110
	LC120	1.28	—	1.5~2.5	—	—	141	1~3	V-0	150
	LCG2007	1.32	0.12	2.0~2.5	—	—	146	1~3	V-0	150
耐磨阻燃	LF1000	1.26	0.15	5~7	—	—	138	7	V-0	63
	LF1010	1.33	0.12	3~4	—	—	142	4	V-0	67
	LF1030	1.52	0.14	1.5~2.5	—	—	146	2.5	V-0	120
	LF1510	1.36	0.12	3~4	—	—	142	4	V-0	67
	LF1520	1.46	0.16	2~3	—	—	146	3	V-0	100
	LF1530	1.55	0.12	1.5~2.5	—	—	146	2.5	V-0	120
中空成型	EBL9001	—	—	—	—	—	132	—	—	63
	EBL2061	—	—	—	—	—	132	—	V-2	60
耐高温	PPC4501	1.2	0.16	7~8	85	160	152	9.2	V-2	66
	PPC4701	1.2	0.19	8~10	85	174	163	8.1	HB	66
光盘用	OQ1020L	1.2	—	5~7	90	—	120	—	—	64
	OQ1010	1.2	—	5~7	90	—	132	—	V-2	63
	OQ2220	1.2	—	5~7	89	—	129	—	V-2	62
	OQ2320	1.2	—	5~7	89	—	132	—	V-2	62
	OQ2720	1.2	—	5~7	89	—	132	—	V-2	62
计算机、办公用	BE1130	1.2	—	6~8	—	—	110	—	V-0	62
	EB2130	1.2	—	6~8	—	—	110	—	V-0	55

系列	牌号	伸长率 (%) 屈服	伸长率 (%) 断裂	弯曲强度 /MPa	弯曲弹性模量 /GPa	悬臂梁缺口冲击强度 /J·m^{-1}	介电常数 60Hz	介电常数 1MHz	损耗角正切 60Hz	损耗角正切 1MHz	体积电阻率 /Ω·cm
超低黏度	HF110 FH1130	6~8	110	94	2.4	750	3.2	3.0	0.9×10^{-3}	1×10^{-2}	10^{16}
玻璃纤维增强	3412	—	4~6	130	5.6	110	3.2	3.1	0.9×10^{-3}	1.1×10^{-3}	10^{16}
	3413	—	3~5	160	7.7	110	3.3	3.3	1.1×10^{-3}	0.7×10^{-3}	10^{16}
	3414	—	3~4	180	9.8	140	3.5	3.4	1.3×10^{-3}	0.67×10^{-3}	10^{16}
阻燃	920系列 940系列 950系列	6~8	90	92	2.3	650	3.0	3.0	0.9×10^{-3}	10×10^{-3}	10^{16}
玻璃纤维增强阻燃	500系列	8~9	10~20	105	3.5	110	3.1	3.1	0.8×10^{-3}	7.5×10^{-3}	10^{16}
	LGN1500	—	4~6	118	4.6	110	3.2	3.1	0.9×10^{-3}	7.3×10^{-3}	10^{16}
	LGN2000	—	4~6	130	5.6	110	3.2	3.1	0.9×10^{-3}	7.3×10^{-3}	10^{16}
	LGN3000	—	3~5	160	7.7	110	3.3	3.3	1.1×10^{-3}	7.0×10^{-3}	10^{16}

(续)

系列	牌号	伸长率（%） 屈服	伸长率（%） 断裂	弯曲强度 /MPa	弯曲弹性模量 /GPa	悬臂梁缺口冲击强度 /J·m^{-1}	介电常数 60Hz	介电常数 1MHz	损耗角正切 60Hz	损耗角正切 1MHz	体积电阻率 /Ω·cm
高刚性阻燃	LGK3020	—	3~5	150	6.7	110	3.3	—	1.1×10^{-3}	—	10^{16}
	LGK4000	—	8	120	7.3	50	—	—	—	—	—
	LGK4030	—	3~5	170	8.6	110	3.5	—	1.3×10^{-3}	—	10^{16}
耐候	LS$_1$ LS$_2$ L	6~8	100	95	2.4	870	3.2	3.0	0.9×10^{-3}	1×10^{-2}	10^{16}
耐蒸汽	SR1000 SR1000R SR1400 SR1400R	6~8	110	94	2.4	650~870	3.2	3.0	0.9×10^{-3}	1×10^{-2}	10^{16}
导电、阻燃	LC108	—	—	140	5.5	80	—	—	—	—	$10^{4~6}$
	LC112	—	—	165	7.0	80	—	—	—	—	$10^{1~5}$
	LC120	—	3~5	220	10	80	—	—	—	—	$10^{1~5}$
	LCG2007	—	5~7	180	12	80	—	—	—	—	$10^{1~3}$
耐磨阻燃	LF1000	—	90	94	2~4	200	—	—	—	—	10^{16}
	LF1010	—	10~20	105	3.5	150	—	—	—	—	10^{16}
	LF1030	—	3~5	160	7.7	110	—	—	—	—	10^{16}
	LF1510	—	10~20	105	3.5	150	—	—	—	—	10^{16}
	LF1520	—	4~6	130	5.6	110	—	—	—	—	10^{16}
	LF1530	—	3~5	160	7.7	110	—	—	—	—	10^{16}
中空成型	EBL9001	—	—	—	2.4	650	—	—	—	—	—
	EBL2061	—	—	—	2.4	840	—	—	—	—	—
耐高温	PPC4501	—	122	96	2.0	540	—	—	1.2×10^{-3}	24×10^{-3}	—
	PPC4701	—	78	97	2.3	540	—	—	1.6×10^{-3}	26×10^{-3}	—
光学用	OQ1020L	—	40	—	2.1	210	—	—	—	—	—
	OQ1010	—	40~80	98	2.2	—	—	—	—	—	—
	OQ2220	—	125	98	—	—	—	—	—	—	—
	OQ2320	—	130	98	2.4	—	—	—	—	—	—
	OQ2720	—	135	98	2.4	—	—	—	—	—	—
计算机、办公用	BE1130	—	—	93	2.2	640	—	—	—	—	—
	EB2130	—	—	93	2.2	270	—	—	—	—	—

2.11 聚甲醛（POM）（见表3.4-51~表3.4-54）

表 3.4-51 POM 牌号、性能及应用

序号	牌号	拉伸强度 /MPa	悬臂梁缺口冲击强度 /J·cm^{-1}	马丁耐热温度/℃	特性	应用
1	M250	55	1.5	55	韧性高，抗冲击强度好，熔体流动性好，注射级、挤出级	型材、机械零部件
2	M900	55	1.5	55	熔体流动速率在 4~14g/10min，抗冲性好，注射级	齿轮、轴线、线圈、水暖零配件、喷雾器等

(续)

序号	牌号	拉伸强度 /MPa	悬臂梁缺口冲击强度 /J·cm^{-1}	马丁耐热温度/℃	特性	应用
3	M1700	55	1.5	55	MI=14~33g/10min, 抗冲性好, 注射级	小型薄壁制品、POM拉链
4	M25	60	1.5	53	韧性好, 注射和挤出级	型材、板材、电子、电器、机械零件
5	M60	60	1.5	53	MI=3.5~7.5g/10min 韧性好, 注射和挤出级	型材、板材、电子、电器、机械零件
6	M90	60	1.5	53	MI=7.5~10.5g/min 加工性好, 注射级	一般通用制品
7	M120	60	1.5	53	MI=10.5~14g/10min 易成型, 注射级	一般通用制品
8	高润滑级	40~60	6~10	>90	改性POM比未改性POM润滑性提高3倍, 摩擦因数低1倍, 强度不变, 注射级	滑块、轴套、齿轮、导轨等
9	玻璃纤维增强级	≥80	—	150	机械强度高, 尺寸稳定性好, 耐热耐腐蚀性好, 成型收缩率低, 注射级	汽车和电子、电器零件
10	轿车衬管专用料	>60	—	—	衬管表面有光泽, 管内外光滑、柔韧适中, 钢丝磨破管子次数达1.7万次, 注射级	轿车衬管

注: 本表序号1~3为上海太平洋化工集团上海溶剂厂产品; 4~7为吉林石井沟联合化工厂产品; 8~10为成都有机硅研究中心改性POM产品。

表3.4-52 玻璃纤维增强聚甲醛复合材料性能及应用

性能	均聚物	共聚物	冲击改性均聚物	冲击改性共聚物	20%玻璃纤维增强均聚物	25%玻璃纤维偶联共聚物
断裂抗张强度/MPa	66.8	—	44.8~57.9	—	58.6~62.0	110.3~127.5
断裂伸长率(%)	25~75	40~75	60~200	60~150	6~7	2~3
抗张屈服强度/MPa	65.5~82.7	60.6~71.7	—	20.6~55.1	—	—
压缩强度(断裂或屈服)/MPa	107.5~124.1 (含10%玻璃纤维)	110.3 (含10%玻璃纤维)	—	—	124.1 (含10%玻璃纤维)	117.2 (含10%玻璃纤维)
弯曲强度(断裂或屈服)/MPa	93.1~96.5	89.6	—	—	103.4~110.3	124.1~193.0
悬臂梁缺口冲击强度/J·m^{-1}	64.0~122.6	42.6~80.0	112.0~906.7	90.6~149.3	42.6~53.3	53.3~96.0
洛氏硬度	M92~94	M78~90	M58~79	M40~70	M90	M79, R110
线胀系数/10^{-6}℃$^{-1}$	100	61~85	110~122	—	36~81	20~44
1.82MPa负荷下的热变形温度/℃	123.8~126.6	85~121.1	90~100	55.5~90.5	157.2	160~162.7
热导率/10^{-4}cal·(s·cm·℃)$^{-1}$	5.5	5.5				

（续）

性能	均聚物	共聚物	冲击改性均聚物	冲击改性共聚物	20%玻璃纤维增强均聚物	25%玻璃纤维偶联共聚物
密度/g·cm^{-3}	1.42	1.41	1.34~1.39	1.29~1.39	1.54~1.56	1.58~1.61
吸水率(24h)(%)	0.25~0.40	0.20~0.22	—	0.31~0.41	0.25	0.22~0.29
介电强度（短时间）[1]/V·mil^{-1}	500	500	400~480	—	490	480~580
特性及应用举例	聚甲醛强度高、刚度和硬度均好，耐蠕变性优良，耐疲劳，耐磨性好，吸水率低，尺寸稳定性好。玻璃纤维增强聚甲醛性能明显提高，耐疲劳提高2倍，高温耐蠕变特性更好，性能可与锌、铝相匹配。电绝缘性优良。可替代铝、锌、铜等制作各种机械零件，在汽车工业、电器工业和机械工业广泛用于制造传动零件，如轴承、支架、齿轮、齿条、凸轮等；农药机械、化工机械中的各种零件、各种化工管道零件；电机和电器工业中制造各种零件、轴承及精密零件等					

[1] 1mil = 25.4μm。

表 3.4-53　增强共聚甲醛的性能

项目		M90-02（未增强）	玻璃纤维增强 510GR[1]	玻璃纤维增强 525GR[1]	玻璃纤维增强 GC-25	碳纤维增强 CE-20	碳纤维增强 CR-20
纤维含量（%）		0	10	25	25	20	20
相对密度		1.41	1.49	1.60	1.61	1.44	1.44
拉伸强度/MPa		62		151	130	76	120
拉伸模量/GPa		6	6.1	9.0	0.3	0.2	0.25
断裂伸长率（%）				5	3.2		
弯曲强度/MPa		100			197	116	
弯曲模量/GPa		2.88	4.3	8.0	8.8	6.0	6.3
冲击强度/J·m^{-1}	无缺口	1140			440	340	500
	缺口	65	56	96	86	44	60
负荷变形温度/℃	1.86MPa	110	164	172	163	161	162
	0.46MPa	158	174	176	166	165	165
线胀系数/10^{-5}K^{-1}	流动方向	0.15		0.029	0.02	0.02	0.02
	垂直方向	0.14		0.083	0.08	0.09	0.09
表面电阻率/Ω		1.3×10^{14}		2×10^{15}	1.2×10^{14}	10^{12}	
体积电阻率/Ω·cm		1.3×10^{16}		4×10^{13}	3.8×10^{15}	10^{12}	

[1] 杜邦公司牌号，数据摘自该公司2012年产品目录。

表 3.4-54　短纤维增强聚甲醛的耐磨性能

纤维、润滑剂（质量分数）	磨损因子(23℃)/(10^{-8}cm^3·min·(m·kg·h)$^{-1}$	摩擦因数 静态(23℃,276kPa)	摩擦因数 动态(23℃,276kPa, 15.2m/min)	pv极限(23℃, 30.5m/min)/10^{-3}kPa·m·s^{-1}	负荷变形温度(1.82MPa)/℃	吸水率(24h)(%)
无	77	0.14	0.21	51	110	0.22
30%玻璃纤维	290	0.25	0.34	—	163	0.60
30%玻璃纤维+15%PTFE	237	0.2	0.28	256	160	0.27
20%碳纤维	47	0.11	0.14	292	160	0.50

2.12 聚醚酰亚胺（PEI）（见表3.4-55）

表 3.4-55　PEI 牌号、性能及应用

加工级别	牌号	密度 /g·cm^{-3}	屈服抗张强度/MPa	屈服伸长率(%)	悬臂梁缺口冲击强度/J·m^{-1}	0.46MPa下热变形温度/℃	性能、用途
挤出和注射模塑级	Ultem 9076	—	94.4	—	106.6	190.5*	耐化学性好、低烟度、宇航级
	Ultem 9065	1.32	—	—	160.0	—	耐化学性好、高抗冲击性、低烟度、航空级
	Ultem AR9100	1.32	119.9	5	53.3	208.8*	阻燃、低烟、航空级、含10%玻璃纤维
	Ultem 1010	1.27	104.8	7	32.0	207.2	通用级、高流动、阻燃V-0级
	Ultem CRS 5111	1.36	113.7	—	37.3	217.2*	耐酸、耐化学性好、通用级、含10%玻璃纤维、阻燃V-0/5V级
	Ultem 1000	1.27	104.8	7	53.3	210	通用级、耐热、阻燃V-0/5V级
	Ultem CRS 5101	1.35	113.7	—	58.6	217.7*	耐酸、耐化学性好、通用级、含10%玻璃纤维、阻燃V-0/5V级
	Ultem 8015	1.29	—	—	48.0	190*	耐化学性好、低烟、航空级
	Ultem CRS 5001	1.28	99.9	—	53.3	208.8*	耐酸、耐化学性好、医用级、阻燃V-0级
	Ultem CRS 5311	1.52	165.4	—	80.0	217.7*	耐酸、耐化学性好、通用级、含30%玻璃纤维、阻燃V-0/5V级
	Ultem CRS 5201	1.42	137.9	—	85.3	221.1*	耐酸、耐化学性好、通用级、含20%玻璃纤维、阻燃V-0/5V级
	Ultem CRS 5301	1.51	165.4	—	90.6	221.1*	耐酸、耐化学性好、通用级、含30%玻璃纤维、阻燃V-0/5V级
	Ultem CRS 5011	1.28	99.9	—	32.0	204.4*	耐酸、耐化学性好、医用级、高流动、阻燃V-0级
挤出、管材级	Ultem 8601	1.31	101.3	—	53.3	200*	冲击改性、低烟、含掺混物、阻燃V-0/5V级
注射模塑级	Ultem 3254	1.42	—	—	32.0	205*	尺寸稳定、低翘曲、电器级、含20%矿物、阻燃V-0级
	Ultem 7201	1.34	—	—	53.3	212.2*	通用级、含20%碳纤维
	Ultem 7801	1.37	172.3	2	53.3	210*	通用级、导电、含25%碳纤维
	Ultem AR9400	1.59	168.9	2	80.0	210*	阻燃、低烟、航空级、含40%玻璃纤维
	Ultem CRS5312	1.51	—	—	37.3	217.2*	耐酸、耐化学性好、通用级、耐热、含30%研磨玻璃
	Ultem CRS5212	1.42	—	—	42.6	210*	耐化学性好、尺寸稳定、通用级、含20%研磨玻璃
	Ultem 2110	1.74	114.4	5	53.3	210	通用级、含10%玻璃纤维、阻燃V-0级
	Ultem AR9300	1.49	155.1	3	80.0	210*	阻燃、低烟、航空级、含30%玻璃纤维

(续)

加工级别	牌号	密度 /g·cm^{-3}	屈服抗张强度/MPa	屈服伸长率(%)	悬臂梁缺口冲击强度/J·m^{-1}	0.46MPa下热变形温度/℃	性能、用途
注射模塑级	Ultem 2300	1.51	168.9	—	106.6	212.2	尺寸稳定、通用级、可模塑、含30%玻璃纤维、阻燃V-0级
	Ultem 2200	1.42	138.5	—	85.3	210	医用级、可模塑、刚性/韧性大、含20%玻璃纤维、阻燃V-0级
	Ultem 3451	1.66	106.8	—	53.3	210*	尺寸稳定、通用级、低翘曲、含45%碳物、阻燃V-0级
	Ultem 3452	1.66	128.2	—	48.0	213.8*	尺寸稳定、通用级、低翘曲、含45%矿物、玻璃纤维、阻燃V-0级
	Ultem 2100	1.34	114.4	5	58.6	210	尺寸稳定、通用级、可模塑、刚性/韧性大、含10%玻璃纤维、阻燃V-0级
	Ultem 2212	1.43	79.2	—	48.0	207.7*	尺寸稳定、通用级、低翘曲、电器级、含20%玻璃纤维、阻燃V-0级
	Ultem AR9200	1.4	144.7	3	80.0	215.5*	阻燃、低烟、航空级、含20%玻璃纤维
	Ultem 4001	1.33	—	—	64.0	195*	低摩擦因数、通用级、润滑、耐磨损、阻燃V-0/5V级
	Ultem HP700	1.27	104.8	—	53.3	200*	耐化学性好、清洁、可着色、医用级、阻燃V-0/5V级
	Ultem 6200	1.43	144.7	—	85.3	225	耐化学性好、通用级、热稳定、含20%玻璃纤维、阻燃V-0级
	Ultem 9075	—	93.0	—	85.3	190.5*	耐化学性好、低烟、航空级
	Ultem 2410	1.61	186.1	—	112.0	215.5	通用级、含40%玻璃纤维、阻燃V-0级
	Ultem 6000	1.29	103.4	7.5	42.6	221.1	耐化学性好、通用级、热稳定、电器级、阻燃V-0级
	Ultem 9070	1.27	96.5	—	53.3	185*	耐化学性好、冲击改性、阻燃、低烟
	Ultem 4000	1.7	—	—	69.3	211.1*	低摩擦因数、通用级、热稳定、耐磨损、含玻璃纤维、阻燃V-0级
	Ultem 2210	1.42	139.9	—	85.3	210	通用级、含20%玻璃纤维、阻燃V-0级
	Ultem 6202	1.42	96.5	—	42.6	215.5*	耐化学性好、含玻璃纤维、热稳定、含20%矿物
	Ultem 2312	1.51	75.8	—	32.0	205	尺寸稳定、通用级、低翘曲、电器级、含30%玻璃纤维、阻燃V-0级
	Ultem 2400	1.61	186.1	—	112.0	215.5	尺寸稳定、通用级、刚性/韧性大、含40%玻璃纤维、阻燃V-0级
	Ultem 7700	1.33	144.7	3	53.3	210*	通用级、导电、含15%碳纤维

注：1. 本表为美国通用电气塑料公司产品，该公司为世界首先进行PEI工业化生产的企业，我国上海市合成树脂研究所已开发成功。
2. 带"＊"者为1.82MPa负荷下的热变形温度。

2.13 聚酰亚胺（PI）（见表 3.4-56 ~ 表 3.4-62）

表 3.4-56　聚酰亚胺（PI）的分类、特性及应用

项目	热固性聚酰亚胺	热塑性聚酰亚胺	改性聚酰亚胺
	聚酰亚胺（PI）分为芳香族和脂肪族两类，芳香族聚酰亚胺可分为热固性聚酰亚胺、热塑性聚酰亚胺和改性聚酰亚胺三类。聚酰亚胺是一种具有很好综合工程性能的优质材料，可以制造成增强纤维塑料、模塑料、层压料、薄膜、泡沫料、注射及挤压成型各种塑料制品，在精密机械、电子、电气、航空航天工程中得到应用。从目前来看，此种材料成型加工困难、成本较高		
特性	深褐色不透明固体，力学性能、耐疲劳性好，有良好的自润滑性、耐磨性，摩擦因数小且不受湿度、温度的影响，冲击强度高，但对缺口敏感，耐热性优异，可在 -269 ~ 300℃ 长期使用，热变形温度高达 343℃，耐辐射，不冷流，不开裂，电绝缘性优异，阻燃，成型收缩率、线胀系数小，尺寸稳定性好，吸水率低，化学稳定性好，耐臭氧、耐细菌侵蚀，耐溶剂性好，但易受碱、吡啶等侵蚀，成型加工困难、成本高。可模压、流延成膜、浸渍、浇注、涂覆、机加工、粘接、发泡 产品包括均苯型 PI 和联苯型 PI 以及降冰片烯、炔基或苯炔基封端预聚物等 PI 为代表的 PI 树脂等	琥珀色固体 耐热性好，可在 -193 ~ 230℃ 长期使用，玻璃化温度为 270 ~ 280℃，高强度、耐磨性优良，冲击强度高，电缘性好，化学稳定性优良，耐溶剂、耐细菌侵蚀，可注射、挤出、模压、传递模塑、涂覆、发泡、粘接、机加工、焊接 产品包括醚酐，单、双醚酐型聚酰亚胺等	力学性能、耐磨性优异，性脆，对缺口敏感，加入石墨、MoS_2、青铜后有自润滑性，耐蠕变性好，耐热、耐寒性是塑料中最佳者，可在 -250 ~ 300℃ 长期使用，耐辐射性为塑料之冠，可耐 10^9 伦琴，电性能优异，介电强度高，介质常数和介电损耗低，高温下透气率很低，难燃，自熄，是富氧、纯氧下工作的理想非金属材料，成型加工困难，价格很高，可浸渍、涂覆、模压、层合、发泡、粘接 产品包括聚醚酰亚胺、聚酰胺酰亚胺、聚酯酰亚胺等
应用	可制成薄膜、增强塑料、泡沫塑料、耐高温自润滑轴承、压缩机活塞环、密封圈、电器行业的电动机、变压器线圈绝缘层和槽衬，与 PTFE 复合膜用作航空电缆、集成电路，可挠性印制电路板、插座 泡沫制品用作保温防火材料、飞行器防辐射、耐磨的遮蔽材料、高能量的吸收材料和电绝缘材料	作精密耐磨材料、耐辐射材料、耐高温绝缘材料，以及与热固性聚酰亚胺相同的用途 可与 PTFE、炭黑共混制作高压高速压缩机的无油润滑材料，可用玻璃纤维增强	可制成薄膜、漆包线、涂料、纤维、黏合剂、增强塑料、泡沫塑料等，产品用于高温、高真空、强辐射、超低温条件；模制品用作航空器部件、压缩机叶轮、阀座、活塞环、喷气发动机供燃系统零件；薄膜用于电机、电缆、电容器、薄层电路，泡沫塑料用于航空、宇航防火、隔声、吸收能量、绝缘方面

表 3.4-57　均苯型聚酰亚胺的牌号、性能及应用

	性能		SP-1 （纯树脂）	SP-21 （石墨15%）	SP-22 （石墨40%）	SP-211（石墨15% + 聚四氟乙烯10%）	SP-3（二硫化钼15%）
牌号及性能指标	拉伸强度/MPa	23℃ 260℃	86.2 41.4	65.5 37.9	51.7 23.4	44.8 24.1	58.5
	断裂伸长率（%）	23℃ 260℃	7.5 7.0	4.5 3.0	3.0 2.0	3.5 3.0	4.0
	弯曲强度/MPa	23℃ 260℃	110.3 62.1	110.3 62.0	89.6 44.8	68.9 34.5	75.8 39.9
	弯曲弹性模量/GPa	23℃ 260℃	3.1 1.7	3.8 2.6	4.8 2.8	3.1 1.4	3.3 1.9

（续）

性能		SP-1 （纯树脂）	SP-21 （石墨15%）	SP-22 （石墨40%）	SP-211（石墨 15% + 聚四氟 乙烯10%）	SP-3（二硫 化钼15%）
压缩应力/MPa	1%应变 10%应变	24.8 133.1	29.0 133.1	31.7 112.4	20.7 102.0	34.5 127.6
抗压弹性模量/GPa	23℃	2.4	2.9	3.3	2.1	2.4
悬臂梁冲击强度/J·m^{-1}	缺口 无缺口	42.7 747	42.7 320	— —	— —	21.3 112
泊松比		0.41	0.41	—	—	—
摩擦因数 $pv = 0.875$MPa·m·s^{-1} $pv = 3.5$MPa·m·s^{-1}		0.29 —	0.24 0.12	0.30 0.09	0.12 0.08	0.25 0.17
线胀系数/10^{-5}K^{-1}	23~300℃ -62~23℃	54 45	49 34	38 —	54 —	52 —
热变形温度（1.86MPa）/℃		360	360	—	—	—
相对介电常数（10^{4}Hz）		3.64	13.28	—	—	—
损耗角正切（10^{4}Hz）		0.0036	0.0067	—	—	—
介电强度（2mm厚）/kV·mm^{-1}		22.0	9.8	—	—	—
体积电阻率/Ω·cm		10^{14}~10^{16}	10^{12}~10^{13}	—	—	—
表面电阻率/Ω		10^{15}~10^{16}	—	—	—	—
吸水率（%）（24h）		0.24	0.19	0.14	0.21	0.23
密度/g·cm^{-3}		1.43	1.51	1.65	1.55	1.60
洛氏硬度 E		45~48	32~44	15~40	5~25	40~55
氧指数（%）		53	49	—	—	—

特性及应用：均苯型聚酰亚胺是不熔性聚酰亚胺的一种，综合性能优良。外观多为深褐色固体。在-269~400℃范围内保持较高的力学性能。可在-240~260℃的空气中或315℃的氮气中长期使用。在空气中，300℃下可使用一个月，460℃下可使用1天。耐辐照性能突出，经α-射线 2.58×10^5Ci/kg 照射后，仍保持较高的力学和介电性能。在高温和高真空下具有良好的自润滑性、低摩擦性及难挥发性。电绝缘性能好，耐老化、耐火焰，难燃，低温硬度和尺寸稳定性好，耐大多数溶剂、油脂等，并耐臭氧，耐细菌的侵蚀。冲击强度对缺口敏感性强，不适于长期浸入水中，抗强碱及浓无机酸的腐蚀差。可制成薄膜、层压板、增强塑料、泡沫塑料纤维等，用于电机、电器的耐热衬里、高温下的自润滑轴承、压缩机活塞环、密封圈、鼓风机叶轮、电气设备零件、耐低温零部件、耐辐射零部件等

注：本表数据来源：杜邦公司产品资料，各牌号的增强纤维含量为质量分数。

第4章 塑料和复合材料

表 3.4-58 均苯型聚酰亚胺薄膜的性能

项目	天津市绝缘材料厂（6050）	上海赛璐珞厂（三鹿牌）	项目	天津市绝缘材料厂（6050）	上海赛璐珞厂（三鹿牌）
相对密度	≥1.40		损耗角正切		
拉伸强度/MPa		≥100	50Hz	≤1×10^{-2}	
纵向	≥100		1MHz		10^{-2}~10^{-3}
横向	≥100		介电强度/kV·mm^{-1}		90~150
断裂伸长率（%）		≥20	20±5℃	≥100（平均），60（最低）	
纵向	≥25				
横向	≥20		200±5℃	≥80（平均），48（最低）	
表面电阻率/Ω	≥1×10^{14}	≥10^{13}~10^{15}			
体积电阻率/Ω·cm		≥10^{14}~10^{16}			
(20±5)℃	≥1×10^{15}		外观	薄膜表面应平整，不应有气泡、针孔和导电杂质，边缘整齐无破损	
(200±5)℃	≥1×10^{12}				
相对介电常数					
50Hz	≤4				
1MHz		2~4			

表 3.4-59 美国复合材料公司 PI 的性能与应用

牌号	拉伸屈服强度/MPa	热变形温度（1.82MPa）/℃	密度/g·cm^{-3}	特性	应用
P120GF/000	148	213	1.41	玻璃纤维含量（质量分数）20%，机械强度高，耐高温，可注射成型	可用于制造耐高温结构件
P130CF/000	235	216	1.39	碳纤维含量（质量分数）30%，机械强度高，耐高温，耐磨，抗静电，可注射成型	可用于制造耐高温、耐磨结构件
P130GF/000	197	216	1.49	玻璃纤维含量（质量分数）30%，机械强度高，耐温性高于P120GF/000，可注射成型	可用于制造高温结构件
P140CF/000	255	216	1.44	碳纤维含量（质量分数）40%，机械强度高，耐高温，耐磨，抗静电，可注射成型	可用于制造耐高温、耐磨结构件
P140GF/000	221	216	1.59	玻璃纤维含量（质量分数）40%，机械强度高，刚性高，耐高温，可注射成型	可用于制造耐高温结构件

表 3.4-60 美国通用电气塑料公司 Ultem PI 及其合金的性能与应用

牌号	拉伸强度/MPa	缺口冲击强度/kJ·m^{-2}	热变形温度（1.82MPa）/℃	成型收缩率（%）	特性	应用
1000	107	5.6	210	0.7	耐高温，阻燃，可注射成型	可用于制造阻燃结构件
1010	107	7.4	207	0.7	耐高温，阻燃，高流动性，可注射成型	可用于制造阻燃结构件

(续)

牌号	拉伸强度 /MPa	缺口冲击强度 /kJ·m^{-2}	热变形温度 (1.82MPa) /℃	成型收缩率（%）	特性	应用
2100	117	6.2	210	0.6	玻璃纤维含量（质量分数）10%，机械强度高，耐高温，成型收缩率小，可注射成型	可用于制造较高强度构件
2200	142	9.0	210	0.4	玻璃纤维含量（质量分数）20%，机械强度高，耐高温，刚性高，尺寸稳定性高，阻燃，可注射成型	可用于制造阻燃结构件
2300	173	11.2	212	0.3	玻璃纤维含量（质量分数）30%，刚性高，耐高温，尺寸稳定性高，阻燃，可注射成型	可用于制造阻燃结构件
2400	190	11.8	216	0.15	玻璃纤维含量（质量分数）40%，刚性高，耐高温，尺寸稳定性高，阻燃，可注射成型	可用于制造阻燃结构件
4000	98.5	16.8	211	0.25	含润滑剂，润滑性好，耐高温，线胀系数小，可注射成型	可用于制造齿轮、电气件
4001	98.5	5.6	195	0.6	含氟树脂，内部润滑性好，耐高温，可注射成型	可用于制造结构件
6000	106	4.5	221	0.6	耐高温，阻燃，机械强度高，可注射成型	可用于制造阻燃构件
6100	120	5.6	222	0.55	玻璃纤维含量（质量分数）10%，机械强度高，阻燃，抗冲击，可注射成型	可用于制造阻燃结构件
6200	150	9.0	225	0.4	玻璃纤维含量（质量分数）20%，机械强度高，刚性高，阻燃，可注射成型	可用于制造阻燃结构件
6203	99	4.5	216	0.6	矿物质含量（质量分数）20%，阻燃，力学性能较6200差，价廉，可注射成型	可用于制造阻燃零部件

表 3.4-61 上海合成树脂研究所 PI 及其共聚物的性能与应用

牌号	拉伸强度 /MPa	冲击强度 /kJ·m^{-2}	热变形温度 (1.82MPa) /℃	熔体流动速率/g·(10min)$^{-1}$	特性	应用
PEI-P	106~131	140	200	0.1~3.0	聚醚酰亚胺，耐高温，高强度，低翘曲，可注射、挤出或吹塑成型	可用于制备汽车换热器、轴承、电绝缘件和兵器工业中的火箭引信风帽、防弹衣等
EPEI-P-20G	168	27.8	206.5	1.42	可熔体聚醚酰亚胺，玻璃纤维含量（质量分数）10%，耐高温，可注射或挤出成型	可用于制造耐高温结构部件
YB10	500				NA基封端型，深红棕色，耐高温，高强度，绝缘性好，可层压成型	可用于制造耐高温、高强度构件

(续)

牌号	拉伸强度/MPa	冲击强度/kJ·m^{-2}	热变形温度(1.82MPa)/℃	熔体流动速率/g·(10min)$^{-1}$	特性	应用
YS12	130		280		单醚酐型,棕色模塑料,低蠕变,高耐磨性,疲劳强度高,抗辐射,透明性好,可模压成型	可用于制造轴承、轴套、叶片
YS12S	120	20	280		单醚酐型,石墨含量(质量分数)15%,黑色模塑料,耐磨、抗疲劳,抗辐射,可模压成型	可用于制造轴承、轴套、阀座、电子件
YS20	180	100			单醚酐型,浅黄色粉末模塑料,可模压或层压成型	可用于制造薄膜、压缩机叶片、活塞环、密封圈、自润滑轴承、轴套

表 3.4-62 乙炔基封端聚酰亚胺品种、性能及应用

乙炔基封端聚酰亚胺 HR-600 的性能指标	性能	数据	性能	数据
	拉伸强度/MPa	97	压缩强度/MPa	214
	拉伸弹性模量/GPa	3.79	巴氏硬度	45
	断裂伸长率(%)	2.0	相对介电常数(1MHz)	3.13~3.14
	弯曲强度/MPa	124~145	损耗角正切	$4.8 \times 10^{-3} \sim 6.8 \times 10^{-3}$
	弯曲弹性模量/GPa	4.48~4.55		

HR-600/玻璃纤维层压板性能指标	在空气中老化温度和时间	弯曲强度/MPa		弯曲弹性模量/GPa		硬度(巴氏)	热失重(%)
		20℃	316℃	20℃	316℃		
	原样品	641~827	193~503	36.5	24.8	75	
	316℃,186h	538~655	503~614	30.3	29.0	75	1.6
	316℃,336h	421~490	372~421	30.3	29.0	75	2.8

单向石墨纤维增强的 HR-600 层压板性能指标	测试温度	赫克里斯 A-S 石墨纤维			HTS 石墨纤维	
		弯曲强度/GPa	弯曲弹性模量/GPa	短臂剪切强度/MPa	弯曲强度/MPa	弯曲弹性模量/GPa
	20℃	1.21	110~117	117	834	110
	125℃	1.03	103	124		
	260℃			82.7		
	316℃	1.56	110		1190	103

特性及应用	具有优良的力学性能,耐热氧化性能好、长期工作温度为 300~350℃,耐热性能很高,耐磨性能很好。但成本高。可用于制作耐热、高强度机械零部件,如汽车的散热器元件、化油器外罩和阀盖、仪表等;机械工业中的轴承保持架、轴承、搅拌器轴等;电绝缘制品,如电子电气中的高压断路器支架、线路板、接插件、开关底座及电线包覆等;医疗器械零部件;食品加工机械零部件,也可以制成薄膜、薄板及纤维等

2.14 聚对苯二甲酸丁二醇酯（PBT）（见表3.4-63～表3.4-65）

表 3.4-63　聚对苯二甲酸丁二醇酯（PBT）的性能及应用

	项目		标准树脂	阻燃级	玻璃纤维增强 15%	玻璃纤维增强 30%	30% 阻燃增强
性能指标	密度/kg·m^{-3}		1310	1410	1390	1520	1600～1630
	玻璃化温度/℃		20				
	晶相熔点/℃		225				
	吸水率（%）	23℃, 24h	0.09	0.07	0.05	0.06～0.07	0.03～0.05
		23℃平衡	0.30	0.3	0.3	0.24～0.3	0.2～0.3
	成型收缩率（%）		1.7～2.3			0.2～0.8	0.2～0.8
	拉伸强度/MPa		53～55	59	98	132～137	117～127
	伸长率（%）		300～360	5	4	2.54	1.84
	拉伸弹性模量/GPa			2.6	5.4	98	9.8
	弯曲强度/MPa		85～96	88	147	186～196	167～196
	弯曲弹性模量/GPa		2.35～2.45	2.55	5.4	8.8	8.8～9.3
	压缩强度/MPa		88	88	108	118～127	118～127
	悬臂梁冲击强度 /J·m^{-1}	无缺口 (3.175mm) 23℃	不断	490	490	637～686	539～588
		无缺口 (3.175mm) -40℃	不断			372	333
		有缺口 (12.7mm) 23℃	49～59	29	59	78～98	69
		有缺口 (12.7mm) -40℃	44			64	55
	洛氏硬度		{M75, R118}	R118	R120	{M91, M121}	{M90, R120}
	耐磨耗性/mg·(1000次)$^{-1}$		10	20	50	25～50	30～50
	摩擦因数	对钢	0.13	0.12	0.12	0.12～0.15	0.14～0.15
		对同种材料	0.17	0.16	0.16	0.16～0.19	0.18～0.20
	热变形温度/℃	0.45MPa	154	178	200	215～220	210～220
		1.82MPa	58～60	56	190	205～212	200～212
	线胀系数/10^{-5}K^{-1}		9.4	9	5	2.0～2.5	2.5～3.0
	燃烧性（UL94）			V-0	HB	HB	V-0
	介电常数 (23℃, 60%RH)	50Hz	3.3			3.8	3.8
		1MHz	3.3	3.6	3.6	3.6～4.2	3.6～4.2
	损耗角正切 (23℃, 60%RH)	50Hz	0.002			0.002	0.002
		1MHz	0.02	0.017	0.017	0.017～0.02	0.017～0.02
	体积电阻率/Ω·m		4×10^{14}			~2.5×10^{14}	2.5×10^{14}
	介电强度/MV·m^{-1}		17	20	28	28	23～25
	耐电弧性（钨电极）/s		100	100	143	140～145	120～122
特性	热塑性聚酯包括多种具有优良性能的工程塑料品种，目前重要的商品品种有聚对苯二甲酸丁二醇酯（PBT）和聚对苯二甲酸乙二醇酯（PET）。具有优良的耐疲劳性，强韧性好、冲击强度高、有良好的耐磨性和自润滑性能，尺寸稳定性好，耐热性优良，耐碱、酸、油类性能好，电性能优良，成型性好							
应用	聚对苯二甲酸丁二醇酯的用途与PET相似，可用作机械部件，如汽车车身、运输机械零件、挡泥板、化油器、齿轮，办公用机器、缝纫机和纺织机械用零件；电器部件，如电动工具、端子、线圈架、开关、屏蔽套；建材和日用装饰品，容器、安全帽、照相机、钟表外壳、镜筒等。由于PBT可耐锡焊，在电子电器工业中得到广泛应用，如连接件、开关部件、电视机回扫变压器线圈绕线管和配线零件，在电器上用作计算机外壳、电熨斗外壳、水银灯罩、烘烤炉部件等							

表 3.4-64　PBT 牌号、性能及应用

牌号	拉伸强度/MPa	缺口冲击强度/kJ·m^{-2}	1.82MPa下热变形温度/℃	成型收缩率（%）	玻璃纤维含量（%）	特性	应用
201G0	—	—	—	—	0	注射级，耐热性、伸长性能好	电子电气元件，汽车零部件，机械零件
201G10	100	9	190	0.6~1.0	10		
201G20	120	10	200	0.4~0.8	20		
201G30	135	10	200	0.2~0.7	30		
211G0	—	—	—	—	0	中等黏度、韧性好、强度高、阻燃 VL-94V-0 级、注射级	电子电气元件，汽车零部件，机械零件
211G10	100	9	190	0.6~1.0	10		
211G20	120	10	208	0.4~0.8	20		
211G30	135	10	210	0.2~0.7	30		
301G	54	4	195	1.4~2.0	0	阻燃、耐热、力学性能好、注射级	有阻燃要求的电子电气元件、汽车零部件
301G10	76	7	200	0.6~1.1	10		
301G20	92	8	200	0.5~0.9	20		
301G30	120	10	205	0.4~0.8	30		
302G0	45	4	80	1.4~2.0	0	注射级、阻燃 V-0 级、力学和热性能好	有阻燃要求的电子电气元件、汽车零部件
302G10	100	7	190	0.5~1.5	10		
302G20	110	7	200	0.4~0.9	20		
302G30	110	7	200	0.5~0.7	30		
304G20	110	9	200	0.5~1.0	20	注射级、阻燃、抗紫外光	野外阻燃、工程件
304G30	120	10	210	0.4~0.7	30		
305G30E	125	10	210	0.4~0.8	30	含矿物质、阻燃耐电压、注射级	电气工程件
311G0	60	7	70	1.6~2.0	0	注射级、阻燃 V-0 级、强韧性	机械强度高、阻燃的汽车件、电气件
311G10	100	9	190	0.6~1.0	10		
311G20	120	10	200	0.4~0.9	20		
311G30	135	11	208	0.2~0.8	30		
311CG20	125	10	202	0.4~0.8	20		
311CG30	140	11	210	0.2~0.5	30		
312G0	60	7	70	1.5~2.0	0		

(续)

牌号	拉伸强度/MPa	缺口冲击强度/kJ·m^{-2}	1.82MPa下热变形温度/℃	成型收缩率(%)	玻璃纤维含量(%)	特性	应用
312G10	100	9	190	0.6~1.0	10	注射级、阻燃V-0级、强度高、韧性好	高强度、阻燃持久的汽车、机械电气件
312G20	115	10	200	0.4~0.9	20		
312G30	135	11	208	0.4~0.8	30		
312CG30	140	11	208	0.2~0.6	30		
401MT20	—	—	—	—	20	注射级、阻燃V-0级、耐热、光泽好、加工性好	尺寸精度高、耐高温工程件
401MT30	—	—	—	—	30		
431MT30S	90	10	200	0.3~0.5	30		
501G0	—	—	—	—	0	注射级、阻燃V-0级、耐热、光泽好、加工性好	汽车、电子电气、医疗器械等
501G10	—	—	—	—	10		
501G20	—	—	—	—	20		
501G30	—	—	—	—	30		
541G20	—	—	—	—	20		
541G30	—	—	—	—	30		
551GT10S	76	5	155	0.4~0.7	10		
551GT30S	80	7	170	0.3~0.5	30		
701G0	—	—	—	—	0	注射级、阻燃V-0级、电性能好	阻燃、电性能好的工程件
701G10	—	—	—	—	10		
701G20	—	—	—	—	20		
701G30	—	—	—	—	30		
801	60	7	70	1.5~2.0	—	高黏度挤出级，尺寸稳定，力学性能好	光纤护套，耐腐管材、板材、飞机轮船件
802G0	50	4.5	70	1.5~2.0	0	注射级、阻燃V-0级、阻燃时不析出	电气工程件
802G10	90	8	190	0.6~1.0	10		
802G20	105	9	200	0.4~0.9	20		
802G30	120	10	205	0.2~0.8	30		
802CG30	120	10	208	0.2~0.6	30		
853GT0S	—	—	—	—	—	高黏度，挤出级，尺寸稳定	光纤护套，板材

注：本表为北京泛威工程塑料公司PBT及其改性料的产品。

表 3.4-65 国产 PBT 的牌号和技术性能

项目		211-G10	211-G20	211-G30	211C-G30	311-G10	311-G20	311-G30	311C-G20	311C-G30	312-G0	312-G10
密度/g·cm^{-3}		1.36	1.40	1.45	1.45	1.42	1.46	1.51	1.46	1.51	1.39	1.40
吸水性 (%)		0.08	0.07	0.06	0.06	0.08	0.07	0.06	0.07	0.06	0.09	0.08
成型收缩率（垂直/水平）(%)		1.0/0.6	0.8/0.4	0.7/0.2	0.6/0.2	1.0/0.6	0.9/0.4	0.8/0.2	0.9/0.4	0.5/0.2	2.0/1.5	1.0/0.6
拉伸强度/MPa		100	120	135	140	100	120	135	125	140	60	100
断裂伸长率 (%)		10	6	5	5	7	5	4	5	4	8	7
弯曲强度/MPa		170	190	225	225	170	180	210	180	210	100	165
弯曲弹性模量/GPa		4.0	6.0	10.0	10.0	4.0	6.0	10.0	6.0	10.0	2.0	4.0
简支梁冲击强度/kJ·m^{-2}	无缺口	35	45	60	65	35	45	50	45	50	60	35
	缺口	9	10	10	11	9	10	11	10	11	7	9
洛氏硬度 (R)		117	118	119	200	118	118	119	119	200	117	118
Taber 磨耗量/mg·kg^{-1}	对钢	21	24	25	28	25	27	28	28	30	13	23
摩擦因数	对本树脂	0.14	0.15	0.15	0.15	0.14	0.15	0.15	0.14	0.15	0.14	0.14
		0.17	0.19	0.19	0.19	0.18	0.19	0.20	0.19	0.20	0.18	0.18
介电强度 (2mm) /MV·m^{-1}		23	23	23	23	22	22	22	22	22	22	22
体积电阻率/10^{14} Ω·cm		3.0	3.0	3.0	3.0	3.0	3.0	3.0	3.0	3.0	3.0	3.0
表面电阻率/10^{15} Ω		5.0	5.0	5.0	5.0	4.0	4.0	4.0	4.0	4.0	4.0	4.0
介电常数 (1MHz)		3.0	3.2	3.3	3.3	2.9	3.1	3.2	3.1	3.2	2.8	2.9
损耗角正切 (1MHz) /10^{-2}		1.9	1.8	1.7	1.7	1.9	1.8	1.7	1.8	1.7	2.0	1.9
耐电弧性 (1.6mm/m) /s		120	120	120	120	30	30	30	30	30	60	60
相比漏电起痕指数 (3.2mm) /V		600	600	600	600	225	225	225	225	225	300	300
燃烧性 (3.2mm)		HB	HB	HB	HB	V-0	V-0	V-0	V-0	V-0	V-0	V-0
热变形温度/℃	4.5MPa	213	221	224	225	212	220	223	221	224	160	210
	1.82MPa	190	200	208	210	190	200	208	202	210	70	190
线胀系数/10^{-5} K^{-1}		5.2	4.5	3.5	3.4	5.0	4.3	3.3	4.2	3.2	8.5	5.5

(续)

项目		312-G20	312-G30	312C-G30	802-G0	802-G10	802-G20	802-G30	802C-G30	101	201-G30	301-G0
密度/g·cm^{-3}		1.44	1.49	1.49	1.40	1.45	1.48	1.51	1.51	1.33	1.55	1.48
吸水性（%）		0.07	0.06	0.06	0.09	0.08	0.07	0.06	0.06	0.11	0.09	0.10
成型收缩率（垂直/水平）（%）		0.9/0.4	0.8/0.4	0.6/0.2	2.0/1.5	1.0/0.6	0.9/0.4	0.8/0.2	0.6/0.2	1.2/2.2	0.4/0.8	1.4/2.0
拉伸强度/MPa		115	135	140	60	90	105	120	120	55	120	54
断裂伸长率（%）		5	4	4	80	6	5	4	4	—	4.2	
弯曲强度/MPa		180	210	210	100	160	180	190	190	90	190	90
弯曲弹性模量/GPa		6.0	10.0	10.0	2.0	3.6	5.7	10.3	10.5	22.0	80.0	22.0
简支梁冲击强度/kJ·m^{-2}	无缺口	45	50	50	60	30	40	45	45	42	40	25
	缺口	10	11	11	7	8	9	10	10	3.5	10.0	4
洛氏硬度（R）		118	119	200	117	118	118	119	200	80	88	80
Taber 磨耗量/mg·kg^{-1}		25	27	28	15	23	25	26	28			
摩擦因数	对钢	0.15	0.15	0.15	0.14	0.14	0.15	0.15	0.15			
	对本树脂	0.19	0.20	0.20	0.18	0.18	0.19	0.19	0.20			
介电强度（2mm）/MV·m^{-1}		22	22	22	22	22	22	22	22	19	21	19
体积电阻率/10^{14} Ω·cm		3.0	3.0	3.0	3.0	3.0	3.0	3.0	3.0	10^{14}	10^{14}	10^{14}
表面电阻率/10^{15} Ω		4.0	4.0	4.0	4.0	4.0	4.0	4.0	4.0	—	—	—
介电常数（1MHz）		3.1	3.2	3.2	2.8	3.0	3.1	3.2	3.2	3.2	3.0	3.0
损耗角正切（1MHz）/10^{-2}		1.8	1.7	1.7	2.0	1.9	1.8	1.7	1.7	2.5	2.5	2.0
耐电弧性（1.6mm/m）/s		60	60	60	30	60	60	60	60	—	—	—
相比漏电起痕指数/V（3.2mm）		300	300	300	225	300	300	300	300	—	—	—
燃烧性（3.2mm）		V-0	V-0	V-0	V-0	V-0	V-0	V-0	V-0	HB	HB	V-0
热变形温度/℃	4.5MPa	219	220	224	165	210	218	221	223	—	—	—
	1.82MPa	200	208	208	70	190	200	205	208	62	208	60
线胀系数/10^{-5} K^{-1}		4.3	4.0	3.5	8.0	5.5	4.3	4.0	3.5	8	2.5	4.18

项目		301-G10	301-G15	301-G20	301-G30	302-G30	304-G20	304-G30	305-G30E	431-CM30S	551-GT20S	551-GT30S
密度/g·cm^{-3}		1.52	1.54	1.60	1.65	1.60	1.60	1.65	1.65	1.61	1.55	1.60
吸水性（%）		0.09	0.08	0.07	0.06	0.08	0.07	0.07	0.07	0.09	0.06	0.06
成型收缩率（垂直/水平）（%）		0.6/1.1	0.5/0.9	0.4/0.8	0.4/0.8	0.4/0.8	0.4/0.8	0.4/0.7	0.4/0.8	0.3/0.6	0.4/0.6	0.3/0.5
拉伸强度/MPa		76	88	92	120	110	110	120	125	90	76	80
断裂伸长率（%）		4.1	4.0	3.8	3.4	3.5	3.8	3.6	3.4	3.4	3.6	3.4
弯曲强度/MPa		110	130	160	180	175	155	167	190	140	100	105
弯曲弹性模量/GPa		4.0	5.0	6.0	8.0	7.0	5.0	7.0	8.5	6.5	4.0	5.0
简支梁冲击强度/kJ·m^{-2}	无缺口	30	35	40	50	38	46	46	50	30	23	25
	缺口	7	7	8	10	7	9	10	10	10	5	7
洛氏硬度（R）		84	86	88	90	86	80	85	90	90	85	90
Taber磨耗量/mg·kg^{-1}		—	—	—	—	—	—	—	—	—	—	—
摩擦因数	对钢	—	—	—	—	—	—	—	—	—	—	—
	对本树脂	—	—	—	—	—	—	—	—	—	—	—
介电强度（2mm）/MV·m^{-1}		21	21	21	21	20	22	22	22	25	21	23
体积电阻率/10^{14} Ω·cm		10^{14}	10^{14}	10^{14}	10^{14}	10^{14}	10^{14}	10^{14}	10^{14}	10^{14}	10^{14}	10^{14}
表面电阻率/10^{15} Ω		—	—	—	—	—	—	—	—	—	—	—
介电常数（1MHz）		3.2	3.3	3.5	3.5	3.3	3.0	3.0	3.0	3.0	3.0	3.0
损耗角正切（1MHz）/10^{-2}		2.0	2.0	2.0	2.0	2.0	2.0	2.0	2.0	2.0	2.0	2.0
耐电弧性（1.6mm/m）/s		—	—	—	—	—	—	—	—	—	—	—
相比漏电起痕指数/V（3.2mm）		—	—	—	—	—	—	—	—	—	—	—
燃烧性（3.2mm）		V-0	V-0	V-0	V-0	V-0	V-0	V-0	V-0	V-0	V-0	V-0
热变形温度/℃	4.5MPa	—	—	—	—	—	—	—	—	—	—	—
	1.82MPa	195	200	200	205	200	200	210	210	200	155	170
线胀系数/10^{-5} K^{-1}		4.1	3.8	3.5	2.5	2.5	3.6	2.6	2.6	2.0	2.5	2.2

（续）

注：本表PBT及改性PBT的牌号技术性能资料为来自于国内PBT多数企业的产品数据。国内PBT生产企业主要有：北京市化工研究院，北京泛威工程塑料公司，上海涤纶厂，上海杰事杰新材料新技术公司，江苏仪征化纤集团工程塑料厂，南京聚隆化学实业公司，上海日之升技术发展公司等。

2.15 聚酰胺-酰亚胺（PAI）（见表3.4-66～表3.4-71）

表3.4-66 聚酰胺-酰亚胺模塑料性能

性能	数值	性能	数值
相对密度	1.41	洛氏硬度	104HRE
拉伸强度/MPa		热变形温度/℃	
23℃	92	1.82MPa	296
260℃	61	相对介电常数（0.1MHz）	3.7
弯曲强度/MPa		损耗角正切（0.1MHz）	1×10^{-3}
23℃	161	体积电阻率/Ω·cm	7×10^{14}
260℃	98	表面电阻率/Ω	$>10^{13}$
压缩强度/MPa	240		
吸水性（%）	0.28	介电强度/kV·mm^{-1}	17.2

表3.4-67 环氧改性聚酰胺-酰亚胺塑料性能

性能	数值	性能	数值
外观	棕黄色透明	表面电阻率/Ω	
相对密度	约1.34	常态	4.8×10^{15}
拉伸强度/MPa	100～120	受潮	4.8×10^{14}
断裂伸长率（%）	10～12	介电强度/kV·mm^{-1}	
吸水性（%）	≤1.3	常态	96～109
体积电阻率/Ω·cm		受潮	95～99
常态	$2.5 \times 10^{15} \sim 3.8 \times 10^{15}$	高温	100
		耐沸水 100℃，24h	不变
受潮	5.3×10^{14}	耐油性 变压器，150℃，24h	不变
高温	2.4×10^{16}	耐溶剂（酸、碱、苯、醇）	良好

注：聚酰胺-酰亚胺具有优良的耐磨性，柔韧性，耐碱性，长期使用温度可达220℃，改性产品可达250℃，具有良好的加工性，制品有层压板、薄膜、模塑料、浇注料、玻璃纤维增强塑料、漆、涂料和黏合剂等，用于F、H耐热级别的电绝缘制品，耐蚀器件、军用发动机部件、机械轴承、高级齿轮等。

表3.4-68 Amocoperf公司PAI牌号、性能及应用

加工级别	牌号	密度/g·cm^{-3}	屈服抗张强度/MPa	屈服伸长率（%）	缺口冲击强度/J·m^{-1}	1.82MPa下热变形温度/℃	性能、用途
挤出和注射模塑级	Torlon 7130	1.48	202.7	6	48.0	282.2	耐化学性好、导电、耐高温、阻燃UL94V-0级
	Torlon 4203L	1.42	151.6	7.6	144.0	277.7	含5%织物、阻燃
	Torlon 4301	1.46	112.3	7	64.0	278.8	耐候、自润滑、含20%矿物，V-0级
注射模塑级	Torlon 4275	1.51	151.6	7	85.3	280	耐候、自润滑，含20%矿物、阻燃V-0级
	Torlon 4347	1.5	122.7	9	69.3	277.7	耐候、自润滑、含12%矿物、阻燃
	Torlon 5030	1.61	204.7	7	80.0	281.6	耐化学性好、耐蠕变，汽车级；含30%切断玻璃纤维，阻燃V-0级
	Torlon 7330	1.5	179.2	6	53.3	278.8	导电、耐蠕变、耐磨损、自润滑，阻燃V-0级
	Torlon 2000	1.87	131.0	15	453.3	268.3	可模塑，高流动，快速固化

表 3.4-69 聚酰胺-酰亚胺层压板性能

性能	PAI-T	AI-10	CⅡ95
树脂含量（质量分数,%）	32	28~32	
相对密度	1.88		
吸水性（%）	0.11~0.14	0.5	
拉伸强度/MPa	340	400	
弯曲强度/MPa			
老化前	280~380	450~530	535
老化后	390 (280℃/316h)	330 (360℃/1000h)	260~435 (300℃/250h)
弯曲弹性模量/GPa		22~24	
冲击强度/kJ·m^{-2}	210~330		
布氏硬度/MPa	5.8	6.0	
马丁耐热/℃	272		
燃烧性	不燃	不燃	不燃

表 3.4-70 聚酰胺-酰亚胺及改性、复合薄膜性能

性能	聚酰胺-酰亚胺薄膜	环氧改性聚酰胺-酰亚胺薄膜	环氧改性聚酰胺-酰亚胺与聚酯复合薄膜
厚度/mm	0.05	0.04	0.085~0.090
相对密度	1.38	1.34	1.36
吸水性（%）	3.81		
拉伸强度/MPa	100~128	100~120	129~143
断裂伸长率（%）	10~47	10~12	17~75
玻璃化温度/℃	280~310		
脆化温度/℃	-196		
分解温度/℃	410~450		
零点强度温度/℃			254
体积电阻率/Ω·cm			
室温	$1×10^{17}$~$2×10^{17}$	$3.8×10^{15}$~$7.5×10^{15}$	10^{16}~10^{17}
180℃	$4×10^{12}$	$2.4×10^{14}$	
155℃			10^{15}~10^{16}
相对介电常数（1MHz）	3~4		
损耗角正切			
工频	$1.8×10^{-2}$		
高频	$5×10^{-3}$~$9×10^{-3}$		
介电强度/kV·mm^{-1}	50~175	90~99	73~133

表 3.4-71　Torlon PAI 的性能

性能		4203L[①]	4347[②]	5030[③]	7130[④]
密度/g·cm^{-3}		1.42	1.50	1.61	1.50
拉伸强度/MPa					
-160℃		221.8	—	207.7	160.6
23℃		195.8	125.3	209.2	207.0
175℃		119.0	106.3	162.1	160.6
238℃		66.9	54.9	114.8	110.6
伸长率（%）					
-160℃		6	—	4	3
23℃		15	9	7	6
175℃		21	21	15	14
238℃		22	15	12	11
拉伸弹性模量（23℃）/GPa		4.93	6.13	11.0	22.68
弯曲强度/MPa					
-160℃		288.7	—	383.0	316.9
23℃		245.7	190.1	340.1	357.0
175℃		174.6	144.4	252.8	264.8
238℃		120.4	100.7	184.5	177.5
弯曲弹性模量/GPa					
-160℃		8.03	—	14.37	25.14
23℃		5.14	6.41	11.97	20.28
175℃		3.94	4.51	10.92	19.15
238℃		3.66	4.37	10.07	16.06
悬臂梁冲击强度/J·cm^{-1}					
缺口		1.43	0.69	0.80	0.48
无缺口		10.6		5.04	3.39
泊松比					0.39
热变形温度(1.86MPa)/℃		278	278	392	392
线胀系数/10^{-6}K^{-1}		30.6	27.0	16.2	9
热导率/W·(m·K)$^{-1}$		0.26		0.36	0.52
氧指数(%)		45	46	51	52
相对介电常数	10^{3}Hz	4.2	6.8	4.4	
	10^{6}Hz	3.9	6.0	4.2	
损耗角正切	10^{3}Hz	0.026	0.037	0.022	
	10^{6}Hz	0.031	0.071	0.050	
介电强度/kV·mm^{-1}		22.8		33.1	
吸水率（%）		0.33	0.17	0.24	0.26
特性及应用		\multicolumn{4}{l}{Torlon PAI 材料是一种高性能的优质材料，在高温环境下，具有非常好的性能，空气环境中，在 250℃ 高温下长期工作；在 250℃ 温度范围内，具备良好的尺寸稳定性，优秀的耐磨性和摩擦学特性，固有的低可燃性，很高的抗紫外光功能，可以注射加工成型，适于高性能要求的零件制作}			

① 3%TiO$_2$ +0.5% 氟聚合物。
② 12% 石墨 +8% 氟聚合物。
③ 30% 玻璃纤维 +1% 氟聚合物。
④ 30% 石墨纤维 +1% 氟聚合物。

2.16 聚四氟乙烯（PTFE）（见表3.4-72～表3.4-79）

表3.4-72 聚四氟乙烯（PTFE）品种、性能及应用

	性能	PTFE	PTFE+25%GF	PCTFE	FEP	PVDF	PETFE
品种及性能指标	相对密度	2.1～2.2	2.22～2.25	2.1～2.15	2.14～2.17	1.75～1.78	1.70
	吸水性（%）	<0.01	<0.01	<0.01	<0.01	<0.03	<0.01
	氧指数（%）	>95	—	>95	>95	43	31
	洛氏硬度	50～65	55～70	110～115	45	110～115	50
	摩擦因数	0.06	0.12	—	—	0.14～0.17	0.4
	抗张屈服强度/MPa	19.6～21	16.8～20.3	24.5～25.9	14.7	29.4～31.5	28
	抗压强度/MPa	4.9～12.6	8.4～10.5	14	11.2	9.1～9.8	—
	极限伸长率（%）	250～400	250～300	125～175	160	40～100	100～400
	缺口冲击强度/J·m^{-1}	133.35～213.36	117.3	186.6～192	不断	202.6	不断
	热变形温度/℃ 0.46MPa	121	—	91.1～143.9	70	148.0	104.4
	热变形温度/℃ 1.85MPa	54.4	—	66.1～81.1	51.1	54.4～90.5	71.0
	线胀系数/K^{-1}	5×10^{-5}～10×10^{-5}	4×10^{-5}～8×10^{-5}	4×10^{-5}	8×10^{-5}～11×10^{-5}	8×10^{-5}～9×10^{-5}	7×10^{-5}～10×10^{-5}
	低温脆化温度/℃	-150	—	-150	-115	-115	-150
	最高使用温度/℃	287.8	287.8	198.9	204.4	148.9	182.2
	击穿电压/V·(25.4μm)$^{-1}$	500～550	330	530～600	550～600	260	400
	体积电阻率/Ω·cm	10^{18}	10^{15}	10^{18}	2×10^{18}	2×10^{14}～5×10^{15}	10^{16}
	耐辐射	差	差	稍差	差	优	优
	耐候性	优	优	优	优	优	优
	耐弱酸	优	优	优	优	优	优
	耐强酸	优	优	优	优	优～稍差	优
	耐弱碱	优	优	优	优	优	优
	耐强碱	优	优	优	优	优	优
	耐溶剂	优	优	优	优	优～稍差	优
	耐汽油	优	优	优	优	优	优
	耐润滑脂	优	优	优	优	优	优
应用	\multicolumn{6}{PTFE—聚四氟乙烯，我国称为F-4；PCTFE—聚三氯乙烯，我国称为F-3；FEP—四氟乙烯和六氟丙烯共聚物，我国称为F-46；PVDF—聚偏氟乙烯；PETFE—乙烯和四氟乙烯共聚物，我国称为F-40。聚四氟乙烯耐化学腐蚀性最好，因而在防腐材料上用得最多，应用面很广；PTFE的电性能优异，因而在电子电气工业中用作绝缘材料；PTFE的摩擦因数小、耐磨性好，故在机械工业中制作耐磨材质、滑动部件和密封件等。PTFE普遍使用在桥梁、建筑物上做承重支承座。另外根据PTFE薄膜处理后具有选择透过性，可用作分离材料，有选择地透过气体或液体。其多孔膜可用于气液分离、气气分离及液液分离，还可用于过滤腐蚀性液体。除此以外，PTFE在医学、电子、建筑等行业也有广泛的应用，如PTFE膜可用作人体器官，像人造血管、心脏瓣膜等}

表 3.4-73 采用悬浮法生产的 PTFE 树脂的基本性能

性能	指标	性能	指标
拉伸强度（23℃）/MPa	7~28	吸水性（%）	<0.01
断裂伸长率（23℃）（%）	100~200	燃烧性	不燃
弯曲强度（23℃）	无断裂	静摩擦因数	0.05~0.08
弯曲弹性模量（23℃）/MPa	350~630	介电强度（短时，2mm）/V·mm^{-1}	23600
冲击强度（24℃）/m	160	耐电弧性/s	>300
洛氏硬度 D	50~60	体积电阻率/Ω·cm	>10^{18}
压应力（变形1%，23℃）/MPa	4.2	表面电阻率/Ω	>10^{16}
线胀系数（23~60℃）/10^{-5}K^{-1}	12	相对介电常数（60~2×10^{9}Hz）	2.1
热导率（4.6mm）/W·(m·K)$^{-1}$	0.24	损耗角正切（60~2×10^{9}Hz）	0.003
负荷下变形（26℃，13.72MPa，24h）（%）	15		

表 3.4-74 国产乳液法生产的 PTFE 树脂的性能

性能		SFF-1-1	SFF-1-2
树脂外观		白色粉状	白色粉状
试板外观纯度		板面洁净，颜色均匀，不允许夹带砂和金属杂质。>0.5mm 的机械杂质和 >2mm 的有机杂质各不超过 1 个	板面颜色均匀，不允许有砂和金属杂质，允许有 0.5mm 的机械杂质
拉伸强度（不淬火）/MPa	≥	16	14
断裂伸长率（不淬火）（%）		350~500	≥350
热失重（%）	≤	0.8	0.8
体积电阻率/Ω·cm	≥	1×10^{16}	
相对介电常数（1MHz）		1.8~2.2	
损耗角正切（1MHz）	≤	2.5×10^{-4}	
使用温度/℃		-250~260	-250~260
用途		电绝缘材料	一般电绝缘材料及其他制品

表 3.4-75 国产分散法生产的 PTFE 树脂的性能

性能	氟树脂 201	氟树脂 202A
类别	高压缩比树脂	中压缩比树脂
平均粒度/μm	500±150	500±150
表观密度/g·L^{-1}	475±100	450±100
最大压缩比	1600	500
拉伸强度/MPa≥	20	20
断裂伸长率（%）	约 400	约 400

表 3.4-76 四川晨光化工研究院二分厂 PTFE 的性能与应用

牌号	类型	拉伸强度/MPa	摩擦因数	特性	应用
FBGFG-421	填充	11.4	0.17	耐磨性好，导热效率高，低翘曲，可注射成型	可用于制造活塞、球体等
FG20	填充	15.0	0.16	耐磨性优良，可模压或烧结成型	可用于制造密封制品

(续)

牌号	类型	拉伸强度/MPa	摩擦因数	特性	应用
FG40	填充	11.3	0.16	导热效率高，柔软，摩擦因数小，可模压或烧结成型	可用于制造工程结构制品
FGF40	填充	14.0	0.18	耐磨性好，强度高，可烧结成型	可用于制造活塞环
FGFBN-402	填充	11.7	0.20	耐磨性和耐蠕变性优良，可烧结成型	可用于制造活塞环、垫圈等
FGFG205	填充	16.0	0.21	耐磨性优良，强度高，可烧结成型	可用于制造轴承和密封件
SFF-N-1	分散液	22.0		渗透性好，用于浸渍石棉、石墨、玻璃纤维等	可用于制造盘根、耐磨制品、薄膜、涂层等
SFF-N-2	分散液	22.0		组织性能好，为纺丝专用品级	可用于纺丝制成纤维或织物
SFN-1	分散液			浸渍性和渗透性好	可用于浸渍增强材料或涂层
SFZ-B	悬浮法	35		耐热，耐化学药品性能优良，断裂伸长率300%	可用于制造电容器薄膜
SMOZ$_1$-H	悬浮法	32		熔点（327±5）℃，强度高，可模压成型	可用于制造工程结构制品

表 3.4-77　济南化工厂 PTFE 的性能与应用

牌号	类型	表观密度/g·L^{-1}	伸长率（%）	拉伸强度/MPa	熔点/℃	特性	应用
SFX-1	悬浮（粗粒）	500±100	250	26	327	耐候性好，不吸水，阻燃，可于-250~260℃下长期使用，耐磨、耐电弧，介电性能好，可模压或烧结成型	可用于制造一般构件、耐腐蚀制品等
SFX-2	悬浮（细粒）	250	300	25	327		
SFX-3	悬浮					耐蚀性突出，耐高低温，电性能好，可模压或烧结成型	可用于制造密封件、结构制品
分散法细粒		400~500	35	16	327	性能与SFX-1相似，压缩比低，可挤压成型	可用于制造工程结构件

表 3.4-78　美国奥西玛塔公司（Ausimont Inc.）Halon PTFE 的特性与应用

牌号	相对密度	拉伸屈服强度/MPa	弯曲弹性模量/GPa	悬臂梁缺口冲击强度/J·m^{-1}	热变形温度（1.82MPa）/℃	特性	应用
G80		41	123		120	未改性品级，电性能好，阻燃V-0级，可模压成型	可用于制造电子、电器零部件
G83		35	160		120	未改性品级，表面光泽性优良，阻燃V-0级，可模压成型	可用于制造表面装饰或阻燃制品

（续）

牌号	相对密度	拉伸屈服强度/MPa	弯曲弹性模量/GPa	悬臂梁缺口冲击强度/J·m⁻¹	热变形温度(1.82MPa)/℃	特性	应用
G700		35	160		120	未改性品级，抗蠕变性优良，阻燃V-0级，可模压成型	可用于制造一般工程制品
1005	2.17	28	1.1	160		50%玻璃纤维，耐化学药品，阻燃V-0级	可模压或挤出工程制品和阻燃制品
1005pellet	2.17	18.6	0.79	149			
1012	2.21	21	1.17	133		5%玻璃纤维，耐化学药品，阻燃V-0级	可用于模压或挤出化工防腐制品或阻燃制品
1015	2.22	23	1.45	133			
1018	2.21	22	1.14	139		18%玻璃纤维，耐化学药品	
1018pellet	2.21	19.3	1.10	133		18%玻璃纤维，耐化学药品	
1020pellet	2.21	19.3	1.14	128		20%玻璃纤维，耐化学药品	
1025	2.22	20.0	1.45	117		25%玻璃纤维，耐化学药品	可用于模压或挤出成型一般工程制品、耐腐蚀制品或阻燃制品等
1025pellet	2.22	17.9	1.38	112		25%玻璃纤维，耐化学药品	
1030	2.24	17.9	1.55	107		30%玻璃纤维，耐化学药品	
1030pellet	2.24	14.5	1.45	101		30%玻璃纤维，耐化学药品	
1035	2.25	15.8	1.62	91		35%玻璃纤维，耐化学药品	
1035pellet	2.25	15.8	1.62	91		35%玻璃纤维，耐化学药品	可用于模压或挤出成型一般工程制品、耐腐蚀制品或阻燃制品等
1205	2.21	23	1.1	123		21%玻璃纤维，耐化学药品	
1230	2.31	16.6	1.69	107		5%碳纤维，耐化学药品	可用于模压或挤出成型耐腐蚀工程制品
1230pellet	2.31	13.8	1.66	101		20%玻璃纤维，耐化学药品	
1230pellet	2.31	13.8	1.66	101		5%二硫化钼，耐磨	可用于制造一般耐磨制品
1230pellet	2.31	13.8	1.66	101		5%碳纤维，耐化学药品	可用于制造耐化学药品工程制品
1240	2.7	14.5	1.79	101		20%玻璃纤维，耐化学药品	
1240	2.7	14.5	1.79	101		20%二硫化钼，耐磨	可用于制造工程耐磨制品
1240pellet	2.7	11	1.73	96		20%玻璃纤维，耐化学药品	可用于制造耐化学药品制品
1240pellet	2.7	11	1.73	96		20%二硫化钼，耐磨	可用于制造工程耐磨制品
1410	2.17	21	1.1	117		10%玻璃纤维，耐化学药品	
1410	2.17	21	1.1	96		10%碳纤维，耐化学药品	
1410pellet	2.17	19.3	1.03	112		10%玻璃纤维，耐化学药品	
1410pellet	2.17	19.3	1.03	112		10%碳纤维，耐化学药品	
1416	2.16	23	1.24	112		5%玻璃纤维，耐化学药品	可用于模压或挤出成型耐化学药品、耐腐蚀制品或用作化工设备耐腐蚀衬里等
1416	2.16	23	1.24	112		10%碳纤维，耐化学药品	
1416pellet	2.16	22	0.97	107		5%玻璃纤维，耐化学药品	
1416pellet	2.16	22	0.97	107		10%碳纤维，耐化学药品	
2010	2.13	17.9	1.0	155		10%碳纤维，耐化学药品	
2010pellet	2.13	17.9	0.93	149		10%碳纤维，耐化学药品	
2015	2.12	22	1.31	149		15%碳纤维，耐化学药品	
2015pellet	2.12	13.8	1.24	149		15%碳纤维，耐化学药品	

（续）

牌号	相对密度	拉伸屈服强度/MPa	弯曲弹性模量/GPa	悬臂梁缺口冲击强度/J·m⁻¹	热变形温度（1.82MPa）/℃	特性	应用
2021	2.27	31	1.10	3.0		5%二硫化钼，耐磨	
2021pellet	2.27	27.6	1.03	149		5%二硫化钼，耐磨	
3040	3.3	23	1.45	133		40%青铜，耐磨	
3040pellet	3.3	21	1.38	117		40%青铜，耐磨	可用于模压或挤出成型耐磨制品、轴承配件等
3050	3.55	21	1.73	128		50%青铜，耐磨	
3050pellet	3.55	20	1.66	112		50%青铜，耐磨	
3060	3.97	20	1.93	123		60%青铜，耐磨	
3060pellet	3.80	18.6	1.93	107		60%青铜，耐磨	
3205	3.75	14.5	1.86	123		55%青铜，耐磨	
4010	2.13	29	0.91	155		10%碳纤维，耐化学药品	
4010pellet	2.13	27	0.82	149		10%碳纤维，耐化学药品	
4015	2.11	27.6	1.03	144		15%碳纤维，耐化学药品	可用于模压或挤出成型耐化学药品或耐磨制品等
4015pellet	2.11	26	0.97	139		15%碳纤维，耐化学药品	
4022	2.09	152	1.27	112		22%碳纤维，耐化学药品	
4022pellet	2.09	13.1	1.65	101		22%碳纤维，耐化学药品	
4025	2.09	13.8	1.85	112		25%碳纤维，耐化学药品	可用于模压或挤出成型耐化学药品或耐磨制品等
4025pellet	2.09	12.4	1.10	101		25%碳纤维，耐化学药品	

表 3.4-79 国外生产的聚四氟乙烯性能

性能	测试方法（ASTM）	美国联合化学公司 Halon TFE G80-G83	美国杜邦公司 Teflon TFE	法国于吉内居尔芒公司 Soreflon
模塑收缩率（%）	D955		3~7	3~4
熔融温度/℃		331	327	
相对密度	D792	2.14~2.20	2.14~2.20	2.15~2.18
吸水性（%）	D570			
方法 A			<0.01	<0.01
折射率	D542	1.35	1.35	1.375
拉伸屈服强度/MPa	D638	2.76~44.8	13.8~34.5	17.2~20.7
屈服伸长率（%）	D638	300~450	200~400	200~300
拉伸弹性模量/MPa	D638	400	400	400
弯曲弹性模量/MPa	D790	483	345	483
压缩屈服强度/MPa	D695	11.7	11.7	11.7
压缩弹性模量/MPa	D695		414~621	
洛氏硬度 D		50~65	50~55	50~60
悬臂梁冲击强度/J·m⁻¹	D256			
缺口 3.2mm		107~160	160	160
荷重形变（%）				
13.8MPa，50℃		9~11		9~11
热变形温度/℃	D648			

(续)

性能	测试方法（ASTM）	美国联合化学公司 Halon TFE G80-G83	美国杜邦公司 Teflon TFE	法国于吉内居尔芒公司 Soreflon
0.46MPa		121	121	121
1.82MPa		48.9	55.6	48.9
最高使用温度/℃				
间断		260	288	299
连续		232	260	249
线胀系数/$10^{-5}K^{-1}$	D696	9.9	9.9	9.9
热导率/W·(m·K)$^{-1}$	D177	0.27	0.25	0.25
燃烧性（氧指数）(%)	D2863		>95	>95
相对介电常数	D150			
60Hz		2.1	2.1	2.0~2.1
1MHz		2.1	2.1	2.0~2.1
损耗角正切				
60Hz		$<3\times10^{-4}$	$<2\times10^{-4}$	$<3\times10^{-4}$
1MHz		$<3\times10^{-4}$	$<2\times10^{-4}$	$<3\times10^{-4}$
体积电阻率/Ω·cm	D257	10^{17}	$>10^{18}$	$>10^{18}$
耐电弧性/s	D495	不耐电弧	>300	>1420

2.17 聚苯硫醚（PPS）（见表3.4-80~表3.4-85）

表3.4-80 玻璃纤维增强聚苯硫醚复合材料性能及应用

性能	非填充	10%~20%玻璃纤维增强	40%玻璃纤维增强	40%长玻璃纤维增强	矿物和玻璃纤维填充
断裂抗张强度/MPa	65.5	51.7~96.5	120.6~190.9	158.5	89.6~159.2
断裂伸长率(%)	1~2	1.0~1.5	0.9~4	1.1	<1.4
抗张屈服强度/MPa	—	—	—	—	75.8
压缩强度（断裂或屈服）/MPa	110.3	117.2~137.9	144.7~215.1	220.6	75.8~222.7
弯曲强度（断裂或屈服）/MPa	96.5	65.5~137.9	156.5~274.4	244.7	120.6~233.7
悬臂梁缺口冲击强度/J·m^{-1}	<26.6	37.3~64.0	58.6~100.8	256.0	26.6~73.0
洛氏硬度	R123	R121	R123	—	R121
线胀系数/10^{-6}℃$^{-1}$	49	16~20	12.1~22	500	12.9~20
1.82MPa负荷下的热变形温度/℃	135	226.6~248.8	251.6~265	—	260~265.5
热导率/W·(m·℃)$^{-1}$	0.29	—	0.29~0.45	—	—
密度/g·cm^{-3}	1.3	1.39~1.47	1.60~1.67	1.62	1.78~2.03
吸水率(24h)(%)	<0.02	0.05	<0.01~0.05	—	0.02~0.07
介电强度（短时间）/10^6V·m^{-1}	15	—	14.2~17.7	—	12.9~17.7
特性及应用举例	聚苯硫醚（PPS）耐高温、阻燃、耐蚀性好，伸长率小、坚硬较脆，玻璃纤维增强后性能得到很大提高，耐高温力学性能优良，可在-50~250℃温度下工作，耐蚀性很好，耐酸、碱、盐侵蚀，在93℃时，对160种化学药品具有抗蚀性，刚度高，可替代铜、锌、不锈钢制作各种制品，如仪器仪表中的齿轮、轴承、轴套、轴承支架；防腐泵泵体、叶轮、化工机械密封零件、阀门、管件；电器中的骨架、支座、电机零件、托架；空压机活塞、汽车转向拉杆、衬套等				

表 3.4-81　国产 PPS 及玻璃纤维增强 PPS 树脂的品种、性能及应用

项目	PPS	玻璃纤维增强 PPS 质量指标		
		山东三达科技发展公司	自贡鸿鹤特种工程塑料有限责任公司	科强公司
玻璃纤维含量（%）	0			40±4
相对密度	1.34	1.55~1.65	1.34	
拉伸强度/MPa	56	≥140	60	≥140
拉伸模量/GPa			2	
断裂伸长率（%）		≥1.5	2	
弯曲强度/MPa	82	≥220	90	≥210
弯曲模量/GPa		≥12	2	
压缩强度/MPa	183			
吸水率（%）	0.05	≤0.03	0.02	
负荷变形温度（1.82MPa）/℃		≥269	106	≥260
马丁耐热温度/℃	102			
介电强度/kV·mm^{-1}	26.6		13	16
体积电阻率/Ω·m	$2.8×10^{16}$		$5×10^{15}$	
表面电阻/Ω			$5×10^{14}$	
相对介电常数（1MHz）			3	
损耗角正切（1MHz）			$1.5×10^{-3}$	
摩擦因数	0.34			
痕迹宽度/mm	8.75			
燃烧性（垂直法）			FV-0	FV-0
成型收缩率（%）			0.01	
特性及其应用	主要性能指标：优良的耐高温、耐化学腐蚀、耐辐射、阻燃、电绝缘性能，均衡的物理机械性能和极好的尺寸稳定性，易于加工成型，热变形温度一般高于260℃，可在240℃下长期使用。聚苯硫醚是性能优异的热塑性结晶树脂，只能在高温下有限地溶解在某些芳烃、氯代芳烃或杂环化合物中，如1-氯萘。聚苯硫醚尺寸稳定性好，耐高温，耐腐蚀，耐辐射，不燃，无毒，力学性能和电性能优异，其耐磨性能亦优良；可以对 PPS 制品二次加工，用途十分广泛。可用于汽车工业、化学工业、机械工业、电子电器工业以及在航空航天工业中用于雷达天线罩、飞机整流罩等			

表 3.4-82　四川绵阳市能达利化工厂有限公司 PPS 的性能与应用

牌号	拉伸强度/MPa	缺口冲击强度/kJ·m^{-2}	热变形温度/℃	成型收缩率（%）	特性	应用
1R	60	7.1	106	1.0	纯树脂，可注射、压制成型	可进行改性，制造工程结构制品
4R	120	10	>260	0.25	40%玻璃纤维增强品级，力学性能优越，可注射成型	可用于制造工程结构部件、绝缘件

(续)

牌号	拉伸强度/MPa	缺口冲击强度/kJ·m^{-2}	热变形温度/℃	成型收缩率(%)	特性	应用
8R、10R	120	10	>260	0.25	玻璃纤维增强,填料填充级,抗电弧性好,可注射或模压成型	可用于制造工程件和电绝缘构件
M2	135	8	260	0.25	玻璃纤维增强品级,加工流动性好,可注射成型	可用于制造工程构件和受力件等
M3	145	10	260	0.25	玻璃纤维增强品级,力学性能好,可注射成型	可用于制造工程结构制品
M4	150	11	260	0.25	玻璃纤维增强品级,力学性能好,可注射成型	可用于制造工程结构制品
M5	170	11	260	0.25	玻璃纤维增强,综合强度高,可注射或压制成型	可用于制造工程制品
M6	60	7.1	106	1.0	纯树脂级,耐热性好,强度高,可注射或模压成型	可用于制造工程制品
M7	100	6.7	260	2.0	无机填料填充级,刚性/韧性平衡,可注射或模压成型	可用于制造工程制品
M8	115	6	260	0.15	无机填料填充级,刚性/韧性平衡,可注射或模压成型	可用于制造工程耐热制品
M10	120	6.5	260	0.20	无机填料填充级,综合性能良好,可注射或模压成型	可用于制造工程耐热制品
MF20	120	8	260	0.25	PPS/PTFE 合金品级,综合性良好,可注射成型	可用于制造工程结构件、耐磨制品
MF30	130	8.5	260	2.5	PPS/PTFE 合金品级,综合性能良好,可注射成型	可用于制造工程构件和耐磨件
MF-C1	150	5.5	260	1.5	碳纤维增强品级,综合性能良好,可注射或模压成型	可用于制造工程结构件、功能构件
MF-C2	115	13	240	1.5	碳纤维增强 PPS/PTFE 合金品级,综合性能良好,可注射成型	可用于制造工程结构件、耐磨构件
MN-1 MN-2	155	13	245	0.3	PPS/PA 合金品级,综合性能良好,可注射成型	可用于制造一般工程制品
PPS 着色料	—	—	260	0.2	有红、黄、蓝、黑专用料	主要用于电子电器制品的制造

表 3.4-83 北京市化工研究院 PPS 的性能与应用

牌号	拉伸强度/MPa	缺口冲击强度/kJ·m^{-2}	热变形温度(1.82MPa)/℃	成型收缩率(%)	特性	应用
S104	140	10	260	0.25	玻璃纤维增强品级,强度与刚性高,流动性好,使用温度高(220～240℃),阻燃 V-0 级、耐化学性、尺寸稳定性、电性能好,可注射成型	可用于制造工程结构制品或耐热阻燃制品
S114	150	10	260	0.25		

（续）

牌号	拉伸强度/MPa	缺口冲击强度/kJ·m^{-2}	热变形温度(1.82MPa)/℃	成型收缩率（%）	特性	应用
S124	120	7	260	0.25	玻璃纤维增强品级，综合性能优良，且耐磨性好，可注射成型	可用于制造工程耐磨制品
S206	100	6.5	260	0.02	无机填料填充品级，成本低，尺寸稳定性好，阻燃 V-0 级，电性能、耐蚀性好，耐高温，可注射成型	可用于制造一般工程构件或耐热阻燃制品
S216	100	6	260	0.2	无机填料填充品级，综合性能良好，成本低，耐磨性好，可注射成型	可用于制造一般工程制品和耐磨件
SN-01	140	12	245	0.3	玻璃纤维增强 PPS/PA 合金，机械强度高，耐高温，阻燃 V-0 级，可注射成型	可用于制造通用制品、阻燃制品
SN-02	130	10	250	0.2	玻璃纤维增强 PPS/PA 合金，强度高，耐高温，不阻燃，可注射成型	可用于制造耐热制品
SN-01	120	10	255	0.2	玻璃纤维增强 PPS/PPO 合金，耐热，阻燃 V-0 级，电性能良好，强度高，可注射成型	可用于制造工程制品或阻燃制品

表 3.4-84　国外 PPS 品种及性能

项目	试验方法（ASTM）	超薄壁用 A503X03	玻璃纤维增强 A504	低毛边 A504X95	高冲击下玻璃纤维增强 开发品 1	高冲击下玻璃纤维增强 开发品 2	玻璃纤维增强通用品
相对密度	D792	1.55	1.70	1.67	1.56	1.52	1.67
成型下限压力/MPa	东丽法	<1.3	2.8	3	4	3	4
拉伸强度/MPa	D638	160	160	205	155	166	205
断裂伸长率（%）	D638	1.6	1.6	2.3	2.9	3.0	2.3
弯曲强度/MPa	D790	200	210	260	225	230	265
弯曲弹性模量/MPa	D790	10000	10000	13500	10000	10000	13000
悬臂梁冲击强度(带缺口)/kJ·m^{-2}	D256	9	10	13	22	16	13
（无缺口）/kJ·m^{-2}	D256	40	30	50	85	70	55
热变形温度/℃	D648	260	260	260			260
燃烧性	UL94	V-0	V-0	V-0			V-0
焊接强度/MPa	东丽法			70	50	75	80
成型收缩率（FD）（%）	东丽法	0.25	0.20	0.20			0.20
体积电阻率/Ω·cm	D257			$1×10^{16}$			$1×10^{16}$

注：本表系日本东丽公司 PPS 产品。

表 3.4-85　PPS 的耐蚀性能

化学品名称	拉伸强度保持率（%）		化学品名称	拉伸强度保持率（%）	
（93℃或沸点温度）	24h	90 天	（93℃或沸点温度）	24h	90 天
37% HCl	72	34	四氯化碳	100	48
10% HNO_3	91	0	氯仿	81	77
30% H_2SO_4	94	89	乙酸乙酯	100	88
85% H_3PO_4	100	99	丁醚	100	89
30% NaOH	100	89	二氧六环	100	96
5% NaOCl	94	97	汽油	100	99
n-C_4H_9OH	100	100	甲苯	100	70
丁胺	96	46	苯腈	100	79
2-丁酮	100	100	硝基苯	100	92
苯甲醛	97	47	N-甲基吡咯烷酮	100	92
苯胺	100	86	苯酚	100	92
环己醇	100	100			

2.18　聚砜（PSF）（见表 3.4-86～表 3.4-90）

表 3.4-86　国产双酚 A 聚砜（PSF）牌号及性能

项目	上海曙光化工厂 S-100	大连塑料一厂 P7301	天津合成材料厂
相对密度	1.24	1.24	1.24
吸水性（%）	<0.1	0.22～0.24	0.25
模塑收缩率（%）	0.6～0.8	0.50～0.70	
拉伸强度/MPa	≥50	75～80	>70
弯曲强度/MPa	≥120	110～120	>100
冲击强度/kJ·m^{-2}	≥370	300～500	>100
压缩强度/MPa	>85	80～90	>100
剪切强度/MPa	>45		
拉伸弹性模量/GPa	>2.5	2.0～2.5	
弯曲弹性模量/GPa		2.5～2.9	
布氏硬度/MPa	>10	10～12	20
维卡耐热/℃	170～180		
马丁耐热/℃		145～155	170
热变形温度/℃	≥150	174	
长期使用温度/℃		150	
脆化温度/℃		100	
线胀系数/K^{-1}	5×10^{-5}	5×10^{-5}	
介电强度/kV·mm^{-1}	≥15	15	20
体积电阻率/Ω·cm	1×10^{16}	1×10^{16}	1.5×10^{17}
表面电阻率/Ω	1×10^{15}	1×10^{16}	1×10^{17}
相对介电常数（1MHz）	3	3	3.4
损耗角正切（1MHz）	10^{-3}	6×10^{-3}	4.5×10^{-3}

表3.4-87 美国联合碳化物公司Udel聚砜（PSF）牌号及性能

物理项目	ASTM	DIN	P-1700	P-1710	P-1720	P-1800	P-3500	P-3703	GF-110	GF-120	GF-130	GF-205	GF-210
物理特性													
密度/g·cm^{-3}	D-1505	53179	1.24	1.24	1.24	1.24	1.24	1.24	1.33	1.40	1.49	1.28	1.36
吸水性（%）	D-570	53459	0.3	0.3	0.3	0.3	0.3	0.3	0.62	0.55	0.49	0.63	0.61
力学特性													
拉伸强度/MPa	D-638	53155	7.2	7.2	7.0	7.2	7.2	7.2	8.0	9.8	7.5	7.7	8.0
拉伸弹性模量/MPa	D-630	53157	2.53	2.53	2.53	2.53	2.53	2.53	3.73	5.27		3.55	4.24
断裂伸长率（破断点）（%）			50~100	50~100	50~100	50~100	50~100	50~100	4	3	2	6.5	3.2
弯曲强度/MPa	D-790	—	0.11	0.11	0.11	0.11	0.11	0.11	0.13	0.15	0.16	0.12	0.13
弯曲弹性模量/MPa	D-79	—	2.74	2.74	2.74	2.74	2.74	2.74	3.87	5.62	7.73	3.31	4.28
悬臂梁冲击强度(1/8)/kJ·m^{-2}	D-256	缺口	7.1	7.1	7.1	7.1	7.1	7.1	6.5	8.7	7.6	5.4	5.4
拉伸冲击强度/kJ·m^{-2}	D-1822	—	430	430	430	430	430	400	100	120	110	80	42
热特性													
热变形温度（2MPa）/℃	D-648	53461	174	174	174	174	174	174	179	180	181	176	178
UL连续使用温度/℃	UL7468	IEC112	160	160	160	160	160				175		
耐漏电电压/V	—		150	150	150	150			150	150			
线胀系数10^{-5}K^{-1}	D-696	—	5.6	5.6	5.6	5.6	5.6	5.6	3.6	2.6	1.9	4.5	3.6
电气特性													
绝缘强度/kV·mm^{-1}	D-149	—	17	17	17	17	17	17	19	19	19	19	21
相对介电常数 60Hz	D-150	53483	3.15	3.15	3.19	3.15	3.15	3.15	3.30	3.40	3.50	3.35	3.45
1kHz	D-150	53483	3.14	3.14		3.14	3.14	3.14	3.40	3.50	3.70		
1MHz	D-150	53483	3.10	3.10	3.21	3.10	3.10	3.10	3.40	3.50	3.70	3.35	3.45
损耗角正切 60Hz	D-150	53483	0.0011	0.0011	0.0008	0.0011	0.0011	0.0011	0.001	0.001	0.001	0.0017	0.0004
1kHz	D-150	53483	0.0013	0.0013		0.0013	0.0013	0.0013	0.005	0.005	0.004	0.0060	0.0053
1MHz	D-150	53483	0.0050	0.0050	0.0050	0.0050	0.0050	0.0050					
难燃性													
	UL-94		V-0 (4.47)mm	V-2 (3.05)mm	V-0 (1.47)mm	V-0 (4.47)mm	V-0 (4.47)mm	V-0 (4.47)mm	V-0 (1.57)mm	V-0 (1.57)mm	V-0 (1.52)mm	V-0 (1.52)mm	V-0 (1.52)mm
洛氏硬度M	D-785	—	69	69	69	69	69	69	72	78	85	70	72
洛氏硬度R	D-785	—	120	120	120	120	120	120					
热导率/W·(m·K)$^{-1}$	—	—	0.26	0.26	0.26	0.26	0.26	0.26	0.27	0.29	0.32		0.27
静摩擦因数（对铁）	—	—	0.45	0.45	0.45	0.45	0.45	0.45					

表 3.4-88 聚醚砜 (PES) 牌号及性能

性能	Ultrason E3010 纯料	Ultrason E1010G6 30% 玻璃纤维	Ultrason KR4101 30% 无机填料
密度/g·cm^{-3}	1.37	1.6	1.62
平衡吸水率 (23℃) (%)	2.1	1.5	1.5
拉伸强度/MPa	92	155	92
断裂伸长率 (%)	15~40	2.1	4.1
拉伸弹性模量/GPa	2.9	10.9	4.8
弯曲强度/MPa	130	201	148
弯曲弹性模量/GPa	2.6	9.2	4.9
悬臂梁冲击强度/J·m^{-1}			
有缺口	78	90	21
无缺口	不断	432	411
洛氏硬度 M	85	97	84
T_g/℃	220	—	—
热变形温度 (1.84MPa) /℃	195	215	206
线胀系数/10^{-5}K^{-1}	3.1	1.2	1.7
氧指数 (%)	38	46	44
体积电阻率/Ω·cm	>10^{16}	>10^{16}	>10^{16}
表面电阻率/Ω	>10^{14}	>10^{14}	>10^{14}
相对介电常数 (1MHz)	3.5	4.1	4.0
损耗角正切	0.011	0.01	0.01

表 3.4-89 国产聚芳砜 (PAS) 牌号及性能

项目	PAS360[1]	GF PAS360[2]	项目	PAS360[1]	GF PAS360[2]
拉伸强度 (室温) /MPa	94	190.8	马丁耐热/℃	242	>250
(260℃, 900h)	71.4	—	热变形温度/℃	300	—
冲击强度/kJ·m^{-2}	>100	126.3	热失重温度/℃	450	—
热分解温度/℃	460	—	相对介电常数 (1MHz)	4.77	2.68
表面电阻率/Ω	5.7×10^{15}	1.57×10^{15}	介电强度/kV·mm^{-1}	84.6	27[3]
体积电阻率/Ω·cm	3.4×10^{16}	2.82×10^{15}	损耗角正切 (1MHz)	6.5×10^{-3}	5×10^{-2}
压缩强度/MPa	150	367.2	燃烧性	自熄	—
弯曲强度/MPa	>140	346	红外透光率 (%)	1.5~4	—
伸长率 (%)	7~10	—			

[1] 吉林大学化学所产品。
[2] 苏州树脂厂增强聚芳砜。
[3] 90℃测定。

表 3.4-90 美国 3M 公司聚芳砜性能

项目	Astrel 360	项目	Astrel 360
相对密度	1.36	洛氏硬度 M	110
吸水性（%）	1.8	Taber 磨耗/mg·(1000r)$^{-1}$	40
模塑收缩率（%）	0.8	玻璃化温度/℃	288
色泽	透明	热变形温度/℃	
拉伸强度/MPa		1.82MPa	274
23℃	91	连续使用温度/℃	200
260℃	29.8	线胀系数/$10^{-5}K^{-1}$	4.68
压缩强度/MPa		可燃性	自熄
23℃	126	相对介电常数	
260℃	52.8	60Hz	3.94
弯曲强度/MPa		8.5GHz	3.24
23℃	121	损耗角正切	
260℃	62.7	60Hz	3×10^{-3}
拉伸弹性模量/GPa	2.6	8.5GHz	10×10^{-3}
压缩弹性模量/GPa	2.4	体积电阻率/Ω·cm	3.2×10^{16}
弯曲弹性模量/GPa		表面电阻率/Ω	6.2×10^{15}
23℃	2.78	介电强度/kV·mm^{-1}	6.3
260℃	1.77	耐电弧/s	67
断裂伸长率（%）		酸、碱、烃、硅油、F-14	耐
23℃	13	喷气燃料、丙酮、三氯乙烯	溶胀
260℃	7	二甲基甲酰胺、二甲基亚砜	溶解
缺口冲击强度/kJ·m^{-1}	0.163		

2.19 聚酮（见表 3.4-91 ~ 表 3.4-94）

表 3.4-91 聚酮品种及性能

项目	PEKK[①]	PEK[②]	PEEK[③]
密度/g·cm^{-3}	1.3	1.3	1.3
熔点/℃	338	373	334
T_g（DSC）/℃	156	165	143
热变形温度/℃		186	160
加工温度/℃	360~380	385~410	370~380
拉伸强度/MPa	102	105	103
拉伸弹性模量/GPa	4.5	4.0	3.8
断裂伸长率（%）	4	5	11
燃烧速率 UL94	V-0	V-0	V-0
极限氧指数	40	40	35
结晶度（%）	26		33

注：1. 本表为未填充聚酮树脂的性能数据。
  2. 聚酮类塑料主要包括：聚醚醚酮（PEEK）、聚醚酮（PEK）、聚醚酮酮（PEKK）、聚芳醚酮（PAEK）、聚醚砜酮、脂肪族聚酮等。本表只列出 PEKK、PEK、PEEK 三种的性能数值。

① 间苯二酸酯与对苯二酸酯共聚物，组分未定。
② ICI VICTREX PEK 220G。
③ ICI VICTREX PEEK 450G。
 ICI 公司 APC（HTX）Advanced Polymer Composite 的母体热塑性塑料，假定为聚芳醚酮。

表3.4-92 国产聚醚酮酮（PEKK）性能

项目	湖北省化学研究所产品	项目	湖北省化学研究所产品
密度/g·cm^{-3}	1.26		
吸水性（％）	0.60	体积电阻率/Ω·cm	5×10^{16}
吸油率（％）	0.22	介电强度/kV·mm^{-1}	51.3
拉伸强度/MPa		相对介电常数（1MHz）	2.18
常温	86.3	损耗角正切（100kHz）	1.72×10^{-2}
150℃	37.1		

表3.4-93 英国帝国化学工业公司聚醚醚酮的性能

项目	数值	测试方法	项目	数值	测试方法
熔点/℃	334		相对介电常数（1MHz）		
玻璃化温度/℃	143		10~50GHz，0~150℃	3.2~3.3	
结晶度（最大）（％）	48		50Hz，200℃	4.5	
相对密度（完全结晶）	1.32		体积电阻率（被覆电线，25℃，水中）/Ω·cm	1×10^{13}	
吸水性（％）	0.15				
熔体黏度/Pa·s			极限指数（O$_2$）（％）		ASTM D2863
400℃	450~550		0.4mm 厚	24	
熔融热稳定性（黏度变化）（％）			3.2mm 厚	35	
400℃，1h	<10		涂敷电线	40.5	
拉伸强度/MPa	100		燃烧率		UL94
断裂伸长率（％）	150		0.3mm 厚	V-1	
拉伸弹性模量/MPa			1.6mm 厚	V-0	
150℃	1000		3.2mm 厚	5-V	
180℃	400				
弯曲弹性模量/GPa	3.5				NBS 烟室（英国新标准线规烟室）
冲击强度（缺口，摆锤式，25℃，2.03mm）/kJ·m^{-1}	1.387		烟散发	10	
拉伸强度/MPa					
缺口 0.254mm	33.8		3.2mm 厚燃烧	1.5	
缺口 0.508mm	33.8		3.2mm 厚不燃烧		
缺口 1.016mm	33.8		产品燃烧的毒性指数	0.17	英国国防部试验 NES713
缺口 2.032mm	33.8				
介电强度/kV·mm^{-1}					
薄膜（厚度 50μm）	16~21				
被覆电线（20℃，水中）	19				

表3.4-94 聚醚酮 PEK-C 性能

性能	模压级	注塑级	性能	模压级	注塑级
熔体流动速率（330℃）/g·(10min)$^{-1}$	—	1~5	硬度	M90	M88
			熔点 T_m/℃		
拉伸强度/MPa	102	105	玻璃化温度 T_g/℃	231	219
拉伸弹性模数/GPa	2.43	1.76	线胀系数/K^{-1}	6.56×10^{-5}	
弯曲度/MPa	132	169	热变形温度(1.84MPa)/℃	208	
弯曲弹性模量/GPa	2.74	3.10	密度/g·cm^{-3}	1.31	1.31
断裂伸长率（％）	6	40	吸水性（24h）/％	0.41	0.41
简支梁冲击强度/kJ·m^{-2}		147	泊松比	0.367	—
悬臂梁冲击强度/J·m^{-1}	46	60	阻燃性（UL 94）	V-0	V-0

注：本表为中国科学院长春应用化学研究所产品。

2.20 聚芳酯（PAR）（见表 3.4-95~表 3.4-104）

表 3.4-95 国产聚芳酯（PAR）的性能及应用

	项目	数值	项目	数值
晨光化工研究院产品性能	外观	白色粉末或浅黄色粒料	马丁耐热/℃	152~155
	相对密度	1.20	热变形温度/℃	
	拉伸强度/MPa	>65	1.86MPa	170
	断裂伸长率（%）	15~40	线胀系数/$10^{-5}K^{-1}$	6
	冲击强度/kJ·m^{-2}		体积电阻率/Ω·cm	10^{16}
	有缺口	>20	介电强度/kV·mm^{-1}	20
	无缺口	不断	相对介电常数（50Hz）	3.4
	弯曲强度/MPa	110	损耗角正切（50Hz）	2.3×10^{-3}
	压缩强度/MPa	97		

应用举例	聚芳酯在汽车业中，用于前灯灯罩、灯座、刹车灯、反射镜、汽车外装件、透镜罩盖、窗框、门把手。由于 PAR 耐紫外光性能好，不需涂漆，其注射制品表面光泽性好，尺寸稳定性好，耐热性好 PAR 在安全设备方面，用作安全防火头盔、防火器材。PAR 有良好耐热耐寒性，高的冲击强度和阻燃性，易着色性及透明性，用于机械、仪器、设备的机罩壳，还用于矿灯罩壳、交通信号灯的透镜 PAR 在电气电子业中，可用于熔断器盒、开关盒、连接器、继电器、线圈骨架等 利用 PAR 的强度和耐紫外光辐射性，可用于建筑、交通工具外部装饰件上

表 3.4-96 日本聚芳酯（U-聚合物）性能

项目	U-100	U-1060	U-4015	U-8000
相对密度	1.21	1.21	1.24	1.26
拉伸强度/MPa	72	75	83	73
断裂伸长率（%）	50	62	63	95
弯曲强度/MPa	97	95	115	113
弯曲弹性模量/GPa	1.88	1.88	2.01	1.90
压缩强度/MPa	96	96	98	98
悬臂梁冲击强度（缺口 3.175mm）/kJ·m^{-1}	0.30	0.38	0.35	0.32
拉伸蠕变形速率(10.5MPa,100℃,24h)（%）		1.7	1.8	1.9
Taber 磨耗/mg·（1000r）$^{-1}$	6	6		
洛氏硬度	125	125	124	125
热变形温度（1.86MPa）/℃	175	164	132	110
阻燃性	自熄	自熄	自熄	自熄
体积电阻率/Ω·cm	2×10^{16}	2×10^{16}	2×10^{16}	2×10^{16}
耐电弧性/s	129	129	120	123
相对介电常数（1MHz）	3	3	3	3
损耗角正切（60Hz）	1.5×10^{-2}	1.5×10^{-2}	1.5×10^{-2}	1.5×10^{-2}
模塑收缩率（%）	0.8	0.8	0.8	1.0

表 3.4-97 聚芳酯（PAR）合金牌号及性能

项目	测试方法 ASTM	牌号					
		U-100	P-1001	P-3001	P-5001	U-8000	AX-1500W
相对密度	D792	1.21	1.21	1.21	1.21	1.24	1.17
吸水性（%）	D570	0.26	0.26	0.25	0.25	0.15	0.75
透光率（%）	D1003	87	87	88	88	87	Opaque
拉伸强度/MPa	D638	69	69	69	65	71	72
拉伸率（%）		60	65	70	80	105	53
弯曲强度/MPa	D790	84	82	83	86	103	91
弯曲弹性模量/GPa		2.1	2.1	2.1	2.2	2.7	2.3
悬臂梁冲击强度/J·m^{-1}	D256	225	255	353	451	108	78
载荷挠曲温度（1.8MPa）/℃	D648	175	175	160	150	110	150
洛氏硬度	D785	R125	R123	R122	R120	R125	R104
介电强度/MV·m^{-1}	D149	39	31	30	30	44	25
体积电阻率/Ω·cm	D257	2×10^{14}	2×10^{14}	2×10^{14}	2×10^{14}	2×10^{14}	2×10^{14}
介电常数/pF·m^{-1}	D150	27	27	27	27	27	32
损耗角正切		0.015	0.01	0.01	0.01	0.015	0.04
抗电弧性/s	D495	130	127	125	125	120	84

表 3.4-98 玻璃纤维增强聚芳酯（UG 系列和 AX 系列）的性能

项目	UG-100-30	UG-1060-30	UG-4015-30	UG-8000-30	AX-1500-20	AXNG-1502-20	AXNG-1500-20
相对密度	1.44	1.44	1.45	1.46	1.31	1.33	1.51
吸水性（%）	0.24	0.23	0.18	0.13	0.65	0.65	0.60
拉伸强度/MPa	135	138	140	144	130	125	125
断裂伸长率（%）	2.5	2.5	2.4	2.3	9	7	7
弯曲强度/MPa	136	138	150	156	150	140	140
弯曲弹性模量/GPa	5.8	5.9	6.5	7.5	5.8	6.2	7.3
悬臂梁冲击强度(缺口)/kJ·m^{-1}	100	110	110	130	60	50	50
热变形温度/℃	180	169	141	121	175	170	165
体积电阻率/Ω·cm	4.6×10^{16}	4.6×10^{16}	4.0×10^{16}	2.8×10^{16}	10^{14}	10^{14}	10^{14}
相对介电常数（1MHz）	3.0	3.0	3.0	3.0	3.6	3.6	3.6
损耗角正切（1MHz）	1.5×10^{-2}	1.5×10^{-2}	1.5×10^{-2}	1.5×10^{-2}	4×10^{-2}	4×10^{-2}	4×10^{-2}
介电强度/kV·mm^{-1}	35	41	32	40	30	25	25
阻燃性	V-0	V-0	V-2	V-2	HB	V-2	V-0
模塑收缩率（%）	0.3	0.3	0.3	0.3	0.4	0.4	0.4
线胀系数/10^{-5}K^{-1}	3.5	3.5	3.5	3.5	5.0	5.0	5.0

表 3.4-99 增强聚芳酯的性能

项目	APE KL 1-9301	项目	APE KL 1-9301
密度/g·cm^{-3}	1.44	断裂伸长率（%）	3.9
简支梁冲击强度/kJ·m^{-2}		拉伸弹性模量/GPa	6.9
无缺口	40	球压硬度/MPa	
有缺口	8	H30	170
弯曲强度/MPa	66	线胀系数/10^{-5}K^{-1}	2.5
弯曲弹性模量/GPa	7.8	维卡软化温度/℃	192
屈服拉伸强度/MPa	108	热变形温度/℃	
断裂拉伸强度/MPa	107	方法 A，1.8MPa	183

表 3.4-100 聚芳酯的屏蔽性能

项目	U-8060	U-8100	U-8200	U-8400
可见光透光率（%）	90	90	91	91
气体透过常数				
O_2	0.03	0.03	0.04	0.09
N_2	0.03	0.03	0.03	0.04
CO_2	0.20	0.20	0.30	0.70
水蒸气透过率（24h）/g·m^{-2}	46	46	47	53

表 3.4-101 聚芳酯的耐磨性

材料	速度/cm·s^{-1}	临界 pv 值 /MPa·(cm·s^{-1})	平均临界 pv 值 /MPa·(cm·s^{-1})	材料	速度/cm·s^{-1}	临界 pv 值 /MPa·(cm·s^{-1})	平均临界 pv 值 /MPa·(cm·s^{-1})
U-100	35	47.8	510	AX-1500	35	29.8	343
	61	55.3			61	29.9	
	81	54.3			81	39.2	
	103	46.8			103	38.1	
3% MoS_2 + U-100	35	47.8	538	UF-100	35	158.1	954
	61	55.3			61	89.8	
	81	53.3			81	63.3	
	103	58.5			103	70.2	

表 3.4-102 高反射遮光级聚芳酯性能

项目	AX-1500W	AXN-1500N	项目	AX-1500W	AXN-1500N
密度/g·cm^{-3}	1.37	1.51	阻燃性	HB	V-0
拉伸强度/MPa	81	75	反射率（%）	90	88~89
断裂伸长率（%）	14	11	体积电阻率/Ω·cm	10^{14}	10^{14}
弯曲强度/MPa	80	88	介电强度/kV·mm^{-1}	25	25
弯曲弹性模量/GPa	2.8	3.0	耐电弧性/s	80	80
冲击强度/kJ·m^{-2}	50	30			

表 3.4-103 PAR 的 AX 系列树脂性能

项目	AX-1500	AXN-1500	AX1500W	AXN1500W
相对密度	1.17	1.31	1.57	1.51
拉伸强度/MPa	74	81	75	75
	72.5	79.4	73.6	73.6
断裂伸长率（%）	25	3	14	11
弯曲弹性模量/GPa	2.2	2.4	2.8	3.0
	2.2	2.4	2.7	2.9
拉伸冲击强度/J·m^{-2}	180	70	50	30
	176	69	49	29
热变形温度（1.8MPa）/℃	150	140	150	130
耐燃性/UL94（1.6mm）	HB	V-0	HB	V-0
反光性（%）			90	88~90
激光性			0	0

表 3.4-104　PAR（U-品级）树脂的冲击强度和介电强度

树脂和牌号	悬臂梁冲击强度/kJ·m^{-2}				拉伸冲击强度/kJ·cm^{-2}			介电强度/kV·mm^{-1}	
	测试方法（ASTM）	缺口/mm			测试方法（ASTM）	20℃	−20℃ 4h	测试方法（ASTM）	厚度 1.70mm
		12.7	6.35	3.175					
U-聚合物									
U-100		15.5	17.7	30					30
U-1060		13.4	14.9	38		31	31		34
U-4015	D256	5.1	7.0	35.1	D1822	44	32	D149	
U-8000						38	32		
UG-1060									39

2.21　液晶聚合物（LCP）（见表3.4-105）

表 3.4-105　LCP 牌号、性能及应用

加工级别	厂家	牌号	性能、用途	密度/g·cm^{-3}	屈服抗张强度/MPa	屈服伸长率（%）	悬臂梁缺口冲击强度/J·m^{-1}	0.46MPa下热变形温度/℃
挤出级	Hoechst Celanese 公司	Vectra B950	通用级、阻燃 VL94 V-0 级	1.4	186.1	—	426.7	200*
挤出、薄膜和纤维级	Hoechst Celanese 公司	Vectra A950	通用级、阻燃 V-0 级	1.4	—	—	533.4	222.2
注射模塑级	Amoco Pert. 公司	Xydar SRT-500	高流动、阻燃 V-0 级	1.35	109.6	1.1	245.3	332.2*
		Xydar MG-450	耐化学性好、耐辐射、电器级，含 50% 矿物玻璃纤维、阻燃 V-0 级	1.79	111.6	2	85.3	325.5
		Xydar MG-350	耐候、电器级、高温性、含 50% 矿物玻璃纤维、阻燃 V-0 级	1.78	97.9	2.3	101.3	291.1
		Xydar G-445	耐化学性好、电器级、高温性、含 45% 玻璃纤维、阻燃 V-0 级	1.75	125.4	2.1	106.6	300*
		Xydar M-450	耐候、电器级、高温性、含 50% 矿物、阻燃 V-0 级	1.84	91.7	1.7	69.3	283.3*
		Xydar FC-110	低烟、无毒、高硬度、含 40% 切断玻璃纤维、阻燃 V-0 级	1.7	93.7	—	85.3	318.8*
		Xydar G-640	耐辐射、耐候、高流动、电器级、含 40% 玻璃纤维	1.7	137.9	1.1	—	241.1*
		Xydar FC-120	中硬度，含 50% 玻璃纤维、矿物、阻燃 V-0 级	1.79	96.5	—	74.6	316.6*
		Xydar RC-210	长纤维、高硬度、含 30% 切断玻璃纤维、阻燃 V-0 级	1.6	137.9	1.7	106.6	346.1*

(续)

加工级别	厂家	牌号	性能、用途	密度/g·cm^{-3}	屈服抗张强度/MPa	屈服伸长率(%)	悬臂梁缺口冲击强度/J·m^{-1}	0.46MPa下热变形温度/℃
注射模塑级	Amoco Pert. 公司	Xydar RC-220	黑色、本色、电器级、航天级、含10%玻璃纤维、矿物、阻燃V-0级	1.81	102.7	1.5	69.3	330*
		Xydar G-540	耐辐射、耐候、高流动、电器级、含40%玻璃纤维	1.7	146.4	1.5	—	241.1*
		Xydar FC-130	尺寸稳定、中光泽、低翘曲、低硬度、含50%矿物、阻燃V-0级	1.86	71.7	—	42.6	290*
		Xydar G-430	耐候、电器级、高温性、含30%玻璃纤维、阻燃V-0级	1.64	136.5	1.7	133.3	325
		Xydar G-345	耐化学性好、电器级、高温性、含45%玻璃纤维、阻燃V-0级	1.76	113.7	2.8	122.6	287.7
		Xydar G-330	耐候、电器级、高温性、含30%玻璃纤维、阻燃V-0级	1.62	116.5	2.6	160.0	251.6*
		Xydar M-350	耐候、电器级、高温性、含50%矿物、阻燃V-0级	1.84	86.8	2.6	80.0	273.8
		Xydar SRT-300	中流动、阻燃V-0级	1.35	109.6	1.3	165.3	346.6*
	Du Pont 公司	HX-1130	电器级、汽车级、航天级、含30%切断玻璃纤维、阻燃V-0级	1.5	156.5	—	69.3	179.4*
		HX-4100	耐化学性好、尺寸稳定、绝缘、电器级、汽车级、含30%切断玻璃纤维、阻燃V-0级	1.51	158.5	—	58.6	290.5*
		HX-7130	电器级、汽车级、含30%切断玻璃纤维、阻燃V-0级	1.61	144.7	—	138.6	279.4*
		HX-6130	高抗冲击性、高流动、电器级、汽车级、含30%切断玻璃纤维、阻燃V-0级	1.61	144.7	—	138.6	250*
		HX-2300	通用级、含30%矿物、阻燃V-0级	1.5	96.5	0.8	16.0	180*

注：带"*"的表示1.82MPa负荷下的热变形温度。

3 工程常用塑料的选用

3.1 按要求选用（见表3.4-106～3.4-109）

表 3.4-106 按零件工况要求选用塑料品种

分类	工况要求	零件实例	材料性能	可选材料
一般结构零件	不承受或只承受很小的载荷，工作环境温度不高	壳体、盖板、外罩、支架、手柄、手轮、导管、管接头、方向盘、一般紧固件等	只要求较低的强度和耐热性能，但因用量较大，还要求成型工艺性好，成本低廉	低压聚乙烯、聚苯乙烯、改性聚苯乙烯、聚丙烯、聚氯乙烯、尼龙、ABS等。稍大壳体零件，要求有较好的刚性时可选用聚碳酸酯
透明结构零件	不承受或只承受很小的载荷，工作环境温度不高	仪表壳、灯罩、风窗玻璃、液面计、油标、设备标牌等	要求透光性好，并要求一定的耐热性、耐候性和耐磨性	有机玻璃、聚苯乙烯、聚碳酸酯、聚砜、透明芳香尼龙、ABS的改性品种MBS

（续）

分类	工况要求	零件实例	材料性能	可选材料
普通传动零件	承受交变应力及冲击载荷，表面受磨损，工作条件较为苛刻	齿轮、齿条、凸轮、蜗轮、蜗杆、滚子、联轴器等	要求有较高的强度、刚度、韧性、耐磨性、耐疲劳性、耐热性和尺寸稳定性	尼龙、MC尼龙、聚甲醛、F-4填充的聚甲醛、聚碳酸酯、氯化聚醚、夹布酚醛、增强聚丙烯、增强热塑性聚酯
	在中等或较低载荷、中等温度（80℃以下）和少无润滑条件下工作		有较高的疲劳强度与耐振性，但吸湿性大	尼龙6、尼龙66
	同上条件，可在湿度波动较大的情况下工作		强度与耐热性略差，但吸湿性较小，尺寸稳定性较好	尼龙610、1010、9
	适宜于铸造大型齿轮及蜗轮等		强度、刚性均较前两种高，耐磨性亦较好	铸型尼龙（MC尼龙）
	在高载荷、高温下使用，传动效率好，速度较高时应用油润滑		强度、刚度、耐热性均优于未增强者，尺寸稳定性亦显著提高	玻璃纤维增强尼龙
	在中等及轻载荷，中等温度（100℃以下），无润滑或少润滑下工作		耐疲劳，刚性高于尼龙，吸湿性很小，耐磨性亦佳，但成型收缩率特大	聚甲醛
	大量生产，一次加工。当速度高时，应用油润滑		成型收缩率特小，因此精度高，但耐疲劳强度较差，并有应力开裂的倾向	聚碳酸酯
	在较高载荷、温度下使用的精密齿轮，速度较高时用油润滑		强度、刚性、耐热性，可与增强尼龙媲美，尺寸稳定性超过增强尼龙，但耐磨性较差	玻璃纤维增强聚碳酸酯
	适用于在高温水或蒸汽中工作的精密齿轮		较上述不增强者均优，成型精度亦高，耐蒸汽，但有应力开裂倾向	聚苯硫醚（PPO）
	在260℃以下长期工作的齿轮		强度、耐热性最高，成本也最高	聚酰亚胺
摩擦零件	受力不大，但运动速度较高，有的是在无油或少油润滑条件下运转	轴承、轴套、滑动导轨、活塞环、机械动密封圈、填料函等	对强度要求不高，但要求有良好的自润滑性、较低的摩擦因数、一定的耐油性和较高的热变形温度	低压聚乙烯、尼龙、MC尼龙、氯化聚醚、聚四氟乙烯及填充聚四氟乙烯、F-4填充的聚甲醛 对于工作条件苛刻的轴承可采用塑料-金属三层复合材料

第4章 塑料和复合材料

(续)

分类	工况要求	零件实例		材料性能	可选材料
耐腐蚀零件	在常温或高温下，长期受酸、碱或其他腐蚀性介质的侵蚀	化工容器、管道、泵、阀、塔器、搅拌器、反应釜、换热器、冷凝器、分离和排气净化设备		主要要求有抵抗各种强酸、强碱、强氧化剂和有机溶剂等化学介质腐蚀的能力，保证正常操作、安全生产	可供选用的品种有：硬聚氯乙烯、聚乙烯、聚丙烯、氟塑料、氯化聚醚、聚苯硫醚、酚醛玻璃钢、环氧玻璃钢、呋喃玻璃钢、聚酯玻璃钢等
		全塑结构件		耐蚀性好，优良抗热变形性能，较高力学性能	聚丙烯、硬聚氯乙烯及其填充增强塑料、填充聚四氟乙烯、氯化聚醚、聚苯硫醚
		衬里结构件		耐蚀性好，负荷由基材承受	环氧树脂及其玻璃钢，工作温度不高可用聚氯乙烯、聚乙烯、聚丙烯、氯化聚醚，温度高时用氟塑料
		加强复合结构件		力学性能和耐蚀性均要求高	玻璃钢加强的硬聚氯乙烯或聚丙烯
		涂层结构件		涂层薄，只作防大气腐蚀之用	环氧、氯化聚醚、聚乙烯、聚三氟氯乙烯、聚苯硫醚
高强度、高模量结构件	负荷大，运转速度高，有的承受强大的离心力和热应力，有的受介质腐蚀	燃气轮机压气机叶片、高速风扇叶片、泵叶轮、船用螺旋桨、发电机护环、压力容器、高速离心转筒、船艇壳体、汽车车身等		要求高强度、高的弹性模量（刚度）、耐冲击、耐疲劳、耐腐蚀以及较高的热变形温度	玻璃纤维增强的热塑性塑料（其中以尼龙的增强效果最好，其次为聚碳酸酯、线型聚酯、聚苯乙烯等），环氧玻璃钢、聚酯玻璃钢、碳纤维增强的环氧塑料等
电气绝缘零件	在工频交流或直流电压为1kV及以下的低压电场中工作	低压电机电气绝缘件及电缆电线绝缘层	耐热等级	这类电气绝缘层的破坏主要是热老化。故选材时首先是按绝缘材料的耐热级别来选择。其次才考虑环境适应性，如耐潮、耐湿热、耐油、耐溶剂及耐户外气候性；有时还要考虑强度、刚性、耐弧性和耐燃性	
			Y级（≤90℃）		聚氯乙烯、聚丙烯、聚苯乙烯、聚甲醛、尼龙、有机玻璃以及加入有机填料的酚醛、氨基塑料等
			A级（≤105℃）		聚氯乙烯、聚丙烯、尼龙以木粉、石粉或高岭土、棉纤维填充的酚醛、脲醛压塑料
			E级（≤120℃）		聚碳酸酯、聚苯醚、氯化聚醚以及有机填料（纸、布）填充改性的酚醛层压塑料制品
			B级（≤130℃）		加入无机填料（石棉、玻璃纤维）的酚醛、环氧、聚酯、三聚氰胺层压塑料制品和模压塑料

(续)

分类	工况要求	零件实例		材料性能	可选材料
电气绝缘零件	在工频交流或直流电压为1kV及以下的低压电场中工作	低压电机电气绝缘件及电缆电线绝缘层	耐热等级 F级（≤155℃）	这类电气绝缘层的破坏主要是热老化。故选材时首先是按绝缘材料的耐热级别来选择。其次才考虑环境适应性，如耐潮、耐湿热、耐油、耐溶剂及耐户外气候性；有时还要考虑强度、刚性、耐弧性和耐燃性	聚砜、芳香尼龙、F-46以及加入无机填料（石棉、玻璃纤维）的环氧、有机硅、DAP层压或模压塑料
			耐热等级 H级（≤180℃）		F-4、聚苯硫醚、聚芳砜以及加入无机填料（石棉、玻璃纤维）的有机硅、二苯醚、DAIP压塑料
			耐热等级 C级（180℃以上）		F-4、聚酰亚胺、聚芳砜、聚苯硫醚、聚苯并咪唑
	在中压或高压（6kV以上）的电场条件下工作	高压电缆绝缘层		除应具备低压电工材料的某些性能外，还要求耐电压强度高、介电常数与损耗角正切小、抗电晕及优良的耐候性	交联聚乙烯。在较低电压下可用聚碳酸酯、聚烯烃及F-4等
		高压电气绝缘件			通常采用双酚A型环氧、脂环族环氧和线型酚醛型环氧等塑料品种，但需进行合适的防电晕处理
		高压电机、电器绝缘件			
	在高频率电场条件下工作	高频设备（如高频干燥、热处理、焊接等）及普通无线电电子设备上的绝缘件		在高频设备中，电磁感应、涡流、容抗及介电损耗等问题比较突出，一般应选用介电常数小而稳定及损耗角正切值小的材料	常用的有：聚烯烃、F-4和F-46塑料以及某些纯碳氢的热固性塑料，也可选用聚酰亚胺、有机硅、聚苯醚、聚苯乙烯和聚丙烯。在高频高压工况下，则宜选用交联聚乙烯
		电容器介质材料		应具有适当高的介电常数和高的耐压强度、尽可能小的损耗角正切值，质地要均匀密实，介电性能不应有大的温度和频率依赖性	聚酯薄膜、聚苯乙烯薄膜、聚丙烯薄膜、聚四氟乙烯薄膜、聚酰亚胺薄膜以及酯交换法生产的聚碳酸酯塑料

表 3.4-107 按性能要求选用塑料品种

性能要求	符合性能要求可选的材料
成本与质量比低	脲醛、酚醛、聚苯乙烯、聚乙烯、聚丙烯、PVC
成本与体积比低	PE、PP、脲醛、酚醛、PS、PVC
弹性模量低	PE、PC、氟塑料
弹性模量高	三聚氰胺、脲醛、酚醛
断裂伸长率高	PE、PP、有机硅、乙烯醋酸乙酯
断裂伸长率低	PES、玻璃纤维增强PC、玻璃纤维增强尼龙、玻璃纤维增强PP、热塑性聚酯、聚醚酰亚胺、乙烯酯、聚醚醚酮、环氧、聚酰亚胺
弯曲模量（刚性）	PPS、环氧、玻璃纤维增强酚醛、玻璃纤维增强尼龙、聚酰亚胺、对苯二甲酸二烯丙酯、聚对苯二甲醛胺、热塑性聚酯

(续)

性能要求	符合性能要求可选的材料
弯曲屈服强度	玻璃纤维增强聚氨酯、环氧、碳纤维增强尼龙、玻璃纤维增强PPS、聚对苯二甲酰胺、PEI、PEEK、碳纤维增强PC等
低摩擦因数	氟塑料、尼龙、聚甲醛
高硬度	三聚氰胺、玻璃纤维或纤维素增强酚醛、聚酰亚胺、环氧
高冲击强度	酚醛、环氧、PC、ABS
高耐湿性	PE、PP、氟塑料、PPS、聚烯烃、热塑性聚酯、聚苯醚、PS、PC（玻璃纤维或碳纤维增强PC）
软化性	PE、有机硅、PVC、热塑性弹性体、聚氨酯、乙烯醋酸乙酯
高断裂抗拉强度	环氧、玻璃纤维或碳纤维增强尼龙、聚氨酯、玻璃纤维增强热塑性聚酯、聚对苯二甲酰胺、PEEK、碳纤维增强PC、PEI、PES
高拉伸屈服强度	玻璃纤维或碳纤维增强尼龙、聚氨酯、玻璃纤维热塑性聚酯、PEEK、PEI、聚对苯二甲酰胺、玻璃纤维或碳纤维增强PPS
抗压强度	聚对苯二甲酰胺、玻璃纤维增强酚醛、环氧、三聚氰胺、尼龙、玻璃纤维增强热塑性聚酯、聚酰亚胺
电阻性高	PS、氟塑料、PP
介电常数高	酚醛、PVC、氟塑料、三聚氰胺、烯丙基塑料、尼龙、聚对苯二甲酰胺、环氧
介电强度高	PVC、氟塑料、PP、聚苯醚、酚醛、热塑性聚酯、玻璃纤维增强尼龙、聚烯烃、PE
损耗角正切值高	PVC、氟塑料、酚醛、热塑性聚酯、尼龙、环氧、对苯二甲酸烯丙酯、聚氨酯
承载耐变形性好	热固性层压制品
低热导率	PP、PVC、ABS、PPO、聚丁烯、丙烯酸、PC、热塑性聚酯、尼龙
低热胀系数	碳纤维或玻璃纤维增强PC、玻璃纤维增强酚醛、碳纤维或玻璃纤维增强尼龙、玻璃纤维增强热塑性聚酯、玻璃纤维或碳纤维增强PPS、PEI、PEEK，聚对苯二甲酰胺、烯丙基塑料、三聚氰胺
永久性高透明度	丙烯酸、PC
质量轻	PP、PE、聚丁烯、乙烯醋酸乙酯、甲基丙烯酸乙酯
白度保持程度高	三聚氰胺、脲醛

表 3.4-108 按耐热等级选用塑料品种

耐热等级	可选塑料品种
70℃	聚苯乙烯、改性聚苯乙烯、聚氯乙烯、ABS、低温环氧复合材料、有机玻璃
90℃（Y级）	低密度聚乙烯、聚甲醛、尼龙1010、改性聚氯乙烯、改性有机玻璃
105℃（A级）	高密度聚乙烯、氯化聚醚、聚丙烯、耐热有机玻璃、MC尼龙
120℃（E级）	木粉填料酚醛塑料粉、增强尼龙、聚碳酸酯、增强聚丙烯、聚苯醚、聚三氟氯乙烯、氨基塑料
130℃（B级）	矿物填料酚醛塑料粉、增强聚碳酸酯、芳香尼龙
155℃（F级）	聚砜、改性聚苯醚、DAP塑料、三聚氰胺玻璃纤维压塑料、硅酮塑料
180℃（H级）	有机硅树脂、聚酯料团、增强涤纶
180℃以上（C级）	聚四氟乙烯、聚苯砜醚、聚酰亚胺、酚醛玻璃纤维模压料、聚芳砜、聚全氟丙烯、增强聚苯硫醚

表 3.4-109　热固性树脂的最高使用温度

树脂名称	符号	种类	填充材料	最高使用温度/℃
三聚氰胺树脂	MF	层压板	玻璃纤维	75（100）[1]
		成型材料	纤维素	120
			无机填料	140
酚醛树脂	PF	层压板	棉布	115（85）[2]
			纸	120（70）[3]
			尼龙布	75
			无机填料	140
		成型材料	无机填料以外的填料	140（150）[1]
			无机填料	150（160）[4]
三聚氰胺/酚醛树脂		成型材料	相对密度<1.55	130
尿素树脂	UF	成型材料	纤维素	90
不饱和聚酯树脂	UF	浇注料		120
		层压板	无机填料	140
		成型材料	无机物以外的填料	120
			无机粉末	140
			玻璃纤维	155
环氧树脂	EP	浇注料	—	120
		层压板	无机物以外的填料	110（90）[3]
			无机物	130（140）[4]
		成型材料		130
苯二甲酸二烯丙酯树脂	PDAP	层压板	无机物	140
			无机物以外的填料	130
		成型材料	无机物粉末	150
			玻璃纤维	155
二甲苯树脂		浇注用	—	140
聚酰胺酰亚胺树脂		薄膜	—	180
有机硅树脂	Si	层压板	无机填料	180（220）[3]
		成型材料		180（240）[4]
聚酰亚胺树脂		薄膜	—	210
		层压板	—	190
聚丁二烯		浇注用	无机填料	120
		成型材料		130
聚苯醚		层压板	无机填料	180
聚氨酯		成型材料	软质	—	—
			硬质	—	—

[1] 该值适用于热绝缘制品。
[2] 该值适用于厚度<0.8mm的制品。
[3] 该值适用于难燃制品、厚度<0.8mm的制品。
[4] 该值适用于热绝缘和被覆线引出密封用制品。

3.2 常用工程塑料的性能（见表 3.4-110 ~ 3.4-120）

表 3.4-110 各种塑料的氧指数

塑料名称	氧指数	塑料名称	氧指数
聚甲醛	14.9	AS 树脂	19.1
聚氧化乙烯（聚环氧乙烷）	15.0	丁酸纤维素（2.8%水分）	19.9
聚甲醛（玻璃纤维30%）	15.6	Arylon（聚砜-ABS掺混料）	20.6
乙酸纤维素（0.1%水分）	16.8	ABS 树脂（玻璃纤维20%）	21.6
聚甲基丙烯酸甲酯	17.3	纸基酚醛层压板	21.7
聚丙烯	17.4	聚酯	18 ~ 19
聚苯乙烯	17.8	阻燃聚酯	23 ~ 30
阻燃聚苯乙烯	24 ~ 30	聚丙烯（阻燃）	23.7
乙酸纤维素（4.9%水分）	18.1	Noryl（聚苯醚）	24.3
聚丙烯（玻璃纤维30%）	18.5	尼龙 66	24.3
ABS 树脂	18.8	环氧玻璃钢（层压）	24.9
丁酸纤维素（0.06%水分）	18.8	ABS 树脂（阻燃）	25.2
聚乙烯	19.0	Noryl（阻燃）SE-100	27.4
阻燃聚乙烯	24 ~ 30	PVC Geon 101	45.0
聚丙烯（阻燃）Avisun2356	29.2	环氧玻璃钢 GE11635 FR-4	49.0
聚碳酸酯	24.8	云母填充酚醛 Plenco343-B817	52
聚碳酸酯（玻璃纤维20%）	29.8	聚偏氯乙烯	60
尼龙 66（水分8%）	30.1	聚四氟乙烯	95.0
聚砜 P1700	30.4	一般聚氯乙烯	24 ~ 25
PVC	31.5	硬质聚氯乙烯	35 ~ 38
PVF	43.7		

注：氧指数为表征塑料的耐燃烧性参数，一般氧指数为 18 ~ 21 属可燃性，22 ~ 25 为自熄性，26 ~ 30 以上为难燃性塑料。

表 3.4-111 各种塑料燃烧性能

塑料类别	燃烧性	试样的外形变形	分解出气体的酸碱性	火焰的外表	分解出气体的气味	其他
有机硅		无变化				烈火中生成白色 SiO_2
聚四氟乙烯	不燃烧		强酸性		在烈火中分解出刺鼻的氟化氢	
聚三氟氯乙烯		变软	强酸性		在烈火中分解出刺鼻的氟化氢和氯化氢	
酚醛树脂	火焰中很难燃烧，离开火焰后自熄	保持原形，然后开裂和分解	中性	发亮，冒烟	酚与甲醛味	
尿醛，三聚氰胺树脂			碱性	淡黄，边缘发白	氨、胺（鱼腥）、甲醛味	焦化

(续)

塑料类别	燃烧性	试样的外形变形	分解出气体的酸碱性	火焰的外表	分解出气体的气味	其他
聚氯乙烯	火焰中能燃烧，不容易点燃，离开火焰后自灭	首先变软，然后分解；样品变为褐色或黑色	强碱性	黄橙、边缘发绿	氯化氢味	
聚偏氯乙烯						
氯化聚醚		变软，不淌滴	中性	绿，起炱（冒黑烟）		
氯乙烯/丙烯腈共聚物		收缩，变软，熔化	酸性	黄橙，边缘发绿	氯化氢味	
氯乙烯/乙酸乙烯酯共聚物	火焰中能燃烧，不容易点燃，离开火焰后自灭	变软	酸性	黄，边缘发绿	氯化氢味	
聚碳酸酯		熔化，分解，焦化	中性，开始为弱酸性	明亮，起炱	无特殊味	
聚酰胺	火焰中能燃烧，不太容易点燃，离开火焰后自灭	熔化，淌滴，然后分解	碱性	黄橙，边缘蓝色	烧头发、羊毛味	
三醋酸纤维素	火焰中能燃烧，容易点燃，离开火焰后自灭	熔化，成滴	酸性	暗黄，起炱	醋酸味	
苯胺-甲醛树脂		胀大，变软分解	中性	黄，冒烟	苯胺、甲醛味	
层压酚醛塑料	火焰中能燃烧，离开火焰后慢慢自灭	通常会焦化	中性	黄	苯酚，焚纸味	
苄基纤维素		熔化，焦化	中性	明亮，冒烟	苯甲醛（苦杏仁）味	
聚乙烯醇		熔化，变软变褐色，分解	中性	明亮	刺激味	
聚对苯二甲酸乙二醇酯		变软，熔化淌滴		黄橙，起炱	甜香，芳香味	
醇酸树脂		熔化，分解	中性	明亮	刺激味（丙烯醛）	
聚乙烯醇缩丁醛	火焰中能燃烧，不容易点燃，离火后能继续燃烧	熔化，缩成滴	酸性	蓝，边缘发黄	哈喇味	不像聚乙烯醇缩丁醛那样会淌滴
聚乙烯醇缩乙醛			酸性	边缘发紫	醋酸味	
聚乙烯醇缩甲醛			酸性	黄-白	稍有甜味	
聚乙烯			中性	明亮（中间发蓝）	石蜡（蜡烛吹熄）味	滴下小滴继续燃烧
聚丙烯			中性			
聚酯（玻璃粉填料）			中性	黄，明亮，起炱	辛辣味	
聚苯乙烯	火焰中能燃烧、很容易点燃，离开火焰后继续燃烧	变软	中性	明亮，起炱	甜味（苯乙烯）	
聚乙酸乙烯酯			酸性	深黄，明亮；稍起炱	醋酸味	
聚甲基丙烯酸甲酯		变软、稍有焦化	中性	黄，边缘发蓝，明亮，稍起炱，有破裂声	水果甜味（甲基丙烯酸甲酯）	

(续)

塑料类别	燃烧性	试样的外形变形	分解出气体的酸碱性	火焰的外表	分解出气体的气味	其他
聚丙烯酸酯	火焰中能燃烧、很容易点燃，离开火焰后继续燃烧	熔化与分解	中性	明亮、起炱	刺鼻味	
聚甲醛			中性	蓝	甲醛味	
聚异丁烯			中性	明亮	与焚纸味有些相似	

表 3.4-112 塑料耐腐蚀性能

化学药品＼塑料名称	聚氯乙烯	聚偏氯乙烯	高压聚乙烯	聚丙烯
硫酸	10%、70℃，丙；30%、室温，甲；98%、室温，丙	98%，变色硬化	褪色	2%~10%、100℃，甲；100%，丁
硝酸	甲	65%，乙，变色硬化	浓硝酸，开裂	发烟硝酸，丁；50%、60℃，甲
盐酸	<35%，甲	35%，乙，暗褐色脆化	色稍褪	30%、60℃，10%、100℃，乙
氢氟酸	50%、22℃，甲；60℃，丁	48%，乙，变色硬化	甲	38%~40%、20℃，甲
氯气	甲	饱和，甲	色稍褪	干气，丙；湿气，丙；液体，丁
二氧化硫	干气，甲；湿气，乙	干气，甲	甲	气体、100℃，甲
氢氧化钠	甲	50%，乙，变色硬化	色稍褪	甲
氨	干气，甲；湿气，丁	丁	稍膨润	30%、20%，甲
硝酸铵	甲	饱和，稍硬化	甲	甲
过氧化氢	甲	甲		30%、20℃，甲；30%、49℃，丁
铬酸	10%、室温，甲；50%，丁	甲	50%，甲	1%、60℃，甲；10%、60℃，乙
重铬酸钾	甲	甲		—
乙酸	10%~80%、室温，甲；冰醋酸、22℃，甲；60℃，丁	冰醋酸，甲（稍脆）	极微膨润	100%、<20℃，甲；10%、<60℃，甲
乙酐	丁	软化	极微膨润	乙
甲酸	22℃，甲；60℃，丁	乙，硬化、脆化	甲	100%，甲；10%、60℃，甲
顺酐	—	甲	甲	—
脂肪酸	甲	甲，变暗褐色	甲	—
烃	丁	软化	膨润、开裂	苯，甲；甲苯，丁
醇	<96%、60℃，甲	稍软	甲	甲
酯	丁	软化	稍膨润	醋酸丁酯，丁
乙酸乙酯	丁	丁软化	稍膨润	丙，膨润
二氯乙烷	丁	室温，丁	稍膨润	室温，丁

（续）

化学药品＼塑料名称	聚氯乙烯	聚偏氯乙烯	高压聚乙烯	聚丙烯
酮	丁	软化	稍膨润	丙酮，甲
尿素	甲	甲	甲	—
氯化溶剂	CCl_4，丁	稍软化	膨润	CCl_4，丁
乙醛	丁	乙	乙	丙

化学药品＼塑料名称	ABS	AS	聚丙烯酸酯	聚三氟氯乙烯	聚四氟乙烯
硫酸	10%，甲	30%，甲	6%，乙；强酸，丁	甲	30%、12个月、71℃，质量不变
硝酸	10%，稍受侵蚀	—	10%，丙；10%、70℃，丁；30%、70℃，丁	甲	10%、24℃，不变；71℃，增重0.1%
盐酸	10%，甲	10%，甲	38%，乙	甲	10%～20%，甲
氢氟酸	10%，甲；浓丁	10%，甲	30%，乙；强酸，丁	甲	≤60%、20～100℃
氯气	液氯，丁	甲	干气，乙；湿气，丁	甲	干、湿液，甲
二氧化硫	干、湿气，稍受蚀	—	干气，乙；湿气，丁	甲	甲
氢氧化钠	10%，甲	10%，甲	甲	甲	甲
氨	NH_4OH，甲；气体或液体，丁	—	水溶液，乙	甲	全浓度、沸点，甲
硝酸铵	甲	甲	甲	甲	全浓度、沸点，甲
过氧化氢	甲	甲	<50%，甲	甲	甲
铬酸	6%，稍受蚀	6%，甲	丁	甲	甲
重铬酸钾	甲	甲	甲	甲	全浓度、室温～沸点，甲
乙酸	5%，甲	5%，甲	15%，丙；强酸，丁	甲	全浓度、室温～沸点，甲
乙酐	丙	—	丁	甲	沸点，甲
甲酸	10%，甲	10%，甲	30%，乙；强酸，丁	甲	甲
顺酐	—	—	—	甲	—
脂肪酸	甲	甲	甲	甲	室温～200℃，甲
烃	甲苯，溶解	甲苯，丁	丁	甲	苯、24℃、12个月，增重0.3%，甲
醇	甲醇、75%乙醇，稍受蚀	甲醇、95%乙醇，乙	乙醇50%，乙；甲醇60%，乙	甲	95%乙醇、49℃、12个月，甲
酯	丁	丁	丁	乙	甲

(续)

塑料名称 化学药品	ABS	AS	聚丙烯酸酯	聚三氟氯乙烯	聚四氟乙烯
乙酸乙酯	丁	丁	丁	乙	24℃、12个月，增重0.5%
二氯乙烷	丁	—	丁	甲	室温~沸点，甲
酮	溶解	丁	丁	甲	丙酮、沸点，甲
尿素	—	—	—	甲	—
氯代溶剂	受蚀	丙	丁	乙	CCl_4、24℃、12个月，增重0.6%
乙醛	丁		丁	甲	全浓度、室温~100℃，甲

塑料名称 化学药品	聚偏氟乙烯	氯化聚醚	聚甲醛	聚碳酸酯	尼龙	酚醛树脂
硫酸	乙	甲	丁	75%，甲	丁	30%，0.98
硝酸	乙	甲	丁	75%，甲	丁	10%，1.97
盐酸	乙	50%，甲	丁	20%，甲	丁	10%，1.49
氢氟酸	乙	30%，甲	丁	25%，甲（稍蚀）	丁	≤60%、室温~100℃，甲（碳纤维增强）
氯气	乙	<120℃，甲	丁	湿润态，丁	甲	干、湿气，室温~80℃，甲（碳纤维或石棉增强）
二氧化硫	甲	丁	干气，乙；湿气，甲	甲	乙	室温、72h不变，甲
氢氧化钠	乙	70%、<120℃，甲	丙~丁	—	乙	1%，0.85；10%，2.78
氨	乙	气、液、<105℃，甲	丁	丁	乙	甲（石棉增强）
硝酸铵	乙	<120℃，甲	丙	甲	乙	甲
过氧化氢	甲	90%、<65℃，甲；35%、<100℃，甲	丁	甲	丙	3%，1.04
铬酸	乙	呈现复杂的结果	丁	甲	丁	丁
重铬酸钾	甲	<120℃，甲	丁	丁	丁	90%、室温，丙
乙酸	乙	甲	丙	50%，甲	丁	5%，0.98
乙酐	甲	<105℃，甲	乙	丁	丁	105℃，乙（石棉增强）
甲酸	甲	甲	丁	丁	丁	25%、室温，甲；50%~90%，甲
顺酐	乙	<120℃，甲	乙	—	—	—
脂肪酸	甲	甲	乙	甲	甲	—
烃	甲	<65℃，甲	甲	苯、甲苯，丁	甲	甲苯，0.016
醇	甲	甲	甲	甲醇，丙；乙醇，甲	乙（尺寸变化）	95%乙醇，0.041
酯	甲	<105℃，甲	—	甲	甲	醋酸甲酯和丁酯，甲

（续）

塑料名称\化学药品	聚偏氟乙烯	氯化聚醚	聚甲醛	聚碳酸酯	尼龙	酚醛树脂
乙酸乙酯	乙	醋酸丁酯、60℃，甲；甲酯，甲	甲	丁	甲	0.8
二氯乙烷	乙	<65℃，甲	甲	丁	甲	室温~沸点，甲（填石棉）
酮	丙酮下缓慢分解	<65℃，甲	甲	丙酮，丁（结晶化）	甲	丙酮，0.086
尿素	乙	<120℃，甲	甲	甲	—	—
氯代溶剂	甲	<105℃，CCl_4，甲	甲	CCl_4，应力开裂	甲	CCl_4，0.006
乙醛	乙	<65℃，甲	甲	丁	甲	40%、60℃，甲

塑料名称\化学药品	聚酯（玻璃纤维增强）	环氧（玻璃纤维增强）	聚邻苯二甲酸二烯丙酯（DAP树脂）	呋喃树脂（涂层）
硫酸	50%，丙~乙	10%，低温甲、高温乙；70%，低温甲、高温丁	30%，+0.48	50%，甲
硝酸	20%，丙	5%，低温丙、高温丁；20%，高、低温乙	10%，+1.29	10%，甲；52%，丁
盐酸	丙	低温，乙；高温，丙	20%、80℃，丁	甲
氢氟酸	丁	—	—	—
氯气	丙	乙	—	丁
二氧化硫	丙	乙	—	甲
氢氧化钠	丁	≤50%、室温~80℃，甲	甲	甲
氨	NH_4OH，乙	NH_4OH，甲	1.2%水溶液，甲	甲
硝酸铵	乙	甲	—	—
过氧化氢	≤30%、71℃，丁	丁	—	甲
铬酸	丙~丁	低温，甲；高温，丙	71℃，+12	丁
重铬酸钾	乙	10%、室温，丙	—	甲
乙酸	75%、71℃，乙	10%，低温甲、高温丙；75%，低温丙、高温丁	甲	10%，甲；99.5%，乙
乙酐	丁	丁	—	—
甲酸	丙	50%、低温，乙	—	甲
顺酐	—	—	—	甲
脂肪酸	乙	低温，甲；高温，乙	—	—
烃		低温，乙；高温，丙	甲，+0.025	甲
醇	乙	低温，甲；高温，乙	甲，+0.2	甲
酯	丙	醋酸，丁；甲酯，丁	—	甲
乙酸乙酯	丙	丙	—	—
二氯乙烷	丁	丁	—	—
酮	丙	低温，甲；高温，丙	稍膨润，丙	甲乙酮，甲
尿素			—	—
氯代溶剂	丙	CCl_4，乙	乙~丙	CCl_4，甲
乙醛	丁	乙	—	—

注：甲者为优，质量变化<2%；乙者为良，质量变化2%~14%或-3%~-2%；丙者为可用，质量变化14%~19%或-4%~-3%；丁者不可使用。

表 3.4-113 工程常用塑料适用的各类零件

塑料品种	性能特点	类型	适用零件举例
低压聚乙烯	良好的韧性、化学稳定性、耐水性和自润滑等。但耐热性较差，在沸水中变软，有冷流性及应力开裂倾向	一般结构零件	用在常温下或在水及酸、碱等腐蚀性介质中工作的结构件，例如机床导轨、滚子框、底阀、衬套等
聚丙烯	比低压聚乙烯有较高的耐热性、强度与刚度，优良的耐腐蚀性、耐油性，几乎不吸水		可用作机械零件，如法兰、管道、接头、泵叶轮和鼓风机叶轮等。由于其优越的耐疲劳性可以代替金属铰链，例如连盖的聚丙烯仪表盒子，可以一次注射成型
改性聚苯乙烯	丁苯改性的，克服聚苯乙烯的脆性；有机玻璃改性的，有良好的透明度、耐油、耐水性均较好；丙烯腈改性的（AS），有良好的冲击性能刚性、耐腐蚀性和耐油性		能用于各种仪表外壳、纺织用纱管和电信零件等，可制透明罩壳，如汽车用各类灯罩和电气零件等，广泛用于耐油、耐化学药品的机械零件，如仪表面板、仪表框架、罩壳以及电池盒等
ABS	冲击韧度与刚性都较好，吸水性低，表面易镀饰金属；交换组成的配比可以得到不同的韧性和耐热性，耐老化性差		小型泵叶轮、蓄电池槽、仪表罩壳、水表外壳、汽车挡泥板和热空气调节管等。泡沫塑料夹层板可做小轿车车身
乙丙塑料	具有聚乙烯和聚丙烯综合优点，比聚乙烯有较高的耐热性和硬度，比聚丙烯有更高的冲击强度和疲劳强度		可适用于在冲击强度方面聚丙烯不能满足要求的场合
聚酰胺（尼龙）	强度高，冲击性能好、耐磨、耐疲劳、耐油，但吸水性大，影响尺寸稳定，并使一些力学性能下降	一般耐磨传动零件	轴承、密封圈、凸轮、联轴器等，如尼龙1010作工矿电机车的轴瓦、矿山机械的蜗轮、高压碗状密封圈，可耐12MPa，尼龙6、尼龙66可做汽车万向节轴承；15%石墨填充的尼龙1010，可做风扇轴承
MC尼龙	强度高、拉伸强度可达90MPa以上，减摩耐磨性优于其他尼龙，适用于大型铸件		大型轴承、齿轮、蜗轮及其他受力件，如矿机大轴套、吊重汽车吊杆蜗轮。增强的MC尼龙，可做钻床升降螺母
聚甲醛	抗拉强度优于一般尼龙，耐疲劳和耐蠕变、摩擦因数低、耐磨性好。与尼龙比吸水性低、尺寸稳定性好，但成型收缩率较大，约为2.5%左右		各种轴承及齿轮、汽车钢板弹簧衬套、磨床液压筒衬套等
聚碳酸酯	突出的抗蠕变性及冲击韧度、脆化温度为零下100℃，成型精度很高，透明，耐热性高于有机玻璃		仪表中的小模数齿轮、水泵叶轮等，用玻璃纤维增强可制成450mm的机床齿条。还可制各种灯罩
线型聚酯（对苯二甲酸乙二醇酯）	强度较高、吸水性极低、尺寸稳定性好。增强的聚酯，其性能相当于一般热固性塑料。但冲击性能和耐热性能稍差		代替聚甲醛、尼龙。增强的聚酯可代替玻璃纤维填充的酚醛、环氧、聚酯、三聚氰胺甲醛等热固性塑料，且可以注射成型
尼龙6 尼龙66	有较高的疲劳强度和消振能力，耐磨性较好，但吸湿性大，尺寸稳定性差	塑料齿轮	在中等或轻负荷、中等温度（<100℃）无润滑或少润滑条件下工作的齿轮
尼龙9 尼龙1010 尼龙610	强度、刚性、耐热性与尼龙66相近，但吸湿性小，尺寸稳定性好		同上，可在湿度波动较大的条件下工作
MC尼龙	强度、刚性及耐热性均优于前两种、吸湿性低，耐磨性亦较好，且能直接在模型中聚合成型		在使用温度稍高的条件下适宜于铸造大型齿轮及蜗轮等

(续)

塑料品种	性能特点	类型	适用零件举例
玻璃纤维增强尼龙	强度、刚性、耐热性均优于未增强者,尺寸稳定性也显著提高	塑料齿轮	在较大载荷、较高温度下使用,传动效率好,速度较高时应用油润滑
石墨或MoS_2尼龙	导热性及自润滑性好,但强度及抗冲击性稍差		在轻载、中速、无润滑及少润滑条件下工作的齿轮
聚甲醛	耐疲劳强度、刚性优于尼龙,吸湿性很小,耐磨性好,但成型收缩率大		在中等或轻负荷,使用温度<100℃,无润滑或少润滑条件下工作的齿轮
聚碳酸酯	刚性好,吸湿性低,成型收缩率特小,耐热性好,但耐疲劳性较差,有应力开裂倾向		在轻负荷、使用温度较高,要求一定传动精度条件下工作,高速时应用油润滑
玻璃纤维增强聚碳酸酯	强度、刚性、耐热性,可与增强尼龙比美,尺寸稳定性超过增强尼龙,但耐磨性较差		在较高负荷、温度下使用的精密齿轮,速度较高时,应用油润滑
氯化聚醚	耐蚀性突出,吸湿性小,成型精度高,耐磨性优于尼龙,但强度差		用在轻负荷、低或高速传动的精密齿轮,在腐蚀介质条件下使用
聚苯醚	较上列不增强者均优,成型精度高,耐蒸汽,但有应力开裂倾向		适用于在高温水或蒸汽中工作的精密齿轮
聚酰亚胺	强度及耐热性高,成本也高		在260℃以下长期工作的齿轮
聚四氟乙烯	摩擦因数最低,几乎不吸水。耐腐蚀性突出。但冷流性大,必须用冷压烧结法成型。工艺较麻烦	减摩自润滑零件	各种无油润滑、活塞环、密封圈等,如离心泵端面密封圈,使用温度230~250℃
填充聚四氟乙烯	用玻纤粉末、石墨、二硫化钼、氧化钯、硫化钨等填充。在承载能力、刚性、pv极限值都有提高		高温条件下或腐蚀性介质中工作的干摩擦零件,如活塞环、密封圈、轴承等
聚四氟乙烯填充聚甲醛	用聚四氟乙烯粉末或纤维填充的聚甲醛,能显著降低摩擦因数,提高耐摩和pv极限值		要求pv值较高的干摩擦轴承、机械动密封圈及常温下工作的无油润滑活塞环等
聚甲醛	耐有机溶剂,但不耐强酸	耐腐蚀零件	输油管等
聚砜	高强度,耐热,耐腐蚀,蠕变小,尺寸稳定性好,但成型加工温度较高		耐高温阀门
聚四氟乙烯	高温下耐腐蚀性能特别好,可在-195~250℃范围内使用。但在高温下的刚性较差,冷流性大,成型困难		法兰面,隔膜,设备衬里
聚三氟氯乙烯	耐腐蚀性和耐热性稍逊于聚四氟乙烯,但能注射成型,冷流性小,强度与硬度比聚四氟乙烯高。在乙醚、醋酸乙酯等介质中溶胀		耐腐蚀涂层,泵,计量器
聚全氟乙丙烯	耐腐蚀性和耐热性接近于聚四氟乙烯,能注射成型,抗蠕变性能优于聚四氟乙烯		衬里,隔膜,法兰密封圈

(续)

塑料品种	性能特点	类型	适用零件举例
聚砜	在较高的热变形温度及高温抗蠕变性能,能在155℃下长期工作。耐寒性可与聚碳酸酯相媲美。用F-4填充后,可以做摩擦零件	耐高温零件	高温下工作的结构传动零件,例如,汽车分速器盖、电表上的接触器、齿轮等
聚苯醚	强度高,其耐热性已达到一般热固性塑料的水平。马丁耐热160℃以上,成型收缩率低于聚碳酸酯,能承受蒸汽消毒		高温下工作的精密齿轮、轴承等摩擦传动零件。还用作外科医疗器械以代替不锈钢
氟塑料	氟塑料既耐腐蚀又耐高温,例如,F-4可长期在250℃下工作		在高温环境中工作的各种化工设备零件等
聚酰亚胺	能在260℃下长期工作。间歇使用温度达48℃,耐磨性良好,但在蒸汽中持续作用下会破坏		用F-4粉末或纤维填充的聚酰亚胺,可以作为高温环境中工作的无油润滑活塞环、轴承及密封圈等。聚酰亚胺还可做高温电机、电器零件

表 3.4-114　各种塑料的疲劳强度

	塑料名称		10^7 的疲劳强度/MPa	$\dfrac{疲劳强度}{拉伸强度}$, α	$\dfrac{疲劳强度}{弯曲强度}$, β
热塑性塑料	聚氯乙烯树脂		17	0.29	0.15
	苯乙烯树脂		10.2	0.41	0.20
	纤维素衍生物树脂		11.3	0.24	0.19
	尼龙6		12.0	0.22	0.24
	聚乙烯		11.2	0.50	0.40
	聚碳酸酯		10.0	0.15	0.09
	聚丙烯		11.2	0.34	0.23
	甲基丙烯酸树脂		28.3	0.35	0.22
	聚甲醛树脂		27.4	0.37	0.25
	ABS树脂		12	0.30	—
热固性塑料	不饱和聚酯	缎纹玻璃布	90	0.22	—
		平纹玻璃布	70	0.23	—
		玻璃毡	30	0.47	—
		无	16	0.4	—
	酚醛聚酯	缎纹玻璃布	120	0.31	—
		粗布	25	0.33	—
		纸	25	0.29	—
	环氧树脂	缎纹玻璃布	150	0.37	—
		无纺布	250	0.44	—
		浇注件	16	0.27	—

表 3.4-115 用于制造外壳、盖、容器、导管的塑料及其性能

材料	拉伸强度/MPa 范围	拉伸强度/MPa 代表值	悬臂梁冲击强度/kJ·m⁻¹ 范围	悬臂梁冲击强度/kJ·m⁻¹ 代表值	弯曲弹性模量/GPa 范围	弯曲弹性模量/GPa 代表值	线胀系数/$10^{-5}K^{-1}$	连续耐热温度/℃	可燃性	成型性	吸水率(24h)(%)	耐酸性	耐碱性	耐溶剂性	耐油性	备 注
ABS	17.5~63	35	0.016~0.66	0.33	1.68~2.59	1.68	5.76~10.3	60~122	慢	良	0.1~0.3	良	优	可	良	制品具有极好的光泽，表面硬而光滑
高冲击聚苯乙烯	17.5~22	30	0.026~0.19	0.055	1.61~3.5	1.61	3.96~10.1	69~82	慢	良	0.03~0.2	良	优	差	可	成型温度低
聚丙烯	25.5~39.9	38.5	0.016~0.16	0.055	1.05~1.89	1.26	6.14~11.2	100~160	慢	良	0.01~0.03	优	优	良	良	可耐消毒的温度，具有较高的弯曲强度，耐应力开裂（仅次于聚甲基戊烯）
高密度聚乙烯	20~48.3	29.4	0.022~0.77	0.66	0.91~1.54	1.4	11.7~30.1	78~124	慢	优	<0.01	优	优	良	良	相对密度小，耐磨性高
乙酸丁酸纤维素	18.2~48.3	38.5	0.044~0.35	0.115	0.42~2.6	0.91	10.8~18	60~110	慢	优	0.9~2.8	差	差	良	优	透明
聚甲基丙烯酸甲酯或改性丙烯酸酮塑料	35~63	38.5	0.026~0.16	0.11	1.96~2.52	1.96	5.4~10.8	60~91	慢	优	0.2~0.4	良	优	可	可	耐紫外线和耐污染
聚丙烯酸酯和聚氯乙烯复合物	46			0.83		2.8	6.3	74	不燃	优	0.06	优	优	优	优	坚韧、耐候，具有良好的热成型性
不饱和聚酯玻璃钢	56~386	116	0.39~0.99	0.83	7~26.1	10.5	1.8~2.52	93~288	慢~不燃	良	0.1~2	良	可	良	优	对非金属粘接性优良，容易修理
环氧玻璃钢	329~700	252	0.55~1.37	0.68	14~35	17.5	0.56~1.08	122~205	慢~不燃	良	0.02~0.08	优	优	优	优	坚韧，对许多材料能粘接而且粘接力强
聚4-甲基戊烯	28			0.043			11.7	200	慢	良	0.01	优	优	优	优	透明，相对消毒高温，不宜户外使用，药品，相对密度最小（0.83），耐化差
丙烯腈-丙烯酸酯共聚物	66.8		0.053~0.18		2.9~45	3.43	6.65			良		可	良	可	良	耐紫外光老化

表 3.4-116 用于制造高应力传动零件的塑料及其性能

材料	拉伸强度/MPa	悬臂梁缺口冲击强度/10⁻² kJ·m⁻¹	耐磨性磨耗/(10⁻³ mg/周)	疲劳极限/MPa	弯曲弹性模量/10² MPa	热变形温度/℃ 载荷 0.46MPa	热变形温度/℃ 载荷 1.85MPa	耐酸性	耐碱性	耐溶剂性	耐油性	机械加工性	备注
尼龙	49.7~88.2	3.3~22	6~8	21	1.05~28	172~186	62~74	可	优	优	优	优	强度高、耐冲击、耐磨、耐疲劳、耐油、减振、音小、不擦伤、低摩擦，但吸水率高，影响尺寸稳定性
MC 尼龙	77~98	4.3~17.6	—	—	30.5	204~218	93~218	可	优	优	优	优	强度高、摩擦、磨耗性能优于其他尼龙，浇注成形、适于成型大型制品
聚甲醛	61.6~70	6.6~7.7	6~20	35	22~29	157~170	110~125	差	优	优	优	优	耐疲劳和蠕变，有优良的低温强度，摩擦因数低、吸湿性低，尺寸稳定，但成型收缩率大
填充 PTFE 纤维的聚甲醛	48.3	4.7	—	—	29	166	100	差	差	优	可	优	自润滑、摩擦因数小、优良的磨耗寿命
聚碳酸酯	63~73.5	66~88	7~24	14	23~27	140~145	133~138	优	良	良	优	优	极好的耐蠕变性和冲击韧性、尺寸稳定性好，成型精度高，透明，低温强度好，吸水性小，但耐热性低
聚酚氧	63	25	—	—	29	—	87	可	优	良	优	优	与聚碳酸酯相似，有较高的冲击韧性和极好的成型精度，不易开裂
聚苯醚	54.6~67.2	5.5~13.7	—	—	25~28	110~138	100~129	优	优	良	优	优	耐蠕变强度高、耐酸、碱，低温性能好、尺寸、高、低温稳定性好
填充织物的酚醛	63~112	56~99	—	—	56~99	>162	162	可	可	优	优	可~优	坚硬、耐热、耐蠕变性好
增强 PETP（玻璃纤维 30%，体积分数）	110~133	8.2~27.2	—	—	77~84	240	213	良	良	良	优	优	强度高、耐腐蚀、耐热，能在 150℃ 下长期使用、吸水率低，尺寸稳定性好，耐应力开裂，但冲击强度不及聚碳酸酯，玻璃纤维增强 PBTP 与其性能相当

注：高应力传动零件指负荷载大工况下工作的零部件，如齿轮、凸轮、齿条、联轴器、辊子等。

表 3.4-117 用于制造一般摩擦零件的塑料及其性能

材料	耐磨性磨耗/(10^{-3}mg/周)	弯曲弹性模量/10^2MPa	pv值干态连续/10^2MPa·m·s^{-1}	热变形温度(0.46MPa)/℃	热导率/W·(m·K)$^{-1}$	线胀系数/10^{-5}K^{-1}	24h吸水率(%)	是否潮黏	摩擦因数 无油	摩擦因数 油润滑	备注
聚四氟乙烯(PTFE)	7	—	0.4~1	122	0.245	9.9	0	否	0.04	0.04	可在-195~250℃下使用，对黏性材料不粘，不磨损擦伤，能吸收磨蚀粒子，化学惰性，不能用注射、挤压成型、表面未经处理，不能粘接
全氟乙丙烯共聚物	13.2	6.65	0.24~0.36	<122	0.202	8.3	<0.01	否	0.08	0.08	易注射成型和挤压成型加工，与黏性材料不粘，化学惰性
聚四氟乙烯织物	—	—	2~20	—	0.245	14.4	0	否	0.02~0.25	0.02~0.25	低速下能承受高载荷，但不能处于重的静载荷下，要求配合间隙不能超过6096cm/min，运转速不能超过1524cm/min
尼龙(6,66)	6~8	1.0~28	0.8~1.2	172~183	0.202~0.288	8.3~12.8	0.4~3.3	是	0.15~0.40	0.06	能吸收和吞没磨蚀粒子，不磨伤，可成型大型制件
含填料(玻璃增强)PTFE	8~26	8.4~14	2~14	>122	0.245~0.288	5.4~17.5	0	否	0.16~0.28	0.06	耐高载荷，适于低速运转使用
浇注尼龙(MC)	—	30.5	—	204~218	—	8.3	0.6~1.2	—	0.15~0.45	—	强度和耐磨、减摩性能比一般尼龙高，可浇注成型
聚甲醛	6~20	22~29	0.8~1.2	157~170	0.231~0.274	8.1~10.1	0.12~0.14	否	0.15~0.35	0.1	耐疲劳、蠕变、耐磨性比尼龙更好，摩擦因数低而稳定，强度无填料热塑性塑料中最坚硬的
氯化聚醚	—	11.3	0.72	141	—	8.0	0.01	—	—	—	耐腐蚀，摩擦性能与聚甲醛相当，但强度稍差
自润滑聚甲醛	5~12	—	7.2	150	—	—	—	否	0.10	0.05	高pv值，低摩擦因数，内润滑，可注射模塑

材料											特点及应用
填充PTFE的聚甲醛	—	29	3.0	165	0.245	8.3	0.6	否	0.12	0.07	耐蠕变性好，耐磨耗性优良，最适于在高载荷、低速运转下应用
低压聚乙烯	6	9.1~15.4	—	60~82	0.49	11.7~30.1	<0.01	是	0.21	0.1	强度、刚性和耐热性比尼龙、聚甲醛低，塑料差，但在常温和低温下有较低的摩擦因数，不擦伤。适于常做小载荷、低速度和低温下工作的摩擦零件
聚苯醚	—	27	—	193	—	5.7~5.9	0.06~0.13	—	0.18~0.23	—	强度高、耐热、收缩率小，但有应力开裂倾向
聚酰亚胺	—	31.5	—	360	—	5.5~6.3	0.1~0.2	—	0.17	—	能在260℃下长期工作，间歇使用温度达480℃，机械强度和耐磨性好，高温、高真空下稳定，加入PTFE粉或其纤维，摩擦性能更好
石墨纤维-聚酰亚胺（含碳纤维质量分数45%）	—	—	—	>360	—	—	—	—	0.08~0.13	—	用于耐温达340℃的球形轴承（载荷35MPa）
超高相对分子质量聚乙烯	8	压缩弹性模量7.7	—	80	—	7.2	<0.01	—	0.11	—	强度和耐热性比低压聚乙烯好

注：一般摩擦零件指低摩擦工况下工作的零部件，如轴承、轴衬、滑杆、导杆、阀衬及其他易磨损面等。

表 3.4-118 用于制造化工设备的塑料及其性能

材料	拉伸强度/MPa	悬臂梁冲击强度/10^{-2}kJ·m^{-1}	脆化点/℃	弯曲强度/MPa	耐热性/℃ 范围	耐热性/℃ 连续	热变形温度(0.46MPa)/℃ 范围	热变形温度(0.46MPa)/℃ 连续	可燃性	耐强酸	耐强碱	耐溶剂性	备注
氟塑料(聚四氟乙烯和聚全氟乙丙烯)	10.5~31.5	13.7~38	-250	11~14	205~288	—	72~127	122	不燃	优	优	优	在宽广温度范围内力学性能良好,摩擦因数低,不吸湿;耐腐蚀,聚全氟乙丙烯可注射成型
聚三氟氯乙烯	32.2~37.5	17~40	-240	52~65.1	—	205	93~200	130	不燃	优	优	优	透明,可注射成型,不吸湿、耐辐射和耐蠕变
氯化聚醚	42	2.2	-13~-29	35	—	143	—	148	自熄	优	优	优	耐腐蚀、耐磨蚀性良好,可用火焰喷涂法涂在金属表面上
聚三氟乙烯	49	—	<-62	—	—	149	—	148	自熄无滴落	优	优	良	可用注塑模和挤压,耐酸、碱
硬聚氯乙烯	35~63	2.2~11	—	70~112	50~70	—	55~75	—	自熄	优	优	良	耐腐蚀,可用各种方法成型,品种多,适于普通温度下使用,价格低廉
聚丙烯(或掺和物)	23.5~39.9	1.6~17	-12	42~56	110~160	135	102~116	99	慢	优	优	良	是仅次于聚甲基戊烯的最轻塑料,耐蠕变和耐应力开裂
高密度聚乙烯	20~38.5	2.2~77	-60~-130	25~40	78~124	120	61~83	80	慢	优	优	良	耐腐蚀和耐磨蚀性良好,常温下摩擦因数低,比水轻,但强度、刚性较差
聚酰亚胺	73.5	4.9	—	>100	262~482	263	—	>243	不燃	侵蚀	优	优	在宽广温度范围内耐热和物理性能良好,耐辐射性优良,但价格高,能在260℃下长期工作,甚至在较高温度下性能也良好,一般用聚苯乙烯改性,纤维增强
聚苯醚	81.2	7.2	—	98~132	—	122	—	180	自熄无滴落	优	优	稍差	强度高,耐蠕变,成型收缩率低,具有优良的综合性能
聚砜	71	6.5	—	108.2~127	149~174	155	—	181	自熄	优	优	差	热变形温度高,用10%(体积分数)玻璃纤维增强能改善耐环境应力开裂
聚芳砜	91.4	6~10	—	120	—	260	—	274	自熄	优	优	优	耐热性能优良,能在260℃下长期使用,耐辐射,绝缘性好,耐溶剂性稍差
环氧玻璃钢	238.2~700	55~137	—	70~420	122~205	133	149~288	188	慢~不燃	良	良	优	易于制造大型制件,粘接性能好,能与其他材料牢固粘接,易于修补
酚醛塑料、呋喃塑料	21~56	11~19.8	—	70~420	—	149	(1.85MPa)149~260	—	不燃	良 遇氧化性酸易分解	侵蚀	良	有各种配方和增强塑料以适应各种特定的应用要求

表 3.4-119 用于制造电气结构件的塑料及其性能

材料	悬臂梁缺口冲击强度/10^{-2} kJ·m^{-1} 范围	代表值	弯曲强度/MPa 范围	代表值	介电强度/kV·mm^{-1} 范围	代表值	体积电阻率/Ω·cm 范围	代表值	损耗角正切 (60Hz) 范围	代表值	连续耐热温度/℃ 范围	代表值	备注
DAP	16.5~33	—	70~140	14	14.8~15.7	13.8	10^{14}~10^{16}	—	0.002~0.01	0.009~0.017	163~262	—	湿气对介电性能影响很小，具有优良的尺寸稳定性
醇酸树脂	8.3~66	14	49~119	70~105	11.8~13.8	13.8	10^8~10^{16}	10^{14}	0.003~0.06	0.017	135~147	—	具有优良的尺寸精度和均一性，固化收缩率低
氨基树脂	8.3~66	39	70~161	98	12.6~16.9	14.2	10^{11}~10^{13}	—	0.033~0.32	0.08	77~205	—	表面坚硬，不易刮损，无色
环氧树脂	2.2~165	44~82	84~420	140~182	13.8~21.7	14.8	10^{14}~9×10^{15}	9×10^{15}	0.01~0.08	—	205~262	—	对金属或非金属料接着牢固，耐化学性良好，封装包胶时收缩率低
酚醛树脂	1.7~149	18.7	70~3150	—	11.8~16.7	11.8	10^{11}~10^{13}	5×10^{11}	0.005~0.5	0.18	148~288	205	成型方便，可注塑或模塑耐热性好
聚碳酸酯	66~88	77	77~91	84	15.7~17.3	17.3	$(0.9~2.1)\times10^{16}$	2×10^{16}	0.0007~0.001	0.0009	122~132	127	透明
不饱和聚酯	8.3~132	—	42~175	91~140	13.6~16.5	13.8	10^{12}~10^{15}	—	0.008~0.041	—	122~177	—	可采用刚性或软质，易着色，能透过高频率（中波~超短波）的无线电波
聚苯醚	8.3~10.5	—	—	98~105	15.7~19.7	—	—	10^{14}	—	0.35	—	194	在宽广温度和频率范围下电性能保持稳定，耐化学性良好
有机硅树脂	1.7~55	36	49~126	84	13.8~15.7	13.8	$(3.4~10)\times10^{13}$	—	0.006~0.03	0.022	150~372	246	耐热性优良，长时间受热后其强度和电性能变小

表 3.4-120 用于制造透光零件、透明板和模型的塑料及其性能

材料	拉伸强度 /MPa	悬臂梁冲击强度(缺口) /10^{-2}kJ·m^{-1}	弯曲弹性模量/10^2MPa	连续耐热温度/℃	晕浊度(%) 范围	晕浊度(%) 代表值	透光性(%) 范围	透光性(%) 代表值	紫外光影响	成型性	耐酸性	耐碱性	耐溶剂性	耐油性	备注
丙烯酸酯塑料	38.5~73.5	2.2~2.8	24.5~35	66~110	1~3	1	91~93	92	无	良~优	良	可	可	可	透明塑料中较高折射率、透光性好、低温性能优良
聚苯乙烯	35~63	1.4~2.2	28~35	66~80	>3	—	75~93	—	轻微至开裂	差	良	优	差	良	折射率高、低温、力学性能差、脆性、应力开裂大
中等抗冲击聚苯乙烯	22~47.6	3.3~16	21~53	69~82	—	—	10~55	30	轻微	良	良	优	良	良	半透明
乙酸纤维素	13.5~77	6.6~32	7.7~28	83~93	2~15	9	75~95	83	轻微	良	差	差	可	良	二次加工容易
乙酸丁酸纤维素	18~47.5	4.4~35	4.2~13	61~105	1~4	3	80~92	88	无至轻微	差	差	差	良	优	可深延成型
硬质聚氯乙烯	38.5~63	1.4~6.6	27~38	66~105	3~4	4	—	89	轻微	良~优	良	优	良	良	耐腐蚀性良好、介电性优良、耐电压性好、印刷性好
聚碳酸酯	63~73.5	66~88	23~27	122~133	>10	—	75~85	80	变色	优	优	良	良	可	耐蠕变性好、尺寸稳定性好
离子聚合物	35	27~28	2.8	72	—	3	—	95	—	—	良	优	良	优	坚硬、耐磨性、透明性优良
烯丙基二甘醇碳酸酯树脂(CR-39)	38~48	1~2	17~23	100	—	—	—	92	—	—	—	—	优	可	透明性、耐化学性好、抗冲击性、耐磨性、采用浇注成型,但价格高,可用于透镜

4 预浸料（见表 3.4-121～表 3.4-124）

表 3.4-121 国产预浸料品种、性能及应用

预浸料	树脂类型	预浸料特性	固化温度/℃	最高工作温度/℃ 干态	最高工作温度/℃ 湿态	成型工艺方法[①]	凝胶时间/min	韧性[②]	储存期 天（常温）	储存期 月（-18℃）	预浸料类型	应用
3231/碳纤维	改性环氧	黏性好，储存期长，工艺性好	125	100	70	A, P, VB	2~4(125℃)	6	120	18	单向	一般结构用
3232/高强玻纤	改性环氧	窄带，直接热熔法制成，流动性好	125	100	70	A, P, FW	6~16(125℃)	3	30	12	单向窄带	缠绕增强塑料构件，用于直升机
3233/碳布	改性环氧	可自熄，工艺性好，韧性好	125	100	70	A, P	5~15(125℃)	7	30	6	织物	承力构件用
3233/玻璃布	改性环氧	可自熄，工艺性好，韧性好，适于夹层结构	120	100	70	A, P	5~15(125℃)	7	30	6	织物	直升机夹层结构用
3234/碳布	改性环氧	工艺性好，抗湿热性能良好	125	100	70	A, P	6~14(125℃)	4	45	12	织物	承力结构用
3234/K-49	改性环氧	工艺性好，抗湿热性能良好	125	100	7	A, P	6~14(125℃)	4	45	12	单向窄带	用于缠绕增强塑料构件
3235/碳布	改性环氧	工艺性好	125	100	70	A, FW	2~6(125℃)	4	30	6	单向织物	直升机平尾、侧垂尾
3236/碳纤维	改性环氧	优异的韧性，适于作主结构材料	120	80	60	A, P	6~16(120℃)	9	>7	6	织物	直升机承力结构增强塑料
3236/碳布	改性环氧	低介电损耗，工艺性、湿热性好	120	80	60	A, P	6~16(120℃)	9	>7	6	织物	直升机承力结构增强塑料
3237/SW-220A-90	改性环氧	高压成型，阻燃FST	130	110	70	A, P	1~7(130℃)	4	45	12	织物	雷达罩、天线
4321/SW-200A-90A	改性酚醛	高抗冲击，阻燃FST	150	120	100	A, P	1~3(150℃)	2	30	6	织物	民机舱内材料、其他要求阻燃部件
4322/SW-200A-90A	改性酚醛	低压成型，阻燃FST	150	120	90	A, P	1(150℃)	5	30	6	织物	民机舱内材料、其他要求阻燃部件
4323/EW-160	改性酚醛	工艺性好，储存期长，脆性	150	120	100	A, P, VB		2	30	6	织物	民机舱内材料、其他要求阻燃部件

(续)

预浸料	树脂类型	预浸料特性	固化温度/℃	最高工作温度/℃ 干态	最高工作温度/℃ 湿态	成型工艺方法①	凝胶时间/min	韧性②	储存期 天(常温)	储存期 月(-18℃)	预浸料类型	应用
4211/碳纤维	环氧酚醛	韧性较好,储存期长,脆性	170	150	100	A, P	4~10(150℃)	1	>60	2	单向	结构材料,飞机垂直安定面
5222/碳纤维	改性环氧	工艺性好	180	160	120	A, P	3~5(175℃)	3	23	6	单向	承力结构增强塑料构件
5224/碳布	改性环氧	韧性较好,工艺性优良	180	160	130	A, P	5~25(180℃)	4	30	12	织物	主承力增强塑料构件,垂尾,涵道
5228/碳纤维	改性环氧	良好的韧性和湿热性能,工艺性好,耐高温	180	170	130	A, P	17~27(180℃)	6	21	12	单向	主承力结构材料
5231/玻璃布	改性环氧	阻燃性好,适于夹层结构	160	130	100	A, P	1~10(160℃)	5	30	6	织物	发动机壳
5232/高强度纤维	改性环氧	窄带,直接热熔制成,流动性较好	180	170	120	A, FW	2~20(180℃)	3	10	6	单向窄带	缠绕用,直升机
5288/碳纤维	改性环氧	优异的韧性和湿热性能,综合性能好	180	130	130	A, P	13~23(180℃)	8	21	12	单向	主承力结构增强塑料
5405/碳纤维	改性双马	良好的韧性和湿热性能,耐高温	180	180	150	A, P	27~29(170℃)	5	15	12	单向	主承力结构材料
5429/碳纤维	改性双马	优异的韧性,耐湿热性能,工艺性优	200	180	150	A, P		8	30	12	单向	主承力结构增强塑料
LP-15/碳纤维	聚酰亚胺	耐高温,热氧化稳定性好,较好的工艺性	320	280		A, P	25~35(280℃)	3	15		单向	发动机部件
PEEK/AS4C 单向布	热塑性树脂	优异的工艺性,湿度性能好,成型温度高	380	200	120	A, P		9	长期存放		单向织物	主承力件,对环境有要求的构件,耐磨构件
3242/Kevlar 布	改性环氧	可自熄,工艺性好,适于夹层结构	125	85	70	A, P	5~15(125℃)	8	30	6	织物	直升机雷达罩,坐椅,平尾

注：预浸料是用树脂基体和纤维或织物，在规定的条件下制成的组合物，是制造复合材料的中间体材料。预浸料具有一定力学性能的结构单元，可用于进行复合材料的结构设计，是制造结构构件的原料，可直接制造各种复合材料构件。预浸料的性能直接影响复合材料的质量。不同品种、规格、性能的预浸料已经商品化，应用相当广泛。本表为北京航空材料研究院资料。

① A—热压罐成型，P—模压成型，VB—真空袋成型，FW—缠绕成型。
② 韧性：1~10范围数值越大韧性越好。

表3.4.122 国外单向预浸料品种及性能

	单向预浸带	工艺温度 /℃	工作温度 (干态)/℃	纤维体积分数 V_f(%)	树脂质量分数(%)	拉伸强度 /MPa	拉伸模量 /GPa	弯曲强度 /MPa	弯曲模量 /GPa	压缩强度 /MPa	压缩模量 /GPa	储存期(-18℃)/月	外置时间(常温)/天
热固性树脂	环氧/标准模量碳纤维(T-300,AS4,G30-500,T-700)	121~154	82~121	57~63	32~45	1240~2200	103~152	1100~1860	96~138	1100~1720	103~131	6~12	14~30
	环氧/中模量碳纤维(IM6,IM7)	121	121	57~60	38~42	2200~3030	138~171	1130~1670	138~151	1170~1630	127~138	12	30
	环氧/标准模量碳纤维(AS4,G30-500,T-300)	177	149~232	57~63	32~45	1310~2200	112~143	1580~1930	100~155	882~1720	117~138	6~12	10~21
	环氧/中模量碳纤维(IM6,IM7)	177	121~177	60~62	29~45	2340~2720	158~172			1520~1720	145~158	6~12	10~21
	环氧/芳纶	121~140		55~60	34~55			661~716	69			6	10~30
	环氧/S-2玻璃纤维	121~177	121~177	55~63	25~55	806~1580		1070~1630	44~56	689~1100	41~56	6	10~30
	环氧/硼饱和碳纤维(AS4,IM7)	121~177	121~177	77	15~20	1620~2200	220~269	2440~2960	234~255	2890~3440	220~269	6	12
	双马/标准模量碳纤维(T-300,AS4)	177~246	232~315	55~59	33~37	1580~1720	186~200	1790~2070	118~193		207	6~23	7
	双马/中模量碳纤维(IM6,IM7)	177~227	232~315	60~67	26~33	2620~2740	165	1720~1860	145~156	1620~1740	151~158	6~12	28
	氰酸酯/标准模量碳纤维(T-700)	121~315	249					1240	69			12	30
	氰酸酯/中模量碳纤维(MR-40,IM7)	121~232	232	57~63	32~43	689~2720	32~172	1350~1760		1420~1580	127~158		
	氰酸酯/S-2玻璃纤维	121~177	204		32	1240	48	1580	58	896	62	6	10
	氰酸酯/沥青基高模碳纤维(XN70A)	121~154	149	60	36	2160	413	572	344	344	400		
	氰酸酯/PAN基高模碳纤维(M55J)	121~177	165		32	2050	336	1190	283	824	276	12	14
热塑性树脂	PEEK/标准模量碳纤维(AS4,GM30-500)	288~385	121	55~57	37~42	2070	138	1720~2000	117	1360	124		
	PEEK/中模量碳纤维(IM7)	288	177	57~63	38~42	2820	179	2000	151	1420	151		
	PEEK/S-2玻璃纤维	390	121~260	57~63	38~42	1170	55			1100	55		
	尼龙6/标准模量碳纤维(G34/700,G30-500)	232~288		55~63		1490	108	1410~1720	117	621			
	尼龙12/Twaron	210		52		1390	46	353	35				
	尼龙12/标准模量碳纤维(G34/700)	210		52		992	74	761	85				
	PEI/标准模量碳纤维(G34/700)	310		60		1360	99	1480	93				
	PMMA/标准模量碳纤维(AS4)	171		35	65	744	66	930	52				
	PPS/标准模量碳纤维(AS4)			64	36	1960	121	1600	107	1070	114		
	聚酰亚胺/中模量碳纤维(IM7)	321~352	204	62		2620	167			1070	144	12	

注:1. 工艺温度范围包括后处理温度。
2. PEEK—聚醚醚酮,PEI—聚醚酰亚胺,PMMA—聚甲基丙烯酸甲酯,PPS—聚苯硫醚。

表 3.4-123 国外织物预浸料品种及性能

	织物预浸料	工艺温度/℃	工作温度(干态)/℃	纤维体积分数 V_f(%)	树脂质量分数(%)	拉伸强度/MPa	拉伸模量/GPa	弯曲强度/MPa	弯曲模量/GPa	压缩强度/MPa	压缩模量/GPa	储存期(-18℃)/月	外置时间(常温)/天
热固性树脂	环氧/标准模量碳纤维（ASA, G30-500, T-300）	121~154	93~121	57~63	38~45	517~854	55~63	758~834	42~48	448~654	48~64		365
	环氧/标准模量碳纤维（T-300, AS4, Fortafil 3C）	132~154	93	50~65	27~40	1378	124						365
	环氧/标准模量碳纤维（AS4, T-300, G30-500）	177	171	57~63	32~45	634~1030	55~83	840~965	68~76	606~965	48~83	6~12	10~21
	环氧/Spectra 聚乙烯纤维	93~121		58	42	468	14	1560	14	14			365
	环氧/Kevlar	113~177	82~177	50~60	40~63	331~558	21~36	310~716	10~62	172~241	21~36	6	10~21, 365
	环氧/Twaron	121~154		60	40	448~620	21~34	882~1030	69~124	138~241	21~34		365
	环氧/S-2 玻璃纤维	121	-55~82	55		551	34	413	34	379	31	6	10, 365
	氰酸酯/中模量碳纤维（MR-40）	121~204	177			690	32	1760	173	1480	127		
	氰酸酯/高模量沥青基碳纤维（XN50）	121~177	177	60	36	909	186	592	131	234	138		
	氰酸酯/Spectra 聚乙烯纤维	121	107		50	482	22	186	25	69	14	6	10
	氰酸酯/Kevlar	121~177	204		40	558	33			165	30	6	10
	氰酸酯/石英	121~177	93~177		33~42	351~696	25~26	517~792	20~27	406~524	23		
	双马/标准模量碳纤维（T-300, G30-500）	163~204	-59~232	60		627~792	65~69	896~923	63~69	730~896	65	6	21
	双马/中模量纤维（IM7）	190~227	-59~232	60		999	76	1030	76	896	72	12	28
	聚酰亚胺/石英	288~343	316	55	50	586	26	551	24	482	24	6	10
热塑性树脂	PMMA/标准模量碳纤维（AS4）	249		39.6		489	34	391	22				
	PEI/标准模量碳纤维（T-300）	343	171	50	42	544	62	849	45	464	54		
	尼龙 6/标准模量碳纤维（G30-500）	232~260	85	46~50	42~50	670~792	52~55	696~861	50~54	482	25		

注: 1. 工艺温度范围包括后处理温度。
2. PMMA—聚甲基丙烯酸甲酯, PEI—聚醚酰亚胺。
3. 织物主要为平纹布, 也可能采用其他织物。

表 3.4-124 环氧树脂碳纤维预浸料及复合材料牌号、技术性能及应用

预浸料牌号及技术性能		复合材料层合板材牌号和技术性能			特性及应用
项目	3231/G803	项目		3231/G803	
预浸料的外观要求	表面平整、树脂分布均匀、完全浸透纤维、无纤维损伤	密度/g·cm^{-3}		—	以 3231 环氧树脂体系通过热熔法或溶液法浸渍 HT3 碳纤维制成的预浸料,具有较长的贮存期,适用于热压罐法成型,也可采用真空袋法、模压法、热膨胀模法等成型工艺方法,在中温(125℃)条件下固化成型复合材料制品。其复合材料具有较高的断裂韧性,最高使用温度为 80℃ 适用于制作体育运动器材的受力杆件,如羽毛球的杆;自行车的车管件等复合材料的零、部件
		纤维含量(%)		62~68	
		空隙率(%)		≤2	
		玻璃化转变温度/℃		≥110	
面密度/g·m^{-2}	—	拉伸强度/MPa	纵向	≥1500	
树脂含量(%)	45±3		横向	≥37	
挥发分含量(%)	≤2	拉伸模量/GPa	纵向	≥123	
			横向	≥8.1	
纤维面密度/g·m^{-2}	130±5	压缩强度/MPa	纵向	≥880	
			横向	≥117	
预浸料单层压厚/mm	0.125±0.010	压缩模量/GPa	纵向	≥116	
凝胶时间/min	2~4(125℃)		横向	≥8.5	
树脂流动度(%)	15~30	纵横剪切强度/MPa		≥87	
黏性	合格	纵横剪切模量/GPa		≥4.1	
贮存期/天	-18℃ 540	弯曲强度/MPa		≥1290	
	<5℃ 360	弯曲模量/GPa		≥112	
	<23℃ 120	层间剪切强度/MPa		≥67	

5 纤维增强塑料基复合材料

5.1 玻璃纤维增强热固性塑料(见表 3.4-125)

表 3.4-125 玻璃纤维增强热固性塑料的性能

性能	环氧树脂						酚醛树脂		
	双酚 A 型环氧		酚醛环氧		脂环族	脂肪族	高强玻璃纤维	改性酚醛开刀丝玻璃纤维	层压板
	玻璃纤维	层压板	玻璃纤维、填料	层压板	层压板	层压板			
成型收缩率(%)	0.1~0.8	—	0.4~0.8	—	—	—	0.1~0.4	—	—
抗拉强度/MPa	35~138	220~412	34~86	216~284	196~235	332	48~124	78~102	196
断后伸长率(%)	4	—	—	—	—	0.2	—	—	—
抗压强度/MPa	124~276	201~492	165~330	—	220~274	155	110~248	100~115	—
抗弯强度/MPa	55~206	112~442	69~150	370	294~392	339	84~413	170~215	245
缺口冲击韧度/kJ·m^{-2}	0.63~21	196~274(无缺口)	0.63~1.1	—	137~167(无缺口)	306(无缺口)	1~18	98~180(无缺口)	210(无缺口)
拉伸弹性模量/GPa	20.6	—	14.5	—	—	—	13~22.7	—	—
弯曲弹性模量/GPa	13.8~31	—	9.6~19.2	—	24.5	—	7.9~22.7	—	—
硬度洛氏 巴柯尔	100~112 HRM	—	70~74 巴柯尔	—	—	—	—	—	—
线胀系数/10^{-5}K^{-1}	1.1~5	—	1.8~4.3	—	—	—	—	—	—
热变形温度/℃(1.82MPa)	107~260	—	154~230	—	—	—	176~315	≥250(马丁温度)	—
热导率/W·(m·K)$^{-1}$	0.17~0.42	—	0.35	—	—	—	—	—	—
密度/g·cm^{-3}	1.6~2	—	1.6~2.05	—	1.6~1.7	1.6~1.7	1.44~1.56	1.6~1.72	1.60~1.70
吸水率(%)(24h)	0.04~0.2	—	0.04~0.29	0.93	—	—	0.20	0.05~0.15	—
(饱和)	—	—	0.15~0.30	—	—	—	0.35	—	—
介电强度/kV·mm^{-1}	9.8~15.7	—	12.8~17.7	—	—	—	—	—	11.8~27.6

(续)

性能	环氧树脂						酚醛树脂		
	双酚A型环氧		酚醛环氧		脂环族	脂肪族	高强玻璃纤维	改性酚醛开刀丝玻璃纤维	层压板
	玻璃纤维	层压板	玻璃纤维、填料	层压板	层压板	层压板			
特点及应用	良好的电绝缘性和黏结性能，较高的机械强度和耐热性，耐一般酸、碱及有机溶剂，耐霉菌、成型收缩率小，体积收缩率1%~5%，加入固化剂后一般需加压加热成型，亦可在接触压力下常温固化。用于制作高强度制品、电绝缘件、电机护环、汽车零件、容器、风扇叶片、螺旋桨、泵、阀、船舶零部件、衬里等						优良的耐酸性、耐烧蚀性、电绝缘性、耐硫化氢、油、水、汽油、苯。能承受较大载荷，尺寸稳定、加热成型。硬脆、价廉。适于耐腐蚀件、泵、阀、管道、风机、管配件、酚醛层压板、绝缘结构件、轴瓦、导向轮、电气仪表中的绝缘配件。耐烧蚀材料、开关等电器零件		

性能	酚醚树脂		聚酰亚胺	不饱和聚酯树脂					糠酮树脂
	层压板	模压件开刀丝玻璃纤维	体积分类50%玻璃纤维	短切玻璃纤维	玻璃布	SMC[1]	SMC[2]	玻璃纤维	层压板
成型收缩率（%）	—	—	0.20	0.1~0.2	0.02~0.2	0.05~0.40	0.05~0.40	0.1~1.0	—
抗拉强度/MPa	282~317	76~198	44	20.7~68.9	207~344	48~172	20.7~68.9	27.6~65	209
断后伸长率（%）	—	—	—	<1	1~2	3	—	—	—
抗压强度/MPa	—	104~142	23	138~207	172~344	103~206	96~206	103~248	350
抗弯强度/MPa	430	114~190	147	48~138	276~344	68.9~248	110~165	58.6~179	147
缺口冲击强度/kJ·m^{-2}	83.6	70~191	12.3	3.2~3.4	10~63	14.7~46.2	4.2~27.3	1.5~33.6	186（无缺口）
拉伸弹性模量/GPa	—	—	—	6.9~17	10~31	4.6~17.2	10~17.2	13.8~19.3	—
弯曲弹性模量/GPa	—	—	13.6	6.9~11.8	6.9~20.6	6.9~15	—	13.8	—
硬度洛氏、巴柯尔	—	巴柯尔 56~59	118HRK	巴柯尔 50~80	巴柯尔 60~80	巴柯尔 50~70	巴柯尔 50~65	—	95HRE
线胀系数/10^{-5}K^{-1}	—	—	1.3	2~3.3	1.5~3	1.4~2	—	1.5~3.3	—
热形温度/℃（1.82MPa）	>250	>250	309	>204	>204	190~260	160~204	204~260	>300（马丁耐热）
热导率/W·(m·K)$^{-1}$	—	—	0.36	—	—	—	0.75~0.92	0.63~1.05	—
密度/g·cm^{-3}	1.78	1.52	1.60~1.70	1.65~2.32	1.50~2.10	1.65~2.60	1.72~2.1	2.0~2.3	1.70
吸水率（%）（24h）（饱和）	0.04	0.04	0.70	0.06~0.28	0.05~0.5	0.10~0.25	0.10~0.45	0.03~0.50	0.10
介电强度/kV·mm^{-1}	—	—	17.6	13.6~16.5	13.8~19.7	15~19.7	11.8~15.4	9.8~20.9	17.5
特点及应用	耐蚀性好，耐热性能良好，粘接性能和耐磨性能很好，可作砂轮黏结剂，也可作为耐蚀、耐高测、电绝缘和耐烧蚀材料等		耐高温老化、耐辐射，在300℃尚能保持一定的机械强度，耐热性最好的一种热固性材料。可用作C级绝缘材料，高温电机中的槽楔、仪表骨架、高温电气开关等	良好的电绝缘性、耐腐蚀性、韧性和透明性，可在接触压力下常温固化，工艺简便，成型收缩率较大，体积收缩6%~10%，价格较低。适于制作波形瓦、浴缸、槽车、贮槽、容器、船艇、电气设备、飞机零部件、雷达罩、管道、冷水塔、净水槽等					优异的耐蚀性、耐许多种强酸、碱、盐及有机溶剂（除强氧化性酸外），耐热性和电绝缘性良好，质脆、价低。制作化工设备中的耐腐蚀件、高温绝缘件

[1] 片状模塑料。
[2] 团状模塑料。

5.2 玻璃纤维增强热塑性塑料（见表3.4-126、表3.4-127）

表3.4-126 不同含量玻璃纤维增强热塑性塑料的性能

材料	ABS	聚甲醛均聚	聚甲醛共聚	聚四氟乙烯	聚碳酸酯		尼龙6	聚酰胺 尼龙66	聚酰胺 尼龙66	尼龙1010
玻璃纤维含量（体积分数）	20%	20%	25%	25%	10%	30%	30%~35%	30%	20%+20%碳纤	28%
成型收缩率（%）	0.2	0.9~1.2	0.4~1.8	1.8~2	0.2~0.5	0.1~0.2	0.3~0.5	0.2~0.6	0.25~0.35	0.4~0.5
抗拉强度/MPa	72~90	59~62	127	13.8~18.6	65	131	165① 110②	193① 152②	238	58
断后伸长率（%）	3	6~7	2~3	200~300	5~7	2~5	—	3~4① 5~7②	3~4	—
抗压强度/MPa	96	124	117	6.9~9.6	93	124~138	131~158① 165②	154 165~276① 282②	343	137
抗弯强度/MPa	96~120	103	193	13.8	103~110	158~172	227① 145②	172②	3.78	202
简支梁缺口冲击强度/kJ·m⁻²	2.3~2.9	1.7~2.1	2.1~3.8	5.7	2.5~5.5	3.6~6.3	4.6~7.1① 7.8②	4.2~4.6	19.6	81.8 (无缺口)
拉伸弹性模量/GPa	5.1~6.1	6.9	8.6~9.6	1.4~1.6	3.4~4	8.8~9.6	10① 5.5②	9① 5.5②	—	7.7
压缩弹性模量/GPa	5.5	5	—	—	3.6	8.96	9.6① 5.5②	—	2.07	—
弯曲弹性模量/GPa	4.5~5.5	—	7.6	1.62	3.4	7.6	96HRM 78HRR	9~10① 5.5②	260	4.1
硬度洛氏	85~98HRM 107HRR	90HRM	79HRM	—	75HRM 118HRR	92HRM 119HRR	1.6~8 200~215	101HRR 109HRR	1.5~5.4 254①	马丁温度176
线胀系数/10⁻⁵K⁻¹	2.1	3.8~8.1	2~4.4	7.7~10	3.2~3.8 138~142	2.2~2.3 146~149	0.24~0.48	0.21~0.49	1.40	1.19
热变形温度/℃(1.82MPa)	99	157	163	—			1.35~1.42	1.15~1.40	0.50	—
热导率/W·(m·K)⁻¹	1.18~1.22	1.55~1.61	2~4.4	0.34~0.42	0.20~0.22 1.27~1.28	0.22~0.32 1.4~1.43	1.1~1.2	0.7~1.1	—	—
密度/g·cm⁻³	0.18~0.20	0.25	0.22~0.29	2.2~2.3	0.12~0.15	0.08~0.14	6.5~7.0	5.5~6.5	—	—
吸水率（%）(24h)（饱和）	18	193	18.9~22.9	12.6	20.9	18.5~18.7	15.8~17.7	14.2~19.7		
介电强度/kV·mm⁻¹										

材料	聚酰胺 尼龙610	聚酰胺 尼龙612	聚对苯二甲酸二醇酯（PBT）	聚对苯二甲酸二醇酯（PET）	聚酰胺酰亚胺	聚醚酰亚胺	聚醚酮（PEEK）	高密度聚乙烯
玻璃纤维含量（体积分数）	33%	30%~35%	30%	35%玻璃纤维和滑石粉	30%	40%~50%玻璃纤维、滑石粉	30%	30%
成型收缩率（%）	—	0.2~0.5	0.2~0.8	0.3~1.2	0.2~0.4	0.2~0.4	0.1~0.2	0.2~0.6
抗拉强度/MPa	170	152① 138②	96~131	78.5~95	145~158	96~179	221	172~196	162	62
断后伸长率（%）	—	4	2~4	2~3	2~7	1.5~3	2.3	2~5	3	1.5~2.5
抗压强度/MPa	145	152① 220	124~162	—	172	141~165	264	162~165	154	34~41
抗弯强度/MPa	234	241①	156~200	124~152	214~230	145~273	317	227~255	227~289	55~65

（续）

材　料	聚酰胺 尼龙 610	聚酰胺 尼龙 612		聚对苯二甲酸丁二醇酯(PBT)		聚对苯二甲酸乙二醇酯(PET) 玻璃纤维含量(体积分数)			聚酰胺酰亚胺	聚醚酰亚胺	聚醚醚酮(PEEK)	高密度聚乙烯
	33%	30%~35%		35%玻璃纤维和滑石粉	30%	30%	40%~50%玻璃纤维.滑石粉	30%	30%	30%	30%	30%
冲击韧度(缺口)/kJ·m^{-2}	11.7	—		2.7~3.8	1.9~3.4	3.4~4.2	1.9~5.0	3.2	3.6~4.2	4.2~5.4	2.3~3.1
拉伸弹性模量/GPa	6	8.3①		—	8.96~10	8.96~9.9	12~13	14.5	9~11	8.6~11	5.5~6.2
压缩弹性模量/GPa		6.2②		—	—	—	—	7.9	3.79	9.6	
弯曲弹性模量/GPa	4.1	7.6①		8.3~9.6	5.9~8.3	8.6~10	9.6~13.8	11.7	8.3~8.6	—	4.8~5.5
		6.2②										
洛氏硬度	—	93HRM		50HRM	90HRM	90~100HRM0	118~119HRR	94HRE	125HRM 123HRR	—	75~90HRR
线胀系数/10^{-5}K^{-1}	—	199~218①		166~197	196~218	216~224	211~227	281	2~2.1 208~215	1.5~2.2 288~315	4.8
热变形温度/℃(1.82MPa)	马丁温度 195	0.43		1.59~1.67	0.29	0.25~0.29	2.1 1.58~1.68	0.68	0.25~0.39	0.2	121
热导率/W·(m·K)$^{-1}$	1.30	0.20		0.06~0.07	—	1.56~1.67		1.61	1.49~1.51	1.49~1.54	0.36~0.46
密度/g·cm^{-3}	—	1.85		—	1.48~1.53 0.06~0.08	0.05	0.05	0.24	0.18~0.20	0.06~0.12	1.18~1.28
吸水率(%)(24h)(饱和)	—	—			0.3				0.9	0.11~0.12	0.02~0.06
介电强度/kV·mm^{-1}	—	20.5		17.7~23.6	15.8~21.7	16.9~25.6	22.5~23.6	33.1	19.5~24.8	—	19.7~21.7

材　料	聚苯醚和改性聚苯醚	聚苯硫醚(PPS)	聚丙烯均聚	聚氯乙烯	聚苯乙烯均聚	聚苯乙烯耐热共聚物	丙烯腈苯乙烯共聚物(SAN)	20%长玻璃纤维	聚砜	改性聚砜	聚醚砜
	30%	40%	40%	15%	30%	20%	20%	20%	30%	30%	20%
成型收缩率(%)	0.1~0.4	0.2~0.4	0.3~0.5	0.1	0.1~0.3	0.3~0.4	0.1~0.3	0.1~0.3	0.1~0.3	0.1~0.3	0.2~0.5
抗拉强度/MPa	103~127	120~158	58~103	62	80~95HRM 119HRR	68.9~82.7	107~124	100	90~100HRM 122HRR	103~131	170~138
断后伸长率(%)	2~5	0.9~4	1.5~4	2.3	3.96~4.0	1.3	1.2~1.8	1.5	2.5	1.9~3	2~3.5
抗压强度/MPa	123	145~179	61~68	62	93~104	110~117	117~145	131	177	160~167	134~165
抗弯强度/MPa	145~158	156~220	72~152	93	96~124	112~151	138~156	138	—	138~176	169~190
缺口冲击强度/kJ·m^{-2}	3.6~4.8	2.3~3.2	2.9~4.2	2.1	1.9~5.3	4.4~5.5	2.1~6.3	2.3	—	2.1~4.2	2.5~3.6
拉伸弹性模量/GPa	6.9~8.9	7.6	7.6~10	6	6.2~8.3	5.8~6.2	6.3~11.8	9.3	—	5.7~6.89	5.9
弯曲弹性模量/GPa	7.6~7.9	11.7~12.4	6.5~6.9	5.2	6.5~7.6	5.5~7.2	6.9~8.8	7.2	—	8.86	5.9~6.2
硬度(洛氏)	115~116HRR	123HRR	102~111HRR	118HRR	89~95HRM 119HRR		89~100HRR 122HRR		90~100HRM	80~85HRM	98~99HRM
线胀系数/10^{-5}K^{-1}	1.4~2.5	2.2	2.7~3.2	—	3.96~4.0	2	2.34~4.14	2.5		4.8~5.4	2.3~3.2
热变形温度/℃(1.82MPa)	135~158	252~263	149~165	68	93~104	110~119	99~110	177		160~167	209~218
热导率/W·(m·K)$^{-1}$	0.15~0.17	0.29~0.45	0.35~0.37	—	0.25	—	0.28	—		1.52	1.51
密度/g·cm^{-3}	1.27~1.36	1.6~1.67	1.22~1.23	1.54	1.2	1.21~1.22	1.20~1.22	1.46		0.43	0.15~0.40
吸水率(%)(24h)(饱和)	0.06	0.02~0.05	0.05~0.06 0.09~0.10	0.01	0.3	0.07~0.10	0.1~0.2	0.3			1.65~2.1
介电强度/kV·mm^{-1}	21.7~24.8	14.2~17.7	19.7~20.1	23.6~31.5	16.7	—	0.7 19.7	—		15.7	14.8~19.7

① 干燥状态。
② 50%相对湿度。

表 3.4-127　玻璃纤维增强热塑性塑料的特点及应用

材料名称	玻璃纤维含量（质量分数,%）	特点	应用举例
聚丙烯	20~30	玻璃纤维增强热塑性塑料的物理力学性能均有明显提高。尼龙用玻纤增强后，吸湿性下降较多，耐热性、弹性模量和抗弯强度均相应递增。聚丙烯密度低、价低、耐蚀性优良，但耐热性较差，冲击韧度随温度下降而迅速减小，耐热性明显提高，可在100~120℃使用，在0℃以下冷冻几小时后，冲击韧度保持93%以上，线胀系数降低很多。PET和PBT具有优良的耐热性、耐焊性、耐蚀性、较高强度、优异电绝缘性，在高温湿环境下依然具有稳定的电绝缘性 热塑性塑料玻璃纤维增强后，不但提高力学性能，对缺口敏感性有改善，热变形温度上升较多，尺寸稳定性增加，线胀系数和吸水率均下降，并能抑制应力开裂。热塑性塑料须经活化处理才能与表面处理后的玻纤复合	汽车挡泥板、汽车发动机叶片、空调机叶片、阀门、泵、管道、管配件、洗涤机、搅拌器、板柜压滤机板、槽、塔、座椅、蓄电池壳等
尼龙6	30~50 玻璃微珠+玻纤		电动工具外壳、凸轮、泵叶轮、齿轮、辊轴、汽车进气管、轴承架、衬套、阀座、涡轮、杠杆、电绝缘零件、熔断器等
尼龙66	玻纤		轴瓦、套筒、旋凿、齿轮、低摩擦材料、机电结构材料、叶轮、轴、凸轮等
聚碳酸酯	30		水表、水量计、手柄、照相盒、电子机电通信仪器、仪表中押线板、接铆件、齿轮、涡轮、接线盒、线圈骨架、耐热精密零件、刷架、集电环、绝缘块、电磁阀壳、轴套、阀体、螺母等
聚对苯二甲酸丁二醇酯和乙二醇酯（PBT，PET）	20~30		电位器电容器等零件、继电器骨架、电动机汽车结构件、连接器、冷却线圈、离心泵壳体、叶轮、液下泵、废液处理装置、齿轮、插座、电子电器骨架、熔断器、煤气阀、纺织机零件等
苯乙烯—丁二烯—丙烯腈三元共聚物	20		叶轮、电动机外壳、汽车零部件、电气零件、纺织机、仪表盘、过滤器零件、灯罩、放映机盒、电视机外壳等
苯乙烯—丙烯腈共聚物	20		无线电旋钮、上下托架、管子接头、卷轴等
乙烯—四氟乙烯共聚物	25		密封圈、阀门零件等
聚苯醚	20~30		管配件、空调机叶片、推进器、计算机和电子设备零件、外壳等
聚苯硫醚	30~40		阀门、离心泵、液压泵齿轮、化工耐腐蚀零部件、开关等

5.3　通用型片状模塑料（SMC）（见表3.4-128）

表 3.4-128　通用型片状模塑料（SMC）的分类及技术要求（摘自 GB/T 15568—2008）

类型	通用型片状模塑料按力学性能分为三种类型（M_1 型、M_2 型、M_3 型），三种类型的片状模塑料有相同的模塑收缩率要求；未启封的片状模塑料贮存期为60天。按收缩性能分为 S_1 型、S_2 型、S_3 型、S_4 型；按燃烧性能分为 F_1 型、F_2 型、F_3 型、F_4 型			
技术性能	项目	指标		
		M_1 型	M_2 型	M_3 型
	外观	应平整、颜色均匀、纤维浸渍良好、无杂质，覆盖薄膜完整无破损		
	玻璃纤维含量极限偏差（%）	±3		
	单位面积质量极限偏差（%）	±7		
	力学性能　弯曲强度/MPa	≥170	≥135	≥100
	弯曲模量/GPa	≥10.0	≥8.0	≥7.0
	冲击强度/kJ·m^{-2}	≥60	≥45	≥35

（续）

项目		指标		
		M_1 型	M_2 型	M_3 型
技术性能	模塑收缩率（%）	S_1 型（零收缩）	<0	
		S_2 型（低轮廓）	0~0.05	
		S_3 型（低收缩）	>0.05~0.1	
		S_4 型（普通）	>0.1~0.2	
	燃烧性能	分类	燃烧等级	氧指数（%）
		F_1 型	FV-0	≥36
		F_2 型	FV-1	≥32
		F_3 型	FV-2	≥28
		F_4 型	HB	≥20

注：1. 片状模塑料（SMC）是一种由可增稠的树脂、短切（和/或连续的）玻璃纤维增强材料、填料、助剂等材料组成，上下两面覆盖承载薄膜的片状复合物。通用片状模塑料是一种以不饱和聚酯树脂和玻璃纤维为主要原材料的片状模塑料。片状模塑料能在加热、加压模塑条件下固化成型，成型加工时筋、台、嵌件、螺纹等件可同时完成，适合于批量自动化、机械化生产成型复合材料制件。

2. 产品按力学性能、收缩性能、燃烧性能、SMC 代号和标准号进行标记。例如，力学性能为 M_1 型，收缩性能为 S_2 型，燃烧性能为 F_3 型，SMC 标记为：$M_1S_2F_3S$ GB/T 15568—2008

5.4 玻璃纤维增强塑料夹砂管（见表3.4-129~表3.4-137）

表 3.4-129 玻璃纤维增强塑料夹砂管分类及代号（摘自 GB/T 21238—2016）

分类原则	按工艺方法、公称直径、压力等级、环刚度等级进行分类	代号
工艺方法	定长缠绕工艺	Ⅰ
	离心浇铸工艺	Ⅱ
	连续缠绕工艺	Ⅲ
压力等级 PN/MPa	0.1，0.25，0.4，0.6，0.8，1.0，1.2，1.4，1.6，2.0，2.5，3.2	
环刚度等级 SN/Pa	1250，2500，5000，7500，10000	
公称直径（内径）/mm	100~4000	
介质最高温度/℃	50	

注：1. 玻璃纤维增强塑料管道广泛用于输送水、石油、多种化学介质及各种气体等。由于玻璃纤维增强塑料管道重量轻、强度高，运输、安装、维修方便，成本低、抗腐蚀耐磨、不会对水质和土壤造成二次污染，使用安全可靠，已成为国内生产量最大的玻璃纤维增强塑料制品。

目前，国内的玻璃纤维增强塑料管道主要采用不饱和聚酯树脂制造，成型工艺有卷制、手糊、纤维缠绕、离心浇铸等，近年夹砂管（在管中填充有适量精选硅砂以增加其刚度的一种玻璃纤维增强塑料管）由于刚性高、成本低而得到普及。

采用离心浇注工艺成型的玻璃纤维增强不饱和聚酯树脂夹砂管，是 GB/T 21238—2016 规定的《玻璃纤维增强塑料夹砂管》，该类管是以玻璃纤维为增强材料、不饱和聚酯树脂为基体、硅砂为粒状填充料，含或不含粉状填充料（如碳酸钙），采用离心浇铸成型工艺、定长缠绕工艺或连续缠绕工艺方法成型制造的管，简称 FRPM 管。

适用范围：适用于公称直径为 100~4000mm，压力等级为 0.1~2.5MPa，环刚度等级为 1250~10000Pa 地下和地面用给排水、水利、农田灌溉等管道工程用 FRPM 管，介质最高温度不超过 50℃。非夹砂玻璃纤维增强塑料管及公称直径、压力等级、环刚度等级不在本表所给定范围内的 FRPM 管也可参照使用。

2. 按产品代号（FRPM）-生产工艺-公称直径-压力等级-环刚度等级标准号；示例：FRPM-Ⅰ-1200-0.6-5000 GB/T 21238—2016 表示采用定长纤维缠绕工艺生产、公称直径为 1200mm、压力等级为 0.6MPa、环刚度等级为 5000Pa，按 GB/T 21238—2016 生产的 FRPM 管。

3. 生产企业：上海耀华玻璃钢有限公司、浙江东方豪博管业有限公司、新疆永昌积水复合材料有限公司、北京华实玻璃钢制品有限公司、昊华中意玻璃钢有限公司、大庆金威玻璃钢有限公司、山东胜利新大实业集团有限公司、山东格瑞德集团等。

表 3.4-130　玻璃纤维增强不饱和聚酯树脂夹砂管的技术要求（摘自 GB/T 21238—2016）

项目		离心浇铸玻璃纤维增强不饱和聚酯树脂夹砂管	定长与连续缠绕玻璃纤维增强不饱和聚酯树脂夹砂管
原材料	增强材料	无碱无捻玻璃纤维纱应符合 GB/T 18369 的规定；无碱玻璃纤维制品应符合相应的标准的规定	
	树脂	不饱和聚酯树脂应符合 GB/T 8237 的规定；其他树脂应符合相应标准的规定	
	内衬层树脂	应采用间苯型不饱和聚酯树脂或乙烯基酯树脂或双酚 A 型树脂；用于给水工程的其卫生指标必须满足 GB 13115 的规定	
	颗粒材料	最大粒径不得大于 2.5mm 和 1/5 管壁厚度之间的较小值；石英砂的 SiO_2 含量应大于 95%，含水量应不大于 0.2%；碳酸钙的 $CaCO_3$ 含量应大于 98%，含水量应不大于 0.2%	
内衬层树脂浇铸体	拉伸强度/MPa	≥10	≥60
	拉伸模量/MPa		≥2.50
	断裂伸长率（%）	≥15	≥3.5
结构层树脂浇铸体	拉伸强度/MPa	≥60	
	拉伸模量/MPa	≥3.0	
	断裂伸长率（%）	≥2.5	
	热变形温度/℃	≥70	
外观		内表面应光滑平整，无对使用性能有影响的龟裂、分层、针孔、杂质、贫胶区、气泡和纤维浸润不良等现象；管端应平齐，棱边应无毛刺；外表面无明显缺陷	
管壁结构		通常由内衬层、结构层和外表层组成；内衬层厚度应不小于 1.2mm	
管外表面巴氏硬度		≥40	
管壁中树脂不可溶物含量（%）		≥90	
直管段管壁组分含量		玻璃纤维、树脂和颗粒材料的含量由管材设计确定，并应在相关技术文件中明确给出	
卫生性能		用于给水的管应符合 GB 5749 的要求，并定期检测	
尺寸	管壁厚度	平均厚度不小于规定的设计厚度，其中最小管壁厚度不小于设计厚度的 90%	
	长度与极限偏差	有效长度为 3m、4m、5m、6m、9m、10m、12m；特殊管长由供需双方商定；极限偏差为有效长度的 ±0.5%	
力学性能	初始环刚度 S_0	应不小于相应的环刚度等级值 SN	
	有长期水压设计压力基准 HDP 时 初始环向拉伸强力 F_{th}	根据工程设计确定，其最小值按下式计算： $$F_{th} = C_1 \cdot PN \cdot DN/2$$ 式中 F_{th}—管的初始环向拉伸强力（kN/m）； 　　C_1—系数，见表 3.4-133； 　　PN—压力等级（MPa）； 　　DN—公称直径（mm）	
	无长期水压设计压力基准试验结果时	取 $C_1=6.3$，F_{th} 值见表 3.4-136	

(续)

项目			离心浇铸玻璃纤维增强不饱和聚酯树脂夹砂管	定长与连续缠绕玻璃纤维增强不饱和聚酯树脂夹砂管
力学性能	初始轴向拉伸强力 F_{tL} 及拉伸断裂应变	管道不承受由管内压直接产生的轴向力或未受到特殊轴向力时	F_{tL} 应不小于表 3.4-137 的规定值；管壁轴向拉伸断裂应变不小于 0.25%	
		管道承受由管内压产生的轴向力时	F_{tL} 应按下式计算： $$F_{tL} \geq C_1 \cdot PN \cdot DN/4$$ 式中 F_{tL}——管的初始轴向拉伸强力（kN/m）； C_1——系数，见表 3.4-133 当无长期水压设计压力基准试验结果时，取 $C_1 = 6.3$； PN——压力等级（MPa）； DN——公称直径（mm）	
	水压渗漏		相应公称压力等级的 1.5 倍静水内压，保持 2min 进行试验，管体及连接部位不应渗漏	
	短时失效水压		应不小于管的压力等级 C_1 倍（按表 3.4-133 取值），无长期水压设计压力基准试验结果时，C_1 取 6.3	
初始挠曲性能			径向变形率见表 3.4-134	
管壁初始环向弯曲强度 F_{tm}			应根据工程设计确定，其最小值按下式计算： $$F_{tm} = 4.28 \frac{E_p t \Delta}{(D + \Delta/2)^2}$$ 式中 F_{tm}——管壁初始环向弯曲强度（MPa）； t——管壁实际厚度（mm）； D——管计算直径（mm）； Δ——管初始挠曲试验达到挠曲水平 B 时的径向压缩变形量（mm）； E_p——管壁弯曲模量（MPa）	
长期静水压设计压力基准 HDP			应满足：$HDP \geq C_3 \cdot PN$ 式中 HDP——长期水压设计压力基准（MPa）； PN——压力等级（MPa）； C_3——系数，见表 3.4-135	
长期弯曲应变 S_b			应满足下式要求： $$S_b \geq 4.28 \frac{\Delta s \cdot t}{(D + \Delta s/2)^2}$$ 式中 S_b——长期弯曲应变； Δs——管初始挠曲试验达到挠曲水平 B 时的径向压缩变形量 Δ 的 60%（mm）； D——管计算直径（mm）； t——管壁实际厚度（mm）	

表 3.4-131 外径系列管的尺寸和极限偏差（摘自 GB/T 21238—2016）

公称直径/mm	外直径/mm	极限偏差/mm
200	208.0	+1.0 -1.0
250	259.0	+1.0 -1.0
300	310.0	+1.0 -1.0
350	361.0	+1.0 -1.2
400	412.0	+1.0 -1.4
450	463.0	+1.0 -1.6
500	514.0	+1.0 -1.8
600	616.0	+1.0 -2.0
700	718.0	+1.0 -2.2
800	820.0	+1.0 -2.4
900	924.0	+1.0 -2.6
1000	1026.0	+2.0 -2.6
1200	1229.0	+2.0 -2.6
1400	1434.0	+2.0 -2.8
1600	1638.0	+2.0 -2.8
1800	1842.0	+2.0 -3.0
2000	2046.0	+2.0 -3.0
2200	2250.5	+2.0 -3.2
2400	2453.0	+2.0 -3.4
2600	2658.0	+2.0 -3.6

(续)

公称直径/mm	外直径/mm	极限偏差/mm
2800	2861.0	+2.0 -3.8
3000	3066.0	+2.0 -4.0
3200	3270.0	+2.0 -4.2
3400	3474.0	+2.0 -4.4
3600	3678.0	+2.0 -4.6
3800	3882.0	+2.0 -4.8
4000	4086.0	+2.0 -5.0

注：1. 可根据实际情况采用其他外径系列管的尺寸，但其外径偏差应满足相应要求。
2. 对于 DN300 的管，外直径也可采用 323.8mm；对于 DN400 的管，外直径也可采用 426.6mm。该两种规格的正偏差为 1.5mm，负偏差为 0.3mm。

表 3.4-132　内径系列管的尺寸与偏差（摘自 GB/T 21238—2016）

公称直径/mm	直径范围/mm		极限偏差/mm
	最小	最大	
100	97	103	±1.5
125	122	128	±1.5
150	147	153	±1.5
200	196	204	±1.5
250	246	255	±1.5
300	296	306	±1.8
350	346	357	±2.1
400	396	408	±2.4
450	446	459	±2.7
500	496	510	±3.0
600	595	612	±3.6
700	659	714	±4.2
800	795	816	±4.2
900	895	918	±4.2
1000	995	1020	±4.2
1200	1195	1220	±5.0
1400	1395	1420	±5.0
1600	1595	1620	±5.0
1800	1795	1820	±5.0
2000	1995	2020	±5.0
2200	2195	2220	±5.0

(续)

公称直径/mm	直径范围/mm		极限偏差/mm
	最小	最大	
2400	2395	2420	±6.0
2600	2595	2620	±6.0
2800	2795	2820	±6.0
3000	2995	3020	±6.0
3200	3195	3220	±6.0
3400	3395	3420	±6.0
3600	3595	3620	±6.0
3800	3795	3820	±7.0
4000	3995	4020	±7.0

注：管两端有效直径的设计值应在本表的内直径范围内，两端内直径的偏差应在本表规定的偏差范围之内。

表 3.4-133　初始环向拉伸强力的系数 C_1（摘自 GB/T 21238—2016）

压力等级 (PN)/MPa	C_1				
	$\alpha=1.5$	$\alpha=1.75$	$\alpha=2.0$	$\alpha=2.5$	$\alpha=3.0$
0.1	4	4	4.2	5.3	6.3
0.25	4	4	4.2	5.3	6.3
0.4	4	4	4.1	5.1	6.2
0.6	4	4	4	5.0	6.0
0.8	4	4	4	4.9	5.9
1.0	4	4	4	4.8	5.7
1.2	4	4	4	4.7	5.6
1.4	4	4	4	4.6	5.5
1.6	4	4	4	4.5	5.4
2.0	4	4	4	4.3	5.1
2.5	4	4	4	4	4.8

注：1. $\alpha=p_0/\mathrm{HDP}$；其中 p_0 为短时失效水压，HDP 为长期静水压设计压力基准。
    2. 当管的环向拉伸强力值的离散系数 $C_V>9.0\%$ 时，C_1 应取为表中值乘以 $0.8236/(1-1.96C_V)$。

表 3.4-134　初始挠曲性的径向变形率及要求（摘自 GB/T 21238—2016）

挠曲水平	环刚度等级/N·m^{-2}				要求
	1250	2500	5000	10000	
A（%）	18	16	12	9	管内壁无裂纹
B（%）	30	25	20	15	管壁结构无分层、无纤维断裂及屈曲

注：对于其他环刚度管的初始挠曲性的径向变形率按下述要求执行：
1）对于环刚度 S_0 在标准等级之间的管，挠曲水平 A 和 B 对应的径向变形率分别按线性插值的方法确定；
2）对于环刚度 $S_0 \leq 1250\mathrm{Pa}$ 或 $\geq 10000\mathrm{Pa}$ 的管，挠曲水平 A 和 B 按下式计算：
挠曲水平 A 对应的径向变形率 $= 18 \times (1250/S_0)^{1/3}$
挠曲水平 B 对应的径向变形率 $= 30 \times (1250/S_0)^{1/3}$

表 3.4-135　长期水压设计压力基准的系数 C_3（摘自 GB/T 21238—2016）

压力等级/MPa	系数 C_3	压力等级/MPa	系数 C_3
≤0.25	2.1	1.2	1.87
0.4	2.05	1.4	1.84
0.6	2.0	1.6	1.8
0.8	1.95	2.0	1.7
1.0	1.9	2.5	1.6

表 3.4-136　无 PDB 时初始环向拉伸强力 F_{th} 的最小值（摘自 GB/T 21238—2016）

公称直径 DN /mm	F_{th}（最小）/kN·m^{-1} 压力等级/MPa											
	0.1	0.25	0.4	0.6	0.8	1.0	1.2	1.4	1.6	2.0	2.5	3.2
100	32	79	126	189	252	315	378	441	504	630	788	1008
125	39	98	158	236	315	394	473	551	630	788	984	1260
150	47	118	189	284	378	473	567	662	756	945	1181	1512
200	63	158	252	378	504	630	756	882	1008	1260	1575	2016
250	79	197	315	473	630	788	945	1103	1260	1575	1969	2520
300	95	236	378	540	756	945	1134	1323	1440	1800	2250	3024
350	110	276	441	662	882	1103	1323	1544	1764	2205	2756	3528
400	126	315	504	756	1008	1260	1512	1764	2016	2520	1150	4032
450	142	354	567	851	1134	1418	1701	1985	2268	2835	3544	4536
500	158	394	630	945	1260	1575	1890	2205	2520	3150	3938	5040
600	189	473	756	1134	1512	1890	2268	2646	3024	3780	4725	6048
700	221	551	882	1323	1764	2205	2646	3087	3528	4410	5513	7056
830	252	630	1008	1512	2016	2520	3024	3528	4032	5040	6300	8064
900	284	709	1134	1701	2268	2835	3402	3969	4536	5670	7088	9072
1000	315	788	1260	1890	2520	3150	3780	4410	5040	6300	7875	10080
1200	378	945	1512	2268	3024	3780	4536	5292	6048	7560	9450	12096
1400	441	1103	1764	2646	3528	4410	5292	6174	7056	8820	11025	14112
1600	504	1260	2016	3024	4032	5040	6048	7056	8064	10080	12600	16126
1800	567	1418	2268	3402	4536	5670	6804	7938	9072	11340	14175	18144
2000	630	1575	2520	3780	5040	6300	7560	8820	10080	12600	15750	20160
2200	693	1733	2772	4158	5544	6930	8316	9702	11088	13860	17325	22176
2400	756	1890	3024	4536	6048	7560	9072	10584	12096	15120	18900	24192
2400	819	2048	3276	4914	6552	8190	9828	11466	13104	16380	20475	26208
2800	882	2205	3528	5292	7056	8820	10584	12348	14112	17640	22050	28224
3000	945	2363	3780	5670	7560	9450	11340	13230	15120	18900	23625	30240
3200	1008	2520	4032	6048	8064	10080	12096	14112	16128	20160	25200	32256
3400	1071	2678	4284	6426	8568	10710	12852	14994	17136	21420	26775	34272
3500	1134	2835	4536	6804	9072	11340	13608	15876	18144	22680	28350	36288
3800	1197	2993	4788	7182	9576	11970	14364	16758	19152	23940	29925	38304
4000	1260	3150	5040	7560	10080	12600	15120	17640	20160	25200	31500	40320

表3.4-137 初始轴向拉伸强力最小值 F_{tL}（摘自 GB/T 21238—2016）

公称直径/mm	F_{tL}（最小）/MPa 压力等级/MPa									
	≤0.4	0.6	0.8	1.0	1.2	1.4	1.6	2.0	2.5	3.2
100	70	75	78	80	83	87	90	100	110	125
125	75	80	85	90	93	97	100	110	120	135
150	80	85	93	100	103	107	110	120	130	145
200	85	95	103	110	113	117	120	130	140	155
250	90	105	115	125	128	132	135	150	165	190
300	95	115	128	140	143	147	150	170	190	220
350	100	123	137	150	156	162	168	192	215	253
400	105	130	145	160	168	177	185	213	240	285
450	110	140	158	175	184	194	203	234	265	315
500	115	150	170	190	200	210	220	255	290	345
600	125	165	193	220	232	244	255	300	345	415
700	135	180	215	250	263	277	290	343	395	475
800	150	200	240	280	295	310	325	378	450	545
900	165	215	263	310	325	340	355	430	505	620
1000	185	230	285	340	357	373	390	473	555	685
1200	205	260	320	380	407	433	460	558	655	790
1400	225	290	355	420	457	493	530	643	755	915
1600	250	320	390	460	507	553	600	728	855	1040
1800	275	350	425	500	557	613	670	813	955	1160
2000	300	380	460	540	607	673	740	898	1055	1285
2200	325	410	495	580	657	733	810	983	1155	1410
2400	350	440	530	620	707	793	880	1068	1255	1530
2600	375	470	565	660	757	853	950	1153	1355	1655
2800	400	505	605	705	810	915	1020	1238	1455	1780
3000	430	540	645	750	863	977	1090	1323	1555	1900
3200	460	575	685	795	917	1038	1160	1408	1655	2025
3400	490	610	725	840	970	1100	1230	1493	1755	2150
3600	520	645	765	885	1023	1162	1300	1578	1855	2250
3800	550	680	805	930	1077	1223	1370	1663	1955	2400
4000	580	715	845	975	1130	1285	1440	1748	2055	2520

5.5 聚丙烯-玻璃纤维增强塑料复合管和管件（见表3.4-138～表3.4-141）

表3.4-138 聚丙烯-玻璃纤维增强塑料复合管和管件的技术要求及应用（摘自 JB/T 7525—1994）

项目		技术要求
	外观	管应色泽均匀、表面无树脂凝积、气泡、发黏等缺陷；管件表面应无露丝、气泡、发黏等缺陷
复合管增强层	树脂含量（%）	30±3
	树脂不可溶分含量（%）	≥80

（续）

项目		技术要求
复合管力学性能	聚丙烯内衬层与外增强层之间剪切强度/MPa	≥4
	轴向拉伸强度/MPa	≥50
	轴向压缩强度/MPa	≥100
	径向压缩强度/MPa	≥110
	耐落锤冲击强度/J	≥15.1
管件	密封面平面度/mm	<0.3
	垂直偏心度/mm	<1
	水压1.5倍设计压力保压2min	无渗漏
	短时水压失效压力/MPa	不小于公称压力的4倍

复合管在不同温度下短时水压失效压力	温度/℃	管内径 d_0/mm	短时水压失效压力/MPa
	常温	40	≥22.0
		50	≥14.0
		100	≥9.0
	23		≥14.0
	40		≥12.5
	60		≥10.4
	80		≥7.0
	100		≥5.6

复合管在各种温度下允许的使用压力	温度/℃	允许使用压力/MPa 内径 d_0/mm			
		15~50	65~150	200~400	450~600
	-15~40	0.98	0.98	0.59	0.39
	41~80	0.98	0.59	0.39	0.20
	81~100	0.59	0.39	0.20	0.10
	101~120	0.39	0.20	0.10	0.05

用途	管材用于输送腐蚀介质的管道，内衬管采用耐腐蚀材料，外管层采用玻璃纤维增强的复合管及管件，使用压力不大于1.0MPa，工作温度为-15~+120℃，输送介质的腐蚀性必须为聚丙烯（PP）内衬材料相容范围内

表3.4-139 聚丙烯-玻璃纤维增强塑料复合管（承插式和法兰式）的尺寸规格（摘自 JB/T 7525—1994） （mm）

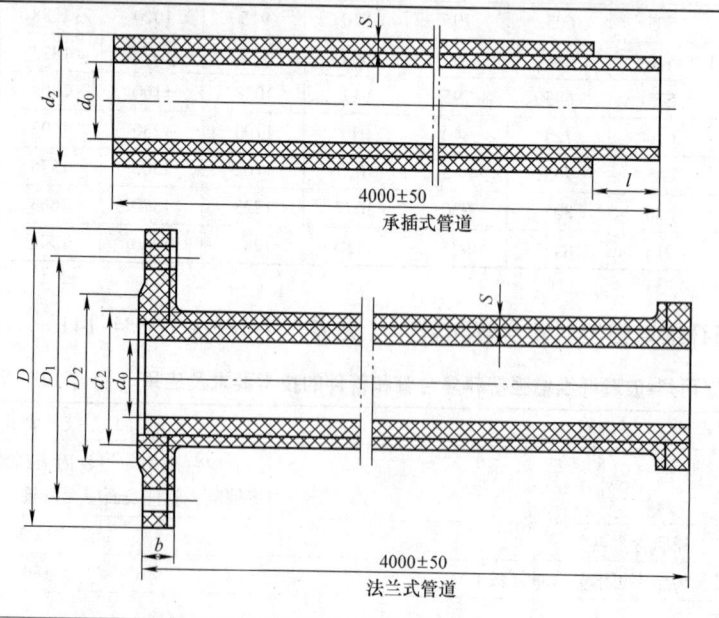

(续)

复合管内径 d_0	PP/FRP[①] 外径 d_2	FRP[①] 壁厚 S	D_1	D_2	法兰厚 b	承插式预留长度 l
15	25	2.0	65	45	14	42
20	30	2.0	75	58	14	42
25	37	2.0	85	68	16	42
32	44	2.0	100	78	16	46
40	53	2.0	110	88	20	51
50	65	2.0	125	102	20	58
65	81	2.5	145	122	24	64
80	96	2.5	160	138	24	71
100	118	2.5	180	158	26	81
125	145	2.5	210	188	26	96
150	172	3.0	240	212	30	106
200	233	3.0	295	268	32	139
250	286	4.0	350	320	32	166
300	338	4.0	400	370	34	184
350	391	5.0	460	430	34	204
400	444	5.0	515	482	36	226
450	498	6.0	565	532	36	—
500	556	6.0	620	585	40	—
600	660	7.0	725	685	40	—

① PP 指聚丙烯内衬管，FRP 指玻璃纤维增强塑料管。

表 3.4-140 聚丙烯-玻璃纤维增强塑料管件（承插式、法兰式）尺寸规格（摘自 JB/T 7525—1994）

(mm)

承插式弯头

法兰式弯头

承插式三通

法兰式三通

（续）

复合管内径 d_0	FRP[①]壁厚 S	高度 H_c	H_f
15	2.0	40	75
20	2.0	50	80
25	2.0	60	83
32	2.0	70	95
40	2.0	85	100
50	2.0	100	110
65	2.0	114	116
80	2.5	125	130
100	2.5	157	153
125	2.5	193	193
150	3.0	230	230
200	3.0		265
250	4.0		300
300	4.0		330
350	5.0		350
400	5.0		400
450	6.0		450
500	6.0		500
600	7.0		600

① FRP 指玻璃纤维增强塑料管。

表 3.4-141 法兰和束接的尺寸规格（摘自 JB/T 7525—1994） (mm)

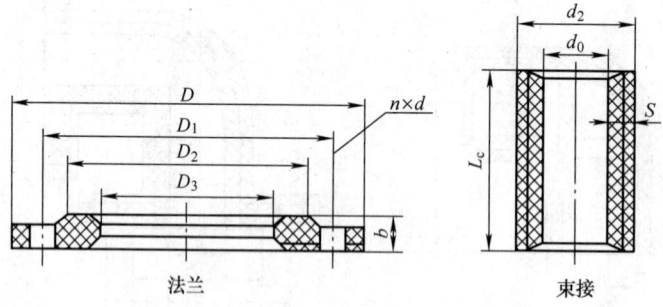

复合管内径 d_0	法兰外径 D	法兰中心距 D_1	D_3	b	$n \times d$	L_c
15	95	65	20.5	14	$4 \times \phi14$	50
20	105	75	25.5	14	$4 \times \phi14$	65
25	115	85	32.2	16	$4 \times \phi14$	83
32	135	100	40.5	16	$4 \times \phi18$	91
40	145	110	49.5	20	$4 \times \phi18$	114
50	160	125	60.5	20	$4 \times \phi18$	130
65	180	145	76.5	24	$4 \times \phi18$	140

(续)

复合管内径 d_0	法兰外径 D	法兰中心距 D_1	D_3	b	$n \times d$	L_c
80	195	160	89.0	24	$4 \times \phi 18$	149
100	215	180	113.0	26	$8 \times \phi 18$	189
125	245	210	139.0	26	$8 \times \phi 18$	230
150	280	240	165.0	30	$8 \times \phi 22$	288
200	335	295	223.0	32	$8 \times \phi 22$	—
250	390	350	276.0	32	$12 \times \phi 22$	—
300	440	400	326.0	34	$12 \times \phi 22$	—
350	500	460	380.0	34	$16 \times \phi 22$	—
400	565	515	430.0	36	$16 \times \phi 26$	—
450	615	565	485.0	36	$20 \times \phi 26$	—
500	670	620	543.0	40	$20 \times \phi 26$	—
600	780	725	643.0	40	$20 \times \phi 50$	—

注：表中未列尺寸见标准原件。

5.6 石棉纤维增强塑料（见表3.4-142）

表3.4-142 石棉纤维增强塑料性能及应用

性能	石棉纤维增强尼龙	石棉纤维增强聚丙烯	聚丙烯	石棉纤维增强酚醛树脂	应用
密度/$g \cdot cm^{-3}$	1.3	1.0~1.3	0.902~0.906	1.45~2.0	石棉纤维增强塑料具有良好的化学稳定性及电性能，可用于汽车制动件、阀门、导管、管配件、垫圈、化工耐腐蚀零部件。隔热和电绝缘件、火箭耐热件、环氧玻璃钢管道内衬。石棉纤维与剑麻纤维混杂增强酚醛树脂制品有汽车加热器导管、风扇扩罩和仪表构件。应注意石棉纤维对人体有害
抗拉强度/MPa	124	34~38	30~38	31~52	
断后伸长度（%）	1	3~20	200~300	0.1~0.5	
拉伸弹性模量/GPa	7.6	2.7~5.5	1.1~1.5	6.9~20.7	
简支梁缺口冲击韧度/$kJ \cdot m^{-2}$	1.89	0.42~3	1.05~3.15	0.55~7.4	
抗弯强度/MPa	165	—	41~55	48~96	
弯曲模量/GPa	—	0.86~1.0	1.17~1.45	6.9~15	
热变形温度/℃（1.82MPa）	226	54~93	57~63	149~260	
吸水率（24h）（%）	1.5	0.02~0.03	0.03~0.04	0.12	

5.7 碳纤维增强热固性塑料（见表3.4-143~表3.4-145）

表3.4-143 碳纤维增强热固性塑料单向层压板性能

性能	T300/3231[1]	T300/4211[2]	T300/5222[2]	T300/QY8911[3]	T300/5405[4]
纵向抗拉强度/MPa	1750	1396	1490	1548	1727
纵向拉伸弹性模量/GPa	134	126	135	135	115
泊松比	0.29	0.33	0.30	0.33	0.29
横向抗拉强度/MPa	49.3	33.9	40.7	55.5	75.5
横向拉伸弹性模量/GPa	8.9	8.0	9.4	8.8	8.6
纵向抗压强度/MPa	1030	1029	1210	1226	1104
纵向压缩弹性模量/GPa	130	116	134	125.6	125.5
横向抗压强度/MPa	138	166.6	197.0	218	174
横向压缩弹性模量/GPa	9.5	7.8	10.8	10.7	8.1
纵横抗剪强度/MPa	106	65.5	92.3	89.9	135
纵横剪切模量/GPa	4.7	3.7	5.0	4.5	4.4
密度/$g \cdot cm^{-3}$	—	1.56	1.61	1.61	—
玻璃化转变温度/℃	—	154~170	230	268~276	210

[1] 纤维体积分数 $\varphi_f = (65 \pm 3)\%$，环氧体系，空隙率<2%
[2] $\varphi_f = (60 \pm 3)\%$，环氧体系，空隙率<2%
[3] $\varphi_f = (60 \pm 5)\%$，双马来酰亚胺体系，空隙率<2%
[4] $\varphi_f = (65 \pm 3)\%$，双马来酰亚胺体系，空隙率<2%。（3231、4211、5222均为环氧体系，QY8911，5405为双马来酰亚胺体系）。

表 3.4-144　碳纤维增强热固性塑料单向层压板高、低温力学性能

品　种	T300/4211（环氧）		T300/5222（环氧）		T300/QY8911（双马来）		T300/5405（双马来）	
试验温度/℃	-60	125	-55	130	130	150	-55	130
纵向抗拉强度/MPa	1310	—	1220	1424	1579	1448	—	—
纵向拉伸弹性模量/GPa	131	135	134	136	128	128	—	—
横向抗拉强度/MPa	34.1	19	29.0	14.5	51	45	—	47.0
横向拉伸弹性模量/GPa	10.2	5.9	10.4	7.8	9.2	8.2	—	6.2
纵横抗剪强度/MPa	78.3	44.3	112.6	70.5	80.8	74.0	—	107
纵横切变模量/GPa	4.7	2.1	5.6	3.9	4.0	3.5	—	3.2
抗弯强度/MPa	—	—	—	—	1725	—	—	1276
弯曲弹性模量/MPa	—	—	—	—	136	—	—	118
层间抗剪强度/MPa	—	—	—	—	77	—	120	63
纤维体积分数 φ_f（%）	62±2		65±3		60±5		65±3	
空隙率（%）	<2		<2		<2		<2	

表 3.4-145　碳纤维增强热固性塑料的特点及应用

特　点	应用部门	用途举例
碳纤维增强热固性塑料具有很好的力学性能，包括较高的高温和低温力学性能，抗疲劳及耐蚀性均好，并且具有高的比强度和比模量，同时，可以通过设计和加工的措施，获得多项特殊性能，以满足不同的应用要求，在机械工业、航空航天及其他工业中都得到应用	汽车工业	螺旋桨轴、弹簧、底盘、车轮、发动机零件，如活塞、连杆、操纵杆等
	纺织机械	综框、传箭箱、梭子等
	电子设备	雷达设备、复印机、电子计算机、工业机器人等
	化工机械	导管、油罐、泵、搅拌器、叶片等
	医疗器械	X射线床和暗盒、骨夹板、关节、轮椅、担架等
	体育器械	高尔夫球棒、钓竿、羽毛球拍、网球拍、小船、游艇、赛车、自行车等
	航空航天	飞机方向舵、升降舵、口盖、机翼、尾翼、机身、发动机零件等；人造卫星、火箭、飞船等
	其他	石油井架、建筑物、桥、铁塔、高速离心机转子、飞轮、烟草制造机板簧等

5.8　碳纤维增强热塑性塑料（见表3.4-146～表3.4-149）

表 3.4-146　碳纤维增强热塑性树脂的性能

性　能 \ 材料	聚砜		线型聚酯		乙烯-四氟乙烯共聚物	
	纯树脂	碳纤维30%	纯树脂	碳纤维30%	纯树脂	碳纤维30%
密度/g·cm^{-3}	1.24	1.37	1.32	1.47	1.70	1.73
吸水率（%）（24h）	0.20	0.15	0.03	0.04	0.02	0.018
（饱和）	0.60	0.38	—	0.23	—	—
加工收缩率（%）	0.7~0.8	0.1~0.2	1.7~2.3	0.1~0.2	15~2.0	0.15~0.25
抗拉强度/MPa	71	161	56	140	45	105
断后伸长率（%）	20~100	2~3	10	2~3	150	2~3
抗弯强度/MPa	108	224	91	203	70	140
弯曲弹性模量/GPa	2.7	14.3	2.4	14	1.4	11.6
抗剪强度/MPa	63	66	49	56	42	49
悬臂梁冲击韧度/kJ·m^{-2}						
有缺口	2.5	2.5	0.63	2.5	未断	8.4~16.5
无缺口	126	12.6~14.7	52.5	8.4~10.5	未断	21
热变形温度/℃ （1.85MPa）	174	185	68	221	74	241
线胀系数/10^{-5}K^{-1}	5.6	1.08	9.5	0.9	7.6	1.4
热导率/W·(m·K)$^{-1}$	0.26	0.79	0.15	0.94	0.23	0.81
表面电阻率/Ω	10^8	1~3	10^{15}	2~4	5×10^{14}	3~5

第4章 塑料和复合材料

表 3.4-147 碳纤维增强尼龙 66 塑料的性能

性能	纯尼龙66	纤维增强尼龙66（质量分数）			
		碳纤维20%	碳纤维30%	碳纤维40%	碳纤维20% 玻璃纤维20%
密度/g·cm^{-3}	1.14	1.23	1.28	1.34	1.40
吸水率（%）(24h)	1.60	0.6	0.5	0.4	0.5
（饱和）	—	2.7	2.4	2.1	—
成型收缩率(3mm厚)(%)	1.5	0.2~0.3	0.15~0.25	0.15~0.25	0.25~0.35
抗拉强度/MPa	83	196	245	280	238
断后伸长率（%）	10	3~4	3~4	3~4	3~4
抗弯强度/MPa	105	294	357	420	343
弯曲弹性模量/GPa	2.8	16.8	20.3	23.8	19.6
抗剪强度/MPa	67	84	91	98	91
悬臂梁冲击韧度/kJ·m^{-2}					
有缺口	1.89	2.31	3.15	3.36	3.78
无缺口	—	—	25.2	23.3	33.6
热变形温度/℃ (1.85MPa)	66	257	257	260	260
线胀系数/10^{-5}K^{-1}	8.1	2.52	1.89	1.44	2.07
热导率/W·(m·K)$^{-1}$	0.25	0.79	1.01	1.23	0.92
表面电阻率/Ω	10^{15}	20~30	3~5	1~3	—

表 3.4-148 碳纤维增强聚苯硫醚（PPS）的性能

性能 \ 材料	PPS	PAS-1①	PAS-2②	PPS/AS4③	PAS-1/AS4	PAS-2/AS4
密度/g·cm^{-3}	1.36	1.36	1.40	1.61	1.60	1.60
抗拉强度/MPa	83.8	94.2	100.5	1836	1573	1490
拉伸弹性模量/GPa	—	—	—	134.4	124	131.7
抗弯强度/MPa	164.9	162.2	178	1906	1372	1670
弯曲弹性模量/GPa	4.1	3.9	3.2	117.8	111.6	111.0
断后伸长率（%）	2.5	4.0	8.0	1.2	1.1	1.1
压缩强度/MPa	—	—	—	942.5	—	901
短梁抗剪强度/MPa	—	—	—	69.3	90.1	78.3
纤维含量（体积分数,%）	—	—	—	60.5	59.1	53
空隙含量（体积分数,%）	—	—	—	0.5	0.2	0.3
氧指数	44	—	46	—	—	—
T_g/℃	85	145	215	—	—	—
T_m/℃	285	340	—	—	—	—

① PAS-1-改性 PPS。
② PAS-2-改性 PPS。
③ AS4—碳纤维。

表 3.4-149 碳纤维增强热塑性塑料的特点及应用

特　点	应用举例
韧性好，损伤容限大，耐环境性能优异，对水、光、溶剂和化学药品均有很好的抗耐性，耐高温性能好，（长期工作温度一般可达150℃以上），预浸料贮存期长，工艺简单、效率高，成型后的制品可采用热加工方法修整，装配自由度大，废料可回收，在各个工业部门有广泛的应用前景	用于制造轴承、轴承保持架、活塞环、调速器、复印机零件、齿轮、化工设备，电子电器工业中的继电器零件、印制电路板、赛车、网球拍、高尔夫球棒、钓鱼竿、撑杆跳高杆、医用X射线设备、纺织机械中的剑杆、连杆、推杆、梭子等；航空航天工业中做结构材料之用，如制作机身、机翼、尾翼、舱内材料、人造卫星支架、导弹弹翼、航天机构件等

5.9 混杂纤维增强塑料（见表3.4-150～表3.4-153）

表 3.4-150　以4211环氧体系为基体的混杂纤维增强塑料性能

性　能	层板编号						
	4-C/K-2	4-C/K-3	4-C/K-4	4-C/G-1	4-C/G-2	4-C/G-3	4-C/G-4
铺层方式	$[0°_{2C}/0°_{6K}]$	$[0°_{3C}/0°_{5K}]$	$[0°_{4C}/0°_{4K}]$	$[0°_{C}/0°_{7G}]$	$[0°_{2C}/0°_{6G}]$	$[0°_{3C}/0°_{5G}]$	$[0°_{4C}/0°_{4G}]$
混杂比（%）	16.4	20.1	37.0	7.0	15.0	24.9	39.8
纵向抗拉强度/MPa	754	747	1010	524	679	720	762
纵向拉伸弹性模量/GPa	77.8	65.7	76.2	47.5	58.0	61.5	65.9
泊松比	0.37	0.36	0.36	—	—	—	—
横向抗拉强度/MPa	—	—	25	—	—	—	—
横向拉伸弹性模量/GPa	—	—	11.5	—	—	—	—
纵向抗压强度/MPa	393	415	561	620	670	690	686
纵向压缩模量/GPa	77.8	64.6	76.1	49.6	58.0	61.9	65.9
横向抗压强度/MPa	—	—	37	—	—	—	121
横向压缩模量/GPa	—	—	5.6	—	—	—	14.0
抗弯强度/MPa	863	848	1118	1058	1169	1140	1130
弯曲弹性模量/GPa	56.3	64.3	72.5	42.9	61.5	68.1	77.1
层间抗剪强度/MPa	—	—	74	—	—	—	79
纵横抗剪强度/MPa	—	—	72	—	—	—	61
纵横切变模量/GPa	—	—	3.9	—	—	—	5.5

注：4—4211树脂体系；G—玻璃纤维；C—碳纤维 T-300；K—芳纶纤维（Kevlar-49）。

表 3.4-151　以QY8911双马来体系为基体的混杂纤维增强塑料性能

性　能	板层编号						
	Q-C/G-4	Q-C/G-5	Q-C/G-6	Q-C/G-7	Q-C/G-8	Q-C/K-1	Q-C/K-2
铺层方式	$[0°_{4C}/0°_{2G}]_s$	$[0°_{4C}/0°_{4G}]_s$	$[(0°_{4C}/0°_{4G})_s$	$[0°_{G}/0°_{2C}/0°_{G}]_s$	$[0°_{2G}/0°_{2C}]_s$	$[0°_{3C}/0°_{3K}]_s$	$[(0°_{C}/0°_{K})_3]_s$
混杂比（%）	67.6	51.1	51.1	51.1	51.1	38.0	38.0
纵向抗拉强度/MPa	945	982	1047	1204	1248	725	739
纵向拉伸弹性模量/GPa	113.0	91.0	83.5	95.9	85.7	85.0	80.8
泊松比	0.33	0.38	0.35	0.35	0.32	—	0.40
横向抗拉强度/MPa	—	—	59	—	—	—	—
横向拉伸弹性模量/GPa	—	—	11.0	—	—	—	—
纵向抗压强度/MPa	1048	836	950	887	852	—	—
纵向压缩模量/GPa	105.0	78.5	96.9	81.8	78.4	—	—
横向抗压强度/MPa	160	—	169	—	191	—	—
横向压缩模量/GPa	14.5	—	16.6	—	13.8	—	—
抗弯强度/MPa	2345	1754	1976	1982	1943	—	—
弯曲弹性模量/GPa	134.8	—	108.5	100.6	78.7	—	—
层间抗剪强度/MPa	97	—	101	92	88	—	—
纵横抗剪强度/MPa	—	—	89	—	—	—	—
纵横切变模量/GPa	—	—	4.6	—	—	—	—

注：Q—QY8911双马来树脂体系；C—碳纤维 T-300；G—玻璃纤维；K—芳纶纤维（Kevlar-49）。

表 3.4-152 碳纤维、玻璃纤维、B 纤和芳纶纤维混杂纤维增强塑料的性能

材 料	混杂结构	抗拉强度/MPa	抗压强度/MPa	拉伸弹性模量（纵向）/GPa	压缩模量（纵向）/GPa	拉伸弹性模量（横向）/GPa	压缩模量（横向）/GPa
S-GL/T300	$(0°_4/±45°_2)_s$	975	644	44.8	39.3	21.4	22.7
T300/B	$(0°_4/±45°)_s$	1085	542	147	117	30.3	17.9
B/T-300/T-300	$(0°_3/±45°)_s$	856	654	152	24.1	57.9	15.1
S-GL/B	$(0°_5/±45°)_s$	1665	517	49.6	48.9	29.6	23.4
K-49/T-300/K-49	$(0°_2/±90°)_s$	496	175	48.2	39.3	27.6	20.7
T-300/HMS	$(0°_4/±45°_3)_s$	633	545	74.4	71.7	24.8	21.4
HTS/B	$(0°_5/±45°)_s$	799	625	74.4	88.2	24.8	17.2
S-GL/HMS	$(0°_4/±45°)_s$	751	399	19.3	36.5	7.6	18.6

表 3.4-153 混杂纤维增强塑料的特点及应用

特 点	应用举例
混杂纤维增强塑料是由两种或两种以上的纤维,匹配协调增强一种基体的塑料,因此,具有优异的综合性能,如提高冲击韧度、冲击强度、疲劳强度；调节混杂比,可以得到不同要求的热膨胀系数（包括为零）的材料,也可以得到设计要求的性能,以满足不同的技术要求及用途,降低成本,综合经济效益好	由于价格较高,目前主要在航空航天工业及体育用品中应用。如直升机旋翼、垂尾、战斗机翼等,体育用品中的网球拍、羽毛球拍、棒球棒、高尔夫球杆、滑雪板、标枪、人体材料如关节、骨骼、齿根、假肢等、X 射线床、底片暗盒等,随着价格的降低,应用将不断扩大

6 纤维增强金属基复合材料

6.1 碳（石墨）纤维增强铝复合材料（见表 3.4-154）

表 3.4-154 碳纤维增强铝复合材料力学性能及应用

	纤 维	基 体	纤维含量(质量分数,%)	密度/g·cm^{-3}	拉伸强度/MPa	弹性模量/GPa
性能	石墨纤维 GT50	201AL	30	2.39	630	160
	石墨纤维 GGY70	201AL	34	2.39	665	210
	石墨纤维 GGY70	201AL	30	2.44	560	160
	高模量沥青纤维 GHMpitch	6061AL	41	2.44	630	329
特点及应用	具有很高的比强度及比模量,良好的高温性能和导热性、低的热膨胀系数及良好的尺寸稳定性。与高强铝合金、钛合金、高强钢相比,其比强度约高 1 倍,比模量约高 3 倍,适于制作构件重量轻、刚性好的构件,壁厚最小的要求结构稳定的构件；高温性能好及尺寸稳定性好、精度要求高的构件					

6.2 碳纤维增强铅复合材料（见表 3.4-155）

表 3.4-155 碳纤维增强铅及铅合金复合材料力学性能及应用

材料名称	C/Pb	C/Pb-Sn	C/Pb-Sn-Sb
拉伸强度/MPa	33.44	67.86	74.92
特点及应用	碳纤维强度比铅及铅合金高近百倍,碳纤维增强铅及铅合金复合材料具有消声、耐酸蚀、耐磨性及较高的强度和刚度,适于制作承受高负荷的自润滑轴承、薄板构件,可以降低飞机、农机具、工业设备和船舶等的噪声,如装在农用拖拉机驾驶室中,可使噪声下降 17dB			

6.3 碳纤维增强铜复合材料（见表3.4-156）

表3.4-156 碳纤维增强铜复合材料摩擦性能及应用

	材　料	纤维位向	线速度/m·s^{-1}	磨损速率/cm·(10^{4}km)$^{-1}$	平均摩擦因数	电刷温度/℃
摩擦性能	T300/Cu-1%/Sn A类复合丝	Ⅰ Ⅲ Ⅰ Ⅰ	54 54 60 120	0.52 2.47 0.55 0.08	0.06 0.14 0.39 0.16	— — — —
	T300/Cu-1% Sn B类复合丝	Ⅰ Ⅰ	60 120	1.44 0.94	0.16 0.18	241 282
	T300/Cu-10% Sn B类复合丝	Ⅰ Ⅰ	60 120	3.36 2.99	0.22 0.19	223 274
	HM3000/Cu-1% Sn A类复合丝	Ⅰ Ⅱ	54 54	2.85 38.27	0.36 0.41	200 232
	HM3000/Cu-3% Sn A类复合丝	Ⅰ Ⅰ Ⅰ	54 60 120	1.62 2.08 1.09	0.23 0.29 0.16	164 170 201
	HM3000/Cu-4% Sn A类复合丝	Ⅰ Ⅰ Ⅰ	54 60 120	4.79 3.95 1.34	0.19 0.37 0.19	194 217 258
	HM3000/Cu-4% Sn B类复合丝	Ⅰ Ⅰ	60 120	6.08 1.72	0.30 0.15	217 258
	HM3000/Cu-8% Sn	Ⅰ Ⅰ Ⅰ Ⅰ Ⅰ Ⅰ	54 30 60 120 180 235	2.46 2.79 1.73 1.19 0.75 2.08	0.33 0.36 0.23 0.11 0.13 0.21	114 155 102 126 140 265
特点及应用	具有高强度、摩擦因数小、磨损率低、可通过工作电流大、接触电压降小等优异性能，适于用作低电压、大电流电机及特殊电机的电刷材料、耐磨材料及电子材料。目前，作为耐磨材料和电机电刷材料已有较多的试验研究					

注：1. A类复合丝指纤维束中95%已浸渍好，表面金属连续；B类复合丝指纤维束浸渍不完全，但表面涂层连接。
2. 纤维位向：Ⅰ—纤维轴与滑动面垂直；Ⅱ—纤维束与滑动面平行，但与滑动方向垂直；Ⅲ—纤维轴与滑动面及滑动方向都平行。

6.4 颗粒增强金属复合材料（见表3.4-157、表3.4-158）

表3.4-157 铸造铜-石墨复合材料力学性能及应用

力学性能	密度/g·cm^{-3}	拉伸强度/MPa	硬度HBW	伸长率（%）	线胀系数/10^{-5}·℃$^{-1}$
	6.723	285	70	6.0	2.73
特点及应用	将石墨粒子均匀分散于铜合金中，制成铸造铜-石墨复合材料，具有优异的摩擦性能，不论有无润滑条件，均具有较低的摩擦因数，且具有较好的振动衰减性能。其力学性能随着石墨粒子的加入量增加而有所降低，当石墨粒子数量达到15%（质量分数）时，强度仍为285MPa，是一种优良的自润滑材料，可用作轴瓦和耐磨损零件				

表3.4-158 铸造石墨铝合金复合材料物理力学性能及应用

物理力学性能	石墨体积（%）	密度/g·cm^{-3}	拉伸强度/MPa	伸长率（%）	抗压强度/MPa	硬度HBW	油介质摩擦因数
	5	2.63	180	3.9	350	64	0.008
	10	2.52	150	3.0	300	59	0.01
特点及应用	用铸造法弥散石墨于铝或铝合金中的复合材料具有优良的自润滑性和减振性。可用于汽车发动机气缸、轴承及各种耐磨和减振件。石墨含量增高，强度随之有所降低；石墨含量（质量分数）小于10%时，耐磨性提高，超过10%时，随石墨含量增加耐磨性不再提高，甚至有所降低，石墨粒子经包覆后，在润滑条件下，复合材料耐磨性提高，无润滑条件下则相反。减振性能随石墨含量增加，衰减率也提高						

6.5 SiC增强铝基复合材料（见表3.4-159）

表3.4-159　SiC增强铝基复合材料性能

基体	增强体	体积分数（%）	制备处理工艺	弹性模量/GPa	拉伸强度/MPa	伸长率（%）
6061			T6	69	310	17
6061	SiC_w [①]	20	T6 热挤压	103～108	365～490	2.7～15
6061	SiC_p [②]	25	PM，T6 热挤压	122.7	498	3.91
2024			热挤压	71.0	455	9.0
2024	SiC_p	20	热挤压	103.4	551	7.0
		30	热挤压	120.7	593	4.15
		40	热挤压	151.7	689	1.1
Al-5Si	SiC+石墨	10+3	热挤压 喷射共沉积		211 158	
Al-4.5Cu			液压模锻	71	182	17
Al-4.5Cu	SiC_f [③]	6	液压模锻	78	192	5.1
Al-4.5Cu	SiC_f	10	液态模锻	82	198	3.5

① 下标 w 表示是 SiC 晶须。
② 下标 p 表示是 SiC 颗粒。
③ 下标 f 表示是 SiC 纤维。

6.6 硼纤维增强铝基复合材料（见表3.4-160）

表3.4-160　硼纤维增强铝基复合材料性能

基体	纤维体积含量（%）	纵向 拉伸强度/MPa	纵向 弹性模量/GPa	横向 拉伸强度/MPa	横向 弹性模量/GPa	纵向断裂应变
2024[①]	45	1287.5	202.1			0.775
	47	1420.7	222.1			0.795
	52	1721.0				
	54	1798.6				
	64	1527.6	275.9			0.72
	66	1739.2				
	70	1927.6				
2024T6[①]	46	1458.7	220.7			0.81
	64	1924.1	279.5			0.755
6161[①]	48	1489.7				
	50	1343.4	217.2			0.659
6061T6[①]	51	1417.2	231.7			0.736
1100[②]	20	519～540	136.7	98～117	77.9	
	25	737～837	146.9	98～117	83.75	
	30	850～890	163.4	98～117	94.80	
	35	960～1020	191.5	88～117	118.80	
	40	1070～1230	199.3	88～108	127.60	
	47	1213～1230	226.6	88～108	134.50	
	54	1200～1270	245.0	69～79	139.10	

① 硼纤维直径 140μm。
② 硼纤维直径 95μm。

6.7 陶瓷纤维增强铝基复合材料（见表3.4-161）

表3.4-161　陶瓷增强铝基复合材料室温及高温力学性能

	纤维种类与含量（质量分数,%）		室温		250℃		300℃		350℃	
			σ_s/MPa	σ_b/MPa	σ_s/MPa	σ_b/MPa	σ_s/MPa	σ_b/MPa	σ_s/MPa	σ_b/MPa
短纤维增强铝基复合材料高温力学性能	纤维含量为0		210	297	70	115		70	35	55
	多晶氧化铝	5	232	282	112	134	79	88	54	63
		12	252	273					58	74
		20	283	312	186	198	154	155	110	112
	碳化硅晶须	12	267	359	197	226	153	180	94	124
		16	265	374					120	147
		20	298	384	268	284	207	235	163	184

	复合材料	制备工艺	试验温度/℃	弹性模量/GPa	拉伸强度/MPa	断后伸长率(%)
SiC增强铝基复合材料高温力学性能	6%SiC$_f$/Al-4.5Cu	液态模锻	250	90	96	14.7
	10%SiC$_f$/Al-4.5Cu	液态模锻	250	104	109	6
	20%SiC$_p$/Al6061	PM+挤压	200	119	163	
	20%SiC$_p$/Al6061	PM+挤压	450	23	25	

6.8 纤维增强镁基复合材料（见表3.4-162）

表3.4-162　纤维（颗粒）增强镁基复合材料常规力学性能及高温力学性能

	SiC$_p$体积分数（%）	弹性模量/GPa	屈服强度/MPa	拉伸强度/MPa	断裂伸长率（%）
压铸SiC颗粒增强镁基（AZ91）复合材料常规力学性能	0	37.8	157.5	198.8	3.0
	6.7	46.2	186.9	231	2.7
	9.4	47.6	191.1	231	2.3
	11.5	47.6	196	228.9	1.6
	15.1	53.9	207.9	235.9	1.1
	19.6	57.4	212.1	231	0.7
	25.4	65.1	231.7	245	0.7

	纤维	纤维体积分数(取向)（%）	铸锭形态	纤维预成形方法	拉伸强度/MPa		弹性模量/GPa	
					纵向	横向	纵向	横向
石墨纤维增强镁基复合材料常规力学性能	P55	40/0°	棒	缠绕	720		172	
	P100	35/0°	棒	缠绕	720		248	
	P75	40/±16°+9/90°	空心柱	缠绕	450	61	179	86
	P100	40/±16°	空心柱	缠绕	560	380	228	30
	P55	40/0°	板	预浸处理	480	20	159	21
	P55	20/0°+10/90°	板	预浸处理	280	100	83	34
	P55	20/0°+20/90°	板	预浸处理	450	240	90	90

	基体/增强物	温度/℃	弹性模量/GPa	屈服强度/MPa	拉伸强度/MPa	断裂伸长率（%）
镁基复合材料高温力学性能	AZ91（纯基体）	21	37.8	157.5	198.8	3.0
		177	33.6	119.0	154.0	8.8
		260		46.2	52.5	9.0
	AZ91/SiC$_p$（25.4%体积含量，颗粒）	21	65.1	231.7	245	0.7
		177	56.0	159.6	176.4	1.5
		260		53.2	68.6	3.6

6.9 陶瓷纤维增强钛基复合材料（见表3.4-163）

表 3.4-163 陶瓷纤维增强钛基复合材料常规力学性能和高温力学性能

	材料		拉伸强度/MPa	弹性模量/GPa	断裂应变（%）
钛基复合材料常规力学性能（SiC 纤维 SCS-6 增强）	SiC/Ti-6Al-4V（30%）制造态 950℃，7h 热处理		1690 1434	186.2 190.4	0.96 0.86
	SiC/Ti-15V-3Sn-3Cr-3Al 制造态（38%~41%）480℃，16h 热处理		1572 1951	197.9 213.0	

	材料	力学性能	温度/℃			
			25	370	565	760
钛基复合材料高温力学性能（粉末冶金法）	Ti-6Al-4V/TiC$_p$ 10%，<44μm	屈服强度/MPa 拉伸强度/MPa 断裂应变（%）	944 999 2.0	551 648 4.0	475 496 2.0	158 227 8.0
	Ti-6Al-4V/SiC$_p$ 10%，约23μm	屈服强度/MPa 拉伸强度/MPa 断裂应变（%）	655 0.16	537	517 0.07	317 330 2.0
	Ti-6Al-4V	屈服强度/MPa 拉伸强度/MPa 断裂应变（%）	868 950 9.4		400 468 15.6	172 200 15.6

7 塑料-金属基复合材料

7.1 铝管搭接焊式铝塑管（见表3.4-164）

表 3.4-164 铝管搭接焊式铝塑管分类、尺寸规格及技术性能（GB/T 18997.1—2003）

	流体类别		用途代号	铝塑管代号	长期工作温度 T_0/℃	允许工作压力 p_0/MPa
分类及代号	水	冷水	L	PAP	40	1.25
		冷热水	R	PAP	60	1.00
					75①	0.82
					82①	0.69
				XPAP	75	1.00
					82	0.86
	燃气②	天然气 液化石油气 人工煤气③	Q	PAP	35	0.40 0.40 0.20
	特种流体④		T		40	0.50

	公称外径 d_n	公称外径偏差	参考内径 d_i	圆度		管壁厚 e_m		内层塑料最小壁厚 e_n	外层塑料最小壁厚 e_w	铝管层最小壁厚 e_a
				盘管	直管	最小值	偏差			
尺寸规格/mm	12	+0.3 0	8.3	≤0.8	≤0.4	1.6	+0.5 0	0.7	0.4	0.18
	16		12.1	≤1.0	≤0.5	1.7		0.9		
	20		15.7	≤1.2	≤0.6	1.9		1.0		0.23
	25		19.9	≤1.5	≤0.8	2.3		1.1		
	32		25.7	≤2.0	≤1.0	2.9		1.2		0.28

(续)

	公称外径 d_n	公称外径偏差	参考内径 d_i	圆度		管壁厚 e_m		内层塑料最小壁厚 e_n	外层塑料最小壁厚 e_w	铝管层最小壁厚 e_a
				盘管	直管	最小值	偏差			
尺寸规格/mm	40	+0.3 / 0	31.6	≤2.4	≤1.2	3.9	+0.6 / 0	1.7	0.4	0.33
	50		40.5	≤3.0	≤1.5	4.4	+0.7 / 0	1.7		0.47
	63	+0.4 / 0	50.5	≤3.8	≤1.9	5.8	+0.9 / 0	2.1	0.4	0.57
	75	+0.6 / 0	59.3	≤4.5	≤2.3	7.3	+1.1 / 0	2.8		0.67

	公称外径 d_n/mm	管环径向拉力/N ≥		爆破压力/MPa	管环最小平均剥离力/N
		MDPE	HDPE、PEX		
管环径向拉力和复合强度	12	2000	2100	7.0	25
	16	2100	2300	6.0	25
	20	2400	2500	5.0	28
	25	2400	2500	4.0	30
	32	2500	2650		35
	40	3200	3500		40
	50	3500	3700		50
	63	5200	5500	3.8	60
	75	6000	6000		70

	公称外径 d_n/mm	用途代号				试验时间/h	要求
		L、Q、T		R			
		试验压力/MPa	试验温度/℃	试验压力/MPa	试验温度/℃		
管的技术性能 / 静液压强度试验	12	2.72	60	2.72	82	10	应无破裂、局部球形膨胀、渗漏
	16						
	20						
	25						
	32						
	40	2.10		2.00	2.10[①]		
	50						
	63						
	75						

	公称外径 d_n/mm	短期拉拔性能		持久拉拔性能		要求
		拉拔力/N	试验时间/h	拉拔力/N	试验时间/h	
耐拉拔性能试验	12	1100	1	700	800	冷热水用管材与管件连接处应无任何泄漏、相对轴向移动
	16	1500		1000		
	20	2400		1400		
	25	3100		2100		
	32	4300		2800		
	40	5800		3900		
	50					
	63	7900		5300		
	75					

第4章 塑料和复合材料

（续）

	项目	要求	测试方法	材料类别
管材用聚乙烯树脂技术性能	密度/g·cm^{-3}	0.926～0.940	GB/T 1033.1—2008 中 B 法	MDPE
		0.941～0.959		HDPE
	熔体质量流动速率 (190℃、2.16kg)/g·(10min)$^{-1}$	0.1～10	GB/T 3682—2000	MDPE、HDPE
	拉伸强度/MPa	≥15	GB/T 1040.1～4—2006	MDPE
		≥21		HDPE
	长期静液压强度/MPa	80℃、50年，预测概率97.5% ≥3.5	GB/T 18252—2008	MDPE（乙烯与辛烯的共聚物）
		20℃、50年，预测概率97.5% ≥8.0 ≥6.3 ≥8.0		MDPE、HDPE
	热应力开裂（设计应力5MPa、80℃、持久100h）	不开裂	ISO 1167	MDPE、HDPE
	耐慢性裂纹增长（165h）	不破坏	GB/T 18476—2001	MDPE、HDPE
	热稳定性（200℃）	氧化诱导时间不小于20min	GB/T 17391—1998	Q 类管材用 PE
	耐气体组分（80℃、环应力2MPa）/h	≥30	GB 15558.1—1995	

注：1. 在输送易在管内产生相变的流体时，在管道系统中因相变产生的膨胀力不应超过最大允许工作压力或者在管道系统中采取防止相变的措施。
2. 铝塑管按复合组分材料分类，其形式如下：
1) 聚乙烯/铝合金/聚乙烯（PAP）；
2) 交联聚乙烯/铝合金/交联聚乙烯（XPAP）。
3. 铝管搭接焊式铝塑管是 GB/T 18997《铝塑复合压力管》的一种，采用搭接焊式铝塑管作为嵌入金属层增强，通过共挤热熔黏合剂与内外层聚乙烯塑料复合而成。
4. 产品适于输送一定工作压力的流体，如冷水、冷热水的饮用水输配系统和给水输配系统；采暖系统、地下灌溉系统、工业特种流体（酸、碱、盐）、压缩空气、燃气。
5. 产品以盘卷式或直管式供货，其长度按生产厂家规定值。
6. 在铝管搭接焊缝处的塑料外层厚度至少应为本表数值的二分之一。
7. 产品外层采用不同颜色表示不同用途，冷水用铝塑管为黑色、蓝色或白色；冷热水用管为橙红色；燃气用管为黄色；室外用管外层采用黑色，但管道上应标有表示用途颜色的色标。
8. 特种流体用铝塑管耐化学性能：化学介质为10%氯化钠溶液、30%硫酸、40%硝酸、40%氢氧化钠溶液（以上为质量分数）、体积分数为95%的乙醇，其质量变化平均值（mg/cm^2）分别为：±0.2、±0.1、±0.3、±0.1、±1.1；试验结果要求试样内层无龟裂、变黏等现象。
9. 燃气用铝塑管耐气体组分试验：试验介质为：矿物油、叔丁基硫醇、防冻剂（甲醇或乙烯甘醇）、甲苯，其最大平均质量变化率（%）分别为：+0.5、+0.5、+1.0、+1.0；最大平均管环径向拉伸力的变化均为±12%。
10. 产品的扩径试验、卫生性能、冷热水用管材应将管材与管件连接成管道系统进行耐冷热水循环性能、循环压力冲击性能、真空性能和耐拉拔性能四项系统适用性试验等，均应符合 GB/T 18997.1—2003 的规定（耐拉拔性能试验列入本表）。
11. 产品按本表给出的爆破压力值进行爆破试验时，管材不应发生破裂。
12. 外层聚乙烯塑料应该加有足量的防紫外光老化剂、抗氧化剂和产品需要的着色剂。对于使用于室外的铝塑管外层塑料，应添加按 GB/T 13021—1991 方法检测不少于2%的炭黑，内层塑料应添加抗氧化剂，不宜有着色剂。
13. 内外层塑料宜采用混配料，亦可采用基材添加母料法生产。
14. 铝塑管用铝材按 GB/T 228 进行测试，其断裂伸长率应不小于20%，拉伸强度应不小于100MPa。
15. 热熔胶黏剂应是乙烯共聚物，按 GB/T 1033.1—2008 中 B 法测试，其密度大于 0.910g/cm^3；按 GB/T 3682—2000 测试，其熔体流动速率应小于10g/10min（190℃、2.16kg）。按 GB/T 16582—2008 方法测试冷热水用铝塑管的热熔胶黏剂，其熔点应不低于120℃；冷水或其他流体用铝塑管的热熔胶黏剂，其熔点应不低于100℃。
16. 材料类别：MDPE—中密度聚乙烯树脂；HDPE—高密度聚乙烯树脂；PE—聚乙烯。
① 系指采用中密度聚乙烯（乙烯与辛烯共聚物）材料生产的复合管。
② 输送燃气时应符合燃气安装的安全规定。
③ 在输送人工煤气时应注意到冷凝剂中芳香烃对管材的不利影响，工程中应考虑这一因素。
④ 系指和 HDPE 的抗化学药品性能相一致的特种流体。

标记示例：
例如：XPAP·25HA-R·GB/T 18997.1—2003

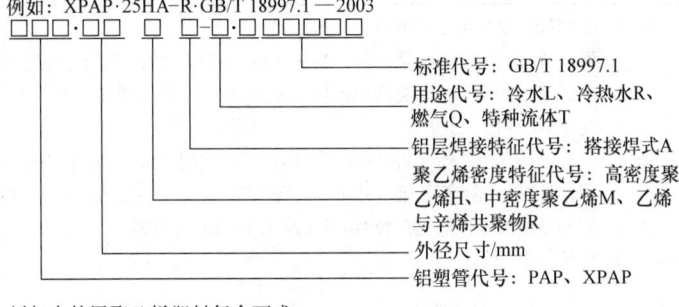

标准代号：GB/T 18997.1
用途代号：冷水L、冷热水R、燃气Q、特种流体T
铝层焊接特征代号：搭接焊式A
聚乙烯密度特征代号：高密度聚乙烯H、中密度聚乙烯M、乙烯与辛烯共聚物R
外径尺寸/mm
铝塑管代号：PAP、XPAP

7.2 铝管对接焊式铝塑管（见表3.4-165）

表3.4-165　铝管对接焊式铝塑管品种分类（摘自 GB/T 18997.2—2003）

流体类别		用途代号	铝塑管代号	长期工作温度 T_0/℃	允许工作压力 p_0/MPa	尺寸规格/mm	
						公称外径 d_n	参考内径 d_i
水	冷水	L	PAP3、PAP4	40	1.40	16	10.9
			XPAP1、XPAP2		2.00	20	14.5
	冷热水	R	PAP3、PAP4	60	1.00	25	18.5
			XPAP1、XPAP2	75	1.50	32	25.5
			XPAP1、XPAP2	95	1.25	40	32.4
燃气[①]	天然气	Q	PAP4	35	0.40	50	41.4
	液化石油气				0.40		
	人工煤气[②]				0.20		
特种流体[③]		T	PAP3	40	1.00		

注：1. 铝塑管按复合组分材料分类，其形式如下：
　　a. 聚乙烯/铝合金/交联聚乙烯（XPAP1）：一型铝塑管，适于较高工作温度和较高流体压力条件应用。
　　b. 交联聚乙烯/铝合金/交联聚乙烯（XPAP2）：二型铝塑管，适于较高工作温度和流体压力条件，抗外部恶劣环境优于XPAP1。
　　c. 聚乙烯/铝/聚乙烯（PAP3）：三型铝塑管，适于较低工作温度和流体压力下应用。
　　d. 聚乙烯/铝合金/聚乙烯（PAP4）：四型铝塑管，适于较低工作温度和流体压力下应用，可用于输送燃气等气体。
2. 铝塑管的技术性能应符合 GB/T 18997.2—2003 的规定。
3. 标记示例：

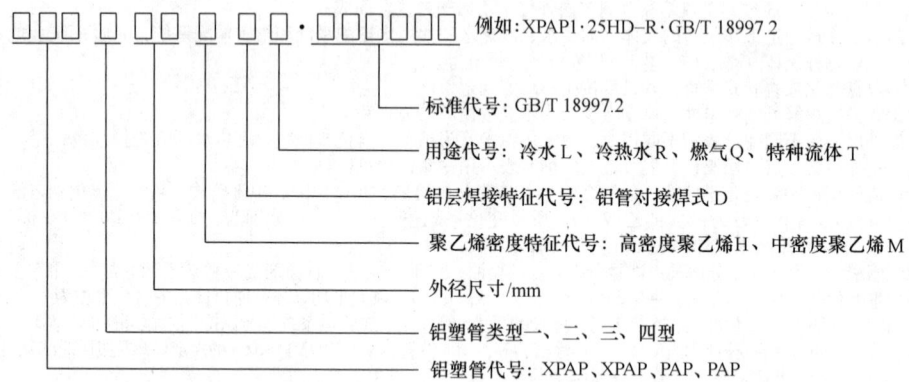

① 输送燃气时应符合燃气安装的安全规定。
② 在输送人工煤气时应注意到冷凝剂中芳香烃对管材的不利影响，工程中应考虑这一因素。
③ 系指和HDPE（高密度聚乙烯）的抗化学药品性能相一致的特种流体。

7.3 给水衬塑复合钢管（见表3.4-166）

表 3.4-166　给水衬塑复合钢管尺寸规格（摘自 CJ/T 136—2007）　　（mm）

公称通径 DN	内衬塑料层 厚度	内衬塑料层 极限偏差	法兰面衬塑层 厚度	法兰面衬塑层 极限偏差	外覆塑层 最小厚度
15	1.5	+0.2 -0.2	1.0	0 -0.5	0.5
20					0.6
25					0.7
32					0.8
40					1.0
50	1.5	+0.2 -0.2	1.0		1.1
65					1.1
80	2.0		1.5		1.2
100					1.3
125					1.4
150	2.5		2.0	0 -0.5	1.5
200					2.0
250	3.0		2.5		2.0
300		0 -0.5			
350	3.5		3.0		2.2
400					2.2
450					2.2
500					2.5

注：1. 钢管适于输送生活用冷热水。
　　2. 产品标记示例：

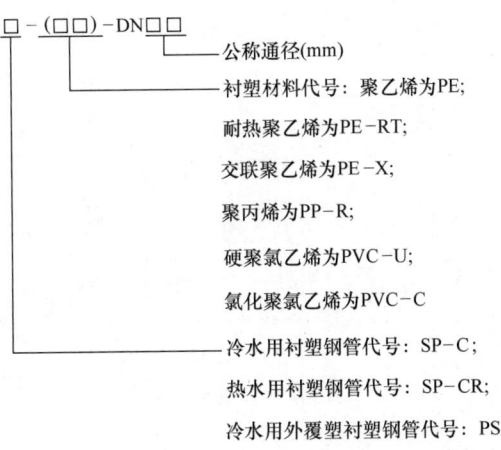

7.4 给水涂塑复合钢管（见表3.4-167）

表3.4-167 给水涂塑复合管尺寸规格（摘自 CJ/T 120—2016） （mm）

分类	分类方法		分类名称			
	根据内涂层材料的不同分		① 聚乙烯涂层钢管 ② 环氧树脂涂层钢管			

尺寸规格	公称尺寸DN	内涂层		外涂层			
		聚乙烯	环氧树脂	聚乙烯		环氧树脂	
				普通级	加强级	普通级	加强级
	15	>0.4	>0.3	>0.6	>0.8	>0.3	>0.35
	20						
	25						
	32						
	40						
	50						
	65						
	80	>0.5	>0.35	>0.8	>1.0	>0.35	>0.4
	100						
	125						
	150						
	200	>0.6			>1.2		
	250						
	300						
	350	—	>0.4	>1.0	>1.3	>0.4	>0.45
	400						
	450						
	500						
	600						
	700						
	800						
	900						
	1000						
	1100			>1.2			
	1200						
	1400		>0.45		>1.8		
	1500						
	1600			>1.5			
	1800						
	2000						

用途	涂塑复合钢管是以钢管为基管，以塑料粉末为涂层材料，在其内表面熔融涂敷上一层塑料层，在其外表面熔融涂敷上一层塑料层或其他材料防腐层的钢塑复合产品。适用于公称尺寸不大于DN1200的输送饮用水的涂塑钢管。

7.5 钢塑复合压力管（见表3.4-168、表3.4-169）

表 3.4-168　钢塑复合压力管分类、性能及应用（摘自 CJ/T 183—2008）

	用途分类	用途代号	塑料代号	长期工作温度 $T_0/℃$	最大允许工作压力 p_0/MPa			
					公称压力 PN/MPa			
					1.25	1.60	2.00	2.50
分类和性能	冷水、饮用水	L	PE	≤40	1.25	1.60	2.00	2.50
	热水、供暖	R	PE-RT、PE-X、PPR	≤80	1.00	1.25	1.60	2.00
	燃气	Q	PE	≤40	0.50	0.60	0.80	1.00
	特种流体①	T	PE	≤40	1.25	1.60	2.00	2.50
			PE-RT、PE-X、PPR	≤80	1.00	1.25	1.60	2.00
	排水	P	PE	≤65②	1.25	1.60	2.00	2.50
	保护套管	B	PE、PE-RT、PE-X	—	—	—	—	—
应用	塑钢复合压力管适用于城镇和建筑内外冷热水、饮用水、供暖、燃气、特种流体（包括工业废水、腐蚀性流体，煤矿井下供水、排水、压风等）、排水（包括重力污、废水排放和虹吸式屋面雨水排放系统）输送用复合管以及电力电缆、通信电缆、光缆保护套管用复合管							

注：塑料代号说明：
PE——聚乙烯
PP-R——无规共聚聚丙烯
PE-RT——耐热聚乙烯
PE-X——交联聚乙烯

① 系指和复合管所采用塑料所输送、接触的介质抗化学性能相一致的特种流体。
② 瞬时排水温度不超过95℃。

表 3.4-169　钢塑复合压力管的尺寸规格（摘自 CJ/T 183—2008） （mm）

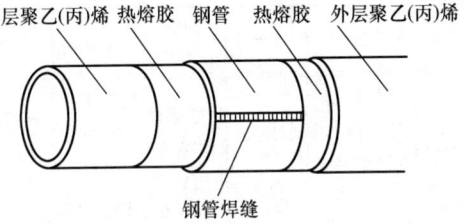

公称外径 d_n	最小平均外径 $d_{em·min}$	最大平均外径 $d_{em·max}$	内层聚乙(丙)烯最小厚度	钢带最小厚度	外层聚乙(丙)烯最小厚度	管壁厚	管壁厚极限偏差	内层聚乙(丙)烯最小厚度	钢带最小厚度	外层聚乙(丙)烯最小厚度	管壁厚	管壁厚极限偏差
			公称压力 PN/MPa									
			1.25					1.6				
16	16.0	16.3	—	—	—	—	—					
20	20.0	20.3	—	—	—	—	—					
25	25.0	25.3	—	—	—	—	—	1.0	0.2	0.6	2.5	+0.4 / -0.2
32	32.0	32.3	—	—	—	—	—	1.2	0.3	0.7	3.0	+0.4 / -0.2
40	40.0	40.4	—	—	—	—	—	1.3	0.3	0.8	3.5	+0.5 / -0.2

(续)

公称外径 d_n	最小平均外径 $d_{em \cdot min}$	最大平均外径 $d_{em \cdot max}$	内层聚乙(丙)烯最小厚度	钢带最小厚度	外层聚乙(丙)烯最小厚度	管壁厚	管壁厚极限偏差	内层聚乙(丙)烯最小厚度	钢带最小厚度	外层聚乙(丙)烯最小厚度	管壁厚	管壁厚极限偏差
						公称压力 PN/MPa						
					1.25					1.6		
50	50.0	50.5	1.4	0.3	1.0	3.5	+0.5 -0.2	1.4	0.4	1.1	4.0	+0.8 -0.2
63	63.0	63.6	1.6	0.4	1.1	4.0	+0.7 -0.2	1.6	0.5	1.2	4.5	+0.9 -0.2
75	75.0	75.7	1.6	0.5	1.1	4.0	+0.7 -0.2	1.7	0.6	1.4	5.0	+1.0 -0.2
90	90.0	90.8	1.7	0.6	1.2	4.5	+0.8 -0.2	1.8	0.7	1.5	5.5	+1.2 -0.2
100	100.0	100.8	1.7	0.6	1.2	5.0	+0.8 -0.2	—	—	—	—	—
110	110.0	110.9	1.8	0.7	1.3	5.0	+0.9 -0.2	1.9	0.8	1.7	6.0	+1.4 -0.2
160	160.0	161.6	1.8	1.0	1.5	5.5	+1.0 -0.2	1.9	1.3	1.7	6.5	+1.6 -0.2
200	200.0	202.0	1.8	1.3	1.7	6.0	+1.2 -0.2	2.0	1.7	1.7	7.0	+1.8 -0.2
250	250.0	252.4	1.8	1.6	1.9	6.5	+1.4 -0.2	2.0	2.1	1.9	8.0	+2.2 -0.2
315	315.0	317.6	1.8	2.0	1.9	7.0	+1.6 -0.2	2.0	2.7	1.9	8.5	+2.4 -0.2
400	400.0	403.0	1.8	2.6	2.0	7.5	+1.8 -0.2	2.0	3.4	2.0	9.5	+2.8 -0.2
公称外径 d_n	最小平均外径 $d_{em \cdot min}$	最大平均外径 $d_{em \cdot max}$	内层聚乙(丙)烯最小厚度	钢带最小厚度	外层聚乙(丙)烯最小厚度	管壁厚	管壁厚极限偏差	内层聚乙(丙)烯最小厚度	钢带最小厚度	外层聚乙(丙)烯最小厚度	管壁厚	管壁厚极限偏差
						公称压力 PN/MPa						
					2.0					2.5		
16	16.0	16.3	0.8	0.2	0.4	2.0	+0.4 -0.2	0.8	0.3	0.4	2.0	+0.4 -0.2
20	20.0	20.3	0.8	0.2	0.4	2.0	+0.4 -0.2	0.8	0.3	0.4	2.0	+0.4 -0.2
25	25.0	25.3	1.0	0.3	0.6	2.5	+0.4 -0.2	1.0	0.4	0.6	2.5	+0.4 -0.2
32	32.0	32.3	1.2	0.3	0.7	3.0	+0.4 -0.2	1.2	0.4	0.7	3.0	+0.4 -0.2
40	40.0	40.4	1.3	0.4	0.8	3.5	+0.5 -0.2	1.3	0.5	0.8	3.5	+0.5 -0.2
50	50.0	50.5	1.4	0.5	1.5	4.5	+0.8 -0.2	1.4	0.6	1.5	4.5	+0.8 -0.2
63	63.0	63.6	1.7	0.6	1.7	5.0	+0.9 -0.2	—	—	—	—	—

(续)

公称外径 d_n	最小平均外径 $d_{em \cdot min}$	最大平均外径 $d_{em \cdot max}$	内层聚乙(丙)烯最小厚度	钢带最小厚度	外层聚乙(丙)烯最小厚度	管壁厚	管壁厚极限偏差	内层聚乙(丙)烯最小厚度	钢带最小厚度	外层聚乙(丙)烯最小厚度	管壁厚	管壁厚极限偏差
			公称压力 PN/MPa									
			2.0					2.5				
75	75.0	75.7	1.9	0.6	1.9	5.5	+1.0 / -0.2	—	—	—	—	—
90	90.0	90.8	2.0	0.8	2.0	6.0	+1.2 / -0.2	—	—	—	—	—
100	100.0	100.8	—	—	—	—	—	—	—	—	—	—
110	110.0	110.9	2.0	1.0	2.2	6.5	+1.4 / -0.2	—	—	—	—	—
160	160.0	161.6	2.0	1.6	2.2	7.0	+1.6 / -0.2	—	—	—	—	—
200	200.0	202.0	2.0	2.0	2.2	7.5	+1.8 / -0.2	—	—	—	—	—
250	250.0	252.4	2.0	2.6	2.3	8.5	+2.2 / -0.2	—	—	—	—	—
315	315.0	317.6	2.0	3.3	2.3	9.0	+2.4 / -0.2	—	—	—	—	—
400	400.0	403.0	2.0	4.3	2.3	10.0	+2.8 / -0.2	—	—	—	—	—

注：复合管按直管交货，标准长度为4m、5m、6m、9m、12m。

7.6 钢塑复合管（见表3.4-170～表3.4-172）

表3.4-170 钢塑复合管分类及代号（摘自 GB/T 28897—2012）

管材名称及定义		定 义
管材名称及定义	钢塑复合管	以钢管为基管，在其内表面或外表面或内外表面粘接上塑料防腐层的钢塑复合产品
	衬塑复合钢管	在钢管内壁粘衬薄壁塑料管的钢塑复合管
	涂塑复合钢管	在钢管内或内外表面熔融一层塑料粉末的钢塑复合管
	外覆塑复合钢管	在钢管外表面覆塑熔融的胶黏剂和熔融的塑料层的钢塑复合管
分类及代号	分类方法	分类名称及代号
	钢塑管按其防腐形式分	(1) 衬塑复合钢管，代号为 SP-C (2) 涂塑复合钢管，代号为 SP-T (3) 外覆塑复合钢管，代号为 SP-F
	钢塑管按输送介质分	(1) 冷水用钢塑复合管 (2) 热水用钢塑复合管，外表面宜有红色标志或按红色制作内衬塑料管
	钢塑管的塑层材料分	(1) 聚乙烯，代号为 PE (2) 耐热聚乙烯，代号为 PE-RT (3) 交联聚乙烯，代号为 PE-X (4) 聚丙烯，代号为 PP (5) 硬聚氯乙烯，代号为 PVC-U (6) 氯化聚氯乙烯，代号为 PVC-C (7) 环氧树脂，代号为 EP
用途		用于输送生活用饮用水、冷热水、消防用水、排水、空调用水、中低压燃气、压缩空气等钢塑管道

表 3.4-171　衬塑管和外覆塑复合钢管的塑层厚度（摘自 GB/T 28897—2012）　（mm）

公称通径 DN	内衬塑料层		法兰面覆塑层		外覆塑层最小厚度
	厚度	极限偏差	厚度	极限偏差	
15	1.5	+0.2 -0.2	1.0	+不限 -0.5	0.5
20					0.6
25					0.7
32					0.8
40					1.0
50					1.1
65					1.1
80	2.0	+0.2 -0.2	1.5		1.2
100					1.3
125					1.4
150	2.5	+0.2 -0.2	2.0		1.5
200					2.0
250					2.0
300	3.0	+不限 -0.5	2.5	+不限 -0.5	
350					
400					2.2
450					
500					2.5

表 3.4-172　涂塑复合钢管塑层的最小厚度（摘自 GB/T 28897—2012）　（mm）

公称通径 DN	内面涂塑层		外面涂塑层	
	最小厚度		最小厚度	
	聚乙烯	环氧树脂	聚乙烯	环氧树脂
15	0.4	0.3	0.5	0.3
20				
25				
32				
40				
50				
65				
80	0.5		0.6	
100				
125				
150				
200	0.6	0.35	0.8	0.35
250				
300				
350				
400				
450				
500				

(续)

公称通径 DN	内面涂塑层 最小厚度		外面涂塑层 最小厚度	
	聚乙烯	环氧树脂	聚乙烯	环氧树脂
600	0.8	0.4	1.0	0.4
700				
800	1.0	0.45	1.2	0.45
900				
1000				
1100				
1200				

7.7 不锈钢衬塑复合管（见表3.4-173、表3.4-174）

表3.4-173 不锈钢衬塑复合管分类及应用（摘自 CJ/T 184—2012）

复合管分类	预应力复合结构管材	外层结构为不锈钢管，内层结构为热塑性塑料（PP-R、PB、PE-RT 等）	1) 不锈钢衬塑（PP-R）复合管材 2) 不锈钢衬塑（PB）复合管材 3) 不锈钢衬塑（PE-RT）复合管材
	粘接复合结构管材	外层结构为不锈钢管，内层结构为 PE、PE-X、PVC-U、ABS 等塑料	按内层衬塑材料不同，粘接复合结构管材分为不锈钢衬塑（ABS）复合管材、（PE）复合管材、（PE-RT）复合管材、（PE-X）复合管材、（PP）复合管材、（PVC-U）复合管材
用途	产品适用于冷热给水管道，包括工业与民用冷热水、采暖、中央空调及饮用水等不锈钢衬塑复合管材和管件。在考虑材料的耐化学性和耐热性条件下，可用于各种化学流体及气体输送复合管之用。产品的使用应符合 GB/T 18991 及 CJ/T 184—2012 的有关规定。设计压力应不低于 1.6MPa，并且必须满足于 20℃ 条件下，2.5MPa 条件下，输送冷热水 50 年使用寿命		

注：1. CJ/T 184—2012 不锈钢衬塑复合管及管件代替 CJ/T 184—2003。
2. 产品用的外层不锈钢管材料、规格要求应符合 CJ/T 184—2012 规定。
3. 产品的物理力学性能应符合 CJ/T 184—2012 规定。
4. 产品中衬塑材料符号说明：PP-R 无规共聚聚丙烯；PB 聚丁烯；
PE-RT 耐热聚乙烯；PE 聚乙烯；PE-X 交联聚乙烯；
PVC-U 硬聚氯乙烯；ABS 丙烯腈-丁二烯-苯乙烯。

表3.4-174 PE 复合管材外径壁厚及极限偏差（摘自 CJ/T 184—2012）

外径		总壁厚		不锈钢层		圆度
公称外径 d_n	极限偏差	公称总壁厚	极限偏差	壁厚	极限偏差	
16	+0.20 -0.10	2.0	+0.30 0	0.30	±0.02	
20	+0.20 -0.10	2.0	+0.30 0	0.30	±0.02	≤0.013d_n
(22)	+0.20 -0.10	2.5	+0.30 0	0.30	±0.02	
25	+0.20 -0.10	2.5	+0.30 0	0.30	±0.02	

(续)

外径		总壁厚		不锈钢层		圆度
公称外径 d_n	极限偏差	公称总壁厚	极限偏差	壁厚	极限偏差	
(28)	+0.20 -0.10	3.0	+0.30 0	0.40	±0.02	≤0.013d_n
32	+0.20 -0.10	3.0	+0.30 0	0.40	±0.02	
40	+0.22 -0.10	3.5	+0.40 0	0.40	±0.02	
50	+0.25 -0.10	4.0	+0.40 0	0.40	±0.02	≤0.015d_n
63	+0.25 -0.10	5.0	+0.50 0	0.50	±0.02	
75	+0.30 -0.15	6.0	+0.50 0	0.50	±0.02	
90	+0.40 -0.20	7.0	+0.60 0	0.60	±0.02	≤0.017d_n
110	+0.50 -0.20	8.0	+0.60 0	0.60	±0.02	
125	+0.60 -0.20	9.0	+0.70 0	0.80	±0.02	≤0.018d_n
160	+0.70 -0.30	10.0	+0.80 0	0.80	±0.02	
管材长度		通用长度为4.0m，按需方要求可提供非标准长度，应在合同中注明				

7.8 内衬不锈钢复合管（见表3.4-175）

表3.4-175 内衬不锈钢复合管尺寸规格及应用（摘自CJ/T 192—2012）

	公称通径DN	复合钢管						内衬不锈钢管最小厚度
		外径		壁厚		长度		
		尺寸	极限偏差	尺寸	极限偏差	尺寸	极限偏差	
尺寸规格/mm	6	10.2	±0.5	2.0	±12.5%	6000	+20 0	0.20
	8	13.5		2.5				0.20
	10	17.2		2.5				0.20
	15	21.3	±0.5	2.8				0.25
	20	26.9		2.8				0.25
	25	33.7		3.2				0.25
	32	42.4		3.5				0.30
	40	48.3		3.5				0.35
	50	60.3		3.8	±12.5%	6000	+20 0	0.35
	65	76.1		4.0				0.40
	80	88.9	±1%	4.0				0.45
	100	114.3		4.0				0.50
	125	139.7		4.0				0.50
	150	168.3		4.5				0.60

	公称通径DN	复合钢管						内衬不锈钢管最小厚度
		外径		壁厚		长度		
		尺寸	极限偏差	尺寸	极限偏差	尺寸	极限偏差	
尺寸规格 /mm	200	219.1	±0.75%	5.0	±12.5%	6000	+20 0	0.70
	250	273.0		6.0				0.80
	300	323.9		7.0				0.90
	350	377.0		8.0				1.00
	400	426.0	±1%	8.0		4000~9000		1.20
	450	480.0		8.0				1.20
	500	530.0		8.0				1.20
用途	内衬不锈钢复合管适用于工作压力不大于2.0MPa、公称通径不大于500mm，输送冷热水、饮用净水、消防给水、燃气、空气、油和蒸汽等低压流体或其他用途的复合钢管							

7.9 塑覆铜管（见表3.4-176）

表3.4-176 塑覆铜管分类、规格、性能及应用（摘自 YS/T 451—2012）

管材分类	1. 塑覆铜冷水管：塑料在管材外表面密集成环状（平形环），其断面形状如图a所示 2. 塑覆铜热水管：塑料在管材外表面呈齿形环状（齿形环），其齿形可为梯形、三角形或矩形，其断面形状如图b所示 3. 塑覆铜气管：采用图a或图b形式 4. 塑覆铜燃气管，采用图a或图b形式 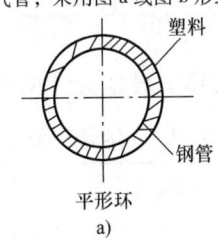 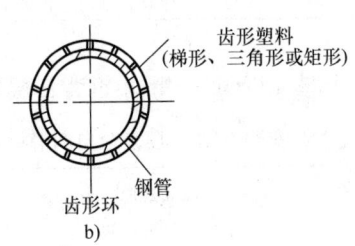 a) b)
管材技术要求	管材的牌号和化学成分应符合 GB/T 18033《无缝铜水管和铜气管》的有关规定 管材的尺寸规格应符合 GB/T 18033 的有关规定，按直管和盘状管供货
管材塑覆材料要求	铜管塑覆材为聚乙烯，应保证能在110℃以下正常应用。聚乙烯的技术性能应为：密度 0.930~0.940g/cm³，熔体流动速率 0.20~0.40g/10min；脆化温度≤-70℃；维卡软化温度≥80℃ 室温下，塑覆层的延伸率 A_{ref} 应不小于 50% 塑覆层应进行老化率检测，其中：$A_1/A_{ref}>0.5$ 塑覆层阻燃氧指数（OI）应不小于30 塑覆层厚度尺寸及极限偏差、管端部形状均应符合 YS/T 451—2012 的规定
用途	管材适于输送冷水、热水、天然气、液化石油气、煤气和氧气等

7.10 改性聚四氟乙烯（PTFE）-青铜-钢背三层复合自润滑板材（见表3.4-177）

表3.4-177 PTFE-青铜-钢背三层复合自润滑板材的结构、化学成分及性能（摘自 GB/T 27553.1—2011）

板材组成结构	板材由表面改性聚四氟乙烯（PTFE）、中间烧结层、钢背层三层复合构成，表面层为聚四氟乙烯和填充材料的混合物组成，其厚度为0.01~0.05mm；中间层为烧结层，由青铜球粉 CuSn10 或 QFQSn8-3组成；钢背层材料为优质碳素结构钢，碳的含量通常小于0.25%				
中间层材料的化学成分	牌号	化学成分（质量分数,%）			
		Cu	Sn	Zn	P
	CuSn10	余量	9~11	—	≤0.3
	QFQSn8-3	余量	7~9	2~4	
板材的摩擦磨损性能	试验形式		润滑条件	摩擦因数	磨损量/mm	磨痕宽度/mm
	端面试验	两种试验方法任选一种	干摩擦	≤0.20	≤0.03	
			油润滑	≤0.08	≤0.02	
	圆环试验		干摩擦	≤0.20	—	≤5.0
			油润滑（初始润滑）	≤0.08	—	≤4.0
技术要求	钢背层硬度为80~140HBW 板材的压缩永久变形量：试样尺寸10mm×10mm×2.0mm，压缩应力为280MPa时，永久变形量≤0.03mm 表面塑料层与中间层之间的结合强度要求大于2MPa；中间层和钢背层的结合，按规定的试验方法，弯曲5次，允许有裂纹，不允许有分层及剥落 板材厚度 T 和极限偏差要求：0.75mm≤T≤1.5mm；极限偏差为 ±0.012mm 　　　　　　　　　　　　　1.5mm＜T≤2.5mm；极限偏差为 ±0.015mm					
用途	板材适于制作卷制轴套、止推垫片、滑块、导轨等制品件					

7.11 改性聚甲醛（POM）-青铜-钢背三层复合自润滑板材（见表3.4-178）

表3.4-178 POM-青铜-钢背三层复合自润滑板材的结构、化学成分及性能（摘自 GB/T 27553.2—2011）

板材组成结构	板材由表面塑料层、中间烧结层和钢背层组成 表面塑料层是聚甲醛（POM）和填充材料的混合物，其厚度为0.2~0.5mm，塑料层上轧有润滑油穴，其形式按 GB/T 12613.3 中的 NIB 形式 中间烧结层的材料牌号、化学成分的规定与 PTFE-青铜-钢背自润滑板材的中间层相同（参见表3.4-177） 钢背层材料为优质碳素结构钢，碳的含量通常小于0.25%				
板材的摩擦磨损性能	试验形式		润滑条件	摩擦因数	磨损量/mm	磨痕宽度/mm
	端面试验	两种方法任选其一	油脂润滑	≤0.1	≤0.02	—
	圆环试验		油脂润滑	≤0.1	—	≤4.0
技术要求	钢背层硬度为60~120HBW 板材的压缩永久变形量：试样尺寸10mm×10mm×2.0mm时，压缩应力为140MPa，其永久变形量≤0.05mm 板材的结合强度：在规定的试验方法试验，弯曲5次，允许有裂纹，不允许有分层和剥落 板材的厚度尺寸 T 和极限偏差 ΔT： 1.0mm≤T≤1.5mm，ΔT 为 ±0.02mm；1.5mm＜T≤2.0mm，ΔT 为 ±0.025mm； 2.0mm＜T≤2.5mm，ΔT 为 ±0.03mm					
用途	板材适于制成卷制轴套、止推垫片、滑块、导轨等形式的制品件					

8 陶瓷基复合材料

8.1 陶瓷纤维增强陶瓷基复合材料（见表3.4-179）

表3.4-179 陶瓷纤维增强陶瓷基复合材料性能及应用

	材料	工艺	抗弯强度/MPa	断裂韧性/MPa·m$^{1/2}$
SiC 晶须-陶瓷基复合材料	SiC$_{(w)}$/Si$_3$N$_4$	反应烧结	900	20
	SiC$_{(w)}$/Si$_3$N$_4$	压滤或冷等静压+热压或热等静压	650~950	6.5~8.0
	SiC$_{(w)}$/Si$_3$N$_4$	热压（1800℃）	680	7~9
	SiC$_{(w)}$/Si$_3$N$_4$	气氛压力烧结（1700~1900℃）	950	9.8
	SiC$_{(w)}$/Si$_3$N$_4$	热压（1700℃）		10.5
	C 涂层 SiC$_{(w)}$/Si$_3$N$_4$	泥浆压滤+热等静压		4.8（2.2μm） 5.2（3.8μm）
	20%SiC$_{(w)}$/Al$_2$O$_3$	热压	800	8.7
	30%SiC$_{(w)}$/Al$_2$O$_3$	热压	700	9.5
	40%SiC$_{(w)}$/Al$_2$O$_3$	热压（1850℃）	1110	6.0
	SiC$_{(w)}$/Al$_2$O$_3$	烧结	414	4.3
	SiC$_{(w)}$/Y-TZP	热压	1329±13	14.8±0.7
	SiC$_{(w)}$/莫来石		452	4.4
	SiC$_{(w)}$/ZrO$_2$/莫来石	热压	1100~1400	6~8
SiC 纤维-陶瓷基复合材料	SiC$_{(f)}$/玻璃陶瓷		850	17
	SiC$_{(f)}$/SiC	浸渍+反应烧结	800	
	SiC$_{(f)}$/SiC	前驱陶瓷聚合物浸渍+热解	约300（1000℃） 约250（1300℃）	
	SiC$_{(f)}$/SiC 泡沫	纤维缠绕泡沫	4.8	
	SiC$_{(f)}$/锆英石	1610℃热压	700	
	SiC$_{(f)}$/SiC$_{(w)}$/锆英石	热压	647±17	
	SiC$_{(f)}$/ZrO$_2$		200	25.0
	BNi 涂层 SiC$_{(f)}$/ZrTiO$_4$	热压	950（室温） 700（800℃） 400（1200℃）	20 18.5 7.5
	SiC$_{(f)}$/Al$_2$O$_3$	金属直接氧化法	461（室温） 488（1200℃）	27.8（室温） 23.3（1200℃）
	SiC$_{(f)}$/Si$_3$N$_4$	浸渍+反应烧结	75	
陶瓷纤维（晶须）-陶瓷基复合材料	C$_{(f)}$/Si$_3$N$_4$		690（室温） 532（1200℃）	28.1（室温） 41.8（1200℃）
	SiC 涂层 C$_{(f)}$/Si$_3$N$_4$(Si)	金属直接氧化	392	18.5
	C$_{(f)}$/SiO$_2$	定向缠绕+热压	152GPa（室温） 103GPa（800℃）	
	C$_{(f)}$/莫来石		610（室温） 882（1200℃）	18（室温） 18.2（1200℃）
	C$_{(f)}$/SiC$_{(w)}$/Si-N	浸渍+无压烧结	500~700	
	C$_{(f)}$/SiC	浸渍+热解	400	15
	C$_{(f)}$/硼硅酸盐玻璃	溶胶凝胶浸渍+热压	115~376	2.2~10.4

(续)

	材料	工艺	抗弯强度/MPa	断裂韧性/MPa·m$^{1/2}$
陶瓷纤维（晶须）-陶瓷基复合材料	BN$_{(f)}$/赛隆陶瓷	热压（1700℃）	600	5.5~6
	5%BN$_{(f)}$/MgO	热压	130	
	15%BN$_{(f)}$/MgO	热压	190	
	Al$_2$O$_{3(w)}$/TZP	热压（1500℃）	250GPa（弹性模量）	8.7~10
	B$_4$C$_{(w)}$/Al$_2$O$_3$	热压		9.5
	B$_4$C$_{(w)}$/SiC			3.8
特性及应用举例	纤维增强陶瓷基复合材料的性能明显优于陶瓷材料，其最重要的特点，是在高温下长期工作不产生蠕变，在温度经常变化下亦具有很好的耐冲击性能，高温强度高，工作温度范围扩大。连续纤维增强陶瓷基复合材料的强度和断裂韧性高，是目前断裂韧性最好的一种材料，且强度均匀性好，温度变化对于性能的影响很小，高温力学性能和常温力学性能保持相近，抗静态和动态疲劳性能高。不连续纤维（短纤维、晶须）增强陶瓷基复合材料具有较高的耐磨性和耐蚀性，耐高温蠕变性优异，良好的断裂韧性，晶须增强陶瓷复合材料的性能优于短纤维增强陶瓷基复合材料。这类新型陶瓷复合材料目前主要在国防工业、航空航天以及精密机械制造等方面应用。由于复合材料的设计和工艺的技术发展很快，这类材料的应用范围特别是民用机械工业中的应用会越来越广泛			

8.2 颗粒增强陶瓷基复合材料（见表3.4-180）

表3.4-180 颗粒增强陶瓷基复合材料性能

复合材料增强剂/基体	抗弯强度/MPa		室温断裂韧性 K_{IC}/MPa·m$^{1/2}$	耐疲劳	抗氧化性
	室温	高温			
非氧化物/非氧化物					
BN$_{(p)}$/AlN-SiC		28，1530℃	未知	未知	较好（至1600℃）
SiC/SiC	350~750	未知	18	未知	<10μm^2/h，1600℃
SiC$_{(p)}$/HfB$_2$	380	28，1600℃	未知	未知	12μm，2000℃/h
SiC$_{(p)}$/HfB$_2$-SiC	1000	未知	未知	未知	5%质量增加，1600℃/h
SiC/MoSi$_2$	310	20，1400℃	约8	未知	<10μm^2/h，1600℃
ZrB$_{2(pl)}$/ZrC(Zr)	1800~1900	未知	18	未知	未知
20%（体积分数）SiC/Si$_3$N$_4$	500	未知	12		好（至1600℃）
10%（质量分数）SiC$_{(w)}$/Si$_3$N$_4$②	1026	657，1300℃	8.9		
10%（质量分数）SiC$_{(w)}$/Si$_3$N$_4$③	1068	386，1300℃	9.4		
氧化物/氧化物					
Al$_2$O$_{3(w)}$/A$_3$S$_2$	约180		未知	未知	分解反应
Al$_2$O$_3$/ZrO$_2$	500~900				稳定
YAG/Al$_2$O$_3$	373	198，1650℃	4		稳定
非氧化物/氧化物					
SiC/ZrB$_2$-Y$_2$O$_3$	未知	16，1530℃	未知		差
TiB$_2$/ZrO$_2$	未知		未知		差
SiC/Al$_2$O$_3$	600~800	未知	5~9	未知	差（>1200℃）

复合材料增强剂/基体	抗弯强度/MPa		室温断裂韧性 $K_{IC}/\text{MPa}\cdot\text{m}^{1/2}$	耐疲劳	抗氧化性
	室温	高温			
30%（体积分数）SiC/ZrO$_2$	650	400，1000℃	12	①	差（>1000℃）
SiC$_{\text{Nicalon}}$/Al$_2$O$_3$	450	350，1200℃	21 (18，1200℃)		
特性及应用	颗粒增强陶瓷基复合材料是由球状颗粒复合相增强，其增强效果比纤维增强要差，但是，由于制造工艺较简单，易于制作形状复杂的制品，因此，生产中有较多的应用。颗粒增强陶瓷基复合材料的性能也低于纳米复合陶瓷					

① 在42MPa压强下经受50000次循环后出现0.22μm裂纹。
② 加入1.2%（质量分数）Al$_2$O$_3$。
③ 加入5.5%（质量分数）Y$_2$O$_3$/MgO。

8.3 金属陶瓷（见表3.4-181～表3.4-183）

表3.4-181 金属陶瓷牌号、成分、性能及应用

	系列	中国牌号	相当于ISO牌号	化学组成（质量分数,%）				物理、力学性能		
				WC	TiC	TaC(NbC)	Co	密度/g·cm^{-3}	硬度HRA	抗弯强度/MPa
牌号、成分及性能	WC-Co	YG3	K01	97			3	14.9～15.3	91.0	1050
		YG4C	—	97			4	14.9～15.0	88.5	1300
		YG6	K10	94			6	14.6～15.0	89.5	1450
		YG6X	K10	94			6	14.6～15.0	91.0	1350
		YG8	K30	92			8	14.4～14.8	89	1500
		YG15	—	85			15	13.9～14.1	87	1900
	TiC-WC-Co	YT5	P30	85	6		9	12.5～13.2	89.5	1300
		YT14	P20	78	14		8	11.2～11.7	90.5	1200
		YT15	P10	79	15		6	11.0～11.7	91.0	1150
		YT30	P01	66	30		4	9.4～9.8	92.8	900
	WC-TaC(NbC)-Co	YG6A	K10	91				14.6～15.0	91.5	1400
		YG8A	K30	91				14.5～14.9	89.5	1500
	WC-TiC-TaC(NbC)-Co	YW1	M10	84	6		6	12.8～13.3	91.5	1200
		YW2	M20	82	6		8	12.6～13.0	90.5	1350
		YW3				1		12.7～13.0	92.0	1400
		813		88		1	8		92.0	1800～1900
	TiC基合金	YN05			79		7Ni	5.56	93.9	800～950
		YN10			62		14Mo	6.3	92	1100
	超细合金WC-Co	YH1						14.2～14.4	93	1800～2200
		YH3						13.9～14.2	93	1700～2100
特性	金属陶瓷是由1～2种陶瓷相和金属或合金组成的复合材料，陶瓷相体积比例为15%～85%，在制造温度下，金属相和陶瓷相之间溶解度较小。它具有陶瓷的耐高温、耐磨性高、高硬度、抗氧化、化学稳定性高等优异性能，又兼有金属的韧性和可塑性优点，是一种综合性能很好的高温材料和高硬质为工具材料										

表3.4-182 Ti(CN)-Ni系等金属陶瓷的性能

材料体系	抗弯强度/MPa			断裂韧性K_{IC}/MPa·m$^{1/2}$	硬度HRA
	室温	900℃	1000℃		
(Nb$_{0.064}$Ti$_{0.957}$)C$_{0.729}$-Ni 合金	1400～1500			>18	
Ti(CN)-Ni	1417	845		18.8	

（续）

材料体系	抗弯强度/MPa			断裂韧性 K_{IC} /MPa·m$^{1/2}$	硬度 HRA
	室温	900℃	1000℃		
Ti(CN)$_x$-Ni	1171	350~450	19.0		86.2
Ti(CN)$_x$-(NiMo)	1417		570~690	18.8	87.1
Ti(CN)$_x$-Ni-Y$_2$O$_3$	1430		600~640	18.1	86.5
TiC-Ni(日本东北大学)	1980~2570			6.0~9.5	
TiC-Ni(J. Wambold)			980		

表 3.4-183 金属陶瓷的应用范围

材料体系	材料特性	应用举例
WC-Co	高强、高硬、耐磨、抗冲击、化学稳定性好	轴承、喷嘴、轧辊、衬套、耐磨导轨、球座、顶尖、化工用密封环、阀、泵的零件 塞规、块规、千分尺等
WC-Co 系低 Co 刀具（Co <10%） 低 Co 粗晶粒合金刀具	高硬耐磨	各类铸铁、渗碳钢及淬火钢、有色金属及非金属材料、各种耐热合金、钛合金、不锈钢的切削加工 地质石油钻探旋转钻进钻头和截煤齿、软质岩石冲击回转钻进钻头
WC-Co 系中 Co 工具（Co 10%~15%）	韧性硬度居中	矿山工具、中硬和硬质岩冲击回转钻进钻头、引伸模、拉丝模、金属及合金挤压加工模具
WC-Co 系高 Co 工具	高韧高强	冷锻模、冲压模、挤压模、镦模
钢质硬质合金		刀具加工有色金属和合金 冷镦、冷冲、冷挤、引伸、拉拔、剪裁、落料、成形、打印、热镦、热冲、热铸等
WC-Ni 系	耐腐蚀性好、无磁性	各种密封环、阀门、圆珠笔尖、热轧辊等 铁氧体成形模具、磁带导向板
WC-(Ni+Fe)系	高强耐磨	冲压模具、冲压凿岩钻头
WC-NbC-Co 系刀具		切削高锰钢、合金钢
WC-TiC-Co，WC-TiC-TaC-Co 系	不与钢产生月牙洼磨损、抗氧化性好	碳钢的切削加工
Cr$_3$C$_2$	抗氧化、耐腐蚀	金属热挤模、油井阀球和量具等
W-Cr-Al$_2$O$_3$	良好的耐热性、优良的抗冲刷性	制造火箭喷嘴等
Cr-Al$_2$O$_3$	耐热性能高	制造喷气发动机喷嘴、熔融铜的注入管和流量调节阀、炉膛、合金铸造的芯子等
Cr$_3$C	抗氧化性佳	制作高温轴承、青铜挤压模、喷嘴等
ZrO$_2$-TiC	耐热性和抗氧化性好	制作熔化 Ti、Cr、Zr、V、Nb 等金属的坩埚等

8.4 氧化锆增强陶瓷基复合材料（见表 3.4-184）

表 3.4-184 氧化锆增强陶瓷基复合材料性能及应用

Y-TZP 与 Y-TZP-Al$_2$O$_3$ 复合材料性能	性能		Y-TZP		Y-TZP-Al$_2$O$_3$			Al$_2$O$_3$
			烧结	热等静压	20A	40A	60A	
	抗弯强度/MPa	室温	1200	1700	2400	2100	2000	350
		高温	800℃ 350	1000℃ 350	1000℃ 800	1000℃ 1000	1000℃ 1000	800℃ 250

（续）

	性能		Y-TZP		Y-TZP-Al$_2$O$_3$			Al$_2$O$_3$
			烧结	热等静压	20A	40A	60A	
Y-TZP 与 Y-TZP-Al$_2$O$_3$ 复合材料性能	断裂韧性（M、I法）/MPa·m$^{1/2}$		7	7	6	—		3
	硬度 HV（10MPa）	室温	1280	1330	1470	1570	1650	1600~2000
		1000℃	400	400	480	550	650	—
	密度/g·cm^{-3}		6.05	6.07	5.51	5.02	4.6	3.9
	弹性模量/GPa		205	205	260	280		407
	抗热冲击性/℃		250	250	470	470		200
	热导率/W·(m·K)$^{-1}$	室温	2.5	2.5	5.0	7.9		28.8
		800℃	2.5	2.5	3.6	5.4		—
	线胀系数/10^{-6}℃$^{-1}$	200℃	10	10	9.4	8.5		6.5 (25~500℃)

	性能	陶瓷基体		ZrO$_2$-陶瓷基体复合材料	
		断裂韧性 K_{IC}/MPa·m$^{1/2}$	抗弯强度/MPa	断裂韧性 K_{IC}/MPa·m$^{1/2}$	抗弯强度/MPa
ZrO$_2$ 增韧的各种陶瓷材料的性能	立方 ZrO$_2$	2.4	180	2~3	200~300
	部分稳定 ZrO$_2$			6~8	600~800
	TZP			7~12	1000~2500
	Al$_2$O$_3$	4	500	5~8	500~1300
	β″-Al$_2$O$_3$	2.2	220	3.4	330~400
	莫来石	1.8	150	4~5	400~500
	尖晶石	2	180	4~5	350~500
	董青石	1.4	120	3	300
	烧结氮化硅	5	600	6~7	700~900

特性及应用

　　氧化锆增强陶瓷基复合材料是一种氧化锆相变增韧陶瓷，利用马氏体相变原理研制的各种性能优异的氧化锆增韧系列陶瓷复合材料在工程技术中得到广泛的应用

　　氧化锆增韧陶瓷热导率小、线胀系数大、强度高、韧性好，适合绝热发动机对陶瓷材料的要求。在绝热发动机中，氧化锆增韧陶瓷可用作缸盖底板、活塞顶、活塞环、叶轮壳罩、气门导管、进气和排气阀座、轴承、凸轮等零件

　　Mg-PSZ 可用作水平连续铸钢用分离环、切削工具、模具、喷砂嘴、轴承、超细粉碎用砂磨机、研磨粉料用磨球、纺织工业用瓷件、摩擦片等，还可制作日常生活用的菜刀、剪刀、锤子等

　　添加 CeO$_2$ 和 Ta$_2$O$_5$ 的氧化锆可用作磁流体发电热壁通道的电极材料。CaO 稳定的氧化锆可以和低温导电性较好的铬酸钙镧制成复合式电极

　　氧化锆增韧氮化硅陶瓷主要用于要求韧性和强度较高，但使用温度不十分高的场合，如制造切削刀具等，可提高刀具的抗冲击性、耐磨性和使用寿命

注：TZP—四方氧化锆多晶体陶瓷；Y-TZP—以 Y$_2$O$_3$ 为稳定剂制得的 TZP。

8.5 陶瓷内衬复合钢管（见表 3.4-185）

表 3.4-185　陶瓷内衬复合钢管尺寸规格、结构及性能（YB/T 176—2000）

陶瓷内衬钢管的结构	基体管、过渡层、陶瓷层结构示意图					
	钢管分为直管（长度>1000mm）、短节（长度<1000mm）、弯管、三通及其他管件，直管和短节代号为 TG，弯管代号为 TGW，三通管代号为 TGS					
尺寸规格/mm	外径	40~89	89~159	159~245	245~377	426~599	≥600
	壁厚（内衬陶瓷和钢管的总厚度）	7~10	9~12	10~16	14~18	16~20	≥18
	长度	50~200	200~500	500~1000	1000~2000	2000~3000	3000~6000
	极限偏差	±1	±2.5	±3.0	±5	±6	±10
力学和物理性能	硬度（HV）	压溃强度/MPa		陶瓷层密度/$g \cdot cm^{-3}$		加热淬水三次陶瓷层出现崩裂温度/℃	
	≥1000	≥280		≥3.4		≥800	
耐蚀性能 /$g \cdot m^{-2} \cdot h^{-1}$	10% HCl	10% H_2SO_4		30% CH_3COOH		30% NaOH	
	≤0.1	≤0.15		≤0.03		≤0.1	

注：1. 陶瓷内衬复合钢管适用于耐蚀和耐磨工作条件的管道。作为耐磨管道，陶瓷层厚度不得低于 2mm。
　　2. 陶瓷钢管的标记：
　　　1) 钢管外径为 159mm，壁厚为 12mm，长度为 2000mm 的陶瓷钢管，标记为：TG-159-12-2000；
　　　2) 钢管外径为 159mm，曲率半径为 1000mm 的 90°陶瓷钢管弯管，标记为：TGW-159-1000-90；
　　　3) 钢管外径分别为 180mm、159mm、159mm 的陶瓷钢管三通，标记为：TGS-180-159-159；
　　　4) 钢管外径均为 180mm 的陶瓷钢管三通，标记为：TGS-180。

9 层压金属复合材料

9.1 不锈钢复合钢板和钢带（见表 3.4-186）

表 3.4-186　不锈钢复合钢板和钢带分级、尺寸规格、性能及应用（GB/T 8165—2008）

		代号			界面结合率（%）		用途
分级、代号、用途及界面结合率	级别	爆炸法	轧制法	爆炸轧制法	复合中厚板	轧制复合带及其剪切钢板	
	Ⅰ级	BⅠ	RⅠ	BRⅠ	100	≥99	适用于不允许有未结合区存在的、加工时要求严格的结构件上
	Ⅱ级	BⅡ	RⅡ	BRⅡ	≥99		适用于可允许有少量未结合区存在的结构件上
	Ⅲ级	BⅢ	RⅢ	BRⅢ	≥95		适用于复层材料只作为抗腐蚀层来使用的一般结构件上

复合钢板和钢带材料典型钢号		复合中、厚板尺寸规定	轧制复合带及其剪切钢板尺寸规定				
复层材料 GB/T 3280 GB/T 4237	基层材料 GB/T 3274、 GB/T 713、 GB/T 3531、 GB/T 710		轧制复合板(带)总公称厚度/mm	复层厚度/mm≥			
				对称型 AB面	非对称型 A面	非对称型 B面	
06Cr13 06Cr13Al 022Cr17Ti 06Cr19Ni10 06Cr18Ni11Ti 06Cr17Ni12Mo2 022Cr17Ni12Mo2 022Cr25Ni7Mo4N 022Cr22Ni5Mo3N 022Cr19Ni5Mo3Si2N 06Cr25Ni20 06Cr23Ni13	Q235A、B、C Q345A、B、C Q245R、Q345R、 15CrMoR 09MnNiDR 08Al	尺寸规格及材料牌号	公称厚度不小于6mm 公称宽度1450～4000mm 公称长度4000～10000mm 单面复合中厚板复层公称厚度1.0～18mm，通常为2～4mm，基层最小厚度为5mm	0.8 1.0 1.2 1.5 2.0 2.5 3.0 3.5～6.0	0.09 0.12 0.14 0.16 0.18 0.22 0.25 0.30	0.09 0.12 0.14 0.16 0.18 0.22 0.25 0.30	0.06 0.06 0.06 0.08 0.10 0.12 0.15 0.15

公称宽度为900～1200mm，剪切钢板公称长度为2000mm，轧制带成卷交货

复合中厚板力学性能	级别	界面抗剪强度 τ/MPa	上屈服强度[①] R_{eH}/MPa	抗拉强度 R_m/MPa	断后伸长率 A(%)	冲击吸收能量 KV_2/J
	Ⅰ级 Ⅱ级	≥210	不小于基层对应厚度钢板标准值[②]	不小于基层对应厚度钢板标准下限值，且不大于上限值35MPa[②]	不小于基层对应厚度钢板标准值	应符合基层对应厚度钢板的规定
	Ⅲ级	≥200				

轧制复合带及其剪切钢板力学性能	等于基层材料相应牌号标准规定的力学性能。当基层选用深冲钢时，其力学性能按下表规定，当复层为06Cr13钢时，其力学性能按复层为铁素体不锈钢的规定				
	基层钢号	上屈服强度[①] R_{eH}/MPa	抗拉强度 R_m/MPa	断后伸长率 A(%)	
				复层为奥氏体不锈钢	复层为铁素体不锈钢
	08Al	≤350	345～490	≥28	≥18

① 屈服现象不明显时，按 $R_{p0.2}$。
② 复合钢板和钢带的屈服下限值 R_p、抗拉强度下限值 R_m 可按下列公式计算：

$$R_p = \frac{t_1 R_{p1} + t_2 R_{p2}}{t_1 + t_2} \quad R_m = \frac{t_1 R_{m1} + t_2 R_{m2}}{t_1 + t_2}$$

式中　R_{p1}、R_{p2}—复层、基层钢板屈服点下限值（MPa）；
　　　R_{m1}、R_{m2}—复层、基层钢板抗拉强度下限值（MPa）；
　　　t_1、t_2—复层、基层钢板厚度（mm）。

注：1. 产品的弯曲性能、杯突试验、表面质量等均应符合 GB/T 8165—2008 的规定。
　　2. GB/T 8165—2008 代替 GB/T 8165—1997《不锈钢复合钢板和钢带》及 GB/T 17102—1997《不锈钢冷轧复合薄钢板和钢带》。
　　3. 产品用于制造石油、化工、轻工、机械、海水淡化、核工业的各类压力容器、储罐等结构件（复层厚度≥1mm 的中厚板），以及用于轻工机械、食品、炊具、建筑、装饰、焊管、铁路客车、医药、环保等行业的设备（复层厚度≤0.8mm 的单面、双面对称和非对称复合带及其剪切钢板）。

9.2 钛-钢复合板（见表 3.4-187）

表 3.4-187 钛-钢复合板分类、规格、性能及应用（摘自 GB/T 8547—2006）

分类及代号	生产种类		代号	用途分类	应用
分类及代号	爆炸钛-钢复合板	0 类	B_0	0 类：用于过滤接头、法兰等的高结合强度，且不允许不结合区存在的复合板	用于耐蚀压力容器、贮槽及其他设备零部件等
分类及代号	爆炸钛-钢复合板	1 类	B_1		用于耐蚀压力容器、贮槽及其他设备零部件等
分类及代号	爆炸钛-钢复合板	2 类	B_2		用于耐蚀压力容器、贮槽及其他设备零部件等
分类及代号	爆炸-轧制钛-钢复合板	1 类	BR_1	1 类：将钛材作为强度设计的或特殊用途的复合板，如管板等	用于耐蚀压力容器、贮槽及其他设备零部件等
分类及代号	爆炸-轧制钛-钢复合板	2 类	BR_2	2 类：将钛材作为耐蚀设计，而不考虑其强度的复合板，如筒体等	用于耐蚀压力容器、贮槽及其他设备零部件等
尺寸规格	复合板厚度 4～100mm，复材厚度一般为 1.5～10mm，复合板的复层可由多层组成 复合板宽度不大于 2200mm，可小于 1100mm 复合板长度不大于 4500mm，可小于 1100mm				

性能	拉伸试验		剪切试验		弯曲试验	
性能	抗拉强度 R_m	断后伸长率 A	抗剪强度 τ/MPa		弯曲角 α	弯曲直径 D
性能			0 类复合板	其他类复合板		
性能	$>R_{mj}$	大于基材或复材标准中较低一方的规定值	≥196	≥138	内弯 180°，外弯由复材标准决定	内弯时按基材标准规定不够 2 倍时取 2 倍 外弯时为复合板厚度的 3 倍

注：1. 复合板复材的牌号为 TA1、TA2、Ti-0.3、Mo-0.8Ni、Ti-0.2Pd，其化学成分应符合 GB/T 3620.1—2007 的规定，基材应符合相关标准规定。
2. 剪切强度适用于复层厚度 ≥1.5mm 的复合板材。
3. 当用户要求时，供方可以做基材的拉伸试验，其抗拉强度应达到基材相应标准的要求。
4. 爆炸-轧制复合板的伸长率可以由供需双方协商确定。
5. 复合板的抗拉强度理论下限标准值 $R_{mj}=\dfrac{t_1 R_{m1}+t_2 R_{m2}}{t_1+t_2}$

式中 R_{m1}—基材抗拉强度下限标准值（MPa）；
R_{m2}—复材抗拉强度下限标准值（MPa）；
t_1—基材厚度（mm）；
t_2—复材厚度（mm）。

9.3 钛-不锈钢复合板（见表 3.4-188～表 3.4-190）

表 3.4-188 钛-不锈钢复合板分类、代号、用途及适用材料（GB/T 8546—2007）

类别	代号		推荐用途	复材	基材
类别	爆炸	爆炸-轧制			
0 类	B0	BR0	过渡接头、法兰等	GB/T 3621 钛及钛合金板材中的 TA1、TA2、TA9、TA10，其化学成分应符合 GB/T 3620.1 的规定	GB/T 3280 不锈钢冷轧板 GB/T 4237 不锈钢热轧板 GB/T 4238 耐热钢板 JB 4728 压力容器用不锈钢锻件。基材牌号化学成分应符合相应标准的规定
1 类	B1	BR1	管板等		
2 类	B2	BR2	筒体板等		

注：1. 产品的形状为圆形、矩形和方形三种，其他形状的复合板可由供需双方商定。
2. 复材可在基材的一面或两面包覆，形成单面或双面复合板。产品用于在腐蚀环境中，承受一定压力、温度的压力容器、过渡接头及其他设备零件和部件等。
3. 交货状态应在合同中注明。
4. 标记示例：
  复材厚度为 6mm 的 TA1，基材厚度为 36mm 的 06Cr19Ni10 板，宽度为 1000mm，长度为 3000mm 的 1 类爆炸或爆炸-轧制复合板，标记为：TA1/06Cr19Ni10 B1 或 BR1 6/36×1000×3000 GB/T 8546—2007。

表 3.4-189　钛-不锈钢复合板尺寸及极限偏差（GB/T 8546—2007）

复合板厚度、宽度（或直径）允许偏差/mm	复合板厚度	复合板厚度极限偏差	复合板宽度（或直径）极限偏差		
			宽度≤1100	宽度>1100~1600	宽度>1600
	4~6	±0.6	+15 0	+15 0	+20 0
	>6~18	±0.8	+15 0	+20 0	+30 0
	>18~28	±1.0	+20 0	+30 0	+40 0
	>28~46	±1.2	+30 0	+40 0	+40 0
	>46~60	±1.5	+40 0	+40 0	+50 0
	>60	±2.0	+40 0	+50 0	+50 0
	经供需双方协商，也可提供其他规格和尺寸偏差有特殊要求的复合板				

复合板长度允许偏差/mm	复合板厚度	复合板的长度极限偏差			
		长度≤1100	长度>1100~1600	长度>1600~2800	长度>2800
	4~6	+20 0	+20 0	+30 0	+40 0
	>6~18	+30 0	+30 0	+40 0	+40 0
	>18~60	+40 0	+40 0	+40 0	+40 0
	>60	+40 0	+40 0	+40 0	+40 0

复合板平面度/(mm/m)	复合板类别	0类、1类		2类
		厚度≤30mm	厚度>30mm	
	平面度	≤4	≤3	≤6
	基材为锻制品时，复合板的平面度可由供需双方商定			

注：复合板基材厚度按 GB/T 709 热轧钢板和钢带的规定。

表 3.4-190　钛-不锈钢复合板力学性能（GB/T 8546—2007）

抗拉强度 R_m	断后伸长率 A	剪切强度 τ/MPa		分离强度 σ_τ/MPa	
		0类复合板	其他类复合板	0类复合板	其他类复合板
>R_{mj}	≥基材或复材标准中较低者的规定值	≥196	≥140	≥274	—

注：1. 复合板厚度≤10mm，复材厚度≤1.5mm 时做剪切强度试验。
　　2. 复合板做成管使用或基材为锻制品时，可不做拉伸性能试验。
　　3. 厚度25mm 以下复合板的抗拉强度理论下限标准值 R_{mj}，按下式计算：

$$R_{mj} = \frac{t_1 R_{m1} + t_2 R_{m2}}{t_1 + t_2}$$

　式中　R_{m1}—基材抗拉强度下限标准值（MPa）；
　　　　R_{m2}—复材抗拉强度下限标准值（MPa）；
　　　　t_1—基材厚度（mm）；
　　　　t_2—复材厚度（mm）。
　　4. 复合板的内弯曲性能，弯曲直径按基材标准规定，且不低于复合板厚度的2倍，弯曲角为180°，试样弯曲部分的外表面不得有裂纹。外弯曲性能，弯曲直径为复合板厚度的3倍，弯曲角按复材标准规定，在试样弯曲部分外表面不得有裂纹，复合界面不得有分层。
　　5. 0类复合板面积结合率为100%；1类板面积结合率≥98%；2类板面积结合率≥95%。

9.4 铜-钢复合板（见表3.4-191）

表3.4-191　铜-钢复合钢板尺寸规格及力学性能（摘自 GB/T 13238—1991）

<table>
<tr><th rowspan="3">尺寸规格
/mm</th><th colspan="2">总厚度</th><th colspan="2">复层厚度</th><th colspan="2">长度</th><th colspan="2">宽度</th></tr>
<tr><td>公称尺寸</td><td>极限偏差</td><td>公称尺寸</td><td>极限偏差</td><td>公称尺寸</td><td>极限偏差</td><td>公称尺寸</td><td>极限偏差</td></tr>
<tr><td>8~30</td><td>+12%
-8%</td><td>2~6</td><td>±10%</td><td>≥1000</td><td>+25
-10</td><td>≥1000</td><td>+20
-10</td></tr>
<tr><td colspan="9">说明：1. 复合板的长度和宽度按50mm的倍数进极，定尺板尺寸由供需双方协商；
2. 复层厚度应在合同中注明，经需方同意，复层厚度超过正偏差亦可交货；
3. 复合板的平面度每米不大于12mm。</td></tr>
</table>

<table>
<tr><th rowspan="2">牌号、力学
性能及应用</th><th colspan="2">复层材料</th><th colspan="2">基层材料</th><th>抗拉强度 R_m
计算公式</th><th rowspan="2">应用</th></tr>
<tr><td>牌号</td><td>化学成分规定</td><td>牌号</td><td>化学成分规定</td><td></td></tr>
<tr><td></td><td>Tu1
T2
B30</td><td>GB 5231
GB 5234</td><td>Q235
20g、16Mng
20R、16MnR
Q345
20</td><td>GB/T 700
GB/T 713
GB/T 6654
GB/T 1591
GB/T 699</td><td>$R_m = \dfrac{t_1\sigma_1 + t_2\sigma_2}{t_1 + t_2}$
σ_1、σ_2——基材、复材
抗拉强度下
限值，（MPa）
t_1、t_2——基材、复材厚
度（mm）</td><td>适用于化工、石
油、制药、制盐等
工业制造耐腐蚀的
压力容器及真空
设备</td></tr>
<tr><td colspan="6">说明：1. 复合板伸长率应不小于基材标准的规定值。
2. 复合板的抗剪强度 τ_b 不小于100MPa。
3. 复层和基层材料牌号应在合同中注明。</td></tr>
</table>

9.5 镍-钢复合板（见表3.4-192）

表3.4-192　镍-钢复合板牌号、规格、性能及应用（YB/T 108—1997）

<table>
<tr><th colspan="2">复层材料</th><th colspan="2">基层材料</th><th colspan="2">总厚度</th><th colspan="2">复层厚度</th><th rowspan="2">应用</th></tr>
<tr><td>典型牌号</td><td>标准号</td><td>典型牌号</td><td>标准号</td><td>公称尺寸
/mm</td><td>极限偏差</td><td>公称尺寸
/mm</td><td>极限偏差</td></tr>
<tr><td rowspan="4">N6
N8</td><td rowspan="4">GB/T
5235
—
2007</td><td>Q235A
Q235B</td><td>GB/T700</td><td rowspan="2">6~10</td><td rowspan="2">±9%</td><td rowspan="2">≤2</td><td rowspan="2">双方协议</td><td rowspan="4">适用于石油、化
工、制药、制盐等行
业制造耐腐蚀的压力
容器，核反应堆，贮
藏槽及其他制品</td></tr>
<tr><td>20g、16Mng</td><td>GB/T713</td></tr>
<tr><td>20R、16MnR</td><td>GB/T6654</td><td>>10~15</td><td>±8%</td><td>>2~3</td><td>±12%</td></tr>
<tr><td>Q345
20</td><td>GB/T1591
GB/T699</td><td>>15~20</td><td>±7%</td><td>>3</td><td>±10%</td></tr>
<tr><td>剪切试验</td><td colspan="2">拉伸试验</td><td></td><td colspan="3">弯曲试验
α=180°</td><td>结合度试验
α=180°</td></tr>
<tr><td>抗剪强度 J_b
/MPa ≥</td><td colspan="2">抗拉强度
R_m/MPa ≥</td><td>伸长率 δ_5
（%）</td><td colspan="2">外弯曲</td><td colspan="2">内弯曲</td><td>分离率 c
（%）</td></tr>
<tr><td>196</td><td colspan="2">R_m 计算式见
注4</td><td>大于基材和
复材标准值中
较低的数值</td><td colspan="4">弯曲部位的外侧不得有裂纹</td><td>3个结合度试样中
的两个试样 c 值不大
于50</td></tr>
</table>

注：1. 长度和宽度按50mm的倍数进极。长宽尺寸偏差按基材标准要求。
2. 复合板平面度 t：总厚度不大于10mm，$t \leq 12$mm/m；总厚度大于10mm，$t < 10$mm/m。
3. 复合板按理论重量计算；钢密度7.85g/cm³，镍及镍合金密度8.85g/cm³。
4. 复合板抗拉强度 R_m 计算式：$R_m = \dfrac{t_1 R_{m1} + t_2 R_{m2}}{t_1 + t_2}$。式中：$R_{m1}$、$R_{m2}$ 分别为基材、复材抗拉强度标准下限值（MPa）；t_1、t_2 分别为试样基材、复材的厚度（mm）。
5. 复合板应按GB/T 7734—2004规定进行超声波检测。

9.6 锆-钢复合板（见表3.4-193）

表3.4-193 锆-钢复合板分类、代号及力学性能（摘自 YS/T 777—2011）

结构及用途	锆-钢复合板用爆炸、爆炸-轧制方法使锆（复材）、纯钛（中间过渡材）与钢（基材）达到冶金结合的金属层状复合材料，此复合板由复材（锆）、中间过渡材（纯钛）和基材组成，适用于耐蚀压力容器、贮槽及其他场合等			
分类及代号	生产方法	类型	代号	用途分类
	爆炸复合板	0类	B0	0类：用于过渡接头、法兰等高结合强度，结合率100%
		1类	B1	1类：将复材锆作为强度设计或特殊用途的复合板，如管板
		2类	B2	2类：将复材锆作为耐蚀设计面不作强度设计考虑的复合板
	爆炸-轧制复合板	1类	BR1	
		2类	BR2	
复合板用基材、中间过渡材、复材的规定	基材：GB/T 711—2017《优质碳素结构钢热轧钢板和钢带》、GB/T 700—2006《碳素结构钢》、GB/T 712—2011《船舶及海洋工程用结构钢》、GB/T 713—2014《锅炉和压力容器用钢板》、GB/T 3274—2017《碳素结构钢和低合金结构钢热轧钢板和钢带》 中间过渡材：（纯钛）GB/T 3621—2007《钛及钛合金板材》的TA1、TA2 复材：YS/T 753—2011《压力容器用锆及锆合金板材》			

复合板力学性能	拉伸试验		剪切试验		弯曲试验	
	抗拉强度 R_m/MPa	断后伸长率 A（%）	抗剪强度/MPa		弯曲角 α/（°）	弯曲直径 D/mm
			0类复合板	其他类复合板		
	大于 R_{mj}	不小于基材或复材标准中较低一方的规定	≥196	≥140	内弯180°，外弯由复材标准决定，侧弯180°作为参考值	内弯时按基材标准规定，不够2倍时取2倍；外弯时为复合板厚度的3倍；侧弯参照内弯

注：复合板的抗拉强度（R_{mj}）理论下限值按下式计算：

$$R_{mj} = \frac{t_1 R_{m1} + t_2 R_{m2} + t_3 R_{m3}}{t_1 + t_2 + t_3}$$

式中 R_{m1}—基材抗拉强度下限标准值（MPa）；
R_{m2}—中间过渡材的抗拉强度下限标准值（MPa）；
R_{m3}—复材抗拉强度下限标准值（MPa）；
t_1—基材厚度（mm）；
t_2—中间过渡材厚度（mm）；
t_3—复材厚度（mm）。

9.7 结构用不锈钢复合管（见表3.4-194）

表3.4-194 结构用不锈钢复合管分类、规格及应用（摘自 GB/T 18704—2008）

分类及代号	圆管—R，方管—S，矩形管—Q；按交货状态分为4种：表面未抛光状态—SNB，表面抛光状态—SB，表面磨光状态—SP，表面喷砂状态—SS
材料要求	覆材牌号：06Cr19Ni10、12Cr18Ni9、12Cr18Mn9Ni5N、12Cr17MnNi5N，其化学成分和力学性能应符合 GB/T 18704—2008 的规定 基材牌号：Q195、Q215、Q235，化学成分符合 GB/T 700—2006 的规定；力学性能应按 GB/T 18704—2008 的相关规定

(续)

尺寸规格及用途/mm	圆 管（R）		矩 形 管（Q）		方 管（S）	
	外径	总壁厚	边 长	总壁厚	边 长	总壁厚
	12.7	0.8~2.0	20×10	0.8~2.0	15×15	0.8~2.0
	15.9	0.8~2.0	25×15	0.8~2.0	20×20	0.8~2.0
	19.1	0.8~2.0	40×20	1.0~2.5	25×25	0.8~2.5
	22.2	0.8~2.0	50×30	1.0~2.5	30×30	1.0~2.5
	25.4	0.8~2.5	70×30	1.2~2.5	40×40	1.0~2.5
	31.8	0.8~2.5	80×40	1.2~3.0	50×50	1.2~3.0
	38.1	1.2~2.5	90×30	1.2~3.0	60×60	1.4~3.5
	42.4	1.2~2.5	100×40	3.0~4.0	70×70	3.0~4.0
	48.3	1.2~2.5	110×50	3.0~4.0	80×80	3.0~4.0
	50.8	1.2~2.5	120×40	3.0~4.0	85×85	3.0~4.0
	57.0	1.0~2.5	120×60	3.5~4.5	90×90	3.0~4.0
	63.5	1.2~3.0	130×50	3.5~4.5	100×100	3.0~4.0
	76.3	1.2~3.0	130×70	3.5~4.5	110×110	3.0~4.0
	80.0	1.4~3.5	140×60	3.5~4.5	125×125	3.5~5.0
	87.0	2.2~3.5	140×80	3.5~4.5	130×130	3.5~5.0
	89.0	2.5~4.0	150×50	3.5~4.5	140×140	4.0~6.0
	102	3.0~4.0	150×70	3.5~5.0	170×170	5.0~8.0
	108	3.5~4.5	160×40	3.5~4.5	总壁厚尺寸系列/mm	
	112	3.0~4.0	160×60	3.5~5.0		
	114	3.0~4.5	160×90	4.0~5.0	0.8、1.0、1.2、1.4、1.5、1.6、1.8、2.0、2.2、2.5、3.0、3.5、4.0、4.5、5.0~12（1进级）	
	127	3.5~4.5	170×50	3.5~5.0		
	133	3.5~4.5	170×80	4.0~5.0		
	140	3.5~5.0	180×70	4.0~5.0		
	159	4.0~5.0	180×80	4.0~5.0		
	165	4.0~5.0	180×100	4.0~6.0	管长度/mm	1000~8000
	180	4.5~5.0	190×60	4.0~6.0		
	217	4.5~10	190×70	4.0~6.0	用 途	
	219	4.5~11	190×90	4.0~6.0	产品用于一般机械结构零部件、医疗器械、车船制造、钢结构网架、市政设施、建筑装饰、道桥铁路各种护栏等	
	273	6.0~12	200×60	4.0~5.0		
	299	6.0~12	200×80	4.0~6.0		
	325	7.0~12	200×140	4.5~8.0		

注：1. 复合管基材和覆材可在供需双方协定后，采用其他牌号的材料制造。

2. 管材工艺性能：将管材试样外径压扁至管径的1/3时，试样不得有裂纹或裂口；用顶心锥度为60°，将管材试样外径扩至管径的6%时，不得有裂纹或裂口；将管材弯曲角度为90°，弯心半径为管材外径3.5倍，试样弯曲处内侧面不得有皱褶。

3. 圆管材外径≤63.5mm时，管材表面粗糙度不低于$Ra0.8\mu m$（即光亮度400号）；圆管外径大于63.5mm及方形管和矩形管的管材表面粗糙度不低于$Ra1.6\mu m$（即光亮度320号）。

4. 按理论质量交货时，管材每米理论质量W的计算式为

$$W = \frac{\pi}{1000}[S_1(D-S_1)\rho_1 + S_2(D-2S_1-S_2)\rho_2]$$

式中 W—复合管的质量（kg/m）；
　　　D—复合管的外径（mm）；
　　　S_1—复合管覆材的壁厚（mm）；
　　　S_2—复合管基材的壁厚（mm）；
　　　ρ_1—复合管覆材的钢密度（kg/dm³）（不锈钢的密度为7.93kg/dm³）；
　　　ρ_2—复合管基材钢的密度（kg/dm³）（碳素钢的密度为7.85kg/dm³）。

5. 标记示例：

a) 用06Cr19Ni10的钢为覆材，Q195的钢为基材，圆形截面，抛光状态，外径25.4mm，壁厚1.2mm，长度为6000mm定尺的复合管，其标记为：

06Cr19Ni10/Q195-25.4×1.2×6000-GB/T 18704—2008

（复合管以圆截面形状、抛（磨）光状态交货的，可不标注其代号）

b) 用12Cr18Ni9的钢为覆材，Q235B的钢为基材，方形截面，喷砂状态，边长30mm，壁厚1.4mm，长度为6000mm定尺的方形复合管，其标记为：

12Cr18Ni9/Q235B-S. SA30×30×1.4×6000-GB/T 18704—2008

9.8 流体输送用双金属复合耐腐蚀钢管（见表3.4-195～表3.4-201）

表 3.4-195 流体输送用双金属复合耐腐蚀钢管尺寸规格（摘自 GB/T 31940—2015）

外径	成品钢管的外径（D）应符合 GB/T 17395 无缝钢管或 GB/T 21835 焊接钢管的尺寸规定，按需方要求，供需双方协商，钢管可按内径交货				
外径极限偏差/mm	规定外径 D	除管端外		管端	
		无缝钢管	焊接钢管	无缝钢管	焊接钢管
	<60.3	+0.4 −0.8		+0.4 −0.8	
	60.3～168.3	±0.0075D		+1.6 −0.4	
	>168.3～610	±0.0075D	±0.0075D，但最大为 ±3.2	±0.005D，但最大为 ±1.6	
	>610～1422	±0.01D	±0.005D，但最大为 ±4.0	±2.0	±1.6
	>1422	供需双方协商确定			
壁厚极限偏差/mm	基层壁厚 S_1	S_1 的极限偏差		复层壁厚	
	无缝钢管			民用建设、市政建设用复合钢管复层壁厚至少应为公称厚度的 8% 油气输送、油井集输用、化工管道复合钢管内层壁厚应不小于 2.5mm，其极限偏差为 $^{+2}_{0}$mm	
	≤4.0	+0.6 −0.5			
	>4.0～<25	+0.150S_1 −0.125S_1			
	≥25	+3.7 或 +0.1S_1，取较大者 −3.0 或 −0.1S_1，取较大者			
	焊接钢管①				
	≤5.0	±0.5			
	>5.0～<15	±0.1S_1			
	≥15	±1.5			
长度和弯曲度	钢管通常长度为 3000～12500mm，定尺长度应在通常长度范围内钢管全长弯曲度应不大于钢管长度的 0.15%				
用途	钢管适于石油天然气输送、油井集输、化工管道、民用建设及市政建设流体输送之用				

注：GB/T 31940—2015《流体输送用双金属复合耐腐蚀钢管》为我国首次发布。
① 壁厚正偏差不适用于焊缝。

表 3.4-196 流体输送用双金属复合耐腐蚀钢管基层材料和复层材料的牌号及化学成分（摘自 GB/T 31940—2015）

基层材料：石油天然气输送、油井集输、化工管道用钢管的基层牌号和化学成分应符合 GB/T 31940—2015 附录 A 的规定
民用建设、市政建设用钢管的基层牌号和化学成分应符合 GB/T 700—2006 中 Q235、Q275 或 GB/T 1591—2008 中 Q345、Q390、Q420、Q460 的规定
根据客户要求，经供需双方协商，可供应其他基层牌号和化学成分的钢管，并在合同中注明

复层材料

类型	统一数字代号	牌号	化学成分（质量分数，%）											
			C max	Si max	Mn max	P max	S max	Ni min	Ni max	Cr min	Cr max	Mo min	Mo max	N min	N max	其他

类型	统一数字代号	牌号	C max	Si max	Mn max	P max	S max	Ni min	Ni max	Cr min	Cr max	Mo min	Mo max	N min	N max	其他
奥氏体型不锈钢	S30210	12Cr18Ni9	0.15	0.75	2.00	0.040	0.030	8.00	10.00	17.00	19.00	—	—	—	0.10	—
	S30408	06Cr19Ni10	0.08	0.75	2.00	0.040	0.030	8.00	11.00	18.00	20.00	—	—	—	—	—
	S30403	022Cr19Ni10	0.030	0.75	2.00	0.040	0.030	8.00	12.00	18.00	20.00	—	—	—	—	—
	S31008	06Cr25Ni20	0.08	1.50	2.00	0.040	0.030	19.00	22.00	24.00	26.00	—	—	—	—	—
	S31608	06Cr17Ni12Mo2	0.08	0.75	2.00	0.040	0.030	10.00	14.00	16.00	18.00	2.00	3.00	—	—	—
	S31603	022Cr17Ni12Mo2	0.030	0.75	2.00	0.040	0.030	10.00	14.00	16.00	18.00	2.00	3.00	—	—	—
	S32168	06Cr18Ni11Ti	0.08	0.75	2.00	0.040	0.030	9.00	12.00	17.00	19.00	—	—	—	—	Ti: 5×C~0.70
	S34778	06Cr18Ni11Nb	0.08	0.75	2.00	0.040	0.030	9.00	12.00	17.00	19.00	—	—	—	—	Nb: 10×C~1.10
双相型不锈钢	S22253	022Cr22Ni5Mo3N	0.030	1.00	2.00	0.030	0.020	4.50	6.50	21.00	23.00	2.50	3.50	0.08	0.20	—
	S22553	022Cr25Ni6Mo2N	0.030	1.00	2.00	0.030	0.030	5.50	6.50	24.00	26.00	1.20	2.50	0.10	0.20	—
耐蚀合金	H03306	NS3306	0.10	0.50	0.50	0.015	0.015	余量		20.0	23.0	8.0	10.0	—	—	Fe≤5.0 Al≤0.40 Ti≤0.40 Nb: 3.15~4.15 Co≤1.0
	H01402	NS1402	0.05	0.50	1.00	0.030	0.030	38.0	46.0	19.0	23.5	2.5	3.5	—	—	Cu 1.5~3.0 Al≤0.20 Ti: 0.60~1.20

表 3.4-197 流体输送用（石油天然气输送、油井集输、化工管道用）复合钢管基层的化学成分
（摘自 GB/T 31940—2015）

基层等级	熔炼分析和产品分析质量分数(%)(max)									碳当量[①](%)(max)	
	C[②]	Si	Mn[②]	P	S	V	Nb	Ti	其他	CE_{IIw}	CE_{Pcm}
无缝钢管和焊接钢管											
L245R/BR	0.24	0.40	1.20	0.025	0.015	[③]	[③]	0.04	[⑤]	0.43	0.25
L290R/X42R	0.24	0.40	1.20	0.025	0.015	0.06	0.05	0.04	[⑤]	0.43	0.25
L245N/BN	0.24	0.40	1.20	0.025	0.015	[③]	[③]	0.04	[⑤]	0.43	0.25
L290N/X42N	0.24	0.40	1.20	0.025	0.015	0.06	0.05	0.04	[⑤]	0.43	0.25
L360N/X52N	0.24	0.45	1.40	0.025	0.015	0.10	0.05	0.04	[③],[⑤]	0.43	0.25
L415NX60N	0.24[⑥]	0.45[⑥]	1.40[⑥]	0.025	0.015	0.10[⑥]	0.05[⑥]	0.04[⑥]	[⑦],[⑧]	依照协议	
L245Q/BQ	0.18	0.45	1.40	0.025	0.015	0.05	0.05	0.04	[⑤]	0.43	0.25
L290Q/X42Q	0.18	0.45	1.40	0.025	0.015	0.05	0.05	0.04	[⑤]	0.43	0.25
L360Q/X52Q	0.18	0.45	1.50	0.025	0.015	0.05	0.05	0.04	[⑤]	0.43	0.25
L415Q/X60Q	0.18[⑥]	0.45[⑥]	1.70[⑥]	0.025	0.015	[⑦]	[⑦]	[⑦]	[⑧]	0.43	0.25
L450Q/X65Q	0.18[⑥]	0.45[⑥]	1.70[⑥]	0.025	0.015	[⑦]	[⑦]	[⑦]	[⑧]	0.43	0.25
L485Q/X70Q	0.18[⑥]	0.45[⑥]	1.80[⑥]	0.025	0.015	[⑦]	[⑦]	[⑦]	[⑧]	0.43	0.25
L555Q/X80Q	0.18[⑥]	0.45[⑥]	1.90[⑥]	0.025	0.015	[⑦]	[⑦]	[⑦]	[⑨],[⑩]	依照协议	
焊接钢管											
L245M/BM	0.22	0.45	1.20	0.025	0.015	0.05	0.05	0.04	[⑤]	0.43	0.25
L290M/X42M	0.22	0.45	1.30	0.025	0.015	0.05	0.05	0.04	[⑤]	0.43	0.25
L360M/X52M	0.22	0.45	1.40	0.025	0.015	[④]	[④]	[④]	[⑤]	0.43	0.25
L415M/X60M	0.12[⑥]	0.45[⑥]	1.60[⑥]	0.025	0.015	[⑦]	[⑦]	[⑦]	[⑧]	0.43	0.25
L450M/X65M	0.12[⑥]	0.45[⑥]	1.60[⑥]	0.025	0.015	[⑦]	[⑦]	[⑦]	[⑧]	0.43	0.25
L485M/X70M	0.12[⑥]	0.45[⑥]	1.70[⑥]	0.025	0.015	[⑦]	[⑦]	[⑦]	[⑧]	0.43	0.25
L555M/X80M	0.12[⑥]	0.45[⑥]	1.85[⑥]	0.025	0.015	[⑦]	[⑦]	[⑦]	[⑧]	0.43	0.25

注：GB/T 31940—2015《流体输送用双金属复合耐腐蚀钢管》对于石油天然气输送、油井集输、化工管道用复合钢管的基层材料的化学成分和力学性能作了规定，见表3.4-198～表3.4-200。本表所列化学成分为基层厚度 $S_1 \leq 25.0$ mm，石油天然气输送，油井集输的基层材料；当壁厚 $S_1 > 25.0$ mm 的复合管，其化学成分应协商确定。

① 依据产品分析结果，$S_1 > 20.0$ mm 无缝钢管的碳当量经协商确定：

$$CE_{IIw} = C + \frac{Mn}{6} + \frac{(Cr + Mo + V)}{5} + \frac{(Ni + Cu)}{15}（C > 0.12\% 时适用）；$$

$$CE_{Pcm} = C + \frac{Si}{30} + \frac{Mn}{20} + \frac{Cu}{20} + \frac{Ni}{60} + \frac{Cr}{20} + \frac{Mo}{15} + \frac{V}{10} + 5B（C \leq 0.12\% 时适用）。$$

② 碳含量比规定最大值每降低0.01%，含锰量则允许比规定最大值增高0.05%：当L245/B≤钢级≤L360/X52时，最大锰含量不应超过1.65%；当L360/X52<钢级<L485/X70时，最大锰含量不应超过1.75%；当L485/X70≤钢级≤L555/X80时，最大锰含量为2.00%；当钢级>L555/X80时，最大锰含量为2.20%。

③ 除非另有协议外，Nb+V≤0.06%。

④ Nb+V+Ti≤0.15%。

⑤ 除非另有协议外，Cu≤0.50%；Ni≤0.30%；Cr≤0.30%；Mo≤0.15%。

⑥ 除非另有协议。

⑦ 除非另有协议外，Nb+V+Ti≤0.15%。

⑧ 除非另有协议外，Cu≤0.50%；Ni≤0.50%；Cr≤0.50%；Mo≤0.50%。

⑨ 除非另有协议外，Cu≤0.50%；Ni≤1.00%；Cr≤0.50%；Mo≤0.50%。

⑩ B≤0.004%。

表 3.4-198　化工管道用复合钢管基层材料的化学成分（摘自 GB/T 31940—2015）

基层牌号	化学成分（质量分数,%）					
	C[②]	Si	Mn	P	S	Alt
Q245R[①]	≤0.20	≤0.35	0.50~1.00	≤0.025	≤0.015	≥0.020
Q345R[①]	≤0.20	≤0.55	1.20~1.60	≤0.025	≤0.015	≥0.020

注：基层厚度 S_1≤25.0mm，化工管道用的复合钢管的基层材料应按本表的规定，当壁厚 S_1>25.0mm 的复合管，其化学成分应协商确定。

① 如果钢中加入 Nb、Ti、V 等微量元素，Alt 含量下限不适用。

② 经供需双方协议，并在合同中注明，C 含量下限可不作要求。

表 3.4-199　石油天然气输送和油井集输用复合钢管基层管体夏比冲击试验 CVN 吸收能量要求
（摘自 GB/T 31940—2015）

钢级	全尺寸冲击吸收能量最小值 KV/J 纵向（横向）					
	≤508	>508~762	>762~914	>914~1219	>1219~1422	>1422~2134
≤L415/X60	27（20）	27（20）	40（30）	40（30）	40（30）	40（30）
>L415/X60 ≤L450/X65	27（20）	27（20）	40（30）	40（30）	54（40）	54（40）
>L450/X65 ≤L485/X70	27（20）	27（20）	40（30）	40（30）	54（40）	68（50）
>L485/X70 ≤L555/X80	40（30）	40（30）	40（30）	40（30）	54（40）	68（50）
>L555/X80 ≤L625/X90	40（30）	40（30）	40（30）	40（30）	54（40）	81（60）
>L625/X90 ≤L690/X100	40（30）	40（30）	54（40）	54（40）	68（50）	95（70）
>L690/X100 ≤L830/X120	40（30）	40（30）	54（40）	68（50）	81（60）	108（80）

注：1. 标准规定对石油天然气输送、油井集输复合钢管基层钢管应进行焊缝、热影响区和母材的夏比冲击试验。除非订购合同另有规定，试验温度应为0℃，每个焊缝及热影响区全尺寸试样平均最小冲击吸收能量（同一组的3个试样）应满足以下规定：

1）钢级≤L555/X80 且 D<1442mm 的钢管为 27J；

2）D≥1442mm 的钢管为 40J；

3）钢级>L555/X80 的钢管为 40J。

2. 石油天然气输送和油中集输用复合钢管基层管体夏比冲击试验应符合本表规定。

表 3.4-200　化工管用双金属复合耐腐蚀钢管基层管体夏比冲击试验 CVN 吸收能量要求
（摘自 GB/T 31940—2015）

	基层标准抗拉强度范围 R_m/MPa	全尺寸冲击吸收能量平均值 KV/J
化工管道用复合管基层管体	≤450	≥20
	>450～510	≥24
	>510～570	≥31
	>570～630	≥34
	>630	≥38

注：1. GB/T 31940—2015 流体输送用双金属复合耐蚀钢管只规定基层的力学性能，试验时，试样上的复层应去除。钢管基层拉伸试验应满足基层材料相应标准力学性能的要求。按需方要求，经双方协定，并在合同中注明，可规定复层及基与基层复合后的力学性能。

2. 石油天然气输送、油井集输、化工管道用复合钢管的力学性能在 GB/T 31940—2015 的附录中给出了规范性的附加要求。在 GB/T 31940—2015 附录中对于冲击试验的规定如下：

(1) 石油天然气输送、油井集输复合钢管基层钢管应进行焊缝、热影响区和母材的夏比冲击试验。除非订购合同另有规定，试验温度应为 0℃，每个焊缝及热影响区全尺寸试样平均最小冲击吸收能量（同一组的 3 个试样）应满足以下规定：

a) 钢级≤L555/X80 且 D<1442mm 的钢管为 27J；
b) D≥1442mm 的钢管为 40J；
c) 钢级>L555/X80 的钢管为 40J。

基层管体夏比冲击试验应满足本表的规定。

(2) 化工管道用复合钢管基层应进行焊缝、热影响区和母材的夏比冲击试验。除非订购合同另有规定，试验温度应为 0℃，每个焊缝及热影响区全尺寸试样平均最小冲击吸收能量（同一组的 3 个试样）应满足本表的规定。

(3) 采用小尺寸试样时，要求的最小平均吸收能量值应为全尺寸试样的规定值乘以小尺寸试样厚度与全尺寸试样厚度的比值，并将结果圆整到最临近的整数值。

(4) 根据需方要求，并在合同中注明，基层钢管管体夏比冲击每个试验的最小平均剪切面积不小于 85%。

3. 钢管的工艺性能（导向弯曲试验、压扁试验）、硬度试验及硬度值要求、腐蚀试验、剩磁要求、液压试验、无损检测、外观质量要求以及其他特殊附加要求均应符合 GB/T 31940—2015 的相关规定。

10　一般通用塑料制品

10.1　聚四氟乙烯板（见表 3.4-201）

表 3.4-201　聚四氟乙烯板规格性能及应用（摘自 QB/T 3625—1999）

牌号	规格/mm			性能及应用			
	厚度	宽度×长度	圆形板	项目	SFB-1	SFB-2	SFB-3
SFB-3 SFB-2 SFB-1	0.5 0.6 0.7 0.8 0.9	60、90 120、150 200、250 300、600 1000、1200 1500 ×(≥500)	厚度：0.8、1.0、1.2、1.5 直径：100、120、140、160、180、200、250	密度/g·cm⁻³	2.1～2.3	2.1～2.3	2.1～2.3
	1.0	同上		抗拉强度/MPa	≥15	≥15	≥15
	1.2 1.5	120×120 160×160 200×200 250×250		断裂伸长率(%)	≥150	≥150	≥30

(续)

牌号	规格/mm			性能及应用			
	厚度	宽度×长度	圆形板	项目	SFB-1	SFB-2	SFB-3
SFB-3 SFB-2 SFB-1	2、2.5、3、4、5、6、7、8、9、10、11、12、13、14、15、16、17、18、19、20、22、24、26、28、30、32、34、36、38、40、45、50、55、60、65、70、75	120×120 160×160 200×200 250×250 300×300 400×400 450×450	厚度: 0.8、1.0、1.2、1.5 直径: 100、120、140、160、180、200、250	交流击穿电压/kV	≥10	—	—
				应用	用于电器绝缘	用于腐蚀介质中的衬垫、密封件及润滑材料	用于腐蚀介质中的隔膜和视镜
	80、85、90、95、100	300×300 400×400 450×450					

注：标记示例：
　　厚度15mm，宽度250mm，长度250mm 的 SFB-2 聚四氟乙烯板材，标记为：乙烯板 SFB-2—15×250×250 QB/T 3625—1999。

10.2 环氧树脂硬质层压板（见表3.4-202～表3.4-206）

表 3.4-202　环氧树脂工业硬质层压板的型号、特性及应用（摘自 GB/T 1303.4—2009）

层压板型号			用途与特性
树脂	增强材料	系列号	
EP	CC	301	机械和电气用。耐电痕化、耐磨、耐化学品性能好
	CP	201	电气用。高湿下电气性能稳定性好，低燃烧性
	GC	201	机械、电气及电子用。中温下机械强度极高，高温下电气性能稳定性好
		202	类似于 EP GC 201 型，低燃烧性
		203	类似于 EP GC 201 型，高温下机械强度高
		204	类似于 EP GC 203 型，低燃烧性
		205	类似于 EP GC 203 型，但采用粗布
		306	类似于 EP GC 203 型，但改进了电痕化指数
		307	类似于 EP GC 205 型，但改进了电痕化指数
		308	类似于 EP GC 203 型，但改进了耐热性
	GM	201	机械和电气用，中温下机械强度极高，高湿下电气性能稳定性好
		202	类似于 EP GM 201 型，低燃烧性
		203	类似于 EP GM 201 型，高温下机械强度高
		204	类似于 EP GM 203 型，低燃烧性
		305	类似于 EP GM 203 型，但改进了热稳定性
		306	类似于 EP GM305 型，但改进了电痕化指数
	PC	301	电气和机械用，耐 SF_6 性能好

注：1. 不应根据本表中得出：某一具体型号的层压板一定不适用于未被列出的用途，或者特定的层压板一定适用于所述大范围内的各种用途。
　　2. 各种层压板的名称构成如下：
　　　——GB 标准号；
　　　——代表树脂的第一个双字母缩写；
　　　——代表增强材料的第二个双字母缩写；
　　　——系列号；
　　名称举例：EP GC 201 型工业硬质层压板，名称为：GB/T 1303 EP GC 201。
　　下列缩写适用于本部分：
　　　树脂类型　　　　　　　　　补强材料类型
　　　EP　环氧　　　　　　　　　CC　（纺织）棉布
　　　　　　　　　　　　　　　　CP　纤维素纸
　　　　　　　　　　　　　　　　GC　（纺织）玻璃布
　　　　　　　　　　　　　　　　GM　玻璃毡
　　　　　　　　　　　　　　　　PC　纺织聚酯纤维布

表 3.4-203　环氧树脂工业硬质层压板尺寸规格（摘自 GB/T 1303.4—2009）　　　　（mm）

长度和宽度	板材长度和宽度为 450~1000，极限偏差为 ±15 板材长度和宽度为 >1000~2600，极限偏差为 ±25					
厚度	标称厚度	极限偏差（所有型号）				
		EP CC 301	EP CP 201	EP GC 201、202 203、204 306、308	EP GC 205、307	EP GM 201、202 203、204 305、306	EP PC 301
	0.4	—	±0.07	±0.10	—	—	—
	0.5	—	±0.08	±0.12	—	—	—
	0.6	—	±0.09	±0.13	—	—	—
	0.8	±0.16	±0.10	±0.16	—	—	—
	1.0	±0.18	±0.12	±0.18	—	—	—
	1.2	±0.19	±0.14	±0.20	—	—	±0.21
	1.5	±0.19	±0.16	±0.24	—	±0.30	±0.24
	2.0	±0.22	±0.19	±0.28	—	±0.35	±0.28
	2.5	±0.24	±0.22	±0.33	—	±0.40	±0.33
	3.0	±0.30	±0.25	±0.37	±0.50	±0.45	±0.37
	4.0	±0.34	±0.30	±0.45	±0.60	±0.50	±0.45
	5.0	±0.39	±0.34	±0.52	±0.70	±0.55	±0.52
	对 6mm 及以上厚的 EP GC 205、307 板均为上极限偏差为正值，下极限偏差为 "0"					
	6.0	±0.44	±0.37	±0.60	+1.60	±0.60	±0.60
	8.0	±0.52	±0.47	±0.72	+1.90	±0.70	±0.72
	10.0	±0.60	—	±0.82	+2.20	±0.80	±0.82
	12.0	±0.68	—	±0.94	2.40	±0.90	±0.94
	14.0	±0.74	—	±1.02	2.60	±1.00	±1.02
	16.0	±0.80	—	±1.12	2.80	±1.10	±1.12
	20.0	±0.93	—	±1.30	3.00	±1.30	±1.30
	25.0	±1.08	—	±1.50	3.50	±1.40	±1.50
	30.0	±1.22	—	±1.70	4.00	±1.45	±1.70
	35.0	±1.34	—	±1.95	4.40	±1.50	±1.95
	40.0	±1.47	—	±2.10	4.80	±1.55	±2.10
	45.0	±1.60	—	±2.30	5.10	±1.65	±2.30
	50.0	±1.74	—	±2.45	5.40	±1.75	±2.45
	60.0	±2.02	—	—	5.80	±1.90	—
	70.0	±2.32	—	—	6.20	±2.00	—
	80.0	±2.62	—	—	6.60	±2.20	—
	90.0	±2.92	—	—	6.80	±2.35	—
	100.0	±3.22	—	—	7.00	±2.50	—

注：对于标称厚度不在本表所列的优选厚度时，其极限偏差应采用最接近的优选标称厚度的极限偏差。其他极限偏差要求可由供需双方商定。

表 3.4-204 环氧树脂工业硬质层压板性能指标（摘自 GB/T 1303.4—2009）

性能		单位	要求型号							
			EP CC 301	EP CP 201	EP GC 201	EP GC 202	EP GC 203	EP GC 204	EP GC 205	EP GC 306
垂直层弯曲强度	常态下	MPa	≥135	≥110	≥340	≥340	≥340	≥340	≥340	≥340
	150℃±3℃	MPa	—	—	—	—	—	—	≥170	≥170
表观弯曲弹性模量		MPa	—	—	≥24000	—	—	—	—	—
垂直层向压缩强度		MPa	—	—	≥350	—	—	—	—	—
平行层向冲击强度（简支梁法）		kJ/m²	≥3.5	—	≥33	≥33	≥33	≥33	≥50	≥33
平行层向冲击强度（悬臂梁法）		kJ/m²	≥6.5	—	≥34	≥34	≥34	≥34	≥54	≥35
平行层向剪切强度		MPa	—	—	≥30	—	—	—	—	—
拉伸强度		MPa	—	—	≥300	见表3.4-205				
垂直层向电气强度（90℃油中）		kV/mm	≥35	≥20	≥35	≥35	≥35	≥35	≥35	≥35
平行层向击穿电压（90℃油中）		kV	—	—	≤5.5	—	—	—	—	—
相对介电常数	50Hz		—	—	≤5.5	—	—	—	—	—
	1MHz		—	—	≤0.04	—	—	—	—	—
损耗角正切	50Hz		—	—	≤0.04	—	—	—	—	—
	1MHz		—	—						
浸水后绝缘电阻		MΩ	≥1×10³	≥1×10⁴	≥5×10⁴	≥5×10⁴	≥5×10⁴	≥5×10⁴	≥1×10⁴	≥5×10⁴
耐电痕化指数（PTI）			—	—	≥200	—	—	—	—	—
长期耐热性			—	—	≥130	—	—	—	—	—
密度		g/cm³	—	—	1.7～1.9	—	—	—	—	—
燃烧性		级	—	V-0	—	V-0	—	V-0	—	—
吸水性		mg	—	—	—	见表3.4-206				

第4章 塑料和复合材料

(续)

性能	单位	型号 要求									
		EP GC 307	EP GC 308	EP GM 201	EP GM 202	EP GM 203	EP GM 204	EP GM 305	EP GM 306	EP PC 301
弯曲强度 常态下 / 150℃±3℃	MPa	≥340 / ≥170	≥340 / ≥170	≥320 / —	≥320 / —	≥320 / ≥160	≥320 / ≥160	≥320 / ≥160	≥320 / ≥160	≥110 / —
平行层向简支梁冲击强度	kJ/m²	≥50	≥33	≥50	≥50	≥50	≥50	≥50	≥50	≥130
平行层向悬臂梁冲击强度	kJ/m²	≥55	≥35	≥55	≥55	≥55	≥55	≥55	≥55	≥145
垂直层向电气强度（90℃油中）	kV/mm					见表3.4-205				
平行层向击穿电压（90℃油中）	kV	≥35	≥20	≥35	≥35	≥35	≥35	≥35	≥35	≥55
浸水后绝缘电阻	MΩ	1×10⁴	5×10⁴	5×10³	5×10³	5×10³	5×10³	5×10³	5×10³	1×10²
耐电痕化指数	—	500	—	—	—	—	—	—	500	—
长期耐热性	—	—	180	—	—	—	—	180	180	—
燃烧性	级	—	—	—	V-0	—	V-0	—	—	—
吸水性	mg					见表3.4-206				

注：1. "表观弯曲弹性模量" "垂直层向压缩强度" "平行层向剪切强度" "拉伸强度" "工频介质损耗因数" "1MHz下损耗角正切" "1MHz下介电常数" "密度" 为特殊性能要求，由供需双方商定。
垂直层向弯曲强度（150℃±3℃）在150℃±3℃/1h处理后在150℃±3℃测定。
平行层向冲击强度（150℃±3℃）（简支梁法）和平行层向冲击强度（悬臂梁法）任选一项达到要求即可。
相对介电常数（50Hz）和相对介电常数（1MHz）任选一项达到要求即可。
损耗角正切（50Hz）和损耗角正切（1MHz）任选一项达到要求即可。
2. 弯曲强度（150℃±3℃）在150℃±3℃/1h处理后在150℃±3℃测定。
平行层向冲击强度（150℃±3℃）（简支梁法）和平行层向冲击强度（悬臂梁法）任选一项达到要求即可。

表 3.4-205 垂直层向电气强度（90℃油中）（摘自 GB/T 1303.4—2009）
（1min 耐压试验或 20s 逐级升压试验）

(kV/mm)

型号	测得的试样厚度平均值 /mm																							
	0.4	0.5	0.6	0.7	0.8	0.9	1.0	1.2	1.4	1.5	1.8	2.0	2.2	2.4	2.5	2.6	2.8	3.0
EP CC 301	—	—	—	—	10.0	9.6	9.2	8.6	8.2	8.0	7.4	7.1	6.8	6.5	6.4	6.2	5.6	5.0
EP CP 201	19.0	18.2	17.6	17.1	16.6	16.2	15.8	15.2	14.7	14.5	13.9	13.6	13.4	13.3	13.3	13.2	13.0	13.0
EP GC 201	16.9	16.1	15.6	15.2	14.8	14.5	14.2	13.7	13.2	13.0	12.2	11.8	11.4	11.1	10.9	10.8	10.5	10.2
EP GC 202	16.9	16.1	15.6	15.2	14.8	14.5	14.2	13.7	13.2	13.0	12.2	11.8	11.4	11.1	10.9	10.8	10.5	10.2
EP GC 203	16.9	16.1	15.6	15.2	14.8	14.5	14.2	13.7	13.2	13.0	12.2	11.8	11.4	11.1	10.9	10.8	10.5	10.2
EP GC 204	16.9	16.1	15.6	15.2	14.8	14.5	14.2	13.7	13.2	13.0	12.2	11.8	11.4	11.1	10.9	10.8	10.5	10.2
EP GC 205	—	—	—	—	—	—	—	—	—	—	—	—	—	—	—	—	—	9.0
EP GC 306	16.9	16.1	15.6	15.2	14.8	14.5	14.2	13.7	13.2	13.0	12.2	11.8	11.4	11.1	10.9	10.8	10.5	10.2
EP GC 307	—	—	—	—	—	—	—	—	—	—	—	—	—	—	—	—	—	9.0
EP GC 308	16.9	16.1	15.6	15.2	14.8	14.5	14.2	13.7	13.2	13.0	12.2	11.8	11.4	11.1	10.9	10.8	10.5	10.2
EP GM 201	—	—	—	—	—	—	—	—	12.3	12.0	11.0	10.5	10.0	9.8	9.6	9.4	9.2	9.0
EP GM 202	—	—	—	—	—	—	—	—	12.3	12.0	11.0	10.5	10.0	9.8	9.6	9.4	9.2	9.0
EP GM 203	—	—	—	—	—	—	—	—	12.3	12.0	11.0	10.5	10.0	9.8	9.6	9.4	9.2	9.0
EP GM 204	—	—	—	—	—	—	—	—	12.3	12.0	11.0	10.5	10.0	9.8	9.6	9.4	9.2	9.0
EP GM 305	—	—	—	—	—	—	—	—	12.3	12.0	11.0	10.5	10.0	9.8	9.6	9.4	9.2	9.0
EP GM 306	—	—	—	—	—	—	—	—	12.3	12.0	11.0	10.5	10.0	9.8	9.6	9.4	9.2	9.0
EP PC 301	—	—	—	—	—	—	—	13.7	13.2	13.0	12.2	11.8	11.4	11.1	10.9	10.8	10.5	10.2

注：垂直层向电气强度（90℃油中）和 1min 耐压试验或 20s 逐级升压试验两者试验任取其一。对满足两者中任何一个要求的应视其垂直层向电气强度（90℃油中）符合要求。

如果测得的试样厚度算术平均值介于表中所示两种厚度之间，则其极限值应由内插法求得。如果测得的试样厚度算术平均值低于表给出极限值的最小厚度，则电气强度极限值相应取最小厚度的值。如果标称厚度为 3mm 而测得的厚度算术平均值超过 3mm，则取 3mm 厚度的极限值。

表 3.4-206 吸水性极限值（摘自 GB/T 1303.4—2009） (mm)

型号	测得的试样厚度平均值 /mm																		
	0.4	0.5	0.6	0.8	1.0	1.2	1.5	2.0	2.5	3.0	4.0	5.0	6.0	8.0	10.0	12.0	14.0	16.0	20.0	25.0	22.5
EP CC 301	—	—	—	67	69	71	76	—	—	—	—	—	—	—	—	—	—	—	—	—	—
EP CP 201	30	31	31	33	35	37	41	45	50	55	60	68	76	90	—	—	—	—	—	—	—
EP GC 201	17	17	17	18	18	18	19	20	21	22	23	25	27	31	34	38	41	46	52	61	73
EP GC 202	17	17	17	18	18	18	19	20	21	22	23	25	27	31	34	38	41	46	52	61	73
EP GC 203	17	17	17	18	18	18	19	20	21	22	23	25	27	31	34	38	41	46	52	61	73
EP GC 204	17	17	17	18	18	18	19	20	21	22	23	25	27	31	34	38	41	46	52	61	73
EP GC 205	—	—	—	—	—	—	—	—	—	—	—	—	—	—	—	—	—	—	—	—	—
EP GC 306	17	17	17	18	18	18	19	20	21	22	23	25	27	31	34	38	41	46	52	61	73
EP GC 307	—	—	—	—	—	—	—	—	—	—	—	—	—	—	—	—	—	—	—	—	—
EP GC 308	17	17	17	18	18	18	19	20	21	22	23	25	27	31	34	38	41	46	52	61	73
EP GM 201	—	—	—	—	—	—	25	26	27	28	29	31	33	35	40	44	48	55	60	70	90
EP GM 202	—	—	—	—	—	—	25	26	27	28	29	31	33	35	40	44	48	55	60	70	90
EP GM 203	—	—	—	—	—	—	25	26	27	28	29	31	33	35	40	44	48	55	60	70	90
EP GM 204	—	—	—	—	—	—	25	26	27	28	29	31	33	35	40	44	48	55	60	70	90
EP GM 305	—	—	—	—	—	—	25	26	27	28	29	31	33	35	40	44	48	55	60	70	90
EP GM 306	—	—	—	—	—	—	25	26	27	28	29	31	33	35	40	44	48	55	60	70	90
EP PC 301	—	—	—	—	—	130	135	140	145	150	160	170	180	200	220	240	260	280	320	370	440

注：如果测得的试样厚度算术平均值介于表中所示两种厚度之间，则其极限值由内插法求得。如果测得的厚度算术平均值低于给出极限值的那个最小厚度，值取相应最小厚度的那个值。如果标称厚度为 25mm 而测得的厚度算术平均值超过 25mm，则取 25mm 厚度的那个极限值。则其吸水性极限标称厚度大于 25mm 的板应单面面机加工至 22.5mm±0.3mm，并且加工面应光滑。

10.3 硬质聚氯乙烯板材（见表3.4-207）

表3.4-207 硬质聚氯乙烯板材分类、性能及尺寸规格（摘自 GB/T 22789.1—2008）

尺寸规格	板材长、宽、厚度尺寸由供需双方商定，其允许偏差应符合 GB/T 22789.1—2008 的规定。厚度 d 的范围≥1～20mm（d<1mm 板材的规定见 GB/T 22789.2）。长、宽尺寸推荐不大于4m，推荐幅面尺寸（长×宽）：1800×910、2000×1000、2440×1220、3000×1500、4000×2500（单位：mm）											

分类及性能	性能	试验方法	单位	层压板材					挤出板材				
				第1类 一般用途级	第2类 透明级	第3类 高模量级	第4类 高抗冲级	第5类 耐热级	第1类 一般用途级	第2类 透明级	第3类 高模量级	第4类 高抗冲级	第5类 耐热级
	拉伸屈服应力	GB/T 1040.2 IB型	MPa	≥50	≥45	≥60	≥45	≥50	≥50	≥45	≥60	≥45	≥50
	拉伸断裂伸长率	GB/T 1040.2 IB型	%	≥5	≥5	≥8	≥10	≥8	≥8	≥5	≥3	≥8	≥10
	拉伸弹性模量	GB/T 1040.2 IB型	MPa	≥2500	≥2500	≥3000	≥2000	≥2500	≥2500	≥2000	≥3200	≥2300	≥2500
	缺口冲击强度（厚度小于4mm的板材不做缺口冲击强度）	GB/T 1043.1 lepA型	kJ/m²	≥2	≥1	≥2	≥0	≥2	≥2	≥1	≥2	≥5	≥2
	维卡软化温度	ISO306：2004 方法 B50	℃	≥75	≥65	≥78	≥70	≥90	≥70	≥60	≥70	≥70	≥85
	加热尺寸变化率	根据 GB/T 22789.1	%	-3～+3					厚度：1.0mm≤d≤2.0mm：-10～+10；2.0mm<d≤5.0mm：-5～+5；5.0mm<d≤10.0mm：-4～+4；d>10.0mm：-4～+4				
	层积性（层间剥离力）	根据 GB/T 22789.1		无气泡、破裂或剥落（分层剥离）					—				
	总透光率（只适于第2类透明级）	ISO13468—1	%	厚度：d≤2mm，总透光率≥82%；2mm<d≤6mm，总透光率≥78%；6mm<d≤10mm，总透光率≥75%；d>10mm，总透光率不作规定									

注：GB/T 22789.1—2008 代替 GB/T 4454—1996《硬质聚氯乙烯层压板材》和 GB/T 13520—1992《硬质聚氯乙烯挤出板材》。

10.4 聚乙烯板（见表3.4-208）

表3.4-208 聚乙烯板规格及性能（摘自 QB/T 2490—2000）

板材规格/mm			技术性能		
项目	尺寸	极限偏差	项目	指	标
厚度 S	2～8	±(0.08+0.03S)	密度/g·cm⁻³	0.919～0.925	0.940～0.960
宽度	≥1000	±5	拉伸屈服强度(纵横向)/MPa	≥7.0	≥22.0
长度	≥2000	±10	简支梁缺口冲击韧度(纵横向)/MPa	无破裂	无破裂
对角线最大差值	每1000边长	≤5	断裂伸长率(纵横向)(%)	≥200	≥500

10.5 酚醛棉布层压板（见表3.4-209）

表3.4-209 酚醛棉布层压板型号、规格及性能（摘自 JB/T 8149.2—2000）

型号、应用及尺寸规格	型号	应用范围与特性							
	3025	机械用（粗布），电气性能差							
	3026	机械用（细布），电气性能差							
	3027	机械及电气用（粗布），电气性能差							
	3028	机械及电气用（细布），电气性能差。推荐制作小零部件（如3026）							
	尺寸规格	厚度：0.4～50mm；宽度：450～1000mm；长度：1000～2600mm							

技术性能	厚度及允许偏差 /mm	吸水性/mg				垂直层向电气强度/MV·m⁻¹			
		3025	3026	3027	3028	3025	3026	3027	3028
	0.8±0.19	≤201	≤201	≤133	≤133	≥0.89	≥0.89	≥5.6	≥7.0
	1.0±0.20	≤206	≤206	≤136	≤136	≥0.82	≥0.82	≥5.1	≥6.3
	1.2±0.22	≤211	≤211	≤139	≤139	≥0.80	≥0.80	≥4.6	≥5.8
	1.6±0.24	≤220	≤220	≤145	≤145	≥0.72	≥0.72	≥3.8	≥5.1
	2.0±0.26	≤229	≤229	≤151	≤151	≥0.65	≥0.65	≥3.4	≥4.6
	2.5±0.29	≤239	≤239	≤157	≤157	—	—	—	—
	3.0±0.31	≤249	≤249	≤162	≤162	≥0.50	≥0.50	≥3.0	≥4.0
	4.0±0.36	≤262	≤262	≤169	≤169	平行层向击穿电压（90℃±2℃油中）/kV			
	5.0±0.42	≤275	≤275	≤175	≤175	3025	3026	3027	3028
	6.0±0.46	≤284	≤284	≤182	≤182	≥1	≥1	≥18	≥20
	8.0±0.55	≤301	≤301	≤195	≤195	垂直层向弯曲强度/MPa			
	10.0±0.63	≤319	≤319	≤209	≤209	3025	3026	3027	3028
	12.0±0.70	≤336	≤336	≤223	≤223	≥100	≥110	≥90	≥100
	14.0±0.78	≤354	≤354	≤236	≤236				
	16.0±0.85	≤371	≤371	≤250	≤250	力学性能；电气性能试件板厚规定： ① 垂直层向弯曲强度试验用最小板厚为1.6mm ② 垂直层向电气强度试验用最大板厚为3mm ③ 平行层向击穿电压试验用板厚大于3mm			
	20.0±0.95	≤406	≤406	≤277	≤277				
	25.0±1.10	≤450	≤450	≤311	≤311				
	30.0±1.22	厚度大于25mm时，单面加工至22.5mm							
	35.0±1.34	≤540	≤540	≤373	≤373				
	40.0±1.45								
	45.0±1.55								
	50.0±1.65								

10.6 酚醛纸层压板（见表3.4-210）

表3.4-210 酚醛纸层压板型号、规格及性能（摘自 JB/T 8149.1—2000）

型号、应用及尺寸规格	型号	应用范围与特性			
	3020	工频高电压用，油中电气强度高，正常湿度下电气强度好			
	3021	机械及电气用，正常湿度下电气性能好，也适用于热冲加工			
	尺寸规格	厚度：0.4～50mm；宽度：450～1000mm；长度：1000～2600mm			

技术性能	厚度及极限偏差 /mm	吸水性/mg		垂直层向电气强度（90℃±2℃油中）/MV·m⁻¹	
		3020	3021	3020	3021
	0.4±0.07	≤165	≤160	≥19.0	≥15.7
	0.5±0.08	≤167	≤162	≥18.2	≥14.7
	0.6±0.09	≤168	≤163	≥17.6	≥14.0
	0.8±0.10	≤173	≤167	≥16.6	≥12.9
	1.0±0.12	≤180	≤170	≥15.8	≥12.1
	1.2±0.14	≤188	≤174	≥15.2	≥11.4

(续)

	厚度及极限偏差/mm	吸水性/mg		垂直层向电气强度(90℃±2℃油中)/MV·m^{-1}	
		3020	3021	3020	3021
技术性能	1.6±0.16	≤204	≤182	≥14.3	≥10.1
	2.0±0.19	≤220	≤190	≥13.6	≥9.3
	2.5±0.22	≤240	≤195	—	—
	3.0±0.25	≤260	≤200	≥13.0	≥8.4
	4.0±0.30	≤300	≤220	平行层向击穿电压(90℃±2℃油中)/kV	
	5.0±0.34	≤342	≤235	3020	3021
	6.0±0.37	≤382	≤250	≥35	≥20
	8.0±0.47	≤470	≤285	垂直层向弯曲强度/MPa	
	10±0.55	≤550	≤320	3020	3021
	12±0.62	≤630	≤350	≥120	≥120
	14±0.69	≤720	≤390		
	16±0.75	≤800	≤420	力学性能,电气性能试件板厚规定: 1. 垂直层向弯曲强度试验用最小板厚为1.6mm 2. 垂直层向电气强度试验用最大板厚为3mm 3. 平行层向击穿电压试验用板厚大于3mm	
	20±0.86	≤970	≤490		
	25±1.00	≤1150	≤570		
	30±1.15	厚度大于25mm时,单面加工至22.5mm			
	35±1.25	≤1380	≤684		
	40±1.35				
	45±1.45				
	50±1.55				

10.7 浇铸型工业有机玻璃板材(见表3.4-211)

表3.4-211 浇铸型工业有机玻璃板材规格、性能及应用(摘自GB/T 7134—2008)

	项 目		指 标	
尺寸规格	以甲基丙烯酸甲酯为原料,在特定的模具内进行本体聚合而成的无色和有色的透明、半透明或不透明,厚度为1.5~50mm的工业有机玻璃板材,板材的长度和宽度由相关方商定,板厚度规定为1.5、2.0、2.5、2.8、3.0~5.0(0.5进级)、6.0、8.0~13(1进级)、15、16、18、20~50(5进级),单位为mm。板材长、宽、厚尺寸的允许偏差应符合GB/T 7134—2008的相关规定			
			无色	有色
性能	抗拉强度/MPa		≥70	≥65
	拉伸断裂应变(%)		≥3	—
	拉伸弹性模量/MPa		≥3000	—
	简支梁无缺口冲击强度/kJ·m^{-2}		≥17	≥15
	维卡软化温度/℃		≥100	—
	加热时尺寸变化(收缩)(%)		≤2.5	—
	总透光率(%)		≥91	—
	420nm透光率(厚度3mm)(%)	氙弧灯照射之前	≥90	—
		氙弧灯照射1000h之后	≥88	—
应用	有机玻璃(PMMA)透明性好,有良好的耐候性,表面硬度较高、综合性能优良,主要用于要求透明的制品,但耐热温度不高、长期使用温度为80℃。浇铸型PMMA板材制品无内应力,呈各向同性,双折射小,宜于作光学透明材料、汽车、飞机、船用等交通工具窗玻璃			

10.8 软聚氯乙烯压延薄膜和片材（见表 3.4-212）

表 3.4-212 软聚氯乙烯压延薄膜和片材的规格及性能（摘自 GB/T 3830—2008）

规格	分类	厚度	宽度/mm	
			公称尺寸	极限偏差
	薄膜	厚度极限偏差不超过公称厚度尺寸的 ±10%（新标准没有规定公称厚度尺寸数值）	<1000	±10
	片材		≥1000	±25

	项目	指标								
		特软质薄膜	高透明薄膜	雨衣用薄膜	民杂用		印花用薄膜	农业用薄膜	工业用薄膜	玩具用薄膜
					薄膜	片材				
技术性能	抗拉强度（纵、横向）/MPa	≥9.0	≥15	≥13.0	≥13.0	≥15.0	≥11.0	≥16.0	≥16.0	≥16.0
	断裂伸长率（纵、横向）(%)	≥140	≥180	≥150	≥150	≥180	≥130	≥210	≥200	≥220
	低温伸长率（纵、横向）(%)	≥30	≥10	≥20	≥10	—	≥8	≥22	≥10	≥20
	直角撕裂强度（纵、横向）/kN·m^{-1}	≥20	≥50	≥30	≥40	≥45	≥30	≥40	≥40	≥45
	尺寸变化率（纵、横向）(%)	≤8	≤7	≤7	≤7	≤5	≤7	—	—	≤6
	加热损失率(%)	≤5.0	≤5.0	≤5.0	≤5.0	≤5.0	≤5.0	≤5.0	≤5.0	≤5.0
	水抽出物(%)	—	—	—	—	—	—	≤1.0	≤1.0	—
	耐油性	—	雾度 ≤2%	—	—	—	—	—	不破裂	—

注：1. 薄膜和片材由悬浮法聚氯乙烯树脂加入增塑剂、稳定剂及其他助剂，用压延成型方法生产。
2. 雨衣用薄膜主要用于加工雨衣或雨具等；民杂用薄膜或片材主要用于加工书皮封套、票夹、手提袋等各种塑料民用制品；印花用薄膜主要用于加工成印花民杂膜；农业用薄膜主要用于农田、盐田覆盖或铺垫，也可用于农田保温大棚等；工业用薄膜主要用于一般的防水覆盖、防渗铺垫及普通工业品的外包装等；玩具用薄膜主要用于加工充气塑料玩具等。

10.9 聚四氟乙烯管材（见表 3.4-213）

表 3.4-213 聚四氟乙烯（PTFE）管材规格、性能及应用（摘自 GB/T 4877—2015）

型号及管材名称	SFG-Ⅰ—聚四氟乙烯分散树脂加工的管材 SFG-Ⅱ-A—聚四氟乙烯悬浮树脂加工的电气绝缘管材 SFG-Ⅱ-B—聚四氟乙烯悬浮树脂加工的流体输送管材 SFG-Ⅱ-C—聚四氟乙烯悬浮树脂加工的通用管材 SFG-Ⅲ—含聚四氟乙烯再生树脂加工的管材				
PTFE管材尺寸规格	SFG-Ⅰ			SFG-Ⅱ、SFG-Ⅲ	
	内径极限偏差	公称内径 d	内径极限偏差	平均外径极限偏差	公称外径 D	平均外径极限偏差
		≤2.0	±0.1		≤10.0	±0.5
		>2.0~4.0	±0.2		>10~50	±1.0
		>4.0~10.0	±0.3		>50~100	±2.0
		>10.0~20.0	±0.6		>100~200	±3.0
		>20.0	±0.8		>200~300	±5.0
					>300	±7.0

(续)

		SFG-Ⅰ			SFG-Ⅱ、SFG-Ⅲ	
PTFE管材尺寸规格	壁厚极限偏差	壁厚δ	壁厚极限偏差	壁厚极限偏差	壁厚δ	壁厚极限偏差
		≤0.40	±0.05		≤2.5	±0.2
		>0.40~0.50	±0.10		>2.5~4.0	±0.3
		>0.50~0.80	±0.15		>4.0~7.5	±0.5
		>0.80~1.50	±0.20		>7.5~12.0	±0.7
		>1.50~2.50	±0.25		>12~30	±1.0
		>2.50~3.50	±0.30		>30~70	±2.0
		>3.50~5.00	±0.40		>70~100	±3.0
		>5.00	±0.50		>100	±5.0
	管材长度	管材长度由供需双方协定，不应有负偏差				

		项目		要求
SFG-Ⅰ管材物理力学性能	密度①/g·cm⁻³			2.13~2.20
	拉伸强度（纵向、径向②）/MPa		≥	21.0
	断裂标称应变（纵向、径向②）（%）		≥	200
	交流击穿电压/kV	δ≤0.17mm	≥	9.0
		0.17mm<δ≤0.23mm	≥	10.0
		0.23mm<δ≤0.25mm	≥	11.5
		0.25mm<δ≤0.30mm	≥	12.5
		0.30mm<δ≤0.38mm	≥	14.6
		0.38mm<δ≤0.40mm	≥	15.0
		0.40mm<δ≤0.51mm	≥	16.3
		δ>0.51mm	≥	17.0
	耐内压③			不渗漏、无裂纹
	纵向尺寸变化率（%）			±1.5

	项目		要求			
			Ⅱ-A	Ⅱ-B	Ⅱ-C	Ⅲ
SFG-Ⅱ和SFG-Ⅲ管材物理力学性能	密度/g·cm⁻³		2.13~2.20	2.13~2.20	2.13~2.20	2.13~2.20
	拉伸强度（纵向、径向④）/MPa	≥	20.0	20.0	15.0	13.8
	断裂标称应变（纵向、径向④）（%）	≥	220	220	200	150
	电气强度/kV·mm⁻¹		≥25.6	—	—	—
	电火花		—	无击穿	—	—
	耐内压⑤⑥		—	不渗漏、无裂纹	—	—
	纵向尺寸变化率（%）		±1.5	±1.5	±2.0	±2.5

注：1. QB/T 4877—2015《聚四氟乙烯管材》代替 QB/T 3624—1999。
　　2. 规格示例：
PTFE 管材规格的表示方法如下：
SFG-Ⅰ-$d×\delta$、SFG-Ⅱ-A（B、C）-$D×\delta$ 和 SFG-Ⅲ-$D×\delta$。
其中：
SFG—PTFE 管材；
d—公称内径（mm）；
D—公称外径（mm）；
δ—壁厚（mm）；
A（B、C）—Ⅱ型的类别。
示例 1：
用分散聚四氟乙烯树脂生产的公称内径为 0.38mm，壁厚为 0.21mm 的管材表示为：SFG-Ⅰ-0.38×0.21；
示例 2：
用悬浮聚四氟乙烯树脂生产的具有电气绝缘性能的公称外径为 42.0mm，壁厚为 4.0mm 的管材，表示为：SFG-Ⅱ-A-42.0×4.0；
示例 3：
含聚四氟乙烯再生树脂生产的公称外径为 42.0mm，壁厚为 4.0mm 的管材表示为：SFG-Ⅲ-42.0×4.0。
① 内径不大于 4mm 的 PTFE 管材不进行密度测试。
② 内径不大于 16mm 的 PTFE 管材不进行径向拉伸强度和断裂标称应变测试。
③ 耐内压试验仅适用于用于流体输送的 PTFE 管材，耐内压值由供需双方商定。
④ 内径不大于 16mm 的 PTFE 管材不进行径向拉伸强度和断裂标称应变测试。
⑤ 作为管路内衬的 PTFE 管材不进行耐内压试验。
⑥ PTFE 管材的耐内压强度由供需双方商定。

10.10 工业用氯化聚氯乙烯（PVC-C）管材及管件

（1）工业用 PVC-C 管材（见表 3.4-214、表 3.4-215）

表 3.4-214　工业用 PVC-C 管材尺寸规格（摘自 GB/T 18998.2—2003）　　　（mm）

公称外径 d_n	公称壁厚 e_n				壁厚偏差	
	管系列 S				公称壁厚 e_n	极限偏差
	S10	S6.3	S5	S4		
	标准尺寸比 SDR				2.0	+0.4 0
	SDR21	SDR13.6	SDR11	SDR9	>2.0~3.0	+0.5 0
20	2.0(0.96)*	2.0(1.5)*	2.0(1.9)*	2.3	>3.0~4.0	+0.6 0
25	2.0(1.2)*	2.0(1.9)*	2.3	2.8	>4.0~5.0	+0.7 0
32	2.0(1.6)*	2.4	2.9	3.6	>5.0~6.0	+0.8 0
40	2.0(1.9)*	3.0	3.7	4.5	>6.0~7.0	+0.9 0
50	2.4	3.7	4.6	5.6	>7.0~8.0	+1.0 0
63	3.0	4.7	5.8	7.1	>8.0~9.0	+1.1 0
75	3.6	5.6	6.8	8.4	>9.0~10.0	+1.2 0
90	4.3	6.7	8.2	10.1	>10.0~11.0	+1.3 0
110	5.3	8.1	10.0	12.3	>11.0~12.0	+1.4 0
125	6.0	9.2	11.4	14.0	>12.0~13.0	+1.5 0
140	6.7	10.3	12.7	15.7	>13.0~14.0	+1.6 0
160	7.7	11.8	14.6	17.9	>14.0~15.0	+1.7 0
180	8.6	13.3	—	—	>15.0~16.0	+1.8 0

(续)

公称外径 d_n	公称壁厚 e_n				壁厚偏差	
	管系列 S				公称壁厚 e_n	极限偏差
	S10	S6.3	S5	S4	2.0	+0.4 / 0
	标准尺寸比 SDR					
	SDR21	SDR13.6	SDR11	SDR9	>2.0~3.0	+0.5 / 0
200	9.6	14.7	—	—	>16.0~17.0	+1.9 / 0
225	10.8	16.6	—	—	>17.0~18.0	+2.0 / 0

注: 1. 考虑到刚度的要求,带"*"号规格的管材壁厚增加到2.0mm,进行液压试验时用括号内的壁厚计算试验压力。
2. 管材适于在压力下输送适宜的工业用固体、液体及气体等化学物质的管道系统。应用于石油、化工、污水处理与水处理、电力电子、冶金、采矿、电镀、造纸、食品饮料、医药等工业部门。当用于输送易燃易爆介质时,应符合防火、防爆的有关规定。
3. 管材以氯化聚氯乙烯(PVC-C)树脂为主要原料,经挤出成型。制造管材所用的原材料应符合 GB/T 18998.1—2003 的规定。
4. 管系列 S = $(d_n - e_n)/2e_n$。d_n—公称外径(mm); e_n—公称壁厚(mm)。
5. 标准尺寸比 SDR = d_n/e_n。
6. GB/T 18998.2—2003 规定,依据 ISO4433—1:1997 热塑性塑料管材—耐液体化学物质—分类和 ISO4433—3:1997 热塑性塑料管材—耐液体化学物质—分类(PVC-U、PVC-HI、PVC-C)的试验方法将耐化学性分为"耐化学性 S 级""耐化学性 L 级""耐化学性 NS 级"及耐化学腐蚀分类。根据管材所输送的化学介质及应用条件,从本表中合理选择管系列。
7. 管材的长度一般为 4m 或 6m,也可按用户要求,由供需双方确定。长度极限偏差为长度的 $^{+0.4}_{0}$%。
8. 管材按尺寸分为: S10、S6.3、S5、S4 四个管系列。管材规格用管系列代号 S×、公称外径 d_n×公称壁厚 e_n 表示,例如: S5 d_n50×e_n5.6。

表 3.4-215 工业用 PVC-C 管材的性能(摘自 GB/T 18998.2—2003)

力学性能				物理性能	
项目	试验参数			项目	要求
	温度/℃	静液压应力/MPa	时间 ≥/h	要求		
静液压试验	20	43	1	无破裂无渗漏	密度/kg·m⁻³	1450~1650
	95	5.6	165		维卡软化温度/℃	≥110
	95	4.6	1000		纵向回缩率(%)	≤5
静液压状态下热稳定性试验	95	3.6	8760	无破裂无渗漏	氯含量(质量分数,%)	≥60
落锤冲击试验	按 GB/T 14152 规定 0℃ 条件下,锤头半径 25mm,落锤质量和高度按 GB/T 18998.2—2003 规定			真实冲击率 TIR≤10%		

(2) 工业用 PVC-C 管件

管件按对应的管系列 S 分为四类: S10、S6.3、S5、S4。管件的连接形式分为溶剂黏结型和法兰连接型两种。溶剂粘接型管件分为圆柱形和圆锥形承口两种,其尺寸及结构见表 3.4-216 和表 3.4-217。法兰连接型管件的结构及尺寸见表 3.4-218~表 3.4-220。管件的物理性能和力学性能见表 3.4-221。

表 3.4-216 工业用 PVC-C 溶剂粘接型管件(圆柱形承口)尺寸规格(摘自 GB/T 18998.3—2003)

(mm)

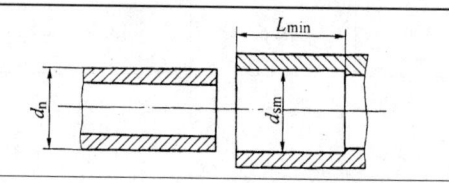

（续）

公称外径 d_n	承口的平均内径 d_{sm}①		圆度② max	承口长度 L③ min
	min	max		
20	20.1	20.3	0.25	16.0
25	25.1	25.3	0.25	18.5
32	32.1	32.3	0.25	22.0
40	40.1	40.3	0.25	26.0
50	50.1	50.3	0.3	31.0
63	63.1	63.3	0.4	37.5
75	75.1	75.3	0.5	43.5
90	90.1	90.3	0.6	51.0
110	110.1	110.4	0.7	61.0
125	125.1	125.4	0.8	68.5
140	140.2	140.5	0.9	76.0
160	160.2	160.5	1.0	86.0
180	180.2	180.6	1.1	96.0
200	200.3	200.6	1.2	106.0
225	225.3	225.7	1.4	118.5

注：管件最小壁厚不得小于同等规格的管材壁厚。

① 承口的平均内径 d_{sm} 应在承口中部测量，承口部分最大夹角应不超过 $0°30'$；d_{sm} 与管材公称外径 d_n 相对应。

② 圆度偏差小于等于 $0.007d_n$。若 $0.007d_n < 0.2mm$，则圆度偏差小于等于 $0.2mm$。

③ 承口最小长度等于 $0.5d_n + 6mm$，最短为 $12mm$。

表 3.4-217 工业用 PVC-C 溶剂粘接型管件（圆锥形承口）尺寸规格（摘自 GB/T 18998.3—2003） (mm)

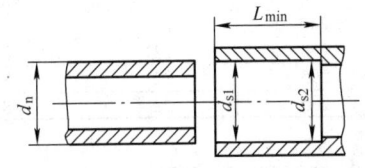

（续）

公称外径 d_n	接头内径				圆度① max	承口长度 L min
	承口口部 d_{s1}		承口底部 d_{s2}			
	min	max	min	max		
20	20.25	20.45	19.9	20.1	0.25	20.0
25	25.25	25.45	24.9	25.1	0.25	25.0
32	32.25	32.45	31.9	32.1	0.25	30.0
40	40.25	40.45	39.8	40.1	0.25	35.0
50	50.25	50.45	49.8	50.1	0.3	41.0
63	63.25	63.45	62.8	63.1	0.4	50.0
75	75.3	75.6	74.75	75.1	0.5	60.0
90	90.3	90.6	89.75	90.1	0.6	72.0
110	110.3	110.6	109.75	110.1	0.7	88.0

注：管件最小壁厚不得小于同规格管材壁厚。

① 圆度偏差小于等于 $0.007d_n$。或当 $0.007d_n < 0.2mm$ 时，偏差小于等于 $0.2mm$。

表 3.4-218 工业用 PVC-C 法兰连接型管件法兰平承的尺寸规格（摘自 GB/T 18998.3—2003） (mm)

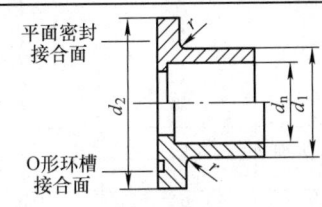

对应管材的公称外径 d_n	承口底部的外径 d_1	法兰接头的外径 d_2	承口底部的倒角 r
20	27	34	1
25	33	41	1.5
32	41	50	1.5
40	50	61	2
50	61	73	2
63	76	90	2.5
75	90	106	1.5
90	108	125	3
110	131	150	3
125	148	170	3
140	165	188	4
160	188	213	4
180	201	247	4
200	224	250	4
225	248	274	4

注：管件最小壁厚不得小于同规格的管材壁厚。

表 3.4-219 工业用 PVC-C 法兰连接型管件法兰盘尺寸规格（摘自 GB/T 18998.3—2003） (mm)

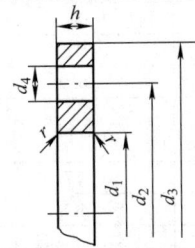

对应管材的公称外径 d_n	法兰盘内径 d_1	螺栓孔节圆直径 d_2	法兰盘外径 d_3 min	螺栓孔直径 d_4	倒角 r	螺栓孔数 n	法兰盘最小厚度 h
20	28	65	95	14	1	4	13
25	34	75	105	14	1.5	4	17

（续）

对应管材的公称外径 d_n	法兰盘内径 d_1	螺栓孔节圆直径 d_2	法兰盘外径 d_3 min	螺栓孔直径 d_4	倒角 r	螺栓孔数 n	法兰盘最小厚度 h
32	42	85	115	14	1.5	4	18
40	51	100	140	18	2	4	20
50	62	110	150	18	2	4	20
63	78	125	165	18	2.5	4	25
75	92	145	185	18	2.5	4	25
90	110	160	200	18	3	8	26
110	133	180	220	18	3	8	26
125	150	210	250	18	3	8	28
140	167	210	250	18	4	8	28
160	190	240	285	22	4	8	30
180	203	270	315	22	4	8	30
200	226	295	340	22	4	8	32
225	250	295	340	22	4	8	32

表 3.4-220 工业用 PVC-C 法兰连接型管件呆法兰尺寸规格（摘自 GB/T 18998.3—2003） (mm)

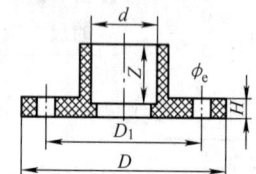

公称外径 d_n	外 形 尺 寸					
	D	d	Z_{min}	D_1	ϕ_e	n
20	95	20	16.0	65	14	4
25	105	25	18.5	75	14	4
32	115	32	22.0	85	14	4
40	140	40	26.0	100	18	4
50	150	50	31.0	110	18	4
63	165	63	37.5	125	18	4
75	185	75	43.5	145	18	4
90	200	90	51.0	160	18	8
110	220	110	61.0	180	18	8
125	250	125	68.5	210	18	8
140	250	140	76.0	210	18	8
160	285	160	86.0	240	22	8
180	315	180	96.0	270	22	8
200	340	200	106.0	295	22	8
225	340	225	118.5	295	22	8

注：管件最小壁厚不得小于同规格管材壁厚。

表 3.4-221 工业用 PVC-C 管件性能（摘自 GB/T 18998.3—2003）

	项 目	试 验 参 数			要 求
		温度/℃	静液压应力/MPa	时间/h	
力学性能	静液压试验	20	28.5	≥1000	无破裂,无渗漏
		60	21.1	≥1	
		80	6.9	≥1000	
	静液压状态下热稳定性试验	90	2.85	≥17520	无破裂,无渗漏
	管材和管件连接后系统液压试验	20	17	≥1000	无破裂,无渗漏
		80	4.8	≥1000	
物理性能	项 目	要 求	项 目		要 求
	密度/kg·m⁻³	1450~1650	氯含量(质量分数,%)		≥60
	维卡软化温度/℃	≥103	烘箱试验		无任何破裂、分层、起泡或熔接痕裂开的现象

10.11 压缩空气用织物增强热塑性塑料软管（见表3.4-222、表3.4-223）

表 3.4-222　压缩空气用织物增强热塑性塑料软管分表及尺寸规格（摘自 HG/T 2301—2008）

管材分类及用途		软管的公称内径、内径公差和最小壁厚						
型别	说明	公称直径/mm	内径/mm	极限偏差/mm	最小壁厚/mm			
					A型	B型	C型	D型
A型	普通工业用—轻型：最大工作压力在23℃下为0.7MPa，在60℃下为0.45MPa	4	4	±0.25	1.5	1.5	1.5	2.0
		5	5	±0.25	1.5	1.5	1.5	2.0
B型	普通工业用—中型：最大工作压力在23℃下为1.0MPa，在60℃下为0.65MPa	6.3	6.3	±0.25	1.5	1.5	1.5	2.3
		8	8	±0.25	1.5	1.5	1.5	2.3
C型	重型：最大工作压力在23℃下为1.6MPa，在60℃下为1.1MPa	9	8.5	±0.25	1.5	1.5	1.5	2.3
		10	9.5	±0.35	1.5	1.5	1.8	2.3
		12.5	12.5	±0.35	2.0	2.0	2.3	2.8
D型	采矿和户外工作用—重型：最大工作压力在23℃下为2.5MPa，在60℃下为1.3MPa	16	16	±0.7	2.4	2.4	2.8	3.0
		19	19	±0.7	2.4	2.4	3.3	3.5
	用途	25	25	±1.2	2.7	3.0	3.3	4.0
		31.5	31.5	±1.2	3.0	3.5	3.5	4.5
管材公称内径范围为4~50mm，适用工作压力在23℃时0.7~2.5MPa；60℃时0.45~1.3MPa。适用压缩空气温度为 -10~60℃内		38	38	±1.2	3.0	3.5	3.8	4.5
		40	40	±1.5	3.3	3.5	4.1	5.0
		50	50	±1.5	3.5	3.5	3.8	5.0

表 3.4-223　压缩空气用织物增强热塑性塑料软管技术性能（摘自 HG/T 2301—2008）

项目	指标	项目	指标
静液压要求	当按 GB/T 5563 试验时，软管的最大工作压力、验证压力和最小爆破压力应符合表1规定的要求 当按 GB/T 5563 试验时，软管在验证压力下的尺寸变化率应符合表1规定的要求 **表1　在23℃和60℃下静液压要求** | 软管型别	最大工作压力/MPa 23℃	最大工作压力/MPa 60℃	验证压力/MPa 23℃	最小爆破压力/MPa 23℃	验证压力下尺寸变化(23℃) 长度(%)	验证压力下尺寸变化(23℃) 直径(%) | |---|---|---|---|---|---|---| | A | 0.7 | 0.45 | 1.4 | 2.8 | 1.8 | ±8 | ±10 | | B | 1.0 | 0.65 | 2.0 | 4.0 | 2.6 | ±8 | ±10 | | C | 1.6 | 1.1 | 3.2 | 6.4 | 4.5 | ±8 | ±10 | | D | 2.5 | 1.3 | 5.0 | 10.0 | 5.0 | ±8 | ±10 | 在施加验证压力期间和之后，软管应无泄漏、龟裂、突然变形（包括结构的不规律性）或其他缺陷	加热时质量损失	当按 ISO 176：2005 方法 B 试验时，内衬层和外覆层材料的质量损失应不大于2%
		耐液体性能	按 ISO 1817 规定，将软管试样浸泡在(60±1)℃的1号标准油中，经72h后试样的体积变化率应不大于15%
		氙弧灯暴露	当按 GB/T 18424 试验时，外覆层应无龟裂迹象，因暴露而引起的任何颜色变化应通过灰色分级卡对暴露与未暴露的试样进行比较加以测定（见 ISO 105-A02），这样所测定的灰色分级卡等级应不大于3 建议采用无喷雾试验。然而，经有关方面同意，也可采用喷雾试验（见 GB/T 18424 附录B）
黏合强度	当按 ISO 8033 规定进行试验时，内衬层与外覆层之间的黏合强度应不小于2.0kN/m 内径 32mm 及以下的软管使用1型试样，内径38mm 及以上的软管使用2型试样	弯曲性能	当按 GB/T 5565 规定的方法之一（使用最适合软管的方法）将软管弯曲到表2所规定的最小弯曲半径时，目视检查，软管不应呈现折曲、破裂或脱皮迹象，变形系数 (T/D) 值应不小于0.8

项目	指标				项目	指标
弯曲性能	表2 最小弯曲半径				低温屈挠性	当按 GB/T 5564 规定的方法 B，在（-10±2）℃下将软管环绕外径为表2所规定的最小弯曲半径二倍的芯轴弯曲，软管不应出现龟裂现象，随后按 GB/T 5563 进行验证压力试验，软管应无泄漏或裂纹
	公称内径/mm	最小弯曲半径/mm	公称内径/mm	最小弯曲半径/mm		
	4	24	16	96		
	5	30	19	115		
	6.3	40	25	175		
	8	50	31.5	220		
	9	55	38	310		
	10	60	40	320		
	12.5	75	50	400		

10.12 排吸用螺旋线增强的热塑性塑料软管（见表3.4-224、表3.4-225）

表3.4-224 排吸用螺旋线增强的热塑性塑料软管分类及尺寸规格（摘自 HG/T 3045—2008）

类型及安全系数	型别	说明		1型和2型软管公称内径及极限偏差	（续）		
	1型	安全系数为：1:2.5（温和条件下使用）			公称内径/mm	内径/mm	极限偏差/mm
	2型	安全系数为：1:3.15（正常条件下使用）			80	80	±2.00
	3型	安全系数为：1:4（苛刻条件下使用）			100	100	±2.00
结构	软管在颜色、不透明度和其他物理性能等方面在工业化生产中应尽可能一致。管材在-10~55℃范围内排吸用 软管应由螺旋线柔性热塑性塑料材料构成，在其管体中用类似分子结构的热塑性塑料材料支撑。管壁的增强和柔软性组分应熔合，无可见龟裂、孔隙、杂质或易于造成软管在使用中失效的其他缺陷				125	125	±2.00
					160	160	±2.00
				3型软管公称内径及极限偏差	公称内径/mm	内径/mm	极限偏差/mm
					25	25	±1.25
					31.5	31.5	±1.25
					40	40	±1.50
1型和2型软管公称内径及极限偏差	公称内径/mm	内径/mm	极限偏差/mm		50	50	±1.50
	12.5	12.5	±0.75		63	63	±1.50
	16	16	±0.75		80	80	±2.00
	20	20	±0.75		100	100	±2.00
	25	25	±1.25		125	125	±2.00
	31.5	31.5	±1.25		160	160	±2.00
	40	40	±1.50		200	200	±2.00
	50	50	±1.50		250	250	±3.00
	63	63	±1.50		315	315	±3.00

表 3.4-225　排吸用螺旋线增强的热塑性塑料软管技术性能（摘自 HG/T 3045—2008）

项目	指标				项目	指标		
标准实验室温度下的静液压试验	按 GB/T 5563 规定的方法，在 ISO 554 选取的标准实验室温度下进行试验时，软管应符合表 1 给出的要求 **表 1　在标准实验室温度下的静液压试验**				脉冲压力试验要求	按照 HG/T 3045—2008 附录 A 规定的方法进行试验时，软管应承受至少 10000 次脉冲周期。如果出现泄漏或破裂，试样应认为失效。如果一旦在离管接头一个直径距离内出现失效，该项试验应作废。另取一个试样进行试验。试验周期的最大压力（见 HG/T 3045—2008 图 A.1）应为最大工作压力的 120%		
	公称内径 /mm	最大工作压力所有型别/MPa	最小爆破压力 /MPa					
			1 型	2 型	3 型			
	12.5～25（含 25）	0.70	1.70	2.20	2.8			
	31.5～63（含 63）	0.50	1.25	1.60	2.0	真空试验要求	按照 HG/T 3045—2008 附录 B 规定的方法使用表 3 所示的绝对压力进行试验时，软管不应在距管接头一个直径距离以外的一点上因塌瘪或破裂而失效。如果在接近管接头处出现失效，则该项试验应作废，另取一个试样进行试验 **表 3　真空试验压力**		
	80	0.40	1.00	1.25	1.6			
	100～125（含 125）	0.30	0.75	0.95	1.2			
	160～250（含 250）	0.25	0.60	0.80	1.0		公称内径 /mm	1 型和 2 型软管（绝对压力）/kPa	3 型软管（绝对压力）/kPa
	315	0.20	—	—	0.8		12.5～160（含 160）	35	—
	在验证压力（即最小爆破压力的 50%）下，检查软管是否有泄漏、龟裂、表示材料或制造不规则的突然变形或其他失效迹象						25～315（含 315）	20	
在（55±2）℃下的静液压试验	按 GB/T 5563 规定的方法，在（55±2）℃下进行试验时，软管应当符合表 2 给出的要求 **表 2　在（55±2）℃下的静液压试验**					增强材料断裂试验要求	按照 HG/T 3045—2008 附录 C 规定的方法进行试验时，聚合物增强材料应能在环绕表 4 所列出的相应规格的伸展块上伸展 336h 后反向弯曲而不出现龟裂 **表 4　断裂试验用伸展块**		
	公称内径 /mm	最大工作压力所有型别/MPa	最小爆破压力 /MPa					
			1 型	2 型	3 型		公称内径/mm	伸展块宽度/mm	公称内径/mm	伸展块宽度/mm
	12.5～25（含 25）	0.20	0.50	0.65	0.80		12.5	10	80	38
							16	12	100	44
	31.5～63（含 63）	0.15	0.40	0.45	0.60		20	16	125	49
							25	19	160	53
	80	0.13	0.30	0.40	0.50		31.5	23	200	59
	100～125（含 125）	0.10	0.25	0.30	0.40		40	27	250	66
							50	31	315	75
	160～250（含 250）	0.08	0.20	0.25	0.30		63	34		
	315	0.06	—	—	0.25		336h 伸展时间用作质量控制试验。型式试验时，伸展时间应为 4 个月		

（续）

项目	指标	项目	指标
最小弯曲半径要求	按照 GB/T 5565 规定，1 型和 2 型软管使用公称内径 5 倍的最小弯曲半径进行时，或者 3 型软管使用公称内径 8 倍的最小弯曲半径进行试验时，软管不应出现龟裂，并应通过 7.1 验证试验 此项试验中，公称内径的数值以 mm 表示	受热时质量损失	按 ISO 176（方法 B）试验时，软管结构中所使用的柔性热塑性塑料材料的质量损失应不大于 4%
低温弯曲半径要求	按照 GB/T 5564 规定，在（10±2）℃下调节 5h 之后，1 型和 2 型软管使用软管公称内径的 20 倍、3 型软管使用软管公称内径 32 倍的最小弯曲半径在上述温度下进行试验时，软管不应出现龟裂，并应能通过 7.1 验证试验 此项试验中，公称内径的数值以 mm 表示	氙弧灯暴露	按 GB/T 18424 规定，使用光源方法 A 或方法 B 并且无喷雾进行试验时，颜色的变化应不大于制造厂与采购方协商的值

10.13 冷热水用氯化聚氯乙烯（PVC-C）管材及管件

（1）冷热水用 PVC-C 管材

GB/T 18993.2 冷热水用 PVC-C 材是以氯化聚氯乙烯树脂（PVC-C）为主要原料，经挤出成型，适用于工业及民用的冷热水管道。生产管材所用的原材料应符合 GB/T 18993.1—2003《冷热水用氯化聚氯乙烯（PVC-C）管道系统第 1 部分：总则》的规定。

管材按尺寸分为 S6.3、S5、S4 三个管系列，管的公称外径 d_n 范围为 20~160mm，其管材系列和规格尺寸见表 3.4-214。

管材用于输送饮用水者，其卫生性能应符合 GB/T 17219—1998《生活饮用水输配水设备及防护材料的安全评价标准》的规定。

管道系统的使用级别、管系列 S 的选择及管材性能见表 3.4-226~表 3.4-228。

表 3.4-226 冷热水用 PVC-C 管道系统的使用条件级别（GB/T 18993.1—2003）

应用等级	T_D/℃	在 T_D 下的时间/年	T_{max}/℃	在 T_{max} 下的时间/年	T_{mal}/℃	在 T_{mal} 下的时间/年	典型的应用范围
级别 1	60	49	80	1	95	100	供给热水（60℃）
级别 2	70	49	80	1	95	100	供给热水（70℃）

注：1. 每个级别对应一个特定的应用范围及 50 年使用寿命，在实际应用时，还应考虑 0.6MPa、0.8MPa、1.0MPa 不同的使用压力。
2. 每个级别的管道系统应同时满足在 20℃、1.0MPa 条件下输送冷水 50 年的使用寿命的要求。
3. T_D—设计温度；T_{max}—最高设计温度；T_{mal}—故障温度，系统超出控制极限时的最高温度。

表 3.4-227 冷热水用 PVC-C 管材系列 S 的选择（GB/T 18993.2—2003）

设计压力 p_D/MPa	管系列 S	
	级别 1，σ_D = 4.38MPa	级别 2，σ_D = 4.16MPa
0.6	6.3	6.3
0.8	5	5
1.0	4	4

注：1. 管材按不同的使用条件级别及设计压力选择对应的管系列 S 值。
2. 设计压力 p_D—管道系统压力的最大设计值（MPa）；设计应力 σ_D—对于给定的使用条件所允许的应力（MPa），对管材材料为 σ_{DP}，对塑料管件材料为 σ_{DF}。
3. 标记示例：管材的管系列为 S5、公称外径为 32mm、公称壁厚为 2.9mm，标记为：S5　32×2.9。

表 3.4-228　冷热水用 PVC-C 管材性能（GB/T 18993.2—2003）

力学性能					物理性能	
项目	试验参数			要求	项目	要求
	试验温度/℃	试验时间/h	静液压应力/MPa			
静液压试验	20	1	43.0	无破裂无泄漏	密度/kg·m^{-3}	1450~1650
	95	165	5.6			
静液压状态下的热稳定性试验	95	1000	4.6	无破裂无泄漏	维卡软化温度/℃	≥110
	95	8760	3.6			
落锤冲击试验（0℃）	真实冲击率 TIR≤10%				纵向回缩率（%）	≤5
拉伸屈服强度/MPa	≥50					
系统内压试验	管系列	试验温度/℃	试验时间/h	试验压力/MPa	要求	系统热循环试验	试验压力：设计压力 p_D 最高试验温度：90℃ 最低试验温度：20℃ 循环次数：5000 一次循环时间为 30^{+2}_{0} min，包括 15^{+1}_{0} min 最高试验温度和 15^{+1}_{0} min 最低试验温度。 要求无破裂、无渗漏
	S6.3	80	3000	1.2	无破裂无渗漏	
	S5	80	3000	1.59		
	S4	80	3000	1.99		

注：1. 管材与符合 GB/T 18993.3—2003 规定的管件连接后应按本表规定通过系统内压试验和系统热循环试验。
2. 落锤冲击试验的落锤高度、锤重量应符合 GB/T 18993.2—2003 的规定。

（2）冷热水用 PVC-C 管件

生产冷热水用 PVC-C 管件（GB/T 18993.3—2003）的原材料应符合 GB/T 18993.1—2003 的规定，管件按对应的管系列 S 分为三类：S6.3、S5、S4；管件按连接形式分为溶剂粘接型管件、法兰连接型管件及螺纹连接型管件。溶剂粘接型管件承口为圆柱形，公称外径 d_n 范围为 20~160mm，其尺寸规格见表 3.4-216，法兰尺寸及结构见表 3.4-229；用于螺纹连接型管件的连接螺纹部分应符合 GB/T 7306—2000《55°密封的管螺纹》的规定；管件体最小壁厚见表 3.4-230，管件的性能见表 3.4-231 和表 3.4-232。

用于输送饮用水的管件的卫生性能应符合 GB/T 17219—1998《生活饮用水输配水设备及防护材料的安全性评价标准》的规定。

表 3.4-229　冷热水用 PVC-C 管件活套法兰变接头尺寸（GB/T 18993.3—2003）　　mm

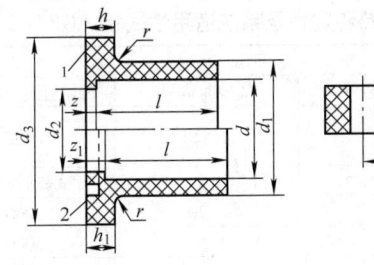

（法兰变接头）
1—平面垫圈接合面
2—密封圈槽接合面

法兰外径、螺栓孔尺寸及孔数按 GB/T 9112《钢制管法兰类型》的规定
（活套法兰）

(续)

承口公称直径 d	法兰变接头									活套法兰		S
	d_1	d_2	d_3	l	r 最大	h	z	h_1	z_1	d_4	r 最小	
20	27±0.15	16	34	16	1	6	3	9	6	$28_{-0.5}^{0}$	1	根据材质而定
25	33±0.15	21	41	19	1.5	7	3	10	6	$34_{-0.5}^{0}$	1.5	
32	41±0.2	28	50	22	1.5	7	3	10	6	$42_{-0.5}^{0}$	1.5	
40	50±0.2	36	61	26	2	8	3	13	8	$51_{-0.5}^{0}$	2	
50	61±0.2	45	73	31	2	8	3	13	8	$62_{-0.5}^{0}$	2	
63	76±0.3	57	90	38	2.5	9	3	14	8	78_{-1}^{0}	2.5	
75	90±0.3	69	106	44	2.5	10	3	15	8	92_{-1}^{0}	2.5	
90	108±0.3	82	125	51	3	11	4	16	10	110_{-1}^{0}	3	
110	131±0.3	102	150	61	3	12	5	18	11	133_{-1}^{0}	3	
125	148±0.4	117	170	69	3	13	5	19	11	150_{-1}^{0}	3	
140	165±0.4	132	188	76	4	14	5	20	11	167_{-1}^{0}	4	
160	188±0.4	152	213	86	4	16	5	22	11	190_{-1}^{0}	4	

表 3.4-230　冷热水用 PVC-C 管件体的最小壁厚（GB/T 18993.3—2003）　（mm）

公称外径 d_n	S6.3	S5	S4	公称外径 d_n	S6.3	S5	S4
	管件体最小壁厚 e_{min}				管件体最小壁厚 e_{min}		
20	2.1	2.6	3.2	75	7.6	9.2	11.4
25	2.6	3.2	3.8	90	9.1	11.1	13.7
32	3.3	4.0	4.9	110	11.0	13.5	16.7
40	4.1	5.0	6.1	125	12.5	15.4	18.9
50	5.0	6.3	7.6	140	14.0	17.2	21.2
63	6.4	7.9	9.6	160	16.0	19.8	24.2

表 3.4-231　冷热水用 PVC-C 管件性能（GB/T 18993.3—2003）

项目	力学性能					物理性能	
	试验温度/℃	管系列	试验压力/MPa	试验时间/h	要求	项目	要求
静液压试验	20	S6.3	6.56	1	无破裂、无渗漏	密度 /kg·m^{-3}	1450~1650
		S5	8.76				
		S4	10.94				
	60	S6.3	4.10	1	无破裂、无渗漏	维卡软化温度/℃	≥103
		S5	5.47				
		S4	6.84				
	80	S6.3	1.20	3000	无破裂、无渗漏	烘箱试验	无严重起泡、分层或熔接线裂开
		S5	1.59				
		S4	1.99				

表 3.4-232　冷热水用 PVC-C 管件热稳定性及系统适用性试验（GB/T 18993.3—2003）

热稳定性	项目	试验参数			要求
		试验温度/℃	试验时间/h	静液压应力/MPa	
	静液压状态下热稳定性试验[1]	90	17520	2.85	无破裂、无渗漏
系统适用性	内压试验	管系列	试验温度/℃	试验压力/MPa	试验时间/h	要求
		S6.3	80	1.20	3000	无破裂、无渗漏
		S5	80	1.59	3000	
		S4	80	1.99	3000	
	热循环试验	最高试验温度/℃	最低试验温度/℃	试验压力/MPa	循环次数[2]	指标
		90	20	p_D[3]	5000	无破裂、无渗漏

① 制成相同管系列的管材形状后进行试验，按相同的管系列计算试验压力。
② 一次循环的时间为 30_{0}^{+2} min，包括 15_{0}^{+1} min 最高试验温度和 15_{0}^{+1} min 最低试验温度。
③ p_D 值按 GB/T 18993.2 的规定（见表 3.4-227）。

0.14 工业用硬聚氯乙烯（PVC-U）管道系统用管材（见表3.4-233）

表3.4-233　工业用硬聚氯乙烯（PVC-U）管材尺寸规格、物理性能和力学性能（摘自GB/T 4219.1—2008）

公称外径 d_n	壁厚 e 及其上极限偏差（下极限偏差为"0"） 管系列 S 和标准尺寸比 SDR													
	S20 SDR41		S16 SDR33		S12.5 SDR26		S10 SDR21		S8 SDR17		S6.3 SDR13.6		S5 SDR11	
	e_{min}	上极限偏差	e_{min}	上极限偏差	e_{min}	上极限偏差	e_{min}	上极限偏差	e_{min}	上极限偏差	e_{min}	上极限偏差	e_{min}	上极限偏差
16	—	—	—	—	—	—	—	—	—	—	—	—	2.0	+0.4
20	—	—	—	—	—	—	—	—	—	—	—	—	2.0	+0.4
25	—	—	—	—	—	—	—	—	—	—	2.0	+0.4	2.3	+0.5
32	—	—	—	—	—	—	—	—	2.0	+0.4	2.4	+0.5	2.9	+0.5
40	—	—	—	—	—	—	2.0	+0.4	2.4	+0.5	3.0	+0.5	3.7	+0.6
50	—	—	—	—	2.0	+0.4	2.4	+0.5	3.0	+0.5	3.7	+0.6	4.6	+0.7
63	—	—	2.0	+0.4	2.5	+0.5	3.0	+0.5	3.8	+0.6	4.7	+0.7	5.8	+0.8
75	—	—	2.3	+0.5	2.9	+0.5	3.6	+0.6	4.5	+0.7	5.6	+0.8	6.8	+0.9
90	—	—	2.8	+0.5	3.5	+0.6	4.3	+0.7	5.4	+0.8	6.7	+0.9	8.2	+1.1
110	—	—	3.4	+0.6	4.2	+0.7	5.3	+0.8	6.6	+0.9	8.1	+1.1	10.0	+1.2
125	—	—	3.9	+0.6	4.8	+0.7	6.0	+0.9	7.4	+1.0	9.2	+1.2	11.4	+1.4
140	—	—	4.3	+0.7	5.4	+0.8	6.7	+0.9	8.3	+1.1	10.3	+1.3	12.7	+1.5
160	4.0	+0.6	4.9	+0.7	6.2	+0.9	7.7	+1.0	9.5	+1.2	11.8	+1.4	14.6	+1.7
180	4.4	+0.7	5.5	+0.8	6.9	+0.9	8.6	+1.1	10.7	+1.3	13.3	+1.6	16.4	+1.9
200	4.9	+0.7	6.2	+0.9	7.7	+1.0	9.6	+1.2	11.9	+1.4	14.7	+1.7	18.2	+2.1
225	5.5	+0.8	6.9	+0.9	8.6	+1.1	10.8	+1.3	13.4	+1.6	16.6	+1.9	—	—
250	6.2	+0.9	7.7	+1.0	9.6	+1.2	11.9	+1.4	14.8	+1.7	18.4	+2.1	—	—
280	6.9	+0.9	8.6	+1.1	10.7	+1.3	13.4	+1.6	16.6	+1.9	20.6	+2.3	—	—
315	7.7	+1.0	9.7	+1.2	12.1	+1.5	15.0	+1.7	18.7	+2.1	23.2	+2.6	—	—
355	8.7	+1.1	10.9	+1.3	13.6	+1.6	16.9	+1.9	21.1	+2.4	26.1	+2.9	—	—
400	9.8	+1.2	12.3	+1.5	15.3	+1.8	19.1	+2.2	23.7	+2.6	29.4	+3.2	—	—

与公称压力 PN 的对照	C 值 2.0	PN0.63MPa	PN0.8MPa	PN1.0MPa	PN1.25MPa	PN1.6MPa	PN2.0MPa	PN2.5MPa
	C 值 2.5	PN0.5MPa	PN0.63MPa	PN0.8MPa	PN1.0MPa	PN1.25MPa	PN1.6MPa	PN2.0MPa

	项目	要求	
物理性能	密度 ρ/kg·m^{-3}	1330~1460	长度一般为4m、6m、8m，也可由供需双方商定，承口最小深度应符合标准规定长度不允许负偏差
	维卡软化温度（VST）/℃	≥80	
	纵向回缩率（%）	≤5	
	二氯甲烷浸渍试验	试样表面无破坏	管材长度

	项目	试验参数			要求
		温度/℃	环应力/MPa	时间/h	
力学性能	静液压试验	20	40.0	1	无破裂、无渗漏
		20	34.0	100	
		20	30.0	1000	
		60	10.0	1000	
	落锤冲击性能	0℃（-5℃）			TIR≤10%

（续）

系统适用性试验	项目	试验参数			要求
		温度/℃	环应力/MPa	时间/h	
	系统液压试验	20	16.8	1000	无破裂、无渗漏
		60	5.8	1000	

注：1. GB/T 4219.1—2008 代替 GB/T 4219—1996，管件由 GB/T 4219.2 规定。
    2. 本表管材以聚氯乙烯（PVC）树脂为主要原料，经挤出成型，适用于工业部门各种硬聚氯乙烯管道系统，也适用于承压给排水输送以及污水处理、水处理、石油、化工、电力电子、冶金、电镀、造纸、食品饮料、医药、中央空调、建筑等领域的粉体、液体的输送。设计时应考虑输送介质随温度变化对管材的影响，应考虑管材的低温脆性和高温蠕变，标准建议使用温度为 -5~45℃。当输送易燃易爆介质或输送饮用水、食品饮料、医药时，应符合防火、防爆或卫生性能要求的有关规定。
    3. 本表 C 值为总体使用（设计）系数，系数 C 是一个大于 1 的数值，其大小考虑了使用条件和管路其他附件的特性对管系的影响，是在置信下限所包含因素之外考虑的管系安全裕度。
    4. 公称压力（PN）系管材输送 20℃ 水的最大工作压力，当输水温度 t 不同时，应用温度折减系数 f_t 乘以公称压力即为最大允许工作压力，当 0℃<t≤25℃、25℃<t≤35℃、35℃<t≤45℃ 时，折减系数 f_t 分别为 1、0.8、0.63。

10.15 尼龙管材（见表 3.4-234）

表 3.4-234 尼龙管材规格及应用 （mm）

外径×壁厚	极限偏差		长 度	外径×壁厚	极限偏差		长 度
	外径	壁厚			外径	壁厚	
4×1 6×1 8×1	±0.10	±0.10	协议	12×1	±0.10	±0.10	协议
8×2 9×2	±0.5	±0.15		12×2 14×2 16×2 18×2 20×2	±0.15	±0.15	
10×1	±0.10	±0.10					
应用说明	主要用作机床输油管（代替铜管），也可输送弱酸、弱碱及一般腐蚀性介质；但不宜与酚类、强酸、强碱及低分子有机酸接触。可用管件连接，也可用黏结剂粘接；其弯曲可用弯卡弯成 90°，也可用热空气或热油加热至 120℃ 弯成任意弧度。使用温度为 -60~80℃，使用压力为 9.8~14.7MPa							

注：标记示例：外径 20mm，壁厚 2mm，长度 1000mm 尼龙 1010 管材，标记为：尼龙 1010 管 φ20×2×1000

10.16 聚四氟乙烯棒材（见表 3.4-235）

表 3.4-235 聚四氟乙烯棒材尺寸规格、技术性能及应用（摘自 QB/T 4041—2010）

型号	Ⅰ型-T—聚四氟乙烯树脂（不含再生聚四氟乙烯树脂）加工的通用型棒材 Ⅰ型-D—聚四氟乙烯树脂（不含再生聚四氟乙烯树脂）加工的电气型棒材 Ⅱ型—聚四氟乙烯树脂（含再生聚四氟乙烯树脂）加工的棒材			
技术性能	项目	Ⅰ型-T	Ⅰ型-D	Ⅱ型
	拉伸强度/MPa	≥15.0	≥15.0	≥10.0
	断裂标称应变（%）	≥160	≥160	≥130
	密度/g·cm⁻³	2.10~2.30	2.10~2.30	2.10~2.30
	介电强度/kV·mm⁻¹	≥18.0	≥25.0	≥10.0
尺寸规格/mm	公称直径	直径极限偏差	长度	长度极限偏差	应用
	3、4、5、6	+0.4 0	≥100	+5.0 0	棒材用于各种腐蚀性介质中工作的衬垫、密封件和润滑材料以及在各种频率下的电绝缘零件等未加填充的聚四氟乙烯树脂（可含再生聚四氟乙烯树脂），经模压、糊膏挤出或柱塞挤出工艺成型的棒材
	7~18（1 分级）	+0.6 0			
	20、22、25	+1.0 0			
	30、35、40、45、50	+1.5 0			

	公称直径	直径极限偏差	长度	长度极限偏差	应用
尺寸规格/mm	55、60、75~95（5分级）	+4.0 0	≥100	+5.0 0	棒材用于各种腐蚀性介质中工作的衬垫、密封件和润滑材料以及在各种频率下的电绝缘零件等未加填充的聚四氟乙烯树脂（可含再生聚四氟乙烯树脂），经模压、糊膏挤出或柱塞挤出工艺成型的棒材
	100~140（10分级）	+5.0 0			
	150~200（10分级）	+6.0 0			

注：1. 棒材长度由供需双方协定。
2. 直径小于10mm的棒材不考核介电强度指标。
3. QB/T 4041—2010 代替 QB/T 3626—1999。

10.17 尼龙棒材（见表3.4-236、表3.4-237）

表3.4-236 尼龙（1010）棒材规格（摘自 JB/ZQ 4196—2006） (mm)

棒材公称直径	极限偏差	棒材公称直径	极限偏差	棒材公称直径	极限偏差
10	+1.0 0	40	+3.0 0	100	+4.0 0
12	+1.5 0	50		120	
15		60		140	+5.0 0
20	+2.0 0	70			
25		80	+4.0 0	160	
30	+3.0 0	90			

表3.4-237 尼龙（1010）棒材及其他尼龙材料性能

指标项目		品种	尼龙1010棒材	尼龙66树脂	玻纤增强尼龙6树脂	MC尼龙
密度/g·cm^{-3}			1.04~1.05	1.10~1.14	1.30~1.40	1.16
抗拉强度/MPa	≥		49~59	59~79	118	90~97
断裂强度/MPa	≥		41~49	—	—	—
相对伸长率（%）	≥		160~320	—	—	—
拉伸弹性模量/MPa	≥		$0.18×10^4$~$0.22×10^4$	—	—	$0.36×10^4$
抗弯强度/MPa	≥		67~80	98~118	196	152~171
弯曲弹性模量/MPa	≥		$0.11×10^4$~$0.14×10^4$	$0.2×10^4$~$0.3×10^4$	—	$0.42×10^4$
抗压强度/MPa	≥		470~570	79	137	107~130
抗剪强度/MPa	≥		400~420	—	—	—
冲击强度/J·cm^{-2} ≥	缺口		1.47~2.45	0.88	1.47	—
	无缺口		不断	4.9~9.8	4.9~7.9	>5
特性及应用			尼龙1010是我国独创的一种新型聚酰胺品种，它具有优良的减摩、耐磨和自润滑性，且抗霉、抗菌、无毒、半透明，吸水性较其他尼龙品种小，有较好的力学性能和介电稳定性，耐寒性也很好，可在-60~80℃下长期使用；做成零件有良好的消声性，运转时噪声小；耐油性优良，能耐弱酸、弱碱及醇、酯、酮类溶剂，但不耐苯酚、浓硫酸及低分子有机酸的腐蚀。尼龙1010棒材主要用于切削加工制作成螺母、轴套、垫圈、齿轮、密封圈等机械零件，以代替铜和其他金属制件			

11 耐磨损复合材料铸件（见表3.4-238、表3.4-239）

表 3.4-238　耐磨损复合材料铸件的牌号及组成（摘自 GB/T 26652—2011）

牌号及组成	分类及名称	牌号	复合材料组成	铸件耐磨损增强体材料
牌号及组成	镶铸合金复合材料Ⅰ铸件	ZF-1	硬质合金块/铸钢或铸铁	硬质合金
	镶铸合金复合材料Ⅱ铸件	ZF-2	抗磨白口铸铁块/铸钢或铸铁	抗磨白口铸铁
	双液铸造双金属复合材料铸件	ZF-3	抗磨白口铸铁层/铸钢或铸铁层	抗磨白口铸铁
	铸渗合金复合材料铸件	ZF-4	硬质相颗粒/铸钢或铸铁	硬质合金、抗磨白口铸铁、WC 和（或）TiC 等金属陶瓷
化学成分的规定	耐磨损复合材料铸件中的抗磨白口铸铁化学成分应符合 GB/T 8263 的规定，奥氏体锰钢化学成分应符合 GB/T5680 的规定，其他合金耐磨钢化学成分应符合 GB/T 26651 的规定。复合材料铸件中其他种类铸钢和铸铁的化学成分是否作为产品验收依据，由供需双方商定			
用途	牌号 ZF-1、ZF-2、ZF-3 和 ZF-4 适用于制作冶金、建材、电力、建筑、船舶、化工、煤炭和机械等行业要求具有耐磨损性能良好的复合材料铸造零部件			

注: 1. 耐磨损复合材料铸件的定义：以铸造方法制备出的由两种或两种以上的材料相互冶金结合的具有良好耐磨性能的复合材料零部件。
2. 牌号和代号的说明：
耐磨损复合材料铸件按组成分为 4 个牌号。
耐磨损复合材料铸件代号用"铸"和"复"二字的汉语拼音的第一个大写正体字母"ZF"表示。
用 ZF 后面附加"-"和"阿拉伯数字"表示耐磨损复合材料铸件牌号。其中 ZF-1 是镶铸合金复合材料Ⅰ铸件的牌号、ZF-2 是镶铸合金复合材料Ⅱ铸件的牌号、ZF-3 是双液铸造双金属复合材料铸件的牌号、ZF-4 铸渗合金复合材料的牌号。
3. 采用镶铸工艺铸造成型的镶铸合金复合材料铸件。除供需双方另有规定外，供方可根据铸件的技术要求和使用条件，选择镶铸合金复合材料铸件的硬质合金块或抗磨白口铸铁块牌号、形状、尺寸、数量和镶铸位置，以及复合材料铸件基体铸钢或铸铁牌号。
4. 采用两种液态金属分别浇注成形的双液铸造双金属复合材料铸件。除供需双方另有规定外，供方可根据铸件的技术要求和使用条件，选择双液铸造双金属复合材料铸件耐磨损层（抗磨白口铸铁层）牌号、形状和尺寸，以及复合材料铸件基体铸钢或铸铁牌号。
5. 采用铸渗工艺铸造成形的铸渗合金复合材料铸件。除供需双方另有规定外，供方可根据铸件的技术要求和使用条件，选择铸渗合金复合材料铸件的硬质相颗粒种类、形状、尺寸、数量和铸渗位置，以及复合材料铸件基体铸钢或铸铁牌号。
6. 铸渗合金复合材料铸件的硬质相除了硬质合金、抗磨白口铸铁、WC 和（或）TiC 等金属陶瓷外，供需双方可根据铸件的技术要求和使用条件，选择对使用最有利的其他硬质相颗粒。
7. 可采用适宜的熔炼方法熔炼耐磨损复合材料中的铸钢和铸铁。
8. 如果铸件的某些部位需要局部强化或有其他特殊要求，则需方要预先说明并提供标记明确的图样。
9. 耐磨损复合材料铸件须保证复合材料组成之间为冶金结合。
10. 在保证铸件技术要求和使用条件下，由供方选定热处理规范和供货状态。

表 3.4-239　耐磨损复合材料铸件硬度指标（摘自 GB/T 26652—2011）

名称	牌号	铸件耐磨损增强体硬度 HRC	铸件耐磨损增强体硬度 HRA
镶铸合金复合材料Ⅰ铸件	ZF-1	≥56（硬质合金）	≥79（硬质合金）
镶铸合金复合材料Ⅱ铸件	ZF-2	≥56（抗磨白口铸铁）	—
双液铸造双金属复合材料铸件	ZF-3	≥56（抗磨白口铸铁）	—

(续)

名称	牌号	铸件耐磨损增强体硬度 HRC	铸件耐磨损增强体硬度 HRA
铸渗合金复合材料铸件	ZF-4	≥62（硬质合金）	≥82（硬质合金）
		≥56（抗磨白口铸铁）	—
		≥62（WC 和（或）TiC 等金属陶瓷）	≥82（WC 和（或）TiC 等金属陶瓷）

注：1. 铸件的几何形状、尺寸、质量及其偏差应符合图样或订货合同规定。如图样和订货合同中无规定，ZF-1、ZF-2 和 ZF-3 铸件尺寸偏差应达到 GB/T 6414 CT11 级的规定，铸件质量偏差应达到 GB/T 11351 MT11 级的规定。ZF-4 铸件尺寸偏差和质量偏差由供需双方商定。

2. 铸件不允许有裂纹和影响使用性能的夹渣、夹砂、冷隔、气孔、缩孔、缩松、缺肉等铸造缺陷。铸件浇口、冒口、毛刺、粘砂等应清除干净，浇注系统、冒口打磨残余量应符合供需双方认可的规定。铸件表面粗糙度应按 GB/T 6060.1 选定，并在图样或订货合同中规定。

3. 洛氏硬度 HRC 和 HRA 中任选一项。

参 考 文 献

[1] 机械工程手册编辑委员会. 机械工程手册工程：材料卷 [M]. 2版. 北京：机械工业出版社，1996.
[2] 干勇，等. 中国材料工程大典：钢铁材料工程（上；下）[M]. 北京：化学工业出版社，2006.
[3] 黄伯云，等. 中国材料工程大典：第4、5卷，有色金属材料工程（上、下）[M]. 北京：化学工业出版社，2006.
[4] 曾正明. 机械工程材料手册：金属材料 [M]. 7版. 北京：机械工业出版社，2010.
[5] 林慧国，林钢，吴静雯. 袖珍世界钢号手册 [M]. 3版. 北京：机械工业出版社，2003.
[6] 方昆凡. 工程材料手册：黑色金属材料卷 [M]. 北京：北京出版社，2002.
[7] 曾正明. 实用工程材料技术手册 [M]. 北京：机械工业出版社，2001.
[8] 方昆凡，黄英. 机械工程材料实用手册 [M]. 沈阳：东北大学出版社，1995.
[9] 曾正明. 机械工程材料手册：非金属材料 [M]. 6版. 北京：机械工业出版社，2003.
[10] 曾正明. 实用钢铁材料手册 [M]. 北京：机械工业出版社，2015.
[11] 韩凤麟. 铁基粉末冶金结构零件制造、设计及应用 [M]. 北京：化学工业出版社，2015.
[12] 韩凤麟. 粉末冶金手册 [M]. 北京：冶金工业出版社，2014.
[13] 曾正明. 实用金属材料选用手册 [M]. 北京：机械工业出版社，2012.
[14] 方昆凡. 工程材料手册：有色金属材料卷 [M]. 北京：北京出版社，2002.
[15] 钦征骑. 新型陶瓷材料手册 [M]. 南京：江苏科学技术出版社，1996.
[16] 王文广，等. 塑料材料选用 [M]. 北京：化学工业出版社，2007.
[17] 方昆凡. 工程材料手册：非金属材料卷 [M]. 北京：北京出版社，2002.
[18] 《合金钢钢种手册》编写组. 合金钢钢种手册：1-5册 [M]. 北京：冶金工业出版社，1983.
[19] 纪贵. 世界钢号对照手册 [M]. 北京：中国标准出版社，2007.
[20] 田争. 有色金属材料国内外牌号手册 [M]. 北京：中国标准出版社，2006.
[21] 曾正明. 实用有色金属材料手册 [M]. 北京：机械工业出版社，2008.
[22] 张玉龙. 塑料品种与性能手册 [M]. 北京：化学工业出版社，2007.
[23] 张玉龙，孙敏. 橡胶品种及性能手册 [M]. 北京：化学工业出版社，2007.
[24] 汪泽霖. 玻璃钢原材料手册 [M]. 北京：化学工业出版社，2015.
[25] 张玉龙，等. 实用工程塑料手册 [M]. 北京：机械工业出版社，2012.
[26] 马之庚，等. 工程塑料手册 [M]. 北京：机械工业出版社，2004.
[27] 贾德昌，等. 无机非金属材料性能 [M]. 北京：科学出版社，2008.
[28] 曲远方. 现代陶瓷材料及技术 [M]. 上海：华东理工大学出版社，2008.
[29] 郑水林. 非金属矿物材料 [M]. 化学工业出版社，2007.
[30] 方昆凡. 常用机械工程材料 [M]. 北京：化学工业出版社，2013.
[31] 方昆凡. 中国机械设计大典：第14篇 机械工程材料 [M]. 南昌：江西科学技术出版社，2004.
[32] 方昆凡. 现代机械设计手册：第4篇 机械工程材料 [M]. 北京：化学工业出版社，2011.
[33] 蔡春源，方昆凡. 新编机械设计手册：上册；下册 [M]. 北京：学苑出版社，1992.
[34] 方昆凡. 机械工程材料实用手册 [M]. 北京：机械工业出版社，2016.

第4篇　机械零部件结构设计

主　编　王宛山　于天彪
编写人　王宛山　单瑞兰　崔虹雯
　　　　　于天彪　孟祥志　王学智
审稿人　巩亚东

第 5 版
零件结构设计工艺性

主　编　王宛山
编写人　王宛山　单瑞兰　崔虹雯　于天彪
审稿人　鄂中凯　巩亚东

第1章 概 论

机械设计的过程可以分为调查决策阶段、研究设计阶段、结构设计阶段、试制阶段和生产销售阶段等。机械设计的过程是一个不断反复、不断完善的过程，以上各阶段的工作是密切联系、互相影响的。结构设计是机械设计的第三个阶段，结构设计工程师应该对前面各阶段考虑的主要问题和设计意图有较全面的了解。这样才能充分发挥结构设计师的智慧和创造性，把结构设计工作作为在前面创造性工作基础上的进一步创造的过程。

机械零部件结构设计包括选择零件的材料及其制造方法，确定零件形状、尺寸、公差、配合和技术条件等。结构设计应满足的要求包括功能及使用要求、加工及装配工艺性要求、人机学及环保要求、运输要求、维修及经济性要求等。本篇首先对机械零部件结构设计的内容、零部件结构设计的基本要求和评价方法等进行概述，然后在后续各章中着重对机械零部件在满足各功能要求和不同工艺过程中的结构设计、结构要素和注意事项予以说明。

1 机械零部件结构设计内容和实例

1.1 结构设计内容

（1）明确结构设计要求

根据工作原理、设计方案，明确结构的主要要求和限制条件。主要有：与产品功能有关的载荷、速度和加速度，以及单位时间的物料通过量等参数；与费用有关的允许制造成本、工具费等；与制造有关的工厂生产条件、制造工艺条件等；与运输有关的运输方式、道路宽窄等；与使用有关的占地面积限制、使用地点条件等；与人机学有关的操纵、调整、控制、修理等要求，以及噪声、安全、外观、色彩等要求。

（2）确定主要结构形式和尺寸

零部件的主要结构形式和尺寸，在实现产品功能中起主要作用，是主功能载体，如机床的主轴、内燃机的曲轴、减速器的齿轮直径等。

（3）确定次要结构形式和尺寸

零部件的次要结构形式和尺寸相对主要结构形式和尺寸而言，是辅功能载体，如轴的支承、密封、润滑等。次要结构应尽可能采用标准件、通用件等。

（4）进行各部分的细节设计

待主、辅功能载体确定后，应遵循结构设计的基本原则，进行详细设计。

（5）评价和初定结构方案

利用评价方法从众多结构方案中筛选出满足功能要求、结构简单、成本低廉、便于加工、易于维护、外形美观的较优方案。主要评价方法有：技术－经济评价法、模糊评价法和评分法等。

（6）完善和改进结构方案

对选择出的结构方案进行完善，消除评价中发现的缺陷和薄弱环节，仔细对照各种要求及限制条件，进行反复修改。

（7）绘制总体结构方案图

绘制全部生产用图，准备技术文件。

1.2 结构设计实例

以直角阀门为例简要说明结构设计的内容和过程。

图4.1-1为直角阀门结构示意图。其设计内容及结构见表4.1-1。

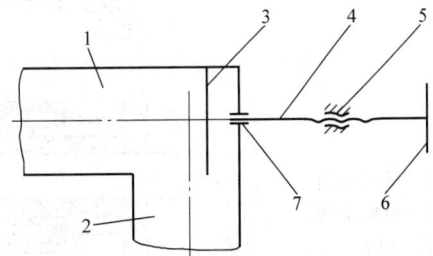

图4.1-1 直角阀门结构示意图
1—水平管 2—垂直管 3—阀瓣 4—螺旋阀杆
5—螺母 6—手轮 7—密封圈

表 4.1-1　直角阀门结构设计

序号	设计内容	结构实例	设计说明
1	确定直角阀门的主体结构和尺寸	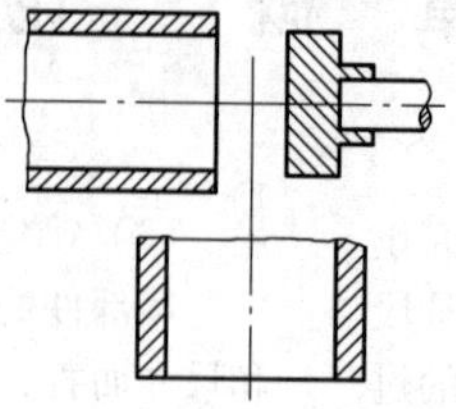	由通过阀体的流量、管内压强和其他有关条件确定水平管、垂直管的直径、壁厚，以及阀瓣的厚度和相对位置
2	确定阀瓣与阀杆的连接结构	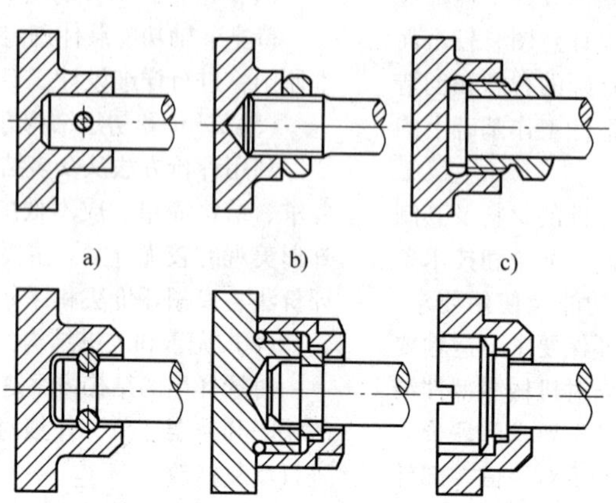 a) b) c) d) e) f)	阀杆的尺寸因其受力复杂较难确定。阀门关闭时，属于细长杆失稳问题；半关闭状态要考虑流体的非对称冲击和涡流问题；阀门的驱动方式不同产生不同附加载荷问题等。简便起见可采用经验法确定 阀瓣与阀杆的连接方式，为装拆便利，易于维修，设计了三种可拆卸的刚性连接方式（图a～图c） 固定式的连接方式，难以保证良好的密封性能。因此，将连接方式设计成阀瓣与阀杆之间可相对转动方式，减少了阀瓣的磨损和抖动（图d～图f）
3	确定阀杆与阀体的密封结构	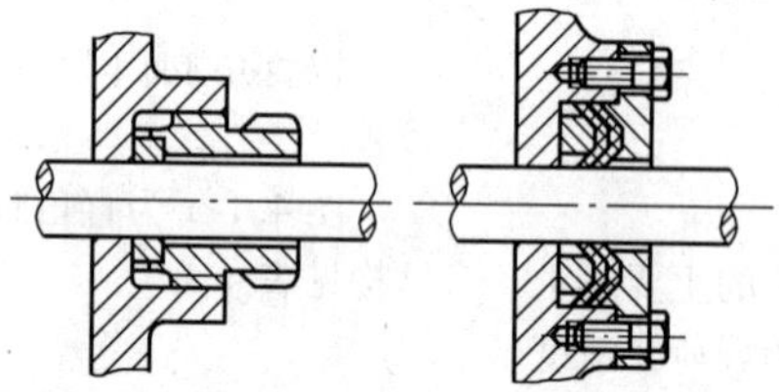 a) 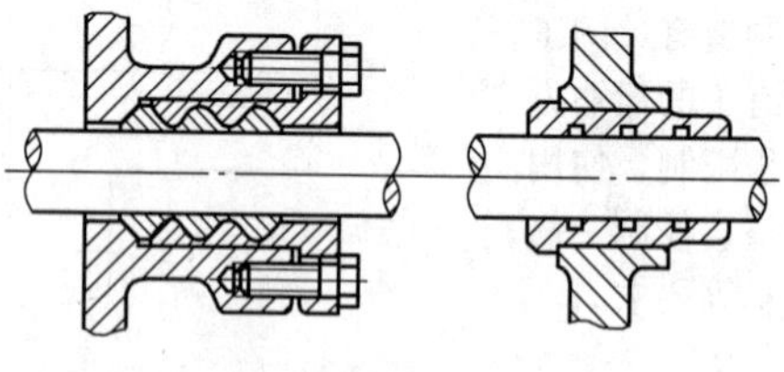 b) 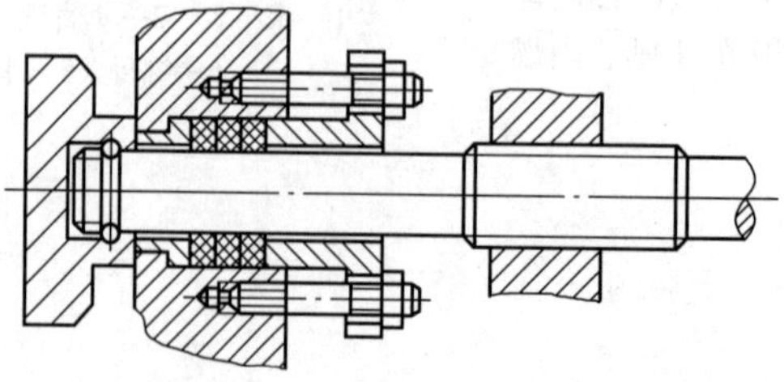 c)	阀杆与阀体的密封结构与阀杆的线速度密切相关，即由阀门的开启频率确定 接触式的密封结构适于低开启频率的阀门（图a），非接触式的密封结构适于高开启频率的阀门（图b） 最终采用的结构型式如图c所示

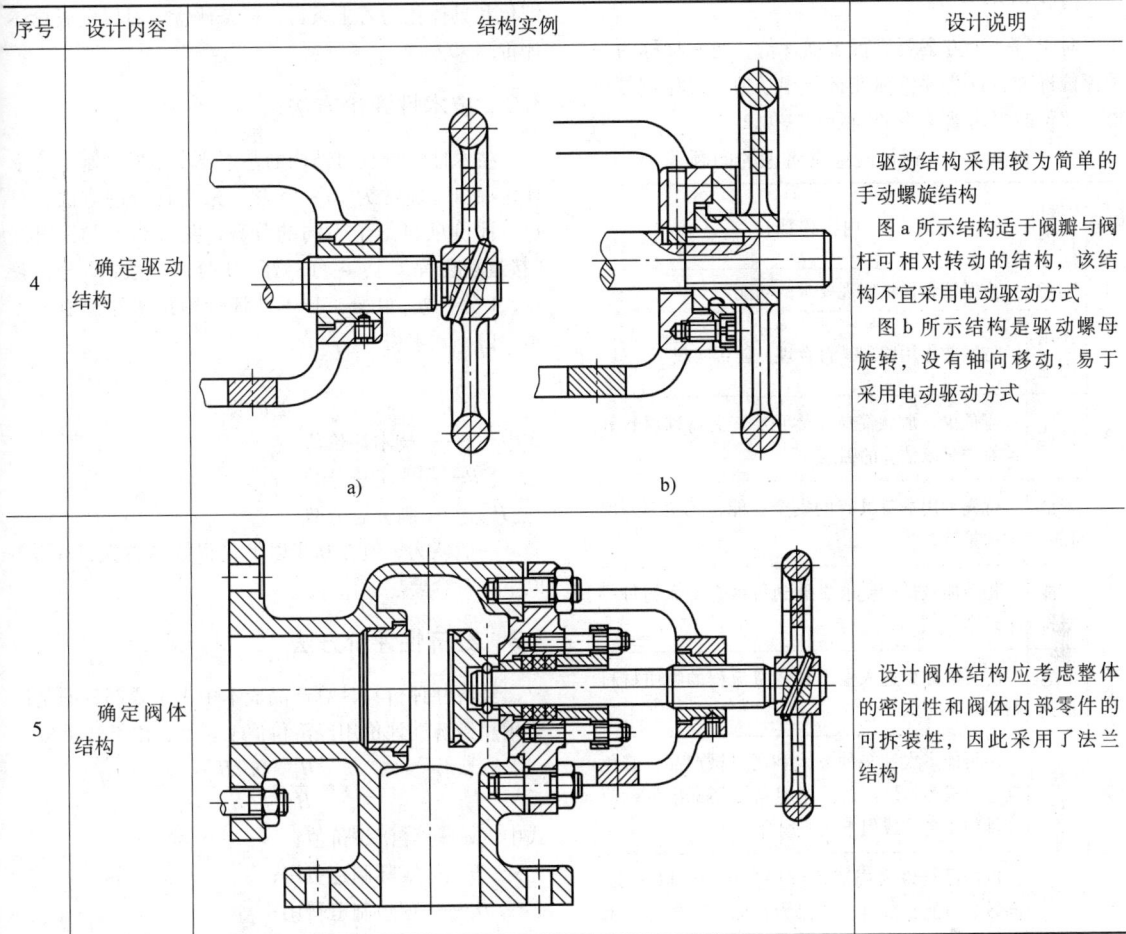

序号	设计内容	结构实例	设计说明
4	确定驱动结构	a) b)	驱动结构采用较为简单的手动螺旋结构 图 a 所示结构适于阀瓣与阀杆可相对转动的结构，该结构不宜采用电动驱动方式 图 b 所示结构是驱动螺母旋转，没有轴向移动，易于采用电动驱动方式
5	确定阀体结构		设计阀体结构应考虑整体的密闭性和阀体内部零件的可拆装性，因此采用了法兰结构

2 机械零部件结构设计基本要求

结构设计不但要使零部件的形状和尺寸满足原理方案的要求，它还必须解决与零部件结构有关的力学、工艺、材料、装配、使用、美观、成本、安全和环保等一系列的问题。只有深入了解诸问题对零部件结构的影响和限制，才能设计出合理的结构型式。

机械零件结构设计过程中，要充分考虑以下各方面的基本要求：

（1）功能要求

功能分为主功能和辅功能，先确定零部件主功能结构方案，再确定辅功能的结构方案。

（2）使用要求

零部件的结构受力合理，刚度足够，磨损小，耐腐蚀、有足够的寿命等。

（3）加工工艺性要求

便于加工，加工量少，加工成本低。

（4）装配工艺性要求

便于装配定位，易于装配操作。

（5）维修工艺性要求

易于维护和修理，维修工作量少。

（6）运输要求

结构便于吊装，利于普通交通工具运输。

（7）标准化要求

结构符合相关行业的标准化、系列化要求。

（8）人机学要求

结构美观，符合人的使用习惯，操作舒适安全。

（9）安全和环保要求

可回收再利用，符合人身健康和安全的要求，噪声和污染低于允许限值。

（10）经济性要求

降低各项成本。

3 机械零部件结构方案的评价

评价机械零部件结构的优劣，可从它的技术性和经济性两方面加以评价。

3.1 评价的标准

对于每一个方案要进行多项评价,每一项称为一种评价标准,这些评价标准必须相互独立以免重复评价。评价时经常要考虑的问题见表 4.1-2。

表 4.1-2 评价时经常考虑的问题

序号	考虑的问题	内容和要求
1	功能	方案能否保证实现要求的功能
2	作用原理	方案的作用原理是否合理,能否实现
3	结构	零件少,形状简单,体积小,无特殊材料和计算中难以估算的因素
4	安全可靠性	优先利用本身具有的安全功能,无须额外增加保护装置
5	节能减排	把节能减排的要求贯彻到机械全寿命的每一个环节
6	减量化原则	尽可能减少进入生产和消费流程的物质材料数量
7	再利用原则	尽可能多次和多种方式利用机械产品,避免其过早成为垃圾。设计中尽量多用标准件,使零件便于更换或用于其他场合
8	再制造原则	以产品全寿命周期和管理为指导,以优质、高效、节能、节材、环保为目标,以先进技术和产业化生产为手段,来修复或改造废旧产品
9	再循环原则	产品、零部件或其材料,尽可能多地返回使用
10	人机学	正确解决人机关系,造型美观
11	加工制造	加工量少,加工方法采用通用方法,不用昂贵复杂的刀具、工具和夹具,加工条件容易满足
12	检验	检验方便,工作量少,检验能保证产品质量
13	装配	方便、容易、快速,不需特殊工具
14	运输	可利用普通交通工具运输
15	使用	操作简单、安全,寿命长
16	维修	维修简单,工作量少,失效前有明显预兆
17	费用	购置、安装、运行及辅助费用低
18	时间进度	所设计的机器设备能按要求的时间制造完成
19	法律和规定	符合国家相关法律规定,无知识产权问题,符合国家标准和有关规定

评价一个结构设计方案,可以按照上述基本原则细化和具体化为若干条目,逐条评价,然后做成总体评价。

3.2 技术性评价方法

技术性评价从对结构的基本要求出发,制定若干评价项目,通常为 10～15 项。采用评分的方法,对每一评价项目给予不同的分数,共分为五等:很好(接近理想程度),4 分;好,3 分;一般,2 分;较差,1 分;差,0 分。技术性评价用技术评价值 x 表示,由下式求得

$$x = \frac{\sum P}{\sum P_{\max}}$$

式中 x——技术评价值;
$\sum P$——评定总分数;
$\sum P_{\max}$——满分总分数。

一般认为 x 值在 0.8 以上是很好的方案,在 0.6 以下不符合要求。

3.3 经济性评价方法

经济性评价只计算产品成本中占主要部分的制造费用。经济性评价用经济价值 y 表示,由下式求得

$$y = \frac{H_i}{H} = \frac{0.7 H_p}{H}$$

式中 y——经济评价值;
H——实际制造费用;
H_i——理想制造费用;
H_p——允许制造费用。

最终技术、经济的综合评价,用技术经济对比图表示,如图 4.1-2 所示。图中点 S_i 代表一种设计方案的技术评价值和经济评价值。S 点是理想的设计方案,$x = 1.0$,$y = 1.0$。$\overline{OS}$ 线上各点是技术与经济价值相等的设计方案。显然,靠近 $\overline{OS}$ 线的点,其设计方案较为理想。例如图 4.1-2 所示,方案 S_2 比 S_1 好,S_3 比 S_2 好。

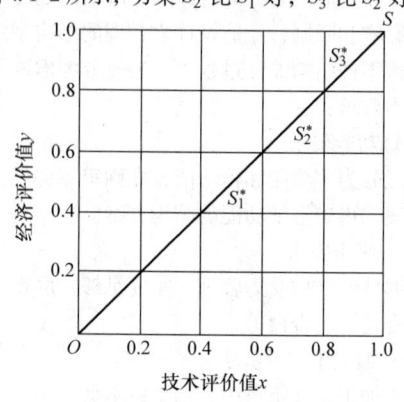

图 4.1-2 技术经济对比图

3.4 评价举例

图 4.1-3 所示为带传动装置的两种方案。

设计要求：带轮转速 750r/min，传动功率 150kW，带轮直径为 250mm 和 150mm；每月产量 100 台，允许制造费用为 120 元/台；希望传动带便于更换，工作时不需维护。

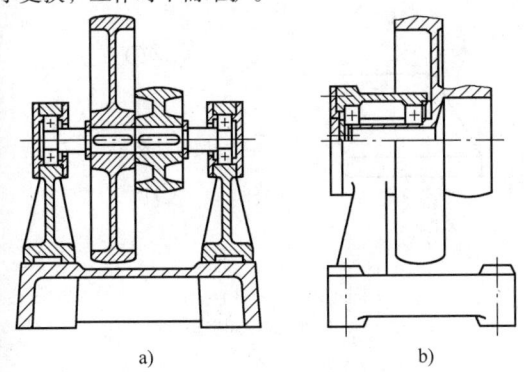

图 4.1-3 带传动装置的两种方案
a) 方案 1 b) 方案 2

技术评价从五个方面分为 12 个项目进行评价，方案 1 和方案 2 评价对比的结果见表 4.1-3。

表 4.1-4 为传动装置两种方案的经济评价对比结果。

表 4.1-3 带传动装置的技术评价

技术性能	序号	评价项目	方案1	方案2	理想方案
零件个数	1	简单（构件数 13:7）	2	3	4
	2	简单（小零件数 24:11）	2	3	4
机械性能	3	轴承承载能力	4	3	4
	4	质量	2	3	4
几何性能	5	占用面积	2	3	4
	6	不变形的紧固面（底板）	2	3	4
	7	同心度（支架）	2	3	4

（续）

技术性能	序号	评价项目	方案1	方案2	理想方案
制造性能	8	切削量	3	4	4
	9	加工方便	2	3	4
	10	装配方便	2	3	4
使用性能	11	带的更换	2	4	4
	12	润滑加油方便	3	3	4
总分数			28	38	48
技术评价值 $x = \dfrac{\sum P}{\sum P_{max}}$			0.58	0.79	1.00

表 4.1-4 传动装置的经济评价

项目	方案1	方案2
允许制造费用 H_p	120	120
理想制造费用 $H_i = 0.7 H_p$	84	84
实际制造费用 H	170	112
经济评价值 y	0.494	0.75

图 4.1-4 所示为两种方案的技术经济对比图，由图可以看出方案 2 的点更接近 S 点，所以其综合经济技术效果比较好。

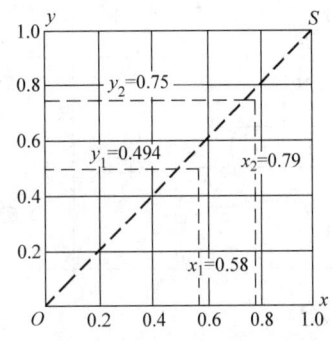

图 4.1-4 两种传动方案技术经济对比图

第2章 满足功能要求的结构设计

实现机械零件功能的结构方案是多种多样的。自由度分析法和功能面分析法是机械零部件结构设计中常用的方法。

1 利用自由度分析法的结构设计

1.1 机械零件的自由度

一个机械零件在空间有六个自由度,即沿 X、Y、Z 三个轴的轴向移动和绕 X、Y、Z 三个轴的转动,如图 4.2-1 所示。这六个自由度可以用图 4.2-1b 表示,三根空心坐标轴表示移动方向,未涂黑者表示可沿该方向移动,全部涂黑者表示沿该方向不能移动,一半涂黑者表示沿该方向可向一边移动,不能向另一边移动,坐标端部的圆圈空心或全黑代表有或无绕该轴的转动自由度。

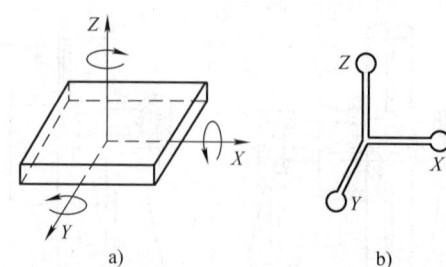

图 4.2-1 零件自由度
a) 六个自由度 b) 六个自由度简图

表 4.2-1 为常见零件的连接形式及其对自由度的约束。

表 4.2-1 常见零件的连接形式和自由度

序号	连接形式简图	连接情况	零件1自由度简图	简单说明
1		一点连接		零件1与零件2在一点相切,零件1有:2+0.5个移动自由度,3个转动自由度
2		线连接		零件1与零件2沿一条直线接触,零件1有:2+0.5个移动自由度,2个转动自由度
3		环形线连接		零件1有一个球形表面与零件2相切,构成环形线连接,零件1有:1个移动自由度,3个转动自由度
4		球窝连接		零件1与零件2有一个球形表面连接,零件1有:3个转动自由度

(续)

序号	连接形式简图	连接情况	零件1自由度简图	简单说明
5		三点支承连接		零件1与零件2有三个点接触,零件1有:2+0.5个移动自由度,1个转动自由度
6		双面连接		零件1与零件2有二个环形线相接触,零件1有:1个移动自由度,1个转动自由度

1.2 应用举例

1.2.1 联轴器结构设计

联轴器的主要功能是将两根轴连接起来。但连接的轴由于载荷、加工与安装精度、工作条件等因素的影响,会有轴向、径向和角度的偏移,无法保证完全对中。通常联轴器由左右两半组成,采用自由度分析法,联轴器两部分使用不同的基本连接形式,可获得所需要方向的自由度,就形成了不同补偿性能的联轴器。

图4.2-2所示为一种凸缘联轴器,接触面A可视为三点支承连接,相当于表4.2-1的结构5,止口面B处的结构相当于表4.2-1的结构3。这两个结构结合在一起,两半联轴器相对运动只剩下沿联轴器轴的转动和移动两个自由度。移动自由度靠螺栓结构限制,转动自由度由螺栓预紧产生摩擦力限制,因此该种联轴器无法补偿两轴的各方向的偏差。它为一种刚性联轴器。

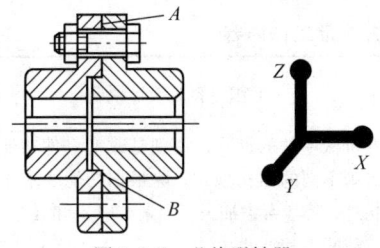

图4.2-2 凸缘联轴器

图4.2-3所示为十字滑块联轴器。接触面A、B的连接可视为三点支承连接,相当于表4.2-1的结构5,这两个结构结合在一起,联轴器1、3部分间只剩下两个移动自由度,由此可见十字滑块联轴器可以补偿轴的径向偏差。

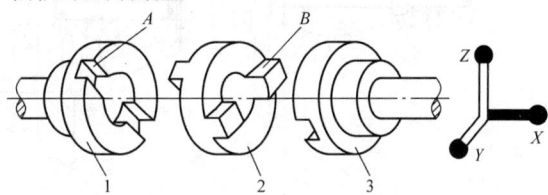

图4.2-3 十字滑块联轴器

1.2.2 轴承组合结构设计

对于转轴的支承结构,按轴的自由度分析,只保留轴沿其轴线方向转动的自由度,其他方向均要约束。

图4.2-4、图4.2-5所示为几种轴承的组合结构。其中图4.2-4a所示为滑动轴承的支承结构。轴上的两个轴承支承,形成支承面A,相当于表4.2-1的结构6;轴上还有两个轴肩,形成支承面B,相当于表4.2-1的结构1。以上结构组合,使轴只有一个绕转轴轴线转动的自由度,而沿转轴轴线的两个方向,轴都不能移动,如图4.2-4c所示。图4.2-4b所示为相同支承结构的滚动轴承组合图,同样由支承面A和B形成了一端固定一端游动的转轴的支承结构。

图4.2-5所示为两端固定的轴承组合结构,与图4.2-4所示结构的区别在于接触面B分别设置在两个轴承上。

以上两种轴承的组合结构,虽同样可以满足轴的支承要求,但由于结构上的差异,造成它们的温度补偿性能不同,第一种结构较好,而第二种需要辅助结构才能保证温度补偿性能。

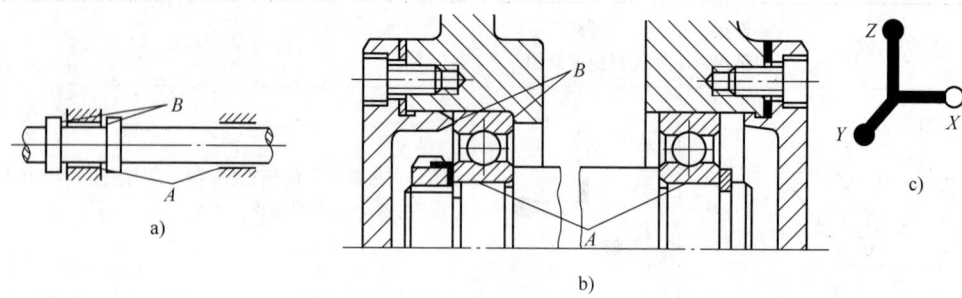

图 4.2-4 轴承组合结构一
a) 滑动轴承 b) 滚动轴承 c) 自由度图

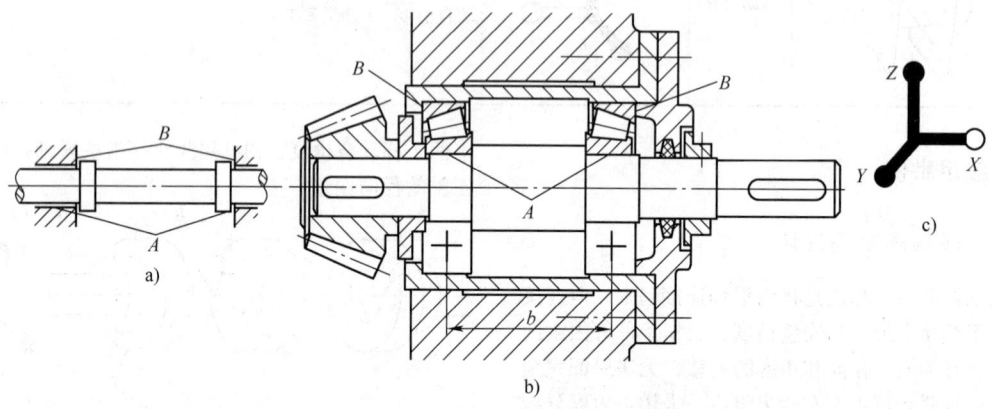

图 4.2-5 轴承组合结构二
a) 滑动轴承 b) 滚动轴承 c) 自由度图

2 利用功能面的结构设计

2.1 功能面及其参数变化

功能面分析法是机械零部件结构设计中常用的另一种方法。机械零部件结构设计就是将原理设计方案具体化，即构造一个能够满足功能要求的三维实体零部件。构造零件三维实体，必须先根据原理方案规定各功能面，由功能面构造零件，零件再组成机器。

功能面是机械中相邻零件的作用表面，例如齿轮间的啮合面、轮毂与轴的配合表面、V 带传动的 V 带与轮槽的作用表面、轴承的内圈与轴的配合表面等。

功能面是构成零件的基本单元，可用形状、尺寸、数量、位置、排列顺序和连接等参数来描述。改变功能面的参数可获得多种零件结构和组合变化。表 4.2-2 列出了零部件结构设计时功能面及其参数变化的方法、工作内容，功能面参数变化的实例图和设计说明。

表 4.2-2 零部件功能面参数变化的方法及工作内容

序号	变化方法	举例与例图	工作内容及设计说明
1	形状变化	(1) 直齿轮变成斜齿轮 (2) 滚珠导轨改为滚柱导轨	改变机械零件的形状，特别是改变零件功能面的形状而得到不同的结构型式。除根据功能要求确定功能面形状外，还应考虑加工等因素。(1) 和 (2) 可以提高其承载能力和刚度
2	尺寸变化	(1) 改变 V 带截面型号 (2) 改变套筒滚子链的型号	尺寸变化是指零件功能面的大小、功能面间的距离变化等。改变尺寸可以获得不同的结构变化，(1) 是改变功能面尺寸，(2) 是改变功能面尺寸和功能面间的距离

(续)

序号	变化方法	举例与例图	工作内容及设计说明
3	数量变化	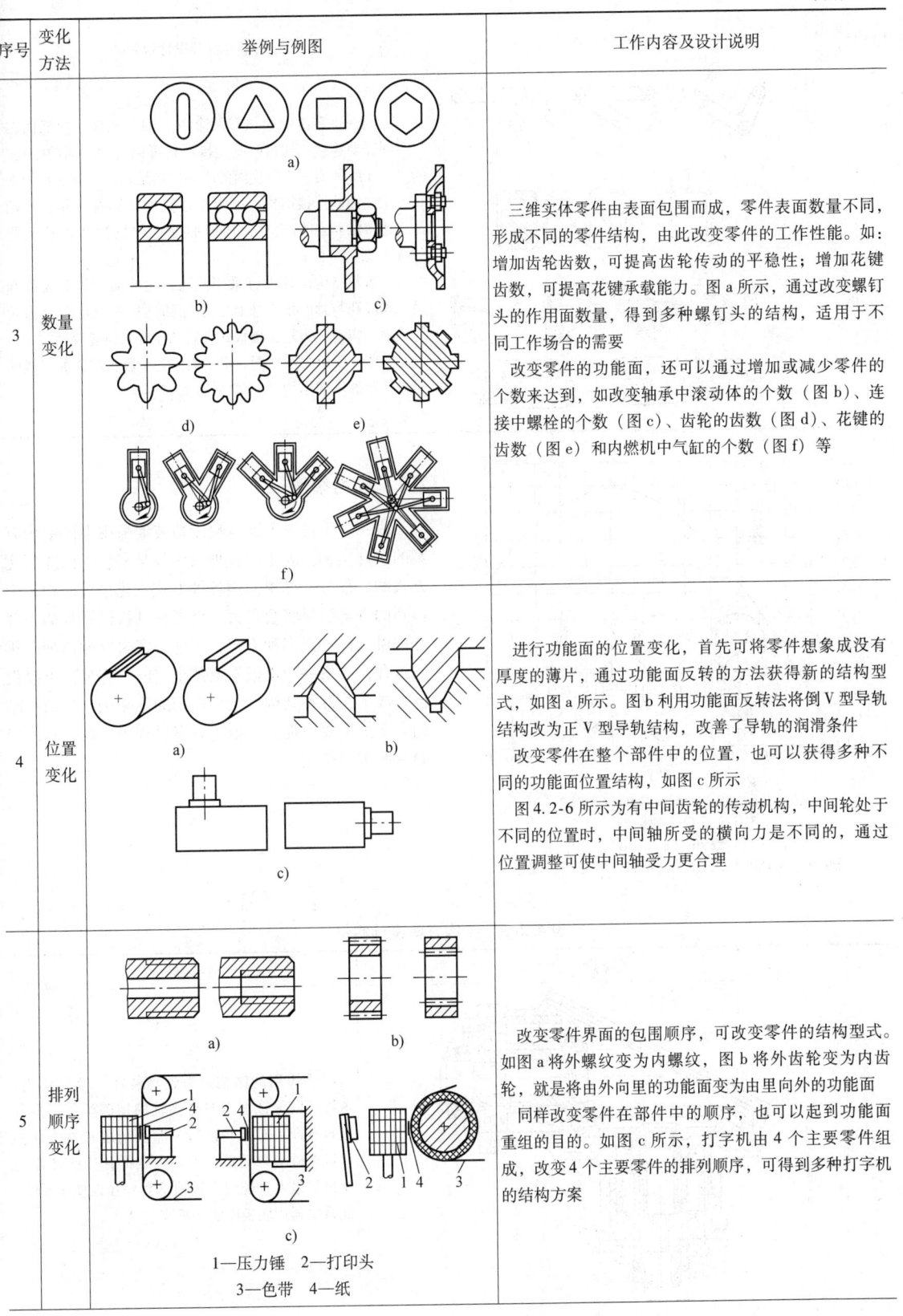	三维实体零件由表面包围而成，零件表面数量不同，形成不同的零件结构，由此改变零件的工作性能。如：增加齿轮齿数，可提高齿轮传动的平稳性；增加花键齿数，可提高花键承载能力。图 a 所示，通过改变螺钉头的作用面数量，得到多种螺钉头的结构，适用于不同工作场合的需要 改变零件的功能面，还可以通过增加或减少零件的个数来达到，如改变轴承中滚动体的个数（图 b）、连接中螺栓的个数（图 c）、齿轮的齿数（图 d）、花键的齿数（图 e）和内燃机中气缸的个数（图 f）等
4	位置变化		进行功能面的位置变化，首先可将零件想象成没有厚度的薄片，通过功能面反转的方法获得新的结构型式，如图 a 所示。图 b 利用功能面反转法将倒 V 型导轨结构改为正 V 型导轨结构，改善了导轨的润滑条件 改变零件在整个部件中的位置，也可以获得多种不同的功能面位置结构，如图 c 所示 图 4.2-6 所示为有中间齿轮的传动机构，中间轮处于不同的位置时，中间轴所受的横向力是不同的，通过位置调整可使中间轴受力更合理
5	排列顺序变化	1—压力锤 2—打印头 3—色带 4—纸	改变零件界面的包围顺序，可改变零件的结构型式。如图 a 将外螺纹变为内螺纹，图 b 将外齿轮变为内齿轮，就是将由外向里的功能面变为由里向外的功能面 同样改变零件在部件中的顺序，也可以起到功能面重组的目的。如图 c 所示，打字机由 4 个主要零件组成，改变 4 个主要零件的排列顺序，可得到多种打字机的结构方案

(续)

序号	变化方法	举例与例图	工作内容及设计说明
6	连接变化	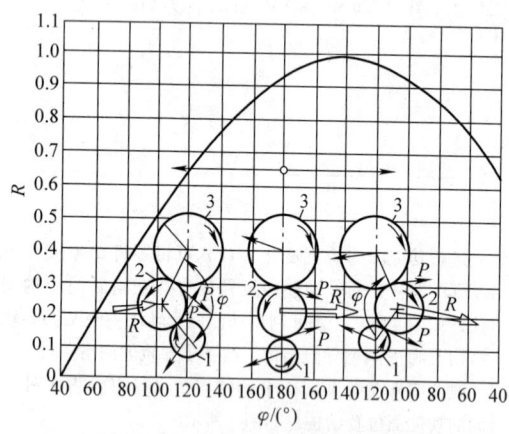 a) b) c)	同一个零件中往往有两个以上的功能面，功能面之间需要连接，通过改变连接形式可以得到不同的结构。图 a 所示为三个圆柱面的不同连接结构，图 b 所示为四个平面的连接结构，这两个连接的共同特点是：不论连接结构如何变化，功能面的空间排列和位置始终不变 齿轮结构设计也可采用此法，功能面为齿廓表面和轮毂孔与轴的配合表面，不同的连接形式可获得齿轮轴、实心式齿轮、辐板式齿轮和轮辐式齿轮等结构 图 c 所示为不在同一水平面的三个圆柱功能面组成的叉接的不同结构

图 4.2-6 改变中间齿轮的位置对于其轴承受力的影响

注：图中 $R = 2P\sin(\varphi/2 \pm \alpha)$，当中间齿轮在 $\varphi = 180°$ 线之左 α 前取加号，之右取减号

2.2 应用举例

表 4.2-3 是一个锥齿轮传动装置采用不同结构方案的设计实例。表中的各种结构只是采用了前述变化方式的一部分，如果采用各种方式变化设计结构，则得到的方案数目将会很大。再考虑到机械系统的各部分都可以设计出多种方案，这些方案再互相搭配、排列组合，则每一个机械系统甚至它的一部分都可以设计出成千上万种结构方案。广阔的思路是产生最佳结构方案的重要前提。在拟定方案过程中，设计者的经验常起重要作用。

表 4.2-3 结构方案设计实例

序号	结构图	结构特点
1		广泛使用的结构。齿轮轴装在一个箱体内，这样可以保证加工时得到轴的精确位置。将盖板打开即可对齿轮进行调整。利用调整垫片 m 可以调整啮合关系（不必完全拆开传动装置）。小齿轮最大直径应小于轴承套外径以便于拆装。此减速器用底板固定在机座上

(续)

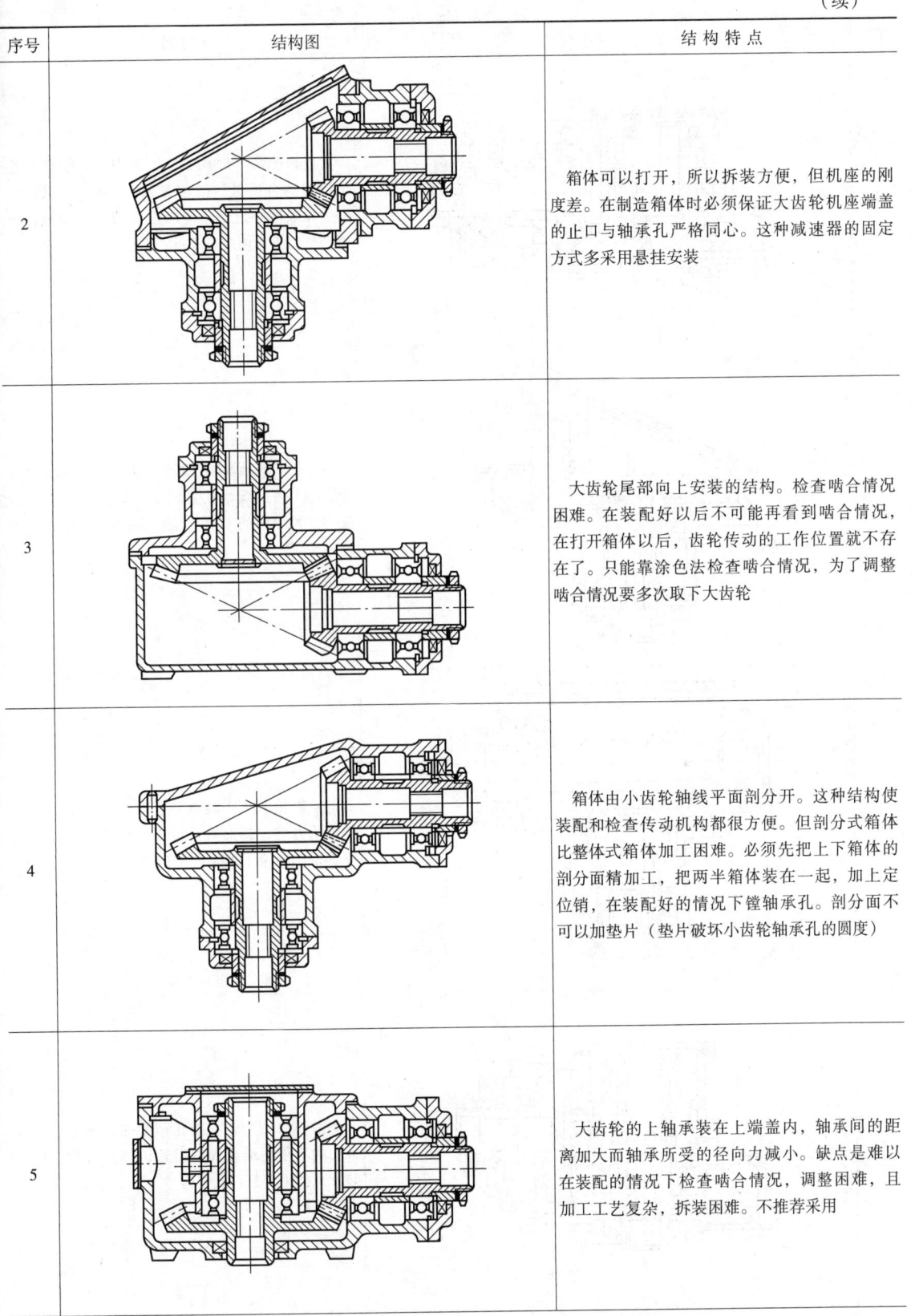

序号	结构图	结构特点
2		箱体可以打开，所以拆装方便，但机座的刚度差。在制造箱体时必须保证大齿轮机座端盖的止口与轴承孔严格同心。这种减速器的固定方式多采用悬挂安装
3		大齿轮尾部向上安装的结构。检查啮合情况困难。在装配好以后不可能再看到啮合情况，在打开箱体以后，齿轮传动的工作位置就不存在了。只能靠涂色法检查啮合情况，为了调整啮合情况要多次取下大齿轮
4		箱体由小齿轮轴线平面剖分开。这种结构使装配和检查传动机构都很方便。但剖分式箱体比整体式箱体加工困难。必须先把上下箱体的剖分面精加工，把两半箱体装在一起，加上定位销，在装配好的情况下镗轴承孔。剖分面不可以加垫片（垫片破坏小齿轮轴承孔的圆度）
5		大齿轮的上轴承装在上端盖内，轴承间的距离加大而轴承所受的径向力减小。缺点是难以在装配的情况下检查啮合情况，调整困难，且加工工艺复杂，拆装困难。不推荐采用

(续)

序号	结 构 图	结 构 特 点
6		大齿轮的两个轴承装在上盖中,只能用涂色法检查啮合质量,很难看到实际的啮合情况。必须先取出小齿轮才能取出大齿轮和端盖,因而调整时拆卸困难。不推荐采用
7		小齿轮的前轴承装在箱壁上凸起来的轴承座 n 中。把上面的观察孔盖取下,即可检查啮合情况。这种结构的缺点是啮合部分被凸起的轴承座遮住了
8		把小齿轮的一个轴承装在对面的箱壁上,拆装轴承方便,观察啮合情况也容易。缺点是必须拆下小齿轮才能拆下大齿轮
9		小齿轮的一个轴承装在箱壁的凸座上。通过下面的不承载端盖观察齿轮机构的大端。这种装置只能采用悬挂式安装

（续)

序号	结构图	结构特点
10		与第9种特点相同，只是大齿轮装在上面，可以用上面的平面固定减速器

第3章 满足工作能力要求的结构设计

为避免机器及其零部件的失效,应使零件具有足够的工作能力。工作能力,即零件不发生失效时的安全工作限度。随机械零件的失效形式不同,工作能力计算准则主要有如下几个方面:强度、刚度、耐磨性、耐蚀性和稳定性等。

按计算准则设计机械零件称为理论设计,虽然理论设计可以保证机械零部件不发生失效,但很难使零件材料得到有效的利用,机械零部件的承载能力得到充分的发挥,因此为使设计的机械零部件结构达到最优,理论设计的同时还必须遵循合理结构设计的原则。

1 提高强度的结构设计

强度是机器中各零部件承受载荷的能力,它与零件受到的载荷和零件的承受能力有关。

1.1 提高零部件的受力合理性

1.1.1 载荷均匀分布

当外载荷由多个零件或多个支承点支持时,应该使它们尽可能受力均匀,否则必然会使某些零件或某些支点承受载荷过大,引起失效。载荷均匀地分布在零件结构上,可有效地减小零件上载荷的最大值,提高零件的承载能力。将集中力分成几个小的集中力或分布力系,是经常采用的机械零件受力结构。但有时零件即使承受分布力,由于零件受力区域的刚度或弹性变形不同,造成载荷集中现象,零件强度也将随之降低。

载荷均布是理想状态,在实际工程中较难实现,但可以通过一些有效的结构设计,使零件上的载荷趋于均布。经常采用的措施有:

1)提高零件的加工精度。如滚动轴承、滚动导轨等,由多个滚动体承受载荷,由于导轨和滚动体都是由高硬度合金钢制造,零件的受力均匀性对误差非常敏感,因此必须使其具有很高的精度。常用的方法是,提高导轨和滚动轴承座圈的精度和减小各滚动体直径的误差,可以使各受力接近均匀,提高零件寿命。

2)采用弹性零件。当外载荷由多个支承点支承时,在支承处加入弹簧等弹性元件,可以减少载荷分布的不均匀性。

3)设置调整环节。当外载荷由多个零件承受时,采用垫片、螺旋等调整件可以使各零件的载荷均匀。

下面介绍几种通用零部件结构设计中,为使载荷均匀所采用的措施。

(1)螺纹连接零件

螺栓连接承载后,载荷是通过螺栓和螺母的螺纹牙面接触来传递的,由于螺栓和螺母的刚度和变形性质不同,所以旋合各圈螺纹牙的载荷分布是不均匀的,如图4.3-1所示。

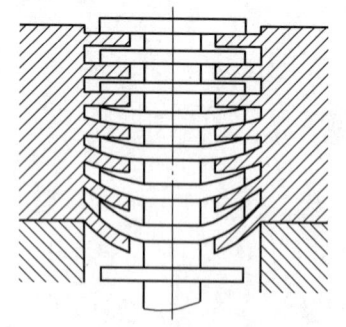
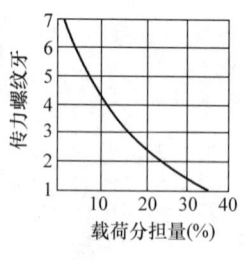

图4.3-1 螺杆和螺母的螺纹牙受力和变形示意图

由图4.3-1可见,第一圈的螺纹变形最大,显然螺纹牙受载也以此圈为最大,约占全部载荷的30%以上。以后各圈递减,到第8~10圈以后螺纹牙几乎不受力。所以采用厚螺母、过多增加旋合圈数对提高连接强度的作用不大。

使螺纹牙受力尽量均匀的常用方法有:

1）悬置螺母。采用悬置螺母，如图 4.3-2a，螺母的旋合部分全部受拉，其变形性质与螺栓相同，从而可减小二者的螺距变化差，使螺纹牙的载荷分布趋于均匀。

2）环槽螺母。图 4.3-2b 所示为环槽螺母结构，这种结构可使螺母内缘下端局部受拉，其作用和悬置螺母相似，但载荷均布效果不及前者。

3）内斜螺母。图 4.3-2c 所示为内斜螺母结构。螺母下端受力较大的几圈螺纹处制成 10°～15° 斜角，使螺纹牙的受力面由上而下逐渐外移，刚度逐渐变小。螺栓旋合段下部螺纹牙的载荷分布趋于均匀。

4）环槽与内斜组合结构螺母。图 4.3-2d 所示为组合结构螺母，这种结构较为复杂，只用于某些重要或大型的连接上。

5）钢丝螺套。用菱形截面的钢丝套绕成的类似于螺旋弹簧的钢丝螺套旋入螺纹孔中，如图 4.3-3 所示，因它具有一定的弹性，可减轻螺纹牙受力不均和起到减振作用。

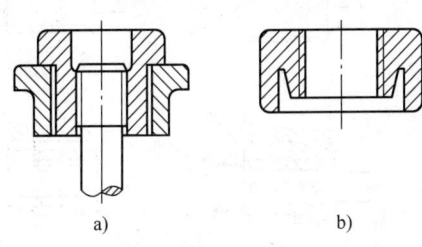
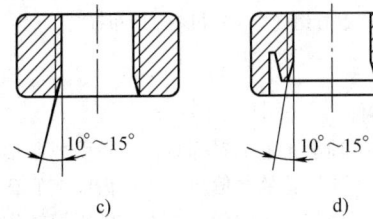

图 4.3-2 均载螺母结构
a) 悬置螺母 b) 环槽螺母 c) 内斜螺母 d) 组合螺母结构

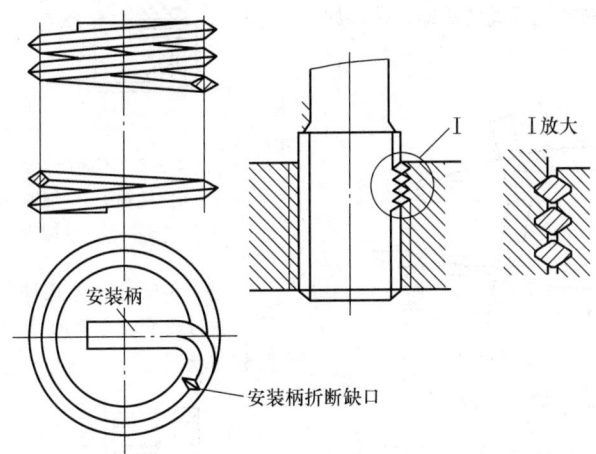

图 4.3-3 钢丝螺套

（2）螺栓组连接

螺栓组连接结构设计中，要力求各螺栓和连接结合面间受力均匀。因此连接结合面一般设计成简单的几何形状，如圆形、环形、矩形、框形和三角形等。如此便于加工，便于对称布置螺栓，使螺栓组的对称中心和连接结合面的形心重合，从而保证连接结合面受力较均匀，如图 4.3-4 所示。对于铰制孔螺栓连接，不要在平行于工作载荷的方向上成排地布置八个以上的螺栓，以免工作不均匀。当螺栓组承受弯矩或扭矩时，应使螺栓的位置尽量靠近连接结合面的边缘，以减少螺栓受力，如图 4.3-5 所示。

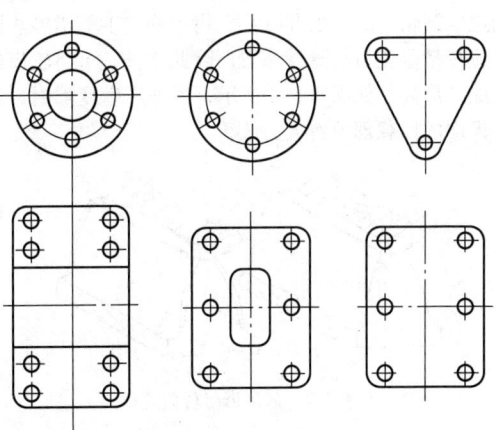

图 4.3-4 结合面常见形状

形,也是造成齿向载荷分布不均的原因之一。图4.3-8所示为不同的周向连接结构的齿向载荷分布图。图4.3-8e所示的端键连接结构载荷分布最不均匀,图4.3-8f所示的过盈连接结构载荷分布最均匀,当齿宽系数 $\psi_d \approx 2$ 时,两种连接结构的分布载荷最大值相差可到两倍。

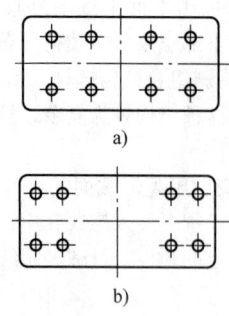

图4.3-5 螺栓组受弯矩和扭矩时的布置
a) 不合理 b) 合理

(3) 齿轮零件

当齿轮相对于轴承布置不对称时,齿轮受载后轴会产生弯曲变形,两齿轮随之偏斜,使得齿面上的载荷沿接触线分布不均匀,造成载荷集中。轴因扭转作用而发生的扭转变形,同样会产生载荷沿齿宽分布不均匀。靠近转矩输入一端,轮齿上的载荷最大。为了减少载荷集中,应将轮齿布置在远离转矩输入端,如图4.3-6所示。

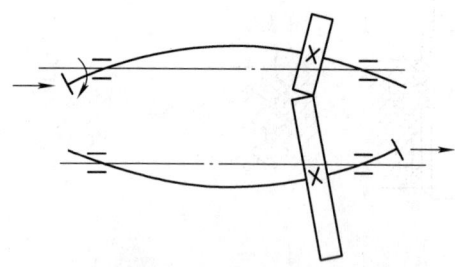

图4.3-6 齿轮布置在远离转矩输入端

为了改善载荷沿接触线分布的不均匀程度,可以增大轴、轴承和支座的刚度,对称布置轴承,以及适当地限制轮齿的宽度和减小轮齿局部刚度等措施。同时应尽量避免齿轮悬臂布置。除此之外,可将轮齿修整成鼓形齿,如图4.3-7所示,当轴产生变形时,鼓形齿面的偏载现象将大为改善。

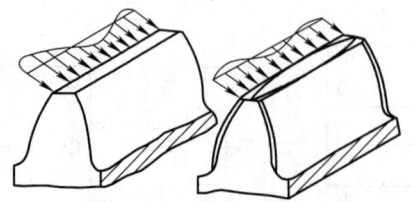

图4.3-7 鼓形齿与载荷分布

齿轮的周向固定方式不同,由于小齿轮的扭转变

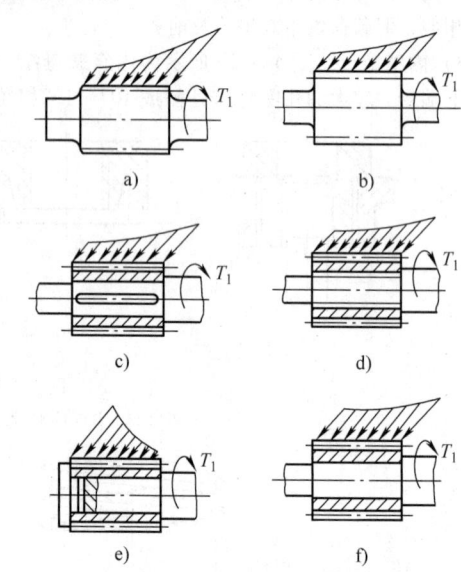

图4.3-8 不同齿轮周向连接结构的载荷分布
a) 粗轴 b) 细轴 c) 平键 d) 花键
e) 端键 f) 静压

图4.3-9所示为几种典型的行星齿轮的支撑结构,通过改变其支撑刚度的方法,改善行星齿轮的载荷分布状况。

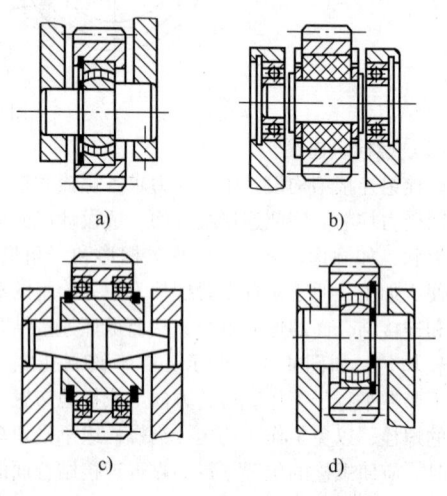

图4.3-9 行星齿轮的均载结构
a) 双列向心球面滚子轴承 b) 橡胶套支撑
c) 弹性轴支撑 d) 浮动套油膜支撑

1.1.2 载荷分担

由一个零件承受的载荷,通过结构的合理设计,分给两个或更多的零件承担,是减小零件工作载荷有效措施。

(1) 螺栓减荷结构

采用普通螺栓连接承受横向载荷时,具有结构简单、装配方便等优点,但必须施加很大的预紧力,导致螺栓组结构尺寸过大。采用由其他零件分担载荷的方法,可以避免上述缺点,具体结构是采用减荷装置,即在连接结构上增设减载零件,如图 4.3-10 所示。

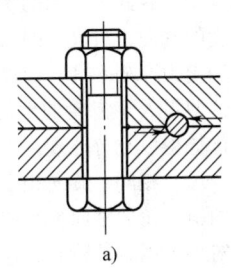 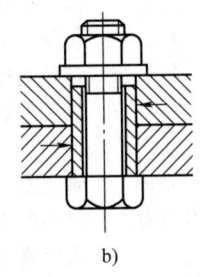 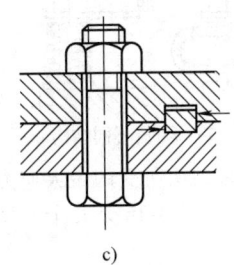

图 4.3-10 减载装置
a) 减载销 b) 减载套 c) 减载键

(2) 卸荷带轮

卸荷带轮结构是通过巧妙的结构设计,将零件上的有害载荷,传递给承载能力较大的零件,减轻某些重要零件工作载荷。如图 4.3-11 所示的带轮常用于机床传动箱外的 V 带传动,带轮上所受的压轴力及转矩由箱体和轴分担。压轴力通过轴承 6、轴承座 1 及螺栓 2 传给箱体;转矩通过法兰盘 4 及花键 5 传给轴。因此轴只承受转矩不受弯矩,减小了轴的弯曲变形,提高了回转精度。

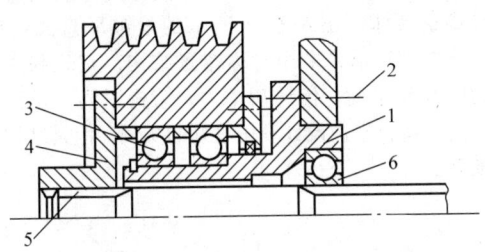

图 4.3-11 卸荷 V 带
1—轴承座 2—螺栓 3、6—滚动轴承
4—法兰盘 5—花键连接

(3) 组合弹簧

当载荷很大时,安装弹簧的空间尺寸又较小,或者加工时为避免使用直径较大的弹簧,常将两个或两个以上的弹簧的直径不同的弹簧同心套在一起,作为一个整体使用。图 4.3-12 所示的组合弹簧就是采用了分担载荷的方法。为了避免工作时各层之间互相嵌入而卡死,应使各相邻层间的弹簧旋向相反。

(4) 双平键

当传递转矩很大时,采用单个平键强度不够,通常采用双平键共同承担载荷,为保证受力的对称和两键均匀受载,两键应布置在同一轴段上相隔 180°的位置,如图 4.3-13b 所示。并且键与键槽都必须保证有较高的加工精度。

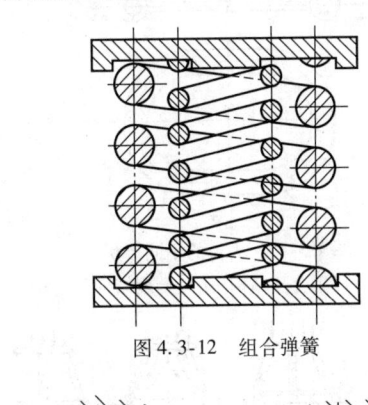

图 4.3-12 组合弹簧

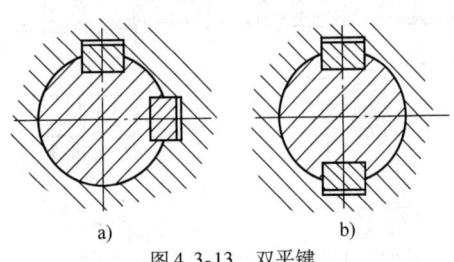

图 4.3-13 双平键
a) 不合理 b) 合理

1.1.3 力流最短

所谓力流就是力的传递路径,如图 4.3-14 所示,从零件的受力点到最后的受载零件,力依次传递,力经过的零件越少,刚度越大,力的传递路线越直,附加弯矩越小。因此力流要尽可能短,并接近为直线。

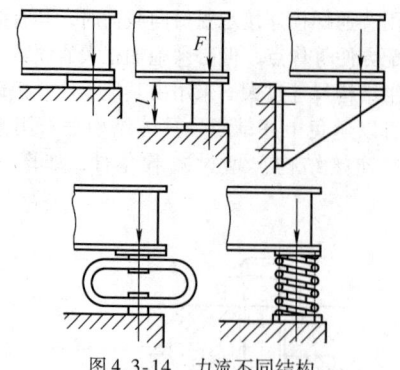

图 4.3-14 力流不同结构

图 4.3-15 的三种结构所受的最大应力相等，但截面尺寸相差较大。图 4.3-16 是几个典型的力流合理和不合理结构。

1.1.4 自平衡设计

利用机械结构的对称性，使其大小相等方向相反的载荷互相平衡，对于轴、轴承等零件不产生附加力，这种结构设计称为自平衡。

图 4.3-17a 所示的斜齿圆柱齿轮有轴向力，此轴向力由轴承承担，因此斜齿轮的螺旋角不宜过大，以免使轴承受的轴向力过大。图 4.3-17b 所示的人字齿轮两边的轴向力互相平衡，而没有轴向载荷作用在轴承上面，这使得人字齿轮的螺旋角可以取得较大，使斜齿轮的优势得以充分体现。而图 4.3-17c 在一根轴上安装两个尺寸相同、旋向相反的斜齿轮，这种设计不但能使两斜齿轮的轴向力互相平衡，还可以解决人字齿轮相对加工困难的障碍，这种结构设计，可以采用大螺旋角，提高了齿轮的承载能力。

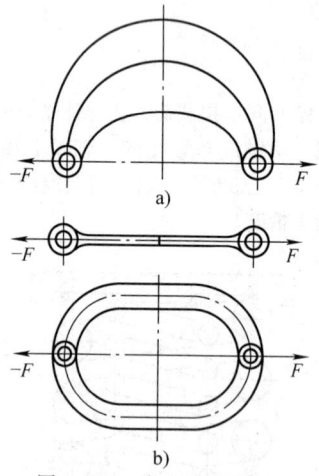

图 4.3-15 力流的不同形状
a) 不合理结构 b) 合理结构

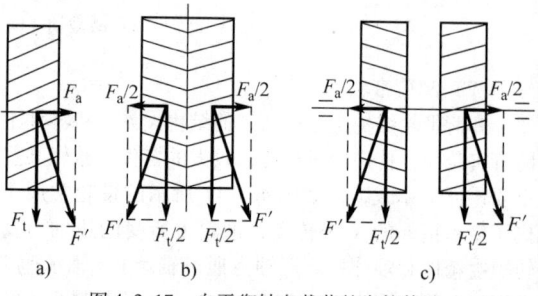

图 4.3-17 自平衡轴向载荷的齿轮传动

摩擦轮传动装置要求有很大的压紧力，以产生足够大的摩擦力，对于机架、轴和轴承的承载能力提出了较高的要求。图 4.3-18 所示的滚锥平盘式（FU 型）无级变速器，采用对称布置结构，充分利用压紧力的互相平衡，传递功率大，结构紧凑，设计巧妙，是载荷自平衡设计利用较好的实例，但是结构比较复杂。

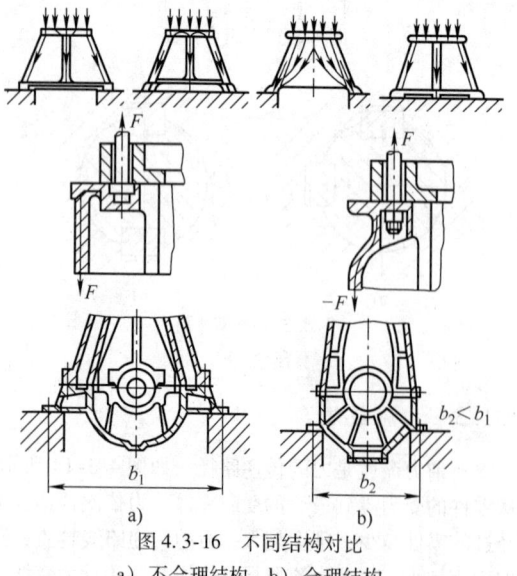

图 4.3-16 不同结构对比
a) 不合理结构 b) 合理结构

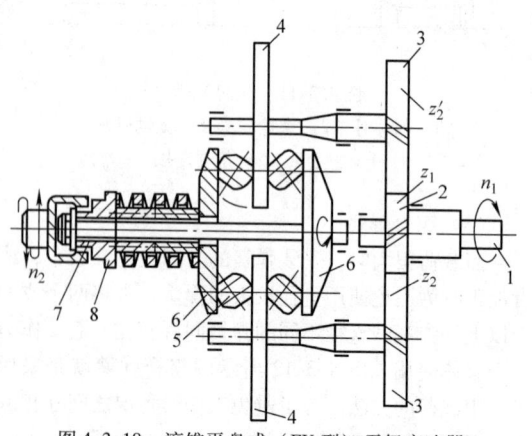

图 4.3-18 滚锥平盘式（FU 型）无级变速器
1—输入轴 2、3—传动齿轮 4—主动平盘
5—滚锥 6—从动平盘 7、8—输出轴

1.1.5 自加强

把机械零件所受的外载荷转化成对于结构功能有加强作用的因素。

如图 4.3-19 所示的压力容器,把盖设计成位于容器内部,则容器内的气体压力可以成为帮助密封装置压紧的因素,紧固螺栓受力可以减小。但需要注意此孔和盖不宜设计成圆形,应设计成椭圆形,以便于安装。

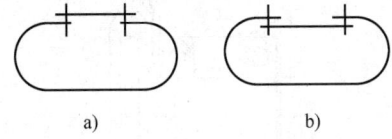

图 4.3-19 具有自加强作用的容器盖(示意图)
a) 不自加强方案 b) 自加强方案

1.2 提高静强度的设计

根据材料力学中零件的静强度计算公式分析可知,提高静应力下的机械零件强度,可以有三种途径:减小零件所受的载荷(F、M、T),加大零件截面面积或截面系数,增大零件的许用应力。

1.2.1 降低零件载荷或应力的最大值

由强度的计算原则可知,对机械零部件进行静强度计算时,要根据机械设备最恶劣工作条件,按照零部件所受的最大载荷进行计算。在工程实际中,零部件的静强度失效也总是发生在一些尖峰载荷或意外过载的情况下。因此,降低零件载荷或应力的最大值,能够提高零部件的静强度。

对于支撑零件,合理安排支撑点与载荷的相对位置,可以降低零件内应力。若按图 4.3-20b 所示将两支点各向里移动 $0.2l$,则最大弯矩仅为图 4.3-20a 的

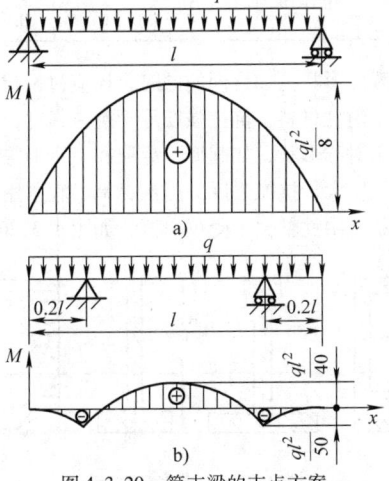

图 4.3-20 简支梁的支点方案
a) 不合理结构 b) 合理结构

在均布载荷作用下的简支梁最大弯矩的 20%。所以,龙门起重机、锅炉筒体和清理滚筒等通常将支点向里移动一段距离,如图 4.3-21 所示。

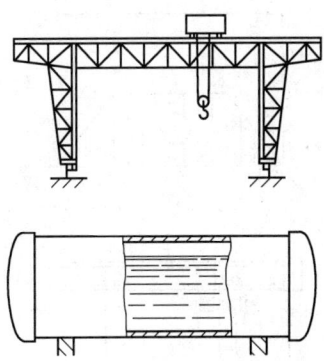

图 4.3-21 龙门起重机和锅炉筒体

其次,合理布置集中载荷与支点的相对位置,也同样可以降低最大弯矩的数值,图 4.3-22 为铣床的齿轮轴,把齿轮紧靠轴承安装,使齿轮作用在轴上的集中力紧靠支点,轴上的最大弯矩只是集中力在跨度中点的 56%。

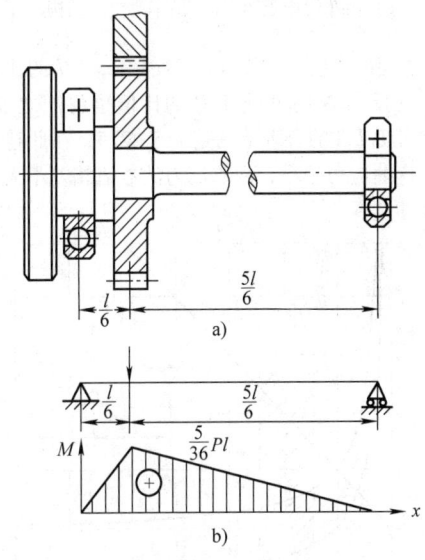

图 4.3-22 铣床轴的合理结构
a) 铣床轴的结构 b) 铣床轴弯矩图

此外,结构允许的条件下,应尽可能地把集中力改为分散力或均布载荷。如图 4.3-23 所示起重机,将其支撑梁中点的集中力,分成两个集中力,则简支梁的最大弯矩将减少 50%,用 5t 的吊车可吊起 10t 的重物。

对于悬臂支撑,应合理地设计支点跨距 L 和伸出

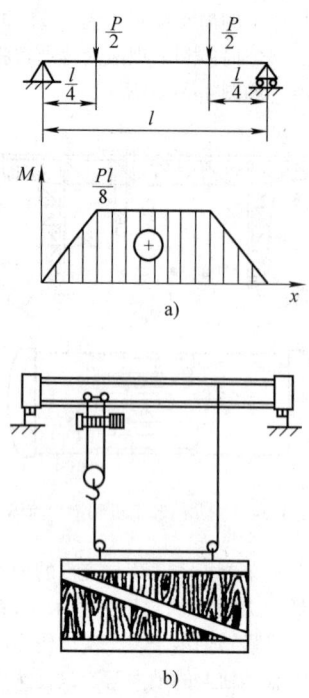

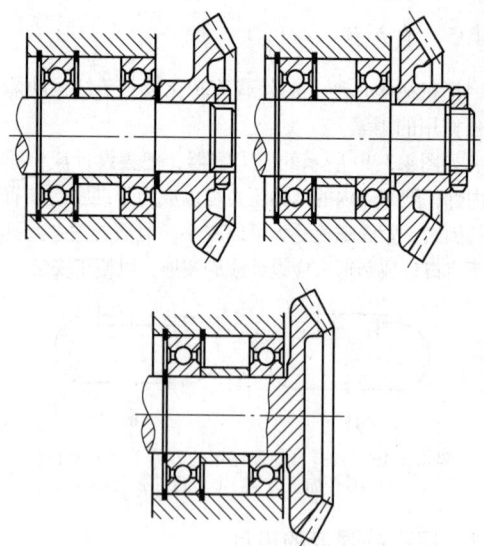

图4.3-25 减小悬臂结构

很大的影响。

由材料力学中零件的强度计算公式可知,受弯曲的梁和轴,零件的截面面积和抗弯截面系数 W 越大,对零件的弯曲强度越有利。另一方面,梁和轴的材料的使用量和自重,则与其截面积 A 成正比,截面积越小,越轻便,材料成本越低。因此,合理的截面形状应是截面积 A 较小而抗弯截面系数 W 较大,可用抗弯截面系数 W 与截面积 A 的比值来衡量截面形状的合理性和经济性,比值越大越好,如表4.3-1所示工字钢或槽钢比矩形截面合理,矩形截面比圆形截面合理。

图4.3-23 吊车的合理结构
a) 吊车梁弯矩图 b) 吊车梁受力结构

长度 l 之间的比值,如图4.3-24所示,L/l 的比值不同时,支反力 N 与外载荷 P 的比值也将随之变化,从图中可见 L/l 的合理范围是 1.5~2.5,在此范围轴的最大弯曲应力较小,两支反力的数值相差不大,便于轴承的选择。

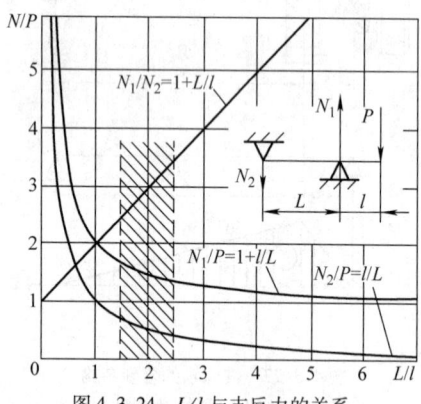

图4.3-24 L/l 与支反力的关系

因此悬臂的伸出长度应尽量减小,如图4.3-25所示为不同伸出长度结构。如结构允许,应尽量避免悬臂结构。

1.2.2 增大截面系数

对于受弯曲、扭转的梁或轴和受压力的长柱(有失稳的危险时),其截面形状对于其承载能力有

表4.3-1 常用截面对比

截面形状	矩形	圆形	槽钢	工字钢
W/A	$0.167h$	$0.125d$	$(0.27\sim 0.31)h$	$(0.27\sim 0.31)h$

使截面形状更加合理的同时,还应讨论材料的特性,对于塑性材料,抗拉强度等于抗压强度,截面形状宜采用对称形状,如圆形、矩形和工字形等;而对于抗压强度大于抗拉强度的脆性材料,宜采用非对称截面形状,中性轴偏于受拉一侧,如图4.3-26所示。

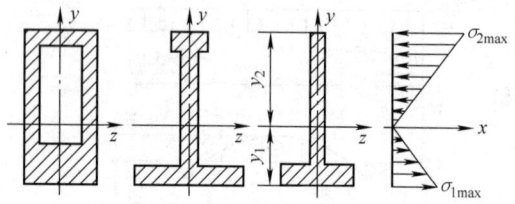

图4.3-26 非对称截面

1.2.3 采用空心轴提高强度

对于圆形截面受弯曲应力的轴或梁,当其截面面积相同时,空心轴比实心轴的强度要高,或者说,当强度相同时,空心轴的重量较轻,见表4.3-2。

表4.3-2 截面积相同的空心轴与实心轴强度相对值（实心轴为1）

$K=D_0/D_1$	强度提高	强度（W）不变		
		D_1/D	D_0/D	ΔG（%）
0.1	1.01	≈1.0	0.1	1
0.2	1.06	1.0005	0.2	3.9
0.3	1.14	1.003	0.301	8.8
0.4	1.27	1.009	0.404	15.3
0.5	1.44	1.022	0.511	23.4
0.6	1.70	1.047	0.628	33
0.7	2.09	1.096	0.767	44.1
0.8	2.73	1.192	0.954	57.1
0.9	4.15	1.427	1.285	72.9

注：D—实心轴直径；D_1—空心轴外径；D_0—空心轴内径；ΔG（%）—空心轴比实心轴单位长度重量降低的百分比。

1.2.4 用拉压代替弯曲

悬臂梁受弯曲应力,强度和刚度都低于桁架,因为桁架杆受的是拉压应力。如表4.3-3所示,左面的桁架杆直径为20mm,右面的三种悬臂梁直径分别为20mm、165mm、200mm。这四种结构同样在距离墙面 l 的位置处受力 F, σ 为杆中的最大应力,下标1表示桁架的数值,下标2表示三种悬臂梁的数值。

表4.3-3 三角桁架与悬臂梁的强度比较

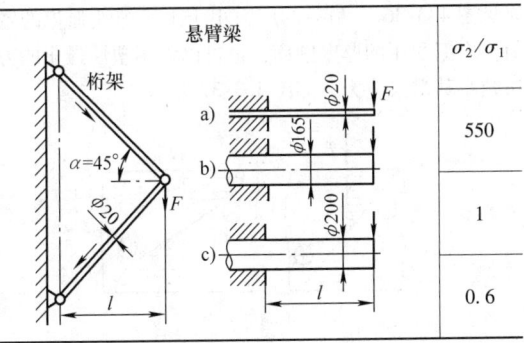

	σ_2/σ_1
a)	550
b)	1
c)	0.6

当 l/d 与 α 角取值不同时,σ_2/σ_1 值也不同,图4.3-27给出了不同 α 角取值时,桁架与悬臂梁的应力比较。

以上原理可以应用于结构设计中,如图4.3-28a所示的简支梁可以用4.3-28b所示的桁架或者图4.3-28c所示的弓形梁代替。图4.3-29中的三角形支架优于杆形支架。图4.3-30中的锥形筒受力情况优

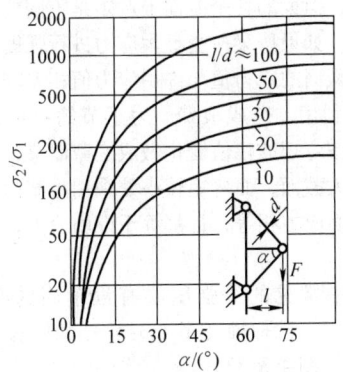

图4.3-27 三角桁架与悬臂梁的应力比较

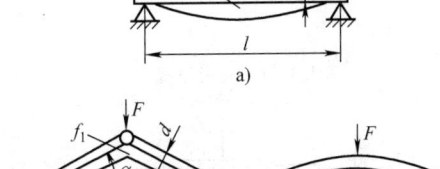

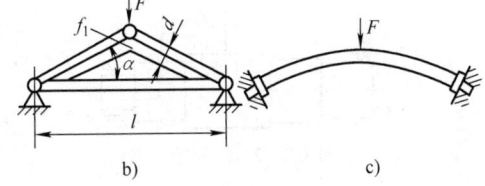

图4.3-28 简支梁结构的改善
a) 简支梁 b) 桁架 c) 弓形梁

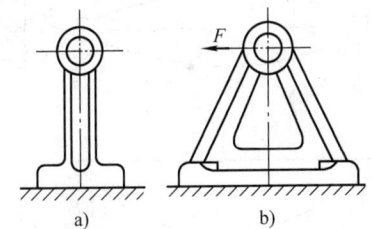

图4.3-29 改善铸造支座的刚度
a) 杆形支架 b) 三角形支架

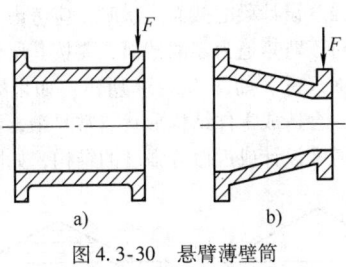

图4.3-30 悬臂薄壁筒
a) 圆形筒 b) 锥形筒

1.2.5 等强度设计

对于受横向载荷的等截面梁,各截面的抗弯截面

模量相等，但梁的各个截面上弯矩是不同的，因此应力也不同。如果按梁所受最大应力进行强度计算，弯矩较小的截面的应力值与许用应力值相差较多，材料没有充分利用，造成浪费。为了节约材料，减轻重量，将梁按弯矩的幅值变化做成变截面梁，即弯矩较大处采用大截面，而弯矩较小处采用小截面，使变截面梁各截面应力相等，且都等于许用应力，这就是等强度梁。

工程中常见的等强度梁有汽车用的叠板弹簧（图 4.3-31）、阶梯轴（图 4.3-32）和厂房建筑中的"鱼腹梁"（图 4.3-33）等。

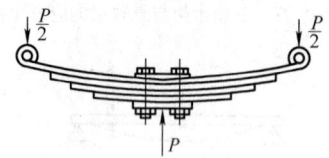

图 4.3-31 叠板弹簧

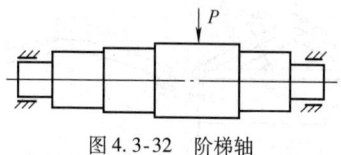

图 4.3-32 阶梯轴

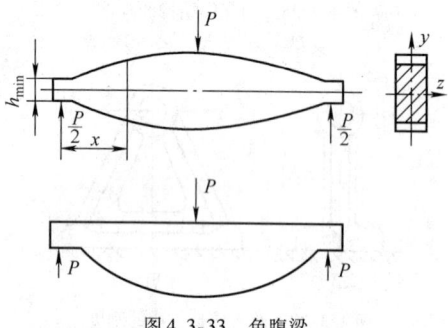

图 4.3-33 鱼腹梁

按等强度设计梁的截面形状时，应考虑剪切强度的影响。对于弯矩值为零的截面，要按其所受的剪切力设计截面尺寸，如图 4.3-34 所示。如果完全按等强度设计，会造成零件结构形状非常复杂，不便于加工制造，通常设计成近似等强度的结构，如阶梯轴。

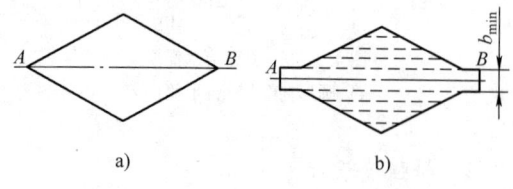

图 4.3-34 考虑剪切强度的等强度梁
a) 不合理　b) 合理

1.2.6 弹性强化和塑性强化

在零件承受外载荷之前，使它产生与外载方向相反的弹性变形，由此产生相反的预加应力。受外载荷后，预应力可以抵消一部分外载荷产生的工作应力，称为弹性强化。例如图 4.3-35a 所示为装有拉杆的预应力工字梁，拉杆用高强度材料制造，使工字梁产生预应力如图 4.3-35b 所示。当此梁作为两段支承的简支梁，中间受载荷 F 时，梁内产生的弯曲应力如图 4.3-35c 所示，与预应力正好相反，经与预应力相互抵消，最后合成的应力如图 4.3-35d 所示。比无预应力时（图 c）明显减小。

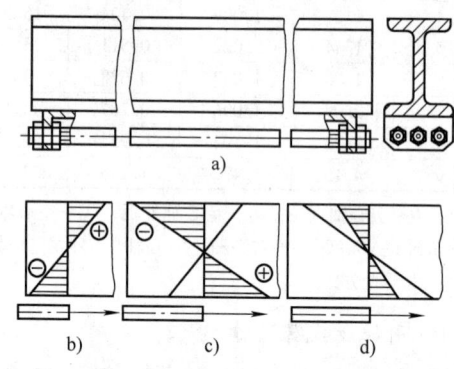

图 4.3-35 预应力梁的弹性强化

塑性强化的处理方法是使零件预先承受大的载荷，使其应力最大的部分产生塑性变形，如图 4.3-36a 中 F 是零件产生弹性变形的载荷，图 4.3-36b 中 F' 是零件部分产生塑性变形的载荷。图 4.3-36c 是当 F' 去掉后，在梁截面中的残余应力。此时加工作载荷 F 时，产生的应力与残余应力叠加如图 4.3-36d，结果见图 4.3-36e，最后的应力小于未经塑性强化的数值。内部受压的厚壁圆筒，也可以采用塑性强化的方法减小其最大应力，如图 4.3-37 所示。

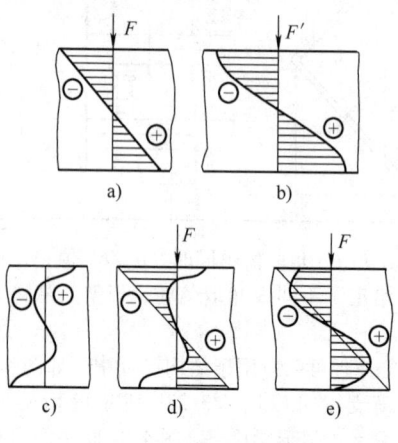

图 4.3-36 塑性强化的梁

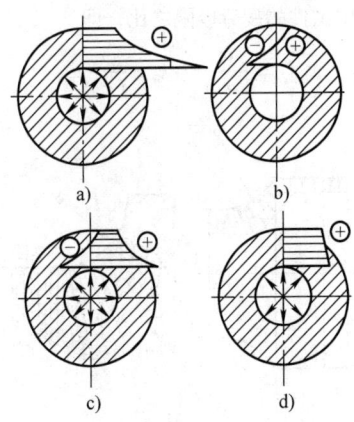

图 4.3-37 塑性强化的圆筒

1.3 提高疲劳强度的设计

机械零件在变应力作用下，经过一段时间后在局部高应力区形成微裂纹，微裂纹逐渐扩展以致最后断裂的现象称为疲劳破坏。工程实践中，大多数机械零部件的破坏属于疲劳破坏。零件的疲劳强度是指零件抵抗疲劳破坏的能力。影响零件疲劳强度的因素很多，主要有应力集中、绝对尺寸、表面状态等，要提高零件的疲劳强度，可以针对这几方面的因素采取措施。对于相同的两个零件，它们所受变应力的最大应力相同时，变应力的应力幅越大，零件越容易疲劳，因此降低零件的应力幅也可以提高零件的疲劳强度。

1.3.1 减小应力幅

受轴向变载荷的螺栓连接中，螺栓应力幅 σ_a 的计算公式为

$$\sigma_a = \frac{2F}{\pi d_1^2} \frac{C_L}{C_L + C_F} \leq [\sigma_a]$$

式中　F——螺栓所受的工作载荷；
　　　d_1——螺纹小径；
　　　C_L、C_F——螺栓和被连接件的刚度。

由上式可知。若减小螺栓刚度 C_L 或增大被连接件的刚度 C_F 都可以减小螺栓应力幅从而提高螺栓的疲劳强度。图 4.3-38 所示为单独降低螺栓刚度、单独增大被连接件刚度和把这两种措施与增大预紧力同时并用，螺栓应力幅减小的情况。图中 Q 为螺栓总拉力，Q_P 为预紧力，Q'_P 为剩余预紧力，F 为工作载荷，螺栓刚度 $C_L = \tan\theta_L$，被连接件刚度 $C_F = \tan\theta_F$。

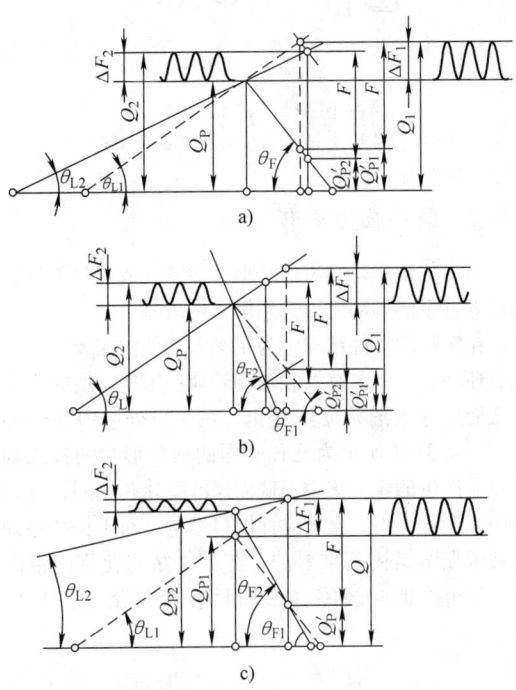

图 4.3-38 降低螺栓的应力幅
a) 降低螺栓刚度　b) 增大被连接件刚度
c) 同时采用三种措施

为了减小螺栓刚度，可以适当增加螺栓的长度，或是采用空心螺栓或腰状杆螺栓，也可以在螺母下面安装弹性元件，如图 4.3-39 所示。

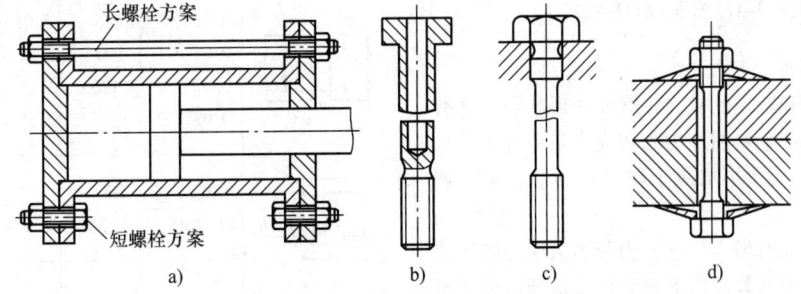

图 4.3-39 减小螺栓刚度的结构
a) 长螺栓　b) 空心螺栓　c) 腰状杆螺栓　d) 弹性元件

为了增大被连接件刚度,可以不用垫片或采用刚度较大的垫片。图 4.3-40 为气缸的密封结构,图 4.3-40b 的密封方式比图 4.3-40a 更合理。

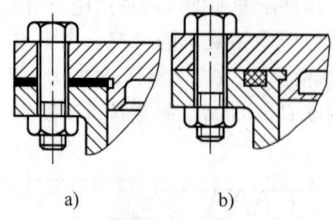

图 4.3-40 气缸密封方式
a) 弹性垫片密封　b) O 形密封圈密封

1.3.2 减小应力集中

应力集中就是在零件外形突然变化或材料不连续的地方发生的局部应力突然增大的现象。

在实际的零件结构中为了某些功能的需要,带有孔、环槽、键槽、螺纹和轴肩等缺口结构,造成零件的截面尺寸或形状突然变化,在缺口处应力集中加剧。图 4.3-41 所示为几种不同的缺口形状的板或轴受拉时产生的应力集中,截面尺寸变化越剧烈,应力集中越严重。因此合理设计缺口结构,对于提高零件的疲劳强度是极其重要的。在零件结构允许的情况下,尽可能地减缓零件截面尺寸变化是主要措施之一。

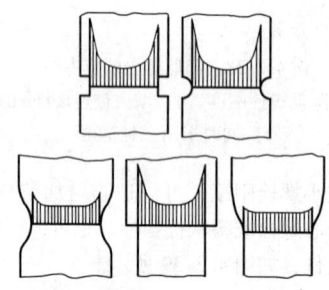

图 4.3-41 不同缺口形状

(1) 轴类零件

对于受弯矩和转矩的轴,在截面的形状和尺寸有局部变化处,将产生弯曲应力和切应力集中现象,如图 4.3-42 所示。其大小取决于缺口处的形状尺寸和应力形式。

在应力集中处的最大局部应力与名义应力的比值称为理论应力集中系数。考虑材料性质及载荷类型对应力集中的影响,实际上常用有效应力集中系数 k 来表征疲劳强度的真正降低程度。当材料、载荷条件和绝对尺寸相同时,有效应力集中系数等于光滑试件与有应力集中试件的疲劳极限之比,即

$$k_\sigma = \frac{\sigma_r}{(\sigma_r)_k}, \quad k_\tau = \frac{\tau_r}{(\tau_r)_k}$$

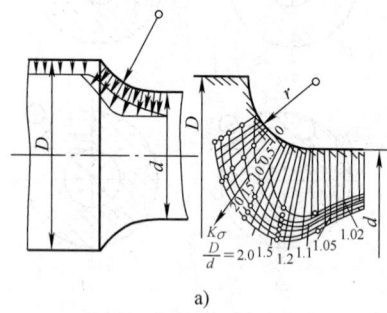

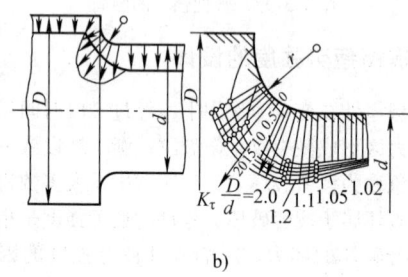

图 4.3-42 轴的应力集中
a) 弯曲应力集中　b) 切应力集中

如果在同一个计算剖面上有几个不同的应力集中源,在进行强度计算时取其中的最大值。表 4.3-4 给出了常见的几种缺口形状的应力集中系数值。

表 4.3-4　弯曲应力集中系数 K_σ 和切应力集中系数 K_τ 的值

应力集中源	r/d	t/r	R_m/MPa	K_σ	K_τ
	0.02	1	500 ~ 1200	1.45 ~ 1.60	1.35 ~ 1.40
	0.05	1		1.60 ~ 1.90	1.45 ~ 1.55
	0.02	2		1.80 ~ 2.15	1.60 ~ 1.70
	0.05	2		1.75 ~ 2.20	1.60 ~ 1.75
	0.02	1	500 ~ 1200	2.05 ~ 2.5	1.6 ~ 2.2
	0.05	1		1.82 ~ 2.25	
	0.02	2		2.25 ~ 2.70	
	0.05	2		2.05 ~ 2.50	
	≤0.1	—	500 ~ 1200	2.0 ~ 2.3	1.75 ~ 2.0
	>0.15			1.8 ~ 2.1	
	—	—	500	1.8	1.4
			700	1.9	1.7
			1500	2.3	2.2

(续)

应力集中源	r/d	t/r	R_m/MPa	K_σ	K_τ
	—		500	1.45	2.25~1.43
			700	1.60	2.45~1.49
			1200	1.75	2.80~1.60
			500	1.80	
			700	2.20	—
			1200	2.90	

减少轴肩处的应力集中,可以采用如下圆角过渡形式,如图 4.3-43 所示。用尽可能大的圆角或直线组成,如图 4.3-43a 所示将圆角按椭圆曲线制成,如图 4.3-43b 所示;用若干个圆弧组成,如图 4.3-43c、d;大过渡圆角可以采用内凹圆角结构形式,如图 4.3-43e;靠近圆角处加卸载槽(见图 4.3-43f),可以更有效地降低应力集中系数。

轴上的平键键槽用盘铣刀加工比用指状铣刀加工的键槽应力集中系数要小 20% 左右,如图 4.3-44 所示。

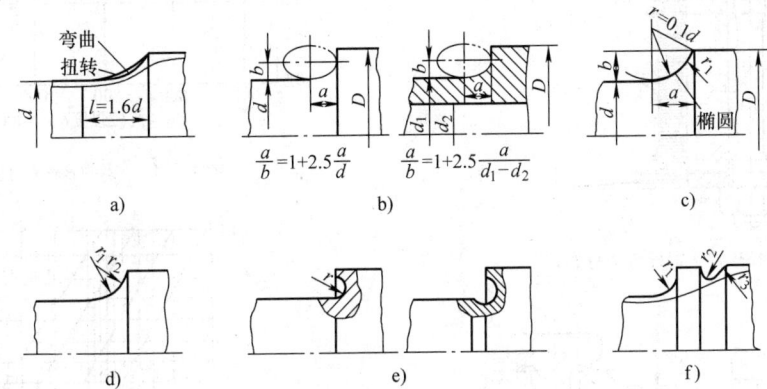

图 4.3-43 不同的圆角过渡形式
a) 大圆角 b) 椭圆曲线圆角 c) 等径圆角 d) 变径圆角 e) 内凹圆角 f) 加卸载槽

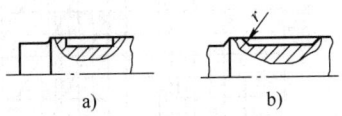

图 4.3-44 键槽结构对比
a) 不合理 b) 合理

轴毂过盈配合连接中,由于轴比毂长,轴在毂外部分阻碍轴在毂内部分的压缩,使径向压力沿接触长度分布不均(如图 4.3-45 所示),并引起轴的应力集中。

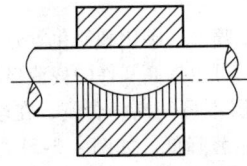

图 4.3-45 轴毂过盈连接的压力分布

图 4.3-46 所示为几种降低应力集中的结构措施,使非配合部分的轴径小于配合的轴径,如图 4.3-46a,通常 $d/d' \geq 1.05$,$r \geq (0.1~0.2)$;在被包容件上加卸载槽,如图 4.3-46b;在包容件上加工出卸载槽,如图 4.3-46c 所示。

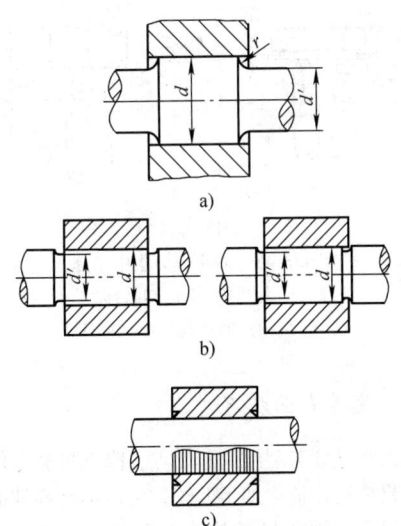

图 4.3-46 过盈连接的合理结构
a) 阶梯轴 b) 轴上卸载槽 c) 毂上卸载槽

(2) 螺栓零件
螺栓上应力集中最严重的部位是螺纹牙底部、螺纹收尾部分、螺栓头和螺杆的交接处、螺栓杆上横截面有明显变化处，如图 4.3-47 所示螺栓的应力分布。其中螺母与螺杆交接处的应力集中，通过改变螺母刚度的方法解决，在 1.1.1 节中已经讨论过。下面介绍几种降低螺栓头和螺杆的交接处、螺纹收尾部分的应力集中的合理结构（图 4.3-48）。在螺栓头与螺杆之间，采用大圆角过渡，如图 4.3-48a；采用卸载槽，如图 4.3-48b；采用卸载过渡结构，如图 4.3-48c；螺纹收尾处设置退刀槽，如图 4.3-48d。

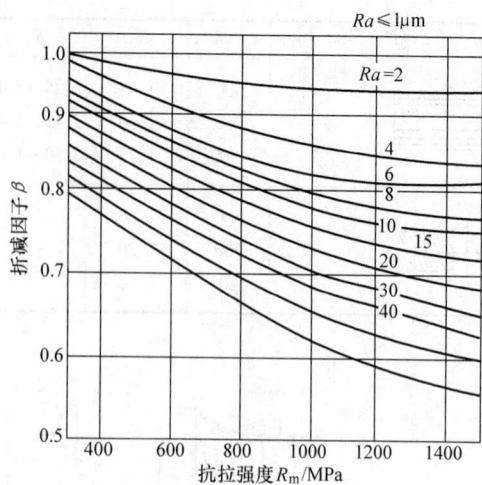

图 4.3-49　钢的 $\beta - R_m$ 曲线

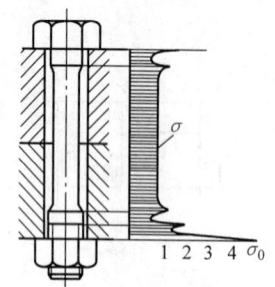

图 4.3-47　螺栓应力分布

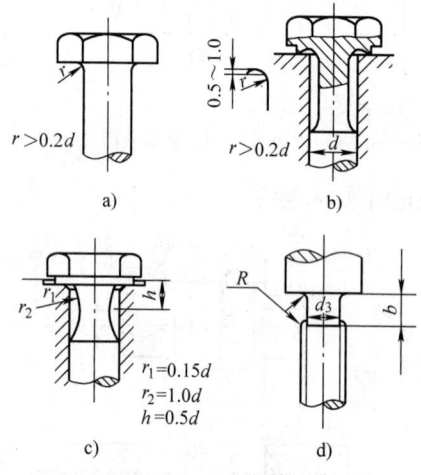

图 4.3-48　减小应力集中措施
a）大圆角　b）卸载槽
c）卸载槽过渡结构　d）退刀槽

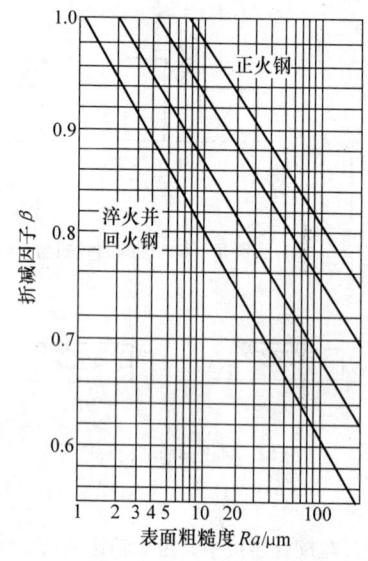

图 4.3-50　交变应力下的 $\beta - Ra$ 曲线

1.3.3　改善表面状况

表面常是疲劳裂纹的起始点，降低机械零件表面的表面粗糙度，消除加工刀纹，可以提高零件的疲劳强度。对于高强度材料其效果更加显著。图 4.3-49 是由试验得到的疲劳强度折减因子 β（钢材）与材料的抗拉强度和表面粗糙度之间的关系（$\beta - R_m$ 曲线）。它以高度抛光的钢材试件（$Ra = 1\mu m$）为标准。图 4.3-50 是正火钢和淬火并回火钢的 $\beta - Ra$ 曲线。

1.3.4　表面强化处理

应用滚压、喷丸、碳化和氮化等方法对零件表面进行强化处理，可以提高零件的疲劳强度。应该注意的是表面硬化层不可间断，否则，在软硬表面交界处，疲劳强度显著降低。如图 4.3-51 所示的齿轮表面硬化，其中图 4.3-51a 中齿轮的表面硬化层有间断，是不合理的，图 4.3-51b 中齿轮表面硬化层是连续的，没有间断，比较合理。如果将齿轮轮齿的全齿廓，即包括齿顶、齿根和全齿面，均作火焰淬火处理，其疲劳强度可以提高到未淬火时的 1.85 倍。如果只将工作表面淬火，因软硬交界处产生应力突变，疲劳强度反而降低为原来的80%。

为了提高疲劳强度，推荐的硬化层厚度为：渗碳为0.4～0.8mm；碳氮共渗为0.3～0.5mm；高频淬火及火焰淬火为2～4mm。

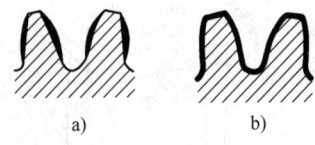

图4.3-51 表面淬火应该连续

1.3.5 将转轴变为心轴

对于如图4.3-52a所示的轴，是既承受弯矩又传递转矩的转轴，其工作应力为弯曲应力和扭转应力共同作用的双向应力状态。将轴的结构变为图4.3-52b所示的结构，则轴变为只承受弯矩的心轴，工作应力只有弯曲应力，工作应力减小，使轴的疲劳强度得以提高。

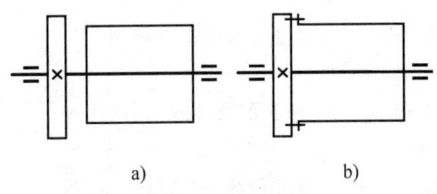

图4.3-52 转轴变为心轴

1.4 提高接触强度的设计

凸轮、齿轮、滚动轴承和滚动导轨等机械零件的工作部分为点接触或线接触，在两零件表面接触处，由于两表面间的压力而产生较大的应力，这种应力就是接触应力。其应力分布不同于拉、压、弯曲、扭转等应力分布。接触应力易使零件表面产生点蚀、磨损等疲劳破坏，危害零件的工作质量和寿命。合理设计结构提高接触强度的措施如下。

1.4.1 增大综合曲率半径

如图4.3-53所示的球面支承结构。图4.3-53a是两个相等的球面外接触，两球面曲率半径都很小，接触强度最低。图4.3-53b加大了两个球面的半径，图4.3-53c是把图a中的一个零件的接触面改为平面，相当于其曲率半径为无限大，使接触应力减小。图4.3-53d采用了加大一个零件的曲率半径和另一个零件采用平面的方法，图4.3-53e和f的共同特点是接触面向同侧弯曲，形成两球面的内接触，使其综合曲率半径进一步加大，接触应力减小。而图4.3-53f中两个面的曲率半径更为接近，因此接触应力最小。

此外，用滚柱（线接触）代替滚珠（点接触）也是常用的提高接触强度的方法。

在图4.3-53中，接触部位的零件采用高硬度的材料以提高其许用接触应力。为了加工方便都是另外加工装配上去的，也可以采用标准的钢球直接嵌入。

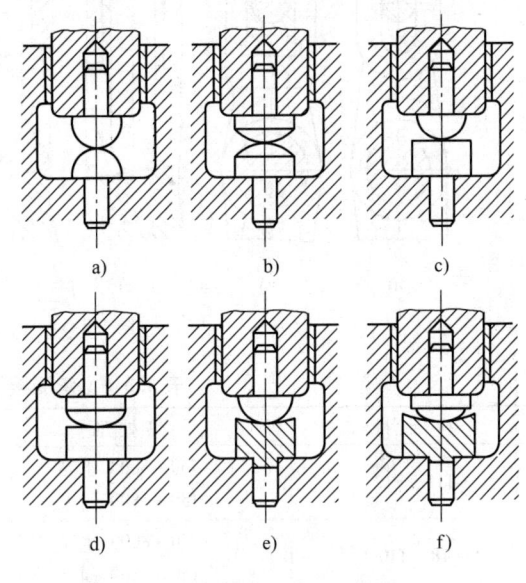

图4.3-53 球面支承的六种结构

1.4.2 以面接触代替点、线接触

如图4.3-54a所示的连杆机构中杆1经销轴2带动其他杆运动。杆1与销轴2为线接触，接触应力大，磨损快。图4.3-54b增加了零件3（常用的是铜合金套），成为面接触，可以延长寿命提高承载能力，耐冲击。图4.3-54c为一斜面-推杆机构，图4.3-54d中的零件6把推杆4与斜面5的点接触改为面接触。图4.3-54e改为图4.3-54f的结构，增加了零件10，也把零件7与零件9的点接触改为面接触。图4.3-54g中，在零件11与零件9之间可以产生流体动压效应，从而改善了润滑，提高效率，降低磨损。

1.4.3 采用合理的材料和热处理

因为接触应力的值很大，承受接触应力的零件常常采用淬火钢制造，钢的含碳量在1%（质量分数）左右，其硬度不低于60～62HRC。常用的材料见表4.3-5。

制造在高温下工作的零件，应采用含Cr、Si、Mo、W的莱氏体和马氏体合金钢，热稳定性可达350℃。采用高钒高速切削钢，热稳定性可达500℃，为了减少残余奥氏体，高速切削钢1240~1280℃油淬后可在550~570℃经3~4阶段回火。每阶段保持1h，并在-80℃冷处理，硬度可达65~71HRC。受接触疲劳变应力的零件，应该特别注意去除内部的杂质和缺陷。

按照接触强度设计的零件，其表面应该加工到表面粗糙度 $Ra0.1~Ra0.2\mu m$。重要的零件表面可经电抛光。

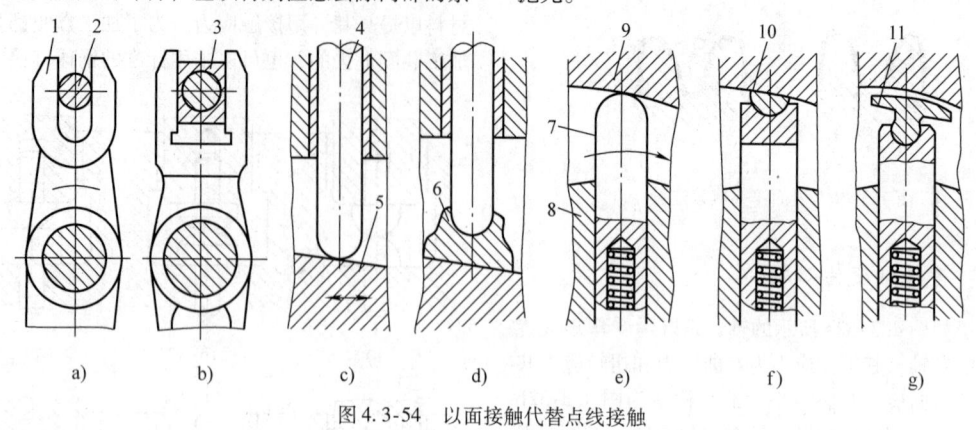

图 4.3-54 以面接触代替点线接触

表 4.3-5 承受接触应力零件的常用材料

材　　料	热　处　理	硬度/HRC	应用举例
T11、T12	750~800℃水淬 150~180℃回火	60~62	制造受静载荷的小零件
T8、T10	750~800℃水淬 150~180℃回火	60~62	制造受冲击载荷的小零件
合金工具钢 CrWMn	800~850℃水淬或油淬 150~160℃回火	62~65	制造受接触应力较高的小零件
20Cr 20CrMnTi	渗碳层厚度1~1.5mm 800~850℃水淬或油淬 100~160℃回火	62~65	形状复杂的大型零件
GCr6，GCr9，GCr15	820℃±10℃淬火 100~160℃回火	62~66	与滚动轴承相类似的受高频循环载荷的零件
4Cr13，Cr18	1000~1070℃油淬 200~300℃回火	60~62	在腐蚀性介质中工作的零件

例如，有一机械设备的滚珠导轨在装配时发现凹坑，影响产品质量。分析认为，导轨材料为20钢渗碳淬火，工作表面最后经过磨削。由于渗碳层较薄而且厚度不均匀，磨削后大部分硬化层被磨去，硬度很低。这是凹坑产生的主要原因。经过研究提出的改进方案如下：

1) 改变材料，用滚动轴承钢 GCr15 整体淬火，硬度可达 62~65HRC。热处理容易，但切削成形较难。

2) 改变材料，用 38CrMoAlA 钢，心部调质处理 (35HRC) 后，经过表面氮化处理，硬度很高，可达 850HV。硬度高，变形小，但硬化层薄，冲击容易产生凹坑。

3) 仍用20钢，适当增加渗碳层厚度，并精确控制磨削量，硬度可达60HRC以上。

1.5 提高冲击强度的设计

均匀的杆受冲击时，所吸收的能量 u 由下式计算：

$$u = \frac{\sigma^2 V}{2E}$$

式中 σ——杆所受的纵向拉（压）应力（MPa）；
V——杆参与吸收冲击能的体积（mm^3）；
E——杆材料的纵向弹性模量（MPa）。

根据上式,在进行受冲击零件的结构设计时可以采取的措施包括:减小零件刚度以吸收更多冲击能量;设置缓冲装置;增加承受冲击的零件数量等。

1.5.1 适当减小零件刚度

如图 4.3-55 所示为受冲击载荷的连杆,图 4.3-55a 中的螺栓较短,刚度大,受冲击时吸收能量较少,图 4.3-55b 中的螺栓较长,吸收冲击能量较多,因此更有利于承受冲击载荷。

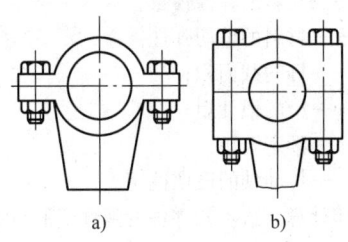

图 4.3-55 承受冲击的连杆

另外,减小受冲击载荷的螺栓杆的直径,以降低螺栓刚度,也有利于提高其抗冲击的能力,但应注意的是,随着螺栓杆直径的减小,螺栓的静强度也随之下降。因此过分减小受冲击载荷零件的尺寸有可能导致零件的静强度不足。

如图 4.3-56 所示的大、中型电动机的地脚螺栓不要过短,也是为了提高其承受冲击载荷的能力。

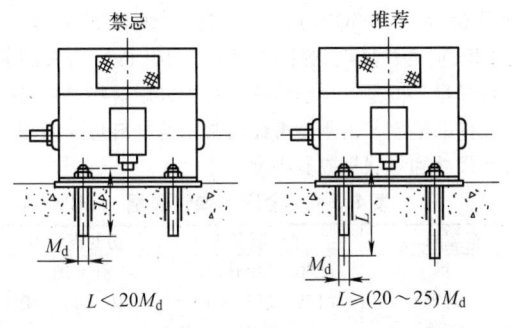

图 4.3-56 大、中型电动机地脚螺栓不要过短

1.5.2 使用缓冲器

起重机到达极限位置时应该能够及时停住,但是为了安全,在极限位置设有缓冲器,以免发生碰撞,引发事故。常用的起重机缓冲器有多种类型供设计者选择。如:起重机用液压缓冲器(JB/T 7017—1993)、起重机用弹簧缓冲器(JB/T 12987—2016)、起重机用橡胶缓冲器(JB/T 12988—2016)等。

1.5.3 增加承受冲击的零件数

不能靠弹性零件减轻冲击的场合,可以采用增加承受冲击载荷零件数目的方法。如图 4.3-57 所示的离心冲击式电动凿岩机,电动机经减速器通过软轴使主轴 4 旋转。在主轴上的一对偏心块 2 产生离心力使冲锤作直线往复运动,冲击钢钎向左冲击进行凿岩。冲锤右面有一个气室,当冲锤所受离心力向右时,通过安装在机头上的活塞压缩气室内的空气,起缓冲作用并储存能量。当冲头向左冲击时,储存的气体能量释放,加强离心力产生的冲击作用。这一机器的功能就是产生大的冲击力,所以不能使用弹簧缓冲装置,当滚动轴承寿命不能满足要求时,只能增加其滚动体的数目,以提高其抗冲击能力。

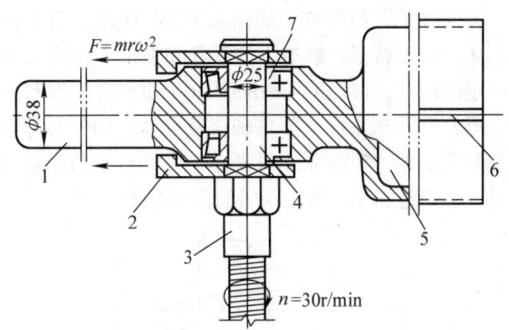

图 4.3-57 电动凿岩机主轴结构
1—冲锤 2—偏心块 3—软轴 4—主轴
5—气室 6—花键 7—轴承(30205)

1.5.4 提高零件材料的冲击韧性

在摆锤式冲击试验机上,冲断标准试件所消耗的能量(单位 J)与试件断口横截面积(cm^2)之比,称为冲击韧度 α_K(单位 J/cm^2)。

当环境温度降低时,材料由韧性状态转入脆性状态,冲击韧度显著下降。提高冲击韧度的途径有:降低钢铁金属中碳(C)、磷(P)等的含量,采用细晶粒,采用低碳马氏体组织,采用高温回火马氏体组织等。

消除金属内部缺陷(偏析、非金属夹杂、裂纹、白点等)可以提高冲击韧度,降低冷脆转变温度。降低冷脆转变温度的途径还有:提高合金钢中 Ni、Mn、Cu、Nb 等的含量,采用细晶粒、高温回火马氏体(索氏体)组织,要求 V、Ti 的含量超过一定值等。

表面热处理(如高、中温感应淬火)和化学热处理(渗碳、氮化等)一般会降低冲击韧度。

2 提高刚度的结构设计

刚度是零件、部件或机器在外载荷的作用下抵抗位置变化及形状变化的能力。零件刚度分为整体变形刚度和表面接触刚度两种。前者指零件整体在载荷的作用下发生的伸长、缩短、弯曲和扭转等的弹性变形;后者是指因两零件接触表面上的微观凸峰,在外载荷作用下发生变形所导致的两零件相对位置的变化。

机器设备的工作能力和质量在许多情况下取决于各部件和零件的刚度。轴的弯曲刚度不足以及齿轮的弯曲和扭转刚度不足时,都会造成齿轮齿向载荷分布不均,如图 4.3-58a 所示;当轴弯曲时,轴颈会发生偏斜,如采用滑动轴承支承,轴瓦将发生不均匀磨损、发热和胶合现象;如采用调心能力较低的滚动轴承支承,会使轴承寿命降低,如图 4.3-58b 所示,为了保证机床的加工精度,被加工的零件和加工零件都必须有一定的刚度,被加工零件的变形(如夹持变形和进刀变形)和机床零件(如主轴、刀架等)的变形都会引起制造误差,如图 4.3-59 所示。发动机的凸轮轴变形过大会引起振动,扰乱阀门的正常启闭。

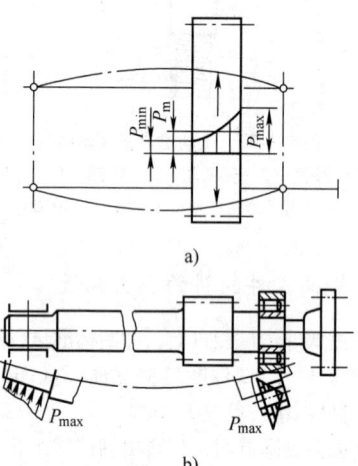

图 4.3-58 零件变形时的载荷分布

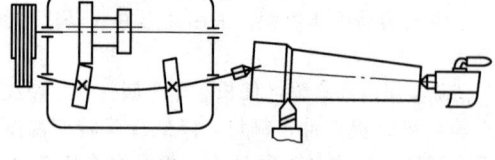

图 4.3-59 机床变形

零件的整体刚度计算可利用材料力学公式计算零件的弹性变形量:等截面拉杆的伸长量、集中力位于梁的中点和分布力系的挠度、圆形传动轴的转角。计算公式分别为

$$\Delta l = \frac{PL}{ES} \qquad f = -\frac{PL^3}{48EJ}$$
$$f = -\frac{qL^4}{384EJ} \qquad \varphi = \frac{M_n L}{GJ_p}$$
(4.3-1)

式中 Δl ——杆的伸长量;
f ——梁的最大挠度;
φ ——传动轴转角;
P ——杆受拉力或梁的横向集中力;
L ——杆和传动轴的长度、梁的跨距;
E ——材料的弹性模量;
G ——材料的剪切弹性模量;
S ——杆的截面积;
J ——梁的惯性矩;
M_n ——额定转矩;
J_p ——传动轴的极惯性矩。

由上述计算公式可知零件的弹性变形与零件承受的载荷大小、载荷形式、材料、支点的跨距、截面尺寸和形状等因素有关。

2.1 选择弹性模量高的材料

影响零件刚度的材料因素是弹性模量,材料的弹性模量越大,零件的刚度越大,常用材料的弹性模量见表 4.3-6。

由表可见,钢的弹性模量最大,铸钢小一些,球墨铸铁和灰铸铁更小,铜合金和铝合金的弹性模量约为钢的 1/3 ~ 1/2。所以要求刚度高的零件多用钢材制造。在工业用金属中与钢材相比,只有钨(W,弹性模量 $E = 400\text{GPa}$)、钼(Mo,弹性模量 $E = 350\text{GPa}$)、铍(Be,弹性模量 $E = 310\text{GPa}$)有较高的弹性模量,但是经全面考虑,很少采用这些材料来提高零件的刚度。由刚度考虑最常用的材料是碳钢,靠改变尺寸和形状提高其刚度。

表 4.3-6 金属的弹性模量 (MPa)

金属材料	弹性模量 E	切变模量 G
钢	$(200 \sim 220) \times 10^3$	81×10^3
铸钢	$(175 \sim 216) \times 10^3$	$(70 \sim 84) \times 10^3$
铸铁	$(115 \sim 160) \times 10^3$	45×10^3
青铜	$(105 \sim 115) \times 10^3$	$(40 \sim 42) \times 10^3$
硬铝合金	71×10^3	27×10^3

由表 4.3-6 还可看出,同类金属材料弹性模量相差不大,因此以改变同类金属材料的 E(或 G)来提高零件的刚度是不可取的。

2.2 用拉压代替弯曲

在表 4.3-7 中,左面的三角形桁架杆的直径为 20mm,其上杆受拉伸,下面的杆受压缩,用它代替右面三种直径的悬臂梁,直径分别为 20mm、165mm、

200mm。这四种结构同样在距离墙面 l 的位置处受力 F，f 为受力点处的最大变形，下标 1 表示桁架的数值，下标 2 表示三种悬臂梁的数值。

表 4.3-7 三角桁架与悬臂梁的刚度比较

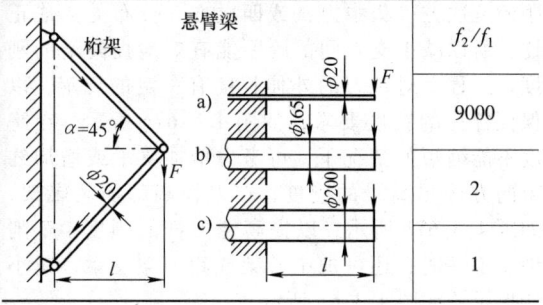

当 l/d 与 α 角取值不同时，f_2/f_1 值也不同，图 4.3-60 给出了不同 α 角取值时，桁架与悬臂梁的挠度比。由图可以看出，当角度 $\alpha = 45° \sim 60°$ 时，桁架相对于悬臂梁有最大的刚度。

以上原理可以应用于结构设计中，在图 4.3-61 中，图 a 所示的简支梁（受弯曲），可以用铰支的桁架或者弓形梁（受压缩）代替，梁的刚度有较大提高。图 4.3-62 所示的铸造支座，图 a 相当于受弯曲的直梁，图 b 相当于桁架结构，它的刚度有明显提高。

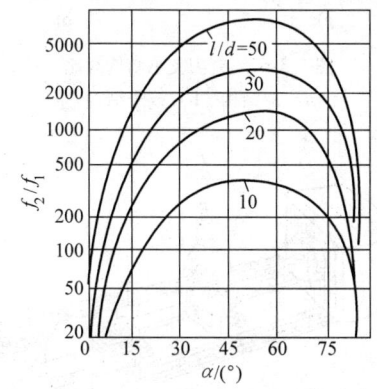

图 4.3-60 三角桁架与悬臂梁的挠度比较

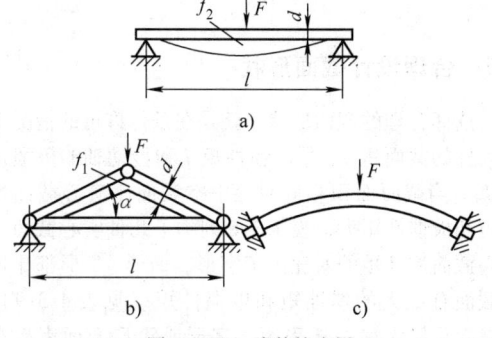

图 4.3-61 改善简支梁
a) 简支梁 b) 桁架 c) 弓形梁

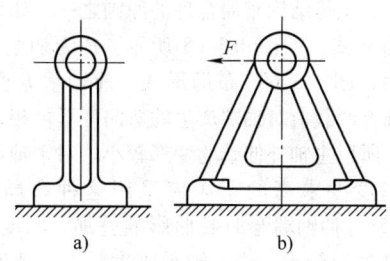

图 4.3-62 改善铸造支座

2.3 改善零件结构减小弯矩值

弯矩是引起弯曲变形的主要原因，减小弯矩数值也就是提高弯曲刚度。如前所述的卸荷带轮结构，带轮的压轴力由箱体承担，传动轴只承受转矩，不会产生弯曲变形。

设计时尽量使受力点靠近支点，如铸件进行人工时效时，图 4.3-63b 的方式堆放比图 4.3-63a 更合理，铸件内的弯矩较小，变形也就小。

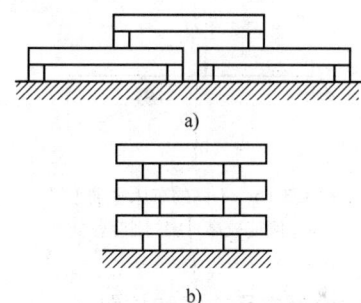

图 4.3-63 铸件堆放结构对比
a) 不合理 b) 合理

又如结构允许的条件下，悬臂布置的齿轮和带轮应尽可能地靠近轴承支点（图 4.3-64），尽量减小悬臂 a 及 b 的数值，从而减小了齿轮和带轮对传动轴弯曲变形的影响。

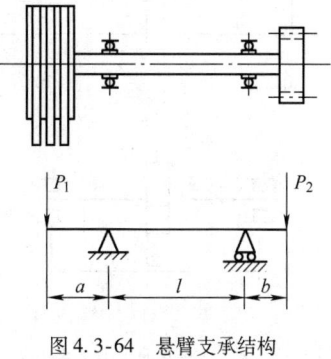

图 4.3-64 悬臂支承结构

巧妙地安排各载荷方向，使之对零件的影响可以相互抵消，也是结构布局合理的原则之一。如车床主轴的受力形式，如图 4.3-65 所示，P 为切削力，Q 为传动力，图 4.3-65a 布局形式，前轴承 B 受力较大，但轴上两载荷对轴端产生的弯曲变形可相互抵消一部分，所以主轴外伸端的变形较小。对于轴承刚度好，而精度要求高的车床应采用这种布局形式。图 4.3-65b 外伸轴端弯曲变形影响叠加，刚度较差，但轴承 B 受力较小，适于轴承刚度较差，精度要求不高的车床。

把集中力分成为几个小的集中力或改为分布力，也可以取得减小弯矩提高弯曲强度的效果，由式（4.3-1）可知，将集中力 P 以分布载荷（$qL = P$）代之，简支梁的最大挠度仅为集中力作用时的 62.5%。

构，图 4.3-66c 为滚子轴承固支结构，这三种支承结构形式的最大弯矩之比为 4∶2∶1。最大挠度之比为 16∶4∶1，由此可见支承方式不同，刚度差异较大。

由式（4.3-1）可知，简支梁的挠度与支点跨距的三次方（集中力）或四次方（分布力）成正比，所以减小支点间的跨距能有效地提高梁的刚度，工程上对镗刀的外伸长度有一定的规定，以保证镗孔的精度要求，如图 4.3-67a 所示，在跨度不能缩短的情况下，可考虑增加支承或增加约束的方法提高梁的刚度，在刀杆端部加装尾架，如图 4.3-67b 所示，以提高镗刀杆的刚度，车削细长工件时，还可加中心架或跟刀架支承，减小变形量，如图 4.3-68 所示。

对较长的传动轴可采用三支承，或用长轴承或双排轴承，达到增加约束减小弯曲变形的目的。

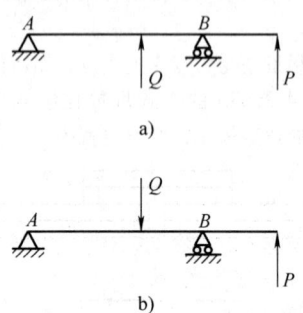

图 4.3-65 不同的车床主轴布局
a) 刚度较高 b) 刚度较低

2.4 合理设计支承方式和位置

在支承设计中尽量避免采用悬臂方式。图 4.3-66a 为悬臂结构，图 4.3-66b 为球轴承支承结

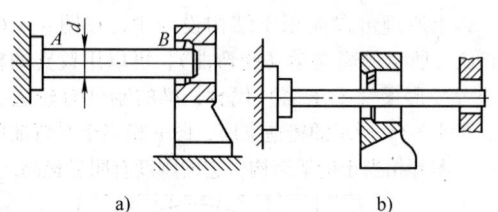

图 4.3-67 镗刀支承结构对比
a) 原结构 b) 改进结构

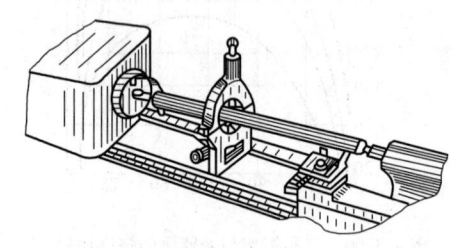

图 4.3-68 中心架支承结构

2.5 合理设计截面形状

选择合理的截面形状，就是在条件许可的情况下增大杆的截面积 A、梁的惯性矩 J 和传动轴的极惯性矩 J_p。当截面面积相同时，中空截面比实心截面惯性矩和极惯性矩大，表 4.3-8 列举了几种实心截面与空心截面惯性矩的对比。工字形、槽形、T 形都比矩形截面有更大的惯性矩和极惯性矩（见表 4.3-9）。所以起重机大梁一般采用工字形或箱形截面来提高刚度。

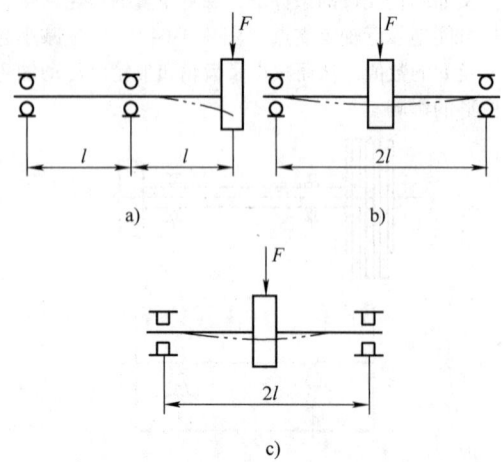

图 4.3-66 悬臂和双支点支承方式
a) 悬臂结构 b) 球轴承简支结构 c) 滚子轴承固支结构

表 4.3-8 不同空心截面形状惯性矩对比

序号	截面形状	抗弯惯性矩（相对值）	抗扭惯性矩（相对值）	序号	截面形状	抗弯惯性矩（相对值）	抗扭惯性矩（相对值）
1	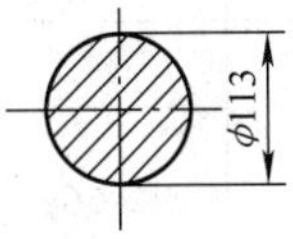 φ113 实心圆	1	1	5	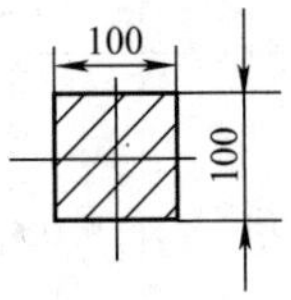 100×100 实心方	1.04	0.88
2	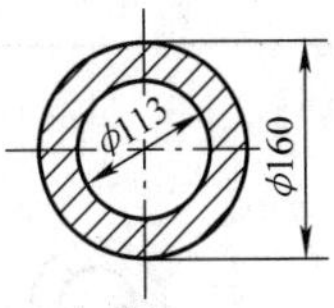 φ113/φ160 空心圆	3.03	2.89	6	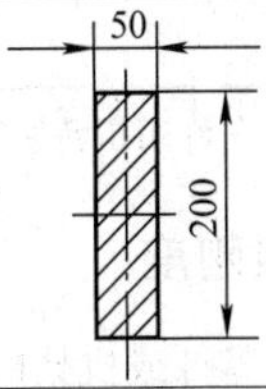 50×200 矩形	4.13	0.43
3	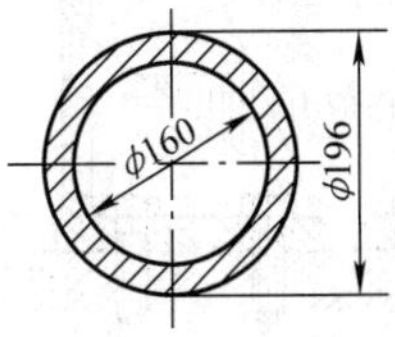 φ160/φ196 空心圆	5.04	5.37	7	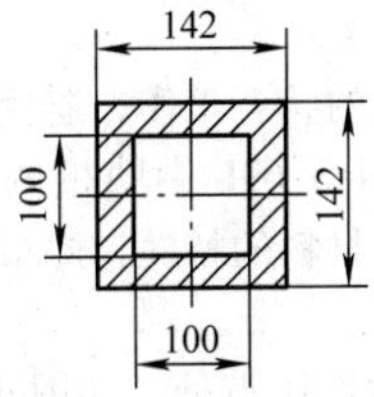 142×142（100×100内孔）方管	3.45	1.27
4	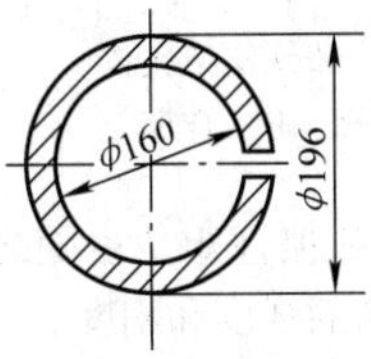 φ160/φ196 开口圆	—	0.07	8	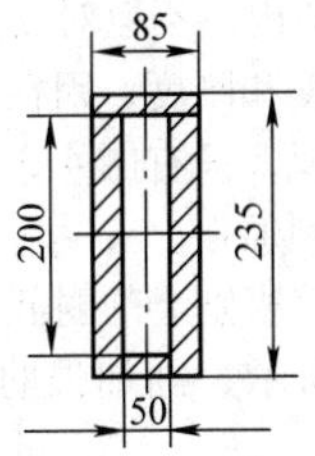 85×235（50×200内孔）矩形管	7.35	0.82

表 4.3-9 常用几种截面形状对比

截面形状	面积/cm²	弯曲			扭转			
		许用弯矩/N·m	相对强度	相对刚度	许用扭矩/N·m	相对强度	单位长度许用扭矩/N·m	相对刚度
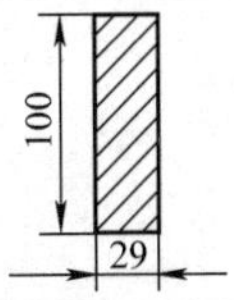 100×29 实心矩形	29.0	$4.83\sigma_{wp}$	1.0	1.0	$0.27\tau_{Tp}$	1.0	$6.6G\varphi_{0p}$	1.0
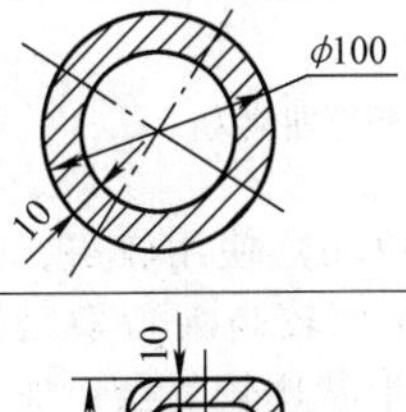 φ100 空心圆（壁厚10）	28.3	$5.82\sigma_{wp}$	1.2	1.15	$11.6\tau_{Tp}$	43	$58G\varphi_{0p}$	8.8
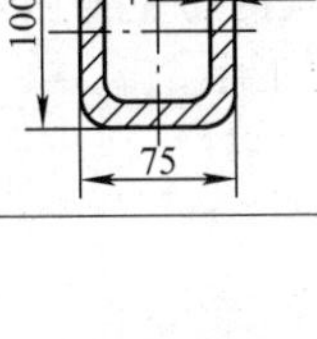 100×75 空心方（壁厚10）	29.5	$6.63\sigma_{wp}$	1.4	1.6	$10.4\tau_{Tp}$	38.5	$207G\varphi_{0p}$	31.4

（续）

截面		弯曲			扭转			
形状	面积/cm²	许用弯矩/N·m	相对强度	相对刚度	许用扭矩/N·m	相对强度	单位长度许用扭矩/N·m	相对刚度
（工字形 100×100, 厚10）	29.5	$9.0\sigma_{wp}$	1.8	2.0	$1.2\tau_{Tp}$	4.5	$12.6G\varphi_{0p}$	1.9

注：σ_{wp}—许用弯曲应力；τ_{Tp}—许用扭转切应力；G—切变模量；φ_{0p}—单位长度许用扭转角。

2.6 用加强肋和隔板增强刚度

采用加强肋或隔板可提高零件或机架的刚度，设计加强肋应遵守下列原则：

承载的加强肋应在受压的状态工作，避免受拉情况，如图4.3-69所示，图4.3-69b中肋板侧受较大的压应力，符合铸铁等脆性材料的特性，此结构较为合理。

三角肋必须延至外力的作用点处，如图4.3-70b所示。图4.3-70a两种肋板结构，不但对支承没有加强作用，反而会降低梁的强度和刚度，因在某些截面上抗弯截面模量低于无肋板值，只有图4.3-70b的肋板结构对强度和刚度才均得到加强。

加强肋的高度不宜过低，否则会削弱截面的弯曲强度和刚度。如图4.3-71所示，随加强肋的增高，

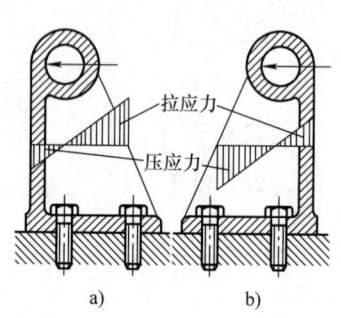

图4.3-69 铸铁支架比较
a) 不合理 b) 合理

截面的抗弯截面模量 W 和惯性矩 J 也随之增大，因此高肋板比低肋板有更高的强度和刚度。

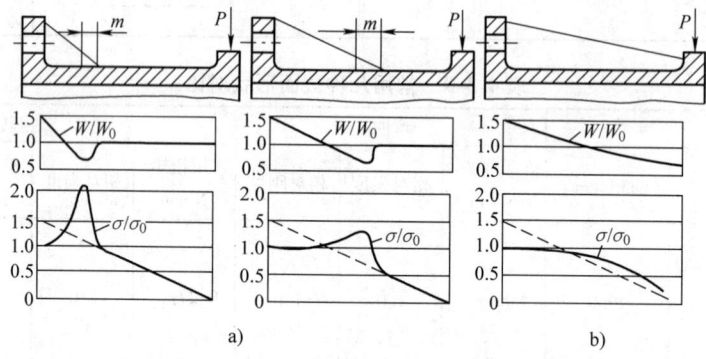

图4.3-70 三角肋对零件强度的影响
a) 不合理 b) 合理

W—有肋板抗弯截面模量　W_0—无肋板抗弯截面模量　σ—有肋板弯曲应力　σ_0—无肋板弯曲应力

为了加强空心截面铸件的刚度，常采用在空心结构内部加不同形式的隔板，表4.3-10为四种有隔板截面的弯曲刚度和扭转刚度的比较。

为了提高铸造的机架、平板等的刚度，常常需要采用肋板，肋板的厚度约为零件壁厚的0.8倍，图4.3-72给出了几种肋的常用形式。其中井字肋（图4.3-72a）和米字肋（图4.3-72b）使用较多，井字肋制造比较方便，米字肋刚度较高（特别是抗扭刚度），菱形肋和六角形肋形状比较复杂，加工也比较难，刚度较高。这些形状的肋主要困难在于制造木模、造型、清砂等几道工序。

第3章 满足工作能力要求的结构设计

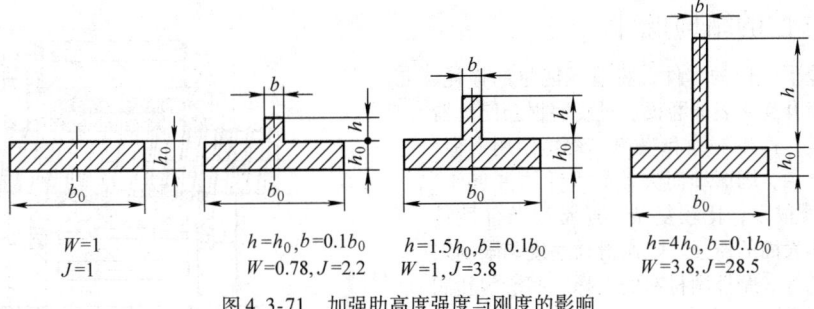

图 4.3-71 加强肋高度强度与刚度的影响

表 4.3-10 不同隔板截面的刚度比较

断面形状	相对抗弯刚度 $I_弯$	相对抗扭刚度 $I_扭$	断面形状	相对抗弯刚度 $I_弯$	相对抗扭刚度 $I_扭$
□	1.0	1.0	⊠	1.55	2.94
⊞	1.17	2.16	⊠	1.78	3.69

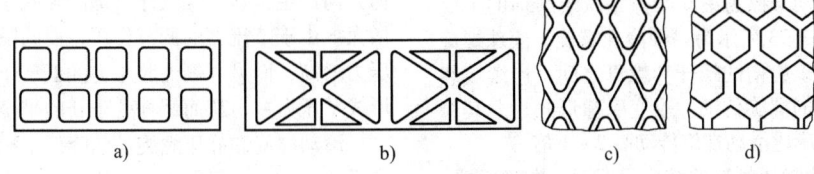

图 4.3-72 肋的几种常见形式
a) 井字肋　b) 米字肋　c) 菱形肋　d) 六角形肋

2.7 用预变形抵抗有害变形

有一些导轨、机架、横梁等零件在工作载荷作用下产生凹变形。制造者可使其在受力之前有适量的上凸，以此减小承受外载荷时梁的变形量。起重机横梁、机床床身等常用这种结构。

2.8 提高零件表面接触刚度

零件表面粗糙度引起互相接触表面的变形，使其刚度降低，对于螺纹连接件导致预紧力减小，螺纹连接松脱。因此，应该对于受力零件接触面的表面粗糙度参数值 Rz 予以适当的要求。表 4.3-11 是螺栓、螺母和压紧的钢制零件压陷量的参考值，摘自德国工程师协会技术准则，VDI2230，《高强度螺栓连接系统计算》，可以供设计者参考。

表 4.3-11 螺栓、螺母和压紧的钢制零件压陷量的参考值（摘自 VDI2230—2003）

粗糙度平均高度 Rz 按 DIN4768	载荷	压陷量的参考值/μm		
		螺纹	每一个螺栓头或螺母支承面	每一个内部接触面
<10μm	拉-压	3	2.5	1.5
	剪切	3	3	2
10μm ~ <40μm	拉-压	3	3	2
	剪切	3	4.5	2.5
40μm ~ <160μm	拉-压	3	4	3
	剪切	3	6.5	3.5

3 提高耐磨性的结构设计

在相互摩擦下工作的零件,将造成能量的损耗、效率降低、温度升高、表面磨损。过度磨损会使机器丧失应有的精度,产生振动和噪声,缩短使用寿命。在全部失效零件中,因磨损而失效的零件约占80%。影响磨损的因素很多,比较复杂,通常用条件性计算,如限制工作表面的压强、限制滑动速度和限制工作表面摩擦功耗等、摩擦副材料的选择、润滑剂和润滑方式的选择等方面。

3.1 改变摩擦方式

摩擦按运动方式可分为滑动摩擦和滚动摩擦,如果按摩擦副间有无润滑剂,摩擦又可分为干摩擦、边界润滑和液体润滑等。不同的摩擦形式,对零件的磨损是不同的,设计时要根据实际情况选择。

螺旋传动中,分为滑动螺旋、滚动螺旋和静压螺旋。滑动螺旋中,螺杆与螺母螺纹副之间是滑动摩擦,其主要失效形式是螺纹副的过度磨损。为提高螺纹副的耐磨性,改滑动摩擦为滚动摩擦是减缓磨损的主要措施之一。图4.3-73所示为一种滚珠螺旋。滚珠螺旋传动就是在具有螺旋槽的螺杆和螺母之间,连续填装滚珠作为滚动体的螺旋传动。改变摩擦形式后,其摩擦阻力减小、效率比滑动螺旋传动高2~4倍。

图4.3-74为静压螺旋的结构示意图。在静压螺

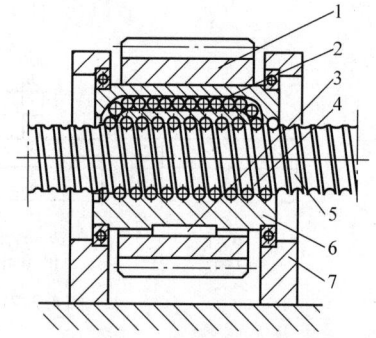

图 4.3-73 滚珠螺旋的工作原理
1—齿轮 2—滚道 3—键 4—滚珠 5—螺杆
6—螺母 7—支架

旋中,螺杆仍为梯形螺纹的普通螺杆,但在螺母每圈螺纹牙两个侧面的中径处,各开三四个油腔,压力油通过节流器进入油腔,产生一定的空腔压力。螺杆未受载时,螺杆的螺纹牙位于螺母的螺纹牙的中间部位,处于平衡状态。当螺杆受轴向载荷时,螺杆沿载荷方向产生位移,螺纹牙一侧间隙减小,另一侧间隙增大。由于节流器的调节作用,使间隙小的一侧油腔压力增高;而另一侧油腔压力降低。于是两侧油腔便形成了压力差,从而螺杆处于新的平衡状态。

滚动螺旋和静压螺旋虽然降低了螺旋的磨损,提高了传动效率,但缺点是结构复杂,成本较高。

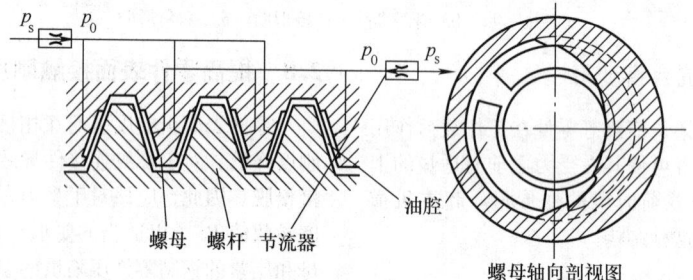

图 4.3-74 静压螺旋结构示意

链传动中,链与链轮在啮合时,摩擦磨损严重,采用套筒滚子链的结构,就是利用了滚动摩擦方式来降低磨损,提高链条和链轮的耐磨性和寿命。图4.3-75为滚子链结构图。

3.2 使磨损均匀的设计

磨损均匀在某种程度上就是减缓磨损,以此提高零件的耐磨性。均匀磨损可从以下几方面入手。

(1) 压强均匀

作用在摩擦表面上的载荷越大,磨损越严重,使载荷均匀地分布在整个摩擦表面上,单位面积上的载荷就会减小。前述的螺栓连接中,通过改变螺母和螺

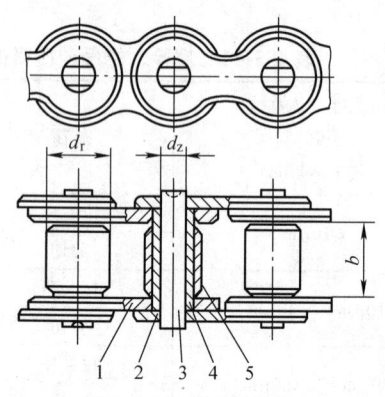

图 4.3-75 滚子链结构
1—内链板 2—外链板 3—销轴 4—套筒 5—滚子

杆的刚度，使载荷在螺纹牙上分布均匀；也可修整摩擦表面，避免载荷集中和局部的严重磨损，齿轮的齿长修形、滚动轴承的滚子修形和道轨滚子修形等方法，都可避免加工和安装误差、受载变形引起的偏载和局部的剧烈磨损，轮齿和滚子做成鼓形，中间较两端凸起（0.01~0.02）mm 就会产生较好的均载效果；此外应使载荷与摩擦工作表面对称、减少使压强不均的载荷出现（如倾覆力矩）、摩擦表面尽量小。

(2) 速度均匀

在同一摩擦表面上，相对滑动速度要尽量一致。避免由于速度不同，造成同一摩擦表面磨损快慢不一，引起载荷集中，加剧磨损。在推力滑动轴承的结构设计中，就利用了这一原则。推力滑动轴承的相对摩擦表面的边缘线速度最大，越向中心相对滑动速度越小，中心速度为零，引起边缘摩擦表面快速磨损，摩擦表面中部凸起，有效承载面积减小，单位面积上的载荷加大，磨损加剧。为改善磨损状况推力滑动轴承做成空心式、单环和多环结构，如表 4.3-12 所示。

(3) 防止阶梯磨损

相互运动的摩擦表面，因尺寸不同，有可能一部分的表面不参加磨损，因此不磨损与磨损之间形成台阶，称为阶梯磨损，造成零件表面磨损不均匀，由此降低零件的工作寿命。如图 4.3-76 所示，运动件与支承件的尺寸不同，则运动件或支承件有一部分不磨损而生成阶梯磨损。合理地设计运动件的行程终端位置，可避免阶梯磨损的产生。

表 4.3-12 推力滑动轴承的结构与尺寸

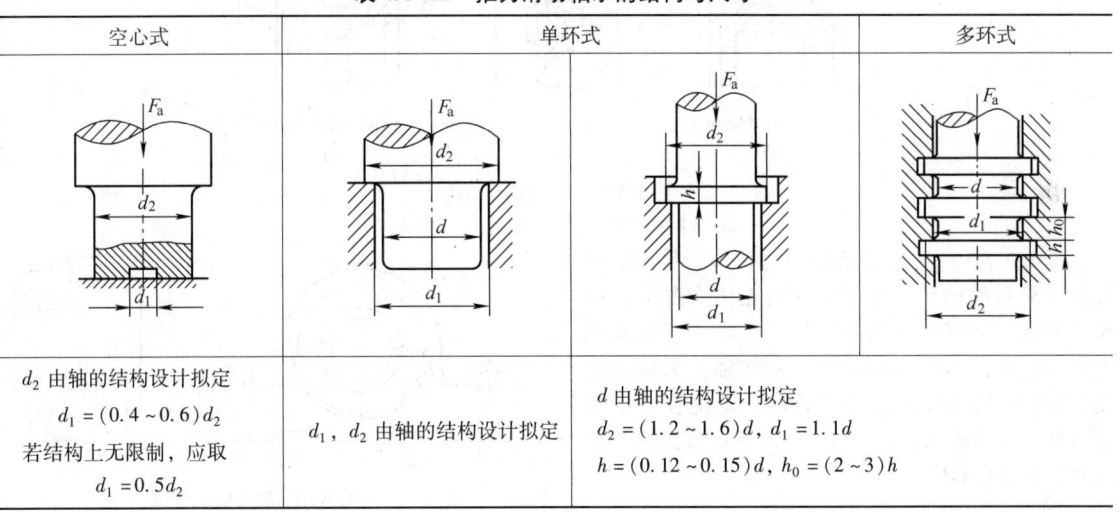

空心式	单环式	多环式
d_2 由轴的结构设计拟定 $d_1 = (0.4 \sim 0.6) d_2$ 若结构上无限制，应取 $d_1 = 0.5 d_2$	d_1, d_2 由轴的结构设计拟定	d 由轴的结构设计拟定 $d_2 = (1.2 \sim 1.6) d$，$d_1 = 1.1 d$ $h = (0.12 \sim 0.15) d$，$h_0 = (2 \sim 3) h$

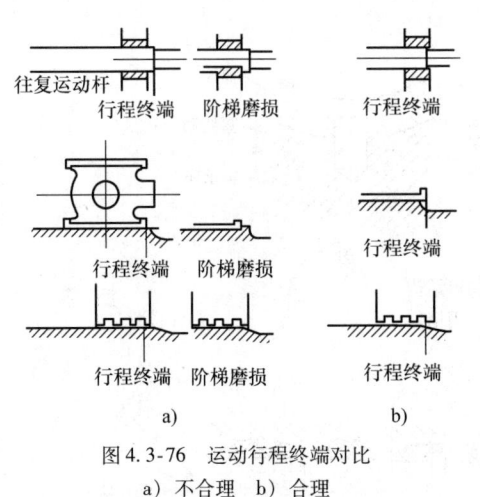

图 4.3-76 运动行程终端对比
a) 不合理 b) 合理

如图 4.3-77 所示，轴肩与轴瓦端面很难保证尺寸的一致性，将较软的一侧设计成全磨损，如图 4.3-77b 所示，较硬的一侧由于磨损量较小，所以阶梯磨损不明显。当轴肩与轴瓦的硬度比较接近时，则将容易修复或更换的零件，设计成阶梯磨损，保护维修难的零件。如图 4.3-78 所示，由于轴肩比轴瓦难修复，所以将轴瓦的尺寸设计成大于轴肩的高度。

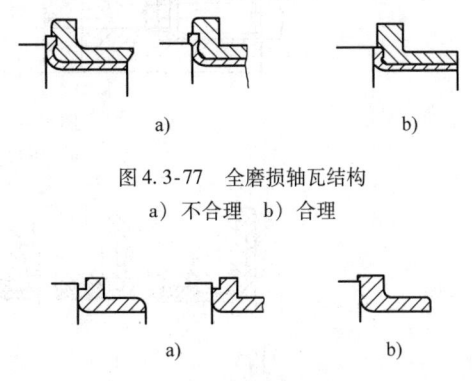

图 4.3-77 全磨损轴瓦结构
a) 不合理 b) 合理

图 4.3-78 阶梯磨损轴瓦结构
a) 不合理 b) 合理

3.3 采用材料分体结构

采用减磨性和耐磨性好的材料,可以有效地减小摩擦,降低磨损,提高机械零件的耐磨性。但是,耐磨和减摩性好的材料,通常价格昂贵,如铜合金、巴氏合金等材料。为了避免零件的成本过高和防止零件的局部磨损造成整个零件的报废。通常采用在零件的摩擦表面局部使用耐磨材料,而零件的大部分基体使用廉价材料(如铸铁或钢材)。

蜗杆传动效率低、发热大、磨损严重,因此为提高蜗杆传动的耐磨性,蜗杆材料一般选用热处理性能好的碳钢或合金钢,而蜗轮常采用各种铜合金,为节省材料,蜗轮采用如图 4.3-79 所示的组合式结构。图 4.3-79a 所示为齿圈式,由青铜齿圈及铸铁轮心所组成。齿圈与轮心多用 H7/r6 配合,并加装 4~6 个紧定螺钉,以增强连接的可靠性;图 4.3-79b 所示为螺栓连接式,连接螺栓可用普通螺栓或铰制孔螺栓,适用于尺寸较大或容易磨损的蜗轮;图 4.3-79c 所示为拼铸式,青铜齿圈浇注在铸铁轮心上,适于批量生产的蜗轮。

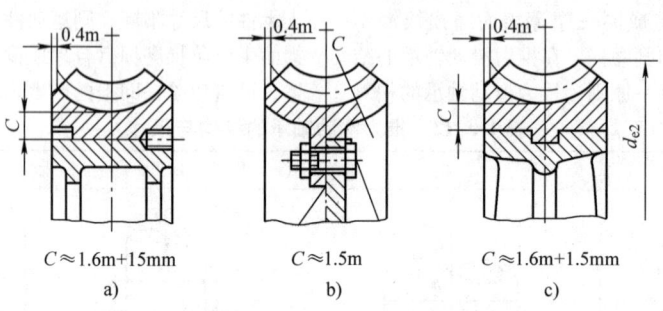

图 4.3-79 组合蜗轮结构
a) 齿圈式 b) 螺栓连接式 c) 拼铸式

图 4.3-80 所示为滑动轴承的结构,将参加摩擦的局部制成轴瓦,其他部分为壳体。图 4.3-81 所示为轴瓦与壳体的固定结构。为进一步提高强度和工艺性,节省减磨材料,常将轴瓦做成双金属,用钢、铸铁或青铜做瓦背,其上浇注一层减摩材料,称为轴承衬,图 4.3-82 所示为瓦背与轴承衬的连接结构。

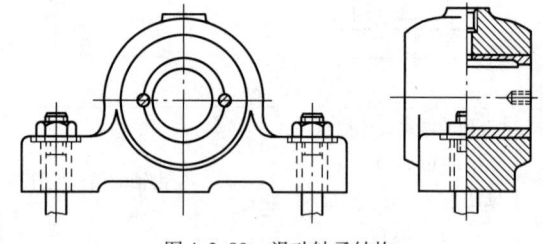

图 4.3-80 滑动轴承结构

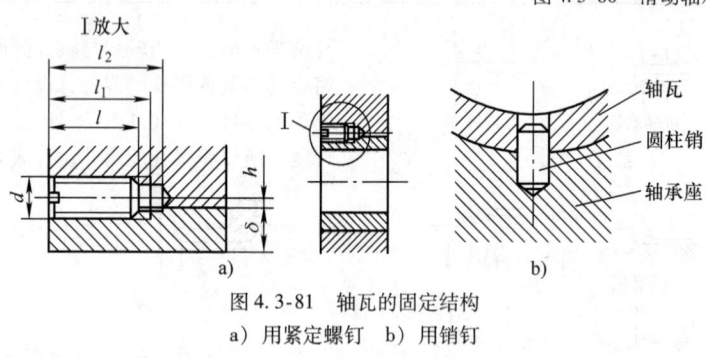

图 4.3-81 轴瓦的固定结构
a) 用紧定螺钉 b) 用销钉

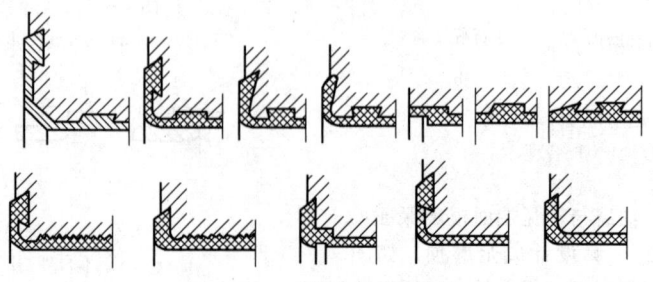

图 4.3-82 瓦背与轴承衬结构

在带传动中，V 带的结构也采用了材料分体结构，V 带的内部用强度高的材料，而参与摩擦的表面用另一种耐磨的材料，如图 4.3-83 所示。

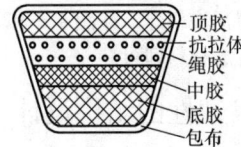

图 4.3-83　V 带的结构

如上所述相对摩擦的两个零件，设计时首先考虑尺寸大、价格高的零件不发生磨损失效，如设备的主轴、发动机的曲轴和蜗轮等。而尺寸小、价格低的零件考虑磨损后应便于更换和维修。

3.4　采用磨损补偿结构

磨损是不可避免的，对于精度要求高的设备，必须考虑设计磨损间隙补偿结构。

螺纹副间一般总存在间隙，磨损后间隙加大，当螺杆反向运动时就要产生空程。所以某些精密螺旋，应采取消除间隙措施。剖分螺母结构能在径向和轴向调整间隙，如图 4.3-84 所示。

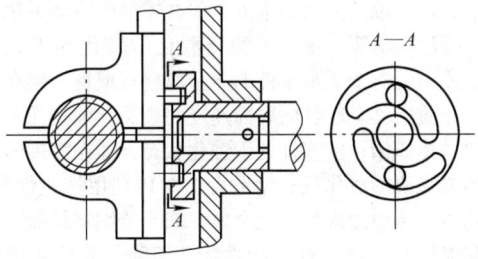

图 4.3-84　剖分螺母

图 4.3-85a、b 分别为用圆螺母定期调节轴向间隙和用弹簧张紧而自动消除间隙的螺母结构。

为了保证机器的运转精度，调整滑动轴承的间隙是十分重要的手段。如图 4.3-86 所示为剖分式滑动轴承。通过更换两个半瓦间的垫片厚度的方法，调节轴瓦的距离。

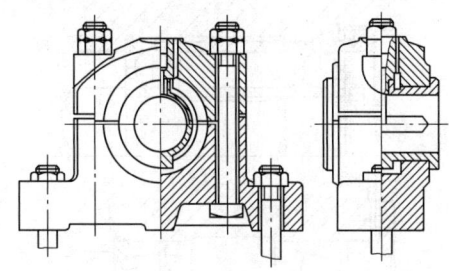

图 4.3-86　剖分式滑动轴承

图 4.3-87 为整体间隙可调式滑动轴承，利用锥面调节轴承间隙。

滚动轴承的游隙调整称为预紧，预紧可以提高滚动轴承的旋转精度，增强轴承刚度，减小轴的振动。图 4.3-88 所示为在一个支点上安装成对角接触轴承的预紧方法。

图 4.3-89 和图 4.3-90 所示为采用不同套筒长度和弹簧的预紧方法。

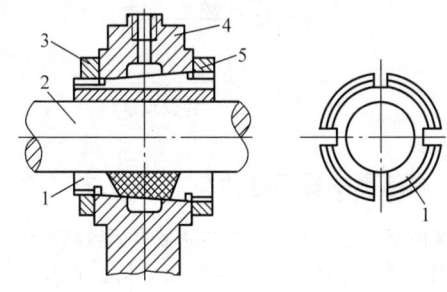

图 4.3-87　整体调隙滑动轴承
1—轴瓦　2—轴　3、5—螺母　4—轴承盖

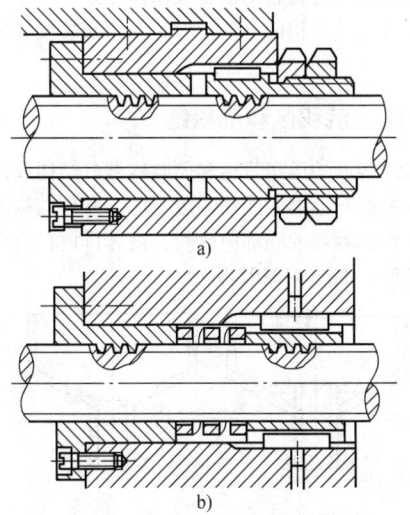

图 4.3-85　可轴向消除间隙的螺母
a) 圆螺母调节间隙　b) 弹簧调节间隙

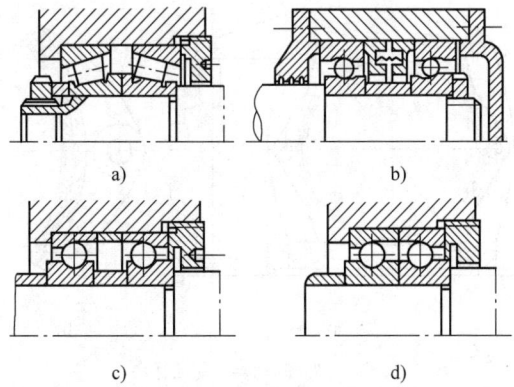

图 4.3-88　一个支点安装成对向心推力轴承的预紧

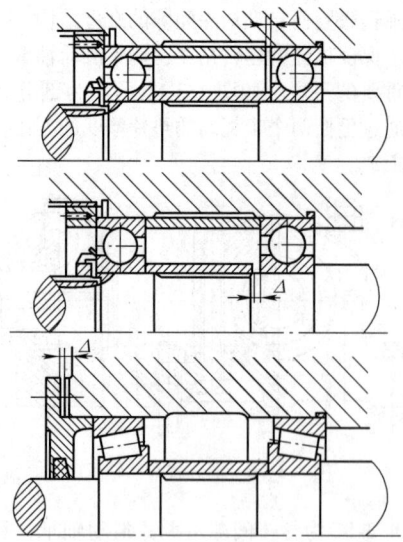

图 4.3-89 采用不同长度套筒的预紧

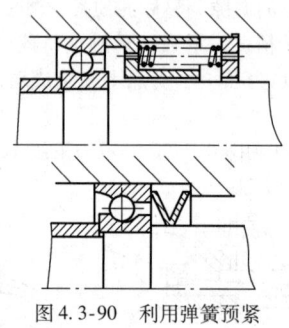

图 4.3-90 利用弹簧预紧

3.5 局部更换易损零件

摩擦制动器、离合器等的摩擦表面容易损坏,寿命有限,应该设计成容易更换的结构,成为易损零件。有一些零件磨损很快,但是只有局部工作表面磨损,磨损后整个更换会造成浪费,可以只更换局部,达到节约的目的。如图 4.3-91 所示的制动器,其制动瓦块与直径为 D 的制动轮接触,制动时摩擦速度很快,磨损严重,发热能够达到很高的温度,瓦块与制动轮接触处磨损很快,在制动瓦块表面装一层抗磨材料,用铆钉与瓦块相连,如图 4.3-92b 所示,磨损严重时只更换抗磨材料即可。

4 提高耐腐蚀性的结构设计

腐蚀是金属与周围介质之间发生的化学过程,在大气中,金属零件会生锈,化工厂的设备零件、管道、容器和海船的船体等将由于各种溶液及气体的作用而损坏。

造成零件腐蚀的主要因素有:①零件材料的热力不稳定性,热力不稳定性越高,越易出现腐蚀,铝、钛、铁等金属热力不稳定性高,镍、钼、钨等金属热力不稳定性较高,铜、银热力稳定性中等;铂热力稳定性高;金具有完全热力稳定性。②零件周围的环境介质,介质可以是空气、水蒸气、碱的水溶液、气体和非水溶液等,介质不同,腐蚀的机理不同,防范的措施不同。可将腐蚀分为:大气腐蚀、液体腐蚀、地下腐蚀、应力腐蚀和生物腐蚀等。由于腐蚀的原因较复杂,防腐蚀的方法也很多,如在零件的表面采用电镀、喷涂、上漆、渗透、滚压和化学转化等工艺方法,覆一层对金属呈惰性的非金属材料或覆一层在一定的介质中具有较低的腐蚀速度的金属,起到保护零件的基体作用;使零件处于钝化状态,即在零件的表面形成很薄的氧化层;制造合金时可利用钝化性能,在基体金属中加入易钝化金属,如不锈钢就是加入了铬和镍;改变环境介质的性能,即降低氧化物的浓度、在介质中加入抑制剂(缓蚀剂);改变被保护零件的电动势,对材料阴极化或阳极化。

本节通过结构的合理设计,介绍减缓腐蚀的几种措施。

4.1 防止沉积区和沉积缝

腐蚀溶液的运送管道和储藏容器,结构设计时要保证其中的腐蚀溶液能够排放干净,避免结构使腐蚀溶液沉积,容器的底部应倾斜,液体排放口放在容器的最低处,如图 4.3-92 所示。

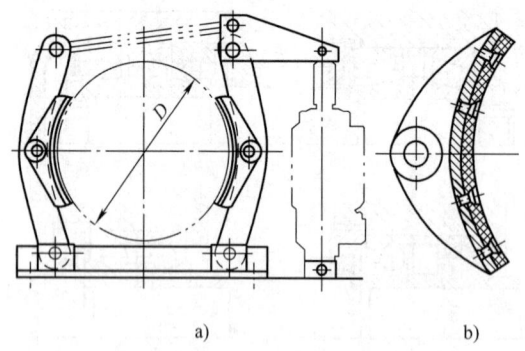

图 4.3-91 制动器和制动瓦块
a) 制动器 b) 制动瓦块

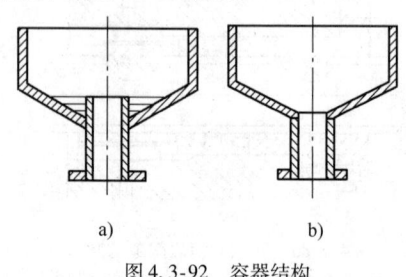

图 4.3-92 容器结构
a) 不合理 b) 合理

零件的结构间隙内会产生严重的间隙腐蚀，零件的间隙内由于存留电解质溶液，可使不锈钢或铝合金等材料的钝性消失，耐蚀性大大降低。为了防止间隙腐蚀，设备中尽量不出现搭接缝隙，如图 4.3-93a 所示，如果缝隙避免不了，要设法填补，如图 4.3-93b，或用聚合物材料填充缝隙。钢板连接要尽量对接，避免搭接和铆接，以免出现缝隙，如图 4.3-94 所示。

除此之外，加装保护盖也是有效的方法，如图 4.3-95a 所示的螺钉头部的凹坑处极易腐蚀破坏，图 4.3-95b 将螺钉头和螺母倒置安装，在室外可以避免雨水积存，图 4.3-95 加装塑料保护套，都是有效的防腐措施。选择不易产生缝隙腐蚀的材料组合也是有效措施。

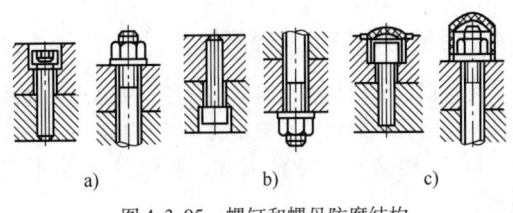

图 4.3-95　螺钉和螺母防腐结构
a）不合理　b）合理　c）合理

4.2　防止接触腐蚀

如果在连接处采用了不同类的金属，在它们中间必须引入绝缘衬垫或油漆涂层（如图 4.3-96 所示），否则在两金属的接触表面会产生接触腐蚀。

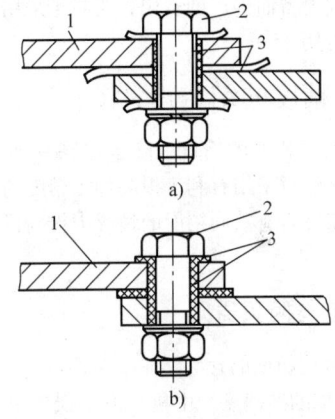

图 4.3-96　连接绝缘结构
a）绝缘片过大不合理　b）绝缘结构合理
1—金属被连接件　2—金属连接件　3—绝缘材料

4.3　便于更换腐蚀零件

零件的腐蚀失效有时很难避免，将易腐蚀损坏的零件及时更换，在某种程度上是最经济方便的。因此结构设计时，应使零件具有良好的可更换性。如图 4.3-97 所示钢管与铜管的连接。为防止两种材料的管路直接连接而产生接触腐蚀。在管路中加一段容易定期更换的管，并把管路直径加大，留出腐蚀裕量。

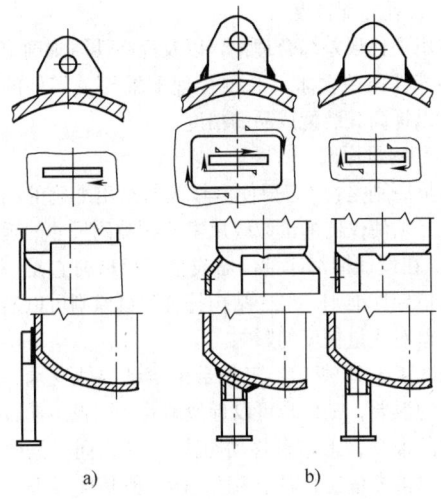

图 4.3-93　避免间隙结构
a）不合理　b）合理

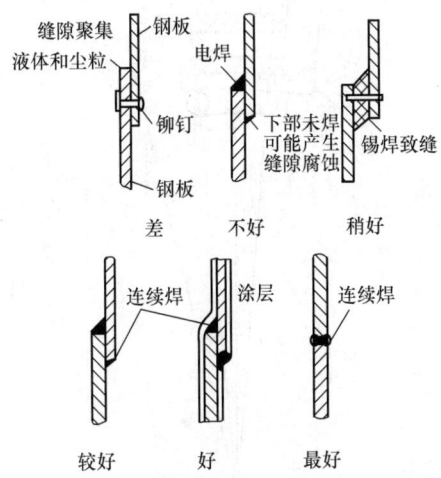

图 4.3-94　钢板连接避免搭接

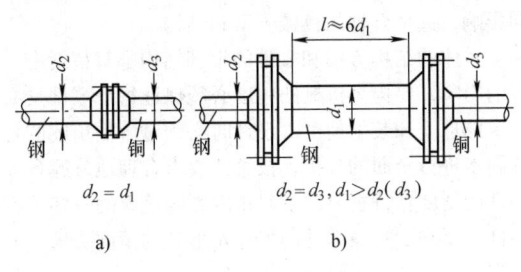

图 4.3-97　易更换结构
a）不合理　b）合理

4.4 用覆盖保护层减轻腐蚀

覆盖层的作用是将金属与腐蚀性介质隔离,以减轻或避免腐蚀。对保护性覆盖层有以下要求:

1) 结构紧密,完整无孔,腐蚀性介质不能透过。
2) 与基体金属有很好的结合力。
3) 在被保护的金属表面均匀覆盖。
4) 有足够高的硬度和耐磨性。

零件防腐方法的选择还要考虑经济性。有时更换一个因腐蚀而报废的零件,要比一开始就采用防腐蚀材料便宜。反之,在另外一些情况下,为了更换受腐蚀的零件或设备而停产的费用,要高于采用特殊材料和结构的费用。

5 提高精度的结构设计

提高机械装置的精度,除了提高其加工精度以外,还应该注意采用有利于提高加工精度的结构,可以在各组零件具有共同精度的情况下提高机械装置的总精度。

5.1 精度与阿贝原则

(1) 机构精度的含义

1) 机构的准确度。由机构系统误差引起的实际机构与理想机构运动规律的符合程度。它可以通过调整、选配、加入补偿校正装置或引入修正量等方法得到提高。

2) 机构精密度。机构多次重复运动结果的符合程度,即机构每次运动对其平均运动的散布程度。它标志了机构运动的可靠度,反映了随机误差的影响。

3) 机构精确度。简称机构精度,它是机构准确度和机构精密度的综合,反映了系统误差和随机误差的综合影响。

(2) 提高精度的结构设计

设计时首先要按照使用要求合理确定对机械的总体精度要求。通过分析各零部件误差对总精度的不同影响,选择合理的机械方案和结构。

整体的结构方案和零件的细部结构都对精度有一定的影响,要提高机械的精度必须保证每个零件具有一定的加工和装配精度。设计时必须对影响精度的各种因素进行全面的分析,按总体要求合理地分配各零部件的精度。特别要注意对精度影响最大的一些关键零件,要确定对零部件的尺寸及形状的精度要求、允许误差。

另外,零件应有一定的刚度和较高的耐磨性,保证其在工作载荷下使用时能满足精度要求。设计者应考虑在工作载荷、重力、惯性力和加工、装配等阶段产生的各种力以及发热、振动等因素的影响。

此外设计时还应避免加工误差与磨损量的互相叠加,考虑机械使用一段时间,精度降低以后经过调整、修理或更换部分零件能提高,甚至恢复原有的精度。

提高精度的根本在于减少误差源或误差值,具体包括:

① 减少或消除原理误差,避免采用原理近似的机构代替精确机构。

② 减少误差源,尽量采用简单、零件少的机构。

③ 减少变形,包括载荷、残余应力、热等因素引起的零件变形。

④ 合理分配精度。

应用现代误差综合理论,以及经济性原则确定和配置各零件误差要求。通过合理配置相关零件的精度,可以提高其装配成品的精度。

(3) 阿贝原则

阿贝原则是:"若要使测量仪器给出准确的测量结果,必须使仪器的读数线尺安放在被测尺寸的延长线上"。在设计精密计量仪器或精密机械时它是一个重要的指导性准则。机械结构符合阿贝原则可以避免导轨误差对测量精度的影响。

如图 4.3-98 所示,工作台由滚动导轨支承,由于导轨的误差,工作台可以近似地看作圆弧运动,由于丝杠的推动,工作台移动距离为 AB,同时据此仪器显示出被测量工件的长度为 AB。但是实际上由于工作台沿圆弧运动,工件的实际长度为 CD,作 $BE // AC$,则 CD 与 AB 之差 $ED = \Delta l$ 即为测量误差。由几

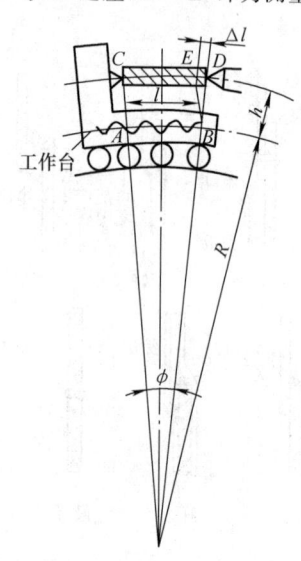

图 4.3-98 滚动导轨支承的工作台

何关系可知：$\Delta l = lh/R = \phi h$。由此可知，使 ϕ 或 h 为零才能消除此项误差。前面所述的阿贝原则就是要满足 $h=0$ 的条件。

图 4.3-99a 所示的卡尺不符合阿贝原则，误差较大，不容易得到较高的测量精度，图 4.3-99b 所示的千分尺能够得到较高的精度，但是由于刻度尺与工件安排在一条直线上，所以测量范围相同时，图 b 结构量具的尺寸较大。

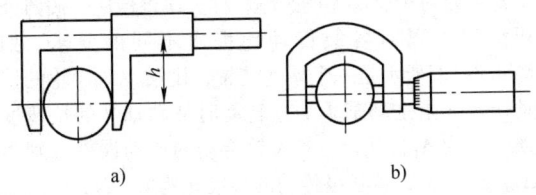

图 4.3-99　游标卡尺与千分尺
a) 不符合　b) 符合

图 4.3-100a 所示为一般常用机床（如车床）丝杠与工件在水平面与垂直面内都有一定的距离，因而在两个平面内产生阿贝误差。图 4.3-100b 所示的精密机床将丝杠放在工件的正下方（$h_x = 0$），消除了水平面内的阿贝误差，而且丝杠对工作台的推力作用在工作台的中间，使工作台受力比较合理，提高了机床的精度。图 4.3-100c 是安全消除阿贝误差的结构，但是由图可以看出，机床的轴向尺寸几乎比前两个方案增加了一倍。

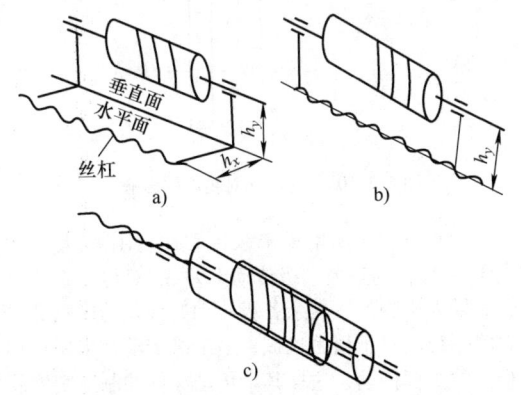

图 4.3-100　消除阿贝误差的机床结构

5.2　利用误差补偿提高精度

有些机械机构的误差可以用测量或计算的方法求得，对于这些结构可以用补偿的办法使其误差减小或消除，这种方法称为误差补偿。

（1）用补偿法消除零件的温度误差

零件材料的线胀系数不同，其在温升和受热条件下的变形量也不同，结构设计中可以利用这一特性来补偿零件的温度误差或热应力。如图 4.3-101 中的铝合金机座，其线胀系数比钢大，而连接螺栓为钢制零件。为了补偿变形，采用铟钢套筒，由于铟钢的线胀系数是钢的十分之一，因而可以补偿组合结构中因温度引起的热应力。

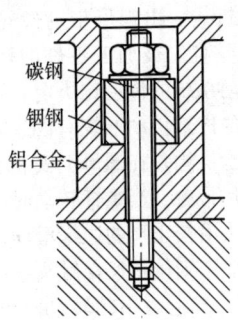

图 4.3-101　铝合金机座连接螺栓热应力补偿

如图 4.3-102 所示，是一种能够补偿温度误差的量具。其尺身长度是 L_a，L_b 是工件的被测尺寸，顶杆长度为 L_c，起补偿作用。三个零件由不同的材料制造，其线胀系数分别为 α_a、α_b、α_c，并且 $\alpha_b > \alpha_a > \alpha_c$。若在环境温度 $T = 20\text{°C}$ 时有以下关系：

$$L_a = L_b + L_c \qquad (4.3\text{-}2)$$

在温度变化到 $t\text{°C}$ 时，三个零件的尺寸关系为 L'_a、L'_b、L'_c，则有

$$\begin{cases} L'_a = L_a + L_a \alpha_a (t-T) \\ L'_b = L_b + L_b \alpha_b (t-T) \\ L'_c = L_c + L_c \alpha_c (t-T) \end{cases} \qquad (4.3\text{-}3)$$

设此时仍能满足 $L'_a = L'_b + L'_c$

则 $L_a + L_a \alpha_a (t-T) = L_b + L_b \alpha_b (t-T) + L_c + L_c \alpha_c (t-T)$

将式（4.3-2）代入上式，化简得

$$L_b = L_c \frac{(\alpha_a - \alpha_c)}{(\alpha_b - \alpha_a)}, L_a = L_b + L_c = L_b \frac{(\alpha_b - \alpha_c)}{(\alpha_a - \alpha_c)}$$

上式中 L_a、L_b、L_c 都应是正数。要使两式都成立，应取 $\alpha_b > \alpha_a > \alpha_c$。

由于在化简过程中将 $(t-T)$ 项消去，因此公式在任何温度下都能成立，因此图 4.3-102 中的量具可视为不受温度影响而得到精确的测量结果。

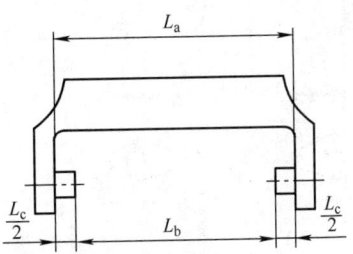

图 4.3-102　补偿温度误差的量具

（2）用补偿法消除传动机构的运动误差

用于精密传动的齿轮传动、蜗杆传动、螺旋传动装置，由于制造误差等原因，会产生误差。如果传动系统的误差可以测量得到，则可以在传动系统中加入补偿机构，使误差减小或消除。如图4.3-103所示的螺纹磨床进给机构，由螺母带动砂轮移动（图中没有画出）加工丝杠。被加工零件的螺距大小由工件与丝杠间的传动系统的传动比决定。当由齿轮传动和螺旋传动组成的进给传动系统有误差时，工件必然有制造误差。补偿机构是在螺母上安装一个导杆，导杆的触头与校正尺接触，当螺杆转动时，螺母和导杆移动，导杆的触头沿校正尺的边缘滑动，如果校正尺的上部边缘是曲线，则校正尺在触头移动的同时上下摆动，螺母也随之产生微小的转动。由于这一附加转动，螺母将多走或少走一点。如果先检测出系统的运动误差，并按此设计出校正尺的曲线形状，则可能完全补偿螺距误差引起的传动误差，从而提高螺纹磨床的精度。

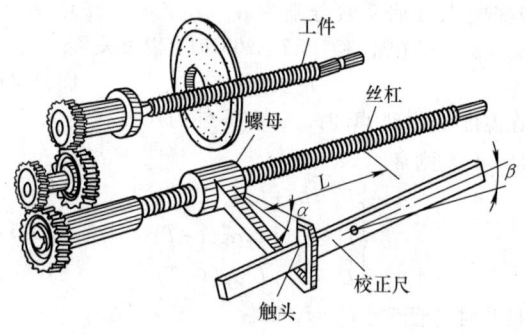

图 4.3-103 螺纹磨床矫正机构

图 4.3-104 所示的两种类似的凸轮机构，磨损后，虽然每个接触点的磨损量 u_1、u_2 对应相等，但是引起的从动件移动误差 Δ 不同，图 4.3-104a 中从动件的移动误差 $\Delta_1 = u_1 + u_2$，图 b 中从动件的移动误差 $\Delta_1 = u_2 - u_1$，后者由于磨损量的互相抵消而使磨损后机构的精度更高。

5.3 误差传递

在传动系统中各轴转速因其间传动零件的减速或增速而发生变化，而误差也随之减小或增大。分析传动件误差对于总误差的影响，称为误差传递，按照分析结果可以对各级传动比提出不同的要求。如图4.3-105所示是一个减速装置，设第一对齿轮的传动误差（指主动轴 I 等速转动时从动轴 II 的角速度误差）为 Δ_1，其余三对齿轮传动的传动误差分别为 Δ_2、Δ_3、Δ_4，若各级传动的传动比为 i_1、i_2、i_3、i_4，则此传动系统总误差（轴 I 等速转动时，轴 V 的角速度误差）的最大值为

$$\Delta = \frac{\Delta_1}{i_2 i_3 i_4} + \frac{\Delta_2}{i_3 i_4} + \frac{\Delta_3}{i_4} + \Delta_4$$

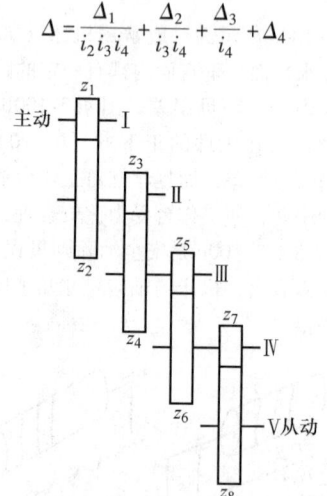

图 4.3-105 传动比对精度的影响

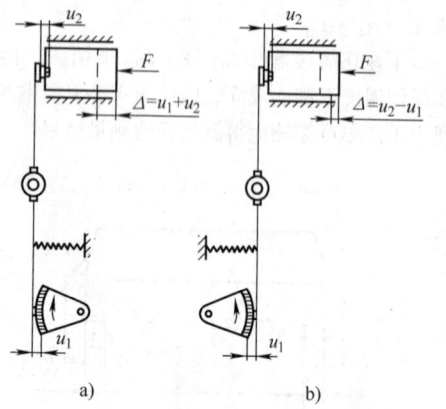

图 4.3-104 凸轮机构磨损量的互相补偿
a) 磨损量互相叠加 b) 磨损量互相抵消

由上式可知，如果最末级传动比 i_4 比较大（例如大于200），则除最末级传动误差 Δ_4 对传动系统总误差有较大影响外，其余各级传动的误差的影响都可以忽略不计。对于精密机械，最末级传动常采用传动比很大的蜗杆传动，这样其余传动零件的制造精度要求可以降低。

如图 4.3-106 所示的千分表传动系统，齿条的齿距为 $t = 0.625$ mm，模数 $m = 0.199$ mm，齿数 $z_1 = z_3 = 16$，$z_2 = 100$，$z_4 = 80$，$z_5 = 10$，指针半径 $r_c = 23.9$ mm。指针转一圈，端部走过的距离为150mm。若各级传动的误差均相等，经计算，a、b、c、d 四部分误差各占总误差的 83.8%、13.4%、2.7%、0.1%。由此可知，传动装置的第一级齿条以及小齿轮 z_1 的精度对千分表的总精度影响最大。因此，在

设计时,应对各对齿轮以及表盘提出不同的精度要求。

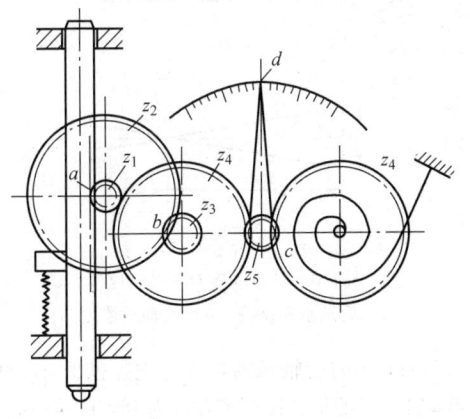

图 4.3-106 千分表传动系统

5.4 利用误差均化提高精度

误差均化的原理为:在机构中如果有多个连接点同时对一种运动起限制作用时,则运动件的运动误差决定于各连接点的综合影响,其运动精度常比一个连接点起限制作用时高。例如螺杆螺母装配以后的运动误差比原来螺杆的误差小,就是由于螺母各扣与螺杆接触情况不同,对螺杆的螺距误差引起的运动误差有均化作用,当螺母扣数过少时,均化效果差,因此,适当增加螺母的扣数,可以提高其运动精度。

对于精度要求高的导轨,由于导轨运动速度是滚动速度的二倍,工作台运动到左右不同位置时,滚珠受力不同,工作台向不同方向倾斜产生误差,利用误差均化原理,可以增加滚珠数目或采用滚子支承(滚柱刚度显著大于滚珠而摩擦阻力也较大)。

如图 4.3-107 所示的密珠轴承就是利用了误差均化原理设计的一种精密轴系,其运动精度高而且稳定,加工容易,在承载要求不高时的精密机械中得到了应用。图中所示是一种数字式光栅分度头的轴系结构图,精度可达 1″。其前轴承是向心轴承,后轴承除向心轴承外还有两个推力轴承,作轴向定位和支承。这四个轴承都采用了密珠轴承,轴承中滚珠均按多线螺旋线方式排列,每个滚珠的滚道互不重复,形成了许多独立的支承点,靠误差均化作用提高了精度和寿命。测试结果证明这一轴承精度很稳定,其回转精度高于 0.001mm。

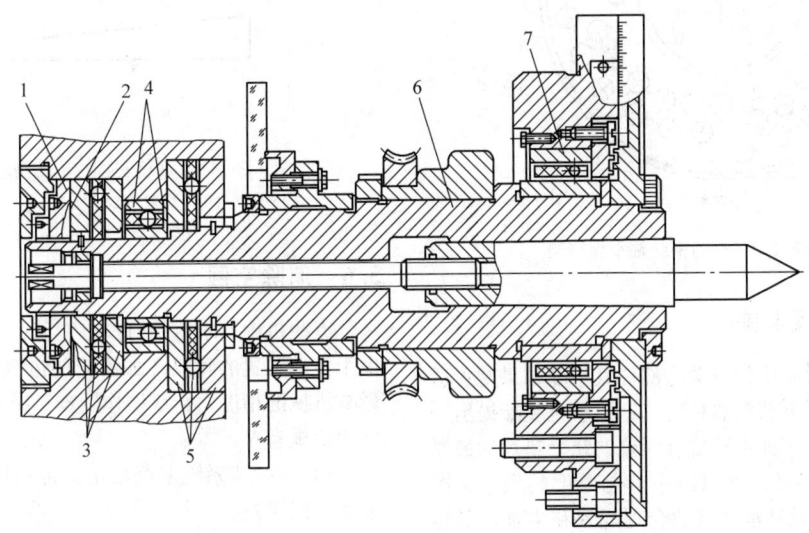

图 4.3-107 数字式光栅分度头轴承
1—螺母 2—弹簧 3、5—推力轴承 4—后向心轴承 6—主轴 7—前向心轴承

图 4.3-108 和图 4.3-109 示出了密珠轴承保持架上面孔的位置尺寸,可以看出滚珠的排列情况。图中滚珠位置的坐标按 Ⅰ、Ⅱ、Ⅲ、Ⅳ 四个象限表示,推力轴承滚珠排列为两排。

密珠轴承的组成元件除标准的钢球以外,向心轴承的工作面是圆柱面,推力轴承的工作面是平面,较容易加工得到高精度的形状。此外,它的接触点多,接触轨道相互独立,加工误差对轴系的影响互相牵制、抵消而得到了均化效应,而且运转稳定。

这种结构的不足是每个轨道只有一个滚动体,运动轨道没有沟槽,因而接触应力较大。因此这种结构适用于要求精度高而载荷较小的轴系,转速也不很高,如精密测量仪器或精密机床。

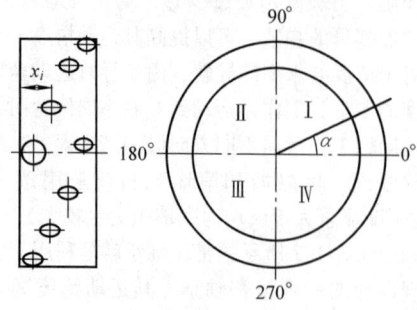

图 4.3-108 向心密珠轴承隔离架

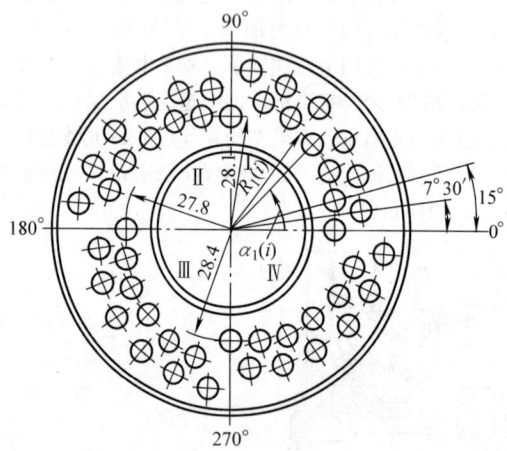

图 4.3-109 推力密珠轴承保持架

5.5 合理配置误差

一台机械设备中的有关零部件其精度如果配置适当,则可以提高其装配总精度,这要求对装配提出一定的工艺措施,例如把厚度有误差的几个垫片的最厚与最薄处互相错开,可以减小其总厚度的误差。图 4.3-110 表示主轴轴承精度的合理配置和主轴端部径向振摆的关系,在配置轴承时应该注意以下两个问题。

1) 前轴承精度比后轴承高。如图 4.3-110 有两个轴承,一个轴承精度高(假设径向振摆为零),一个轴承精度低(假设径向振摆为 δ)。若高精度轴承装在后轴承(图 a),则主轴端部径向振摆为 δ_1,若高精度轴承装在前轴承(图 b),则主轴端部径向振摆为 δ_2,显然,$\delta_1 > \delta_2$,所以前轴承精度应高于后轴承。

2) 两个轴承的最大径向振摆应该在同一方向。

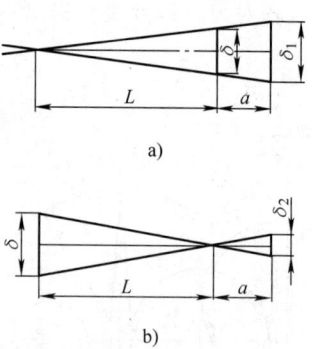

图 4.3-110 轴承配置对主轴精度的影响
a) 后轴承精度高 b) 前轴承精度高

图 4.3-111 中前后轴承的最大径向振摆为 δ_A 和 δ_B,按图 a 将二者的最大振摆装在互为 180°的位置,主轴端部的振摆为 δ_1,按图 b 将二者的最大振摆装在同一方向,主轴端部的振摆为 δ_2。

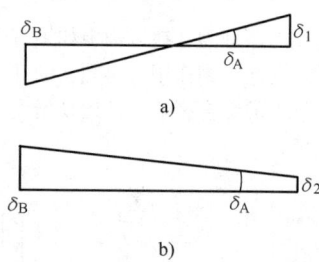

图 4.3-111 轴承安装对主轴精度的影响
a) 互为 180°位置安装 b) 同一方向安装

5.6 消除空回

有些机构要求返回时没有空回,空回的产生主要由于传动装置的间隙(如齿轮的齿侧间隙等)。空回影响机械的精度,造成操作困难。减小或消除空回的常用措施有:

1) 对减速系统末级采用大传动比,并尽量消除末级空回误差。

2) 在传动系统中加控制弹簧,使该系统正反转时由同一侧齿面接触来实现。如图 4.3-112 所示,右面的齿轮及其上的弹簧用于消除空回。

3) 调整齿轮中心距,减小齿侧间隙。

4) 把支承件做成浮动件,用弹簧压紧,以减小齿侧间隙(图 4.3-112)。

5) 用双片齿轮控制间隙,把一对齿轮中的一个(常用大齿轮),做成两片,装配时使其相错一个很小的角度,调好间隙后用螺钉锁紧(图 4.3-113a),或用弹簧使两片齿轮消除间隙(图 4.3-113b)。图 a

6 考虑噪声和发热的结构设计

有些机械或部件发热量较大，有些产生较大的噪声。为了机械能正常地工作，设计中必须采取相应的措施。这些措施可以分为以下四类：

第一类措施是减轻损害的根源，如减小发热、振动等；第二类措施是隔离，如把发热的热源与机械工作部分隔开，把产生噪声的振动源与发生部分隔开，把产生噪声的设备与人员隔开等；第三类措施是提高抗损坏能力，如加强措施，采用耐热的材料等；第四类措施是更换易损坏，设计中考虑到某些在强烈受损部位工作的零件首先损坏，应使它们易于更换，定期更换这些易损件，以保持整个机器正常工作。

6.1 考虑发热的结构设计

发热量大会使机械零部件易于损坏，缩短其使用寿命，例如蜗杆传动、螺旋传动、非液体润滑的滑动轴承等在工作时容易大量发热使润滑油性能下降，易于出现胶合等失效。

机器工作时产生的热还会使机器零部件产生热变形，使机器设备的工作质量下降。如机床，由于机床内部和外部热源的影响，机床温度分布（温度场）不均匀，使机床零部件产生热变形，从而引起机床的几何精度和刀具与工件间的相对位置变化，以致降低加工精度。

6.1.1 降低发热影响的措施

为了降低发热对机械零部件的影响，在结构设计时可以采取的措施有：

1）避免采用低效率的机械结构。有些机械结构效率低、发热量大，不但浪费能源而且所发出的热量引起热变形、热应力、润滑油黏度降低等一系列不良后果。因此在传递动力较大的装置中，建议尽量采用齿轮传动、滚动轴承，以代替效率较低的蜗杆传动、滑动轴承。

2）润滑油箱尺寸要足够大。对采用循环润滑的机械设备，应采用尺寸足够大的油箱，以保证润滑油在工作后由机械设备排至油箱时，在油箱中有足够长的停留时间，油的热量可以散出，油中杂质可以沉淀，使润滑油再泵入设备时，有较低的温度，含杂质较少，提高润滑的效率。

3）零件暴露在高温中的部分忌用橡胶、聚乙烯塑料、尼龙等制造。在高温环境中暴露在外的零件，由于热源（包括日光）辐射等作用，长期处于较高的温度，这种情况下，会引起橡胶、塑料、尼龙等材料变质，或加速老化。

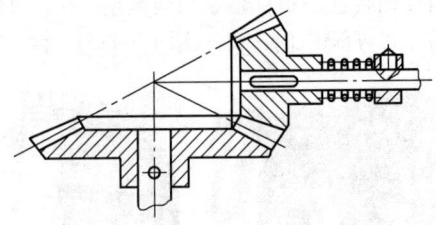

图 4.3-112 弹簧轴向压紧消除间隙

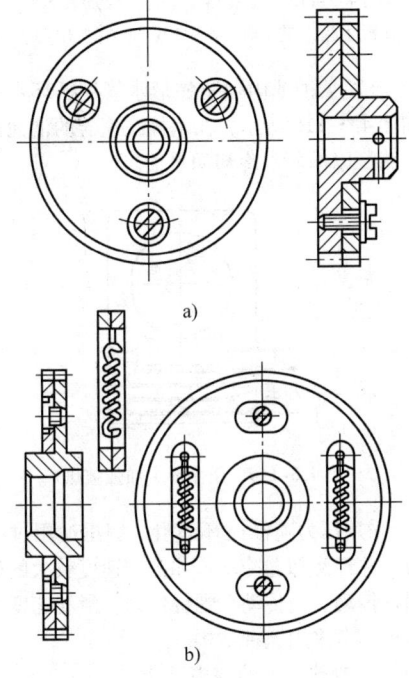

图 4.3-113 双片齿轮消除空回
a) 用螺钉连接消除间隙 b) 用弹簧消除间隙

不能完全消除间隙，图 b 可以靠弹簧的自动调节作用消除间隙，但传力较小。

5.7 选择适当的材料

为了提高机器的精度，选用尺寸稳定的材料，例如用花岗岩制造平板、角尺等精密量具。花岗岩稳定性好，经过百万年以上的天然时效处理，内应力完全消除，几乎不会变形，加工方便，容易得到很小的表面粗糙度，对温度不敏感，不生锈，表面碰撞后不产生毛刺，绝缘性好，抗振，阻尼系数大，价格便宜。其主要缺点是脆性较大。近年来我国国内外多采用花岗岩作为精密机械的基础件，如三坐标测量机的工作台、立柱、导轨、横梁等，尤其用作空气导轨的基座和工作台最合适。

4)精密机械的箱体零件内部不宜安排油箱,以免产生热变形。在精密机械的底座等零件内,常有较大的空间,这些空间内不宜安排作为循环润滑的储油箱等。因为由于箱内介质发热,会使基座产生热变形,特别是产生不均匀的变形,使机器发生扭曲,导致机械精度显著降低。

5)避免高压阀放气导致的湿气凝结。高压阀长时间连续排气时,由于气体膨胀,气体温度下降,并使零件变冷,空气中的湿气会凝结在零件表面,甚至造成阀门机构冻结,导致操纵失灵。

6.1.2 降低发热影响的结构设计

(1) 减小发热或温升的结构设计

1)分流系统的返回流体要经过冷却。压缩机、鼓风机等为了控制输出介质量,可以采用分流运转,即把一部分输出介质送回机械中去。这部分送回的介质,在再进入机械以前应经过冷却,以免反复压缩介质引起温度升高。

2)避免高压容器、管道等在烈日下曝晒。室外工作的高压容器、管道等,如果在烈日下长时间曝晒,则可能导致温度升高,运转出现问题,甚至出现严重的事故。对这些设备应加以有效的遮蔽。

3)降低滑动表面间的相对滑动速度,以减小发热。如高速齿轮,应尽量减小模数,增加齿数,以降低齿高,降低啮合面间的滑动速度。

4)增大两滑动面的接触面积,以降低压强,减少发热。例如滑动轴承设计时,为了避免平均压强过大,需要将轴承的宽度 B 和直径 d 设计得大一点。

(2) 加强散热的结构设计

一些在工作中容易发热的零部件,必要时要设计专门的结构来加强散热。加强散热条件的结构设计主要有:

1)在发热零部件的壳体外表面加装散热片以加大散热面积,如图 4.3-114 所示在电动机和蜗杆减速器的外表面加散热片,加大了散热面积。

图 4.3-114 在箱体外表面加散热片
a) 电动机 b) 蜗杆减速器

2)在发热部件加装风扇,加速空气流通以加强散热。例如在电动机的末端加装风扇(图 4.3-114a),

在蜗杆传动装置的蜗杆轴端加装风扇,在计算机的CPU 和电源等部位加装风扇(图 4.3-115)等。

图 4.3-115 在发热零部件部位加装风扇
a) 计算机主板上的 CPU 风扇 b) 计算机电源上的风扇

3)在机器油池内加装蛇形水管用循环水加强散热。如图 4.3-116 所示,在蜗杆减速器的油池内加装蛇形水管,以循环水冷却润滑油。

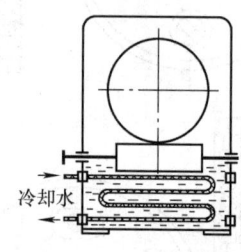

图 4.3-116 用循环水加强散热

4)采用压力喷油循环润滑,润滑油用过滤器滤去杂质,并经冷却器冷却。如圆周速度较大的齿轮传动、蜗杆传动、链传动、螺旋传动,滑动速度大的滑动轴承等,多采用这种结构。

(3) 控制热变形的结构设计

1)对于较长的机械零部件,要考虑因温度变化产生尺寸变化时,能自由伸缩,如采用可以自由移动的支座(图 4.3-117),或可以自由膨胀的管道结构。

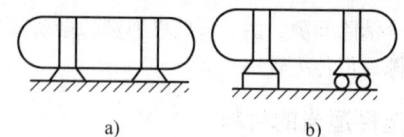

图 4.3-117 采用可自由移动的支座
a) 错误 b) 正确

2)热膨胀大的箱体可以在中心支持。如图 4.3-118所示的两个部件之间用联轴器连接两轴,由于右边部件发热较大,工作时其中心高度变化较大,引起两轴对中误差。可以在中心支持右边部件,以避免由于发热引起的对中误差。

3)避免热变形不同产生弯曲。太阳直接照射的机械装置,有向光的一面和背光的一面,其温度不

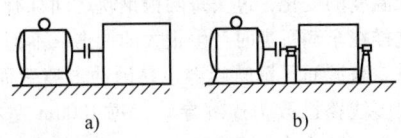

图 4.3-118 加中心支持的结构
a) 较差 b) 较好

同,受热后的变形也不同。如图 4.3-119 所示用螺栓连接的凸缘作为管道的连接,当一面受日光照射时,由于两面温度及伸长不同,产生弯曲,造成管道变形或凸缘泄露。应加遮蔽,或减小螺栓长度以减小热变形。

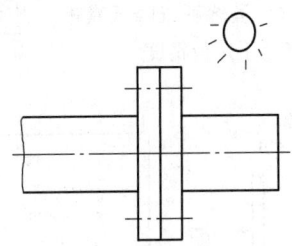

图 4.3-119 受日光照射的管道连接

4) 采用热对称结构,采用热膨胀系数小的材料等,减小机械零件结构的热变形。

5) 改变机器结构中各装配约束状态,使热位移控制在非敏感方向。

6) 减少或均衡零件内部热源,如设置人工热源、采用热管技术、把某些热源从机器内部移出去等。

7) 采用热位移补偿和控制技术。

6.2 考虑噪声的结构设计

6.2.1 噪声的限制值

噪声是污染环境的公害之一,噪声影响人的睡眠、办公、学习、听力和身体健康,严重时引起人体各种疾病(如恶心、呕吐、视觉模糊、血管扩张、肌肉抽搐等)。噪声能引起操作者疲劳,会导致发生各种事故。表 4.3-13 给出了在不同噪声环境下工作 40 年以后,耳聋的发病率。图 4.3-120 给出了噪声对人的作用,供设计者参考。

为了保护听力,噪声一般不应超过 75dB(A)(理想值),最大不得超过 90dB(A)(保护 80% 不受损害)。一般机床噪声标准规定最高为 85dB(A),精密机床规定为 75dB(A),家用电冰箱最高 45dB(A),家用洗衣机最高 65dB(A)。我国公布的有关标准见表 4.3-14 ~ 表 4.3-17。

表 4.3-13 在不同噪声环境下工作 40 年以后耳聋的发病率

噪声级/dB(A)	国际统计 ISO(%)	美国统计(%)
80	0	0
85	10	8
90	21	18
95	29	28
100	41	40

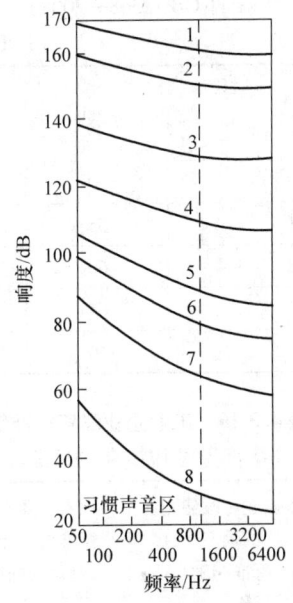

图 4.3-120 噪声对人的作用
1—造成瞬时致聋或致死 2—造成听觉器官严重损伤或致聋 3—引起强烈的病态感觉和头晕 4—产生病态感觉,开始损伤听觉器官,必须采用噪声抑制器 5—引起非常不愉快的感觉,疲乏和头痛 6—对听觉器官有害 7—造成神经性刺激,干扰精力集中,降低工作质量 8—相对噪声区,它是人心理上对噪声源有感受的噪声,随着时间推移,对操作工作和要求精力集中很强的动作产生不良影响

表 4.3-14 城市 5 类区域环境噪声标准值
(摘自 GB 3096—2008)

[dB(A)]

类别	区域	昼间	夜间
0	疗养区、高级别墅区、高级宾馆区等(位于城郊或乡村的上述区域)	50 (45)	40 (35)
1	以居住、文教机关为主的区域	55	45

（续）

类别	区域	昼间	夜间
2	居住、商业、工业的混杂区	60	50
3	工业区	65	55
4	城市中的道路交通干线道路两侧区域，穿越城区的内河航道两侧区域（指车船不通过时的背景噪声）	70	55

表 4.3-15 工业企业厂界环境噪声排放限值
（摘自 GB 12348—2008）

[dB（A）]

厂界外声环境功能区类别 \ 时段	昼间	夜间
0	50	40
1	55	45
2	60	50
3	65	55
4	70	55

表 4.3-16 工业企业噪声标准值
（摘自我国 1979 年的标准）

每个工作日接触噪声的时间/h	新建、改建企业的噪声允许标准/dB（A）	现有企业暂时达不到标准时，允许放宽的噪声标准/dB（A）
8	85	90
4	88	93
2	91	96
1	94	99
最高不得超过	115	115

表 4.3-17 建筑施工场界环境噪声排放限值
（摘自 GB 12523—2011）

[dB（A）]

昼间	夜间
70	55

6.2.2 减小噪声的措施

为了减小机器的噪声，在机械零部件设计中常常采用以下几种措施：

（1）减少或避免运动部件的冲击和碰撞

这是减小噪声首先应该考虑的措施。比如火车钢轨由于温度的变化，过去每两根钢轨之间都有一个间隙，这样在车辆行走时产生很大的冲击，不但成为噪声的重要来源而且钢轨端部也易因冲击疲劳而断裂。现在很多线路已改为连续导轨，每 1000m 左右才有一个接头，显著减小了噪声。又如平带传动，带的接头采用各种金属带扣时，与带轮接触即产生相当大的噪声，如果改用丝绳或皮绳缝制接头，或用胶合接头，则可以减小噪声。

（2）增加机械零件的厚度尺寸

如图 4.3-121a 所示的挡块，每秒受冲击 5 次，发出很大的噪声 [105dB（A）]。改为图 b 的结构以后，由于本身质量增大，撞击时发出的噪声减小到 93dB（A）。也可以考虑在挡块上再装一层缓冲材料（如橡胶），这样虽然可以降低噪声，当冲击时接触变形很大，降低了定位精度。

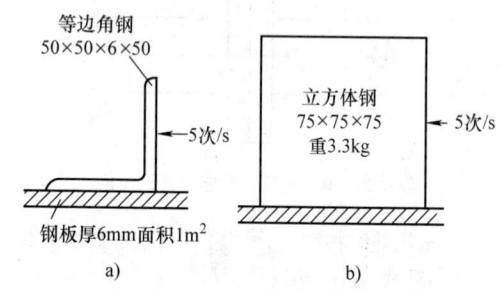

图 4.3-121 增加零件厚度以减小噪声

（3）提高运动部件的平衡精度

由于旋转件的质量不均匀，其重心偏离回转中心，在转动时产生不平衡和噪声。例如磨床的砂轮轴经平衡以后，不但可以减小噪声，而且可以提高产品质量，使工件表面光洁程度明显提高。又如家用电风扇，风扇叶片经动平衡后，可以显著地减小噪声和振动，利用专用的风扇叶片动平衡机可使风扇的振幅在 1μm 以内，提高了产品的质量。

（4）防止共振

机械在共振时产生强烈的噪声，一般采用提高系统刚度的方法避免共振。

（5）改进机械结构的阻尼特性

当物体运动时，在它的内部或外部产生阻碍物体运动的作用，并把动能转化为热能的功能称为阻尼。如图 4.3-122 所示零件的两部分之间有相对运动，由于它们之间的摩擦产生阻尼，降低噪声，其中接触面宽度 B 大的，阻尼效果好。

图 4.3-123a 表示在工件表面粘接或喷涂一层有高内阻尼的材料。当工件振动时，可以阻尼振动减小噪声，已广泛应用于车、船体的薄壁板上。图

图 4.3-123b 是把阻尼材料粘在地铁车轮轮缘上以减小噪声。

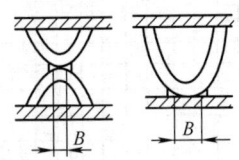

图 4.3-122　增大接合面尺寸以增大阻尼

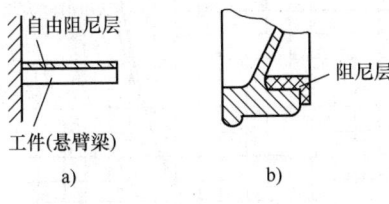

图 4.3-123　有阻尼层的零件结构

6.2.3　减小噪声的结构设计

(1) 滚动轴承

滚动轴承的噪声取决于以下几个方面的因素：

1) 轴承各零件的影响。轴承各零件的偏差对它的噪声有很大的影响。其中，各零件的作用不同，各影响作用之比是：滚珠：内外环：保持架 = 4:3:1。轴承各零件的几何形状对轴承振动和噪声的影响，如果滚珠的容许偏差以 1 表示，则内沟为 3，外沟为 10。所以，滚动体质量对噪声的影响最大。

2) 轴承与孔和轴的配合。轴承间隙大小要适当，太大、太小都不好，但是间隙过大影响更不好。此外，配合面的几何形状误差也会使轴承滚道变形而引起噪声。

3) 用隔振材料。在轴承外环与轴承座孔之间安装上某种有弹性的隔振材料（如橡胶），可以改变系统的固有频率防止共振，而且可以利用其阻尼吸收振动能量（图 4.3-124）。

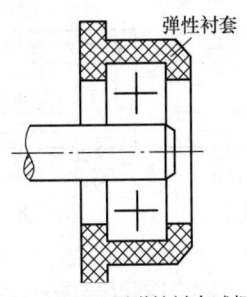

图 4.3-124　用弹性衬套减振

(2) 齿轮

降低齿轮噪声的途径，除了提高齿轮交工精度以外，可以采用的措施还有：

1) 改进齿轮的设计参数。降低齿轮圆周速度，如适当加大齿宽、减小齿轮直径。采用噪声较小的斜齿圆柱齿轮、双曲线齿轮或蜗杆传动装置，加大斜齿圆柱齿轮的螺旋角（一般 ≤30°），减小模数，增加齿数，增大重合度系数。齿轮修缘也是降低齿轮噪声的重要途径。

2) 改进齿轮结构。可以在齿轮上钻孔以减轻噪声（图 4.3-125a）。如图 4.3-125b 所示的结构，增加齿宽而保持辐板厚度不变（图 c）对减轻噪声的作用不大。增加轮辐厚度（图 d、e）对减少噪声的效果显著。在辐板表面粘贴阻尼层（图 f）或卡入阻尼环（图 g）可降低齿轮噪声。但是齿轮淬火后衰减性能变坏，噪声变大。一般可能要加大 3～4dB（A），因此在无必要时不要用淬火齿轮。

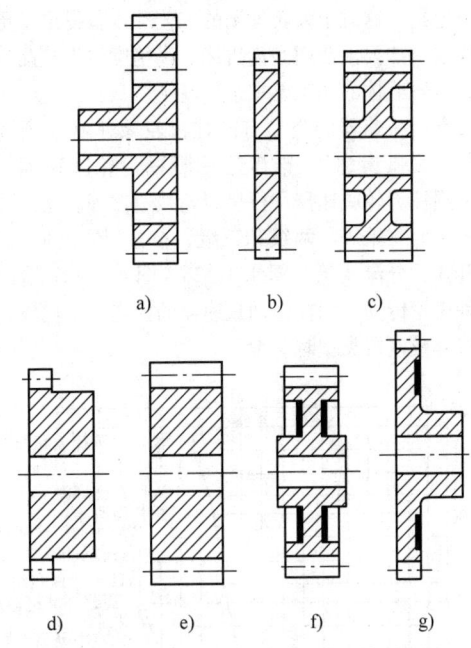

图 4.3-125　减小噪声的各种齿轮

7　零部件结构设计实例

本节介绍几个对前述各节所述设计方法综合应用的机械零部件结构设计具体实例和经验。

7.1　减速器结构设计

7.1.1　概述

减速器是广泛生产的标准化部件，结构形式、质量等级、大小尺寸和使用对象各不相同。很多情况下能够直接选择由专业工厂生产的减速器。建议设计者

尽可能选择这种减速器,只有选择不到现成的减速器时才自行设计。近年来减速器的主要发展方向有:

1)提高承载能力。齿轮减速器的齿面硬度由过去的正火、调质,改成淬火或渗碳淬火,材料由碳素钢改成合金钢(如 20CrMnTi 或 17CrNiMo6 渗碳淬火)。齿面硬度由 350HBW 以下提高到 60HRC 左右,承载能力有了大幅度提高。

2)采用新型传动。蜗杆传动由阿基米德蜗杆传动改为圆弧圆柱蜗杆传动等新型蜗杆传动,其他如圆弧齿轮传动、行星齿轮传动、少齿差齿轮传动、摆线针轮传动、谐波传动减速器等也有大量标准产品。新型传动的承载能力有明显的提高。

3)提高了传动的精度。齿轮传动的精度由 7~8 级提高到 5~6 级,在工作平稳性和接触面积等方面有了很大提高,不但运转平稳,而且提高了承载能力。但是,这对于齿轮加工的工艺和设备提出了更高的要求,如要求使用磨齿机床、高精度的齿轮测量设备,齿轮箱体的加工要求也提高了。

常用减速器的类型有圆柱齿轮减速器(渐开线齿廓、圆弧齿廓)、锥齿轮-圆柱齿轮减速器、蜗杆-圆柱齿轮减速器、行星齿轮减速器等。减速器的级数主要有单级、两级和三级,布置形式有同轴式、展开式、分流式等。图 4.3-126、图 4.3-127 给出了几种齿轮传动、蜗杆传动减速器的传递功率比较,可供选择减速器类型时参考。

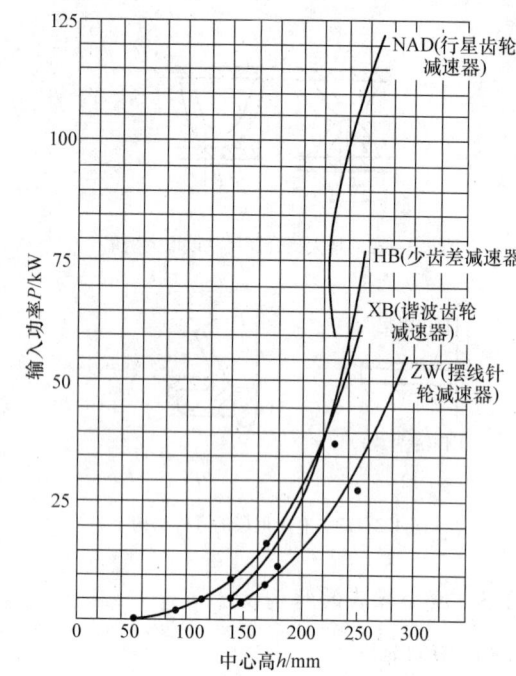

图 4.3-127 行星齿轮少齿差、谐波、摆线针轮减速器承载能力的比较线图

7.1.2 减速器结构设计

进行减速器结构设计时,可以采用以下措施来提高减速器的性能:

(1)合理确定齿轮在轴上的位置使载荷沿齿向分布均匀

1)尽可能采用对称布置,如重型减速器采用分流同轴式二级圆柱齿轮减速器(图 4.3-128b)代替展开式二级圆柱齿轮减速器。图 4.3-128a 的布置不好。

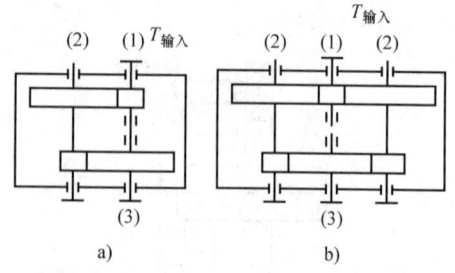

图 4.3-128 同轴式二级圆柱齿轮减速器布置方案
a)非对称布置 b)对称布置

2)展开式二级圆柱齿轮减速器的齿轮为非对称

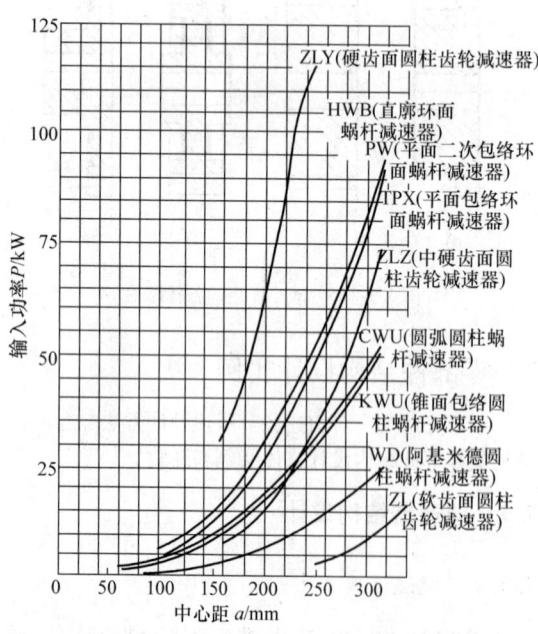

图 4.3-126 圆柱齿轮减速器、蜗杆减速器承载能力比较线图($i=25$,$n_1=1000\text{r/min}$)

布置,应使高速级齿轮远离转矩输入端,如图 4.3-129 所示。

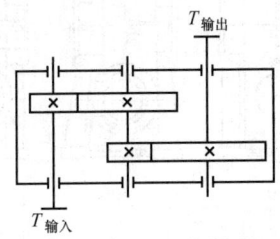

图 4.3-129 展开式二级圆柱齿轮减速器齿轮布置

非对称布置时,在齿轮径向力 F_r 作用下(若有轴向力 F_a 作用时,包括 F_a 的附加弯矩 M_a 的作用),以及圆周力 F_t 的作用下,轴在两个平面内弯曲变形,造成齿轮单位载荷分布不均匀,如图 4.3-130 所示。

当齿轮布置在远离转矩输入端时,轴和齿轮的扭转变形可以补偿一部分轴弯曲变形引起的沿轮齿方向载荷不均匀分布。

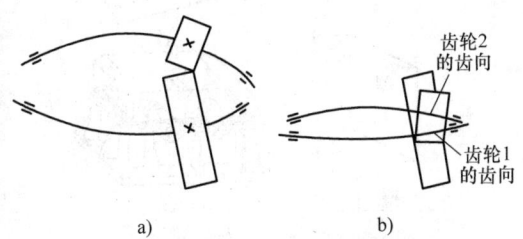

图 4.3-130 齿轮非对称布置时的接触状况
a) F_r、F_a 造成载荷分布不均
b) F_t 造成载荷分布不均

3)变形补偿使载荷均匀分布。采用柔性轮缘,使轮缘的变形补偿一部分轴弯曲变形造成的轮齿接触不均,减少轮齿受力不均,如图 4.3-131 所示。也可以采用在轮齿端部钻孔、开环形槽等办法。

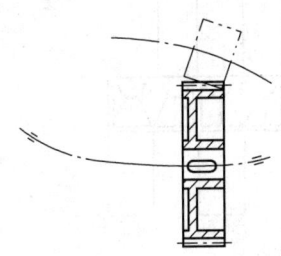

图 4.3-131 柔性轮缘改善轮齿受力不均

(2)合理选择轴承支承位置,以提高轴系刚度
以锥齿轮减速器的小锥齿轮轴系为例进行分析。

1)改悬臂梁的轴系结构为简支梁的轴系结构
轴系原支承方案为图 4.3-132a,新支承方案为图 4.3-132b,显然可以显著提高轴系刚度,使锥齿轮啮合时受载均匀。

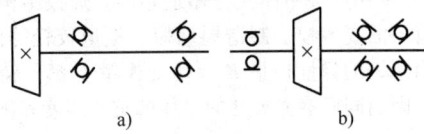

图 4.3-132 小锥齿轮轴系支承方案
a) 原支承方案 b) 新支承方案

具体的结构可分别采用:

① 增加的支承在减速器箱体上,如图 4.3-133 所示。在减速器箱体上铸出支架,内装滚动轴承。这种结构支承刚度好,但减速器箱体铸造及加工较复杂。

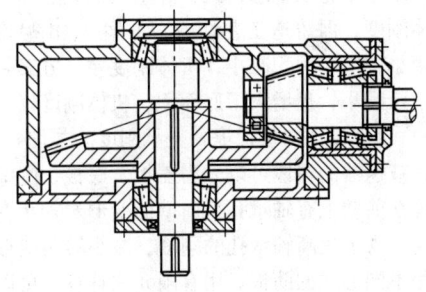

图 4.3-133 箱体带支架的小锥齿轮轴系结构

② 增加的支承在套杯上,如图 4.3-134 所示。套杯上有一支架,内装滚动轴承,支承小锥齿轮轴。这种结构支承刚度稍差,但工艺性好。

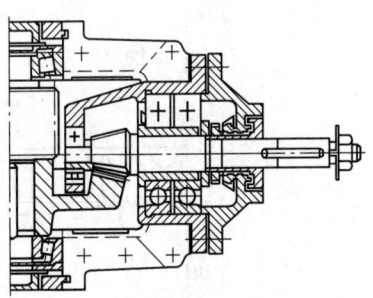

图 4.3-134 套杯带支架的小锥齿轮轴系结构

2)优化设计,合理确定轴承位置 绘制小锥齿轮轴的受力图,根据受力图计算轴承支承反力,从而计算轴在小锥齿轮处的挠度,并画出挠度与支承跨距

的函数曲线，求出挠度最小时的轴承跨距值，即为最佳值。一般轴承跨距不小于小锥齿轮悬臂伸出量的 1.5～2 倍时，轴在小锥齿轮处的挠度值均较小。

(3) 提高箱体的刚度

1) 采用焊接箱体代替铸造箱体。焊接结构的箱体具有不需要木模、制造周期短、重量较轻等优点，而且由于钢的弹性模量 E 及切变模量 G 都比铸铁大一倍，因而同样截面尺寸的箱体的抗弯刚度和抗扭刚度也大一倍。

	钢	铸铁
弹性模量 E/MPa	2.1×10^5	1.15×10^5
切变模量 G/MPa	8.1×10^4	4.5×10^4

2) 合理设计箱体形状，提高支承刚度。在图 4.3-135 中，方案 a 蜗轮轴轴承跨距大，支承刚度较差，但基座底面积大，机体刚度好。方案 b 机壁为斜面，可减小蜗轮轴轴承跨距，并增大机座底面积和提高机体刚度，但铸造工艺性差。方案 c、d 蜗轮轴轴承跨距小，但底面积减小，机体刚度差。方案 e 蜗轮轴轴承跨距小，且增大了底面积，机体刚度好。

3) 合理设计肋板，提高支承刚度。如图 4.3-136 所示，减速器的箱体可以分为盖板、底板、侧壁和前壁等，在前壁上有轴承孔，前壁的变形对轴承变形影响显著。为了提高轴承孔的刚度，减小转角变形，可以采用不同形式的肋板。用有限元法计算，可以求出不同形式的肋板的刚度增加系数 θ，见图 4.3-137。

$$\theta = \frac{无肋时轴承孔的转角（变形量）}{有肋时轴承孔的转角（变形量）}$$

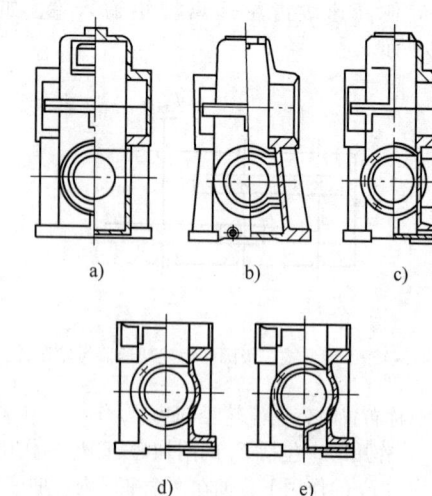

图 4.3-135　蜗杆减速器箱体结构方案

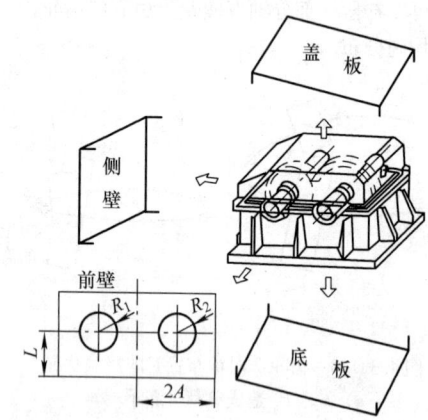

图 4.3-136　减速器的箱体

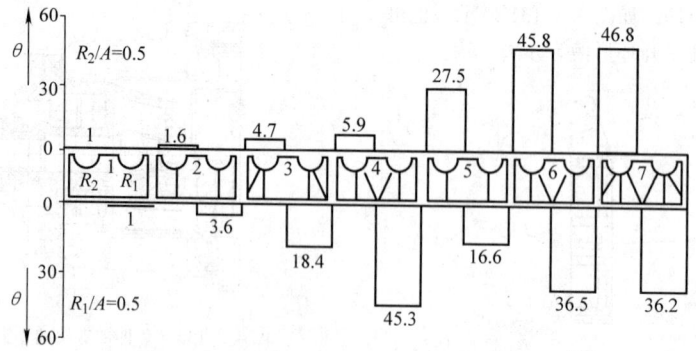

图 4.3-137　不同形式肋板的刚度增加系数 θ（可转动夹持条件，$L/A = 1.5$，壁厚 $T/A = 0.02$）

.2 滚动轴承部件结构设计

机器中的轴系大多采用滚动轴承作为支承，这些轴系，尤其是主轴和重要的传动轴系的运转状况不仅直接影响着机器的工作性能，而且影响机器的主要技术指标。轴系中滚动轴承类型的选择、轴承的布置及支承结构设计等对轴系受力、运转精度、提高轴承寿命及可靠性、保证轴系性能等都将起着重要的作用。

本节介绍几种滚动轴承结构设计时需要遵循的设计要点和实例。

.2.1 使轴承支承受力合理的设计

(1) 合理选择轴承类型及轴承组合

载荷的大小、方向和性质是进行结构设计的重要依据。一般在载荷小时应优先选用球轴承，载荷大时选用滚子轴承或滚针轴承。承受纯径向载荷时选用深沟球轴承、圆柱滚子轴承或滚针轴承等。承受纯轴向载荷时选用推力轴承。承受纯径向载荷和不大的轴向载荷时，选用深沟球轴承或角接触球轴承。承受径向和轴向载荷都比较大时，可选用大接触角的角接触球轴承、圆锥滚子轴承或向心轴承与推力轴承的组合。下面分析几种情况：

1) 轴的两个支点受力相差较大时，如图 4.3-138 中两个轴系都是左端支承受力大，分别选用了尺寸较大的圆柱滚子轴承和一对圆锥滚子轴承，右端受力小的支承选用尺寸小的轴承。图 4.3-138a 中是一对角接触球轴承，它承受较小的径向力，同时承受全部轴向力。图 4.3-138b 中右端是一个圆柱滚子轴承，只承受较小的径向力，轴向力则由左端轴承承受。

采用两个不同类型的轴承组合来承受大的载荷时要注意受力是否均匀，否则不宜使用。例如，图 4.3-139 中铣床主轴前支承采用深沟球轴承和圆锥滚子轴承的组合，这是一种错误的结构。因为圆锥滚子轴承在装配时必须调整以得到较小的间隙，而深沟球轴承的间隙是不可调整的。因此，两轴受载很不均匀，有可能深沟球轴承由于径向间隙大而没有受到径向力。正确的设计应如图 4.3-138 所示。

2) 径向力与轴向力分别由不同的轴承承受，图 4.3-140 是轧机轧辊轴承支承，两个圆柱滚子轴承可以承受中等或较大的径向力，而深沟球轴承由于外圈与机座孔之间留有间隙只承受轴向力。

图 4.3-141 是另一种使某些轴承只承受轴向力而不承受径向力的结构，它是在两个角接触球轴承内圈与轴之间留有径向间隙。这种装置用于转速较高，轴向载荷很大，用推力轴承受到极限转速限制的结构中。

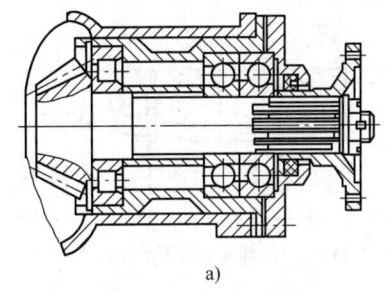
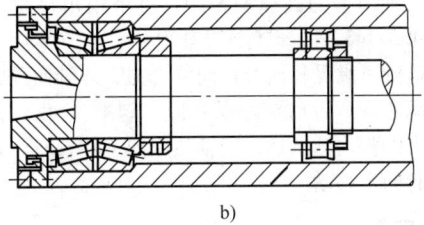

图 4.3-138 滚动轴承轴系结构
a) 锥齿轮轴系支承结构 b) 铣床主轴轴系支承结构简图

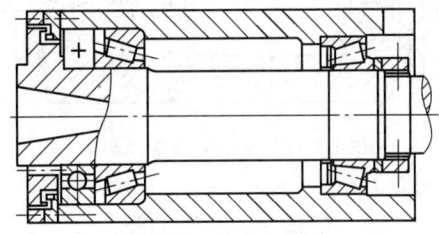

图 4.3-139 错误的支承结构

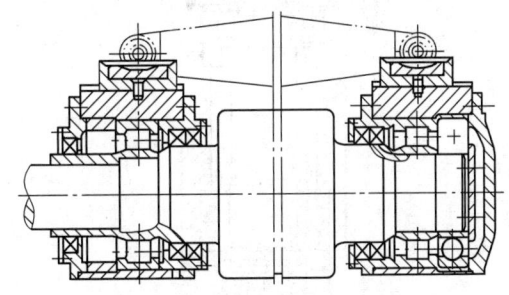

图 4.3-140 轧机轧辊的支承结构

3) 承受轴向力比较大的轴系，一般要采用推力轴承。图 4.3-142 是采用成对推力球轴承与深沟球轴承承受，而顶杆重量和由振动产生的径向力则由调心滚子轴承和圆锥滚子轴承承受。为了保证右端轴承受力均匀，机座内孔按 H7 和 F9 不同配合级别加工，因轴承组合的蜗杆轴系，两个方向的轴向力分别由两个推力轴承承受，两个深沟球轴承只承受径向力。这种装置调整推力轴承间隙比较方便，但转速受到推力轴承的极限转速限制。

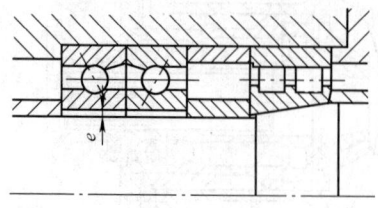

图 4.3-141　角接触球轴承不受径向力的结构

承受轴向力的高速轴系中,可采用角接触球轴承。图 4.3-143 是立式高速主轴结构,前支承用一对角接触球轴承承受径向及轴向复合力,并轴向预紧以提高支承刚度,后轴承为游动端,选用一个由弹簧施加轻预紧的深沟球轴承,当轴热胀向上伸长时,轴承可以一起向上移动。

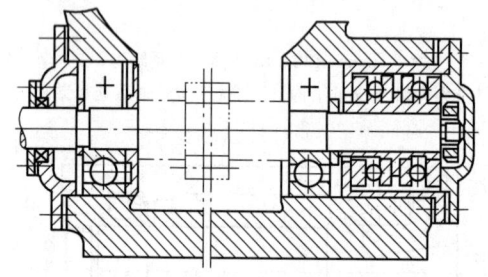

图 4.3-142　蜗杆轴系支承结构

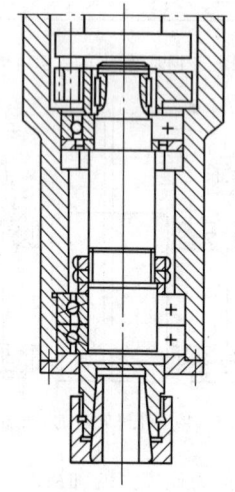

图 4.3-143　立式高速主轴支承结构

某些情况下对承受单向轴向力成对使用的角接触球轴承采用不同的接触角 α 值,有利于改善受力不均匀状况。如图 4.3-144 中所示,轴承 1 承受了全部的轴向力和大部分径向力,当轴向力很大时,轴承 2 几乎完全卸载,在这种情况下,对轴承 2 选用小一些的接触角是合理的。

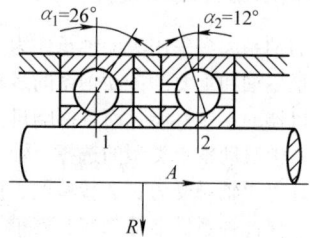

图 4.3-144　角接触球轴承采用不同的接触角

4) 承受冲击载荷时,在每一个支承上应采用两个或多个线接触的轴承,若轴承座孔中心线可能有偏斜时,应采用球面滚子轴承。图 4.3-145 是精轧机架上的立辊,它采用一个四列圆锥滚子轴承,轴承装于固定的心轴上和回转的轧辊孔内,心轴上的小孔是输入润滑脂用的。

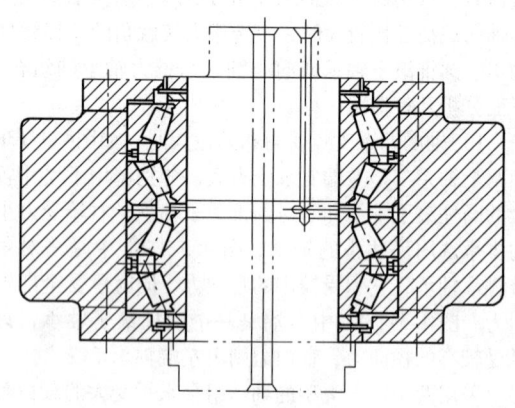

图 4.3-145　精轧机架的立辊支承结构

(2) 采用多个轴承要注意受力均匀

为了增加轴承部件的承载能力,有时采用多个轴承。在一个支点中用三个乃至多个轴承时,最重要的问题是保证各轴承受力均匀或合理地分担不同方向载荷,对于转速高的轴系,常采用多个深沟球轴承或角接触球轴承。图 4.3-146 是采用三个同向排列的角接触球轴承的结构,它是大型轧管机穿孔机顶杆主轴承。管穿孔时产生很大的轴向冲击力由三个角接触球轴承承受,而角接触球轴承只受轴向力,调心滚子轴承只受径向力。三个角接触球轴承的内圈、外圈之间精配隔环调整其预载荷。隔环厚度由试验决定。在轴承座上开有两个径向的孔,经此孔可用塞尺校验最里边的轴承端面与机座支承表面之间是否已没有间隙。校验后用螺钉把孔堵死。

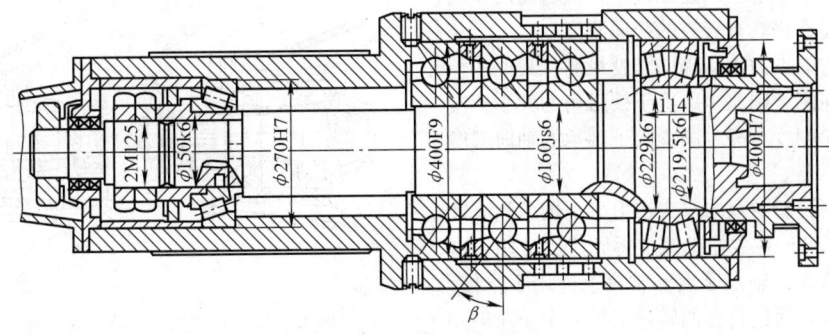

图 4.3-146　同向排列的角接触球轴承与调心滚子轴承和圆锥滚子轴承的组合装置

(3) 箱体结构对轴承受力的影响

轴承受径向力后,各滚动体受力是不均匀的,图 4.3-147 给出了两种 L/D 值时,不同 H/D 值对受力分布的影响。其中 L 为箱体支点间的间距,D 为轴承外径,H 为箱体中心高。当 $L/D = 0.83$、$H/D = 0.62\sim 0.94$ 时,轴承受力分布接近于理论分布曲线。因此,在设计轴承箱体时必须注意有足够的箱体壁厚和中心高度,以及合理的支点间距。例如图 4.3-148 所示的连杆轴承,图 a 所示连杆结构使轴承受载范围小于 180°,图 b 所示连杆结构可保证轴承受力较好。

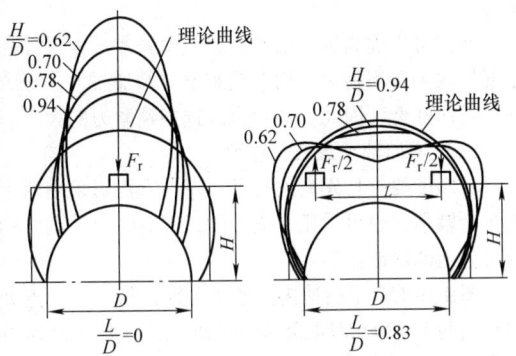

图 4.3-147　箱体中心高对轴承受力的影响

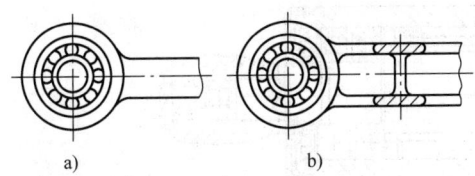

图 4.3-148　连杆轴承结构

(4) 游轮轴承装置的合理结构

一些游轮、中间轮等承载零件需要使用滚动轴承时,一般不允许用一个轴承来支承(图 4.3-149a)。这对悬臂装置的游轮尤为重要,因为球轴承内外圈的倾斜会引起零件的歪斜,在弯曲力矩作用下会使形成角接触的球体产生很大的载荷 N(图 b、c),这使轴承工作条件恶化并导致过早失效。图 4.3-149d、e 是正确的结构。

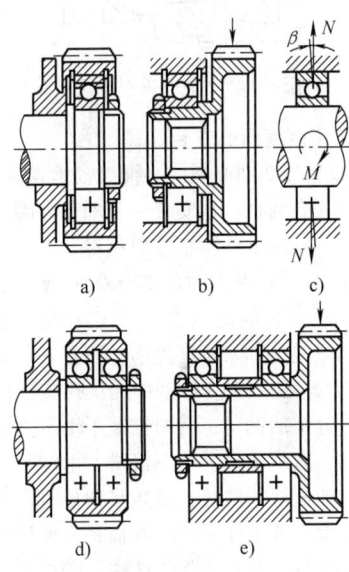

图 4.3-149　游轮轴承装置的结构

7.2.2　提高轴承支承刚度的设计

对刚度要求高的轴系,设计时可以采用下列措施来提高支承刚度。

(1) 选择刚度高的轴承

提高支承的刚度,首先是靠选用刚度高的轴承。一般线接触的轴承(尤其是双列)要比点接触的轴承刚度高。滚针轴承具有特别高的刚度,但由于容许转速不高,其应用受到很大限制。双列圆柱滚子轴承具有很高的刚度,径向间隙可以调整,常用于机床主轴支承中。圆锥滚子轴承刚度高、承载能力大、安装调整方便,广泛应用于动力、机床、冶金及起重运输机械中。角接触球轴承的刚度比较小,但与同尺寸的深沟球轴承相比,仍具有较高的径向刚度。

承受轴向力的推力轴承轴向刚度最高。其他各种类型轴承的轴向刚度则完全取决于接触角的大小,接触角越大,轴向刚度越高。圆锥滚子轴承的轴向刚度比角接触球轴承高。

近年来,一种新的双向复合推力滚子轴承和滚针轴承(图4.3-150)在数控机床中得到广泛应用,这种轴承额定负荷大,轴向刚度非常高,适用于丝杠、蜗杆传动以及大负荷的精密回转进给传动中。

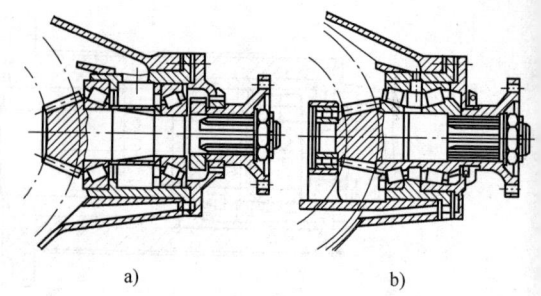

图4.3-151 小螺旋锥齿轮轴系轴承安装方式
a) 悬臂支承(反安装)　b) 简支支承(跨式支承)

(3) 对轴承进行预紧

为了提高轴承刚度,可以对轴承进行预先加载,使滚动体和内、外圈之间产生一定的预变形,以保持内、外圈之间处于压紧状态,这种方法称为预紧。预紧后的轴承不仅增加轴承的刚度,而且有利于提高旋转精度,减小振动和噪声。

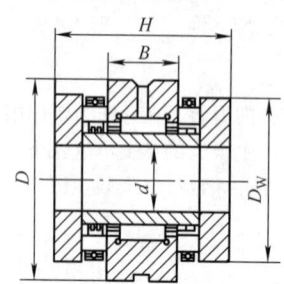

图4.3-150 组合式推力滚动轴承

(2) 采用刚度高的安装方式

7000AC型或30000型向心推力轴承常成对使用,它的安装方式有两种:正安装——轴承外圈宽端面相对;反安装——轴承外圈窄端面相对。

在一个支点采用成对的70000AC型(或30000型)轴承,反安装的优点是支点实际跨距比两个轴承间的距离宽些,轴系刚度提高,而正安装则相反。

图4.3-151是汽车主传动中的小螺旋锥齿轮轴系采用反安装方式的例子,两圆锥滚子轴承之间用套筒隔开,使轴承间距增大,这不仅增大了轴系刚度,且有助于轴承的润滑与散热,轴热胀伸长时,也不会引起轴承负荷增大或卡死,对悬臂轴是一种较好的支承方式。图b是另一种跨式支承结构,即在左端另增加一个圆柱滚子轴承,这种结构刚度更高。

预紧的方法有:①在外圈或内圈间加金属垫片,再用螺母使端面靠拢来预紧,垫片的厚度由预紧量的大小决定;②在一对轴承之间装入长短不等的套筒实现轴承的预紧,预紧力的大小可通过长度差控制,这种方法刚性较大;③用弹簧预紧,可得到稳定的预紧力。

预紧可以提高轴承的刚度,但预紧量过大对提高刚度的效果并不显著,而磨损和发热增加很大,导致轴承寿命降低。因此,必须合理选择预紧力的大小。

(4) 增加轴承数或支点数

对刚度要求特别高的轴系,每一支点可采用两个或多个轴承,也可采用三支点轴,但有时会受到结构及工艺上的限制。

图4.3-152是高速内圆磨床主轴,每一个支点处均采用两个7200C/P4角接触球轴承,满足了高速及刚度要求的需要。

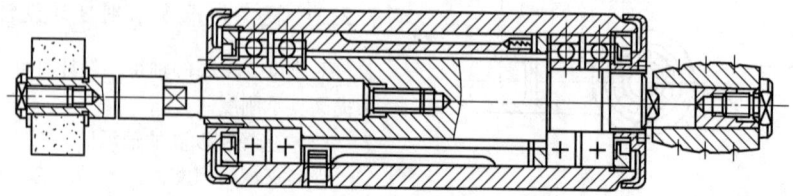

图4.3-152 内圆磨床主轴轴承结构

图4.3-153是采用三支点的轴系,它适用于轴较长、支点跨距大的场合。需要注意的是三个支承座孔的同轴度要求很高,如果制造和装配精度低,则三支点支承往往还不如两点支承。图中所示轴系是依靠两个圆锥滚子轴承进行轴向定位,为了降低三支点座孔同轴度要求,第三个支点采用了调心轴承,并且容许轴向游动。

另一种降低三支点座孔同轴度要求的方法是使中

司辅助支点的轴承径向间隙比前后轴承稍微大些,辅助支点的轴承处于一种半"浮动"状态。当主轴不受力或受力较小时,中间轴承不起作用;当主轴受力较大时,中间轴承处轴的挠度较大时,中间轴承就参加工作。

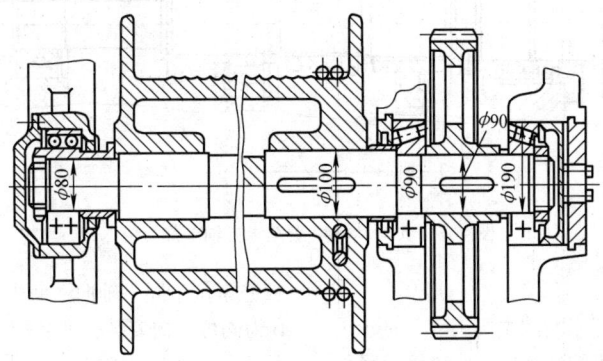

图 4.3-153 起重卷扬机筒轴

一般情况下,应尽量不采用三支点结构,若能适当增加轴的直径,选择合适的轴承及最佳的支承跨距以提高刚度,比增加一个中间支点更为方便有利。

7.2.3 提高轴承精度的设计

一些轴系(如机床主轴部件等)往往要求具有很高的回转精度,这需要合理选择轴承类型、精度等级、轴承配合,并提高有关相配零件的加工精度。正确的结构设计也是保证精度要求的重要措施。

(1) 减少轴承间隙的影响

轴承间隙不仅影响回转精度,而且影响轴承刚度、热稳定性和抗振性。减少间隙的影响可以采用高精度、内圈可胀(或外圈可缩小)的轴承,且施加一定的预紧力,可使主轴获得很高的回转精度。

近年来,发展了一些精度高、间隙小的轴承品种。例如,在机床主轴中采用 P2 级精度的 NN30000K 型轴承,对于内径为 90～110mm 的轴承,有两种小间隙:一种为 0.003～0.015mm;另一种为 -0.003～-0.005mm。另外,在光学分度头中采用的密珠滚动轴承也属于精度高、间隙影响小的新型轴承,这些轴承均能获得很高的回转精度。

(2) 合理布置轴承

轴向定位精度要求高的主轴,应合理布置推力轴承的位置,不同的安装位置具有不同的轴向精度。图 4.3-154 是一种镗铣床的主轴部件结构,双列圆锥滚子轴承起着一个径向轴承和两个推力轴承的作用,它相当于两个推力轴承装在前支承两侧的结构。这种结构轴的受压段较短,热胀后,轴向后伸长,对轴向定位精度影响小,轴向刚度较高。

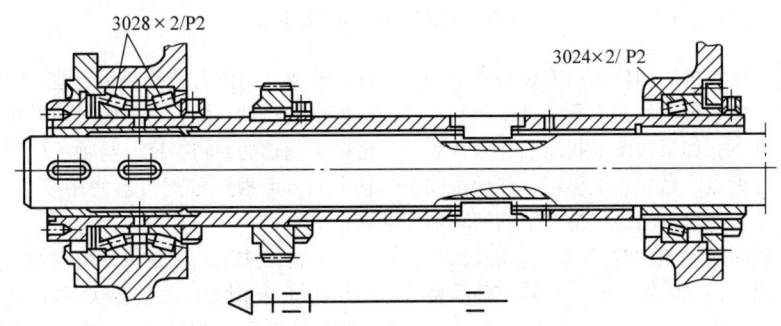

图 4.3-154 镗铣床主轴部件结构

图 4.3-155 所示主轴是在前支承处采用 60°角接触双列推力球轴承,为了减少主轴前端悬伸量,推力轴承装置在前支承的内侧。这种结构的轴向定位精度和轴向刚度很高。由于采用新型的 60°角接触推力轴承代替普通的 51000 型轴承,并利用轴承内圈中间的隔圈宽度来控制轴承的预紧量,这就可以用一个螺母同时对 NN3000K 型轴承和推力轴承施加不同的预紧量,因此,装配和调整比较简单。

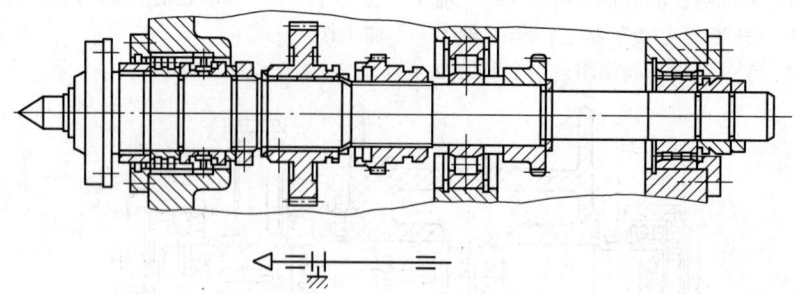

图 4.3-155　CA6140 型车床主轴部件结构

(3) 选配轴承

滚动轴承对轴回转精度影响的主要因素是轴承内圈的径向圆跳动，采用恰当的选配方法，就可以降低它的影响，并提高轴的回转精度。

正确选配前、后轴承精度，能使轴端部径向跳动量大大减小。如图 4.3-156 所示，设 B 为前轴承，A 为后轴承，前、后轴承内孔偏心量（即径向跳动量的一半）分别为 δ_1 和 δ_2，轴端 C 的偏心量为 δ_C。图 a 为同位同向安装，即装配前、后轴承时，使其最大偏心量位于同一轴向平面内，且在轴线的同一侧。图 b 为同位反向安装，即装配前、后轴承时，使其最大偏心量位于同一轴向平面内，且分别在轴线的两侧。

在图 a 中，可得

$$\delta_C = -\delta_2 \frac{a}{L} + \delta_1 \left(1 + \frac{a}{L}\right)$$

在图 b 中，可得

$$\delta_C = \delta_2 \frac{a}{L} + \delta_1 \left(1 + \frac{a}{L}\right)$$

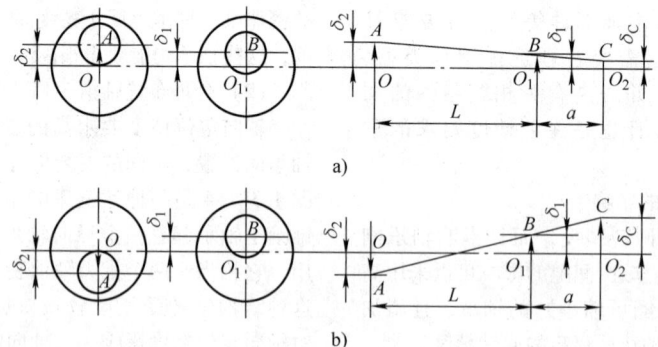

图 4.3-156　前、后轴承内孔偏心量对主轴端部的影响
a) 同位同向安装　b) 同位反向安装

比较上述两种情况，可知同位同向安装时轴端部偏心量要小于同位反向安装时的偏心量。这说明，在轴承精度相同的条件下，如果装配前找出前、后轴承内孔径向跳动量的最大点，做好装配标记，然后按同位同向方法进行安装，就可以明显提高主轴的回转精度。另外，前轴承径向跳动量对轴端精度影响较大，后轴承影响较小。因此，选配轴承时，主轴前轴承精度应高于后轴承。

(4) 提高相配零件的精度及工艺上的措施

提高轴系回转精度，除了必须保证轴和轴承一定的精度外，还必须注意与轴承相配零件（如调整螺母、隔套等）应满足一定的精度及几何公差要求，否则也会影响到轴系回转精度。轴承内、外圈与轴颈、机座孔的配合选择必须合适，配合过松则受载时可能出现松动，配合过紧则可能导致发热及变形，都将影响到轴的回转精度。与轴承相配零件精度要求及轴承配合可根据各类机器使用要求及生产经验合理确定。

改善结构工艺性是保证精度的重要措施。比较好的结构是采用 60° 角接触双列推力球轴承来代替 51100 型轴承，结构简单，调整方便，精度较高（参见图 4.3-155）。

(5) 消除温度的影响

运转过程中，由于发热膨胀，使轴承等元件改变已调整好的间隙和预紧力，会影响到轴系回转精度以及刚度和受力情况。

对于一般轴系，在安装时可以预留一定轴承间隙以适应轴的热胀，对于预紧轴承则要预先考虑温度影响以确定合理的预紧力。在某些场合也可以采用自动补偿装置，以消除温度的影响。图4.3-157是一种磨床主轴的温度补偿装置，磨头壳体2与主轴前轴承之间设置了一个过渡套筒3，套筒后端直径略小且与壳体孔壁不接触。当主轴1因热胀而向前伸长时，套筒3则反方向伸长，使主轴后移，从而部分消除轴的热胀影响，再加上采用其他润滑等措施，减少了轴承发热，取得了较好的效果。

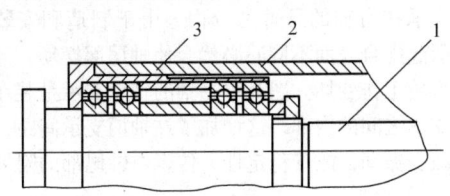

图4.3-157 消除温度影响的结构
1—主轴 2—磨头壳体 3—过渡套筒

7.2.4 满足高速要求的设计

滚动轴承在高速情况下工作时，发热大，离心力大，容易产生振动和噪声。因此，必须提高轴承本身的精度，轴承的滚道应有很准确的几何形状、最小的偏心以及很小的表面粗糙度，安装时，轴承间隙必须调整适当。另外，轴承元件的结构、材料以及润滑等必须适应高速的要求。

高速轴承中常用 dn_{max} 值来限制轴承的容许转速，其中 d 为轴承内径，n_{max} 为容许的最大转速。不同类型轴承，所容许的最大转速不同。各类轴承的 dn_{max} 值可查阅轴承手册和生产厂家产品样本。

在承受径向载荷的轴承中，容许转速最高的是深沟球轴承和角接触球轴承，其次是圆柱滚子轴承。圆锥滚子轴承容易发热，容许的极限转速较上述几种轴承要低。在承受轴向载荷的轴承中，角接触球轴承和60°角接触推力球轴承的容许转速较高，圆锥滚子轴承要低些，推力球轴承由于球滚动时离心力的作用，允许的极限转速较低。同一类型轴承中，直径越小，精度越高，则允许的转速越高。

在高速轴承中应尽量采用2系列或1系列轴承。转速特别高的轴承，也可以做成无内圈轴承，以降低滚动体的转速，在轴上直接磨出滚道以代替内圈，这样，对轴的要求就大为提高。例如，某些高速内圆磨床主轴就采用了无内圈高速轴承结构。

高速轴承的保持架结构和材料是一个很重要的问题，通常采用酚醛胶布、青铜或铝合金制成实体的结构形式，可以承受高速转动时保持架本身的离心应力。实体保持架在旋转时必须有一个引导定位表面，一般用内圈或外圈的挡边来引导定心（图4.3-158）。用外圈引导时，润滑油容易由保持架的内侧进入，并首先对内圈滚道进行润滑和冷却，然后借离心力甩向外圈滚道，所以润滑和冷却效果很好。同时，保持架的不平衡离心力迫使保持架偏移的方向，总是使较厚较重的一边与引导面接触而磨损，从而逐渐趋于平衡。而内圈引导则相反。所以，用外圈引导时，高速性能较好。

圆锥滚子轴承应用广泛，为了改善其发热大而转速不高的缺点，常采用一种高速套筒结构，如图4.3-159所示。图中为一主轴前支承，其中后面一个轴承装于高速套筒内，套筒与箱体孔为过盈配合，过盈量为0.025～0.05mm，套筒装轴承部分的外径与箱体孔的间隙为0.025～0.1mm，允许轴承外圈向外膨胀，这样可以提高运转速度。

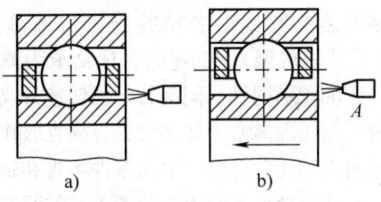

图4.3-158 保持架定心引导方式
a) 内圈定心 b) 外圈定心

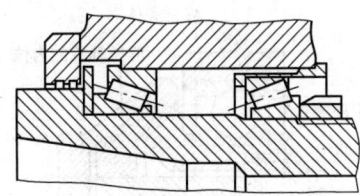

图4.3-159 高速套筒结构

某些高速轴系，需要采用推力轴承时，为了提高推力轴承的容许极限转速，可以采用"差动"式推力轴承，如图4.3-160所示。图中承受轴向载荷 A 的轴与轴承上座圈相配，下座圈固定不动。当轴带动上座圈以转速 n 旋转时，由于摩擦力的作用，中座圈及两个保持架也随之旋转，根据轴承运动学原理，可得各座圈和保持架的转速为

$$n_3 = 0.25n;\ n_2 = 0.5n;\ n_1 = 0.75n$$

由此可知，上、中座圈和中、下座圈间的相对转速只有轴转速的一半，与实际采用单列轴承相比，其极限转速可以提高一倍。图4.3-161是采用差动式轴承的实际结构。

图4.3-162是一种将深沟球轴承和流体静压轴承结合起来的混合式轴承示意图。球轴承外圈装于静止

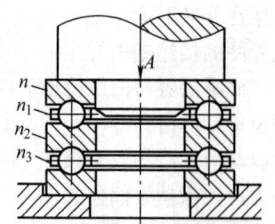

图 4.3-160 差动式推力轴承

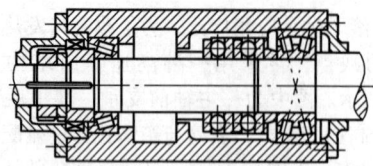

图 4.3-161 差动式双列推力球轴承装置

壳体内，内圈装在一个能对轴自由转动的中间零件上，在轴上装有圆锥形套筒并制出流体静压油腔（与中间零件相接触）。低速时，球轴承内圈、中间零件和静压轴承随同轴一同旋转。当转速升高时，静压油腔内的油压因离心力而增大，直到克服作用在轴承上的轴向力为止。此时，中间零件不再和轴以同一转速旋转，从而降低了轴承的转速。这种装置可以提高轴系转速。润滑剂是由装于中间零件上的供油勺被吸入球轴承内而进行润滑的。

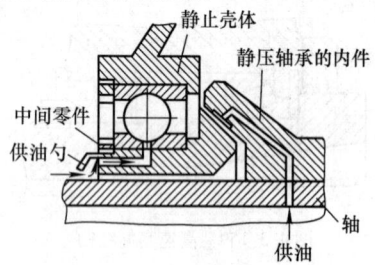

图 4.3-162 混合式轴承示意图

7.2.5 适应结构需要的设计

（1）外廓要求紧凑及轴间距特别小的轴

图 4.3-163 所示是组合机床轴承组件，一般都为多轴，各轴间距较小，为此，轴承的外径也受到很大限制。图中采用了滚针轴承，对于直径较大的推力轴承则采用交错排列，使各轴上的轴承不在同一平面内。

（2）同心轴的布置

同一根轴线上的两根轴，当要求轴向尺寸小时，可以将一根轴的一端轴承装置在另一轴的内部，但要避免悬臂支承或尽可能在短而粗的悬臂部分支承。例

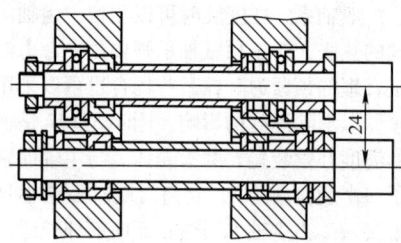

图 4.3-163 两轴间距小的轴系结构

如在图 4.3-164 中，图 a 的支承方式其缺点是左轴的辅助支承在右轴的悬臂部分内，由于制造和安装误差，引起配合表面不同心必然会使轴尾部摆动，导致左端齿轮工作变坏。图 b 中左轴的辅助支承是装在右轴两支承之间的内部，这增加了左轴两支承间距，有利于减少振动，改善稳定性，传至右轴尾部的附加载荷小。

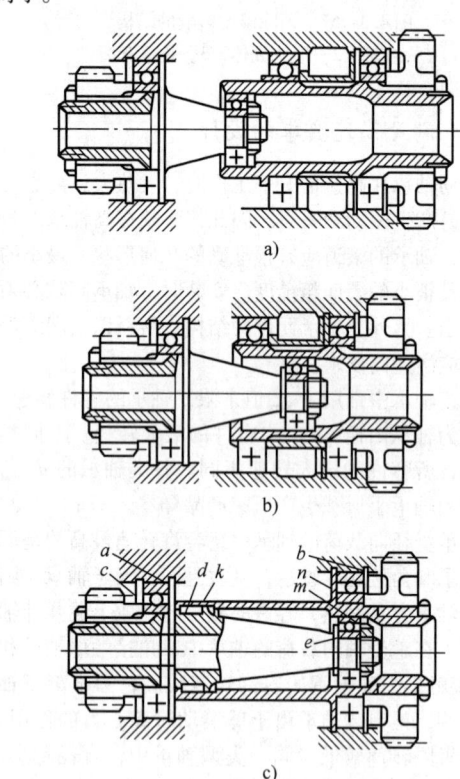

图 4.3-164 同心轴的支承结构

进一步缩短轴向尺寸，可以把两根轴都分别装在一个主要支承和一个辅助支承上。图 4.3-164c 的结构，左轴辅助支承位于右轴主轴承部分内部并处于同一平面内，右轴辅助支承采用滚针轴承，支承在靠近左轴主轴承且轴比较粗的部分，轴的位置稳定，轴向尺寸缩小。

工艺上,应最大限度地保证同心轴轴承与轴、孔表面以及相互表面间的同轴度。

另外,也应当考虑轴的旋转方向。当两轴转向不同时,辅助轴承转速为两轴转速之和;而当两轴转向相同时,辅助轴承转速为两轴转速之差。所以,应当力求采用后者。

7.2.6 轴承润滑结构设计

润滑是轴承中的重要问题,通常有脂润滑和油润滑两种,也有的采用固体润滑剂。脂润滑使用方便,结构简单,耗量较少,应用日益增多,但脂润滑只限于中等温度和速度以及易拆开清洗的场合。油润滑应用较广,可用于任何转速,特别适宜于高速轴承,因为它的内摩阻小,连续供油有一定冷却散热作用。油润滑的方法很多,需要根据工作转速及具体的轴系结构选定。

(1) 浸油润滑

把轴承局部浸入油中,油面不应高于最低一个滚动体的中心 (图 4.3-165),当转速大于 3000r/min 时,油面应更低些。浸油润滑不适用于高速,因为搅动油液剧烈时要造成很大的能量损失和严重过热。

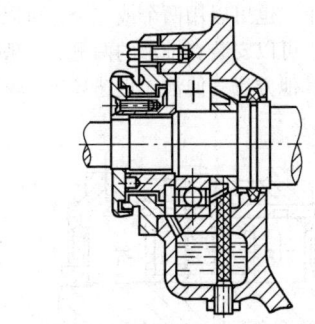

图 4.3-166 芯捻润滑

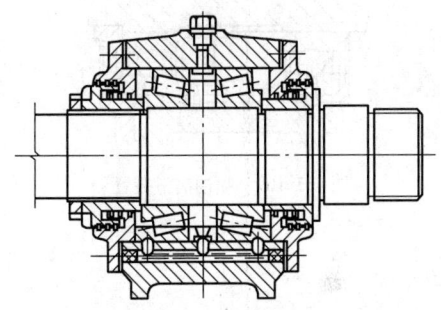

图 4.3-167 利用圆锥滚子轴承滚子泵油效应的润滑

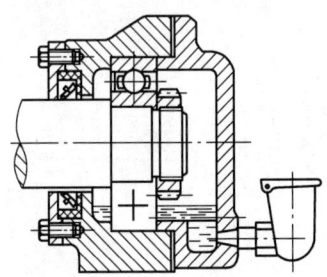

图 4.3-165 浸油润滑

(2) 芯捻润滑

图 4.3-166 所示是利用芯捻引导油并借助圆锥面作离心扩散的润滑结构。它可以保证轴承润滑油量不至过多,并且芯捻还具有滤油器作用,保证润滑油清洁,适用于定量供油的高速轴承中。

(3) 利用泵油效应的润滑方法

水平轴上安装的圆锥滚子轴承旋转时,圆锥滚子可以造成润滑油的循环,油的运动方向是由滚子的小端向大端流动,形成一种泵油效应。图 4.3-167 是借助轴滚子的泵油效应的润滑结构。

(4) 利用圆锥套的离心润滑

这种结构主要用于立轴,当圆锥套旋转时,油在离心力的作用下向圆锥套大直径一端流动,并甩入轴承 (图 4.3-168a),或沿外壳壁内所设的油孔压入轴承中 (图 4.3-168b)。

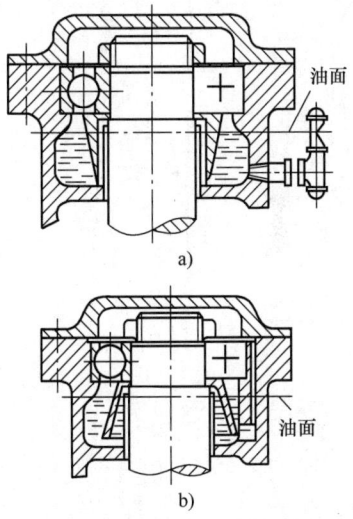

图 4.3-168 利用圆锥套的离心润滑

(5) 喷油润滑和油雾润滑

这是高速轴承中的主要润滑方式。喷油润滑时,喷嘴应对准内圈非引导面的一侧间隙 (参见图 4.3-158),从而直接喷射到滚动体上。如果滚动轴承受有轴向力,则应从轴向力作用的方向喷入。有的高速轴承外圈制有供油小孔,喷入润滑油可以直接润滑滚动体,效果很好。图 4.3-169 是喷油润滑结构,喷嘴可以用一个，也可以用两个或三个，可以安装在轴承的一侧，也可以安装在轴承的两侧。一般还要装设抽油泵或用其他方法，使油能迅速导出，不能聚集在轴承腔中。

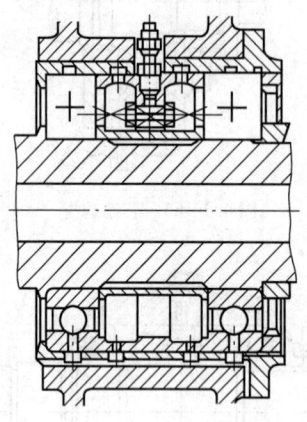

图 4.3-169　喷油润滑装置

油雾润滑是一种较为理想的润滑方式，它既能很好地润滑轴承，又能起冷却和清洗作用。常用于大于 30000r/min 的特别高速轴承中，尤其适用小尺寸轴承，因为油雾可以穿过细小的空隙，使摩擦面得到润滑。但是需要一套压缩空气喷雾设备。

另外，在轴承润滑中，还常用溅油润滑，它多用于齿轮箱和减速器中。油池中的油依靠旋转的齿轮或甩油盘溅起并甩至轴承中。为了防止油量过大及金属磨屑进入轴承，可在轴承内侧加挡片。

轴承结构设计除考虑上述问题外，有时还须满足一些特殊要求，例如仪表轴承中的低摩擦、高温环境中的耐热性以及防磁、防锈、低噪声等。这些属于专门问题，这里不一一讨论。

第 4 章　满足加工工艺的结构设计

1　概述

1.1　零件结构设计工艺性的概念

在机械设计中，不仅要保证所设计的机械设备具有良好的工作性能，而且还要考虑能否制造和便于制造。这种在机械设计中综合考虑的制造、装配工艺及维修等方面的各种技术问题，称为机械设计工艺性。机器及其零部件的工艺性体现于结构设计当中，所以又称为结构设计工艺性。

机械制造工艺，要能做到优质、高产和低耗，除了工艺人员应采取有关技术措施外，结构设计也有着决定性的影响。因此，机械设计工作者应充分掌握设计原始资料，同时应熟悉制造工艺的理论和知识，要做到对设计方案全面考虑和分析，使设计能经得起制造、使用、维护等方面的综合考验。

结构设计工艺性问题涉及的面较广，它存在于零部件生产过程的各个阶段：材料选择、毛坯生产、机械加工、热处理、机器装配、机器操作、维修等。在结构设计中，产生矛盾时，应统筹安排，综合考虑，找出主要问题，予以妥善解决。

1.2　影响零件结构设计工艺性的因素

结构设计工艺性随客观条件的不同及科学技术的发展而变化。影响结构设计工艺性的因素大致有三个方面。

1）生产类型。生产类型是影响结构设计工艺性的首要因素。当单件、小批生产零件时，大都采用生产效率较低、通用性较强的设备和工艺装备，采用普通的制造方法，因此，机器和零部件的结构应与这类工艺装备及工艺方法相适应。在大批大量生产时，产品结构必须与采用高生产率的工艺装备及工艺方法相适应。在单件小批生产中具有良好工艺性的结构，往往在大批大量生产中，其工艺性并不一定好，反之亦如此。当产品由单件小批生产扩大到大批量生产时，必须对其结构工艺性进行审查和修改，以适应新的生产类型的需要。

2）制造条件。机械零部件的结构必须与制造厂的生产条件相适应。具体生产条件应包括：毛坯的生产能力及技术水平；机械加工设备和工艺装备的规格及性能；热处理的设备及能力；技术人员和工人的技术水平；辅助部门的制造能力和技术力量等。

3）工艺技术的发展。随着生产不断发展，新的加工设备和工艺方法不断出现。精密铸造、精密锻造、精密冲压、挤压、镦锻、轧制成形、粉末冶金等先进工艺，使毛坯制造精度大大提高；真空技术、离子渗氮、镀渗技术使零件表面质量有了很大的提高；电火花、电解、激光、电子束、超声波加工技术使难加工材料、复杂形面、精密微孔等加工较为方便。设计者要不断掌握新的工艺技术，设计出符合当代工艺水平的零部件结构。

1.3　零件结构设计工艺性的基本要求

零部件的结构工艺性主要在保证技术要求的前提下和一定的生产条件下，能采用较经济的方法，保质、保量地制造出来。结构工艺性对产品结构的基本要求如下：

1）从整个机器的工艺性出发，分析零部件的结构工艺性。机器零部件是为整机工作性能服务的，零部件结构工艺性应服从整机的工艺性，不能把两者分割开来。

2）在满足工作性能的前提下，零件造型尽量简单。在满足工作性能的前提下，应当用最简单的圆柱面、平面、共轭曲面等构成零件的轮廓；同时应尽量减少零件的加工表面数量和加工面积；尽量采用标准件、通用件和外购件；增加相同形状和相同元素（如直径、圆角半径、配合、螺纹、键、齿轮模数等）的数量。

3）零件设计时应考虑加工的可行性、方便性、精确性和经济性。在能满足精度要求的加工方案中，应符合经济性要求。这样，在满足零件工作性能的前提下，应尽量降低零件的技术要求（即尽量低的加工精度和表面质量），以提高零件的设计工艺性能。

4）尽量减少零件的机械加工量。应使零件毛坯的形状和尺寸尽量接近零件本身的形状和尺寸，力求实现少或无切屑加工，充分利用原材料，以降低零件的生产成本。应尽量采用精密铸造、精密锻造、冷轧冷挤压、粉末冶金等先进工艺，以达到上述要求。

5）合理选择零件材料。要考虑材料的力学性能是否适应零件的工作条件，使零件具有预定的寿命，成本消耗低。例如：碳钢的锻造、切削加工等方面的性能好，但强度还不够高，淬透性低；铸铁和青铜不能锻造、焊接性差。要积极使用新材料，在满足零件使用性能的前提下，有较好的材料工艺性和经济性，例如：稀土镁球墨铸铁代替锻钢，工程塑料和粉末冶金材料代替有色金属材料等。

2 铸件结构设计工艺性

2.1 常用铸造金属材料和铸造方法

2.1.1 常用铸造金属材料的铸造性和结构特点

常用的铸造金属材料可分为铸铁、铸钢和铸造非铁合金（表4.4-1），其中95%以上的铸件是采用铸铁与铸钢制成的。

2.1.2 常用铸造方法的特点和应用范围

铸造方法可分砂型铸造和特种铸造两大类，用砂型浇注的铸件占铸件总产量的90%以上。特种铸造是一种少用砂或不用砂、采用专用的工艺装备使金属熔液成型的铸造方法，能获得比砂型铸造更好的表面粗糙度，更高尺寸精度和力学性能的铸件，但铸造成本较高。其特点和应用范围见表4.4-2～表4.4-4。

表4.4-1 常用铸件结构的特点

类别	性能特点	结构特点
灰铸铁件	流动性好；体收缩和线收缩小；综合力学性能低，抗压强度比抗拉强度高约3～4倍；吸振性好；弹性模量较低	形状可以复杂，结构允许不对称，有箱体形、筒形等。例如，用于发动机的气缸体、筒套，各种机床的床身、底座、平板、平台等铸件
球墨铸铁件	流动性与灰铸铁相近；体收缩比灰铸铁大，而线收缩小，易形成缩孔、疏松，综合力学性能较高，弹性模量比灰铸铁高；抗磨性好；冲击韧度、疲劳强度较好。消振能力比灰铸铁低	一般多设计成均匀壁厚；对于厚大断面件，可采用空心结构，如球墨铸铁曲轴轴颈部分
可锻铸铁件	流动性比灰铸铁差；体收缩很大，退火后最终线收缩很小。退火前很脆，毛坯易损坏。综合力学性能稍次于球墨铸铁，冲击韧度比灰铸铁大3～4倍	由于铸态要求白口，一般是薄壁均匀件，常用厚度为5～16mm。为增加其刚性，截面形状多为工字形、丁字形或箱形，避免十字形截面；零件突出部分应用肋条加固
铸钢件	流动性差，体收缩、线收缩和裂纹敏感性都较大。综合力学性能高；抗压强度与抗拉强度几乎相等。吸振性差	结构应具有最少的热节点，并创造顺序凝固的条件。相邻壁的连接和过渡应更圆滑；铸件截面应采用箱形和槽形等近似封闭状的结构；一些水平壁应改成斜壁或波浪形；整体壁改成带窗口的壁，窗口形状最好为椭圆形或圆形，窗口边缘应做出凸台，以减少产生裂纹的可能
铸造锡青铜和铸造磷青铜	铸造性能类似灰铸铁。但结晶范围大，易产生缩松；流动性差；高温性能差，易脆裂。强度随截面增大而显著下降。耐磨性好	壁厚不得过大；零件突出部分应用较薄的加强肋加固，以免热裂；形状不宜太复杂
铸造无锡青铜和铸造黄铜	收缩较大，结晶范围小，易产生集中缩孔；流动性好。耐磨、耐蚀性好	类似铸钢件
铝合金件	铸造性能类似铸钢，但强度随壁厚增大而下降得更显著	壁厚不能过大。其余类似铸钢件

表4.4-2 砂型铸造方法的类别、特点和应用范围

造型方法		主要特点	应用范围
手工造型	砂箱造型	在专用的砂箱内造型，造型、起模、修型等操作方便	大、中、小型铸件成批或单件生产
	劈箱造型	将模样和砂箱分成相应的几块，分别造型，然后组装，造型、烘干、搬运、合箱和检验等操作方便，但制造模样、砂箱的工作量大	成批生产大型复杂铸件，如机床床身，大型柴油机机身

(续)

造型方法		主要特点	应用范围
手工造型	叠箱造型	将几个甚至十几个铸型重叠起来浇注,可节约金属,充分利用生产面积	中、小型铸件成批生产,多用于小型铸钢件
	脱箱造型	造型后将砂箱取走,在无箱或加套箱的情况下浇注,又称无箱造型	小型铸件成批或单件生产
	地坑造型	在车间地坑中造型,不用砂箱或只用箱盖,操作较麻烦、劳动量大、生产周期长	中、大型铸件单件生产,在无合适砂箱时采用
	刮板造型	用专制的刮板刮制铸型,可节省制造模样的材料和工时,但操作麻烦、生产率低	单件小批生产,外形简单或圆形铸件
	组芯造型	在砂箱、地坑中,用多块砂芯组装成铸型,可用夹具组装铸型	单件或成批生产结构复杂的铸件
一般机器造型	震击式	靠造型机的震击来紧实铸型,机构简单、制造成本低,但噪声大、生产率低,对厂房基础要求高	大量或成批生产的中、大型铸件
	震压式	在震击后加压紧实铸型,造型机制造成本较低,生产率较高,噪声大	大量或成批生产中、小型铸件
	微震压实式	在微震的同时加压紧实铸型,生产率较高,震击机构容易磨损	大量或成批生产中、小型铸件
	压实式	用较低的比压压实铸型,机器结构简单,噪声较小,生产率较高	大量或成批生产较小的铸件
	抛砂机	用抛砂的方法填实和紧实砂型,机器的制造成本较高	单件、成批生产中、大型铸件
高压造型	多触头式	机械方法加砂,高压多触头压实,铸件尺寸精确,生产率高,但机器结构复杂,辅机多、砂箱刚度要求高,制造成本高	大量生产中等铸件
	脱箱射压式	射砂方式填砂和预紧实,高压压实,铸件尺寸精确,辅机多,砂箱精度要求高,与多触头式相比,机器结构简单,生产率更高	大量生产中、小型铸件
	无箱挤压式	射砂方式填砂和预紧实,高压压实后将铸型推出箱框,不用砂箱,铸件尺寸精确,生产率最高,辅机较少,垂直分型时下芯需有专门机械手	大量生产中、小型铸件

表 4.4-3 砂型的类别、特点和应用范围

铸型类别	主要特点	应用范围
干型	水分少,强度高,透气性好,成本高,劳动条件差,可用机器造型,但不易实现机械化、自动化	结构复杂、质量要求高、单件小批生产的中、大型铸件
湿型	不用烘干,成本低、粉尘少,可用机器造型,容易实现机械化、自动化,采用膨润土活化砂及高压造型,可以得到强度高、透气性较好的铸型	多用于单件或大批大量生产的中、小型铸件
自硬型	一般不需烘干,强度高,硬化快,劳动条件好,铸型精度较高。自硬型砂按使用黏结剂和硬化方法不同,各有特点	多用于单件、小批或成批生产的中、大型铸件,对大型铸件效果较好

表 4.4-4 特种铸造方法的类别、特点和应用范围

铸造方法	主要特点	应用范围
压力铸造	用金属铸型,在高压、高速下充型,在压力下快速凝固,是效率高、精度高的金属成型方法,但压铸机、压铸型制造费用高	大批、大量生产,以锌合金、铝合金、镁合金及铜合金为主的中小型薄壁铸件,也用于钢铁铸件
熔模铸造	用蜡模,在蜡模外制成整体的耐火材料薄壳铸型。加热熔掉蜡模后,用重力浇注。铸件精度高,表面质量好,但压型制造费高、工序繁多。手工操作时,劳动条件差	各种生产批量,以碳钢、合金钢为主的各种合金和难于加工的高熔点合金复杂零件,铸件质量一般 <10kg

(续)

铸造方法	主要特点	应用范围
金属型铸造	用金属铸型，在重力下浇注成型，对非铁合金铸件有细化组织的作用，灰铸铁件易出白口，生产率高，无粉尘，设备费用较高，手工操作时，劳动条件差	成批，大量生产，以非铁合金为主，也可用于铸钢、铸铁的厚壁、简单或中等复杂的中小铸件
低压铸造	用金属型、石墨型、砂型，在气体压力下充型及结晶凝固，铸件致密，金属收得率高，设备简单	各种批量生产，以非铁合金为主的中、大型薄壁铸件
陶瓷型铸造	采用高精度模样，用自硬耐火浆料灌注成型，重力浇注，铸件精度、表面粗糙度较好，但陶瓷浆料价格贵	单件、小批生产中、小型且厚壁中等的复杂铸件，特别宜作金属型、模板、热芯盒及各种热锻模具
离心铸造	用金属型或砂型，在离心力作用下浇注成型，铸件组织致密、设备简单、成本低、生产率高，但机械加工量大	单件、成批大量生产铁管、铜套、轧辊、金属轴瓦、气缸套等旋转体型铸件
实型铸造	用聚苯乙烯泡沫塑料模，局部或全部代替木模或金属造型，在浇注时烧失。可节约木材、简化工序，但烟尘中有害气体较多	单件、小批生产的中、大型铸件，尤以1~2件为宜，或取模困难的铸件部分
磁型铸造	用磁性材料（铁丸、钢丸）代替型砂作造型材料，磁性材料可重复使用，简化了砂处理设备，但铸钢件表面渗碳，涂料干燥时间长，生产率低	大批大量生产中、小型中等复杂的钢铁零件，如锚链、阀体等
连续铸造	铸型是水冷结晶器，金属液连续浇入后，凝固的铸件不断地从结晶器的另一端拉出。生产率高，但设备费用高	大批、大量生产各类合金的铸管、铸锭、铸带、铸杆等
真空吸铸	在结晶器内抽真空，造成负压，吸入液体金属成型。铸件无气孔、砂眼，组织致密，生产率高，设备简单	大批、大量生产铜合金、铝合金的筒形和棒类铸件
挤压铸造	先在铸型的下型中浇入定量的液体金属，迅速合型，并在压力下凝固。铸件组织致密，无气孔，但设备较复杂。挤压钢铁合金时模具寿命较短	大批生产以非铁合金为主的形状简单，内部质量要求高或轮廓尺寸大的薄壁铸件
石墨型铸造	用石墨材料制成铸型，重力浇注成型，铸件组织致密，尺寸精确，生产率高，但铸型质脆，易碎，手工操作时劳动条件差	成批生产铜合金螺旋桨等形状不太复杂的中、小型铸件，也可用于钛合金铸件

注：特种铸造还包括石膏型、壳型、金属型覆砂铸造、热芯盒造型等。

2.2 铸造工艺对铸件结构设计工艺性的要求

设计铸件时，应考虑铸造工艺过程对铸件结构的要求，即必须考虑模样制造、造型、制芯、合箱、浇注、清理等工序的操作要求，以简化铸造工艺过程，提高生产率，保证铸件质量。铸件结构工艺性的要求见表4.4-5。

表4.4-5 铸造工艺对铸件结构的基本要求

序号	注意事项		图例		说明
			改进前	改进后	
1	便于制模	外形力求简单			A、B为弧面时，制模、制芯困难，应改为平面
					尽量减少凹凸部分
		分型面力求简单			分型面形状力求简单，尽量设计在同一平面内

第4章 满足加工工艺的结构设计 4-71

(续)

序号	注意事项		图例		说明
			改进前	改进后	
1	便于制模	分型面力求简单	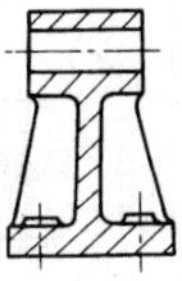	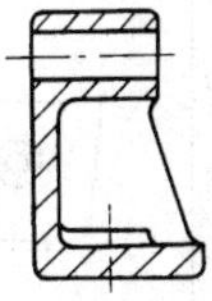	分型面形状力求简单,尽量设计在同一平面内
2	便于造型	分型面应是平面	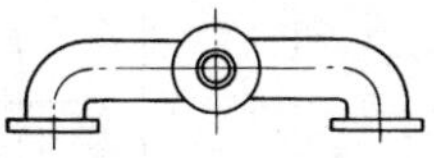	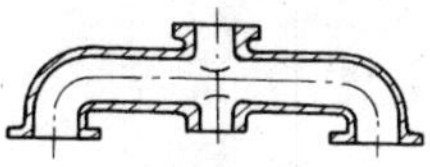	铸件外形应使分型方便,如三通管在不影响使用的情况下,各管口截面最好在一个平面上
		尽量减少分型面的数量	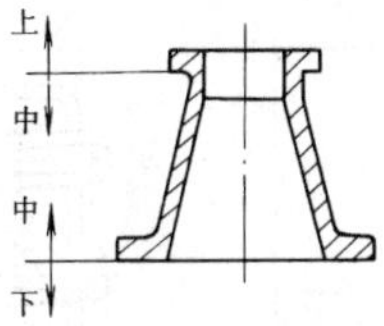	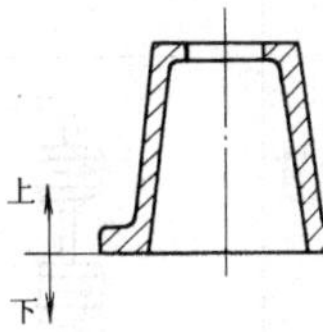	分型面应尽量少,改进后,三箱造型变为两箱造型
		应有结构斜度	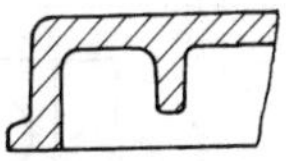	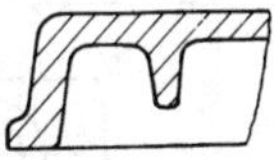	在起模方向留有结构斜度(包括内腔)
		减少活块的数量	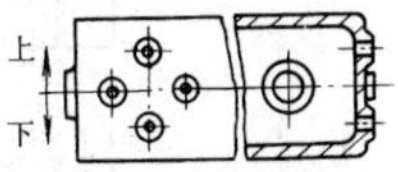	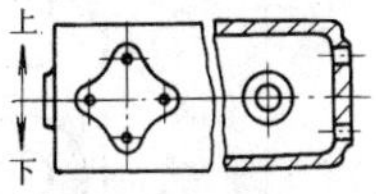	铸件外壁的局部凸台应连成一片
			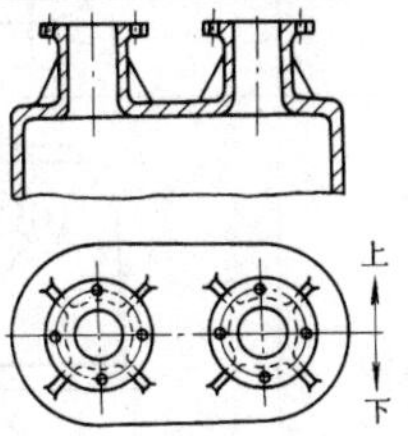	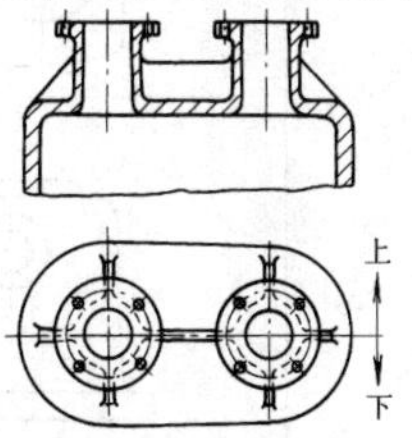	加强肋应合理布置

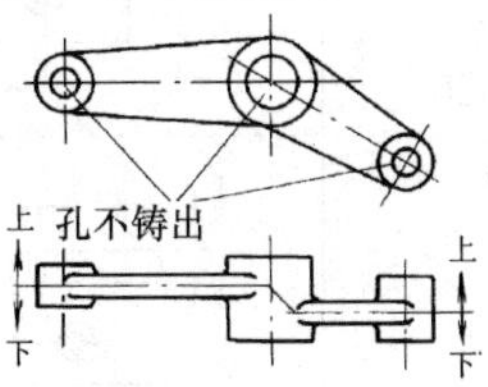

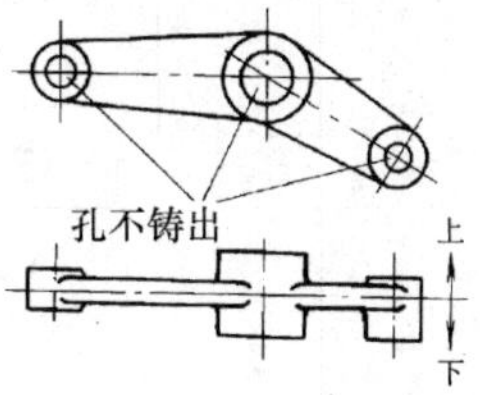

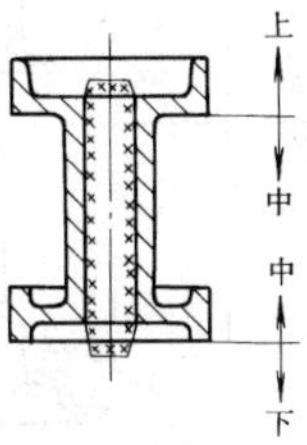

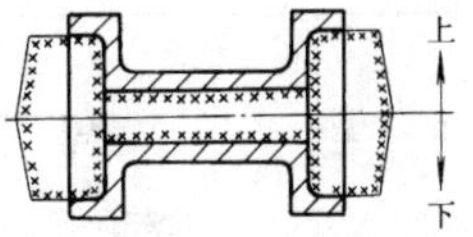

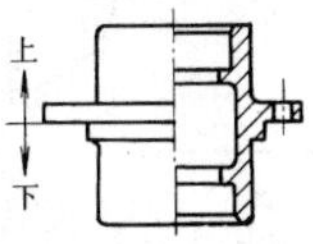

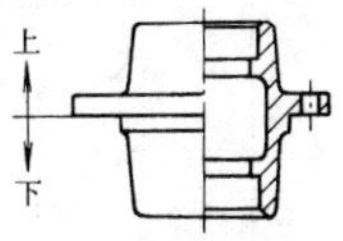

(续)

序号	注意事项		图例		说明
			改进前	改进后	
2	便于造型	减少活块的数量			去掉凸台后减少活块造模，较适于机器造型
					为避免采用活块，可将凸台加长，引伸至分型面。如加工方便，也可不设凸台，采取锪平措施
		使活块容易取出			$A > B$，将 C 部做成斜面时，活块容易取出
		增加砂型强度			改进后，将小头法兰改成内法兰，大头法兰改成外法兰。为保证其强度，法兰厚度应稍增大
					离平面很近或相切的圆凸台砂型不牢
					圆凸台侧壁的沟缝处容易掉砂，可改为机械加工平面
					相距很近的凸台，可将其连接起来

第4章 满足加工工艺的结构设计

（续）

序号	注意事项		图例		说明
			改进前	改进后	
2	便于造型	便于取模	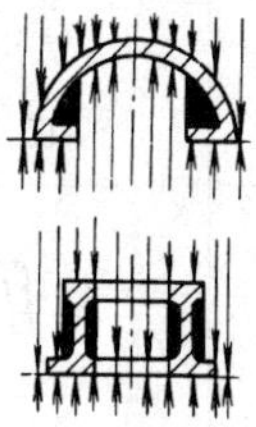	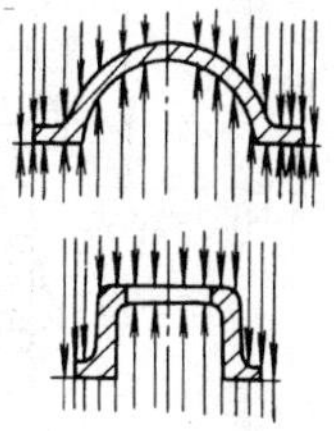	可作垂直于分型面的平行线来检验，阴影部分不能取模
			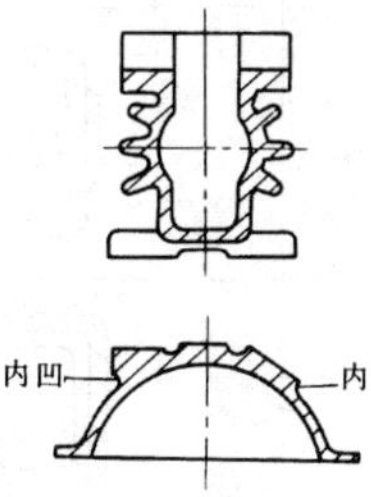	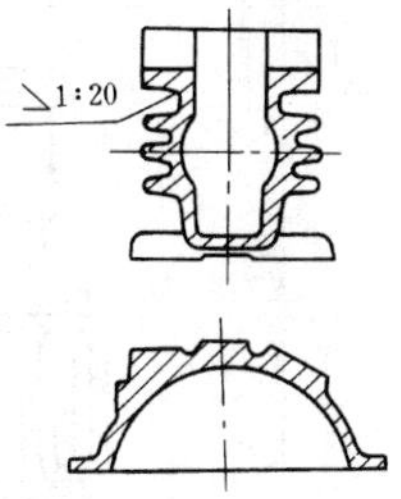	避免使造模、取模产生困难的死角和内凹
		采用组合铸件	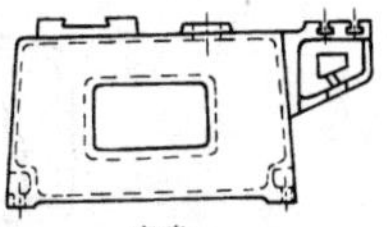	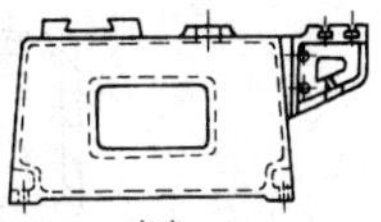	对于大型复杂件，在不影响其精度、强度及刚度要求的情况下，为使铸件的结构简单，可考虑分成几个铸件组成。如床身由整体改为分铸、螺栓连接；鼓轮型铸钢件的法兰改成焊接组合
3	便于制芯	简化内腔，少用型芯	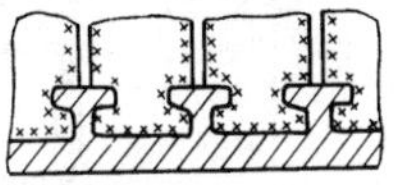	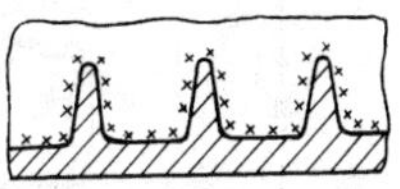	铸件内腔形状应尽量简单，减少型芯，并简化芯盒结构
			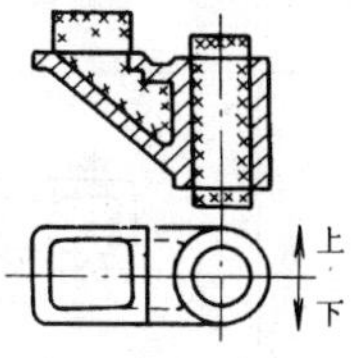	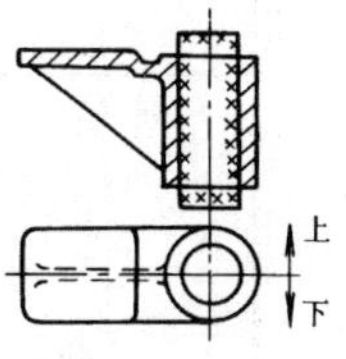	将箱形结构改为肋骨形结构，可省去型芯，但强度和刚性比箱形结构差

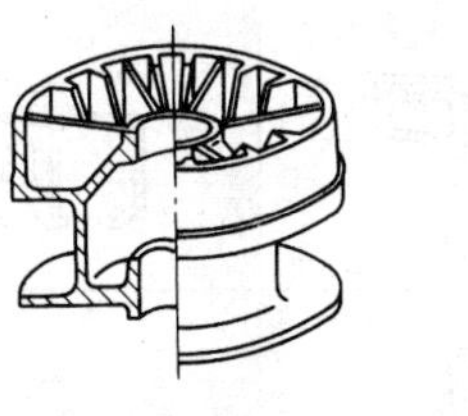

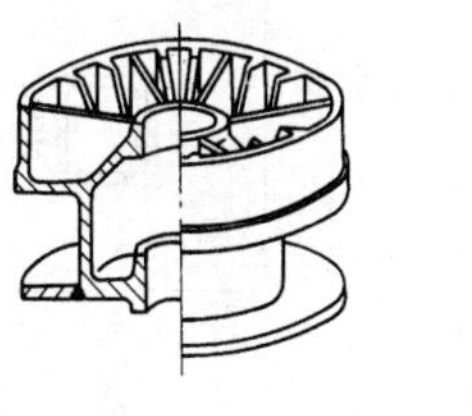

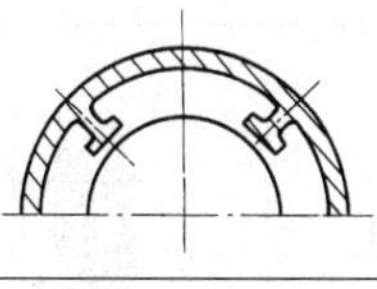

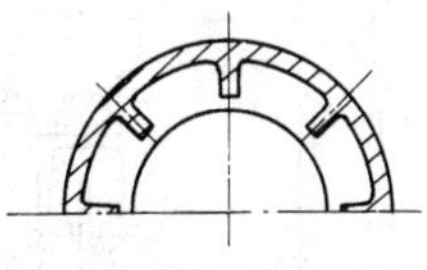

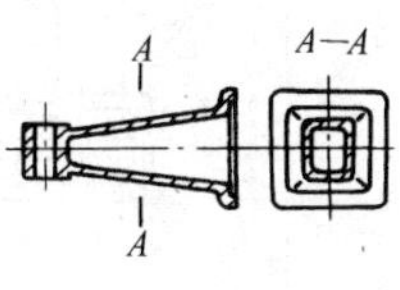

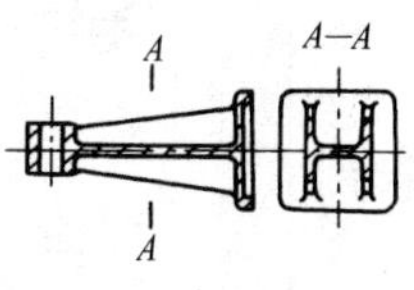

(续)

序号	注意事项		图例		说 明
			改进前	改进后	
3	便于制芯	简化内腔，少用型芯	需用型芯	不需用型芯	尽可能将内腔做成开式的，可不需型芯
					在结构允许的条件下，采用对称结构，可减少制造木模和型芯的工作量
					内腔的狭长肋，需要狭窄沟缝的型芯，不易刷上涂料，应尽可能避免
		便于型芯固定		工艺窗孔	设置固定型芯的专用工艺窗孔
					铸件改为组合结构后，使型芯形状简单、固定牢靠，易保证铸件的壁厚
4	便于合箱	下芯和排气方便	排气方向		有利于型芯的固定和排气
			芯撑	工艺孔	尽量避免采用悬臂芯，可连通中间部分；若使用要求不允许此部分结构改变，则可设工艺孔，加强型芯的固定和排气

(续)

序号	注意事项		图例		说　明
			改进前	改进后	
4	便于合箱	下芯和排气方便			改进后，减少型芯，不用芯撑
					改进后，避免采用吊芯，不用芯撑
					改进前，下芯十分不便，需先放入中间芯，放芯撑固定后，再从侧面放入两边型芯，芯头处需用干砂填实；改进后，两边型芯可先放入，不妨碍中间型芯的安放
		减小砂箱体积			缩小铸件的轮廓尺寸，可减小砂箱体积，降低造型费用
5	便于清砂	留有足够清理空间			狭长内腔不便制芯和清铲，应尽可能避免
					在保证刚性的前提下，可加大清铲窗孔，以便于清砂及取出芯骨

2.3 合金铸造性能对铸件结构设计工艺性的要求

铸件结构必须符合合金铸造性能的要求，否则铸件容易产生浇不足、冷隔、缩孔、缩松、烧结粘砂、变形、裂纹等缺陷。

2.3.1 合理设计铸件壁厚

1) 铸件的最小壁厚。合理的铸件壁厚，能保证铸件的力学性能和防止产生浇不足、冷隔等缺陷。铸件的最小壁厚见表 4.4-6。

2) 避免截面过厚，采用加强肋。为保证铸件的强度与刚度，选择合理的截面形状，如 T 字形、I 字形、槽形、箱形结构，并在薄弱部分安置加强肋（见表 4.4-7～表 4.4-9）。

3) 铸件壁厚应尽可能均匀。铸件壁厚不均匀易产生缩孔或缩松，引起铸件变形或产生较大内应力导致铸件产生裂纹。

表 4.4-6　铸件最小允许壁厚 （mm）

铸型种类	铸件尺寸	最小允许壁厚							
		铸钢	灰铸铁	球墨铸铁	可锻铸铁	铝合金	镁合金	铜合金	高锰钢
砂 型	200×200 以下	6~8	5~6	6	4~5	3	—	3~5	20（最大壁厚不超过125）
	200×200~500×500	10~12	6~10	12	5~8	4	3	6~8	
	500×500 以上	18~25	15~20	—	5~7	—	—	—	
金属型	70×70 以下	5	4	—	2.5~3.5	2~3	—	3	
	70×70~150×150	—	5	—	3.5~4.5	4	2.5	4~5	
	150×150 以上	10	6	—	5	—	—	6~8	

注：1. 结构复杂的铸件及灰铸铁牌号较高时，选取偏大值。
2. 特大型铸件的最小允许壁厚，还可适当增加。

表 4.4-7　灰铸铁件外壁、内壁和加强肋的厚度 （mm）

铸件质量最大/kg	铸件最大尺寸	外壁厚度	内壁厚度	肋条厚度	零件举例
<5	300	7	6	5	盖、拨叉、轴套、端盖
6~10	500	8	7	5	挡板、支架、箱体、门、盖
11~60	750	10	8	6	箱体、电动机支架、溜板箱、托架
61~100	1250	12	10	8	箱体、液压缸体、溜板箱
101~500	1700	14	12	8	油盘、带轮、镗模架
501~800	2500	16	14	10	箱体、床身、盖、滑座
801~1200	3000	18	16	12	小立柱、床身、箱体、油盘

2.3.2　铸件的结构圆角与圆滑过渡

铸件壁的连接或转角部分容易产生内应力、缩孔和缩松，应注意防止壁厚突变及铸件尖角。

1）铸件的结构圆角。铸件壁的转向及壁间连接处均应考虑结构圆角，防止铸件因金属积聚和应力集中产生缩孔、缩松和裂纹等缺陷。此外，铸造圆角还有利于造型，减少落模掉砂，并使铸件外形美观。铸造外圆角半径 R 值见表 4.4-10。

铸件内圆角必须与壁厚相适应，通常圆角处内接圆直径应不超过相邻壁厚的 1.5 倍。铸造内圆角半径 R 值见表 4.4-11。

2）铸件壁与壁相交时，应避免锐角连接。壁的连接形式与尺寸见表 4.4-12。

表 4.4-8　加强肋的种类、尺寸、布置和形状

中部的肋	两边的肋
$H \leq 5\delta$ $a = 0.8\delta$（若是铸件内部的肋，则 $a \approx 0.6\delta$） $s = 1.3\delta$ $r = 0.5\delta$	$H \leq 5\delta$ $a = \delta$ $s = 1.25\delta$ $r = 0.3\delta$ $r_1 = 0.25\delta$

带有肋的截面的铸件尺寸比例

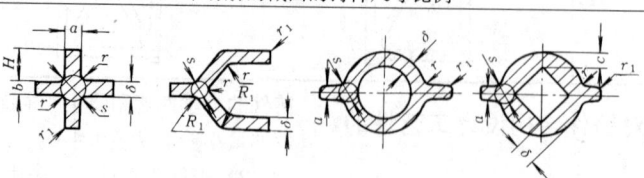

断　面	（δ 的倍数）								
	H	a	b	c	R_1	r	r_1	s
十字形	3	0.6	0.6	—	—	0.3	0.25	1.25
叉 形	—	—	—	—	1.5	0.5	0.25	1.25
环形附肋	—	0.8	—	—	—	0.5	0.25	1.25
同上，但有方孔	—	1.0	—	0.5	—	0.25	0.25	1.25

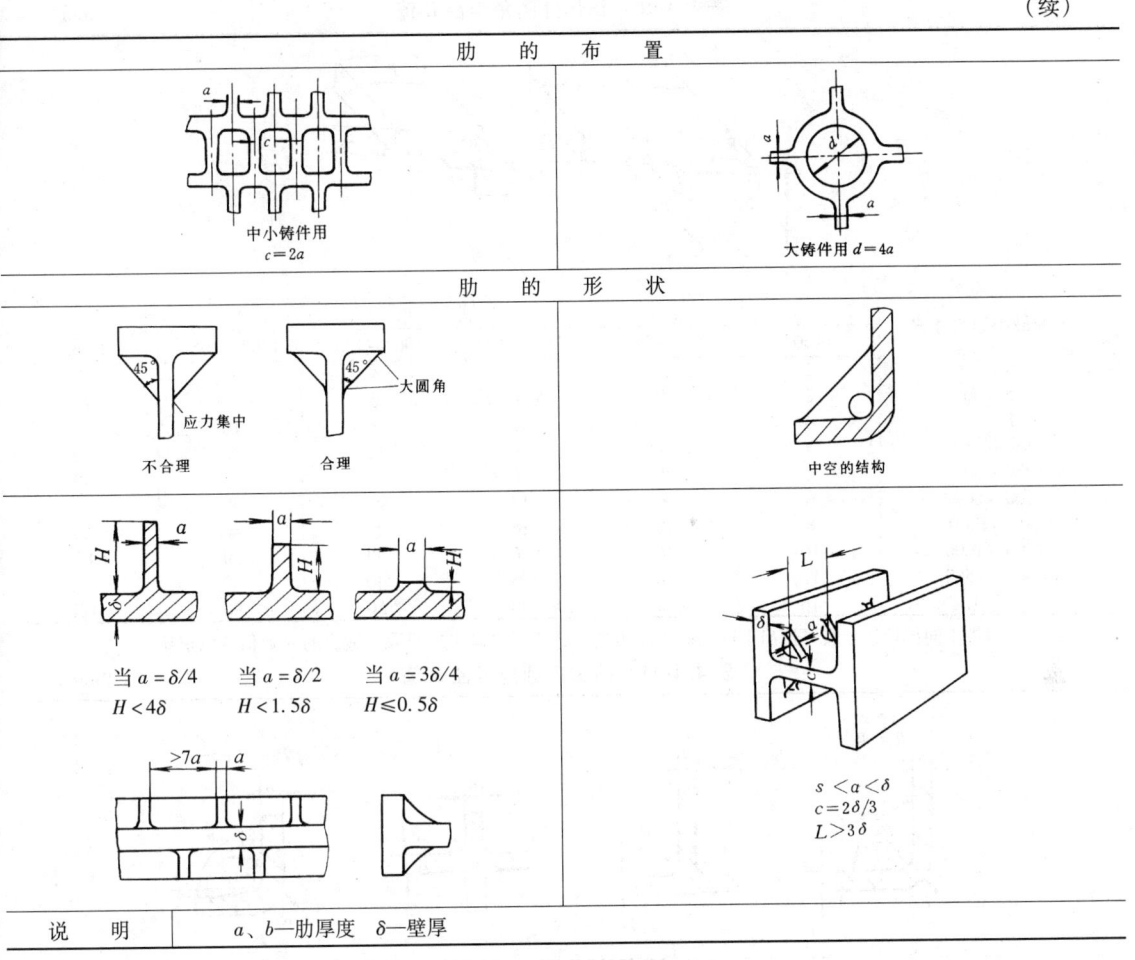

| 说明 | a、b—肋厚度　　δ—壁厚 |

表4.4-9　两壁之间肋的连接形式

序号	简图	说明	序号	简图	说明
1		抗弯和抗扭曲性最差	7		抗弯性较高
2		仅在一个方向上有抗弯能力	8		较序号2抗弯性和抗扭曲性稍高
3		较序号2抗弯和抗扭曲性稍高	9		较序号2抗弯性和抗扭曲性稍高
4		在两个方向上有抗弯能力	10		双向均有大的抗弯性和抗扭曲性，但需用型芯
5		较序号2抗弯性稍高	11		
6					

注：抗弯和抗扭曲性大致按序号顺序递增。

表 4.4-10 铸造外圆角半径 R 值 (mm)

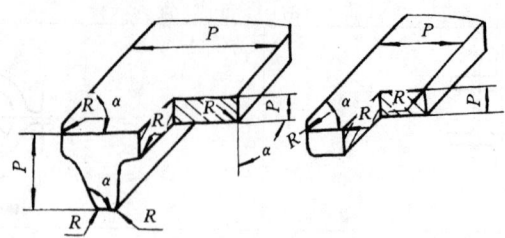

表面的最小边尺寸 P	外圆角 α					
	≤50°	51°~75°	76°~105°	106°~135°	136°~165°	>165°
≤25	2	2	2	4	6	8
>25~60	2	4	4	6	10	16
>60~160	4	4	6	8	16	25
>160~250	4	6	8	12	20	30
>250~400	6	8	10	16	25	40
>400~600	6	8	12	20	30	50
>600~1000	8	12	16	25	40	60
>1000~1600	10	16	20	30	50	80
>1600~2500	12	20	25	40	60	100
>2500	16	25	30	50	80	120

注：如果铸件不同部位按上表可选出不同的圆角 R 数值时，应尽量减少或只取一适当的 R 数值，以求统一。

表 4.4-11 铸造内圆角半径 R 值 (mm)

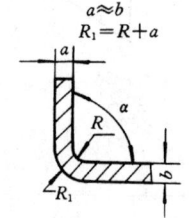 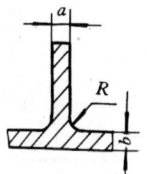 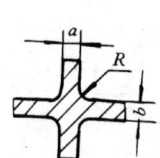 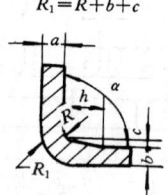

$\frac{a+b}{2}$	内圆角 α											
	≤50°		51°~75°		76°~105°		106°~135°		136°~165°		>165°	
	钢	铁	钢	铁	钢	铁	钢	铁	钢	铁	钢	铁
≤8	4	4	4	4	6	4	8	6	16	10	20	16
9~12	4	4	4	4	6	4	8	6	16	12	25	20
13~16	4	4	6	4	8	6	12	10	20	16	30	25
17~20	6	4	8	6	10	8	16	12	25	20	40	30
21~27	6	6	10	8	12	10	20	16	30	25	50	40
28~35	8	6	12	10	16	12	25	20	40	30	60	50
36~45	10	8	16	12	20	16	30	25	50	40	80	60
46~60	12	10	20	16	25	20	35	30	60	50	100	80
61~80	16	12	25	20	30	25	40	35	80	60	120	100
81~110	20	16	25	20	35	30	50	40	100	80	160	120
111~150	20	16	30	25	40	35	60	50	100	80	160	120
151~200	25	20	40	30	50	40	80	60	120	100	200	160
201~250	30	25	50	40	60	50	100	80	160	120	250	200
251~300	40	30	60	50	80	60	120	100	200	160	300	250
>300	50	40	80	60	100	80	160	120	250	200	400	300

c 和 h 值	b/a	<0.4	0.5~0.65	0.66~0.8	>0.8
	c≈	0.7(a-b)	0.8(a-b)	a-b	—
	h≈ 钢	8c			
	h≈ 铁	9c			

注：对于高锰钢铸件，内圆角半径 R 值应比表中数值增大 1.5 倍。

表 4.4-12 壁的连接形式及尺寸

连接形式		连接尺寸	连接形式		连接尺寸
两壁斜向相连	(图)	$b=a$, $\alpha<75°$ $R=\left(\dfrac{1}{3}\sim\dfrac{1}{2}\right)a$ $R_1=R+a$	两壁垂直相连	(图)	$a+c\leqslant b$, $c\approx3\sqrt{b-a}$ 对于铸铁 $h\geqslant4c$ 对于钢 $h\geqslant5c$ $R\geqslant\left(\dfrac{1}{3}\sim\dfrac{1}{2}\right)\left(\dfrac{a+b}{2}\right)$ $R_1\geqslant R+\dfrac{a+b}{2}$ 壁厚 $b>2a$ 时
	(图)	$b>1.25a$, 对于铸铁 $h=4c$ $c=b-a$, 对于铸钢 $h=5c$ $\alpha<75°$ $R=\left(\dfrac{1}{3}\sim\dfrac{1}{2}\right)\left(\dfrac{a+b}{2}\right)$ $R_1=R+b$	两壁垂直相交	(图) 三壁厚相等时	$R\geqslant\left(\dfrac{1}{3}\sim\dfrac{1}{2}\right)a$
	(图)	$b\approx1.25a$, $\alpha<75°$ $R=\left(\dfrac{1}{3}\sim\dfrac{1}{2}\right)\left(\dfrac{a+b}{2}\right)$ $R_1=R+b$		(图) 壁厚 $b>a$ 时	$a+c\leqslant b$, $c\approx3\sqrt{b-a}$ 对于铸铁 $h\geqslant4c$ 对于钢 $h\geqslant5c$ $R\geqslant\left(\dfrac{1}{3}\sim\dfrac{1}{2}\right)\left(\dfrac{a+b}{2}\right)$
	(图)	$b\approx1.25a$, 对于铸铁 $h\approx8c$ $c=\dfrac{b-a}{2}$, 对于铸钢 $h\approx10c$ $\alpha<75°$ $R=\left(\dfrac{1}{3}\sim\dfrac{1}{2}\right)\left(\dfrac{a+b}{2}\right)$ $R_1=\dfrac{a+b}{2}+R$		(图) 壁厚 $b<a$ 时	$b+2c\leqslant a$, $c\approx1.5\sqrt{a-b}$ 对于铸铁 $h\geqslant8c$ 对于钢 $h\geqslant10c$ $R\geqslant\left(\dfrac{1}{3}\sim\dfrac{1}{2}\right)\left(\dfrac{a+b}{2}\right)$
两壁垂直相连	(图) 两壁厚相等时	$R\geqslant\left(\dfrac{1}{3}\sim\dfrac{1}{2}\right)a$ $R_1\geqslant R+a$	其他	(图) D 与 d 相差不多	$\alpha<90°$ $r=1.5d$ ($\geqslant25$mm) $R=r+d$ 或 $R=1.5r+d$
	(图) $a<b<2a$ 时	$R\geqslant\left(\dfrac{1}{3}\sim\dfrac{1}{2}\right)\left(\dfrac{a+b}{2}\right)$ $R_1\geqslant R+\dfrac{a+b}{2}$		(图) D 比 d 大得多	$\alpha<90°$ $r=\dfrac{D+d}{2}$ ($\geqslant25$mm) $R=r+d$ $R_1=r+D$
				(图)	$L>3a$

注:1. 圆角标准整数系列 (mm):2,4,6,8,10,12,16,20,25,30,35,40,50,60,80,100。
　　2. 当壁厚大于 20mm 时,R 取系数中的小值。

3) 不同壁厚相接应逐渐过渡。铸件的厚壁与薄壁相连接时,连接部位的结构应从薄壁缓慢过渡到厚壁,防止突变。过渡的形式与尺寸见表 4.4-13。法兰铸造过渡斜度见表 4.4-14。

表 4.4-13 壁厚的过渡形式与尺寸　　　　　　　　　　　　　　　　　　　　（mm）

图例		过渡尺寸								
$b \leq 2a$ (图)	铸铁	$R \geq \left(\dfrac{1}{3} \sim \dfrac{1}{2}\right)\left(\dfrac{a+b}{2}\right)$								
	铸钢 可锻铸铁 非铁合金	$\dfrac{a+b}{2}$	<12	12~16	16~20	20~27	27~35	35~45	45~60	60~80	80~110	110~150
		R	6	8	10	12	15	20	25	30	35	40
$b > 2a$ (图)	铸铁	$L \geq 4(b-a)$								
	铸钢	$L \geq 5(b-a)$								
$b \leq 1.5a$ (图)		$R \geq \dfrac{2a+b}{2}$								
$b > 1.5a$ (图)		$L = 4(a+b)$								

表 4.4-14 法兰铸造过渡斜度　　　　　　　　　　　　　　　　　　　　（mm）

简图		尺寸											
(图)	δ	10~15	>15~20	>20~25	>25~30	>30~35	>35~40	>40~45	>45~50	>50~55	>55~60	>60~65	>65~70	>70~75
	k	3	4	5	6	7	8	9	10	11	12	13	14	15
	h	15	20	25	30	35	40	45	50	55	60	65	70	75
	R	5	5	5	8	8	10	10	10	10	15	15	15	15

2.3.3 合理的铸件结构形状

(1) 避免铸件固态收缩受阻碍

对于热裂、冷裂敏感的铸造合金，铸件结构应尽量避免其冷却时收缩受阻而开裂。

(2) 铸件应避免设置过大水平面

浇注时铸件朝上的水平面易产生气孔、砂眼、夹渣和冷隔等缺陷。因此，应尽量减少过大的水平面或采用倾斜的表面。

(3) 其他

1) 铸件孔眼和凹腔不宜过小、太深，见表 4.4-15、表 4.4-16。

2) 铸造内腔见表 4.4-17。

3) 铸造斜度见表 4.4-18。

4) 平面上凸台尺寸见表 4.4-19。

表 4.4-15 最小铸孔尺寸　　　　　　　　　　　　　　　　　　　　（mm）

材料	孔壁厚度	<25		26~50		51~75		76~100		101~150		151~200		201~300		≥301	
	孔的深度	最小孔径															
		▽	▽▽	▽	▽▽	▽	▽▽	▽	▽▽	▽	▽▽	▽	▽▽	▽	▽▽	▽	▽▽
碳钢与一般合金钢	≤100	75	55	75	55	90	70	100	80	120	100	140	120	160	140	180	160
	101~200	75	55	90	70	100	80	110	90	140	120	160	140	180	160	210	190
	201~400	105	80	115	90	120	100	135	110	165	140	195	170	215	190	255	230
	401~600	125	100	135	110	145	120	165	140	195	170	225	200	255	230	295	270
	601~1000	150	120	160	130	180	150	200	170	230	200	260	230	300	270	340	310

（续）

材料	孔壁厚度	<25	26~50	51~75	76~100	101~150	151~200	201~300	≥301
	孔的深度	最 小 孔 径							
高锰钢	孔壁厚度	<50		51~100			≥101		
	最小孔径	20		30			40		
灰铸铁	大量生产：12~15，成批生产：15~30，小批、单件生产：30~50								

注：1. 不通圆孔最小容许铸造孔直径应比表中值大20%，矩形或方形孔其短边要大于表中值的20%，而不通矩形或方形孔则要大于40%。
2. 表中 ∇ 表示加工后孔径，∇ 表示不加工的孔径。
3. 难加工的金属，如高锰钢铸件等的孔应尽量铸出，而其中需要加工的孔，常用镶铸碳素钢的办法，待铸出后，再在镶铸的碳素钢部分进行加工。

表 4.4-16　孔边凸台

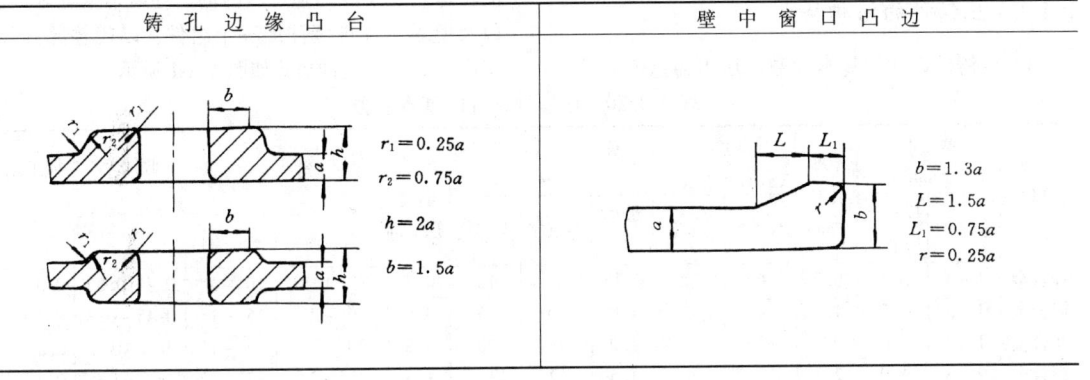

铸孔边缘凸台	壁中窗口凸边
$r_1 = 0.25a$　$r_2 = 0.75a$　$h = 2a$　$b = 1.5a$	$b = 1.3a$　$L = 1.5a$　$L_1 = 0.75a$　$r = 0.25a$

表 4.4-17　铸造内腔

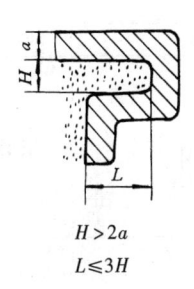

$H > 2a$
$L \leqslant 3H$

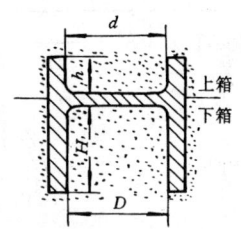

不用型芯所能铸出的凹腔尺寸：
$H \leqslant D$，$h \leqslant 0.3d$（机器造型）
$H \leqslant 0.5D$，$h \leqslant 0.15d$（手工造型）

表 4.4-18　铸造斜度

图　例	斜度 $b:h$	角度 β	应　用　范　围
	1:5	11°30′	$h < 25$mm 时钢和铁的铸件
	1:10 1:20	5°30′ 3°	$h = 25 \sim 500$mm 时钢和铁的铸件
	1:50	1°	$h > 500$mm 时钢和铁的铸件
	1:100	30′	有色金属铸件

注：当设计不同壁厚的铸件时，在转折点处的斜角最大增到 30°~45°（见表中图）。

表 4.4-19 平面上凸台尺寸 (mm)

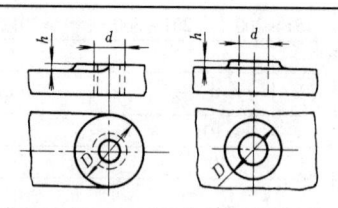

d	孔	4	5	5	6	7	8	9	10	11	12	13	14
	螺孔	M4		M5		M6		M8		M10		M12	
D		12		14		16		20		25		30	
h		2						2.5				3	

2.4 铸造方法对铸件结构设计工艺性的要求

当设计铸件结构时，除应考虑铸造工艺和铸造合金所要求的一般原则外，对于采用特种铸造方法制造的铸件，还应根据其工艺特点考虑一些特殊要求。

2.4.1 压铸件的结构特点

1) 压铸件设计的基本参数。压力铸造不宜用于厚壁铸件；对所有合金，不推荐使用大于 6mm 的壁厚。压铸件设计基本参数见表 4.4-20。

2) 压铸件结构设计的注意事项。见表 4.4-21。

3) 用镶铸法获得复杂铸件。在压铸时，可采用镶铸法制造形状复杂的铸件，并可满足铸件某些部位的特殊要求，如高强度、耐磨、导电、绝缘等性能，以及把 N 个零件浇注成一个组件，以代替部分装配工序，其基本结构形式如图 4.4-1 所示。

表 4.4-20 压铸件设计的基本参数

合金	壁厚/mm 合理的	壁厚/mm 技术上可能的	最小孔径/mm	孔深尺寸^①（孔径的倍数）不通孔	孔深尺寸^①（孔径的倍数）通孔	螺纹尺寸/mm 最小螺距	螺纹尺寸/mm 外螺纹	螺纹尺寸/mm 内螺纹	齿最小模数/mm	斜度 内侧	斜度 外侧	收缩率（%）	加工余量/mm
锌合金	1~3	0.3	0.7	6	12	0.75	6	10	0.3	15′~1°30′	10′~1°	0.4~0.65	0.3~0.8
铝合金	1~3	0.5	1.0	4	8	1.0	10	15	0.5	30′~2°	15′~1°	0.45~0.8	0.3~0.8
镁合金	1~3	0.6	0.7	5	10	1.0	6	20	0.5	30′~2°	15′~1°	0.5~0.8	0.3~0.8
铜合金	2~4	1.0	2.5	3	6	1.5	12	—	1.5	45′~2°	35′~1°	0.6~1.0	0.3~0.8

① 指形成孔的型芯在不受弯曲力的情况下。

表 4.4-21 压铸件结构设计的注意事项

序号	注意事项	图例 改进前	图例 改进后	说明
1	消除内凹			内凹铸件型芯不易取出
2	壁厚均匀	气孔、缩孔		壁厚不均，易产生气孔、缩孔
3	采用加强肋减小壁厚			厚壁处易产生疏松和气孔

(续)

序号	注意事项	图例 改进前	图例 改进后	说 明
4	消除尖角过渡圆滑			充填良好,不产生裂纹
5	简化铸型结构			尽量避免横向抽芯,否则使铸型结构复杂;改进后抽芯方向与开型取件方向一致,简化铸型结构

注:压铸件结构的设计还应注意使压铸型加工方便。

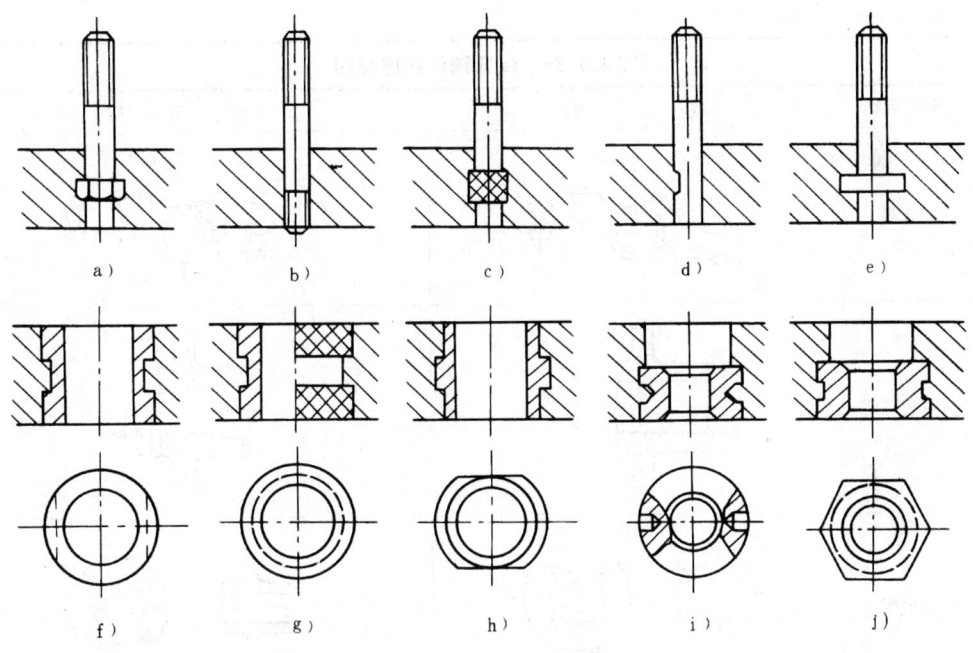

图 4.4-1 镶嵌件基本结构型式

2.4.2 熔模铸件的结构特点

1) 壁厚均匀、减小热节(见表 4.4-22)。
2) 保证铸件顺序凝固(见表 4.4-23)。
3) 整铸代替分制(见表 4.4-24)。

表 4.4-22 壁厚均匀、减小热节

序号	零件名称	改进前(锻件、切削加工件)	改进后(熔模铸钢件)
1	压板	170	170

(续)

序号	零件名称	改进前（锻件、切削加工件）	改进后（熔模铸钢件）
2	扇形齿轮	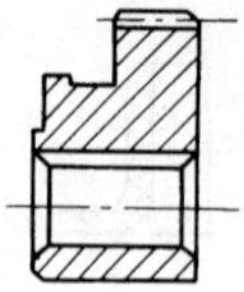	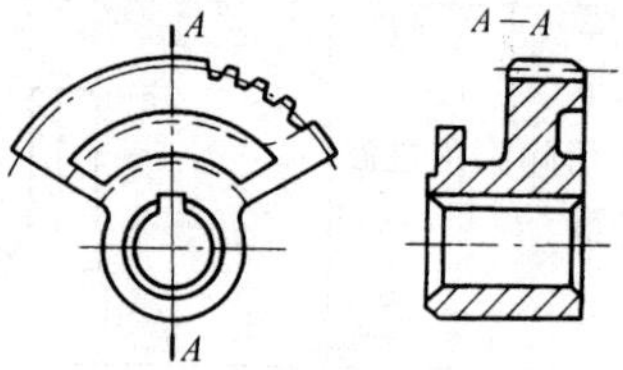
3	支座	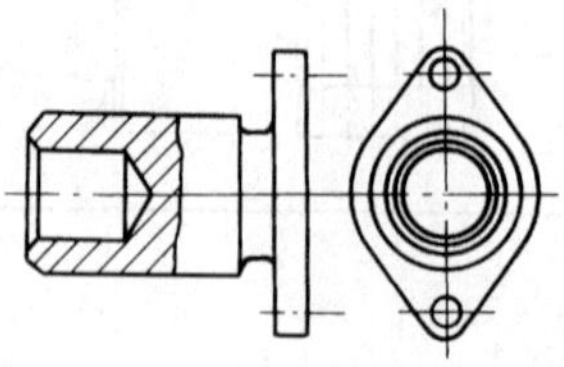	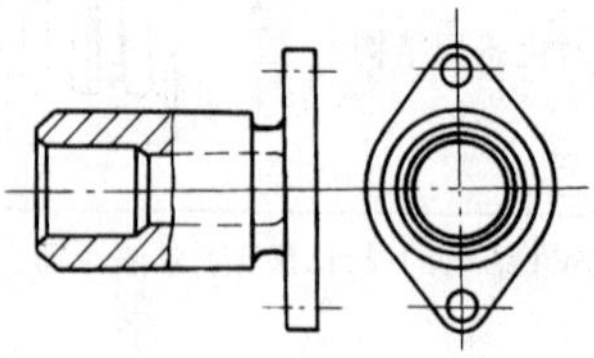

表 4.4-23　保证铸件顺序凝固

序号	铸钢件名称	改 进 前	改 进 后
1	气门摇臂	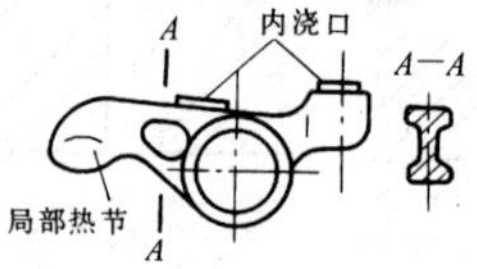	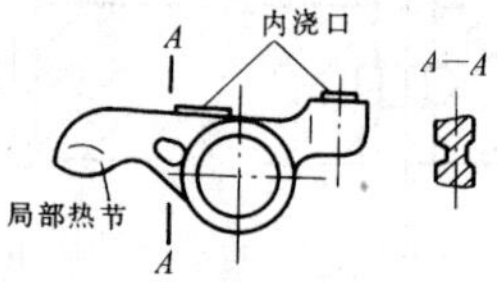
2	拖拉机零件	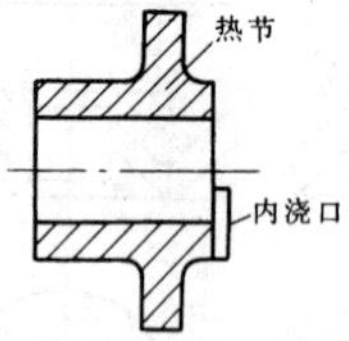	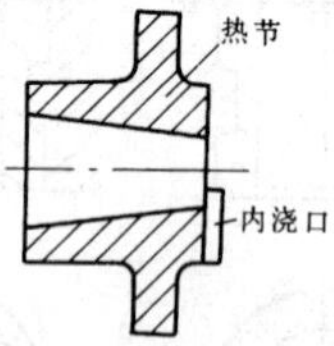
3	拖拉机零件	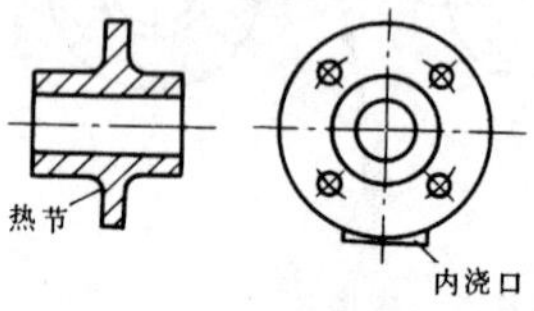	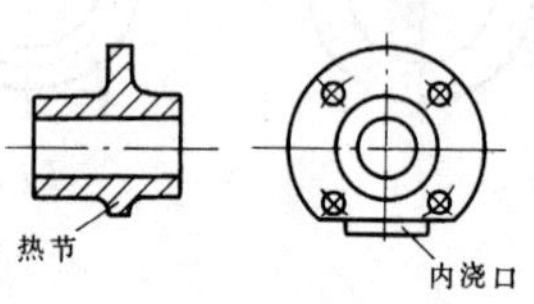

表 4.4-24　整铸代替分制

序号	铸钢件名称	改进前（分制）	改进后（整铸）
1	手柄	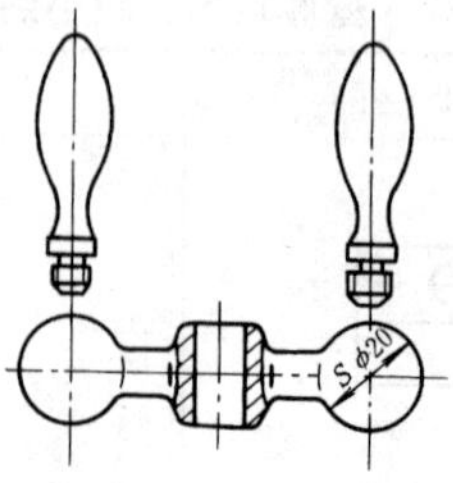	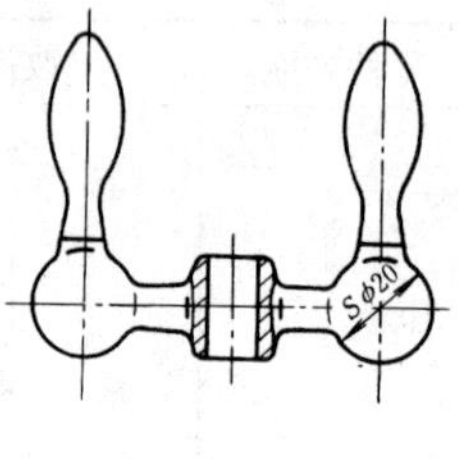

序号	铸钢件名称	改进前（分制）	改进后（整铸）
2	纺织机械右挑针头		
3	制动器爪		

2.4.3 金属型铸件的结构特点

1) 金属型铸件设计的基本参数（见表4.4-25）。
2) 金属型铸件设计的注意事项。

① 铸件外形和内腔力求简单，因为金属型没有退让性，故应尽量加大结构斜度，避免或减小铸件上的凸台和凹坑及小直径深孔，以便顺利脱型。

② 铸件的壁厚不能过薄，以保证金属液能充满型腔，否则易产生冷隔、浇不足等缺陷。

③ 为了从金属型中取出铸件，常采用顶出机构，因而容易使高温铸件变形。因此，为加强铸件薄弱部位，应合理利用加强肋。

表 4.4-25　金属型铸件设计的基本参数 （mm）

| 合金种类 | 铸造斜度 | | 孔的尺寸 | | | 铸件最小壁厚 |
| | 外面 | 里面 | 最小直径 d | 最大深度 | | |
				不通孔	通孔	
锌合金			6~8	9~12	12~20	2.5~3
镁合金	≥1°	≥2°	6~8	9~12	12~20	2.5~4
铝合金	0°30′	0°30′~2°	8~10	12~15	15~25	2.5~5
铜合金			10~12	10~15	15~20	3.0~8
铸铁	1°	>2°				4~6
铸钢	1°~1°30′	>2°				5~10

2.5 铸造公差（摘自 JB/T 5000.4—2007）

铸造公差见表4.4-26。

表 4.4-26　铸铁件尺寸公差 （mm）

| 毛坯铸件公称尺寸 | 公差等级 | | | | | | | | |
	CT8	CT9	CT10	CT11	CT12	CT13	CT14	CT15	CT16
≤25	1.2	1.7	2.4	3.2	4.6	6.0	8.0	10.0	12.0
>25~40	1.3	1.8	2.6	3.6	5.0	7.0	9.0	11.0	14.0
>40~63	1.4	2.0	2.8	4.0	5.6	8.0	10.0	12.0	16.0
>63~100	1.6	2.2	3.2	4.4	6.0	9.0	11.0	14.0	18.0
>100~160	1.8	2.5	3.6	5.0	7.0	10.0	12.0	16.0	20.0
>160~250	2.0	2.8	4.0	5.6	8.0	11.0	14.0	18.0	22.0
>250~400	2.2	3.2	4.4	6.2	9.0	12.0	16.0	20.0	25.0
>400~630	2.6	3.6	5.0	7.0	10.0	14.0	18.0	22.0	28.0
>630~1000	2.8	4.0	6.0	8.0	11.0	16.0	20.0	25.0	32.0
>1000~1600	3.2	4.6	7.0	9.0	13.0	18.0	23.0	29.0	37.0

（续）

毛坯铸件公称尺寸	公差等级								
	CT8	CT9	CT10	CT11	CT12	CT13	CT14	CT15	CT16
>1600~2500	3.8	5.4	8.0	10.0	15.0	21.0	26.0	33.0	42.0
>2500~4000	4.4	6.2	9.0	12.0	17.0	24.0	30.0	38.0	49.0
>4000~6300	—	7.0	10.0	14.0	20.0	28.0	35.0	44.0	56.0
>6300~10000	—	—	11.0	16.0	23.0	32.0	40.0	50.0	64.0

注：1. 尺寸公差不包括起模斜度。
   2. 图样及技术文件未作规定时，小批和单件生产铸件的尺寸公差等级按黑框推荐的等级选取；成批和大量生产铸铁件的尺寸公差等级相应提高两级。

2.6 铸件缺陷与改进措施（表4.4-27）

表4.4-27 铸件缺陷与改进措施

铸件缺陷形式	注意事项	图例		改进措施
		改进前	改进后	
缩孔与疏松	壁厚不均			壁厚力求均匀，减少厚大断面以利于金属同时凝固。改进后将孔径中部适当加大，使壁厚均匀
				铸件壁厚应尽量均匀，以防止厚截面处金属积聚导致缩孔、疏松、组织不密致等缺陷
				局部厚壁处减薄
				采用加强肋代替整体厚壁铸件

第 4 章 满足加工工艺的结构设计

(续)

铸件缺陷形式	注意事项	图例 改进前	图例 改进后	改进措施
缩孔与疏松	壁厚不均	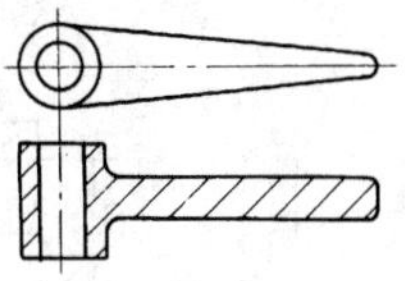	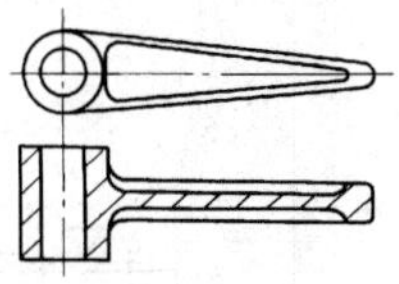	采用加强肋代替整体厚壁铸件
		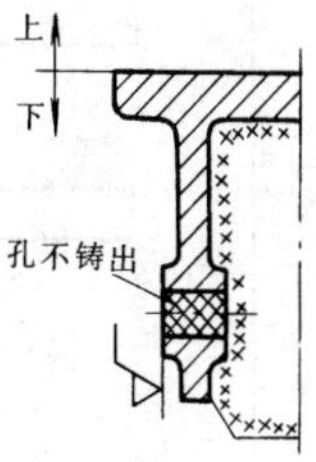	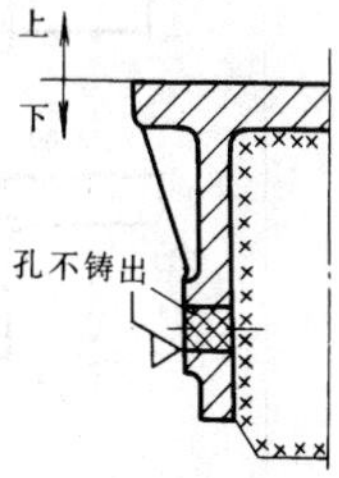	为减少金属的积聚,将双面凸台改为单面凸台
		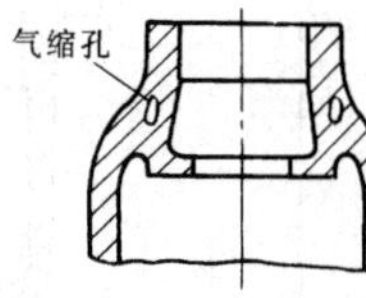	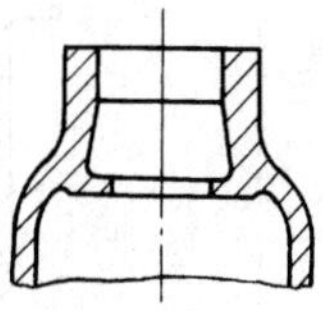	改进前,深凹的锐角处易产生气缩孔
	肋或壁交叉	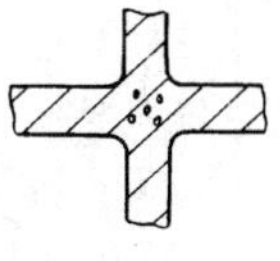	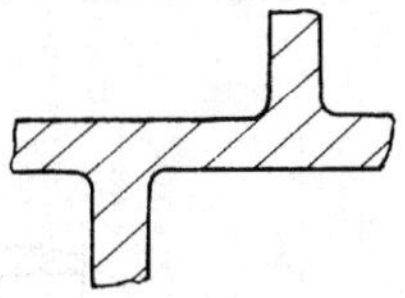	尽量不采用正十字交叉结构,以减少金属积聚
		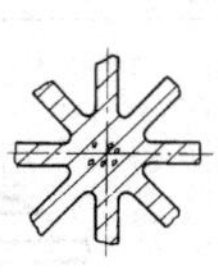	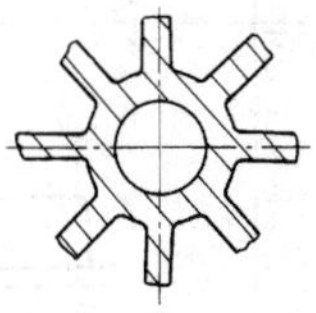	交叉肋的交点应置环形结构
	补缩不良	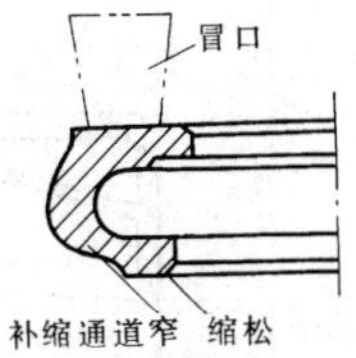	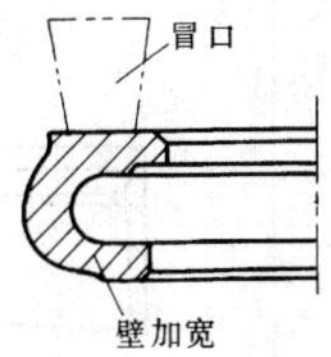	易产生缩松处难以安放冒口,故加厚与该处连通的壁厚,加宽补缩通道

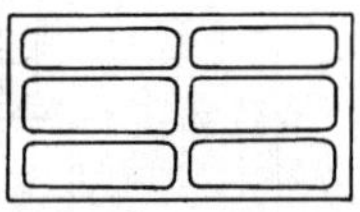

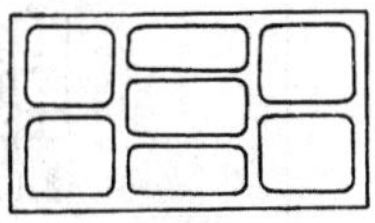

铸件缺陷形式	注意事项	图例 改进前	图例 改进后	改进措施
缩孔与疏松	补缩不良	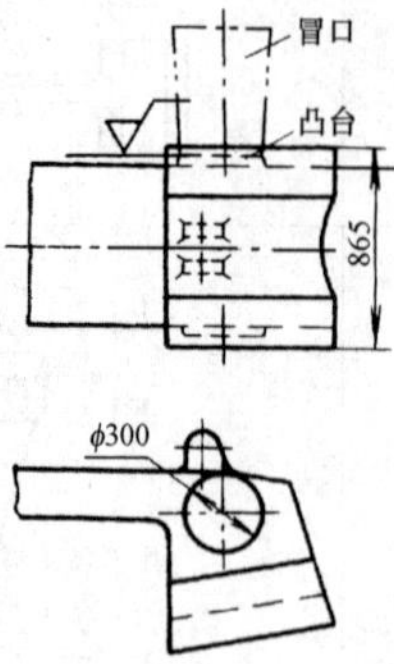	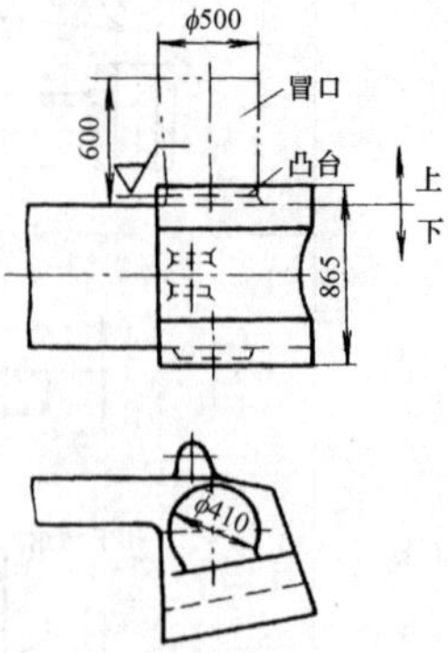	图示一铸钢夹子，冒口放在凸台上。原设计凸台不够大（$\phi 310$mm），补缩不良。后将凸台放大到$\phi 410$mm，才消除了缩孔
		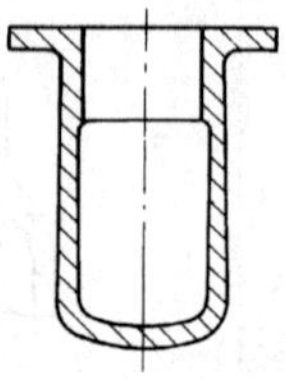	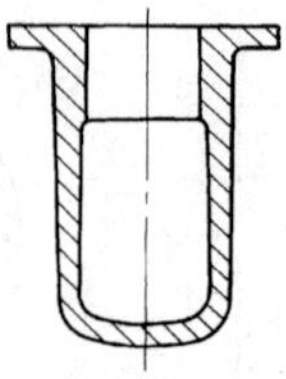	考虑顺序凝固，以利逐层补缩，缸体壁设计成上厚下薄
		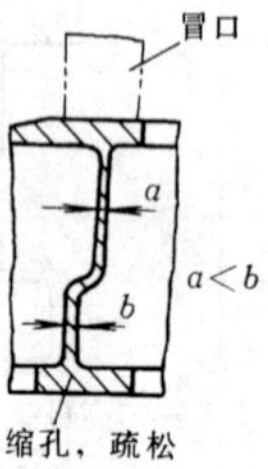 $a<b$ 缩孔、疏松	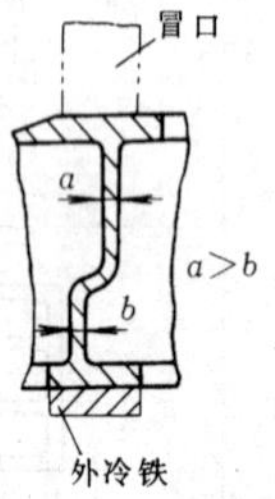 $a>b$ 外冷铁	对于两端壁较厚的铸钢件断面，为创造顺序凝固条件，应使$a \geqslant b$，并在底部设置外冷铁，形成上下温度梯度有利于顺序补缩，消除缩孔、缩松
气孔与夹渣	水平面过大	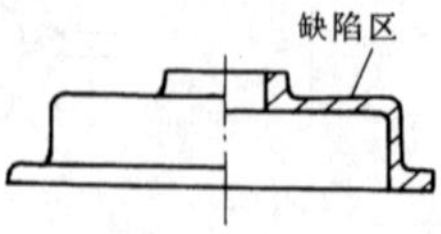 缺陷区	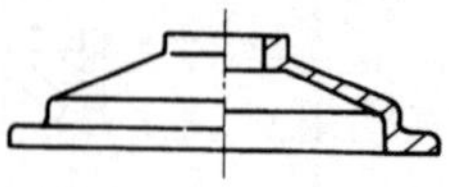	尽量减少较大的水平平面，尽可能采用斜平面，便于金属中夹杂物和气体上浮排除，并减少内应力 铸孔的轴线应与起模方向一致

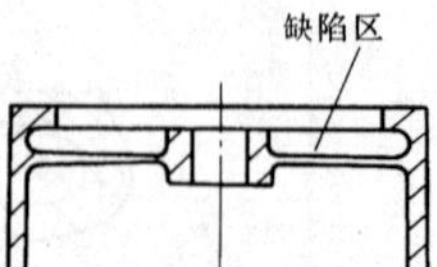

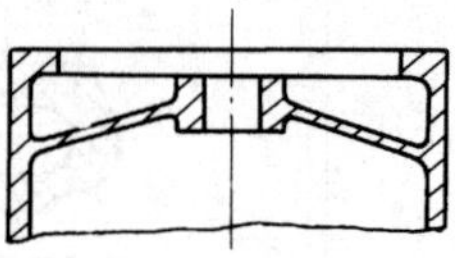

(续)

铸件缺陷形式	注意事项	图例 改进前	图例 改进后	改进措施
气孔与夹渣	水平面过大			尽量减少较大的水平平面,尽可能采用斜平面,便于金属中夹杂物和气体上浮排除,并减少内应力 铸孔的轴线应与起模方向一致
				避免薄壁和大面积封闭,使气体能充分排出;浇注时,重要面(如导轨面)应在下部,以便金属补给
烧结粘砂	避免小凹槽			改进前,小凹槽容易掉砂,造成铸件夹砂
	避免尖角			避免尖角的泥芯或砂型

(续)

铸件缺陷形式	注意事项	图例 改进前	图例 改进后	改进措施
烧结粘砂	避免狭小内腔	$t \leq 2T$	$t > 2T$	避免狭小的内腔
裂纹	内壁过厚	$a > b$	$a < b$	铸件内壁的厚度应略小于铸件外壁的厚度，使整个铸件均匀冷却
	内壁过厚	$a > b$	$a < b$	
		$a > b$	$a = (0.7 \sim 0.9)b$	
	截面突变			突变截面应有缓和过渡结构
	收缩受阻			铸件应避免阻碍收缩的结构，较大的飞轮、带轮、齿轮的轮辐可做成弯曲的辐条或带孔的辐板

(续)

铸件缺陷形式	注意事项	图例 改进前	图例 改进后	改进措施
裂纹	收缩受阻			大型轮类铸件，可在轮毂处留出缝隙（$a \approx 30\text{mm}$），以防止裂纹
				没有肋的框型内腔冷却时均能自由收缩
	过渡圆角太小			避免锐角连接，采用圆弧过渡
			方孔：$<200\times200\text{mm}$ $R=10\sim15\text{mm}$ $>200\times200\text{mm}$ $R=15\sim20\text{mm}$	铸件方形窗孔四角处的圆角半径不应太小
变形	截面形状不合理			为防止细长件和大的平板件在收缩时挠曲变形，应正确选择零件的截面形状（如对称截面）和合理的设置加强肋
				铸件抗压强度大于抗弯强度和抗拉强度，设计中应合理利用

（续）

铸件缺陷形式	注意事项	图例 改进前	图例 改进后	改进措施
变形	缺少加强肋	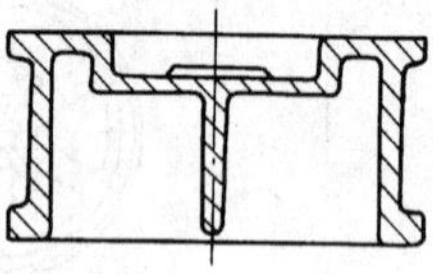	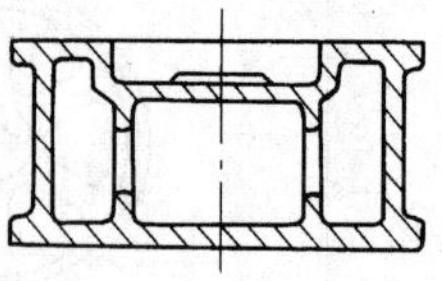	不用增加壁厚而用合理增加加强肋的方法来提高零件刚性
变形	缺少加强肋	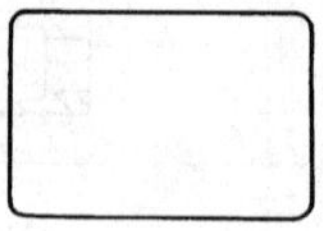	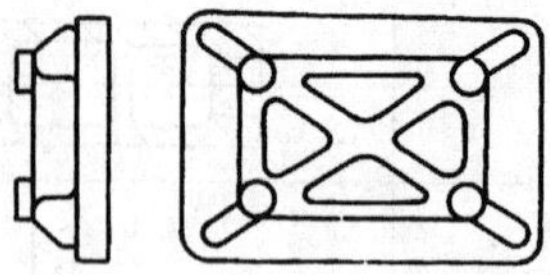	大而薄的壁冷却时易扭曲,应采用加强肋
变形	缺少凸台	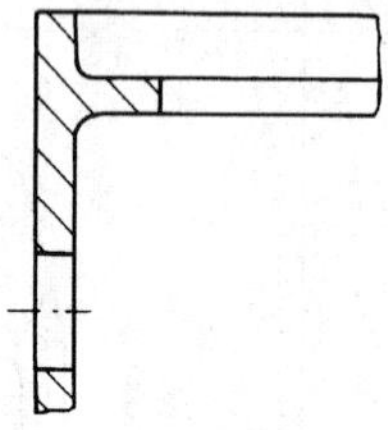	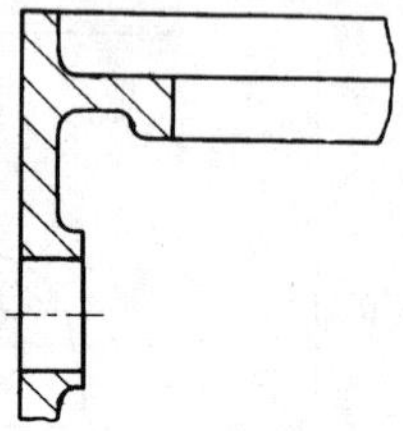	孔洞周沿增加凸边可加大刚性
渗漏	错用撑钉	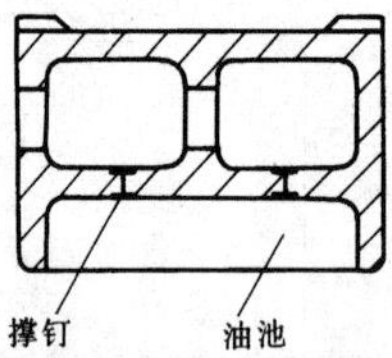 （撑钉 油池）	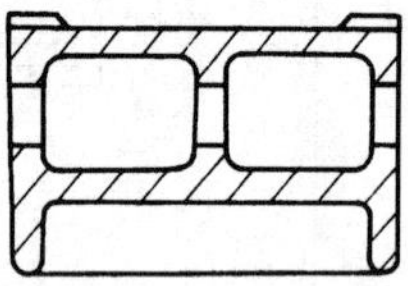	液体容器部分避免用撑钉,以防渗漏;右图的泥芯,可在两端固定,不用撑钉
损伤	突出部分薄弱	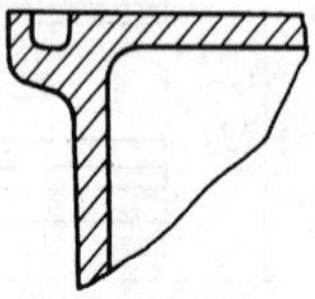	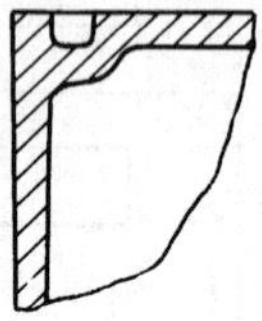	避免大铸件有薄的突出部分（易损坏）
错箱	铸件在两砂箱	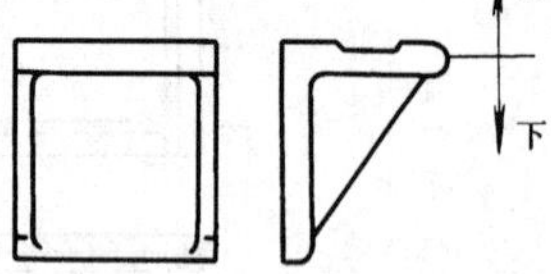	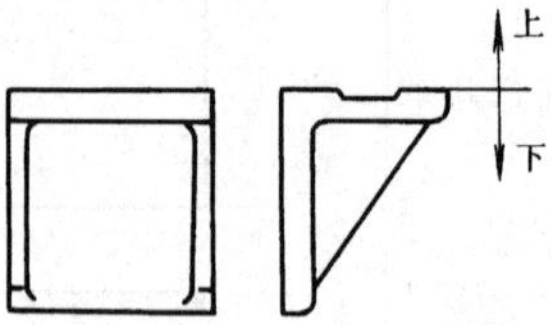	尽量使铸件在一个砂箱中形成,以避免因错箱而造成尺寸误差和影响外形美观

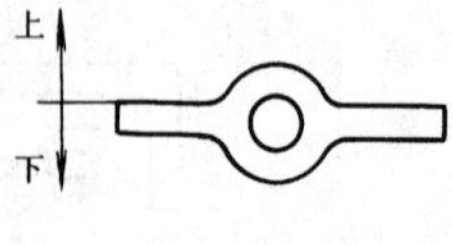

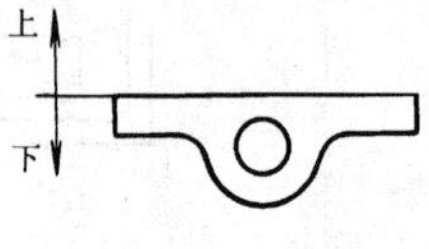

(续)

铸件缺陷形式	注意事项	图例 改进前	图例 改进后	改进措施
形状与尺寸不合格	内腔过小			铸件两壁之间的型芯厚度一般应不小于两边壁厚的总和（$c > a + b$），以免两壁熔接在一起
形状与尺寸不合格	凸台过小			大件中部凸台位置尺寸不易保证，铸造偏差较大；应考虑将凸台尺寸加大，或移至内部
形状与尺寸不合格	凸台过小			凸台应大于支座的底面，以保证装配位置和外观整齐

3 锻件结构设计工艺性

3.1 锻造方法与金属材料的可锻性

3.1.1 各种锻造方法及其特点

锻造方法有许多种（表4.4-28），一般可分为自由锻造、模型锻造（模锻）、特种锻造三类。

自由锻造所用设备和工具通用性强、操作简单，锻件质量可以很大，但工人劳动强度大、生产效率低、锻件形状简单、精度低，消耗金属较多，因此，它主要适用单件小批量生产。

模锻生产效率高，锻件精度高，可以锻出形状复杂的零件，与自由锻相比，金属消耗可大大减少，但模锻成本高，锻件重量受限制，所以，它主要应用于大批大量生产，见表4.4-29。

特种锻造是新发展起来的先进锻造方法，它包括精密锻造、粉末锻造、多向模锻、辊锻、镦锻、挤压等成形工艺。它可以锻出许多类型、形状复杂、少切削甚至无切削的大小零件，这是降低材料消耗、提高劳动生产率的重要途径，这些工艺都应用于大批大量生产中。

表 4.4-28 锻造方法及其适用性

加工方法		使用设备	特点及适用范围	生产率	设备费用	锻件精度	模具质量要求	模具寿命	机械化及自动化	劳动条件	对环境的影响
自由锻		手工锻	单件、小批，小型锻件		很低	低				差	
自由锻		3t以下自由锻锤	单件、小批，小型锻件	中	低	低			较难	差	振动噪声
自由锻		3t以上自由锻锤	单件、小批，中型锻件	中	中	低			较难	差	振动噪声
自由锻		12500kN以下自由锻水压机	单件、小批，中型锻件	中	高	低			较易	较好	
自由锻		12500～120000kN自由锻水压机	单件、小批，大型及特大型锻件	很高	低				较易	较好	

(续)

加工方法		使用设备	特点及适用范围	生产率	设备费用	锻件精度	模具质量要求	模具寿命	机械化及自动化	劳动条件	对环境的影响
胎模锻		利用自由锻锤及水压机	中小批，中小型锻件。用胎模成形，提高锻件质量和设备的生产效率	较高	低、中	中	低	低	较难	差	
模锻		有砧座模锻锤	大批，中小型模锻件；可在一台设备上拔长、聚料、预锻、终锻	高	中	中	高	中	较难	差	振动噪声
		无砧座模锻锤	大、中批，中小型模锻件；单模膛模锻	高	较低	中	高	中	较难	较差	噪声
		热模锻压力机	大、中批，中小型模锻件；大批量需配备制坯设备；亦可用于精密模锻	很高	高	较高	较高	较高	易	好	
		平锻机	大批大量，适用于法兰轴、带孔模锻件；多模膛模锻	高	高	较高	高	较高	易（水平分模）	较好	噪声
		螺旋压力机	大、中批，中小型模锻件；一般是单模膛模锻；可进行精密模锻；大型精密模锻件用液压螺旋压力机	较高	较高	高	高	中	较易	好	噪声
		高速锤	中、小批，单模膛模锻；用于锻制低塑性合金锻件和薄壁高肋复杂模锻件	中	中	高	高	较低	较难		噪声
		多向模锻水压机	大批，可锻制不同方向具有多孔腔的复杂模锻件	中	高	高	高	易	较好		
		模锻水压机	小批，锻制大型非铁合金模锻件	中	很高	高	高	高	较易		
精密锻造		精密锻轴机	大批，锻制空心和实心阶梯轴	中	高	高	中	较易			噪声
挤压	冷挤	冷挤压力机	大批大量，钢及非铁合金小型零件	高	高	高	高	较易	好		
	温热挤	机械压力机 螺旋压力机 液压机	大批大量，挤压不锈钢、轴承钢零件以及非铁合金的坯料	高	高	较高	中	较易	好		

(续)

加工方法		使用设备	特点及适用范围	生产率	设备费用	锻件精度	模具质量要求	模具寿命	机械化及自动化	劳动条件	对环境的影响
镦锻		多工位冷镦机	大批大量生产标准件	很高	高	高	高	高	易	好	噪声
		多工位热镦机	大批大量生产轴承环、齿轮、汽车锻件	很高	高	较高	高	高	易	好	噪声
		电热镦机	大批大量生产大头螺杆锻件	高	中	中	中	高	易	好	
轧锻	纵轧	二辊或三辊轧机	成批大量。可改制坯料，轧等截面或周期截面坯料。冷轧或热轧	高		中			易		
	辊锻	辊锻机	大批大量，辊锻扳手、叶片等。亦可用于模锻前制坯	高	中	中	高	高	易	好	
	楔形模横轧	平板式、辊式、行星式楔形横轧机	大批大量，可轧锻圆形变截面零件，如带台阶、锥面或球面的轴类件以及双联齿轮坯等	高	高	高	高	高	易	好	
	螺旋孔型斜轧	二辊或三辊斜轧机	大批大量，生产钢球、丝杆等	高	高	高	高	高	易	好	
	仿形斜轧	三辊仿形斜轧机	大批大量，生产实心或空心台阶轴、纺锭杆等	高	高	高	中	高	易	好	
	辗扩	扩孔机	大批大量，生产大、小环形锻件	高	中	高	高	高	易	好	
	齿轮轧制	齿轮轧机	大批大量，热轧后冷轧，可大大提高精度	高	高		高		易	好	
	摆动辗压	摆动辗压机	中、小批生产盘类、轴对称类锻件。要求配备制坯设备。可热辗、温辗和冷辗	中	高	高	高	中	较易	好	

表 4.4-29　各种锻造方法的应用范围

锻造方法	自 由 锻	胎 模 锻	锤 上 模 锻	压力机上模锻	平锻机上顶锻
示意图					
零件形状	只能锻出简单形状。精度低、表面状态差。除要求很低的尺寸和表面外，零件的形状和尺寸需通过切削加工来达到	可锻出复杂的形状（压力机上模锻最优，锤上模锻次之，胎模锻再次之）。尺寸精度较高，表面状态较好。在零件的非配合部分，可以保留毛坯面（黑皮）。黑皮部分的尺寸要求，不应超过规定标准。形状（模锻斜度、圆角半径、肋的高度比、腹板厚度等）应适应工艺要求			用以锻造带实心或空心头部的杆形零件。尺寸精度较高，表面状态较好

(续)

锻造方法	自由锻	胎模锻	锤上模锻	压力机上模锻	平锻机上顶锻
锻造范围	5t自由锻锤可锻出350~700kg的钢锻件 120000kN自由锻水压机可锻出150t以上的钢锻件	一般锻造50kg以下的钢锻件 用大型自由锻水压机可能锻出重达500kg的钢胎模锻件	5t模锻锤可锻投影面积达1250cm²的钢模锻件;16t模锻锤可锻4000cm²的钢锻件 100t·m的无砧模锻锤可锻投影面积达10000cm²的钢模锻件	40000kN热模锻压力机可锻投影面积达650cm²的钢锻件 120000kN压力机可锻2000cm²的钢锻件	10000kN平锻机可顶锻φ140mm钢棒料。31500kN平锻机可顶锻φ270mm钢棒料
适合批量	单件、小批	中、小批	大、中批		大批

3.1.2 金属材料的可锻性

金属材料的可锻性是指金属材料在受锻压后,可改变自己的形状而又不产生破裂的性能。

碳钢随含碳量的增加可锻性下降。低碳钢可锻性最好,锻后一般不需热处理;高碳钢则较差,当碳的质量分数达2.2%时,就很难锻造。

低合金钢的可锻性近似于中碳钢。合金钢中随某些降低金属塑性的合金元素的增加可锻性下降,高合金钢锻造困难。

各种有色金属合金的可锻性都较好,类似于低碳钢。

在设计可锻性较差金属锻件时,应力求形状简单,截面尽量均匀。常用金属材料热锻时的成形特性见表4.4-30。

表4.4-30 常用金属材料热锻时的成形特性

序号	材料类别	热锻工艺特性	对锻件形状的影响
1	$w(C) \leq 0.65\%$ 的碳素钢及低合金结构钢	塑性高,变形抗力比较低,锻造温度范围宽	锻件形状可复杂,可以锻出较高的肋、较薄的腹板和较小的圆角半径
2	$w(C) > 0.65\%$ 的碳素钢、中合金的高强度钢、工具模具钢、轴承钢,以及铁素体或马氏体不锈钢等	有良好塑性,但变形抗力大,锻造温度范围比较窄	锻件形状尽量简化,最好不带薄的辐板、高的肋,锻件的余量、圆角半径、公差等应加大
3	高合金钢(合金的质量分数高于20%)和高温合金、莱氏体钢等	塑性低,变形抗力很大,锻造温度范围窄,锻件对晶粒度或碳化物大小分布等项指标要求高	用一般锻造工艺时,锻件形状要简单,截面尺寸变化要小;最好采用挤压、多向模锻等提高塑性的工艺方法,锻压速度要合适
4	铝合金	大多数具有高塑性,变形抗力低,仅为碳钢的1/2左右,变形温度为350~500℃	与序号1相近
5	镁合金	大多数具有良好塑性,变形抗力低,变形温度在500℃以下,希望在速度较低的液压机和压力机上加工	与序号1相近
6	钛合金	大多数具有高塑性,变形抗力比较大,锻造温度范围比较窄	与序号1、2相近;由于热导率低,锻件截面要求均匀,以减少内应力
7	铜与铜合金	绝大部分塑性高,变形抗力较低,变形温度低于950℃,但锻造温度范围窄,工序要求少(因温度容易下降),除青铜和高锌黄铜外,应在速度较高的设备上锻造	可获得复杂形状的锻件

注:$w(C)$为碳的质量分数。

3.2 锻造方法对锻件结构设计工艺性的要求

设计锻造的零件应根据零件的生产批量、形状和尺寸,以及现有的生产条件,选择技术上可行、经济上合理的锻造方法,再按所选用的锻造方法的工艺性要求,进行零件的结构设计。

3.2.1 自由锻件的结构设计工艺性

自由锻是特大型锻件的唯一生产方法,它的原材料为锭料或轧材。

1) 锻件规格与锻造设备见表4.4-31、表4.4-32。

2) 自由锻件结构设计工艺性见表4.4-33。

表4.4-31 锻锤锻造能力范围[①]

锻锤吨位/t	5	3	1	0.75	0.40	0.15
锻件特征	最大锻造能力					
D	350	280	180	150	80	40
m[②]	1500	800	250	80	30	6

(续)

锻锤吨位 /t		5	3	1	0.75	0.40	0.15
锻件特征		最大锻造能力					
(饼状件)	D	750	550	380	300	200	150
	m	700	400	100	50	20	5
(环状件)	D	1000	650	400	300	200	150
	H	280	200	150	80	60	40
(方块件)	B	500	450	250	180	130	70
	H≥	70	50	30	20	10	7
	m	700	400	150	40	18	4
(方块件)	A	400	300	200	160	110	80
	m	500	210	65	32	10	4
(带台件)	D	550	450	350	220	140	60
	m	350	250	80	40	15	4
(空心件)	D	450	330	220	150	120	
	d	140~250	100~150	80~120	60~100	50~80	
	l	700	500	350	250	200	
参考数据	最大行程	1500	1450	1000	835	700	410
	砧面尺寸	710×400	600×330	410×230	345×130	265×100	200×58
	生产能力/kg·h^{-1}	500	400	140	100	60	15

① 各长度尺寸单位均为 mm。
② m—锻件质量（kg）。

表 4.4-32 水压机锻造能力范围①

水压机吨位/t		800	1250	2500	3150	6000	12000	备注
锻件特征		最大锻造能力						
(锥形件)	D	740	900	1360	1450	2000	3000	主要取决于起重设备
	m_t②	7	12	45	50	130	300	
(球形件)	D	800	1100	1600	1800	2600	3200	矮胖锭质量可适当增加
	m_t	2.5	6	24	30	60~90	150~230	

（续）

锻件特征		水压机吨位/t	800	1250	2500	3150	6000	12000	备注
			最大锻造能力						长度取决于辅助设备
		$D \times l$	$\phi500 \times 4500$	$\phi750 \times 14000$	$\phi1000 \times 16000$	$\phi1350 \times 18000$	$\phi1900 \times 20000$	$\phi2500 \times 26000$	
		m③	4	7	25	30	80	150	
		$H \geqslant$	100	125	140	150	200	400	
		B	800	1000	1400	1500	2200	3700	
		l	2500	4000	6500	10000	16000	18000	
		m	1.5	3.5	14	20	40	130	
		D	1000	1200	1800	2000	2500	3500~5000	
		H	80~100	100~120	100~150	130~150	180~200	250~300	
		D	1200	1600	2200	2600	3800	5000~6000	
参考数据	活动横梁最大行程		1000	1250	1800	2000	2580	3000	
	活动横梁底面与工作台面最大距离		2000	2680	3400	3800	6110	7000	
	立柱护套间净距		1400×540	1800×600	2710×910	2900×1400	4100×1200	5000×2150	
	工作台面尺寸		1200×2000	1500×3000	2000×5000	2000×6000	3400×9000	4000×10000	
	砧面尺寸		850×240	1050×300	1400×450	1500×500	2300×600	3500×850	

① 各长度尺寸单位均为 mm。
② m_t—所用钢锭质量（t）。
③ m—锻件质量（t）。

表 4.4-33 自由锻件结构设计工艺性

序号	注意事项	图例	
		改进前	改进后
1	避免锥形和楔形		
2	圆柱形表面与其他曲面交接时，应力求简化		

(续)

序号	注意事项	图例 改进前	图例 改进后
3	避免肋、工字形截面等复杂形状	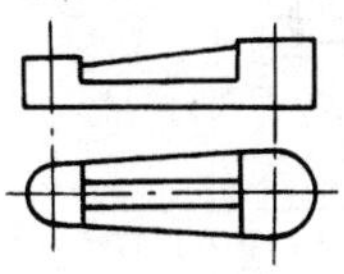	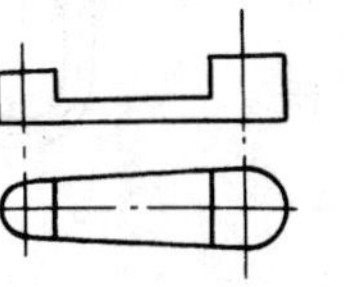
4	避免形状复杂的凸台及叉形件内凸台	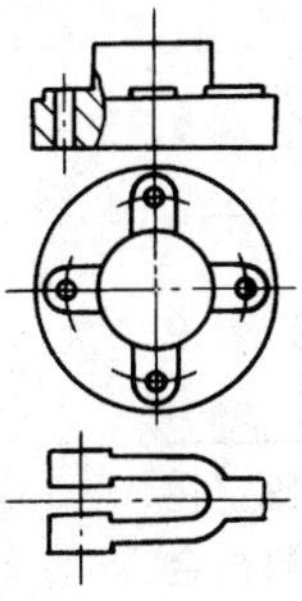	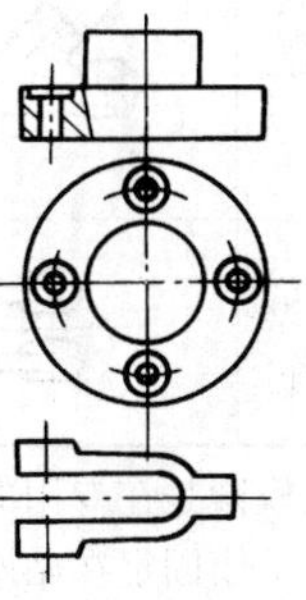
5	形状复杂或具有骤变的横截面的零件，必须改为锻件组合或焊接结构	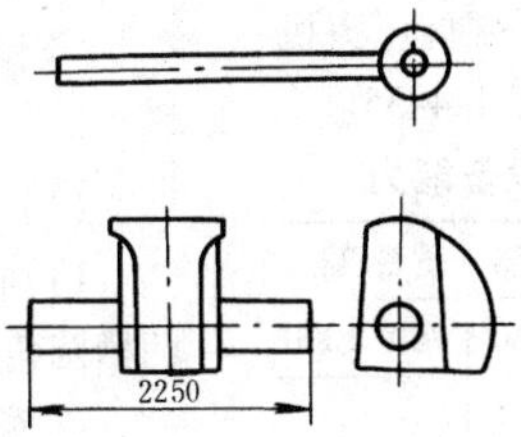	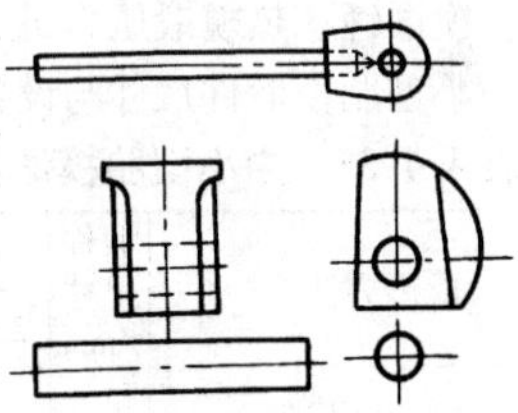

3.2.2 模锻件的结构设计工艺性

模锻可分为胎模锻和固定模锻。

胎模锻是在普通自由锻锤上进行的，下模放在砧座上，将坯料放在下模中，合模后用锤头打击上模，使金属充满模腔（表4.4-29）。锻件种类见表4.4-34所示。

表4.4-34 胎模锻件类别

锻件类别		简　图
圆轴类	台阶轴	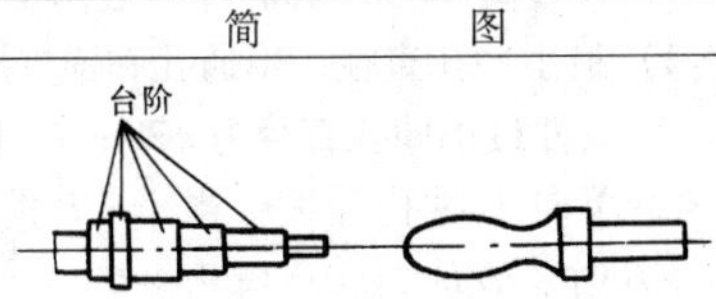
	法兰轴	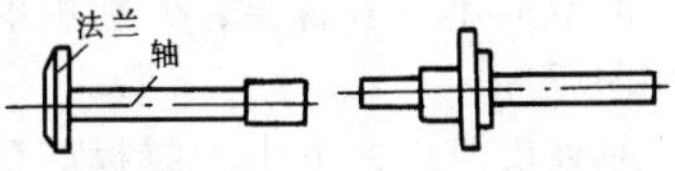
圆盘类	法兰	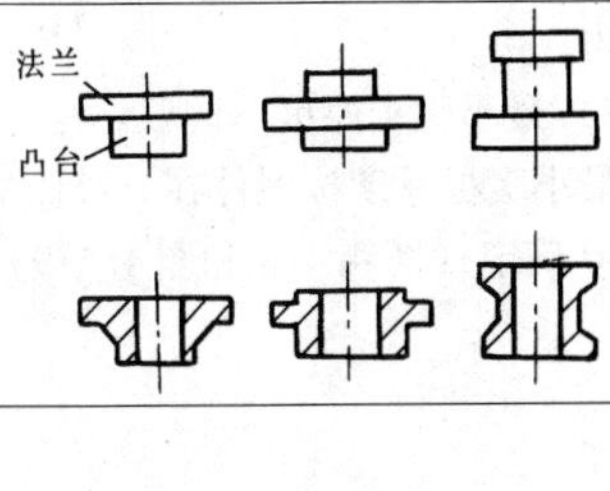

(续)

锻件类别		简　图
圆盘类	齿轮	
	杯筒	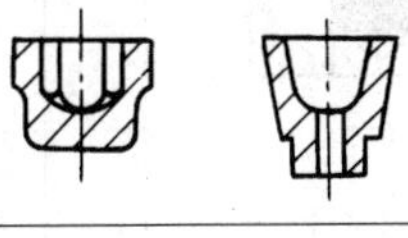
圆环类	环	
	套	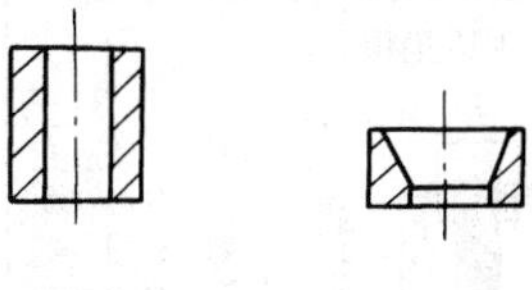
杆叉类	直杆	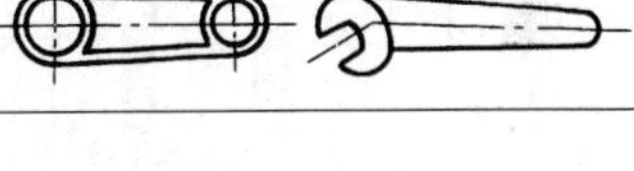

(续)

锻件类别		简 图
杆叉类	弯杆	
	枝杆	
	叉杆	

固定模锻是在专用的模锻锤上进行，上模固定在锤头上，下模固定在砧座上，锤头带动上模来打击金属，使金属受压充满模膛（表 4.4-29）。常用模锻设备有：模锻锤、热模锻压力机、平锻机、螺旋压力机等。中小型胎模锻件尺寸与设备能力见表 4.4-35。

表 4.4-35 中小型胎模锻件尺寸与设备能力

成形方法	锻件尺寸/mm	空气锤落下部分质量/kg				
		250	400	560	750	1000
摔模	$D \times L$	60×80	80×90	90×120	100×150	120×180
垫模	D	120	140	160	180	220
跳模	D	65	75	85	100	120
顶镦垫模	$D \times H$	65×250	100×320	120×380	140×450	160×500

(续)

成形方法	锻件尺寸/mm	空气锤落下部分质量/kg				
		250	400	560	750	1000
套模	D	80	130	155	175	200
合模 $D=1.13\sqrt{S}$ S（不计飞边）	D	60	75	90	110	130

注：1. 表中锻件尺寸系指一火成形（或制坯后一火焖形）时的上限尺寸；若增加火次，锻件尺寸可以增大或选用较小锻锤。
2. 摔模 L 受砧宽限制；顶镦垫模 H 受锤头有效打击行程限制。

(1) 模锻件的结构要素（JB/T 9177—2015）

1) 收缩截面、多台阶截面、齿轮轮辐、曲轴的凹槽圆角半径

收缩截面（图 4.4-2a），多台阶截面（图 4.4-2b）、齿轮轮辐（图 4.4-2c）、曲轴（图4.4-2d）的最小内外凹槽圆角 r_A、r_1 按所在凸肩高度。分别查表 4.4-36 和表 4.4-37。

2) 最小底厚

最小底厚尺寸 S_B（图 4.4-3）按直径和宽度查表 4.4-38 确定。

3) 最小壁厚、肋宽及肋端圆角半径

最小壁厚 S_W、肋宽 S_R 及肋端圆角半径 r_{RK}（图 4.4-4）按壁高 h_W 和肋高 h_R 查表 4.4-39 确定。

4) 最小冲孔直径、不通孔和连皮厚度

① 锻件最小冲孔直径为 $\phi 20$ mm（图 4.4-5）。
② 单向不通孔深度：当 $L=B$ 时，$H/B \leq 0.7$；当 $L>B$ 时，$H/B \leq 1.0$（图 4.4-6）。
③ 双向不通孔深度：分别按单向不通孔确定（图 4.4-7）。
④ 连皮厚度：不小于腹板的最小厚度，见表 4.4-40。

5) 最小腹板厚度

最小腹板厚度按锻件在分模面的投影面积，查 4.4-40 确定（图 4.4-8 和图 4.4-9）。

第4章 满足加工工艺的结构设计

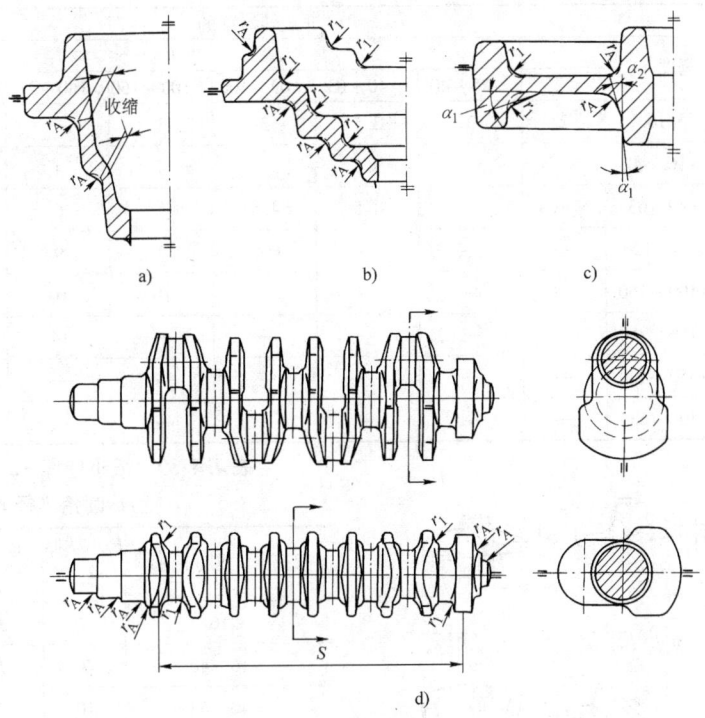

图 4.4-2 拐角圆角半径

表 4.4-36 内凹槽圆角 r_A （mm）

所在的凸肩高度	锻件的最大直径或高度							
	≤25	>25~40	>40~63	>63~100	>100~160	>160~250	>250~400	>400~630
≤16	2.5	3	4	5	7	9	11	12
>16~40	3	4	5	7	9	11	13	15
>40~63	—	5	7	9	10	12	14	18
>63~100	—	—	10	12	14	16	18	22
>100~160	—	—	—	16	18	20	23	29
>160~250	—	—	—	—	22	25	29	36

表 4.4-37 外凹槽圆角 r_1 （mm）

所在的凸肩高度	锻件的最大直径或高度							
	≤25	>25~40	>40~63	>63~100	>100~160	>160~250	>250~400	>400~630
≤16	3.5	4	5	6	8	10	12	14
>16~40	5	7	9	10	12	14	16	18
>40~63	—	10	12	14	16	18	20	23
>63~100	—	—	16	18	20	23	25	30
>100~160	—	—	—	22	25	29	32	36
>160~250	—	—	—	—	32	36	46	60

表 4.4-38　最小底厚 S_B　　(mm)

旋转对称的		非旋转对称的							
直径 d_1	最小底厚 S_B	宽度 b_4	长度 l						
			≤25	>25~40	>40~63	>63~100	>100~160	>160~250	>250~400	>400~630
≤20	2	≤16	2	2	2.5	3	3	—	—	—
>20~50	3.5	>16~40	—	3.5	3.5	3.5	4	4	6	6
>50~80	4	>40~63	—	—	4.5	4.5	5	6	7	9
>80~125	6	>63~100	—	—	—	6.5	7	9	9	11
>125~200	9	>100~160	—	—	—	—	10	10	12	14
>200~315	14	>160~250	—	—	—	—	—	14	16	19
>315~500	20	>250~400	—	—	—	—	—	—	20	23
>500~800	30	>400~630	—	—	—	—	—	—	—	29

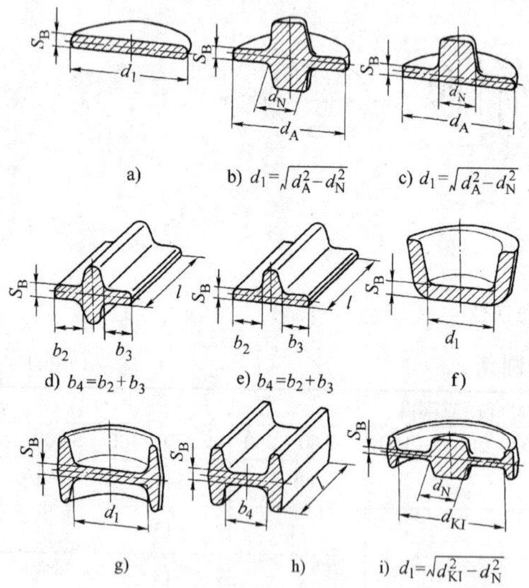

表 4.4-39　最小壁厚 S_W、肋宽 S_R 及肋端圆角半径 r_{RK}　(mm)

壁高 h_W 或肋高 h_R	最小壁厚 S_W	肋宽 S_R	肋端圆角半径 r_{RK}
≤16	3	3	1.5
>16~40	7	7	3.5
>40~63	10	10	5
>63~100	18	18	8
>100~160	29	—	—

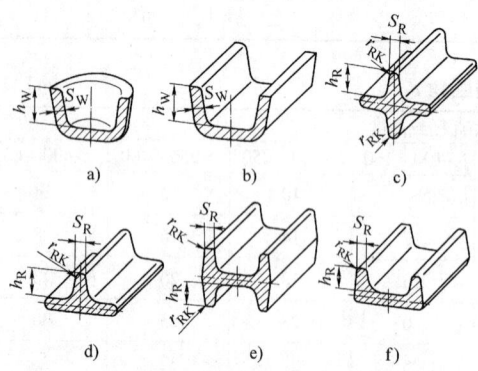

图 4.4-3　最小底厚

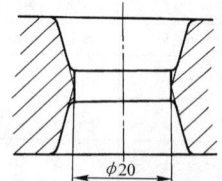

图 4.4-5　最小冲孔直径

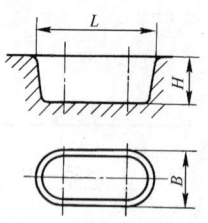

图 4.4-6　单向不通孔深度

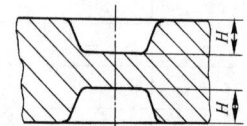

图 4.4-7　双向不通孔深度

图 4.4-4　最小壁厚、肋宽及肋端圆角半径

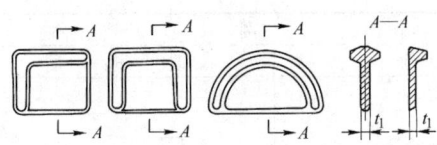

图 4.4-8 无限制腹板厚度

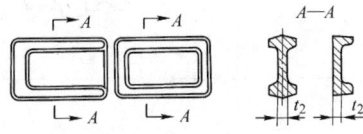

图 4.4-9 有限制腹板厚度

(2) 锻件尺寸标注及其测量法

1) 垂直于分模面的尺寸标注及其测量法

锻件垂直于分模面的尺寸,其标注及其测量法与一般零件相同。

2) 平行于分模面的尺寸标注及其测量法

锻件平行于分模面的尺寸,除特殊注明者外,一律按理论交点标注(图 4.4-10),此交点在锻件上的位置用移动一段距离 ($k \times r$) 的方法确定。系数 k 值按表 4.4-41 确定,表中 α 或 β 为模锻斜度(以角度计)。

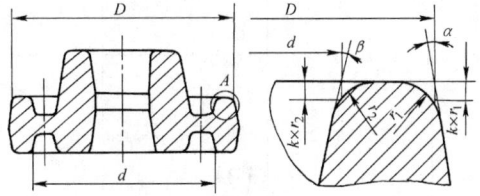

图 4.4-10 分模面尺寸标注

表 4.4-40 最小腹板的厚度 (mm)

锻件在分模面上的投影面积 /cm²	无限制腹板 t_1	有限制腹板 t_2	锻件在分模面上的投影面积 /cm²	无限制腹板 t_1	有限制腹板 t_2
≤25	3	4	>800~1000	12	14
>25~50	4	5	>1000~1250	14	16
>50~100	5	6	>1250~1600	16	18
>100~200	6	8	>1600~2000	18	20
>200~400	8	10	>2000~2500	20	22
>400~800	10	12			

注:表列 t_1 和 t_2 允许根据设备、工艺条件协商变动。

表 4.4-41 系数 k 值表

α 或 β	k	α 或 β	k
0°00′	1.000	5°00′	0.600
0°15′	0.907	7°00′	0.534
0°30′	0.868	10°00′	0.456
1°00′	0.815	12°00′	0.413
1°30′	0.774	15°00′	0.359
3°00′	0.685		

注:$k = 1 - \sqrt{1 - \cot^2 \theta}$ 式中 $\theta = \dfrac{\alpha + 90°}{2}$ 或 $\theta = \dfrac{\beta + 90°}{2}$。

3.3 模锻件结构设计的注意事项(见表 4.4-42)

表 4.4-42 模锻件结构设计的注意事项

序号	注意事项		图例	
			改进前	改进后
1	合理设计分模面	金属容易充满模腔		

(续)

序号	注意事项		图例	
			改进前	改进后
1	合理设计分模面	简化模具制造	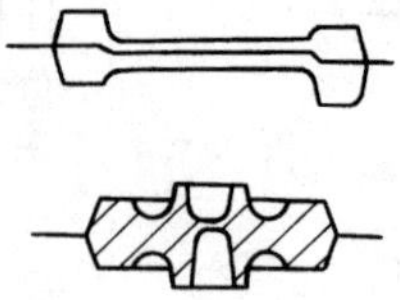	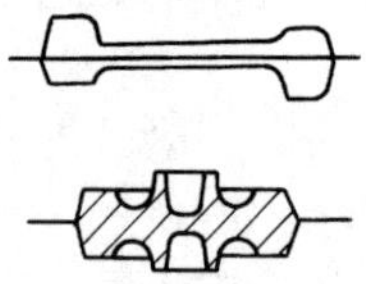
		容易检查错模	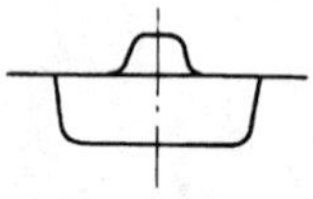	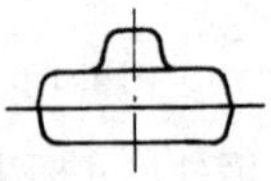
		平衡模锻错移力	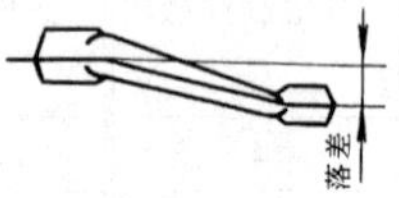	
		能干净切除飞边	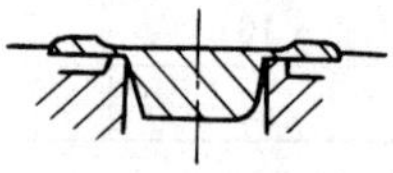	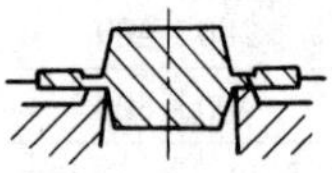
		锻件流线合乎要求	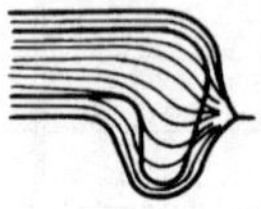	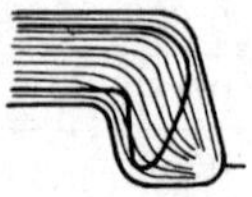
2	便于脱模	锻件截面适于脱模 注：图中涂黑处需加工去掉	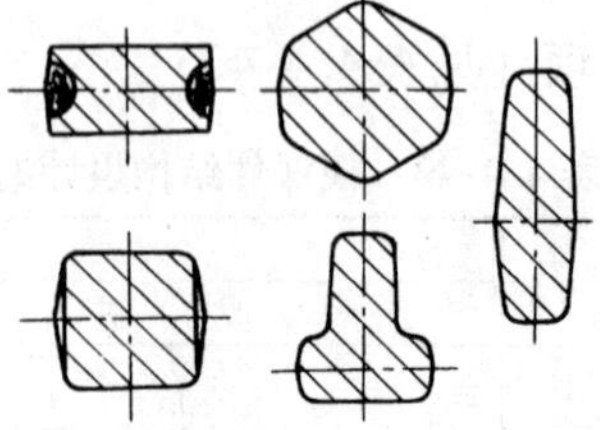	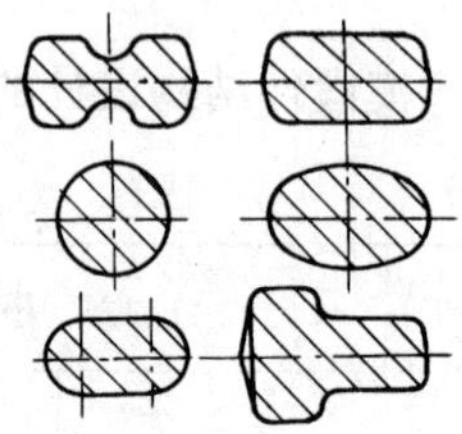

(续)

序号	注意事项		图例	
			改进前	改进后
3	适当的圆角半径	圆角过小，模具易出现裂纹，寿命低 圆角过大，机械加工余量过大		
4	简化模具设计与制造	形状对称的零件可设计为同一种零件		
		零件应尽量设计成对称结构		
		薄而高的肋不能直接锻出		
5	减少模锻劳动量	大直径薄凸缘模锻困难		

4 冲压件结构设计工艺性

4.1 冲压方法和冲压材料的选用

4.1.1 冲压的基本工序

冲压的基本工序可分为分离工序（见表 4.4-43）、成形工序（见表 4.4-44）两类。

表 4.4-43 分离工序分类

工序名称	简图	特点及常用范围
切断		用剪刀或冲模切断板材，切断线不封闭
落料	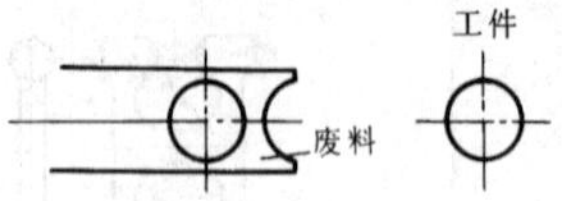	用冲模沿封闭线冲切板料，冲下来的部分为制件
冲孔	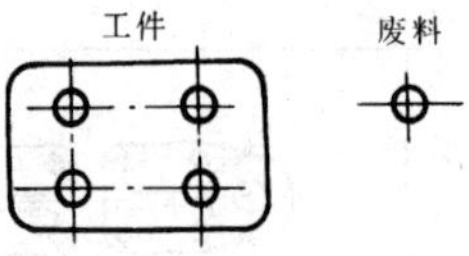	用冲模沿封闭线冲切板料，冲下来的部分为废料
剖切	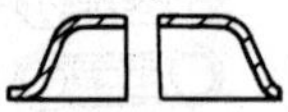	把半成品切开成两个或几个制件，常用于成双冲压
切口	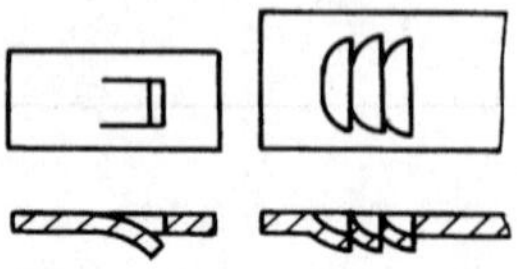	在坯料上沿不封闭线冲出缺口，切口部分发生弯曲，如通风板

（续）

工序名称	简图	特点及常用范围
切边	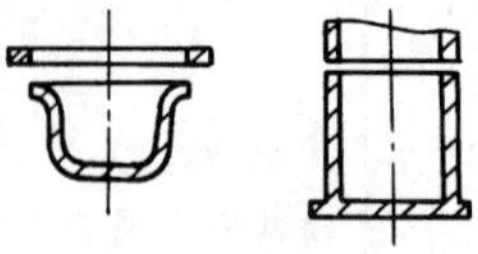	将制件的边缘部分切掉

表 4.4-44 成形工序分类

工序名称		简图	特点及常用范围
弯曲	弯曲		把板料弯成一定的形状
	卷圆	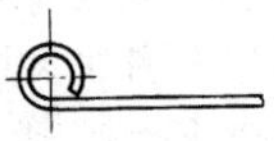	把板料端部卷圆，如合页
	扭曲	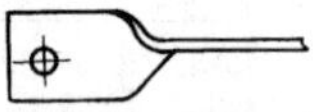	把制件扭转成一定角度
拉深	拉深	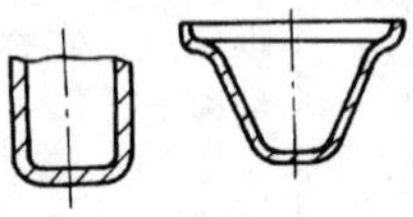	把平板形坯料制成空心制件，壁厚基本不变
	变薄拉深	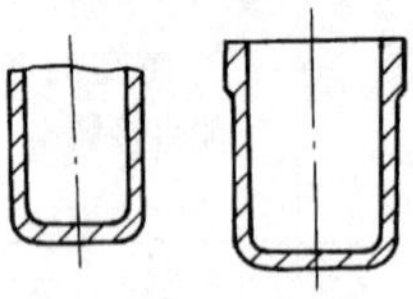	把空心制件拉深成侧壁比底部薄的制件
成形	翻孔		把制件上有孔的边缘翻出边缘
	翻边	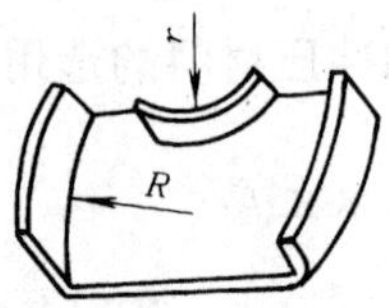	把制件的外缘翻起成圆弧或曲线状的竖立边缘

（续）

工序名称		简 图	特点及常用范围
成形	扩口		把空心制件的口部扩大，常用于管子
	缩口		把空心制件的口部缩小
	滚弯		通过一系列轧辊把平板卷料滚弯成复杂形状
	起伏		在制件上压出肋条，花纹或文字，在起伏处的整个厚度上都有变形
	卷边		把空心件的边缘卷成一定形状
	胀形		使制件的一部分凸起，呈凸肚形
	旋压		把平板形坯料用小滚轮旋压出一定形状（分变薄与不变薄两种）

（续）

工序名称		简 图	特点及常用范围
成形	整形		把形状不太准确的制件校正成形，如获得小的 r 等
	校平		校正制件的平面度
	压印		在制件上压出文字或花纹，只在制件厚度的一个平面上有变形

4.1.2 冲压材料的选用

冲压零件所用的材料，不仅要适合零件在机器中的工作条件，而且要适合冲压过程中材料变形特点及变形程度所决定的制造工艺要求，即应具有足够的强度及较高的可塑性。

(1) 选用原则

1) 对于拉深及复杂弯曲件，应选用成形性好的材料。

2) 对于弯曲件，应考虑材料的纤维方向。

3) 在保证产品质量的前提下，尽量降低所使用的材料的价格。用薄料代替厚料；用钢铁材料代替非铁材料；充分利用边角余料，以降低成本。

4) 考虑后继工序的要求，如冲压后需焊接、涂漆、镀膜处理的零件，应选用酸洗钢板。

(2) 冲压用的材料（见表 4.4-45、表 4.4-46）

表 4.4-45 冲压件对材料的要求

冲压件类别	材 料 力 学 性 能			常 用 材 料
	抗拉强度 R_m /MPa	断后伸长率 A (%)	硬 度 HRW	
平板冲裁件	<637	1~5	84~96	Q195，电工硅钢
冲裁件 弯曲件（以圆角半径 $R>2t$ 作 90°垂直于轧制方向的弯曲）	<490	4~14	76~85	Q195，Q275，40，45，65Mn
浅拉深件 成形件 弯曲件（以圆角半径 $R>0.5t$ 作 90°垂直于轧制方向的弯曲）	<412	13~27	64~74	Q215，Q235，15，20
深拉深件 弯曲件（以圆角半径 $R<0.5t$ 作任意方向 180°的弯曲）	<363	24~36	52~64	08F，08，10F，10
复杂拉深件 弯曲件（以圆角半径 $R<0.5t$ 作任意方向 180°的弯曲）	<324	33~45	38~52	08Al，08F

注：表中 t 为板料厚度。

表 4.4-46 适用于精冲的材料

钢铁材料	非铁材料
普通碳素结构钢：Q195~Q275 优质碳素结构钢：05，08，10~60 [含碳量（质量分数）超过 0.4% 的碳钢，须经球化退火后再精冲］ 低合金钢和合金钢（经球化退火后 $R_m < 588$MPa 的均可精冲） 不锈钢及经球化退火的合金工具钢也可精冲	黄铜：(H62、H68、H70、H80），锡黄铜、铝黄铜、镍黄铜均可进行精冲； 青铜，锡青铜，铝青铜，铍青铜都可精冲； 铜：T1、T2、T3 无氧铜：TU1，TU2 纯铝：1070A~8A06 防锈铝：5A01~5A06，5B05 等经淬火时效处理，在时效期内均可精冲

4.2 冲压件结构设计的基本参数

4.2.1 冲裁件

冲裁是利用冲模使材料分离的冲压工艺，它是切断、落料、冲孔、切口、切边等工序的总称。

1）冲裁的最小尺寸见表 4.4-47 ~ 表 4.4-49。

2）精冲件的最小圆角半径。精冲件轮廓不应有尖角，否则尖角处材料易产生撕裂，致使凸模极易损坏（见表 4.4-50、表 4.4-51）。

3）精冲件最小槽宽与槽边距见表 4.4-52、表 4.4-53。

表 4.4-47 冲裁最小尺寸

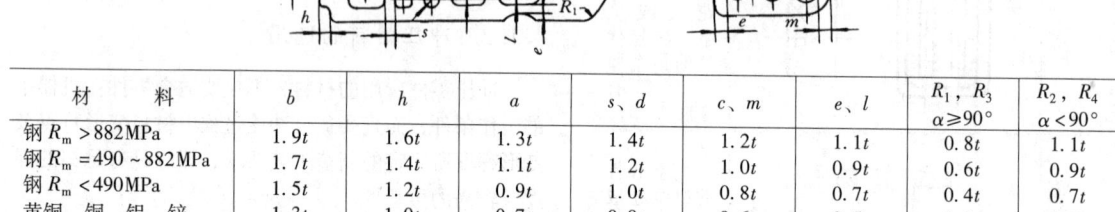

材料	b	h	a	$s、d$	$c、m$	$e、l$	R_1, R_3 $\alpha \geq 90°$	R_2, R_4 $\alpha < 90°$
钢 $R_m > 882$MPa	1.9t	1.6t	1.3t	1.4t	1.2t	1.1t	0.8t	1.1t
钢 $R_m = 490~882$MPa	1.7t	1.4t	1.1t	1.2t	1.0t	0.9t	0.6t	0.9t
钢 $R_m < 490$MPa	1.5t	1.2t	0.9t	1.0t	0.8t	0.7t	0.4t	0.7t
黄铜、铜、铝、锌	1.3t	1.0t	0.7t	0.8t	0.6t	0.5t	0.2t	0.5t

注：1. t 为材料厚度。
2. 若冲裁件结构无特殊要求，应采用大于表中所列数值。
3. 当采用整体凹模时，冲裁件轮廓应避免清角。

表 4.4-48 孔的位置安排

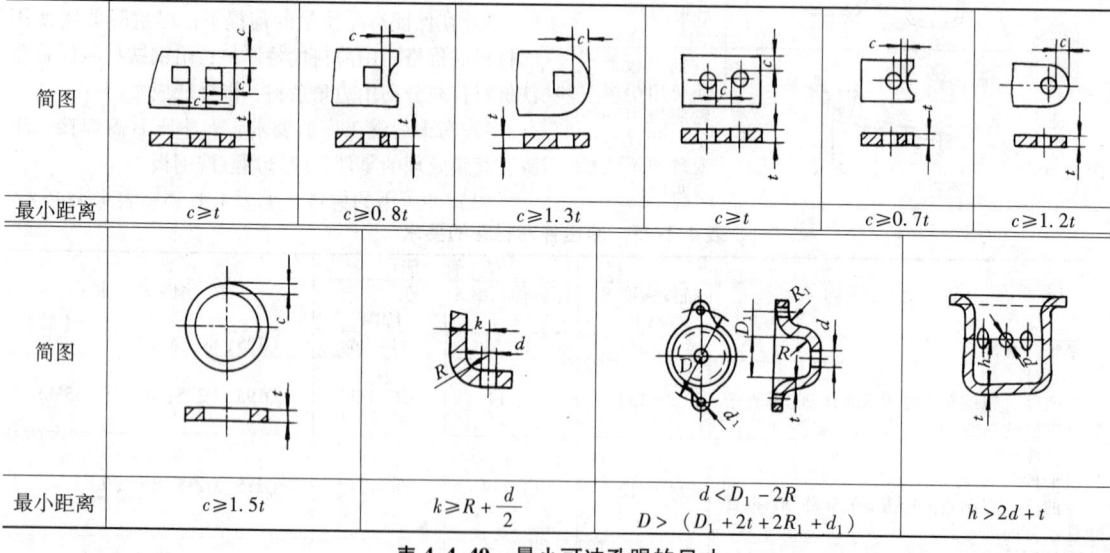

简图						
最小距离	$c \geq t$	$c \geq 0.8t$	$c \geq 1.3t$	$c \geq t$	$c \geq 0.7t$	$c \geq 1.2t$
简图						
最小距离	$c \geq 1.5t$		$k \geq R + \dfrac{d}{2}$		$d < D_1 - 2R$ $D > (D_1 + 2t + 2R_1 + d_1)$	$h > 2d + t$

表 4.4-49 最小可冲孔眼的尺寸

材料	圆孔直径	方孔边长	长方孔 短边（径）	长圆孔 长
钢（$R_m > 686$MPa）	1.5t	1.3t	1.2t	1.1t
钢（$R_m > 490~686$MPa）	1.3t	1.2t	1t	0.9t
钢（$R_m \leq 490$MPa）	1t	0.9t	0.8t	0.7t
黄铜、纯铜	0.9t	0.8t	0.7t	0.6t

(续)

材料	圆孔直径	方孔边长	长方孔		长圆孔
			短边	（径）长	
铝、锌	0.8	0.7	0.6		0.5
胶木、胶布板	0.7	0.6	0.5		0.4
纸板	0.6	0.5	0.4		0.3

注：当板厚<4mm时可以冲出垂直孔，而当板厚>4~5mm时，则孔的每边须做出6°~10°的斜度。

表 4.4-50　精冲件的最小圆角半径　　　　　　　　　　　　(mm)

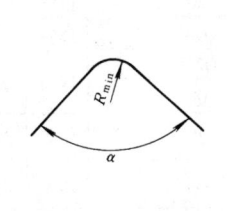

料厚	工件轮廓角度 α			
	30°	60°	90°	120°
1	0.4	0.2	0.1	0.05
2	0.9	0.45	0.23	0.15
3	1.5	0.75	0.35	0.25
4	2	1	0.5	0.35
5	2.6	1.3	0.7	0.5
6	3.2	1.6	0.85	0.65
8	4.6	2.5	1.3	1
10	7	4	2	1.5
12	10	6	3	2.2
14	15	9	4.5	3
15	18	11	6	4

注：上表数值适用于抗拉强度低于441MPa的材料。强度高于此值应按比例增加。

表 4.4-51　各种材料精冲时的尺寸极限

抗拉强度 R_m /MPa	a_{min}	b_{min}	c_{min}	d_{min}
147	$(0.25~0.35)t$	$(0.3~0.4)t$	$(0.2~0.3)t$	$(0.3~0.4)t$
294	$(0.35~0.45)t$	$(0.4~0.45)t$	$(0.3~0.4)t$	$(0.45~0.55)t$
441	$(0.5~0.55)t$	$(0.55~0.65)t$	$(0.45~0.5)t$	$(0.65~0.7)t$
588	$(0.7~0.75)t$	$(0.75~0.8)t$	$(0.6~0.65)t$	$(0.85~0.9)t$

注：1. 薄料取上限，厚料取下限。
　　2. t 为材料厚度。

表 4.4-52　冲裁件最小许可宽度与材料的关系

材料	最小值		
	B_1	B_2	B_3
中等硬度的钢	$1.25t$	$0.8t$	$1.5t$
高碳钢和合金钢	$1.65t$	$1.1t$	$2t$
有色合金	t	$0.6t$	$1.2t$

表 4.4-53　精冲件最小相对槽宽 e/t

料厚 t /mm	槽长 l /mm										
	2	4	6	8	10	15	20	40	60	80	100	150	200
1	0.69	0.78	0.82	0.84	0.88	0.94	0.97						
1.5	0.62	0.72	0.75	0.78	0.82	0.87	0.90						
2	0.58	0.67	0.70	0.73	0.77	0.83	0.86	1					
3		0.62	0.65	0.68	0.71	0.76	0.79	0.92	0.98				
4		0.60	0.63	0.65	0.68	0.74	0.76	0.88	0.94	0.97	1		
5			0.62	0.64	0.67	0.73	0.75	0.86	0.92	0.95	0.97		
8				0.63	0.66	0.71	0.73	0.85	0.9	0.93	0.95	1	
10					0.68	0.71	0.80	0.85	0.87	0.88	0.93	0.96
12						0.70	0.79	0.84	0.86	0.87	0.92	0.95
15						0.69	0.78	0.83	0.85	0.86	0.90	0.93

注：最小槽边距 $f_{min}=(1.1~1.2)e_{min}$。

4）冲裁间隙及冲裁时合理搭边值见表4.4-54和表4.4-55。

表 4.4-54　冲裁间隙

材料牌号	料厚/mm	合理间隙（径向双面）		材料牌号	料厚/mm	合理间隙（径向双面）		材料牌号	料厚/mm	合理间隙（径向双面）		材料牌号	料厚/mm	合理间隙（径向双面）	
		最小	最大			最小	最大			最小	最大			最小	最大
08	0.05	无间隙		Q235	0.9	10%	14%	50	2.1	13%	19%	Q235	4.5	16%	22%
08	0.1			08				Q235	2.5	14%	20%	08		17%	23%
08	0.2			65Mn				Q235				20		17%	23%
50				09Mn				08				Q345		15%	21%
08	0.22			08	1	10%	14%	20		15%	21%	Q235	5	17%	23%
08	0.3			09Mn				09Mn		14%	20%	08		18%	24%
50				08	1.2	11%	15%	Q345		15%	21%	20		15%	21%
08	0.4			09Mn				08	2.75	14%	20%	Q345			
65Mn				Q235				Q235		15%	21%	08	5.5	17%	23%
08	0.5	8%	12%	Q235	1.5	11%	15%	08	3	16%	22%	Q345		14%	20%
65Mn				08				20				Q235		18%	24%
35				20				09Mn		15%	21%	08	6	19%	25%
08	0.6	8%	12%	09Mn				Q345		16%	22%	20			
08	0.7	9%	13%	16Mn				Q235	3.5	15%	21%	Q345		14%	20%
65Mn				08	1.75	12%	18%	Q235				Q345	6.5	14%	20%
09Mn				Q235				08		16%	22%	Q345	8	15%	21%
08	0.8	9%	13%	Q235	2	12%	18%	20	4	17%	23%	Q345	12	11%	15%
20				08											
65Mn				10											
09Mn				20		13%	19%								
Q345				09Mn		12%	18%								
				16Mn		13%	19%								

表 4.4-55　冲裁时合理搭边值　　　　　　　　　　　　　　　　　　（mm）

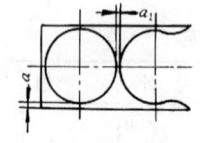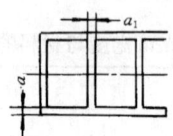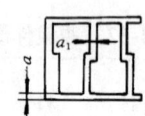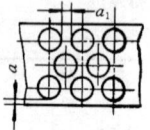

料厚	手　送　料						自　动　送　料	
	圆形		非圆形		往复送料			
	a	a_1	a	a_1	a	a_1	a	a_1
≤1	1.5	1.5	2	1.5	3	2		
>1~2	2	1.5	2.5	2	3.5	2.5	3	2
>2~3	2.5	2	3	2.5	4	3.5		
>3~4	3	2.5	3.5	3	5	4	4	3
>4~5	4	3	5	4	6	5	5	4
>5~6	5	4	6	5	7	6	6	5
>6~8	6	5	7	6	8	7	7	6
>8	7	6	8	7	9	8	8	7

注：非金属材料（皮革、纸板、石棉等）的搭边值应比金属大1.5~2倍。

4.2.2　弯曲件

1）板件最小弯曲圆角半径和弯曲件尾部弯出长度分别见表4.4-56和表4.4-57。

表 4.4-56　板件最小弯曲圆角半径（为厚度 t 的倍数）

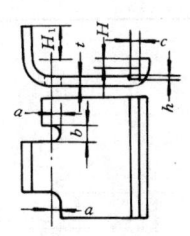

弯成 90°角时

材　料	垂直于轧制纹路	与轧制纹路成 45°	平行轧制纹路
08，10，Q195，Q215	0.3	0.5	0.8
15，20，Q235	0.5	0.8	1.3
30，40，Q235	0.8	1.2	1.5
45，50，Q275	1.2	1.8	3.0
25CrMnSi，30CrMnSi	1.5	2.5	4.0
软黄铜和铜	0.3	0.45	0.8
半硬黄铜	0.5	0.75	1.2
铝	0.35	0.5	1.0
硬铝合金	1.5	2.5	4.0

注：弯曲角度 α 缩小时，还需乘上系数 K。当 90°>α>60°时，K=1.1~1.3，当 60°>α>45°时，K=1.3~1.5。

表 4.4-57　弯曲件尾部弯出长度

$H_1 > 2t$（弯出零件圆角中心以上的长度）

$H < 2t$

$b > t$

$a > t$

$c = 3 \sim 6$ mm

$h = (0.1 \sim 0.3) t$ 且不小于 3mm

2）型材弯曲半径见表 4.4-58 ~ 表 4.4-61，角钢的截切、破口尺寸见表 4.4-62 和表 4.4-63。

表 4.4-58　扁钢、圆钢弯曲的推荐尺寸　（mm）

扁钢平面弯曲

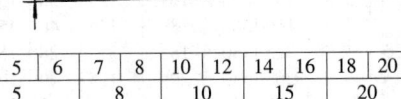

t	2	3	4	5	6	7	8	10	12	14	16	18	20
R	3			5			8	10		15		20	
α	7°，15°，20°，30°，40°，45°，50°，60°，70°，75°，80°，90°												

扁钢侧面弯曲

t	2	3	4	5	6	7	8	10	12	14	16	18	20
b	15 ~ 40								40 ~ 70			
R	30								50			
α	7°，15°，20°，30°，40°，45°，50°，60°，70°，75°，80°，90°												

圆钢弯曲

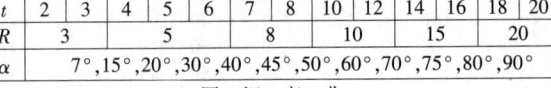

d	6	8	10	12	14	16	18	20	25	28	30
r (最小)	4	6	8		10		12			15	
r (一般)	= d											

圆钢弯小钩

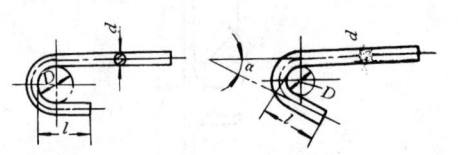

α = 45°或 75°　l = 3d

D = 2d；其尺寸最好从下列尺寸系列中选择：
8，10，12，14，16，18，20，22，24，28，32，36，40mm

圆钢弯钩环

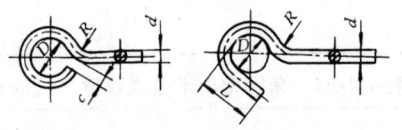

d	D	c (小于)	R	l
6	8 ~ 14	6	5 ~ 8	14 ~ 26
8	10 ~ 18	6	5 ~ 10	27 ~ 36
10	10 ~ 20	8	5 ~ 10	30 ~ 40
12	12 ~ 24	10	5 ~ 12	36 ~ 48
14	12 ~ 28	12	8 ~ 15	40 ~ 56
16	16 ~ 32	16	8 ~ 15	48 ~ 64
18	18 ~ 36	20	10 ~ 20	54 ~ 72

1. 直径 D 由下列尺寸系列中选择：8，10，12，14，16，18，20，22，24，28，32，36mm。

2. 半径 R 在 5，8，10，12，15，20mm 各数值选择，应约等于 $\dfrac{D}{2}$。

表 4.4-59 型钢最小弯曲半径

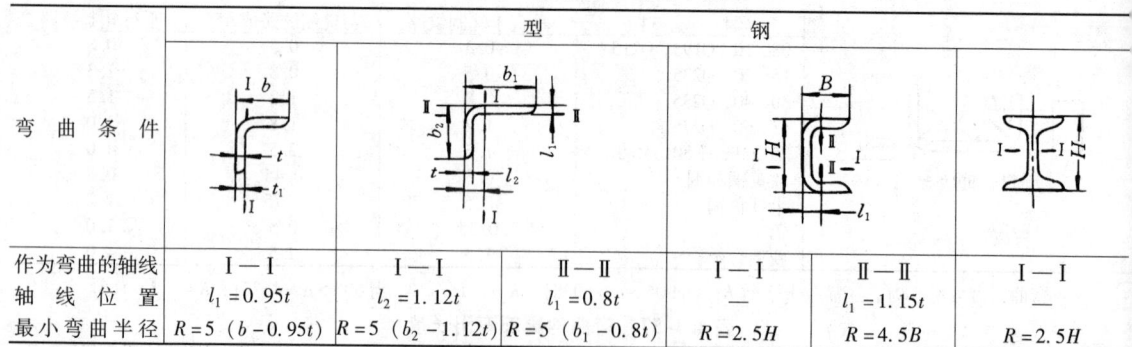

弯曲条件	型			钢		
作为弯曲的轴线 轴 线 位 置 最小弯曲半径	I—I $l_1 = 0.95t$ $R = 5(b - 0.95t)$	I—I $l_2 = 1.12t$ $R = 5(b_2 - 1.12t)$	II—II $l_1 = 0.8t$ $R = 5(b_1 - 0.8t)$	I—I — $R = 2.5H$	II—II $l_1 = 1.15t$ $R = 4.5B$	I—I — $R = 2.5H$

表 4.4-60 管子最小弯曲半径 （mm）

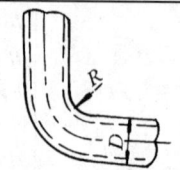

硬聚氯乙烯管			铝 管			纯铜与黄铜管			焊接钢管		R		无 缝 钢 管				
D	壁厚 t	R	D	壁厚 t	R	D	壁厚 t	R	D	壁厚 t	热	冷	D	壁厚 t	R	D	壁厚 t	R
12.5	2.25	30	6	1	10	5	1	10	13.5		40	80	6	1	15	45	3.5	90
15	2.25	45	8	1	15	6	1	10	17		50	100	8	1	15	57	3.5	110
25	2	60	10	1	15	7	1	15	21.25	2.75	65	130	10	1.5	20	57	4	150
25	2	80	12	1	20	8	1	15	26.75	2.75	80	160	12	1.5	25	76	4	180
32	3	110	14	1	20	10	1	15	33.5	3.25	100	200	14	1.5	30	89	4	220
40	3.5	150	16	1.5	30	12	1	20	42.25	3.25	130	250	14	3	18	108	4	270
51	4	180	20	1.5	30	14	1	20	48	3.5	150	290	16	1.5	30	133	4	340
65	4.5	240	25	1.5	50	15	1	30	60	3.5	180	360	18	1.5	40	159	4.5	450
76	5	330	30	1.5	60	16	1.5	30	75.5	3.75	225	450	18	3	28	159	6	420
90	6	400	40	1.5	80	18	1.5	30	88.5	4	265	530	20	1.5	40	194	6	500
114	7	500	50	2	100	20	1.5	30	114	4	340	680	22	3	50	219	6	500
140	8	600	60	2	125	24	1.5	40					25	3	50	245	6	600
166	8	800				25	1.5	40					32	3	60	273	8	700
						28	1.5	50					32	3.5	60	325	8	800
						35	1.5	60					38	3	80	371	10	900
						45	1.5	80					38	3.5	70	426	10	1000
						55	2	100					44.5	3	100			

表 4.4-61 角钢弯曲半径推荐值 （mm）

简 图	弯曲角 α		
	7°~30°	40°~60°	70°~90°
(上图)	$R = 150$	$R = 100$	$R = 50$
(下图)	$R = 50$	$R = 30$	$R = 15$

表 4.4-62 角钢截切角推荐值

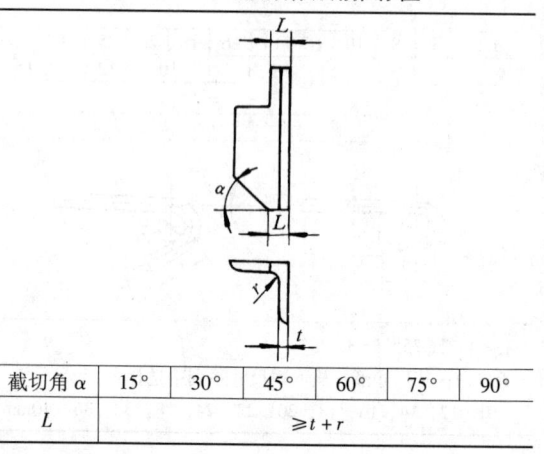

截切角 α	15°	30°	45°	60°	75°	90°
L			$\geq t + r$			

表 4.4-63 角钢破口弯曲 c 值 （mm）

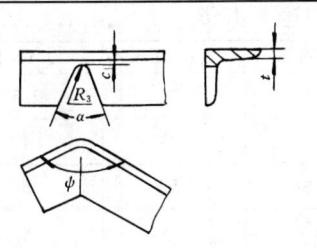

截切角 α	角钢厚度 t							
	3	4	5	6	7	8	9	10	12
<30°	6	9	11	15	16	17	18	19	21
>30°~60°	6	7	8	11	12	14	15	16	18
>60°~90°	5	6	7	9	10	11	12	13	15
>90°	4	5	6	7	8	9	10	11	13

截切角 $\alpha = 180° - \psi$

4.2.3 拉深件（见表 4.4-64~表 4.4-70）

表 4.4-64 箱形零件的圆角半径、法兰边宽度和工件高度

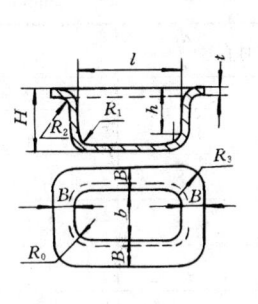

	材料	圆角半径	材料厚度 t/mm		
			<0.5	>0.5~3	>3~5
R_1、R_2	软钢	R_1	(5~7)t	(3~4)t	(2~3)t
		R_2	(5~10)t	(4~6)t	(2~4)t
	黄铜	R_1	(3~5)t	(2~3)t	(1.5~2.0)t
		R_2	(5~7)t	(3~5)t	(2~4)t
$\dfrac{H}{R_0}$ 当 $R_0 > 0.14B$ $R_1 \geq 1$	材料		比 值		
	酸洗钢		4.0~4.5	当 $\dfrac{H}{R_0}$ 需大于左列数值时，则应采用多次拉深工序	
	冷拉钢、铝、黄铜、铜		5.5~6.5		
B			$\leq R_2 + (3~5)t$		
R_3			$\geq R_0 + B$		

表 4.4-65 有凸缘筒形件第一次拉深的许可相对高度 $\dfrac{h_1}{d_1}$

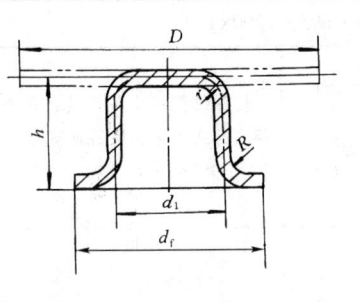

凸缘相对直径 $\dfrac{d_f}{d_1}$	坯料相对厚度 $\dfrac{t}{D} \times 100$				
	>0.06~0.2	>0.2~0.5	>0.5~1	>1~1.5	>1.5
≤1.1	0.45~0.52	0.50~0.62	0.57~0.70	0.60~0.82	0.75~0.90
>1.1~1.3	0.40~0.47	0.45~0.53	0.50~0.60	0.56~0.72	0.65~0.80
>1.3~1.5	0.35~0.42	0.40~0.48	0.45~0.53	0.50~0.63	0.58~0.70
>1.5~1.8	0.29~0.35	0.34~0.39	0.37~0.44	0.42~0.53	0.48~0.58
>1.8~2	0.25~0.30	0.29~0.34	0.32~0.38	0.36~0.46	0.42~0.51
>2~2.2	0.22~0.26	0.25~0.29	0.27~0.33	0.31~0.40	0.35~0.45
>2.2~2.5	0.17~0.21	0.20~0.23	0.22~0.27	0.25~0.32	0.28~0.35
>2.5~2.8	0.13~0.16	0.15~0.18	0.17~0.21	0.19~0.24	0.22~0.27

注：材料为钢 08、10。

表 4.4-66 无凸缘筒形件的许可相对高度 h/d

拉深次数	坯料相对厚度 $\dfrac{t}{D} \times 100$				
	0.1~0.3	0.3~0.6	0.6~1.0	1.0~1.5	1.5~2.0
1	0.45~0.52	0.5~0.62	0.57~0.70	0.65~0.84	0.77~0.94
2	0.83~0.96	0.94~1.13	1.1~1.36	1.32~1.6	1.54~1.88
3	1.3~1.6	1.5~1.9	1.8~2.3	2.2~2.8	2.7~3.5
4	2.0~2.4	2.4~2.9	2.9~3.6	3.5~4.3	4.3~5.6
5	2.7~3.3	3.3~4.1	4.1~5.2	5.1~6.6	6.6~8.9

c—修边余量

注：1. 适用 08、10 钢。
2. 表中大的数值，适用于第一次拉深中有大的圆角半径（$r = 8t~15t$），小的数值适用于小的圆角半径（$r = 4t~8t$）。

表 4.4-67 无凸缘拉深件的修边余量 c （mm）

简图	拉深高度 h	拉深相对高度 $\frac{h}{d}$			
		0.5~0.8	0.8~1.6	1.6~2.5	2.5~4
	<25	1.2	1.6	2	2.5
	25~50	2	2.5	3.3	4
	50~100	3	3.8	5	6
	100~150	4	5	6.5	8
	150~200	5	6.3	8	10
	200~250	6	7.5	9	11
	>250	7	8.5	10	12

表 4.4-68 有凸缘拉深件的修边余量 $c/2$ （mm）

简图	凸缘直径 d_f	凸缘的相对直径 $\frac{d_f}{d}$			
		~1.5	大于1.5~2	大于2~2.5	大于2.5
	<25	1.8	1.6	1.4	1.2
	25~50	2.5	2	1.8	1.6
	50~100	3.5	3	2.5	2.2
	100~150	4.3	3.6	3	2.5
	150~200	5	4.2	3.5	2.7
	200~250	5.5	4.6	3.8	2.8
	>250	6	5	4	3

d_f—制件凸缘外径

表 4.4-69 圆形拉深件的孔径和孔距（摘自 JB/T 6959—2008）

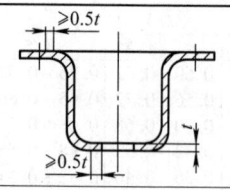

拉深件底部及凸缘口的冲孔的边缘与工件圆角半径的切点之间的距离不应小于 $0.5t$

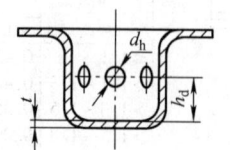

拉深件侧壁上的冲孔，孔中心与底部或凸缘的距离应满足 $h_d \geq 2d_h + t$

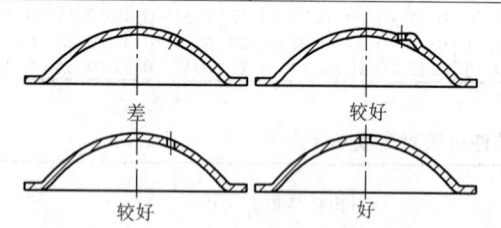

拉深件上的孔位应设置在与主要结构面（凸缘面）同一平面上，或使孔壁垂直于该平面以使冲孔与修边同时在一道工序中完成

表 4.4-70 拉深件的尺寸注法（摘自 JB/T 6959—2008）

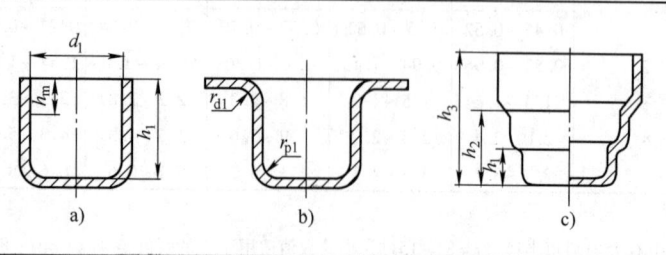

在拉深件图样上应注明必须保证的内腔尺寸或外部尺寸，不能同时标注内外形尺寸。对于有配合要求的口部尺寸应标注配合部分深度。对于拉深件的圆角半径，应标注在较小半径的一侧，即模具能够控制到的圆角半径的一侧。有台阶的拉深件，其高度尺寸应以底部为基准进行标注

4.2.4 成形件（见表 4.4-71～表 4.4-78）

表 4.4-71 内孔一次翻边的参考尺寸

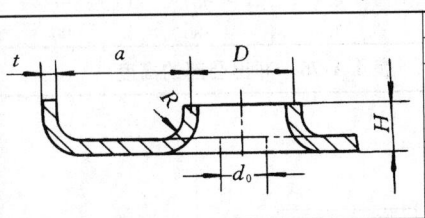

翻边直径（中径）D	由 结 构 给 定
翻边圆角半径 R	$R \geqslant 1+1.5t$
翻边系数 K	软钢 $K \geqslant 0.70$ 黄铜 H62（$t=0.5\sim 6$）$K \geqslant 0.68$ 铝（$t=0.5\sim 5$）$K \geqslant 0.70$
翻边高度 H	$H = \dfrac{D}{2}(1-K) + 0.43R + 0.72t$
翻边孔至外缘的距离 a	$a > (7\sim 8)t$

注：1. 翻边系数 $K = d_0/D$。
2. 若翻边高度较高，一次翻边不能满足要求时，可采用拉深、翻边复合工艺。
3. 翻边后孔壁减薄，如变薄量有特殊要求，应予注明。

表 4.4-72 缩口时直径缩小的合理比例

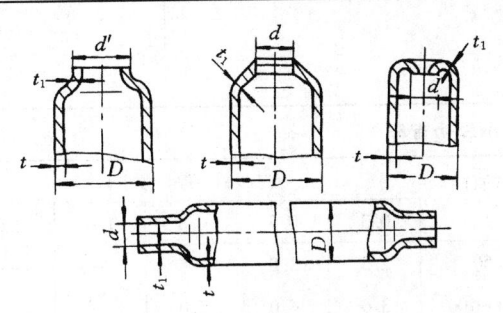

$\dfrac{D}{t} \leqslant 10$ 时；$d \geqslant 0.7D$
$\dfrac{D}{t} > 10$ 时；$d = (1-k)D$ 钢制件：$k = 0.1\sim 0.15$ 铝制件：$k = 0.15\sim 0.2$
箍压部分壁厚将增加 $t_1 = t\sqrt{\dfrac{D}{d}}$

表 4.4-73 加强肋的形状、尺寸及适宜间距

		尺 寸	h	B	r	R_1	R_2
半圆形肋		最小允许尺寸	$2t$	$7t$	t	$3t$	$5t$
		一般尺寸	$3t$	$10t$	$2t$	$4t$	$6t$
		尺 寸	h	B	r	r_1	R_2
梯形肋		最小允许尺寸	$2t$	$20t$	t	$4t$	$24t$
		一般尺寸	$3t$	$30t$	$2t$	$5t$	$32t$
加强肋之间及加强肋与边缘之间的适宜距离		$l \geqslant 3B$ $K \geqslant (3\sim 5)t$					

注：t 为钢板厚度。

表 4.4-74 角部加强肋 （mm）

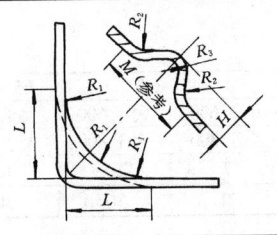 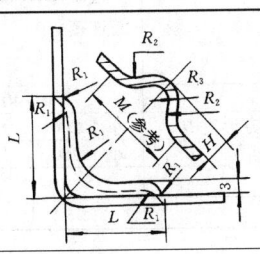

（续）

L	形式	R_1	R_2	R_3	H	M（参考）	间距
12.5	A	6	9	5	3	18	65
20	A	8	16	7	5	29	75
30	B	9	22	8	7	38	90

表 4.4-75 加强窝的间距及其至外缘的距离（mm）

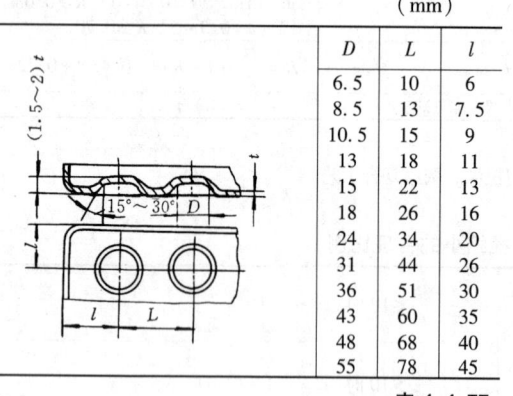

D	L	l
6.5	10	6
8.5	13	7.5
10.5	15	9
13	18	11
15	22	13
18	26	16
24	34	20
31	44	26
36	51	30
43	60	35
48	68	40
55	78	45

表 4.4-76 冲出凸部的高度

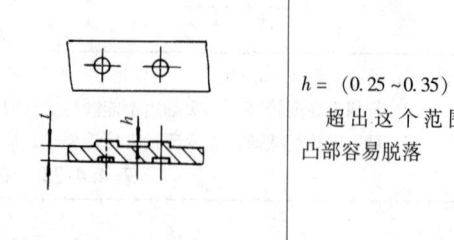

$h = (0.25 \sim 0.35) t$
超出这个范围，凸部容易脱落

表 4.4-77 最小卷边直径 （mm）

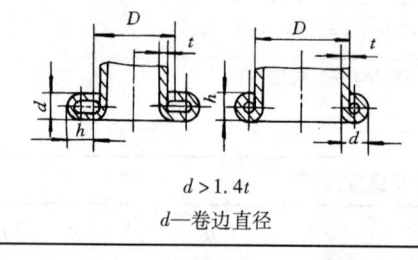

$d > 1.4t$
d—卷边直径

工件直径 D	材料厚度 t				
	0.3	0.5	0.8	1.0	2.0
<50	2.5	3.0	—	—	—
>50~100	3.0	4.0	5.0	—	—
>100~200	4.0	5.0	6.0	7.0	8.0
>200	5.0	6.0	7.0	8.0	9.0

表 4.4-78 铁皮咬口类型、用途和余量

咬口类型		用 途
1 型 光面咬口	a)	圆柱形、圆锥形和长方形管子连接时，采用 1 型咬口，咬口需附着在平面上或需要有气密性时使用光面咬口，需要咬口具有一定强度时才使用普通咬口。连接长度不同时，尺寸 B 可根据长的零件选择，但两个零件的尺寸 B 应相同
	普通咬口 b)	
2 型 折角咬口		折角咬口（2 型）在制造折角联合肘管时使用
3 型 过渡咬口		过渡咬口（3 型）在连接接管、肘管和从圆过渡到另一些截面时，用作各种过渡连接

钢板的强度/MPa		30~40		45~60		65~80	90~100
零件极限尺寸 /mm	直径或方形边 D	小于 200	大于 200	小于 600	大于 600	大于 600	在一切情况下
	长 度 L	小于 200	大于 200	小于 800	大于 800	大于 800	在一切情况下
接头长度 B/mm		5	7	7	10	10	14
咬口裕量 $3B$/mm		15	21	21	30	30	42

4.3 冲压件结构设计的注意事项

冲压件结构设计的注意事项见表 4.4-79。

表 4.4-79 冲压件结构设计的注意事项

类型	注意事项		图 例	
			改 进 前	改 进 后
落料件	节约金属	合理设计工件形状,以利于节省材料		
	避免尖角	工件如有细长尖角,易产生飞边或塌角		
	工件不宜过窄	工件太窄,冲模制造困难且寿命短	$b = 0.6t$	$b > (1 \sim 1.2) t$
	开口槽不宜过窄			
	圆弧边与过渡边不宜相切	节约金属和避免咬边		
切口件	切口处应有斜度	避免工件从凹模中退出时舌部与凹模内壁摩擦		$2° \sim 10°$

（续）

序号	注意事项		图例	
			改进前	改进后
弯曲件	弯曲处切口	窄料小半径弯曲时，为防止弯曲处变宽，工件弯曲处应有切口		
	预冲月牙槽	弯曲带孔的工件时，如孔在弯曲线附近，可预冲出月牙槽或孔，以防止孔变形		
	预冲防裂槽	在局部弯曲时，预冲防裂槽或外移弯曲线，以免交界处撕裂	毛坯	毛坯
	形状尽量对称	弯曲件形状尽量对称，否则工件受力不均，不易达到预定尺寸		
	弯曲部分压肋	可增加工件刚度，减小回弹		
	坯料形状简单	工件外形利于简化展开料形状	毛坯	毛坯

(续)

序号	注意事项		图例	
			改进前	改进后
弯曲件	弯曲部分进行预切	防止弯曲部分起皱		
	增加支承孔刚度	为保证弯曲后支承孔同轴,在弯曲时翻出短边		
拉深件	形状尽量简单并对称	圆筒形、锥形、球形、非回转体、空间曲面,成形难度依次增加		
	法兰边宽度应一致	拉深困难,需增加工序,金属消耗大		
	法兰边直径过大	拉深困难	$D > 2.5d$	$D < 1.5d$
起伏件	压肋应与零件外形相近或对称	压肋与零件外形相近		
		压肋应对称		
组合冲压件	以冲压件代替锻件	制造简单、精度高		

4.4 冲压件的尺寸和角度公差、形状和位置未注公差(GB/T 13914、13915、13916—2013)、未注公差尺寸的极限偏差(GB/T 15055—2007)

4个标准均适用于金属材料冲压件,非金属材料冲压件可参照执行,见表4.4-80~表4.4-88。

表 4.4-80 平冲压件和成形冲压件尺寸公差 (mm)

公称尺寸	板材厚度	平冲压件尺寸公差（GB/T 13914—2013） 公差等级											成形冲压件尺寸公差（GB/T 13914—2013） 公差等级									
		ST1	ST2	ST3	ST4	ST5	ST6	ST7	ST8	ST9	ST10	ST11	FT1	FT2	FT3	FT4	FT5	FT6	FT7	FT8	FT9	FT10
>0~1	0.5	0.008	0.010	0.015	0.020	0.03	0.04	0.06	0.08	0.12	0.16	—	0.010	0.016	0.026	0.04	0.06	0.10	0.16	0.26	0.40	0.60
	>0.5~1	0.010	0.015	0.020	0.03	0.04	0.06	0.08	0.12	0.16	0.24	—	0.014	0.022	0.034	0.05	0.09	0.14	0.22	0.34	0.50	0.90
	>1~1.5	0.015	0.020	0.03	0.04	0.06	0.08	0.12	0.16	0.24	0.34	—	0.020	0.030	0.05	0.08	0.12	0.20	0.32	0.50	0.90	1.40
>1~3	0.5	0.012	0.018	0.026	0.036	0.05	0.07	0.10	0.14	0.20	0.28	0.40	0.016	0.026	0.04	0.07	0.11	0.18	0.28	0.44	0.70	1.00
	>0.5~1	0.018	0.026	0.036	0.05	0.07	0.10	0.14	0.20	0.28	0.40	0.56	0.022	0.036	0.06	0.09	0.14	0.24	0.38	0.60	0.90	1.40
	>1~3	0.026	0.036	0.05	0.07	0.10	0.14	0.20	0.28	0.40	0.56	0.78	0.032	0.05	0.08	0.12	0.20	0.34	0.54	0.86	1.20	2.00
	>3~4	0.034	0.05	0.07	0.09	0.13	0.18	0.26	0.36	0.50	0.70	0.98	0.04	0.07	0.11	0.18	0.28	0.44	0.70	1.10	1.80	2.80
>3~10	0.5	0.018	0.026	0.036	0.05	0.07	0.10	0.14	0.20	0.28	0.40	0.56	0.022	0.036	0.06	0.09	0.14	0.24	0.38	0.60	0.96	1.40
	>0.5~1	0.026	0.036	0.05	0.07	0.10	0.14	0.20	0.28	0.40	0.56	0.78	0.032	0.05	0.08	0.12	0.20	0.34	0.54	0.86	1.40	2.20
	>1~3	0.036	0.05	0.07	0.10	0.13	0.18	0.26	0.36	0.48	0.68	0.84	0.05	0.07	0.11	0.18	0.30	0.48	0.76	1.20	2.00	3.20
	>3~6	0.046	0.06	0.08	0.13	0.16	0.22	0.30	0.42	0.60	0.98	1.10	0.06	0.09	0.14	0.24	0.38	0.60	1.00	1.60	2.60	4.00
	>6	0.06	0.08	0.11	0.16	0.22	0.28	0.40	0.56	0.84	1.20	1.40	0.07	0.11	0.18	0.28	0.44	0.70	1.10	1.80	2.80	4.40
>10~25	0.5	0.026	0.036	0.05	0.07	0.10	0.14	0.20	0.28	0.40	0.56	0.78	0.030	0.05	0.08	0.12	0.20	0.32	0.50	0.80	1.20	2.00
	>0.5~1	0.036	0.05	0.07	0.10	0.14	0.20	0.28	0.40	0.56	0.78	1.10	0.04	0.07	0.11	0.18	0.28	0.46	0.72	1.10	1.80	2.80
	>1~3	0.05	0.07	0.10	0.14	0.20	0.28	0.40	0.56	0.78	1.10	1.50	0.06	0.10	0.16	0.26	0.40	0.64	1.00	1.60	2.60	4.00
	>3~6	0.06	0.09	0.13	0.18	0.26	0.36	0.50	0.70	1.00	1.40	2.00	0.08	0.12	0.20	0.32	0.50	0.80	1.20	2.00	3.20	5.00
	>6	0.08	0.12	0.16	0.22	0.32	0.44	0.60	0.88	1.20	1.60	2.40	0.10	0.14	0.24	0.40	0.62	1.00	1.60	2.60	4.00	6.40
>25~63	0.5	0.036	0.05	0.07	0.10	0.14	0.20	0.28	0.40	0.56	0.78	1.10	0.04	0.06	0.10	0.16	0.26	0.40	0.64	1.00	1.60	2.60
	>0.5~1	0.05	0.07	0.10	0.14	0.20	0.28	0.40	0.56	0.78	1.10	1.50	0.06	0.09	0.14	0.22	0.36	0.58	0.90	1.40	2.20	3.60
	>1~3	0.07	0.10	0.14	0.20	0.28	0.40	0.56	0.78	1.10	1.50	2.10	0.08	0.12	0.20	0.32	0.50	0.80	1.20	2.00	3.20	5.00
	>3~6	0.09	0.12	0.18	0.26	0.36	0.50	0.70	0.98	1.40	2.00	2.80	0.10	0.16	0.26	0.40	0.66	1.00	1.60	2.60	4.00	6.40
	>6	0.11	0.16	0.22	0.30	0.44	0.60	0.86	1.20	1.60	2.20	3.00	0.11	0.18	0.28	0.46	0.76	1.20	2.00	3.20	5.00	8.00
>63~160	0.5	0.04	0.06	0.09	0.12	0.18	0.26	0.36	0.50	0.70	0.98	1.40	0.05	0.08	0.14	0.22	0.36	0.56	0.90	1.40	2.20	3.60
	>0.5~1	0.06	0.09	0.12	0.18	0.26	0.36	0.50	0.70	0.98	1.40	2.00	0.07	0.12	0.19	0.30	0.48	0.78	1.20	2.00	3.20	5.00
	>1~3	0.09	0.12	0.18	0.26	0.36	0.50	0.70	1.20	1.40	2.00	2.80	0.10	0.16	0.26	0.42	0.68	1.10	1.80	2.80	4.40	7.00

(续)

公称尺寸	板材厚度	平冲压件尺寸公差（GB/T 13914—2013）公差等级											成形冲压件尺寸公差（GB/T 13914—2013）公差等级									
		ST1	ST2	ST3	ST4	ST5	ST6	ST7	ST8	ST9	ST10	ST11	FT1	FT2	FT3	FT4	FT5	FT6	FT7	FT8	FT9	FT10
>63~160	>3~6	0.12	0.16	0.24	0.32	0.46	0.64	0.90	1.30	1.80	2.60	3.60	0.14	0.22	0.34	0.54	0.88	1.40	2.20	3.40	5.60	9.00
	>6	0.14	0.20	0.28	0.40	0.56	0.78	1.10	1.50	2.10	2.90	4.20	0.15	0.24	0.38	0.62	1.00	1.60	2.60	4.00	6.60	10.00
>160~400	0.5	0.06	0.09	0.12	0.18	0.26	0.36	0.50	0.70	0.98	1.40	2.00	—	0.10	0.16	0.26	0.42	0.70	1.10	1.80	2.80	4.40
	>0.5~1	0.09	0.12	0.18	0.26	0.36	0.50	0.70	1.00	1.40	2.00	2.80	—	0.14	0.24	0.38	0.62	1.00	1.60	2.60	4.00	6.40
	>1~3	0.12	0.18	0.26	0.36	0.50	0.70	1.00	1.40	2.00	2.80	4.00	—	0.22	0.34	0.54	0.88	1.40	2.20	3.40	5.60	9.00
	>3~6	0.16	0.24	0.32	0.46	0.64	0.90	1.30	1.80	2.60	3.60	4.80	—	0.28	0.44	0.70	1.10	1.80	2.80	4.40	7.00	11.00
	>6	0.20	0.28	0.40	0.56	0.78	1.10	1.50	2.10	2.90	4.20	5.80	—	0.34	0.54	0.88	1.40	2.20	3.40	5.60	9.00	14.00
>400~1000	0.5	0.09	0.12	0.18	0.24	0.34	0.48	0.66	0.94	1.30	1.80	2.60	—	—	0.24	0.38	0.62	1.00	1.60	2.60	4.00	6.60
	>0.5~1	—	0.18	0.24	0.34	0.48	0.66	0.94	1.30	1.80	2.60	3.60	—	—	0.34	0.54	0.88	1.40	2.20	3.40	5.60	9.00
	>1~3	—	0.24	0.34	0.48	0.66	0.94	1.30	1.80	2.60	3.60	5.00	—	—	0.44	0.70	1.10	1.80	2.80	4.40	7.00	11.00
	>3~6	—	0.32	0.45	0.62	0.88	1.20	1.60	2.40	3.40	4.60	6.60	—	—	0.56	0.90	1.40	2.20	3.40	5.60	9.00	14.00
	>6	—	0.34	0.48	0.70	1.00	1.40	2.00	2.80	4.00	5.60	7.80	—	—	0.62	1.00	1.60	2.60	4.00	6.40	10.00	16.00
>1000~6300	0.5	—	—	0.26	0.36	0.50	0.70	0.98	1.40	2.00	2.80	4.00	—	—	—	—	—	—	—	—	—	—
	>0.5~1	—	—	0.36	0.50	0.70	0.98	1.40	2.00	2.80	4.00	5.60	—	—	—	—	—	—	—	—	—	—
	>1~3	—	—	0.50	0.70	0.98	1.40	2.00	2.80	4.00	5.60	7.80	—	—	—	—	—	—	—	—	—	—
	>3~6	—	—	—	0.90	1.20	1.60	2.20	3.20	4.40	6.20	8.00	—	—	—	—	—	—	—	—	—	—
	>6	—	—	—	1.00	1.40	1.90	2.60	3.60	5.20	7.20	10.00	—	—	—	—	—	—	—	—	—	—

注：1. 平冲压件是经平面冲裁工序加工而成形的冲压件。成形冲压件是经弯曲、拉深及其他成形方法加工而成形的冲压件。
2. 平冲压件尺寸公差适用于平冲压件，也适用于成形冲压件上经冲裁工序加工的尺寸。
3. 平冲压件、成形冲压件尺寸的极限偏差按下述规定选取。
 (1) 孔（内形）尺寸的极限偏差取表中给出的公差数值，冠以"+"作为上偏差，下偏差为0。
 (2) 轴（外形）尺寸的极限偏差取表中给出的公差数值，冠以"−"作为下偏差，上偏差为0。
 (3) 孔中心距、孔边距、弯曲、拉深与其他成形方法而成形的长度、高度及未注公差尺寸的极限偏差，取表中给出的公差值的一半，冠以"±"号分别作为上、下偏差。
4. 公称尺寸 B、D、L、H 选用示例表见图a、b、c。

表 4.4-81 未注公差（冲裁、成形）尺寸的极限偏差 (mm)

公称尺寸	材料厚度	未注公差冲裁尺寸的极限偏差 公差等级				未注公差成形尺寸的极限偏差 公差等级			
		f	m	c	v	f	m	c	v
>0.5~3	1	±0.05	±0.10	±0.15	±0.20	±0.15	±0.20	±0.35	±0.50
	>1~3	±0.15	±0.20	±0.30	±0.40	±0.30	±0.45	±0.60	±1.00
>3~6	1	±0.10	±0.15	±0.20	±0.30	±0.20	±0.30	±0.50	±0.70
	>1~4	±0.20	±0.30	±0.40	±0.55	±0.40	±0.60	±1.00	±1.60
	>4	±0.30	±0.40	±0.60	±0.80	±0.55	±0.90	±1.40	±2.20
>6~30	1	±0.15	±0.20	±0.30	±0.40	±0.25	±0.40	±0.60	±1.00
	>1~4	±0.30	±0.40	±0.55	±0.75	±0.50	±0.80	±1.30	±2.00
	>4	±0.45	±0.60	±0.80	±1.20	±0.80	±1.30	±2.00	±3.20
>30~120	1	±0.20	±0.30	±0.40	±0.55	±0.30	±0.50	±0.80	±1.30
	>1~4	±0.40	±0.55	±0.75	±1.05	±0.60	±1.00	±1.60	±2.50
	>4	±0.60	±0.80	±1.10	±1.50	±1.00	±1.60	±2.50	±4.00
>120~400	1	±0.25	±0.35	±0.50	±0.70	±0.45	±0.70	±1.10	±1.80
	>1~4	±0.50	±0.70	±1.00	±1.40	±0.90	±1.40	±2.20	±3.50
	>4	±0.75	±1.05	±1.45	±2.10	±1.30	±2.00	±3.30	±5.50
>400~1000	1	±0.35	±0.50	±0.70	±1.00	±0.55	±0.90	±1.40	±2.20
	>1~4	±0.70	±1.00	±1.40	±2.00	±1.10	±1.70	±2.80	±4.50
	>4	±1.05	±1.45	±2.10	±2.90	±1.70	±2.80	±4.50	±7.00
>1000~2000	1	±0.45	±0.65	±0.90	±1.30	±0.80	±1.30	±2.00	±3.30
	>1~4	±0.90	±1.30	±1.80	±2.50	±1.40	±2.20	±3.50	±5.50
	>4	±1.40	±2.00	±2.80	±3.90	±2.00	±3.20	±5.00	±8.00
>2000~4000	1	±0.70	±1.00	±1.40	±2.00				
	>1~4	±1.40	±2.00	±2.80	±3.90				
	>4	±1.80	±2.60	±3.60	±5.00				

注：对于 0.5mm 及 0.5mm 以下的尺寸应标公差。

表 4.4-82 未注公差（冲裁、成形）圆角半径的极限偏差（摘自 GB/T 15055—2007）(mm)

公称尺寸	材料厚度	冲裁圆角半径的极限偏差 公差等级				成形圆角半径 公称尺寸	极限偏差
		f	m	c	v		
>0.5~3	≤1	±0.15		±0.20		≤3	+1.00 / -0.30
	>1~4	±0.30		±0.40			
>3~6	≤4	±0.40		±0.60		>3~6	+1.50 / -0.50
	>4	±0.60		±1.00			
>6~30	≤4	±0.60		±0.80		>6~10	+2.50 / -0.80
	>4	±1.00		±1.40			
>30~120	≤4	±1.00		±1.20		>10~18	+3.00 / -1.00
	>4	±2.00		±2.40			
>120~400	≤4	±1.20		±1.50		>18~30	+4.00 / -1.50
	>4	±2.40		±3.00			
>400	≤4	±2.40				>30	+5.00 / -2.00
	>4	±3.00		±3.50			

表 4.4-83 尺寸公差等级的选用（摘自 GB/T 13914—2013）

加工方法	尺寸类型	公差等级										
		ST1	ST2	ST3	ST4	ST5	ST6	ST7	ST8	ST9	ST10	ST11
平冲压件	精密冲裁	外形										
		内形										
		孔中心距										
		孔边距										
	普通冲裁	外形										
		内形										
		孔中心距										
		孔边距										
	成形冲压平面冲裁	外形										
		内形										
		孔中心距										
		孔边距										

(续)

加工方法	尺寸类型	公差等级										
		ST1	ST2	ST3	ST4	ST5	ST6	ST7	ST8	ST9	ST10	ST11
成形冲压件 拉深	直径											
	高度											
带凸缘拉深	直径											
	高度											
弯曲	长度											
其他成形方法	直径											
	高度											
	长度											

表 4.4-84　角度公差（摘自 GB/T 13915—2013）

	公差等级	短边尺寸 /mm						
		≤10	>10~25	>25~63	>63~160	>160~400	>400~1000	>1000~2500
冲压件冲裁角度	AT1	0°40′	0°30′	0°20′	0°12′	0°5′	0°4′	—
	AT2	1°	0°40′	0°30′	0°20′	0°12′	0°6′	0°4′
	AT3	1°20′	1°	0°40′	0°30′	0°20′	0°12′	0°6′
	AT4	2°	1°20′	1°	0°40′	0°30′	0°20′	0°12′
	AT5	3°	2°	1°30′	1°	0°40′	0°30′	0°20′
	AT6	4°	3°	2°	1°30′	1°	0°40′	0°30′

	公差等级	短边尺寸 /mm						
		≤10	>10~25	>25~63	>63~160	>160~400	>400~1000	>1000
冲压件弯曲角度	BT1	1°	0°40′	0°30′	0°16′	0°12′	0°10′	0°8′
	BT2	1°30′	1°	0°40′	0°20′	0°16′	0°12′	0°10′
	BT3	2°30′	2°	1°30′	1°15′	1°	0°45′	0°30′
	BT4	4°	3°	2°	1°30′	1°15′	1°	0°45′
	BT5	6°	4°	3°	2°30′	2°	1°30′	1°

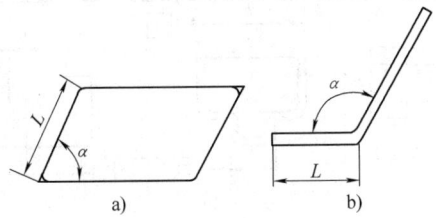

a)　b)

注：1. 冲压件冲裁角度：在平冲压件或成形冲压件的平面部分，经冲裁工序加工而成的角度。
2. 冲压件弯曲角度：经弯曲工序加工而成的冲压件的角度。
3. 冲压件冲裁角度与弯曲角度的极限偏差按下述规定选取。
1）依据使用的需要选用单向偏差。
2）未注公差的角度极限偏差，取表中给出的公差值的一半，冠以"±"号分别作为上、下偏差。
4. 冲压件冲裁角度及弯曲角度公差应选择短边作为主参数，短边 L 尺寸选用示例见表中图。

表 4.4-85　未注公差（冲裁、弯曲）角度的极限偏差（摘自 GB/T 15055—2007）　（mm）

	公差等级	短边长度						
		≤10	>10~25	>25~63	>63~160	>160~400	>400~1000	>1000~2500
冲裁	f	±1°00′	±0°40′	±0°30′	±0°20′	±0°15′	±0°10′	±0°06′
	m	±1°30′	±1°00′	±0°45′	±0°30′	±0°20′	±0°15′	±0°10′
	c	±2°00′	±1°30′	±1°00′	±0°40′	±0°30′	±0°20′	±0°15′
	v							

	公差等级	短边长度						
		≤10	>10~25	>25~63	>63~160	>160~400	>400~1000	>1000
弯曲	f	±1°15′	±1°00′	±0°45′	±0°35′	±0°30′	±0°20′	±0°15′
	m	±2°00′	±1°30′	±1°00′	±0°45′	±0°35′	±0°30′	±0°20′
	c	±3°00′	±2°00′	±1°30′	±1°15′	±1°00′	±0°45′	±0°30′
	v							

表 4.4-86　角度公差等级选用（摘自 GB/T 13915—2013）

冲压件冲裁角度	材料厚度/mm	公　差　等　级					
		AT1	AT2	AT3	AT4	AT5	AT6
	≤2						
	>2～4						
	>4						
冲压件弯曲角度	材料厚度/mm	公　差　等　级					
		BT1	BT2	BT3	BT4	BT5	BT6
	≤2						
	>2～4						
	>4						

表 4.4-87　直线度、平面度未注公差（摘自 GB/T 13916—2013）　（mm）

本标准适用于金属材料冲压件，非金属材料冲压件可参照执行。

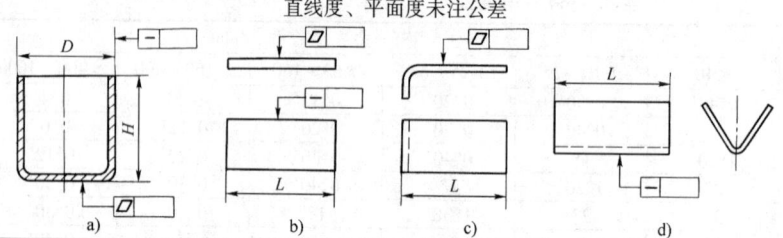

直线度、平面度未注公差

公差等级	主参数（L、H、D）						
	≤10	>10～25	>25～63	>63～160	>160～400	>400～1000	>1000
f	0.06	0.10	0.15	0.25	0.40	0.60	0.90
m	0.12	0.20	0.30	0.50	0.80	1.20	1.80
c	0.25	0.40	0.60	1.00	1.60	2.50	4.00
v	0.50	0.80	1.20	2.00	3.20	5.00	8.00

注：冲压件的直线度、平面度未标注公差值均分为 f（精密级）、m（中等级）、c（粗糙级）、v（最粗级）。

表 4.4-88　同轴度、对称度未注公差（摘自 GB/T 13916—2013）　（mm）

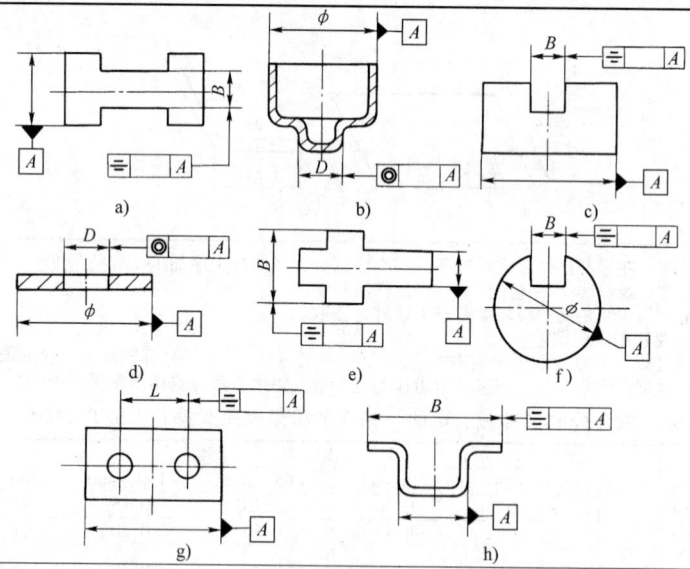

公差等级	主参数（B、D、L）						
	≤3	>3～10	>10～25	>25～63	>63～160	>160～400	>400～1000	>1000
f	0.12	0.20	0.30	0.40	0.50	0.60	0.80	1.00
m	0.25	0.40	0.60	0.80	1.00	1.20	1.60	2.00
c	0.50	0.80	1.20	1.60	2.00	2.50	3.20	4.00
v	1.00	1.60	2.50	3.20	4.00	5.00	6.50	8.00

注：冲压件的同轴度、对称度未标注公差值均分为 f（精密级）、m（中等级）、c（粗糙级）、v（最粗级）。

冲压件的圆度、圆柱度、平行度、垂直度、倾斜度未标注公差不分公差等级。

圆度未标公差值应不大于相应的尺寸公差值。

圆柱度未标公差由三部分组成：圆度、直线度和相对素线的平行度公差，而每一项公差均由其标注公差或未标注公差控制，采用包容要求。

平行度未标注公差值等于尺寸公差值或平面（直线）度公差值，两者以较大值为准。

垂直度、倾斜度未标注公差值由角度公差和直线度公差值分别控制。

5 焊接件结构设计工艺性

5.1 焊接方法及其应用

5.1.1 焊接方法的分类、特点及应用

根据焊接过程中接头状态，焊接方法可归纳为熔焊、压力焊和钎焊3个基本类型，见表4.4-89。

5.1.2 常用金属材料的适用焊接方法

常用金属材料的适用焊接方法见表4.4-90。

表 4.4-89　焊接方法分类、特点及应用

类别	焊接方法			特点	应用	设备费
熔焊	电弧焊		涂药焊条电弧焊	具有灵活、机动，适用性广泛，可进行全位置焊接，设备简单、耐用性好、维护费用低等优点。但劳动强度大，质量不够稳定，焊接质量决定于操作者水平	在单件、小批、修配加工中广泛应用，适于焊接3mm以上的碳钢、低合金钢、不锈钢和铜、铝等非铁合金	少
			焊剂层下电弧焊（埋弧焊）	生产率高，比焊条电弧焊提高5~10倍，焊接质量高且稳定，节省金属材料，改善劳动条件	在大量生产中适用于长直、环形或垂直位置的横焊缝，能焊接碳钢、合金钢以及某些铜合金等中等或厚壁结构	中
		气体保护焊	惰性气体 非熔化极（钨极氩弧焊）	气体保护充分，热量集中，熔池较小，焊接速度快，热影响区较窄，焊接变形小，电弧稳定，飞溅小，焊缝致密，表面无熔渣，成形美观，明弧便于操作，易实现自动化，但限于室内焊接	最适于焊接易氧化的铜、铝、钛及其合金、锆、钽、钼等稀有金属，以及不锈钢、耐热钢等	对>50mm厚板不适用　少
			惰性气体 熔化极（金属极氩弧焊）			对<3mm薄板不适用　中
			二氧化碳气体保护焊	成本低，为埋弧和焊条电弧焊的40%左右，质量较好，生产率高，操作性能好，但大电流时飞溅较大，成形不够美观，设备较复杂	广泛应用于造船、机车车辆、起重机、农业机械中的低碳钢和低合金钢结构	中
			窄间隙气保护电弧焊	高效率的熔化极电弧焊，节省金属，但仅限于垂直位置焊缝	应用于碳钢、低合金钢、不锈钢、耐热钢、低温钢等，以及厚壁结构	
	电渣焊			生产率高，任何厚度可不开坡口一次焊成，焊缝金属比较纯净，但热影响区比其他焊法都宽，晶粒粗大，易产生过热组织，焊后需进行正火处理以改善其性能	应用于碳钢、合金钢，以及大型和重型结构，如水轮机、水压机、轧钢机等的全焊或组合结构的制造，常用于35~400mm壁厚结构	大
	气焊			火焰温度和性质可以调节，比弧焊热源的热影响区宽，但热量不如电弧集中，生产率比较低	应用于薄壁结构和小件的焊接，可焊钢、铸铁、铝、铜及其合金、硬质合金等	少
	等离子弧焊			除具有氩弧焊特点外，还由于等离子弧能量密度大，弧柱温度高，穿透能力强，能一次焊透双面成形。此外，电流小到0.1A时，电弧仍能稳定燃烧，并保持良好的挺度和方向性	广泛应用于铜合金、合金钢、钨、钼、钴、钛等金属的焊接，如钛合金的导弹壳体、波纹管及膜盒、微型电容器、电容器的外壳封接，以及飞机和航天装置上的一些薄壁容器的焊接	

(续)

类别	焊接方法	特 点	应 用	设备费
熔焊	电子束焊接	在真空中焊接,无金属电极沾污,可保证焊缝金属的高纯度,表面平滑无缺陷;热源能量密度大、熔深大、焊速快、热影响区小,不产生变形,可防止难熔金属焊接时产生裂纹和泄漏。焊接时一般不添加金属,参数可在较宽范围内调节、控制灵活	用于焊接从微型的电子电路组件、真空膜盒、钼箔蜂窝结构、原子能燃料原件到大型的导弹外壳,以及异种金属、复合结构件等。由于设备复杂,造价高,使用维护技术要求高,焊件尺寸受限制等,其应用范围受一定限制	大
熔焊	激光(束)焊接	辐射能量放出迅速,生产率高,可在大气中焊接,不需真空环境和保护气体;能量密度很高,热量集中、时间短,热影响区小;焊接不需与工件接触;焊接异材料比较容易,但设备有效系数低、功率较小,焊接厚度受限	特别适用于焊接微型精密、排列非常密集、对受热敏感的焊件,除焊接一般的薄壁搭接外,还可焊接细的金属线材以及导线和金属薄板的搭接,如集成电路内、外引线,仪表游丝等的焊接	大
压焊	电阻焊 点焊	低电压大电流,生产率高,变形小,限于搭接。不需添加焊接材料,易于实现自动化,设备较一般熔化焊复杂,耗电量大,缝焊过程中分流现象较严重	点焊主要用于焊接各种薄板冲压结构及钢筋,目前广泛用于汽车制造、飞机、车厢等轻型结构,利用悬挂式点焊枪可进行全位焊接。缝焊主要用于制造油箱等要求密封的薄壁结构	大
压焊	电阻焊 缝焊			大
压焊	电阻焊 接触对焊	接触(电阻)对焊,焊前对被焊工件表面清理工作要求较高,一般仅用于断面简单直径小于20mm和强度要求不高的工件,而闪光焊对工件表面焊前无需加工,但金属损耗多	闪光对焊用于重要工件的焊接,可焊异种金属(铝-钢、铝-铜等),从直径0.01mm金属丝到面积约20000mm² 的金属棒,如刀具、钢筋、钢轨等	大
压焊	电阻焊 闪光对焊			大
压焊	摩擦焊	接头组织致密,表面不易氧化,质量好且稳定,可焊金属范围较广,可焊异种金属,焊接操作简单、不需添加焊接材料,易实现自动控制,生产率高,设备简单,电能消耗少	广泛用于圆形工件及管子的对接,如大直径铜铝导线的连接,管-板的连接	大
压焊	气压焊	利用火焰将金属加热到熔化状态后加外力使其连接在一起	用于连接圆形、长方形截面的杆件与管子	中
压焊	扩散焊	焊件紧密贴合,在真空或保护气氛中,在一定温度和压力下保持一段时间,使接触面之间的原子相互扩散完成焊接的一种压焊方法,焊接变形小	接头的力学性能高;可焊接性能差别大的异种金属,可用来制造双层和多层复合材料,可焊形状复杂的互相接触的面与面,代替整锻	大
压焊	高频焊	热能高度集中,生产率高,成本低,焊缝质量稳定,焊件变形小,适于连续性高速生产	适于生产有缝金属管,可焊低碳钢、工具钢、铜、铝、钛、镍、异种金属等	大
压焊	爆炸焊	爆炸焊接好的双金属或多种金属材料,结合强度高,工艺性好,焊后可经冷、热加工。操作简单,成本低	适于各种可塑性金属的焊接	大
钎焊	软钎焊	焊件加热温度低、组织和力学性能变化很小,变形也小,接头平整光滑,工件尺寸精确。软钎焊接头强度较低,硬钎焊接头强度较高。焊前工件需清洗、装配要求较严	应用于机械、仪表、航空、空间技术所用装配中,如电真空器件、导线、蜂窝和夹层结构、硬质合金刀具等	少
钎焊	硬钎焊			少

表 4.4-90　常用金属材料适用的焊接方法

焊接方法	铁		碳钢				铸钢		铸铁			低合金钢								不锈钢		耐热合金		轻金属								铜合金					锆铌
	纯铁	低碳钢	中碳钢	高碳钢	工具钢	含铜素钢	碳素铸钢	高锰钢	灰铸铁	可锻铸铁	合金铸铁	镍钢	镍钼钢	锰钢	碳镍钢	铬钢	铬镍钢	铬钼钢	铬锰钢	铬钢M型	铬钢A型	耐热超合金	高镍合金	纯铝	铝合金①	铝合金②	纯镁	镁合金	纯钛	钛合金①	钛合金②	纯铜	黄铜	磷青铜	铝青铜	镍青铜	
焊条电弧焊	A	A	A	B	A	A	B	B	B	A	A	A	A	A	A	B	B	A	A	A	A	B	B	D	D	D	D	D	B	B	B	B	B	B	B	B	D
埋弧焊	A	A	A	B	B	A	B	B	D	D	D	B	B	A	A	B	B	A	A	B	B	C	C	D	D	D	D	D	D	D	D	C	D	D	C	D	D
CO$_2$焊	B	A	A	C	D	C	A	B	D	D	D	C	C	C	C	C	C	C	C	C	B	B	B	D	D	D	D	D	D	D	D	C	C	C	C	C	D
氩弧焊	C	B	B	B	B	B	B	B	B	B	B	B	B	B	B	B	B	B	B	B	A	B	A	A	A	A	A	A	A	A	A	B	A	A	A	A	A
电渣焊	A	A	A	B	C	A	B	B	D	D	D	B	B	B	B	D	D	B	B	C	C	C	C	D	D	D	D	D	D	D	D	C	D	D	D	D	D
气电焊	A	A	A	B	B	B	B	B	D	D	D	B	B	B	B	B	B	B	B	B	B	B	B	D	D	D	D	D	D	D	D	B	B	B	B	B	D
氧乙炔焊	A	A	A	B	A	B	A	B	A	B	A	A	A	A	A	B	B	A	A	B	B	B	B	A	A	A	A	A	A	A	A	B	B	C	C	D	D
气压焊	A	A	A	B	B	A	A	B	D	D	D	A	A	A	A	A	A	A	A	B	B	C	C	C	C	D	D	D	C	C	C	B	B	C	B	B	D
点、缝焊	A	A	B	D	D	B	A	A	A	A	A	—	D	D	D	D	D	D	D	D	D	D	D	C	C	D	C	C	C	C	C	B	B	C	C	C	D
闪光对焊	A	A	A	A	A	A	A	A	B	B	A	A	A	A	A	A	A	A	A	B	B	B	B	C	C	C	C	C	C	C	C	C	C	C	C	C	D
铝热焊	A	A	A	B	C	B	A	A	B	B	B	B	B	A	A	B	B	A	A	D	D	D	D	D	D	D	D	D	D	D	D	D	D	D	D	D	D
电子束焊	A	A	A	A	A	A	A	A	C	C	C	A	A	A	A	A	A	A	A	A	A	A	A	A	A	A	A	A	A	A	A	A	A	A	A	A	A
钎焊	A	A	B	B	B	B	B	C	C	C	B	B	B	B	B	B	B	B	B	B	B	B	B	B	B	B	C	C	D	C	C	B	B	B	B	B	C

注：A—最适用；B—适用；C—稍适用；D—不适用。
① 铝、钛合金为非热处理型。
② 铝、钛合金为热处理型。

5.2　焊接结构的设计原则

5.2.1　焊接性

焊接性是指采用一定的焊接工艺方法、工艺参数及结构形式条件下获得优质焊接接头的难易程度。

（1）钢的焊接性

一般认为碳的质量分数 <0.25% 的碳钢及碳质量分数 <0.18% 的合金钢焊接性良好。在设计重要焊接结构时，选择焊接材料，必须经过仔细的焊接性试验。在设计中还必须结合结构的复杂程度、刚度、焊接方法，以及采用的焊条及焊接的工艺条件等因素去考虑钢材的焊接性。

常用钢材的焊接性见表 4.4-91。

表 4.4-91　常用钢材的焊接性

钢号	焊接性			特点
	等级	合金元素总含量	含碳量	
		概略指标（质量分数，%）		
Q195，Q215，Q235 08，10，15，20，25；ZG25 Q345，16MnCu，Q390 15MnTi，Q295，09Mn2Si，20Mn 15Cr，20Cr，15CrMn 06Cr13，12Cr18Ni9，17Cr18Ni9，06Cr18Ni11Ti	Ⅰ （良好）	1 以下	0.25 以下	在任何普通生产条件下都能焊接，没有工艺限制，对于焊接前后的热处理及焊接热规范没有特殊要求。焊接后的变形容易校正。厚度大于 20mm，结构刚度很大时要预热
		1~3	0.20 以下	低合金钢预热及焊后热处理。12Cr18Ni9 需预热焊后高温退火。要做到焊缝成形好，表面粗糙度好，才能很好地保证耐腐蚀性
		3 以上	0.18 以下	

(续)

钢 号	焊接性等级	合金元素总含量	含碳量	特 点
		概略指标（质量分数,%）		
Q255，Q275 30，35，ZG230-450 30Mn，18MnSi，20CrV，20CrMo，30Cr，20CrMnSi， 20CrMoA，12CrMoA，22CrMo，Cr11MoV，12Cr13， 12CrMo，14MnMoVB，Cr25Ti，15CrMo，12CrMoV	Ⅱ （一般）	1以下 1~3 3以上	0.25~0.35 0.20~0.30 0.18~0.25	形成冷裂倾向小，采用合理的焊接热规范可以得到满意的焊接性能。在焊接复杂结构和厚板时，必须预热
Q275 35，40，45 40Mn，35Mn2，40Mn2，20Cr，40Cr，35SiMn， 30CrMnSi，30Mn2，35CrMoA，25Cr2MoVA，30CrMoSiA， 20Cr13，Cr6SiMo，Cr18Si2	Ⅲ （较差）	1以上 1~3 3以上	0.35~0.45 0.30~0.40 0.28~0.38	在通常情况下，焊接时有形成裂纹的倾向，焊前应预热，焊后应热处理，只有有限的焊接热规范可能获得较好的焊接性能
Q275 50，55，60，65，85 50Mn60Mn，65Mn，45Mn2，50Mn2，50Cr，30CrMo， 40CrSi，35CrMoV，38CrMnAlA，35SiMnA，35CrMoVA， 30Cr2MoVA，30Cr13，40Cr13，42Cr9Si2，60Si2CrA， 50CrVA，30W4Cr2VA	Ⅳ （不好）	1以下 1~3 3以下	0.45以上 0.40以上 0.38以上	焊接时很容易形成裂纹，但在采用合理的焊接规范、预热和焊后热处理的条件下，这些钢也能够焊接

(2) 铸铁的焊接性

铸铁的焊接性见表4.4-92。焊接铸铁要比焊低碳钢困难得多，这里介绍的焊接性，只是就它们本身比较而言。

表 4.4-92 铸铁的焊接性

焊接金属	焊接性	焊接方法与焊接接头的特点		备 注
灰铸铁	良好	电弧冷焊	采用铸铁焊条焊接。加工性一般，易出现裂纹，只适于小中型工件中较小缺陷的焊补，如小砂眼、小气孔及小裂缝等	复杂铸件均应整体加热，简单零件用焊炬局部加热即可
			采用铜钢焊条焊接。加工性较差，抗裂纹性好，强度较高，能承受较大静载荷及一定动载荷，能基本满足焊缝致密性要求。对复杂的、刚度大的焊件不宜采用	
			采用镍铜焊条焊接。加工性好，强度较低，用于刚度不大、预热有困难的焊件上	
		铸铁焊条气焊	加工性良好，接头具有与工件相近的机械性能与颜色，焊补处刚度大，结构复杂时，易出现裂纹，适于焊补刚度不大、结构不复杂、待加工尺寸不大的焊件的缺陷	
		铸铁焊条热焊及半热焊	加工性、致密性都好，内应力小，不易出现裂纹，接头具有与母材相近的强度，但生产率低，主要用于修复，焊后需加工，对承受较大静载荷、动载荷、要求致密性等的复杂结构中，大的缺陷且工件壁较厚时，用电弧焊，中小缺陷且工件较薄用气焊	
		铸铁焊条电渣焊补	加工性、强度及紧密性良好，但在焊补复杂及刚度大的工件时，易发生裂纹	
可锻铸铁				
球墨铸铁	较差	焊条电弧焊	采用低碳钢焊条焊接。容易产生裂纹	
			采用镍铁焊条冷焊焊接。加工性良好，接头具有与母材相等的强度	
		气焊	用于接头质量要求高的中小型缺陷的修补	
白口铸铁	很难			硬度高，脆性大，容易出现裂纹

(3) 有色金属的焊接性

有色金属的焊接性见表4.4-93。有色金属要比焊低碳钢困难得多，这里介绍的焊接性，只是就它们本身比较而言。

(4) 异种金属间的焊接性

异种金属间的焊接性见表4.4-94。

5.2.2 结构刚度和减振能力

一般钢材比铸铁的减振能力都低，故有较高要求的铸铁件（如机床床身等）不能简单地按许用应力计算其截面，必须考虑其刚度和减振能力。

5.2.3 应力集中

焊接结构截面变化大，过渡区较陡，圆角较小处，易引起较大的应力集中。在动载和低温条件下工作的高强度钢结构件，在设计和施工过程中，尤需采用措施以减少应力集中。

表4.4-93 有色金属的焊接性

焊接金属	焊接性	焊接方法与焊接接头的特点	备 注
铜	一般	通常采用气焊和氩弧焊并选好用焊丝以达到焊接要求的焊接接头	大的复杂的铸件，焊前需预热
黄铜（Cu-Zn）	良好		薄的轧制黄铜板不需预热，大的复杂的结构、厚板需预热。铸造黄铜工件需全部或局部预热
硅青铜，磷青铜			
锡青铜，铝青铜	较差		主要用于焊补铸件，焊前需预热，焊后应缓慢冷却
纯铝1060 1050A 1035 1200			
铝镁5A03 5A04 5A06	良好		
锰铝	一般		
硬铝	较差		焊缝>18mm 容易出现裂纹
Al-Zn-Mg-Cu 高强度铝合金	很难		结晶裂缝倾向大

表4.4-94 异种金属间的焊接性

被焊材料牌号	气焊	氢原子焊	二氧化碳保护焊	手工电弧焊	氩弧焊
20 + 30CrMnSiA	△	△	△	△	△
20 + 30CrMnSiNi2A	—	△	—	△	△
30CrMnSiA + 30CrMnSiNi2A	—	△	—	△	△
3A21 + 5A02（LF21 + LF2）	△	—	—	—	△
3A21 + 5A03（LF21 + LF3）	△	—	—	—	△
3A21 + ZL-101（LF21 + ZL-101）	△	—	—	—	△
5A03 + 5A06（LF3 + LF6）	—	—	—	—	△

注："△"——表示可以焊接。

5.2.4 焊接残余应力和变形

拉伸残余应力会降低结构的强度，变形会引起结构尺寸、精度变化，为此需恰当地设计结构，使之有利于降低焊接残余应力和变形。

5.2.5 焊接接头性能的不均匀性

在焊接热作用下，焊缝和热影响区的成分、组织和性能都不同于母材。故在选择焊接材料、焊接方法、制定焊接工艺时，应保证接头性能达到设计要求。

5.2.6 应尽量减少和排除焊接缺陷

在设计中应考虑便于焊接操作，为减少焊接缺陷创造条件。焊缝布置应避开高应力区。重要焊缝必须进行无损检测。

5.3 焊接接头的形式

5.3.1 焊接接头的特点

电弧焊焊接接头由焊缝、热影响区和母材3部分构成。焊缝的加热温度>1500℃，凝固后为铸态结晶，呈分层柱状晶结构，晶粒比较粗大。热影响区比较复杂，加热温度在300~1250℃，温度高处，晶粒粗大化，温度低处，晶粒细化。母材为未受热影响的基本金属。

5.3.2 接头形式及选用

焊接接头是焊接结构最基本的部分,接头设计应根据结构形状、强度要求、工件厚度、焊接性、焊后变形大小、焊条消耗量、坡口加工难易程度等各方面因素综合考虑决定。

接头的基本形式有对接、搭接、丁字接和十字接、角接与边接等,见图4.4-11。

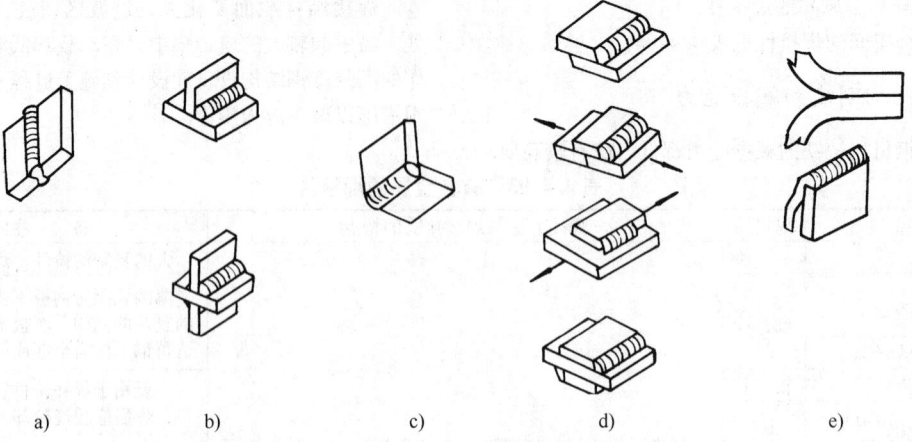

图 4.4-11 焊接接头的基本形式
a) 对接 b) 丁字接和十字接 c) 角接 d) 搭接 e) 边接

对接接头受力较均匀,也是用得最多的一种,对重要受力焊缝应尽量选用。搭接接头因两工件不在同一平面上,受力时产生附加弯矩,而且消耗金属量也较大,一般应尽量避免采用。但搭接接头不需开坡口,装配时尺寸要求不高,对有些受力不大的平面连接,采用搭接接头可减少工作量。丁字接头及角接接头受力情况都较对接接头复杂些,但接头成直角连接时,必须采用这类接头。边接是两个或两个以上平行或近于平行的结构单元边缘之间的接头,它的特点是不需要填充金属。

坡口角:坡口角为 20°~60°,坡口角小则需要的焊缝金属量少,但它需满足焊条能接近接头根部并保证多层焊道侧壁很好熔化。

根部间隙:间隙过小根部熔化困难,加上必须使用小直径焊条,焊接过程减慢。间隙过大需用更多的焊缝金属量,增加成本和增大变形倾向。

钝边:是指在预加工边缘上保留最小限度熔透金属的附加厚度,焊接时金属量通过它导向间隙。当用垫板焊接时不需钝边。

坡口面角度(斜边角):它影响根部间隙、接头可接近性和整个焊缝横截面的熔化质量。

5.4 焊缝坡口的基本形式与尺寸

5.4.1 坡口参数的确定

坡口参数包括:坡口角,根部间隙、钝边和坡口面角度等。

5.4.2 碳钢、低合金钢的焊条电弧焊、气焊及气体保护焊焊缝坡口的基本形式与尺寸(见表4.4-95)

表 4.4-95 (1) 单面对接焊坡口 (摘自 GB/T 985.1—2008) (mm)

序号	母材厚度 t	坡口/接头种类	基本符号	横截面示意图	尺寸 坡口角 α 或坡口面角 β	间隙 b	钝边 c	坡口深度 h	适用的焊接方法	焊缝示意图	备注
1	≤2	卷边坡口	八		—	—	—	—	3 111 141 512		通常不添加焊接材料

(续)

序号	母材厚度 t	坡口/接头种类	基本符号	横截面示意图	尺寸 坡口角α或坡口面角β	尺寸 间隙 b	尺寸 钝边 c	尺寸 坡口深度 h	适用的焊接方法	焊缝示意图	备注
1	≤4	I形坡口	||		—	≈t	—	—	3 111 141		—
2	3<t≤8	I形坡口	||		—	3≤b≤8	—	—	13 141①		必要时加衬垫
	≤15				—	≈t ≤1② 0	—	—	52		
3	≤100	I形坡口（带衬垫）	—		—	—	—	—	51		—
		I形坡口（带锁底）	—								
4	3<t≤10	V形坡口	V		40°≤α≤60°	≤4	≤2	—	3 111 13 141		必要时加衬垫
	8<t≤12				6°≤α≤8°	—			52②		
5	>16	陡边坡口	V		5°≤β≤20°	5≤b≤15	—	—	111 13		带衬垫
6	5≤t≤40	V形坡口（带钝边）	Y		α≈60°	1≤b≤4	2≤c≤4	—	111 13 141		—
7	>12	U-V形组合坡口	Y		60°≤α≤90° 8°≤β≤12°	1≤b≤3	—	≈4	111 13 141		6≤R≤9
8	>12	V-V形组合坡口	V		60°≤α≤90° 10°≤β≤15°	2≤b≤4	>2	—	111 13 141		—

(续)

序号	母材厚度 t	坡口/接头种类	基本符号	横截面示意图	尺寸 坡口角α或坡口面角β	尺寸 间隙 b	尺寸 钝边 c	尺寸 坡口深度 h	适用的焊接方法	焊缝示意图	备注
9	>12	U形坡口	Y		$8°\leq\beta\leq12°$	≤4	≤3	—	111 13 141		—
10	$3<t\leq10$	单边V形坡口	V		$35°\leq\beta\leq60°$	$2\leq b\leq4$	$1\leq c\leq2$	—	111 13 141		
11	>16	单边陡边坡口	⊔		$15°\leq\beta\leq60°$	$6\leq b\leq12$ ≈12	—	—	111 13 141		带衬垫
12	>16	J形坡口	⊦		$10°\leq\beta\leq20°$	$2\leq b\leq4$	$1\leq c\leq2$	—	111 13 141		—
13	≤15 ≤100	T形接头			—	—	—	—	52 51		
14	≤15 ≤100	T形接头			—	—	—	—	52 51		

① 该种焊接方法不一定适用于整个工件厚度范围的焊接。
② 需要添加焊接材料。

表 4.4-95（2） 双面对接焊坡口（摘自 GB/T 985.1—2008） （mm）

序号	母材厚度 t	坡口/接头种类	基本符号	横截面示意图	坡口角 α 或坡口面角 β	间隙 b	钝边 c	坡口深度 h	适用的焊接方法	焊缝示意图	备注
1	≤8 ≤15	I 形坡口	‖		—	≈$t/2$ 0	—	—	111 141 13 52		—
2	3≤t≤40	V 形坡口	∨		α≈60° 40°≤α≤60°	≤3	≤2	—	111 141 13		封底
3	>10	带钝边 V 形坡口	Y		α≈60° 40°≤α≤60°	1≤b≤3	2≤c≤4	—	111 141 13		特殊情况下可适用更小的厚度和气保焊方法。注明封底
4	>10	双 V 形坡口（带钝边）	X		α≈60° 40°≤α≤60°	1≤b≤4	2≤c≤6	$h_1=h_2=\frac{t-c}{2}$	111 141 13		—
5	>10	双 V 形坡口	X		α≈60° 40°≤α≤60°	1≤b≤3	≤2	≈$t/2$ 13	111 141		—
		非对称双 V 形坡口	X		α_1≈60° α_2≈60° 40°≤α_1≤60° 40°≤α_2≤60°	1≤b≤3	≤2	≈$t/3$ 13	111 141		

(续)

序号	母材厚度 t	坡口/接头种类	基本符号	横截面示意图	尺寸 坡口角 α 或坡口面角 β	间隙 b	钝边 c	坡口深度 h	适用的焊接方法	焊缝示意图	备注
6	>12	U形坡口			$8°\leq\beta\leq12°$	$1\leq b\leq3$ / ≤3	≈5	—	111 13 141①		封底
7	≥30	双U形坡口			$8°\leq\beta\leq12°$	≤3	≈3	$\approx\dfrac{t-c}{2}$	111 13 141①		可制成与V形坡口相似的非对称坡口形式
8	$3\leq t\leq30$	单边V形坡口			$35°\leq\beta\leq60°$	$1\leq b\leq4$	≤2	—	111 13 141①		封底
9	>10	K形坡口			$35°\leq\beta\leq60°$	$1\leq b\leq4$	≤2	≈$t/2$ 或 ≈$t/3$	111 13 141①		可制成与V形坡口相似的非对称坡口形式
10	>16	J形坡口			$10°\leq\beta\leq20°$	$1\leq b\leq3$	≥2	—	111 13 141①		封底

（续）

序号	母材厚度 t	坡口/接头种类	基本符号	横截面示意图	尺寸 坡口角 α 或坡口面角 β	尺寸 间隙 b	尺寸 钝边 c	尺寸 坡口深度 h	适用的焊接方法	焊缝示意图	备注
11	>30	双J形坡口			$10° \leq \beta \leq 20°$	≤ 3	≥ 2 <2	$-\dfrac{t-c}{2}$ $\approx t/2$	111 13 141①		可制成与V形坡口相似的非对称坡口形式
12	≤ 25 ≤ 170	T形接头			—	—	—	—	52 51		

① 该种焊接方法不一定适用于整个工件厚度范围的焊接。

表 4.4-95（3） 角焊缝的接头形式（单面焊）（摘自 GB/T 985.1—2008） （mm）

序号	母材厚度 t	接头形式	基本符号	横截面示意图	尺寸 角度 α	尺寸 间隙 b	适用的焊接方法①	焊缝示意图
1	$t_1 > 2$ $t_2 > 2$	T形接头			$70° \leq \alpha \leq 100°$	≤ 2	3 111 13 141	
2	$t_1 > 2$ $t_2 > 2$	搭接			—	≤ 2	3 111 13 141	

（续）

序号	母材厚度 t	接头形式	基本符号	横截面示意图	尺寸 角度 α	尺寸 间隙 b	适用的焊接方法[①]	焊缝示意图
3	$t_1>2$ $t_2>2$	角接	◁		$60°\leq\alpha$ $\leq120°$	≤2	3 111 13 141	

[①] 这些焊接方法不一定适用于整个工件厚度范围的焊接。

表 4.4-95（4） 角焊缝的接头形式（双面焊）（摘自 GB/T 985.1—2008） (mm)

序号	母材厚度 t	接头形式	基本符号	横截面示意图	尺寸 角度 α	尺寸 间隙 b	适用的焊接方法[①]	焊缝示意图
1	$t_1>3$ $t_2>3$	角接			$70°\leq\alpha$ $\leq100°$	≤2	3 111 13 141	
2	$t_1>2$ $t_2>5$	角接	▷		$60°\leq\alpha$ $\leq120°$	—	3 111 13 141	
3	$2\leq t_1\leq4$ $2\leq t_2\leq4$ $t_1>4$ $t_2>4$	T形接头			—	≤2 —	3 111 13 141	

[①] 这些焊接方法不一定适用于整个工件厚度范围的焊接。

5.4.3 碳钢、低合金钢埋弧焊焊缝坡口的形式与尺寸（见表 4.4-96）

表 4.4-96(1) 单面对接焊坡口（摘自 GB/T 985.2—2008）

(mm)

序号	工件厚度 t	焊缝 名称	焊缝 基本符号	焊缝示意图	坡口形式和尺寸 横截面示意图	坡口角 α 或坡口面角 β	间隙 b、圆弧半径 R	钝边 c	坡口深度 h	焊接位置	备注
1	$3 \leq t \leq 12$	平对接焊缝	‖			—	$b \leq 0.5t$ 最大 5	—	—	PA	带衬垫，衬垫厚度至少：5mm 或 $0.5t$
2	$10 \leq t \leq 20$	V 形焊缝	V			$30° \leq \alpha \leq 50°$	$4 \leq b \leq 8$	$c \leq 2$	—	PA	带衬垫，衬垫厚度至少：5mm 或 $0.5t$
3	$t > 20$	陡边 V 形焊缝				$4° \leq \beta \leq 10°$	$16 \leq b \leq 25$	—	—	PA	带衬垫，衬垫厚度至少：5mm 或 $0.5t$
4	$t > 12$	双 V 形组合焊缝				$60° \leq \alpha \leq 70°$ $4° \leq \beta \leq 10°$	$1 \leq b \leq 4$	$0 \leq c \leq 3$	$4 \leq h \leq 10$	PA	根部焊道可采用合适的方法焊接
5	$t \geq 12$	U-V 形组合焊缝				$60° \leq \alpha \leq 70°$ $4° \leq \beta \leq 10°$	$1 \leq b \leq 4$ $5 \leq R \leq 10$	$0 \leq c \leq 3$	$4 \leq h \leq 10$	PA	根部焊道可采用合适的方法焊接

序号	名称	符号	示意图	坡口截面图	β	b, R	c	焊接位置	备注
6	U形焊缝	⋃			$4°\leq\beta\leq10°$	$1\leq b\leq4$ $5\leq R\leq10$	$2\leq c\leq3$	PA	带衬垫，衬垫厚度至少： 5mm 或 $0.5t$
	$t\geq30$							—	
7	单边V形焊缝	⋁			$30°\leq\beta\leq50°$	$1\leq b\leq4$	$c\leq2$	PA PB	带衬垫，衬垫厚度至少： 5mm 或 $0.5t$
	$3\leq t\leq16$							—	
8	单边陡边V形焊缝	⊔			$8°\leq\beta\leq10°$	$5\leq b\leq15$	—	PA PB	带衬垫，衬垫厚度至少： 5mm 或 $0.5t$
	$t\geq16$							—	
9	J形焊缝	⌐			$4°\leq\beta\leq10°$	$2\leq b\leq4$ $5\leq R\leq10$	$2\leq c\leq3$	PA PB	带衬垫，衬垫厚度至少： 5mm 或 $0.5t$
	$t\geq16$							—	

注：衬垫的选择和使用应结合具体工况条件决定。

表 4.4-96(2) 双面对接焊坡口（摘自 GB/T 985.2—2008）

(mm)

序号	工件厚度 t	焊缝名称	焊缝基本符号	焊缝示意图	坡口形式和尺寸					焊接位置	备注
					横截面示意图	坡口角 α 或坡口面角 β	间隙 b、圆弧半径 R	钝边 c	坡口深度 h		
1	$3 \leq t \leq 20$	平对接焊缝	∥			—	$b \leq 2$	—	—	PA	间隙应符合公差要求
2	$10 \leq t \leq 35$	带钝边 V 形焊缝/封底焊缝				$30° \leq \alpha \leq 60°$	$b \leq 4$	$4 \leq c \leq 10$	—	PA	根部焊道可用其他方法焊接
3	$10 \leq t \leq 20$	V 形焊缝/平对接焊缝	∨∥			$60° \leq \alpha \leq 80°$	$b \leq 4$	$5 \leq c \leq 15$	—	PA	根部焊道可用其他方法焊接
4	$t \geq 16$	带钝边的双 V 形焊缝	X			$30° \leq \alpha \leq 70°$	$b \leq 4$	$4 \leq c \leq 10$	$h_1 = h_2$	PA	—

序号	焊缝名称	基本符号	焊缝示意图	横截面示意图	坡口角α或坡口面角β	间隙b、圆弧半径R	钝边c	坡口深度h	焊接位置	备注
5	U形焊缝/封底焊缝	⊔			$5°\leq\beta\leq10°$	$b\leq4$ $5\leq R\leq10$	$4\leq c\leq10$	—	PA	—
6	双U形焊缝	⊔⊓			$5°\leq\beta\leq10°$	$b\leq4$ $5\leq R\leq10$	$4\leq c\leq10$	$h=0.5(t-c)$	PA	与双V形对称坡口相似，这种坡口可制成对称的形式
7	带钝边的K形焊缝	K			$30°\leq\beta\leq50°$	$b\leq4$	$4\leq c\leq10$	—	PA PB	与双V形对称坡口相似，这种坡口可制成对称的形式 必要时可进行打底焊

工件厚度t：5: $t\geq30$；6: $t\geq50$；7: $t\geq12$

序号	板厚 t/mm	焊缝名称	符号	坡口形式	焊缝形式	坡口尺寸			焊接位置	说明
8	$t \geq 20$	J形焊缝/封底焊缝				$5° \leq \beta \leq 10°$	$b \leq 4$ $5 \leq R \leq 10$	$4 \leq c \leq 10$	PA PB	必要时可进行打底焊接
9	$t < 12$	单边V形焊缝				$30° \leq \beta \leq 50°$	$b \leq 4$	$c \leq 2$	PA PB	必要时可进行打底焊接
10	$t \geq 30$	双面J形焊缝				$5° \leq \beta \leq 10°$	$b \leq 4$ $5 \leq R \leq 10$	$2 \leq c \leq 7$	PA PB	与双V形对称坡口相似，这种坡口可制成对称的形式 必要时可进行打底焊接
11	$t \leq 12$	双面J形焊缝				—	$b \leq 2$ $5 \leq R \leq 10$	$2 \leq c \leq 3$	PA PB	单道焊坡口
12	$t > 12$	双面J形焊缝				$5° \leq \beta \leq 10°$	$b \leq 4$ $5 \leq R \leq 10$	$2 \leq c \leq 7$	PA PB	多道焊坡口 必要时可进行打底焊接

5.4.4 铝合金气体保护焊焊缝坡口形式与尺寸（见表4.4-97）

表 4.4-97（1） 单面对接焊坡口（摘自 GB/T 985.3—2008） （mm）

序号	工件厚度 t	焊缝名称	基本符号①	焊缝示意图	横截面示意图	坡口角 α 或坡口面角 β	间隙 b	钝边 c	其他尺寸	适用的焊接方法②	备注
1	t≤2	卷边焊缝	八			—	—	—	—	141	
2	t≤4	I形焊缝	‖			—	b≤2	—	—	141	建议根部倒角
	2≤t≤4	带衬垫的I形焊缝				—	b≤1.5	—	—	131	
3	3≤t≤5	V形焊缝	V			α≥50°	b≤3	c≤2	—	141	
						60°≤α≤90°	b≤2			131	
		带衬垫的V形焊缝				60°≤α≤90°	b≤4	c≤2	—	131	
4	8≤t≤20	带衬垫的陡边焊缝	⋁			15°≤β≤20°	3≤b≤10	—	—	131	
5	3≤t≤15	带钝边V形焊缝	Y			α≥50°	b≤2	c≤2	—	131 141	
	6≤t≤25	带钝边V形焊缝（带衬垫）				α≥50°	4≤b≤10	c=3	—	131	

（续）

序号	工件厚度 t	焊缝 名称	基本符号[①]	焊缝示意图	坡口形式及尺寸 横截面示意图	坡口角 α 或坡口面角 β	间隙 b	钝边 c	其他尺寸	适用的焊接方法[②]	备注
6	板 $t \geq 12$ 管 $t \geq 5$	带钝边U形焊缝	Y			$15° \leq \beta \leq 20°$	$b \leq 2$	$2 \leq c \leq 4$	$4 \leq r \leq 6$ $3 \leq f \leq 4$ $0 \leq e \leq 4$	141	
	$5 \leq t \leq 30$					$15° \leq \beta \leq 20°$	$1 \leq b \leq 3$	$2 \leq c \leq 4$		131	根部焊道建议采用TIG焊（141）
7	$4 \leq t \leq 10$	单边V形焊缝	V			$\beta \geq 50°$	$b \leq 3$	$c \leq 2$	—	131 141	
	$3 \leq t \leq 20$	带衬垫单边V形焊缝	V			$50° \leq \beta \leq 70°$	$b \leq 6$	$c \leq 2$	—	131 141	
8	$2 \leq t \leq 20$	锁底焊缝	—			$20° \leq \beta \leq 40°$	$b \leq 3$	$1 \leq c \leq 3$	—	131 141	
9	$6 \leq t \leq 40$	锁底焊缝	—			$10° \leq \beta \leq 20°$	$0 \leq b \leq 3$	$2 \leq c \leq 3$	$c_1 \geq 1$	131 141	

① 基本符号参见 GB/T 324。
② 焊接方法代号参见 GB/T 5185。

表 4.4-97（2） 双面对接焊坡口（摘自 GB/T 985.3—2008） (mm)

序号	工件厚度 t	焊缝名称	基本符号[1]	焊缝示意图	横截面示意图	坡口角 α 或坡口面角 β	间隙 b	钝边 c	其他尺寸	适用的焊接方法[2]	备注
1	$6 \leq t \leq 20$	I形焊缝	‖			—	$b \leq 6$	—	—	131 141	
2	$6 \leq t \leq 15$	单钝边V形焊缝封底				$\alpha \geq 50°$	$b \leq 3$	$2 \leq c \leq 4$	—	141 131	
3	$6 \leq t \leq 15$	双面V形焊缝	X			$\alpha \geq 60°$	$b \leq 3$	$c \leq 2$	—	141	
	$t > 15$					$\alpha \geq 70°$				131	
4	$6 \leq t \leq 15$	带钝边双面V形焊缝				$\alpha \geq 50°$		$2 \leq c \leq 4$	$h_1 = h_2$	141	
	$t > 15$					$60° \leq \alpha \leq 70°$		$2 \leq c \leq 6$		131	
5	$3 \leq t \leq 15$	单边V形焊缝封底				$\beta \geq 50°$	$b \leq 3$	$c \leq 2$	—	141 131	
6	$t \geq 15$	带钝边双面U形焊缝				$15° \leq \beta \leq 20°$		$2 \leq c \leq 4$	$h = 0.5(t-c)$	131	

① 基本符号参见 GB/T 324。
② 焊接方法代号参见 GB/T 5185。

表 4.4-97（3） T 形接头坡口（摘自 GB/T 985.3—2008） （mm）

序号	工件厚度 t	焊缝 名称	基本符号[①]	焊缝示意图	横截面示意图	坡口角 α 或坡口面角 β	间隙 b	钝边 c	其他尺寸	适用的焊接方法[②]	备注
1	—	单面角焊缝	△			$\alpha=90°$	$b\leqslant2$	—	—	141 131	
2	—	双面角焊缝	▷			$\alpha=90°$	$b\leqslant2$	—	—	141 131	
3	$t_1\geqslant5$	单V形焊缝	V			$\beta\geqslant50°$	$b\leqslant2$	$c\leqslant2$	$t_2\geqslant5$	141 131	
4	$t_1\geqslant8$	双V形焊缝	K			$\beta\geqslant50°$	$b\leqslant2$	$c\leqslant2$	$t_2\geqslant8$	141 131	采用双面同时焊接工艺时，坡口尺寸可适当调整

① 基本符号参见 GB/T 324。
② 焊接方法代号参见 GB/T 5185。

5.4.5 铜及铜合金焊接坡口形状及尺寸（见表4.4-98）

表4.4-98 铜及铜合金焊接坡口形式及尺寸 （mm）

坡口形式			形式1	形式2	形式3	形式4	形式5	形式6
坡口尺寸	氧乙炔焊	板厚	1～3	3～6	3～6	5～10	10～15	15～25
		间隙 a	1～1.5	1～2	3～4	1～3	2～3	2～3
		钝边 p	—	—	—	1.5～3	1.5～3	1～3
		角度 α(°)	—	—	—	60～80		
	焊条电弧焊	板厚	—	—	—	5～10	—	10～20
		间隙 a	—	—	—	0～2	—	0～2
		钝边 p	—	—	—	1～3	—	1.5～2
		角度 α(°)	—	—	—	60～70	—	60～80
	碳弧焊	板厚	3～5		5～10			10～20
		间隙 a	2～2.5	—	2～3	2～2.5	—	2～2.5
		钝边 p	—	—	3～4	1～2	—	1.5～2
		角度 α(°)	—	—	—	60～80		
	钨极手工氩弧焊	板厚	3	—	—	6	12～18	>24
		间隙 a	0～1.5	—	—	0～1.5		
		钝边 p	—	—	—	1.5	1.5～3	
		角度 α(°)	—	—	—	70～80	80～90	
	熔化极自动氩弧焊	板厚	3～4	6	—	8～10	12	—
		间隙 a	1	2.5	—	1～2	1～2	—
		钝边 p	—	—	—	2.5～3	2～3	—
		角度 α(°)	—	—	—	60～70	70～80	—
	埋弧自动焊	板厚	3～4	5～6	—	8～10	12～16	21～25	≥20
		间隙 a	1	2.5	—	2～3	2.5～3	1～3	1～2
		钝边 p	—	—	—	3～4	4	2
		角度 α(°)	—	—	—	60～70	70～80	80	60～65

5.4.6 接头坡口的制作

焊接接头预加工方法有：机械加工、铲切、剪切、磨削、气割、气刨和空气碳弧切割等。最经济方法的选择，取决于原材料类型、截面特性、质量要求和现有设备条件。

斜边和 V 形坡口用气割较易制作，应用广泛。J 和 U 形坡口需用机械加工或空气碳弧切割，成本较高。若有刨边机采用 J 或 U 形接头，可减少焊缝金属需要量。

当使用双面坡口接头，根部间隙非常大的时候，为防止熔穿，需用垫片。在用垫片时，接头另一面在焊接之前必须进行背刨，至出现无缺陷的光泽金属。

当根部间隙过大，且需从一面进行焊接时，应用垫板。垫板常在该处保持到焊后变成接头总体的一部分。垫板材料应与母材一致。

当对接没有垫板的焊缝，为排除钝边处熔化缺陷，去掉在焊缝根部的金属，需采用背刨。背刨法有：磨、铲和刨。最经济的方法是刨，可获得理想外形。

为焊接 U 形坡口，在一定条件下，得应用刨削预加工前的装配和定位。

5.5 焊接件结构设计应注意的问题（见表4.4-99）

表 4.4-99　焊接件结构设计应注意的问题

序号	注意事项	图例 改进前	图例 改进后	说明
1	节省原料			用钢板焊制零件时，尽量使所用板料形状规范，以减少下料时产生边角废料
				设计时设法搭配各零件的尺寸，使有些板料可以采用套料剪裁的方法制造，原设计底板冲下的圆板为废料，改进后，可以利用这块圆板制成零件顶部的圆板，废料大为减少
2	减少焊接工作量			减少拼焊的毛坯数，用一块厚板代替几块薄板
				用钢板焊接的零件，如改为先将钢板弯曲成一定形状再进行焊接较好
3	焊缝位置应便于操作			手工焊要考虑焊条操作空间
				自动焊应考虑接头处便于存放焊剂
				点焊应考虑电极伸入方便

(续)

序号	注意事项	图例 改进前	图例 改进后	说 明
4	焊缝位置布置应有利于减少焊接应力与变形			焊缝应避免过分密集或交叉
				不要让热影响区相距太近
				焊接端部应去除锐角
				焊接件设计应具有对称性，焊缝布置与焊接顺序也应对称
5	注意焊缝受力			断面转折处不应布置焊缝
				套管与板的连接，应将套管插入板孔
				焊缝应避免受剪力
				焊缝应避免集中载荷

序号	注意事项	图例 改进前	图例 改进后	说明
6	焊缝应避开加工面			加工面应距焊缝远些
				焊缝不应在加工表面上
7	不同厚度工件焊接			接头应平滑过渡

5.6 焊接件的几何尺寸公差和形状公差

5.6.1 线性尺寸公差（见表4.4-100）

表4.4-100 线性尺寸公差（摘自 GB/T 19804—2005） (mm)

公差等级	公称尺寸 L 的范围										
	2~30	>30 ~120	>120 ~400	>400 ~1000	>1000 ~2000	>2000 ~4000	>4000 ~8000	>8000 ~12000	>12000 ~16000	>16000 ~20000	>20000
	公差 t										
A	±1	±1	±1	±2	±3	±4	±5	±6	±7	±8	±9
B		±2	±2	±3	±4	±6	±8	±10	±12	±14	±16
C		±3	±4	±6	±8	±11	±14	±18	±21	±24	±27
D		±4	±7	±9	±12	±16	±21	±27	±32	±36	±40

5.6.2 角度尺寸公差（见表4.4-101）

表4.4-101 角度尺寸公差（摘自 GB/T 19804—2005）

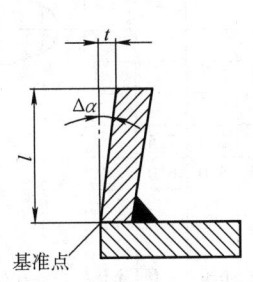

公差等级	公称尺寸 l（工件长度或短边长度）范围/mm		
	0~400	>400~1000	>1000
以角度表示的公差 Δα（°）			
A	±20′	±15′	±10′
B	±45′	±30′	±20′
C	±1°	±45′	±30′
D	±1°30′	±1°15′	±1°
以长度表示的公差 t/mm·m⁻¹			
A	±6	±4.5	±3
B	±13	±9	±6
C	±18	±13	±9
D	±26	±22	±18

注：t 为 $\Delta\alpha$ 的正切值，它可由短边的长度计算得出，以 mm/m 计，即每米短边长度内所允许的偏差值。

5.6.3 直线度、平面度和平行度公差

表4.4-102规定的直线度、平面度及平行度公差 既适用于焊件、焊接组装件或焊接构件的所有尺寸，也适用于图样上标注的尺寸。

表4.4-102 直线度、平面度和平行度公差（摘自 GB/T 19804—2005） (mm)

公差等级	公称尺寸 l（对应表面的较长边）的范围									
	>30 ~120	>120 ~400	>400 ~1000	>1000 ~2000	>2000 ~4000	>4000 ~8000	>8000 ~12000	>12000 ~16000	>16000 ~20000	>20000
	公差 t									
E	±0.5	±1	±1.5	±2	±3	±4	±5	±6	±7	±8
F	±1	±1.5	±3	±4.5	±6	±8	±10	±12	±14	±16
G	±1.5	±3	±5.5	±9	±11	±16	±20	±22	±25	±25
H	±2.5	±5	±9	±14	±18	±26	±32	±36	±40	±40

5.6.4 焊前弯曲成形的筒体允差（见表4.4-103）

表4.4-103 焊前弯曲成形的筒体允差 (mm)

外径 D_H	ΔD_H	公差		弯角 C
		当筒体壁厚为下列数值时的圆度		
		≤30	>30	
≤1000	±5	8	5	3
>1000~1500	±7	11	7	4
>1500~2000	±9	14	9	4
>2000~2500	±11	17	11	5
>2500~3000	±13	20	13	5
>3000	±15	23	15	6

5.6.5 焊前管子的弯曲半径、圆度公差及允许波纹度（见表4.4-104）

表4.4-104 焊前管子的弯曲半径、圆度公差及允许的波纹深度 (mm)

公差名称		管子外径									示意图
		30	38	51	60	70	83	102	108	125	150	200
弯曲半径 R 的公差	R=75~125	±2	±2	±3	±3	±4					
	R=160~300	±1	±1	±2	±2	±3					
	R=400						±5	±5	±5	±5	±5
	R=500~1000						±4	±4	±4	±4	±4
	R>1000						±3	±3	±3	±3	±3
在弯曲半径处的圆度 a 或 b	R=75	3.0									
	R=100	2.5	3.1								
	R=125	2.3	2.6	3.6							
	R=160	1.7	2.1	3.2							
	R=200		1.7	2.8	3.6						
	R=300		1.6	2.6	3.0	4.6	5.8				
	R=400			2.4	3.3	5.0	7.2	8.1			
	R=500			1.8	3.4	4.2	6.2	7.0	7.6		
	R=600			1.5	2.3	3.4	5.1	5.9	6.5	7.5	
	R=700			1.2	1.9	2.5	3.6	4.4	5.0	6.0	7.0
弯曲处的波纹深度 a'		—	1.0	1.5	1.5	2.0	3.0	4.0	5.0	6.0	7.0	8.0

5.7 焊接质量检验

质量检验贯穿于产品从设计到成品的整个过程中，必须确保质量检验过程中所用检验方法的合理性、检验仪器的可靠性和检验人员的技术水平。焊后的产品要运用各种检验方法检查接头的致密性、物理性能、力学性能、金相组织、化学成分、耐蚀性、外表尺寸和焊接缺陷。

焊接缺陷可分为外部缺陷和内部缺陷。外部缺陷包括：余高尺寸不合要求、焊瘤、咬边、弧坑、电弧烧伤、表面气孔、表面裂纹、焊接变形和翘曲等。内部缺陷包括：裂纹、未焊透、未熔合、夹渣和气孔等。焊接缺陷中危害性最大的是裂纹，其次是未焊透、未熔合、夹渣、气孔和组织缺陷等。

焊接缺陷的检验方法分破坏性检验和非破坏性检验（也称无损检验）两大类。非破坏性检验方法有外观检查、致密性检验、受压容器整体强度试验、渗透性检验、射线检验、磁力探伤、超声波探伤、全息探伤、中子探伤、液晶探伤、声发射探伤和物理性能测定等。破坏性检验方法有机械性能试验、化学分析和金相试验等。

正确选用检验方法，不但能彻底查清缺陷的性质、大小和位置，而且可以找出缺陷的产生原因，从而避免缺陷的再度出现。

6 金属切削加工件结构设计工艺性

6.1 金属材料的可加工性

金属材料的可加工性指金属经过切削加工成为合乎要求的工件的难易程度。到目前为止，还不能用材料的某一种性能全面地表示出材料的可加工性。目前生产中最常用的是以刀具寿命为 60min 的切削速度 v_{60} 来表示。v_{60} 愈高，表示材料的可加工性愈好，并以 $R_m = 600$MPa 的 45 钢的 v_{60} 作为基准，简写为 $(v_{60})_j$。其他材料的 v_{60} 和 $(v_{60})_j$ 的比值 $K = \dfrac{v_{60}}{(v_{60})_j}$ 叫作相对加工性。常用材料的相对加工性见表 4.4-105。

根据金属的力学性能分析，硬度在 170～230 HBW 时，可加工性比较好。硬度过高，难以加工，且造成刀具磨损快；硬度过低，则易形成长的切屑缠绕，造成刀具发热和磨损，零件表面粗糙。材料塑性增加，$\psi = 50\%～60\%$ 时，可加工性也显著下降。

影响钢、铁可加工性的因素及铜、铝合金加工的特点见表 4.4-106。

表 4.4-105 常用材料的相对加工性

可加工性等级	各种材料的加工性质		相对加工性 K	代表性的材料
1	很容易加工	一般有色金属	8～20	铝镁合金、5-5-5 铜铅合金
2	易加工	易切削钢	2.5～3	自动机钢（$R_m = 400～500$MPa）
3		较易切削钢	1.6～2.5	30 钢正火（$R_m = 500～580$MPa）
4	普通	一般碳钢及铸铁	1.0～1.5	45 钢、灰铸铁
5		稍难切削材料	0.7～0.9	85 轧制、20Cr13 调质（$R_m = 850$MPa）
6	难加工	较难切削材料	0.5～0.65	65Mn 调质（$R_m = 950～1000$MPa）、易切削不锈钢
7		难切削材料	0.15～0.5	不锈钢
8		很难切削材料	0.04～0.14	耐热合金钢、钛合金

表 4.4-106 影响钢、铁可加工性的因素及铜、铝合金加工的特点

材料	影响因素	可加工性	影响因素	可加工性
钢	力学性能	硬度：170～230HBW 时最好，>300HBW 时显著下降，≈400HBW 时很差；塑性：$\psi = 50\%～60\%$ 时显著下降	轧制方法	$w(C) < 0.3\%$ 时，冷轧或冷拔比热轧好；$w(C)$ 为 0.3%～0.4% 的中碳钢时，冷轧与热轧差不多；$w(C) > 0.4\%$ 的高碳钢时，热轧比冷轧好

（续）

材料	影响因素	可加工性	影响因素	可加工性
钢	力学性能	$w(C)$ 为 0.25%～0.35% 时最好；当 $w(C)<0.2\%$ 时，$w(Mn)=1.5\%$ 最好；$w(Ni)>8\%$ 时加工更困难，$w(Mo)$ 为 0.15%～0.40% 时稍提高可加工性，当淬火钢硬度为 >350HBW 时，加入一些 Mo 可提高其可加工性	金相组织	铁素体：塑性很大的铁素体钢，可加工性很差，切削前一般经过冷轧或冷拔提高可加工性
				珠光体：$w(C)>0.6\%$ 时，粒状珠光体比片状珠光体好，低碳钢以断续细网状的片状珠光体为好
				索氏体、托氏体：二者都比珠光体硬，可加工性稍差
				马氏体：更硬、更差
				奥氏体：软而韧，加工硬化厉害，导热性差易粘刀，可加工性很差
			冶炼方法	转炉钢：含硫、磷较高，可加工性最好
				平炉钢：含硫、磷较低，可加工性较差
				电炉钢：含硫、磷最低，可加工性最差
			热处理	退火：可加工性提高
				正火、淬火：提高低碳钢的可加工性
铸铁		硬度一般虽然不高，但是其热导率较差，并含有碳化铁及其他坚硬的杂质，且切下的切屑是崩碎的，所以刃口附近的较小面积上的温度梯度较大，并且集中地受到一些硬质点的摩擦，因此其可加工性同样应综合多方面因素来考虑		
	化学成分	C、Si、Al、Ni、Cu、Ti：提高。适当含量是 $w(Si)$ 0.1%～0.2%，$w(Ni)$ 0.1%～3.0%，$w(Ti)$ 0.05%～0.10%，$w(Mo)$ 0.5%～2.0%。Cr、V、Mn、Co、S、P 等：超过某种限度时就降低，其含量不宜大于 $w(Cr)$ 1.0%，$w(V)$ 0.5%，$w(Mn)$ 1.5%，$w(P)$ 0.14%	金相组织	自由石墨（显微粒度 15～40μm）：提高，但石墨颗粒太大表面粗糙度值变大
				自由铁素体（显微粒度 215～270μm）：一般铸件中约占 10%，可加工性提高
				珠光体（显微粒度 300～390μm）：可加工性一般
				针状组织（显微粒度 400～495μm）：可加工性略降低
				磷铁共晶体（P10% + Fe%）（显微粒度 600～1200μm）：存在于 $w(P)>0.1\%$ 的铸铁中，一般当其在铸铁中的相对密度 <5% 时，影响不大，再多就降低
	热处理	退火使硬度下降 15%～30%，可提高切削速度 30%～80%		自由碳化物（显微粒度 1000～2300μm）：很硬，降低可加工性
铜、铝合金		铜合金： 1. 强度、硬度比钢低，可加工性好 2. 青铜比较硬脆，切削时与灰铸铁类似；黄铜比较韧软，切削时与低碳钢有些相同，但较易获得良好的表面粗糙度 3. 黄铜容易产生"扎刀"的问题 4. 除车削某些青铜外，刀具使用寿命比钢、铁高 5. 装夹容易引起变形 6. 线胀系数比钢、铁大，加工发热，尺寸精度较难控制		铝合金： 1. 强度、硬度比铜更低，可加工性更好，但车螺纹容易"崩扣" 2. 加工时容易粘刀，形成积屑瘤，表面粗糙度变差 3. 组织不够致密，很难获得较好的表面粗糙度 4. 除车铸造硅铝合金外，刀具使用寿命一般都较高（禁止使用陶瓷刀具） 5. 装夹和加工时容易引起变形，工件表面也易碰伤或划伤 6. 线胀系数比铜更大，影响尺寸精度更突出

6.2 金属切削加工件的一般标准

6.2.1 标准尺寸（见表 4.4-107）

表 4.4-107　标准尺寸（摘自 GB/T2822—2005）　　　　　　　　　　　　　　　　　　　　（mm）

R 系列			R′系列			R 系列			R′系列			R 系列		
R10	R20	R40	R′10	R′20	R′40	R10	R20	R40	R′10	R′20	R′40	R10	R20	R40
1.00	1.00		1.0	1.0				67.0			67		1120	1120
	1.12			**1.1**			71.0	71.0		71.0	71			1180
1.25	1.25		**1.2**	**1.2**				75.0			75	1250	1250	1250
		1.40			1.4	80.0	80.0	80.0	80	80	80			1320
1.60	1.60		1.6	1.6				85.0			85		1400	1400
	1.80			1.8			90.0	90.0		90	90			1500
2.00	2.00		2.0	2.0				95.0			95	1600	1600	1600
	2.24			**2.2**		100.0	100.0	100.0	100	100	100			1700
2.50	2.50		2.5	2.5				106			**105**		1800	1800
	2.80			2.8			112	112		**110**	**110**			1900
3.15	3.15		**3.0**	**3.0**				118			**120**	2000	2000	2000
	3.55			**3.5**		125	125	125	125	125	125			2120
4.00	4.00		4.0	4.0				132			**130**		2240	2240
	4.50			4.5			140	140		140	140			2360
5.00	5.00		5.0	5.0				150			150	2500	2500	2500
	5.60			**5.5**		160	160	160	160	160	160			2650
6.30	6.30		**6.0**	**6.0**				170			170		2800	2800
	7.10			**7.0**			180	180		180	180			3000
8.00	8.00		8.0	8.0				190			190	3150	3150	3150
	9.00			9.0		200	200	200	200	200	200			3350
10.00	10.00		10.0	10.0				212			**210**		3550	3550
	11.2			**11**			224	224		**220**	**220**			3750
12.5	12.5	12.5	**12**	**12**	12			236			**240**	4000	4000	4000
		13.2			**13**	250	250	250	250	250	250			4250
	14.0	14.0		14	14			265			**260**		4500	4500
		15.0			15		280	280		280	280			4750
16.0	16.0	16.0	16	16	16			300			300	5000	5000	5000
		17.0			17	315	315	315	**320**	**320**	320			5300
	18.0	18.0		18	18			335			**340**		5600	5600
		19.0			19		355	355		**360**	**360**			6000
20.0	20.0	20.0	20	20	20			375			**380**	6300	6300	6300
		21.2			**21**	400	400	400	400	400	400			6700
	22.4	22.4		**22**	**22**			425			**420**		7100	7100
		23.6			**24**		450	450		450	450			7500
25.0	25.0	25.0	25	25	25			475			**480**	8000	8000	8000
		26.5			**26**	500	500	500	500	500	500			8500
	28.0	28.0		28	28			530			530		9000	9000
		30.0			30		560	560		560	560			9500
31.5	31.5	31.5	**32**	**32**	32			600			600	10000	10000	10000
		33.5			**34**	630	630	630	630	630	630			10600
	35.5	35.5		**36**	36			670			670		11200	11200
		37.5			**38**		710	710		710	710			11800
40.0	40.0	40.0	40	40	40			750			750	12500	12500	12500
		42.5			**42**	800	800	800	800	800	800			13200
	45.0	45.0		45	45			850			850		14000	14000
		47.5			**48**		900	900		900	900			15000
50.0	50.0	50.0	50	50	50			950			950	16000	16000	16000
		53.0			53	1000	1000	1000	1000	1000	1000			17000
	56.0	56.0		56	56			1060					18000	18000
		60.0			60									19000
63.0	63.0	63.0	63	63	63							20000	20000	20000

注：1. "标注尺寸"为直径、长度、高度等系列尺寸。
　　2. R′系列中的黑体字，为 R 系列相应各项优先数的化整值。
　　3. 选择尺寸时，优先选用 R 系列，按照 R10、R20、R40 顺序。如必须将数值圆整，可选择相应的 R′系列，应按照 R′10、R′20、R′40 顺序选择。

6.2.2 圆锥的锥度与锥角系列（见表4.4-108、表4.4-109）

表4.4-108　一般用途圆锥的锥度与锥角（摘自 GB/T 157—2001）

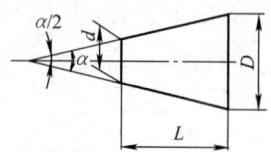

$$锥度\ C = \frac{D-d}{L} = 2\tan\frac{\alpha}{2}$$

基本值		推算值				应用举例
系列1	系列2	圆锥角 α			锥度 C	
		(°)　(′)　(″)	(°)	rad		
120°		—	—	2.094395	1:0.288675	螺纹孔的内倒角，填料盒内填料的锥度
90°		—	—	1.570796	1:0.500000	沉头螺钉头，螺纹倒角，轴的倒角
	75°	—	—	1.308997	1:0.651613	车床顶尖，中心孔
60°		—	—	1.047198	1:0.866025	车床顶尖，中心孔
45°		—	—	0.785398	1:1.207107	轻型螺旋管接口的锥形密合
30°		—	—	0.523599	1:1.866025	摩擦离合器
1:3		18°55′28.7″	18.924644°	0.330297	—	有极限转矩的摩擦圆锥离合器
1:5		11°25′16.3″	11.421186°	0.199337	—	易拆机件的锥形连接，锥形摩擦离合器
	1:6	9°31′38.2″	9.522783°	0.166282	—	
	1:7	8°10′16.4″	8.171234°	0.142615	—	重型机床顶尖，旋塞
	1:8	7°9′9.6″	7.152669°	0.124838	—	联轴器和轴的圆锥面连接
1:10		5°43′29.3″	5.724810°	0.099917	—	受轴向力及横向力的锥形零件的接合面，电动机及其他机械的锥形轴端
	1:12	4°46′18.8″	4.771888°	0.083285	—	固定球及滚子轴承的衬套
	1:15	3°49′5.9″	3.818305°	0.066642	—	受轴向力的锥形零件的接合面，活塞与活塞杆的连接
1:20		2°51′51.1″	2.864192°	0.049990	—	机床主轴锥度，刀具尾柄，米制锥度铰刀，圆锥螺栓
1:30		1°54′34.9″	1.909683°	0.033330	—	装柄的铰刀及扩孔钻
1:50		1°8′45.2″	1.145877°	0.019999	—	圆锥销，定位销，圆锥销孔的铰刀
1:100		0°34′22.6″	0.572953°	0.010000	—	承受陡振及静变载荷的不需拆开的连接机件
1:200		0°17′11.3″	0.286478°	0.005000	—	承受陡振及冲击变载荷的需拆开的零件，圆锥螺栓
1:500		0°6′62.5″	0.114592°	0.002000	—	

注：系列1中120°~1:3的数值近似按R10/2优先数系列，1:5~1:500按R10/3优先数系列（见GB/T 321）。

表4.4-109　特殊用途圆锥的锥度与锥角（摘自 GB/T 157—2001）

基本值	圆锥角 α	锥度 C	应用举例	基本值	圆锥角 α		应用举例
18°30′	—	—	1:3.070115	纺织工业	1:18.779	3°3′1.2″	3.050335°	贾各锥度 No.3
11°54′	—	—	1:4.797451		1:19.264	2°58′24.9″	2.973573°	贾各锥度 No.6
8°40′	—	—	1:6.598442		1:20.288	2°49′24.8″	2.823550°	贾各锥度 No.0
7°40′	—	—	1:7.462208		1:19.002	3°0′52.4″	3.014554°	莫氏锥度 No.5
7:24	16°35′39.4″	16.594290°	1:3.428571	机床主轴，工具配合	1:19.180	2°59′11.7″	2.936590°	莫氏锥度 No.6
1:9	6°21′34.8″	6.359660°	—	电池接头	1:19.212	2°58′53.8″	2.981618°	莫氏锥度 No.0
1:16.666	3°26′12.7″	3.436853°	—	医疗设备	1:19.254	2°58′30.4″	2.975117°	莫氏锥度 No.4
1:12.262	4°40′12.2″	4.670042°	—	贾各锥度 No.2	1:19.922	2°52′31.4″	2.875402°	莫氏锥度 No.3
1:12.972	4°24′52.9″	4.414696°	—	贾各锥度 No.1	1:20.020	2°51′40.8″	2.861332°	莫氏锥度 No.2
1:15.748	3°38′13.4″	3.637067°	—	贾各锥度 No.33	1:20.047	2°51′26.9″	2.857480°	莫氏锥度 No.1

莫氏和米制锥度系列见表 4.4-110。

表 4.4-110 莫氏和米制锥度(附斜度对照)

圆锥号数		锥 度 $C=2\tan(\alpha/2)$	锥角 α	斜角 $\alpha/2$	斜度 $\tan(\alpha/2)$	圆锥号数		锥 度 $C=2\tan(\alpha/2)$	锥角 α	斜角 $\alpha/2$	斜度 $\tan(\alpha/2)$
莫氏	0	1:19.212=0.05205	2°58′54″	1°29′27″	0.026	米制	4	1:20=0.05	2°51′51″	1°25′56″	0.025
	1	1:20.047=0.04988	2°51′26″	1°25′43″	0.0249		6	1:20=0.05	2°51′51″	1°25′56″	0.025
	2	1:20.020=0.04995	2°51′41″	1°25′50″	0.025		80	1:20=0.05	2°51′51″	1°25′56″	0.025
	3	1:19.922=0.05020	2°52′32″	1°26′16″	0.0251		100	1:20=0.05	2°51′51″	1°25′56″	0.025
	4	1:19.254=0.05194	2°58′31″	1°29′15″	0.026		120	1:20=0.05	2°51′51″	1°25′56″	0.025
	5	1:19.002=0.05263	3°00′53″	1°30′26″	0.0263		140	1:20=0.05	2°51′51″	1°25′56″	0.025
	6	1:19.180=0.05214	2°59′12″	1°29′36″	0.0261		160	1:20=0.05	2°51′51″	1°25′56″	0.025
	7	1:19.231=0.052	2°58′36″	1°29′18″	0.026		200	1:20=0.05	2°51′51″	1°25′56″	0.025

注:1. 米制圆锥号数表示圆锥的大端直径,如 80 号米制圆锥,它的大端直径即为 80mm。
2. 莫氏锥度目前在钻头及铰刀的锥柄、车床零件等应用较多。

6.2.3 棱体的角度与斜度(见表 4.4-111、表 4.4-112)

表 4.4-111 棱体的角度和斜度(摘自 GB/T 4096—2001)

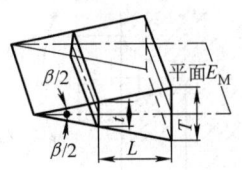

棱体比率 $C_p = \dfrac{T-t}{L}$

$C_p = 2\tan\dfrac{\beta}{2} = 1:\dfrac{1}{2}\cot\dfrac{\beta}{2}$

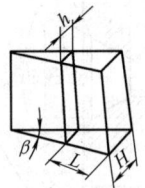

棱体斜度 $S = \dfrac{H-h}{L}$

$S = \tan\beta = 1:\cot\beta$

基 本 值			推 算 值			基 本 值			推 算 值		
系列1	系列2	S	C_p	S	β	系列1	系列2	S	C_p	S	β
120°	—	—	1:0.288675	—		一般用途	—	4°	—	1:14.318127	1:14.300666	—
90°	—	—	1:0.500000	—			—	3°	—	1:19.094230	1:19.081137	—
—	75°	—	1:0.651613	1:0.267949			—	—	1:20	—	—	2°51′44.7″
60°	—	—	1:0.866025	1:0.577350			—	2°	—	1:28.644982	1:28.636253	—
45°	—	—	1:1.207107	1:1.000000			—	—	1:50	—	—	1°8′44.7″
—	40°	—	1:1.373739	1:1.191754			—	1°	—	1:57.294327	1:57.289962	—
30°	—	—	1:1.866025	1:1.732051			—	—	1:100	—	—	0°34′25.5″
20°	—	—	1:2.835641	1:2.747477			—	0°30′	—	1:114.590832	1:114.588650	—
15°	—	—	1:3.797877	1:3.732051			—	—	1:200	—	—	0°17′11.3″
—	10°	—	1:5.715026	1:5.671282			—	—	1:500	—	—	0°6′52.5″
—	8°	—	1:7.150333	1:7.115370		说明:优先选用系列1,当不能满足需要时,选用系列2					
—	7°	—	1:8.174928	1:8.144346		特殊用途	V形体	角度 β	108°	C_p	1:0.3632713	S	
—	6°	—	1:9.540568	1:9.514364			V形体		72°		1:0.6881910		
—	1:10	—	—	—	5°42′38″		燕尾体		55°		1:0.9604911		1:0.700207
—	5°	—	1:11.451883	1:11.430052			燕尾体		50°		1:1.0722535		1:0.839100

表 4.4-112 标准角度

第一系列	第二系列	第三系列	第一系列	第二系列	第三系列	第一系列	第二系列	第三系列	第一系列	第二系列	第三系列	第一系列	第二系列	第三系列
0°	0°	0°			4°			18°			55°			110°
		0°15′	5°	5°	5°		20°	20°	60°	60°	60°	120°	120°	120°
	0°30′	0°30′			6°			22°30′			65°			135°
		0°45′			7°			25°			72°		150°	150°
	1°	1°			8°	30°	30°	30°		75°	75°			165°
		1°30′			9°			36°			80°	180°	180°	180°
	2°	2°		10°	10°			40°			85°			270°
		2°30′			12°	45°	45°	45°	90°	90°	90°	360°	360°	360°
	3°	3°	15°	15°	15°			50°			100°			

注:1. 本标准为一般用途的标准角度,不适用于由特定尺寸或参数所确定的角度以及工艺和使用上有特殊要求的角度。
2. 选用时优先选用第一系列,其次是第二系列,最后是第三系列。
3. 该表不属于 GB/T 4096—2001 的内容仅供参考。

6.2.4 中心孔(见表 4.4-113、表 4.4-114)

表 4.4-113 60°中心孔(摘自 GB/T 145—2001) (mm)

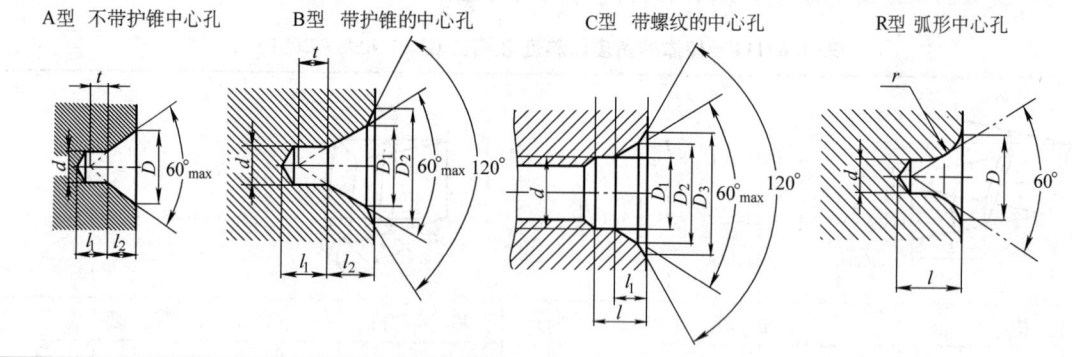

A型 不带护锥中心孔　B型 带护锥的中心孔　C型 带螺纹的中心孔　R型 弧形中心孔

d	D		D_1	D_2	l_2	t (参考)		l_{min}	r		d	D_1	D_2	D_3	l	l_1 参考
	A型	R型		B型	A型	A型	B型	A型	B型	R型 max	R型 min			C型				
A、B、R型																
(0.50)	1.06	—	—	—	0.48	—	0.5	—	—	—	—	M3	3.2	5.3	5.8	2.6	1.8
(0.63)	1.32	—	—	—	0.60	—	0.6	—	—	—	—	M4	4.3	6.7	7.4	3.2	2.1
(0.80)	1.70	—	—	—	0.73	—	0.7	—	—	—	—	M5	5.3	8.1	8.8	4.0	2.4
1.00	2.12	2.12	2.12	3.15	0.97	1.27	0.9	0.9	2.3	3.15	2.50	M6	6.4	9.6	10.5	5.0	2.8
(1.25)	2.65	2.65	2.65	4.00	1.21	1.60	1.1	1.1	2.8	4.00	3.15	M8	8.4	12.2	13.2	6.0	3.3
1.60	3.35	3.35	3.35	5.00	1.52	1.99	1.4	1.4	3.5	5.00	4.00	M10	10.5	14.9	16.3	7.5	3.8
2.00	4.25	4.25	4.25	6.30	1.95	2.54	1.8	1.8	4.4	6.30	5.00	M12	13.0	18.1	19.8	9.5	4.4
2.50	5.30	5.30	5.30	8.00	2.42	3.20	2.2	2.2	5.5	8.00	6.30	M16	17.0	23.0	25.3	12.0	5.2
3.15	6.70	6.70	6.70	10.00	3.07	4.03	2.8	2.8	7.0	10.00	8.00	M20	21.0	28.4	31.3	15.0	6.4
4.00	8.50	8.50	8.50	12.50	3.90	5.05	3.5	3.5	8.9	12.50	10.00	M24	26.0	34.2	38.0	18.0	8.0
(5.00)	10.60	10.60	10.60	16.00	4.85	6.41	4.4	4.4	11.2	16.00	12.50						
6.30	13.20	13.20	13.20	18.00	5.98	7.36	5.5	5.5	14.0	20.00	16.00						
(8.00)	17.00	17.00	17.00	22.40	7.79	9.36	7.0	7.0	17.9	25.00	20.00						
10.00	21.20	21.20	21.20	28.00	9.70	11.66	8.7	8.7	22.5	31.50	25.00						

注:1. 括号内尺寸尽量不用。
2. A、B型中尺寸 l_1 取决于中心钻的长度,即使中心孔重磨后再使用,此值不应小于 t 值。
3. A 型同时列出了 D 和 l_2 尺寸,B 型同时列出了 D_2 和 l_2 尺寸,制造厂可分别任选其中一个尺寸。

表 4.4-114 75°、90°中心孔 (JB/ZQ 4236—2006、JB/ZQ 4237—2006) (mm)

α	规格 D	D_1	D_2	L	L_1	L_2	L_3	L_0	选择中心孔的参考数据	
									毛坯轴端直径(min) D_0	毛坯质量(max)/kg
75°(摘自 JB/ZQ 4236—2006)	3	9		7	8	1			30	200
	4	12		10	11.5	1.5			50	360
	6	18		14	16	2			80	800
	8	24		19	21	2			120	1500
	12	36		28	30.5	2.5			180	3000
	20	60		50	53	3			260	9000
	30	90		70	74	4			360	20000
	40	120		95	100	5			500	35000
	45	135		115	121	6			700	50000
	50	150		140	148	8			900	80000
90°(摘自 JB/ZQ 4237—2006)	14	56	77	36	38.5	2.2	6	44.5	250	5000
	16	64	85	40	42.5	2.5	6	48.5	300	10000
	20	80	108	50	53	3	8	61	400	20000
	24	96	124	60	64	4	8	72	500	30000
	30	120	155	80	84	4	10	94	600	50000
	40	160	195	100	105	5	10	115	800	80000
	45	180	222	110	116	6	12	128	900	100000
	50	200	242	120	128	8	12	140	1000	150000

注:1. 中心孔的选择:中心孔的尺寸主要根据毛坯轴端直径 D_0 和零件毛坯总质量(如轴上装有齿轮、齿圈及其他零件等)来选择。若毛坯总质量超过表中 D_0 相对应的质量时,则依据毛坯质量确定中心孔尺寸。
2. 当加工零件毛坯总质量超过 5000kg 时,一般宜选择 B 型中心孔。
3. D 型中心孔是属于中间形式,在制造时要考虑到在机床上加工去掉余量"L_3"以后,应与 B 型中心孔相同。
4. 中心孔的表面粗糙度按用途自行规定。

6.2.5 零件的倒圆、倒角(见表 4.4-115)

表 4.4-115 零件倒圆与倒角(摘自 GB/T 6403.4—2008) (mm)

一般机械切削加工零件的外角和内角的倒圆和倒角及倒角形式如图 a 所示,其尺寸系列值如下表

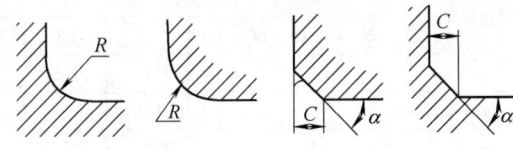

α 一般采用 45°,也可采用 30°或 60°

a)

R,C 系列	0.1	0.2	0.3	0.4	0.5	0.6	0.8	1.0	1.2	1.6	2.0	2.5	3.0
	4.0	5.0	6.0	8.0	10	12	16	20	25	32	40	50	—

各种直径对应的 C,R	φ	<3	>3~6	>6~10	>10~18	>18~30	>30~50	>50~80	>80~120	>120~180
	C 或 R	0.2	0.4	0.6	0.8	1.0	1.6	2.0	2.5	3.0
	φ	>180~250	>250~320	>320~400	>400~500	>500~630	>630~800	>800~1000	>1000~1250	>1250~1600
	C 或 R	4.0	5.0	6.0	8.0	10	12	16	20	25

（续）

内角、外角分别为倒圆、倒角（倒角为45°）的四种装配方式（见图 b、c、d、e），R_1、C_1 为正偏差；R、C 为负偏差。且图 d 内角倒角 C_{max} 与外角倒圆 R_1 有下表的关系

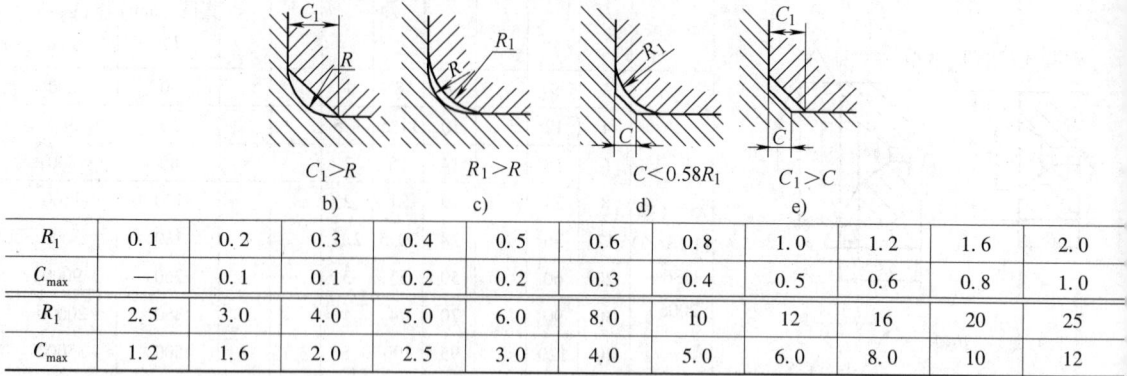

R_1	0.1	0.2	0.3	0.4	0.5	0.6	0.8	1.0	1.2	1.6	2.0
C_{max}	—	0.1	0.1	0.2	0.2	0.3	0.4	0.5	0.6	0.8	1.0
R_1	2.5	3.0	4.0	5.0	6.0	8.0	10	12	16	20	25
C_{max}	1.2	1.6	2.0	2.5	3.0	4.0	5.0	6.0	8.0	10	12

6.2.6 圆形零件自由表面过渡圆角半径和静配合连接轴用倒角（见表4.4-116、表4.4-117）

表 4.4-116 圆形零件自由表面过渡圆角半径和静配合连接轴用倒角 （mm）

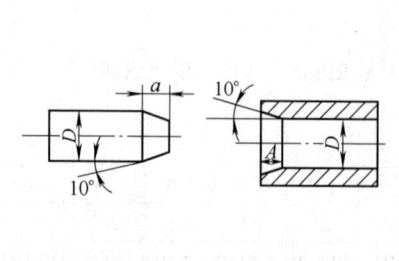

圆角半径	$D-d$	2	5	8	10	15	20	25	30	35	40	50	55	65	70	90	100	130
	R	1	2	3	4	5	8	10	12	12	16	16	20	20	25	25	30	30
	$D-d$	140	170	180	220	230	290	300	360	370	450	460	540	550	650	660	760
	R	40	40	50	50	60	60	80	80	100	100	125	125	160	160	200	200
静配合连接轴倒角	D	≤10	>10~18	>18~30	>30~50	>50~80	>80~120	>120~180	>180~260	>260~360	>360~500
	a	1	1.5	2	3	5	5	8	10	10	12
	c	0.5	1	1.5	2	2.5	3	4	5	6	8
	α	30°					10°				

注：尺寸 $D-d$ 是表中数值的中间值时，则按较小尺寸来选取 R。例如 $D-d=98$，则按 90 选 $R=25$。

表 4.4-117 过渡配合、静配合嵌入倒角 （mm）

D	倒角深	配合		
		u6、s6、s7、r6、n6、m6	t7	u8	z8
≤50	a	0.5	1	1.5	2
	A	1	1.5	2	2.5
50~100	a	1	2	2	3
	A	1.5	2.5	2.5	3.5
100~250	a	1.5	3	3	4
	A	2.5	3.5	4.5	6
250~500	a	3.5	4.5	7	8.5
	A	4	5.5	8	10

6.2.7 球面半径（见表4.4-118）

表4.4-118 球面半径（摘自 GB/T 6403.1—2008） (mm)

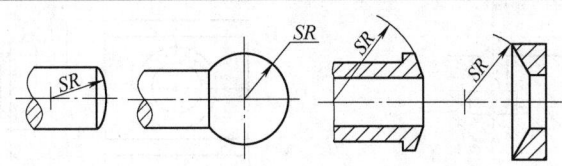

系列											
	1	0.2	0.4	0.6	1.0	1.6	2.5	4.0	6.0	10	16	20
	2	0.3	0.5	0.8	1.2	2.0	3.0	5.0	8.0	12	18	22
	1	25	32	40	50	63	80	100	125	160	200	250
	2	28	36	45	56	71	90	110	140	180	220	280
	1	320	400	500	630	800	1000	1250	1600	2000	2500	3200
	2	360	450	560	710	900	1100	1400	1800	2200	2800

6.2.8 燕尾槽（见表4.4-119）

表4.4-119 燕尾槽（JB/ZQ 4241—2006） (mm)

A	40~65	50~70	60~90	80~125	100~160	125~200	160~250	200~320	250~400	320~500
B	12	16	20	25	32	40	50	65	80	100
C	1.5~5									
e	2			3			4			
f	2						4			
H	8	10	12	16	20	25	32	40	50	65

注：1. "A"的系列为：40, 45, 50, 55, 60, 65, 70, 80, 90, 100, 110, 125, 140, 160, 180, 200, 225, 250, 280, 320, 360, 400, 450, 500。
2. "C"为推荐值。

6.2.9 T形槽（见表4.4-120）

表4.4-120 T形槽（摘自 GB/T 158—1996） (mm)

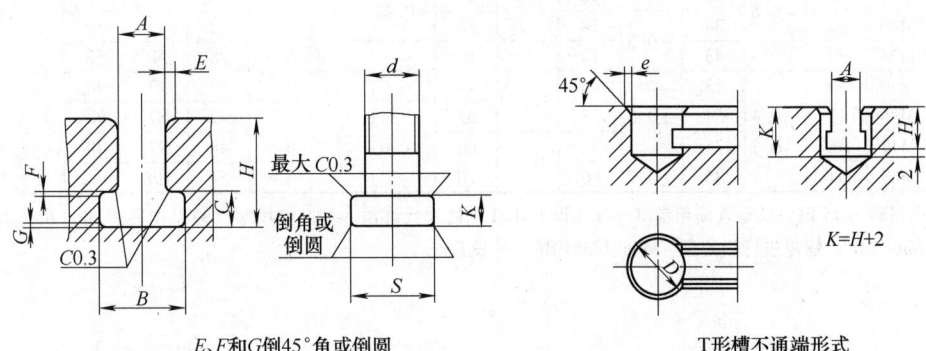

E、F和G倒45°角或倒圆　　　　T形槽不通端形式

(续)

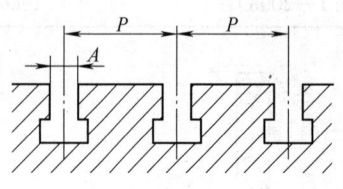
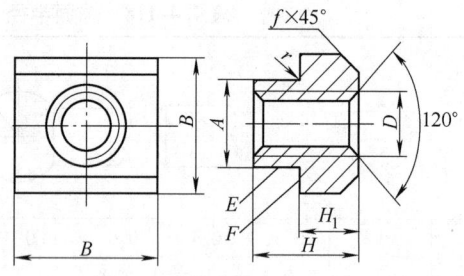

T形槽用螺母

T形槽								螺栓头部			T形槽间距P		T形槽间距偏差	
A	B		C		H		E	F	G	d	S	K			间距P	极限偏差
公称尺寸	最小尺寸	最大尺寸	最小尺寸	最大尺寸	最小尺寸	最大尺寸	最大尺寸	最大尺寸	最大尺寸	公称尺寸	最大尺寸	最大尺寸			
5	10	11	3.5	4.5	8	10				M4	9	3	20	25	32	20	±0.2
6	11	12.5	5	6	11	13				M5	10	4	25	32	40	25	
8	14.5	16	7	8	15	18	1	0.6	1	M6	13	6	32	40	50	32~100	±0.3
10	16	18	7	8	17	21				M8	15	6	40	50	63		
12	19	21	8	9	20	25				M10	18	7	(40)	50	63	80	
14	23	25	9	11	23	28			1.6	M12	22	8	(50)	63	80	100	
18	30	32	12	14	30	36	1.6	1		M16	28	10	(63)	80	100	125	125~250	±0.5
22	37	40	16	18	38	45				M20	34	14	(80)	100	125	160	
28	46	50	20	22	48	56			2.5	M24	43	18	100	125	160	200	
36	56	60	25	28	61	71				M30	53	23	125	160	200	250	
42	68	72	32	35	74	85	2.5	1.6	4	M36	64	28	160	200	250	320	320~500	±0.8
48	80	85	36	40	84	95		2	6	M42	75	32	200	250	320	400	
54	90	95	40	44	94	106				M48	85	36	250	320	400	500	

T形槽用螺母尺寸 / T形槽不通端尺寸

T形槽宽度A	D		A	B		H_1		H		f	r	宽度A	K	D		e
	公称尺寸	极限偏差	公称尺寸	公称尺寸	极限偏差	公称尺寸	极限偏差	公称尺寸	极限偏差	最大尺寸	最大尺寸			公称尺寸	极限偏差	
5	M4	5		9	±0.29	3	±0.2	6.5		1		5	12	15	+1 0	0.5
6	M5	6	-0.3	10		4		8	±0.29		0.3	6	15	16		
8	M6	8	-0.5	13		6	±0.24	10		1.6		8	20	20		
10	M8	10		15	±0.35	6		12				10	23	22	+1.5 0	1
12	M10	12		18		7		14	±0.35			12	27	28		
14	M12	14	-0.3	22	±0.42	8	±0.29	16		2.5	0.4	14	30	32		
18	M16	18	-0.6	23		10		20				18	38	42		1.5
22	M20	22		34	±0.5	14	±0.35	28	±0.42			22	47	50		
28	M24	28		43		18		36		4	0.5	28	58	62		
36	M30	36		53		23	±0.42	44	±0.5			36	73	76	+2 0	2
42	M36	42	-0.4	64	±0.6	28		52		6		42	87	92		
48	M42	48	-0.7	75		32	0.5	60	±0.6		0.8	48	97	108		
54	M48	54		85	±0.7	36		70				54	108	122		

注：螺母材料为45钢。螺母表面粗糙度（按GB/T 1031）最大允许值，基准槽用螺母的E面和F面为Ra3.2μm；其余为Ra6.3μm。螺母进行热处理，硬度为35HRC，并发蓝。

6.2.10 弧形槽端部半径（见表4.4-121）

表 4.4-121 弧形槽端部半径 (mm)

		铣切深度 H	5	10	12	25
花键槽		铣切宽度 B	4	4	5	10
		R	20~30	30~37.5	37.5	55
弧形键槽（摘自半圆键槽铣刀 GB/T 1127—2007）		键公称尺寸 $B \times d$	铣刀 D	键公称尺寸 $B \times d$	铣刀 D	键公称尺寸 $B \times d$	铣刀 D
		1×4	4.5	3×16	16.5	6×22	22.5
		1.5×7	7.5	4×16		6×25	25.5
		2×7		5×16		8×28	28.5
		2×10	10.5	4×19	19.5	10×32	32.5
		2.5×10		5×19			
		3×13	13.5	5×22	22.5		

注：d 是铣削键槽时键槽弧形部分的直径。

6.2.11 砂轮越程槽（见表4.4-122）

表 4.4-122 砂轮越程槽（摘自 GB/T 6403.5—2008） (mm)

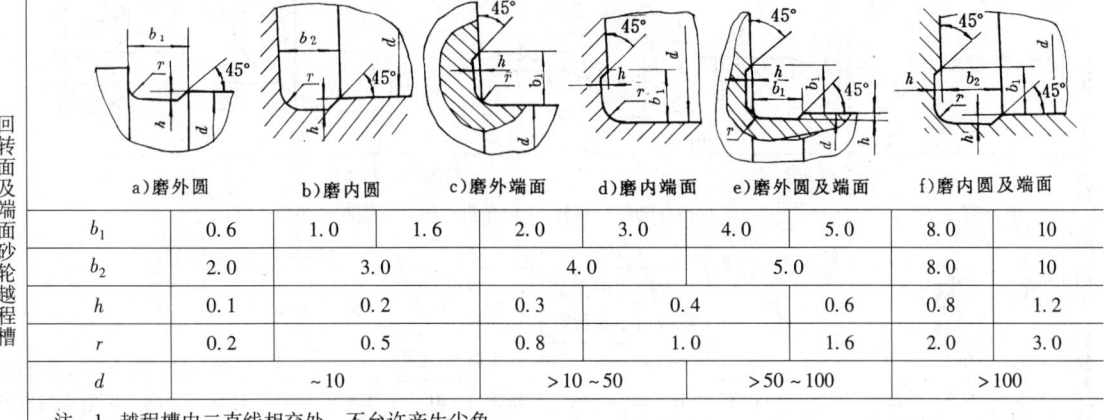

		a）磨外圆	b）磨内圆	c）磨外端面	d）磨内端面	e）磨外圆及端面	f）磨内圆及端面		
回转面及端面砂轮越程槽	b_1	0.6	1.0	1.6	2.0	3.0	4.0	5.0	8.0	10
	b_2	2.0	3.0		4.0		5.0		8.0	10
	h	0.1	0.2	0.3	0.4	0.6	0.8	1.2
	r	0.2	0.5	0.8	1.0	1.6	2.0	3.0
	d		~10	>10~50	>50~100	>100

注：1. 越程槽内二直线相交处，不允许产生尖角。
    2. 越程槽深度 h 与圆弧半径 r，要满足 $r < 3h$。

燕尾导轨砂轮越程槽	H	<5	6	8	10	12	16	20	25	32	40	50	63	80
	b	1	2	3	4	5	6
	h										
	r	0.5	0.5	1.0	1.6	1.6	2.0
矩形导轨砂轮越程槽	H	8	10	12	16	20	25	32	40	50	63	80	100
	b	2	3	5	8
	h	1.6	2.0	3.0	5.0
	r	0.5	1.0	1.6	2.0

（续）

	b	2	3	4	5
平面砂轮越程槽 $H=0.5\sim1.0$	h	1.6	2.0	2.5	3.0
V形砂轮越程槽	r	0.5	1.0	1.2	1.6

6.2.12 刨切、插切、珩磨越程槽（见表4.4-123）

表4.4-123 刨切、插切、珩磨越程槽 (mm)

切削长度	龙门刨	$a+b=100\sim200$	珩磨内圆 $b>30$
	牛头刨床、立刨床	$a+b=50\sim75$	珩磨外圆 $b=6\sim8$
	大插床 $50\sim100$，小插床 $10\sim12$		

6.2.13 退刀槽（见表4.4-124）

表4.4-124 退刀槽（摘自 JB/ZQ 4238—2006） (mm)

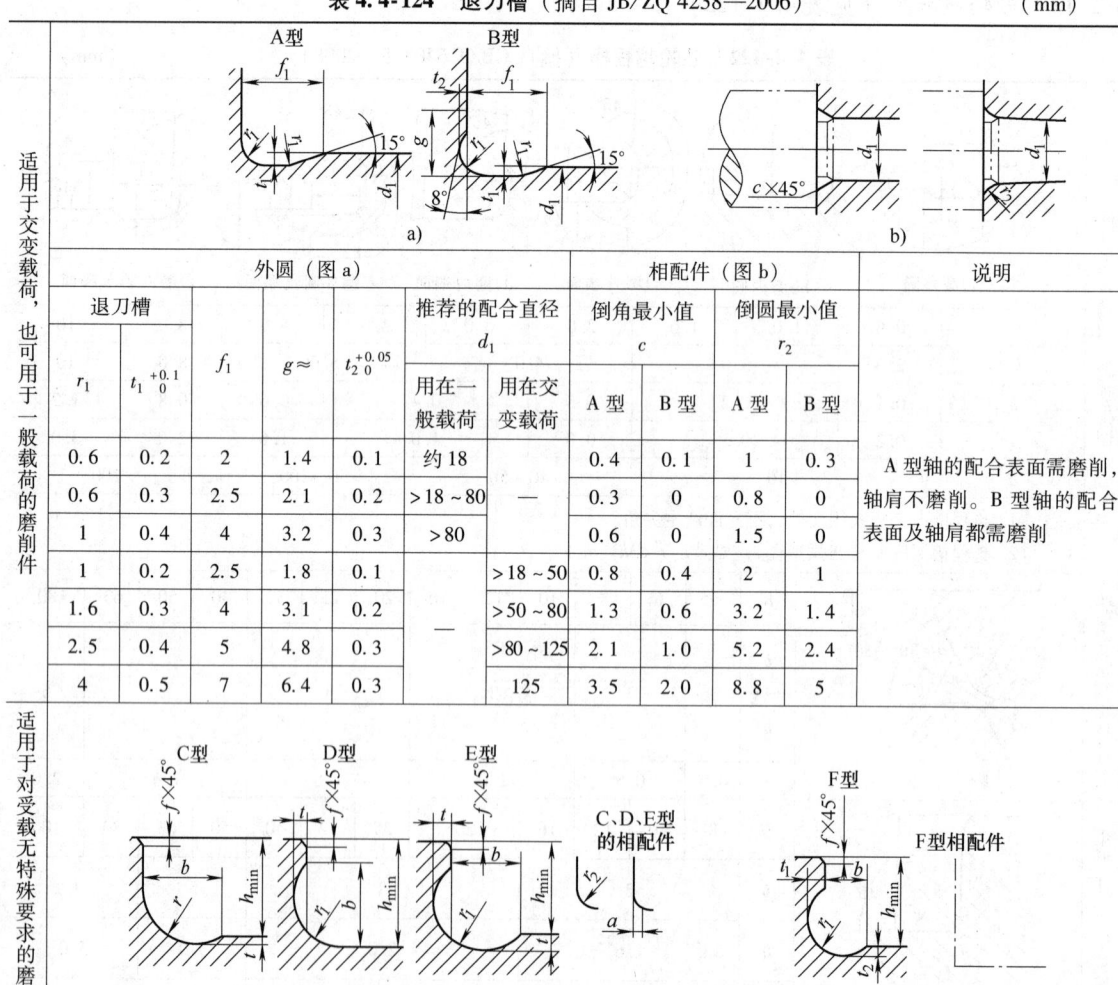

适用于交变载荷，也可用于一般载荷的磨削件

退刀槽					推荐的配合直径 d_1		相配件（图b）				说明
							倒角最小值 c		倒圆最小值 r_2		
r_1	$t_1^{+0.1}_{\ 0}$	f_1	$g\approx$	$t_2^{+0.05}_{\ 0}$	用在一般载荷	用在交变载荷	A型	B型	A型	B型	
0.6	0.2	2	1.4	0.1	约18	—	0.4	0.1	1	0.3	A型轴的配合表面需磨削，轴肩不磨削。B型轴的配合表面及轴肩都需磨削
0.6	0.3	2.5	2.1	0.2	>18~80	—	0.3	0	0.8	0	
1	0.4	4	3.2	0.3	>80	—	0.6	0	1.5	0	
1	0.2	2.5	1.8	0.1		>18~50	0.8	0.4	2	1	
1.6	0.3	4	3.1	0.2		>50~80	1.3	0.6	3.2	1.4	
2.5	0.4	5	4.8	0.3		>80~125	2.1	1.0	5.2	2.4	
4	0.5	7	6.4	0.3		125	3.5	2.0	8.8	5	

适用于对受载无特殊要求的磨削件

(续)

适用于对受载无特殊要求的磨削件	轴（图c）					相配件（孔）				轴（图d）					
	h_{min}	r_1	t	b		f_{max}	a	偏差	r_2	偏差	h_{min}	r_1	t_1	t_2	b	f_{max}
				C、D型	E型											
	2.5	1.0	0.25	1.6	1.1	0.2	1	+0.6	1.2	+0.6	4	1.0	0.4	0.25	1.2	
	4	1.6	0.25	2.4	2.2	0.2	1.6	+0.6	2.0	+0.6	5	1.6	0.6	0.4	2.0	0.2
	6	2.5	0.25	3.6	3.4	0.2	2.5	+1.0	3.2	+1.0	8	2.5	1.0	0.6	3.2	
	10	4.0	0.4	5.7	5.3	0.4	4.0	+1.0	5.0	+1.0	12.5	4.0	1.6	1.0	5.0	
	16	6.0	0.4	8.1	7.7	0.4	6.0	+1.6	8.0	+1.6	20	6.0	2.5	1.6	8.0	0.4
	25	10.0	0.6	13.4	12.8	0.4	10.0	+1.6	12.5	+1.6	30	10.0	4.0	2.5	12.5	
	40	16.0	0.6	20.3	19.7	0.6	16.0	+2.5	20.0	+2.5	$r_1=10$ 不适用于精整辊					
	60	25.0	1.0	32.1	31.1	0.6	25.0	+2.5	32.0	+2.5						

C型轴的配合表面需磨削，轴肩不磨削；D型轴的配合表面不磨削，轴肩需磨削；E型轴的配合表面及轴肩皆需磨削；F型相配件为锐角的轴的配合表面及轴肩皆需磨削

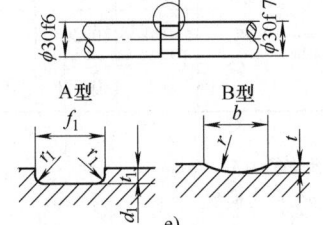

公称直径相同具有不同配合的退刀槽（图e）	A型			B型			A型退刀槽各部分尺寸根据直径 d_1 的大小按 a 表取。B型退刀槽各部分尺寸见 e 表	带槽孔退刀槽（图f）	带槽孔退刀槽直径 d_2 可按选用的平键或楔键而定。退刀槽的深度 t_2 一般为20mm，如因结构上的原因 t_2 的最小值不得小于10mm
	r	t	$b\approx$	r	t	$b\approx$			
	2.5	0.25	2.2	10	0.6	6.8			
	4	0.4	3.5	16	0.6	8.7			
	6	0.4	4.3	25	1.0	14.0			

6.2.14 插齿、滚齿退刀槽（见表4.4-125～表4.4-127）

表4.4-125 插齿空刀槽（摘自JB/ZQ 4238—2006）　　（mm）

模数	2	2.5	3	4	5	6	7	8	9	10	12	14	16	18	20	22	25
h_{min}	5	6	6	7	7	7	7	8	8	9	9	9	10	10	10	10	12
b_{min}	5	6	7.5	10.5	13	15	16	19	22	24	28	33	38	42	46	51	58
r	0.5					1.0											

表4.4-126 滚人字齿轮退刀槽（摘自JB/ZQ 4238—2006）　　（mm）

法向模数 m_n	螺旋角 β				法向模数 m_n	螺旋角 β			
	25°	30°	35°	40°		25°	30°	35°	40°
	退刀槽最小宽度 b_{min}					退刀槽最小宽度 b_{min}			
4	46	50	52	54	18	164	175	184	192
5	58	58	62	64	20	185	198	208	218
6	64	66	72	74	22	200	212	224	234
7	70	74	78	82	25	215	230	240	250
8	78	82	86	90	28	238	252	266	278
9	84	90	94	98	30	246	260	276	290
10	94	100	104	108	32	264	270	300	312
12	118	124	130	136	36	284	304	322	335
14	130	138	146	152	40	320	330	350	370
16	148	158	165	174					

退刀槽深度h由设计者决定，一般可取$0.3m_n$

表 4.4-127　滑移齿轮的齿端圆齿和倒角尺寸　（mm）

模数 m	1.5	1.75	2	2.25	2.5	3	3.5	4	5	6	8	10
r	1.2	1.4	1.6	1.8	2	2.4	2.8	3.1	3.9	4.7	6.3	7.9
h_1	1.7	2	2.2	2.5	2.8	3.5	4	4.5	5.6	6.7	8.8	11
d_n	≤50		50~80		80~120		120~180		180~260		>260	
a_{max}	2.5		3		4		5		6		8	

6.2.15　滚花（见表 4.4-128）

表 4.4-128　滚花（摘自 GB/T 6403.3—2008）　（mm）

标记
模数 $m=0.3$ 直纹滚花：
直纹 m0.3　GB/T 6403.3—2008
模数 $m=0.4$ 网纹滚花：
网纹 m0.4　GB/T 6403.3—2008

模数 m	h	r	节距 P
0.2	0.132	0.06	0.628
0.3	0.198	0.09	0.942
0.4	0.264	0.12	1.257
0.5	0.326	0.16	1.571

注：1. 表中 $h=0.785m-0.414r$。
　　2. 滚花前工件表面粗糙度的轮廓算术平均偏差 Ra 的最大允许值为 12.5μm。
　　3. 滚花后工件直径大于滚花前直径，其值 $\Delta \approx (0.8~1.6)m$，$m$ 为模数。

6.2.16　分度盘和标尺刻度（见表 4.4-129）

表 4.4-129　分度盘和标尺刻度（JB/ZQ 4260—2006）　（mm）

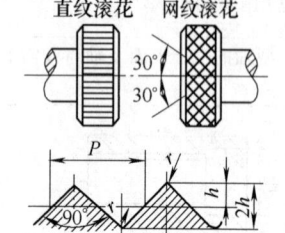

刻线类型	L	L_1	L_2	C	e	h	h_1	α
Ⅰ	$2^{+0.2}_{\ 0}$	$3^{+0.2}_{\ 0}$	$4^{+0.3}_{\ 0}$	$0.1^{+0.03}_{\ 0}$	0.15~1.5	$0.2^{+0.08}_{\ 0}$	$0.15^{+0.03}_{\ 0}$	15°±10′
Ⅱ	$4^{+0.3}_{\ 0}$	$5^{+0.3}_{\ 0}$	$6^{+0.5}_{\ 0}$	$0.1^{+0.03}_{\ 0}$		$0.2^{+0.08}_{\ 0}$	$0.15^{+0.03}_{\ 0}$	
Ⅲ	$6^{+0.5}_{\ 0}$	$7^{+0.5}_{\ 0}$	$8^{+0.5}_{\ 0}$	$0.2^{+0.03}_{\ 0}$		$0.25^{+0.08}_{\ 0}$	$0.2^{+0.03}_{\ 0}$	
Ⅳ	$8^{+0.5}_{\ 0}$	$9^{+0.5}_{\ 0}$	$10^{+0.5}_{\ 0}$	$0.2^{+0.03}_{\ 0}$		$0.25^{+0.08}_{\ 0}$	$0.2^{+0.03}_{\ 0}$	
Ⅴ	$10^{+0.5}_{\ 0}$	$11^{+0.5}_{\ 0}$	$12^{+0.5}_{\ 0}$	$0.2^{+0.03}_{\ 0}$		$0.25^{+0.08}_{\ 0}$	$0.2^{+0.03}_{\ 0}$	

注：1. 数字可按打印字头型号选用。
　　2. 尺寸 h_1 在工作图上不必注出。

6.2.17　锯缝尺寸（见表 4.4-130）

表 4.4-130　锯缝尺寸（摘自 JB/ZQ 4246—2006）　（mm）

D	d_{1min}	L									
		0.6	0.8	1.0	1.2	1.6	2.0	2.5	3.0	4.0	5.0	6.0
80	34	√	√	√	√	√	√	√	√	√	√	
100	(40)		√	√	√	√	√	√	√	√	√	
125				√	√	√	√	√	√	√	√	√
160	47				√	√	√	√	√	√	√	√
200						√	√	√	√	√	√	√
250	63						√	√	√	√	√	√
315	80							√	√	√	√	√

(续)

锯缝在图样上的标记方法	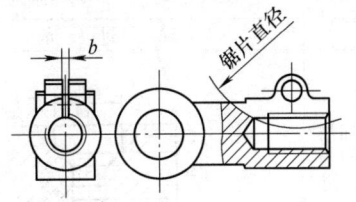

6.3 切削加工件的结构设计工艺性

6.3.1 零件工作图的尺寸标注应适应加工工艺要求（见表4.4-131）

表 4.4-131 零件工作图的尺寸标注

序号	注意事项	图例 改进前	图例 改进后	说 明
1	加工面与毛坯面的关联尺寸原则上在一个坐标方向，只应当标注一个（当多于一个时，应注明哪一个是划线基准）			毛坯面本身的尺寸误差大，一个加工面难以同时满足几个毛坯面的尺寸关系
2	零件图上的尺寸、公差、表面粗糙度、技术要求等，尽可能集中标注			看图方便、清楚、避免加工时出差错
3	尺寸标注应考虑到加工顺序			左图是从精磨的齿轮端面起注尺寸，而此面是最后加工的，应按右图从车削端面起标注为好（有特殊要求者例外）
4	尺寸标注应满足加工时的实际要求			箱体孔不仅要注出孔距测量尺寸，而且要注出加工时所需的坐标尺寸

（续）

序号	注意事项	图例 改进前	图例 改进后	说明
5	尺寸标注应考虑检验和测量方便			分别注出不同直径的钻削深度，便于测量
6	选择合理的尺寸封闭环			左图未留尺寸封闭环 封闭环应留在非主要尺寸上

6.3.2 零件应有安装和夹紧的基面（见表4.4-132）

表 4.4-132 零件安装和夹紧的基面

序号	注意事项	图例 改进前	图例 改进后	说明
1	设计基面与工艺基面尽可能一致			镗杆支承吊架装在箱体上平面时，尺寸H要求严格，若改到下平面，与安装基面一致，H可为自由尺寸
2	不规则外形应设置工艺凸台（此凸台尽可能布置在装夹压力的作用线上）			锥形零件应做出装夹工艺面 车床小刀架做出工艺凸台，以便加工下部燕尾导轨面 为加工立柱导轨面，在斜面上设置工艺凸台

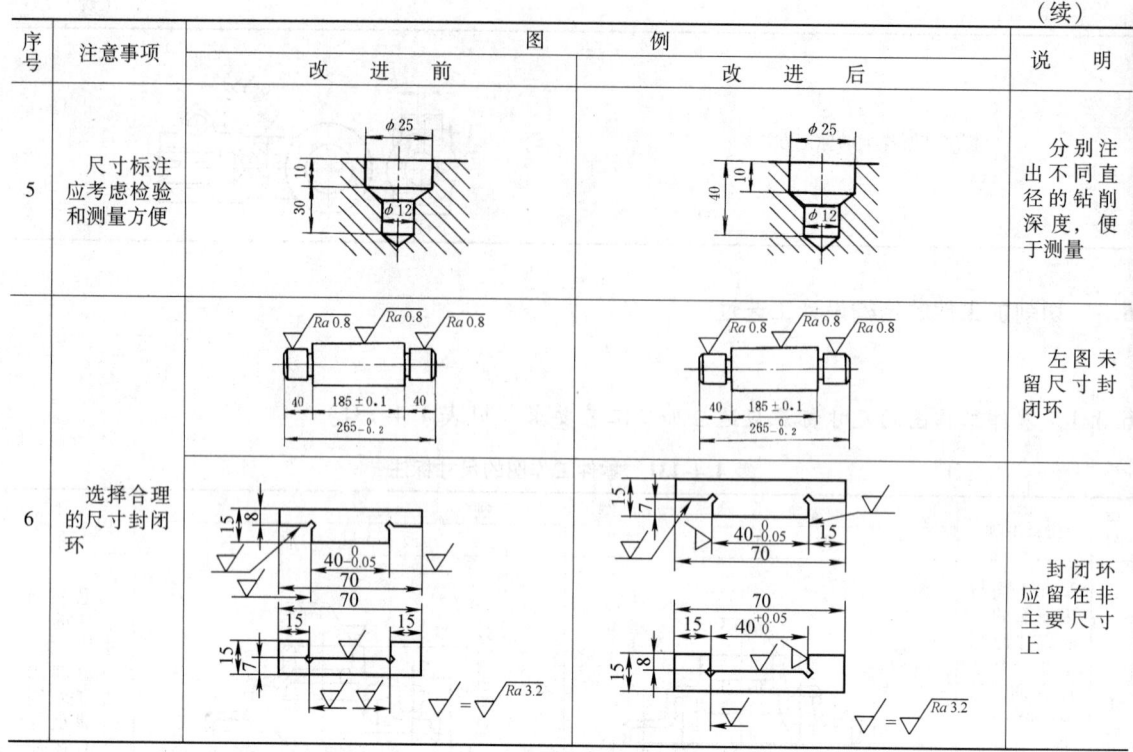

序号	注意事项	图例 改进前	图例 改进后	说 明
3	大件、沉重刮研件和长轴，应考虑工艺吊装位置	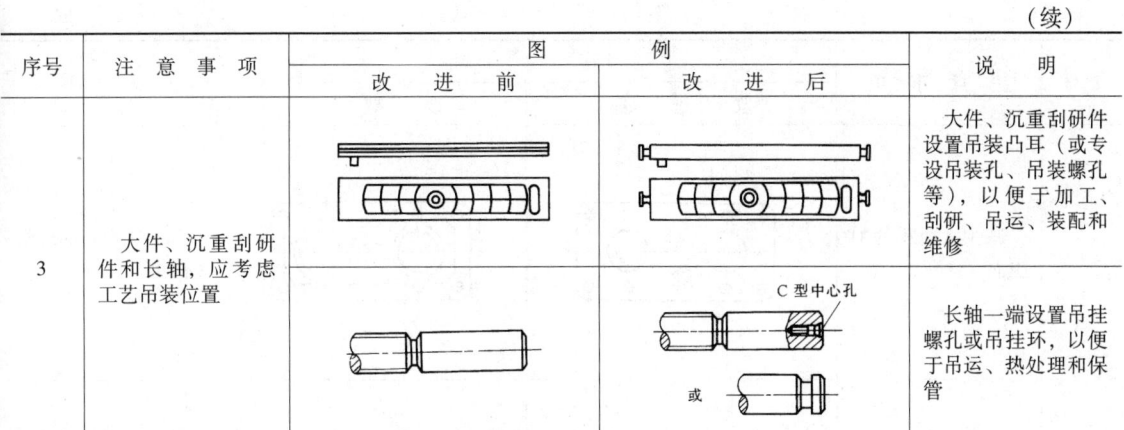		大件、沉重刮研件设置吊装凸耳（或专设吊装孔、吊装螺孔等），以便于加工、刮研、吊运、装配和维修
				长轴一端设置吊挂螺孔或吊挂环，以便于吊运、热处理和保管

6.3.3 减少装夹和进给次数（见表 4.4-133）

表 4.4-133 减少装夹和走刀次数

序号	注意事项	图例 改进前	图例 改进后	说 明
1	力求加工面布置在同一平面上			将 1 和 2 面布置在同一平面上，可以一次走刀加工，缩减加工时间，保证加工面的相对位置精度
2	尽可能避免倾斜的加工面			减少装夹和机床调整时间
3	尽可能避免大件的端面加工			当大件长度超过龙门刨加工宽度时，需落地镗或专用设备，而且装夹费时

6.3.4 减少加工面积，简化零件形状（见表 4.4-134）

表 4.4-134 减少加工面积简化零件形状

序号	注意事项	图例 改进前	图例 改进后	说 明
1	减少大面积的加工面			把相配的接触面改成环形带
				整个支承面改成部分支承面

(续)

序号	注意事项	图例 改进前	图例 改进后	说明
1	减少大面积的加工面			减少大面积的磨削加工面
2	减少轴类零件的阶梯差			某些车床主轴以热压组合零件代替大台阶整体零件（在成批生产中可采用模锻）
				某些磨床主轴以镶套零件代替凸台
3	采用无切削加工			以精铸手柄代替加工件手柄，无须加工，且外形美观
4	简化工艺复杂的结构			在刀架转盘圆柱面上刻度，四周要进行复杂加工，改在刀架滑座水平面上刻度后，工艺性得到改善

6.3.5 尽可能避免内凹表面及内表面的加工（见表4.4-135）

表4.4-135　避免内凹表面及内表面的加工

序号	注意事项	图例 改进前	图例 改进后	说　明
1	避免把加工平面布置在低凹处	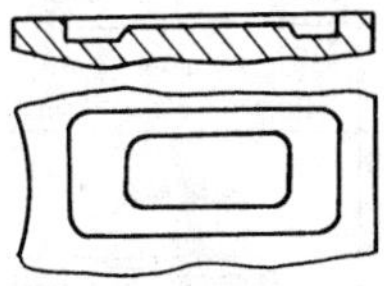	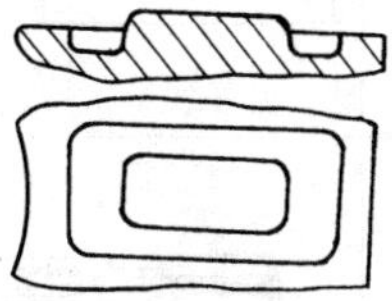	改进后可采用高效率加工方法（结构有特殊要求者例外）
2	避免在加工平面中间设置凸台	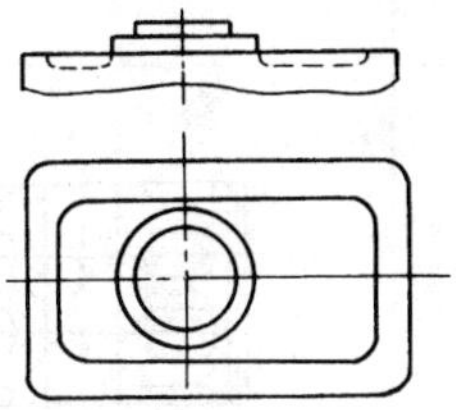	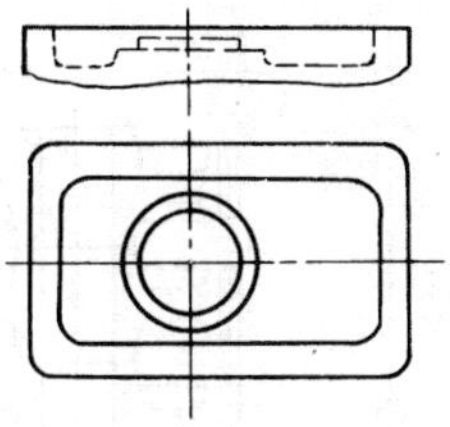	改进后可采用高效率加工方法（结构有特殊要求者例外）
3	避免箱体孔的内端面加工	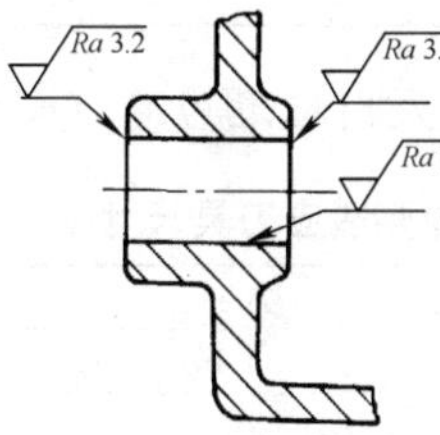	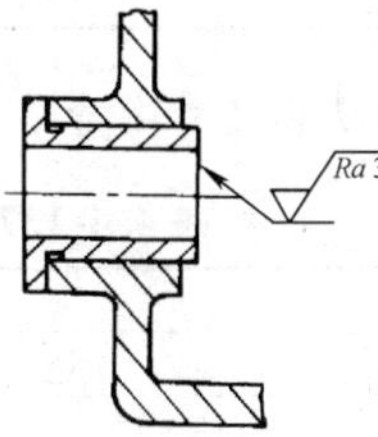	箱体孔的内端面加工比较困难，可用镶套零件代替
4	精加工孔尽可能做成通孔	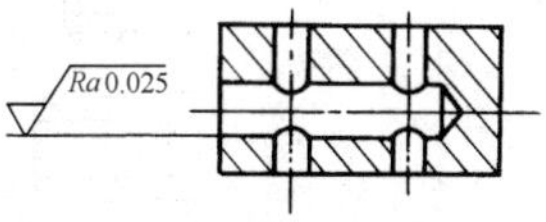	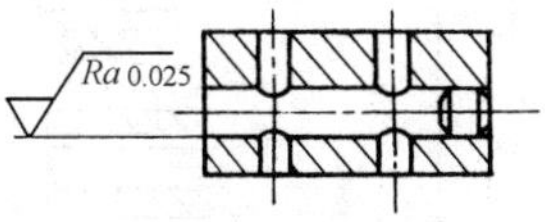	研磨孔做成通孔，改善了加工条件，较易保证加工精度，也便于测量
5	以外表面加工代替内表面加工	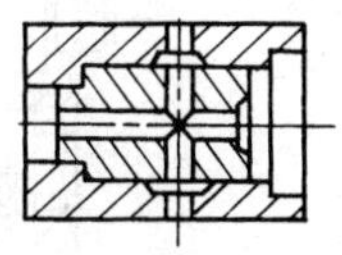	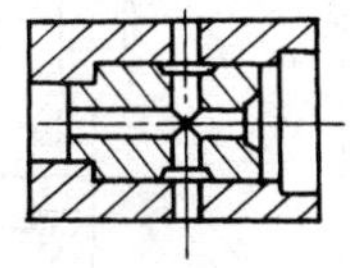	将配合孔内的内沟槽改为轴上的外沟槽，加工方便
6	设置必要的工艺孔	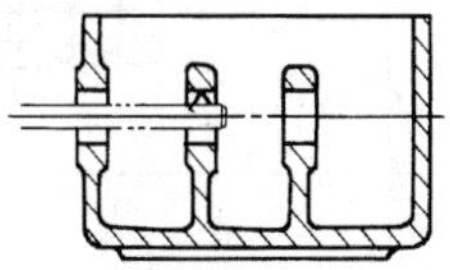	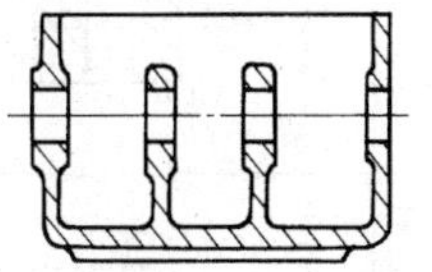	左图右壁未设工艺孔，镗内孔时要配作镗杆支承套，不便加工；设工艺孔后，可在箱体外支承镗杆，改善了加工条件
7	进行合适的组合，减少内凹面的加工	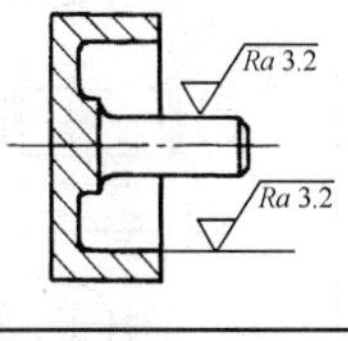	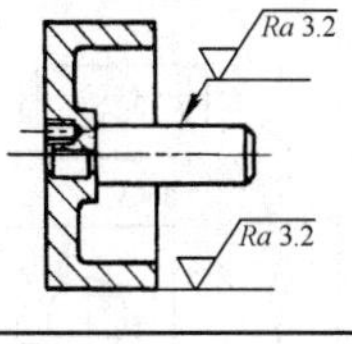	将难加工的内表面改在单独零件上，改善了加工条件，并可提高加工质量

6.3.6 保证零件加工时的必要的刚性（见表4.4-136）

表 4.4-136 保证零件加工时必要的刚性

序号	注意事项	图例 改进前	图例 改进后	说明
1	增设必要的加强肋	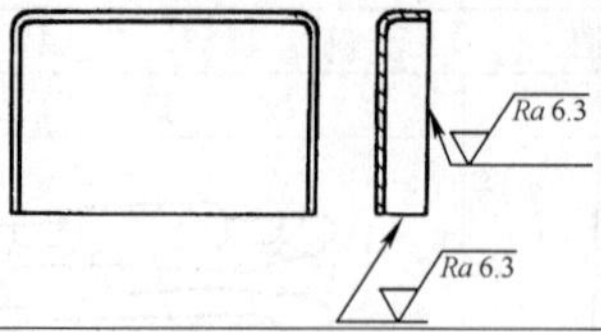	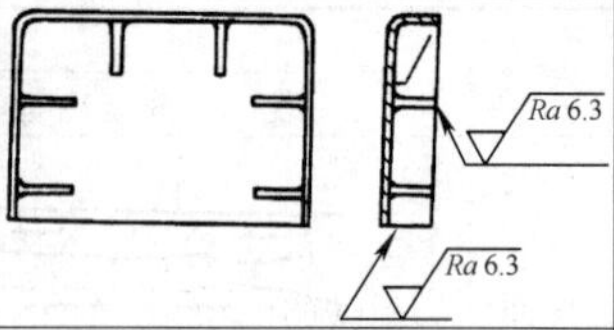	较大面积的薄壁零件，刚性不好，应增设必要的加强肋
2	设置支承用工艺凸台	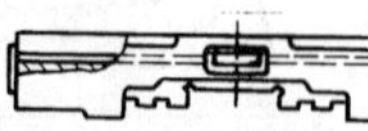	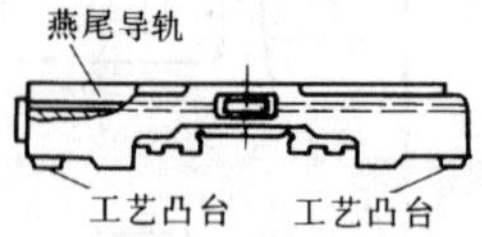	铣床工作台底座支承面积小，加工小平面及燕尾导轨时，振动大，增设工艺凸台后，提高了刚性，并使装夹容易
3	零件形状适应加工方法	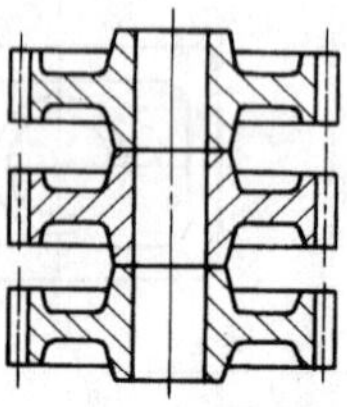	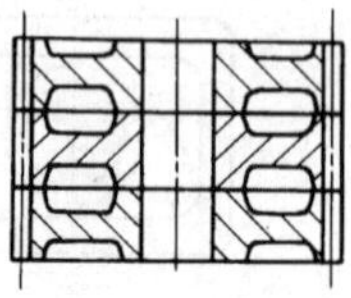	在可能情况下，改为右图，可提高加工时的刚性

6.3.7 零件结构要适应刀具尺寸要求，并尽可能采用标准刀具（见表4.4-137）

表 4.4-137 零件结构要适应刀具尺寸

序号	注意事项	图例 改进前	图例 改进后	说明
1	应考虑刀具退出时所需的退刀槽	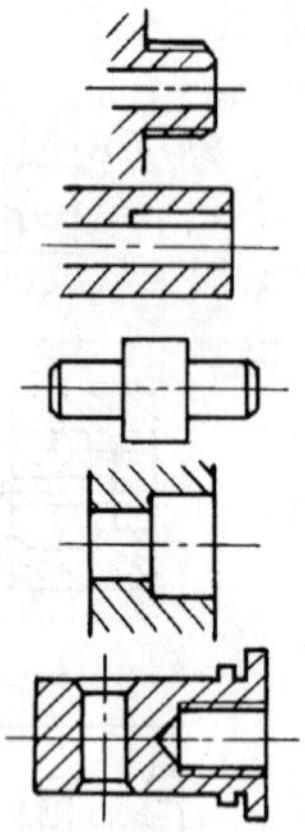	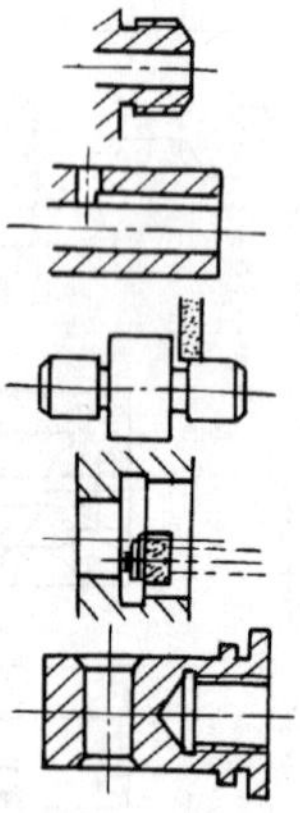	1. 保证刀具能自由退刀 2. 避免刀具损坏和过早磨损 3. 提高加工质量 4. 避免设备事故
2	当尺寸差别不大时，零件各结构要素，如沟、槽、孔、窝等，应尽可能一致	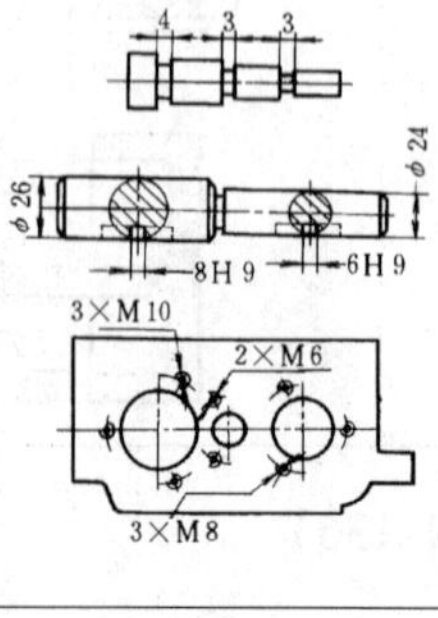	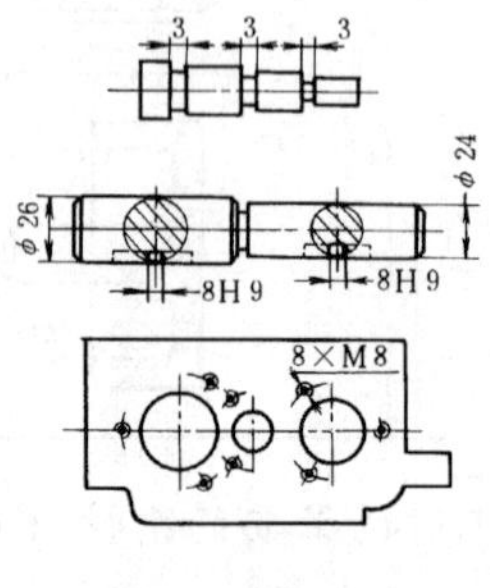	1. 减少刀具种类 2. 减少更换刀具等辅助时间

序号	注意事项	图例 改进前	图例 改进后	说 明
3	应考虑刀具能正常地进刀和退刀	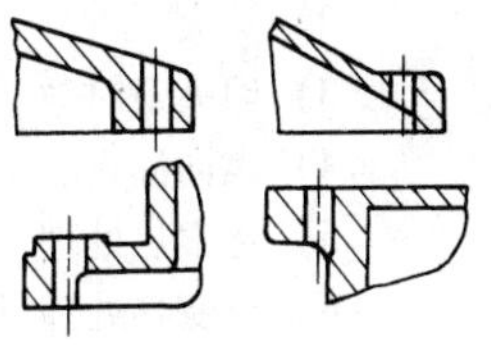	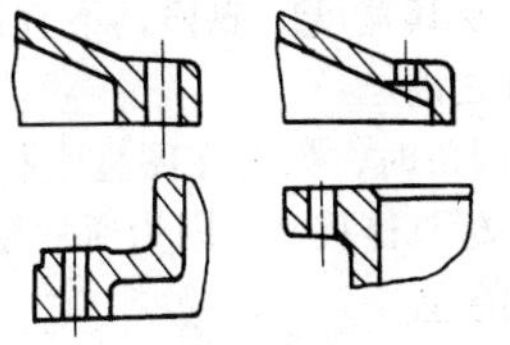	尽可能避免在斜面上钻孔和钻不完整孔,以防止刀具损坏和提高加工精度及切削用量
		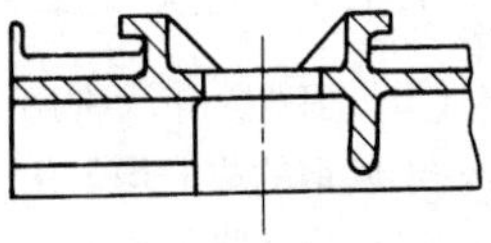	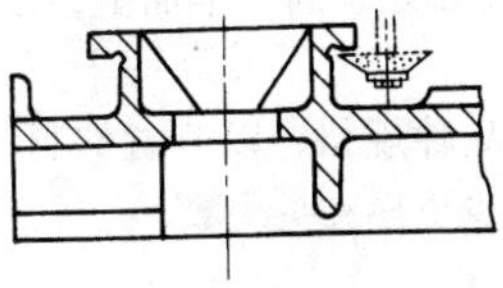	应保证砂轮自由退出和加工的空间
4	尽可能采用标准刀具	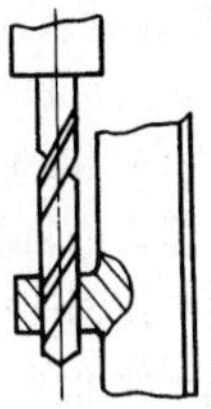	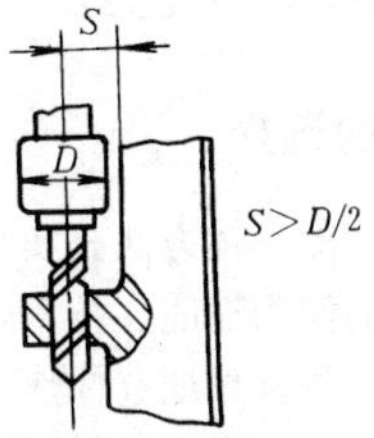 $S > D/2$	尽量不采用接长钻头等非标准刀具

6.4 自动化生产对零件结构设计工艺性的要求(见表4.4-138)

表4.4-138 自动化生产对零件结构工艺性要求

序号	注意事项	图例 改进前	图例 改进后	说 明
1	薄壁平构件的结构要满足输送要求,构件应能互相接触而不阻碍移送	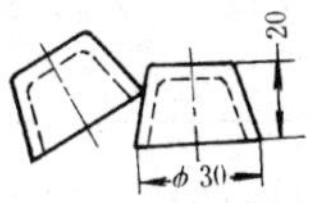	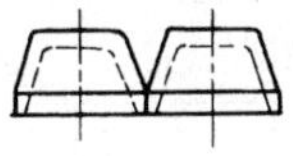	左图锥部极易相互重叠而发生堵塞;改进后把构件下部设计成圆柱形,可以防止构件重叠及堵塞
2	平薄小,不规则等构件必须以固定位置输送给下道工序	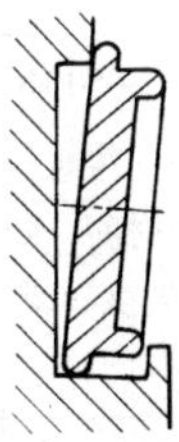	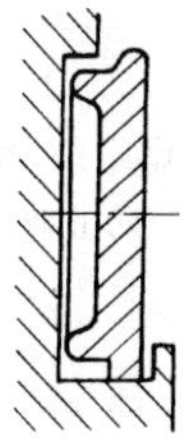	左图输送位置不正确,右图构件处于正确输送位置
3	零件形状应便于装卸运输	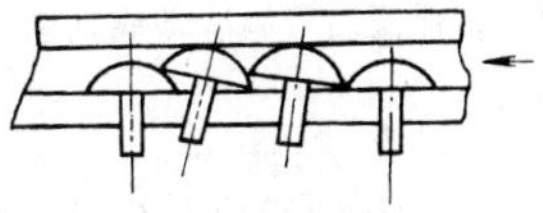	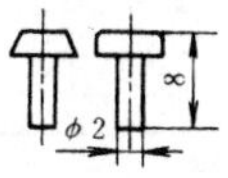	圆柱头铆钉比圆头铆钉易于装卸、装配
4	加工表面应设计在一个水平面上	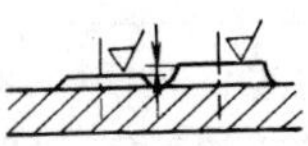	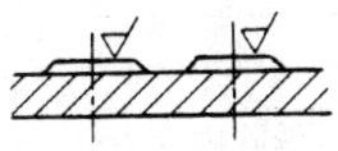	右图加工可一次完成,左图则需两次完成

在数控机床上加工零件时对结构的要求：

1) 零件上的孔径和螺纹规格不宜过多，尽量减少刀具更换次数。

2) 沉割槽的形状及其宽度的规格，不宜过多；最好限制在一种或两种之内。

3) 零件不允许有清角时，只需在图样上标明倒角或倒圆即可，而不要标具体尺寸，因为通常在数控机床上，装有自动倒角装置。

4) 应尽量使加工表面处于同一平面上，以简化编制程序工作。

5) 减少原材料的品种规格，以节省储料空间，简化材料控制手续，减少更换夹头次数。

7 热处理零件结构设计工艺性

7.1 零件热处理方法的选择

正确地选择零件热处理的具体方法是实现零件热处理的前提，应根据零件的使用性能、技术要求、材料的成分、形状和尺寸等因素合理地选择热处理工艺方法。

按照金属材料组织变化的特征，可将现有主要的热处理工艺方法归纳为如下 6 类：

1) 退火及正火。
2) 淬火。
3) 回火及时效。
4) 表面淬火。
5) 化学热处理。
6) 形变热处理。

7.1.1 退火及正火

退火及正火常用于毛坯的预备热处理，其目的在于使钢的成分均匀化、细化晶粒、改善组织、消除加工应力、降低硬度、改善可加工性等，为下一步冷、热加工或热处理工序作准备。对于性能要求不高的钢件，正火可作为最终热处理工序。

(1) 钢的退火

退火的目的在于：降低钢件的硬度，消除钢中内应力，使钢的成分均匀化、细化钢的组织，并为下一步工序作准备。

钢的常用退火工艺的分类及应用见表4.4-139。

表 4.4-139 钢的常用退火工艺的分类及应用

类 别	主 要 目 的	工 艺 特 点	应 用 范 围
扩散退火	成分均匀化	加热至 Ac_3 + (150~200)℃，长时间保温后缓慢冷却	铸钢件及具有成分偏析的锻轧件等
完全退火	细化组织，降低硬度	加热至 Ac_3 + (30~50)℃，保温后缓慢冷却	铸、焊件及中碳钢和中碳合金钢锻轧件等
不完全退火	细化组织，降低硬度	加热至 Ac_1 + 40~60℃，保温后缓慢冷却	中、高碳钢和低合金钢锻轧件等（组织细化程度低于完全退火）
等温退火	细化组织，降低硬度，防止产生白点	加热至 Ac_3 + (30~50)℃（亚共析钢）或 Ac_1 + (20~40)℃（共析钢和过共析钢），保持一定时间，随炉冷至稍低于 Ar_1 进行等温转变，然后空气冷却（简称空冷）	中碳合金钢和某些高合金钢的重型铸锻件及冲压件等（组织与硬度比完全退火更为均匀）
球化退火	碳化物球状化，降低硬度，提高塑性	加热至 Ac_1 + (20~40)℃ 或 Ac_1 - (20~30)℃，保温后等温冷却或直接缓慢冷却	工模具及轴承钢件，结构钢冷挤压件等
再结晶退火或中间退火	消除加工硬化	加热至 Ac_1 - (50~150)℃，保温后空冷	冷变形钢材和钢件
去应力退火	消除内应力	加热至 Ac_1 - (100~200)℃，保温后空冷或炉冷至 200~300℃，再出炉空冷	铸钢件、焊接件及锻轧件

(2) 钢的正火

正火的目的在于：调整钢件的硬度、细化晶粒及消除网状碳化物，为淬火做好组织准备或作为最终热处理。

钢正火工艺的特点及应用范围见表 4.4-140，40Cr 钢退火和正火后力学性能比较见表 4.4-141。

表 4.4-140　钢正火工艺的特点及应用范围

工艺特点	应用范围
将工件加热到 Ac_3 或 Ac_{cm} 以上 40~60℃，保温一定时间，然后以稍大于退火的冷却速度冷却下来，如空冷、风冷、喷雾等，得到片层间距较小的珠光体组织（有的叫正火索氏体）	1. 改善切削性能。含碳量（质量分数）低于 0.25% 的低碳钢和低合金钢，高温正火后硬度可提高到 140~190HBW，有利于切削加工 2. 消除共析钢中的网状碳化物，为球化退火作准备 3. 作为中碳钢、合金钢淬火前的预备热处理，以减少淬火缺陷 4. 用于淬火返修件消除内应力和细化组织，以防重新淬火时产生变形与裂纹 5. 对于大型、重型及形状复杂零件或性能要求不高的普通结构零件作为最终热处理，以提高力学性能

表 4.4-141　40Cr 钢退火和正火后力学性能比较

热处理状态	性　能				
	R_m /MPa	$R_{p0.2}$ /MPa	A (%)	Z (%)	a_K /J·cm^{-2}
退　火	656	364	21	53.5	56
正　火	754	45	21	56.9	78

7.1.2　淬火及回火

(1) 钢的淬火

淬火的目的在于：使钢获得较高的强度和硬度。淬火后的零件再经中、高温回火，可获得良好的综合力学性能。淬火还可防止某些沉淀相在过饱和固溶体自高温冷却时析出，为下一步冷变形加工或时效强化作好准备，淬火是热处理强化中最重要的工序。

如果工件只需局部提高硬度，则可进行局部淬火或表面淬火，以避免工件其他部分产生变形和开裂。

应根据淬火零件的材料、形状、尺寸和所要求的力学性能的不同，选用不同的淬火方法。

淬火的分类及特点见表 4.4-142。

表 4.4-142　淬火的分类及特点

类别	工艺过程	特点	应用范围
单液淬火	工件加热到淬火温度后，浸入一种淬火介质中，直到工件冷至室温为止	优点是操作简便，缺点是易使工件产生较大内应力，发生变形，甚至开裂	适用于形状简单的工件，对于碳钢工件，直径大于 5mm 的在水中冷却，直径小于 5mm 的可以在油中冷却；对于合金钢工件，大都在油中冷却
双液淬火	加热后的工件先放入水中淬火，冷却至接近 Ms 点（300~200℃）时，从水中取出立即转到油中（或放在空气中）冷却	利用冷却速度不同的两种介质，先快冷躲过奥氏体最不稳定的温度区间（650~550℃），至接近发生马氏体转变（钢在发生体积变化）时再缓冷，以减小内应力和变形开裂倾向	主要适用于碳钢制成的中型零件和由合金钢制成的大型零件
分级淬火	工件加热到淬火温度，保温后，取出置于温度略高（也可稍低）于 Ms 点的淬火冷却剂（盐浴或碱浴）中停留一定时间，待表里温度基本一致时，再取出置于空气中冷却	1. 减小了表里温差，降低了热应力 2. 马氏体转变主要是在空气中进行，降低了组织应力，所以工件的变形与开裂倾向小 3. 便于热校直 4. 比双液淬火容易操作	此法多用于形状复杂、小尺寸的碳钢和合金钢工件，如各种刀具。对于淬透性较低的碳钢工件，其直径或厚度应小于 10mm
等温淬火	工件加热到淬火温度后，浸入一种温度稍高于 Ms 点的盐浴或碱浴中，保温足够的时间，使其发生下贝氏体转变后在空气中冷却	与其他淬火比较，特点如下： 1. 淬火后得到下贝氏体组织，在相同硬度情况下强度和冲击韧度高	1. 由于变形很小，因而很适合于处理一些精密的结构零件，如冲模、轴承、精密齿轮等

(续)

类别	工艺过程	特点	应用范围
等温淬火		2. 一般工件淬火后可以不经回火直接使用,所以也无回火脆性问题,对于要求性能较高的工件,仍需回火 3. 下贝氏体质量体积比马氏体小,减小了内应力与变形、开裂	2. 由于组织结构均匀,内应力很小,显微和超显微裂纹产生的可能性小,因而用于处理各种弹簧,可以大大提高其疲劳抗力 3. 特别对于有显著的第一类回火脆性的钢,等温淬火优越性更大 4. 受等温槽冷却速度限制,工件尺寸不能过大 5. 球墨铸铁件也常用等温淬火以获得高的综合力学性能,一般合金球铁零件等温淬火有效厚度可达100mm或更高
喷雾淬火	工件加热到淬火温度后,将压缩空气通过喷嘴使冷却水雾化后喷到工件上进行冷却	可通过调节水及空气的流量来任意调节冷却速度,在高温区实现快冷,在低温区实现缓冷。可用喷嘴数量、水量实现工件均匀冷却	对于大型复杂工件或重要轴类零件(如汽轮发电机的轴),可使其旋转以实现均匀性冷却

(2) 钢的回火

淬火钢在回火过程中硬度和强度不断下降,而塑性和韧性逐渐提高,同时降低和消除了工件中的残余应力,避免淬火钢的开裂,并能保持在使用过程中的尺寸稳定性。

回火工艺由于温度、热源、介质等的差异可以分为多种。其中,淬火与高温回火合称为调质处理,时效处理。冷处理也是淬火后工件的一种热处理方法,其目的与回火相似。回火、调质、时效与冷处理工艺见表4.4-143。

表 4.4-143 回火、调质、时效与冷处理工艺

类别		工艺过程	特点	应用范围
回火	低温回火	回火温度为150~250℃	回火后获得回火马氏体组织,但内应力消除不彻底,故应适当延长保温时间	目的是降低内应力和脆性,而保持钢在淬火后的高硬度和耐磨性。主要用于各种工具、模具、滚动轴承和渗碳或表面淬火的零件等
	中温回火	回火温度为350~450℃	回火后获得托氏体组织,在这一温度范围内回火,必须快冷,以避免第二类回火脆性	目的在于保持一定韧度的条件下提高弹性和屈服点,故主要用于各种弹簧、锻模、冲击工具及某些要求强度的零件,如刀杆等
	高温回火	回火温度为500~680℃,回火后获得索氏体组织。淬火+高温回火称为调质处理,可获得强度、塑性、韧性都较好的综合力学性能,并可使某些具有二次硬化作用的高合金钢(如高速钢)二次硬化,其缺点是工艺较复杂,在提高塑性、韧性同时,强度、硬度有所降低		广泛地应用于各种较为重要的结构零件,特别是在交变负荷下工作的连杆、螺栓、齿轮及轴等。不但可作为这些重要零件的最终热处理,而且还常可作为某些精密零件如丝杠等的预备热处理,以减小最终热处理中的变形,并为获得较好的最终性能提供组织基础
调质				
时效处理	高温时效	加热略低于高温回火的温度,保温后缓冷到300℃以下出炉	时效与回火有类似的作用,这种方法操作简便,效果也很好,但是耗费时间太长	时效的目的是使淬火后的工件进一步消除内应力,稳定工件尺寸 常用来处理要求形状不再发生变形的精密工件,例如精密轴承、精密丝杠、床身、箱体等低温时效实际就是低温补充回火
	低温时效	将工件加热到100~150℃,保温较长时间(约5~20h)		
冷处理		将淬火后的工件,在0℃以下的低温介质中继续冷却到-80℃,待工件截面冷到温度均匀一致后,取出空冷	可使残留奥氏体全部或大部分转变为马氏体。因此,不仅提高了工件硬度、抗拉强度,还可以稳定工件尺寸	主要适用于合金钢制成的精密刀具、量具和精密零件,如量块、量规、铰刀、样板、高精度的丝杠、齿轮等,还可以使磁钢更好地保持磁性

7.1.3 表面淬火

表面淬火可使工件表层具有较高的耐磨性和抗疲劳强度,而心部却有良好的塑性和韧度。表面淬火的方法很多,见表4.4-144。

表4.4-144 表面淬火的种类和特点

类别	工艺过程	特点	应用范围
感应加热表面淬火	将工件放入感应器中,使工件表层产生感应电流,在极短的时间内加热到淬火温度后,立即喷水冷却,使工件表层淬火,从而获得非常细小的针状马氏体组织。 根据电流频率不同,感应加热表面淬火,可以分为: 1. 高频淬火:100～1000kHz 2. 中频淬火:1～10kHz 3. 工频淬火:50Hz	1. 表层硬度比普通淬火高2～3HRC,并具有较低的脆性 2. 疲劳强度、冲击韧度都有所提高,一般工件可提高20%～30% 3. 变形小 4. 淬火层深度易于控制 5. 淬火时不易氧化和脱碳 6. 可采用较便宜的低淬透性钢 7. 操作易于实现机械化和自动化,生产率高 8. 电流频率愈高,淬透层愈薄。例如高频淬火一般1～2mm,中频淬火一般3～5mm,工频淬火能到10～15mm 缺点:处理复杂零件比渗碳困难	常用中碳钢[$w(C)$ = 0.4%～0.5%]和中碳合金结构钢,也可用高碳工具钢和低合金工具钢,以及铸铁 一般零件淬透层深度为半径的1/10左右时,可得到强度、耐疲劳性和韧性的最好配合。对于小直径(10～20mm)的零件,建议用较深的淬透层深度,即可达半径的1/5;对于截面较大的零件可取较浅的淬透层深度,即小于半径1/10以下
火焰表面淬火	用乙炔-氧或煤气-氧的混合气体燃烧的火焰,喷射到零件表面上,快速加热,当达到淬火温度后,立即喷水或用乳化液进行冷却	淬透层深度一般为2～6mm,过深往往引起零件表面严重过热,易产生淬火裂纹。表面硬度钢可达65HRC,灰铸铁为40～48HRC,合金铸铁为43～52HRC。这种方法简便,无需特殊设备,但易过热,淬火效果不稳定,因而限制了它的应用	适用于单件或小批生产的大型零件和需要局部淬火的工具或零件,如大型轴类、大模数齿轮等 常用钢材为中碳钢,如35、45钢及中碳合金钢(合金元素<3%),如40Cr、65Mn等,还可用于灰铸铁件、合金铸铁件。含碳量过低,淬火后硬度低,而碳和合金元素含量过高,则易碎裂,因此,以含碳量(质量分数)在0.35%～0.5%之间的碳素钢最适宜
电接触加热表面淬火	采用两电极(铜滚轮或碳棒)向工件表面通低电压大电流,在电极与工件表面接触处产生接触电阻,产生的热使工件表面温度达到临界点以上,电极移去后冷却淬火	1. 设备简单,操作方便 2. 工件变形极小,不需回火 3. 淬硬层薄,仅为0.15～0.35mm 4. 工件淬硬层金相组织,硬度不均匀	适用于机床铸铁导轨表面淬火与维修,气缸套、曲轴、工具等也可应用
脉冲淬火	用脉冲能量加热可使工件表面以极快速度(1/1000s)加热到临界点以上,然后冷却淬火	1. 由于加热冷却迅速,工件组织极细,晶粒极小 2. 淬火后不需回火 3. 淬火层硬度高(950～1250HV) 4. 工件无淬火变形,无氧化膜	适于热导率高的钢种,高合金钢难于进行这种淬火。用于小型零件、金属切削工具、照相机、钟表等机器易磨损件

7.1.4 钢的化学热处理

经化学热处理后,工件表层的化学成分及组织状态与心部有很大不同,再经适当的热处理方法,能显著提高工件的耐磨性、抗蚀性、疲劳强度或接触疲劳强度等性能指标。根据渗入元素的不同,化学热处理可分为渗碳、渗氮、碳氮共渗、渗硫、渗硼等,见表4.4-145。

表 4.4-145　化学热处理常用渗入元素及其作用

渗入元素	工艺方法	常用钢材	渗层组成	渗层深度/mm	表面硬度	作用与特点	应用举例
C	渗碳	低碳钢、低碳合金钢、热作模具钢	淬火后为碳化物+马氏体+残余奥氏体	0.3~1.6	57~63HRC	渗碳淬火后可提高表面硬度、耐磨性、疲劳强度,能承受重载荷。处理温度较高,工件变形较大	齿轮、轴、活塞销、链条、万向联轴器
N	渗氮(氮化)	含铝低合金钢,中碳含铬低合金钢,含5%Cr的热作模具钢,铁素体、马氏体、奥氏体不锈钢,沉淀硬化不锈钢	合金氮化物+含氮固溶体	0.1~0.6	700~900HV	提高表面硬度、耐磨性、抗咬合性、疲劳强度、抗蚀性(不锈钢例外)以及抗回火软化能力。硬度、耐磨性比渗碳者高。渗氮温度低,工件变形小。处理时间长,渗层脆性大	镗杆、轴、量具、模具、齿轮
C、N	碳氮共渗	低中碳钢、低中碳合金钢	淬火后为碳氮化合物+含氮马氏体+残余奥氏体	0.25~0.6	58~63HRC	提高表面硬度、耐磨性、疲劳强度。共渗温度比渗碳低,工件变形小,厚层共渗较难	齿轮、轴、链条
C、N	软氮化(低温碳氮共渗)	碳钢、合金钢、高速钢、铸铁、不锈钢	碳氮化合物+含氮固溶体	0.007~0.020 0.3~0.5	50~68HRC	提高表面硬度、耐磨性、疲劳强度。温度低、工件变形小。硬度较一般渗氮低	齿轮、轴、工模具、液压件
S	渗硫	碳钢、合金钢、高速钢	硫化铁	0.006~0.08	70HV	渗层具有良好的减摩性,可提高零件的抗咬合能力。可在200℃以下低温进行	工模具、齿轮、缸套、滑动轴承
S、N	硫氮共渗	碳钢、合金钢、高速钢	硫化物、氮化物	硫化物<0.01 氮化物0.01~0.03	300~1200HV	提高抗咬合能力、耐磨性及疲劳强度。提高高速钢刀具的红硬性和切削能力。渗层抗蚀性差	工模具、缸套
S、C、N	硫碳氮共渗	碳钢、合金钢、高速钢	硫化物、碳氮化合物	硫化物<0.01 碳氮化合物0.01~0.03	600~1200HV	作用同上。在熔盐介质中一般含有剧毒的氰盐	工模具、缸套
B	渗硼	中高碳钢、中高碳合金钢	硼化物	0.1~0.3	1200~1800HV	渗层硬度高,抗磨料磨损能力强,减摩性好,红硬性高,抗蚀性有改善。脆性大,盐浴渗硼时,熔盐流动性差,易分层,渗后的工件难清洗	冷作模具、阀门

7.2　影响热处理零件结构设计工艺性的因素

在产品设计过程中,设计人员有时只注意如何使零件的结构形状适合部件机构的需要,而往往忽视了零件材料、结构不合理给热处理工艺带来的不便,甚至造成热处理后零件产生各种缺陷,而使零件变成废品。因此,要注意影响热处理零件设计工艺性的因素。

7.2.1　零件材料的热处理性能

在选择零件材料时,应注意材料的力学性能、工艺性能和经济性,与此同时也要注意材料的热处理性能，以保证零件较容易达到预定的热处理要求，而且成本低廉、生产周期短。

（1）淬硬性　淬硬性与钢的含碳量有关，含碳量愈高，淬火后硬度愈高，而对合金元素无显著影响，淬火硬度还受到工件截面尺寸的影响（见表4.4-146）。一般来说，钢的强度与耐磨性与钢的硬度相一致，由于硬度检验方法简单快速而又无损，有时用以代替全面的性能检验。

（2）淬透性　淬透性主要取决于钢的合金成分，还受冷却速度、冷却剂以及工件尺寸大小的影响。不同的钢，淬火后得到的淬透层深度、金相组织以及力学性能都不同。

（3）变形开裂倾向性　工件产生变形开裂的倾向（见表4.4-147）。一般含碳量较高的碳素结构钢、高碳工具钢，变形开裂倾向大。另外，加热或冷却速度太快，加热和冷却不均匀也会增加工件淬火变形开裂倾向性。

（4）回火脆性　某些钢（如锰钢、硅锰钢、铬硅钢等），淬火后在某一温度范围回火时，发生冲击韧性降低、脆性转变温度提高的现象。

表 4.4-146　几种常用钢材、不同截面尺寸的淬火硬度（HRC）

材料	截面尺寸 /mm						
	≤3	>3~10	>10~20	>20~30	>30~50	>50~80	>80~120
15钢渗碳淬水	58~65	58~65	58~65	58~65	58~62	50~60	
15钢渗碳淬油	58~62	40~60					
35钢淬水	45~50	45~50	45~50	45~50	35~45	30~40	
45钢淬水	54~59	50~58	50~55	48~52	45~50	40~50	25~35
45钢淬油	40~45	30~35					
T8淬水	60~65	60~65	60~65	60~65	56~62	50~55	40~45
T8淬油	55~62	≤41					
20Cr渗碳淬油	60~55	50~55	50~55	45~50	40~45	35~40	
40Cr淬油	50~60	48~53	50~55	45~50	40~45	35~40	
35SiMn淬油	48~53	48~53	48~53	45~50	40~45	35~40	
65SiMn淬油	58~64	58~64	50~60	48~55	45~50	40~45	35~40
GCr15淬油	60~64	60~64	60~64	58~63	52~62	48~52	
CrWMn淬油	60~65	60~65	60~65	60~64	58~63	56~62	56~60

表 4.4-147　热处理变形的一般倾向

	轴类	盘状体	正方体	圆筒体	环状体
原始状态					
热应力作用	d^+、l^-	d^-、l^+	趋向球状	d^-、D^+、l^-	D^+、l^+
组织应力作用	d^-、l^+	d^+、l^-	平面内凹棱角突出	d^-、D^-、l^+	D^-、d^-
组织转变作用	d^+、l^+ 或 d^-、l^-	d^+、l^+ 或 d^-、l^-	a^+、c^+ 或 a^-、c^-	d^+、D^-、l^- 或 d^-、D^+、l^+	D^-、d^+、l^- 或 D^+、d^-、l^+

注：当圆筒的内径 d 很小时，则其变形规律如圆棒或正方体类；当圆环的内径 d 很小时，则其变形规律如圆饼。

7.2.2 零件的几何形状和刚度

为避免产生变形、开裂等热处理缺陷，零件几何形状除考虑力求简单、对称，减少应力集中因素外，还应考虑在热处理过程中零件形状便于运输、吊挂和装夹。

零件刚度差，有时需要采用专门的夹具以防止热处理变形。

7.2.3 零件的尺寸大小

钢材标准中所列的热处理后的力学性能，除有明显说明外，都是小尺寸试样（一般 $<\phi25mm$）的试验数据。工件尺寸变大，热处理性能下降。例如碳钢，截面稍大就不能淬透；经调质的碳钢，力学性能随深度的增加而迅速降低，当截面较大时，其心部可能仍处于正火状态。这种由于工件截面尺寸变大而使热处理性能恶化的现象称为钢的热处理尺寸效应，见表 4.4-148。

7.2.4 零件的表面质量

零件的表面质量对热处理过程有一定影响，工件表面裂纹等缺陷和残余应力将加大热处理后工件的变形和裂纹。

零件在热处理时，应具有一定的表面粗糙度 Ra 值。Ra 值过小，淬火气膜不易附着，冷却均匀，变形减小，所以淬火零件（包括表面淬火）的表面粗糙度应使 $Ra \leqslant 3.2 \mu m$。渗氮零件表面粗糙度 Ra 值过大，则脆性增加，硬度不准确，所以一般要求 $Ra = 0.8 \sim 0.1 \mu m$，渗碳零件表面粗糙度 $Ra \leqslant 6.3 \mu m$。

7.3 对零件的热处理要求

7.3.1 在工作图上应标明的热处理要求（见表 4.4-149）

7.3.2 金属热处理工艺分类及代号的表示方法（摘自 GB/T 12603—2005）（见表 4.4-150）

表 4.4-148 几种常用结构钢的尺寸效应范围
（能达到规定力学性能的最大直径）（mm）

钢 号	水冷	油冷	钢 号	水冷	油冷
30	30		20Cr	45	35
35	32		40Cr	65	40
40	35		12CrNi3		60
45	37		20CrMo	60	45
50	40		35CrMo	80	60
55	42		30CrMnSi		60

表 4.4-149 在工作图上应标明的热处理要求

方法	一般零件	重要零件
普通热处理	1) 热处理方法 2) 硬度：标注波动范围一般为 HRC 在 5 个单位左右；HBW 在 30~40 个单位左右	1) 热处理方法 2) 零件不同部位的硬度 3) 必要时提出零件不同部位的金相组织要求
表面淬火	1) 热处理方法 2) 硬度 3) 淬火区域	1) 热处理方法，必要时提出预先热处理要求； 2) 表面淬火硬度、心部硬度； 3) 淬硬层深度； 4) 表面淬火区域； 5) 必要时提出变形要求
渗碳	1) 热处理方法 2) 硬度 3) 渗层深度：目前工厂多用下述方法确定	1) 热处理方法； 2) 淬火、回火后表面硬度、心部硬度； 3) 渗碳层深度； 4) 渗碳区域； 5) 必要时提出渗碳层含碳量，一般在下述范围
渗碳	使用场合	深度	状态	含碳量（质量分数，%）		
渗碳				表面过共析区	共析区	亚共析（过渡）区
渗碳	碳素渗碳钢	由表面至过渡层 1/2 处	炉冷	0.9~1.2	0.7~0.7	<0.7
渗碳	含铬渗碳钢	由表面至过渡层 2/3 处	空冷	1.0~1.2	0.6~1.0	<0.6
渗碳	合金渗碳钢汽车齿轮	过共析、共析、过渡区总和				
渗碳	4) 渗碳区域		6) 必要时提出心部金相组织要求			

(续)

方法	一般零件	重要零件
渗氮	1）热处理方法 2）表面和心部硬度（表面硬度用 HV 或 HRA 测定） 3）渗氮层深度（一般应≤0.6mm） 4）渗氮区域	1）热处理方法 2）除一般零件几项要求外，还需提出心部力学性能 3）必要时，还要提出金相组织及对渗氮层脆性要求（直接用维氏硬度计压头的压痕形状来评定）
碳氮共渗	1）中温碳氮共渗与渗碳同 2）低温碳氮共渗与渗氮同	1）中温碳氮共渗与渗碳同 2）低温碳氮共渗与渗氮同

表 4.4-150　金属热处理工艺分类及代号的表示方法（摘自 GB/T 12603—2005）

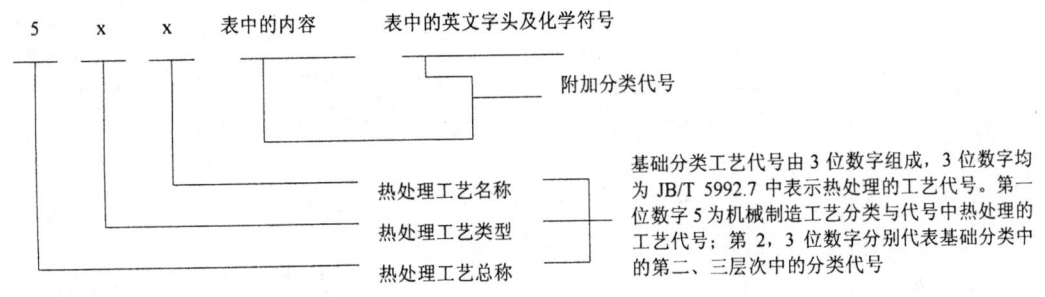

基础分类工艺代号由 3 位数字组成，3 位数字均为 JB/T 5992.7 中表示热处理的工艺代号。第一位数字 5 为机械制造工艺分类与代号中热处理的工艺代号；第 2, 3 位数字分别代表基础分类中的第二、三层次中的分类代号

基础分类					附加分类						说明
工艺总称	代号	工艺类型	代号	工艺名称	代号	加热		退火		淬火冷却		1. 当对基础工艺中的某些具体实施条件有明确要求时，使用附加分类代号 2. 附加分类工艺代号，按加热，退火，淬火冷却顺序标注。当工艺在某个层次不需进行分类时，该层次用阿拉伯数字"0"代替 3. 当对冷却介质及冷却方法需要用两个以上字母表示时，用加号将两个或几个字母连接起来，如 H＋M 代表盐浴分级淬火 4. 化学处理中，没有表明渗入元素的各种工艺，如多共元渗，渗金属，渗其他非金属，可以在其代号后用括号表示出渗入元素的化学符号表示 5. 多工序处理工艺代号用破折号将各工艺代号连接组成，但除第一个工艺外，后面的工艺均省略第一位数字"5"，如 515-33-01 表示调质和气体渗氮
^	^	^	^	^	^	加热方式	代号	退火工艺	代号	介质方法	代号	^
热处理	5	整体热处理	1	退火	1	可控气氛（气体）	01	去应力退火	St	空气	A	
^	^	^	^	正火	2	^	^	均匀化退火	H	油	O	
^	^	^	^	淬火	3	真空	02	^	^	水	W	
^	^	^	^	淬火和回火	4	盐浴（液体）	03	^	^	盐水	B	
^	^	^	^	调质	5	^	^	再结晶退火	R	有机聚合物溶液	Po	
^	^	^	^	稳定化处理	6	感应	04	^	^	热浴	H	
^	^	^	^	固溶处理；水韧处理	7	火焰	05	石墨化退火	G	加压淬火	Pr	
^	^	^	^	固溶处理＋时效	8	^	^	^	^	^	^	
^	^	表面热处理	2	表面淬火和回火	1	激光	06	^	^	双介质淬火	I	
^	^	^	^	物理气相沉积	2	^	^	脱氢处理	D	^	^	
^	^	^	^	化学气相沉积	3	电子束	07	^	^	分级淬火	M	
^	^	^	^	等离子增强化学气相沉积	4	^	^	^	^	^	^	
^	^	^	^	离子注入	5	等离子体	08	球化退火	Sp	等温淬火	At	
^	^	化学热处理	3	渗碳	1	^	^	^	^	^	^	
^	^	^	^	碳氮共渗	2	固体装箱	09	等温退火	I	变形淬火	Af	
^	^	^	^	渗氮	3	^	^	^	^	^	^	
^	^	^	^	氮碳共渗	4	流态床	10	完全退火	F	冷气淬火	G	
^	^	^	^	渗其他非金属	5	^	^	^	^	^	^	
^	^	^	^	渗金属	6	电接触	11	不完全退火	P	冷处理	C	
^	^	^	^	多元共渗	7	^	^	^	^	^	^	

7.4 热处理零件结构设计的注意事项

为防止零件在热处理过程中出现开裂、变形、硬度不均等缺陷，在机械零件结构设计时必须遵守如下基本要求。

7.4.1 防止热处理零件开裂的注意事项

防止热处理开裂的注意事项见表4.4-151。

表 4.4-151 防止热处理零件开裂的注意事项

序号	注意事项	图例 改进前	图例 改进后	说明
1	避免尖角、棱角	G48	G48	零件的尖角、棱角部分是淬火应力最集中的地方，往往成为淬火裂纹的起点，应予倒钝
			G48	平面高频淬火时，硬化层达不到槽底，槽底虽有尖角，但不致于开裂
			2×45° C2	为了避免锐边尖角熔化或过热，在槽或孔的边上应有2~3mm的倒角（与轴线平行的键槽边可不倒角），直径过渡应为圆角
		高频淬火表面	高频淬火表面 C2 高频淬火表面	二平面交角处应有较大的圆角或倒角，并5~8mm不能淬硬
2	避免断面突变			断面过渡处应有较大的圆角半径，以避免冷却速度不一致而开裂
				结构允许时，可设计成过渡圆锥

第4章 满足加工工艺的结构设计

（续）

序号	注意事项	图例 改进前	图例 改进后	说明
3	避免结构尺寸厚薄相差悬殊	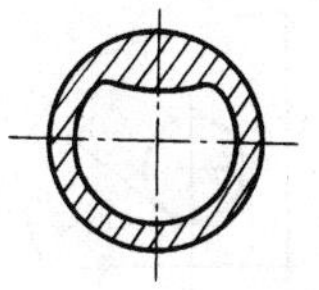	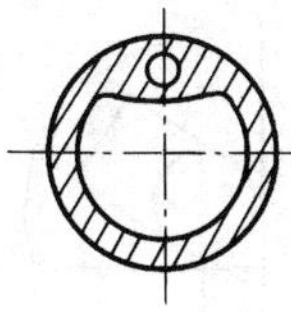	加开工艺孔，使零件截面较均匀
		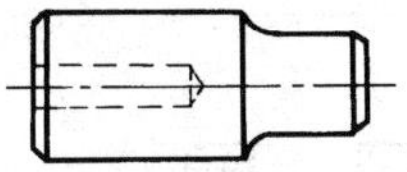	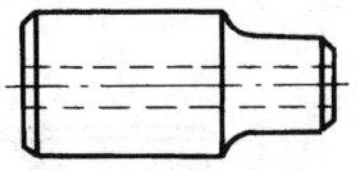	变不通孔为通孔
		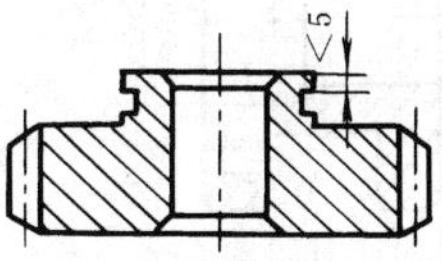 齿部槽部 G42	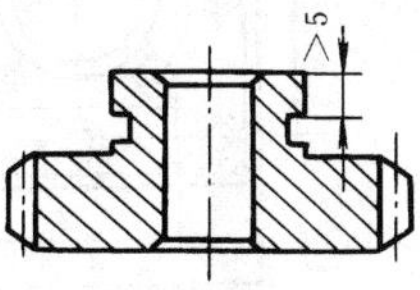 齿部槽部 G42	拨叉槽部的一侧厚度不得小于 5mm
		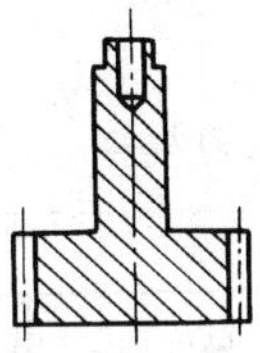	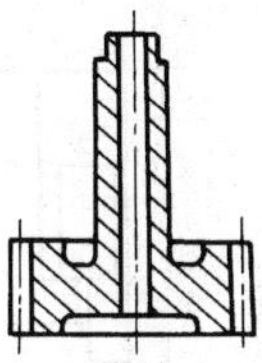 G42	不通孔改为通孔，以使厚薄均匀
			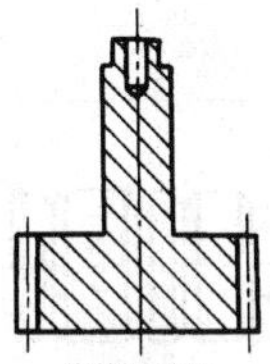 齿部 G42	形状不改变，仅由全部淬火改为齿部高频淬火
4	避免孔距离边缘太近	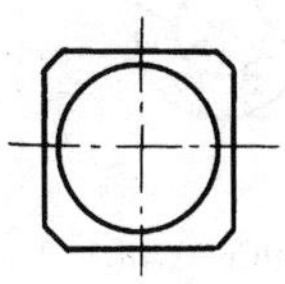	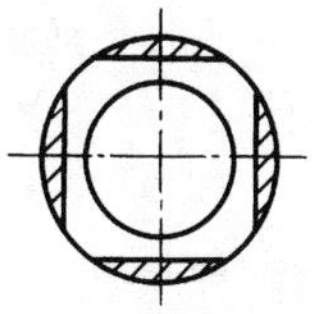	避免危险尺寸或太薄的边缘。当零件要求必须是薄边时，应在热处理后成形（加工去多余部分）
		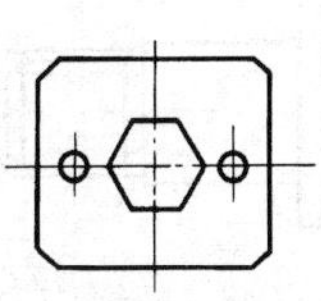	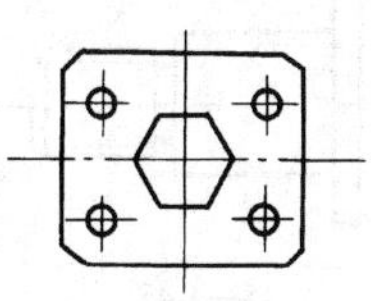	改变冲模螺纹孔的数量和位置，减少淬裂倾向

(续)

序号	注意事项	图例 改进前	图例 改进后	说明
4	避免孔距离边缘太近	<1.5d	≥1.5d	结构允许时,孔距离边缘应不小于1.5d
		(M16, M12, 52, 52, 82, 132)	(48H7, φ60H7, 20, 22H7, 85)	结构不允许时(如车床刀架),可采用降温预冷淬火方法,以避免开裂
		45—G42 (20, φ50, φ37, 4×φ11EQS, 150)	45—15方头G42 (15, φ22)	全部淬火时,4孔φ11边缘易开裂;若局部淬火能满足要求,就不必全部淬火
5	形状复杂的零件,避免选用要求水淬的钢	45—G48 (22, 211, 141, φ35h5, 6×φ10, 30°, 30°)	40Cr—G48	改进前,用45钢水淬,6×φ10孔处易开裂,整个工件易发生弯曲变形,且不易校直;改用40Cr钢油淬,减少了开裂倾向
6	防止螺纹脆裂	45—G48	45—G48(螺纹G35)	螺纹在淬火前已车好,则在淬火时用石棉泥、铁丝包扎防护,或用耐火泥调水玻璃防护

（续）

序号	注意事项	图例 改进前	图例 改进后	说明
6	防止螺纹脆裂	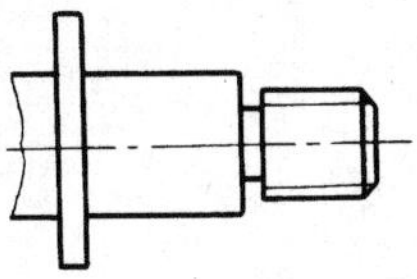 20Cr—S—G59	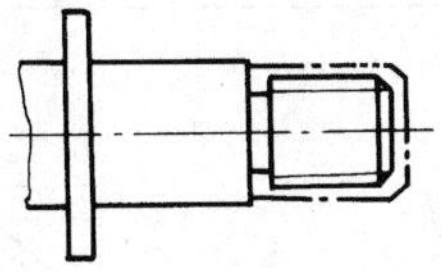 渗碳后车螺纹再淬火 20Cr—S—G59（螺纹 G35）	渗碳件螺纹部位采用留加工余量的方法，或螺纹先车出，采用直接防护方法（镀铜、涂膏剂等）
		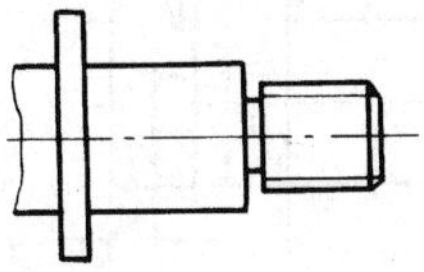 38CrMoAlA—D900	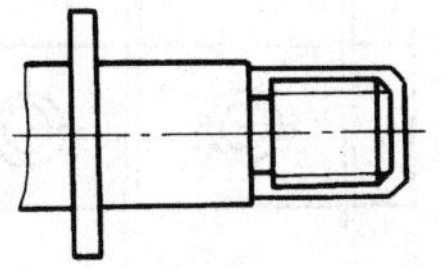 38CrMoAlA—D900 （螺纹部分≤42HRC）	渗氮件螺纹部位采用留加工余量方法，或螺纹先车出，采用直接涂料或电镀防护

7.4.2 防止热处理零件变形的注意事项（见表4.4-152）

表 4.4-152 防止热处理零件变形的基本要求

序号	注意事项	图例 改进前	图例 改进后	说明
1	采用封闭对称结构	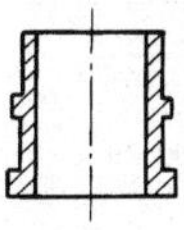	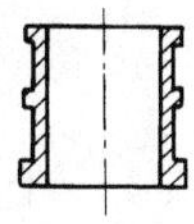	一端有凸缘的薄壁套类零件渗氮后变形成喇叭口，在另一端增加凸缘后，变形大大减小
		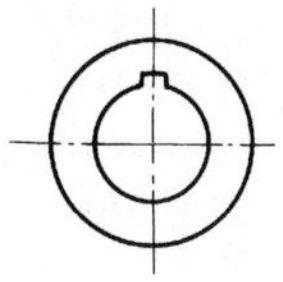	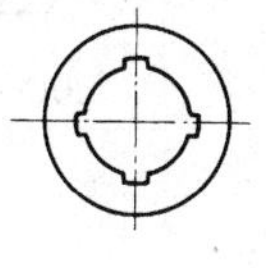	几何形状力求对称，使变形减小或变形有规律：如图例 T611A 机床渗氮摩擦片、坐标镗床精密刻线尺退火
		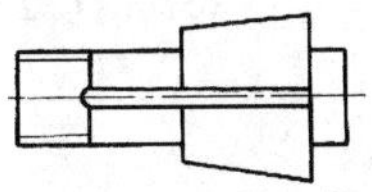	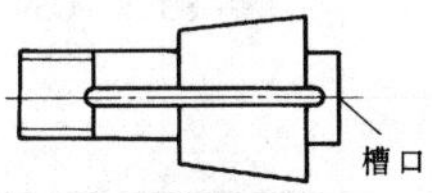	弹簧夹头都采用封闭结构，淬火、回火后再切开槽口
		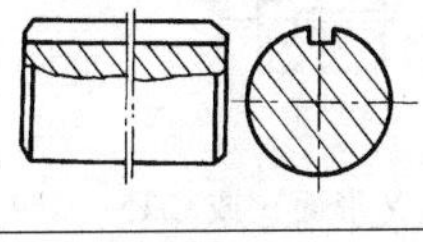	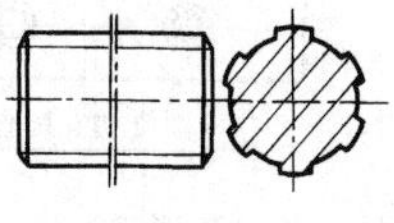	单键槽的细长轴，淬火后一定弯曲；宜改用花键轴
		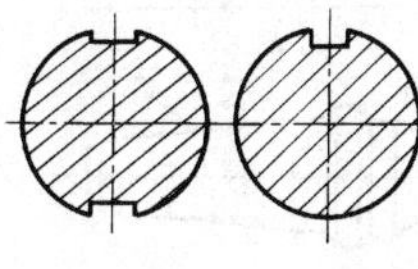	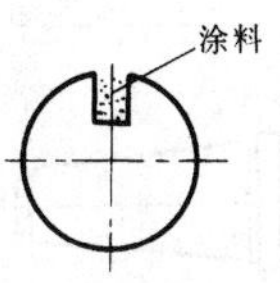 涂料	将淬火时冷却快的部位涂上涂料（耐火泥或石棉与水玻璃的混合物），以降低冷却速度，使冷却均匀

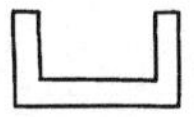

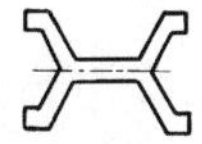

(续)

序号	注意事项	图例 改进前	图例 改进后	说明
1	采用封闭对称结构			改变淬火时入水方式，使断面各部分冷却速度接近，以减少变形
2	细长轴类、长板类零件应避免采用水淬	45—G48	40Cr—G48	长板类零件水淬会产生翘曲变形，采用油淬，可减小变形
3	选择适当的材料和热处理方法	40Cr—G52（槽部）	20Cr—S—G59（花键孔防护）	改进前，槽部直接淬火比较困难，改用渗碳淬火（花键孔防护）
			20Cr—D600 或 40Cr—D500	最好改用离子渗氮（花键孔用铁片屏蔽）
		15—S0.5—G59	65Mn—G52	摩擦片用 15 钢，渗碳淬火时须有专用淬火夹具和回火夹具，合格率较低；改用 65Mn 钢油淬，夹紧回火即可
		20Cr—S—G59（V形面）圆锥销孔配作	T10A—G59（V形面）或 Cr15—G59（V形面）或 20Cr—S—59（V形面）	改进前，由于考虑销孔配作，选用 20Cr 钢渗碳，渗碳后去掉 A、B 面碳层，然后淬火，工艺复杂；改用高频淬火较为简单
		W18Cr4V	W18Cr4V 45	此件两部分工作条件不相同，设计成组合结构，不同部位用不同材料，既提高工艺性，又节约高合金钢材料

序号	注意事项	图例 改进前	图例 改进后	说明
4	机械加工与热处理工艺互相配合	20Cr—S—G59（配作、渗碳层）	两件一起下料（渗碳后开切口、渗碳层）	改进前，有配作孔的一面去掉渗碳层，形成碳层不对称，淬火后必然翘曲；改为两件一起下料，渗碳后开切口，淬火后再切成单件
		齿部 G52		改进前，齿部淬火后6个孔处的齿圈将下凹；应在齿部淬火后再钻6个孔
		直接渗氮	38CrMoAlA—D900 在整个加工过程中安排正火、调质、高温时效、低温时效等工序	使渗氮前获得均匀理想的金相组织，并消除切削加工应力，以保证渗氮件变形微小
		槽部 G42	螺纹淬火后加工 槽部 G42	全部加工后淬火则内螺纹会产生变形；最好在槽口局部淬火后再车内螺纹
5	增加零件刚性			杠杆为铸件，其杆臂较长，铸造时及热处理时均易变形。加横梁后，使变形减少

7.4.3 防止热处理零件硬度不均的注意事项（见表4.4-153）

表4.4-153 防止热处理零件硬度不均的注意事项

序号	注意事项	图例 改进前	图例 改进后	说　明
1	避免不通孔和死角			不通孔和死角使淬火时的气泡无法逸出，造成硬度不均；应设计工艺排气孔
2	两个高频淬火部位不应相距太近，以免互相影响			齿部和端面均要求淬火时，端面与齿部距离应不小于5mm
				二联或二联以上的齿轮，若齿部均需高频淬火，则齿部两端面间的距离应不小于8mm
				内外齿均需高频淬火时，两齿根圆间的距离应不小于10mm
3	选择适当的材料和热处理方法	40Cr—G52（齿部）	20Cr—S—G59 或40Cr—D500 或20Cr—D600	改进前，弧齿锥齿轮凹凸齿面硬度不一致，特别是模数较大时，硬度差亦较大；应采用渗碳或渗氮，用离子渗氮更好

(续)

序号	注意事项	图例 改进前	图例 改进后	说明
4	齿条避免采用高频淬火	45—G48	20Cr—S—G59 或 40Cr—D500	平齿条高频淬火只能淬到齿顶，如果加热过久，会使齿顶熔化，而齿根淬不上火；应采用渗碳或渗氮
		G48 (>10)	G48 (<10)	圆断面的齿条，当齿顶平面到圆柱表面的距离小于10mm时，可采用高频淬火
			40Cr—D500 (>10)	最好采用渗氮处理，用离子渗氮更好

第5章 满足材料要求的结构设计

零件的结构型式与材料性能密切相关。不同的材料，其性能特点各异，加工工艺也不尽相同。在零件设计中应充分考虑材料对加工工艺的要求。

1 工程塑料件结构设计工艺性

1.1 工程塑料的选用

在机械工业中，工程塑料的用途及应用举例见表4.5-1。

表 4.5-1 工程塑料的用途及应用举例

用途	要求	应用举例	材料
一般结构零件	强度和耐热性无特殊要求，一般用来代替钢材或其他材料，但由于批量大，要求有较高的生产率，成本低，有时对外观有一定要求	汽车调节器盖及喇叭后罩壳、电动机罩壳、各种仪表罩壳、盖板、手轮、手柄、油管、管接头、紧固件等	低压聚乙烯、聚氯乙烯、改性聚苯乙烯、ABS、聚丙烯等。这些材料只承受较低的载荷，当受力小时，大约在60~80℃范围内使用
	同上述要求，并要求有一定的强度	罩壳、支架、盖板、紧固件等	聚甲醛、尼龙1010
透明结构零件	除上述要求外，还必须具有良好的透明度	透明罩壳、汽车用各类灯罩、油标、油杯、视镜、光学镜片、信号灯、防爆灯、防护玻璃以及透明管道等	改性有机玻璃、改性聚苯乙烯、聚碳酸酯
耐磨受力传动零件	要求有较高的强度、刚性、韧性、耐磨性、耐疲劳性，并有较高的热变形温度，尺寸稳定	轴承、齿轮、齿条、蜗轮、凸轮、辊子、联轴器等	尼龙、MC尼龙、聚甲醛、聚碳酸酯、聚砜氧、氯化聚醚、线型聚酯等。这类塑料的拉伸强度都在60MPa以上，使用温度可达80~120℃
减摩自润滑零件	对力学性能要求不高，但由于零件的运动速度较高，故要求具有低的摩擦因数、优异的耐磨性和自润滑性	活塞环、机械动密封圈、填料、轴承等	聚四氟乙烯、填充的聚四氟乙烯、聚四氟乙烯填充的聚甲醛、聚全氟丙烯（F-46）等；在小载荷、低速时可采用低压聚乙烯
耐高温结构零件	除满足耐磨受力传动零件和减摩自润滑零件要求外，还必须具有较高的热变形温度及高温抗蠕变性	高温工作的结构传动零件，如汽车分速器盖、轴承、齿轮、活塞环、密封圈、阀门、阀杆、螺母等	聚砜、聚醚醚酮、氟塑料（F-4，F-46）、聚酰亚胺、聚苯硫醚，以及各种玻璃纤维增强塑料等。这些材料都可在150℃以上使用
耐腐蚀设备与零件	有较高的化学稳定性	化工容器、管道、阀门、泵、风机、叶轮、搅拌器以及它们的涂层或衬里等	聚四氟乙烯、聚全氟乙丙烯、聚三氟氯乙烯、氯化聚醚、聚氯乙烯、低压聚乙烯、聚丙烯、酚醛塑料等

1.2 工程塑料零件的制造方法

1.2.1 工程塑料的成型方法

热塑性塑料可用注射、挤出、吹塑等成型工艺，制成各种规格的管、棒、板、薄膜、泡沫塑料、增强塑料，以及各种形状的零件，见表4.5-2。

表 4.5-2 工程塑料的主要成型方法、特点及应用

成型方法	特点	应用
压制成型	将塑料粉或经增强、耐磨、耐热等材料改性的材料置于模具中，用加压加热方法制得一定形状的塑料制品	一般用于热固性塑料的成型，也适于热塑性塑料的成型

成型方法	特　点	应　用
注射成型	将颗粒状或粉状塑料置于注射机机筒内加热，使其软化后用旋转螺杆施加压力，使机筒内的物料自机筒末端的喷嘴注射到模具中，然后冷却脱模，即得所需的制品，该法适于加工形状复杂而批量又大的制件，成本低，速度快	用于聚乙烯、ABS、聚酰胺、聚丙烯、聚苯乙烯等热塑性塑料的成型。可制作形状复杂的零件
挤出成型	将颗粒状或粉状塑料由加料斗连续地加入带有加热装置的机筒中，受热软化后，用旋转的螺杆连续从口模挤出（口模的形状即为所需制品的断面形状，其长度视需要而定），冷却后即为所需之制品	用于加工连续的管材、棒材或片状制品
浇注成型	将加有填料或未加填料的流动状态树脂倒入具有一定形状的模具中，在常压或低压下置于一定温度的烘箱中保温使其固化，即得所需形状之制品	用于酚醛、环氧树脂等热固性塑料的成型。可制作大型复杂的零件
吹塑成型	先将已制成的片材、管材塑料加热软化或直接把挤出、注射成型出来的熔融状态的管状物，置于模具内，吹入压缩空气，使塑料处于高于弹性变形温度而又低于其流动温度下，吹成所需的空心制品	用于聚乙烯、软聚氯乙烯、聚丙烯、聚苯乙烯等热塑性塑料中空制品的成型。可制作瓶子和薄壁空心制品
真空成型	将已制成的塑料片加热到软化温度，借真空的作用使之紧贴在模具上，经过一定时间的冷却使其保持模具的形状，即得所需之制品	用于聚碳酸酯、聚砜、聚氯乙烯、聚苯乙烯、ABS等热塑性塑料的成型。可制作薄壁的杯、盘、罩、盖、壳、盒等敞口制品

热固性塑料可通过模压、层压、浇注等工艺制成层压板、管、棒以及各种形状的零件。

1.2.2 工程塑料的机械加工

一般工程塑料可采用普通切削工具和设备进行机械加工。由于塑料散热性差，有弹性，加工时易变形，以及易产生分层、开裂、崩落等现象，故应采取如下工艺措施，见表4.5-3。

表4.5-3　普通塑料机械加工条件

加工方法	切削刀具	切削用量
车削	前角10°~25°，后角15°	$v = 30$m/min $f = 0.05 \sim 0.1$mm/r $a_p = 0.10 \sim 0.50$mm
铣削	最好用镶片铣刀、高速钢刀，前角大、刀齿少	同加工黄铜，足够切削液
钻孔	孔径$D < \phi 15$mm，顶角60°~90°，$D \geq \phi 15$mm，顶角118°	$D < \phi 15$mm时 $n = 500 \sim 1500$r/min $f = 0.1 \sim 0.5$mm/r 足够切削液，常退屑
扩（铰）孔	螺旋槽扩孔钻、铰刀	同加工黄铜
攻螺纹	直接用二锥加工	
刨削	后角6°~8°	a_p与v都要小
锯割	弓形锯、电动木工圆锯、手锯、钢锉	
说明	v—切削速度；a_p—背吃刀量；f—进给量	

1) 刀具刃口要锋利，前角和后角要比加工金属时大。
2) 充分冷却，多采用风冷或水冷。
3) 工件不能夹持过紧。
4) 切削速度高，进给量小，以获得较光滑的表面。

在机械加工泡沫塑料时，可采用木工工具和普通机械加工设备，但需用特殊刀具及操作方法，同时还可用电阻丝通电发热熔割（一般可用5~12V电压和直径为0.5~1mm的电阻丝），并可采用粘结剂（如沥青胶、聚醋酸乙烯乳液、环氧胶、聚氨酯胶等）进行胶接成型。

1.3 工程塑料零件设计的基本参数

（见表4.5-4～表4.5-17）

表4.5-4　几种塑料轴承的配合间隙　（mm）

轴径	尼龙6和66	聚四氟乙烯	酚醛布层压塑料
6	0.050~0.075	0.050~0.100	0.030~0.075
12	0.075~0.100	0.100~0.200	0.040~0.085
20	0.100~0.125	0.150~0.300	0.060~0.120
25	0.125~0.150	0.200~0.375	0.080~0.150
38	0.150~0.200	0.250~0.450	0.100~0.180
50	0.200~0.250	0.300~0.525	0.130~0.240

表4.5-5　聚甲醛轴承的配合间隙　（mm）

轴径	室温~60℃	室温~120℃	-45~120℃
6	0.076	0.100	0.150
13	0.100	0.200	0.250
19	0.150	0.310	0.380
25	0.200	0.380	0.510
31	0.250	0.460	0.640
38	0.310	0.530	0.710

表 4.5-6 塑料零件的厚度 （mm）

材料	外形尺寸				
	<20	20~50	50~80	80~150	150~250
压塑粉 酚醛塑料	—	1.0~1.5	2.0~2.5	5.0~6.0	—
压塑粉 聚酰胺	0.8	1.0	1.3~1.5	3.0~3.5	4.0~6.0
纤维塑料	—	1.5	2.5~3.5	4.0~6.0	6.0~8.0
耐热塑料	0.5	0.5~1.0	1.0~1.5	1.5~2.0	2.0~3.0

表 4.5-7 壁厚、高度和最小壁厚 （mm）

塑料类型	壁 厚（建议尺寸）			
	最低限值	小型制件	一般制件	大型制件
聚苯乙烯	0.75	1.25	1.6	3.2~5.4
有机玻璃（372）	0.8	1.5	2.2	4~6.5
聚乙烯	0.8	1.25	1.6	2.4~3.2
聚氯乙烯（硬）	1.15	1.6	1.8	3.2~5.8
聚氯乙烯（软）	0.85	1.25	1.5	2.4~3.2
聚丙烯	0.85	1.45	1.75	2.4~3.2
聚甲醛	0.8	1.4	1.6	3.2~5.4
聚碳酸酯	0.95	1.8	2.3	3~4.5
尼龙	0.45	0.75	1.6	2.4~3.2
聚苯醚	1.2	1.75	2.5	3.5~6.4
氯化聚醚	0.85	1.35	1.8	2.5~3.4

高度和最小壁厚

制件高度	≤50	>50~100	>100~200
最小壁厚	1.5	1.5~2	2~2.5

表 4.5-8 加强肋

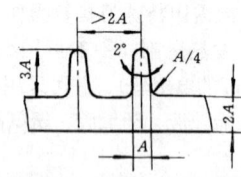

加强肋底部宽度为壁厚的一半
加强肋高度不超过 $3A$
加强肋间中心距离不应小于 $2A$

表 4.5-9 不同表面的推荐脱模斜度

表面部位	斜 度	
	连接零件与薄壁零件	其他零件
外表面	15′	30′~1°
内表面	30′	≈1°
孔（深度<1.5d）	15′	30′~45′
加强肋、凸缘	2°、3°、5°、10°	

表 4.5-10 不同塑料的推荐脱模斜度

塑料名称	脱模斜度
聚乙烯、聚丙烯、聚氯乙烯（软）	30′~1°
ABS、聚酰胺、聚甲醛、氟化聚醚、聚苯醚	40′~1°30′
聚氯乙烯（硬）、聚碳酸酯、聚砜	50′~2°
聚苯乙烯、有机玻璃	50′~2°
热固性塑料	20′~1°

表 4.5-11 孔深 $h≤2d$ 情况下的孔最小直径 （mm）

材料	d_{min}
聚酰胺	0.5
玻璃纤维	1.0
压塑料	1.5
纤维塑料	2.5
酚醛塑料	4.0
其他	0.8

表 4.5-12 塑料制件上不通孔的尺寸关系

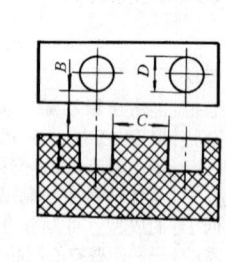

孔径 D /mm	最小壁厚 B /mm	相邻孔间最小间隔宽度 C /mm	最大孔深与孔径之比 $H:D$
1.5	1.5	1.5	
3.0	2.3	2.2	
4.5	3.0	3.0	从 2:1
6.5	3.0	4.0	到 15:1
9.5	4.0	4.5	
12.5	5.0	5.5	

表 4.5-13 孔的尺寸关系（最小值）

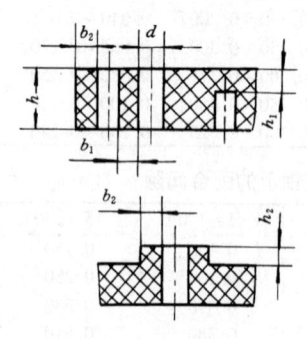

当 $b_2 ≥ 0.3$mm 时，采用 $h_2 ≤ 3b_2$

孔径 d/mm	孔深与孔径比 h/d		边距尺寸		不通孔的最小底厚 h_1/mm
	制件边孔	制件中孔	b_1/mm	b_2/mm	
≤2	2.0	3.0	0.5	1.0	1.0
>2~3	2.3	3.5	0.8	1.25	1.0
>3~4	2.5	3.8	0.8	1.5	1.2
>4~6	3.0	4.8	1.0	2.0	1.5
>6~8	3.4	5.0	1.2	2.3	2.0
>8~10	3.8	5.5	1.5	2.8	2.5
>10~14	4.6	6.5	2.2	3.8	3.0
>14~18	5.0	7.0	2.5	4.0	3.0
>18~30	—	—	4.0	4.0	4.0
>30	—	—	5.0	5.0	5.0

表 4.5-14 用型芯制出通孔的孔深和孔径

凸模形式	圆锥形阶段	圆柱形阶段	圆柱圆锥形阶段
单边凸模			
双边凸模			

表 4.5-15 螺孔的尺寸关系（最小值） （mm）

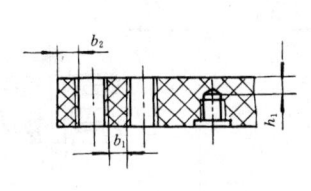

螺纹直径	边距尺寸		不通螺纹孔最小底厚
	b_1	b_2	h_1
≤3	1.3	2.0	2.0
>3~6	2.0	2.5	3.0
>6~10	2.5	3.0	3.8
>10	3.8	4.3	5.0

表 4.5-16 螺纹成型部分的退刀尺寸 （mm）

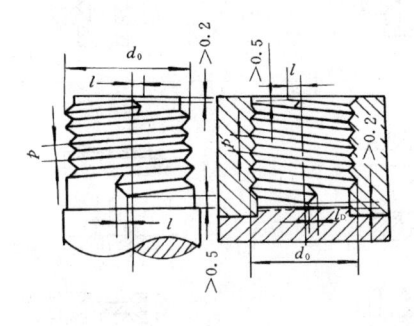

螺纹直径 d_0	螺距 p		
	<0.5	>0.5~1	>1
	退刀尺寸 l		
≤10	1	2	3
>10~20	2	2	4
>20~34	2	4	6
>34~52	3	6	8
>52	3	8	10

表 4.5-17 滚花的推荐尺寸

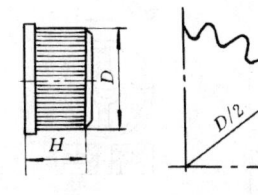 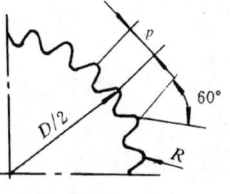

制件直径 D/mm	滚花的距离/mm		$\dfrac{D}{H}$
	齿距 p	半径 R	
≤8	1.2~1.5	0.2~0.3	1
>18~50	1.5~2.5	0.3~0.5	1.2
>50~80	2.5~3.5	0.5~0.7	1.5
>80~120	3.5~4.5	0.7~1	1.5

1.4 工程塑料零件结构设计的注意事项（见表 4.5-18）

表 4.5-18 工程塑料零件结构设计的注意事项

序号	注意事项	说明	图例 改进前	图例 改进后
1	简化模具	避免凹陷，方便出模。改进前的结构需用可拆分的模具，生产率较低，成本较高		
2	壁厚力求均匀	壁厚不均匀处易产生气泡和收缩变形，甚至产生应力开裂		

(续)

序号	注意事项		图例	
			改进前	改进后
3	足够的脱模斜度	斜度大小与塑料性质、收缩率、厚度、形状有关,一般为 15′~1°		
4	避免锐角与直角过渡	尖角处应力集中易产生裂纹,影响工件强度		r>0.5
5	合理设计肋板	采用加强肋可节省材料,提高工件刚度、强度,防止翘曲	缩孔	
6	合理设计凸台	凸台尽量位于转角处 凸台高度应不大于其直径的两倍 凸台不能超过 3 个,如超过 3 个则应进行机械加工		

2 橡胶件结构设计工艺性

2.1 橡胶制品质量指标的含义

橡胶是一种有机高分子化合物，是工业上用途广泛的工程材料。橡胶制品质量指标的含义见表4.5-19。

表 4.5-19　橡胶制品质量指标的含义

质量指标	含　义	单　位
永久变形	橡胶试件扯断后经过一定时间（一般为3min）停放，其单位长度所增长的长度与原长度的比值。其值越小，橡胶的弹性越好。又称扯断变形	%
拉伸强度	硫化胶伸长到100%、200%、300%或是500%时，单位面积上所需的力。又叫拉伸强度，或定伸强力	N/m²
拉断强度	橡胶试件拉断时所需的拉伸强度，又叫扯断强力	N/m²
拉断伸长率	橡胶试件拉断时所增加的长度与原长度的比值。拉断伸长率大，表示橡胶质地软，塑性好，同时也可以间接看成橡胶弹性变形的能力大	%
耐磨耗	橡胶试件抵抗各种物质与其摩擦的性能	cm³/(kW·h)
抗撕裂值	单位厚度的橡胶在切口发生撕裂到断开时所受的力。抗撕裂值大时，说明此橡胶质量好	N/cm
老化	橡胶由于受大气因素影响而逐渐产生物理、力学性能变坏的现象	
老化系数	橡胶老化后与老化前扯断力及伸长率乘积的比值。老化系数大，说明这种橡胶老化的性能较好	
邵氏硬度	硬度是指橡胶抵抗外来压力侵入的能力，用以表示橡胶的坚硬程度。测定和表示橡胶硬度的方法很多，通常采用邵氏硬度，又叫邵尔硬度	

2.2 橡胶的选用（见表4.5-20）

表 4.5-20　橡胶的选用

使用要求 \ 选用顺序 \ 品种	天然橡胶	丁苯橡胶	异戊橡胶	顺丁橡胶	丁基橡胶	氯丁橡胶	丁腈橡胶	乙丙橡胶	聚氨酯橡胶	丙烯酸酯橡胶	氯醇橡胶	聚硫橡胶	硅橡胶	氟橡胶	氯磺化聚乙烯橡胶	氯化聚乙烯橡胶
高强度	A	C	AB	C	B	B	C	C	A					B	B	
耐磨	B	AB	B	AB	C	B	B	B	A				C	AB		
防振	A	B	AB	A		B			AB				B			
气密	B	B	B		A	B	B	B	B	B	AB	C	AB	B	B	
耐热		C		C	B	B	B	A		AB			A	A	AB	C
耐寒	B	C	AB	C	C	B	C	B		C			A	A	C	
耐燃						AB										
耐臭氧					A	AB		A	AB	A	A	A	A	A	A	A
电绝缘	A	AB			A	C		A					B	C		
磁性					A											
耐水	A	A	A	A	A	A		A	C		A	C	B	B		
耐油						B	AB		B	A②		A②	C	C		
耐酸碱					AB	B	C	AB		C	B	BC		A	C	B
高真空						A	B①						B			

注：选用顺序可按 A→AB→B→BC→C 进行。
① 高丙烯腈成分的丁腈橡胶。
② 聚硫橡胶的耐油性虽很突出，但是因为其综合性能较差，而且易燃烧，还有催泪性气味等严重缺点，故工业上很少选用其作为耐油制品。氟橡胶的耐油性是橡胶中最好的，但价格昂贵，故用作耐油制品的也较少。目前的耐油制品中，一般多选用丁腈橡胶。

2.3 橡胶件结构设计的工艺性

2.3.1 脱模斜度

在硫化中的化学作用和起模后温度降低的物理作用共同影响下，为了橡胶零件脱模方便，应当考虑脱模斜度这一要素。

橡胶模具脱模斜度的设计，可参考表 4.5-21 所示。

表 4.5-21 橡胶模具的脱模斜度

L/mm		<50	50~150	150~250	>250
		0	30′	20′	15′
		10′	40′	30′	20′

2.3.2 断面厚度与圆角

橡胶零件断面的各个部分，除了厚度在设计时力求均匀一致外，还希望各部分在相互交接处，尽量设计成圆角，见表 4.5-22。

表 4.5-22 橡胶件的断面厚度与圆角

图	例
改 进 前	改 进 后

2.3.3 囊类零件的口径腹径比

囊类零件如图 4.5-1 所示。

一般，对这类零件，约取 $d/D = \dfrac{1}{2} \sim \dfrac{1}{3}$。对颈长 L 尺寸大、颈壁较厚及颈部形状结构复杂的橡胶制品，其口径腹径比应取得大一些。另外，对于硬度低、弹性高的橡胶制品，其口径腹径比可取得小一些。

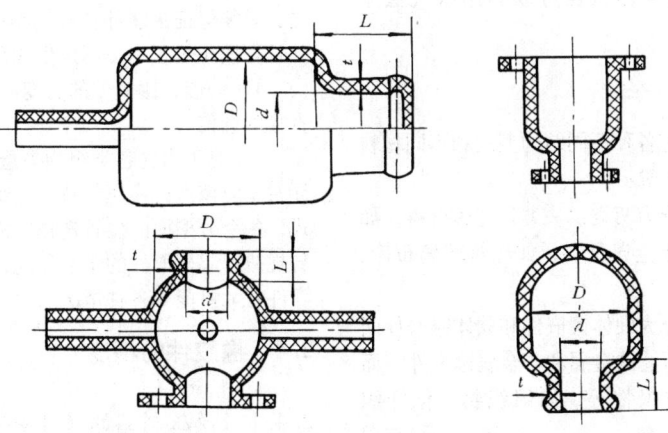

图 4.5-1 囊类零件

2.3.4 波纹管制品的峰谷直径比

橡胶波纹管制品如图 4.5-2 所示。

图 4.5-2 中 ϕ_1 是峰径，ϕ_2 是谷径。一般峰谷直径比不要大于 1.3。

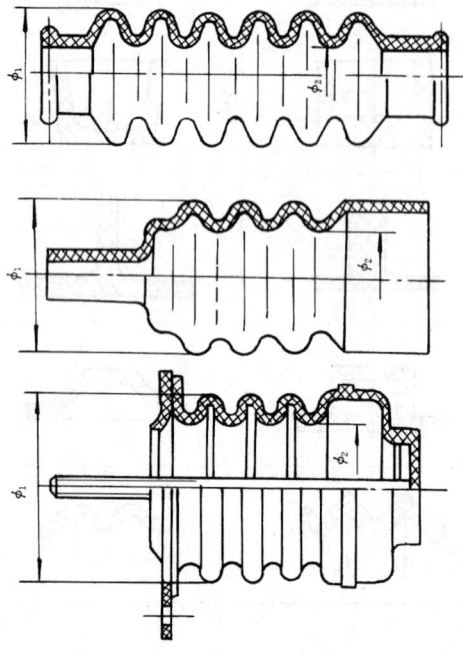

图 4.5-2 橡胶波纹管制品

2.3.5 孔

对于橡胶制品上的各种孔，包括方孔、六边孔等异形孔在内，都应当注意脱模斜度的方向和大小。

对于台阶孔，可采用双向拼合抽芯制造。

对于一部分环状异形孔还可以利用吹气法来完成。

2.3.6 镶嵌件

橡胶模制品中常有各种不同结构型式和不同材料的镶嵌件，如图 4.5-3 所示。

镶嵌件的材料可分为两类：一类是金属材料，如钢、铜等，另一类是非金属材料，如环氧玻璃布棒、酚醛玻璃布棒等。

镶嵌件的强度可分为硬体镶嵌件和软体镶嵌件两类。硬体镶嵌件如上所述的金属和非金属镶嵌件，而软体镶嵌件则是各类织物等，如绵织物、化纤织物等。

镶嵌件周围橡胶包层的厚度和镶嵌件嵌入深度的确定，取决于零件在该部位所需的弹性，所用橡胶材料的收缩率，以及零件的使用环境、条件和要求等各种因素。

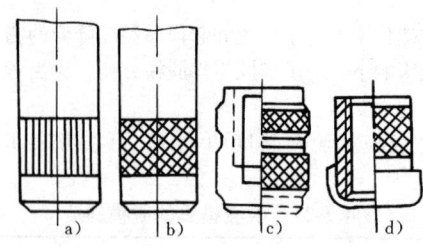

图 4.5-3 镶嵌件
a) 直纹滚花 b) 网纹滚花 c) 环槽滚花 d) 护盖滚花

镶嵌件的设计原则如下：

1) 镶嵌件在橡胶模制品内，要求牢固可靠，保证使用，因此应当使嵌入部分的尺寸尽量大于形体外边裸露部分尺寸。

2) 镶嵌件具有内螺纹或外螺纹时，各有关部分的尺寸高度，应该略低于模具各相应部分的分型面 0.05~0.10mm。

内螺纹镶嵌件在设计时，对有关尺寸必须有所控制，以防止胶料在模压过程中被挤入螺纹之中。外螺纹设计时，应该对无螺纹部分的尺寸公差提出要求，用以作为模具设计时与有关部位进行配合的定位基准，同时还可以用来防止胶料溢出。

3) 镶嵌件在模具各相应部位的定位，通常采用 $\dfrac{H8}{h7}$、$\dfrac{H8}{f8}$、$\dfrac{H9}{h9}$ 等配合。对于镶嵌件为孔配合的，则采用相同精度或者近似精度的基轴制配合，即选用 $\dfrac{H8}{h8}$、$\dfrac{H9}{h8}$、$\dfrac{F9}{h9}$ 等配合。另外，镶嵌件在模具型腔中的固定还可以设计成卡式结构、螺纹连接结构等形式，总之，必须保证镶嵌件在模具型腔中的定位准确可靠，并且在模压过程中，不发生或只发生少许溢胶现象。

4) 一般，镶嵌件的高度不要超过其直径或平均直径的五倍。

5) 对于内含各类织物夹层的橡胶模制品，在设计时，应该考虑模压的特点，织物夹层的填装操作方式，各个分型面的位置选择，模压时胶料流动的特点与规律，起模取件的难易程度，抽取型芯和取下制品零件有无可能等各种情况。

2.4 橡胶件的精度

2.4.1 模压制品的尺寸公差

模压制品是胶料或其半成品在一定的模具中经硫

化制得的合格成品。

模压制品的尺寸分为固定尺寸和合模尺寸两种。

固定尺寸，就是不受溢料厚度或上下模、模芯之间错位的形变影响由模具型腔尺寸及胶料收缩率所决定的尺寸，如图4.5-4中尺寸 W、X 和 Y。

合模尺寸，就是随着胶边厚度或上下模、模芯之间错位的形变影响而变的尺寸，如图4.5-4中尺寸 s、t、u 和 z。

对于移模和注压及无边模型的模压制品，可以把所有尺寸看作是固定的。对固定尺寸和合模尺寸，只有当它们彼此独立时，才能给以公差。

公差等级分为4级：

M1级：适用于精密模压制品要求的尺寸公差。这类模压制品要求精密的模具，在模压硫化后往往还需要进行某种机械加工。这类制品的尺寸要求使用精密光学仪器或其他精密的测量装置进行测量。因此，成本很高。

M2级：适用于高质量模压制品要求的尺寸公差。其中要用到许多上述精〔密〕级所要求的严格的生产控制条件。

M3级：适用于一般质量的模压制品要求的尺寸公差。

M4级：适用于尺寸控制要求不严格的模压制品未注尺寸公差。

模压制品尺寸公差列于表4.5-23。F 是固定尺寸公差，C 是封模尺寸公差。

一般模压制品的尺寸公差应根据制品的使用要求从表4.5-23中所规定的4个公差等级中选取。

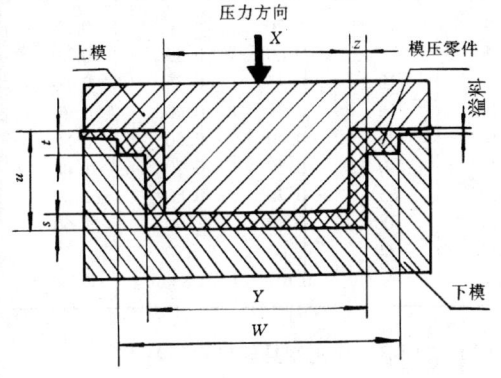

图4.5-4 压模和模压零件（示意图）

表4.5-23 模压制品尺寸公差（摘自 GB/T3672.1—2002） （mm）

公称尺寸		M1 级		M2 级		M3 级		M4 级
大于	直到并包括	F ±	C ±	F ±	C ±	F ±	C ±	F 和 C ±
0	4.0	0.08	0.10	0.10	0.15	0.25	0.40	0.50
4.0	6.3	0.10	0.12	0.15	0.20	0.25	0.40	0.50
6.3	10	0.10	0.15	0.20	0.20	0.30	0.50	0.70
10	16	0.15	0.20	0.20	0.25	0.40	0.60	0.80
16	25	0.20	0.20	0.25	0.35	0.50	0.80	1.00
25	40	0.20	0.25	0.35	0.40	0.60	1.00	1.30
40	63	0.25	0.35	0.40	0.50	0.80	1.30	1.60
63	100	0.35	0.40	0.50	0.70	1.00	1.60	2.00
100	160	0.40	0.50	0.70	0.80	1.30	2.00	2.50
160	—	0.3%①	0.4%①	0.5%①	0.7%①	0.8%①	1.3%①	1.5%①

① 为与公称尺寸的比值。

所有胶料硫化后都有不同程度的收缩，在设计模具时要考虑到收缩率。收缩率取决于生胶和胶料配方及生产工艺。某些合成橡胶的制品收缩率大，如硅橡胶、氟橡胶、聚丙烯酸酯橡胶，橡胶与非橡胶材料粘接的复合制品收缩率不一致，形状复杂或截面变化很大的制品尺寸较难控制，对此都可适当放宽尺寸公差要求。

一般模压橡胶制品应采用M3级公差。当尺寸精度要求更高时，可采用M2级，甚至M1级。

对于某一制品的尺寸可能不是全部要求同样的公差等级。在同一图样上的不同尺寸，可以采用不同的公差等级。图样上未标明所要求的公差等级，则采用M4级公差。

公差可以为对称分布。若因设计需要，经有关单位之间商定后，也可改为不对称分布。如：±0.35 的公差也可表示为 $^{+0.2}_{-0.5}$ 或 $^{+0.7}_{0}$ 或 $^{0}_{-0.7}$ 等。

2.4.2 压出制品的尺寸公差

胶料通过压出成型经硫化制得的合格成品，称之为压出制品。压出制品分无支撑压出制品和型芯支撑压出制品两种。

GB/T 3672.1—2002 对密实橡胶的压出制品按尺寸的特定范围规定了 11 个公差级别，即：

① 无支撑的压出制品公称截面尺寸的三个公差级别：

E1 高质量级；
E2 良好质量级；
E3 尺寸控制不严格级。

② 芯型支撑的压出制品公称截面尺寸的三个公差级别：

EN1 精密级；
EN2 高质量级；
EN3 良好质量级。

③ 表面磨光的压出制品（纯胶管）外尺寸（公称外径）的两个公差级别（EG）以及这种压出制品壁厚的两个公差级别（EW）：

EG1 和 EW1 精密级；
EG2 和 EW2 良好质量级。

④ 压出制品切割长度的三个公差级别和压出制品切割零件厚度的三个公差级别：

L1 和 EC1 精密级；
L2 和 EC2 良好质量级；
L3 和 EC3 尺寸控制不严格级。

（1）无支撑压出制品的横截面尺寸公差

无支撑压出制品的横截面尺寸公差见表 4.5-24。

表 4.5-24　无支撑压出制品的横截面尺寸公差

（摘自 GB/T 3672.1—2002）（mm）

公称尺寸		E1 级 ±	E2 级 ±	E3 级 ±
大于	直到并包括			
0	1.5	0.15	0.25	0.40
1.5	2.5	0.20	0.35	0.50
2.5	4.0	0.25	0.40	0.70
4.0	6.3	0.35	0.50	0.80
6.3	10.0	0.40	0.70	1.00
10	16	0.50	0.80	1.30
16	25	0.70	1.00	1.60
25	40	0.80	1.30	2.00
40	63	1.00	1.60	2.50
63	100	1.30	2.00	3.20

（2）芯型支撑压出制品的尺寸公差

作为切割成环或垫圈的中空压出制品（通常是胶管），其内径尺寸要求比无芯硫化制品更为严格的公差，则可采用内芯支撑硫化。制品从芯棒上取下时常常发生收缩，故制品的最终尺寸比其芯棒外径尺寸要小些。收缩量取决于所用胶料的性质及工艺条件。

如果供需双方同意，制品内径尺寸正公差就是相应的芯棒外径尺寸公差。

芯型支撑压出制品的内径尺寸公差见表 4.5-25。其他尺寸公差见表 4.5-24。

表 4.5-25　芯型支撑的压出制品内尺寸公差

（摘自 GB/T 3672.1—2002）（mm）

公称尺寸		EN1 级 ±	EN2 级 ±	EN3 级 ±
大于	直到并包括			
0	4	0.20	0.20	0.35
4	6.3	0.20	0.25	0.40
6.3	10	0.25	0.35	0.50
10	16	0.35	0.40	0.70
16	25	0.40	0.50	0.80
25	40	0.50	0.70	1.00
40	63	0.70	0.80	1.30
63	100	0.80	1.00	1.60
100	160	1.00	1.3	2.00
160	—	0.6%	0.8%	1.2%

（3）表面磨光压出制品的尺寸公差

表面磨光的压出制品（通常是胶管）的外缘尺寸（一般为直径）公差见表 4.5-26。

表 4.5-26　表面磨光压出制品尺寸公差

（摘自 GB/T 3672.1—2002）（mm）

公称尺寸		EG1 级 ±	EG2 级 ±
大于	直到并包括		
0	10	0.15	0.25
10	16	0.20	0.35
16	25	0.20	0.40
25	40	0.25	0.50
40	63	0.35	0.70
63	100	0.40	0.80
100	160	0.50	1.00
160	—	0.3%	0.5%

表面磨光压出制品（通常是胶管）的壁厚公差见表 4.5-27。

表 4.5-27　表面磨光压出制品的壁厚公差

（摘自 GB/T 3672.1—2002）（mm）

公　称　厚　度		EW1 级 ±	EW2 级 ±
大于	直到并包括		
0	4	0.10	0.20
4	6.3	0.15	0.20
6.3	10	0.20	0.25
10	16	0.20	0.35
16	25	0.25	0.40

（4）压出制品的切割长度公差

压出制品的切割长度公差见表 4.5-28，并综合应用表 4.5-25 ~ 表 4.5-27。

表 4.5-28　压出制品的切割段长度公差

（摘自 GB/T 3672.1—2002）　（mm）

公称长度		L1 级 ±	L2 级 ±	L3 级 ±
大于	直到并包括			
0	40	0.7	1.0	1.6
40	63	0.8	1.3	2.0
63	100	1.0	1.6	2.5
100	160	1.3	2.0	3.2
160	250	1.6	2.5	4.0
250	400	2.0	3.2	5.0
400	630	2.5	4.0	6.3
630	1000	3.2	5.0	10.0
1000	1600	4.0	6.3	12.5
1600	2500	5.0	10.0	16.0
2500	4000	6.3	12.5	20.0
4000	—	0.16%	0.32%	0.50%

（5）压出制品的切割截面厚度公差

压出制品切割截面（如环、垫圈、圆片等）的厚度公差见表 4.5-29。

对于低硬度高扯断强度的硫化胶（如天然橡胶的未填充硫化胶），须另行规定其公差。

表 4.5-29　压出制品的切割零件厚度公差

（摘自 GB/T 3672.1—2002）　（mm）

公称厚度		EC1 级 ±	EC2 级 ±	EC3 级 ±
大于	至			
0.63	1.00	0.10	0.15	0.20
1.00	1.60	0.10	0.20	0.25
1.60	2.50	0.15	0.20	0.35
2.50	4.00	0.20	0.25	0.40
4.00	6.30	0.20	0.35	0.50
6.30	10	0.25	0.40	0.70
10	16	0.35	0.50	0.80
16	25	0.40	0.70	1.00

注：EC1 和 EC2 级公差，用车床切割才能达到。

压出制品的有关尺寸公差应从表 4.5-24 ~ 表 4.5-29 所规定的相应公差级别中分别选取。

压出制品在生产中所需的公差比模压制品的要大些，因为胶料在强行通过型腔出口后要发生膨胀，并在随后的硫化过程中发生收缩和变形。这些变化取决于所用生胶与胶料的性质，以及工艺的影响。

当制品要求特殊的物理性能时，又要求精密级的公差，不一定总是可行的。软的硫化胶比硬度大的硫化胶需要更大的公差。

任何压出制品的横截面，其内径、外径和壁厚这 3 个尺寸中，只需限定两个公差即可。

压出制品的尺寸公差要求，应随其具体使用技术条件而定。对于某一制品的关键部位应要求严格一些，其他部位酌情宽一些。一般制品的非工作部位或图样上未标明所要求的公差级别者，则采用有关表中最低那一级公差。

标准中的公差带均为对称分布。若因设计需要，可改成不对称分布。

2.4.3　胶辊尺寸公差

（1）胶辊尺寸公差的等级

标准 HG/T 3079—1999 胶辊尺寸公差规定了 6 个等级。

XXP	极高精密级
XP	高精密级
P	精密级
H	高标准级
Q	标准级
N	非标准级

它们是根据胶辊的类型和使用要求规定的。对于一种特定的胶辊，可以分别选用不同等级的尺寸公差。

通常低硬度胶料比高硬度胶料的公差大，故最高精密级公差等级不是所有硬度的胶辊都能适用的。如果没有注明所要求的尺寸公差级别时，通常选 N 级公差。

（2）胶辊的直径公差

胶辊的直径公差由胶辊的长度、刚度和包覆胶硬度决定。

当包覆胶厚度确定后，直径公差应为辊芯直径与两倍包覆胶厚度之和的公差。

胶辊具有足够的刚度，且胶辊的包覆胶长度为辊芯直径的 15 倍以内时，胶辊的直径公差由表 4.5-30 规定。

胶辊具有足够的刚度，且胶辊的包覆胶长度为辊芯直径的 15 ~ 25 倍时，胶辊的直径公差由表 4.5-31 规定。

表 4.5-30 包覆胶长度为 15 倍辊芯直径时胶辊的直径公差

硬 度		级 别					
国际硬度 邵尔 A 硬度	PJ 硬度						
<50	>120	—	—	—	H	Q	N
50~70	120~70	—	—	P	H	Q	N
>70~<100	<70~10	—	XP	P	H	Q	N
≈100	9~0	XXP	XP	P	H	Q	N
胶辊公称直径 /mm		直径偏差 /mm					
≤40		±0.04	±0.06	±0.10	±0.15	±0.2	±0.5
>40~63		±0.05	±0.07	±0.15	±0.20	±0.3	±0.6
>63~100		±0.06	±0.09	±0.15	±0.25	±0.4	±0.7
>100~160		±0.07	±0.11	±0.20	±0.30	±0.5	±0.9
>160~250		±0.08	±0.14	±0.25	±0.40	±0.6	±1.1
>250~400		±0.11	±0.18	±0.30	±0.50	±0.8	±1.4
>400~630		±0.14	±0.23	±0.40	±0.65	±1.1	±1.8
>630			±0.50	±0.75	±1.25	±2.0	±3.0

表 4.5-31 包覆胶长度为 15~25 倍辊芯直径时胶辊的直径公差

硬 度		级 别					
国际硬度 邵尔 A 硬度	PJ 硬度						
<50	>120	—	—	—	H	Q	N
50~70	120~70	—	—	P	H	Q	N
>70~<100	<70~10	—	XP	P	H	Q	N
≈100	9~0	XXP	XP	P	H	Q	N
胶辊公称直径 /mm		直径公差 /mm					
≤40			±0.06	±0.10	±0.15	±0.3	±0.5	±0.8
>40~63			±0.07	±0.15	±0.20	±0.3	±0.6	±1.0
>63~100			±0.09	±0.15	±0.25	±0.4	±0.7	±1.2
>100~160			±0.11	±0.20	±0.30	±0.5	±0.9	±1.5
>160~250			±0.14	±0.25	±0.40	±0.5	±1.1	±1.8
>250~400			±0.18	±0.30	±0.50	±0.8	±1.4	±2.3
>400~630			±0.23	±0.40	±0.65	±1.1	±1.8	±3
>630			±0.50	±0.75	±1.25	±2.0	±3.0	±5

胶辊的刚度不足或包覆胶长度为辊芯直径的 25 倍以上时,胶辊直径的公差由供需双方商定。

胶辊的直径公差允许向正负两个方向调整。例如:允许公差为 ±0.4mm,则可调整为 $^{+0.2}_{-0.6}$mm 或 $^{+0.8}_{0}$mm 或 $^{0}_{-0.8}$mm 等。

(3) 胶辊包覆胶长度公差

胶辊包覆胶长度公差由表 4.5-32 规定。

包覆胶长度公差允许向正负两个方向调整。

XP 级 (高精密级) 只适用于胶辊两个端面无包覆胶,且要求包覆胶端面与辊芯端面在同一平面内的胶辊,则包覆胶长度公差应由辊芯的实际长度代替包覆胶公称长度来决定。

(4) 胶辊的径向圆跳动公差

胶辊的径向圆跳动公差取决于包覆胶的硬度和胶辊直径。当包覆胶厚度一定时,径向圆跳动公差决定于辊芯直径与两倍包覆胶厚度之和。

表 4.5-32 胶辊包覆胶长度公差 (mm)

包覆胶辊公称长度	等 级		
	XP	Q	N
	长度公差		
≤250	±0.2	±0.5	±1.0
>250~400	±0.2	±0.8	±1.5
>400~630	±0.2	±1.0	±2.0
>630~1000	±0.2	±1.0	±2.5
>1000~1600	±0.2	±1.5	±3.0
>1600~2500	±0.2	±1.8	±3.5
>2500	±0.2	±0.08%	±0.15%

测量径向圆跳动公差时,其线速度不超过 30m/min。

当胶辊具有足够的刚度时,径向圆跳动公差由表

第 5 章 满足材料要求的结构设计

表 4.5-33 胶辊的径向圆跳动公差

硬 度		级 别				
国际硬度 邵尔 A 硬度	PJ 硬度					
<50	>120	—	—	H	Q	N
50~70	120~70	—	P	H	Q	N
>70~<100	<70~10	—	P	H	Q	N
≈100	9~0	XP	P	H	Q	N
胶辊的公称直径 /mm		径向圆跳动公差 /mm				
≤40		0.01	0.02	0.04	0.08	0.15
>40~63		0.02	0.03	0.06	0.10	0.18
>63~100		0.03	0.04	0.08	0.13	0.20
>100~160		0.03	0.05	0.10	0.17	0.25
>160~250		0.03	0.06	0.12	0.20	0.30
>250~400		0.04	0.07	0.14	0.23	0.35
>400~630		0.04	0.08	0.18	0.30	0.45
>630		0.05	0.10	0.25	0.35	0.55

4.5-33 规定。当胶辊刚度不足时公差按实际情况决定。

（5）胶辊的圆柱度公差

胶辊的圆柱度公差，取决于胶辊的直径与包覆胶硬度。当包覆胶硬度确定后，其公差与辊心直径和两倍包覆胶厚度有关。当胶辊具有一定刚度时，其公差按表 4.5-34 规定。

当胶辊刚度不足时，其公差值按实际情况决定。

（6）胶辊的中高度公差

胶辊的中高度公差（图 4.5-5）应按表 4.5-35 规定执行。

表 4.5-34 胶辊的圆柱度公差

硬 度		级 别				
国际硬度 邵尔 A 硬度	PJ 硬度					
<50	>120	—	—	—	H	Q
50~70	120~70	—	—	P	H	Q
>70~<100	<70~10	—	XP	P	H	Q
≈100	9~0	XXP	XP	P	H	Q
胶辊的公称直径 /mm		圆柱度公差 t /mm				
≤40		0.01	0.02	0.04	0.08	0.15
>40~63		0.02	0.03	0.06	0.10	0.19
>63~100		0.03	0.04	0.08	0.13	0.20
>100~160		0.03	0.05	0.10	0.17	0.25
>160~250		0.03	0.06	0.12	0.20	0.30
>250~400		0.04	0.07	0.14	0.23	0.35
>400~630		0.04	0.08	0.18	0.30	0.45
>630		0.05	0.10	0.25	0.35	0.55

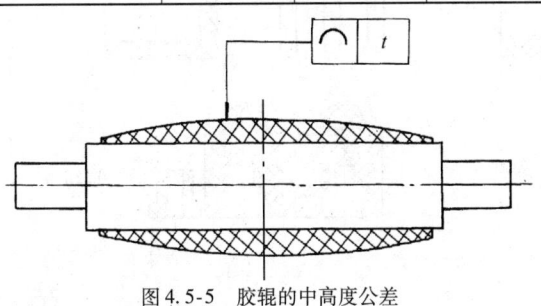

图 4.5-5 胶辊的中高度公差

表 4.5-35　胶辊的中高度公差

公称中高度 /mm	等 级	
	XP	P
	中高度公差 t/mm	
≤0.10	0.04	0.06
>0.10～0.16	0.05	0.08
>0.16～0.25	0.06	0.10
>0.25～0.40	0.08	0.12
>0.40～0.63	0.10	0.16
>0.63～1.00	0.12	0.20
>1.00～1.60	0.16	0.30
>1.60～2.50	0.25	0.40
>2.50～4.00	0.40	0.60
>4.00	10%	①

① 此项公差数值可由供需双方协定。

2.4.4　橡胶制品的尺寸测量

硫化后的橡胶制品至少应停放 16h 后才能测量尺寸，也可酌情延长至 72h 后测量。测量前制品应在试验室（23±2）℃下至少停放 3h 方可进行测量。

制品应从硫化之日起 3 个月内或从收货之日起 2 个月内完成测量，见 GB/T 2941—2006 中橡胶试样停放和试验的标准温度、湿度及时间的规定。

注意确保制品不在有害的环境条件下贮存，见 GB/T 5721—1993《橡胶密封制品标志、包装、运输、贮存一般规定》。

3　陶瓷件结构设计工艺性

陶瓷也称为无机非金属材料。陶瓷具有硬度大，抗压强度高，耐高温，耐腐蚀，不溶于水，经久耐用等优点，广泛应用于各行业。陶瓷在受到冲击载荷时，易发生脆裂，并在不发生明显变形的情况下即产生破坏。它的抗拉、抗弯、抗剪的能力较差。陶瓷的脆性限制了它的使用范围。

陶瓷的加工工艺大致可分为四部分：坯料制作、坯料成型、窑炉烧结、后续加工。坯料的成型通常采用模具方法，具体可分为：将配料制成可塑性的泥团，然后施加外力，在模具上成型的可塑成型法；将坯料制成泥浆，注入模腔内成型的注浆成型法；将干粉坯料放在模腔内加压成型的干压成型法。选择成型方法，与陶瓷件的材质、形状、用途和要求有关。

陶瓷件的结构设计不但要考虑陶瓷材料所特有的特性，而且还要考虑加工工艺对结构的影响。

不论采用何种加工方法，塑料件的成型都要采用模具方法。因此塑料件的结构要有利于简化模具结构和便于脱模。有关结构可参见金属铸造件和塑料件。

烧制定型是陶瓷件的重要成型手段，为防止在高温下产生变形和其他烧制缺陷，陶瓷件坯料的壁厚要均匀，在较大的平面和刚度减弱的地方要考虑设置加强肋。

陶瓷件的结构受载状态，要充分考虑陶瓷材料抗压优于抗拉的特性，结构优先受压。另外结构中应避免尺寸形状过渡突然，为避免产生严重的应力集中现象，尺寸形状过渡要尽量的平缓。

压制成型工艺陶瓷件结构设计示例见表 4.5-36 所示。

表 4.5-36　陶瓷件结构设计示例

图　例				说　明
不合理		合理		壁厚过薄，压制成型易产生裂纹和变形，改进后，要保证一定壁厚和孔间距
不合理		合理		改进后，尖锐棱边采用圆角或倒角过渡，便于压制成型粉末移动，避免应力集中

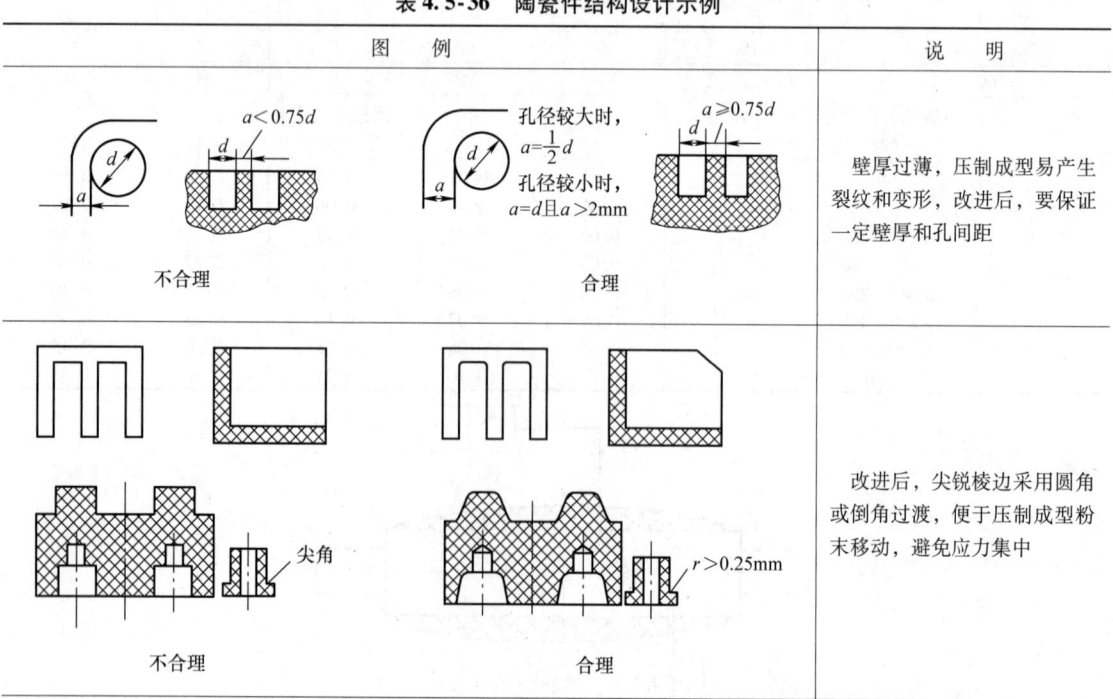

(续)

图例	说明
不合理　　　　　　　合理（$\tan\alpha = \frac{1}{1000} \sim \frac{1}{50}$）	改进后，内孔设置一定锥度便于脱模；台阶厚度增加，可提高其强度和耐用性；倒角末端设计平台，可消除冲模的尖锐末端
不合理　　　　　　　合理	改进后，各部分壁厚均匀，避免烧制变形和裂纹
不合理　　　　　　　合理	改进后，大平面作成一定锥度或增设加强肋，避免底部塌陷
不合理　　　　　　　合理	陶瓷件弹性变形很小，改进后，采用长圆孔结构，便于装配
不合理　　　　　　　合理	改进后，简化了结构型式，便于模具加工

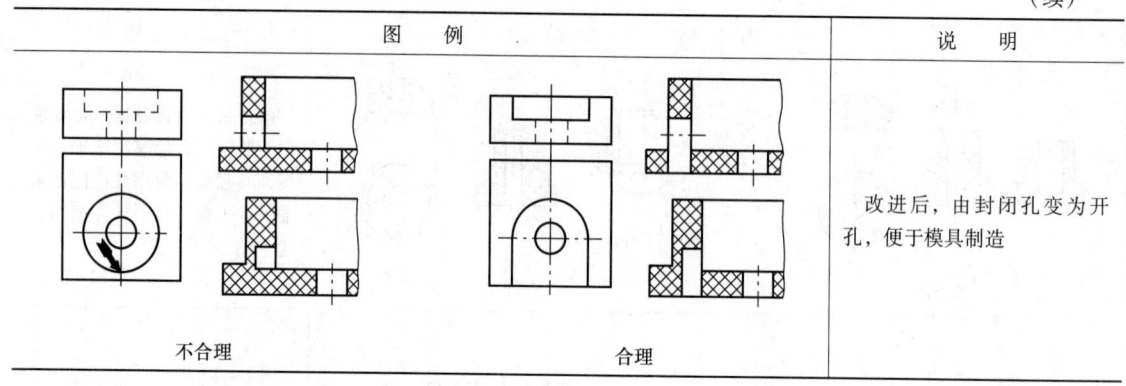

图 例	说 明
不合理　合理	（续）改进后，由封闭孔变为开孔，便于模具制造

4 粉末冶金件结构设计工艺性

4.1 粉末冶金材料的分类和选用

粉末冶金材料的分类和选用见表 4.5-37。

表 4.5-37　粉末冶金材料分类和选用

类别		主要性能要求	应用范围
机械零件材料	减摩材料	自润滑性好，承载能力（pv 值）高，摩擦因数小，耐磨且不伤对偶件	铁基及铜基含油轴承、双金属轴瓦、高石墨铁基轴承、铁硫轴承、多孔碳化钨浸 MoS_2 轴承
	结构材料	较高的硬度、强度及韧性等力学性能，有时要兼顾耐磨性、耐腐蚀性、导磁性	铁、铜合金等受力件（各种齿轮及异形件）
	摩擦材料	摩擦因数高且稳定，能承受短时高温，导热性良好，耐磨且不伤对偶件	铁基、铜基的离合器片及制动带（片）
	过滤材料	透过性、过滤精度高，有时要兼顾耐腐蚀性、耐热性及导电性	铁、青铜、黄铜、镍、不锈钢、碳化钨、银、钛、铂等材料的多孔过滤元件及带材
	热交换材料	孔隙度、基体的高温强度及耐腐蚀性好	镍、镍铬、不锈钢、钨、钼等为基体，浸低熔点金属，或利用孔隙渗出冷却液的高温工作零件
	密封材料	质软，使用时易因变形而贴紧，本身致密，有时要兼顾耐磨性及耐腐蚀性	多孔铁浸沥青的管道密封垫，多孔青铜浸塑料的长管道中热胀冷缩补偿器中的密封件
电工材料	触头材料	导电性、耐电弧性好	难熔材料（钨、钼、石墨）与导电材料（铜、银）形成假合金的开关触头
	集电材料	导电性、减摩性好，及一定程度的耐电弧性	电动机中集电用的银石墨、铜石墨电刷，电车用的铁、铜基集电滑板（块）
	电热材料	耐高温性好，电阻率较高	钨、钼、钽、铌及其化合物，以及弥散强化材料做成的发热元件、灯丝、电子管极板及其他电真空材料
磁性材料	软磁材料	起始及最大磁导率高，磁感应强度大，矫顽力小	坡莫合金、铁铝及铁铝硅合金、纯铁、铜磷钼铁合金、高硅（硅的质量分数为 5%~7%）合金制成的铁心
	硬磁材料	磁感应强度大及矫顽力大，即要求磁能积高	铝镍钴、钴稀土（钕铁硼）合金做成的永久磁铁
	磁介质材料	高的电阻率，有一定的磁导率	高频用的导磁性物质（如高纯铁粉、铁铝硅合金粉）与绝缘介质（树脂、陶土）做成的铁心

(续)

类别		主要性能要求	应用范围
工具材料	刀具材料	硬度、热硬性、强度、韧性及耐磨性	含钴小于15%（质量分数）的硬质合金及钢结构硬质合金做成的刀具、粉末高速钢刀具及陶瓷刀具
	模具、凿岩及耐磨材料	硬度、强度及耐磨性	含钴15%~25%（质量分数）的硬质合金及钢结构硬质合金
	金刚石－金属工具材料	胎体（金属）的硬度、强度及与金刚石的粘结强度	金刚石地质钻头、研磨工具、修正砂轮工具
高温材料	非金属难熔化合物基合金材料	硬度、耐磨性、热强性及抗氧化性	碳化硅、碳化硼、氮化硅、氮化硼基的高温零件及磨具
	难熔金属及其化合物基合金材料	热强性、冲击韧性及硬度	钨、钼、钽、铌、钛及其碳化物、硼化物、氮化物基的高温零件
	弥散强化材料	热强性、抗蠕变能力	铝、铜、银、镍、铬、铁与氧化铝、氧化锆做成的高温下阻碍晶粒长大的材料和零件

4.1.1 粉末冶金减摩材料

采用粉末冶金工艺可制成多种用途的减摩材料，其用途与青铜、铸造轴承合金、减摩铸铁及某些工程塑料相同，可作为滑动轴承的材料。常用的粉末冶金含油轴承的形状如图4.5-6所示。

粉末冶金减摩材料的特点为：

1) 在混料时可渗入各种固体润滑剂，如石墨、铅、氧化铅、硫及硫化物等，以改变材料的减摩性能。

2) 利用材料的多孔性，可浸渍多种润滑组元，如润滑油、硫黄、聚四氟乙烯、二硫化钼等，使材料具有更好的自润滑性能。

3) 较易制得无偏析的铜铅—钢背双金属材料。

4.1.2 粉末冶金摩擦材料

粉末冶金摩擦材料通常是以金属（铜和铁）为基体，添加一种或多种金属和非金属组元，通过压制和加压烧结而制成。粉末冶金摩擦材料主要用于制造轮船、汽车、机床等的离合器、制动器的摩擦元件，它具有如下特性：

1) 摩擦因数大，热稳定性好，即在较宽的温度范围内仍保持较高的摩擦因数。

2) 导热性好。

3) 强度高，可承受较高的工作压力。

4) 改变组元成分后，可提高和改善材料的磨合性、抗咬合性及耐磨性。

4.1.3 粉末冶金过滤材料

粉末冶金多孔材料的孔隙度和孔径尺寸，可以在相当宽的范围内调整。它们被作为过滤元件，广泛应用于石油化工、机械工业、冶金工业之中。

粉末冶金过滤材料与毡质、棉布、纸等过滤材料相比，具有质地坚固，能在较高温度下工作，过滤精度高，过滤介质不易被沾污的优点。与金属丝网和线隙式过滤材料相比，过滤精度高，易于成批生产。此外，粉末冶金过滤材料还具有强度高，可进行机械加工和可焊接的特点。

4.1.4 粉末冶金铁基结构材料

粉末冶金铁基结构材料是以铁粉或合金钢粉为主

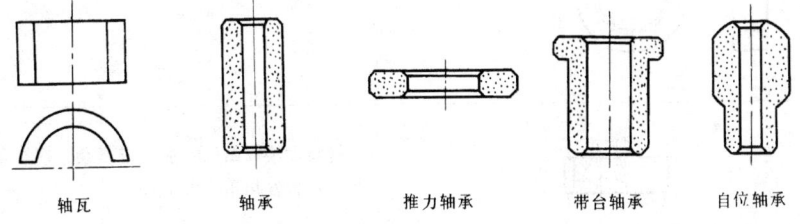

| 轴瓦 | 轴承 | 推力轴承 | 带台轴承 | 自位轴承 |

图 4.5-6 粉末冶金含油轴承的形状

要原料，经过粉末冶金方法制造零件的材料。它能达到力学性能或耐磨性能要求、较好的工艺性能，以及耐热、耐腐蚀等。

4.2 粉末冶金零件结构设计的基本参数

结构设计的基本参数见表4.5-38~表4.5-46。

表 4.5-38　可以压制成形的零件结构

名　称	举　例	简　要　说　明
无台柱体类		沿压制方向的横截面无变化，压制时，粉末无需横向流动，各处压缩比相等，密度最易均匀 任何异形的横截面，对压制并不增加特殊困难，但长（高）度方向尺寸，受上下密度允许差的限制，过于薄壁（<1mm）和尖角应避免
带台柱体类		沿压制方向的横截面有突变，模具结构稍复杂，外台较内台、多台较少台以及外台在中间较在一端难度大，密度均匀性较无台类差
带锥面类		横截面渐变，锥角 2α 越小（接近 $0°$）或越大（接近 $80°$）压制困难越少，2α 在 $90°$ 左右应尽量避免锥台大小端尺寸不宜相差太大
带球面类		球台表面压制时易出现皱纹，可在烧结后滚压消除，脱模较复杂 小于球径的局部球面，成形无特殊困难
带螺旋面类		螺旋面模具结构及加工较复杂，螺旋角 β 小易成形，最大 β 角不宜大于 $45°$
带凸脐及凹槽类		模具结构较复杂，槽深度或凸脐高度小，密度易均匀

表 4.5-39 需要辅助机械加工举例

成品	坯件	简要说明	成品	坯件	简要说明
		横槽难以压制			多外台模具结构复杂
		横孔难以压制			螺纹难以压制
		倒锥难以压制			油槽难以压制
		外台在中间，模具结构复杂			

表 4.5-40 最小壁厚 （mm）

最大外径	最小壁厚	最大外径	最小壁厚
10	0.80	40	1.75
20	1.00	50	2.15
30	1.50	60	2.50

表 4.5-41 一般烧结机械零件的尺寸范围

材料	最大横断面面积 /cm²	宽度 /mm		高度 /mm	
		最大	最小	最大	最小
铁基	40	120	5	40	3
铜基	50	120	5	50	3

表 4.5-42 粉末冶金过滤材料粉末分级及元件壁厚推荐值

编号	1	2	3	4	5	6	7	8	9	10	11	12	13	14
筛号目	−18 +30	−30 +40	−40 +55	−55 +75	−75 +100	−100 +120	−120 +150	−150 +200	−200 +250	−250 +300	−300	−300	−300	−300
粒级/μm	1000~630	630~450	450~315	315~200	200~154	154~125	125~100	100~76	76~61	61~45	45~25	25~18	18~12	12~6
平均粒级/μm	815	540	382	258	177	140	113	88	69	53	35	22	15	9
元件推荐厚度/mm	5	4	3.5	3	2.5	2.5	2	2	1.5~2	1.5~2	1~1.5	1~1.5	1~1.5	1~1.5

表 4.5-43 含油轴承推荐的尺寸精度 （mm）

部位 尺寸精度	内径		外径		长度					
	经济的	可达到的	经济的	可达到的	经济的			可达到的		
					≤30	>30~80	>80~120	≤30	>30~80	>80~120
等级或偏差	3~5	1~2	3~5	1~2	±0.25	±0.40	±0.60	±0.15	±0.25	±0.40

表 4.5-44 推荐的含油轴承径向尺寸表 (mm)

内径 d			外径 D			内外圆同轴度允差		倒角 c	附注
基本尺寸	公差		基本尺寸	公差		精密用途	一般用途		
	精密用途	一般用途		精密用途	一般用途				
4	+0.016 +0.000	+0.045 +0.020	8	+0.029 +0.023	+0.065 +0.035	+0.010	0.025	0.3	
5			9						
6			10						
8		+0.055 +0.025	12		+0.075 +0.040		0.030	0.4	
10			16						
12	+0.019 +0.000	+0.060 +0.025	18	+0.036 +0.028		0.015	0.040		
14		+0.065 +0.030	20						
16			22		+0.095 +0.050			0.5	
18			25						
20	+0.023 +0.000	+0.075 +0.030	28	+0.062 +0.039		0.018	0.050		
22			30						
25		+0.080 +0.035	32						
28			35					0.8	内孔允许有轻微的轴向划痕,外径允许有不影响公差的轴向划痕,同轴度要求很高时,可经辅助机械加工解决
30			38						
32	+0.039 +0.000	+0.085 +0.035	40	+0.087 +0.060	+0.110 +0.060	0.020	0.060		
35			45						
38			48						
40			50						
45		+0.095 +0.045	55						
50			60					1.0	
55	+0.046 +0.000	+0.105 +0.045	65	+0.105 +0.075	+0.135 +0.075	0.025	0.070		
60			70						

表 4.5-45 烧结机械零件尺寸容许公差 (mm)

基本尺寸	宽度			高度		
	尺寸容许公差					
	精级	中级	粗级	精级	中级	粗级
<10	±0.05	±0.10	±0.30	±0.15	±0.30	±0.70
>10~25	±0.07	±0.20	±0.50	±0.20	±0.50	±1.20
>25~63	±0.10	±0.30	±0.70	±0.40	±0.70	±1.80
>63~160	±0.15	±0.50	±1.20			

注:宽度尺寸为垂直压制方向的尺寸,高度为平行压制方向的尺寸。

表 4.5-46 精压机械零件尺寸精度 (mm)

公称尺寸	尺寸公差	公称尺寸	尺寸公差
≤40	+0.00 -0.025	≤40	+0.125
>40~65	+0.00 -0.04	>40~75	+0.19
>65	+0.00 -0.05	>75	±0.25

4.3 粉末冶金零件结构设计的注意事项

粉末冶金件结构设计注意事项见表 4.5-47。

表 4.5-47　粉末冶金零件结构设计的注意事项

序号	注意事项		图例	
			改进前	改进后
1	简化模具	改进后易实现自动压制		
2	避免尖角、深窄凹槽	冲模、工件尖角处应力集中，易产生裂纹		
		深窄凹槽、易产生裂纹，装粉、成形困难		
		$R > 0.5$mm 幅宽在 1mm 以上		
3	避免突然过渡	金属粉难于充满压制困难		
		圆角过渡利于压制工件，可避免产生裂纹，便于脱模	直角	$R = 0.2 \sim 0.5$
4	合理的斜度	改进后易压制成形		
5	保证压件质量	凸起或凹槽的深度不能过大，且应有一定斜度，以保证压制成形与脱模方便	1:125	$h < H/5$

(续)

序号	注意事项		图例	
			改进前	改进后
5	保证压件质量	为保证较长工件两端粉末密实度差别不大,工件不能过长		$L \leqslant (2.5 \sim 3.5)D$
		避免工件壁厚急剧改变或壁厚相差过大		
		为保证模具强度和压坯强度足够,工件窄条部分尺寸不能过小		
		阶梯形制件的相邻阶差不应小于直径的 $\dfrac{1}{16}$,其尺寸不应小于 0.9mm		$\dfrac{D-d}{2} \geqslant \dfrac{1}{16}D$
		齿轮的齿根圆直径应大于轮毂直径 3mm 以上		$D > d+3$
		长度大于 18~20mm 的工件,法兰直径不应超过轴套直径的 1.5 倍,法兰根部应有圆角		$D < 1.5d$ $R = 0.8 \sim 2.5$
		端面倒角后,应留出 0.1mm 的小平面,以延长凸模寿命		
		工件上的槽过深难保证工件密度均匀,且易脱模		当 $\dfrac{H}{D} \leqslant 1$ 时 圆槽深 $h \leqslant \dfrac{1}{3}H$ 梯形槽深 $h \leqslant \dfrac{1}{5}H$

(续)

序号	注意事项		图例	
			改进前	改进后
5	保证压件质量	工件上花纹的方向应与压制方向平行，菱形花纹不能压制	不适宜	适宜 ($R>0.2$, ≥ 0.3)
6	铸、锻件改为粉末冶金零件时应便于压制	把凸出部分移到与其配合的零件上，以简化粉末冶金零件结构和减少压制的困难	用模锻或铸造，然后用机械加工法制造	用粉末冶金法制造
		以粉末冶金整体零件代替需要装配的部件	需要装配的零件	不需装配的粉末冶金零件

第6章 零部件的装配和维修工艺性

1 一般装配对零部件结构设计工艺性的要求

1.1 组成单独的部件或装配单元（见表4.6-1）

1.2 应具有合适的装配基面（见表4.6-2）

1.3 结合工艺特点考虑结构的合理性（见表4.6-3）

1.4 考虑装配的方便性（见表4.6-4）

1.5 考虑拆卸的方便性（见表4.6-5）

1.6 考虑修配的方便性（见表4.6-6）

1.7 选择合理的调整补偿环（见表4.6-7）

1.8 减少修整外观的工作量（见表4.6-8）

表 4.6-1 组成单独的部件或装配单元

序号	注意事项	图例 改进前	图例 改进后	说明
1	尽可能组成单独的箱体或部件			将传动齿轮组成单独的齿轮箱，以便分别装配，提高工效，便于维修
2	将部件分成若干装配单元，以便组装			轴上的安全离合器等件可以分别单独装配，然后组装
3	同一轴上的零件，尽可能考虑能从箱体一端成套装卸			左图轴上齿轮大于轴承孔，需在箱内装配；改进后，轴上零件可在组装后一次装入箱体内

表 4.6-2 应具有合适的装配基面

序号	注意事项	图例 改进前	图例 改进后	说明
1	零件装配位置不应是游动的,而应有定位基面	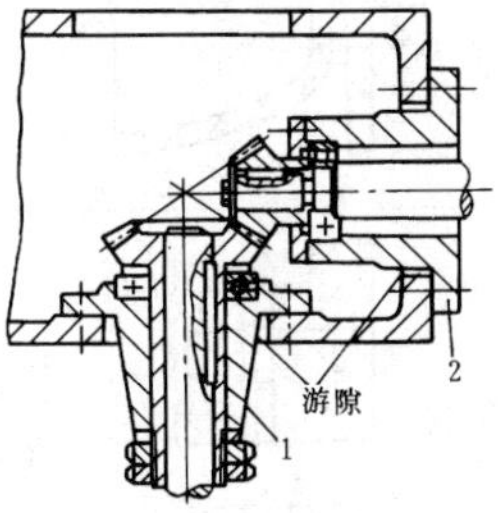	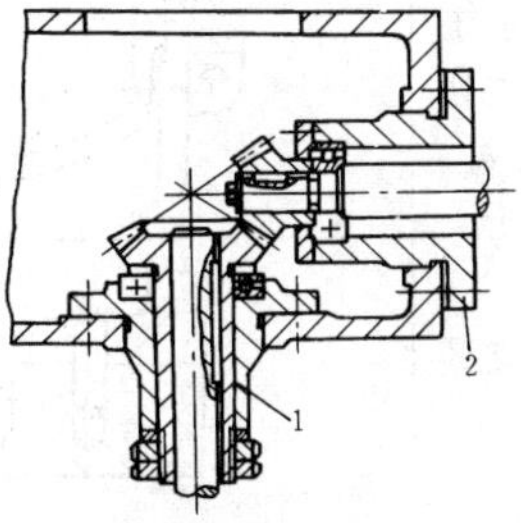	左图中,支架 1 和 2 都是套在无定位面的箱体孔内,调整装配锥齿轮,需用专用夹具、改用右图,作出支架定位基面后,可使装配调整简化
2	避免用螺纹定位	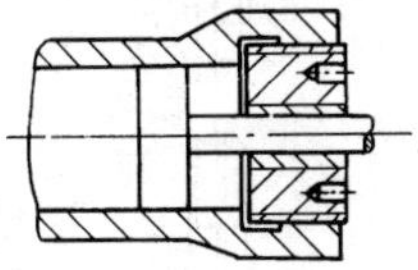	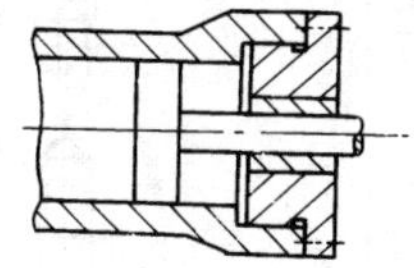	左图由于有螺纹间隙,不能保证端盖孔与液压缸的同轴度,必须改用圆柱配合面定位
3	互相有定位要求的零件,应按同一基准来定位	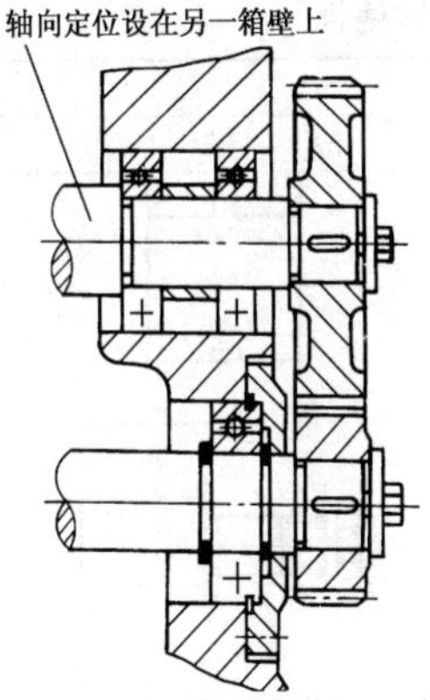	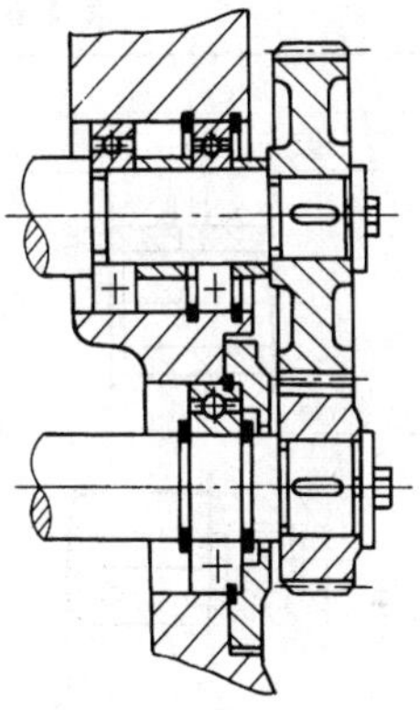	交换齿轮两根轴不在同一箱体壁上作轴向定位,当孔和轴加工误差较大时,齿轮装配相对偏差加大,应改在同一壁上,作轴向固定
4	挠性连接的部件,可以用不加工面作基面	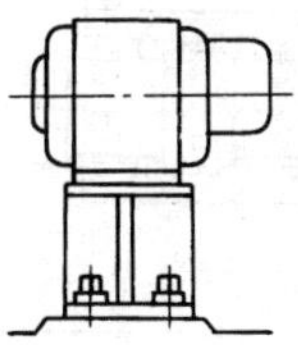	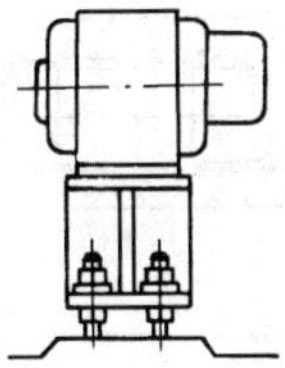	电动机和液压泵组装件,两端是以电线和油管连结,无配合要求,可用不加工面定位

表 4.6-3 结合工艺特点考虑结构的合理性

序号	注意事项	图例 改进前	图例 改进后	说明
1	轴和毂的配合在锥形轴头上必须留有一充分伸出部分 a,不许在锥形部分之外加轴肩	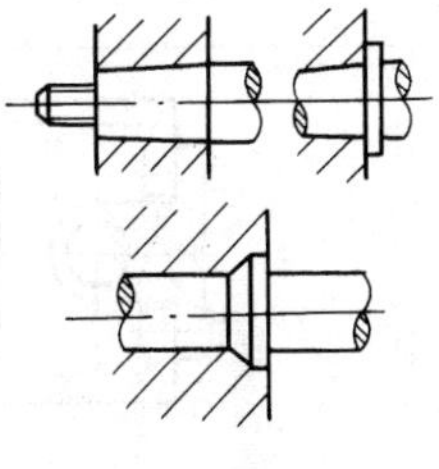	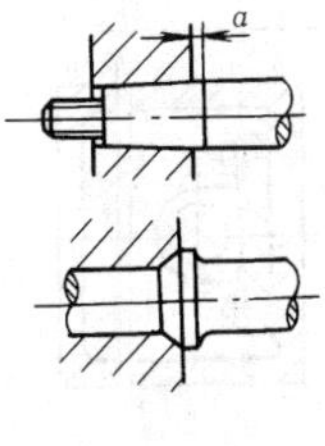	使轴和轴毂能保证紧密配合

(续)

序号	注意事项	图例 改进前	图例 改进后	说明
2	圆形的铸件加工面必须与不加工处留有充分的间隙 a	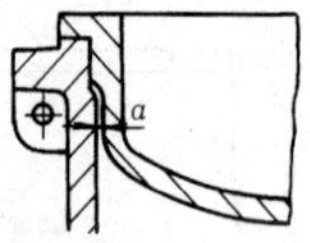	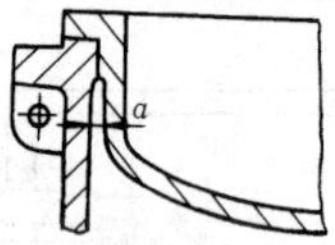	防止铸件圆度有误差，两件相互干涉
3	定位销的孔应尽可能钻通	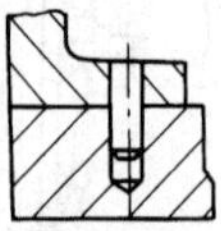	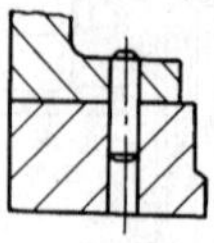	销子容易取出
4	螺纹端部应倒角	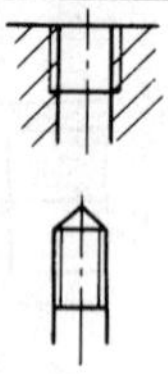	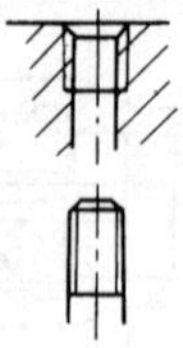	避免装配时将螺纹端部损坏

表 4.6-4　考虑装配的方便性

序号	注意事项	图例 改进前	图例 改进后	说明
1	考虑装配时能方便地找正和定位	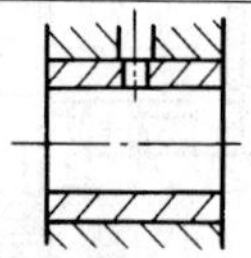	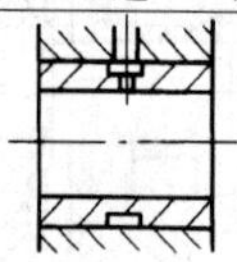	为便于装配时找正油孔，作出环形槽
		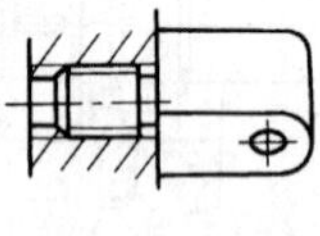	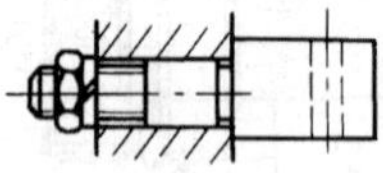	有方向性的零件应采用适应方向要求的结构，改进后的图例可调整孔的位置
2	轴上几个有配合的台阶表面，避免同时入孔装配	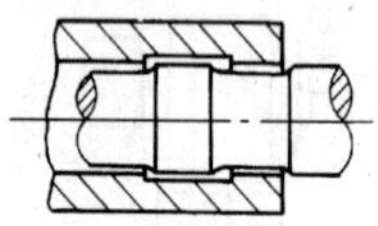	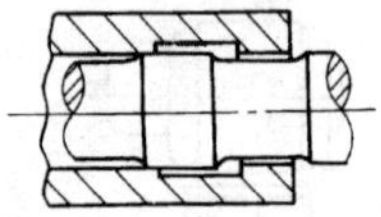	轴上几个台阶同时装配，找正不方便，且易损坏配合面。右图可改善工艺性
3	轴与套相配部分较长时，应作退刀槽	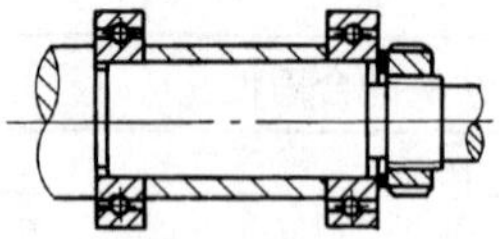	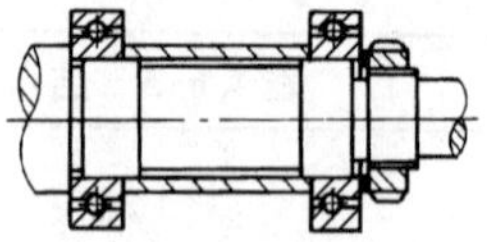	避免装配接触面过长
4	尽可能把紧固件布置在易于装拆的部位	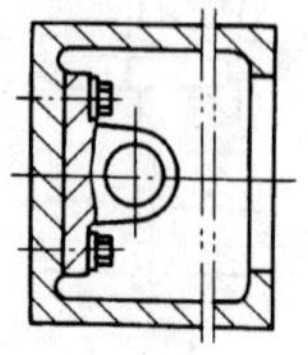	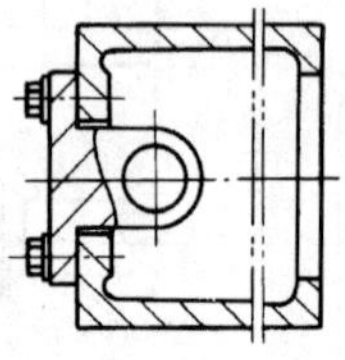	左图轴承架需专用工具装拆，改进后，比较简便

序号	注意事项	图例 改进前	图例 改进后	说明
5	留出足够的位置	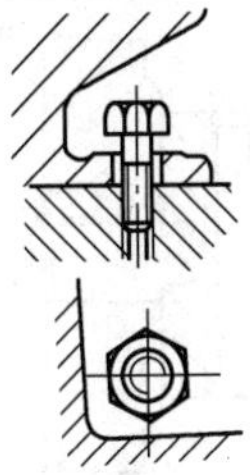	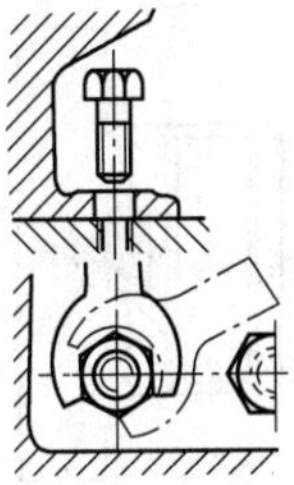	应留出放螺钉的高度空间和扳手的活动空间

表 4.6-5　考虑拆卸的方便性

序号	注意事项	图例 改进前	图例 改进后	说明
1	在轴、法兰、压盖、堵头及其他零件的端面，应有必要的工艺螺孔	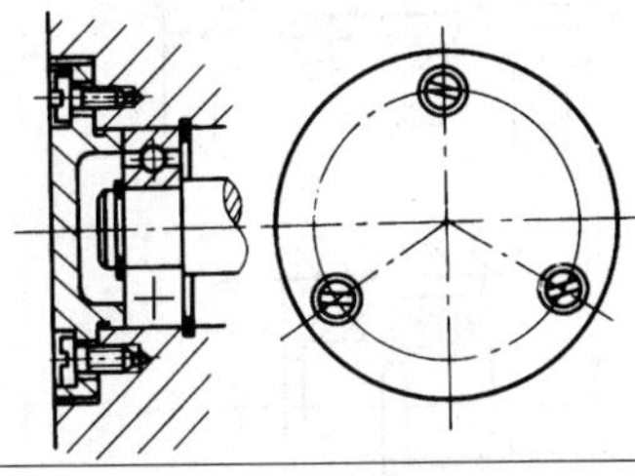	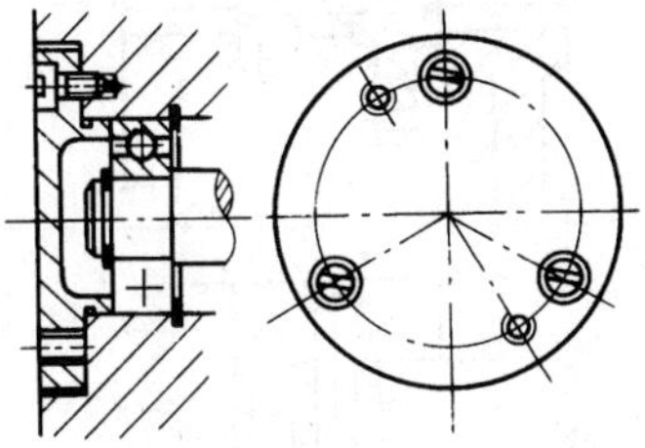	避免使用非正常拆卸方法，易损坏零件
2	作出适当的拆卸窗口、孔槽	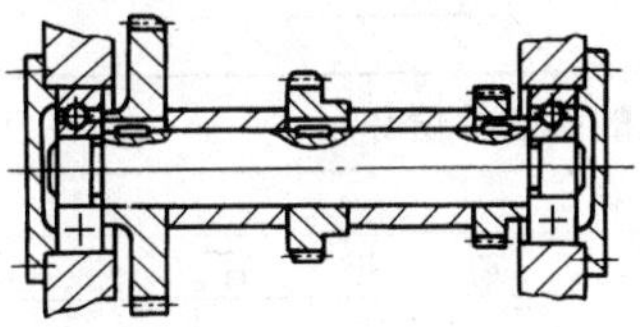	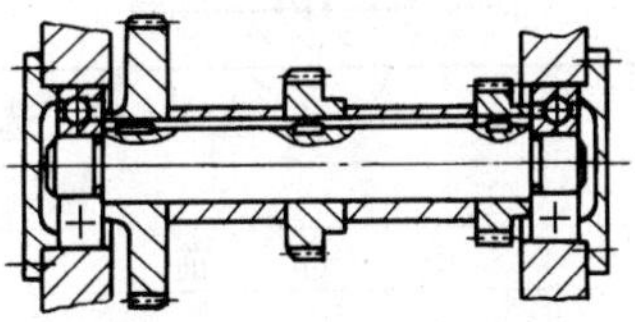	在隔套上作出键槽，便于安装，拆时不需将键拆下
3	当调整维修个别零件时，避免拆卸全部零件	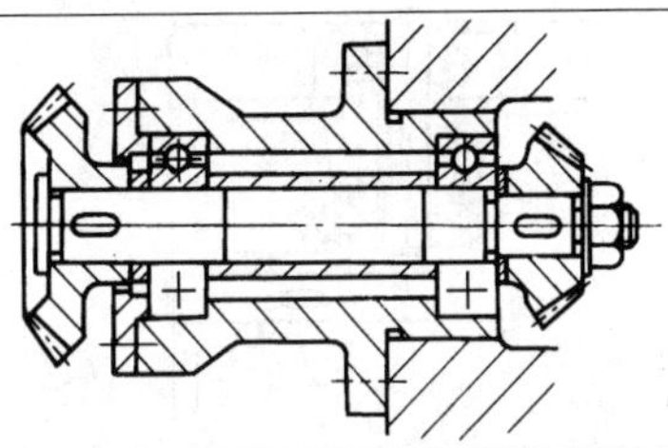	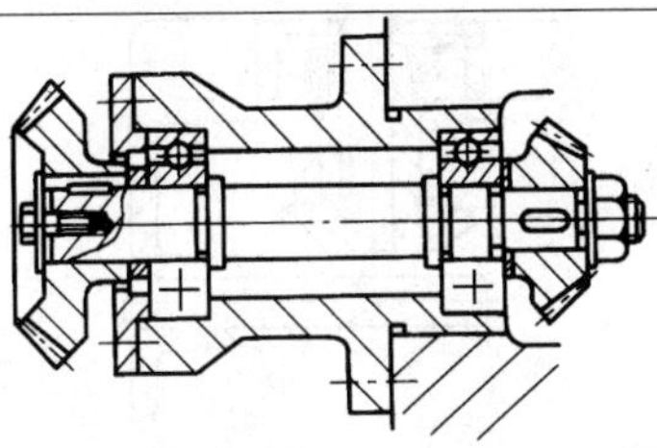	左图在拆卸左边调整垫圈时，几乎需拆下轴上全部零件

表 4.6-6　考虑修配的方便性

序号	注意事项	图例 改进前	图例 改进后	说明
1	尽量减少不必要的配合面	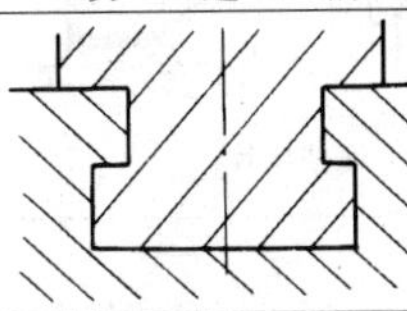	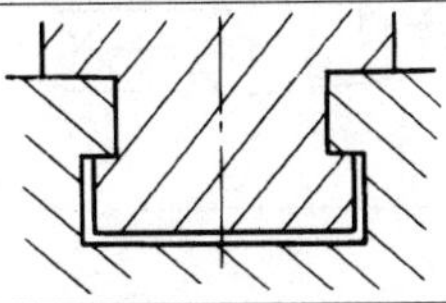	配合面过多，零件尺寸公差要求严格，不易制造，并增加装配时修配工作量
2	应避免配作的切屑带入难以清理的内部	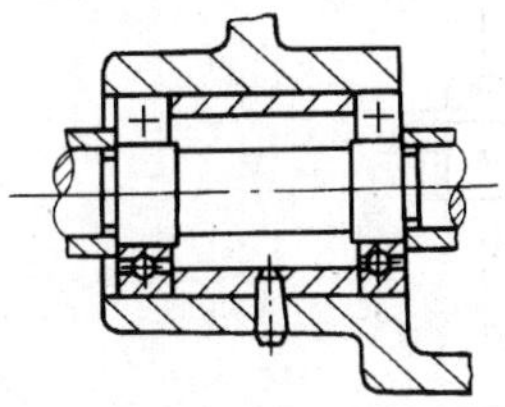	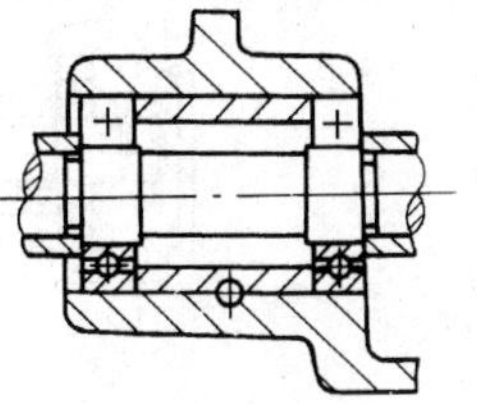	在便于钻孔部位，将径向销改为切向销，避免切屑带入轴承内部

序号	注意事项	图例 改进前	图例 改进后	说明
3	减少装配时的刮研和手工修配工作量	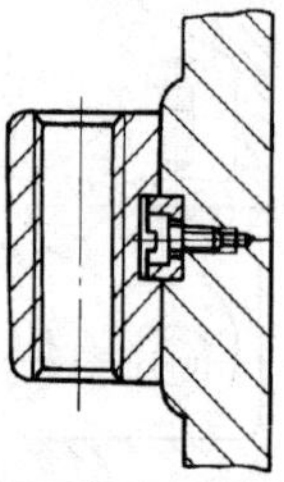	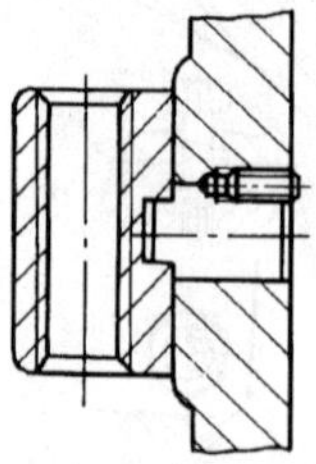	用键定位的丝杠螺母，为保证螺母轴线与刀架导轨的平行度，通常要进行修配；如用两侧削平的圆柱销来代替键，就可转动圆柱销来对导轨调整定位，最后固定圆柱销，不用修配
4	减少装配时的机加工配作	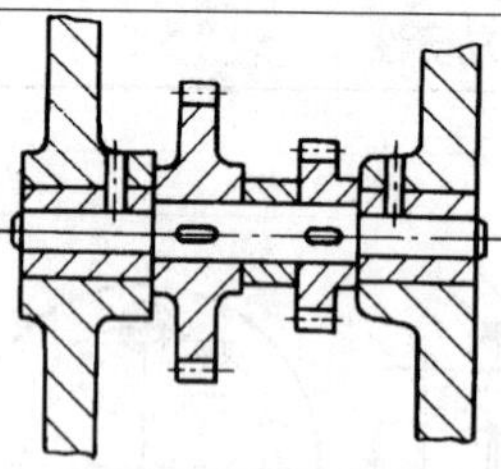	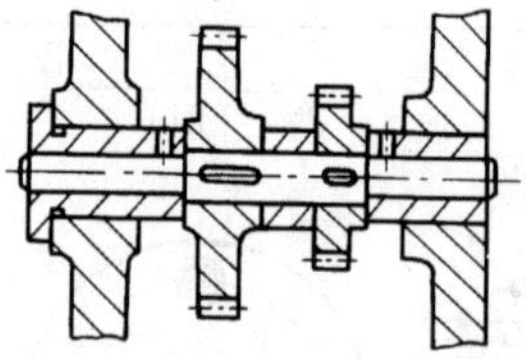	将箱体上配钻的油孔，改在轴套上，预先钻出
		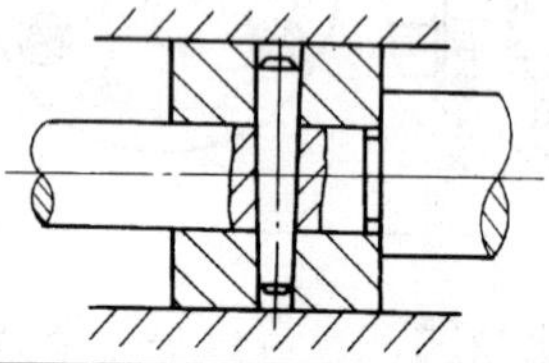	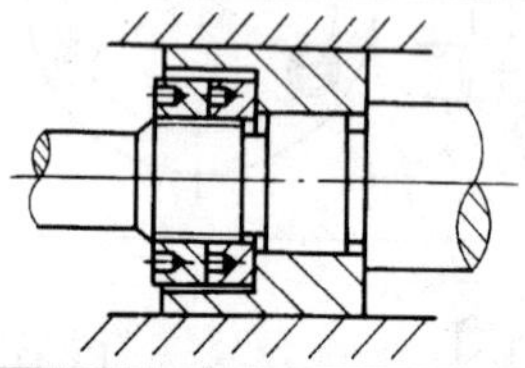	将活塞上配钻销孔的销钉连接改为螺纹连接

表 4.6-7 选择合理的调整补偿环

序号	注意事项	图例 改进前	图例 改进后	说明
1	在零件的相对位置需要调整的部位，应设置调整补偿环，以补偿尺寸链误差，简化装配工作	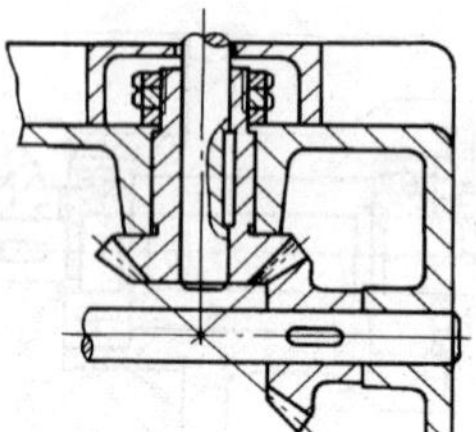	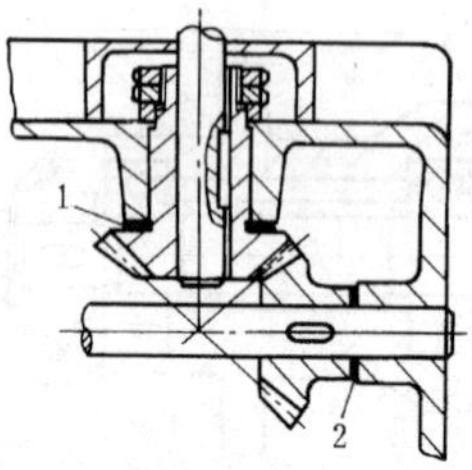	左图锥齿轮的啮合要靠反复修配支承面来调整；右图可靠修磨调整垫 1 和 2 的厚度来调整
		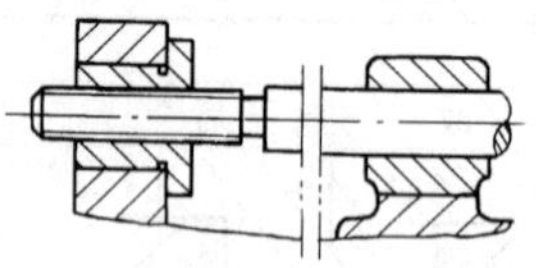	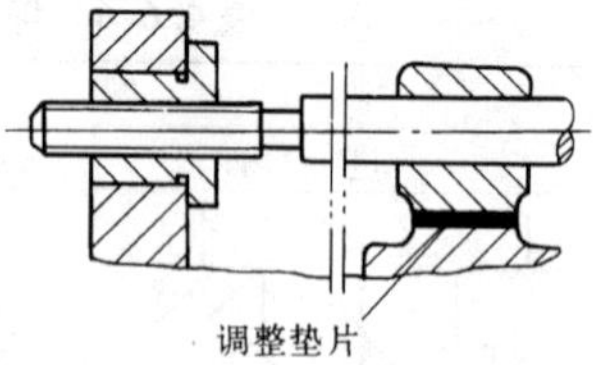 调整垫片	用调整垫片来调整丝杠支承与螺母的同轴度
2	调整补偿环应考虑测量方便	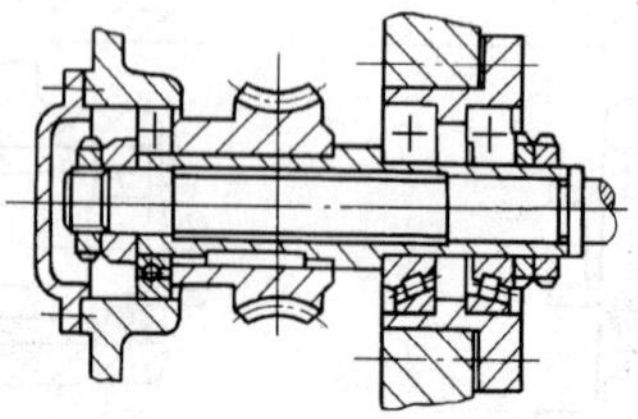		调整垫尽可能布置在易于拆卸的部位

(续)

序号	注意事项	图例 改进前	图例 改进后	说明
3	调整补偿环应考虑调整方便	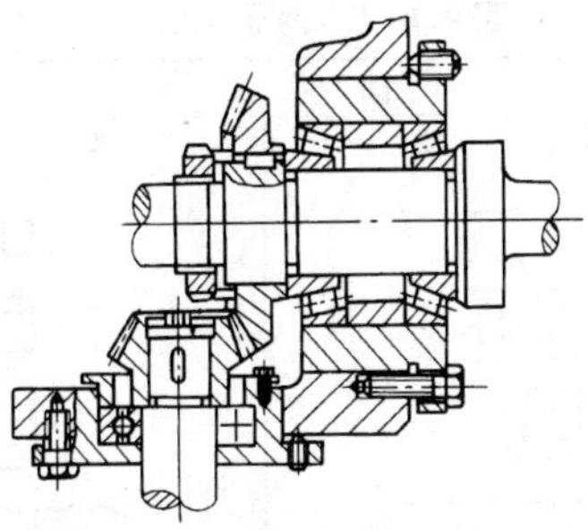		精度要求不太高的部位，采用调整螺钉代替调整垫，可省去修磨垫片，并避免孔的端面加工

表 4.6-8 减少修整外观的工作量

序号	注意事项	图例 改进前	图例 改进后	说明
1	零件的轮廓表面，尽可能具有简单的外形和圆滑地过渡	—	—	床身、箱体、外罩、盖、小门等零件，尽可能具有简单外形，便于制造装配，并可使外形很好地吻合
2	部件接合处，可适当采用装饰性凸边	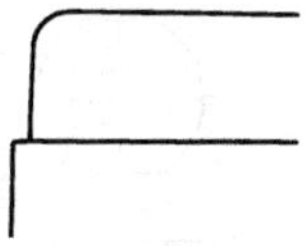	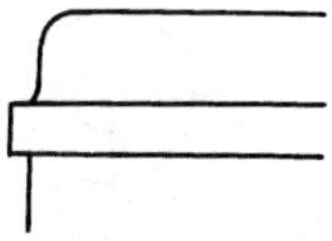	装饰性凸边可掩盖外形不吻合误差、减少加工和整修外形的工作量
3	铸件外形结合面的圆滑过渡处，应避免作为分型面	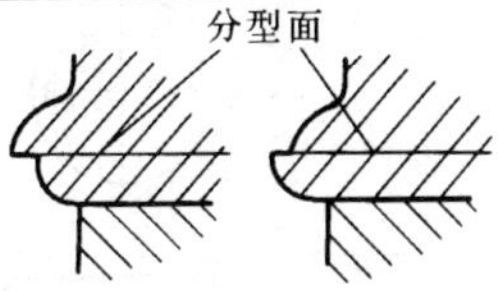	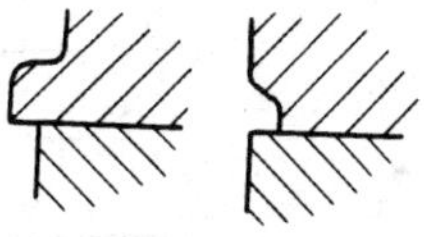	在圆滑过渡处作分型面，当砂箱偏移时，就需要修整外观
4	零件上的装饰性肋条应避免直接对缝联接	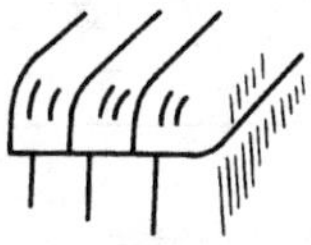	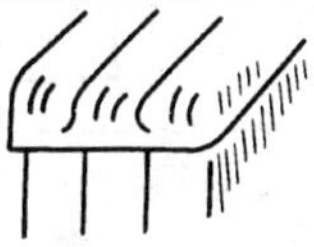	装饰性肋条直接对缝很难对准，反而影响外观整齐
5	不允许一个罩（或盖）同时与两个箱体或部件相连	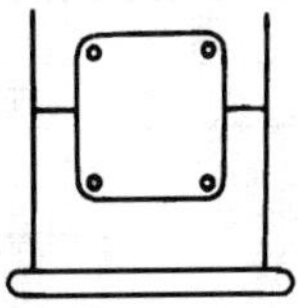	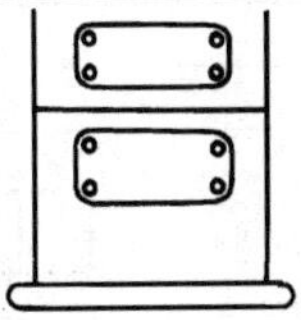	同时与两件相连时，需要加工两个平面，装配时也不易找正对准，外观不整齐
6	在冲压的罩、盖、门上适当布置凸条			在冲压的零件上适当布置凸条，可增加零件刚性，并具有较好的外观

2 自动装配对零件结构设计工艺性的要求

1）结构简单并确保容易组合。
2）能划分成完全互换的装配单元和连接，以保证装配夹具简单又便于引进、抓取、移动、安装和调节。
3）有选择工艺基准定位面的依据。
4）装配单元能互换，从而完全取消修配工作。
5）有选择基准面和配合面的表面粗糙度和装配尺寸公差依据。

6）装配单元高度的通用化和标准化。
7）装配单元中包含的零件数目应最少。
8）装配时不要用机械加工。

进行自动装配的零、部件结构，应有助于减少装配线的设备，便于识别、储存和输送

便于定位的一些措施见表4.6-9。

表4.6-9　易于定位

序号	注意事项	图例 改进前	图例 改进后	说明
1	零件形状尽可能设计成对称的	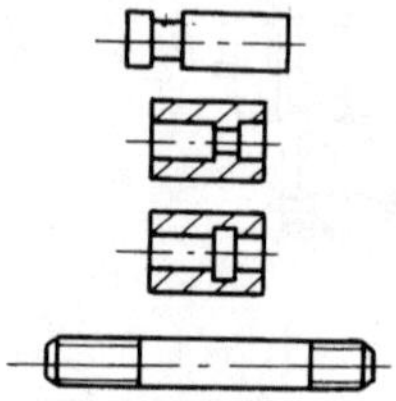	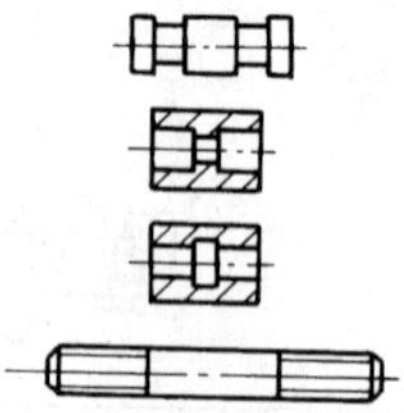	改为对称，便于确定正确位置，避免错装
2	为保证装配正确宜在零件上做出记号	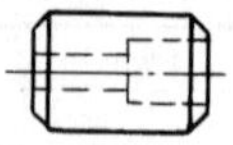	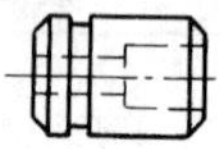	孔径不同，宜在相对于小孔径处切槽或倒角，以便识别
3	为保证自动装配有时需增加加工面	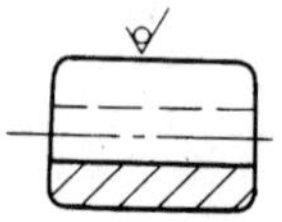	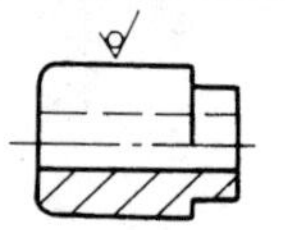	自动装配时，宜将夹紧处车削为圆柱面，使与内孔同轴
4	为保证孔的位置可在零件上加工一小平面	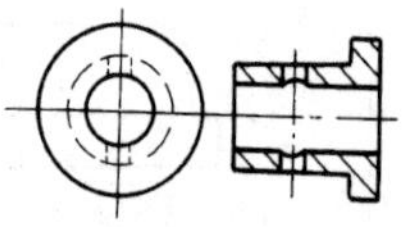	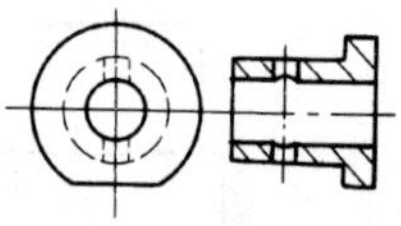	孔的方向要求一定，若不影响零件性能，可铣一小平面，其位置与孔成一定关系，平面较孔易于定位
5	为保证垫片上偏心位置可加工一小平面	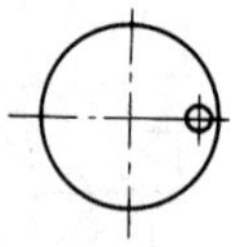		为保证偏心孔正确位置，可再加一小平面
6	为便于输送可把零件底部设计成弧面	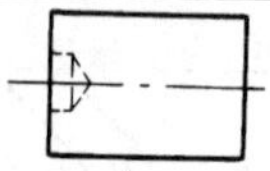	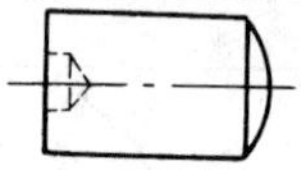	工件底端为弧面时，便于导向，有利于自动装配的输送

避免零件互相缠结的措施见表4.6-10。

表4.6-10　避免零件互相缠结

序号	注意事项	图例 改进前	图例 改进后	说明
1	薄壁有通槽的零件容易缠结	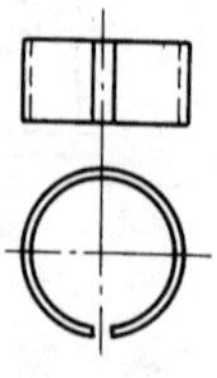	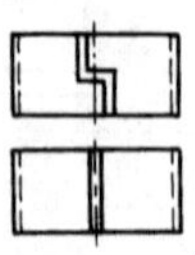	零件具有通槽时，为避免工件相互套住，可将槽位置错开，或使槽宽度小于工件壁厚
2	零件具有相同的内外锥度表面时，容易互相"卡死"	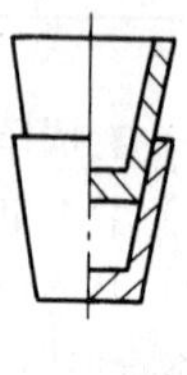	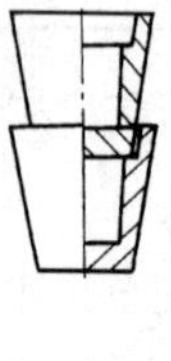	可使内外锥度不等

(续)

序号	注意事项	图例 改进前	图例 改进后	说明
3	零件的凸出部分易于进入另外同类零件的孔中造成装配困难			宜使凸出部分直径大于孔径

表 4.6-11 简化装配线设备

序号	注意事项	图例 改进前	图例 改进后	说明
1	有可能做成一体的两个零件尽可能做成一体			螺钉与垫圈一体时,可节省送料机构
2	定位面要便于安装和调整			改为环形槽,装配时省去按径向调整机构
3	改变互相配合零件的表面可简化装配			轴一端滚花,与其配合件为过盈配合效果好

有些零件在输送时易相互错位(图 4.6-1a、c),可将接触面积加大(图 4.6-1b、d)或增大接触处的角度(图 4.6-1e)。

简化装配线设备(见表 4.6-11)。

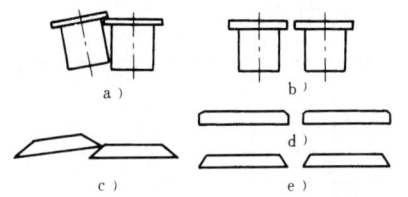

图 4.6-1 避免零件相互错位

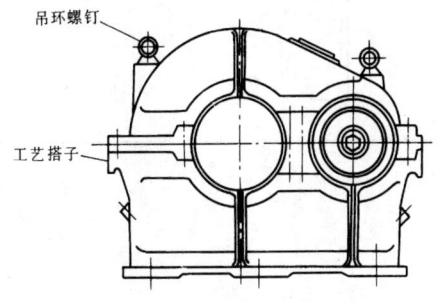

图 4.6-2 用吊环螺钉及工艺搭子起吊

3 吊运对零件结构设计工艺性的要求

设计中型以上零件时必须考虑起吊问题。
1) 用吊环螺钉起吊,如图 4.6-2 所示。
2) 用预先铸出的洞孔起吊,如图 4.6-3 所示。
3) 用预先铸出的工艺搭子起吊,如图 4.6-2 所示。

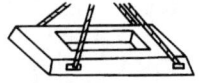

图 4.6-3 用铸出洞孔起吊

4 零部件的维修工艺性

一个好的设计不仅应考虑其制造阶段所要求的结构工艺性,同时也要考虑机器在使用过程中各个零部件可能出现的问题。如有的机器上某个零件,由于局部工作条件等原因,其使用寿命只有整台机器规定使用寿命的 15%~20%,甚至更少,就是说,在机器的使用期中,那些易损零件需要多次更新。因此,机器零部件具有良好的维修工艺性,对于方便修理,延长机器使用期和降低生产成本是很重要的。

(1) 考虑零件磨损后修复的可能性和方便性

考虑零件磨损后修复的可能性和方便性见表 4.6-12。

（2）保证拆卸的方便性（见表 4.6-13）

1）轴套、环和销等零件，应有自由通路或其他结构措施，使其有拆卸的可能性。

2）轴、法兰、压盖和其他零件如有外露的螺孔或外螺纹时，可以利用带耳环的螺钉或螺母拆下这些零件。也可考虑设置拆卸螺孔等工艺结构。

3）滚动轴承与轴颈配合应严格按照标准所定的配合配用，在设计时，必须考虑在装入或拆卸轴承时，最好不用锤子而靠压力或带螺纹的拆装工具。

4）轴头设计装有带轮、大齿轮等类似零件时，轴头最好设计成带有锥度，以便于拆装。

5）在一根轴上的全部零件，最好能从轴的一端套入。

表 4.6-12　考虑零件磨损后修复的可能性和方便性

序号	注意事项	图例 改进前	图例 改进后	说明
1	大尺寸齿轮应考虑磨损修复的可能性	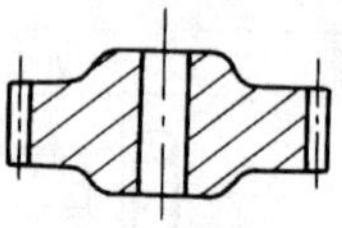	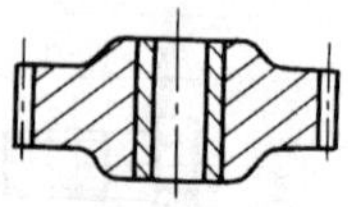	右图加套易于修复
2	设计应考虑修配的方式（轴肩定位）	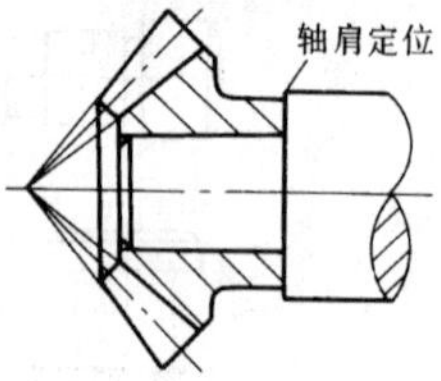	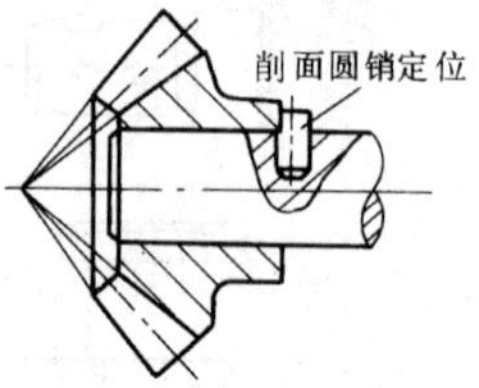 （削面圆销定位）	右图修刮圆销面积小，修配方便

表 4.6-13　保证拆卸的可能性

序号	注意事项	图例 改进前	图例 改进后	说明
1	销孔结构钻成通孔便于拆卸	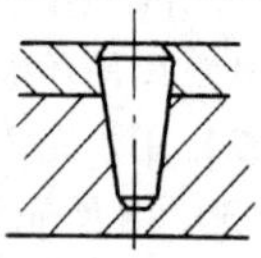	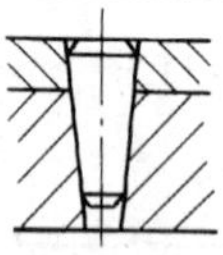	右图销子取出方便
2	轴肩及台肩应按规定尺寸设计	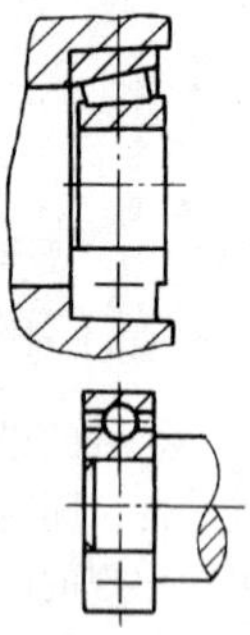	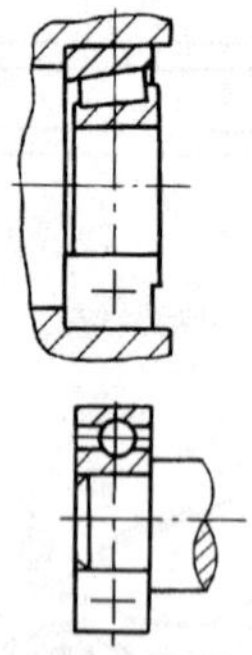	左图台肩及轴肩过高，轴承不易拆卸

参考文献

[1] 机械工程手册电机工程手册编辑委员会. 机械工程手册:机械零部件设计卷 [M]. 2版. 北京:机械工业出版社,1997.

[2] 闻邦椿. 机械设计手册:第1卷 [M]. 5版. 北京:机械工业出版社,2010.

[3] 闻邦椿. 现代机械设计师手册:上册 [M]. 北京:机械工业出版社,2012.

[4] 闻邦椿. 现代机械设计实用手册 [M]. 北京:机械工业出版社,2015.

[5] 机械设计手册编辑委员会. 机械设计手册:第1卷 [M]. 新版. 北京:机械工业出版社,2004.

[6] 成大先. 机械设计手册:第1卷 [M]. 6版. 北京:化学工业出版社,2016.

[7] 王启义. 中国机械设计大典:第2卷 [M]. 南昌:江西科学技术出版社,2002.

[8] 秦大同,谢里阳. 现代机械设计手册 [M]. 北京:化学工业出版社,2011.

[9] 吴宗泽. 机械结构设计 准则与实例 [M]. 北京:机械工业出版社,2006.

[10] 日本机械学会. 机械技术手册:第17篇 [M]. 张志平,等译. 北京:机械工业出版社,1984.

[11] 邓文英. 金属工艺学 [M]. 5版. 北京:高等教育出版社,2008.

[12] 机床设计手册编写组. 机床设计手册:第一册 [M]. 北京:机械工业出版社,1978.

[13] 王绍俊. 机械制造工艺设计手册 [M]. 北京:机械工业出版社,1985.

[14] 顾崇衔,等. 机械制造工艺学 [M]. 3版. 西安:陕西科学技术出版社,1990.

[15] 日本铸物协会. 铸物便览 [M]. 4版. 日本:丸善株式会社,1986.

[16] Parsley K J. Manufacturing Technology [M]. Leuel Ⅱ Hollen Street Press, 1983.

[17] 董杰. 机械设计工艺性手册 [M]. 上海:上海交通大学出版社,1991.